LA COSMOGRA-PHIE VNIVERSELLE

D'ANDRE THEVET COSMO-GRAPHE DV ROY.

ILLVSTREE DE DIVERSES FIGVRES DES CHOSES PLVS REMARQVABLES VEVES PAR l'Auteur, & incogneuës de noz Anciens & Modernes.

TOME PREMIER.

A PARIS,

Chez Guillaume Chaudiere, rue S. Iaques, à l'enseigne du Temps, & de l'Homme sauuage.

1575.

Auec Priuilege du Roy.

G 49

AV TRESCHRETIEN ROY
DE FRANCE ET DE POLONGNE
ANDRE THEVET SON COSMOGRAPHE
ET TRESHVMBLE SVBIET,

Heur & Felicité.

OMBIEM que les troubles (SIRE) qu'auez trouuez en Frāce à voſtre retour de Polongne, m'ayent dōné au cōmencement quelque crainte, d'empeſcher voſtre Maieſté de la lecture d'vne Coſmographie par moy miſe en lumiere: ſi eſt-ce que la debōnaireté & clemēce qu'on voit reluire en vous m'a aſſeuré, qu'il n'y a empeſchemēt qui vous deſtourne des hōneſtes exercices, auſquels voſtre naturel s'adōne quād l'occaſion ſe preſente: & que par ce moyen ce mien œuure pourroit eſtre de la partie, pour raiſon de ce qu'il contient. Car en premier lieu (SIRE) ie deſcrits l'ordre des cieux, les corps celeſtes fixes & mobiles, c'eſt à ſçauoir les planettes, ſignes, & autres eſtoiles du firmament: Les quatre elemēs deſquels tout ceſt vniuers eſt cōpoſé, enſemble leurs eſſences, qualitez & tranſmutations. Puis traictant de la terre, ie penetre iuſques à ſes entrailles, & deſcrits la ſituation des lieux, les longitudes, latitudes, meurs & façons de viure des peuples habitans d'icelle: pourſuiuant ſi amplemēt l'ordre Coſmographique, qu'il n'y a païs, prouince, mer, coſte, plage, promontoire, goulfe, haure, riuiere, montagne, ou iſle, qui ne ſoit par moy diligemment deſcrite, & eſpluchee par le menu, auec la diuerſité de toutes ſortes d'animaux, & plātes eſtranges, que produit chacune contree: & meſmes les terres incogneues des anciens & modernes, leſquelles les plus ſçauans diſoient eſtre inhabitees, à cauſe que de leurs temps nul ne s'eſtoit hazardé de paſſer outre noſtre Tropique. Dequoy tous Princes peuuent tirer vn merueilleux cōtentement, ſur toūt lors qu'ils ont quelques entreprinſes à executer. Hannon, capitaine Carthaginois tant celebré des hiſtoires, n'euſt entreprins le voyage d'Ethiopie, ne icelle illuſtree ſans les prieres de ſes citoyens. Ces grans perſonnages Nearco & Oneſichrite ne fuſſent paſſez és Indes, ne icelles viſitees, ſans l'aide & confort d'Alexandre le

á ij

Grand, Godefroy de Buillon euſt il fait le voyage de la Paleſtine, ſans
Pierre l'Hermite qui luy facilita le chemin par ſa deſcription? Le Roy
Catholique d'Eſpaigne ſe fuſt il impatroniſé du Peru, Mexique & Cuſ-
que, ſans ceux qui, curieux de nouueauté, ont deſcouuert ces païs là, &
par leurs obſeruations oculaires rendu les cóqueſtes d'iceux aiſees? Qui
a fait les Portugais ſi grands Seigneurs en quelques endroits de l'Aſie,
ſinon ceux qui l'ayans viſitee, luy ont ouuert le chemin pour y donner
attainte? Or(S i r e)comme rien ne ſe doiue preſenter à voſtre Maieſté
qui ne ſoit treſrecommandable, auſſi trouuerez vous que ie n'ay mis
choſe en mon hiſtoire qui ſoit indigne de voſtre veuë & aureille:& cognoiſtrez par icelle qu'ores que toutes perſonnes participét d'vne ame
raiſonnable, & ayent le corps compoſé de meſme matiere, ſi eſt-ce que
les peuples qui naiſſent en diuerſes parties du monde, differét en complexions & maniere de viure: En quoy ſemble que nature prenne plaiſir pour l'ornement de c'eſt vniuers en la varieté de produire chacun
plus propre à vne choſe qu'à vne autre. Ce que i'ay diligemment obſerué durant mes nauigations lointaines, que i'ay continuees par l'eſpace
de dixſept ans ou enuiron, par l'expres commádement, & auec le ſauf-
conduit des treſilluſtres & excellens Roys François premier, & Henry
ſecód voz ayeul & pere que Dieu abſolue. Vous verrez dauátage auec
quelle police les Royaumes & Prouinces eſtrangeres ont eſté, & ſont
encores à preſent, regies & gouuernees, les vnes par Tyrans, les autres
par loix politiques, & les autres par leurs Roys: aucuns d'iceux adónez
à tout vice, & les autres à la vertu. Auſſi le Royaume ſe peut dire parfai-
tement heureux, quand il eſt dominé par vn Prince amateur de ſcience
& vertu: car par ce moyen iadis les Roys(encores qu'à leurs aduenemés
ils fuſſent foibles, & n'euſſent grands moyens) ſe ſont tellemét accreuz
qu'ils ont eſté les plus redoutez de leurs ſiecles. Entre leſquels furent
Epaminondas par l'inſtruction de Liſias, Ageſilaüs par la conduite de
Xenophon, Artaxerſe par le conſeil de Macariot. Et des noſtres Charles ſurnommé le Grand, pour l'amour de doctrine, & François premier
eſtimé pere & reſtaurateur des bonnes lettres. Bien heureux doncques
doiuent eſtre eſtimez ceux qui ont eſté ſi clair-voyans, & ſi ſages au có-
mencemét, qu'ils n'ont point failly, ou ſi vertueux & magnanimes que
iamais ils n'ont perdu, ne tráquilité d'eſprit, ne repos, pour fortune qui
leur ſoit aduenue. Si donc le temps paſſé(S i r e)les Royaumes ont flory, qui ont eſté gouuernez par Roys ſages & vertueux, que peut eſpe-
rer auiourd'huy ceſte Monarchie Françoiſe, ſe voyant regie par vn, auquel on void reluire toutes les graces & dons de Dieu que lon ſçauroit
ſouhaitter, & qui ont attité les lointains Polonnois (nations infiniemét
affectionnee aux lettres)à vous choiſir & eſlire pour leur Roy? Voila la
cauſe pourquoy (S i r e) ie me ſuis hazardé ſous la protection de voſtre

AV ROY.

Maiefté (& auffi par l'expres commandement que m'en a fait la trefver-
tueufe & excellente Royne voftre treshonoree Dame & mere)mettre
en lumiere les voyages par moy faits és quatre parties du monde, auec
la plus grande facilité qu'il m'a efté poffible:enquoy ie me fuis expofé à
vn elemét le plus inconftant de tous les autres, & à la mercy des vents,
orages, tempeftes, barbarie & cruauté des peuples eftranges, & à vne
infinité d'autres perils,defquels l'on peut pluftoft efperer la mort que la
vie. Vray eft que quelques anciés en ont defcrit, mais ce n'a efté la plus
part que par imagination,ou vn fimple raport:là où ie n'allegue que ce
qu'oculairement i'ay veu ou entédu de ceux qui font fur les lieux : fans
m'amufer en vain à deffeigner & reprefenter les plants des villes & fortereffes,entre autres de celles de la France,ne trouuant bon de defcouurir aux eftrangers les fecrets d'icelle, preuoyant aufi combien de cô-
moditez en peuuent tirer les hommes chatouilleux & perturbateurs
du repos public,& ceux qui opiniaftrement fe bandent contre voftre
eftat,ne m'arrefter aux hiftoires & Cofmographies des modernes, côme ont fait quelques autres de noftre temps, lefquels encores qu'ils
n'euffent voyagé, en ont bien ofé traitter à credit. Or (SIRE) ie vous
fupplie auoir agreable ce mien labeur,& le receuoir felon voftre bonté
accouftumee, par laquelle vous plaira mefurer pluftoft mon affection
que la chofe prefentee. Si ainfi eft, ce me fera grand heur d'auoir eu
moyen en ceft endroit,de monftrer le defir que i'ay de faire.

A voftre Maiefté treshumble feruice, laquelle ie fupplie noftre Seigneur vouloir conferuer & accroiftre en fes eftats, victoires, & toute
profperité.

A Paris ce premier iour de Ianuier 1575.

ã iij

ANDRE THEVET COSMO-
GRAPHE DV ROY,
AV LECTEVR BENEVOLE
SALVT.

PREFACE.

ONSIDERANT en moy-mesme (Amy lecteur) combien la longue experience des choses, & fidelle obseruation oculaire de plusieurs pays & nations, ensemble de leurs meurs, & façons de viure, apporte de perfection a l'homme (comme s'il n'y auoit autre plus louable exercice, par lequel on puisse suffisamment enrichir son esprit de toute vertu, & science tressolide) oultre ma premiere nauigation, tant au pays de Grece, Palestine, Egypte, que és trois Arabies, laquelle autresfois i'ay mise en lumiere, ie me suis de rechef, soubs la conduite du grand gouuerneur de l'vniuers, abandonné a la mercy d'vne infinité de perils. Ce que i'ay osé entreprendre à l'imitation de plusieurs grands personnages dont les gestes plus que heroiques, & haultes entreprises celebrees par les histoires, les font viure encores auiourdhuy en perpetuel honneur, & gloire immortelle. Ce que bien & diligemment à consideré le Poëte Grec, qui au commencement de son Odyssee introduit le sage & eloquent Vlysse, ayant veu plusieurs villes, & cogneu les meurs & complexions de diuers pays: dont il est facile à iuger que la peregrination nous cause sagesse, & fait que nous ne semblons estre tousiours enfans. Et veritablement ce desir & ardeur de sauoir à incité Thales Milesien, Solon d'Athenes, Hippocrates Coyen, & plusieurs autres Philosophes de grand renom, d'aller en Egypte, tant louée du diuin Platon. Qui a donné occasion à Virgile de si louablement descrire le Troien Enee (combien que selon aucuns historiographes Grecs & Latins, il eust malheureusement liuré son propre pays és mains de ses ennemis) sinon que, pour auoir vertueusement & constamment resisté a la fureur des vndes impetueuses, & autres inconueniens de la marine, il y ayt veu & experimenté plusieurs choses, & soit finablement paruenu en Italie? Or tout ainsi que le souuerain Createur a composé l'homme de deux essences totalement differentes, l'vne elementaire & corruptible, l'autre celeste, diuine, & immortelle: aussi a il remis & assuietti toutes choses contenues soubs le concaue du ciel en la puissance de l'homme & pour son vsage, reseruant ce qui est au dessus, pour luy en donner à cognoistre autant qu'il luy estoit necessaire pour paruenir à ce souuerain bien: luy laissant toutesfois quelque difficulté & varieté d'exercice: autremét il se fust abastardi par vne oisiueté & nonchallance. Et combien que l'homme soit creature merueilleusement bien accomplie, si n'est il neantmoins qu'orga-ne,& instrument des actes vertueux,desquels Dieu est la premiere cause : de façon qu'il peut eslire telles personnes qu'il luy plaist pour executer son dessein, soit par mer ou par terre. Et comme celuy est vituperable, qui pour vne auarice & appetit insatiable de quelque bien particulier,se hazarde indiscretement:au contraire celuy est digne de louange, qui pour l'embellissement & contentement de son esprit, & en faueur du bien public,s'expose librement à toutes difficultez. Ce qu'a bien sceu pratiquer le sage Socrates, & apres luy Platon son disciple, lesquels non seulement ont esté contens d'auoir voyagé en pays estranges pour acquerir le comble de Phi-losophie : mais aussi pour la communiquer au public sans espoir d'aucun loyer ne recompense. Cicero n'a il pas enuoyé son fils Marc à Athenes, pour ouir en partie Cratippe,en partie pour apprendre les meurs & façons de viure des Atheniens?The mistocle non moins expert en l'art militaire qu'en Philosophie, & cognoissance de la marine , pour monstrer quel desir il auoit d'exposer sa vie pour la liberté de son pays,persuada aux Atheniens, que l'argent recueilly és mines que lon auoit accou-stumé de distribuer au peuple, fust conuerty & emploié à bastir nauires & autres vaisseaux,pour faire guerre à Xerses.Qui causa à Seleuc Nicanor,à l'Empereur Au-guste, & à plusieurs Princes,de porter dans leurs monnoies,deuises,& enseignes, le Daulphin & l'Anchre de la nauire, sinon pour donner instruction à la posterité, que l'art de la marine est le premier,& de tous les autres le plus vertueux? Et toutes-fois la nauigation est tousiours accompagnee de peril , comme le corps de son vm-bre. Ce qu'a bien monstré quelquefois Anacharse Philosophe, lequel s'enquerant de quelle espesseur estoient les ais & tables dont sont composez les nauires: & la res-ponse à luy faicte qu'ils estoient seulemét de quatre doigts, dit que la vie de celuy qui sur tels vaisseaux flotte en mer, n'est non-plus esloignee de la mort. Or (amy lecteur)pour auoir allegué ces excellens personnages, n'est pas que ie m'estime leur deuoir estre comparé, encores moins les egaller : mais ie me suis persuadé que la grandeur d'Alexandre, n'a empesché ses successeurs de tenter la fortune iusques à l'extremité:aussi n'a le sauoir eminent de Platon iusques là intimidé Aristote, qu'il n'ayt à son plaisir traité de la Philosophie. Tout ainsi, à fin de n'estre veu oisif & inutile entre les nostres,non plus que Diogenes entre les Atheniens, i'ay bien vou-lu reduire par escrit, & deduire par le menu, ce que diligemment i'ay veu & obser-ué en mes nauigations loingtaines,par moy faictes és quatre parties du monde. La premiere desquelles est l'Afrique, laquelle prinse depuis le Promontoire de Bon-esperance,dit des Aethiopiens *lard-zethar*, iusques à la mer Mediterranee,contient septante & vn degré de latitude, qui vallent selon ma supputation deux mil cent trente lieuës Françoises: Et en sa longitude depuis Cap-de-Verd, ou *Tagaze* en lan-gue Moresque,iusques a celuy de Gadasumi qui aboutist à la mer rouge, nommee des Abissins *Bahar*, & des Arabes *Zocoroph*, elle a septante cinq degrez, qui sont en cest endroit deux mil deux cens dix neuf lieuës. Et combien que de nostre temps (ne de celuy mesme des anciens)nul d'entre nous ayt veu l'extremité de l'Asie, ditte du peuple d'Orient *Anadolda*,du costé Septentrional:si est-ce que ie diray sans scru-pule,qu'elle contient en latitude septante degrez,qui font deux mil cent lieuës Fran-çoises:& en sa plus grande longitude, prise du bord de la petite Asie iusques a l'isle de *Iappan*,trauersee d'vn mesme parallele : elle a cent dixhuit degrez , qui vallent en cest endroit deux mil huict cens trente deux lieuës.Ceste nostre riche & populeuse Europe ne contient en sa plus grande latitude que quarâte degrez pour le plus , qui font douze cens de nos lieuës,& en sa longitude,prinse pres le vingtiesme parallele,

foixante huit degrez, reuenans en ce mefme endroit a douze cens vintquatre lieuës.
L'eftendue de la quatriefme partie du monde d'vn Pole à l'autre depuis le deftroit
Auftral, iufques au dernier cap Septentrional dit de Terre-ferme: côtient cent quatorze degrez de latitude, qui reuiennent à deux mil deux cens octante lieuës : & en
fa plus grande longitude vers noftre Pole Arctique, prife du fufdit Cap iufques au
Royaume d'*Anian*, elle peut auoir cent cinquâte degrez, qui vallét en ceft endroit
deux mil cent feptante cinq lieues. Quant à l'autre partie du cofté de l'Antarctique
depuis le cap des Canibales iufques a celuy de Cafma, ou en lâgue des Sauuages du
païs *kolmach*, qui luy eft oppofé en la mer Pacifique, fa plus grande longitude eft de
foixante trois degrez, qui font en ceft endroit mil huit cens nonante lieuës françoi-
fes. Voila quelle eft l'eftédue de ceft vniuers, laquelle ie vous ay bien voulu mettre
deuât les yeux en quatre Cartes pour vous faire iuges fi a bon droit ie l'ay diuifé en
quatre parties contre la commune opinion des anciens, ce qui ne fe peut aifement
comprendre fans la Cofmographie : les principaux points de laquelle ne fe prou-
uent point par raifon, mais par demonftrations & experience, & par veritez (qu'on
allegue) tellemét qu'vn homme combien qu'il foit raifonnable, & bien inftruit aux
lettres Grecques & Latines, ne les peut entendre, fi premierement ne luy ont efté
demonftrees à l'œil. Et pourtant ceux qui ne fcauent telle fcience, & n'entendent
point les conceptions de celuy qui eft experimenté en ceft art, les eftimeront aufi
friuolles que celles de celuy qui ne fcait rien. Ce qui me fait efbahir de quelques
rapetaffeurs & reblanchiffeurs de vieilles paroys de noftre aage, lefquels encores
qu'ils n'ayent iamais party de leur païs, ne fauouré vne goutte de l'amertume de
l'eauë de la mer, ains feulement veu filer les araignes dans leurs chambres & eftudes, fi eft-ce toutesfois qu'ils font fi effrontez que de vouloir faire parade de leurs
liures la plus part remplis de harâgues flateufes, digrefsions, iniures, & impoftures,
& entreprennent de baftir vn œuure fi grand que celuy de Cofmographie, s'aydans
des efcrits par eux furetez, tant de Strabo, Pompone Mele, Ptolomee, Volaterran,
Diodore Sicilien, Herodote, Pline, que autres auteurs anciés. Et outre ce font pro-
fefsion de traduire, & interpreter plufieurs liures de diuerfes langues, côbien qu'ils
n'entendent pas feulemét les premiers elemens d'iceux : & partant font plus dignes
d'eftre appellez traditeurs, que traducteurs, veu qu'ils trahiffent ceux, les œuures
defquels ils entreprennent glofer & expofer, les fruftrant de leur gloire, en s'attribuant leur labeur: & par mefme moien feduifent les lecteurs leur môftrant le blanc
pour le noir, & le verd pour le rouge. Quât a moy à Dieu ne plaife que ie me vueille pannader, ne attribuer le labeur d'autruy, ains rends a chacun ce qui luy appartient, au côtraire prend du mien celuy qui fe couure en fa beftife du nô d'autruy, &
qui s'en attribue la gloire : & duquel i'efpere monftrer a toute l'Europe l'ineptie &
infuffifance : voyre fon nom, & mefmes l'eftoc dont il eft iffu. Mais pour retourner
a mon propos : Cefte difcipline Cofmographique donques fert pour defcouurir la
vanité de ce en quoy nous nous arreftons, puis abaiffant noftre orgueil, elle adreffe
noftre efprit à ce qui eft grand, & ne le permect plus f'arrefter à ce qui n'eft rien. Et
pour cefte caufe ie penfe qu'il n'y a fcience, apres la Theologie, qui ayt plus grande
vertu de nous faire cognoiftre la grandeur & puiffance diuine, & l'auoir en admiration que celle la. Ce que vous cognoiftrez eftre vray, fi bien vous confiderez, que
fi nature merite quelque louange, qu'elle ne peut eftre attribuee à autre qu'au createur. Car fi nous ne pouuons viuement fentir les merueilles qui font en ceft œuure,
fans auoir par mefme moien viue cognoiffance du facteur du monde, il eft neceffaire, que dautant que cefte fcience nous induit plus auant au fpectacle de nature,

elle nous donne auſſi plus grande cognoiſſance de la diuine puiſſance:laquelle le
ſaint Eſprit nous voulant faire entendre, nous admonneſte & enſeigne de regarder
la grande magnificence de ceſt vniuers,lequel encores qu'il ſoit trouué admirable,
toutesfois il n'eſt rien au pris de l'auĉteur,qui a les mains ſi grãdes, qu'en vne il con
tient tout le mõde,& entre deux ou trois doigts il tourne toute la terre.Au demeurant ie ſcay bien que quelques vns pourront dire: Qui eſt ce nouueau Coſmographe qui reprend par ſes eſcrits quelques auteurs tant anciens que modernes, & allegue choſes nouuelles? Mais ie leur demande : nature s'eſt elle tellement aſtrainte &
aſſuiettie aux dits des anciens,qu'il ne luy fuſt loiſible au temps aduenir changer,&
donner alternatiue viciſſitude aux choſes dont ils auroient fait mention ? Seroit il
raiſonnable que ceſte nouueauté, que de iour en iour elle produit en diuerſes contrees, & incogneues deſdits anciens pour n'eſtre aduenue de leur temps, & aux
modernes, pour n'en auoir fait la recerche,fuſt miſe en ſilence? Que ne s'eſt teu Pline,puis que Strabon & Pompone Mele auoient traité auant luy de la Geographie?
Et apres eux Ptolomee, Volaterran,& infinis autres deſquels(s'ils euſſent craint telle cenſure) nous n'aurions pas les eſcrits ? Penſeroient ils bien pour aplaudir à leur
puſilanimité me deſtourner de la iouiſſance d'vne liberté commune à tous hõmes
d'emploier toutes leurs aĉtions , eſtudes , & en general tout le cours de leur vie au
profit & auantage du bien public? Qu'ils ſe cõtentent donc (quand il n'y auroit autre raiſon) qu'a la ſeule conſideration que pluſieurs liures donnent à leurs auteurs
nom immortel,& aux lecteurs quelque fruit & vtilité, ie deſire par ce moien (ſi le
preſent liure merite d'eſtre receu de la poſterité)la memoire en eſtre perpetuelle.Ie
diray dauantage,que celuy qui ſe deffie de ſon eſperit, & inuention d'iceluy eſt par
trop ingrat : iugeant que nature,mere de toutes choſes , ayt mis en vn homme tous
ſes dons & graces , & que depuis ayt voulu eſtre à iamais oyſiue & ſterile, n'ayant
aucune force de plus produire choſe de recommandation. Que ſi ie reprens cõme
dit eſt en aucuns endroits quelques vns, ce n'eſt que és lieux euidemment corrigea-
bles,& ou par faulte d'experience ils auroient failly ou par trop grande meſgarde &
ignorance. Au ſurplus vous trouuerez qu'en ce mien œuure ie me ſuis eſſaié de faire comme Solin en ſon liure nommé Polyhiſtor, ou non ſeulement il fait mention
des païs & villes:mais auſſi des animaux,maniere de viure des habitãs , & pluſieurs
autres choſes ſingulieres : à fin que l'œuure compoſé de diuerſes matieres , puiſſe
mieux recreer l'entendement humain,qui eſt ſemblable aux terres, qui demandent
diuerſité, & mutation de ſemences. Vous y lirez maintenant des hiſtoires , maintenant des queſtions naturelles,non moins vrayes que delectables , tant que le pouuoir de mõ petit eſperit ſ'eſt peu eſtendre. Vous y verrez auſſi le plant de quelques
Iſles plus notables:n'oubliant en pas vn lieu les degrez tant de leurs longitudes, qui
ſe prennẽt de l'Orient aux Iſles Fortunees,que leurs latitudes de l'Equinoĉtial a l'vn
ou l'autre Pole. Enſemble la rondeur du ciel qui eſt de trois cens ſoixante degrez:
les trente & deux Rhumbs des vents, & dont ils prennent leurs qualitez & naiſſance,deſquels les quatre principaux ſe nomment ſur la mer Oceane, Eſt,Oueſt, Su, &
Nort,l'vn a l'autre oppoſite:& ſur les mers Major, Caſpie, & Mediterranee,Leuãte,
Ponente,Auſtro ou Mezojorno,&Tramontana.Et quant aux Arabes,& Mores de
la haute Ethiopie les appellent Charkquy, Elgarby, Alkabela,Bahary. Les Inſulaires Iauiens leurs donnent le meſme nom que font les Indiens, ſauoir eſt Cheloth,
Labachz, Sémyo, & Chereceph. Encores m'eſt il ſouuenu d'y rapporter les por-
traits de pluſieurs hommes illuſtres , tant Chreſtiens que Barbares , & de pluſieurs
beſtes,oyſeaux,Pyramides,Hippodromes,Coloſſes,Colomnes,Obeliſques,Thea-

tres , Amphitheatres, Sepultures, Epitaphes , Medalles , & monnoies antiques , & autres singularitez des choses plus rares , par moy veuës , & obseruees le plus pres de la verité qu'il m'a esté possible, deffrichant par ce moien vn chemin a la posterité, auquel il sera maintenant aisé de courir carriere. Toutesfois ie ne vous presente ce mien labeur comme vne chose parfaicte, mais ie desire en ce testifier le desir que i'ay de faire plaisir à la Republique, apres auoir toutesfois confessé, que de tout cest œuure, ie ne demande gloire ne louenge, comme ayant irreprehensiblement escrit, ains plustost me renge & soumets au sain iugement des bons lecteurs , attendu mesmes que toutes escriptures (hors mis la diuine) peuuent errer, ou defaillir en quelque chose. Car Socrates fut repris de Platon , Platon d'Aristote , Origene & saint Augustin de saint Hierosme , & ainsi de plusieurs autres, ausquels ie ne suis en rien à comparer. S'il y a quelques fautes en mes escrits, aussi ne sont tous les autres parfaits. Ceux qui auec raison me vouldront faire ce bien de me reprendre , ie mettray peine d'en faire mon proufit. Car ie ne suis du nombre de ceux, qui aiment mieux defendre leurs fautes, que les corriger. Mais si quelques vns directement où indirectement me vouloient taxer non point auec la raison, & modestie accoustumee en toutes honnestes controuersies de lettres : mais seulement auec vne petite maniere d'irrision & contournement de nez, ie les aduerty qu'ils n'attendent aucune response de moy : car ie ne veux pas faire tant d'honneur à telles bestes masquees, que ie les estime seulement dignes de ma contradiction. Quant au reste ie m'estimeray bien heureux (amy lecteur) s'il te plaist receuoir mon labeur d'ausi bon cueur que ie te le presente: m'asseurant que chacun l'aura pour agreable, si bien il pense au grand trauail de si longue peregrination que i'ay voulu entreprendre, pour à l'œil voir, & mettre en lumiere les choses plus memorables que i'y ay peu noter & recueillir comme verras cy apres. Si tu troues quelques fautes en l'impression tu ne t'en dois prendre à moy qui m'en suis rapporté a la foy d'autruy. Puis le labeur de correction est tel, singulierement en vn œuure nouueau si prolixe, que tous les yeux d'Argus ne fourniroient à voir les fautes qui s'y trouuent. Et si d'aduenture il y a quelques vns qui ayent des memoires de l'antiquité de leurs villes, ou autres choses estrágeres, il leur plaise m'en faire part pour inserer en ce mien œuure a la seconde impression, ie ne seray ingrat de les recognoistre par mes escirts. Non-plus que ie veux estre a lendroit d'vn bié honorable personnage Ian de Bray bourgeois, & par cy deuát Escheuin de Paris, amateur de l'antiquité, lequel m'a aydé de la plusfpart de ces antiques monnoyes, mesmement de celles des particulieres maisons illustres de nostre France, qui auoient iadis droit d'en faire battre : toutes lesquelles ont esté, les vnes rachetees & autres re-vnies a la Couronne, comme verrez chacune en son lieu. Ceux qui en cela me voudront gratifier, auront occasion de se contenter de la diligence de l'Angoumoisin.

חרוז ליוחנן קינקארבוראוס מורה לשון
הקודש על ספר הצורת הארץ שחברו
אנדריאה טבט איש חכם
מאוד בחכמתו :

שֵׁם הֲבַּעַל סֵפֶר הַזֶּה ׳
טֶבֶת הוּא נִכְבָּד לֹא נִבְזֶה :
כִּי הַמֵּיטָב יֵשׁ פֵּרוּשׁוֹ ׳
הֲנּוֹתֵן אַף חֵן עַל רֹאשׁוֹ :
וְנַם נִקְרָא כְשַׁם חָרָשׁ ׳
עֲשִׂירִי בַּמִּקְרָא קֹדֶשׁ :
בֵּין הַפֹּעֲלִים אֲחֵרִים ׳
שֶׁכַּתְּבוּ הַסְּפָרִים :
מֵהָאָרֶץ וּגְבוּלֶיהָ ׳
גַּם מֵהַכֹּל שֶׁעָלֶיהָ :
לֹא קָם עוֹד חָכָם מִמֶּנּוּ ׳
שֶׁהוֹצִיא לָאוֹר הָעוֹלָם :
סֵפֶר כָּזֶה כִּלְשׁוֹנֵנוּ ׳
אוֹ בַּלָּשׁוֹן אַחֵר נִשְׁלָם :

Io. Quinquarboreus Lutetiæ Collegij professorum
Regiorum Senior.

עַל חִבוּר הַסֵפֶר חֲזֶה גִילכרטוס גֵיכרר
מורה חכמת האלהים ומלמד
לשון הקדש

אַתָּה לֹא תִקְרָא עוֹד תַּבֵּט ׳
כִּי אִם בְּנִגְמוּרוֹת רְאִיּוֹת תֵּבֵל :
כִּי אַתָּה מַרְאֶה אֶת־הָאָרֶץ ׳
וּמְלוֹאָהּ נִסְתָּר שֶׁהוּא תֵבֵל :
כֵּן אָב אַבְרָם נִקְרָא מֶקָּרֶם ׳
אַבְרָהָם אַחַר צֵאת מִבָּבֶל :
כֵּן הַאֵם שָׂרַי בִּתְמוּרוֹת אוֹתִי ׳
נִקְרָאת הִיא שָׂרָה לֹא בְחָבֶל :
הִתְחַזֵּק־נָא יַאֲמֵץ כָּל כֹּחֶךָ ׳
וּבְכָאֵר הֵיטֵב כָּל פִּלְאֵי אֵל :
לַאֲשֶׁר הָאָרֶץ עִם יוֹשְׁבֵי בָהּ ׳
שְׂאֵת עַמִּים וּלְשׁוֹנוֹת בִּלְבֵּל :

Gil. Genebrardus Theologus Parisiensis
& Regius professor.

ΕΙΣ ΑΝΔΡΕΑ ΘΕΒΗΤΟΥ ΚΟΣΜΟΓΡΑΦΙΚΑ.

Ἐπῆς ἐκ ἔδραμες, πεπλ ἱπλοϋ δρόμον οὐδὲ δίαυλον,
  Οὐδ᾽ ἐν διὰ ςάδιον, ἀλλὰ τετραπλάσιον.
Οὐ ποσὶν, οὐδ᾽ ἵπποις, πτερύγεσι δὲ ἠὲ πεδίλοις
  Ἑρμοῦ τετραπόροις ἶσα τρέχων ἀνέμοις.
Οὐδὲ δι᾽ ὠκυπετεῖς Διὸς ἄγγελοι οὐρανομέτραι
  Ὧδε θοῶς κόσμου δεῖξαν ἐπομφάλιον·
Ὡς σὺ φίλ᾽ ὦ Θεόβητε θεοῦ τινὸς ἡνιοχ θ᾽
  Ὥσπερ ὁ Θεοβίτης ἅρμασιν ἐμβεβαὼς,
Γῆς διαμετρήσας πάσης κύτος ἠδ᾽ θαλάσσης,
  Κόσμον ἅπαντα ζα᾽ ἐν κόσμῳ ἀπεικόνισας.
Ἀνθ᾽ ὧν οὐ ςέφανός ζοι ὀφείλεται εἷς σμικρὸς, ἀλλὰ
  Κοσμικὸς οἷα δρομεὺς κόσμον ἔχε ςέφανον.
      Ἰω. Αὐράτου ποιητοῦ βασιλικοῦ.

IN A. THEVETI COSMOGRAPHICA.

ODE

Io. Aurati Poëtæ Regij.

NON ergo nullum carminibus tuis
Cumæa vates, pondus inest, quibus
    Christi sub aduentum canebas
    Cuncta retro renouanda secla.
Iam Tiphis alter, iam redit altera
Heroas Argo quæ vehat inclytos,
    De stirpe diuorum creatam
    Progeniem superis secundam.
Qui nota nondum per maris æquora.
Plenas pericli præcipitis vias
    Ausi, nouum videre cælum,
    Astra noua, & noua regna, & urbes.

Ode.

Videre quicquid distulerat Deus
Seros in annos patribus abditum
    Nostris:iniquas arguentes
    De superis hominum querelas,
Falsò querentum cuncta parentibus
Inuenta primis, & sibi iam nihil
    A diis relictum, quod sagaci
    Erueret nouitas labore.
Non hæc Deo mens inuida,non inops
Hæc est egestas, vt pater omnia
    Donarit illis æquus:hos ceu
    Vitricus improbus abdicarit.
Semper fuerunt, semper erunt sequens
Quæ promat ætas prætereuntibus
    Abstrusa seclis. Ars recentum est
    Ære libros, Iouis ære tela
Conflare : in vsus vnica dispares
Vt lenta plumbi lamina seruiat,
    Nunc pacis instrumenta formans,
    Horrida nunc trucis arma belli.
Ludis vt olim nobile publicis
Romanus artis cum Babyloniæ
    Expendit auleum : superbæ
    Mæonium vel acus laborem.
Aut cum triumphis Palladiis tumens
Monstrant Athenæ textile per dies
    Solemnibus festos Mineruæ,
    In Panathenaïco paratu.
Dum paulum ab alto margine tollitur,
Vt se stupentum visibus explicet:
    Apparet imperfecta rerum
    Tot series,aciesque truncæ
Crescente crescunt vndique Pallio.
Iam summa parent culmina cuspidum,
    Iam crista,iam conus coruscans,
    Iam caput,os, humerique summi.
Donec suos per tota velut gradus
Diffusa latè vestis in vltimas
    Subsedit oras:inque,texta
    Prælia summa patent & ima.
Vt cum ferorum semine dentium
Prognata quondam cominus agmina
    Prodire ruptis visa sulcis
    Terruerant proprium satore.
Sic, quo theatri non opulentior
Est apparator maximus omnium.
    Ædilis,haud spectanda rerum
    Cuncta Deus tribuit vetustis.

Ode.

Sensim tapetum sed velut exerens,
Nunc hoc modo illud leniter exhibet
    Spectandum: in admirationem
    Artificis trahat ars vt omnes.
Et nunc Iason, nunc vagus Hercules
Telluris oras eruit vltimas:
    Nunc lentus erroris viaque
    Nerytius, Phrygiúsue ductor.
Sed nullus vnquam plus obiit maris
Terraque, nostro quàm tua seculo
    Theuete, seu Tiphete mauis
    Tiphin auum superans iuuentus.
Tu mensus orbem, quà patet, vndique
Mundi superni testis & inferi,
    Ad nos vt alter non Vlysses,
    Mercurius remeas sed alter.
Qui gratus altis hospes & infimis
Ambas inultus it redit & vias:
    Huic par tuus Theuete cursus,
    Par tuus huic lepor ipse fandi.
Dum falsa veris miscet Vlisseüs,
Contaminauit historiæ fidem,
    Narrator orbis fabulosus:
    Tota tua & sine fraude cartha.
Verax soli tu censor es & sali,
Atque vmbilici certior arbiter,
    Quàm quas ferunt vtróque missas
    Axe aquilas coiisse Delphis.
Non ergò solum tu crucis aureæ
Insigne gestas, quod cruce nobilem
    Olim peragraris Sionem
    Palmiferi gregis archimystes:
Latè patentis sed spacium crucis
Toto quod errans orbe cucurreris:
    Vtrumque quà dimetientem
    Orbis habet pia crux capacis.
Signum quod olim prouida mens Dei
Elegit, in quo brachia tenderet:
    Dextrúmq, læuū, altū, profundum
    Mensus, opus repararet auctor
Paucis sed istud curriculum datur
Cursare, vt illi certa renuntient
    Multis: at inter hos fidelem.
    Posteritas te habitura testem,
Quæ te beato facta beatior.
Theuete, quod per mille pericula,
    Per mille vidisti labores,
    Tuta tuis videt omne libris.

AV SEIG. A. THEVET, COSMOGRAPHE DV ROY. P. DE RONSARD, GEN-TILHOMME VANDOMOIS.

ODE.

HARDY le cœur du Charpentier
Qui vit le Sapin forestier
Inutile sur sa racine:
Et qui le trenchant en vn tronc
Le laissa seicher de son long
Dessus le bord de la marine.

Puis sec des rayons de l'Esté,
Le sia d'vn fer bien denté
Le transformant en vne hune,
En mast, en tillac, en carreaux,
Et l'enuoya dessus les eaux
Seruir de charrete à Neptune.

Thetis qui tousiours auoit eu
D'auirons le doz non battu,
Sentit des playes incognuës:
Et maugré les vents furieux
Argon d'vn arc laborieux
Sillonna les vagues chenuës.

Soubs la conduite de Tiphis
L'entreprise (ô Iason) tu fis
D'acquerir la laine doree:
Auec quarante Cheualiers
En force & vertu les premiers
De toute la Grece honoree.

Les Tritons qui s'esbahissoient
De voir ta nauire, poussoient
Hors de la mer leurs testes blondes,
Et les Phorcydes, d'vn long tour
En carollant tout à l'entour
Portoient ta nef dessus les ondes.

Orphé dessus la Prouë estoit
Qui des doigts son Luth pincetoit
Et respondit à la nauire,
Laschans des esguillons ardans,

6

Aux cœurs de ces preux accordans
L'auiron au son de la lyre.
  Or si Iason a tant receu
De gloire pour auoir deceu
Vne ieune enfante amoureuse,
Pour auoir d'vn dragon veillant
Charmé le regard sommeillant
Par vne force monstrueuse.
  Et pour n'auoir passé sinon
Qu'vn fleuue de petit renom
Qu'vne mer qui va de Thessale
Iusque aux riuages Medeans,
A merité des Anciens
Vn honneur qui les Dieux egale.
  Combien THEVET au pris de luy
Doibt auoir en France auiourd'huy
D'honneur, de faueur, & de gloire
Qui a veu ce grand Vniuers
Et de longueur & de trauers,
Et la gent blanche & la gent noire?
  Qui de pres a veu le Soleil
Aux Indes faire son reueil,
Quand de son char il prend les brides,
Et a veu de pres sommeiller
Dessoubs l'Occident, & bailler
Son char en garde aux Nereides.
  Qui luy a veu faire son tour
En Egypte au plus hault du iour,
Puis l'a reueu dessoubs la terre
Aux Antipodes esclairer,
Quand nous voyons sa seur errer
Dedans le ciel qui nous enserre?
  Qui a pratiqué mille ports
Mille peuples en mille bords,
Tous parlans vn diuers langage,
Et mille fleuues tous bruyans
De mille lieux diuers fuyans
En la mer d'vn large voyage?
  Qui a decrit mille façons
D'oyseaux, de serpens, de poissons,
Noueaux à nostre cognoissance:
Apres ayant sauué son chef
Des dangers, a logé sa nef
Dedans le beau port de la France.

Il eſt abordé dans le port
Du grand Cardinal ſon ſupport,
Qui comme vn ſçauant Ptolomee
A de tous coſtez amaſſez
Les liures des ſiecles paſſez
Empanez de la renommee.

Qui garde en ſon cœur l'equité,
Vn vraẏ bourbon de verité,
Ennemy capital du vice:
Aymé des peuples, & de Dieu
Et qui de la Cour au milieu
Paroiſt l'image de Iuſtice.

Qui doit ſur tout auoir le pris
Comme Prince aux vertuz apris
Qui ſeul fait cas des doctes hommes,
Qui par ſon ſçauoir honoré
A preſque tout ſeul redoré
Ceſt age de fer où nous ſommes.

Theuet, il te l'a bien monſtré
Si toſt que tu las rencontré:
Sa faueur t'a fait apparoiſtre,
Et fuſſe couru mille fois,
Aux cours des Papes & des Rois,
Sans t'acointer d'vn ſi bon maiſtre

SONNET DE FEV IOACHIM
DV BELLAY, AV COSMOGRA-
PHE THEVET.

SI la premiere nef, que vit la pleine humide,
De nef fut transformee en aſtre flamboyant,
Pour auoir voyagé d'vn chemin ondoyant,
Qui va du Theſſalique au riuage Colchide:
Combien doit noſtre France à ceſt autre Aeſonide,
Qui comme l'Ocean la terre coſtoyant,
Qui comme le Soleil le monde tournoyant,
A veu tout ce qu'enceint ce grand eſpace vuide?
C'eſt THEVET qui ſans plus des rocs Cyaneans,
N'a borné ſon voyage, ou des champs Medeans:
Mais a veu noſtre monde, & l'autre monde encore:
Dont il a rapporté, non, comme fit Iaſon
Des riuages du Phaſe, vne blonde toiſon,
Mais tout ce qui ſe void ſur les champs de l'Aurore.

AVTRE SONNET DV MES-
ME AVTHEVR.

APres auoir gaigné quelque grande victoire,
Les Empereurs Romains en triomphe portoient
La prouince domtee, & la representoient
Par l'habit qui pouuoit la rendre plus notoire.

Theuet à son retour tout imitant la gloire
De ceux-la qui iadis les barbares dontoient,
Des peuples qui de nom cognuz a peine estoient
Nous represente icy la naturelle Histoire.

Comme Vlysse eschappé de cent mille dangers,
De ce qu'il a conquis sur les bords estrangers
Vn eternel trophee il plante sur noz riues:

Rapportant, non l'honneur d'vn peuple surmonté
Non le riche butin d'vn barbare dompté,
Mais de tout l'vniuers les despouilles captiues.

AV S. A. THEVET, SVR SA COSMOGRA
PHIE I. ANTOINE DE BAIF.
ODE.

OQue le ciel defauorise
Le faineant, qui en faitardise
Traisne oysif son age aux tisons,
Sans voir des hommes les manieres
Et dans les terres estrangeres
Loger aux lointaines maisons.

Toy THEVET, fuyant tel reproche
Tu as veu, non le monde proche
Tant seulement, mais le seiour
Où le peuple soubs nous demeure,
Sur qui la nuict s'epand a l'heure
Que nous voyons luire le iour.

Là perdant nostre Ourse de veuë
Tu as celle croix recogneuë
Qui le contrenort tient enclos:
Et bien employant ton ieune aage
A plus d'vn perilleux voyage,
T'es honoré d'vn digne los.

Ayant plus erré qu'vn Vlysse
Tu faits plus, soubs vn Dieu propice
Sans Homere de ses perils
La memoire seroit faillie
A fin que nul aage n'oublie

Les tiens, de ta main les décris.
  Et d'autant Vlysse tu passes
Que les Homérienes graces
Maints beaux mensonges ont chantez:
Toy fidele Autheur tu n'auances
De toy sinon les obseruances
Des peuples par toy frequentez.
  Aux ans plus forts de ta ieunesse
Volant à l'ancienne Grece
Et la terre des vieux Hebrieux
T'embarquas au port de Venise,
Et commencas ta belle emprise
De veoir les hommes & les lieux.
  Tu vis l'isle où de Diomede
Les compagnons malgré son éde
Furent transmuez en oyseaux.
Tu vis la terre Pheacie,
Où les peuples passoient leur vie,
Faisans festins & ieuz nouueaux.
  De la coustoyant la Moree
L'isle à Pelops iadis nommee,
Surgis au bers de Iupiter:
Où seiournas neuf Lunes pleines
Puis vas par les eaux Egiénes
Dans Chio deux mois habiter.
  Là tu sceus par les Caloiers
Des Grecs les Chrestiennes manieres,
En deuis humains & plaisans,
Puis tu vis la nouuelle Rome
Qui du grand Constantin se nomme
Où fis ta retraicte deux ans.
  De là tu vis la cité belle
Qui du nom d'Adrian s'appelle.
Et vis la cité que fonda
Philippe de luy surnommee:
Puis à trauers la mer Egee
Ta nef à Rhodes aborda:
  Où fut planté la masse grosse
De ce desmesuré Colosse
Qui l'entre' du Port eniamboit.
De là, la cité d'Alexandre
Te voit en Ægypte descendre
Au pays que le Nile boit.

Au peril de ta chere vie
De là paſſas par l'Arabie
La pierreuſe au mont Sinaï:
Viſitas la mer Erythree,
Iſles & Roches ou Perſee
Tua le grand Monſtre enuahy.

Tout preſt d'engloutir Andromede,
Quand du bon Heros le remede
A la bonne heure comparut.
La belle il voit, la beſte aduiſe:
Entreprend ſoudain ſon empriſe:
Luy ſeul la vierge ſecourut.

Toy de là par ceſte mer creuſe,
Tu vas en l'Arabie heureuſe
Prendre terre au port de Sidem:
Par Gazer ville Sanſonnine
Tu reuiens en la Paleſtine
Voir la ſainɛte Hieruſalem.

Où de mois faiſant ta neufuaine
Recognus la terre ancienne,
Allas viſiter les ſainɛts lieux,
Rendis au Seigneur vœuz & graces
Adorant de Ieſus les traces,
Où fut d'enfer victorieux.

La Lune par neuf tours emplie,
Vins à Tripoli de Surie
Voir le mont du Cedreux Liban:
De là dans Chipre tu prins terre,
Et bien que la peſte y fiſt guerre
Y ſeiournas le quart d'vn an.

De là redeſirant la France
Le cher pays de ta naiſſance,
T'en vins par Malte nous reuoir:
Et deſlors tu mis en lumiere
Aux tiens celle courſe premiere
N'eſtant chiche de ton ſçauoir.

Diray-ie ta ſeconde courſe,
Quand perdis l'eſtoile de l'Ourſe?
Mais premier l'Afrique tu vis,
Paſſant la terre fortunee,
Fez, Tremiſſan, & la Guynee
Outre le Cancre te perdis.

Et retourné, toy qui defdaignes
L'erreur des vieux, tu nous enfeignes
Que la Zône eftimee brufler,
Contre leur dire eft habitable,
Où la pluï tombant fecourable
Rafraichift & la terre & l'air.

  Sur la riuiere Ganabare
Parmy la nation barbare
Trois ans fous le Su habitas.
Perdant noftre Pole de veuë
L'eftoile tu as recogneuë,
Où le ciel fe tourne la bas.

  Puis par le chef des Canibales
Du long des coftes inegales
De l'Amerique, coftoyant
Le Peru, Meffique, Efpagnole,
Cube, Floride, ta nef vole
Au Haure te reconuoyant.

  Paye le vœu de tes voyages
Theuet que les François courages
S'efiouiffans de ton labeur,
Et te chantent & te beniffent,
Et ta tefte regaillardiffent
Du verd chappeau d'vn bel honneur
Puis que par toy fans qu'ils hazardent
Leur ame au perils, ils regardent
En ton liure dans leurs maifons
Tout ce qui eft de rare au monde,
Trauerfants mons & mer profonde
Sans bouger du coing des tifons.

ESTIENNE IODELLE S. DV
LIMODIN, A A. THEVET.

SI nous aufons pour nous les Dieux,
Si noftre peuple auoit des yeux,
Si les grands aymoient les doctrines,
Si noz Magiftrats trafiqueurs
Aymoient mieux s'enrichir de meurs,
Que s'enrichir de noz ruines,
Si ceux là qui fe vont mafquant
Du nom de docte en fe mocquant

N'aymoient mieux mordre les sciences
Qu'en remordre leurs consciences,
Ayant d'vn tel heur labouré
Theuet tu serois asseuré
Des moissons de ton labourage,
Quand fauoriser tu verrois
Aux Dieux, aux hommes & aux Rois
Et ton voyage & ton ouurage.

   Car si encor nous estimons
De ceux là les superbes noms,
Qui dans leur grand Argon ozerent
Asseruir Neptune au fardeau,
Et qui maugré l'ire de l'eau
Iusques dans le Phase voguerent:
Si pour auoir veu tant de lieux
Vlysse est presque entre les Dieux,
Combien plus ton voyage t'orne,
Quand passant soubs le Capricorne
As veu ce qui eust fait plorer
Alexandre? si honorer
Lon doit Ptolomee en ses œuures
Qu'est-ce qui ne t'honoreroit
Qui cela que l'autre ignoroit
Tant heureusement nous descouures?

   Mais le ciel par nous irrité
Semble d'vn œil tant despité
Regarder nostre ingrate France.
Les petits sont tant abrutis,
Et les plus grands qui des petits
Sont la lumiere & la puissance,
S'empeschent tousiours tellement
En vn trompeur accroissement,
Que veu que rien ne leur peult plaire
Que ce qui peult plus grands les faire,
Celuy là fait beaucoup pour soy
Qui fait en France comme moy,
Cachant sa vertu la plus rare,
Et croy veu ce temps vicieux,
Qu'encor ton liure seroit mieux
En ton Amerique barbare.

   Car qui voudroit vn peu blasmer
Le pays qu'il nous fault aymer,

Il trouueroit la France Arctique
Auoir plus de monstres ie croy
Et plus de barbarie en soy
Que n'a pas ta France Antarctique.
Ces barbares marchent tous nuds,
Et nous nous marchons incognuz,
Fardez, masquez. Ce peuple estrange
A la pieté ne se range,
Nous la nostre nous mesprisons
Pipons, vendons & desguisons.
Ces barbares pour se conduire
N'ont pas tant que nous de raison,
Mais qui ne voit que la foison
N'en sert que pour nous entrenuire?
    Toutefois, toutefois ce Dieu,
Qui n'a pas bany de ce lieu
L'esperance nostre nourrice,
Changeant des Cieux l'inimitié,
Aura de la France pitié
Tant pour le malheur que le vice.
Ie voy noz Roys & leurs enfans
De leurs ennemis triomphans,
Et noz Magistratz honorables
Embrasser les choses loüables,
Separans les boucs des aignaux,
Oster en France deux bandeaux,
Au peuple celuy d'ignorance,
Et eux celuy de leur ardeur,
Lors ton liure aura bien plus d'heur
En sa vie, qu'en sa naissance.

A MONSIEVR THEVET, COS-
MOGRAPHE DV ROY, GVY LE
Féure de la Boderie.

ODE.

STROPHE I.

SI les Grecs autant adonnez
A mal faire comme à bien dire
Aux yeux des peuples estonnez
Ont fait luyre au Ciel la Nauire
Qui parmy les flots estrangers
Tira de maints & maints dangers

L'elite des preux de la Grece,
Lesquels auecques leur Iason
Voguoient tous rauiz d'allegreſſe
De rauir la riche toiſon.

ANTISTROPHE.

De combien a plus merité
D'eſtre des Gaulois loüangée
Qui ſont amis de verité
Et iuſqu'au Ciel des Cieux rangee
L'arche en trois eſtages diuers
Repreſentant tout l'Vniuers
Miparty en trois chambres rondes
Archetipe, Cieux, Elemens,
Et l'homme qui tient les trois mondes
Vnis en trois Mepartemens ?

EPODE.

Laquelle a deliuré
Des animaux l'angeance
Du deluge enyuré
De diuine vengeance,
Et ſauué de méchefs
(Quand Noach trouua grace)
Toute l'humaine race
Raſſemblee en huiĉt Chefs.

STROPHE II.

Ceſte Galere des Gaulois
Qui premiere gauloya l'onde,
Iadis par maints & maints deſtroits
Enuironna la terre ronde
Et ſoubs le grand Pilote ſainĉt
Ceignit tout l'eſpace que ceint
Thétis de ſa large ceinture,
Où il contempla de ſes yeux
Du peintre diuin la peinture
Qui reluiſt au tableau des Cieux.

ANTISTROPHE.

Et à fin de recommencer
Deſſoubs la ſainĉte Tetraĉtyde

D'hommes la terre enfemencer
Laquelle eftoit deferte & vuide,
En quatre parts il la partit
Et à fes fils la departit,
Sem eut pour foy la gran d'Afie,
Cham d'Afrique les champs bruflez,
Iafeth ceux d'Europe choifie,
Et noz contrepieds reculez.

EPODE.

Puis fes fils & nepueuz
Peuplerent les Prouinces,
Et deffoubs fes aueuz
S'en feirent Roys & Princes:
Donc apres tant de maux
La terre toute nue
Fut d'hommes reueftue,
Et de tous animaux.

STROPHE III.

De deffus le mont Gordien
Afsis en la haulte Armenie,
Noach du monde gardien
Mena fa gallere benie
En toutes Ifles, toutes Mers,
Egallant fes termes & mercs
A ceux-là dond Phébus aproche
En fes ordinaires trauaux
Porté dedans fon doré Coche
Et tiré de quatre cheuaux.

ANTISTROPHE.

Depuis encor qu'au fil des ans
De Naufs ait efté labouree
En ces exercices plaifans
La mer de l'vne à l'autre oree,
Si eft-ce que fans y penfer
L'oubly auoit fait abfconcer
Noftre Atlantide demy-ronde
Aufsi loing de noftre ceruceau

Comme eſt loing de l'antique monde
La face du monde nouueau.

EPODE.

Quoy que Tyr & Sydon
Et Phénice ſe vante
En l'art vtile & bon
De nauiguer ſçauante,
Ses Nochers toutefois
Ne nous auoient ouuerte
L'autre terre couuerte,
Ny l'Antarctique crois.

STROPHE IIII.

Mais en ce Siecle retorné
Le grand œil de la Prouidence
A mis l'autre monde entorné
Du tout en parfaite euidence
A fin que tous ſiecles bornez
En noſtre ſiecle retornez
Feiſſent voir toutes choſes belles,
Et à fin que retorne encor
(Les vieilles deuenans nouuelles)
L'heur nouueau du vieil ſiecle d'or.

ANTISTROPHE.

Comme au beau Iafeth ou Atlant
Qui ſouſtint le Ciel de l'éſpaule,
Appartint l'autre terre ou plant
Qui eſt oppoſite à la Gaulle,
Ainſi par les diuines loix
Il appartenoit aux Gaullois
Et à ceux d'Europe habitee
De deſcouurir la region
Qu'ils ont de leur pere heritee
Auecques la religion.

EPODE.

Car le cercle parfait
Qui tous les plants compaſſe,

Sa pleine rondeur fait
Lors que sa fin repasse
Tout droit au premier point
D'où commençoit sa course,
Comme l'ame en sa source
Remonte & se conioint.

STROPHE V.

Aussi en l'Europe sont nez
De Gennes, Venise, & Florence
La fleur des beaux esprits ornez
En l'art vtile & la science
De conduire au milieu des flots
Flotte de Naufs & Matelots
Colomb, Cadamost, Amerique
Qui soubs Castille & Portugal
Ont retrouué par leur pratique
Le monde neuf au nostre égal.

ANTITTROPHE.

Et à fin que la France euft part
En ceste gloire meritee
Aussi bien comme elle a en l'art
Et en la science heritee
De l'ayeul du Gaullois Gomer
Qui premier feift les Naufs ramer,
Theuet expert au nauigage
D'icy tu voulus t'ecarter,
Et voir de Sem le beau partage
Qu'vn iour Iafeth doit habiter.

EPODE.

Donques bien equippé
Dessus l'eau Miterreine
Tu fus tost embarqué
Pour passer en la pleine
Qui dans son beau pourpris
La saincte ville enserre
Le centre de la terre,
Et le Ciel des Esprits.

STROPHE VI.

Tu mesuras les murs espaix
De celle Cité renommee

Qui eſt la viſion de paix
A bon droit des Hebrieux nommee
Sur laquelle habitoit iadis
La grand Tente du Paradis
Et la Hieruſalem celeſte
Encloſe d'Anges fils du iour,
Comme l'autre eſtoit manifeſte
Entre tous les Roys d'alentour.

ANTISTROPHE.

La Cité qui ſeule valut
D'eſtre de la terre le centre
Car Dieu ouurant noſtre ſalut
Au milieu de la terre, y entre.
Là là le point eſt euident
Entre Leuant & Occident,
Le my-iour, & l'Ourſe gelee,
Non pas en Delfe, où ſe rendit
L'vne & l'autre Colombe ailee,
Comme le Grec fabuleux dit.

EPODE.

De là par les ardeurs
Tu vins en la ſabee,
Où eſt l'ame aux odeurs
Des Zefirs dérobee,
Et vis par chemins lons
Auſſi bien que l'heureuſe
La deſerte & pierreuſe
Abondante en ſablons.

STROPHE VII.

Puis eſtant du zele allumé
Dond iadis bruloit Pythagore,
Platon en ſçauoir conſommé
Eudoxe & Démocrite encore,
Tu vins au terroir que le Nil
Engraiſſe de limon fertil,
Et vis l'orgueil des Pyramides
Que le temps n'a du tout rongé,
Et le champ des Abrahamides
Où eſtoit leur troupeau rangé.

ANTISTROPHE.

Tu contemplas auſſi de l'œil
Meint port, & meinte Iſle égaree,

Rhodes dediee au Soleil,
Cypre à la fille de maree,
Et celle là du Candiot
Des faulx dieux le grand idiot:
Tu vis la ville qui renomme
La grandeur de son Constantin,
Lequel y transfera de Romme
L'honneur & l'Empire Latin.

EPODE.

Puis de là retournant
Non comme les auares,
Tu reuins en Ponant
Chargé de choses rares
Pour induire noz Roys
D'auoir pour habitacles
De Sem les Tabernacles
Deuz à Iafeth Gaullois.

STROPHE VIII.

Et pour prendre possession
Au nom du Roy, du terroir digne
De l'autheur de ta nation,
Tu allas passer soubs la ligne
Où Phebus qui son char conduit
Egalle le iour à la nuit:
Tu franchis la ceinture large
Qu'on nous disoit ardre de chauld,
Et paruins iusqu'à l'autre marge
Ayant tousiours le Ciel en hault.

ANTISTROPHE.

Tu vis cest Antarctique Gond
Dessus lequel le Ciel tornoye,
Et vire le Soleil en rond
Qui de l'orniere ne foruoye:
Tu vis peuples brutaux & nuds
A nous parauant incognuz,
Ceux qui sur la terre Sferique
Pied contre pied marche sous nous,
Les autres de costé oblique
A qui le dessus est dessoubs.

EPODE.

Plus qu'vn Scythe inhumain
Tu vis le Canibale
Qui chair & fang humain
Engloutit & aualle.
Et brief par l'Vniuers
Ayant meintes trauerfes
Tu vis les meurs diuerfes
De meints peuples diuers.

STROPHE IX.

Heureux THEVET, trois fois heureux
Qui feul as veu fur terre & l'onde
Prefque autant que le genereux
Noach, qui repeupla le monde,
Plus heureux d'auoir veu les meurs
De tant de gens de tant d'humeurs:
Mais tresheureux pour en ce liure
Les auoir depeints & decrits
Qui peut à iamais faire viure
Ton nom entre les beaux efprits.

ANTISTROPHE.

La Nef qui t'a porté fi loing
Meriteroit mieux d'auoir place
Dedans le Ciel en quelque coing
Que celle de la Grecque audace:
Mais elle fe doit contenter
D'y auoir fait ton nom entrer,
Où quand ton corps qui l'ame voile
En terre fera retorné
Il y luyra comme vne eftoille
D'honneur & de bon-heur orné

EPODE.

De ta Nef ce pendant
Tire ta marchandife
Et la vien eftendant
En la Nef de l'Eglife
Rendant aux immortels
Les vœuz du long voyage
Et gré du long ouurage
Sacré fur leurs autels.

TABLE DES SOMMAIRES DE CHACVN CHAPITRE DE L'AFRIQVE, REDIGEZ SELON L'ORDRE ALPHABETIQVE,

De laquelle a, denote la premiere page : b, la seconde.

Table des Chapitres

Fin de la Table des Chapitres de l'Afrique.

*ij

TABLE DES SOMMAIRES DE CHACVN CHAPITRE DE L'ASIE, REDIGEZ SELON L'ORDRE ALPHABETIQVE,

De laquelle a, denote la premiere page : b, la seconde.

Table des Chapitres de l'Asie.

Table des Chapitres

De l'Asie.

Fin de la Table des Chapitres de l'Asie.

COSMOGRAPHIE
VNIVERSELLE DE
ANDRE THEVET,
COSMOGRAPHE
DV ROY.

DESCRIPTION DE L'AFRIQVE.
LIVRE PREMIER.

Que c'est que COSMOGRAPHIE, & ce qu'il fault obseruer pour l'intelligence & cognoissance d'icelle. CHAP. I.

POVR-AVTANT que ie traite en cest œuure mien de plusieurs choses, lesquelles ne se peuuent bonnemét entendre sans certains principes, & reigles prinses de la Cosmographie: il m'a semblé bon d'en discourir briefuement & sommairement, à fin qu'il n'y ait rien, qui ne soit facile au Lecteur. Ie veulx bien toutefois que lon entende, mon intention n'estre d'en escrire, comme aucuns ont faict par cy deuát, lesquels amassans & entassans beaucoup de choses inutiles sur ceste matiere, l'ont rendue par ce moyen odieuse à plusieurs: mais en omettant telles digressions, ie diray en peu de mots, que c'est, & ce qui est necessaire d'entendre, deuant que venir à la particuliere description des quatre parties de la Terre. Il fault donc sçauoir, que Cosmographie n'est autre chose, qu'vne description du Monde (ou *Adonia* en lague Ethiopienne) comprenant tout ce qui est enuironné par le plus hault ciel, comme les quatre Elemens (ou *Pyrappatha* en la mesme langue) & ensemblement tous les Cieux: lequel mot est prins des Grecs, qui cognoissans à la verité, qu'il n'y auoit rien, à quoy tout ce que Dieu a creé plein de beauté & delices, conuint mieux qu'au Monde, l'ont appellé en leur langue *Cosmos*, qui vault autant que Ornemét, ou si vous voulez, beau, plaisant & delectable. Or tout cest vniuers est de figure ronde & spherique, embelly de plusieurs parties, desquelles il est besoin auoir quelque cognoissance, deuant que proceder plus auant. Ces parties sont les quatre Elemens, assauoir, l'Eau, la Terre, l'Air, & le Feu: & puis les neuf Cieux, que tous Astrologues & Geographes reçoiuent communement, sauoir celuy de la Lune, de Mercure, de Venus, du Soleil, de Mars, de Iupiter, & de Saturne, le Firmament, & le premier Mobile: Communement, dy-ie, pource que quelques Philosophes ont voulu constituer vn dixiesme ciel, qu'ils appellent

Que c'est que Cosmographie.

Le Monde est de figure ronde.

Nôbre des Cieux.

a

Cryftallin:pource,comme i'eftime, qu'ils péfent qu'il foit plus luyfant que les autres. en quoy ils fe pourroient facilement abufer, à caufe que telles chofes font incognues, & n'y entendons rien que par imagination. Outre lefquels encores , les Theologiens (iaçoit que par l'Efcriture fainéte nous ne pouuons rien colliger de vray quant à cefte matiere) en conftituent vn vnziefme,qu'ils nommét Empyree, comme fi vous difiez lumineux & enflambé,du mot Grec *Pyr*,qui fignifie feu en François:voulans que le Ciel foit le fiege , & la demeure où repos dés bienheureux. Mais d'autant que les deux Cieux, dont ie viens de parler, ne feruent pas beaucoup à l'intelligéce de ce que ie pretens traiéter en ceft œuure , & que tous Aftrologues & Geographes n'en difent mot, ie m'arrefteray au premier Mobile , auquel n'apparoiffent aucunes eftoilles : le mouuement duquel eft vniforme,& toufiours en mefme egalité , & fait fa reuolution en vingt quatre heures ou enuiron,autour de la terre, de l'Orient à l'Occident, ou de l'Eft à l'Oueft , fil fault vfer des mots que nous tenons fur la marine : &, qui plus eft, faifant tourner par fon impetuofité auec foy,tous les autres cieux qui font foubz luy.

Le deuxiefme eft le huiétiefme, que i'appelle Firmament, & les Ethiopiens *Anageon*, où font les eftoilles:& fon propre & naturel mouuemét (comme auffi des autres fuyuans) tout contraire à celuy du neufiefme,pour eftre de l'Occidét à l'Orient:qui mefmes, felon le dire de Ptolomee , ne fait qu'en cent ans vn degré du Zodiaque, de maniere que fa reuolution entiere ne fe peut parfaire & accomplir qu'en trente fix mille ans,que vulgairement on appelle Le grand an. Apres ces deux cieux fufnommez enfuyuent ceux des fept Planettes, lefquels font auffi leur mouuement de l'Occident en

Orient, mais en diuers temps & efpaces : pource que lon tient, que le Ciel de Saturne acheue fon cours en trente ans,ou enuiron; celuy de Iupiter en douze, celuy de Mars en deux,& ceux du Soleil,de Mercure & de Venus,en vn:comme auffi la Lune fait & paracheue le fien naturel en vingt fept iours & huiét heures. Et de dediure plus particulierement la nature & les mouuemens de tous ces Cieux , & cóparez l'vn à l'autre, quel profit en pourroit il reuenir à celuy, qui n'a autre but que voir la Cofmographie:Ie laiffe pluftoft ces difcours aux Aftrologues,lefquels ont efté fi grands rechercheurs de la nature des Cieux,qu'ils ont remarqué en la huitiefme Sphere mille vingt deux principales eftoilles : & leur remettant la preuue de tout ce deffus, fans m'y amufer,pour n'eftre chofe qui ferue en la prefente matiere,mais pluftoft qui eft comme approuuee & refolue entr'eux, adioufteray feulemét vne fommaire defcription

des Cercles celeftes, defquels l'intelligence eft neceffaire.Lon imagine donc dix Cercles,dont fix font nommez grands,& quatre petits.Les grands font l'Horizon,le Meridian,l'Equinoétial,le Zodiaque,& les deux Colures:les moindres,font le Tropique de Cancer,celuy de Capricorne, le Pole Arétique, & l'Antaréique : & font tous,tant grands que petits, diuifez & partis en trois cens foixante portions , qu'on appelle degrez,lefquels on compte en la Sphere de cinq en cinq , ou de dix en dix , ou de vingt en vingt ; comme lon peult voir és Cartes bien dreffees, marquez en la ligne Equinoétiale , & au cercle Meridional. Le moyen de cognoiftre les grands d'auec les moindres , eft au compartiment de la Sphere ronde , d'autant que les grands la diuifent en parties egales , & les moindres en poinéts inegaux. Quant eft de l'Horizon , c'eft vn

grand cercle imaginé au ciel,diuifant la partie d'iceluy que lon voit, d'auec celle que on ne voit point.Le Meridian,eft vn autre grád cercle,paffant par les Poles du Mon-

de, & par le poinét du ciel qui eft droiét fur noftre tefte : auquel toutefois & quantes que le Soleil eft paruenu de l'Orient deffus noftre Horizon, il eft midy : & quand à l'oppofite il l'attaint deffoubz la terre, c'eft minuiét. L'Equinoétial eft auffi vn grand

Cercle, diuifant la Sphere en deux parties egales , & egallement diftant des deux Poles,& fait son tour du Leuant au Ponát. C'est par luy, que les Nauigans & Pilotes experts, voire les sçauans & doctes Astronomes & Geographes, cognoissent la longitude de la terre, & quelle distance il y a d'vn lieu en autre, en comptant depuis le susdit Meridional: & non seulement cela, mais aussi la latitude, que lon appelle toute espace & distance de lieux, commençant de ladite ligne vers le Nord, ou vers le Su: & est tousiours egale à l'eleuation du Pole. Quand le Soleil, faisant son cours annuel, est paruenu iusques à ce Cercle, & le touche, le iour & la nuict sont egaux par tout le monde: & telle chose aduient deux fois l'an, assauoir au Printemps, lors qu'il passe au premier degré du Mouton, l'onziesme iour de Mars, & s'appelle Equinoxe d'Esté: & l'autre fois en Automne, quand il est au premier degré des Balances, l'onziesme de Septembre, qui se nomme Equinoxe d'Automne. Quant est du Zodiaque, il est posé au plus bas de la Sphere, allant au trauers & large d'icelle, la partissant en deux parties egales, dans lequel les sept Planettes font leur mouuemét. Il est autrement appellé, Tortu ou oblique: auquel sont les douze Signes, comprenant d'vne part le Cercle de Cancer, & de l'autre celuy de Capricorne, & diuisant l'Equinoctial par le milieu, au commencement des Signes susdits du Mouton & des Balances. D'auantage, à cause de la latitude desdites Estoilles erratiques, ou Planettes, il a douze degrez de largeur, six de chacun costé: quelques modernes y en mettét huict: par le milieu desquels passe la ligne, qu'on appelle Ecliptique (assauoir celle où se font les Eclipses du Soleil & de la Lune) où tous les autres cercles sont sans largeur & latitude aucune, & se doiuent imaginer comme lignes, & ne se peuuent cognoistre au ciel, fors par imagination. Les noms des douze Signes du Zodiaque sont ceux qui s'ensuyuét, Aries, Taurus, Gemini, Cancer, Leo, Virgo, Libra, Scorpius, Sagittarius, Capricornus, Aquarius, Pisces: pour la latitude de chacun desquels on prend ordinairement douze degrez, ou bien seize, & trente pour la longitude (attendu qu'vn Signe est la douziesme partie du Zodiaque) comme aussi chaque degré contient soixante minutes, la minute soixante secondes, la seconde soixante tierces, & ainsi suyuamment, en multipliant iusques aux dixiesmes veu que les proportions du ciel se peuuét partir en autant de parties. Autres partissent le degré en septante mille pas, qui viennét à dixsept lieuës & demie, ainsi que l'experience me l'a monstré par mes longs voyages, tant sur mer que sur terre, hors la Chrestienté, durant seize ou dixhuict ans. C'est donc par la cósideration de ces degrez, que nous apprenons la longitude & latitude de toutes distances de lieux, soit sur mer, soit sur terre: la longitude se prenant depuis les Canaries ou Isles fortunees tirant au Leuant, & la latitude de l'Equateur iusques au Pole Arctique, venant'ença, où il y a nonante degrez, & du mesme Equateur autant iusques au Pole Antarctique. Outre les quatre gráds Cercles susdits, il y en a encores deux, que lon appelle Colures: desquels l'vn, passant par le Zodiaque, au commencement d'Aries & de Libra, signes Equinoctiaux, est appellé Colure des Equinoxes: & l'autre, pource qu'il passe par le commencement de Cancer & Capricorne, signes Solsticiaux, prend le nom de Colure des Solstices. Et voyla quant aux six grands cercles. Quant est des quatre petits, nous en appellons le premier, le cercle de Cancer, autrement Solsticial d'Esté, distant de l'Equinoctial vers le Septentrion de vingt & trois degrez & trente minutes, ou enuiron: auquel lieu quand le Soleil est paruenu, nous est le plus long iour de l'an, & la moindre & plus briefue nuict. Il est nommé des Grecs Tropique, qui vault autant comme qui diroit Tournable, pource que le Soleil alors retourne vers le Septentrion. Le second, est celuy de Capricorne, autrement Solstice d'Hyuer: pres duquel quand le Soleil est arriué, faisant son dernier tour vers Midy, ou terre Australe, incognue de tous les anciens (de laquelle ie pourrois faire la cinquiesme partie du monde, n'estoit qu'elle n'a

Zodiaque.

Diuision du Zodiaque & des degrez.

Les Colures.

Cercle de Cancer.

Cercle de Capricorne.

point efté encor affez defcouuerte) & acheuant fa conuerfion de l'Hyuer, les iours nous font les plus briefs de l'an, & les nuiéts les plus longues. Le fuyuant, que lon appelle Arétique, eft diftant de tous coftez du Pole Arétique de vingt & trois degrez & trente minutes ou enuiron, & fe defcrit du premier pied de la petite Ourfe. Et le dernier, qui eft l'Antarétique, eft loin du Pole Meridian, ou Antarétique, de tous coftez autant que celuy que ie viens de dire, du Septentrional. Quant à ceux, qui habitent depuis l'Equinoétial iufques à noftre Pole Arétique, ils n'ont aucune veuë de l'Antarétique, & ne leur apparoift aucunemét: ne l'ayant iamais veu, ne peu voir, pour diligente obferuation que i'en aye faite, que quafi à deux degrez au deça de l'Equateur, ou Equinoétial, où lors le noftre nous eft perdu. Voyla donc ce que i'auois à di-

Arétique.

*Antaréti-
que.*

L'VNIVERS.

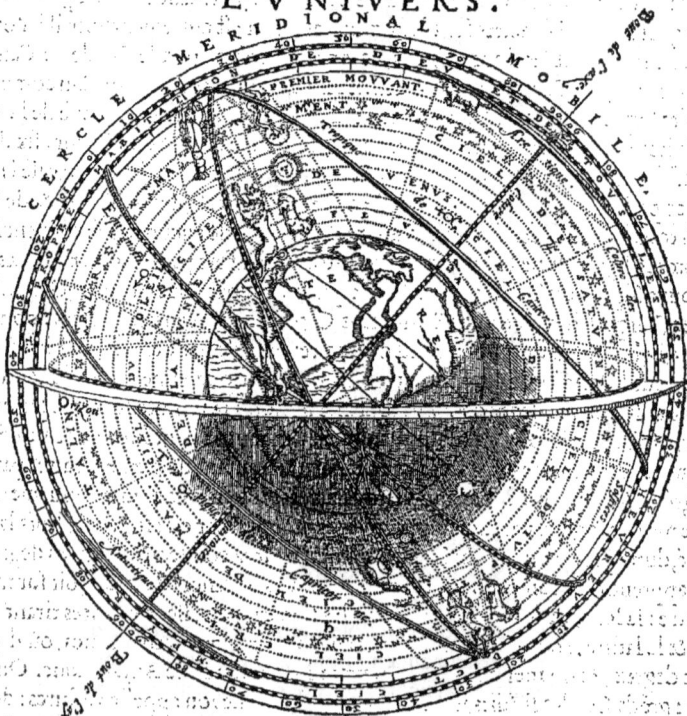

En quoy la Cofmogra-
phie differe
de la Geo-
graphie &
Topogra-
phie.

re touchant les dix Cercles de la Sphere celefte, & des principaux poinéts de la Cof-mographie: differente de la Geographie en ce feulement, qu'elle partit la terre par les cercles du ciel, & non par les môtagnes, riuieres, mers & gouffres, comme fait la Geo-graphie. Et quant à la Chorographie ou Topographie, elle confidere feulement au-cuns lieux, ou places particulieres en foy-mefmes, comme villes, chafteaux, forterefles, ports de mer, peuples, pays, cours des riuieres, & plufieurs aûtres chofes femblables. Des cinq Zones, elles font toutes habitables, contre l'opinion de tous anciens, & au-cuns modernes Scholaftiques, qui ignoroiét ce que i'ay experimenté au contraire: n'y ayant lieu en la terre, qui ne foit habitable, ou ne puiffe eftre habité, horfmis l'Arabie deferte & fablonneufe. Dequoy toutefois ie ne veux parler en ce lieu, non plus que

Les cinq
Zones ha-
bitables.

de la latitude & longitude des lieux , attédu que affez amplement i'en difcourray ailleurs,où le fubieét fera à propos, & remarqueray par tout en paffant les fituations par
degrez de la plufpart des villes & lieux notables qui font és quatre parties du môde.
Ie laiffe auffi aux Leéteurs beneuoles,& amateurs de la Cofmographie, plufieurs difficultez,comme des Elemens,Principes,& autres matieres femblables, du monde,que
quelques vns des anciens Philofophes ont appellé le contenu de l'Vniuers,pour l'ordre qui eft en iceluy:mefmes qui ont tenu y auoir infinis mondes,en vne infinie efpece, felon les dimenfions. De me rompre le ceruceau , & confondre mon efprit à vous
defcrire,fi le monde eft rond, ou poinétu,en langue de feu, ou autre forme, ou fil eft
incorruptible, ie m'en rapporte aux Scholaftiques : ioinét auffi qu'en quelques endroits ie toucheray ces mefmes poinéts en peu de paroles : auffi bien que ie feray de
l'ordre de la fabrique du monde,des Eftoilles,& de leurs compofitions,figures des a-
ftres,& de leurs ordres & mouuemens , de la grandeur du Soleil , fubftance d'iceluy,
forme d'eclypfe , & auffi de la Lune,du flux & reflux des mers , & defbordement des
riuieres.

*Autres poinéts remarquables , pour entendre la Cofmographie , & art
de la marine.*   C H A P. I I.

L E V R A Y Pilote , qui a à conduire vaiffeaux fur le grand Ocean , &
principalement vers le Pole Antarétique, doit auoir imprimé en fon
efprit la diuifion faite au chapitre precedét : laquelle eftant ainfi partie en lignes & cercles, luy fait cognoiftre prefque parfaiétemét tour
ce qui eft contenu en l'vniuers, tant en ce qui eft celefte , qu'en ce qui
eft en la terre. Et comme ainfi foit que les Nauires ne pourroient aller longuement par ledit Ocean,qu'ils ne perillaffent,& fuffent en danger d'eftre perdus, fans l'ayde de la Bouffole, & de l'Eguille, eftant la partie principale du nauire,
i'en diray auffi quelque chofe pour le contentement du Leéteur,qui n'eft point verfé
en l'art de la marine. Il ne fault point que les anciens & premiers qui ont nauigué , fe
glorifient de ceft vfage, veu que le premier qui inuenta l'Eguille, fut vn nommé Flauie de Melfe, il n'y a pas long temps, de la memoire duquel fe glorifie la ville de Naples : & non à tort,veu que luy, qui eft de ce terroir,fut l'inuenteur d'vne chofe de tel
& fi grand profit, le fecret de laquelle n'entra iamais dans le ceruceau des anciens. Les
poinétes de cefte Eguille, qui eft en la Bouffole, doiuent eftre trempees & touchees
auec la pierre d'Aymant : & lors elle regarde toufiours , & prend fa vifee vers le lieu
propre du Pole Septentrional,ou de l'Eftoille du Nord,ou Tramontane:de forte que
tant de nuiét que de iour,foit le temps ferain,ou nubileux, bien que de iour l'eftoille
n'apparoiffe point,ou que la nuiét les nuages nous en oftent la veuë,la Bouffole nous
môftre le Pole,par vne fecrette vertu qui eft en cefte pierre. Il n'eft rien plus vray,que
l'Eguille tire continuellement vers le Nort. En quoy lon doit confiderer la caufe, ou
fi c'eft d'vne amitié naturelle que l'Aymant a vers la partie Septentrionale , ou fi c'eft
pour quelque autre raifon.Car de dire,que toufiours l'Aymant, & le fer,qui eft trempé en iceluy, regarde la part où eft la roche de telle pierre, ce ne feroit dôc point vers
le Nort qu'il prendroit fa vifee, veu que le meilleur & plus parfait Aymant fe trouue
en la haulte Ethiopie.Or que cefte Prouince foit autre que Septétrionale,ne fen fault
beaucoup enquerir maintenant. Il fault qu'il y ait quelque fecrette fympathie naturelle de cefte pierre auec l'eftoille du Nord,ou au Pole Arétique:ce qui fe voit plus facilement par l'inimitié & antipathie qu'elle a aux autres coftez.Car fi vous tendez l'E-

*Flauie de
Melfe , pre-
mier inuen
teur de l'E-
guille ma-
rine.*

*Sympathie
de l'Ay-
mant auec
l'eftoille du
Nort, en
Pole Ar-
étique.*

guille du Su,ou Midy,au Nort fon oppofite,elle fe rue & lance auec impetuofité vers la part aimee,& f'eflongne de celle qui luy femble eftre contraire : veu que naturellement les chofes femblables font attirees , & les contraires repouffees. Difcourant de cecy,eftant fur la mer Rouge, auec vn vaillât Pilote, Abyffin de nation,nommé *Ada-gaga* (qui eft le nom d'vne Poulle en langue Ethiopienne) lequel attribuoit la caufe de cecy au meflange de cès materiaux,& l'ayât ouy parler, ie luy dis qu'il ne me pouuoit donner raifon affez fuffifante de l'vn ny de l'autre : attendu que cela fe fait par la propriété de la Tramontane,ou eftoille du Nort,& que l'eguille ne fe chãgeoit point lors que lon regarde du Nort au Leuãt,ainfi que i'ay obferué tant en la mer du grand Ocean,mer Maior,qu'en la Mediterranee. Auffi à dire la verité, ce n'eft pas à l'eftoille du Nort,que l'Eguille aduife, veu qu'elle eft mobile,& fe meut à l'entour du Pole,ains regarde droictement au Pole,qui eft celuy duquel prend fon mouuement le Monde. Et qu'il foit, comme ie vous dis, regardez les Eftoilles,que lon appelle les Gardes du Nort:fi elles apparoiffent fur la tefte de l'Eguille qui eft le Nort,on verra ladite eftoille du Nort eflongnee de fon Pole de trois degrez:& fi elles en aduifent le pied,qui eft le Su (comme les bras font les autres parties du Ciel)la Tramontane fera trois degrez par deffus, & delà le Pole:de forte que fon mouuement du Nort au Su fe fait de trois degrez. Que fi lefdites Gardes tournent vers l'Eft, le Nort eft vn degré & demy deffoubz le Pole:& eftans vers l'Oueft ou Ponent,elle eft autant pardeffus:tellement que par la voye d'Orient à l'Occident , la Tramontane f'eflongne de fon Pole d'vn degré & demy. Et à fin que celuy,qui n'eft pas beaucoup verfé en matelotage, entende cecy plus clairement,il fault qu'il fçache qu'il y a deux Poles. Ces mots fe difent à la confideration de deux poincts,qui font contemplez au ciel par les Aftronomes,l'vn oppofite à l'autre : de l'vn defquels ils imaginent vne ligne tiree à l'autre, qu'ils appellent l'Aixe:& ces poincts font nõmez Poles,qui font comme les gonds en vne porte, d'autant que le ciel eft mué & tourné fur ces deux Poles, defquels l'vn eft Septentrional, que nous difons Arctique, & l'autre Meridional , ou Antarctique . Chacun de ces poincts du Ciel,ou Poles (puis que le mot Grec eft plus cognëu entre nous) a les fufdites eftoilles du Nort & Tramõtane,qui luy font affectees,lefquelles les Pilotes ont en finguliere obferuation pour leur art, comme celles qui leur feruent beaucoup aux nauigatiõs qu'ils font fur l'Ocean,iufques bien pres de la ligne Equinoctiale.Or pour reuenir à ces Gardes,fault nõter, que de fept eftoilles qu'il y a en la petite Ourfe (lefquelles fe meuuent toufiours.à l'entour du Pole,faifans leurs cercles de l'Eft à l'Oueft, & de mefme diftance l'vne de l'autre, font leur tour chacune vne fois en vingt quatre heures) l'Eftoille du Nort eft la plus prochaine , & partant monftre fon tour plus petit,& va plus bellement que nulle des autres : à caufe que de tant plus vne eftoille f'eflongne du Pole, de tant elle fait fon tour plus grand & transparent. Pour icelle cognoiftre, & par mefme moyen la haulteur que à le Pole pardeffus noftre Horizon , il fault prendre garde à la plus luyfante des fept, que lon nomme la Garde de deuant, ayant fa compagne tout aupres d'elle , & laquelle tourne ordinairement comme vne roué d'horloge , donnant à cognoiftre en toute faifon, quelle heure il eft de la nuict. Et deuez tenir cefte reigle comme infallible, que le Pole eft toufiours entre ces deux Gardes & l'eftoille du Nort:tellement que fi les Gardes font deffus le Pole,la Tramõtane eft deffoubz,& fi elles font deffoubz,l'eftoille du Nort tient le deffus.Toutes lefquelles chofes confiderees, fault penfer, que l'eguille n'aduife point ladite eftoille, à caufe de fa mobilité , pource que cela pourroit faire faillir les Pilotes & maiftres du nauigage,pour auoir leur mefure trop incertaine,ains que c'eft deuers le Pole,que ces materiaux fe tournent. Et à fin que vous cognoiffiez la perfection de cest art & prati-

Adagaga, Pilote A-byffin.

Obferuatiõs gẽtiles pour l'art de la marine.

Comme il fault contempler les Poles Arctique & Antarctique.

Comme il fault cognoiftre la haulteur du Po-le.

que, vous aduiferez, qu'eftant le vray Pole inuifible, mais imaginé par les Aftronomiens, fi eft ce que les bós Pilotes ont bien ce iugemét, que de cognoiftre par le moy-
en de l'Aftrolabe, & folidité de l'eguille, toutes ces nuances des eftoilles de l'Ourfe:
à caufe que l'eguille iamais ne fe deftourne de regarder fermemét vers le Pole:de forte qu'encor que vous imaginiez vers le midy, ou à l'entour d'iceluy, fi eft ce que l'e-
guille tourne toufiours fa tefte vers le Nort, & monftre la partie du ciel, à laquelle le
plus elle f'affectionne. Par ce moyen, ceux qui font experimentez en l'art & fcience du
nauigage, rendent leur chemin affeuré par la contemplation de la haulteur du Soleil,

& du Pole. Et icy ie puis dire, que ceft inftrument eft fi fubtil & excellent, que auec
vn peu de papier, ou de parchemin, autant que la paulme de la main, & auec certaines lignes marquees, qui fignifient les vents, & vn peu de fer, duquel ceft inftrument
eft fabriqué, par la feule naturelle vertu d'vne pierre (laquelle de fon feul mouuemét,
fans qu'on la touche, eft guidee de la fympathie qu'elle a auec les parties du ciel) vous
font monftrez l'Orient, l'Occident, Midy & Septentrion : &, qui plus eft, tous les rûbs *Traite deux*
& trente deux fortes de vents, feruans à la nauigation : & ne les enfeigne point en vn *fortes de*
feul endroit, ains par tout le móde, & deça & delà l'Équateur, & deffoubz l'vn & l'au- *vents.*
tre des poincts & Poles du ciel, & plufieurs autres fecrets, que ie laiffe. Or fe peult cefte
eguille gafter en plufieurs fortes, pour luy faire retarder fon mouuemét, ou perdre du *Comment*
tout:& nommeement fi la bouëtte, dans laquelle eft la rofe, demeure entr'ouuerte:veu *l'Eguille fe*
que fi l'air y entre, il y aura du degaft, & auffi fi le fer n'eft point franchement touché *gafte.*

a iiij

de la pierre,& autres côfiderations, que ie laiſſe aux Pilotes à deduire, pource que c'eſt de leur art & induſtrie que cecy a eſté approuué.Parquoy il appert,que la bouëtte,l'Eguille,l'Aſtrolabe, & cartes marines ſont choſes de tel prix, & leur effect autant admirable,que on ſçauroit imaginer:attendu que la mer,qui eſt vn Elemét ſi grand,& preſque incomprehenſible; eſt compriſe & pourtraite en ſi petit eſpace, & ſe conforment tellement les globes d'enhault, & les corps celeſtes, à ces inſtrumens, que par iceux on peult ſoubz la guide des aſtres , imaginer par tout, l'enceint & circuit de la terre. Qui eſt cauſe,que ie dis que l'Aſtrolabe n'eſt autre choſe que la Sphere preſſee, & repreſentee en forme plate,accomply en ſa rotondité, de trois cens ſoixante degrez, reſpondás à la circonference du tour de l'Vniuers,diuiſee en tout tel & pareil nombre de degrez: leſquels en ceſt inſtrument fault que derechef ſoyent diuiſez en quatre parties egales, mettant en chacune d'icelles nonante degrez, qui ſont la longitude, leſquels encor il fault partir de cinq à cinq. Que ſi vous voulez iuger de l'eleuation Solaire, vous prendrez l'anneau de voſtre inſtrument,& l'eſleuerez au Soleil, en ſorte que ſes rayós puiſſent entrer par les pertuis de l'Alidade , & regarderez apres à voſtre declinaiſon ,en quel an, mois, iour & heure vous eſtes, lors que vous prenez la haulteur : & eſt beſoin que vous ſoyez deuers le Nort,& le Soleil contéplé vers le Su,aſſauoir au Midy. Ainſi vous oſterez autant de degrez de voſtre eleuation & haulteur, comme le Soleil a decliné loin de la ligne, de laquelle ie parle, aſſauoir deuers le Su:de ſorte que ſi en prenant la haulteur du Soleil, vous eſtes vers le Midy delà l'Equinoctial , & le Soleil ſoit au Septentrion, fault que vous oſtiez autant de degrez, comme vous verrez que le Soleil aura decliné,tendant vers noſtre Pole arctique.Et pour prédre l'eleuation du Pole par l'eleuation du Soleil , vous conſidererez ſil eſt aux ſignes meridionaux , & adiouſterez à ſon eleuation meridionale,la declinaiſon que fait ſon degré de l'Equateur,que ſil eſt aux Septentrionaux, luy oſterez ladite declinaiſon:& le ſigne produit ſera l'eleuation de l'Equinoxe : laquelle ſouſtraite de nonáte degrez,ſera la vraye eleuation du Pole demonſtree:& pour les Meridionaux fauldra adiouſter à l'eleuation la declinaiſon Septentrionale, ou bien luy oſter la Meridionale. Or tenant l'Aſtrolabe, c'eſt vne des choſes principales à aduiſer, que la main ne vous tremble point (ce qui aduient ſur la mer, à cauſe de l'agitation que font les vagues contre le nauire) à fin que ceſt eſbranlement ne vous face faillir le iuſte nombre des degrez, prins & meſurez par le iugement que vous faites de l'ombre cauſee par les rayons du Soleil, qui paſſe par l'Alidade de voſtre inſtrument. Quant à la declinaiſon du Soleil, vous deuez conſiderer cecy,pour en auoir parfaite intelligence : c'eſt que quand vous eſtes vers le Nort de la ligne,& que le Soleil y eſt auſſi,iceluy Soleil vous demeure au Su : & ainſi vous pourrez dire, que le Soleil eſt entre vous & la ligne. Car toutes les fois qu'il eſt au ſixieſme ſigne, qui tient la partie du Nort, & qu'il demeure au Su, c'eſt choſe aſſeuree, que il eſt entre vous & la ligne Equinoctiale. Lors en prenant voſtre haulteur,il fault adiouſter à icelle les degrez & minutes, par leſquelles le Soleil eſtoit eſlongné de la ligne le iour que vous preniez voſtre haulteur, à fin de ne vous point tróper en vos conſiderations: veu que lors que le Soleil eſt entre vous & la ligne, vous deuez adiouſter les degrez qu'il decline, ſeſlongnant d'icelle ligne. Et ſe pratiquent ces choſes par ceux qui vont tant du coſté du Su,que de celuy du Nort. Mais à fin que vous ne vous egariez point, auant que ſçauoir la haulteur du Soleil, de la Lune, & des autres eſtoilles, la cognoiſſance deſquelles eſt treſneceſſaire pour códuire les vaiſſeaux, il fault auoir en premier lieu parfaite intelligence des douze ſignes du Zodiaque,par lequel le Soleil paſſe tous les ans vne fois, & diuiſe l'an en douze mois, par le departemét que en font ces Signes, deſquels chacun gouuerne vn mois, qui luy eſt deſtiné cóme particulier en ſon gou-

Vſage de l'Aſtrolabe.

Ce qu'il fault cognoiſtre deuant qu'eſtre bon Pilote.

uernement. Toutes lesquelles choses vous pourrez apprendre des Tables astronomi-
ques (veu que ie ne fais point icy office de Mathematicien) me suffisant de vous monstrer l'excellence du Pilotage, d'autant que c'est la vraye practique & effect de ce que
l'Astronomie a de bon, gentil, accomply & parfaict. Or ne pensez pas, que par tout, &
de chacun de ceux qui naiguent, ceste science soit cognue, & que en tout endroit, où il
fault arpenter les sillons de la mer, l'usage de l'Astrolabe soit requis, ny mis en œuure:
veu que les Turcs, Mingreliens, Arabes, Georgiens, Tartares, ou ceux qui font voile en
la mer de *Bachu*, & mer Noire, comme i'ay veu estant en ce pays là, n'usent d'Astrolabe: seulement ont vn petit instrument, qu'ils appellent en leur langue *Algort*, & l'Arabe *Caónas*, lequel les conduit assez seurement. Mais aussi n'ont ils grand besoin de si
parfaite cognoissance, côme ceux qui font sur l'Ocean, tant pource qu'ils ne font point
de voyages fort lointains, que aussi les Isles ne les font gueres destourner de leurs voyages: à cause qu'il y en a peu ou point en ces deux mers de *Bachu*, ou Caspie, & l'autre
qu'on dit mer Noire, qui font toutefois d'assez grande estendue. Non plus usent ils de
cest Astrolabe en la mer Rouge, combien qu'elle soit fascheuse & dangereuse, pour la
quâtité des Isles & rochers. Quant à ceux qui font en Grece, bien qu'il y ait force Isles,
côme font les Cyclades, si est ce que plusieurs qui voyagent d'Isle en autre, ou en quelques endroits de l'Asie, n'ont point encor d'Astrolabe, pource que le chemin leur est
assez cognu, & que ils ne font si subiets à estre tourmentez des ondes, comme ceux qui
font sur l'Ocean. Ce que i'ay experimenté & en l'vn & l'autre costé de ce qui se naui-
gue, ayant veu comme ils se gouuernent seulement par vne prudence & memoire des
lieux, qu'ils sçauent estre dangereux, & esquels il y a quelque banc, escueil, ou batture,
où ils puissent periller, ayans apprins cecy de longue main, & par frequêt vsage de nauiguer. Les Indiens Orientaux, lesquels font de grandes flottes de vaisseaux, pour aller
en guerre, ou en course, ou en trafic, vont souuent d'isle en isle plus de trois cens lieuës
sans Boussole, Cadran, Carte, ou Astrolabe: & autant en font les Insulaires de la mer
Pacifique, & des Moluques, se conduisans auec certains bastons faicts en croix: mais
leur plus grand sçauoir gist en la cognoissance des lieux dagereux, ainsi que iadis l'ont
obserué les Pilotes de Candie, Cypre, Rhodes, & autres Isles de Grece, comme ie l'ay
assez long temps obserué, & veu comment on en vse & en Leuant & en Ponent, & en
la partie Meridionale, où ie me suis quelquefois trouué sept à huict mois entiers, sans
voir vne seule plage, par laquelle ie peusse descouurir la terre. Mais en l'Ocean, à cause
de sa grande estendue, & pour le changement de son flux & reflux, & lointaines nauigations descouuertes de mon temps, il est necessaire, que le Pilote soit sçauant en l'A-
stronomie & Cosmographie, & que auec la cognoissance des astres il ait la practique,
& vraye experience des instrumens, desquels ie vous ay discouru en ce chapitre. Au
reste, puis que ie me suis arresté sur telle mariere, & que le Pole arctique m'a tant detenu, i'y adiousteray encor cecy, qu'en l'autre poinct du ciel, que lon nôme Antarctique,
lequel est tout ainsi Austral, comme l'Arctique Septentrional, lon ne voit point nostre
Ourse, ne autres estoilles qui l'enuironnent, ne celles mesmes qui font pardeça soubz
nostre Zenith: (& c'est aussi la raison pourquoy il est appellé Antarctique, à cause que
il est opposé à l'*Arctos*, qui signifie Ourse:) comme ainsi soit qu'à ceux qui font soubz
le Tropique de Capricorne, ne leur apparoist ne Chariot, ne ceste grande troupe d'e-
stoilles, qui auoisinêt assez pres nostredit Pole. Quant aux estoilles, qui font vers l'Antarctique, elles seruét de mesmes aux Pilotes delà l'Equateur, que le Nort deça la ligne.
Nous autres voyageurs les appellôs Crusier, à cause qu'elles font faites côme vne Croix
comme ie diray ailleurs, nous guidans en nos voyages par icelles. Les autres qui font
à l'entour, font sombres, ayâs la forme vn peu obscure, & plus que n'est celle que nous

Plusieurs ne vsent de l'Astrola-be pour la nauigatiô.

Dequoy v-sent les In-diens Orien-taux, au lieu de Bous-sole, &c.

D'où l'An-tarctique prend son nom.

Le Crusier.

appellons le Nort,ou la Tramontane.Bien eft vray, que vers la partie feneftre de cedit
Antarctique, fur le milieu du Ciel on voit vne eftoille fort luy fante, fuyuie de fix autres affez refplendiffantes. Mais qui voudra voir diligemment tout cecy obferué, &
comme plufieurs chofes fingulieres fe voyent en ce pays Auftral,qui eft du tout repu-
gnant à ce que tiennent & croyent les Philofophes,côme de voir l'Arc durant la nuict
(ce qui ne fe voit point pardeça) & comme la Lune efclaire & fe monftre le iour mef-

Americ Vefpuce.

me de fa conionction auec le Soleil , ie m'en rapporte à ce qu'en dit Americ Vefpuce,
en quelque petit liuret que lon dit auoir fait des Obferuations Aftronomiques : où
(côme bon & fçauant Philofophe) il affigne les caufes & raifons de ces chofes,contre
l'opinion mefme de tous tant qu'il y a d'anciens & modernes Philofophes,qui fe font
meflez du cours des aftres. Toutefois le bon homme n'a tiré fi auant, que moy , pour
contempler telles chofes. Pour l'arc duquel il parle ie ne me veux vâter l'auoir veu de
nuict , & moins l'auoir ouy dire à ce peuple barbare qui habite entre le Tropique de
Capricorne & le Pole Antarctique, ne autres pareillemêt. Ie peux bien dire auoir obferué quelques eftoilles fixes en cefte terre Auftrale, que quand i'euffe efté dix ans à
ouyr vn docteur,fe tourmentât fur vn Aftrolabe, ou fur vn Globe, ie n'en euffe eu autre cognoiffance. Elles font tout ainfi fixes, que c'elles d'alentour du Pole boreal , ou
arctique,lefquelles nous appellons les deux Ourfes,& l'eftoille du Nort. Entre autres,
i'en ay contemplé deux,vn peu plus eflongnees que le Crufier,affez petites,& vont entre l'Eft & le Su,fçauoir entre Midy & le Leuant, accompagnees ordinairement d'vne
nuee qui femble les feparer.Ces deux eftoilles ont leur mouuement fi tardif,que on ne
f'apperçoit que bien peu de leur mouuement. Ie fçay bien que celle du Nort , & celle
de l'autre Pole,qui eft Auftral,ont leur mouuement fort pefant : & toutefois elles font
mobiles:mais en ces deux que ie vous dis,ie ne cognus iamais figne aucû,qu'elles bou-
geaffent de leur lieu & place accouftumee. Si les Anciens les euffent veuës & cognuës,
côme i'ay fait,ils ne les euffent oubliees,non plus que les autres qu'ils ont veu pardeça.

Du flux & reflux de la mer Oceane,& Mediterranee : & de leurs diuerfes
appellations. C H A P. I I I.

T D'AVTANT que ie fuis en lieu,où il femble eftre neceffaire de difcourir ,pour plus ample intelligence de la Cofmographie, quelque
peu touchant ce que lon eftime du flux & reflux de la mer Oceane:
veu que ie fuis affeuré de fa creation , & comme Dieu au commencement diuifa le fec d'auec l'humide & aquatic, nommant l'vn la terre,
& l'autre la mer, & ayant eu l'experience, qui m'a fait cognoiftre plufieurs chofes,defquelles les Naturaliftes ont efté affez empefchez de decider auec leurs
raifons:ce neátmoins il me fault tafcher d'en tirer quelque chofe valable. I'ay leu tout

*Faute lour-
de de Pline.*

ce que Pline en dit en fon fecôd liure:mais tant plus ie lys,& tant plus ie cognois qu'il
fe brouille foymefme, auffi bien qu'a fait celuy qui l'a glofé en marge, lors qu'il attribue l'effect de ce mouuement aux Planettes:qui a quelque raifon, à tout le moins en la
Lune.Mais que cela fe face plus en l'Ocean,que en la mer Mediterranee, ie ne fçay côme y voir lieu pour fe fauuer : veu que foudain il dit, que en l'ifle de Negrepont, en la
Mediterranee, la mer flue & reflue fept fois le iour, chofe foubs correction mal entendue à luy, attendu que ladite mer (toutefois qu'elle ne foit autrement feparee du grâd
Occan,que par le deftroict de Gibraltar) n'eft fubiette au flux ne reflux, non plus que
la mer Cafpie,ou mer Maieur.Ie ne veux douter,fuyuant l'experience que i'en ay faite
en quelques endroits de l'Ocean , & principalement là où la Lune efclaire la terre, &

l'eau marine, que le flux & reflux y est plus desbordé, qu'aux autres contrees plus froides & temperees. Parquoy ie voudrois volontiers conclure, que nonobstant tous argumens que lon me pourroit alleguer, c'est la Lune, qui fait le flux & le reflux. Ie sçay *La cause du*
bien aussi, que lon le pourroit attribuer à vn souleuement des eaux. Soit en quelque *flux & re-*
sorte que lon le voudra prédre, d'vne chose suis asseuré, que lors que tels flux & reflux *flux.*
aduiennent, accompagnez des vents contraires, qu'en diuers endroits se fait vne perte
inestimable, tant en terre continente & isles, que aux vaisseaux passagers. D'auantage,
voyez si en l'Ocean, le mouuement en est si viste & si souuent fluant, quoy qu'il ait ce
nom, pour sa course soudaine & bruyante, lors qu'il est en ses courantes, & est esmeu
d'enhault. Cecy me fera inferer, que iaçoit que la Lune, & autres Planettes donnent
quelque force à l'Ocean, causant son flux, comme i'ay dit cy deuant, si est ce que pour
mesme raison la Mediterranee n'en deuroit estre frustree, estát aussi bien exposee aux
astres, que celle qui tire au Ponent, & qui porte tiltre d'Ocean. Que si ce sont les vents
(comme aucuns disent : & de ce ie vous discourray ailleurs, parlant des Courantes)
qui sont enclos és cauernes des rochers & métaignes voisines de la mer (qui est pour
vray vn autre argument, qui semble indissoluble:) encores fauldra il donner mesmes
effects en toutes mers, qu'on attribue à l'Ocean: veu que les lieux se disposent ainsi par
tout le monde, que les vns sont bas, les autres haults, & iceux causans plus de vent sur
la mer & sur les fleuues. Mais i'ay veu telles & si grandes differences de mouuemens
de la mer en l'Ocean, que mesmes en aucuns lieux y auoit le plus grand flux que homme sçauroit imaginer, & en d'autres aussi lent, que vous le voyez aduenir quelquefois
sur les costes d'Italie, duquel on ne se peult quasi apperceuoir: tellement qu'en cecy il
fault, ou que les lieux, ou le regard de la partie du ciel, soyent cause de ce mouuement
si grand & furieux, ainsi qu'il aduient és lieux des grandes Courantes, comme au de- *Tous de-*
stroict de Magellan, au goulfe d'*Eucatan*, au destroict de *Sabaon*, qui est pres de la *stroicts sub-*
Peninsule de *Malaca*, & en celuy de *Gibraltar*, où l'Ocean entre en la Mediterranee: *iects aux*
lequel est dangereux; non tant pource que les vents s'enferment entre les deux mon- *Courantes.*
taignes si voisines, que pour autant que l'eau y va du hault en bas, estant la partie de
l'Ouest plus haulte, & celle qui va à l'Est plus basse : qui est cause, que la Mediterranee
allant en abbaissant, est beaucoup plus profonde que n'est l'Ocean. Depuis donc que
vous auez passé ce passage tirant vers la Guinee, vous sentez peu de flux, iusques à ce
que vous estes soubs le Tropique de Cancer, comme i'ay obserué: & lors ils s'augmentent, & sont tous tels que nous les sentons de pardeça : & pource que les fleuues s'en-
flent, & qu'il y a des Courantes, & des vents continuz, vous voyez aussi les mouuemés
plus furieux, ainsi que ie vous diray, estant sur la coste de la Guinee. Par là vous cognoissez, que les Courantes y peuuent beaucoup: non que pour cela ie vueille leur en
attribuer la cause, iaçoit que i'aye senty presque l'effect de ceste opinion. Mais ie suis
content, que quelcun m'apprenne des raisons plus solides, d'autant que celles là ne mé
contentét point: si ce n'est que ie refere tout à la disposition celeste de celuy qui a tout
fait & compassé de sa main, le guide de sa prudence, & auec sa puissance le soustient.
Et ne me puis persuader, que homme en sçache dire les causes, & secrets d'icelles au
vray: qui fut cause, que vn certain Philosophe (aucuns Grecs disent que ce fut Aristote) estant sur la mer à Negrepont, pour s'enquerir, & voir la cause naturelle de tel flux
& reflux (combien que audit Negrepont, comme dit est, la mer ne flue ne reflue quasi
si peu, qu'à grand peine lon s'en apperçoit) ce que ie sçay pour y auoir demeuré long
temps, & y auoir veu la sepulture d'Aristote dans vne montagne, cóme pourrez veoir
au traicté de l'isle de Negrepont : Comme il se vist, dy-ie, à la fin de son roolet, & qu'il
n'en pouuoit auoir instruction à plein, voire n'en approcher de gueres plus pres que

ie fais, fut fi fol, & plein de defdain, apres f'eftre courroucé à la mefme Nature, que fe cholerant côtre l'eau, il luy va dire, Puis que ie ne t'ay peu côprendre, à tout le moins auras tu l'honneur de me comprendre, & tenir en tes goulfes. Ce qu'ayant dit, le fol & desefperé fe lança en la mer, où il fut englouty des abyfmes. Et autát en aduint à Empedocle Philofophe Sicilien, qui fe precipita dans les fournaifes fulphurees du mont Ethna. Dieu fçait les difcours, qu'autrefois m'en ont fait les Grecs, les interrogeant de la mort de ce grand perfonnage Ariftote. Ie laiffe ces Philofophes en leurs fantafies, pour continuer mon difcours fur la mer Mediterranee, & vous monftrer quel tour elle fait, & pour quelle occafion les plus doctes luy ont donné ce nom. Strabon, qui a efté vn bien grand perfonnage, & autant auancé és bonnes lettres, que autre qui fe foit meflé de la Geographie, dit, que noftre terre eft enuironnee de l'Ocean, & pour ceft effect il partit le tout en quatre goulfes, qui font trefgrands : l'vn defquels, & le premier, tourne vers le Nort, & l'appelle mer Cafpie ou Hircanie : où il fault grandement, veu que cefte mer eft toute enuironnee de terre, fans auoir aucune yffue, tout ainfi que font les Lacs. Les deux autres font oriétaux (& toutefois il les fait tourner au Midy) celuy d'Arabie, & le goulfe qu'on dit d'Ormus : & le quatriefme, qui furmôte tous les autres, eft celuy où l'Ocean entre en noftre Mediterranee, depuis Gibraltar iufques en la Syrie : & eft appellé ce goulfe trefgrand, mer Mediterranee, pource qu'il paffe par le milieu de la terre : mais c'eft pluftoft, pource que de tous coftez il eft embraffé de la terre. Et quant à moy, f'il eft ainfi, que la mer eft dicte Mediterranee pour ce refpect, ie veux dire que toute autre mer, i'entens l'Ocean, de quelque part que vous le contempliez, peult porter nom de Mediterranee : d'autant que de tous coftez il eft entouré de terre, auffi bien que ladite mer Cafpie. Qu'il foit ainfi, lors que les Anciens drefferent leurs Cartes, & firent la defcription du monde habitable, quelles terres auoient ils defcouuertes du cofté Auftral, plus lointaines que les Canaries? qui ne font voifines au pris de celles que i'ay veu. Et toutefois depuis par mes nauigations i'ay effayé, non feulement qu'il y auoit terre, mais que encores la mer en eftoit tellemét bornee, que on ne voyoit plus d'eau, comme du cofté de l'Antarctique. Paffé que vous auez le deftroict Auftral, ou vers le Cap redouté d'Ethiopie, la mer vous fault, & la terre, qu'on dit incognue, vous eft defcouuerte. Autant vous en dy-ie de la part Septentrionale. Que fi iadis on a adioufté foy à vne fuppofitió & feinte, que tout fuft eau, à caufe que aucun n'en auoit fait la defcouuerte, & à prefent que i'ay trouué terres de fi grand traict, pourquoy diray-ie que c'eft l'Ocean qui enuironne la terre ? attendu que au contraire i'ay veu de mes yeux l'Ocean, faifant comme vne vireuoufte & retour en foy d'Occident à l'Oriét vers le mefme deftroict meridional, qui eft enferré & borné par tout de la terre, comme nous voyôns la Cafpie n'auóit aucune yffue. Et en cecy ie fuy la vraye nature de l'Element, qui eft de fe contourner en globe. Que fi la rotondité de l'eau & de la terre eft vne & mefme de l'Orient en Occident, fuyuant la raifon de l'Equateur & des paralleles, il fault que l'eftédue des deux foit auffi egale : ce qu'elle ne feroit pas, fi l'Ocean auoit le cours que les Anciens luy ont à tort attribué. Quant à ceux qui difent, & parlent fans auoir voyagé, qu'il y a plus d'eau que de terre, encor ne fçay-ie comment ils f'en pourront preualoir, fi ce n'eft fuyuant l'authorité defdits Anciens, & reiettans la verité de moy & de quelque bien peu d'autres modernes, qui ont defcouuert plus de terre, que iamais les anciens n'eurent cognoiffance ? Et ne fault alleguer la haulteur de l'eau, & ce que la Lune luy donne d'empefchement : car ie ne difpute point icy de la profondeur des eaux & haulteur de l'Ocean (qui me feroit loifible de faire) qui f'efgale aux terres plus haultes, fçachant que Dieu luy a termoyé fon cours, mais feulemét de fon eftenduë. Que f'il eftoit ainfi, que ce fuft l'eau qui fouftint la terre, ce que tien-

nent

(marginal notes)

Mort d'Ariftote & Empedocle Philofophes.

Erreur de Strabon touchát la mer Cafpie.

Curiofité des hommes.

nent la plufpart des Philofophes, & que quelquefois i'ay creu, alliché de leurs rai-
fons:à quoy tendroit ce que lon tient pour refolu, que la terre eft comme la bafe & fin
des chofes graues vers le cêtre, ainfi que le feu eft la fin & bafe de ce qui eft leger vers
le ciel?Il faudroit que ce qui eft le plus leger & aërien, portaft le plus pefant. Et en ce
i'ay vn argument, que en quelque lieu que la mer foit, c'eft la terre qui la porte, quoy
qu'elle foit agitee de vents,& gouuernee en fes limites par les influences des corps celeftes. Par cela ie conclus, non feulement que la terre entoure & enuironne l'Ocean,
mais encores que c'eft elle qui le porte : raifons prinfes de ce que les Anciens mefmes
confeffent,quoy que cecy leur femble vn grand paradoxe.Mais ils feroiët bien estonnez,fi en difant la verité,ils eftoient contrainčts de côfeffer, que la grandeur de la terre furpaffe celle de la mer:veu que ceux qui ont couru tout l'Ocean, me feront fideles
tefmoins de mon dire, iaçoit que quelcun de mes amis eft de contraire opinion.Mais
quoy? Auffi bien fe peult il tromper en cela, comme en vn certain fien liure,où il met
les Ifles Ifabelle & Efpagnole entre les Canaries & Fortunees : chofe tres-faulfe,ayant
veu le contraire, tant de l'vn que de l'autre. Voylà quant à ce poinčt. Refte à deduire
par le menu ce qui eft contenu foubz le nom de mer Mediterranee, laquelle va en fe **Les Prouin-**
eflargiffant,& faifant force feins & goulfes,baignant ores la cofte de l'Europe, & puis **ces que ar-**
auffi celle d'Afrique,qui feftend vers l'Eft, prenant diuers noms felon les lieux où el- **Mediterra-**
le paffe. Qu'il foit ainfi, la cofte premiere qu'il baigne, f'appelle Mauritanie Tingita- **nee.**
ne, qui eft celle de Tremiffen, & foudain prend le nom de Mauritanie Cefaree, vers **Appella-**
Alger & Tunes:apres porte celuy d'Afrique, vers Tripoly de Barbarie:& puis paffant **tions diuer-**
les Syrtes, on la nomme Lybique : & entrant fur la Marmarique & Cyrenaïque, auec **fes de la**
ce nom va en fin arroufer l'Egypte,dont on l'appelle mer Egyptienne.Et eft toute ce- **terranee.**
fte cofte de l'Eft à l'Oueft, iufques à ce qu'on arriue au goulfe de Lariffa, pardelà Da-
miette, & au bout des deferts du Sueft, où eft la feparation d'Afie & d'Afrique. En ce
port,qui eft en Palefthine,on double quart au Nort & Nordeft,comme qui voudroit
prendre la route de l'Oueft:& lors cefte mer,qui f'appelloit Syriaque,à caufe de la Syrie,iufques à Tripoly de Syrie,change fon nom,& eft dičte mer Egee iufques à Gallipoli,ou Hellefpont,faifant diuers feins & goulfes.Soubz ce nom il baigne la Thrace,
les terres qui aboutiffent à la Macedoine,& la Moree iufques en Albanie:là où il com
mence à prendre le tiltre de mer Adriatique. Puis doublant vers le Su,ou Midy,préd
fon cours par le pays de Calabre,iufques à la ville de Rhege audit pays,foubz le nom
de mer Ionique : & paffant entre la Sicile & Italie,au lieu que iadis on a nommé Charybde, f'appelle Tyrrhene : & de là f'en va baigner la riuiere de Genes, foubz le nom
de Liguftique,laquelle diuife & fepare la France de l'Italie,& eft nommee mer Galli-
que : laquelle pour parfaire fon cours, & paracheuer fon rond,vient aux Ifles de Ma-
iorque & Minorque,foubz le nom de Balearique. Paffant plus auât, f'en va vers le deftroičt de Barbarie,portant le tiltre de mer Iberique. Et croy que cefte cy foit vne des
principales caufes de la tourmête, qui eft ordinaire en ce lieu, outre les raifons cy deffus amenees.Ainfi vous voyez,quel tour i'ay fait pour reuenir à mon premier poinčt,
fçauoir au deftroičt de Gibraltar, qui eft l'entree d'vne mer en l'autre:& ferois ioyeux,
fi quelque excellent perfonnage mettoit la main à la plume, pour vuyder au plein,ve-
ritablement, & fans tranfport d'affection, ce que i'ay mis en auant touchant le flux &
reflux de la mer.Car quant au refte,ie m'en tiens fi affeuré,que fi Pline,Strabon,& Ptolomee eftoient en vie, & que Solin & Mele leur tinffent compaignie, ie ne quitterois
mes raifons, pour auoir voyagé quafi dixhuičt ans, és lieux dont ils n'eurent iamais
cognoiffance, non plus que Munfter, & autres baftiffeurs de Cofmographies modernes. Parquoy ces chofes laiffees, ie viendray à la defcription de mon Voiuers & qua-

tre parties du Monde: entre leſquelles choiſiſſant l'Afrique, comme premiere, & commençant au deſtroict de Gibraltar, ie ſuyuray toute l'eſtendue & rotondité d'icelle, pour finir à mon premier poinct. Ce que de meſme i'eſpere faire és autres trois parties, & non pas les meſler enſemble, ſans aucune reigle ou obſeruation, comme ont fait ceux, leſquels n'ayans veu que le lieu de repos, n'ont pourtant laiſſé d'en eſcrire à tors & à trauers, & deſrober par cy par là tout ce qu'ils en ont peu dire, ſoit de moy, ſoit d'autres.

Du deſtroict de Gebel-Tarif, dit Gibraltar, & Royaumes de Marroque & Sv. CHAP. IIII.

ES ANCIENS Grecs, Mores, Arabes & Latins, ont tous d'vn conſentement recognu, que le deſtroict de Gibraltar (dict des Ethiopiés *Gebbethon*, ou *Gebel-tarif* en langue Moreſque, du nom de *Tarif*, ville qui luy aboutit) eſtoit celuy qui ſeparoit l'Afrique d'auec l'Europe, par & auec ces deux monts fameux, comprins ſoubz le nom de *Gades*, ou *Gadi*, ne ſignifiant autre choſe en langue Syriaque, que

Gades, ou Gadi, heur. heur: à cauſe que les anciens eſtimoient, que tous ceux qui trauerſoient ce dangereux paſſage, pour les difficultez des vents iournaliers, & impetuoſitez des tourmentes qui les trauailloient, & auoient peu iouyr de ce lieu librement & ouuertement, eſtoient

Ceute. plus heureux que les dieux. Ceute en Barbarie luy eſt oppoſite, & diſtante de trois lieuës ou enuiron (car telle eſt l'eſpace & largeur de ce goulfe en ceſt endroit) comme ainſi ſoit qu'il y en a plus de quatre vingts de longueur. Or eſt ce paſſage tout meſme celuy, par dedans lequel tous vaiſſeaux de mer paſſent pour aller en Conſtan-

Bogaz-Azar, Chaſteaux, l'vn en Europe, l'autre en Aſie. tinople (pres les deux chaſteaux, nommez auiourdhuy par les Turcs *Bogaz-Azar*, qui vault autant à dire, que Chaſteaux lauez d'eau) mais ſi furieux, que en tout temps les vents & agitations orageuſes de la mer, comme ſi c'eſtoient des Courantes, y affligent les nauires, tant grands ſoient ils, comme i'ay veu: qui eſt cauſe que le lieu eſt fort dangereux. Lequel toutefois ce grand Hercules de Lybie, fils d'Oſiris (& non pas d'Amphitrion, duquel les Grecs contét merueilles, pour eſtre né en leur pays) paſſa en deux heures, pour viſiter les Eſpagnes & Gaules, où il engendra vn fils, qu'il nomma Galathes, de Galathea, fille des Celtes: duquel les Gaulois ſe diſent auoir prins leur appellation, & auquel iadis les Gaditains baſtirent vn temple. Qui auroit peu donner cou-

Colomnes d'Hercules. leur à ceux qui diſent, que Hercules (en memoire de ce paſſage tant perilleux) planta deux Colomnes, l'vne en Europe, & l'autre en Afrique. Mais quoy que cela ait veriſimilitude, ſi eſt-ce que autre Colomne n'y fut iamais plantee, ſelon mon opinion, que la memoire de ce grand Seigneur, qui de ſon nom laiſſa baptiſees les deux mótagnes, qui ſont proches de la mer: & ce ſoubz les noms de *Calpe* & *Abile*. Non que ie vouluſſe impoſſibiliter les matieres: mais d'autant que rien ne ſe trouue par eſcrit touchát ladicte erection de Colomnes, & que le ſeul nom du paſſager ſuffiſoit à la memoire: ie dy, que les monts furent ſeuls portans le nom de Colomnes d'Hercules, quoy qu'il l'euſt peu faire, tout ainſi que apres luy a fait Iule Ceſar Dictateur, lequel ſur l'entree de la mer Noire, que on appelle auſſi mer Maiour, fit dreſſer au ſommet d'vne monta-

Colomne de Iule Ceſar Dictateur. gnette, toute entouree de mer, vne Colomne de marbre blanc, ayant vingt deux pieds de haulteur, & huict de rondeur, en laquelle eſtoit graué ſon nom, auec telle louange de ſoy, qu'il ſe diſoit eſtre tel, que de plus grand il eſtoit impoſſible qu'on en trouuaſt au monde. I'ay veu & contemplé pluſieurs fois ladicte Colomne: & n'y paſſe gueres homme de bon eſprit, meſmes tant farouche ſoit il, qui ne ſe plaiſe d'aller voir encores vne des marques d'vn si excellent personnage, que fut Cesar en son temps. Autant en fit ce sçauant & curieux Roy d'Egypte, vn des successeurs du grand Alexandre, nommé Ptolomee Philadelphe:lequel en fit faire deux à l'entree de la mer Rouge, dãs l'isle de *Bebel-mandel* , comme i'ay veu par les vestiges & ruïnes, qui y sont encores à present. Long temps au parauant le grand Roy Xerxes en auoit fait de mesme.à la poincte de la Peninsule du goulfe Persien (dit *Yuma-camath*, qui ne signifie autre chose que destroiçt de mer, en langue du pays:& des Indiens *Dyak*.) Si lon veut tirer plus auãt vers la prouince de *Serra*,ceincte du grand fleuue Euphrate (ou *Phara* en la mesme langue) & de l'impetueuse riuiere du Tigre, on verra le lieu où il en fit dresser vne autre. Ainsi ne fit Hercules, trauersant ce destroiçt, & qui aussi estoit d'vn temps, auquel on ne se soucioit encores de telles superfluitez. Tant y a,que ceux qui sont auec succession de temps venuz apres, sçachans qu'il y auoit passé pour vray, donnerẽt tel tiltre à ces deux montagnes, pour immortaliser la memoire de ce vaillãt guerrier:que tant que ce destroiçt sera, on luy donnera le nom de Colomnes Herculiennes. Et à dire la verité, ce n'est point mal fait de garder la memoire des hommes illustres d'entre les anciens, comme encores auiourd'huy font les Grecs, Arabes, Egyptiens, Persiens,& autres,qui sçauent tresbien remarquer par leurs escrits, les choses antiques de leurs pays & contrees. Ce que nous deuons pareillemẽt faire,à fin qu'on ne nous mette au rang de ceux, qui pour esclaircir leur vie obscure, veulent aneantir & estaindre les noms imposez aux lieux par les anciens:ainsi que nous voyons qu'ont fait les Barbares de plusieurs endroits de la haulte & basse Afrique : où lon ne voit que peu de marques d'antiquité, comme il se fait en la Grece, & en diuers endroits de la petite Asie (ainsi que i'ay cognu, voyageãt les lieux les plus remarquables.)En ce passage encor fault noter l'opinion de quelques vns,qui pensent,& l'affermẽt,que lors que Hercules voulut passer,ces deux montagnes n'estoient qu'vne mesme chose, & qu'il les diuisa l'vne de l'autre, & causa que la mer Oceane entra és lieux, où à present est la mer Mediterranee,qui au parauant estoit terre continẽte : ce que ie ne croiray iamais:ains, selon mon iugement,ce sont aussi belles histoires que celle de la Fable de Platon touchant l'isle; qu'il s'est persuadé estre en la mer Atlantique, laquelle estant plus grande que l'Asie, l'Afrique, ou l'Europe, fut submergee par les inondations de ce grand Ocean:veu que,s'il est ainsi que Hercules passa ce destroiçt en deux heures,commẽt eust il esté possible, qu'en si peu de temps il eust fait rompre deux ou trois lieuës de montagne?Ce que ie n'accorderay iamais aussi,encores qu'il eust eu dix foix autãt de pionniers que i'ay veu mener au Grand-seigneur Solyman en son camp de Perse,l'an mil cinq cens quarantehuiçt.Ie vous prie,oyez l'opinion des Arabes & Mores d'Afrique: qui disent,& croyent aussi,que incontinent apres le deluge,pour faire euader les eaux de ceste grand mer Oceane, qu'ils appellent *Albahar*, à la Mediterranee, Dieu commanda à l'vn de ses Prophetes,nommé *Caron*, de coùper ces haults monts & collines, qui lors estoient *Elber*, sçauoir terre ferme, de Afrique à l'Europe:& que par le moyẽ de ce gentil Prophete, ce destroiçt,qu'ils nomment *Zukak*,fut ainsi faiçt : adioustans que ce *Caron* ayant vescu longues annees,mourut en Espaigne,& fut enterré à l'entree du Promontoire,que lon nomme de S.Vincent.Ce destroiçt fut aussi iadis nommé Erythree, selon l'opinion de quelques Insulaires,à cause que aucuns de deuers la mer Erythree,qui est la mer Rouge,y abordèrent. Autres disent,que ce furent les Tyriens, qui les premiers apres Hercules,qui n'y fit que passer,y habiterent:d'autant que,comme ils cherchassent nouuelles terres pour demeurer,& cõsultassent l'oracle d'Apollon (qui pour lors estoit le Deuin & Prophete des Gentils) il leur respondit, qu'ils deuoient enuoyer leurs gens aux Colomnes d'Hercules : Lesquels se mettans en mer à

(marginal notes:)
Colomne de Ptolomee Philadelphe.
Colõnes du Roy Xerxes.
Fable de Platon.
Opinion des Mores & Arabes.
Destroiçt Erythree.
Apollon, Prophete des Gẽtils.

l'aduenture, à la fin paruindrent en ce deftroiçt : & voyans l'impoffibilité d'aller plus
outre, f'arrefterent là, eftimans que ce fuft le dernier terme du monde. Auquel lieu ils
baftirent vn temple vers l'Eft, où eftoient des Colomnes de bronze, longues de huiçt
coudees, fur lefquelles eftoit la reprefentation de ce grand Hercules, qu'ils eftimoient
eftre au nombre des dieux, auquel ils faifoient vœuz & facrifices, à fin qu'il leur fuft
propice en leurs nauigations, eftans enfeignez par leurs Preftres & Sacrificateurs, que
là eftoit la fin de la terre, & qu'il n'eftoit loifible de paffer plus outre. Les Marroquiës
ont par efcrit en leurs hiftoires (que ils gardent auffi foigneufement que les Arabes
leurs voifins, côme ils m'ont dit) que ce fut Theodofe, Prince Efpagnol, depuis Empereur des Romains, qui fit baftir ce temple auec force reprefentations : ce que ie ne
leur peux accorder : pour-autant que ces Barbares ne regardoient pas, comme ie leur
dis, combien ce Prince (qui fut de la lignee de Traian, qui auoit eu tant de victoires a-
lencontre des Huns & Goths) & fa femme Placille, furent entiers en leur religion, &
hayffans la fuperftition des Gentils: & qu'au refte ce temple eftoit dreffé plus de mille
ans auant qu'il nafquift, & fut deftruit & ruiné par les Barbares, ainfi que i'ay dit. Ce
Monarque viuoit trois cens oçtante fix ans apres noftre Seigneur, & Hercules mille
deux cens quarante fept au parauant. Autres difent autrement, fçauoir, que en ce deftroiçt y auoit eu autrefois des Statues erigees en l'vne & l'autre des montaignes, lefquelles admoneftoiët les mariniers de ne paffer point outre, à caufe qu'il n'y auoit rien
plus qui fuft habitable : mais que les Barbares y venans, pour fe venger, & anneantir la
memoire heureufe des premiers baftiffeurs, les auoient abbatues enuiron l'an de noftre Seigneur mil cinquante fept. Cela n'infere pourtant, & ne me donne preuue fuffifante, que ce fuffent les Colomnes d'Hercules, veu qu'il y a bien difference, fi ie ne fuis
trompé, d'vne Statue à vne Colomne : & fuis affeuré que Bupale & Antherme, freres,
Infulaires Chios, maiftres ftatuaires & maçons, feroient en ceft endroit de mon cofté.
Voyla que i'ay voulu dire pour le contentement du Leçteur, pour reuenir au riuage
de noftre deftroiçt, lequel eft fi abondant en herbage, comme faulfemët quelques vns
ont mis par efcrit, qu'on eft contraint de faigner le beftial, à fin que la graiffe ne le fuffoque, & d'autres luy donnent autres remedes: au contraire toute cefte cofte eft la plus
fterile en pafturage, qui foit au monde. Ie confeffe & accorde bien, que ce terroir eft
beaucoup meilleur que les hommes, lefquels y font pareffeux à cultiuer la terre, mais
fort prompts à brigander. Pour le iourdhuy, c'eft vn vray magazin & retraiçte de voleurs, courfaires, pyrates, & efcumeurs de mer, affemblez de plufieurs nations eftranges, & tous ennemis des Chreftiens, lefquels voltigent auec leurs nauires & galiottes,
eftans en aguet fur les marchans qui trafiquent en Barbarie, de quelque cofté de la
Chreftienté qu'ils y viennent. Et ce qui eft le plus à plaindre, c'eft la perte de tant de
gens de bien, prins fur la marine, & ailleurs, qui font menez efclaues, & qui fouuent
font contraints par les inhumanitez Barbarefques, de renoncer leur baptefme & religion. Ce lieu gift, felon la haulteur que i'en ay prife par deux fois en le paffant, à tren-
tehuiçt degrez de la ligne, & eft pofé au quatriefme climat, au dixiefme parallele, ayât
fon plus long iour de quatorze heures & demie. Il y a vers la cofte d'Afrique, depuis
le Promontoire de *Tangy*, iufques à la riuiere de *Ceute*, qui eft fa plus grand longueur,
plufieurs trefbeaux haures, goulfes & riuieres, l'entree defquels font bons, tant pour la
fonde, que pour mouiller l'ancre. Quant aux Ifles & Iflettes qui l'auoifinent, on les
pourroit fortifier, pour tenir en bride & guerroyer ces Roys barbares & peuples crefpellez, auffi bien que lon a fait au Pignon, où le Roy Catholique tient vne bonne fortereffe, gardee d'vn bon nôbre de foldats, laquelle fut prife d'entre les mains des Mores: & à la verité, c'eft auiourdhuy le vray & fort bouleuert de l'Efpagne. Elle eft ba-

simplicité des anciens.

Theodofe Empereur des Romains.

Haulteur du deftroiçt.

Fortereffe du Pignon.

ftie vers l'Afrique, dans vn goulfe d'eau falee, fur vn fommet de montagne, tel que ie vous en ay bien voulu icy reprefenter le pourtraict au naturel. Ie fçay bien que plufieurs fois les Roys de Fez & Marroque y ont voulu donner attainte : mais Dieu fçait, qu'à toutes les fois qu'il fy eft prefenté, comme fes gés ont efté chaftiez par les foldats & mortepayes Chreftiens, qui la gardent fort fongneufement. Ie laiffe la forterefse de

LE PIGEON

Ceute, prinfe d'entre les mains des mefmes infideles, par Dom Ian, de l'ordre des Chevaliers, baftard du Roy Fernand, Prince vaillant & accort, la memoire duquel, tant envers les Barbares que la Nobleffe Efpagnole, ne fera iamais eftainte. Quant à la ville d'*Arzille*, en la mefme cofte d'Afrique, laquelle le Roy Alfonfe cinquiefme du nom, gaigna malgré la rage de ce peuple, auffi bien que celles de *Taniar*, *Alcaçar*, & *Trafalgar*, elles font bien munies, & remparees autant bien que nulles autres de ce mefme deftroict. Et quant à ce grand & riche Royaume de Marroque, qui aboutit à noftredit deftroict, auant qu'entrer en la defcription d'iceluy, il fault, ce me femble, fçauoir la caufe de fon nom, attendu qu'il eft côtenu foubz ce mot de Barbarie, qui iadis portoit le nom de Numidie & Mauritanie, le tout en la petite Afrique. Barbarie, ou *Barbar*, eft vn mot Arabe, qui fignifie autant que Defert : d'autant que ces Arabes, defquels ils font fortis, ayans efté rompuz par leurs ennemis Affyriens, comme leur Roy fenquift que c'eftoit qu'il falloit faire pour fe fauuer de telle furie, on ne luy refpondit autre chofe que ce mot doublé *Bar Bar Ana naheibak*, qui vault autant à dire, que defert & pays chault : pource que leur falut ne fembloit confifter qu'en la fuite vers les deferts. Et c'eft bien à propos, d'autant que les hiftoriens Arabes & Afriquains tiennent, comme ils m'ont dit, eftre fortis de ceux de l'Arabie heureufe : ce que i'accorde, pour autant que leur langue & celle des ifles voifines fe rapportent affez à celle des Arabes. Entendez auffi, que foubs ce mot de Barbarie, ne font pas côtenus ceux, qu'on

(marginalia:) Forterefse de Ceute. *Arzille.* *Taniar, Alcaçar, & Trafalgar.* *Barbar defert.*

Les Noirs non côprins foubs le mot de Barbarie. appelle Noirs,veu que les habitans d'icelle font côprins foubs le nom de More blanc. Et ne trouuez eftrange cefte deduction d'hiftoire. Car fi vous lifez tous ceux qui ont efcrit de ce qui concerne le changemét des Regions, Royaumes & Prouinces, depuis que l'Empire Romain comméça d'eftre efbranlé,vous verrez que ce païs a efté le plus tourmenté de guerres, troubles, faccagemens & ruïnes, que autre qui foit, & fignamment ce qui eft depuis Tripoly iufques au deftroict de Gibraltar. Il y a trois cens ans,

Gehoar A-rabe , paffé en Barbarie. ou enuiron , que *Gehoar* , efclaue de condition, de nation Arabe, contre le commandement du Soldan , qui gouuernoit l'Egypte, & vne bonne partie d'Arabie, paffa le Nil, & les deferts de *Barche*, & de *Iaftitem*, & f'en vint en Barbarie, penetrant & pillant tout iufques au Royaume de *Su*:puis alla tenir fon fiege en la ville de *Telefin*,qui eft entre *Tunes*,& *Alger*.Depuis ce peuple f'y eft multiplié,corrompant fon langage, partie ayant des mots Goths, partie de ceux des Sarrazins , & de ceux de l'Arabe, fans auoir prefque rien retenu de l'ancienne langue,qu'ils auoient du temps que les Chreftiens y regnoient , auant que l'Arrianifme les en chaffaft, & que depuis les Sarrazins en fiffent la totale defpefche. Il eft expedient de continuer,& monftrer quels font les limites & fins de la Barbarie,& quels Royaumes y font contenus, & depuis quel tếps en a efté fait l'eftabliffement,à fin de n'oublier rien qui foit neceffaire. La Barbarie eft par aucuns limitee depuis Tripoly iufques audict deftroict:mais ceux qui regardent de plus pres,prennent bien plus longue eftendue,& commençans audict Tripoly, & ifle des *Zerbes*,f'en vont la limiter au Cap-blanc,qui eft au Royaume d'*Argin*:& leur defcription eft fuyuant celle des Anciens,qui en la Mauritanie(à prefent la Barbarie) comprenoient la Numidie,laquelle f'auoifine des Lybiens, & les Mauritanies Tingitane, & celle du Royaume de *Telefin*, le tout contenant feize degrez de latitude celefte.

Barbarie diuifee en quatre Royaumes. Elle eft diuifee en quatre Royaumes principaux,lefquels auoient iadis force Roytelets foubz leur puiffance. Le premier Royaume eft celuy de Marroque , foubz le-

Marroque. Fez. quel font contenues les prouinces de *Hea,Su*,qui eft vn beau Royaume,*Guzule*,& la terre mefme de *Maroc*, & la prouince Ducale , toute maritime, & la plus belle & riche de toutes.L'autre Royaume eft celuy de *Fez* (ou *Fether*,ou *Fethecart* en langue des Alarbes & villains des montaignes, du nom d'vne ville ruïnee , laquelle i'ay veuë en la Paleftine) partie en plat païs, partie auoifiné de la mer, foubz lequel f'affubiettiffent les prouinces de *Temezie*,*Azgar,Fez* mefme, *Elabath,Errifi, Garet, Elcanz*, & *Tremiffan*,qui eft vn beau Royaume,riche,& fort renommé.Le troifiefme,celuy de

Telefin. *Telefin* (du nom d'vn Seigneur Arabe,le premier qui print tiltre de Roy,apres que les Vandales,fuyuant le recit de ce peuple barbare,furent chaffez de ces païs là) foubz lequel Royaume font les monts *Durdu*, & le petit *Atlas*, au pied duquel y a vn bon port,& *Elgeazaïr*. Pour le iourdhuy cefte region eft fubiette au Roy d'Alger , tellement qu'on le nomme le Royaume d'Alger, & non point de *Telefin*, celle partie qui

Tunes. fut iadis appellee Mauritanie Cefaree.La quatriefme partie eft le Royaume de *Tunes*, qui eft l'ancienne domination des Carthaginiens, contenant foubz foy *Bugie*, *Conftantine,Tripoly* de Barbarie,& tout ce qui eft de l'ancienne Numidie, iufques aux deferts qui tendent en Egypte. Mais depuis quelque tếps en ça,que les Roys d'Alger & de Tunes furent en differend fur cefte ville de *Bugie*,qui eft en vn goulphe & port de mer pres le Cap de *Gigeri*, oppofite vers le Nordoueft, à l'ifle de Sardaigne, les Efpagnols fe faifirent de la ville principale , laquelle n'a peu demeurer entre leurs mains: ains par les forces du Turc qui tenoit la main au Roy d'Alger,cefte ville & terres fubiettes, ont efté oftees au Roy de Tunes, tellement que ce qui fouloit eftre vn Royaume,eft vn rien,& obeit à celuy que les habitans tenoiét pour mortel ennemy.Et d'autant qu'il fault à prefent f'arrefter vn peu fur la particularité des lieux,& que i'ay dict que foubz la prouince & region de Marroque font comprinfes plufieurs prouinces, qui portoient iadis, & encores quelques vnes portent le tiltre & nom de Royaume: qui fera caufe qu'auant que parler de ces regions en particulier, ie parleray de Marroque, qui eft la generale & principale, quoy qu'en noftre efgard *Su* foit le premier rencontré : Neantmoins en paffant ie n'oublieray la faulte qu'a faict celuy qui a traduict Pline, lors qu'il dit, que *Senega* & le Royaume de *Mely* font en la Mauritanie, là où ie vous ay monftré l'vn eftre en Ethiopie, & l'autre en la Lybie interieure : & au refte, que la Mauritanie finit au Cap blanc, qui eft au Royaume d'*Argin*, à vingt quatre degrez deça la ligne, f'eftendant fa cofte iufques au Cap *Olarede*, qui eft en la terre aux Azonages: puis tirant iufques au Cap de *Boiador*, lequel ayant doublé on entre au Royaume de *Su*, qui eft en mefme eleuation & climat que les ifles Canaries, à fçauoir à quelques vingt huict degrez deça l'Equateur, Cecy eft dict en paffant, à fin que vous notiez toufiours les erreurs de ceux qui en veulent trop conter, & en chofes fi apparentes, efquelles ie ne pardonneray à homme qui viue : car i'en ay l'experience, & veu auffi les lieux defquels ie parle. Marroque donc eftant le chef de tous ces Royaumes, eft vne trefgrande ville, des plus belles qu'on fçache, & des plus fameufes de toute l'Afrique, laquelle eft baftie en vne grande planure, affez loing de la mer, bien qu'elle ait fon terroir maritim, fur lequel elle commande, & eft efloignee du mont Atlas quelque fix lieuës, & pource pofee en lieu fort fertil: pres laquelle paffe vn gros fleuue nómé *Tenfif*, qui fait l'affiette du lieu plus belle & plaifante. Cefte ville n'eft point des plus anciennes de l'Afrique, d'autant qu'elle a efté baftie depuis quatre cens ans, à fçauoir par les Arabes. Car apres que *Gehoar* eut conquis ce païs Africain, le regne demeura entre les mains de fes enfans, iufques à ce que *Tezzin*, Roy de *Lontune*, qui eft païs defert en Mauritanie, vint, qui les en chaffa: apres lequel regna vn fien fils nommé *Iofeph-Ligneetz*, lequel feit baftir la ville de Marroque, auec telle magnificence, qu'on peult penfer d'vn tel Seigneur qu'eftoit celuy, à qui toute la Barbarie faifoit obciffance. Ce que ie fçay d'vn Portugais, qui f'eftoit rendu de leur fecte, & qui me l'a monftré & leu dans leurs hiftoires. Cefte race fut chaffee par vn nommé *Ehnahely*, quatre cens ans apres la mort de leur Prophete (car c'eft ainfi qu'ils font leur fupputation) lequel ne dura guere. Car durant la guerre faicte foubz fon nom par vn *Habdul-mumen*, il trefpaffa, & ainfi *Habdul* fut faict Roy, & Preftre de leur Loy, chofe depuis par eux obferuee : & f'appella fa race *Del Marin*, laquelle fut chaffee par celuy *Manzor*, qui baftit la ville d'*Elcabir*, que auiourdhuy on nomme *Arzille* : & lequel ayant affligé longuement les Efpaignes, fut en fin rompu au Royaume de Valence en Aragon, où fes forces furent tellement debilitees, que fi lors les Chreftiens fuffent paffez en Barbarie, ils f'en fuffent faicts Seigneurs fans nul contredict. Cefte route diminua tant le cœur des Barbares, que f'auiliffans & quittans les armes, furent plufieurs fois faccagez par les Alarbes: mais à la fin fafchez de telles infolences, eurent recours au Roy de *Fether*, ou *Fez*, qui pour lors auoit grand puiffance en Afrique, à fin que fe faifant leur Roy, il les deliuraft de la captiuité Arabienne. Lequel eftant affligé par vn fien frere, n'y peut fi toft entendre: à la fin fon frere eut pour fon partage cefte nouuelle conquefte, en laquelle ne demeura lóg temps, que les nepueuz de *Manzor* n'y reuiffent: lefquels fecouruz des Alarbes & de leurs propres fubiects, chafferét celuy de *Fez*, lequel fe retira fur le mont Atlas, pour penfer recueillir fes forces : mais il luy fut impoffible d'y plus aduenir, ayát ceux de Marroque Roy naturel, & eftás alliez des Alarbes leurs anciens ennemis. Cefte race de *Manzor* a duré en Marroque iufques à prefent, & a efté oftee de fon fiege de frefche memoire par vn preftre Mahometan, ainfi qu'entendrez par ce prefent difcours.

Erreur de celuy qui de noftre téps a traduit Pline.

Iofeph Ligneetz fondateur de la ville de Marroque.

b iiij

Du Cherif, occupateur des Royaumes de Fez, Marroque, Su, & Tremiſſan, ſoubz pretexte d'vne ſecte nouuelle. CHAP. V.

AHOMETH a iadis eſté vn flambeau ardent, qui ſ'eſt eſpandu par l'Aſie & Afrique, & duquel depuis les eſtincelles ſe ſont auácees iuſques en Europe. Mais comme toute choſe prenant commencement, n'a point tout ſoudain ſa perfection, auſſi la meſchanceté de ſes ſucceſſeurs, n'ayant eu ſa conſommation, a laiſſé à ceux qui ſont venuz apres, de parachéuer ce qui reſtoit en leur vilennie, impureté & hereſie. Qu'il ſoit ainſi, enuiron l'an de noſtre Seigneur 1358. vn certain faux Prophete des heretiques de Mahometh ſe reuolta contre les interpretes de l'Alcoran, & auec la parole, imitant ſon precepteur, vſa du glaiue, & ſe feit Roy du païs, ſur le propos duquel ie me ſuis arreſté. A ſon exemple long temps apres ſ'eſmeut en Aſie *Saich Iſmael,* ce grand *Chaf-Caſelbas,* que nous appellons le *Sophi,* & feit reuolter les Perſes & Aſſyriens, non de l'Alcoran, mais de ceux qui l'auoient interpreté: d'où ſont ſorties tant de guerres, querelles & diſſenſions, que l'Orient a veu infinis meurtres & ſaccagemens pour ceſte folie. A la fin, l'Afrique qui eſt couſtumiere d'engendrer pluſieurs choſes nouuelles, a de mon temps produit vn homme autant fin & meſchant, que heretique qui oncques ſe meit en campagne, & qui ſ'eſt faict plus grand en richeſſes que ne fut onc Mahometh, & preſque auſſi eſpouuantable en force, que celuy qui ſoubz le hom de *Sophi* donne loy aux Arabes, Perſes & Aſſyriens, & la puiſſance duquel ſ'eſtend iuſques aux Indes, & qui pour l'heur des Chreſtiens ſert d'eſtonnemét à l'empire Turqueſque. Ce galand eſtoit natif des montagnes tant renommees ſoubz le nom d'Atlas, d'vn village nommé *Gaher,* & de condition fort baſſe & populaire, toutefois eſtimé à cauſe de ſa vacation, qui eſtoit d'eſtre *Morabuth,* c'eſt à dire, Hermite, & homme de ſaincte vie, en noſtre langue. Il commença à preſcher ſes folies en Afrique, enuiron l'an de noſtre Seigneur 1514, auquel temps nous ſentions deſia les tumultes d'opinion en la Chreſtienté: & ſembloit que ce *Morabuth* ſeruiſt de preſage à ce que nous auons depuis ſenti par tout le Chriſtianiſme. Et fault noter que au meſme temps que Martin Luther trauailloit la Chreſtienté en l'Europe, & que les Rois & Potentats ſe penoient d'eſteindre ceſte torche de ruïne, ce venerable Morabuth faiſoit le meſme en Afrique: & ne penſez qu'il fuſt de plus grand calibre que Luther, d'autant que c'eſtoit vn pauure ſanton & beliſtre d'Hermite, qui toutefois auec ſes preſches ſeditieuſes oſta vn grand nombre de Rois de leur ſiege. L'Aſie encor n'eſtoit ſans trouble pour meſme faict, & par gens de pareil degré, que les deux ſuſdicts. Car en Perſe, du temps que *Selim* auoit l'Empire des Turcs, enuiron l'an 1510, vn certain Mahometan, à fin de troubler l'eſtat des Princes de ſa nation, & ſ'agrádir, ainſi qu'il auoit veu *Saich Iſmael* eſtre deuenu grand, par & auec meſme moyen, taſcha de faire vne ſecte à part, & condamner *Haly, Oclan, Homar, Calba, Abocherim, Azebar, Zeid, Ietrib,* & tous les autres Docteurs de *Furcan,* qui eſt à dire l'Alcoran. Ce galand ſ'appelloit *Cadi Ingé,* & feit tant qu'ayant gaigné grand multitude de peuple, il conquiſt pluſieurs païs & prouinces, & fut cauſe de pluſieurs ſaccagemens, meurtres, & pillages: tellement qu'en ceſte guerre mourut plus de ſoixante à quatre vingts mille hommes: mais ayant à faire aux Turcs, Perſes, & Arabes, il fut deffait auſſi toſt preſque comme il commença ſon hereſie. Ainſi ne fut il de ce Morabuth Africain: lequel auant qu'inciter le peuple à prendre les armes, & ſe reuolter à leurs Princes, & à exterminer ceux qui eſtoient de loy contraire, comme fin & cauteleux qu'il eſtoit, vſa de telle ſimplicité de vie, & d'auſterité ſi grande, que les plus ſages & mieux aduiſez eſtoient deceuz de la caphardiſe de ce reueréd.

Miniſtres de l'Alcoran ſes ont cauſé de gráds maux.

Morabuth ſignifie Hermite.

Le peuple l'honore & reuere:il luy apprend la simplicité & pureté de la Loy, sans receuoir autre glose, ny interpreter que le seul texte. A la fin se voyant suyui selon son desir, & que sa suite dependoit toute de sa parole, ayant confirmé ceux de son parti és regions de Fez & Marroque, desquels il se faisoit fort, il dist à ceux qui l'aymoient sur tous autres, qu'il auoit desir d'aller voir le Roy de Taphilette, d'autant qu'il sçauoit qu'il ne viuoit point suyuant la purité de leur superstitieuse croyance. Or est le Royaume de Taphilette (iadis nommé des anciens Egyptiens *Thaph*, ou *Thaphnis*, suyuãt vne histoire que me mõstra vn Arabe en la ville *El-tholad*, nommé *Caffut*, nom d'vn herisson en langue Persienne) de fort grande estédue, mais qui approche les deserts de Lybie, tirant vers l'Ethiopie, où les Austruches viuent ordinairement. La cause de son dessein & complot estoit de gaigner ce Royaume pour sa retraicte, si ses ruses ne venoient à son desir. Allant à Taphilette, il ne laissoit cazal ou bourgade, où il ne preschast:és grandes villes on ne luy permettoit l'entree, tant à cause de son heresie, que de crainte qu'il ne feist quelque nouueauté, comme il aduint depuis. Il print tousiours son chemin le long de la marine, pource que c'est le païs mieux peuplé:de sorte qu'en peu de temps sa suite estoit plus forte qu'vn des plus beaux camps qu'homme sçauroit voir, comme celle qui ia excedoit plus de soixante mille hommes, tous forts & puissans, & qui, comme ie pense, estoient faicts au badinage par ses complices, lesquels estoient quatre vingts, ou cent en nombre, allans prescher par les villages. Le Roy de Taphilette, sot & curieux, voulut ouyr ce predicant, & parler à luy, touchant le faict de sa conscience. Morabuth y va : il presche, & voit les forces & les moyens que ce Roy auoit de se defendre. A la fin, il dit à sa suite, que Dieu luy auoit reuelé, qu'il falloit oster ce Roy de son siege, comme indigne de regner, & meit en auant ne sçay quelles visions faisans à son propos : qui fut cause que ceste troupe furieuse occist ce pauure Roy, & en feit Seigneur ce vray successeur de Mahomet. Ce qui enhardit ce galand à tel exploict, est, que le Roy de *Darapt* estoit de son costé, & suyuoit son parti. Le Royaume de *Darapt* est tirant vers le desert de Lybie, estant long de plus de soixante lieues, mais fort estroict, sur le chemin qui va de *Tombut* au Royaume de *Fez*. Ce Roy qui auoit receu ceste nouuelle doctrine auec tout son peuple, ne s'osoit encor descouurir, pour apertement en faire profession:qui fut cause de sa ruïne. Car le peuple se saisit des deux meilleures & plus fortes villes qu'il eust, & y meit les gens de Morabuth dedans, lesquels les fortifierent, & y meirét garnison. Ce predicant ne portoit encor tiltre de Roy, mais se contenta, & print patience qu'on l'appellast *Seriph*, ou *Cherif*, qui signifie Grand-prestre. Il tira, ayant laissé bonnes & fortes garnisons en *Dara* (ou *Dras*, en langue Moresque) & Taphilette, vers la Barbarie, sur la coste de la mer Mediterranee. Le Roy de Tremissen aussi peu aduisé que celuy de Taphilette, ne pensant point que le meurtre de Taphilette procedast de ce Prophete, voulut le voir : toutefois le pria de ne mener point si grande compagnie, à cause qu'il ne marchoit plus en l'ancienne simplicité, ains alloient ses gens l'arc au poing, & le grand cimeterre pendu à la ceincture. Il y va, à fin qu'on ne le soupçonast de vouloir quelque chose entreprendre sur ledict estat : mais apres plusieurs bien-venues & accueils, & que sa suite fust entree és terres de Tremissen, les saccagemens commencerent, les meurtres & la guerre ouuerte, tellement qu'il y demeura plus de cent mille hommes : & à la fin le Roy mesme y fut deffaict, & tous ses enfans occis & massacrez. Soudain il est faict Roy:à quoy il ne resiste plus, ains despouillant tout fard & dissimulation, non l'ambition qui s'estoit couuee soubz les draps & gestes d'vn simple prestre Mahometan, il prend ouuertement les armes, & commença à poursuyure tousiours, soubz le pretexte de la reformation Alcoraniste, tous les Roys ses voisins, mettant à feu & à sang tout

Suite ordinaire du ministre Morabuth.

Interpretation du mot de Cherif.

Massacre aduenu par Morabuth.

par où il paffoit. Ie vous puis affeurer, que iamais du temps des Arriens, l'Afrique ne fut fi tourmentee, qu'elle fut foubz la fureur de ce prefcheur & hypocrite : ne mefme du temps de Mahemet, qui liura vingt deux batailles, en la plus grand part defquelles fut vainqueur, tant contre les Perfes, Egyptiens, que contre les Grecs : & fembloit eftre vne figure de ce qui f'eft paffé en France, Angleterre, Efcoffe & Allemaigne, de mon temps, par ie ne fçay quel defaftre. C'eftoit horreur de voir les Princes meurtris comme beftes, les grands Seigneurs defpouillez de leurs biens, & occis, ou mis en feruage : tellement qu'auec la caualerie Arabefque, & la fanterie tant de fes terres que autres qui eftoient de fa fecte, en moins de trois ans il fe feit Roy de *Tremiffen, Marroque, Dara, Taphilette, Su,* & à la fin de *Fez :* mais ç'a efté depuis vingt cinq ans en çà, eftant fi grand & puiffant, que le Turc ne luy ofe courir fus, & le refte des Barbares en font efpouuantez, leur eftant bien aduis, que ce foit quelque chofe celefte, que la grandeur foudaine d'vn tel homme, qui, comme Mahemet, d'vn petit compaignon & fimple preftre, eft deuenu Roy des plus beaux, riches & floriffans Royaumes de toute l'Afrique : & c'eft vn des beaux exemples que homme fçauroit mettre en auant. Mais laiffans le difcours à vn autre, pourfuyuons auffi bien la mort du Cherif que fes conqueftes, lefquelles il a faictes toutes en quarate trois ans qu'il a regné, & eft mort deux ou trois ans apres ma venue & retour d'Afrique, & païs de l'Antarctique. Voicy l'oc-

Deffaicte & mort de Morabuth.

cafion & moyen de fa deffaicte. Le Roy d'Alger, ayant fçeu quels eftoient les côplots que ce galand faifoit contre luy, & comme il tafchoit par tous moyens de luy courir fus, & gaigner terre, auoit tafché de furprendre la ville de *Beles,* qui eft riche & de grand traffic, au Royaume de Tremiffen. Mais les Chreftiens, qui font foufferts és terres du Cherif en liberté, & receuz affez humainement, fçachans ce complot, en aduertirent le Roy de Marroque, qui rompit le coup au Roy tributaire du Turc, & feit affez belle deffaicte de Turcs & Barbares qui eftoient de l'entreprinfe. L'Algerien trop foible pour f'attaquer à celuy de Marroque, qui f'eftoit aggrandi par la conquefte de Fez, quoy que les Chreftiens euffent donné fecours au pauure Roy de Fez, qui les en auoit requis, delibera de f'en venger par ruze & furprife, puis que les forces luy manquoient. A cefte caufe il inftruifit vn Capitaine, Turc naturel, vaillant homme au poffible, à l'effect de fon deffein. Le Turc print douze cens hommes, la plus part harquebuziers, tels que font ordinairement les Ianiffaires, & le refte archers felon leur mode, auec quelques cent ou fix vingts cheuaux : & laiffans le Roy d'Alger, comme f'ils fuffent mal contens de luy, prindrent le chemin de Marroque (tout ainfi que gens qui cherchent parti) où pour lors eftoit le Cherif ioyeux de fes conqueftes, mais en peine, pour fe voir entre peuples qui ne l'aymoient guere, à caufe des maux qu'il auoit faict fur eux & leurs Princes : & pource il tenoit grand garde de ceux de Taphilette, Dara, & Tremiffen, en fa court. Et cefte deffiance des fiens donna auffi meilleure entree aux foldats d'Alger. Neantmoins ce Preftre-Roy, voyant fi belle troupe, f'enquift de leur venue, & pourquoy ils auoiët quitté leur Seigneur. A quoy il luy fut refpondu, qu'ils eftoient pauures foldats, qui auoient laiffé *Sala-raix* (ainfi fe nômoit le Roy d'Alger) à caufe qu'il leur faifoit mauuais traictement, & que f'il luy plaifoit les retenir à fon feruice, qu'ils luy feroiët fi fideles, que la feule mort feroit celle qui feroit la feparation d'eux d'auec fa Maiefté : ce que à la fin ils executerët. Le Cherif pour les raifons que deffus les receut, & appointa, & en peu de temps ils fe porterent fi bien à fa fuite, que c'eftoit fa principale garde, non moins que font les Ianiffaires pres la perfonne du grand Empereur des Turcs : ioinct auffi qu'il les fauorifoit plus que les fiens propres, tellement que l'argent ne leur manquoit en rien. Les *Alcaires* cependant (qui

Alcaires feigneurs.

font ceux de fon priué Confeil, & qui manient les affaires, comme les *Bafchas* ou

Chaouz à la porte du Seigneur en Conſtantinople) ne trouuoient bóne ceſte priuau-
té ſi grande,& ſe doutoiét qu'à la fin le Turc ioüeroit vn coup de ſa main à leur Prince. Pource luy remonſtrét, & reduiſent en memoire ce que le Roy d'Alger auoit voulu attenter contre luy : que le Turc ne fait compte de ſa vie, pourueu qu'il puiſſe faire
quelque agreable ſeruice à ſon Seigneur : que de pareils accidens eſtoient ſuruenuz
preſque de leur temps. Le Roy ne reſpond rien : mais comme il eſtoit fin, deffiant, &
meſchant en toute extremité, apres auoir penſé longuement ſur cecy, delibera de ſ'en
deffaire; & les paſſer tous au trenchant de l'eſpee. Or aduint qu'il receut nouuelles de
ſon fils , qui eſtoit au Royaume de Su , qu'en *Tedſi* , ville poſee pres le mont Atlas, en
l'ancien païs de Getulie , y auoit quelque eſmotion. Cecy donc entendant, il manda
ſon armee, pour marcher au premier iour, plus pour acheuer ſon entrepriſe ſur les
Turcs, que de ſoucy qu'il euſt de chaſtier les Tedſiens, leſquels pouuoient eſtre punis
par la ſeule force du fils dudit Seigneur, qui pour lors eſtoit en Su , & tiroit la route
de Fez. Les Turcs oyans le grand chemin qui ſ'appreſtoit, & que le Roy ne faiſoit que
parlementer auec ſes Conſeillers, leſquels ils ſçauoient eſtre leurs ennemis, commencerent à ſe douter de l'entrepriſe. De tirer en arriere, n'y auoit moyen: de refuſer à faire le voyage, encore moins, d'autant qu'ils ſe fuſſent renduz odieux à toute l'armee, &
euſſent aſſeuré le Tyran de ce qu'il ne ſçauoit que par ſoupçon : & toutefois eſtoient
ils informez à la verité du complot prins ſur leur ſaccagement, lequel ſ'approchoit
bien fort. Qui fut cauſe, que ioüans à quitte ou double, ils ſe deliberent deuancer le
Roy, durant qu'encore il ſe fioit ſoubz leur garde:& pour intimider d'auantage l'armee, comploterent de tuer tout tant qu'il y auoit de grands Seigneurs & Capitaines,
qui entroient ordinairement au Conſeil, croyans, que les bandes voyans vn tel maſſacre des principaux, ne ſe deffiaſſent l'vne de l'autre, & leur permiſſent leur retraicte libre. L'heure choiſie, comme le Cherif eſtoit entré au Conſeil, & chefs de l'armee, pour
parfaire la coniuration contre les Turcs: comme les Alarbes qui eſtoient la plus fidele
garde du Seigneur, ſ'en fuſſent allez, ſelon leur mode, au fourrage, ne reſtant pres les
tentes du Roy, que quelques deux cens reniez, qui auſſi eſtoient de garde : voicy les
Turcs qui entrent au lieu du Conſeil, ayans mis ſeure defenſe aux aduenues, & là dedans maſſacrent & Roy, & Alcaires, & Capitaines, leſquels ſ'eſtoient voulu mettre en
telle quelle defenſe, ſelon le lieu & la neceſſité. Les reniez, auſſi infideles à leur Roy,
que iadis ils auoient eſté conſtans en la religion Chreſtienne, en lieu de faire teſte aux
Turcs, ſe meirent de la partie, & voulurent auoir part au gaſteau. Le meurtre faict, les
tentes ſaccagees, ils ſe retirent tout à leur aiſe, ſans que pas vn des Lybiens & Marroquois ſe meiſt en deuoir de venger la mort de leur Prince. Ces meurtriers prenás leur
chemin pour ſ'en aller, paſſent par *Torodant*, ville anciéne, loing du mont Atlas quelques deux lieuës : & entendans que l'armee ne bougeoit point, y entrent, la pillent &
ſaccagent , les habitans ne penſans point auoir les ennemis ſi pres d'eux. Là les Turcs
ſe rafraiſchiſſent plus de quinze iours. Que ſi ce pédant ils euſſent paſſé oultre, ils fuſſent paruenuz en Alger, auant que l'armee les euſt peu attaindre, laquelle les coſtoyoit
pour les ſurprendre, attendant la venue du Roy nouueau, nommé *Moulé Adella*,
qui ſignifie en leur langue, Souuerain Seigneur, & y regne encore auiourd'huy, eſtât
Prince courtois, principalemét aux eſtrangers. Il a trois enfans bien ieunes, & vn qu'il
a eu d'vne ſienne Eſclaue Noire, qui a enuiron vingt ſix ans. Il eſt plus noir de viſage
que les trois ſuſdits, par ce qu'il tire à la couleur de ſa mere. Ce Roy donc ayant entendu les piteuſes nouuelles de la mort de ſondit pere, ne feit aucun delay, ains prenant trois mille cheuaux, ſ'en vint en toute diligence au camp. Les Turcs, aduertis
qu'ils ſont de cecy, voyans que *Torodant* n'eſtoit aſſez fort pour tenir, trouſſent baga-

du priué cō-
ſeil du Roy
de Marro-
que.

Maſſacre du
Roy de Mar
roque par
les Turcs.

Moulé A-
della, à pre-
ſent Roy de
Marroque.

ge fur des chameaux,& emmeinét quelques pieces d'artillerie & munitions pour s'en preualoir, fe tenans ferrez, & fi bien en ordre, que vn plus grand nombre que le leur euft faict difficulté de les affaillir. Comme ils font fortiz, & eflongnent vn peu la ville, voyent l'armee en tefte. Les Arabes qui hayent naturellement le Turc, & auffi qui eftoient marris qu'vne petite poignee d'hommes les euft brauez de telle forte, vindrent les premiers à les charger : mais ils furent receuz de telle furie,que les Turcs qui eftoient en lieu aduantageux pour eux,les meirent en route,& pafferent oultre en defpit de toute l'armee,gaignans encor trois lieuës de pais. Que diray-ie plus? L'efpace de trois ou quatre iours confecutifs, ces fugitifs feirent tel maffacre d'Arabes & Lybiens,qu'à la fin le Cherif fafché que ces galands vefquiffent fi long temps, feit dreffer vn efcadron de deux mille chameaux au front de fon auantgarde, & tout foudain auec vn cry couftumier aux Alarbes, feit donner dans la bataille Turquefque de telle impetuofité, que les fugitifs eftonnez de ceft affault, & preffez de la multitude,furent rompus,& prefque tous deffaicts,fauf le Capitaine auec quelques vingt cinq ou trête, qui fe fauuerent fur vne montaigne voifine, attendans pareille fortune que celle de leurs compaignons.Neantmoins ils fe defendirent encore tellement,que le Cherif difoit, que c'eftoient les foldats les mieux combattans qu'il euft veu de fa vie. A la fin ce Capitaine,voyant que l'efchapper eftoit du tout impoffible;& que tombât en la main

Côbat entre les Turcs et Arabes.

des Marroquois,il feroit occis cruellement, ne voulut que fon ennemi euft l'honneur de telle vengeance, ains prenant fes deux enfans, aagez de quinze à dixhuict ans, lefquels (forcé de fon malheur) il maffacra en la face de fes ennemis, tout foudain luy mefme fe facrifia aux ombres de fes enfans,& vengea fur foy la mort du Cherif,& autres de fa maifon. Ce qui reftoit de foldats, voyans la generofité trop hardie de leur chef

Piteufe mort du Capitaine & de fes enfans.

chef, à fin de ne tomber vifs en la main de leur ennemi, & feruir de paffetéps aux Lybiens & Arabes, f'occirent autant hardiment, comme leur faict eftoit deteftable. Mais entendez de quel genre de mort. Ils auoiët quelques fauconneaux & canons, auec des caques de poudre & boullets : ils les chargent, & mettent deffus les richeffes pillees au Cherif : puis donnans feu, fe prefentent à la bouche defdites pieces, non fans vn grand eftonnement de tout le camp, qui loüa grandement leur hardieffe, tant d'auoir ofé tuer vn grãd Roy au millieu de fon camp, & de fes terres, & puis apres f'eftre tuez pour fuïr vne mort honteufe. Voila quelle fin eut ce grand Roy, aagé de foixãte neuf ans dix mois, quãd il fut tué. Il eftoit affez gracieux & bening : fe faifoit aimer de tous, fimple en habits, & accouftré à la Morefque, & quelquefois à la Turquefque, comme pouuez voir par le pourtraict, cy deuãt mis, fait au naturel, par vn peintre fon efclaue, duquel ie l'ay recouuré, mefmes à la façon & maniere comme il prefchoit publiquement, non aux mofquees Turquefques, ne à celles des Iuifs, ou Eglifes des Chreftiens, ains en pleine campaigne, quelquefois aux grãdes places publiques des villes & bourgades : & permettoit ce gentil Miniftre generalement à toutes nations, fans reprehenfion quelconque, affifter à fes prefches & conuenticules. Et comme auffi fa mort fut végee par fon fils, lequel regne auiourdhuy, comme ie diray ailleurs : lequel auffi n'eft fi fcrupuleux zelateur de la fuperftition Mahometane qu'eftoit fondit pere, ains vfe de viãdes defendues en fa loy, & boit du vin qu'on luy apporte d'Efpaigne, ne fe fouciant que de fa grandeur & forces. Au refte, ie me plains icy de quelque vns, m'ayant ouy difcourir de la prefente hiftoire, qui me l'ont tellement quellement defrobee, & fait imprimer, la mettant au rang des fables, ou hiftoires tragiques, fans ramenteuoir au Lecteur, que ladite hiftoire eftoit venue de mes labeurs.

Pourfuite du Royaume de MARROQVE : *Et richeffe de la grand ville, &* *fedition d'icelle.* C H A P. V I.

E ROYAVME du cofté du Ponent, eft voifin de la mer, tirant à la prouince de Su, qui eft en l'extremité d'Afrique vers l'Ocean, tirant à l'Oueft, & vers le Midi aux areines du defert de Marroque : & allant vers le Nort, le mont Atlas eft fa fin & limite : & a les villes fuyuãtes, à fçauoir *Mezza*, qui eft fur le bord de la mer, où fe prennent des baleines, quoy q̃ raremét. *Teïjeut* eft fur la riuiere de *Sude*, baftie en triangle : c'eft là qu'on fait de bons marroquins, qui eft le plus grãd traffic qu'y face, & du fucre vn peu noir, qui n'eft fi bõ que celuy de Madere, & autres lieux. Apres y eft *Torodant*, loing de *Teïjeut* quelques douze lieuës : puis *Tedfi*, en terre ferme quelques vingt cinq lieuës : puis *Tagaueft*, la plus grande ville de tout le païs voifin de Marroque. Or Marroque eft païs abondant en grains, & beftial, comme auffi il y a beaux pafturages & force arbres, à caufe d'vne infinité de fleuues, ruiffeaux & fontaines qui l'arroufent, & eft prefque tout le païfage en planure. Les mõtaignes y font treffroides, & par confequét affez fteriles, où ne croift rien que de l'orge. Il y a nombre infini de villes, comme eftãt la region de Mauritanie apres le païs maritim, qui a efté de tout temps la plus habitee. *Iumuha* eft vne ville ruïnee au pied du mont Atlas, fur lequel eft baftie vne fortereffe, que ceux du païs appellent *Imegiagen*. C'eft celle où quelque temps auant que le Cherif f'en feift Roy, y eut vn heretique de leur loy, nõmé *Homar-eßicef*, (non celuy qui eftoit du temps de leur Prophete) qui f'y retiroit, apres auoir commis mille efpeces de cruaultez fur tout fexe des habitans d'alentour, mais à la fin il fut occis par les Arabes. Vous voyez autour du mont, les villes *Tenezza, Delgumutie, Imizmizi, Tio-*

Homar-eß-ficef Miniftre.

meglaft, *Teffaft*, & la grande ville de *Marroque*, qui eft affez efloignee dudit mont, en laquelle on voit la magnificence des baftimes & palais que les anciens Rois y ont faict faire, auec tel artifice, que par là on peult iuger que ces Rois anciens eftoient gens de bon efprit, & prenoient fingulier plaifir aux hommes qui fçauoiét faire quelque chofe. Et qu'il foit vray, ce *Manzor*, qui feit baftir la ville de *Cefar Elcabir*, qui eft pres de Arzille, & aucuns la nomment encor Arzille, auoit dreffé des Efcholes pour toutes les

Razis me-
decin A-
rabe.

fciences en fa grand ville de Marroque: & ce fut à luy, que *Razis* medecin Arabe (na-tif d'vn village pres la montaigne *Torec*, nommee des Arabes du païs *Rafin*) dedia fes liures de la medecine. Certains medecins Iuifs, eftant de pardelà, m'affeurerent auoir veu, de ce docte perfonnage Razis, de trefbeaux liures entre les mains de quelques Sei-gneurs Arabes, efcrits en leur langue, defquels les Grecs ne Latins n'euręt iamais co-gnoiffance. Encor auiourdhuy l'vn des principaux traffics qui fy face, eft des Bibles en Hebrieu, que les Arabes & Iuifs acheptent quarante & cinquante ducats, & leur coufteroient bien d'auantage, fil leur falloit faire efcrire, d'autant qu'ils n'ont point d'imprimeries, non plus que les Turcs, Perfiés, Arabes & Grecs : & n'eft permis qu'aux

Bibles def-
fendues au
fimple peu-
ple Iudai-
que.

Docteurs de leur loy, & aux plus grands, d'auoir des Bibles & hiftoires imprimees, pour ne tomber (à ce qu'ils difent) aux erreurs des Chreftiés : & fi de cas fortuit ils en ont, difent auoir efté augmenté ou diminué quelque chofe de l'hiftoire, pour n'entrer en quelque fcrupule de leur loy & confcience : mefmes tous autres liures (que les A-rabes du païs appellent *Elkiteb.*) excufe non receuable, pour eftre feparez de l'vnion de noftre faincte Eglife. Le Roy fe plaift en ces diuerfitez, comme homme qui veult que les eftrangers foient en affeurance en fa terre. Ledit Roy dans fon Palais a vne E-glife fort fumptueufe, nommee en langue Mórefque *Algema*, & en Ethiopique *Al-madeza*, à laquelle y a vne treshaute tour, qu'ils nomment *Effor* : & de faict, eft fi tref-hault efleuee, que de la part du midi on la voit de fept grandes lieuës : au fommet de laquelle y a trois groffes pommes maffiues de fin or, lefquelles ceux du païs nomment *Topha* : & me fuis laiffé dire, qu'elles pefent chacune fept cens liures. L'hiftoire de ce peuple bafané dit, que ce fut vn Roy du païs de la Guinee, qui en fit prefent au Roy de Marroque, pour recognoiffance de quelque ayde qu'il auoit receu de luy contre fes ennemis. Ce que ie ne fçaurois confeffer, attendu que ce fut vn Seigneur du païs, reputé entre ces Barbares, homme de faincte vie, lequel par deuotion, eftant riche des biens du monde, apres fon voyage faict à Medine, & à la Mecque, dóna pour vn me-moire perpetuel, ces trois maffes d'or, lefquelles le peuple a en fi grande reuerence, qu'il n'eft permis à homme viuant de les toucher ne manier, qu'aux Preftres de leur loy, fils ne veulent auoir l'indignation de leurs Prophetes. L'an mil cinq cens foi-

Defaftre
aduenu par
le feu qui fe
met aux
poudres.

xante neuf, le feu feftant prins aux poudres des grands magazins de la ville, la plus-grand partie de l'Eglife fufdite fut renuerfee & iettee par terre. Par tel defaftre furent occis quelques quatre cens perfonnes, faifans leurs oraifons dans ce Temple. Deux mille trois cens autres perfonnes, fans comprendre grand nombre de beftes, comme chameaux, cheuaux & mulets, furent auffi mis à mort en diuers autres lieux de la ville, & furent tous les habitans d'icelle fi efmeuz, qu'à mefme inftant chacun print les ar-mes pour courir fur les pauures Efclaues Chreftiens: fi qu'en telle furie en furent mis à mort enuiron quatre cens: & ne tafchoit ce peuple auare, que de f'attaquer à la perfon-ne du Roy, & fe ruer fur fes trefors. Mais comme Dieu ayde fouuentefois à vn Payen, à vn fol & infenfé, auffi ayda il lors à *Moulé Adella* leur Roy, qui ne fe trouua en ce-fte premiere furie, attendu qu'il eftoit malade, y auoit neuf iours entiers, d'excez qu'il auoit fait de trop boire de ce bon vin cuit, qu'ils appellent en leur langue *Rocq*, auec fes concubines & Efclaues, comme il fait toutes les Lunes, accompaigné de fes plus fauorits grands Seigneurs. Ne laiſſa pourtant ce Prince à ſe reſſentir de l'iniure & brauade qu'on luy auoit fait, & du maſſacre commis en ſes pauures Eſclaues Chreſtiens. Car incontinent apres la furie paſſee, fit prendre quelques deux cens des principaux ſeditieux, qui furent eſtranglez du iour au lendemain, ſans autre forme de procez. Le peuple eſt rhabarbatif, n'ayant aucune ciuilité en ſoy, auare ſil y en a au monde: & ſuis aſſeuré, qu'il y a tel, qui a vaillant cinquante mille *Drain* & *Theminiah*, qui ſont pieces d'argent du païs, qui ne mange pas à demy ſon ſaoul, ſe contentant de l'ordinaire, ſçauoir de ris, mil, poix & gland, deſquels auſſi les pluſgrands Seigneurs vſent en leur manger: & eſt ce gland preſque auſſi gros & long que le poulce de l'homme, & treſbon, comme ie ſçay pour en auoir vſé. Ils le nomment en leur patois *Blocq*. Ils ont auſſi abondance de Palmiers, que les Arabes des montaignes appellent *Nachlé*, & le fruiĉt qu'ils portét, *Thamora*. Ceux du Royaume de Fez le nóment *Thamar*, ou *Tamaraqui*. Au reſte, le peuple eſt continuellement tourmenté des Lyons, qu'ils appellent *Seua*, & les Barbares *Caleb*: & ont ces beſtes en ſi grand horreur, que lors que les chefs des maiſons ſe faſchent à l'encontre de leurs Eſclaues, auec leurs viſages furieux & eſpouuantables crient apres eux, *Alla-Tech Seua*: comme ſils vouloient dire, Le grand Dieu te conduiſe entre les pattes des Lyons. Quelques ſeize lieuës de la ville de Marroque, tirant vers Soleil leuant, y a de treſbelles montaignes fertiles, auſquelles ſe tient vn certain peuple More, lequel porte de pere en fils vne Croix à la ioüe droiĉte: & n'ay iamais peu ſçauoir la raiſon, ſinon de trois Eſclaues, leſquels me dirent & aſſeurerent, que c'eſtoit en memoire de leurs anceſtres, qui iadis eſtoiét Chreſtiés: Et m'ont auſſi certifié auoir veu és maiſons deſdits Mores grand nombre de liures, comme Bibles & nouueaux Teſtamens, & quelques hiſtoires Romaines, tous eſcrits à la main. Les autres villes ſont *Agmeth*, voiſine de la grand ville, laquelle iadis pour ſa ciuilité fut nommee la ſeconde Marroque: mais à preſent elle eſt deshabitee, & ne ſert que de retraiĉte aux beſtes farouſches & oiſeaux durant la nuiĉt. Ceux qui de ce Royaume ſen vont à Fez, paſſent par vne petite ville, nommee *Hanumei*, qui eſt en vne bonne campaigne, où les ſemences viennent fort bien, & pluſieurs caſals & villages baſtis le long des riuieres, deſquels il ſeroit trop long à vous en faire le diſcours. Mais pource que ie ne veux omettre rien des terres du Roy de Marroque, il fault entendre, que entre la terre de Su, & celle de Marroque, giſt celle de Guzule, qui ſeſtend depuis le mont *Ilde*, qui eſt en Su vers l'Oueſt, & au Nort confine au grand mont Atlas, & vers Leuant à la region de *Hea*, tirant aux grands deſerts de Lybie. Les habitans de ceſte region ſont ſots & beſtiaux, comme ceux à qui preſque perſonne ne communique, ſi ce ne ſont ceux qui vont y querir du beſtial, d'autant qu'ils ſont tous paſteurs, & viuét d'orge & millet, ſans ſe ſoucier beaucoup d'or ny monnoye quelconque. Pline ſeſt voulu perſuader, meſmes ſon traducteur, qu'en ce païs compris ſoubz la Mauritanie, ſe trouue grand nombre d'Elephans: choſe mal entendue & conſideree, tant au maiſtre qu'au varlet, veu que ie ſuis certain, qu'il ne ſy trouue Elephant, ſi ce n'eſt que le Roy en tienne quelques vns par curioſité, comme faiĉt le grand Turc en ſa ville de Conſtátinople. Quant à la mótaigne d'Atlas, qui auoiſine le Royaume de Marroque, ce doĉte Pline dit auſſi, que le ſommet d'icelle touche au ciel & à la Lune, & que iadis ladite móntaigne nourriſſoit des Satyres, & autres Dieux des foreſts, qui iouoient de toutes ſortes d'inſtrumens, fleuſtes, tabourins & cymbales: choſe que le Lecteur liſant, le doit pluſtoſt inciter à rire, que d'y adiouſter foy. Les Eſclaues Chreſtiens, reſpandus en ces païs là, appellent ceſte montaigne le Mont luyſant: & ce, comme ils m'ont aſſeuré, pource qu'il ſe voit en quelques endroits vne clarté grande à merueilles, du feu qui ſapparoiſt aux lieux ſulphurinez. Es montaignes & couſtaux de Guzule ſe trouuent force veines & mines de cuyure & de fer, que les Marroquois y vont querir. Or quoy que ce peuple paftoral foit fimple & rude, fi eft ce qu'il y a de grands traf- fics, foires & marchez en leur terre, & y fait trefbon arriuer, à caufe que quand bien les marchans feroient dix mille, ils leur donnent à manger, tant que la foire dure, qui eft l'efpace de deux mois tous les ans. Hors de là il n'y fait feur, d'autant que toufiours ils font en guerre, & font trefues entre eux, deux ou trois fois la fepmaine, lefquelles ils rompent à chacun propos. Le Cherif va fouuent pour plaifir voir cefte foire, à caufe de la grand' police qui y eft gardee, tellement que vous n'y voyez bruit ny difcorde aucune, & moins f'y fait larcin ou autre mefchanceté: tant ces beftiaux font accorts en cefte feule chofe, là où au refte de leurs actes ils reffentent le plus la barbarie que tout le refte des Lybiens. Ceux cy font vrayement les Nomades, que les Grecs ont ainfi ap- pellé, à caufe que tout leur eftude ne confifte qu'és pafturages, & font en la prouince ancienne, nommee Getulie, recommandee par hiftoires du feul nom de barbarie & cruaulté: & vous puis affeurer qu'ils n'ont rien defpouillé encor de leurs façons paf- fees. Auffi iamais hôme depuis Iugurthe, Roy Africain, n'en a eu le deffus que le Che- rif, qui a voulu eftendre fon Royaume iufques aux deferts, & iufques au Royaume voifin des monts dominez par le Roy de Senega. Et fupputant ainfi au long & au lar- ge, vous trouuerez que la longueur de fes terres ne porte pas moins que de quatre vingts iournees auec les chameaux, qui font pres de deux mois de chemin, côptant la longueur depuis Tremiffen iufques au Cap blâc, & la largeur, de ces Guzules iufques aux terres de Conftantine, qui eft Telefin, qui peult porter quinze ou dixhuiĉt iour- nees. Or gift Marroque à neuf degrez, vingt minutes de longitude, vingt neuf degrez, trente minutes de latitude: & a fon plus long iour quatorze heures, dixhuiĉt minutes. Et quoy que tout ce païs foit affez bon & fertile, fi eft-ce que la pefte y eft fi commune que rien plus, & n'eft annee, qu'vne contree ou autre ne f'en reffente. Ils ne fçauent au- tre remede pour cefte maladie, principalemét les efclaues, dés qu'ils fe fentét attainĉts, que de prendre du fel, qu'ils broyent auec les racines d'vne herbe nommee *Lerat*, les

Lerat, her- be propre contre la pefte.

fueilles de laquelle font de la largeur d'vn efcu, & de couleur blafarde, & la racine ref- femblant celle du Perfil. De cefte compofition ils appliquent fur la boffe, laquelle dâs vingt quatre heures f'enfle, pouffe hors, & fe perce d'elle mefme, encor qu'il y en meu- re plufieurs: & l'appellent *Alhabach*. Quand quelqu'vn d'entre eux fouhaite mal- heur à vn autre, il n'en fait pas moins qu'on fait de pardeça, defirât vn fi mauuais mor- ceau que la pefte, & difent en leur langue *Alla Hiatech alhabach*, Le grand Dieu t'en- uoye la pefte. Ils ne font point gueres fubieĉts à catherres, & maladies des yeux: ne crachent gueres, comme i'ay cognu par experiéce: & ne peux onc fçauoir pourquoy. Ils ont le cerueau fort fec & entier, dont ie m'efbahis qu'ils ne font plus accorts & de meilleur efprit, comme font plufieurs autres de leurs voifins. Oultre la pefte, ils font encor fubieĉts aux pleurefies, qui eft affez vray-femblable: à caufe que fe fentans affail- lis de la chaleur, fans efgard quelconque, ne faudront à fe ietter dans les fleuues, qui ne faifans que fortir de leur fource en la montaigne, font auffi froids que glace, & qui e- ftonnent le fang. Sont en oultre affligez fouuent de chancres: & cela eft prefque natu- rel, à caufe des chaleurs, & que auffi ils font fort addônez aux femmes. Et toutefois en tout ce païs voifin des monts, ne fe parle qu'aucun ait eu le mal de Naples, là où en la Barbarie vers Tunes & Alger il y a fort peu d'hommes qui n'ayent paffé les piecques: & m'ont affeuré n'auoir fenti telles pauuretez, n'eux ne leurs peres, que depuis quatre vingts ans en çà: & qu'au parauant nul medecin d'entre eux ne fit onc mention par leurs efcrits de telle maladie, fi commune auiourdhuy entre les hommes: & difent que ce fut vn grand Seigneur, More blanc, de Grenade, nommé *Lufah*, qui porta tel malheur en leur païs. Ceux qui ne viuent que d'oliues, fruicts & viandes grossieres, sont ordinairement roigneux, & est le mal le plus commun qui soit presque par toute l'Afrique.

Du Royaume de Fez, *& massacre fait par les Lyons.*
CHAP. VII.

L E ROYAVME de *Fez* (nommé iadis *Fether* des Africains, & *Fracal* des Ethiopiens) est celuy qui commence le long de la coste de Afrique & mer Atlantique, depuis la ville de *Mezza*, iusques au destroict de *Gibraltar*, qui est de vingt huict à trente six degrez de latitude: & son commencement est à la riuiere *Oumirabih* vers l'Ouest, tendant au fleuue *Muline* vers le Leuant, & qui toutefois fait que ceste region regarde le Nort: & vers le Midi elle a *Ducala* & *Su*. Ie vous ay dit en la description generale de Mauritanie & Barbarie, que *Fez* a quelques regions comprises soubz soy (ainsi que soubz le nom de France l'on comprend diuerses parties) lesquelles iadis ont porté tiltre de Royaulté: & plustost certes que la region qui pour le present donne le nom à toutes les autres. Au commencement, *Fez* n'estoit point siege Royal, comme nous l'auons veu de nostre temps, ains fut bastie la ville par vn rebelle & schismatique: d'autant que iamais les Mahometans n'ont attété rien de grand pour l'estat, que soubz le pretexte de la Religion. Celuy donc qui bastit *Fez*, chef de toutes les autres villes de Mauritanie, estoit descendu de la race de Mahemet, & s'appelloit *Idris*, homme fin & subtil, & la nomma *Fez*, pource qu'és fondemens on trouua vne mine d'or, qui en langue des voleurs des montaignes, iadis s'appelloit *Fez*, mot corrompu de *Fether*. Cestuy s'en estoit fuy d'Arabie, craignant d'estre occis par vn sien oncle: & estant en Afrique, i'enten la Barbarie, il se maria à vne dame descendue de la race des Goths, de laquelle sortit le premier Roy de *Fez*, qui bastit le lieu, & se feit grand en la Mauritanie. Ceste ville est toute faite en monts & planures, si que le milieu est seulement plain, & le reste sont costaux & collines. Elle est si gentimét bastie, que la riuiere qui y passe, ayant mesme nom, & de laquelle aucuns donnent nom & à la ville & au Royaume, l'arrouse du costé du Midi: mais vers l'Ouest, elle se diuise en tant de canaux, que la plus part des maisons des Seigneurs, & riches marchans de la ville, voire les Mosquees, & les hostelleries, sont fournies d'eau douce par le moyen de ces canaux. Ie n'ay affaire de vous descrire le *Carruné*, qui est le grád temple, d'autant que ie ne pense point que les Barbares nous puissent surpasser en gentillesse: mais ie vous diray bien, que ce temple a este estimé vne des plus belles choses de tout le monde, comme i'ay peu entendre par les Barbares mesmes, qui m'en faisoient foy, où les Chrestiens n'oseroient y auoir mis le pied. Or ce qui est le plus admirable, sont les hospitaux & hosteleries (où certes les autres peuples n'en approchent point) pour l'honnesteté du traictement des passans: & ce n'est rien au pris des estuues & baings artificiels, desquels ils vsent à vil pris en ladite ville: & ne m'en esbahis point: car ils ont esté dextrez par tant de nations lubriques & addonnées à plaisir, qu'il est impossible, que ceux cy qui ne pensent qu'à la volupté, & le paradis desquels consiste és delices du corps, soient encor si restraincts en ces despenses. Ce que i'ay cognu, conuersant auec eux en ces mesmes païs l'espace de huict ans. Dont iadis les anciens Ministres des Eglises Chrestiénes d'Afrique se plaignoiét de ceste effemination de baings. Le Roy de Marroque tire pour le iourdhuy grand prouffit de ces estuues, pour le tribut qui est mis sus par les Roys ses predecesseurs. En ce quartier de ville, où sont tou-

Idris fondateur de la ville de Fez

Hospitaux & estuues,

tes ces chofes, fe tiennent la plus part des artifans, à fin que n'ayans plaifir particulier en leurs maifons, ils puiffent en iouïr pour leur argent. Mais à prefent que le Roy de Marroque en eft Seigneur, & qu'il n'y vient guere fouuent, le tout y eft confus, & demeurent les artifans, qui eft le plus des habitans de ladite ville, par tous les endroits d'icelle, fans auoir efgard à la nouuelle ville, qui eftoit pour le Roy, Princes, Seigneurs & officiers de la police. Leur iuftice eft briefue, tant és caufes ciuiles que criminelles, & n'y a que deux Officiers pour ceft effect : l'vn qui eft l'ordinaire, & l'autre qui eft le Lieutenant & gouuerneur en l'abfence du Prince. Les iuges n'ont point de gages, ains viuent ou de faire lectures, ou de l'eftat de preftrife, & interpreteurs des lettres Arabefques, fuyuant la doctrine du Cherif, qui f'en feit Seigneur. C'eft vn peuple fort addonné au manger & boire, prenans trois & quatre repas le iour, & font fales en leur manger, qu'ils prennent fur des tables fort baffes, nattes de ioncs, ou peaux de beftes, fans nappe ne feruiette. Ie vous puis bien dire, que foubz le ciel n'y a point gens fi fins & cauteleux que les Fezeens, ny plus addonez aux charmes & folies, & qui recherchét curieufement tout ce qui peult eftre de fecret en la fcience metallaire: & ferois d'aduis que les Alchymiftes Italiens, François & Allemans allaffent faire en ce païs là les efpreuues de leur art, d'autant qu'ils y feroient bien receuz, fils fçauoiét mieux l'inuention de la matiere, de laquelle on donne couleur aux metaux, & le iugement des veines metalliques, que leurs docteurs : & fi à mefler & multiplier ils auoient quelque induftrie nouuelle. Et d'autant que ceft art achemine les hommes à falfifier la monnoye,

Peine des faux monnoyeurs.

vous en voyez vn nombre infini qui font manchots: à caufe que la punition d'vn faux monnoyeur eft d'auoir le poing coupé, à fin que plus il ne puiffe trauailler. Quelques vns de noftre compaignie voulurent de certaines chaines de cuyure doré tromper ces galands: mais f'eftans apperceuz de la faulfeté, fe ruerét fur eux, dont il en fut tué deux. La nouuelle ville eft le cartier le plus beau & mieux bafti : mais il y a pour le prefent le moins de peuple, à caufe que le Roy ne f'y tient plus. Toutefois en icelle fe tiennent les Orfeures, les groffiers & marchans, & ceux qui font commis fur les monnoyes. Les gens Nobles font curieux, principalement en habits: le drap leur eft commun, fatin, damas, & autres efpeces de foye, paffementé quelquefois d'or, d'argent, felon la richeffe & bourgeoifie : car les pauures font auffi mal veftuz, que les païfans de nos villages de pardeça. Ils aiment le beau linge, & les femmes auffi, qui fe tiennent nettes & propres, veftues à la Morefque. Si ie voulois efplucher par le menu tout ce qui en *Fez* fe trouue de rare, ie n'aurois iamais faict : à cefte caufe il fault vn peu voir, quelles villes il y a, & puis paffer oultre au refte de la Barbarie. Ce que iadis eftoit ville & grand cazal, eft à prefent ruïné, & faict defert par les guerres: fi comme *Macarmeda*, qui tire à l'Eft, à huict lieuës de la ville capitale : *Zame* à quelques fix lieuës, où eft bafti encor vn hofpital, où lon receuoit les paffans, mais il eft ores tenu des Arabes. Y encore la ville d'*Azgar*, qu'aucuns appellent Pierre rouge, laquellé pour eftre voifine des bois, eft à prefent deshabitee, à caufe des Lyons qui les y affligent : comme il aduint quel-

Maffacre fait par les Lyons en la villed'Azgar.

que temps auant que le Cherif fe faifift de ce Royaume, qu'vne fi grand' troupe de Lyons fortit des bois, & defcendit des montaignes, que entrans en cefte ville, ils feirét vn tel degaft & maffacre d'hommes, femmes, & petits enfans, qu'ils en tuerent plus de fix cens : & ne furent les chiens ny les chats, qui ne fe fentiffent de ceft orage. I'ay ouy dire à tel Barbare, qui f'eftoit fauué fur vn arbre, que ces beftes grimpoient fur les maifons, qui n'eftoient couuertes que de paille, fueilles & efteule de ris. Il en y auoit qui fe lançoient dans les riuieres, & comme ils penfoient faire le fault, fe voyoient faifis par derriere. La plus part fe fauuerent és grotefques & fouterranes, f'y armás auec les pierres qui leur feruoient d'huys & portaux. Et adioufta, lors que ces Lyons vindrent, ils

eſtoient plus de deux cẽs de compaignie,auſſi bien rangez, que ſi c'euſt eſté vne compaignie de fanterie : & eſtoit l'opinion de tous, que c'eſtoit punition diuine : & d'autres,voyans apres comme leur Roy fut chaſſé de ſa terre, & occis par le Cherif, dirent
que ce malheur eſtoit la ſignifiáce de la ſolitude,en laquelle eſt depuis tombé le Royaume de *Fez.* Encore à preſent voit on les Lyons aller par bandes,& le font bien ſentir aux haraz & troupeaux du païs : veu que ſ'ils trouuent vn troupeau de bœufs, vaches,ou chameaux,dequoy le païs eſt aſſez fourni,ils en mangeront leur ſaoul,& tuét
le reſte, qu'ils laiſſent là. Ce reſte eſt par les marchans,à qui appartient le beſtial, deli-   *Viande peri-*
uré aux eſclaues, qui ſont ramaſſez de diuerſes nations , & ont congé de manger ceſte   *miſe aux*
viande,laquelle ils eſcorchent,ſalent,& en font maint bon repas,& les cuirs ſont ven-   *Eſclaues à*
duz aux eſtrangers. Le Mahometan n'en mange aucunement, pource qu'il luy eſt de-   *manger.*
fendu de manger rien de ſuffoqué ny tué par vne beſte. Ce que n'obſeruent ceux de
l'Arabie deſerte:car par faulte d'autres viandes, ſont contrainẽs ſouuent manger des
chameaux, qu'ils trouuent morts de peine, & faim,comme i'ay veu paſſant les deſerts
du mont Sinai. Quant à la ſocieté des Lyons, ie le puis dire , l'ayant veu. Car comme
nous faiſions voile le long de la coſte de Barbarie tirant vers la Guinee,nous vinſmes

par force, à cauſe des rourmentes,à la riuiere de l'*Arcede*, l'entree de laquelle eſt dangereuſe, non ſeulement pour l'iſle qui ſe preſente à ſon entree , ains à cauſe des battures & rochers:auquel lieu fuſmes cinq iours:& ce pendant nous en voyons des compaignies de dix ou douze à la fois, ſe ioüans & pourmenans ſur terre, comme vous
voyez le ſoir & matin en vn pré , ioignant quelque garenne, les connils ſeſbattre, &
ſauteller. Et puis que ie ſuis ſur le propos des Lyons, fault noter que le plus grand eſ-

bat que le Roy de Marroque ait, c'eft le combat des Lyons : & d'autant que plûfieurs luy font occis,il a impofé loy à tous les *Gidonarizi*, qui fignifie villages,de fa terre,de luy rendre tous les ans chacun pour foy vn Lyon ou mort ou vif : mais ceux qui luy

Chaffe que lon fait aux Lyons.

conduifent en vie,font les mieux venus.Pource f'affemblent quinze ou feize villages, & font la huee,comme on fait pardeça contre les loups,& f'en vont guerroyer ces beftes faroufches:de forte que bien fouuent la fefte ne fe paffe point,que les pauures gés ne foient blecez,mutilez & gaftez,& quelcun toufiours y demeure pour les gages. Ils vont armez de gros pieux,arfegayes & arcs Turquefques,& la plus part à cheual,pour tourner la befte, fi par cas elle tafche de fe fauuer à la fuyte. Où vous noterez que ces Barbares font bien fi accorts iufques à là, de ne chaffer iamais aux Lyons, tant qu'ils fçauent qu'il y a des petits qui tettent : veu que lors le Lyon & Lyonne (qu'ils nom-ment *Afayd*, & les Arabes *Calebi*,autres *Affeba*) font fi furieux, qu'ils ne craignent ne fer ne flamme,ains fe lancent par tout, pourueu qu'ils vengent l'iniure qu'on veult faire fur leur engeance. Et en fomme, ce peuple fine plus fes iours par la dent & rage de ces beftes faroufches,que de leur mort naturelle,ou allant aux combats:qui eft caufe que plufieurs gros villages font ainfi depeuplez, & le païs defert en plufieurs endroicts,là où la terre eft de foy trefbonne & treffertile:ce qui f'eft veu par le paffé, entant que les habitans y viuoient bien, & auoient abondance de toutes chofes. Cefte furie f'eftend depuis le deftroict de Gibraltar, iufques au Cap de verd, non par tout, mais és lieux qui femblent vn peu les plus folitaires. Il ne fe trouue Lyons ne Lyónes aux quatre parties du monde, qu'en l'Afrique feule, fil n'en y a quelques vns aux deferts de *Bafara*, aux Indes Orientales.Ie fçay bien que Munfter en fa Cofmographie,

Faute du Cofmographe Munfter.

parlant de la nature des Lyons, dit vne chofe treffaulfe, fçauoir que au païs de Thrace,qui eft en l'Europe,la prouince eft peuplee de Lyons.Chofe autant mal confideree à luy, & auffi veritable, que ce qu'il allegue au mefme chapitre, que l'Armenie, l'Arabie & Parthe,font les païs qui produifent autant de forts & cruels Lyons,que ceux mefmes d'Afrique. Ie fais iuge ceux qui ont voyagé & veu ces prouinces auffi bien que moy, fi iamais ils ont veu, & encores moins ouy dire, que le peuple en fuft tourmenté. Au mefme chapitre il raconte pareillement, prenant pour fes accorts Herodote,Macrobe,Gellius &autres,que la Lyonne toute fa vie ne fait iamais qu'vn petit Lyoneau. Ie fuis feur du contraire:car elle en fait plufieurs fois, auffi bien que l'Ours (que les Arabes nomment *Eldoulph*, & les Perfiens *Phorak*) & autres beftes rauiffantes : & l'ay veu & cognu par experience fçauoir fi elle a le mafle. Venant à Fez,vous y auez encor

Region de Azgar.

la region d'*Azgar*, laquelle fe va rendre à l'Ocean vers le Nort, duquel cofté eft le fleuue nommé *Buragrag*, & vers le Leuant à la terre de Fez. Cefte region eft prefque toute deftruicte,fauf quelques villes qui font ou fur la mer,ou proches de la grád ville de Fez,telle qu'eft *Gunuba*, baftie de noftre téps par les Barbares, loing de Fez douze ou quinze lieuës : puis y eft *Cefar elcabir*, qui fignifie Grand palais, iadis edifiee par ce Roy Manzor. Non loing de la fufdite eft *Lharais*, affife fur la mer, où le Roy de Marroque a faict baftir vne citadelle, & y tient grande garnifon, tant pour ne fe fier beaucoup aux Chreftiens, aufquels il a faict de mauuais tours, ainfi que ie diray parlant de Tremiffen, que auffi il fe doute du Roy d'Alger, qui toufiours luy eft aux efcoutes : mais il n'a garde de ce cofté,veu que le Turc n'oferoit paffer le deftroict,pour la folennelle garde qu'y font ordinairement lefdits Chreftiens, lefquels y ont de bons forts, & garnifons fuffifantes pour l'empefcher. Paffant oultre vers Tremiffen, vous trouuez *Ezagen*,qui eft de bon reuenu à fon Prince:& tournát vn peu au Nordoueft, trouuez l'ifle de *Gefire* (non celle qui eft en Perfe, dans la riuiere de l'Euphrate, qui

Fortereffe de Gefire.

porte mefme nom,ains celle cy d'Afrique) où y a vne bonne fortereffe, clef de tout le païs, en laquelle les Portugais fe voulans fortifier, furent deffaicts & chaffez : mais ils f'en font à la fin reuenchez, prenans Arzille, ville ancienne : & gift à fix degrez trente minutes de longitude, trente cinq degrez dix minutes de latitude, ayát quatorze heures vingt fix minutes pour fon plus lóg iour. Elle eft baftie fur l'Ocean, ville fort marchande, & de grand traffic, & qui à la voir encor reffent bien fon antiquité. Laiffant à part la defcription particuliere d'*Errif*, & *Gerret*, prouinces de Fez, fe voit *Canz*, region confinant vers l'Eft, & le Nort au Royaume de Tremiffen, & vers le Midi à celuy de Marroque: & tournant à l'Occident, elle aduife la region de Fez : & eft toute enuironnee, ou peu f'en fault, de la grande montaigne d'Atlas, en laquelle eft baftie la ville de *Tezze*, qui eft comme la principale du païs, & en laquelle les Rois de Fez & Marroque tiennent bonne & feure garnifon, à caufe des Alarbes demourans aux monts, lefquels courent ordinairement le plat païs, & pillent cafals & villes. En cefte prouince eft la montaigne, fubiette au Seigneur de *Durdu*, laquelle on appelle le Mont aux cent puits. La caufe de ce nom eft telle. Au fommet de cefte montaigne y a quelques ruines, pres lefquelles eft vn puits d'vne merueilleufe profondeur. Or vous ay-ie dict, qu'en ce païs y a des hommes, qui ne fe meflent que de chercher des threfors, & voyans ce puits fec, eftimerent que ce fuft quelque lieu, où les anciens euffent enfermé leurs richeffes : & pource fe faifoient defcendre au fonds auec vne lanterne au poing : mais de cent qui y defcendoient, il n'en refchappoit pas dix, lefquels f'en venoient fans vifiter que l'entree, en laquelle ils difoient auoir vne grande place, ayant diuerfes rues, pour aller tout autour du mont. A la fin, trois ou quatre bons compaignons y defcendirent: & de compaignie paffent ces fales, & fentent vn vent fort grád, qui cuida eftaindre leur feu, quelques bien clofes que fuffent leurs lanternes: & eftans fort auant, trouuerent vn grand nombre de puits d'eau fort frefche, claire, & qui couroit par certains conduicts, & rien plus, finon force offemens de ceux qui y eftans defcendus, & leur feu f'eftant eftainct, y eftoient morts de famine : qui fut caufe, que quand ils furent fortiz, on caua tant le premier puits, qu'ayant trouué fource, il fut rempli d'eau, fi que depuis perfonne n'y peut defcendre. Ie ne me puis contenter de nos baftiffeurs de Cartes d'Afrique, non plus que de ceux qui de mon temps en ont defcrit, & donné entendre à la pofterité chofes treffaulfes. Ils ont marqué en leurfdites Cartes vn bon nombre de villes entre Marroque & Fez, diftantes l'vne de l'autre de dix bonnes iournees pour le moins, là où ne f'en trouue tant de la vingtiefme partie. Au contraire, du Cap de *Degne* à Marroque, y a quatre iournees, & fils n'y marquent vne feule ville : Puis dudit Cap à *Terrodan*, ne marquent auffi ne ville ne riuiere. Toutefois d'vne chofe fuis affeuré, qu'il n'y a païs plus peuplé de villes & bourgades, & arroufé de belles riuieres, que celuy là. Ils nous marquent encores vn grand nombre de riuieres à l'oppofite de leurs cours, entre lefquelles ils font paffer celle de *Mammore* autour de la ville de *Salle*, qui eft plus de douze ou quinze lieuës de là: car elle paffe bien pres de la ville de Marroque. Ie laiffe mille Promontoires, Goulfres & montaignes, qu'ils reprefentent en leurfdites Cartes au contraire de la verité. Voyla que c'eft que de faire Cartes & liures à credit, fans auoir voyagé, & moins auoir eu l'experience.

Region de Canz, & forereffe d'icelle.

Baftiffeurs de cartes & liures à credit.

Du Royaume de TREMISSEN, autrement dict TELESIN.
CHAP. VIII.

LE ROYAVME de *Tremissen*, ainsi dict de la ville capitale, & par les habitans appellé *Telesin*, ou *Taphsar* des Mores du païs, est assis sur la coste de Barbarie en la mer Mediterranee, & limité en ceste sorte. Vers l'Est, il a le grand fleuue qui fait separation de ses terres d'auec celles d'Alger: vers le Midi, les deserts de Numidie: du costé du Nort, est la mer Mediterranee, & vers l'Ouest, il est separé des terres de *Canz* par le fleuue (nommé en langue Tremisseenne *Emer*, qui ne signifie autre chose en leur langue, que chose bruyante, & Agneau en langue Syriaque) qui vient des montaignes de *Zebeth*. C'est ceste prouince que iadis on a nommee la Mauritanie Tingitane, à cause que la ville, qui à present se dit Tremissen, s'appelle *Tingi*, & estoit chef de la prouince, laquelle pour lors contenoit en soy Alger & Tunes, & y regnoit vn nommé *Bochus*, du temps que les Romains bataillerent contre Iugurthe Roy de Numidie. Depuis ceste region fut appellee Cesaree, à cause que les Empereurs Auguste Cesar, & Claude Neron qui succeda à Tybere, y feirent bastir vne ville sur le bord de la mer, qu'ils nommerent Iulie Constantine, du nom de la fille du grand Auguste: & pense quant à moy, comme i'ay peu congnoistre par certaines lettres grauees aux anciennes murailles & masures, que i'ay veu sur les lieux, que ce soit *Oran*. Car de dire que ce soit Constantine, la description n'y rapporte point, veu qu'elle n'est maritime, ains eslongnee de la mer, quoy qu'elle soit bastie sur vne riuiere: d'autres disent que c'est Alger, appellee des Arabes *Gesir*. C'est en ce païs là, qu'ont iadis fleuri tant de saincts Euesques & doctes personnages, & où la religion Chrestienne a esté defendue & illustree par le sang de tant de confesseurs du nom de Dieu: ce que le Lecteur peult recueillir des liures des saincts Euesques de Carthage, & autres, & comme aussi le declare le docte *Salman* Arabe, natif de la mesme prouince: la sepulture duquel i'ay veuë en vn village ruiné, nommé *Zathan*, pres la ville de *Gabaon*, posee sur vne colline. Or en ce temps là, depuis les Colomnes Herculiennes, iusques en Egypte, le long de la coste que nous disons à present de Barbarie, il n'y auoit ville, qui n'eust son Euesque, faisant debuoir de vray pasteur, où à present tout est subiect, comme i'ay apperceu, aux folles erreurs du seducteur d'Arabie: sauf en quelques villes maritimes, que tiennét les Chrestiens, entre lesquelles est *Oran*, laquelle du téps que le Roy Ferdinand, ayeul de l'Empereur Charles le quint, chassa les Barbares de Leon & Grenade, fut emportee d'assault, & sert de bouleuert à l'Espaigne de ce costé, & d'estonnement aux Rois Mahometans. Ie vous ay parlé du *Cherif* (qui signifie Grand prestre, comme i'ay dit cy dessus, mesmes se vante estre yssu de la lignee & sang de leur Prophete Mahemet, & l'vn des piliers & protecteurs d'iceluy: de laquelle gloire & prerogatiue le grand Turc, l'Empereur de Perse, ne autres, ne s'en oseroient iacter) & vous ay dit en quelle sorte il s'estoit faict Roy de Tremissen, tuant le dernier d'iceluy, qui s'appelloit *Ioseph Abdulguad*, sorti de la famille de *Manzor*, & comme il poursuyuit sa poincte, & auec ce Royaume il se feit Roy, & seigneur des autres prouinces susnommees. Ce Cherif, auãt mourir, desirant de se venger du Roy d'Alger, qui auoit faict entreprises sur les terres de Tremissen, & qui luy auoit volé d'emblee sa ville de *Belis*, bien auant en la prouince de *Canz*, voyant que cela ne se pouuoit faire sans l'intelligence & secours de quelques Chrestiens, auec assez de forces, enuoya prier le Comte d'Alcadet, Viceroy pour le Roy Catholique audit Royaume d'*Oran*, de le secourir, & prester main forte contre le subiect de Solyman. Ce Comte voulant faire plaisir au Barbare, qui luy estoit

Tingi, autremét Tremissen.

Oran, ville prise sur les Barbares.

voifin,& fi grãd Seigneur, & defireux de fe deporter en quelque feruice fignalé pour
le Roy fon maiftre, refpond, qu'il luy donneroit toute telle aide qu'il luy plairoit,
pourueu qu'il l'affeuraft de luy faire le mefme à la conquefte d'Alger, à quoy il tendoit fur tout. Toutes chofes promifes & accordees d'vne part & d'autre, ledit Comte
fort de fon *Oran*, qui eft au païs de *Tramezin*,& en la Mauritanie Cefaree, fituee entre
le deftroict & le Royaume d'Alger, & qui pour vray empefche fort les deffeins des
Rois Mahometiftes, & n'eft guere loingtaine du païs de Fez, qui commence entre
Mazaqueby & *Luteon*, depuis trente iufques à trente fix degrez de latitude. Or fault
noter, qu'en ce temps là, qui eftoit l'an mil cinq cens cinquante & neuf, la pefte & la
famine auoit tellement affailli la ville & païs d'Alger, que c'eftoit prefque toute vne
face confufe de folitude. qui fut caufe, que le Comte voulant auoir l'occafion à fa pofte, auoit faict complot auec le Cherif, receuant nouuelles forces d'Efpaigne : fi que
fon camp pouuoit monter de douze à quatorze mille hommes. Le Cherif voyãt l'Efpaignol fi fort, fa compaignie fi gaillarde, f'efiouït pour fa conquefte : mais marri au
poffible, craignant fa ruïne, pource qu'il le voyoit feigneur d'*Oran* & *Mazaqueby*, &
que n'agueres il f'eftoit faict maiftre du chafteau de *Pignol*, feit tant qu'il eut de dix à
douze mille cheuaux Alarbes (en langue Morefque, que nous nommons Arabes) &
quelques cinquãte mille foldats,& f'en vint ioindre au Comte. *Belis* eft pris,& le païs
voifin rendu au Barbare, lequel deflors confpiroit la ruïne du camp des noftres, ainfi
que depuis il l'exécuta. Le Comte demanda l'effect de fa promeffe au Cherif: lequel
ne faît point le retif, ains veult qu'on marche en toute diligence. Il auoit fraifchement
conquis le Royaume de Fez, & en la conquefte le Comte luy feit de grãds empefchemens. Dequoy fe fouuenant, oultre que de fon naturel il eftoit pariure & infidele, il
feit venir plus de caüallerie Arabefque : & eftans les armees iointes, lors que les Chreftiens y penfoient le moins, vn matin ainfi qu'on alloit partir, & prendre le chemin
d'Alger, en lieu d'ouyr le fon de depart, & le fimple boute-felle, le pauure Comte fe
voit enueloppé auec fes troupes, de plus de foixante mille cheuaux (ou le *Alhoffan*, en
langue des Alarbes du païs) & infinité de fãterie. Il eft vray, que la defenfe fut fi furieufe, qu'il ne fera iamais que le Barbare ne confeffe la vaillance des foldats Chreftiẽs
eftre non fecondee d'autre nation. Mais quoy, d'vn fi petit nombre, furpris par vne
armee fi grande, & laquelle ils penfoient auoir pour amie ? En fomme, de douze ou
quatorze mille Chreftiens de diuerfes nations, il n'en efchappa que fept cens foixante
& dix, lefquels furent prins pour eftre efclaues. Mais les Arabes, qui hayent toute nation finon la leur, prient le Cherif de leur donner pour part de leur butin, la moitié
de ces prifonniers Chreftiens, pour leur feruir d'Efclaues en leurs maifons monta-
gneufes. Le Cherif, quoy qu'il fceuft que iamais l'Arabe, ou bien peu, ne fe fert d'Efclaue, & n'en a affaire, fi n'ofa-il les refufer, à fin de ne les irriter, & perdre ceux en qui
il fe fioit fur tous autres: & pource leur feit prefent de chofe, dequoy ils ne faifoient
pas trop grand conte. Les Arabes n'eurent pas fi toft les Chreftiens (qu'ils appellent
en leur langue *Aiámeia*) entre leurs mains, qu'ils facharnerent fur eux de telle furie,
qu'encores apres leur mort il leur eftoit aduis, que cent mille coups ne fuffifoient
pour l'exploict de leur vengeance: & le tout, pource que les foldats Chreftiens auoiẽt
plus tué des Alarbes, que des autres de la fuyte du Roy pariure: lequel garda pour
foy le refte qui montoit à pres de quatre cens, marri au poffible de la cruauté defdits
Alarbes. Peu de temps apres cefte expedition, ledit Tyran fut occis par les Turcs: contre lefquels le Cherif, qui regne pour le iourdhuy, fayda des Efclaues Chreftiens: lefquels ayant faict debuoir au fecours de leur Seigneur, à la garde des munitions, &
autres chofes femblables, furent mis en liberté par le nouueau Roy, & f'en reuindrẽt

Deffaite du Côte d'Al-cadet.

Aiámeia, Chreftiens en langue Arabefque.

en leurs maisons, desquels en y auoit des François, & gentilshommes de bonne part, qui apres la paix entre les Rois Treschrestien & Catholique, s'en estoient allez essayer leurs personnes contre les infideles. Ie reuiens à present à Tremissen, m'en estant vn peu esloigné, pour le respect de ce Comte traistreusement occis. Ceste ville est belle & riche, embellie de plusieurs iardins & lieux de plaisir, & vn peu esloignee de la mer, bastie sur vne belle riuiere. A quelques six lieuës d'icelle, vous voyez vn promontoire entrant en mer, que vous iugeriez estre vne Isle, & toutefois ne l'est point: sur lequel est assise vne gentille petite ville, nommee *Seren*, autrement *Serzel*, où encores vous voyez des bastimens, ressentans la superbe curiosité de ce peuple riche & triomphant. Ceste cy est voisine d'Oran, de trente sept lieuës, & y est le peuple noir. Ie ne puis rien dire de ce païs pour ses singularitez, sinon ce que i'ay dict des Royaumes de Fez, Marroque, Azamer, Guzule & Ducale, veu qu'en mœurs ils sont tous semblables, subiects à mesme Roy, vsans de mesme loy, & iouïssans de pareils viures, sauf qu'és vns il en y a plus, & és autres moins. Il est bié vray qu'en la terre de Tremissen, au plat païs d'*Eszarib*, y a vne riuiere, ayant sa source de *Mazalicq Elgebel*, qui signifie, mer des haults rochers: & au bas de la montaigne sourd vne fontaine, ayant enuiron cinq brasses de largeur, qui tire vers le Nordest. Or c'est chose merueilleuse, que de ceste fontaine, laquelle au dessus & en sa superficie est toute gelee en la plus part de l'annee, toutefois le ruisseau qui en coule, est sans glace quelcóque. Ceux du païs vsent de ceste eau pour se rafraischir, pource qu'il fait vne chaleur excessiue en ceste contree, tant à cause des sablons, qu'aussi pource que la region est exposee de soy aux ardeurs du Soleil, n'estant esloignee du Tropique estiual que de sept à huict degrez de latitude, & trente deux de la ligne Equinoctiale. Neantmoins quoy que la terre y soit chaude, si est-ce que l'air y est ordinairement fort froid, & sur tout la nuict, & les vapeurs si froides que rien plus: qui est cause, que ceste fontaine, non touchee du vent de Midi, exposee au Nort, & mise à l'abri du mont, se glace ainsi que i'ay dict. Vn iect de pierre de ceste fontaine, de la part de l'Est, en ce mesme mont on voit la source d'vne autre fontaine, toute contraire à la premiere, n'ayant plus de quatre brasses de circuit, & est faite à la forme & figure d'vn fer de cheual. D'icelle sortent de gros bouillons d'eau: laquelle au lieu que celle de l'autre est tresfroide, ceste cy est si chaude, qu'à peine y pourroit on tenir la main par vn bien petit espace de temps. Ceux qui en veulent boire, la font refroidir, & en est le goust fort bon & sain aux malades: tellement que ceux qui sont vers *Macgçog* & *Tesin*, quoy qu'ils en soient à dix & douze lieuës, prennent bien la peine d'y venir pour en boire: & sçay par eux mesmes, que les baings qu'ils en font, leur sont sains à merueilles, & non sans cause, veu que, selon que dit ce peuple, oultre que ceste eau conforte les membres affoiblis, elle purge aussi les humeurs grossieres de leurs corps. Ie ne vous veux rien descrire, suyuāt ce qu'en disent Pline, Munster & autres, qui ont creu trop legerement sans auoir eu l'experience des choses que i'ay veuës, des autres fontaines, cóme de celles qui distillent de l'huile, ou ont tel goust de vin, qu'elles enyurent ceux qui en boiuent, & d'autres ont senteur de vin, vinaigre & orenges, comme ils recitent: car tout cela sont fables, folies, & histoires tragiques, & estoient des galands qui en vouloiét conter à ce grand seigneur Pline, homme curieux des choses rares, qui pensoit que ceux qui luy donnoient ces aduertissemens, ne fussent des vendeurs de fumee: & cecy est la cause qu'on doit plus accuser la facilité dudit bon seigneur, que la diligéce qu'il a mis à rechercher les secrets de Nature. I'ay dit, qu'en plusieurs & diuers païs, selon l'influence du ciel, & aspects des corps celestes, & suyuant le naturel des terres, que les eaux ont diuerses saueurs & gousts. Qu'il soit ainsi, on sçait bien, que les eaux de Puzzole, lieu distant de Naples de deux lieuës,

où i'ay

Beauté de la ville de Tremissen.

Deux fontaines l'vne chaude & l'autre froide.

Pline & Müster mal aduertis.

ou i'ay demeuré treize mois, sont d'autre goust & saueur que ne sont celles du terroir de Naples: veu qu'à Puzzole elles sentent le soulphre, là où les autres ont goust d'eau, qui est d'estre sans aucune saueur: car l'eau qui a quelque goust, ne merite d'estre mise au rang des bonnes. En Candie les eaux sont d'autre goust que ne sont és lieux voisins: voire en l'isle mesme, en vn lieu elles sont bonnes à boire, & en l'autre sont difficiles, voire impossibles à les sauourer, cõme sentans le limon & fange si extremement, qu'on n'en peult gouster, comme i'ay fait l'experience. Ainsi ne fault trouuer estrange, si tant icy qu'ailleurs les eaux different & en couleur & en saueur, pource que cela vient & procede de la diuersité des terres, desquelles les vnes sont plus glutineuses & grasses, telles que sont celles, qui produisent le Bitume, & choses semblables, & en icelles l'eau n'y est point plaisante, à cause qu'elle est sauoureuse: mais celle qui sort d'vn roch, sans passer par graisse aucune de terre, ou biẽ la veine de laquelle est sablonneuse, & chargee de grauier & areine, est tresbonne, comme purgee de la grosseur d'vn air espais, & de la pesanteur de la terre: tellement que les bons beuueurs d'eau, cõme sont les Mores, Turcs, Persiens, & mille autres peuples, qui n'eurent oncques cognoissance de vin, sentent au poids la valeur & bonté de leur breuuage. Finalement, & auant que ie sorte de Mauritanie, ie vous veux reciter icy, que Herodote, Diodore Sicilien, Pline, mesme Munster en sa Cosmographie liure sixiesme, parlans de la fertilité de ce païs, s'abusent, quand ils disent, qu'il abonde en bons vins, & que les raisins y sont d'vne coudee de haulteur, & les seps si gros, que deux hommes ne les sçauroient embrasser. Chose que ie n'accorderay iamais, attendu qu'il n'sy cueille vne seule goutte de vin: & encores qu'il y eust des vignes, la terre n'est si grasse & fertile, qu'elle puisse nourrir de tel bois de vigne. Et ne fault que le Lecteur y adiouste non plus de foy, qu'à ce que raconte ledit Munster au mesme liure, du nombre des dragõs, que ce païs là nourrit, si forts & puissans, qu'ils tuent les Lyons, Leopards, bœufs sauuages, & autres fortes bestes. I'ay assez voyagé: mais ie ne veis, ne n'ouÿs iamais dire, qu'il y eust dragons, non plus que de Griffons, & de Seraines dans la mer. Si ces doctes personnages eussent veu comme i'ay fait ces païs là, ils n'eussent mis par escrit telles fables.

Erreur de Herodote. Diodore Sicilien. Pline & Münster.

Du Royaume d'ALGER, *& choses notables d'iceluy.*

CHAP. IX.

V O V s n'estes pas si tost esloigné du Royaume Tremisséen, que vous voyez celuy d'*Alger*, qui se fait redouter aux autres Barbares, non pour la force ou richesse du païs, mais pource que le Turc tient en sauuegarde celuy qui en est le Roy: d'autant que feu Barberousse Corsaire, adoué de Sultan Solyman, Empereur de Turquie, chassant le Roy *Selim Elteuiim*, l'occist à la fin en vne escarmouche, & se rendit seigneur de ceste terre, qui fut iadis soubz la subiection des Rois de Tremissen. La ville d'Alger est bastie sur vn Cap, qui entre auant en terre cinq ou six lieuës, assise sur le bord de la mer: & du costé de l'Orient vient vn fleuue seruant aux commoditez de la ville, si cõme pour leur boire, & à fin de mouldre les grains. A douze ou quinze lieuës auant en païs vers le Su, les champs sont fort fertils: puis vous entrez és montaignes & lieux de peu d'apport & profit. Or s'estend ce Royaume bien peu, de quelque costé que vous le contempliez, & toutefois le susdit Barberousse l'auoit si bien estendu, qu'il n'y auoit Roy en Afrique, qui ne tremblast au seul recit de son nom. Il estoit fils d'vn Grec & d'vne Grecque Chrestiés, de l'isle de Methelin, sorti de bas lieu, mais qui par ses larcins sur mer s'estoit aggrandi, & fait cognoistre par ses vaillances

Origine de Barberousse.

affez entendues par la Chreftienté, & parmi les Turcs & Barbares. Il mourut du temps
que i'eftois en la Grece: & bien toft apres luy fucceda *Sailaray*, grãd Corfaire, & pour
vn Turc, l'homme le plus politic & ciuil que ie veis iamais : & le dis pour l'auoir cogneu, lors qu'il nous print pres l'ifle de Pathmos, apres auoir lõg temps combattu fur
mer, & plufieurs occis tant d'vne part que d'autre, nous feit conduire à fauueté en l'ifle
de Rhodes. Quelques annees apres, luy a fuccedé *Occhiali-Bafcha*, viceroy d'Alger,
homme accort & rufé au faict de la marine : lequel l'an mil cinq cens foixante vnze, fe
trouua en la bataille naualle donnee entre l'armee des Chreftiens, & celle de Sultan
Selim, Empereur des Turcs, à prefent regnant. Or voyant qu'il baftoit mal pour l'armee Turquefque, qui eftoit prefque toute deffaite, feit largue, & prit à voile defploiee
la route d'Alger : laiffant pour gage fon Lieutenant *Caragiali*, lequel fut tué en ladite
bataille auec *Cambei*, ou *Affembei*, fils de feu Barberouffe, lequel ne degeneroit en rien
aux vertus & vaillance de fon pere. La ville d'Alger fut iadis nommee des Romains
Iulie Cefaree, pour les raifons que i'ay dict fur *Oran* : qui me fembloit eftre ladite Iulie, à caufe de la defcription du païs : & qu'auffi les Africains fe vantent d'auoir bafti
cefte cy foubz le nom de *Mezgane*, là où *Oran* n'a tiltre que de quelque legere reftau-
ration faite par les Barbares, & qui auoit efté gaftee par les Gots & Vandales. Mais
quoy qu'il en foit, Alger eft cefte ville, contre laquelle marcha l'Empereur Charles
quint, Roy des Efpaignes, l'an de noftre falut mil cinq cens quarante vn, auec vne bien
fleuriffante armee, comme celle où auoit fix mille Alemans, fix mille Italiens, d'Efpaignols fept mille, trois mille gentilshommes fuyuans la perfonne de fa Maiefté, & quatre cens hommes d'armes Neapolitans & autres, & bien fept cens cheuaux d'Efpaigne.

Fortunead- uenne aux Chreftiens au fiege d'Alger.

Cefte armee eut la defcéte heureufe en terre, mais le fiege en fut miferable, à caufe que
les pluyes & tépeftes combattoient contre les Chreftiens, & Dieu ne voulut que pour
lors ils chaffaffent le Turc de la cofte de Barbarie. Bien eft vray, que l'Empereur auoit
faict au parauant vn acte de compaffion, remettant le Roy de Tunes en fon Royaume, que ledit Barberouffe en auoit voulu chaffer, luy oftant par mefme moyen les ter-

res de la Seigneurie de Bugie, que fon grand pere Ferdinand auoit quelquefois conquis fur les Barbares. Le port d'Alger eft beau & fort, & bien muni de la mefme artillerie, que les infideles gaignerent fur l'Empereur en la deffaite fufdite : & en cecy les
Barbares fe vengerent de ce qu'au parauant ils auoient fouffert, fe voyans fubiects &
tributaires de la couronne de Caftille, duquel ioug les deliura le Corfaire Barberouffe. Ie vous puis affeurer, que le plus Beau commencement des grandeurs dudit Corfaire, fut lors qu'il conquift le Royaume de Bugie, dependant d'vne belle & grande ville, baftie dans vn goulfe par les Romains, qui iadis en furent les feigneurs, & eft proche du fort de *Gebel*, lequel Barberouffe n'a onques peu fubiuguer, quelque effort
qu'il y ait mis. Soubz le Royaume d'Alger eft à prefent la ville de *Tenez* vers l'Oueft,
iadis du Royaume de Tremiffen, iufques à ce que Barberouffe la print fur le Roy de
Fez, qui en eftoit feigneur : & quelque diligence qu'ait fçeu faire le Cherif, fi n'a il peu
iamais emporter rien des mains de ce pillart, qui pour vray eftoit plus ruzé en guerre,
& auoit mieux appris les armes, que les Africains ne les fçauent, en fuyant les combats de l'Europe. C'a efté ce Barberouffe, qui a donné l'entree au Turc en ce païs là de
Barbarie, où au parauant il auoit fort peu d'accez. Oultre Alger, vous y voyez d'affez
bonnes villes anciennes, entre lefquelles font *Tegdemeth, Hippo, Haly* & *Batta*, à prefent peu habitees, à caufe des guerres paffees : toutefois pour leur beauté les Barbares
f'y r'accouftument peu à peu, & empliffent de maifons ce qui eftoit vague dans l'enceint de ces vieilles murailles. Y eft encore la ville de *Maduc*, loing de la mer, & qui
confine à la Numidie, vers les deferts : laquelle quoy que femble peuplee de gens be-

ftiaux,ſi aiment ils tant les perſonnes lettrees,que fils oyét quelcun qui diſcoure bien Gens de let
en leur langue, & qui monſtre ſigne de ſçauoir en luy, ils luy font tout autant d'hon- tres biẽ ve-
neur,que ſi c'eſtoit vn Roy ou grand Seigneur, tant eſt doux l'attraict des bonnes let- nus à Ma-
tres enuers eux. Elle eſt baſtie en vne belle planure, fort fertile, toute enuironnee de duc.
ruiſſeaux & beaux iardinages, & y eſt le peuple bon & courtois, toutefois affligé des
Arabes qui ſont és montaignes voiſines. Il eſtoit iadis ſubiect au Roy de Tremiſſen,
auſſi bien que pluſieurs autres,qui pour en eſtre trop eſlongnez,ſont tombez ſoubz la
tyrannie Turqueſque. Non loing d'Alger, à quelques ſix lieuës, eſt poſee la ville de
Temend-fuſt (autres l'appellent *Teuos*) à preſent ruïnee,des ruïnes de laquelle on a baſti les murs de *Geſir*, qui eſt dans vn goulfe,& ſert de port ſeur aux vaiſſeaux d'Alger,
& des ſubiects du grand Seigneur qui y abordent : à cauſe qu'à *Geſir* n'y a point de
port,ains ſeulement vne plage pour abry.Du coſté de l'Eſt & du Su,en la planure dudit *Geſir*,& confins d'icelle,vous apperceuez quantité de mõtaignes,habitees de peuples diuers,tous vaillans hommes,& francs de tous ſubſides, d'autant qu'ils ne recon-
gnoiſſent ſeigneur qui viue. Ils ſont riches en grains & beſtial, pource que leurs vallons ſont fertils & abondãs en paſturage, & ſur tout ils ſont riches en cheuaux,qu'on
eſtime les meilleurs de la Barbarie, tout ainſi que ceux de la petite Aſie en la Galatie.
Lors que ces griffons montaignois ſont en guerre,il y fait dangereux aborder, à cauſe
qu'ils tuent ou prennent eſclaues les paſſans,ſi lon n'eſt en compaignie de quelque religieux de leur ſuperſtition , auquel ils portent reſpect & reuerence. Ce n'eſt pas tout
ce qui eſt ſoubz la puiſſance d'Alger,ſelon qu'à preſent ſe comporte : veu que iadis la Meliane à
ville,que les Romains nommerent *Meliane*,& que les Arabes corrompans le vocable, preſent Ma-
appellent maintenant *Magnane*,& d'autres *Merole*,eſtoit baſtie ſur vn mont vn peu gnane.
loingtain de la mer , & de ſes ruïnes on l'a refaicte aſſez pres des bords de la Mediterranee. Tout ce que le temps paſſé eſtoit de l'obeïſſance des Rois d'Alger, fut compris
entre les deux riuieres,ſçauoir *Seſſaïa* vers l'Eſt , & celle de *Miron* à l'Oueſt, venant
ſon cours du Su & des montaignes de *Necanz* : là où *Seſſaïa* vient de plus loing, a-
ſçauoir du mont de *Guanſeris*,qui eſt au deſert de *Fighif* en la Numidie interieure. A
vne lieuë d'Alger, du coſté du Leuant, on trouue vne herbe nommee *Fulnate*, qui Fulnate her
croiſt és lieux ſteriles,& ſans humeur abondante,comme entre les rochers & ſablons, be propre
veu qu'en terre graſſe elle ne ſçauroit proufiter, ainſi que diſent ceux du païs. Ceſte contre les
plante eſt tout ainſi que celle que nous appellons icy la grande Centauree, & ne ver- gouttes.
doye que trois mois durãt l'annee, & le reſte, la fireille en eſt comme morte & fleſtrie.
Toute ſa force conſiſte aux racines, & au bout des fueilles elle a comme certain fruict
rouge, qui pend à de petits filets : mais ce fruict ſe ſepare des fueilles , & excede leur
haulteur. Les vilains ont tenu long temps ſecrette la force & proprieté de ceſte herbe
Fulnatine,qui eſt,que ſi vn hõme eſt affligé de gouttes en ces païs là, fuſſent elles d'accident,ou naturelles,voire icelles inueterees,de dix & de vingt ans,vſant de ceſte herbe,ſ'en trouue allegé. Ceux qui ſe tiennent au païs, ſoient Turcs,Arabes, ou Barbares
naturels, qui ſe ſentent touchez de ceſte rage, ne faillent de cueillir de ladite herbe,&
ſ'incifent, non auec le fer,pource qu'ils diſent qu'il y fait nuiſance,mais auec les dents
d'vn petit animal,nommé *Merel*,de la grãdeur d'vn eſcurieu:& eſt faite ceſte incifion Merel,peti-
au bas de leurs iãbes:& là où ils ſentent le plus de douleur,là auſſi ils font plus grande te beſte.
ouuerture,& ſoudain y appliquent les fueilles de ceſte herbe bien pilees:& ayãt continué cecy ſept ou huict iours, lon dreſſe vn bain & eſtuues auec ceſte meſme herbe:
& m'a lon aſſeuré,q c'eſt vn ſouuerain remede à ceux qui ont telle maladie, & que biẽ
peu en vſent,qui n'en ſoient allegez,& ne reçoiuét gueriſon. Et ſ'en aydét les pauures
Eſclaues du païs,pour n'auoir autre commodité de ſe guerir,lors qu'ils ſont malades.

d ij

Cofmographie Vniuerfelle

Des Royaumes de BVGIE, & TVNES, & antiquitez de Carthage. CHAP. X.

Q VAND on a paffé le Royaume d'Alger (ou *Arie*, en langue des Mar-
ranes Iuifs du païs) & fes appartenances, on entre en l'ancien domaine de ce peuple fi excellent, & de la ville tant triomphante, qui fofa
vn long temps oppofer aux forces de Rome. Mais auant qu'y entrer,
fault paffer le goulfe de *Bugie*, ville ancienne, baftie par les Romains
fur la mer Mediterranee, laquelle eft à prefent entre les mains des
Chreftiens, fauf vne Citadelle qui fut prife par Barberouffe, lequel ayant failli à fon
entreprife, f'en alla faifir du chafteau de *Gergel*, bafti fur vne haulte roche, qui bat bien
auant en la mer. La region de Bugie eft belle, fertile, & de grande eftédue, la plus part
fubiette au Roy de Tunes, tirant vers le Su iufques au lac *Stefé*, qui fort des mótaignes
du païs, dict *Meffile*, que les anciens Affriquains ont nommé *Maffyles* ou *Maffu-
les*, qui eft la partie plus Meridionale de la Mauritanie. Il y a de belles villes en cefte
region : mais pource que le Roy de Tunes en eft feigneur, le tout eft compris foubz le
nom du Royaume de Tunes. Les principales font en plat païs, *Canatudi, Calamata, A-
madara, Lambofca*, toutes fort loingtaines, & bien auant en la Númidie & Maffylie :
puis eft Conftantine, qui fut iadis vn Royaume, comme l'apennage des freres du Roy
de Tunes, & la ville de Melle. Tout ce païs eft arroufé de trois riuieres, à fçauoir *Sa-*

*Safegmare,
Ladog, &
Suadesba-
bar riuieres
d'Afrique.* *fegmare*, qui f'embouche en la mer pres la ville royale de Bugie : *Ladog*, qui paffe dans
Conftantine & Melle, & fur laquelle eft baftie la ville de Bone, honoree pour la memoire du fainct Euefque Aurele Augustin, qui y fut pafteur l'efpace de quarante ans :
& l'autre fleuue, nommé *Suadesbabar*, lequel paffe à Biferte, & eft l'vn des plus grands

Biferte. qui foient en toute la Mauritanie, ayant fa fource des móts de *Fatnaza*, qui font prefque foubz le Tropique de Cancer, auant en la Lybie interieure. Cefte ville eft à prefent tranfportee vne lieuë plus loing qu'elle n'eftoit, à caufe qu'elle fut bruflee & faccagee par *Huthmen*, tiers fucceffeur de Mahemet, & depuis rebaftie au lieu où elle eft
à prefent, que les Barbares appellent *Beth-elchuneb*: & font tous marchans & tifferans,
affez peu courtois, & fort arrogans en leur parler, comme i'ay cognu, pour auoir efté
outragé d'eux, en l'annee mil cinq cens quarante fept. Il n'y a aucuns puits ou fontaines de fource en ladite ville, ains fault qu'ils boiuent eau de cifternes. Laiffant Bone
pour tirer à Tunes, allant felon la mer, il fault que le Pilote foit accort, fil ne fe veult
mettre en danger, veu le grand nombre de rochers & lieux dangereux que lon trouue
en cefte cofte : mefmes plufieurs promontoires, difficiles à aborder. Le lieu le plus fufpect, à caufe des batures & fablons, eft depuis le promontoire de *Ferrate*, iufques au
Cap bon, qui entre vingt fept lieuës en pleine mer : lequel ayant abordé, les vaiffeaux
faifans la route d'Egypte, font en feureté. Quant à Biferte, ou *Benfart*, c'eft vn lieu ancien, faict par ceux qui iadis habiterent Carthage, foubz le nom d'Vtique, & loing dudit Carthage enuiron dix ou douze lieuës, & de Tunes quelques quinze. Elle eft me-

*Mort de Ca-
ton Vticefe.* morable, pour la mort de ce Caton, qu'on furnóma Vticenfe, à caufe qu'en icelle ville
il fe tua, à fin qu'il ne tombaft entre les mains de Cefar, contre lequel il auoit pris les
armes pour la querelle de Pompee, quoy qu'il eftimaft que ce fuft pour la Republique. En Biferte fut iadis Euefque Victor, foubz Genferich & Hunrich Rois des Vandales, depuis l'an quatre cens trenteneuf, iufques à l'an quatre cens quaranteneuf, lefquels prindrent Carthage, & gafterent en ce temps toute l'Afrique. Du temps qu'ils tenoient Bone affiegee, le fainct Euefque Augustin trefpaffa de ce fiecle, enuiron l'an de
noftre falut quatre cens trente quatre. Ce Victor donc vefcut du temps de ces deux

Rois, & auoit affez de faueur en leur maifon, quoy qu'il fuft Catholique, & les Princes, Arriens. Non guere loing de Biferte eft le lac, qu'on dict de la *Goulette*, qui commence icy, & va toufiours f'eflargiffant iufques au port de l'ancienne Carthage. A l'entour de ce lac maritim & falé, tendant au Midi, vous voyez vne infinité de iardinages,
& force cazals, pour les pefcheurs qui f'y tiennent : pource qu'en ce lac vous trouuez
les Dorades les plus belles qu'eft poffible de voir en autre lieu, hors mis en l'Ocean,
où i'en ay veu beaucoup de plus grandes, & de fort bon gouft & delicate faueur. I'ay
faict icy mention de la Goulette, pource que plufieurs penfent, en oyans parler, que ce
foit quelque ville ou prouince d'Afrique. Ils font bié abufez, ains eft vn bras de mer,
& comme vn goulfe, reffemblant vn lac, fort propre à receuoir les nauires, à caufe qu'il
eft à l'abry du vent, appellé Goulette, pource que c'eft comme vne gueule de la mer.
Au refte, n'eft de fi petite importance, que de bien belles & anciennes villes n'y foient
bafties deffus, fi comme Biferte, Tunes, & la grand Carthage. Or gift Biferte à trente trois degrez quarante minutes de longitude, trente trois.de latitude, minute nulle. Tout ioignant la Goulette eft baftie vne petite ville, à cinq lieuës de Tunes, que les
Barbares appellent *Nabel*, & les Chreftiens, Naples, qui à prefent n'eft rien, iadis fiege
d'Euefque, ainfi que i'ay peu cognoiftre par les lieux & epitaphes fort antiques. elle
eft maintenant habitee de quelques pefcheurs, & pauures gens qui cultiuent la terre.
Apres Biferte fe prefente fur la mer cefte grande iadis & floriffante ville de Carthage,
auffi ruinee, fauf que les memoires en reftent en la marque des mafures & vieilles murailles des theatres, aqueducts, colomnes & autres magnificences, que i'ay veu, ainfi
que i'ay contemplé ailleurs d'autres defpenfes pareilles faictes iadis par les Romains.
A prefent c'eft la plus miferable habitation d'Afrique, veu que le peuple y eft extremement pauure, quoy que le terroir y foit bon : mais ils font tous iardiniers, d'autant
que Tunes fe fournift des iardinages de Carthage qui font gráds, tresfertiles, & bons :
ou en labourant la terre, ils trouuent fouuent grand nombre de medalles antiques :
dont mefmes quelques Efclaues Chreftiens m'en vendirent enuiron deux cens, defquelles la plus part eftoit de cuyure. Cefte ville eftoit baftie fur la mer, confinant vers
le Nort à vn mont, & à la mer Mediterranee : vers le Ponent & Midi, elle a la planure
qui tend à Biferte, eftant à trentequatre degrez cinquante minutes de longitude, & à
trente deux degrez vingt minutes de latitude. C'a efté en cefte ville que la religion
Chreftienne a efté auffi maintenue long temps, & où tant de faincts perfonnages ont
vefcu, comme fainct Cyprian, qui en fut Euefque, enuiron l'an de noftre falut deux
cens cinquanteneuf : lequel apres auoir proufité en l'Eglife de Dieu, autant que iamais
autre, & ayant conduict par fes exhortations plufieurs milliers d'ames au martyre, fut
à la fin luy mefme martyrifé foubz Galle & Volufian Empereurs de Rome. A Carthage fut auffi Euefque metropolitain le bon pafteur Aurele, à qui fainct Auguftin
dedie fes liures fi doctes & Chreftiens De la Trinité. A la fin cefte pieté en fut chaffee
par les Vandales, & eux par les Sarrafins, enuiron l'an fix cens foixante huict, foubz la
conduicte de leur Roy *Muhanias Gizid*: lefquels depuis en furent chaffez, quoy que
non du tout, par les Arabes, enuiron l'an de noftre Seigneur huict cens feptáte & quatre. Et ainfi la gloire de Carthage fut du tout efteincte, tát pour fon Empire, que pour
la faincteté de la Religion. Ie n'ay affaire icy à vous difcourir, qui furent les premiers
qui baftirent cefte fuperbe ville : les vns en rapportent l'honneur à Didon, quoy que
ce foient fables poëtiques : d'autres aux Tyriens, mefme qui vindrent habiter les Gades, ainfi que dict eft : mais les Arabes, qui me femblent le plus approchans la verité,
difent que ce furent ceux de *Barce*, prouince d'Egypte, qui f'en vindrent là, & drefferent les premiers fondemens de Carthage. Quant aux Afriquains qui en ont efcrit,

Lac dict de la Goulette.

Nabel, ou Naples.

Antiquité de Cartha-ge.

fainct Cyprian & Aurele E-uefques de Carthage.

Premiers baftiffeurs de Cartha-ge.

d'autant qu'ils ne vont point plus loing que la venue de Mehemet, & du temps que l'Empire Romain commença à perdre fes forces, lon n'en fçauroit rien tirer de certain. Ce fut au fiege de Carthage, où le Roy fainct Loys mourut, & plufieurs grands Princes François : entre autres vn Ian Triftan, Seigneur de Neuers, les entrailles duquel furent enterrees en vne Eglife pres du lieu, où iadis eftoit la grand Bafilique, côme i'ay veu, & leu en vn vieil Epitaphe, efcrit contre vn grand apentis de muraille, qui refte des ruines de ladite Eglife, qui fe voyent encores auiourdhuy. A l'oppofite duquel i'ay auffi veu vn autre Epitaphe graué en lettre Romaine contre vn autre apé-

Epitaphes de certains feigneurs François & Anglois.

tis de muraille, la plus grand part defquelles par l'iniure du temps eftoient effacees, & n'apparoiffoit aucune lettre entiere, finon vne grand R, & vn C, feparez l'vn de l'autre, & à la fin y auoit efcrit ces mots, Seigneur de Brienne. De la part où iadis eftoit le grád autel, y a vn Epitaphe graué en vne pierre dure, de deux feigneurs Anglois, l'vn defquels fe nômoit Georges Othe d'Hirlande, & l'autre Richard de Harcy, qui moururent de pefte. Il fe voit encore plufieurs marques de belles Eglifes en toute cefte cofte de Barbarie, lefquelles pour le iourd'huy ne feruent d'autre chofe, que d'vn vray repaire de chameaux (qu'ils appellent *Iemel*) cheuaux, & hiboux. Ie laiffe à difcourir de plufieurs lieux ruïnez, & fepultures antiques demolies, que i'ay veu, faifans memoire de l'ancienne Carthage : d'autant que celle que lon nomme auiourdhuy Carthage, eft enuiron à deux lieuës de la mer, & l'autre ancienne en aboutiffoit affez pres, comme les ruines le tefmoignent. Ce feroit temps perdu de vous aller icy deduire les guerres des Carthaginois contre les Siciliés, Efpagnols & Romains, les victoires obtenues d'vn cofté & d'autre, veu que les hiftoires Latines en font toutes pleines : qui fera caufe, que ie laifferay là Carthage en fa mifere & fans hôneur, pour vifiter celle qui à prefent eft chef d'vn Royaume. C'eft Tunes, laquelle eft non loingtaine du lac & forterefe de la Goulette, à trente cinq degrez minute nulle de longitude, trente degrez de

Richeffes & beauté de la ville de Tunes.

latitude & trente minutes. En cefte cy y a diuerfes rues, propres à diuers effects, comme celle qui eft dicte *Bedelmanera* & *Bed-Sunaica*, lieux deputez pour les artifans, pefcheurs, pour les hofpitaux & chofes femblables. Puis y eft celle où fe tiennét les Chreftiens, qui font pour la garde du Roy de Tunes : veu que de tout temps il f'y eft plus fié qu'en autres, à caufe qu'il f'eft fortifié d'eux contre les Rois de Marroque, qui ont toufiours eu enuie fur cefte couronne, & à prefent ils luy feruent contre le Turc, tant du cofté d'Alger, que de celuy de Tripoly. Apres y eft la rue, où eft le magazin des marchans Chreftiens : & font toutes ces rues feparees du corps de la ville, laquelle eft grande & riche, tant pour f'y tenir le Roy ordinairement, qu'à caufe du traffic de marchandife. L'an mil cinq cens quarate & trois, le Roy de Tunes *Muluafen* (ou *Maulé* en langue Arabefque) fur fes vieux ans print le chemin par mer iufques en l'ifle de Sicile, pour aller trouuer l'Empereur Charles le quint, nouuellement venu des Efpaignes & de Genes, & luy demander fecours & ayde, fe foubzmettant foubz fa protection, à lencontre du Turc Solyman, qui luy vouloit courir fus, & le chaffer de fes terres & feigneuries, comme huict ans au parauant il auoit fait : craignant ce Prince Tunien, tomber entre les pattes d'vn fi fort & puiffant Seigneur, comme fit quelque trente ans au parauant le valeureux & accort *Tomambeie*, Roy d'Egypte, par vn defaftre & malheur de ce monde és mains de Sultan Selim, pere dudit Solyman. Mais penfant euiter tel defaftre, peu f'en fallut qu'il ne tombaft en vn autre plus grand : veu que Barberouffe, qui lors eftoit en fes furies, fillonnoit la mer auec bon nombre de vaiffeaux à rames, eftant aux aguets pour tafcher de furprendre par tous moyens ce pauure & malheureux Roy. Ayant le Courfaire failly fon entreprinfe & proye tant defiree & venee en diuers endroits, & fafché d'eftre hors de ce qu'il pretendoit executer

& faire, tire vers les iſles de Maillorque & Minorque. Auquel lieu ayant mis pied en
terre, auec grand nombre de Ieniſſaires, & vieux mortepayes des fortereſſes Turkeſ-
ques de Barbarie, Dieu ſçait le rauage & degaſt, qu'ils firent tous enſemble, & le nombre de pauures Chreſtiens eſclaues qu'ils prindrent. Ayans butiné, ſaccagé & pillé de
toutes parts, tournerent bride, & firent largue en pleine mer: & à voyle deſployee vindrent mouiller l'ancre deuant la fortereſſe de _Lepte_ (nommee des anciens Iuifs & A-
rabes du païs _Leheman_, du nom d'vne ville de Iudee, les Seigneurs de laquelle en furent les premiers baſtiſſeurs.) Les Alarbes, ou Arabes, voire les Mores du païs appellẽt
ceſte ville _Mahemedia_: & ne ſçay pourquoy, ſinon que lon m'aduertit & aſſeura, que
lors que ces Barbares la prindrent des mains de ſon Seigneur naturel, ils la vouërent à
leur Prophete Mahemet. Conferant auec quelques circoncis de mes familiers, qui iadis auoient porté tiltre de Chreſtiens, & qui m'aſſeuroient auoir aſſiſté à la prinſe d'i-
celle ville, me dirent, que elle fut nõmee _Mehemeta_, non du nom de leur badin Prophete Mehemet, ains d'vn vaillant capitaine, Lieutenant du Roy de Tunes, nommé
de ce nom, ſoubz lequel elle fut prinſe, & ſaccagee, apres auoir ſouſtenu quatorze aſſaults en diuers endroits, & occis dixhuict mille Turcs en trois mois quatorze iours
que ladite ville fut ainſi aſſiegee, & autant bien defendue. Ce Roy Muluaſen donna
pour adioinct audit Mehemet ſon premier Baſcha, vn autre fidele guerrier, nommé
Maniphel, pour ſeruir de chaſtiment & eſtonnement, tant audit Courſaire Barberouſſe, qu'au reſte des Turcs Aſiatiques, Europeens, & autres ſes ennemis. Sur ces entrefaites aduint, que ceſte meſme annee _Amydas_, fils aiſné du Roy de Tunes, ieune
Prince, follaſtre à merueilles, qui ne tendoit qu'à s'agrandir, aymé toutefois du peuple, ſur tout des voleurs & ſoldats, à cauſe de ſa trop grande liberalité & prodigalité,
voyant l'abſence de ſon pere eſtre vn peu longue, non pas tant qu'il ſouhaitoit, d'emblee ſe ſaiſit des plus belles villes & forterreſſes, induit à ce faire par l'inſtigation & cõ-
ſeil de quelques ieunes Seigneurs, & troupe de miniſtres de ſa ſuyte, leſquels il auoit
prins & eſleus comme les plus fauoriz de ſon Conſeil priué: & ne luy ſeruoiẽt, ſi parler fault ainſi, que de trompettes pour animer la Nobleſſe & reſte du peuple, à prendre les armes alencontre de ſondit pere, & ſe ioindre auec luy. Et pour mieux iouër
leur tragedie, ces gallands de miniſtres, auec quelques autres ſuppoſts, tous faits au badinage, furent enuoyez preſcher aux villes & villages, la ſaincteté & zele de ce ieune
Prince: lequel promettoit les deliurer des captiuitez & ſeruitudes, ſubſides & autres
impoſts, mis ſur eux par le Roy abſent: & que ce gentil Roytelet eſtoit à la verité la
vraye image en doulceur & ſimplicité de leur ſinge Mehemet. Ces beaux miniſtres
preſcherent, & attirerent ſi bien le peuple à leurs rets & perſuaſions, que la plus grand
part des trois Eſtats, qui ne demandoient ne deſiroient autre choſe que viure en liberté, ſans recognoiſtre ne Rois ne rocs, tiroient plus de la part deſdits miniſtres, que
non pas à l'iniure que lon faiſoit au vray Roy naturel, qui lors, comme i'ay dit, eſtoit
abſent. Ceſte ſimplicité & doulceur de ce nouueau Roy camus incontinent fut conuertie en cruauté, au pris de Muluaſen ſon pere, qui laiſſoit viure les Chreſtiens &
Iuifs, qui eſtoient eſpars en diuerſes prouinces de ſon Royaume, en repos: de ſorte
qu'ils auoient lors grand nombre d'Egliſes, où à preſent il n'en y a quaſi point: argument ſuffiſant de l'inconſtance de ce Roy preſentement regnant, lequel eſtant auſſi au-
thoriſé de ſon peuple, & receu comme Roy, apres la mort de ſondit pere vſa d'autres
mille cruautez & incredibles atrocitez, telles que de mon temps ie me recorde qu'il fit
eſcorcher pluſieurs Chreſtiens tous vifs, meſmes femmes & enfans, qu'il fit pendre &
empaler, pour n'auoir voulu receuoir ſa ſecte & religion tyrannique, apres leur auoir
donné double tourment, & tins longuement priſonniers. Voyla que de changer de

d iiij

Siege de Le-
pte, ou Le-
heman.

Miniſtres
faits au ba-
dinage d'vn
nouueau
Roy.

Roy,& en faire vn par force & tyrannie,soubz pretexte de vaines promesses,reforma-
tion nouuelle,& ambition de regner. D'auantage,ce ieune renardeau,deuant qu'estre
paisible possesseur, pour contenter ses fauorits, chassa lesdits Mahemet, Maniphel, &
autres:& commandement leur fut fait, sur peine de la vie,de vuyder le Royaume dás
vingtquatre heures:apres les auoir fait aduertir de la mort de sondit pere,& que l'Em
pereur luy en auoit escrit. Telle rebellion causa vn grand desordre entre le pere Muluasen & le fils Amydas. Lequel pere estant arriué,& mis pied en terre, estonna beaucoup le peuple.Aduerty qu'il fut de l'audace,entreprinse & temerité de son fils,il enuoye incontinent de toutes parts amasser gendarmerie , priant les plus grands venir à
son secours & ayde. ce que promptement fut executé, tellement qu'en vingt iours il
amassa bien soixante mille hommes, autant ou plus qu'auoit son fils. Et comme Dieu
voulut,tost apres fut liuree vne bataille si cruelle & sanguinolente,qu'il m'est impossible de la descrire , ne particulariser toutes choses comme elles se comporterent, si ie
n'en voulois faire vn iuste volume : & en demeura sur le champ , tant d'vne part que
d'autre,plus de cinquante mille : & fut la fortune si fauorable au fils, qu'ayant obtenu

Cruauté du fils enuers le pere.

victoire contre son pere, le print & le reduit prisonnier, vsant enuers luy des plus
grandes inhumanitez & cruautez, n'ayant esgard aux tourmens & playes qu'il auoit
receuës,que iamais homme sçauroit penser.Non contét de cela,luy fit creuer les deux
yeux,& quelques iours apres, passer le pas. Et sçay la presente histoire estre veritable,
pour l'auoir veuë escrite en langue Moresque , que quelques Chrestiens reniez, lors
que i'estois en Afrique,me monstrerét. D'autres m'asseuroient auoir esté en ladite bataille, du danger de laquelle ils s'estoient sauuez , & mesmes en l'expedition que fit le
Roy de Tunes en Europe.Si ie voulois reciter tout ce que ces gentils Mores m'en dis-
couroient,ie n'aurois iamais fait. Voyla que c'est de l'heur & malheur du monde : lequel est quelquefois aussi prest d'accabler les grands que les pauures:& n'y a celuy,tát
barbare soit il, ayant quelque religion en son ame, qui ne pense que le bon Dieu, qui
est là hault, ne soit iuste, & qui ne punisse le sang respandu des meurtriers. Ie ne dy
point cecy sans cause : veu que ce riche malheureux Muluasen, comme il auoit fait
mettre à mort en son ieune aage quatorze de ses freres , & trenteneuf de ses plus proches parens,pour regner paisible, & n'estre commandé de nul autre que de luy, Dieu
qui est iuste,permit qu'il fut ainsi dechassé,tourmenté de son propre fils,& à la fin occis , comme estant le fleau de Dieu : pour monstrer exemple aux plus grands Monarques & Rois de sa secte, de ne s'attaquer à ceux de leur sang , pour n'encourir son ire.
Si plusieurs n'auoient escrit ce qui s'est passé és guerres faites par ledit feu Empereur
Charles, pere du Roy Catholique, qui regne à present, i'en discourrois plus au long:
mais la chose estant descrite , n'est besoin la reiterer , & employer le temps en cela,en
lieu de passer oultre,& continuer ma course vers l'Egypte,à fin d'acheuer les particularitez du païs d'Afrique. Sortant de Tunes, vous trouuez le promontoire cy deuant
dit,qui a sa poincte vers le Nort,qu'on appelle Cap bon, lequel regarde à son opposite la Sicile, & en icelle la poincte, sur laquelle est assise la ville de Palerme. Doublant
ce Cap bon, tirant au Su, vous entrez au goulfe,que lon nomme d'Afrique, tant pour
vne ville de tel nom,qui est en ceste coste, que pource que anciennement ce païs estoit
nommé l'Afrique mineur.Mais auát que venir à ladite ville,qui porte le nom de toute l'Afrique,vous passez le goulfe d'Eracle,où il y a trois poinctes:sur l'vne desquelles
tendant à l'Ouest , fut iadis bastie Eraclee par les Romains. C'a esté autrefois l'vne des
belles & grandes vil'es de tout ce païs là , & qui a eu plus de vogue, pour le trafic qui
s'y faisoit : mais à la parfin fut ruinee par les Grecs , lesquels l'ayans tenue cent treize
ans entiers, la perdirent , & fut reprinse desdits Romains. Le terroir encores auiour-

dhuy en est assez beau & plaisant. La terre est grasse, à cause des riuieres qui l'arrousent, qui prennent leurs sources des mōtaignes de *Gad,d'Arade*,& de celle d'*Azuba*,
ainsi nommees des Alarbes & Iuifs du païs. Vn quart de lieuë ou enuiron de la marine, huict que nous estions, fusmes conduits par trois truchemans Mores, qui parloiēt
bon Espaignol, à vne bourgade nommee *Azaricam* : auquel lieu vismes plusieurs
marques d'antiquité : entre autres, trois sepultures fort remarquables, lesquelles pour
rien ces Barbares ne voudroient attenter à les demolir. Selon leur recit, comme ils ont
par escrit dans leurs histoires, la premiere que nous vismes, fut celle de *Codrac*, sixiesme & dernier Roy des Atheniens, qui mourut en la ville d'Eraclee, apres auoir esté
meurtry d'vn Lyon : & viuoit ce Roy Payen, suyuant la supputation de ce peuple
Noir, mil cent quarante & trois ans deuant leur gentil Prophete. La seconde sepulture estoit celle de *Ixion*, Roy de Corinthe : & la troisiesme, qui est la plus Septentrionale, celle du Philosophe *Phydon*, Arabe, natif du terroir d'Alger, d'vne villette que
les Païsans nomment *Colkaph*. Ce fut ce Phydon, comme ce peuple raconte, qui inuenta & donna l'vsage des poids à peser toute sorte de marchandise. Il viuoit l'an du
monde quatre cens trentehuict, & huict cens dixhuict ans deuant nostre Seigneur. Ie
laisse plusieurs autres choses antiques, qui apparoissent encores en diuers endroits
de ces païs là, pour reuenir à l'autre poincte, qui tend à l'Est, où est posee la ville de
Suse, loing de Tunes quelques quarante lieuës, qui a esté, ainsi que monstrēt ses beaux
edifices, quelque chose d'excellent : là où à present elle est deshabitee, à cause que les
Seigneurs sont iniustes & tyrans en l'exaction des tributs. Tirant au Nordest, vous
voyez sur vne poincte la susdite ville d'Afrique, iadis appellee Aphrodisie, à cause
que la deesse Venus y estoit honoree. Les Afriquains Barbares l'appellent *Elmahdia*,
du nom d'vn *Mahdi*, Caliphe, lequel soubz ombre de religion s'en estoit saisi du
temps que les Mores tenoient en Espaigne les Royaumes de Leon & Grenade, combien qu'au parauant il se contentast de la ville de *Cairohan*, loing de la mer, & assise
sur vne riuiere, qui separe les terres de Tunes d'auec la region dicte Constantine. De
mon temps ceste ville a esté assubiectie aux Chrestiēs par Charles le quint Empereur.
Elle est sur vn costau, & bat en mer de tous costez : qui est vn grand empeschemēt aux
Chrestiens qui veulent aller en course aux Gerbes & à Tripoli, & quelques isles maritimes possedees des Turcs. Apres que vous auez laissé *Elmahdia*, ou Afrique, vous
doublez vers le goulfe de *Caps*, l'entree duquel est fort dangereuse, à cause des basses
& rochiers qui y sont alentour de deux islettes, l'vne nommee *Chircari*, & l'autre *Gomelare*, à quarante cinq degrez vingt minutes de longitude, & trente degrez quinze
minutes de latitude.

Afrique, ville, autrement El-mahdia.

Isles de Chircari & Gomelare.

De l'isle des GERBES, nommee iadis des Mores ZOTOPHAC.
CHAP. XI.

DANS le goulfe de Caps est posee l'isle des Gerbes, que les Barbares appellent *Zerbi*, renommee pour les victoires euës par les Cheualiers de
Malte, de nostre temps, lesquels par leur vaillance conquirent & ceste
isle & la ville de Tripoli en Barbarie, contraignans les Mores de payer
par chacun an, suyuant l'accord faict, cinquante mille doubles ducats,
renduz & portez au Viceroy de Sicile. Ie pense quant à moy, que ceste isle est celle,
que les anciens nommerent *Glaucon*, du nom d'vn de leurs dieux anciens, lequel ils
faisoient President en mer. Les Gerbes sont fort pres de terre, & a le terroir sablóneux,
y croissant palmes, figues, oliues, raisins, & plusieurs autres fruicts, ayant de circuit en-

Isle des Ger-bes, ou Zer-bi, ancien-nement Glaucon.

uiron fept lieuës,où ne fe trouuë que des cafals,& encor iceux feparez,fans auoir maifon ioignante l'vne de l'autre,comme font les bordes en Bretaigne:hors mis de la part
de Septentrion,où eſt la fortereſſe, en laquelle le Turc tient pluſieurs mortes-payes,&
autres villes,comme *Zadaique,Zibide,Canuſe,Agimar,Borgi,Rochette,Cantare,*qui ſont
les lieux les plus habitez de toute l'iſle. Lors que les Mores d'Afrique la poſſedoient,
ils luy auoient donné le nom de *Zotophac.*De la part d'Occident,ceux qui nauiguent
ceſte coſte, voyent des montaignes aſſez haultes : & me ſuis laiſſé dire à quelques Eſclaues, qui y auoient demeuré huict ans entiers, que dedans leſdites montaignes ſe
trouue de beau marbre.Quelques annees deuant que les Chreſtiens la prinſſent , bon
nombre d'Eſclaues fouillans ſoubz vne roche, creuſe à merueilles, trouuerent vne

Idole de bronze,peſant trois quintaux:au pied de laquelle y auoit eſcrit,en vne Ouale,ces mots icy, *Atocha Alcaph, Aſeipt-Alkandeil-Anahan Baba ,* qui eſt à dire, ſelon
l'interpretation d'vn certain vieux More bazané, Icy ſoubz ceſte concauité eſt l'huile
de la lampe du beau iour noſtre pere. Et de faict,l'on tient que ſoubz ceſte groteſque
iadis y auoit vn temple d'Idole.Le grain eſt fort cher en ce païs:non que pour cela ils
ne ſoiēt riches,à cauſe du traffic qui ſy fait de diuerſes contrées d'Afrique,& où quelquefois les Chreſtiens vont contracter.Du temps que i'eſtois en Conſtantinople,Tri-
poli , & ladite iſle ont eſté reconquis ſur les Chreſtiens, de ſorte que l'Empereur empeſché en d'autres guerres,n'y peut mettre ordre:& Dieu ſçait les brauades, canonnades,& feux de ioye qui furent faicts en ladite ville par le commandemēt de Solyman,
dernier decedé.Ie ne veis iamais tant de feux & flambeaux ardents,que ie veis lors autour de leurs clochers & moſquees,& tant de pourmenades & chants de ioye,que feirent les Ianiſſaires. Si les Chreſtiens qui eſtoient en Tripoli , n'euſſent eſté diuiſez,ne
trahis par gens interpoſez,iamais les Mahometains n'euſſent entré dedans, comme ils
firent par compoſition,apres auoir parlementé vn long temps.Depuis le Roy Philippe,ayant deſpeſché le Duc de Medine auec quelques autres,iointes à eux les forces de
Malte(que le Barbare redoute ſur tout,comme auſſi certes pour le peu qu'ils ſont,c'eſt
vne choſe furieuſe en guerre)auoit reconquis l'iſle, en certaine eſperance du tout,ſi la
ſoif & côuoitiſe de l'or n'euſt aueuglé le chef de l'armee : lequel ſe deſempara de ceux
de Malte, qui auoient faict tout deuoir & aux combats & à la deſpenſe, & qui ſe retirerent apres l'accord faict entre ledit General & les Barbares. Et ce fut lors que l'an
mil cinq cens ſoixante les Chreſtiens eurent ceſte deffaite piteuſe & lamentable par la
trahiſon des Barbares, en laquelle la fleur des ſoldats de diuerſes nations, qui auoient
ſuyuy les Rois Treſchreſtien & Catholique és guerres de Corſe & Toſcane, fut occi-
ſe, & periſt de ſoif, plus par la faulte des Chefs, que vaillance de l'ennemy, ou peu de
deuoir & coüardiſe des pauures ſoldats : ce qui auoit eſté aſſez preueu par les ſeigneurs de Malte, ſi on euſt voulu ſuyure leur conſeil,& vſer de l'occaſion, tandis que
elle ſe preſentoit opportune,& leur facilitoit la victoire. Laiſſant donc les Gerbes, la
coſte va à l'Eſt,& en chemin vous trouuez le vieil Tripoli , des murailles duquel on a
faict la plus part du fort de la ville nouuelle. Mais entre Gerbes & Tripoli , à vingt
lieuës de l'iſle, eſt aſſiſe vne petite meſchante ville, nommee des vns *Zoare ,* & des autres *Caſalſonzor* : les habitans de laquelle ne viuent que de faire de la chaux,qu'ils portent à Tripoli,ville baſtie ſur mer,en planure ſablonneuſe, & ſur la riuiere d'*Ammo-
zo,*qui vient des deſerts de *Iaſtitem.* Le païs Tripolien eſt ſterile, & n'y croiſt preſque
aucun grain, à cauſe que la mer entrant bien auant vers le Su , fait que ce qui deuroit
eſtre bon & gras, ſoit areneux & infertile. Dont l'armee Chreſtienne mettant pied à
terre,ſi elle n'a viures pour long temps,n'y ſçauroit durer,pource que vous y eſtes iuſques à demie iambe aux ſablons , & d'eau ne ſen trouue qu'aux villes dans quelques

*Statue de
bronze an-
tique.*

*Zoare , ou
Caſalſon-
zor,ville.*

puits, & par le moyen des cifternes. Loin de Tripoli quinze lieuës ou enuiron, eft la montaigne *Garian*, qui va de l'Eft à l'Oueft, expofee aux fraifcheurs attrepees, pource qu'elle a le Midi à dos: d'où ceux de la ville tirent quantité d'huiles, qu'ils vont traffi-quer en Alexandrie. Il y croift du meilleur faffran, & plus beau en couleur, qui foit au monde, & ne defplaife à celuy tant celebré de mon païs Angoumoifin : & de là, quiconque eft feigneur de Tripoli, en tire vn grand profit, & reuenu annuel. Cefte ville eft à quarante deux degrez minute nulle de longitude, & trente vn degré qua-rante minutes de latitude, ayant fon iour de quatorze heures quinze minutes. C'eft là que fine la partie d'Afrique, nommee Mauritanie: & entrez en l'autre, qui eft dite Bar-che, tendant vers l'Egypte, de laquelle eft voifine celle qu'on appelle Marmarique, qui confiftent plus en deferts qu'autre chofe, iufques à ce qu'on entre en la Cyrenaï-que. Bien eft vray, que fortant de la Barbarie, vous trouuez la prouince, nommee *Me-fellata*, pauure, & habitee de gens vils, mechaniques, & fort beftiaux : & là pres font *Mefrata*, & *Carfacara*, autres prouinces, qui viennent du long de la mer vers le Su, iuf-ques que vous prenez la route de *Zanara*, qui tire au Nort, à caufe que la cofte eft tou-te faite en goulfe, iufqu'au Cap de *Rafanfen*, en la prouince de la Marmarique. En ce goulfe font les ifles *Colombine*, *Soloco*, *Sidua*, & *Ozinda*, & celle des Oyfeaux, peu habi-tees, & frequentees, pource qu'il eft prefque impoffible d'y aborder. Icy vous tirez au Nordeft depuis la ville de Zanare, & voyez le long de la marine les villes de *Corcare*, *Bernich*, & autres qui font en Egypte, defquelles ie parleray cy apres en leur lieu, quãd i'auray vifité le plat païs, & les deferts de *Sim* : où gift vn lac tirant au Su, fur lequel font bafties de belles villes, telles que *Geran*, qui tire à l'Eft vers la Nubie, & *Sim*, de laquelle le lac porte le nom, qui eft du cofté du Ponent, vers la Mauritanie. Allant au Su, vous penetrez l'Ethiopie, gifant ce païs pres du Tropique de Cancer, à quelques vingtcinq degrez de l'Equateur. C'eft donc icy toute la defcription de Mauritanie, & terres d'Afrique iufqu'en Egypte, depuis le deftroict iufqu'à la ville de Tripoli, de la-quelle ie me fuis eflongné, pour difcourir ainfi par païs, & tracer tout iufqu'en la Cy-renaïque, pour reuenir fur mer, & y vifiter les ifles Africaines les plus fignalees. Quãt à la Numidie deferte, elle n'a que bourgades & cazals par la campaigne, à caufe des de-ferts: où par les monts, les habitations y font frequentes: & vous redy icy de la Numi-die, iaçoit que i'en aye parlé ailleurs, d'autant qu'elle embraffe la plus part de la Mau-ritanie en plat païs, & a peu de villes fur la marine. Le païs eft habité à prefent d'Ara-bes, auffi gens de bien, & auffi peu ftables, fideles & loyaux, qu'eftoient iadis les Nu-mides. Ils ont des villes anciennes, mais fans murailles, fi ce n'eft pres des deferts, & au pied des montaignes, là où ils fe palliffent & fortifient, comme ils peuuent & fçauent, contre les courfes enragees des Lyons, & autres beftes farouches & rauiffantes. Les principaux lieux font *Techort*, *Mefzab*, *Tegorarim*, *Tefebith*, *Gargala*, *Lonfara*, *Tehoregau*, *Nefzahora*, & *Cabis*, affis en la region, qu'à prefent on dit de *Caphfa*, contenant plus de deux cens lieuës d'eftendue, où il n'y a Roy ni roc, qui gouuerne ces peuples. Les plus proches de la cofte font ceux de *Biledulgerich*, prouince qui confine à Tripoli du co-fté des Gerbes : non que les prochains de la mer, à caufe des deferts, n'en foient eflon-gnez plus de foixante lieuës, qui toutefois viennent là pour trafiquer: car tout ce peu-ple Barbare fe plaift fort en la marchandife, & viuent quafi tous à la Turquefque, & font peu differents des Turcs, fors à l'habit de tefte. Pres de Tripoli fe treuue pour le prefent és montaignes vne forte de terre, de mefme celle qu'on appelle Terre feellee, nommee des Arabes *Cancart*, & des Mores *Canfart*, & nous autres l'appellons Pierre Tripoliéne, de couleur grifaftre, tirant fur le rouffoyant & rougeaftre, & tout de mef-me la poudre, que les Barbares font des tuilles, pour en efcurer leurs baffins. Cefte ter-

Mont de Garian.

Separation de Mauri-tanie, & Barche.

Lac de Sim, enuironné de plufieurs belles villes.

Propriété de la terre Tripolienne. re, oultre qu'elle eft bonne à purger & nettoyer toute tache, encore fert elle de reme- de contre les venins : & fi quelcun foupçonne d'auoir mangé quelque viande nuifi- ble, qu'il en puluerife dans du vin, & il verra vn effect merueilleux d'icelle. Au refte, elle eft abftractiue, & en vfent lefdits Barbares contre la dyfenterie, à laquelle ils font fort fubiects, tant à caufe des fruicts, que pour leur incontinence. Quelques Infulaires luy donnent autre nom, & l'appellent en leur langue *Bezahar*. Elle eft rouffatre de couleur, molle aux mains, fans faueur quelconque, & en laquelle on voit quelque peu de fplendeur. I'en fçay qui eftans feruz de quelque ferpent, & en ayant vfé, f'en font trefbien trouuez : mais lon la fophiftique auffi bien que la terre figillee, auec du Bol- diarmeny : qui fait, que lon en voit fouuent les effects contraires à fa vigueur & natu- re. Et voyla quant à Tripoli, aboutiffans, & fes appartenances. Mais auant que paffer en Egypte, voyons vn peu les affaires de Malte, puis que c'eft vne ifle nommee entre celles d'Afrique, qui font pofees en la mer Mediterranee.

De la fameufe ifle de MALTE, *& des chofes anciennes & modernes d'icelle.* CHAP. XII.

MALTE, comme chacun fçait, n'eft pas de fi fraifche memoire, que les plus anciens ne la mentionnent, & qu'auant la venue du Sauueur en ce monde, elle ne fuft habitee, & apres la paffion d'iceluy elle ne re- ceuft bien toft la foy Chreftienne, par la predication de l'Apoftre S. Paul : dequoy les Infulaires fe vantent auoir memoires, comme gens qui n'ont point efté tranfportez de leurs maifons, ainfi qu'ont efté leurs voifins. Or cefte ifle eft comme vne barriere entre l'Afrique & l'Europe en la mer Mediterranee, regardant d'vn cofté la Sicile, & de l'autre la Barbarie : qui met les autheurs en doute, fi elle doit tenir rang entre les ifles Afriquaines. Mais ceux qui ad- uifent de pres la defcription des lieux, & qui iugent les mefures celeftes, verront que Malte, Lampadouze, Limouze, & autres voifines, font comprifes en Afrique, prenans leur proportion au Cap bon, fur lequel eft affife *Nabel*, nommee des noftres Naples de Barbarie : lequel Cap les anciens ont appellé Promontoire de Mercure, & lequel regardant vers l'Eft celuy de *Rafanfen*, encloft toutes ces ifles en l'Afrique. Et ne fault prendre pied au peu de diftance, qui eft entre la Sicile & ladite ifle de Malte, veu que en cela on le perdroit tout content : d'autant que la mefme chofe feruiroit à la dire A- friquaine, eftât plus proche de Tripoli & des Gerbes, que non pas de l'Italie ; & qu'au refte la nature du terroir reffent les humeurs d'Afrique, pluftoft que la douceur de l'Italie : & le peuple, qui y parle More de tout temps, & auffi vn Grec corrompu, eft, fauf la religion, de mefmes mœurs & complexions que les Mores, gens viuans de peu, & fort addonnez au trauail. Elle a trentehuict degrez quarantecinq minutes de lon- gitude, & de latitude trentequatre degrez quarante minutes : de laquelle ie vous feray la defcription toute telle, comme elle fe comporte, mais que i'aye touché à ce qu'elle auoit anciennement, & d'où lon eftime que foient defcenduz fes premiers habitans.

Premiers habita- teurs de l'Ifle de Malte. Ceux donc qui iadis eftoient en la prouince de Mefopotamie pres l'Eufrate, nommee *Melitene* (& à prefent *Suar*, & en langue des Chaldees du païs *Emath*) furent les pre- miers qui peuplerent cefte ifle, & y baftirêt la ville, qu'ils appellerêt *Melite*, dont toute l'ifle a pris le nom : laquelle du depuis, les Barbares corrompans le vocable, ont nómee Malte : combien que i'eftimerois que ce foit pluftoft de *Meliffa*, ou *Melitta*, qui eft vn mot Grec, fignifiant moufche à miel, dont l'ifle eft plus remplie, que autrement. Or ces peuples la trouuerent vuyde d'habitateurs, tant à caufe que le terroir n'y eft point fertil,

fertil, que pource auffi que les Carthaginois & Siciliens eftoient en guerre continuelle. Ainfi eux eftans d'Armenie & Afiatiques, n'aymans ceux de l'Europe, prindrent le
party des Afriquains: dont bien leur aduint, veu que les defenfeurs les ayderent à peupler leur ifle. Et quoy que les Tyrans de Sicile, fecouruz des Grecs, tafchaffent de la rauir aux Carthaginois, & euffent peiné de donner nouuelle colonie en leur païs à ces
Barbares, fi eft-ce que iamais ils ne voulurent quitter la fidelité promife, ains demeurerent alliez & amis de leurs voifins, iufqu'à ce que les Romains eurent fubiugué Carthage par la vaillance de Scipion, l'an du monde trois mil huict cens octante & vn, en
l'Olympiade cent cinquanteneuf, & de la fondation de Rome fix cens huict. D'autres
Infulaires difent, que elle fut premierement habitee par les Siciliens mefmes (ce qui
eft vray-femblable) à caufe d'vn Temple de Proferpine, laquelle ils auoient en fingu- Temple de
Proferpine.
liere reuerence, & auffi que Hercules y eftoit honoré: & que en l'abfence de Denys
Tyran de Saragoffe, qui s'en eftoit fuy à Corinthe, les Afriquains f'en faifirent: quoy
que ce foit, ie fçay qu'elle a efté prife par les Barbares, & le croy, pource qu'encor le
langage en donne preuue fuffifante. Et à fin que ie ne laiffe rien en arriere, il en y a qui
ont dit, que c'ont efté ceux de Carthage, qui ont peuplé ladite ifle, tant pour le trop
de peuple qui eftoit en leur ville, qu'auffi à fin d'en faire vn bouleuert contre le Sicilien, auec lequel, comme dit eft, ils auoient guerre continuelle. Ce qui eft facile à croire, veu que Carthage eft fi voifine de Malte, qu'vne galliote y peut aller en vn iour,
ayant bon vent, & en telle expedition m'y fuis trouué par deux fois. Et pour donner
plus grand argument au Lecteur de ma preuue, il fut trouué de mon temps en l'ifle,
contre quelques groffes pierres, certaines lettres efcrites du regne defdits Carthaginois, la plus grand part defquelles ne retiroient pas mal aux lettres Hebraïques. La
langue des anciens Maltois, voire n'y a pas long temps, reffentoit encore le vieil langage de Carthage: & fut trouué dans vn vieil marbre, n'a pas vingt ans, ces lettres gra-
uées, ELOI EFFETHA, & CVMI. & plufieurs autres Epitaphes à l'antique. Mefmes faifant les fondemens du Chafteau de fainct Ange, fut trouué efcrit contre vne
vieille fepulture de marbre iafpé, ces mots, IEHIELI, IEPHDAIA, & autres lefquels par l'iniure du temps eftoient tous effacez. Quoy que ce foit, il appert par l'Efcriture mefme, que Malte eft habitee de long temps, veu que fainct Luc aux Actes des
Apoftres en faict métion, & loué la courtoifie des Barbares. Depuis que les Romains
commencerent à perdre leurs forces, & que les Vandales feigneurioient cefte mer,
Malte reuint entre les mains des Afriquains: fi que ceux de Marroque, qui font Chroniqueurs, & qui fe plaifent à traicter les geftes de leurs Princes, m'ont dit, qu'*Almalcq
Remeia*, Roy de Marroque, ayant faict guerre au Roy de Tunes, & l'ayant vaincu, fe
meit fur mer, courant & pillant les ifles voifines, & que trouuant Malte vuyde d'habitans, y laiffa vn lieutenant, nommé *Melluch*, auec gens qui la cultiuerent. Ce que ie
fçay, pour l'auoir eu par efcrit d'vn docte Efclaue Chreftien, qui entendoit fort bien
l'hiftoire des Mores, ayant demeuré auec eux trente trois ans. Tant y a, qu'on ne trouue point qu'ils ayent iamais efté imbuz de l'herefie Mahometane, & que de long téps
ils font fubiects à celuy qui eft Seigneur de la Sicile. I'ay auffi leu dás quelques vieilles hiftoires, que du temps que Godeffroy de Buillon, & autres Princes, tant François,
que de diuerfes parties de deçà la mer, fe croiferét pour paffer en la Terre fainéte, par Pierre l'her
mite.
l'induction d'vn Pierre l'Hermite, & fuyuant la bulle publiee au Concile de Clermont en Auuergne, enuiron l'an de noftre Seigneur mil nonante & fix, la Royne
d'Angleterre paffant par deuotion outre mer, & fçachát que plufieurs Courfaires Siciliens eftoient à l'aguet, fe retira à Malte: auquel lieu elle fut honnorablemét receuë,
& conduite en feureté par les Infulaires Maltois iufques en l'ifle de Rhodes. Ie vous

ay allegué ces hiftoires, pour vous mõftrer, à qui ils eftoient,& comme aufſi l'art de
nauigage eftoit cognu de cefte nation, aufſi bien que anciennement des Candiots:
mais à prefent & l'vn & l'autre peuple font accafanez, & ne fe foucient que bien peu
de la marine,tant pour eftre pauures,qu'aufſi pour l'efgard des corfaires qui infeſtent
toute celle mer, ſils n'eftoient incitez & conduits par la Nobleffe Maltoife. Quant à
Malte,comme dit eft,elle gift en la mer Mediterranee, regardant l'Afrique vers le Su,
& vers le Nort le promontoire de Pale en Sicile,duquel cofté eft pour le prefent baftie Saragoffe,peu de cas maintenant,où le temps paffé elle fefgalloit aux plus riches.
Vers l'Eft,elle regarde le grand chemin des ondes marines,qui fen vont quelque part
que ce foit du Leuant : & vers l'Oueft, elle aduife encor la Barbarie du cofté de Tunes,eftant au cinquiefme climat & onziefme parallelle.On voit en elle deux promon
toires, qui auiourdhuy font erigez en forts & defenfes : celuy de S.Elme, que feu de
bonne memoire le feigneur Prieur de Capue, forty de la maifon illuftre des Strozzes
en la ville de Florence, a fait baftir de mon temps : & l'autre, celuy de S.Ange, où les
Turcs ont tant trauaillé. En ces promontoires (auant que les Infulaires euffent receu
l'Euangile) fur chacun y auoit vn temple de grand' eftoffe,& riche manufacture:l'vn
dedié au Dieu Hercules,honoré en toute l'Afrique,& l'autre à la Deeffe Iunon, reueree par la Grecque fuperftition. Celuy d'Hercules eftoit bafty, comme il appert par
les ruïnes & groffes pierres, que lon voit encores auiourdhuy aux fondemens, en vn
coing de l'ifle,que le peuple du païs nomme *Porto euro*. Quant à celuy de Iunon, c'e-
ſtoit le plus riche que lon fceuſt trouuer,& fut volé par vn certain Capitaine, Corfaire de mer,nommé *Gader* en langue Morefque, qui fe faifit de tous les threfors du téple,mefmes de la figure de Iunon,maffiue d'or, qui pefoit plus de deux cens liures:de
deux fphynx qui l'enuironnoient, tous deux de cryftal, pofez fur deux boules rondes de iafpe luyfant, & deux dents d'yuoire les plus grandes que iamais homme viuant auoit veu:& ne fe contentant,faccagea la plus part de l'ifle,comme quelque docte Maltois m'a mõftré dans vn liure efcrit en langue Morefque, plus de mille ans y
a. C'eſt cefte ifle, qui n'ayant enuiron que quinze lieuës de circuit, a efté fi floriffante,
qu'elle eftoit habitee,comme i'eftime, pluftoft que Rome fuſt baftie par Romule : &
eſt autant ramenteuë & louée, qu'autre qui foit en la Mediterranee. Mais ie n'ay que
faire de reciter icy ce que les Gentils en efcriuent, veu que quelle plus grande gloire
luy fçaurions nous bailler, que de la trouuer auoir efté digne,en laquelle fuſt celebré
vn Concile foubz Innocent, premier du nom, contre l'heretique Pelagie, où furent
affemblez deux cens quatorze Euefques,du temps d'Arcadie & Honorie Empereurs?
auquel affifterent Syluan Euefque de Malte, Aurele Euefque de Carthage, & fainct
Auguftin Euefque de Bone,comme quelques vns ont mis par efcrit. Ce que toutefois
ie remets en doute,& penferois pluftoft que ce Concile euſt efté celebré en la ville de
Malte en Afie, qui iadis a flory le temps mefmes que les Romains y commandoient,

Quintin & Thomas Por-cacchi, fe trompent. que non pas en ladite ifle, de laquelle ie parle (encores que le feigneur Quintin, frere
feruant, Maltois,homme docte,& grãd Canonifte,l'ait mis par efcrit,& le m'ait vou-
lu perfuader : mefmes depuis peu de iours ença, le feigneur Thomas Porcacchi de
Caftiglione Aretin, en fon liure des ifles en ait mefme opinion.) C'eſt d'elle qu'eſt ia-

Faufte, na-tif de l'ifle de Malte. dis forti cefſt excellent Prelat Faufte,lequel a fi heureufemẽt & doctement efcrit contre les Manichees.En fomme,aucun ne doute que cefte ifle ne foit celle,que les anciẽs
hiftoriens,tant faincts que prophanes,ont appellee Melite : laquelle veritablemẽt eft
plus fertile d'hommes que de viures, y ayant plus de cotton que de grain : vous pouuant affeurer,que fi la terre y eft fterile, la mer qui luy eft voifine, eft plus infertile en
poiffon:& que fi ce n'eſtoit la Sicile qui eft proche, & d'où les Maltois tirent leurs vi-

ures,il feroit impoſſible qu'elle fuſt ſi frequentee,veu que le païſage eſt tout pierreux,
& y a plus de rochs que d'herbes,petit paſturage,& les baſtimens mal faicts:de ſorte q̃
laiſſant la ville,& le bourg à part,ſi vous allez par le reſte de l'iſle,il vous ſemblera aduis de voir les loges des habitans de la Barbarie.Il y a quarantedeux villages:mais les
plus fameux ſont ce qui à preſent eſt clos,à ſçauoir la Cité,le Bourg où eſt le fort S.
Michel,fortifié par le grand Maiſtre,le ſeigneur de la Sangle,& l'autre Bourg dict de
S.Ange : car tout le reſte,comme *Rahalthaxac,Crendy,Zurric,Rahalzabar,Rahalcormi,*
Rahalzebug,& autres,ce n'eſt choſe de grande importance. D'vne choſe m'eſbahis-ie,
que l'iſle eſtant ſi pauure & ſterile,que tout ce qui ſy cueille en vn an,ne ſçauroit
nourrir les habitans deux bons mois,ſi eſt-ce qu'il y a plus de vingt mille ames en
vne poignee de païs deſert,là où voyez les vieillards,qui paſſent & les quatre vingts,
& les cent ans,viuant ce peuple,à cauſe de ſa grande ſobrieté,plus qu'autres que i'aye
veuz en nos mers voiſines. C'a eſté iadis vn vray apport de Corſaires,auſſi bien qu'e-
ſtoit *Goze,*ſa voiſine : pource que c'eſt le lieu de toute la Mediterranee,où il y a le *Iſle de*
plus de ports,les meilleurs & plus aſſeurez,& capables de grand quantité de nauires *Goʒe:*
& galleres,que i'aye point veu:qui eſt ce dequoy ils vſent le plus en leurs expeditiõs.
La cauſe qu'elle eſt ſi portueuſe,c'eſt que la mer Sicilienne y bat tellement contre,que
cauant peu à peu,elle a faict ſix ou ſept ports tout autour de l'iſle,où encor on voit les
marques,que quelques vns y ont habité. C'eſt auſſi le moyen qui a enrichi les Inſulaires,pource qu'ils traffiquent là leurs toiles & cottons,& en recouurent argent &
viures. Elle eſt abondante en tout bon fruict,& principalement en groſſes poires &
oignons:& eſt fort ſaine,ayãt l'air attrempé,fort ſubril,& prouſitable à ceux qui l'ont
accouſtumé,là où les autres au commencemẽt le trouuent vn peu faſcheux.L'endroit
où la ville eſt baſtie,que pluſieurs nomment Cité,toutefois qu'elle ſoit petite,c'eſt le
lieu le plus beau & fertil de toute l'iſle,à cauſe qu'il y a des fontaines,de beaux iardinages,& quelques palmiers,mais qui ſont ſteriles : quoy que Diodore Sicilien nous *Diodore Si-*
vueille faire entendre,que de ſon temps elle eſtoit renommee pour l'abondance des *cilien ſeſt*
dattiers.Ie ne veux pas deſdire vn ſi grand autheur : mais il fault dire,ou qu'il n'en eſt *perſuadécho*
rien,ou bien que la terre a perdu ſa force en la cultiuant.Voyez comment ie pourrois *ſe faulſe.*
croire ledit autheur,parlant de prouinces loingtaines & à luy incogneuës,veu que de
Malte ſi proche de la Sicile,lieu de ſa natiuité,& de laquelle l'on peut voir l'autre,il
n'a point eſcrit ce qui en eſt. Ie ſuis ſeur,que iamais homme ne veit palmiers portans
fruicts,tant en Malte,qu'en Sicile,Cypre,Candie,& moins en toutes les iſles Cyclades. Il y a bien des raiſins,meilleurs certes à manger,que pour en faire du vin : & en
ſomme,ſi le peuple ne traffiquoit & viuoit ſobrement,& s'il n'eſtoit ſouſtenu par la
liberalité des Cheualiers de S.Iean,il luy faudroit changer la place. Les Anciens ont
fort eſtimé les Roſes de Malte,comme ayans l'odeur & ſouëfue & vehemente. ce qui
eſt vray & naturel : veu que vous ſçauez que les fleurs,qui naiſſent és lieux froids,ont
l'odeur ſimple,& ſans force aucune qui recree,là où celles qui naiſſent és lieux ſecs &
chauds,ont l'odeur penetrante. C'eſt pourquoy le thim & ſerpoulet,qui naiſſent és
couſtaux expoſez au ſoleil,rendent les lieux voiſins,pleins de leur ſouëfueté & force:
ce que i'ay obſerué en quelques endroits de l'iſle de Crete. A cauſe donc des fleurs &
force d'icelles,& qu'il y a des mouſches à miel,quelques vns ont eſtimé,que l'iſle en a
prins ſon nom:mais en ayant aſſez parlé,i'en feray vne ſurſéace. Toute leur plus grande richeſſe eſt au Cotton,les arbres duquel y viennent en abondance:qui me feit penſer,dés que i'en y veis,que le terroir n'eſtoit pas trop gras:& toutefois me ſuis eſbahy,
qu'en lieu,où il n'y a rien que des pierres,il y puiſſe rien croiſtre : lequel neantmoins
ils cultiuent ſi bien,& arrouſent tellement leurs champs & iardinages,que meſmes ils

forcent nature auec leur trauail. Le Cotton aime vn lieu fec pluftoft que gras , le ciel chauld & froid, tel qu'on le fent eftre au terroir Maltois. D'vn cas m'eftône, que la terre eftant aride de foy , peu arroufee de ruiffeaux ou fontaines, ce pendant les laboureurs ne laiffent d'amender les terres auec du fumier, comme lon feroit en quelque champ humide:& iamais ne fement, que premierement la terre n'ait efté mouillee. Or d'autant que (comme ie vous ay dit) le païs eft chauld & fec, auffi la nature luy fauorife, en ce que l'Efté les nuiéts font fi chargeantes de rofee, qu'il femble qu'il y ait pleu tous les matins (autant en aduient en terre continente en Afrique) car autrement il feroit impoffible que leurs champs proufitaffent. Auffi les païfans de mon païs Angoulmoifin ont bien cefte philofophie naturelle, que durant l'Efté ils vous fçauront dire, fi la iournee fera chaulde, voyans la rofee grande du matin. Il y en a eu, qui ont attribué fertilité à cefte ifle, dequoy ie m'efbahis : veu que l'affiette du lieu eft telle, que ie ne fçay comme il eft poffible que les arbres y puiffent prendre racine, attendu que la terre, qu'on y trouue plus profonde deffus le roch, ne fçauroit eftre de trois ou quatre pieds, & toutefois ce qu'on y feme, y vient trefbien, felon que la terre le peult porter: veu que l'orge eftant cueilly (c'eft leur fourment) foudain le cotton eft preft, & ceftuy recueilly , auffi toft l'autre eft en fa maturité : & quoy que tout foit pierreux, fi eft-ce que l'herbe ne default point aux troupeaux pour la pafture. Iadis la plus part de ce peuple en la campagne, fe tenoit dans des cauernes, tout ainfi que vous en voyez en Touraine : de forte que fur le toiét de leurs maifons grotefques leurs beftelettes paiffoient le thim & ferpoulet baftard , & autres bonnes herbes. L'vfage du bois leur eft

Faute de bois à Malte.

prefque interdiét , à caufe qu'il n'y a point de forefts. Ils f'aident de certains chardons pour cuire leurs viandes, & efchauffer leurs fours. Quant à la difpofition de l'air, les vents quelquefois adouciffent les ardeurs de l'Efté , mais auec telle violence, que fouuent ils emportent la couuerture de leurs logettes & cabanes , & la pouffiere enleuee par iceux, eft grandement nuifible à la veuë. De glaces & neiges, ils en voyét peu, pour autant que les vents qui les engendrent, & qui font Septentrionaux, leur caufent pluftoft des pluyes , que de ces caillemens d'eau en la region de l'air , foit en glace, foit en neige. Ce peuple eft auffi bon que le Sicilien, participant quelque peu de l'Afriquain, fçauoir ialoux de leurs femmes. Ie vous ay dit, qu'ils font trefbons mariniers, eftans

S. Paul abordé à Malte.

conduits par autres : mais ils difent, qu'ils tiennent cela de S. Paul, lequel allant à Rome, aborda en leur ifle, & y demeura trois mois. Et de faiét, encor le lieu où le nauire, dans lequel eftoit l'Apoftre, fe froiffa, eft appellé S. Paul: où ils ont bafti vne chapelle: & tout aupres eft vne grotefque, où l'Apoftre eftoit gardé auec fes compaignons, annonçant la Parole aux Infulaires , & les gueriffant de diuerfes maladies. Le peuple y eft fort religieux. L'Eglife cathedrale, où fe tient l'Euefque, eft dediee à fainét Paul, auffi bien que le refte de l'ifle. Aupres de ladite grotefque, au fin bord de la marine, iadis y auoit vne haulte tour, que fit faire l'Empereur Tite, fils de Vefpafian, au retour de fon voyage de la Paleftine & Terre faincte, où y auoit bonne garnifon, pour tenir en bride les Siciliens qui f'eftoient rebellez. Le temps de l'Empereur Maurice aduint vn fi grand tremblement de terre en l'ifle , que ladite tour cheut par terre. Quelques annees apres, fouillans aux fondemens, pour recueillir & amaffer la pierre, fut trouué grand nombre de medalles, d'or, d'argent, & de bronze : dans lefquelles eftoit reprefentee vne Deeffe affife fur vn chariot, faiét à l'antique. Autour d'icelle eftoiét quatre petits enfans, & vn en fon giron, qui fe donnoient les mains les vns aux autres, pour demonftrer l'amitié que les freres doiuent auoir enfemble. Au renuers, y auoit la tefte d'vn Lyon, qui iettoit le feu par la gueule, monftrât l'ire du Prince, lors qu'il eftoit irrité alencôtre de fes ennemis. Et de telles medalles i'en ay eu, en ma poffeffion cinq,

que i'apportay de l'iſle de Sicile, deſquelles i'en donnay deux, paſſant par la ville de
Turin, à Clemét Marot, & quelques autres auſſi, dont il m'en auoit requis. Or le plus
admirable de tout, c'eſt, que les ſcorpions & ſerpens, qui (comme vous ſçauez) ſont
nuiſibles aux hommes, & y ont vne inimitié naturelle, ſi eſt-ce qu'en ce lieu ils ſont
ſans aucun venin, ſi on les y apporte: car d'y en naiſtre, il n'y a point de nouuelles. Et
diſent les bonnes gens, que deſlors que ledit S. Paul fut mords de la vipere, ainſi qu'il
eſt eſcrit aux Actes, ceſte vertu a eſté donnee à l'iſle: ſi l'effect n'en dónoit foy, on pourroit en eſtre en doute. Au reſte, ie ſçay que pluſieurs diſent, que c'eſtoit de Malte que
on portoit iadis des petits chiens, qui ſeruoient pour les delices des grandes Dames,
comme ceux qu'en France nous diſons Chiens de Lyon. Mais ie ſuis aſſeuré du contraire, veu qu'à preſent il ne ſen y voit point que ceux que lon y apporte, & que iamais ce peuple ne fut tant à ſon aiſe, qu'il ſe ſouciaſt de nourrir beſtes de ſi peu de
proufit, pour la ſouffrance qu'ils ont de viures. Que ſi on les appelloit Chiens Meli-
tois, il ne fault pour cela tirer en conſequence, que ce fuſt de ceſte Malte, que les autheurs anciens ont parlé: veu qu'aupres de l'Eufrate y a eu vne autre ville, qui porte le

nom de Melite, comme i'ay
dit, où il ſen trouue de toutes ſortes en grandeurs, que
les ruſtiques Meſopotamiés
nóment *Alcalb*, & les Chats,
Alcathos. En ceſte iſle i'ay
trouué vne eſpece de lágues,
& à mon aduis que ce ſoit de
ſerpents: mais n'en y ayát audit païs, ne ſçaurois qu'en dire: car de ſuppoſer que ce
ſoit pierre, la figure & conſideration de la choſe ne le
peult ſouffrir, & moins, que
ce ſoit la dent de quelque beſte. Quelque choſe que ce *Langues de*
ſoit, ſi ſuis-ie aſſeuré, qu'elle *ſerpens pro-*
eſt fort bonne contre les ve- *pres contre*
nins, & le dy, pour en auoir *le venin.*
fait l'experience. On les trouue entre les rochers & gráds
cartiers de pierre, agluties &
congelees, & ſi gentimét polies & dentelees à l'enuiron,
qu'vn bon ouurier ſeroit bié
empeſché d'en faire de ſem-

blables, deſquelles ie n'en ay trouué ailleurs. Au retour de mon voyage de Leuát, i'en
enuoyay vne, ayant quelque demy pied en ſa longueur, à ce docte Allemand Geſnerus, lequel la repreſente au naturel, en ſon liure des Poiſſons, & confeſſe l'auoir receuë
de moy, ſans vſer d'ingratitude, comme pluſieurs autres ont fait de noſtre temps, ſeſtans ſeruis de mes labeurs. Ie vous en ay voulu pareillemét repreſenter le vray pourtraict, tant des grandes que des petites, pour le contentement de tous Philoſophes, &
amateurs de choſes rares: pourautát que ie vous en ay autrefois aſſez diſcouru en mon

liure de la defcription du Leuant, imprimé à Lyon, vingtquatre ans y a, ou enuiron. Au refte, lon voit fouuentefois en cefte ifle, grand nombre d'oifeaux paffagers, de diuers plumages & couleurs, la plufpart defquels viennent de l'Afrique, vers la montaigne d'Atlas, & d'autres endroits folitaires : entre autres vous y voyez des Laniers, que les Arabes & peuple Afriquain nomment *Borin:* l'Autour, *Beheri:* le Tiercelet, *Sayak:* l'Efperuier, *Afaph:* le Vautour, *Balarg:* le Faucon, *Albas:* & l'Aigle, *Aroch:* & de diuerfes autres efpeces, que les païfans prennent en vie. Les autres font leur vol plus loing, & paffent iufques aux ifles de Sicile, Corfe, & Sardaigne. En Malte fe trouue encor du *Cumin,* herbe tant cogneuë, duquel vfoient iadis les Infulaires auec du pain. Il en y a de deux efpeces, l'vn qui a le gouft fort prefque comme poyure, l'autre qui reffemble l'aneth & la coriandre: & vfoient de l'vn & de l'autre, côme de viande & chofe fort delicieufe. Ce peuple n'eft ny blanc ny noir, côme celuy qui tout le long du iour eft au hafle, & qui auffi vit affez mal & mechaniquement, pour auoir le teinct fraiz, & aufquels le plus, l'eau eft la feule & plus delicate boiffon, & encore non trop bonne, eftant de cifterne, & en peu de lieux de fource. Ie fuis eftonné, où ce bon homme Allemant Laurens Surius a trouué, comme il recite dans fon hiftoire, qu'à Malte y a quarante & cinq fortereffes, & la veut rendre par fa feule opinion plus forte qu'elle n'eft: de laquelle chofe fuis affeuré du contraire, n'eftant l'ifle en autre difpofition pour les villes & fortereffes, que ce que ic vous en ay dit. Voyla quant au peuple, & affiette d'icelle. Refte à parler des Cheüaliers, qui à prefent la tiennent, & feruent là de bouleuert contre l'incurfion des Turcs & Barbares, ennemis de la religion Chreftienne.

Laurës Surius fe trompe en fon hiftoire.

Des Cheualiers de MALTE, & origine de leur Ordre.

CHAP. XIII.

DEPVIS que la Religion Chreftienne a eu fon cours paifible, & que les infideles fe font effayez d'y donner attainute, il y a eu toufiours quelques vns, qui fe font comme vouëz à Dieu, pour refifter à leurs furies: & le commencement en fut du temps que Godeffroy conquift la Terre faincte entre les noftres Europeens. Mais les Chreftiens de l'Afie & Afrique prindrent cefte façon de faire, dés incontinent que les Mahometiftes feirent eftat d'affliger l'Eglife: fi que depuis il y a des hommes en Ethiopie, lefquels conduifent & deffendent les pelerins, qui font le voyage de la Terre faincte: & pour ce faire font foudoyez du Monarque des Abiffins, ayans terres & reuenuz annuels qui leur font affignez, tout ainfi que pardeça ces Cheualiers de S.Iean. Comme i'eftois en Hierufalem, lefdits Abiffins me dirét, que la compaignie des Croifez de leur païs, eftablie par vn Roy, nommé *Rafon,* eftoit de plus de huict à neuf mille hommes, ne voüans que de faire guerre au Turc, & tous autres infideles: & font mariez ces Cheualiers, ainfi que font leurs preftres. Mais laiffons les Abiffins en Ethiopie, & les guerres qu'ils font auec les Rois Barbates de *Gaogah, Borne, Gheogan, Adel, Dangali, Delac, Amir,* voire fouuent paffent la mer Rouge, pour aller iufques au Royaume d'*Adem, Zibit,* & *Guardafumi:* & voyons fi oultre les Maltois il f'en trouue point d'autres en l'Europe. Ceux qu'on renomme de Pruffe, furent inftituez par vn Allemant en Hierufalem, lequel feit de fa maifon vn hofpital. Finalement, plufieurs Nobles vouërent la chafteté & obeïffance à vn fuperieur, & alla la chofe fi auant, qu'en fin ils feruirent de pilier à la Republique Chreftienne en Orient: comme i'ay veu leur premiere fondation au threfor de l'Eglife du mont Sion en Hierufalem. Mais tout eftant vfurpé par les infideles, ils laifferent le Leuant, & fe retirans en Allemaigne foubz le tiltre de frerès Teutons, enuiron l'an de noftre Seigneur mil trois cens fept, ils deliurerẽt la Pruffe des herefies qui y pulluloient, & f'aggrandirent en biens & bõne renõmee par toute l'Allemaigne. Ie fçay auffi, que de long temps il y a eu en Efpaigne diuerfes inftitutions de Cheualiers, lefquels fe doiuent oppofer à l'incurfion des Mores. Mais entre tous il n'en y a pas vn tant à recommander, que ceux cy, qui ont efté renommez de S. Iean de Hierufalem, lequel eut commencement bien toft apres que les Templiers & les Teutoniens furent introduits en Hierufalem : & les appelloit on les Hofpitaliers de S. Iean, à caufe qu'ils hebergeoient les pelerins qui alloient vifiter le fainct Sepulchre (ce qui eft maintenant mis foubz le pied, & principalement en noftre France) & feirent profeffion toute telle, que font tous moynes, chargeans la croix fur leur accouftrement. Aduenant donc que les pelerins allans vifiter les faincts lieux, eftoient fouuent defpouillez par les volleurs, & occis quelquefois par les Arabes, ces Hofpitaliers vouèrent, qu'à l'aduenir ils deffendroient les fideles contre les infideles : & furẽt neuf, qui donnerent pied à ce vœu, entre lefquels furent les principaux (tous Gentilshommes) vn nommé Hugues Payen, & Godeffroy de fainct Omer : & de ceux cy fortirẽt les Templiers. Mais comme ils fuffent (apres la perte de Hierufalẽ) accufez de grands crimes, foit qu'il fuft vray, ou qu'on leur fuppofaft cefte calõnie, ils furent raclez, comme en vn moment, de toute la Chreftienté, leurs threfors qui eftoient grands, cedans au proufit des Princes, & les terres, que les Rois defuncts leur auoient donné, departies aux Hofpitaliers, qu'on difoit Religieux de S. Iean : ie ne fçay pourquoy, fi ce n'eft pource qu'ils eftoient demourans en l'Eglife de S. Iean l'Aulmofnier en Hierufalem, celuy qui auoit efté Archeuefque & Primat d'Alexandrie, & non de fainct Iean Baptifte, ainfi que plufieurs eftiment. Et aduint l'enrichiffement de ceft Ordre fi excellẽt, enuiron l'an mil trois cens huict, feant à Rome Clement cinquieme. Mais comme les Mahometans euffent chaffé l'Eglife de Hierufalem, & que ces Cheualiers fe fuffent retirez à Acre & Tripoli en Syrie, où i'ay efté & vifité les ruïnes, chofe qui m'attiroit à vne grande deuotion (Mais encor ne furẽt ils feurs là, pource qu'eftans en terre ferme, ils eftoient trop expofez aux incurfions & furprifes des Barbares) ils prindrent complot de fe faifir de l'ifle de Rhodes, fe fentans plus affeurez qu'en la terre cõtinente, & en chaffer les infideles : ce qu'ils feirent l'an de noftre falut mil trois cens neuf, & l'ont tenuë iufques à l'an mil cinq cens vingt & deux, que Solyman Roy des Turcs leur ofta, ainfi qu'ailleurs i'efpere deduire. Perdu que cefte vaillante compaignie euft la terre, où elle auoit demouré deux cens dix ans, elle fe retira en Sicile à Meffine : de là vint à Naples, puis à Rome, où le Pape Adrian fixieme, qui fucceda à Leon dixieme, leur donna Viterbe, & finalement l'Empereur Charles le quint les impatronift de l'ifle de Malte : là où le Turc ne les a laiffez longuemẽt en repos, à caufe auffi qu'ils luy font vn empefchement & boulcuert trop fort, fans lequel il y a long temps qu'il euft faict de grands efchecz és terres de la Chreftienté. Et peult on dire, que la Sicile eft autant redeuable à ceft Ordre, qu'à Prince qui iamais luy ait porté faueur : veu que le feul nom des Maltois efpouuante & efpouuantera les Afriquains, & ne fera ouy du Turc, qu'auec fouuenance qui ne luy plaira gueres. Ie laifferay la defcente que feirent lefdits Turcs enuiron l'an mil cinq cens trentetrois en Sicile, & depuis l'an mil cinq cens quarantequatre, où ils furent affez honneftement recueillis, & comme ces Cheualiers les chafferent des ports de leur ifle. Penfons qui ont efté ceux, qui ont vne fois mis Tripoli en la main du Roy d'Efpaigne, fi ce n'eft eux, & qui apres la perte y font retournez : ou f'ils euffent efté creuz & fuyuis, la Chreftienté n'auroit dequoy gemir fur la perte aduenue aux Gerbes. Quels hommes ont efté de noftre temps vn Lifle-Adam, Diomedes la Sangle, & le fage & excellent feigneur de la Valette, dict Pari-

Origine de l'Ordre de S. Iean, à prefent dite de Malte.

Premiers Cheualiers Templiers.

Rhodes faifie par les Cheualiers.

Des Seigneurs qui de mon tẽps ont flory à Malte.

fot,chef de ceſt ordre, lequel mourut enuiron deux ans apres le ſiege de Malte? Quel a eſté ce vaillant ſeigneur Prieur de Capue, l'eſtonnement des Barbares par tout le Leuant,& qui auoit faict commencer le fort de S. Elme? Oublieray-ie ce grãd Prieur de France,ſorti de la maiſon de Lorraine, lequel d'vne hardieſſe incroyable alla attaquer les galleres & garde de Rhodes, & en reuint chargé de playes, d'honneur & de victoire? Et encores ceſt autre Cheualier Romega,l'eſpouuantement des Corſaires,& qui par ſa vaillance & hardieſſe à la bataille naualle donnee entre l'armee Chreſtienne,& celle de Sultan Sélim Empereur des Turcs, l'an mil cinq cens ſoixante vnze, accompaigné d'vne bonne troupe d'autres Cheualiers dudit Ordre, a acquis vn honneur immortel?Ie vous ay amené tout ce diſcours,à fin que chacun entende,combien ceſte ſaincte & honnorable compaignie eſt neceſſaire en la Chreſtienté, & que c'eſt bien raiſon, que chacun auſſi bien que moy Theuet, ſeſtudie à les loüer,tant pource qu'ils en ſont dignes, que pour chatouiller la Nobleſſe Chreſtienne d'embraſſer leur exemple.

Du ſiege du grand Turc deuant MALTE. *CHAP. XIIII.*

'AN mil cinq cens ſoixantecinq, le grand Turc meit le ſiege deuant Malte,lors preſque que les Cheualiers moins y penſoient,& que toutes choſes leur venoient ſi mal à propos que rien plus. Ils furent bien eſtonnez,quand ils veirent en mer tant de vaiſſeaux:qui à les contempler, voiles deſployees, reſſembloient vne large & grande foreſt de Braconne. Le nombre deſdits vaiſſeaux eſtoit,cent trente & vne gallere,& vingt ſept groſſes galliotes, venues de la mer Maior, qu'auoit amené de Conſtantinople Pialli,grand Admiral du Turc,auec Muſtapha Baſcha : dans leſquels y auoit ſeize mille hommes, la plus grand part gens de bonne voye, nommez *Ciáccali* en langue Turqueſque.D'auantage ſe trouuerent en leur compaignie neuf galleres de Haly-portu, general de Rhodes : deux autres du *Beglierbey* de l'iſle de Methelin : & treize de Dragut-rais, & deux galliotes, où il y auoit quinze cens ſoldats de la Barbarie:& pluſieurs fuſtes de diuers Corſaires,qui eſtoient venuz trouuer l'armee du grãd Turc. Pour apporter les munitions & machines de guerre,y auoit dixhuict maunes, onze gros nauires,& trois grands galliõs (qui ſembloiẽt, à les voir de loin,trois groſſes & haultes montaignes) tous chargez de farines,biſcuit,eau,ris,& autres prouiſions & victuailles pour trois mois entiers. Le principal de la compaignie eſtoit le grand gallion de Mehemet Baſcha,dans lequel y auoit ſoixante & quatre pieces de doubles canons tous renforcez, ſix baſilics, & deux grands mortiers auſſi gros qu'vn muid (& d'iceux fut battue Rhodes) & grand nombre de bois pour dreſſer l'artillerie. Quant aux poudres & boulets,il n'y auoit vaiſſeau qui n'en fuſt bien garni,& principalemẽt les trois grands gallions: & y auoit pour tirer (comme lon a ſceu des priſonniers que les Cheualiers prindrent) pour le moins cent ſoixante mille coups. Ie laiſſe à part tãt de diuerſes ſortes de machines de guerre, pour faire les approches, & ruïner les baſtions & murailles des forfereſſes Maltoiſes. Topgi Baſcha eſtoit general de l'artillerie:les ingenieux eſtoient vn Grec,vn Eſclauon,& deux Italiens, dont il en y auoit vn Venitien, tous Chreſtiens reniez, comme ſont la plus grand part des Turcs. Il y auoit en ladite armee ſix mille *Spáhi*, qui ſont archiers,conduits par leur Capitaine, nommé *Sangiabegh* : deux *Alaybegh* ,qui conduiſoient douze cens Spahi amenez de la Carmanie : Cinq cens auanturiers, leuez en l'iſle de Methelin ſoubz la conduite du *Sangiach* . Vn *Aga* auoit amené de la petite Aſie ſix mil cinq cens Ianiſſaires, tous

harquebuziers,& six mille trois cens autres Ianiſſaires,harquebuſiers de la garde de la
perſonne du grand Turc , qui ſont les vieux ſoldats , & des plus vaillans de toute la
Turquie. Du païs de Romanie fut amené quatre mille Turcs , deux cens Spahi , auec
trois mille cinq cens auanturiers, ſoubz la cõduite d'vn Sangiabegh & vn Alaybegh,
tous hommes de bonne voye,ſans eſtre forſaires ny eſclaues.Ie ne veux auſſi oublier, *Quatre mil le huict cẽs preſtres & hermites Turcs.*
qu'à ce grand nombre d'hommes ſe ioigniret quatre mille huict cens preſtres & her-
mites de leur religion , ou perſuaſion. Ceſdits preſtres en langue Arabeſque & Turqueſque ſe nomment *Hogia,* les diacres *Taliſman,* les hermites *Deruis,* les docteurs
*Cadi,*les Eueſques,plus grands que les precedens, *Cadeleſchier,* & celuy qu'ils tiennent
le ſouuerain de tous les autres ſuſnommez, ſappelle *Muſty,* ou *Mouſty.* Et ce furent tous ces Officiers, qui donnerent conſeil, & meirent aux oreilles du grand Turc,
de faire telle entrepriſe; combien qu'ils ayent moyen de viure en leurs moſquees,ſans
aller en guerre.Mais ce qui les y conduiſoit, n'eſtoit autre choſe, qu'vn certain zele &
deuotion qu'ils ont,pẽſans que le grand Dieu, qui a faict le ciel & la terre,& leur prophete Mehemet,auroient cela pour agreable:& ſi en telle guerre ils tuoient des Chre-
tiens,& y mouroient pour leur foy, loy, & creance, que paradis, que leur Prophete
leur à promis,leur ſera ouuert,& tous leurs pechez pardõnez. Ces maiſtres galands,
quand il eſt queſtion de cõbattre,ou aller aux aſſaults des villes &forterreſſes,ſe veſtent
tout de blanc auec le Tulban,ſelon leur couſtume:hors mis quelques vns d'entre eux,
qu'ils nomment *Emir*, qui portent leur Tulban verd , pourrce qu'ils ſe diſent iſſus &
parens de Mehemet. Les plus vieux, qui ne peuuent aller aux aſſaults & combats, ne
ont que prier Dieu à leur mode, à fin de leur donner victoire. Le dixneuſieme donc
du mois de May audit an,l'armée du Turc deſcendit à Malte, & print terre de Marza
ſiroc.Et penſez qu'à ceſte deſcente ils commencerent à ſentir, quel il y faiſoit, & ſi ce
ſeroit choſe trop aiſée de ſ'attaquer à ceſte petite troupe, veu que dés le premier conflict il y demeura bon nombre de Turcs morts.Toutefois prindrent ils terre,& ayant
faict leur appareil ,mirent le ſiege deuant le fort S.Elme, contre l'opinion de Muſtapha Baſcha,eſtant d'aduis qu'il falloit premierement battre Goze, & la vieille cité,qui
fourniſſoient de viures, diſant qu'il eſtoit beſoin prendre la mere auant les enfans : ce
que Dragut ne trouua bõ:qui fut cauſe de ſon malheur, & auſſi que les Maltois iou-
yſſent de l'iſle : car ſi ce fort n'euſt amuſé les Turcs, aiſéement ils euſſent conquis le re-
ſte.Le fort S.Elme eſt baſti en forme d'vne eſtoille ſur la poincte,qui regarde la Sicile
vers le Nort , & a à l'Eſt le port S. Ange , & à l'Oueſt celuy de Marle , & vers le Su le
continent de l'iſle. Ce fort a eſté battu à toute outrance. A la fin le vingttroiſieme de
Iuin il fut pris , non ſans grande tuerie & maſſacre des pauures Cheualiers & ſoldats
qui furent trouuez dedans : toutefois là victoire ne fut ſi douce pour les Turcs , que *Mort de Dragut-rais,& Ha-ly-portu.*
leurs chefs principaux Haly-portu & Dragut-rais, le plus renommé Corſaire de no-
ſtre temps apres Barberouſſe,n'y perdiſſent la vie.Depuis ie laiſſe à penſer à chacun,ſi
apres tel eſpouuantement les Cheualiers eſtoient ſans crainte, & ſi pluſieurs deſſeins
fortifiez de peu d'eſperance leur affligeoient l'eſprit:veu qu'ils ſe voyoient peu en nõbre,ſans moyen de faire entrer ſecours que par forte armée,à cauſe de la ſolénelle garde que faiſoient les infideles autour d'eux , & ne ſçauoient en quel eſtat eſtoient les affaires de la Maieſté du Roy Catholique.Le ſecours du Pape eſtoit d'argẽt,lequel auſſi
eſtoit ſollicité de la part de Hongrie,où le Turc iouoit encor ſon roolle. La Nobleſſe
de France qui y alloit,ne pouuoit paſſer, obſtant la force Turqueſque : les Italiens faiſoient aſſez d'eſſays ſans profſit.Tout cecy conſideré,il n'eſt homme qui ne die,que c'a
eſté Dieu ſeul qui a beſongné en cecy , & que le ſeigneur grand Maiſtre y a faict luire
ſa vertu & preuoyãce. Que ſil eſt beſoin de faire comparaiſon des hommes illuſtres,

ie ne fçay lequel ie doy plus loüer, ou ce grand de Villiers, Maiftre de Rhodes, ou le feigneur de la Valette, chef du mefme ordre. Car fi l'vn a faict deuoir d'hôme de bien, & vaillant chef de guerre, à defendre fon ifle Rhodienne, il auoit efté aduerti long temps au parauant, pour fe fortifier de chofes neceffaires, là où le Maltois a efté furpris: L'autre regnoit du temps que leur Religion eftoit floriffante, que par toute l'Europe les Commanderies eftoient à leur deuotion, & les Cheualiers faifans le deuoir de ce en quoy ils eftoient appellez: là où à prefent il a perdu la plus part de l'Allemaigne, toute l'Efcoffe & Angleterre, & encore quelque partie des Cheualiers François fe font difpenfez de iouyr des biens de la Religion, fans y faire feruice, à caufe des troubles furuenus pour le faict des confciences: de forte qu'à lire les aduertiffemens venus

Trois cens Cheualiers occis au fiege de Malte.

de Malte, il ne f'y eft trouué que cinq cens Cheualiers, ou enuiron, defquels les trois cens y ont fini leur vie. L'vn eftoit en vne ifle riche & abondante en tous biens, là où Malte eft fi infertile, qu'elle ne fçauroit nourrir quinze iours la compaignie des Cheualiers, & leur fuyte, f'ils n'auoient viures d'ailleurs. Que fi le fieur de Villiers eftoit trahi, ceftuy-cy n'a pas efté exempt de tel defaftre: mais Dieu l'a preferué auec fa troupe à meilleure chofe, qu'à feruir de proye à vn loup fi rauiffant. D'vn cas a efté mieux fauorit de fon heur le grand Maiftre Parifot: c'eft que le fecours voifin des Chreftiens prefque de toutes nations, a donné tel eftonnement à l'armee Turquefque, que laiffans l'ifle, ils f'en allerent fans rien faire: là où de Villiers fut laiffé à Rhodes, fans fecours d'aucun, au moins qui fuft tel, qu'il peuft fuffire à leuer le fiege: lequel pouuoit eftre continué, tant pour en eftre le Turc voifin, que pour la grandeur & richeffe de l'ifle. Et pour conclure, tous deux font loüables en pareil degré: l'vn, d'auoir conferué à fon honneur l'ifle qui luy eft pour païs & demeure: & l'autre, pour f'y eftre fi bien porté, qu'à iamais homme ne luy en pourra donner coulpe, veu qu'il l'a tenue iufques à ce que tout moyen luy defaillift. A propos donc, comme les Turcs fuffent aduertis de l'armee Chreftienne, qui fortoit du port de Meffine, & que le Seigneur Viceroy de Sicile y venoit auec bonne compaignie, fur le commencement du mois de Septembre, mil cinq cens foixante cinq, ils commenceret à trouffer bagage, foubz pretexte du default de viures & munitions, & qu'auffi il y auoit de grandes maladies en l'armee. Car que ce fuft par crainte, ils voulurent monftrer le contraire. Et comme ledit Viceroy euft faict defcendre en terre huict ou neuf mille foldats, pour leur donner en queüe,

Grãde defaicte de Turcs en l'ifle de Malte.

à caufe qu'ils f'embarquoient pour fe retirer fans coup ferir, ils f'arrefterent brauemét de dix à douze mille hommes: mais la puiffance d'enhault, & le bras puiffant de l'Eternel, enroidiffant la dextre des noftres, fut caufe, que les Turcs tournerent le doz, & f'enfuyrent en leurs vaiffeaux, laiffant les champs de Malte ionchez des corps de leurs compaignons, & les terres abreuuees de leur fang, y perdans en ce conflict enuiron deux mille hommes, & quelques pieces de groffe artillerie, où des Chreftiens le nombre fut fi petit, qu'on ne les a daigné compter. Ils fouftindrent cinq affaults au fort de S. Michel, & vn general au Bourg, lequel dura dés le poinct du iour, iufques à trois heures apres midi, par la nation autant bragarde & furieufe, que la terre en porte: & fut donné ce grand affault le vingt & vnieme iour d'Aouft. Il ne faut douter, que fi la main du Tout-puiffant n'euft ouuré fes merueilles enuers ces Cheualiers, que Malte feroit deftruite & ruïnee, & eux en captiuité miferable, ou peult eftre priuez de la vie: veu le petit nombre qui eftoit à la defenfe, au pris des Barbares qui pouuoient eftre, tant en terre qu'aux vaiffeaux, qui eftoient dans les ports, enuiron quarante cinq mille hommes, tous payez & foudoyez felon leur rang & dignité. Quant à l'affiette & forme de l'ifle, auec les haures, riuieres, villes & bourgades, ie vous en ay donné le pourtraict imprimé l'annee apres que le fiege en fut leué: pour monftrer à la pofterité, que

ce Monarque des Turcs, le plus puiſſant de tout l'vniuers, qui a faict fuyr deuant luy
ce grand Roy des Perſes, & de pluſieurs autres Royaumes, lors que i'eſtois en Leuant,
& qui a faict fleſchir tous les Rois Leuantins à luy faire quelque recognoiſſance : qui
tient le Venitien en bride, & fait trebler l'Alemaigne, la plus belle & puiſſante region
du monde : qui a faict teſte à vn Roy d'Eſpaigne auec vn Roytelet en Barbarie : qui a
pris les plus belles & fortes villes d'Hongrie : & toutefois n'a rien peu acquerir ſur ceſte petite troupe de Nobleſſe, qui eſt en vne piece d'iſle à Malte, ſinon ſa honte, & des
coups, auec grand nombre de morts. Ie croy que quelcun ſera ſoigneux d'immortaliſer la memoire de ces Cheualiers, qui ſe ſont trouuez en ce ſiege, & qui depuis la priſe
de Rhodes ont faict des actes dignes de la nobleſſe & race, d'où ils ſont deſcendus, &
de la religion de laquelle ſ'aduoüent. Mais il eſt deſormais temps de viſiter le reſte
de l'Afrique en ſon particulier.

Des Regions CYRENAIQVE, & BARCHE.

CHAP. XV.

AYSSANS la Barbarie, & ce qui eſt de la Marmarique, vous entrez en
la region, dicte iadis Cyrenaïque (auiourdhuy des Barbares *Aſſa-*
dib, qui ſignifie, terroir) laquelle n'a pas eſté autrefois ſi peu eſtimee,
que les grands Rois n'y ayent voulu faire leurs demeures. Comme
dõc vous auez paſſé les Seches de Barbarie, que iadis on appelloit les
Syrtes, grande & petite, vous trouuez ceſte prouince, laquelle com-   *Deſcription*
bien que pluſieurs mettent ſoubz le nom de Barbarie, ſi eſt-ce qu'elle eſt en Egypte, *de la Cyre-*
qui eſt diuiſee en ceſte ſorte : Depuis le Caire iuſqu'à Rouſſette (& ſ'appelle *Errif* cel- *naïque.*
le contree qui eſt tirant au Nort) du meſme Caire tirant à l'Oueſt iuſques aux confins
de Bugie : les limites de laquelle eſtoient les Royaumes d'Alger, Tunes & de Tripoli
iuſques aux Syrtes, & depuis Cyrene iuſques à Damiate, laquelle partie on nomme en
Barbare *Bechria,* qui veult dire, maritime. Ceſte region Cyrenaïque a touſiours eſté,
auant la venue de Ieſuchriſt, vne colonie de Iuifs, dés le temps du Roy Achaz, y eſtans
tranſportez par Teglatphalaſſer, Roy des Aſſyriens, lors qu'il fut appellé par le Roy
Iuif contre Raſim & Phacé, Rois de Syrie & Samarie. C'eſt là, où ont eſté baſties cinq
villes par les Rois d'Egypte, ſucceſſeurs d'Alexandre, à ſçauoir Berenice, auiourdhuy
encor *Bernic,* Arſinoé qui eſt ruïnee, Ptolemaïde, Apollonie, & la grand ville de Cy- *Cyrene ia-*
rene, donnee par teſtament au peuple Romain par Appian Roy d'icelle : de laquelle *dis donnee*
ſont ſortis excellens perſonnages, tant Chreſtiens que autres, ayans les Cyreneens re- *au peuple*
ceu la parole de Dieu dés le temps des Apoſtres, eſtant ceſte prouince compriſe ſoubz *Romain.*
le Patriarchat d'Alexandrie. Et ſe voyent encor les ruïnes de ces villes iadis tant renommees, qui à preſent ne ſeruent que de retraite aux Arabes, qui vollent les paſſans :
toutefois on y trouue en fouillant mille gentilleſſes antiques. Tout auſſi toſt que vous
auez paſſé ceſte prouince, il n'eſt plus queſtion de trouuer qu'vn deſert ſablonneux,
lequel dure quatre grandes iournees : auſſi pres de la mer, tout le long d'icelle coſte, à
cinq ou ſix lieuës, vous ne trouuez vn ſeul arbre, tant la terre y eſt ſterile. En ſomme,
ce païs eſt vn vray deſert, ſauf qu'en d'aucuns vous trouuerez quelques pieces de terre
verdoyante & fertile, qui ſont là poſees pour le ſoulagement des paſſans, tout ainſi
que ſont les iſles en la mer : tant Nature eſt amie de varieté. En elle eſt ce promontoire,
des anciens dit *Phicus* (les Arabes du païs l'appellent à preſent *Raſauſen* :) lequel iaçoit *Promontoi-*
que petit, ſi eſt-ce qu'il entre plus en mer, & ſ'eſtend vers le Nort, que pas vn des au- *re de Ra-*
tres qui ſont en Afrique. Il eſt à quaranteneuf degrez trente minutes de longitude, & *ſauſen.*

trentevn degré quarante minutes de latitude : & fe voit en pleine mer à fa poincte, vn ancien & vieil chafteau, qui ne fert d'autre chofe, que pour defcouurir les pirates, dôt cefte cofte eft merueilleufement tourmentee. Cyrene fut iadis baftie par certains La- coniques, qui laiffans leur païs, vindrent là edifier cefte ville : & regarde vers l'Oueft l'extremité de la Grece, efloignee de Candie quelques trois cens lieuës. Par ces fablons alloient ceux qui vouloient vifiter le temple de Iupiter, furnommé Hammon: où l'on dit que le grand Alexandre voulut aller, efmeu du renom de la beauté du païs, en vne telle & fi grande folitude, & où il y auoit vne fontaine, froide de iour, & de nuict, trefchaude. I'en ay veu vne toute contraire, à deux lieuës pres d'Antioche, qui eftoit chaude de iour, & de nuict froide. Ie fçay bien, que quelques autheurs anciens ont mis la Cyrenaïque foubz la Lybie, & foubz le nom de Marmarique: mais ie fuis con- tent en cèft endroict de fuyure la defcription des modernes du païs Afriquain. Par- tant i'embrafferay feulement par le mot d'Egypte (felon quelques cartes marines, ef- crites en langue Grecque par l'vn des premiers pilotes de l'ifle de Candie, lefquelles i'ay encores en ma poffeffion) ce qui eft contenu foubz le Delta, que le Nil fait par fes embouchures. Le long de ces coftes, la terre ne fe peult aborder, pource qu'il n'y a point de ports, & que toufiours la mer y eft furieufe, & l'eau fort baffe. Et c'a efté vne des caufes, pour laquelle on a voulu comprendre ce païs foubz la Barbarie, & d'au- tant auffi que le temple de Hammon eftoit en la Lybie : mais ceux là ne voyent pas combien il feftend en plat païs, & comme auffi l'Egypte fait fes tours pres la Lybie, Nubie & Ethiopie. En ce païs fe tenoient ceux, qui auoient la charge de leuer les tri- butz pour le peuple Romain, laquelle leur fut donnee par Ptolomee Philopator à la faueur de Pompee. En elle ont auffi prins naiffance Callimaque Poëte, & Eratofthene

Callimaque Poëte, Era- tofthene Phi- lofophe, & Ariftippe natifs de Cyrene.

Philofophe, & Ariftippe focratique, qui dreffa l'efchole Cyrenaïque, & Carneade, qu'on a eftimé le meilleur & plus fçauant d'entre les Academiques. A cefte prouince eft voifine celle de *Barche*, toute deferte, fi elle eft contemplee en fon particulier: mais qui la mefurera en general, elle contient & la Marmarique, & l'Egypte, iufques en Iu- dee: & font fes prouinces les plus remarquees, les Royaumes de Nubie, de Gaoga, & de Borne, qui fen vont eftendre iufques au fleuue Niger, contenant toute cefte eften- due vingtdeux degrez de latitude : là où Cyrene eft pofee en foixantetrois degrez vingt minutes de longitude, vingtneuf degrez quarante minutes de latitude, ayant

ville d'Ar- finoé, dite Cleopatri- de.

fon iour de quatorze heures cinq minutes. La ville en icelle, qui iadis fe nommoit Ar- finoé, print depuis le nom de Cleopatride, ainfi le voulant Antoine, pour l'amour de Cleopatre fa fauorite : pres laquelle ville en vn goulfe de mer eft l'iflette, que les an- ciens ont appellee *Mirmex*, à prefent toute depeuplee, & que perfonne ne frequen- te, hors mis grand nombre d'oyfeaux paffagiers: entre autres force Perdrix, que le peu- ple de terre continente nomme *Alhobar*: pareillement des Cailles, qu'ils appellent *Afomana*. Et feftend la cofte iufques à vn lieu, dit des anciens du païs *Catabathme*, (à prefent on le nomme Cap d'Albert) où finiffent les monts de Barche: & c'eft icy que prend auffi fa fin la Cyrenaïque, pour donner commencement à l'Egypte. Où vous trouuez de premiere entree le Cap, qu'on nomme *Raffa*, & trois ifles voifines, appellees Calates & Tindarides: pource que ainfi qu'aucuns Grecs encor auiourdhuy difent, ce fut là, que Menelaus perdit fon Helene, fen retournant du fiege de Troye, y ayant efté porté par la fureur des vents. Quoy qu'il en foit, il y a là vn port, mais dangereux, pourautant que ce font tous efcueils & rochers, & la moindre fortune qu'il y a fur mer, ceux qui en approchent, fe mettent en grand hazard. Tirant plus a- uant, & entrant en plat païs, fe prefentent les montaignes de Lybie qui feparent la Nu- bie de l'Egypte vers le Su, ou Midi : & tournant au Nort, eft l'ifle de Candie, qui vous

eft oppoest opposite, la mer faisant la separation de l'Afrique & de l'Asie, au lieu que les an- *separation* ciens Egyptiens ont nommé Promontoire de Glauce, qui entre en vn goulfe de mer, *d'Afrique* que les modernes appellent Goulfe des Arabes. Il y a puis apres la ville, qui fut dicte *& Asie.* *Chimo*, à present toute destruicte, excepté vne tour, qui s'appelle la Tour des Arabes, en laquelle i'ay esté auec des Turcs, pour trouuer des larrons qui auoient vollé vingt six chameaux chargez: mais nous ne trouuasmes ny Arabes ny chameaux: car la nuict ils s'en estoient fuiz aux montaignes. De là vous approchez de ce païs arrousé du Nil, que d'aucuns ont voulu estre seulement appellé Egypte. En ces contrees susdites ils vsent presque tous d'vn mesme langage, approchant celuy de Barbarie : & ceux qui sont pres de la mer, n'ont point de villes, ains viuent ou par les grottesques, ou dans des cabanes & logettes, telles que celles des pasteurs, ou vaguent ainsi que font lesdits Arabes. Ils viuent fort pauurement de laictages & chairs, à peu d'vsage de pain: & ainsi s'estend ceste misere, iusques à ce qu'on est pres le Nil, soit du costé d'Egypte, ou d'Ethiopie, où desia le ciel est plus fauorable à ceux qui y habitent. En somme, qui esgalera l'Afrique auec l'Europe, ou l'Asie, il y verra toute vne telle dif- ference, que d'vn champ en plein hyuer auec vn qui est verdoyant au Printemps, & comme d'vne solitude à vn païs bien habité. Quant au peuple, bien que les Leuantins soient barbares & peu ciuils, si est-ce qu'il y a plus de ciuilité cent fois au plus rude d'entre eux, qu'au plus habi- le & modeste de l'Afrique. Mais d'au- tant que l'Egypte m'attend il y a long temps, c'est rai- son que i'y face entree.

f

LIVRE SECOND DE LA
COSMOGRAPHIE VNIVER-
SELLE DE A. THEVET.

D'Eɢʏᴘᴛᴇ, *ville d'*Aʟᴇxᴀɴᴅʀ ᴇ, Oʙᴇʟɪsǫᴠᴇs, *& autres choses remarquables en ces païs là.* CHAP. I.

E Gʏᴘᴛᴇ est vne des plus fameuses regions du monde, mise par quelques vns en Asie autant hardiment, comme faulsement, ainsi que ie vous feray voir, là où ie vous monstreray la peu raisonnable separation qu'ils ont faict de l'Asie & de l'Afrique. Egypte donc est termoyee en ceste sorte. Du costé du Leuant, elle fine quant & l'Afrique : deuers la mer Rouge, aux deserts de Suez : vers le Ponent, elle est bornee des deserts de Lybie & Marmarique : la mer Mediterranee luy sert de limite vers Septentrion : & regardant le Su ou Midi, prend sa fin & terme au Royaume de *Rif*, en Ethiopie, & vers la Nubie, va seslargissant le long de la riuiere du Nil. Ce païs & ses naturels ont prins le nom d'*Egyptus* Roy, qui fut fils de *Bel*, Roy des Assyriens : & les Hebrieux disent, qu'ils sont descenduz de *Misraim*, fils de *Chus*, qui estoit fils de *Cham* : d'autres disent, que ceste prouince a esté ainsi nommee, à cause des fleuues qui y sont. Mais quant à moy, ie ne trouue point estrange, qu'on luy laisse le nom d'Egypte, auec l'opinion, que c'a esté Egypte, fils de Bele, & frere de Danaé, qui luy a donné ceste appellation, veu qu'il n'y a rien qui y nuise : d'autant aussi que nous n'auons raison plus vallable. Quant aux Arabes qui sont frians de leur antiquité, comme approchans de la langue Syriaque, ils appelloient Egypte, *Mesré*, & les naturels du païs, s'il en y a quelque reste, lesquels sont Chrestiens, l'appellent encor *Chibth*, comme s'ils vouloiét exprimer le mot Egypte, que nous auons faict nostre : & disent que ce *Chibth* fut vn, qui iadis commença à regner le premier, & à bastir maisons & villes en leur terre. Mais cela ne se peult referer à Egypte, frere de Danaé, veu qu'auant luy Abraham auoit cogneu des Rois en Egypte soubz le nom de Pharaon, qui estoit nom de dignité, & non le propre des Princes, gouuernans la prouince. Estant en Egypte, ie conferay de ceste matiere auec vn docte medecin Iuif, qui me dist, que Mena fut le premier qui commença à y bastir des villes : mais il se trompoit aussi bien que les autres, d'autant que ce Mena estoit du temps du Patriarche Iacob, enuiron l'an du monde deux mil cent octante & six. En vne telle incertitude donc ie suis content de croire, que celuy que les

D'où Egypte a prins son nom.

Iuifs Hebrieux ont nommé *Mifraim*, les Arabes *Mefre*, les Grecs *Egypte*, & les naturels *Chibth*, a efté le fils de Chus, petit fils de Noé, veu que les enfans de ce grand Patriarche furent au commencement nommez Beles. Ce païs a efté long temps foubz
l'obeiffance de fes Rois naturels (quoy que les Affyriens leur feiffent fouuent la guer-
re,& leur donnaffent de grandes afflictions) & les nommoïet Pharaons, tiltre d'hon- Les Roys Pharaons fort anciés.
neur, comme i'ay dit, tout tel, qu'entre les Empereurs le nom d'Augufte: & y regne-
rent prefque iufques à ce que les fucceffeurs d'Alexandre le grand f'en feirent feigneurs,& porterent la couronne, lefquels fe tenoient pour honorez du nom des Ptolomees. Les Arabes,conuerfant auec eux en Egypte, & difcourant de leurs anciennes
hiftoires,m'affeurerent auoir par efcrit, que ce nom de Pharaon eft long temps deuät
Salomon:& qui m'en a donné plus grande affeurance, c'eft que i'ay veu cedit nom de
Pharaon graué & efcrit dans des medailles autant antiques, qu'au monde f'en fçauroit trouuer, voire contre quelque pierre de marbre, trouuee aux fondemens & ruines d'vne ville nommee *Bufach*, voifine de la mer, entre le Delta & la ville de Rouffette, lieu où iadis y auoit vne haute Tour,qu'vn des Rois Pharaons fit baftir:au fommet de laquelle eftoit toutes les nuicts vn flambeau ardent, pour donner affeurance
aux vaiffeaux de mer, femblable à la tour qui eft encor auiourd'huy en Alexandrie
d'Egypte,que le vulgaire appelle *Pharo*, par vn mot corrompu de Pharaon, fon premier baftiffeur. A la fin ce regne Egyptien fut mis à bas, & efchantillé par la difcorde
de ceux du fang, & cruauté & paillardife de Cleopatre,laquelle pour regner,feit mou
rir fon frere & fon nepueu: dont elle mefme ayant ferui de garfe à deux grands Seigneurs de Rome, Iule Cefar,& depuis à Marc Antoine, caufa fa ruïne,& la perte de la
liberté de fon païs,& de fon peuple, qui fut faict fubiect & tributaire à l'Empire Ro-
main.Quant à l'antiquité d'Egypte,on ne peult nier,qu'aprés l'Affyrie il n'y a eu païs,
qui ait pluftoft efté ciuilizé & reduict foubz police.ce qui fe recueille fort facilement
par les voyages d'Abraham & d'Ifaac,du temps defquels y auoit des Rois,qui f'appelloient Pharaons. Depuis le deluge iufques à Abraham, il y a neuf cens quarante deux
ans:& par là ie prefuppofe l'antiquité grande dudit Royaume,lequel n'eftoit pas paruenu à telles richeffes & abondäce de peuple, en deux ny en trois cens ans. Ainfi tous
Arabes du païs tiennent, que l'Egypte fut habitee incontinent apres le deluge, auffi
bien que l'Affyrie.Quant aux lettres,ils les ont pluftoft que les Grecs, veu que du téps
que Moyfe y eftoit nourri, il y auoit defia des Philofophes, & fur tout de ceux qui
verfoient és caufes naturelles,& qui vouloient paffer oultre par le moyen des fciences
obfcures. De la fertilité,elle a efté de fi grand apport, qu'elle a merité le nom de Grenier du monde: & n'y eut iamais prouince,à laquelle le peuple Romain fuft plus redeuable,qu'à cefte cy, veu qu'au temps des grandes famines, leur ville eftoit foulagee
par la fertilité d'Egypte. Et vous diray, que iaçoit que le terroir de tout ce païs foit
trefbon & treffertil,fi eft-ce que là principalement eft qu'il abonde, où le Nil l'arroufe par fes defbordemens: tellement que les anciens Rois, voyans de combien Nature fauorifoit ce païs par les arroufemés du Nil, ils ayderent à l'exploict auec l'art, &
feirét creufer force foffes & canaux, pour faire paffer ladite riuiere en diuers endroits,
comme i'ay veu, & auffi à fin de pouuoir tranfporter les bleds aux nations voifines
qui en auroient affaire.Mais pource que plufieurs anciens & modernes ont efcrit,que Folle opiniö des anciens & moder-nes touchät le desborde-mët du Nil.
le Nil arroufe tout le païs d'Egypte, & font d'opinion, que feulement le Nil caufe
telle fertilité, & que la pluye n'y ayde en rien,ains tiennent encor, qu'il n'y pleut on-
ques:ie les veux ofter de ce doubte,& leur dire,que pour vray le Nil caufe l'engraiffe-
ment des terres par où il paffe, auant qu'elles foient femees: Mais ceft arroufement ne
f'eftend point trois lieuës en païs, de quelque canal que forte le defbord, principale-

ment du cofté de Damiatte : & quand bien il pafferoit quelque chofe d'auâtage, eft-ce pour arroufer toute l'Egypte? Que fi tout le païs eftoit ainfi inondé, comme plufieurs ignorans nous ont laiffé par efcrit, où eft-ce que fe retireroit le peuple, pour euiter d'eftre noyé, veu qu'à ce compte il n'y demeureroit ville ny village, qui ne fuft en dan ger de naufrage, mefme la grand ville du Caire: les murailles de laquelle, & plufieurs autres font lauees de cefte riuiere du Nil ? Ainfi vous cognoiffez, que le feul païs voi fin de la riuiere eft celuy qui fe fent de tel amendement. Que fi l'Egypte n'eftoit ferti le, finon en ces lieux là, il ne faudroit tenir guere grand compte de fon abondance, veu qu'elle feroit affez de fe nourrir foymefme, fans en pouuoir departir aux nations

Erreur de ceux qui ont efcrit qu'il ne pleut ia- mais en E- gypte.

voifines. Et philofophons icy deffus, touchant ceux qui difent qu'il ne pleut point en Egypte. Ie fuis content que le Nil couure toute la terre, ce que toutefois il ne faict pas: retiré qu'il eft, on la cultiue & feme. Ie fuis encor d'aduis, que par cefte graiffe limon neufe les bleds germent, & fortent fur terre : eft-il puis apres poffible, que tout le refte de l'an, iufques à la cueillette & moiffons, les femences puiffent fubfifter fans autre hu meur? Car de dire que le Nil defborde fur ce qui eft femé, ce feroit folie, d'autant qu'il y feroit plus de dommage que de proufit, & en lieu d'engraiffer, il noyeroit ce qui fe roit defia en terre. Vous demâderez que c'eft que Theuet veult conclure par cela. Rien autre chofe, que ce que ie fçay, & ay veu durant deux ans neuf mois & plus, que i'ay efté & philofophé en Egypte, à fçauoir que les terres font faifonnees de pluyes & ro fees: & fuis feur, que depuis le Royaume de Borne, qui eft de la part de l'Oueft du Nil, & celuy de Barnagaz, qui eft à l'Eft, lefquels font feparez par l'ifle de Meroé, iufques au Delta que fait le Nil, lors qu'il fe va emboucher en la mer Mediterranee, il y pleut, il y tonne, il y vente auffi bien aux faifons couftumieres, que pardeça, comme i'ay dit, non fi fouuent, ny en telle abondance, comme auffi il ne fait pas en quelque endroit de l'Afrique: & auffi les rofees aydent beaucoup à la production que fait la terre. Mef mes de mon temps aduint le feiziefme de Feurier, vn fi grand tremblement de terre, que plufieurs edifices de Chreftiens Leuantins, Mahometains & Iuifs, furent culbu tez & renuerfez du hault en bas : & dura ce tremblement cinq iours entiers. Auquel temps lefdits Chreftiens furent en grand danger de leurs perfonnes, & peu f'en fallut, que ces poltrons d'Alcoraniftes ne fe ruaffent fur nous, difans qu'eftions caufe de tel defaftre. Et à fin que vous ne penfez que ce foient folies, lon cuideroit que l'Egypte fuft le païs le plus fain du monde : mais au contraire c'eft des plus maladifs : veu que quand ces pluyes viennent, les vapeurs corrompues f'efmeuuent tellement, que vous n'oyez parler que de fiebures & de catharres, & fort fouuent de la pefte, laquelle fe prend plus au Caire, qu'à pas vne des autres, à caufe de la multitude du peuple, & im mondicitez & vilenies de la ville. Ie fuis efbahy, comment tant de grands perfonna ges fe font laiffé perfuader, qu'il ne pleuuoit point en Egypte : ou c'eft, qu'ils n'y ont iamais efté, ou qu'ils fe font faict accroire cela par fantafie, comme auffi des deux Po les & Zone torride, qu'ils ont dict eftre inhabitables : dont i'ay veu le côtraire, tant de l'vn que de l'autre. Partant l'Egypte ayant la commodité de la riuiere, des pluyes & rofees en fa faifon, & le terroir qui y eft difpofé, comme celuy fur lequel f'efcoule la graiffe des terres voifines, trouuerez vous eftrange, qu'on la die fi abondante, & que

Egypte abô de en tous biens.

de tout temps elle ait efté la premiere de tout le Leuant, & encore le foit, voire de tou te l'Italie? Non feulement elle abonde en grains, mais en fruicts & fleurs de toutes for tes, & n'eft chofe rare en cefte efpece, que ce païs n'en puiffe fournir. La fecondité fe cognoift auffi en tout genre d'animaux, laquelle certes fe peult rapporter à la bonté de la terre. Ainfi il eft impoffible, que le païs ne foit riche & opulent, eftant cherché de tout le monde, à caufe des bleds, & pour les drogues vrayes & fans fard que lon y

apporte, & qu'auſſi il eſt nauigable : veu que le Nil porte quelques iournees pardelà
le Caire ce qui vient des Indes, & autres païs voiſins, au Caire, & de là en Alexandrie,
& autres ports de ladite riuiere, ou és bouches qui ſ'engoulfent en la mer, ſçauoir petits vaiſſeaux, comme barques & barquerottes : car de nauires, tant petits ſoient ils, ils
ne ſçauroient voguer ſur le Nil, ſinon depuis la mer iuſques à la ville de Rouſſette.
Qui a eſté cauſe, que iadis regnans les Ptolomees, le tribut & reuenu annuel des Rois
d'Egypte montoit douze mille cinq cens talents, qui valent ſept millions cinq cens
mille eſcus, l'eſcu reuenant à trentecinq ſols de noſtre monnoye. Quiconque regardera le plan de ce païs, depuis qu'ayant paſſé le Caire, on voit que la riuiere ſe partiſt en
pluſieurs bouches & canaux, il diroit qu'il ſeroit impoſſible, qu'homme y peuſt donner attainte par armes : veu que és deux bouches principales, que les anciens ont nom-
mees *Peluſe* & *Canope*, ſe voyent à preſent la belle ville & marchande de Damiatte, *Ville de Da-*
miatte.
qui tire à l'Eſt vers la Paleſthine (là où ſont les plus beaux iardins, & les meilleurs
fruicts de tout le païs) & l'autre Rouſſette, que les Barbares nomment *Raſid*, regardant vers le Nort. Ce fut Damiatte, que conqueſta ſainct Loys, Roy de France, & la
tint trois ans entiers, pour tenir le Soldan d'Egypte en bride : mais à la fin ce zelateur
de l'Egliſe de Dieu, ſe preſentant auec vne petite troupe d'hommes, en champ de bataille des infideles, il fut prins du tyran Egyptien, entre les mains duquel il demeura
long temps priſonnier. Vers l'Oueſt, eſt baſtie la grande & excellente ville d'Alexandrie, fondee iadis par Alexandre le grand, que leſdits Barbares appellent *Scanderie*: &
giſent les Deltes à ſoixantedeux degrez de longitude, trente de latitude. Qui verroit
donc comme ces villes ſont diſpoſees, comme il eſt aiſé de ſecourir l'vne l'autre, &
empeſcher que l'ennemy paſſe le Nil, il iugeroit impoſſible de les ſurprendre : & toutefois la main de Dieu y a paſſé. Apres que les Romains y eurent mis le ioug, & l'eurent oſté aux ſucceſſeurs d'Alexandre, l'Egypte receut le Chriſtianiſme, & y monſtra
ſes racines, du temps du grand Conſtantin & de ſes ſucceſſeurs. C'eſt le païs qui a en- *Des ſaincts*
gendré & nourri vne infinité d'excellens hommes. Moyſe eſleu de Dieu y eſt né, & *perſonnages*
nez en Egy-
nourri. Triſmegiſte y a prins origine, la ſepulture duquel i'ay veu en vn village, nom- *pte.*
mé *Belluc* (& des Arabes *Euy*, qui ſignifie maiſon) païs deſert, à cinq lieuës dés Pyramides. Et depuis que l'Euangile y fut publié, quels ſont les hommes, qui ont fructi-
fié en l'Egliſe de Dieu, plus que les Chreſtiens d'Egypte ? Quelle a eſté l'Egliſe d'Alexandrie ſoubz vn Pierre Patriarche ? ſoubz vn Narciſſe, & autres ? Qui a plus liuré d'aſſaults aux Arriens, que le reſte du Leuant ? Voyez les ſaincts Hermites de Thebaïde,
vn Antoine, vn Macaire, vn Spiridion, & l'excellent Paphnuce, tant honoré du grand
Conſtantin : tout cela eſtoit de la ſemence d'Egypte. C'eſt en Alexandrie, que fut paſteur & chef de l'Egliſe Athanaſe, tant cogneu par les hiſtoires, pour ſ'eſtre monſtré
inuincible aux heretiques de ſon temps. En ceſte Egliſe apprint Origene ſa creance,
& y fut promeu à Clericature : & en Alexandrie auſſi naſquit le venin, qui gaſta tout *Arrius na-*
le monde, à ſçauoir Arrie, le plus pernicieux de tous heretiques, & auquel quelques *tif d'Ale-*
xandrie.
annees apres ont ſuccedé les Mahometiſtes. Ceſt Arrius viuoit l'an du monde cinq
mil cinq cens dixneuf, trois cens vingt ans apres noſtre Seigneur, du meſme temps
que Donatus vn autre heretique preſchoit en Aſie, & que Byzance print le nom de
Conſtantinople. Or puis que ie ſuis ſur le propos d'Alexandrie, il fault entendre, que
elle eſtoit vne des Metropolitaines d'Afrique, & l'autre eſtoit Carthage. Elle eſt de petite eſtendue, comme celle qui n'a qu'vne bonne lieuë de circuit, ceinte de fort belles
murailles, & preſque toute cauce. Il y a ſoubz terre abondance de ciſternes grandes,
d'vn iect de pierre, appuyees auec de grands piliers de marbre rouge & blanc, leſquelles receuoient l'eau du Nil, lors qu'il ſe deſbordoit : mais à preſent vous n'y en

voyez finon quelques vnes qui la reçoiuent.Il n'y a chofe que l'homme fçauroit fouhaitter,qui ne fe trouue en Alexandrie,comme poulles& cheureaux,qui ont les oreilles longues & pendantes,ainfi que celles d'vn chien clabault, hormis de l'eau frefche:
Default d'eau frefche en Alexandrie. car celles des cifternes font quelque peu chauldes. Ie fçay bien,que lors que nous bu-
uions de ces bons vins de Crete & des ifles Cyclades , pour rafrefchir le vin ou l'eau,
nous prenions vn petit morceau de glace : laquelle eftant mife dedans,il eftoit le plus
froid du monde:& ont ces barbares Mahometans la fubtilité de garder toute l'annee
la glace , qu'ils apportent de certaines montaignes , diftantes d'Alexandrie de hui't
bonnes iournees , de laquelle ils vfent en leur bruuage auffi bien que les Chreftiens.
Bibliothe-que de Pto-lomee Phi-ladelphe. Ce fut en cefte ville , que dreffa iadis Ptolomee Philadelphe celle Bibliotheque tant
renommee par tout le monde, gardee par Demetrie Phaleree, Philofophe Athenien.
C'a efté en Alexandrie que fut martyrifee la vierge docte & heureufe Catherine : où
encor i'ay veu la prifon où elle fut enfermee , & deux grandes Colomnes, diftantes

onze pas l'vne de l'autre, où elle fut battue,fouëttee,& tournoyee:& auffi faint Marc
l'Euangelifte. Au lieu où iadis eftoit la falle des banquets du grand Alexandre, affez
pres de laquelle eftoit ma demeurance , i'ay veu vne Obelifque quarree, de couleur
rougeaftre , auec plufieurs figures de beftes, oyfeaux, mains d'hommes, vafes à l'antique, d'arcs & carquois, corfelets, coufteaux, aftres du ciel,yeux , & autres chofes femblables , qui iadis eftoient les lettres facerdotales, que nous nommons Hieroglyfi-

ques: l'interpretation defquelles n'eſtoit entendue que des Roys, des Preſtres & Sacrificateurs de ce peuple idolatre. Ceſte Obeliſque eſt toute d'vne pierre, de douze pieds
de large, & cinquantecinq de long: de ſorte que vous la diriez eſtre vne grãde tour &
haulte. Il ſen trouue aux pieds de celle là, qui eſt debout, vne autre auſſi quarree, de *Deux Obe-*
meſme grandeur & groſſeur, auec pluſieurs autres lettres Hieroglyſiques: toutefois *liſques, de*
elle eſt rompue en deux. Ce ſont les plus belles marques de pierre, pour eſtre toutes *grãdeur deſ-*
d'vne piece, qui furent iamais veües au monde: & n'en deſplaiſe à l'Eguille que i'ay *meſurée.*
veüe autrefois à Rome pres ſainct Pierre, au ſommet de laquelle ſe voit vne Pomme
de cuyure, toute ronde, où lon me diſt que furent miſes les cendres de Ceſar. Ie confeſſe bien, que du temps de l'Empereur Auguſte y en auoit à Rome, les vnes poſees au
Champ de Mars, d'autres au mont Vatican, plus haultes & plus groſſes que trois, qu'a-
uoient fait faire l'Empereur Caligula & Neron: toutefois n'excedoient, comme dit eſt,
en telle beauté celles d'Egypte: car leſdits Egyptiens ont eſté en tout temps plus curieux d'immortalizer la memoire de leurs Rois, que ne furent onques les Romains, ny
les Grecs auſſi: & ce qu'auoient les Romains de rare & precieux, comme aſſez les hiſtoires anciennes Syriaques & Arabeſques teſmoignent, eſtoit apporté d'Egypte, Paleſtine, ou de Grece. Hors de la ville fut iadis baſty le temple nommé des anciẽs, d'In- *Tẽple d'In-*
dignation, par le commandement de Ceſar: où pluſieurs hiſtoriens Arabes diſent, & *dignation.*
ont par eſcrit, que furent mis la teſte entiere & cendres du corps, apres eſtre bruſlé, de
Pompee. Les ruines y apparoiſſent encores. Auquel endroit Munſter ſeſt fort oublié,
lors qu'il recite, qu'apres la mort de ce grand guerrier Pompee, ſon corps fut porté au
mont de Caſſie, nommé auiourdhuy Lariſſe. choſe auſſi faulſe, que ce qu'il traicte en *Faulte de*
ſa Coſmographie, me voulant faire accroire, que l'ancienne ville de *Dan,* la plus grãd *Munſter.*
part de laquelle eſt auiourdhuy ruïnee, qui aboutit au mont Liban en la Syrie, ou petite Aſie, eſt voiſine de la ville de *Gazera* (ou *Gazer* en langue Arabeſque, dont eſtoit
le fort Samſon:) toutefois elles ſont toutes deux oppoſites, & diſtantes de pluſieurs
iournees.

Suyte d'ALEXANDRIE, ſepultures antiques, Colomne de Pompee, & comme
ils font le ſucre.   CHAP.   II.

E PORT d'Alexandrie eſt fort dangereux, à cauſe des eſcueils qui
ſont dedans: qui fut cauſe, que le bon Roy Ptolomee Philadelphe fit
dreſſer par Soſtrate Gnidien, la Tour grande, toute faite de pierres
blanches, qu'on appelle Phare, ſur vne montagne artiſicielle, & non *Tour de*
naturelle, au ſommet de laquelle i'ay eſté pluſieurs fois, pour contem- *Phare.*
pler les merueilles du monde, & où on tenoit & tiẽt encores auiourdhuy tout le long de la nuict des flambeaux allumez, à fin que plus facilement les nauigans euitent les dangers de la mer, comme dit eſt. L'hiſtorien Solin ſe meſconte,
quand il dit, que de quelque part que le Soleil raye, ceſte Tour ne fait iamais d'ombre. Cela eſt auſſi veritable, comme ce qu'il a eſcrit, que la riuiere du Tigre procede de
meſme ſource que le Nil, & en prend ſon nom: & mille autres fables, que ce bon Seigneur raconte, pour auoir eſté mal aduerti. Du coſté, & non loin de ceſte Tour, eſt le
chaſteau d'Alexandrie hors la ville, poſé dedans la mer, lequel les Soldans d'Egypte
ont fait faire, pour la fortereſſe & aſſeurance de ladite ville, & où ordinairement y a
vn Capitaine, auec quelques morte-payes pour la garde d'iceluy. Le temps des Rois
d'Egypte, leur Admiral faiſoit ſa reſidence en cedit Chaſteau, lequel fut rebaſti par vn
ſeigneur Mameluc, natif du païs d'Hongrie (attendu que les Chreſtiens l'auoient rui-

né) & n'auoit ledit Admiral ſoin que des galleres, galliotes, fuſtes, & autres vaiſſeaux de mer. Or en meſme inſtant, que ceux qui faiſoient le guet en la Tour du Phare, auoient deſcouuert quelque troupe de nauires, ou autres vaiſſeaux à rames, incontinent ils ne failloient d'en aduertir, ou monſtrer par ſigne, comme ils font encores auiourdhuy, par certaines banderolles, le nombre deſdits vaiſſeaux paſſagers. Et Dieu ſçait, ayans tel aduertiſſement, comme ils ſe preparoient en moins de rien pour leur courir ſus. Si c'eſtoient amis, alliez, ou confederez, il falloit qu'ils vinſſent baiſer malgré eux le babouïn, & ſaluër le chaſteau d'Alexandrie : au contraire, ſi c'eſtoient courſaires leurs ennemis, il falloit iouër des mains, & les combattre. Si les capitaines Mamelus ſe ſentoient les plus foibles, enuoyoient incontinent vers l'Admiral : mais qui? vn gros pigeon (nommé des Afriquains *Alfakit*) auquel, ayant attaché à l'vne de ſes iambes vn petit roollet, ils donnoient la vollee : & ne failloit ceſt oyſeau à ſe rendre en vne certaine touraſſe dudit Chaſteau, où il eſtoit nourri : Et n'alloient iamais ſur mer, qu'ils n'en portaſſent ſept ou huiĉt pour le moins, renfermez dans des cages. Ledit Admiral eſtant aduerti de telles nouuelles, enuoyoit incontinent autre renfort pour taſcher à vaincre l'ennemy. Ie ne veux autrement diſcourir des faiĉts de l'Admirauté, ne de ſes qualitez, pour n'eſtre trop prolixe. Au reſte, ie me ſuis laiſſé dire, eſtant ſur les lieux, & meſmes les Arabes diſent l'auoir par eſcrit en leurs hiſtoires, que

à l'endroit où eſt aſſis ledit chaſteau, furent autrefois les ſepultures des plus illuſtres Seigneurs du païs Alexandrin : & que faiſans les baſtimens d'iceluy, au lieu plus proche de la marine, fut trouuee vne ſepulture de marbre noir, autour de laquelle eſtoiét eſcrites & grauees pluſieurs lettres Grecques & Moreſques, par leſquelles on cognut que c'eſtoit la ſepulture d'vne femme, nommee *Hypatia*, fille de *Theonis* Philoſophe,

qui de ſon viuant eſtoit renommee pour ſon ſingulier ſçauoir aux langues, Grecques & Hebraïques, & liſoit ſi doĉtement en public, qu'elle attiroit à ſoy plus d'auditeurs, que ne fit iamais Platon. En ce meſme lieu auſſi furent deſcouuertes les ſepultures de ce grand perſonnage Amazias, onzieſme Roy de Iudee, & d'vn Roy d'Egypte, nommé Suhach, & d'Anaximander Philoſophe, premier inuéteur des Horloges. De mon temps, les Turcs fouillans ſoubz terre en ce meſme lieu, furent pareillement trouuees pluſieurs ſtatuës & medalles antiques : qui me fut vn plus grand argumét de croire ce que au parauant i'en auois ouy dire aux Egyptiens, amateurs des antiquitez. En quoy vous pouuez conſiderer la curioſité que i'ay euë de faire telles recherches, ne me contentant de la ſeule veuë des Pyramides, Obeliſques, Colomnes & Hippodro-

mes, pour la memoire de ceux qui les ont fait dreſſer : ains le plus grand ſoulagement que i'auois, trauerſant les deſtours d'Egypte, auec ces deſerts ſablonneux, eſtoit auſſi de repaiſtre mon eſprit à contempler les lieux & aſſiettes, où anciennement furent baſtis pluſieurs temples d'idoles : & me puis vanter y auoir veu les marques & veſtiges de ceux de Paix, de Fortune, d'Honneur, de Iuno, Ceres, meſmes celuy d'Auguſte, que fit faire le dernier Roy des Ptolomees, diſtant d'Alexandrie deux lieuës ou enuiron : lequel i'eſtime auoir eſté le plus ſuperbe de tous les autres. Ce qui ſe peult cognoiſtre par les fondemens & maſures qui y reſtent encores à preſent : & ne deſplaiſe à celuy de Iupiter Olympien, ou de Veſta, couuert de bronze, d'Apollo en Delphos, & Bacchus à Rhodes, dediez & conſacrez à ce Monarque Auguſte. Il me fut meſmement monſtré là pluſieurs grands pieces de Iaſpe & Porphyre, auec nombre de ſtatues demolies & ruïnees. Au Conſulat des Venitiens, vn magnifique, nommé monſieur Dominique, me feit voir deux Sphinx de marbre noir, ayans quelques quatre pieds en leur longueur, & vn & demy de largeur : choſe autant bien faite & antique, qu'il eſt au monde poſſible : & m'aſſeura par les premiers les enuoyer à l'Empereur Charles le

quint, auec vne Idole de cuyure, trouuee dans le corps momié d'vn Egyptien. Ce font
en ces endroits, où les Arabes fouillent foubz terre, & s'enrichiffent fouuentefois des
threfors qu'ils y butinent. Quant à la ville d'Alexandrie, elle eft la plus grãd part ruinee, comme i'ay dit ailleurs : non pas que lon doiue attribuer cela à Cefar Augufte,
toutefois que fon ennemy euft long temps demeuré & commandé dedans, ains les
longues annees & iniure du temps l'ont renduë telle. Ie fuis affeuré, que quand ledit
Cefar print la ville, il y entra auec grande modeftie, & grauité de Monarque, conduit
(comme les Grecs vulgaires du païs ont en leurs hiftoires) par vn certain Seigneur,
nommé Arrius, fon fauori (de la lignee & fang duquel eft defcendu l'heretique Arrius) difant aux Alexandrins, que fi n'euft efté la faueur qu'il portoit à ceft amy, il euft
ruiné & fait faccager leur ville : ioinct auffi qu'il admiroit, & auoit en grand honneur
fon premier fondateur Alexandre : & ainfi furent tous les citoyés mis en liberté. Dieu
fçait les beaux difcours que m'en ont fait quelques vieux Mamelus, du refte de Tomambey, comme ils fçauent de poinct en poinct l'hiftoire ancienne, autant ou mieux
que ne fçeurent onques les Grecs & Arabes. C'eft là, que fe tiennent ordinairement
ceux qui ont la charge de faire droict aux marchans Chreftiens, comme à ceux qui a-
meinent les Efpiceries qui viennent des Indes iufques à la mer Rouge, de là au grand
Caire, puis en Alexandrie fur des Chameaux, & non fur riuiere ne ruiffeau faits expref
fement, & artificiellement, comme faulfement dit Munfter. L'vn de ces marchans eft
Venitien, & l'autre François. Tous ceux des païs & prouinces d'Efclauonie, Corfou,
Lezante, Cypre, Candie, & autres, fe retirent au fondic, fçauoir au magazin & retraite
du Conful Venitien: mais ceux de la France, Efpagne, Genes, Florence, Rhagouze, Anglois, Efcoffois, Flamens & Allemans, & autres Chreftiens, ont leur recours au Conful & fondic de France: non que la liberté leur foit fi grande, qu'vn More, auec fa longue clef de bois, ne ferme tous les foirs ledit magazin ou fondic à fept heures au foir
(lequel eft fait en façon de cloiftre, & dortoir de Moynes) & y fault demeurer iufques
au lendemain à fept heures du matin : où les iours du vendredy, qui eft iour des prieres aux Mahometans, la porte ne s'ouure point, qu'il ne foit vne heure apres Midi,
fauf depuis fept du matin iufques entre neuf & dix : & lors elle eft close, à caufe que
les infideles vont à leurs Mofquees faire leurs oraifons. Vous ne fçauriez eftre long
temps en cefte ville là, fans y voir quelque fingularité, pource que les Iuifs qui font
curieux & auares, vous monftreront affez dequoy. I'ay veu auffi vne Colomne ronde,
merueilleufemét haulte, que lon dit eftre celle de Pompee, portant le nom de ce Prince, que Cefar fit faire en memoire de luy. Elle eft groffe de fix braffes, & haute de quinze. Et pour eftre à demy quart de lieuë loin de la ville, comme i'eftois en Alexandrie,
ie confeillois à quelques Mores & Arabes, de mettre à bas cefte Colomne, à l'exemple
du Grand-feigneur, qui auoit fait abbatre celle de Conftantinople, dreffee par Iuftinian, pour embellir fa Mofquee, foubz laquelle on trouua grand quantité de medalles d'or & d'argent. Ces vilains oyans ce mien confeil, peu s'en fallut qu'ils ne me char-
geaffent, difans, Va malheureux chien Chreftien, ne fçais tu pas bien, qu'auffi toft que
cefte Colóne fera abbatuë & ruee par terre, que tout le monde doit prendre fin? Dont
i'admire grandement les Turcs, Mores, Arabes & Perfiens, de ce qu'ils ont en recommandation les antiquitez, & ne les demoliffent point. Et ne peus iamais croire, que cefte haulte Colomne ne foit artificiellement faite, veu fa grandeur & haulteur: laquelle eft pofee fur vne pierre de mefme couleur, qui a plus de vingt braffes de tour : & ne
feroit poffible par cordages & machines auoir peu monter & dreffer la piece, comme
elle fe voit encores à prefent. Il n'a iamais efté dit, ne leu aux anciennes hiftoires de ce
peuple Leuantin, qu'il y en ait eu de telles, & fi proprement faites, encores que lon

Les fondics ou magazins des Chreftiens en Alexandrie.

Colomne de Pompee.

m'alleguaſt les cinquante & ſix Colomnes, que le ſculpteur Scopas tailla pour l'enri-
chiſſement du tant celebré ſepulchre de Mauſolus, Roy de Carie (qui mourut l'an

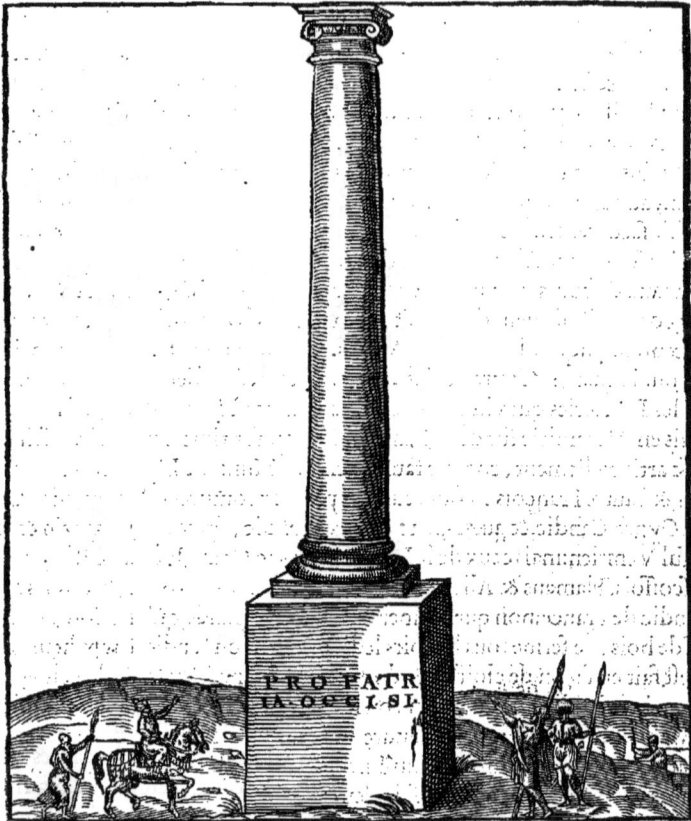

PRO FATR
IA OCCI SI

ſecond de la centieſme Olympiade) par le commandement de la Royñe Artemiſia:
lequel ſepulchre a eſté mis à bon droiçt entre les ſept choſes nompareilles du mōde.
A quatre lieuës d'Alexandrie (laquelle certes n'eſt plus rien au pris de ce qu'elle a eſté

Bacchir &
Rouſſette,
villes.

iadis) giſt vne ville,qu'on nomme *Bacchir*, habitee de poures gens, ſur la mer Mediterranee : & de là on ſ'en va à Rouſſette, baſtie loin de la mer quelque lieuë & demie,
par vn Eſclaue du Soldan, qui eſtoit ſon Lieutenant en ce païs là, comme ils m'aſſeu-
rerent.Entre Rouſſette & Alexandrie ſe voyent de grandes antiquitez : & dit on que
ce ſont les ruïnes de la premiere Alexandrie,que fit edifier le grand Alexãdre,où celle
de laquelle ie parle, a eſté faite depuis. Ie n'en ſçaurois donner autre iugement, veu
que Alexandrie eſt encore limitee de ſes murs, & là mieux garnie de belles tours toutes quarrees, que ville de Leuant : & penſerois pluſtoſt que ce fuſſent des Palais, que
les grands Seigneurs y ont fait baſtir pour le plaiſir des iardinages, où vous trouuez
vne infinité de medalles de toute eſpece de metal, deſquelles on vous fait aſſez bon
marché,pour le peu de conte qu'en font les habitans.Il y en a auſſi d'or & d'argent : &

Medalles
& idoles
trouuees en
Egypte.

ſuis aſſeuré d'en auoir apporté pardeça d'autant belles,qu'homme de noſtre temps,&
principalement celles des douze Ptolomees,Rois d'Egypte,de Pompee,Marc Antoine, & trois du grand Alexandre, qui furent trouuees bien pres de la mer, trois lieuës

d'Alexandrie:lefquelles vn Capitaine voleur Arabe me donna par efchange d'vn anneau d'or,fait à la Turquefque,que i'auois apporté de Conftantinople. D'auantage,fe trouue plufieurs ftatues & idoles, tant de bronze que de marbre & de iafpe, lefquelles les Egyptiens adoroient autrefois, & de Corneoles antiques vn nombre infini. Et à la verité, ce font les Arabes auec leur famille, comme i'ay veu, qui font telle recherche aux vieilles mafures, & lieux fouterrains, voire à la campaigne, lors qu'il a pleu: comme il aduint de mon temps, que aux lieux où eftoient les temples des idolatres, deux femmes d'Arabes defcouurirent trois pots de terre, pleins de grandes medalles de cuyure, & quelques vnes d'argent & d'or, de l'Empereur Adrian, en vn lieu où iadis eftoit fon temple. A Rouffette, le plus beau qui y foit, font les Palmes, Oranges, Melons, Concombres, & Pommes qu'on dit d'Adam, de faueur & douceur merueilleufe. Le terroir y eft bon auffi pour le ris. Quant au Sucre, il f'en fait le meilleur de tout le païs d'Orient, & en la plus eftrange façon que lon fçauroit croire, fi on ne l'auoit veu.Premierement il fault entendre,que les Cannes font de la haulteur d'vn hôme,& beaucoup plus groffes que le poulce:fes fueilles faites cóme celles de ces grands rofeaux marins que nous voyons pardeça,pleines de fuc & mouëlle: lefquelles eftans coupees, & mifes en plufieurs pieces par les efclaues,ou autres de ces Barbares,les apportent dedans vne grande & large pierre creufe & ronde, faite à la façon des moulins à huyle de noftre France: & auec vne meule grande & pefante,tournoyee par vn chameau, ou cheual, ils brifent cefte matiere dure, & la reduifent en fi peu de chofe, que quafi tout cela fe confume en ius: lequel eftant decoulé par vn certain trou,ils en rempliffent plufieurs grands vaiffeaux de terre:& ayans le tout fait bouillir enfemble, iufques à tant qu'il foit bien parfaictement purifié, & que l'humeur en foit euaporee, lors auec quelques ceremonies qu'ils obferuent, mettent ce ius dans autres petits vaiffeaux de terre,propres pour reduire en forme les pains de fucre:& eftant ce ius & matiere prinfe & coagulee, ils les ferrent apres, & en rempliffent leurs magazins , & puis en font grand trafic à l'eftranger.Or tout ce païs eft comprins par le premier Delta,lequel commence du cofté de l'Ethiopie,tirât vers le Phare à la ville,dicte *Demeriocuri*, & embraffe par fon triangle tout ce qui eft contenu depuis Port-vieil iufques à Rouffette.Puis y eft le fecond, qu'on appelle le grand,qui commêce, tirant du Su au Nort, au Caire, & va faire fes deux bouches, l'vne à Rouffette , & l'autre au goulfe de Burle, dans lequel y a force iflettes. Et le troifiefme eft celuy de Damiatte: & à chacune de ces bouches le Nil eft parti en quatre autre canaux,par lefquels fe fait fon arroufemêt fur les terres.Au premier Delta,qui regarde vers la Barbarie, fur le Nil eft affife celle ancienne ville de Thebes, non de Beotie, mais Egyptienne : non celle qui fut baftie par Cadme, mais de laquelle ie ne fçaurois donner le nom de fon premier fondateur. C'eft celle, de qui Homere dit, La ville à cent portes: qui pour le prefent eft fi petite,comme i'ay veu,vifitant les lieux,qu'il n'y a point ciñq cens maifons : mais ce qui y eft,porte telle marque,qu'il ne fent rien de groffier,& où le peuple eft le plus courtois de toute l'Egypte: toutefois il eft fort poure, & la plus part font Arabes. I'euffe bien voulu demeurer en ce lieu quelque mois , pour vifiter les antiquitez, n'euft efté que laiffant ma compaignie,me fuffe mis en danger.C'eft de cefte ville,que les deferts voifins tirans vers la Lybie, ont efté furnommez de Thebaïde, où tant de faincts hommes ont efté trouuez pour fouftenir la religion efbranlee par les heretiques.Si ie voulois vous fpecifier de poinct en poinct ce que i'ay veu de rare en Egypte,il m'en fauldroit faire vn iufte volume.Pource laiffant les autres villes à part, prendray la principale,qui eft le grand Caire,fans m'amufer à vous raméteuoir des fables,comme Munfter eft couftumier de faire,mefmes quand il defcrit en fa Cofmographie,qu'il y a des

Maniere de faire le fucre.

Thebes,ville à cét portes.

Munfter foublie.

fourneaux pleins de pertuis, dans lefquels on met trois ou quatre mil œufs d'oyes, de poulles, de canes & pigeons: lefquels fourneaux eftans couuerts, & refchauffez par cefte induftrie & vehemente chaleur, tous ces œufs viennent à fefclorre. Ce font certes chofes auffi faulfes, comme quelques vns m'ont voulu faire accroire depuis huiét iours ença, deuant l'vn des grands Princes qui foit en France, que l'ifle de Chios eft fi trefpeuplee de Perdrix, que les païfans les meinent à troupes paiftre & glainer parmy les champs, cinq à fix mille enfemble, comme lon fait les Oyes au païs de Poiétou, ou de Bretaigne. Le doéte Allemant Munfter dit d'auantage, que Alexandrie eft le païs des Auftruches, & qu'il y en a vn bon nombre, & que les Arabes domeftiques apportent les œufs au marché, pour vendre, & pour les manger, ou bien faire couuer à quelques autres Auftruches. I'ay demeuré trois ans ou enuiron en Alexandrie, comme ie vous ay dit ailleurs: mais ie n'y veis onques vendre vn feul œuf (que les Arabes nomment en leur langue *Albeyd*) de ces grands Oyfeaux, & moins en auoir veu que deux, qui eftoient au Confulat des Venitiens.

De la grand' ville du Caire, prinfe d'icelle, & mort ignominieufe du Soldan d'Egypte. CHAP. III.

Lvsievrs penfent que le grand Caire foit l'ancienne Babylone, dicte *Memphis*, laquelle ils difent auoir efté edifiee par ceux qui f'enfuyrent, des ruines de Babylone Affyrienne, nommee à prefent *Bagadath*. Mais fault noter, que celle qui fut iadis le fiege des Roys d'Egypte, furnommez Pharaons, eft là où font les Pyramides, & eft affez eflongnee du grand Caire, lequel eft moderne, & fut bafti par

Gehoar Cherib, baftiffeur du Caire.

les fucceffeurs de Mahemet, & par vn efclaue, appellé *Gehoar Cherib*, lequel auffi fe faifoit nommer *Hafhare*, qui eft à dire, Illuftre. Cefte ville eft en vne planure, foubz vn mont, qu'ils appellent *Mucaltim*: aupres de laquelle paffe le Nil, & de l'autre cofté du Nil eft l'ancienne Memphis, plus illuftre pour fefdites Pyramides & antiquitez, que pour ce qu'elle foit peuplee. Sur ledit mont eft affis le beau Palais, où autrefois les Rois & Soldans faifoient leur demeurance. Les Mamelus & Arabes m'ont affeuré auoir dans leurs hiftoires, que ce fut vn Roy, nommé *Sufanachey*, qui en fut le premier fondateur: & le laiffant imparfait, le Roy Saladin le fit paracheuer, & clorre de toutes parts. Depuis la prinfe de ladite ville, la plus grand part d'iceluy eft cheut par terre, & n'y a chofe remarquable, qui merite en eftre defcrite. Ce fut là où ie veis deux haultes Girafles, beftes autant grandes qu'il en foit au monde, & quatre ieunes Elephans, que lon nourriffoit pour plaifir. Paule Ioue, homme doéte, & graue par fes

Paule Ioue mal aduerti.

efcrits, fe trompe, pour auoir efté mal aduerti, lors qu'il recite, que les murailles & edifices de cé Palais, duquel ie parle, reluifent comme le Soleil, tant pour les eftoffes dorees & diaprees de toutes couleurs, que pour l'or qui y apparoift: mefmes que les feneftres, portes & porticules font faites de fin iafpe, porphyre, & albaftre. De toutes lefquelles chofes il n'en eft rien, non plus que ce que raconte dans fon liure Bernard de Breydenback, Doyen de Magunce, lors qu'il dit, que ledit Palais ou Chafteau eft de fi longue eftendue, qu'vn cheual ne fçauroit courir en quatre heures d'vn bout à l'autre. Vne autre bourde auffi gaillarde en fon mefme liure, quand il veult perfuader au Leéteur de croire, que la ville du Caire eft fi peuplee d'hômes, qu'il y en a plus en elle feule, qu'il ne f'en trouue en toute l'Italie. Au refte, pour embellir cefte ville, & la rendre plus illuftre qu'elle n'eft, il dit, qu'il f'y trouue vingtquatre mille temples, baftis de marbre luyfant & bien poly. Ie prie le Leéteur, lors qu'il lira tels liures ou fables,

bles,

bles, & autres qui auront prins & defrobbé de luy, comme volontiers font les ignorans & menteurs, de n'en rien croire, attendu qu'il n'en eft rien. Que fi quelque ancien
Hiftoriographe, foit Grec ou Latin, auoit fait le recit de telles richeffes, conuenables à
la maiefté d'vn grand Roy Egyptien, il me l'euft volötiers pluftoft perfuadé, que non
pas ledit Maguncien, ne Paule Ioue, mort de mon temps, auec lequel i'ay quelquefois
conferé à Rome, au palais du Cardinal Farnefe, & en autres endroits auffi. Quant à ladite ville, ayant efté le fiege des Soldans, depuis que les Mahometiftes fe feirent Sei- *Portes de*
gneurs de l'Egypte, elle fut ceinte de belles murailles & fortes, & y auoit trois portes, *la ville du*
fameufes entre autres: l'vne defquelles, qui refpond à l'Eft, f'appelle *Babe Nanfré*, qui *Caire.*
fignifie, la Porte de victoire: & celle qui va fur le Nil, & aduife la vieille ville, *Beth*
zuailà : & l'autre, qui eft vers les champs & iardinages, & tend au Su, fe nomme *Bebel*
futuh, c'eft à dire, Porte de triomphes. Cefte grand' ville, & toute l'Egypte, a efté tenue
& gouuernee par les Soldans, depuis le temps de *Ham-hafi*, Capitaine de l'armee de
Homar, qui fut le fecond qui fucceda à Mehemet en la Preftrife de l'Alcoran, enuiron
l'an de noftre Seigneur fix cens cinquantefix, & regna douze ans, ayant tiltre d'Admiral : & puis prindrent le nom de *Soldan*, qui fignifie autant que Roy & Seigneur. Laquelle race dura foubz le nom de *Caliphe*, iufques à celuy Saladin, qui conquit Ierufalem fur les Chreftiens, & qui f'ayda le premier de la force & vaillance des Efclaues,
nommez Mamelus, enuiron l'an mil cent octantequatre. Luy eftant mort, & fa famille
tenant fes terres par l'efpace de cent cinquante ans, à la fin la race Royale defaillant, les
Mamelus commencerent à vfer d'election, & firent vn d'entre eux, nommé *Peperis*, *Peperis, pre-*
Soldan, celuy qui fit faire ce bel Hofpital, dont l'edifice fe voit encores. Toutefois les *mier Soldã*
Arabes difcourans de ce fuperbe baftiment, m'affeurerent qu'il fut paracheué des de- *d'Egypte.*
niers du Gouuerneur general de ce païs, nommé *Hoclan*. Quant au College (qui fut
fait par l'Admiral *Dauoud*, ou Dauid en noftre langue, & non par *Heffen*, comme faulfement dit Ian Leon) c'eft l'vne des fortes places, pour auoir efté baftie de pierre dure
& forte matiere, qui foit dedans & dehors la ville. D'auantage, ce fut luy, qui fit faire
la plus grand part du fauxbourg de *Bulach*, qui aboutit au riuage du Nil : où volontiers ceux, qui viennent d'Alexandrie, prennent terre, deuant qu'entrer en la ville. Ce
fut auffi ce Soldan (toutefois que ceux de fa fecte abhorrent toutes fortes de peintures) qui fit tirer le pourtraict de fon Prophete Mahemet, & de fon compaignon le
moyne Sergius : lefquels ie vous reprefenteray au naturel en autre endroit, comme ie
les ay veuz en ces païs là : & à la verité les Mamelus n'eftoient lors fi fcrupuleux, que
font auiourdhuy le refte des Mahometans. Cefte couftume d'eflire dura iufques à l'an
mil cinq cens dixfept, que Sultan Selim, Roy des Turcs, & pere de Solyman, chaffa & *Desfaite de*
vainquit le Soldan *Campfon*. Or iceluy eftant tué au conflict, aagé de foixante & dix *Cãpfon So-*
ans, les Mamelus efleurent *Tomambey* en fa place, homme vaillant, & qui entendoit *dan, par Sul*
les affaires de la guerre : lequel à la fin ayant combattu le Turc, & fe voyant inegal de *tan Selim.*
forces, fe retira deuant le Caire auec fon armee: où les Mamelus & les Turcs auoient affemblé toutes leurs puiffances, fur le feul hazard d'vn combat, n'ignorans point tant
d'vne part que d'autre, qu'il n'eftoit queftion que de la vie & Seigneurie. La derniere
bataille fut faite hors la ville, où le Soldan auoit fait dreffer plufieurs plateformes &
bouleuerts. Mais f'en eftans les Turcs emparez, fut force aux Mamelus de fe retirer en
la ville : où premier que les Turcs entraffent, en fut mis à mort vingtquatre mille, & *Prinfe du*
quafi autant en la prinfe d'icelle : attendu que aux feneftres & fommets des maifons y *Caire par*
auoit vn nombre infini de femmes & enfans, & toutes fortes d'artifans, iettans de gros *Sultan Se-*
carreaux de pierre, folliues, poultres, barres de fer, feu artificiel, eau chaulde, & autres *lim.*
defenfes & machines de guerre fur leurs ennemis : & y fut combattu de telle furie, que

lon voyoit les hommes par monceaux les vns fur les autres, & le fang courir par les rues comme vn ruiffeau : qui caufa, que Selim animé contre la fimple populace, commanda de mettre le feu en quelques maifons de la ville. Ainfi cela, auec le bruit de l'artillerie, efpouuanta tellement les habitans & les plus hardis Mamelus, que voyans toutes chofes deplorees, pour adoucir le cœur du Turc, ils cômencerent à crier de toutes parts, Viue, viue ce grand Roy Selim, lequel nous prions humblement ceffer fa fureur, & auoir pitié de fes pauures Efclaues, nous foubmettans à fa grandeur & mifericorde. Laquelle toutefois ne f'appaifa fi toft, pour l'homicide fait en la perfonne de fon grâd Gouuerneur, nommé *Ianus Bafcha*, qui fut tué affez pres de luy d'vn mortier de fer, ietté fur fa tefte : & bienheureux eftoient les Seigneurs Mamelus, qui pouuoient gaigner le Nil, & prendre pour feureté les Pyramides : où ils furent dés le lendemain affiegez par les Turcs : & pour eftre priuez de viures, comme eftant vn lieu de folitude, fe rendirent à la mifericorde du vainqueur, lequel leur pardonna. Ne laiffa pourtant le Turc, auec cinq mille cheuaux, de pourfuyure Tomambey, qui auoit gaigné la fuyte, trois lieuës delà lefdites Pyramides. Auquel lieu, eftant mis en route, & fuyant à bride

Prinfe de Tomambey.

auallee droit à vn paluz, comme fon cheual fuft cheu par terre, & veift fes ennemis à fa queuë, fe cacha dans des rofeaux : où il fut prins, au grand regret de tout le peuple d'Egypte & d'Arabie, auec trois cens des plus braues Capitaines de fon armee, lefquels depuis furent conduits auec luy en la ville du Caire. Le lendemain & par trois diuers iours enfuyuans, on luy donna la queftion, pour luy faire confeffer où eftoient fes threfors : ce qu'il ne voulut iamais. Et c'eft pourquoy Selim commanda qu'il fuft conduit fur vn vieil Chameau (nommé des Arabes *Semel*) par toute la ville du Caire, lié & garrotté, fon Turban au bout d'vne lance, & fon Cimeterre porté par vn Turc,

hault esleué : au deuant & derriere duquel marchoient à pied six de ses plus fauorits
Capitaines, aussi liez, à la maniere & façon que vous voyez par ce present pourtraict.
Or deuant que les mener au supplice de la mort, ce poure Roy Tomambey fut six
iours entiers sur vn eschaffault, attaché contre vn posteau, pour estre veu & mocqué
de tous, vestu d'vne robbe verte toute deschiree, en derision de sa personne, & pour
le rédre plus odieux & ignominieux au peuple d'Egypte. Au bout des six iours, comme on le menoit au supplice, preparé à la porte de *Babe-Nansré*, ayant pour garde enuiron cent mille hommes, voyant la confusion & desordre du peuple qui l'attendoit
en cest endroit, ce fortuné Roy fut conduit en la maison d'vn boucher, par l'aduis
d'vn Baseha: & au lieu où lon tuoit & escorchoit les bœufs, estant descendu de dessus
le chameau, fut estranglé le treiziesme iour d'Auril, l'an mil cinq cens dixsept. Voyla
le respect que les Empereurs Turcs, estás vainqueurs, portét aux Rois & Princes, leurs
ennemis, & ce que i'ay peu apprendre des Mamelus & Arabes, de l'heur & malheur
de ce grand guerrier, faisant residéce au Caire. Ce fut donc lors que le Turc se fit Roy
des Royaumes d'Egypte, Syrie, Palestine, Phenice, Iudee, & plusieurs autres prouinces subiettes à ce Seigneur. Et pource que ie vous ay parlé de Mamelus, il fault sçauoir, que c'estoit comme la Noblesse de pardeça, sauf qu'ils estoient esclaues: & neantmoins nul ne paruenoit à la dignité de Soldan, s'il n'estoit de leur rang. Ils estoient
tous Chrestiens, ou Iuifs reniez, ou des enfans que lon rauissoit du sein de leur mere,
comme encores se fait en Turquie, pour faire des Ianissaires. On les adextroit à manier les armes, piquer cheuaux, & à tout honneste exercice : & sçachans cela, on les receuoit à la soulde, & ceux qui n'estoient aptes à la guerre, demeuroient esclaues des
autres. Et ainsi aucun ne pouuoit venir à ce rang de Cheualier Mamelu, s'il n'estoit
fils d'vn Chrestien, ou d'vn Iuif : voire les enfans sortis d'vn Mamelu, ne pouuoient
estre honorez du tiltre d'hommes d'armes : qui estoit cause, que le Soldan ne pouuoit
faire que ses enfans luy succedassent. La cruauté de ces vilains circoncis causa leur ruine, à cause que les Egyptiens ne pouuoient souffrir leurs insolences, & facilita le plus
la victoire à Selim, que toutes ses forces. C'estoit chose fort magnifique, ainsi que i'ay
ouy reciter à de bons vieillards, qui estoient du temps du Soldan, de voir la ville du
Caire, du temps qu'il y auoit Prince du païs qui y fust nay, veu qu'au residu du monde on ne faisoit tant de brauades & ieux : & quoy qu'ils fussent pressez de ceste gédar-
merie, si est-ce qu'ils n'en estoient point si foulez, comme ils se sentent des tyrannies
Turquesques. Le Soldan Campson & Tomambey estoient en leur viuant assez hommes de bien pour infideles, & aimoient les Chrestiens, & ne les mastinoient iamais de
la sorte que fait le Turc & ses ministres. Car (comme disent les Mamelus, desquels
i'en ay veu en Egypte plusieurs du reste de ceux qui eschapperét des guerres de leurs
Rois & Seigneurs, & qui viuent assez paisiblement auec les Turcs, ce que les Arabes
ne peuuent faire) ces Soldans ne prindrent iamais Chrestien par force en leurs terres,
ains ceux qu'ils auoient pour esclaues, ils les faisoient acheter, ou prendre en Armenie & Mingrelie : & taschoient de faire aussi bien iustice au Chrestien qu'au Mahometiste, sans qu'ils empeschassent aucun en leur religion, ou l'attirassent à la leur par
force, ou rauissent la liberté à chacun de faire du sien, tout ainsi que bon luy semble-
roit: Là où le Turc est si arrogát, farouche & cruel, qu'il ne cognoist homme du monde, ny ne se soucie de Roy ou roc, autre que soymesme. Et voudrois que ceux qui en
font si grand conte pardeça, eussent vn peu affaire auec luy : ils cognoistroiét que tout
ainsi que sa loy est abominable, aussi il est extrauagant en ses faicts. Et qu'on ne m'allegue point icy sa loyauté, & de ce qu'il laisse vn chacun en liberté de sa conscience
en ses terres: car les bónes gens n'ont pas gousté la seruitude, en laquelle sont les Chre-

Mort igno-
minieuse du
Soldan d'E-
gypte.

Quels estoiét
les Mamel-
lus.

Cause de la
ruine des
Mamelus.

En quoy
sont diffe-
rents le Sol-
dan & le
Turc.

Chreftiens,
qui pourpeu
de chofe fe
font Turcs.

ftiens foubz fon Empire : qui eft telle, que ie m'efbahis comme ils ont le cueur de f'y arrefter : & autant en diray des Iuifs, veu que tous y courent mefme & pareille fortune. En premier lieu, l'homme marié n'oferoit auoir tancé fa femme, qu'en mefme inftant il n'oye vne menace de fe faire Turque, fans que le mary fur ce propos, ou pour l'en reprendre, luy ofaft dire vne feule parole, fur peine d'auoir mille baftonnades le long du ventre. Les enfans tiennent leurs peres en fubiection par cefte mefme voye: & ce qui pis eft, on vous viendra rauir ce que vous auez de plus cher, qui font vos enfans, d'entre les bras, pour les mettre au ferrail du Seigneur, ou pour le plaifir abominable de quelque Bafcha, ou autre officier du Tyran. De mon téps, i'ay veu des Moynes Grecs, Armeniens, & d'autres nations, eftans reprins de leur faulte par leurs fuperieurs, f'en aller faire abiuration de noftre religion, & receuoir la circoncifion Turquefque. Et diray d'auantage, dont fuis marry, qu'eftant en Egypte, ie vis des Latins, ie dy Moynes & gens d'Eglife, voire & en Conftantinople, qui feftoient faicts Turcs : & ne me fçauoient dire autre raifon, finon que les troubles qui font en noftre Eglife, les auoient offenfez, & qu'ils penfoient eftre en repos de confcience en cefte religion. Mais fil eft queftion d'œilleter, & voir de plus pres la vie de ces gétils faifeurs de banqueroute, vous trouuerez ce qu'ils font, eftre contre leur confcience, quittans la religion faincte & Catholique, pour incontinent eftre mariez, & prendre plaifir felon leurs appetits charnels: comme i'ay veu de mon temps autres tels gallands, quittans leur ordre & preftrife, qui font allez pour telles voluptez, tát en Allemaigne qu'à Geneue. De les admonefter, il y a du peril de la vie, & fi pour cela vous ne les retirez pas de leur mefchanceté & abomination. C'eft là où fe peuuent retirer les Libertins, qui n'aiment que leurs aifes: veu que le Turc reçoit tout le monde en fon idolatrie. Ie

Les Iuifs
fubiets à fe
mahometi-
fer.

péfe qu'il n'y a nation plus fubiette à fe mahometifer, que fait le Iuif: non qu'il fe foucie de l'Alcoran, mais à fin d'auoir quelque prefent des Seigneurs : & puis eftans ailleurs, ils reuiennent à leur Iudaïfme. Et de tels i'en ay veu vn dans noftre nauire, qui eftant en Conftantinople fe feit Turc, & puis ie le veis en Egypte Iudaïfant auec fes compaignons. Cela me fait penfer, que quelque mine qu'ils facent, ou de fe Chreftienner, ainfi que plufieurs font en Italie, France, Efpaigne, & ailleurs, c'eft pour en tirer de leurs parrains & marraines quelque riche prefent: où fe Mahometifer, c'eft pour la liberté du trafic, & à fin de conuerfer auec eux fans foufpeçon, ou crainte auec tout le monde. Auffi foubz le ciel n'y a point gens plus fins, traiftres, diffimulez, vanteurs, &

Iuifs bapti-
fez, trai-
ftres & dif
fimulez.

menteurs pour la vie, que font les Iuifs baptifez, comme i'ay cogneu par tout où i'ay efté: & vous diray, que le plus fouuent ils reçoiuent le Chriftianifme, pour fe moquer de noftre religion, ou pour eftre attaints & conuaincus de leurs Rabbins, du peché de Sodomie, auquel ils font volontiers fubiects, auffi bien que les Arabes, ou pour feruir d'efpions par la Chreftienté, foubz tiltre de trafiquer, que pour affection & zele qu'ils ayent à la religion Chreftienne. Qu'il foit ainfi, de noftre temps, à Rhodes, les villes de Modon, Choron, Napoli de Romanie, & Belgrade, mefmes celle de Bude, furent elles pas toutes trahies par Iuifs baptifez ? & en d'autres lieux, ce font eux qui ont donné les aduertiffemens au Turc. Le dernier Empereur Chreftien de Conftantinople, fut trahy, & deliuré entre les mains de fes ennemis, par huict marchans Iuifs, qui feftoient Chreftiennez cinq ans au parauant. qui deuroit apprendre les Chreftiés à l'aduenir de ne fe fier point à eux, & aux Rois & Princes, n'en auoir point à leur fuyte. Or ie laifferay cefte vermine Iudaïque, pour vous difcourir du refte, comme des beaux iardins que lon voit hors la ville du Caire: où fe trouuent les meilleurs Simples, & autres bonnes herbes, que l'hóme fçauroit fouhaiter. Entre les autres, i'en veis vne, nom-

Zina, herbe.

mee *Zina* en langue des Arabes, la racine de laquelle eft auffi cordiale & propre pour

purger l'homme, que la plus fine Rhubarbe qui foit aux Indes. Les Medecins du païs
f'en fçauent trefbien ayder, lors qu'ils ordonnent quelque bruuage pour les malades.
Ayant vifité & arborifé quelques iours auec deux truchemans Maronites, nous fufmes conduits pres vn petit village, nommé *Iemini* (& *Ochir* en langue des mefmes
Arabes du païs) où nous vifmes les plus belles fontaines & baings, qui foient au monde. De là nous vinfmes à *Mathera*: où apperceufmes vn bon nombre de vieilles maifons ruinees, & m'eftant enquis de quelques vieux Mamelus, de telles antiquitez, me
fut dit que c'eftoient autrefois les baftimens des Princes & Seigneurs Mamelus, & que
pour certain ils auoient efté edifiez il y auoit plus de fix cens ans. Lendemain fufmes
menez par vn *Cháou*, accompaigné de huict Ianiffaires, à vn fort grand *Carauaffera*,
aupres duquel y a vne belle mofquee, & riche hofpital, que les Turcs nomment *Hy-*
marat, où lon donne à máger, trois iours entiers, à tous paffans de leur fuperftition, qui
vont au voyage de la Mecque. Quelques iours apres, vinfmes au iardin tant celebré
pour le bon Baulme, que lon fait de la plante qui croift dans cedir iardin, laquelle li- | *Baulme ex-*
queur eft fort chere & precieufe : & fur toutes autres chofes rares, que le Bafcha a en | *cellent au*
finguliere recommandation à fes fubiects, c'eft de conferuer & fidelement recueillir | *Caire.*
cefte plante, pour en tirer ce Baulme, duquel il enuoye tous les ans à la Maiefté de fon
Prince. Ie me fuis laiffé dire au Patriarche des Grecs, & à quelques autres anciens de la
ville, que celuy que lon y fait auiourdhuy, n'eft fi huyleux, ne fi bó pour les playes &
vlceres, que celuy qu'on faifoit le temps du dernier Soldan. Plufieurs en vendent fe-
crettemét en diuers endroits, mais il eft falfifié. Les Arabes difent auoir par efcrit, que | *Baulme ap-*
ce fut Cleopatra, Royne d'Egypte, la premiere qui fit porter ce plant au païs Egyptien, | *porté par*
en ayant priué celuy de Iudee (qu'elle fit arracher, pour en enfeuelir la memoire) tant | *Cleopatra*
celebré pour fa bonté, comme le plus exquis & meilleur de l'vniuers. Cefte gaillarde | *de Iudee en*
hiftoire ne me pleut gueres, lors que ces Barbares faifoient tel recit : veu que ie fuis af- | *Egypte.*
feuré, que du temps de l'Empereur Traian (fuyuant vne petite hiftoire des Grecs vulgaires, que i'ay veuë en la Paleftine) il f'en trouuoit encores beaucoup au païs montaigneux d'*Engadi*, duquel fait mention la faincte Efcriture, & en quelques autres
endroits de la petite Afie : combien que à la verité, lors que ie vifitois ces contrees là,
ie ne m'apperceu d'vne feule plante. Les Moynes Bafiliens du mont Liban m'ont | *Baulme au*
affeuré auffi auoir en leurs hiftoires, que vers le Soleil leuant, en vne contree dudit | *mōt Liban.*
mont, du temps de l'Empereur Grec Alexis, f'en recueilloit, & y en auoit quantité, &
y foifonnoit autant qu'en l'Egypte: mais depuis que le malheur aduint, que les Turcs
fe faifirent de ce païs, & par leur tyrannie f'en firent maiftres & feigneurs, & que les
Chreftiens furent bannis de la ville & païs d'Acre, & de quelques autres endroits de
la Terre faincte, bien toft apres la memoire de ladite plante fut perdue. Au lieu où elle fouloit croiftre, ie n'y veis, ny ne m'apperceus d'autre chofe, que de vieilles efpines
tortues, horties & chardōs. Ce Baulme eftoit le plus grand prefent, que iadis les Rois | *Le Baulme*
d'Egypte faifoient aux grands Monarques, pour auoir leur alliance & amitié, comme | *feruoit de*
aux Empereurs de Perfe, du Catay, Ethiopie, Grece, & autres Rois & Princes des trois | *grands pre-*
parties du monde. Voyla ce que i'ay peu obferuer en cefte grand' ville du Caire, nom- | *fens aux*
mee des Arabes *Mefré*, & d'autres *Pharamide*, comme f'ils vouloiét dire, que c'eftoit | *Monarques*
l'ancien fiege des Rois Pharaons : chofe que ie ne puis accorder, attendu que le Caire | *& Empe-*
n'eftoit encor bafti, & que c'eftoit Memphis, qui l'auoifine de trois lieuës. ce qui fe | *reurs.*
peut colliger par les anciennes hiftoires des Arabes du païs, & par l'yffue que firent
les enfans d'Ifraël, retournans d'Egypte : & qu'auffi ladite Memphis fut baftie par vn
Roy, nommé *Thamma*. Autres difent, que ce fut par *Ogdoé*, pour l'amour de fa fille,
laquelle portoit ce nom. Vne petite lieuë de la ville du Caire, tirant vers Soleil leuát,

fe voit vne planure d'vne merueilleufe eftendue, & des ruines tant & plus, lefquelles on m'affeura eftre le lieu où iadis eftoit l'ancienne Babylone Egyptienne. Ou foit qu'il foit, ie n'y veis chofe remarquable, que de ces vieilles mafures, comme dict eft. Et n'ayant peu fçauoir la verité de telles remarques, ie laiffe la chofe en doute, pour ne repaiftre le Lecteur de bayes controuuees en l'air.

Des PYRAMIDES, & *autres fingularitez que i'ay veuës en Egypte.*
CHAP. IIII.

Egyptiens, curieux de baftir.

OMME l'Egypte a eu des Rois, conuoiteux qu'on cognuft les richef-fes du païs, & magnificence du peuple, auffi ont-ils voulu furpaffer tous autres en fuperbes baftimens. Les folies des Rois Egyptiens, qui ont efté racontees entre les miracles du monde, ce font les Pyrami-des, defquelles il n'y a gueres autheur qui n'en tienne propos, fans ia-mais les auoir veuës, comme i'ay fait (veu qu'auffi cela le merite, de voir chofe fi rare, deuant qu'en efcrire, fi lon ne veut mentir à credit, toutefois de peu de profit) lefquelles font au lieu, où iadis eftoit la ville, dicte *Geza,* anciennement Memphis, delà le Nil, tirant au Ponent, là où le Caire eft bafti du cofté leuantin du Nil, fans qu'il y ait aucun pont entre lefdites Pyramides, & la ville du Caire, comme aucuns ignorans ont mis par efcrit, non par faulte de fçauoir bien haranguer ou dif-courir les hiftoires qu'ils mettent en lumiere, ou de iugemét trefbon, ains d'experien-ce, pour n'auoir veu ne penetré les regions & païs eftranges, comme i'ay fait. Et mef-

Munfter f̧oublie.

mes de noftre temps Munfter en fa Cofmographie, parlant d'Egypte, de fix cens mots qu'il raconte, pour auoir efté mal aduerti, n'en dit pas fix veritables: & fuis efbahy, qui luy a donné à entendre, que Memphis eft vne ville Royale, grande & populeufe, où le Nil fe fepare premieremét, faifant en ceft endroit la forme d'vn Delta. chofe foubz correction treffaulfe, veu que là où eft le lieu que nous appellons Memphis, il n'y a ville, bourgade, ne maifon, finon les feules Pyramides, bafties en vne grande campai-gne deferte, couuerte de fablon. Et de faire croire à Theuet, que le Nil fe diuife en ceft endroit, il n'en eft rien: pourautant que de la ville du Caire, là où paffe ledit Nil, & la-ue fes murailles, il y a trois lieuës de chemin, ou enuiron, fans trouuer vne feule gout-te d'eau iufques aufdites Pyramides, excepté le Nil qu'il fault paffer : & depuis Mem-

Charles Clufie fe trompe.

phis iufques au premier Delta, y a deux iournees. En quoy fe trompe auffi Charles Clufie, homme docte, comme il l'a bien monftré en ce qu'il a efcrit & glofé fur le liu-re de Garcia à porto, fçauant medecin Portugais (lequel, comme il fe vante, a de-meuré trente ans aux Indes) difant que Memphis, où font les Pyramides, eft le Caire. Munfter dit en fa mefme defcription Morefque, vne fable auffi gaillarde que la pre-miere, fçauoir, que ladite ville du Caire a en fon circuit quatorze lieuës d'Allemaigne, qui en valent pour le moins vingtcinq de France. Ie fçay, & puis affeurer le Lecteur du contraire, l'ayant tournoyee cinq fois en diuers temps, veu qu'elle ne peult auoir de tour, que demie lieuë plus que Paris en France. Et f'eft auffi bien abufé és chofes fufdites, comme il a fait en vn autre endroit, quand il recite, que cefte grand'ville, dót il eft queftion, eft baftie au lieu, où eftoit autrefois la remarquable & fameufe ville de Thebes, tant celebree par les efcrits des anciens Grecs & Latins : ce qui ne peult auoir

Erreur de Paule Ioue pour n'a-uoir voya-gé.

lieu en mon endroit, non plus que ce que Paule Ioue, pour n'auoir ne veu ne voyagé ces païs là, raconte, que le Nil coule pres lefdites Pyramides. Ce bon feigneur fe de-uoit contenter de defcrire fidelement, fans vfer de partialitez, les chofes aduenues de fon temps en Italie, France & Efpaigne, fans payer le Lecteur de bourdes, & luy faire accroire (ayant efté, comme i'eftime, mal inftruit de quelque harangueur courtifan, ou autre) chofe qui ne fut onc. Or font faites ces Pyramides felon que le vocable le Forme des Pyramides. porte, affauoir en efguille & poincte, tout ainfi que vous voyez vne flabe de feu montant en hault:& font de telle & fi exceffiue haulteur, qu'elles furpaffent toute proportion, qui puiffe eftre faite de main. Ainfi outrepaffans la mefure de l'ombre, n'ont auffi prefque comme point d'ombre : à fin que ie monftre par là la fimpleffe de quelques vns, anciens & modernes, qui difent, qu'elles en ont deux lieuës : & ne veux difputer auec eux, que par la haulteur exceffiue des montaignes, laquelle furpaffant la iufte mefure de l'ombre, qui eft confideree felon les grandeurs des corps faifans ombre, iceux femblēt exceder le diametre qui en eft caufatif. Le peuple noir, qui tire vers la haulte Ethiopie, nomme le lieu où font ces Pyramides, *Mezera*, & les Perfiens *Chilchith beferach*, comme f'ils vouloient dire, Lieu deploré, ou abandonné des hommes. Et d'autant que ces fuperbes baftimens, ou tours poinctues, font fort larges par embas, à fin que le fondement foit capable de porter vn faix fi lourd & pefant, & que peu à peu il va en eftreciffant, ainfi qu'il monte, iufques à ce qu'auec cefte diminution il paruienne à la perfection de fa haulteur pretendue: Les Geometriens leur ont donné le nom de Pyramides, à caufe de leur figure, qui eft faicte ainfi que dit eft. Ces deux plus grandes qui font à Memphis, ou *Geza*, ou *Mezzer* (car elle porte ces trois noms) furent bafties par deux Rois d'Egypte : l'vne, & la plus grande, par Cheophé Pharaon, qu'il fit dreffer en vingt ans; où il faifoit trauailler d'ordinaire trois mille fix cens hommes: L'autre, qui eft la moindre, de la curiofité & vaine gloire de Chebree Pharaon, frere du fufdit Cheophé : lequel auec plus de couft y employa les threfors d'Egypte, d'autant qu'il faifoit apporter d'Ethiopie des pierres noires, lefquelles eftans dures & difficiles à mettre en befongne, rendirēt l'œuure de tant plus magnifique & fomptueux, & de plus grande defpéfe. Il y en auoit vne autre, qui eft de brique par dedans, & n'eft point parfaite, que lon dit qu'Afchis Pharaon fit commencer, & mourut auant que la paracheuer. Ie croy que ce fut ceftui-cy, duquel eft efcrit, qu'il tourmentoit les enfans d'Ifraël à faire de la brique, & que ceft œuure & feruice des Ifraëlites eftoit employé à cefte Pyramide: veu qu'il eft certain, que les Iuifs demeurerent plus de cent ans en cefte feruitude, & que les Pyramides ont efté bafties en cent fix ans, felon le recit des Arabes, Armeniens & autre peuple Leuantin. La premiere eft de forme quarree, ayant Grandeur des Pyramides. en chacun front huict cens pieds de largeur, & la haulteur proportionnee felon la mefure, eftant les plus grandes pierres de trente pieds en rond, & les autres moindres, fort bien ouurees, taillees & grauees, auec diuerfes figures de beftes en quelques endroits, où il y a auiourdhuy peu d'apparēce, fi lon n'y regarde de bien pres. Les deux autres approchent de la proportion de la premiere : & fi celle qui eft de brique, euft efté parfaite, ie penfe qu'elle euft emporté l'honneur fur toutes: lefquelles ne font toutefois fi hault efleuees en l'air, que recite Paule Ioue, que du fommet d'icelles lon puiffe veoir le Phare d'Alexandrie d'Egypte, & bouche de la mer Mediterranee: ce qui Paule Ioue fe trompe. n'eft vray-femblable, veu la diftance d'vn lieu à l'autre, qui eft de trois iournees, ou enuiron. Sur ce propos auffi ie ne veux oublier à ramenteuoir en paffant, vn certain retentiffement d'Echo, que lon entend au bas defdites Pyramides, le meilleur que ie Echo excellent aux Pyramides. vey iamais : tellement que tout ce que ie difois, foit en langue Turquefque, foit Latine, ou Françoife, ma voix lafchee, l'Echo m'en rendoit trois, voire quatre, & les mefmes mots que i'auois prononcez. Pour le prefent ie lairray à difcourir au curieux Lecteur, fi la voix n'a point de corps, & comment fe forme le retentiffement de l'Echo. Ie fçay bien que les Philofophes tiennent, que tout ce qui fe remue, eft corps. Or la voix fe remue, & vient donner dedans des lieux licez & poliz, par lefquels elle eft renuoyee & rebattue, ainfi que lon voit d'vne balle de fer, iettee contre vn rocher. Parquoy laiffant telles chofes à perfonnes qui en feront mieux leur profit que moy, auec autres argumens de la Refpiration, de l'Ouye, Voix, Gouft, de la Diuination, Songes, Si les tenebres font vifibles, des Sentimens & chofes fenfibles, ie viendray au refte. La caufe de ces vains & inutils baftimens eft attribuee par aucuns, à la gloire des Rois, qui par ce moyen vouloient perpetuer leur memoire. ce qui eft plus à blafmer qu'à louër, veu que le renom ne f'acquiert point par l'oftentation & parade d'vn tel bafti-

Raifons diuerfés de la ftruéture des Pyramides.

ment, où les Monarques employent le fang de leur peuple. Autres l'imputent à ce, que le peuple ne fuft oifif, & f'amufaft à troubles & feditions: & d'autres difent, qu'ils le faifoient pour employer les threfors du Royaume, à fin que ceux qui leur deuoient fucceder, ne leur auançaffent leur mort, pour iouyr de ces richeffes. Les autres ont tenu, que ces grands monceaux de pierre eftoient dreffez pour la fepulture de ceux qui les faifoient, à fin que le peuple ne les mift en pieces, eux eftans morts, ainfi qu'ils auoient fait à d'autres. ce que ie croy, l'ayant cognu par experience: qui entrant dans vne Pyramide, y vey vne grande piece de marbre fort grifaftre, taillee en façon & forme d'vn beau fepulchre. Ie ne veux icy mettre en oubly, ce qu'aucuns Grecs m'ont voulu faire accroire, auec lefquels ie fus voir ces merueilles du môde, que la plus belle de ces Pyramides ne fut onques dreffee de la defpenfe & deniers des Rois, ains que c'eftoit le tombeau d'vne trefbelle courtifane (fçauoir Sapphon, celle qui compofoit fi bien en vers) & qu'il auoit efté fait par ceux qui luy auoient fait l'amour. D'autres ont opinion, que Rhodope, vne autre diableffe de courtifane tant renommee, y fut enterree par le Roy Egyptien, qui en eftoit extremement amoureux. Ne penfez à prefent voir tout le bafe & pedeftral de ces Pyramides, lefquelles eftans en lieu areneux, comme elles font, les fablons en ont couuert vne bonne partie: & nonobftant elles egalent les plus haultes montaignes du païs d'Egypte en leur haulteur. Et cecy a efté

Coloffes, ou Sphinges.

apperceu, d'autant que les Coloffes, qu'on appelloit Sphinges (à caufe de la figure môftrueufe & diuerfifiee qu'ils auoient) commençoient à eftre enfeuelis dans les monceaux des fablons agitez du vent. Il eft bien vray, que ie ne me puis perfuader, que le Coloffe qu'on y voit encores auiourdhuy, foit pas vn des Sphinges, que lon eftime eftre le tombeau de quelque Roy d'Egypte: veu qu'il ne reprefente rien de monftre, ains eft fait comme vne tefte d'homme, groffe à merueilles, fans forme de corps, & de pierre fort dure, comme nous l'a depeint vn certain Venitien dans vne Carte, qu'il a fort mal faite, de la ville du grand Caire. Aucuns difent, que Ifis le fit dreffer apres la perte de fon amy, fe battant & frappant la poictrine pour fa deffaite. Cefte tefte eft groffe comme vne tour, ayant cent deux pieds de large, & de long cent ou enuiron.

Opinion des Arabes touchant le Coloffe.

Les Arabes font fi abeftis apres ce Coloffe, que ils tiennent, que fi vn Roy ou Seigneur le faifoit demolir, ou que lon montaft feulement deffus par derifion & moquerie, on ne fauldroit dans vingtquatre heures à mourir, ou tomber en quelque grâd malheur & defaftre. Qu'il foit ainfi, il y eut de mon temps vn ieune gentilhomme François, natif de Paris, de l'honorable & ancienne maifon des Daubrays, lequel venant vifiter les

Hiftoire d'vn gentilhomme Parifien.

Pyramides auec bonne compaignie de diuerfes nations, tant Chreftiés que Barbares, monta fur cefte groffe maffe de tefte. Or ainfi que les Ianiffaires, qui conduifoient la troupe, auec quelques Mores & Arabes domeftiques, l'aduertiffent de la fuperftition & croyance de leurs anciens peres touchant cela, il fe print à moquer d'eux (côme firent tous les autres Chreftiens de la fuyte, eftimans eftre chofe abufiue, & qu'ils n'y deuoient point adioufter foy) & y remonta: dont lefdits Arabes ne fe peurent tenir de murmurer, le menaçans de l'ire de Dieu, & luy difans, que iamais homme ne f'y eftoit ioüé, qu'il n'en portaft la penitence: comme de faict il aduint. Car le ieune homme

gaillard & accort,ne fut pas fi toft defcédu du deffus de ce Coloffe,que eftant remon-
té à cheual,le malheur luy fut fi contraire, & la fortune auffi, que fa befte incontinent
commença à faire vne infinité de faults & gambades, & fe tempefta de telle forte, que
le ruant par terre, elle le foula tant à beaux pieds, que le poure hafardeux & nouueau
eftrangier en mourut bien toft apres,& fut porté fon corps au Caire, au temple dedié
à la vierge Marie,non celle que le vulgaire du païs appelle S.Marie de la caue, monaftere de Grecs (auquel lieu la Vierge fut longuement abfconfe auec fon fils Iefus
Chrift, lors qu'elle vint en Egypte, fuyant la perfecution d'Herodes) ains à vn autre
confacré à ladite Vierge,qui eft dans la ville,là où l'autre eft dehors. Quelques annees
en apres Claude Daubray,Cheualier du fainct Sepulchre de Ierufalem,pour f'enquerir & fçauoir la verité d'vn tel defaftre, entreprint le voyage du Leuant:lequel veritablement il fit & accomplit autant heureufement,fidelement & diligemment,tát pour
le defir naturel du deffunct fon frere,que pour voir les merueilles du monde,& antiquitez de Grece,Paleftine,& Egypte,& mœurs & façons de faire de ce peuple barbare,que nul autre de mon temps. Cefte mort fut nouuelle occafion à ces infideles de dire & maintenir, que c'eftoit vn miracle fur ceux qui mefprifoient les bons aduertiffemens de leurs hiftoires. Et à ce propos, deux Mamelus & vn Iuif, m'affeurerent auoir
veu auffi, que depuis quarantehuict ans eftoient morts neuf hommes, deux femmes
& quelques enfans, pour y auoir monté, & n'ayans vefcu que deux ou trois heures
apres. Au refte, Pline fe trompe, parlant de cedit Sphinx ou Coloffe, difant qu'il eft *Faulte de Pline,& de fon tradu-cteur.*
plus admirable & remarquable,que toutes les Pyramides:dequoy la comparaifon eft
autant veritable,en grandeur & groffeur,que feroit celle d'vn Rat & d'vn Elephant:&
fil l'euft veu & contemplé de fi pres que i'ay fait, il n'euft efcrit telles folies, & moins
celuy qui l'a traduit & glofé en marge de mon temps, qui fe moque du Lecteur,quád
il adioufte, que cefte groffe tefte a des aifles comme vn oyfeau,& le refte de fon corfage femblable à vn Chien, chofe auffi mal confideree à luy, veu qu'il n'a ne aifles, ne
corps,ne apparence quelconque.ce que ie fçay pour l'auoir veu neuf fois en trois ans.
Il y en a de fi fimples, qui m'ont voulu perfuader, que ces Pyramides eftoient les ap-
puys des greniers de Pharaon:mais cela n'eft en rien vray-femblable, veu que du téps
de ce Roy, il n'y en auoit encor aucune baftie, & n'y donna lon commencement de
plus de cent ans apres. Oultre les principales, vous y en voyez quelques autres, mais
fort petites en comparaifon des fufdites: & le tout feruoit pour tombeau & fepulture
à garder les corps momiez, defquels ie parleray au chapitre fuyuant. Non trop loin
defdites Pyramides y auoit vn Labyrinthe, ruiné auffi bien que celuy de Crete, que *Labyrinthe & Collifee ruinez.*
les Princes curieux auoient fait faire, pour paffer le temps, par vne infinité de tours &
replis,& pour y faire retourner les gens par vn mefme lieu,fans prendre garde aux de-
ftours, comme lon faifoit auffi à celuy de Dedale Stalymene, ou à celuy qui iadis fut
fait en Tofcane. Se trouue encor en quelques endroits d'Egypte, tirant vers le Soleil
leuant,vne large place,contenant trois arpens de terre,où y a apparence d'vn Collifee
tout rond : (car ainfi les Anciens les baftiffoient, & au contraire les Theatres eftoient
faits en croiffant, comme i'ay apperceu en quelques endroits d'Afie & de l'Europe.)
Tirant vers le Midy,à deux lieuës & demie defdites Pyramides,certains Grecs Armeniens & moy fufmes conduits en vn lieu fort folitaire,où autrefois y auoit eu vne petite villette, nommee *Mega*, & des Arabes du païs *Zacotha*, aupres de laquelle fe
voit vne foffe trefparfonde. Nos deux truchemans, qui eftoient Arabes, & chacun de
nous, prinfmes de groffes pierres fort pefantes, que nous iettafmes dedans, fans ouyr
aucunement le coup ny cheute d'icelles. C'eft le trou le plus efpouuantable, que lon
fçauroit trouuer,comme i'eftime. Nofdits truchemans nous conterent en peu de pa-

roles vne hiftoire de neuf poures Efclaues, qui trois ans au parauant que i'arriuaffe en Egypte, auoient defrobbé vn grand Seigneur Turc, nommé Gyderbey, Efclauon de nation, lefquels furent condānez à mort pour le larrecin par eux commis. Mais le Sangiach de la ville, qui cognoiffoit de long temps vn defdits Efclaues, pria pour luy, & pour le refte de fes compaignons. A quoy le gentil Gyderbey s'accorda, à condition que lefdits Efclaues defcendroient tous liez & garrottez en ladite foffe. Eux donques ainfi conduits, & defcendus bien bas par engins, le cordage fe trouua trop court. Parquoy penfant les remonter, & leur pardonner leurs faultes, attendu le deuoir où ils f'eftoient mis, & la patience qu'auoient eu ces poures miferables, ceux qui les tiroient hors de là, trouuerent attaché au bout de leurs cordes, neuf corps d'hōmes tous nuds, & noirs comme vn Ethiopien, fans aucune apparence de nez, yeux, ne bouche, auec vn merueilleux bruit de tonnerre, & infinis efclairs & orages. Et cela efpouuanta tellement les affiftans, que plufieurs d'eux mourûrent de frayeur fur le champ : qui depuis a donné argument au fimple peuple, de croire & dire, que c'eft l'vne des bouches de *Iahānam*, qui eft autant, que Enfer en leur langue. Bien pres defdites Pyramides, y a certaines grottes longues, & peu parfondes, efquelles ie veis plufieurs teftes d'animaux & beftes d'auantage, force hiboux, que les villains appellent *Elbomeh*) & grand nombre de chauuefouris: qui eft contre l'opinion de Pline, qui dit, qu'en toute l'Egy-

pte, ny en l'ifle de Crete, ne fe trouue aucune chauuefouris (que les Arabes nomment *Deiraleil*) chofe par luy inuentee, attendu que ie fçay, & ay veu le contraire, tant en vn lieu qu'en l'autre. Mais auant que fortir d'icy, il fault que ie vous die, que ces gallands vagabonds, que pardeça nous appellons Egyptiens, courét auffi bien en ce païs là, que parmy l'Europe : & en ay veu au Caire, & par tous les coings de l'Afrique, Afie & Europe, où i'ay voyagé, ayans mefme langage prefque, & pareil accent. Il eft vray qu'ils ne vont point ainfi coüeffez en Egypte, ny au Leuant, comme ils font icy : veu qu'ils feroient plus regardez auec rifee, qu'vn qui porteroit quelque grand bragette

de Suyffe, que les Turcs ont fort en horreur. Il y en a en Grece par les ifles, & furtout en Cypre, Candie & Corfou, lefquels n'ofent aller vagabonds, & dire la bonne fortune, ainfi que pardeça, ains les fait on trauailler à forger des cloux ; en quoy ils font excellents maiftres. Et pource que plufieurs voudroient fçauoir de quel païs ils font, ie dy qu'ils ne font point Egyptiens, veu que leur langue y contredit, & que auffi ils font profeffion de noftre religion: ce que ne font point lefdits Egyptiens, fi ce ne font quelques gens d'Eglife, Neftoriens, Grecs, ou autres. Ils font donc Valaques, gens fubiets au Turc, mais qui cognoiffent la Chreftienté, fçachans plufieurs langages, & qui dés leur enfance apprennent à viure de larrecin, & de forcellerie, quoy que ce ne foit que beftife tout ce qu'ils fçauent. Et à dire la verité, la plufpart de ceux que nous voyons en France, font du païs mefme, des voleurs, larrons & meurtriers, qui ont efchappé la corde, gaignee par leurs meffaicts, à fin d'aller là acheuer leur vie mefchante, où regne toute impunité de vices. Si de cent il en y a trois du païs de Valachie, qui eft en Allemaigne tirant vers le Septentrion, c'eft beaucoup, & tous apprennent vn mefme iargon, auec lequel ils f'entr'entendent, comme larrons en foire, ainfi que dit le prouerbe commun. Ie vous ay parlé de ces gallands fur le propos des Pyramides, d'autant que comme nous allions du Caire aufdites Pyramides, nous en trouuafmes vne troupe en noftre compaignie : & vont en telle liberté par tout le païs, que mefmes les Arabes ne leur font defplaifir quelconque, à caufe qu'vn voleur & brigand a le ferment à fon egal, & recognoift celuy qui luy eft femblable. Et me fouuient qu'vn Capitaine de ces gentils Singes fut defualifé des Turcs pres la ville de *Luza*, païs fort fertil : auquel fut trouué plus de cinq mille pieces d'or, fans comprendre les bagues

& ioyaux qu'il auoit. Les Arabes & Mores blancs appellent ces galands *Raſol-heramy:* qui ne ſignifie autre choſe, que Hommes larrons.

Des MOMIES, *& Sepultures antiques, que i'ay venës eſtant en Egypte.*
CHAP. V.

MOMIE, eſt vn mot Arabe, qui ſignifie toute liqueur, & choſe aromatique, entremeſlee auec ce qui eſt de liquide dans le corps humain, embaulmé apres la mort. Que ſ'il eſt ainſi, que la Momie, ou Mumie, ayt ceſte ſignification en l'Arabe, pourquoy eſt-ce que Mattheole liure ainſi la guerre à mon amy Belon, & mon compaignon du païs de Leuant; qui en ſes Obſeruations a nommé Momie, les corps confits en choſes aromatiques, tels qu'on les apporte du païs d'Egypte? Penſeroit-il impoſer loy pour ſon beau dire? Ie m'eſtonne pourquoy il ayme mieux attribuer la force Momiale au Bitume, qu'à ce qui l'a telle par le iugement de tout le monde. Il dit que Belon n'a autre raiſon, ſinon de ſe vanter d'auoir eſté en Grece, Aſie, Syrie & Iudee: mais il ne dit pas, que c'a eſté en ces regions là, où ledit Belon & moy auons veu le contraire de ce que luy & d'autres diſent & deſcriuent contre toute verité. Or ne veux ie point icy faire vne diſpute de Medecine, veu que ce n'eſt l'eſtat d'vn Coſmographe, mais ſeulemét monſtrer, que Belon, Docteur & Medecin de Paris, ne ſeſt point trompé, & que Mattheole luymeſme, qui ne veit iamais ces païs, non plus que pluſieurs qui en ont tant eſcrit, ſ'oublie quant à l'vſage de ces choſes: dont ie veux deffendre & maintenir, que la vraye & bonne Momie eſt celle qu'on apporte d'Egypte. Et à fin que ie ne detienne plus longuement le Lecteur, il fault noter, que iamais nation ne fut ſi curieuſe de l'honneur de ſepulture, qu'ont eſté iadis les Egyptiens: leſquels dés que quelcun eſtoit decedé, apres certaines ceremonies & offices de pieté vſez à l'endroit du deffunct, faiſoient porter le corps chez les ſaleurs & embaulmeurs: eſtats deputez à ce faire, & bien ſalariez du peuple. Ces gens auoient le moyen auec certains outils, de faire couler le cerueau par les narines, & puis couloient dedans le vuyde du crane, du baulme, & autres liqueurs. Apres on couroit au ventre (qu'ils nomment *Alchaxach,* & les Arabes du païs *Krephs*) & en oſtant les entrailles, qui eſtoient enterrees à part, le ventre ainſi vuydé, & arrouſé de vin de Palme (qu'ils appellent en leur langue *Rahelaia*) le lieu des entrailles eſtoit empli de Caſſe, de Myrrhe fine & exquiſe, & infinies autres bonnes odeurs: puis recouſoient l'inciſion faite, & lioient quelques iours apres le *Alharkob,* ou le corps, auec des *Mel-quetan Azel,* ſçauoir bandes de drap, ou de ſoye, que le peuple nommoit *Alhareir;* & les colloient auec certaine gomme. Regardez tous ces appareils de baulmes & gommes, ſ'ils ne ſeruent pas de la vraye & naturelle Momie: & ſi en ayant tenu & veu de tous entiers auec leurs habillemens, la ſubſtance des gommes & choſes aromatiques ſe ſont eſcoulees de ces corps ainſi entiers, eſquels le poil n'eſt point encores cheut. Ie ſçay bien, qu'à d'autres on mettoit du ſel, & autres drogues corroſiues, pour leur faire manger la chair: mais n'y demeurant rien que les oz, cela eſt pluſtoſt vne Anatomie ſeiche, que de la Momie. Pource ſurſeant tel diſcours, ie reuiens aux corps preparez auec l'huyle de Cedre, de la Myrrhe, & Cinnamome: dont quelcun m'a voulu faire croire le mot de Momie eſtre deſcendu, qui eſt tout au contraire, veu que c'eſt vn vocable Arabe, comme dit eſt, & que ces corps momiez auoient eſté conſeruez à la façon & maniere que ie vous ay deſcrit. Quant à ce qu'autres mettent en auant, pour reietter mon opinion des Momies, q̃ ces corps apportez de Leuant n'ont aucun gouſt, tel qu'il fault qu'ayt la

Mattheole en veult à tort à Belõ.

Maniere de embaulmer les corps morts.

Momie, qui eft de fentir l'amertume : i'entends où touſiours ils en veulent venir, ſçauoir, de dire qu'il y euſt de l'Aloé, ou que ce ſoit leur Aſphalte, qui eſt la vraye Momie. Mais ils faillent à l'vn & à l'autre, à cauſe (ainſi que i'ay deſia dit) que les Egyptiens ſaydoient de ce qui ſe leuoit en leur terre, comme Myrrhe (ou *Alboucort* en
leur langue) Caſſe, & Cinnamome, & que de cela ils faiſoient leurs compoſitions.
Quant à moy, ſi ces corps momiez eſtoient ſans profit & force, & que à l'experience
on n'euſt cogneu de quelle conſequence ils ſont pour noſtre ſanté, euſt on ſi long
temps vſé de choſe preiudiciable à noſtre corps, veu que les oſſelets du pied d'vn Lieu-
ure, la corne d'vn Cerf, Alce, corne de Rhinocerots, & autres telles folies ſont employees pour la ſanté de l'homme? Meſmes les Sauuages, où i'ay demeuré, ſay dit ſouuent, comme i'ay veu, des oz de diuerſes ſortes de poiſſons & de beſtes : & de la cendre
pareillement de certaines plumes d'oyſeaux. Et à fin que ie ne m'eſlongne de ceux, qui
ſe mocquent de noz corps momiez apportez d'Egypte, Mattheole dit ainſi : Il y en a
qui peſent, que les oz ſecs du corps humain, eſtans pilez & broyez auec quelque breuuage, ſoient de grand effect, à quel que ce ſoit des membres où ils ſe rapportent. Ce

Recepte pour guerir du Hault mal, & de la grauelle. que ie ne reiecte point du tout, veu que i'ay cogneu pluſieurs eſtre gueris du Hault-
mal, pour auoir vſé de la pouldre faite du *Rax-angk*, ſçauoir, Crane de la teſte d'vn
homme, tout ainſi qu'à ceux qui ſont grauleux, & qui ſouffrent douleur de reins.
Eſtant en Alexandrie d'Egypte, ie veis vn Iuif Medecin, qui prenoit le corps d'vn enfant momié, & mettoit la chair & oz en pouldre, de laquelle il prenoit tous les matins
auec du ius de Palmiers, enuiron deux doigts : & me donna de tel breuuage par trois
fois. Quelle raiſon m'amenera-il, par laquelle il me preuue pluſtoſt ceſte force eſtre és
oz puluerifez, & mis en quelque boiſſon ou potage, que non point en la chair meſme,
qui a eſté oincte & mixtionnee auec telle quantité de drogues? Mais laiſſons cela, &

Opinion de Cardā mal fondee. continuons le reſte de noſtre diſcours momial. Quant à l'opinion de Cardan, & autres de noſtre temps, quoy qu'il ne ſoit ſeul en ceſte reſuerie, i'eſpere que tout homme
de bon iugement ſ'en mocquera, oyant comme vn homme ſi ſçauant ſe trompe ſur le
propos de la Momie. L'vſage (dit-il) de la Momie eſt aboly. Cecy en a augmenté le
meſpris, pource qu'à preſent les morceaux des corps morts nous ſont apportez pour
Momie, leſquels ſont prins en la mer Rouge ſoubz les ſablons, & reduits en telle forme par la ſiccité & chaleur des vents, & auſſi par la chaleur de la meſme region : meſmement les morceaux des corps morts & ſeichez aux nauires, & ceux qui ſont ſuffoquez en l'arene, nous ſont apportez pour vraye Momie. Voyez comme cecy vient à
propos. Il côfeſſe la vraye Momie eſtre ce qui eſt tiré de ces corps embaulmez : & puis
dit, qu'on nous apporte des corps ſablonnez : & toutefois il ſ'oublie ſoudain, adiouſtant, que ces corps, meſmes trouuez és ſablons (que les Arabes du païs appellent
Lazeran) ont meſmes effects que la Momie. Mais ie ne parle point de ces corps là, &
moins reçois ie la fable qu'ils ont ourdie de la mer de Sablon, & des arenes qui ſont és
deſerts, où ils diſent que les vents ſ'eſleuent ſi hault, qu'ils couurent ceux qui y paſſent, & les ſuffoquent, & que la chaleur des ſables & du vent deſſeiche ces corps, deſ-

Diſpute ſur la Momie. quels on ſayde pour Momie. Et m'eſbahy, qu'ils ne regardent que ces corps ne ſçauroient gueres eſtre là ſans putrefaction & diſſolution, veu que l'air meſme en feroit
la corruption : & ainſi les morceaux de telles charongnes ne pourroient ſentir que la
venaiſon de toute chair corrompue & putrefiee. Au reſte, ſ'il eſtoit ainſi, que la chaleur conſeruaſt ces corps, ce feroit aller contre toute reigle de Philoſophie : pource
qu'il n'y a lieu ſi aride, où l'air puiſſe courir, qui ne ſente quelque humidité, comme
i'ay apperceu ſoubz la Zone Torride, & qui ioincte à la chaleur, ne cauſe l'alteration
du corps expoſé à ces accidens. Que ſi la chaleur des ſablons conſume, il feroit impoſſible

possible d'y trouuer rien que les oz : ioinct aussi que les vers, serpens, & autres telles
bestioles y donneroient soudain attainte:& aussi les oyseaux, bestes passagieres & rauissantes ne seroient gueres sans odorer telle proye, & s'en repaistre. D'auantage, ie
m'estonne comment ils disent, que les vents s'esleuent si haults, qu'ils couurent ceux
qui y passent, & les suffoquent : attendu que i'ay trauersé par deux fois les deserts sa-
blôneux des trois Arabies,& toutefois n'ay point veu, & moins ouy dire à nul Arabe
du païs,que le vent fust si grád,qu'il couurist ou suffoquast aucun des passans : Puis il
n'y a lieux moins subiets aux vents,que les deserts,pource que continuellemēt il y fait
chauld : & si on ne les passe point qu'auec bonne compaignie d'Arabes, sur des cheuaux ou chameaux.Ie prie le Lecteur me croire, comme celuy qui dit & escrit en son
patois Angoumoisin,la verité,non par vn faux rapport,ains pour auoir veu oculairement, auec grand peine & pouretez, le contraire de ce que disent & escriuent tous ces
faiseurs de liures,pour auoir esté mal aduertis. S'il estoit ainsi, que ne trouue lon aussi

bien les corps des cheuaux,chameaux & mulets,soubz les sablons,tous momiez,quád
ils meurent de trauail ou de faim en ces deserts, comme ceux des hommes? Et ce que
ledit Cardan en a escrit, il me l'a voulu faire croire de bouche, deuisant familieremēt
auec luy en sa maison à Milan : mais luy en ayant discouru & dit la vraye verité, il se
tint pour content de mon dire, aussi bien que fit au retour de mon voyage le nompareil Fernel,Medecin du feu Roy Henry second du nom,estant à S.Germain en Laye.
En somme donc la vraye Momie se prend dans les tombeaux & sepulchres bien fermez, cloz & cimentez de toutes parts ; & sont tellement oincts & embaulmez, que le
mesme linge,qu'on leur mit lors qu'ils furent enterrez, s'y trouue encor tout entier,&
les corps aussi,tellement qu'on diroit qu'il n'y a pas quatre iours qu'on les a mis soubz

La vraye
Momie se
prend dans
les tōbeaux.

terre:& toutefois il eft tel,qu'il y a plus de deux mille ans qu'il y a efté pofé. Ie me fuis
trouué plus de vingt fois en compaignie de Turcs,Iuifs & Arabes,à l'ouuerture de ces
tombeaux : où vous voyez autour, des lettres qu'homme du païs ne fçait lire, toutes
femblables à celles des Obelifques d'Alexandrie, & d'autres villes ruïnees d'Egypte.
Volontiers ce font les Efclaues Mores, ou quelques poures Arabes domeftiques, aufquels lon fait fouiller & demolir ces vieux monuments & tombeaux : puis font porter ces corps à leurs maifons fur leurs chameaux, à la façon & maniere que pouuez
voir par le precedét pourtraict. I'ay veu tels corps d'hommes & de femmes,qui exce-
dóient neuf pieds en lógueur. Et ce que i'ay trouué le plus admirable, c'eft qu'au lieu
des entrailles, plufieurs d'entre ces corps auoient dedans, des medalles & petites fta-
tues:qui me fait penfer, qu'ils y mettoient cela en memoire de ceux qui eftoient decedez hors du païs, à qui ils n'auoient peu faire le iufte deuoir des funerailles : veu que,
ainfi que i'ay dit, il n'y eut iamais nation plus foigneufe de l'honneur de fepulture,
qu'ont efté les Egyptiens.

Des MOMIES, *qui furent trouuees de mon temps en Iudee.*
CHAP. VI.

Açoit que les fufdits Egyptiens ayent efté cerimonieux outre mefure en leurs fepultures, fi eft-ce que les Iuifs ne leur ont iadis cedé
en cela. Qu'il foit ainfi, entre les villes de *Gazera*, & *Lariffe*, qui ne
font comprifes en Egypte,ains foubz la Iudee,fe voyent de longues
& groffes mafures, faites à la façon d'vn Theatre & vieux chafteau,
que le vulgaire du païs appelle *Robohot*, prés lequel y a vn petit canal d'eau falee, venant de la mer. Et fçay bien, que du temps que i'eftois pardelà, en
fouillant la terre, pour dreffer vne fortereffe, à fin de refifter aux courfes des Arabes,
lon defcouurit en moins de quatre iours, plus de cent cinquante corps momiez, dans
les anciens fondemens, les vns en tombeaux de marbre blanc & noir, les autres dans
des pierres fort larges & dures,toutes efcrites de diuers characteres, effacez par l'iniure du temps:toutefois lon cognoiffoit bien que c'eftoient lettres Hebraïques, Arabefques, & Morefques. I'y en veis d'auffi entiers, tant hommes que femmes, que fil n'y
euft eu que fept ou huict iours qu'on les y euft mis,& à tous on pouuoit facilemét iuger qu'on leur auoit ofté les entrailles. Les vilains qui foffoyoient, iettoient ces corps
tout ainfi que vous feriez vne pierre, fans en faire autre conte ny eftat. En ce mefme
lieu ie vey vne fepulture toute de Iafpe,tirant fur le rouge, dans laquelle n'auoit aucun corps,ny autre chofe,que deux ftatues de bronze,toutes vertes,qui la fouftenoiét,
la figure defquelles eftoit d'vn Lyon du ventre en bas, & le refte à la femblance d'vn
homme,& l'autre, d'vne femme. Contre ce tombeau eftoient engrauez en langue des
anciens Egyptiens ces mots qui f'enfuyuent, HABIBI ANTA-MALIEH:qui eft à
dire, felon l'interpretation que i'en peuz auoir de certains Arabes, Mon amy, vous
eftes beau. De l'autre part eftoit auffi efcrit en mefmes characteres, SATEY, ANTA-
MALEIKA, c'eft à dire, Dame, vous eftes belle. Et pour n'entendre le fubiect, ie ne
vous en puis donner autre interpretation. Ie me fuis efbahy fouuent d'auoir veu dãs
quelques fepultures,pres de ces corps d'hommes momiez,des teftes de Chiés, Bœufs,
Crocodiles, & Chieures auffi momiez:dequoy ie n'ay peu onc fçauoir la raifon,finon
que i'eftime qu'ils adoroient telles beftes,comme ils faifoiét les idoles & ftatues.Tou-
tefois ie penfe qu'ils deuoient adorer le Pourceau fur tous autres, d'autant que c'a efté
celuy qui le premier a monftré la maniere de labourer la terre, & la fendre & couper

auec le bout de son groin, & enseigné de faire le soc de charrue. Quelque temps auant
que ie fusse en Egypte, on auoit aussi trouué plusieurs autres corps momiez aupres du
riuage du Nil, en vne montaignette, nommee *Fartal*, au pied de laquelle y a de merueilleuses antiquitez de bastimens, où à present se tiennent plusieurs Arabes, lesquels
apportent infinies medalles aux marchans. Au reste, allez vous en au Caire, à Rousset-
te, Damiatte, Alexandrie, & autres lieux d'Egypte, les Turcs, Arabes, & Mores blancs
vous monstreront dans quelques secrettes boutiques de leurs Apothiquaires (qu'ils
nomment *Elhanoët*) vne infinité de Momies, & les Iuifs sur tous: côbien qu'ils soient
falsificateurs de cela, aussi biē que de toute autre drogue. Mais vous auez plus de plaisir & contentement de les aller visiter vous mesmes ès sepulchres, & par les Pyramides & Obelisques, pour autant que vous y voyez des corps d'hommes tous barbus,
des autres sans barbe, des femmes qui ont la face ternie, mais les cheueux aussi longs
que rien plus : de sorte que i'en ay veu telle, qui auoit les cheueux luy allants usques à
demie iambe, & des enfans, à qui rien ne defailloit que le dedans. I'en acheptay vn petit, lequel estoit crespellé, & aussi entier que le iour qu'il y fut mis : mais il me fut vollé
auec autres hardes en vn combat que nous eusmes contre les Arabes, au desert d'*A-
care*, où fut tué plus de deux cens hommes de nostre côpaignie, non qu'il n'y demou-
rast plus de huict cens de ces volleurs sur le champ : & nous eussent tous deffaits, sans
deux pieces de campaigne, trainees par des chameaux, qui feirent belle despesche de
ces brigands. Or me vouloit nostre Capitaine & conducteur de la troupe, qui estoit
vn *Chaou*, au commencement de l'escarmouche, contraindre charger ces deux pieces, puis y mettre le feu, pour tirer contre lesdits Arabes, qui nous poursuyuoiēt iour
& nuict. Mais sans doute, si ie l'eusse fait, comme quelques Mahometans de la compaignie, mes familiers, m'asseurerent, mon procez estoit paracheué : & m'eussent contraint me faire Turc, & estre au nombre des circoncis, ou parauenture fait mourir,
comme ordinairement ils font à ceux, qui ont commis la moindre chose du monde
contre ceux de leur secte. Et voulurent vser de telle brauade & vanie Moresque alencontre de moy, pourautant que quelque iour au parauant, conferant auec vn belistre
renegat Cypriot, ie m'estois vanté, qu'il y auoit deux ans, qu'estant sur mer, i'auois seruy de canonnier, combattant quelques vaisseaux à rames, qui estoient sortis du goulfe
de Corinthe en la Moree, où nous en auions mis trois au fonds. Voila comme ie perdis ma Momie, & aussi la peau d'vn Crocodile qui auoit neuf pieds de long. Ie pense
que ceux qui nous en departent pardeça, la meilleure qu'ils ayent, est recueillie à Môt-
faucon : & ne m'esbahis pas, si les doctes Medecins n'en tiennent conte, veu que de ce
qui est necessaire en la vraye, il s'en treuue fort peu en celle de nos Drogueurs & Apothiquaires. Or non seulement s'en recouure-il en Egypte & Iudee, ains en d'autres endroits de l'Afrique, ou Barbarie, tirant vers Tripoli : & principalement en vne vieille
ville, nommee *Mumie*, non pas celle Mumia qui est bastie sur le riuage du Nil, ains
vne autre qui est tirant au Nort, pres la haulte tour, laquelle, pource que les Arabes la
tiennent, on appelle la Tour aux Arabes, sur le riuage de la mer Mediterranee. Auquel
lieu i'ay ouy dire, que pour vn iour les bastisseurs de ce fort, trouuerent plus de cent
cercueils pleins de corps momiez, à cause que le lieu estant sablonneux & sec, l'humeur n'y corrompoit point les mixtions qu'on mettoit dans les corps, ne plus ne
moins que celuy où sont les Pyramides. Ceux qui iamais ne veirent ces sepultures, &
qui en ont parlé en clercs d'armes, ont tenu, que la Momie estoit composee d'Aloé.
Ausquels i'ay respondu, que l'Egypte n'en porte point, ne n'y en croist (& ne desplaise à ceux qui en ont faulsement escrit le contraire) & que l'amertume qui est en la Momie, quoy qu'elle soit bien petite, prouient de la Myrrhe, & de l'huile de Cedre : &

Les Iuifs falsifiēt tou-tes drogues.

Quelle Mo-mie on a pardeça.

h ij

Egypte ne produit les espiceries.

que d'autre efpicerie ils ne fen aydoient, pour le peu de frequentation qu'ils auoient aux Indes, où l'efpice & fouefues odeurs prennent leur origine, tout ainfi que font les Perles. Ces feules chofes d'Egypte, & l'Afphalte de Iudee, ont conferué aufli les corps momiez, qu'on a trouuez de mon téps à trois lieuës de Gallipoli. Et puis que i'ay parlé des Indes, il fault noter, qu'en certains endroits d'icelles, on vfe de mefme façon d'embaulmer les corps: entre autres, en vn païs, nommé *Agrigaiac*, qui f'eftend iufques aux terres & Royaumes de *Tiphure*, vers l'Eft, & celuy de *Macin*, où font les bonnes odeurs de mufc, & les gommes fines. En cedit païs donc, quand quelcun eft decedé, fes enfans, & ceux qui luy font proches de fang, luy oftent les entrailles, & (comme aucuns eftiment) ils les mangent cuictes, à fin que la vermine ne f'en repaiffe. Ce qu'eftant faict, ils empliffent ces corps de fine Myrrhe, d'huiles de certains noyaux de

Permerih arbre portāt la gemme.

fruicts, & d'infinies odeurs, auec vne gomme toute iaulne d'vn arbre, nommé *Permerih*, qui ne porte autre fruict, laquelle fent mieux & plus fouef que ne fait le mufc. De toutes ces compofitions ils en lauent le corps tout chaud, puis en font vne pafte, de laquelle ils empliffent le defunct, és lieux où eftoient les entrailles: puis les mettent dans des vafes faicts de terre fort rouge, & plus couloree que la terre figillee: & a chacune famille fon lieu peculier pour y mettre fes morts. I'ay fçeu cecy, eftant à la mer Rouge, des marchans Indiens, qui auoient trafiqué en *Malaca*, & au Royaume de *Pegu*, qui font aux Indes en terre ferme. Et d'autant qu'il y auoit nombre de beftes rauiffantes, qui venoient deterrer les corps pour en viure, ces idolatres Indiens les enterrent à prefent pres leurs villages, qui font tous fermez de palis bien haults & efpais. Ce mot Momie, ie vous ay dit qu'il eft Arabe corrompu, duquel volontiers ils vfent,

Mots notables.

fignifians vn corps conduit au fepulchre: comme quand ils difent, *Eraym Heler-humedin Alkabar Mumia Baba Caper*, c'eft à dire, Celuy qui eft mifericordieux, & qui iugera, noftre pere, conduira ton corps au tombeau. Cefte cerimonie de fepulture ne fut iamais mefprifee par aucune nation, qui euft quelque fentiment de raifon, & ceux qui ont efté les plus ciuils, y ont efté aufli les plus curieux. Quant aux Grecs & Romains, ie ne fçay pour quelle occafion ils faifoient brufler les corps de leurs parens & amis defuncts, & puis ramaffoient les cendres, qu'ils mettoiét dans des vafes precieux, & les enterroient auec grand honneur & reuerence. Lon trouue de ces vrnes & vafes, foit de voirre ou autre chofe, en Italie, Grece, & autres endroits où les Romains ont autrefois commandé: & en ay veu vers Naples, Puzzole, Calabre, & autres lieux: és ifles de Grece il y en a fans nombre. Au refte, les Egyptiens, qui iadis drefferent ces miracles du monde, faifans les Pyramides, Coloffes, Obelifques, & autres telles chofes, & qui embaulmoient les corps pour les conferuer, n'eftimerent onques que leurs corps deuffent feruir de medecine aux eftrangers. Et ne puis coniecturer qui a efté celuy qui a inuenté cefte boucherie & brutalité, de penfer guerir les malades auec vne charongne fi vieille, & fans nulle fubftance, n'eftoit vn medecin *Elmagar* (nom d'vn Eftourneau en langue Afriquaine) qui eftoit Alexandrin, felon le recit des medecins Arabes: & fi ne me puis tenir de me moquer de ceux qui contentieufement difputent de la Momie. Si cela eft bon pour les autres, ie m'en rapporte à la verité. Mais ie fçay, que

Medecins Iuifs, & de ma guerifon.

moy eftant malade en Leuant, & gouuerné par vn Iuif medecin, il me feit vfer de cefte Momie, qui m'ayda autant que rien, ou bien n'eftoit pas bonne: là où vn More blāc dans trois iours auec quelques decoctions me remit fus. En fomme, fi la Momie eft falutaire & faine, la meilleure fe treuue pres des Pyramides: & croy que ce lieu là, où elles font bafties, eftoit dedié pour enfeuelir les morts, tout ainfi que nous auons nos Cemetieres, & que ceux qui eftoient les plus riches, faifoiét leur lieu de fepulture plus magnifique, ainfi que font les Pyramides des Rois: mais que le peuple y faifoit des monceaux de pierre, & foubz iceux y auoit des grotefques, où eftoiét leurs corps momiez. Car i'ay veu telle cauerne faicte en voulte, qui auoit vn iect d'arc : l'autre, pres d'vne lieuë de long, & affez belle largeur, qui vont en trauerfant vers le lac *Delbuchi*, dans lefquelles font les tombeaux, dont on a tiré de mon temps plufieurs corps : & en y a encore en abondance, partie tout debout contre la muraille, & d'autres eftendus fur de grandes tables de pierre, où vous voyez encor de riches & fomptueux monuments. Il vous y fault porter du feu, à fin d'y voir, tant pour l'obfcurité, qu'à caufe auffi, que és coings & lieux plus fombres, il y a quantité de ferpens de diuerfes fortes. Voyla tout ce que ie pouuois difcourir fur les Momies, fans m'amufer à la fantafie mal fondee de ceux qui penfent le contraire : & vous en ay dit en ma confcience la pure verité ; en ayant efté prié par quelques vns de mes bons amis, entre autres, des trefdoctes & experts medecins en l'vniuerfité de Paris, les feigneurs Simon Pietre, & Iaques Charpentier, eftans curieux de tels fecrets fi rares, pour l'effect defdits corps momiez. Paffé que vous aurez le Caire, tirant vers la mer Rouge, & puis prenant la route des deferts de Suez, vous voyez d'affez belles villes, tant anciennes que modernes, & auffi allant vers l'Ethiopie : comme font *Afna*, prefque foubz le Tropique de Cancer, & *Affuan*, qui font du baftiment ancien des Egyptiens naturels du païs. Vers Suez, eft *Iehmin*, qu'on dit eftre la plus ancienne, comme celle qui fut edifiee par Iehmin, fils de Mifraim, le premier qui apres le deluge alla pour peupler ledit païs. Et toufiours allez trouuant villes le long du Nil, iufques à ce qu'ayant paffé le Delta de Damiatte, vous approchez le Cap, dict *Gallo*, lequel fepare les païs d'Afrique & d'Afie, comme eftant fur les fins & limites du defert de Suez.

De la riuiere du NIL, *de fa fource, & inondations.*

CHAP. VII.

ESTE grande riuiere, que les Ethiopiens appellent *Gyon*, les Iuifs *Sihor*, les Arabes *Aload-exton*, autres *Bahar-ennil*, nous la cognoiffons foubz le nom tant fameux du Nil, duquel à la verité, l'on a veu & cogneu de mon temps & le lieu & la fource, & comme il court, où il f'eftend, quand il eft nauigable, & comment, & par quelle raifon il fait fes defbordemens. Mais à fin qu'on n'accufe du tout les Anciens de telle ignorance, que de n'auoir fceu fon origine : quelques vns difent, qu'il fourd de certaines montaignes, és limites & coings extremes d'Ethiopie tirant vers le Midy, & qu'il eft impoffible d'y aller, pour les chaleurs intolerables. Mefmes Diodore Sicilien a efté fi hardy de mettre par efcrit (qui toutefois a efté, & eft reputé l'vn des premiers de fon temps) que cefte fource vient de la part de Septentrion, en l'extremité d'Ethiopie, où il n'y a nul accez, à caufe des grandes chaleurs. En quoy le bon pere fe contredit par tout. Premierement de vouloir faire accroite à Theuet, que le Septentrion foit entre le Leuant & le Midy, ou Eft & Su. Et puis que de la part où eft la fource du Nil, les chaleurs y foient fi exceffiues, que le païs eft inhabitable : ie luy refpons, & à tous autres anciens & modernes, Hiftoriens & Philofophes, comme ailleurs i'en traicte affez, qu'il n'y a lieu au monde, qui ne foit habitable, ou ne puiffe eftre habité, fi ce ne font les parties fablonneufes, comme l'Arabie deferte. Tous ces fçauans docteurs femblent approcher affez de la verité, pour l'auoir ouy dire à d'autres, qui eftoient en doute auffi bien qu'eux. Mais il eft certain, que le Nil prend fa fource au Royaume de *Goiame*, oultre l'Equateur, tirant vers l'Antarctique, & fort des montaignes de Beth, que d'autres nomment les Monts de la Lune, pour leur merueilleufe haulteur : lieu

Source du Nil, au Royaume de Goiame.

h iij

affez froid, à caufe des neiges qui y font ordinaires. Les habitans de *Goiame, Quiola,* & *Manicongre* les appellent (comme ils m'ont dit) *Beth-alfarach*, c'eft à dire, Montaignes de larrons, pour le danger qui f'offre aux paffans, des volleurs qui y repairent. Les Arabes nomment cefdites montaignes *Gebel-caph*, nom quafi general à toutes autres. Icy le Tranflateur de Pline, en la glofe qu'il a fait en marge, liure cinquiefme, chapitre neufiefme, monftre bien fon ignorance, difant que cefte fource vient du Royaume de Manicongre, vers la Guynée, païs tout à l'oppofite defdites montaignes de Beth: attendu que l'vn tire au Leuant, & l'autre au Ponent. Depuis ces montaignes, & les lacs que fait ce fleuue par fes tortens, que l'on appelle fontaines du Nil, iufques au grand Caire, font quarante fix degrez ou enuiron, comptant dixfept lieuës & demie pour degré: & n'eft deformais faifon de douter des chofes qui font tant euidentes. Or fi les Anciens ont efté iufques à perdre leur Latin en cecy, ne fçachans autre raifon de cefte fource, finon de dire, que le Nil eft fleuue qui defcend de Iupiter, à caufe qu'aucun de bon efprit n'a voyagé fi auant, pour cognoiftre la verité, & puis la donner à entendre à la pofterité: ie ne m'efbahis pas, fi aucuns des plus fçauans ont penfé, voire afferme, que le Nil fe perdoit plus de quatre vingts ou cent lieuës. Mais aduifons l'impertinence de telle opinion, à la furyte mefmes du cours de cefte riuiere, qui eft la plus longue qu'autre dont nous ayons cognoiffance, f'eftendant plus que d'vn Tropique à l'autre: & lors vous verrez, que depuis qu'elle f'eflargift par la campagne, fortant de fes grands lacs & fontaines, bien qu'elle perde fon droict fil, fi eft-ce que toufiours on trouue fon courant iufques foubz la ligne. Et lors tournoyant & faifant des vireuouftes & circuits, elle fait plufieurs ifles: puis paffant le Tropique de Cancer, f'en va iufques au Caire: & de là va faire les fept bouches & canaux, par lefquels elle fe iette dans la mer Mediterranee, comme i'ay veu. Eftant fans nulle difficulté telle la fource du Nil, que les moins-voyans f'affeureront d'elle, auec autant de certitude, que des fleuues, defquels nous cognoiffons pardeçà le lieu de leur origine: il me fault vuyder ce different, touchant l'opinion de ceux, qui auffi legerement difent que le Nil fe perd par fi longue efpace foubz terre. I'ay amené l'euidence du cours, qui ne manque depuis les fontaines iufques à l'ifle de Meroé: & d'icelle auant l'on voit cefte riuiere aller fi droict, & auec telle grandeur, qu'il n'eft aucun qui ofaft dire, que depuis là elle fe perdift en forte quelconque. Reuenons à l'autre cofté, qui eft depuis lefdits monts de Beth iufques à Meroé: encore y a il là de l'impoffibilité, eu efgard à la nature bruyante & impetueufe, & auffi de la largeur de cefte riuiere, laquelle ne pourroit fi longuement fe contenir foubz terre, fans caufer des abyfmes, & fans engloutir beaucoup de païfage, ou que faifant creuaffer la terre, les vents ne f'y enfermaffent, & ainfi ruinaffent plufieurs contrees par tremblement de terre, auquel les païs chaults font fort fubiects. Or cela aduenant, les lieux cauerneux & grotefques fe rompans par exhalation de ces vents enfermez, viendroient à empefcher le cours fouterrain de cefte riuiere. D'auantage, que deuiédroit tant de bois & gros arbres, que l'impetuofité de cefte eau defracine, & en fert ceux du païs, qui font fans bois & chauffage? & toutefois ce bois, & les grands iones marins, plus gros & longs que les picques & lances que nous auös pardeçà, il fault qu'ils paffent par le païs mefme, où ces fubtils rechercheurs des fecrets de Nature veulent que le Nil fe perde & f'abfconfe. Si la riuiere alloit de droict fil foubz terre, & qu'ils m'affeuraffent qu'elle y a efpace fuffifant à fa largeur, peut eftre que moy Theuet leur accorderois quelque chofe de leur fantafie: mais fçachant les rocs & rochers, les afpres folitudes où il paffe, les grandes immondices qu'il amene, auec le limon defquelles il engraiffe les terres, & qu'auffi homme ne fçauroit dire où c'eft qu'il fe perd, & qu'il tourne apparoiftre (trop bié que ie fois affeuré de fon cours

perpetuel) & que quelque authorité que lon donne à Pline, qui eſt de ceſt aduis, ie ne Erreur de. Pline, & de Munſter.
puis approuuer choſe tant eſlongnee de la verité. Ie ſçay bien qu'il y a des riuieres qui
ſe perdent ſoubz terre: mais que le Nil en ſoit l'vne, ie ne le confeſſeray de ma vie: non
plus que i'approuueray ce que Munſter dit en ſa Coſmographie, ſçauoir que tous les
fleuues d'Afrique ſe rendent dedans celuy du Nil: veu que la choſe ne ſe peut faire,
ioinct l'experience oculaire qui me rend plus aſſeuré de n'en rien croire: eſtant certain, qu'il y a trois mille riuieres en Afrique, que ſi elles ſ'y deſgorgeoient, comme les
vnes ſont au grand Ocean, les autres en la mer Mediterrance, autres en la mer Rouge,
ledit Nil pourroit eſtre vne ſeconde mer Maior en ſa largeur & eſtendue, & ſeroit
deux mille fois plus grand qu'il n'eſt. Souuentefois nauigant ſur iceluy dedans de petites barques, nous demeurions à ſec ſur le grauier: argument de ſa petiteſſe en quelques endroits. D'auantage ledit Munſter met encore par eſcrit vne autre choſe auſſi
faulſe, diſant que les femmes d'Egypte ſont auſſi fecondes que la terre du païs, portans à chaſque ventree ordinairement trois ou quatre enfans. I'ay librement viſité l'E-
gypte enuiron trois ans, & n'ay iamais veu n'ouy dire tel miracle eſtre couſtumier en
ces païs là: toutefois ie ne veux nier, qu'il ne ſoit poſſible, que quelques vnes entre autres n'en puiſſent porter trois & quatre, auſſi bien que telles choſes ſont auenues en
noſtre France, Angleterre, & Eſpaigne: & meſmes du temps que i'eſtois en Crete, vne
dame Grecque en eut cinq tout à la fois. Ces choſes ont autant de vraye-ſimilitude, &
les doit on autãt croire, que ce que raconte Pline en ſon Hiſtoire naturelle, liure tren-
teſeptieſme, chapitre cinquieſme, qu'au païs Egyptien ſe trouuent des fines Eſmeraudes, & à celuy de Tartarie auſſi, meſmes en l'iſle de Cypre. Croye le porteur qui voudra: car ie ſçay bié que ne en l'vn ne en l'autre lieu, il n'y a vn ſeul grain de roche d'Eſ-
meraude, nõ plus qu'aux rochers de Crage pres d'Angouleſme, ſi lon ne les y a portées
des lieux où elles croiſſent: ſil ne vouloit d'auenture entendre certaine eſpece de marbre verd, duquel le peuple ſauuage de la terre de l'Antarctique font des pierres, pour
appliquer à leurs baleures, comme ailleurs ie vous en ay fait le diſcours. Reſte à voir
& entendre à la verité, d'où procede, qu'au temps que les autres riuieres diminuent, à
ſçauoir au ſolſtice d'Eſté, le Soleil ayant ſes plus grandes ardeurs, le Nil accroiſt alors
ſes ondes, & ſe deſborde de telle ſorte, qu'il couure beaucoup de païs, & non pas tout,
comme aucuns ont penſé. Il y en a eu quelques vns qui ont eſté d'aduis, que ces deſbordemens procedoient de ce, que ſoufflans les vents Occidentaux, le cours du Nil
eſtoit repouſſé en hault, & qu'ainſi ſe penſant engoulfer dans la mer, ces vents faiſ-
ſoient enfler les ondes du fleuue: de ſorte qu'eſtant le païs d'Egypte bas & en planure,
l'eau ſ'eſpandoit facilement, & arrouſoit le païs voyſin. Mais quoy que ceſte raiſon
ait quelque veriſimilitude, ſi eſt-ce qu'elle n'eſt point aſſeuree, veu qu'il n'eſt riuiere
ſ'embouchant dans la mer, qui ne peuſt auoir meſme force & effect en tout autre païs,
qu'a le Nil en ſon Egypte. De dire que ce ſont les neiges qui ſe fondent en Ethiopie,
leſquelles cauſent tout cecy, ie n'y voy aucune raiſon: veu que ſil y a des neiges (leſquelles, comme i'ay obſerué, ne peuuent eſtre fondues que par la pluye qui y eſt couſtumiere) ſi eſt-ce que le degel ſe feroit lors que le Soleil entre au Taureau, qui eſt l'E-
quinoxe, & la force de l'Eſté en ce païs là: & lors que le Nil deſborde, c'eſt le commencement de l'Hyuer, à ſçauoir au ſolſtice que nous appellons d'Eſté. Que ſi la choſe
fuſt procedee, & encores procedoit des vents Occidentaux & Septentrionaux, empeſ-
chans le Nil d'entrer en la mer, les Anciens qui ont eſté ſi curieux, n'euſſent demeuré ſi
long temps à ſçauoir les cauſes naturelles de telle inondation: veu qu'euidemment on
verroit les ondes de la mer ſe dreſſer & oppoſer contre celles du Nil, & encor apperceuroit on le montant des eaux vers iceluy, par la force du vent, pluſtoſt que le voir

venir à force de rauines, fort bruyant & impetueux. Et n'y fait rien, que ces vents ont autant de cours à fouffler fur terre, comme le Nil met à l'inonder, à fçauoir quarante iours, veu que ce n'eft en mefme temps : & qu'auffi, comme i'ay dit, l'enfleure du Nil vient du Midy, & non de la force des vents, foient Occidentaux ou Septentrionaux. Au refte, fi c'eftoit le vent qui caufaft cecy, faifant retrograder le cours du Nil par fa force vehemente, lon ne verroit point l'eau d'iceluy trouble & efpaiffe comme lon fait : veu que le vent n'efmeut ny les fablons, ny le limon, feulement f'enferme & enue-loppe dans les ondes. Ce que donc vous voyez le Nil tout limonneux & trouble, ad-uient ou pour la defcente d'autres riuieres & ruiffeaux, ou pour quelque grande & impetueufe pluye & tempefte, lauant les terres d'Ethiopie, & f'eftendant puis apres le cours de la riuiere par la region d'Egypte iufques à la mer Mediterranee. Parainfi

Pluyes cau-fent le def-bordement du Nil.

f'enfuit, qu'à la verité ny les vents ny les neiges ne caufent ce defbordement, ains que ce font des pluyes exceffiues, lefquelles troublent le Nil, & font qu'en telle faifon il fe defborde auec fi grande impetuofité. Mais pour efclaircir le tout, eft à f'enquerir, d'où c'eft que telles pluyes fe peuuent engendrer en vn païs fi chauld qu'eft l'Ethiopie & Arabie : veu que les nues & vapeurs ne peuuët naturellement confifter là, fi ce n'eft aux mõtaignes treshaultes, ains fault que ce foient les vents qui les y portent, ainfi que nous voyons aduenir pardeça au temps d'Efté. Ce qu'eftant vray, encores les pluyes ne feroient ne fi grandes ne de telle duree, qu'elles peuffent caufer vne telle inonda-tion en cefte faifon, eu efgard à l'affiette & nature des regiõs. En vne chofe ie fuis d'ac-cord, à fçauoir que cecy procede des grãdes pluyes. Mais comme ces pluyes font cau-fees, c'eft icy qu'il fault difcourir de plus loing, & auec raifons naturelles f'arrefter à la mefme experience qu'en ont faict ceux qui ont veu (comme moy) de quelle façon ce fleuue fe gouuerne, comme il croift & decroift, & par quel moyen les pluyes durent fi longuement : & puis ie viendray au païs où il eft vny & fait vn feul courant, affauoir au bout de l'ifle de Meroé. A cefte caufe ie dis (affeuré de l'experience) que le Nil prend fon accroiffement, non feulemët du Midy, d'où il reffourd, ains encore du def-bord qui fe faict des riuieres de la haulte Mauritanie, qui f'embouchent en iceluy apres les grandes pluyes qui tombent en tout ce païs là, depuis que le Soleil entre en Gemini. Car le Soleil approchant du Tropique de Cancer, dõne lieu aux pluyes Me-ridionales, & par mefme moyen caufe en la Mauritanie & Numidie, que les neiges, qui font fur leurs haultes mõtaignes, fe fondent, & courans ces rauines par leurs fleu-ues, viennent en fin f'engoulfer dans le Nil, auant qu'il entre en Egypte. Ainfi d'vn co-fté les pluyes f'efpandans par l'Ethiopie, & les neiges fe fondans de l'autre cofté de l'Afrique, le tout courant par les deferts de l'vn & l'autre païs, ne fault f'esbahir, fi le Nil f'engroffift de telle forte que ie l'ay veu, qu'il fuffift pour engraiffer beaucoup de païs : & fi les eaux commencent à croiftre peu à peu, à caufe que le Soleil eftant efloi-gné des Ethiopiens, les pluyes fe font grandes en leur païs d'Ethiopie, loingtaine d'E-gypte, & proche des Mores, qui caufe la fonte & liquefaction des neiges, lefquelles viennent auec vehemëce fe ruer par la campaigne des deferts, & en fin gaigner le Nil. Mais lon me dira, d'où vient que ces pluyes qui tombent en Ethiopie, le Soleil eftant en Gemini, ne fe cognoiffent auffi toft en Egypte : veu que le Nil n'y dõne figne d'au-cun accroiffement, iufques à ce que le Soleil entre au figne de Cancer, & qu'il eft en fa grãd' force & defbordement, le Soleil eftant en Leo, & commence à diminuer, ledit aftre entrant en la Vierge ? Ie dy à cecy, que iaçoit que l'Hyuer des Ethiopiens com-mence lors de noftre Printemps, fi eft-ce que le cours du fleuue eftant fi long, & y ayant tant d'empefchemens qui le retardent, il ne fe peult faire, que tout foudain les Egyptiens fe reffentent de cefte abondance d'eaux fur le folftice d'Efté, dont ils commencent à s'appercevoir du desbord : mais que quand le Soleil entre en Leo, alors elles courent de toutes parts, & est la grande abondance : & entrant au signe de la Vierge, elles decroissent, à cause qu'il commence à decliner, & se tourne vers son Equateur, faisant l'Esté en Ethiopie, & vers la plage Meridionale, laquelle est assise dans le Tropique de Capricorne, recommençant à hasler lesdits Ethiopiens, & à desseicher la matiere qui causoit les pluyes en ces contrees. Ainsi suyuant la sentence mesme de ceux qui ont esté en Ethiopie bien auāt, aussi bien que moy, la cause principale de l'accroissement & desbordement du Nil, fault que soit rapportee aux pluyes & orages, & à l'opposition des saisons de l'annee, lesquelles ceux d'Ethiopie ont toutes differentes aux nostres : veu que lors que nous auōs l'Esté, soubz le cercle du solstice, ils ont l'Hyuer, estans perpendiculairement soubz le cercle du froid. Mais il fault voir, comme il est possible que les pluyes soient là si grandes & continues, & qu'en vne region si seiche & aride de soy, se puisse trouuer matiere assez abondante de vapeurs, eux ayans le Soleil si voisin, & directement lançant ses ardeurs sur leur teste. A quoy facilement se donne responce, qu'en l'Ethiopie és lieux où les vapeurs s'esleuent, la matiere n'y default onc, ains qui plus est, l'vn iour la prepare pour l'autre, croissans les chaleurs par l'attraction que fait le Soleil desdites vapeurs de la terre : de sorte que ceste matiere s'accumulant és lieux froids, comme fleuues & montaignes, en fin le Soleil les attrait & esleue, qui est cause des grandes pluyes qui aduiennent en ce païs là. Et se fait mesmement cecy és lieux, esquels est telle reflexion du Soleil, sur tout és regions montueuses, d'autant que là se treuue assez de froidures : d'où aduient que les vapeurs ne sont dissoutes si tost, ains s'vnissent & refroidissent, se conuertissans en la nature de l'eau. C'est aussi chose notoire, que le Soleil estant en son Equateur, il cause à ceux qui sont dessoubz, par son attraction, de tresgrandes pluyes, ainsi que i'ay experimenté, courant fortune par les regions qui sont soubz la ligne, là où l'Hyuer se passe tout en telles tempestes, orages & rauines d'eaux impetueuses. Ie conclu donc, que le Soleil estant en Gemini, c'est lors que la matiere est disposee pour des pluyes prochaines : & entrant au Cancer, ceste attraction faite desia s'effectue, sans qu'elles soient absorbees de la terre, ains se precipitent tellement les eaux dans les riuieres, que le Nil engrossy d'icelles, arrouse, & s'espand par les regions qui luy sont voisines. Voyla ce que i'auois à dire de la source & inondation, & cause d'icelle, de ceste grand' riuiere : chose qui a tenu plusieurs en doute, ne sçachans la verité de ladite source, & par mesme moyen contraints d'ignorer la cause de son desbord, laquelle ils imputoient à causes autant impossibles, comme leurs raisons estoient sans appuy.

Vapeurs qui causent les pluyes.

Des isles que fait le Nil, cours d'iceluy, & maniere de prendre les Crocodiles.   C H A P.   V I I I.

POVRCE que plusieurs ont estimé, que les riuieres qui courent par l'Ethiopie, & reste de l'Afrique, sont le Nil mesme, s'espandant ainsi que i'en ay tenu propos cy deuant, ne sera sans raison de monstrer icy le courant du Nil, & l'impossibilité de prouuer, que plusieurs riuieres, pour certains esgards qu'ils y prennent, soient des canaux, rameaux, ou braz du Nil. Car si lon n'a consideration, qu'aux montaignes, & lacs descendans d'icelles, pour la preuue de telle opinion, ie tiens ma cause gaignee : pourtant que les monts de Beth, estans de telle & si grande estédue en leur largeur, qu'est celle terre ferme de l'Ethiopie Australe, depuis le Royaume de Quiola iusques à l'Ocean, vers le païs de Manicongre, ne fault s'estonner s'ils ont & font di-

uerfes fources, ainfi que noz montaignes pardeça, lefquelles enuoyent plufieurs canaux de riuieres, qui quoy qu'elles fortent de mefme mortaigne, fi font elles diuerfes,
& en nom, & fouuent en qualité, ou nourriture de poiffon, felon le païs où elles paffent, & auffi felon la partie du ciel, où elles prennent leurs cours: veu que les vnes tendent au Midi, & les autres vers Septentrion. Par ainfi iaçoit que de ces monts de Beth

Riuiere de
Nigris pro-
cede defmo-
taignes de
Beth.
procede le fleuue Nigris, qui puis apres porte le nom de Senega (& appellé des Ethiopiens *Muyamulca*, à caufe d'vn poiffon ainfi nommé, dont cefte riuiere eft fort peuplee) fi eft-ce qu'il y a bien à dire, que ce foit le Nil, combien qu'on y voye de mefmes
poiffons & monftres, & que le croiffant y foit prefque pareil. Ces montaignes donc fituees, non en vraye longueur, ains fe courbans comme en forme d'vn arc vers la ligne
Equinoctiale, font & caufent par les torrents, qui defcendent d'icelles, plufieurs grads
lacs & paluz. Or appelle-ie Lacs, de grands amas d'eaux, qui iamais ne feichent ou tariffent, comme lon dit du lac de la Garde, & de celuy de Lozane, & autres defquels
i'ay eu cognoiffance: & Paluz auffi, femblablement abondance d'eaux, comme les lacs,
mais auec plus de largeur & profondité, ainfi que voyons eftre les paluz Meotides,
fur la fin de la mer Maior. Or les lacs qui fe font au pied de ces montaignes, font bien
loing l'vn de l'autre. Le premier eft celuy de *Zembere*, ayat plus de foixantefept lieuës
de largeur: dans lequel fe treuue grande quantité de diuers poiffons, fort monftrueux,
& variez en couleur, beaucoup plus venimeux que ne font les grands Crocodiles d'E-
gypte. Car à dire la verité, ce lac eft l'vne des fontaines du Nil, & font ces poiffons fi
cruels & furieux, que fils peuuent attrapper quelque homme nageant dans le lac, ils
fattaquent à luy, & le tourmentent de telle forte, qu'en fin ils le trainent au fond de
l'eau, & fen repaiffent. Tels miferables fpectacles fe voyent ordinairement en diuers
lieux, qui fuyura la riuiere du Nil: & fen trouue de plus mefchans, forts, & puiffans,
que ne font les Rofmars de Noruege & Gotthie, ayas la tefte groffe comme vn bœuf,

Crocodiles,
ou Gifaron-
Belcort.
les dents fort grandes, & la peau velue. C'eft auffi de ce lac, que le Nil eft foifonné de
ces monftres marins, que nous appellons Crocodiles (lefquels ils nomment *Gifaron-*
Belcort, & les Arabes & Iuifs du païs *Corbi*) de telle grandeur, que le Lecteur qui n'a
iamais veu ces chofes, les cuideroit eftre fabuleufes. Toutefois diray-ie, & le puis affermer en auoir veu en Egypte tel, qui auoit fix eniambées de long, & plus de trois
grands pieds de large fur le doz, tellement que le feul regard en eft hideux. La maniere de prendre ces beftes Amphibies, participans de l'eau & de la terre, eft telle. Incontinent que les Egyptiens & Arabes voyent, que l'eau du Nil deuient petite, & eft encor vn peu trouble, à caufe des immondices & lauemens de la terre qu'elle a fait, ils

Maniere de
prendre les
Crocodiles.
lancent vne longue corde, au bout de laquelle y a vn hameçon de fer, gros, & large,
pefant enuiron trois liures, auquel ils attachent vne piece de chair de Chameau, ou
autre befte. Lors que cefte bellue apperçoit la proye, elle ne fault incontinent de fe
ruer deffus, & l'engloutir: & eftant l'hameçon, & le morceau bien auant en fon gofier,
& fe fentant picquee, il y a plaifir à luy voir faire les faults en l'air, deffus l'eau, & deffoubz. Quand elle eft prife, ces Barbares la tirent peu à peu iufques au bord de la riuiere, ayans pofé la corde fur vn Palmier, ou autre arbre: & ainfi la fufpendans quelque peu en l'air, de peur qu'elle ne fe iette contre eux, & les deuore, ils luy donnent
plufieurs coups de leuier fur le ventre, pource que c'eft le lieu le plus tendre & mollet
de deffus la befte: & ce faict, ils l'efcorchent & mangent la chair, qui eft trefbonne.
Quant à la peau, ils la vendent aux Chreftiens Maronites, Grecs, & Iuifs, qui fe tiennent en Egypte: lefquels l'ayans conroyee, la reuendent aux Chreftiens Latins qui
vont pardelà: & eftant curieux de telle noûueauté, i'en acheptay vne, qui auoit quatre
eniambees de longueur. Ie ne veux icy vous difcourir de la nature de cefte befte, ny

pourquoy elle n'a point de langue, ny auſſi pourquoy elle a la maſchoüere de deſſus mobile, & celle de deſſoubz immobile. Toutefois n'oublieray à vous dire,& aſſeurer le Lecteur, que l'vn des quatre Patriarches des Grecs, qui ſe tenoit de mon temps au

grand Caire, homme vieillard, docte, & eſtimé de ſaincte vie entre les Chreſtiens Grecs, Iuifs,& Turcs, me diſt, auſſi bien que quelques Mamelus & Arabes auoient fait au parauant, que vn an deuant que Selim, premier du nom, aſſiegeaſt la ville du Caire, & print l'Egypte, l'on veit huict iours entiers vn grand nombre de ces beſtes Croco- *Prodige du malheur aduenu en Egypte.* diliennes, de toutes parts au riuage du Nil, & ſi eſpeſſes parmy les champs, que tout ce qu'elles trouuoient, elles ſe iettoient deſſus, & le deuoroient & deſchiroiēt auec leurs ongles,& longues dents aigues: preſage du malheur qui aduint en Egypte l'annee en- ſuyuant. Ie ſuis eſtoné de ce que recite Munſter, lors qu'il dit, que ceſt animal de iour ſe tient ſur terre, & de nuict en l'eau. Ie le croirois volontiers, ſi ie n'auois veu le con- traire, attendu qu'elle ne bouge de l'eau, ſi ce n'eſt au ſoir & à la Lune, qu'elle ſort en campaigne. Vne autre bourde gaillarde, que ce bon ſeigneur a prins de Pline, quand il dit, qu'il y a vne iſle dans le Nil, là où les hommes ſe mettent ſur ces beſtes,& les che- uauchent comme vn cheual: & quand elles ouurent la gueule contremont pour mor- dre, ils leur iettent vne maſſue dedans, & tenans les deux bouts d'vn coſté & d'autre de ladite maſſue, conduiſent ceſte furieuſe beſte de toutes parts, comme l'on condui- roit vn Rouſſin d'Eſpaigne par la bride: & par ce moyen la contraignent vomir les corps qu'elle a auallez de frais, pour les enſeuelir. Y a il pas icy dequoy rire? Deman- deroit on vne fable plus gentille? Ie n'eſtime point que ſi cent hommes de front bien armez eſtoient iuſques au ventre dedans le Nil, ou quelque autre riuiere, & qu'ils viſ- ſent deux Crocodiles tels que i'en ay veu, ils ne les fiſſent tous fuyr, tant elles ſont hideuses & espouuantables à les contempler dans l'eau. Or d'autant que i'en ay assez parlé, ie m'en deporteray pour le present, à fin de suyure mes erres. Ce lac donc de Zembere s'appelle ainsi, du nom d'vne ville assise au pied des monts de Beth, sur la poincte dudit lac, presque à l'entree, du costé du Su, là où le Nil descendant des montaignes, passe pour entrer dedans, tout ainsi que faict le Rhosne par celuy de Geneue. L'autre bout du lac selon sa longueur (qui n'est moindre de cent lieuës) tire vers le Nort, où lon trouue vne petite isle, ayant enuiron six lieuës de circuit, assez peuplee, mais de gens qui ne s'amusent qu'à la pescherie. Elle s'appelle *Tacui*, du nom d'vne ville, voisine du lac, assise sur la riuiere du *Zaire*, au Royaume de Manicongre. C'est pres ceste ville que se fait le cours du Nil, ayant de largeur enuiron vn quart de lieuë, allant en païs iusques aux Royaumes de *Goiame*, & *Colarth* (& non *Cola*, comme quelques Pilotes ont faussement marqué dans leurs Cartes marines, faites à plaisir:) lesquels sont separez l'vn de l'autre par ceste riuiere. Autour du lac de Zembere se voyent du costé de l'Est, les villes de *Zeb*, *Casanfes*, & *Agag*, du Royaume de Goiame: & vers l'Ouest est *Zaire*, de laquelle aussi vn fleuue s'engoulfant dans le Nil, porte le nom, non guere eslongnee de la principale dudit Royaume de *Colarth*. L'autre lac

Lac de Zaflan, & isle de Iauan.

descendant des monts de Beth (quoy que particulierement on nomme la montaigne de ceste source, Mont de *Tirul*, *Zebe*, & *Gazable*) s'appelle *Zaflan*: au milieu duquel est vne isle, dicte *Iauan*, où lon voit vne assez belle ville, quoy que l'islette n'ait gueres plus de deux lieuës & demie de longueur, & vne & vn quart de large, là où le peuple ne se mesle que de pescher, & faire secher le poisson, à fin d'en faire de la farine. Ce lac est au Royaume de *Xoa* (ou *Zurim* en langue des Ethiopies) & le païs fort beau & delectable: & quoy que la qualité du ciel y soit excessiue en chaleur, si est-ce qu'on n'y sent vn tel hasle, que és autres lieux, à cause des monts arrousez d'vne infinité de ruisseaux & riuieres, qui causent telle amenité en ce lieu: ioinct aussi que ce païs est droictement posé soubz la ligne Equinoctiale, où naturellement le ciel est serain, & l'air attrempé. C'est pourquoy le grand Roy d'Ethiopie fait nourrir ses enfans en la montaigne, non tous, veu qu'il retient auec luy celuy qu'il pretend declarer son successeur, & les autres y sont mis comme en captiuité, auec bonnes & seures gardes. La cause de tout cecy aduint, il y a fort long temps, ainsi qu'ils trouuent en leurs histoires: pource qu'il y eut vn Roy d'Ethiopie, nommé *Abrahim* (ou *Abana* en langue

Abrahim Roy d'Ethiopie.

des Abyssins) auquel vne nuict fut reuelé par songe, que s'il vouloit que ses païs fussent en paix, qu'il feist enserrer & nourrir tous ses enfans sur vne montaigne, sinon celuy qu'il choisiroit pour heritier de son Empire: & qu'il falloit que ceste coustume demeurast à sa posterité à iamais, comme chose ainsi establie aux Cieux: autrement que ce grand Royaume qu'il possedoit, seroit ruiné par les partialitez des enfans, lesquels se reuolteroient contre celuy qui seroit son heritier & successeur. Et pource depuis ença on les nourrit en la haulte & presque inaccessible montaigne de *Damara*

Montaigne Damara où sont nourris les enfans du Roy d'Ethiopie.

(ou *Araphim*, en langue des insulaires Meroyens) à laquelle on ne peult venir que par trois entrees, & icelles assez difficiles: & qui par tous les autres endroits est taillee & cisee si viuement, que lon diroit que c'est vne muraille faite & tiree au cordeau. Et certainement ceste façon de faire, soit elle par reuelation, ou par la sagesse des Rois anciens, a causé de grands biens: veu que lon n'y voit iamais les freres ensanglanter leurs mains au sang de leurs germains, & qu'aussi par ce moyen ils ont conserué le sang Royal, sans que la Couronne ait iamais forligné, ny soit tombee en main estrangere (ce qui ne se peult dire de Royaume, quel que ce soit, tant au reste de l'Afrique, que de l'Asie, qu'en nostre Europe: i'entens de ceux, qui sont separez de l'Eglise Catholique & Romaine) d'autant que s'il aduient qu'vn Roy decede sans hoir masle, les filles n'y

succedent

succedent point, ains s'en vont les plus grands du Royaume (ayant premierement mis ordre à la garde des thresors Royaux) en ce lieu, où ils choisissent celuy qui est le proche du sang, & qui leur semble le plus suffisant pour regner, lequel ils couronnent, sans souffrir qu'autre leur commande, que celuy qui est de la tige Royale. Au reste, n'est permis à homme viuant, d'approcher de ladite montaigne, s'il ne veult estre taillé en pieces, tant par ceux des villages, que par la garde qui a charge de nourrir & garder ces enfans (auec lesquels aussi aucun ne tient propos en sorte aucune) leur estant defendu sur peine de la vie, à fin que personne n'en sçache les secrets. Or me suis-ie icy arresté en passant, à fin que chose tant notable ne vous demeurast incogneuë. Vers ceste montaigne s'achemine quelquefois le grand Roy, desireux de voir ses enfans & parens, là où il fait chanter sa Messe & autre seruice : tant il a chere sa race, & qu'aussi il voit, que sa presence leur allege vne partie de celle captiuité, en laquelle ils sont detenuz par la rigueur de la Loy des anciens. Reuenans au Lac de Zaflan, auquel y a force islettes deshabitees, seulement y va l'on pour se recreer, & autres pour y pescher, & la plus part pour y prendre des oiseaux de diuerses grosseurs, & plumages differents les vns des autres, en quoy ces gens du païs prennent vn plaisir tressingulier. Six lieuës plus oultre, l'on trouue deux isles : celle qui est à main gauche, est fort prochaine de terre, & deshabitee, pour n'estre de grand proffit : & l'autre assise au beau millieu du Lac, ayant trois grandes lieuës de circuit, fort frequentee & peuplee : en laquelle gist vne montaigne, ressemblant à celle des Canaries, que nous nommons Pich, non qu'elle soit du tout de si grande haulteur, & est sa forme presque semblable à vn ω, lettre des Grecs. En ceste montaigne est bastie vne belle forteresse, où les riches du païs voysin portent leurs meubles & ioyaux precieux durant le temps des guerres ; & s'y tiennent autant ou plus asseurez, qu'en lieu qui soit en toute l'Ethiopie. Vingt & huict lieuës plus auant, vous apparoist vne autre isle plus grande que les susdites, monstrant sa longueur du Leuant au Ponent, de cinq lieuës, & deux & demie de large, laquelle on nomme *Zanay*, où il y a vn fort beau port de la part du Nort. Iaçoit que les nauires n'aillent point par ce Lac, si est-ce qu'on y voit force bateaux, grands & petits, le tout à cause que sur ledit port y a vne ville bastie, n'ayant moins de douze cens feux. Elle est assez belle, & la plus marchande qui soit en ces païs là : attendu que tout le monde y aborde, pource que au bout du Lac y a vne riuiere, nommee *Thapsa*, qui respond de l'vn à l'autre Lac, & s'en va emboucher auec le Nil. Pompone Mela, parlant de ce païs d'Egypte, raconte qu'il y a vn Lac de largeur & profondeur merueilleuse, lequel ils nomment *Themyns* ; & ne sçay s'il voudroit point entendre de cestuy cy, pour sa grande estenduë. En cedit Lac se voit vne isle flottante sur l'eau, dit-il, comme pourroit faire quelque long vaisseau à rames. L'isle est d'vne merueilleuse grandeur. L'on y voit des paisages, terres vagues, bois, forests, & en quelques endroits de belles villes : & quand il vente fort, le vent fait aller l'isle flottant d'vne part & d'autre. Le croira qui vouldra : de ma part suis certain estre vne pure bourde, & ne desplaise audit Pompone, & à tous autres qui le vouldroient faire accroire à Theuet : & me vint en memoire, lors que ie lisois ce passage, de mes Sauuages de la France Antarctique, lesquels estoiēt si ignorans, la premiere fois qu'ils virent aborder & flotter les nauires aux enuirons de la grand mer qui les auoisine, qu'ils estimoient & croyoient, pour n'auoir iamais veu, ne leurs peres aussi, de tels lourds & grands vaisseaux, que ce fussent islettes, qui flottassent ainsi sur ceste mer. Au reste, ce peuple de toute ancienneté trafique sans argent monnoyé, & n'vse que de changes & permutations, selon les choses que l'vn a besoin de son prochain. Il est bien vray, que quelques vns plus accorts s'en vont tous les ans pour trafiquer, au riuage de la mer vers *Quiola*, sçachant que l'or qu'ils font

Isle de Zanay.

Pompone Mela se pourroit bien tromper.

fondre, eft fort requis des marchans qui y paffent, tirans vers l'Arabie, ou Ormuz, & changent leur or auec les eftrangers, en recouurant d'autres marchādifes, comme linges blancs, draps de diuerfes couleurs, barres de fer, chauderons, poifles, baffins, ferrailles, & autres petites friperies de peu de valeur: tellement que ceux cy ont bien l'efprit d'achepter l'or & autres chofes precieufes de leurs voyfins, à fin de f'en feruir, & les traffiquer. Ils font fort curieux de ce qui leur femble rare, comme chaines de laiton, anneaux pour pendre aux orcilles, & telles rauauderies, qu'ils n'ont point accouftumé de voir, & dequoy nous ne tenons conte pardeça. Ainfi les marchans eftrāgers font autant de proffit en ce quartier là, que en lieu où ils fe puiffent adreffer pour le traffic de l'or & des pierreries. Ce peuple eft fubiet à vn feul Roy, viuant en grand repos, deteftant la pauureté, & toutefois ne fe fouciant pas beaucoup des richeffes, pouruen qu'il ait dequoy fe fuftanter. Ils ne fe defrobent point l'vn l'autre, tant ils aiment la focieté & amitié commune. Leur manger pour le plus fouuent eft chair d'Elephāt: & font contraints d'aller à la chaffe aux beftes rauiffantes, auffi bien que plufieurs autres peuples d'Afrique: autrement y faifant faulte, ils ne fe donneroient garde, que dās trois ou quatre annees le païs en feroit fi peuplé, qu'ils feroiēt en peine de les en chaffer auec grand' difficulté. Ceux de Goiame & Damaira en font les plus affligez, à caufe des chaleurs: d'autant que volontiers ces beftes repairēt és lieux expofez au chauld: Ioinct auffi que ces regions font fort pleines de folitudes & deferts, & plus beaucoup que celles de Xoa, Quiola, & Mofambique, voyfines de la mer Ethiopique. En l'ifle maieur de ce Lac (de la part du Sudeft quart au Su) y a force pefcheurs, qui font traffic aux païs voyfins, de poiffon fec pour faire farine. Ce beau Lac a enuiron quatre vingts lieuës de circuit, dans lequel on voit quantité d'iflettes, qui ne font peuplees, fi ce n'eft d'oifeaux, defquels lon en apporte les pennages, qu'ils nomment *Alcalam*. Zaflan eft diftant de Zembere, enuiron neuf degrez cinquante minutes. Par iceluy font diuifez & cōme limitez les Royaumes de Goiame & de Xoa: & eft vne des fon-

taines du Nil, lequel fait vn autre Lac, nommé *Fungi* (dict des Iuifs *Ziph*) au Royaume de Damar: à l'entree duquel fe trouue vne belle ville & marchande, portant mefme nom. Il eft diftant de celuy de Barcene, fix degrez & deux minutes. Or eft Barcene

pofé directement foubz l'Equateur, beau & grand, abondant en poiffon, duquel ils fe feruent, comme nous faifons des bons bleds pardeça. Que fi quelque malheur vouloit, que ces Lacs tariffent, ou deuinffent infectez, comme il eft aduenu en l'Afie à celuy de *Nery*, lequel fepare les prouinces de *Charas*, & *Coraffan*, plufieurs regions & prouinces de la haulte Ethiopie feroient en dāger de mourir de faim: & la caufe c'eft qu'ils font fi fertils en poiffon, qu'ils f'en feruent de pain & de viande, le faifant feicher au feu, & au Soleil, & le redigeant en farine: de forte qu'il y a maifon, en laquelle

aifément fe trouueroit de dix à douze muids de telle prouifion (qu'ils appellent *Hobiph el-hot*) & en eft le pain fort bon: ce que ie peux dire pour en auoir mangé à mon aife en diuers lieux, n'ayant trouué autre chofe. Ce peuple nomme toute forte de poiffon en general *El-hot*, & les Abiffins *Somel*. Barcene a quarantetrois lieuës de largeur, & foixanteneuf de long: & toutefois les Ethiopiens & Noirs du païs difent, que le poiffon n'y eft en fi grande abondance, comme en ceux de Zembere, Zaflan, & Fungi: dequoy ils ne nous amenoient point de raifon. Neantmoins ie penfe, que les chaleurs extremes y peuuent nuire, lefquelles font là fort ordinaires, pource qu'il n'eft pas fi voyfin des montaignes comme font les autres: Ioinct auffi que la terre du païs eft fort fablonneufe, & par confequent infertile, & fans que le fond ait du limon, ny les riuages de l'herbe, dequoy lon fçait que le poiffon fagree, & fouuent f'en nourrift: & auffi que l'experience vous monftre, que tant plus vn païs eft chauld, foit en mer ou

terre ferme, de tant moins l'eau foisonne en poisson : ce qui ne se fait pas és lieux temperez, & quelque peu froids. Qu'il soit ainsi, voyez si la coste de Prouence en donne
de tant de sortes, ny telle abondance, que fait nostre mer de Ponent. De sorte que la
Baleine (nommee des Arabes *Addebba*) laquelle se nourrist de l'autre poisson, ne han-
te point, ou bien peu, les lieux chaulds : (ce que i'ay de long temps obserué) sentant
naturellement qu'il n'y fait pas bon pour se nourrir. Tout cecy ay-ie mis en auant,
(i'entends le propos des lacs suyuans le cours du Nil) pour monstrer que Zembere,
Zaflan, Fungi, Bareene, & vne grande infinité de bras & rameaux sortans d'iceux, ne
sont autre chose que le mesme Nil, lequel s'espand, se fend & diuise en ceste sorte par
ce païs, & se ioüe, courant la campaigne, iusques à ce que toutes ses eaux se viennent
assembler & ioindre en l'isle de Meroé : laquelle ayant enuironnee, le tout s'vnist en
vne belle & grande riuiere, sans plus se separer, sinon apres que lon a passé le grand
Caire. Il est bien vray, que le Nil n'est pas tousiours nauigable depuis Meroé iusques
en Egypte, pource qu'il passe par des lieux si estroicts, & esquels il y a de tels & si grãds
precipices, qu'elle y meine vn bruit si espouuantable, qu'il est impossible d'y demeu- *Dangereux precipices du Nil.*
rer, sans y estre estonné du cerueau, & perdre l'oüye. En ces torrens il se trouue sou-
uent des Noirs, qui pour donner plaisir aux grands Seigneurs, monteront sur des barquettes, & iront passer ces lieux, qui ont plus la forme d'escume que d'eau, tant la roideur y est impetueuse, au grand peril de leur vie, & se sauuent, non sans l'estonnemét
de ceux qui les regardent. Auant que passer plus oultre, fault noter, que quelques vns
ont pensé, que le grand fleuue Niger, qu'on nomme auiourdhuy la riuiere de Senega,
sorte des mesmes montaignes & lacs, desquels lon voit proceder le Nil : ce qui est du
tout fabuleux, & n'en desplaise à ceux qui le maintiennent. Car le cours du Niger ne
vient pas de si loing que les montaignes de Beth, ny de mesme partie : ains sort du
mont de *Gangara*, & pres du lac de *Zenfara*, lors qu'il monstre son grand cours.
Quant à l'autre opinion ia par moy reiettee, touchant ceux qui disent, que le Nil pas- *De diuers fleuues qui se perdent soubz ter-re.*
se soubz terre vn lóg espace de païs : S'il estoit vray, que le Niger fust le Nil, ou vne de
ses branches, cest aduis seroit plus que veritable : veu qu'au Royaume de *Medra* ledit fleuue se perd plus de trente bonnes lieuës, & puis ressort, faisant vn grand Lac
pres les mõtaignes de *Borno* : continuant de là son droict fil & cours iusques à la mer
du costé de la Guinee. Ie ne trouue point trop estrange de dire, que les riuieres se perdent soubz terre, sçachant bien ce que les anciens Cosmographes ont escrit de la Sicilienne Arethuse, & ce que le petit fleuue *Zebetho* fait assez pres des murs de Naples, &
puis se monstrant, va se rendre en la mer. Ie sçay aussi qu'il y en a vn au païs d'Armenie, nommé en leur langue *Gratoup* (ou *Zanoue* en langue des Hebrieux & Iuifs du
païs) qui est le commencement du Tigre, lequel s'esuanouyst en deux lieux auant que
d'entrer en Mesopotamie, & ce par l'espace d'vne lieuë & demie : puis se va rendre dãs
vn autre fleuue, appellé *Alaroup* : Et qu'en Egypte lon voit vne petite riuiere, que les
Arabes me disoient se perdre enuiron vne lieuë soubz terre, & puis apres elle se desgorge dans vn lac, dict *Serta*, du nom d'vne ville assise en son riuage, païs qui confine aux deserts de Nubie, presque soubz le Tropique de Cancer. Mesmement ie pense,
que ce gouffre ou abysme, qui est en mon païs d'Angoumois, qu'on nomme la Touure, n'ayant montaigne voisine, d'où peust proceder si grande abondance d'eau, qu'il
y a en tout temps, faisant de soy vne grande riuiere, & qui porte batteaux, pouuans aller de toutes parts : i'estime, dy-ie, qu'elle vient de dessoubz terre de quelque autre fleuue, comme seroit le Bandiat, lequel se perd à trois ou quatre lieuës de là pres de Mar-
ton, ou bien d'autre plus loingtaine. Mais ie n'ay peu accorder, que le Nil se perdist,
pour les raisons deduictes cy dessus, lesquelles me semblét vous deuoir suffire, estans

fi pertinentes & peremptoires. En cefte riuiere, au deça de Meroé, tirant vers noftre
mer de Midi, fe fait vne ifle, appellee *Cleonny*, où le peuple f'oppofe aux Crocodiles
auec telle hardieffe, que ces belues ne les ofent attendre, ains fentans venir quelcun
(car c'eft vne befte qui a l'odorat plus aigu qu'vn chien) f'enfuyent dans leur repaire.

L'ifle de Cleonny.

Auffi à dire vray, le Crocodile a bien ce naturel, que fi quelcun luy refifte fans f'ef-
frayer, il f'eftonne, & eft facilement vaincu, fuyant celuy qui le pourfuit: mais il chaffe
& fuit furieufement ceux qui ont peur, & qui le fuyent. En cefte ifle naift vne petite
befte, de peu d'effect, & pefante de foy, ayant la tefte fort groffe & lourde (on l'appelle *Catoplebe*) le regard de laquelle eft fi venimeux, que fi quelcun en eft attaint, il eft
impoffible qu'il efchappe, fans y perdre la vie. De là le Nil f'en va fon grand chemin
faire fes fept emboucheures en la mer Mediterranee.

Naturel du Crocodile.

D'vne Colomne, par laquelle lon cognoift l'accroiffement du Nil, & la ferti-
lité de l'annee. CHAP. IX.

E N P A R L A N T de l'accroiffement du Nil, i'auois oublié vne fingularité fort memorable, dont en ce chapitre ie feray part au Lecteur:
lequel verra par là, combien les Anciés ont efté curieux & ingenieux
à recercher tous fecrets. Ils feirent donc dreffer en vne ifle, qui eft au
millieu du Nil, vis à vis de la grande & vieille ville, vne Colomne
dans vn puits. (L'ifle f'appelle *Michias*, c'eft à dire, experience ou
mefure, d'autant qu'en icelle fe voit la mefure de l'accroiffement du Nil.) En cefte ifle

*Ifle de Mi-
chias.*

iadis y auoit vn grand Palais, bafty par les Soldans, feigneurs d'Egypte: & au bout
eftoit edifié vn temple, affez beau & plaifant, pour eftre contigu à la riuiere. A vn des
coftez dudit temple vous voyez vne loge feparee & clofe, au millieu de laquelle, comme dans vne court, y a vne foffe faicte en carré, laquelle me fut monftree (vous diriez
que c'eft vn puits) ayant, difent les Arabes du païs, *Tamentax alf taffatax*, affauoir
dixhuict coudees de profond: & en vn coing de la foffe au fonds, lon a caué vn aqueduct, allant par deffoubz terre, & refpondant au Nil. Au millieu de ce puits eft plantee vne Colomne, marquee de braffee en braffee, contenât autant de coudees de haulteur, comme la foffe a de profond. Lors que le Nil commence à croiftre, qui eft au dix-
feptiefme de Iuin, l'eau paffe par le conduict, & f'en va en la foffe: & là vn iour elle fe
haulfera de deux doigts, l'autre de trois, & vn autre, de demie coudee, iufques à tant
que le plus grand accroiffemét de la riuiere fe parface. Or cecy a efté faict par les Egyptiens, à fin de cognoiftre par ce moyen la future abondance ou cherté de viures en
leur prouince: où ils ont hommes deputez pour aduertir le peuple, de combien le Nil
a creu: & eftoient anciennement tenuz de l'aller denoncer au grand Caire, & bourgades d'alentour, receuans dons & prefens de chacun des villes & villages, où ils alloiét
porter la nouuelle de l'abondance. Car fi le Nil monte en ladite Colomne iufques à
quinze coudees, c'eft figne que l'annee fera treffertile; fil demeure entre douze &
quinze, il y aura moyennement de viures: & fil f'arrefte entre dix & douze, c'eft fignifiance de grande cherté: mais auffi fi l'eau va iufques au dixhuictieme degré & marque, cela prefage quelque grande calamité au païs: là où fi elle paffe le dixhuictieme,
ils font en danger, que les defbordemens ne gaftent par leur rauine toutes les terres arroufees par ledit fleuue. Les Anciens ont nommé cefte Colomne *Nilofcope*, comme
contemplation faicte par le Nil, de l'abondance ou fterilité de l'annee. Ainfi felon que
les Officiers du dernier Soldan voyoient que le fleuue croiffoit, ils tauxoient les viures au marché vne fois en l'an: ce que fait encor auiourdhuy obferuer le Bafcha du

grand Caire, non pas si soigneusemét, qu'ont fait les Mameluz. Si le Nil promet abondance, il fait beau voir ce peuple s'esiouyr & faire feste, sonnant de diuers instrumens,
banquetant, & se iouant à l'enuy, chacun selon son pouuoir & richesses : Là où au
contraire le fleuue les menaçant de disette & sterilité, c'est lors que tout espouuanté il
crie misericorde à Dieu, fait ieusnes & oraisons, & appelle son grand Prophete pour
auoir secours. Il me souuient à ce propos auoir leu dans certains memoires, que quelques Iuifs me donnerent, estant en l'isle de *Bebel mandel*, posee assez auant dans la mer
Rouge, que entre la pen'insule (nommee des Indiens *Hedas*, & marquee en noz cartes marines Calicut, à cause d'onze petits promontoires qui l'enuironnent) bien pres
de là, y a vne riuiere, dicte desdits Indiens *Mahalem*, & que pourautant qu'elle est en
tout temps dangereuse à ceux qui la nauiguét, au riuage d'icelle se voit vne Colomne
hault esleuee, de marbre noir, par laquelle ceux du païs cognoissent tous les ans son
accroissement. Et en oultre ie me suis laissé persuader à quelques Indiens idolatres,
que lors que ceste riuiere de Mahalem se vient à desborder si furieusement, elle deçoit
& surpréd souuentesfois de nuict les pauures Barbares, qui luy sont les plus proches,
iusques à noyer & perdre hómes, femmes, enfans, bestes & oiseaux : comme elle feit l'an
mil cinq cens quarante trois : Car quelque iournee apres que le Soleil attaint son Tropique de Cancer, deux heures apres minuict, se vint respádre par tout le plat païs vne
si grand lessiue d'eau, qu'elle surpassa ses limites & bornes en sa haulteur, enuiron treize coudees. Par laquelle surprinse & desastre furent submergez trentesept mil pauures Indiens, villages, loges & maisons tous renuersez & culbutez du hault en bas : &
l'annee suyuante la terre fut si fertile, que cinquante ans au parauant n'auoit esté telle :
Ne doutant point, qu'en diuers autres lieux de la haulte Asie, il n'y ait des riuieres, qui
ont mesmes effects par tels lauemens & desbordemens, comme pourroit auoir le Nil,
ainsi que i'espere vous faire voir au chapitre suyuant. Voyla donc ce me semble assez
traicté du Nil, & couru le long d'iceluy, pour vous donner à cognoistre, qu'il ne se
perd point, & que facilement sa source se trouue, qui voudra croire ceux qui en sçauent mieux la verité par experience qu'ils en ont faicte, que ne feit onceques Pline, ny
autre de son temps, lesquels n'en parloient que par coniecture, & s'appuyans simplement sur l'opinion des Anciens.

De plusieurs riuieres, lesquelles croissent & decroissent comme le Nil, incognues
des Anciens. CHAP. X.

I L m e fault maintenant discourir de plusieurs fleuues, lesquels ont
pareils effects que le Nil, croissent & diminuent pour mesmes occa-
sions, & toutefois ne participent rien de luy, ny de sa source, & n'en
approchent en sorte aucune : ne me souciant point de ce que Aristote ou autres pourroient icy dire du contraire, ayant la verité & experience de mon costé, ce qu'ils n'ont peu auoir. Pource ie dy, qu'aucuns ont estimé, que les riuieres de Manicongre & de Senega venoient de la mesme
source du Nil, comme i'ay dit par cy deuant : ce qui est autant esloigné de la verité,
comme sont les riuieres l'vne de l'autre : & que si lon considere leur accroissement &
decroissement, on verra qu'il est tout different à celuy du Nil, lequel se fait durant le
Solstice d'Esté : là où cestuy cy aduient, lors que le Soleil passe de l'Equateur au Tropique de Capricorne. Car c'est lors que, ces montaignes pleines de neiges & de vapeurs, sentans les chaleurs causees de la prochaineté du Soleil, passant d'vn Tropique
à l'autre, les torrens se desbordent auec telle & si grande impetuosité, que lon iugeroit

Colomne po-
see en la ri-
uiere de Ma-
halem.

que le monde deuſt ſabyſmer, & que les bouches de toutes les riuieres fuſſent là aſ-
ſemblees, pour lauer & rauager la terre vniũerſelle, comme du temps du deluge aduc-
nu aux iours de Noé. Mais le Soleil ayant paſſé onze ou douze degrez plus oultre, les
eaux de Senega commencent à ſabaiſſer & adoucir, rendant le païs apte pour le labourage, fertil & abondant, tout ainſi qu'en Egypte fait le Nil, à cauſe des immondices, que telles riuieres deſbordees apportent, qui ſeruent de graiſſe à aucunes terres: où
au contraire il aduient ſouuent, que les rauines ſont ſi exceſſiues, qu'en lieu de proufiter aux champs, elles emportẽt ce qui eſt bon, y laiſſans vn ſablon ſec & ſterile, le malheur d'vn païs ſeruant par ce moyen de bien & auancement à l'autre. Or celles cy ne

Riuiere
d'Euphrate
s'accroiſſe-
ment com-
me le Nil.
ſont pas ſeules qui ont telle vertu, veu que la grand' riuiere d'Euphrate, qui arrouſe
l'ancienne ville, baſtie par Semiramis, iadis Babylone Aſſyrienne, & maintenant *Ba-*
gadath, à tout tel accroiſſement & decroiſſement que le Nil: & partie en trois canaux
tous nauigables, ſeſpand par la terre voiſine, l'arrouſant & engraiſſant de ſorte, qu'il
n'eſt fumier ny amendement ſi proufitable aux champs, que l'inondation qu'elle fait:
non toutefois qu'elle ſeſpande auec telle lexiue d'eaux, & qu'elle demeure ſi longuement ſur la terre comme l'autre. L'Euphrate donc engraiſſe la Meſopotamie par ſon
annuel deſbordement, ſeſcoulant ſur les terres, & ainſi rendant fertils les champs du
païs: ce qui aduient preſque en meſme temps que celuy du Nil, à ſçauoir le Soleil
eſtant au vingtieme degré de Cancer, & diminue lors, qu'ayant paſſé par le Lyon, il
entre au ſigne de la Vierge. D'où ſenſuit, que ces deux fleuues ſont poſez ſoubz meſme radiation perpendiculaire, iaçoit qu'ils ſourdent en plages & regions diuerſes,
ayans meſmes cauſes de leur accroiſt & decroiſt. Se voit en oultre vne riuiere (dicte

Infantah
riuiere.
des Barbares *Infantah*) au Royaume de *Cumia*, tirant vers le Midi, venant ſengoul-
fer en mer au Cap de bonne eſperance: laquelle à pareille creuë & retraicte que la ſuſdite, non en force: & penſe que c'eſt faulte que la terre de ſoy eſt ſterile, & pleine de ſablons blancs, & areines fort ſeiches. Les montaignes de Cumia, d'où elle ſort, ſont appellees en langue Ethiopienne *Zeſlin cacouf*, qui eſt à dire, monts infertils, ſituez au
Royaume de *Zimbrachin*, de la part de l'Eſt. Ce païs porte le nom d'vne ville, laquelle fut iadis fort grande & populeuſe: mais ayant eſté deſtruicte par le Roy de *Boton-*
gez, ne ſeſt peu oncques redreſſer: & eſt tout le païs deſert, & preſque ſans habitation.
En ceſte riuiere ſe fait vn grand lac, large d'octanteſept lieuës, & long de cent cinq, le
riuage duquel regarde vers le Leuant: & ſe nomme *Zelbodin* (& par les Hebrieux du
païs *Sarathi*) du nom d'vn poiſſon fort frequent en iceluy, lequel ne ſe trouue guere,
ou point, en autre region: & reſſemble en grandeur au Loup marin, hors mis qu'il a la
peau toute eſcaillee, comme vn *Tatou*, beſte terreſtre, que i'ay veuë en l'Antarctique.
Ceux qui demeurent le long du lac, gardent ſoigneuſement la graiſſe, qu'ils tirent de
ce poiſſon, & la mettent dans de petits vaiſſeaux, faits d'vne pierre de diuerſes couleurs, reſſemblant celle que nous appellons Langue de ſerpent: & penſe que la froideur & ſiccité de ceſte pierre les induit à la choiſir, pour conſeruer ceſte graiſſe, veu
qu'ils en ont d'autres plus belles & plus dures, dont ils ſe pourroiẽt ayder. Ils ſen ſer-
Remede con-
tre les gout-
tes.
uent à guerir les lepreux, & ceux qui ont les gouttes aux iambes, diſans, que ſi quelcun
eſt affligé de ce mal, quoy que ce ſoit de long temps, que ſen frottât le long d'vne Lune entiere, qui eſt vn mois, il ne faudra à ſe ſentir allegé. Il eſt bien vray, qu'auant ſen
frotter, ils ſinciſent les iambes auec la dent du meſme poiſſon, faiſans ſortir goutte à
goutte quelque quantité de ſang: & puis y appliquent ceſte graiſſe ſi precieuſe, laquelle opere merueilleuſement. En ce lac & riuiere ſe trouuẽt force poiſſons monſtrueux,
comme auſſi par toute ceſte contree. Le fleuue ſen va vers le Su ſe rendre dans la mer
par trois bouches, ſituees entre le promontoire des Aiguilles, & la riuiere des Fumees,

qui luy eſt diſtante de ſept degrez. Ie ſerois trop long, ſi ie voulois m'amuſer à vous
deſcrire toutes les riuieres qui ſe deſbordent, & puis diminuent, apres auoir arrouſé
les païs bien auant en planure par l'Afrique: par ainſi ie paſſeray en Aſie, où il y en a
quantité, faiſans pareils deſbords, bien que ce ne ſoit en meſme ſaiſon que le Nil, ou
celle de Manicongre. En premier lieu, le grand fleuue de *Tacalize*, qui arrouſe plu- *Tacalize riuiere d'A-
ſie.*
ſieurs païs & prouinces de la grand' Aſie, a meſme naturel que les ſuſdites: & eſt aux
Indes Orientales, procedant d'vne montaigne, portant meſme nom: combien qu'il
change fort ſouuent d'appellation, les vns le nommant *Buciphal*, à cauſe d'vne ville
& Royaume par où il paſſe, ainſi appellez: d'autres *Guzare* & *Canabage*: lequel ſe réd
en la mer Indique par ſix bouches, la principale deſquelles s'appelle *Tacalize*, retenant le nom premier du fleuue: & m'ont aſſeuré les Indiens, qu'il n'y a riuiere au monde plus pleine de monſtres, que celle là. Le païs d'alentour eſt plus temperé que la
grande Afrique, voire que la petite Aſie, laquelle luy eſt oppoſee perpendiculairement. Les deſerts n'y ſont ſi ſablonneux qu'és Arabies: mais le peuple y eſt eſtrangement brutal & barbare, ayant moins de cognoiſſance de raiſon que les Canibales qui
viuent ſans loy, & ſi deſnaturez, que de habiter auec les beſtes priuees, voire les plus
ſauuages, & beaucoup plus couſtumiers de ce peché, que ne ſont les Arabes, Guinées,

ou autre peuple que ce ſoit d'Ethiopie. Du temps que i'eſtois ſur la mer Rouge, arri- *Thanaſth,
beſte mon-
ſtrueuſe.*
uerent certains Indiens de terre ferme, du coſté de la riuiere de *Vachain*, l'vne des extremitez de Calicut, tirant vers l'Oueſt. Ceux cy portoient vn monſtre de la grandeur
& proportion d'vn Tygre, n'ayant point de queue, mais la face toute ſemblable à celle d'vn homme bien formé, fors que le nez eſtoit camuz, les mains de deuant comme
d'vn homme, & les pieds de derriere reſſemblás ceux d'vn Tigre, tout couuert de poil

bazané : quant à la tefte & oreilles, le col & la bouche, comme homme, ayant les cheueux vn peu noirs & crefpellez, de mefme les Noirs qu'on voit en Afrique. C'eftoit la
noueauté que ces Indiens apportoient, pour faire voir, quelle eft l'hônefteté & courtoifie de leur terre: & nommoient cefte gentille befte *Thanaêth* ; dont ie vous ay bien
voulu reprefenter fon pourtraict au naturel. Quant à la fufdite riuiere de Tacalize,
les Barbares obferuent le temps qu'elle fe retire, & lors ils prennent des poiffons fort
grands & monftrueux, defquels ils fe nourriffent, & traffiquét auec leurs voifins. Mais
que diray-ie de ces belles riuieres, qui font en ce large & fpatieux continent & terre
ferme, allant prefque de l'vn Pole à l'autre? Il n'eft aucun, qui me puiffe nier, qu'en ce
demi monde, ne fe voyent les plus beaux fleuues qui foient foubz le ciel, & defquels
les Anciés n'eurent onques cognoiffance, tant pource que le païs n'eftoit encores defcouuert, n'ofans les hommes fe hazarder à faire fi longues nauigatiós, qu'auffi les plus
fçauans, perfuadez par les Aftronomes, eftimoient le refte du monde eftre inhabitable. Ie puis bien affeurer le Lecteur, qu'en cefte terre fe treüue telle riuiere, ayant plus
de foixante lieües de large. Et qu'il foit ainfi, ceux qui ont veu celle de Plate, m'en fe-

Riuiere de Paranaga-cu.

ront tefmoignage: laquelle eft nommee des Sauuages du païs où i'eftois, *Paranagacu*,
qui vault autant à dire, comme grand fleuue: (Les Geans tirans plus bas vers le Pole,
luy donnent le nom de *Semidah*, comme fils vouloient dire, Braz de mer:) & a vingt
cinq lieües d'emboucheure, faifant plufieurs ifles & iflettes bien auant en pleine riuiere. Elle eft à trentedeux degrez trois tiers, & gift fa cofte au Su fudeft, & au Sü, iufques
au deftroiçt de Magellan. Sa fource vient de certaines montaignes, chargees en tout
temps de neiges, pofees entre fon embouchure, & le Tropique de Capricorne, où i'e-
ftois demourant : & croift & decroift comme les deffufdites, lors que le Soleil appro-

Les monts de Carcas & Pingua.

che dudit Tropique. Ces montaignes font nommees par les Sauuages *Carcas* & *Pingua*. La riuiere fe diuife en deux : l'vn des braz fe nomme *Paragua*, & l'autre *Parama*.
Il y a encore celle, que lon dit des Negres, à caufe que le peuple de ce païs eft plus bazané & noiraftre, que les autres circonuoifins, où le Soleil a fon Tropique & conuerfion qui eft en Decembre. Lors que nous ayós les plus courts iours, c'eft à eux les plus
longs de l'annee, voire à tous ceux qui font de la part du Pole Antarctique, qui eft du
cofté du Midi. Car il fault noter, que le Soleil eft fix mois du cofté du Nort, puis tourne autres fix de la part du Su, faifant fa reuolution & cours annuel, lors qu'il enuironne le cercle du Zodiaque. Dieu fçait, lors que les neiges commencent à fondre és montaignes, d'où cefte riuiere procede, comment elle fefpand par la campaigne: & certes
le Nil ne Senega n'y font rien. Il eft bien vray, que la mer a fon flux & reflux enuiron
vingtcinq lieües au dedans, comme ont les autres goulfes proches de l'Ocean. Mais ie
n'ay icy affaire de parler fimplement du defbord que font les riuieres, veu qu'il n'y
auroit fleuue, qui n'euft mefmes qualitez que le Nil, Nigris & Euphrate. Car il n'eft aucun, qui ne voye bien fouuent la Seine fenfler de telle forte, que furpaffant fes digues,
elle fefpand bien auant par les champs & prairies, comme il eft aduenu l'an mil cinq
cens foixantetreize: & le tout caufé par le grand degel des neiges, tant des montaignes
que de la plaine : lequel defbordement a plus nuy, que porté de proufit au peuple : ce
qui fe peult cognoiftre par les maifons ruinees, champs noyez, & prez tous chargez
de fable. A Rome de mon temps le Tybre fortit fi furieufement de fon canal & cours
accouftumé, que plufieurs maifons en furent fubmergees: & bien heureux qui pouuoit gaigner les haults eftages des Palais, pour fauuer fa vie. Ie n'aurois iamais faiçt, fi

Riuieres de Maragnon, & d'Orel-lane.

ie voulois vous deduire ce que fait la riuiere de *Maragnon*, defcouuerte l'an mil cinq
cens & douze : & celle d'*Orellane*, qu'aucuns eftiment eftre la mefme : en quoy toutefois ils f'abufent, veu qu'Orellane eft fort diftante du cours de l'autre, elle ayant trois

cens vingtsix degrez de longitude & cinq minutes, & sept degrez deux minutes de latitude, & celle de Maragnon, trois cens vingtsept degrez minute nulle de longitude, &
quatre degrez minute nulle de latitude : argument assez suffisant pour prouuer la distance de l'vne à l'autre. I'omettray celle des Balses, des Deux bouches, & le grand fleuue dict Panuque, la grandeur & largeur desquelles est admirable : & toutefois n'en y a
pas vne d'elles, qui n'ait cours & decours tout semblable à celuy du Nil, vne fois l'an,
& selon que le Soleil est approché ou reculé des regions, où elles courent. Ie vous
laisse à penser, si le grand Alexandre eust veu & sceu le naturel, cours & source de ces
riuieres, & voyagé autant que i'ay fait, s'il n'eust pas bien empesché l'excellent Natu-
raliste Aristote, à recercher la cause de cecy : veu la difference qui est és terres de ces
païs là, auec celuy d'Ethiopie, & temperature de son païs de Grece.

I L M E semble que i'ay assez traicté ce qui se peult dire du Nil, de sa
source, & inondations. Il me reste donc à espulcher, où est ce Paradis terrestre (nommé des Mesopotamiens ou Chaldeens Malcouta) tant renommé, pour auoir esté le lieu, auquel Dieu posa le premier homme Adam, le nom duquel est cognu quasi par tout l'vniuers, celuy, dy-ie, qui feit tomber la mort sur sa posterité. La cause
pourquoy i'embrasse volontiers ceste question, est, d'autant que le Nil est l'vn des fleuues, qui soubz le nom de Gihon, procede de ce lieu de delices : veu que l'Escriture
saincte dit, que de ce Vergier sortent quatre riuieres, qu'elle nomme Phison, Gihon, Tigris, & Euphrates. I'ay autrefois trouué quelques esprits chatouilleux, du temps de
mes lointains voyages, qui me disoient, conferant auec eux, que selon le cours naturel
des choses, il estoit impossible, que ces quatre fleuues si grands sortissent de mesme
source & fontaine : veu que pour le iourdhuy nous voyons la distance si grande, que
la mer separe le cours des vns & des autres. Car le Nil (que les Iuifs nomment Sihor,
les Chrestiens Georgiens de Perse, Mahara) vient du Midi le second, qui est le Gange, nommé par Moyse Phison, tire vers l'Orient ; & les deux autres, sçauoir le Tigre
(dict desdits Chaldeens Dethgelé, & d'autres Hedechel, & l'Euphrate, ou Phara en la
mesme langue, tirent du Septentrion au Leuant, & courent tout diuersement que le
Nil : attendu que le Gange sort de l'Inde, & l'Euphrate arrouse l'Assyrie & Mesopotamie ; auoisiné par le Tigre, lequel est Armenien. Or voyez, ie vous prie, comme il se
peult faire, que fleuues si eslongnez de cours, & tendás en diuerses mers, puissent auoir
vn mesme lieu de leur origine & source. Mais d'autant que ce seroit impieté tresexe-
crable de s'eslongner de la foy de ce qui est contenu en la saincte Escriture, comme
plusieurs ont fait, quelque impossibilité que les choses semblent auoir, il fault tascher
de sçauoir où c'est qu'estoit ce Paradis, Malcouta, ou Zabbay en langue Nestorienne.
Il est dit, qu'il estoit en Orient : ce qui se collige par les fleuues, qui courent par la Sy- Diuerses o-
pinions du
Paradis ter-
restre.
rie, Aram, ou Mesopotamie, & Indie, arrousans vn nombre incroyable de Royaumes
de la haulte & basse Asie, auec plusieurs riches prouinces d'Ethiopie, & des deux Egy-
ptes : mais le lieu propre, où il estoit planté, a tenu quelques vns par cy deuant en sus-
pens. Les vns ont dit, qu'il estoit entre les deux Tropiques soubz l'Equateur, sur vn
hault mont esleué bien pres des nues, sur lequel les eaux du deluge ne penetrerent iamais : lieu temperé certes, contre l'opinion de tous les anciens, comme ie vous mon-

ftreray aillcurs. D'autres requierent vne region plus attrempee, pour rendre la terre fi abondante, comme il eft dit de ce Vergier de delices : auffi eft il appellé *Eden*, à caufe de fa fertilité, & en langue de quelques Chreftiens Iauiens, Burniens, Bengaliens, Goyens, & Paliacattiens, *Haïa-del-holan*, qui eft à dire, Lieu de vie heureufe. Or fault il qu'il y ait eu endroit tout expres, veu que le mot Hebrieu, & les Abyffins qui font en Afrique, l'appellent *Mitreden*, qui fignifie propre & peculiere affiette de lieu, & non la faifon ou téps de la creation & alignement de ce Vergier. Les autres ne voyans plus où trouuer ce *Haïa-del-holan*, le feignent eftre en l'air : mais trop abfurdement, eu efgard aux fleuues, qui font dicts en prendre leur fource, lefquels fauldroit que ce fuffent de belles rauines, defcendans de l'air, pour dreffer leurs courantes en terre. Au-cuns ont bafti ce Paradis en la region Damafcene, pource que ce païs de tout temps a efté tres fertil, & encor auiourd'huy eft fort abondant, comme i'ay veu, & que toute efpece de bons fruicts, & tout ce que l'hôme fçauroit fouhaitter en ce monde, y croif-

Mufter, pour n'auoir vo-yagé, f'abu-fe.

fent, contre l'opinion fort mal fondee du Cofmographe Munfter, qui dit, que la natu-re de la terre de Damas eft toute fterile & feiche. Que fi le bon homme euft veu, com-me i'ay fait, ce païs là, & tous ceux qui font profeffion de faire, ou corriger tant de li-ures, ils ne feroient la dix-milliefme partie des faultes qu'ils font. Quant à la ville de Damas, qu'il dit eftre champeftre, il f'abufe encore : veu qu'elle eft la plus riche, peu-plee, & belle de tout l'Orient. Ceux là donc f'oublient en la fource & defgorgement des fleuues, lefquels ils feroient aller à contrecours : ce qui eft du tout eflongné de la verité. Les autres plus contemplatifs difent, que ce Paradis eftoit le Ciel, & les arbres d'iceluy, les Anges : mais ce font hiftoires Turquefques & Morefques. Nous confef-fons donc, qu'il y a eu vn lieu ainfi difpofé pour le plaifir & nourriture de l'homme : mais où il eft, il ne fe peult dire : d'autant que, felon que dit Moyfe, apres la tranfgref-fion de l'homme, l'Ange fut mis deuant, tenant vn glaiue ardent, à fin qu'aucun n'en approchaft, & qu'il ne vint à la cognoiffance des hommes : & depuis, toutes chofes eftans fubmergees & confufes par l'inondation du deluge, ce qui eftoit vny & con-ioinct, & reffortant de mefme fource, fut feparé. Or le Gange eft encor pour le iour-dhuy. L'on voit auffi le Tigre & l'Euphrate f'engoulfer dans le fein de Perfe, nommé

Tumach ca-ma, ou Bein el-naha-raim.

en langue du païs *Tumach cama*, & d'autre peuple de la baffe Mefopotamie *Bein el-nahdraim* : & quant au Nil, f'aller rendre en la mer Mediterranee. Mais comment nous fauuerons nous de cecy, que d'vne mefme fontaine fortent ces quatre fleuues? veu que ie fuis affeuré, que de la fource du Nil iufques à celle de l'Euphrate, il y a plus de deux mille lieuës, & de celle de Gange à la plus proche, plus de trois cens cinquante : atten-du que ledit Gange fourd du mont *Imaus*, & que l'vne de fes bouches vient encor des montaignes Emodiennes, lefquelles confinent à la region d'*Ahinadab*, que nous difons Maffagetes : & l'Euphrate vient de la Comagene, du mont *Aman* (dict des Perfiens *Areuna*) tout à l'oppofite : le Tigre, de l'Armenie, que les Chaldeens & Armé-

Thourà a-rénoé, mon-taignes de Armenie.

niens nomment (comme ils m'ont dit, & donné par efcrit) *Thourà aremnoé*, fçauoir, Montaignes d'Armenie : & le Nil, de l'Ethiopie vers les parties Meridionales. A tout cecy fe refpondra facilement : Parce que le changement des chofes a efté fi grand, que ce qui iadis eftoit *Elber meremoth* (difent les Arabes) fçauoir terre continéte, eft deue-nu *Defera*, ou ifle, & a efté feparé par la mer : ainfi que l'ifle de Sicile, laquelle eftoit au-trefois continent, ioincte au refte de l'Italie (ce qui aduint par vn tremblement de ter-re) & l'ifle d'Angleterre à celle d'Hirlande, l'ifle de Negrepont à la Grece, & autres. D'auantage, le Tigre & Euphrate, efloignez iadis de Babylon, y furent amenez par l'induftrie de cefte grande Royne Semiramis, laquelle renouuella les baftimes, & for-tifia les murailles de la ville, chef des Affyriens & Chaldeés. Et qui plus eft, il n'eft au-

eun qui doute, que plufieurs lieux, qui eftoient vallons, ont efté furhauffez en montaignes : comme lon peult confiderer, contemplant vn nombre infini de coquilles de
Nacres, Huiftres, & de diuerfes autres efpeces, groffes & petites, que lon voit encores
à prefent au fommet des montaignes d'Armenie, & en autres endroits de l'Afie. Et de
telles fortes d'huyftres ay veu vne montaigne en l'ifle de Cypre, couuerte de tous coftez, qui font tellement enracinees contre la roche, qu'il n'y a homme qui les puiffe arracher, fil ne couppe la roche mefme, tant elles font dures. Et ne fault auffi penfer, que
les monts n'ayent efté applaniz par mefme moyen en vallees, à fin qu'on ne trouue
eftrange, fi tel tranfport de fources fut fait par l'effort du deluge, & grand fureur de
l'ire de Dieu : veu que depuis il fe trouue, que les deux feins, afçauoir Arabique (dict
de quelques vns Leuantins *Zahara*, & des Arabes *Zocoroph*) & Perfique, n'eftoient
qu'vn, & portoient tous les deux le nom de mer Rouge, qui en fin ont couuert la terre,
& diftingué les païs. Dieu fçait les beaux difcours que i'en ay veu faire aufdits Arabes, & ce qu'ils m'en ont monftré par efcrit dans leurs hiftoires. Or tout ainfi que le
monde fut fubmergé vniuerfellement, auffi y eut il changement de qualité des riuieres, & fources d'où elles procedent. Qu'il foit ainfi, regardons fi pour le iourdhuy lon
voit vne telle fertilité, plaifance de païfage, & riuieres defcendantes de ce Paradis, côme il eft dit en l'Efcriture. Les fleuues donc nous reftent, ayant les noms anciens, mais
les fources font diftinguees : tel eftant le bon plaifir d'*Aluha*, ou *Alla*, lequel changea la forme de la terre, afçauoir fa beauté, & l'applaniffement, & le continét, à fin que
l'homme n'euft que trauaux en icelle : comme encores ont auiourdhuy cent mille nations barbares, & plus que malheureufes, & font en plus grande innocence, & plus
brutaux de vie, que n'eftoient ne Adam, Eue, ne fes enfans : ainfi que les Geans de la terre Auftrale, Margageaz, Toupinanquins, Toupinambaux, & mille autres de cefte
grande eftendue de terre de l'Antarctique, qui n'ont ne Dieu, ne Foy, ne Loy, ne Roy,
ne Magiftrat, côme i'ay cognu, ayāt conuerfé long temps auec eux. Qui vouldra contempler ces meruelles, verra que la terre de Canaan, de laquelle eft dit, qu'elle diftil- *Terre de*
loit laict & miel, à caufe de fa grande fertilité, pour le iourdhuy eft, comme i'ay veu, *Canaan fte-*
fans porter gueres grand cas pour le prouffit des hommes. Regardons encor l'Arabie *rile.*
en la plus part du païs, qu'on a dit heureux. Ie penfe que iadis ce n'eftoit qu'abondance & foifonnement de toute bonne chofe, & le plus plaifant & delectable en arbres,
chargez de toutes efpeces de fruicts du monde : où pour le prefent, auec le malheur
de la fuperftition, y eft auffi entré vn defaftre de toute poureté, & peu d'abondance.
Autant en puis dire d'Egypte, Syrie, Grece, auec les ifles Cyclades, & de toute cefte cofte d'Afrique, tant vers l'Ocean que la Mediterranee, tirant iufques en Alexandrie : de
forte que où anciennement le païs eftoit fi bon & fertil, & y auoit tant de belles villes,
vifitant ces endroits là, ie n'y ay veu gueres que mafures & deferts. En la petite Afie,
Phrigie, Galatie, tirant vers la Terre fainte, eftoient autrefois bafties, & floriffoient
plus de fept à huict mille belles & riches villes bien murees & ceinctes, defquelles on
ne voit plus que les ruïnes, & païs abâdonné : & ne f'en fçauroit trouuer deux douzai-
nes, qui foient entieres en leur enclos, ayans marque de quelque maiefté, & grauité de
leurs premiers fondateurs. Si donc la terre & la temperature du ciel ont prins changement en ce qui eft ça bas, qui doutera, que ce qui iadis eftoit Paradis terreftre, foit
auiourdhuy vn lieu defert, & que les fources des riuieres n'ayent receu changement,
auec le refte de ce qui a efté confus en la face de la terre ? Refte à dire l'opinion de ceux
qui penfent, que toute la terre fuft ce Paradis, où Dieu meit Adan pour le cultiuer &
garder. Mais comme cecy foit hors de toute verité, fi eft-ce qu'eftant ainfi, encor ne feroit point le texte de Moyfe fauf ny entier par cefte efchappatoire : veu que l'Efcritu-

re diftingue & fepare particulierement la terre d'*Eden* de tout le refte, & que ces quatre fleuues fourdent d'vne mefme fontaine & fource. Parainfi il fault reuenir à mon
premier propos, que les cataractes & fenestres du ciel eftans ouuertes au deluge, & la
face de la terre eftant changee & côfufe, il ne fault point douter, que ces canaux n'ayet
prins autre cours, & que les fontaines des quatre riuieres ne foient à prefent ailleurs
que deuant le deluge. Que fi ce Paradis eft fainement côtemplé, ie penfe, quant à moy,

Opinion des Chreftiens Leuantins touchant le Paradis terreftre. qu'il n'eftoit gueres loin de Iudee: ce que tiennent auffi & en font de mefme opinion
les doctes Armeniens, Abyffins, Chaldeens, Georgiens, Neftoriens, Maronites, & au-
tres Chreftiens Leuantins: veu qu'Adam ayant peché, fut ietté en la vallee d'*Hebron*
(en laquelle i'ay efté, & veu grandes chofes) à fin que là il gaignaft fa vie à la fueur de
fon corps. Et par là ie conclus, que Moyfe, infpiré de Dieu, dit qu'Abraham y voulut
eftre enterré, & fes enfans, pour donner à cognoiftre que c'eftoit le lieu primitif de la
facture de l'homme. Par ces difcours ie tombe toufiours en ce que i'ay dit, que quelque part que ce Paradis ait efté, il n'en refte aucune marque: & que la feule foy nous
tient plantez en cefte affeurance, que Moyfe n'a rien efcrit, qui fuft eflongné de la verité: & que la fontaine de ce Paradis, pour les quatre fleuues fi grâds que ceux que i'ay
nommez, eft auffi tranfportee par la toute-puiffance de Dieu, là où il a femblé bon à
fa diuine Maiefté. Et de ce ne fe fault eftonner, veu que les Anciens ont eftimé que la
mer Cafpie procedoit de l'Ocean par certains conduicts foubzterrains (chofes affez
mal confiderees à eux) qui leur ont efté fecrets & incognus. Entre lefquels a efté Iean
Damafcene, qui a dit, que la fontaine, de laquelle fe faifoient ces quatre fleuues, eftoit
de l'Ocean: mais il fauldroit icy prendre l'emboucheure des fleuues en la mer, au lieu
de leur fource. Il fault donc toufiours venir là, que puis qu'il eft ainfi, que toute la terre, montaignes & vallons, qui font foubz le ciel, furent abbruuees, confufes & diffi-
pees par les eaux du deluge, comme il eft aduenu à cefte grande terre de l'Antarctique, depuis quatre cens cinquante ans, comme pourrez voir ailleurs, & que la face vniuerfelle de tout ce qui eft ça bas, en fut couuerte l'efpace de cent cinquante iours: & à
ceux de la grande ifle d'*Albagra*, dite *Madagafcar*, le peuple de laquelle fut furprins
à l'improuifte d'vn tel deluge: Il eft impoffible, dy-ie, que ce Vergier de delices, que
nous difons Paradis, n'ait efté fubmergé & gafté auec le refte de la terre. Ce que ie tiés
& afferme contre les refueries de plufieurs, qui fe feignent ce lieu de plaifir ores en vn
lieu, tantoft en vn autre: & entre autres vn mien amy, docte aux langues, qui m'a voulu perfuader, qu'il eft vers le Pole Arctique, là où font en tout temps les arbres verdoyans: Les autres, aux ifles Fortunees, autres en l'air: & à la fin ils en feroient volontiers vn Paradis des Sauuages, qui croyent, qu'incontinent que leurs amis font morts,
leurs *Chereppicouare*, ou ames, vont en vn païs fertil, abondant en tous bons fruicts, &
autres delicateffes, où ne leur manque rien de tout ce qu'ils peuuent fouhaitter en ce
lieu fi plaifant, qu'ils nomment en leur patois *Palmyratich*: ou bien vn des Turcs,
Mores, Tartares, & Perfiens. Quant aux Arabes, ils maintiennent auffi bien que les au-

Opiniô d'vn miniftre Arabe. tres, qu'il y a eu vn Paradis terreftre. Et qui m'en a donné plus grand tefmoignage, ce
fut lors qu'eftant en la ville d'*Atalfolet*, qui aboutit à la mer Rouge, de la part d'Afrique, feigneurie du Monarque Ethiopien, accôpaigné de plufieurs Abyffins de ladite
ville, accoftafmes vn vieil miniftre, Arabe de nation, que ce peuple nommoit *Mal-
lan-Kchem*, homme docte, & verfé aux hiftoires de fa perfuafion, autant que nul autre
de fon païs. Ayant conferé deux iours entiers familierement auec luy de plufieurs
poincts de la fainct Bible, qu'ils nomment en leur langue *El-que-toubé*, Dieu fçait
comment ce gentil docteur nous en vouloit faire accroire, voire iufques à tafcher de
nous perfuader par tous moyens, que ce Paradis eftoit iadis prés de *Medina Elnabi*,
en l'Arabie

en l'Arabie heureufe, au fommet d'vne treshaulte & treflarge montaigne (où le pere-grand du Singe de Dieu Mehemet auoit prins naiffance) nommee en leur patois *Eze-beb-nefmé*, qui ne fignifie autre chofe, que montaigne de l'Eftoille : Mais incontinent apres la mort de *Nabi-Mofa*, ou prophete Moyfe, le grand Dieu le fit tranfporter par fes *Elmeiques*, qui font fes Anges, en la terre de Promiffion, où *Dáuouda Siguéde-nah Zoburt*, fçauoir le grand perfonnage Dauid, receut par efcrit de Dieu le Pfaul-tier, comme fit leur prophete le liure d'*Alfurcan*, qui eft l'Alcoran. Ce lieu, difoit il, eft l'vn des beaux & riches qui foit foubz le ciel, où font les bons fruiéts, belles riuie-res de laiét & de miel, coulans de toutes parts foubz ce Paradis. I'aurois honte, fi ie ne voulois inciter à rire le Leéteur, de luy difcourir longuemét ce que ce vieux pecheur Arabe nous difoit, & ce qu'ils tiennent de pere en fils touchant le poinét dudit Para-dis terreftre. Ie laiffe auffi vne infinité d'autres diuerfes opinions des Chreftiens In-diens, la plus gràd' part defquels difent, qu'il n'a efté en autre endroit qu'en ladite ter-re de Promiffion. De mefme en font là logez d'autres Chreftiens, refpandus au conti-nent, qui habitent auec les dogmatifans Quintyens, Catayens, Narfinguiens, & autres orientaux. Et attendu que ce n'eft l'eftat d'vn Cofmographe de parler fi auant d'vne chofe fi chatouilleufe aux oreilles des plus fçauans, ie remets le tout à la puiffance haulte, & interpretation de tant d'hommes doétes de la fainéte & catholique Sorbon-ne de Paris, pour pourfuyure mon hiftoire.

De l'ifle de MEROE, nommee MERALA des Ethiopiens, & des Arabes MEZAAL. CHAP. XII.

OSTOYANT les ifles adiacentes des Royaumes de *Cephala*, *Mo-zambique*, *Pulac*, *Quiola*, *Xòa*, *Libara*, *Melinde*, *Magadaxo*, *Adel* & *De-albea*, courant vers la route de la mer Rouge, me fuis encores tranf-porté en terre ferme, pour y voir ces grands fleuues d'Afrique, lef-quels font par leurs embraffemens d'auffi belles ifles que lon en voye gueres en la mer. Et qu'il foit ainfi, qu'on contemple vn peu celle de *Gueguere*, fiege & maifon Royale du Roy Ethiopien, chef des Abyffins (laquelle eft ainfi diéte, à caufe de la felicité du païs, veu que *Gueguereit* fignifie heureux, & depuis a efté nommee *Meroé*) & lon verra, que à la verité elle ne doit gueres en grandeur à pas vne de celles que nous voyons pardeça en noftre mer. Mais auant que paffer oul-tre, ie diray de combien de noms elle a efté baptifee par les Barbares. Les Arabes qui font deuers le Royaume de Nubie & de Farluc, & ceux qui fe tiennét entre les monts de Borno, & Gergite, païs defert, l'appellent *Merala* : les autres voyfins la nomment *Oclin merodach*, à caufe de l'abondance de Myrrhe, ou de l'arbre & fueille qui le por-te: & de faiét les Iuifs de pardelà, luy donnent ce nom. Quant aux Arabes de l'Arabie felice, qui different en langage de ceux d'Afrique, ils l'appellent *Mezaal*, à caufe du fablon des riuieres, qui eft fi luyfant, que lon le iugeroit eftre fin or. Meroé donc eft celle d'entre toutes les ifles, que le Nil enuironne, la plus belle, grande, riche & renom-mee, comme eftant le chef & metropolitaine de tout le païs Ethiopien, & en laquelle pour le plus fouuent fe tient ledit Seigneur Abyffin. Elle n'eft pas fimplement faite par le Nil, veu que du cofté d'Occident c'eft le Nil qui l'enuironne, & vers l'Orient el-le eft ceinéte du fleuue *Aftabora*. Le lieu où ces deux fleuues fe rencontrent & fe ioi-gnent, font à foixante vn degré de longitude, & douze de latitude : iaçoit qu'aucuns ayent voulu dire, que les deux ne font qu'vn mefme : ce qui n'eft en rien vrayfembla-ble, eu efgard au lieu d'où chacun d'iceux deriue & prend fa fource. Meroé eft en

De combien de nõs l'ifle de Meroé eft nommee.

k

fon eleuation, ayant foixante & vn degré de longitude auec trente minutes, & feize degrez vingtfix minutes de latitude, eftant au premier climat & neufieme parallele. Où le Lecteur fera aduerti en paffant, que Climat n'eft autre chofe, qu'vne face comprinfe entre deux paralleles, tournoyant le circuit de la terre. Les Anciens ont ordonné fept Climats, ou regions, lefquelles fe peuuent commodement habiter, imaginans vn cercle en la terre, foubzmis droictement à l'Equinoctial, lequel la diuife en deux parties egales, en penfant vn autre, lequel paffe deffoubz les Poles, puis diuife ce premier cercle en deux parties egales auffi, par angles droicts. Ces deux cercles en apres diuifent la terre en quatre parties egales, lefquelles fe nomment Quartes. Or de ces quatre quartes de la terre, on n'a cognoiffance que d'vne, qui eft vers le Septentrion: pource que les autres, felon l'opinion d'aucuns, font la plufpart couuertes d'eau: ou bien autrement, de forte que tout en eft incertain. Mais ie lairray cefte matiere pour le prefent, pour pourfuyure le refte de mon difcours, efperant en traicter plus amplement ailleurs. En cefte ifle donc y a quatre villes principales: à fçauoir *Meroé*, qui porte le nom de l'ifle, *Sacolco*, *Efir*, & vne autre nommee *Borgo Deidari*: & n'eft pas fi petite, qu'elle n'ait bien en longueur foixante lieuës, & enuiron quarate en fa largeur, comme i'ay fceu par le recit de ceux du païs. Elle eft faite en la forme d'vne coquille de Nacre, qui contemplera fon affiette, laquelle vient en poincte vers le Su: & de l'Eft à l'Oueft, fçauoir du Leuant au Ponent, eft fa largeur: & le bout de la Coquille fe figure vers le Nort, d'où auant le Nil tire du Su au Nort, allant vers le païs d'Egypte. A

Royne de Saba.

prefent quelques vns l'appellent *Elfaba*, à caufe (comme ie penfe) que la Royne de Saba, dont eft faict mention en l'Euangile, eftoit Dame de cefte belle terre: de laquelle auffi fe parle au troifieme liure des Rois, quand il eft dict, que cefte fage Princeffe vint d'Ethiopie en Iudee, defireufe d'ouïr la grâd' fageffe de Salomon, Roy des Iuifs: & paffa l'Ethiopie & l'Egypte, qui luy eftoient fubiettes, & trauerfa encor les bords, haures, & ports de la mer Rouge pour venir en Arabie. Or appelle la faincte Efcriture cefte Royne, Dame de Saba, pource que la ville capitale du païs auoit iadis nom Saba. Les Abyffins luy donnét le nom de *Sabaëthani*: les Cephaliens, *Sabaim*, qui vault

Diuerfes appellatiós du Royaume de Saba.

autant à dire en langue Syriaque, que Chofe vieille & decrepite: laquelle depuis a efté appellee Meroé, ainfi le voulant Cambyfe, à caufe de fa fœur portant tel nom, qui là eftoit decedee. Apres quoy (ie parle de Moyfe, bataillant pour Pharaon) les Egyptiés fe meirent à pourfuyure les Ethiopiens, lefquels fe retirans en cefte ville Royale, y furent affiegez par Moyfe. Ce lieu eftoit fort fafcheux à eftre affailly, & plus difficile à eftre gaigné, à caufe que le Nil l'enuironne & l'encloft d'vne part, & de l'autre *Aftabore* & *Aftabe* grandes riuieres f'oppofoiét auec la furie de leurs flotz & vagues à ceux qui f'effayoient de paffer en cefte ifle: neantmoins fut prife par l'effort & fage conduicte de Moyfe, lequel efpoufa Tharbis, fille du Roy de cefte contree. Toutefois lefdits Abyffins & Armeniens tiennent, que le propre païs de Saba eftoit en Arabie: mefmes plufieurs anciens hiftoriens l'ont mife en la prouince, où fe recueille l'encens, le maftic & le myrrhe. Ce que volontiers ie leur accorderois, f'ils n'y adiouftoiét vne bourde, qui ne fera iamais receuë de moy, ny de ceux qui ont vifité les trois Arabies, comme i'ay fait, lors qu'ils difent, qu'en cedit païs de Saba, ou Arabie, fe trouuent les meilleures efpiceries, & pierres precieufes, qui foient au monde. D'vne chofe fuis affeuré, que ne de l'vn ne de l'autre ne f'y en trouue non plus, qu'en noftre Gaule, fi telles richeffes n'y font apportees des païs eftranges: & i'en defpite tous ceux de mon temps qui en ont ainfi fauffement efcrit. Au refte, tout ainfi qu'en d'aucuns païs les hommes ont la prerogatiue de dominer fur les peuples, & que d'vn chef tous les fucceffeurs portent le nom, ainfi qu'eft iadis aduenu en Egypte, là où les Pharaons ont longue-

ment donné nom aux Rois d'icelle prouince, & apres les Ptolomees y ont eu mesme
& pareille authorité & nom pour les successeurs : En Arabie aussi le nom d'Aretas a
esté familier, d'autant que du regne de Pompee, Arete Roy Arabe fut receu par ceux
de Damas, duquel on voit encores à present la sepulture à quatre lieuës de la ville de
Gazer, entre deux montaignes, nommees *Birnectel* : Et du temps de S. Paul, le chef de
ce païs mesme portoit ce nom: & depuis le chef des Sarrasins, qui estoit sorti d'Arabie,
s'est appellé Aretas, fils de Gabale, lequel viuoit du temps du grand Empereur Iustinian: Tout ainsi, dy-ie, qu'és Royaumes susdits les Rois seuls auoient puissance, & le
nom des anciens y auoit lieu, courant sur les successeurs, le semblable s'obseruoit en
ceste region Ethiopiéne, & sur tout en l'isle de Meroé, où les femmes tenoient le hault
bout, & auoient le dessus de l'Empire: lesquelles par succession d'annees, prindrent le
nom de Candax, comme pour lustre & tiltre de maiesté. Fault aussi noter, pour oster
de doubte ceux qui penseroient, que la Royne qui vint visiter Salomon, eust esté Dame de celle partie d'Arabie, qu'on nomme Sabee, & de laquelle la ville metropolitaine est dicte Saba, que l'Arabie heureuse, en laquelle croissent quelques odeurs & choses aromatiques, est és parties Leuantines & Orientales, là où le païs de ladite Royne est Austral, à sçauoir vers le Midi. Or celebrent ils en ceste isle les mysteres & sacremens de nostre redemption, quoy que non sans plus grandes ceremonies, & quasi toutes differentes des nostres, comme i'ay veu demeurant auec eux. Pres ladite ville de
Meroé y a des mines d'or & d'argent, & s'y trouue aussi abondance de bonne Hebe-
ne, & force pierres, non si fines que celles des Indes, desquelles les Ethiopiens se parent : & est loing de la mer Ethiopique enuiron cent trente lieuës, là où les hommes
viuent longuement, & plus la moitié que ne font les plus vieux d'entre nous. Les femmes y ont les mamelles bien grandes: ce qui leur aduient, à cause qu'estans enceintes,
elles ne mangent autre chose que du ris fort cuict auec laict de chameau, & du miel
preparé auec du sucre; & aussi que l'air y est le meilleur de toute l'Ethiopie. Au reste,
les Insulaires & Ethiopiens en quelques côtrees ont esté subiuguez iadis par les Egyptiens, tellement qu'il n'est autheur Chaldee, tant peu versé en l'histoire du païs, parlant de l'Ethiopie, qui ne s'eslogne iusques aux quartiers du Midi, pour doner attainte à nostre Meroé, & qui ne la celebre pour estre en eau douce la premiere d'Afrique.
Elle a esté iadis fort depeuplee, si ce n'estoit de quelques bergers & pasteurs, qui gardoient des chameaux, elephans, bœufs, vaches, brebis & moutons, & abondance de
cheures, toutefois differentes aux nostres, ainsi que i'ay veu par experience, estant en
Egypte: qui fut cause, que les pauures Barbares, suyuant leur patois, l'appellerent
Alquebx, *Hauage*, *Albila*, *Alhbon*, c'est à dire, l'isle des moutons, brebis & bœufs:
car il n'y eut iamais contree plus fertile en laictage que ceste cy, tellement que la plus
grand part du simple peuple en sont nourriz: & le nomment en leur lague *Alhabib*,
ou *Athalib*, & d'autres *Galgala*. Et n'est cecy si estrange, que les anciens Grecs n'ayent
faict de pareilles obseruations, donnant le nom aux lieux, selon que le païs se com-
portoit, & s'approprioit à l'vsage des hommes: ce que encor se voit obseruer, & n'a
peu ou l'antiquité ou la malice des hômes empescher, que la ville prochaine de Constantinople, laquelle auiourdhuy les Turcs & Arabes appellent *Stampolda*, c'est à dire, ville ample, n'ait retenu son nom ancien de Galathe. Ceste isle donc de Meroé fut
ainsi nommee, à cause des bestes & laictage qui prouenoit desdites oestes nourries en
icelle, le long des riuages du Nil. Celuy qui premier commença à bastir des villes en
ceste isle, fut vn Roy d'Ethiopie, nômé *Salemoth* : qui ne signifie autre chose en Chaldee, que Pacification, ou perfection. Ce bon Roy, ayât vn fils nommé *Sahar* (ou *Esar*,
& des Hebrieux du païs *Iaacan*) luy donna plusieurs terres pour se maintenir, & te-

Nom de Candax.

Alquebx, isle des moutons.

Premier ba stisseur des villes de Meroé.

nir train honnefte, & entre autres luy feit prefent de l'ifle de Meroé, lequel y feit baſtir pluſieurs mēiſſons, où il falloit eſbattre. A la fin, ſe plaiſant là, pour trouuer le lieu
beau & affez ferril, il y edifia vne petite ville, qu'il nomma de ſon nom, lequel encor
elle retient, à ſçauoir *Eſer* (à ſoixante & vn degré quarāte minutes de longitude, treize degrez trente minutes de latitude) à laquelle auſſi il bailla le nom de *Sahar filoni*, à
ſçauoir, ville heureuſe du beau prince *Sahar*. Ainſi en mille ans elle a eu diuers noms
& appellations. Ce qui ſe leue encor le plus en ceſte iſle qu'en tout le reſte de l'Ethiopie, c'eſt le Millet, & cecy au commencemēt par l'induſtrie de quelques paſteurs, leſquels voyans qu'on ſe plaignoit de l'infertilité du lieu, y en ſemerent quelque peu : &
ayans apperçeu que ceſte ſemence y auoit ſi bien profité, ils continuerent, tellemēt
que pour le iourdhuy ce grain eſt non moins eſtimé entre eux & tous les Royaumes
voyſins, que parmi les Grecs & Italiēs, le vin qui ſe cueille és iſles de Chios & de Methelin, ou que lon tient conte du ſucre de Madere. Pour ceſte abondance de millet, on
l'appelle *Alhain Alfacouza*, qui eſt, Terre abondante en mil : mais ces noms ſe ſont
eſuanouis, luy reſtant ſeulemēt ceux d'*Elſaba, Gueguere*, & *Meroé* : laquelle iadis a
ſenti auſſi bien que toute autre terre, les incurſions, pilleries & malheurs qui accompaignent & font ſuyte à la guerre. Et qu'il ſoit ainſi, ceux du païs ſçauent bien conter, comme ceſte pauure iſle a eſté pillee, deſtruite & ſaccagee, ſes villes & villages
tournez c'en deſſus deſſoubz par les Egyptiens, à cauſe qu'ils refuſoient obeïſſance
aux Rois d'Egypte: ce que vous pouuez colliger par ce que ie vous ay allegué. Auſſi ſe
vantent ils d'auoir dans leurs hiſtoires, que le grand Monarque Alexandre, lors qu'il
entreprint ſon voyage des Indes, fut mal reçeu de leurs peres, iuſques à charger ſur
luy & ſur ſa troupe: qui fut l'occaſion qu'il ne paſſa oultre, & ſe retourna bel erre au
païs d'Egypte. (Ce que ie croy eſtre veritable, & qu'il ne penetra iamais iuſques aux
Indes Orientales, & ait eſcrit le contraire qui voudra, ſi noz hiſtoriens, comme pluſieurs ſe ſont abuſez, ne prenoient l'Afrique pour les Indes.) Et que trois ans en apres
ledit Empereur, vint ioindre & raſſembler ſes forces : & penſant ſe venger de l'iniure à luy faicte, il mourut ſur ces entrefaites en la fleur de ſon ieune aage, au païs de
Babylone. Au lieu duquel furent ſes ſucceſſeurs, la Monarchie eſtant diuiſee, Ptolomee, Lagius, Soter, au Royaume d'Egypte : Philippe, frere dudit Alexandre, en Macedoine: Seleucus, & Nicanor, en Syrie: & Antigonus en Aſie. Leſquels eſtās tous ioincts
& paiſibles enſemble, reſſentans le tort faict à la perſonne dudit Monarque, ſoubz la
conduite de Seleucus, deux cens mille hommes paſſerent iuſques aux frontieres du
païs Ethiopien: & fut ſi bien chaſtié ce peuple felon & mal accoſtable, que ſur le chāp
de bataille y demeurerent plus de cent cinquante mille des ennemis : & ſubiugua ce
grand guerrier quaſi toutes les villes maritimes vers la coſte de la mer Rouge. Et fut
ce grand carnage fait en l'iſle de Meroé, & leur Roy *Sacoth-benoth*, occis. Eſtant ledit Seleucus paiſible de ces païs là, en memoire de ſes heureuſes victoires, fit dreſſer
douze Colomnes d'vne merueilleuſe groſſeur & haulteur, leſquelles par tremblemēt
de terre furent depuis ruees & culbutees du hault en bas, en l'an mil cent dixſept. D'a-
uantage me ſuis laiſſé dire à quelques vieux Abyſſins, natifs de la meſme iſle, qu'en
pluſieurs endrois d'icelle, fouillans aux fondemens de quelques villes & forterefſes
du païs Meroïen, ſe trouue grand nombre de riches medailles d'or, d'argent & de cuyure, ayans leur inſcription alentour en lettres Grecques, & autres Hebraïques & Chaldees. La plus freſche guerre qu'ils ont euë contre l'Egyptien, aduint l'an deux cens
quatorze, en laquelle moururent (ainſi qu'ils racontent) cinquante mille hommes de
pied, & dix mille ſix cens cheuaux des Ethiopiens, là où les Egyptiens ne feirent pas
peu de perte: de façon que leur fureur ſ'appaiſa aucunement, mais non l'inimitié qu'ils

Abondāce de millet.

Alexandre ne penetra iamau iuſ-ques aux Indes.

portent les vns aux autres, taſchans touſiours de ſentr'vſurper les terres & domaine
les Rois de l'vn & de l'autre païs, comme ſen diſans vrais & legitimes heritiers. Auſſi
vn certain Soldan d'Egypte ſurpriſt quelques terres du Roy Ethiopien le long de
l'iſle : ce qui cauſa de grands troubles : mais depuis que la puiſſance des Turcs commença d'eſpouuanter le Leuant, le Soldan fut contraint d'accorder à l'Ethiopien, &
luy rendre & ceder les places par luy ſurpriſes : lequel commença deſlors à eſtendre
plus auant ſes limites. Or pource que ce grand Roy des Abyſſins fait ſa demeure preſque ordinaire en ceſte iſle, cela eſt cauſe qu'elle abonde en tous biés & richeſſes, pour
le grand trafic que les eſtrangers y font ſur les riuieres, deſquelles elle eſt ceincte & enuironnee. Et vous puis bien dire, qu'il n'a prouince à luy ſubiette, ou tributaire à ſon
Empire, de laquelle il tire tant de tribut & reuenu, que de ceſte region inſulaire : & le
tout, pource qu'elle eſt ſituee au millieu de quatre Royaumes ſes ſubiets, leſquels ſont
tous arrouſez de la riuiere du Nil, & ont le trafic libre, ſoit par le fleuue, ſoit par terre:
& de Meroé auant, ils prennent la route d'Egypte, non toutefois touſiours par eau,
veu que le Nil eſt trop impetueux & difficile à nauiguer en pluſieurs endroits. Si ce
Prince Noir vouloit vſer de mauuaiſe foy à celuy d'Egypte, pour certain il luy pourroit facilement empeſcher le cours de ladite riuiere du Nil: & la feroit couler, & prendre ſon droict fil entre les Royaumes de Zeilan, & celuy de Guardafumy : & de là ſe
ioindre à la riuiere de Phyton, puis ſe deſgorger à l'entree de la mer Rouge. Pluſieurs
de ces Rois camus l'ont iadis voulu entreprendre, pour ſe venger contre le peuple
Egyptien. Entre autres le puiſſant Empereur *Chabul*, lequel mit entre ſes mains, malgré la rage de ſes ennemis, pluſieurs prouinces, villes & fortereſſes de la baſſe Egypte.
De laquelle ſurpriſe eſtant aduerti *Nabuzardan* Soldan Egyptien, pour appaiſer l'ire
du Tyran ſon ennemy mortel, enuoya vers luy vne Ambaſſade, accompaigné de riches preſens, entre autres de ſix gros Rubiz, & autant d'Eſmeraudes, & quatre Diamans, le tout eſtimé vn million d'or, ſuyuant l'hiſtoire des Mameluz, & de ce qu'ils
m'en ont recité demeurant auec eux. Lequel offre le Prince Ethiopien eut lors pour
aggreable, & de là peu à peu appaiſa ſon ire, & confirma vne paix perpetuelle entre
luy & ledit Roy d'Egypte, à la charge toutefois qu'à l'aduenir ledit Egyptien ſe rendroit tributaire tous les ans de cinquante mille pieces d'or : ce qui a eſté continué iuſques au dernier Roy d'Egypte, & Empereur de Conſtantinople, Sultan Solyman. Et
pour ne rien flatter, il eſt queſtion de ſçauoir, que ſi le cours de l'eau du Nil eſtoit oſté
du païs d'Egypte, le trafic & terroir d'iceluy ſeroit fort maigre : non pas que ie vueille
dire, ne ſouſtenir, que le païs ne fuſt habitable, ou ne peuſt eſtre habité, auſſi bien qu'il
eſt à preſent : attédu qu'il y a pluſieurs autres riuieres, lacs, & paluz d'eau doulce, auſſi
bien qu'en la Paleſthine qui l'auoiſine, & autres contrees de l'Afrique. Ceſte iſle eſt diſtante de l'Equateur dixſept degrez, ſituee entre ledit Equateur & le Tropique de Can
cer: & a du coſté du Ponent les Royaumes de Nubie, & celuy de Borne, & vers le Leuant celuy de Barnagas (nommé de ceux du païs *Haraia*, à cauſe des grandes chaleurs qui y ſont) qui eſt Chreſtien tel quel, auſſi bien que celuy de Nubie. Le Roy
d'*Amair*, Mahometiſte, luy eſt auſſi Leuantin, les terres duquel viennent iuſques à la
mer Rouge, & eſt l'iſle de *Suachem* de ſon domaine. Voila ce que i'auois à vous dire de ceſte grande iſle, & le tout à propos, pource qu'elle eſtoit digne d'eſtre cogneuë,
& deſcrite à la verité.

De l'Empereur d'Ethiopie, dict GERICH-AVARAICH, *& de nous*
PRESTRE-IEAN.   *CHAP.* XIII.

PLVSIEVRS fe font tourmentez pour fçauoir, quel & combien
grand eft ce Roy & Monarque, lequel cognoiffant Iefus Chrift, &
faifant profeffion de fa faincte doctrine, gouuerne & regift pour le
iourdhuy prefque toute l'Ethiopie, fix fois plus ample que la France. Mais auant que deduire fa grandeur, fa Religion, & les ceremonies, defquelles on vfe en fon païs, & quels Miniftres ont la charge
des Eglifes, il fault entendre, qu'on a penfé autrefois, que celuy, que nous nommons
Preftre-Iean, & les Abyffins fes fubiets *Gerich-Auaraich,* les Mores *Sultan-Atclabafcy,*
fuft Roy des Indes, & l'appelloiët l'Empereur d'iceluy païs, faifans accroire à vn chacun, que les Indes eftoient peuplees de gens qui font profeffion de l'Euangile. Ceux
donc qui ont eu cefte opinion, ne fe font pas du tout eflongnez de la verité : veu qu'a-
uant que les predeceffeurs du grand Cham de Tartarie, fe faififfent du Catay, qui au
parauant f'appelloit Serie, le Roy Ethiopien eftoit feigneur de ce Royaume, & de la
plus part des Indes Orientales, commençant depuis Guferath iufqu'au Royaume de
la Chine : non que fes fubiets fuffent Chreftiens par tous fes Royaumes, non plus que
ils ne font point Gentils ny Mahometans foubz les loix du Tartare, comme auffi toute l'Ethiopie ne confeffe point Iefuchrift, ains y eftoient les Chreftiens difperfez çà &
là, mais en plus grand nombre qu'on ne les y voit à prefent. Depuis ce temps là, comme le Cham f'eft aggrandi, ainfi l'Ethiopien f'eft contenu en fes limites : & a auffi bien
fenti la main de Dieu, & la punition d'iceluy fur fes faultes, & les pechez de fon peuple, comme nous faifons par les baftonnades, que le Turc donne à la Chreftienté de
iour à autre : d'autant que le Tartare tient l'Inde, & les ifles qui en dependent, iufques à
fe rendre tributaire le Roy de la grande Taprobane. Parainfi le Preftre-Iean a efté Indien, pour maintenir ceux qui faifoient ce Royaume d'Orient en Inde : lequel peuple
luy baille le nom & tiltre de *Gideroth,* fçauoir Seigneur du païs chauld, comme eft le
plus grand part de celuy qu'il tient en Ethiopie (car à la verité il tient diuerfes grádes
prouinces & contrees, & principalement celles qui tirent de la part du promontoire,
que le vulgaire nomme De bonne efperance, auffi froid, que le païs d'Efcoce) mais auiourdhuy il ne l'eft plus, & eft fon Empire hors l'Afie, & en Afrique, & non tout Chreftien, ains plufieurs Rois Mahometans & idolatres luy font obeïffance. Et ay honte
que nos hiftoriens luy donnent fi fouuent le tiltre d'Empereur & Seigneur des Indes,
ne pouuans diftinguer entre le païs Indien, qui eft en ladite Afie, & celuy d'Afrique,
plus eflongnez fix fois que n'eft l'Europe de l'Afrique : par où ils monftrent affez apertement leur ignorance. Or eft l'Ethiopie vn grand Royaume, & de fi belle eftendue,
qu'il n'y a prouince en l'Europe qui en puiffe approcher, non les trois plus grandes
enfemble : veu que du cofté du Leuant, & vers les Royaumes d'*Adel* & *Magadaxo,* elle va confiner auec le grand Ocean, y comprenant vne infinité d'ifles, lefquelles obeïffent & payent tribut à ce grád Seigneur. De la part du Nort & Nordeft, fes terres confinent auec le goulfe d'Arabie & mer Rouge : & tirant vers l'Egypte, fa diuifion eft faicte par la mer, qu'on dit de Sablon, fort perilleufe, pour eftre tous grands deferts, pres
la prouince de *Guademes,* pofee entre le grand Caire & les deferts d'Ethiopie, directement foubz le Tropique de Cancer. Du cofté de l'Afrique, & contemplát l'Oueft,
Royaumes elle eft bornee des fins de la Nubie, tirant vers la Mauritanie, & iufques à la riuiere de
de Goiame, Senega. Et fi vous regardez vers le Midi, il y a les Royaumes de Goiame, Xoa, & Mani-
Xoa & Ma-
nicongre.

congre, aufquels ce Roy fidele & Chreftien donne loix & commandement, fans que fa domination paffe oultre : à caufe que iamais Roy ne feft foucié de fçauoir quelles gens ce font ceux qui fe tiennent à ce Cap de bonne efperance, quoy que ce foit en Ethiopie:& ainfi ledit Roy commande à plufieurs Rois,& a diuerfes religions & feétes en fa iurifdiction. C'eft bien chofe affeuree, que fi ce n'euffent efté les deferts fablonneux qui font entre l'Egypte & l'Ethiopie qui luy eft fubiecte, lefquels ne durent moins que de dix iournees pour vn cap, & efquels ne fy treuue pas vne goutte d'eau, il euft, il y a long temps, fubiugué l'Egypte, & reduict plufieurs autres terres de Leuant foubz la Loy de noftre Seigneur : mais la diftance des lieux, l'incommodité du païs, le peu de moyen qu'il a d'aller par la mer Rouge, l'ont deftourné de fa fantafie. Voila quant à l'eftendue de fes terres, qui eft telle, qu'elle va de l'vn Tropique à l'autre:veu que commençant depuis fix degrez pardeça le Tropique de l'Efté,elle va finir droict foubz celuy de Capricorne, qui font cinquantedeux degrez de latitude,feftendant en foixante & dix de longitude : & aduifez quelle eft la region d'Europe qui fe puiffe vanter d'eftre fi grande.Les Iuifs du païs (veu que c'eft vne nation qui eft vagabonde par tout le monde) ont mis en leurs hiftoires, & l'obferuent encor,ainfi que ie me fuis prins garde,que cefte region a & porte le nom de *Subchim*,qui fignifie *Cham*, & les Arabes *Ieremiel* : & auffi ceux du païs tiennent, qu'vn des enfans de Cham, fils de Noé, vint en l'Ethiopie, & fut celuy qui la peupla comme elle eft. ce qui eft affez vrayfemblable, voire neceffaire, d'autant que ces païs d'Egypte, Arabie, Palefthine, Mefopotamie & Ethiopie, ont efté les premiers habitez, ainfi que nous pouuons recueillir de la lecture des fainctes Lettres.Parquoy i'ofe dire,comme le tenant de leurs Chroniques,que les prouinces Ethiopiennes ont iadis efté en plus de bruit & recommandation,qu'elles ne font à prefent,& les hommes plus forts, hardis & vertueux, iaçoit que le païs foit trefchault,& les habitâs noirs & bazanez.Il eft vray,que les nuicts y font froides, qui caufe quelque contentement à ceux qui y demeurent, & donne fignifiance de la temperie de l'air.Le peuple y eft Chreftien à l'Abyffine, fuyuans la religion, felon qu'ils fe vantent en auoir efté inftituez par l'Apoftre S.Thomas : lequel ils ont en fort grande reuerence,comme celuy qui le premier a annoncé l'Euangile en ces contrees là:toutefois depuis qu'il fen fuft paffé en l'Inde Orientale, où il eft mort, ainfi que ie monftreray ailleurs, ce païs fut ofté de l'obeïffance de l'Euangile. Et qu'il foit vray,le Roy d'Ethiopie,qui fe tenoit en la ville d'*Amacaiz*, laquelle a mefme fignifiance que le mot Hebrieu *Halleluiah*, qui fignifie,Loüange au Seigneur: (pource qu'on dit que la Royne de Saba, ou Meroé, l'ayant fait baftir, luy impofa vn tel nom, loüant le nom de Dieu de la grace qu'il luy auoit faite,tant en fon voyage,qu'en l'edification de cefte belle & riche ville.) Le Roy Ethiopien (dy-ie) allié auec celuy d'Egypte & d'Arabie, accompaigné de certain nombre de bandoliers & coureurs, vint furieufement en la Palefthine, & deftruict Gazere & Hierufalem, & vne grande partie du païs où les Chreftiens refidoient encore. Ce Roy eftant en fon expedition, vint à Amacaiz vn certain perfonnage de faincte vie, & qui faifoit de grands miracles, lequel eftoit inftruict en la Loy de Dieu & en fa crainte, & auoit frequenté les doctes Prelats, qui pour lors reluifoient tant en Grece qu'en la Terre faincte, & en Egypte, que lon fçait auoir efté le fiege nourriffier de tant d'excellens hommes, & en fçauoir, & en faincteté de vie.Ce bon homme,nommé Philippe Tafez, voyant la perfecution de ces Barbares en Palefthine, paffa la mer Rouge, le Nil, & les deferts à bien grande peine,& fen vint en Ethiopie,iufques à ladite ville. Arriué qu'il eft,il y voit quelques Chreftiens,defquels il faccointe,& parlant bien leur langue, commença à les conforter & confirmer en la crainte de Dieu,adiouftant plufieurs fignes à la parole : tellemêt

ville d'A-macaiz.

Hiftoire de Philippe Tafez.

qu'en peu de temps il feit tel profit, que toute la ville & païs à l'entour fe remift à la confeſſion de l'Euangile, baftiſſans oratoires, & faiſans publique exercice de leur Religion. Le Roy eftant de retour, eſt eſbahy de la nouueauté : & toutefois voyant les fignes & miracles du bon homme, le voulut ouyr, & y print tel plaifir, que Dieu œuurant en luy, il receut le Chriftianifme, & baftit le monaftere de la Vifion, au Royaume de Barnagaz. L'exemple de cefte ville, & la conuerfion du Roy, ioincte à la predication de Philippe, reduit en memoire à ce peuple Abyſſin, la vie, doctrine & vertu du fainct Apoftre S. Thomas, que iadis ils auoient honoré, & qui auoit annoncé cefte religion & foy à leurs peres : qui fut caufe, que les Chreftiens Miniftres de la parole de Dieu n'eurent trop grand peine à retirer vn peuple à demi gaigné de fon propre vouloir & franche volonté. Ce fainct homme apprint aux Ethiopiens vn poinct de Iudaïfme, qu'ils gardét encores, à fçauoir, d'obferuer le Samedi pour leur fefte, auffi bien que le Dimanche, & en eut quelque altercas auec le Roy. Il mourut à Amacaiz : toutefois il fut enterré audit monaftere de la Vifion, duquel il eftoit Dauid, c'eft à dire, Abbé & Prouincial : d'autant qu'il eft chef des Eglifes voifines, comme le Patriarche de Conftantinople des Eglifes de Grece. Depuis ce Roy baptifé & receu à la preftrife, tous les Empereurs Ethiopiens ont efté Rois & Sacrificateurs. La compaignie plus honnorable que l'Empereur ayt allant par païs, eft la fuite des Euefques : lefquels pour dire la verité, ne font fi magnifiques que les noftres : auffi leur reuenu n'eft de tel profit, veu que le plus riche d'entre eux n'a que trois cens Solphiriques, qui valent quelques quatre cens ducatz de rente par an. Ce que i'ay fceu d'eux-mefmes, eftant en la Paleſthine, & en d'autres contrees du Leuant, où i'en ay frequenté familierement quatre, autant gens de bien que la terre en cognoiffe. Auffi quand ils y viennent, ils portent atteftation fignee du Roy, comme ils font gens de bien, choifiz au miniftere pour leur fainćteté, & qu'à caufe d'icelle le Roy les a efleuz, pour aller vifiter le fainct Sepulchre de noftre Seigneur : attendu qu'il n'eft permis à aucun Abyſſin, & fur tout aux gens d'Eglife, de fortir de leur Prouince fans expreffe licence du Roy, & fans en auoir Patentes, nomplus que lon voit que les moynes n'oferoient aller de Prouince en autre, fans eftre licentiez de leur fuperieur. Car ce Gerich eft comme le Pape en fa terre, & fault que tout paffe par fes mains, & temporel & la plus grand part du fpirituel, ou que ceux qui veulent fortir de fes terres, ayent licence de ceux qui font deputez par luy : mefmes il confere les Benefices qu'ils ont pardelà, auffi bien que nous auons en l'Eglife Latine, aux hommes de bonne vie : i'entens les Ecclefiaftiques, & non à autres.

L'ordre que tiẽ le grãd Gerich A-nara chăllãt pa-païs. Comme donc il va par fes prouinces, d'autant que gueres iamais il ne s'arrefte en vn lieu, pource qu'eftant fa fuite fi grande, que quand il marche, il a pour le moins cent mille cheuaux qui l'accompaignent, & pourroit affamer le païs : à cefte caufe ayant paffé par vn endroit, il n'a garde d'y repaffer de trois ans apres, & a toufiours fes Euefques, puis la Nobleffe, chacun le fuyuant auec grand' reuerence, & felon fon rang & qualité. Ainfi qu'ils vont & marchent toufiours le petit pas, on porte deuant eux, en quelque temps que ce foit, trête croix d'or en lieu de baniere, & en y a vne qui eft toute de bois, fans eftre aucunement eftoffee ny enrichie. Chafque preftre allant par ville ou aux chãps, en porte toufiours vne en fa main, voire le fimple peuple, tant ils ont en reuerence la memoire de la paffion de noftre Seigneur, qu'ils ne defdaignent point la croix : laquelle n'eft faite comme font les noftres de pardeça, ains à la façon de celles que nous autres Cheualiers & voyagers de Hierufalem portons, qui font doubles, & de couleur rouge, & les prennent pour armoiries. L'Empereur va au millieu de fa garde, monté fur vn beau cheual, caparaffonné de drap d'or, faict à la Morefque, garny de pierreries de toutes fortes, fans qu'il porte efpee ne dague, ou aucune efpece d'armure, se contentant que ses gens luy sont si fideles, que là où ils seront, la vie leur faudra plustost que mal soit faict à leur Prince. Ie deduirois icy tout l'ordre de sa maison, sa pompe, comme il est seruy, & auec quel appareil : mais pource que ie sçay que cela ne fait beaucoup à mon propos, ie passeray oultre pour vous dire: Que les Ecclesiastiques, soient moynes ou autres, ne sont differents en habits à ceux que nous appellons Lays, sauf lors qu'ils font le seruice à l'Eglise, où ils s'habillent le plus richement qu'ils peuuent, & auec autant & plus de ceremonies que les Latins, s'accoustrans presque de mesme sorte, lors qu'ils celebrent. Ils portent vn Turban bleu, rayé en diuers

Habitz des prebstres Abyssins.

endroits, assez hault, qui est de la façon de celuy des Perses : mesme l'Empereur vse de pareil atour, ainsi que i'en ay veu le pourtraict en vne riche tapisserie en Hierusalem, où il estoit tiré au naturel, comme les Abyssins m'affermoient, lequel i'ay apporté en France : & pouuoit lors estre agé de quelques cinquantehuict ou soixante ans. Il estoit fort beau personnage pour vn Noir, gaillard, affable, & de bonne vie, & s'appelloit *Vodin-chebir*, qui vault autant à dire, que le Grand Dauid, & sa mere *Marac-lenach*, c'est à dire, Dame Helene. Ils se vantent tous d'estre descendus de la race & famille de Salomon, comme il appert par les lettres enuoyees au Roy de Portugal: où il dit, qu'en son baptesme il a esté nommé *Atany Tingil*, qui signifie, Encens de la Vierge, mais depuis qu'il fut faict Roy, quelques vns luy ont changé de nom, l'appellans *Vodin-chebir*, & apres l'ont nommé *Gerich*. Quelques Ethiopiens, qui aboutissent vers Guardafumy, l'appellent en leur langue *Thaimnath-hates*, sçauoir, Image du grād Dieu: & le peuple de Calicut, *Zoheleth*, comme s'il vouloit dire, Montaigne inexpugnable. Quant aux insulaires Iauiens, Taprobaniens, & Burniens, ce peuple, toutefois

qu'il foit barbare, iuy donne le nom de *Cappach-Elifua*, fçauoir Fils du grand Prophete Dauid. Autres luy baillent ces deux tiltres & furnoms, *Aceque*, qui vault autant qu'Empereur, & *Negu*, Roy. Or fe dit-il ainfi, Dauid aimé de Dieu, colomne de
la foy, de la race de Iuda, fils de Dauid, fils de Salomon, fils de la colomne de Sion, fils
Nahu Em- de la femence de Iacob, fils de la main de Marie, & felon la chair, fils de Nahu Empe-
pereur d'E- reur d'Ethiopie. Ils f'appellent donc ainfi, pource que tous les Abyffins tiennent, que
thiopie. la Royne de Saba (celle qui regnant en l'ifle de Gueguere, dicte iadis Meroé, & à pre-
fént Elfaba, alla en Hierufalem pour ouyr la fageffe du Roy Hebrieu) fut conioincte
par mariage audit Roy, & de leur conionction fortit vn fils, qui eft la fouche de tous
les Rois qui depuis ont regné en celle contree. En oultre, que le Roy Salomon, ren-
uoyant ceft enfant en Ethiopie, l'auoit inftruit en la Loy de Dieu, & que iamais leurs
Princes depuis ce temps n'ont efté adorateurs des idoles : ce qu'ils ont efcrit en leurs
hiftoires, comme nous auons celles de noz Rois, qui fe difent eftre defcenduz des
Troyens. Ils n'ont aucuns liures qui ne foient efcrits à la main : & n'y a Monarque au
monde, qui ait plus belle bibliotheque, & qui aime plus les liures que ce grand Seigneur, qui regne auiourdhuy, nommé en leur langue *Anamelech* : qui n'eft fi noir que
fon feu pere, ains eft de couleur oliuaftre. Quoy qu'il en foit, ils ont en fort grand'
reuerence la memoire de Salomon, auquel par leurs efcrits ils donnent le nom de
Sarfachim : & difent que tous les ans ils vont, ou enuoyent faire des offrandes au temple de Hierufalem, comme enfans de la maifon de Dauid, & inftruicts en la Loy de
Moyfe : ce qu'ils preuuent par le nouueau Teftament, de l'Eunuche qui eftoit enuoyé
du temps des Apoftres par la Royne Candax en Iudee, lequel fut baptifé par Philippe, l'vn des fept Diacres.

Des mœurs & religion dudit Empereur GERICH, ou Preftre-Iean.
CHAP. XIIII.

OVt ainfi que nos Rois pardeça mettent en leurs Patentes les Prouinces ou Royaumes, fur lefquels ils commandent, le mefme en fait
ce grand Monarque de l'Ethiopie, lors qu'il dit, Dauid fils de Nahu
felon la chair, Empereur de la grande & haulte Ethiopie, des grands
Royaumes, terres & iurifdictions de Xoa, de Caffate, de Fatigar, An-
gote, de Baru, Byapara, Baliganze, d'Adea, Pyaphala, de Vaugue, de
Goiame d'où fort le Nil, Amara, Bagamid, Ambeih, Tigremahom, de Sabam, de Barnagaz, Zalmaniph, Nanbalquabih, & Seigneur iufques à la Nubie qui confine auec
l'Egypte. Ce Roy eft la plus part du temps veftu de blanc, & eft marié ainfi que les au-
La maniere tres gens d'Eglife, à l'imitation de tous ceux de Leuant. Or les Ecclefiaftiques d'E-
de viure des thiopie, apres auoir faict le feruice diuin, f'en vont faire leur befongne, & trauail-
moynes & ler pour gaigner leur vie : veu que le reuenu qu'ils ont, ne pourroit fuffire à nourrir
Preftres A- eux & leur famille : ioinct que l'on ne fait de telles donations aux Eglifes que pardeça :
byffins. ouy bien aux monafteres, où il y a quelque fois tel nombre de moynes, que cinq à fix
cens y font entretenus : lefquels fault auffi qu'ils trauaillent, & f'addonnent ou au labourage, ou à garder le beftial, ou aller aux marchez pour trafiquer. Car en ce païs là
le principal train fe fait par telles gens, à fin qu'ils puiffent fuftanter eux & leurs familles. Les moynes ne fe marient en forte quelconque, combien qu'ils ne foient differens
d'habits des preftres que bien peu : & n'entre aucune femme en leurs maifons, Eglifes,
ny pourpris d'icelles, non vne befte ou oifeau qui foit de fexe feminin. Et c'eft pourquoy on dote leurs Eglifes, & qu'on en fait fi grand conte, veu que la feuerité de leurs

Prelatz, & l'austerité de leur vie, rendent ces gens admirables, & honorez de tout le monde. Le grand Empereur,le iour des festes annuelles, si comme est Noel, Pasques, & Pentecoste, fait donner luy mesme par ses Euesques (car de Cardinaux il n'en est point question entre ce peuple) la communion à ses fauoritz & ceux de sa maison, & aux soixantetrois Gouuerneurs,qui portent tiltre & nom de Rois,lesquels sont espars par les Prouinces,pour faire iustice,& leuer le tribut qui est deu au Seigneur,tout ain-si que font les Baschaz & Beglierbeys en Turquie, & autres terres subiettes au Turc. Ces Rois sont dicts tels,à cause qu'ils iugét en souueraineté,& que ce qu'ils font,vault autant que ce qu'ordonne l'Empereur. Il est vray que fils font faulte, ils sont aussi bié & mieux punis que le moindre du Royaume : & toutefois ils sont si obeissans & fide-les,qu'ils choisiroiét plustost la mort,que faire vn faulx bond à leur souuerain. Quãd ils communient, ils reçoiuent soubz les deux especes , ainsi que ie l'ay veu obseruer le iour de Pasques aux Abyssins de leur secte, qui sont en Hierusalem : & distribuent le sacrement du corps & sang de nostre Seigneur aussi bien aux petits enfans de douze ans,comme à ceux qui sont aagez de vingt cinq. Quant au Baptesme qu'ils nomment *Thahan*, ils ne le donnent aux masles,qu'ils n'ayent quarante iours, & les femelles soi-xante:& le font à l'Eglise aussi bien que nous depuis trente ans en ça, ayans au parauát tousiours esté schismatiques:sauf qu'ils ne les baptisent sur les fonds,ains à la porte de l'Eglise,auec vn pot plein d'eau, & l'autre de feu, qu'ils benissent:& huillent aussi bien qu'en ce quartier,le sommet de la teste de l'enfant,vsans en leur langue de mesmes pa-roles que nous : ce qui ne se fait, que les iours du Samedy & Dimanche. Aucuns tien-nent qu'ils s'aydent du Baptesme de feu : mais quelques Prestres d'eux m'ont asseuré, que depuis certain temps cela est aboly : & que les marques qui sont faites aux tem-ples ou ailleurs auec le fer, se font sans nul esgard de religion, ains pour plaisir, & que ils n'estoient si simples, d'entendre l'Escriture à l'escorce simple,mais qu'ils y cherchét la moëlle, sçachans que le Baptesme qui se dit de feu, n'est point elementaire comme celuy de l'eau. Quant à l'excomunication,ce peuple la craint fort : en laquelle ils pro-cedent de ceste façon. Celuy que lon souspeçonne de quelque larrecin ou iniure, est mené par certains prestres,ou diacres,deuant l'Eglise,auec feu & encens, & mis contre la paroy tout debout:lequel on fait iurer de dire la verité. Que s'il cele son forfaict,& le contraire soit sceu, on le punit grieuement, & est debouté à iamais de la compai-gnie des Catholiques,& liuré entre les mains de Satan : de sorte que quiconque est at-taint & conuaincu d'excommunication, il est plus hay du peuple, que s'il auoit com-mis le plus enorme peché du monde , fust ce homicide, ou autre grand messaict. Le Patriarche, qui est sur tous les Euesques & Prelatz,se nomme *Albuna* , qui est autant que Pere.Il a authorité & puissance de tenir les Ordres, & faire les Prestres:& est esleu fort vieil, ayant esté trouué personnage de bonne vie, & irreprehensible deuant les hommes. Cestuy est tellement priuilegié, qu'il n'est permis à autre qu'à luy , de faire vin publiquement en sa maison (où il s'obserue plusieurs solennitez) ou à ceux qui sont proches amis du Seigneur : mesmement le vin,duquel on celebre la Messe, se fait en son hostel , ou dedans les Eglises metropolitaines, ou bien aux monasteres.Les E-uesques, qu'ils nomment *Parirarihes*, & les Indiens Orientaux.*Phadassur*, mangent auec l'Empereur, pour la reuerence qu'il leur porte. I'en ay veu plusieurs, & ay ouy leur messe, qu'ils disent en langue Abyssine, laquelle approche fort de l'Arabe, mes-mes en characteres.Ils la celebrent en grande deuotion, ayans tousiours deux ou trois qui leur assistent,& communient auec eux:& ont des platines d'or,sur lesquelles met-tent le pain à consacrer,& se vestent comme nous,en chantant messe, quoy que non si proprement,vsans auec cela de force encensemens & parfuns : ce que font aussi toutes

Forme de receuoir le sacremét de l'Autel par les Abys-sins.

Parirari-hes,ou Pha-dassur,c'est à dire , Eues-ques.

les nations Leuantines, voire les Turcs, Mores, Arabes, & Perfiens : ayant veu des preftres Mores & Mahometans aller par tout vne ville auec vn encenfoir d'argent, qu'ils
nomment *Alboucourt*. Ils ne cognoiffent que bien peu de nos Sainéts, honorez en
noftre Eglife, hors mis fainéte Catherine, à caufe que fon corps eft au mont Sinay:
S. Anthoine Egyptien, & fainéte Heleine, pourautant qu'elle a fait faire le temple du
fainét Sepulchre en Hierufalem, & plufieurs autres en la Terre fainéte : fauf auffi la
vierge Marie, le nom de laquelle eft cognu par tout l'vniuers, mefmes des nations les
plus barbares qui fe trouuent point. Ie me recorde (pour rien n'oublier de mon deuoir) que lors que i'eftois en Afrique, & en quelques endroits d'Afie, i'ay admiré fouuentefois les Mores & Arabes, faifans leurs prieres & oraifons à Dieu : lefquels crioient
par plufieurs fois, & difoient eftans à genoux, & mains tendues au ciel, fuyant leur

Ies Mores
& Arabes
prient la
vierge Ma-
rie.

cerimonie & façon de faire, ces mots, *Allah-hu, Allah-la, Allah-illa-lah, elamdurul,*
Rabby, lalemine, eraym-helechumedin. Viecmabdy dymfaracham nhantalyon elmagodobin
Alhachibar meylet leyleylala Helyaffa, Moffa, Dauoda, Abrahim, Seguedena Iffa, Set-
tena Mariem, Vemuhamed, rafful-allah: qui eft à dire, Dieu eft Dieu, & n'eft Dieu finon Dieu, lequel foit loué, lequel eft mon Seigneur, qui fçait tous les fecrets, celuy qui
eft mifericordieux, qui iugera le iour du iugement, ne me iugera comme infidele. Regarde, Seigneur, comme ie te demande pardon de mes pechez, & ceux qui te font infideles, vueille les conuertir à la foy, par ta haulte bonté & interceffion de tes fainéts
Prophetes Elie, Moyfe, Dauid, Abraham, le grand Prophete Iefus, & la vierge Marie
fa mere, & Mehemet enuoyé auffi de Dieu. Voyla l'oraifon de ce peuple bazané. Les
Arabes, qui fe tiennent en l'Arabie heureufe, & ceux de la Palefthine & Egypte, ont
autre maniere d'efcrire & proferer que ceux icy d'Afrique : attendu que leur langue
n'eft fi corrompue & abaftardie : & differe leur parler & prononciation autât ou plus,
que le Grec literal d'auec le vulgaire, comme lon peult entendre par ce qui f'enfuyt.
Car au lieu que lefdits Africains difent *Elamdurule*, les Afiatiques prononcent, *El-*
hemdudu illahi halamine elrahmani elrachimi melichi iaumi eldini : qui font les propres
mots, & fubftance des autres fufdits. Ce que i'ay bien voulu dire en paffant, pour monftrer au peuple ignorant, que le nom de la Mere de Dieu n'eft feulement cognu en l'E-
glife des Latins & des Grecs, ains, comme dit eft, par tout le monde, hors mis du peuple Sauuage, qui n'a ne foy ne loy, nomplus que les gros Magots d'Ethiopie. D'auantage ils honorent les douze Apoftres : & fur tout S. Thomas, ainfi que font les Efpaignols S. Iaques, les Bourguignons S. André, & les Venitiens S. Marc. En l'autel principal des grands temples, & en la tente où eft la chapelle du Gerich, y a ordinairement
vne grande piece de fatin, en laquelle eft tiré en broderie vn Crucifix, ayant quatre
cloux, l'image de la vierge Marie, & les Apoftres, Patriarches & Prophetes. Les Eglifes font fort fomptueufement bafties, efquelles demeurent & font l'office feparément
les vns des autres, les Religieux & moynes, ayans vn temple à part, & les *Debeteres* vn
autre, qui mefmes ont vn fuperieur à qui ils obeiffent, qu'ils nomment *Nebrety*. Ce
peuple hait à mort les infideles, & leur fait ordinairement la guerre. Et n'eft pas fi petit
compaignon ce grand Roy, qu'il ne conduife, marchant en bataille, fix cens mille
hommes, armez tellement quellement à la Morefque, qui font toutefois belliqueux &

Armefque
portent en
guerre les
Abyffins.

hardis. Leurs armes c'eft l'arc & flefches, le fimeterre fort large, plus que celuy des
Turcs, qu'ils nomment *Affeguyn :* des lances de cannes fort longues, fortes, & bien
ferrees : grand nombre de caualerie, mais mal enharnachez, & la plus part f'y gouuernans comme les Arabes, montans fur leurs cheuaux, & combattans fans felle ny bride.
Quant à l'artillerie, ils n'en ont point l'vfage : combien que fouuent ils en ont gaigné
quelques pieces fur leurs ennemis : mais ils n'ont l'aftuce de fçauoir manier ces machines, &

nes,& moins le moyen de faire & affiner la pouldre, toutefois qu'ils ayent du fouffre en abondance.Ils pourroient faire du falpeſtre en ces païs là,veu qu'ils ont vne infini-té d'animaux : & ſils auoient gens qui enfeignaffent de faire l'vn & l'autre, pour cer-tain ils mettroient en campaigne vne infinité d'harquebuſiers,auec leſquels ils auroiët moyen de fubiuguer tous les Royaumes des Mores d'Afrique. Ils conduifent grand nombre d'Elephans,non pour combattre & porter des tours,& hommes armez, ainſi que quelques hiſtoires des Anciens ont voulu faire croire : ains pour porter les viures & munitions,& auſſi pour ſen feruir,ainſi que font les Turcs & Arabes de leurs Cha-meaux,deſquels ils font paliſſade, en enuironnans le camp, à fin que l'ennemy ne les rompe fi facilement : & en ceſte peine me fuis trouué auec les Turcs ſept fois, paſſant les deſerts d'Arabie . Sur lequel propos Paule Ioue ſeſt oublié, difant ces propres mots, qu'au païs du Preſtre-Ian , leſdits Elephans portent ſur leur doz des groſſes & haultes tours,d'vne peſanteur incroyable: ce qui eſt auſſi vray, que la fable d'Hanni-bal,laquelle dit,que lors que ce grand Capitaine ſe preparoit pour aller contre ſes en-nemis,il auoit quantité de ces Coloſſes elephantines, & ſur leſdites tours grand nom-bre de combattans. I'ay peur que les Anciens ne prinſſent les Chameaux pour Elea-phans. Et tel diſcours eſt auſſi peu receuable, que ce qu'il raconte, que vers la ſource du Nil,au Royaume de *Sceua*,qui regarde vers le pole Antarctique,le païs par l'inon-dation de ladite riuiere eſt fi fertil en tous biens, & l'air fi attrempé & temperé, que les laboureurs ſement & moiſſonnent trois fois l'an : ce qui ne doit eſtre creu du Le-cteur, veu qu'il n'y a lieu au monde, où les grains & fruicts viennent à maturité tant de fois en l'an, & ne deſplaiſe audit Paule Ioue , Pline, Munſter , & autres qui en ont ainſi eſcrit. Les Ethiopiens donc mettet leurs Elephans en cerne, deſquels ils meinent de ſept à huict mille en leur compaignie. Que fi ces beſtes font bleçees des ennemis, ils les mangent : & ſils ont faulte de viures, en tuent pour ſe ſubuenir. C'eſt la nuict qu'ils font leurs deſſeins pour ſurprendre l'ennemi ; & font fort diligens & vigilans à leurs affaires.S'ils ont guerre contre les Mahometans (comme ils ont eu ſouuent con-tre le Roy d'Adem, deuant que ce pauure Prince Barbare fuſt pris & pendu des Turcs, & ordinairement contre celuy de Nubie) ou bien contre quelque nation ido-latre,ils n'en prennent pas vn à mercy,ou priſonnier,ains paſſent tout au fil de l'eſpee, diſans par leurs raiſons, qu'il ne fault iamais tenir la foy à vn infidele. Ce Gerich n'a guere iamais armee ſur mer, à cauſe qu'ils ne font bons pilotes , ny adextrez à la mari-ne,ainſi qu'il me fut recité, eſtant en Arabie : veu qu'vn vaiſſeau d'Adem en furprit trois des ſiens , & eſtoient Corſaires Arabes. Auſſi de l'Ethiopie auant , tirant vers l'E-gypte, il n'y a point de grande riuiere que le Nil, & vers l'Arabie eſt la mer Rouge, aſ-fez mal nauigable.Ce Prince & Monarque eſt fi reueré des ſiens,& tant obey des Rois qui luy font tributaires, que fi toſt qu'il en mande vn, il ne fault de venir en bien petit equipage,& fort mal en poinct,iuſques à ce qu'il ait parlé à la Maieſté du Roy ſouue-rain,& qu'il ſoit aſſeuré de n'eſtre eſloigné de ſa bonne grace: dequoy il a cognoiſſan-ce,lors qu'auant l'introduire , on luy fait quelque preſent de la part de l'Empereur, & qu'on luy baille lettres de reception , marquees du ſeel & cachet Royal. Le moindre de ces Rois, qui font dix ou douze en nombre, ſans compter les autres qui font gou-uerneurs aux prouinces loingtaines, qui ont auſſi tiltre de Roy, peult amener en ba-taille,au feruice de ſon Seigneur,ſoixante mille combattans de fanterie, & vingt mil-le cheuaux. En toute ſa terre n'y a qu'vne eſpece de monnoye,vne d'or,& l'autre d'ar- *Monnoye du Prince A-byß.n.*
gent : l'vne eſt ronde, & l'autre carree,ſans figure quelconque , ſauf trois lettres Chal-dees : là où les anciens Rois de ces païs là iadis ne vouloient qu'on grauaſt aucun cha-ractere ny figure : & de telle i'en ay manié en la Paleſthine,ayant auſſi veu le ſeau, de-

l

quoy on fcelle les Patentes defpefchees en la maifon dudit Seigneur. Quand il marche en fon païs,c'eft auec vne telle magnificence,& ceremonie, que quiconque parle à
luy, c'eft comme vn oracle, veu que perfonne ne le voit, & f'il fe monftre, encores a il

**Garde ordi-
naire de don
ze mille fol-
dats.** le vifage couuert d'vn voile. Sa garde ordinaire, veillant au tour de fa tente, font douze mille foldats noirs, foubz la charge des Capitaines mieux aimez du Prince, qu'on
nomme *Zelrelim*, portans tous l'efpee & la flefche en la main. Au refte,il n'y a Prince
de fon fang,pouuant fucceder à la couronne, qui fuyue la Cour, non fes propres enfans, lefquels font nourris en certaine montaigne inacceffible, au Royaume de Goiame,ainfi que ie vous ay deduit par cy deuant.Il eft auffi fuyui de grand troupe de caualerie. Toute fa Cour eft gouuernee par dix hommes fages & honnorables, lefquels
ne paffent rien de leur charge, qui eft d'empefcher que mal ne fe face pres de fa perfonne : veu qu'il y a des plus grands & fubtils larrons qui foient au monde, lefquels
eftans furpris,c'eft autant que rien de leur vie. Quant au faict de la guerre, c'eft à faire
aux Generaux,foit de la caualerie,foit de la fanterie,pourautant que ces dix ne fe meflent que du Courtifan, & du peuple fuyuant le Prince, qu'ils puniffent par penderie

**Hiftoire &
ordre nota-
ble que tiët
le Prince
Abyff.n en
fa Cour.** & baftonnades.A fon Côfeil font appellez fix vingts hommes doctes és fainctes Lettres,lefquels auec le fçauoir, font chargez d'aage : veu qu'ils n'appellent iamais la ieuneffe au maniement des affaires,non plus que fait le Turc, ne tout tant que i'ay veu &
cognu de Rois, foient ils Leuantins, Auftraux ou Septentrionaux,és regions loingtaines, efquelles i'ay voyagé. L'interpretation de la Loy & fainctes Lettres n'eft per-
mife qu'au grand *Melerc*, Lieutenant general de l'Empereur, ou à l'*Albuna*, principal Patriarche:& où l'vn de ceux cy eft malade, l'*Almashaf* & *Sitabach*, ou *Abich-
ieberich*, qui eft leur Lieutenant, en a la charge. Si quelque homme Lay, foit riche ou
pauure, f'ingeroit de vouloir interpreter la Loy, diuine ou humaine, il en fera puni
de mort:& telle charge n'eft donnee qu'aux fages & vieillards, & encore tels,que leur

**Reuenu du-
dit Prince.** vie foit fans reprehenfion deuant le peuple. I'ay veu par efcrit le reuenu qu'a par chacun an ce grand Empereur, qui monte foixantehuict millions de pieces d'or (chacune piece vallant trois liures tournois de noftre monnoye,& fe nomme en leur langue
Calebyh) fans compter les prefens qu'on luy fait. Il ne prend de fes fubiects aucuns
fubfides extraordinaires,d'autant qu'il ne luy feroit permis, fi n'eft quand il fait guerre contre les infideles, idolatres, & autres : & lors chacun f'efforce de luy ayder, mefmes de leur propre perfonne. Sa gendarmerie eft payee tant en paix qu'en guerre. Au
refte,fes richeffes font fi grandes, que ie ne fçay fi ie le dois dire plus riche,ou efgal en
threfors à celuy qui commande au Catay & Tartarie : car quant au Turc, fon reuenu
n'en approche point, & fa Cour n'eft rien au pris : & f'il auoit artillerie & machines
pour l'art militaire,dont nous vfons de pardeça, ce feroit le Roy le plus à craindre de
toute la terre,comme dit eft. Voyla vn fommaire & recueil de ce grand Empereur
Ethiopien, duquel fouuent tu trouueras que ie parle en ce mien liure : & ay efté contraint d'en dire cecy, à caufe que i'en ay efté follicité par plufieurs, qui defiroient fçauoir quel Prince c'eftoit, & qui eftoient en doubte, fi la cognoiffance de noftre Religion f'eftend ainfi iufques aux extremitez de la terre.Vous aduertiffant que fa prefente hiftoire eft veritable, pour l'auoir apprinfe & fceuë de plufieurs grands & moyens
Seigneurs de ces païs là, auec lefquels i'ay long temps conuerfé : ioinct auffi que i'ay
efté de la part du goulfe Arabic,en plufieurs villes, chafteaux & forterefles, qu'il tient
& poffede:d'vne chofe fuis affeuré que fort peu d'hommes Allemans,Italiens,Fráçois,
Efpaignols & Anglois, fe peuuent vanter auoir penetré, comme i'ay fait, iufques en
ces païs là, dont ie remercie le hault Dieu de m'auoir ramené en fanté au giron de la
France.

Du païs & riuiere de Manicongre. **CHAP. XV.**

V N D E G R E de la ligne, tirant vers l'Antarctique, gist vers l'Est la riuiere de *Gabon*, laquelle vient des montaignes de *Macerie* : & ioignant icelle se voit le promontoire de Lopez, lequel entre dans la mer six à sept lieuës sur la coste de l'Ethïopie Occidentale, aboutissant aux Royaumes & prouinces de l'Empereur d'Ethiopie, duquel i'ay cy deuant fait mention. Depuis ce Cap iusques à la riuiere de Manicongre, autrement dite *Zaire*, lon compte cent dix lieuës par mer : laquelle gist au Sudest à six degrez de la ligne vers l'Antarctique, & s'engoulfe dans la mer vers l'Ouest, entre le promontoire d'*Almada*, & celuy d'*Angolie*, qui est Meridional. Ce fleuue est fort grand & large, sortant en partie du Lac de Zembere, en partie de plusieurs riuieres, comme celles de *Biby*, *Mariapsoup*, *Vambre*, qui prend son nom de la ville principale, *Bancare*, *Zamole*, *Cuyll*, & autres qui s'escoulent en luy, tant du costé du Nort que du Midi. Et pource que ie dy, que ceste riuiere procede du lac Zemberien, il se fault donner garde de penser ce que plusieurs ont estimé, qu'elle eust son cours tout tel, & fust le fleuue mesme du Nil : pource qu'on dit que Zembere est vne des fontaines & sources dudit Nil : d'autant que ce lac estant si grand, il n'est inconuenient, qu'il ne s'espande en plusieurs branches, comme quand il fait sortir de soy le grand fleuue *Cuama*, lequel se va ietter en mer au Royaume de *Cefala*, qui auoisine la grande isle de *Zeilan* : & vers le Suest, celuy qu'on a dict du S. Esprit, qui se met en mer au promontoire Des courantes, soubz la ligne du Tropique de Capricorne : & toutefois ces fleuues ne portent point le nom du Nil, & ne le sont en sorte aucune, non plus que celuy de Manicongre. Aussi la distace de leur cours me dispense d'adiouster foy à ces contemplateurs, qui auec telle opinion feroient que toutes les riuieres d'Afrique n'auroient issuë que dudit Nil, qui sont choses tresfaulses. Manicogre donc est vne belle & riche prouince, en l'emboucheure de la riuiere de laquelle gisent trois isles, entre petites & grandes, habitees de Noirs, comme est presque tout ce païs là depuis *Serra Leone*, qui est en la Guinee à quelques dix degrez pardeça l'Equateur : & d'autres qui ont les cheueux frisez, & le poil crespellé. La premiere fois que ce païs fut descouuert des Chrestiens, ce peuple estant idolatre, comme encor à present il est, mais plus simple & ployable à quelque chose que lon eust voulu, & leurs Rois n'estans si arrogans & haults à la main qu'ils sont, quelques Chrestiens furēt presentez au Roy. Ceux cy ayans parlé à luy par leur Truchement, & luy fait dire, que la cause & principale occasion de leur venue en ces contrees, n'estoit que pour voir les nations estranges, & cognoistre leurs façons & condition de vie, ensemble pour enseigner aux enfans la vraye voye de salut : il voulut sçauoir quel estoit ce sentier salutaire, & par quel moyen on y pouuoit paruenir. Or ils luy annoncent Iesus Christ, luy contēt sa vie & miracles, & la felicité qui suit ceux, qui estans baptisez, viuent suyuant ses loix & ordonnances. Et ainsi le Roy, qui se plaisoit en choses nouuelles, & à qu'il sembloit que ceste loy n'estoit pas beaucoup fascheuse, puis qu'il ne falloit que croire en Iesus Christ, & se faire lauer au nom de la Trinité, obeit volontiers à leur dire : & ayant appris quelque peu de nostre religion, fut baptisé, & eut à nom *Christoal Raia*. Ceux qui l'auoient induict à se Chrestienner, luy laisserent vn Religieux pour l'instruire & endoctriner és choses de la foy, luy & ses enfans. Mais le Roy, qui ne pouoit laisser l'adoration des Idoles, à ce sollicité par son puisné (car l'aisné auoit embrassé d'vn grand zele le Christianisme) voyant que ce moyne & son fils estoiēt tousiours aprés à luy crier contre les Idoles, fasché de telles admonitions, quitta du tout

I ij

Manicōgre se nomme aussi Zaire.

Lac de Zēbere.

Cuama fleuue.

Serre Leone.

Le Roy de Manicongre se fait Chrestien.

Raia renonce Iesus Christ.

Iefus Chrift,& reuint à fon vomiffement:& non contét de cefte apoftafie, il feit mourir le pauure Religieux, & chaffa fon heritier & fucceffeur, auec quelques Chreftiens
de fa compaignie,en vne ville de montaigne,loing du Palais Royal, à quelques vingt
lieuës,le priuant par teftament de l'heritage & fucceffion du Royaume,lequel il donna au plus ieune, pource qu'il viuoit en la Religion & fuperftition de fes peres.Mort
que fut le Roy,le fils aifné vint pour auoir fon droiét: & conquift quelques villes,où
il baftit des Eglifes, contraignant le peuple d'adorer Iefus Chrift. Mais Dieu, qui ne
vouloit que fa foy fuft plantee auec l'efpee; permit que ce bon Prince fut deffaiét en
bataille par fon frere, qui demeura poffeffeur du païs, & annichila facilement la memoire des Chreftiens en cefte terre. A prefent ils font plus addonnez à idolatrie que

*Le peuple
adore fon
Roy.*

iamais, tellement que ne fçachans à qui donner les honneurs appartenans à la diuinité, ils les attribuent à leur Roy: d'autant qu'ils difent, & le croyent, que leurs Princes
font defcendus du ciel, & pource ne leur parlent que de loing auant,tenans toufiours
les genoux en terre. Auffi ces Rois,qui font impofteurs, & prennent plaifir en la folle
croyance du peuple, ne fe laiffent gueres voir: & fur tout prenans leur repas, iamais
aucun n'y affifte, que les plus fecrets & familiers de leur perfonne: pource qu'ils fçauent bien, que le peuple eftime, qu'eux eftans celeftes,n'ont auffi befoin de rien pour
fuftanter leur corps, & le tenir en vie. Le Soleil (qu'ils nomment *Affemy*) eft le plus
grand de leurs Dieux, & auquel ils font le plus de reuerence: croyans au refte,que les

*Folle idola-
trie des Ma-
nicongries.*

ames font immortelles,& que le corps eftant mort,l'efprit f'en va demourer aupres du
Soleil,iouyffant à iamais de fa fplendeur & clarté. D'autres fe laiffent couler plus follement, & n'ayans rien de certain à qui ils attribuent le nom de Diuinité, adorent la
premiere chofe qu'ils rencontrent le matin,foit homme, befte,oifeau,arbre ou pierre,
tout ainfi que font les pauures aueuglez de Noirs de la Guinee. Les autres font comme beftes,n'ayans foucy ne fouuenance de Dieu,ou chofe qui fe penfe plus loing que
le corps, & appetits d'iceluy, & font les plus fimples & accoftables de tout le païs, &
ifles du Royaume de Manicongre.Il y en a,qui tiennét que pour le iourdhuy ils font
bons Chreftiens:mais ils f'abufent fur le voyfinage, qu'ils ont auec les fubiets du grád
Seigneur Ethiopien.Et quoy qu'il fuft ainfi,qu'il y reftaft quelques Eglifes,cóme auffi il y a des Mofquees, fi eft ce que le Roy & grands Seigneurs du Royaume font idolatres, & obferuent toufiours les fuperftitions anciennes, combien que ce foit auec
moindre opiniaftrife que leurs predeceffeurs.Ce que à fin que vous cognoiffiez,il faut
entendre, qu'il n'y a pas foixante ans,qu'encores ils gardoient cefte couftume que ie

*Façon an-
cienne d'ob-
feques.*

diray,en la mort de leurs Rois,laquelle à prefent ils ont laiffee. C'eft que le Roy eftant
trefpaffé, ils f'en alloient au milieu d'vne campaigne auec tout le peuple, & eftans là,
creufoiét vn puyts fort profond,large & fpacieux en bas, mais eftroiét à la bouche &
entree.Dans ce puyts & foffe ils defcendoient le corps dudit Roy defunét,luy faifans
grand honneur & reuerence.Ce qu'eftant faiét,venoient fe prefenter ceux qui auoient
efté fes plus fauorits & aimez,& auec eftrif & à l'enuy,fe faifoient defcendre en ladite
foffe, pour tenir compaignie à leur Prince. Ce pendant le peuple ne partoit de là ne
iour ne nuiét, ains ayant eftoupé le trou de la foffe auec vne grand' pierre,attendoit
que ces pauures facrifiez euffent là finé leur malheureufe vie: & dés le fecond iour venoit quelcun des Officiers demander aux enterrez, fi pas vn eftoit allé tenir compaignie au Roy.Que fi lon refpondoit que non,on demeuroit encor quelques iours fans
y aller, puis on y retournoit : & fçachans le nom de celuy qui auoit paffé le pas,ils le
loüoient fur tout autre, & eftoit fa felicité eftimee grande, d'auoir efté le premier,qui
feroit allé feruir le deffunét aupres du Soleil. Lors les parens & alliez de ceux qui fe-
condoient le Roy pour luy tenir compaignie, eftoient honorez & reuerez de tout le

peuple, mefmes auancez & fauorifez à la Cour de ces gentils Singes. Apres que tous eftoient morts, le Roy qui deuoit fucceder, en eftoit aduerti, lequel f'en venoit à ladite foffe : fur la pierre de laquelle il faifoit faire vn grand feu, & apprefter force viandes de diuers animaux toutes rofties, & en faifoit vn banquet au peuple. Cefte façon eftoit iadis obferuee par les Romains, non de mettre les corps, foient vifs ou morts, dans la foffe, mais de faire tels banquets publics au peuple, aux obfeques & funerailles des Princes. Auec cefte ceremonie donc le Roy nouueau de Manicongre prenoit poffeffion de fon Royaume, & penfoit auoir faict le ferment de bien & deuement gouuerner fon peuple. Ce Royaume eft grand & de belle eftendue. Par mer il f'eftend depuis le troifieme degré pardelà la ligne iufques au douzieme, eftant le terroir partie bas, partie hault : & par terre, f'en va iufques aux montaignes de Beth d'vn cofté vers le Sudeft, & iufques à *Afaltana*, & aux Royaumes de Goiame, *Damur*, *Agag*, *Baguametre*, *Armette*, vers l'Eft, & tirant au Nort, confine à celuy de *Medra*. La riuiere qui paffe par le milieu, eft large, autant ou plus qu'autre qui foit en Afrique : l'emboucheure de laquelle eft de fept lieuës d'eftendue, & fur fes bords eft affife la grand ville de Manicongre, chef & metropolitaine de tout le païs. L'entree y eft fort dangereufe, à caufe des bancs & feiches, qui boutent hors loing la riuiere, bien auant en la mer : & par ainfi pour plus feurement aller, & fe garder de peril, fault fe ranger du cofté de Su. Au refte, ne fault eftre fi hardy d'entrer dans l'ifle, fans que le Roy n'en foit aduerti, & moins encore en fortir, fans qu'il n'en ait cognoiffance. Il y a de l'or en cefte terre fort bon, nommé des Arabes du païs *Adebhebe*, & *Zehebe* des Ethiopiens : & trafique lon des farges de petit pris, & des bonnets rouges, & autres chofes qui ne font de grande eftoffe, auec ce peuple. Il y a auffi de bonnes mines de fer & acier, que les habitans fçauent trefbien affiner : mais de le mettre en œuure, & fur tout en harnois & armes defenfiues, ils en laiffent faire à d'autres. Ils changent le fer auec quelques pots d'eftain, & de laiton, ou cuyure que lon leur apporte, & vous fourniffent de belles dents d'Elephans (que les Arabes de cefte contree nomment *Azaze*, & autres *Atarze*.) Le païs eft fort peuplé de ces beftes monftrueufes, & d'autres encor plus cruelles, non de telle groffeur : attendu qu'il n'y a befte foubz le ciel qui foit plus groffe que l'Elephant, le Rhinoceros, le Bœuf, le Mulet, & le Cheual. Ie confeffe bien qu'il y en a de plus haultes, comme la Girafle, que i'ay veuë en Egypte, l'Alfe qui fe trouue en Gothie & Phinlandie, mefmes les haults Chameaux de l'Arabie heureufe & païs Perfien.

Marginal notes:
Eftendue du Royaume de Manicongre.
Trafique d'or, fer & acier en Manicongre.
Dents d'Elephans.

Des chofes rares du païs de MANICONGRE. *Et de l'*HIPPOPOTAME, *dict des* Africains Phyxolquelh. CHAP. XVI.

N MANICONGRE, & en tout le païs à l'entour, & le long de la cofte d'Ethiopie, les Noirs vfent du fruict de Palme, qu'ils nomment *Cocos*, gros comme vne Angurie, telle qu'on en mange en Turquie, fort doux à la bouche, à caufe de certaine eau claire & fraifche qui fe trouue dedans. C'eft de ceft arbre qu'ils tirent tant de commoditez, que d'en faire bruuage, vinaigre, huille & pain, ainfi que i'efpere vous monftrer en autre lieu. Et pource que plufieurs fe trompent en la cognoiffance des chofes, & prennent l'vn pour l'autre, & que ie fçay qu'en Ethiopie ne croift point de poyure, ains eft le vray & plus naturel porté de Calicut & ifles des Moluques, & païs des Indes, comme vous lirez fuyuant ma defcription : il fault icy fçauoir, que tout ce qui en a le gouft, n'eft pourtant ce que nous difons poyure naturel. Et qu'il foit vray,

I iij

ce rouge que nous voyons pardeça , eſt par nous appellé de ce nom, & toutefois il ne correſpond preſqu'en rien à la figure du vray poyure: ſeulement a il ie ne ſçay quelle piquante & mordante ſaueur, à qui le gouſte. Ie ne dy cecy ſans cauſe, pource qu'en Manicongre ſe trouue vne plante, qui a le gouſt beaucoup plus poignant, & de tel effort, qu'vne once de ſa graine faict plus que demie liure de vray poyure: mais la plante en ſa conſideration n'eſt telle, ains eſt ſemblable à vne herbe qui ſe treuue en la grād Iaue, portant pareil fruict que ceſte cy, que les Indiens nomment *Cubebe*, & qui approche de ce poyure ſauuage que nous auons icy. Le Roy de Portugal (comme lon m'a dit eſtant pardelà) craignant que ceſte eſpice ne diminuaſt le trafic qui ſe fait par ſes gens en Calicut, en a fait defendre l'vſage: combien qu'il en ſoit quelquefois porté en Europe, & mieux receu beaucoup que l'autre. Ce peuple en eſt fort friant, & ne mangeroit vn ſeul morceau de poiſſon, que ceſte eſpice n'y fuſt adaptée. En ce païs encor les Noirs font du Sauon (ou *Sabon* en langue Moreſque & Arabe, car ils ne luy donnent autre nom) d'huile & de cendres de Palmier, auec lequel ils ſe lauent les mains, non pour ſe blanchir (car ce ſeroit ſe moquer du prouerbe qui dit des choſes impoſſibles, qu'on laue vn Ethiopien) ains d'autant qu'il eſt de bonne & ſouëfue odeur, & peult nettoyer toute eſpece de draps, ſoit de lin, cotton ou laine, les blanchiſt, & en oſte les taches beaucoup mieux que ne fait le ſauon cōmun, duquel nous vſons entre nous. De ces Palmiers, ils tirent auſſi certains fils, auſſi deliez que fil que nous ayons, dequoy ils font des tapis, & ſ'en ſeruent comme d'autre choſe, à ſe couurir : ce qu'il ne fault trouuer eſtrange, veu qu'en d'autres lieux ils battent bien l'eſcorce d'vn arbre ſi fort, apres l'auoir mouillée, qu'ils l'eſtendent ſi gentiment, & la poliſſent de telle ſorte, qu'on diroit que ce ſeroit quelque beau & bien delié taffetas à deux fils : & de tel ouurage i'ay encor à preſent en ma maiſon à Paris, vn pauillon, que ce peuple nomme *Alqueba*, & des nappes & ſeruietres, qu'ils appellēt *Almanechef*. Parquoy ſi le cotton viēt en des arbres, & la ſoye eſt filee par des vers, qui empeſchera que leſdits arbres ne portent des choſes, dequoy les hommes ſe puiſſent ſeruir, ayans default de ce que les autres ont abondance ? Que ſi lon met en doubte vne choſe, il fault clorre l'huis à tout ce qui reſſent ſa rarité. Es riuieres qui paſſent par le païs, ſe trouuent des grains d'or parmy l'areine & ſable, que ceux qui demeurent là autour, amaſſent, & les vendent aux paſſans, leur laiſſant pour choſes de peu de pris & eſtoffe, comme patenoſtres de voirre, de corail, iaſpe, bracelets de laiton, & autres petits fatrats, dequoy nous ne tenons compte, qu'ils appliquent pour parement au col, aux bras, & en autres endroits ſur eux. D'auantage il ſe trouue en Manicongre vne certaine pierre azuree, qu'ils appellent *Corily*, non que ce ſoit le vray Azur, mais luy reſſemble en couleur, & non en vſage. De ceſte pierre les marchans en font faire des ceinctures, patenoſtres & colliers pour les dames, leſquels ils marquetent d'or, & vendent aſſez cheremēt, à cauſe de leur beauté : car autre force ne ſçay-ie qu'ait ladite pierre, que les Manicongriens priſent ſur toute choſe. Quant à la ſuſdite riuiere de Manicongre, elle nourriſt meſmes poiſſons & monſtres, & autant ou plus, pour l'abondance qui y eſt, que ceux qui ſont és riuieres du Nil, Gange, & Indus, à ſçauoir Crocodiles & Hippopotames, & auſſi furieux que ceux deſdites riuieres. Et pour ſçauoir où ſe tiennent ces monſtres, fault noter, que deux cens lieuës ou enuiron de l'entree de ce fleuue, tirant de la part du Leuant, y a vne prouince, nommee des Ethiopiens *Maroulyph*, qui vault autant à dire en leur langue, que Amas d'eau. Or en ces lieux là on voit vn grand lac, qui n'a moins de huict lieuës de tour, creé de pluſieurs petites riuieres, & d'vn torrent qui vient des montaignes de *Bulich*: ioinct que celle, de laquelle ie parle, entre dans ledit lac, au milieu duquel y a deux iſlettes, nommees *Lacquenich*, dont la plus grande con-

*En Ma-
nicongre ſe
trouue vne
plante qui a
gouſt de poy-
ure.*
Cubebe.

*Des Pal-
miers ils
tirent ma-
tiere pour
faire tapis
& toiles.*

*Grains d'or
en la riuie-
re de Mani-
congre.*

*Crocodiles
& Hippo-
potames.*

*Bulich mō-
taigne.*

tient vne bonne lieuë de tour, & l'autre demie ou enuiron, toutes deux deshabitees, tant pour la crainte des Lyons qui y frequentét, que aussi d'vn grand nombre de poissons fort monstruecx, & tous amphibies. I'ay ouy dire à vn bon vieillard Barçelonnois, qui auoit demouré sept ans esclaue entre les mains de ce peuple crespellé, que quelquefois ses côpaignons allans visiter lesdites islettes, la plus part d'eux reuenoient bleecz & meurtris,& les autres y demeuroiét pour gage: & que iamais homme ne veit tant de diuers poissons,bestes, & oiseaux monstrueux,qu'il s'en trouue en ces endroits là.Entre autres choses il me dist aussi auoir veu vn Cheual marin, & qu'il y en auoit si grand nombre, que les riuages de ceste riuiere en estoient tous couuerts : qui est cause que ces pauures Barbares n'oseroient pour rien y habiter de plus de quatre grandes lieuës pres. Cest animal a esté celebré de quelques vns des Anciens, & principalement de Pline,qui luy a donné le nom de Cheual marin : chose mal entendue à luy,pource que iamais il ne se tient en mer,ny en ses goulfes, attédu que l'air de la mer luy est vne poison:& n'y a homme en tout le monde,s'il ne veult faulsemét mentir,qui me sceust dire auoir veu, ny ouy dire, à homme digne de foy, qu'à plus de cent lieuës loing de la marine, se soit trouué l'Hippopotame : ouy bien (comme i'ay dit) aux grandes riuieres abondantes en poisson, & aux lacs marescageux d'eau douce.Le peuple fait volontiers autant la guerre à ceste bellue, que font les Marrochiens aux Lyons affamez de la haulte Lybie. Car quand la Lune est claire,ils s'assemblent cinquante ou soixante,garnis d'arcs & de flesches, de lances de cânes,longues comme noz piques de parde-ça,& massues de bois, & se cachent soubz de petites tentes faictes de ionc, au tour des Palmiers:& lors qu'ils voyent que la beste est sortie de l'eau, & est assez auant en terre, chacun d'iceux se rue sur elle, & en ceste sorte la tuent:& quelquefois pour vne nuict en defferont bien cinquante ou soixante. Les ayant occises, ils les font trainer par les esclaues en leurs maisons & logettes, puis les escorchent: mais pour rien n'en mangeroient de la chair,disans que mal en aduiendroit à eux & à leurs enfans.Toutefois les Chrestiens esclaues en viuent, se mocquans de telles superstitions Moresques, non moindres que celles des Barbares de l'Antarctique, qui differét à manger de plusieurs poissons & bestes pesantes, pour autant que s'ils alloient en guerre, ils ne pourroient (disent ils) mettre la main sur le collet de leurs ennemis.Ils en conroyent la peau,dôt i'en ay veu des bottines & rondelles, qu'ils nomment *Alcamel*. Quelques vns d'entre eux ne sont pas si scrupuleux, que trefbien ils n'amassent la graisse, & la facent fondre:laquelle sert pour les malades,& principalement pour ceux qui ont l'hydropisie, comme aussi ils s'en aydent en plusieurs autres maladies. Cest animal va plus de nuict que de iour,& assez lentemét, & ne peult courir comme fait le Crocodile,à cause qu'il a deux pieds faicts en maniere de nageoire, comme ceux d'vn Loup marin: ceux de deuant sont faicts comme ceux d'vn Eland, & non d'vn Cheual. A le voir cheminer, on le iugeroit estre vn petit cheual tout frisonné,comme ils sont en plusieurs prouinces de l'Afrique. Le peuple nomme ceste beste *Phyxolquelh*,qui est autant, que beste portant malheur : & disent mesmes, que là où elle marche, iamais la terre ne profite. Les Abyssins luy donnent le nom de *Ieuegel*, à cause que allant sur terre, lô cuyderoit qu'elle fust armée, & malseante à se trainer là où elle va. Les Arabes l'appellent *Amdemphil*, & n'ay peu sçauoir pourquoy ils luy ont donné ce nom, ne ce qu'il signifie. Ce qui est trouué le meilleur de ceste beste, ce sont ses dents, & principalement deux crochues, à la façon de celles d'vn Porc-sanglier, non moins longues que d'vn demy pied, & grosses à l'equipollent. Les marchans, qui trafiquent pardelà, en font si grand amas,qu'il s'en trouue tel,qui en peult fournir plus de vingt quintaux:& les transportent en plusieurs prouinces loingtaines, voire iusques aux Indes Orientales, & ifles voyfines : mais le plus grand trafic de ces dents, comme i'ay veu, fe fait aux villes maritimes de la mer Rouge, & au Royaume d'Ormuz en Perfe. La raifon pour laquelle elles font fi bien recueillies, eft, qu'on en fait plufieurs ouurages à la Turquef- que, comme anneaux pour tirer de l'arc, bagues pour porter au doigt & au col, pource qu'elles ont (ce difent ils) grande vertu de refiouyr l'homme melancholique, & ofter toute manie & maladie du hault mal. Tous ne portent indifferemment de ces chofes: ains n'y a que les grands Seigneurs de Perfe, & les Dames qui en facent faire des col- liers & braçeletz. Les Sauuages de la riuiere de *Ganabara*, païs de la France Antarcti- que, m'ont quelquefois recité, que vers le promontoire des Canibales y a vn fleuue, que ces mangeurs d'hommes appellent *Toluilq*, mot Ethiopien, qui n'a autre fignifi- cation que Grands dents. En iceluy fe trouue de ces bellues marines, fort peu refpe- ctees des Barbares, pour le peu de plaifir & contentement qu'ils en prennent: & les ap- pellent en leur barragouin *Naxabaquy*, c'eft à dire, Peu de chofe. Vers les Indes auf- fi y a vne autre riuiere, nommée *Ponarch*, où le peuple fe delecte de donner la chaf-

Chofe nota- ble de l'hip- popotame.

fe à ces beftes Hippopotamiennes, pour en auoir la peau: d'autant qu'ils difent, que elle eft propre contre le mal caduc, duquel ce pauure peuple eft fort tourmenté, lors principalement que le Soleil s'approche du Tropique de Capricorne: & la nom- ment en langue Indienne *Alkapha*. Cefte befte ou poiffon amphibie differe de tem- perature à la Baleine, attendu qu'elle ne fe tient qu'aux lieux chaleureux, comme en- tre les deux Tropiques, là où la Baleine ne demande que les froids, pour mieux fe re- paiftre, comme i'ay veu par experience: ioinct auffi, que ce font les endroits où la mer eft la plus abondante en toute efpèce de poiffon. I'ay veu du temps que ie demeurois en Egypte, des marchans Arabes & Maronites Chreftiens Leuantins, qui portoient des ceintures de peau de l'Hippopotame, comme chofe fort rare au païs, péfant, com- me i'eftime, qu'elles auoient quelque proprieté & vertu. Voyla donc que i'ay bien voulu dire de cefte befte monftrueufe. Et au refte, pour reuenir à ce peuple, il eft le plus

Cruauté des Manicon- griens.

mefchant & malin aux eftrangers que lon fçauroit penfer, mauuais & cruel à euxmef- mes: tellement que encores que la riuiere fepare leur terre, fi eft ce qu'ils ne laiffent à fe faire guerre fort cruelle, tant pour le faict de la Religion, qu'autrement: pourautât que ceux qui tirent vers le Leuant, font idolatres, & les autres ont quelque fentiment de la Loy du faux Prophete Mehemet. Et tout ainfi qu'ils font differens en religion & ma- niere de viure, auffi different ils de couleur: attendu que les idolatres font plus noirs, & ne font fi bazanez que leurs voyfins, ne fi grands, ne fi forts de corps. Les Manicon- griens vfent de batteaux, tant fur la riuiere que fur la mer, faicts d'vne feule piece, fi larges, que cent combattans entreroient dedans: & les appellent *Canoes*. & en met le Roy fur mer, allant en guerre, mille ou douze cens, tant pour porter les foldats, que la munition & viures pour le camp. Ce Prince eft affez chatouilleux, & prend plaifir à mal faire. Le plus fouuent il a guerre contre celuy qui comande au Royaume & Pro- uince de Cumie, païs voyfin du Tropique de Capricorne: & cela aduient à caufe des limites de leurs terres, celuy de Manicongre voulant eniamber fur le Cumien (lequel certes n'eft pour s'attaquer à luy: & toutefois luy fait il tefte, affeuré que l'autre ne l'ira point affaillir dans les montaignes, defquelles il fe fait fort) & fi toft que le Manicon- grien s'eft retiré, il vient & regaigne les places par luy conquifes. Le long de cefte co- fte, tout ainfi qu'en terre ferme les animaux font monftrueux & de diuerfes fortes,

Prouerbe.

foient paifibles ou farouches, priuez ou fauuages, iouxte l'ancien Prouerbe, Que touf- iours l'Afrique nourrift quelque chofe de nouueau: auffi les poiffons y eftans fréquéz, ils different en figure & grandeur, comme i'ay veu, & non ouy dire, & tels, que iamais les Anciens n'en eurent cognoiffance, y fuft Ariftote, Pline, ou autre auffi diligent qu'eux, qui ait fait foigneufe recerche des miracles de Nature. En oultre, i'ay obferué, que comme toute terre ne iouïft point de ceft heur du Ciel, que d'eftre fertile, auffi le grand Ocean n'eft point en tous lieux abondant en poiffon : tellement que plufieurs fois vous irez par mer cent & deux cens lieuës, fans en trouuer ou voir vn feul, & en d'autres endroicts vous l'en voyez toute fourmillonner, & de diuerfes façons, comme qui verroit fortir vn efcadron de fourmis de leur fourmilliere. Cecy, dy-ie, pource qu'en cefte cofte les poiffons n'y font point fi cachez, que lon n'en voye telle troupe, que la mer en femble eftre pauee : & fur tout fen y prennent de deux fortes eftranges, l'vn nommé *Tiburon*, & l'autre *Manati*, qu'à prefent ie pretens vous defcrire. Le *Manati* donc, ou *Maphacy* en Morefque, eft vn poiffon mis entre les plus grands, comme celuy qui a de quinze à dixhuict pieds de long, & la groffeur proportionnee à fa longueur, fort difforme à le cötempler, ayant la tefte comme vn bœuf, & les yeux en tout femblables, auec deux aifterons gros & maffifs, defquels il noue fort dextrement & legerement : befte paifible, & non ainfi farouche & cruelle ou fanguinaire, comme le Tiburon. Il f'approche fouuent des orees & riues de la mer pour paiftre, à caufe qu'il eft goulu d'herbe, & ne fe foucie de danger aucun, moyennant qu'il contente fon appetit : & fi eft fort aifé & facile à prendre, pource que noüant, vous voyez toufiours la plus part de fon corps hors de l'eau : & par ainfi vous qui ferez fur le tillac de voftre vaiffeau, le pöuuez aggraffer : mais ne le fault tirer de fecouffe, d'autant qu'il eft puiffant, & fe demenant, vous pourroit caufer quelque peril. Ceux qui le chaffent,

ont de certaines arbaleftes, le traict defquelles eft vn peu groffet, fait comme vn hameçon & crochet au bout, attaché à vne longue corde. Le voyant donc, ils luy tirent vn coup de ce traict, & fe fentant feru, ne fault foudain à f'en fuyr : & lors ils luy lafchent la corde attachee au traict, & le fuyuent peu à peu, tant que ladite corde dure, laquelle puis apres ils lient à quelque pofteau de leur barque. Que fils voyent que la courfe du Manati f'alentiffe, & qu'il ne va plus de fi grand' roideur qu'au commencement, ils cognoiffent qu'il a perdu tant de fang, que la force luy manque, & qu'il approche de fa fin : & pource le fuyuent iufques à la cofte, ou pres le bord de la mer, où il fe iette (ie ne fçay fi c'eft pour trouuer quelque herbe à fe mediciner, ou fil ne veult point mourir en lieu, où il fe fent auoir receu cefte bleffure:) lequel n'eft pas pluftoft mort, qu'il flotte incontinent fur l'eau : & ainfi le tirent hors, & faudroit bien deux bons cheuaux à le porter dans vne charrette, tant il eft gros, grand & pefant. Penfez fil fault bonne compaignie d'hommes à le mettre dans vne barque ou nauire. Vne chofe vous peux ie dire, que c'eft le meilleur & plus fauoureux poiffon, qui fe nourriffe en tout l'Ocea, & lequel reffemble du tout à la chair : tellemët que fi vous en voyez vne piece coupee, ne fçachât point que ce fuft poiffon, à peine pourriez vous difcerner fi c'eft chair de bœuf, de veau, ou autre femblable : & au gouft encor n'y a homme qui n'y fuft trompé. On le fale pour la prouifion des nauires, & dure longuement en fa faulmure fans fe gafter. Ceux qui courët ces coftes, f'en fourniffent, tant pour le gouft, qu'auffi pource qu'il eft merueilleufement fain : & eftant fraifchement prins, fi c'eft d'vn Manati ieune, il n'y a chair de veau plus legere & faine au corps humain. Nature, mere de toutes chofes, a donné vn naturel au Manati, ne le voulant priuer, nomplus que l'element de l'eau, de fes augures, qui eft de prefager les tourmentes & dangers qui fouuent aduiennent fur le grand Ocean : tellement que quelques fix heures deuant que lon f'apperçoiue d'vn tel defaftre, fi redouté aux mariniers, vous verriez le peuple contemplant ce poiffon f'efleuer & lancer hors l'eau, vireuoltant tantoft d'vn cofté, tantoft de l'autre. En mefme inftant ferrent & ployent bagage, iufques à tirer fur terre leurs barques, ancres, voyles & cordages : autrement fils en eftoient furprins, il ne fault douter qu'ils fe mettroient en danger de perdre corps & biens. Voyez, ie vous prie, quelles marques de prefcience & diuination ont ces bellues marines. Pour certain telles chofes n'aduiennent iamais qu'elles ne fignifient quelque grand malheur : & ne vous en puis donner autre exemple, finon ce qui aduint vn mois au parauant que l'ifle de Cypre fuft affiegee, des Turcs, l'an mil cinq cens foixante & onze. Lon voyoit dans les ports & goulfes de ladite ifle Cypriote vn nombre infiny de poiffons: entre autres les Manatis, Albacores, Marfouyns, & grand nombre de monftres marins. chofe certes qui donna grand'tremeur & crainte au peuple Gregeois, du malheur qui bien toft leur aduint. Ce poiffon en oultre apporte quant & luy vne grande commodité pour

oz de grãde vertu au Manati. la fanté des hommes: c'eft vn oz, ou pierre, que les Barbares appellent *Nagaiac*, qui luy vient au front, fort bonne & profitable contre le mal de la pierre, de laquelle on vfe en cefte forte. Il la fault puluerifer fort fubtilement : & lors que lon fent la douleur, en prendre le matin à ieun le poids d'vn efcu, auec vn bon voirre de vin blanc : & en ayant vfé deux ou trois matins, on verra le grand effect & vigueur de cefte poudre. Ceux qui pefchent le Manati, font auffi curieux de l'oz de fa tefte, comme du morceau le plus friant qui foit fur luy : & n'eft chofe foubz le ciel, iufques à la confideration des pierres, qui ne puiffe eftre accommodee pour la fanté de l'homme. De telles efpeces f'en trouue en la mer Maior, que les Mingreliens nomment *Vuly*, à caufe de fes longues dents, qu'ils appellent ainfi, & les Tartares Vlubech.

LIVRE TROISIEME DE LA
COSMOGRAPHIE VNIVER-
SELLE DE A. THEVET.

De la GVINEE, *& trafic de la Maniguette, Yuoire, & autres marchandises.* CHAP. I.

IL EST COMPTEE la Guinee (dicte des Ethiopiens *Genubath*, & des Arabes *Guynahöa*) depuis Cap de verd, iusques à celuy des Trois poinctes, qui sont vingtcinq degrez de latitude, & sont cinq cens lieues. Toutefois ceux qui arpentent le chemin, soit par mer, soit par terre, y trouuent bien plus longue traicte, & disent que de l'vn à l'autre, suyuant la coste, il y en a plus de sept à huict cens. Celuy des Trois poinctes gist de l'Est à l'Ouest, à quelques quatre degrez de la ligne, tirant au Tropique Estiual, où la terre est fort haulte, & assez dägereuse, pour plusieurs raisons: & ce depuis le Royaume de Gambre iusques à celuy de Manicögre, & le plus de tout, le long de la coste de la Guinee. Les causes sont: Premierement, pource que les Portugais y ont armee, & ne veulent que sans leur congé personne trafique auec les Barbares, qu'ils tiennent en grande subiection. Puis, d'autant que la mer y est tempestueuse, & souuent chargee d'orages, qui ne vous laissent sans mettre voz vaisseaux en danger. Finalement, & qui est le pis, l'indisposition de l'air, & chaleur excessiue, qui afflige tellement ceux qui pensent y arrester, que de cent personnes quelquefois il n'en eschappera pas quinze ou vingt: ce que ie puis dire, l'ayant experimenté. Car estans là, & y voulans arrester, fusmes contraincts de quitter aduis, & changer de place, veu que la plus part tombasmes en des maladies & fiebures si chaudes, que les sains auoient assez affaire d'empescher que les malades ne se iettassent en l'eau, de l'extreme furie, frenesie & resuerie, en quoy ce mal les detenoit: & y eut vn de nos gens qui s'y lança. Quant à moy, ie ne sceuz trouuer meilleur moyen, que de me faire saigner par deux fois, l'ayāt appris en l'Arabie deserte, où long temps au parauant i'auois esté malade: & aussi les Barbares nous faisoiët dire par le Trucheman, que c'estoit le souuerain remede: dont me trouuay bien, & tous les autres qui suyuirent ce conseil: là où au contraire ceux qui n'en tindrent conte, trainerent longuement, en danger d'y laisser la vie. Cela procedoit, d'autant que *Alkebulan*, sçauoir, le vent, v soufflant du Midy, qui est chault & humide, corrompant le sang en noz corps, causoit l'affoiblissement: & puis l'ardeur de la fiebure ayant saisi le cerueau, estoit occasion de ces resueries frenetiques: ioinct que les eaux y sont mal saines, & par consequent l'air n'y vault rien. En somme, ceux qui n'y ont iamais esté, & y vont des regions froides ou temperees, s'ils y meinent cinquante vaisseaux, à grand' peine viendront ils auec trente, voire vingt cinq, bien armez, & garnis d'hommes. Quand nous y estions, quoy que la tempeste nous y eust transportez, si est ce que nostre condition nous fut heureuse, pource que ne sentismes point l'ardeur si vehemente, à cause des vents contraires, que desia nous auions expe-

Coste de la Guinee dangereuse.

rimentez:& prenions prefque plaifir en ce qui nous portoit nuifance,à fçauoir en l'inconftance defdits vents, accompaignez de grandes pluyes & orages impetueux, grefles, tonnerres,foudres & efclairs,à quoy toute cefte cofte eft fort fubiette,ainfi que i'ay dit. La Guinée eft region fituee en la baffe Ethiopie,laquelle ne f'eftend guere que le

Situatiõ de la Guinee.

long de la cofte vers l'Oueft tirant au Su, & eft la plus Occidentale , confinant vers le Nort à la Lybie,vers l'Eft au Royaume de *Dauma*, où eft la riuiere qu'on dit Royale, diftant de *Caftel de Mine*, cent foixante lieuës : vers le Su, elle eft ceincte & entouree de la mer Oceane,& vers l'Oueft,de la mer Hefperide & Atlantique.On y voit de belles, groffes & bonnes riuieres, & ports faciles à aborder, efquels on fe peult affez aifément mettre à l'abry du vent. Et d'autant que plufieurs parlent de la Mine, il eft à noter, que les Portugais ayans cogneu la bonté de l'or qui fe trouue depuis le fleuue Senega en plat païs, iufques à la mer, & par toutes les montaignes voyfines,& qu'auffi ce peuple fçait efpurer l'or, quoy qu'il ne le mette en œuure, ils y ont bafti vn fort, tant pour leur retirer, que pour f'y fortifier contre les Barbares, qui font affez remuans &

Caftel de Mine bafti par les Portugais.

legers en leurs apprehenfions, & l'ont nommé *Caftel de Mine*, comme voulans fignifier que c'eft la meilleure & plus fine mine de tout le monde, & y fuft mife en comparaifon celle de Calicut, ou du Royaume de *Cephale*. Ce chafteau eft bafti fur vne riuiere à quelques vingt lieues de la mer : mefmes ont quelquefois des galeres, & autres vaiffeaux à rame,pour empefcher l'eftranger à faire defcente en toute cefte cofte là: où fouuentefois ils fe battent fi bien,que les plus forts mettent leurs ennemis à fonds. Ladite riuiere porte fes fablons fi beaux & luyfans, que vous diriez que c'eft de l'or puluerifé. Ils y lauent la mine,& f'en feruent en leurs neceffitez. Mais auant que laiffer ce

Mõftre marin, ayãt forme d'homme.

Cap,ie n'oublieray à dire ce qu'on me recita,que pres dudit chafteau fut pris vn Monftre marin , ayant forme d'homme, qui eftoit monté vers l'eau douce, que le flot du montant auoit laiffé fur l'areine:& que quelque temps apres la femelle vint criant fort eftrangement le long du flot,pour l'abfence du mafle,& ne peut eftre prife : chofe digne d'eftre confideree,à fin qu'on cognoiffe qu'en la mer & en la terre fe voyent de diuers & monftrueux effects des œuures de Nature. Tout le long dudit païs, le peuple eft fort eftrange en fes façons de faire, à caufe que f'il y a idolatrie abominable, fuperftition brutale, & pleine d'ignorance au monde, vous la verrez en ces pauures gens. Nous penfions, y paffans, que leur Religion fuft femblable & correfpondante à celle des habitans de la haulte Ethiopie,ou comme ceux de Senega,ou des ifles & païs voyfin de Cap de verd : mais nous fufmes deceuz de noftre opinion,& eftônez de les voir imiter la beftife de ceux de deuers le Cap de bonne efperance, en matiere de mefcognoiffance d'vn Dieu,& obferuation de loy quelconque.Qu'il foit ainfi,ce peuple eft

Sotte idolatrie des Guineens.

fi fot,beftial & aueuglé de folie, qu'il n'a diuinité en fa fantafie, que la premiere chofe qu'il rencontre le matin en fe leuant, & fortant hors de fa maifon : de forte que fi c'eft vn oifeau , vn ferpent, ou quelque animal, fauuage ou domeftique, ce fera fon Dieu tout le long du iour : lequel ils prennent f'ils peuuent, à fin de le porter auec eux en leurs affaires,comme protecteur & autheur de leur bien, & qui fera fauorifant à leurs entreprifes.Comme f'ils vôt à la pefcherie auec les barquerottes faictes d'efcorce d'arbre, ils ne fauldront de le mettre à l'vn des bouts,bien enueloppé de fueilles:ne confiderans ces pauures gens,que telles chofes leur font fubiettes,& de peu de duree: tellement que ne fçachans que c'eft que de Dieu, ny où c'eft qu'il le fault chercher, & f'il eft immortel, ils f'amufent à ces folies. Et certes cela deuft faire rougir les Atheiftes,

Contre les Atheiftes.

qui font en diuerfes Prouinces d'Afie & Europe : à tout le moins en font ils condamnez, veu que ce peuple aime encores mieux adorer ces chofes corruptibles, que viure fans aucun Dieu.Or il ne fault par trop f'esbahir de leur façon de faire, & f'ils ont des

Dieux

Idolatrie des Egyptiés Grecs & Romains.

Dieux à leur poste, veu que iadis les Egyptiens, Grecs & Romains, qui s'estimoient les plus sages du monde, ont encouru le mesme vice, ayans aucuns d'iceux adoré des serpens, boeufs, & autres telles folies. Les Arabes & Mores du païs Alcoranistes appellent par vn dedain ces pauures gens *Alquelbe elioual*, c'est à dire, Chiens idolatres. Ie dy d'auantage, que les Ethiopiens sont ceux, qui ont les premiers sacrifié aux Dieux, comme eux mesmes se vantent l'auoir par escrit dans leurs histoires, qu'ils gardét fort songneusement : mesmes apprins à idololatrer ausdits Egyptiens, après leur auoir donné la cognoissance de leurs lettres, escrites premierement sur des fueilles de Palmiers. Puis par succession de temps, leurs quatre imposteurs de Prophetes *Ochozath, Rabsarath, Elsephon, & Addar*, leur apprindrent à escrire sur des fueilles plus larges, & sur l'escorce bien polie de l'arbre, qu'ils nomment encore pour le present *Abijas*, qui ne signifie autre chose que Blanc. Leursdites lettres ou characteres differoient en tout de celles qu'ils vsent auiourdhuy : attendu que c'estoient toutes figures de poissons, bestes, oyseaux, mousches, saultereles, formis, serpens, & autres especes de vermine. Et qui m'en a donné plus grand asseurance, c'est qu'en quelques endroits de ce païs là se trouuent contre des montaignes & rochers les mesmes lettres grauees, à la semblance de celles que i'ay veuës aux Obelisques d'Egypte, desquelles ie vous ay ia par cy deuant parlé. Ie laisse les pompes funebres, & festes, dont iadis ils vsoient, ayant esté en ce enseignez par leurs enchanteurs de Prestres. Ce peuple n'a aussi temple ny lieu pour s'assembler à faire priere, ains est la campaigne leur oratoire : & c'est pitié de les voir, l'vn se mettre à genoux deuant vne pierre, l'autre tendre les mains à vn oyseau, cestuy se courber deuant vn limaçon, & l'autre qui se prosterne voyant vne grenouille, & quelques vns voulans empoigner vn serpent pour leur saueur, se voyent touchez à mort par celuy duquel ils attendoient secours & vie. Comme donc leur impieté est plus pernicieuse que celle des Mahometans de la Barbarie, aussi sont ils plus meschás & moins accostables : tellement que les estrangers n'oseroient, s'ils ne sont plus forts qu'eux, les aborder, ou mettre pied à terre en leur païs, sinon auec ostages : toutesfois ils ont cela de bon, que s'ils contractét auec vous, c'est auec telle loyauté & fidelité, qu'ils ne vous tromperoient pour rien du monde : aussi ne vous fault il point les deçeuoir. Vers Castel de mine, & Cap à trois poinctes, quand ils voyent quelque nauire estranger, ne faudront d'y aller auec leurs barquerottes, & tout de crainte des Portugais : & trafiquent auec vous de l'or & de la Maniguette. Le moyen duquel ils vsent au trafic, se fait sans long propos. Car sçachans quelle est vostre marchandise, il ne vous fault que mettre à terre, ou sur vn esquif, quelque piece de toile blanche, qui se nomme en leur langue *Elquethan*, qu'ils estiment sur toute chose : quelques bassins de laiton, ou *Athyphor* en la mesme langue : des patenostres de corail ou ambre, des coquilles & escailles rouges de poisson, que lon prend aux Canaries, des draps rouges, & autres, que les Alarbes nomment *Elmelph*, de vil pris, & telles petites merceries. Là ils viendront le lendemain, portans des lingots, ou pieces d'or, faictes comme braçeletz sans oeuure, & pliees en plusieurs doubles, qu'ils mettent en des paniers faicts de fueilles longues de Palmes : & ayans veu & touché ce qu'ils veulent achepter, le trient, s'en retournent, & laissent l'or, à fin que vous voyez s'il vous plaist, & si vous estes content de la somme. Que si le marché vous est à gré, vous emportez l'or, & leur laissez ce qu'ils ont choisy de vostre marchandise, laquelle ils retournent querir, vous faisans signes de caresses & amitié. Mais s'il ne vous semble qu'il y en ait assez, ayant manié le panier, le laissez là : & le trouuans lendemain, le rapportent, & y en mettent d'auantage : d'autant que bien qu'ils voyent que nous tenons l'or fort precieux, si est ce que pour le peu d'vsage qui en est entre eux, ils n'en font pas grand compte. Quant au Seigneur de Castel

Le moyé duquel ils vsent pour trafiquer.

m

Guinées vendét l'or aux marchans. de mine, il ne permet que pas vn marchant ny autre estranger y entre : mais les Barbares y portent les grains d'or qu'ils tirent des riuieres, & celuy qu'ils ont des mines, & en sont payez en mesme monnoye que ie vous ay dict. Ayant paix & amitié enuers ce peuple, lon met pied en terre. Lors vous verriez autour de vous vn grand nombre de ces Mores, auec leurs femmes & enfans, qui vous saluent tous ensemble, en leur langue, par ces mots, *Massaon alla balcheir*, Noz dieux vous donnent bonne vie. Puis vous interrogent, disans, *Anmaien anty*, D'où estes vous ? *Tahob takol*, Voulez vous manger ? *Cabraf textah*, Voulez vous danser, & vous resiouyr auec nous ? Soyez les tresbien venus, mieux que noz ennemis, qui sont coustumiers prendre noz enfans & amis esclaues : ce que ne faictes, ny ne vous aduint iamais. Toutes ces farces iouées, haranguées & prononcées, vous verriez ces paures brutaux vous apporter mille gentillesses & honnestetez, pour vous rafreschir, & ceux de vostre compaignie. Lors vous communiquez facilement auec eux, & en tirez plus par amitié, que par rigueur. Ces

Trafic de sel. Genubathiens trafiquent encor auec vne autre sorte de Barbares, lesquels sont si affectionnez au Sol, que s'ils n'en vsoient, ils tomberoient en danger de leur vie : lesquels se tiennent és montaignes du Royaume de *Mely, Laboricq*, & autres, & ne furent onques subiects à Roy ou Seigneur quelconque. Le Sel est pris par lesdits Guineens en vn lieu dict *Tagazza*, pres le Cap de bonne esperance, & est fort corrosif : car il ne viet point de mer, ains est fait de pierre, comme celuy de Cypre. Ils le nomment *Melhh*, & les Arabes leurs voysins *Almeleh*. Quand ces Barbares viennent querir du sel, ils ne parlent vn seul mot à ceux de la Guinee, & ne s'approchent point l'vn de l'autre, tant ils se deffient : mais l'vn met l'or fondu & en lingots d'vne part, & l'autre le sel d'vne autre : puis font leurs marchez sur le peu ou suffisance de l'or, duquel le cours s'estend par toute l'Afrique, voire iusqu'au Caire en Barbarie, & puis est aussi trafiqué en nostre Europe par ceux de Fez & de Marroque. En ce païs encor, depuis le Cap à trois

Alconorphel, ou Maniguette. poinctes tirant à celuy des Palmes, se cueille certain grain, le plus frequent de la Guinee, duquel les nauires se chargent principalement, qu'on appelle *Maniguette* (d'autres le nomment *Meleghette*, & les Arabes & Mores de ces païs là *Alconorphel*) pource que le plus où il se recueille, est vn Royaume & terre voysine, qui porte ce mesme nom. Ce fruict vient parmi les champs, ayant presque la fueille comme gros millet, & la racine tirant sur l'oignon, ou celle du saffran, & au bout est son fruict dans des boutons tout-semblables à ceux des oignons, où la semence est enclose : & sa graine pareille à celle du poyure, & forte au goust, de sorte qu'vne once de Maniguette sera plus que deux de poyure. Les Mores de ceste coste en portent à cachettes en grand' quantité dans leurs barques aux nauires François & Anglois, ou autres qui voguent celle part, & le changent, comme i'ay dict cy dessus. D'vne chose suis asseuré, qu'en toute l'Ethiopie ne croist ne poyure ne canelle : & n'en desplaise à Isidore & à Solin, qui disent y en auoir en abondáce. Et à telle chose ne fault nó plus adiouster de foy, qu'à ce que dit en vn autre endroit ledit Solin, qu'en ce païs d'Ethiopie y a vn certain peuple, nómmé *Nerbotes*, qui excede douze grands pieds de hault. Ils ont encor vne plante,

Vniaz, plante. qu'ils appellent *Vniaz*, laquelle a la fueille comme la vesse pardeçà, mais sa tige beaucoup plus grosse. Sa semence & graine n'a aucune saueur : mais la tige estant maschee, a mesme goust, voire plus delicat que n'est le Gingembre : & vsent de cest *Vniaz* auec leur Maniguette, à faire des saulces au poisson, duquel ils sont plus friands beaucoup que de chair. Encore ne sont si sots ces Barbares, qu'ils ne facent du Sauon de cendres

Sauon. & huile de Palmier, comme font leurs voysins : mais les Portugais leur defendent d'en faire, & encore plus empeschent ils qu'on n'en trafique. Ce de quoy aussi on fait estime, & qui a grand cours, c'est l'yuoire, que nous disons dents d'Elephant, veu qu'auát

en plat païs il en y a abondance, & les chaſſent, ainſi qu'ailleurs ie declareray : laiſſant
pour le preſent aux Medecins à deduire quelle eſt ſa force à conforter l'eſtomach, &
pour autres maladies. Mais ie m'eſbahis d'aucuns, qui ont eſté ſi ſimples de dire, que
nous n'auons point de vray yuoire, & que ce que lon vend pour tel, ſont des dents de
poiſſons marins: côme ſil eſtoit plus croyable, qu'vn poiſſon de mer, ayât telles dents,
fuſt plus aiſé à prédre que l'Elephât, & qu'il y euſt moins de telles beſtes en l'Ethiopie
& aux Indes, que de ces poiſſons en la mer. Mais il fault pardonner cecy à Fuchſe, qui
eſtant bon & fidele Medecin, ſe faſchoit des ſuppoſitions des Simples faits ordinairement par les Apothicaires. Car ie ſçay pour certain, qu'on recouure plus d'yuoire que
d'autre choſe, venant des païs eſtranges: ayant veu pour vne fois, eſtant en Afrique, tels
nauires, qui ont apporté plus de douze mille de ces dents pardeça, qui depuis ont eſté
diſtribuees en pluſieurs parties & regions de la Chreſtienté : & que là il eſt auſſi commun, & plus, que ne ſont icy les cornes de Cerf, de bœufs & cheures. Et pour vous
monſtrer que le païs en foiſonne, il eſt à noter, que le peuple du Royaume de *Cano*,
pour ſe fortifier alencontre de ceux de *Caſſere*, leurs ennemis de tout temps, ſe palliſ-
ſent durant les guerres, de ces dents d'Elephans, & les arrangent ſi drues autour de
leurs villages & maiſons, qu'il n'y a eſcadron de gendarmerie, qui les puiſſe aborder
& ſurprendre. En la Guinee encor eſt le Cap des Palmes (nommé *Bourich* en langue
des villains du païs) bien auant en la mer, & les habitans de meſmes mœurs que les
autres, ſans Roy ny ſeigneur quelconque, ſeulement allans à la guerre: où les femmes
vont auſſi bien que les hômes : ſoubz la côduicte d'vn Capitaine, auquel ils obeiſſent:
& la guerre finie, ſon authorité ceſſe. De là vous paſſez au Royaume de *Bitonin*, qui
eſt en la ſubiection du grand Roy de *Melly*: où ſe fait auſſi grand trafic de ſel, & d'or
en lingots : lequel n'eſt gueres amy des Portugais, à cauſe qu'ils prennent de ſes ſubiects pour les rendre eſclaues. Paſſé que vous auez *Bitonin*, vous voyez la grande &
eſpouuantable montaigne du Lyon : laquelle bien qu'elle ſoit eſloignee de la mer, ſi
eſt ce que à cauſe de ſa haulteur, il ſemble qu'elle ſoit plantee dedans, à ceux qui la regardent de loing. Elle eſt ordinairemét chargee d'vn nuage treſeſpais & obſcur, d'où
s'engendrent continuellement orages, tônerres, fouldres & eſclairs: de ſorte, qu'il ſemble que d'elle procedent de nuict des feux qui ſ'eſtendent iuſques au Ciel. Et pource
ne fault trouuer eſtrange, ſi ie vous ay dit que ceſte coſte eſt dangereuſe, & que les
feux volans & venans d'enhault, gaſtent ſouuent & ceux qui ſont en terre, & ceux qui
voguent ſur mer. Il ſe trouue de fin Iaſpe en ladite montaigne. Tirant de la part du
Midy, ſe voit vne roche, où fut trouué de mon téps le pourtraict d'vn gros Crapault,
ou Grenouille, au cœur & mitan d'vne pierre, qui fut fendue & briſee par les Barbares du païs, auſſi groſſe qu'vne teſte d'homme, ſi bien effigié, que chacun iugeoit eſtre
le vray naturel: & autour bon nombre de petites coquilles poinctues. Quelques iours
apres, au meſme lieu & meſme aſſiette de ceſte pierre dure, fut trouué vn Diamant, de
la groſſeur d'vne noiſette, ſi fin, que on l'euſt eſtimé eſtre venu des Indes Orientales.
Ceſte montaigne eſt à huict degrez deça la ligne. Pres d'icelle en l'engoulfement, que
font pluſieurs riuieres en la mer, vous voyez force iſlettes, & entre autres vne grande
& longue, appellee l'Iſle des Idoles: & ne ſçay pourquoy, veu qu'il n'y a Idole ny ſtatue quelconque, non vne ſeule trace ou marque d'edifice: penſant quant à moy, que ie
iamais les Anciens la deſcouurirent, ce qui ne peult eſtre, qu'ils l'ont ainſi baptiſee, à
cauſe de la peur, que ceux qui y abordent de nuict, ont du bruict, qu'on y oyt des fantoſmes & illuſions : pource que ſi vous en approchez de nuict, vous n'y voyez que
feux, qui ſortent de ces montaignes, où de iour la terre vous apparoiſt ſeulemét chargee de Palmiers, & quelques plantes, deſquelles ie n'ay point cognoiſſance. Auſſi eſt

Abondance d'Yuoire en la Guinee.

Montaigne du Lyon.

Iſle des Idoles.

elle toute montueufe,depeuplee,& mal acceſſible,& par ainſi non frequentee d'homme qui viue. Ou bien elle fut ainſi nommee, à cauſe d'vn rocher gros cóme vne tour,
efleué de quelques vingtcinq braſſes de haulteur,lequel à le cótempler en pleine mer,
vous le iugeriez eſtre la teſte d'vn homme, les yeux, le nez, & les oreilles, ſi bien proportionnez que rien plus.De ce mont du Lyon vous tirez au Cap Rouge, ainſi dict, à
cauſe de quelques pierrettes rouges qui ſe trouuent le long de la coſte,laquelle eſt baſſe,ayant force ſeches & ſablons.Pres de ce Cap vient vne gráde riuiere,qu'on dit eſtre
vn des canaux de Senega, & toutefois on luy baille le ſurnom de Rouge, pource que
ſes ſablons & grauier ſont tous de ceſte couleur: Et c'eſt là qu'il y a des courantes fort
perilleuſes à ceux qui veulent tirer,ſoit en hault ſoit en bas: & ont nommé le lieu,qui
eſt faict en iſle ſablonneuſe,Iſle des bancs.Lequel danger paſſé,vous venez au Royaume & terre de *Gambre*, peuple fort furieux & hardy guerrier,comme celuy qui ne
s'eſtonne point du ſon de l'artillerie:& eſt entouré tout ce païs du *Nigris*,qui fait pluſieurs bouches,par leſquelles elle entre en la mer. En *Gambre* y a vn Roy ſi hault à la
main, qu'il ne veült amitié ny alliance de perſonne, & ſi ne permet point qu'on de-
ſcende en ſa terre,tant ils craignét qu'on les face eſclaues.De là vous allez au promontoire Verd, duquel ie parleray bien toſt,apres auoir dict, qu'eſtans ſur la riuiere de
Gambre, nous perdiſmes la veuë de l'eſtoille du Nort, laquelle nous apparoiſſoit ſi
baſſe ſur la mer que rien plus: bien eſt vray que le temps eſtant clair, nous la voyons
vn peu plus haulte,& tournant la veuë vers la part Auſtrale,veiſmes le Cruſier du pole Antarctique. C'eſt là auſſi que l'eau eſt fort chaude, lors qu'il y pleut, comme nous
experimentaſmes en y paſſant. Au reſte,le Soleil ſe leuant, vous ne voyez aucun ſigne
apparent de l'aube du iour, ains dés auſſi toſt que l'obſcurité de la nuict s'euanouiſt
vn peu,vous voyez tout ſoudain le Soleil,non qu'il ſoit clair,mais pluſtoſt tout nubileux,par l'eſpace de demie heure.Et la cauſe de ceſte ſi ſoudaine veuë du Soleil au matin,ie ne penſe que procede d'ailleurs,que de la baſſeſſe de la terre,qui eſt là ſans aucune montaigne. Que ſi quelcun a de meilleure raiſon que ceſte cy, qu'il l'ameine, & ie
l'accepteray de bon cœur,laiſſant cependant ces choſes pour pourſuyure le reſte.

Du Royaume de SENEGA, & de l'Herbe ACHANACA.

CHAP. II.

AVANT que me mettre ſur la deſcription du païs & Royaume de Senega,il me ſemble eſtre neceſſaire de parler de la riuiere,dont il porte
le nom. Or eſt elle appellee communement Nigris,de l'vn des principaux lacs d'où elle procede, & des Africains *Nigrie*: & autrement
Senega,d'vn mot corrompu de ces Barbares,*Seneg*,qui eſt à dire,cho-
ſe violente,& de peu de duree:d'autant que tantoſt elle eſt impetueu-
ſe & violente,quand elle ſe deſborde, gaſtát tout le païs voyſin,& en moins de vingtquatre heures eſt appaiſee, & n'y cognoiſt on rien. Les Mores bazanez la nomment
Thelmela, à cauſe,comme ils m'ont dit,qu'elle eſt ſalee trois ou quatre lieuës dans terre: & autres *Raleyt*, pource que l'eau en eſt eſpaiſſe & trouble, plus que celle du Ty-
bre.Elle a ſon cours vers le Ponent,regardant quelque peu le Nordoueſt,& vient s'engoulfer en la mer Oceane. Quant au lieu de ſa principale ſource, ce ſont les montaignes de *Medra*,droictement ſoubz la ligne Equinoctiale,& courát tout ledit Royaume, elle ſe perd à la fin, & va par deſſoubz terre quelques vingt lieuës: puis apparoiſt
en vn grád lac,voyſin des monts de *Berzo*,qui contiét plus de quatre vingts lieuës de

long.C'eſt là qu'elle ſe iouë,tout ainſi que fait le Rhoſne paſſant le lac de Lozane : duquel lieu tirant à l'Oueſt ,elle cõmence à arrouſer le Royaumes de *Zeczeg*, paſſant entre luy,& les terres de *Gangara* & *Cezene*, cheant dedans pluſieurs autres riuieres qui
viennent du Nort & du Su, iuſques à ce que de rechef elle tombe dans vn autre lac,
nommé *Guber*, & des Arabes *Saffeïa*, nom general à tous autres.Et à la verité,le cours
de ce fleuue vient de ce premier lac, lequel receuant les eaux & les neiges fondues des
montaignes voiſines qui l'enuironnent de toutes parts , le fait enfler : & alors il commence à s'agrandir & eſlargir ſes foſſes iuſques à l'autre, plus de vingthuiꞇ lieuës,ti-
rant de l'Eſt à l'Oueſt. Paſſé le lac de Guber, derechef il va ſon droiꞇ cours le long
des Royaumes d'*Agadez,Gago,Tombotu*, & de *Mely*, receuant auſſi les riuieres & ruiſſeaux qui viennent des monts de *Meleguette* de la part du Su, & du Royaume de
Tomian, qui tire au Sudoeſt.Les terres de *Tombotu*,& de *Mely* en ſont ſeparees,celuy
de *Tombotu* du coſté du Nort, & l'autre du Midy : & toutefois les deux Rois grands
amis, leſquels font guerre perpetuelle à ceux de *Gago* & *Agadez*. Le païs eſt fort riche en or & argent , & peaux de diuerſes beſtes, dequoy ſe fait grand trafic le long de
ceſte riuiere : où le peuple vit auſſi preſque ſans loy quelconque,ſauf ceux qui approchent la mer du coſté de Cap de verd, & vers l'Afrique, leſquels ſe ſentent de la folle
hereſie de Mahomet. Auant qu'aller plus oultre, ie diray icy vne choſe digne d'eſtre
notee:c'eſt qu'en ces deux Royaumes,Mely & Tõbotu, il y a des plus doꞇes & mieux *Medecins ou*
experimentez Medecins de la terre,qu'ils appellent *Bifrains* (& les Arabes d'Afrique *Biſrains hõ-*
Attabeb) nom propre d'vn des plus excellens de leurs predeceſſeurs , comme qui di- *norez du*
roit Geleniſtes ou Hippocratiſtes : (le vulgaire Ethiopien & Abyſſin les nomme en *peuple.*
ſon barragouin *Alkandeil* , c'eſt à dire , homme donnant clarté aux malades , pource
que ce mot *Alkan*,ſignifie chandelle & lumiere,ou vne lampe.) Et ſont ſi honorez &
des pauures & des riches, qu'apres leur Roy,ou *Almaleq*, & le grand Preſtre, dit *Al-*
bagra ,ils n'ont que ces Medecins en reuerence : eſtans au reſte gens les plus amateurs
de choſes rares,que peuple d'Afrique. Or il n'eſt permis à homme qui viue, d'exercer
ceſt eſtat, ſans eſtre examiné par les plus vieux, qui leur font des queſtions ſuyuant
leurs liures. Leurs interrogatoires ſont ſur les accidens qui peuuent aduenir particulierement à chacun membre,& ſur tout à la teſte,comme le principal, qu'ils appellent
Algoſt, ou *Raß*, les cheueux *Achar*, le front *Algoba*, les temples *Algibim* , & les oreilles *Alunadem* : & les ayant enquis par l'eſpace d'vn mois ſur le corps humain , tant
interieurement que exterieurement , ils viennent aux Simples, qu'ils nomment en general *Alhaix*, c'eſt à dire, herbes:& les fleurs,fueilles,racines,fruiꞇs & graines, *Alat-*
mard,Aload,Alouroch,Alnoard.Ayans donc ces nouueaux reſpõdu de tout cecy auſdits Biſrains,on reçoit ceux qui ſont trouuez ſuffiſans & capables en leurs reſponſes.
Ils ne permettront auſſi iamais,qu'vn de leurs preſtres,qu'ils nomment *Alfkeih*, ſubieꞇs au ſuſdit *Albagra*, qui eſt ſouuerain ſur les autres,exerce & pratique la medecine,comme choſe mal ſeante à eux,& à leur profeſſion.Ce que obſeruent pareillement
les Perſiens,Arabes,Mores,& Indiens, hors mis aux hoſpitaux des hommes , & non à
ceux des femmes & filles.La maladie la plus frequente de ce païs eſt celle,qu'ils nomment *Borozail*,ou *Zail* en Ethiopien,qui ne procede que de paillardiſe,à laquelle ils
ſont fort ſubieꞇs : & les prend à la partie honteuſe, diꞇe en l'homme *Aſab*, & en la
femme *Aſſabor*.Pour à icelle remedier,ils vſent de diuerſes decoꞇions, & ſur tout de
l'herbe apres figuree, diꞇe *Achanaca*, dont les fueilles ſont poinꞇues & for- *Herbe A-*
chues,faites comme celles d'vn chou large,mais non ſi eſpaiſſes,ne la cote ſi groſſe : au *chanaca.*
millieu deſquelles eſt vn fruiꞇ gros comme vn œuf,tout iaulne,qu'ils nomment *Al-*
fard: (d'autres l'appellent *Lefach*, du nom d'vn ſerpent de meſme couleur.) Ceſte

herbe eft auffi groffe que la iambe, & le fruict en grand conte parmi eux : & en font
tout ainfi aux malades, que nous faifons icy du Gaiac. Leurs villes font toutes affifes

fur cefte riuiere, dans laquelle y a infinité d'iflettes, pleines d'oifeaux de diuers plumages, & beftes priuees & domeftiques : efquelles, pour plaifir, les Barbares mettent des
Nenif, qui font Mones, & des *Alkarf*, ou gros finges, que les Arabes nôment *Elherde* :
(les Sauuages de l'Antarctique appellét ces beftes *Cain*.) Le paffetemps des Seigneurs
eft d'y mener des chiens, & les mettre apres ces beftes, pour les voir courir & faulter
d'arbre en arbre, ainfi que font les Efcurieux. Ce qui eft de rare à contempler en cefte
riuiere, c'eft qu'elle diuife & fepare les païs fecs & arides de là Lybie, d'auec ceux qui
font fertils & plantureux : & me fuis efbahy, voyant d'vn cofté du fleuue le peuple
gras, bien fourny & en bon poinct, & la terre verdoyante & belle, où de l'autre les
Noirs font tous haflez & fecs, leur païs & terroir ne fentât que la rudeffe & afpreté de
quelque grande folitude fablonneufe, telle qu'eft tout ce païs qui regarde vers la Nubie. Auffi en la Lybie, le long de cefte riuiere, tirant vers le Cap de verd, le païs eft fort
fablonneux, plain & fterile : laquelle s'eftend bien auant en ladite Lybie, & plufieurs
autres regions & prouinces, qu'elle arroufe & circuit, iufques à ce qu'elle vient faire
fon cours au Royaume de Senega, qui confine vers l'Eft auec les terres de *Tuchuzor*, &
vers le Su au Royaume de *Gambre* : & regardant l'Oueft, à la mer Oceane, & tirant au
Nort, à cefte riuiere. Ainfi vous pouuez iuger aifément, combien ceux là fe trompent,

qui difent que le Nil & Senega n'ont qu'vne fource, veu que les montaignes de Beth, d'où vient le Nil, font en l'Ethiopie inferieure, quelques quinze degrez pardelà la ligne,& celles d'où vient Senega, font en la Lybie qu'on dit interieure, non loing de la ligne, & toutefois deça: les principales defquelles f'appellent *Vfergate*, d'où vient le fleuue *Bergade*, dict de ceux du païs *Bragadath*,& le mont *Cafa*,d'où eft la fource de la riuiere *Darde: & Girgile*, de laquelle fourd *Cimbo*, & *Hagapole*,d'où defcend le fleuue *Subo*, peuplé de bon poiffon, & de Crocodiles fort dangereux. Et ainfi ce grand fleuue gift à l'Eft quart au Sueft, en onze degrez & demy, & eft le plus grand de toute cefte cofte d'Afrique, nauigable aux grands vaiffeaux pour le moins cent lieuës, iufques à vne ville,chef du Royaume de Senega,qui fe nomme *Iaga*,grande & bien peuplee,depuis laquelle on peult aller par terre iufques au Caftel de mine.Le meilleur or fe trouue és collines & montaignettes qui font entre ce chafteau & la ville de Iaga:où le païs eftant fterile & chaleureux,eft fort fubiect à tonnerres, efclairs & foudres,contre lefquels ils f'arment auec certaines coquilles de mer,ayans cefte opinion,que celuy qui les porte, ne peult eftre attaint de la tempefte. Du Cap à trois poinctes donc vous venez au Cap des Palmes,d'iceluy au Royaume de Bitonin, de là à Serre Lyonne,qui eft à huict degrez,en laquelle tombe vn bras & bouche de cefte riuiere, où il y a force baffes,rochers, & iflettes, qui entrans en l'emboucheure du port, le font dangereux à quiconque l'aborde: & y a cent quinze lieuës du Cap des Palmes iufques à cefte emboucheure. C'eft pres d'iceluy qu'on recouure la Meleguette, ou Maniguette, de laquelle tout le païs a prins le nom. Du Cap des Palmes encor iufques à celuy des Trois poinctes, on compte cent douze lieuës: & de celuy de la Serre & montaigne Lyonne iufques au Cap de verd,plus de trois cens. Et ainfi vous ayant defcrit la cofte, ne refte que de fpecifier les mœurs de l'vn païs & de l'autre, qui ont le peuple f'approchant fort en façons de faire & couftumes de vie.

Cap des Pal mes.

Des mœurs & couftumes de viure des habitans du Royaume de Senega.
CHAP. III.

E N SENEGA comme le territoire y eft fort diuers,auffi font les hommes qui f'y nourriffent, veu qu'en d'aucuns endroicts ils font tous noirs,grands de ftature,allegres,& le païs verdoyant & beau: d'autre cofté vous les voyez comme cendrez & blanchaftres, petits de ftature,& le païs fterile, le peuple mefchant & peu ftable, parmi lequel ne fait bon aller fans compaignie, fi l'on ne veult eftre tué, ou demeurer efclaue: d'autant que le plus grand de leur trafic, ce font les hommes qu'ils vendent,à quoy ils font fi addonnez, que le pere vend le fils, & le fils le pere, fans fe foucier non plus de la liberté, que de la moindre chofe du monde. Tout eft vil & contemptible entre eux, finon la paix, laquelle ils eftiment & pourfuyuent auec leurs voifins, à fin d'eftre en repos & oifiueté.Vray eft qu'ils f'employent à femer quelque peu de ris:car de bled ou vin, il ne f'en parle aucunement en cefte contree, attendu que les hommes eftans peu addonnez à l'agriculture, & qu'auffi la terre n'eft faifonnee de la pluye ou autre arroufement, qui puiffe faire germer la femence, y obftant l'exceffiue chaleur, à quoy le païs eft fubiect, ils ne peuuent auoir l'heur du bled, & autres femences prenans long traict:qui eft caufe,qu'ils f'aydent de celles qui croiffent incontinent: comme ainfi foit que fi toft qu'ils voyent la terre vn peu arroufee,ils la labourent, fement, & en trois mois recueillent leur fruict.Or vous laiffe-ie à penfer,fi l'air y eftoit temperé, comme ce païs feroit bon & fertil. Leur boiffon eft de ius de Palmiers. Entre lef-

Ceux de Senega paiffibles.

m iiij

quels f'en trouue d'vne forte, de la grandeur & groffeur de noz Chefnes, & fon fruiét gros comme vne datte,du noyau duquel ils font de l'huile, qui a des proprietez mer-ueilleufes. La premiere eft, qu'elle rend l'eau de pareille couleur que celle du faffran, qui eft iaune, dequoy ils taignent les petits vaiffeaux à boire, & des chappeaux & pe-tits bonnets,qu'ils nommét *Chachie*, faits de ionc.Cefte huile a en oultre l'odeur auffi fouëfue, que la violette de Mars, & le gouft & faueur approchant des oliues : qui fait que plufieurs en mettent auec leur poiffon, ris & autres viandes, tout ainfi que nous faifons icy du faffran,pour donner gouft & couleur. Tout le Royaume de Senega eft efloigné de la mer,& cópris en l'Ethiopie, & eft la terre baffe iufques au Cap de verd.

Comme fe font les Rois en Senega. Le pais eft fubiect à vn Roy, appellé *Zucholim*: & ne vient cefte dignité par fucceffion, mais bien par election, fuyuant le plaifir des Seigneurs, lefquels bien fouuent meuz d'enuie, & pour ialouzie l'vn de l'autre, en font tel qui eft le plus fot & mal adroict,& le moins capable de la compaignie.Et toutefois faut il qu'il foit de race no-ble & illuftre, quoy que bien fouuent ils le dechaffent pour peu d'occafion, f'il ne fe gouuerne à leur pofte:& n'eft guere plus heureufe leur condition,qu'eftoit iadis celle des Soldans d'Egypte,dependans de la folle fantafie des efclaues Mammeluz. En tout ce païs vous ne voyez que villages,cafals & bourgades,auec des maifons faites de ter-re & bois, couuertes de paille & fueillages, fans qu'ils ayent ny chaux ny pierre, ny l'induftrie ou efprit d'en tirer des monts ou des carrieres.Et d'autant que ce Royaume n'eft point maritim, auffi n'eft il guere riche, fauf entant que les nauires viennent par le fleuue Senega, fur lequel y a force efcumeurs & Corfaires, efclaues du Roy, qui les y attire pour maintenir fon eftat : attendu que le reuenu qu'il leue, n'eft pas fuffifant pour l'entretenir,confiftant feulement en quelques cheuaux & autre beftial, que les Seigneurs du païs luy fourniffent toutes les annees. Or pource que fa plus grande ri-cheffe gift en efclaues, il en a vne partie qui luy cultiue fes terres, & feme fes grains, & fait fon vin de Palme:vne autre qui va en courfe,& le fert en fa maifon, nómee *Adar-beyth* : & la troifieme, font de ceux,qui font prins en guerre, ou par fes Corfaires, lef-*Azana-ghes peuple Africain.*quels il vend aux *Azanaghes*, peuple Africain & Barbare, fe tenant pres Cap de blác, au Royaume d'*Argin*, & aux Arabes,qu'on nomme Alarbes, qui f'efpandent par tou-te l'Afrique,voire aux Chreftiens qui trafiquent le long de cefte riuiere, qui eft la pre-miere de la terre des Mores,& les diuife defdits *Azanaghes* : en change defquels il ne prend point de monnoye, n'eftant là en aucun vfage, ains feulement des *Albacart*, fçauoir Bœufs, vaches,cheures,qu'ils nomment *Elmeis* : cheuaux, legumes & millet, & des Chreftiens quelque fer & cuyure,du linge blanc & draps de couleur,qu'il aime fur toute chofe. Ce Roy & grands de fon Royaume, voire tous les Noirs à luy fub-iects,efpoufent tant de femmes qu'ils peuuent nourrir, & le Roy tout autant qu'il luy plaift, iaçoit qu'il en ait vne plus fauorite que les autres, felon le lieu d'où elle eft for-tie, & merité de fes parens : à chacune defquelles il baille des villages pour demeurer, auec du beftial & efclaues pour cultiuer la terre, & filles ferues pour eftre aupres d'el-les. Quand il en va vifiter quelqu'vne, il ne meine iamais de viuandiers, à caufe que celle qu'il va veoir,eft tenue de le nourrir luy & fa fuyte, qui n'eft pas gráde,tant qu'il fe tiendra auec elle. Au leuer du Soleil,tous les matins elles luy enuoyent les viandes, foit chair,foit poiffon,qui fuffifent pour fa defpenfe,accouftrees à leur mode : & ainfi quelquefois aux Offices dudit Roy fe trouue le difner enuoyé de quinze ou feize de fes femmes.Que f'il en a engroffé vne, il n'y va plus,ains court à vne autre : ce qui eft caufe qu'il eft chargé d'enfans:& ainfi en font le refte des Seigneurs. Quant à leur Re-*Religion de ceux de Se-nega.*ligion, il fault entendre, qu'ils font Mahometans, non toutefois fi fermes, que ceux qu'on appelle Mores blancs,mefmement le fimple peuple,comme n'y eftant fi accou-

ſtumé que leurs ſuperieurs,& n'ayant familiarité auec les Arabes & Azanaghes,qui en
ont donné les premieres racines en ceſte prouince, & qui ont remonſtré aux Principaux,que c'eſt vne grande vilenie à vn homme d'eſtre ſouuerain,& vouloir commander ſur les autres,ſans recognoiſtre vn Dieu, & ſans ſaſſubiectir à quelque Loy & ce-
remonie.Mais de dire qu'ils ſoient ſi opiniaſtres en l'Alcoran,que les Leuantins, & les
Turcs en Grece, ce ſont folies, veu meſmes que depuis que les Chreſtiens y conuer-
ſent,le peuple ne fait pas ſi grand compte de Mahemet,qu'il faiſoit auparauãt. D'eſtre
veſtus,ils le ſont legerement,veu que le populace va tout nud,ſauf les parties honteuſes,qu'il couure de peaux de cheure.Les grands portent certaines chemiſes de cotton,
longues iuſques à demy cuiſſe, & les manches larges & courtes, iuſques au coude : &
quelquefois font des chauſſes,comme celles d'vn matelot.Les femmes auſſi vont nues
de la ceincture en ſus, & ont vne robbe de cotton qui leur va iuſques à demy iambe,
ſaccouſtrans les cheueux en treſſe, & les portans fort longs, & ſe lauent trois ou qua-
tre fois le iour dans les riuieres. C'eſt vn peuple grand parleur, & par cõſequent men- Charité de ce peuple bar bare.
teur & trompeur:au reſte charitable,veu qu'ils hebergerõt vn paſſant pour vne nuict,
& vn ou deux repas,ſans qu'ils en demandent payement ou ſalaire:meſmes l'ayant ac-
coſté, la premiere choſe qu'ils vous interrogent, ou demandent en leur iargon, apres
vous auoir ſalué de ces mots, *Alla iehrazar*, Dieu vous garde : eſt, *Amun git enta,
vventa raych*: Dont venez vous, où allez vous? *Ex alkabar*, *Va enta ſakan*, Quelles
nouuelles y a il en voſtre païs? où eſtes vous logé? Et vous traicteront de ce peu qu'ils
auront en leurs cabanes & maiſonnettes. Ils font aſſez ſouuẽt guerre contre leurs voiſins,&plus à pied qu'à cheual, pource que les cheuaux n'y peuuẽt viure en beaucoup
d'endroits,à cauſe du chault & faulte d'herbage. De ſarmer il ne ſen parle point:ſeu-
lement ils ont des targues rondes, faites du cuir d'vn animal, qu'ils nomment *Danta*,
dur & difficile à eſtre percé. Ils vſent d'Arſegayes bonnes & fortes, & bien ferrees, le
fer eſtant long d'vn pied,& bien fort poly, ayant des barbettes tout ainſi qu'eſt la langue d'vn ſerpent : & portent encor des demy Simeterres,tous de fer : d'autant que depuis le Royaume de Gambre tirant auant en la Lybie,& iuſques en l'Ethiopie, il ne ſe Peuple cruel en guerre.
trouue point d'acier.Leurs batailles ſont cruelles,pource qu'ils vont deſarmez, & que
auſſi ils ſont ſi opiniaſtres, que pluſtoſt mourir,que pas vn face ſemblant de feſtonner
pour la mort de ſon compaignon,ou que pour cela il ſenfuye. En ce Royaume,& en
celuy de *Budimel*,qui luy eſt voiſin, ce ſont les plus grands charmeurs qu'il eſt poſſible de voir:& ſur tout enchantent les ſerpens, deſquels il en y a en quantité, longs &
gros à merueilles,mais non auec pieds ou aiſles, ainſi que quelques vns ont voulu faire croire : & de ceux qu'ils prennent, ils empoiſonnent leurs Simeterres & Arſegayes
ou Iauelines, à fin que l'ennemi qui en ſera touché & feru en guerre, n'en puiſſe reſ-
chapper:ce qu'ils nous confeſſerent,leur demandans,à quelle fin ils aſſembloient ainſi
tant de ſerpens par leurs ſorceleries. Ceſte terre foiſonne en febues de diuerſes couleurs,qu'ils ſement en Iuillet,& recueillent en Septembre : & ne ſe ſoucient de l'abondance, moyennant qu'ils en ayent pour paſſer le temps. Il ſy treuue auſſi des Lyons,
& autres beſtes de proye,& rauiſſantes:& force Papegaux, qu'ils nomment *Elffaioud*,
leſquels font leur nid ſur des Palmiers, veu que c'eſt preſque le ſeul arbre qui croiſt
en ces cõtrees.Encore y a il vn grand oiſeau, qui reſſemble noz Oyes, mais diuers en
plumage, qu'on appelle Poules de Pharaon, & infinité d'autres, deſquels ie ne pour- Poules de Pharaon.
rois vous dire le nombre. Les femmes y ſont fort ioyeuſes, gaillardes, allegres & diſ-
poſtes (auſſi penſez que le trop manger ne les charge gueres) & chantent & danſent Femmes addonnees à leur plaiſir.
fort volontiers:& ce le ſoir à la Lune, & non le iour,à cauſe de la chaleur : où l'on voit
entre autres,les ieunes y paſſer la plus part de la nuict, auec des geſtes les plus folaſtres

que vous fçauriez penfer : & ne m'efbahis pas, fi encor en France on appelle plufieurs danfes, les Morefques, veu les fingeries qu'ils font en danfant. Elles font les plus grandes courtifanes du monde : d'autant que fi elles voyent qu'vn de nous foit defcendu en terre, elles ne fauldront de l'aller accofter. Lefquelles apres vous auoir falué, ont accouftumé de dire, & appeller ceux qu'elles penfent eftre vn peu d'apparéce, *Scydey*, Monfieur : ou fi c'eft vn fimple homme mal veftu, *Sahybi, Anta bacheir*, Eftes vous en bon poinct : *Chabi-biti*, Suis ic pas voftre amie : *Aia nâta r axaou, Aia narkodo*, Allons foupper, & puis nous irons dormir : & mille autres petites mignotteries, dont elles vfent pour attirer les hommes au plaifir amatoire, tant elles y font fubiettes. Que fi on leur fait quelque prefent, elles leuent les mains & bras au ciel, difans, *Aalah iaquatar heuratz*, Grand mercy du bien que me faites. & lors fen vont ioyeufes. Or les chofes qu'ils admirerent le plus de ce que nous leur monftrafmes, ce fut vne Cornemufe : laquelle oyans, & leur plaifant l'harmonie ainfi diuerfifiée, penfoient que ce fuft quelque chofe viue : mais voyans qu'elle eftoit faite artificiellement, ils nous difoient que vn de leurs dieux l'auoit faite de fes propres mains. Auffi n'ont ils d'inftrumens muficaux, que quelques Nacaires Morefques, faicts en rond comme les tabourins, dont nous vfons à la guerre, mais plus larges & grands : & vne forte de violon à deux cordes, lequel ils fonnent auec les doigts, qui eft vne groffiere & fort mal plaifante harmonie. Iaçoit qu'ils ayent force miel, & par confequent de la cire, fi eft ce qu'vfans dudit miel, ils iettent la cire, comme chofe de nul profit : & furent ces pauures Barbares tous eftonnez, de voir qu'on faifoit de la chandelle deuant eux, de ce qu'ils mefprifoient, & en fin contrainéts de dire, que tout le fçauoir & bon efprit eftoit caché en l'ame des *Annáfara*, ou Chreftiens, & que Dieu les fecouroit bien, de leur enuoyer telles gens pour leur apprendre à viure. Ce peuple (ainfi que i'ay dict) vit fort mechaniquement, partie pource qu'ils n'ont grands viures, partie auffi (qui eft la caufe principale & plus véritable) pour les grandes chaleurs qui les attenuent : de forte qu'ils mangent fort peu & bien lafchement : & cela fait qu'ils faffemblent dix ou douze à vn repas, à fin que l'vn donne appetit à l'autre, n'ayans mefmes qu'vn grand plat, où tous mettent la main : & eftans ainfi fans gouft & appetit, il fault qu'ils mangent peu & fouuent, comme on en vfe encor en noftre Europe és regions chaudes. Au refte, ces Senegueens, & autres habitans le long de ce fleuue, font les meilleurs noueurs

Mores, bons nageurs.

que ie vey iamais, & y fuffent les Sauuages du Cap de Frie : veu que ceux cy en quelque temps que ce foit, voire lors mefme que cefte riuiere eft tempeftueufe, ils la vous pafferont à force de bras, tenans vne main dehors, auec vne lettre ou autre chofe au poing, & faydans de l'autre, & ne demeureront pas vne heure à la trauerfer, quoy que elle ait plus d'vne grande lieuë de large : & autant en font en mer, fils fy rencontrent : Et (qui eft à fefmerueiller) demeureront quelquefois vne heure ou plus foubz les ondes, tellement que vous penferiez qu'ils foient perduz, & puis fortent au lieu mefme où vous les aurez veuz entrer. Vn Minorquin de noftre equippage en voulut bien faire autant, pour monftrer fa dexterité & hardieffe : mais le pauure malheureux y demoura pour gage, au grand regret de noftre compaignie, & des Mores pareillement : duquel vn Efclaue qui l'accompaignoit, nous affeura, qu'il l'auoit veu faifir à la feffe par vn grand & hideux poiffon, qui puis apres l'auoit entrainé au parfond de l'eau.

De HACDAR, ou Promontoire Verd, tant celebré des Pilotes.
CHAP. IIII.

E CAP, ou prominence de terre, entrant bien auant en la mer, est assis sur la coste d'Afrique, entre la Barbarie & la Guinee, & compris
dans l'enceinct de Lybie, entouré des flots de Senega vers l'Est, & à
l'Ouest de la mer Oceane, qu'on dit Atlantique ou Hesperique, posé
à quinze degrez deça la ligne Equinoctiale : & s'appelle *Macandan*
& Beseneghe. Les premiers qui en feirent la descouuerte, enuiron l'an
de nostre Seigneur mil quatre cens nonâtesept, luy mirent le nom Cap de Verd, pour
la mesme raison qu'ils nommerent vn autre au deça, Cap blanc : à cause que l'vn est
tout blanchissant de sablons, sans qu'il y ait autre chose, & cestuy cy verdoyant en
toutes les saisons de l'annee, & vn des plus beaux promontoires que ie vey onques,
ayant sur sa poincte deux montaignettes, lesquelles s'estendans en mer, donnent grãd
plaisir à la venuë des voyageurs. Les Arabes du païs, ensemble quelques Mores, le nom-
mèt *Hacdar.* Pres cedit Cap y a quelques seches & battures, enuiron vn quart de lieuë
en mer, mais elles ne donnent guere grand empeschement à ceux qui veulent y aborder. Au reste, la terre est toute basse, chargee de petits arbres : non qu'il y ait de grandes
forestz, ainsi que Munster s'est laissé persuader assez simplement, lequel a esté si peu | *Munster &*
soigneux de s'enquerir diligemmèt de ce qui est de nostre temps, & presque qui nous | *Cardan ont*
auoisine, qu'il n'a pas faict conscience de dire, que là & au païs voisin le peuple y ado- | *esté mal ad-*
re les idoles. Ce qui est faux aussi bien que l'autre, d'autãt que personne n'ignore, com- | *uertis.*
bien le Mahometan deteste toute statue & peinture d'homme ou animal, quel que ce
soit : & ceux cy sont instruicts en la loy Alcoraniste, comme aussi sont leurs voisins de
la Barbarie. Mais ie ne m'esbahis point de cela, veu qu'il a failly mesme sur l'histoire
des Elephans, desquels il nous faict des formes monstrueuses en grandeur aussi bien
que Cardan, disant qu'vn Elephant, nommé des Arabes *Elphil*, a plus de corpulence,
que six de noz bœufs, les plus grands qu'on sçauroit trouuer. De ma part, i'en ay veu
plus de mille, tant en Afrique qu'és autres païs, où sont les plus grands de tout le monde : mais ie n'en veis iamais, qui surpassast la corpulence de deux moyens bœufs de
Limosin, tant s'en fault qu'ils eussent neuf ou dix coudees de haulteur, ainsi qu'il nous
atteste. Et tout cela est aussi vray, que ce qu'il dit en autre endroit (& ne sçay où il pesche ces resueries) qu'vn Elephant prendra vn homme auec sa trompe, ou proboscī-
de, & le iettera vn grand traict d'arc loing de luy, & puis le retire sans luy mal faire :
qui est bien la plus verte bourde, qu'homme sçauroit imaginer : ne sçachant comme
les hommes sont si simples, que d'imprimer ces folies, & moins encor d'en faire tailler
des figures. Or ne pensez pas que ce bon homme se soit arresté en si beau chemin, veu
qu'ayant ouy parler de la clarté continuelle qui sort du mont Teneriffe, l'vne des Canaries, il a mieux aimé dire vne chose impossible, qu'amener la verité du feu, sortant
des abysmes de ladite montaigne, qui se fait naturellement : disant, que ceste splédeur
apparoist de loing sur le sommet de ladite montaigne (nommee *Elbarf*) à cause d'vn
rocher de fin diamant, qui est là, aigu, & faict en forme de pyramide, & qu'on la voit
en mer plus de cinquante lieuës Allemandes : & tout soudain il adiouste, que ce roch
& poincte pyramidale brusle sans cesse, nuict & iour. Quant à moy, m'approchant
par mer de ces lieux là, ie n'ay iamais descouuert la plus haulte montaigne qui soit
ausdites isles, plus loing que de quelques dix lieuës, sans m'apperceuoir ne de feu ne
de flamme quelconque, & moins de fumee. Que s'il estoit ainsi, comment sçait il, que

ce ſoit vne roche de diamant, laquelle certes perdroit ſa ſplendeur par la force du feu? Que ſil n'y a point de feu, & que pluſieurs y ſont montez, eſtime-il les Eſpaignols ſi peu ſoigneux de richeſſe tant grande, qu'ils euſſent laiſſé ce rocher, qui leur eſt proche, ſans le mettre en œuure? Mais ie dy, que ce ſont toutes reſueries, ayant veu le contraire, & viſité les lieux : ce que n'a faict ledit Munſter, ne ceux qui l'ont gloſé en marge, & voulu augmenter. Pline parlant de ce promontoire, recite en ſon liure ſixieſme vne choſe auſſi peu receuable que les ſuſdits, laquelle meſmes ſon traducteur accorde, quand il eſcrit, qu'en ces contrees là y a grand nombre de Satyres, ayans pieds de Cheures : ce que iamais ne fut veu, & moins leu és hiſtoires des Afriquains & Ethiopiens : ſi ce n'eſtoit que ce bon hôme print & entendiſt au lieu de Satyres les Bœufs ou Cheures, dont le païs eſt fort peuplé : & lors ie luy donnerois ſa cauſe gaignee, & moy Theuet condamné aux deſpés. Mais laiſſons ces choſes, pour voir, quel nom luy donne Ptolomee, lequel ſans doubte en a eu cognoiſſance. Il l'appelle donc *Arſmarie*, & ailleurs *Riſſardie*, le mettant comme il eſt, en la mer d'Heſperie : combien qu'il ſe ſoit trompé de pluſieurs degrez, tout ainſi qu'à Serre Lyonne : toutefois en cela fault condoner à l'antiquité, veu que iadis les hommes de bon eſprit meſuroient ſeulemét par les dimenſions celeſtes, ſans pratiquer leur ſçauoir ſur mer, comme i'ay faict par l'eſpace de ſeize à dixhuict ans. Ceux là ſabuſent auſſi & faillent grandement, qui penſent que *Ialont*, c'eſt à dire, Cap de verd, ſoit le Promontoire que Ptolomee nomme d'Ethiopie : veu que ceſtuy cy eſt eſloigné de l'autre plus de neuf cens lieuës, eſtant à quinze degrez deça la ligne, là où l'autre eſt ſix degrez pardelà, ſur la poincte de la riuiere *Almada*, dicte dés modernes Manicongre, qui ſepare les Royaumes & terres de *Medra*, *Bellaſſin*, & du *Benin* ; & huict autres prouinces qui entrent & ſauancent en l'Ethiopie interieure : leſquels païs n'eſtoient point deſcouuerts de ſon temps, & ne l'ont eſté de treize cens ans aprés. Ie vous prie donc de penſer, quel eſt ce Cap, dont il fait mention, puis qu'il ne peult eſtre ceſtuy cy : d'autant qu'ie m'aſſeure qu'il eſt pluſtoſt en la Lybie, qui nous eſt voyſine, qu'en l'Ethiopie : & ce du coſté de l'Orient, vers

La riuiere qui ſepare les Noirs d'auec les Bazanez.

le païs de *Madagaxo*. Quant aux habitans du païs, ils ſont d'vn coſté de la riuiere auſſi noirs que charbon, & de l'autre bazanez & griſaſtres, & toutefois la chaleur eſt exceſſiue d'vn coſté & d'autre : ce qui me fait touſiours reuenir à mon ancien propos, que ie ne puis receuoir, que le Soleil ſoit celuy qui par ſes ardeurs cauſe la noirciſſure és hommes. Vne bonne partie eſt ſubiette au Roy de Senega, & l'autre à vn Roy qui l'auoiſine, qu'ils nomment en leur langue *Ahmad-Iora*, c'eſt à dire, Bon Roy : lequel au commencement ne vouloit qu'aucun Chreſtien approchaſt ſa terre, pource qu'il auoit opinion qu'ils mangeaſſent la chair humaine. Et l'occaſion de ce penſer fut, que on y prenoit des eſclaues de tous aages & ſexes pour porter en diuers lieux : & ainſi voyans qu'on ne ſçauoit plus nouuelles de ces captifs, ils eſtimoient qu'on les euſt mágez. Toutefois ayant depuis entédu à quoy on ſen ſert, ils ne ſen ſoucient plus tant, veu qu'eux meſmes ſe vendent, comme qui vendroit vn mouton ou bœuf au marché en nos contrees. Ils vont tous nuds, comme en Senega & en la Guinee, ſauf quelques vns qui portent des chemiſettes de cotton, & d'autres choſes de peu de pris, qu'ils ont des nauires qui paſſent. Ils ſe lauent tous les iours : mais cela n'empeſche qu'ils ne ſoiét ſales en leur manger & boire, veu que ce qu'ils mangent, ſoit chair, ſoit poiſſon, eſt pour la pluſpart pourri & corrompu : & nonobſtant cela ils viuent fort longuement, & ne ſont guere ſouuent malades, là où les Chreſtiens ſy arreſtans, n'en ſont pas de meſmes, ains tombent en de grandes maladies, tant à cauſe des eaux, que des chaleurs & intemperie de l'air. Or tout ainſi qu'ils ſont propres à leur manger, auſſi le ſont ils à baſtir leurs loges, cabanes, & villages, qu'ils nomment *Alcaria*, veu que d'*Almedina*,

ou villes, il n'en y a quaſi point. Toutes leurs maiſons ſont faictes en rond, en façon
le colōbier, couuertes de paille de ris, ou de iōcs marins, deſquels ils ſont auſſi leurs
icts pour repoſer: car d'autre plaiſir ils ne cognoiſſent point: & ne fault ſ'eſtonner, ſi
n Eſpaigne, quand ils ſont eſclaues, on ne leur baille que de la lictiere comme aux
cheuaux. Ils ſont Alcoraniſtes, quoy que non ſi fermes que les Arabes & Azanaghes,
ainſi que i'ay dit: en quoy ils imitent les ſubiects du Roy de Senega. Bien eſt vray, que
irant au Royaume de Gambre, encores qu'ils ayent fort peu de cognoiſſance de la diuinité, ſans toutefois ſ'amuſer aux idoles, ny à la contemplation du Soleil & de la Lune, ſi eſt ce qu'ils tiennēt qu'il y a vn Dieu, autheur de toute choſe, qui ne requiert rien
exterieur de l'homme, ſeulement la recognoiſſance: & pluſieurs autres opinions tou-
tes diuerſes à ce que les Turcs croyent, la religion deſquels conſiſte toute en mines. Il *Peuples qui vſent d'in-uocations.*
en y a entre eux, qui viuent plus auſterement que les autres, & portent à leur col vn pe-
tit vaiſſeau, fermé de tous coſtez, & collé auec de la gomme, en forme d'vn eſtuy, ou
coffret, plein de characteres & roolletz d'inuocations magiques, qu'ils apprennent des
Arabes, deſquelles ils vſent par certains iours, ſans les oſter, ayans opinion que pendant qu'ils auront ces folies ſur eux, ils ne ſeront en danger d'inconuenient quelconque. Quant à leurs mariages, rien n'y entreuient de ceremonie que la ſeule promeſſe:
& ſont aſſez ioyeux, danſans la nuict à la Lune, nommee *Alkamar*, qu'ils regardent
inceſſamment, imitans encor en cela leurs anceſtres, qui l'adoroient, à cauſe qu'ils la
trouuoient plus plaiſante pour ſon humidité, que le Soleil: bien que ceux cy ne luy
portent aucune reuerence, ou luy attribuent quelque deité. Ils ſont fort tourmentez
de petites vermines, entre autres d'vne eſpece de groſſes Mouſches, qu'ils appellent
Aquoin, & autres *Aldaban*, non moins à craindre que celles de l'Arabie deſerte. A ces
peuples ſ'auoiſinent ceux qui ſont ſur la riuiere, nommee *Ceſti*, autrement *Barbacine*,
loing de Cap de verd quelques vingt lieües: laquelle eſt ſi grande, que Senega ne la
ſurpaſſe point en largeur, & vient des montaignes de Gilofe: où le peuple eſt fort noir
& meſchant, & plus hardy que tous ſes voiſins. Le Roy de Senega ſ'eſt pluſieurs fois
eſſayé de ſubiuguer ceſte fiere nation: mais il y a touſiours plus perdu que gaigné,
pourautant que combattans quaſi tous nuds, comme ils ſont, les Barbacins vſent de
ſagettes & armes enuenimees, auec leſquelles ils gaſtēt l'armee Senguoiſe: & leur
païs eſtant boſcageux, abondant en lacs & riuieres, & plein de deſtroicts, perſonne
ne les y oſe aller chercher ne pourſuyure. Il y a encores les *Azubans*, ou *Seretz*, qui
leur ſont alliez, & plus meſchans que les autres, mais non ſi belliqueux: & courent par
le païs, tout ainſi que les Arabes, ne viuans que de larcins & pilleries, ſans Roy & loy
quelconque, ſauf qu'ils portent l'honneur au plus vaillant, & à celuy qui ſ'eſt monſtré
le plus gentil compaignon en quelque rencontre: & diſent, qu'ils refuſent d'auoir vn
Superieur, de peur qu'il ne les face ſerfs & eſclaues, eux, leurs femmes & enfans, com-
me ſont ceux de Senega. Leurs combats plus couſtumiers aduiennent ſur l'eau, en des *Cōbat que font ces Bar bares ſur l'eau.*
barques, faites de belles eſcorces d'arbres, longues de quatre braſſes, & larges d'vne &
demie, qu'ils nomment *Almalq*, ou *Almadies*, ſur leſquelles ils vont ſi roide, que vous
auriez beaucoup à faire à les attaindre auec vn de nos eſquifs, tant ils rament dextrement: & ſont leurs auirons faicts comme vne paeſle, dequoy on iette l'eau d'vn foſſé.
S'ils prennent des ennemis en guerre, ils ont bien l'aſtuce de les garder pour les vendre au premier qu'ils treuuent, & ne ſe ſoucient à qui, pourueu qu'ils en tirent quelque choſe, comme millet, ris, qu'ils appellent *Aroz*, naueaux ſauuages, qui ſont treſbons, dicts par eux *Albaken*, fer, & autres petites choſes. Ils mangent poiſſon, chair
de bœufs & cheures, & boiuent de certain vin d'vn arbre qui croiſt là, & au Cap de
verd, & par toute ceſte contree. Or ſe trouue il vn autre arbre, ayāt les fueilles comme

noz figuiers, la tige groffe, & fon fruict long de deux pieds & demy, ne plus ne moins que ces longues coucourdes, qu'on voit en Cypre, & pardeça : duquel plufieurs mangent, comme nous faifons des melons, fucrins & pepons, & dont la graine eft femblable à vn roignon de lieure. Il y en a d'entre eux qui fe plaifent à auoir des Singes, qu'ils nourriffent de ce fruict, puis leur font des colliers de cefte graine, qui eft belle, quand elle eft feche & accouftree, ainfi qu'ils la parét & enfilent dans des ioncs. Quelques cinquante ou foixante lieuës auant en païs, & principalement de la part des Royaumes d'*Agadez*, *Gago*, & *Tanian*, fe voyent plufieurs villes du tout ruinees : & ne peuz onc fçauoir qui ont efté les premiers fondateurs & baftiffeurs d'icelles. Les Anciens du païs difent, qu'apres auoir efté faccagees, elles furent bruflees par les Goths, qui penetrerent iufques en ces contrees là. Les Alarbes, qui de tout temps ont efté curieux de l'hiftoire, tiennent, qu'apres tel defaftre la plufpart d'icelles furent rebafties, & fecondement pillees par le grand Roy Manzor, efpouuantement de l'Afrique, & par fon fils Chaman : lefquels ayans butiné les richeffes & threfors defdites villes, firent edifier celle d'Oran, & clorre Marroque, & le Chafteau de Fez (le peuple defquelles eftoit lors Chreftien) & l'inexpugnable ville de *Quoque*, qui porte le nom de fon Royaume : où font comprinfes les montaignes *Zebboua*, qui ont plus de quatre vingts dix lieuës en longueur, habitees de Mores, qui en ce temps là receurent la Loy du faux Prophete Arabe, laiffans celle de Iefus Chrift. Ce Roy de *Quoque*, & le peuple auffi, portent vne Croix, qu'ils nomment *Affalip*, grauee contre l'vne de leurs ioues, en recordation & memoire de leurs peres, qui iadis auoient efté Chreftiens. Les *Metefins* & *Velldhs*, fçauoir Nobles & roturiers, foixante ans y a ou enuiron, prindrent les armes contre leur Roy & fouuerain Seigneur, pour du tout abolir telles ceremonies, difans la chofe eftre odieufe : pourautant que l'Alcoran & traditions d'iceluy defendoient à ceux de leur perfuafion, d'auoir aucun figne & marque de Croix. Mefmes les Rois de Tunes & Alger luy ont autrefois fait la guerre pour ce mefme faict : contre lefquels le Prince Quoquien a toufiours eu le deffus. Au refte, d'autant que tout le long de cefte cofte, tant en la Lybie que Guinee, Benin & Manicôgre, les Noirs vfent prefque de mefme breuuage, mais foubz diuerfes appellatiôs, il fault vn peu parler de l'induftrie qu'ils ont à l'apprefter, pource qu'il leur fert autant qu'à nous noftre vin.

Du Breuuage de ce peuple, qu'ils font du ius de Palmiers.

CHAP. V.

S I LA VIGNE n'eft familiere en ce païs, pour n'y auoir efté plantee, ou à caufe que le terroir n'y eft propre, ils ont des Palmiers (qu'ils nomment en leur langue *Nabble*, les Ethiopiens Abyffins, *Afchenke*, les Iuifs *Thamar*, & les Arabes *Ennakala*) les plus beaux & fertils que la terre porte, & verds en toute faifon. Il fen trouue plufieurs efpeces, & qui croiffent en diuers lieux. Mais fault noter, que ceux d'Europe, & ceux auffi qui font és ifles de Grece, ne portent aucun fruict, ouy bien ceux d'Arabie, Egypte, & prefque de tout le païs d'Afrique, qui l'ont doux, plaifant & delicat à manger. Pline, parlant de ces Palmiers, fe mefconte, quand il recite en fon hiftoire naturelle, liure vingttroifieme, que ceux, qui portent les myrabolás, viennent du terroir d'Egypte : ce que ie ne veux nier : mais ie ne puis accorder que les dattes n'ont point de noyaux, ainfi que lefdits myrabolans : comme fil vouloit dire, que ces deux efpeces de fruicts fuffent differents d'arbres. chofe mal confideree, veu que la

datte & le myrabolan viennent & se recueillent en vn mesme. En Iudee aussi la plus
grande beauté consiste en l'abondance des Palmes, desquels ie discourray vn peu auāt
q̃ descrire la boisson de ces Barbares. Il y a en cest arbre masle & femelle. Le masle porte sa fleur és branches, où la femelle germe sans fleur. Et est chose merueilleuse de Na- *Chose ad-*
ture, que la femelle estant separee du masle, ne faudra de baisser ses branches, & se fle- *mirable du*
strir, & tourner vers la part où aura esté porté son masle: tellement que les bons labou- *Palmier.*
reurs craignans ceste perte, prennent de la terre & racine du masle, & en mettent au
pied de la femelle, laquelle ne faudra bien tost apres à se redresser & reprendre vigueur, portant fruiét en abondance: ce que i'ay obserué en Syrie, en vne ville nommee
Albicq, situee entre *Baruch* & *Tripoli*. Il y en a, qui suyuent naturellement le Soleil,
quelque part qu'il tourne, ainsi que font plusieurs plantes, & autres choses qui semblent insensibles, lesquelles ayans sympathie & affection à cest astre, cōme recognois-
sans sa vertu, & que leur vigueur prend source de luy, le regardent tousiours, defaillans mesmes de couleur, lors qu'il s'esloigne d'elles. Cest arbre demāde le païs chauld,
le terroir sablonneux, vitreux & salé: que s'il n'est tel, il fault que celuy qui le plante,
luy sale la racine auant que le mettre en terre. Quant au fruiét, il est charnu par dehors, & dedans est le noyau, qui est la graine & semence de l'arbre: combien qu'il s'en
trouue de petits sans noyau, en vne mesme branche, aussi bien que vous trouuez des
pommes auec graine, & d'autres qui n'en ont point. Le plus grand miracle de cest arbre, c'est qu'estant mort, il reprend vie de luy mesme: ce qui semble auoir donné occasion à la fable du Phœnix, lequel mot en Grec corrompu, signifie Palme: & pense veritablement que c'est la seule Palme, de qui on doibt entendre ce que fabuleusement
on a dict de cest oiseau si admirable: veu que naturellement la renaissance se peult faire en l'arbre, à cause des racines qui sont auant dans terre, & qui sustantees par l'humeur radicale, sortent hors des tiges, lesquelles sont puis apres soustenues du Soleil
leur nourrissier. Or ay-ie en mes voyages trouué de cinq especes de ces Palmiers, ne
differans en rien, sinon au fruiét, l'ayans les vns beaucoup plus gros que les autres, desquels ie vous ay descrit la vertu & proprieté, au liure de mes Singularitez, imprimé
vingt ans y a. Dauātage, estant en Asie, i'apportay de plusieurs sortes de monnoyes antiques: entre autres des bons Princes Vespasians, le pere & le fils, qui auoiét conquesté
la Iudee, & mise soubz la puissance du peuple Romain: dans lesquelles estoit graué vn
Palmier, & vne Victoire, tenant aupres de soy vn morion, cuirasse, & autres instrumens de guerre: & autour escrit, *Iudæa capta.* D'vne autre espece aussi, où il y auoit
d'vn costé vn temple de Paix, comme celle que ledit Empereur auoit mise par tout le
monde apres la prinse de Ierusalem, accompaigné de ces mots, *Paci orbis terrarum* : &
de l'autre part vne Deesse debout, qui tenoit d'vne main vne Palme, & de l'autre vne
branche d'oliue: & à ses pieds, cecy graué, *Pax Augusti.* Il me souuient aussi, qu'estant
en la vallee d'Hebron, vn More blanc me donna deux medalles de Marc Antoine:
ausquelles estoit effigié vn temple à l'honneur de tous les Dieux, representez autour
dudit temple, & chacun d'iceux couronné d'vne couronne de Palme: & en tenoient
vne autre à la main droicte. Vn Maronite pareillement, visitant les singularitez du
mont Liban, me feit present d'vne piece d'argent, dans laquelle estoit esleuee en bosse
vne Plautille, femme de l'Empereur Caracalla, tenant dans ses deux mains vne Palme,
& autour n'y auoit autre chose que ces mots, *Fœlix concordia.* Ce que ie vous ay bien
voulu dire en passant, pour vous monstrer que les plus grands Monarques de soubz
le ciel, ont prins comme pour vn augure & bonne fortune, en leur deuise & marque
de grandeur, la Palme & les Palmiers. Mais il est temps desormais de reuenir à la boisson de noz Noirs alterez, qu'ils appellent *Mignol*, laquelle ils tirent du tronc des Pal-

miers,y faifans auec certain inftrumēt,l'ouuerture large à y mettre le poing, à vn pied ou deux de terre : dont fort vn fuc & liqueur,qu'ils reçoiuent dans de grands vafes de terre,nommez *Anhaffa*. Cefte liqueur eft de mefme couleur que le laiĉt coulé, à fça-uoir ce qu'on appelle le Megue,trefbonne à boire, enyurant prefque comme le vin : à tout le moins offenfe elle le cerueau : qui eft caufe qu'il y fault mettre de l'eau le plus

soufuent. Quand il fort du tronc, il eft auffi doux que mouft, combien que de iour en iour il va perdant fa douceur : lequel auffi eft plus plaifant à boire, lors qu'il tire vn peu fur l'aigreur, à caufe qu'il defaltere. Pour le garder de corruption, on le fale vn peu, tout ainfi que nous faifons le verjus pardeça : d'autant que le fel confume ce qui eft de cru en cefte liqueur, laquelle autrement ne pouuant fe meurir, fe corromproit facilement. Quand elle eft bien purifiee, elle reffemble les vins blancs d'Anjou, beau-coup meilleure que les Citres de Normādie : & eft la plus propre boiffon pour fe def-alterer,qu'autre que i'aye iamais gouftee. Auffi en ont bon befoin ces pauures gens par tout le païs, à caufe de la grand'ardeur qui les affault ordinairement, & pour y eftre fubieĉts de leur propre temperature : en quoy ils font plus fages & aduifez que les Turcs, Perfiens & Arabes, qui ne boiuent que de l'eau pure. Vray eft que les malades f'en abftiennent, & n'en vfent, que premier il ne foit bouilly & cuiĉt au feu, apres y auoir mis quelque quantité d'eau de riuiere, & des dattes à demy meures, pour luy dōner vne aigreur. Et fault noter que les Palmiers,defquels on le fait,ne porte fruiĉt qui vaille, si ce ne sont les plus vieux, ains est toute leur force au ius, suc & liqueur du tronc, là où ceux qui ont de bonnes dattes, n'y vallent rien. Quant aux grands Seigneurs, ils font du ius vineux de Grenades, qu'ils gardent vn an & dauantage, dans des vaisseaux de terre cuicte: & n'y a chose au monde, meilleure & plus cordiale que cela: & s'en trouue tel qui en fera deux ou trois muyds tous les ans, pour l'abondance des Grenadiers qu'ils ont. Le peuple des Royaumes de *Genehoc* & de *Cassene*, qui tirent vers le Leuant, estans priuez de ces bons fruicts, prennent trente ou quarante liures de miel, qu'ils font bouillir auec de l'eau au Soleil, dans certains vaisseaux, capables d'vn muyd & dauantage : & estant purifié, comme fait le vin nouuellement entonné de pardeça, ils s'en aydent. Cela a le goust de l'hydromel, que lon fait en plusieurs endroits de l'Europe. Ceux des montaignes de *Ialserim* boiuent de belle eau claire: & ceux du plat païs, d'vn autre bruuage, qu'ils appellent *Eltelach*, faict de figues grosses comme l'œuf d'vne Oye : lequel estant en sa perfection, deuient de couleur oliuastre, fort mal plaisant à boire, pour la senteur aqueuse qu'il a, & pource qu'il pique sur la langue. On en fait aussi d'autre façon en plusieurs autres endroits, qui different en gousts & saueurs : en quoy Nature se monstre admirable aux choses qu'elle produit en ces contrees là. Mais pour reuenir à nos Noirs, ie ne veux oublier, que ces Barbares cognoissans la pauureté & lascheté de ceux qui vont en leur païs, & que nous estions mattez de faim & soif, crioient apres nous, disans en leur langage, *Anta xerabt, Anabid labiaad*, sçauoir, Voulez vous boire de nostre bruuage, ou vin blanc? *Atheny haida, Anta habibi*, Vous estes noz bons amis. *Aia naxarabo, Nox-naxarabna*, Allons: nous vous prions de boire à nous en memoire de perpetuelle amitié. Or ils s'enyurét aussi bien, comme dit est, buuant excessiuement de ceste boisson, que font les Sauuages ; lors qu'ils sont apres leurs Cahouinages, en memoire de leurs peres & amis trespassez. Les Arabes la nommét *Saphi*. En ce païs est le Royaume de *Budomel* fort beau & riche, & s'estend iusques à celuy d'*Argin*, ioignant au Cap blanc, lequel partist & separe la Barbarie d'auec les terres sablonneuses de la Lybie, qui s'en vont iusques à l'Ethiopie du costé de la Nubie: & est le goulfe & païs d'*Argin* de peu de profit, si ce n'est pour la pescherie, lequel gist à vingt degrez de la ligne : & est vne isle, où lon tire de bon or: toutefois le païs estant areneux, infertil & inhabité, quelque fort que les Chrestiens y ayent faict, si est ce qu'il n'y a point trop que frire. Sur quoy, auant que clorre le chapitre, il fault que Alphóse, pilote Xainctongeois, mon voisin, soit reprimé d'vne faulte qu'il a faicte en son petit liure, disant, que le Royaume d'*Argin*, qui est au millieu des Mahometistes, a tous ses habitans idolatres: ce que ie ne luy accorderay iamais, veu que dés le Royaume de *Gambre*, venant vers l'Arctique (& estendez vous tant que l'Afrique regarde iusques à la Mer Mediterranee, & iusques à la mer Rouge, sauf ce qui est soubz l'Abyssin) la plus grand part est infectee de l'erreur de Mehemet : & est folie de dire, ce qu'on ne sçait qu'en le deuinant : estant aduis à beaucoup, pour ne voir vne Mosquee ou vne Eglise, tout aussi tost qu'ils mettét pied à terre, que le peuple soit idolatre, ou sans nulle religion : ioinct que ce païs est voisin de Fez & de Su, terres subiettes aux plus grands Hermites de tout le Mahometisme : & d'autre costé sont les *Anazaghes*, les habitans de *Budomel*, & les coureurs Arabes. Par ainsi il ne fault croire que ce peuple soit sans religion, pourautant qu'il est le plus soudain à embrasser nouuelle opinion, qu'autre que la terre porte : & ainsi estant iadis couëffé d'idolatrie, & ne sçachant que croire, pensez si le Mahometan l'aura laissé sans luy persuader ses folies. C'est de tels autheurs, que les hommes doctes de nostre temps ont prins leurs aduertissemens, pensans que cela contint verité, n'estant toutefois que pure mensonge.

Faulte de Alphonse Xaintongeois.

Hiftoire d'vn Iuif efclaue, & des fepultures des Geans du païs de Cap
de Verd.   **CHAP. VI.**

I E NE VEVX oublier à vous reciter, qu'eftant pardelà en vne ville, nommee *Anada* (qui eft autant à dire en langue Morefque que Rofee) à dixhuiĉt grandes lieuës de la marine, où nous auions encré, nous veifmes le Roy de Cap de verd (que ce peuple nommoit *Soltan del Ioloph*) & fes grandes magnificences. Or comme en fe promenant en vn iardin d'vn fien fauorit, nommé *Anab*, il fuft aduerty de noftre venue, fes efclaues & autres luy prepararent incontinent de trefbeaux tapis de diuerfes couleurs, tant de laine que de ionc, le tout figuré de plufieurs fueillages & autres gentilleffes à la Morefque : fur lefquels il faffit, les deux iambes croifees, à la façon & maniere des grands Seigneurs Turcs & Perfiens, quand ils veulent donner audience à quelques eftrangers. Ainfi voyans la bonne mine de ce Roy, & l'accueil qu'il nous faifoit, nous luy feifmes prefent, auec les folennitez & ceremonies du païs, de quatre pieces de drap verd & iaune, de fix pieces de toile blanche & fine, de quelques

petits coffrets & baffins d'airain, qu'il receut pour aggreables : & dauantage en euft prins, fi on luy en euft prefenté : ce que nous faifions, pour auoir le trafic libre & affeuré, pource que le peuple y eft fafcheux. Sa plus grande fuyte eftoient efclaues de diuerfes nations. Et me fembloit affez ce Seigneur, accort & gracieux : comme auffi nous cognufmes lors, qu'il commanda aux fiens de n'vfer enuers nous, que d'honnefteté &

courtoifie. Il pouuoit auoir, quand ie le veis, quelques foixante ans, ou enuiron, veftu à la façon qu'il eft tiré en ce prefent pourtraict, cy deuant mis: lequel ie vous ay bien voulu reprefenter, pour donner à cognoiftre la diligence que i'ay faite, conuerfant auec ce peuple infidele. Celuy qui nous feruoit de Truchemen, eftoit vn vieil More, marchant d'efclaues, nommé *Adallach*; qui parloit quelque peu Efpaignol, ayant efté luymefme efclaue en fa ieuneffe aux ifles de Cap de Verd, & en tenoit enuiron huict vingts, vne partie pour vendre au plus offrant & dernier encherilleur, & l'autre pour louer, comme on fait les afnes à Tripoly en Surie. Entre autres, eftoit vn Iuif, natif de Marroque, aagé de quaranteneuf ans, qui auffi auoit efté vingtfix ans ferf, tant en A-frique, qu'en quelques endroicts des Indes Orientales d'Afie. Ce miferable auparauāt portoit le nom de *Ionadab*, qui luy fut changé par les Barbares, pource qu'il n'auoit voulu receuoir la loy Morefque, & le nommerent par derifion, *Alhanar*, qui fignifie *Alhanar, ferpent, ou vipere.* en leur langue, Serpent ou vipere. Ce Iuif, pour menace & craincte qu'on luy feift, ne voulut iamais quitter fon Iudaifme, ne reffemblant en rien plufieurs de fa fecte, que i'ay veu tant en la Grece, Egypte, qu'en la Palefthine, lefquels eftans Iuifs, fe faifoient Chreftiens, & au contraire eftans Chreftiens, la premiere fantafie qui les prenoit, re-nonçoient le Chriftianifme, pour embraffer la loy de Mehemet. I'ofe biē dire qu'alors que ce pauure *Alhanar* viuoit, il auoit la plus heureufe memoire d'homme qui fuft au monde: car il fçauoit parler de vingthuict fortes de langues toutes differentes, & *Iuif parlāt* en chacune d'icelles lire & efcrire: & fil euft ouy parler vn homme dix ou douze *vingthuict* iours entiers, conuerfant auec luy, & luy donnant les chofes à entendre, il en euft plus *fortes de lā-gues.* apprins en ce peu de temps, qu'vn autre n'euft faict en deux ans. Il me fouuient, qu'vn marchant Anglois, eftant de mon temps pardelà, aduerti de la memoire gaillarde de' ceft efclaue, le voulut auoir auec luy, pour luy feruir de Truchemen: ce que *Adallach* fon maiftre accorda: comme de faict l'Anglois le tinft enuiron vn mois, communi-quant ordinairement auec luy. Vn iour entre les autres ledit Anglois luy commença à difcourir la genealogie des Roys, Roynes, Princes & grands Seigneurs de fon païs: la maniere de viure que ceux d'Angleterre ont tenue depuis qu'ils ont receu le Chri-ftianifme: les guerres & batailles qu'ils ont euës contre leurs voifins Efcoffois & Fran-çois: la richeffe & reuenu du Royaume, auec fa largeur & grandeur, fes villes, riuieres, goulfes & promontoires. Ce que l'efclaue retinft fi bien, le mettant fecrettement par efcrit, & en feit tellement fon profit, que quelque temps apres deuāt fon maiftre *Adal-lach*, & ledit marchant, il commença à difcourir & dire de mot à mot en vn iour, ce que l'autre luy auoit raconté en vn mois, fuyuant les hiftoires & chroniques Angloi-fes: voire les mefmes mots, il les proferoit en forte, que l'oyant parler, on euft iugé qu'il euft demeuré au païs bien vingt ans, iaçoit qu'il n'euft iamais veu ny parlé à An-glois, qu'à celuy feul. Deux mois apres noftre departement, comme nous fceufmes par ceux mefmes du païs, eftant ce pauure homme aduerti que le Roy de Cap de Verd le vouloit auoir en fa Cour, & le contraindre de receuoir fa loy, il en print fi grande faf-cherie, qu'il en fut malade, & à la fin mourut d'vne fiebure peftilentieufe, à laquelle le païs eft fort fubiect. Dauantage lon m'aduertit & affeura, qu'il denonçoit aux mari-niers la mutation du temps, la contrarieté des vents, pluyes, orages, tonnerres, tempe-ftes, & dangers de mer, qui deuoient prochainement aduenir: & difoit on, qu'il auoit apprins cecy par les fignes qu'il auoit veuz & cognus, voyageant fur l'Ocean. Et n'y a-uoit perfonne foubz le ciel, de fon temps, qui defcriuift mieux l'horofcope & natiuité des hommes, & l'heur & malheur qui leur deuoit aduenir, qu'il faifoit. Apres fa mort, fut trouué en la maifō de fon maiftre, qu'il auoit ferui fix ans entiers, des efcrits & me-moires, autant qu'vn cheual en euft peu porter, le tout en rouleaux, à la façon de pardela. Entre autres chofes il auoit mis & redigé par eftat & en bon ordre, les mœurs & façons de viure quafi de tous les Royaumes de la haulte & baffe Afrique, enfemble la nature des beftes, poiffons, oifeaux, herbes, plantes, arbres, fruiéts, & temperature des climats: & ce qu'il auoit le plus obferué, eftoit en l'art de Medecine, affauoir la metho-de & maniere, de laquelle les Medecins eftrangers vfoient enuers les malades. Dauan-tage, ie ne veux laiffer en arriere, qu'à vne lieuë de cefte ville *Anada*, fe voit vne haulte

Montaigne de Berich.

montaigne, nommee *Berich*, de la part du Soleil leuant, au pied de laquelle y a plu-fieurs rochers hault efleuez en façon de lágues de feu: & que vn certain Magicien dift quelque iournee au Roy, penfant eftre gratifié de luy, que foubz iceux fe pourroit trouuer des threfors, ou autre chofe, dont il receuroit grand profit: ce qu'il creut affez legerement. Et de faiét, feit mener de cinq à fix cens efclaues, pour abattre & rompre ces groffes pierres, qui toutefois n'eftoient naturellement venues, ains pofees par ar-tifice, & ainfi efleuees des Anciens. Ayant donc faiét fouiller bien auant en terre, ne f'y trouua or ny argent, ne chofe qui vaille: mais feulement vne grande cauerne, où eftoient fix Sepultures d'hommes, toutes l'vne pres de l'autre, defquelles la moindre auoit feize pieds de longueur (& ces Barbares difent auoir efcrit en leurs hiftoires, qu'en leur païs anciennement il y auoit des hommes de cefte haulteur, lefquels par-deça nous nómons Geans) chofe qui me vint en grande admiration, veu qu'aux lieux les plus chaulds, comme font ceux d'entre les deux Tropiques, les hommes ne font volontiers fi grands, comme ceux qui habitent foubz les deux Poles, pour l'exceffiue froidure qui leur rend cefte grande maffe de corps & coloffes admirables. Ie fçay bié,

Sepultures de dix pieds en lōgueur.

qu'au païs de Circaffie, où anciennement les Gaulois ont commandé, fe trouuent infi-nis monumens & fepultures, de dix à douze pieds de longueur, & quatre de largeur: lefquelles font fouuent vifitees, non feulement des Chreftiens qui habitent en ce païs, ains des Tartares mefmes, qui admirent de voir les Chreftiens à genoux faire leurs oraifons & deuotions au pied de ces monumens: ce qu'auffi font lefdits Tartares par vne maniere d'acquiét, iufques à leur porter flambeaux & chandelles, difans, que c'e-ftoient hommes illuftres, aimez de Dieu & du peuple. Ils appellent ces fepultures *Beuch*, c'eft à dire, hommes vaillans: & ont quafi auffi grande deuotion à ces Geans, qui repofent là, que les Turcs Mahometans ont à fainét George, qu'ils nomment *Chy-dir-hellech*, lequel ils ont en telle reuerence, qu'vn grand Seigneur, Bafcha, ou autre, ne partira iamais pour aller en guerre, ou autre expedition contre fes ennemis, qu'il n'in-uoque le nom dudit *Chydir*: & eft en fi bonne opinion de fainéte vie enuers lefdits Mahometans, que fi vn larron, qu'ils appellent *Cryphich*, & en langue Arabefque *Al-farac*, auoit defrobé la valleur d'vn afpre le iour fainét George, il feroit mis à mort: dequoy fut faiét vn Ediét en toute la Grece, par Mehemet fecond du nom, apres la prinfe de Conftantinople. Autant en puis-ie dire de ces Mores du Cap de verd, qui portent tel honneur aux fepultures de ces Geans, que pour rien ne voudroient les def-molir, eftimans que f'ils les defmoliffoient, tout le païs feroit en danger d'eftre ruiné, comme leur ont faiét entédre leurs preftres & miniftres. Non loin de là fe voit grand nombre d'oz d'hommes & de beftes, d'vne merueilleufe groffeur & grandeur, con-uertiz en pierre dure, à la façon & maniere des Nacres & coquilles de mer, ou de riuie-re d'eau doulce, comme il f'en voit en plufieurs endroits d'Afrique.

Des ifles de Beseneghe, *ou* Hefperides, *nommees à prefent de*
Cap de Verd.   C H A P.   V I I.

SVyvant la route en pleine mer, tirant vers l'Equateur, vous trouuez les ifles, que les modernes matelots ont furnommees de Cap de
verd, à caufe qu'elles regardent vers l'Eft, le promontoire que les Barbares appellent *Befeneghé*, quoy qu'elles foient diftantes dudit Cap
plus de cent lieuës, & s'eftendent du quatorzieme degré iufques au
dixneufieme, tenans du Nord les vnes, & les autres au Nordeft, pofees
entre le cinquiefme & fixiefme climat, aux douze & quinze paralleles, ayans les plus
longs iours de quinze & de feize heures: par laquelle fuppputation vous pouuez iuger
de leur eftédue. Elles font onze en nombre, vne partie d'elles feigneuriees par les Portugais, & les autres foubz l'obeïffance chacune de fon Roy & feigneur Barbare : & eft
leur nom, l'ifle S. Iaques, l'ifle de Feu, la Fortune, Mahiet, Bonne veuë, l'ifle de Sel, qui
fut la premiere defcouuerte, & autres: & font efloignees des Canaries, deux cens lieuës
pour le moins, fuyuant la cofte de la Guinee vers la ligne Equinoctiale. Entre les plus
peuplees, on compte celle de S. Iacques, gifant à quinze degrez de l'Equateur, ayant
dixfept lieuës de long, & huict de large, & vn fort bon port, pres duquel y a vne ville,
qu'on nomme La grand' riuiere, pource qu'elle eft affife entre deux monts, & qu'au
millieu court & paffe vne riuiere d'eau douce, laquelle a fa fource à deux lieuës au
deffus. Le long de ce fleuue font les plus beaux iardins qu'il eft poffible de voir : & *Prouerbe.*
pourroit on bien à prefét vfer de l'ancien prouerbe, qui eft, les iardins des Hefperides,
pour fignifier vn lieu plaifant & delicieux: veu que vous n'y voyez que toutes fortes
de fruicts qui feruent à la vie & plaifir de l'homme. Cefte ville tend au Midy, & eft
bien & gentiment baftie, ainfi que lon fait pardeça. Au refte, l'ifle eft montueufe, & en
plufieurs lieux fterile, à caufe des rochers, fans qu'on y voye que fort peu d'arbres fruictiers & plantes, où és vallons tout y eft fi bien cultiué & verdoyant que rien plus.
Auffi font ils arroufez par les pluyes, qui fe font lors que le Soleil entre au Tropique
de Cancer, à fçauoir au mois de Iuin : lequel temps les habitans appellent la Lune des
eaux & pluyes. Et eft la faifon qu'ils choififfent pour femer la plâte de la racine, qu'ils *Zaburré*
appellent *Zaburre*, femblable au Mahis du Peru, qui croift & eft meur en quarante *racine.*
iours, dont ils fe nourriffent tout le long de l'annee. Pres de là eft vne autre ifle plus
petite beaucoup, & fort fterile, & par confequent deshabitee, qu'on a nommee l'ifle
du Sel, pourautant qu'il y a plufieurs lacs & eftangs, qui portét du fel tresblanc & fort
bon, dont les nauires fe chargent : lequel fe fait ainfi. La mer entrant en cefte ifle bien
fouuent à la moindre tempefte qui fe leue (à caufe qu'elle eft baffe) vient iufques en
ces lacs: & ainfi l'eau fe croupiffant en ces endroits, après que le Soleil eft entré au Tropique de Cancer, leur eftant perpendiculaire, fe caille & conuertift en matiere falee.
Autant f'en fait il à l'ifle de May, fa voifine, & prefque à toutes celles du Cap de verd:
mais principalement à celle qui porte le nom de Sel, laquelle ainfi arroufee de ces lacs
faulmurez, eft infertile, fauf en quelques lieux, où y ayant des bofcages verdoyans, fe
treuue telle quantité de Cheures, qu'on ne le fçauroit penfer, & fi fertiles, que chacune
d'elles porte deux ou trois cheureaux d'vne ventree: qui fembleroit eftrange pardeça,
comme nous eftant chofe non iamais cuye : ou de voir les cheures, auec les aureilles
pendantes d'vn pied & demy de long, ou les moutons, ayans la queuë autant en largeur : mais là cecy y eft auffi commun, comme à vne truye de faire fix ou fept cochós.
Ces cheureaux font bons, & fort delicatz au manger, pour eftre gras, & la chair fauou-

reufe, vfans bien fouuent les meres de l'eau du lac pour leur boire : & auffi les bons bergers & cheuriers fçauét trefbien, que fert le fel à la nourriture de ces beftes, & comme elles f'en plaifent, & leur fait la chair ferme. Or cefte ifle n'en eft feule abondante, mais auffi celle de S. Iaques, où lon en fait grand trafic, à caufe des cuirs : qui eft occafion, que les Portugais, qui en font Seigneurs, enuoyans leurs efclaues és ifles *Flere*, *Plintane*, *Pinturie* & *Fogon*, ne leur donnent feulement charge de cultiuer la terre, mais principalement d'y faire amas des peaux de ces beftes, comme l'vne des meilleures & plus riches marchandifes qu'ils ayent. Aucunefois eux mefmes y paffent auec chiens, filletz & cordes, pour les chaffer, attendu qu'elles y font tout ainfi fauuages, que nos Daims ou Cheureuls pardeça, & les courent à force, comme qui courroit le Cerf. Prifes qu'ils les ont, foudain on les efcorche : & la chair eft pour les efclaues, ou pour les naturels du païs. Ils gardent donc les peaux, & les font feicher en quelques vaiffeaux propres à cela, y mettans de la terre & du fel, à fin qu'elles ne fe gaftent ou pourriffent, & les emportent en leur païs : & c'eft dequoy ils font les Marroquins tant celebrez par noftre Europe: lefquels ont prins ce nom du Royaume de Marroque, à caufe qu'auant qu'ils euffent l'adreffe & induftrie de les faire & accouftrer, les meilleurs qu'on euft, eftoient apportez de ce païs là. Au refte, les habitans de ces ifles font tenuz, pour tribut & recognoiffance, rendre par chacun an au Roy Portugais, comme ils m'ont dit, le nombre de fix mille cheures, tant fauuages que domeftiques, falees, & leurs peaux feches, & fans putrefaction ou corruption quelconque : & font les chairs deliurees à ceux qui font le voyage pour ledit Seigneur en fes grands vaiffeaux aux Indes Orientales, comme en Calicut, Bengale, la Chine, & ifles des Moluques : & employees pour les nourrir durát ledit voyage, qui eft quelquefois de deux ans ou plus, tant pour la diftance des lieux & nauigation longue qu'il fault faire, qu'auffi ils f'arre-

Mauuais air de l'ifle des Hefperides.

ftent en plufieurs endroits pour le faict de leur marchandife. L'air y eft mal fain & peftilentieux, caufant de grandes fiebures & chauds maux à ceux qui f'y arreftent : de forte que les premiers Chreftiens qui les ont habitees, ont efté long temps fi mal de leurs perfonnes, foit pour le changement de l'air, ou intemperie de la region, ou que les chaleurs les offençaffent, & que l'eau y aydaft beaucoup, que peu fouuent on les voyoit en fanté : mais la couftume les y a fi bien habituez, qu'ils ne f'en foucient que peu ou point. Bien eft vray, que les efclaues, à caufe de la pauureté & mifere de leur nourriture, n'y viuent pas longuement, pource que fouuent ils font affaillis de flux de ventre & dyfenteries, pour les fruicts & laictages qu'ils mangent, & pource auffi qu'apres les exceffiues chaleurs & grands trauaux, ils ont la belle eau claire, & quelque racine pour leur vie, & la terre dure pour leur gifte. Mais laiffons là les cheures & les efclaues, & vifitons ce qui eft encor de fingulier en ces Hefperides. En la mer qui les en-

Chofes notables des Tortues.

ceinct, fe nourrift grande quantité de Tortues, que les Arabes & Ethiopiens nommét *Alphacron*, & les autres *Pacras* : defquelles y a de quatre fortes, les vnes terreftres, les autres marines, & les autres viuans en l'eau viue & douce, & le quart genre és mareftz. Toutefois laiffant les trois efpeces, ie pourfuyuray feulement celles qui viuent dans la mer: lefquelles (dit Ariftote, & Pline liure onziefme, chapitre dixiefme) au temps que veulent pondre, fortent fur le riuage de la marine, & font de leurs ongles vne foffe dans l'areine & fablon, où elles laiffent leurs œufs : puis les couurent fi bien, qu'il eft impoffible de les trouuer, iufques à ce que le flot de la mer vient, qui les défcouure : & eftans expofez à la chaleur du Soleil, fort violente, & de grande vehemence en ce païs là, le part & petit fefcloft, & fort de fa coque, tout ainfi que fait le pouffin de l'œuf, coué par la chaleur naturelle de la geline : & cela confifte en grand nombre de Tortues, lefquelles la mer venant encor fur le fable, emmeine, prenans là leur naturelle nourriture comme leurs meres. Ie n'ay affaire de difputer icy, touchât ce que lon dit, que les Tortues couuent leurs œufs en regardant, & fi c'eft la chaleur de leur veuë qui a cefte force, ou fi c'eft la reflexion du Soleil, veu que l'vn & l'autre y ont grand effect: vn cas fçay-ie bien, que les marines ne fe voyent point fur terre pour couuer (& n'en defplaife aux fufdits.) Ie ne dy pas qu'elles ne prennent terre, foit pour paiftre, ou fef-gayer, attendu que cefte befte marine eft amphibie aufli bien que le Crocodile : mais d'y couuer leurs petits, & non ailleurs, comme ils difent, comment feroit il poffible, at-tendu qu'il f'en voit, & en ay veu plus de deux mille, en pleine mer, loing de terre biē de dixhuiꝑt cens lieuës, qui pour leur pefanteur ne pourroient fillonner & nager la mer, pour aborder la terre, d'vn an entier? vray argumēt, qu'elles font leurs petits pluf-toft dans l'eau que non pas en terre : dequoy aufli l'experience m'en a rendu plus cer-tain, attendu que i'en ay veu vne fourmilliere en ces endroits de fort petites, allans apres les grandes, & nageans fur la marine, qui les conduifoient comme vne Poulle fait fes poulcins. Ie ne fay doute aufli, que quelquefois fe pourmenant en terre, qu'on n'y ait trouué des œufs, & trouue lon encores. Or entre ces Tortues il f'en treuue de cinq pieds ou enuiron de longueur, & mefmes de telles en ces ifles, que quatre hom-mes n'en peuuent arrefter vne, pour la mettre dans leurs batteaux, quelque effort ou peine qu'ils y prennēt, ainfi que ie l'ay veu, & plufieurs qui font pour teftifier de mon dire. Et eft chofe vrayfemblable, qu'ès lieux chaulds, comme en Afrique, ces beftes croiffent ainfi grandes, à caufe que l'humeur gras & craffe f'y eftend fort : & au refte, ce font tous miracles de Nature, qui f'eft ainfi diuerfifiee en merueilleux effectz de fa puiffance. Sur lequel propos ie vous prie ouyr ce que Pline raconte liure neufiefme, *Pline &* chapitre dixiefme, que vers les Indes fe voyent des Tortues fi grandes, qu'vne feule ef-caille bafteroit à couurir vne maifon logeable, & qu'en la mer Rouge le peuple fe fert *Strabo fou-* ordinairement de leurs efcailles, au lieu d'efquifs. ce que le docte Strabo liure feizief- *blient.* me authorife, & dit en auoir veu de telle grandeur & groffeur au païs des Chenolo-phages. Lefquelles fables ie ne puis accorder, pour fçauoir le contraire : d'vne chofe eftant affeuré, que foubz le ciel on ne vit onques, & ne fe trouue encores à prefent de telles beftes monftrueufes. Au refte, i'ay nauigué la mer Rouge & païs voifin, & fait defcente en plufieurs de fes ifles, fans iamais m'eftre apperceu d'vne feule Tortue, & moins ouyr dire y en auoir eu de telle groffeur. Voyla que c'eft que d'efcrire par la re-lation d'autruy, fans auoir veu ne voyagé les païs, defquels lon defcrit. Il y a plufieurs façons & rufes de les prendre : d'autant que cefte groffe maffe, defirant de nager plus librement, & refpirer à fon aife, cerche la partie fuperficielle de la mer vn peu deuant Midi, lors que l'air eft ferain : où ayant le doz tout defcouuert & hors de l'eau, l'efcaille & coque fe deffeche tellement, & fe reftrainct par la vertu du Soleil, qu'elles fentans cefte chaleur, & ne pouuans quelquefois fe retirer dans leur coquille, flottent, malgré qu'elles en ayent fus l'eau, & font prifes par ceux qui les chaffent. Les Africains donc y vont auec des baftons longs, comme lances & arfegayes, au bout defquelles ils met-tent des hameçons & crochets faicts de dents d'Elephans, ou corne de quelque autre befte, auec lefquels crochets ils arreftent cefdites Tortues, tant grandes foient-elles : puis les affomment, comme fi c'eftoit vn bœuf. Et à dire le vray, ils font autant ou plus empefchez, que fils vouloient occir le plus grand Elephant de toute la contree, à cau-fe qu'elles font affez de refiftance auec leurs pattes & mains, qui ne font moins groffes & longues que le braz d'vn homme, ayans des ongles aufli grands qu'vn Ours, acerez & aiguz au poffible. Aufli les ayant ainfi affommees, encore n'eft ce pas faict, veu que fe retirans dans leurs coquilles, on a beaucoup de peine à les en faire fortir : & de caffer leur maifon, il n'eft leuier fi fort ou pefant, qui en peuft venir à bout. A cefte occafion les Barbares les ayant faifies auec leurs crochets, ne faillent tout foudain de les piquer par le derriere auec leurs lances faictes tout à propos, longues comme celles où font les crochets, mais qui ont vn trenchant de dent d'Eléphant, de la longueur de demie efpee, elabouré fubtilement, fort aigu & poinctu, lequel ils attachent auec la lance. Et ainfi elles fentás ces poinctures, fiflent de douleur fi haultemét, qu'on en entendroit le

bruis plus d'vn traict d'arbalefte loing de là, & font cótrainctes de fortir hors de leur maifon, pour finir leurs iours. La caufe pourquoy ces vilains les poignent & bleffent de telle forte, n'eft autre, finon à fin d'en tirer le fang en abondance, lequel ils fouhait-tent plus fans cóparaifon, qu'ils ne font la chair, tant foit elle fauoureufe. Il en y a telle, qui en rendra bien deux feaux, plus net, clair & rougiffant d'vne naïfue couleur, que le plus fin corail que lon fçache trouver: & l'amaffent & gardent ainfi foignéufement, à fin d'en fecourir ceux qui font loing de la mer, & fe tiennét aux montaignes, la plus grande partie defquels font ladres bazanez, portans cefte infection de pere en fils, tout ainfi que les Ladres blancs qui font au païs bas, que nous appellós Capotz, ou Gahetz.

Chair & fang de Tortue propre pour les la-dres. Vfans de ce fang par l'efpace de trois mois, & quelquefois mangeans de la chair de ces Tortues, ne faillent de fe trouver bien, & voyent à veuë d'œil leur guerifon euidente, laquelle eft telle, qu'eftás vne fois efchappez du peril, & gueris de cefte maladie, ils n'y retencheeñt plus de toute leur vie. D'autres qui ne font touchez ny attaincts de cefte corruption, vfent du fang des Tortues, pour fe tenir plus frais, gaillards & difpos: d'autát que ces beftes ont telle proprieté en leur fang, qu'il n'a aucune humeur pefan-te, groffiere ny efchauffante en fon naturel. Et font en fi folle opinion, voyans que ce fang effectue à l'endroit des ladres, que quiconque en vfe, ils l'eftiment ne pouuoir iamais

Vie longue
des habitãs
de ceste isle.

mais s'enuieillir:& à la verité, il n'y a isle ny region entre autres de l'Ocean, où le peuple viue plus longuement qu'en Madagascar, pour l'abondance de ces poissons, là où
vous verrez des vieillards, ayans de sept à huict vingts ans, aussi frais & plus, que ne
sommes icy à cinquante: Combien que selon mon aduis, cela ne procede pas tant de
ce breuuage de sang de Tortue, comme de la temperature de leur climat, & bonté de
l'air qui leur respire, & qu'aussi ils ne sont trop addónez à rien de superflu, soit au mãger, ou outre plaisir charnel. Quelquefois aussi ces Tortues estãs sorties sur terre, comme dit est, & endormies ou sur le riuage, ou bien loin par les lieux herbus, on les préd
tout ainsi que l'on desire, pource qu'elles meinent grand bruit en dormant. Auquel
propos me suis laissé dire par vn Barbare, venu en ces isles voir quelques marchans,
qu'estant sur le soir surpris de la nuict, auant que trouuer maison ny village pour he-
berger, cõme il eust sommeil, veit vne pierre, sur laquelle il se coucha (au moins pensoit il que c'en fust vne:) ioinct, que pendant qu'elles dorment, elles n'ont nomplus
de sentiment, que si elles estoient mortes. Ainsi donc qu'il se'sueille, il ne veit plus sa
pierre, & si cogneut qu'il auoit faict vn grand quart de lieuë, esloigné du lieu où il se-
stoit mis: & me dist, que c'estoit sur vne Tortue, laquelle ayant prins son repos, l'auoit
secoüé tout à la riue de la mer, se sentant trop chargée: & peu s'en fallut, qu'il ne fut
noyé, & du tout perdu. Or contemplee leur grandeur, ie vous laisse à penser, si l'espaisseur ne correspond à telle proportion. Aussi les habitans du païs, & autres de ceste coste, en font des boucliers, à fin de s'en seruir en guerre contre leurs ennemis, ainsi que
font les Sauuages de l'Antarctique, & ceux du Peru, & s'en arment contre les flesches,
desquels i'en ay apporté deux en France: osant bien dire, & soustenir, auoir veu telle
coquille de Tortue, qu'à grand' peine vne harquebuse l'eust peu perçer, de quelque
bon calibre qu'elle eust esté. En toutes ces isles on en mange la chair, qui est tresbonne: ce que ne font ceux de l'Antarctique, pource qu'ils craignent qu'elle ne les rende
aussi pesans & tardifs à la guerre, comme elle l'est en son marcher: ne aussi les Turcs,
mais c'est superstition & folle croyance qui les en destourne, où les Mores d'Afrique
en mangent secrettement.

De l'isle de FEV, *& de la* SALEMANDRE.
CHAP. VIII.

Vx isles precedentes est voisine celle de Feu, ainsi dicte, pource
qu'elle vomist quelquefois du feu, comme iadis faisoit la montaigne
de *Teneriffe.* Or la cause pourquoy ie vous parle maintenant de ceste
isle, est, à fin que le Lecteur ne s'abuse, & qu'il ne prenne point l'vne
pour l'autre: pouuant bien dire, que ladite montaigne donne quelquefois de tels espouuantemens aux nauigans, que les plus asseurez,
s'ils n'en sont aduertis, y perdent la moitié de leur hardiesse: & reluit ce feu plus de
nuict que de iour, veu que selon la raison naturelle, la clarté plus grande, comme est
celle du Soleil, offusque & aneantist la moindre. S'approchant donc de ce lieu, l'on
sent les vapeurs estouffantes, & si grandes, que l'on estimeroit estre aux plus chaulds
baings de Turquie: combien que le païs voisin ne laisse à produire, & estre fertil en
tous grains, sain au possible, & là où les bestes engendrent le mieux du monde. Il y a
aussi force mousches à miel, & autres piquantes & nuysibles aux Insulaires: pareillement la terre y est couuerte de grosses sauterelles, formis, & telle vermine. Que si la fable, que Pline, Munster & autres ont laissee par escrit pour vraye, a lieu, à sçauoir, que
aux montaignes sulphurees, & là où est le feu continuel, s'engendre, se tient & nour-

Pline, &
Munster.mal
aauertn.

o

rift la Salemãdre, mieux qu'aux fourneaux des Forgerons, Potiers & Verriers : il doibt
y en auoir bon nombre en cefte ifle, ou en ladite montaigne, ou en celle d'Atlas, de la-

Solin a eflé
mal aduer-
ty.

quelle parle Solin, difant, que de iour en cefte longue eftendue de terre montaigneufe, lon n'y voit quafi rien, mais la nuict on y apperçoit vne grande clarté, pour le feu
qui eft continuel en tous endroits, là où font ouyz des chants les plus melodieux de
diuerfes fortes de voix, d'orgues, harpes, & autres inftrumens de mufique, que lon iugeroit eftre en vn Paradis terreftre, ou en vne Academie des amoureux. Mais tels difcours me plaifent autant, que d'ouyr les hanniffemés des Elephans d'Afrique, ou mulets d'Auuergne : priãt le Lecteur de n'y adioufter nomplus de foy, qu'à ce que ce bon
homme recite d'vne autre tragedie auffi peu receuable, fçauoir, qu'au païs d'Afrique
y a certains arbres, femblables au Cyprez, qui font reueftuz de mouffe deliee comme
foye, & que de cefdits arbres lon fait les futaines & draps les plus fins de foubz le ciel.
Dauantage, qu'en ceftedite montaigne d'Atlas, y a abondance de bleds, qui croiffent
fans femer. Il le croira qui voudra : quant à moy, ie fuis affeuré du contraire. Ie voudrois auffi volontiers demander à Pline, qui a fi longuement demeuré & arpenté fon
ifle de Sicile, fi iamais il a veu en la haulte montaigne d'Ethna, de Salemandre, faicte,
comme il dit, en forme d'vn lezard, ayant fa peau creuaffee, rude, rabotteufe, & macu-
lee de taches, n'ayant autre lieu pour viure que le feu, lequel elle efteint par fa grande
froidure, s'il n'eft bien violent, & eft fi ennemie de l'homme, que fi vne fois elle vient
à l'attaquer, & qu'il ait fenti fa morfure, il ne faudra à mourir, fans y pouuoir donner
remede aucun. Car confiderant le dire de ces bons Philofophes, qui confeffent, que
telle befte ne part iamais du feu, fi elle ne veult incontinent mourir, ie ne puis penfer
comment il feroit poffible qu'elle peuft toucher l'homme, veu que pour ce faire il luy
conuiendroit quitter le feu, fon nourriffier : ce que fi elle faifoit, mourroit incontinent
felon leur dire : ou il fauldroit que l'homme fuft fi indifcret & mal aduifé, de s'approcher du feu où elle eft, & s'y precipiter, pour fe laiffer mordre & denteler. Et ainfi ie
puis inferer, que fi fon naturel eft tel que d'eftre au feu, & ne pouuoir viure finon en
iceluy, qu'elle ne peult offenfer ny l'homme, ny autre animal que ce foit. Voyez donc
vn peu, comment ils nous veulent faire croire chofes qui font impoffibles : attendu
que à la verité, s'ils ont imaginé en leurs efprits, y auoir des Salemandres, ce feroit fe
transporter par fantafie aux plus haults monts d'Armenie, pour y forger des Syrenes,
& hommes fans tefte, comme auffi lefdits autheurs ont mis en auant. Si vous m'alleguez, qu'entre nos Rois il en y a eu quelques vns, qui pour vne gaillardife & grandeur
de leurs Maieftez, l'ont prife pour deuife, ce n'eft pourtant conclure qu'il en y ait au
monde, non plus que de Lyons vollans, qui font les armoiries de la Seigneurie de Venize : d'Aigle à deux teftes, deuife de la feigneurie de Premifliefe, au Royaume de Pologne : & en ce mefme païs, vn Lyon, qui rend le feu par la gueulle, du Seigneur de Za-
dorenfe : & vn Serpent couronné, iettant auffi le feu par la gueulle, du Duc de Vazico-
nie. Et s'il eft ainfi, que tant de Princes, Ducs, Marquis, Comtes, Barons, Gentilshommes, & autres, prennent en leurs armoiries & cachets, les vns des dragons, les autres des
griffons, cheuaux, licornes, cerfs, & bœufs vollans, qui empefchera vn Roy de prendre
telles deuifes, comme Salemandre, Porc efpic, Colomnes, Pyramides, Obelifques, ou
autres chofes femblables, fans toutefois fuppofer qu'elles foient en nature, auffi bien
que iadis les Anciens prenoient vn Mercure meffager des Dieux, qui volloit auec fes
aifles au giron de Iupiter ? Mais ie laiffe tel difcours, à fin de pourfuyure ce qui eft à
confiderer en cefte ifle fulphuree. Prenans donc la route & chemin pour tirer vers le

Flambeaux
de feu tom-
bãs de l'air.

pole Antarctique, à trois degrez d'icelle, nous commenceafmes à voir de grands flambeaux ardéts, tombans de l'air iufques en la mer, fort pres de noz vaiffeaux : & me puis

vanter en auoir veu tel, aussi gros qu'vn homme : qu'eussiez iugé estre cheurons tous
enflammez, de la longueur d'vne lance. De dire que ce feu soit rouge, non est, ains tire
sur vne couleur blafarde & amortie : lequel tombât en mer, ne s'y esteint point si tost,
ains y brillonne & craque, comme si c'estoit feu Gregeois, ou quelque grenade & pot
à feu que lon y eust ietté : & cheant sur vn nauire, le fault amortir auec du vinaigre &
choses suffoquantes, plustost qu'auec de l'eau. Or pource qu'on pourroit s'enquerir
de la cause de ce feu, ie n'ay voulu passer sans en dire vn mot. Quelques vns pourroiét
estimer qu'il s'engendre és montaignes de l'isle de feu, comme il aduient souuent & là
& en celle de Teneriffe, & en nostre Europe en la montaigne Ethna, & à Puzzole aupres de Naples. Toutefois la distance des lieux où ces choses se voyent, font penser du
contraire, se faisant cecy en pleine mer, bien loing de ces isles : qui me contraint de dire, que ce soit collision de substances aëriennes, lesquelles estans agitees, causent & allument ce feu, qui puis apres porté du vent, & espaissi de l'air froid, tombe sur la terre,
ou sur la mer : d'autant qu'ayant consommé l'humidité de l'air, & attiré par icelle, il
chet plustost où les vents sont frequens, qu'és lieux serains & sans tel mouuement.
Et, qui plus est, pource que cela aduient lors que le Soleil est entre le Tropique & l'E-
quateur, i'estime que faisant ses attractions, il cause aussi ces flambeaux & espouuantemens. Ce feu souuentefois chet sur les maisons de terre ferme : & sçauez vous comme
il s'y ioüe ? Il brusle tout de fonds en comble, à cause qu'elles sont basties de matiere
seche & combustible, & couuertes de ionc : où s'il tombe en mer sur leurs batteaux,
c'en est aussi faict soudainement. Qu'il soit vray, l'an mil cinq cens quarantedeux,
comme quelques nauires allassent en Calicut, & fussent à la rade de la Guinee entre le
promontoire Blanc & Senegua, trois qu'ils estoient en nombre, furent saisiz de ce feu,
lequel brusla en vn instant & nauires, & hommes, & tout ce qui estoit dedans. Ce que
i'ay sceu par les Barbares de terre ferme, gens assez accostables, qui auoient fort bien
remarqué telle chose, comme estant de fresche memoire. Si cela n'estoit ainsi frequét,
comme il y est, ie dirois que ce seroit punition miraculeuse, telle que fut celle d'vne
ville, dicte *Zotte*, pres de Smyrne, en la petite Asie, enuiron l'an mil cinq cens quarantesix, qui fut toute consommee en moins de deux heures, apres Midi, le iour S. Pol:
mais puis que cela y est comme ordinaire, fault, comme i'ay dit, auoir recours aux causes naturelles. En quoy ie suis neantmoins encores tout estonné, que iaçoit que soubz
l'Equateur & soubz les deux Tropiques il y face toute telle chaleur que chacun sçait,
& peult imaginer, si est-ce qu'ils ne sentent que bien peu de ces calamitez : qui me fait
tousiours reuenir là, que tout le venin de l'air se purge és lieux vn peu esloignez, où se
font les attractions par le Soleil : pourautant mesmes que lon voit quelquefois en ces
contrees en plein Midi des feux fort luysans, & tournoyás aupres dudit Soleil, & qui
y demeurét tout le iour. Lon peult aussi estimer que telles choses sont causees & viennent des trois Planettes superieures, qui ont vn certain feu, lequel tombant sur terre,
prend le nom de fouldre, & principalement quand il sort de la Planette du milieu, assauoir de Iupiter, qui est trempee de l'humeur de celle de Saturne, sa superieure, & de
l'ardeur de Mars, qui est au dessoubz : de sorte que participât aux superfluitez de l'vne
& de l'autre, elle est contraincte s'en descharger. Et c'est pourquoy on appelle ceste
Planette, Iupiter fouldroyât, pour auoir esté deliuree par cas fortuit d'vn tel desastre.
L'Empereur Marc Antoine fit faire vn temple du Soleil, de forme spherique, au mitan duquel estoit representé vn Iupiter tout nud, & au dessus vn simulachre du Soleil, accompaigné de ces characteres, III. VIR. R. P. C. qui signifient *Triumuir rei-
publicæ constituendæ* : & du costé de la teste, *Marcus Antonius Imperator*. Entre les
mains de Iupiter, de Minerue & de Iuno, iadis demeuroit la garde de la ville de Ro-

me, & les auoient affis fur vn throfne, ornez de couronnes de Chefne & d'Oliue, au milieu d'vn temple le plus renommé de tous les autres, dreffé au Capitole. Voyez, ie vous prie, la fimplicité des anciens Romains & Payens, qui adoroient ce gentil Iupiter, les vns pour eftre conferuez de tyrannie, & les autres de la fouldre & feu du ciel. Plufieurs fimples peuples, qui demeurent aux montaignes de *Baguamel*, & ceux des Royaumes d'*Armates* & d'*Accos* en la haulte Ethiopie, en font encores là pour le iourdhuy logez, adorans le Soleil, & le feu qui chet du ciel. En ces ifles, il fe trouue des pierres noires, toutes marquettees de petites taches comme fanglantes, telles que vous en voyez en des marbres noirs, & és iafpes, vn peu poinctues, & bonnes à fendre le bois, ou autre chofe (de laquelle forte i en ay deux en mon cabinet, qui me furent donnees d'vn Efclaue Afriquain) qu'ils difent eftre pierres de fouldre, defcendans de l'air parmi cefte flamme tout gaftant, que nous appellons feu celefte:chofe fort difficile à croire, veu qu'il appert que la nature du fouldre eft toute de feu, & n'apporte auec elle rien que fa rarité, fubtilité, vehemence & chaleur. Ce feroient pluftoft pierres minerales, cōme auffi la plus part de la pierrerie:lefquelles outre leur beauté, quoy qu'on n'y voye le luftre qu'on fait en vn diamant, ou autre pierre precieufe, ne font à mefprifer : d'autant qu'elles eftanchent le flux de fang plus que drogue que lon fçache : & en vfent ainfi les Barbares. Si quelcun faigne du nez plus qu'il ne fault (car cefte indifpofition leur aduient à caufe des chaleurs exceffiues) foudain ils luy mettront vne de ces pierres entre les iambes au fondement, ou pres des genitoires : là où elle n'aura pas demeuré vne minute d'heure, que le fang ne ceffe fa defluxion. Ie vous puis affeurer, comme l'ayant veu experimenter, qu'il n'y a Corail ny Iafpe, qui ait autant de vertu en cecy, non pas l'Antimoine puluerifé, ny autres drogues qu'on accommode à cefte maladie faigneufe : voire, qui plus eft, elle eftanche les playes mefmes, efquelles les Chirurgiens font en peine de fecourir vn patient. Et croy, que cefte pierre eftant froide en fa temperature, a quelque antipathie auec le fang qui la refuit comme fon contraire, ainfi que i'ay dict d'autres chofes.

Des ifles, iadis nommees ELBARD, *des* Africains, *& à prefent*
CANARIES. *CHAP. IX.*

EVX QVI ont penfé, comme Pline, que ce mot de Canaries defcende du mot Latin *Canis*, qui eft à dire Chien, à caufe que les chiens, dogues & maftins, y font en quantité, fabufent tout autant que ceux qui veulent gehenner les propres noms des villes ou regions, & leur femble que ce foit chofe loifible, de chercher l'origine d'iceux de leur premiere fantafie : comme ceux qui eftiment que la ville d'Angoulefme, lieu de ma naiffance, a prins fon appellation de la gueule d'vn grand Dragon, que lon dict auoir iadis efté pres l'abyfme de Touure, lequel engouloit, c'eft à dire, engloutiffoit tous les paffans : Lyon, des Lyons qu'on y veit, auant que les Romains la baftiffent : Loudun, pour i'oz monftrueux d'vn homme trouué, ainfi qu'on fouilloit les fondemens de fes murailles, fi qu'ils dirent l'Oz d'vn : & Troyes en Champaigne, pour auoir efté edifiee des Troyens Phrygiens. Qui font chofes autant à propos, que ce que Cardan efcrit des Viperes, qu'il dit eftre noires en ces regiós là d'Afrique, pource que les hommes y font noirs, & pour l'ardeur vehemente du Soleil:comme fi la chaleur Solaire caufoit cefte noirciffure, & non pluftoft le fang chauld & adufte, ainfi qu'ailleurs ie vous ay deduict. Laquelle toutefois il reiette finalement fur la vieilleffe : argument auffi folide que le premier, & auffi receuable que celuy du nom

Cardā mal
aduerti.

des Canaries, que i'ay voulu espulcher, auant qu'entrer plus auant en matiere. Ie sçay, que plusieurs des Anciens ont conceu ceste opinion, pource qu'ils auoient leu dans les liures d'vn Roy Africain, nommé *Iuba*, & des Hebrieux du païs *Iosaba*, qu'en ceste isle y auoit des chiens d'excessiue & monstrueuse grandeur, lesquels les habitans menoiët auec eux en guerre, & que Hano, General de l'armee Carthaginoise, en auoit receu grand desplaisir. Mais tout cela sont folies, veu que le temps passé elles portoiët le nom de Fortunees & heureuses, & nó point de Canaries. Au reste, ie puis dire, qu'en tous ces quartiers là, & tirant le long de la mer, & par les isles depuis là iusques au destroict de Magellan; les pauures Barbares ne sceurent onc que c'estoit de chien, chat, cheual, mulet, bœuf, porc, ne brebis, non plus que nous sçauiós quelles bestes c'estoiët que le *Haüthi*, *Thatou*, ou l'oiseau nommé *Toucan*, si ie ne les eusse veuz en l'Antarctique, & donné leur nom à cognoistre à la posterité, si ce n'est depuis vingt trois ans en ça, que les Chrestiens y en ont mené: aussi que ie l'ay cogneu par experience. Car *Chose notable.* estans pardelà l'Equateur, & soubz le Tropique de Capricorne, comme nous fussions descendus, & menassions des chiens, pour garder noz hardes, ces Sauuages furent si estonnez que rien plus, & s'enfuyoient, tout ainsi que s'ils eussent veu quelque chose hideuse. Autant en feirent ils, voyans en vn autre lieu quelques Chrestiens prendre terre, qui auoient deux Asnes & vne Asnesse, pour peupler le païs: pourautant que dés aussi tost qu'ils veirent la contenance de ces bestes, & comme elles dressoient leurs oreilles, & oyans la gentillesse de leur chant & hannissement, se mirent tous en suite, comme si on les eust chassez pour les mettre à mort: & heureux s'estimoit celuy qui pouuoit gaigner vn arbre pour grimper, ou se lancer en l'eau, pour fuyr la veüe de ces bestes à eux si effroyables. L'autre risee ne fut moindre, lors qu'ils commencerent à voir deux Vaches & vn Taureau, quelques moutons cornus, chieures & brebis, que nous auions menez, pour peupler aussi le païs: dont ils furent si esperduz, qu'ils n'osoient venir vers nous pour apporter viures: & fusmes contraincts de tuer vne partie de nostre bestial pour viure, autrement fussions morts de faim. Quelques vns disent, que ces isles s'appellent Canaries, à cause des Cannes: en quoy ils s'abusent encores, veu que ie confesse qu'il y a des cannes à sucre à present, aussi bien que des chiens: mais il n'y a pas soixante ans de telle experience, comme vous cognoistrez, escoutant mon discours: d'autant qu'il n'y a isle en ceste mer qui abóde en sucre, en laquelle les Chrestiens n'y ayent porté le plant & les cannes, comme en celle de Madere, en celles cy, en l'isle du Prince, sur la coste d'Ethiopie, & en celle de S. Thomas droict soubz la ligne Equinoctiale. Ce seroit simplesse grande, si lon auoit veu des cannes ou roseaux en quelque lac, d'en bailler le nom à dix isles, qui auiourdhuy portent le nom de Canaries. Les autres escriuent, que ce n'est point pour y auoir des Chiens, veu que cela ne se peult prouuer, mais plustost pour la gourmandise de ce peuple, qui mangeoit desordonnément, & iusques à rendre sa gorge: lesquels les Afriquains leurs voisins disent auoir iadis vescu de chair crue (mais il y a bien fort long temps) & qu'ils en vsoient ainsi par faulte de feu: ce que ie ne peux accepter, d'autant qu'il n'y a eu depuis l'inuention du feu, nation qui ne s'en soit aidee: & que s'ils l'ont faict, c'a esté vne belle sottise, & brutalité naturelle qui les guidoit. Et tout cela a autant de vraysemblitude & apparence de verité, en ayent escrit tant les Anciens que Modernes, que ce qu'en dit Pline, que ce peuple Insulaire est appellé Canarien, pource qu'il vit pesemesle auec *Pline se trompe.* les Chiens, ausquels ils baillent leur part de la curee de la venaison qu'ils prennent: comme si le bon homme eust veu & ouy dire, auoir nation au monde, tant barbare peust elle estre, qui se voulust faire compaignon des chiens & chats. Quoy qu'il en soit, i'en laisse à chascun son iugement libre, tant pource qu'il y a peu de temps que nous en auons parfaicte cognoissance, que aussi il ne se trouue presque personne qui sçache rendre raison certaine de telle appellation. A ceste cause venons au nom que luy donnent les Barbares. Estant en Afrique, i'entendis par vn Truchemant, que ces isles furent iadis descouuertes par vn Roy, nommé *Vrsembalam* (& des Hebrieux d'Afrique, *Vr*, nom d'vne ville de la Mesopotamie, auiourdhuy ruinee & bruslee par les Armeniens, lequel commandoit lors iusques à la grande riuiere de Senega:) lequel enuoyant quelques vaisseaux pour trafiquer auec ses voisins, aduint qu'vne grande tempeste suruenue en mer, les porta iusques en ceste terre, qu'ils nommerent *Elbard*, à cause d'vne montaigne bien fort haulte, qu'ils descouurirent deuant qu'aborder, laquelle nous appellons le Pich. Ces vaisseaux estans de retour vers le Roy, & luy ayans faict le recit de leur descouuerte, y enuoya gens pour les peupler, esperant en retirer quelque profit: si que ce nom *Elbard* leur est demeuré, comme le tiennent lesdits Barbares en leurs histoires. Reste à dire, pourquoy les Anciens les ont nommees Fortunees ou Heureuses. Ceux qui l'ont mis par escrit, ont suyuy ce qu'ils auoiēt ouy raconter aux Carthaginois, qui du temps qu'ils s'esgalloient en puissance aux Romains, seigneurioient la plus part des Espaignes, & tous les païs voisins des Gades, voire alloient ils estendans leurs limites iusques aux isles: lesquels ayans donné quelque attainte de la veuë à ce païs, en comptoient plus qu'ils n'en sçauoiēt: qui fut cause que ceux qui en escriuirent depuis, s'oublierent tant que de dire, qu'elles estoient si saines, si fertiles & abondantes de toutes choses necessaires à la vie de l'homme, que sans trauail ou soucy les habitans y viuoient longuement, & sans sentir fascherie, ny maladie quelconque. Et est la chose allee iusques à là, que plusieurs, plus reseurs que sçauans, n'ont point craint de dire, qu'en ces isles estoit le Paradis terrestre: tant les hōmes du temps passé estoient faciles à persuader les choses mesmes impossibles. Toutefois il s'en trouue entre les Anciens, qui ont eu le nez long & bon, & qui ne se sont laissez aller si lourdement, que de constituer vne telle beatitude en lieu que ce soit de ce païs là. Et à vous dire la verité, ces isles, en ce qu'elles produisent, & és lieux où elles sont fertiles, surmontent l'abondance de toutes autres terres: mais aussi où elles sont steriles, c'est la mesme siccité, & solitude. Quāt à la santé, pour y estre l'air libre & non vaporeux, le lieu hault, le ciel serain & temperé, vous pouuez estimer que la vie des hommes y est bien disposee. Ie vous ay dit, que les Africains se vantent d'auoir soubz Vrsembalam esté les premiers qui les ont peuplees: mais ce n'est de si long temps, que l'histoire Ethiopienne ne puisse estre desmentie, veu que les Chrestiens les ont descouuertes quelque peu apres que ceux de l'isle de Maillorque y vindrēt, où ils furent vaincuz par les Canariens: & l'obtindrent sur lesdits naturels du païs plusieurs Biscains & Nauarrois soubz la conduite d'vn Seigneur François, nommé Iean de Betancourt, nepueu de l'Admiral, qui pour lors estoit en France, lequel les conquist, & en porta tiltre de Roy, y menant vn Euesque Espaignol, pour la conuersion du peuple. Cestuy cy mourant, institua vn sien cousin, heritier de ces isles: mais l'Euesque vsant de mauuaise foy, escriuit à son Roy les richesses, & fertilité d'icelles. Lequel feit incontinent armer trois nauires, qu'il y enuoya pour s'en emparer. (C'estoit le Roy Henry, celuy qui obtint la couronne de Castille par le secours des François, soubz la conduite du Seigneur du Gueselin, depuis Connestable de France.) Et là le pauure Seigneur François, voyant qu'il estoit trop foible pour se preualoir contre ces ingrats, pactisa auec eux, & accorderent à quelque somme de deniers, moyennant laquelle il alienoit & vendoit lesdites terres à vn certain Comte Espaignol: les heritiers duquel les perdirent enuiron l'an mil quatre cens septantehuict, pource qu'ils portoient tiltre de Roy contre la volonté de celuy, qui se disoit y auoir droict de souue-

Desloyauté d'vn Euesque Espaignol.

rainété, & que les Seigneurs de France les tenoient de luy en foy & hommage : dont les Roytelets furent contraints quicter ceste Royauté, & s'en retourner en Espaigne, où le Roy les appennagea d'vn petit Comté, qu'on dit de la Gomere. Le Roy Castillan a eu depuis grandes guerres contre les Insulaires, auant qu'en venir au dessus: mais à la fin, qui fut l'an mil quatre cens octantesix, il en print entiere possession, & en iouïst dés ce temps là en paix, le tout par le moyen de ceux qui les conquirent, qui furent, comme dict est, les Seigneurs de France. Voyla donc vne chose bien à noter, à fin que la memoire des hommes illustres ne perisse point, & qu'on ne done la gloire des conquestes, qu'à ceux à qui elle appartient, & qui en ont eu la peine, apprestans le proufit pour autruy. Or sont ces isles situees vers le costé Occidental de la Mauritanie, au Cap, qu'on dit de *Boiador*, à deux cens lieuës d'Espaigne, comptant Lancelote la premiere: & sont en rang l'vne derriere l'autre de l'Est à l'Ouest, en vingthuict degrez de latitude: A sçauoir Teneriffe, faicte en triangle, la plus fertile de toutes, & la plus grande : & celle de Fer, qu'autres ont iadis appellee la Pluitine, non qu'il y pleuue, ains pource qu'ils disoient qu'il n'y a autre eau que celle qui distille de la rosee de certains arbres couuerts de nuages, laquelle arrouse toute la terre: combien que ie ne m'apperceus onques de telle distillation : & que s'il estoit vray, seroit vn des secrets des plus admirables de Nature. Quant à la Canarie, dont les autres ont leur appellation, elle est grande & toute ronde, & la meilleure & plus abondante, és lieux où elle porte quelque chose: car elle n'est pas fertile par tout. Puis y sont Forte aduenture, Lancelote, la Palme, & la Gomiere, distantes l'vne de l'autre quelque quatre, cinq ou six lieuës, & de la coste d'Afrique dixsept: la moindre desquelles en a plus de huict de circuit, estans soubzmises au commencement du second Climat, sixieme parallele, & leur plus long iour de treize heures & vn quart. Ie sçay bien qu'on n'est point d'accord sur le nombre de ces isles, d'autant que les vns disent qu'il n'en y a que six: autres y en mettent huict, aucuns dix, & la plus part les redigent au nombre de sept, qui est l'opinion là plus veritable. Car s'il estoit question de compter tant de petits isleaux vagues & separez des grandes isles, les vns n'ayans que demie lieuë de tour, & les autres vne, ie suis asseuré qu'il en y auroit plus de trente. D'autres en y adioustent encor trois, l'vne desquelles ils appellent l'isle Blanche, à cause des sablons qui y apparoissent: l'autre l'Agazze, autrement l'isle des Pies, pource qu'ils disent y auoir quantité de tels oiseaux: & la troisiesme, des Cœurs: mais i'ay grand peur que ceux là s'abusent, & prennent celles de Cap de Verd en lieu de celles cy. Ie ne veux donc vous faire faillir en si beau chemin, ains vous asseure, qu'il n'en y a que sept, quatre peuplees, la Canarie, Teneriffe, la Gomiere ou Ginere, & Lancelote: les autres sont visitees & possedees par l'Espaignol, signamment celle de Fer, où l'on commence à demeurer, à cause des mines qui s'y treuuent fort bonnes : & ne sera qu'à l'aduenir toutes ne soient habitees. Quant à ceux qui escriuent, que les autres trois sont peuplees de gens Idolatres, entre autres celuy qui a glosé en marge Pline, liure sixieme, chapitre trentedeuxieme, & le seigneur Iean de Boëme, en son Histoire vniuerselle, nagueres traduicte en François par F. de Belleforest, liure premier, chap. huictiesme, ils diront mieux quand il leur plaira, veu qu'il n'en est rien: & que s'il estoit ainsi, que du temps que les Barbares les enuahirent, ils s'y fussent arrestez, leur religion eust plustost esté Mahometane, que du seruice des idoles: Et quoy que c'en soit, il n'y a pour le iourdhuy habitant qui ne soit Chrestien & Catholique, si ce n'est quelque nouueau esclaue, venu & côduict d'autre païs estrange. A cecy adiouste ledit Boëme vne autre fable aussi gaillarde que la premiere, quand il dit en ce mesme chapitre de son histoire, que les Insulaires font vn sacrifice volontaire d'vn homme conduit à la mort, pour honorer la reception, feste & creation de leur nouueau Seigneur. Vous asseurant estre chose songee en l'air, & d'aussi bonne grace, que ce qu'il allegue apres, qu'au Royaume de Gambre, qui est en terre ferme, le peuple mange & vit de chair de chien : comme s'ils y foisonnoient & estoient en tel nombre, que les fourmis parmy les bois & montaignes de ce païs là.

Des mœurs des anciens Canariens, montaigne de Pich, *& ligne Meridionale.* CHAP. X.

R il me fault vn peu specifier le plant, & la haulteur de ces isles Canariennes, & ce qui se treuue & croist en icelles. L'isle proche de terre ferme vers la Mauritanie, est Forte-aduenture, laquelle a vingt cinq lieuës de long, & six de large, & s'estend à Nordest Sudest, ayant vn fort bon port de la part de l'Ouest, & vers le Nort l'isle de Lance-lote: laquelle a douze lieuës de lóg, & sept de large, regardát à l'Ouest la grande Canarie, Teneriffe, la Gomere, & celle de Fer, qui toutes sont à l'Est Ouest les vnes des autres. La grande Canarie est ronde, & a douze lieuës de long, & autant de large, fort montueuse, mais ses montaignes bien peuplees & fertiles, estimee la plus haulte que lon sçauroit point voir en ce grand Ocean : qui la fait aussi iuger saine & attrempee, & par mesme moyen on l'a nommee Fortunee. De ceste cy à Teneriffe, y a six lieuës de mer, laquelle est la plus ample de toutes, en ayant quatorze de long, & du costé de l'Est vne montaigne, nommée par les Barbares *Teïda*, & des anciens Africains *Elbard* : aduisant vers l'Ouest, la Gomere, bonne petite isle, & qui a vn port bien seur du costé du Su ou Midi. Pres de là est celle de Fer, de peu de profit: à douze lieuës de laquelle gist au Nort celle de Palme, aussi petite isle, mais fort fertile, & bonne pour le pasturage. C'est vne chose esmerueillable de ce peuple Canarien, que iaçoit qu'ils fussent voisins d'Afrique, comme ils sont encore, si est ce que les naturels differoient en toutes choses d'auec les Africains, fust en façon de vie, & vsage des choses necessaires, comme en couleur, religion & langage. Et à fin que ie ne vous laisse rien à requerir pour leur histoire, fault sçauoir, que combien que les Africains eussent du fer, ceux cy n'en eurent onc l'vsage, iusques à ce que Betancourt, & apres luy les Espaignols, les eurent subiuguez: qui me fait penser, que l'histoire d'Vrsembalam est fabuleuse, ains labouroient leur terre auec des cornes de bestes, & auec des pierres aiguës : & ce qui est le plus esmerueillable, chacune isle parloit son propre langage, sans que les vns sceussent entendre ce que son voisin luy vouloit demander. Ils estoient vaillans & hardis en guerre, ayant chacune son Seigneur; mais en temps de paix, fort lasches & dissoluz. Allans en bataille, ils portoient des arbalestes de bois, & les traicz de mesme, ferrez au bout de quelque corne gentiment polie & bien aiguë: vsoient aussi de lances & dards faicts de mesme estoffe, & estoient si adextres à ruer les pierres, qu'ils ne tiroient pas plus droict, ny guere plus roide auec l'arbaleste, qu'ils faisoient vn caillou de la main. Ils se peignoient de diuerses couleurs, marchans en bataille, & lors qu'ils faisoient quelque feste ou danse, à quoy ils prenoient vn singulier plaisir : & alloient de nuict assaillir leurs ennemis, à fin de les surprendre. Ils espousoient plusieurs femmes: mais le Roy ou Seigneur en auoit la premiere poincte, à fin de faire à sa discretion de l'Espouse. Et lors ils estoient pour vray idolatres, sans que iamais ils ayent sceu, quelle chose c'estoit que l'Alcoran, ny son Prophete imposteur, ny autre religion, iusques à ce, comme i'ay dit, que les Chrestiens les vainquirent. Quand quelcun estoit mort, ils le baignoient dans la mer, & voyans que le corps estoit bien sec par l'ardeur du So-

Insulaires vaillans & hardis.

leil, puluerifoient les offemens, la pouldre defquels auec le refte du corps, ils mettoiẽt dans des facs faiéts de cuirs de cheures (dont ils auoient en abondance) qu'ils ferroient dans leurs loges, faiétes la plus part de grottefques : & y demeuroient ainfi ces corps long temps fans fe corrompre, tant pour la ferenité de l'air, qu'auffi l'humeur corrompant en eftant forti, ils les tenoient au hafle de la nuiét : à quoy pareillement la faleure de l'eau de la mer proffitoit quelque chofe. Ils fe graiffoient le corps, bras & iambes, pour s'endurcir au trauail, d'vn certain oignement compofé de fuif de cheure, auec du ius de quelques herbes : allans prefque toufiours tous nuds, ou fe veftans fimplement des peaux defdites cheures auec le poil. C'eftoient les plus grands mangeurs qu'on fçache, & encore quelques vns, du peu qu'il y en refte de naturels, lefquels fe tiennent és grottes des montaignes fans aucune religion, fi à quelcun d'eux vous donnez de la viande fon faoul, il en defpefchera plus, que les fix plus beaux aualleurs de chair de toute l'Efclauonie. Or d'autant que de toutes les fufdites ifles les deux plus peuplees font la grande Canarie & Teneriffe, i'en veux parler feparément. Teneriffe peult eftre eftimee la plus haulte, cõme celle que lon defcouure fur mer de quelques douze ou quinze lieuës loing, fur le millieu de laquelle on voit vne montaigne fi hault enleuee, que plufieurs de celles d'Armenie, de Perfe, Tartarie, non le mont Liban en Syrie, ne celuy d'Athos, Ide, Olympe, ou autres celebrez par les Hiftoriens, ne le font gueres plus, pour ce qu'elle contient : y fuffent encor les Alpes, ou les haults monts feparans la France d'auec les Efpaignes, comme ie le puis dire, pour en auoir veu la plus part : & a cefte cy fept lieuës de circuit, & fix de pied en cap. C'eft elle que nos gens ont appellee le Pich, & qui eft en tout temps nebuleufe, obfcure, & pleine de grandes vapeurs & exhalations, & auffi de neige, combien qu'elle ne fe voye aifémét, pource à mon aduis qu'elle approche de la region de l'air, laquelle eftant treffroide, empefche la fonte d'icelle : attendu qu'en ceft endroit le Soleil ne peult vfer de la reflexion de fes raiz, qui faiét qu'en deuallant, la partie proche du fommet en demeure couuerte. La caufe de cecy fe peult tirer de la mefme affiette du mont, faiét en forme pyramidale, ayant la haulteur que ie vous ay diéte, ainfi que ie l'ay fçeu de gens dignes de foy, & de quelques efclaues, qui y font montez à la plus grand' peine du monde, y ayans fouffert vn froid le nompareil que iamais ils euffent enduré. Pline parlant de cefte haulte montaigne, & Munfter auffi, difent, qu'elle eft toute de Diamant, & le plus fin qui foit, comme i'ay touché en vn autre endroit : ce que ie croy auffi bien que infinies autres bayes plus fines que Diamãt, qu'ils nous ont laiffees par efcrit. Ie ne doute pas, que plufieurs ne trouuent eftrange ce que i'ay dit, qu'on voit en mer de quinze lieuës ou enuiron loing cefte montaigne, & qu'il eft impoffible que la portee de l'œil foit fi bonne, que de pouuoir iuger d'vn tel efpace, veu que l'Horizon ne s'eftẽd, comme tiennent les Mathematiciens, plus de dix lieuës : appellans Horizon en ceft endroiét, non le cercle qui diuife le Ciel en deux parties, ains feulement ce que la veuë de l'homme peult aduifer & iuger par fon eftendue. Toutefois fil me falloit difputer outre l'experience, ie ne voudrois vous amener que le nombre des degrez fupputez depuis noftre Zenith & poinét vertical, iufques à quelle que ce foit des parties de noftre horizon : & fuis content de vous accorder voftre propofition, en refpeét de ce qui eft en planure, où l'obieét & reflexion de la chofe regardee eft de droiét fil, prefenté à la veuë, veu que lors noftredit horizon ne peult s'eftendre à grande peine, qu'à la mefme diftance accordee par les fufdits Mathematiciens : mais à vne telle haulteur que celle de cefte montaigne, ie ne puis accepter voz reigles, & fur tout le iugement s'en faifant fur mer, où les horizons font d'autre eftendue, que non point en terre. Ceux qui ont voulu iadis fçauoir la haulteur de cefte montaigne, fe mirent en grands ha-

Teneriffe la plus haulte de toutes.

Pline & Mũfter mal aduertis.

Que c'eſt qu'Horizon.

zards de leur vie, pource qu'en ce temps y auoit des Canariens, qui ne cognoiſſoient rien de la Chreſtienté, & cruels outre meſure. Au commencement donc que lon y enuoya gens auec quelques muletz pour porter viures, on auoit opinion, n'en voyant reuenir perſonne, que ce fuſt le froid exceſſif, qui les ayant ſaiſiz, cauſaſt leur ruïne: mais quand on taſcha à y monter en grand nombre, on cogneut que c'eſtoient les habitans, qui iamais ne peurent eſtre ſubiuguez des Chreſtiens, & labouroient la montaigne, leſquels ſaccageoient ceux qui ſ'enhardiſſoient de la deſcouurir. En icelle ſe

Pierres poreuſes, ou pongeuſes. trouuent des pierres poreuſes, comme eſponges, fort legeres, eu eſgard à leur proportion, & d'autres qui ont vne odeur ſulphuree: ce qui procede de la nature du lieu, qui eſt vne mine de ſoulphre, & par conſequent qui n'eſt ſans quelque mine plus profitable, ſçauoir d'or. Quant à la Canarie, qui eſt l'autre des plus renommees, elle eſt faicte en rond, & aſſez montaigneuſe, comme dit eſt: mais au pied des monts, vous voyez les plus beaux iardins qu'il eſt poſſible de contépler, & où croiſſent des meilleurs fruictz du monde, & des ſimples les plus ſinguliers, & fort requis par noz Simpliciſtes. Entre les autres y a vne plante, ou eſpece de Ferule, ayant les fueilles comme le fenouil, mais plus larges & aſpres, de laquelle ils eſpraignent l'eau, & en donnent à ceux qui ſouffrent douleur de Cholique paſſion, ou à ceux qui vomiſſent le ſang: & ſ'en trouue de deux ſortes, l'vne noire, dont le ius eſt fort amer, & l'autre blâche, qui iette vne liqueur douce, & plaiſante à boire. Mais ie ne ſçay ſi les Simpliciſtes accorderont, que ce ſoit Ferule, attendu que celle qui vient en Italie, & autres lieux de l'Europe, eſt baſſe, & celle de Canarie eſt egale à pluſieurs de nos petits arbres: ce qu'il fault donner à la terre, qui fournit tellement les plantes d'humeur, que ce qui ſeroit icy petit, ſ'eſtend là comme les arbres les plus grands, ne dementant en rien ceſte grandeur par la proportion de la groſſeur & largeur. Outre cecy, y croiſt encore vne herbe, és lieux pierreux

Herbe d'oricelle. & par les montaignes, laquelle ils nomment *Oricelle:* & non ſeulement en ceſte Canarie, ains encor par toutes les autres, & ſur tout, en celle de Fer, qu'ils recueillent auſſi diligemment, que lon fait le Paſtel en Languedoc. Il ſ'en trouue en diuers endroits de l'Afrique. Les Arabes luy donnent le nom de *Sereth.* C'eſt auec ceſte herbe que lon teinct ſi gentiment les Cordoüans, que lon achete en Eſpaigne, & a eſté trouuee ſi propre pour la tanerie, qu'on en vſe deſia en pluſieurs endroits de l'Europe. Par toutes ces iſles encor fait on vne ſorte de gomme, qu'ils nomment *Bré,* auſſi noire que

Gomme, dite Bré, & maniere de la faire. poix: & ce en ceſte maniere. Ils abbatent les Pins qui abondent par tout, & ſpecialement en Teneriffe, & les fendent en groſſes buſches, iuſques à dix ou douze chartees: puis les diſpoſent en monceaux, comme en croix, l'vne ſur l'autre: & font deſſoubz ce bois vne foſſe ronde de moyenne profondité. Cela faict, ils mettent le feu par vn bout de ce taz & monceau, au ſommet, & non par le bas: & ainſi la gomme & liqueur d'iceluy ſ'eſcoule dans la foſſe. Les autres y vont à moins de labeur, mettans le feu à tout vn arbre, ayans la foſſe toute faicte: mais le proufit n'y eſt ſi grand qu'en l'autre façon. Ceſte gomme leur apporte de grands deniers à vau l'an, à cauſe que ceux qui font le voyage du Peru, ou des Indes, y vont charger de ceſte gomme, pour calfeutrer leurs nauires, veu qu'elle ne ſert à autre choſe. Quant au cœur de l'arbre, il eſt tout rouge. Ceux des montaignes qui n'ont le ſuif ny cire à commandemét, & qui peult eſtre n'en ſçauent l'vſage, le fendent en baſtons longs d'vne braſſee, & gros d'vn poulce, leſquels eſtans vn peu deſſeichez, ils allument par vn bout, & ſ'en ſeruent au lieu de chandelle.

Fable de Pompone Mele. Auant que paſſer oultre, ie ne veux oublier vne gentille fable, que Pompone Mele nous a propoſee touchant quelques ſources d'eau qui ſont en ces iſles, diſant, qu'il y a deux fontaines, voiſines l'vne de l'autre, deſquelles le naturel eſt admirable, & non ſans cauſe, ſ'il eſtoit vray ce qu'il dict. L'vne d'icelles, ſi quelcun en boit, l'induit telle-

ment à rire, que c'eſt le dernier de ſes paſſetemps, ſi ſoudain on ne luy donne de l'autre. Ie n'ignore pas, qu'il n'y ait de merueilleux miracles és eaux, & auſſi admirables
que ceſtuy cy: comme de la fontaine qui eſt aupres de Sens, ville ancienne & recommandee:& en d'autres lieux,où l'eau a vne merueilleuſe force contre les fiebures. Et és
montaignes de Lydie, qui eſt en la petite Aſie, nommees *Galaad*, n'eſt-ce pas grand'
choſe de voir du poiſſon és eaux chaudes & ſulphurees, lequel ſi vous faites cuire, &
en voulez manger, perd toute ſaueur & ſubſtance? Ie ne m'eſbahirois donc non plus
de ces fontaines nommees par Mele, ſ'il diſoit en quelle iſle elles ſont d'entre les For-
tunees:mais il eſt impoſſible que les modernes,qui ſont ſi curieux,& qui ont leu ſes liures,n'euſſent fait toute diligence,pour ſ'aſſeurer de la verité d'vne ſi grande choſe. Ie
ne me ſoucie auſſi qu'on die que ceſt autheur eſtoit Eſpaignol: Theuet ne ſera pas
plus prompt à luy adiouſter foy,ſ'il ne me dône autre choſe en payement,veu que de
ſon temps il n'y auoit pas vne de ces iſles deſcouuerte,& auſſi qu'il viuoit ſoubz l'Empire de Claude Neron, ſucceſſeur de Caligule, & pere du cruel Neron. Par cela vous
voyez, que les bonnes gens du temps paſſé nous en ont eſcrit de belles, non par faulte
de ſçauoir, ains pour auoir eſté mal aduertis, comme en ce paſſage. Que ſi ces fontaines eſtoient aux Canaries, c'eſt peult eſtre en lieu ſi caché, que perſonne n'y entra onc
que luy,qui nous les a ainſi imaginees:auſſi bien que ceux qui dirét iadis,qu'il y auoit
des fontaines, ayans ſaueur de vin, & qui enyuroient ceux qui ſ'en chargeoient plus
que de raiſon. Quoy que parlant de ces iſles en general en ce qui eſt de la fertilité, ce
ſoit tout vn,ſi eſt ce que les vnes ſont particulariſees en vne choſe, & les autres en vne
autre: ainſi que celle des Palmes,qui porte le nom de ſon abondance,pource qu'il y a
plus de Palmiers en elle ſeule, qu'en toutes ſes voiſines: laquelle fut ſaccagee de mon
temps,lors que les guerres eſtoiét ouuertes entre l'Empereur Charles le quint,& Henry ſecond du nom,Roy de France,par vn Capitaine Corſaire,nómé François le Clair,
dit Iambe de bois, homme vaillant & accort à la marine, auec lequel i'ay quelquefois
voyagé. Et pour dire la verité,ce ne fut que la faulte des inſulaires, attendu qu'vn bon
nombre d'hommes,ayans fait deſcente en terre, pour ſe rafraiſchir, & auoir victuailles pour argent, ces maiſtres galands commencerent à ruer à coups de leuiers, d'har-
quebouzades & de fleches ſur les noſtres:mais à la fin ils n'eurent pas du meilleur,non
plus que ſix ans en apres eurent ceux de l'iſle du Pich, leſquels pour nous gratifier vn
Dimanche au matin,ayans mouillé l'ancre,trois nauires que nous eſtions,commence-
rent à nous careſſer fort lourdement, à coups de canonnades: & peu ſen falut, qu'ils
ne miſſent le feu au nauire où i'eſtois, tant noſtredit nauire receut de coups de balles
groſſes comme la teſte d'vn homme.Quant à l'iſle de Fer,elle eſt ainſi nommee,à cauſe
de la mine qui ſy trouue.Ceſte cy,bien que ſoit la plus petite,n'ayant que ſix lieuës de
circuit, & que iadis elle fuſt deſpeuplee, & l'eſtimaſt on infertile, ſi eſt ce qu'à preſent
vous y voyez quelques bleds, des cannes de ſucre, force beſtial, fruicts & herbes en
quantité.Les eſclaues qui cultiuent la terre,y viuent de laict & fourmages de cheures,
& ſont forts & diſpos, & merueilleuſement bien nourris, pource que la couſtume ſe
cónuertiſt en naturel, & qu'auſſi la temperature de l'air les ayde & fauoriſe. Non que
ie vueille icy philoſopher,ſi telle nourriture leur eſt ſaine, mais pour veoir qu'ils ſ'en
portent bien, comme auſſi font les Sauuages au Peru, qui viuent,eſtans ſept ou huict
mois en guerre, des farines de certaines racines ſeches, eſquelles on ne penſeroit qu'il
y euſt aucune ſubſtance: & les païſans de Cypre & Candie,qui n'vſent preſque d'autre choſe,cóme i'ay veu, que de laictages: bien qu'à la verité ils ſont meilleurs & plus
nutritifs que ceux des Canaries, entant que les vns ſont de cheures, & les autres de va-
ches.En toutes ces côtrees les hommes ſont fort addonnez au trauail. En ſomme,l'iſle

iſle des Pal mes ſacca-gee.

En l'ifle de Fer paffe & eft imaginee la ligne Meridionale.

de Fer eft celle, fur laquelle paffe la ligne Meridionale, qui limite l'efpace de longitude,à fçauoir de l'Eft à l'Oueft,comme il eft noté en nos Cartes marines:ainfi que le diametre eft la latitude du Nort au Su : & c'eft cefte ligne qui paffe par les deux poles du monde, contenant chacune de ces lignes, foit de longitude, foit de latitude, comme dict eft,trois cens foixāte degrez, chacun degré valant dixfept lieuës & demie, le tout montant de pole en pole, neuf mille quatre cens cinquante lieuës. Et tout ainfi que la ligne Equinoctiale qui paffe fur l'ifle de S.Omer, diuife la fphere en deux, & les vingt & quatre Climats, douze en Orient, & autant en Occident, quoy qu'aucuns n'en facent que vingt trois en leurs compartimens & mefures de la fphere : ainfi cefte ligne Meridionale coupe & partift les paralleles,& toute la fphere,par la moitié du Septentrion à la partie Auftrale.

De l'ifle de MADERE, & comme elle fut habitee.
C H A P. X I.

Pourquoy l'ifle de Madere a efté ainfi nommée.

A GRANDE abondance de bois de cefte ifle a caufé, qu'on l'a nommée *Madere*, pource que ce mot en Efpaignol, fignifie autant que Bois.Elle eft pofee entre le deftroict de Gibraltar & les Canaries vers l'Oueft,quoy qu'elle regarde le Su : & venāt des Effores,on la coftoye à main droicte,loing de terre ferme quelques quarantecinq lieuës, & des ifles Fortunees foixantetrois, en ayant vingtcinq de longueur & dix de large, f'eftendant de l'Eft à l'Oueft, eftant fituee au troifieme Climat fur le millieu,au huictieme parallele,ayant fon plus long iour artificiel de quatorze heures, & gifant à trentedeux degrez & demy de latitude.Or enuiron l'an de noftre Seigneur mil quatre cens octanteneuf, le Roy de Portugal defpefcha certain nombre de Carauelles,pour defcouurir païs en mer : mais ceux qui y allerent, f'en reuindrent pour la premiere fois, fans exploicter autre cas, finon qu'ils dirent auoir veu plufieurs ifles,& qu'ils penfoient bien qu'il y euft de la terre habitee : toutefois que ce qu'ils auoient veu,eftoit tout fablonneux,& fans apparence de fertilité quelconque.Ce nonobftant, quelque annee apres on réuoya encore des Seigneurs:lefquels plus conuoiteux d'honneur qu'vn fimple pilote, pafferent oultre, & puis reuindrent aborder à cefte ifle, laquelle pour lors eftoit deferte d'hommes, & non de bois, ainfi que dict eft, veu que vous n'euffiez fçeu mettre vn poulce,où tout ne fuft ou en taillis, ou en bois de haulte fuftaye.Les arbres principaux eftoient Cedres & Ifs,qui y croiffoient, comme ie penfe,à caufe de la froidure de l'ombrage,veu que fon naturel le requiert, & non les lieux expofez au Soleil. Les premiers donc qui la vindrent peupler, furent deux Gentilshommes,l'vn nommé *Triftan Tefferà*,& l'autre *Ioan Gonzales de Zarco* : lefquels voyās l'affiette du lieu belle,& qui monftroit apparence de fertilité , ne trouuerent autre expedient pour la deffricher , que d'abbattre ces bofcages : tellement que le peuple leur manquant pour œuure fi grande , ils y mirent le feu, qui befongna fi bien du cofté de l'Eft Nordeft,que celuy à qui cefte partie eftoit efcheu, fut côtrainct de f'enfuir, eftāt de fi pres fuyuy de cefte furie de feu, que luy,fa femme & famille ne fceurēt où fe fauuer,que dans les ondes de la mer, où ils demeurerēt deux iours, fans boire ne manger, attendās que cela fuft paffé.Les autres qui fe hafterent plus,garentirēt leurs vies,fe iettans dans les nauires:& i'ay ainfi ouy compter à vn vieil pilote Portugais,il y a vingttrois ans, lequel me dift & afferma auoir efté prefent à l'embarquement,& lors qu'elle fut peuplee : & eft la chofe vray femblable, veu qu'en vingt ans ils n'en euffent autant abbattu,que feit le feu en quatre ou cinq iours. Iceluy efteint, pour ce que les montaignes

Premiers qui peuplerent l'ifle.

gnes

gnes luy empefcherent de paffer oultre, chacun retourna, & commença lon à dreffer
loges, & cultiuer la terre, qu'ils trouuerent graffe, & bien arroufee d'vne infinité de
fontaines & ruiffeaux, & fur tout de huict petites riuieres, qui courent par tous les
coftez de l'ifle,lefquelles fe rendans en la mer, portent tel profit, que d'icelles on conduict le bois coupé fur les montaignes,& fié, pour faire tablage de Cedre,pour le porter en Portugal ou autre contree. Et quoy que pour le iourdhuy, à caufe de fa fertilité, elle foit toute habitee & peuplee, toutesfois il y a les quatre coings, qui font comme les principaux, & où le peuple abonde le plus,pour y eftre le paffage beau, & pour
ce auffi que la mer les y auoifine . Le premier coing fappelle *Moneticho*, & gift au *Parties de
l'ifle plus
habitees.*
Sueft, où la ville eft baftie fur l'emboucheure que faict vne riuiere en la mer. L'autre
eft *Fonzal*, vn peu efloigné de la marine, affis toutesfois fur vne riuiere: le troifieme
fainéte Croix, au Nord Nordoueft: & la derniere place fe nomme la Chambre aux
Lyons, où il y a vn port, qui fert pluftoft d'abry que d'eftre capable de grand defcéte,
au Su Sudoueft. Cefte ifle n'eft guere portueufe, mais il y a force lacs : & quoy qu'elle
foit pierreufe,fi fe peult on vanter, que c'eft vne des plus fertiles qu'on fçache pour ce
qu'elle contient : & ne doibt rien à la Sicile, & autre de celles qui portent tiltre &
louange de fertilité. Dequoy ne fe fault efbahir, veu la difpofition de la terre, qui
iamais n'auoit efté rompue, & laquelle eftant purgee des racines qui luy oftoient fa
fubftance,& deliuree des ombrages qui la refroidiffoiét,& en oultre aidee de la bonté
de l'air,eft à prefent vn des plus plaifans lieux de la terre, à caufe que tout y eft fi bien
temperé, que vous diriez eftre là vn Printemps perpetuel. Le principal traffic, oultre
le bois,c'eft de Sucre,& qui eft eftimé le meilleur qu'on vfe pardeça, veu que celuy de
l'ifle fainct Thomas, qui eft foubz la ligne, n'eft point de duree, quoy qu'ils l'affinent
bien : l'humeur en eftant caufe, qui le fait tout remouillé, & qui en peu de temps f'efcoule. Ces Sucres de Madere font fubtils & purifiez fur tous autres. Et bien qu'on ait
de bônes cannes en Ethiopie & Egypte, fi eft-ce que leur fucre,qu'ils nommét en leur
langue *Afoucour*, n'approche point de ceftuicy, pour ce qu'ils ne le peuuent affiner
fi bien qu'il fault, & peult eftre auffi, que l'eau où ils le lauent, n'y eft pas trop propre *Pain
Madere.*
& commode : là où icy elle y eft fi naturelle, que oultre la blancheur, vous le voyez
maffif & caillé,& fi folide, qu'il n'a garde de f'efcouler, tant la matiere groffiere en eft
oftee, & la purité imbibee en cefte moelle des cannes, lefquelles y furent portees de
Portugal, & y ont profité de la forte que ie vous dis. Or f'engendre le fucre dans les *Comme lon
fait le fu-
cre.*
cannes par l'abondance de la liqueur qui eft en elles : laquelle puis apres eft caillee
comme moelle,& fe nourrift au dedans iufques à fa parfaicte maturité,felon la faifon
que lon les plante, ainfi que i'ay dict ailleurs. Et ne veux icy paffer foubz filence ce
que aucuns ont mis en auant,que le fucre eft faict de rofee,comme la Manne : veu que
f'il eftoit ainfi, il ne feroit fi dur, ains gluant & coulant comme le miel & cire, & la
manne mefme : mais pluftoft c'eft le Soleil, qui l'augmente & endurcit, tout ainfi que
fi c'eftoit quelque monceau de fel : fçauoir, auant qu'on euft l'induftrie de le faire artificiellement au feu, le faifant ainfi bouillir qu'on fait à prefent, & en Madere, & autres lieux, où lon en trafique. Eftant donc cefte ifle fi abondante en fucre, auffi c'eft là
que lon fait les meilleures confitures,feches, & autres,qu'on mange pour le prefent en *Confitures
de Madere.*
Europe, comme font citrons, oranges, melons & concombres, & autres fingularitez,
que les grands eftiment pour infigne delicateffe:lefquels fruicts ils ne cueillent, eftans
meurs en leur perfection,ains entre verd & meur,comme fçauent affez les Apothicaires. Et ofe bien dire,pour ne les frauder de l'honneur & induftrie, qu'ils ont en telles
gentilleffes,que tout ainfi que plufieurs Cuifiniers defguifent par leur art le poiffon fi
accortement en chair, que fi le gouft ne defcouuroit la chofe, on feroit trompé au iu-

gement de la veuë : auffi ceux cy expriment fi gentimét ce qu'ils repréfentent en leurf-dites confitures, foient hommes, femmes, beftes, oyfeaux, ou poiffons, que vous penfez voir la chofe mefme. Ils les vendent aux eftrangers : tellement que les côfitures feches que lon vous apporte du pays bas, ne prennét fource d'ailleurs que de là : veu que nos marchans courent toutes ces coftes, & trafiquent en ceft endroit & par les autres ifles voyfines, & és Royaumes de la Barbarie. Ce païs eft trefbeau, & plus fertil encor, pour ce qu'il eft vn peu montagneux : qui caufe, que la graiffe d'enhault, fefcoulant és vallons, les rend ainfi feconds, & auffi la grande quantité des ruiffeaux & fontaines, qui auec leur fraifcheur tiennent les champs abbreuuez en telle mediocrité, que iamais l'eau n'y defgorge, ains en eft la terre fi faifonnee, que l'herbe y foifonne toufiours pour la vie & pafture du beftial de toutes fortes : i'entends de ceux qu'on y a portez, veu qu'auparauant tout ce qu'on y a trouué de beftes, c'eftoient fangliers, qui eft en-cores la chaffe des habitás du païs, lors qu'ils font laffez du trauail. Quát eft d'oifeaux, il n'y a guere que des Cailles & Coulombs, lefquels côme ie me fuis laiffé dire, eftoient au commencement fi priuez, qu'ils fe laiffoient prendre auffi facilement, que feroit vn petit chien : ce qui eft bien aifé à croire, veu que i'ay paffé par des ifles, allant en l'Antarctique, efquelles les oifeaux fe remuoient autant pour nous, que rien, & cela pour ne fçauoir que c'eftoit que de l'homme, n'ayás iamais accouftumé d'eftre effarez, chaf-fez, pris & tuez : combien qu'à prefent en Madere ils ne font plus fi priuez, que de fe laiffer prendre que par force. Ils font là des arcs d'If, les plus beaux qu'il eft poffible, pour tirer & à ces pigeons, & à des oifeaux fauuages gros comme Paons, qui fe font domeftiquez puis peu de temps, foit qu'ils y foient venuz d'autre terre, ou qu'ils fuf-fent dans l'efpeffeur des bois, fans que ceux qui defcouurirent l'ifle, en euffent eu cô-gnoiffance. A prefent les habitans en font chaffe, & les mágent, & en y a d'auffi blancs que neige. Ie vous ay dict, que l'If fy trouue, non qu'il naiffe par tout, ains fe nourrift és lieux pierreux & par les afpres precipices des montaignes, ayant fa fueille fembla-

ble à celle du Sapin, quoy qu'il ne paruienne point à la haulteur de l'autre. Ceft arbre porte vn certain fruict tout rouge, comme les oliues d'vn Laurier, vineux, & doux au gouft. Mais ceux qui ne fçauoient le venim de l'arbre & de fon fruict, & combien fon ombre eft dangereufe, en ayans mangé, fe font veuz tomber en grandes angoiffes, & en font morts plufieurs : à caufe que ce fruict engendre flux de ventre, qui fe côuertift apres en telle dyfenterie & fi vehemente, qu'vn Medecin eft bien expert qui peult ga-rentir l'homme de mort. Ie fuis bien affeuré, qu'en Prouence, où il en y a grâde quan-tité, & aux monts Pyrenees, voire en Efpaigne, fi vn homme fendort deffoubz, il tom-be en fiebure fi aigue, que de l'eftonnement il fort prefque de toute memoire, & ce à caufe de l'extreme froideur naturelle de ceft arbre. Oultre ceftuy eft le Cedre, duquel i'en ay veu de deux fortes, l'vn auec fruict tout femblable à celuy du Cypres, & l'autre fans fruict, & eft de grandeur admirable, rapportât auffi en fa fueille à celle du Sapin. Encore en y trouuez vous d'autres, qui font gommeux, & par confequent medicina-bles : & c'eft auec ces liqueurs qu'ils ont fouuét remedié aux maladies aduenues à ceux, qui fans y péfer auoiét goufté du fruict du Taxe ou If. Dauâtage on y voit vne efpece

de Gaiac, duquel ils ne tiennent pas grand compte, pour ce qu'à l'efpreuue de la de-ficcation des humeurs, ils ne l'ont pas trouué efgal à celuy qu'on apporte des ifles du Peru, de Màdagafcar, & autres lieux, où le trafic en eft grand à merueilles : & peult eftre que f'ils f'entendoiét à le bien preparer & accommoder comme il fault, ils en fe-roient mieux leur profict. Il y a en oultre des arbres, lefquels en certaine faifon de l'an-nee iettent vne gomme trefbône, qu'ils ont nommee Sang de dragon (ne fçay fi à bon droict) & la tirent, perçans auec belle & large ouuerture le pied dudict arbre : lequel

oultre cefte liqueur gommeufe, apporte & produiƈt vn fruiƈt tout iaulne, de la groffeur d'vne de nos cerifes, dôt ils fe feruët à fe defalterer & rafraifchir, ayans la fiebure,
ou attainƈts de chaleur. Ce fuc ou gomme eft femblable à ce que lon appelle Cinabre:
mais la naiffance en eft differente, veu que l'vn eft gomme & liqueur, & l'autre eft mineral, & fe treuue tant feulement en Afrique : fort cher, à caufe qu'on n'en peult affez
fournir aux peintres, qui en vfent pour leurs couleurs plus fines. De dire dôc que cefte
gomme foit Sang de dragon, ie ne m'en fais pas beaucoup tirer l'oreille, quoy qu'il n'y
ait grande raifon : fi ce n'eft que les Barbares Afriquains, d'où auparauant on tiroit
cefte liqueur, ayet iadis appellé en leur langue, l'arbre qui porte cefte gomme, Dragon.
Ie n'oferois auffi affermer, que cefte plâte gommeufe foit celle qui eft en Afrique, veu
qu'il y a difference de figure : mais ie fuis côtrainƈt de l'autre cofté de le penfer, à caufe que leurs qualitez & vertu fe rapportent, veu que ie m'en fuis enquis bien fort diligemment. Vous y voyez auffi des Citrons, Limons, groffes Orenges, & quantité innu-
merable de Grenades douces, vineufes, & aigres, l'efcorce defquelles ils appliquent à   *Grenades vineufes.*
tanner & donner force & couleur aux cuirs, & le ius pour fe rafraifchir, & en font du
vin propre pour ceux qui fouffrent trop grande euacuation & flux de ventre. Et à fin
que rien ne manquaft à cefte ifle pour fa perfection en ce qui confifte en fertilité, elle
abonde en fort bons vins : vous pouuant affeurer, que de quelque lieu que les plants
& marquotes ayent efté apportees, le vin Grec ne le furpaffe gueres en force & delicateffe, l'ayant experimenté tant de l'vn que de l'autre. Quelques vns voulans monftrer
la bonté & difpofition du terroir, m'ont diƈt, que ce plant n'auoit point efté porté de
Candie, ou autre partie du Leuant : mais en cela ils ne me feront croire leur recit, veu
que ie fuis certain qu'on y a porté du Candiot, duquel on fait la Maluoifie, & qu'e-
ftant là planté, il y a fi bien profité que lon voit auiourdhuy : Et que fi le temps iadis
Chios & Metelin ont efté furpaffees par Candie en la production de cefte liqueur,
vous pourrez voir que Madere à l'aduenir tiendra rang entre les ifles vineufes, auffi
bien que l'vne des Canaries, nommee de Palme, où croift le vin blanc, rouge & clairet,   *vin blanc & rouge le meilleur du monde.*
que lon tranfporte de toutes parts. Le meilleur de ces vins fe vend de neuf à dix du-
cats la pipe : où ie veux bien vous aduertir, que fi lon n'en prend auec difcretion, & le
trempe à bon efcient, il fert pluftoft de nuifance que de nourriffement à l'eftomach,
veu fa grande ardeur & violence : & eft beaucoup meilleur la feconde & troifieme
annee que la premiere, en laquelle il retient cefte ardeur du Soleil, laquelle s'affoiblift
auec le temps, le vin perdât peu à peu la violence & du terroir & du naturel de l'aftre.
Icy encor les arbres & plantes font fi gaillardes, & y foifonnent tellemét, qu'on eft côtrainƈt les couper, & en brufler vne partie, puis y plâter des cannes à fucre, à fin qu'elles fuccent & attirent cefte grande humeur de la terre, qui eft fi graffe, que les vignes y
produifent plus de grappes que de fueilles, quoy qu'ils les efbourgeonnêt en leur faifon, à fin que cefte abondance n'enuieilliffe trop toft le cep de la vigne : où lon a veu
telle grappe, ayant pied & demy de long, & large & groffe à l'efgal de fa longueur. Il
eft bien vray, que toufiours, non plus qu'és autres lieux, tel rapport ne fe fait, & la terre
fe fafche auffi bien qu'ailleurs, foit pour la trop preffer de labourage & femences, fans
la laiffer en repos, foit qu'ils n'y mettent point d'amendement, ou qu'ils ne regardent
pas bien le naturel du terroir : confideré que ceux qui l'habitent, ne font pas des plus
fubtils laboureurs que lon fçache, attendu que le païs d'où ils font, n'eft fi fertil & n'a-
bonde en telle diuerfité de terroirs, que pourroit faire la France ou l'Italie. Au refte,
plufieurs tiennent que Madere ne fut onques pillee ne faccagee, à caufe, difent-ils,
qu'elle eft moderne, & que les villes & villages y font baftis de noftre têps, auffi bien
que font celles des ifles Fortunees. Sur quoy celuy qui a traduit l'Hiftoire vniuerfelle

de Iean Boëme Teutonic, s'est fort oublié, escriuant, qu'en cesdictes isles on ne fait ne villes ne maisons, & que les habitans se contentét des creux & grottes des mōtaignes, où ils se retirent auec leur bestial. I'en fais iuge ceux qui ont veu le contraire, attendu qu'il y a villes, forteresses, bourgs & maisons aussi biē qu'en celles de la Mediterranee. Il est biē vray que i'ay ouy dire aux Insulaires, qu'il y a vingtcinq ans ou enuiron, que quelques bourgades prochaines de la mer furent bruslees, les vnes par les Coursaires Afriquains leurs voisins, & les autres par ceux de nostre Europe, l'an mil cinq cens soixante six, quand le vaillant Seigneur & Capitaine Pierre de Monluc y arriua. Lequel ayant à ses despens fait equipper quelques nauires de guerre, munis de bons & vaillans soldats (auquel embarquement fuz prié d'assister par ledict Seigneur, & ne le peuz faire pour plusieurs raisons) & estant en pleine mer pour poursuyure son entreprinse, le vent, tempeste & orages luy vindrent si mal à propos, qu'il fut contrainct de tirer à voile desployee vers ce quartier là, tant pour l'asseurance de ses vaisseaux, que pour auoir viures & rafraischissemens. Mais il n'eut pas plustost mouillé l'ancre, que

lesdits Insulaires, assez farousches, commencerent à luy tirer coups de canon si druz, que force luy fut & à ses gens (pour euiter, ce luy sembloit, plus grand danger) mettre pied en terre: où incontinent luy aduint vn tel desastre, qu'il receut le premier le malheur de fortune, à sçauoir vn coup de canon, dont il mourut incontinent, au grād regret des siens, & plusieurs de sa suite. Ce qui toutefois ne peut engarder, que le reste de ses soldats ne vengeassent tresbien sa mort, donnans la fuite aux ennemis iusques dedans les mōtaignes inaccessibles: auquel lieu on ne les peut par apres accoster ne aborder. Et ainsi ayans perdu leur chef, & quelque nombre de leurs compagnons, s'en retournerent en France, & l'entreprinse de descouurir païs, & passer oultre, fut nulle. Or pour faire fin à ce chapitre, encores que l'opinion plus commune soit, que ceste isle est moderne, si estime-ie qu'elle a esté cognuë & habitee de la memoire de nos anciens Peres: prenant mon argument sur ce, que la derniere fois qu'elle fut peuplee, vn vieil Pilote qui m'en dōna des memoires en la ville de Lisbōne, m'asseura y auoir veu graué contre quelques larges pierres dures, certaines lettres, les vnes Moresques, & les autres Hebraïques, contenans ces mots, NOHNA ADNI NARHABOVG, ABISVE, ABITOB, BEHEMOTH, GAMARIAS: l'interpretation desquels ie ne peuz auoir autrement, que d'vn Esclaue Iuif, natif de Tremissan, qu'il disoit estre telle, Nous te prions, pere de salut, pere de bonté, auoir pitié, & laisser en repos tes enfans. Quant à plusieurs autres, ils estoient effacez pour la vieillesse & antiquité, mesmes du vent de la marine.

Des Promontoires, Goulfes & Riuieres depuis le destroict de Gebel-tarif, iusques au Cap de Bonne esperance. CHAP. XII.

VANT que passer oultre, ie vous feray vn petit discours que i'auois oublié, mesmes du Cap de Verd, duquel i'ay cy deuāt parlé, qui sera au contentement du lecteur. Ce promontoire est vn des grands & beaux qui soit en toute ceste coste, entrant en pleine mer seize grāds lieuës: & à le contempler, vous diriez qu'il est faict en forme de langue de bœuf, ayant tant d'vne part que d'autre force escueils & batures: borné en sa grande largeur, de deux riuieres, sçauoir de celle de *Gambie*, qui a son entree pres d'vne lieuë de largeur, & va faire son cours en plusieurs contrees du continent, & de là passe bien pres du Cap Rouge, qui tire vers le Su: & de celle de *Canaga*, qui aboutist audict promōtoire, la largeur de laquelle en son emboucheure n'eſt que de demie lieuë. Voila dóc deux des principales riuieres de tout le païs des Royaumes d'*Vlcades* & de *Ferox*, qui viennent de plus de trois cens lieuës rendre leur tribut à ce grand Ocean. Trentefix lieuës de cedit Royaume d'*Vlcades*, tirant de la part du Midy, laiſſant à huiĉt vingts lieuës de là, du coſté de Septentrion, les grandes montaignes d'Atlas, & celles d'Alguer, ſe trouue vne ville ancienne, ayant de circuit deux lieuës ou enuiron, nommee des Barbares du païs, *Taphal*, toutefois tellemét ruïnee, qu'il n'y a aucune apparence de choſe entiere : & n'ay iamais peu entendre la cauſe de telles demolitions & ruïnes. L'air en ces endroiĉts eſt fort dangereux, tant à cauſe des vapeurs qui procedent des mótaignes, que des petites beſtioles venimeuſes, qui ſ'engendrent quaſi par tout le plat païs, & principalement autour des lacs & riuieres pluſtoſt qu'aux haultes mótaignes & lieux boſcageux. Entre leſquelles beſtes il y en a vne, plus dágereuſe que nulle autre de cent lieuës à la ronde, de la grádeur d'vne ſouris, ayant ſa teſte plus groſſe que le corps ; la queuë fort menue, & ſur le doz deux petites aiſles en façó de celles des chauueſouris, qui toutefois ne volle iamais, ny n'eſt miſe entre les paſſageres. Quand elle eſt en campaigne, & qu'on la pourſuit, elle court deçà & delà à la forme d'vn perdreau. I'en ay veu la peau enchaſſee & pendue au col d'vn More, qui me diſt, que cela luy ſeruoit cótre tous autres venins, & peſtes, dont ils ſont ſouuent infeĉtez : qui eſt cauſe que la plus part de ces contrees ſont peu habitees & peuplees. Volontiers ceſte beſte va plus de nuiĉt que de iour, & ſe retire dans les rochers & ſablons (les villageois l'appellent *Durdammich* : autres la nomment ſimplement *Durdarh*.) Elle eſt plus venimeuſe que ne ſont tous les ſerpens & viperes d'Eſclauonie : de façon que ſi elle accoſte & mord vn hôme, ou quelque beſte que ce ſoit, il ne reſte plus que la mort dix ou douze heures apres, & n'y a autre remede, que de couper incontinent le lieu, où elle aura mis les dents. Pour plus grande approbation dequoy, me fut recité par plus de trente perſonnes, que trois nauires du Roy de Marroque, qui venoient de la Guinee, & auoient en leurs vaiſſeaux quatre Elephans les plus beaux qu'on euſt ſceu voir, ayans vent contraire, vindrent ſurgir au port de *Tafalane*, pour ſe rafraiſchir, & mouiller l'ancre : & ſeſtans mis en terre tant les hommes que les Elephans, & allans le long de quelques riuieres, n'ayans eu aduertiſſemét de ceſte vermine, aduint vne nuiĉt, que ces grandes beſtes Elephantines, & vingtdeux hommes en furent touchez, leſquels demeurerent ſur le champ tous morts, le reſte gaigna le port pour ſ'embarquer. Les Lyons, Tygres, Pantheres, Leopards, & autres beſtes rauiſſantes, tant grandes que petites, voire les Auſtruches, iamais n'abordent aux lieux où elles ſentent que ces autres habitent, comme ſ'il y auoit certaine antipathie entre elles. Au reſte, ie veux içy aduertir les matelotz du nombre des riuieres & goulfes qui ſont depuis le deſtroiĉt de Gibraltar, iuſques au Promontoire de Bonne eſperance, les priant de ne ſ'amuſer aux Cartes marines, mappemódes & globes, que quelques hommes non experts en l'art de nauiguer, ont mis en lumiere, marquans mille ou quinze cens riuieres depuis ledit deſtroiĉt, qui eſt à ſept degrez de longitude quarante minutes, & trentefix degrez quaráte minutes de latitude vers noſtre pole Arĉtique, iuſques audit promontoire, qui eſt à trentecinq degrez delà l'Equateur, diſtans l'vn de l'autre enuiron de trois mille lieuës par mer : Vous aſſeurant que ſoubz ceſte grande eſtendue de terre comprinſe toute en l'Afrique, coſtoyant de lieu en lieu ceſte mer, ie n'ay peu obſeruer que dixſept riuieres nauigables & notables, à l'entree deſquelles l'eau eſt ſalee, à cauſe que la mer entre dedans, aux vnes plus loing, & aux autres moins, ſelon les lieux & terroir du païs. Il ne ſ'y trouue auſſi que vingt trois goulfes d'eau ſalee ; dont les principaux & plus remarquables & larges ſont ceux qui ſ'enſuyuent : *Derui*, qui giſt à ſeize degrez de l'Equateur, *Aldes, Serres, Bellinch, Barracha*, quaſi tous d'vne

Ville de Ta-phal ruïne.

Beſtiole ve-nimeuſe, di-cte Dur-darh.

Dixſept ri-uieres prin-cipales en la teſte d'A-frique.

Vngt trois goulfes re-marqua-bles.

mefme largeur, combien qu'ils foient fort diftans les vns des autres, & ayent l'entree affez petite: *Ifleos*, qui eft foubz les cinq degrez deça l'Equateur: *Fermofe*, le plus large de tous, duquel auffi l'entree eft faicte à la femblance de celuy d'*Ambracie* en Grece, païs de Nicopolis. Quant à celuy de *Gambone*, il eft dangereux à l'embouchure, à caufe d'vne iflette faicte en croiffant, & pour les bans & battures qui l'auoifinent. Huict lieuës de là, à l'Eft, fe prefente à main gauche celuy de *Mecha*, ainfi dict, pource que le premier miniftre Alcoranifte, nommé *Ziza*, ayant planté la loy de l'impofteur Arabe en ce païs, fut precipité par le peuple au profond d'iceluy, auec tous fes compaignons ramaffez de diuerfes prouinces & contrees. Ce maiftre caphard eftoit fi fin, accort & rufé, qu'en moins de quinze ans il attira à foy plus de deux millions de creatures idolatres: & fut l'vn des trompettes de fondit Prophete. Et à la verité il a autant fait de maux en Afrique par fa tyrannie, que firent onc tous fes predeceffeurs en toute l'Afie. Vn certain Philofophe, Abyffin de nation, nommé *Samir*, paffant l'Arabie, entre autres pourtraicts de ces maiftres Furcaniftes, me donna ceftuy cy, que

Ziza, miniftre Alcoranifte.

ie vous prefente au naturel. Ceux de la perfuafion de Mahomet, allans par païs, en memoire de ce gétil martyr, qu'ils difent auoir fouffert pour prefcher la parole du hault Dieu, & de fondict Prophete, viennent à ce goulfe faire leurs oraifons, & puis fe baigner & lauer de cefte eau marine, penfans par tels lauemens appaifer l'ire de Dieu, & auffi leurs pechez eftre pardonnez par l'interceffion de ce maiftre predicant, qui beut en ceft endroit plus qu'il ne luy falloit. Mais pourautant que i'ay fouuent parlé de Goulfes, fans dire ce que peult eftre, vous noterez, que lon ne veult fignifier autre chofe, que certains lieux en terre ferme, dont les vns font de forme ronde, large & fpa-

tieufe,les autres en croiffant,felon l'affiette des lieux,& les autres en triangle,où(comme i'ay dict) la mer , flux & reflux d'icelles regorgent , & les empliffent : & f'en trouue de plus grande eftendue les vns que les autres,comme ceux de Quinfay, Themiftitan, Ganabarà, Corinthe, Perfe, Arabie, & celuy de Venife. S'il aduient quelque fortune, comme tempeftes, orages, vents contraires , c'eft là où volontiers fe iettent ceux qui font longues nauigations,pour eftre plus affeurez, & tafchét à les gaigner pluftoft que les riuieres:& lors qu'on en eft bien auant,& qu'ayant paffé ces deftroicts,on eft en plus grãde feureté,les matelots vfent d'vn prouerbe commun,Nous fommes engoul-*Prouerbe.*
fez : comme fils vouloient conclure,Il n'eft plus queftion d'auoir crainte : nous fommes hors de la mercy des vents & ondes de la mer incertaine.Et apres cela ils fondent, & la fonde faicte, ils viennent à ancrer. Or tout ainfi que i'ay defcrit le nombre des riuieres & goulfes, ie ne veux auffi oublier combien il y a de promontoires (i'entens des plus redoutez) depuis l'embouchure dudit deftroict iufques à la poincte de celuy de Bonne efperance.Ie fçay trefbien qu'il f'en trouue prefque vne infinité, qui entrent dans la mer : mais d'autant que ce ne font quafi que montaignettes ; roches ou iflettes voifines de terre côtinente,ie les laiffe,pour vous dire,que le nombre des prin-*Nombre des principaux Promontoires.*
cipaux n'excede point trente fix,longs & larges,les vns faicts d'vne forte, les autres de l'autre, les vns fertils & habitez, les autres fteriles & deferts : Entre lefquels lon met ceux de *Ledde, Noir, Palme, Rouge, Blanc, Canty, Barbes, Flanquin, Hurane, Batel, Sieutte, Doffon, de Guay, de Gille, de None, Boiador, Graue, Falle, Cap de verd,* qui eft l'vn des premiers , *Sagres , S. Anne , Mezurade,* celuy à trois poinctes ; beaucoup plus large que long, *de Mont, Louppes, de Pradan, Seue* : apres lefquels vient celuy de Bonne efperance, qui entre pour le moins vingtquatre lieuës en pleine mer, fait tout au contraire de ceux qui l'effigient & marquent en leurs Cartes & mappemondes : attédu qu'il a deux poinctes faites en maniere de langues de bœuf, dont l'vne regarde vers le Nort , & l'autre vers le Su. Il eft tournoyé de riuieres , entre lefquelles celle qui l'enuironne de la part du Midy , eft *Grade* , & l'autre *Phafel* , qui luy eft oppofite : Tellement que fi vne petite eminence de terre, qui ne contient en fa longueur que dixfept lieuës, eftoit coupee,ces deux riuieres rendroient ce gentil promontoire ifle parfaite, qui pourroit auoir de tour deux cens lieuës ou enuiron. Qui le voudroit donc contempler , ainfi que nous l'effigient les modernes en leurfdites Cartes,& le compaffer par les degrez & dimenfiõs,lõ trouueroit qu'il entreroit pour le moins plus de cinq cens lieuës en pleine mer : qui eft vne faulte treflourde à ceux qui entreprennét de faire & difpofer tout ce qu'ils font , par vn ouyr dire. Les autres Caps font moindres en comparaifon de ceux cy. Quant aux Peninfules , il f'en trouue quatre ; defquelles ie ne veux autremét vous parler, à caufe qu'entre Peninfule & promontoire ne fe trouue autre difference, finon qu'à l'entree de la Peninfule , laiffant le continent, le lieu eft quelque peu plus eftroict que celuy d'vn promontoire:& à les voir de fept à huict lieuës dans la grand' mer , lon iugeroit que ce feroient ifles . Beaucoup de vaiffeaux de mon temps , pour telle chofe incertaine , fe font perduz. I'ay dict cecy , ne voulant rien oublier pour l'embelliffement & enrichiffement de mon Hiftoire : & fi i'ay faict des digreffions à la fituation des Royaumes,Prouinces & riuieres, i'en fuis contrainct,pour ne laiffer rien en arriere qui puiffe feruir au lecteur. Il ne refte plus que de paffer oultre, & parler de l'ifle fainct Omer, & d'icelle iufques au promontoire de Bonne efperance, & des chofes fingulieres & rares de tout le païs.

De l'ifle, nommee des Barbares PONCAS, & de nous S. THOMAS.
CHAP. XIII.

ESTE ifle de *Poncas*, eft de forme ronde & circulaire, ayant trente lieuës de large : & ainfi multipliant fon circuit, trouuerez qu'elle a pres de fix vingts lieuës de tour, contemplee diametralement de tous les poincts depuis fon cétre. Elle eft pofee tout droict foubz la ligne Equinoctiale, & a le iour efgal en toute faifon auec la nuict, fans que on y cognoiffe aucune difference, quoy que le Soleil foit au Tropique de Cancer ou de Capricorne: & fon horizon paffe par les deux poles, Arctique & Antarctique. Or appelle-ie icy horizon, le plus grand cercle de la fphere, lequel nous deuons imaginer eftre celuy, qui partift & diuife le ciel en deux parties efgales, en laiffant vne moitié fur la terre, & l'autre deffoubz, autant de la part du Ciel que nous voyons, que de celle que nous ne voyons point. De plufieurs horizons donc qu'il y a, à caufe que chacun poinct vertical ou Zenith fait le fié, lon en appelle les vns droicts, lefquels paffent par les poles, & les autres obliques & tortueux, pour n'y paffer point, & c'eft ainfi qu'on les imagine. La longitude de cefte ifle eft de trente deux trente minutes : de latitude elle n'en a point, à caufe qu'elle eft fituee foubz la ligne de l'Equateur, qui paffe par les premiers degrez des fignes Aries & Libra, efloignee efgalement des deux poles, & allant du Leuant au Ponent: & fert cefte ligne pour cognoiftre la longitude des terres, portant ce nom d'Equinoctiale, pource que lors que le Soleil arriue en icelle, les nuicts font faictes efgales aux iours: ce qui fe fait deux fois l'an, à fçauoir, le cinquieme de Mars, quand le Soleil entre au premier degré du figne du Mouton, qui eft l'entree du Printemps : l'autre en Automne, quand le Soleil entre au premier degré des Balances, le treizieme de Septembre : & eft l'vn appelé Equinoctial d'Efté, & l'autre d'Hyuer. Deuant q̃ paruenir à la hauteur de ladite ifle, ie m'apperceuz & veiz de la part de la terre Auftrale, le pole Antarctique auec quatre eftoilles de clarté fort lumineufe, & bien grandes, faictes en forme & figure d'vne Croix : lefquelles apparoiffoient fort baffes, à caufe de la courbeure du Ciel : là où en l'ifle & foubz l'Equinoxe, elles fe monftrent quelque peu plus haultes, pour la mefme raifon, au lieu que celle de l'Arctique fe cache, pour eftre oppofite de l'vn hemifphere à l'autre, & le corps du monde circulaire, ainfi que i'ay cognu par experience. C'eft là, que Americ Vefpuce dit, que lon voit l'Arc celefte apres qu'il a pleu, faifant fon demy cercle en l'air, par la tranfparente clarté de la Lune, tout ainfi que le Soleil le fait de iour: fauf que comme la Lune eft pafle & moins luifante que le Soleil, auffi ceft Arc qui eft veu de nuict, n'eft point diuerfifié en couleurs, tantoft verd, rouge, & bleu, ains apparoift tout blanc & pafle en fa nue. Chofe que ie ne luy puis accorder, n'à autres auffi: attédu que ie fçay le cótraire, comme ailleurs ie vous ay dit. En cefte ifle encor, iaçoit qu'elle foit pofee en l'Ocean, qui eft fubiect au flux & reflux & maree, fi eft-ce que lors que la mer croift en fon plus grád flux, elle ne fe haulfe point d'vne coudee. Toutes ces chofes meritans confideration, ie les mets en euidence, à fin que le lecteur fçauát difcoure là deffus, & qu'il me fçache gré de ma diligence, qui pour luy faire plaifir, ay regardé les chofes de fi pres, & l'en aduertis pour fon grand contentement. A douze ou quinze lieuës tirant vers le Leuát, gift vne autre petite ifle, que les Efpaignols (à caufe que fon reuenu fut dedié au fils du Roy) furnomment du Prince : attendu que l'aifné des enfans d'Efpaigne porte ce nom de Prince, ainfi que fait en France le premier des enfans Royaux, le tiltre de Daulfin : laquelle eft riche & abondante en fucres trefbons. A la

Horizon grand cercle de la fphere.

Que c'eft que l'Equinoctial.

Chofe notable obferuee par l'autheur.

Ifle du Prince.

haulteur d'icelle on defcouure le Cap de Mont, lequel contemplant de loin, lors que
la mer eft bonace, vous iugeriez eftre vne ifle. Il eft fort dangereux à ceux qui n'ont
hanté ces contrees, & n'ont leurs Cartes correctes, tant pour les bans, que pour l'eau
qui y eft auffi courâte, que celle d'vne riuiere, & qui fait vireuolter vos vaiffeaux, tantoft d'vn cofté tantoft de l'autre, tant grands foient-ils. Or pour recognoiftre de loing
lefdicts bans & dangers, il vous fault prendre la cofte de l'Eft, & bien toft apres viendrez mouiller l'ancre à l'vne des trois ifles, qui fe prefentent affez haultes deuant vous.
Efquelles, combien qu'elles ne foient peuplees que d'oyfeaux de diuers plumages, &
de quelques beftes fauuages, il fe trouue de l'eau doulce en diuers endroits, & vne
mare contenant demy quart de lieuë de tour, où vous voyez vn nombre infiny d'autres efpeces d'oyfeaux d'eau doulce, qui fe nourriffent en ce lieu. L'on ne peult accofter la principale, nommee *Telmacta*, finon auec petits batteaux, pour la quantité des
roches. A la poincte de ce Cap s'apparoift de fix bonnes lieuës vn Arbre d'vne merueilleufe haulteur & groffeur, que huict hommes ne fçauroient embraffer, par lequel
on cognoift le lieu & païs voifin : & pour rien ce peuple ne le voudroit mettre par
terre: d'autant, difent-ils, que c'eft la marque & le Phare de leur côtree. De là iufques au
Cap, dit de faincte Anne, fe peuuent compter vingt & quatre lieuës : & combien que la
terre y foit baffe, elle ne laiffe pourtât d'eftre faine, & pleine de bois de haulte fuftaye.
Entre ces deux promôtoires, y a vne petite Anfe, où coulêt les riuieres de *Pole*, *Fargat*,
& celle *des Rameaux*, efquelles on pefche des grains d'or, qui defcendent des montaignes, auffi bien qu'à celle *du Ionc*, à l'entree de laquelle fe voyent fept petites iflettes,
toutes habitees de Noirs : où lon peult entrer, lors que la maree eft groffe, autrement
ils demeurent à fec. Le trafic y eft trefbon. Prenant le droict fil pour aller vers la riuiere de Manicongre, le Pilote doit faire largue en pleine mer, & tirer droict à l'ifle de
Ponoafan : auquel endroict trouuerez les vents fauorables : & fe fault bien garder de
feflongner trop de terre ferme, fi vous ne voulez vous perdre, pour les courâtes & cal-
mes qui y font ordinaires. De la part de l'Oueft, à quelques trois lieuës, deux degrez
foubz la ligne tirant vers le Midy, gift vne autre iflette deshabitee, que lon appelle
Bon-an, en laquelle font pefcher ceux de fainct Thomas, & en tirent toute leur prouifion de poiffon. Il y a des oyfeaux fauuages auffi bien qu'aux lieux fufdicts : (& croy
que cela vient par les riuieres qui fortent du lac de Zember.) Auffi f'y trouuent force
vermines de diuerfes efpeces, les vnes dagereufes, les autres non: qui a caufe, comme ie
penfe, la folitude du lieu. Celle du Prince eftoit mefmes deshabitee: mais la diligence des hommes l'a faict belle, fertile, & bien peuplee. Au milieu de celle de S. Thomas
lon voit vne montaigne treshaulte, le fommet de laquelle femble furpaffer les nues,
qui a fept ou huict lieuës d'eftendue. Ce mont eft tellement reueftu de grands arbres
toufiours verdoyans, & fi efpais & touffuz, quoy que ce foit toute haulte fuftaye, qu'a-
uec grand' difficulté peult on aller, tant le chemin eft empefché, par leur efpeffeur. Au
plus hault d'icelle, vous voyez vne nuee, en quelque temps de l'annee que ce foit, où
que le Soleil coure par la ligne, où qu'il f'en eflongne, tirant vers l'vn ou l'autre des
Tropiques, tout ainfi qu'en nos plus froides môtaignes y a de la neige qui iamais n'en
bouge. Cefte nuee fe refould en rofee & pluye menuë, qui diftille fur les fueilles de
ces arbres, & fur les branchages, auec tel effort & quâtité, qu'il en fort de gros ruiffeaux
& torrens, qui vont bourdonnans le long des pantes & precipices des montaignes, &
puis fe iouent par la campaigne, pour arroufer les cannes, efquelles croift le fucre, que
les Noirs du païs efpandent par canaux parmy les champs. Au refte, toute l'ifle eft
pleine de fontaines d'eau viue, defquelles ils vfent pour mefme effect, à fçauoir pour
arroufer lefdits arbres, & cannes de fucre. Par le milieu de la ville principale du païs,

dicte *Ponoafan*, portant encor l'ancienne appellation de l'ifle, paffe vne petite riuiere, l'eau de laquelle eft trefbonne & claire, & fi legere à boire, qu'on en donne aux malades, pource qu'elle eft purgee de toute matiere groffiere & pefante, plus beaucoup que n'eft la ptifane, ou eau cuicte auec de l'orge, que nous donnons à ceux qui ont la fiebure, ou autre maladie pardeça. Ceux du païs tiennent, que fi ce n'eftoit cefte eau, il feroit impoffible d'habiter là, attendu que l'air y eft pefant, & les autres eaux mauuaifes, foit és monts, à caufe de leur froidure non faifonnee & indigefte, foit és campaignes, pource qu'elles ne font point purgees, non plus que font noz mares & eaux dormantes. Par cela donc vous pouuez voir, que l'ifle n'eft de foy trop faine : toutefois il n'y a chofe tant difficile & fafcheufe, que l'art & induftrie de l'homme ne facilite, & adouciffe fon aigreur, ainfi que i'ay veu l'experience en ceux qui ont habité les lieux qui fembloient ne pouuoir eftre habitez. Et iaçoit qu'en autre lieu i'efpere, moy pauure Cofmographe Theuet, vous monftrer le contraire par raifons, de ce qu'aucuns faulfement difent, que les ardeurs font intolerables foubz la ligne Equinoctiale, fi eft

Soubz la ligne Equinoctiale ne font les ardeurs intolerables.

ce qu'à prefent ie vous feray voir l'impoffibilité de leur dire, que vous toucherez au doigt auec moy en paffant. La terre, quoy qu'elle y foit glaireufe, & par confequent fubiecte à fefmier & creuaffer, & deuenir en poudre, comme celle que i'ay veuë en la Mauritanie, fi eft-ce que pour la grand' rofee qui tombe toutes les nuicts, ne fe refould aucunement en pouffiere, ains famolliff comme celle de l'ifle de Metelin, & à cefte caufe produict bien toft ce que lon y plante & feme. Ainfi cela donne à cognoiftre, que le Soleil n'y eft fi ardent que lon dit, ny la terre fi haflee, & inhabile de feruir pour l'habitation des hommes. Du temps que cefte ifle fut defcouuerte, ce n'eftoient que bois, autant efpais qu'il en foit au monde, les arbres fi droicts & haults, qu'ils fembloient toucher aux nues : combien que d'en voir qui portaffent fruict, il n'en eftoit aucune nouuelle : lefquels auoient leurs rameaux, non ainfi que les noftres, qui vont en eflargiffant, & partie qui montent en hault, ains toufiours montant, comme les Cypres : qui eft encore vn autre argument, pour comprendre quelle ardeur il y fait : ioinct qu'en tout temps l'herbe y eft auffi drue & verdoyante, comme elle eft icy au plus frais & attrempé temps de l'annee, à fçauoir le Printemps, que tout eft en force & vigueur. Mais d'autant que ie n'ay dict encor, quel eft le peuple qui l'habite, fault noter, qu'il y a plus de foixante ans, que les Portugais paffans la riuiere de Manicongre, farrefterent à la beauté d'icelle, & des autres qui l'auoifinent. Auquel lieu defcédus qu'ils furent, fe trouuerent fort efbahis de voir ce païs n'eftre habité que d'oifeaux & de beftes. Toutefois y ayant faict quelque feiour, pour eftre las du nauigage, farrefterent au lieu mefme du port : au riuage duquel ils commencerent à couper les bois, & baftir apres ladite ville de *Ponoafan*, auiourdhuy la principale, les maifons de laquelle font toutes faictes de bois, couuertes de tables bien vnies & ioinctes enfemble, où peult auoir de mille à douze cens maifons, & où mefmes eft à prefent le fiege de l'Euefque. Ce qui vous peult faire cognoiftre, que les habitans font Chreftiés : veu auffi que, puis qu'vn Roy Chreftien l'a peuplee tout de nouueau, il eft vray femblable qu'il y a mis ceux de fa Religion pour y habiter. Il y a gens de toutes les regions de l'Europe : & ne refufe lon la demeure à marchant, qui vueille s'y arrefter, ayant femme & enfans, qui puis apres achepte à fort bon marché tout autant de terre qu'il voit luy eftre neceffaire pour fon viure, & qu'il peult faire cultiuer. De là eft venu, que combien que cefte region porte les hommes naturellement noirs, fi eft-ce que la plus part y font blancs pour le iourdhuy. Et d'autant auffi que plufieurs des païs voifins, foit de *Belafre*, *Benin*, ou *Manicongre*, f'y font retirez, qui font noirs, & feftans Chreftiennez, vfans de mefmes mœurs & ciuilitez que nous faifons : plufieurs d'entre les blancs n'ont point faict conscience de prendre de leurs filles en mariage, pource que ces Noirs sont gens subtils & de bon entendement, & tresriches : il est aduenu qu'vne autre bonne partie sont maintenant bazanez & noirastres. D'où ie tire en consequence, que la semence est cause principale de la couleur noire des Ethiopiens & autres noirs, & non les chaleurs, comme chacun pardeça estime, ainsi que i'espere vous deduire plus au long en autre lieu. Quant à leur viure, les blancs, & ceux qui y sont allez d'Europe auant, n'y dureroient pas, n'estoit qu'on y porte d'Espaigne tous les ans des farines, du vin, de l'huile, fourmage, & du cuir pour faire chaussure, des espees, patenostres, & coupes de verre : veu que tout ce qui y croist de meilleur, c'est du sucre, que les Insulaires vendét à ceux qui leur meinent des viures, sans lesquels ils n'y viuroient guere longuement, comme n'estans point accoustumez à la façon de vie des Noirs, & aussi que leur complexion ne se rapporte au naturel des viandes dont les autres vsent, qui sont certains herbages & racines. Et fault sçauoir, que les marchans Europeens, qui se tiennent pardelà, sont plus riches d'esclaues, que d'autre denree, lesquels ils ne vestent ne nourrissent, & si cependant ils sont tenuz de besongner aux sucres tout le long de la semaine pour leur maistre, sauf le Samedy, qu'ils ont pour eux, à fin d'auoir esgard à leur viure. Ils sement le millet (qu'ils appellent *Zaburro*, les Arabes du païs *Alahassel*, & les Indiens Occidentaux *Mahic*) qui est tout ainsi que des pois blancs, dont vsent toutes les isles de ces païs là, voire c'est le grain de toute la coste d'Afrique : lequel ils iettent en terre le mois d'Aoust, le recueillans dans cinquante iours apres. Ils ont encor d'vne racine, qu'ils nomment *Igname*, & ceux de l'isle Espaignole *Batatà*, qu'ils plantent comme la chose principale pour leur viure & soustien. Son escorce par dehors est toute noire, & au dedans fort blanche, grande comme vne de noz raues, & s'espandant en plusieurs branches. Elle a le goust de chastaigne, mais beaucoup meilleur, plus sauoureux & plus tendre : & la font rostir soubz les braises & cédres chaudes, & quelques fois ils les bouillent. C'est vne viande qui sustante beaucoup, & rassasie comme fait le pain, estant de facile & bonne digestion, & par consequét non fascheuse ou pesante à l'estomach. Ceste racine est le meilleur de leurs fruicts, & dure fraische long temps : & bien qu'on la porte par mer, si ne se gaste elle d'vn an entier. Les Noirs, esclaues des Blancs, les plantent en ceste sorte. Ils les mettent bien auant, leur laissant à chacune vn peu de son escorce noire, ayans foüy la terre à l'entour pour en oster l'herbe. Puis, ils plantent vn pieu, ou grand eschallas, à fin de cognoistre le lieu, à cause que l'herbe y croist si grande & espaisse, qu'à grand' difficulté sçauroient ils discerner les fueilles de l'Igname d'auec les autres. Or sont ses fueilles toutes semblables en couleur & lustre à celles d'vn Citronnier, horsmis qu'elles sont plus menues, & plus subtiles, & montét, s'entortillans à l'entour de leur eschalas, tout ainsi que font en ce païs le Lierre, ou l'Obelon. Elle dure cinq mois à meurir : au bout desquels ils recherchent leurs bastons & pieux plantez : & voyans la fueille seche & fanée, asseurez de la maturité, beschent, & trouuent qu'vne racine en aura faict quatre ou cinq autres bien grandes, lesquelles ils cueillent, & mettent au vent & au Soleil par quelques iours, à fin qu'elles s'acheuent de meurir, & se saisonnent. C'est leur manger plus delicat, auec la farine de ce Zaburro, de laquelle ils font du pain, ou des foüaces cuites soubz les cendres, beuuans de l'eau fraische, ou vin de Palmiers, duquel ils ont en abondance : autres boiuent laict de brebis, ou de cheures, mais c'est le plus rare de leurs breuuages. La terre y est fort bonne pour tout herbage, tellemét que lon y mange de noz herbes domestiques, comme laictues, choux, porees, persil, raues & refforts, lesquelles estant semees, viennent soudain en leur perfection : mais la graine n'est naturelle à semer, pource qu'elle est sans substance, & ne se meurist iamais, demeurant tousiours en herbe. Par ainsi

Habitãs de l'isle, blãcs, noirs & bazanez.

Zaburro, ou millet.

Racine Igname & Batatà.

quand les marchans y vont, ne faillent à leur porter de ces femences, comme chofe neceffaire, mefmement aux noftres, qui ont couftume de f'aider de falades, qui leur font

faines en vn païs fi chauld & alterant. La bonté de cefte terre eft en ce cogneuë, que fi
les efclaues demeurent quelque temps fans cultiuer la plaine, tout foudain il y croift
tant d'arbres tous differens aux noftres, que merueilles, & viennent grands en peu de
iours: & fault en defpit qu'ils en ayent, qu'ils les coupent & bruflent, & là où ils les ont
bruflez, on vient planter les cannes de fucre, lefquelles demeurent cinq mois à fe meurir. Celles qui ont efté plantees en Ianuier, font recueillies & taillees au commencement de Iuin : celles de Feburier, font meures en Iuillet : & ainfi des autres mois, fans
que les pluyes qui fe font en Mars & Septembre, leur nuifent en rien, ains elles leur
font de grand profit & fecours. Et pource que vous pourriez demander, à quel propos ie parle des pluyes de Mars & Septembre, pluftoft que des autres mois : vous deuez fçauoir, qu'en la faifon que le Soleil leur eft perpendiculaire, & que droictement
il paffe fur leur tefte, l'air y eft toufiours nubileux & obfcur, & y pleut prefque continuellement, à caufe des grandes attractions que le Soleil fait, & efleue en l'air, qui eft
pource rendu caligineüx & obfcur, & les nues f'en formans, fault que foient diffoutes
en matiere aqueufe: d'où aduient que les montaignes de cefte ifle, pour l'auoifinement
à la partie plus haulte, & fentans la reflexion des rays du Soleil, caufent par leur froideur terreftre, que ces vapeurs attirees du Soleil font conuerties en eau & pluye.

Du Sucre & trafic d'iceluy qui fe fait en la mefme ifle.
CHAP. XIIII.

LE REVENV du fucre, qui eft cueilly en l'ifle S. Thomas, eft ineftimable, veu que le Facteur du Prince en a pour le profit de fon Roy cent
cinquante mille Arrobes, chaque Arrobe valant & pefant trete liures
des noftres à la groffe : or fuppütez cela au compte qu'il eft vendu, &
verrez fi c'eft peu de chofe, & fi l'ifle merite d'eftre nommee, & bien
gardee. Vous y trouuez cinquanteçinq ou foixante engins dreffez,
comme preffoüers, pour moudre & paiftrir la canne, à fin d'en tirer le fucre, qui eft fa
moüelle & fuc: lequel eftant efpreinct, eft mis en grandes chaudieres pour le purifier:
& quand il a affez & fuffifamment bouilly, ils en font des païns de fucre de quinze &
de vingt liures, tels que les voyez pardeça, & le purget à leur mode. Es lieux où il n'y
a point d'eau, foit de ruiffeau, fontaine ou riuiere, pour tourner les roües qui meulent
& rompent les cannes, lon en fait faire l'office aux Noirs & Noires qui font efclaues, à
force de bras. Ceux qui employent les ferfs en autres chofes, ont des cheuaux pour ce
faire, ainfi que voyez pardeça quand lon efpraint l'huile de noix, ou le marc du raifin,
lors que lon en fait durant les vendanges le vin de preffürage. Cefte canne ainfi caffee,
moulue & efprainete, n'eft encores fans grand profit & commodité aux Infulaires, lefquels en nourriffent force bons Pourceaux (nommez par les Arabes de terre continente *Allaloptz*, & des Mores *Alcaneger*) qui en font tellement engraiffez, que ceux
que nous mettons au tect, & leur baillons orge & eau farinee, ne font fi gras. Quant à

la delicateffe de la chair, il y a de la difference trop grande, veu qu'à nous la chair du
pourceau eft pefante & de mauuaife digeftion, & là elle eft fauoureufe & delicate, autant ou plus que volaille qui foit, eftant mefme bonne & faine aux malades. Le fucre
de cefte ifle eft eftimé des meilleurs, & des plus blancs que lon face, combien qu'il foit
mol : lequel ils ne peuuent, quelque diligence qu'ils y mettent, rendre dur, ainfi qu'ils
voudroient

voudroient bien:& en reiettent la faulte fur la graiffe de la terre,laquelle eft fi coulan-
te,que le fucre fe fent de cefte delicateffe, ainfi que le vin en vne terre graffe & chaude
tient toufiours quelque peu de fon terroir.Mais quant à moy,ie dis que la graiffe n'en
eft pas tant caufe,que l'air efpais & groffier de l'ifle,lequel eftant humide & vaporeux,
ne peult effuyer le fucre tant que befoing en feroit,d'autant qu'il n'y fait point chaud
& fec,ains pluftoft chaud & humide, tenant les chofes en relent, & empefchant que
ledit fucre fortant de fa forme,ne puiffe eftre bien effuyé. Toutefois l'induftrie des
hommes a en fin trouué moyen de le faire durcir en cefte forte. Ils baftiffent fur le Comme lon fait endur-cir l'Affu-court.
hault de leurs maifons,de petits cabinetz de tables,bien cloz & couuerts, & tellement
eftoupez,que l'air n'y peut entrer en forte quelconque : puis dreffent en iceluy des ef-
chaffaulx de bois, haults de quatre ou cinq pieds de terre , fur lefquels ils mettent des
trefs ou poultres, affez loing l'vne de l'autre, & là deffus des tables, où ils affent leurs
pains de fucre : & au deffoubz il y a toufiours feu d'vn certain bois, qui ne fûme ny
flambe,non plus que fi c'eftoit du charbon : & les fechent ainfi comme dans des eftuues ou poëfle. Dés que les nauires arriuent,ils f'en defpefchent, & le vendent:d'autant
que f'ils le vouloient garder deux ou trois ans,ainfi que nous faifons pardeça, ils per-
droient tout,pource que cela f'en iroit en liqueur:& nonobftant il ne refte d'eftre fort
bon & recommandé , duquel les marchans fe chargent autant ou plus volontiers que
d'autre qu'on fçache.La caufe de tout cecy eft,d'autant qu'il n'y vente guere, finon les
mois de Iuin,Iuillet & Aouft,du cofté de l'Ethiopie,lefquels vents font fecs & froids,
& ne fuffifent à effuyer le fucre : & pource on vfe du moyen que ie vous ay dict, &
monftré cy deffus.Or en cefte ifle ils diuifent les mois ainfi,appellans les vns venteux,
& les autres pluuieux & hyuernaux. Car du temps que le Soleil y paffe perpendiculairement, qui eft és deux Equinoxes, les vapeurs qu'il a tirees de la mer , fe conuertiffent en pluyes,& eft toufiours l'air obfcur & nuageux, & y pleut pour le plus fouuét:
mais le Soleil f'efloignant vers quel que ce foit des Tropiques, les iours deuiennent
clairs peu à peu,& l'air reprend fa premiere ferenité.Quand le Soleil eft dans les maifons des fignes Septentrionaux,ils ont du vent propre pour leur fanté : i'entés de ceux
qui font blancs, qui fe fentent tous reconfortez de la fraifcheur des vents de l'Eft &
du Nort : au lieu que les Noirs qui vont tous nuds, & font de complexion contraire, Habitás de l'ifle fans de temperatu-re cõtraire.
eftans fecs comme bois,& fans chair,à caufe de leur faulte d'humeur froide,fentans le
moindre froid du monde,deuiennent malades,& fouuentefois en meurent.Outre ces
mois pluuieux & venteux,ils en ont encore trois,qu'ils nóment l'Efté & mois chauds,
tout au contraire de nous,à fçauoir Decembre,Ianuier & Feburier : veu que tout ainfi
que noftre Efté nous eft , en la faifon que le Soleil court par le Tropique de Cancér,
auffi ont ils leurs chaleurs,le Soleil eftant à l'autre Tropique,lequel empefche que nul
vent,ou bien foible, tire lors en ce païs : & pour cefte caufe le vent leur defaillant, il y
fait des chaleurs ineftimables. Tout ainfi donc que les Noirs fe font trouuez mal durant le froid, auffi les blancs par ces chaleurs fe fentent fi matz & debilitez, que prefque ils ne peuuent aller : & encor qu'ils n'ayent point fiebure,fi eft-ce qu'ils ont vn ne
fçay quel fi grand aneantiffement & laffitude, qu'il leur eft befoing de f'appuyer fur
des baftons, f'ils veulent cheminer, perdans tout appetit de manger, fans fe pouuoir
faouler de boire. S'ils craignent quelque grande maladie chaude, ils fe font incontinent ouurir la veine,& faigner tant des bras que de la tefte:remede & allegement fouuerain tant pour les vns que pour les autres . Durant ces extremes chaleurs, les Noirs
naturels du païs font tous les affaires des Blancs, auec autant de fidelité, que fi c'eftoit
pour eux mefmes,pource qu'ils f'attendent de receuoir la pareille des autres,aux mois
que le vent fouffle.Quant aux eftrangers qui y arriuent auec leurs nauires en ce temps

chauld, il n'y fait guere bon pour eux, attendu que les fiebures qu'ils endurent, font plus vehementes, ardentes, mortelles, & de plus long traict : de forte que neceffaire-ment il leur fault vfer de phlebotomies. Or fi toft que les Infulaires les voyent mala-des, ils leur font prendre du pain trempé en de l'eau, fel & huile trefbonne, que les Arabes nomment *Azépte*. Que f'il aduient, que le patient puiffe efchapper iufques au quatorziefme iour, ils le tiennent pour guery, pourueu qu'il ne face excez : auquel, comme la fiebure fe diminue, ils augmentent le manger, le guerissans auec cefte diete, & adiouftans quelque quartier de volaille, ou morceau de mouton : & finalement quand ils f'apperçoiuét qu'on eft allegé de la fiebure, ils donnent de la chair de pour-ceau, pour remettre en nature, & refaire l'appetit perdu par la maladie. Auffi font ces pauures gens fubiects à la verolle & aux rongnes, dequoy les Noirs tiennent peu de conte. Les femmes guerissent ceux qui en font tachez & malades, incontinent : pour la-quelle guerifon & fouuerain remede, ils ne prennent autre chofe que de l'alum de ro-che, & du fublimé, & le tout battu enfemble, en font vn emplaftre, qu'ils appliquent au lieu où le patient fent plus de douleur. Vray eft qu'ils ont certain ius de la racine d'vne herbe, de laquelle ie n'ay iamais fceu fçauoir le nom, dont ils donnent à boire audit malade. Au refte, pource que bien peu de vent regne en cefte ifle, l'air qui eft cor-

Beftioles de plufieurs e-fpeces. rompu par les vapeurs, engendre force mousches & frelons plus grands que ceux qui font pardeça, qui faschent grandement les habitans, principalement ceux qui fe tiennent le long des bois, où il fault qu'ils foient de neceffité, pour prendre efgard aux fucres, & les faire cuire. Cela eft caufe, qu'ils couchent en lieu hault le plus qu'ils peu-uent, & couurent le lieu où ils dorment, de certaine herbe, fe défendans par ce moyen de la fafcherie & ennuy de ces beftioles. Quelquefois il fe leue telle quantité de peti-tes fourmis noires, qu'il n'y a rien qui fe puiffe conferuer deuant elles, voire gaftent & fuccent la fubftáce mefme des pains de fucre : (ce qui n'eft point fi eftrange, que nous n'en voyons icy de pareilles :) mais dés auffi toft qu'il y pleut, toute cefte vermine f'en va, & fe perd, comme fi quelque feu les auoit bruflees, fans que puis apres f'en vôye vne feule. De Punaifes, on n'y en fentit iamais, toutefois les Puces y abondent : & y ad-uient vne chofe affez efmerueillable : c'eft que les Noirs font fort fubiects aux Poulx, quoy que la plus part aillent tous nuds, là où les Blács n'en ont que bien peu. Homme ne fçauroit dire, que depuis que l'ifle eft peuplee, on y ait gueres veu mourir de pefte, ainfi qu'il aduient fouuentefois en celles du Cap de verd : toutefois les noftres, qui de l'Europe y font paffez, n'y viuent pas longuement, & celuy qui y attaint l'aage de foi-xante & dix ans, fait vn chemin de belle vieilleffe. Ie croy que cela aduient, pource qu'ils fe gaftent de boire, veu que dés qu'ils font vn peu malades, ils fentent vne telle alteration, qu'il eft impoffible de leur en donner affez : mais les Noirs y viuent cent ans

Bledz, & vins en a-bondance. & plus, à caufe que le Climat eft approprié à leur complexion. Le fourment ou fegle femez en cefte ifle, naiffent foudain, & deuiennent beaux & grands, combien que ce ne foit qu'herbe : car fi vous regardez l'efpy qui en fort, vous en trouuez peu dequoy vous puiffiez vous preualoir. La trop grande bonté du terroir faict, que l'herbe fuffo-que ainfi la fubftance de l'efpy, & le germe fe conuertift prefque tout en herbe. Quant eft de la vigne, on voit affez de treilles par les maifons des villages, mais auec auffi peu de profit, que le fourment, d'autant que vous n'en tirez rien en fa maturité, le tout f'a-uançant oultre faifon, & la fleur y venant deux fois l'annee, en Ianuier & Feburier, & en Aouft & Septembre : la grappe demeurant à demy meure, & le fueillage emportant la fubftance parfaicte du cep. Les figues & autres fruicts y font fort bonnes, & y vien-nent trefbien. D'oifeaux, il en y a infiniment, non tels que les noftres, comme eftour-neaux, merles & paffereaux, ains oifeaux tous verds, ou rouges, qui chantent fort bien,

& font plaifans à merueilles. Le plus beau port de l'ifle eft du Sudeft, l'entree duquel eft bonne, nonobftât les fablons, qui luy fent comme fin or de ducat. Les marchans qui vont en ces quartiers pour le trafic du fucre, ne portent prefque autre marchandife que des toiles fines, merceries, farges, futaines, foyes, & doubleures, & quelquefois de l'argent. De mine d'or, il ne f'en parloit point de mon temps, nomplus que aux autres ifles qui luy font voifines. Dauantage, la mer y eft fertile en poiffon, non tant que foubz les deux Tropiques. En fomme, l'ifle eft riche, & de grâd profit à ceux qui y habitent, & c'eft l'efchelle des Portugais, pour y prendre rafraifchiffement de viures, lors qu'ils dreffent leur voyage vers l'Ethiopie, Arabie, mer Rouge, Perfe, & Indes Orientales.

Du Promontoire de Bonne efperance, nommé des Arabes Ethiopiens TAGAZZA.

CHAP. XV.

ORTANT de la riuiere de Manicongre, le long de la cofte, à quarante lieuës d'icelle, vous paffez le Cap de Ledde, qui eft à dixhuiȼ degrez de la ligne : & dudit Cap iufques au mont Noir a cent douze lieuës, gifant au Su, quart au Sudeft, à vingtquatre degrez delà l'Equateur : & pour parfaire voftre chemin, vous tirez au promontoire de la Victoire, qui eft à deux cens trente lieuës dudit mont Noir, à vingtcinq degrez de la ligne:& depuis ce promótoire iufques à celuy de Bonne efperance, y a cent cinquanteneuf lieuës. La feule entree de la terre dudit Cap eft pofee en la moitié du Sudeft & du Su, à trentecinq degrez de l'Equateur, & dix degrez delà le Tropique de Capricorne, vers le cercle Antarctique. Entre ce promótoire & terre ferme fe faict vn goulfe en l'emboucheure de la riuiere, nommee de l'Infante, qui vient du lac de *Cumiffan*, & des haultes montaignes de Beth, *Berith* & *Amnicur*, en la prouince de *Cumie* & *Sigualye*. Prenant la volte vers l'Eft, y a vn autre goulfe, au lieu où le fleuue *Corfadan* fait fon entree en mer. Là poincte dudit Cap tend & regarde l'Oueft vers la partie Auftrale, de laquelle il eft efloigné de quatre cens cinquante lieuës. Ce promontoire & païs, nommé en langue Arabefque & Morefque *Tagazza*, & des Ethiopiens *Lard-zethar*, c'eft à dire terre froide, eft le plus illuftre & renommé qui foit au monde, à caufe qu'il eft comme le *Caleb*, fçauoir le Lyon rauiffant de tous les autres:& eft ainfi dit, d'autant que bieheureux eft le nauire & vaiffeau, qui l'abordant, ne fent quelque malheur & trauerfe:& auffi feroit il impoffible, que ce païs fuft fans dangers, où les vents f'engoulfent dans les embouchemens des riuieres, & où auffi tant de fleuues viennent auec impetuofité fe ruer dans l'Ocean, veu que c'eft icy la poincte & fin de l'Ethiopie Auftrale. Ainfi contemplant comme ce promontoire va en fa cofte, reftreciffant, & retirant fa largeur, iufques à faire vne poincte pyramidale, & comme il faict plufieurs autres Caps, qui entrent bien auant dans les goulfes, ie ne fçache homme qui ne iuge facilement, qu'il eft bien difficile que cefte eftreciffure foit fans danger. Ie fçay bien que vers le Ponent ou l'Oueft, il eft taillé du corps de terre ferme, & en fort dehors, tout ainfi que vous voyez les doigts plus longs f'eftendre, lors que les autres font preffez & ployez dâs la paulme de la main : fi que peu de chofe empefche que ce ne foit vne ifle. C'eft là, que le païs eft beau fur tout autre qui foit à l'entour, faifant au fommet de fa poincte vne grande campaigne, plaine, aggreable, & fort plaifante à la veuë, en laquelle l'herbe eft fi efpaiffe & drue, qu'on iugeroit que ce fuft toufiours vn Printemps. Au pied de ce païs montaigneux y a auffi vne plaine, qui dure plus de quinze ou dixhuict lieuës de lôgueur vers le Nort, & appelle on cefte eften-

Caleb, ou Lyon de la mer.

q ij

La table du promőtoire. due, la Table du promontoire, tant à caufe de fa planure, que pour le plaifir qui y eft, lequel peult aneantir les fafcheries qu'on reçoit fur mer, coftoyant ce grand Lyon & pilleur de vaiffeaux. Mais d'autant que Ptolomee n'a eu cognoiffance plus loing que de quinze degrez au deça de la ligne, au promontoire Praffe, qui eft celuy de Mofam-bique, vis à vis de l'ifle de Madagafcar, en la mefme Afrique; & de paffer plus oultre vers la partie Auftrale, il n'en eft point faict mention : il fault rechercher la cognoif-fance de cedit Cap, d'ailleurs que des Anciens, & f'en rapporter aux Barbares. Ce pro-montoire donc n'ayant iamais que lon fçache, efté parfaictement bien cogneu que de-puis cinquante ans en ça, a efté nommé de diuers noms par lefdits Barbares, non de ceux du païs (car ils n'ont aucune cognoiffance des lettres, & aufli ils font tous diffe-rents en langages, & intelligence d'iceux) ains par les Arabes, Ethiopiens & Abyffins, leurs voifins, qui y frequentent aufli bien que ceux de *Zanguebar*, & *Zangui*. Les vns les appellent Cafres, qui eft à dire, Gens fans loy, pourautant qu'ils ne font fubiects à loy de Prince qui viue : & les autres, & plus communement, comme ceux qui y habi-tent, nomment cefte terre *Tagazza*, ainfi que i'ay dit, ayant plufieurs autres appellatiős, que luy ont donné les mefmes Barbares Africains, felon les endroicts, attendu qu'elle contient plus de trois cens lieües de tour. Quant au nom de Bonne efperance, duquel ce promontoire eft baptifé pour le iourdhuy, ce n'eft que depuis peu de temps en ça : & ce par cas fortuit. Car comme ainfi foit qu'il face fort dangereux en cefte cofte, pour autant que la mer y eft profonde, & la terre haulte, & que bien peu y paffent, comme dit eft, fans fentir de grandes incommoditez : il y eut de cas fortuit vn Portugais, des premiers qui ont couru cefte mer, nommé *Pinfon*, lequel eftant là, & fentant le vent fa-uorable, enhorta fes gens à demy defefperez, & fi laz de la marine & tourmente que rien plus, d'auoir bon cueur & efperance, puis qu'ils couroient fi bonne fortune : & ainfi les mena iufques au Royaume & ifle de Cefale. Pour cefte fi bonne aduenture *Cap de Bonne efperan-ce, pourquoy ainfi dit.* donques, ce promontoire tant fameux porte le nom de Bonne efperáce, lequel ie pen-fe, ne luy tombera iamais, pour la memoire de celuy qui le defcouurit, & qui nous en a donné la cognoiffance. Ierofme Giraue, Efpaignol de nation, f'oublie lors qu'il dit en fon petit liure Cofmographic, que cedit promontoire eft laué & tournoyé de la mer du Su : chofe affez mal confideree à luy, attendu la diftance qu'il y a entre ces deux mers : f'il ne vouloit entendre, & baptifer tout le grand Ocean dudit nom de Su, autre-ment la mer Pacifique, fans aucune diftinction, pourautant qu'elle tire vers le Midy. Mais pour reuenir à la barbarie de ce peuple, ie me fuis laiffé dire à vn braue Capitai-ne Portugais, & à quelques autres de fa fuyte, que l'an mil cinq cens cinquáte & deux, venant de Calicut auec quatre carauelles, & deux grands nauires, ils furgirent à vne ri-uiere, nommee de ceux du païs *Calpappout*, qui fignifie Chofe bruyante, & à celle de *Saldaigne*, qui luy eft voifine. Ayans donc mis pied en terre, pour demander viures & rafraifchiffemens, ce peuple felon & enragé, fans dire qui a perdu ou gaigné, commen-ça à charger fur les pauures paffagers : lefquels ne furent fi fols & eftourdiz, qu'ils ne fe mirent tous en defenfe : & apres en auoir occis plufieurs, bruflerét & faccagerent trois de leurs villages, fituez dans quelques bofcages pres de la marine. Entre autres chofes remarquables, fut apporté de la maifon d'vn de leurs Sacrificateurs, qu'ils appellent en *Idole appor-tee du Cap de Bőne efpe-rance.* leur langue *Zeraphak-topy*, vn Idole de bois, laquelle i'ay maniee, eftant en Portugal, & la plus mal-plaifante que ie veis de ma vie. Premierement elle auoit autant en grof-feur qu'en haulteur : la tefte fort maffiue, garnie autour de trefbeau plumage, & fon corfage reueftu d'vne fine peau blanche toute marquetee. De cuiffes, iambes, ne pieds, elle n'en auoit point. Sur fon chef eftoit vne façon de bonnet poinctu, de ionc, tout plumacé autour, faict comme ceux des Tartares Orientaux. Quant au nez, elle l'auoit d'vn grand pied de long, sans barbe, & les deux mains ioinctes sur son menton, comme si elle eust voulu tenir sa teste, de peur qu'elle ne tombast. Sa bouche estoit si grande, qu'vn homme y eust peu mettre le poing à son aise : & sa langue faicte d'os de beste, en maniere de croissant : le tout si bien estoffé à la Barbaresque, qu'il n'y auoit homme viuant, en la contemplant, qui ne se print à rire. Par lequel discours il est aisé à coniecturer, qu'encores que plusieurs tiennent qu'ils viuent sans loy, neantmoins ils ne sont sans religion, non plus que beaucoup d'autres idolatres de l'Afrique. Vers l'Est il y a vn autre promontoire, comme dependant du grand, que les Chrestiens qui y ont passé, ont nommé le Cap des Aiguilles, à cause de plusieurs poinctes, esguillons & forillons, qu'il semble faire entrât dans la mer où, de quelque part que vous le regardiez, il a comme des anses, & va en se courbant, quoy que la coste soit fort haulte : & pource n'y fait gueres bon entrer, pour les tourmentes & vents qui s'enferment en ses vallees & courbures. Il est à trentecinq degrez, & gist dans la mer quasi vn demy degré plus auant que celuy de *Tagazza*, y ayant de l'vn à l'autre quelques cent lieuës : & court ceste coste Nordest & Sudoest, iusques au cap de *Fumes*, & celuy des *Corrans*, qui est la fin de l'Ethiopie Occidentale, tirant toute ceste longue estédue de terre d'Afrique iusques à la Guinee, & plus bas encore. Quant à l'Ethiopie Australe, ie ne la puis mieux limiter ne borner, que depuis ledit cap des *Corrans*, iusques à celuy de *Guardafuny*, qui est à l'entree de la mer Rouge, entre *Carfur* & *Mette*, deux autres promontoires. Le Capitaine Ian Alfonse, escriuant son petit voyage, se mesconte aussi en ce qu'il dit, que tous les peuples de ce païs là suyuent la loy du monstre d'Arabie : chose fort mal entendue à luy, veu que la plus part des Royaumes de *Simis, Camur, Agag, Cement, Canze, Fatigar, Doara*, & plusieurs autres, sont Chrestiens Abyssins, subiects au Monarque Ethiopien. Au reste, le port qui est en ce Cap des Aiguilles, est si estroict, que plustost vous l'estimeriez la gueule d'vn four, qu'autre chose, tant sa bouche est contraincte, & puis va en s'eslargissant. Au commencement de son issue vous voyez vne rangee de haultes montaignettes, le sommet desquelles s'estéd iusques bien pres des nues, toutes de pierre viue, fort aigue : qui est cause que les premiers qui y firent descente, appellerent ce lieu *Los picos fragosos*, c'est à dire, les poinctes aigues & poignantes. Au bout & fin de ces roches & montaignes si aspres & difficiles, vous voyez vers le Su se pandre vne riuiere, d'vne telle furie & impétuosité, qu'elle emmeine les grosses pierres auec elle, & s'en court ainsi dans la mer, donnant de grandes fascheries aux vaisseaux qui y abordent, pource qu'elle empesche auec son cours si tempestueux, celuy mesme du flux de l'Ocean. Et voila vne des causes principales de la difficulté de l'abord en ce promontoire, iaçoit que (ainsi que dict est) la tourmente & les vents, pour estre la coste haulte, & les ports en descente & pante, soiét l'autre occasion, & fort vallable, pourquoy lon craint tant de s'en accoster. Ie ne veux oublier de ramenteuoir aux Capitaines, Pilotes, Matelots, & à tous autres amateurs de l'art de nauiguer, que cedit Promontoire tant celebré est de tous costez tournoyé d'vn grád nombre d'islettes, la plus part desquelles sont deshabitees, & dangereuses à aborder, & s'en approcher plus que d'vne bonne lieuë, si ce n'est auec petites barquerottes, pour les rochers que lon y voit à fleur d'eau : ioinct aussi que la sonde & l'ancrage n'y sont bonnes. Les lieux les plus redoutez sont les isleaux de *Mopata, Zabatha, Cathara, Ada, Ithay, Casphor, Carnaim, Arach, Addi, Ioadan*, & *Langue*, qui sont à octantecinq degrez de longitude nulle minute, & vingt trois degrez de latitude douze minutes : opposites de l'isle de *Momphie*, qui tire vers la terre incognue. Quant à celles de S. Apollaine & S. Sebastien, ainsi marquees en mes Cartes, pour auoir esté descouuertes le iour de ces Saincts, elles auoisinét le continent plus que les autres, & toutes deux en mesme esleuation & haulteur. Que

Le Cap des Aiguilles.

Ian. Alfonse s'oublie.

fi ie voulois icy vous particularifer par le menu les chofes admirables que lon voit en terre, & les poiffons marins, d'vne grandeur & monftruofité incroyable, il m'en fauldroit faire vn iufte volume. Mais quant eft des modernes, qui nous ont mis par efcrit aux glofes mal digerees, qu'ils ont faictes en marge fur Pompone Mele, Pline & Munfter, pluftoft comme i'eftime, par faulte d'experience que de bon fçauoir, & qui me veulet faire accroire par leur feule mignotterie & beau parler, que le peuple qui auofine cedit Promontoire, foit noir, & aille nud, hors mis les parties honteufes, ie ne le confentiray iamais: attendu les froidures continuelles qui font en ces endroits, & que la poincte & contour de ce promontoire, qui vife droict au pole Antarctique, eft fur les deux cens feptante & trois degrez nulle minute de longitude, & vingttrois degrez trente minutes de latitude, en mefme climat, & eleuation que l'entree de la riuiere de Plate, qui luy eft oppofite: Faifant iuges tous bons efprits, fi ces lieux font temperez, & fi les hommes nuds pourroient endurer telle extreme froidure, non plus que le peuple de Noruege, Gotthie, Firlandie, & autres qui tirent vers les monts Hyperborees, où les riuieres font le plus du temps gelees. Lon ne doit donc adioufter foy à ces chofes, nomplus qu'à ce que raconte ledit Munfter, qu'en ces païs y a vn nombre infiny d'oifeaux, entre autres des Perroquets, d'vne braffe & demie de longueur, & gros en la mefme proportion. Ie ne fçay fil vouldroit point entendre les Griffons de Pline, qui portent les hommes armez & cheuaux iufques aux nues, eftimant qu'il a prins cecy d'Americ Vefpuce, en vn petit liuret qu'il a fait de fes nauigations, là où il en donne d'auffi vertes que nul autre de fon temps. Ie confeffe bien, qu'il y ait des Perroquets, qui font leurs petits dans les rochers, les autres fur des arbres, & font prefque tous de couleur grifaftre, comme leurs Singes & Guenós qui font de mefme pelage: defquels ils tiennent fi peu de compte, que mefmes ils prennent leur ramage pour vn mauuais augure, difans, que lors que ces oifeaux parlet & gazouillent plus en vne faifon qu'en l'autre, le temps s'approche d'auoir quelque malheur de leurs ennemis: ou au contraire les Cefaliens & Zagariens leurs voifins, croyet, que ce foit le meilleur prefage qu'ils puiffent receuoir, quand ils les entendent parler ou gringotter. Il y a en ces contrees vn oifeau, qu'ils nomment *Rabiac*, & les Arabes *Iofabia*, de plumage de couleur du ciel, nomplus grand qu'vn Merle, qui fait fes petits contre leurs maifonnettes: ofant bien dire, qu'il ne fen trouue au monde qui chante mieux fon ramage, & qui profere auffi bience que lon luy dit, que ceftuy là: & diuerfes autres efpeces, qui ne fe voyent pardeça, lefquelles ie n'oublieray en mon liure, que i'efpere faire de la nature des Oifeaux les plus rares des païs eftranges, fans m'amufer à vous reprefenter, comme quelques vns ont fait par cy deuant, ne coq, ne poulle, oifons ne pigeons, qui font chofes communes aux petits enfans de pardeça.

De l'ifle de TRISTE, du BASILIC, NAHARAPH, befte farouche, & refueries des Anciens. CHAP. XVI.

E LONG de la cofte du Cap de Bonne efperance, on voit plufieurs ifles, tant grandes que petites, lefquelles font à quarante degrez delà la ligne: & entre autres, celle de Fernand Trifte, où les habitans font tous fauuages & brutaux, ayans la poictrine quelque peu plus velue que le refte de leurs voifins: non qu'ils foient tels que lon defcrit les Sauuages, mais côme nous en voyons plufieurs d'entre nous, qui ont le vifage & corps velu plus que l'ordinaire, fans autre chofe de beftial, ou qu'ils reffemblent en pelage quelque chien barbet, d'autant que ce font folies de le croire. Au-

Erreur de Mele. Pline, Munfter & Vefpuce.

euns ont estimé qu'en ceste isle estoient ces monstres de femmes : & pource la nom-moient *Gorgone :* mais à grand tort, veu qu'on sçait tresbien, que les Anciens n'ont ia-mais eu cognoissance si auant, & si pres de l'Antarctique. Et ne fault s'esbahir, si l'isle est estrange, veu que si peu d'hommes en ont eu nouuelles, que ie pense que iamais vingt de l'Europe n'en approcherent. I'ay sceu d'vn pilote, qu'il est defendu aux Portugais, de passer oultre ledit Cap de Bonne esperance, tirant vers les parties Australes, sans doubler à gauche de la part du Soleil leuant: & que si quelcun s'y aduenture, il le doibt tenir secret, s'il n'en veult estre puni rigoureusement. Il me dist aussi auoir esté en ceste isle auec vn Portugais, nommé *Fernand de Poo,* le nom duquel elle porte: & qu'au mi-lieu d'icelle gist vn lac, faict par vne infinité de fontaines d'eau douce qui s'y amas-sent: Qu'il ne fault adiouster foy à ceux qui font ce peuple velu comme vn Ours, veu qu'estans en region assez temperee, ils ne le font que bien peu plus que nous : combien que à la verité ils prennent grand plaisir à se rendre farouches, à qui les regarde, & par consequent taschent le plus qu'ils peuuent à nourrir le poil par toutes les parties de leurs corps, tout au contraire des Sauuages, qui pour rien ne souffriroient vn poil sur eux, comme i'ay descrit en mon liure des Singularitez de l'Antarctique. Ils font fort addonnez à ruer la pierre, qui est le meilleur baston qu'ils ayent : au reste, si mal acco-stables, que dés incontinent que vous les approchez, il est impossible d'en attirer vn, quelque caresse ou signe d'amitié que vous leur sçachiez faire: & met on ceste isle entre les dernieres de l'Ethiopie Australe, veu que vous sçauez que ceste region est partie en quatre, ayant l'Orientale, où sont les Royaumes de Melinde, Madagaxe, Dobas, & Mosambique: la Septentrionale, qui tend vers la mer Rouge & Egypte: & celle de Nu-bie, qui regarde l'Occident: & le Royaume de Cefale, & Cumie, & les terres du Cap de Bonne esperance & isles voisines, qui aduisent les parties du Midy. En ces païs se trou-uent des Singes les plus grands, à sçauoir des Magots, qui soient en tout le monde, & les plus meschans & furieux: lesquels si vous les voyez de loin, vous iugerez que ce font personnes humaines. Voyla aussi en quoy, si quelques Anciens Ethiopiens y ont naui-gué, & que les Africains l'ayans appris d'eux, nous en ayent escrit, se sont peu trom-per, estimans que ce fussent hommes: dont mesmes sera venue la fable des Sauuages, ainsi veluz que lon les estime : car d'autres n'en peux-ie receuoir, par & auec raison na-turelle, si ce n'est quelque superfluité monstrueuse aduenue en la matiere corrompue de la generation. Entre autres l'historien Solin dit, qu'en ce païs d'Ethiopie & aux In-des il y a des hommes veluz par le corps comme Chieures, viuans de Limaz, & pois-son cru, qu'ils prennent dans les lacs & riuieres, comme font les canards & plongeons de pardeça : lesquels contes ie vous prie receuoir comme vrayes fables, encores que Pline, Munster, & autres vous l'ayent voulu persuader par leurs escrits, ainsi qu'en d'au-tres lieux ie pense vous l'auoir deduict, faisant mention de pareille folie que ceste cy de l'isle de Fernand Triste, qui la descouurit le premier, & y cuida perdre son equippage, pour auoir couru fortune par les tourmentes qui luy estoient aduenuës en ces en-droits. Ie ne veux icy oublier, deuant que passer oultre, à vous rameteuoir vn poisson, l'vn des plus monstrueux de tout ce grand Ocean. Iceluy est beaucoup plus gros que long, ayant sur son doz vne tumeur ou bosse, en façon de poincte de diamant. Quant au reste de son corps, à le contempler dans l'eau marine, vous iugeriez qu'il est couuert d'vn grand nombre de petites coquilles, toutes damasquinees, de plusieurs couleurs, depuis sa queuë iusques au sommet de ladite bosse: & le tout remply de fanons & are-stes bien poinctues. Sur ses yeux il y a force petites dets, faictes comme celles d'vn do-gue: son ventre gros, & auallé contre bas. Les fanons qu'il a autour des maschouëres, font d'vne grandeur inestimable : & n'en ay iamais veu, qu'en ces contrees là. Ce peu-

Le lac d'eau douce.

Fable de ceux qui croyent a-uoir des hô-mes peluz au monde.

ple le nomme *Scotar* : les Ruffiens & Tiliens, où il f'en trouue quantité, l'appellent
Hogerlump: lequel i'efpere quelque iour vous prefenter au naturel, auffi bien que d'autres, dont les anciens & modernes, pour ne les auoir cognus, n'ont point fait de mention. Or à la fuyte du promontoire, apres que vous auez paffé le Cap des Aiguilles,
auant que doubler vers l'ifle de S. Laurens, f'en voit vne autre, faicte par les embraffemens de la riuiere de l'Infante, ainfi dicte, pour l'amour de la fille de Portugal, ayans
par ce moyen les defcouureurs tafché de perpetuer leur mémoire, & eftendre bien
loing le nom de leurs Princes. Elle peult contenir huict ou neuf lieuës de circuit, &
n'en a guere plus de deux de large, fon eftendue eftant en long : & fe nomme *Sorecur*
par les Ethiopiens. Les habitans font rudes & vilains, le langage defquels n'eft entédu
par aucun de leurs voifins : auffi ne frequentent ils perfonne : & le profit qu'on peult
faire auec eux, eft feulement de quelques chairs & cuirs, qu'ils troquent, le tout par figne: pour quoy faire ils viennét iufques au port, armez de flefches & gros leuiers (car
de fer ils en ont bien peu d'vfage) & pour vn gros clou ils vous donneront vne vache, ou autre befte que vous leur demanderez : auffi n'y va loü que pour fe rafraifchir
d'eau & de chair. Cefte ifle eft plaifante, à caufe de fa verdure, & quelque peu montaigneufe, qui eft chofe trefbône pour leurs pafturages. Si ce peuple combat, il eft fi fort,
que f'il affene vn homme, tant bien couuert & armé foit il, il l'enuoyera par terre: & ne
font leurs baftós ferrez que d'oz de poiffon, ou de befte, que vous iugeriez eftre quelque corne, & poinctus au poffible. Et ne fault pas penfer, qu'ayant faict leur coup,
ils vous attendent: car ils fenfuyent incontinét, & courent fi legeremét, que les Daims
ne vont point de plus gráde viftefle, eftans pourfuyuis des chiens. Toute cefte region
eft en la noüuelle Afrique, cóptee depuis dix degrez pardelà la ligne, iufques au Cap
d'Ethiopie, à trentecinq degrez tirant vers la partie Auftrale. Ceux qui habitét ce païs,
tiennent plus de la befte & fauuagine, que de l'homme, & douceur qui luy eft naïfue
& naturelle, eftans leurs mœurs & façons de faire toutes diuerfes & eftranges des noftres. C'eft auffi l'occafion, comme i'eftime, qui a meu ceux qui en ont efcrit, de feindre
que parmi ce peuple y auoit de ces monftres fi eftranges qu'on nous peinct, à fçauoir
des hommes fans tefte, ayans les yeux en l'eftomach : d'autres qui ont le chef comme
vn chien, que les menteurs vulgaires nomment Cynocephales : les vns n'ayans qu'vn
œil au millieu du front, ainfi que les Poëtes ont feinct Polypheme, qu'ils nomment
Monocules, & d'autres en forme de Satyres : voulans par cela, dy-ie, monftrer leur
grande brutalité, beftife & cruauté, fans que pour cela on eftime ces chofes eftre veritables. Auffi ne trouue ie raifon naturelle quelconque, ny felon la confideration de la
fphere, qui me peuft faire penfer la caufe de ces monftres en ce païs, veu que la region
y eft autant temperee qu'en autre part du monde, & par confequent les hommes auffi
bien formez que nous fommes: que fils ne font accoftables, ce n'eft pour autre caufe
que pour n'auoir iamais conuerfé auec ceux qui fçauent la courtoifie. Dieu fçait com-

Folies de Munfter pour le regard des hômes mostrueux. ment Pline & Munfter vous en difcourent brauement, affermans telles impoffibilitez
eftre vrayes, iufques à parer & tapiffer leurs beaux liures de telles figures. Quant aux
animaux & beftes fauuages, & ferpens venimeux, que lon dit eftre en cefte region : il
eft vray que les Elephans y font fort monftrueux en leur grandeur, & toutefois non
telle que ceux des Indes Orientales : & qu'il y a des ferpens grands, & merueilleufement dangereux : dont on peult referer la caufe à ce, que leur Automne, qui eft noftre
Printemps, eft fort vehement en chaleur, & la terre en pante & montaigneufe, & par
confequent pleine de rochers & fouterraines, où cefte vermine fe nourrift. Mais de
croire, comme le fçauant Solin par vn fimple rapport l'a ofé efcrire, qu'il f'y trouue
des Serpens & dragons auffi grands & gros que les plus haults arbres du païs, ie ne le

puis aucunement, comme asseuré qu'il n'en est rien : nomplus que des Chauuesouriz, qu'il dit egaler les Pigeons en grandeur, auec des dents si dures & aigues, qu'elles peuuent aisément percer les plus fortes armeures des gendarmes de ces contrees. Entre autres s'y trouue le Basilic serpent, que nous appellons Coquatris, mis & nommé entre les plus dangereux & mortiferes de tout l'vniuers, d'autant que lon tient pour vray, que d'vn seul regard il occist & l'homme & toute autre espece d'animal. Ce que toutefois si ainsi estoit, ie m'esbahis comment on auroit peu auoir la cognoissance de sa figure & couleur : d'autant qu'auec cela ils adioustét qu'il n'est plus hault de deux pieds en longueur, & ne sçauroit estre contemplé parfaictement, si lon n'en approche de bien prés. Il est de couleur fauue & roussoyante, gros par le millieu, le reste du corps allant en estrecissant vers la queuë, la teste assez grosse, & les yeux estincellans merueilleusement, & sur la teste deux taches blanches, faictes non en façon de couronne, ains vn certain souspiral hault esleué côme celuy d'vn Marsoin de mer : & c'est pourquoy les Grécs l'appellent Serpent Royal. Quant aux François, ils le nomment Coquatris, à cause de la fable qu'on leur a faict accroire, que ce serpent estoit faict comme vn coq, ayant vne creste, & qui apres la grosseur monstrueuse de son corps, estendoit sa queuë de serpent, comme lon nous les represente dans ces vieilles tapisseries, faites le temps que le peuple croyoit voir de nuict les Lutins, Moynes bourrez, & transformation de Melusine. Or pour reuenir à mon propos, comme il est possible qu'vne beste si dangereuse ait esté visitee de si pres, qu'on en ait peu contempler la figure tout à son aise : il n'est aucun qui doubte, que Nature a esté merueilleuse en ses faicts, entant qu'il n'y a beste, si farousche soit elle & puissante, qui n'en ait vne autre qui l'accable, & qu'elle craint. L'Elephant doute la rencontre du Rhinoceros, le Lyon s'effraye voyant vn coq, & aussi ce serpent craint de s'attaquer à la Belette, contre laquelle s'il combat, il ne fault de mourir, ne pouuant supporter le venin de ceste bestiole côtraire à son poison. Cecy est donc prins de l'opinion des Simplicistes, & hommes qui ont tasché d'auoir la cognoissance des serpens. Mais quant à moy, ie ne me puis persuader du venin de la veuë simplement, ains que si à l'approcher qu'on fait de luy, il fait mourir les hômes, que cela procede plus de la punaise & infection de son haleine, alterant la bonté de l'air, que non pas de la force de la veuë, quelque chose qu'on me die : d'autant que ceste beste maudite & ennemie du genre humain, ne fault d'ouurir sa gueule en vous regardant, & infecter l'air prochain de son haleine venimeuse. Qu'il soit ainsi, si sa veuë estoit la seule meurtriere aussi tost qu'elle donne dessus toute espece d'animal, comment s'en sauueroit la Belette, laquelle l'occist à la verité ? combien que si elle en est morse, elle ne fault de payer l'vsure de sa hardiesse en mourant. I'ay veu des peaux de ces Basilics, de la couleur que ie vous ay dit, passant par l'Arabie deserte : mais non si grandes ne si difformes qu'on les feint. Quant au danger & venin qu'ils ont naturel, ie ne m'en esmerueille pas trop, attendu qu'en vn endroit de l'isle Taprobane, se trouue vn peuple, comme i'ay entendu de certains marchans Cephaliés, le plus farousche du monde, qui par ses sorcelleries, seul regard ou touchemét, offense ses ennemis : mesmes ceux qui reçoiuent leur haleine ou ombre, sont incontinent surprins d'vne maladie contagieuse. Desquels comme il en fust venu quelques vns au Royaume de Cefale, pensans vser & tenir escholes de leurs charmes, le Prince Cephalien les feit chastier d'vne telle & si rigoureuse façon, qu'il n'en demeura vn seul, qui ne passast au trenchât du Simeterre. Ie me recorde aussi auoir leu vne histoire escrite en Grec vulgaire, que vn nommé *Assan*, Turc par fantasie (comme ie cognu luy estant malade en Constantinople) me monstra, où il est dit, que le peuple, iadis nommé *Mariandem caphy*, qui est au païs de *Diospolis* en la petite Asie, entre le pont Euxine, & païs de Galatie, estoit

Basilicz, ou Coquatris.

tel, que de son haleine il faisoit mourir hommes, bestes & oiseaux, mesmement de leur seule parole & regard, & en tenoit d'autres en si grand' longueur de maladie, que à la fin se sentans ainsi infectez, ils se laissoient mourir en parlant. Dauantage, entre ce promontoire & celuy des Courantes, ainsi appellé, à cause que la mer est si courante, que vous iugeriez à la voir que ce fust vne riuiere: ce qui aduiet de la quantité des rochers, montaignes & vallons qui y sont, tout ainsi qu'au goulfe de Cuba, en la prouince de Mexique: là, dy-ie, se trouuent plusieurs sortes d'animaux, differents en espece de ceux de la basse Afrique, habitée entre les deux Tropiques: entre autres vn, que ceux du païs

Naharaph, ou Monoceros.

nomment *Naharaph* (mot deriué de *Nahara*, qui vault autant à dire que riuiere) & autres *Monoceros*, ayant la teste & crins d'vn cheual. Or quoy que ceste beste se plaise & aime pres de la mer & lieux marescageux, si n'est-ce pourtant le Cheual marin, & moins ce qu'on estime la Licorne. Car si lon veult dire que sa corne ait les mesmes proprietez & vertus contre le venim, aussi a bien celle du Rhinoceros: & qui plus est, le Monoceros fait guerre contre l'Elephant & autres bestes farousches. Mais i'estime plustost que les Licornes, qu'on appelle, & que i'ay veuës és maisons des Princes & grands Seigneurs, gardees comme choses tresexquises & precieuses, sont du Monoceros, & non d'autre animal. Il me souuient auoir veu, trauersant la mer Noire, vn poisson, nommé du peuple Trapezontin *Zuueych*, à cause de sa monstruosité, ayāt sa face semblable à celle d'vn homme fort vieux, portant soubz son menton vn certain fanon tout estoillé, lequel en le contemplant soubz l'eau marine, eussiez iugé estre vne barbe naturelle, auec deux moustaches, longues chacune de demy pied. Ceste bellue marine auoit pour conserue vn autre poisson vn peu plus grandelet, ayant sa teste, le col & au-reilles faites cōme celles du Monoceros: & au sommet de sadite teste, vne corne hault esleuee, de quelques six pieds en longueur. Les Hebrieux ou Iuifs du païs luy donnēt le nom de *Baalach*, & les Tartares qui aboutissent au riuage de ladite mer, de la part de Septentrion, *Vuuerdan*. Au reste, il fault noter, que encore que nostre promontoire soit en l'Ethiopie, si n'est-il pourtant soubz l'Empire du Preste-Iean, ny de Roy qui viue, d'autant que c'est vn païs de Singes, où presque personne ne va, soit d'vne part ou d'autre: & pense, quant à moy, que ceux qui les ont le plus veuz & descouuerts, sont les Chrestiens de l'Europe. Car ce Cap s'estendant plus de trentehuict lieuës dans la mer, selon ma supputation, qui en vallent bien soixante Françoises, est delà les mon-taignes de Beth, oultre lesquelles l'Empereur Ethiopien, ny aucun des siens, n'a co-gnoissance d'habitation quelconque. Ainsi ce peuple est vrayemēt sauuage, sans estre subiect qu'à sa fantasie & appetits, comme les bestes brutes, se nourrissant de fruicts, chairs cuites au Soleil & poisson, & quelquefois de pain faict de racines. Leur breuua-ge c'est eau: car de vin ils n'en ont point: & combien qu'ils ayent des Palmiers, dont tous les autres font du breuuage, si n'ont ceux cy l'industrie d'en faire aucunement. Ils ne sont ny blancs ny trop noirs aussi, ayans la couleur bazanee: & pour vous monstrer qu'il n'y a telle monstruosité que lon dit, ils sont beaucoup plus beaux que les Negres de la Guinee, ayans les cheueux mols, & le nez sans autre ouuerture, que telle que vous la voyez és mieux tra-çez visages de pardeça. Ils sont grands de huict à neuf pieds, mesme y en a de plus haults: & est dom-mage, que si belles gens soient ainsi sans cognoissance de raison, plus brutaux beaucoup, que ceux de l'Antar-ctique.

LIVRE QVATRIEME·DE LA
COSMOGRAPHIE VNIVER-
SELLE DE A. THEVET.

Du Royaume & isle de CEFALE, *où sont les Mines d'or.*
CHAP. I.

OMME vous auez doublé le grand & espouuantable promontoire dessus nommé, vous tirez au Nordest & Sudest, iusques au Cap des Courantes, où commence l'isle de Cefale, l'vne des plus grandes que lon sçache, ayant plus de trois cens cinquante lieuës de circuit, laquelle fut descouuerte enuiron l'an de nostre Seigneur mil cinq cens quarantetrois, l'année mesme que ie prins le chemin de Turquie, Grece, Egypte, Palesthine, & autres païs de Leuant. Ladite isle porte le nom du Royaume, qui est en terre ferme, où sont les principales forteresses du Prince Cefalien, pour tenir en bride plusieurs autres grands Rois qui sont coustumiers à luy faire la guerre:& gist à vingt degrez pardelà la ligne Equinoctiale, au troisieme climat, cinquieme parallele: enuironnee de deux grandes riuieres, qui sortent du lac Zéber. La premiere d'icelles vient de la part du Royaume de Melinde, & s'appelle Cuame, nauigable plus de deux cens cinquante lieuës auant au continent, & plus grande beaucoup que l'autre, à cause des riuieres qui y entrent, à sçauoir *Panhames, Luangoe, Arruye, Manione, Inadire* & *Rueme*, & qui arrousent les terres du Roy de *Benomotape*, esquelles toutes se trouue force grains d'or. L'autre vient de l'Ouest du mesme lac, nommee des Chrestiens la riuiere du sainct Esprit, pour auoir esté descouuerte le iour de la Pentecoste: les habitans du païs l'appellent *Zember*, du nom du lac d'où elle se desgorge: & se va rendre en mer audit Cap des Courantes, & l'autre faisant trois bouches, par les isles Vciques, qui sont vis à vis de la grand' isle S. Laurens, tirant au Sudest. De l'vn engoulfement à l'autre, le païs est fort beau, temperé, sain, tousiours verdoyant, & fertil de toutes choses que lon sçauroit desirer en telles contrees. Il est vray que du costé des Courantes, tirant à mont la riuiere du sainct Esprit, si vous esloignez vn peu de la mer & de ses orees, la campaigne est plus abondante en pasturages de toutes sortes de haraz, mais si desnuee d'arbres, qu'ils sont contraincts se chauffer, & cuire leur viande auec la fiente du bestial, des peaux duquel ils se vestent, à cause que celle partie du païs est fort froide, pour les vents continuz de la terre Australe, & que ce costé du Royaume est le plus esloigné de la ligne. C'est en ces endroits que lon dit estre le païs des Troglodytes, & que ce peuple s'assemble en des citez, où les femmes sont communes, sauf que le Roy en a vne particuliere: laquelle si quelcun accointe, le bon Prince ne s'en venge sin n d'vne amende de certain nombre de brebis, qu'il fait payer au malfaicteur, pour luy auoir planté les cornes. Voyla pas de gentilles contemplations, pour estre escrites en vne Histoire du monde, chap. septieme, liure premier? & aussi croyables que ce qu'il raconte au mesme liure, qu'il y a des chardons, du fenouil, & autres

Riuieres qui arrousent les terres du Roy de Benomotape.

telles herbes, le bout & pommes defquelles font de douze coudees, & leur tuyau fi
gros, qu'ils pourroient contenir pres de huict caques d'eau:& des afperges auffi d'vne
grandeur incroyable? N'y a-il pas dequoy rire icy, auffi bien qu'à ce que recite Solin,
qu'en ce mefme païs d'Afrique, y a des Souriz grádes comme les Renards de pardeça?
Or vous ay-ie dict en vn autre endroit, qu'il n'y a nation foubz le ciel, où les femmes
foient communes,& que ceux qui l'ont cy deuant efcrit,l'ont fongé,ou en ont efté aduertiz de quelques menteurs & vagabonds, qui prennent plaifir à reciter ce qu'ils ne
virent onques. Quant à ce peuple,ils n'ont auffi villes ne citez, nomplus que les Guy-
neens & Manicongriens.Et fuis fafché de reprendre fi fouuent ces bonnes gens : mais
i'en fuis côtraint pour le deuoir de ma charge & confcience, attendu que i'ay veu tout
le contraire de plufieurs chofes qu'ils ont defcrites. Touchât la terre qui va le long du
fleuue Cuame,qui eft la partie plus interieure de l'ifle,& la mieux orientee,le païs y eft
môtaigneux,les vallees graffes,les bois touffus & efpais,la campaigne baignee de fleuues,arroufee de fontaines & ruiffeaux,plaifante en fon affiette,& aggreable à ceux qui
y habitent : & c'eft la raifon pourquoy le Roy fy tient ordinairement , & que tout le
monde y aborde plus qu'en terre continente, qui luy eft fubiecte auffi bien que ladite
ifle. C'eft auffi icy qu'on commence à recognoiftre Seigneur , apres auoir paffé le Cap
de Bonne efperance, où (comme i'ay monftré) n'y a autre Roy que la volonté d'vn
chacun.Or puis que ie fuis fur le propos des Princes de ce païs,fault noter,que la plus
part de ces Rois font Mahometiftes, iaçoit que le peuple foit plus idolatre que autrement,& les Rois mefmes ne font fi fcrupuleux fur le faict de l'Alcoran,qu'ils f'en rompent beaucoup la tefte : ce qui leur eft aduenu par la frequentation qu'ils ont euë auec
les premiers eftrangers qui les vifiterent. Mais pour fçauoir quels ils furent,il me fault
rechercher l'hiftoire vn peu de plus loing, & toute telle que ie l'ay ouye reciter à vn
Arabe l'an mil cinq cens cinquante, qui difoit l'auoir apprins , eftant au Royaume de
Magadaxo , des Chroniques & geftes des Rois de *Quiola*. Ce furent donc les Arabes,
qui les premiers de tous les eftrangers accofterent ce païs , & y vindrent faire refidence, ayans efté bannis de leur terre pour herefie, d'autant qu'ils fuyuoient la doctrine

*Zaïde he-
rétique.*

d'vn nommé *Zaide*,nepueu de *Hocen*, fils de *Hali*, nepueu de Mehemet,& qui auoit
efpoufé *Axa* fa fille.Toutefois quelques Africains m'ont affeuré que c'eftoit *Hamza*,
fils d'*Abdamelich* , celuy qui contraignoit le fimple peuple de receuoir la loy de fon
Prophete d'Arabie. Ce *Zaide* efcriuit quelque chofe contre l'Alcoran:& ceux qui le
fuyuirent, furent nommez *Emozaides*, qui fignifie fubiects de *Zaide*, comme lon a
appellé Arriens, ceux qui entre les Chreftiens ont fuyui l'erreur d'Arrie,& tous autres
fectaires qui ont marché apres la trace de l'inuenteur de leur fectes & herefies. Ceux
qui fy arrefterent à ce commencement, baftirent des maifons, où ils peuffent eftre affeurez de l'incurfion des Cafres du païs. Mais apres que fept galans de la mefme fecte,
fortis de l'ifle de Baharem, qui eft au goulfe de Perfe, eurent armé fept ou huict nauires d'vne bonne troupe d'Arabes de mefme opinion, cefte pefte Mahometane f'efcar-
ta par toute cefte cofte d'Ethiopie : & eftoient ces fept freres fugitifs,& perfecutez par
le Roy de *Lacath* , Prouince de l'Arabie heureufe, lefquels furent fi heureux en leur
conquefte,qu'ils fe feirent feigneurs des Royaume de Magadaxe,Melinde,& Quiola.
Les Emozaides fe trouuans de diuerfe opinion auec les derniers venuz de Baharem,
& pource ne pouuans conuerfer auec eux, fe retirerent en Zephale, ou Cefale, & mef-
langeant leur doctrine auec l'idolatrie de ceux du païs, efpouferent auffi de leurs filles:& depuis ont ainfi demouré long temps, fans f'accofter aucunemét d'autre nation
voifine. Et à dire la verité, l'ifle de Cefale eft tellement bornee de riuieres & montaignes de tous coftez, qu'il eft impoffible y donner attainte fans grand peril , fi ce n'eft

du confentement des Infulaires : attendu que fi de l'Ethiopie auant, & venant d'Arabie ou Perfe, on y va par mer, il femble que le promontoire de Mofambique (qui eft le dernier au delà de l'Equateur) & celuy de l'ifle de Magadafcar, font vn deftroict fi fafcheux, auec tant d'iflettes pierreufes & rochers, qu'ils veulent empefcher le paffage, eftans comme vn vray Scyllé & Charybde (& n'eft rien le deftroict de Gibraltar en comparaifon de ceftuy cy) la fin duquel fe fait au fufdit Cap des Courantes: & ce tant pour la courfe & rencontre des eaux, que pour le mouuement de la mer du Leuant au Ponent, & qu'auffi les vents faccueillent & affemblent treftous en ce deftroict : dequoy peuuent donner tefmoignage fort affeuré les Chreftiés qui y ont paffé, non fans y laiffer quelque chofe de leurs nouuelles, & vne bonne partie de leurs vaiffeaux & hommes. Or Cefale a efté ainfi appellee de ceux qui la defcouurirét, à caufe d'vne miniere d'or, la plus riche du monde, pofee en vn des coings dudit Royaume, en certaines montaignes affez haultes: car en langue Abyffine *Phal* fignifie mine d'or (& *Elmahedem* en langue des Arabes du païs, côme la mine d'argent, *Adrahinne*) & tout le mot *Cefale* emporte autant que Païs de mine d'or. Ceux qui habitent les Royaumes de Xoa, Coia, Quiloa, & Mofambique, d'autant qu'ils different peu en langage, ainfi que font en noftre Europe les Efclauons des Dalmates & Albanois, & ceux de Seruie auec les Bofniens, vfent d'vn mot commun & general pour nommer l'or, à fçauoir *Delhadim Beth-bera Zephale Ared*, qui eft à dire, Richeffe d'or trefluyfante. Et certainemét on peult bien donner ce nom à ladite ifle, veu que les montaignes où eft la mine, ne contiennent rien moins de trente lieües, & les riuleres en font fi chargees de grains, qu'à meilleure raifon peult on dire, qu'elles ont les areines d'or, que beaucoup d'autres, defquelles iamais on n'en tira le pefant d'vn efcu: eftant affeuré, que fi ce peuple eftoit auffi conuoiteux que nous fommes, de ce metal fi precieux, toutes leurs maifons en reluyroient. Le meilleur païs & plus abondant de l'ifle, eft *Butua*; autremét *Toroa*, bien auant vers l'Oueft, où le Roy general tient vn Roytelet fien vaffal, nommé *Buro*, qui a charge des mines. C'eft là que le Roy a fait baftir de beaux chafteaux façonnez à leur mode, & fortereffes pour y tenir fes threfors, & pour fy aller foulager, lors qu'il vifite fon Royaume. En fa principale ville y en a vn, qu'ils appellent *Symbare*, fur le portal duquel fe voit vne table de belle pierre blanche, où font grauez certains characteres, que les Arabes, Latins, Mores, ny Ethiopiens, n'ont encore fceu lire: qui me fait penfer, que les anciens habitans eftoient plus lettrez & fpirituels, que ceux qui y demeurent à prefent, & qu'ils auoient characteres propres, comme ont la plus part de ces nations Orientales. Au refte, ils ne vous fçauroient raconter, quand ne par qui ces Palais furent dreffez : feulement vous diront, que ce n'eft œuure d'homme, ains que ce ont efté les efprits qui en ont efté les baftiffeurs. Aucuns ne regardans point fi les chofes fe peuuent comporter, difent, que cefte region ainfi doree pourroit eftre celle que Ptolomee nomme *Agyfimbe*: mais quand ils aduiferont le lieu de cefte fortereffe, & en quel degré elle eft pofee, ils cognoiftrôt que ce païs ne vint iamais à la cognoiffance dudit Ptolomee, ne mille ans apres fa mort. Moins encor leur accorderay-ie, que ce foit la mine, de laquelle Salomon tira l'or pour l'enrichiffement du fainct Temple de Dieu, pource que de fon temps lon ne couroit pas fi loing, & qu'aucun n'auoit encor fceu que c'eftoit de Cefala, ne de fes mines. Les autres fabufent, en ce qu'ils feignent, que ces grands Palais ayent efté du baftiment de la Royne Ethiopienne, Saba: pour autant qu'elle eftoit Dame de Meroé, qui eft à vingt degrez ou enuiron pardeçà la ligne, là où Cefale eft bien pres de vingt pardelà: païs pour vray, fur lequel les Rois Ethiopiens n'auoient pour ce téps aucune domination, veu qu'encore le *Gerich Auaraich* n'eftend point fes limites fi auant. Ainfi les Arabes confeffans qu'ils n'ont faict

Phal fignifie mine d'or.

Buro vaffal du Roy Cefalien.

Ptolomee n'eut onques cognoiffance de ce païs là.

dreſſer ces edifices ſi ſuperbes, & les Chroniques Ethiopiénes n'en faiſans aucune men
tion, ie me contenteray de dire, que ce peuple noir, qui eſt encore accort, a eu des Rois
iadis fort magnifiques, leſquels ſe plaiſoient à faire baſtir, & à ſe tenir en des Palais
ſomptueux, tant pour la defenſe & conſeruation deſdites mines, comme pour le plaiſir & ſeureté de leurs perſonnes: ioinct que pour le iourdhuy le *Menotapa*, ou *Beno-
motapa*, qui ſignifie l'Empereur ou grand Roy de Cefale, ne ſe tient que dans les fortereſſes, duquel ie traicteray quelque choſe au chapitre ſuyuant.

Du Roy de CEFALE, *& des mœurs & Religion des Cefaliens.*
CHAP. II.

IL vovs peult ſouuenir, qu'au precedent chapitre i'ay dit, que les
Arabes chaſſez par le Roy de *Lacath*, furent ceux des eſtrangers, qui
paſſans le goulfe d'Ormuz, & celuy d'Arabie, vindrét en fin en Moſambique: & que ceux de *Baharem*, qui eſtoient allez ſoubz la conduicte de Zaïde au païs de Xoa, Coïa & Quiloa, ſe retirerent en Cefale, enſeignans l'Alcoran, & à la fin eux meſmes, par ſucceſſion de
temps, ayans oublié Mahomet, demeurerent ſoubz ceſte ſeule croyance, qu'il y auoit
vn Dieu. De ceux cy, que nous auons appellez Emozaides, ſortit vn homme ſubtil, accort & preuoyant, qui ſe diſoit deſcendu de la race de Zaïde: lequel ayant fait baſtir
vn lieu de fortereſſe, cómença à exercer iuſtice à ſes voiſins, les eſcouter en leurs plainctes, & les ſecourir en leurs neceſſitez (il ſ'appelloit *Moſelbapa*) & alla ſi bien & cau-
tement en ſes affaires, que les eſtrangers qui eſtoient en grand nombre en l'iſle, le con-
ſtituérent Roy, & l'introduiſirent és terres qu'ils tenoient. Les Cefaliens ſimples, & qui
deſia eſtoient conioincts par alliance auſdits Emozaides, apres quelques difficultez,
accorderent neantmoins de l'accepter pour Roy, & finalement eſtant confirmé en ſon
ſiege par les deux ligues, luy donnérent le nom de *Benomotape*, qui ſignifie Empereur.
Ie puis dire, que la terre ne porte Prince plus craint & obey qu'eſt celuy là: auſſi la
courtoiſie dont ſes predeceſſeurs ont vſé enuers les Inſulaires, luy ont eſtably les forces de ſon regne, & leur liberalité enuers les Courtiſans, iuſtice egale à chacun, & punition des vices, le tient tant honoré, qu'il n'eſt ſi hardy, ſoit ſubiect ou voiſin, qui oſe
attenter rien contre ſa grandeur & proſperité. Ses enſeignes & ſceptre ſont vne petite
Beſche, le manche de laquelle il porte touſiours à la ceincture, donnant par cela ſigni-
fiance de la paix, en laquelle il les tient: comme ſ'il vouloit dire, qu'ils ſe peuuent ad-
donner hardiment à beſcher & cultiuer la terre, veu qu'il les defendra, qu'homme ne
leur face deſtourbier: ayant en oultre touſiours vn Arc, ou bien deux Dards, tels que
ſont ceux des Hirlandois allans par païs, par leſquels il denote la iuſtice. La terre y eſt
fort libre, attendu que nul ne paye tribut, taille, ny impoſition: combien que ſ'il aduient, que lon voiſe parler à luy, c'eſt vne choſe comme toute ordinaire entre ſes ſubiects, qu'en recognoiſſance, ou ſigne d'obeiſſance & courtoiſie, on luy porte touſiours
quelque preſent, & n'oſeroit aucun d'eux fingerer d'aller deuant luy les mains vuy-
des. Que ſi ce ſont autres, comme Ambaſſadeurs, auſſi difficilement en approchent ils,
& ſont meſmes receuz des Officiers auec fort mauuais viſage. Mais d'autant que vous
me pourriez demander, en quoy conſiſte donc la richeſſe de ce Roy: c'eſt choſe aiſee à
vous reſpondre & ſatiſfaire, pourueu que vous notiez ce qui eſt dict cy deſſus, que les
fortereſſes des mines ſont ſon reuenu, & par conſequent les mines: puis apres, que chacun tant de ceux de ſa maiſon, que des Capitaines & Seigneurs ſoldoyez à ſes gages,

*Benomotape
ou Empe-
reur.*

*Le ſceptre
du Roy Ce-
falien.*

*Païs libre
ſans y payer
tribut.*

luy doiuent tous les mois sept iours pour cultiuer ses terres, & cauer l'or és montaignes, ou le chercher dans les riuieres. Quant aux marchans qui y viennent aux foires,
bien qu'on ne leue aussi aucun peage ne dace sur eux, si-est ce que s'ils ne font quelque
gracieuseté au Prince, on leur môstre si mauuais visage, qu'ils cognoissent incontinent
qu'ils ne luy sont point plaisans: & tout ainsi qu'il n'est permis à homme de sortir sans
son congé, aussi ne sont ceux là receuz à le voir & luy faire la reuerence. Pour le faict
de la Iustice, iaçoit qu'il y ait Iuges & Officiers, si est-ce que luy mesme conferme la   *Iustice &*
Officiers du
païs.
sentence de sa propre bouche. Il ne va point vestu d'autres habitz, que de draps de futaine, qui se font en ses terres, pource qu'il ne veult rien porter qui vienne des estrangers, de crainte qu'il a d'estre empoisonné: de sorte qu'en quelque lieu qu'il soit, de
nuict ou de iour, le feu est tousiours allumé, à cause, disent ils, qu'on pourroit faire des
charmes au fouyer, qui preiudicieroient à la vie, santé & prosperité du Prince. Pour
ceste mesme raison, quand il mange & boit, on fait l'essay des viandes & de son breuuage auant qu'il en gouste, & est serui à genoux. En temps de paix il est plus souuent
serui par les dames & filles seruantes de ses femmes, que par ses gentilshommes. Personne donc ne demeure debout quand le Roy mange, ains sont tous assis à terre, sans
tapis ou autre chose: car tel honneur est pour luy seul, ou bien pour les esträgers qu'il
veult caresser & honorer. S'il parle à quelcun, cestuy là se leue incontinent, & se tient
sur pieds, tant que le Roy aura parlé, & puis apres il se remet en sa place. Quand ils   *Comme le*
Roy va en
guerre.
vont en guerre, ils vsent fort peu de cheuaux, toute leur force consistant en l'Infante-

rie: & leurs armes sont arcs, flesches, dards, arsegayes, courtes dagues & haches de fer.
La garde principale du Roy sont deux cens Chiés, qu'il meine par tout, soit à la chas-
se, soit à la guerre, oultre plus de vingt mille hómes qu'il a ordinairement pres de luy.
Et à fin d'estre veu par sus tous les siens le mieux equippé, vaillant & hardy, il est mon-

r ij

té fur vn Elephant (que ce peuple nomme *Almanachar*, & les Arabes *Elphit*) le plus
beau & grand qui fe peult trouuer, accouftré & caparaffonné de fins draps de diuerfes couleurs, auec plufieurs clochettes & fonnettes d'or y attachees, qui font vn bruit
merueilleux, eftans auffi les boucles des fangles de mefme:& eft conduict par deux de
fes plus fauoritz, tenant chacun vne groffe corde de fil d'or en leur main : & fe met en
tel equippage fur cedit Elephát, befte pefante, & qui ne va volontiers que le petit pas,
pour donner à cognoiftre aux fiens, qu'il ne veult point fuyr, ains mourir auec eux : &
vont ainfi en campaigne, contre leurs ennemis, à la façon & maniere que vous voyez
par le precedent pourtraict, cy deuant mis, que ie vous ay bien voulu reprefenter. Au

Butin dini-
fe au Roy,
& à fes
foldats.

refte, le butin qui fe prend en bataille, eft diuifé au Roy, Capitaines, & foldats, lefquels
font tenus de porter leurs viures de leur maifon auant, fauf quelques chairs qu'on leur
faict departir. Durant la guerre, en figne de douleur, ils ne lauent iamais les mains, ny
le vifage, tant qu'ils ayent gaigné & vaincu leurs ennemis : & n'y meinent point leurs
Almara & *Benthy*, fçauoir femmes & filles, quoy qu'ils les aiment extremement. Le
Roy a plufieurs femmes, voire iufques au nóbre de mille, filles de plufieurs Seigneurs
de fon Royaume:iaçoit que la premiere qu'il a efpoufee, fuft elle de plus baffe maifon
& race que toutes les autres, a le premier lieu, & eft la plus honoree, & l'enfant mafle
qui en fort, heritier du Royaume apres le decez de fon pere. Ces dames ont efgard au
mefnage, tant Roynes que autres, de quelque qualité qu'elles foient, & vont toutes durant les moiffons du millet & ris, qui font leurs bleds, aux champs pour fe foigner de
la cueillette. Les femmes mariees font en tel honneur entre eux, que fi quelcune va par
la rue, & le fils aifné du Roy la récontre, il eft tenu de farrefter pour luy faire place, &
la faluer. Le païs eft beau, comme ie vous ay dict, & bien arroufé de riuieres, & pourtant auffi fort fertil en fruicts propres à la nature du terroir. Il y a quantité d'Elephás,
lefquels fenfuyét de ce beau païs de pafturage, dés que la Cour y arriue, pour la multitude du peuple qui fuyt le Roy. Vous y voyez auffi abondance de Lyons, Ours, San-
gliers & autres beftes monftrueufes & cruelles : voire les Rhinoceros y font leur demeurance : pource qu'vne gráde partie du païs, comme celle qui tire vers la riuiere du
fainct Efprit, eft toute folitaire & deferte, & vraye habitation & repaire de ces beftes
fauuages & faroufches. Oultre que cefte ifle eft riche en mine d'or, elle eft auffi abondante de la plante qui porte le Myrrhe, que les Infulaires vendent aux eftrágers. Mais
pource qu'en autre lieu i'efpere parler au long de l'or, de fes mines, & comme il eft tiré, choifi & purifié, ie n'en diray mot pour le prefent, voulant pourfuyure le refte des
fingularitez de ce païs. Les habitans y font noirs, & ont les cheueux fort crefpes: com-

Dieu de ce
peuplequ'ils
appellet Mo-
zimo.

bien qu'il fen trouue d'vn peu oliuaftres, gens de bon efprit, courtois, & defquels la có-
fcience eft bonne & droicturiere. Ils adorent vn feul Dieu, qu'ils appellent *Mozimo:*
où vous remarquerez, que iaçoit que tous les Negres de ces ifles, & cofte de mer Ethiopique, foient idolatres, & addonnez aux inuocations du malin efprit, ceux cy abhorrent & deteftent ces mefchançetez, & puniffent mefmes ceux qui famufent à telles fuperftitions, non qu'ils fe foucient de leur religion, finon entant qu'ils croyent que les
charmes & forcelleries preiudicient à la vie des hommes, & au bien de leur eftat &
Royaume:& par ainfi celuy qui fera attainct & conuaincu de ce vice, il luy eft impoffible d'efcheuir la mort. Il y a encore deux autres pechez qu'ils puniffent rigoureufement, à fçauoir le Larrecin & l'Adultere:de façon que fils voyent quelcun feulement
affis auec la femme d'vn autre fur vn lict, c'eft fans aucune remiffion, qu'il fault que
tous les deux meurent : mais aifément ils fen gardent, veu qu'il eft permis à chacun
d'efpoufer tout autát de femmes qu'il luy plaift. Il eft auffi à noter, qu'aucun ne peult
efpoufer fille, qu'elle n'ait eu fes mois & fleurs, pourautant que c'eft ce qui les monftré

idoines à la generation & à conceuoir, estans conioinctes à l'homme : & pour ceste
cause, tout aussi tost qu'elles ont commencé de sentir la maladie des femmes, la premiere fois que cela leur aduient, les parens font vn banquet & grand' feste, en signifiance que leurs filles sont prestes à marier:& lors les partis se presentent. Quant à leur
religion, ils obseruent la Lune, & certains iours d'icelle. Ils font leurs prieres, & sur *Religion des Cefaliens.*
tout honorent comme feste solennelle,tout vingthuictieme iour du mois,sans le spe-
cifier, à cause que ce fut ce iour que nasquit le premier Roy de l'isle, *Moselbapa*, duquel a esté tenu propos cy dessus:& pour les prieres publiques ils ont le premier,sixie-
me & septieme iour de chaque Lune. De la ceremonie qu'ils vsent à l'endroit des *Ils croyent*
morts, elle est fort grande: aussi ont ils opinion, que l'ame est immortelle, & qu'elle *l'ame estre*
doibt reprendre son corps vn iour. A ceste occasion quand quelcun est trespassé, ils *immortelle.*
l'enterrent dans la court de la maison, iusques à tant que la chair soit consumee:& cela faict, ils prennent les ossemens,& les marquent,pour cognoistre à qui ils ont esté : &
les mettent apres sur des tables,soubz des draps de futaine blanche,où lon sert pain &
chair cuitte, comme offrande faicte aux trespassez,lesquels ils prient de se souuenir
d'eux.Leur principale priere est,qu'ils soient fauorables au Roy, & qu'ils le facet pro- *Oraisons &*
sperer en tous ses affaires, & qu'exterminans leurs ennemis, ils maintiennent l'isle en *prieres de*
paix,repos & asseurance. Ces oraisons se font par chacun chef de maison,tous les assi- *ce peuple.*
stans estans vestuz de blanc : & puis se leuent,& lauent les mains & la face : & s'asseans
en riant & chantant quelques loüanges des morts,ils mangent les choses offertes chacun auec sa famille.Or combien que ce païs ne soit de la subiection & empire du Gerich,Empereur d'Ethiopie,si est-ce qu'il y a plusieurs Eglises de Chrestiens conuertiz
par les Abyssins en Cefale, qui viuent fort religieusement, & en grande reformation.
Les Prestres y sont mariez: mais leur femme morte, il ne leur est loysible se remarier *Prestres*
en secondes nopces,& le tiennent de toute antiquité,ainsi que d'autres fois,comme ils *mariez.*
disent, auoit esté ordonné par quelque Concile. Ils different en plusieurs choses des
Latins, sauf en ce qui est principal de la substance de nostre foy & exercice de Reli-
gion.Dauantage,ils ont l'vsage des images,mais seulement en plate peincture, à l'imi- *Vsage d'i-*
tation des Armeniens,Georgiens,Grecs & autres Leuantins. Ces Chrestiens sont fort *mages que*
cheriz & honorez du Roy de Cefale, tant pource qu'il les estime saincts personnages *tient ce*
(ce que veritablement ils sont) que aussi pour sçauoir qu'ils ont esté conuertis par la *peuple.*
predication desdits Abyssins, le Prince desquels ils honorent, reuerent & craignent,
pour auoir ouyr parler de sa grandeur, puissance & magnificence : toutefois qu'ils
soient loin de sa principale ville,plus de six cens lieuës : ioinct que le voyage est difficile,à cause qu'il faudroit passer les grandes montaignes du païs, & les torrens impetueux du Nil,où iamais homme ne passa encore:& par mer le chemin y est difficile &
laborieux, tant pour y estre long,qu'aussi ce peuple n'a point accoustumé d'entreprendre si loingtains voyages. En ce païs se sont depuis quelque temps retirez les Portugais, & y ont basti vn chasteau tout semblable à celuy qui est en la Guinee, qu'ils appellent Castel de Mine, & nomment cestuy cy, La nouuelle mine. Du temps que i'e-
stois en Leuant, on me dist, & estoit chose asseuree (car celuy qui m'en faisoit le rapport, m'afferma y auoir esté present) que lesdits Portugais s'estans mal portez à l'en- *Portugais*
droict des Arabes Emozaides, & des Ethiopiens Cefaliens, furent tous taillez en pie- *taillez en*
ces,& les autres côtraincts de s'enfuyr de l'isle:ce qui me fait esbahir de ceux qui osent *pieces.*
dire,que le Roy de Cefale soit subiect & tributaire du Portugais, veu que l'vn est grãd
Seigneur, & l'autre n'y a qu'vne poignee de terre & d'hommes en quelque petite forteresse, pour se preualoir de ceux du païs. Aussi le feront ils croire à d'autres,pourau-
tant que de ma part,ie ne leur feray point plus d'auantage qu'il leur en est deu, si ie ne

voulois impudemment mentir. Vous auez en terre continente le Royaume de *May-tachafy*, entre celuy de Camur & celuy de Cefale, arroufé de la grand'riuiere de *Cuame*, la fource de laquelle vient des haults monts d'*Arnette*, & puis va rendre fon tribut à l'Ocean par trois bouches au goulfe de *Monguale*, vers la part du Midy. Le Seigneur de cefte terre receut l'Euágile à la perfuafion & priere du Roy Cefalien, qui lors eftoit Chreftien, & eftablit à fes Eglifes huict Euefques, gens notables, & autres miniftres, pour attirer toufiours le peuple qui eftoit idolatre, au Chriftianifme: & fut en ce mef-

me temps eftably en la ville de *Maytachafy*, qui porte le nom du Royaume, vn *El-cadye*, ou *Ifmiel*, en leur langue, fçauoir vn preftre fur tous les autres, qui tenoit rang de Patriarche & fouuerain Prelat: lequel à la fin de fes iours fut en vne opinion particuliere, prefchant publiquement mille herefies, qui participoient de la religion Catholique, de l'idolatrie & du Mahometifme enfemble. Entre autres il difoit, que fi vne femme venoit à enfanter fon enfant mort, il eftoit priué de la beatitude eternelle: Et au contraire auoit arrefté par vn Synode, tenu auec certains Euefques en la ville de *Quitycui*, que fi la femme prefte à faire fon enfant, venoit à receuoir le facremét felon leur vfage, loy & foy, & que par apres fuft fondit enfant mort né, par ce feul facrement il eftoit baptifé, & hors du danger de peine & damnation. Ce peuple croit y

auoir vn Enfer, qu'ils appellent en leur langue *Gehennacq*, & des efprits malings, qu'ils nomment *Suthanacq*, & pareillement vn *Quenta*, fçauoir vn lieu d'angoiffes & de tourments, qui eft pour purger les pechez, apres laquelle penitence vont auec les bien-heureux en Paradis. Et puis bien affeurer le Lecteur, que eftant à Gazera, ville ancienne & renommee pour auoir nourry le preux & fort Samfon, ie fus prefent lors que lon interrogeoit trois preftres Cefaliens, qui prenoient le chemin de Ierufalem, lefquels confefferent tous les poincts deffufdits: & difoient dauantage, que les Rois de *Gaurage*, *Quaffable* & *Amara*, qui lors eftoient bons Chreftiens, cheurent en l'herefie de ce gentil *Ifmiel*. Au refte, ie ne veux oublier vne chofe memorable, aduenue l'an mil quatre cens quarante trois, au Roy Cefalien, nommé *Othoniel*, & à *Iofphias*, fon voifin, Roy de *Maycataphis*: lefquels ayans eu par l'efpace de trente ans ou enuiron plufieurs guerres enfemble, chercherent finalement tous moyens qu'il leur fut poffible pour fe reconcilier, & accorder leurs differéts. Or pour eftre ces Princes en plus grande feureté de leurs perfonnes, il fut conclu par l'aduis & deliberation de leur confeil, que pour parlementer l'vn auec l'autre, ils fe trouueroient à iour nommé, en la ville de *Baguemetre*, qui porte le nom de fon Royaume, des appartenances du Roy *Ozy*. Lequel d'autre part defirant de les voir en paix, feit offre de bonne volonté de les y receuoir: & ce toutefois auec condition, & la foy prealablement promife, qu'eftans paifibles entre eux, ils ne fe rueroient fur fes terres. Toutes promeffes donc & iuremens faicts, il les receut auec la plus grande magnificence qu'il peut. Et ainfi, arriuez qu'ils furent, & fur le poinct mefmes de conclure leur paix, enuiron fur les trois heures du

foir, foit par punition diuine ou autrement, aduint vn fi grand & merueilleux tremblement de terre, accompaigné auffi toft du feu du ciel, qui dura pour le moins trois heures entieres, que le Palais où eftoient ces trois puiffans & riches Rois, fut de fonds en comble renuerfé par terre, & plus de cinquante mille maifons, tant de ladite ville, que du païs voifin. Penfez fil y eut du peuple, beftes & oifeaux, qui finerent là malheureufement leurs iours en peu d'heure. Et me fuis laiffé dire à quelque bon nombre de ce peuple, qu'ils ont par efcrit en leurs hiftoires, qu'il n'y eut pas les forefts des montaignes & vallons, que tout ne fuft confommé & reduit en cendres, par la violence de ce feu, qui ne fe peut eftaindre de trois mois apres. Voila ce que ie vous ay voulu dire de ce Royaume de Cefale, qui porte auffi le nom de fa ville metropolitaine & Royale, en laquelle le Roy se tient plus volontiers qu'aux grandes & populeuses de *Mamisel*, né à celle de *Pyrconth* : laquelle fut bastie par le Roy Pyrconth, premier du nom, celuy qui osta l'idolatrie du païs, & voulut que tous les Rois ses successeurs y fussent inhumez, d'autant qu'il s'aimoit en ce lieu là plus qu'en autre.

Des isles Vciques, & de l'oiseau Aschibobuch, de l'Ambre, & comme il est recueilly des habitans. CHAP. III.

APRES que lon a passé le promontoire des Courantes, qui gist au Su-dest, à vingtquatre degrez, & vers la poincte S. Laurés à l'Est, lon voit sur l'engoulfement de Cefale, six isles esloignees de dix, douze, quinze, vingt lieuës ou enuiron, les vnes des autres : & s'appellent les Vciques, grandes & petites, estans sur la route qui tire à Mozambique vers le Nort : plus situees dans l'eau douce, que dans la mer, à cause de l'auoisinement qu'elles ont à la terre ferme, où trois ou quatre riuieres se viennent desgorger : & sont habitees du costé de Cefala, tant pour le trafic qui se fait audit Royaume, de l'or qui croist à ladite Mine nouuelle, qu'aussi la pluspart des nauires viennent à l'vne d'icelles pour s'y rafraischir. Les Mores qui demeurét là, trafiquét auec les idolatres de terre ferme, & puis transportent leur marchandise aux Royaumes de Quiloa, dict Zanguebar, Mombaze & Melinde, plus auant, tirant vers la mer Rouge, ou goulfe d'Arabie. Ce peuple est barbare, inciuil & mal propre, & ne s'accoste presque que de ses voisins : encor est-ce pour la seule occasion dudit trafic, d'autant que les Vciquiens ont abondance de chairs de bestes domestiques, de ris & millet, qu'ils portent vendre en terre ferme dans leurs petites barques legeres. Le long de ceste coste se peschent de fort belles huistres, où lon trouue de grosses perles. Mais les vilains ne sçachans les moyens ny de les pescher, ny d'en tirer lesdites perles : où s'ils en prennent, ayans plus de soing de les manger, que de la richesse qui est enclose dans l'escaille : tellement que les faisans cuire, elles deuiennent toutes rougeastres & à demy bruslees : ne fault s'esbahir si elles sont gastees, & que lon n'en fait pas grand profit : combien qu'il est sans doute, s'ils auoient l'adresse de les tirer, qu'il s'en y trouueroit d'aussi bonnes & Orietales, que celles qu'on apporte de Coromandel, ou Bahare. Or si ces bestiaux sont mal adroicts en cela, ils ne sont pas si mal aduisez à recueillir l'Ambre, duquel se treu-ue grande abondance en ces isles, que les Mores ramassent, & vendent fort cherement aux nations estranges. Mais d'autant qu'il y a diuerses sortes d'Ambre, & encore en ses genres il s'en trouue de diuerses especes, vous noterez que ie n'entens point icy parler du iaune, qui est mis entre les pierres coulorees, & qui de sa naïfue vertu attire à soy la paille, comme fait l'Aymant le fer : ains de la liqueur soüefue & aromatique d'Ambre gris : duquel pourautant que plusieurs ont eu diuerses opinions sur la production de chose si rare & precieuse, il m'a semblé bon d'en discourir. L'Ambre gris donc, suyuát l'opinion d'aucuns, n'est autre chose que l'excrement de la Baleine, lequel estant vuidé par les conduicts de ceste masse monstrueuse de poisson, peu de temps apres vient à s'arrester au riuage de la mer, où il se purifie : de sorte que tant plus la mer est impetueuse, & son riuage agité de vagues, cest excrement ainsi flottant hault & bas, comme il est porté par la marine, est endurci & comme caillé par l'ardeur du Soleil, qui rebat sur les riues sablonneuses, ou sur les rochers & escueils, où cest amas est reietté. Et encores que ceste matiere ainsi amoncellee, ne soit sans attirer aussi à soy d'autres ordures de la mer, si est-ce que les Mores qui la recueillent, sçauent bien discerner le bon

Bonnes perles aux isles Vciques.

Ambre gris, & diuerses opinions d'icelluy.

d'auec le salé & mal odoriferant : de façon qu'en la saison qu'ils cognoissent que cela peult estre purifié, ils le vont recueillir dans de grandes corbeilles, faictes de fueilles de Palmier, ou de ionc marin, & puis le vendent aux marchás de Melinde & d'Adem, & autres nations estrangeres. Quelques Indiens m'ont asseuré d'autre part, que c'estoit l'excrement d'vn grand poisson, nommé *Helmerich*, qui n'est si monstrueux que la Baleine : & que le bon Ambre se trouue auiourdhuy en l'isle *Maldiue* (mot corrompu de ce païs, qui signifie quatre) & à celle de *Dangediue*, à treize lieües de *Goa* : où il y a aussi vn poisson nommé *Azel*, qui suit la Baleine, & mange tout son sperme, ne s'en pouuant iamais saouler : tellement que venant à creuer, la mer le iette au riuage, & les Insulaires le trouuans, le desentraillent, & cherchent le lieu où est ce sperme, qu'ils recueillent soigneusement. Mais ie ne sçay où ces gens peschent ceste philosophie, attendu que quand il n'y auroit que l'effort tempestueux de la mer, cela me faict penser du contraire. Ceux donc qui tiennent que c'est la semence de la Baleine, vsent de ces propos : Le masle de la Baleine engendre de mesme façon que fait l'homme auec sa femme : mais d'autant que selon la monstruosité de son corps, & l'abondance du sperme, il demeure trop peu en l'acte de generation auec la femelle, il aduient qu'vne bonne partie de la semence s'espand en la mer, & se met en diuerses sortes, retenant toutefois la couleur d'icelle. ce qui ne me peult satisfaire. Car comment seroient les mariniers si accorts, que de distinguer l'eau d'auec le sperme de la Baleine, estans les deux de mesme couleur, & liquides? Il faudroit que ce fussent de bons escumeurs de pot, & subtils cuisiniers de marine. Or d'autant que le meilleur Ambre, comme i'ay dict, vient de ces païs là, il est impossible qu'il sorte de tel excrement generatif de la Baleine : attendu qu'en ces plages & contrees il y a peu ou point de tel poisson, à cause des chaleurs ordinaires. Car à la verité (comme i'ay veu par experience) depuis que lon commence à venir à la haulteur de nostre Tropique, lon en perd aussi tost la compagnie, tellement qu'on en voit fort peu iusques à ce que lon a passé l'autre. Et par cela on cognoist euidemment, que de la part des isles comprinses depuis le Promontoire de Bonne esperance, iusques au goulfe de Melinde, voire plus oultre iusques à celuy de l'Arabie, tirant à la mer Rouge, où lon pourroit pour le moins compter trentecinq degrez, il ne s'en trouue quasi point : qui me fait dire, que ceux là songent, qui attribuent à l'egestion de sa semence, c'est Ambre gris en païs si chauld que celuy de noz Vciques, qui sont presque soubz le Tropique de Capricorne. Et pour meilleure preuue de ceci, qu'on aille voir, si en la mer Mediterranee, commençant de nostre costé iusques au Leuát, il y a de telles bestes marines, voire en la mer Maiour, ou en la mer Caspie. Mais aussi ceux qui suyuent ceste opinion spermatique de l'Ambre gris, ont bien regardé l'incommodité du païs chauld, où les Baleines repairét peu ou point : & pource nous bastissent leur inuention sur les païs Septentrionaux, esquels se trouue abondance de tels monstres : de sorte qu'ils nous renuoyent en Noruege, Islande, Frislande, Suesse, Dannemarch, Liuonie, & sur la coste d'Angleterre, là où ils font naistre ceste liqueur tant precieuse. Sur quoy ie leur demande, si toute Baleine n'a pas mesme vertu, & si en quelque lieu que ce soit, ce sperme ne se conuertist point en Ambre. Que s'il est ainsi, pourquoy sont donc priuees celles de la mer Cantabrique, qui laue la terre Bayonnoise, de telle rareté : veu qu'il n'est an, que les Bayonnois n'en prennent quelqu'vne : & toutefois il ne se dit point, que desentraillans ceste grand'beste, ils ayent encor trouué ce secret, ou que la costoyans, l'Ambre se soit apparu sur la marine. Ie voy bien que c'est. Ce sperme est ramassé par voz Septentrionaux, pour donner couleur à la fourbe des Drogueurs, à fin que la poudre du bois d'Aloès, du Musc, & du Styrax, soient mieux venduz soubz ce pretexte du sperme de Baleine, que vous appellez Ambre gris.

Helmerich & Azel, poissons.

Du Cap de Bonne espérace iusques au Goulfe de Melinde y a peu de Baleines.

Tromperie des Drogueurs.

Et tout ainſi que lon vſe des eaux de ſenteur à lauer les mains, & que dans vn voirre
de fraiſche on n'en met que deux ou trois gouttes des plus odoriferantes, & toutefois tout cela ſ'appelle eau de Naph ou de ſenteur : ainſi ceſte compoſition eſt nommee Ambre, pource que vous dites qu'elle eſt compoſee de ce ſperme. Mais venons à
la raiſon de mon dire. Lon n'ignore point, que ce qui eſt le plus odoriferant, procede
de la chaleur, & que les odeurs aromatiques nous viennent des regions chaudes, tellé-
ment que l'Encens, le Baume, & autres telles liqueurs ne ſe leuent point en ces païs
froids, où lon dit que ſe leue & cueille l'Ambre : trop bien en Leuant, & en l'Arabie
heureuſe, ou és autres regions ayans meſme temperature. Voyez ſi le Baume qui croiſt
de la part du Caire, eſt en region froide, & ſi la Ciuette, de laquelle nous faiſons ſi grãd
compte, eſt trouuee parmi ceux qui habitent les terres froidureuſes. Contemplons ſi
les Mones & Sagoüins, que nous auons autrefois portez de l'Antarctique, quelques
peaux deſquels ſentent fort ſoüefuement ſur le païs, ſont beſtes ſortans du païs froid.
En ſomme, lon cognoiſt qu'vne herbe eſt de qualité chaude, quand elle eſt forte en o-
deur, & ſon gouſt poingt la langüe : au contraire on eſtime celles là froides, qui ſont Gaillardes obſeruatiõs de l'Au-theur.
douçaſtres & de ſaueur fade. Leſquels argumens me font iuger, que quand le ſperme
des Baleines ſeroit l'Ambre qu'ils diſent (ce que ie ne côfeſſe pas) encore ſeroit il ſans
odeur ou vehemence. En ma France Antarctique i'ay veu vne herbe, laquelle ſe rapporte du tout au fueillage du Chanure le plus grand que nous ayons pardeça, l'odeur
de laquelle eſt telle & ſi ſoüefue, que le Baume Egyptien n'eſt rien au pris. En la mer
Mediterranee, à Puzzole aupres de Naples, i'ay veu vne eſpece de poiſſon, faict com- Poiſſon fait en forme d'eſtoille.
me vne eſtoille, lequel eſtant manié, ſentoit ne plus ne moins que le muſc duquel
nous vſons. De meſme eſpece en ay-ie veu auſſi à l'Antarctique, que les Sauuages du
promontoire des Canibales nomment *Pira Affard*, qui ſignifie autant que Poiſſon
eſtoillé, ou reſſemblant à l'eſtoille : & neantmoins ces regions ſont chaudes : & ne me
ſçauroit on alleguer païs froid, qui puiſſe faire la cauſe bonne pour la preuue de l'origine de l'Ambre gris. Pluſieurs Naturaliſtes Arabes, Grecs & Iuifs, auec leſquels i'ay
conferé en diuerſes contrees, mettent grand difference entre ledit Ambre gris, & le
ſperme de la Baleine. Ie vous diray donc icy ce que i'ay appris de ceux meſmes du
païs, touchant l'origine & production de telle drogue precieuſe. En ces iſles ia nom-
mees ſe voyent des oiſeaux, grands comme noz Oyes, leſquels ils appellent *Aſchibo-* Aſchibo-buch, oi-ſeaux fort rares.
buch, qui ſe retirent ordinairement loing de toute habitation d'hommes, allans iucher
la nuict, ou dans les iſles deshabitees, ou ſur les poinctes des eſcueils & rochers. Ceſt
oiſeau, comme diſent les habitans du païs, & eſt aſſez vrayſemblable, & auſſi proba-
ble, ainſi que nous voyons l'effect de la beſte qui rend la ciuette par ſes fumees, eſt celuy qui nous produit l'Ambre : & entendez comment. La nuict il ſe retire (comme
dict eſt) ſur les rochers pour prendre ſon repos : & là il eſmeutiſt aſſez abondamment
(d'autant qu'ils vont à troupes, comme preſque les Grües de pardeça) & diſent que
ceſte fiente d'oiſeaux eſt l'Ambre, lequel eſtant cuict au Soleil, purifié par la Lune, &
affiné de l'air ſubtil de ces promontoires, demeure là iuſques à ce que la mer ſ'enflant,
ſoit pour le vent, ou quelque grande tempeſte orageuſe, vient & l'emporte : & ainſi nageant à morceaux ſur les ondes, eſt tantoſt iettee par les haures, & plages voiſines, &
quelquefois les poiſſons l'engloutiſſent : mais eſtant la matiere indigeſtible, ils ſont
contraincts de la reuomir : & l'autre demeure long temps voguant par la marine. Qui
eſt cauſe, qu'ils en font de trois eſpeces : l'vne de couleur blanchaſtre, qui eſt le vray, naturel, & fin Ambre gris, qu'ils appellent *Parabath* : & l'autre plus obſcur, *Puabart*, duquel ils font encore quelque compte : mais quant à celuy qui a eſté aualé par les poiſſons, & reuomy pour ne le pouuoir digerer, eſtant tout noir, peſant, & de moindre

odeur,ils l'eftiment le moins parfaict,& n'en font cas,lequel auffi ils appellent *Mina-bary*. Vous voyez donc icy vne preuue toute euidéte, tant en la difference des moyés, comme l'Ambre eft efprouué à la couleur, pour porter tiltre de bon & bien naturali-zé,qu'auffi à la relation de ceux qui le vendent aux eftrangers, & qui le recueillent,lef-quels ne courent point en pleine mer auec leurs paraos & nacelles, pour fuyure la Ba-leine s'accouplant , à fin d'auoir le furcroift de la femence qui luy tombe. Or ceft oi-feau a le plumage tout diuerfifié en couleurs,& vne grande huppe fur fa tefte : auffi le

Afchibo-buch, c'eft à dire, Oifeau huppé.
nom le porte : car *Afchibobuch* vault autant à dire,qu'Oifeau huppé.Sa tefte eft groffe comme le poing, toute garnie & eftoffee de belles petites plumes vertes & grifes ,& quelque peu de noiraftre parmy, tout ainfi que font marquetez les lezards au païs des Tabaiarres : le refte de fon plumage correfpondant à celuy de la tefte.La caufe de l'o-deur de leur fiente,oultre que ie puis difputer cela leur pouuoir prouenir de leur pro-pre naturel,comme à la Ciuette,vient principalement de la nourriture:d'autant qu'ils fe purgent de toute infection par le venin du fruict d'vn certain arbre , tout mouël-leux, nommé *Affagaraoup* , lequel fruict eft gros & rond comme vn œuf de Pigeon, dont fi vn homme auoit mangé,il fe pourroit affeurer de la mort.Ceft oifeau fe nour-rift encor d'vn oifelet & beftelette , grande comme vne fauterelle, de bon & odorife-rant gouft,que les Barbares appellent *Lorpin*.Mais fur tout fault contempler leur in-duftrie à recercher ce qui peult caufer cefte fragrance & fouëfueté qui eft en leur fien-te & efmeutiffement , lors qu'ils vont de montaigne en montaigne, pour trouuer vne autre befte, qui en tout ce qu'elle a , eft eftrangement venimeufe (que les gens du païs
Aldafar-card , befte venimeufe.
nomment *Aldafarcard*, & autres *Algelouim*) qui a vne apoftume qui luy vient bien fouuent foubz le ventre,pres du nombril, & laquelle (ainfi que m'ont dict les habitás

de l'isle) elle fait apostumer à force de gratter. Ce qui en sort dōc, est si plaisant à sentir, que toute autre odeur n'est rien au pris de celle là. L'oiseau Aschibobuch ayant quelque sympathie naturelle auec ceste beste, la vient accoster, & luy succe si bien & gentiment toute son apostume, qu'auant que la laisser, il ne luy demeure rien : & c'est de là qu'il prend la plus part de sa nourriture. Voyla ce que i'auois à obseruer touchant la dispute de l'Ambre, qui est vn mot Arabe, en ce que i'en ay cogneu de ceux qui le recueillent, ausquels ie me rapporteray plustost, que de m'aheurter legerement à choses qui ont peu de verisimilitude.

Ambre, mot Arabe.

De l'isle d'ALBARGRA ou MAGADASCAR, & du deluge aduenu en icelle. CHAP. IIII.

ESTE isle est fort plaisante à voir à ceux qui la contemplent de pleine mer auant, & plus belle encor & plus riche au dedans, qu'elle ne monstre en son exterieur. Elle a de longueur, ainsi que i'ay peu entendre, enuiron deux cens soixante & sept lieuës, s'estendant du Su au Nort Nordest, & en largeur cent quinze, estant plus grande que ne sont les Royaumes de Portugal & Castille ensemble : & court vers le païs Austral, enuiron de douze degrez iusques à vingtsix & demi, bien peuplee, & en laquelle y a de grands forestz du bois, qu'ils appellent *Sangil*, & nous *Sandal*, rouge & fort fin. L'air y est attrempé, sain & subtil, & se peult estimer vne des plus belles entre toutes celles qui ont esté descouuertes de nostre temps, bien qu'on n'ait point encore visité tout ce qui y est de rare, non plus qu'en la Taprobane, ou celle qu'on appelle la grād' Iaue, desquelles aussi ie fais mention. L'aborder y est fort dangereux, à cause des bans (c'est à dire rochers, qui sont cachez soubz l'eau, ou à fleur d'eau) & qu'aussi les sablons y sont si haults, que bien souuent les vaisseaux y demeurent à sec : qui fait que la sonde & ancrage y est redoutee, principalement quand le vent est de la part du Nort : Et disent ceux du païs, que ces rochers ainsi estenduz, & distans les vns des autres, estoient anciennement vne belle isle, ayant enuiron soixante & quatorze lieuës de tour, qui fut engloutie dans la mer. Ce qui est aussi vraysemblable, voire plus (estant le païs subiect à tel malheur, comme ie diray cy apres) que l'opinion de ceux qui tiennent pour vray que la Sicile a esté autrefois separee de Calabre par vn tremblement, estant au parauant terre ferme & continent. Les rochers ou battures que ie vous dy, sont la plus part hault esleuez, & faicts en poincte de diamant, en nombre de plus de douze mille. Or d'autant que ceste belle terre marine a eu en diuerses saisons plusieurs & diuers noms, il fault aussi que ie vous les dic, ensemble vous en deduise les raisons, tout ainsi que ie l'ay apprins de ceux du païs, qui se disoient le tenir de pere en fils : car ce sont les Chroniques les plus certaines, dont ils vsent. Ces bonnes gens donc m'ont asseuré, qu'elle a esté habitee seulement depuis neuf cens vingtsept ans en ça : combien que quatre vingts ans auparauant vn certain peuple s'y fust embatu, & y eust dressé villes & villages pour s'y arrester. Les Barbares y estoient iadis meschans oultre mesure, vicieux sur tous autres, & fort addonnez à vn peché qu'ils nomment *Louad*, autrement peché contre nature : vice assez commun parmi eux, attendu qu'ils ne sentoient rien du Christianisme : & estoient encor plus abominables, d'autant qu'ils se mesloient auec les bestes, comme aussi les Africains pour le iourdhuy, plusieurs Turcs & Arabes n'en font que le cerf. Mais (disoient ces pauures gens qui m'en faisoient le recit, & qui estoient esclaues) par la permission de Dieu, qui a voulu chastier la meschanceté de ce peuple, il aduint, que les vents furent si vehemens & horribles, le temps si esmeu, le

Sangil, ou Sandal.

Louad, peché abominable des Barbares.

ciel tant enflammé d'efclairs, & l'air fi furieux en tonnerres & fouldres, que du bruict, vehemence & eftonnement la terre en fut fi fecouffe & efbranlee, qu'il fembloit que durant tels orages la confufion premiere des Elemés deuft tout diffoudre, ou englou-tir la terre dans la profondeur tenebreufe des abyfmes: & dura cefte tempefte par trois mois continuels, tellement que la mer eftant enflee par ces vents & orages, fe defborda de telle forte, & fe haulfa fi defefperément hors les limités qui luy font bornez par les haures, que la plus part des habitans furent fubmergez, & les villes & villages pref-que tous mis à bas. Mais d'autant que la mer de fon naturel ne fe defborde guere ia-mais, & ne paffe les limites que Dieu luy a tracez, l'on pourroit demander, comment ce grand raue fe feit ainfi, lequel ils n'auoiét onques veu, & depuis leurs fucceffeurs n'ont fenty ny cognu. Quant à moy, ie refere à la chaleur tant du Soleil que des vents, qui eft beaucoup plus vehemente fur mer que fur terre, & laquelle ayant duré ainfi lon-guement, & enflé les vagues de l'Ocean courroucé, peult auffi auoir caufé ce defbord, pluftoft que les pluyes, ny que le courant impetueux des riuieres qui f'y vont rendre. Car fi cela auoit lieu en l'Ocean, la grandeur & eftendue duquel eft plus cognuë de noftre temps, que iamais les Anciens n'y peurent donner attainéte, & laquelle auffi eft dix fois excedant ce que la terre a d'eftendue: à plus forte raifon le fentiroit & experi-

La mer de Bachu, Cor-rugon, ou Cafpie.

menteroit la mer de Bachu, autrement dicte de Corrugon, ou bien la mer Cafpie, la-quelle n'eft qu'vne poignee d'eau au pris: & toutefois elle ne croift ne diminue, quoy qu'ordinairement entrent en elle vingtquatre riuieres, dont les quatre font plus gran-des & impetueufes que le Rhofne, Seine, Loire, Garonne, ny Charéte, fleuues des plus renommez de noftre France. Toutefois laiffant à part la Philofophie naturelle, & re-cherche felon le fens humain, il fault confeffer, que tout ainfi qu'au grand deluge, du temps de Noë, Dieu pour punir le defuoyement des hommes, ouurit les feneftres du Ciel, & toutes les fources de la terre, pour paffer par cefte lexiue la faleté de la corru-ption humaine: qu'auffi feit il faillir le cours à l'Ocean, & voulut qu'il franchift fes bornes, à fin de ruiner vn peuple, la memoire duquel il vouloit ofter de la terre. Vous fçauez, que prefque de noftre temps il en eft autant aduenu à quelques villes de Flan-dres, lefquelles furent entierement englouties dans la profondeur efpouuantable de la mer. Autant auffi en pourrois-ie dire d'vn fecond deluge qui aduint enuiron l'an fept cens, en la Prouince de Plate: où l'eau fut fi exceffiuement grande, qu'elle furpaf-foit les plus haultes montaignes, tellement que tout y fut fubmergé, ainfi que m'ont raconté les Sauuages du païs: & en eft l'effect d'autant plus grand, que cefte terre f'e-

Deluge ad-uenu à Ma-gadafcar.

ftend en longueur, plus de feize cens lieuës, & en largeur bien trois cens foixante. Re-uenant à mon propos de noftre ifle, les habitans furent furprins fi à l'improuifte, que fur la minuiét comme ils eftoient en repos, ils fe fentirent tellement affiegez, que pen-fans fe fauuer, ils fe voyoient enueloppez dans le courant de cefte mer furieufe: com-bien que les plus aduifez d'entre eux (& peult eftre fuyuant l'exemple des beftes, qui fentoient naturellement l'heure proche de la mort) fe retirerent fur vne montaigne fort haulte, nommee. *Buffara.* là où ils fe fauuerent auec leurs femmes & petits enfans, viuans affez efcharcement, pource que l'eau demeura fans guere f'abaiffer, l'efpace de vingt trois iours, tenant l'ifle ainfi couuerte. Quelques mois apres que les eaux furent efcoulees, y arriua d'auenture des nauires du Royaume de Cefala, qui eft en terre fer-me en l'Ethiopie, diftant de noftre ifle deux cens cinquante lieuës, pour trafiquer, ainfi qu'ils auoient couftume de tout temps, partie à caufe que cefte terre eft fort riche & foifonnante en tous biens, partie auffi pour l'or treffin qui f'y trouue en grand' abon-dance: dequoy ie parle comme affeuré, par l'aduertiffement d'vn Cefalien, qui m'en feit le difcours en l'Arabie felice. Ainfi ayans mis pied à terre, fe trouuerent tous efba-

his, pour

his.pour ne voir perſonne,à qui ils peuſſent parler:& qui plus eſt,apperceuoient tout
confus, les arbres briſez,les villes demolies, les villages ruinez,& la terre pauee & couuerte de corps morts & des charongnes des beſtes : de façon, que tant plus ils alloient
auant,ils voyoient que ceſte ruïne auoit couru par tout.A ceſte cauſe apres y auoir demeuré quelques douze ou quinze iours,ils ſe retirent , & font voile vers leur Roy Cefalien, pour luy reciter le piteux eſtat du païs, & la fortune aduenue à ce peuple : emmenant auec eux,à fin que plus au vray & aſſeurémét ils le peuſſent certifier de ce ſuc-
cez tant miſerable,dix ou douze des plus vieux de ceux qui ſ'eſtoiét ſauuez aux montaignes. La pauure nouuelle eſpandue par l'Ethiopie, & entendue par ceux de Cefala
& Mozambique, grands Royaumes au continent , ils dreſſent vne flotte de vaiſſeaux
par le conſentement des Rois des deux prouinces, & ſ'en vont en ceſte iſle deshabitee
trois ou quatre mille ames:ce qui fut occaſion,que la paix ſe feit entre leſdits Rois,leſ-
quels de toute ancienneté,& preſque de temps immemorial, ſ'eſtoient mené la guerre
pour la religion : d'autant que le Mozambique ſentoit quelque choſe du Chriſtianiſme, & eſtoit baptiſé auec la plus part des ſiens. Or comme il eut la cognoiſſance de ſi
ſaincte perſuaſion,vous l'entendrez par ce qui ſ'enſuit. Ces Rois ſont ſubiects au grãd
Empereur Ethiopien : lequel portant amitié particuliere au Roy Mozambique , luy
enuoya des Hermites de bonne vie (car l'Ethiopie foiſonne en telle maniere de gens,
plus que iamais ne feirent les deſerts de Thebaïde en Egypte : & les nomment en leur
langue, *Maamelt maliehx*, qui eſt à dire,hommes exempts ou banniz de la ſocieté des
hommes) à fin que ces Religieux luy feiſſent cognoiſtre l'abuz & condamnation qui
tombe ſur ceux qui n'adorent vn Dieu.Le Mozambique, qui eſtoit ſimple & côſcien-
tieux Prince,voyant ſa bonne volonté,le pria de le faire baptiſer,& luy enuoyer quelques vns bien inſtruicts en ſa Religion : ce qui fut fait,& introduit ce bon Roy en ſon
Royaume la Loy de Dieu. Celuy qui commandoit ſur Cefala, & qui eſtoit demouré
en l'erreur des idolatres, oyant que ſon voiſin eſtoit Chreſtien , ſe declare incontinent
ſon ennemy, & ſe font la guerre à toute outrance, iuſques à ce que la miſere de ceſte
iſle de Magadaſcar les reüniſt enſemble quand tous deux d'vn commun accord y enuoyerent hommes & femmes,viures & ſemences,pour repeupler la plus belle terre de
toutes les Indes. Il eſt bien vray, que la meilleure part de ceux qui y allerent,eſtoient
Cefaliens, & le chef meſme, des ſubiects du Roy de Cefala : où des Mozambiques il
n'y eut que ceux qui encor ne recognoiſſoient Ieſus Chriſt pour Dieu. Quant à celuy
qui les conduiſoit,comme general de l'armee,il ſ'appelloit *Albargra*, homme ſage &   *Albargra*
experimenté aux affaires, & ſuperſtitieuſement addonné à la religion de ſes Dieux : ſi   *en langue*
bien correſpondoit ſon nom à ſa vie & vacation , veu que ce mot en langue Moreſ-   *Moreſque,*
que vault autant que Souuerain Eueſque . Parainſi eſtant eſleu chef de la nauigation   *veut dire*
& repeuplement de l'iſle, dés qu'il eſt arriué, auant toute autre choſe, & premier que   *Eueſque.*
rebaſtir ville ne maiſon, tint conſeil ſur le nom du païs : car il ne vouloit point que
deſormais il portaſt l'appellation de Pacras, qu'il auoit auant ce deluge. De ſorte que
par le conſentement de tout le peuple, ce fut de luy qu'on luy impoſa le nom, & fut
ſoudain appellee *Albargra*,en recognoiſſance des merites,vertus & preudhommie de
ce vaillant & religieux conducteur:ſans toutefois qu'il portaſt tiltre de Roy., veu que
l'Eſtat eſtoit gouuerné par les plus ſages & anciens du peuple. La cauſe pourquoy
auant ce temps l'iſle ſe nommoit Pacras, eſtoit telle, comme de Mágame,à raiſon d'vn
arbre ainſi nommé, & les Moluques,pour le reſpect du poiſſon Moluc, qui ſe treuue
le plus frequent en celle coſte : l'ayant les Sauuages du païs ainſi appellee , pource que   *Pacras, c'eſt*
ce mot ſignifie en leur langue, Tortue, & que ceſte contree en abonde ſur toutes au-   *à dire Tor-*
tres,tellement qu'ils ne mangent preſque autre poiſſon.Long temps apres,eſtant deſia   *tue,*

ſ

l'ifle peuplee & remife fus en fa premiere beauté & richeffe, il y eut vn des Seigneurs du païs, riche & puiffant, lequel ayant ouy dire, que par tous les lieux voifins, fuft és ifles, fuft en terre ferme, il y auoit des Rois, aufquels feuls eftoit ottroyee la puiffance de commander fur le peuple, de leuer tributs & fubfides, & de fe faire feruir à leurs fubiects, donnans loix, & faifans ordonnáces à leur fantafie pour la police & maintenement de leur grandeur, delibera de fe faire Roy, & Monarque de cefte terre. Pour à quoy paruenir, il commença à attirer les plus grands à foy, les careffer, leur departir du fien, les honorer au poffible, fe monftrer doux au peuple, & faire de grandes largef- fes & liberalitez : dont il gaigna fi bien l'amour d'vn chacun, que fe fentát fort d'amis, & fouftenu par le peuple, il f'empara du gouuernement & feigneurie de l'ifle, contrai- gnant vn chacun de luy obeïr, & de l'appeller Roy puiffant, iufques à faire tailler en pieces ceux qui refiftoient à fon vouloir. Ce qui dura quelques ans, & fe feit feruir, ho- norer & craindre : ordonnant en fin, que la terre fe nommeroit de fon nom, à fçauoir

Menutia Alphil Roy puif- fant.

Menutia Alphil, qui vault autant à dire, que Roy puiffant. Mais fa tyránie ne le peut garentir, que le cinquieme an de fon regne, le peuple fafché de telle cruauté, & defi- reux de fa liberté, ne le maffacraft & tuaft, & apres ce le mangeaft, comme ils font cou- ftumiers de faire à l'endroict de leurs ennemis : & mefmement ceux de fon Confeil & qui le fuyuoient, qui pouuoient eftre en nombre de foixante, les vns deputez pour la Iuftice, & les autres pour leuer les daces & tributs que le Roy impofoit fur ce peuple. Tant y a, qu'il n'eftoit pas fils de bonne mere, vieux ou ieune, grand ou petit, qui ne mangeaft quelque lopin, fuft ce du Roy, fuft ce des Courtifans ou Officiers de fa fuy- te, à fin que cela feruift de perpetuelle memoire à ceux qui fe voudroient faire ainfi tyranniquement obeïr. Ce Roy defpefché, ils ont vefcu foubz le gouuernement po- pulaire cent quatre vingts fix ans, vfans de leur liberté, & eflifans des Magiftratz à leur mode & fantafie. Toutefois ce temps expiré, aduint que les Rois de Magadaxo & d'A- del, drefferent vne gráde armee d'enuiron vingtcinq ou vingtfix mille hommes, pour courir l'ifle Taprobane, & f'emparer des richeffes des Infulaires : lefquels deux Rois font auffi fubiects & tributaires de l'Ethiopien. Comme donc ils penfoient faire voi- le vers Sumatre, le vent de l'Eft leur eftant fort contraire, allerent tantoft d'vne part, tantoft d'autre, menez à la volonté & mercy des vagues & des vents, & en fin furent pouffez iufques en cefte grande ifle d'Albargra. L'affiette & plan de laquelle leur eftár aggreable, pour voir la beauté du païs, & eftimer qu'elle fuft riche & fertile, meirent leurs gens à terre, & entrans furieufement en plat païs, commencerent à rauager & pil- ler villes & bourgades : où ils eurent fortune fi profpere, qu'ils en furent paifibles fei- gneurs par l'efpace de fept à huict mois. Auant qu'en partir, à fin que la memoire de leur venue en ce païs ne fuft effacee fi toft, ils y feirent dreffer en plufieurs endroits

Huict Co- lónes dref- fees.

Themenya Sarya, fçauoir, huict Colomnes, en forme pyramidale, là où eftoit engraué vn breuet de telle fubftance, efcrit en langue Chaldeéne : Ce grand & puiffant Royau- me a efté fubiugué, & mis foubz la poffeffion de noftre grand Roy de Magadaxo. Mefmes à fin que fon nom fuft plus honoré, ils feirent iurer aux habitans, que de là en auant ils l'appelleroient ainfi, & ne recognoiftroient autre Roy que luy : ce qu'ils fei- rent quelques annees. Mais ne pouuans oublier ny l'antiquité de ceux qui premier la nommerent, ny l'obligation par laquelle ils eftoient redeuables à celuy qui la repeu- pla apres fa ruine, laiffans ce nom nouueau, reprindrent depuis celuy de Pacras, ou Albargra : combien que leurs voifins ne laifferent de l'appeller du nom de Magadaxo, lequel en fin a efté corrompu en Magadafcar. Depuis quaráte ans en ça, comme quel-

Ifle fainct Laurens.

ques Chreftiens y euffent faict defcente le iour de la S. Laurens, ils luy impoferent auffi le nom de ce Sainct : & f'y penfans arrefter pour le trafic, y ayans defia demeuré, se rafraischissant cinq ou six mois, furent surpris par les Barbares, qui les mirét à mort, sans que pas vn en eschappast, & en seirét bonne chere: comme aussi ils furent traictez de mesme au Cap de Frie, suyuant le recit que m'en firent les Sauuages, estant pardelà auec eux: ce qui les a si fort refroidiz depuis, qu'ils ne se sont osez hazarder si legerement à mettre pied en terre, & moins de s'arrester parmi ces cruels Insulaires.

Des habitans de MAGADASCAR, & des isles & promontoires qui sont le long de la coste d'icelle.   CHAP. V.

ESTE isle est directement posee soubz le Tropique de Capricorne: lequel est aussi nommé, Solstice d'hyuer, pource que quand le Soleil le touche, faisant son dernier tour vers Midy, & acheuant sa conuersion, il cause l'hyuer aux habitans des parties Septentrionales, tout ainsi que l'Esté à ceux qui habitét les Australes, attendu que le Soleil estant audit signe, il apporte aux vns l'Orient froidureux, & aux autres le Ponent hyuernal: & est distant de l'Equateur vingt trois degrez & trente minutes. L'autre Tropique est celuy de Cancer, ou Solsticial d'Esté, eslongné du mesme Equinoctial vers le Septentrion de vingtcinq degrez & trente minutes: lequel quand le Soleil attouche aussi, la couersion de l'Esté sacheue: & auons lors les plus longs iours de l'an, ne plus ne moins que quand il attouche l'autre, nous auons les plus courts & brefs. Ces endroits ou cercles imaginez en la sphere s'appellent en Grec Tropiques, qui vault autant en nostre langue, que tournables ou conuersifs, à cause que le Soleil estant paruenu à eux, ne va ou passe point plus oultre, ains retrogradant ou bien montant, eu esgard au cours, il s'en retourne de iour en iour soubz son Equateur, qui est ce grand cercle diuisant le rond de la sphere en deux parties esgales, lequel estant touché par luy, comme il est deux fois l'an, l'esgalité des iours & des nuicts s'y fait, que nous appellons Equinoxes d'Hyuer & d'Esté. Et ay suyui, pour le regard des susdites distances, l'experience que i'en ay faicte; & l'opinion de noz Pilotes, estant soubz le Tropique dudit Capricorne. Toutefois quand i'arriuay soubz celuy de Cancer, ie mesuray deuëment au compas la distance de Pole à Pole, & veis qu'il y auoit vingtquatre degrez. Or sçauez vous que la conference de la ligne Equinoctiale tend à esgalité, eu respect aux deux poincts & extremitez d'icelle, que i'ay appellez Poles. Estant soubz ledit Tropique de Cancer, i'apperceus que le Climat estoit fort dangereux, & causant rheumes & catarrhes à ceux qui viennent de païs loingtains, tant à cause que l'air y est chauld, grossier & fort vehement, que pour le changement des viandes, lesquelles ne sont de trop bonne digestion, comme celles qui participent des qualitez du païs & influences celestes. Et à fin que vous cognoissiez l'indisposition dudit air, vous noterez qu'en ces parties là se voyét des brouillars fort espais, qui ne sentent guere bon: argument de son intemperie: d'auantage i'ay veu souuentefois tomber auec ces vapeurs, des bestelettes fort venimeuses, semblables aux chenilles. Dequoy neantmoins ie ne m'esbahis pas trop, attendu qu'en France, és lieux chaulds lon voit aussi durant l'Esté, s'il chet quelque pluye chaulde sur le soir, tomber auec cela de petites bestes comme crapaulx & grenouilles. Et me suis trouué plusieurs fois entre les deux Tropiques, qu'il y auoit sur le tillac de nostre nauire, de ceste vermine, & autres sortes qui ne sont point pardeçà. En ces regions donc qui sont soubz le Cancer, l'air y est fort fascheux, & consume bien tost les corps, qui fait que les estrangers n'y peuuent longuement viure. Or le Soleil passe (ainsi que i'ay dict) perpendiculairement vne fois l'an sur la te-

Que c'est que Tropique.

Obseruations notables pour ceux qui voyagent ceste coste.

fte de ceux qui font foubz les deux Tropiques, mais il ne leur paffe pas deux fois, ainfi qu'à ceux des ifles S. Thomas, & du Prince, ou à ceux qui habitent Caftel de mine, le promontoire à trois Poinctes, les grandes riuieres de Gade, Real, Senega, Gambre, Argin, & plufieurs autres, tant ifles, riuieres, que promontoires, foit en la Guinee, foit en l'Ethiopie, d'autant que ce font païs approchans, ou eftans foubz l'Equateur: où ceux qui en font efloignez, comme nous fommes, ne le voyent iamais fur eux, pourautant qu'ayant fait fon tour au poinct de noftre Tropique, il fe retire de la part de l'Equinoctial, pour retourner à l'autre. Mais pour reuenir à noftre Magadafcar, outre qu'elle eft belle, grande, riche & fort peuplee, elle abonde en chairs, ris, mil, orenges & limons, & en gingembre, que les Infulaires mangent tout verd. Ils vont nuds, fauf les parties honteufes, qu'ils couurét de quelques voiles faicts de cotton. Leur viure principal eft de racines, qu'ils plantent, & appellent en leur langue *Igname*, defquelles auffi lon yfe aux Indes & en la nouuelle Efpaigne, mais foubz le nom de *Battata*. Ils ont

Igname racine dót vfent les Infulaires.

des barques pour pefcher le long de leur cofte, & ce qu'ils prennet, font huiftres grandes à merueilles, d'vn pied de longueur, & prefque autant de largeur: dont toutefois la chair n'eft aucunement fauoureufe, ains pluftoft mal faine & dangereufe: & c'eft pourquoy les Magadafcarins les chaffent fans les manger, choififfans les plus petites, ainfi que font les Ethiopiens de terre ferme, pour les trouuer de meilleur gouft, plus faines & delicates. Il en y a encore d'yne autre efpece, qui ne font gueres plus grandes que les noftres, où fe treuue de belles & groffes perles: mais poutant qu'elles ne font fines ny Orientales, comme celles qu'on pefche au goulfe de *Bengala*, ils n'en tiennent conte. Il f'y trouue de l'argent fort fin & pur, de l'Ambre, & des cloux de girofle, non fi prouffitables que ceux des Indes, cobien qu'ils ont meilleure odeur. Il y a auffi abondance de miel & de fucre, lequel ils ne fcauent mettre en vfage, & par ainfi ne f'en fait point de trafic. Le fafran, nommé en leur langue *Afaafarav*, y croift, comme celuy qui vient aux Indes, mais en plus grande quantité. Ce qui fait cefte ifle fi plaifante & recerchable, eft la multitude des riuieres d'eau douce qui arroufent tout le païs, & qui à la fin f'engoulfent dans la mer, laquelle eft detant plus nauigable, comme vn nombre de beaux ports y eft contemplé, efquels on peult defcendre fans danger ou peril quelconque. Venant donc du promontoire des Courantes, en gift vn à l'Oueft, nommé *Guara*, portant le nom de la ville qui eft en fon embboucheure, baftie fur vne riuiere venant des montaignes d'*Atabofco*. Le long de cefte cofte vous voyez vne infinité de bans, qui vous contraignent de faire largue, & entrer en pleine mer, pour venir au port d'*Antipere*: entre lequel & le fufdit fe voyent les promontoires qu'on a nommez de S. Iuftine, S. Marie, & S. Romain, à caufe que le iour de ces Saincts ils ont efté defcouuerts des Chreftiens: dont les deux derniers font les poinctes & extremitez de

ifles & iflettes habittes & defhabitees.

l'ifle vers l'Eft, celuy de S. Marie regardant l'Afrique; & l'autre l'ifle Iean de Lifbonne, vifant encor vers *Torombaia*. Antipere tire la part Auftrale, ayant en fon embbouchement vne petite ifle: & quelques vingt lieues plus loing en gift vne autre plus grande, dicte *Torombaia*, à caufe du port & de la ville, non guere eflongnees du promontoire de mefme nom. Vous en voyez puis apres plufieurs autres, les vnes à quarante, les autres à cinquante lieues, tant du plus que du moins, où les habitans font pefcher, & font de l'obeiffance des Rois Magadafcarins. Il y a en oultre vn grand port tirant du Su au Nort, enuironné de fix ifles, dont celle de S. Claire eft la plus grande: & me femble qu'on n'a voulu baftir en cest engoulfement, pource que le deftroict y eft dangereux. De là on peult aller aux fufdites montaignes d'*Atabofco*, qui font proches des bois, où fe leue & croift le Sandal: lefquelles f'appellent ainfi d'vne ville de mefme nom, baftie à leur pied, efloignee de la mer d'enuiron cinquanté fept lieues, qui eft le millieu de l'isle, fort môtueux, & où le peuple est subiect à ladrerie, ainsi que i'ay dict ailleurs. Passé que lon a ce port, il fault aller vers celuy de *Franonsara*, qui gist à l'Est, & regarde les isles de l'Arene & de S. Apolline, plus de cent lieuës auant en mer, & est distant de l'autre d'enuiron quatre vingts: au beau millieu duquel lon trouue vne petite isle, qui n'empesche aucunement ceux qui l'abordent. Entre ces deux ports sur la coste sont assises les villes d'*Alaboula*, *Muatega*, *Manapate* & *Macatape*, toutes basties sur riuieres qui s'engoulfent dans la mer. Or de *Franonsara* iusques à la poincte, qu'on dit à present de S. Antoine, est la plus grande largeur de l'isle, sçauoir, de cent quinze lieuës, estant la longueur mesuree du Cap saincte Marie iusques au promontoire *Donatal*, contenant deux cens soixante sept lieuës, regardât du Su au Nort Nordest. Apres se presente vn autre port, fait en rond, dans lequel entreroient facilement quatre gros nauires de front, appellé *Cacasambo*, & pres de ce lieu est bastie la ville de *Manianle*, où se fait la plus part des trafics de tout le païs voisin : & plus oultre gist le goulfe *Olagancarade*, qui est comme vn vray Archipelague, veu la multitude des isles voisines, entre lesquelles en y a cinq prochaines sur la route, & quatre dedans ledit goulfe, dont l'vne est fort grande, mais deshabitée. Ce goulfe estant ample de plus de vingtcinq ou trente lieuës, a en ses extremitez deux villes, à sçauoir *Olagancarade*, qui regarde la coste vers l'Est, & tire vers le Cap ou promontoire *Maro*, qui s'estend en mer enuiron quarante lieuës, & l'autre *Angely*, qui respond sur le plat païs. Ce Cap est circuy de cinq isles, les trois desquelles regardent le Su sortant du goulfe, & les deux autres tirent au Nordest droictement vers les isles de *Nincian*, & *Pero*, enuiron vingt cinq ou trente lieuës droict au Cap *Donatal*. Or est ce promontoire l'vne des extremitez de l'isle de la part du Nort, & l'autre est le Cap de *Tistandaza*, qui regarde au Nordest: où vers le Su, le cap saincte Marie, & celuy de sainct Romain leur sont opposez à l'autre bout. Entre ces deux premiers promontoires en gisent encore cinq autres, auec vne infinité d'islettes, qui ne seruent que pour ceux du païs qui s'exercent à la pescherie. Que si lon veult doubler & paracheuer le tour & circuit de l'isle, le port de *Cade* se presente deuant nous, fort dangereux à l'aborder, & presque impossible, pour les rochers & batures qui se treuuent à sa bouche, tellement que toute ceste coste est peu frequentee à l'occasion des dangers. Il est vray que celuy d'*Vngangare* fait honneur à tout le reste, tant pour sa beauté, estant fait en forme de Fleur de lys, que pource que lon y entre assez facilement. Il regarde la mer de *Quiloa* à l'Ouest, & les isles de *Chioma*, & *Docomare*, & celles que les Chrestiens voyageurs ont appellé du sainct Esprit, & de sainct Christophle : lesquelles sont enuironnees d'vne infinité d'autres, la plus grande partie deshabitees, & qui dependent du Royaume de Mosambique. Apres cecy, lon trouue ladite poincte de sainct Antoine, qui tire vers le Nort Nordest, & à l'Ouest l'isle de *Pracel*, des dependances de ceste region Magadascarine. Ce riuage est tout chargé de rochers, & vient s'engoulfer icy la riuiere de Pracel, le long de laquelle est assise la ville de *Pontane*, vis à vis des isles qu'on nomme *Aprilocchio*. Non loing de là est le promontoire de *Barde*, & au long d'iceluy gisent cinq ou six poinctes iusques aux basses & sablons dudit Pracel, qui s'estendent iusques au port de *Guare*, le premier par moy mis en auant. En l'embouchement de la susdite riuiere de Pracel y a vn port de tresbelle estendue : mais il est impossible d'y entrer, pour les sablons susdicts, & vne infinité de rochers, qui regardent de front de l'Est à l'Ouest vers les bans & basses d'Vcique, au Royaume de Cefala: à l'endroit duquel lieu chacun capitaine & pilote doit prendre la sonde, & estre accort aux affaires du pilotage. Pres de ce port de Guare est situee vne petite isle, descouuerte seulement de mon temps, quoy que lon frequentast assez le long de celle coste, laquelle se nomme *Oetabacan*, vis à vis de Ma-

Villes principales des Magadascarins.

Port de Cacasambo & ville marchande de Manianle

isles dictes Aprilocchio.

isle dicte Oetabacan.

gadafcar, tirant de la part du Nort : de laquelle ie vous ay bien voulu icy reprefenter
le pourtraiĉt au naturel.Et combien qu'elle foit fans comparaifon moindre,fi ne laiffe pourtant ce peuple à prendre les armes contre les Roytelets Magadafcarins , dont
fouuent ils apportent de riches butins, & grand nombre d'efclaues,où les autres craignent bien de les accofter, à caufe de la diuifion des plus grands Seigneurs qui les fa-

uorifent , & principalement les idolatres. Ce peuple adore vne idole de marbre noir,
qu'ils nomment *Mechta* , du nom d'vne eftoille la plus luifante du ciel:comme auffi
ils reuerét tout ce qui leur vient en fantafie, ainfi que font ceux de la Guineè,& autres
peuples d'Afrique. Elle eft fort abondante en argent : & fe chargeans là ceux de Mofambique , il fault penfer que les mines en font bonnes & parfaictes. Or voyez fi Magadafcar eftant telle que ie vous ay defcrit, ne merite pas bien d'eftre habitee d'hómes
plus ciuils & modeftes, que ne font ces Mores Mahometans & cruels qui y demeurét,
plus beftiaux,que pas vn des peuples viuans en ces contrees. Quand les marchás font
defcente en terre pour le trafic , penfans retirer quelque prefent d'eux par amitié, ils
viennent au deuant auec leurs barquerottes : & fi on leur monftre quelque chofe , ils
vous demandent en leur patois, *Tahob tebieh haidic*, *Ana nahob nahateic hada*, qui eft
à dire,Voulez vous nous vendre, ou nous donner, *Nohna-rayna*, fçauoir,ce que vous
nous auez monftré?Si vous leur refpondez, *Manateihx*, Non feray:ces gallands vous
remarquent fi bien , que f'ils peuuent fe venger, eftans en terre,ils ne fauldront à vous
mal faire , tant ils font mefchans. Au contraire, fi vous leur donnez gratuitement,ils
vous feront tous les accueils & prefens qu'ils pourront, de ce qui croift en leur ifle : &
f'approchans de vous,difent par maniere d'adulation, *Ana naxaquac* , Nous vous ai-
mons: *Alhando lilay* , Noz Dieux foient louëz: *Haona nebeyd malch : hobs melyth.*

Haona habin melyet, Voyci de bon bruuage, bonne farine, & bonne chair: mangez voſtre ſaoul: & mille autres propos qu'ils tiennent ſans vous offenſer ne meſdire. Au reſte, vous ayant diſcouru des ports, riuieres, goulfes, promōtoires, battures, bans, & autres lieux dangereux, pour aduertir les pilotes & mattelots des dangers qui ſont en toute ceſte coſte, il eſt deſormais temps de ſuyure mon chemin, & voir les autres iſles plus dignes d'eſtre recitees : attendu que de rediger le tout par eſcrit, il faudroit trois aages tels que le mien, & vn corps qui iamais ne ſe laſſaſt. Suffiſe donc au Lecteur, que ie ramaſſe ce qui eſt le plus remarquable, & luy preſente les choſes plus rares, & celles où il pourra le plus prendre de contentement & plaiſir.

De l'iſle de MOSAMBIQVE, *& façon de viure des Inſulaires.*

CHAP. VI.

LAISSANT la deſcription des iſles d'Aprilocchio, & de celle de Pracel, à cauſe qu'elles ſont preſque inacceſſibles, pour raiſon des bans & eſcueils qui les auoiſinent, il fault venir à celle, laquelle eſtant droictement oppoſite à Magadaſcar, & diſtāte de quelques quatre vingts huict lieuës, porte le nom d'vn grand païs & Royaume en terre ferme. C'eſt de Moſambique que ie parle, ſituee fort pres du continent entre le port dudit Royaume de Moſambique, qui luy donne ſon nom, & le cap Bernard, ainſi mis & marqué en nos Cartes. Autour d'icelle ſe voyent trois autres petites iſlettes deshabitees, infertiles & de nul profit, ſi ce n'eſt pour la deſcente de ceux du païs, lors qu'ils vont pratiquer leur vie à la peſcherie. Vis à vis, en venant de l'Oueſt à l'Eſt, entre dans la mer vne aſſez belle riuiere, nōmee *Vinde*, qui court & arrouſe preſque tout le Royaume, & deſcend du mont *Vetſum*, terre ſubiecte au Roy de *Tirut*, toutefois que vers l'Eſt il entre & prend pied en la Seigneurie de Moſambique. L'iſle eſt fort petite, pauure & ſterile, & laquelle i'euſſe preſque paſſee ſoubz ſilence, n'eſtoit pour monſtrer que c'eſt cōme vn magazin & retraicte des marchans d'Afrique, Ethiopie, & d'ailleurs : de façon qu'eſtant en bonne aſſiette, & ayant le port aiſé & capable d'aſſez bonne troupe de vaiſſeaux, les Chreſtiens ont trouué moyen de la gaigner, & appriuoiſer les Mores, qui ſont auſſi meſchans que ceux de Magadaſcar. C'eſt là que lon calfeutre les vaiſſeaux, pource qu'elle eſt ſur le paſſage. Les habitans ſont ſubiects la plus part à vn Seigneur, & permettent le trafic à ceux qui y veulent aborder : ayans vn Cherif, qui les gouuerne & leur adminiſtre iuſtice, & eſt le chef & preſtre de leur religion. Ces Inſulaires furent introduicts en telle ſuperſtition par certains Arabes, leſquels (ainſi que diſent les Chroniques des Rois du païs, & de Cefalà & Quiloa) auoient eſté chaſſez par les Gouuerneurs, pourautant qu'ils ſuyuoient l'hereſie d'vn More, appelé Zaide : lequel ayant des opinions diuerſes contre la loy du faux Prophete, donna occaſion d'appeller incontinent ſes ſectateurs Emozaides, c'eſt à dire, ſubiects de Zaide, eſtimez encore à preſent heretiques par les Mahometans. Ceux cy au commencement de leur fuyte, comme i'ay touché cy deſſus, ſe retirerent en l'iſle de Baharem, ſituee dans la mer Perſique, & voiſine du païs d'Arabie : d'autant que le Roy de Lacath les pourſuyuoit à mort. En fin, croiſſans en nombre, ils coururent la terre de Brane & de Magadaxo, & ſemans leur venin par tout, faiſoiēt honorer Mehemet comme Prophete, & receuoir la doctrine dudit Zaide, comme vraye interpretation de l'Alcoran. Par ſucceſſion de temps ils vindrent à Zanzibar, & au Royaume de Quiloa en terre ferme, & finalement à Moſambique, induiſans ces bonnes gens qui eſtoient

Hereſie d'vn More nommé Zaide.

Peuple qui adore la Lune.

sans cognoiſſance de Dieu, en leur loy,& non toutefois ſi bien,qu'ils n'adorent enco-re la Lune. Ce peuple eſt fort brutal, & vit pauurement, attendu la ſterilité de l'iſle,& fault qu'ils ſe pouruoyent au continent, où ils vont de tour à autre cercher leurs ne-ceſſitez : meſme l'eau douce leur eſtoit deniee, & l'alloient querir delà la mer, en la ri-uiere,& aux fontaines,où le païs eſt montaigneux,& par ainſi abondant en ſources vi-ues qui reſſortent des rochers.Mais depuis vingtcinq ou trente ans en ça,les Chreſtiẽs nouueaux venus, ſe faſchans que pour faire aiguade il falluſt touſiours enuoyer au Royaume, feirent creuſer des puyts, d'où ils ont tiré & prins l'eau douce, auec grand contentement des Inſulaires , qui ſe ſont depuis ce temps là monſtrez plus affection-nez au ſeruice & obeïſſance de leur Seigneur. Leurs viures ſont ris,millet, & quelque chair:& les vont querir à *Angos*, ville ſituee ſur le fleuue *Zuame*,entre Cefala & Mo-ſambique, terre ſubiecte tellemẽt quellement aux Portugais,où ils ont faict baſtir vne forterreſſe, ſans laquelle le peuple du païs ſe reuolteroit ſouuent, & feroit de grands deſplaiſirs aux Chreſtiens,qu'ils n'aiment & cheriſſent que par force. La plus part des Inſulans Moſambiques vont tous nuds,& ſe peignent & couloret tout le corps d'vne certaine terre de diuerſes couleurs qu'ils ont : & ainſi parez,péſent eſtre les plus beaux enfans du monde : combien que leurs parties honteuſes ſont couuertes d'vn drap de cottõ azuré, & à quelques vns d'vne eſcorce d'arbre aſſez ſubtile,portãs de petits bon-nets poinctus faicts de ionc, qu'ils nomment *Vraptay*. Les femmes, reſſemblans Eue, voilent leur Nature , tant deuant que derriere, auec des toiles coulorees,qu'ils appel-lent *Alayge*,ou de fueilles larges à merueilles:& pórtẽt les cheueux friſez naturellemẽt & courts.Ils ont tous les leures groſſes,& les dents fort blãches,comme auſſi ont preſ-que tous les Mores : & ſe les pertuiſent tant deſſus que deſſoubz , & en chacune d'icel-les ils font trois trous , où ils mettent de petits oſſelets, ou des anneaux , ou des pierres precieuſes:& Dieu ſçait comme ils ſ'eſtiment eſtre bien iolis, & mignonnement attif-fez auec ce plaiſant equippage,& ſ'il ne fait pas beau voir ces guenons de femmes deſ-

Peuple craintif & vilain.

guiſees en telle ſorte.Ce ſont bien les vilains les plus craintifs & paoureux que la terre porte : & ſur tout dés qu'ils voyent vn homme armé ou embaſtonné, ils ſ'enfuyent plus viſte,& auec autant de fraieur,que le lieure voyãt partir vn leurier pour luy don-ner la courſe. Qui eſt cauſe,que ceux de noz contrees, qui y vont,portent armes pour en auoir le paſſetemps : ioinct qu'il n'y fait pas trop bon, ne ſeur,pour la grande mul-titude des Elephans qui ſ'y trouue:deſquels ils font trafic tout ainſi qu'en Limoſin de Bœufs , & de Vaches en Bretaigne : non pas qu'ils ſ'en ſeruent pour leur nourriture, comme faulſemẽt nous raconte Munſter , parlant de l'iſle de Magadaſcar, & diſant que le peuple d'icelle , & autres païs Leuantins , n'vſent d'autre chair , ou de celle des Chameaux,eſtant la plus ſaine : comme ſi ce bon homme nous vouloit perſuader,que la chair d'vn vieil Cheual double-courtault fuſt meilleure que celle d'vn Lapin , ou Faon,dont la preſente iſle eſt peuplee. Cela a autant de vraye-ſimilitude ,que ce qu'il raconte au meſme chapitre,que la mer qui auoiſine l'iſle,eſt pleine d'vn nombre infini de Baleines,deſquelles lon tire l'Ambre.Ce que moy Theuet ie ne confeſſeray iamais, attendu comme ie vous ay dict ailleurs,que aux lieux chaleureux il ſe trouue fort peu de Baleines,comme i'ay veu par experience,& que la mer eſt infertile en ces endroicts de toute ſorte de poiſſon. Or auant que paſſer oultre, vous noterez icy,qu'aucuns des plus experts, ſuyuans la deſcription de Ptolomee, ont eſt'mé, que l'iſle dont ie parle, eſt le promontoire de Praſſe, le meſurant à quinze degrez vers la part Auſtrale, & que de là auant,il n'a plus cogneu de terre. Ce qui me ſemble fort eſloigné de la verité : at-tendu que luy ny pas vn des Anciens n'a onc eu cognoiſſance des terres ſi auant , & qu'auſſi lon poſe ledit promontoire au Royaume de Melinde, qui eſt preſque ſoubz la ligne Equinoctiale, là où Mosambique est à plus de quinze degrez pardelà. Et ce qui me fait iuger d'auātage, que ce n'est pas d'elle que ledit Ptolomee parle, lors qu'il mentionne ce promontoire, c'est qu'il estoit si curieux, qu'il ne se fust pas contenté d'amener en ieu cestuy là seul, sans ramenteuoir quant & quant tant de belles isles qui sont le long de ceste coste, comme *Pride*, *Zensibar*, *Munsia*, & celle grande qui porte pour le present en ma Carte le nom de l'isle d'*Albirgia*. Et qui plus est, il ne se fust pas oublié de descrire le grand Royaume de Mosambique, tout ioignant. Il ne fault oublier en passant, qu'en ce petit monceau de terre, les hommes sont differents en couleur, les vns bazanez, & les autres tous noirs : qui me fait dire, comme cy dessus, que l'opinion de ceux là est assez reiettable, qui pensent que l'alteration des formes & couleurs des hommes procedent de la proximité & voisinage, ou de l'esloignement de la ligne : l'attribuant, quant à moy, plustost à l'assiette des païs & regions, selon qu'elles sont plaines ou montueuses, seches ou humides, esloignées ou voisines de la mer, d'autant que la varieté de ces situations peuuent causer ces merueilleux effects. C'est aussi pourquoy ie reiette l'opinion des Anciens & Modernes (quelque grand sçauoir qui les ait fait loüables) en ce qu'ils estiment, & ont estimé, que soubz l'Equateur tout y est si halé, bruslé & gasté de seicheresse, qu'il est impossible d'y trouuer aucun fruict, herbe, ne arbres verdoyans : & au contraire, tant plus on s'en esloigne, l'air y est attrempé & aggreable, & la terre plus grasse & fertile, & abondante en ruisseaux, fontaines & grādes riuieres d'eau douce : Et leur puis asseurer, qu'ayant gousté des commoditez & incommoditez du nauigage deça & delà, & soubz la ligne, & mesme demeuré quelque temps soubz l'vn & l'autre Tropique, n'y ay iamais senti aucune alteration de chaleur si grande & vehemente, comme ces bonnes gens ont iadis plustost songé, que bien pensé : pour n'auoir veu ne voyagé. Ie ne nie pas, que quand le Soleil est perpendiculairemēt sur quelcun des Tropiques, que lors la partie, par où il passe, ne sente vn mois auant, & vn autre apres, l'air chaleureux, & chargé de nuages, y pleuuant tous les iours trois ou quatre heures, duquel temps les gens du païs appellent Hyuer : mais aussi ie sçay, que le Soleil s'en esloignant, l'air y deuient serain & attrempé : & telle saison, ils la nomment Esté. Tant y a, qu'on n'y voit signe aucun d'excessiue chaleur, ny de tel embrasement, que noz Philosophes sans experience font accroire par leurs liures & resueries. Quant au millieu de la ligne, encore s'y voit il le contraire de telle excessiueté, veu que passant par l'Ethiopie, & autres endroits, où l'Equinoctial court, l'air y est aussi doux, que lon sçauroit souhaitter, & les terres fertiles & grasses, & arrousées de belles riuieres & fontaines viues : tellement que ie peux dire, que les Paralleles (c'est à sçauoir, les cercles ayās vne mesme distance de tous les costez les vns des autres) qui sont deça l'Equateur de nostre costé de l'Arctique, correspondent en la forme & couleur des hommes & autres animaux, auec ceux qui sont soubz la ligne tirant vers l'Antarctique. Or reuenons à noz Mosambiques. La terre y produit de l'or, & ont de l'argent de l'isle (que i'ay nommee cy dessus *Oetabacan*) & abondance d'yuoire : & est mal saine pour les estrangers. Quand lon trafique auec eux, ils ne se soucient qu'on leur baille or ny argent : se contentans de quelques bagues pour pēdre aux oreilles, qu'ils nomment *Alcorsa*, & de petites folies, comme clochettes, sonnettes, razoüers, & des pieces de drap ou de lin pour couurir leurs vergongnes : tellement que pour vn razoüer ou vn miroir, ces bestiaux vous donnerōt sept ou huict vaches. Leur langage, quoy qu'ils ayent prins iadis leur origine (ainsi que i'ay dict) des fugitifs d'Arabie, est si barbare & fascheux, que presque pas vn des leurs ne les peut entendre, veu qu'ils forment leurs paroles le plus mal du monde : & penserois aussi, que ce pertuisement qu'ils font de leurs leures, cause ce barragoüinement, ainsi qu'il en aduient à d'autres, & lesquels, n'e-

Opinion des ancies mal fondee.

Langage des Insulaires barbares.

ftoit ce deffigurement,ont de beaux lineamens de vifage. Cefte ifle gift au Nordeft,& le quart à l'Eft, à dixhuict degrez : & voyla ce qui me garde de croire, que le cap de *Prazzo* foit Mofambique,d'autāt que Melinde eft foubz l'Equateur,ainfi que i'ay dit, & cefte cy en eft tant efloignee, comme pouuez voir & iuger par cefte defcription. Aupres de Mofambique font les trois petites ifles, qui regardēt Magadafcar vers l'Eft, tirant vers le cap S. Antoine, ainfi nommé par les Pilotes en leurs Cartes marines, di-ftant dudit promontoire d'enuiron cinquante lieuës. De Mofambique à Cefala y en a foixantecinq : & fait fort mauuais aller fans le plomb le long de ce riuage, pour ce que ce font toutes baffes & rochers cachez en l'eau, tout ainfi qu'en ay defcrit le long de la cofte de Magadafcar.

OVRANS donc le long de la cofte, depuis le promontoire de Mo-fambique iufques au Royaume de Melinde, fe defcouurent enuiron cent lieuës auant en mer deux ifles, non encor bien cognues, diftan-tes l'vne de l'autre quelques quarāte ou cinquante lieuës. Le nom de l'vne eft *Darcé,* & l'autre, *Paladie,* qui regardent de l'Eft à l'Oueft,af-fifes au fecond Climat. Et pource qu'on ne fçait encore dequoy les habitans fe meflent,ie les laiffe, voguant le long de la plage, qui court vers le Royau-me de *Zibe,* près lequel eft l'ifle S. Lazare,ainfi marquee dans les Cartes par noz Pilo-tes,gifant dans le goulfe, & prefque dans le port par où lon entre audit Royaume. Et noterez,que depuis Mofambique iufques à Malaca ; tirant toufiours vers l'Equateur, y a plus de douze mille ifles, defquelles Ptolomee ne autres n'ont pas dit vn mot, & encore la plus part de ce qu'il raconte & defcrit tirant à la Taprobane,eft fort mal po-fé. Coftoyans ainfi ce païs, fe fault donner garde des bans, battures,& rochers, depuis *Velono,* ville affife fur le bord de la mer au continent de Mofambique, iufques à vn

Le cap S. Michel.

promontoire au Royaume de *Tirut,* nommé S.Michel: & dés baffes auffi fort dange-reufes,depuis ledit port de l'ifle S. Lazare iufques au Royaume de Quiloa:fur l'entree

Tour blan-che, dicte Quiloa.

duquel de loing auant apparoift vne Tour blanche, que lon appelle Quiloa la vieil-le,qui eft la terre dont ie fais icy mention,toute enuironnee de mer.Du cofté du Nord-eft,pres de fon port,y a quelqués fablons bien à craindre.Cefte ifle,quoy que foit pe-tite,eft toutefois riche, pour eftre ioincte à terre ferme d'vn Royaume, portant mefme nom,ayant vne affez belle & grande ville, & les baftimens & maifons hault efleuez & dreffez, tout ainfi que lon baftift pardeça. Les marchans y font riches, comme ceux qui trafiquent ordinairement or & argent,mufc, ambre,& de fines perles : & vont ve-ftuz fort proprement d'habits de fin cotton & de foye,portās de beaux & riches bon-nets,& ne font fi noirs que ceux d'Ethiopie. Le païs abonde en chairs, comme vaches & poulles,& font leur farine de ris & millet.Ils font pour le iourdhuy fubiets en par-tie au Roy de Portugal, qui les a gaignez plus par compofition qu'autrement, auquel ils font tribut ordinaire de certains poids d'or, & de bon nombre de perles. Toute-fois quelque temps y a, que le Roy de l'ifle fe fafchant d'eftre fubiect d'vn Chreftien, fi loingtain, fe reuolta,combien que ce fut à fon grand dommage:pourautant que l'ar-mee Portugaife leur vint courir fus, & en deffeit plufieurs, le Roy fenfuyant en vne autre ifle voifine : & depuis ils ont fait baftir quelque fortereffe, par le moyen de la-quelle ils tiennent les Quiloans en deuoir & obeïffance. Ce peuple eft diuers en couleur, les vñs eſtans noirs, les autres blanchaſtres, & autres comme de la couleur d'vne oliue bien meure. Les femmes riches prennent grandiſſime plaiſir à ſe parer, autant ou plus que celles de pardeça: & ſe veſtét de ſoye, & de toile que lon eſtimeroit eſtre d'or, portans force chaines & ioyaux d'or & d'argent, de beaux & riches braceletz, faicts à la Moreſque, des colliers & carquans de pierrerie, & de groſſes perles aux oreilles: voire n'eſpargnent elles point l'or à en faire de gros boutons, & comme des ſonnettes, qu'elles portent à l'entour des iambes. La plus grand' partie ſont Mahometans: iaçoit qu'ils ne ſont ſi auancez en la Loy, comme ceux de deſſoubz noſtre hemiſphere, qui viuent en Grece ou en Egypte. Paſſé que vous auez le cap de Quiloa, vous voyez à l'Eſt vne petite iſle, nommee *Comore*, aſſez bien peuplee, ſubiecte aux Rois de Quiloa. Plus oultre, venant de la part Auſtrale vers l'Equateur, giſt l'iſle *Munſie*, eſloignee quelque peu de terre ferme, & aucunement montaigneuſe, combien que cela ne luy ſerue que d'embelliſſement, attendu que ſes monts ſont ſeulement verdoyãs de beaux arbres: où les vallós ſont treſfertils de ris & millet. Aſſez pres de Munſie, & ſur la meſme coſte, giſt à l'Eſt, tirant au Nort Nordeſt, *Zenzibar*, autre iſle, fort belle, poſee au millieu du Climat troiſieme, & vers la partie Auſtrale au huictieſme parallele: où le plus long iour eſt de quatorze heures, comme auſſi eſt-il és iſles *Magadaſcar, Scorſie, Pende & Munſie*, iadis peuplees par ceux de Zanguebar, demeurans en terre ferme, qui ſont propremét ceux de Quiloa, ſubiects au grand Roy Ethiopien, que lon nommoit autrefois *Cafres*: leſquels mots de Zanguebar & Zenzibar, ſont Arabeſques & Perſiens, comme auſſi preſque la plus part de leurs noms de villes: qui me fait penſer, que les coureurs d'Arabie n'ont point laiſſé ce païs ſans y donner attainte. Et qui m'en donne plus grand argument, c'eſt qu'ils parlent l'Arabe corrópu: de façon que voyans vn eſtranger, ils ne fauldront de l'interroger en leur langue, par ces mots, *Exton hoakaiedkon, Va yna ſultan*, Qui eſt voſtre Seigneur, & voſtre Roy auſſi? & mille autres tels propos. Les trois ſuſdites iſles de *Munſie, Zenzibar & Pende* abondent en meſmes choſes, & ſont fort riches d'or, argent & perles. Il y croiſt du ſucre: mais ils ne ſçauent comment il en fault vſer, ny en quelle ſorte on le met en pain pour le vendre: & y a abondance de ris, millet & chair, des oranges, citrons & limons, & les montaignes plaiſantes pour la chaſſe, à cauſe des boſcages qui ſ'y trouuent. Chacune a ſon Roy, & viuent en grande paix & vnion enſemble, ſans qu'ils ſe ſoucient de rien entreprendre l'vn ſur l'autre: & leurs ſubiects trafiquent auec ceux de terre ferme, auſquels ils portent des viures & fruicts, & en rapportét ſoyes & cotton pour ſe veſtir & parer. Leurs nauires ſont petits comme barquerottes, & telles que les bachots de noz peſcheurs, bien foibles, ſans couuerture, & treſmal faicts: d'autant que au lieu de cloux, ils ne les lient que de branches d'arbres, vſans en lieu de voiles, de certaine toile faicte de l'eſcorce de Palme, bien tiſſue toutefois & maniable: dequoy ils font auſſi de belles napes & ſeruiettes, iaçoit qu'elles ſoient vn peu rudes: de la façon deſquelles i'ay en ma poſſeſſion, comme pluſieurs Seigneurs ont veu, viſitás les ſingularitez & choſes rares que i'ay apportees de ces païs là. Quant à ceux qui diſent, que les hommes y approchent de la grandeur des Geans, ie vous puis aſſeurer, ſauf leur bonne grace, que hommes & femmes y ſont fort petits, de petite complexion, & debiles, gens qui ne ſçauent preſque rien faire que viure à leur aiſe, & ſe donner du plaiſir, ſe veſtans auſſi precieuſement & gentiment que font ceux du Royaume de Quiloa leurs voiſins, deſquels ils ont apprins telle magnificence. Ils achetent la ſoye & cotton qu'ils ont à Mombaze, ioignant Quiloa, venant de Moſambique, où les marchans de Cambaia les apportent. L'or qu'ils vſent en leurs chaines, carquans, braçeletz, & aux iambes, leur vient de Cefala: où le païs eſtant ſterile, les marchans meinét du ris, & quelquefois du vin de Pal-

Iſles de Comore, Munſie, & Zenzibar.

Toile faitte d'eſcorce de Palmes.

me & du Cuiure,pour lefquelles chofes ils font affez bon marché d'or. Vous y verrez
quantité de Mofquees & Oratoires, où ils f'affemblent : ioinét qu'ils font la plus part
Alcoraniftes.Ils ne font guere grands guerriers,f'ils ne combattent les poiffons ou beftes fauuages:attendu qu'ils n'en veulent point aux hommes : & font bien heureux de
viure en leur fimplicité,fans vfer,comme ils difent, de cruaulté, ny f'emparer du bien
de leurs voifins.Ces ifles ainfi f'entrefuyuans, donnent grand moyen aux nauigans de
prendre fouuent terre , & fe rafraifchir, & fur toutes Zenzibar, qui a vn promontoire
f'eftendant affez auant en mer,lequel regarde de la part du Nort tirant du Su,à l'ifle de
Mombaze,fituee dans le goulfe de Melinde fur l'embouchure d'iceluy, où entre vne
riuiere venant de l'Oueft à l'Eft des môtaignes de Xoa,qui eft le lieu, où le grand Empereur d'Ethiopie faiét nourrir fes enfans auec forte & feure garde:& laquelle gift entre deux promontoires, qui luy feruent de flancs, à fçauoir celuy qu'on nomme auffi
de Mombaze, & celuy de Melinde, tirant de l'Eft quart au Sudeft : dont la figure eft
prefque faiéte comme la hure d'vn Sanglier, & fes deux prominences vifent de l'Eft à
l'Oueft,ayant fept ifles,les vnes luy feruans de front,& les autres l'enuironnans.Ayant
ainfi paffé les Royaumes de Quiloa,ou Zanguebar, approchans de la cofte d'Arabie,
que maintenant on appelle heureufe,tirant vers l'Inde,fe voit pres de terre ferme cefte
ifle cy,prefque auffi grande en fon circuit que celle de Corze:en laquelle eft vne ville,
grande & riche,où les baftimens font faiéts de murailles,qu'ils appellent *Alcaich*,de
fort belle pierre,auec les rues fpacieufes & larges,& auffi belles que font celles des plus
fameufes villes des Royaumes de Magadaxo & d'Adel. La mer y eft abondante en
poiffon , & y en a de fi monftrueux , qu'à grand'peine en tout l'Ocean f'en pourroit il
trouuer de plus admirables,ny plus diuerfifiez en figures:entre autres vn,qui a la tefte
faite comme celle d'vn Marmot, & fes fanons comme aifles d'oifeaux ,larges au milieu,& au bout fort eftroiétes.Les Infulaires le nomment *Erapo*, ceux de Maillorque
Paixe voator, les Allemans *Schuualm-fifch*, & les François Arondelles de mer.Il f'y en
voit d'vne autre efpece,non du tout fi grand, que ceux de l'ifle de Tile & de Noruege
appellent *Himmelguger* : luy ayans donné ce nom , pource qu'il eft courbé , & a fa tefte, nez & bouche efleuez en hault, regardant toufiours vers le ciel. Les Barbares le
nomment *Alhegen*, à caufe de deux fanons qui luy pendent à l'endroit des narines,en
maniere de mouftaches, longs pour le moins de demy pied. Le païs eft auffi abondât
en viures , comme moutons , qui ont la queuë fort groffe & ronde, vaches & cheures
d'autre grandeur que ne font les noftres,& quantité de volaille & poulles,comme celles de pardeça. Le ris,le millet,& les aulx portez d'Inde,y viennent plantureufement:
& la terre ameine de beaux Orengiers,Citrons,Limons doux & aigres,des Grenadiers
& Cedres auffi beaux,que ceux qui croiffent au mont Liban en la Palefthine.En fomme , toute herbe bonne & propre à manger , eft en abondance à Mombaze , & cecy à
caufe des eaux des ruiffeaux & fontaines qui courent par tout le païs. C'eft la contree
où fe trouuent les meilleurs Simples que lon fçauroit demander,& fur tout de certaines herbes,qui ont force merueilleufe de tirer le venin de quelque ferpent que ce foit,

*Faalim,her-
be qui atti-
re le venin.* dont le païs abonde affez : comme celle qui f'appelle en leur langue *Faalim* , & a la
fueille prefque femblable à noftre *Enula Campana* : de laquelle i'ay veu faire l'experience,eftant en la mer Rouge, fur la cofte de la haulte Ethiopie, fur quelques vns qui
auoient efté blecez d'vne efpece de ferpens,nommez en leur langue *Alefah*,qui viuent
tant en terre qu'en l'eau, & defquels la morfure eft fi dangereufe,que fi l'on n'applique
foudain le ius de l'herbe fufdite,il eft impoffible qu'on fe garentiffe de mort. Il y en a
auffi de deux autres efpeces bien fouueraines,à fçauoir la *Louhim*,femblable à la Chelidoine ou Efclere,& l'*Hiortif*, qui porte fa fueille toute telle que le Lys, fauf qu'elle
n'eft

n'eſt ſi hault eſleuee de terre:deſquelles les Ethiopiens vſent ainſi.Ils prennent vn vaſe
fait de terre rouge,& apres auoir tué quelques Aſpics ou Viperes,ils les mettent bouillir auec ces herbes dans ledit vaſe,iuſques à ce que le tout ſoit à demy conſumé,& gardent ceſte decoction deux ans & plus.Quand ils ſe ſentent attaints de morſure de Serpent, ils en appliquent ſur la partie offenſee, & ne faillent d'en guerir bien ſoudain:
comme ils font auſſi à l'endroit de leurs cheuaux & chameaux. Ie vous ay bien voulu

repreſenter le pourtrait de ceſte herbe au naturel. Lon en trouue vne infinité d'autres
treſcordiales, comme eſt celle que les Noirs du païs nomment *Artabas* (qui en leur
langue ſignifie Quatorze) pource qu'elle a autant de fueilles, gentimét rangees autour
de ſa fleur, rouge cóme fine eſcarlate, & auſſi large qu'vne Roſe, ſemblables à celles de
la Lyſimachie.Il eſt bié vray que ſa racine eſt inutile:mais auſſi lon tire deſdites fueilles, au default de cela,vn ius treſbon, & propre pour ceux qui ſont ſuiets à la grauelle:
la vertu & proprieté duquel ſe monſtre telle, que ſi lon en vſe ſeulement huict iours
entiers, il ne fauldra à faire vuider toutes choſes graueleuſes, & nettoyer entierement
la veſcie.Elle croiſt pres des ruiſſeaux & lieux mareſcageux. Ie ne veux laiſſer en arriere le *Tragium*, qui y vient en abondance,nommé par les Ethiopiens *Selebim*, & des Iauiens *Zebin*,contre l'opinion d'André Matthiole : auquel ie ſuis faſché m'addreſſer: *Erreur*
Toutefois i'en ſuis du tout contraint, pour le peu de reſpect qu'il porte aux ſçauans *d'André Matthiole.*
hommes de noſtre Fráce,de ſa meſme profeſſion. Et pource,dy-ie,qu'il n'en tient non
plus de cópte, que le More fait de l'Arabe,cóme lon peult voir ſur la gloſe par luy faite
(comme il ſe váte)ſur ce qu'en a deſcrit le docte Dioſcoride,apres ſ'eſtre ſerui, & auoir

tiré toute la mouëlle de leurs efcrits, i'ay prins la hardieffe de môftrer fa faulte en ceft endroit, lors qu'il dit, que l'herbe Tragiéne croift tant feulemét en l'ifle de Crete. Chofe auffi mal côfideree à luy, que ce qu'il allegue, & a mis par efcrit, que les Palmiers qui fe trouuent en ladite ifle de Crete ou Candie, portent leurs fruicts iufques à parfaite maturité : Ofant bien dire, pour fçauoir le contraire, nonobftât l'authorité & renômee dudit Matthiole, qu'il n'y a homme viuant foubz le ciel, qui fe puiffe vanter auoir veu vn feul fruict aux Palmiers Candiots, non plus qu'à ceux de Sicile, ou de la Pouille & Calabre. Ie ne parle point de Lyons, Leopards, Tigres, & autres beftes farouches ou monftrueufes, d'autant qu'il ne f'en trouue point, ou bien peu, dans les ifles, & que leur habitation & retraite eft en terre ferme aux montaignes, deferts, & par l'efpeffeur des forefts & bofcages : où y a abondance de fort beaux arbres, nommément du Sandal, blafatres, & qui font du tout differens en couleur à ceux que i'ay veuz au païs des Sauuages Canibales. Ces Infulaires ne font pas fi paifibles que ceux de Zézibar, d'autant q̃ fouuentefois ils f'attaquent hardiment à ceux du continent, foit de Mombaze, ou de Melinde, & font fi adextres, que le plus fouuent ils ont le deffus, & vont piller leur plat païs : côbien que tout ainfi qu'ils font prôpts à faire guerre, auffi font-ils faciles à appaifer, & f'accordét pour peu de chofe auec leurs ennemis. Ce peuple eft bazané, tant hômes q̃ femmes, & vont auffi bien veftus que les Zenzibarins, ou ceux de Quiloa, aimás les ioyaux & les robbes de foye. En cefte ifle fe font de grâds trafics de toute marchandife, à caufe de la cômodité du port, dans lequel fe voit toufiours vn beau nombre de vaiffeaux de ceux qui vont à Cefala, & autres qui viennent des Royaumes de Melinde & Câbaie. Le plus qu'ils trafiquent auec l'eftrâger, c'eft du Miel, de la Cire & de l'Yuoire, dequoy ils ont affez en abondáce. Ils auoiét iadis vn Roy, qui leur impofoit & loix & tribut : mais depuis quelque temps les Chreftiens l'ayâs vaincu & chaffé de fa terre, f'en font emparez, & y ont dreffé des forts pour fe retirer, & courir en la mer Rouge pour leur marchandife. Il fuffit de ces ifles & façons de viure des habitans, pour paffer oultre, & aller vifiter ceux qui nous regardent plus pres pardeça la ligne.

De l'ifle de BARCENE, laquelle eft en terre ferme en l'Ethiopie.
CHAP. VIII.

Abanhyf nom Abyffin.

E Lac de *Barcene* eft eftimé egal en grandeur à celuy de Zafflan, & de Zembere : duquel auffi fort la riuiere, nômee par quelques vns *Aftaphe*, & par ceux du païs *Abanhyph*, qui fe va rendre au Nil en l'ifle de Meroé (ainfi qu'il a efté dit cy deffus :) & fignifie *Abanhyph*, en lâgue Abyffine, autant qu'à nous, Pere des eaux, pource que ce fleuue eft fort grand & large. Barcene fort des montaignes de Melinde, non de celle qui eft aux Indes, ains en Ethiopie, pofé directement foubz l'Equateur, ayant plus de cent lieuës de longueur, & trentecinq ou quarante de large, dans lequel y a plufieurs ifles. La principale porte fon nom, où font baftiz plufieurs Monafteres de Religieux Abyffins, tels que ceux de la Vifion au Royaume de *Barnagas*, nommee des Iuifs *Barraith*, & a huict ou neuf grandes lieuës de large, & plus de vingt de lôg, en vn païs affez bon & fertil, felon la portee de la region : le peuple f'addonnât prefque du tout au pafturage, & eftant le Chef de ces ifles, fubiect à l'Empereur Ethiopien, & tenu de nourrir les Religieux qui y font efpars. Ce Seigneur vfe de telle iuftice en fon gouuernemét que aucun n'a affaire de tenir l'huys fermé fur foy, de peur des larrons, meurtriers, & ioüeurs de farces, qu'ils nôment *Alcatelfief*, & *Alcamaar* : d'autant que ceux qui font apprehendez pour crime, y font puniz & executez fur le champ. Auffi n'eft-il permis aux gens de baffe condition, d'auoir porte en leur maifon, d'autant que côme dit ledit

Seigneur, luy eftant le chef de la Iuftice, empefchera bien que perfonne ne les offenfe, & qu'au refte les portes font faictes pour les mefchans, & pour fe garder de leur violence. Par ainfi il fera en forte, que les petits n'auront affaire de fe tenir couuerts. Quāt aux grands, il leur permet, pour reuerence de leur perfonne : aufquels aufli il ottroye de f'affeoir fur des tapis veluz, lors qu'ils parlent à luy, au lieu que tout autre a de couftume de fe tenir debout, f'il ne veult eftre dechaffé. Au refte, quoy qu'il y ait des Iuges & Officiers, fi eft ce que la fentence qu'ils prononcēt, n'eft authorifee, fi elle n'eft publiee par la bouche mefme du gouuerneur, lequel condamne & abfould celuy que bon luy femble: & n'ont point de prifons, pource que les chofes fe vuidēt fur le chāp, & le iour mefme que les procez font intentez, fuyuant ce qui eft allegué, & la depofition des tefmoings que chacune des parties prefente: (les Turcs en font quafi autant, & aufli les Perfiens & Arabes, comme i'ay veu, tellement qu'vn procez, tant gros foit il, fera parfaict & iugé à toute rigueur en dix iours) & les tefmoings defaillans, ils ont recours au ferment, lequel ils font en cefte forte. Ils pilent l'efcorce d'vn certain arbre, & la puluerifent, puis iettent cefte poudre dans vn vafe d'eau, & le font boire à celuy qui fera accufé de quelque crime. Si l'ayāt beuë, l'accufé ne vomift point, il eft abfouls: mais vomiffant, il eft puni comme mefchant. Que fi celuy qui eft accufateur, veult prendre le breuuage, il luy eft permis, & ne vomiffant point aufli, ils font mis hors de Cour & procez, fans defpens d'vn cofté & d'autre. Sur quoy il fe commet beaucoup d'abuz, attendu que fi vn Iuge veult mal à quelcun, & le veult punir rigoureufement, il commandera aux deputez, qui font cefte gentille pouldre, d'y appliquer certains grains battuz, pour le prouoquer. En ces ifles, quoy que chacun puiffe viure libremēt en la religion qu'il voudra, & qu'il y ait des Mores, Gentils, & Chreftiens, fi eft-ce que les Officiers & le Seigneur mefme font tous Chreftiens: d'autant que l'Empereur d'Ethiopie ne lairroit pour rien fa terre ny les Religieux entre les mains & foubz la puiffance des Mahometiftes, ou des Idolatres. Le païs y eft fertil, ainfi q̄ dict eft, mais mal fain & catarrheux, & les hommes fubiects à fiebures de toutes fortes, tant pour l'exceffiue chaleur qu'ils y fentent, qu'à caufe des vapeurs du lac, duquel l'eau n'eft bonne, & que les autres font pluftoft bourbiers & maraiz, que rien qui reffente liqueur propre à boire. Et bien qu'ils ne foient guere addonnez à la guerre, comme ceux que perfonne ne va affaillir en leurs forts, fi eft-ce qu'ils vfent de certaines armes, chacun portāt trois lances, & force pierres, qu'ils choififfent à leur pofte, lefquelles ils mettent dans des pochettes de cuir, faites tout expres : & font fi adroicts à ruer, que à vingtcinq ou trente pas ils ne faudront à toucher vn homme la part qu'ils auront prins leur vifee. Ils f'amufent à la pefcherie, comme fait le refte de tout ce païs, tant ceux qui font voifins de la mer, que les habitans en terre ferme, f'aidans du poiffon pour viande & farine. Le peuple y va tout nud, fauf les parties honteufes, qu'ils couurent auec vn drap de groffe foye, ou de cotton. Les plus riches ont des chemifes fines & blanches, auec des bandes de drap d'or, fort gentiment accouftrees à leur mode : toutefois les veftent ils de telle forte, que l'eftomach, vn bras & vne efpaule leur demeurent à defcouuert: & en cela ils penfent eftre les plus beaux & les plus braues de tout le monde. Cefte nation eft aufli addonnee à chanter & danfer, fi que les femmes paffent la plus part du iour à telles folaftries, & la nuict quand la Lune eft claire : & fe lauent d'eaux, qu'ils font d'vne herbe nommee *Moharq*, fort odoriferante, fe parfumans auec du bois d'Aloé, de Sandal, de Saffran, & de la Ciuette, qui leur eft commune. Ils ne fe foucient d'eftre frequentez de perfonne, pource qu'ils en viuent mieux à leur aife: & qu'aufli f'il y auoit traffic, ils f'affeurent que leur grand Monarque ne fe pafferoit long temps, fans leur charger le doz de fubfides & mille feruitudes. En toute cefte ifle, & autres voifi-

Briefue iuftice entre ce peuple.

Maniere de guerroyer.

Moharq herbe finguliere.

nes,n'y a point de villes clofes,& font tous petits cafalz,baftis plus pour le labourage,
que pour magnificence. Leurs femences font orges & febues, & vne autre efpece de
Legume,prefque femblable aux Lentilles de pardeça, mais plus gros , & qui au gouft
femble eftre huileux : duquel ils font potages pour les malades, ayans opinion , qu'il
eft de grand proffit & confort pour l'eftomach. Et combien que lon ne mange en ce
païs le gras chapon ne la perdrix, fi ne laiffent ils de viure vne fois & demie plus que
nous autres de pardeça.Ce lac fait plufieurs riuieres,qui f'eftendent iufques au Nil,ar-
roufans prefque tout le Royaume d'Amar : & y a force villes bafties à leur riue, mefmement *Fungy* fur le fleuue *Abanhy*, pres laquelle fe fait auffi vn autre beau lac.On y
voit vn nombre infiny d'oifeaux d'eau,de diuerfe grandeur & plumage : entre autres,
vn nommé en leur langue, *Chonan*, qui eft proprement le nom d'vne Cane en langue
Morefque , combien que ceftuy cy foit fix fois plus grand , ayant telle abondance de
plumage fur fa tefte,& autour, que lon le iugeroit, à le contempler, eftre vn gros Hi-
bou.Il f'y trouue auffi beaucoup d'*Alhobar,Alheig-feid,Alofi, Hatas elbhar*, qui font
Herons,Cygnes,Plongets,Cormorans,& diuerfes autres efpeces : mefme des Grues és
campaignes, nommees par les Barbares du païs, *Arachama orna*. Voyla ce que i'ay
peu apprendre de ces contrees.

A fçauoir f'il eft poßible qu'il neige là où font les grandes chaleurs , comme
foubz la Zone torride. CHAP. IX.

'A y dict cy deffus,parlant des inondations du Nil,que les pluyes &
neiges fondues en Ethiopie & en Afrique , caufoient telle lexiue
d'eaux, & le defbordement qu'il fait vne fois l'an en fa faifon : combien que plufieurs tiennent fermement,qu'il eft impoffible qu'en region fi chaulde il neige, ou que la pluye fe caille. & conuertiffe en
glace.Mais fi vous regardez bien ce qui eft fondé fur la raifon naturelle , vous verrez que tout lieu,qui eft de mefme temperature que nous auons noftre
Hyuer,peult auffi fentir les effects que nous fentons en tel temps,comme pluyes, glaces,grefles,verglatz & neiges.Quant aux tempeftes,ie fçay bien qu'elles aduiennent és
faifons qui font proportionnees à l'Efté , ainfi que ceux qui habitent les monts Pyrenees,l'experimentent tout le Printemps,durant lequel les tonnerres y font auffi continuz,que és iours plus chaulds de l'Efté,& durant les ardeurs de la Canicule.Que fi l'E-
thiopie eftoit en fon Hyuer toute telle que nous confiderons noftre Printemps, pro-
portiónee plus à l'Efté qu'à la froidure,elle feroit par ce moyen capable auffi bien des
neiges,que d'vne plus grande condenfation de vapeurs,telle que celle qui fe forme en
la grefle : non que ie vueille dire, que l'occafion de la tempefte & grefle foit pareille à
celle qui caufe la neige. Or perfonne ne me niera, foit foubz les deux Tropiques, foit
foubz l'Equateur, ou en autre part, là où l'air fe refroidift par quelque efpace de téps,
ainfi que nous le fentons en noftre Hyuer : que par confequent il n'y puiffe aduenir
des neiges, auffi bien qu'il fait és regions les plus chauldes que nous ayons en noftre
Europe. Mais cela ne peult aduenir en la planure & plat païs d'Ethiopie , à caufe que
le Soleil en eft trop voifin,quelque faifon de l'annee que ce foit.Et pourautant que iamais il ne f'en efloigne plus de trentehuict degrez ou enuiron, la diftance ou auoifinement y empefche l'Hyuer, & par confequent lefdites neiges. Ce qui eft tout autrement és montaignes, pofees foubz autre conftitution, pour leur haulteur exceffiue, &
principalement celles , qui font affifes foubz le cercle de l'Efté , ou qui luy font prochaines,lefquelles reçoiuét les vapeurs froidureufes & defcente des neiges,lors que le

Soleil entre dans le figne de Capricorne:veu qu'en ce temps là,les rayons du Soleil ne
pouuans attaindre par leur rebat & reflexion à la fommité & fefte d'icelles, la nature
du lieu reçoit les impreffions de noftre froidure, & fe proportióne aux effects de noftre Hyuer:fi que & foubz l'Equateur,& foubz tous les deux Tropiques,quelque gráde chaleur qu'il y face, les montaignes abondent en neiges, & fentent les rigueurs telles que nous faifons en Hyuer. Que fi vous me dites que cela n'aduient point aux noftres du temps que le Soleil eft en Cancer, il y a refponfe fort aifee, fçauoir que le iour
eft icy de quinze & de feize heures, là où en Ethiopie, & foubz l'Equateur, il n'eft
point plus long que de douze heures & demie,ou enuiron : qui fait,que la chaleur ne
fe maintient pas fi longuemét,parce que la nuict eft plus froide beaucoup que le iour:
& par ainfi aduient,que fur les monts,& fur tout en ceux qui font oppofez au Nort,la
neige y tombe, & f'y arrefte, puis apres fe fond, peu de temps deuant que le Soleil entre au figne de Cancer, & qu'auffi leurs fommetz furpaffans les nues, qui font les plus
aqueufes & diffoutes vers les parties expofees à l'ombre, quelque difpofition chaulde
qu'ait la region, il eft impoffible que les neiges ne s'y engendrent. De cecy nous fera
foy ce qui fe voit par experiéce fur celuy d'Atlas,qui eft pour le iourdhuy au Royau- il neige fur
le mõt Atlas.
me de Fez,voifin de noftre Tropique, enuiron cinq degrez. En ce mont & tous autres
de Lybie,quelque grande chaleur qu'il y face, fi eft-ce que la neige y eft en abondance: qui me fait laiffer à part toutes raifons des Philofophes, pour traicter au long ce
que i'en ay veu par experience,& non pour vn ouyr dire,trauerfant les prouinces que
lon dit eftre fi chauldes,qu'il eft impoffible que les neiges y puiffent fubfifter.En premier lieu,l'ifle de la grand' Iaue,en laquelle fe trouuent fept haultes montaignes,efloi-
gnees les vnes des autres de vingt ou trente lieuës, ou quelquefois plus, & d'autres
moins, eft directement pofee foubz l'Equateur & Zone torride, qui eft le millieu du
Ciel:où les chaleurs font fi grandes & exceffiues,que les habitans font contraincts d'y Ignorance
des Anciens
pour n'auoir
voyagé.
aller tous nudz (qui a donné occafion aux Anciens de penfer que ces regions ne fuffent habitees,combien qu'elles le foiét, & fort riches & bien peuplees) & qui plus eft,
les fufdites montaignes font tellement pleines de neiges, qu'on péferoit voir les mõts
Riphees,fituez en la part du monde la plus froide.Voyons auffi quelles font les *Ma-
lees,* & celles de *Bocan,* en la Taprobane, droictement foubz l'Equateur. Elles font fi
remplies de neiges & vapeurs froides, que la fonte d'icelles caufe de belles & grandes
riuieres,lefquelles confiderees fimplement en leur fource, feroit impoffible que vinffent à telle grandeur & perfection,que font celle de *Soane,* qui tire vers le Nort,ou de
Barac, qui f'eftend en fon cours vers l'Eft. L'ifle de *Burnay,* & celle de fainct *Homer,*
auffi fituees foubz l'Equateur, n'ont autres riuieres d'eau douce, que celles qui fe font
és montaignes par la liquefaction de la neige qui eft au coupeau & fommet d'icelles.
Ie vous en ay dict bon nombre foubz l'Equateur, pource que les Anciens fe font plus
opiniaftrez en ceft endroict qu'en autre,& n'ont voulu confeffer,que foubz iceluy,ou
bien oultre & deçà, il y euft habitation d'homme, ou qu'il fuft poffible que les neiges Obfruation
de l'Au-
theur The-
uet.
& glaçons f'engendraffent en païs, auquel le Soleil lançoit fi furieufement les ardeurs
de fes rayons. Il me fouuient, que l'an mil cinq cens quarantehuict,eftant fur mer à la
haulteur de l'ifle de Cypre,le temps eftant ferein & beau,nous voyons fort facilement
le fommet du hault mont Liban,plein de neiges,dont toutefois nous eftions loing de
cent lieuës ou enuiron.Si lon paffe plus oultre, & que lon vienne à contempler les regions fituees foubz les deux Tropiques,on y voit les neiges, & les eaux beaucoup plus
froides & vaporeufes qu'elles ne font pardeçà:fi que bien fouuent elles y font de plus
de dix braffes en haulteur,apres que l'air a defchargé le froid de fon venin & rigueur. Montaigne
du Pich.
La montaigne du Pich,qui eft aux ifles Fortunees,n'eft iamais fans blancheur, comme

i'ay veu, & que le vent froid ne fouffle fur le fommet d'icelle : & toutefois le païs eft fi chauld, que chacun fçait, comme eftant prochain du Tropique de Cancer. Mais laif-fant les riuieres de la grande Afrique, celle de *Tacalize*, en la grand' Afie, qui a de lar-geur vne bonne lieuë en quelque endroict qu'on la vueille trauerfer, & arroufe diuers païs & prouinces, foubz diuers noms qui luy font impofez, comme *Buziphat, Guzare, Cambaye*, felon les regions & villes, par où elle paffe, & entre en la mer d'Inde par fix bouches, n'a elle pas fa fource premiere des montaignes & deferts de *Tacalize*? Or ce que i'ay dict des ifles, fe peult auffi attribuer à la terre continente, & à fes montaignes, à fin qu'on ne mette en auant, que la froidure de la mer pourroit bien caufer ces nei-ges : mais que là où l'air eft libre, & où le Soleil efpand fes raiz tout à fon aife, c'eft là que lon n'en voit point, quelque faifon que ce foit. Il doibt donc fuffire, que les rai-fons par moy amenees confondent tous ces fcrupules & doubtes : pource qu'il fault, comme i'ay dict, que lon cede à l'experience que i'en ay faicte long temps fur mer & fur terre : tellement que quand Ariftote, Seneque, & Pline feroient là auec toute leur contemplation fur les caufes de ce que Nature fait & produict, fi faudroit il qu'ils me

Païs loin-tains incu-gnus aux Anciens. quittaffent le ieu : veu qu'ils ont feulement difputé par ce qui leur fembloit le plus poffible, & qui tomboit en la facilité du iugement humain fans auoir voyagé. Mais ils font à excufer, à caufe des aages : ioinct auffi que les fauxbourgs de l'Afie, Afrique & Europe, n'eftoient quafi pas defcouuerts de leur temps, comme ils font auiourdhuy. Et moy Theuet, qui ay eu & veu l'experience des chofes, vous puis affeurer, qu'és païs les plus chaulds qui foient au monde, les neiges abondent fur les monts de terre fer-me, comme en ceux de *Danizerne, Opanich, Bulmech, Phiolich, Ratonict*, & autres païs des Caribes, lefquels contiennent foixantefept lieuës de long, & ceux de Carthagene, non de celle qui eft en Afrique, ains vne qui eft fituee en ladite region des Caribes, fur la fin de la grand' terre du Peru, tirant vers le Pole Antarctique. Or ces montaignes font eftendues depuis le promontoire de *Paffe*, en la mer du Su, dicte Pacifique, iufques à celuy de *Pimiere*, qui eft en l'Ocean, diftant l'vn de l'autre de quarantefix degrez en largeur : lefquelles combien que foient expofees à l'ardeur du Soleil, fi eft-ce qu'elles font fi couuertes de neiges (que le peuple de ce païs appelle *Ateyna*, les Mores *Atelg*, & les Arabes d'Afrique *Atelgé*, comme la pluye, qui vient des neiges, *Achata*) que lors qu'elles fondent, leur decoulement fe fait par les pores de la terre, qui eft toute ca-uerneufe, & eft occafion, que les rochers iettent ces grandes fources, defquelles proce-dent les riuieres. Et cela n'empefche en rien ce que aucuns tiennent, que lefdites riuie-res fortent du lieu mefme, où elles fe vont engoulfer : attendu qu'il n'y a point d'im-pertinence en mon dire, où la chofe fe voit plus clairement qu'à l'œil. De telles mon-taignes donc chargees de neiges viennent ces tant fameufes riuieres, fçauoir celle des Amazones, qui a cinquante lieuës de large, & celle d'Orellane, diftante de l'autre en-uiron quatre vingts ou cent, qui en a vingtcinq de large, fuyuant les obferuations par moy faictes. Que fi vous paffez en Ethiopie depuis le Cap & Royaume de Melinde, dit *Polarmict* de ceux du païs, qui eft entre le fein & mer des Barbares & la mer Rou-ge, iufques au cap & promontoire de *Lopes*, vers la mer Oceane, de la part des ifles de fainct Omer, diftant l'vn de l'autre enuiron quarantecinq degrez, vous y verrez les neiges efpaiffes, & haultes de dix à douze braffes. Ie ne fçay fi les monts qui font par-deça, en ont de plus effroyables : de forte que quelquefois ceux des vallons prochains font arreftez en leurs maifons, pour ne pouuoir aller dehors, tout ainfi que les voifins des monts de *Piley, Beth, Betzeif, Betmeluth, Zeyon, Fel-alhilon*, & autres. Vous pour-rez auffi contempler celles de Magadafcar, qui font de l'Eft tirant au Su, lieu où nous imaginons le Tropique de Capricorne : & les haults monts d'*Aconatim*, ainfi appellez des Ethiopiens, marquez en ma Carte foubz le nom de *Bardet*, en la poincte du promontoire de Bonne efperance, & ceux du cap de *Podran*. Nul ne me fçauroit faire defdire, que les montaignes des prouinces des Margageatz & Tabajarres n'en foient auffi pleines, que pourroient eftre les Alpes ou l'Apennin : ce que ie peux dire, l'ayant veu l'an mil cinq cens cinquantequatre, que i'y eftois, non fans m'efbahir grandement, & difcourir fur les miracles de Nature, voyant la difpofition du païs expofee à des chaleurs bruflantes, les hommes pour cefte caufe allans tous nuds, & nous y fentans vne ardeur non accouftumee. De pareil eftonnement m'a rempli de veoir les monts, defquels procede cefte grade & riche riuiere de Plate, pofee à trente & vn degré deux tiers, gifant fa cofte au Su Sudeft, & au Su iufques au deftroict de Magellan : où lors que le Soleil approche du Tropique de Capricorne, les neiges fondent, pour fa reflexion trefardente. Du cofté de noftre Tropique, celuy de *Pulte*, qui eft en Perfe, & ceux d'*Acopy*, qui font en Calicut, monftrent bien que les regions les plus chauldes peuuent compatir la neige, tout ainfi qu'elles font capables de grefle. Adiouftant encor ce mot, qu'eftans en Ethiopie les montaignes fi frequentes, & conioinctes l'vne à l'autre, & d'icelles en deriuans de fi belles riuieres, il fault que les pluyes & les neiges arroufent cefte terre ainfi fubiette à l'ardeur bruflante du Soleil, à fin de la rendre fertile : veu qu'il feroit impoffible que la feule chaleur, fans eftre accompaignee d'humeur, peuft caufer la generation des femences, & la terre eftant du tout feiche, fans neiges & pluyes, que les riuieres accreuffent ou fe defbordaffent pour le bien & fertilité des prouinces, ainfi que i'ay deduict fur le Nil. Mais pourautant que ie n'ay rien dit, ny que ce peult eftre que neige, ny dont elle fe concree, il fault icy entendre, que fa vapeur a grande quantité de terreftre entremeflé : par où lon cognoift facilement qu'elle vient des vapeurs qui f'efleuent de l'eau courant par terre : attendu que quand elle eft fondue, elle n'eft pas pure, & rend mefmes les mains fales en les lauant : ioinct qu'elle engraiffe grandement les lieux où elle tombe, & les rend fertils, y faifant plus abondamment germer les femences. I'ay veu les laboureurs de France dire, lors qu'ils voyoient la face de la terre couuerte de neige, qu'elle feruoit & profitoit grandement aux grains enfemencez, y demeurant douze ou quinze iours. Si vous me demandez, pourquoy il y a plus de neiges és parties du Nort, comme vers les Royaumes & prouinces de Noruege, Scandie, Lappie, Fimmarchie, Scrifnie, Biarmie, Botnie, Sueue, Firlandie, Tauaffie, Culuatie, Gotthie, Liuonie, Pruffie, Ruffie, & tels païs montueux & froids, en temps d'Hyuer, qu'en autres lieux : ie n'y voy autres raifons, felon mon petit iugement, finon que les contrees temperees ne font fi fubiectes à la neige, finon quand le froid eft refpandu par tout en l'air : Et que en telles regions la froidure n'eft fi piquante à la moyenne partie de l'air, comme quand par le chauld efpandu audit air, elle fe refferre autre part. De vous difcourir, fi le froid poulfe le chauld, ou le chauld le froid, & la tranfmutation de la nue & de l'eau, & comme le tout fe congele, i'efpere vous en toucher en vn autre endroit, pour pourfuyure le refte de mon hiftoire.

Les monts de Pulte & d'Acopy.

De l'Ethiopie en general, diuifion d'icelle, & chofes memorables du païs. CHAP. X.

E SVIS marri, qu'en defpit que i'en aye, il faille taxer & condamner le peu de foing & confideration de quelques Anciens & Modernes ignorans, pour le regard du vray compartiment des terres, regions & prouinces, & qu'ils ayent efté fi fimples, à fin que ie ne les touche de tiltre plus picquant, de dire que l'Ethiopie fuft en Afie & Afrique : finon qu'ils euffent voulu enclorre l'Egypte, voifine de la mer Rouge, & ce qui eft compris au Delta des bouches

du Nil,en l'Afie: ou bien qu'ils imaginaffent, que le promontoire de *Califfin*, qui tire
au Royaume d'*Anguaby*; voifin de l'Ethiopie; & celuy d'*Arach*; qui eft entouré des
terres & prouinces de *Zibich* & *Herich*, proches de la mer Rouge,fuffent vne mefme
chofe:ce que toutefois n'eft pas : & quand bien il feroit ainfi, encor ne feroit l'Ethiopie en forte aucune comprife en l'Afie, veu qu'elle ne feftend point iufques aux deferts de *Suez* ; ains en eft efloignee plus de fept à huiȼt cens lieues par terre, ayant efgard & aux planures d'Egypte,& à fes grands deferts. Entre autres Sebaftien Munfter
recite dans fon Hiftoire vniuerfelle. liure fixieme, vne chofe que ie ne confefferay iamais: fçauoir,que le païs des Indes eft celuy d'Ethiopie. Et pour mieux prouuer fon
dire,il amene l'opinion de Virgile, qui dit que la fource du Nil,de laquelle ie vous ay
par cy deuant parlé, vient des Indes.Ie vous prie voyez comment ces pauures gens fe
font auffi abufez, pour auoir efté mal aduertis. Que fi lon la vouloit mefurer par les
promontoires deffufdits, encor y auroit il de la faulte lourde, veu que depuis la iufques à la baffe Ethiopie qui regarde l'Orient,il y a plus de neuf cens lieues. A cefte occafion, voulant ofter les lecteurs de doubte, & leur donner la defcription véritable &
fi patente,comme ie l'ay veuë & côpaffee, que les plus fimples la toucheront au doigt:
Il vous fault noter, que l'Ethiopie eft toute comprife dans l'Afrique (comme plus à
plein i'efpère vous faire voir au chapitre de l'Afrique) laquelle fauoifinant de la Lybie,eft compartie en cefte forte.Vers l'Eft,elle confine à la mer Rouge, iufques au promontoire *Rany* ; qui eft à huiȼt degrez trente minutes de la ligne tournant au Midy.
A l'Oueft,elle va iufques aux deferts de Lybie,& embraffe vne partie du Royaume de
Senega; fi que ce fleuue femble faire la feparation du cofté Occidental. Mais allant au
Nort,& laiffant la Marmarique, Cyrenaïque & Barché, & embraffant la Nubie,elle fe
termine à l'entree d'Egypte,au Royaume de *Rif*,fur la riuiere du Nil,& à la Lybie in-
terieure.Vers les parties Auftrales,elle fine au Cap du grand Lyon, dit de Bonne efperance,la mer Oceane la feparant de la terre qu'on appelle incogneuë. Or eft cefte prouince diuifee en haulte & baffe, & a toutes les terres fuyuantes en foy comprifes, defquelles i'ay eu cognoiffance; & pleine inftruction, non des hiftoriens Grecs ou Latins,qui en parlent en clercs d'armes,& comme par ouyr dire, mais par les plus doctes
d'entre les Barbares; & qui font mefmes leurs Chroniqueurs & Hiftoriens, lefquels
auec vne fimplicité de parole, fans vfer de fard Romain, ou babil des Grecs, fuyuent
feulement la verité des chofes. La terre d'Ethiopie (difent ils) eft celle, qui emporte
plus de la moitié de l'Afrique, allant d'vne mer à l'autre, à fçauoir dés la cofte de Guinée à celle de l'Ocean,qui eft vers l'Inde, & commence au Royaume de *Benin*, au lieu
où la mer fait vn grand goulfe,à caufe de la grande riuiere que nous appellons Royale,qui fepare ledit Benin d'auec la Guinée,la fource de laquelle viét des haultes montaignes de *Biafre*, & puis feftend le long des monts, paffant diuers Royaumes, regiós
& prouinces, defquelles les vnes font habitees de Noirs, autres de Bazanez, & autres
d'hommes qui font auffi fauuages & mal priuez que beftes farouches & rauiffantes,
tous idolatres, iufques aux deferts de *Baffe*, & à ceux de *Coucritan*, où il y a des Rois
auffi idolatres,qui obeiffent en partie au grand Abyffin, & partie au Roy de Nubie &
de *Pufapullac*. Et à fin que plus à plein vous l'entendiez,ie deduiray les Royaumes,tát
maritimes,que ceux qui font en platpaïs.Venant de la Lybie,vous auez *Cafene, Guan-
gare, Zegzeg, Borno, Gehogan*, tous compris en la Nubie: puis y eft *Gueguere*, autrement
Meroé, qui eft l'ancienne *Saba, Baganaze, Dobas, Amar, Medra, Goïame, Xoa*, partie
deça,& partie delà la ligne Equinoctiale, bien auant en terre ferme: pouuant affeurer
que ce païs difcouru contient plus de trente degrez de latitude. En fomme,depuis les
fufdits deferts iufques au Cap de Bonne efperance, tout eft compris foubz le nom

Toute l'E-
thiopie eft
côprinfe en
l'Afrique.

Idolatres
obeiffent en
partie à
l'Empereur
Abyffin.

d'Ethiopie:si que les Royaumes de *Baguemettre,Darmete,* & *Maytachary,*& plusieurs autres subiects audit Gerich , font la separation d'auec l'Egypte, Marmarique & Lybie.D'auantage,en tous les Royaumes susdits,& autres que tient ce grand Monarque, le peuple vse d'vne mesme langue,& mesmes characteres,& ne laissent pourtant à entendre celles des Idolatres leurs voisins, Cefaliens, & quelque peu de l'Arabesque.De me faire accroire, comme aucuns se font persuadez, que ce Seigneur vse de lettres Indiques, c'est trop se foruoyer de la verité , ainsi que de mon temps quelcun a osé mettre par escrit:comme s'il ignoroit que le païs d'Inde ne soit en la haulte Asie,& cestuicy en Afrique.Ie sçay bien,pour auoir conuersé auec ce peuple Abyssin,que leur langage participe quelque peu du Chaldee : mesmes leursdits characteres, qui sont qua-

rantesept en nombre,lesquels ie vous ay bien voulu representer & effigier,à fin que le docte Lecteur,curieux des choses rares, ait dequoy se contenter , & cognoisse la diligence que i'en ay faite. Lesdits Abyssins font merueilleusement curieux & accorts, d'auoir par toutes leurs villes & bourgades, des hommes doctes en leur langue, qu'ils appellent *Gesai*, c'est à dire,hommes vieux, pour apprendre la ieunesse. Vous verriez de toutes parts venir , conduire & amener , soit sur Elephans ou Chameaux , grandes troupes de petits enfans:lesquels ils promeuuent fort icunes,n'ayans attaint l'aage que de six à sept ans,pour apprendre leur Alphabeth, & prononcer bien les lettres. Estans en aage competent, ils s'addonnent à la Philosophie naturelle : & ne leur est permis d'estudier aux sainctes lettres , sice n'est pour paruenir au degré Ecclesiastique . Ceux qui veulent faire profession de Medecine , ont autres Rabiz entre eux , les liures desquels,tous escrits à la main,ils voyent & estudient,premier que practiquer.Il y a entre ce peuple police pour ces sciences,& autres choses mechaniques, la meilleure qui soit

foubz le ciel. Au refte, fi vous voulez regarder la cofte de la mer, & cognoiftre combien par icelle s'eftend l'Ethiopie, ie commenceray au Ponent, pource que c'eft le chemin à y aller. Vous auez en premier lieu les Royaumes de *Benin, Belafre, Manicon-*
gre, Cuoia, & toute la cofte iufques au cap de Bonne efperance. Dudit cap vous prenez la route du Royaume de *Cefale, Mofambique, Quiloa, Melinde,* delà l'Equateur:
& deçà la ligne font ceux de *Magadaxo, Adel,* iufques au cap de *Guardafumi,* & puis
la region dicte *Amair,* qui confine au defert de *Suachei,* qui fepare pres *Sadit,* fur le

Ifles conte-
nues foubz
l'Ethiopie.

fleuue *Zibif,* l'Ethiopie d'auec l'Egypte. Oultre ce, les ifles de *Suachem, Mazua, Da-*
lacca, Pafcoa, Primeru, & *Bebel Mandel,* en la mer Rouge ou goulfe d'Arabie, font
fubiectes à la defcription d'Ethiopie: celles de *Panda, Zenzibar, Munfie, Comori,* iufques à laquelle Ptolomee a eu cognoiffance par fes Cartes, *Magadafcar,* les Vciques,
& autres infinies du cofté de l'Orient, font en cefte grande prouince: & vers l'Ocean
Occidental, les ifles S. Thomas foubz l'Equinoctial, celle du Prince, & de Fernand,
y font auffi contenues. Ainfi vous voyez combien cefte partie Africane s'eftend, foit
en largeur, longueur, ou rotondité: & cecy, à fin de condamner l'opinion de ceux qui
mettent Cap de Verd, *Mely* & *Argin* en Ethiopie, veu que la Lybie (comme dict eft)
en fait la feparation. Or eft ce mot, Ethiopie, prins, comme aucuns eftiment, d'vn fils
de Vulcan, nommé *Ethiops:* fondans leur raifon fur la chaleur du païs, à caufe que le
Soleil y lance ardemment fes rayons, & difent que ce mot, felon la confideration du

Vocable
Grec.

vocable Grec, fignifie celuy qui a le vifage bruflé & haflé du Soleil. Mais moy, ayant
efgard aux Anciens & plus veritables que ne font les Grecs, la vanité defquels eft cogneuë de tout le monde, ie dy que les Ethiopiens ne peuuét porter ce tiltre, pour l'ardeur vehemente de ce païs là: & que fi cela auoit lieu, toute l'Afrique pourroit eftre
baptifee de femblable nom. Si nous auons donc efgard au tiltre que luy donnent les
Hebrieux en leurs liures, vous trouuerez que cefte terre a efté appellee *Chuz,* d'vn des
enfans de Cham, fils de Noé, qui eut là fon partage: & qu'vn autre de fes enfans peupla
l'Egypte, & l'appella *Mifraim* de fon nom, ainfi que la Iudee eft dicte de Iuda fils de
Iacob. Et qu'il ne foit vray, voyez fi le fainct homme Iob n'eft pas dit natif de la terre
de Chuz, lequel il eft notoire auoir efté de cefte prouince, qui depuis Meroé iufques
aux deferts d'Egypte eft des plus fertiles qui foient: dont mefmes eft aduenu, que les
Iuifs és fainctes lettres, voulans fignifier l'Ethiopie, ou vn Ethiopien, le donnent à entendre par ce nom là. Mais toutes ces chofes ne font point de trop grande importance à ceux qui ont l'efprit addonné à plus grande contemplation, laquelle gifoit en celle defcription par moy faicte, à caufe du peu d'efgard qu'on a eu à la vraye & bié me-

Ethiopiens
ont les pre-
miers eu la
cognoiffance
des lettres
apres les
Hebrieux.

furee affiette de toute la terre Africane. Ces Abyffins ont efté iadis ceux qui ont eu la
cognoiffance des lettres apres les Hebrieux: ce qui eft fi vrayfemblable que rien plus:
veu que Iob eftant de cefte terre, comme il eftoit, fut auant que iamais les Grecs ny les
Pheniciens euffent l'intelligence des fciences: & penfe que ceux cy & les Egyptiens
ont eu en mefme temps la folle fuperftition des ftatues, le fçauoir des aftres & fciences obfcures, & la cognoiffance des chofes naturelles. Les fufdits, & le peuple de la
haulte Ethiopie, appellent cefte grande eftendue de terre *Teffayn,* à caufe, comme ils
m'ont dit, conferant auec eux, de nonante riuieres qui arroufent & baignent le païs
Ethiopien. Et de faict, quand ils comptent, & nombrent depuis *Vvahad, Atneym, Ta-*
leta, Arbaa, Chemfa, qui eft à dire, Vn, deux, trois, quatre, cinq, ils pourfuyuent ainfi iufques à *Teffayn,* qui fignifie, comme dict eft, Nonante. Plufieurs autres Barbares d'Afrique luy donnent diuers noms, defquels ie me deporte autrement vous difcourir, pour
n'eftre prolixe és obferuations par moy faites en mes lointains voyages. Or fi cefte region eft grande, & foubz diuers endroicts du ciel, & influences des aftres, auffi y font

les peuples diuers : non que ie vueille icy vous accorder les menſonges de Pline, & de
Munſter qui l'a ſuyui, ſur les monſtrueuſes formes des hommes qu'il y fait naiſtre, iuſques à en faire des teſtes de chien, qui eſt du tout eſloigné & de raiſon & de verité, cōme i'ay remarqué cy deſſus. Ainſi donc ſelon ſa grādeur elle nourrit des peuples, tous
diſſemblables en humeurs & façons de vie. Ceux du long des coſtes ne viuent que de
poiſſon ſec, mis en farine, ou de millet, ou autre groſſiere nourriture. La ville capitale
eſt Meroé, iaçoit qu'à preſent celuy qui eſt Empereur Ethiopien, ne ſ'arreſte guere en
ville, ains habite aux champs dans des tentes. Or d'autant que ſouuēt i'ay parlé de luy,
il ne ſera pas inconuenient de vous dire vn mot de l'eſtendue de ſes terres en l'Ethiopie, attēdu qu'il n'en eſt pas Seigneur du tout. Son Empire ſ'eſtend dés le Midy depuis
les montaignes de Beth, qui ſont quelques quinze degrez delà l'Equateur, iuſques aux
Royaumes de *Zibif, Phiſicq,* & *Dolguat,* à vingttrois au deça, & à deux pres le Tropique de Cancer: non que tout ce païs ſoit Chreſtien, ains vne bonne partie Mahometiſtes & idolatres, qui luy payent tribut tous les ans, & le ſuyuent en guerre. Les principaux Royaumes ſont *Acſum, Siré, Bale, Tigremahon, Barnagas,* & *Ancetre,* recognoiſſans Ieſus Chriſt & ſon Euangile : & les autres ont le Soleil pour Dieu, ou la premiere
choſe rencontree, ou ſont des heretiques de Mehemet. Ie vous ay ailleurs monſtré, cōme Camby ſe entra iadis bien auant en l'Ethiopie, mais que pourtant ne la ſubiugua il
point: & que Moyſe alla ſoubz le commandemēt de Pharaon iuſques à Meroé, & tou
tefois luy ne autre n'y ont onques fait guere de grādes conqueſtes: Auſſi eſt-il impoſſible, veu l'inconſtance du naturel de la terre : pource que quand vous penſez y eſtre à
repos, c'eſt lors que les eaux vous viennēt aſſaillir, & ruïner par leurs rauines. Il y a plus
de deſerts, que de terre fertile, qui empeſche encor qu'on n'y meine armee grāde. Il ſ'y
trouue auſſi force mines, mais deſquelles on ne tient compte, ſi ce n'eſt de celle de Cefale: quoy que ie ne voye empeſchement, qui ſ'oppoſe à telle bonté, veu le païs qui eſt
Oriental & aſſez purgé, & où l'or peult croiſtre auſſi bon que celuy de la Guinee, ou
Cap des Trois poinctes. Ie vous ay cy deſſus diſcouru, quel eſt ce grand Empereur, ſes
façons de viure, ſa richeſſe, ſuyte & puiſſance : & partant ne m'y amuſeray dauantage,
ains pourſuyuray le reſte de mon Afrique, apres vous auoir dit, ce que recite Paule Ioue, Que là ſe trouue vne beſte grande comme vn Poulain, de couleur cendree, le col
chargé de poil & crins, ſa barbe faite à la façon d'vn Bouc, ayant vne corne de deux
coudees de lōg, & auſſi groſſe que le bras, ſemblable à vne qu'il dit auoir veuē à Veniſe, & à celle que le Pape Clement porta à Marſeille, pour donner au Roy François premier du nom. Ie ne nie point qu'il ne ſe trouue de telles cornes parmy le monde, &
moy Theuet en ay veu pluſieurs aux Palais & chaſteaux de quelques Rois & Princes.
Mais de confeſſer que ce ſoient de beſtes telles, que les deſcriuent ledit Paule Iouë &
Munſter, il n'y a homme en l'vniuers qui me le peuſt faire croire, ſ'il ne vouloit que ie
receuſſe telle choſe pour fable, ou Hiſtoire tragique. Meſmes la curioſité, qui m'a touſiours eſté loüable, pour ſçauoir des eſtrangers les choſes les plus rares, me prouoqua
vn iour de demander à deux Eueſques Abyſſins du païs Ethiopien, ſ'ils auoient autrefois eu cognoiſſance de la Licorne : leſquels pour toute concluſion me dirent, que iamais n'en auoient veu, & ne ſçauoient que c'eſtoit. Autant m'en ont aſſeuré pluſieurs
marchans de nation eſtrangere, & les Eſclaues barbares, qui voyagent autant que gens
qui ſoient au monde, à cauſe qu'ils ſont par pluſieurs fois venduz, tantoſt aux vns, tantoſt aux autres, & qui auoient veu la plus grand' part de toute l'Afrique & Ethiopie.

Pline & Munſter ſ'eſloignēt trop de la verité.

Principaux Royaumes de l'Ethiopie.

Paule Iouë & Munſter ſ'abuſent parlans de la Licorne.

De l'ifle de ZOCOTERE: de l'Aloé, Sang de Dragon, & du Chameleon
qu'on y trouue.　　　　　　　　CHAP. XI.

ASSE que l'on a l'Equateur, venant des parties Auftrales, coftoyant de l'Eft à l'Oueft *Pafé, Lamon, Brane, Magadaxo, Opin, Zazeli, Azun, & Carfur*, à la fin on paruient au Promontoire de *Guarda-fumi*, derniere terre de l'Ethiopie, fur le commencement de la mer Arabique, & qui a de latitude douze degrez. Ce Cap eftoit appellé des anciens Ethiopiens *Zinghi*. Or refpond-il deuers l'Eft à l'ifle de *Zocotere*, de laquelle ie pretends parler à prefent, qui gift à treize degrez de latitude, & a la mer du cofté de l'Eft au Su, & vers l'Oueft regarde le fufdit Cap de *Zinghi*, & tirant au Nort, confine auec la cofte de *Fartach*, qui eft en l'Arabie heureufe, à quarante lieuës d'icelle. Elle a quinze lieuës de circuit, efgalant la grandeur de Malthe: combien qu'elle foit plus riche & abondante, & de plus grand trafic: & eftoit incogneuë du temps de ce grand Cofmographe & Aftronomien Ptolomee. Les deux poinctes de *Guarda-fumi* & de *Fartach*, font comme la garde du deftroit de la Mecque, par lequel tous les nauires venans des Indes, & ceux qui tiennent la volte de Perfe, font contraints de paffer pour aller à la mer Rouge: & entre iceux eft fituee *Zocotere*, laquelle de la part du Nort à vn quart de Nordoueft regarde trois petites ifles depeuplees, voifines de trois ou quatre lieuës: & vers le Su, encore deux autres plus petites, qui femblent luy feruir de flanc, marquees en noz Chartes du nom des Deux compaignons, là où les hommes font bazanez, viuans fans Loy, doctrine, ny cognoiffance, foit de Dieu, ou de iuftice, & vertu quelconque, & fi fauuages, qu'ils ne frequentent perfonne, n'aymans que leur terre, ny ne pouuans compatir auec quel que ce foit d'ailleurs: lefquelles auffi, à caufe de leur fterilité & petiteffe, comme n'ayant la plus grande d'elles paffé deux mille de circuit, l'on ne vifite guere fouuent, les voyageurs ne cerchans que les lieux d'où ils puiffent tirer quelque profit. Cefte ifle eft fort montaigneufe, & par confequent affez fterile, fi ce n'eft de beftail: qui eft caufe que les habitans font tous Bergers & Pafteurs, fe tenans aux montaignes à la garde de leurs troupeaux. Ils font bazanez comme leurs voifins, mais ayans plus de raifon & honnefteté. Ils font auffi Chreftiens comme les Ethiopiens, non toutefois qu'ils ayent autre chofe du Chriftianifme que la fimplicité: d'autant que & le Baptefme, & la doctrine leur defaillent, n'ayans perfonne qui leur enfeigne ce qu'ils doiuent croire. Et quoy qu'ils prennent plaifir qu'on les repute tels, fi eft-ce qu'il y a long temps qu'ils ne fçauent que c'eft de Religion, & moins des fecrets & facrez myfteres d'icelle, pour ne leur eftre annoncee la parole de Dieu. Auffi les Arabes leurs voifins leur ofterent peu à peu ce qu'ils auoient de villes, & les laiffans fans conducteur, les ont amenez en cefte beftife, qu'ils n'vfent d'aucun exercice de Religion, bon ou mauuais, fainct ou profane. Ainfi les naturels du païs fe tiennent aux monts à la garde des troupeaux, & les Arabes, fans recognoiftre Roy ny Seigneur, demeurent aux villes maritimes, & leuent les peages, & font les trafics auec les eftrangers. Du temps de Ptolomee Philadelphe, Roy d'Egypte, celuy qui fut fi curieux de recercher toutes chofes rares, cefte ifle fut defcouuerte par les Egyptiens, & y baftirent vne fortereffe, à fin de commander fur l'entree & emboucheure de la mer Rouge, de laquelle encore fe voyent auiourdhuy les traces & ruïnes fur le Promontoire *Hadar*, ainfi depuis furnommé en leur langue, qui vault autant à dire, que Traiftre & mefchant: la caufe duquel nom fut cefte cy. Long temps apres que les Egyptiens fe furent comme naturalifez en cefte ifle, le Roy de Dobas,

Ptolomee n'a cognu cefte ifle.

Promontoire d'Hadar.

qui com-

qui commandoit fur tout le continent voifin,& eftoit Roy des Royaumes de Dobas,
Adel, & Magadaxo, vint & furprit le païs plat, & la forterefse d'emblee,mettant au fil
de l'efpee tous ceux qu'il peut attraper en la campaigne, rafant le fort faict iadis par le
Roy Egyptien.En memoire dequoy les Arabes donnerent ce nom audit promontoire,& l'efcriuirent en leurs Chroniques, ainfi que ie l'ay appris d'eux, eftant pardelà,&
le long de la mer Rouge. Or quoy que tous les Róis de ces contrees,foit des Indes delà l'Equateur, tels que ceux de Cefala, Xoa, Zanguebar, ou Quiloa, Mofambique &
Melinde:ou ceux de deça la ligne tirãt vers noftre Tropique, comme les Rois d'Adel,
Magadaxo & Dobas:ou bien ceux de l'Arabie, à fçauoir d'Aden,de Fartach, & autres,
ne fe foucient pas beaucoup de f'entreguerroyer,& ne vont mefmes courir fur les terres d'autruy : Si eft-ce que de mon temps les Arabes & Mores de Fartach entrerent en *Mores de*
Zocotere, & pillans les habitans, baftirent vne forterefse, y mettans bonne garnifon *Fartach vo-*
dedans, à fin de les tenir en deuoir & fubiection, pretendans d'en faire comme fi ce *leurs.*
fuffent leurs efclaues,& leurs biens feruiffent de raffafier leur larronnefse auarice.Mais
quelque temps aprés les Portugais foubz la conduicte d'vn Capitaine, nommé Dom
Lopes Suarez,y vindrent aborder enuiron l'an mil cinq cens dixhuict:& affaillans ladite forterefse, aprés auoir trouué grande refiftance en ces Mores, lefquels iamais ne
voulurent fe rendre,ains cõme vaillans & bons foldats, aymerent mieux mourir tous
enfemble combatans hardiment, que d'eftre ferfs, en furent finalement les maiftres.
Ce que toutefois n'a pas duré longuement, ains en ont efté chaffez, tant par les Zocoterins,que par leurs voifins Arabes,qui ne veulent point vn fi puiffant Seigneur à leur
porte. C'eft en cefte ifle, que quelques Mores nous ont voulu faire croire, que iadis *Fable des*
ont habité ces femmes fabuleufes fi renommees, que les Anciens ont tant recomman- *Ancié: &*
dees par leurs efcrits foubz le nom d'Amazones,prenans leur argument ainfi: Que ia- *Modernes.*
dis elles tenoient tout ce païs là fubiect, & que la terre ferme mefme leur eftoit tributaire : mais qu'à la longue elles fe fafcherent de viure ainfi feules, & d'aller querir leur
femblable loing,pour auoir lignee,là où elles les pouuoient tenir en leur compaignie
auec autant d'authorité.Pour cefte caufe les rappellerent,& repeuplerent l'ifle d'hommes comme auparauant.Toutefois elles fe garderent toufiours la preeminéce dé gouuerner leur maifon,de diftribuer ce qui eft au mefnage,& donner à leurs maris ce qui
eftoit neceffaire à trafiquer,à fin qu'ils negociaffent & aduifaffent au profit.Or ne font
pas ces femmes cy ces anciennes guerrieres, qui donnerent tant d'eftonnement à toute
l'Afie, & feirent trembler foubz la memoire de leur nom les regions plus lointaines:
veu que les autres eftoient Scythiennes, fuyuant les fables de ceux qui en ont defcrit,
& celles cy ne nous font d'aucune cognoiffance par hiftoire, que du feul recit de ces
Mores,qui en parlent par cœur,& fe le perfuadent, voyans qu'elles ont telle puiffance
en cefte ifle,ayans ouy dire, qu'il y auoit eu iadis des Amazones, qui auoient eu charge & maniement fouuerain,& entre elles des Royaumes & Prouinces. Mais laiffons à
part ces refueries & fables Amazoniques, pour reprendre noz habitans de Zocotere,
lefquels font fouuent affligez par leurs voifins voleurs, peult eftre à caufe de la Reli- *Peuple at-*
gion, pource qu'ils font (ainfi que i'ay dict) Chreftiens tels quels, prenans pied fur ce *tiré auChri*
que leurs peres l'ont efté, aufquels (ce difent ils) vn grand fainct homme annonça vn *ftianifme.*
Dieu crucifié (ie penfe qu'ils entendent de l'Apoftre S. Thomas, qui prefcha Iefus
Chrift aux Indes) qui leur donna ce nom de Chreftien.Ils font donc fouuent affligez
par les courfes des Arabes: fignamment le furent ils enuiron l'an de noftre Seigneur
mil cinq cens quarantecinq, à caufe que quelques vns de diuerfe fecte entre les Alcoraniftes f'eftoient là retirez, lors que le grand Cherif faifoit prefcher en Afrique. Et
l'occafion de telle pourfuyte & guerre ciuile prouint de l'herefie du Sophy (car tel

Interpreta-
tiõ du liure
de Zuna. l'eftiment les Turcs & Arabes Leuantins) lequel expofant le liure de *Zuna* autremẽt qu'*Alcaliph* de Damas n'auoit fait interpreter aux *Alphaches*, c'eft à dire, Theologiẽs de Mehemet, caufa vn grand diuorce en l'Alcoranifme : & ceux qui tenoient cefte re-formation, fenfuyans en Zocotere, furẽt caufe qu'elle fut ainfi pillee. Parainfi ne fault vous efbahir, fi ceux de ces païs là, & autres, f'aigriffent les vns contre les autres fur le faict de la Religion, puis que les abufez de Mahomet recherchent la verité de leur fo-lie fi obftinément, & puniffent ceux qui f'efloignent de la tradition de leur Prophete. Cefte terre n'eft point fertile, & eft pleine de montaignes de merueilleufe grandeur, auec plufieurs ruiffeaux d'eau douce, qui font de grand plaifir aux paffans, pour faire aiguade. Le peuple Zocoterin va veftu de peaux fubtiles de cotton, & portẽt fur leurs teftes le Turban pers, à la mode & façon des Abyffins Chreftiẽs. Son viure eft de chair de vaches, moutons, & de dactiles, de laict & beurre qu'ils ont en abondãce. Du pain, ils n'en ont quafi point, mais au lieu d'iceluy ils vfent de ris, qu'ils recouurẽt d'ail-leurs. Ils portent les cheueux longs & noirs, & plus frifez & crefpelus, que tous les au-tres Ethiopiens : & ce qu'ils ont à l'entour de leurs parties honteufes, eft faict à la Mo-refque, & imitation des Indiens & Arabes. Et à fin qu'on ne penfe point que le voyage vers cefte ifle foit inutile, & qu'elle foit fi defnuee de biens, qu'elle ne porte tiltre de ri-cheffe de ce qui luy eft naturel : il f'y cueille de l'Ambre auffi bien que és Vciques au Royaume de Cefala, dõt on fait grand trafic, d'autant que de là affez aifément on le porte en Alexandrie, ou en Alep. Or pource que par cy deuãt i'ay affez parlé de l'Am-bre gris, il me femble qu'il ne fera incõuenient auffi de dire vn mot du iaune, encore qu'il ne fe recueille en ces quartiers, ains foit pluftôft naturel d'Egypte, & des terres

Ambre
iaune, &
comme il
croift. defcouuertes de mon temps par les Efpaignols. L'Ambre iaune donc, dequoy lon fait les patenoftres pardeçà, n'eft en moindre eftime entre les Arabes, Egyptiens & Indiẽs, que parmi nous : d'autãt que, oultre ce qu'ils en font des chapelets auffi bien que nous, encore f'en feruent ils à diuers vfages, comme pour orner & parer les brides & mords de leurs cheuaux, & les felles des chameaux. Aucuns ont eftimé, que ce foit vne efpece de pierre, ou bien quelque liqueur terreftre, qui fluant & coulant dans la mer, f'y en-durcift, & que puis apres les vents le pouffent & iettent és regions, & orees maritimes. Mais oultre l'impoffibilité, qu'vn corps fi pefant que la pierre, nage fur l'eau, encore eft cefte opinion du tout faulfe, pour le refpect de fa fource & naiffance : veu que i'ay co-gneu par vraye experiéce, paffant l'Arabie heureufe, que c'eft pluftôft la gomme d'vn arbre, que matiere ny terreftre ny pierreufe, en ayant veu l'efcorce fort fubtile & de-liee, lice & polie, où encor elle tenoit, non du tout endurcie, ainfi qu'il aduient en noz

Arbre por-
tant gõme. Cerifiers & Pruniers. L'arbre qui produict cefte gomme, eft comme vn Pin, ou Sapin portant refine, & croift fur le bord de la mer, des riuieres, & des ruiffeaux, lequel aux mois de l'an les plus chaulds, & lors que le Soleil paffe par les fignes de Cancer & du Lyon, iette vne fueur & liqueur gluante, dont fe fait ceft Ambre. Cefte fueur f'endur-ciffant par les chaleurs, fait auffi que l'efcorce de l'arbre fe creuaffe : de forte que cefte gomme tombe ou dans l'eau, ou fur les rochers : fi bien que f'acheuant d'endurcir, lon iugeroit que ce font des pierres, lefquelles on recueille, & eftime ainfi comme vous voyez. Il f'en trouue abondance en la mer Liuõnique, iufques aux riuages de celle de Pruffe, & n'eft homme qui ofaft y mettre la main, finon ceux que le Roy commet & depute pour tel affaire. Oultreplus, fe recueille en Zocotere la drogue tant eftimee

Cõme qu'on
dit Sang de
Dragon. par noz Groffiers, que les Apothicaires appellẽt Sang de Dragon, qui eft auffi la gom-me d'vn autre arbre, croiffant és vallons des montaignes, non iamais gueres hault efle-ué, bien que fon gros tronc foit affez maffif, ayant l'efcorce delice & fubtile, f'eftendãt en fa haulteur peu à peu, & faifant fon fommet & cime comme vne Pyramide, ainfi

que voyez en d'aucuns Cyprés,ſi le fueillage eſtoit conuerti au corps de l'arbre: ſur la
poincte duquel y a des fueilles taillees en hault, du tout pareilles & ſemblables à celles d'vn Cheſne. Or n'ay-ie affaire de vous amener icy ſes proprietez, veu qu'elle eſt
aſſez commune en noſtre France, & que noz Medecins & Apothicaires pourront ſa-
tisfaire à la curioſité de ceux qui veulent cognoiſtre & ſçauoir toutes choſes. Dauantage ceſte terre produit auſſi bien que l'Egypte, l'animal qu'on appelle Chameleon, & *Du Cha-*
lequel (ne ſçay ſi veritablement) on eſtime ne viure que du vent. I'en ay veu ſouuen- *meleon.*
tefois,& ne m'apperceus iamais d'vn qui mangeaſt choſe quelconque.Mais de cela ne
m'eſbahis-ie point trop, pour ſçauoir qu'il y a d'autres beſtes & oiſeaux, qui viuent
ſimplement du benefice de l'air, qui les fait reſpirer: comme en noſtre Antarctique
vne que les Sauuages du païs appellent *Ahut*, ou bien *Ahuthi*, à cauſe qu'il ſe tient
ſur le ſommet des arbres, d'où iamais il ne bouge, que lon nomme ainſi. Ladite beſte
eſt de la grandeur d'vne groſſe guenon,& a la teſte & face preſque ſemblables à vn petit enfant, comme ie vous ay diſcouru en mon liure des Singularitez: ayant fort diligemment obſerué,de ma part,qu'elle ne mange point,& vit du ſeul vent: attendu que
i'en tins vne plus de vingt iours en ma loge, ſans que iamais elle priſt aucune ſubſtance, & n'eſt homme qui l'ait veu manger ny boire de ſa vie. Il en y a encor vne autre *De la beſte*
ſorte, qui ſ'appelle *Hulpalim*, gros comme diriez vn Marmot Ethiopien, fort mon- *dicte Hul-*
palim.

ſtrueuſe, que ceux d'Ethiopie tiennent dans des grands cages de ionc : ayant la peau
rouge comme eſcarlatte, quelque peu mouchetee, auec vn pertuis en l'ouye, la teſte
ronde comme vn eſtœuf.& les pieds ronds & plats,ſans ongles offenſiues:laquelle ne
vit auſſi que de vent, non plus que le Ahuthi ſuſnommé. La figure duquel ie vous ay
bié voulu repreſenter au naturel, ſelon la peau entiere que i'en ay euë autrefois en ma

poffeffion,que i'ay depuis enuoyee au docte Allemand Gefnerus, qui confeffe veritablement l'auoir receuë de moy,n'vfant d'ingratitude,comme plufieurs autres ont fait,
f'eftans feruis de mes labeurs. Ces beliftres de Mores fçauent trefbien appliquer fon
fuif & graiffe,comme eftant propre à la guerifon de la gratelle , fentes & creuaces, qui
couftumierement leur viennent aux pieds,à caufe des fablons chaleureux,& poinctes
piquantes. Oultre , f'en frottent l'eftomach, reins, & doz, pour leur adoulcir la chair
dure & haflee , & fouuentefois creuacee de cyrons & autre vermine : à quoy ils font
autant fubiets que les Sauuages Tabajars à vne petite efpece de vers, qu'ils nomment
Thons en leur langue, qui fouuentefois les rend podagres, n'eftans plus gros que cyrons, & n'y ayant bottines, qu'ils ne tranfpercent,tous petits qu'ils font , pour fe ioindre à la chair. Ce que ie fçay,pour en auoir efté tourmenté trois ans,ou enuiron. Mais
pour monftrer encor, que le miracle naturel du Chameleon ne doit fembler trop
eftrange; ie me fuis laiffé dire à vn Indien , allans enfemble par les deferts d'Egypte,

Oifeau ap-
pellé Gouih.

qu'en fon païs fe trouue vn oifeau,qu'ils appellent *Gouih*,de la grandeur d'vn Pigeon,
ayant la queuë fort longue,& de couleur grifaftre,lequel ne vit qu'en l'air, montant fi
hault que lon peult eftendre fa veuë : d'où il ne bouge pour boire ny pour manger, fi
ce n'eft le foir pour dormir. I'ay donc mis tout cecy en auant, pource que quelques
vns font confcience de croire, que le Chameleon viue de vent, & difent qu'il fe paift
de chenilles, fauterelles, moufches & autres efpeces d'infectes , tirant fa langue, & la
dardant fur ces beftelettes,ne plus ne moins que fait le Pic-verd à l'endroict des fourmis és pertuis des arbres:m'arreftât,quant à moy,plus à vne opinion qu'à l'autre : pour
trouuer auffi vrayfemblable, que fa vie prouienne de la douceur & temperature de
l'air, comme f'il fe repaiffoit de ces beftelettes fans gouft ny faueur. Or eft le Chameleon fort tardif en fon alleure, quoy qu'à fa contenance il monftre vne merueilleufe
gaillardife & allegreffe. Il eft plus grand beaucoup qu'vn gros Lezard de pardeça : ie
dy & entend les Lezards verds, qui viuent & repairent és hayes & buiffons, où il fait
auffi fa demeure , montant fur icelles, pource que les Viperes & Ceraftes luy font ordinairement là la guerre. Il a les iambes affez haultes,faictes prefque comme le bras d'vn
homme, & tout le long de fon doz marqueté de taches pareilles à celles que vous
voyez en l'efcaille d'vne Truyte,fauf qu'au Chameleon elles font releuees comme petits boutós diuerfifiez en couleur.Ses yeux font fort beaux à regarder,lefquels il tourne fi fubtilement de toutes parts, qu'il voit tout ce qui luy eft à l'entour, fans remuer
vn brin fon corps. Les couleurs qui fe reprefentent en fes yeux, font le blanc, le verd
& le iaulne : & à la queuë couloree & tachee de pareille marqueterie que fon doz, laquelle auffi il porte aucunement retortillee, & redoublee par deffoubz, fort longue.
Et combien que la principale de fes couleurs foit verde, comme feruant de champ,&
mefmement lors que le Soleil luy bat fus,fi eft-ce que la partie baffe du corps eft blanche, le tout neantmoins reprefentant encor le rouge, bleu & blanc. Quelques vns ont
penfé, qu'il change fuyuant les obiects qui luy font prefentez, tellement que f'il approche le iaulne,il deuiendra tout iaulne,& ainfi des autres:ce qui a bien quelque verifimilitude,mais non de fi grande efficace que lon pourroit penfer,pourautant que ie
l'ay veu fur diuerfes couleurs, fans qu'il feift guere grand changement de fon verd
clair,fauf lors qu'il eftoit fur le noir,là où il deuenoit obfcur,& perdoit quelque chofe de fa naïfueté & beauté naturelle , plus pour la trifteffe de l'obiect prefenté à la force vifiue, que de l'antipathie de ce qui eft exterieur : Si l'on ne vouloit iuger le mefme
de la tranfparence du cuir de cefte befte, que de la liqueur des eaux, qui au ray du Soleil reprefente les couleurs qui luy font obiectees.I'ay veu plufieurs de ces beftelettes,
viuantes & mortes, tant en l'Afrique qu'en l'Afie , fans iamais auoir fceu la nature &

proprieté d'icelles, comme nous les deſcrit le medecin Senois Matthiole, qui raconte Bourde de Matthiole.
la plus gentille bourde du monde, diſant, que la femme qui portera ſa langue liee ſur
ſoy, eſtant groſſe, enfantera ſans douleur & danger : & ladite langue arrachee, luy viuant, fait gaigner le procez à celuy qui la porte. Voyla pas vn beau conte pour vn ſi
docte medecin Italien ? Il ne fault douter, que ſi la choſe eſtoit veritable, tel voudroit
auoir donné cent mille ducats pour en recouurer vne. Quant au Sang de Dragon, duquel i'ay parlé par cy deuant, il y a bien differéce du vray à celuy qui eſt ſophiſtiqué,
& faict en pain: d'autant que l'vn eſt ſans aucune valeur, ny force, & le vray & naturel
eſt faict à larmes & fort liquide, qui eſt celle gomme qui ſe trouue en noſtre Zocotere:
dont ie laiſſe le different à noz doctes Medecins & Apothicaires de France, pource
que ce n'eſt mon ſubiect d'en diſcourir : & que ce que i'en ay touché, & d'autres choſes qui concernent la Medecine, ie ne l'ay faict que par le commandement & priere de
mes bons amis: Ne voulant toutefois oublier ce mot en paſſant, qu'eſtant auec vn Medecin Iuif, natif de Grece, il me diſt, deuiſant auec luy de ceſte matiere, Que le Sàg de
Dragon n'eſtoit autre choſe que ce ſang meſme de la beſte ſerpentine, qu'on appelle
Dragon, lequel elle eſpand, lors que combattant contre l'Elephant, elle eſt ſuffoquee
par la lourde cheute d'iceluy. N'eſt-ce pas ſe laiſſer tromper à credit, de croire que le
ſang tombé ſur terre, ſe gardaſt en telle pureté, ſans putrefaction ny puantiſe, eſtant
hors des veines, & meſmement ſouillé de la terre & pouſſiere ? I'ay donc dict cecy,
pour aduertir le Lecteur de peſer les opinions des autheurs, auant que d'y adiouſter
foy trop à la legere, veu que ce ſeroit s'abuſer ſoymeſme. Zocotere encor, & l'iſle des
deux compaignons, abondent fort en Aloë, le meilleur que lon trouue: qui pource eſt Arbre d'Aloé.
appellé *Zoterin*, comme approchant du nom du lieu d'où l'on le porte. Son arbre eſt
vne plante aſſez groſſette, & qui a l'eſcorce graſſe & huileuſe, les fueilles comme la
Squille, mais plus largettes, tirant ſur le rond, auec quelque ouuerture par deſſoubz, &
de tous coſtez certaines petites eſpines poignátes, diuiſees les vnes des autres. La fleur
en eſt blanche, le bois noüailleux, & ſon gouſt tres-amer. Le vray Aloë ſe cueille aux
Indes, iaçoit que noſtre Zocotere ait bien ceſt honneur d'auoir du plus excellent.
Il ſen voit en Syrie, mais il eſt de peu de valeur. Quant eſt de celuy qui croiſt en
l'Arabie, il eſt beaucoup meilleur, & de plus grand effect, comme venant d'vn païs
plus chauld : & eſt porté par les marchans en Alexandrie, & de là en noſtre Europe. Il
y en a auſſi en grande abondance aux mótaignes de *Zeth*, & en celles de *Capha*, ioinctes au lac nommé *Zaflan* (dans lequel giſt l'iſle de *Zanam* au millieu des deux
Royaumes de *Fouqui* & de *Goran*) qui arrouſe les prouinces d'*Ambian* & *Calmery*.
Dans ce lac tombe ſouuent l'arbre d'Aloës, plus grand beaucoup & plus gros que celuy de Zocotere: & allant le long du Nil, eſt recueilli par ceux des Royaumes de Borne, Barnagaz, & Meroé, qui en ſçauent bien faire leur profit, & le vendre aux nations
eſtranges : duquel lon vſe fort en Egypte, y en ayant veu qui me ſembloit beaucoup
meilleur que celuy qui eſt ſimplement en gomme. Ie croy auſſi, que c'eſt de ce païs là,
dont les Egyptiens le recouuroient iadis pour embaumer les corps, à fin de les conſeruer. Laiſſant noz Zocoterins, ie paſſeray oultre, pour viſiter le reſte du goulfe Arabic,
qui me conuie à recueillir ſes ſingularitez.

*De la Peninfule d'*ADEN*, & comme le Roy fut occis de mon temps, & de l'arbre de l'Encens.* CHAP. XII.

R POVRCE que fouuent ie tombe fur les mots de Terre ferme, Ifle, Peninfule, Goulfe, & autres femblables, ie ne veux oublier, felon les lieux & matieres, vous en deduire ce qui en eft, & faire cognoiftre la vigueur des yocables. Tout le circuit donc de la terre & fa rondeur eft proprement comme vne ifle enuironnee de la mer : iaçoit que à caufe de fa grandeur, elle foit appellee Continent, c'eft à dire, Terre ferme : en quoy il y a cefte difference, que l'ifle eft feparee de ce qui eft au Continent de ce grand corps de la terre ferme. Quant à ce que nous appellons Peninfule, c'eft vne terre, qui eftant pour le plus conioinéte auec le Continent, eft neantmoins battue

Les Penin-
fules prin-
cipales. & lauee de la mer de toutes parts, fauf celle qui y tient : comme eft l'Italie, toute enui-ronnee de la mer, hors mis du cofté des Alpes : & en Grece, cefte region qu'on nom-moit iadis Achaie, & la Moree : & en la mer Septentrionale le païs de Dannemarch, en-uironné de la mer Germanique, & de celle qui a le nom de Gottique : & aux terres def-couuertes nouuellement foubz le nom d'Indes, la poinéte de la Floride, & le Royau-me de Yucathay : & fur la cofte de l'Arabie heureufe, la ville d'Aden, de laquelle ie pretens vous difcourir, puis qu'elle fait vne Peninfule fi belle & forte que celle, où elle eft baftie, combien qu'elle foit pofee en l'Afie. Elle eft loing de Zocotere fix vingts onze lieuës, & a treize degrez de latitude, & trentetrois de longitude, gifant du Nort au Su, & regardant le Royaume d'Adel, qui eft en Ethiopie, ayant vis à vis d'elle fur le deftroiét la ville de *Zela*, port dudit païs, tout ainfi que cefte cy eft celuy de l'Arabie,

Tous Naui-
res qui vont
à la Mcque
furgiffent à
Aden. & l'entree pour aller à la Mecque : pourautant que tous les nauires y allans, furgiffent là, foit qu'ils viennent des Indes tant Maieur que Mineur, ou qu'ils ayent prins leur chemin d'Ethiopie, ou du païs de Perfe. Aden donc eft le port principal, & comme l'efchelle pour monter de l'Ethiopie en Arabie, de belle & grande eftendue, eftant à mon aduis le plus noble, riche, fort & beau, felon l'apparence de dehors, que iamais i'aye veu : pource que fi vous regardez fon affiette, elle eft fi fuperbe, & munie naturel-lement, que vous ne fçauriez la contempler, fans receuoir grand eftonnement, les edi-fices y eftans beaux, bien faiéts, & d'vne pierre forte & bonnes matieres. Et à vous dire la verité, ie m'efbahis de la poltronerie des foldats du Roy naturel d'Aden, qui eftoit vn More blanc, de f'eftre laiffez ofter vne telle fortereffe d'entre les mains : m'affeurant que f'il y auoit garnifon de gens de bien dedans, & tels que la Chreftienté nourrift pour le iourdhuy, toute la puiffance des Rois & Monarques Leuantins ne fuffiroit à gaigner vne fi puiffante place. Mais à fin que plus feurement en iugent ceux qui enten-dent le plan des villes, & cognoiffent les places prenables, d'auec celles qui ne font trop aifees à eftre prifes, ie la vous marqueray tout ainfi qu'elle eft affife, & deduiray

Defcription
de la forte
ville d'A-
den. les caufes qui la rendent ainfi forte, & digne d'eftre notee. Du cofté de l'Arabie heu-reufe, qui eft en l'Afie, à laquelle le Royaume d'Aden eft conioinét tirant vers le Nort, eft affife vne montaigne au millieu d'vne belle & grande plaine, qui f'eftend deux lieuës auant dedans la mer, de laquelle elle eft prefque toute entouree, de forte qu'il femble que ce foit vne vraye ifle. Cefte montaigne eft fi droiéte, que ceux qui la re-gardent, iugent eftre impoffible d'y pouuoir monter : & à fon pied, tirant vers l'Eft, gift vn port, bon & feur, lequel f'eftend vers vne plaine la plus belle qu'eft poffible de fouhaiter, fortifiee de deux murailles treffortes, en façon d'aifles, qui commencent au millieu d'icelle montaigne, & defcendent iufques dans la mer, de forte que la diftance de l'vne à l'autre est d'enuiron demic lieuë. En ceste plaine est bastie la ville d'Aden, faicte comme vn demy cercle, enuironnee de deux monts, du costé où il n'y a point de mur: & d'vn autre y a vn fort, large, commençant au pied de la plus petite montaigne, & trauersant par le millieu de la plaine iusques au pied de l'autre, auec vne muraille tiree diametralement, au bout de laquelle est vn grand bouleuert, bien flancqué, pour la defense du manteau du fort contre tout ennemy. Et combien que ceste muraille trauersante voye sa plaine plus difficile à garder, & que les matieres soient aisees à demolir, si est-ce pourtant que les tours qui la defendent, & deux grands & forts chasteaux qui battent de flanc en flanc le long d'icelle, pourroient estonner les plus hardis à l'approcher, & y faire mesme demeurer ceux qui auroient le plus de haste de monter. Mais il fault noter encore cecy, que quand l'artifice humain n'auroit fortifié cest endroit, il estoit assez muni & remparé de la mesme nature, à cause que si lon y veult venir de terre ferme auant, & par là forçer la porte principale de la ville, oultre les deux chasteaux qui gardent ceste aduenue, encor fault il se mettre au hazard d'vn destroict, par où il conuient passer entre deux montaignes, auant qu'approcher la ville: lequel peuuent aisément defendre bien peu d'hommes contre vne grãd' armee, attendu que n'y sçauriez asseoir artillerie, ny passer que bien de front. Et me fait souuenir de l'assiette de *Antiuari*, ville bastie pres des monts *Cauallo* & *Sorene*, aux confins de la Dalmatie & Albanie, à fin de faire teste aux forces des ennemis & armee Turquesque. Quant aux autres costez, sçauoir vers l'Ouest, la roideur & haults precipices de la montaigne seruent assez de rempart à la ville: & toutefois y a encor sur ladite montaigne, de vingt à vingtcinq chasteaux, forts à merueilles, qui descouurent toute la *Grãd nombre de Chasteaux.* campaigne marine, & le plat païs venant d'Arabie: & tellement disposez, que si la ville se mutinoit, ceux d'enhault les massacreroient à belles pierres: ainsi ces forts seruent de Citadelle, pour tenir les habitans en leur debuoir. Sur le bord de la mer vous voyez encor pour l'embellissement du lieu, & asseurance du port, vn rocher garni & fortifié de quatre grosses tours, lesquelles auec force artillerie le defendent, & la muraille de la ville. C'est en ce port que lon tient les nauires en toute asseurance, & hors du danger de toute tempeste & orage de vents. La plus grande incommodité est le default d'eau *Default d'eau douce en la ville d'Aden.* douce, mal commun à toutes les autres, tant d'Arabie que d'Ethiopie, voisines de la mer, à cause qu'il n'y pleut guere souuét: de façon que ceux qui en veulent auoir, fault qu'ils l'aillent querir à plus de quatre lieuës loing de la ville en terre ferme, & encore est-ce des puyts que lon caue en terre: veu qu'il n'y a aucunes fontaines, & bien peu de riuieres courátes. Depuis quelque temps, & apres que la ville a esté ainsi fortifiee, comme ie vous l'ay descrite, lon a trouué moyen de faire venir par canaux & conduicts, de l'eau d'vne montaigne assez lointaine, iusques dedans. Aden donc est comme le magazin d'Ethiopie & Perse, là où passent les marchans de Leuant, qui viennent d'Alep & Damas, & qui distribuent leurs marchandises aux Ethiopiens. Et ne fault que lon die que les Portugais empeschent le cours du trafic de ce costé là, si ce n'est à ceux qui passent oultre, & tirent la route & volte de Calicut: pource que les Turcs ne souffriroient iamais que le païs qu'ils estiment sainct, à cause de leur Prophete, fust detenu en seruitude & subiection d'autres que de leur secte. Or comme elle est venue en l'obeïssance du grand Seigneur, estant au parauant subiecte aux Rois de la nation Arabe, vous l'entendrez sommairement par le discours qui s'ensuyt. L'an mil cinq cens trentesept, le Bascha Solyman Sach, Eunuque, fut enuoyé par le grãd Empereur des Turcs *Solyman Sach Bascha, enuoyé en Arabie.* Sultan Solyman, qui n'agueres regnoit, vers l'Arabie, à fin d'en chasser les Portugais, qui auoient fortifié quelques isles au païs voisin. Arriué qu'il est à Aden sur le port ia descrit, il despesche deux Iuifs, qui estoient venuz de porter viures à l'armee de terre

ferme , & leur encharge de dire au Roy *Sultan Ifuph* (qui fignifie en langue Arabefque, le Roy Iofeph) de venir fur fa foy en galere, & qu'il ne luy feroit faict tort ny
defplaifir quelconque. Mais comme ledit Roy Arabe f'excufaft, & neantmoins accor-
daft qu'il print viures & toutes chofes neceffaires en fon païs pour l'armee: le Bafcha,
homme le plus fuperbe & cruel qui fuft au monde pour lors, feit auffi toft defcendre
les Ianiffaires en armes fur terre, & prendre port : enuoyant quant & quant fon *Chaccaia*, qui eft comme vn Herault, vers le Roy Adenite, le fommer de venir vers luy,
pour donner obeïffance au grand Seigneur, duquel il eftoit le Lieutenant. Le pauure
Roytelet donc eftonné de telle Embaffade, refpond, qu'il eft l'Efclaue & feruiteur tref-
humble dudit grand Seigneur , & que foubz l'affeurance de la parole du Chaccaia il
iroit parler au Bafcha : comme il feit, accompaigné des plus apparés de fa Cour , mais
à fon dam. Car eftant arriué deuant ceft orgueilleux chaftré, il eft non feulement bien
receu, feftoyé & careffé, ains encor fe font promeffes d'alliance reciproque, & luy donne le Turc quelques riches prefens de robbes & vaiffeaux d'or: lefquels feruirent d'enfeigne pour fa ruïne : d'autant que penfant fortir de galere, auffi ioyeux qu'il y eftoit

Comme le Bafcha So-lyman feit pendre le Roy d'A-den.
entré, pour fe retirer en fa ville, il fe veit faifi de certains foldats, qui fur le champ &
fans autre forme de procez, le pendirent & eftranglerent aux antennes & cordage de
leurs nauires, en faifant de mefmes aux Seigneurs & Courtifans qui luy auoient tenu
compaignie. Et de ce pas les Ianiffaires coururent à fes threfors, & fe feirent feigneurs
de la ville foubz la charge d'vn Sangeac, que le Bafcha y laiffa auec cinq ou fix cens
hommes pour la garde, & artillerie & munitions. De mefme cruaulté traicta ce vilain
Turc le Roy de *Zibith*, & foixante Chreftiens, aufquels il auoit promis & iuré la foy
de les mettre à faufconduit & liberté : mais cefte deliurance f'entendoit de celle qui
deliure l'efprit de la captiuité des miferes de ce monde. N'eft-ce pas vn acte genereux,
& digne d'vn tel perfonnage ? Voyez ie vous prie, fi les Rois & Princes Chreftiens fe
doibuent fier à fi cruels tyrans, & apprenez de quelle fidelité ils vferoient enuers eux,
f'ils auoient le deffus, veu les inhumanitez qu'ils ont exercees à l'endroit de plufieurs
Rois & grands Seigneurs, voire mefmes de leurs propres enfans, qui fuyuoient leur
loy maudite: A fin que ie n'ameine en ieu le traictemét que Mahemet, fecond du nom,
fit à l'Empereur Chreftien, apres la prinfe de Conftantinople, & à celuy de Trebifonde, leurs femmes & enfans, & à tous ceux de leur fang, qu'ils pafferent au trenchant de
l'efpee, fans en laiffer vn : Et comment Selym a fait ignominieufement mourir le Soldan d'Egypte depuis cinquantehuict ans ença , & tant d'autres Rois & Princes , foit
d'Afie, foit de l'Afrique & Europe. Eftant en l'Arabie felice , quelques marchans Iuifs
& Arabes contoient les vns aux autres , & difcouroient de la mort dudit Roy Ifuph,
comme eftant recente & de frefche memoire : difans entre autres chofes auoir veu

Prefages de la mort du Roy d'Adé.
quatre mois au parauant fa mort, à l'entree de la mer Rouge, vn nombre incroyable
de Baleines, & autres poiffons fort monftrueux, par l'efpace de huict iours entiers autour de cefte Peninfule. ce que iamais ne f'eftoit veu. Et oultreplus adiouftoit vn vieil
Arabe, qu'il fe prefenta deuant les preftres Mahometans à l'iffue de leur Mofquee, où
ils auoient fait leur oraifon, vn *Ragel Cyqueichein*, fçauoir vn petit homme, qui leur
dift à haulte voix deuant l'affiftance, Que cela eftoit vn prefage futur de la mort de
leur Roy, ou de quelque autre grand Seigneur du païs. Des richeffes ineftimables de
ce Roy f'enrichift le Turc: car c'eft bien la ville la plus marcháde que lon fçache, pour
le trafic qui f'y fait de toute forte d'efpiceries, & de chofes aromatiques, que les Chreftiens des Indes acheptét, comme eft l'Encens & la Myrrhe, qui croiffent en cefte contree. Or eft l'Encens vn arbre, qui a la femblance de ces Pins portans refine, quoy qu'il
y ait peu d'hommes de pardeça qui fe puiffent vanter d'en auoir veu, qu'ils eftiment

facree & fainéte,laquelle iette cefte liqueur, qui puis apres s'endurcift, que nous nommons Encens,& a en foy certains petits grains comme greue ou fablon, qu'on appelle
Manne.Plufieurs ifles & contrees en portent, côtre l'opinion de Munfter,qui dit qu'il *Munfter foublie par-lât de l'En-cens.*
n'y a que la feule Arabie : à quoy on ne doit non plus adioufter de foy , qu'à ce qu'il
amene au mefme propos,qu'il n'y a que trois cens familles; qui ayent puiffance de pere en fils,de le recueillir,le debiter,& en faire trafic:chofe mal entendue à luy, veu que
ces arbres font aufli communs aux maifons qui ont poffeffions & heritages , comme
font les Orengers en Prouence . Ie ne nie pas que celuy d'Arabie , qui croift à *Pecher*
& à *Fartach* , villes du Royaume d'Aden , n'ayt de toute ancienneté , comme encores
auiourdhuy, la vogue pour fon excellence : où vfoient autrefois de grande fuperftition ceux qui le recueilloient, ieufnans & s'abftenans d'aller aux femmes , tout ainfi
que font ceux qui vont la nuiét de fainét Iehan cueillir la graine de la Fougiere : n'allans mefmement aux obfeques des morts, de peur d'eftre fouillez durant ce temps,
combien qu'il ne s'obferue pour le prefent.Il y en a de deux fortes,l'vn qui fe recueil-

le l'Efté,& durant que le Soleil eft au figne du Chien, que nous difons les iours Cani-
culaires,& eft vn peu blanchaftre,tranfparent,& fort pur:l'autre,durant le Printemps,
& eft rougeaftre , & n'approche en rien à la bonté & valeur, ny au poids ou vertu du
premier:qui me fait penfer,que le temps des chaleurs eft le plus propre pour le ramaffer, à caufe qu'il eft meur, & cuit dans l'efcorce de fon arbre. Il eft fort prifé entre les

Mahometiftes, pource qu'ils font grands encenfeurs & parfumeurs dans leurs villes & maifons : mais encores dauantage des Chreftiens des Indes, qui l'eftiment plus que l'or, l'acheptans prefque ce que lon veult : qui caufe que les marchans d'Aden en font vn indicible prouffit. Les Arabes incifent tous ces arbres à coups de coufteau, pour mieux leur faire diftiller ladite gomme ou liqueur, qu'ils nomment en leur langue *Alboucor*, defquels y en a tel, qui en rendroit tous les ans plus de foixáte liures. Ie vous ay bien voulu reprefenter au naturel le pourtraict dudit arbre, auec la maniere que les hommes recueillent l'Encens, pour vous en donner plaifir pluftoft qu'en faire les voyages que i'ay faits. La Myrrhe y croift auffi, l'arbre de laquelle eft efpineux en quelques endroits, ayant cinq ou fix coudees de haulteur, dur & tortu, & plus gros que celuy de l'Encens, l'efcorce lice, polie comme celle d'vn Laurier, & les fueilles femblables à l'Oliuier, toutefois plus rudes, & qui ont quelques efpines poignantes au bout, à la façon & maniere de l'arbre nommé des Sauuages *Gera vua*. Ce que lon vfe en medecine, eft la liqueur gommeufe, qui diftille comme larmes de l'efcorce dudit arbre, laquelle eft de couleur quelque peu verte, tranfparente, & le gouft vn peu poignant auec fon amertume : tellement qu'il ne fault point que nous penfions que la Myrrhe que nous auons pardeça, foit la vraye, veu qu'en Alexandrie mefme à grand' peine s'en peult il trouuer qui ne foit fophiftiquee : ioinct que ces galans qui la vendent, y font mille tromperies, fe mocquans des Chreftiens qui traffiquent auec eux, & de leur curiofité. Auffi vous voyez que toute celle que noz Groffiers & Apothicaires vendent, tant s'en fault qu'elle foit verdoyante, graffe & gommeufe, qu'elle eft pluftoft toute feiche, haflee, bruflee, noire, pafle, & qui facilement fe puluerife : & qui eft le pis, fi vous en gouftez, vous n'y fentez prefque point de cefte amertume poignante qui doibt eftre en la vraye. Quant à ce que Pline & André Matthiole fe font laiffez perfuader, que les Mores Sabeens vont querir la bonne au païs des Troglodytes, & l'apportent par mer au leur, c'eft vne chofe trefmal entendue à eux, s'il fault que cefte region là foit au lieu où les Anciés & Modernes l'ont affife, qui font pour le moins mille à douze cens lieues diftans l'vn de l'autre : & fais iuges tous ceux qui ont veu & vifité ces contrees, comme moy, fi lefdits Arabes entreprennent fi loingtains voyages : eftant d'autre part chofe toute affeuree, que le plus riche d'entre eux ne fçauroit auoir mis vn nauire en mer, equippé de ce qu'il luy fault, pour penetrer iufques aufdits Troglodytes, que lon eftime eftre entre le Royaume de *Cefala*, & les deferts de *Pancal*, à la haulteur du promontoire de Bonne efperance, païs froid, & mal accoftable, pour la rudeffe du peuple. Or icy ledit Matthiole fe trompe encores d'auantage, penfant que aux lieux froids & humides la bonne Myrrhe puiffe prendre fon entiere perfection : tout ainfi auffi que quand il dit, que les arbres qui portent l'Encens & la Myrrhe, ne viennent iamais en vn mefme endroit, & qu'il neige volontiers où ils croiffent. Mais à tout cela ie refponds, que c'eft tout le contraire, & en ay veu en mefme endroit plus de deux mille enfemble l'vn parmy l'autre. Touchant ce qu'il recite que la Myrrhe que les Arabes apportent à la mer Rouge, & puis apres la conduifent fur les Chameaux au grand Caire ou en Alexandrie d'Egypte, vient des Indes, il eft auffi mal à propos que le refte, d'autant que les Indiens & Infulaires Afiatiques s'en chargent eux mefmes en l'Arabie heureufe. Mais il fault deformais reuenir à mes premieres erres, pour dire que les habitans d'Aden font comme les Arabes, gens affez grands de ftature, mais tous maigres & mauuais garçons. Ce Royaume a iadis tenu tefte longuement au Soldan d'Egypte : & la feule opinion de la force du Turc, ayant fi facilement vaincu les Mameluz, caufa que ce peuple fe foubmift à luy, voyant la deffaicte des Rois qui feigneurioient auparauant. Paffé que lon a cefte Peninfule fi forte & bien garnie,

De la Myrrhe & arbre qui la produit.

Faulte d'André Matthiole.

lon vient au deſtroiƈt du goulfe, entre la ville d'Aden & celle de *Zella* en Ethiopie.
En ce deſtroiƈt ſur le continent giſt de l'Eſt à l'Oueſt le chaſteau diƈt de la Mecque, *chaſteau*
qui eſt le chemin droiƈt tirant du Su au Nort vers la grand' Mecque, lieu des deuo- *dit de la*
tiós des Turcs & Mahometans de toutes les contrees du monde. De là, coſtoyant *Mecque.*
touſiours l'Arabie, & ayât vent propre, à main droiƈte ſ'apparoiſt vne ville entre deux
petits promontoires, nommee des Arabes *Zidem*, du nom du Roy du païs, qui feit baſtir ce ſuperbe edifice, que les Mahometans appellent *Meſchit*, & nous Moſquee, de
la Mecque, diſtant ſeulement douze lieuës l'vn de l'autre. Le port en eſt beau & large,
faiƈt en maniere de croiſſant : combien que l'entree en ſoit vn peu faſcheuſe, quand le
vent du Su ou Midy eſt du tout deſbordé, pour les battures & bans qui l'auoiſinent.
Vous ſeriez eſbahi du nombre des nauires & vaiſſeaux, qui vont mouiller l'ancre en
ce lieu, comme eſtant pour le iourdhuy l'vn des bons magazins de toute l'Arabie, à
cauſe des grandes richeſſes qui viennent des Indes & d'ailleurs. Ils vſent de permuta-
tion d'vne marchandiſe à l'autre, & ſont les Indiés curieux de retourner en leurs païs,
chargez d'argent vif, ſaffran, courail, eſcarlattes, ſoyes, camelots, taffetas, & de la mercerie de peu de valeur de diuerſes ſortes tant & plus. Ceux de Zidem tranſportent auec
petits vaiſſeaux les eſpiceries iuſques à la ville de *Suez*, & autres villettes baſties au
bout du goulfe. Volontiers les Mahometans, qui viennent de la part d'Egypte, de la
Paleſthine, Turquie, Conſtantinople, & autres endroits, eſtans leurs caroüannes arriuees à la ville de *Suez*, ou de *Tor*, pour aller faire leurs deuotiós à Medina & à la Mecque, ſe mettent ſur mer, & ſe viennent deſembarquer à ce port de Zidem. Et me ſuis
laiſſé dire à quelques Mahometans de noſtre compaignie, que pour vn iour, le ſeizieſ-
me de Mars, ſe trouuerent en campagne, à trois lieuës de là, plus de vingtcinq mille
Pélerins, conduiƈts par vn *Boluch baſſi*, capitaine de cent Ieniſſaires, meſmes par le
grand *Aga*, capitaine general deſdits Ieniſſaires, ſuyui de quelque nombre de *Sola-*
chi, archiers ordinaires du grand Seigneur, qui y alloient auſſi tous par deuotion.
Ce pauure peuple eſt ſi hebeté, qu'il eſtime, que quâd il a viſité ce lieu, & beu par cinq
fois de l'eau d'vn certain puyts, qui eſt en leur *Meſchit*, il n'y a nulle doute qu'ils ne
ſoient ſauuez. Au reſte, deuant qu'entrer au port de la ville, ſe voit vne fortereſſe bien
foſſoyee, gardee par quelques Mortes-payes, ſoudoyees aux deſpens des Pelerins. Le
Turc auiourdhuy poſſede toute ceſte contree : & le temps meſme que i'eſtois en Egypte, en la ville du grâd Caire, le Baſcha *Aiub* faiſoit faire monſtre de trentecinq mille hommes, aſſez mal equippez, que ie veis partir pour ſ'aller embarquer à la mer Rouge, leſquels ſ'emparerent bien toſt apres des deux Royaumes de *Maha* & *Hodeida.*
A ceſte ville de *Zidem* eſt oppoſé en Ethiopie vn autre promontoire, au Royaume
d'Adel, pres d'vne petite iſle, nommee *Borbora*, deshabitee, & peu ou point frequentee, ſi ce n'eſt des peſcheurs. Tous ces peuples cy ſont grands larrons & fort brutaux,
& meinent touſiours guerre contre les Abyſſins, deſquels tout autant qu'ils en peuuét
prendre, ils les vendent aux peuples d'Arabie, & autres Prouinces qui ſont delà la mer
Rouge. De ce quartier cy emportét ceux d'Ormus, iſle de laquelle ie parleray cy apres,
l'or & l'yuoire, & dès eſclaues, qu'ils traffiquent ſur les ports de Borbora & Zella : en
eſchange dequoy ils leur donnent des dattes & des raiſins confiƈts. Ils leur portent
auſſi des *Matamugos* (ou *Heſan*, en langue Moreſque) c'eſt à dire, Paienoſtres, &
autres petites choſes. Mais il ſuffit de cecy, à fin que i'entre dans le deſtroiƈt, & diſpute
vn peu des choſes plaiſantes & neceſſaires pour ma deſcription.

LIVRE CINQVIEME DE LA
COSMOGRAPHIE VNIVER-
SELLE DE A. THEVET.

De l'Isle de Bebel Mandel, *du goulfe Arabic, & d'où est dite la*
mer Rouge. CHAP. I.

PARTY QVE lon est de l'isle susdite, tirant à la volte du goulfe d'A-
rabie, à l'entree d'iceluy en gist vne autre, habitee de Mores Mahometistes, appellee *Bebel Mandel*, qui a de circuit enuiró trois lieuës,
distant lieuë & demie de la terre ferme d'Arabie vers le promótoire
de *Mecca*, & autant de l'Ethiopie vers le Cap de *Zella* : tellement
que lon iugeroit que ces deux eminences se ioignissent ensemble en
ceste ville, quand lon la regarde de loing. Ceste isle est fort dangereuse à l'aborder, soit
à entrer ou yssir, tant de son port, que du goulfe de la mer Rouge, pour vne infinité
de rochers, esleuez à fleur d'eau. Pource fault bien se donner garde, lors qu'on s'engoulfe pour tirer à *Marzue*, ou *Zuachen*, que les escueils ne vous facent faire le sault.
Les Arabes m'ont dit, qu'anciennement il y auoit là deux chaines, l'vne tirant en Arabie, l'autre en Ethiopie, auec lesquelles lon empeschoit l'entree & la saillie des vaisseaux de ladite mer Rouge, qu'auoit fait faire vn Roy d'Egypte, nommé *Remeia gareb*,
Prince curieux & fort politic, qui viuoit l'an du monde cinq mil trois cens onze, &
apres nostre Seigneur cent quatre, du temps de S.Ignace, disciple de S.Ian, troisieme
Patriarche d'Antioche, & de Solin, Plutarque, Suetone, le ieune Pline, & l'heretique
Basilide. Ces chesnes, selon l'histoire des Arabes & Mameluz du païs, cousterent *Ara-
bayn alph*, sçauoir quarante mille pieces d'or : & fut ce peuple Egyptien neuf ans entiers à les faire. Il y auoit là d'ordinaire deux cens Mortepayes, soudoyez aux despens
des marchans qui venoient des Indes, Perse, Arabie, Ethiopie, & autres lointaines regions, pour les leuer, baisser ou soustenir, quãd il en estoit question, auec certains vaisseaux & machines. Ce lieu est fort sterile & de peu de prouffit, si ce n'est en quelques
sortes d'arbres : car d'herbes il ne s'en y voit presque point, comme aussi ne fait on guere en pas vne des autres isles Arabiques. Mais d'autant que ie parle icy de Destroiçt, &
Goulfe, sans sçauoir que c'est, i'en diray ce mot en passant, sçauoir que Destroiçt se dit,
lors que la mer passe entre deux terres non gueres esloignees l'vne de l'autre : & sont
ordinairement ces endroits fort perilleux, comme est celuy de Gibraltar, du Far de
Messine en Italie, de Magellan en la mer Pacifique, diuisant la terre des Geans de la
terre Australe ou incognue : & vers Septentrion, celuy de Dannemarch pour aller en
la terre Gotthique, & cestuy duquel ie fais mention, qui est le destroiçt de la Mecque,
pour entrer en la mer Rouge : qui ne va toutefois d'vne mer à l'autre, non plus que celuy de Dannemarch, & plusieurs autres : la largeur duquel ie laisse à la disposition des
Pilotes & matelots du païs, veu qu'il se trouue plus large en vn lieu qu'en l'autre.
Quant à ce qu'on appelle Goulfe en mer, ce sont lieux entrans en terre, en façon &
mode

mode d'vn arc, fans que toutefois lon voye la terre: (les Arabes & Ethiopiens le nomment *Azzaia*:)& ceux qui y nauiguent, font dicts eftre engouifez. Telle abondance
d'eaux a le plus fouuent grãde longueur & largeur, comme lon pourroit dire ce goulfe cy qu'on nomme d'Arabie, lequel commence de l'Eft au Nort à l'ifle *Zocotere*, tirant
au promontoire de *Caiery* au Royaume de *Fartach*, & f'eftẽd vers le Nort Nordoueft
au deftroict de la Mecque : non pourtant qu'il foit fi grand que Pline le fait, quand il
dit, qu'il cõtient en longueur depuis fon emboucheure iufques où eft la ville de *Suez*,
qui porte le nom des deferts voifins, onze cens vingtcinq mille, qui eft pour le moins
quatre cens lieuës & d'auantage : chofe que ie ne puis accorder, pour l'experience que
i'en ay euë : d'autant que fuyuant l'obferuation que i'en ay faite par la haulteur de l'A-
ftrolabe fur les mefmes lieux, ie ne trouue qu'il y en ait plus de cent à fix vingts. Celuy
d'Ormus commence au cap de *Rezalgar*, & tend vers le promontoire de *Gadel*, ou celuy de Perfe. Il f'en voit d'autres beaux & grands, comme celuy de Bengala aux Indes
Orientales, de Venife en la mer Adriatique, de Sueue en Septentrion, & ceux qui font *Nombre de goulfes, in-cognus aux Anciens.*
à la grand'terre, que les Anciens n'ont iamais cogneuë, depuis la riuiere de Plate iuf-
ques biẽ pres de noftre Pole, à fçauoir celuy de fainct Michel à la mer Pacifique, ceux
de *Torbare*, & de la Natiuité, defcouuerts de mon temps, & celuy qu'on nõme d'*Vraba*; autrement le grand goulfe d'eau douce : ceux de *Cauaſle*, d'*Orotigna*, & de la Bouche du Dragon : & celuy de *Ianere* ; là où i'ay long temps demeuré, à l'entree duquel
nous feifmes noftre fort, de crainte d'eftre furprins des Barbares du païs, ou autres. Or
en ceft endroict puis que i'ay paffé le deftroict de Bebel mandel, & fuis paruenu iufques à la mer Rouge (nommee des Abyffins & Arabes d'Afrique *Bahar-zocoroph*, &
des Arabes d'Afie *Zahara*) ne fault que i'oublie d'efclaircir vn doubte qui tient plufieurs en vne fotte fantafie, de penfer qu'on l'appelle ainfi, pource qu'elle eft vermeille de fon propre naturel, fans accident qui luy foit auoifiné, portant telle couleur. Et
d'autant que ie l'ay veuë & nauiguee, & que plufieurs m'en rompent les oreilles de
iour à autre, ie veux refpõdre à tous, & vne fois pour toutes : & la caufe pourquoy i'en
entre fi auant en propos, eft telle. Naguere eftant en la compaignie de M. Michel Que-
lin, Confeiller du Roy en fa Cour de Parlement à Paris, homme digne d'admirable
condition, pour la rarité de fon bon fçauoir, furuint vn certain Anglois, homme affez *Demande que me fit vn Anglois eftant à Pa-ris.*
verfé aux hiftoires, mais qui croioit par trop à fes fantafies. Cõme donc il f'enquift de
moy, fi l'eau de cefte mer eftoit de couleur rouge ou vermeille, & luy refpondiffe, que
vrayment fa couleur, confideree en foy, n'eftoit point plus rouge ou couloree que
celle de noftre Ocean, ou de la mer Mediterranee, ou autre, en quelque partie du monde qu'elle foit : il commeça auec grand' cholere de protefter, & dire, fi elle n'eftoit rouge, eftant ainfi nommee par Moyfe, que comme vn Atheifte il ne croiroit iamais rien
de ce qui eft en la faincte Efcriture. Ainfi ie luy demanday feulement, fil n'auoit iamais veu la force naturelle des ondes fe peindre de la mefme couleur des nuages qui
paffent fur nous, tantoft noires, foudain blãches, & en vn inftant azurees. En fomme,
laiffant cefte philofophie, ie reuiẽ à mon premier propos fur la couleur de cefte mer, *Pourquoy eft difte la mer Rouge.*
laquelle pour vray apparoift quelque peu rouge : Aduertiffant neãtmoins le Lecteur,
que iamais cela ne prouint de la nature de l'eau, qui eftant mife dans vn vaiffeau, eft
auffi claire que lon en fçauroit trouuer, ains l'emprunte de la tranfparence, à caufe que
la terre qui l'enuirõne, & les fablons qui font en elle, font vermillonnez & rougiffans,
& ce encores feulement de la part de l'Arabie heureufe tirant vers la Mecque, ainfi
que i'ay veu. En laquelle experience ie ne fuis tout feul, veu que plufieurs autres pourront tefmoigner au vray de ce que ie dy, qui ont voulu faire l'effay de cecy, à fin de
conuaincre l'opinion ia par trop enuieillie de cefte mer ainfi couloree de fang : pour-

ce (difent ces refueurs) que là dedans fut abyfmé Pharaon auec touté fon armee. Mais il faudroit auffi bien appeller le fleuue Iourdain rouge, pourautant que Iofué y deffit ie ne fçay quel nombre d'ennemis, conqueftant la terre de Promiffion: & pareillement le goulfe & mer de Lepante, où furent occis pour le moins trente mil que Tures, Mores, voire mefmes plufieurs Chreftiens, lefquels toutefois eurent la victoire nauale, l'an mil cinq cens foixante & onze: ioinct que à la verité cefte mer s'appelloit defia ainfi, auant que Pharaon & les Egyptiens y fuffent fubmergez. Ie ne puis auffi en ceft endroit me taire que ie ne die, que le Traducteur de Pline, parlant de cefte mer Rouge, l'appellé quelquefois mer de Perfe, comme fi les deux n'eftoient qu'vne, & qu'il ne fçache qu'elles ne font feparees par l'Arabie felice, qui a de largeur deux cens lieües ou enuiron, & d'auantage en longueur: attendu que l'vn aboutift & laue la cofte de Perfe, & l'autre celle d'Afrique. Et qui luy en a donné occafion, c'eft ce que Pline mefme a efcrit, que le Royaume de Perfe eft ioinct à ladite mer Rouge, qui pour cefte caufe (dit il) eft appellé Goulfe de Perfe. Où le Lecteur peult cognoiftre la faulte tant de l'vn que de l'autre, pour auoir efté mal aduertis. Mais pour reprendre encores le nom de noftre mer Rouge, les gens de fçauoir & de bon efprit ne font ils pas couftumiers d'appeller les lieux, ainfi qu'ils fe comportét, foit qu'ils foient fituez en la profondeur des eaux, ou en la fermeté ftable de la terre? De cecy me feront foy les bonnes Cartes marines, efquelles vous voyez ce grand amas d'eaux, appellé diuerfement. Comme fi vous doublez le promótoire de Quiloa, au Royaume de Zanguebar, fitué en la haulte Ethiopie pardelà l'Equateur vers la part Auftrale, vous y voyez la mer toute blanche. Que fi on l'appelle mer de Laict, comme on fait, eft-ce pourtant à dire que l'eau foit de telle couleur? Rien moins: d'autant que cela eft caufé du fonds, là où les fablons & areines font toutes blanches, tellement que vous diriez que c'eft neige fraifchement

Mer Blan-che à caufe du fablon.

tombee. La tranfparence de l'eau, & l'obiect de la blancheur de pareils fablons, & de la riue voifine caufans telles chofes, ont auffi donné le nom à l'eau de la mer Blanche. Et celle qui diuife l'Afie d'auec l'Europe, & qui faict fon chef au deftroict de Conftantinople, que les Turcs appellent mer Maiour, pourquoy eft-ce que nous la nommons Noire? Eft-ce pourautant que l'eau eft de telle couleur? Non: ains pluftoft à caufe que la terre prochaine, qui luy fert de miroir & obiect, eft noire: tout ainfi qu'en l'Archipelague l'eau eft blanchiffante, pour pareille raifon. Semblablement de la part

Mer Verte & pour-quoy ainfi nommee.

du Peru iufques aux ifles des Effores, la mer eft toute verte: & eft ainfi dicte, pource que tout le païs voifin eft verdoyant, comme vn beau pré durant le Printemps, &, qui plus eft, la mer fort couuerte d'herbes: qui fait, que voguant en ceft endroit, vous penfez prefque eftre dans vn pré, tant bien cefte eau reprefente la naïfueté de la verdure: & fi contient enuiron deux cens lieües de long: dequoy ie puis affeurer le Lecteur, comme l'ayant veuë & nauiguee, non fans grand danger & peril, & trouué mefmes en ce lieu là grand nombre de meubles & equipage de deux nauires de Portugal, lefquels par tourmente & fortune de mer y auoient efté fubmergez & perdus. Autant f'en peult dire de celle, qui eft dans le goulfe des Perles en la mer Pacifique, tenant au Royaume de Themiftitan, foubz le Tropique de Cancer: en laquelle fi vous contemplez l'eau, de quelque part que la regardiez, vous l'eftimerez toute bleuë & azuree, pour l'abondance des coquilles de Nacre, Moulles, Huiftres groffes & larges, qui pour la longueur du temps, & à caufe du grand nombre, deuiennent ainfi colorees: ioinct que le fablon & les rochers voifins, efquels croift vne certaine efpece de marbre, font reprefentans la naïfue beauté de cefte couleur. Qui a donné argument aux Capitaines & Pilotes qui ont defcouuert ce goulfe, lequel a foixante treize lieües de longueur, &

Goulfe de la mer Perfe.

huict de largeur, de le nommer le Goulfe de la mer Perfe: & neantmoins l'eau en eft

auſſi claire que celle d'vne des plus viues fontaines de la France. Mais à fin que les Riuieres ſoient auſſi bien ſpecifiees ſur la cauſe meſme, que les mers, portans le nom de
certaines couleurs à elles affectees, moy pauure Philoſophe Theuet, ne feray cóſcien-
ce d'en amener en ieu pluſieurs des plus fameuſes, grandes & riches, qui ont prins tels
noms par l'impoſition de ceux, qui les premiers les ont veuës & viſitees. En premier
lieu, quand les Eſpaignols eurent deſcouuert la grand' riuiere de Plate, aſſiſe entre le
pole Antarctique & le Tropique de Capricorne, à trentecinq degrez delà la ligne E-
quinoctiale, qui ne portoit point encore de nom, ils luy donnerent ceſtuy là, à cauſe
que le riuage & tout le païs circonuoiſin, tant dedans que dehors, ſemble argenté : or
appellent ils l'Argent, Plate en leur langage. Dans la riuiere de Manicongre, laquelle
giſt en l'Ethiopie à neuf degrez delà l'Equateur vers la partie Auſtrale, depuis le grãd
lac de Zember, qui eſt la ſource principale de ceſte riuiere, paſſant entre le païs & territoire des deux villes de *Colarth* & de *Zaire*, ſi lon regarde le fonds, il ſemble tout paué de petits lingotz & grains d'or. Et toutefois vous ne direz pas que l'vne ou l'autre
des riuieres ſuſdites ſoit d'argent ou d'or, veu que cela ſeroit incompatible. Pour la
couleur donc des lieux voiſins, & du ſablon d'icelles, vous attribuez ce nom à l'eau.
Autant en pouuez vous dire d'vn autre fleuue plus bas, quoy qu'en meſme contree de
la part de la Guinee, qui ſ'appelle *Guber*, lequel apres auoir arrouſé en paſſant le Royaume de *Thenin*, ſe vient rendre à la mer Oceane pres le promontoire à trois Pointes:
& eſt nommé des Mores du païs *Alazir Ietoul*, & d'autres *Elmahedem*, qui eſt autant à dire, que Riuiere d'or. Par ainſi ce ſeroit l'or à voſtre iugement, qui ſeroit con-
uertien riuiere : mais il y a tant à dire, qu'au contraire c'eſt la couleur eſtrangere, qui
baille icy le nom à l'eau qui la repreſente. Ie ne veux auſſi oublier les riuieres du Peru:
comme en premier lieu celle qui ſe nomme *Caſſie*, à cauſe du grãd nombre des arbres *Riuiere de Caſſie, qui ſemble noi-re.*
Caſſiers, qui ſont dans ceſte iſle : & deux autres ſituees tout à l'oppoſite l'vne de l'au-
tre: dont celle qui vient de la part de Septentrion, & prend ſource és haultes montaignes de *Cimbalo*, ſemble auoir l'eau auſſi noire que poix, & cecy pour les bourbiers
prochains ainſi limonneux & noiraſtres: & l'autre, qui deſcend du coſté de Midy, & a
ſa ſource des montaignes Erynees, eſt auſſi rouge que ſang, laquelle on appelle pour
ceſte occaſion la riuiere Rouge. Tout ſemblable à ceſte cy eſt en Guyenne, au païs de
Quercy, vn aſſez beau fleuue, qu'on nomme le *Tarn*, lequel à cauſe de l'argille rouge
qui eſt à ſes bords, & que le ſablon eſt vermeil, eſt auſſi de couleur rougeaſtre. De la
part de Boſne Orientale, en la prouince de Carlie, y a vn lac, d'enuiron ſoixantetrois
lieuës de circuit & rondeur: duquel ſi on contemple l'eau, on ne veit iamais poix plus
obſcure & noire qu'elle apparoiſt, & le tout à l'occaſion du riuage & des entours, qui
ſont extremement noirs: combien que ſi vous en prenez de l'eau, vous ne ſçauriez voir
rien de plus clair & tranſparent, & eſt auſſi belle que celle des Ciſternes tombee du
ciel, & purifiee dans la terre. Et à fin de ne laiſſer preuue aucune ſeruant à mon dire, &
qu'on voye que c'eſt par tout, que Nature monſtre l'effect de la puiſſance des obiects
repreſentez, ſoit à la veuë, ſoit à quelque choſe claire de ſon propre & naturel : ie ne
laiſſeray à part vn grand lac ayant enuiron trente lieuës de circuit, qui eſt du coſté du
Pole Arctique au Royaume de Biarmie & Moſcouie, auſſi blanc que cotton. Mais ceſte blancheur eſt à conſiderer, principalement pour vne infinité de poiſſon, qui eſt dedans les ondes, & qu'auſſi ce lac ſemble eſtre tout paué de Cygnes, qui ſ'y nourriſſent,
& font leurs petits au riuage. Ce qui a donné argumét à ceux du païs, de l'appeller Lac *Lac blanc, et pourquoy ainſi nómé.*
blanc, & aux croyans de leger, occaſion de penſer, que l'eau ſoit ainſi blanche qu'elle
apparoiſt. I'en pourrois autant dire des Promontoires, n'eſtoit qu'en ceſt endroict la
choſe ſe deſcouure telle qu'elle eſt, là où en l'eau l'on ne meſure que la ſeule apparen-

ce pour le rebat de l'obiect prefenté. Or eft proprement Promontoire,toute eminen-ce de terre,entrant bien auant dans la mer en maniere de poincte , qui eft caufe qu'ils en prennent auffi le nom, comme ils font pareillement des peuples qui habitent en iceux,& d'autresfois des chofes que lon y trouue,& defquelles ils font couuerts.Pour

Promontoi-res de di-uers noms, felon les lieux où ils font.

exemple ,fi vous contemplez le cap ou promontoire Blanc, à vingt & vn degré deçà la ligne vers le Nort,vous verrez fon affiette & bordage,qui eft d'enuirő quatre vingts lieuës de tour,tout couuert de fablons fi blács, qu'on diroit que ce fuft quelque mon-taigne couuerte de neige. Pourfuyant plus auant à quinze degrez de l'Equateur, eft le Cap de Verd, entre deux terres haultes , & bouté en la mer, enuironné de ces larges riuieres,à fçauoir *Senega*, qui porte le nom du Royaume, & *Gambra* : lequel pource que durant toute l'annee le païs y eft verdoyant à merueille,tant pour l'affiette & tem-perature de l'air, que auffi pour lefdites grandes riuieres qui arroufent toute cefte ter-re,a efté appellé, & fe nomme encor Cap de Verd. A trois degrez & demy pardelà,ti-rant toufiours vers le Su, lon commence à en defcouurir vn autre des appartenáces & dependances du Royaume de *Mely*, nommé le Cap Rouge,ainfi dict, pource que les fablons ne font moins coulorez en ceft endroict qu'au riuage de la mer Rouge.Au re-fte,fi en difcourát fur le propos de ceftedite mer,ie me fuis vn peu efloigné,plus peult eftre qu'il ne falloit,cela eft aduenu principalement , à fin de fatiffaire à la curiofité de plufieurs,& auffi à fin que perfonne n'ait dequoy fe plaindre,fi en efcriuant ie là nom-mois de ce nom,& ce pendant ie laiffois la caufe de telle appellation, veu les refueries que lon en feme, ainfi que ie vous l'ay amplement deduit cy deuant : Ne voulant ou-blier pour la fin ce que Munfter, fuyuant fes difcours fabuleux, a dit d'elle,à fçauoir, que de l'entree là où eft le Delta de la Mediterranee,iufques au commencement de ce-

Supputa'io de Mun'fter faulfe.

fte cy ; lon ne compte que mil quinze cens pas. En laquelle fupputation il feft tant abufé, qu'il n'eft poffible de plus : comme ainfi foit mefme qu'il vouluft prendre les mille d'Allemaigne, & en vfer à la mode d'Italie : veu que d'vne mer à l'autre, comme ie le fçay,pour auoir fait le chemin,il y a pour le moins fept bonnes iournees de Cha-meaux,que la carouane ordinaire a couftume de faire. Eftát fur icelle,ie m'apperceuz d'vne haulte montaigne, que les Arabes nomment en leur langue *Hyelcadil*, & les Grecs Calloyres du mont Sinai, *Olempos*, femblable prefque à la côtempler,à caufe de fes trois haultes poinctes efleuees en l'air,à celle que i'ay veuë en Theffalie,païs de Ma-cedoine,que lon nomme Olympe,comme en autre lieu ie vous en ay parlé.Mais auất que paffer oultre,ny entrer plus auant,ou vifiter fes ifles riches,ie veux vous faire voir quelle eft l'abondance de ce goulfe , qui fait le deftroict de Bebel mandel , pour aller en Syrie, Egypte & Palefthine : d'autant qu'en efcriuant les ifles, goulfes & promon-toires,voire la campaigne marine, ie n'ay guere accouftumé de paffer le païs,fans y re-marquer quelque nouueauté,tát pource que i'en fuis curieux, que pour plaire & con-tenter l'efprit & defir de ceux qui lifent mes œeures.

Des diuerfes efpeces de Poiffons qui fe trouuent au goulfe d'Arabie.

CHAP. II.

EN CE goulfe fe trouue de diuerfes efpeces de poiffon. Entre autres fen voit vn,qu'ils appellent *Comanath* , gros, & rond , d'enuiron trois pieds & demy, tout couuert d'efcaille, femblable à celle du *Tatou*, qui eft en la re-gion du Brezil:fon bec & bouche faicte comme celle d'vn gros Perroquet, la tefte prefque de mefme forte,& la queuë auffi petite que celle d'vne Carpe. De cha-cun cofté de ce corps ainfi rond, fe voyent de petits aiflerons ou nageoires,defquels il

faide pour nouër, toutefois aussi monstrueux & difformes que le poisson, lequel est
difficile à tuer, à cause de son escaille forte & dure à merueilles, non que pour cela il
laisse d'estre bon, & d'vn goust tresdelicat à manger. Et icy Rondelet se trompe, en *Rondelet*
son liure Des poissons, quand il dit qu'il se nourrit au Nil : à quoy ie contrarie, pour *soublie.*
n'estre son naturel de viure ailleurs qu'en la mer : & que si on l'auoit mis en vie en
quelque riuiere doulce, il n'y dureroit pas vne heure. Il s'en prend bon nombre au
païs de Firlandie, que les pescheurs nomment *Setolt*, autres *Bufolt*, & les Hirlandois
Lumpe. Du temps que i'estois en la mer Rouge, il en fut pesché deux, bien fort gros, &
vn moyen. Ceux qui les prennent, les tiennent chers à cause de leur mōstruosité, & en
conroyent les peaux, qu'ils remplissent de paille, ou autre chose, pour en faire parade.
Or ne les vendent ils iamais guere, sans auoir visité ce qu'ils peuuēt auoir dans le ventre, & s'ils ont digeré les huistres qu'ils ont auallees, à fin d'y trouuer ce que plus ils de-
mandēt, à sçauoir des perles : combien qu'elles ne soient fines ny Orientales, cōme Mat- *Erreur de*
thiole en ses Commentaires sur le second liure de Dioscoride, chap. quatriesme, & au- *Pline et*
tres Modernes ont fort mal entēdu : mesme le docte Pline, lequel apres auoir parlé des *Matthiole.*
animaux qui engendrent lesdites perles, & dit qu'ils naissent tous en l'Ocean d'Indie,
adiouste, que la plus grande fertilité en est autour de l'isle de la Taprobane. Ce que ie
luy nie, aussi bien que ce que ledit Matthiole allegue, que les plus estimees sont celles
que lon pesche en cestedite mer Rouge. Ie ne doute pas qu'il ne s'y trouue des huistres qui en portent : mais ie dy tousiours, qu'elles ne sont point plus exquises que celles que nous trouuons dans les nostres de pardeça, ou d'Angleterre & Hirlande, qui
sont toutes troubles, lousches, ou quelquefois de couleur de ciel. Il se prend encor en *Poisson fort*
ce goulfe vn autre poisson plus monstrueux que le precedent, & qui est du tout sem- *mōstrueux.*
blable à vn Chien Corse, ou à quelque beau Dogue Anglois : tellement que le voyant
de loin en mer, vous iugeriez que ce fust vn gros Chien terrestre, hors mis qu'il n'a aucun poil, & qu'au lieu de queuë il a vn aisleron ou fanon, qui luy sert de gouuernail
pour nouër, long d'enuiron deux pieds & demy, la peau tresrude, & toute semblable
à celle du *Baccaleos*, qui se prend en la mer de Cuba : ne differant en rien au reste, soit de
corsage, teste, oreilles, & iambes à vn Dogue & grād leurier d'attache. Ce Chien marin
est appellé par les Arabes *Castol Ioul*, c'est à dire, poisson dangereux, pource que ap- *Castol Ioul*
paroissant sur mer, il ne signifie iamais rien de bon & heureux : & que quand le temps *poisson dan-*
est mal disposé, & chargé de nuages, ou dés que ce monstre sent seulement quelque *gereux.*
vent d'orage & tempeste, il ne cesse de saulter par mer, comme s'il donnoit signe d'allegresse, tout ainsi que font noz Marsouyns de pardeça. Les Mores & Barbares le
voyans ainsi saulteler, ne faillent à luy tirer force coups de flesches, à cause de la haine
mortelle qu'ils luy portent, duquel mesmes ils ne voudroient manger pour chose du
monde, pource que (disent ils) puis que durant sa vie il n'a rien signifié qui portast
prouffit, à grand'peine pourroit il sustenter de bon aliment ceux qui en mangeroiēt.
Et sur tout le craignent ceux qui voguent peschans dans des barquerottes & petits
batteaux, attendu qu'il n'est moins furieux en leur endroict, que seroit vn Tygre ou
Lyon à ceux qui sont en terre. I'en ay veu vn prins dans vn Cazal d'Arabie, sur le riuage de la mer, & cogneus pour vray que les vilains du païs n'ont point tort de le craindre : d'autant qu'il a les dents aussi fortes & aigues, grādes & larges, que Lyon qui coure par les deserts de Lybie : les yeux gros, espouuātables & estincellans : sa peau (quoy
que sans poil) comme celle d'vn Buffle, tirant sur le noir, auec quelques petites taches
blanchastres soubz la gorge, & les griffes d'assez bonne tenue, & poignantes à l'esgal *Poisson ap-*
de sa furie. Oultre ces deux sortes s'en voit encor d'vne autre espece, que les Arabes *pellé Casspil-*
nomment *Casspilly*, & les Persiens *Neemora*, qui vault autant à dire en Ethiopien, que *ly, ou Nee-*
mora.

Panthere, presque aussi large que long, quoy que sa longueur n'excede point deux
bos pieds. Ce poisson n'est point escaillé, ains a la peau comme vn petit Chien de mer:
& à le voir, vous diriez que ce soit le meilleur, & qu'il est plus doux que tous les autres, & neantmoins c'est le plus traistre & dangereux. Il a vne petite areste sur la teste,
qu'il tient couchee le long de son oreille sur son col, non moins longue que d'vn pied
& demy, & aussi aigue & trenchante qu'vne fine lancette. Auec ce genre d'armes offen-
siues, quand il est affamé, il vient à se ietter contre le premier poisson qu'il trouue, & le
choisissant au ventre, comme la partie la plus molle & foible, ne fault de luy donner si

bonne saignee, qu'il y demeure pour les gaiges, trainant sa proye où bon luy semble,
pour en prendre curee. Il est fort poursuyui tant par mer que par terre, & ne peult lon
trouuer le moyen de l'attaquer & prendre, si ce n'est à coups de flesches, comme ils
font volontiers és autres poissons & belues marines. Parquoy ie vous en ay bien voulu representer le pourtraict au naturel, tel que ie l'ay eu au mesme païs. Ie me suis laissé
dire à vn vieil Arabe, docte Medecin, que si ce poisson en mordoit quelque autre, ou
bien des bestes domestiques qui vont au riuage de la mer, que ses dents, outre qu'elles
sont aigues, sont si dangereuses & pleines de venim, que si lon n'y donnoit ordre de
bonne heure, la playe se conuertiroit en apostume, & seroit lors totalement impossible d'y appliquer rien qui y peust remedier. Adioustoit encor, que si lon le prenoit
(comme souuent il aduient) tout aussi tost qu'il a mordu, soit homme, soit beste, &
que tout chaudement on le mist sur la partie offensee, en moins de quatre heures la
playe seroit consolidee, & le patient hors de danger. Ce qui n'est pas trop admirable,
veu que les Scorpions en Prouence portent semblables effects de mort & guerison.
Or la maniere de le prendre facilement, est telle. Si ce poisin met ses dents tant soit

peu auant dans la chair de quelque homme, beste ou poisson, les ayans crochues presque comme vn Brochet de pardeça, il ne les en peult retirer à son aise: & ainsi il est surpris, & sert de santé à ceux qu'il pensoit offenser. Quant à la corne qui est ainsi faicte *Corne de*
en lancette, les Barbares en font fort grand compte, & l'ont en singuliere recomman- *poisson, qui*
dation: comme en auoit ce Medecin Arabe vne enchassee en or, qu'il portoit pendue *attire le ve-*
à son col, disant qu'elle estoit propre pour inciser ceux que ce poisson auoit feruz & *nim.*
mords, à cause qu'elle attire à soy le venim, y estant beaucoup de meilleur vsage, &
plus asseuré, que n'est la corne que nous appellons pardeça de Licorne. En ce goulfe
ne se trouve point de Baleines, quoy que l'air y soit assez tempéré, tant pource que la
chaleur est chassee par les vents qui s'embattent en la plaine, venans des haultes montaignes voisines, qu'aussi ceste terre est directement soubz le Tropique de Cancer, là
où le Soleil qui est comme la fontaine & vertu vitale de tout ce qui est sur terre, passe
vne fois l'an, sans trop grande vehemence, quoy qu'en ayent voulu refuer plusieurs de
ceux qui comptans sans leur hoste, disputent de ce que iamais ils ne veirét. Quoy que
c'en soit, la terre est si humide, & ayant force de produire, & aidee des rays du Soleil
(car de pluye il n'y en tombe guere) que par tout il croist de beaux arbres, & force bós
fruicts. Entre lesquels i'en ay veu vn, nommé *Mauze*, qui n'est pas plus grand qu'vn *L'arbre de*
moyen Figuier, & a ses fueilles fort longues, comme celles qui ont de cinq à six pieds, *Mauze, &*
& enuiron deux de large: son fruict venant tout à monçeaux à la tige, ainsi que font *de son fruict*
les dattes aux Palmiers, gros & long comme moyens concombres, & autant plaisant
& delicieux à manger, que autre fruict que i'aye veu de ma vie. Cest arbre est si tendre,
& aisé à couper, que n'estoit qu'il a le tronc gros comme la cuisse d'vn homme, &
les plus petits comme la iambe, ie le mettrois plustost entre les plantes, qu'au nombre
des arbres. I'en ay veu soubz le Tropique de Capricorne en nostre France Antarctique, de semblables, que les Sauuages appellent *Pacouere*, & le fruict *Pacoua*: lesquels
ne portent guere qu'vne fois l'an du fruict, ou deux pour le plus: où en l'Ethiopie &
Arabie & isles adiacétes ils portent bien iusques à trois. Il y a encore vne herbe, nommee en langue Arabesque *Ioltel*, esgale en grandeur aux choux villageois de parde- *Herbe dicte*
ça, & qui à presque les fueilles semblables, sauf qu'elles tirent sur le rouge, comme noz *Ioltel.*
Betes de pardeça. De ceste *Ioltel* les Arabes se sentans malades, soit de fiebures, ou autre indisposition, vsent auant que d'ouurir la veine, qui est vn souuerain & premier
remede entre eux: d'autant qu'ils ont ceste opinion, que la maladie ne tient à la matiere fecale, ains à la grosse humeur du sang, & par ainsi il fault vuider les veines de ce
sang grossier, & puis sil est besoing, adapter des Simples pour purger le ventre. Auant
donc qu'ouurir la veine, ils prennent le ius de ceste herbe, qui leur fait faire vne operation merueilleuse, s'aydans des fueilles pour en faire des cataplasmes, auec la graisse
d'vn poisson, qu'ils nomment *Helopi*, & ayans faict bouillir le tout ensemble, l'appli- *Helopi,*
quent sur la partie, de laquelle le patiét se deult. Et ne fault s'estonner, si encor auiour- *poisson*
dhuy quelques Arabes s'addonnent à la cognoissance des Simples, & estude tel quel
de Medecine, comme ie me suis apperceu: veu qu'ils ont esté iadis les premiers du mõde, en la vraye cognoissance & experience de cest art, & s'en sçauent encores bien vanter: combien que ceste science est tellemét aneantie entre eux pour le present, qu'ils ne
disputent plus par autre raison qu'vne longue accoustumáce, ainsi que font les Sauuages de la terre Australe, Canadiens & Zapyens: laquelle chose encor qu'elle soit fort
bonne, si y a il plaisir à contenter les esprits par les raisons naturelles, ainsi qu'ont faict
doctement les Grecs, Persiens, Latins, & quelques vns de leurs peres Arabes. Mais c'est
assez discouru. Reste à Theuet de reprendre ses brisees, & voir quel il fait dans les isles
de la mer Rouge, laquelle i'ay heureusement visitee.

De l'ifle de DALACCA, *& chofes notables d'icelle.*

CHAP. III.

ASSE que lon a le deftroict, & que lon eft en pleine mer, vous trou-uez trois petites ifles depeuplees, pourautant qu'elles ne portét cho-fe qu'on puiffe traffiquer. L'vne d'icelles f'appelle *Dochan*, à caufe de la fumee qui procede d'vn certain trou, qui eft contre vne groffe ro-che, qui fe nomme ainfi en leur langue : iaçoit que quelques vns du païs luy donnent le nom de *Primiruc* : & gift fur la cofte d'Ethiopie presque à l'iffue dudit deftroict : & l'autre vn peu plus auant, *Pafcoa*, affife entre deux promontoires inacceffibles, & efloignees de *Dalacca* d'enuiron dix ou douze lieuës. Or eft *Dalacca* voifine d'Ethiopie à fept lieuës de terre ferme, vers les montaignes de Mazua, à feize degrez de latitude, ayant dixhuict ou vingt lieuës de circuit: fort faine, auec vn air attrempé, ferain & affez fubtil : & eft baffe & infertile, combien qu'elle foit belle, à caufe d'vne infinité de collines & vallons, où fe voyent des arbres tant & plus de toutes fortes, bien qu'ils ne foient fruictiers, fi ce n'eft quelques Pruniers, & encore iceux fans fruict qui vaille. Quant aux Orengiers, Citronniers & Limonniers, elle en abonde. Au Printemps, le plus grand plaifir que les Infulaires ayent, c'eft lors que les arbres floriffent, & que les fruicts commencent à fe monftrer: en laquelle faifon ils fen-tent vne odeur, qu'ils nomment *Stoyn*, la plus fouëfue & odoriferante du monde, & fi tranfperçante, que quelquefois elle offenfe les Eftrangers qui mettent pied en terre. Et femble que cefdits arbres & fruicts, qu'ils appellent *Alatmar*, ont quelque autre vertu & proprieté que ceux de noftre Europe. Ces Barbares nous recitoient, qu'au parauant que ladite ifle fuft habitee, elle n'eftoit peuplee que de Scorpions, qu'ils nomment *Alhacrab*, & de Punaifes, qu'ils appellent *Albat* en la mefme langue, & que quand lon commença à y demeurer, ils offenfoient tellement les nouueaux venus, beftes & oifeaux, qu'ils leur feirent quafi quitter le lieu. Toutefois y ayant les Arabes planté de ces arbres, qu'ils auoient apportez de terre continente, pour auec leurs fruicts fe defal-terer, à caufe de leur qualité aigre, comme chofes propres à ceux qui fe tiennent aux re-gions chauldes : tout ainfi que fi ces fruicts euffent eu vne antipathie & contrepoifon à telles beftioles, le peuple f'apperceut incontinét apres, que toute cefte vermine mou-rût, fans fçauoir prefque qu'elle deuint, ne iamais y en auoir veu depuis vne feule. Les Bafiliens du mont Sinai, & quelques Arabes leurs voifins, qui fe tiennent aux vallons d'iceluy, eftans aduertiz d'vn tel miracle de Nature, pour le tourment qu'ils receuoiét des Scorpions, Viperes & Couleuures, que lefdits Arabes nomment *Alhanar* & *Ale-phac*, & les Ethiopiens *Azebé*, prindrent exemple fur lefdits Infulaires, & planterent d'vne part & d'autre, comme i'ay veu, eftant fur les lieux, de tous ces arbres fruictiers, tant pour fen ayder en leurs neceffitez, que pour auffi contreuenir à la morfure de ces beftes venimeufes. Dauantage en cefte ifle lon ne feme pas grand'chofe, ains va cha-cun querir fes commoditez & victuailles en terre ferme, comme miel, millet, huile, lentille, & quelque peu de grain d'orge : mais auffi au lieu de cela elle eft riche en be-ftail, pour les beaux paftis & pafturages qui font le long des ruiffeaux & petits fleuues qui arroufent les vallons fufdits, où l'herbe eft fi efpaiffe, drue & verdoyante que mer-ueilles : d'où aduient qu'on ne voit que grands haras de chameaux & bœufs, & trou-peaux de cheures. Et ce a efté la caufe, pourquoy les Ethiopiens ont commencé de f'y arrefter depuis cinquante ou foixante ans en ça : ioinct qu'elle eftoit en la fubiection de leur Prince. Maintenant il y a vn Roy qui luy eft fubiect & tributaire, lequel commande à tout ce peuple pasteur, qui est en grande multitude, fort riche, gaillard, adextre & vaillant : ce qui luy est assez bon besoing, pour resister aux courses des Barbares d'Arabie, qui leur font ordinairement la guerre, pourautant qu'ils sont Chrestiens Abyssins. Oultre le bestail ils sont riches en poisson, qu'ils prennent aux enuirons des isles voisines, toutes soubz l'obeissance du Roy de Dalacca. Ce peuple, quoy qu'il soit Chrestien, ainsi q̃ dict est, si suyt-il auec l'Euangile la Loy de Moyse, vsant ensemble des obseruations anciennes, & de celles qui sont de l'ordonnance des Apostres, d'autant qu'auec le Baptesme quelques vns d'entr'eux reçoiuent la Circoncision : & pense qu'ils tiennent encor cela des premiers circoncis, qui enseignoient la Loy de Iesus Christ : si ce n'est qu'ils ayent depuis appris ceste superstitieuse façon de faire des Iuifs & Arabes qui frequentent fort en ce païs. Ils celebrent auec tresgrande reuerence les festes des Apostres & saincts de l'Eglise primitiue, qui ont porté tesmoignage de la verité par l'effusion de leur sang & bonne côuersation de leur vie, aussi bien que ceux de terre continente, desquels ie vous ay parlé ailleurs, & ensemble font feste des Patriarches & Prophetes du vieil Testament. Ils traffiquent l'or auec les estrangers, lequel ils recouurent des Royaumes & prouinces d'Afrique : & sont noirs, & fort vaillans hommes, allans nuds de la ceinture en sus, & couurans le bas auec des draps de cotton. Les plus riches, & ceux qui sont en plus grande reputation, portent sur les espaules vn vestement, nommé en leur langue *Almayzares*, c'est à dire, Cappes à la Moresque, qu'ils bordent fort gentiment de petits fils d'or. Les femmes sont curieuses au possible de leur honnesteté, & ne monstrent rien à descouuert que le visage. Touchãt ce qu'aucuns ont voulu auancer qu'il y a des Cheuaux en ceste isle, ie n'en puis autre chose dire, sinon que la costoyant & trauersant, ie n'y en ay point veu, ouy bien des bestes de laictage (comme ie vous l'ay deduit cy deuant :) aussi ne s'en soucient ils pas, attendu qu'ils ne vont iamais en guerre hors leur païs, si on ne les va assaillir : & pour le labourage ils en ont aussi peu affaire, à cause qu'ils ne sement presque point, & se pouruoyent ailleurs de ce qu'ils ont besoing pour leur vie oultre les laictages. Viuans ainsi sobrement, & s'addonnans à toute peine, labeur, veilles & exercices, ne fault s'esbahir s'ils sont forts, gaillards, adextres, & faicts à souffrir toute chose, & si l'on en feroit de bonnes gens de guerre, & tels qui vaudroient mieux que ceux de terre ferme. Outreplus ils ne se soucient aucunement de l'estude, se contentans de ce que leur naturel leur inspire, & de ce qu'ils tiennent de leurs parens & maieurs : combien qu'il s'y trouue des Arabes Alcaronistes, de l'heresie du Sophy, qui estudient en leur *Zuna*, & lisent quelques liures anciens des auteurs de leur langue : mais tout cela ne les esmeut gueres à les imiter. I'y ay veu des Mamelus plus de cinquante mille, espars de tous costez des isles & de terre continente là aupres, & plus de deux cens mille au païs d'Egypte, qui ne sont iamais pourueuz en dignitez, qui estoient du temps que le grand Seigneur Selim vainquit le Soldan d'Egypte, & s'empara de ces terres, lesquels viuent librement entre eux, plus pource qu'ils sont ennemis des Turcs, qui ont fait mourir leur Roy, que pour autre chose. Car ces Insulaires qui sont brusch, fins & accorts, ont le Turc en grandissime detestation, & le hayent à mort, principalement les Mahumetistes : veu qu'il y en a là de toutes Religions : & si leur Chrestienté n'est si ferme, que de ceux qui sont en terre continente. Ce peuple est bazané & camuz, sentant le païs d'où il est yssu, ayant la contenance fiere : laquelle mesmes il rend le plus qu'il peult, terrible & espouuantable, prenant grand plaisir principalemẽt, s'il cognoist qu'on ait frayeur, le voyant ainsi farouche. La parolle & voix correspond au visage, & parlent grauement & aigrement, auec vne vehemence & transport semblable à vn homme qui est en cholere, repetant souuent vne mesme chose. Leur langage est bref & obscur, plus

Almayzares, Cappes à la Moresque.

Maniere de viure de ces Insulaires.

beaucoup que celuy du vray Turc, Perfien & Indien, & quelque peu different à celuy de terre ferme. Ils font indifcrets & iniurieux en leurs propos à l'endroiɛt des
eftrangers qui abordent leur ifle, & viennent pour y traffiquer. Surtout, les Mahumetiftes tant hommes que femmes, font les plus aigres en cecy, & fe plaifans en eux
mefmes, prefchent leurs propres loüanges, difans que Mehemet & plufieurs de leurs
Prophetes font yffuz d'eux : car ces galans qui parlent ainfi, font Arabes, & de ce païs
là Mehemet auoit prins fon origine. Que s'ils fe rencontrent auec les Turcs marchans,
qui viennent de Conftantinople, ou autres lieux, foit de l'Europe, ou de l'Afie, ils les
agacent toufiours (auffi ne les aiment ils gueres) leur reprochans qu'ils ne font que
baftards de leur Prophete, & les regettons fuperflus de ceux qui ont creu à l'Alcoran,
& mille autres folies indignes que l'on recite. Ils difent en oultre, que lors que Mehemet feit la guerre à l'Empereur Heraclie, lequel pour auoir la couronne, tua l'Empereur Phocas, que ledit Mehemet n'eut en fes expeditions & fuyte autres gens & fol-
datz que les Arabes, & qu'en ce temps il n'eftoit memoire ny mention du Turc en forte quelcõque. Que fi l'on en parloit, c'eftoit donc comme d'vne nation de peu de faiɛt,
& qui n'auoit aucun nom parmi les autres : qu'ils font les derniers venuz, & ont corrompu la doɛtrine du Prophete. Et font à la verité fi afpres ennemis de ce nom là, que
iamais ils ne f'en fouuiennent qu'auec iniures & paroles mefdifantes, quoy qu'ils ayẽt
vne mefme fuperftition fur le faiɛt de la croyance. Or combiẽ qu'ils foient mefchans,
*Superftition
en leurs pro
meffes.* larrons & fans fidelité, fi tiennent ils leur promeffe au Chreftien & Iuif: ou au Turc, ils
ne fçauent que c'eft: penfans faire vn grand feruice à Dieu de trõper celuy qu'ils hayẽt
fi mortéllemẽt. Ils font fort prompts à fe cholerer, & vfent foudain de menaces, quoy
que non fi rigoureufes que le Turc, qui ne parle que de tuer & maffacrer. En ladite ifle
les Arabes nous monftrerent l'endroit, où autrefois le Roy Egyptien Philadelphe fit
faire vn fumptüeux Temple à l'honneur de la Royne Arfinoë fa fœur : dans lequel,
fuyuant leurs hiftoires, il fit pofer vne ftatue, dont le corps eftoit de Chryfolithe, & le
refte de Grenat, la plus riche & fuperbe que iamais l'on auoit veuë en toute l'Egypte.
Lefdits Arabes m'ont fait entendre auoir auffi par efcrit dans leurfdites Chrõniques,
que le premier qui dreffa la Bibliotheque de ce curieux & amateur des lettres Philadelphe, auoit nom *Meliga*, natif de cefte ifle. Le grand *Ilafup Oberafup*, qui inuenta le
premier le fin parchemin, fur lequel furent efcrits tant de riches liures, qui depuis furent pofez & mis en la grande Bibliotheque tant celebree de Ptolomee, eftoit de la
mefme ifle, d'vn village nommé *Chiro*, du nom de *Chirogazel*, premier Medecin de
fon temps : les labeurs duquel ont encores à prefent plufieurs Medecins Arabes, qu'ils
gardent comme vn riche threfor de pere en fils.

Difcours du R H E V B A R B E, & *du traffic d'iceluy*, & *abus qui f'y com-*
met en ces païs là. C H A P. I I I I.

V L T R E les fingularitez que l'ifle de *Dalacca* a communes auec les
autres, foit en bois precieux, comme Aloës & Myrrhe, ou mineraux,
elle abonde en vn Simple fort praɛtiqué entre eux, & bien eftimé,
pour la grande proprieté qu'il a à confolider & guerir les playes, lors
que l'on eft feru ou mords de quelque Vipere ou befte enragee : duquel les Arabes font vn certain onguent, qu'ils nomment *Alrokba*.
Or ne veux ie rien dire d'iceluy, que ie ne l'aye veu & experimenté, mefmes la veille
de l'Afcenfion de noftre Seigneur, lors qu'vne troupe d'Arabes, nous ayans accoftez,

& leur ayant baillé par force partie de ce qu'ils nous demandoient, nous donnerent à leur departement, en lieu de ce qu'ils auoient eu de nous, vn Adieu de voleurs & larrons, à sçauoir des coups de fleches, lances & cimeterres plus que n'eussions bien voulu: de sorte que bien peu y en auoit en nostre compaignie, qui ne fust feru, sans ceux qui demeurerent pour gaige sur le champ. Incontinent donc que nous eusmes perdu la veuë de ces meurtriers, deux de nostre compaignie, dont l'vn estoit Persien, commencerent à visiter les naurez, & les penser auec cest oignement *Alrokba:* duquel ils n'eurent pas appliqué trois ou quatre fois, que ie m'apperceu d'vn effect de guerison *Alrokba, onguent.* si soudain, grand & souuerain, qu'il n'est pas possible de plus: mesmement trois Chameaux, qui auoient receu plusieurs coups de fleche, furent guarentiz par ce moyen là. Lon m'asseura qu'il se tire de ceste herbe de l'huyle excellente, qui est comme l'ame, & sa principale substance, que le vulgaire nomme *Alchat,* mot Ethiopien, qui ne signifie autre chose qu'aigreur. Ce Simple differe fort peu de l'herbe que noz Apothiquaires nomment *Hypolapathum,* les Firlandois *Saueramppsser,* & nous Ozeille. Sa fueille est propre contre la iaunisse, à quoy ce pauure peuple est assez subiect. Quant à la maniere de tirer l'huyle des fleurs en leur maturité, & de la racine de ceste herbe Achaienne, ie ne veux m'amuser à vous en discourir, pour n'estre mon principal subiect. Au reste, le temps que i'estois à Dalacca, par fortune de mer & vent contraire, y vindrent surgir trois nauires de l'isle de *Palohan,* & mouiller l'ancre à sa rade: dont les deux estoient chargez d'espicerie, & le plus petit de Rheubarbe: & estoient les paures Indiens quasi tous morts de faim & de soif, pour autant que (comme ils disoient) l'eau estoit entree dans leurs vaisseaux, & auoit gasté la plus grand' part de leurs viures & munitions. Comme ainsi soit donc qu'eussions longuement discouru de leur voyage, & sur tout de leurs drogues & espiceries, & de l'estime qu'ils en faisoient, ils nous asseurerent entre autres choses, estans venus à parler du Rheubarbe, qu'ils s'en tenoient fort peu de compte en leurs contrees, pour l'abondance qu'ils en ont, & pour leur estre trop familier & commun. Non pas que ie me vueille opiniastrer, comme a fait le Seigneur André Matthiole, affirmant qu'au païs du Catay, où il y en a autant qu'il est au *Erreur de Matthiole.* mode possible, ils n'en vsent iamais durant leurs maladies, ains s'en seruent seulement auec autres perfums, pour encenser leurs idoles. En quoy il se trompe grandement, d'autant que ie suis seur, qu'il n'y a nation aux Indes (i'entés de ceux qui ont cognoissance de ceste racine) qui ne s'ayde, estans malades, de la vertu & proprieté d'icelle, & que leurs Medecins ne l'ayent en singuliere recommandation. Ie sçay tresbien, que plusieurs de ces Barbares, tant Insulaires que du continent, la practiquent en diuerses sortes, les vns la prenans distillee à leur mode (ce qu'ils font auec certains petits alembics de fin acier, qui s'apportent du païs de Perse: ou auec des fourneaux faits à la façon des ruches du païs de la Moree, où les Mousches font leur miel) les autres en certaines decoctions: autres la maschât, fresche cueillie, par petits morceaux comme noisettes, & les autres en pouldre. Mais voyez, ie vous prie, pour mieux confondre l'opinion mal asseuree de Matthiole, si le docte Medecin Garcia à Porto, Espaignol de nation, qui a demeuré trente ans en ces païs là, par le commandement du Roy de Portugal, n'est pas par ses escrits de mon costé. Aussi est il aisé à cognoistre, que ledit Matthiole se mesconte, & qu'il prend le blanc pour le verd, sçauoir la racine qui se trouue aux Royaumes & Prouinces de *Mican, Martan, Camathay, Ledir, Machin, Moni, Orrisse, Ecam, Zebarith,* & en plusieurs endroits de la Peninsule de *Malaca,* que les Indiens nomment *Hairbatan,* & les Persiens *Anamello,* pour le bon Rheubarbe: d'autant que l'vne differe bien peu de l'autre, soit en couleur, soit en fueillage: & que le simple peuple en vse ordinairement, pour l'efficace & vertu qu'elle a en matiere de pur-

gation.Les ruftaux de la campaigne,& griffons des môtaignes du païs Cataien, & autres des fufdites Prouinces,en nourriffent quelques mois de l'an leurs Elephans,Cha-
meaux & Cheuaux , pour les tenir plus gras & poliz, comme font les Limofins leurs
Bœufs & Pourceaux auec leurs groffes raues & chaftaignes. Et voyla que c'eft de fe
mefconter à credit fur le faict des Simples. Dauantage tous les Indiens, Perfiens, Arabes,Georgiens,Tartares Orientaux & Occidentaux,Turcs,Grecs,Hebrieux,& Latins:
fomme,ie penfe que il ne fe trouue nation auiourdhuy par tout l'Vniuers,qui n'ait cognoiffance de cefte pretieufe racine,bône à toute efpece de maladie,& fi peu fafcheufe,que fans danger ne crainte on la peult ordonner aux petits enfans de bas aage, quãd
elle eft bien preparee de quelque expert Medecin , fans auoir recours aux Charlatans
empyriques,& moins à leur gentil Antimoine, qui m'a cuydé par deux fois faire paffer le pas.Mais d'autant que les Anciens n'en ont point eu grande cognoiffance,& que
la defcriptiô ne fe trouue guere au vray,ie vous l'exprimeray tout ainfi qu'il eft cueilly en toutes les Indes, & le meilleur en aucunes montaignes voifines du Royaume de
Iango, & *Daracan*, haultes & pierreufes, efquelles fe treuuent force fontaines & bofcages,& la terre rougeaftre & limonneufe, à caufe des ruiffeaux fortans de ces fontai-

*Defcription
du Rheu-
barbe.*

nes qui eourent le long defdites montaignes.Pour ce faire donc,ie commenceray par
le fommet,difant, que fes fueilles font ordinairement longues de deux pieds, & quelquefois moins,felon la grâdeur de la plante,larges en hault, & feftreciffans par le deffoubz vers la tige : lefquelles ont certain cotton,ou comme poil,à l'entour,nô du tout
fi efpais & apparent que celuy de l'herbe que nous appellons Bouillon blanc,comme
l'ay veu par la mefme plante apportee de ces païs là, au grand Caire, & Alexandrie
d'Egypte, où me fuis long temps tenu. Le tronc & tige qui vient fur terre, & auquel
les fueilles font attachees, n'eft que d'vn pied de hault, ou quelque peu dauantage, &
eft tout verd auffi bien que les fueilles:combien que fi toft qu'elles commencér à f'enuieillir, elles deuiennent palliffantes & iaulnes, & fe laiffent aller vers terre, comme
perdans force.Au millieu de ce tronc fort vn petit rameau fort fubtil,ayant autour de
foy quelques fleurs qui l'enuironnent, la forme & figure defquelles eft femblable aux
violettes de Mars, hormis la couleur qui en eft differente, eftant blanche & azuree, &
quelque peu plus grâdes, & l'odeur de fes fleurs aigue, & mal plaifante au nez de ceux
qui les flairent.Sa racine auffi eft affez profondement en terre, & a vn pied & demy de
longueur, & groffe comme le bras d'vn homme, l'vne plus & l'autre moins. Celle qui
vient des ifles de *Burne*, *Clinabare*, *Batachine*, & autres foubz l'Equateur, a la racine
beaucoup plus groffe que celle qui croift és lieux plus humides & froids. De cefte racine en fortent plufieurs autres petites à l'entour, lefquelles auant que couper la grande,l'on ofte & defracine,à fin que plus aifément on la mette en pieces. Elle eft de couleur tirant fur le cendré par dehors, & remplie de ius, quelque peu iaulnaftre,lors que
elle eft recente & frefche, & tellement vifqueufe, qu'en la touchant, elle fe tient aux
doigts,& vous teinct la main: Or quoy qu'en toute faifon les Simpliciftes & les marchans recueillent le Rheubarbe,fi eft-ce que le propre temps pour ce faire eft l'Hyuer:
& ce d'autant plus,que nous n'auons affaire que de la racine:côme ainfi foit qu'elle eft
en fa force,lors que les fueilles eftâs fanees & mortes à caufe du froid,toute la vigueur
& bonté fe retire à cefte vertu cachee foubz la terre,qui eft en ladite racine. C'eft donc
la caufe pourquoy on la cueille à l'entree de l'Hyuer, auant que toutes les fueilles
foient tombees,de peur qu'on ne prenne l'vn pour l'autre.Et fault noter,que fi la racine eft recueillie en Efté, comme n'eftant encore bien meure, elle n'a garde d'auoir ce
fuc iaulnaftre, qui la fait tant recommandee, ains eft feiche, legere, & fans grand liqueur, & par confequent de peu d'efficace: & eft fi amere,durant qu'elle eft en fa verdeur

deur, qu'il eſt impoſſible qu'on en gouſte, non plus qu'on feroit de la Centauree. Par
ainſi ceux qui la recueillent, obſeruent cecy, qu'ayans coupé la racine, & icelle miſe Obſiuatiõ
en pieces & morceaux, ils ne la mettent iamais au Soleil pour la faire ſecher, d'autant *apres la*
que tout le iaulne, qui eſt ſa liqueur & ius ſubſtantiel, ſeſcouleroit comme l'eau fait *cueillette du*
dans vn Alembic, & perdroit par ce moyen le plus de ſa force & vertu: ains l'eſtendent *Rheubarbe.*
ſur de petites tablettes, la tournans cinq ou ſix fois le iour, puis d'vn coſté, puis de l'autre, iuſques à ce que la liqueur ſe ſoit incorporee dans la racine, & endurcie au pris &
eſgal de tout le reſte. Et cela faiɛ̃t, ils la pendent à l'air, apres l'auoir bien couuerte &
ployee, en lieu toutefois où le Soleil ne puiſſe auſſi bailler aucune attainte: & par ce
moyen en deux mois le Rheubarbe eſt ſec, & bon en ſa perfection. Et à fin que plus aiſément vous puiſſiez cognoiſtre & entendre la vraye figure de ceſte tant excellente

herbe, ie vous en ay fait mettre icy le pourrait au naturel, le mieux qu'il m'a eſté poſſible. Mais puis que i'ay parlé de la liqueur, qui eſt en ceſte racine, qui nous ſemble
iaulnaſtre, pour eſtre vieille, combien qu'elle ſoit claire comme eau de roche, eſtant
freſche cueillie, laquelle les Simpliciſtes appellent l'Ame du Rheubarbe: ie ne veux
oublier la ruſe & meſchanceté, dónt y vſent les marchans Iuifs, qui de toute ancienne- *Ruſe des*
té trafiquent toutes ſortes d'eſpicerie, pour eſtre gens fort pecunieux, & qui courent *Iuifs ſur le*
generalement tous les endroits où ils ſçauent qu'il y a abondance de ces choſes rares *trafficq du*
& precieuſes. Ces paillards donc retaillez, voyans les marchans eſtrangers, ſoit ceux *Rheubarbe.*
d'Alexandrie, du Caire, Damiatte, Rouſſette, Alep, Tripoli, Damas & Baruch, villes

principales d'Egypte & petite Afie (nommee des Arabes *Alchibith*, & des Iuifs du païs *Mizraim*) ou autres, qui viennent pour acheter & emporter ces Simples & drogues aromatiques, prennent fa racine encore frefche, & auec vne alefne, ou autre chofe poinctue, frappent dix ou douze coups dedans, la mettans cependant fur des petits vafes bien nets, comme ils font adextrez à ce faire, de forte que le ius f'en efcoule peu à peu dans ces vafes (ce que i'ay veu faire eftant auec eux : mefmes par recreation i'ay prins quelquefois plaifir à pinceter ce Rheubarbe) & en ayans ainfi recueilly le meilleur, & plus naïfue fubftance, la mettent dans des phioles, vendans le refte ainfi deffeiché, pour fin Rheubarbe, aux Chreftiens, & autres marchans eftrangers. Cefte liqueur & quinte effence eft par eux gardee, & foigneufement conferuee, & n'en donneroient pour chofe du monde à home qui foit, ains la ferrent cherement pour payer leur Carach au grand Seigneur, l'enuoyans au Bafcha d'Egypte pour leur tribut deu à celuy qui reçoit le Timare dudit Seigneur. Les Infulaires Dalaccayens en ayans acheté, vfent auffi à prefent de mefme tromperie que les Iuifs, l'ayans appris d'eux pluftoft que de bien faire, & en font leurs prefens, tantoft au Roy de l'ifle, ores au grand Monarque d'Ethiopie, & quelquefois au Bafcha d'Egypte, au *Mupthi*, qui eft leur Patriarche, & aux autres Officiers, comme font les *Soubaßi, Beglierbey, Agas, Baßi, Boftamgibaßi, Capigibaßi, Alapi, Sangiachs*, & autres, qui ne demandent qu'à ronger & participer au larcin. Et notez, que ces galans ne font pas ces prefens pour amitié qu'ils portent aux Officiers, ains de peur qu'on ne leur iouë quelque Vanie-Morefque, à fçauoir d'vn traict de traiftre, & calomnie de Courtifan Napolitain ou Bergamien : & leur prefentent & donnent cefte liqueur dans des petites bouteilles, comme auffi ils en vfent euxmefmes pour fe purger. Or quoy que ces gens ainfi voifins, tant de terre ferme que des ifles, foient differens en langage, fi appellent-ils prefque treftous la fueille du Rheubarbe *Aloarach*, & ceux de Chine *Rauend-Cinic*. Il y en a de trois efpeces : l'vn, qui eft celuy que i'ay defcrit, le meilleur & plus parfaict, croif-
Autres efpeces de Rheubarbe. fant à ladite Chine & Royaume de Catay : l'autre, qui fe cueille en quelques endroits entre les deux goulfes de Perfe & d'Arabie, mais il n'approche aucunement de la bonté du premier : & le tiers fe prend vers les Royaumes de *Bleftan, Cabul, Candahar, Tacalifte, Mender*, & *Pale*. Quant à celuy qui croift aux vallons des montaignes de *Naugrafe*, que les Saphaniens & Mangalotiens nomment *Cetura*, il eft prefque fans effect, & non guere meilleur tout frais cueilly, ou meur, que celuy que les Iuifs efpraignent ou pinfent, pour en tirer la fubftace. Auquel propos ie ne veux omettre vne autre cautele, dont ils vfent encores pour le falfifier, à fçauoir mettans ladite racine dans de l'eau par l'efpace de fix iours, laquelle ils efpraignent puis apres iufques à ce que prefque tout le ius, qui eft (comme ie vous ay dit) la mouëlle & fubftance parfaicte de la plante, en foit hors, & neantmoins la vendent pour bonne & entiere. Ils l'appellent *Aloaroth-tafly*, fçauoir Herbe grife, les Indiens de Calicut *Clinabart*, les Ethiopiens *Hercaburd*, & les Arabes voifins du fein de Perfe *Rauabac*, & autres *Barcanard*, à caufe d'vne montaigne nommee *Barue*, ioignant le mont *Maric*, en laquelle l'on trouue grande quantité de Rheubarbe fauuage, duquel on fe fert pour le fimple peuple, comme fi on l'auoit apporté des ifles fufdites. Le fufdit grand Correcteur des doctes efcrits de noz Medecins François, Matthiole, fe trompe derechef au Com-
Erreur de Matthiole. mentaire qu'il a fait fur Diofcoride, liure quatriefme, lors qu'il dit, que le Rheubarbe que l'on apporte en Egypte, ne vient pas feulement des Indes, ains d'Ethiopie, & d'autres regions & prouinces d'Afrique. Si ce bon Senois euft voyagé, comme i'ay fait, il euft veu le contraire de ce qu'il allegue, & n'euft pas mis par efcrit ce qu'il entendoit affez mal : d'autant que ie fuis affeuré, qu'il n'y a homme foubz le ciel, qui

se puisse vanter, s'il ne veult contrarier à la verité, auoir iamais veu audit païs d'Ethiopie, ny en celuy de Barbarie, comme il dit, vne seule plante de bon Rheubarbe. Ie confesse bien qu'il s'y en trouue de telle, que le vulgaire de pardeça appelle Rheubarbe de
Moynes, mais elle n'a aucune efficace & vertu en consideration de l'autre. Touchant
celle qui s'apporte de si lointain païs que la Chine, elle se gaste, & corrompt plus en
deux mois sur mer, qu'elle ne seroit en vn an sur terre: & me souuient, qu'estant à Tripoli en Syrie, vn marchant de Marseille en achepta en la ville d'Alep, de mon temps,
pour douze cens escuz, qui entierement se gasta sur mer. Les Tartares se vantent d'en
auoir en leur païs d'aussi bonne que celle de la Chine: ce qui n'est vray semblable, combien qu'il s'en trouue vne certaine espece aux iardins proches de la ville de *Samarcan-*
dar, mais de petite substance au pris de celle des Indes. L'Empereur de Perse estant deliuré des guerres qu'il auoit contre Solyman l'an mil cinq cens trentequatre, defendit
à tous ses subiects de faire traffic de Rheubarbe, és païs de ses ennemis, sur peine de la
vie. Nature, mere & creatrice de toutes choses, a produit en ce monde certaines sortes
& especes de plátes si obstinees, qu'il n'a esté possible de les retenir pres de nous, comme est le Cardamome, le Nard & le Cinnamome, en quoy ceste isle abonde sur toutes
les autres de ceste mer, & du Mastic aussi. D'auantage, il s'y voit vn nombre infiny d'A-
louëttes, que les Afriquains & Arabes nomment *Bougeuida* : & est ce peuple si sot, que
pour rien il n'en voudroit tuer vne, ayans ceste folle superstition entre eux, qu'ils disent, que ce sont les *Rouha*, à sçauoir les Esprits, que leur enuoyent leurs quatre principaux Prophetes Arabes, pour leur faire souuenir de rendre graces à Dieu cinq fois
le iour, autant que lesdits oiselets chantent & voltigent en l'air. Quant aux Maronites
& Iuifs qui se tiennent en l'isle, ils ne sont si consciencieux, attendu qu'ils en mangent
tout leur saoul : mesmes ils nous en firent present d'vn bon nombre, auec d'autres
qu'ils appellent *Chorab*, de la grosseur de noz Chouëttes de pardeça. De ceste isle de
Dalacca auant l'on va à l'Abbaye de la Vision, situee dans vne montaigne voisine en
l'Ethiopie, appellee *Bisan*, où se tient vn Euesque, nommé *Abbuna*, vers lequel vont   *Abbuna,*
souuent ceux qui sont les plus affectionnez à la Religion: car generalemét la plus part   *Euesque de*
croyent comme à credit : combien que depuis peu de temps ença ils ont laissé la Cir-   *la Vision.*
concision (ie pense) de despit que les Turcs sont circoncis, ausquels ils ne veulent en
rien estre semblables. Voyla tout ce qui se peult dire & colliger de ceste belle isle, &
des choses rares qui s'y apportent & croissent. Reste à continuer, & voir si les autres
sont aussi fertiles de raritez, à fin qu'ayans veu la mer Rouge, ie double autre part, pour
contenter l'esprit sur la diuersité de mon histoire.

De l'isle de CADEMOTH, auec vn gentil traicté de la Licorne.
CHAP. V.

L L A N S le long de la coste d'Arabie sur la mer Rouge, où il fait assez
dangereux, principalement de nuict, à cause des rochers & escueils
qui sont cachez, & d'autres qui apparoissent à fleur d'eau, se descouure l'isle nommee des Arabes *Cademoth*, & de nous *Camaran*, à cinquante lieuës de la susdite de *Dalacca*, voisine de terre ferme, à main
droicte vne lieuë & vn quart, tirant vers *Cubit*, & trois lieuës loing de
Zazer, qui sont villes du Royaume d'Aden : à septante & vn degré de longitude, &
seize de latitude. L'assiette en est basse & fort belle, quoy qu'elle soit petite, n'ayant
que cinq lieuës de circuit, riche, populeuse, & abondante en toute commodité, que tel

païs peult apporter.Voyla pourquoy les nauires y abordent plus prefque qu'en autre
de la mer Rouge, quelle qu'elle foit : d'autant que c'eft à *Cademoth*, que tous ceux qui
vont d'Aden à la Mecque,fe rafraifchiffent d'eau douce & de viures neceffaires. Auffi
eft elle feule entre toutes celles qui font voifines du deftroiĉt,où les eaux font en abôdance,& bien pour ceux qui y abordét, pource qu'au refte le païs eft des plus chaulds
qu'il eft poffible de fentir, comme eftant fort proche du Tropique de Cancer, partie
du ciel la plus ardente:ioinĉt,que le rebat de la chaleur leur caufe ces ardeurs,pour le
refpeĉt de la mer,des efcueils & montaignes voifines. Elle a deux beaux ports,dont le
premier fe nomme *Becdanic*, qui a fon entree dangereufe:& l'autre *Kaluacal*,à la bouche duquel à main gauche eft vne petite forterefle de terre graffe , où l'on fait le guet
iour & nuiĉt,de peur d'eftre furprins:& font feparez par vn feul promôtoire,la poin-
ĉte duquel tire au Sudeft. De l'autre part fe voyent plufieurs ifles en vne bande, qui
durent plus de deux lieües, pres defquelles il fait mauuais aborder, & fur tout à ceux

*Lieux dan-
gereux pour
les véts &
rochers de
mer.*

qui viennent du cofté de la Mecque. Ce qui aduient , non feulement à caufe des rochers & efcueils, que ie vous ay diĉt , ains plus encor pour les vents de terre qui viennent des parties de l'Oueft , lefquels f'enfermans dans ces iflettes , font enfler la mer,&
caufent d'efpouuantables orages : tellement que bien fouuent le nauire qui fera efchappé de peril en pleine mer, courra fi dangereufe fortune aupres du port, que l'on
en voit plufieurs perir,ainfi qu'ils penfent prendre terre.Ce que i'ay veu,lors que vifitant ces contrees , ie feiournay en cefte ifle trois iours entiers pour me rafraifchir. Car
comme vn bon nombre de vaiffeaux vinffent des Indes , chargez de fines efpiceries, il
f'en fallut bien peu,qu'vn d'iceux , pouffé de ces vents , ne fe perdift contre vn rocher:
n'euft efté que plufieurs Indiens & leurs efclaues f'auancerent, lefquels faifans bien
pour le vaiffeau , & les richeffes qui eftoient dedans, y demeurerent auffi pour les gages,& furent noyez. Or en ce mefme iour, & pour la perte aduenue à ces Indiens Barbares,furent occis miferablement par eux cinq riches marchans Iuifs, pource (difoiết
ils) que ceux cy auoient efté caufe de la ruïne de leurs compaignons : & entendez la
maigre raifon qu'ils mettoient en auant, fçauoir, que pour l'amour des Iuifs ils auoiết
prins port en cefte contree. Sur quoy il fault noter,que lefdits Iuifs, qui ne viuent que
de traffic,& qui font par tout le monde fans poffeder vn poulce de terre,dés qu'ils entendent que les Ethiopiens & Indiens font voguans par la mer Rouge, ne faillent de
venir à *Cademoth*,ou *Camaran*, vingt iours ou vn mois auparauât que ces Noirs y arriuent,les vns d'Egypte,les autres de la Syrie & Palefthine, & autres diuerfes Prouinces
loingtaines, à fin d'effayer par fubtils moyens de faire quelque gain fur ces eftrangers
en leur marchandife.Ce font des plus fages,fins & accorts traffiqueurs que l'on fçache,

*Tromperies
fur les dro-
gues & pier
reries.*

& fur tous les plus mefchans, & qui fophiftiquent mieux toute efpece de droguerie,
ou qui fçauent falfifier la pierrerie (car c'eft dequoy ils fe meflent le plus) d'auât que
pour les Rheubarbes, Aloës & autres Simples , pour des Roches, des Rubis,Diamans,
Efmeraudes,& Perles fines,ils attirêt grande quantité d'or non mônoyé de ces eftrangers,& ont des Mufcs,Ciuettes,Ambre, & Porcellaine à meilleur pris que tous les au-
tres.Au refte,ils n'ont garde de fe charger de ce,où ils ne voyent la defpefche affeuree,
& le prouffit tout euident : ce qui eft caufe, qu'ils ne f'amufent guere à achepter des
eftrangers,de petits Lyons, Leopards,Tigres,Mônes,Guenons, Sagouins,Perroquetz
grands & petits,peaux de beftes monftrueufes, plumage,& autre diuerfité,tant de beftes que d'oifeaux, pource que l'argent n'y eft pas fi toft recouuert, & qu'ils fe contentent que les autres nations en font affez curieufes, fans qu'il faille qu'ils y employent
leur induftrie, & qu'auffi ce qu'ils ont befoing pour le traffic qu'ils font auec ceux de
la Chreftienté, ne confifte en ces eftrangetez & chofes rares,fans prouffit. Quoy qu'il

en foit,les pauures Iuifs lors ne feirent guere bien leur cas à cefte fois auec les Indiens, qui penfoient que ce defaftre leur fuft aduenu par le commerce qu'ils auoient auec eux : comme auffi il n'eft guere nation, qui n'ait le Iuif en haine & deteftation, & qui ne fçache bien, qu'il n'accofte perfonne, de quelque religion que ce foit, que pour en tirer prouffit, & f'en aider felon la faifon. Ce peuple leur donne le nom de *Helyahoc*, & aux Chreftiens *Annazara*. Au defembarquement de ces Indiens y auoit vn grand Seigneur de Turquie, de ceux qui portent tiltre de Sangeaz, qui font comme Soubz-gouuerneurs des Prouinces,& grands Capitaines, des plus fauoriz apres les Bafchas en la maifon du grand Turc : lequel venoit d'Ethiopie, des Royaumes d'Adel & Do-bas,où le grand Seigneur l'auoit enuoyé en Ambaffade pour traicter alliance auec les eftrangers, qui couroient iufques à la mer Rouge, & auoient pillé tout plein d'ifles aux entours du goulfe, fans efpargner mefmes les villes de terre ferme. Ce Turc donc nous feit affez bon vifage, & f'accofta fort priuément des Chreftiens, Grecs & Maronites, auec lefquels i'eftois : Mefmes durant noftre feiour en l'ifle, apres nous auoir monftré plufieurs fingularitez,il feit apporter vne corne,qui auoit efté ciçe,& neantmoins en-cor longue d'vn pied & demi, de la partie plus proche de la tefte (veu qu'encor il y tenoit du poil de la befte, d'vne couleur cendrée & grifaftre) dont il faifoit fort grãd eftime, comme de chofe rare & precieufe. Auquel comme vn de noftre compaignie, riche marchant Candiot,curieux de fçauoir toutes chofes,demandaft fi ce n'eftoit pas de la befte,que les Chreftiens & autres nations appellent Licorne ,tant chátée par noz anceftres, & iamais veuë de pas-vn:le Turc,homme de peu de parolle, refpondit que non,& que nous nous abufions de penfer & croire qu'il y euft de telles beftes comme les peignons:ne niant point de ma part, que toute ma vie n'euffe efté de cefte opinion. Et à fin que vous ne penfiez deformais (difoit-il) que la Licorne foit telle qu'on vous la figure, la befte qui porte cefte corne, eft grande comme vn Taureau de cinq à fix mois (affermant l'auoir veuë en vie) & porte vne feule corne droicte,tout au fommet de la tefte,& non au front,ainfi que lon feinct de l'autre. Oyant ce difcours,il me vint en memoire d'vne corne,que i'auois veuë quatre ans auparauant en la ville de Venize, & en ma grand ieuneffe vne autre en l'Abbaye de fainct Denys en France, peu diffe-rentes en groffeur : combien que de la longueur ie n'euffe peu iuger, n'ayant cefte cy que la partie plus proche de la chair. En oultre il nous defcriuit ladite befte en cefte façon,difant, qu'elle auoit les pieds & iambes peu differentes des Afnes de noftre Eu-rope,mais le poil plus long,& les oreilles femblables à celles du Rangifere, animal af-fez cogneu de la part de la terre qui eft foubz les deux Poles. Et iaçoit qu'il ne conteff-faft cefte corne eftre de Licorne,fi luy attribuoit il les proprietez que noz bailleurs de bayes luy donnent : dequoy il vouloit faire l'experience deuant nous,comme depuis ie veis quatre ou cinq mois apres eftant en Egypte en la ville d'Alexandrie, à laquelle i'ay demeuré deux ans neuf mois. Mais à fin que ie die ce mot de la folle croyance de ceux qui penfent qu'il y ait des Licornes, que,quoy qu'elles foient beftes farouches,fi f'amourachent elles pourtant des filles, & fe plaifent tellement à les contempler,qu'el-les font prifes par ce moyen : quand,dy-ie, lon oyt faire ces beaux comptes, ne vous femble il pas ouyr les vieilles aupres du feu,auec leurs difcours de Melufine?Pour ce-fte caufe ne fe fault arrefter à l'opinion de Pline, Munfter, Solin, Strabo, & quelques modernes,qui celebrent tant la Licorne,veu que quelques excellens & fçauans hom-mes qu'ils ayent efté,fi n'eft-ce pas cefte cy la premiere,ny la feule,non la centiefme de leurs faultes & menfonges:M'affeurant,que fi eux & d'autres qui ont efcrit deuãt eux, euffent eu la cognoiffance des chofes comme moy, & veu les païs & regions que i'ay trauerfé,à grand' peine fe fuffent ils oubliez iufques là, que de faire croire à la pofte-

Difcours de la corne dicte de Licorne.

Fables de la Licorne, que Pline a defcrit.

rité ce qu'ils auoient fongé , fans f'enquerir plus auant de la certitude des chofes. Qui
eft celuy qui adiouftera foy audit Pline, difant, que pres le fleuue Gange & au païs
voifin, fe trouuent des Grifons, oifeaux de fi grand force, qu'ils portent vn homme armé,& iceluy tout à cheual, en l'air,& en vont prédre curee? Qui pourra croire ce qu'il
afferme des Séraines en mer, fuyuant comme verité les fables d'Homere aux nauigations d'Vlyffe? Qu'il y a vne region de Cynocefales, c'eft à dire, d'hommes qui ont la
tefte comme vn Chien,& de ceux qui n'ont qu'vn pied, duquel ils fe font ombre, qu'
ils appellent Sciopodes? Qu'il y a auffi des hommes qui n'ont point de tefte, mais ont
les yeux au millieu de la poïctrine : & que d'autres naiffent tous veluz comme les beftes fauuages,& les noftres domeftiques? combien que lon ait veu en France vn homme, l'vn de mes bons amis & voifin, ainfi yelu par le vifage, & quelque peu fur les
mains. Mais telle chofe ne doit eftre tiree en confequéce comme naturel, d'autant que
cela eft venu d'accident,& non de nature, ainfi que les autres monftres aduiennét for-
tuitemét par le trop ou par le default de ce qui a vertu d'engendrer (comme quelquefois Dieu en enuoye, foit par punition, ou pour fignifiance de quelque defaftre futur) tels que plufieurs qu'on a veu naiftre de noftre temps, & nommément vn enfant à Paris ayant deux teftes : & l'an mil cinq cens foixanteneuf, deux autres enfans
qui f'entretenoient par les feffes. Ce feroit veritablement vne grande folie, de penfer
que ceft homme fuft de quelque païs de Sauuages, où ils font ainfi veluz, quoy que

Munfter, & Pline f'abu-fent.

Munfter en ait voulu dire & defcrire en fa Cofmographie, iufques à en faire tirer des
pourtraictz, imitant par peincture ce que Pline & Solin auoient fongé en leurs efcrits.
Et tout cela eft autant veritable, que le combat que les Grues ont contre les Pygmees,
qu'ils nous peignent auffi de fi baffe ftature, que le plus grand d'entre eux ne fçauroit
auoir vn pied & demy de haulteur:comme ie l'ay creu en ma ieuneffe.Ie confeffe bien
qu'il y a des hommes fort petits, & que les habitans mefmes de cefte ifle font trapes,
mais ce n'eft pas à dire qu'ils le foient tant, que lon fait les Nains. Autant, voire plus affeurément, en puys-ie dire contre ceux qui nous veulent faire croire, comme ledit

Fable du Phenix, que peint Mun-fter.

Munfter, qu'il y a vn oifeau en l'Inde la plus loingtaine, nommé *Phenix*, feul de fon
efpece au monde, qui renouuelle la vie à celuy qui fort des cendres du mort : quelque
belle chofe qu'en racompte vn Venitien, nommé *Nicolo di Conti*, lors qu'il dit, que
vers l'ifle de *Zeilan* fe voit vn oifeau appellé en leur langue *Semenda*, qui a le bec fait
comme trois petites fleuftes, chacune ayant fes trouz bien appropriez, & le tout genti-
mement conioinct enfemble:lequel approchant de fa mort, porte certaines buchettes de
bois aromatique en fon nid, fur quoy il fe met, & puis fonnant de fes fleuftes, il bat
des aifles, & faict allumer le feu en ce bois, où il fe brufle, & des cendres naift vn petit
ver, qui puis apres fe conuertift en la figure & fubftance de ceft oifeau. Ne voyla pas
de beaux comptes, & auffi plaifans que pourroit eftre ce qu'aucuns affeurét auoir veu
des Satyres, pource qu'il y a vne ifle, de laquelle i'ay parlé, qui en porte le nom? Quant
à Loys Bartheme, ie fçay qu'il fe fait accroire d'auoir veu des Licornes à la Mecque:
mais c'eft vne chofe auancee par luy : pourautant que fi l'y en auoit, en l'Arabie heureufe, où eft baftie ladite ville, ie les euffe auffi bien veuës, ayant paffé les trois Arabics,
& peult eftre plus diligemment vifitees qu'il ne fit onques. Au refte, quoy que ie n'aye
voyagé iufques au fleuue Gange, fi n'en ay-ie pas efté trop loing, & ay fi curieufement
faict enquefte & recherche de toutes chofes, que mon plus grand plaifir & foing a
touliours efté de fçauoir la verité de ceux mefmes du païs, tant Seigneurs, marchans,
qu'efclaues, m'eftant addreffé iufques aux plus notables de ceux qui auoient vifité de
plus pres les montaignes de *Camul, Naugracot, Vffonte, Carazan, Ceila, Garmi, Macha,
Suza*, & autres païs voifins de cefte grande riuiere : defquels toutefois ie n'ay peu

onc tirer, pour quelque peine que i'y aye mife, ce que le vulgaire croit fur cecy : qui
tous generalemeñt ne fçauent que c'eft. Ie demanderois donc volontiers,fi les eftrangers en font plus affeurez que ceux du païs, qui font auffi curieux que nous,de chofes
tant rares.Et à vous dire la verité,ces cornes, que lon nous faict veoir en France, ou ail- *Conclufion*
leurs,foubz le nom de Licornes,font d'autres beftes, que celles qu'on nous reprefente *des cornes*
en peincture. Et ne fault farrefter fimplement fur ce mot Latin Vnicorne,nom gene- *que lon dit*
ral à toute befte n'ayant qu'vne corne:comme auffi le Pfalmifte en parlant,ne la fpeci- *eftre de Li-*
fie point,veu qu'il ne defcrit rien que la fureur d'icelle: Eftant efbahy, d'où vient que *cornes.*
nous voulons prendre appuy fur l'antiquité,touchant la preuue de cecy, encores que
pas vn des Anciens n'en ait eu cognoiffance : ioinct, que fi les Romains euffent ouy
parler de chofe fi exquife,ils en euffent auffi bien recouuert,& mis en leurs monnoyes
& medailles,qu'ils ont fait des Crocodiles,Elephans,Aigles,Pantheres,Lyons,Tigres,
& autres beftes eftrangeres & monftrueufes.Les anciens Simpliciftes ont bien cogneu *Corne In-*
la corne Indique :mais encores eft elle toute differente à celle dont nous parlons : qui *dique.*
me fait penfer, que ce foit quelque dent d'Elephant ainfi cernelee, & mife en œuure.
Que fi lon trouue mauuais ceft aduis, qu'ils regardent comme les deniaifeurs, qui fe
trouuent en Leuant,vendent les roelles de dent de *Rohart* pour Licornes (ce que i'ay
veu faire) & qu'ils les creufent & allongent tout à leur aife,& lors ils confefferont que
ce que ie dy,eft veritable : Ou bien que ce foit l'Afne Indique, le Monoceros,ou Rhinoceros,defquels cefte corne nous eft eflargie,fans f'amufer à la couleur : d'autant que
celles que nous voyons pardeça,font enuieillies, & parainfi fe blanchiffent par l'iniure du temps,là où naturellement le dehors eft vn peu rougeaftre, le deffoubz blanc,&
le dedans tirant fur le noir.Que fi lon veult prendre argument fur fa vertu & proprieté,que lon dit eftre fort finguliere contre tout venim & poifon, encore ay-ie ma caufe
gaignee : pource que ce n'eft pas celle de l'Afne Indique feule, qui attire à foy le venim, mais plufieurs autres ont ces mefmes effects. Entre lefquelles, regardez ie vous
prie,l'animal,qui fe trouue au païs de Firlandie,beaucoup plus gros qu'vn Bœuf, que
ceux du païs appellent *Ein voilde*; & ceux de Boheme *Loni*, qui a fes cornes d'vne
merueilleufe grandeur & groffeur.Il me fouuient en auoir veu vn autre en l'ifle de
Crete, femblable aux Boucs fauuages, que les Infulaires nomment *Stainboch*, & les
Allemans *Steinbocl*, qui a les cornes fi grandes,que fi elles eftoient droictes, elles exce-
deroient demie toife, ayant la groffeur en mefme proportion. En Noruege le *Ein-*
hornuoneinen, befte ayant la tefte hault efleuee cõme celle d'vn Cerf, a fes cornes d'vne
braffe de long.En la Sarmatie,la befte nommee du fimple peuple *Colon*,porte fes cornes les plus belles & mieux polies que lon fçauroit voir, ayans quatre pieds de long,
& fi gentiment martelees autour, que lon les iugeroit eftre pluftoft faites par artifice,
que par nature.Les Tartares l'appellent *Akkukalbo*, les Turcs *Akoim*,& les Polonois
Nehiska. Au païs de Polongne f'en voit vne autre, qui ne femble pas mal cu Cheual
domeftique(comme auffi ils luy donnent le nom de Cheual fauuage)laquelle a deux
cornes de cinq pieds de haulteur. Ceux du païs la nommẽt *Reyuer*, les Allemans *Rein,*
& les autres *Roufcheron* : & n'y a pas vne de toutes les cornes des fufdites beftes, qui
n'ait quelques effects & proprieté contre tous venims, auffi bien que celle que nous
difons de Licorne. I'ay veu vne tefte de Rhinoceros à vn Charlatan au grand Caïre,
qu'il eftimoit beaucoup, auec plufieurs autres fingularitez, & faifoit preuue de la vertu de ces cornes. Mais quand tout eft dict, il ne fe trouue guere befte en ces quartiers *Cornes de*
là,dont la corne n'ait quelque merueilleux effect pour la fanté des hommes. Que lon *tout animal*
applique donc celle d'vne Alce ou Afne fauuage,qui eft vne efpece de ce qu'on appel- *ont efficace*
le Onagres,des Rangiferes (comme fi lon vouloit dire,befte portant trois rameaux de *en quelque* *maladie.*

cornes) ou des Girafles, & vous verrez fi tout cela n'a pas effort & vray effect contre
le venim. Et à fin de n'aller fi loing, prenez feulement de la corne de Cerf, & la faictes
brufler, & mettez les cédres où les ferpés hantent, vous cognoiftrez par experiéce qu'il
n'y en demeurera pas vn. En la Prouince qui eft le long de la riuiere de Plate, fe trou-
uε vne befte que les Sauuages appellent *Pyraffouppi*, grande comme vn Mulet, & fa tefte quafi femblable, velue en forme d'vn Ours, vn peu plus coloree, tirant fur le fau-
ueau, & ayant les pieds fenduz comme vn Cerf. Ce *Pyraffouppi* a deux cornes fort longues, mais fans ramures, hault efleuees, & qui approchét de ces Licornes tant eftimees:

Pyraffouppi, befte grande comme vn Mulet.

defquèlles fe feruent les Sauuages, lors qu'ils font blecez & mords de beftes ou poiffons portans venim, les mettans dans de l'eau par l'efpace de fix ou fept heures, & puis
la faifans boire au patient, qui fen trouue incontinent tout allegé. Le Roy Sauuage,
nommé *Contambec*, qui fe tenoit de mon temps à la riuiere des Vafes, apporta à noftre
Capitaine vne de ces peaux conroyee, auec la moitié de la corne, laquelle il prifoit
beaucoup : & m'ayant efté baillee en poffeffion pour la garder, la vermine du païs me
la gafta toute, quatre ou cinq mois en apres. Le pourtraict de laquelle ie vous ay bien
voulu repefenter icy au naturel, & la maniere dont vfent ces Barbares pour la tuer,
fçauoir auec groffes boules de fer, pefantes dix à douze liures, attachees auec des nerfs
d'autres beftes fauuages par vn bout, & l'autre à leur bras : dont auffi ils mangent la
chair, qui eft merueilleufement bonne. Ne voulant oublier en paffant, que ledit Roy
Sauuage portoit à fon col vne certaine pierre, faite en ouale, de la groffeur d'vn eftœuf
qu'il difoit auoir efté trouuee dans la tefte de ce gentil animal, ayant vne merueilleufe force côtre le hault mal, & le flux de fang. En l'Antarctique noz Sauuages auoiét
certaines autres cornes, defquelles ils touchoient leurs enfans, lors qu'ils leur perца-

foient les leures, pour leur mettre ces pierres vertes que tous y portent, comme chofe belle:& cecy, difent-ils,à fin que la playe ne f'enuenime:vfans auec cela de fuffumi-
gations de ces cornes,pour chaffer les beftes venimeufes & portans poifon.Puis donc
que le Rhinoceros & Monoceros font tant eftimez pour cefte grande proprieté, que
le Pyraffouppi monftre fes effects en chofes pareilles, & que l'Afne Indique a force
contre le venim,que fert il de chercher ce qui n'eft point, & dequoy iamais noz peres
n'eurent cognoiffance qu'en peincture?C'eft abufé trop euidemment à quelques Allemans & Italiens,d'ordoner & faire croire en leurs Receptes ie ne fçay cōbien de dragmes de Licorne,comme f'ils eftoient en quelque païs,où cefte befte fuft auffi cogneuë
& facile à recourrer, cōme font les Chieures en Lymofin, ou les Moutons en Berry.
Suffife vous que tous ces monftres & miracles font autant veritables, comme le lieu
où ils fe trouuent, eft cognu par les Anciens & Modernes: encores que Paule Ioue
nous l'ait voulu faire accroire par fes efcrits,auffi bien que le bon pere Laurens Surius
Alleman,en fon hiftoire des chofes memorables aduenues de noftre temps,lequel n'a
autre raifon ne preuue de fon dire, finon qu'il nous ameine en ieu la corne de la Licorne,que le Pape Clement donna au Roy François premier.Ie ne fay point de doute
fur leur vertu, quoy que les fins drogueurs de Leuant les accouftrent ainfi de quelque
dent d'Elephant,& les vendent pour vrayes : attédu que ie fçay qu'il n'eft chofe foubz
le ciel, foit entre les animaux , foit entre les plantes ou mineraux, à qui la Nature n'ait
donné quelque force. Voyla donc ce que i'auois de long temps enuie d'aduertir le
Lecteur, pour ofter l'opinion mal fondee de plufieurs hommes doctes, tant Grecs
que Latins, mefmes des Rois,Princes & Monarques, pour le faict de la Licorne. Au
refte reuenans à noftre ifle,c'eft en elle que la plus grande trahifon,pa rlaquelle l'eftat
du Soldan d'Egypte fut ruiné, a efté iouëe & executee par l'vn des principaux chefs
de fon armee fur mer ,nommé *Ray Salmon*,lequel fe rendit au grand Seigneur. Or　*Trahifon de*
mets-ie cecy en auant, à fin qu'on fçache que le Turc n'a pas grand moyen de faire　*Ray Salmō.*
guerre par mer en ce païs là, pour la difficulté du nauigage, & qu'auffi le bois à faire
Galeres & autres vaiffeaux, y eft fort rare, voire bien difficile à trouuer. Et qu'il foit
vray,du temps que ce païs eftoit fubiect au Soldan,ledit Seigneur fcit faire fix galeres
Baftardes , & quatorze Royalles : mais il luy fallut employer huict ans à ce faire, & à
dreffer l'equippage de telle armee, non fans grands fraiz, pour la faulte de bois qu'ils
auoient, qu'il falloit aller querir dans le goulfe de *Scandalore*, affez pres de Rhodes,
d'où ils le portoient en Alexandrie & au grand Caire, & apres par les canaux du Nil,
& là le mettoit on en œuure : puis eftoit porté à pieces fur des chameaux iufques au
port de *Suez*. La ville qui eft aupres du port,ne fçauroit auoir plus de trois cens feux,
combien qu'elle ait iadis efté affez belle:auffi fut elle premierement ruïnee des Portugais,foubz la conduicte de leur Capitaine maiour, nommé Dom Alphonfe d'Albur-
querque,du temps du dernier Soldan,& depuis par les Turcs,f'eftans faicts Seigneurs
de terre ferme. Les habitans font Mores Mahumetiftes , auffi gens de bien que les autres Arabes , tous de moyenne ftature, & qui vont en mefme equippage que ceux de
Bebel Mandel. Ils ont abondance de chairs, millet, & de dattes : mais tout cela ne
feroit rien,fi ce n'eftoit que les marchans qui y abordent, les fourniffent de ce qui leur
default : au lieu dequoy ils fe pouruoyent de chair & d'eau doulce. C'eft tout ce que
ie vous voulois dire de Cameran. Refte maintenant à pourfuyure noftre route,& aller voir le bout de la mer Rouge iufques au port fufnommé de Suez,qui n'eft qu'à dix
iournees du grand Caire,tout au plus , felon le chemin que les carouannes font iour
ou nuict, quoy que ce ne foit le lieu , où fe defembarquent les Pelerins qui font le
voyage de Syrie.

De Mazva *&* Svachem, *& de plufieurs Colomnes antiques, garnies
de lettres Hieroglyfiques.* CHAP. VI.

S VYVANT voftre route, & depuis que vous auez paffé l'ifle de *Dalacca*, vis à vis prefque de la ville de *Ercoquo* en Ethiopie, vous trouuez vne iflette, nommee *Mazua*, du nom d'vne autre ville prochaine en terre ferme, diftante enuiron demie lieuë Françoife, aflife à la poincte d'vn promótoire, qui entre dans la mer dix ou douze lieuës, & á trois poinctes regardans de l'Eft au Nort. Elle peult auoir de latitude enuiron feize ou dixfept degrez, fituee prefque fur l'emboucheure du port qui va à ladite ville d'Ercoque: & dangereufe à aborder, principalement quand le vent eft trop grand de la part du Su. Quant à *Suachem*, elle eft pofee en vn bras de mer fur la cofte d'Ethiopie, affez voifine de terre ferme, & pres d'vne ville de mefme nom, feruant de port à tous les Ethiopiens Chreftiens Abyffins, qui entreprennent le voyage de Hierufalem. Cefte ifle a de latitude dixhuict degrez, gifant de l'Eft à l'Oueft, & quinze ou feize lieuës de tour, auec vne poincte qui regarde le Nort, faicte prefque comme vne Fleur de lys: vis à vis de laquelle fe vóit encore vn promontoire femblable au pied d'vn homme, lequel entre bien auant dans la mer, & regarde la ville de *Iacar*, affez voifine des deferts de *Suachei*, d'où ie penfe que cefte ifle a prins fon nom. Il

Herbe fort cordiale. fy trouue de bonnes herbes & plantes falutaires & proffitables pour l'entretien & fanté des hommes. Entre autres fen y voit vne, croiffant le plus contre les rochers qui vifent vers le Midy: le fueillage de laquelle femble prefque vn Caprier, feftendant largement contre le roch, & portant fon fruict & de petits boutons tout ronds. Ledit fruict, fueilles & racines font d'vn gouft fort fauoureux & cordial, defquels les Mores & Arabes du païs vfent, lors qu'ils fe fentent preffez de colique paffion, ou de douleur d'eftomach, quelle que ce foit: aufquelles indifpofitions font affez fubiects les pauures Infulaires, qui font beaucoup plus effeminez & craintifs, comme ayans moins de force, que le refte des Mores, encor qu'ils foient contraincts de faddonner à la guerre, fuyant les loix & couftumes de leur païs. Or ne puis-ie coniecturer d'où peult proceder cefte maladie fi frequente en ces ifles plus qu'en nulles autres, fi ce n'eft de l'intemperie de l'air, ou bien des eaux qu'ils boiuent, affez fales & dangereufes, ou à caufe que le païs eft fubiect aux vapeurs & brouillars groffiers & puans, venans des montaignes voifines, fituees de la part de l'Oueft, qui eft le Soleil couchant, là où le vent bien fouuent les pouffe de tel effort, que les efpaiffiffant, vous ne fçauriez voir vn homme de la longueur de voftre nez: ce qui aduient principalemét lors que le Soleil eft foubz le Solftice d'Hyuer, affauoir le douzieme de Decembre, quand les iours font les plus courts de toute l'annee. Encore y adioufteray-ie cecy, que bien fouuent la terre y eft couuerte de petits crapaults, lefquels viennent des nues, ainfi que quelquefois nous en voyons tomber pardeça durant l'Efté fur le foir qu'il fait quelque orage, & chet de la pluye chaude, qui n'eft que vraye infection d'air. Ces gens donc eftans fort alterez,

Moy & Alma eau, Nebijd, vin. boiuent de l'eau, qu'ils nomment en leur langue *Moy* (les Arabes d'Afrique, *Alma*) comme eftant leur principal breuuage: (car de vin, qu'ils appellent *Nebijd*, il ne fen parle point.) Et ainfi mal abreuuez, ne fault fefbahir fils font fouuent malades, & fi la fiebure les fecouë prefque iournellement: en ayant veu pardelà des plus ieunes & gaillards d'entre eux, deuenir tous enflez, & preffez de maladies de foye, qu'ils appellent en leur patois *Alnefiffa*, ou de poulmon, nommé en la mefme langue *Athehan*, maux à quoy ils font auffi fort fubiects. Partant ils vfent de cefte herbe que ie vous ay defia defcrite,laquelle a nom en la lãgue du païs *Alhaut*,ainfi dite,d'vn grand Lac ou Eftang,pres lequel ils la cueillent contre les rochers : veu qu'en langue Arabefque *Alhaut* fignifie autant que Eftang ou Lac en la noftre,& *Sapheia* en Arabe.Et ne faillent, dés qu'ils fe fentent mal,d'aller cueillir de cefte plante, racine & tout, prenás auec cela vne poignee de Corail blanc,bien puluerifé,duquel f'en trouue en quantité autour de leur ifle,& lieux prochains de l'Arabie, qui toutefois n'eft naturel au pris de celuy que i'ay veu en quelques endroits pres de Rhodes : & le tout bié bouilli enfemble,en vfent par diuers iours,foir & matin,& fur la minuiᨨ,demeurans,apres auoir humé ce breuage,deux ou trois heures fans manger. Cefte medecine eftant parfaite,elle deuiẽt aucunement rouge, tant à caufe de la racine du *Alhaut*, qui eft rougeaftre, que de certains petits boutons qui font en l'herbe , faits comme œillets , de mefme couleur. Vfé que ces pauures gens en ont , ils fentent bien toft apres la vertu de l'herbe , par l'effeᨨ de leur guerifon.Ceux toutefois qui n'ont accouftumé d'en prendre & humer,ne faillent de vomir au commencement qu'ils eſſayent d'en boire : de forte que quelquefois lon diroit, qu'ils font prefts à rendre l'ame, tant eft forte ladite medecine. Oultre cefte bonne drogue & tant falutaire,il y a en ces ifles grand' quátité de bons fruiᨨs,aggreables au gouft,& plaifans à l'œil,& tous differents de ceux que nous auons pardeça. Entre les autres, i'y ay veu vne forte de Melons, qu'ils nomment *Chauon* , longs de deux grands pieds , pleins de ius d'eau fort fauoureufe , que ceux du païs boiuent auec des cuillers de bois à la Turquefque,qui leur fert de fouftenement, & fi les defaltere durãt l'ardeur de leurs fiebures. Les premiers que ie vey iamais de telle grandeur,groffeur & fubftáce,auant que i'euffe efté en l'Arabie,& fur la mer Rouge,ce fut en l'Afie mineur, en la prouince de Chalcedoine , & en quelques lieux de la Surie & de l'Armenie. Ie vous ay dit cy deuant, qu'en cefte ifle abordent les Pelerins,qui vont de l'Ethiopie en Hierufalem : defquels tous les ans fe voyent de belles compaignies, des Royaumes & prouinces fubiettes au grãd Gerich , fçauoir de *Balo, Afcun,Barnagas,Tegré,*& *Sirech:* lefquels f'eftans là rafrefchiz quelque temps , comme ceux qui viennent de prouinces bien fort loingtaines, commencent à prendre leur chemin vers la Terre fainᨨe, f'embarquans & tirans la route vers le mont de Sinay , pour de là aller vifiter le fainᨨ Sepulchre de noftre Seigneur Iefus Chrift.Or quoy que la plus grand' part de ce peuple Infulaire foit Mahometifte , & qu'il y ayt bien peu de Chreftiens au pris, fi eft-ce que lefdits Chreftiens font les maiftres,pource que l'ifle eft fubiette au grãd Roy d'Ethiopie:lequel a mefmement là vn de fes Capitaines,qu'ils appellent *Arrazain adérao*,c'eft à dire, Homme d'armes, qui fe tient ordinairement aux enuirons de la mer, auec dixhuiᨨ ou vingt mille hommes foubz fa charge & conduite : combien qu'il foit fubiet au grand *Arrazes* , qui eft le chef dés Capitaines, & comme le General, en toute telle reputation pres le grand Monarque Ethiopien,que font les quatre Bafchas pres la perfonne du Grand-Seigneur. Ce *Arrazain adérao* donc faifant fes cheuauchees, va fouuent vifiter les ifles prochaines de terre ferme,comme font *Bebel-mandel,Primeruc,Pafcoa,Dalacca,Mazua,*& *Suachem* : efquelles f'il trouue quelque chofe mal faite ou puniffable , il chaftie auffi bien , & par mefme voye de iuftice, les Mores & Arabes,qu'il fait ceux de fa Religion,fans vfer d'aucune acception de perfonnes,ny fauorifer homme qui viue. Et ne fault penfer, ou craindre, que les eftrangers ou Mahometans qui y font, facent reuolte ou fedition , pour f'ofter & emanciper de l'obeïffance du grand Roy More,& Chreftien : d'autant que,comme dit eft, lefdites ifles font toutes pres du continent,où les garnifons font fort grãdes,& prefque de lieuë en lieuë,foubz le gouuernement dudit Arrazain,qui auec ce eft toufiours aux champs : la puiffance duquel

Prouinces principales d'Ethiopie .

eft telle, que quand il eft befoing, il fait amas de cinquante ou foixante mille hommes
en moins de dix à douze iours. Dequoy ne fault feſbahir, attendu que quand le grãd

*Cinq cens
mille hom-
mes en cam
paigne.*

Gerich fe met en campaigne, pour courir fus à quelque fien ennemy, il ne marche à
guere moindre nombre, que de cinq cens mille hommes, tant de pied que de cheual.
Comme de faict, peu au parauant que ie fuffe en ces païs là, aux frontieres de la mer
Rouge, eftoient arriuez enuiron quatorze mille cheuaux : (ceux qui les veirent, me
compterent que toute cefte compaignie eftoit l'amas de la ieuneffe du païs voifin, qui
venoit faire fes monftres en fort bon & bel equippage, dans vne ville nommee *Aba-
rach* :) & ce feulement, pource que le bruit couroit, qu'en peu de iours lon dreffoit vne
armee, pour aller contre trois Rois d'Afrique, auparauant fes fubiects & tributaires,
qui feftoient reuoltez contre la Maiefté de leur Sultan *Aticlabaſſi*, qui eft à dire Grãd
Empereur. C'eft ce grand Seigneur noir, que les Perfiens nomment *Cochouet*, & nous
Preftre-Ian : noms incognuz parmy les Ethiopiens, lefquels vfans des mots & characteres Chaldeens, m'ont afferme, qu'on l'appelle en leur païs *Gerich* : comme felon les
autres Royaumes, contrees & prouinces, on luy donne d'autres noms, ainfi que i'en ay
touché par cy deuant. Ce Monarque a plufieurs enfans, lefquels eftans en bon aage, &
mariez par le confentement du pere, il enuoye par les prouinces à luy fubiettes, pour
fes Lieutenans, Vicerois, & Gouuerneurs, les tenant ainfi efloignez de fa prefence, de
peur qu'ils ne foient corrompuz par les Courtifans de fa fuyte : comme en vfent, & ont
toufiours vfé les Rois & Empereurs de Turquie, & fy gouuerne encor de pareille façon le Sophy, Roy de Perfe, le grand Duc des Mofcouites, le Tyran Cam de Tartarie,
& iadis les derniers Soldans d'Egypte & Empereurs de Grece, & ce fort & indomta-
ble Tamberlan, en fon temps l'efpouuantement de tout le monde : Lefquels tous n'ont
iamais trouué bon de nourrir leurs enfans mafles autour d'eux à la Cour, à fin d'obuier à plufieurs machinations & complots qu'ils pourroient faire, fçachans trefbien
que la trop grande familiarité engendre mefpris. Voyez, ie vous prie, ce que les enfans
de Sultan Solyman, Selim & Baiazeth, & celuy de Tunes, ont fait de noftre temps
contre leurs peres. Pour ces confiderations donc ce grand Gerich fe tient en fa bonne & riche ville d'*Alcamach*, qui vault autant à dire, que Lieu imperial, & quelquefois à Meroé : faifant nourrir fes enfans en leur bas aage, à trente iournees de fa
Cour, en vne ville nommee *Ediffan*, au Royaume de Xoa, pres les montaignes de
Goiame : là où auffi il tient bonne & feure garde, tant pour empefcher que mal
ne leur foit faict, que à celle fin qu'ils n'attentent rien de nouueau. C'eft luy qui
enuoye tous les ans quelque nombre d'Euefques ou Archeuefques en Hierufalem,
auec force beaux dons & riches prefens, pour la vie & fouftien des Religieux qui
gardent le fainct Sepulchre, là où il entretient plufieurs perfonnes pour prier Dieu.
Du temps que i'y demeurois, il y arriua quatre de ces Euefques deputez pour vifiter lefdits lieux Saincts, fuyuiz de cinq à fix cens perfonnes. Or ne furent-ils là gueres de feiour, que l'vn d'entre eux, des plus anciens & fauorits de la Maiefté du Roy,
me print en amitié : lequel deuifant d'ordinaire familierement auec moy, comme nous

*Prophetie
d'vn Abyf-
fin.*

fuffions d'auenture tombez fur le propos de la reuerence que lon porte à ces contrees,
me dift entre autres chofes, qu'il auoit fur luy la Prophetie d'vn grand & fainct perfonnage de leur païs, l'original de laquelle eftoit gardé, comme chofe precieufe, dãs le
threfor du grand Monarque leur maiftre, dont la fubftance eftoit telle : Qu'il feroit vn
temps, que les villes de *Mecque, Medine, Caras, Sicabe, Iambut, Zidem, Fara, Aden*, & autres, qui font en l'Arabie heureufe, feroient deftruictes, ne demeurant en icelles pierre
fur pierre : Que le Tõbeau de Mehemet feroit demoli de fonds en cõble, & la pouldre

de fes

de fes offemens efparfe:& que autant en aduiendroit à *Oclan,Homar,Hubachar,Zeid,* *Abdalla,Motalif, Afferus, Heleanferus,Huphea,*& *Haly*, tous côpaignons ou difciples dudit impofteur Arabe : Adiouftant pour la fin, que tout cela feroit faict par la force & vaillance d'vn grand Prince & Roy Chreftien,natif des parties Septentrionales,en- tre les mains,& foubz la puiffance duquel demeureroit la Iudee,Egypte,& le Royau- me & ville de Hierufalem. Qui eft l'occafion (difoit-il) pourquoy ils dreffent tous les ans ce voyage auec grande deuotion, prians Dieu que de leur temps ils puiffent voir ce Roy tant defiré, qui doit apporter vn fi grand bien & profit à la Republique Chreftienne.Trois ans au parauant que i'arriuaffe en la mer Rouge,quelques compai- gnies de Capitaines Arabes,eftans aduertis de la venue defdits Abyffins,qui pouuoiêt eftre huict ou neuf cens pour le moins, conduicts par vn grand Seigneur, fauory de ceft Empereur Ethiopien,& de quelques Prelats du païs,fe ruerent auec leurs troupes fur eux. Lefquels pour n'eftre egaux en force à ces brigands & voleurs, pafferent tous au trenchant du Cimeterre, & n'en efchappa iamais que trois, qui de cas fortuit ne fu- rent occis. Les Chreftiens Grecs du mont Synai, qui m'en contoient l'hiftoire,me di- rent & affeurerent, que lefdits Capitaines Arabes f'entendoient auec les Turcs, qui fe tenoient lors à quelques villettes & fortereffes de la mer Rouge pour butiner & voler enfemble les Chameaux chargez des richeffes & prefens, qu'ils portoient audit fainct Sepulchre : mais que bien toft apres le Bafcha du Caire, Efclauon de nation, homme de bien pour vn infidele,& qui ne tourmentoit point les Chreftiens qui demeuroient en Egypte, de quelque païs qu'ils fuffent, en eut bien toft la raifon. Car ayant mandé lefdits Capitaines Turcs, & quelques principaux des Arabes, foubz pretexte de les vouloir employer, à tel iour & heure que le maffacre fut fait, ils furent condamnez à eftre empalez & mourir. ce qui fut executé en la place publique dudit grand Caire. Tel malheur aduenu aux voyageurs, fut caufe que les Abyffins prindrent incontinét les armes, & que huict iours apres en vne rencontre, fut mis à mort plus de cinquante mille defdits Mahometans : mefmes le Roy d'Adel,More blâc,tributaire au Seigneur Ethiopien, y paffa le pas auffi bien que les autres. Quelques vns de ces Pelerins f'em- barquent volontiers au port & goulfe de *Melinde*, qui eft à trois degrez de l'Equa- teur, ou à celuy de *Cuapa*, ou fur la riuiere de *Zachet*, prenans la route de la haulte mer : de forte qu'ayans vent à fouhait, ils arriuent en quinze ou vingt iours au cap & promontoire de Guardafumi. Et doublans ledit promontoire, ils commencent d'en- trer dans le goulfe d'Arabie, & de là en la mer Rouge (que les larrons des montaignes nomment *Arach*, & les Arabes qui aboutiffent vers la Perfe, *Alma alkadeim*, & les autres plus courtifans & ciuilifez, *Zocoroph Azzaia*, qui vault autant à dire,que Goul- fe de la mer Rouge : changeant ainfi, felon les païs, de plufieurs appellations, auffi biê que la mer & fein de Perfe , & autres goulfes de ce grand Ocean) laiffans de tous co- ftez plufieurs ifles & iflettes,les vnes habitees,& les autres non,iufques à ce qu'ils foiêt à Mazua,ou à Suachem, deftinees pour leur defembarquement, à fin qu'ils f'y rafraif- chiffent,& fe fourniffent de chofes neceffaires pour leur voyage,comme dit eft : com- bien que le plus fouuent ils f'arreftent audit Suachem, pource qu'elle eft plus haulte, tirant vers le païs d'Egypte,& voifine de l'Abbaie de la Vifion (qu'ils appellent *Bifan*) d'où eft enuoyé vn Euefque pour les receuoir : lequel arriue en cefte ifle quelquefois douze ou quinze iours auant leur venue, qui eft vn grand foulagement pour ces pau- ures gens. Ainfi ces Pelerins font foulagez, voyageans par mer : car ce qu'ils font par eau en quinze ou vingt iours, il faudroit qu'ils y meiffent deux ou trois mois par ter- re.Bien fouuent f'y trouue auffi le Patriarche mefme de ce monaftere, que les Infulai- res appellent *Makheit*, comme leur Eglife fe nomme *Affeleb*, qui eft à dire Croix:

d'où i'ay entendu que le monaftere porte le nom de l'Abbaie de fainĉte Croix. Les moynes de ce lieu font fi eftrangement refermez, que pour la grande aufterité de vie qu'ils meinent, & leurs ieufnes continuels, ils font fi fecs & maigres, qu'on iugeroit que ce fuffent des efcorces feiches de quelque arbre defia fort vieil, tant ils font def-

charnez. Ils ne mangent point de chair, ny ne boiuent iamais vin, f'ils ne font malades ou vieux : & fi labeurent de leurs mains, femans & recueillans leurs moiffons de mil-let, & fruiĉts de pareille efpece, comme le *Tafo*, qui eft vn grain rond, noir, & fort pe-tit : vraye imitation certes de leurs bons Peres, qui le temps paffé ont monftré le che-min de perfeĉtion dans les deferts de Thebaide. Au refte, ils font fi fuperftitieufemēt eftrangez du fexe feminin, que rien qui foit de tel fexe, foit femme, befte, ou oifeau, ne peult auoir accez dans leur maifon. Ce que obferuent de tout temps les Moynes d'A-thos, Mont Synai, & autres Bafiliens. Quant aux Preftres, ils font mariez en ce païs à la façon de tous les autres fubieĉts au mefme Seigneur, comme ie vous ay dit ailleurs. Touchant les ceremonies, ils font differents d'auec nous, combien qu'à l'effeĉt & fub-ftance des Sacremens, mefmement des deux les plus neceffaires à noftre falut, à fçauoir le Baptefme & l'Euchariftie, ils font de mefme opinion : tellement que le Preftre con-facrant le corps de noftre Seigneur en fa langue, fuyt vn mefme fens & proprieté de parolles, fans f'efloigner en rien de ce que nous croyons. Et qui plus eft, ils font tous les Dimêches & Feftes, des petits morceaux de pain, tous ronds, lefquels eftans benits, en donnent tant aux grands qu'aux petits : & ne fort point le peuple de l'Eglife, iuf-ques à tant qu'il a receu la benediĉtiō de la main de celuy qui celebre Meffe, differête feulement en cerimonies & en langage à ceux de l'Eglife Armenienne. C'eft chofe ef-merueillable de voir le nombre de Religieux qui font és Abbaies en ce païs là, & fur tout en celle de *Bifan*, où fe tiennēt & f'affemblent de deux à trois cens moynes, l'ordi-naire eftant de deux cens: pource que les vns font enuoyez aux autres monafteres fub-ieĉtz & reffortans à ceftuy cy, cōme premier de tout l'ordre, les autres vont par les foi-res & marchez trafiquer pour le fouftenement de l'Abbaie, ou font aux fermes pour y trauailler. Le Patriarche donc ne pouuāt aller à Mazua, ou à Suachem, lors que les Pe-lerins vont en Hierufalem, il fault qu'vn Euefque, ou bien l'Abbé, ou le *Dauocd*, c'eft à dire, Maiftre de l'Abbaie, y vienne, pour vifiter lefdits Pelerins, & les rafraifchir des chofes qui leur feront neceffaires. Ces voyageurs f'en vont auffi quelquefois defem-

barquer au port de Suez : l'entree duquel eft merueilleufement facile, pourueu qu'il n'y ait tourmente: attendu que autrement lon fe mettroit en grand danger, à caufe des rochers qui fe trouuēt & là & tout le long de cefte mer, où lon voit vn nombre infini de ioncs marins, fort haults & efpais, tout autour: & c'eft l'endroit où le dernier Soldā d'Egypte perdit vingthuiĉt grands nauires, & cinq galeres, penfant par vn tel equip-page aller chaftier les rebelles Arabes de la part du Royaume d'Adem. Laquelle perte donna occafion à Selim, Empereur des Turcs, de courir, & dreffer fon camp contre le-dit Roy Egyptien. Si lefdits Pelerins ne veulent aller fi auant, ils peuuent defcendre à vn autre port plus bas, que les Mores & Arabes appellent *Pharanzel-Zinquil*, c'eft à dire, lieu de Pharaon, pres les fept Puyts ou fontaines, qu'on dit de Pharaon : ou bien à *Corondole*, où Moyfe frappa la mer de fa verge : qui eft l'endroit, où les Chreftiens Abyffins, les Turcs & les Arabes du païs tiennent pour tout affeuré dans leurs hiftoi-res, que ledit Pharaon fut fubmergé, lors qu'il pourfuyuoit les enfans d'Ifraël fen-fuyans d'Egypte, ainfi qu'il eft efcrit en l'hiftoire facree au liure de l'Exode. Quād lon f'efcarte trois ou quatre lieuës loing du riuage de la mer, on trouue les deferts d'Ara-bie, dés le commencement & entree defquels fe voit vne fontaine nommee *Ain-moy Begamberh Mofy*, qui eft autant à dire en leur patois, que l'eau du Prophete Moyfe:

& tient on que c'eſt où il frappa le rocher,& en feit ſourdre l'eau pour abbreuuer le
peuple. Entre ledit riuage & ceſte fontaine giſt vne grand' plaine, que ceux du païs
nomment *Hanadain*: laquelle ſi quelcun veult paſſer, il laiſſera à main gauche certaines montaignes couuertes de ſablons blancs, où eſt encore la trace de force vieilles ma
ſures, & grandes antiquailles : entre autres,les ruïnes d'vne ville, en laquelle n'y a au- *Obeliſque*
cun baſtiment ſus pied, ains eſt tout abbatu de fonds en comble : où i'ay veu, paſſant *& maſures*
par là, vne Obeliſque briſee & rompue au ſommet, non moindre que les deux que *antiques.*

i'auois auparauant veuës en Alexãdrie d'Egypte. Ceſte Obeliſque eſtoit garnie de lettres Hieroglyphiques à l'imitation ancienne des Egyptiens, accõpaignee tout autour
de pluſieurs Colomnes de marbre toutes iaſpees & mignonnement ouurees : leſquelles ſont en admiration grande aux paſſagers, meſmes aux Arabes & voleurs du païs,
qui ont telle reuerence à leurs predeceſſeurs, que pour rien ils ne voudroient attenter
de les demolir. Ie laiſſe aux doctes hommes l'interpretation deſdites lettres, telles que
ie les vous ay repreſentees au naturel, & ce ſuyuant ce que ie les ay veuës eſtant ſur les
lieux : enſemble des autres figures à l'antique, qui ſont au bas deſdites Colomnes. Leſdits Arabes diſent, que c'a eſté vn *Melchiram* Roy Ethiopien, qui viuoit du temps
d'*Arabyen*, ſeptieme Roy des Aſſyriens, qui les fit faire, & qui inuenta le premier toutes ces ſortes de lettres, l'an du monde trois mil trois cens quarante trois, deuant noſtre
Seigneur mil huict cens cinquantequatre, ſelon leur ſupputation. Ce que toutefois ne

veulent accorder les Perfiens,ains difent que ce fut *Adullam*, Roy d'Egypte & Iudee, docte en l'art de Medecine, & premier inuèteur de l'Aftrologie & Arithmetique, qui regnoit en gloire & honneur l'an mil neuf cens quarantecinq deuât la natiuité de noftre Seigneur.Ie ne doute point qu'il n'y euft quelques grands fecrets en telles lettres, & de meruicilleux myfteres de la diuine ordonnâce , declarez aux feptantedeux auditeurs de Moyfe,comme par Prophetie,en la fecrette doctrine du *Zohar*, pour reueler la gloire de Dieu au monde: mais certes i'eftime qu'il n'y a auiourdhuy homme viuant qui les fçache . Vous n'ignorez pas auffi, que le pere Adam & Seth firent dreffer deux Colomnes, l'vne de cuyure, & l'autre de pierre ,fur lefquelles eftoit grauée la parole de Dieu,les Propheties,le prefage & grand fecret de la côfommation du monde,le tout par femblables figures d'Animaux:ne pouuant bonnement affeurer,fi la fufdite feroit point de ce temps là,d'autant qu'elle apparoift, à la contempler,d'vne merucilleufe antiquité.Oultreplus il me fouuient d'auoir veu fur vn petit mont,qui auoifine la montaigne d'Aaron , le lieu où eftoit autrefois vne autre Colomne, haulte de trentehuict couldees, ayant feize pieds en rondeur, faicte par Herotime, Roy Arabe, qui viuoit l'an du monde cinq mille quarantecinq,& deuât noftre Seigneur cent quarantequatre:du temps mefme que ces grands perfonnages Paul Emile Conful,Craffus orateur,Fabius & Pompeius florilfoient entre les Romains.Delaquelle quand les fufdits Arabes difcourent, ils difent auoir par efcrit en leurs hiftoires (car ils fe vantent bien iufques à là , de ne parler point par cueur) que ceftecy eftoit de mefme haulteur & groffeur,& garnie de mefmes characteres de beftes,poiffons,oifeaux, & fignes celeftes,que la fufdite : qui ne fignifioient autrechofe (à ce qu'ils recitent) que la cruauté, loix, & couftumes dudit Herotime : à fin que le peuple ainfi tyrannifé, ne pretendift caufe d'ignorance de l'intention & volonté du Prince. Depuis il eft aduenu, qu'vn Roy de Perfe, nommé *Mauget*, pourfuyuant les Arabes qui luy eftoient rebelles,& paffant en ces endroits, la feit ruer & culbuter du hault en bas : & n'y a pas encor foixante ans (ce m'affeuroient-ils) que les Pafteurs & Efclaues, gardans leurs Chameaux & autres beftes domeftiques , ont à coups de marteaux & de cailloux acheué d'effacer & rompre ce qui eftoit grauè contre quelques pierres du refte . Plufieurs Grecs de ma compaignie me difoient, que les ruïnes dont i'ay cy deffus fait mention, eftoient le lieu où fut baftie la ville de *Berenice*, que les Barbares nôment à prefent *Alchazer*,edifiee iadis aux defpens & par le commandement de Ptolomee Philadelphe, Roy d'Egypte,efmeu de ce faire pour honorer la memoire de fa mere,ainfi nommee,& de fon pere, lefquels de leur viuant fe plaifoient fort en ce païs là:où lon voit encor force baftimens que lon tient auoir efté dreffez par l'induftrie de ce grand & excellent Roy Egyptien.Le bon zele duquel à prouffter à chacun feft monftré,non feulement en ce qu'il feit traduire le vieil Teftament en Grec par les feptantedeux anciens Rabins, dôt la verfion a efté tant approuuee par les Peres de l'Eglife primitiue, ains auffi quâd il entreprint vn œuure & faict de telle confequence, que quoy qu'il ne fuft fi grand Monarque que plufieurs de noftre temps, fi m'affeure-ie que fi l'Empereur des Turcs, ou le grand Sophy, Monarque des Perfes, entreprenoient vn cas pareil,ils fe trouueroient eftonnez auant qu'ils fuffent à moitié de l'œuure. Son intention donc eftoit de faire entrer la mer Rouge dans le Nil,& faire tant, que la mer Oceane fe ioignift à celle de Midy , à fin que la region d'Afrique ainfi faicte en ifle, rendift prefque toute la terre nauigable : voulant que la foffe par où la mer viendroit à la riuiere, euft demie lieuë de large, & vn peu plus, ainfi que i'ay peu apperceuoir du temps que i'eftois fur les lieux,par le commencement que lon y auoit fait. Or dè la mer iufques au Nil n'y a point moins de foixante & douze lieuës : tellement qu'eftans par ce moyen ioinctes

Adam &
Seth firent
dreffer deux
Colomnes.

Entreprinfe
de faire en-
trer la mer
Rouge dans
le Nil.

lefdites mers, on fuft venu des Indes, Ethiopie, Perfe, Arabie, & de toutes les ifles, en noftre mer Mediterranee, fans mettre pied à terre que pour y faire aiguade. Toutefois il laiffa fon entreprife, à caufe qu'on luy remonftra, que le dommage feroit plus grand que le prouffit qui reüffiroit de cela, attendu que par ce moyen le Nil, l'eau duquel eft bonne à boire, quelque limonneufe qu'elle foit, perdroit fa bonté par la faleure de la mer, & que arroufant & rendant fertile le païs d'Egypte par fon defbord & accroif- *Eau de la* fance, continuant en fon defbordement, rendroit le mefme païs infecond & fterile, *mer incom-* pourautant que l'eau de la mer porte telle incommodité aux terres qu'elle arroufe, & *mode aux* qu'ainfi pour efpoir fans fondement, l'on fe deffaifiroit d'vne commodité prefente *terres que* & affeuree. Ce fut l'occafion, pourquoy cefte entreprinfe continuee par l'efpace de *elle arroufe.* quatorze ans, & où l'on auoit defpendu vne infinité de milliers d'or, fut rompue & laiffee imparfaicte, où defia lon auoit auancé la foffe de huict à neuf lieuës. Et voyla ce que i'ay voulu dire en paffant, quoy que ie me fois efloigné de noz ifles.

De l'ifle de MACZVA, *& de la reuerence que les Arabes portent à leurs liures: & danger de l'Autheur.* CHAP. VII.*

VOY que Maczue ne foit fi auant en la mer Rouge, tirant vers l'Egypte, ou le mont Synai, fi eft-ce que ie me fuis amufé pluftoft à Suachem, d'autant qu'elle eft plus recommandee, pour eftre l'apport des Pelerins Ethiopiens qui vont au fainct Sepulchre. Mais ores que ie fuis hors des voyages de deuotion, ie reprendray ladite ifle, laquelle ainfi que i'ay dict, regarde de l'Eft au Nort, & a de latitude feize ou dixfept degrez, efloignee de l'Abbaie de la Vifion d'enuiron dix lieuës, vis à vis de la ville d'Ercoque, habitation des Chreftiens. Car à Maczue, quoy qu'elle foit tributaire au grand Gerich, fi eft-ce que la plus part des habitans font Mahometiftes, & reffentent plus le naturel Arabefque que Ethiopien: dõt la caufe eft telle. Vn Arabe du païs me comptoit, eftant pardelà, qu'ils ont en leurs Chroniques & hiftoires, que enuiron quelques feptante ans apres la mort de Mehemet, la mer fe defborda de telle façon, & *Grand de-* fortit fi eftrangement de fes naturels limites, qu'elle eftoit beaucoup plus haulte que *luge iadis* toutes les villes & villages de l'ifle, fubmergeant & enfeueliffant dans la fureur de fes *aduenu en* ondes tous ceux qui n'eurent le moyen de fe fauuer & retirer fur la haulteur des mon- *cefte ifle.* taignes, qui toutefois y font affez frequentes. Ce grand deluge aduint fur les deux heures apres minuict: & de tant fut-il plus dangereux, que les miferables Infulaires furent furpris lors que le moins ils y penfoient: & ne fe fuffent encor apperceus de leur malheur, iufques à ce que l'eau les euft enueloppez, n'euft efté qu'vne tempefte de vents fe leua fi impetueufe, que la maifon eftoit bien affeuree, qui ne fentoit l'efbranlement de ce venteux orage. Ce deluge fi foudain caufa, que ce lieu eftant defnué d'habitans, n'y eut prefque voifin, qui fofaft depuis hazarder d'y aller faire demeurance, vn chacun craignant que ce defbord continuaft fouuent, & que tous les ans la mer ne vint fe faire payer de fon tribut. Deux ans au-parauant que cela aduint, la famine auoit efté fi grande en toute l'Arabie heureufe, mefmes aux ifles voifines, qu'il y mourut de faim, *Famine in-* comme tefmoignent les Chroniques des Arabes, plus de deux millions de creatures: *croyable.* lequel malheur affamé dura dixhuict mois entiers, fans recueillir ne femer grains ne fruicts: & fut cefte rage fi grande, que ceux qui eftoient aux villes, furent contraincts apres auoir mangé leurs chameaux, chiens, chats & autres beftes domeftiques, s'entremanger eux mefmes: & en tel defefpoir, celuy qui eftoit le plus fort, tuoit & man-

geoit fon compaignon. Cefte tempefte & punition de Dieu aduint du regne de leur
Roy, nommé *Subuch*, le plus viciéux Arabe qui fut iamais foubz le ciel, qui viuoit l'an
de noftre Seigneur neuf cens nonantefept, du temps que les Rois de France Robert, &
Alfonfe cinquiefme Roy d'Efpaigne, & le Pape Sylueftre fecond, de nation Françoife, faifoient guerre contre l'incurfion des infideles, nouuellement defcenduz d'Afrique. En fin, quelques annees f'eftans efcoulees, & la peur f'amoindriffant au cœur de
ces Barbares, il y eut vn certain *Deruis* (ce font Hermites Mahometans) qui incita vn
Seigneur Arabe, de la prouince de Mecca, de repeupler cefte ifle, & autres, lefquelles
auoient couru pareille fortune, luy mettant en auant le feruice qu'il feroit à Dieu
(pourautant que d'elle eftoient naiz deux des vingtdeux mille trois cens de leurs Prophetes) & le grand prouffit aux Arabes, f'il fauoifinoit de l'Ethiopie, à fin de tenir les
Chreftiens en bride, & les empefcher de courir fur leurs marches. Ce Seigneur, qui
pour vn Mahometan auoit l'ame bonne, & eftoit affectionné à fa nation, fait amas de
gens, & y conduit force efclaues. Or auparauant que lefdits Arabes y allaffent demeu-

Ifle de Se-
bey, pour-
quoy elle eft
ainfi nom-
mee.
rer apres fon deluge, elle f'appelloit *Sebey*, qui fignifie Lyon : (autres luy donnent le
nom d'*Arie*, ou de *Caleb* :) l'occafion duquel premier nom à elle impofé fut cefte cy.
Il aduint vn iour, qu'vn Lyon affamé trauerfa de la terre continente d'Ethiopie en cefte ifle, & paffa la mer à nage. Auquel lieu il ne fut pas fi toft arriué, qu'il commence à
faire fes ieux de telle forte, qu'il occift, eftropia & mutila beaucoup de gens, auant que
lon peuft le mettre à mort : En fouuenance dequoy on la nomma *Sebey*, comme f'ils
vouloient dire, l'ifle du Lyon. Mais l'Arabe y ayant fait baftir vn beau gros village,
où iadis la ville capitale eftoit affife, luy impofa fon nom, la nommant *Arabh Mazua Meiba*, c'eft à dire, Le cemetiere du Seigneur de Mazua : & de faict ce fut fon cemetiere, veu qu'il y mourut quelque temps apres. Ainfi par fon moyen fut ce païs repeuplé d'Arabes, lefquels recognoiffent le Roy d'Ethiopie, & obeiffent aux Officiers
qu'il y enuoye : là où mefmes le Patriarche de la Vifion vient tous les ans vne fois auec
fes moynes faire l'office à leur mode, & inftruire en la foy ce peu de Chreftiens qui y
refte : comme auffi y paffe le Gouuerneur, faifant fa reueuë des Prouinces, à fin que le
peuple n'attente rien de nouueau, & pour rendre droict à chacun felon les affaires qui
furuiennent : combien que lon m'a affeuré, que depuis mon departemét les Mahometans Arabes fe font emparez de ladite ifle, & l'ont fortifiee. L'occafion qui meut le Patriarche de faire cefte vifite tous les ans, eft à fin que les Arabes ne luy gaftent fes ouail-
les, & fimples gens d'Ethiopie, qui viuent par les motaignes, gardans les beftes, ou qui
f'addonnent au labourage, pource que lefdits Arabes ont là vne belle & grande Mofquee, où f'affemblent ceux qui fuyuent les refueries de Mehemet. Auffi eft le Seigneur
de cefte ifle Mahumetifte, fans que toutefois il ofe faire chofe qui defplaife audit Gerich, non plus que les Seigneurs de Tranffyluanie, qui font Chreftiens, ofent defplaire
au Grand Turc. On eftimoit cedit Seigneur, du temps que i'eftois en ces quartiers, de

Le feigneur
de Mazua
homme de
bonne vie.
telle & fi grande fainćteté, qu'il faifoit honte à ceux qui fe difent *Deruis* entre les Mores, tant il fe monftroit iufte en fes faićts, & veritable en parolle : & penfe qu'entre tous
les infideles, il peult porter le tiltre (f'il eft encore en vie) d'eftre le plus homme de
bien, & le mieux renommé. Autre chofe n'ay-ie peu fçauoir touchant cefte ifle, finon
que le peuple eft bon guerrier, & prend grand plaifir, quand on le meine en lieu où il
fault iouer des coufteaux : & c'eft pourquoy les Turcs ne font guere grandes prome-
nades de ce cofté, tant craignans les deferts, qu'auffi ils fe doubtent de l'Abyffin, auquel ces Mores Infulaires (comme i'ay dit) font fubiects & tributaires. Fault encor

Ifle aux
Afnes.
noter, que *Mazua* & *Hamar* vault autant à dire comme, Ifle aux Afnes : non que ce
mot de *Mazua* fignifie Afne, ains les nomme on *Athomar*, les mulets *Albaala*, che-

uaux *Alhofan*, & iumens *Alfaras* : les Abyffins les appellent *Irad* : mais c'eft pour le grand nombre que lon en nourrit, à caufe du bon pafturage & fertilité du lieu. Et de faict les Mazuans tiennent que les beaux Mulets & Afnes qui font au païs d'Egypte, font premierement venuz de là, dont ils traffiquent encor auec les nations eftranges. C'eft vn plaifir que d'ouyr ces impofteurs Arabes, & comme ils baftiffent leurs men-fonges fur l'origine des lieux, quand ils parlent de l'affiette ancienne des villes : car ce font les plus grands bailleurs de bayes que lon puiffe trouuer. Auffi leur verrez vous de grands liures efcrits en leur langue, faifans mention de telles folies, & en font fi curieux, diligens & foigneux gardiens, que tout autre threfor ne leur eft rien au pris de ceftuy cy, les gardans de pere en fils, & les laiffans comme le plus beau & meilleur de tout leur heritage. Ie puis bien me vanter auoir veu vne Arche, plantee en terre, fai-cte comme vn fort grand coffre, en la maifon d'vn *Arap*, qui eftoit vn grãd Seigneur, dans vn cazal pres la ville de Suez, voifine de la mer Rouge: laquelle Arche eftoit plei-ne de liures (qu'ils nomment *Elkiteb*) efcrits à la main en langue Arabefque, depuis plus de mille à douze cens ans, que lon tenoit là dedans auec toute reuerence, & tel-le que font les Chreftiens les Reliques des Saincts decedez. Tellement que voulant m'approcher pour en tirer quelques vns hors de leur place, pour voir qu'il y auoit de-dans, vn More blanc Eunuque tout foudain vint à moy, difant, *Alla Arabi Ana-Nahob Baba-Cibi Chuafdor*, c'eft à dire, Mon Dieu mon pere, qu'as tu voulu faire infi-dele? Ignores tu que ie ne fois *Anamen Alharab*, à fçauoir Arabe, & toy *Arebenarh, Aianeia, Quelayly-ana Roumy*, c'eft à dire, villain, mefchant, traiftre, Chreftien? Con-tinuant encor en fa langue, criant apres moy, Qui t'a donné la hardieffe, maftin & def-loyal, de manier, eftant *Alquelbe*, fçauoir, Chien comme tu es, noz liures facrez, que le grand Dieu nous a enuoyez, les ayant luy mefme efcrits de fa main propre, approu-uez de noz Prophetes, *Salech, Heber, Perreric, Arfaxat, Cahurth, Taroch, Theibich, Adich, Abulbey, Hemel*, & autres? Or difoit ce paillard More cecy auec vne parolle fi mal af-feuree, tant il eftoit tranfporté de cholere, & auec vn vifage fi furieux, que fi quelques Turcs de ma compaignie ne l'euffent empefché, c'eftoit faict de ma vie, & m'euft en-ferré de fon trenchant Simeterre: & à la verité ce font les pires canailles, & les plus infi-deles & traiftres, qui foient entre tous les fectaires d'Arabie, & les plus grands hypo-crites: & ne laiffay pourtant d'auoir fur mes efpaules huict coups de baftonnades, que me donna vn fien nepueu, eftant hors du logis. De refifter contre ces galans, il n'en eft point queftion : d'autant que fi auiez battu vn de ces poltrons, vous feriez en danger de mort, ou toute voftre vie d'eftre reduit efclaue : ains fault que tous Chreftiens, tant grands foient-ils, prennent auffi doulcement les baftonnades qu'ils leur baillent, com-me s'ils leur auoient donné quelque chofe de bon : & principalement en ces païs là d'Arabie, Egypte, & Palefthine. S'ils vfoient en Conftantinople de telle dragee fur les Chreftiens, lon auroit pluftoft la raifon d'eux, qu'en ces païs fi efloignez. Auparauant qu'il fe fuft ainfi afpry contre moy, il nous auoit defia recité, que ces liures eftoient vne partie de la Bible, ainfi qu'ils la tiennent & partiffent : quelques autres eftoient les Hiftoires & Chroniques anciennes de leurs Rois & Seigneurs, qui ont donné loix en leurs païs : dans lefquelles fe lifoient encor les ordonnances, dont ils auoient vfé le temps paffé, auãt que le Sultan & que le grand Seigneur les euffent affubiectis: & quel-que nõbre auffi de liures en Medecine: Et à vous dire ce qui en eft, vous tireriez pluf-toft de ces Barbares, quelques villains & auares qu'ils foient, tout leur bien, que non pas vn feul liure forti de quelcun de leur nation, eftimans tout autre indigne de cefte faueur, & qu'il n'y a que ceux de leur race & païs, qui ayent l'efprit pour comprendre ce qui eft efcrit dedans. Ou vous diray dauantage en paffant, que les Arabes, les Tarta-

Arabes grãds ama-teurs de li-ures.

Cholere d'vn More qui me cui-da occire.

res & Perfes ne fouffriront ia que homme de leur loy mefme manie les liures, qu'ils nomment en langue Arabefque corrompue *Almashaf*, & en Perfien *Lereteb*, fi ce n'eft aux Preftres principaux, ou à leurs commis, qu'ils appellent *Elcadie*, *Alfakeith*, ou bien au grand *Almalc Sultan*, qui eft leur Roy & fouuerain : tellement que quelque liure que ce foit, n'eft mis en main au peuple, & gens de bas lieu, tant à caufe que c'eft chofe rare, n'eftant l'art de l'Imprimerie cogneu en ces quartiers là, qu'auffi ils font grand fcrupule & confcience, fi les liures eftoient ainfi profanez & expofez à la veuë de chacun : de forte qu'ils penferoient tomber en l'indignation de Dieu, & male grace de Mehemet, Haly, & autres de leurs Prophetes, fi vne telle faulte leur eftoit aduenue : & cuideroient que tout fuft perdu, fi quelques *Tobaih*, *Albenay*, ou *Abijth*, qui font Cuifiniers, Maçons, ou feruiteurs, prenoient la hardieffe de manier les liures facrez, que le grand Dieu a donné à fes faincts Prophetes, & a reuelé à leurs Peres anciens. Auffi s'il aduient que les vieillards voyent quelque papier entre les mains des ieunes hommes, ils n'ont garde de faillir à leur demander que c'eft : voire fault bien fouuent qu'ils les voyent. Si ce font d'auenture liures d'Aftrologie, Medecine, ou de l'Hiftoire, ils s'appaifent incontinent, & paffent oultre : mais fi c'eft chofe, dont la cognoiffance appartienne aux feuls Docteurs, & Preftres fçauans en leur loy, pourautant qu'ils eftiment qu'il y a des paffages obfcurs & difficiles à entendre, & dangereux à s'en fier à la veuë de cefte ieuneffe, Dieu fçait quelle huerie ils dreffent, & auec quelles parolles hô-neftes ils faluent ces icunes gens, commençans leur harangue en cefte forte, *Hadar ebenar cahaba-taleb*, c'eft à dire, Traiftre, poltron, coquin, que tu es : puis adiouftent, Eft ce à toy à toucher chofes de telle faincteté ? Il te vaudroit mieux que iamais tu ne fuffes nay, ou que tu euffes dans ton fein *Alhanar*, *Alhacrab*, fçauoir des Afpics & Scorpions, pluftoft que tenir ou lire ce qui a efté feulement reuelé à noz vingtquatre mille trois cens Prophetes. Ie vous dy dauantage, que l'an mil cinq cens trentehuict, l'Empereur Perfien, que le peuple du païs nomme *Corafmi*, autres *Kezil-Baß*, commanda fur peine de la mort, à tous fes Preftres, Miniftres, & autres, ne difputer en façon quelconque auec les Turcs, qu'ils eftiment eftre fcifmatiques, des liures contenuz en celuy de *Taalim Elnebi*, fçauoir de la doctrine du Prophete, de *Hedith Elnebi*, qui eft l'hiftoire du mefme impofteur, & autres comprins dans l'*Alfurcan*, liures (difent ils) en-uoyez du grand Dieu par fon Ange, efcrits en parchemin vierge, à leurdit Prophete : où font les plus grandes refueries & folies, que iamais homme fçauroit lire. Et fit ce Prince Sophien telle ordonnance, pour vn fcandale aduenu vn an au parauant en la ville d'*Effa*, qui auoifine les montaignes d'Armenie, pourautant que huict Miniftres Turcs dogmatifans & prefchans en fes terres, ces nouueaux reformateurs de confciéce

aiguillonnerent fi bien l'ame du pauure peuple, qu'au lieu qu'ils adiouftoient foy aux liures de *Haly*, lefdits liures & fa doctrine furent du tout renuerfez, difans que pour certes c'eftoit vn impofteur, qui n'entendit iamais les fecrets de Dieu, ne de fon compaignon Arabe. Tellement que l'Empereur eftant aduerti des blafphemes & iniures que l'on faifoit alendroit dudit *Haly*, fouuerain Achilles du peuple Perfien, il commanda de prendre & fe faifir defdits Miniftres, & d'vn bon nôbre d'Officiers, & Gou-uerneurs des villes & prouinces, qui leur auoient donné entrée, & affifté à leur nouuelle doctrine : lefquels, fans autre forme de procez, furent tous condamnez à la mort, les vns bruflez, les autres empalez : & n'y eut pas iufques à leurs femmes, enfans, & famille, qu'ils ne pafferent le pas. A ce propos il me fouuient auffi, qu'eftant en Conftan-tinople, vn iour de Noftre dame d'Aouft, ie veis neuf Allemans, gens affez doux & ac-coftables, & verfez aux fainctes lettres, banniz de leur païs, pour auoir voulu difputer alencontre de trois miniftres Lutheriens de la ville d'Vlme : pourautant que ce gentil

Morbicha de Luther auoit defendu à tous ſes diſciples & adherans, ſur peine d'eſtre reiectez de ſon Egliſe, ne venir en diſpute auec les miniſtres Catholiques, ne autres pareillement, de peur, comme i'eſtime, d'eſtre vaincuz par la pure & ſaincte doctrine de la primitiue Egliſe, & Peres anciens. Voyla donc la ſuperſtition, de laquelle ce peuple vſe à l'endroict de chacun ſur la lecture des liures de la Religion : ce qui a eſté inuenté finement des ſucceſſeurs de Mehemet, à fin qu'à la longue les eſprits des hommes ſ'ouurans, ne gouſtaſſent ſa beſtiſe, & recognoiſſans ſes abus, ne vinſſent à embraſſer vne doctrine meilleure & plus ſalutaire. Or iaçoit qu'il ſemble que i'aye icy faict vne longue digreſſion de mon premier propos, & que laiſſant les iſles, ie vueille courir en terre ferme, & m'amuſer aux reſueries des Arabes: ſi ne l'ay-ie fait pour autre raiſon, que pour diſcourir en paſſant des Marzuans, qui ſont auſſi opiniaſtres en leur folie Alcoraniſte, que pourroiēt eſtre ceux des trois Arabies, quelque gloire qu'ils prennent ſur ce que l'impoſteur eſt ſorti de leur païs, & que pluſieurs ſe vantent d'eſtre deſcenduz de ſon ſang & race. De ceſte iſle donc lon va à Suachem, ia par moy deſcrite, pour tenir la route vers le mont Syna, ou bien vers l'Egypte.

Fineſſe de Mehemet.

De la montaigne MARZOVANE, du CRYSTAL, poiſſon ORABOV, & Racine de la CHINE. CHAP. VIII.

EVX qui courent fortune ſur ceſte mer Rouge, laquelle a à ſon Nordeſt les deſerts où ſe retirerent les enfans d'Iſraël, apres eſtre ſortis de leur captiuité, & à l'Eſt & Sudeſt l'vne & l'autre Egypte, depuis qu'ils ont paſſé Suachem, ne nauiguent guere à leur aiſe, pource que les batures & rochers les empeſchent de telle ſorte, que ſ'ils eſſayent de paſſer parmy les eſcueils de nuict, ils peuuent bien ſe recommander à Dieu, & compter pour vne, ſ'ils en eſchappent, & lors meſmement qu'ils approchent d'vn, qui eſt faict en iſle, tant il eſt grand, nommé *Turach*, aſſis entre Suachem & le port de *Zidem*, ſur la coſte d'Arabie : qui faict que les voyageurs ne cherchent guere les ports des iſles, ſi grande neceſſité ne les preſſe. Il eſt bien vray, que ceux qui ſont deſireux de voir les choſes eſtranges, ſ'expoſent à de grands perils, à fin de contenter leur eſprit, & donner plaiſir à ceux qui conuoitent meſmes choſes, ainſi qu'il m'eſt aduenu quelquefois. Meſmemēt comme ie voguaſſe en ces endroits là, pour voir ce qui eſtoit de ſingulier le long de ceſte mer tant difficile à nauiguer, & apres auoir paſſé le Tropique de Cancer enuiron deux degrez, i'aduiſaſſe vne bien haulte montaigne, qui me ſembloit eſtre de fort grande eſtenduë: ie feis tant, qu'entré dans vn eſquif, i'en approchay, & cogneu que c'eſtoit ce mont que l'on appelle Marzouan, giſant à vingt deux degrez de longitude, & dixneuf de latitude, tirant vers l'Eſt Nordeſt, non trop eſloigné de la ville de *Ianhut*, aſſiſe ſur vn promontoire pres la marine, diſtant de la Mecque enuiron cinquante lieuës. Sur l'emboucheure donc du port de Ianhut, qui eſt ceinct de deux promontoires (dont le premier ſe nomme en langue Arabeſque *Iahath*, & l'autre *Chanaana*) giſt ceſte mōtaigne, n'ayant pas moins de ſix à ſept lieuës de largeur, & cinq de haulteur : le ſommet de laquelle eſt ſi froid, qu'il eſt impoſſible que corps humain y puiſſe durer : auſſi en toute ſaiſon, la glace, gelee & les neiges y font leur demeure, ſans que iamais on les voye guere fondre. Les eaux y ſont auſſi ſi fort impetueuſes & bruyantes par les precipices des rochers, que lon iugeroit que ce fuſſent les torrens des monts Caſpiens, ou de ceux de Moſcouie, ou les effroyables ruines qui ſe voyent aux monts Pyrenees, du coſté de Ronceuaux, ou l'eſtonnement de

Montaigne dicte Marzouan.

la Touure Angoulmoifine: fi bien que les eaux cheans auec telle impetuofité, fe font
ouïr de nuict durant le filence de toutes chofes, de dixhuict à vingt lieuës en mer. Cefte montaigne auec d'autres collines qui l'enuironnent, eft prefque toute deshabitee
pour les grandes froidures: ioinct que ces peuples eftás accouftumez au chauld, comme ceux qui font foubz le Tropique de l'Efté, ou non guere loing d'iceluy, ne peuuét
fouffrir telle incommodité. Or ne laiffe on d'aller en icelle deux ou trois lieuës auant,
pour vifiter les fingularitez du mont, qui font grandes: comme entre autres vne fort

Du Cryftal
& côme il
s'engendre.

merucilleufe, affauoir, que de ces torrens arreftez & contraincts en glaces, l'eau ainfi
caillee fe conuertift en fin Cryftal (fi ce que difent les habitás du païs eft vray) & y en
ay veu de fi pur, luyfant & beau, que lon penferoit que ce fuft quelque vray diamant
Oriental, & fi dur, qu'à grand'peine le pourroit on mettre en œuure. A laquelle opinion toutefois ie ne puis adioufter foy, quoy que plufieurs l'ayent ainfi penfé: eftimát
de ma part, que combien que le Cryftal s'engédre parmi la froidure des neiges & glaçons qui font és montaignes, fi ne procede il totalemét ny de l'vn ny de l'autre, ains eft
mineral, & naift de l'humeur de la terre, tout ainfi que les Diamans, & autres pierres
precieufes. Ie ne dy pas, que ladite humeur ne foit plus pure au Cryftal, à caufe de fa
tranfparéce, & qu'il eft plus clair que toutes les pierres minerales. Mais auffi qui eft celuy qui ne fçache bien, qu'il n'eft glaçon, tant foit endurci par l'enuieilliffemét de longues annees, lequel fi lon tient au Soleil longuement, ou fi on l'approche du feu, ne fe
fonde, & reuienne en eau, d'où il a prins fa premiere origine? ce qui aduiendroit au
Cryftal, & neantmoins nous voyons le contraire. Le meilleur & plus beau eft celuy
qui eft le plus blanc, clair & tranfparét comme glace. Les Barbares donc d'Arabie qui
le trouuent, ont ce bien de la Nature mefme: d'autant que les torrens cauent la terre,
voire les rochers, & defcouurent cefte pierre luyfante, que nous appellons Cryftal, &
eux *Thadal*, & les Indiens *Auacha*. En cefte montaigne du cofté Auftral, il s'en trouue de pers & de couleur du ciel, & d'autre tirant fur le violet: & vers le Septentrion,
ainfi que lon defcéd du fommet, enuiron vne lieuë & demie, lon en voit de tout iaunaftre, tirant fur la couleur de l'Ambre. Les moyens que les Arabes obferuent à le tirer du roc, font tels. Au temps que le Soleil paffe fur leur Zenith, & leur eft perpendiculairement fur la tefte, eftant en Cancer, ils montent fur la montaigne, où auec grande difficulté ils defracinent cefte pierre, tafchans d'en auoir de toutes couleurs: & ce
pourautant qu'ils en font affez bon traffic auec les autres nations: en faifans eux mefmes, comme ils me difoient, de beaux plats & autres meubles, pour le luftre & parade
de leurs maifons, dequoy ils tiennent autant de compte que nous pardeça de noz buf-

Louënges du
Cryftal &
du Verre.

fets d'or & d'argent. Auffi à dire la verité, le Verre & le Cryftal peuuent bien eftre tenus entre les plus rares fecrets de Nature, & des chofes les plus belles qu'homme fçauroit fouhaitter, veu que de noftre temps il n'eft chofe que lon n'effigie & face de cecy
comme des autres mineraux: & n'eftoit la facilité que le Cryftal a à fe caffer, pour eftre
trop friable, ie ne fçay fi l'or & l'argent feroient en plus grande eftime & recommandation. Que fi quelcun par l'excelléce de fon art pouuoit le rendre auffi folide & difficile à caffer que les fufdits metaux, i'ay belle peur qu'ils n'emportaffent le pris fur
tout ce qui eft élabouré pour le feruice des grands à leurs banquets & feftins: veu leur
beauté, fplendeur, voire gayeté, qui fe redigent fi facilement en œuure, que le refte des
autres n'en fçauroit aucunement approcher. Les anciens Rois d'Egypte ne fe feruoiét
d'autres vaiffeaux en leur boire & manger: ce que voulut imiter l'Empereur Traian, &
Domitian, qui feit faire vn Hercules de quinze coudees de haulteur, & gros à la proportion, tout de fin Cryftal. Il me fouuient auffi auoir veu tant en Grece, Egypte, que
Palefthine, plufieurs pieces de la grandeur de petites cornioles, grauees de diuerfes

fortes d'animaux, & vifages tant bien faicts que rien plus : & en ay encor en ma poſ-
feſſion , que i'ay apporté defdits lieux, le tout dudit Cryſtal. En la defcente du plus
hault de noſtre mont, entre deux montaignettes ou coſtaux, telles que celle de Mont- *Mine d'or*
martre & Montfaulcon pres Paris, les Barbares tirent d'vn roch vne certaine eſpece *qui ſe con-*
de mine d'or, ſi belle & bien couloree, qu'à la voir on la iugeroit eſtre la meilleure & *uertit en*
la plus fine de tout le païs d'Orient, & fuſt-ce le plus fin or qui ſe trouue en Malacca, *pouldre.*
où l'on dit que ſont les mines du plus precieux, pur & fin qui ſoit en tout le monde.
Mais dés auſſi toſt que vous maniez ceſte mine Marzouane, & la ſerrez quelque peu
entre voz doigts, elle ſeſmie toute, & ſe conuertiſt en pouldre, de forte que lon penſeroit tenir quelque morceau de ſablon friable, fort aiſé & tendre à eſtre puluerifé.
Quant à ce que i'ay trouué de plus admirable, & ſi ie ne l'auois veu, ie l'eſtimerois incroyable, veu la difficulté que ce qui eſt ſolide, ſoit aneanti, & perdant l'eſtre de ſon
corps en ſi peu d'heure : c'eſt, que ſi vous mettez cent, voire deux cens liures, qui ſont
deux quintaux, de ceſt or dans vne fournaiſe, à fin de l'eſprouuer, & feparer le roch
d'auec le metal, vous aduiſerez preſque en vn rien le tout ſ'en aller en fumee, ſans que
vous en puiſſiez recueillir pour vn tournois de prouffit. Car comme vn mien amy
m'en euſt fait preſent de quelques pieces, moy curieux de choſes nouuelles, ne voulu
faillir de faire ſoudain l'eſſay de ceſte merueille, fondant ceſte mine : où ie cognus que
ma quinte eſſence fut d'auſſi grand prouffit, comme les Alchumiſtes rendent d'accroiſt par leur Mercure à ceux qui ſe fient en leurs impoſtures. Neátmoins ceſte faulſe & trompeuſe mine n'eſt ſans porter dequoy contenter l'homme en autre choſe, &
luy ſubuenir en ſes neceſſitez. Mais pour reuenir à noſtre mót Marzouan, qui eſt preſ-
què tout deshabité, comme ie vous ay dit, il y a de la part du Midy, quelques pauures
gens qui ſe nourriſſent de la peſcherie, recouurans pain & autres choſes neceſſaires
des villes prochaines, deſquelles ce lieu n'eſt guere eſloigné : ayant eſté la ſeule auarice
celle, qui a faict que ces Barbares ſe tiennét en païs ſi peu plaiſant & mal propre pour
la vie des hommes. Ce peuple donc, ſoit pour la grand' froidure, ou pour autre occaſion, eſt generalement fort ſubiect à la pierre, & plus preſque que nation qui ſoit au
monde : & croy que les eaux & mauuais traictement qu'ils reçoiuent, cauſent en partie ceſte maladie & indiſpoſition en eux : combien que cela leur prouient principalement de ce que ordinairement ils viuent d'vn poiſſon, nommé *Orabou*, grand de neuf *Orabou*
à dix pieds de long, & large ſelon la proportion de ſa grandeur, qui a le gouſt fort *poiſſon.*
mauuais : & vaudroit autant manger de quelque vieux Chameau, ou de quelque Dogue Liuonien, que de ceſte vilenie de poiſſon, tant il eſt de pauure appetit, & faſcheuſe digeſtion : duquel meſmes il y a ſi grand' abondáce aux enuirons de ceſte Iſle-mon-
taigne, qu'on diroit proprement qu'ils veulent aſſaillir les habitäs, tant ils font la ronde à l'entour. C'eſt auſſi pourquoy le temps paſſé on l'appelloit le mont Orabou, &
depuis on l'a nommé Marzouan. Ce poiſſon eſt eſmaillé, ayant les eſcailles faictes
comme vne ancienne brigandine, non ſi fortes que celles d'vn Crocodile. Or iaçoit
qu'il y ait aſſez d'autre poiſſon, & que ces griffons de montaigne ſoient aſſeurez, le tenans de pere en fils, qu'il n'y a autre choſe qui cauſe la maladie graueleuſe qui les tourmente, que le manger de ceſtuy cy, ſi ne viuent ils preſque d'autre viande, eſtans abe-
ſtis d'vne ſottiſe naturelle, qui les guide en toutes leurs actions : & ſur tout les peult on
cognoiſtre ſans eſprit, de ſçauoir la cauſe du mal, ſans ſe ſoucier de le fuyr, & meſmement en ce, que ladite viáde eſt de fort peu de plaiſir, & degouſte plus qu'elle ne donne d'appetit. Toutefois Dieu aide encore l'imperfection de ces beſtiaux, leur ayant
donné la cognoiſſance du remede propre à leur maladie : d'autant que le plus expedient chemin qu'ils ayent pour leur gueriſon, c'eſt de ſaider de la beſte meſme qui

leur nuift,prenans fa graiffe: laquelle ayans faict fondre, y mettent deux ou trois poignees de ladite faulfe mine,comme qui efpiceroit quelque bonne faulce, y adiouftans auec cela vne herbe, qu'ils nomment en leur langue *Arohin Ber-feulih*, qui vault au-

tant à dire , que herbe medicinale : ce qu'ils font tout bouillir enfemble , iufques à ce que les deux parts foient confumees. Et vfent de cefte decoction par quatre ou cinq diuerfes fois,fans fe foucier fi c'eft de nuict ou de iour, veu que cefte boiffon faicte & receuë comme vn Apozeme, les allege fort de leur maladie. Mais à fin que le Lecteur *Defcription* ne fe mefcontête de mon peu de foing, de luy nommer l'*Arohin* de ces montaignois, *de l'herbe* fans luy en faire la defcription, il notera, que fil cognoift l'herbe que les Simpliciftes *nommee* appellent Cyclamine, & les anciens Arabes du païs *Bothomarin*, ils auront auffi co-*Arohin.* gnoiffance parfaicte de noftre *Arohin*, laquelle eft affez haulte,& feftend fort en large,comme i'ay veu.La tige en eft grande,& groffe de trois doigts en rond : les fueilles comme ledit Cyclamine,mais decoupees à la façon de quelque beau Damas figuré: la fleur rougeaftre, & large comme celle d'vne Guimaulue , & la racine longue comme vn Refort,faicte en rôd,& auffi groffe qu'vne Raue de Limofin.Elle naift ès lieux ombrageux,& pres les precipices des torrens, où fefcoulent les eaux. Le gouft de l'herbe , comme eftant froide & humide , eft fade & fans faueur , iaçoit que la racine ait la qualité plus chaude,ainfi que celle qui à la goufter a quelque poincte piquante, & efchauffe la lãgue,comme qui mafcheroit du Poyure, ou du Gingembre.Et m'efbahis, veu que toutes les herbes qui feruent de remede contre la pierre, font froides en leur temperature,côment cefte cy ayant la racine telle qui reffent fa qualité & temperature fort chaude,y peult donner l'allegement, que ces Barbares me difoient : fi ce n'eft que la plus grand' force procedaft ou de la pouldre fus mentionnee, ou de ladite graiffe de poiffon,

de poiſſon, qui rompiſſent par leur effort la pierre dans les vaſes pres des reins où elle
ſengendre,ou bien que ces Arabes y meſlent ceſte herbe , pource qu'elle a vigueur de
faire vriner, & que par ce moyen la pierre ſe vuide, tout ainſi que nous en croyons de
noz reſorts, pource qu'ils ont l'efficace de faire vuider l'vrine, attendu que le gouſt du
reſort monſtre auſſi qu'il eſt eſchauffant , en quelque ſorte que lon le conſidere , ainſi
que m'ont aſſeuré quelques Medecins Grecs & Iuifs, les plus grands Simpliciſtes que
ie veis onques en tous ces païs là. I'ay bien voulu diſcourir cecy vn peu plus au long,
à fin que ceux qui regardent les choſes de bien pres, voyent auſſi, qu'en vne meſme
herbe les temperamens y ſont diuers, & que ceſte *Arohin* de Marzoua a les fueilles
ſans acrimonie ou force poignante,tirans ſur vne temperature,qui fait relaſcher pluſtoſt que diſſoudre, là où la racine eſt forte & piquante , & chaude pour le moins au
tiers degré. Ceux du mont Marzouan donc ſe gueriſſent en ceſte ſorte, & ne ſont chi-
ches d'apprendre leur recepte à quiconque leur demande, tant ils prennent plaiſir
qu'on cognoiſſe qu'ils ſçauent quelque choſe digne d'eſtre entenduë. Ie ne veux oublier à vous ramenteuoir, qu'en ceſtedite iſle vers la marine Orientale, ſe trouue de la
racine de *Chine,* auſſi bien qu'aux Indes:encores qu'elle ne ſoit ſi bonne & pure,ſelon
le recit du peuple du païs:de laquelle ils vſent en leurs maladies, & la nomment *Ana-
har ,* & les Ethiopiens *Anoharock:* comme ſ'ils vouloient dire , Racine du iour. Du
Gaiac,il y en a auſſi, mais il ne vault rien. Quant aux vallons des montaignes, c'eſt vn
plaiſir d'y voir certains arbres, que les Napolitains nomment *Carobes,* qui croiſſent aſſez hault : le fruiĉt & ius deſquels eſt dans certaine eſcorce noiraſtre, quand elles ſont
en maturité. Et icy Matthiole ſe pourroit bien tromper, quand il recite, que de ceſte *Faulte de Matthiole.*
liqueur miellee,qui eſt dedans ladite eſcorce,bonne & plaiſante à mâger,comme ſouuentefois i'en ay fait l'experience,en ayant vſé,les Arabes en font auec du Gingembre,
Myrabolans,& Noix muſcades,de treſbonnes confiĉtures.Sur quoy ie luy reſpons,&
à tous autres qui voudroient dire le contraire de ce que i'ay veu oculairement , qu'en
toute l'Arabie heureuſe, deſerte, & pierreuſe, ne ſe trouue vn ſeul de ceſdits arbres:
ioinĉt que ces pauures beſtiaux & volleurs d'Arabes, la plus grãd' part deſquels ne viuent que de fruiĉts,ſans ſçauoir que c'eſt que de pain,ne de noz grains que nous vſons
en noſtre Europe,ne ſamuſent à faire telles compoſitions , pour leur donner appetit:
& quant à la racine de Gingembre & Noix muſcades, il n'y en a non plus en ces païs
là qu'en noſtre France,ſi on ne les y porte d'ailleurs. Et pour monſtrer que ce bon Seigneur ne voyagea iamais, il dit encoresvne autre fourbe, ſçauoir que ceſdites *Carobes*
ſont celles que lon appelle Figues d'Egypte:arbres, fruiĉts, & fueillage certes,qui different autant ou plus,que font ceux des Palmiers auec les Citronniers.En quoy ie ſuis
fort deſplaiſant de le reprendre,comme ſouuét ie fay ailleurs:mais il m'eſt force,& ne
le puis eſpargner & celer ſes faultes ,attédu qu'il n'a eu reſpeĉt à noz doĉtes Medecins
François,ſçauoir Ruel,Fernel,Sylvius,Rondellet,Belon,& quelques autres , leſquels
à l'ouyr haranguer, apres ſ'eſtre ſeruy de leurs labeurs,il luy ſemble auec ſes diſcours,
qu'ils ne ſont dignes de porter les liures apres luy, eux qui ont eſté les premiers hommes de noſtre ſiecle. Au reſte,ceſte montaigne ſi belle eſt faite à la ſemblance de la let- *Deſcription*
tre,que les Grecs appellent o mega,faiſant la prominéce plus haulte d'icelle le bout de *de la figure de ce mont*
la lettre,tout ainſi que quand on l'eſcrit auec vn accent circonflexe ὃ: & eſt dommage *Inſulaire.*
qu'on ne la puiſſe viſiter par tout à l'aiſe, veu que ie péſe qu'il y a pluſieurs autres choſes rares & ſingulieres, leſquelles pourroient donner grand contentement aux hommes conuoiteux de ſçauoir, & qui ſont curieux en leurs recerches. Mais c'eſt aſſez diſcouru ſur ce mont Inſulaire : & fault paſſer oultre,pour voir quelque autre iſle le long
de la coſte de ceſte Arabie,ſurnommee la Deſerte.

A

De l'ifle de ZOBETH, & antiquitez d'icelle.

CHAP. IX.

ASSE que lon a le mont Marzouan, & fuyuant toufiours la route de l'Arabie, pource qu'il y a quantité de ports pour fe retirer, lon voit le long de la marine les villes de *Sicabo* & *Lioubon*, efloignees de *Medinne-talnabi*, quelques quarantecinq ou cinquante lieuës. Pres de *Sicabo*, gift l'ifle nommee des Arabes *Zobeth*, & de nous *Soridan*, loing de Marzouan trentefix lieuës ou enuiron, & affez pres de terre ferme, regardant vers l'Eft vn Cap ou Promontoire qui entre en mer dix ou douze lieuës, & vers le Su l'Ethiopie, & vers le Nort la Palefthine. Elle a vingtquatre degrez de longitude, & vingt & vn de latitude, belle, bien affife & affez habitee,

Difficulté à l'abordemēt de ceſte iſle. mais difficile à aborder auec gros vaiffeaux, lefquels n'en fçauroient approcher en forte quelconque, d'autant que la mer eft là toute couuerte d'efcueils & batures. Auffi de là en auant elle eft faicte plage, pource que toufiours l'on trouue fonds, & l'eau n'y eft guere haulte : de forte qu'au lieu où les enfans d'Ifraël pafferent, la mer eft affez gueable, comme celle où vn homme ne feroit que iufques au col, ainfi que ie l'ay experimenté, & plufieurs des noftres, Abyffins, Grecs & Armeniens, qui f'y vont baigner. Or d'autant que ie penfe que le Lecteur prend plaifir fur la recherche des antiquitez des lieux, & caufe de leurs appellations, ie deduiray d'où cefte ifle a prins le nom qu'elle porte à prefent, qui font ceux qui l'ont habitee, & de quelle race font fortiz ceux qui

D'où vient le nom de l'iſle. la tiennent encore. En l'an donc du falut acquis par noftre Seigneur neuf cens quatorze, f'efleua vne grande multitude d'hommes vaillans & robuftes au païs de Perfe, lefquels feirent fentir leur effort par toute cefte côtree, qui eft comme vne Peninfule, où font côprifes les Arabies Heureufe & Deferte, & les Royaumes d'*Amaiumin*, d'*Adem* & *Mufcalar*: ne laiffans ville, bourg, ny chafteau, qui ne portaft les marques de leur furie, fans qu'il fuft poffible à aucun Prince, commandant en ces regions, de f'oppofer à telle tempefte, & moins de les empefcher d'effectuer ce qu'ils auoiēt en fantafie: Tellement que ces belles villes, iadis bafties par les Rois d'Egypte, ou par les Macedoniens, qui fuccederent au grand Alexandre, defquelles les ruïnes apparoiffent encor, furent du tout ruïnees, & les peuples chaffez, le plat païs pillé, & toutes chofes mifes en proye. Ainfi fut diffipé ce beau païs, non moins grand que l'Italie, eftant enuironné de la grand' mer Oceane, faifant fon flux & reflux depuis le Royaume d'Adé iufques au promontoire de *Rezalgate*, qui eft prefque foubz le Tropique de Cancer, & gift au goulfe d'Ormuz, diftant l'vn de l'autre enuiron douze degrez & demy. Ce promontoire auec toute la Peninfule tire de la part de Leuant tout du long du cercle du Tropique d'Efté, & eft refermé du grand Goulfe d'Arabie, qui eft la mer Rouge, qui la fepare de l'Ethiopie & l'Egypte : & de la part du Leuant, elle eft diuifee de l'Empire du Sophi par celuy de Perfe, qui auffi l'enuironne. Et cela a faict, que voyât fa grandeur, eftendue & largeur, il ne m'a efté guere fafcheux & difficile de iuger au vray, que c'eft vne des plus belles & grandes peninfules que ie vey de ma vie, voire oferois-ie dire, que ie n'en fçache guere, qui puiffent approcher que de bien loing de fon eftendue. Mais continuant mon propos des Perfes, vagans, pillans & demoliffans tout, comme fait vne grefle impetueufe, lors qu'elle abbat les grains és champs, les fruicts & raifins par les vignes & vergiers, il fault fçauoir, que ces voleurs & coureurs commencerent leur rauage du cofté des villes de la *Mecque*, *Ahibir*, *Sicabo*, *Megal*, *Medinne*, *Lyoubon*, trauerfans la cofte entierement de la mer Rouge, fans efpargner leurs maffacres ſur tous aages & ſexes. Ceſte commune ruïne fut cauſe, que tout ainſi que du temps des Gots les premiers baſtiſſeurs de la ſuperbe Venize ſe retirerent à Realte, & iſlettes voiſines: auſſi ces Arabes voyans qu'ils ne pouuoient reſiſter à force ſi furieuſe, furent contrainɛts de ſe retirer aux iſles non encor habitees, & deſquelles l'accez leur ſembloit auparauant faſcheux & difficile, péſans que Nature ne creaſt rien en icelles pour le ſouſtien de la vie des hómes. Mais quoy? A nouuelle neceſſité le cœur leur accreut, & le conſeil ſe changea, & ſ'aſſemblerent les plus apparens d'entre eux, leſquels ſuyuis d'vne bonne troupe, tant des villes que du plat païs, vindrét peupler la meilleure part des iſles ſituees en la mer Rouge, telles que ſont celles de *Camaran, Atfas, Cort, Zoiban,* *Zonomani, Chifaſe, Caiaſa,* & celle de qui à preſent ie fais mention: en laquelle ſe retira vn Seigneur Arabe fort riche & renommé entre tous, accompaigné de pluſieurs, fuyant la calamité qui enueloppoit tous les autres: & depuis la nomma de ſon nom: auſſi ſ'appelloit il *Arab Zobeth,* & depuis fut ſurnommé *Arab Soridan.* Ceſtuy voyant la commodité du lieu, & que le païſage y eſtoit beau, & que au reſte l'ennemy ne les y pouuoit offenſer que difficilement, ſe delibera d'y baſtir villes, villages & chaſteaux, & y paſſer le reſte de ſes iours. En trois ans donc il meit ſi auant ſes deſſeins en effect, qu'on ne voyoit que maiſons dreſſer, deſſeigner plans de villes & fortereſſes, & ſur tout faiſoit il labourer les terres, à fin que la faim ne les contraigniſt de ſortir de leur taſniere & retraicte ſi ſeure. Or quoy qu'en ce temps là Mehemet fuſt deſia honoré à la Mecque, & en ſa Moſquee de Medinne, à quatre ou cinq iournees de ceſte iſle, ſi eſt ce que l'Alcoran n'eſtoit pas encore en grand credit en toute l'Arabie: & les païs de Perſe, d'Egypte, & de la petite Aſie, n'auoient auſſi ſenty l'infection de la loy Mahometane: ioinct que la loy Chreſtienne floriſſoit encor par les prouinces de l'Arabie heureuſe, des Royaumes de Saba, d'Adem, Adel & Adella, comme ceux qui auoient eſté conuertis par l'Apoſtre S. Thomas, & inſtruicts en la foy du Bapteſme. Toutefois en ce temps quelques diſciples de l'abuſeur Mehemet vindrent és lieux meſmes où le ſainct Apoſtre de Ieſus Chriſt auoit chaſſé tout abus & idolatrie, & ſe faignás eſtre les vrais zelateurs de l'honneur de Dieu, & imitateurs de la doctrine dudit Apoſtre, faiſoient entédre, que Ieſus Chriſt enuoyeroit le Paraclete, c'eſt à dire, Cóſolateur ſainct Eſprit, au peuple, ainſi que Dieu luy auoit promis, & que eſtant venu, il leur enſeigneroit toute choſe. Dauantage ils mettoient en auant (comme encore quelques vns d'entre eux le preſchent) que Mehemet eſtoit ce ſainct Eſprit, ſuyuans en cela les folies de Montan: & par ce moyen, petit à petit ces abuſeurs attirerent ce miſerable peuple au meſpris de noſtre Religion, & à admirer leurs reſueries: de ſorte que la menſonge a eu telle force ſur l'eſprit des hommes, que par ſucceſſion de temps les Arabies, la Perſe, l'Egypte, la grande Aſie, la plus part de l'Afrique, & preſque vne bonne partie de l'Europe ſont par la pareſſe & peu de ſoing des Princes Chreſtiens, tombees en la gueule du loup, & ſoubz la loy de l'heretique Mehemet. Duquel les hiſtoires des Mores & Arabes, ſ'approchans fort de ce que nous en tenons, diſent, que auant qu'il conquiſt la Syrie, & en icelle les villes de Tripoli, Alep, Damas, & Baruth, il auoit ſeruy l'Empereur Heracle en ſes guerres: & que à la fin, ſoit qu'il fuſt malcontent pour n'eſtre ſatiſfaict à ſon deſir, ou qu'il viſt vn gain plus en l'ennemy, qu'à la ſuyte du Monarque Grec, ou pluſtoſt qu'il ſ'aſſeuroit de faire ſa main, ayant les Arabes à ſa deuotion comme il auoit, il ſe reuolta dudit Empereur: & ayant dreſſé vn camp, oultre les ſoldats qu'il auoit menez en Grece & en Perſe, il deſfeit les Chreſtiens, & puis ſe feit Seigneur de la Paleſthine: depuis paſſant en l'Arabie, vint à Medinne, qui eſt à deux ou trois iournees de la Mecque, là où il publia & ſignifia à ſes diſciples & confederez vne nouuelle aſſemblee & congregation, à fin de conclure ſur ce qu'ils auroient à faire pour le

Iſles ſituees en la mer Rouge.

Hereſies grandes.

Perfecution
contre les
Chreftiens.

maintenement de la fuperftition, de laquelle il eftoit l'annonciateur & faux Prophete.
C'eft le lieu où fut ordonné, que tous les Oratoires & Eglifes des Chreftiens feroient
demolies : que les Preftres, Moynes & Nonains feroient occis fans aucune remiffion:
occafion d'vne des plus grandes perfecutions qui iamais fut ouye : iufqües à f'acharner ces chiens Mahometiftes fur les offemens mefmes des faincts Martyrs, qui les premiers auoient femé la parole de Dieu en ces contrees. Et lors les gens de bien d'entre
les Chreftiens, fuyans comme ils pouuoient, commencerent à aller les vns en Egypte,
les autres en Hierufalem, autres en Perfe, & ceux qui cherchoient le plus d'affeurance,
fe retiroient en ces ifles que ie vous ay nommees par cydeuant : tellement que de toutes les langues Leuantines l'on voyoit vne meflange de Chreftiens la plus part differents en ceremonies, combien qu'ils f'accordaffent en la fubftance de ce qui touche les
principaux poincts de la Religion, & font pour noftre falut. Ce que i'ay dict, pource
que la premiere perfecution de ce païs faicte par les Perfiens, fut caufe que indifferemment Chreftiens & Gentils fe retirerent aux ifles : mais cefte feconde ne f'eftendit que
fur les pauures Chreftiens, attendu que c'eftoient eux qui f'oppofoient aux menfonges du faux Prophete, lefquels auffi f'enfuyrent de tous coftez aux ifles tant de la mer
Rouge, que du goulfe de Perfe. Et fur tout fe rangerent ils en cefte noftre Soridan, où
la plus part du peuple eftoit idolatre, adorant les dieux eftràges, & les premieres chofes qui leur venoient à la fantafie : ce qu'encore ils fçauent bien dire, comme le tenans
en leur memoire par le recit qui leur en a efté faict de pere en fils. Les Abyffins leurs
voifins en ont l'hiftoire efcrite, qu'ils m'ont monftree & interpretee, fort peu differente de celle des Arabes. Oultreplus, ils auoient bafty dés ce temps là vn téple entre deux
petites montaignes dedans les rochers, qu'ils nommoient en leur langue *Cadoelquin*

Le Temple
du Dieu
Zalon.

Zalon-allah, c'eft à dire, le temple du Dieu Zalon : & le tenoient en grande reuerence,
à ce incitez par des abufeurs qui prefchoient fes faux miracles, l'ayans effigié dans ledit temple en cefte forte. Il eftoit tout de marbre iafpé, proportioné comme vn homme, les cheueux fort longs, & qui luy couuroient les efpaules, le corps tout nud, & vne
queuë toute efcaillee comme celle d'vn Crocodile. Et à fin d'amorçer mieux les miferables infulaires, ils luy auoient mis entre fes mains vn long rouleau, tout efcrit de lettres Hieroglyphiques, qu'ils difoient eftre fainctes (car c'eft ce que le mot emporte)
contenans fa puiffance, fon effort, & comme il vouloit eftre craint, & les grands miracles & chofes merueilleufes qu'il fçauoit faire. Mais à la fin ce beau Dieu ne peut
eftre fi puiffant, qu'il peuft fe defendre d'vn tremblement de terre, à quoy l'ifle eft fort
fubiecte : ains fut l'idole abbattue, & les enchanteurs & miniftres d'abus, qui affiftoiét
en fon temple pour receuoir les dons & offràdes du peuple, accablez par la ruine dudit temple, qui les enfepuelit tous enfemble. Du temps que i'eftois en ce païs là, me fut

Table gra-
uee contre
vne roche.

monftré le pourtraict de ceft idole, graué en vne pierre de Roche rouge, apportee
d'vne petite ifle deshabitee, nommee en Arabe *Vuahard*, qui vault autàt à dire qu'Vn,
à caufe qu'elle eft feule entre toutes les autres, & fterile. Au bas dudit pourtraict y
auoit quelque apparéce de fix lettres fort antiques, toutes effacees par l'iniure du téps.
Cefte ruine fi foudaine efpouuanta tellement les Soridanois, que incontinent ils eurent recours aux Chreftiens qui eftoient entre eux, & receurét auec le Baptefme la foy
du Dieu fouuerain & de fon fils Iefus Chrift, en laquelle ils ont vefcu quelque temps
depuis : & a leur ifle ainfi floury cinq cens quaràtehuict ans, iufques à ce que derechef
ils furent tourmentez, tant par les Soldans d'Egypte, que par les Mahometans d'Arabie, lefquels f'en font faicts Seigneurs, & la font tributaire à qui bon leur femble.

De ce qui est notable en ladicte isle de Soridan, *& des habitans d'icelle.* C H A P. X.

Este isle est assez fertile en ce que les autres de ceste mer se peuuent dire secondes: & y vient de bons fruicts. Quant au bled, il l'y fault porter de terre ferme: combien que quelques vns y sement de l'orge, du millet & de l'auoine, qu'ils nomment *Axeir*, & le foin *Alcort*: & ce sur les costaux, qui sont les parties les plus temperées. Il y croist aussi des febues, pois & ris en abondance, dequoy ils vsent au lieu de pain. Or l'occasion qui empesche que le bled n'y poult venir, est que l'air y est trop chauld, & les brouillars infectez au possible, & aussi que tout est plein de grosses fourmis aislees, dont les vnes demeurent dans les rochers, les autres és iardins, & les autres repairent sur les arbres: & encore d'vne autre espece, sans aisles, mais noires & plus petites, qui se tiennent dans les mottes & taulpinieres des champs, prez & iardins: pour lesquelles exterminer si le peuple ne prenoit garde, ils en seroient tourmentez iusques dans leurs maisons, & ne leur demourroit semence quelconque pour leur viure. Dauantage ils sont curieux d'auoir force bestes à laine, tant pour se nourrir, que pour faire traffic des peaux & de ladite laine: estans toutefois contraints d'estre tousiours au guet pour les deffendre, non contre les Loups, Ours, ou autre beste rauissante, ains contre les oiseaux de proye, d'autant que bien souuent les Aigles, qu'ils nomment en leur langue *Aroch*, qui font leurs petits sur les montaignes d'*Arnen* & de *Riffe*, ne fauldroient d'emporter les aigneaux & cheureaux, & leur volaille, ainsi que les Milans de pardeça prennent gorge chaulde de poussins & oisons. En ceste isle se trouue aussi vn certain oiseau, semblable à vn grand Faulcon, qu'ils nomment *Abbaq*, & abondance d'Espreuiers, qu'ils appellent *Azaph*, plus corpulens, & d'vn vol plus viste, legier & roide, que ceux de pardeça. La plus part de ces Insulaires se nourrist de poisson, & vont à la pescherie trois ou quatre lieües auant en mer, pourueu qu'elle soit calme & bonace: pource qu'autrement ils se gardent comme du feu, de môter sur vaisseau quelconque, tandis qu'elle est grosse & enflee, sçachans tresbien qu'il n'y fait pas seur. Or sont ils si accoustumez à la marine, qu'ils peuuent dire sans faillir, à quelle heure elle vient, quand elle descend, quand elle croist ou decroist par chacun iour, & en quels iours de la Lune. Aussi tous ceux qui nauiguent ceste mer, fault que sçachent, s'ils veulent euiter les perils des rochers, batures & escueils, à quelle heure la maree les pourroit surprendre. Où vous noterez en passant, que la Lune va deça & delà, d'vne part & d'autre des trentedeux Rumbs des vents, par lesquels on se conduit en la nauigation, & a chacune fois vingtquatre heures pour son mouuement iournal, sans compter en cecy ce qu'elle fait de son propre & naturel: durant lequel temps se font deux marees en douze heures, six pour le croissant, & autres six pour le decroissant: faisant ainsi en vingtquatre heures deux croissans & deux decroissans: combien que les croissans ne sont egaux en tous lieux, ainsi que i'ay bien experimêté du temps que i'estois en l'Antarctique, là où la mer ne les faict si grands que pardeça. Quant aux susdits accroissemens donc & reflus diminuans des eaux, il est sans doute qu'ils se font par l'influxion & mouuement de la Lune, astre qui domine sur elles, comme l'experience nous fait aisément cognoistre: veu que le premier iour de la Lune, estant le Soleil au Nordest quart à l'Est, la Lune est au Nordest, & à ceste heure là se fait pleine mer: le secôd iour de la Lune, estant aussi le Soleil au Nordest, il est pleine mer: & le troisieme, le Soleil estant à l'Est quart au Nordest, il est pleine Lune: & consequemment lon en vse ainsi

Pourquoy l'isle n'est fertile en bled.

oiseau dit Abbaq.

Pesche des Soridanois.

iufques au trentieme iour, qui eft la conionction defdits Rumbs de vents, foubz lef-quels tous mouuemens font cogneuz, & fuyuant cefte cognoiffance, ceux qui ont de-fir de nauiguer, ne font confcience de f'expofer à la mercy des vagues. C'eft ainfi que les Soridanois fe gouuernent, fe mettans fur mer pour aller à la pefcherie, veu qu'ils yiuent la plus part de telle viande, & eft l'vn des plus grands traffics qu'ils facent. Le

Façons de faire de ces hommes. peuple y eft mechanique, & vit fort deshonneftemét, fans fe foucier de nappe ou fer-uiette, à la Turquefque: mefmement f'ils veulent repofer, ils ne fe couchent que fur peaux de Bœufs ou Chameaux. Quant aux Chreftiens qui font pardelà, & conuerfent parmi ce peuple, ils ne font point plus honneftes ne ciuilifez que les autres, ains fuy-uent en tout les façons de viure du païs où ils font, & lequel ils frequentent. Au refte, toutes les ifles prefque qui font affifes fur & dans la mer Rouge, font infertiles de bois: & pource fault-il le grandSeigneur le face porter pour dreffer furftes & galeres, de bien loing, f'il veult tenir aucuns vaiffeaux en ces contrees, pour courir fur l'Abyffin, ou pour defendre que autres ne le viennent vifiter en fes terres: & ce iufques à la ville de *Suez*, où eft fon principal arfenal, nommée iadis *Arfinoé*, edifiee du temps du Roy Philadelphe, fon premier baftiffeur: laquelle fuyuant l'hiftoire Armenienne & Ara-befque, fut premierement nommee Arfinoa, du nom de la Royne, femme efpoufe de Lyfimachus, Roy Macedonien, fon frere. Ou foit qu'il foit, ie puis bien dire n'auoir onques veu fi grandes marques d'antiquité, que là dans vne maifon de Iuif, où me fut monftree vne grottefque affez longue, voultee en vn endroit, de pierres de taille, de grandeur & groffeur incroyable: contre cinq defquelles ie veis certaines beftes efle-uees en boffe, la plus grand' part rompues. I'eftime que c'eftoient les idoles, & ces gen-tils Dieux qu'adoroient autrefois les Egyptiens. Le païs eft fort peu habité, pour la ra-rité des bonnes eaux doulces: attendu qu'on n'y en trouue vne feule goutte, fi on ne la va querir fur des cheuaux ou chameaux deux lieuës enuiron loin de là. Quát au Cha-*Ville de Tor.* fteau, il eft petit, & fort mal plaifant. Touchant la villette de *Tor*, qui luy eft oppofite, elle eft auffi garnie d'vn petit chafteau, mais plus ioly que celuy de Suez, enuironné feulement de quatre touraffes de pierre de taille, fans eftre autrement foffoyé: & eft vn peu plus frequentee de Chreftiens Neftoriens, Armeniens & Maronites, qui y viuent auec les Arabes paifiblement. On y fait de trefbon vin, des vignes qu'ils cultiuét & fa-çonnent à la Grecque: l'eau leur eftant pareillement bien chere. Mais pour plus grand' preuue de mon dire, il fault que vous fçachiez, qu'vn peu auparauant que i'arriuaffe en Egypte, Solyman voulant chaftier les fuperbes Perfiens, & l'arrogance de quelques Rois Arabes, qui f'eftoient reuoltez contre fes Officiers, enuoya par mer de Conftan-tinople quarantecinq galeres (que lefdits Arabes nomment *Algorab*, les grands naui-res *Albarchau*, & la mer où elles voguent *Albahar*) iufques aux villes de Damiatte & de Rouffette, pofees fur la riuiere du Nil: lefquelles eftans arriuees là, furent toutes decloüees & mifes en pieces, comme le premier iour qu'elles furent faictes: puis par vn grand nombre de Chameaux, ce bois fut conduict iufques en ladite ville de Suez, malgré la rage de huict mille Arabès à cheual, qui ne tafchoient qu'à furprendre leurs ennemis: & y eftans portees, furent rebafties & remifes en leur entier comme aupara-uant. Ces Turcs ont auffi de couftume, quand ils font tels lointains voyages, f'ils voyét que les charrettes & chariots ne puiffent penetrer ne paffer les haultes montaignes in-acceffibles, & autres lieux difficiles, pour tirer les gros canons & pieces d'artillerie, de faire porter à quelque bon nombre de Chameaux le metal & pieces rompues: & eftás affez pres du païs de leurs ennemis, les font fondre, & en font l'artillerie & autres ma-chines. Les Officiers, Bombardiers & Canonniers font volontiers Chreftiens Efcla-uons, Allemans, Hongres, Grecs & Italiens, les vns renegats, les autres non. Quand ils

ont ainſi en campaigne, leſdits Officiers ſont conduicts par vn *Topgi baſſi*, qui a ſoi-
ante aſpres à deſpendre par iour : lequel auſſi a ſoubz luy vn Contreroolleur, que les
ʼurcs nomment *Topgilar*, qui nʼeſt ſi grand, quʼil ne ſoit ſubiect à vn autre, deůant le-
uel il doibt rédre compte de ſon faict, nommé *Arabagiler*. Et quant à lʼ*Arabagibaſſi*,
hef de tous les chartiers, il a tous les iours cét aſpres pour viure. Et ainſi ces pauures
alheureux conduiſent leur equippage de prouince en prouince, & de lieu en lieu:
ſont ſi honorez & reuerez du ſimple peuple, que pour rien on ne vouldroit atten-
er à leurs perſonnes: meſmes les Officiers domeſtiques du Seigneur: ſils nʼont offenſé
n crime de leſe maieſté, ou entreprins quelque autre grand cas, qui merite punition
xemplaire. Ce païs maritime & iſles ont grand' faulte de ce que dʼautres ont trop,
omme ſont celles de Madere, des Eſſores, & vne infinité dʼautres, habitees ou depeu-
lees, eſquelles y a tant dʼeau & de bois, quʼon eſt cótraint de mettre le feu au pied des
rbres pour y ſemer des grains : où en ceſte cy il eſt ſi rare, que ſils veulent faire cuire Bois rare en ceſte iſle.
eur chair ou poiſſon, & autre viande, il fault que ce ſoit auec de la fiente de vache ou
e chameau. Il en y a parmi ces Inſulaires, qui vont eſpiant dans leurs barquerottes le
ong de la mer, ſils verront quelque piece de bois flottant qui ſoit cheute par lʼimpe-
uoſité des vents, du hault des mótaignes voiſines. Ils ſont auſſi eſchange de leur poiſſon & autre marchandiſe auec du bois, pour accouſtrer leurs maiſons, & pour recou-
rer vtenſilles & telles choſes neceſſaires. Or ce que iʼay veu de ſingulier en ceſte iſle,
& qui merite dʼeſtre eſcrit, cʼeſt vne herbe toute ſemblable en grandeur, groſſeur, &
fueillage, à celle qui ſe nomme en langue des Sauuages de lʼAntarctique. *Petům*, à laquelle iʼay donné le nom dʼAngoulmoiſine, comme eſtát le premier de toute la France qui en a porté la graine, venant de ces païs là: non ſans mʼeſtonner toutefois de ceux
qui nʼayans iamais mis le pied en ceſdits païs lointains, lʼont oſé baptiſer de leur nom,
voulás par ce moyen me priuer de lʼhôneur qui mʼen eſt deu. Ceſte herbe ſʼappelle en
langue Arabeſque *Alhaxix-Orlim Alhardon*, qui eſt à dire, herbe de Lezard: & ne luy Herbe d'Alha-xix Orlim Alhardon.
a eſté donné ce nom ſans cauſe, attendu que ſa racine, qui eſt de deux pieds de long en
terre, reſſemble du tout à lʼ*Alhardon*, qui eſt vn gros Lezard, tacheté & peinct de diuerſes couleurs. Elle a pluſieurs proprietez, bié cogneuës par ces maritimes, deſquelles
les Ethiopiés ſe ſçauent auſſi treſbien aider, appliquans auec cela le fiel dʼvne beſtelet-
te, qui eſt amphibie, de la groſſeur & grandeur dʼvne Loche, hors mis quʼelle a quatre
pieds, tout ainſi que ces petites Lezardes griſaſtres qui courent le long de noz murailles pardeça. Les Inſulaires la voulans prendre, vſent de certains engins, pource quʼelle
eſt dangereuſe à toucher, comme eſtant fort venimeuſe : & ſi toſt quʼelle ſe ſent priſe,
elle change de couleur: comme ainſi ſoit que de cendree & griſaſtre quʼelle eſt, elle deuient toute iaulne, & plus vers la teſte quʼautre part: ce qui luy dure enuiron vn quart
dʼheure, & apres elle ſe meurt. Morte quʼelle eſt, ſon venim default, & la deſentraillans
luy oſtent le fiel pour ſʼen aider. Les autres prennent tout le corps, auec la racine, &
quatre ou cinq fueilles de lʼherbe ſuſdite, broyans le tout enſemble : auec quoy ils en
meſlent encor dʼvne autre ſorte, quʼils nomment *Loc* (aucuns lʼappellent *Lotquin*) les
fueilles de laquelle ſont ſi petites, quʼà peine les peult on voir ſur terre, faictes comme
petites lancettes, de couleur de Iaſpe rouge, & tirant ſur le verd. Toutes ces choſes ainſi mixtionnees & broyees, ils en eſpraignent le ius dans de petits vaſes de terre: auquel
ils adiouſtent vne pouldre fort ſubtile, faicte de lʼoz dʼvn certain poiſſon, dict *Bullo-*
quin, qui ſe prend en lʼeau douce dʼvn lac qui eſt en terre ferme: & de tout cecy ils ſont
de la paſte auſſi molle que cire, dont lʼvſage eſt fort eſtrange. Toutefois & quátes quʼils Maniere de guerroyer.
vont en guerre contre leurs ennemis, ils graiſſent le bout de leurs fleches, ou lances de
canne, iuſques au bord du bois auec ceſte belle mixtion : vous pouuant aſſeurer, que

Nom des Officiers qui conduiſent l'artillerie.

A iiij

quiconque en eſt frappé,il ſe peult tenir pour mort,& penſer de ſon ame,ſil n'y remedie ſoudain & dans vingtquatre heures : attendu qu'il deuient enflé,ne plus ne moins
que celuy qui ſeroit attainct de la morſure de quelque aſpic ou vipere. Pour obuier
donc à tel meſchef, & remedier à ceſte venimeuſe poiſon, qui eſt vne vraye machine
de guerre auſſi dangereuſe ou plus que la balle de noz piſtoles, quelque onction que
l'on y face:les autres Barbares ſçauēt des contrepoiſons, deſquels ils ſ'aident fort dextrement, n'oublians de leur part d'empoiſonner auſſi bien leurs fleches que leurs voiſins,pour ſ'affliger les vns les autres de pareille calamité. Quant à l'herbe ſimplement
conſideree,ceux du païs (i'entends de terre ferme,où il y a diuerſes prouinces,Royau-
mes & regions, d'autant que ie ne ſuis aſſeuré qu'il y ait des beſtes venimeuſes parmi
toutes ces iſles, non plus qu'on dit en auoir en celles de la mer Mediterranee) l'appliquent diuerſement tant pour eux que pour leur beſtial : tellement que ſe voyans blecez & mords de quelque beſte portant venim , les vns vſent de la fueille toute ſeule,
les autres la pilent, & y adiouſtent d'autres drogues, puis l'appliquent ſur la partie
offenſee : Tenans les Arabes, Perſiens, & Mores d'Afrique ce prouerbe, qui eſt commun entre eux, pour tout certain, *Alhanigrd aſſauad quil allacrab*, & eſt à dire,qu'vn
venim de Serpent guarit celuy du Scorpion. Ceſte herbe eſt propre auſſi pour ſecourir les forcenez,& ceux qui ſentent alienation d'eſprit, comme ſont couſtumierement
les malades de fiebures chauldes, ou ceux deſquels le ſens ſe deſuoye par apprehen-
ſion ou faſcherie.Les Arabes voiſins de ces Inſulaires,ceux de Perſe & d'Ethiopie,qui

*Methode de
guerir les
inſenſez.*

vſent plus de phlebotomie qu'autres que ie ſçache, ſils voyent que quelcun d'entre
eux deuienne inſenſé, ils le ſaignent à la nuque du col , & aux deux coſtez de la teſte,
tirant grande quantité de ſang auec des inſtrumens fort ſubtils,& propres à ce faire:&
font tant par leurs inciſions, que l'apoſtume ſ'engendre és lieux inciſez, tellement que
par ce moyen ils attirent tout ce qui eſt de mauuais , & d'humeur corrompue & groſſiere dans le cerueau, ou ailleurs : & cela faict, ils prennent la fueille & racine de ceſte
noſtre herbe, qu'ils broyent & meſlent auec vne autre racine groſſe & ronde comme
vn eſtœuf, de laquelle ie n'ay peu voir les fueilles, & encore moins ſçauoir le nom,
quoy que i'en euſſe veu à Gazera,ville en la Paleſthine. De laquelle maniere de gueriſon a eſté fait l'eſſay en ma preſence ſur vn Eueſque Grec. Car comme il fuſt aduenu
l'an mil cinq cens quarāteſept, que retournant auec nous du mont Synai, il fuſt ſurprins par ces voleurs d'Arabie,ils le traicterent ſi mal,& l'ayās deſpouillé nud, & toute ſa compaignie,ils le battirent tant,& fouëtterent ſi eſtrangement par le commandement d'vn Capitaine de ces voleurs , qui le feit ainſi manier par ſes eſclaues ſeruiteurs
domeſtiques, comme à vn Cuiſinier (qu'ils nomment en leur langue *Baltegilar, Algi-
lar,Chaluagilar*) que ſoit pour la vehemence du mal qu'il ſentoit,ou bien pour le deſpit de ſ'eſtre ainſi veu mal traicté,il en perdit le ſens.L'on vſa donc de tout ce que l'on
peut en ſon endroit pour le remettre:mais ce fut en vain,iuſques à ce qu'vn Ethiopien
Abyſſin,qui ſçauoit ceſte recepte,le print en charge,& l'ayant ſaigné & inciſé,luy ap-
pliqua ceſte herbe auec ſa compoſition:ſi bien que dans onze iours il ſe trouua en auſſi bonne diſpoſition, qu'il euſt eſté de ſa vie, & ſans qu'en luy apparuſt plus aucun ſigne de deſuoyement ou alienation de ſon bon ſens : & croy que l'herbe ſeule peult
auoir telle force, veu que c'eſt d'elle principalement que les Barbares ſ'aident pour la
ſanté de ceſte phrenetique & inſenſee maladie. Le long de ceſte coſte eſt aſſiſe la ville
& port de *Ziden* , loing de la Mecque enuiron dixhuict ou vingt lieuës. Entre ladite
ville & la Mecque, l'on trouue vne petite bourgade, autrefois belle ville,ainſi que l'on
peult iuger par les ruïnes qui encor y apparoiſſent : en laquelle ie veis pluſieurs ſtatues
de bronze & de marbre noir & blanc,la plus part rompues, & grande quantité de me-

dalles fort antiques. Mefmes vn vieil Armenien, qui auoit efté.efclaue en ce païs là Medalles
l'efpace de trentefix ans,m'en monftra quelques vnes d'or,d'argent & de cuiure,repre- *antiques.*
fentans au naturel ce grand Capitaine Marc Antoine, l'vn des trois gouuerneurs de
l'Empire de Rome, lequel paffant par ce païs là, deffeit les Perfes,ainfi que recitent les
hiftoires Arabiques:qui fut caufe,que ceux du païs luy drefferent en cefte ville, qui fe
nomme *Madaba* , auiourdhuy village, quatre pyramides. Il y auoit auffi de belles
grandes Cornelines,où eftoit figuree Cleopatra d'vn cofté,& vn Crocodile de l'autre:
& feis tant, que ie recouuray vn bon nombre de telles medalles , entre autres celles de
Seleuque & Ptolomee fils de Lage: me pouuant bien vanter d'auoir apporté en France , tant de ces païs là , que du Royaume d'Egypte , celles des douze Ptolomees , Rois
Egyptiens, que ie prefentay au Roy Henry fecond , comme chofes non encore veuës
pardeça. Le peuple eft fort vicieux en cefte ifle, & addonné au peché de luxure. Mais
pour f'y prouoquer encor d'auantage,ils prennent quelque quantité de petits vers, de
la groffeur de chenilles , luyfans de nuict comme chandelles ardentes , & en font vne
certaine compofition , comme me reciterent quelques Chreftiens Maronites, auec du
miel & cire noire, frefchement faicte , & prinfe des ruches: laquelle ils mettent foubz
les fablons, chaulds à merueilles , iufques à ce que la moitié foit confommee : & ainfi
quelques iours apres,tant ieunes que vieux,lubriques comme ils ont toufiours efté reputez,voire les femmes, en prennent auffi gros qu'vne noifette,deux heures deuant ou
apres leurs repas:& en vfent tout ainfi que iadis faifoient les Candiots & Rhodiés des
Cantharides,efpece de moufche piquante,pour ce mefme effect. De la part du Midy,
y a vn Lac ; de quelques deux lieuës de tour, où fe voit des Cannes d'vne groffeur &
grandeur incroyable.Non pas que ie vueille icy repaiftre le Lecteur de bayes,comme
a fait Pline & Munfter,& Ian de Boëme, en fa petite hiftoire Vniuerfelle, lefquels difent qu'au païs d'Afrique fe trouuent de cefdites Cannes & rofeaux vn bon nombre,
& d'vne telle groffeur , qu'vne feule peult contenir de fept à huict caques d'eau ou de
vin:attendu que ce font fonges & difcours de la Cigongne. Mais pour n'embrouiller
mon hiftoire de telles follies,ie vous dy que les Cânes de ce lac,ne font non plus groffes que le bras, & haultes d'enuiron neuf ou dix pieds : dont i'ay encores quelques
vnes en ma poffeffion. Les Infulaires Arabes leur donnent le nom de *Chalal* , autres
Cafab, & les Pruffiens *Kor.* Il f'y trouue auffi des iones , qui portent leurs fueilles fort
larges,que ceux du païs nomment *Adrumech :* lefquelles eftans feches & polies à leur
mode,leur feruoient iadis de papier pour efcrire. Et me fouuient qu'eftant en la baffe
Egypte, vn More bazané, nommé *Coyach,* homme affez religieux, fuyuant fa perfuafion,apres luy auoir faict quelque prefent,nous receut humainement en fa maifon : &
lors que fufmes fur le poinct de partir, pour pourfuyure noftre chemin , nous monftra quarantehuict de ces fueilles larges & longues, toutes efcrites en langue & lettres
Morefques, plus de fix cens ans auparauant : & toutefois auffi bien peinctes, que fi elles euffent efté efcrites fur le meilleur de tous noz papiers , que ce peuple nomme *El-*
quaheh, du mefme nom que luy donnent les Arabes d'Afrique. Ie laiffe la Mecque &
Medinne , efperant vn iour faire paroiftre vn liure des Medalles & ftatues antiques,
que i'ay veues aux quatre parties de l'Vniuers.

Des ifles d'ALHAVPHIE, & CHELMADE, & fuperftition & charmes des Infulaires.　　　　　C H A P.　X I.

QVAND vous auez paffé *Soridan*, vous venez à defcouurir à quinze
lieuës de là vne autre ifle, nommee iadis *Alhauphie* (qui ne fignifie autre chofe en la langue du païs, que Efpees ou Cimeterres trenchans, à
caufe des bonnes lames qui f'y font) laquelle depuis a prins le nom
de *Genamani*, petite & fort eftroicte, faicte en ouale: & quelques dix
lieuës plus loing, celle que les Arabes & Iuifs du païs appellent *Chel-*
made, & autres *Chifafe*, la figure de laquelle eft femblable à vn Cœur, ainfi que les Pein-
ctres le peignent: toutes deux fubiectes au Roy d'*Egias*, combien que le Turc y foit

fouuerain. Quant à la terre, encores qu'elle foit fterile, ainfi que par toutes les ifles de
la mer Rouge, fi les rend le poiffon, duquel ils font trafic, affez riches, & eft caufe que
ceux d'Egypte & de la Palefthine leur apportent du fourment, & autres chofes neceffaires pour viure. Elles ont efté autrefois fans habitation, feruans feulement de retraicte aux oifeaux & pefcheurs, qui alloient cherchans les perles le long de la marine.
Tellement que quelque temps auant que les Mameluz f'emparaffent de la Monarchie
d'Egypte, Syrie & Palefthine, les efclaues & ferfs qui eftoient audit païs d'Egypte, feirent complot enfemble, & en vn mefme temps fe defrobans de leurs patrons & maiftres, f'y en vindrent, & depuis f'y tindrent, & defendirent fi bien contre les Egyptiés,
qu'à la fin ils furent contraincts de compofer & les affranchir par accord public: voire
fallut qu'ils leur donnaffent de leurs filles en mariage, pour fe maintenir & augmenter
leur troupe, d'autant qu'ils les auoient fi bien chaftiez, que de long temps ils n'eurent
appetit de faire guerre. Ces efclaues accouftumez à trauail, ne furent auffi en repos en
leurs ifles, ains cultiuans la terre, plantans des arbres, & y conduifans du beftial, alloiét
rober tantoft en Egypte du cofté des Puyts de Pharaon, & bien fouuent courir iufques à Suez, & d'autre fois en l'Arabie: fi bien qu'en peu de temps ils fe feirent riches
& puiffans, & tels qu'ils fe paffoient de leurs voifins, & du fecours de ceux de terre ferme. Lors que les Soldans d'Egypte eftoient crains par tout, à caufe de la troupe inuincible des Mameluz, ces galans furent bien fi hardis de les attaquer: & d'autant qu'au
commencement ils eurent quelque legere victoire, ils deuindrent fi outrecuidez, que
de fortir en campaigne, bien que ce fut à leur confufion: y ayans efté frottez à toute
outrance, leur ifle pillee, & foubmife à la volonté du Soldan, qui les feit tous tributaires, & chargea tellement d'impoftz, qu'ils commencerent à laiffer peu à peu leurs ifles,
fe retirans en l'Arabie auec le refte des volleurs, qui vont fuyuans les Carouannes, lefquelles tiennent la route de Hierufalem & de la Mecque. Toutefois apres que Selym,
Roy & Monarque des Turcs, euft affubietti l'Egypte, & occis deux Soldans du Caire,
ces Infulaires reuindrent en leur païs, & regaignerent leur liberté: non que pour cela
ils foient plus gens de bien que de couftume, ou qu'ils aiment plus le Turc qu'ils ne
faifoient le Soldan, veu que Seigneurie quelconque ne leur vient à gré, comme eftans
fortis de la lie mefme des plus mefchans de la terre. Or ont ils vfé fort longuement
d'vne eftrange façon de faire. Ils eftoient ordinairement en aguet pour furprendre

quelque eftranger voyageant fur la mer Rouge, à fin de l'employer pour l'expiation
des pechez de tous ceux de l'ifle, fuyuant vne couftume, qu'ils tenoient de toute antiquité, leur eftant laiffee de leurs anceftres, enfeignez à cela par l'oracle de leurs Dieux:
& laquelle combien qu'ils ne fuffent plus idolatres, ains fuyuiffent la loy de Mehemet, ils n'ont prefque fceu trouuer le moyen d'abolir. Cefte expiation fe faifoit en

telle forte. Ils vous empoignoient deux estrangers, & les mettoiét dans vne barquette, auec viures pour six mois, leur commandans de la dresser vers le Midy, & les asseurás qu'ils trouueroient dans ce temps vne isle abondante en tout plaisir & delices, où les hommes sont courtois, plaisans & affables, les femmes belles en toute perfection, & subiettes à aimer, en laquelle ils viuroient heureux & contens, sans estre iamais malades, ny attaincts de fascheuse vieillesse. Que si ces deux estrangers pouuoient attaindre ceste isle heureuse du païs de Midy, nommé en langue Arabe, *Duhur*, & en Turc *Oyle-nemazi*, les Insulaires de Genamani s'asseuroient de voir leur region paisible, & sans aucun trouble de guerre ou autre tribulation : & au contraire s'ils estoient espouuantez de la longueur du chemin, & difficultez de passer sur ce petit vaisseau vn si grand traict & espace de païs & campaigne marine, & que pour cela ils se reculassent & n'osassent attenter le voyage, ils estoient punis de mort & supplices trescruels, comme meschans & abhominables, & qui pour leur coüardise & faulte de cœur, pourroient causer la ruïne de l'isle & de tout le peuple qui est en icelle. Tous les habitans presque se trouuoient au lieu où ceste barque estoit mise en mer, & faisoiét festes, banquets, & danses publiques, couronnans ceux qui deuoient faire le voyage, à fin que l'expiation s'espandist sur les Insulaires, & que les voyageurs eussent heureuse issue de leur chemin. Il en y a eu qui ont esté occis miserablement pour s'estre retirez de l'emprise, & d'autres, qui faisans le voyage, s'en sont retournez par le cap de Bonne esperance, & par la coste de la Guinee, iusques en Espaigne, laissans ces Barbares en leurs folles opinions de l'heur de leurs isles aduenant par ceste superstitieuse nauigation. Les Chifafeens se vantent estre descenduz des Iuifs, qui passerent la mer Rouge auec Moyse, quand Pharaon fut submergé, & qu'il les y enuoya, lors qu'il alla en la montaigne d'Oreb pour prier Dieu : en souuenance dequoy ils disent qu'ils auoient la Circoncision plustost que les autres Arabes, & que la Loy de Dieu auoit force en leur païs, auant que *Elherde*, sçauoir le Singe Arabe, publiast son *Furcam*, & qu'il auoit demeuré auec les Sages qui se tenoient de ce temps parmy eux. Mais ce sont toutes fables & resueries, par lesquelles ces galans se veulent authoriser, & faire croire leur origine & source venir de plus loing qu'elle ne fait, & de lieu plus honnorable que n'est le sang & nom des serfs & fugitifs esclaues : bien que la descente de la race & famille des Iuifs, ny l'antiquité de Circoncision ne les feroit pas plus receuables, ny dignes de recommandation. En ces isles, côme aussi en plusieurs autres païs & contrees, les habitans sont grands coniurateurs & charmeurs de serpens : & non sans cause, veu qu'il y a tel & si grand nombre de Couleuures, Aspics & Viperes, que c'est merueille que l'air n'en est infecté : à tout le moins fault il que lesdits Insulaires soiét diligés à se prendre garde, que ceste race serpentine ne leur gaste & face mourir leur bestail : & c'est pourquoy ils apprennét à faire tels charmes & sottes sorcelleries. Ie me suis laissé dire à vn Venitien Lapidaire, homme de bien & digne de foy, qui se tenoit de mon temps au grãd Caire, & en la maison duquel i'estois logé, que luy estant en ces isles, vn soir comme il fust en vn cazal de *Genamani*, à l'opposite de *Bubulor*, ville d'Arabie, il ouyt sur la minuict vn grand bruict & sifflement, & que soudain son hoste se leua, & auec luy deux esclaues Mores pour l'accópaigner. Comme donc le Venitien luy demádast, où il alloit à telle heure : il respondit, qu'il auoit quelques affaires, & que bien tost il seroit de retour. Or est-il fort long temps dehors. A la fin reüenant en sa logette, & le Chrestien s'enquerant de luy, où c'est qu'il auoit esté : il respond, N'as-tu pas ouy tantost des sifflemens à l'entour de nostre logis ? Le Venitien luy disant, qu'ouy : cestuicy adiouste, Ce sont les Couleuures & autres serpens qui alloient assaillir mon troupeau, & si ie ne me fusse leué pour les enchanter auec le charme duquel nous vsons à ceste fin, ie me

Fable de l'origine des Chifafeens.

Histoire gaillarde d'un enchanteur.

*Des isles d'*ALHAVPHIE, *&* CHELMADE, *& superstition & char-*
mes des Insulaires. CHAP. XI.

QVAND vous auez passé *Soridan*, vous venez à descouurir à quinze
lieuës de là vne autre isle, nommée iadis *Alhauphie* (qui ne signifie autre chose en la langue du païs, que Espees ou Cimeterres trenchans, à
cause des bonnes lames qui s'y font) laquelle depuis a prins le nom
de *Genamani*, petite & fort estroicte, faicte en ouale : & quelques dix
lieuës plus loing, celle que les Arabes & Iuifs du païs appellent *Chel-*
made, & autres *Chisase*, la figure de laquelle est semblable à vn Cœur, ainsi que les Pein-
ctres le peignent : toutes deux subiectes au Roy d'*Egias*, combien que le Turc y soit

Toutes les isles de la mer Rouge sont steri-les. souuerain. Quant à la terre, encores qu'elle soit sterile, ainsi que par toutes les isles de
la mer Rouge, si les rend le poisson, duquel ils font trafic, assez riches, & est cause que
ceux d'Egypte & de la Palesthine leur apportent du fourment, & autres choses necessaires pour viure. Elles ont esté autrefois sans habitation, seruans seulement de retraicte aux oiseaux & pescheurs, qui alloient cherchans les perles le long de la marine.
Tellement que quelque temps auant que les Mameluz s'emparassent de la Monarchie
d'Egypte, Syrie & Palesthine, les esclaues & serfs qui estoient audit païs d'Egypte, feirent complot ensemble, & en vn mesme temps se desrobans de leurs patrons & maistres, s'y en vindrent, & depuis s'y tindrent, & defendirent si bien contre les Egyptiēs,
qu'à la fin ils furent contraincts de composer & les affranchir par accord public : voire
fallut qu'ils leur donnassent de leurs filles en mariage, pour se maintenir & augmenter
leur troupe, d'autant qu'ils les auoient si bien chastiez, que de long temps ils n'eurent
appetit de faire guerre. Ces esclaues accoustumez à trauail, ne furent aussi en repos en
leurs isles, ains cultiuans la terre, plantans des arbres, & y conduisans du bestial, alloiēt
rober tantost en Egypte du costé des Puyts de Pharaon, & bien souuent courir iusques à Suez, & d'autre fois en l'Arabie : si bien qu'en peu de temps ils se feirent riches
& puissans, & tels qu'ils se passoient de leurs voisins, & du secours de ceux de terre ferme. Lors que les Soldans d'Egypte estoient crains par tout, à cause de la troupe inuincible des Mameluz, ces galans furent bien si hardis de les attaquer : & d'autant qu'au
commencement ils eurent quelque legere victoire, ils deuindrent si outrecuidez, que
de sortir en campaigne, bien que ce fut à leur confusion : y ayans esté frottez à toute
outrance, leur isle pillee, & soubmise à la volonté du Soldan, qui les feit tous tributaires, & chargea tellement d'impostz, qu'ils commencerent à laisser peu à peu leurs isles,
se retirans en l'Arabie auec le reste des volleurs, qui vont suyuans les Carouannes, lesquelles tiennent la route de Hierusalem & de la Mecque. Toutefois apres que Selym,
Roy & Monarque des Turcs, eust assubietti l'Egypte, & occis deux Soldans du Caire,
ces Insulaires reuindrent en leur païs, & regaignerent leur liberté : non que pour cela
ils soient plus gens de bien que de coustume, ou qu'ils aiment plus le Turc qu'ils ne
faisoient le Soldan, veu que Seigneurie quelconque ne leur vient à gré, comme estans
sortis de la lie mesme des plus meschans de la terre. Or ont ils vsé fort longuement

Superstition de ce païs. d'vne estrange façon de faire. Ils estoient ordinairement en aguet pour surprendre
quelque estranger voyageant sur la mer Rouge, à fin de l'employer pour l'expiation
des pechez de tous ceux de l'isle, suyuant vne coustume, qu'ils tenoient de toute antiquité, leur estant laissee de leurs ancestres, enseignez à cela par l'oracle de leurs Dieux :
& laquelle combien qu'ils ne fussent plus idolatres, ains suyuissent la loy de Mehemet, ils n'ont presque sceu trouuer le moyen d'abolir. Ceste expiation se faisoit en

* charmes
fur les vi-
peres & fer
pens.
pouuois affeurer qu'elles en euffent faict mourir cefte nuict grande quantité. Et apprennent ces pauures gens de pere en fils tels enchantemés dés leur ieuneffe, auec proteftation, apres plufieurs folennitez & cerimonies faites au diable, de fuyure & maintenir toute leur vie ce qu'ils promettent à leur reception. Vn moyne Grec Bafilien, du
mont Synai, m'affeura auoir veu, lors qu'il eftoit en ladite ifle efclaue, receuoir vn ieune garçon de l'aage de fix ans, pour confrere de cefte maudite feéte : & dift ainfi, Que
le premier iour de Mars, mil cinq cens quarantefix, trauaillant pour fon maiftre, au
pied d'vne montaignette, il veit vne bonne troupe de ces enchanteurs & forciers, dót
le plus vieux, aagé de quelques quatre vingts ans, auoit fur fon col ce ieune enfant tout
nud, fe pourmenát & vireuoltant autour d'vn grand cerne : Que la compaignie qui le
fuyuoit, auoiët tous chacú vn fouët de laine blanche, & fouëttoiét ce pauure malheureux, fans toutefois que lon f'apperceuft ne de pleurs, ne de plainctes quelconques : &
en le fouëttant difoient en leur langue, *Anta toudrab*, qui eft à dire, Vous ferez battu.
Cefte proceffion faite, fix des plus apparens le coucherent dedans vne peau de Ieniffe:
& lors fut efleué de terre, & derechef pourmené comme ils auoient fait au commencement. Tiercement le firent mettre à genoux : fur la tefte duquel fut mis vn Chapeau,
en forme de couronne, d'vne branchette d'vn ieune arbre, nommé en leur langue *Na-
haras :* puis conduit dans vne grotefque affez profonde en ladite montaigne. Et c'eft
comment le Diable bride tels gallans. Il eft bien vray que ie ne m'eftonne pas trop de
ces charmes, attendu que i'ay veu vn Chirurgien en Guyenne, en la ville de Prefchac,
pres la riuiere de Dordonne, lequel ayant faict fon fort, contraignoit les ferpens de
deux & trois lieuës à l'entour de venir à luy, & prenoit ceux qu'il luy plaifoit pour en
tirer la graiffe, difpenfant les autres de fe retirer: lefquels repaffoient incontinent l'eau,
& les autres f'alloient cacher és trous de la terre les plus proches & voifins. Au refte,
les habitans de *Chifafe* font vn huile: mais de quoy, ie ne vous fçaurois dire : tant y
a qu'il eft fort bon & precieux: & en vfent ordinairement en leurs viandes & potages.
Il a l'odeur comme noz violettes, le gouft & faueur prefque d'huile d'Oliues, & la
couleur qui teinct tout ainfi les viandes que fait le fafran de pardeça. Quant au bois,
ils ont force arbres portans la myrrhe, comme eftás voifins de l'Arabie, & ne fe chauf-
fent guere d'autre chofe: la fumee duquel toutefois eft fi dommageable, que oultre les
grandes maladies qu'elle leur caufe, ils feroiët en danger de mort, fi foudain ils n'y re-
medioient auec autre parfum, faict d'vn Simple, & gomme qui fort d'vn arbre, nommé *Stirax :* lequel quelques vns ne cognoiffans point, ont penfé que ce fuft cela mefme que nous appellons Myrrhe : en quoy neantmoins ces Barbares mettent grande
difference, comme vous voyez. Il y en a qui la fophiftiquent auffi bien que la Myrrhe, Aloez, ou Rheubarbe, auec la gomme de Cedre, qui n'eft de guere grand effect, &
auec du miel, & des amendes ameres. Le Stirax, ou Storax donc eft femblable à vn petit Coignier, la liqueur & gomme duquel nous eft apportee pardeça dans des cannes,
à caufe de fa liquidité, pource qu'il ne fefpaiffift ainfi que fait la Myrrhe. Mais retour-
Infulaires
fubtils à co-
gnoiftre les
Simples.
nons à noz Infulaires, qui font pour le iourdhuy des plus accorts en matiere de cognoiftre les Simples, que les plus fubtils drogueurs feroient bien empefchez à leur en
apprendre quelque chofe. Ils viuent fort fobrement, & de larcin, comme les Arabes.
Ils vont veftus legerement, & font adextres en tout ce dequoy ils fe meflent, n'aimans
que ceux auec lefquels ils peuuent prouffiter, & fuyans l'oyfiueté fur toute chofe. Et
voyla quant aux ifles qui font en la mer Rouge pres l'embboucheure du cofté de Suez:
que f'il y en a d'autres, comme eft *Caiaffe*, elles font deshabitees & de nul prouffit, &
où perfonne ne fait iamais defcente. Sortant hors du goulfe, pour entrer en pleine
mer, les eftrangers ont couftume de prendre, pour les dangers qui f'en pourroient en-
fuyuir,

fuyuir, quelques Pilotes, Mores ou Arabes, de l'ifle de Bebel Mandel, ou de celle de
Camaran. Si lon veult prendre la route du goulfe de Perfe, il fault que vous ayez le
vent de l'Oueft, & tirer droict à l'Eft: & quand vous eftes à la haulteur de la ville
d'Adem, de laquelle ie vous ay parlé, faire largue, pour les battures & rochiers qui
auoifinent la terre continente, delaiffant à main gauche quatre belles villes qui vous
apparoiffent, fçauoir celle de *Fartas*, *Dinfar*, *Pulaqui* & *Iafan*: le peuple defquelles
eft fubiect à vn Roy, qui fait fa refidence à Fartas, comme capitale du païs: & lequel
n'a iamais voulu fe ranger foubz l'obeïffance du grand Turc, ny le recognoiftre en
chofe du monde, veu la tragedie iouëe contre les Rois d'Adem & de Zibith. Ces gens
font fort accoftables, & vaillans en guerre: & ont les plus beaux cheuaux de toute l'A-
rabie. Sillonnant toufiours la mer, vous voyez la ville de *Pechier*, & puis la terre de
Fachalat: le peuple de laquelle recognoift l'Empereur de Perfe. Ie me deporte de difcourir d'vne infinité d'autres, qui font fur ces coftes, qui meriteroient bien que de chacune lon feïft vn grand chapitre: côme celle de *Calhat*, fort marchande, *Tibi*, *Dagma*,
Curia, la plus belle de toutes, dont l'ifle qui l'auoifine, porte le nom: *Mafquat*, *Coharte*,
les deux forterefles, *De Roches*, & *Nahel*. Apres lefquelles, paffé que vous auez quelques vingt lieuës par mer, fi vous voulez aller pofer l'ancre, & auoir rafraifchiffemens,
vous trouuez celles de *Madeha*, *Corfican*, *Dadena*, *Daba*, *Iulfar*, auquel endroit fe pefchent de fines perles: puis *Racollima*, nommee des Anciens *Golliman*, peuple affez
mal accoftable: d'où vous entrez audit goulfe de Perfe.

*De l'*Afrique* en general, diuifion & chofes memorables d'icelle.*

C H A P.   X I I.

YANT fuyui chacune des prouinces en particulier de celle partie
du monde, que les Anciens ont appellee Afrique, c'eft raifon ce me
femble d'en faire la defcription en general. Mais auant qu'entrer en
propos, fault fçauoir auffi que plufieurs l'ont nommee diuerfement,
& ce pour diuers refpects. Les Arabes, Ademiens & Ethiopiens luy *Dont eft di-*
dönent le nom d'*Alkebulan*: les Indiens & Iauiens *Befecath* à caufe *fte Afri-*
du vét Meridional qui y regne plus que tous les autres. Quant aux Grecs & Latins, ils *que.*
l'appellent tous Lybie, pour la mefme raifon, ou bien pource qu'vn fils d'Hercules
de ce nom y regna. Les autres deduifent fon appellation de la nature du terroir, pource qu'il eft expofé aux ardeurs du Soleil, & que le froid n'y fait point fentir fes hor-
reurs & friffonnemens. Ceux qui regardent de plus loing, comme les Mores de Barbarie & Iuifs, qui font efpars en diuerfes prouinces d'Egypte & Palefthine, difent,
que cefte region a prins fon nom d'vn des enfans d'Abraham, nommé Apher, qu'il engendra en Cethure, celle qu'il efpoufa en fecödes nopces apres la mort de Sarra. Voyla quant à l'hiftoire pour l'appellation: refte à pourfuyure mon difcours. Il y en a eu,
qui diuifans l'Egypte, l'ont mife partie en Afrique, partie en Afie, contre toute raifonnable obferuation, & contre mon aduis: qui a efté caufe que i'ay mis peine de recueillir tant de mes nauigations, que confiderations prifes des Cartes bien dreffees, la verité fur cefte matiere. Auffi ce feroit vne grande folie de faire l'Afrique vne troifieme
partie du monde, ainfi qu'ils ont faict, veu que lors elle n'en feroit qu'vne portion.
Qu'il foit ainfi, ces beaux obferuateurs de proportions, & baftiffeurs de degrez, voulans partir l'Afie d'auec l'Afrique, ont laiffé les limites que la mefme nature leur a pofez, fçauoir les Riuieres, Promontoires, Goulfes, Deferts, pour efchantiller la terre à

leur fantafie, & faire entrer l'vne dans l'autre, comme ceux qui font le partage d'vn champ, faifans quelque enclaueure pour auoir feruitude fur leur voifin : d'autant que laiffans la mer Rouge en l'Afie, & toute l'Egypte & Ethiopie qui en font arroufees, ne fe foucians que la mer Indique en face la feparation vers l'Orient, ils ont efté fi mal ha-biles de dire, que c'eft la riuiere du Nil qui les diuife. En quoy ie voy vne abfurdité grande, que l'Egypte mefine, que tous Geographes ont tenu eftre en Afrique, y fera à ce compte peu ou point : pourautant que dés que le Nil fe comméce à diuifer en bou-ches & canaux, il fault prefuppofer, qu'en quelque lieu qu'il paffe, il iouift de fon pri-uilege, qui eft de feparer les deux parties : & ainfi pas vne des villes qui font contenues au Delta, ne feroit cóprife en l'Afrique : ce que toutefois ces beaux Geographes n'ont ofé dire, tant ils font confciencieux : Et ce pendant par cefte confeffion ils monftrent euidemment leur ignorance, dequoy ie fuis marri, veu que fans cela il y a affez de fça-uoir & doctrine en leurs efcrits, que i'admire & honore, comme d'hommes de telle excellence qu'ils ont efté, mais fans aucune experience : ne plus ne moins que les Mo-dernes & ignorans de mon temps, qui baftiffent des Hiftoires du Monde, fans iamais auoir parti de leur maifon : ce qui deuroit eftre puni comme menteurs impudiques & larrós de mes labeurs, & de ceux qui ont veu comme moy. Et à fin qu'on ne die point que ie parle par cœur, & que ie veux impofer aux fçauans hommes, voici les propres mots de Pompone Mele au quatrieme chapitre de fa Geographie : L'Afrique (dit-il) du cofté de l'Orient eft limitee par le Nil, & des autres parties du monde, c'eft la mer qui la fepare. Or il apprit cecy de ce bon pere des compteurs Herodote, duquel il ne fe foruoye que le moins qu'il peult. Quant à Strabon, il n'a pas eu meilleur aduis que le precedent, au troifieme liure de fa Geographie, où il dit, que l'Egypte & l'Ethiopie

Afrique mal diuifee par les An-ciens. font conioinctes à l'Afrique : d'où fe prend la conclufion, Qu'il fault donc qu'elles foient en l'Afie, veu que de ce cofté l'Afrique & l'Afie font feparees l'vne de l'autre. Et Pline auffi, qui efcrit que le Goulfe qui eft à la derniere bouche du Nil vers Damiate, eft celuy qui fait telle feparation, & donne commencement à l'Afie : en quoy toutefois il n'eft pas tant reiettable que lon diroit. S'il eftoit donc ainfi que ces hommes doctes prefuppofent, que le Nil feparaft l'Afie & l'Afrique, ie leur demanderois volontiers, ou à ceux qui f'aheurtent à leurs fantafies, en quelle terre c'eft qu'ils mettét les Royau-mes de *Barnagas, Dobas, Fatiguar, Delac, Magadaxo,* & *Adel*, iufques au promontoire de *Guardafumy*. Que f'ils font en Afie, vrayemét l'Afrique eft fort mal efgalee, & n'eft fi grande qu'vne partie de l'Europe, comme dit eft. Auffi en y a il eu tel, qui n'a point eu honte de mettre en auant, qu'elle eftoit de moindre eftendue en longueur que la-dite Europe, pource qu'il ne fçauoit pas fes dimenfions. Outreplus, ie voudrois fort fçauoir, que deuiendra celle partie de terre qui eft pardelà les monts de *Beth*, où font les Royaumes de *Xoa, Quiola, Mozambique, Cefale, Cumie*, & autres prouinces iuf-ques au promontoire du Lyon, en pareille contemplation fur le voyage du Nil, eftat derriere, que les regions qu'il fepare, veu qu'il n'a point fon cours vers le Su, ains tire au Nort. Que f'ils euffent efté fi fpirituels qu'ils deuoient, au moins ceux qui font de noftre temps, qui voyent les Cartes modernes, ils deuffent auoir tiré vne ligne droicte dudit Su au Nort, & depuis la riuiere de *Cuame*, qui fepare les fufdites regions du Royaume de Manicongre, & entre en mer droict foubz le Tropique de Capricorne,

Diuifion d'Afie & d'Afrique. iufques au canal de Damiate, & dire toute la terre refpondâte à l'Eft Afiatique, & l'au-tre qui regarde l'Oueft, la mettre foubz le nom d'Afrique : veu que par ce moyen ils ne fe fuffent ainfi coupez qu'ils font, ny enueloppez en des labyrinths, defquels ils ne fe fçauroient defpeftrer. Mais ie voy bien que f'ils faifoient cefte feparation, ils auroient crainte que les plus fimples Matelots, qui voltigent à prefent le long & le circuit en-

tier de toute l'Afrique, ne ſe mocquaſſent de ceſte beſtiſe de ceux qui péſent eſtre ſçauans. Quant aux Anciens, ie les excuſe pour n'auoir eu cognoiſſance de ces terres, qui
les aduertiſſans de leurs faultes, leur euſſent faict chãger d'opinion ſur cecy : auſſi bien
que pluſieurs qui encore de noſtre temps eſtans opiniaſtres ſur l'impoſſibilité que la
Zone torride fuſt habitee, à la fin veincuz du teſmoignage de moy & autres qui y ont
eſté, ont confeſſé leur faulte, & celle des autheurs qu'ils defendoient. Pour ces conſiderations, & autres raiſons deduictes & priſes de mes tables Geographiques & Aſtrono-
miques, qui ne ſont encore en lumiere, & deſquelles i'eſpere deuant mourir faire
part aux Lecteurs beneuoles, & amateurs de la Coſmographie, ie dy que l'Afrique eſt
ſeparee de l'Aſie vers le Leuant, de la mer Rouge : & tirant au Nort, par vne region deſerte, nommee Suez, qui eſt vne ligne droicte depuis ladite mer iuſques à la Mediterranee : eſtant aſſeuré, que ſi le Lecteur auoit eſté ſur le lieu comme i'ay eſté, il ſeroit de
meſme opinion, veu que depuis le goulfe du *Delbiſil*, nom Arabe, que nous appellons
Pharamide, en la mer Mediterranee, iuſques à la ville de *Suez*, qui eſt à l'entree de la
mer Rouge, où il n'y a guere plus de cent lieuës de chemin, le païs eſt tout deſert & ſablonneux, & eſt plus proprement la ſeparation des deux regions, que de l'aller eſta-
blir en la meſme confuſion des prouinces. Et pourriez dire, que ſi ce n'euſt eſté ceſte
eminence de terre deſerte, & que les deſſeins du Roy Ptolomee cuſſent eſté executez,
toute l'Afrique euſt eſté faicte en iſle : ce qui luy euſt eſté fort facile, à cauſe que le païs
d'Egypte eſt tout plat, & n'eſt point plus hault de ſix coudees que la mer Rouge : mais
comme ie vous ay dict ailleurs, il en fut deſtourné par ſon Conſeil, d'autant qu'il euſt
rendu le païs voiſin du Nil infertil, empeſchant le cours annuel de ſon accroiſſement
& decroiſſement ſelon ſes ſaiſons : comme il fut meſmes remonſtré à Sultan Solyman
dernier decedé, lequel eſtant venu à l'Empire Gregeois, propoſa de faire trauailler encore en ce meſme lieu. Et de faict, pour en venir à bout briefuement, ne penſant aux
incommoditez & impoſſibilitez, commanda y beſongner, & quatre mois & demy entiers lon eut bien cinquante mille pionniers, leſquels y ayans fait deuoir, laiſſerẽt l'œuure imparfait, comme ie l'ay veu de mon temps. Ainſi ayans gaigné ce poinct, on fera aſſez aiſément tout le circuit à l'entour de l'Afrique, commençant à ce goulfe ia
nommé de Pharamide qui eſt Septentrional : duquel iuſques au deſtroict de Gibraltar il y a de coſte de mer ſoixante quatre degrez quatorze minutes, où ſont compris
pluſieurs Royaumes & prouinces, belles villes, & riches païſages, ainſi que i'ay particulierement monſtré, deſcriuant vne chacune partie en ſon rang & lieu. Or Gibraltar
fait tout ainſi que le deſtroict Magellanique, partiſſant la terre Auſtrale du coſté de
l'Antarctique de la terre de Neuade & païs continẽt, qui ſ'eſtend de l'vn Pole à l'autre,
duquel i'ay deſia aſſez amplement parlé : & comme le deſtroict de Helleſpont d'vn
coſté, ou le fleuue Tanais de l'autre ſeparent l'Europe de l'Aſie, ſemblablement auſſi ce
goulfe d'Arabie diuiſe l'Afrique d'auec l'Europe. Ayant derechef laiſſé l'Europe vers
le Nort, & tirant au Midi depuis noſtredit deſtroict & Colomnes Herculiennes, iuſques au Cap du Lyon redoutable de la mer, lon compte de latitude, aduiſans bien à ſa
haulteur, ſoixante & onze degrez : Où vous noterez, que noz allignemens ne ſe comportent point ſelon les dimenſions qui ſe font ſur vn plan de terre, veu que lors il y
auroit plus de cent dixhuict degrez, prenant dixſept lieuës & demie pour degré : mais
que noz conſiderations ſont ſelon les poincts du ciel, & iugement des degrez d'eleuation, & ſelon le cours des aſtres, pource que c'eſt ainſi que comptent les Geographes :
& que ſil le falloit prendre de lieuë en lieuë, & de port en port, nous aurions la trace
d'vn bien beau grand chemin : qui eſt cauſe que le prudent Lecteur aduiſera comme
les ſçauans parlent, & non comme le vulgaire le peult meſurer. Paſſant ce grand de-

Limites de l'Afrique ſelon l'Au-theur.

obſeruatiõs gaillardes.

B ij

ftroict Auftral d'Ethiopie, pour aller vers l'Eft iufques au Cap de Guardafumy, qui entre dans le goulfe d'Arabie, ie treuue de droicte ligne quaranteneuf degrez : & puis lon coftoye toufiours la terre entrant en la mer Rouge, depuis ledit Guardafumy iuf-ques au port de Suez, où peult auoir quelques fix vingts lieües : contre l'opinion mal

Erreur de Pierre Be-lon. fondée de ce que Pierre Belon a efcrit en fes Obferuations, difant, que cefte mer Rou-ge n'eft qu'vn canal eftroict, non plus large que la riuiere de Seine entre Harfleur & Honnefleur, où lon peult nauiguer malaifément, & en grand peril. Il fera donc accroi-re telle bourde à vn autre qu'à Theuet, eftant feur du contraire ; vous ayant monftré autre part fa longueur & largeur. Voyla le contour & circuit de toute l'Afrique au vray, faifant fon eftendüe de l'Eft à l'Oueft, depuis Guardafumy iufques à Cap de Verd, qui eft fa longitude, & du Cap de Bonne efperance à celuy de Rafaufen, en fa latitude, qui eft du Su au Nort: dans lequel embraffement font nombrez fix vingts dix fept Royaumes, fans y comprendre plufieurs grands & effroyables deferts, defquels y a tel qui contient plus de cent lieües ; que ie laiffe pour n'eftre point habitez. Quant aufdits Royaumes, les vns font Mahometans, & y en a pour le moins trentedeux en

Diuerfité de Religion en Afrique. nombre: les autres Chreftiens, qui font affubiettiz au grand Roy d'Ethiopie : & les au-tres, heretiques, participans du Iudaifme & du Chreftien, comme font ceux de Nu-bie, qui ne fçauent bonnement que c'eft qu'ils doiuent croire. Il f'en trouue auffi d'Idolatres à moitié, & partie abreuuez des erreurs de Mahomet : & aucuns, qui font du tout confits en l'abomination des Idoles : & d'autres qui ne cognoiffent ny Dieu, ny Loy, ny Religion, tels que ceux qui habitent vers le Cap de Bonne efperance. Mais tout ainfi que cefte grande region Afriquaine eft diuerfement influee, & a diuerfité de peuples, auffi a elle fes païfages, les vns fertils, les autres infecondes. La Mauritanie, & toute la cofte de Barbarie eft loüee en fertilité: l'Egypte furpaffe tout le refte : l'Ethio-pie vers Saba eft abondante en tous biens. Non pas que ie vueille dire & fouftenir vne faulte affez impertinente, pour eftre efcrite en vne Hiftoire du Monde, liure premier de l'Afie, chapitre premier, à fçauoir, que le païs Sabeen foit riche en canelle & Baul-me: chofe auffi faulfe que ce qu'il allegue apres, que le peuple de ces païs là n'vfe d'au-tre bois à fe chauffer, que celuy de caffe & de canelle. Et pour ofter le Lecteur de ceft erreur, ie le veux bien aduertir, qu'en tous les Royaumes comprins foubz l'Afrique, mefmes aux trois Arabies, qui luy font oppofites, il n'y a vn feul arbre ny arbriffeau de canelle, non plus que de poyure. La Nubie porte affez és lieux voifins du Nil, ou du Nigris, là où au refte elle eft aride : la Guinee eft legerement bonne: le Manicongre nourrift fon peuple de poiffon & racines : Cumie eft affez infertile, fauf de fruictages: Cefala n'eft guere abondâte qu'en or, Melinde en maniguette: Magadaxo, Adel, Dobas & Barnagas ont de l'orge, du millet, beftial & fruictages. Par cela vous pouuez iuger

Les cha-leurs n'em-pefchet que l'Afrique ne foit ha-bitee. que ce n'eft pas la chaleur, côme plufieurs ont penfé, qui fait que l'Afrique eft peu abô-dante en plufieurs lieux; veu que les rofees, les pluyes & le defbord des riuieres reme-die à tout cela: & que par confequent la mefme chaleur n'empefche qu'elle ne foit ha-bitee en tous lieux, auffi bien que font les regions froides, mais que ce font les fablons & deferts areneux, veu qu'en ces lieux folitaires il n'y croift rien que des rochers, & n'auez abondance que de fables ; fauf que quelquefois vous trouuez parmi ces folitu-des quelque piece de terre verdoyante, où y a de l'eau & des fruicts, ainfi que ie vous ay dict en Lybie, au lieu où iadis fut bafti le temple de Iupiter Hammon, du cofté de Catabathme, tirant au Su vers la Nubie. Et fur ce poinct le bon homme Munfter en fa

Munfter fe trompe. Cofmographie, liure fixiefme, f'efloigne de toute verité, lors qu'il raconte, que cefte re-gion d'Afrique, qui eft fi large & ample, eft fituee foubz la ceinture bruflante: Et voy-la (dit-il) pourquoy il y fait fi grâd chauld, & eft auffi du tout priuee d'eau, de pluye

ou autre chose mal consideree à luy, veu que la sixcentiesme partie des païs & prouinces d'Afrique, n'auoisinent de plus de mille lieuës ceste Zone bruslante. Et encores
qu'il fust ainsi qu'elles en fussent proches, les païs ne lairroient pourtant d'estre beaux
& abondans en tous biens: & les raisons ie vous les ay dites, parlât des isles verdoyantes en tous teps, qui sont soubz la mesme Zone. Au reste, l'Afrique est le païs du monde, auquel croist presque le plus de sortes & diuersitez de bestes farouches & rauissantes, & où les Lyons, Tigres, Onces, Leopards, Elephans & autres ne vous manquent
point, & des serpens de toutes sortes, & de grandeur fort monstrueuse: comme aussi
vous y voyez les hommes de mesmes, cruels & inciuils, qui à la seule contenance res-
sentent leur bestise & brutalité. Et à fin que ie vous die le vray en peu de parolles, encores que les Sauuages d'Escosse & d'Irlâde soient estimez du rang des plus mal accou-
stables: si est-ce que s'ils estoient mis en côparaison auec les plus courtois de l'Afrique,
ie pense qu'ils emporteroient le dessus, d'autant que, comme naturellement & de tout
temps ils ont esté peu loyaux, encores le sont ils moins à present, ne sçachans à qui se
fier, estans mastinez de tout le monde. En somme, ils sont pour le iourdhuy si misera-
bles (si ce n'est les Ethiopiens) que le seul nom porte tiltre de seruitude à celuy qui
s'en dit estre, & sur tout aux Mores, & plus noirs que tous les autres. Ie ne m'amuseray
à vous descrire les monstres qu'aucuns se sont pleuz à vous representer, veu que ie
fauldrois, en vous le disant, n'en ayant rien veu: ouy bien de quelques poissons, &
peaux de bestes, comme desia ie vous en ay descrit, que i'ay remarquez, courant fortune en l'Ocean le long des costes d'Afrique, visitant la Guinee & l'Ethiopie: lesquels y
sont grands & monstrueux, & tout differents à ceux qu'on voit en la Mediterranee, ou

en la mer Maiour, ou celle qu'on dit Caspie. Entre autres l'*Vtelif*, qui a comme vne
scie sur le front, longue de trois pieds, ou plus, & large de quatre doigts, & ses poin-

ctes des deux coftez fort aigues,dont en ay vne en ma poffeffion. Or vous l'ay-ie bien
voulu reprefenter au naturel,encores que Rondelet & autres fe foient efforcez de l'effigier : & ce d'autant qu'ils fy font merueilleufement trompez, pour ne l'auoir veu
comme i'ay fait : lequel au refte n'eft pas beaucoup different de l'Arque , fauf qu'il eft
efcaillé,& l'Arque eft reueftu de cuyr comme vn Marfouyn,ou Chien de mer. Et me
fouuient,qu'eftant foubz la Zone torride,i'en ay veu d'vne autre efpece,que les Indiés
nomment *Aquoin*, qui fignifie en Morefque Moufche, la langue duquel eftoit quafi
femblable à la corne dudit *Vtelif*, hors mis que fes dentelettes n'eftoient fi drues,ne fi
pres à pres : qui pourroit auoir efté caufe d'en faire abufer quelques vns,& prédre l'vn
pour l'autre.Mais auffi à la verité,il ne fe peult faire que toute forte de poiffon fe trouue en toutes mers.Car,qu'il foit ainfi,voyez fil y en a d'autre que ledit Ocean, qui dône de ces Dorades,grandes comme vn Saulmon:des Albacores,qui furpaffent en gran
deur le Marfouyn:des Merluz,Baccalees,Manatis,& defdites Arques, qui eft vn poiffon de plus de deux toifes de long,& des plus delicats,lequel porte comme vne efpee
à deux mains fur fa tefte, dure & aigue , dequoy il combat les autres , eftant auec cela
bien armé de dents fortes & poinctues , & la tefte faicte comme celle d'vn Sanglier,
fauf qu'il n'a point d'oreilles. C'eft auffi au feul Ocean,que fe trouuent & pefchent les
Baleines,& encores non pas par tout : d'autant qu'vn endroit abonde d'vne efpèce de
poiffon, & l'autre d'vne autre, chacun diuerfifiant fes nourriffons : de façon que vous
irez bien cent lieuës en mer où vous en verrez d'vne forte , & l'ayant paffé n'y en ap-
perceurez pas la queuë d'vne de mefme. ce que i'ay experimenté fouuentefois, non
feulement là,ains fur la Mediterranee & ailleurs. Auffi (comme i'ay dit) il aduient en
la mer comme en la terre ,laquelle felon les lieux porte ou reiette certaines femences,
l'vn terroir eftant bon pour les fruicts, & refufant les grains : les autres pour le fourment , & les autres pour les feigles , chacun eftant affecté particulierement à quelque
chofe qui fymbolife à fon naturel & force.En l'Afrique on vfe de diuerfes langues fe-
Diuers lon la diuerfité des nations : combien que ceux qui nous font les plus voifins, retien-
Langages en nent encor quelque traict de l'ancien langage dont vfoient les Africains, auant que
Afrique. les Arabes fy entremeflaffent : & l'appellent *Aquel Amarich*, qui fignifie langue noble,toute differente aux autres : finon que vous entendez beaucoup de mots Arabes, à
caufe de la frequentation qu'ils ont enfemble, ainfi que vous voyez en Efpaigne plufieurs dictions Barbarefques y eftre demourees dés le temps que les Mores tenoient
vne partie d'icelle. Quelques vns parlent Arabe, mais corrompu. Es Royaumes des
Noirs,comme en *Gualate,Tombut,Guinee,Mely & Gago*,ils vfent d'vn langage,qu'ils
nomment *Sungai*, plus difficile & moins articulé que pas vn des autres : & aux prouinces de *Cano,Chefene,Perzegreg,& Guengre*, ils fuyuent ceux de *Guber*,lefquels commencent à gazouiller vn peu l'Arabe mal prononcé, & tout corrompu. A Nubie ils
meflent l'Arabe auec le Chaldee,fort peu changé, d'autant qu'ils ne frequentent prefque auec perfonne,eftans bornez de grandes montaignes & de fleuues.Ceux de *Mar-*
roque, Fez, Su, Tremiffan, Thunes & Alger , & autres regions qui font de la Numidie
& Mauritanie, ont leur langue Barbarefque, iaçoit que plufieurs auiourdhuy parlent
Efpaignol,pource qu'ordinairement ils font auec eux.Quant à celle des Abyffins,elle
approche du Chaldee,ainfi que i'ay defia dict:& de ceux qui tirent vers le Su,comme
ils font efloignez de toute conuerfation , & que peu de gens y defcendent , fi ce n'eft
pour y prendre eau douce, on ne fy eft amufé , ains pluftoft f'eft on fait entendre par
fignes,que de parlementer.Priant icy le Lecteur de ne f'efmerueiller,fi i'ay mis par cy
par là plufieurs mots, fuyuant le langage de ces Barbares, qui different ainfi, felon les
Royaumes, regions & prouinces, de prononciations en leur parler : ne me fouciant

de ce qu'vn homme docte, tant cognu en l'Europe, a mis par escrit en quelque liure
qu'il a fait imprimer, que toute l'Afrique & Barbarie est tenue de la langue Arabique,
& tous soubz la loy de Mahomet, approchans à la vulgaire & Grammatique : & que
le different n'y est non plus que le Latin & l'Italien. Chose que ie n'accorderay iamais,
non plus que ce qu'il dit au mesme liure, que les Abyssins vsent des lettres propres Indiques : ioinct aussi qu'il y a cinquante Royaumes en ladite Afrique, possedez par de
grands Rois & Roytelets, mesmes plusieurs Royaumes d'idolatres, qui ne cognurent
onc la loy dudit imposteur. Voyla toute l'Afrique au long & au large, auec toutes ses *Conclusion*
dimensions, longitudes, latitudes & eleuations, terre ferme, montaignes, riuieres, lacs *de l'Au-*
& estangs, & les isles qui luy sont adiacentes: ensemble l'obseruation des mots propres *theur The-*
des bestes, oiseaux, poissons, & fruicts, tels qu'ils ont portez autrefois, & desquels on *uet.*
les nomme à present. En oultre, vous y voyez ceux, de qui la plus part des peuples
sont descenduz, quelles sont leurs façons de faire, & en quoy ils abondent, & par qui
les villes plus fameuses & renommees ont esté basties, que i'ay apprins de ceux du
païs, & de quelques Esclaues, qui ont voyagé les vns trente ans, les autres quarante, les
autres plus, les autres moins, auec lesquels i'ay conferé en diuers endroits, aux quatre
parties du monde, ausquelles auec la grace de mon Dieu, me puis vanter auoir
esté, visité, & veu, quasi dixhuict ans entiers, estant absent de la France. Et
en somme, comme le tout s'y comporte, soit és solitudes, ou és plaines habitees, ou par les vallons, ou en l'aspreté des montaignes
inaccessibles. Qui sera cause, que passant en Asie, ie tas-
cheray de donner vn pareil contentement au Lecteur, auec esperance de ne laisser en pour-
suyuant, nostre riche Europe, & ceste grande estendue de terre de l'Antarctique
en arriere.

FIN DE LA DESCRIPTION
D'AFRIQVE.

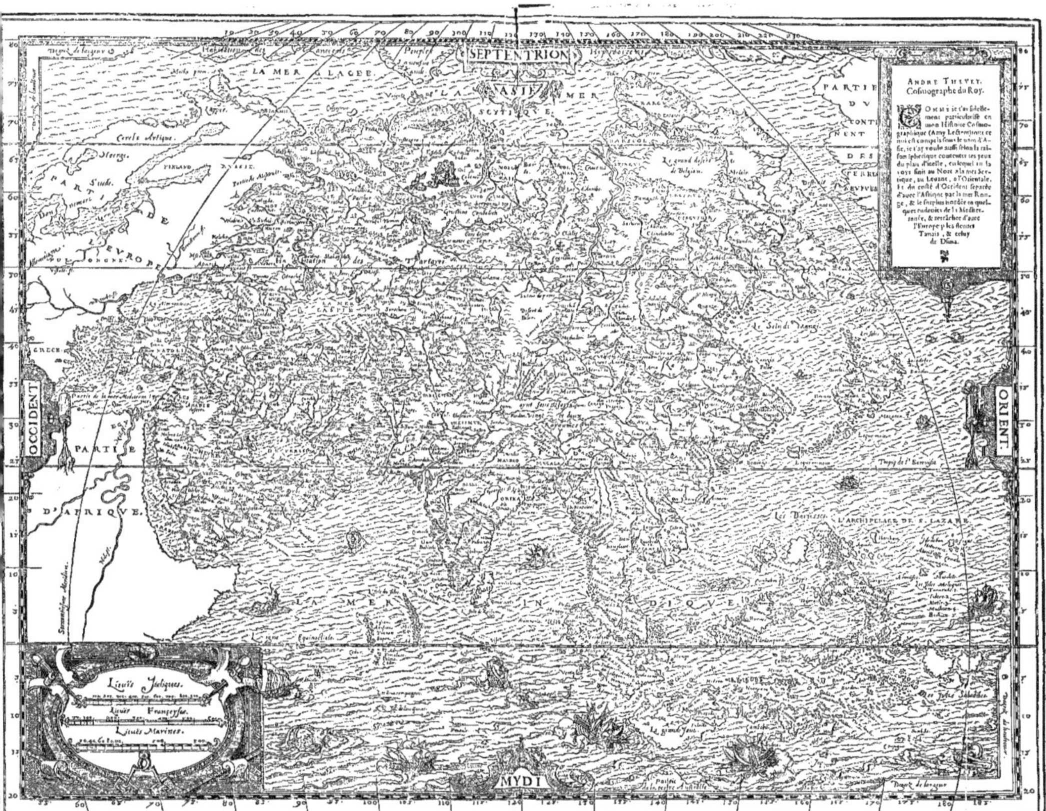

SEPTENTRION

ASIE

OCCIDENT

ORIENT

MYDI

LA MER GLACEE

LA MER SCYTHE

PARTIE
DV
CONTI
NENT
DES
TERRES
NEVVE

EVROPE

GRECE

PARTIE
D'AFRIQVE.

ANDRE THEVET
Cosmographe du Roy.

Lieues Iapiques.

Lieues Françoises.

Lieues Marines.

A PARIS, chez Guillaume Chaudiere, Ruë S. Iaques, à l'enseigne du Temps & del'Homme Sauuage.   1 5 8 1.

COSMOGRAPHIE
VNIVERSELLE DE
ANDRE THEVET,
COSMOGRAPHE
DV ROY.

TOME S COND.

DESCRIPTION DE L'ASIE.
LIVRE VI.

Du mont Synai, *des trois* Arabies, & *choſes memorables contenues en icelles.* CHAP. I.

ORTY QVE vous eſtes d'Egypte, & venez à entrer dans les deſerts de Suez, aucuns commencent à meſurer l'Arabie, laquelle eſt diuiſee en trois, à ſçauoir la Petree, la Deſerte, & celle qu'on appelle Heureuſe. C'eſt donc la prouince, qui ſ'offre dés que lon ſort d'Afrique, pour donner commencement à l'Aſie, laquelle i'ay deliberé pourſuyure, non du tout ſelõ les tables de Ptolomee, pource qu'il n'a pas tant deſcouuert de païs que moy, & comme i'en diſcourray, ſ'il plaiſt à Dieu. Or la premiere eſt celle que les Arabes de la contree appellent en leur patois *Rahhal Alha-* *Arabie* *ga,* & nous Petree : laquelle a prins ſon nom d'vne ville ancienne, diễte *Petre,* en la- *Pierreuſe.* quelle ſe tenoient lés Rois d'Arabie, qui iadis ont ſubiugué & tenu la Damaſcene en Syrie, & faiẽt de grandes guerres aux Iuifs: & non pas, ainſi que pluſieurs ont penſé, de ce qu'elle eſt pierreuſe, quoy qu'elle ſoit ſterile en pluſieurs endroits. La ſuſdite ville eſt en la region de Moab, nommee des Hebrieux *Selan,* ſiege des Rois Moabites, ſortis de la race de Loth: que l'Eſcriture ſainễte appelle autrement, Pierre du deſert, aſſiſe en vn lieu amene & plaiſant, où les eaux viues ſont perpetuellement, enuironnee au reſte de montaignes & deſerts. Ceſte region eſt cloſe de tous coſtez ou de mer, ou de montaignes, ou de grands deſerts, veu que vers l'Orient & Midy, les monts de la Deſerte & de l'Heureuſe ſ'eſtendent ſi longuement, que ſi ce n'eſtoit la mer Rouge qui en fait quelque relaſche, on diroit que c'eſt le mont Atlas, faiſant ſes circuits en Afrique: combien que tirant au Nort, elle viſite vn meilleur païs, allant iuſques au lac *Aſ-*

C

phaltite, & a l'Egypte à fon Occident. C'eſt en ceſtecy, que lon voit les deſerts, où Moyſe guida les enfans d'Iſraël par l'eſpace de quarante ans, laquelle auſſi on appelle Nabathee : & veritablement en ceſte Petree ont eſté traiĉtez les plus grands myſteres que nous ayons en noſtre Religion. Là eſt ce grand deſert, qu'aucuns ont appellé Mer de ſable, pour les grandes areines qui y ſont : n'eſtant ſans cauſe, que lon les appelle ainſi, veu que nous n'y trouuaſmes ne ville ny village, non vne ſeule maiſon, où pouuoir recourrer vn morceau de pain, & autres rafraïſchiſſemens : ce qui contraint ceux qui voyagent des Indes & haulte Ethiopie vers la Terre ſaincte, comme nous fiſmes, d'aller pourueuz de toute ſorte de viures, iuſques à l'eau, pour eux & pour leurs beſtes, ſils ne veulent mourir de faim. Toutefois ſi ſe trouue il beaucoup de Chreſtiens, Iuifs & Arabes, qui en font plus de compte, quelque infertile & mal plaiſante qu'elle ſoit, & la tiennent plus pleine de choſes rares & ſingulieres, principalement où ſont les montaignes, que n'eſt l'Egypte auec ſes Pyramides, ny l'Heureuſe auec ſes odeurs & richeſſes : attendu qu'elle a nourri pres de quarante ans Moyſe fugitif, en ſa ville Madian, que les Arabes du païs nomment *Salaboni*, à preſent deſerte, ruinee, & ſans peuple, & non trop eſloignee de la mer Rouge. C'eſt là, que vous voyez ce mont tant

Mont de Sy-nai, & ſin-gularitez d'iceluy. renommé Synai, ou Caſſie, duquel la memoire ne ſera iamais abolie, tant pource que noſtre grand Dieu y apparut à Moyſe en vn buiſſon, dequoy il porte auſſi le nom (veu que les ronces, eſpines & buiſſons ſont contenuz par les Hebrieux ſoubz ce mot, *Syna*, ou *Gebel-Thor* en langue des Arabes de ces païs là) que pourautant qu'en luy la Loy fur donnee audit Moyſe, & infinité de miracles faiĉts, ainſi que le Chreſtien peult voir, liſant les ſainĉts liures du Pentateuque. Munſter & autres parlans dudit mont, ont mis par eſcrit, que lon voit ſur iceluy la ſepulture du grand Pompee : choſe mal conſideree à eux, attendu qu'apres ſa mort par le commandement de Ceſar, ſon corps fut mis & enſepuely en vn temple d'Alexădrie d'Egypte : en memoire de quoy luy fut erigé vne tref-ſuperbe Colomne, laquelle ie vous ay repreſentee en autre lieu.

Ignorance de quelques baſtiſſeurs d'Hiſtoires. Dauantage, ces gentils faiſeurs de liures à credit, ont forgé vne autre bourde la plus gaillarde du monde, ſe perſuadans, qu'en ceſte Arabie les vents y ſont ſi grăds & iournaliers, qu'ils ruent par terre les paſſans, leſquels à meſme inſtant par ces forces & tourbillons ſont couuerts de ſablons : & ce ſont ces corps qu'ils diſent eſtre les bonnes Momies : Voulant bien aduertir le Lecteur, que pour certain ces conſiderations ſont tres faulſes, pource qu'il n'en eſt rien : ioinĉt, que i'ay veu le contraire de toutes ces raiſons aſſez mal fondees, comme aſſez amplement pourrez lire au chapitre que i'ay faiĉt des Momies. Pareillemĕt de ce q̃ quelques vns de noz Anciens & Modernes ont mis par eſcrit, que ceux qui paſſent ces deſerts, vſent d'inſtrumens de la marine, pour ne ſ'eſgarer, & ſ'en aider pour leur guide, ie vous dy que i'ay paſſé ceſte Arabie par deux fois, & auions pour conducteurs de noſtre Carouanne, comme c'eſt la couſtume, deux Capitaines Arabes, ſoudoyez par ceux de la compaignie, pour reſiſter aux occurſions des troupes de leurs compaignons voleurs : mais ie ne leur vey onques, ny ouy iamais parler, qu'ils vſaſſent d'Aſtrolabes, & encores moins d'aucune Carte marine, ny de nulle autre demonſtration, ſi n'eſt la naturelle, comme eſtans de long temps vſitez aux chemins : & ſi ne m'apperceu iamais d'aucun tourbillon de vent, & moins d'vn ſeul corps mort ſur les ſablons, hors mis quelque nombre de noſtre troupe, que leſdits voleurs qui eſtoient à toutes heures à noſtre queuë, occirent à coups de fleches, de dards, & de lances de Canne : vous pouuant aſſeurer d'vne choſe, que n'euſt eſté le bon Dieu qui me fut fauorable, i'euſſe demeuré ſur la place auſſi bien que ſix Grecz, trois Armeniens, & vn Abyſſin, veu le grand coup de fleche que i'euz à la cuiſſe droiĉte, apres m'auoir ruè par terre de deſſus le Chameau ſur lequel i'eſtois. Pres du pied de ce mŏt vous trouuez à present vne Religion de Moynes, qui sont de bonne conuersation & saincte vie, fondee iadis par le grand Iustinian Empereur : & disent les Grecs estre le premier monastere de leur Religion : car d'autres Ordres n'en ont ils point, & ne voulurent onc les Empereurs Gregeois, Trapezontins, & autres Princes & Seigneurs, que celle de S. Basile, Euesque de Cesaree en Cappadoce, lequel institua sondit ordre de Moynes en Orient, en l'an de nostre Seigneur trois cens octante : par lequel il faisoit vouër chasteté à ceux qui s'y rangeoient: mesmement ceux qui vouloient faire profession en iceluy, n'estoient receuz, s'ils n'auoient attaint l'aage de vingthuict ans. Autant les filles, qui vouöient chasteté. Au commencement ils auoient fait vœu de pauureté, & ne possedoiët vn poulce de terre: mais voyát leur Patriarche que c'estoit vne chose insupportable, & que lors la mendicité & pauureté estoit si grande enuers eux à cause des heresies, il fut ordonné par le cösentement du Clergé & des Empereurs, qu'à l'aduenir ils possederoient rentes & reuenuz: & suis asseuré qu'il n'y a gueres auiourdhuy monastere de l'ordre de ces Basiliens, qui ne soit tresbien renté, cöme sont les moynes de S. Benoist de pardeça. Ces bons peres sont tous fort vieux, portans longues barbes, leurs habits parfumez, & sont ordinairement affligez des Arabes, voire battuz & tourmentez, comme i'ay apperceu de mes propres yeux. Ce en quoy ils trauaillent le plus, c'est à faire de beaux iardinages, où se trouuent force Simples, & herbes medecinales: Et ces iardins, ainsi que tiennent ces moynes Grecs, sont le lieu, auquel Aaron feit fondre le veau d'or, & l'exhiba au peuple qui l'adora. Non loin de là se spand vn grand & large rocher, où l'on dit que Moyse voyant l'idolatrie du peuple, ietta les tables que Dieu luy auoit baillees, lesquelles il brisa & meit en pieces: Et puis apres est le roch ou pierre, sur laquelle Moyse frappa pour donner de l'eau à son peuple : laquelle est seule, & esloignee du tout de la mötaigne, & parmi la siccité des areines, comme i'ay veu, à fin que les infideles n'attribuassent à la Nature ce qui est surnaturel & rempli de grand miracle. Ie fus audit monastere, en l'Eglise duquel reposent les ossemens de saincte Catherine, en vn tombeau qui est dedans le cœur à dextre, tout faict de marbre bien poly & lissé : où ie puis dire auoir veu aller des Arabes & autres Mahometistes, auec autant de reuerence & deuotion, faire leurs oraisons, que les Chrestiens : non que pour cela ils soient plus gracieus : mais au contraire, se tenans aux montaignes comme ils font, ils rançonnent & pelerins & moynes, qui sont tous les iours contraincts leur departir de leurs viures, s'ils veulent auoir paix & repos. Quelques vns, parlans de ce tombeau, ont dit & mis par escrit, qu'il rendoit de l'huyle : ce que toutefois est faux, ayant veu le contraire. A ce costé mesme vous voyez vn huis, qui va à la chapelle, qu'ils appellent du Buisson, à cause qu'ils tiennent, que ce fut là que Dieu apparut iadis à Moyse au buisson ardent. Il y a aussi en ce monastere vne fontaine d'eau viue, ou Cisterne, qui sert tant aux voyageurs qu'ausdits moynes. Pres de Synai est le mont Oreb, tant celebré en l'Escriture: pource que c'est en luy que Moyse abbreuua le peuple, & où Helie feit sa penitence de quarante iours, sans prendre substance quelconque. Or y en a il, qui ne les diuisent aucunement, combien qu'il y ait assez bonne distance, non seulement de sommet, ains encor de pied & racine : ioinct aussi que Synai est beaucoup plus haulte qu'Oreb, voire que tout tant qu'il en y a en Arabie : & fort spacieuse en son feste & sommité. On voit là sur vn rocher comme l'impression d'vn corps, si bien effigié que rien plus, & diroit on qu'on l'y a engraué aussi facilemët, comme lon feroit sur de la cire. De dessus ceste montaigne auant nous contemplions à nostre aise le païs voisin, & les vaisseaux voguans sur la mer Rouge, laquelle n'en est qu'à deux iournees ou enuiron : que nous appellons Goulfe ou Sein Arabique du costé de l'Ouest, & vers le Leuant, Sein & mer Persique. Nous en voyons aussi les haults

monts de Thebaïde, où tant de bons Peres ont fait penitence : pareillement les deferts
de *Helim, Abarim, Nebo*, & le champ de Moab. Cedit mont faifoit iadis la feparation
des Moabites, Ammonites, & des Amorrheens : & eftoit la terre que l'on difoit de Promiffion, où Moyfe mourut, qui depuis fut enterré au champ de Moab, au bas de ladite montaigne. Nous fufmes conduits en tous ces lieux de deuotion : mefme au pied du
mont Oreb, ie vis vne Chapelle du Prophete Elie, & vne autre d'Elifee. Les Bafiliens
Maronites me dirent, mefmes tous Mahometans le croyent, que c'eftoit le lieu, où fe
retiroit ledit Prophete Elie, eftant pourfuyui de Iezabel, qui le vouloit faire mourir,
apres l'occifion des quatre cens cinquante faux-Prophetes de Baal. De là nous fufmes
voir vne cauerne, en laquelle Moyfe demeura, & ieufna quarante iours & quarante
nuicts, deuant receuoir les Commandemens de Dieu. Au deffus de ladite cauerne ou
grotefque, le feu Soldan d'Egypte fit baftir vne fort belle Mofquee : & eft la retraicte
d'oraifon de tous les Mahometans. Ie vous ay bien voulu icy reprefenter ces deux
monts au naturel, les plus dignes de l'Vniuers, fur le creon que i'en ay fait eftant fur le
lieu, auec les lieux les plus remarquables, fuyuat l'Alphabet des lettres qui f'enfuyuet.

Table de ce qui eft contenu en la prefente Figure.

SAINCT MONASTERE, ou Monaftere de Grecs.		MONT OREB.	MONT SYNA.
A. La Mofquee.	F. Le Cemetiere.	H. SS. Cofme & Damian.	M. La Quarantaine.
B. L'Eglife.	G. La Fontaine.	I. Les Apoftres.	N. Mont d'Aaron.
C. Logu des Caloires.		K. S. Helie.	O. Le Defert.
D. Logis des Turcs.		L. Mont de Moyfe.	P. Roche d'eau.
E. La Cour.			Q. Petit Monaftere.
			R. La Cifterne.
			V. Le lieu du Veau d'or.

Dauantage il y a en cedit mont vne belle fontaine, nommee la Fontaine de Moyse: à laquelle comme moy & mes compaignons voulsissions aller boire de l'eau, à cause qu'estions fort alterez, ces poltrons de *Deluis* & *Santons*, qui gardent là, nous donnerent à chacun, plus de quinze coups de bastonnade, crians, hurlans, & nous disans mille iniures, iusques à nous reprocher, que nous qui estions chiens, & separez de leur religion, n'estions certes dignes de boire de ceste eau. Et non sans cause estions alterez, pour auoir esté du monastere iusques au sommet dudit mont: où y peult auoir pour le moins quelques cinq mille six cens degrez, & où il fault faire en montant, mille contours & vireuoltes. Nous y vismes des choses merueilleuses, & force masures, & beaux edifices, le tout ruiné par les Arabes. C'est en ceste region Petree, que furent iadis les Agarenes, dicts ainsi, ou de la chambriere d'Abraham, nommee Agar, ou d'vne ville qui y estoit du temps que l'Empereur Traian feit ceste prouince tributaire aux Romains: lesquels sont tenuz de plusieurs, & non à tort, pour ceux mesmes qu'on a appellez Sarrazins, qui neantmoins se vantoient d'estre enfans d'Ismaël, & toutefois de Sarra espouse legitime: combien qu'ils ayent prins leur nom de *Sarraca*, ville ancienne audit païs, que quelques vns, vsans de lettres interposees, ont appellé *Sambrace*; & par consequent estoiét Arabes, sortis de l'Arabie Petree, plus populeuse iadis qu'elle n'est à present (comme lesdits Arabes s'en vantent, & m'ont dit l'auoir par escrit dans leurs anciennes Histoires) laquelle a plus inquieté l'Empire Romain, voire toute la Chrestienté, que pas vne des nations qui se sont employees à sa ruïne. A ceste region pleine de miracles, & où Dieu a iadis manifesté sa maiesté au peuple Hebrieu, soit en grace, soit en rigueur, punissant leurs faultes, est voisine la seconde Arabie, qui porte le nom de Deserte: laquelle est ainsi nommee, non pource qu'elle soit du tout telle, mais pour autant qu'elle est moins habitee que les autres, à cause des grandes solitudes qui l'enuironnent & embrassent. Elle a du costé du Su l'Arabie Heureuse: vers le Ponent, la Petree: & tirant à l'Est, la mer Rouge: & vers le Nort, le fleuue d'Euphrate, & l'Assyrie. Ceste cy & la Petree ont esté dictes des Anciens, Scenites, c'est à dire, habitans en pauillons, à cause que de tout temps ce peuple a esté vagabond & coureur, ne s'arrestant iamais en vn lieu, & qui à la façon des Tartares, & anciens Numides, habitoient soubz des tentes, comme encore ils en gardent la coustume: desquels i'espere vous parler en la description que ie feray des isles qui sont dans le sein Persique, attendu qu'il y a deux ou trois prouinces en icelle, qui marchisent audit sein, subiettes au Roy Sophié, telles que sont *Agiaz*, *Rach*, & *Tif*, & vont si pres de *Bagadath*, & des solitudes de *Palmyrene*, d'où iadis estoit Royne celle Zenobie, qui fut vn long temps l'espouuantement de l'Empire Romain, qui à present s'appelle *Diarbech*, que ces volleurs Arabes ne laissent coing de Leuant depuis l'Euphrate iusques à la mer Mediterranee, où ils ne se facent voir. Ils sont & vont fort proches de Damas & du mont Liban: qui fut cause, que iadis les Rois d'Arabie commandoient à ladite ville, ainsi que pouuez recueillir par le tesmoignage de l'Apostre. En plain païs, soit que vous alliez à la Damascene, ou que vous tiriez vers la Petree, vous n'y voyez que deserts: mais si vous tirez à l'Est, ou Soleil Leuant, & regardez le sein de Perse, le païs est assez peuplé, & les habitans ne sont du tout si meschans que ceux qui se tiennent par les solitudes, & vaguent par les montaignes. Que si vostre chemin s'addresse plus auant, tirant au Midi vers l'Arabie Heureuse, ceste Deserte mesme vous presente les villes du faux Prophete Mchemet, à sçauoir *Medinne Talnabi*, & la *Mecque*, à cause qu'elle fine à *Zidem*, droictement soubz le Tropique de Capricorne. Ceste Deserte donc s'estend plus beaucoup que ne fait la Petree. Au reste, tous ceux qui se disent alliez & parens dudit Prophete, ou qui se vantent d'estre de son païs, n'ont autre saincteté en eux, que de piller, rober, & vol-

l'Arabie Deserte, & ses aboutissans.

Medinne Talnaby & Mecque.

C iij

leurfi qu'il n'y a nation qui fe puiffe exempter de leur furie. Les Turcs qui tombent en
leurs mains, font tuez fans nulle merci, qui leur rendent fouuentefois la pareille:où
fi lefdits Arabes prennent vn Chreftien, de quelque nation qu'il foit, ils le defpouillent bien en chemife, le renuoyans nud & allegé de toute charge, mais cela fe fait fans
le tourmenter autrement, battre ne tuer, fi lon ne fe deffend contre eux. Et la caufe de
cefte haine inueterée entre ces deux nations fubiettes à vn mefme Seigneur, ils la difent eftre telle: Qu'autrefois l'armee Turquefque venant de fubiuguer le païs d'Armenie, & vne partie de Perfe, s'approcha de l'Arabie: où fe trouuât vne compaignie prefque innombrable de peuple, qui auoiét planté leurs pauillons pour fe repofer, ils furent fi gentiment accouftrez & feftoyez des Turcs, qu'il n'en fut laiffé pas vn en vie. Ie
ne doute pas qu'ils ne fuffent là pour iouer quelque tour Morefque au Turc: mais auffi furent ils furpris, & chaftiez (fi ainfi eftoit) felon leur defferte. Et de là eft venue cefte inimitié fi grande, que le Turc trouuant l'Arabe, & l'Arabe le Turc à fon aduantage, il le tue fans en auoir merci, non plus que d'vne befte: cefte impreffion de haine
eftant tellement enracinee en eux, qu'il femble que l'enfant fucce auec le laict de fa
nourrice le defir d'efpandre le fang. Mais ie ne fçay bonnement lequel vault mieux
des deux, ayant affez de fois faict l'experience, tant de l'vn que de l'autre: d'autât qu'ils
ne s'entre-aiment point plus que font les Margageatz, Toupinanquins, & Tabaiarres
de l'Antarctique, lefquels il eft impoffible de reconcilier enfemble, tant ils font acharnez. Il eft bien vray, qu'il y a quelque peu de raifon en ces Arabes, veu qu'ainfi que i'ay
ouy raconter à certains vieillards, auant que Sultan Selym print le païs d'Egypte, &
feift fi grande deffaicte de Mammeluz, la haine n'eftoit telle: mais depuis qu'ils veirent auec quelle furie ils les pourfuyuoient, & que rien ne demeuroit en vie deuant
ces Turcs inhumains, ils penferent en eux mefmes qu'ils feroient bien ladres, s'ils ne
s'en reffentoient. C'eft la caufe, pour laquelle ils errent & vaguent çà & là, n'ayans maifon ny habitation certaine, quoy qu'il y ait des villes audit païs, lefquelles pour cela
ne reftent d'eftre habitees, ainfi que font *Medinna Talnaby, Mecque, Rabon, Mogal,
Gaibar, Badrahenen, Muy, Muchi, Siangar, Lazame, Mifart,* & bon nombre d'autres aux
Royaumes d'*Herit, Dimin, Mafcalat, Anna, Elcaliph :* mais elles eftans incapables de
tant de peuple, ne fault feftonner, fi tout le refte fe tient par les folitudes & aux montaignes, comme en celles de *Thema, Zimas, Sabel, Adary,* & autres en ces mefmes païs
entre les deux mers de Perfe & d'Arabie. Les Arabes donc de la Petree & Deferte, fi
peu qu'il y a en la fubiection du Turc, font mal complexionnez & voleurs, gens viuans fort efcharcement, à caufe de la fterilité du païs, veu que vous cheminerez & fept
& huict iournees, fans trouuer arbre ny verdure, & auffi peu d'eau. Ie fçay bien qu'és
vallees il s'y en trouue, & quelques fruicts, à caufe qu'il y pleut fouuent, quoy que plufieurs des Anciens & Modernes ayent voulu maintenir le contraire, pource qu'ils ont
ouy dire, qu'on ne trouue rien par les deferts: mais auffi ne fault il tirer en confequence, que ce foit tout defert, veu qu'il y a des lieux és vallons & efcoulemens des lieux
haults, où vous voyez l'herbe auffi drue & frefche, qu'en lieu du monde, & c'eft là où
ils fe retirent apres leurs courfes, pour fe rafraifchir, & leurs cheuaux & chameaux,
veu que la plus part de ces voleurs font gens de cheual, & des plus adroits qui fe trouuent foubz le Ciel. Cefte contree gift à feptantetrois degrez trente minutes de longitude, & de latitude trentefept degrez auec trente minutes. Au milieu de cefte grande
folitude prefque, nous trouuafmes vn puyts trefprofond, lequel foulage fort les paffans qui tirent vers la mer Rouge: & ioignant iceluy il y a encor des ruines, qui monftrent que iadis il y a eu quelque ville. Ses montaignes feftendent iufques en Affyrie
& vers le goulfe *Mefame,* qui eft au fein Perfique, là où elle eft plus belle & fertile

*Arabes
voleurs &
mal comple
xionnez.*

qu'ailleurs, reſſentant quelque choſe de la douceur de Meſopotamie, de laquelle elle
eſt voiſine, comme celle qui va baiſer les ondes du grand fleuue Euphrates. Reſte la
troiſieme Arabie, que nous appellons Heureuſe, pource que c'eſt en elle, où croiſſent _De l'Ara-_
les arbres aromatiques, qui portent l'Encens. Elle eſt faiĉte en peninſule, eſtant arrou- _bie Heureu-_
ſee du coſté de l'Eſt par le goulfe d'_Ormuz_ : vers l'Oueſt, de la mer Rouge : vers le Su, _ſe._
au cap de _Fartach_, & Royaume d'_Adem_ : & ce qu'elle a de continent, tirant au Nort,
eſt borné des montaignes de _Theama_ & _Maſcalat_, qui la ſeparent de l'Arabie Deſerte. Bien eſt vray, que du coſté de la mer Rouge elle ſ'eſtend iuſques à la Petree : qui a
eſté cauſe, que pluſieurs ont voulu dire, que la Mecque eſt de l'Heureuſe, & non point
de la Deſerte : à quoy ie ne feray guere grande reſiſtance, quoy qu'il me ſemblaſt que
le port pres de _Zidem_ fait la ſeparation de l'vne & de l'autre. Et mon plus grand argument eſt, que le Turc n'eſt point du tout Roy ou Seigneur de ceſte Arabie, ains y en a
pluſieurs, comme celuy de _Iamin_, de _Fartach_, & de _Maſcalat_, qui ne recognoiſſent
perſonne. Quant à celuy d'_Adem_, il eſtoit iadis tributaire du Roy de Portugal : combien qu'auiourdhuy il eſt en l'entiere poſſeſſion du Turc, comme ie vous ay dit ailleurs. Du coſté du goulfe de Perſe vers le cap de _Reſalgat_, & de _Macandon_ (l'vn deſquels eſt à vingtcinq, & l'autre à vingthuiĉt degrez de latitude) ce Roy d'_Adem_ eſtoit
auſſi tributaire au Roy Perſan : qui fait, qu'encore qu'il ſuyue l'Alcoran, ſi eſt-ce qu'il
n'oſeroit punir ceux de ſes ſubieĉts, qui ſuyuent la ſeĉte de _Haly_, de laquelle le Sophy eſt defenſeur. Ce Roy de l'Arabie Heureuſe auoit guerre ordinaire contre les A-
byſſins, leſquels faiſoient des courſes ſur les vaiſſeaux iuſques en Arabie, & pilloient
les iſles voiſines. A preſent chacune prouince a ſon Viceroy, ainſi l'ayant ordonné le
Sophy en ce qu'il poſſede, pour tenir le peuple en ſon obeiſſance, & le rendre plus
prompt à le ſeruir. Vous y auez le Royaume d'_Aman_, la ville capitale duquel ſ'appelle _Maru_, & _Zeidi ſaraſdim_ : celuy d'_Almacharama_, diĉt autrement _Maiambé_, celuy
de _Sabara_, & la principauté d'_Aloer_, & le Royaume de _Zibith_, qui prend ſon nom
d'vne riuiere qui vient des montaignes Arſemiennes, & paſſe pres la ville principale
dudit Royaume : auec vn nombre infini d'iſles qui ſont le long de la mer d'Arabie,
comme celle qu'ils nomment _Hieracie_, c'eſt à dire, iſle aux Eſpreuiers. Vers le goulfe
appellé _Sachalite_, eſt l'iſle _Agremo_, en laquelle tous les habitans preſque ſont Chreſtiens : & encores qu'ils ſoient ſoubz la ſubieĉtion des infideles, ſi viuent ils en aſſez de
liberté, ſans qu'on donne aucun empeſchement à leurs façons de faire & exercice de
Religion, ny au trafic de marchandiſe. C'eſt en ceſte Arabie qu'eſtoit baſtie iadis la
ville de _Saba_, non celle d'où eſtoit venue ceſte Royne qui alla voir Salomon en Iudee : veu que ceſte cy eſt Orientale, & l'autre ſelon le texte meſme de l'Eſcriture eſt Auſtrale. A preſent ce n'eſt qu'vn village, comme auſſi preſque toutes leurs villes ſont
ſans cloſture, à la façon de noz hameaux de pardeça : nonobſtát qu'il ſoit riche & fort
frequenté, à cauſe de l'Encens qui y croiſt le meilleur de toute l'Aſie : & c'eſt la raiſon
pourquoy ceſte region a eſté appellee Heureuſe & ſacree, d'autant que ce que l'on offre à Dieu, y croiſt, & ſ'y leue plus qu'ailleurs, & en plus grande perfeĉtion. Auſſi eſt
ce terroir fort fertile, & ce qui luy eſt voiſin, pource que ce ſont tous vallons arrouſez
& engraiſſez par les montaignes prochaines, & vne infinité de ruiſſeaux, grádes & petites riuieres qui en decoulent. Sur tout, ce païs eſt riche du coſté d'Adem, à cauſe que
c'eſt l'eſchelle de toutes ſortes de marchandiſes. Il ſe conte mille fables de ceſte Arabie Heureuſe, & n'ont eu honte les ignorans de noſtre temps, de mettre par eſcrit dás _Fable de_
leurs menteurs de liures, qu'il y croiſt de treſbonne Canelle, & Arbres portans toutes _A. Mat-_
ſortes d'eſpiceries : choſe auſſi fauſſe, que ce que dit le ſeigneur André Matthiole, qu'il _thiole tou-_
ſe trouue en ces païs là de grands troupeaux d'Elephans, qui à chacune Lune du mois _chant les Elephans._

faſſemblent tous en troupe pour ſe lauer aux riuieres, puis incontinent eſtans bien nets, ſe mettent à genoux pour honorer les Aſtres. En quoy il ſ'abuſe, attendu qu'il n'y en a non plus aux trois Arabies, qu'en Italie, ou Turquie, ſ'ils n'y ont eſté conduicts pour faire preſent à quelques Rois ou Seigneurs. Adiouſtant oultreplus ce docte Medecin, que ce grand animal ne permettra pour rien que lon le face entrer dans vn Nauire lors qu'on le veult conduire en autre païs eſtrange, que celuy qui le gouuerne, ne luy ait promis & iuré de le ramener où il l'aura prins : qui eſt vn traict indigne d'eſtre eſcrit, veu que ie ſçay le contraire de tout ce qu'il allegue, & pareillement ceux qui ont eſté en l'Afrique, & autres païs lointains, comme moy, peuuent auoir veu le traffic, que ces gentils Mores en font auec les nations eſtrangeres de iour à autre : où ſe trouue tel marchant qui en acheptera bien de cinq à ſix cens chacune fois, pour les conduire & vendre où bon luy ſemblera, ſans vſer de telles mignotteries ou ſingeries.

Des mœurs & façons de viure des Arabes, & Sarrazins.

CHAP. II.

ES ARABES errans & vagabonds, qui ne recognoiſſent Roy quelconque, ſi n'eſt par contrainte, ont des Capitaines pour les guider, à qui ils font honneur & obeïſſance, allans en courſe : ſans que pour cela toutefois ils ſoient plus grands que les autres, ou ayent plus de butin. Ils viuoient autrefois par familles, & en communauté de biens entre ceux de la famille (ce qu'ils n'obſeruent auiourdhuy) leſquelles eſtoient diuiſees & parties, comme anciennemēt celles des douze lignees des Iuifs. Ils eſpouſent pluſieurs femmes auſſi bien que les Turcs, & neantmoins puniſſent pluſtoſt vn qui commettra adultere contre leur ſang, que celuy qui ſ'accouplera abominablement auec les maſles, ou qui execrablement ſ'adioindra à quelque beſte, veu que ce ſont leurs vices plus communs, qu'ils appellent *Melea*, comme ſ'ils vouloient dire, choſe plaiſante & delectable : malheurté fort familiere à tous ceux de ces contrees. Où i'ay honte de l'impudence de quelques galans, qui ont donné à entendre à Munſter, que ce peuple Arabe ſ'accouple auec leurs meres & ſœurs : choſe que ie n'ouys iamais dire, eſtant aſſeuré, que ſ'il eſtoit ſceu, ils ſeroient puniz le plus cruellement du monde : n'y ayant nation en l'Vniuers, tant barbare ou brutale ſoit elle, qui vſe d'vne telle abomination. Il raconte pareillemēt, que leſdits Arabes ſont noirs : ce que veult maintenir auſſi par ſes eſcrits le Seigneur Edoard Barboze Portugaiz. A quoy ie leur reſpós qu'il n'en eſt rien, & que la choſe ſoubz correction eſt treſfaulſe, & mal entendue à eux : ne voulant nier qu'ils ne ſoient quelque peu bazanez, & de couleur oliuaſtre, comme ſont les Sauuages de l'Antarctique. Au reſte, ceux qui demeurent par les villes, viuent de riz, quelque peu de pain & de chair, quelle que ce ſoit : & les vagabonds vſent pour leur plus grande nourriture, de laittage de chameau, & boiuent de belle eau claire. C'eſt en general vne nation fort adextre & addonnee aux armes, qui ſont

Armes de ces hōmes. arcs comme ceux de Turquie, tirans auſſi de la lance, ſemblable à vn dard Biſcain, mais plus longue, qu'ils font de cannes bien fortes, auec vn fer aigu & aceré. Ils vont plus à cheual qu'autrement en guerre, & ont les meilleurs cheuaux du monde, quoy qu'ils ſoient maigres, qui endurent le plus, & auec leſquels vous faites longues cheuauchees, comme ceux qui ſont autant legers & forts qu'homme puiſſe trouuer. M'eſtant eſbahy ſouuentefois, comme il eſtoit poſſible que ces hommes les peuſſent guider ſi dextrement, attendu qu'ils ne ſont conduicts qu'auec vn ſimple licol, faict en

façon de bride, feruant à vn ieune cheual, qui n'a encores accouftumé le mords, que
les Arabes nomment *Axaguima*, & les Perfiens *Alagem* : ioinct qu'ils n'vfent d'aucunes felles, ains feulement d'vn certain coiffinet, tout femblable à vne bezace, rempli de
bourre ou poil de Chameau, lequel ils nomment *Alpharg:* fe tenans là deffus, auec la
lance de canne en main, & le Cimeterre au cofté, auffi gentiment comme pourroient
faire les Reiftres fur leurs courtaux d'Allemaigne. Et touchant le refte de l'equippage
de leurs beftes cheualines, comme le mords, gourmette, eftriers & fangles, qu'ils appellent *Alhadayda, Alkacab, Alkafôh,* & *Alhofain*, ils n'en ont aucunement : & encores
moins portent ils de corcelets, qu'ils nomment *Alhoda*, morions, ou autres telles armes pour eux, f'aydans fimplement de celles que Nature leur a donnees, encores que
lors qu'ils combattent contre les Turcs, ils ne laiffent rien qui leur puiffe feruir au faict
de la guerre. De baftons à feu, comme arquebouze, qu'ils appellent *Almocala*, & les
Mores d'Afrique *Zerbertana*, il n'en eft nulle nouuelle entre eux, non plus que de pi-
ftoles. Quant à leurs cheuaux qui vont d'vne viftesse incroyable, ils ne font iamais ferrez, fi ce ne font ceux des principaux Capitaines : & encores leurs fers, qu'ils nomment
Alfaphia, font fi minces, que vn de pardeça en poiferoit bien quatre des leurs. Ils les
acheptent aux villes, & ce par trentaines, fans eftre percez (comme ils font auffi les
cloux) les vns grands, & les autres moyens : qu'ils accouftrent puis apres à leur mode,
les perçans auec des poinçons aguz de fin acier : ce qu'obferuent auffi les Turcs, Tartares & Armeniens : & font leurs cheuaux aucunefois quatre ou cinq mois fans deferrer,
parce que allans en campagne, ils ne marchent que le petit pas, f'ils ne font côtraincts
gaigner la fuitte, lors qu'ils combattent leurs ennemis : & pour cefte caufe n'ont affaire
de Marefchal, qu'ils nomment *Adad*, non plus que de forge ou de charbon. De manger auene, ne fyuade, encores qu'ils ayent trauaillé vn iour entier, il n'en eft point de
queftion : pluftoft les hommes f'en nourriffent eux mefmes, au lieu d'autres meilleures
viandes & commoditez. Si addreffent ils cefdits cheuaux de telle forte, qu'ayans ietté vn dard ou vne lance en bas, ils leur font vn certain figne de la bouche, lequel ils
n'ont pas fi toft ouy, qu'ils fe mettent à genoux, & celuy qui eft deffus, recueille fon bafton auec fi grande dexterité & gaillardife, que prefque on ne f'en fçauroit prendre
garde. Ce qui eft contre l'opinion du fufdit Allemant Munfter, lequel dit en fa Cofmographie, que l'Arabie Heureufe abonde en toute efpece d'animaux, hors mis en
mulets & cheuaux : chofe mal entendue à luy, d'autant qu'il fe trouue des mulets bon
nombre en ces païs là, defquels ils fe feruent auffi bien que des chameaux, pour leur
trafic : & quant aux cheuaux, comme dict eft, ils en ont vne infinité. Et n'y doit on ad-
joufter non plus de foy, qu'au refte de ce qu'il raconte en fon liure quatriefme, où il
recite que ce mefme païs là foifonne en toutes efpeces d'oifeaux, hors mis en poulles
& oyfons : eftant affeuré du côtraire : & ne penfe point qu'en toute l'Afie fe puiffe trouuer Royaume, tant grand foit il, qui abonde plus en poulles, qu'ils appellent en leur
langue *Adagaga*, & de poullets, *Atoche*, & oyfons, *Hatas-elbhar*, que ce païs là. Pour
deux Medins, qui peuuent valoir deux Karolus de pardeça, i'euz d'vne vieille Arabe
foixante œufs, qui me conduirent, paffant les deferts, huict iours entiers, eftans cuits &
durs. Si ce docte Cofmographe vouloit auffi faire accroire à Theuet, ce qu'il defcrit
en ce mefme chapitre, que les moiffons fe facent deux fois l'an, i'y adioufteray autant
de foy, qu'à ce que dit Pline, qu'il f'y trouue de fins Diamans. Mais pour reuenir à
noz Arabes, ils font craints & redoutez de toutes les autres nations, tant pour eftre
aguerriz, vaillans & fort laborieux, qu'auffi pource qu'ils font fi pauures, que les vaincre, ne porte aucun profit à qui les furmôte : auffi n'y a il aucun Roy qui fe foucie guere d'aller fubiuguer leurs deferts, pource que perfonne n'y fçauroit viure, que ceux

Equippage des cheuaux Arabes.

Faute lourde de Munfter, Pline, & autres.

qui font couftumiers de telle mifere : Et ce pendant ils ne font côfcience de f'attaquer à tout le monde, attendu qu'ils ne viuent que de larrecin, & n'ont autre exercice que de piller & deualifer. Par où ils paffent, tout y eft raclé: fi qu'où ils ont feiourné quel-que temps, il ne f'y fault aller arrefter, pourautant qu'ils n'oublient rien, que ce qui ne peult eftre trouué : & fi ne demeure leur troupe longuement en vn lieu, tant pour n'y pouuoir viure, que pource auffi qu'ils craignent furprife. Ceux qui allans en la Terre fainéte, ont paffé les deferts (toutefois que ce ne foit leur chemin, attendu que l'vn eft d'vn cofté, & l'autre de l'autre) fçauent fi ie dy vray, & combien fouuent il fault que les Carouannes, tant belles foient elles, fe remparent, & facent comme des gabions & baftions de leurs chameaux & autres beftes, pour euiter la furie de ces affaffineurs & voleurs. Ils ont cefte couftume entre eux, que celuy qui aura le plus faccagé & tué de Turcs, ou autres de leurs ennemis, eft appellé *Rachel chebir*, ou *Alaaqueu*, à fçauoir, grand Seigneur, & fera le plus fauo;it & eftimé des autres : fa femme & enfans, qu'ils nommét *Enmara, Couya* & *Tephel*, feront honorez & reuerez, à caufe de fa vaillance & prouëffe. Il me fouuient, qu'eftant en vne petite ville, dicte *Thor*, de laquelle ie vous ay parlé ailleurs, proche de la mer Rouge (ainfi nommee pour auoir efté premiere-ment baftie par vn Seigneur Perfien, natif de la haulte montaigne de Thor en Perfe: laquelle après la mort dudit Seigneur, les Arabes prindrent de force, & la nommerent *Alhard-colgudan*, qui eft à dire en langage des vieux Arabes, Bout du talon, pour-ce que ce lieu là fait la fin & bout d'entre la terre continente & la mer Rouge, qui eft

Arabe, aa-gé de cent fept ans, qui auoit fon pe re viuant.
auffi la feparation de l'Afrique & Afie) ie veis vn vieillard Arabe, nommé *Haddeba-rim*, du nom d'vne montaigne de fon païs, lequel me dift eftre aagé de cent fept ans, & encore auoit fon pere, nommé *Alforocq*, qui eft le nom d'vn Coq : ce que mefme cer-tains Iuifs & moynes Grecs m'affeurerent. Ce maiftre vieillard & fon pere fe vantoiét d'auoir veu plus de fix cens enfans fortis & iffuz tant d'eux que de leurs enfans, & en-fans d'iceux. Il confeffoit publiquement, qu'il auoit efté par l'efpace de foixante ans, le Capitaine de ces voleurs & larrons de toutes les trois Arabies, le plus crainét & re-doubté qui fut iamais en ces lieux là : auquel les moynes du mont de Synai, donnoiét par an cent ducats, pour n'eftre moleftez & tourmentez de fes compaignons & tels of-ficiers. Il viuoit comme les autres *Alfarac*, c'eft à dire, larrons, de laittage, fromage, dat-tes, chair de chameau, farine de poiffon, & de plufieurs fortes de fruiéts du païs: & di-foit qu'il n'auoit point mangé trois cens fois du pain en dix ans. Il n'y auoit pas vn mois, que ce galand auoit volé à des marchans Indiens de grádes richeffes, & en auoit tué plus de cinquante de la compaignie : entre autres chofes il auoit vn Rubi, vallant plus de huiét mille ducats, qu'il laiffoit pour cinq chequins. Mefmes vn fien fils me

Elgebel lachmar, fçauoir pier re de roche.
vint demander, fi ie voulois achepter *Elgebel lachmar*, c'eft à dire, vne pierre de roche rouge (que le Perfien nomme *Hyatul*) groffe & pefante d'vne demie liure : dans la-quelle on eúft peu trouuer quelques Rubis de grand pris : mais noftre Truchemant nous auoit dit le mot du guet, & auffi defendu de n'achepter aucune chofe de ces beli-ftres, & pour caufe. Le palais de ce redouté Capitaine eftoit vne grotefque affez creufe dans la roche du mont Oreb, où il fe tenoit auec fa famille, & bonne troupe de va-ches, chameaux, moutons & brebis, qui foifonnent en ces païs là, & eft leur chair au-tant bonne & fauoureufe, qu'en lieu du monde. Or fur ce propos ie fuis eftonné de ceux qui ont ofé mettre par efcrit, que les beftes, que le païs d'Arabie nourrit, font beaucoup plus petites que celles d'Egypte, Palefthine, & Afrique: chofe affez mal con-fideree à eux, d'autant qu'elles ne font non plus groffes en vn lieu qu'en autre, & ne m'en fuis aucunement apperceu: fi lon ne vouloit amener en ieu, que l'Egypte eft plus feconde au pafturage, pour eftre lauee en plufieurs endroits de l'eau limonneufe du

Nil,qui engraiſſe la terre par ſon deſbordement.Eſtimez vous que l'Arabie,de laquelle ie vous parle,ne ſoit l'vne des plus plâtureuſes prouinces de toute l'Aſie,ſi les hommes eſtoient accorts & diligens pour y cultiuer & labourer la terre,comme font ceux
de pardeça? Certes ſi eſt : attendu qu'elle eſt arrouſee de belles riuieres: les principales
& plus remarquables deſquelles ſont celles qui prennent leur ſource des montaignes
inacceſſibles d'*Anna,Balcath, Elon, Zimas,Ben-decar,Sabel,Dhahilud, Occho, Abbadac,*
& autres,d'vne eſtendue ineſtimable : & ſe nomment *Caybar, Lanteccath* ,l'eau de laquelle eſt touſiours trouble, comme celle du Tybre , *Cozarath,Nazeran* , ainſi appellee (comme me dirent les Maronites qui ſe tiennent pardelà) de ce,que le Roy dudit
païs,nommé *Meheb*,ayant receu le Chriſtianiſme,fut precipité dans icelle riuiere par
ſon peuple : (elle ſe nommoit auparauant *Gehar.*) Ie laiſſe de la part du Midi celle de
Zibith,qui porte le nom du meſme Royaume,& celle de *Hellu;*du tout oppoſité,non
moins larges que pourroit eſtre la Seine ou Loire:leſquelles ayans arrouſé les Royaumes de *Herit,Mariſtan & Irmin*, & virculté autres contrees,vont rendre leur tribut
entre les promontoires de *Maldath,*& de *Fartach.* Ie paſſe auſſi ſoubz ſilence vn bon
nombre d'autres Riuieres & Lacs,qui ſe deſgorgent les vns à la mer de Perſe,& les autres à celle d'Arabie:pour vous môſtrer que ceſte grande eſtendue & fameuſe prouince n'eſt point la centieſme partie ſi deſerte, comme faulſement on la deſcrit : & qu'elle
peult nourrir autant de beſtes à corne ou à laine,que autre qui ſoit ſoubz le ciel.L'Al-
lèmant Geſnerus en ſon liure qu'il a fait des Beſtes, dit, que les Moutons de ces païs là
(que le peuple vulgaire nomme *Anagé*) ſont d'vne grandeur merueilleuſe, ayans la
queuë de trois coudees de long, & vne de large : ce qu'on croira qui voudra : eſtant
d'vne choſe aſſeuré, que ie n'en vis onques qui euſt plus de deux pieds & demy de
long , & vn pied de large : comme auſſi ce qu'il allegue au meſme liure, fueillet dixhuictieme, que ie ne puis paſſer non plus que la premiere, ſçauoir,que les Cheures de
Damiatte,ville d'Egypte,ſituee pres du Delta,en laquelle i'ay demeuré cinq mois dixſept iours entiers,ſont ſi grandes & puiſſantes, que elles eſtans bridees & ſeellees, portent les hommes de toutes parts au lieu de cheuaux, chameaux,aſnes, ou mulets. Certes encores que Leon l'Afriquain l'ait ainſi creu, aſſeuré & mis par eſcrit , ie leur dy,
qu'il n'en eſt rien,& que ceux qui leur ont fait tels comptes,ſe mocquoiét d'eux.Voy-
la que c'eſt que d'eſcrire pour vn ſimple & ſeul ouyr dire, ſans auoir veu, ne voyagé.
Au reſte , ces Arabes ſont aſſez belles gens, & qui viuent fort longuement, à cauſe de
leur ſobrieté, veu que c'eſt la nation du monde qui ſe paſſe le plus auec peu de viáde.
Vous y voyez des vieillards qui ont cent , ſix & ſept vingts ans, auſſi gaillards & diſpoſts que nous ſommes à quarante, iamais malades, ny catarrheux, & ne ſçauent que
c'eſt preſque que la toux.Auſſi à ceſte ſobrieté pour le faict de la ſaine diſpoſition qui
eſt en eux,leur aide beaucoup la cognoiſſance des Simples : car i'oſerois bien dire,que
ce ſont les hommes qui en ont plus de cognoiſſance, que autres qui viuent : & y trouuez de bons Medecins, qui font d'auſſi bonnes cures, que ſçauroient faire tous ceux
qui ſuyuent la doctrine & inſtitution des Grecs, ſans tenir grand compte du ſçauoir
des Perſiens. Ne voyez vous pas comme les Anciens ont eſtimé *Cratenas* , qui eſtoit
Arabe.: & vn *Phutiphar*, la ſepulture duquel me fut monſtree à trois lieuës de la ville
de *Tor*,en vn caſal d'Arabe,nommé *Aſſur* ? De ſon temps fut dreſſee vne Academie
par le Roy d'*Hegias*, nommé *Rabbath,* en la ville de *Balberich*, dicte auiourdhuy deſdits Arabes *Badrahenen :* où venoient de toutes parts les hommes doctes, pour eſtudier en l'art de Medecine, Aſtrologie, & Philoſophie, en la meſme langue Arabeſque.
Ce *Phutiphar* viuoit l'an de noſtre Seigneur ſept cens & treize, du regne de *Muca,*
Roy de Lybie, & *Roderich* Roy des Eſpaignes. C'eſt dommage que ce peuple ſe ſoit

*Côrad Geſ-
nerus mal
aduerti.*

*Academie
dreſſee par
le Roy Rab-
bath.*

ainfi abaftardi, que de ne fe foucier prefque plus des lettres, luy qui iadis ou efgalloit, ou prefque furpaffoit les autres nations en fçauoir, & fur tout en la cognoiffance des caufes naturelles : & que à prefent ils n'ont eftude ne fouci autre, que d'efpier les paffans, & les piller. Quant à leur religion, quoy qu'ils fe difent inftruicts en la loy de Mehemet, fi eft-ce qu'ils n'en ont autre que celle de plufieurs de la Chreftienté, qui n'ont ne Dieu ne religion, finon felon que le temps fe prefente, fans fe foucier ne f'enquerir plus auant de leur falut, ny fe foigner d'aucun fainct exercice. Leurs eftudes & efcholes font abolies, & tout ce qu'ils fçauent, vient pour l'auoir entendu de pere en fils : qui eft vn grand dommage, veu qu'ils font gens de bon efprit & de grandes côceptions, & qui auec la fimple raifon naturelle font de beaux difcours : où vous pouuez penfer, que la clarté de l'efprit ne leur feroit (fils eftudioient) non plus oftee, qu'elle fut iadis, & n'a pas long temps, à Auerrois, Auicenne, Razis, Albumazar, & autres, qui ont laiffé telle memoire de leur fçauoir & eruditiô, que fi leurs liures n'eftoiêt manques, & qu'on les euft traduicts fidelement, ie ne fçay fi les Grecs auroient l'aduantage fur eux. La langue Arabefque n'eft de fi peu d'eftime, que iaçoit que les Turcs deteftent l'Arabe, fi eft-ce que faifant inftruire leurs enfans, c'eft en icelle qu'on les inftruict : & les Officiers iugeans & exerceans la fuperftition folle de leur Mahometifme, en vfent : mefmement le grand Turc, & le Sophy faifans leurs defpefches, &

Saufconduicts du Turc eferits en Arabe.

donnans des faufconduicts, c'eft en cefte langue que tout fe faict : defquels, lors que party de Conftantinople, à la faueur de l'Ambaffadeur, m'en fut liuré vn affez ample, qui me feruit trefbien en plufieurs endroicts, tant en Egypte & Arabie, que ailleurs. Ce qu'ils font, à caufe que leurs liures font en Arabe, & qu'auffi leur faux Prophete eftoit de cefte nation, là où les Turcs font fortis de la Scythie, & leur propre langue eft celle des Tartares : voire ceftecy f'eftend fi loing, qu'elle eft côgneuë & familiere en beaucoup d'endroits de l'Afrique. Outreplus, fault noter, que fil eftoit queftion d'appeller Arabie, tout païs où les Arabes habitent, & y font en grand nombre, la Iudee & Palefthine en feroit, & en Afrique la plus part des montaignes habitees des Alarbes depuis le païs d'Egypte iufques au cap Blanc, feroiêt vne cinquieme Arabie : mais la vraye, font ces trois parties, que ie vous ay defcrit eftre en Afie, à fçauoir la Petree, la Deferte, & celle qu'on dit Heureufe, voifine des mers d'Arabie & de Perfe. Et d'autant que cy deuant i'ay parlé de ce mot Sarrazin, & d'où il defcend, à fçauoir de l'ancienne ville *Saraca*, & non de *Sarra*, efpoufe du grand pere Abraham, il fault fçauoir, que ces Arabes f'efpandans par tout, non feulement apres que Mehemet eut gafté le monde auec fes abufions, ains long temps auparauant, ils feruirent d'efpouuantement aux plus grâds Seigneurs : fi que leurs furies, vols & faccagemens eftoient fentis en Egypte, & couroient iufques en Ethiopie : Et furent eux qui ayderent Heracle Empereur contre le

D'où vient le nom de Sarrazin.

Roy des Perfes. Quant au grand nombre de Sarrazins, qui vindrent affaillir la France du temps de Charles Martel, cefte vermine ayant defia debilité l'Empire Romain, courut toute l'Afrique, & depuis paffant en Efpaigne, f'enhardit de l'enuahir : hors de laquelle neantmoins ils furent iettez par l'heureux Chef du fang Auftrafien : & ont toufiours porté ce nom en Leuant, iufques à ce que les efclaues Mammeluz fe feirent Seigneurs d'Egypte & Syrie, & que les Turcs d'autre cofté les eurent chaffez de plufieurs endroicts de l'Afie : de forte que le mot Arabe eftant demouré, il n'y refte rien de Sarrazin, que ce que nous en auons de noz vieux peres. Mefmes autrefois, quand on voyoit ces vagabonds de Bohemiens par la France, on les appelloit ainfi, comme l'on fait encore auiourdhuy. Ces peuples font leur principale demeure en la region, nommee *Sabarra*, ou en langue Perfienne *Zabbizach*, qui eft Meridionale, & eft la ville, d'où ils portent le nom, appellee *Saraca*, ou *Arabatha*, en leur langue, gifant à feptante cinq

Arabes ont iadis couru toute l'Europe.

te cinq degrez trente minutes de longitude, quatorze degrez trente minutes de latitu-
de.Et ne fault f'eftonner, s'ils pourfuyuét les autres nations, veu que de tout temps ils
ont efté ennemis de tout le monde. C'a efté auffi en Arabie qu'eftoient les Ammonites & Moabites, peuple ennemi des fils legitimes d'Abraham, parmi lefquels eftoit la
purité de la religion. Les Madianites y ont eu leur fiege, & les Philifthins en ont efté
fort voifins : quoy qu'aucuns ayent voulu dire que la ville d'*Azote*, dite des Arabes
Alzette, qui eftoit leur fiege Royal, fuft comprife en'icelle, où elle eft en la Palefthi-
ne.En fomme, quoy que le nom de Sarrazin (ou *Sarazazin*, en la mefme langue Arabefque) ne fuft que pour le refpect de la ville *Saraca*, si eft-ce qu'il a compris infinité
de peuples : qui eft caufe que l'on ne doibt trouuer eftrange, quand l'on entend, que si
grádes multitudes, & tant de milliers d'hommes, font fortiz de là pour courir le monde: veu que les Goths, Huns, Lóbards & Vandales, font venuz de lieu auffi contrainct
qu'l'Arabie. Et dauantage, ces galans auoient efté allichez par les richeffes de l'Europe, & par les dons des Monarques d'icelle. Mais ie vous demande, le Turc qui s'eft ainsi efpandu par l'Afie, Afrique & Europe, eftoit il plus excellét, fort & riche, que l'Arabe: non veritablement : & toutefois chacun voit que les Sarrazins ayans perdu nom &
puiffance, ceux cy eftonnent de leur feule ombre prefque tous les Monarques, qui
oyent parler de leur fortune. Supputez moy d'autre part les faifons depuis que cefte
vermine Arabefque eut rompu les forces de l'Empereur Heracle, iufques à ce que les
Rois de l'Europe les eurent chaffez, & vous trouuerez dans leurs hiftoires, qu'ils ont
tourmenté la Sicile, Cypre, Crete, & autres ifles voifines, plus de deux cens ans, & à la
fin pafferent en Efpaigne, comme les plus fçauans d'eux se vantent encore auiourdhuy, enuiron l'an de noftre Seigneur fept cens quarantedeux. Et quoy que puis apres

Le nó d'A-
rabe & Sar-
razin chan-
gé en More.

ce nom d'Arabe & Sarrazin fuft changé en More, à caufe qu'ils s'eftoient faicts Rois
de la Mauritanie, si eft-ce qu'ils ont tenu lefdites terres, ie dy les Sarrazins & leurs fucceffeurs, en Efpaigne, iufques à ce que Ferdinand d'Aragon, bif-ayeul maternel du
Roy Catholique, les en chaffa enuiron l'an mil quatre cens octantehuict : dont pour
les victoires obtenues fur eux, il acquift pour luy & fes fucceffeurs Rois de Caftille, le
tiltre de Catholique : comme auffi enuiron l'an mil cinq cens foixantehuict, du temps
des troubles qui eftoient en France, les Mores qui font vers Grenade, voulans attenter
quelque chofe contre les Efpaignols, en furent trefbié chaftiez. Voyla donc quant au
nom de Sarrazin & peuple, qui n'eftoit autre que celuy des Arabes, ennemi de repos.
Du temps qu'ils se gouuernoient par Rois, ils les appelloient tous *Azalbattas*, que le
vulgaire dit *Aretas* (ainfi que iadis en Egypte *Pharaons*, & depuis *Ptolomees*, & en
Affyrie, *Beles*) comme celuy qui fut allié du Roy Herode, & l'autre qui pourfuyuoit
S.Paul en Damas : & foubz l'Empire de Iuftinian, le fils de Gabale, qui fut priué de la
couronne d'Arabie, pour auoir faict faux bond au Monarque Conftantinopolitain:
comme auffi du temps de Iuftin Empereur, on enuoya vn nommé Iulian vers vn autre Aretas; à fin qu'il donnaft main forte aux Romains & Grecs, voulans aller liurer la
guerre aux Parthes. Mais c'eft, ce me femble, traicté affez au long des Arabes & de leur
origine, qui eft fortie de l'incefte de Loth auec fes filles d'vn cofté, & de l'autre, d'Ifmaël, fils baftard d'Abraham, dequoy ils se glorifient fur tous les hóneurs qu'ils puiffent pretendre, pour l'antiquité & nobleffe de leur race.

D

De MEHEMET, *fes progrez & rufes pour planter fes herefies.*
CHAP. III.

Y ANT parlé cy deuant & de Medinne Talnaby, & de la Mecque, qui
font en l'Arabie, il eſt à noter, que ces villes font recommandées en
Orient, non pour leur beauté, fertilité, grandeur ou richeſſe, mais
pource qu'en l'vne nafquit Mehemet, & à l'autre il eſt enterré, à ſçauoir à *Medinne Talnaby*, qui ſignifie ville du Prophete. En quoy

Vvolfgang Drechler ſabuſe. l'hiſtorien Allemand, nommé Vvolfgang Drechler ſe mefconte, difant, qu'il eſt enterré à la Mecque: lequel, pour aſſeurer ſon dire, met ladite ville au païs
de Perſe, combien qu'elle ſoit en l'Arabie Heureuſe, diſtante de l'autre, deux cens
lieuës, ou enuiron. Cela eſt certes autant veritable, que ce que racontent quelques autres faulſement dans leurs hiſtoires, que la tumbe dudit feducteur eſt pendue en l'air
dans la moſquee de la Mecque par la force de la pierre de l'Aymant. Mais tant ſen
fault que cela ſoit, qu'il eſt caché en vne caue ſouterraine, dans la moſquee de Medinne, ainſi que i'en ay eſté aſſeuré, tant par vn renié qui m'eſtoit amy, & qui me defcrit
tout ce qui eſt là dedans, que d'autres qui depuis ont fait le voyage: Ceſte moſquee eſt
carree & longue de trois cens pas, & de huict vingts de large, ayant deux portes pour
y entrer, l'vne deuant, & l'autre derriere. La nef eſt partie en trois faces, poſee ſur quatre cens colomnes petites & groſſes, de brique blanche, autour deſquelles y a plus de
deux mille lampes. A vn coſté de ladite nef eſt baſtie vne Tour, de quelques cinq pas
en quarré, qui eſt ordinairement paree d'vn drap de ſoye. De là moſquee auant vous
entrez en ceſte Tour par vne petite porte de fer, à l'entree de laquelle vous trouuez
vingt volumes d'vne part, & vingtcinq de l'autre, couuerts & attachez là fort riche-

Sepulchre de Mehemet. ment: qui font les œuures de Mehemet & de ſes compaignons, contenans leur doctrine & commandemens. C'eſt là que giſent les oſſemens de ceſt abuſeur en vne foſſe
ſoubz terre: & aupres de luy ſes gedres, còme lon dit, ſon nepueu *Haly*, & *Omã*. (iaçoit
que les Perſiens ne le veulent accorder, diſans auoir en leur païs le corps dudit Haly.)
Encore aupres ſont les corps de deux ſes beaux peres, à ſçauoir *Bubecher* & *Homer*,
auſſi mefchans que leur gendre, & qui luy ont fort aidé en ſes predications ſanglantes
& pleines de voleries. Leſquels deux (ſuyuant ce que les Mores de la haulte Ethiopie
ont dans leurs hiſtoires) ſe voyans ſur leur vieil aage, & penſans que la loy de leur
Prophete ſeroit de peu de duree, firent vn complot entre eux, de ſe ranger à l'Egliſe
Neſtorienne, ou receuoir le Iudaïſme: Tellement que quelques ſeize ans apres leur
mort, les choſes eſtans reuelees par trois de leurs eſclaues, par l'aduis de leurs miniſtres
& docteurs leur procez fut fait, & par ſentence dit & ordonné, que leurs corps ſeroiët
defenterrez: ſi que n'y trouuans que les oz, encores furent ils prins, & bruſlez publiquement hors la ville, excommuniez & anathematiſez par leurs *Cadiz*, *Deluis*, & *Papazzes*. Quant à Mehemet, il n'aima iamais la Mecque, d'autant que les habitans d'icelle, qui ſçauoient ſes rufes, ne voulurent onc, durant ſa vie, croire en luy que par force,
iufques à maintenir que ladite ville eſtoit maudite, pour la vie qu'ils cognoiſſoient
de l'impoſteur: combien que pour le iourdhuy ils ſont contens de croire le contraire de ce qu'ils en ont ouy de leurs anceſtres, le mettans au rang des anciens Patriarches
Abraham & Iſaac, & le faiſans plus grand que Moyſe. Or puis que ie ſuis entré en ce
propos, c'eſt raiſon que ie difcoure vn peu & ſur ſa vie & ſur ſa doctrine, & des moyés
qu'il a tenu à manifeſter & publier ſa loy au monde, où elle a pris ſi grand pied. Me-

Naiſſãce de Mehemet. hemet donc nafquit enuiron l'an de noſtre Seigneur cinq cens nonanteſept, du temps

de l'Empereur Maurice, & fut fils d'vn idolatre, nommé *Abdalla*, & d'vne efclaue Iuifue, demeurans en vn village voifin de la Mecque: auquel temps fut veu en Conftantinople vn monftre, à fçauoir vn enfant ayant quatre pieds & deux teftes. En laquelle fupputation le fufdit Allemant Drechler fe trompe, auffi bien qu'en vn autre endroit, où il dit que Sergius, natif de la petite Afie, eftoit Italien. Mais auant que paffer oultre, ie ne puis taire icy la folle fuperftition; ou pluftoft abominable impieté d'vn tas de Iudiciaires fur le faict des aftres, lefquels referent aux corps celeftes la guide des fectes, & felon l'influence la bonté d'icelles: d'autant que fi cela auoit lieu, il ne faudroit pas tant remercier Dieu de la Loy que fon cher fils nous a apportee pour noftre falut, comme la benignité de l'aftre qui l'auroit influee. Et fe font aueuglez tellement en leur folie ces Aftrologues, qu'ils ont attribué à l'effect defdits aftres les perfecutions, que Diocletian & autres ont faict fur les Chreftiens, obferuans leurs reuolutions fuppofees à ie ne fçay quelles folies, qu'ils aduifent fur les ans Solaires. Les Mahometiftes font vne genealogie depuis Adam iufques à Mehemet, eftans finges de *Genealogie des Mahometiftes.* noz faincts Euangiles: l'vn defquels compte la generation felon la chair de noftre Seigneur depuis Abraham iufques à Iofeph efpoux de la vierge, & l'autre va plus loin iufques à Adam. Auquel premier pere Dieu parla vn iour, apres que le Soleil fut couché, fçauoir neuf iours apres qu'il l'eut creé. Et comme il eftoit eftonné d'vne telle vifion, Dieu luy dift, La peur & vifion que tu as euë, Adam, eft vn merueilleux figne de mes Prophetes, & de ceux qui prefcheront mes Commandemens: & d'iceux Prophetes naiftra Mahemet, qui s'appelle au ciel *Ahmad*, & en terre *Mehemet*, c'eft à dire, bon & loyal, qui aura la face claire comme le Soleil, & fon cours luyfant deuant moy, comme vne fine perle. Ainfi en l'Alcoran ils en font tout de mefme: puis recommencent depuis ledit Mehemet iufques à Adam, où ils baftiffent ie ne fçay quelle Arche, en laquelle eftoit la generation du Prophete, accouftree par Sem, fils de Noé, apres le Deluge: Et puis feignent deux lumieres apparuës en Abraham, tellemét que tous ceux qui furent de la lignee, de laquelle Mehemet deuoit naiftre, eftoient marquez de cefte lumiere. Par ce moyen ils ont deux genealogies, l'vne qui va en montant, & l'autre en defcendant, efquelles lifant l'Alcoran, vous verrez les plus grandes & folles refueries du monde, Ce galand donc nafquit en *Iefrab*, quelques quinze lieuës loin de la Mecque, au mois de Feburier, qu'ils appellent *Saban*. Le nom du pere ie vous l'ay dict, & celuy de fa mere eftoit *Hemnina*, ou *Imina*. Le pere mourut auant que le fils fortift en lumiere, & la mere deux ans apres l'enfantement: qui fut caufe que *Ebedmutaleb* fon grand pere print la charge de le nourrir, & faire inftituer aux lettres par vn *Hogfialar*, c'eft à dire, vn docteur, ou maiftre d'efchole: car en ce temps, bien que les Arabes fuffent la plus part idolatres, fi aimoient ils à fçauoir quelque chofe, autrement qu'ils ne font à prefent. Lefdits Mahometiftes tiennent, que fa mere eut vifion d'Anges à fa natiuité, & qu'ils luy adminiftrerent en fes couches: mais que voyans que les vents y portoient des odeurs, les oifeaux des fruicts, & que les nuées y diftilloient de l'eau, les Anges fen allerent de defpit, à caufe qu'ils ne fçauoient que faire pour le feruice de l'enfant. Et cela eft vn traict infigne de l'ignorance de ces docteurs Alcoraniftes. Ie n'ay *Fable de l'Alcoran des Turcs & Arabes.* non plus affaire de vous alleguer, comme Mehemet en l'aage de quatre ans fut vifité par l'Ange Gabriel, tout veftu de blanc: lequel eftoit auparauãt defcendu du ciel auec feptante mille autres Anges pour donner tefmoignage au peuple de fa generation: & que depuis le tirant à part, il luy fendit l'eftomach auec vn rafoir, & luy ofta vne goutte toute noire du milieu du cœur, lequel il remit en fa place (difans que tous les hommes ont de telles macules au cœur, par lefquelles ils font tentez à mal faire) à fin qu'il ne fuft iamais tenté en ce monde. Ie ne veux auffi m'amufer à vous reciter, comme ils

difent,que le mefme Ange, duquel ils le font fort familier,le mena en Hierufalem, où
de là il monta au ciel, & le nombre infini qu'il fait des cieux, & les folies qu'ils racontent luy eftre aduenues depuis : tafchant feulement de m'arrefter à la verité de l'hiftoire, & aux moyens qu'il tint pour fe faire fi grand en peu de temps, qu'il n'y auoit
Prince au monde qui ne le redoutaft. Ceft impofteur fut longuemēt chez vn marchāt
fort riche,nommé *Gadifa*, qui faifoit voyages en Syrie,Perfe & en Egypte,& guidoit
les chameaux, & conduifoit la marchandife : où il fe porta fi accortement (car c'eftoit
vn des plus rufez hommes de l'Vniuers) que fon maiftre eftant decedé, il efpoufa fa
vefue, laquelle les Docteurs de fa loy ont dict eftre fa coufine. Il traffiqua vn long
temps.Neantmoins à la fin fe fafchant de viure, fans eftre autrement cogneu,le diable
l'ayant defia faifi, il fe retira en vn lieu folitaire, où il medita fes diableries, faifant accroire à fa femme, qu'il auoit vifions d'Anges qui parloient à luy, & oyoit des voix
eftranges:dequoy toutefois elle fe mocquoit, comme celle qui iamais ne voulut receuoir pour veritable rien de fa doctrine, d'autant qu'elle cognoiffoit les vertuz du galand. Apres qu'il luy fembla auoir faict affez de proffit tout feul, & qu'il eut fueilleté
les liures du vieil & nouueau Teftament,ayant pratiqué, comme dit eft, plufieurs nations, lors qu'il faifoit l'eftat de marchandife, luy qui eftoit de bon & fubtil entendement, accofta deux Chreftiens à la Mecque, qui fçauoient quelque chofe aux lettres,

par lefquels il fut fecouru à drefler iufques à huict chapitres de fon Alcoran. Aucuns
difent, que ce fut vn Sergie,moyne Grec Neftorien, heretique,fugitif de Ccnftanti-
nople,& Iean d'Antioche:combien qu'il foit impoffible que deux feuls ayent befongné en cela, veu que de toutes herefies ils en mafchent & auallent quelque morceau:

ains faut penſer que pluſieurs Iuifs & faux Chreſtiens y ont mis la main, & luy ont
aydé à faire telle meſlange de meſchancetez & peruerſes opinions. Quelques Allemãs
ſciſmatiques ont mis par eſcrit, comme l'ayans prins d'vn Eueſque Grec de l'iſle de
Candie, nommé *Spirion*, qui viuoit l'an du monde mil trois cens quarantetrois, du
temps de Pape Clement ſixieſme, Limoſin, que ce fut vn Cardinal, dit Nicolas, qui luy
ayda à baſtir ce beau liure. Et ne ſçay à la verité que i'en doy croire : bien que d'vne
choſe ie ſois aſſeuré, qu'il a eſté fait du plus cauteleux poltron qu'eſchauffa iamais le
Soleil. Ce gentil Sergie eſtoit homme aſſez docte en la langue Grecque, Hebraïque &
Syriaque. Le Patriarche d'Egypte, moy eſtant en la ville du Caire, & conferant par
l'eſpace de ſix ſepmaines que ie demeuray auec luy, de la Religion Turqueſque, & de
pluſieurs autres poincts de quelques hiſtoires, me diſt & aſſeura, que ce venerable docteur eſtoit natif du païs de Syrie, d'vn village nommé *Zerghgif*, au pied du mont Liban. Et ne me ſceut ce bon ſeigneur en autre choſe gratifier, pour luy auoir apporté
Pacquet & lettres de Creance de Conſtantinople, en la faueur de l'Ambaſſadeur du
Roy de France, que me donner & faire preſent du pourtraict au naturel dudit Sergie,
lequel ie vous ay cy-deuant repreſenté. D'autres tiennent, que *Bubecher* (qui depuis
fut ſon beaupere) ayant eſté Chreſtien, à cauſe qu'on luy refuſa vn chapeau de Cardinal, ſ'en eſtant allé à Rome, ſ'en retourna en Arabie, & ſeruit de beaucoup à Mehemet,
& pour la force, & pour le ſçauoir. Il peult bien eſtre, que *Bubecher* renonça la Chreſtienté, veu qu'il n'eſtoit pas ſeul en ces temps là qui faiſoit banqueroute à la verité, &
qu'eſtant apoſtat, renonçant le Bapteſme pour eſtre circoncis, il aida Mehemet en ſes
cõplots & deſſeins : Mais de dire qu'on luy euſt refuſé vn chapeau de Cardinal, comme quelques baſtiſſeurs de liures ont mis par eſcrit, ce ſont folies : veu que pour lors
ne ſe parloit point encore de tel ornement d'honneur, ny du degré & dignité auquel
les Cardinaux ſont pour le iourdhuy, ains ceux qui ſe diſoient tels, eſtoient des Preſtres, auſquels eſtoit cõmiſe la charge des Cemetieres, & debuoir d'enterrer les morts,
eſtãs pour ceſt effect diſtribuez par paroiſſes, ſelon que encore vous oyez que ſe comportent les Egliſes, deſquelles ils ont les tiltres. Ainſi donc Mehemet quitta les idoles
des Gentils, pour en baſtir vne au monde la plus execrable de toutes. Il eſt bien vray
que au commencement, ainſi qu'eſt la couſtume de tout heretique, il n'oſoit publier
apertement ſes erreurs, quoy qu'il diſperſaſt force cahiers, contenans des ſommaires
de ſa folie. Mais depuis que *Homar* qui luy ſucceda, & *Bubecher* (que quelques vns appellent *Vbecar, Abucherim, Azebar*) & autres luy eurent donné cœur, & que *Ietrib*
Arabe, homme puiſſant & riche, luy eut promis & hommes & finances, & qu'*Achnule*
vn de ſes diſciples, homme ſuperbe & cruel, euſt dict qu'il ne falloit plus tenir ſecrets
les Commandemens de Dieu, il ſe delibera de ſuyure leur conſeil. Toutefois pour ce
coup leurs deſſeins furent rompus par ceux de la Mecque, leſquels euſſent lors deſpeſché Mehemet, n'eſtoit qu'ils l'eſtimerent maniacle : auſſi auoit il des traicts d'homme
poſſedé du diable, & ſur tout quand il eſtoit tourmẽté du hault mal, duquel il cheoit
fort ſouuent, tant par punition diuine, que pour eſtre addonné au vin, & aux femmes,
& qu'il eſtoit d'vn naturel melancholique & penſif. A la fin eux voyans qu'il ne ſe
chaſtioit point, & que les preſches ſecrettes & monopoles clandeſtins eſtoient pour
tourner en conſequence, ils ſe propoſent de l'empriſonner : Lequel en ſentant le vent,
ſ'enfuit à *Medinna*, que les Arabes nomment auiourdhuy *Mehemmedine*, ſituee en
Arabie, cõme dit eſt, au plus beau & riche païs que lon ſçauroit ſouhaitter cent lieuës
à la ronde : & ne deſplaiſe à Sebaſtian Munſter, qui le rend par ſes eſcrits, ſablonneux *Munſter cõ-*
& ſterile en tous biens : & en quelque autre endroit il dit que c'eſt la contree la plus *tredit à tou*
fertile des trois Arabies : leſquels propos ſ'entreſuyuent, & ſont d'auſſi bonne grace, *te verité.*

& auffi veritables, que ce qu'il raconte, que tout le païs d'Afrique eft comprins foubz
l'Ethiopie. Or en cefte ville fe tenoient des Iuifs affez bon nombre, qui oyans fa predication, le receurent pour Prophete : de façon que f'efpandant ce venim par la campaigne & villages voifins, il conuertit le fimple populaire, criant contre les idoles : &
depuis voyant qu'il eftoit affez puiffant, adioufta la force à la parole, difant (quand on
luy reprochoit fes manieres de faire) que Iefus eftoit venu en fimplicité l'annoncer, &
qu'on ne l'auoit voulu croire, mais que Dieu l'auoit fufcité pour la planter, le glaiue
au poing, puniffant ceux qui contrediroient à fa doctrine. Parainfi ayant bonne &
forte compaignie, & defia prefché quelque temps, il f'en vint à la Mecque, & y entra
de force, la fubiugua, & f'en feit Seigneur. Ce fut de là en auant, qu'on ne parloit plus
de doulceur ou courtoifie, & que tout fe faifoit auec les armes, contraignant les riches
à croire, & à diftribuer pour le Prophete : à quoy fi lon contredifoit, on eftoit maffacré, & les biens confifquez aux pauures : combien que le tout fuft pour la bourfe dudit Prophete, & de fes miniftres. Ceux qui parloient de luy autrement que d'vn fainct
homme, il les faifoit mourir, ainfi qu'il feit vn Arabe nommé *Abdalla*, & toute fa famille, & vn Iuif appellé *Merachil*, pource qu'ils auoient dict, que c'eftoit vn eftrange
Prophete, & bien different aux autres, lefquels donnoient tout pour Dieu, & fouf-
froient toutes iniures, où ceftuycy prenoit les biens de chacun, fpolioit les threfors
des temples, & fe vengeoit de tout ce qu'on faifoit ou difoit contre fa feule & fimple
volonté. Ne voyla pas le faict d'vn fainct miniftre de la parole de Dieu, de planter fa
Dixhuict femmes que efpoufa Mahomet. loy auec le fang, & la ruïne des biens des hommes ? Outreplus, & pour la perfection
de fa fainceté de vie, il eut dixhuict femmes : entre autres vne publique pour les plus
fauoris de fa fuyte, difant par fes raifons, qu'il eftoit licite au Prophete de faire &
fouffrir ce que bon luy fembloit : iufques à prendre mefmement par force celle d'vn
grand Seigneur Arabe, nommé *Soheb*, & celle de *Zeid*, miniftre : & fe vantoit ce bouc
des paillardifes & lubricitez diuerfifiees, dont il auoit vfé, mettant en auant, que Dieu
l'ordonnoit ainfi, & pardonneroit à ceux qui feroient le femblable. Mais auec ce qu'il
eftoit confict en tout vice, il fut fi arrogant (chofe affez familiere à tout fuppoft de
l'Antechrift comme luy) que de fe vanter d'accorder les differents d'entre les Chreftiens & les Iuifs, & qu'il vuideroit les doubtes de l'vne loy & de l'autre, luy qui
eftoit vn vaiffeau d'idolatrie, homme addonné aux charmes, que luy auoit apprins vn
Arabe Medecin, nommé *Becheri*, Seigneur de l'ifle de Bebel-mandel (ce que confeffent mefmes les hiftoires des Abyffins & Neftoriens, fuyuant le recit qu'ils m'en ont
fait) & aux arts indeuz à vn homme de bien, qui ne fçauoit rien de la Chreftienté, finon ce qui eftoit forti de l'efchole des heretiques, & qui n'auoit goufté des raifons du
Iuif, que la fimple fuperficie des hiftoires des cinq liures de Moyfe, fans fe foucier aucunement de la doctrine des Prophetes. Tellement que depuis eftant accompaigné,
comme vn Satrape, des forces de fes alliez & parens, & des terres par luy conquifes, il
print l'audace de fe dire vray Prophete, & fidele meffager de noftre Dieu, qu'il enuoyoit pour le falut du monde. Mefmement pour tenir d'auantage le peuple beant
apres luy, il auoit fi bien appriuoifé vne Colôbe (qu'ils nommêt en leur langue *Alfakit*, & la Tourterelle *Alhaman* : en memoire dequoy les Mahometans ne tueroient &
n'offenferoiêt pour rien ces deux genres d'oifeaux) & accouftumee à luy venir mâger
dâs l'oreille, que côme (à l'imitation de Moyfe) il euft vn iour affemblé le peuple pour
publier fa loy, & ladite Colombe venue vers luy, fe repofaft fur fon efpaule, becque-
tant fon oreille, il feit entendre à l'affiftance, que c'eftoit l'Ange de Dieu qui luy reue-
loit fes fecrets, & luy difoit le lieu où la loy eftoit cachee. En outre il auoit tellement
domté vn Taureau, & l'auoit fait fi priué, que quand il l'appelloit, foudain il luy ve-

noit baiſer la main : de ſorte que, ainſi qu'il haranguoit vne autre iournée ces beſtes d'Arabes & Iuifs deſuoyez, luy ayant fait ſignal (& premierement lié ſa loy à ſes cornes) ledit Taureau ſe vint preſenter à luy : ſi que comme il baiſſoit la teſte, Mehemet print les cahiers d'entre ſes cornes, non ſans le grand eſtonnement de tous. Ces choſes donc ſemblans miraculeuſes au peuple, l'induirent à croire, & à tant eſtimer ledit abuſeur, que de petit cõpaignon il deuint grand Seigneur, & dreſſa incontinent ſes Eſtats cõme Roy, enuoyãt ſes miniſtres çà & là pour gouuerner les prouinces. Car en peu de temps, à ſçauoir en neuf ans, il ſe feit maiſtre de preſque toute l'Arabie, enuiron l'an ſix cens trentequatre, lors que cõmença le Royaume des Sarrazins. Il auoit auſſi vne douzaine de gros Magots, ou Singes d'Afrique, auec leſquels il prenoit ſon deduit, qui eſt encores à preſent le vray paſſetemps des grands ſeigneurs Arabes, comme i'ay veu : & pource qu'ils luy obeiſſoient en tout ce qu'il leur commandoit, ils rendoient teſmoignage à ce gentil baſteleur, de ſa ſainčteté. Dieu ſçait les hiſtoires que les Chreſtiens Leuantins racontent des prouëſſes & miracles qu'il a faičts en ſon temps : qui meriteroient à la verité eſtre deſcrites, pour faire rire, & donner plaiſir aux Lečteurs, auſſi bien que les fables des Hiſtoires tragiques, ou contes de Gargantua. De ces ruſes & forces, ſoubz pretexte de religion, a vſé legrand Cherib, Preſtre Alcoraniſte, qui ſeſt fait Roy de Marroque, & de trois autres Royaumes, lequel eſt mort depuis vingt ans ença, comme ailleurs ie vous ay diſcouru.

De la puiſſance de MEHEMET, *& de ſa mort.*
CHAP. IIII.

L'ACCROIST de la puiſſance de Mehemet vint des Chreſtiens meſmes, du temps d'Heracle Empereur, qui ſucceda à ce Phocas, lequel auoit faičt mourir Maurice bõ Prince, ſi l'auarice ne l'euſt plus aueuglé qu'il n'eſtoit conuenable à vn ſi grand Monarque. Celuy Heracle ayant affaire contre *Coſroé*, Roy des Perſes, & entendant le bruičt de Mehemet & de ſa ſuyte, le voulut auoir en ſon armee: Lequel eſtãt penſionnaire de l'Empereur, print les Arabes de la Petree, nommez des Anciens Sccnites, & paſſa en Perſe, où il fut rompu : en deſpit de quoy à ſon retour il alla prendre & piller Damas en Syrie, & de là continüa en l'alliance du Grec pour quelque temps. Or ceſt Empereur au commencement fut Prince Catholique & de ſainčte vie : mais depuis ſe gaſta, & ſ'addonna aux folies des Aſtrologues & de la Iudiciaire, par les aduertiſſemens deſquels il entendit que l'Empire ſeroit en grand danger par la nation circonciſe. Tellement que ne penſant pas que la troupe Mahometane receuſt la Circonciſion, il ſ'attaqua aux Iuifs eſpars par tout l'Empire : de ſorte que Dagobert Roy de France, & Siſebuth Roy d'Eſpaigne, contraignirent à ſa priere, les Iuifs qui eſtoient en leurs terres, de ſe chreſtienner, ou ſinon ils les feroient mourir, tout ainſi que l'Empereur en vſoit en ſes Seigneuries. Mais ce ne fut de là que ſortit le malheur: auſſi les diuinations ſont toutes incertaines : veu que Mehemet & les ſiens furent ceux, qui du temps dudit Heracle eſchantillerent à bon eſcient les limites de l'Empire. Ainſi l'Arabe qui auoit long temps couué ſon hypocriſie ſoubz le pretexte de ſon nom de Prophete, & qui n'exerçoit ſes tyránies & paillardiſes qu'en ſecret, à fin d'attirer touſiours les hommes à ſa ligue, dés qu'il ſe veit Seigneur des trois Arabies, ſuyui de tous, voire des Chreſtiens & Iuifs, à cauſe de ſa liberalité, ſe reuolta contre l'Empire: & entendrez comment. *Coſroé* auoit guerre contre Heracle : ſi qu'il ſeſtoit ſaiſi de la Syrie : meſmes ayant pillé Hieruſalem, il emporta la Croix où noſtre Seigneur fut mis, en Perſe, & te-

Heracle Empereur.

noit l'Affyrie & grand' portion de l'Arabie en fa fubiection.Et ce fut de là,que Mehemet print fon occafion,& remonftrât aux Arabes la mefchanceté du Perfan, qui fe fai
foit adorer comme Dieu, feit tant qu'ils fe reuolterent: & lors Heracle les appella à fa
foulde,& les mena côtre les Perfes,où Cofroé fut vaincu,& à la fin occis par le moyen
de fon fils mefme:dont il rapporta la Croix en Hierufalem. Toutefois ce galand ne fe
contentant du fimple nom de Prophete, fi à la parole encor il n'adiouftoit le faict digne de fa doctrine, tafcha en toutes façons d'irriter lefdits Arabes contre l'Empereur:
où les chofes luy vindrent mieux à fouhait qu'il n'euft onc penfé, & par le moyen
mefme d'Heracle. Car,comme le Pape Honorie fuft decedé,& le Clergé euft efleu Se-
uerin en fon lieu, il enuoya à Rome vn de fes Capitaines foubz pretexte de ratifier &
confirmer ladite election, felon l'ancienne couftume des Auguftes depuis Conftan-

Sacrilege *dudit Em-* *pereur.* tin:combien que la fin monftra, que le Grec y eftoit venu pour piller les grands threfors qu'on gardoit pour la neceffité des pauures en temps de famine, & qui eftoient
auffi les depofts de plufieurs veufues, & autres gens de bien, dans l'Eglife de fainct
Iehan de Latran : defquelles richeffes & deteftable facrilege il paya fes foldats. Comme donc on fift le payement des legions des Grecs & Romains, & les Arabes deman-
daffent auffi le leur,auec paroles fafcheufes: l'Empereur ne fe peut tenir de refpondre,Et quoy ? à grand peine y a il dequoy fatiffaire au Grec & Romain : & voyla des
chiens terriblement importuns & eshontez en leurs demâdes. Lequel mot de Chien,
& le mefpris qu'il feit des deffufdits, luy fut cher vendu : d'autant que f'eftans retirez
en Arabie,pleins de courroux & de defir de vengeance,voyci Mehemet qui aigrit encore la matiere,& mettant vne grande armee en campaigne, commença à mal traicter
les Chreftiens,abbatre les Eglifes,paillarder fur les autels où le fang de Iefus auoit efté
offert pour les pechez du peuple, faifant meurtres infinis des Pafteurs & miniftres des
Eglifes dans les temples, & tel maffacre du peuple refufant fuyure fa fecte, que ie ne
fçay fi Diocletiâ,Traian,Seuere,Maximin,Domitiâ,Neron,& depuis les Goths & Vâ-

Loy prefchee *par le glai-* *ue trenchât.* dales en pafferent onc tant au fil de l'efpee, comme luy par le trenchant de fon Simeterre. Et toutefois en fi grande troupe de meurtris, vous n'en trouuez point qui ayent
efté enregiftrez au nôbre & catalogue des Martyrs. Bien eft vray,que quelques Chreftiens Leuantins ont les memoires en leurs liures, comme ils m'ont dit, de quelques
grands Seigneurs & Euefques qui auoient fouffert foubz ce Tyran pour la confeffion
du nom de Iefus Chrift, & de fa confubftantialité au pere : defquels i'ay autrefois eu
vn,efcrit en langue Syriaque, en ma poffeffion, que i'auois recouuert d'vn Neftorien,
qui depuis me fut prins par vn Turc Soubacy:lequel l'ayant ouuert,me le ietta contre
la face,& depuis vn autre le ramaffant, le ietta dans la mer. Et Dieu fçait, fi iouans tels
ieux, ie ne receuz pas, auec la perte de mon liure, plufieurs coups de poing. Mefmes
i'ay veu pres du mont Sinay,où Moyfe donna à boire de l'eau aux enfans d'Ifrael (qui
en moururent apres l'adoration du Veau) vn lieu où repofent felon les anciennes hiftoires des Grecs du païs, plus de quinze mille Chreftiens, occis par ce Tyran Mehemet : lequel les pourfuyuit depuis la vallee de *Tholas*, où iadis y auoit vn hermitage,
& vn cloiftre que les Latins nomment fainct Iehan de Cluny :mettât à mort par mefme moyen tant de faincts perfonnages, qui y faifoient penitence, & en plufieurs autres endroits d'Egypte. Ce fur auffi lors qu'il entra en la Palefthine, prenant,pillant &
faccageant les villes,& fur tout la Damafcene : ce que entendant l'Empereur,qui defia
eftoit tôbé en l'herefie des Monothelites, enuoya quelques vns pour retirer la Croix
de noftre Seigneur,de Hierufalem,& la porter en Conftâtinople,à fin qu'elle ne tombaft entre les mains des Agarenes : car c'eft ainfi que les Grecs appelloient les Arabes,
comme defcenduz de la race d'Ifmaël, fils d'Agar, chambriere d'Abraham. Hierufa-

lem prife par Mehemet, & toutes les villes maritimes pres de la Syrie & Palefthine,
non fans la ruïne des lieux faincts, & des Palais fuperbes baftis par les Rois anciés qui
auoient regné en icelle : ils tirent vers l'Egypte,& follicitent les Africains à fe reuolter
à l'Empire.Finalement le Grec voyant vne fi grande tempefte efleuee,cogneut fa faulte,& tafchant d'y mettre ordre, enuoya vn fien General alencontre, nommé Theodore, lequel fut rompu en bataille deux fois, à caufe (comme difent quelques vns) que
les legions Romaines fe laifferent aller par les promeffes de Mehemet (combien que
ce font chofes fuppofees) ains pluftoft pour la lafcheté Grecque,& que Dieu vouloit
punir par ces Tyrans les mefchancetez de l'Empereur facrilege & heretique. Cefte
deffaicte occafionna,que Mehemet fe faifit de l'Egypte, dominát toute la Terre faincte : laquelle demeura entre les mains de fes Caliphes & fucceffeurs, iufques à ce que *Pierre*
les Chreftiens,par la fuafion d'vn bon homme,nommé Pierre l'Hermite; enuiron l'an *l'Hermite.*
de noftre Seigneur mil nonantefix, allerent en Orient, & reftaurerent les Eglifes, en
dechaffant les infideles & barbares Sarrazins.Auát que ceft impofteur mouruft,voyát
les diuifions qui eftoient en Perfe, il fy en vint auec vne grande armee, regnant audit
païs Hormifda,lequel fucceda au fils de Cofroé : tellement que les Perfes fe fentans affoiblis par les guerres paffees, ayans perdu leurs Rois naturels (car Hormifda fut tué
en la bataille qu'il eut contre ledit tyran Prophete) fe foubmirent aux Sarrazins Arabes,& rëceuans l'Alcoran,promirent fidelité à ce gentil perroquet,qu'ils luy ont prefque toufiours depuis tenue. Ainfi vous voyez les fuccez de ce maudit Alcoranifte,le-
quel de ferf deuint voleur, & puis prefcheur, legiflateur & Prophete, & à la fin Roy
trefpuiffant, & tel que iamais infidele n'eftonna tant l'Empire Romain, que luy & fes
fucceffeurs : & ne fçache homme, qui l'ait mieux imité que ledit Cherif, Roy de Marroque de noftre temps, duquel ie penfe eftre le premier qui iamais en defcriuit l'hi-
ftoire:iaçoit que quelques vns me l'ayás defrobee,l'ont fait imprimer foubz leur nom,
ne faifans memoire de moy. Apres cefte conquefte, Mehemet ne tarda guere à mou- *Mort de*
rir,& trefpaffa du hault mal,par lequel il perdit le fens. Les Tartares & Hircaniens,& *Mehemet.*
autres difent, qu'il fut empoifonné par vn Medecin Iuif,nommé *Adonias* : encores
que la plus commune opinion du peuple Leuantin tienne, que ce fut d'vne pleurefie,
qui le tourméta treize iours entiers,fept defquels il fut comme enragé, fans qu'il peuft
parler:& à la fin reuenant à foy,dift qu'il feroit porté au ciel trois iours apres fon trefpas. Decedé qu'il eft, les Arabes attendent fa refurrection & tranfport au ciel par trois
& quatre iours. Toutefois voyans que ce maiftre bafteleur puoit comme charongne,
& que c'eftoient folies, ils le ietterent tout nud aux champs:d'où *Haly* fon nepueu,&
Elpheel,& autres fes parens le recueillirent (ce difent les Mores) & l'ayans laué & em-
baumé, l'enfeuelirent auec larmes & plainctes. Et fault penfer veritablement, que fi
ceux cy n'euffent eu la force, & que la fucceffion de tant de Royaumes leur efcheoit,
c'euft efté faict alors de la loy & doctrine Mahemetifte. Ce vaillant champion vefquit felon aucuns feulement trentequatre ans:combien que cela n'a point de verifimilitude : veu que auant que iamais il effayaft rien, ou machinaft fur l'inuention d'vne
nouuelle fecte, il auoit plus de vingtcinq ans : & cependant il confeffe luy mefme en
fon Alcoran,qu'il a demeuré treize ans à Medinna,& dix à la Mecque,à baftir les chapitres de fondit Alcoran. D'autre part il eft affez notoire, qu'il ne publia point fa loy
fi toft,& qu'il demeura quelques annees à la faire goufter à cachettes : apres quoy il la
prefcha & publia, partie de gré, partie par force l'efpace de dix ans : & depuis regna
neuf ans grand Prince, & obey de peuples infinis : qui me fait eftimer,que le moindre
aage qu'il euft lors qu'il mourut, eftoit de foixante & fept ans, comme m'ont affeuré
les Mores blancs, & autres de fa fecte. Et m'efbahis où ces Chronologiftes penfent,

quand ils efcriuent qu'il nafquit l'an cinq cens nonantefept, & deceda le fix cens tren-
tequatrieme,qui font feulement trentefept ans:attendu qu'il vint au monde du temps
du bon Empereur Maurice,& vefquit encore plus loin que l'Empire d'Heracle.Com-
ment donc que ce foit que lon face les fupputations des annees, il eft impoffible qu'il
ait vefcu moins de temps que ie vous dy, veu fes expeditions, menees & delaiz à mettre fes folies en euidence,& qu'auffi il auoit affaire à vn peuple rebelle & mauuais garçon,comme luy mefme confeffe en fon Alcoran, difant ainfi:O ruftiques hypocrites,
qui feignez de croire, & puis vous en retirez! fans faillir vous ferez damnez. Il mou-

Mahemet mort,et lieu de fa fepul- ture.

rut à la Mecque : iaçoit qu'il ne voulut y eftre enterré,ains à Medinna,à caufe qu'il fy
aimoit,& eftimoit le lieu cheri de Dieu:comme mefmes tiennent les Alcoraniftes,que
c'eftoit fon Oratoire,où priant, il tournoit toufiours la face vers Soleil leuant (ce que
obferuent encores tous Mahometans, faifans leurs prieres) quafi que fil euft trouué
là plus de deuotion ou grace qu'ailleurs. Il a eu dixhuict batailles en fon temps, defquelles il a prefque toufiours emporté la victoire, pour la liberalité & pillage qu'il
donnoit aux capitaines & foldats, qu'il attiroit de tous coftez : ioinct que les Princes
Chreftiens eftoient diuifez les vns contre les autres,qui luy eftoit autât de force, pour
pefcher en eau trouble. Dequoy lon ne fe doit pas trop eftonner, veu que Tamberlan
enuiron l'an mil trois cens nonantehuict, en peu de temps feit bien de plus grandes
chofes, & fubiugua d'auantage de prouinces, fans famufer mefmes à aucune fecte,
comme ceftuicy.Decedé que fut ce venerable predicant, *Bubecher* eft fubftitué en fon
lieu,non fans le mefcontentement de *Haly* fon nepueu, & bienaimé du defunct, qu'il
appaifa par promeffes:lequel retira à l'Alcoranifme ceux qui fen eftoient defgouftez.

Hothmar premier in- troducteur des baston- nades.

Apres luy fut faict Caliphe *Hothmar*, vn des plus cruels hommes de la terre, le premier qui a trouué la punition des baftonnades,dont lon vfe en Turquie:qui auffi feit
baftir vne mofquee en Hierufalem en defpit & mefpris des Chreftiens. A la fin ; ainfi
qu'il eftoit à fes affaires, il fut occis par vn Perfan,induict par ledit Haly : la tefte duquel fut portee comme celle d'vn Loup, au bout d'vn bafton, & fon corps trainé, &
puis bruflé.Or Haly feftoit retiré en Perfe,& fut le premier Mehemetifte,qui y commanda comme Admiral & Seigneur, & qui tint fiege de Pontife Mahometan foubz
le nom de *Caliphe* (qui fignifie heritier & fucceffeur) en la grand' ville de *Bagadeth*,
en Mefopotamie fur l'Euphrate : où il fit des conftitutions toutes differentes à celles
de fon oncle, lefquelles ont efté renouuellees de noftre temps par le Sophy, qui tient
& fuyt fes opinions,& duquel il fe vante d'eftre defcendu.A *Hothmar* fucceda *Hoa-
men*, lequel fut occis par fes propres domeftiques : cependant que l'autre triomphoit
en Orient, & fagrandiffoit de iour à autre; ayant defia penetré iufques en Armenie
bien auant. Auffi regnoit *Muhanias*, des difciples du Prophete de menfonge, entre
les Arabes Sarrazins. A la fin ce Haly fut tué en trahifon & par furprife, ayant regné
vingt ans fur celle prouince,& lors Muhanias Caliphe d'Egypte,& Admiral d'Arabie
feigneuria feul en toutes ces prouinces.Ce fut luy le premier,qui enuoya fon fils*Gifid*
en Afrique,où il feit telle defpefche, que de morts ou d'efclaues il en demeura plus de
quatre vingts mille du païs, en l'an de noftre falut enuiron fix cens feptante. Quant à
leurs noms, oultre ceux qu'ils auoient chacun à part, ils portoient prefque tous le ti-
tre de *Mehemet*; en fouuenance de ce grand voleur, qui les auoit ainfi aggrandiz &
hauffez en puiffance. Où il fault auffi noter, que les noms que lon donne communement,
& donnoit on iadis aux plus grands,font tous fignificatifs : côme *Mehemet*, ou

Noms pro- pres des fe- ctaires Ma- hometans.

Muhamed, qui ne fignifie autre chofe en leur langue,& felon leur interpretation,que
loüable, *Pherhat*, ioyeux; *Hamza*, preft, *Ahmad*, bon, *Mahmud*, defirable, *Muftapha*, ioyeux, *Giangir*, loüable, *Homar*, vif, *Humcram*, leger, *Hamurat*, attentif,

Selim, paifible, *Hah*, hault, *Ifmaël*, craignant Dieu, *Solyman*, qui fignifie Salomon, pacifique: *Ifuph*, ou *Iofeph*, croiffant, *Sophi*, fainct, *Aiub*, ou *Iob*, merueilleux, *Burru*, on *Pyrrhus*, rouffeau: eftimant que tous ces noms ont efté prins des anciens Hebrieux, ou Arabes,& autres des Grecs, comme *Scander*, Alexandre. Au refte, ie ne veux point icy baftir vne Chronique des Sarrazins: feulement vous defcriuant la vie de Mehemet, vous ay voulu faire veoir fon commencement, la continuation de fon œuure, & fon agrandiffement tel, qu'il a faict trembler tout, iufques à ce que les Turcs font venuz: qui ayãs goufté la religion Alfurcanifte, fe font auffi faifiz des terres, où leur Prophete a iadis commandé, & que fes fucceffeurs ont poffedees, excepté où Haly alla femer fes particulieres herefies: Lequel combien qu'il ne regna onc en Egypte, Arabie & Syrie, comme i'ay dict, fi eft-il compté en fecond rang de Caliphe, tant à caufe de la proximité de lignage, qui eftoit entre luy & l'Arabe, que pource qu'il regnoit ainfi que fon fucceffeur: & quoy qu'il euft faict diuifion en leur fecte, & que fes ceremonies fuffent differentes à celles que le guerrier auoit ordonné, fi eft-ce qu'il eft toufiours nommé apres luy, & le reuerét comme fainct Prophete. Que fi on leur dit qu'il a efté partial, & a femé herefies fur l'Alcoran, ils diront que non, & que toufiours il a tenu la loy de fon oncle, mais que ce ont efté les Caliphes de *Baldach*, & apres eux les Rois de Perfe, qui ont faict ces belles diuifions, corrompans la purité du texte de leur Alcoran, duquel ie vous feray vn bref fommaire. Voyla que i'ay appris tant des Arabes que des Turcs du païs, conferant auec eux.

De la faulfe Religion de MEHEMET, & de fon ALFVRCAN, dict Alcoran. CHAP. V.

TOVT homme de bon iugement, qui lira l'Alcoran, comme i'ay fait, ie fuis feur qu'il le mettra au rang des Hiftoires Tragiques, & des vrayes narrations de Lucian: veu que les folies, defquelles il eft plein, font telles, que ie m'efbahis comme les Turcs qui y verfent, font fi abeftiz d'y adioufter foy: entre autres, à celles qui font efcrites dans le liure commun à tout le peuple, qu'ils appellent *Taalim Elnebi*, qui fignifie, Doctrine du Prophete, auquel y a des chofes fi fanatiques, que ces feuls efcrits font affez fuffifans pour faire voir, que Mehemet eftoit hors de fon fens. En baftiffant donc ce maudit plant de fa doctrine, il cimenta fon edifice de prefque toutes les fortes d'herefies qui furét de fon temps: veu que la Trinité n'eftoit point de luy çogneuë, en cela imitant les Sabelliens: il difoit Iefus Chrift n'eftre point fils de Dieu, & qu'il n'auoit point enduré mort, auec les Cerdoniens: auec les Nicolaïtes, il permit la pluralité des femmes, & luy mefme en donna l'exemple, abominant ceux qui n'en pouuoient nourrir & contenter quatre. Et à fin qu'il flattaft & le Chreftien & le Iuif, il admift la Circoncifion, & fe feit baptifer par le moyne Sergie. Quant à fes liures, ils font diuifez en deux, en la vie d'iceluy, & en fa doctrine. De la vie i'en ay dict ce qu'il en falloit, fauf que ie vous ay teu fon voyage en Paradis, lors qu'il y fut mené vne nuict par l'Ange Gabriel, qui le feit monter fur vne befte, qu'il nomme *Alborac*, laquelle auoit vifage d'homme, les cheueux de Perles, la poictrine d'Efmeraudes, la queuë de Rubis, les yeux clairs cóme le Soleil, fellee d'vne felle d'or, enrichie de pierres precieufes, & vne grande troupe d'Anges qui l'enuironnoient. Touchant ce qu'il veit en fon paradis imaginé, apres auoir la tefte pleine de vin, encores que le tout me femble indigne d'eftre touché, fi vous en reciteray ie ce mot en paffant, fçauoir, Que dés le com-

Mehemet permet pluralité de fémes.

mencement il ouït trois voix qui l'appelloient: à la premiere ny à la feconde defquelles il ne refpondit mot, voyant à la troifieme vne trefbelle femme, qu'encores il paffa fans luy parler : & lors l'Ange luy dift, que la premiere voix c'eftoit la religion des Iuifs, & que fil fe fuft arrefté à elle, tout le monde euft efté Iuif : la feconde, la religion des Chreftiens, laquelle fil euft regardee, le Chriftianifme fe fuft efpandu par l'Vniuers : mais la troifieme eftoit le monde, plein de voluptez, & que pource qu'il feftoit tourné à cefte voix, fon peuple feroit le plus abondant en plaifirs, que autre qui fuft, ne qui iamais fera. De fes ieufnes, qui font de trente iours tous les ans au mois de *Ramallhan*, qui eft noftre Septembre, il eft ainfi efcrit, que comme il fuft paruenu pres la gloire de Dieu, & l'euft falué, Dieu luy dift qu'il l'aimoit & eftimoit plus que nul de fes meffagers : adiouftant à la fin ces parolles, Ie te commande, Mehemet, que tu faces ieufner ton peuple foixante iours par chacun an, & chacun face cinquante oraifons. Luy neantmoins fafché de telle charge, fe retira à Moyfe, qui luy confeilla de prier Dieu, qu'il luy pleuft diminuer le nombre des iours, & moderer les oraifons. ce qu'il feit par trois diuerfes fois: fi que le ieufne fut rabaiffé à trente iours, & l'oraifon à cinq fois par iournee : & fil euft ofé y aller encore vn coup pour en ofter dauátage, il l'euft faict, tant il vouloit nourrir fes fectaires en tous plaifirs & delices. Mais laiffons ces refueries, pour en voir d'auffi grandes ou plus, comme quand il dit, Que fi tous les Anges & les hommes eftoient enfemble, ils ne fçauroient faire vn tel liure que fon *Alfurcan*, ou *Alcoran*, qui eft le liure fans erreur ou tache quelconque. En apres il pro-

Promeffe de l'impofteur Mehemet.

met Paradis à tous ceux qui ont bien nourri leurs femmes, ont prié quatre & cinq fois durant la nuict & le iour, & qui ont faict bonne mefure, & payé les difmes au Prophete de Dieu, & à fes *Talifmanlar*, & *Hogfialar*, qui font Preftres & Docteurs : Ne voulant qu'on fe fouuienne des torts anciens, & loüant ceux qui defendent l'honneur du Prophete, & rauiffent les biens des infideles qui refufent de croire à l'Alcoran, ou qui tuent & font efclaues les ennemis de fa doctrine. N'eft-ce pas prefcher l'efpee au cofté, & tenant la dague à la gorge de celuy qui efcoute le fermon ? Il reçoit la Predeftination, fans rien accompter à la foy, ou à l'œuure, & toutefois il ne fait iamais que repeter Paradis, & efpouuanter les hommes de fon Enfer. Et d'autant que fes propos vont ainfi faultans du coq à l'afne, encores que plufieurs fois i'aye leu ce gentil liure par paffetemps, tant en la Grece, Egypte, que ailleurs, ie ne peu iamais conceuoir ny entendre ce qu'il veult dire, & penfe que luy mefme ne f'entendoit point. Mais quelle abomination d'ouyr reciter fes folies touchant les faincts Patriarches de l'ancienne Loy, n'y ayant hiftoire en tout le Petateuque, qu'il n'ait detorquee à fon profit ? Quelle plus grande fottife pourroit il eftre, que de dire, que les Diables feftoient faicts Sarrazins, ayans veu l'Alcoran, & feftans mariez, auoient produit grand nombre d'enfans ? Auffi eft-ce vne grande pitié, de voir les blafphemes, defquels menfongerement il fouille le fainct Euangile de noftre Seigneur (qu'ils appellent *Ingil*) & comme il en corrompt l'hiftoire, oftant l'vnité des perfonnes, ne le cognoiffant que comme fils de Marie vierge, & infpiré de l'Efprit de Dieu comme les autres Prophetes : iaçoit toutefois qu'il l'appelle fouuent & la Parolle & la Sapience du Pere, & le Meffie & Prince promis aux Iuifs, Efprit & mente de Dieu, fontaine & chef de tous les hommes. Ainfi en vn mefme chapitre, quoy qu'ils foient fort briefs, il fe côtredira deux ou trois fois. Voyez ie vous prie, fi cefte befte eftoit groffiere en ce qui touche les fecrets de l'Efcriture. Aux liures qui concernent la police, eft contenue l'interpretation de l'Alcoran: mais il n'y a aucune obligation à peché mortel, à caufe que felon les tranfgreffions & pechez les peines f'en fuyuent. Que fi ie voulois vous deduire tout au long fes preceptes de folie, ie n'aurois faict de long temps, & qu'auffi parlant des Turcs i'efpere

vous

vous en toucher quelque mot : qui fera caufe, que laiffant cecy, ie pourfuyuray d'autres chofes, le recit defquelles vous fera aggreable. Si le fang Royal de Mehemet fuc-
cedoit aux heritages des Royaumes, qui font par tout où cefte fecte eft receuë, ie vous
puis affeurer, qu'il n'y auroit point faulte de fucceffeurs: veu que ie n'ay trouué ne veu
ville ny village en ces païs là, où il n'y ait belle troupe de cefte parenté, marquez pour
eftre cogneuz tels qu'ils font, à fçauoir fols & acariaftres, d'vn Turban verd, foubz le-
quel ils portent vn petit bonnet de couleur, que les Arabes nomment *Muzauagea*, *Parens de Mehemet, qui portent le Turban verd.*
n'eftant permis à autre de le porter tel, à peine de la vie: & c'eft auffi vn des plus grands
aduantages, que ces Princes du fang du Prophete ayent entre les Mehemetiftes. Ils appellent cefdits Turbans *Ieshil baffi:* & fe vantent ces galands, qu'ils font tant en la grace de Dieu que de leur Prophete, & ont tels priuileges enuers eux, à caufe de ladite pa-
renté, qu'ils peuuent guerir de plufieurs maladies, comme de fieburcs, & enforcelle-
mens. Quant à ceux des Turcs naturels, ils font tout blancs: où les Arabes ont des chapeaux rouges, veluz & pointuz, & autour vne petite bande de toile ou famis, fort blâc
& delié : combien que quelques vns ne portent qu'vn petit bonnet fimple, faict en
poincte de diamant. Lefquelles coiffures ils ont appris des Circaffes Mammeluz, qui
vindrent les premiers au feruice des Soldans d'Egypte: fi ie ne difois pluftoft, que c'eft
l'ancienne façon des Arabes, de n'auoir onc porté de ces gros Turbans, defquels les
Turcs fe chargent la tefte. Et ce qui m'en donne plus grand & feur tefmoignage, c'eft
que lors que ie party du mont Sinay, qui fut l'an mil cinq cens cinquante, comme ie
prenois le chemin de *Gazera*, vn More blanc de noftre compaignie, lequel m'auoit
loüé vn chameau pour mon voyage, me monftra plufieurs chofes finguliers, qu'il
auoit trouuees en vne ville pres le port de Suez, prochain de la mer Rouge : & entre
autres vne medalle faicte du temps mefmes que les Caliphes fucceffeurs de Mehemet
regnoient en Egypte, ainfi que plufieurs m'en affeurerent, à caufe du lieu où ces chofes auoient efté trouuees. Cefte medalle eftoit plus large qu'vne Portugaife, faicte de
cuyure, en forme quarree, reprefentant le pourtraict d'vn homme, qui auoit le vifage
large, & groffement charnu, les yeux gros, la barbe longue, & le nez vn peu large & camuz, auec vn pigeon pres de luy, qui le becquetoit. Il tenoit auffi la main droicte ten-
due & leuee en hault, comme vn qui harangue, & auoit fur fa tefte vn certain bonnet
pointu, autour duquel eftoit vne bandelette, ainfi large que les rubans, que noftre ieuneffe met à prefent autour de fes chapeaux. Or iaçoit que defia ie me doubtaffe de qui
eftoit cefte reprefentation, fi en voulus ie auoir plus de preuue, & tafchay à lire, ou faire lire les characteres d'alentour: toutefois eftant impoffible, pour eftre effacéz, à la fin
on en tira d'vn cofté à toute peine ces mots, *Mehemet Elnabi*, qui fignifie Mehemet
Prophete : & de faict c'eftoit le pourtraict de Mehemet, lequel ie vous reprefente au *Le pour- traict de Mehemet.*
naturel cy apres en la page fuyuante. Vray eft que quelque temps apres, l'vn des Patriarches de Grece, qui fe tenoit au grand Caire, me feit prefent d'vne pareille, auec
celle de Sergius, & mille autres fingularitez. I'ay eu long temps cefte piece en ma poffeffion, & eftant à Lyon l'an mil cinq cens cinquantedeux, ie la feis tirer au vif, la donnant depuis au Roy Henry, fecond du nom, dont en ay encores vne femblable en
mon cabinet en cefte ville de Paris. Ainfi vous voyez que le Turban que les Arabes
nomment *Halamama*, n'eft point de l'inftitution dudit Mehemet, ains eft l'ancien habillement de tefte des Scythes, defquels les Turcs font defcendus : combien que quelques Grecs m'ont affeuré, que leurs peres, qui fe tenoient en l'Afie, en portoient: ioinct
que i'ay veu contre certaines vieilles murailles d'Eglifes ruinees, des hommes peincts,
il y auoit plus de cinq cens ans, qui en auoient fur leurs teftes, tous femblables à ceux
que lon voit à prefent: voire vne fort vieille peincture de S. Bafile, ainfi couëffé, que vn

E

Papaffe Grec me monftra en la ville de *Corozain*, en la petite Afie.Mais reuenant à ces
parens du Prophete, ils font fi fupportez auec leur Turban verd, qu'il n'y a homme
qui leur ofaft faire ne dire chofe qui leur tournaft à defplaifir. Et pouuez en cecy cognoiftre la malediction de cefte loy Mahometane,que ces poltrons font leurs paillardifes deuant tout le monde,& celuy feftime heureux,ou en fait mine, duquel la fem-

me aura efté prife par l'vn d'eux, lefquels font les plus abominables Sodomites de la
terre : & à la verité cela ne fe fait qu'en l'Arabie , quoy que le Turc , Arabe & Africain
en foit taché merueilleufement. L'autre vertu heroique de ces verdelets, c'eft d'eftre
faux tefmoings : car ils en viuent la plus part. Si vn Turc veult vfer d'vne vanie Morefque, & donner caffade à quelque marchant Chreftien ou Iuif, tefmoings ne luy
manquent point,où ces galans fe trouuent:& eft le malheur tel, qu'vn de ces caymans
vault quatre autres Turcs en telle matiere. Auquel propos me fouuient , que lors que
ie demeurois en Alexandrie d'Egypte,vn iour de Quarefme prenant,deux ieunes Seigneurs Florentins & moy,accompaignez d'vn Iuif,qui auoit autrefois receu le Chri-
ftianifmé , Licencié és loix à Paris,nous proumenás par la ville,aduint que nous nous
trouuafmes en vn certain endroit,aupres d'vne Mofquee, autát fuperbe & belle, pour
ce qu'elle contenoit,que i'en veis onques en tous ces quartiers là : d'autát que la voulte
eft fouftenue de quatre vingts Colomnes de iafpe & marbre trefpoly & luifant, qui
iadis fut faite par Federic Empereur Romain, premier du nom , furnómé Barbe-d'airain,pource qu'il auoit la barbe rouffe,l'an de noftre Seigneur mil cent cinquátedeux.
Regardant donc dans ladite Mofquee , à trauers des treilliz de bois, vn certain *Ietal-
magilan* (qui eft vn Treforier , qui paye les Officiers du Seigneur) nous venant acco-

fter & faluer, auec fes deux efclaues qui l'accompaignoient: Ce maiftre Officier, dy-ie,
foit par derifion ou autrement, nous demanda fi ladite mofquee ou Eglife eftoit belle. Auquel comme nous euffions fait refponfe qu'ouy, aux defpens de noz anciens
Princes Chreftiens : luy courroucé & irrité de noz paroles, f'en va tout tranfporté de
cholere, iurant & prononçant ces mots, *Valla-he, talla-he, billa-he,* fçauoir, Pardieu,
Mordieu, & plufieurs autres blafphemes, qu'il reiteroit par diuerfes fois. Et nous d'autre part fafchez de telle brauade, nous retirafmes incontinent à noftre Fundic, auec le
Conful où i'eftois logé. Or fur les fix heures au foir, eftans prefts à nous mettre à table,
voici venir cinq Ianiffaires accompaignez de trois de ces Courtifans à tefte verte, tous
embaftonez felon la couftume du païs, lefquels fans dire qui a perdu ne gaigné, nous
mettét la main fur le collet : & Dieu fçait fi les baftonades grefloient fur noz efpaules.
Incontinent donc, fans autre forme de procez, fufmes conduicts hors la ville, au logis
du *Talifmallar* (mot defcendu de *Talifman*) homme autant corrompu que ie veis onques. Ainfi eftant deuant ce gentil iuge, & image de l'Antechrift, pour l'abfence des
principaux, qui eftoient allez au Caire pour les affaires de ladite ville, ces trois tefmoins, parens du Prophete, l'vn apres l'autre, commencerent à haranguer. Le premier
iura, & afferma par fa foy, qu'il nous auoit veu deux heures entieres à la porte de
leur mofquee & lieu d'oraifon, où nous tafchions par tous moyens crocheter la fer-
rure, & y entrer : L'autre difoit, qu'il nous auoit prins les outils, dont nous la vou-
lions forcer: Et le troifieme, qu'il nous veit ietter plufieurs pierres & immondices en ce
temple, & que peu f'en fallut il, nous remonftrant noz faultes & offenfes, que nous ne
nous ruïffions fur luy, comme de faict il fut en grand danger (ce difoit il) de fa perfonne. Le bon Dieu fçauoit bien, ainfi que nous nous excufafmes tous, fi nous y auiós
penfé. Neantmoins ce gentil prelingant, comme il aduient fouuent, & eft le prouerbe
ancien, que De faux iuge briefue fentence, nous condamna eftre fermez aux prifons
du Chafteau, qui eft fur la marine: où fufmes vingttrois iours entiers : & où mourut le
plus vieux des deux Florentins, le treizieme iour apres fon emprifonnement. A quoy
voulant pouruoir ledit Cóful, qui fe nommoit *Gardiole*, & qui fçauoit bien le moyen
& le poinct de nous mettre hors de captiuité, enuoya vn Truchement auec trois pieces de Carifé, d'autant bon drap qu'on fceuft trouuer, à ce finge de iuge: lequel ne faillit de nous faire venir ce mefme iour deuant luy : & commençant à nous faire des re-
monftrances affez rigoureufes, cria à haulte voix, à fin que chacun entendift fa fentence, *Mefizum edat fuyle varmich dahe euea bouguzel ioctur*, qui eft à dire, O poltrons, il
y a fi lóg temps que vous demeurez auec nous: eft-ce la couftume de voftre païs, d'entrer par force aux temples & maifons d'autruy ? Vous fçauez bien que telles chofes
vous font deffendues. Allez, allez: n'eftoit le refpect que ie porte à la nation Françoife
& Italienne, ie vous ferois maintenant mourir. Voyla tant de bons perfonnages qui
vous ont veu faire ce que vous voulez nier. Retirez vous en paix à voftre Confulat, où
vous viurez à l'aduenir en gens de bien. Autant en dift il audit Iuif, qui en fut quitte
de fa part pour vne trentaine de Chequins d'or, à quoy f'eftoient cottifez tous ceux de
fa perfuafion pour le deliurer. Ie ne doubte pas que les Officiers du Turc ne fçachent
bien la mefchanceté des tefmoins. Mais quoy ? il fault complaire au peuple, & quelquefois eux mefmes le font faire, pour donner des baftonnades à ceux qui leur auront
faict defplaifir. Ces galans portét la barbe longue (ce que ne fait pas le Courtifan fuyuant la maifon du Seigneur) & font comme Gentilshommes, quelque part qu'ils
foient, ne payans tribut ne fubfide, fi ce n'eft durant la guerre en leur païs, où ils vont à
leurs propres defpens. Au refte, les Chreftiés de Leuant, comme Grecs, Georgiens, Maronites & Armeniens, ont des Turbans rayez de diuerfes couleurs, comme les Abyf-

fins en ont d'azurez,& les Iuifs de tous iaulnes : car de le porter tout blanc, fi vn hôme
n'eſt Mahometan,il n'y a point d'ordre : autremēt il fault ou mourir,ou ſe faire Turc.
Les Chreſtiẽs Latins,ſ'il leur plaiſt,en vſent de tels que les autres Chreſtiẽs Leuantins,
& perſonne ne leur en dit mot,ains en ſont mieux venuz,que ſ'ils portent chapeau ou
bonnet à la mode de pardeça. D'auoir bottines, robes, ceinctures & ſouliers à la Turqueſque, il n'eſt point defendu aux Chreſtiẽs, ny autres eſtrangers. Quant aux Perſes,
cõme ils ſont differents en opinion d'auec les Turcs, auſſi le ſont ils en Turban, ſur lequel ils ont vne maniere de poincte rouge,& pource les appellẽt ils *Kaſel-baſz*,qui eſt
à dire,Teſte rouge : en quoy pluſieurs ſe ſont trõpez,qui penſoient que ce fuſt le nom
propre du Sophy, lequel ſ'appelle du nom de quelque Prophete, qu'on luy donne
eſtant ieune Prince, comme font les autres Monarques. Mais laiſſons à part les Turbans,pour parler vn peu de la Mecque,& de ſon voyage.Il n'eſt annee du monde,que
vous ne voyez les Carouannes grandes,les vnes venans de Perſe,les autres d'Ethiopie,
voire iuſques aux Indes,les autres d'Afrique,& autres de la Grece & Turquie, qui võt
en pelerinage là, & à Medinna Talnabi, en l'honneur de leur Prophete, eſperans par
ceſte viſitation obtenir pardon de leurs faultes, & en eſtre heureux tout le temps de
leur vie. Et y a vne infinité de caymans , qui entreprennent tels voyages : entre autres,
ceux qu'ils nomment *Deriuſſi*,*Torlaqui*, *Colander* & *Seichlar*,qui ne gaignent leur vie
qu'à trotter : d'autant qu'ils ſe nourriſſent aux hoſpitaux bien fondez, puis vont demander l'aumoſne aux plus riches maiſons des villes & bourgades , qui ne les eſcon-
duiſent iamais.Les Arabes & Mores,qui ſe tiennent en Afrique,ont autres lieux parti-
*Carouanne
a prins le
nom d'vn
lieu, diſt
Carouan.* culiers de deuotion que la Mecque, dont le plus remarquable ſe nomme en leur langue *Carouan* ,duquel toutes les Carouannes ou amas de peuple, ont prins leur nom:
l'autre, *Machori*, & non *Meide* ,ainſi que quelques vns ſe ſont voulu perſuader : &
le troiſieme eſt entre les deſerts de *Lehocath*, & le païs de *Serlhat*, appellé par ce peuple Moreſque *Adiel* : leſquels lieux ſont defenduz d'eſtre viſitez,tant aux Chreſtiens
qu'aux Iuifs. Il eſt vray qu'ils en ont pluſieurs autres, auſquels ils ſe voüent ſelon les
vœuz qu'ils font. Or la cauſe du voyage de la Mecque n'eſt pas ſimplement pour le
reſpect du Prophete , ains pource qu'ils diſent , qu'en vne montaigne voiſine fut fait
le ſacrifice d'Abraham:ce qui eſt treſfaux,attendu que ce fut en la Terre ſaincte.Et ainſi
auant que monter audit mont,ils ſe preſentent à la moſquee de la Mecque,pour prendre de l'eau d'vn puyts qui eſt dedans.Où eſtans paruenus,ils tournent trois fois alentour,prians Dieu qu'il ait pitié d'eux,& qu'il leur pardonne leurs faultes.Puis leur eſt
ietté par des hommes commis à puiſer, vn ou deux ſeaux d'eau à chacun ſur la teſte,
les mouillans iuſques aux pieds : & par ce moyen ils ſe penſent eſtre lauez & nettoyez
de tout peché. En oultre, chacun prend ſa phiole de ceſte eau , pour emporter en ſa
maiſon,& la garder cõme quelques precieuſes reliques : & de là ſ'en vont à la montaigne,où ils diſent qu'a eſté fait ledit ſacrifice.Auquel lieu ayans acheué leur deuotion,
ſe preparent pour aller à Medinne , viſiter le tombeau & oſſemens de leur impoſteur,
duquel i'ay deſia parlé par cy deuant. Pluſieurs des Turcs qui ſont en la Grece & Natolie,voire de la grand'Aſie,allans viſiter ce ſepulchre,ont eſté ſi fols & endiablez,que
*Choſe nota-
ble à lire au
Lecteur.* de ſe precipiter en la mer,pour leur indignité, de voir choſe ſi ſaincte. Et me ſouuiẽt,
que faiſans le voyage par mer de la Terre ſaincte,ſur vn vaiſſeau Turc allant de Grece
en Egypte , lequel eſtoit paſſager pour ceux qui voyageoient vers quel que ce fuſt des
ſepulchres, de Hieruſalem, ou de la Mecque , & eſtoit chargé à merueilles de gens de
toutes ſortes:Comme nous euſmes paſſé Rhodes,tirans au grand goulfe,à fin de prendre la droicte route,voicy vne grande tempeſte qui nous commença à eſtonner,telle,
que de ſix iours & ſix nuicts nous ne fuſmes ſans courir fortune. Entre autres donc y

auoit trois vieillards Turcs en nostre nauire, les deux aussi blancs que neige, & le troisieme aagé de soixante ans: lesquels vn matin, durant cest orage, se viennent mettre sur
le bord du nauire, disans qu'ils estoient indignes de faire vn si sainct voyage, & de visiter le sepulchre du Prophete de Dieu, & qu'ils cognoissoient bien certes que les vēts
estoient irritez contre eux, & la mer furieuse pour leurs faultes, ainsi que la nuict le
Prophete leur auoit annoncé. Pour ceste cause, à fin de purger leur indignité, & de
complaire au messager de Dieu, & deliurer les dignes de tel & si grand danger, ils se
ietterent en l'eau, qui faisoit des cris & effrois si grands, que nous pensions que ce fust
vn amas confus de tous les elemens ensemble. Tellemēt que moy & huict Grecs, auec
vne douzaine de Iuifs, voyans telle rage, & craignans le reste des Turcs qui estoient
tous esmeuz de ce qui s'estoit passé, de peur qu'ils ne missent en ieu qu'estions cause de
ce desastre, comme volontiers ils font quand il leur aduient fortune en la compaignie des Chrestiens: par l'aduis d'vn Turc nostre familier & amy (à cause que secrettement nous luy donnions du vin & de noz langues de Pourceau salees) nous descen-
dismes au plus bas du nauire, & nous cachasmes parmy des balles & fardeaux de marchandise: où nous fusmes six bōnes heures, iusques à ce que la frenaisie de ces belistres
fut passee. Et n'est cecy chose nouuelle, veu que ceux qui viennent de la mer Maiour,
ne sont guere plus sages, & les Mores qui y vont d'Afrique, ou des deux Ethiopies,
souuent se souuenans de quelque grief peché, dés qu'ils entrent en la mer Rouge, ne
fauldront de s'y baptiser de leur bon gré, tout ainsi que Pharaon & les siens y furent
lauez en despit qu'ils en eussent. D'autres qui ne veulent trop boire, ou mourir en la
saleure de la mer, se pochent les yeux, auec protestation de leur indignité de voir de
tels & si sacrez lieux, que ceux où repose & a vescu leur sainct Prophete: comme s'ils
ne se pouuoient garder de les voir sans auoir les yeux creuez. I'en ay veu en ma vie
vn bon nombre de tels, qui alloient caymandans, & ausquels n'estoit pas fils de bonne
mere qui ne faisoit quelque bien, puis qu'en l'honneur dudit Prophete ils n'auoient
crainct de perdre leur veüe. Il s'en trouue, qui apres auoir visité ces lieux par eux pre-
tenduz saincts, se font des incisions en diuers endroicts de leurs corps, & plusieurs
playes & vlceres longues & larges, qui leur demeurent toute leur vie, à fin qu'on les
glorifie & prise. Quant est des Persiens, ils sont plus sages & moins ceremonieux, comme i'ay congnu, ne se soucians de ces folies, & n'ont pas telle deuotion à Mehemet:
comme ainsi soit qu'ils honorent Haly, nepueu dudit imposteur, & disent que ce a
esté luy qui a dressé l'Alcoran, & que sans son aide Mehemet n'eust iamais rien faict
qui vaille: comme veritablement n'ont ils ne l'vn ne l'autre. Et c'est l'occasion de la
haine qui est entre les Turcs & les Persans. Ie ne m'esbahis pas, si ces malheureux prennent si grand plaisir de laisser ce monde, pour s'aller esiouyr au paradis de Mehemet,
qui est comme vne boutique d'Apothicaire, garnie de Myrabolans, sucres & dragees,
confitures & hippocras de toutes sortes, les iardins ne leur manquans point, enuironnez de ruisseaux d'eau claire & fresche, s'ils gardent sa loy & doctrine: veu qu'il est
escrit de mot à mot en l'Alcoran, à fin de les y attirer d'auantage, que les tables y sont
dressees, pleines de delicatesse, & les viandes administrees par belles filles dans des riches vases d'or, chacun se pouuant prendre à ce qu'il aimera, & se donner du bon tēps,
beuuant, mangeant, & ne se souciant que de contenter sa concupiscence. Mais oyant
ces choses, qui se pourroit tenir de rire? Moy Theuet, quand il m'en souuient, il me
semble que i'oy noz Margageaz, & autre peuple Sauuage de l'Antarctique où i'ay esté,
me parlans d'vn paradis de mesme sorte, pour le repos de leurs *Cherepicouares*, c'est à
dire, les ames de leurs peres & meres decedez, qui vont dans de beaux iardins, pleins
d'*Ayaty*, qui est du Mil & de bons fruicts, & force *Cahoin*, qui est leur doux breuua-

*Mehemeti-
stes qui se
creuent les
yeux.*

*Paradis des
Turcs fort
gaillard.*

ge, & que ces ames fe iouent continuellement auec leurs *Pagéz*, qui font leurs Prophetes. Par cela il eft aifé à cognoiftre de quelle vermine eft auiourdhuy poffedé ce
païs d'Egypte, Iudee, Arabie, & autres, où iadis fut plantee l'Eglife de Dieu. Voyez la

Deploratiö de la reli- gion Chre- ftienne.

vie diffoluc des Grecs : la feparation qu'ils auoient faicte en l'vnion de l'Eglife, & en
laquelle ils viuent encore, a efté caufe, que leur païs leur a efté rauy, le fiege des Princes naturels transféré à d'autres qui font eftrangers & de fang & de façons, & de foy, &
religion. De noftre temps l'Europe n'a elle pas efté affaillie, battue, talonnee & affligee
de tous coftez par les chiens ennemis de Iefus Chrift, lefquels ont faict leur profit, tandis que les fectaires efpandoient leur venim par la Chreftienté, auec la perte des ames
des hommes? Car ie fuis feur auoir veu en Turquie des Allemans, Italiens, Efpaignols,
François, & de Grecs, Armeniens, Mingreliens, vn grand nombre, qui faifans banqueroute à l'Euangile, auoient receu la Circoncifion, ou du Turc, ou du Iuif, à caufe feulement (difoient ils) des diuerfitez d'opinions qui font en noftre Eglife, & des troubles que Luther (qui eftoit en vie lors que i'eftois pardelà) & fes compaignons y ont
femé de noftre aage. Et veritablement les Mahometans mefmes fe mocquent de nous,
à caufe de cecy, quoy qu'ils foient ioyeux d'attirer les Chreftiens à leur idolatrie:
m'ayans dit, non vne, mais plus de mille fois, lors que i'eftois parmi eux en diuers endroicts, que nous eftions fines gens, de baftir ainfi des fectes, à fin d'auoir occafion de
receuoir leur loy : & que pour vray nous fçauions bien la verité fur le iugement de
celle qui eft la plus faincte, mais que nous la celions : & autres femblables propos, que
plufieurs tiennent pour allicher le monde à fuyure leurs fantafies. Or aduifons main-

Herefie de Mehemet efpädue en plufieurs prouinces.

tenant le profit, progrez & auancement qu'a faict Mehemet ou les fiens, & comme fa
doctrine eft efpandue en plufieurs lieux. Si nous regardons l'Europe en laquelle nous
fommes, il n'eft aucun qui ignore, qu'vne partie d'icelle ne foit fardee des couleurs de
l'Alcoran, lequel eft prefché par tout où le Turc commande, qui eft en Grece, Albanie, Macedone, Moree, Valachie, Bulgarie, Efclauonnie, Tranffyluanie & Hongrie, &
vers le Septentrion en la Scythie & Tartarie : où tant de belles villes & Royaumes floriffans, grandes feigneuries, excellentes principautez, regies iadis par les Rois, Seigneurs, Princes & Magiftrats Chreftiens, obeiffent à prefent foubz le nom de ce vilain Arabe, né efclaue, & forti de la plus vile race du monde. Que fi vous venez puis
apres à l'Afrique depuis le deftroict de Gibraltar iufques au Promontoire de Bonne
Efperance : pour vray, vous y trouuerez pour le moins trentequatre Rois, recognoif-
fans tellement quellement la loy Mahometifte, non qu'ils foient fubiects au Turc, ny
la centiefme partie de ceux qui embraffent l'Alcoran. Reprenans la route en là, mefme
depuis ledit Cap iufques à la mer Rouge, & Royaume de *Dobas*, & puis le long de la
mer Mediterranee iufques en Arabie, tant felon l'eau qu'en terre ferme, il y a dixfept
Royaumes, tant grands que petits, entre lefquels l'Ethiopie en tient fubiects vne belle
partie, & en pareille erreur. D'autrepart venans à l'Afie, nous y cognoiftrons foubz cefte doctrine toute l'Arabie, Iudee, Syrie ou Palefthine, Damafcene, Hircanie, Comå-
gene, Galatie, Frigie, & autres, que difficilement ie pourrois nommer. Ie ne parle point
d'vn bon nôbre d'ifles, côme Rhodes, & toutes les Cyclades, & depuis trois ans ençà,
Cypre, qui a efté rauie par tyrannie fur les Chreftiés. Tant y a, que depuis le Quinfay,
qui eft à la fin de l'Orient, comprenant le Cathay, Cambalu, Camul, Sableftan, Circaffie, & tout le païs de la Scythie Orietale, l'Armenie, Perfe, Turqueftan, & infinité d'autres peuples, nations, Royaumes & prouinces, qui contiennent de l'Eft à l'Oueft plus
de quatre mille lieuës, ils font prefque tous Mahometans: Non pas que ie vueille conclure qu'en ces païs ne fe trouue grand nombre de Roys, Princes & peuples Chreftiés,
comme pourroit eftre le *Gerif auaraich*, ou Preftre-Ian, l'vn des grands Monarques

de l'Afrique & Ethiopie, & plus grand terrien qu'vne vingtaine d'autres Rois Alcoraniftes. Voire en diuerfes parties de l'Afie, y en a vn nombre infiny, qui ne cognoiffent toutefois l'Eglife Latine, comme ie vous diray ailleurs. Ie laiffe auffi les Indes
Orientales, & celles que lon nomme Occidentales, où fe trouue auiourdhuy force
gens de bien, qui conuertiffent de iour à autre le pauure peuple Sauuage & Barbare:
iaçoit que és Indes ceux qui font bien auant au païs continent, & au millieu de terre
ferme, font pour la plus part idolatres: ou s'ils font Alcoraniftes, ils le font auffi groffiers, comme les Iuifs font bons Chreftiens. Au refte, les Turcs m'ont dit quelquefois
auoir vne Prophetie, où il eft efcrit que neuf cens ans apres la mort de leur Prophete,
qui s'approchent, ils commanderont tout le grand Ocean, & la mer Mediterranee: à
l'vn defquels ils font defia bien auant, & que l'autre ne leur peult faillir, veu qu'ils fe
faifoient forts de faouler vn iour leurs cheuaux de l'eau du Rhin. Mais comme deux
d'entre eux me feiffent ce recit, ie leur refpondis pour reuenche, que le Roy d'Ethiopie en auoit vne autre d'vn fainct perfonnage, laquelle tient & afferme, qu'en la mefme faifon, la fecte des Mahometans deuoit prendre fin par l'effort d'vn grand Roy
Trefchreftien. Laquelle parole me cuida coufter la vie: attendu que ces vilains m'em-
poignerent fi doucement à la gorge, que fi vn Seigneur Venitien ne m'euft fauué, en
leur donnant quelque ducat, ie croy qu'ils m'euffent empefché de voir iamais l'effect
de ladite Prophetie.

De la Syrie, *ville de* Gazera, & *comme les Chameaux font traittez,*
& *du Capitaine Sarauanibafci.* CHAP. VI.

A Pres que lon eft forti d'Arabie, on entre en la regió de Surie, foubmife foubz le nom general de Syrie, qui eft appellee *Aram* par les
Iuifs Hebrieux du païs, du nom d'vn des enfans de Sem, fils de Noé.
Mais pourautant que c'a efté iadis vne prouince d'auffi grand' eftendue, qu'autre qui fut en l'Afie, veu qu'elle comprenoit iufques en Affyrie, & auoit en fon enclos la Mefopotamie (dont mefmes les Iuifs
l'appellent encore auiourdhuy *Aram Naharaim*, qui fignifie Syrie des deux fleuues) il me la fault defcrire auffi bien que les autres, & puis ie pourfuyuray chacune de
fes parties particulierement, felon fon rang. La Syrie donc regarde vers l'Orient l'Arabie Petree, & gift en cefte ligne partiffant à feptante degrez trente minutes de longitude, & de latitude trente degrez cinquante minutes: & oultre ce confiné auec vne partie de l'Euphrate en la Mefopotamie, là où la Cappadoce luy fert d'aboutiffant & borne. Vers l'Occident, la mer luy cloft fes limites depuis Acre iufques en la cofte de Lariffe: & vers Midy, elle s'eftend iufques en l'Arabie deferte. En laquelle defcription
font contenues plufieurs prouinces (la plus grand' part defquelles i'ay veües) amples
& riches, telles que font la Palefthine, Phenicie, & Damafcene, la region des dix villes,
qui eft en la Sidonie, l'Antiochene, la Comagene, & l'Appamee. Or d'autant que de
noftre temps nous confondons foubz le nom de la Palefthine, l'Idumee, la Iudee, Galilee & Samarie, i'entendray auffi, parlant de la Palefthine, toute la Terre faincte, en laquelle ie pretens m'arrefter vn peu, & la defcrire par le menu, ainfi que ie l'ay contemplee. Par le difcours des fainctes lettres nous voyons bien la difference des regions de
ladite Palefthine, comme quand l'Euangelifte dit, Que noftre Seigneur laiffa le païs
de Iudee, & de rechef s'en alla en Galilee. Or falloit il qu'il paffaft par Samarie. auquel
paffage la chofe eft fi bien effigiee, que les Aftronomiens & Geographes ne vous fçauroient mieux exprimer vn lieu que fait là l'hiftoire de la vie de Iefus Chrift. Et en au-

Prophetie des Alcoraniftes

Defcription de la Syrie.

E iiij

tre endroit, l'Idumee eſt feparee des autres, comme quand il eſt dict : Et vne infinie multitude le fuyuit de Iudee & de Hieruſalé, & du païs d'Idumee, & de delà le Iour-dain. Mais quoy qu'il en foit, & iaçoit que la Paleſthine ne fuſt iadis que celle partie de Syrie, que tenoient les Philiſthins, anciens ennemis de la maiſon de Iuda, ſi eſt-ce qu'à preſent elle contient tout ce que deſſus, & font de fa defcription. Elle a donc vers l'Orient le mont Liban pour borne & limite, au Septentrion vne partie de Phenice, vers le Su l'Arabie, & à l'Occident la mer vers Baruth. Cecy confideré, fault noter en-

Prouince de Canaan. core, que ceſte meſme region eſt celle là qui iadis fut appellee Canaan, auant que les Hebrieux la poſſeaſſent: dequoy ie vous veux donner teſmoignage, non de Pline ou de Ptolomee, mais de celuy qui ne peult faillir, lequel parlant à Moyſe, luy diſt ainſi: Or mettray-ie tes bornes depuis la mer Rouge, iuſques à la mer de Paleſthine, & de-puis le defert iuſques au fleuue. De forte que vous ne fçauriez trouuer Geographe qui vous marque mieux fes limites. Il prend l'vn des bouts d'icelle au defert, c'eſt à dire, à l'Arabie voiſine d'Egypte; & par le fleuue il entend l'Euphrate, iuſques auquel iadis les Rois Ifraëlitiques ont commandé: puis appelle la mer de Paleſthine, celle qui de-puis Gazera arrouſe les terres de Iudee & Syrie, iuſques à ce qu'elle prend cours au Nort. Quant à ceux qui diſent, que le mot de Iudee eſt venu du mont Ida, qui eſt en Crete, & que le païs ne s'appelloit pas Iudee, mais Idee, s'abuſent grandement: d'autant que nous fçauons qu'ils portoiet le nom d'Hebrieux, du furnom d'Abraham, qui fut

Les Iuifs, fils de Iuda. dict *Abram*, Hebrieu, d'vne riuiere, pres laquelle eſtoit fa maiſon: ou de *Heber*, qui fut l'vn de fes ayeuls: & qu'à la fin ils ont eſté appellez Iuifs, de Iuda fils de Iacob, à cauſe de fa prerogatiue, & droict d'aiſneſſe, qu'il eut fur fes freres. Ce que i'ay difcouru, pour fatiffaire à la curioſité de ceux qui s'enquierét de toutes choſes: eſtant feur de ma part, que du temps qu'Abraham fut furnommé Hebrieu, le grand pere Noé eſtoit en vie, ou n'auoit guere de fon decez; & par confequent les Iuifs ne font defcendus d'autres que des Chaldees, qui ont eſté les premiers qui ont multiplié le monde, à cauſe que l'Empire a commencé en leur terre d'Aſſyrie. Mais c'eſt aſſez touché de cecy, veu qu'il me fault empoigner ceſte Paleſthine de Syrie, qu'on dit Iudee Syrie, pource que là font noz faincts lieux. Qu'il fault encores remarquer, que les premiers peuples de la Paleſthine, venant du mont des merueilles, que nous appellons Sinay, ce font les Idu-meens, qui eſtoient auſſi fortis d'Abraham, & de la fouche d'Eſau, frere de Iacob: lef-quels ſeſtans retirez d'Arabie, allerent ſe tenir en ce coſté là, vſans de meſmes loix & religion que le reſte des Iuifs. Ceſte region eſt fort fertile du coſté qu'elle approche de Iudee, & eſt voiſine de la mer, & de la part qu'elle touche l'Arabie, elle eſt maigre, ſeiche & ſterile: ſi que eſtant là, ie penſois eſtre en vn Paradis terreſtre, en comparaiſon

villes an-ciennes de Syrie. des deferts, où i'auois enduré grand faim & foif. Les villes principales font *Azot*, à preſent nommee *Zania*, celle où S. Philippe annonça la parole de Dieu, gifant à foi-xantecinq degrez quinze minutes de longitude, trente & vn degré cinquante minutes de latitude: l'*Afcalon*, auiourdhuy *Scalona*, d'où eſtoit natif Antipater, pere de ce grãd Roy Herode: lequel ſ'il n'euſt fouillé fa vie de tant de cruautez & vilenies, comme fai-fant mourir les Innocens, & puis fa femme & fes enfans propres, euſt peu porter le til-tre d'vn des plus excellens, vaillans & accorts Princes, duquel on ait memoire par les

ville de Gazera. efcrits des fçauans hommes. Paſſant l'Arabie & fes deferts, nous vinſmes à *Gaza*, à pre-ſent dicte *Gazera* (y ayant adiouſté les Barbares deux lettres) que les Hebrieux nom-ment *Haazali*, autres *Gazer*, en meſme eleuation que *Zania*, fauf que ceſte cy eſt ma-ritime: laquelle pluſieurs mettent en Iudee, pour eſtre eſcheuë en lot & partage aux enfans d'Ifraël, qui eſtoient de la lignee de Iuda: combien que les autres maintiennent que c'eſt celle que Salomon feit baſtir, pour donner aux Leuites: nonobſtant qu'il en y

peult auoir eu vne autre portant ce tiltre , & fondee par le Roy fage. Toutefois eftant
voifine des anciens Philifthins,comme elle eft,il fault croire qu'elle eft edifiee de plus
longue main,veu que Samfon,ce grand & fort Hercules Hebrieu, eftoit plufieurs fiecles auant Salomon,& il appert qu'elle eft fus de fon temps. Quant à quelques vns du
païs, qui m'ont voulu faire croire, qu'elle a prins fon nom de Cambyfes, à caufe qu'il
trâfporta là fes threfors, c'eft folie,comme ie leur dis, veu que defia elle auoit vn nom,
eftant fondee du temps de Samfon,qui regnoit en Iudee,trois cens trêteneuf ans apres
que les Hebrieux furent fortis d'Egypte , l'an du monde deux mil fept cens nonante
deux,les Olympiades n'eftans encore en vogue :où lors que Cambyfes viuoit, c'eftoit
l'an du monde trois mil quatre cens trentecinq, en la foixantetroifieme Olympiade.
Voyez donc quel propos il y a en cela,de dire ou que ce foit Salomon,qui eftoit pluftoft que Cambyfes,ou bien Cambyfes,qui ait dôné le nom à cefte ville,laquelle eftoit
dreffee auât la naiffance de Samfon,plus ancien beaucoup que l'vn ou l'autre des Rois
fufdits.En quoy tu peux cognoiftre,Lecteur,fi ie me trauaille à t'accorder les paffages
des lieux que i'ay remarquez par leurs antiquitez, les vifitant. Ainfi Gaza, ou Gazera,
fut la ville en laquelle Samfon eftant enclos par fes ennemis , vn foir fur le minuict il
fe leua, & emporta fes portes en vne montaigne ou colline voifine, diftante de demie
lieuë ou enuiron:& m'a efté monftré l'endroit,où elles furent pofees:au fommet de laquelle f'apparoift encores de vieilles mafures d'edifices , où quelques Capitaines Arabes, alliez des habitans de la ville , & fouldoyez d'eux, fe tiennent auec leurs cheuaux
& chameaux,pour refifter & appaifer les autres voleurs Arabes,qui viennent fouuentefois en fi grand' troupe, qu'ils pillent & faccagent iufques aux portes de ladite ville.
Que fi nous regardons le nom Hebrieu de *Gazah*, il fignifie chofe forte,& non point
threfor, ainfi que d'autres fongent, famufans fur ce mot Barbare & Perfan, *Gaza*, qui
n'eft point du creu des Grecs, fans aller plus loin , ne fe foucier de l'energie de la langue du païs, où cefte ville eftoit affife . Les Arabes la nomment *Gazabar* . Elle eft fituee en vne contree fort fertile de grenadiers, figuiers, iuiubiers,oliuiers & vignes,af-
fez mal clofe,comme auffi vous n'en trouuez guere pardelà,à caufe que le Seigneur ne
veult que peu de forterefles en vn païs,qu'il fait prefque inexpugnables,à fin qu'on ne
fe puiffe reuolter contre luy.Il y a bien vn chafteau hault efleué deffus vn coftau,mais
il n'eft des plus forts qu'on face, où fe tient vn Sangeaz pour le Turc, à fin de gouuerner le païs à l'enuiron : & là auffi il tient fa garnifon, appellant à fon fecours les Capitaines fufdits,contre les Arabes coureurs,qui infeftent tout le païs voifin.Et fuis efbahy de ce que François Aluarez, Efpaignol de nation, a ofé mettre par efcrit, que cefte
ville eft fituee au milieu des deferts , priuce de toutes commoditez de viures : chofe
mal entendue à luy,& en laquelle il y a autant de raifon,qu'en ce qu'allegue le Traducteur de Pline,liure trentecinquiefme,chapitre onzieme, que Gazera fe nommoit anciennement Taurique Cherfonefe. Auquel endroit fa glofe gafte le texte , veu que ladite ville, dont ie parle, eft baftie en Afie,tirant de la part du Soleil leuant, & la Cherfonefe eft en Europe vers le Septentrion. Que f'il vouloit entêdre d'vne certaine prouince des Gazariens , ainfi nommee des Circaffes & Zabachens, encore fe tromperoit
il , attendu que de l'vn à l'autre fe comptent plus de cent foixante lieuës. Ie fçay bien
auffi qu'il y a vne riuiere en la prouince de *Malacca*, qui contient cinquâte lieuës en
fa largeur, qui porte le nom de *Gaza*, ou *Gazerfac*,qui fignifie en langue Indienne,
chofe haftiue (ou Gaza,en langue des Geans Barmefiens,qui demeurent entre la terre
Auftrale & riuiere de Plate,fignifie Chofe haulte :) mais tout cela ne viendroit à pro-
pos.A vne lieuë de cefte ville y a vn bon port au riuage de la mer Mediterranee,pour-
ueu que le vent ne vienne du cofté du Nort,à caufe des roches & battures : & au mef-

*Françoiſ
Aluareʒ,
& le Tra-
ducteur de
Pline ſe trô
pêt par leurs
eſcrits.*

me lieu, vn beau promontoire, feparât fon païs maritime d'auec le Riflien, qui eſt plus pardeça vers le Nort. En ce port y a vne petite ville, habitee de Grecs & Chreſtiens Iacobites, iadis baſtie par le grand Conſtantin, qui de fon nom l'appella Conſtance : laquelle depuis a eſté nommee par Iulian l'Apoſtat, Gaze maritime : à preſent elle eſt diċte la nouuelle, & l'autre la vieille. Certainement quand vous auez laiſſé l'Arabie, & viſitez ce beau païſage, il vous ſembleroit entrer dans la fertilité des champs de France, à voir les arbres fruiċtiers, les moiſſons & paſturages, & les coſtaux qui arrouſent les prochains vallons. Loing de la ville enuiron deux lieuës, vous trouuez certaines montaignettes, dans leſquelles y a de vieilles maſures, que lon dit eſtre du temps des Prophetes : & c'eſt là qu'eſt le fort du Turc auec l'artillerie, munitions, & troupe ſuffiſante de foldats, à fin de chaſtier ceſdits Arabes. Iadis la parole de Dieu y a eſté receuë, & long temps perfeueré : & entre les paſteurs qui ont regi ces Egliſes, a eſté vn ſainċt & ſçauant perſonnage, nommé Syluan, lequel ſoubz l'Empire cruel de Diocletian fut occis. Le vin de Gazera eſt eſtimé entre les meilleurs, duquel certes nous auions bon befoin, venans des deſerts, pour nous remettre vn peu en nature : & ce ſont les Chreſtiens Grecs, qui prennent plaiſir à labourer les vignes. Le plus qui y abonde, iaçoit que, comme i'ay diċt, le païs ſoit treſfertile, ſont des Amandiers : dont les habitans ne tiennent compte, pource que les amendes en ſont preſque toutes ameres : comme au contraire les Arabes & Iuifs, meſmement ceux qui ſe meſlent de la Medecine, les recueillent ſoigneuſemẽt, en faiſans leur profit à l'endroit des malades, ſur tout de ceux qui ne peuuent dormir : d'autant qu'ils pilent ces amendes auec du laiċt de cheure, ou de chameau, en faiſans prendre le ius coulé, pour prouoquer à ſommeil, & rendre l'appetit tant de manger, que vriner : m'ayans dit pluſieurs fois, que les douces n'y ſont pas ſi profitables. Alentour de la ville ſe trouue auſſi des Truffles en abondance, qu'ils nomment *Bupech*, de gouſt treſbon & plaiſant, & auſſi groſſes que pomme qu'on ſçache trouuer pardeça; le tout à cauſe que la terre y eſt fort graſſe. Les Grecs & autres Chreſtiens en mãgent, & d'autres en nourriſſent des pourceaux, qu'ils tiennẽt en leurs maiſons : attendu que les Mahometans n'endureroient pour choſe du monde, qu'on en menaſt paiſtre aux champs. Les Arabes amaſſent pleins paniers de ces Truffles, & les vendent auſdits Chreſtiens : n'en mangeans iamais quant à eux, pource (diſent ils) qu'elles ſont mal ſaines, & de difficile concoċtion. Vn Allemant nommé Bernard de Bredambacd, natif de Magonce, recite en vn certain liuret, baſti de pluſieurs pieces, qu'au païs de Gazera y a abondance de Figuiers, qui portent ſept fois l'an : choſe auſſi mal confideree, que ce qu'il dit, qu'entre le mont Sinay & ladite ville ne ſe trouuent ne beſtes, ne oiſeaux, hors mis grand nombre d'Auſtruches, qui repairent en ces lieux folitaires. Vous pouuant bien aſſeurer, que ſi lon y en a veu de tels, c'eſt donc en peinture, attendu qu'il eſt impoſſible, que l'Auſtruche, qui eſt de grande corpulence, & touſiours affamee, viue de vent aux deſerts les plus ſablonneux de toute l'Aſie, ſans y trouuer ne arbre ny arbriſſeau, meſmes vne ſeule plante. Et c'eſt en ces deſerts, où Solin & Strabo racontent, que ſe nourriſſent auſſi les cruelles Pantheres, Tigres, Lyons, & Dragons : à quoy lon ne doit adiouſter non plus de foy, qu'à ce que deſcrit le meſme Allemant, que ladite ville de Gazera eſt deux fois en fon enclos auſſi grande que celle de Ieruſalem : veu que tout au contraire la ſainċte Cité l'eſt deux fois plus que l'autre. Les habitans ſont la plus part Turcs, les moins plaiſans robins de la terre, & bien peu charitables : ce que ne ſont guere ordinairement ceux des autres prouinces (dequoy n'ay peu ſçauoir l'occaſion) leſquels franchement diſtribuent de leurs viures à ceux qui en ont affaire. Or iaçoit que les Arabes ſoient fort voiſins de ce lieu là, & que leur naturel ſoit de deſrober & piller chacun ſur qui ils en peuuent prendre, ſi

Syluã Euſ-
que de Ga-
zera.

Bernard de
Bredãbacd
Allemãt ſe
meſconte.

eſt-ce que durant le temps que le grand trafic ſe faict audit lieu, les marchans qui ont
la foy & promeſſe auec les Capitaines, leſquels ſobligent pour leur ſuyte, peuuent aller à l'aſſeuré, attendu qu'on ne leur fera tort d'vne ſeule eſpingle: Meſmes leſdits Arabes ameneront telle fois, trois ou quatre cens Chameaux, pour védre ou changer auec
les Turcs, Grecs & Mores blancs, en retirant viures, & autres choſes à eux neceſſaires.
Mais puiſque ie ſuis tombé ſur le propos de ces beſtes, il ne ſera inconuenient d'en
diſcourir ſommairement. Le Chameau, que les Arabes nomment *Ihemel*, & les In- *Ihemel ou Chameau.*
diens *Laonim*, eſt vn animal fort domeſtique, & qui ſappriuoiſe facilement, apprenant ce à quoy on l'addreſſe pour ſen ſeruir. Il eſt bien vray qu'il y en a de farouches
& ſauuages, leſquels pour n'auoir onc eſté appriuoiſez, ſont faſcheux, & mordent &
ruent auſſi bien que pourroit faire le plus vicieux cheual qu'on ſçauroit trouuer. Pour
le choix donc deſdites beſtes, comme i'ay cogneu tant d'vne part que d'autre, on préd
ordinairement ceux d'Afrique pour les meilleurs, & de plus longue duree que ceux
d'Aſie, du coſté des Tartares & Turquomans. Quant à ceux de l'Arabie, eſtans la plus
part d'Afrique, & leur region approchant du naturel de l'autre, ils ſont preſque auſſi
bons que ceux de la Libye: & la cauſe pourquoy ie les dy meilleurs, c'eſt pource qu'iis
ſouffrent plus longuement la faim & la ſoif que les autres. Car, qu'ainſi ſoit, ſi vous
prenez vn chameau nourri en Afrique & en l'Arabie, & luy faites faire vn long voya-

ge: le ſoir que vous eſtes de repos, vous n'auez peine que de le laiſſer en la campaigne,
pour paiſtre vn peu l'herbe, ou brouter quelque eſpine, chardon ou rameau, & le lendemain le recharger: & ſi ne vous fera iamais faulte: là où ceux d'Aſie, ſils ne ſont
nourriz, & n'ont du grain, ils ſaffoibliſſent, & leur diminue la boſſe qu'ils ont ſur le
doz, & puis le ventre, & à la fin les cuiſſes ſe deſcharnent: de ſorte qu'eſtant ainſi mal

empoinct,il ne fçauroit porter cêt liures pefant, au lieu que l'ordinaire d'vn bon chameau eft de mille liures, qui font noz dix quintaux. Il vous fault aufli fçauoir,qu'on
n'en met point à la fomme,qu'il n'ait quatre ans pour le moins : ayans les Arabes cefte
aftuce de les chaftrer ieunes, à fin de f'en feruir plus longuement, ioinct qu'ils en font
plus forts : oultre ce,que ceux qui ne le font point,deuiennêt fi furieux au Printemps,
lors qu'ils entrêt en amour, que celuy qui les aura offenfez, f'ils le peuuent empoigner
à belles dents, ils le traictent fi cruellement, que vous diriez qu'ils fe fouuiennent des
coups de bafton receuz le long de l'annee : & cefte fureur ayant duré l'efpace de quarante iours,ils reuiennent en leur premiere douceur.Et tout ainfi que cefte befte fouffre affez longuement la faim , aufli fait elle plus la foif, pouuant eftre huict iours fans
boire: fon ordinaire eftant de quatre ou de cinq : d'autant que fi elle boit pluftoft que

De l'obeif-
fance des
Chameaux.
cela, elle fe treuue toute pefante de la tefte. Elle eft de douce & amiable nature,veu
que lors que les Efclaues des marchans Turcs la veulent charger ou defcharger de
leur fardeau, ils ne font que la toucher d'vne vergette fur le col, ou bien quelque de-
monftration de la langue, & foudain elle fe couche par terre, & ne fe leue tant qu'elle fe fente affez chargee par les efclaues. D'auantage, il f'en trouue qui n'ont qu'vne
boffe fur le doz, & font d'Afrique & d'Arabie, defquels encor les vns font grands, &
bons pour porter charges, & les autres petits, aptes à faire iournee, comme nous faifons fur noz cheuaux, defpefchans grand chemin, combien qu'ils ne font de tel trauail que les autres. Il en y a d'vne autre efpece, ayant deux prominences fur le doz, &
ceux là font amenez d'Afie deuers la Tartarie Orientale,petits de corpuléce,& les mê-
bres fubtils & allegres, & par confequent meilleurs à faire iournee, qu'à eftre chargez
comme les grands d'Afrique. La viande qu'ils aiment le mieux (comme i'ay veu &
congneu) font les febues, & ne leur en fault que quatre poignees pour les contenter.
Ils vrinent par derriere:de forte que fi ceux qui font proches d'eux, n'y prennent garde, ils fe verront tous fouillez en vn rien, comme ie l'ay reprefenté par figure dans vn
autre liure par moy faict,imprimé l'an mil cinq cens cinquâtedeux.C'eft la plus grande richeffe que les Arabes ayent : tellement que f'ils veulent monftrer quelcun d'entre
eux eftre opulent,ils n'ont garde de dire,Vn tel a tant de mille efcuz,mais bien, Il a tât
de cens ou mille de chameaux:& c'eft ainfi que viuoient les Peres anciés, veu que Iob
eft loüé d'vn grand nombre d'Afneffes & Chameaux qu'il poffedoit : ioinct que pour
certain il eftoit ou Ethiopien, ou Arabe : & fe tenoit,felon l'opinion de plufieurs, en
Canaan,où il efpoufa Dina fille de Iacob. Le grand Turc a vn Capitaine,qu'ils appel-

Sarauani-
bafci Capi-
taine des
Chameaux.
lent Sarauanibafci, & les Perfiens & Arabes Scouibafci, qui a foubz foy quelque nombre d'efclaues Mores & Chreftiens:l'office & eftat duquel ne tend à autre chofe, finon
d'auoir le foing des Chameaux de l'Empereur, lefquels font gouuernez, traittez,pen-
fez,& frottez par lefdits efclaues.Et me fuis laiffé dire aux Arabes,Mores,& à quelques
marchans Iuifs,qui eftoient du temps que Sultan Selim premier du nom,vint en Egypte,pour affieger & prendre la ville du Caire,qu'il auoit pour le moins foixante mille
Chameaux, la plus grand' part venus de Perfe & des trois Arabies. Mefmes lors que
fon fils Sultan Soliman dernier decedé pofa le fiege deuant Bellegrade,ceux qui y affifterent, m'ont affeuré qu'il en auoit cinquante mille, & vn grand nombre de Mulets:

Capitaine
des Mulets
dit Cathir-
bafci.
lequel beftial eft aufli gouuerné par vn autre qu'ils appellent Saruanibafci, fubiect au
Cathirbafci, comme tous les autres Muletiers. Quant à celuy qui eft deputé pour diftribuer & auoir le foing de l'orge, auene & autre fourrage, pour nourrir tant lefdits
Chameaux que Mulets, il fe nomme en la mefme langue Arpaëmin. Ie laiffe à part
l'Efcuyrie du grand Seigneur,laquelle eft la plus fuperbe (à caufe des beaux cheuaux,
defquels tous les Ottomans ont efté curieux) qui foit au monde.

Des

Des anciennes villes de IAFFE, & de RAMA.
CHAP. VII.

Y A N S visité les lieux de Gazera, & les enuirons d'icelle les plus dignes d'estre marquez & mis en ma Cosmographie, nous arriuasmes à
vn cazal à trois lieuës de ladite ville, tirant de la part du Soleil leuant,
habité de Turcs, Iuifs & Arabes : Enuiron vn iect de pierre duquel
nous fusmes conduits en vne montaigne assez haulte, nommee des
Arabes *Sancquaroph*, peuplee de Pasteurs. Au sommet de ladite montaigne nous fut monstré vn rocher esleué de la haulteur d'vne lance, sur lequel nous
montasmes, pour voir la sepulture du docte Medecin *Melampulach*, Arabe, selon
l'opinion de ceux du païs: combien que les Iuifs qui sont là, affermoiét qu'il estoit des

Sepulture du Medecin Melampulach.

leurs, & de leur Synagogue Iudaique, lequel vesquit huict vingts quatorze ans. Lesdits Arabes disent, que iamais il ne mangeoit qu'vne fois le iour, entre *Haiyri*, ou en
Turc, *Ichindi*, *nemazi*, sçauoir entre deux & trois heures apres Midy. Quoy que ce
soit, ce fut luy qui eut autant de bruit, & qui a aussi bien & doctement escrit, qu'homme de son temps, le premier de tous les Medecins Leuantins, qui deffendit de boire
vin sans y mettre eauë. Du temps que Selym, Empereur des Turcs, subiugua l'Egypte, & son armee passa par ceste contree, quelques follastres de Ianissaires ayans contemplé & tournoyé de toutes parts ceste sepulture, estimans que dedans il y eust quelque riche thresor, leuerent vne pierre longue de quatre brasses pour le moins, & large

F

de deux,ainfi que ie l'ay mefuree, qui eftoit fur fon tombeau. Dequoy courroucez,ir-
ritez & fcandalizez les plus ânciés de la ville, accompaignez de quelques Arabes d'entre eux,furent incontinent fe plaindre au Grand Seigneur,qui lors eftoit logé au chafteau de Gazera : lequel ayant ouy leurs plaintes, commanda d'apprehender ceux qui
auoient commis tel acte : & de faict, incontinent & fans autre forme de procez, quatorze des principaux furent pênduz , & trois empalez. Qui fut la feule occafion, que

ble de l'Em-
pereur Se-
lym.

ledit Selym feit publier vn Edict general , que les Mahometans obferuent encore auiourdhuy,par lequel il defendit à toutes perfonnes, de quelque eftat ou religiô qu'ils
fuffent, d'en abbattre à l'aduenir, demolir , ne ouurir les fepultures des Mores, Turcs,
Iuifs, Arabes, Perfiens, Gentils, Chreftiens, Leuantins, ne autres, tant anciennes que modernes, à peine de la vie ; & encourir fon indignation : Commandant à fes Officiers &
Iufticiers de faire garder inuiolablement ceft Edict, fur peine d'eftre traitez de mefme
façon, qu'iceux qui y auroient contreuenu. I'ay bien voulu dire cecy de cefte fepulture en paffant : fur laquelle il y auoit vingtdeux lettres en langue Hebraïque, qui ne
fe pouuoient bonnement lire, eftans la plus part d'icelles effacees par l'iniure du têps :
defquelles toutefois noftre Trucheman, qui eftoit vn Arabe du païs, tira ces mots feparez les vns des autres, *Mageddo Saraaim, vafthi : Sadoc Melampulach : Otholia,*
Iahela, Ochim : dont ie ne peuz auoir autre interpretation , pour la confufion defdites
lettres . Voyla donc quant à Gazera, ce qui y croift, & le trafic qui fy fait ordinairement . Refte maintenant de paffer oultre , & vifiter les autres lieux qui font ou fur le

Scalona &
Azot.

chemin de Hierufalem,ou qui de trop ne fen efloignent,comme *Scalona,*d'où ie vous
ay dit que font iadis defcenduz les parens du Roy Herodes, & *Azot* , villes d'Idumee
pardeça le Iourdain, veu que la partie de delà la riuiere fappelle *Peram. Scalona* eft
baftie fur vne montaigne, faite en arc, ayant vn petit goulfe de mer qui regarde le Ponent. Entre icelle & Gazera feit iadis Herodes rebaftir vne ville,qu'il nomma Agrip-
piade, en l'hôneur d'Agrippa,nepueu & fauorit de l'Empereur, iaçoit qu'elle euft eu à
nom *Anthedon,* auparauant qu'eftre ruinee par Alexandre, Prince & Pontife des Iuifs,
apres le temps des Macchabees : & croy que ce foit à prefent Fort, où fe tiennent les
Turcs pres ladite ville, veu que la defcription fy rapporte,n'eftant trop loin de la mer,
& affez voifine du port de Gazera . Allant le long de la marine, fe prefente la ville &
port de *Iaffe,* anciennement dit *Ioppe,* que les Barbares appellent à prefent *Arzuffo,*
ou *Iapho,* en langue Hebraïque & Syriaque, l'affiette duquel eft à le voir inexpugnable : & de faict, les Iuifs fe font aydez de cefte place iadis contre les Grecs, Affyriens,
Romains, & autres qui les ont voulu fubiuguer. C'eft le lieu, où encores à prefent les
Pelerins Chreftiens vont defcendre , allans au fainct Sepulchre. Prefque dans ce port,
gift vne petite iflette, de laquelle fort vn fleuue, qui fe va rendre en la mer. Or auant
que puiffiez voir la ville fainte & ancienne de Hierufalem, il vous fault faire pour le
moins dix lieües, partant de là : eftant eftonné de ceux qui ont ofé mettre par efcrit,
que de Iaffe on voit ladite ville : d'autant que cela ne fe peult faire ; & que les montaignes qui font fort haultes,& le chemin autant mal plaifant qu'en lieu du monde,vous

De l'anti-
quité de Iaf-
fe & païs
voifin.

en empefchent. Ceux du païs difent,que cefte ville fut baftie dés deuant le Deluge : ce
qui n'eft pas impoffible,veu que tout incontinent apres qu'Adâ eut des enfans grands,
il fe trouue qu'ils edifierêt des villes : & luy il fe tenoit en la vallee d'Hebron,affez pres
de là, tirant vers les deferts d'Arabie : mais en quel temps elle fut rehabitee, il ne nous
en appert,finon depuis que les Iuifs feirent leur demeure en la Palefthine.Car de croire les fables des Grecs, Theuet ne fy eft point voüé, & ne le fçaurois faire, à caufe que
elles font trop eflongnees de la verité : Côme quand ils difent,que ce fut là que Perfee,
celuy qui auoit vn cheual aiflé & volant , farrefta pour deliurer la belle Andromede,

fille du Roy Cephee, laquelle estoit exposee à vn monstre marin, & que les ossemens du monstre y furent trouuez depuis, & portez à Rome, ayans quarante pieds de haulteur, & larges selon la proportion. Ainsi laissant les fables, reuenons à la verité, & disons, que Iaffe fut iadis habitee par les Cananeens, aussi bien que le reste de la Palesthine, lesquels estoient sortis de Canaan, l'vn des enfans de Cham, fils de Noé : d'autant que de cecy nous auons foy & aduertissement par le tesmoignage de la saincte Escriture, à qui deuons croire plustost qu'ausdites fables des Grecs. Vespasian la fit abbattre du tout durant son regne, à cause que les garnisons Iuisues de dedans faisoient tout plein de fascherie à ceux qui alloient pour les viures du camp. Ce fut là où le Prince des Apostres sainct Pierre se tint vn temps en la maison d'vn Conroyeur, & où il resuscita vne femme : là où aussi luy apparut la vision touchant la vocation des Gentils à l'Euangile, & que rien n'estoit à reietter de ceux qui vouloient auoir la cognoissance de la verité. C'est aussi autour des ruines de ceste ville, que S. Louys Roy de France, feit faire vingtquatre tours, & curer les anciennes douues & fossez, pour tenir les infideles en bride : & la fortifia si bien, qu'homme viuant n'eust peu entrer dedans, que par trois portes, & icelles bien munies & gardees de gens de guerre. I'ay veu en plusieurs endroits, & principalement vers la Samarie, force vieux edifices faicts par ce Sainct personnage. Iadis Iaffe fut erigee en Comté, du temps de Philippe Roy de France, & Richard Roy d'Angleterre : & le premier Seigneur Chrestien, qui en porta le nom (comme Godeffroy porta tout le premier le tiltre de Roy de Ierusalem) ce fut messire Gaulthier de Brienne, de nation Françoise : dont m'en a donné certaine asseurance l'Epitaphe faisant mention de luy, graué contre vn marbre grisastre, en lettre Romaine, que ie leuz dans l'Eglise des Grecs de la ville de Gazera, assez pres du lieu où il fut enterré. Ce Seigneur fut occis par la trahison de *Haddebarim*, bastard du Soldan d'Egypte, six iours apres auoir combattu les infideles, huict heures entieres, sans partir du champ de bataille, à laquelle il fut prins, auec Robert & Gaulthier de Chastillon, Dauid de Bethfort, Thomas de Lanclastre Anglois, Anthoine de Longueual, Robert de Chabanes, Richard de Touteuille, Thibault de Richemôt, Iaques de Bauieres, Louys de Poincticure, & plusieurs grands Seigneurs François, Escossois, Italiens, & autres : le nom desquels i'ay veu pareillement escrit en autre endroit de ladite Eglise. Et fut ladite rencontre entre Gazera & Iaffe, pres d'vn village nômé *Forbieh*, peuplé de Chrestiens Maronites, Grecs & Iuifs, à deux lieuës d'*Azot*, que les Arabes nomment *Azmoth* : où Thibault, Roy de Nauarre, zelateur de la gloire de Dieu, & Emery Comte de Montfort, Henry Comte de Champaigne & de Bar, Pierre Seigneur de Chasteauroux, & autres grands personnages furent aussi deffaits, auec le Grand maistre des Templiers, & l'Euesque de Sur, & plus de quatre mille autres Chrestiens, non sans grand perte des soldats Sarrazins : desquels, suyuant l'histoire desdits Maronites, mourut plus de quarantecinq mille : & ce en l'annee que les Geneuois & Venitiens iouoiet leurs ieux au païs d'Orient. Ce fut le Soldan *Melechsalem*, qui se trouua en ceste sanglante bataille, & celuy qui se saisit du Roy de Nauarre. En ce mesme temps la Chrestienté estoit fort affligee. Les Tartares couroient les païs de Russie, Valachie, Comanie, & s'estoient saisiz d'vn bon nombre de villes de Moscouie & Iberie, & de plus de cinquante mille Chrestiens, qu'ils vendoient aux nations estrangeres, au plus offrant & dernier encherisseur. Dequoy aduerty ledit Roy Egyptien, enuoya quelque nombre de ses supposts, pour acheter tous & chacuns les enfans masles, qu'ils pourroient trouuer. L'histoire des Grecs dit, q̃ ces gentils marchans ceste fois là en acheterét bien dix mille, qui furent amenez & conduicts en Egypte : lesquels depuis furent instruicts aux armes, & les retint le Prince pour sa garde, leur donnant le nom de Mameluz : qui

Gaulthier de Brienne, premier Cõte de Iaffe.

Prinse de Thibault Roy de Nauarre, & autres Seigneurs Frãçois.

Melechsalé, premier qui dõna le nom aux Mameluz.

ne fignifie autre chofe, que foldat, ou feruiteur. Ce Soldan print auffi S. Lôys à Damiatte, l'an mil deux cens quaranteneuf: pendant la prifon duquel, les nouueaux Mameluz l'occirent, & en efleurent vn d'entre eux, nommé *Turquiman*, qui deliura fainct Loys hors de prifon. Voyla ainfi que fut changé l'Empire d'Egypte de la main des *Corafmins*, en celle des *Circaffes*, ou *Comans*, qui l'ont tenu iufques à l'an mil cinq cens dixhuict, que Selym, pere grand du Turc, qui regne auiourdhuy, print l'Egypte, & abolit le nom defdits Mameluz. Au refte, tout le pais de Iaffe eft quafi fterile & inhabitable, combien que la terre foit graffe: eftimant que c'eft punition diuine, de quoy il eft ainfi delaiffé & abandonné de peuple : & qui plus eft, tout ainfi que la terre n'y produit rien, auffi la mer qui l'enuironne, eft vuyde de poiffon, quoy que l'air y foit le meilleur que lon fçauroit fouhaiter. Ceux qui habitent pres de là, font tous voleurs & larrons : & fur le bord de la mer fe voyent deux petites tours, le refte de celles que feit faire le fufdit S. Loys, l'an mil deux cens cinquante, lors qu'il fut en la Terre fainte: où la fortune luy fut fi côtraire, qu'il ne peut iamais entrer dans Hierufalem. En ces lieux on voit encore auiourdhuy les marques & ruïnes d'vne grand' ville, comme foffes profondes & larges, murailles à l'antique, côllines artificielles, femblables à celles d'Alexandrie d'Egypte, ou de l'ancienne Thebes de Grece. Lefquelles regardant, quelques Grecs & Armeniens auec qui i'eftois, me dirent, que ce lieu eftoit l'affiette & les ruïnes de Niniue: voire plufieurs Rabbins du pais me l'ont voulu perfuader, combien que ie leur refpondis que ie ne le pouuois croire: ayant au parauant entendu, eftant fur la mer Rouge, de quelques doctes Chaldeens & Perfiens, que elle eftoit à cinq iournees de l'embouchéure de la riuiere d'Euphrate, & à fix iournees du Tigre, tirant vers Babylone : ioinct qu'il eft efcrit, que Ionas le Prophete fut englouti d'vne Baleine: où en la mer Mediterranée il n'y en a point, non plus qu'à la mer Adriatique, & Egee, comprinfes en la mefme mer, ou en la Cafpie, & Maiour, encores qu'il f'y trouue affez d'autres grands poiffons de diuerfes efpeces. Cefte ville monftre fon antiquité, pour auoir efté premierement fondee par Iapheth, fils de Noé, & fituee au tribu de Dan. Non loin de là fufmes conduits en vn lieu, où iadis eftoit baftie Lydde, tant celebre des Hiftoires Hebraïques & Syriaques. Les Arabes luy donnent le nom de *Tigrida*: & eft celle que *Galba* nomma *Diofpolis*. Elle eft eflongnee de la marine quelque lieuë & demie, & autant de la ville de *Sarron*, toutes deux ruïnees & depeuplees, hors mis que quelques Arabes demeurent & logent dans certaines vieilles mafures & touraces, que lon y voit encores à prefent, auffi bien que lon fait à l'Eglife de fainct George, où lon tient qu'il fut martyrifé. Iadis Lydde eftoit Euefché, & la premiere de toutes celles de la Palefthine. C'eftoit auffi la retraicte de S. Pierre & autres faincts perfonnages: iaçoit que, comme i'ay dit, les chofes font totalement changees, non feulement pour la clofture de la ville, ains en general pour tout le païs, qui eft ainfi deshabité. Autre chofe ne vous en puiffe difcourir (pour n'y auoir couché qu'vne nuict, ne rien veu digne d'eftre efcrit, finon qu'vn Arabe, auec les chameaux & cheuaux duquel nous couchafmes, nous monftra vn certain Baffin de cuyure (qu'ils nomment *Atiphot*) trouué en quelque endroit des fondemens de la ville, comme de faict il apparoiffoit fort antique, marqueté & garni tout autour de petites fauterelles & lezards, efleuez & gros côme le poulce, ayant au fond plufieurs grandes lettres Hebraïques: defquelles vn Iuif de noftre compaignie tira à toute peine ces quatre mots, *Sofhach, Tophel, Zebedia, Benhur*, & me les donna (car les autres eftoient effacez.) I'y recouuray auffi fix medalles, toutes de Galba: autour defquelles eftoit efcrit en lettre affez lifable, PVBLICA FOELICITAS : qui eftoit, comme chacun fçait, de la monnoye, que faifoient faire les anciens Romains, pour mettre aux fondemens des villes qu'ils auoient conquifes fur

Iaffe à prefent ruïnee & inhabitable.

Il n'y a point de Baleines en la Mediterranee.

Villes de Lydde & Sarron ruïnees.

leurs ennemis : Ayant ledit Empereur, pour monstrer le bien qu'apporte la paix auec
foy, fait grauer en sadite monnoye, oultre les mots susdits, la Deesse de Felicité, tenant
d'vne main le Caducee, & de l'autre vn long cor d'abondace, garni de fleurs & fruicts,
auec ces autres lettres au dessoubz de ses pieds, THADMOR, desquelles ie n'ay onc
peu auoir l'interpretation. Or ayant visité Iaffe & les lieux circonuoisins, ie vins à Ra- De Rama.
ma, distante de quatre grandes lieuës, ville ancienne & fort renommee par les propheties de Ieremie, de laquelle fait mention l'Euangile, parlant du piteux massacre que
feit Herode sur les petits enfans de Iudee. Ceux qui voyent ses ruïnes, voultes & cisternes, cognoissent aisément, que si elles ne sont en aussi grand nombre qu'en Alexandrie d'Egypte, elles sont pourtant plus belles, & d'œuure plus excellent, & beaucoup
plus spatieuses : tellement que regardant cela, ie ne sceuz penser autre chose, sinon que
ce a esté anciennement quelque belle & grosse ville, n'y ayant à present presque rien
d'habitation, dont c'est grand dommage, attendu que le terroir, qui pour la plus part
est en friche, y est fort gras, & apporteroit en abondance, s'il estoit cultiué. Ceux qui y
demeurent, sement du fourment, de l'orge, & legumes, & y labourët quelques vignes:
qui est vn grand plaisir pour les pelerins allans à la saincte Cité. Outreplus, il y a vne
fontaine, l'eau de laquelle est tresbonne : & y fait assez bon arriuer pour le iourdhuy,
d'autant qu'il n'y a presque que des Grecs, Iuifs, & peu de Turcs : là où auant que le
grand Seigneur conquist la Palesthine, tous estoient Mahometans & Mores blancs,
qui ne vouloient souffrir personne parmi eux, & faisoiët plusieurs torts & insolences
à ceux qui voyageoient à la Terre saincte. Il se trouue d'autres villes anciennes, portans
le nom de Rama, maintenant toutes ruïnees, comme *Rama Beniamin* edifiee par Salomon, qui n'est plus qu'vn village habité de pasteurs : vne autre en la Palesthine, que
ceux du païs appellent *Ramula*, laquelle autrefois a flouri, tant pour l'assiette tresbelle
& plaisante, que pouree que c'estoit le lieu où Samuel le Prophete auoit esté né & Le Prophete
nourry, lequel est enterré en vne haulte montaigne, nommee *Silo*, où les Seigneurs de Samuel, né en Ramula.
France auoient autrefois faict bastir vne Eglise en l'honneur dudit Prophete, comme
i'ay veu par quelques marques & epitaphes grauez. En allant de Iaffe à Rama, l'on rencontre vn lieu, nommé dés Anciens la Montaigne Royale, en la terre de Don, auquel
i'ay veu entre plusieurs edifices ruïnez les marques & vestiges d'vn vieil chasteau, que
feit faire Baudouin, Roy de Hierusalem, où les Chrestiens vont volontiers boire &
mäger : A l'entree duquel se trouue vne porte, qui n'a pas deux pieds & demy de haulteur : où les Asnes qui conduisent les Pelerins sont si faicts, qu'ils se baissent, ployans
les deux iambes de deuant & derriere pour y entrer : & diriez proprement qu'ils sont
en cela adextrez pour faire rire, & donner plaisir aux Pelerins. Non pas qu'vn Maronite & moy eussions lors que nous y fusmes, occasion de nous resiouyr, attendu que
lon nous y retint prisonniers, & enchaina chacun par vne iambe, auec vn traictement
Dieu sçait quel : & ce par la meschanceté dudit Maronite Chrestien, sur la foy duquel
ie m'asseurois, qui voulut feuader, de peur de payer le Caffart ou peage, que tous estra-
gers ont de coustume payer en cest endroit là. A trois lieuës de Rama y a vn cazal, habité seulemët d'Arabes domestiques, nómé en leur langue *Arouha*, qui signifie Esprit,
& Miroir en langue des Sauuages, où se voit vne vieille Eglise, edifiee autrefois en
l'honneur de S. Martial, Euesque de Limoges, natif de ce lieu, lequel estant baptisé de S. Martial
S. Pierre, fut enuoyé en France, voire premier que S. Denys. L'on m'a dict que le Roy Euesque de Limoges.
Charlemaigne feit faire ceste Eglise, & là dota de quelques rentes. Entre Hierusalem
& la susdite gist vn chasteau, qui est *Emaus*, iadis assez belle petite ville : laquelle du Emaus.
temps que nostre Seigneur estoit en ce monde, auoit desia senty la force des guerres,
tant des Grecs que des Romains, soubz Pompee & *Gabinie*. Ce dequoy *Emaus* nous

Le lieu
où Dauid
vainquit
Goliath.

eft plus cogneu, eft à caufe de l'apparition de noftre Seigneur à deux de fes difciples apres fa refurrection. Au bas de ce chafteau on trouue vn ruiffeau, pres lequel fut iadis vaincu le Philifthin Goliath par Dauid, eftát encore berger. L'hiftoire en eft trefveritable : toutefois ie ne fuis affeuré que le camp fuft pofé en ce lieu, pourautant que les noms du texte de la Bible ne font femblables. Or fuffit il de cecy, attendu qu'auant pourfuyure ce qui refte de Syrie, ie pretens defcrire le plan de Hierufalem, villes & lieux qui l'auoifinent.

De la faincte Cité de HIERVSALEM, Sepultures de GODEFFROY DE BVILLON, & BAVDOVIN fon frere.

CHAP. VIII.

Vi est l'homme Chreftien, qui fe fouuenant quelle a efté Hierufalem, & les merueilles que Dieu y a operees, ne foit efplouré, voyant qu'à prefent celle ville qui eftoit chef des prouinces, dame & maiftreffe des nations, foit affubiettie à la plus vile canaille de la terre? Et qui fera auffi celuy, qui ne fe plaigne des Princes Chreftiens, lefquels laiffent vn païs fi fainct, & autát fertile en tous biens qu'hóme fçauroit fouhaiter, fans fe foucier de le voir feruir d'vne vraye retraicte de voleurs & brigáds, mortels ennemis de la faincteté de noftre religion? Et vrayement il me fait mal, que les Chreftiens ne facent nul compte des lieux de la naiffance & mort de celuy de qui ils attendent leur falut & faluation : là où les infideles, comme i'ay veu, font fi fongneux de garder leur Mecque & Medinne, pour la memoire de leur faux Prophete. En quel-

Temple des
Chreftiens
prophané
par les Ma-
homſetans.

le mofquee Mahometane trouuerez vous des cheuaux, afnes, vaches, cheures & chameaux, leur feruant d'eftable, comme moy Theuet ay veu aux temples des Chreftiens tant Grecs, Latins, Maronites, Neftoriens, Armeniens, qu'autres, lefquels furent iadis baftis par les Rois, Princes & Seigneurs de l'Eglife primitiue, & où les Arabes mettent leurs beftes, à la gráde mocquerie & mefpris du peuple de Dieu, & de noftre religion? ce que volontiers ne font pas les Turcs, d'autant qu'ils refpectent dauantage noz temples, la plus grand' part d'eux ayans efté Chreftiens, que ne font cefdits voleurs Arabes. Conftantin le grand & fa faincte mere, ont faict tant d'actes de pieté audit lieu, & y ont monftré le zele & deuotion qu'ils auoient au Sainct des faincts, qui auoit fanctifié la terre, en laquelle il auoit efté efleué. Mefmes fes fucceffeurs ofterent ladite faincte ville de la main des Perfes, y reftabliffans la fincerité de la religion, & diuin feruice. Il eft bien vray, que apres cela Dieu voulut que la clarté de fon Euangile fuft obfcurcie en la Palefthine par l'inuafion qu'en feirent les Mahometiftes, ainfi que i'ay dict par cydeuant, iufques à ce que les Princes Chreftiens fe croiferent du temps du Pape Vrbain, qui tint le Concile à Clermont en Auuergne, & pafferent la mer foubz la charge de Godeffroy de Buillon, qui mourut Roy de Hierufalem enuiron l'an de noftre Seigneur mil nonanteneuf, n'ayant vefcu qu'vn an Roy, auquel fucceda Baudouin fon frere qui en regna dixhuict : & depuis eux tant de Rois & Princes Fráçois & Anglois, qui ont faict telles entreprinfes pour conferuer toufiours ces faincts lieux de deuo-

Sepulture
de Godeffroy
de Buillon.

tion. Vous voyez encor le fepulchre dudit Godeffroy en fa chappelle foubz le mont de Caluaire, auec celuy de Baudouin, dans la roche taillee : efleuez hault de terre de quatre pieds ou enuiron, fur quatre piliers, & faits en doz d'Afne, fans enrichiffemét de figures, foit en boffe, ou autrement : finon certaines grandes lettres Romaines autour de l'vn, qui feruent d'epitaphe à ce fainct & Catholique Roy, en ces mots qui fenfuyuent: HIC IACET INCLYTVS DVX, GODEFROY DVC DE BVILLON, QVI TOTAM ISTAM TERRAM ACQVISIVIT, CVLTV CHRISTIANO, CVIVS ANIMA REGNAT CVM CHRISTO. AMEN. Et pourautant qu'il n'y a point d'escriture à l'autre, quelques vns ont estimé que ce fust celuy de Iudas Machabee, qui fut constitué Chef & Prince de ceux qui estoiët descenduz de la lignee Roya-

le, & dignité sacerdotale. Ce que ie ne puis croire, d'autant que ladite sepulture ne m'apparoist de si grande antiquité: ains à la voir, est faicte d'vn mesme temps que l'autre, & de mesme façon. Elles sont toutes deux de certain marbre grisastre, assez mal poly: lesquelles à les contempler, on iugeroit estre faites du bon temps (lors que les Princes estoient aguillonnez du zele de la saincte Religion, delaissans les honneurs & ambitions du monde) sans autres superfluitez, deuës toutefois à tels personnages, tant celebrez par les histoires Latines, Grecques, Armeniennes, Nestoriennes, & autres des Chrestiens Leuantins. Mesmes ie puis dire, que les Barbares Mahometans, qui sont coustumiers d'entrer au sainct Sepulchre, Eglise des Chrestiens, principalement les grands, admirent lors qu'ils y vont, les monumens de ces Princes. Selim, premier du nom, Empereur des Turcs, venant de Perse, visita le temple de Salomon, & autres lieux de Hierusalem : mais ce ne fut sans aller faire son oraison à celuy des Chrestiens : & sa deuotion faicte, fut conduit à la susdite Chappelle: & apres auoir fait lire l'inscription dudit sepulchre, leua ses yeux en hault, loüant Dieu & son Prophete, des proüesses que iadis ils auoient faites. Ie vous dy dauantage, que les Baschaz, Soubaschaz, & autres Officiers du grand Seigneur, ne vont iamais en Hierusalem, qu'ils ne visirent ledit Temple des Chrestiës, & n'y a celuy d'eux, qui n'en tienne conte, & pour rien ne voudroient attenter ne permettre qu'on les demolist . Lors que cesdits bons Seigneurs se

renoient en Leuant, ils ne defdaignoient pas tant la Croix, que les armoiries de plufieurs d'eux n'en fuffent marquees : & fe peult aifément iuger par les temples & palais
qu'ils ont faict baftir le long de la mer & en terre continente, prefque iufques à la mer
Maiour, qui pour lors eftoit foubz leur fubiection, fils auoient conquis du païs bien

Roys & Prices Chreftiens font la guerre aux infideles.

auant. I'ay veu les memoires de tout cecy fur les lieux, & les tombeaux & armoiries
des Seigneurs qui ont efté baftiffeurs de plufieurs Eglifes : comme vers Baruth, où il y
en a fix, qui feruét à prefent d'eftables aux Barbares, & au mont Carmel trois, & à cinq
lieuës de Damas vne fort grande; dans lefquelles font encore force tombeaux auec
leurs armes & fubfcriptions à la Latine, qui monftrent que ce ont efté des Gentilshommes François, qui ont là acheué le cours de leur vie. Regardez de quel zele ont
efté menez depuis le premier voyage d'oultre mer, Loys neufiefme, Philippes Roy de
France, Thibault Roy de Nauarre, & Richard Roy Anglois, accompaignez de Baudouyn Comte de Flandres, Henry Comte de fainct Pol, fon frere, Loys Comte de Sauoye, Boniface de Montferrat, Iean de Brene, lequel fut huict ans apres Roy de Hierufalem : Iean Duc de Bretaigne, Emery Comte de Montfort, Henry Comte de Neuers, Gaultier de Sanxerre, Conneftable de France, Guerin de Montagu, Guy de Lufignan, Foulques d'Aniou, & plufieurs autres grands Princes & Seigneurs Chreftiens,
qui ont fait chofes merueilleufes contre les infideles, fans prendre les armes les vns
contre les autres, & encores moins contre leur Roy & fouuerain Seigneur, comme i'ay
veu faire de mon temps en France, & és terres du Catholique Roy d'Efpaigne. Confiderez auffi comment peu de temps apres Federic Barberouffe, Empereur excellent &
vaillant, fil en fut onc, laiffant les guerres ciuiles d'entre les Chreftiens, alla en la Terre
fainche, où il conquift des prouinces fort grandes, & entre autres prefque toute l'Armenie, où le magnanime Empereur des Allemaignes fe noya l'an de noftre Seigneur
mil cent octanteneuf. Et iufques là les affaires des Chreftiens feftoient affez bien portez, & le fuffent encore, fi ce monftre d'ambition ne les euft mis en defordre. Mais en
ce mefme temps Baudouyn, cinquieme Roy de Hierufalem, vendu, comme aucuns
difent, & trahi par le Comte de Tripoly, qu'on appelloit autrement Comte de fainct
Gilles, fut vaincu & prins par Saladin, lequel occupa depuis Hierufalé, Damas, Alep
& autres villes. La caufe de la victoire de ce Turc & Circaffe ne vint pas, que le Roy
Hierofolymitain n'euft belles forces, ayant en fa compaignie grand' caualerie, & plus
de cinquante mille hômes de pied, auec le Maiftre de l'ordre de fainct Iean de Hierufalé, & le Patriarche de la riche ville d'Alexandrie : mais ce fut par la trahifon des chefs
de fon armee, & pour auoir fon camp en lieu fafcheux, & où le foldat n'auoit commodité quelconque. Perdue donc que fuft la bataille, & le Roy prins auec fa Nobleffe, ne fault penfer fi en brief Saladin ne fempara du Royaume tant defiré. Voyla le
progrez de mon hiftoire de Hierufalé, de fa prife & reprife. Or n'eftoit elle pas beau-

L'Autheur prifonnier au chafteau de Hierufa-lem.

coup forte. A prefent on y a faict vn fort chafteau, dans lequel i'ay entré, non pour
mon plaifir, ains prifonnier, auec deux Chreftiens Neftoriens, & vn Cypriot, pour
auoir feulement mis la tefte dans le temple de Salomon, qui eft leur mofquee : Pouuant bien dire vne chofe, que le plus de tourment que i'aye eu entre ce peuple Barbare, eftoit lors que ie m'amufois à philofopher & contempler les entours de leurs riches temples & mofquees, dequoy ie ne me pouuois garder en façon quelconque.
Quant à ceftuy, dont ie parle, il eft encores beau & riche, à ce que i'en peuz iuger au
peu de loifir que i'euz pour le voir : & m'efbahis qu'on ne me feit mourir, veu que
quatre mois auparauant vn certain Efpaignol, natif de Caftille, y eftoit entré accouftré à la Turquefque, foubz la foy d'vn More blanc qui auoit eu douze ducats de luy,
pour voir leurs fimagrees & folies : lequel eftant recogneu par quelque renié, & fça-

chans ceux qui eſtoient à l'oraiſon Mahométane qu'il eſtoit Chreſtien, le mirent en
plus de cent pieces, apres en eſtre ſorti : occaſion meſmement que les Chreſtiens, qui
lors eſtoient en Hieruſalem, eurent beaucoup à ſouffrir, veu les indignitez que ces vilains leur feirent, & l'infinité de ſortes dont ils les rançonnerent, pour leur faire racheter leur vie & ſalut. Que ſi lon n'euſt prié le Baſcha pour moy, iaçoit que la faulte de
l'autre fuſt deſia aſſoupie, lon m'euſt fait paſſer pour vn homme de mon païs Angou-
moiſin. Deux Turcs renegats, l'vn Eſclauon & l'autre Candiot, vn iour apres le ſuſdit
maſſacre commis, apporterent ſecrettemēt la teſte & vn braz de ce pauure Eſpaignol,
au monaſtere du mont Syon, où les Chreſtiens Latins demeuroient, tant pour eſtimer
qu'ils les gratifieroient, leur en faiſant preſent, que pource qu'ils ſ'attendoient d'en tirer quelque vingt ou trente ducats. Auſquels comme le Gardien, qui tient le lieu de
Patriarche, & a meſme authorité, ſuyuant le pouuoir que le Pape luy a donné de tout
temps, euſt dit fort gracieuſement, qu'il les remercioit de l'honneur qu'ils luy penſoient faire, ſans leur tenir plus long propos : Ces galans cōmencerent à luy repliquer
auec belles iniures, diſans, Chien que tu es, refuſes tu de nous celuy que tu confeſſes
auoir eſté ton frere Chreſtien, & qui n'agueres demeuroit auec toy ? Vous confeſſez
tous, que ceux qui ſont mis à mort par les mains des infideles, deſquels vous nous
eſtimez, ſont ſaincts en Paradis, & leur portez tel honneur, que meſmes vous faites en-
chaſſer leurs oz en or & en argent : que n'en faites vous autant de ceſtuicy ? Somme,
ils preſcherent tant, qu'il fut force, de peur qu'autre ſcandale n'aduint, de leur donner
dix ducats : à la charge toutefois, qu'ils enterreroient leſdites teſte & braz à leur diſcretion, & où bon leur ſembleroit. En quoy ſi ledit Patriarche ne ſe fuſt comporté ſage-
ment, & ſe fuſt tant oublié que d'acheter tels reliquaires, il euſt eſté à craindre, que le
reſte des Chreſtiēs n'euſt encouru le meſme danger de paſſer le pas, comme fit l'Eſpaignol. Mais auant que continuer mes narrations, il me ſemble bon de venir à la deſcription du plan & aſſiette de ladite ſaincte ville. Elle eſt ſituée entre deux coſtaux, iadis
enuironnez de muraille, de ſorte que pour y entrer & en ſortir, il fault monter & deſ-
ſcendre. A preſent ce qui eſtoit dans la ville, eſt dehors, & ce qui eſtoit dehors, comme
le ſainct Sepulchre, eſt dans l'enclos d'icelle : & en cela on peult cognoiſtre combien
de fois elle a eſté ruinee & remiſe ſus. Car comme elle eſt auiourdhuy, cela eſt de la liberalité & diligence de Conſtantin le grand : iaçoit que Adrian Empereur quelques
cinquante ans apres que les Veſpaſians l'eurent ruinee, la feit reedifier, & la nomma
Elia, de ſon nom, pource qu'il ſ'appelloit Elie Adrian : & ainſi elle eſt au lieu meſme
où anciennement furent poſez ſes premiers fondemens : combien que de la grandeur,
longueur & eſpace elle n'a garde, ayant eſté la plus belle, riche, grande & populeuſe
de toutes les citez d'Orient. L'an mil deux cens trente, le Soldan Corder, en fit encore
abbatre les murailles, du temps que l'Empereur Federic, perſecuteur de l'Egliſe, donna commencement aux partialitez des Guelfes & Gibelins : & non content de ce, appella les Mores d'Afrique à ſon ſecours & ſeruice, leur donnant la ville de Nucera
pour retraicte : de laquelle ils furēt depuis chaſſez par les Seigneurs & Nobleſſe Françoiſe. Elle fut baſtie à ſon commencement, comme pluſieurs tiennent, par Melchiſe-
dec, que l'Eſcriture appelle Roy de Salem, enuiron l'an du monde deux mil trente : cōbien que les Iuifs du païs m'ont dict, que ce fut vn Adonizebech, Roy des Iebuſeens.
Quoy qu'il en ſoit, c'eſt choſe aſſeuree, que le Roy Dauid fut celuy qui l'amplifia &
accreuſt, l'ayant conquiſe ſur leſdits Iebuſeens, qui eſtoient de l'ancienne race de Canaan, & le premier qui luy meit le nom Hieruſalem. Elle eſtoit diuiſee en deux parties, l'vne haulte, & l'autre baſſe. Celle d'enhault fut appellee long temps Cité de Dauid, à cauſe que ſur le mont de Sion (qui eſtoit le lieu de ma reſidence ordinaire, du

Hiſtoire d'ū
Eſpaignol
maſſacré,
ſortant du
temple de
Salomon.

Celuy qui
donna le pre
mier nom à
la ville de
Hieruſalé.

temps que i'eftois pardelà) ce bon Roy auoit faict faire fa maifon & fort, le temple y
ayant depuis efté dreffé par Salomon. Quant à la partie baffe, elle eftoit auffi conioincte au temple, mais commandee par celle d'enhault, comme d'vne citadelle: non de
telle haulteur, que plufieurs doctes perfonnages ont mis par efcrit, mefmes de noftre temps Munfter: lequel en fa Cofmographie reprefente le plan de la ville, qu'il
nous ceinct de montaignes, & auffi haultes efleuees, que pourroient eftre celles d'Armenie, ou d'Atlas: pareillement le mont Syon, lequel qui voudroit en perfpectiue
prendre fa haulteur, il trouueroit que certes elle excederoit plus de trois bónes lieuës
la ville, & autant diftante: chofe mal confideree à luy, veu qu'il ne f'y voit montaigne,
finon celle des Oliues, qui en eft affez efloignee, qui luy puiffe commander: mefmes
le mont n'eft point de quinze à dixhuict pieds plus hault que ladite ville: voire fi peu,
qu'allans de l'vn à l'autre, on ne f'en apperçoit quafi point, n'y ayant de diftance que
quelques deux iects de pierre. Le Roy Antiochus fe faifit dudit mont, à fin de chaftier
les Iuifs, qui ne pouuoient receuoir le ioug pour luy obeir comme à leur Prince. Les
fainctes Efcritures tefmoignent affez des miferes de cefte cité, & combien de fois elle
a efté pillee: veu que depuis que le peuple oublia le pur feruice de Dieu, & mefla auec
fa religion les ceremonies des Gentils, il n'eftoit de dix en dix ans qu'elle n'euft quelque entorce, tantoft vn Roy de Syrie les faifant tributaires, vne autre fois venant le
Roy d'Ifraël & Samarie qui pilloient les threfors, puis vn Roy d'Egypte, qui fe prenoit aux richeffes du temple, & à la fin l'Affyrien qui rafcla tout foubz le Roy Nabuchodonofor, que les Affyriens appellent *Natopolaffar*, enuiron l'an du monde trois
mil trois cens cinquantefept, en l'Olympiade quarantetroifiefme. Ceux de la tranfmi-
gration foubz le Roy Cyrus, qui auoit aboly l'Empire des Affyriens, & le meit en la
main des Perfes & Medes, ayans Efdras pour chef, par les moyens de Zorobabel, re-
edifierent ledit teple enuiron l'an du monde trois mil cinq cens fix, lequel en l'Olympiade octantiefme, fut gafté par les fucceffeurs d'Alexandre, & depuis raccouftré par
Iudas Machabee: combien que celuy qui apres Salomon le feit plus riche, & l'eftoffa
de plus de ioyaux, ce fut le grand Roy Herode enuiron l'an du monde trois mil neuf
cens quarantefept, en l'Olympiade cent nonantiefme, auquel temps il fut recommen-
cé à enrichir, dixfept ans auant que noftre Seigneur print chair au ventre de la Vierge. Par là donc vous pouuez voir, que iamais la cité ne fut plus belle, en fi grande gloi-

re, ny plus riche, que du temps que noftre Seigneur eftoit en ce monde. Elle eft maintenant baftie en forme carree, bien differente du circuit qu'elle auoit le temps paffé,
veu que fi elle a mil cinq cens pas, c'eft tout. Du cofté de l'Orient regardant le Midy,
eft affis ledit temple de Salomon, qui fert à prefent de mofquee aux Mahometiftes.
Apres la ruine de ladite ville faicte par les Romains, le temple fut rebafti par Heleine
mere de Conftantin le grand: & depuis les Perfes foubz Cofroé le diffiperent: lequel
fut encor remis fus par Hotmar l'vn des fucceffeurs de Mehemet, enuiron l'an fix cens
quarantequatre apres la mort de noftre Seigneur. Vous ne viftes iamais tant de petits
enfans Turcs, que lon voit ordinairemét à la grand' place dudit Temple de Salomon:
lefquels font fi faits & adextrez, qu'incontinét f'eftre apperceuz de quelques Chreftiés
nouueaux venuz, & les auoir faluez de ce mot *Salamalech*, crient apres eux à gueule
defployee, *Adam frangi, Bandou bandou*, qui eft à dire, Hommes francs (car ainfi nomment ils les Chreftiens Latins) donnez nous des aiguillettes. Que fi vous leur en refufez, ils ne fauldront de ietter des petites pierres apres vous, pour vous y contraindre.
Au bout & cime du teple, qui à prefent eft tout rond, faict à la Grecque, & fort hault,
edifié de pierres bien polies, & couuert de plomb, vous y voyez vn Croiffát, ainfi que
les Turcs ont accouftumé de mettre par toutes leurs autres mofquees: & y entrét auec
telle & fi grande deuotion, honneur & reuerence du lieu, qu'ils font toufiours tous
pieds nuds, & l'appellent la Roche faincte.

Hierusalé
eft baftie en
forme car-
ree.

Du S. Sepvlchre de noſtre Seigneur en Hieruſalem: Sepulture des Chre-
ſtiens, & ſingularitez du païs voiſin. CHAP. IX.

D V COSTE de l'Occident eſt l'Egliſe, en laquelle giſt le ſainct Sepulchre de Ieſus Chriſt, lieu certes digne de veneration, d'autant que c'a
eſté là qu'il a monſtré ſa puiſſance, y reſuſcitant de mort à vie. Et pourautant que pluſieurs penſent que ce Sepulchre ſoit fait ainſi que l'on
dreſſe les tombeaux pardeça, à cauſe que les peintres & tailleurs d'ima-
ges le figurent en ceſte ſorte, ie veux bien vous aduertir qu'il n'en eſt rien, veu qu'il eſt
tout dans le roch, fait en haulteur, & la pierre qui le clouoit & fermoit, comme vne
porte: Auquel certainement les Turcs portent plus de reuerence, que ne font pluſieurs
de ceux qui ſe vantent du tiltre de Chreſtien : & non ſeulement là, ains encor aux autres lieux qui ſont les memoires de noſtre redemptiõ. Qu'il ſoit vray, lors que i'eſtóis *Hiſtoire no-*
en Bethleem, comme cinq ſoldats Turcs, ayans faulte de plomb pour faire des balles à *table aux*
leurs harquebuzes, fuſſent montez ſur l'Egliſe du lieu, où ils en prindrẽt enuiron qua- *Chreſtiens.*
tre liures: & le Baſcha, de la ſuyte duquel ils eſtoient, en euſt eſté aduerti par l'Eueſque
Grec dudit lieu; & quelques vieux Arabes ſes domeſtiques, il ne faillit ſoudain de leur
faire donner à chacun ſoixante coups de baſton, qui eſt la plus cruelle punition qu'on
ſçauroit bailler: choſe admirable, que l'infidele ſoit plus affectiõné aux choſes ſacrees,
que beaucoup qui ſe diſent les enfans bien aymez de Dieu. I'ay veu pluſieurs fois les
Turcs venir au ſainct Sepulchre de Ieſus Chriſt, & y faire oraiſon en leur langue, par
l'eſpace de plus de deux heures, ainſi que feit ledit Baſcha qui ſe tenoit en Damas,
Lieutenant general du Grand-Seigneur en tout ce païs là : lequel ayant fait eſtendre
vn tapis à leur mode & façon, y demeura plus de trois grãdes heures en oraiſon. Auſſi
à vous dire la verité, ils recognoiſſent noſtre Seigneur pour grand Prophete, & le diſent le premier de tous, nay d'vne Vierge, & qui aſſiſtera cõme chef des Prophetes au
iugement & reſurrection des morts. Et ne penſez pas, qu'aucun des Seigneurs vouluſt
faire mal ny deſplaiſir à ceux qui y vont, & y ſont nourriz aux deſpens des Princes de
leurs païs: ne ſ'eſtans iamais auancez à demolir pas vn des ſaincts lieux (quoy que ſouuent la pauure ville ayt eſté expoſee au pillage des Barbares ennemis de noſtre foy)
où vous voyez encores les ſepultures des Rois & Seigneurs Chreſtiens toutes entieres: & encores moins de tourmẽter les miniſtres, ſi ce ne ſont quelques beliſtres & meſchans, que i'eſtime pluſtoſt reniez, que Turcs naturels, qui ſoient riches & puiſſans.
Ie ne veux auſſi faillir de ramenteuoir au Lecteur, ce que les Arabes m'ont aſſeuré auoir
veu, ſçauoir lors que Selym, premier du nom, Empereur des Turcs, reuint de ſon voyage de Perſe, qu'iceluy eſtant en la ville de Gazera auec peu de compaignie, laiſſa ſon
camp pour prendre le chemin de Hieruſalem : & qu'à ſon arriuee là, oubliant tous les
honneurs deuz à vn tel Prince, à meſme inſtant, deuant boire ne manger, ſ'en alla au *Deuotion de*
Temple de Salomon faire ſon oraiſon, recognoiſſant à la verité que c'eſt le lieu le plus *Sult à Selym*
remarquable de tout l'Orient, où anciennement l'origine de la religion Hebraïque a *aux lieux*
prins ſon commencement. Oultreplus ayant fait ſes deuotions, il ſe tranſporta au S. Se- *ſaincts de*
pulchre & mont Caluaire, où noſtre Seigneur fut crucifié, & là feit ſes prieres, ſelon la *Hierũſalẽ.*
couſtume & vſance des Mahometans. Au reſte, deuant qu'il euſt cõqueſté l'Egypte, du
temps que les Soldans en eſtoient vrais poſſeſſeurs, les Mores blãcs diſent, qu'il n'eſtoit
an, que leur Prince n'allaſt ou enuoyaſt viſiter, tant Hieruſalem, le mont Sinay, qu'en
Armenie le lieu où l'Arche de Noé ſ'arreſta apres le Deluge. Vne choſe ſçay-ie biẽ, que
Solyman dernier mort, l'an mil cinq cens quarãteſix fit diſtribuer quatre mille ducats
d'aulmoſne aux Chreſtiens, qui demeurent & gardent ledit S. Sepulchre. Et ce que ie
dis du S. Sepulchre, autant ſ'en peult-il dire de Bethleem, l'Egliſe de laquelle fut baſtie

par faincte Helaine, mere de Conftantin, dont le baftiment eft fomptueux & fuperbe, & tout fon ouurage fait à la Mofaique, où rié n'a efté demoli, pour ce feul refpect, que les Mahometans ont entendu que c'eft le lieu où nafquit Iefus le grand Prophete. Le Turc fait garder fort fongneufement, & auec grande ceremonie ledit S. Sepulchre: attendu que auant que d'y entrer, tant les pauures que les riches font côtraints de bailler

Tribut que les Chre-ftiens don-nent aux Turcs.

chacun neuf ducats à fes fermiers : Lequel fubfide fut introduit premierement par vn Soldan d'Egypte, nommé *Cathos*, autrement *Melechmees*, c'eft à dire, Roy du peuple: & ce pour l'iniure qu'il difoit auoir receuë de *Guybogan*, Seigneur Chreftié, en la ruïne des murailles de plufieurs villes de Surie, apres qu'il l'eut occis en bataille. Nô loing de là, eft le mont de Caluaire, où noftre Seigneur fut crucifié, fur lequel y a vne petite chapelle auec vn autel, le tout bien & richement orné. A main dextre fe voit la roche fendue: au fommet, la place où Abrahã voulut immoler fon fils: & pres de là eft l'endroit où Melchifedech feit fon facrifice. Quant aux Croix des deux larrons, elles n'eftoient point fouftenues dans la roche, côme celle de Iefus Chrift, & n'y ay veu apparence de trous, ains fimplement eftoiét faites à la façon que les Grecs anciens & Armeniés dreffoient leurs croix, appuyees de certaines foliues de bois, iointes enfemble. En tous ces

Achelde-mach, où on enterre les Chreftiens.

lieux les Pelerins vôt faire leurs deuotiôs chacun en fa lãgue: & apres auoir vifité le refte des autres lieux plus remarquables, fe transportent au chãp, dit *Acheldemach*, autremét le Chãp du Potier: duquel ie vous ay bié voulu icy reprefenter la figure, & lequel cy apres ie vous defcriray plus amplement, & la maniere côme lon y enterre les Chreftiens. Iadis il n'y auoit Roy, Prince ny grãd Seigneur de l'Eglife Occidétale, qui ne côtribuaft ãlque chofe pour le foulagemét de ceux qui les gardét, & pour la nourriture des Pelerins: Si côme on lit de Charlemaigne, lequel y enuoyoit des dôs & prefens: iufques à faire que le Roy de Perfe allegea les Chreftiens qui f'y tenoient, & donna ledit

lieu

lieu du Sepulchre aux François enuiron l'an de nostre Seigneur huict cens trois, regnant pour lors en Perse sur les Sarrazins vn nommé *Aaron*, qui enuoya son Ambassade audit Roy Charles le grand pour auoir son amitié, promettant de donner libre
allee & venue aux Chrestiens qui visiteroient la Terre saincte. Or estoit cest *Aaron*
fils de *Mady*, & eut vn frere nommé *Moyse*, auquel il succeda, tous descenduz de la
race de Haly nepueu de Mehemet. A present il se trouue fort peu de Princes qui y
facent du bien & aumosnes, si ce ne sont les Siciliens qui donnent par chacun an mille ducats, suyuant le testament d'vne certaine Royne dudit païs, & les Venitiens, qui y
contribuent aussi quelque peu de chose. Ceux donc par qui sont soulagez ceux qui se
tiennet au sainct Sepulchre, sont le grand Empereur des Abyssins, les Seigneurs d'Armenie, & de la Georgianie: Mesmes le Duc des Moscouites, & celuy de Pologne y enuoyerent quelques deniers de mon temps. Ie vous peux asseurer, que ie me suis trouué
pour vne sepmaine saincte auec plus de quatre mille Chrestiens de diuerses nations,
où i'estois seul auec vn Allemant, de l'Eglise Romaine: Et encore ce pauure Allemant,
ayant esté deualisé pres de Baruth auec la Carouanne, fut mis en prison en Hierusalem par les Turcs, pource qu'il n'estoit entré au sainct Sepulchre comme les autres,
ayant faulte de deniers: enuers lesquels toutefois nous feismes tant, qu'ayans payé le
tribut pour luy, le deliurasmes de prison, & y alla faire ses deuotions. Vous voyez dás
l'Eglise, oultre le Sepulchre, le lieu où fut mise la Croix de nostre Seigneur, qui est vn
trou tout rond, ayant quelques trois pieds & demy en rodeur, & plus de trois de profond. Loing dudit Sepulchre enuiron trente pas, la grandeur de la chapelle, qui est
dans l'Eglise où est le sainct Sepulchre, ne contient tant en longueur qu'en largeur
que dix pieds ou enuiron, bien estoffee de marbre: & y a vn autel dessus ledit Sepulchre, là où fut mis le corps de Iesus Christ, à fin qu'il ne fust demoli & gasté. Il fait assez obscur dans ladite chapelle pour la fumee des lampes d'argent qui y luysent iour
& nuict, aussi bien qu'au mont de Caluaire, en la vallee de Iosaphat, & ailleurs. Cesdits
lieux sont reuerez, non seulement des Chrestiens, ains des infideles, qui nous y voyent
faire noz oraisons, sans aucunement mesdire de nous: Et ne desplaise à ce qui est escrit
en l'Histoire vniuerselle de Iehan de Boëme, liure second de l'Asie, chapitre douziesme, ne à Martin Segonie, qui l'allegue comme tesmoin suffisant, disans, que les Sarrazins, Arabes, & Turcs, suyuant la doctrine de leur Prophete, se mocquent des Chrestiens qui honorent & reuerent le lieu où reposa la Croix de nostre Seigneur, ne
croyans que son corps ait esté enterré au sainct Sepulchre de Hierusalem: chose fort
mal entendue à l'vn & à l'autre, d'autant qu'eux mesmes, comme i'ay dit ailleurs, y
vont coustumierement faire leurs oraisons. Vers la part où se tiennent les Grecs, se
voyent quatre sepultures, sans aucune figure ne escriture, que lon dit estre des Princes
Chrestiens là enterrez: On voit aussi vne grande partie de la Colomne, contre laquelle
fut lié nostre Seigneur, lors qu'il fut fustigé, en la Chapelle des Latins à main droicte,
ainsi que lon entre: au sommet de laquelle ie mis les armoiries de la ville d'Angoulesme, que i'auois fait faire en Constantinople. A l'autre costé on descend quarantehuict
degrez en bas, où fut trouuee la Croix par saincte Heleine. Ce qui m'y a semblé le plus
fascheux, c'est le peu de fiance & charité que vous portent les Grecs en ce païs là, lesquels sont si mal affectionnez aux Latins, que le Turc ne nous hait pas tant que ce
Chrestien Grecisant: dont ne se fault esbahir: attendu que iaçoit qu'ils n'eussent point
de moyen autrefois de defendre & soustenir la Terre saincte, si estoient ils si meschás,
qu'ils aimoient mieux que les infideles en iouyssent, que non pas les Latins y mon-
strassent leur vaillance. De quoy me sera tesmoing ce venerable Empereur Constantinopolitain Alexe, lequel fascha & tourmenta autant qu'il peut les Occidentaux, ius-

Les lieux
de la Croix,
& s. Sepul-
chre.

Iean de Boë-
me & Mar-
tin Segonie
se trompét.

G

ques à empoifonner les farines qu'il leur contribuoit en l'an de noftre Seigneur mil
cent neuf:combien qu'il trouua vn Bohemond,forti de la race ancienne des Normás,
qui chaftia fon infolence Grecque. En fomme, i'ofe dire qu'en l'vniuers n'y a nation
plus corrompue, & moins aimant la vertu, que les Grecs, & aimerois mieux tomber
entre les mains,& auoir affaire auec les Margageaz & Sauuages,qu'auec eux,veu qu'en
tant d'annees que i'ay voyagé prefque par tout le monde, quelques dangers & perils
qui me foient offerts, fi n'en experimentay-ie onc de pareils à ceux que i'ay endurez
& paffez en leur païs, foit en terre ferme, ou en leurs ifles. Et parle autant de leurs Papazzes & gens d'Eglife que d'autres,veu que les meilleurs ne valent guere:auffi n'y a il
nation en Leuant, qui puiffe compatir auec eux, qui les aime , ou en face compte : ny

Patriarche des Grecs excōmunie le Pape & les Princes Chrestiens.

mefme leurs Patriarches: entre lefquels celuy de Hierufalem (comme i'ay veu) le
Vendredy fainct excommunia au chœur de l'Eglife qu'ils tiennent, & iouyffent de
toute ancienneté,tant le Pape de Rome,que les Princes Chreftiens, iettant auec vn regard hideux vne chandelle ardéte du hault en bas d'vne chaire où il eftoit affis:pour-
ce,dift-il,qu'ils fe font feparez de l'Eglife Grecque,làquelle a premier receu l'Euangile que la Latine. Auffi n'ay-ie iamais doubté, que l'Empire ne leur ait efté ofté des
mains, pource que toufiours ils ont efté Chreftiens affez groffierement, & que iamais
la charité Chreftienne ne les a peu vnir, tant ils font malings & de mauuais cœur.
Toutes les nations qui font entretenues en Hierufalem par les Princes, quoy qu'ils
confeffent mefmes Articles de foy que nous, & chantent la Meffe auec pareille opinion fur la reale prefence du corps & fang de noftre Seigneur,comme nous la tenons;
fi ne recognoiffent ils ne Pape, ne Cardinal , ne Roy, ny Empereur des noftres. Non
que par ce propos ie vueille en rien diminuer de l'authorité du fainct Siege , que ie
recognois,comme tout Catholique doit faire, inftitué de Dieu, pour eftre le premier
en l'Eglife Chreftienne:mais ce que i'en dy,c'eft pour monftrer la faulfeté de ceux qui
difent que la fainte Meffe eft de l'inuention du Pape: & toutefois ils ne me fçauroiét
monftrer, que iamais les Abyffins, Armeniens, Maronites (qui approchent le plus de
noz ceremonies entre tous les Leuantins.) Georgiens qui font en Perfe, Neftoriens,

Diuerfes fortes de Chreftiens que i'ay veu en Hieru- falem.

Iacobites , Suriens , Iauiens qui font des ifles voifines des Indes Orientales, Burniens,
Dariens, Cephaliens, Quinfeyens les plus loingtains des autres Indes vers le Soleil
Leuant,voire les Mofcouites, toutes lefquelles nations i'ay veu en Hierufalem la fepmaine faincte, ayent appris les chofes facres de nous: lefquels auffi fe difent les tenir
des Apoftres:& neantmoins leur opinion en ce qui concerne le Sacrement, prieres des
Saincts, & autres chofes, ne f'efloigne que fort peu de ce que tient l'Eglife Romaine.
Mais reuenons à la ville faincte,autour de laquelle vous voyez force anciennes fepultures des Prophetes , les vnes eftans hault efleuees auec quelques piliers , & autres faites à l'antique auec monceaux de pierres (veu que c'eft ainfi qu'on dreffoit iadis les
tombeaux en Iudee) & d'autres affez magnifiques, comme encor eft le lieu du Sepul-

Sepulchre d'Abfalon hors la vil- le.

chre d'Abfalon, fils de Dauid , hors la ville à main droicte, allant du mont Sion à la
vallee de Iofaphat , & iceluy tout entier, faict prefque en forme de pyramide, auquel
y a quelques feneftres, où les Turcs, Mores & Arabes, paffans par là, comme i'ay veu,
ruent des pierres, en deteftant celuy qui y a efté enterré, à caufe qu'il f'eftoit reuolté mefchamment contre fon pere, à qui il deuoit tout honneur, reuerence & feruice.
Voyez ie vous prie, comme iadis les Anciés ont eu foin de leurs Sepultures, auffi bien
que les Romains, qui feirent faire tels tombeaux & monumens publics, tant pour les
riches,que pour les paures: voulans monftrer par cela, que l'homme capable de raifon eft à preferer aux beftes brutes. Et en telles chofes de pitié eftoient plus fages que
n'ont efté plufieurs de mon temps,lefquels par leurs teftamens ont ofé ordonner leurs

corps eſtre trainez en lieu champeſtre & public, ou iettez & engloutiz aux lacs & riuieres, pour eſtre faicts viande aux corbeaux & poiſſons. Toutefois ie diray cecy en
paſſant, que la volonté du teſtateur, qui ordonne telle choſe apres ſa mort eſtre faicte,
ſoit que lon le bruſle, ou traine aux lieux que dit eſt, ne doit eſtre ſuyuie, ains pluſtoſt
les faudroit enſeuelir & enterrer en memoire de la condition humaine. Et n'en ſçau-

rions auoir meilleur exemple que celle dudit Abſalon, auquel combien qu'il euſt
griefuement offenſé & Dieu & la maieſté de ſon pere, luy fut toutefois erigé le preſent monument, en memoire & recordation de l'ame, qui auoit repoſé en ſon corps:
lequel ie vous ay bien voulu repreſenter au naturel, ſuyuant le creon que i'en ay prins
eſtant ſur les lieux. Non loing auſſi de Hieruſalem eſt la vallee de Ioſaphat, dicte ainſi
d'vn Roy de Iudee: en laquelle ſe voit l'endroit où fut mis le corps de la treſſaincte
Vierge mere de Dieu: & y eſt l'Egliſe treſbaſſe, à cauſe que preſque tout le baſtiment
eſt ſouterrain. Ledit Sepulchre eſt tout de marbre blanc, tirant de Septentrion au Midy. Ioignant icelle Egliſe court le ruiſſeau, qu'on appelle Torrent de Cedron, lequel
eſt preſque touſiours ſec, ſinon en hyuer, & au commencement du Printemps. Il fait
la ſeparation du Mont des Oliues & Hieruſalem: auquel mont on voit où Salomon
feit edifier certains autels pour ſes idoles. Pres de là eſt cedit mont d'Oliuet tant recommandé en l'Eſcriture, pource que ce fut en iceluy, que Ieſus Chriſt pria auant que
ſaller rendre entre les mains des meſchans & infideles, pour ſouffrir mort, à fin de
donner la vie au monde: & tout contre ſont deux autres ſepultures, faites en maniere
d'Obeliſques moyennes. Les Turcs & Iuifs diſent que ce ſont les ſepulchres de Ieremie & Eſaie. Suyuant la colline, tirant contre-mont, me fut auſſi monſtré le lieu où
eſtoit l'arbre, auquel Iudas ſe pendit, qui n'eſt trop loin de la ciſterne de Iacob. Ie laiſſe

les lieux de Betanie, & autres endroits vers Bethphagé, païs affez mal plaifant,à caufe
qu'il eft pierreux & fort fterile.Tous les villages qui eftoient là autour,comme *Geth-*
femani,Bethphagé, & autres, font ruïnez, & n'y apparoift pas la feule forme des ruïnes.
Neantmoins par la grace de Dieu, encores que l'iniure du temps ait donné quelque
enuieilliffemét aux places où lon peult rafraifchir la memoire de noftre falut, fi n'ont
ofé les Barbares y mettre la main pour les ruïner & deftruire. Du temps des Soldans
d'Egypte, fi vn Mamelu, More, ou autre, euft rompu ou leué vne feule pierre de fa
place,en deux heures fon procez eftoit fait,& fur le chãp executé à mort:ce que eftroi-
ctement obferuent encore auiourdhuy les Officiers du grand Seigneur,pour conferuer tous & chacuns les lieux qui font tant dedans ladite ville de Hierufalem, que aux
Ville de Hie- enuirons d'icelle. Or ce dequoy ie me fuis efbahy entre autres chofes en Hierufalem,
rufalè fub- c'eft qu'eftant le lieu fort temperé, hault & bien aëré, elle eft toutefois merueilleufe-
iecte à pefte. ment fubiecte à la pefte:& croy que ce foit pluftoft punition diuine qu'autrement,eu
efgard,comme i'ay dit,à fa temperature,qui eft à foixantefix degrez de longitude,nul-
le minute,& trente & vn de latitude quarante minutes:Qui me fait auffi dire,que ceux
là errent lourdement, lefquels ont mis par efcrit, que fes habitans n'ont point d'ombre à Midy,à caufe que le Soleil eft perpendiculairement fur leur chef.En quoy ils fe
defuoyent & de la raifon, & de la verité, veu que ladite ville eft en latitude Septentrionale de trentedeux degrez ou enuiron : & le Tropique de Cancer, qui eft la plus
grande declination que puiffe faire le Soleil vers les parties Septentrionales, ne peult
eftre que de vingtquatre. De là donc ie conclus, que Hierufalem, ne fes lieux circonuoifins ne peuuent eftre foubz le Zodiaque, l'extreme partie duquel decline vers Septentrion enuiron trente degrez, qui empefche cefte perpendicularité qu'ils ameinét,
& par confequent, que le trop d'ardeur Solaire ne caufe point la pefte ainfi continue
audit païs. Du temps que i'y eftois, & la pefte, & la fechereffe affligeoit tellement ces
contrees,que iournellement vous voyez les Turcs & autres nations, en prieres : auffi il
y auoit plus de quatre mois qu'elle duroit par toute la Palefthine:l'eau y eftant fi chere,qu'en plufieurs lieux on n'en pouuoit recouurer pour argent, fur tout en Hierufalem, à caufe qu'elle eft baftie en lieu fec, & qu'ils n'ont eau, fi ce n'eft de cifternes, ou
Priere du fontaines qui font hors la ville. C'eftoit pitié de voir tous les iours le peuple aller en
peuple pour grandes compaignies,priant & inuoquât le nom de Dieu,tant pour la fanté,que pour
auoir de auoir de l'eau. Les enfans Turcs crioient d'vn cofté à gorge defployee, *Alla fu-ver,*
l'eau. Seigneur,donne nous de l'eau : & de l'autre les Grecs, principalement les petits enfans
alloient en proceffion, leuans les mains au ciel, & crians ainfi, *Nero Kyrios,* Seigneur,
de l'eau:& les autres nations pareillement,chacun en fa langue,veu que le mal couroit
generalement fur tous. Quant à ce que plufieurs ont eftimé, que Hierufalem fuft au
nombril & milieu de la terre, à caufe qu'il eft efcrit en Ezechiel, Ie l'ay pofee au milieu des nations:& és Pfeaumes,Il a operé falut au milieu de la terre : il fault entendre,
que le Prophete n'a pas tant eu d'efgard à vne parfaicte mefure des confiderations A-
ftronomiques, que lon pourroit bien penfer, veu que les Saincts qui ont interpreté le
paffage du Pfalmifte,la confiderent de telle forte pour conftituer ce milieu, qu'ils luy
font l'Afie refpondante à l'Eft ou Orient,l'Europe Occidentale, la Lybie & l'Afrique
Meridionales, & vers le Nort ou Septentrion ils luy mettent les Scythes, Armeniens,
Perfes, & autres nations. Et encore cefte façon de parler, Il a operé falut au milieu de
la terre, fe peult prendre fimplement pour la terre, fans auoir efgard à circonference
ny limitation quelconque de lieu : comme quand il eft dict en autre paffage, Au milieu de l'Eglife il a ouuert fa bouche. Touchant le texte d'Ezechiel, il eft affez de foy
intelligible,veu qu'il dit,Ie l'ay pofee au milieu des nations,ou des gens :d'autant que

de tous coftez la Iudee eftoit enclofe & enuironnee d'infideles, idolatres & incircon-
cis. Au refte, on fçait bien qu'és fainctes Lettres il fault plus aduifer le fens, efprit &
moelle, que f'amufer à la fimple efcorce, & hiftoire nue. Les Turcs à prefent appellent
cefte fainctte Hierufalem, *Lecouft*, ou *Cosbarich*, qui fignifie Ville facrée, tout ainfi
qu'ils ont donné des noms à leur pofte aux autres, fur lefquelles ils ont puiffance, comme *Extambol*, pour Conftantinople, *Scanderie*, pour Alexandrie, & pareillement à
toutes les prouinces, royaumes, montaignes & riuieres, defquelles ne fe trouue pas
vne prefque, qui porte le nom tel qu'elle auoit auparauant. Du temps que i'y eftois, on
la fortifioit, & auoient condamné & fermé vne de fes portes, fort ancienne, que les
Chreftiens appelloient Doree, par laquelle on fortoit pour aller en Bethanie, qui eft à
prefent toute ruinee & deftruicte par les Turcs. La ville de Hierufalem ne fçauroit
pour le iourdhuy eftre plus grande que Blois, & de fa façon, fans qu'il y ait grand' riuiere plus proche que celle du Iourdain. Ce fleuue eft eftimé facré de tout temps, &
fur tout par les Chreftiens, à caufe que noftre Seigneur y fut baptifé: & prend fa fource du mont Liban en deux fontaines efloignees l'vne de l'autre, & fepare la Iudee
d'auec l'Arabie. Aucuns difent, que ce n'eft point dudit mont (lequel a fon eftenduë
depuis Cefaree iufques bien pres de la mer, en Tripoli de Syrie) ains d'vn autre du cofté de Cefaree, & qu'il vient par deffoubz terre, iufques à ce qu'il approche ladite ville,
appellee iadis *Paneas*, & que de là il f'en va tout à plain arroufant le païs voifin iufques
au lac, qu'on nomme les eaux de Moron : puis f'efcoulant en Galilee, paffe par celuy
que l'Euangile appelle de *Genefareth*, & autres de *Genazar*: & l'ayant paffé, il va f'ef-
gayant le long des campaignes de Iudee & Galilee, iufques à ce que finalement il fe
rend dans la mer Morte, ou lac Afphaltique, où anciennement eftoient bafties les abominables citez de Sodome & Gomorrhe. Mais pour vous parler de ce lac, il fault noter qu'autrefois il n'eftoit point, veu que du temps de Loth il n'y auoit qu'vn puyts
qui feruoit aux pafteurs gardans le beftial en icelle vallee : toutefois depuis que les
cinq citez furent fubuerties & bruflees du feu du ciel, pour l'abomination des habitans d'icelles, enuiron l'an du monde deux mil quarantehuict, ce qui eftoit campaigne belle & fertile, fut conuerti en vn lac noir & bitumineux, ne portant poiffon quelconque, en figne & memoire perpetuelle de la punition de Dieu. Que fi ailleurs ie ne
vous auois parlé de Bitume, i'en euffe difcouru en ce paffage, y eftant fi à propos. Parainfi ne m'amuferay qu'à defcrire fimplement les villes qui font le long du Iourdain,
entre lefquelles ie prendray *Hierico* pour la premiere, diftante du lac fufdit enuiron
trois lieuës, & de Hierufalem quatorze : Ne voulant oublier, que de cefte ville nous
fufmes difner à la montaigne de la Quarantaine, d'où nous reuinfmes fur les deux
heures à la fontaine d'Elizee, autant belle qu'il f'en trouue point, laquelle ayant arroufé beaucoup de païs, & fait force vireuouftes, en fin fe va rendre de la part de *Nain*.
Cefte Hierico eftoit iadis belle, riche, & abondáte en Baume : & difoit on que c'eftoit
la feule contree du monde, où cefte precieufe liqueur fe trouuoit : combien qu'il y en
euft auffi vers le mont Liban : au lieu qu'il eft impoffible à prefent d'en recouurer ny
en l'vn ny en l'autre, pourautant comme ils m'ont dit, que l'arbriffeau qui le portoit,
eft mort. Or eft-il difficile d'aller en ladite ville fans grande & forte compaignie, pour
les Arabes qui font là aux aguetz, prefts à vous deualifer & mettre à blanc. I'auois auffi
failly à vous dire, parlant des Sepultures, tant de la faincte ville, que des enuirons, que
celle de Zacharie le Prophete fe voit encor auiourdhuy, l'vne des plus belles que l'on
fçauroit contempler, partie pour fon antiquité, partie pour eftre fouftenue d'vn bon
nombre de piliers fort bien eftoffez : laquelle pour fa magnificence, grandeur & haulteur, eft plus admiree que celle de ce grand Roy Dauid, au mont Sion, ne auffi que cel-

G iij

le d'Abfalon qui luy eft proche, toutes lefquelles i'ay veues eftant pardelà. I'en paffe
foubz filence vne infinité d'autres, toutes demolies par les Tyrans, autrefois fort recommandees, tant pour leur memoire, que pour la foy de la refurrection generale
que chacun d'eux attend: le bon Dieu n'ayant voulu que le nom des fiens fuft enfeuely quant & le corps, combien que plufieurs Prophetes, & autres, eftans morts au païs
de Iudee, n'ont eu fepultures, qui ne font toutefois moins heureux que les autres. Si
donc ie vous voulois icy defcrire le grand nombre de celles, que i'ay veues en diuers
endroits de l'Afie, les vnes entieres, & les autres du tout ruinees, ie n'aurois iamais fait.
Toutefois ne veux ie oublier, qu'en l'an mil cinq cens cinquantefept, vn More blanc
efclaue, enuoyé pour labourer la vigne d'vn Iuif, vn quart de lieue de la ville, vers la
porte de Damas, fouillant en terre, defcouurit vne pierre d'enuiron quatre pieds de
long, & foubz icelle vn foufpiral, dans lequel il entra, penfant y trouuer quelque threfor: iaçoit qu'apres auoir bien fouillé & cherché, il apperceut que le lieu eftoit vuide
& net. Et ainfi de peur d'eftre furprins, & que l'on luy mift en auãt quelque vanie Morefque, ou chofe qui ne fut onques, il en aduertit fon maiftre, qui y vint incontinent
auec d'autres, pour vifiter la place, qui eftoit vne maniere de caue, dont l'entree n'eftoit
grande que de deux à trois pieds, entaillee dans la mefme rochie, en ayãt vingt en longueur, & autant en largeur, fi bien faicte & elabouree, qu'il eftoit aifé à iuger que c'e-
ftoit vn excellẽt ouurier, qui l'auoit rendue à fa perfection entiere. Aux quatre coings
d'icelle y auoit quatre caueaux, l'entree defquels n'eftoit grande que de trois à quatre
pieds, enrichiz hault & bas de fueillages, & autres marques faictes, comme platz larges à l'antique, trefbien eftoffees: chofes certes qui ne fe faifoient fans fignification,
pour monftrer la pieté de leur religion, & la deuotion qu'ils auoient aux ceremonies
de leurs facrifices. A chacun defdits caueaux eftoient trois fepultures de pierre de taille, auec quelques piliers & chapiteaux autour, faictes comme les anciennes fepultures
des Egyptiens; où les teftes des bœufs & taureaux eftoient infculpees (dont ie vous
ay parlé au chapitre des Momies) fçauoir à la forme d'vn grand bahu. Apres auoir le
tout bien vifité, & voyant qu'il n'y auoit que des monumens, vn Turc entre les autres
de la compaignie print le couuercle d'vn, qui eftoit fort pefant, & le leua, pẽfant qu'il
y euft dedans quelque richeffe & liberalité, auffi bien que lon trouua en celuy d'*Anti-
nous*, ou de la Royne *Geta*: En quoy il fut trompé, n'y ayant efté trouué que des oz
de merueilleufe grandeur & groffeur. Autour de ces fepulchres n'y auoit rien efcrit,
tellement qu'on ne peult iuger de qui elles pouuoient eftre: iaçoit que quant à moy,
i'eftime que ce font celles des anciens Rois de Iudee & Hierufalem. Eftant fur le
roch, battant du pied, on oyoit vn retentiffement, tellement qu'il fembloit y auoir encor vne autre concauité deffoubz: ce qui n'eft defcouuert: M'affeurant que fil eftoit
permis aux Chreftiens qui font pardelà, de fouiller foubz terre, comme il eft pardeça
au fimple peuple, on trouueroit des chofes rares, riches & admirables des Anciens: cõbien ẽ cefte vermine Turquefque ne le permettroit aucunement, tant ils fe deffient de
ceux qui portent tiltre de Chreftien. Mais d'autant qu'il refte beaucoup de la Palefthine encor à defcrire, ie renuoye le Lecteur au chapitre fuyuant, où il verra la Samarie & Galilee, & fil y a rien qui face à compter au refte de la Syrie. Et ce pendant ie
continueray le difcours des lieux remarquables, comme celuy qu'on nomme *Achel-
demach*, autremẽt le champ du Potier, qui fut achepté des trente deniers dont fut vẽ-
du Iefus Chrift: (de laquelle efpece de deniers ou monnoye i'ay veu deux entre les
mains du Patriarche des Grecs en ladite ville de Hierufalem.) Les Chreftiens Leuantins ont dans leurs hiftoires, que c'eft où fe retirerent les difciples de noftre Seigneur
durãt fa paffion. Cefte place fut acheptee pour la fepulture des pauures Pelerins: mef-

Le champ du Potier dit Achel-demach.

mement elle est encores auiourdhuy close de murailles, qui furent faictes par la diligence de saincte Heleine. Et me souuient, que lors que la peste estoit ainsi parmy les
Chrestiens, comme i'ay dit (ce qui leur aduient volontiers de sept ans en sept ans, &
aux Turcs & Grecs pareillement) tous les morts furent conduicts en ce champ, les vns
sur chameaux & asnes, & les autres sur des siuieres à braz : chose autant pitoyable que
lon eust peu voir. Au dessus de la Masure, faite en quarré, y a sept pertuiz ouuerts, ausquels les Mahometans ne font iamais mal, non plus qu'aux autres lieux de deuotion.
Quelques vns ont escrit, que les corps qui y estoient mis, se pourrissoient & consu-
moient en vingtquatre heures : mais à cela on doit autant adiouster de foy, qu'à ceux
qui disent, que les morts que lon enterre à S. Innocent à Paris, sont au bout de neuf
iours reduits en cendre. Passant plus outre, nous allasmes vers le territoire d'*Engaddy*, *Le territoi-*
fort fertile encores auiourdhuy en bon vignoble, iaçoit que la vigne, en sa maturité, *re d'Engad-*
soit subiette aux mousches, fourmis, chenilles & saulterelles. Pour obuier ausquelles *dy.*
vermines & incōmoditez, les Mores & Iuifs à qui appartiennent ces vignes, enuoyent
leurs Esclaues à ladite mer Morte, auec leurs chameaux, mulets & cheuaux, pour charger de ceste bitumineuse & puante escume (que les Arabes nomment *Beth-simoth:*)
& en ayant fait grand amas, ils en mettent vn seau ou deux à chasque sep: comme aussi
ils en vsent à l'endroit des arbres fruictiers : estant cela vn vray venin aux susdites bestioles, mesmes aux viperes, crapaux & serpens : Et me suis laissé dire à plusieurs Arabes, que tout ainsi que le riuage de ce lac ne peult nourrir poisson quelconque, il ne se
trouue pareillement autour d'iceluy aucune beste venimeuse. I'ay bien memoire d'a-
uoir esté à vn autre Lac, nommé *Narnich*, en Egypte, l'eau & l'air duquel a quasi mes- *Lacs de*
me goust & vertu. D'auantage, il s'en voit vn, que lon appelle *Sualarq*, à deux lieuës *Narnich et*
de la ville de *Derben*, voisine de la mer Caspie, pres duquel ne se parle point qu'il y *Sualarq.*
ait de bestes venimeuses, tant il est puant & amer : comme ainsi soit mesmement, que
quand on y en a porté, elles sont incontinent mortes : & ne nourrit aucune sorte de
poisson. Or ay ie apporté de ce Bitume pardeça, qui n'est autre chose, pour en dire la
verité, qu'vne maniere de graisse, nageant sur l'eau, laquelle estant iettee çà & là par les
ondes au riuage, s'espaissit & congele si fort, qu'elle deuient dure comme poix. Depuis
vn mien compaignon Iean Anroux, homme tresscauant, & diligent recercheur des
choses rares, vsant de sa liberalité au retour de son voyage de Leuant, me fit present,
outre huict medalles antiques, de quelque peu dudit Bitume: duquel ie mis en sa presence vn bien peu dans le feu, qui rendit aussi tost si grande puanteur & infection, que
fusmes contrains quitter le ieu, & vuyder la chambre. Matthiole en ce qu'il a escrit &
commenté sur Dioscoride, se plaint en vn certain passage, que lon n'apporte point du
vray Bitume de Iudee : qui est cestuy dont ie parle (pourautant que ce que les Apothiquaires tiennent en leurs boutiques, n'est qu'vne composition de poix, d'huyle de
pierre, & autres commixtions de peu d'effect :) ce que volontiers ie luy accorderois,
attendu qu'en son païs ce sont les plus grands drogueurs, sophistiqueurs & falsificateurs de toutes choses venantes du Leuant, que gens du monde: n'estoit que ie suis asseuré en auoir veu d'autant bon en France, qu'en lieu que le Soleil eschauffe. En ce
mesme endroit ce docte Matthiole s'oublie, quand il dit par ses escrits, que tout ce *Faulte*
que lon iette dans la susdite mer, nage sur l'eau, & rien ne va au fond : mesmes quand *de André*
on y ietteroit vn homme lié & garrotté, ou autre chose plus pesante. Ie ne sçay qui *Matthiole.*
luy a peu faire entendre telle bourde, attendu que ie vis en cinq fois que ie fus audit
Lac, lancer des oz & testes de cheuaux & chameaux morts, plus de mille : entre autres
vn Asne en vie, d'vn Chrestien Nestorien, auec son equippage, que les Ianissaires qui
nous conduisoient, precipiterent de guet à pens, au parfond d'iceluy : (& ce, à cause

du debat qu'ils auoient eu enfemble deux heures auparauant, pour vne bouteillee de
vin qui leur auoit efté refufee) comme aufli vn autre eftant yure, y ietta les bottines
de fon compaignon, faites à la Turquefque. Toutes lefquelles chofes ne faillirent d'aller incontinent au fond, & en perdifmes la veuë. La premiere fois que i'y fus conduit,
certains Arabes ayans tué trois de noz gens, & defpouillé de leurs veftemens, ces diables de griffons vont prendre leurs corps, & les ruer dedans: qui difparurent aufli toft
que feroit la fonde ou plomb que lon iette dans la mer. Il efcrit femblablemét au chapitre fufdit (& pour mieux affeurer fon dire, il cite le texte de Galié) qu'autour dudit
Lac il ne croift ne s'engendre befte ne plante, à raifon de l'eau qui eft puante & falee.
D'eftre amere, ie le confeffe: mais falee, non: voulant aduertir Matthiole, qu'aux métaignes voifines, & qui aboutiffent ce Lac, les Arabes fe tiennent ordinairemét, auec leurs
tentes, pauillons, chameaux, vaches, cheuaux, & autres beftes domeftiques, qui y repairent & engendrent aufli bien, que les poiffons & oifeaux qui font autour des riuieres
qui y defgorgent. Voyla que c'eft d'efcrire trop legerement pour vn feul ouyr dire.

Au refte, ie ne veux oublier à vous ramenteuoir, que de la part de Septentrion fe voit

*Lac d'Ar-
non, ou A-
dramelech*
vn autre Lac affez large, que les Anciens nommoient *Arnon*, & les Arabes du païs,
Adramelech, qui entre dans ladite mer, & feparoit iadis les Moabites de ceux de la lignee de *Ruben*. Quand ie vous parle de ces Tribuz, pource que la chofe eft vn peu
difficile à celuy qui n'eft verfé aux lettres, il fault entendre, que Iacob, dict Ifraël, fils
d'Ifaac, eut quatre femmes, à fçauoir *Lie, Rachel, Zelphe, & Bale*, & engendra douze enfans, dont font forties les douze Tribuz & lignees, qui font *Leui*, pere de tous les Leuites, & duquel defcend toute la lignee facerdotale: *Nephthalim, Dan, Iuda*, d'où eft
venue la lignee Royale de noftre Seigneur Iefus Chrift: *Ruben, Simeon, Iffachar, Zabulon, Iofeph, Beniamin, Gad, & Azer*. Ce bon Iacob viuoit en l'an du monde trois mille
trois cens quarantequatre, & en vefquit cent quarantefept, felon la fupputation de
quelques Rabbins Hebrieux, & Grecs pareillement. Parquoy furent ainfi diuifees &
feparees en plufieurs prouinces de l'Afie, comme i'efpere vous declarer plus amplement en autre endroit. Plus bas nous vifmes vn Torrent, dangereux aux paffagers, lors
que l'eau eft grande, qui diuifoit aufli anciennement les lignees de Manaffe de ceux
defdits Moabites. C'eft vn plaifir de voir ces pauures Arabes eftre toufiours à l'aguet,
pour tafcher à furprendre leurs ennemis. Le temps que les Carouannes de Tripoly,
Damas, Baruth, Alep, Ramoth, Miferib, Corozaim, & autres peuples de la petite Afie,
vont à la Mecque, toute la troupe, qui font quelquefois dix ou douze mille perfonnes, vient fe rédre en ce païs là, pour difpofer de leurs affaires, & entreprife de ce lointain voyage: & lors eflifent trois ou quatre Capitaines Arabes des principaux voleurs
de ceux qui fe tiennent auec leur famille pres ledit Lac, pour les conduire en toute
feureté, s'eftans promis les vns les autres la foy de fidelité, & pour leur faire fcorte, &
refifter aux occafions qui fe pourroient prefenter alencontre des autres Arabes, leurs
compaignons, amis & alliez, qui demeurent aux trois Arabies, qui fçauent trefbien la
faifon que ces galans de Turcs doiuent paffer, pour les defualifer, s'ils font les plus
forts. Au deuant defquels ils s'auancent, tant pour leur donner le mot du guet, que
garnir la main, à fin de donner paffage aux Pelerins: où neantmoins en demeure fouuent pour gage, foit par furprife, foit en dormant.

De BETHLEEM, *richeſſe du Temple,* vertu *de quelque terre,* & *comme les Turcs enſeignent la Ieuneſſe.* CHAP. X.

NTRE tous les lieux mediterranees de Iudee, il me ſemble que Bethleem n'a point eſté eſtimee la moindre des villes : laquelle n'eſt guere eſloignee de Hieruſalem. Elle a iadis porté le nom & tiltre d'Eufrata ou Effrata, & a eſté l'vne des plus anciennes de tout le pais de Iudee: m'eſbahiſſant comme Ioſephe, qui eſt ſi grand rechercheur des antiquitez de ſon païs, ſe ſoit tant oublié que de dire, que Roboam, Roy de Iudee, fils de Salomon, l'a baſtie, & auſſi Hebron, veu que l'vne & l'autre ſont fondees pluſieurs ſiecles auant luy. En elle naſquit Dauid, qui fut grand pere dudit Roboam : qui vous fait voir, qu'elle a eſté edifiee par autre, & de plus long temps que celuy auquel Roboam eſtoit Seigneur de Iudee. Quant à Hebron, encore eſtoit elle pluſtoſt que ledit Roboam, veu qu'il ſe trouue que Dauid regna en Hebron auant qu'il fuſt appellé à la Monarchie vniuerſelle de tout Iſraël. Par ainſi fault conclure, que Ioſephe a voulu dire, que Roboam auoit embelly d'edifices & de murailles leſdites deux villes, qui ſentoient deſia par trop leur antiquité. Touchant le nom d'Effrata, elle le portoit de la femme du bon-homme Caleb, compaignon du grand capitaine Ioſué, non qu'elle ne fuſt deſia en eſtre (attendu qu'elle eſtoit dés le temps des Patriarches enfans de Iacob:) mais Caleb voulant gratifier à ſa ſeconde femme Effrata, il nomma ceſte ville de ſon nom : laquelle auparauant s'appelloit auſſi Bethleem, & Rachel, à cauſe que la femme bien aimee de Iacob, qui fut mere du ſage Ioſeph, y treſpaſſa, & y fut enterree. Mais la choſe qui nous rend Bethleem plus recommandee, c'eſt d'autant qu'en elle eſt né le conducteur de l'Egliſe de Dieu l'enfant Ieſus Chriſt. Auquel propos le Prophete a dict, Et toy Bethleem, terre de Iuda, tu n'es point la moindre entre les citez de Iudee, veu que de toy ſortira vn conducteur qui regira mon peuple d'Iſraël. Voyez ie vous prie, comment les Prophetes ſingulariſent les lieux où les myſteres de noſtre redemption deuoient eſtre effectuez. Se fault il donc eſtonner, ſi les Catholiques ont en reuerence les meſmes pour le reſpect de ce qui s'y eſt paſſé? Auſſi le Prophete adiouſte la grandeur de ceſte ville, qui n'eſtoit alors la moindre de tout le païs de Iuda : meſmes long temps apres les Apoſtres elle eſtoit fort grande & peuplee, où auiourdhuy ce n'eſt qu'vn village, à deux lieuës pres de Hieruſalem, & à douze bonnes iournees d'Egypte, tirāt de la part du Midy. Deſquelles ruïnes ne fault ſ'eſbahir, veu qu'en tout le païs de la Paleſthine iuſques dans celuy des Medes, Perſe, Armenie, les trois Arabies, Aſſyrie, il y a encor auiourdhuy apparence de plus de mille villes, dont les vnes auoient bien de circuit enuiron deux lieuës. En Egypte, qui n'eſt rien au pris de ceſte grande Aſie, il y a eu autrefois vingt mille villes, où maintenant, comme i'ay veu, on n'en trouueroit pas vne douzaine. Qu'on regarde toutes les iſles Cyclades, & autres de la mer Mediterranee, & principalement l'iſle de Crete, en laquelle i'ay demeuré ſept mois, où il y auoit iadis cent villes, elles ſont à preſent reduites à cinq ou ſix telles quelles. Mais retournons à noſtre Bethleem : ce fut là que les paſteurs gardans leur troupeau, vindrent adorer & recognoiſtre le vray paſteur, & les Sages Orientaux y vindrent faire hommage. Et d'autant que pluſieurs en oyans parler, & du lieu où naſquit noſtre Seigneur, penſent que ce fuſt vne grange, ie les veux oſter de doubte & de ſcrupule, & ne fault qu'ils s'eſmeuuent de rien que ie die, iaçoit qu'il eſt eſcrit que la Vierge, mere de Dieu, meit ſon enfant en la creche. Or vous fault il ſçauoir, que le lieu de la naiſſance de noſtre Seigneur eſt vn lieu ſouterrain, faict en

Groteſque
ou naſquit
Ieſus Chriſt.

grottefque, ayant vn iect de pierre de longueur, & deux grandes braffees de largeur, en croifee, & tout voulté de la mefme matiere naturelle: & quât à l'autre cofté, & partie de la voulte, elle n'eft fi longue. Au bout de la premiere tirant vers le Leuant, eft proprement l'endroit où noftre Seigneur nafquit en vne creche, veu que c'eftoit où les pauures retiroient bien fouuét leurs beftes. Ie ne fçaurois penfer, finon que cefte grottefque euft efté iadis quelque carriere, de laquelle on euft tiré de la pierre pour baftir en la ville, qui fut autrefois fort belle. Comment que c'en foit, depuis que les Chreftiens furent en vogue en la Terre fainéte, apres que les Romains en eurent chaffé les Iuifs, ces lieux ont efté frequentez & reuerez, comme du bon, fainct & trefdocte Hierofme, qui voulant vacquer à fon aife à l'eftude & oraifon, fe retira en Bethleem au propre lieu où nafquit noftre Seigneur, y ayant dreffé fa cellule & bibliotheque, & où il trefpaffa, apres auoir laiffé dequoy inftruire les Chreftiens, par la fidelité de fa traduction faicte de la Bible, & purité du refte de fes efcrits: il y deceda, dy-ie, l'an nonante vn de fon aage, & apres la mort de noftre Seigneur quatre cés vingtdeux, foubz l'Empire de Theodofe le ieune. Ie m'efbahis que ceux qui en parlent, ne fenquierent à moy, ou à ceux qui y ont efté, à fin qu'on ne penfe point que ce fuft quelque grange ou ferme publique: mais ils font auffi curieux en cecy, comme en ce qui concerne le mont de Caluaire, qui n'eft pas vne montaigne haulte, ainfi que plufieurs ont eftimé, ains vne petite prominence de terre, qui ne fçauroit auoir quarante pas de haulteur, tendant au Nort du cofté du mont Sion. Sur cefte belle grottefque la Royne fainéte Heleine feit baftir vne Eglife riche, & fort fomptueufement edifiee, plus longue & large que celle du fainct Sepulchre de Hierufalem, fouftenue par vn grand nombre de colomnes de marbre luyfant, iafpé de toutes couleurs, lefquelles font groffes & grandes à merueilles, & chacune d'vne piece. Autour d'icelle Eglife, on voit de beaux pourtraicts, grands au naturel, faicts de petites pierres Mofaïques: chofe la plus riche qui foit au monde. Deuant qu'entrer à la porte du Chœur, que tiennent les Grecs à main gauche, fe voit vn autel de marbre blanc, fur lequel y a des pourtraicts de la mefme pierre naturelle, d'vn Euefque tenât vn enfât nud entre fes mains, & de deux fémes aupres, dont l'vne tient vn panier, & l'autre vn cierge ou châdelle: chofe qui m'efmeut à contempler & philofopher, autant que ce que ie vis apres à ladite grottefque où noftre Seigneur nafquit, fçauoir contre vne pierre de Iafpe, où eftoit effigié vn vieux Hermite, portant la barbe merueilleufemét longue, & à demy couché, tenant la main foubz fa tefte. La chofe n'eft point artificiellement faicte, ains auffi naturelle comme celle du marbre. Ce fut en ladite grottefque que furent enterrez les Innocens, ainfi que lon tient. Sainct Hierofme y gift, & Eufebe de Cefaree, celuy qui a compofé l'hiftoire Ecclefiaftique, & plufieurs autres grands perfonnages. Bethleem eft encore à prefent vne Euefché des Grecs, non telle ne de fi riche reuenu que celles de France, Efpaigne, & autres de l'Eglife Romaine. Eftant là, i'y demeuray vingtdeux iours, & veis comme ce bon Papazze d'Euefque gaignoit fa vie à faire de petits Crucifix de bois, & à peindre de petites cartes toutes de l'hiftoire fainéte: en quoy il fe monftroit fi parfaict, & fubtilifoit fi bien fon œuure, que ie n'ay veu encor homme pardeça, qui befongnaft mieux en chofes fi menues, veu qu'en vne demie fueille de papier il vous euft tracé toute la paffion de noftre Seigneur. Il me fit prefent de beaucoup d'honneftetez de fes labeurs. Vn iour difnant auec luy, & luy demandant que luy pouuoit monter le reuenu de fon Euefché par an: il me refpôdit, que feulement elle luy valoit cinquante ducats, dont il falloit nourrir fa famille, & deux preftres auffi. Au refte, allant de Hierufalem en Bethleem, le païs eft affez raboteux, & chargé de pierres & rochers, & trouue lon par le chemin trois cifternes, qui font celles de l'eau, defquelles Dauid fouhaita

de raffafier fa foif. C'eft là l'endroit où de rechef s'apparut l'eftoille aux trois Sages allans vifiter Iefus Chrift, & quelque peu plus loing, le village auquel nafquit ce grand
Prophete Helie. Vers Occident fe voyent de vieilles mafures, que lon dit auffi auoir
efté la demeure du Prophete Abacuc, du temps qu'il apporta le difner à Daniel qui
eftoit en la foffe aux Lyons en Babylone d'Affyrie. Quand vous eftes à vn quart de
lieuë de Bethleem, vous apperceuez les ruïnes de certaines maifons, que les Mahometans & Iuifs difent auoir efté du Patriarche Iacob, qu'ils gardent fort foigneufement,
comme ils font toute chofe appartenante à la memoire des autres Patriarches Abraham, & Ifaac, & du baftard Ifmaël: & là mefme à prefent fe voit encore le tombeau, où
Rachel femme de Iacob fut enterree, lequel il fit faire en memoire d'elle. Il eft tout
de groffes pierres, la taille defquelles fent l'antiquité & la fimplicité de l'aage auquel
elle viuoit, auec vne petite Obelifque. Aupres de ce monument fe trouve de petites
pierres noiraftres, de la groffeur de noifettes, que les Arabes recueillent, & les ayans
enfilees comme patenoftres, les mettent au col de leurs enfans, en memoire, difent ils,
des grands merueilles faites en ce lieu là. Ce fut en ceft endroict, où les Arabes nous
liurerent vne alarme. Ce païs approche de deux iournees l'Arabie Deferte: & prindrent trois Grecs de noftre compaignie, qu'ils defpouillerent ainfi qu'ils ont de couftume. Le païfage eft fort beau trois ou quatre lieuës pardelà Bethleem tirant vers Betulie, ville auiourdhuy toute ruïnee, de laquelle eftoit dame Iudith, femme de Manaffé, qui occit Holofernes: iadis elle eftoit du tribu & famille de Nephthalim. Lon defcouure en ce païs là vne infinité de villes & villages ruïnez, force colomnes & moyennes pyramides, de forte qu'il me fembloit voir encore vn coup les demolitions & ruïnes d'Egypte: toutefois d'y aller fans eftre bien accompaigné, c'eft folie, pourautant
qu'à tout pas vous auez lefdits Arabes à la queuë, qui font plus foudains à empoigner
le premier qui s'efgare de la troupe, que n'eft vn Milã d'enleuer vn pouffin forti de deffoubz l'aifle de la poulle. Ceux qui ont de l'argent, n'y font pas mal leur proufit, à caufe que les Arabes vous prefentent à acheter de belle & riche pierrerie, & force bagues
d'or qu'ils trouuent en ces vieilles mafures. I'y ay veu des medalles d'or & d'argent &
de cuyure, reprefentans plufieurs Empereurs: mais le plus eftoient de Conftantin le
grand & d'Heleine fa mere. Il y auoit auffi des Colomnes de Iafpe, grandes & petites,
& mille autres galantifes: qui donnent argument affez euident, quel a efté ce païs le
temps paffé au pris de ce qu'il eft à cefte heure que ces lieux font ruïnez, & que Bethleem n'eft plus qu'vn petit village, laquelle eft prefque en mefme eleuation que Hierufalem, hors mis qu'il n'y a que trentefept minutes auec les trente & vn degrez de latitude, ainfi que i'en ay faict l'experience eftant fur les lieux. Le territoire en eft affez
plaifant, comme dit eft: & ay honte de monftrer les faultes de tant d'hommes doctes,
parlans de ce mefme païs: entre autres celle de Bernard de Breydembach de Magonce, lequel a defcrit au liure qu'il a faict de fon voyage de Leuant, que la villette de
Bethleem eft fituee en vn mont tres-hault: chofe mal entendue & confideree à ce bon
Allemant, veu qu'elle eft en vne belle plaine fertile, & où la terre eft autant bonne, fi
elle eftoit labouree, que lon fçauroit trouuer en tout le païs de Iudee. Dans l'enclos
de Bethleem on voit plufieurs grottefques, en quelques vnes defquelles on retire les
beftes la nuict: & aux autres non, à caufe qu'elles font trop profondes. Or y en a il vne
entre icelles, en laquelle (ainfi que tiennent les Chreftiens Grecs, Maronites, & quelques autres) fe tint abfconfe & cachee la vierge Marie auec fon enfant, oyant la fureur
d'Herode: ce que toutefois feroit contreuenir à l'Euangile, qui dit, que l'Ange apparut
à Iofeph, & luy commanda de s'en aller en Egypte, à caufe qu'on faifoit des complots
contre le falut & vie de l'enfant. Que fi ces beaux Grecs faifeurs d'hiftoires, baftiffoiẽt

Tombeau de Rachel femme de Iacob.

Breydebach de Magonce fe mefconte.

bien leur dire,& que pour le grand Hérode ils miffent Archelas qui luy fucceda, lors
que la Vierge f'en reuint d'Egypte, ce ne feroit pas mal parlé : d'autant que auffi toft
qu'elle fut arriuee là, & entendant qu'encor celuy qui regnoit en Iudee, eftoit du fang
du perfecuteur des Innocens, il n'eft pas inconuenient, qu'elle ne fe foit peu retirer en
cefte maifon fouterraine, attendant fon appareil pour f'en aller ailleurs, & que toutes
chofes fuffent en repos, veu que du temps que noftre Seigneur fut porté en Egypte, la
bonne dame Elizabeth, mere de fainct Iehan Baptifte, fe retira auffi aux montaignes,
& là vefquit affez long temps dans des cauernes, pour fauuer la vie à celuy, de qui
l'Ange luy auoit dit de fi grandes chofes. Cela fut caufe de la mort du bon homme
Zacharie, Euefque de Hierufalem, lequel ne voulut onc reueler le lieu de la retraicte
de l'enfant : qui a efté occafion, que plufieurs de l'Eglife primitiue ont penfé, & l'ont
couché par efcrit, que ce fuft ce Zacharie, duquel eft parlé en l'Euangile, difant, que
tout le fang des iuftes leur fera demandé depuis Abel iufques à Zacharie, qu'ils occirent entre le temple & l'autel. En ceftedite grottefque l'on trouue d'vne terre blanchaftre, de grand' vertu & proprieté, de laquelle les femmes nourrices qui ont faulte de
laict, vont prendre, & la mettent dans de l'eau, l'y laiffans iufques à ce qu'elle ait humé
l'humeur & couleur de ladite terre. Et ainfi voyans l'eau toute blanche, en vfent &
foir & matin, & ne faillent d'auoir du laict en abondance : comme auffi font celles qui
ne peuuent conceuoir, difans qu'elles f'en font fort bien trouuees. Dauantage, les Arabes en font grand traffic, & en viennent querir de plus de foixante lieuës loing auec
leurs chameaux & cheuaux. Or ne dy-ie rien que ie n'aye veu, eftant fur les lieux : mefmes leur demandant de quel vfage eftoit cefte terre, ils me refpondirent qu'elle leur
feruoit pour la fanté de leurs chameaux, & autres beftes, lors qu'elles eftoient fteriles.
Ils leur font donc prendre cecy deftrempé auec l'eau qu'ils leur donnent à boire, &
difent que c'eft vn des fouuerains remedes pour les faire conceuoir : fi qu'apres en
auoir vfé deux ou trois fois, ils les meinent au mafle, & font faillir, & bien peu f'en retournent vuides : ce que pareillement ils font à l'endroit des vaches & iumens, & autres beftes domeftiques, defquelles ils ont troupeaux : car c'eft toute leur richeffe. Ce
confideré, ne penfez point que la terre figillee ait plus, voire ny tant de vertu, que celle là, à qui l'on attribue auffi force contre les venins, ne celle de Samos, iaçoit qu'on en
vfe pour le flux de fang, ny la terre de Mely au Royaume de la Guinee, ne celle qui
fe treuue en Seleucie de Syrie, qui auiourdhuy f'appelle Soldin, à laquelle on donne vne vigueur bitumineufe, & force reftrictiue : d'autant que d'auoir l'effect merueilleux comme cefte cy, il n'en y a pas vne. Et ne fault trouuer eftrange, fi les Anciens &
Modernes n'ont rien efcrit de fa vertu, veu que tous n'ont pas fceu toutes chofes. Que
fils ont iadis attribué la force de la terre figillee en l'ifle de Lemnos à la Deeffe Diane,
foubz la tutele de laquelle elle eftoit, qui empefchera Theuet qu'il ne die que cefte cy
a telle proprieté, à caufe que la mere de Dieu f'y eft retiree auec fon enfant, & que leur
prefence a donné fainceté & vertu à la terre de leur retraicte, tout ainfi que le fleuue
Iourdain a retenu vne force de guerir les ladres, qui y vont en foy, depuis que le corps
precieux de Iefus Chrift y fut baptifé par le glorieux & excellent plus que Prophete
Iehan Baptifte : Encore parle ie icy comme tefmoing, qui a veu & non ouy dire, comme ceux qui tous les ans nous baftiffent vne centaine de liurets, foit par fantafie, ou
pour vn fimple recit de quelques prodiges de meteurs : qu'eftant de pardelà pres ledit
fleuue, ie veis deux Chreftiens Abyffins, perfonnages & Seigneurs de grand reuenu,
veu leur fuyte, qui eftoient ladres, lefquels partans de Hierufalem, qui eft à vne iournee du fleuue, fe vindrët baigner trente iours entiers dans iceluy fleuue : & quoy qu'ils
fuffent fort intereffez de leurs perfonnes, fi les vey-ie depuis gaillards & fans taches
que bien

Terre blan-
che, & ver-
tu d'icelle.

Vertu de
l'eau du fleu
ue Iour-
dain.

que bien peu, m'ayans affeuré de fe trouuer auffi fains que iamais ils euffent efté, veu que leur mal leur eftoit venu d'accident. Au refte, ne vous efbahiffez pas, fi ie vous dy que les femmes qui ont faulte de laict, vfent de cefte terre pluftoft que d'autre chofe propre à le faire venir : attendu que cela leur part de la deuotion qu'elles ont aux lieux fufdits, & d'autre cofté elles font fi foigneufes de leurs enfans que rien plus, non feulement les Arabes, ains encor toutes les Mahometanes, que ne fe foucians d'auoir des nourrices pour les foulager, elles mefmes en font la nourriture, eftimans qu'vne autre n'en fçauroit eftre fi foigneufe. Les grandes Dames ou riches, ont des Eunuques, qui font chaftrez tout à faict, aufquels c'eft à fçauoir on coupe & membre viril & ge-nitoires : car ces gens là, foient Turcs ou Arabes, font ialoux à toute outrance. Ces cha-ftrez pour la plus part font profeffion de lettres, à fin d'enfeigner la ieuneffe : & lors que les enfans ont attaint l'aage de neuf ou dix ans, ayans defia quelque commence-ment des lettres, on leur donne vn *Hogea* ou Docteur, homme vieux & de bonne vie, (fans s'accofter de fpadacins courtifans, & encore moins de quelques mauuais gar-çons foupçonnez des faicts & articles cōtenus en l'Alcoran) qui leur apprend à efcri-re en langue Arabefque & Turquefque, lefquelles font d'autre difficulté que les no-ftres, à caufe qu'elles s'efcriuent feulement par confones, fans pas vne voyele, au lieu dequoy ils vfent de poincts pour leur donner fignifiāce, ainfi que font les Hebrieux. Quand ces enfans eftudient & repetent leur leçon, ils ne font que branler la tefte & le corps, eftans affis tous en terre les iambes croifees. Si toft qu'ils fçauent lire, on leur fait apprendre tout l'Alcoran auec les oraifons qu'il leur fault dire par chacun iour en leur mofquee, ou maifon: & vous puis affeurer, que i'ay veu tel enfant en Syrie, n'ayant guere plus de dix ans, qui fçauoit non feulement l'Alcoran & la loy de Mehemet, ains encor tous les noms des Prophetes, vne partie de ceux que nous tenōs, & autres qu'ils ont felon leur loy fuperftitieufe. Que pleuft à Dieu que les Chreftiens fuffent auffi prompts de faire inftruire la ieuneffe, que font ceux là, & de leur imprimer de bonne heure la crainte & cognoiffance de Dieu! Quant à l'hiftoire, mefmement des eftran-gers, les Turcs ne s'en foucient que peu ou point : & encore moins de la fcièce de plai-derie, veu qu'ils difent que ce ne font que cauteles humaines, & que la iuftice doibt proceder de ce qui eft commandé par la loy de Dieu. Il fe trouue entre eux toutefois des Iuges merueilleufement corrompus, & plus par prefens, que par amitié que lon leur puiffe auoir monftree vingt ans entiers, tant à l'endroit des Chreftiens Leuantins, que contre ceux de leur perfuafion. Quand les fufdits enfans font grands, ils les font adextrer aux armes, à tirer de l'arc, à piquer, à fe tenir bien à cheual: n'eftant permis à aucun de leur monftrer, fi ce n'eft celuy qui eft commis du pere, de peur qu'ils n'ap-prennent quelque vice : & font volontiers lefdits enfans bien morigineż, iufques à ce qu'ils foient en pleine liberté, & lors ils monftrent ce qu'ils fçauent faire, & d'où de-pendoit leur vertu. Mais c'eft affez parlé de leur inftitution. De Bethleem on voit les montaignes de Betulie, peuplees d'Arabes larrons fur tous les autres. On voit auffi grand nombre de bourgades, & quelques marques & ruïnes de vieux chafteaux, que les Princes François auoient autrefois faict faire. Plus bas font les fepultures des treize Prophetes, que les Arabes nomment *Techua*. De Bethleem iufques à *Alboen*, dicte *Hebron*, où font les fepultures d'Adam, d'Abraham, Ifaac & Iacob, & autres Prophe-tes, y a neuf lieuës, & onze de Hierufalem: & fut nommee *Cariat-harbé*, c'eft à dire, ci-té des quatre Prophetes. Il y a deux villes d'Hebron, la nouuelle & l'ancienne. A la premiere n'apparoift que de vieilles mafures & ruïnes, marques de fon antiquité. De vous fpecifier icy les fingularitez que i'ay veuës à vne centaine de villes, par l'iniure du temps toutes deftruites, ie n'aurois iamais fait. Ie ne veux pourtant oublier à vous

Eunuques maiftres des enfans de Turquie.

H

ramenteuoir quelques autres lieux remarquables qui auoifinent affez pres Bethleem:
Entre autres la ville de *Phuzath*, ainfi nommee des Arabes (que quelques vns appellent *Bezeth*) païs affez pauure au pris que iadis a efté. Lors que les Chreftiens feigneurioient la Iudee, il fy cueilloit du meilleur vin de deffoubz le ciel, encores que vous
m'ameniffiez en ieu celuy de Crete. Ce fut en ce lieu là, où *Adombezeth*, l'vn des enfans d'Ifraël, eut le bout des doigts & des artueils couppez, & puis conduit en Hierufalem, où il mourut. Trois lieuës de là, tirant vers la marine, nous fut monftré vn vieux
Chafteau, lequel eftoit la retraicte des Romains : & de faict y drefferent vne Colonie,

*Nombre des
villes &
Chafteaux
ruinez.*

pour tenir en bride le peuple Iudaïque. Au mefme lieu nous fut monftré vne longue,
& large grottefque dãs vn rocher, en laquelle Dauid, fuyant la perfecution de Saul, fe
cacha. Nous partifmes de là fur les fix heures du matin, & fufmes difner à vn lieu que
le vulgaire nomme *Achille*, qui eft au fommet d'vne montaigne : où fe voit encores
force ruïnes & mafures de la ville de *Théma*, nommee defdits Arabes du païs *Triche-
mach*. La plus grande fingularité qui nous fut monftree, ce fut la fepulture du Prophete Amos : tout ioignant laquelle les Arabes ont fait dreffer vne petite mofquee,
non plus grande qu'vne chapelle, pour illec faire leurs oraifons à Dieu & audit Prophete. Suyuant la campaigne, commençafmes à defcouurir vne plaine, qui duré pour
le moins quinze lieuës de long, & fix de large, autant ou plus fterile que l'Arabie Deferte : & au bout commençafmes à defcendre vne vallee, qui peult auoir vne bonne demie lieuë de largeur. C'eft le mefme endroit, où Iofaphat, Roy de Iudee, liura bataille
contre les Idumeens, & les enfans de Hemon, & en fit fi grand carnage, que fur le
champ, felon l'hiftoire Syriaque & Arabefque, demeura plus de cent mille hommes
tant d'vne part que d'autre. Deux lieuës de là vinfmes furgir entre le defert du mont
de la Quarátaine, & deux haultes collines, où trouuafmes vn autre Chafteau tout par
terre, que ceux du païs nomment *Herodian*, d'autant qu'Herodes en fut le premier baftiffeur. Quelques Hebrieux, qui fe tiennent à vn cazal, nommé *Salathi*, diftant dudit
Chafteau enuiron deux lieuës & demie, nous affeurerent que le corps de ce damné
Herodes fut enfeuely dans le mefme Chafteau, & que fouuent lon y entend des voix
efclattantes, & des hurlemens incroyables. Tirant le droict chemin, laiffant à gauche
vn autre defert, nommé de ce peuple barbare *Sachacha*, nous vifmes vn païs fort mal
plaifant, pourautát qu'il eft le plus raboteux que lon fçauroit trouuer : auffi que tant de
iour que de nuict il y fait fombre & obfcur, à caufe des vapeurs & nuages qui y font
couftumieres. Cefte terre auoifine celle d'*Amalech*, fi lon veult prendre le chemin de
la mer Morte : qui eft le lieu, où Saül par fa tyrannie occift fi grand nombre de peuple. Au contraire, fi vous tirez vers *Hebron*, à demy quart de lieuë de là, fe voit l'endroit où eftoit baftie la fuperbe ville de *Bethfaca*, auiourdhuy ruïnee, auffi bien que
celle d'*Abarim*, qui l'auoifine d'vne lieuë. Quant à la fufdite Eglife de Bethleem, où
nafquit Iefus Chrift, elle eft, comme i'ay difcouru cy deuant, riche & belle à merueilles. Mais ie ne vous auois pas encores dit, qu'vn Soldan d'Egypte, nómé *Melechdaer*,
qui fignifie en langue des anciens Mameluz, Roy puiffant, fol & accariaftre, fi l'y en
eut iamais, cõmanda la ruïner : & que en eftans aduertis les Arabes, Mores & Mameluz,
ils fe rebellerent contre luy, ne voulans permettre telle chofe de leur temps : lequel depuis mourut de poifon, que luy feit donner fon fils *Melechmee*, le iour que lon commençoit à defcouurir ladite Eglife. Or comme le fils, apres feftre emparé du Royaume par luy tant defiré, en euft fait faire vne mofquee, & defenfe aux Chreftiẽs, fur peine de la vie, d'en approcher de cent pas pres, *Haïton* Roy d'Armenie, ayant eu aduertiffement de l'infolence du pere & du fils, & pour fe véger de l'iniure faicte aux Chreftiens, contracta amitié auec *Mangotcham*, Roy de Tartarie, qui nagueres auoit fuc-

cedé à *Agin*, son cousin, fils de *Hocotha*: tellement qu'à sa persuasion & de *Sinebaud* son Connestable, ledit Prince Tartare receut le Christianisme, & se feit baptizer auec tous ceux de sa maison. Toutefois estant prest d'assieger la saincte Cité, vindrent nouuelles que ledit *Mangotcham* estoit allé de vie à trespas, à deux iournees de la ville d'Alep, où la maladie le print: Au lieu duquel fut mis conducteur de l'armee Tartares, que son frere *Alban*, qui ne vesquit gueres apres: & par son testament ordonna, selon l'histoire Nestorienne, vn sien nepueu, nommé *Theglath*, ou *Themanich*, en langue Syriaque. Aduerty donc que fut le Soldan de leurs forces, qui estoiet pour le moins de cent cinquante mille hommes combattans, enuoya vers lesdits Princes Chrestiens, ambassades auec riches presens, pour traicter de la paix, & accorder leur different, offrant leur rendre tous & chacuns les temples, desquels il s'estoit saisy: ensemble dix villes, & quelques forteresses proches de la marine. Auquel offre, & pour ne tenter la fortune, s'accorderent lesdits Chrestiens: & les places rendues, chacun se retira en son païs. Trois ans apres le Soldan fut occis à sa ville du Caire, auquel succeda *Abimahel* son fils: qui derechef commanda s'emparer du mesme temple, qu'il tint par force dix ans sept mois entiers. Mais à la priere du Pape Clement, quatriesme du nom, qui sollicitoit les Rois & Princes Chrestiens pour le recouurement de la Terre saincte, esmeu de deuotion, la sage & vertueuse Princesse Marie de France, femme du Duc de Sauoye, contracta par gens interposez auec le nouueau Roy: par lequel accord, & moyennant la somme de cinquante mille ducats qu'elle donnoit, le Temple demeuroit paisible aux Chrestiens. Cela aduint du temps que les François perdirent l'Empire de Constantinople, & que Charles d'Anjou fut Roy de Naples & de Sicile. Sur ce mesme *Marie de France, qui racheta le Temple de Bethleem.* propos ie vous veux bien dire, que tous Mahometans, pour le faict des temples, sont autant ou plus scrupuleux & superstitieux, que nation qui soit soubz le ciel. Ie sçay bien qu'il leur est permis, estans les plus forts, de se saisir de noz Eglises, chapelles & oratoires: Aussi leur est-il loisible par leur loy de les rendre ausdits Chrestiens, soit à la priere de noz Rois, ou en quelque façon que ce soit: comme il aduint du temps, que i'estois pardelà, lors que les Turcs s'estoient saisiz de celle du sainct Cenacle du mont Syon, où nostre Seigneur feit la Cene à ses disciples, & auquel lieu est le Sepulchre de Dauid, reueré tellement de ce peuple infidele, qu'ils y tiennent soixante lapes de fin arget, ardétes iour & nuict. Ledit Cenacle à la priere du Roy de France, François I. du nom, nous fut rendu, par le commandement de l'Empereur Gregeois. & depuis le decez dudit Roy treschrestien, fut reprins par eux, auec le reste de ce que iouïssoient au mesme mont les Chrestiés Grecs & Latins. D'vne autre chose ie vous veux pareillement aduertir, que pour le faict des mosquees, que ces Mahometás ont fait bastir & edifier à leur despens, quand tous les Monarques Chrestiens, & Potentats de l'Vniuers, ioincts ensemble, prieroient & offriroient tous & chacuns leurs biens & monarchies à ceste vermine Turquesque, ils se feroient plustost tailler en pieces, que permettre que nous en iouyssions, pour faire noz oraisons en quelqu'vne d'icelles, tant ils ont le nom de Chrestien en horreur. Voyla donc Bethleem auec toutes ses merueilles, & le petit monastere du bon sainct Hierosme, basti pres la sepulture d'Archelas, fils d'Herode, lequel regna en Iudee lors que nostre Seigneur reuint d'Egypte: duquel temps son cousin Herode, surnommé Antipas, auoit le gouuernement de Galilee, & païs delà le Iourdain, soubz le nom & autorité des Romains, la description desquelles terres il est besoing à present de vous discourir.

Des antiquitez des villes de SAMARIE, GALILEE, DAMASCENE, & arbre du MOSE. CHAP. XI.

VNE PARTIE de Iudee eftant par moy defcrite, celle mefmement qui eft depuis la mer iufques en Bethleem, qui fait prefque la largeur de ce que tenoient iadis les Rois d'Ifraël foubz leur puiffance, refte de paffer plus oultre, & pourfuyure ma defcription. Que fi nous regardons le tout, & puis côme le Royaume d'Ifraël fut partagé foubz Roboam fils de Salomon, nous trouuerons que c'eftoit peu de cas que de la Iudee : laquelle commençoit bien pres de Hierufalem vers le Nordeft, & tirant au Midy finiffoit à l'Arabie Petree, vers l'Orient à la Deferte, & au Ponent la mer luy feruoit de borne : d'où tout auffi toft on entroit en la terre de Samarie, qui eftoit le Royaume d'Ifraël, depuis que Ieroboam f'en fut faifi fur Roboam, tirant à foy les dix lignees, le vray fucceffeur n'en ayant que deux pour fon heritage. Ainfi fortans de Iudee pour paffer en Galilee, fault aller par le milieu de Samarie, qui eft nom d'vn païs, prenant fon appellation d'vne ville, baftie fur vn mont par *Amri*, Roy d'Ifraël, lequel acheta cefte colline d'vn homme, dict *Somer*, du nom duquel il appella la ville, qui depuis fut dicte Samarie, capitale de tout le païs, voire de tout ce que le Roy d'Ifraël auoit foubz fa puiffance, efloignee de Ierufalem d'vne iournee. Quelque temps auant la naiffance de noftre Seigneur, elle fut ruïnee par Hircan, Pontife & Seigneur de Iudee : que depuis le Roy Herode rebaftit & enrichit, pour gratifier à Cefar Sebafte, qui fignifie Augufte : combien qu'à prefent elle foit toute deftruicte, & n'y a que la memoire & ruïnes de ce qui a autrefois efté fuperbe & excellent. C'eft là que les Apoftres faincts Pierre & Iehan furent enuoyez, pource que l'Eglife qui eftoit en Hierufalem, auoit entendu que les Samaritains auoient receu la parole de Dieu par fainct Philippe. En ce païs, & non loing de là, eft l'ancienne ville de *Sichem*, à prefent *Napoloze*, en laquelle noftre Seigneur conuertit la femme Samaritaine aupres du puits, & tous les habitans : d'où mefme eft yffu le fainct homme Iuftin le Martyr & Philofophe, qui viuoit du temps de Marc Elie Antonin Empereur, enuiron l'an de noftre falut cent quarante & vn, auquel il prefenta vne Apologie & defenfe pour les Chreftiés. C'eft encore de cefte contree de Samarie, que nafquit le chef de tous les heretiques ceft

Gitto dont eftoiët naiz Simon l'en-chanteur, et Menandre.

endiablé Simon l'enchanteur, en vn petit village voifin de Sebafte, nommé *Gitto*, & des Arabes *Gerara* : comme auffi y print naiffance vn fecond heretique & fucceffeur en la Necromance & impieté dudit Simon Samaritain, à fçauoir Menandre, qui commença par fa philofophie à troubler l'Eglife naiffante de noftre Dieu. Eftant là, me fut môftree la maifon dudit Iuftin, Martyr, & le lieu de fa bibliotheque : & me dift vn vieil Papazze Grec auoir en main plufieurs œuures de ce fainct perfonnage, qui ne furent iamais mis en lumiere, ne tournez en Latin, qu'il auoit apportez du môt Athos. On voit encor auffi les vieilles mafures affez fuperbes des maifons & demeurâces des heretiques fufdits : dont en celle de Simon Magus apparoiffent mille fantofmes toutes les fois que la Lune decline, où le fimple peuple eftime qu'il y a de grands threfors. Pres de *Napoloze* fut iadis le lieu du repos de Iacob, lors qu'il côuerfoit auec les Cananeens, auquel il creufa le puits, où la Samaritaine venoit puifer, quand Iefus Chrift parla à elle : & ce fut cefte ville mefme, où Dina fille de Iacob fut viodee par le fils du Roy de Sichem, dont f'enfuyuit la ruïne & faccagemens de tous les habitans d'icelle, faict par les freres de la fille rauie. En Samarie vers le Midy eftoient anciennement deux villettes pres le Iourdain, efquelles fe retiroit S. Iehan Baptifte, prefchant & ba-

ptifant au defert, encores qu'à prefent vous ne voyez en toutes ces terres ne ruïnes
d'icelles, ne labourages, ains feulement vne face confufe d'vn champ en friche, chargé
de ronces, efpines & chardons. Et toutefois le terroir ne cede en rien à celuy de Iudee *Le païs de*
en bonté & fertilité, lequel eft pofé entre icelle & Galilee, mais moindre que l'vne ou *Samarie ne*
l'autre. Elle a vers le Ponent la mer Mediterranee, & f'eftend iufques à Cefaree du co- *cede à celuy*
fté d'Orient, & du Nort elle eft enuironnee de Galilee pres du lac Tiberiade, & paf- *de Iudee.*
fant le Iourdain f'en va iufques aux deferts d'Arabie, ayant efté autrefois la poffeffion
des deux lignees Ephraim & Manaffé, & depuis (côme i'ay dit) chef de tout le Royaume d'Ifraël, excepté de ce qui touchoit aux lignees de Iuda & de Beniamin : lequel
dura deux cens cinquantetrois ans depuis Ieroboam iufques à Ozia, qui fut deffaict
par Salmanaffar Roy d'Affyrie, l'an du monde trois mil deux cens vingt & vn : & demeura de là en auant ce païs comme nombré par les Iuifs entre les idolatres. Apres
plufieurs feruitudes, guerres, famines, demolitions de villes, & bruflemés de plat païs,
à la fin foubz la flamme que paffa Hierufalem du temps des Vefpafians, Samarie eut
auffi fa part, & depuis les villes voifines foubz diuers Empereurs fentirent la derniere
main de leur affliction. Mais de ce ne fe fault efbahir, veu que c'a efté le plus feditieux
peuple du monde, le moins aimant ce qui eft de pur en la Religion, ennemy du nom
des Chreftiens, comme ceux qu'ils perfecutoient & calomnioient par tous lieux &
places. Toutefois pourautant que ie ñe dreffe point icy l'hiftoire Ecclefiaftique, ains
feulement celle qui fert à la defcription des prouinces, & lieux les plus remarquez en
icelles, que i'ay peu voir lors que i'eftois en ces païs là : ie paffe ray oultre, & prendray
la Galilee, l'vne des plus graffes, fertiles & abondantes prouinces de la Syrie & Pale- *Païs de Ga-*
fthine, fi elle eftoit cultiuee, & celle qui a iadis efté la nourrice de plufieurs hommes *lilee fertil.*
vaillans. Elle eft bornee du cofté de Septentrion, des plus haults fommets du Liban
& Antiliban. Vers l'Occident la Phenice luy fert de limite, laquelle luy eft fi voifine,
que plufieurs ont dict la Galilee & Samarie eftre enclofes dans ladite region Phenicienne. A l'Orient, elle a celle partie de Syrie, qu'on dit Celefyrie, comme fi l'on difoit
la baffe Syrie : & tirant au Midy, elle regarde la Samarie, & les fablons deferts de l'Arabie. D'autres, comme les Grecs & Iuifs du païs, difent qu'elle fine vers noftre mer au
port d'Acre, iadis nommee Ptolemaide, & puis f'en va iufques au môt Carmel, & qu'à
main droicte elle a *Tyrus*, qui fe dit à prefent *Sur*. La Galilee a efté iadis partie en
deux, c'eft à fçauoir en la haulte, & la baffe. Quant à la haulte, c'eft celle qui eft pres la
Phenice, coftoyant *Sur*, *Sait*, autrement *Sydon*, & la Cefaree : & fut iadis nommee Galilee des Gentils, à caufe, comme ils difent, que les Gentils y ont demeuré iufques au
temps de Salomon : combien que quant à moy, ie penfe que ce fut pluftoft, pource que
le Roy fage, fils de Dauid, la donna au Roy des Tyriens & Pheniciens, nommé *Hiran*,
lequel luy fourniffoit le bois pour le baftiment du temple de Dieu. L'autre eft celle
qui eft autour & pres les riues de *Genezareth*, où noftre Seigneur frequentoit fort fouuent : qui fut caufe que plufieurs l'appelloient Galileen, pource qu'il fe retiroit en *Na-*
zareth, ou *Capernaum*. Auffi Iulian l'Apoftat appelloit les Chreftiens Galileens : mefmes lors qu'il mourut bataillant contre les Perfes, il print de fon fang, & le iettant en
l'air, crioit en cefte forte, Tu as vaincu, ô Galileen : entendant par ce mot, noftre Seigneur Iefus-Chrift, que mefchamment il auoit renoncé. Ie ne fçay qui a fi faulfement *Munfter eft*
donné à entendre à Munfter, qu'il fe trouue encores à prefent vn grand nombre de *couftumier*
villes & citez, peuplees au païs de Galilee : veu que ie fuis affeuré de ma part, qu'il ne *de f'oublier.*
f'en trouuera trois en leur entier enclos, qui ne foient demolies & ruïnees de toutes
parts : & q de mille qui iadis ont flori, auiourdhuy il n'y a nulle apparence. De Galilee
eftoient les Itureens, peuple farouche & vaillant en guerre, fe tenant affez pres de la

Damafcene, d'où eftoit natif ce Iudas Galileen, homme feditieux, duquel eft faicte mention en la faincte Efcriture. Les Grecs m'ont affeuré qu'il eftoit de l'ifle de Corfou:f'il eft ainfi,ie m'en rapporte à leur opinion,fans autremêt y adioufter foy. Quant eft de celle qui eft la plus cogneuë,c'eft la baffe, attédu que nous en auons plus de memoires,pource que noftre Seigneur y a autant ou plus refidé qu'en païs de la Palefthine.Vous voyez là Capernaum,ville voifine du Iourdain,deferte comme les autres : &

Bethfaide, Magdalon, Naim, Cana & Nazareth. affez pres celle de Bethfaide, païs & naiffance des deux Apoftres faincts Pierre & André freres : laquelle fut rebaftie & enrichie de baftimês & belles fynagogues par Philippe,frere du ieune Herode,qui luy donna le nom de Iuliade,en l'honneur de la fille de l'Empereur, comme recognoiffant les biês qu'il auoit receuz des Romains, par ceft acte & memoire qu'il eftimoit eftre immortelle. Non loing de là eftoit fondé le chafteau de *Magdalon*, à prefent ruïné, voifin du mont *Thabor*, où noftre Seigneur fe tranffigura deuant trois de fes Apoftres,& où luy apparurent Moyfe & Helie,parlans à luy. Paffé tout ce païs là, & *Naim* iadis ville,où fut refufcité le fils de la vefue par noftre Seigneur, & *Cana* de Galilee, où il feit le premier miracle, changeant l'eau en vin,qui font à prefent toutes demolies, vous venez à *Nazareth*, qui eft encor debout, baftie fur vn petit coftau ou colline:à laquelle l'allee eft fort dangereufe,voire iufques au fleuue Iourdain, pour les Arabes qui tiennent ce païs fi beau en telle fubiection, que perfonne n'ofe marcher fans fort grande compaignie. Et d'autant que tous les noms des anciens ont efté changez par les Barbares, & que paffant ce païs là,ie n'auois pas grand moyen de m'en enquerir, ie me fuis contenté de fçauoir la verité de l'affiette,& fi elle correfpond à ce qui en eft efcrit, fans me foucier de l'appellation des Turcs & Arabes.Vous y voyez encor les grandes ruïnes de la ville de *Zabulon*, chef du païs de ceux de cefte lignee Ifraëlitique,laquelle fut baftie, ainfi que plufieurs penfent,par *Zebul* efclaue d'Abimelech, fils de Gedeon : dequoy ie me rapporte à ce qui en eft. Tant y a, que le cruel Neron la feit fortifier contre les courfes des Iuifs fe tenans aux montaignes : iaçoit qu'à prefent vous n'y voyez plus que les ruïnes. Oultre le Iourdain,& de là le lac de *Genazar*,y a vne belle fertilité de terre:tellement qu'il ne fe fault point efbahir, fi noftre Seigneur la promettant à fon peuple, l'appelle terre diftillant laict & miel : eftant à la verité grand dommage, que les Turcs & Arabes en iouyffent, pour laiffer ainfi en friche vne terre fi belle, & qui en peu de temps eftant cultiuee, fe feroit riche & populeufe. C'eft en ces païs là, que les Rois Chreftiens & Catholiques deuroient pluftoft conquerir, qu'en celuy des Indes, Peru, Floride, Canada, & autres endroits de ce grand Ocean : mais d'autant que la riche pierrerie, mine d'or & d'argent y manquent, on les trouue trop lointains & difficiles. Le long de cefte campaigne eft la ville de *Gezera*, anciennement nommee *Gaza*, en la lignee d'Ephraim qui eft celle qui fut baftie par Salomon, & donnee pour la vie & fouftenement des Leuites.Ce fut là que noftre Seigneur chaffa vne legion de Diables, qui affligeoient vn de-

Lac de Genezareth. moniacle,qui depuis fe ietterent en vn lac. Or ce lac n'eft point celuy de Genezareth, comme quelques vns eftiment,ains eft comme vn eftang & eau morte de maraiz,de laquelle fi les beftes gouftent tant foit peu, elles f'en trouuent mal, à caufe qu'il eft infecté, comme m'ont affeuré les Barbares, qui l'ont veu par experience : & a efté cogneu cecy, non feulement de nous, mais encor des Anciens qui eftoient fans cognoiffance de Dieu. Quelques vns fçachans que depuis que les cinq citez furent bruflees du feu du ciel, & qu'en leur lieu la mer Morte vint prendre place,le païs a efté toufiours fterile, comme ailleurs ie vous ay dict : difent auffi que depuis que ces pourceaux faifis du mauuais efprit fe furent lancez dans ceft eftang,iamais l'eau n'en a efté faine,& que elle a porté ce malheur pour le beftial:ce qui peult eftre receu,n'ayant raifon plus fol-

uable. En ceſte côtree auoit des baings d'eaux chaudes, les meilleurs qui fuſſent guere
en l'Orient, quoy que la Syrie abonde fort en ceſ delicateſſes: qui eſt vn plaiſir pour les
Mahometans, leſquels ſe lauẽt preſque à toutes leurs oraiſons. Eſloigné que vous eſtes
du lac Genezareen, vous trouuez l'ancienne ville d'*Efron*, iadis dicte *Efraim*. Approchant plus vers l'Oriẽt, nous veiſmes les ruïnes d'vne villette, où il n'y a que quelques
monceaux de pierres : & ce fut *Abila*, lieu de la naiſſance du Prophete Heliſee : non
loing de laquelle eſt *Thesba*, ancienne demeure des parens d'Helie : qui eſt cauſe qu'on
le nomme en l'Eſcriture Theſbite, & non Thebain, ainſi que quelques vns ont ſongé.
En Galilee encor eſt la ville de *Giſcale*, d'où eſtoit natif ſainct Paul : laquelle eſtant
priſe & ruïnee des Romains, le bon Apoſtre ſ'en vint auec ſes parens en Tarſe, ville de
Cilice. Ainſi vous voyez combien d'excellens hommes la Galilee a porté & nourri, &
combien auſſi elle eſtoit iadis fructueuſe, fertile & riche, au pris de ce qu'elle eſt à preſent, à cauſe de la tyrannie des infideles. Mais auant que reuoir le mont Liban & la
Phenice, ie viſiteray ce que proprement ſ'appelle la Syrie, laquelle dés qu'on ſort de
Samarie & Galilee, ſe preſente à noſtre veuë iuſques au mont Liban : & d'vn autre coſté vers *Diarbech*, eſt Damas, ainſi dicte d'vn Roy tres-ancien, portant meſme nom, la- *Ville de Da-*
quelle de tout temps a eſté le chef & metropolitaine de Syrie, comme encore elle eſt *mas metro-*
à preſent, à ſix iournees de Hieruſalem, ſelon que les carouannes cheminẽt, ou de iour *politaine du*
ou de nuict, & non loing dudit mont Liban. Ceſte ville eſt fort ancienne, baſtie du *pais.*
temps preſque meſme que les Iuifs commencerent ſe tenir en Canaan : combien que
oultre ſon antiquité, elle ſoit recommandee de ce que ſainct Paul y fut conuerti & ad-
moneſté par Ananie qui le baptiſa, lors qu'il auoit prins des patentes en Hieruſalem
pour affliger & prendre ceux qui faiſoient profeſſion du Chriſtianiſme. Oultreplus
elle eſt treſbelle, ayant double cloſture de murailles, eſquelles vous voyez force petites tours, comme és villes de pardeça, baſties à l'ancienne. Le marché eſt couuert, les
maiſons aſſez bien baſties, & les rues eſtroictes & fort mal droictes : iaçoit qu'en cecy
vous auez vn plaiſir és maiſons, à ſçauoir des porches à ſe rafraiſchir, aërez de tous coſtez. Les foſſes de la ville ne ſont guere profonds, à cauſe qu'on y cultiue des Meuriers
blancs, pour nourrir les vers qui font la ſoye. Quant à la commodité d'eau, elle y eſt ſi
grande, que preſque chacun a vne fontaine en ſa maiſon & iardin, venant par canaux
du fleuue *Chryſorrhoë*, qui arrouſe les murs de la ville. Entre autres choſes i'y ay veu
des marques, qui me font penſer que les François l'ont tenue : comme en vne tour du
coſté du Leuant, les Lys de France, & de l'autre part des armoiries, où il y a vn Lyon.
Sur la porte d'icelle y auoit quelques lettres Arabeſques grauees en la pierre, qui monſtrent le temps que ladite ville fut conquiſe par les Soldans. Il ſ'y fait des ſelles, brides,
eſtriers, ſimeterres, maſſes, taſſes, couſteaux, aiguilles, & du plus bel ouurage de deſſoubz le ciel : auſſi vous voyez qu'on dit telle beſongne eſtre à la Damaſquine : non que
le fer vienne de Damas, ains ſeulemẽt y eſt affiné & purifié, comme i'ay veu, pource que
l'eau y eſt propre pour donner la trempe au fer ou acier qu'on veult mettre en beſongne : & puis ces ouurages ſont portez en Conſtantinople & au Caire, où vous les auez à
meilleur compte que ſi vous les achetiez au lieu meſme. Ce que i'y ay remarqué de
plus plaiſant, ſont les iardinages, leſquels on trouue hors la ville, arrouſez de la petite
riuiere, que faulſement aucuns ont dict eſtre la ſource du Iourdain. Or ce qui vous *Fertilité de*
doit faire cognoiſtre la fertilité du païs, eſt, que ces Prunes, & Raiſins conf’cts, que *Damas, &*
nous appellons de Damas, en ſont venues, & ſont de ſon abondãce : i'entends le plant, *eſſette du*
d'autant que ce ſont folies de croire que les raiſins qu'on vend pardeça, en ſoient ame- *lien.*
nez. Les arbres fruictiers y ſont ſi beaux & ſi bien diſpoſez, & les iardinages ſi plaiſans,
que ie ne m'eſbahy point, ſi quelques vns ont dict, que le Paradis terreſtre eſtoit en la

Damafcene, veu que c'eſt vne dès plus delectables contrees de tout le monde : & n'y a
rien plus vray, que ce fut là, où Adam apres le peché commença à cultiuer la terre.
Vous y auez force Grenades, Coings, Mandourles, Oliues, Pommes, Poires, Peſches,
qui ne ſont de guere bon gouſt, & des roſes les plus odoriferantes qu'en autre lieu où
i'aye onques eſté. Encore l'y trouue & met on en œuure du plus beau & poli Albaſtre
qu'on ſçache, duquel ils font fort grand trafic : qui eſt vne eſpece de marbre, mais plus
ſec : & pource eſt-il propre à faire vaiſſeaux, dans leſquels on conſerue les oignemens
precieux, & choſes odoriferantes. Et pourautant qu'il eſt finement blanc, ſans aucune
tache, on en fait auſſi fort grand compte, & eſt eſtimé ſur tout autre, iaçoit qu'on en
Moſé, ou trouue en Egypte, en Carmanie, & en Cappadoce. Dauātage, ie veis là vn Arbre, qu'ils
Mauz ar- appellent *Moſé*, & d'autres *Mauz*, duquel i'ay veu auſſi en l'Antarctique, portant
bre. ſon fruict preſque du tout ſemblable au Concombre (les Sauuages du païs le nom-

ment *Pacoua*) qui a le gouſt treſſauoureux, paſſant en delicateſſe tous les autres qui
croiſſent en Leuant : les fueilles duquel ſont ſi grandes, longues & larges, qu'on y en-
uelopperoit vn enfant d'vn an dedans, & ne ſçache auoir veu guere de ma vie fueille
plus large. Ce *Moſé* tient plus de l'herbe que de l'arbre : & iaçoit qu'il feſtende en
haulteur à la proportion des moyens arbres, ſi eſt-ce que ſa tige & tronc, qui eſt auſſi
gros que la cuiſſe d'vn homme, eſt ſi tendre, qu'on la coupperoit aiſément tout à net
auec vne eſpee à deux mains. André Matthiole parlant d'iceluy, dit que ſes branches

& fueilles font fort propres à faire corbeilles, paniers, clayes & balaiz, d'autant qu'el- *Matthiole*
les ne fe rompent fi toft que d'autres. Ie ne puis fonger où il a prins cela, veu que lefdi- *mal aduer-*
tes fueilles font auffi tendres que celles de noz Choux de pardeça. Il adioufte auffi que *ti.*
ledit arbre eft vne efpece de Palmier: mais il le fera accroire à autre qu'à moy, veu qu'il
n'en approche, ne en fueille, ne en fruict, ny en haulteur ou groffeur: ioinct qu'il eft
plus mollet. Le pourtraict qu'il en a faict fur le mefme chapitre de fes Cómentaires de
Diofcoride, ne fut iamais tiré d'vn maiftre ayát veu & l'arbre & le fruict, pource qu'il
reprefente fondit fruict tout au bout de fes branches, meflangé auec fes fueilles, où
il croift deffoubz autour de la tige, en la façon & maniere que pouuez voir par le fufdit pourtraict. Or ce que i'ay obferué en cefte plante, eftant aux Indes, c'eft que tout
ainfi que le Soleil fe tourne, foit à l'Orient, foit à l'Occidét, le femblable font fes fueilles, quelque grandeur qu'elles ayent, comme auffi plufieurs herbes, que lon appelle
pour cela Solaires, d'autant qu'auec le Soleil elles font le tour auec leur fleur: combien
qu'en cefte cy la force y eft plus cogneuë, à caufe que c'eft la fueille qui faict telle conuerfion, quoy qu'elle foit des plus grádes qu'on fçache. Plufieurs tant des Grecs, Chreftiens du païs, que Iuifs & Mahometans, tiennent que c'eft le fruict, duquel Adá mangea, & qui luy fut defendu. Toutefois c'eft de trop pres f'enquerir des fecrets de Dieu,
qui defendit tel arbre qu'il luy pleut, fans que l'Efcriture vous fpecifie quelle forte
ou efpece ce puiffe eftre, feulement eftant faict mention du fruict qui eftoit au milieu
du iardin des delices. En oultre, vn mien amy m'a voulu faire croire vne vertu & proprieté merueilleufe de ceft arbre, me difant l'auoir veu, fçauoir, que fi quelcun auoit
cueilly de fon fruict, n'eftant encore meur & bon à manger, la branche ne failloit à fe
tourner contre luy, & luy donner vn coup fur le nez: & au contraire, fi le fruict eftoit
en maturité, on en pouuoit prendre & couper fans aucun danger, & fans que la branche touchaft celuy qui l'auroit pris. Ce que ie ne puis croire, pour en auoir faict preuue & experience en plus d'endroits & auparauant luy. Le Cofmographe Munfter,
efcriuant de ce païs, dict, que le terroir Damaffin eft fterile & champeftre, & que la ter- *Faulte de*
re de fa nature eft feiche & aride, fi elle n'eft fouuent arroufée par les eaux qui decou- *Munfter.*
lent par les canaux & conduits: chofe, foubz fa correction, mal entendue à luy, veu
(comme i'ay dict) qu'il n'y a lieu en toute la petite Afie, plus abondant & opulent en tous biens & richeffes, que celuy de Damas: où la terre eft fi graffe & fertile de
foy, qu'il n'eft point queftion de la fumer & vfer de fient, comme lon faict pardeça, &
en autres lieux, tant de l'Afie que des Ifles qui luy font voifines. En Damas fe tient vn *En Damas*
Bafcha, Lieutenant pour le grand Turc au gouuernement de Syrie, iadis le fiege d'vn *fe tient le*
Caliphe, qui depuis eut tiltre de Soldan: & à la fin le Sultan d'Egypte, l'ayant conqui- *Gouuerneur*
fe, la dóna à vn fien Mamelu, qui l'auoit guery d'vn poifon qu'on luy auoit faict pren- *de la Syrie,*
dre: & dit on qu'il eftoit Florentin, ayant efté prins par les Corfaires en l'aage de fix *dee.*
ans, & qu'il feit baftir le chafteau de Damas: combien que le baftiment ne porte point
fi frefche memoire. Ie penfe bien qu'il le repara, & y feit grauer les armoiries de Florence à l'entour, auec vn Lyon, anciénes armoiries de ladite ville (comme eft le Lyon
volant des Venitiens, la Loue de Sienne, & la Panthere aux Luquois) à fin qu'on co-
gneuft à iamais le lieu de fa patrie. D'vn cas fuis-ie eftóné, d'auoir celé fon nom, & ne
le peuz onques fçauoir, pour recherche que i'en aye fceu faire aux hiftoires de ce peuple Leuantin. A deux lieuës de la ville, tirant à celle de *Celone*, affez pres du chemin, ie
veis vne Sepulture de pierre, fort ancienne, ayant treize pieds en longueur, & quatre
& demy en fa largeur. Les Iuifs & Arabes m'affeurerent, que c'eftoit celle d'vn grand
Seigneur Hebrieu, nommé *Rafon*, qui viuoit du temps de Salomon, lequel fe feit par
tyrannie Roy de Damas: difans en oultre, que ladite ville fut edifiee par *Eleazar*, dit

temps d'Abraham. Mais pourautant qu'il y en a diuerfes opinions, ie laifferay la chofe telle qu'elle eft, en doubte. Dauantage leurs hiftoires chantent, que c'eft là, où Cain
occit fon frere Abel, long temps auparauant que fes premiers fondemens fuffent pofez. Non loin de ladite ville, ie fus conduit pres d'vne Mofquee de Mahometans: à laquelle ils ont vne deuotion fort grande, difans que ce fut le lieu, où il fut enterré. Noftre Trucheman nous faifoit les plus beaux comptes du monde de ce temple: entre autres chofes, qu'en iceluy fe voyoit vne pierre, groffe & large, dans vn roc, faict en façon
de voulte, qui rendoit tous les famedis cinq gouttes de fang. Quand ce vieil pecheur
d'Arabe nous faifoit tel difcours, nul de noftre cópaignie ne luy côtredifoit : d'autant
qu'il n'en eftoit queftion non plus que de rire. Ie ne croyois tous ces beaux comptes,
non plus que celuy qui a mis par efcrit, qu'en la ville de *Baruth* y a vne image de bois,
qui a vne mammelle de chair, laquelle degoutte & rend du laict vne fois la femaine.
Au refte, les Eglifes Leuantines de tout temps ont celebré la fefte & memoire dudit
Abel, premier martyr, & premier qui a fait oblation de prefens à Dieu. Il n'a eu ne laiffé en ce fiecle aucuns enfans de fa lignee : & en iceluy a commencé la perfecution de
l'Eglife. Car comme il fut tué de fon frere, figurant Iefus Chrift, ainfi noftre Seigneur
fut mis à mort de fes freres, fçauoir des Iuifs qui eftoient defcenduz de fa lignee. Iadis
en plufieurs villes & bourgades d'Afrique & Afie y auoit vne fecte, qu'ils appelloient
les Abeloites, du nom de ceft Abel, fils d'Adam. Ceux qui fe rangeoient à cefte fecte,
tant hommes, femmes que filles, vouoïent tous chafteté. Mais les bons Peres, comme
fainct Auguftin & autres, par leurs fainctes doctrines & predications conuertirent
tous ces fectateurs. Vers l'Occident la ville de Damas eft faicte en planure, & de la part
d'Orient, elle eft montaigneufe. Quant aux montaignes auffi qui l'auoifinêt, elles font
fertilés autant qu'eft le plat païs. Du temps que les Soldans eftoient Seigneurs de ces
côrrees, c'eftoit la plus belle ville de l'Oriet: mefmes il fe voit encores tant dehors que
dedans les maifons, de riches dorures & eftoffes. Auiourdhuy le trafic qui fe fait encor en Damas, eft de cottó fort fin & delié, des noix de galle, & du fin Rheubarbe, que
l'on y apporte de la mer Rouge, & d'autres endroits d'Afie.

Du mont LIBAN, des villes d'ALEP, & ANTIOCHE, & fecte des Maronites. CHAP. XII.

LAISSANS Damas au pied du mont, & la Phenice à gauche, & l'Appamee à main droicte, vifitons le mont Liban, la haulteur duquel eft
telle, qu'en tout temps le fefte d'iceluy eft blanchiffant de neige. Il eft
diuifé en deux, à fçauoir Liban, & Antiliban. Le Liban va finir pres
de Tripoli de Syrie, affez pres de la mer, & l'Antiliban vers la Phenice, & puis f'eftend, tirant à Damas, iufques aux montaignes voifines
d'Arabie: & ne font fi fteriles ces monts, que & dans leurs vallons & à leur racine, ne fe
treuue de fort belles villes, tant vers les Pheniciens, qu'à la haulte Syrie & Mefopotamie, à prefent *Diarbech*, & tirant au mont *Amian*, d'où fort le fleuue *Oronte*, qui
paffe à la ville d'Antioche. Vous y voyez *Ems*, iadis nommee *Emiffe*, fort renommee
du temps que la Syrie eftoit arroufee de la faine doctrine de l'Euägile. Y eft auffi l'ancienne Principauté, qu'on appelloit *Abiline*, & la ville de *Palmire*, affife en païs fort
areneux, loin de Damas enuiron douze ou treize lieuës, que ceux du païs difent auoir
efté baftie par le Roy Salomon : où ne refte à prefent rien que les marques & ruïnes, &
quelque peu de baftimens où les Arabes fe retirent, qu'ils appellent *Thadam*. Ce mont
eft fort celebré par noz faincts efcrits. C'eft d'iceluy, que Salomon eut le bois de Ce-

dre,que luy donna *Hiram*,Roy de *Hiri*,pour baſtir ſon temple,tant celebré par l'vni-
uers.Les hiſtoires Maronites diſent,qu'au pied de ce mont,vers la partie du Soleil Leuant, le pere *Enoch* y feit baſtir la premiere ville du monde, long temps au parauant
que ledit mont print le nom de Liban. Auquel nom pluſieurs ſe ſont trompez, d'autant qu'ils ont penſé que le bon Encens, qui ſ'appelle *Leuanon* en langue Hebraïque,
creuſt en ladite montagne.Et encores que Pline,& celuy qui a faict vn liuret des Antiquitez & ſingularitez du monde,l'euſſent mis par eſcrit,ſi n'en eſt-il rien pourtant:& *Erreur de*
ne ſy trouue non plus d'Encens, que de Manne, de laquelle Matthiole & Fuchſe en *Fuchſe &*
ſon liure de la compoſition des medicamens, aſſeurent y auoir en abondance, dont *Matthiole.*
meſme ceux qui ſe tiennent audit mont, mangent en grand' quantité, ſans leur faire
nuiſance, en eſtans nourriz comme de viande, ayant preſque ſemblable nature que le
miel.Ie ne ſçay où ces deux doctes hommes ont ſongé cela. Ie me ſuis tenu neuf mois
au meſme païs,& viſité tous & chacuns les endroits dudit mont,ſans m'eſtre apperceu
non plus de Manne que d'Encens : & moins ouy dire au peuple, qu'il en euſt veu ne
recueilly. Le long du païs Damaſcene giſt la ville Samoſate, d'où eſtoit natif l'he- *Ville de Sa-*
retique Paul de Samoſate, Eueſque d'Antioche. En ce meſme endroit naſquit vn au- *moſate, dōt*
tre vilain chef de ſecte,nommé Neſtorie, d'où encore auiourdhuy ſ'appellent les Ne- *eſtoient les*
ſtoriens,lequel diſoit qu'en Ieſus Chriſt auoit deux perſonnes, ne pouuant compren- *heretiques*
dre le ſecret de la coniōction des deux natures diuine & humaine au fils de Dieu. *Paul et Ne-*
L'erreur de ce fol fut condamné au Concile d'Epheſe.De ceſte ſecte ſont encor gaſtez *ſtorie.*
ceux qui ſe tiennent par les montaignes de la Comagene, & qui portēt le nom de Neſtoriens. Sur le mont Liban, entre la Phènice & Iudee, qui eſt aſſez pres de Damas,ie
veis vn monaſtere de Maronites. Or ces moynes ont iadis eſté heretiques, autrement *Monaſtere*
dicts Monothelites,& portēt le nom d'vn certain Maron,qui diſoit qu'en Ieſus Chriſt *des Maro-*
n'auoit qu'vne volonté, & par conſequent vne operation : en l'erreur deſquels tomba *nites here-*
l'Empereur Heracle,du temps que les ſoldats de Mehemet faiſoient merueilles en Sy- *tiques.*
rie, & pilloient tout le païs Damaſcene iuſques en Alep. Ce Maron ne fut point l'inuenteur de la ſecte, ains ce fut vn galand natif d'Antioche, nommé Machaire, lequel
fut condamné auec luy par le Concile ſixieme de Conſtantinople, comme quelques
Eueſques Grecs du païs m'ont recité,& ainſi l'ont ils eſcrit dans leurs hiſtoires.Autres
diſent,ce qui eſt plus vray-ſemblable, que ce Concile fut celebré à Rome enuiron l'an
de noſtre Seigneur ſix cens quaranteſept, ſoubz le Pape Martin premier du nom, où
par deux cens Eueſques fut condamné l'erreur de pluſieurs Patriarches de Conſtantinople, qui auoient troublé la foy receuë en l'Egliſe, & ſur tout condamna lōn ces
Maronites & leurs complices. Comme ainſi ſoit donc que l'Empereur fuſt infecté de
ceſte vilenie, & le Pape luy reſiſtaſt en face, vſant de cenſures deuës à tel effect, & non
pour ſon proufit particulier,Conſtans petit fils d'Heracle le feit empoigner, & mettre
en priſon, où il mourut en grande miſere l'an ſix cens cinquantedeux, le ſeptieme an
de ſon Pontificat.Mais peu de temps apres luy meſme faiſant la guerre aux Eueſques
Catholiques, fut vaincu par les Sarrazins, & ſ'enfuyt cōme celuy qui ne vouloit iouïr
des prieres de ceux qui eſtoient plus gens de bien, que les faux Prophetes qui l'abu-
ſoient & gaſtoient par leurs hereſies.Finalement,ces Maronites ayans eſté par l'eſpace
de pres de cinq cens ans ſeparez de la vraye foy de l'Egliſe, ſe recognurent, & dete-
ſtans leur erreur par la grace de Dieu, embraſſerent l'vnion, & reuindrent à la meſme
foy, opinion & croyance que nous, ſe ſoubmettans aux paſteurs legitimes de l'Egliſe
de Dieu. Pour preuue dequoy,& de l'obeïſſance qu'ils luy portoient,leur Patriarche
vint au Concile general, celebré à Rome l'an mil cinq cens quinze, ſoubz le Pape Innocent troiſieme,où il abiura pour les ſiens les anciennes erreurs, & proteſta de viure

foubz l'obeiffance du fiege Romain. Toutefois eftans à prefent efgarez cóme ils font
& viuans plus aux montaignes qu'ailleurs, comme i'ay veu, conuerfant auec eux, fauf
ceux qui vont comme pelerins en Hierufalem, ils ne fçauét qui recognoiftre que leurs
pafteurs & miniftres. Ceux cy (ainfi qu'ailleurs i'ay dict) celebrent l'office diuin en
Hebrieu, quoy qu'en leur langage ils parlent Arabe pour la plus part, & ne fuyuent
qu'en bien peu de ceremonies la façon de faire de l'Eglife Romaine. Ils fe vantent auffi auoir par efcrit dans leurs hiftoires, que leurs premiers peres font yffus du fang des
François: & c'eft la plus grád' gloire & antiquité qu'ils puiffent auiourdhuy prendre.
Ce fut en ce païs Damafcen, que monftra l'effect de fa fureur ce grád Roy & fier tyran
Tamberlan, en l'an mil trois cens nonátefix, lequel ayant mis le fiege deuant Damas, y
entra par force, vfant de fa douceur accouftumee, de laquelle ie parleray en autre lieu.
Et voyant que les plus riches & vaillans feftoient retirez en vn chafteau imprenable
à le voir, & que nonobftant ils vouloient compofer auec luy, & fortir vies & bagues
fauues, il leur feit refponfe, qu'ils fe rendiffent à fa difcretion, ou qu'ils attendiffent la
force: ce qu'ils font, & fe preparent à fouffrir tous pluftoft que tomber en fes mains.
Luy donc qui eftoit hault à la main, & orgueilleux, voyant la difficulté de la chofe, &
la forte affiette du lieu, commanda incontinent faire vne autre fortereffe, plus haulte
que la premiere: de laquelle auant il combatit de telle opiniaftreté, courroux & diligence fes ennemis, qu'à la fin il y entra de furie, & y raffafia la fureur fanglante de fon
courroux, faifant tout paffer au fil de l'efpee. Ainfi ne fault feftonner, fi i'ay veu tant
de chafteaux, tours & fortereffes en Damas, veu les Rois & grands Seigneurs qui fy
font tenuz depuis qu'elle a efté baftie: mefmes les Princes François ayans fubiugué ce
païs par leur vaillance & prouëffe, y ont laiffé vne perpetuelle memoire de leur nom,
pour y en auoir faict edifier bonne quantité: ce que les Barbares du païs difent auoir
en leurs hiftoires. Et encores auiourdhuy entre les Italiens, Efpaignols, Allemás, Hon-

*LesTurcs co-
gnoiffent les
Françis en-
tre les au-
tres.*

gres, Grecs, & autres nations, ils fçauent difcerner & cognoiftre les François, les faluás
en leur langue Arabe ou Turquefque, *Sellam aliech*, autres *Salamalech, Frangi*, c'eft à
dire, La paix te foit donnee, François. Quelquefois demandans, comme ils font, *Han-
da gidert fen-bre-giaur Frangi*, Où vas tu Chreftien François: on leur refpond, *Stam-
bola giderum Tfultanum affendi*, c'eft à dire, Ie vay en Conftantinople, monfieur, là où
eft le grand Empereur, ou bien ailleurs, felon leur interrogation. Ie ne veux pas dire
pourtant, que fi vn nauire François en faict de guerre tombe en leurs mains, qu'ils ne
le prennent auffi bien que d'autres: mais fi vous eftes en compaignie, ayant vn paffe-
port & faufconduit, comme i'ay eu l'efpace de huict ans neuf mois que i'ay efté auec
eux, on ne vous dira rien, & irez & viendrez librement: finon que quelquefois pourrez auoir quelque baftonnade, qui eft la dragee commune du païs, fans qu'ils vous
prennent pourtant efclaue, fi vous n'auez commis quelque grand cas. Apres la Damafcene, tirant plus auant vers le Nordeft au Royaume *Darbech*, gift la Comagene: laquelle commençant au mont *Aman*, feftend iufques à la mer de Phenice vers l'Occident, & a vers l'Orient pour fon limite le fleuue d'Euphrate. Les plus fameufes villes du païs font Antioche, Seleucie de Syrie, à prefent dicte *Soldin*, & Laodicee: & le
plus renommé fleuue, eft l'Oronte, qui vient de Mefopotamie, dicte en Perfien *Bein-el
naharaim*: lequel fe perdant en terre, va en fin fe rendre en la Comagene pres la ville
d'Apamee, où les Rois de Syrie fucceffeurs d'Alexandre le grand tenoiét leurs efcuye-
ries, ainfi qu'on lit de Seleucus Nicator, lequel y faifoit nourrir cinq cens Elephans, &
infini nombre de cheuaux: & tout cecy eft en la Celefyrie, que iadis on appelloit auffi

*Alep ville,
iadis Hie-
rapolis.*

Seleucide. A prefent Comagene eft dicte *Azar*, embraffee du mont *Aman*, & ioincte
d'autre part à la Damafcene. Parmi ce païs eft la riche ville d'*Alep*, dicte des Anciens

Hiera-

Hierapolis, comme s'ils vouloient dire, Ville sacree, à septante & vn degré quinze minutes de longitude, & de latitude trentesix degrez quinze minutes: fort esloignee de la mer, & nonobstant vne des plus marchandes, & en laquelle se fait autant ou plus de trafic qu'en autre du Leuant, où abordent marchans de toutes nations, comme Indiens, Perses, des Royaumes d'Adem en Arabie, d'Ormuz, & ailleurs, & ceux de nostre Europe, & sur tout des Venitiens & Geneuois. Quant est de ce que dit P. Gillius, que c'est celle que les Anciens nommoient Berroë, ie ne puis aucunement receuoir son opinion, quelque sçauat qu'il ait esté, & mon grand copaignon & amy du Leuāt, pourautant qu'il se trompe, & que ladite Berroë s'appelle à present Bir (qui ne signifie autre chose que Vn en Turc) ains est plus auant vers l'Euphrate, enuirō deux iournees dudit Alep, & autant d'Antioche : laquelle fut aussi nommee *Hierapolis* par Herode, quoy qu'elle eust à nom auparauant *Niara*. Plusieurs ont pensé qu'elle ait prins son appellation de la lettre Aleph, d'autant que tout ainsi que ladite lettre est la premiere de l'Alphabeth Syriaq & Hebraique, aussi ceste ville est la plus belle & riche qui soit en toute la region où elle est situee. Mais chacun prend son iugement tel que bon luy semble, veu qu'on la nomme aussi *Halape*, & les autres autrement. Si lon parle de sa grandeur, elle ne cede point à Orleans, & a vne belle place au milieu, en façon de butte, où est assis vn chasteau bien muré à l'antique, enclos de grands fossez pleins d'eau en tout temps, dans lequel se tient le Sangeaz pour le Seigneur auec ses gardes & Ianissaires. Il y a là dedans plusieurs singularitez, & principalement des machines de guerre, faictes en façon d'Arbalestes, montees sur roües, comme noz canons & artilleries: pour lesquelles bander, quād il en estoit besoin, il falloit vingtcinq hommes pour le moins, & iettoient de fort grosses pierres. Iadis les Romains auoiēt apprins aux Persiens & Tartares, & à quelques autres peuples d'Asie, la maniere & façon de faire & cōduire telle machines pour s'en ayder contre leurs ennemis. Ceste sorte d'Arbaleste pouuoit aussi tirer, non seulement ses pierres pesantes de cent ou deux cens liures, selon la volonté des Capitaines, ains elles estoient propres pour ietter vne volee de fleches & garrots, longues & pesantes comme lances. Les Anciens nommoient ceste maniere d'engins *Abaliste*, & le nom corrompu nous les appellons Arbalestes, desquelles nous vsons auiourdhuy en nostre Europe, plus qu'en autre lieu du monde. C'estoient certes en ce temps là les bastons les plus defensibles que lon sceust trouuer, & principalement aux sieges des villes, & en champ de batailles, que lon faisoit volōtiers iouër deuant qu'attaquer les ennemis, & venir aux mains, comme on fait pardeça l'artillerie. Tulle Hostile, troisieme Roy des Romains, qui regna trentecinq ans, en fut le premier inuenteur: & par tel moyen deffit cinq fois les Albanois ses ennemis, qui s'estoient reuoltez contre luy. En Alep toutes les boutiques sont au Seigneur, & les loüe le Sangeaz aux marchans, en rendant le reuenu à son Prince. Le long des murailles vous voyez des iardinages, & autour d'icelles force vignes faictes par les Chrestiens : & de tresbons fruicts & herbes lesquelles sont portees au marché, ainsi qu'on fait pardeça. L'vn des premiers qui annonça la parole de Dieu en ces païs, fut vn nommé Iacques, de maison riche & ancienne du païs, & fauorit des Rois de Perse, lequel ayant cōuerti la plus grand' part du peuple au Christianisme, fut martyrisé entre Antioche & Alep. A deux grandes iournees de ces deux villes, y en a quantité d'autres petites, & des villages ruinez, & entre autres vn vieil chasteau, appellé des Barbares *Farrou* : lequel i'estime auoir esté basti par les Chrestiens Latins, veu que l'on y voit de leurs characteres, la plus part effacez : & pres de là nous trouuasmes en vn champ vne Colomne de marbre iaspé. Or combien qu'en ce lieu la terre, sans estre cultiuee, produise de bons fruicts & bonnes herbes, si est-ce que l'air y est dangereux & mal sain: comme de faict

Machines au chasteau d'Alep.

Chasteau de Farrou, & Colōne antique.

I

il me caufa vn grand catarrhe , duquel me guarit vne Arabe qui nous conduifoit par
le païs:& la cure fut telle.Il print de la graine d'vne herbe,nommee *Maiac* (mot Perfien,qui fignifie humidité) laquelle ayant faict bouillir,me la feit boire,m'appliquant
la fueille fur les efpaules,où eftoient mes grandes douleurs, de forte que le lendemain
ie fus guary. Anciennement Alep eftoit gouuernee par vn Soldan , qui prenoit tiltre
de Roy , auffi bien que celuy d'Egypte & de Damas. Et d'autant qu'il eftoit riche, par
fa tyrannie il pouuoit faire cinquante mille hommes de pied , & dix mille cheuaux,
vaillans en guerre, comme par deux fois ils monftrerent bien , faifans preuue de leurs
hardieffes,contre le peuple Hircanien,lequel fut deffaict à cinq lieuës de la ville, toutefois qu'ils fuffent en plus grand nombre que les Alapiens. L'an mil cent trente,le
peuple de Cumanie, Armenie, & Georgianie,apres auoir perdu leur Roy,qui mourut
au païs de Perfe,en efleurent vn autre,qu'ils nommerent *Ialaladin,* qui fignifie Grace
de Dieu,appellé par les Chroniques des Turcs *Taugary-verdy,* des Grecs *Theodoric,* &
Thedric des Scythes, & des François Thierry : Lequel peuple print foubz la condui-
ête de leur nouueau Roy, la hardieffe d'aller affieger la ville d'Alep. Mais deuant que
pofer le camp, le Soldan chargea fi lourdement fur fes ennemis , que ledit *Ialaladin*
fut occis & plus de quatre vingts mille hommes des fiens. En l'an mil quaráte,fe trouuerent plufieurs Sultans , ou Soldans , à chacune prouince de cefte Afie mineur, là où
auparauant il n'y en auoit qu'vn inftitué par le Caliphe dés le commencemét.Et pour
ne rien oublier , il fault que vous entendiez,que les Caliphes faifoient offices de fou-
*D'où eft ve-
nu le nom
de Soldan.* uerains Patriarches & Rois:car ils commettoiét Gouuerneurs & Officiers par les prouinces, lefquels ils appelloient Sultans, qui fe pourroit interpreter, Lieutenans, Pre-
uofts, ou Gouuerneurs: mais par fucceffion de temps feft conuerti en appellation
Royale,ne fignifiant autre chofe que Roy.Parquoy ce Caliphe voulut eftre recogneu
de tous les nouueaux Soldans, de Damas,Alep, Hamas, Egypte, Hierufalem,Baruth,
Antioche, & autres, lefquels par fucceffion de temps entrerent tous en diffenfion les
vns auec les autres,& fe feparerent de l'obeïffance dudit Caliphe. En ce mefme temps
le Soldan d'Alexandrie,nommé Selim,mit à mort le premier Caliphe d'Egypte,& retourna à l'obeïffance de celuy de *Baudras* , pour auoir faueur & ayde de luy. Ces diuifions aduindrent le mefme temps que les Mores d'Afrique & d'Efpaigne eftoient
les plus forts : & celuy qui pouuoit fe faifir d'vne ville , portoit tiltre de Roy. Sur ces
entrefaites les Turcs fe defborderent druz comme fourmiz en toute l'Afie,où ils prindrent tous ces gentils Roytelets de Soldans, fans toucher toutefois aux villes & feigneuries dudit Caliphe, pour l'honneur & reuerence qu'ils luy portoient, comme
eftant chef, protecteur & defenfeur de leurs loix, temples & oratoires, & le laifferent
paifible en la ville de *Baudras.* Sadoc; Roy des Turcs,voulut eftre nommé par fon
peuple,Sultan d'Afie : mais il ne vefquit gueres apres , & fut tué de trois coups de fleche deuant ladite ville d'Alep.Ayant ainfi côfideré Alep, celuy qui veult voir le païs,
nommé iadis *Cafiotés,* qui eft encore de l'ancienne Syrie, iaçoit qu'il reffente plus les
humeurs des Grecs,à caufe qu'ils y ont fort frequenté,laiffe la Phenice,comme auffi ie
fay pour le prefent, à gauche vers l'Oueft, & tourne vn peu au Nort,pour aller vifiter
*De la ville
d'Antio-
che.* l'honneur de toute la Syrie, à fçauoir la grande & excellente ville d'Antioche:laquel-
le eft plus ancienne que plufieurs n'eftiment, quand ils difent que Seleucus premier
Roy des Syriens, furnommé Nicanor , la baftit : attendu que les Grecs mefmes, & les
Hebrieux luy donnent plus long traict , les vns l'appellans *Epidaphné,* & les autres
Rheblath, qui eft dés le temps des anciens Rois de Iudee. Auffi fut elle baftie du temps
de Cambyfes: lequel eftant en icelle, & fon fils feftant noyé en la riuiere qui y paffe,
qui fappelloit *Ophites,* ou *Typhon,* à caufe qu'elle eft tourbillonneufe, luy donna à

nom Orontin, & à ladite riuiere Oronte, qui luy demeure encore, bien que lon cor-
rompe le vocable, & qu'au lieu on dife *Oronz*. Elle gift au foixanteneufieme degré
nulle minute de longitude,& a trentecinq degrez trente minutes de latitude. Parainfi
nous apparoiffant que Seleucus Roy Syrien n'en a efté le baftiffeur & premier fondateur,fault fe contenter de dire,que luy & Antiochus Sother l'ont embellie de muraill-
les, palais, & autres baftimens, & que c'eft pour cela qu'elle a changé de nom. Iaçoit
donc que le païs fuft beau, & la ville frequentee, & la riuiere autrefois de grand apport, à caufe que par elle on va iufques à noftre mer affez pres de *Soldin*, où elle fengoulfe en la Mediterranee, à vn lieu nommé à prefent *Farzar*, & que anciennement
les Chreftiens tenoient au païs le port fainct Symeon, fi eft-ce que la plus grand' gloire & honneur que iamais elle receut, c'a efté à caufe que les actes les plus illuftres des
faincts Apoftres y ont commencé,comme la vocation de Barnabas, la predication de
fainct Paul, & fiege de fainct Pierre, auant qu'il vint à Rome. C'eft en cefte ville que
les Difciples de noftre Seigneur furent premierement appellez Chreftiens, & qu'aufli
l'on ofta le ioug fuperftitieux de la Circoncifion, & ceremonies de la Loy, à ceux qui
faifoient profeffion de l'Euangile. Luc Medecin, & fainct Euangelifte de noftre Seigneur, en eftoit natif: de forte qu'il eft hors de doubte, que c'a efté la plus floriffante
ville en la doctrine Euangelique,qu'autre de l'Orient, veu que Hierufalem fut demolie par les feditions, & puis par la fureur des Romains. Ce fut de là qu'eftoit Euefque
fainct Ignace, difciple de l'Apoftre S.Iehan, lequel fut martyrifé à Rome, & expofé
aux beftes par le commandement de Traian l'Empereur,l'an de noftre falut cent dou-
ze.Cefte pauure ville a efté affligee,renuerfee,demolie,& gaftee par les guerres de toutes fortes de gens : neantmoins cela n'y feit onc tant de mal, que les tremblemens de
terre,qui du temps du grãd Iuftinian,enuiron l'an de noftre Seigneur cinq cens vingt
fept, la ruinerent toute : chofe efmerueillable, d'autant qu'elle eft affez efloignee de la
mer,fi l'on ne vouloit attribuer cela aux lieux où elle eft baftie, qui font vn peu montaigneux. Depuis ledit Prince la feit refaire, changeant fon nom, & l'appella *Theo-*
polis, qui eft à dire, Ville-Dieu, penfant par cela luy donner quelque heur nouueau.
Elle a efté premierement poffedee des idolatres,comme toutes autres villes: apres elle
reçeut l'Euangile, ainfi que dict eft, où les Iuifs ont ioüé de terribles ieux contre les
Chreftiens, & auec eux la fuperftitieufe compaignie des Grecs : combien que cela fut
tout appaifé foubz Conftantin, & ont vefcu en paix, iufques à ce que les Mahometiftes drefferent les cornes,& fe faifirent de Syrie enuiron l'an fix cens trentehuict,eftant
leur chef Hotmar difciple de Mahomet. Derechef,comme les Chreftiens l'euffent re-
gaignee au voyage faict par Godeffroy de Buillon, leurs diffenfions leur feirent perdre : & en fin le Turc f'en eft faict maiftre, n'y reftant pour le iourdhuy que quelques
Chreftiens aufli ruïnez en opinions, comme la miferable ville eft deffaicte; fon plus
beau n'eftant que les marques de fa ruïne. Iadis l'vn des quatre Patriarches de Grece
f'y tenoit, deuant qu'elle fuft prinfe de *Melehdaa*, dit des Armeniens *Bende-cadar,*
Soldan d'Egypte,fur les Chreftiens,& y faifoit fa refidéce ordinaire : où pour le iourdhuy il en demeure loing d'vne bonne iournee : & va par païs, vifitant les Euefques,
Preftres & Moynes, fubiects à fon Patriarchat, lefquels luy obeïffent tous. Vray eft
qu'il marche le plus doucement en befongne qu'il peult, pour ne donner occafion au
Grec grecifant de quitter ou renoncer le Chriftianifme, d'autãt qu'ils font fi muables,
que pour la moindre chofe du monde ils reçoiuent la Circoncifion Turquefque, ou *Trois villes*
Iudaïque. Au refte, ie trouue qu'il y a eu trois villes ainfi appellees, diftantes de quel- *d'Antio-*
ques cét dix lieuës l'vne de l'autre. La premiere eft celle de laquelle ie parle.La fecon- *che ruinees.*
de,plus baffe, feparee de l'autre par les mõtaignes d'*Abdadach*,qui porte le nom d'vne

ville enclofe dans le mefme mont auec celle d'*Apolis* : & eft voifine des villes de *Se-leucie*, *Baris*, *Proftame*, *Comane*, *Cormace*, toutes fituees en vn païs plaifant & fertil, arrou-fez de la grand' riuiere d'*Eurymedon*, ou *Zacuth* en langue des Barbares du païs : le-quel fe va defgorger, ayant fait mille vireuoltes, à la mer de Tripoli auec celle de *Ca-taratte*, qui luy eft oppofite. La troifieme Antioche aboutit pres la riuiere d'*Abiga-baon*, que noz rauaudeurs de Chartes ont nommee *Meadru*, & mal marquee au pris du lieu qu'elle doit eftre, & encores moins obferué l'endroit de fa fource, qui vient de feize lieuës pres des montaignes de Laodicee l'antique, iadis bruflee par les Romains : laquelle auffi apres auoir laué le païs Hieropolitain, Carien, Magnefien, Temiffanien, Lycaonien, & quelques autres, vient rendre fon tribut à la mer de Samos, entre la ville d'Ephefe, baftie fur vn goulfe, & celle d'*Arpaffe*, iadis colonie des Romains. Toutes lefquelles trois villes Antiochiennes font auiourdhuy ruïnees, & n'y a apparence au-cune ne lieu remarquable qui merite eftre defcrit : Contre l'opinion de plufieurs mo-dernes : entre autres F. de Belleforeft, qui recite en fon fecond liure des Harengues, do-ctement recueillies de plufieurs bons autheurs, & autant bien & fidelemét traduictes, que la grande Antioche eft cité trefforte, & des mieux peuplees, & plus riche que nul-le autre d'Orient. chofe que ie n'accorderay iamais : & n'y a homme foubz le ciel, qui me le peuft faire accroire, fi depuis que i'eftois au païs, ils ne l'ont derechef rebaftie. De me faire auffi croire que ladite ville foit affife au pied du mont de *Taure*, com-me il recite au mefme endroit, encore pis, f'il ne vouloit prendre les montaignes Ce-leuroniennes, qui f'eftendent iufques à la mer de Pamphilie, pour l'autre : en quoy auffi il fe tromperoit, d'autant que ie fuis affeuré qu'elle en eft efloignee de plus de cent foixante lieuës. A quelques trois lieuës d'Antioche, y a vn trefbeau port, qui a en fon entree quelques dix braffes de largeur. C'eftoit le lieu, où les Romains faifans guerre en Afie, retiroient leurs vaiffeaux en feureté : & à deux lieuës de là, fe voit en-
Chafteau ancien, & des chofes merueilleu-fes que ie veis dedans.
core à prefent vn chafteau fort ancien, que les Romains auoient faict baftir. Ceux du païs nous dirét, qu'autrefois il auoit efté habité de certains Magiciens Iuifs & Payens, & qu'ils y tenoient efchole de Magie. Ce que ayans entendu, ne voulufmes paffer fans le vifiter : mefmes nous y mena noftre Truchem an, qui eftoit *Hamoth-dor* noftre vieux Arabe. A la premiere entree dudit chafteau nous eufmes tous paour & frayeur, de voir de prime face des ferpens, viperes, crapaux, & autres beftes venimeufes de di-uerfes efpeces, dix fois plus groffes que les autres du mefme païs : dont vn marchant Perfien de noftre compaignie commença à f'efcrier, difant en fa langue Barbarefque, *Allaha hyumach-cama zahara pallochy*, O Dieu, i'ay veu (dit-il) au fein de Perfe vn lieu de Magiciens femblable à ceftui cy, & plein de telle vermine ! Toutefois nous ne laiffafmes de paffer oultre, & vifiter ledit lieu hault & bas, vous affeurant que quelque-fois i'auois des vifions, & eftois côme tranfporté de mon efprit, lors que ie prioisDieu & regardois certaines figures pleines de charactères, que pas vn ne peut lire, hors mis ledit Truchem an, lequel nous dift que c'eftoient lettres Arabefques, Hebraïques, Chaldees & Syriaques, liees & meflees enfemble. Nous veifmes auffi engraué fur des pierres, longues de plus de deux toifes, & larges d'autant, des membres d'homme, comme bras, mains, yeux, oreilles, cœur : des planetes, fçauoir le Soleil, Lune, & des eftoilles : & auffi des riuieres, herbes, plantes, arbres, beftes, poiffons & oifeaux : fi que contemplant ces chofes, me fouuenoit des Obelifques garnies de lettres Hieroglyphi-ques, que i'auois veuës deux ans & demy auparauant en Egypte. Mais ie pafferay oul-tre, & paracheueray le refte de la Syrie.

De la SYRIE *maritime, contenant le mont* CARMEL, ACRE,
BARVTH, *& chofes admirables des efprits malings.*
CHAP. XIII.

TOVT A MON ESCIENT i'ay faict ce tour par terre des parties de Syrie, à fin de venir felon la mer, vifiter les belles & riches villes qui iadis ont efté, & auiourdhuy bien rares, depuis Iaffe iufques en Cilicie, aux portes qu'on appelle le Pas du chien, où l'Empereur Antonin, furnommé le Debonnaire, feit couper le mont Liban, à fin de donner libre paffage aux voyageurs : lequel païs eft tout contenu foubz le nom de Phenice, que lon dit eftre venu des Grecs, à caufe que ceux cy le téps paffé maffacroient tous ceux qui approchoiét de leurs riuages. Quelques Iuifs & Arabes, defquels la raifon eft plus vray-femblable, m'ont dit, conferant auec eux, que ce païs eft ainfi nommé, à caufe que les premiers qui s'y retirerent, venoient du cofté de la mer Rouge, lefquels dreffans là leurs colonies, furent nommez Phenices, en langue Syriaque, c'eft à dire Rouges : veu que les Iuifs venans d'Egypte, s'efpandirent par ces contrees, & y habiterent quelque temps. Mais les Grecs qui ne peuuent oublier leurs menfonges, difent, qu'ils font nômez de Phenice, fils d'Agenor, lequel y eftant enuoyé pour faire quefte de fa fœur, s'arrefta illec, & nomma le païs Phenicie. Quoy que c'en foit, ie ne fortiray point de mon premier aduis, qu'elle ne porte le nom de ceux qui y vindrent de la mer Rouge, lefquels en chafferent les naturels, qui depuis s'en allans vagabonds, drefferent ce qui eft aux *Calpes* & deftroict de Gibraltar : & l'argument fur lequel ie me fonde, c'eft que la Galilee & Samarie font par les Anciens comprifes en la Phenice. Pour donques la defcrire tout au long, & fuyant la marine, à caufe qu'elle y eft fort expofee, ie commenceray à Cefaree, non à celle qui portoit le nom de Philippe, qui pour vray eft en ladite Phenice, & fe nomme à prefent *Belme*, mais d'vne autre qui eft en Iudee, maritime, entre Iaffe & la Phenice, à fçauoir *Said*, qui autrefois s'appelloit *Sidon.* Vous n'auez pas fi toft paffé ladite Cefaree, iadis nommee la Tour de Straton, que vous eft mis en barbe ce mont Carmel, duquel il eft tant *Le mont* parlé en la faincte Efcriture. Or y a il deux montaignes de ce nom, l'vne vers le Midy *Carmel.* en la plus haulte partie de Iudee, où Dauid fe retiroit fuyant la perfecution de Saül, & où *Nabath* fe tenoit, & faifoit paiftre fon beftail : l'autre, au Ponent fur la mer, regardant l'ifle de Cypre, laquelle s'eftend iufques à Acre, & vient en vne planure, qu'anciennement on nommoit *Efdrelon*, affignee à la lignee d'Iffachar : où mefmes Helie a habité fi longuement, & où il demanda la pluye à noftre Seigneur, qui l'exauça : qui eft vn lieu fertil en vignes & pafturages. De cefte cy prennent leur nom & inftitution les Carmes, foy difans de l'ordre d'Helie, & s'appellas pour cefte occafion Carmelites: *Origine de* combié qu'ils fe renôment de la vierge Marie, à caufe que l'Eglife qui eft fur ce mont, *l'ordre des* comme i'ay veu, fut baftie à l'honneur de cefte faincte Vierge mere de Dieu, l'an mil *Carmes.* cent feptáte. Il y a vn monaftere fur ledit môt, dans lequel ie fuz deux iours, où ie veis les Religieux fort folitaires, viuans de leur trauail, à fçauoir de cultiuer la terre, faire iardinages, & pefcher poiffon : & font fubiects ces bonnes gens au Patriarche & Euefqne d'Antioche, qui fe tient vne iournee de là, d'autant, côme i'ay dict, que la ville eft ruinee. Les Euefques de Grece & Armenie leur enuoyét quelques deniers par an pour leur aider à viure, comme ils m'ont dit. Les premiers qui vindrent de ces parties là en noftre France, eftoient veftuz à la façon & maniere, côme eft encores à prefent le fimple peuple lay de Syrie, entre autres ceux des montaignes & païs contenu depuis Da-

mas iufques à Baruth, qui portent leurs robbes longues iufques au talon, tous ceincts
d'vne large ceincture bleuë, ou d'autre couleur : & font ces habillemens faicts de poil
de chieures, longs & rudes, comme vous diriez le crin des ieunes Genets d'Efpaigne:
lequel poil eftant filé, & ourdy de deux couleurs, blanc & noir, par bandes larges de
quatre doigts, eft autant ou plus fort, que les farges de pardeça. Volontiers les Chreftiens Latins, qui voyagent auec les Carouannes, comme i'ay fait, f'accouftrent tous
de telles robbes, auec vn Turban à la Grecque, pour viure en plus grande feureté auec
ce peuple Barbare. Sainct Loys eftant en la Terre fainéte, vifita ce monaftere, & efmeu
de l'aufterité & fainéteté de vie de ces Religieux, retournát en France, en amena quelques vns pour y inftituer & fonder vn pareil ordre : lequel en peu de temps fut fi a-

uancé, que plufieurs conuents & monafteres furent baftis tant par ledit S. Loys que
autres Seigneurs. Et d'autant que leurfdits habits eftoient odieux au peuple, le Pape
Honoré troifieme, à la requefte du Roy Philippe le Bel, les difpenfa d'en porter vn
autre, duquel ils ont vfé iufques à prefent : iaçoit que ceux du mont, d'où ceux cy ont
prins leur origine, n'ont iamais changé le leur. A la priere de quelques Docteurs de
Paris du mefme Ordre, i'ay bien voulu effigier & reprefenter au naturel ce mont, fuyuant le creon & pourtraict que i'en ay faict fur les lieux. Vn mien amy Candiot m'a
aduerty que depuis deux ans ença, les Arabes & voleurs du païs ont maffacré les
pauures Religieux : comme auffi ie fçay que l'an mil cinq cens foixantefix, leur Patriarche y en enuoya d'autres, lefquels pour viure en paix, fe font rendus tributaires à vn
certain *Faras Tared*, fçauoir à vn Capitaine des plus redoutez Arabes de toute la contree & prouince. Quant à l'autre mont qui eft Meridional, il feftend en Iudee qui va
vers l'Egypte, où iadis eftoit baftie vne ville, portant le mefme nom de Carmel, de la-

quelle la montaigne eſtoit renommee, ainſi qu'il ſe trouue en l'Eſcriture, & hiſtoires des Chreſtiens du païs. La campagne qui eſt au bas de la montaigne, eſt toute ſablonneuſe, & ſe trouue parmi les areines vne eſpece de Nitre, lequel eſtant cuit, ſe conuertiſt au plus net verre qu'on ſçauroit trouuer : comme de faict c'eſt de là que le recouuroient les Chreſtiens, ainſi que lon m'a dit, duquel ſont faictes ces belles coupes que nous voyons pardeça. Le long de ces areines eſt aſſiſe l'ancienne ville de Ptolemaide, dicte auſſi *Accon*, à cauſe que Ptolomee Roy d'Egypte & Accon ſon frere la feirent rebaſtir, fortifier & embellir. Auparauant elle auoit nom *Abiron*, & à preſent Acre, où ſe ſont long temps tenuz les Cheualiers de la Terre ſaincte, appellez les freres Teutoniés, qui ſont auiourdhuy en Pruſſie. Ce fut en Ptolemaide que ſarreſta ſainct Paul quelques iours auec les ſiens, reuenāt d'Aſie. I'eſtime qu'il n'y a rien de mal, ſi i'accorde mon hiſtoire auec celle de l'Euāgile & du vieil Teſtamēt. Ceſte ville a eſté vne des plus celebres de tout ce païs, aſſiſe en beau païſage, plaiſante à cauſe des mōtaignes qui l'enuironnent : combien qu'il y a vne incōmodité grande, prouenante de la riuiere qui y paſſe, laquelle eſtant ſans faire ſon cours que fort lent & tardif, eſt toute limonneuſe, & partant les eaux mal ſaines & de mauuais gouſt. En Acre S. Loys, Roy de France, feit baſtir vn beau & fort chaſteau, pour la conſeruation & defenſe des Cheualiers Templiers, qui commandoient, & poſſedoient ce païs là : à l'honneur & loüange deſquels les habitans Arabes m'en diſoient choſes grandes, ſuyuant ce qu'ils en ont eſcrit en leurs hiſtoires : meſmes les Iuifs ont redigé par memoire leurs geſtes & conqueſtes : & entre autres m'ont dict, que dés le temps que leſdits Cheualiers quitterent le païs, la mer qui eſtoit auparauant fertile & abondante en poiſſon, deuint ſterile, ainſi qu'elle eſt encore auiourdhuy. Ce qui eſt aduenu pareillement à Rhodes : comme ainſi ſoit que trois mois apres que les Turcs en furent iouyſſans, il y aduint ſi grand tremblement de terre, auec fouldres & tonnerres incroyables, que depuis la mer ne fut onques foiſonnāte en poiſſon : où pardeuant il y auoit abondance de toutes choſes. Si ie voulois reciter tout ce que me comptoient ces Barbares & Iuifs, ie ſerois trop prolixe. Ie viſitay tous ſes lieux : où ie veis entre autres vne fort belle Egliſe, auec les ruïnes de pluſieurs belles maiſons, garnies de force armoiries des Seigneurs Chreſtiens. L'aſſiette du lieu eſt belle & forte, & depuis que le Soldan d'Egypte la print ſur les Tépliers, & apres ſur ledit Soldan les Mahometans, elle n'a eſté fortifiee. Or n'y eut-il iamais Monarque en toute la Paleſthine, qui tint plus gentiment en bride ceſte ſecte maudite, que iadis ont fait leſdits Templiers : Ordre à la verité inſtitué de Dieu, pour mettre en toute ſeureté les Pelerins qui alloiét viſiter le ſainct Sepulchre, & guerroyer les infideles. Le cōmencement dudit Ordre fut tel. Quelque troupe de gens de bien ſeſtās vn iour aſſemblez, & ſe voyans ſans chef, ſe retirerent dans vn grand temple, par le conſentement d'vn bon Abbé, homme de ſaincte vie : auec lequel ayans veſcu chaſtement bonne eſpace de temps, furent appellez Templiers. Depuis les Rois Treſchreſtiens conſiderans que ceſte Religion eſtoit loüable, & que pour la maintenir il ſe falloit expoſer à mille dangers, leur donnerent beaucoup de biens & priuileges : de façon qu'ils augmenterent de iour à autre en nombre. Quant à leur habit, vn Patriarche de Hieruſalem, nommé Eſtienne, ordonna qu'ils le porteroient blanc : auquel le Pape Eugene troiſieme adiouſta vne Croix rouge contre la poictrine. Ceſt Ordre donc ſ'accreut en telle ſorte, qu'il n'eſtoit fils de bonne maiſon, qui ne vouſiſt porter tiltre de Cheualier : & deuindrent à la parfin ſi riches au païs d'Aſie, qu'ils tenoient tout ce qui eſt depuis Acre, qui eſt maritime, iuſques au païs de Phrigie, Galatie, Iudee, Galilee, & Pamphilie : vous pouuāt aſſeurer que i'ay veu en tous ces quartiers là grand nōbre du villes & fortereſſes baſties par eux. Lors elles eſtoient gouuernees par vn Grand-Mai-

ville de Ptolemaide dicte auſſi Accon, & à preſent Acre.

Commencemēt de l'ordre des Tēpliers.

ftre, qu'ils eſliſoient d'entre eux. Et qui plus eſt, les Princes & Potentats de la Chreſtienté leur enuoyoient par chacun an bon nombre de deniers pour la deliurance des
Chreſtiens, qui eſtoient prins de coſté ou d'autre par ces bourreaux infideles. Mais
ayans eu aduertiſſement du peu de deuoir qu'ils en faiſoient, veu qu'ils eſtoient em-

Commence-
mět de l'or-
dre des Ma-
thurins.

peſchez ailleurs, fut ordonné qu'à l'aduenir les Mathurins, Religieux de la Trinité,
qui eſtoient nouuellement creez par vn nommé *Ian Matta*, & par vn *Felix*, Hermite,
du temps du Pape Innocent troiſieme, ſeroient employez en tel affaire : meſme ledit
Pape, qui leur ordonna de porter l'habit blanc & la Croix rouge, leur enioignit d'en
prendre la charge, & à tous ceux qui viendroient apres eux, tant pour exercer office
de pieté, que pour racheter les pauures eſclaues : d'où auſſi on leur donna le nom de
Religieux de la redemption des captifs. L'an mil cent & deux, apres que les infideles
de Syrie, accōpaignez de certains peuples Tartares, eurent deſfait & prins Bohemond,
Prince Chreſtien d'Antioche, fils de Robert Guiſcard, deſcendu de la race des Nor-
mans, ils vindrent camper deuant ladite ville d'Acre, laquelle ils prindrent trois mois
apres, paſſans au fil de l'eſpee tous les Chreſtiens de dedans : eſtant Baudouïn lors Roy
de Hieruſalem : Et depuis fut repriſe en l'an mil cent quatre vingts & ſix, par Saladin,
auec Guy de Luſignan, & grand nombre d'autres Seigneurs, qui deuant ſortir des
mains dudit Tyran, furent contraints luy rendre la ville de *Tabarie*. De ce donc eſ-
meuz les Rois Philippes de France, & Richard d'Angleterre, prindrēt ce chemin bien
toſt apres, & accompaignans l'Empereur Federic Barberouſſe en Aſie, vindrent ſurgir
& mouiller l'ancre deuant Acre, que les Catholiques tenoient aſſiegee, laquelle fut incontinent emportee de force par aſſault, & tout ce qui eſtoit dedans, mis à mort. Il eſt
bien vray qu'ils auoient affaire à des Rois maupiteux, entre autres à Richard d'Angleterre, celuy qui donna l'iſle de *Cypriote*, qu'il auoit prinſe, à Guy de Luſignan, en eſchange du Royaume de Hieruſalem, apres la prinſe d'Acre. Et n'y eut (comme i'eſtime) iamais Roy en ces contrees là plus craint & redouté, ny plus grand iuſticier que
fut ledit Richard. I'ay eu quelquefois entre mains vne petite hiſtoire, eſcrite en Grec
vulgaire, que me preſta vn Moyne Grec, toute pleine des guerres, proueſſes, haults
faicts, victoires, heurs & malheurs, que les Princes Latins auoient eu alencontre de ce
peuple felon. Nommément i'ay leu de ce Richard, & de la ſeuerité qu'il vſa alendroit

Zele du Roy
Richard
d'Angle-
terre.

de trois Seigneurs Anglois, & de trentehuict Gentilshommes François & Allemans,
pour vn ſimple rapport qu'on luy auoit faict d'eux, qui n'eſtoit autre choſe, que ceſte
troupe gaillarde auoient vn vendredy au ſoir rompu par force la porte d'vn Preſtre
Grec, & vouloient prendre ſa femme : leſquels furent pour tel ſouſpeçon tous condamnez à mort, au grand regret toutefois de pluſieurs notables perſonnes, & ainſi paſſerent le pas. Tellement que depuis ceſte heure là il fut ſi odieux à tous, que rien plus.
Meſmement les petits enfans de l'aage de quatre ans l'auoient en telle crainte, que ſi
par cas fortuit il aduenoit qu'ils criaſſent, & quelcun leur diſt en ieu & riſe, qu'ils ſe
teuſſent, & que le Roy Richard venoit, ils n'auoient pas pluſtoſt entendu le mot, qu'ils
fermoient la bouche, & faiſoient la meilleure contenance du monde. La plus grande
faſcherie qu'eut iamais ce Roy, fut de n'eſtre peu entrer dans la ville de Hieruſalem,
pour voir & viſiter les ſaincts lieux : de façon que priant vn iour, & faiſant ſes oraiſons
à genoux, auec les mains & bras eſtenduz au ciel, il diſoit à haulte voix, O Seigneur
Dieu, pere de bonté, ton ſeruiteur Richard te prie treshumblemēt, puis que tu ne luy
as permis pour ſes offenſes, entrer dans ta ſaincte Cité, qu'il te plaiſe par ta bonté infinie luy permettre que ſes yeux la puiſſent vne fois voir deuant mourir, & luy maintenir & conſeruer de pollution tes ſaincts temples & oratoires, faicts à ta gloire &
loüange, & de ta ſaincte mere auſſi. Au ſurplus, à quatre lieuës de la ville d'Acre, tirant

ers Midy, se presente la ville d'*Azote*, bastie iadis par les Philisthins, proche de la marine d'vne lieuë ou enuiron, qui n'est à present qu'vn village. A trois iournees de là sen trouue vn autre, qui porte mesme nom. Quant à la ville de *Manerich*, nommee *atho*, elle fut de la lignee de Manassé, bastie iadis en vne grand' plaine, où l'herbe auiourdhuy surpasse la haulteur d'vn homme. Elle aboutist au mont Ephraim, laissant à gauche celuy de *Sarron*, auquel se voit encores vn Chasteau, qui est merueilleusemét long, & fort bien entourassé. Il fut basti par les susdits Templiers, du temps que la forteresse de *Sechot* fut prinse sur les Barbares, tout aupres de *Terebuite*, auquel lieu Dauid tua le geant Goliath. Passé que vous auez la ville d'Acre, defense & rempart iadis des Chrestiens, vous trouuez vn promontoire nommé Cap blanc, où auoit esté autrefois basti vn chasteau par le grand Alexandre, lors qu'il tenoit assiegee la ville des Tyliens, loing de *Tyr*, enuiron demie lieuë: laquelle se nomme à present *Sur*, qui n'a la beauté ou richesse qu'elle eut anciennement: gisant à soixantesept degrez minute nulle de longitude, & trentetrois degrez vingt minutes de latitude: &; *Sidon*, nommee maintenant *Said*, qui est en pareille & mesme eleuation, sauf qu'à la latitude y a dix minutes d'auantage. Ce cap susdit s'appelloit iadis l'Eschelle des Tyriens, la ville capitale desquels a esté bastie par Hercules, comme aucuns ont estimé: ce qui n'est point hors de propos, veu qu'il estoit Egyptien, fils du grand Osiris, seigneur de toutes ces contrees, estant encor Abraham en Chaldee. Il n'y a eu guere ville en Leuant, tant renommee que ceste cy, pour les ouurages & fines pourpres qui se faisoient en elle: combien que ce qui plus l'a recommandee, c'a esté, que les habitans Tyriens & autres Pheniciens ont basti en Afrique les villes de Carthage & Biserte, & celle des Gades. Tyr, selon l'opinion des historiens Syriaques du païs, estoit vne isle assez auant en la mer: mais du temps que le grand Alexádre l'assiegea, où il fut l'espace de sept mois, il y feit tant ietter de terre, pierres, bois, & autres materiaux, qu'à la fin il la ioignit auec le continent, & la print, pilla & brusla. Neantmoins par succession de temps les habitans qui ont tousiours esté bons mariniers, se remplumerent & rebastirent leur ville, qui depuis fut faicte Colonie des Romains, & iouyssant des priuileges de la grande cité, se rendit vne des plus fameuses de l'Orient. Sa voisine, qui est *Sidon*, ne luy deuoit rien en richesse & grádeur, & en belle assiette, comme estant en lieu plus portueux: laquelle on dit auoir esté bastie par vn Hebrieu. Aussi, quoy qu'il en soit, elle estoit edifiee plus de deux cens ans auant que le Temple de Hierusalem fust mis en ouurage par le grand Roy Salomon: Quant à moy, ie pense qu'elle estoit sus, & Tyr aussi, dés le temps de Moyse, & fut faicte par vn enfant de Canaan, ayant ce nom, & escheut en partage à la lignee d'Azer: & qu'elle ne fut conquise par les Iuifs, ains demeurerent alliez ensemble les Tyriens & Sidoniens auec les Israëlites. C'est en ce païs que nostre Seigneur fut quelque fois, & où il feit le miracle de la Cananee, quoy que ce fust entre les Gentils: mais c'estoit le signe de la vocation de toutes nations à la cognoissance de l'Euágile. En Tyr estoit S. Paul, lors qu'il fut admónesté de ne point aller en Hierusalem: & toutefois il n'en voulut rien faire, ains y alla, & y fut faict prisonnier: comme il apparoist encores par vne chapelle que les Chrestiens ont bastie sur le port, où l'Apostre pria, & feit l'oraison auant que partir pour aller en Hierusalem. Ceste ville est illustree de ce que le sçauant Egyptien Origene y est enterré: & y voit on la sepulture de ce grand Empereur Frederic Barberousse, lequel ainsi que i'ay dict cy deuant, se noya en Armenie: & estant pour lors encor presque toute la Phenice entre les mains & soubz la puissance des Chrestiens, il y fut apporté par la diligence de son fils, l'an trentesepticeme de son Empire, & de nostre salut mil cent nonante. En Said, qui est Sidon, ville maritime, passa S. Paul, estant desia enchainé, ainsi qu'on le menoit à Rome pour le pre-

Cap blanc.
Tyr diste à present Sur.
Sidon, ou Said.
De Sidon.

Sarepte ville ancienne.

Baruth ville maritime & marchande.

fenter à l'Empereur. Entre Tyr & Sidon fut iadis pofee celle petite ville, nommee *Sarepte* des Sidoniens, à laquelle fut enuoyé le Prophete Helie, pour eftre nourri de la main d'vne vefue. Ayant paffé le long de la marine, nous vifmes Baruth, pofee non loing des emboucheures que fait vn fleuue en la mer. Cefte ville eft à prefent vne des plus marchádes de l'Orient, laquelle fut iadis appellee Iulie l'heureufe, & depuis ruinee par vn Tyran, nommé Diodore Triphon, celuy qui feit tant de brauades & trahifons aux freres Macabees. Du depuis les Romains la rebaftirent, à caufe que le terroir eft vn des plus fertils qui foient en tout ce païs Syriaque : & apres le Roy Agrippe de la race des Herodes y feit dreffer vn Theatre & fon Amphitheatre, des Portiques & baings publics, qui la faifoient de tant plus plaifante : ce qui a efté ruiné du tout par les guerres, & l'ont confumé les Barbares par les flammes ; comme auffi ils ne femblent eftre naiz que pour la demolition des villes. C'eft à Baruth que les Venitiés ont vn Fondique, & font grand trafic. La mer y bat contre les murailles, & n'eft pas enuironnee de murs par tout en la forte qu'elle a efté : auffi eft il impoffible que ayant fenti tant de ruïnes, elle puiffe auoir fon ancienne beauté. Quant à l'affiette, on n'en fçauroit contempler de plus belle. Il f'y voit vne fort belle Eglife, fondee de S. Sauueur, baftie par les Chreftiens Latins, qu'ils tiennent encores à prefent. C'eft vn lieu de grande deuotion, & où il fut vn iour fait vn fi grand miracle par la volonté de Dieu, que tous & chacuns les Iuifs, qui demeuroient dans la ville, furent conuertiz, & receurent noftre fainéte Foy, auec le Baptefme. Iadis c'a efté fiege Royal. Mefmes lon dit qu'il y auoit vne antiquaille dreffee, reprefentant S. George combatant contre le Dragon, & deliurant la fille du Roy : mais ie ne fçay où ce fut, & ne f'en voit vne feule enfeigne ou marque : combien que lon tient pour tout affeuré, que le miracle aduint à demie lieuë de la ville, au pied d'vne montagne, qui lors eftoit peuplee de bois. C'eftoit près de là en vn promontoire voifin, que fut iadis faiét & taillé en marbre vn Chien, qui voyant venir les nauires eftrangers, abbayoit par force d'enchantement. En Baruth auffi fut la premiere image de noftre Seigneur, où plufieurs miracles ont efté faiéts, fi on donne foy à l'hiftoire Ecclefiaftique, efcrite par Eufebe de Cefaree, qui dit l'auoir veu. Du temps que i'y eftois, ie trouuay vne medalle d'vn nommé Appie Claudie, lequel eftoit Conful auec vn Seruilie : tant y a que ie ne fçay bonnement lequel ce fut des Appies, fauf que fa medalle môftroit, qu'il eftoit des premiers qui onc entre les Romains dreffa efcuffon, & le meit dans les temples, ainfi que depuis il a efté receu parmi toutes nations, fauf les Iuifs, qui ne voulurent le fouffrir aux Romains, d'où f'en enfuyuit de grands troubles & feditions, & à la fin leur ruïne. Cefte pauure ville a efté prinfe fouuentefois par les Chreftiens, non fans grand maffacre des Barbares : & fuis affeuré, fi les Chroniques des Chreftiens & Iuifs Leuantins ne font faulfes, que lors que Sultan *Melechnazer*, que les Arabes nomment *Barchen*, qui fucceda à Sultan *Elfi*, print Baruth, Sur & Sidon, qu'il y perdit plus de cent mille hommes, tant de la maladie de pefte qui eftoit en fon camp, que des homicidez. Les Grecs Afiatiques difent auoir par efcrit, mefmes l'hiftoire Syriaque l'accorde, que la ville de Baruth fut premierement baftie par vn grand perfonnage de ce nom, duquel elle le retient iufques à prefent : lequel efmeu de deuotion, & irrité d'auoir veu brufler le temple de Salomon, & la ville de Hierufalem abandonnee aux Tyrans, laiffa le monde, & fuyuit le Prophete Ieremie, foubz lequel il efcriuit plufieurs Propheties : & depuis mourut incontinent apres que ledit Prophete fut occis. Si lon veult prendre le chemin de Baruth pour tirer à *Gazera*, lon trouue vne bourgade au pied d'vne montaignette, que ceux du païs nomment *Heleph* : qui eft le propre lieu, fuyuant ce que les Iuifs & Arabes difent, où Noé planta la premiere vigne, & où il fe tenoit auec fa famille, offrant à Dieu fes facrifices

& prieres. Tirant de la part de Damas, on voit vne mofquee ronde, que les Mahome-tans tiennēt, faicte en façon de Coulombier, baftie fur vn coftau : dans laquelle fut en-terré ce bon pere Noé. Apres que vous auez pafſé Baruth, vous trouuez fur la riuiere *Adonis*, au bord de la mer, vne petite ville, nommee iadis *Biblus*, à prefent *Suietem*, pres laquelle eft ledit Pas du chien faict par enchantement : qui ſ'appelle ainfi, non pour cefte folle forcellerie, ains à caufe d'vn fleuue qui y pafſe, portant le nom de Chien. Et d'autant que le paffage y eft difficile, & que c'eft par où doiuent paffer ceux qui font le voyage par terre, allās ou à Tripoly d'vn cofté, ou à Sur d'vn autre, les Turcs gardent la place, y ayant vne fortereſſe, baftie dés le temps de l'Empereur Anto-nin le Debonnaire. Cefte villette eft des plus anciennes qui foient le long de la mer, edifiee par la grande Ifis, qui luy donna ce nom, à caufe que, fuyuāt l'hiftoire du Grec vulgaire, elle y laifſa fa couronne Royale, qui eftoit non pas d'or ne d'autre metal pre-cieux, mais de l'efcorce d'arbre, qui fe dit *Biblos* en Grec. Entre cefte villette & Tripo-li de Syrie, fur le mont Liban, eft la region des Maronites, dicts d'vne ancienne ville de ce nom, quoy que plufieurs fouftiennent le contraire, & que le premier qui induit ce peuple à l'erreur des Monothelites, fut vn Maron, & que de luy ils ont prins leur appellation : combien que c'ait efté Macaire Antiochien, comme i'ay dict, qui fut l'in-uenteur de la fecte : d'où nous pouuons inferer, qu'ils ont emprunté leur nom de la na-tion, & non point d'vn homme, ainfi qu'on dit des Boëfmes & Albigeois. I'ay pafſé quelquefois par ce païs, & cognu qu'ils font Chreftiens, quoy que fubiects au Turc. Et qu'ainfi foit, comme nous eftions à *Arzuf*, vne de leurs villes, d'où vient le fin acier à Damas, la veille de Pafques flories, en l'an mil cinq cens quaranteneuf, nous veifmes tout le peuple efmeu à caufe d'vn pauure homme tourmenté de l'efprit malin, fans qu'il euft repos ne nuict ne iour : lequel eftoit fils d'vn grand Seigneur Turc, de la fui-te du Beglierbey : qui caufoit (comme vous pouuez penfer) grande fafcherie au pere. Là donc arriua vn de ces Maronites, qui font gens de faincte vie, lequel dift au Turc, que ſ'il vouloit, il mettroit fon fils en repos. Et ainfi que ledit Seigneur le prioit, luy promettant telle fatiffaction qu'il en feroit content : il fait refponfe, qu'en ces chofes il n'y falloit point de payement : feulement qu'il feift conduire fon fils le lendemain, le plus fecrettement qu'il luy feroit poffible à fon Euefque : à quoy le Turc ne fe feit trop prier. Dés que ce demoniacle eft en la prefence de l'Euefque, & qu'il l'a coniuré par l'efpace de trois iours, en prefence de plufieurs, & de fes parens mefmes, finalemēt l'ef-prit fort, & ſ'en va dans le corps d'vn chameau du Beglierbey, dequoy tous furent ef-bahis. Pour cefte caufe le Bafcha de Damas, qui ne prenoit pas grand plaifir que les Chreftiens gaignaſſent le peuple par telles œuures, enuoya de fes foldats à *Arzuf*, pour mettre la main fur ledit Euefque : lequel ne fut pas fi toft mené prifonnier, que l'efprit malin laifſant le chameau, reſſaifit le miferable qui auparauant en eftoit tour-menté. Ainfi ceux de la ville voyans le miracle, chargerent les foldats du Bafcha : qui fut caufe que nous en allafmes, à fin de ne tōber en quelque mifere : toutefois on nous dift à Tripoly, que l'Euefque auoit efté deliuré, & celuy qui eftoit poffedé du Diable, incontinent guery, & que l'efprit eftoit entré en vn autre chameau, lequel ſ'eftoit per-du, fans qu'aucun fceuft qu'il eftoit peu deuenir. Ie vous ay amené ce miracle, à fin de detefter ceux qui fe mocquent des œuures merueilleufes de Dieu, comme ceux qui de mon temps (quoy qu'vne pareille chofe ait efté faite en la perfonne d'vne ieune fem-me de Veruin, ville de France, par le miniftere de l'Euefque de Laon, en l'an mil cinq cens foixante & fix, prefens, & voyans plus de dix mille perfonnes) ne ceffent pour-tant de ſ'en mocquer : combien qu'elle foit notoire à tout le monde, faicte en face de peuple par la parole de Dieu, & auec la vraye force du fainct Sacrement. La guerifon

Liban, region des Maronites.

Hiſtoire d'vn Turc poſſedé de l'eſprit malin.

Hiſtoire d'vne ieune femme de Veruin.

Hiſtoire de
Luther.

qui ſ'en eſt enſuyuie, & la femme qui a eſté veuë & affligee, & puis guerie, de plus de
cinquante mille perſonnes, monſtre que le miracle eſt veritable, & qu'il n'eſt pas tel
que celuy de Luther à l'endroit d'vne fille en Allemaigne, natifue de Miſnie, poſſedee
du malin eſprit. Laquelle eſtãt amenee vers luy à VVittemberg, & comme il ſe meiſt à
coniurer l'eſprit, qui diſoit de grandes choſes par la bouche de ladite fille, tant ſ'en
fault qu'il la gueriſt, que pluſtoſt il ſ'en alla confus, ſans rien faire auec ſes coniuratiõs.
Et icy ie diray en paſſant, que i'ay veu és natiõs qui ſont ſans la cognoiſſance de Dieu,
le pauure peuple plus tourmenté de telles choſes, que ne ſont les Chreſtiés, quoy qu'à
Rome on voye grand nombre de Fantoſmes & ombragez de l'eſprit, m'aſſeurant que
pour vn Chreſtiẽ il y en a dix mille d'autres. Sur tout en l'Antarctique où nous eſtiõs,
nous apperceuiõs les Sauuages ſaiſis en noſtre preſence, criãs que *Agnan Hippochi*, c'eſt
à dire le malin eſprit, les battoit, nous prians de les ſecourir : cõme auſſi ils en eſtoient
ſouuenteſfois deliurez, en leur liſant l'Euangile deſſus : tant a de force le nom de Ieſus
ſur ces puiſſances obſcures. Autant en aduient aux Indes Orientales, au Peru, & en l'E-
thiopie, comme pluſieurs fois on l'a obſerué. Au reſte, quant à ceſt homme poſſedé à
Arzuſ, on me diſt qu'auant qu'il fuſt preſenté à l'Eueſque Maronite, il y eut vn enchanteur, & touteſfois Preſtre Mahometan, ioinct à luy vn de ces galans *Deluis*, qui
ſont l'Hermite en ce païs là, qui l'eut fort long temps entre ſes mains, vſant de grandes
coniurations contre ceſt eſprit, criant à haulte voix, qu'au nom de *Melech alla*, qui eſt
le grand Dieu, il euſt à laiſſer ceſte pauure creature, & ſ'en aller au ventre d'vne *Alha-
louphac*, qui eſt vne truye & beſte immonde, à cauſe qu'ils ont le porc en deteſtation,
& que les deux Anges *Aroth* & *Maroth* ont reuelé à leur Prophete, que l'vſage en
eſt abominable. Mais l'eſprit ſe mocqua de ces coniurations deuãt plus de trente mille perſonnes, leur diſant mille iniures, & deſcouurans pluſieurs de leurs meſchancetez: où au contraire les Chreſtiens ayans deliuré ceſt homme, furent louëz d'eſtre gens
de bien : ſi que quelques vns ſe feirent baptiſer & Chreſtienner en ſecret, confeſſans
que *Iſſa Beguamber*, c'eſt Ieſus le Prophete, eſtoit plus fort, ſainct & iuſte que Mehemet. En ceſte meſme ſaiſon vn mien amy Abyſſin à Tripoli, me recita, qu'en la Cour
du Roy d'Ethiopie ſon maiſtre, y auoit eu vn Seigneur, trois ans auparauant, poſſedé

Hiſtoire
d'vn Sei-
gneur E-
thiopiẽ poſ-
ſedé de l'eſ-
prit malin.

de ſept diables, qui parloient toutes langues, iuſques à dire tout ce qui ſe faiſoit par les
païs voiſins, lequel fut ainſi tourmenté l'eſpace d'vn an deux mois & cinq iours. Touteſfois à la fin vn ſainct homme d'Egliſe, en preſence de l'Empereur, & de plus de cent
mille perſonnes le iour du Dimanche, feit ſortir tous ces ſept eſprits l'vn apres l'autre,
leſquels ſ'en allerent en vne terraſſe & maiſon telles qu'elles ſont là, qui eſtoit au Seigneur, où par l'eſpace de quatorze iours ils feirẽt vn bruict & tintamarre ſort effroyable : d'où à la fin, celuy meſme qui les auoit chaſſez du corps, les feit auſſi vuider. De
cecy m'aſſeura pareillement vn Eueſque Abyſſin, eſtant en Hieruſalem, & autres
qui y auoient aſſiſté, diſans que ces eſprits haranguoient ſi bien en Grec, Hebrieu,
Chaldee, Arabe, & autres langues, qu'il ſembloit qu'ils leuſſent ce qu'ils diſoient : adiouſtans que ce miracle fut de telle efficace, que plus de trois mille eſclaues Africains,
& autres Mahometiſtes des Royaumes voiſins & des idolatres, ſe conuertirẽt à la foy,
& recogneurent Ieſus Chriſt pour leur Roy & vray Dieu, receuans le ſainct Bapteſme. Quoy que cecy ſemblaſt faire peu à l'hiſtoire, ſi eſt-ce qu'eſtant faict ſur les lieux
que ie deſcris, & par hommes de noſtre Religion, & le tout ſe rapportant à la gloire
de Dieu, Theuet ne fera iamais conſcience de le celer, puis que les infideles meſmes
ſont contraints de magnifier Dieu en ſes fideles. En ces regions Maronites il ſe cueille
de bon vin, & en grande abondance, & porte lon de ſes raiſins à Damas. Et ne fault
ſ'arreſter à ceux qui diſent, que les vignes y portent deux fois l'an, & qu'autant de fois
y ſont

y font vendangees : attendu que ce feroit fe mocquer, bien que la terre y foit fertile &
plantureufe : mais il fault auoir efgard au naturel & propriecté de la plante. En ce païs
encor fe trouue d'vne efpece de gomme, dicte par les Hebrieux *Bedola*, que les habitans du païs appliquent à plufieurs maladies : & du Camphre, qui eft auffi gomme cordiale pour les vlceres, laquelle a efté fort long temps incogneuë, ioinct qu'elle n'eft
pas côme le Camphre dequoy on vfe pardeça : & me dift vn Iuif, que cefte cy n'eftoit
vn brin fophiftiquee (ils l'appellent en leur langue *Copher*, & en Arabe *Caphuran*) ce
que ie croy fort bien, veu que nous n'auons guere pardeça drogue, que nous puiffions
dire eftre naïfue & fans fallification. Mais laiffons ce propos, & cõtinuons noftre traicté, & voyons comment le Liban, qui femble toucher de fes coupeaux la haulteur du
ciel, vient en fabaiffant peu à peu, comme f'il fe vouloit applanir, iufques à ce que près
de Tripoly, en vn lieu iadis nommé Face-Dieu, il pofe fon pied, & regarde la beauté
de la planure voifine, laquelle il arroufe d'vne infinité de fontaines, ruiffeaux & petites riuieres.

De Tripoly *en Syrie : deffenfe aux Chreftiens de fe ioindre à femme*
Turque : & des montaignes d'Ifraël en general.
CHAP. XIIII.

L A ville de Tripoly eft maritime, & prefque dans la mer du cofté
du Midy, ainfi appellee, à caufe que la region contenoit trois villes
principales, ou pource qu'elle eftoit diuifee en trois parties de trois
peuples diuers : & d'autre part elle eft affife au pied du mont Liban,
lequel ie vous ay dit eftre hault à merueilles, & fort froid, à fin qu'on
ne trouue point eftrange d'ouyr dire, que les Cedres y croiffent, qui
demandent les lieux affez froids, & toutefois fecs, & l'air fubtil. En ce mefme mont
fur la pante, qui va fur les vallons, y a des plus beaux iardinages & vergiers qu'on fçauroit voir, qui eft tout le plaifir de la ville : laquelle eft des plus marchandes qu'on fçache,
& où fe fait tout le trafic du Leuant, au moins de ce qui fe paffe en Europe, comme les foyes & toute forte de droguerie qui y eft apportee d'Alep, grand magazin de
Syrie, voire & de tout le Leuant, aumois où le Turc commande. A prefent elle qui
fouloit eftre chef des nations, eft commandee, quoy qu'elle foit riche, populeufe &
frequentee d'eftrangers. Les habitans y font fubtils en petit ouurage de foye, pour ne
dementir en rien leur antiquité, & en teinctures de pourpre, en quoy toute la Phenice a efté recommandee. La terre voifine eft vn lieu de plaifir, & où vous voyez les iardinages tels, qu'il femble que nature, l'art & induftrie de la main de l'homme n'ont
rien obmis pour la beauté & pour l'vfage. Il n'y a que trois lieuës iufques au fommet
du mont Liban de la ville auant. Mais deuant qu'y entrer, il vous fault noter, qu'il y a
entre ledit mont & Tripoli vne montaignette, qu'on nomme le mont des Leopards. *Sepulture de Iofué.*
En cefte montaigne Leopardine i'ay veu vne grande grottefque & fpelonque, dans
laquelle y a vn monument long de douze à treize pieds, & affez large. Les Arabes qui
y vont, & les Turcs, l'ont en grande reuerence, difans, que ce fut là que fut enterré ce
grand cõducteur & vaillant chef des Iuifs Iofué, fucceffeur de Moyfe : iaçoit que leur
opinion foit faulfe, à caufe que ce fut près de *Napoloze*, iadis *Sichem*, en Samarie, en
vn lieu & grottefque, dict *Thaunath-far*, veu que iadis quelques vns des Patriarches
faifoient ainfi leurs fepultures, comme on peult coniecturer par celle qu'Abraham
achepta pour y mettre fa femme Sarra, appellee double grottefque. Le tombeau qui
fe voit en ce mont aux Leopards, eft pluftoft le lieu où fut mis Canaan, fils de Cham,

K

qui le premier regna en ce païs, & qui ſy tenoit, teſmoing que le païs portoit ſon nom, & l'a porté fort long temps : & encore celle Phenicienne, de qui noſtre Seigneur guerit la fille demoniacle, eſt pour ceſte occaſion appellee Cananee en l'Euangile. Ainſi les Mahometiſtes venerent le lieu de leur pere Canaan, qui comme eux, a eſté perſecuteur de ceux qui aimoient & ſuyuoient les moyens du vray ſeruice de Dieu. Auſſi pour preuue de mon dire, à deux lieuës de ladite grotteſque, tirât au Nort, y a vn chaſteau & village, mais le chaſteau eſt tout à bas, baſti par Sinee, frere d'Atlas, fils de Canaan, nommé à preſent *Sinochem*, ainſi que i'ay ſçeu de l'hiſtoire Maronite. Le port de Tripoly eſt à demie lieuë de la ville : & quoy qu'il ſoit treſbeau, ſi eſt-il quelque peu dangereux, pourautant qu'il y a force rochers, le peril y eſtant tout euidêt, quand le vent ſouffle du coſté du Nort : dont peult faire foy le grand vaiſſeau de Venize, qui y fut perdu lors que i'y eſtois : ioinct que la ſonde y eſt mauuaiſe. La mer en ceſt endroit n'eſt guère fertile en poiſſon. Sur le riuage y a vne grande maiſon, nommee la Douane, où lon met la marchandiſe, & où auſſi les fermiers du Seigneur ſe tiennent, pour leuer le tribut & gabelles. Pour la ſeureté duquel lieu, ſont baſties quatre groſſes tours, faictes à l'ancienne, dans leſquelles y a quelques pieces d'artilleries & autres munitions de guerre : combien que cela ne ſeroit pour ſouffrir vn ſiege, ou endurer le canon : veu que hors mis la ville & chaſteau de Rhodes ledit Seigneur n'a guere place en la Grece, Natolie, & Aſie, de grand' force, ne ſe ſouciant d'en fortifier, ſinon celles qui ſont ſur les frontieres des Chreſtiens du coſté de Hongrie & Tranſſyluanie, Polongne, Dalmatie, & du coſté d'Afrique. Ces tours de Tripoly ont eſté faictes par les Templiers, ainſi que diſent les habitans meſmes du païs, du temps qu'ils y commandoient : dequoy ie ne doute aucunement, attêdu que lon voit encore dans l'vne d'icelles le nom eſcrit d'vn nommé *Dauid Cayſme*, Polonnois, Grand-maiſtre dudit Ordre : & ſ'y ſont tenus d'autre fois, poſſedans toute la planure depuis Tripoly iuſques à *Tortoze*, qui eſt la fleur du païs. Quant à l'vne des tours, fort moderne, ie ſçay qu'vn Seigneur Venitien l'a faict faire malgré qu'il en euſt, à cauſe qu'il fut trouué couché auec

Haure de Tripoly dangereux à cauſe des rochers.

Chreſtien ſurpris auec la Turque, eſt puni. vne ieune femme Turque : m'aſſeurant que ſi ce poure magnifique n'euſt eu des amis, il euſt fallu ou qu'il ſe fuſt faict Turc circoncis, ou qu'il y fuſt paſſé pour vn homme de ſon païs : d'autant que telle eſt la loy contre le Chreſtien ou Iuif, qui ſ'accouple à la femme Mahometane : là où encor il y a du danger à l'accuſer : pource que celuy qui ne le peult prouuer, eſt par la loy condamné à cent baſtonnades : & celuy qui accuſe le Chreſtien, n'eſt iamais puni, & ſi le Chreſtien eſt conuaincu, il fault qu'il paſſe par ce que ie vous ay dict. Or eſt-ce vne couſtume entre eux, que tous Chreſtiens, ſoient Grecs, Latins, ou autres, peuuent nourrir pour leur ſeruice, outre leurs femmes & enfans, des ſeruants ou ſeruantes, ſans en auoir reprimende, ſ'ils ſont d'vne meſme religion, & non autrement. Au contraire, ſi quelque Turc eſt ſurprins en adultere auec vne Chreſtienne, comme ils en ſont couſtumiers, combien que ce ſoit le plus ſecrettement qu'ils peuuent, il en eſt reprins : & pour la punition, on le conduit ſur vn aſne, monté à rebours : le contraignans quelquefois de tenir de ſa main la queuë de ceſte gentille beſte, pour luy faire plus grande infamie, en luy poſant pour trophee ſur ſon chef, quelques tripailles de bœuf, ou de mouton. Et me ſouuient auoir veu, eſtant au Caire, iouër à trois Turcs telle tragedie, dont l'vn eſtoit riche marchant, qui auoient eſté trouuez dans vn iardin hors la ville auec la plus villaine maſque de femme que ie veis onques, Geneuoiſe, eſclaue d'vn Lapidaire Venitien, ſeul Chreſtien Latin dans ladite ville : qui auoit pour le moins ſoixante & dix ans, autrefois mariee à vn Capitaine des Bohemiens, diſeur de bonne aduenture. Ie vous laiſſe à penſer, comme ceſte galande fut frottee. C'eſt auſſi l'vne des meilleures practiques des *Cadileſquers*, ou *Cadi bengilar*, qui font deux examinateurs de Iuges : iaçoit que bien fouuent les *Baſsi, Cadhi*, ou *Subaſsi*, veulent auoir la cognoiſſance de tels faicts, pour gripper quelque choſe. Mais ces malheureux font tous ſi corrompuz, & peu craignans Dieu, qu'eſtans meſmes aduertis que quelcun d'eux ait eſté trouué commettant le peché contre nature, auec enfant, beſte, ou autrement, dequoy ils ne font que le ſerf, ils le condamnerõt ſeulement à vne amende, ou punition ſi legere que rien plus. Les femmes y font beaucoup plus chaſtes que les hommes, & fouuent ſe ſcandaliſent de la vie de leurs maris. Elles ont toutes le viſage couuert, tant mariees que à marier, & marchent auec vne ſimplicité, mundicité, grauité & honneſteté fort grande. Ie ne veux pourtant dire, que tous Turcs ſoient ainſi deprauez : & principalement ceux qui ont eſté Chreſtiens, enleuez grands d'entre les mains de leurs peres & meres. Tant y a, que le ſuſdit Seigneur Venitien eſtant priſonnier au logis du Sangeaz, corrompit par dons & preſens les Officiers : ſi que la peine fut eſchangee en ceſte amende, que à ſes propres couſtz & deſpés il feroit baſtir ladite tour : qui luy couſta plus de quarante mille eſcuz, pour auoir habité auec vne eſträgere d'autre Religion que la ſienne : ce qui eſt defendu de toute loy & honneſteté. I'ay bonne ſouuenäce que du temps que i'eſtois en l'Antarctique, il fut defendu à tous les noſtres, ſur peine de la mort, de n'auoir affaire auec ces brutes fêmes du païs, quoy que ces Sauuages nous preſentaſſent aſſez leurs filles : & cela fut treſbien obſerué, & principalement à l'endroit de quelques Miniſtres imberbes, que Caluin y auoit nouuellement enuoyé : & vous puis aſſeurer, que ſils n'euſſent non plus beu que mangé, le tout ſe fuſt mieux porté pour eux. A Tripoly, ceux qui vont ou viennent du port à la ville, ou d'elle au port, quelques grands Seigneurs qu'ils ſoient, font montez ſur des aſnes les plus beaux du monde, couuerts & caparaſſonnez de certains tapis Turquois, dequoy ont charge les eſclaues des marchás. Ie n'oublieray icy à vous dire, que eſtant à Tripoly, vn premier iour de May ie fus rencõtré du Sangeaz & de ſa troupe de Ianiſſaires, hors la ville : lequel voyant que i'auois vn liure entre mes mains, ſ'arreſta tout court deuant moy, me demandant ſi c'eſtoit l'*Alfurcan*, ou Alcoran, ou bien le *Zeburth*, ou *Teurapt*, qui ſont les liures du vieil Teſtament, comme font les Pſalmes de Dauid & autres Prophetes. Auquel comme ie diſſe que c'eſtoit l'Euangile, il n'eut pas ſi toſt entendu le nom d'*Ingil*, qu'il baiſa mondit liure, & le meit ſur ſa teſte : comme auſſi en feirent de meſme pluſieurs des ſiens, diſans, que c'eſtoit vne ſaincte choſe, ſi les hommes ne la corrompoient point. Ie penſe que ces pauures gens ſe ſouuenoient d'auoir eſté baptiſez, eſtans petits enfans, comme font tous Ianiſſaires preſque, qui font volez à leurs parens, & puis nourriz en diuers lieux pour le ſeruice du Seigneur : ainſi que ſouuent en aduient és lieux, contre leſquels les Turcs ont la guerre, & comme on a experimenté en Italie au Royaume de Naples, & en Allemaigne à l'arriue de l'armee Turquefque. La ville eſt aſſez grande, bien accommodee d'vne petite riuiere qui paſſe par dedans, enſemble de pluſieurs fontaines, de beaux temples de Turcs, & de *Carbachara*, où ſe retirent les Mores, Arabes, & autres allans & venans. Il y a auſſi des *Baſeſtans*, ou *Bazars*, où ſe vend la marchandiſe. Ioignant la ville, il y a vn pont double, qu'ils nomment *Radamonte*, fort ancien, ſoubz les arches duquel paſſe ladite riuiere, venant du mont Liban. Vn peu plus hault hors la ville, ſe voit vn chaſteau, baſti ſur vne colline, auquel demeuroit de mon temps le Sangeaz. Les Chreſtiens n'y ont point d'Egliſes publiques, ne François ne Venitiens : ains font dire le ſeruice chacun à leur Fondique : où peuuent toutes nations Chreſtiennes ſe retirer, & mettre ſoubz la protection du Cõſul de France. La beauté de Tripoly conſiſte encor és baings grands & ſpacieux, la plus part tous de marbre, tant le bas que le hault, faicts en voute, où les Turcs, Mores, & Chreſtiens peuuent aller librement : y ayant vn mai-

Teurapt, Zeburth, & Ingil.

K ij

ftre en chacun, qui y tient des efclaues pour vous feruir, auquel vous donnez trois ou
quatre afpres pour fa peine, & pour le vin dudit efclaue vn afpre, ou ce qu'il vous
plaift. Les femmes en ont à part, & fe baignent d'ordinaire deux ou trois fois la femaine. Or iaçoit qu'à Tripoly il y ait de grandes chaleurs, l'air toutefois y eft meilleur
qu'en autre lieu de toute la cofte de cefte mer: de forte que ceux qui f'en fentét fafchez
& moleftez, f'ils veulent fe rafraifchir, f'en vont audit môt Liban, & en moins de deux
heures & demie, n'eftans qu'au milieu de la montaigne, fentent de grandes froidures,
& des vents auffi impetueux, que lon experimente és haults monts de Tartarie, ou Armenie : tellement qu'en deux heures vous auez l'Efté & l'Hyuer, montant & defcendant du plat païs à ce hault mont. Ayant paffé & Tripoli & le mont Liban, tirant vers

Lieu ancien Damas, nous vinfmes en vne ville nommee *Balbeth*, fort anciéne, & où il y a plufieurs
de Balbeth, antiquitez : entre lefquelles ie veis vingtfept Colomnes de diuerfes haulteurs, dont la
& Colônes moindre auoit pour le moins douze braffes de haulteur, & deux & demie de largeur.
antiques. Ceux du païs me dirent, qu'ils auoient efcrit en leurs hiftoires, qu'au lieu où eftoient
ces Colomnes, y auoit eu vn fuperbe baftiment, iadis edifié par Salomon : & qu'il fe
trouuoit encores en quelques vieilles mafures aupres, des pierres grandes & groffes à
merueilles, l'vne defquelles vingt hommes n'euffent peu leuer, où lon voyoit des lettres Hebraïques & characteres engrauez, qu'on ne pouuoit lire. On m'a affeuré que depuis mon partement Sultan Solyman (mort depuis huiét ans) a faiét mener vne partie de ces Colomnes en Conftantinople, comme il feit de mon temps plufieurs autres
qui eftoient en Egypte, pour orner & decorer fa mofquee, commencee du temps que

Sepulture i'y eftois. Entre *Balbeth* & Damas, y a vne fepulture affez pres du grand chemin, cou-
du Prophete uerte d'vne pierre tirant fur le marbre gris, longue de cinq toifes, & large enuiron de
Efaie. trois, toute d'vne piece: que ceux du païs, comme Arabes, Grecs, & Iuifs, maintiennent
eftre où gift le corps du Prophete Efaie, fur laquelle il ne pleut ny tombe iamais eau
ou rofee en quelque faifon que ce foit, ny à cent pas pres. Ie vis plufieurs Iuifs f'y mettre à genoux, & y faire leurs oraifons. Les Chreftiens en font autant, eftans feuls & feparez de la compaignie des Mahometans, pour la reuerence de ce fainét Prophete. De
ma part i'y feis deuoir de Catholique : iaçoit que quelques Turcs renegats eftimaffent
que ie fuffe Lutherien, d'autant que lors Martin Luther ioüoit fes beaux ieux en l'Europe, & plufieurs des fiens fe retiroient en diuers endroits de Turquie. Voyla quant à
Tripoly, qui a fi long temps efté aux Chreftiens, & laquelle ils n'ont fceu non plus
garder que les autres villes de Phenice. Sortant d'icelle tirant à Cilicie, nous fufmes le
long de la planure, qui tire à *Tortoze*, & puis à *Soldin*. Aupres duquel eft vn chafteau,
qui eftoit auffi du domaine des Cheualiers de S. Iean, auec les cazals qui font à l'enuiron, à prefent tous du Sangeaz de Tripoly, qui eft foubz le Beglierbey de Syrie: lequel
en a douze qui luy obeïffent, à fçauoir celuy de *Damas, Malatie, Deruegi, Andep, An-*
tioche, Alep, Tripoly de Syrie, *Comuame, Hams,* iadis *Hemeffe, Sephet, Codsbarich,* qui eft
Hierufalem, *Gazera,* & *Legion.* Toute la region de Phenice, comme i'ay diét, eft maritime, & a autrefois efté en grande eftime, à caufe de la bonne teinéture en pourpre
qui f'y faifoit : qui mefmes a efté caufe, que les villes de Tyr, Sidon, & ladite Tripoly
ont efté priuilegiees par les Rois qui ont regné audit païs, & fur tout par les Romains,
admirateurs de toute chofe rare & de bon efprit. Auiourdhuy ne f'y fait rien qui merite eftre mis par efcrit. C'eft d'entre les Pheniciens que font fortis les bons Aftronomes & parfaiéts architeétes, lefquels auffi ont efté les premiers, qui en nauiguant ont
obferué le cours des Aftres. La Philofophie y fut inuentee par vn *Mochus,* natif de
Sidon, qui fleuriffoit auant la guerre de Troye, & infinis autres. Aucuns voyans l'antiquité de ce peuple, bien abaftardy à prefent, luy ont attribué l'inuention des lettres:

en quoy ils se trompent:d'autant que les Egyptiens s'en pourroient vanter à plus iuste tiltre, & que les Hebrieux surpassent & les vns & les autres. Mais ceux me font le plus rire, qui disent que cest oiseau tant renommé, le Phenix, fut premierement veu en ce païs, & que de là il prend son nom : puis passa en Orient plus oultre, où il renaist en mourant, ainsi qu'ils comptent par leurs fables, lesquelles ie laisseray, pour m'amuser à choses meilleures & d'autre consequence. Quant à la ville de *Saphet*, ie n'ay iamais peu sçauoir les premiers bastisseurs d'icelle. Elle est plus peuplee de Iuifs que d'autres, lesquels ont les doüanes, sçauoir peages de tous allans & venans: & y fault deuant que passer oultre, payer vn ducat pour teste. Ladite ville a esté donnee aux Iuifs, non pour en disposer comme vray patrimoine, ains pour exercer leur religion Iudaïque, & escholes. C'est en ce lieu, où se font les plus beaux & riches tapiz du Leuât. Elle est situee tout aux confins de Galilee. Non loin de là ie veis la place & campaigne, où Saladin Roy d'Egypte deffit l'armee des Chrestiens, qui fut l'an mil octantesept, au grand regret de toute la Chrestienté. Le long de la marine, la Phenice s'estend depuis Cesaree, qui est la Tour de Straton, à present *Belbec*, ou *Belme*, iusques à *Aiazza* en la Cilicie: & ayant passé le Liban, portoit iadis le nom de Syrophenice, voisine de la Galilee, & separee de Iudee par le mont Carmel. Au reste, pource que ie veux sortir de ces contrees, pour en visiter d'autres, i'aurois peur que lon m'accusast de paresse, si ie ne m'acquittois en vous faisant vne sommaire description, oultre ce que i'en ay dit, & particularisois les montaignes principales & plus remarquables. Vous auez donc entre les autres celle de *Carmel*, que i'ay descrite cy dessus, où *Nabal*, qui fut de la lignee de *Caleph*, gardoit son bestial : & celle de *Zif*, sur laquelle Dauid print la fuyte, lors que Saül le poursuyuoit pour le faire mourir: mont autant fascheux, & plein de bois de haulte fustaye, qu'autre que lon sçauroit trouuer. Quant à celuy de *Thabor*, il est de grande haulteur, au milieu d'vne belle campaigne: & là aupres sont celles de *Zabulon*, *Issachar* & *Nephthalim*. Il est auoisiné de la part de l'Ouest, qui est le Leuant, de la terre Cesareenne, à quelque douze lieuës : fertil en pasturage, & recommandé sur tous les autres, pour estre celuy, auquel nostre Seigneur s'apparut à Helie, & à Moyse. *Ebron* est vn autre mont en ladite Iudee, qui porte le nom d'vne ville (bastie long temps au parauant celle de *Thamny*, l'vne des plus anciennes de toute l'Egypte) à present ruinee. Ce lieu est aussi renommé, à cause de ces bons peres Patriarches, Adam, Abraham, Isaac & Iacob, & de leurs femmes, Eue, Sarra, Rebecca, & Lya, qui y ont eu leur sepulture en vne fosse tresprofonde, ainsi que ailleurs ie vous ay dit. Le mont *Sion*, qui est pres de Hierusalem, est pareillement recommandé, pour auoir esté iadis le bouleuert & defense de la ville, que l'Escriture appelle souuent Fille de Sion. Celuy de *Morie* l'auoisine: lequel Dauid acheta d'*Oruan* Iebuseen six cens Sicles de fin or, & où est edifié le temple de Salomon. C'est en ce mont, que Dauid fit sacrifice à Dieu apres ses prieres & oraisons, lequel sacrifice fut consommé par le feu enuoyé du ciel : comme aussi c'est l'endroit où Abraham se presenta à Dieu pour luy sacrifier son fils Isaac. C'estoit à la verité le vray oratoire de Dieu, & de sa loy : & tiennent les Hebrieux du païs, & les Chrestiens aussi, qu'en ce mesme lieu Iacob vit en son dormant l'Eschelle qui montoit iusques au ciel. A cestuy est opposite le mont des Oliues, vers la partie Orientale, distant d'vn iect d'harquebouse: lequel ne porte tel nom sans cause, m'asseurant qu'il n'y a endroit en tout le païs, où il s'en trouue plus, ne de meilleures. Mais d'autant que ailleurs i'en ay parlé, ie viendray au mont *Bethel*, assez pres de Hierusalem, iadis peuplé de bois de haulte fustaye, auiourdhuy lieu solitaire, & fort mal plaisant. Quant est de *Silo*, c'est certes vne montaigne qui excede toutes les autres de la terre, soit en haulteur, soit en largeur : que les Catholiques appellent du nom de Sa-

Carmel. *Zif.* *Thabor.* *Ebron.* *Sion.* *Morie.* *oliuet.* *Bethel.* *Silo, ou de Samuel.*

muel:où l'Arche du-teftament fut long temps conferuee,& plufieurs facrifices faicts à
Dieu. *Guarißim* en eft vne autre vers Hiérico,voifine de celle d'*Hebal*: efquelles deux
fe donnerent & annoncerent les benedictions & maledictions au peuple, lors qu'ils
eftoient fur le poinct d'entrer en la terre de Promiffion, à fin qu'ils fuffent efmeuz à
bien faire,& fe comporter felon ce qui eftoit contenu en la Loy. Or eftoiët-ce des deputez des fix lignees, accompaignez des preftres, qui iettoient ces maledictions : & le
lieu fufdit reueré des bons, & craint des mauuais. *Hebal* eft fituee outre le Iourdain,
auquel allerent les douze lignees d'Ifraël pour maudire ceux qui ñe garderoient les
Commandemens de la Loy:à quoy faire furent deleguez ceux qui eftoient defcendus
des fix enfans des chambrieres de Iacob. Le lieu eft cauerneux : & fe voyent au pied
d'iceluy force ruïnes:comme ainfi foit que iadis y ait eu de trefbeaux edifices, qui par
tremblemens de terre, ordinaires en ces endroits, ont efté tous culbutez & renuerfez
du hault en bas. Ie vous ay auffi, ce me femble, parlé ailleurs du mont de la Quaran-

taine,diftant dudit Hierico enuiron demie lieuë. C'eft là où noftre bon Dieu fut porté & tenté par le Diable : combien que, felon l'opinion des Georgiens, Neftoriens, &
Grecs,ce fut en vn autre plus hault, loin de ceftuicy quelques deux lieuës, entre *Hay*
& *Bethel*, vers le Midy. Au pied d'iceluy le Iourdain fe fepare en deux, f'efcoulant en
vn autre petit,que le vulgaire nomme le fleuue d'Helie: l'eau duquel a efté autrefois fi
amere,qu'il eftoit impoffible qu'homme ne befte en peuft boire, non plus que du Lac
bitumineux : iaçoit que pour le iourdhuy elle foit trefbonne (comme ie le fçay pour
en auoir beu) & trefprofitable,lors qu'elle fe defborde, à la terre qu'elle arroufe. Tou-

chant *Hermon*, il ne doit guere en fertilité & bon pafturage aux autres, encores qu'il
ne foit fi hault,ne fi large : il eft laué dudit fleuue Iourdain. Auffi eftoit-ce là, que lon

nourriffoit & engraiffoit les beftes deftintes au facrifice au mont Sion, bien qu'il y ait
quatorze lieuës de diftäce de l'vn à l'autre.Celuy du Liban eft le nompareil,tant pour
fa haulteur que fon eftendue, & eft en la prouince de Phenice. Ifidore dit, qu'il f'appelle ainfi,pour l'abondance de l'encens qui y eft:chofe,foubz fa faincteté,que ie n'accorderay iamais, comme defia ailleurs ie vous ay dit, non plus que ce que dit faulfement Bernard de Breydëbach Allemät,qu'en cedit mont croift la meilleure efpicerie
du monde. Il eft de grand' beauté & ioyeufeté, tant pour la verdure continuelle, que
pour l'harmonie naturelle des oyfeaux, que lon y oit tous les iours de l'annee. Et

quant à *Semeron*, dont la fainte Bible fait mention,c'eft où la ville de Samarie fut baftie,de laquelle toute la prouince porte le nom : lieu trefdifficile à monter. Pres de là,
fur vne petite colline,a efté bafti par les Rois Chreftiens vn Chafteau fort à toute oultrance,pour tenir les infideles en bride:deuant lequel,l'annee auparauant que Amaul-
ry Roy de Hierufalem affiegeaft le Caire, le Soldan *Zuar*, vint pofer fon camp : & y
ayant perdu plus de cent mille hommes,foit de maladie,ou autrement,fut en fin
contraint auec fa grand' honte le leuer. Et qui plus eft, deux Rois Affyriens
y furent trois ans, auec vne fourmilliere d'hommes, deuant qu'en
pouuoir venir à bout, tant le chemin,& contours qu'il falloit
faire autour dudit mont, font difficiles & dangereux.
Ainfi ie vous ay defcrit au long & au large toute
la Syrie, felon qu'elle fe comporte, & que
ie l'ay vifitee,& auec telle diligence,
que le Lecteur n'a rien de-
quoy fe deuoir plain-
dre de moy.

LIVRE SEPTIEME DE LA
COSMOGRAPHIE VNIVER-
SELLE DE A. THEVET.

De l'Isle de CYPRE, *dicte des Iuifs* CETHIMA, *&de la prinse
d'icelle par les Turcs.* CHAP. I.

ORTANS DE SYRIE maritime, la premiere isle qui se presente,
est Cypre:laquelle vers l'Occident regarde la mer de Satalie, où est le
promontoire *Acama*, à soixantequatre degrez dix minutes de longitude,trentecinq degrez trente minutes de latitude,duquel costé est
le mont Olympe, different à celuy qui est en l'Asie mineur en haulteur, largeur, & climat : non loing duquel est bastie la ville de *Bafo*,
iadis nommee *Papho*. Vers la part du Midy,elle a la mer d'Egypte & de Surie au promontoire nommé *Zephir*, à soixantequatre degrez quarantecinq minutes de longitude, trentequatre degrez cinquante minutes de latitude. Et de ce costé est la ville de
Limeçon, iadis *Limisse*, qui à present n'est qu'vn gros village, ayant esté ruïnee par vn
Roy d'Angleterre, auquel les Cypriens denierent l'entree en leur isle, luy allant en la
Terre saincte. D'autres amenent vne occasion plus iuste de ceste ruïne, à sçauoir, que
comme vne sœur dudit Roy Anglois allast en voyage en Hierusalem, & eust prins
terre en ladite isle:le Seigneur du païs oubliant sa Chrestienne façon de faire, & tout
droict d'hospitalité, vsa de force alendroit de ceste Princesse qu'il voulut violer : tellement que cela estant entendu par le frere, le faict fut vengé par la ruïne de l'isle, &
deffaicte du Seigneur d'icelle. Or quelle que soit la cause, c'est pour tout asseuré que
l'isle fut saccagee, & la plus part des villes demolies, & leur premiere beauté ostee. En
ce mesme costé gist le cap de la Grotte. Vers l'Orient elle est terminee aussi de la mer
de Syrie, au promontoire de S.André, dict des Anciens *Clides*, à soixantesept degrez
trente minutes de longitude, trentecinq degrez cinquante minutes de latitude. Et tirant la coste au Nort, elle confine auec le destroict de Carmanie, regardant la ville
d'Antiochette, qui est en la Cilicie, non trop esloignee du mont Taurus : celle que
quelques vns ont prins pour Antioche. En somme, vers les parties Orientales, le païs
se nommoit iadis Salaminie,& vers les Occidentales Paphie, aux Meridionales Ama-
thusie, & vers les Septentrionales Lapithie, du nom des villes qui estoient chefs des
prouinces, esquelles l'isle estoit distribuee. Elle peult auoir de circuit enuiron cent
cinquante lieuës,& quatre vingts de long,& presque autant de large : par laquelle mesure vous pouuez voir sa beauté & excellence, y adioustant la richesse & fertilité du
païs.Quant au nom qu'elle porte, elle en a eu de bien diuers selon les occurrences des
temps:Entre autres elle a esté nommee Ceraste,à cause qu'elle est fort cornue,c'est à di-

*Longueur
& largeur
de l'isle de
Cypre.*

K iiij

re,qu'il y a grand nombre de promontoires:Puis auffi Macarie,pour la felicité & bon-té de fon terroir:Finalemét elle print le nom d'vne ville baftie en elle par le Roy Philocypre : combien que ie penferois pluftoft que c'euft efté ce Roy qui euft donné le nom à toute l'ifle,que non pas la feule ville, comme mefmes m'ont dict les plus anciés, defquels i'ay fceu la verité, & auffi pour l'auoir leu en leurs hiftoires : où il eft efcrit, que du temps que Philocypre fe feit Roy de cefte ifle, elle eftoit peu habitee,pource qu'elle eftoit toute bofcageufe, & nonobftant cela, abondante en delices : qui a efté caufe qu'on dit que la Deeffe Venus f'y eft fort delectee. Quoy qu'il en foit,il eft hors de doubte, que cefte Dame ainfi deifiee par les Anciens, eftoit Cyprienne, & natifue de la ville de Bafe, qui eftoit le port le plus commode pour la Seigneurie de Venize, le temps qu'ils la poffedoient. Cefte fine femelle eftant fubiecte à fes complexions,feit tant qu'elle induit les autres à fe prefter, faifant gloire de ce qui eft vilain entre toutes nations:de laquelle efchole eft fortie toute l'impurité,qui a fi long temps gafté l'Afie. C'a efté auffi la premiere,qui ouurit bordeau public en fon ifle, comme lon trouue en certains epitaphes antiques au lieu où eftoit fon Temple. Les premiers qui la peuplerent,font venuz vne partie d'Arcadie,autres de la Moree,iadis Peloponnefe, & autres de Phenice:& les plus forts c'ont efté les Atheniés,qui l'ont enrichie de belles villes, y exerçans le nauigage, pource qu'elle abondoit en bois, propre à faire les appareils. Cefte ifle auffi bien que plufieurs autres, eftoit gouuernee par diuers Seigneurs, iufques à ce que Ptolomee oncle de la Royne Cleopatre, f'en feit Roy fouuerain. Les

Opinion des Papazzes Grecs. Papazzes du païs, & plufieurs autres Grecs, m'ont dit,& ont par efcrit dãs leurs vieux parchemins, que ce fut fon pere, furnommé Auletes,en la cent feptantequatriefme O-lympiade, l'an du monde trois mille huict cens octantequatre. Mais il ne iouït guere long temps de cefte richeffe:attendu que les Romains aduertiz de la fertilité de la terre,abondance de metaux, & autres commoditez, l'ofterent audit Roy d'Egypte par le moyen de Caton qui y alla auec force : & cela fut occafion, que le Roy miferable fe voyant rauir le fien par ceux qu'il penfoit eftre fes defenfeurs,fe tua auant que les Romains y arriuaffent. Le Capitaine Romain pilla auffi bien l'ifle, que fi c'euft efté quelque terre ennemie,& y trouua tant de threfors & richeffes,qu'il en rempluma tout celuy de Rome,qui eftoit fort efpuifé,à caufe des guerres.Et ne fe fault efbahir fi les Romains cóuoiteux oultre mefure,f'en feirent Seigneurs,veu que l'huile,le vin, les bleds de toutes fortes, le fucre & plufieurs fruicts y abondent. Cefte ifle a efté long temps foubz la main & Empire des Romains, iufques à ce que les Sarrazins & Perfes affligerent l'Orient, & fe faifirent de la Syrie, Paleftine & Egypte, veu que tous les Grecs, qui eftoient Empereurs Orientaux, en perdirent le profit & iurifdiction enuiron l'an de grace fix cens quaranteneuf. Or auant encor que venir à l'hiftoire de noftre temps, & comme cefte ifle tomba iadis entre les mains des Venitiés, il fault voir fi les Saincts de l'Eglife primitiue ont donné atteincte en Cypre par leur predication, à fin qu'elle ne demeure fans luftre de tout ce qui rend loüable vne prouince. C'eft fans doubte

Sainct Paul fut en Famagofte. que S.Paul vint à Salamine, qu'on nomme à prefent Famagofte, accópaigné de Marc l'Euangelifte, où il annonça la parole, allant en Seleucie de Syrie. Ce fut auffi à Bafe, où il trouua le Magicien Elymas, qui empefchoit que le Proconful ne vinft au Chriftianifme.En Famagofte,que l'Empereur Conftantin nomma de fon nom Conftance, a fiege d'Euefque: laquelle a efté prife au grand regret de la Chreftienté,auec le refte de toutes les autres villes & forterefles de l'ifle par Sultan Selim, fecond du nom,Empereur des Turcs, l'an mil cinq cens foixante & vnze, ayant fouftenu auparauant que ces diabletons entraffent dedans, plufieurs affaults vn an entier ou enuiron, que le fiege a efté deuant.Dieu fçait combien de coups de canonnades elle receut, premier que

fe rendre à la mercy de ces chiens enragez,eftant battue en diuers endroits.Elle eft baftie au riuage de la marine.Le port eft beau,large & fpacieux,fi bien tournoyé de toutes parts de rochers,que vous diriez que c'eft la mefme nature qui l'a ainfi enuironnee:
à l'entree duquel iadis on fouloit auoir vne longue chaifne de fer, pour empefcher

l'ennemy d'y entrer, quand il y voudroit mouiller l'ancre. Ie vous en ay bien voulu
reprefenter le pourtraiĉt au naturel , comme ie l'ay veu , & fait le creon , eftant en ladite ville. Au refte , Famagoufte regarde l'Egypte. C'eftoit vne ville autant bien munie qu'autre qui foit au monde. Ses murailles ont d'efpaiffeur vingthuiĉt pieds, fai-
ĉtes de pierre forte, taillee. Elle eft flanquee de baftions tout autour, & foffez de mefme,baftie en plaine,& fur vn roch,eftroiĉte, n'ayant que deux portes, l'vne qui ouure
fur le port,& l'autre fur le grand chemin de Nicofie,forte à merueilles.Il y auoit d'ordinaire là dedans vn Preuoyeur, auec fix cens foldats ou mortepayes, que lon chan-
geoit de trois ans en trois ans , comme on faifoit auffi tous & chacuns les autres Officiers : chaque foldat receuant par mois & chambre vingthuiĉt reals, à trentefix iours
pour mois. De chofe rare ou ancienne, ie n'y vis qu'vn grand Palais, enfemble vn autre , que lon nomme de *Locha*, où demeuroit le Gouuerneur. Non loin de là il f'en
voit encores vn qui excede en grandeur les precedens, que lon dit eftre celuy du Roy
Cofte, pere de la vierge S.Catherine , bafti des plus pefantes & groffes pierres que lon
fçauroit trouuer. A quelque demie lieuë lon trouue l'Eglife de S.Barnabé, où felon
l'opinion des Grecs il fut martyrifé. Quelques vns des plus anciés du païs m'ont voulu faire accroire, que ce fut ledit Tyran Cofte qui donna le nom à Famagofte : chofe
que ie ne leur peux accorder, pourautant que le nom eft plus moderne, & mefmemĕt
que foubz Conftantin elle fut appellee Conftance,comme dit eft.Entre ladite ville &

la marine i'allay vifiter l'Eglife de faincte Nappe, à laquelle y auoit grand apport de toutes fortes de Chreftiens, dediee à l'honneur de la Vierge mere de Dieu, l'image de laquelle eft trefbelle, faicte, comme tiennent les Grecs, par S.Luc. Cefte ville eft fub-iecte à tremblemens de terre,& affez mal faine, à caufe des vapeurs, qui f'efleuent de la riuiere de Conftance:l'eau de laquelle ronge & gafte le fer,tout ainfi que pourroit fai-re l'eau fort. Quant aux chofes qui f'y font paffees,tant pour la prife d'icelle,que pour les autres chofes confiderees en l'art militaire, ie vous diray en peu de mots ce qui en eft. Il eft donc à noter, que le feiziefme de Feurier, mil cinq cens foixante & vnze, partirent les vaiffeaux qui auoient conduit le fecours à Famagofte, là où fut trouué en tout,le nombre de quatre mil hommes de pied Italiens, huict cens du païs, qu'on ap-pelle Legionnaires,& trois mille tant des citadins que des païfans: plus,deux cens Al-banois.On y pourfuyuit de tous coftez la fortification auec plus grand' diligence que deuant, y trauaillant toute la garnifon, toute la ville, & les Seigneurs mefmes en per-fonne, qui n'y efpargnoient aucune peine pour donner exemple aux autres : vifitans iour & nuict les gardes,à fin qu'auec toute diligence la ville fuft conferuee : & ne for-toit on plus à l'efcarmouche, finon rarement pour furprendre les ennemis. Cepen-dant que dedans fe faifoient ces prouifions, lefdits ennemis ne pouruoyoient moins diligemment dehors à toute chofe neceffaire pour expugner la forterefle : comme de facs de laine,de bois,d'artillerie,d'inftrumens à mains, & autres chofes qui leur eftoiêt portees de la Caramanie, Tripoli,Damas, Baruth, & autres lieux de la Syrie en grand' diligence.Au commencement d'Auril,vint Aly Baffa auec enuiron quatre vingts ga-leres : & puis fe partant de là, y en laiffa trente,lefquelles continuellement traiettoient gens,munitions,rafraifchiffemens, & toute chofe neceffaire:outre vne grande quanti-té d'autres vaiffeaux qu'on appelle Caramufcolins,Mahonnes,& Palandares, qui con-tinuellement auffi alloient & venoient des lieux circonuoifins, & le tout fort haftiue-ment,ayans peur de l'armee Chreftiéne. A la my-Auril ils feirent amener quinze pie-ces d'artillerie de Nicofie, qui eftoit prinfe il n'y auoit pas long temps , & remuant le camp du lieu où il eftoit , faifans foffez & trenchees, fe camperent aux iardins : & vne partie du cofté du Ponét, pardelà vn lieu appellé Percipola. Puis le vingtcinquiefme dudit mois firent baftions pour mettre l'artillerie,& force trenchees pour les harque-buziers,l'vne pres de l'autre,f'approchans peu à peu de telle forte,qu'il eftoit impoffi-ble de les empefcher,y trauaillans continuellement (mais la plus part de nuict) enui-

Quarante
mille Turcs
pionniers. ron quarante mille pionniers. Le deffein de l'ennemy eftant defcouuert, on regarda dedans à fe réparer en toute diligence à l'endroit où il penfoit faire fa batterie. Groffe garde demeuroit continuellement au chemin couuert de la contr'efcarpe, & aux fen-tiers pour deffendre icelle contr'efcarpe. Se drefferent nouueaux flancs : fe feirent des trauerfes fur les rempars : & de tout le cofté de la muraille qui eftoit battue, on fit vne trenchee haute & large de douze pieds, auec petites canonnieres pour les harquebu-ziers, defquelles on defendoit la contr'efcarpe. A cela pouruoyoit le Seigneur Marc Antoine Bragadin,gentilhomme Venitien,& le Seigneur Aftor Baglion:& paffoient toutes chofes auec vn trefbel ordre. Le pain pour les foldats fe faifoit tout en vn lieu: dont auoit la charge le Seigneur Laurens Tiepolo, Capitaine de Bafe. Au chafteau eftoit le Seigneur André Bragadin, qui y veilloit auec diligente garde, accouftrant & dreffant nouueaux flancs du cofté de la mer, pour defendre le cofté de l'Arfenal. Le Cheualier Goïto eftoit Capitaine de l'artillerie,qui mourut à l'efcarmouche ce iour là mefmes: la compagnie duquel fut donnee par le Seigneur Bragadin,à Neftor Marti-nengo.On fit trois Capitaines fur les feux artificiels,qui auoient chacun vingt foldats, choifis de toutes les compaignies , pour employer lefdits feux quand il en feroit beſoing.Toute l'artillerie fut conduite és lieux où on attendoit la batterie,& à toutes les canonnieres on feit des defenſes. Dauantage on ne manqua de faire ſailljes, pour tra-uailler ceux de dehors,& les troubler en leur ouurage : combien que eſtans ſortis vne fois trois cens Famagoſtans auec l'eſpee & la targe, & autant de harquebuziers Italiés, on y receut grand'perte; pource que les trenchees des ennemis eſtoient trop drû: & iaçoit qu'ils fuſſent mis en fuite par les Chreſtiens,& beaucoup d'eux tuez,ils creurent toutefois en ſi grand nombre, qu'il en mourut des autres enuiron trente en ſe reti-rant:& y en eut ſoixante de bleceʒ.Dont il fut arreſté qu'on ne ſortiroit plus dehors, y voyant le danger manifeſte. Or les ennemis peu à peu auec leurs trenchees arriuerent au hault de la contr'eſcarpe :& ayans finy leurs forts,iuſques au nombre de dix,com-mencerent la batterie auec ſoixante & quatre pieces d'artillerie groſſe. Entre leſquel-les,quatre pieces,qu'ils appelloient Baſiliques pour leur deſmeſuree grandeur,eſtoiët employees à battre la porte de Limiſſo iuſques à l'Arſenal.Ils feirét dóc cinq batteries: vne au Tourion de l'Arſenal,de cinq pieces du fort de l'Eſcueil : vne autre en la cour-tine hors de l'Arſenal, auec vnze pieces. Vne autre batterie ſe faiſoit d'vn autre fort, d'vnze autres pieces au Tourion d'Andruʒʒy, auec les deux caualiers qui eſtoient deſ-ſus:vne autre à la groſſe Tour de ſaincte Nappe,auec leſdites quatre pieces Baſiliques. La porte de Limiſſo, qui auoit vn caualier deſſus, & vn rauelin dehors, eſtoit battue de ſix forts,auec trentetrois pieces d'artillerie, où ſ'employoit en perſonne Muſtapha General du camp du Turc. Au cómencement deſdites batteries,ils regarderent pluſ-toſt à oſter les defenſes de l'artillerie,qu'à ruïner les murailles: pource qu'ils receuoiét g;and dommage deſdites pieces. Du iour que cómença la batterie, par commiſſion du Seigneur Bragadin on donna le viure aux ſoldats,tant Grecs qu'Italiens, & aux Ca-nonniers : à ſçauoir,vin,potage, formage, & chair ſalee,eſtant le tout porté ſur la mu-raille par gens à ce deputez, auec treſbon ordre : tellement que le ſoldat ne dependoit pas en pain plus de deux ſoldes le iour, monnoye de Veniſe (qui peult valoir huiƈt deniers d'icy) & eſtoient payez tous les trente iours, auec vn ſingulier ſoing. Or pour reſpondre à l'ennemy,les Chreſtiens feirent vne cóntre-batterie dix iours durant, auec telle furie, que lon leur rendit inutiles quinze de leurs meilleures pieces, & fut tué des leurs enuiron trente mille:tellement qu'ils n'eſtoient aucunement ſeurs en leurs forts, ains grandement eſpouuantez. Neantmoins preuoyant le manquement de pouldre, on fit vne limitation,& fut aduiſé,qu'on ne tireroit plus que trente coups par chacune piece, qui faiſoient le nombre de trente: & ce, en la preſence de leur Capitaine, à fin qu'on ne tiraſt en vain.Le vingtneuſieſme de May arriua vne fregate de Cádie,laquel-le rempliſſant les Inſulaires d'eſperance de prompt ſecours, leur donna grandiſſime courage.Les ennemis apres auoir gaigné la cóntr'eſcarpe auec grand combat,& gran-de mortalité de toutes les deux parties,commencerent au deuant des cinq batteries de ietter à bas la terre priſe aupres de la muraille de la contr'eſcarpe.Mais toute ceſte ter-re,& la ruïne faiƈte par l'artillerie à la muraille,eſtoit par les aſſiegez apportee dedans: en quoy ils trauailloient iour & nuiƈt,iuſques à ce que les ennemis firent quelques ca-nonnieres , auec leſquelles flancquans le foſſé, empeſchoient ceux de dedans par leurs harquebuʒiers d'y aller ſans manifeſte danger. A quoy pouruoyant l'ingenieur par vne inuention d'ais conioinƈts enſemble,les raſſeura des harquebuʒades,& leur don-na moyen de porter encore de la terre, mais peu : Auſſi y mourut il, apres auoir gran-dément ſerui en toutes occurréces. Par ainſi les ennemis ayans ietté tant de terre qu'el-le arriua au plain du foſſé,firent vne porte à la contr'eſcarpe:& iettans la terre en auant peu à peu, firent vne trauerſe iuſques à la muraille des deux coſtez, & ce en toutes les batteries :laquelle porte ils fortifierét puis apres auec des ſacs de laine & faſcines,pour

Batterie de ſoixante & quatre pie-ces d'artil-lerie.

Muſtapha General de l'armee Tur queſque.

Trente mil-le Turcs oc-cis.

l'afleurer : s'éſtans tellement faicts maiſtres du foſſé, qu'ils ne pouuoient eſtre offenſez ſinon par deſſus, & à l'aduéture. Dont ils commencerent à faire des mines au Rauelin, au Tourion de ſaincte Nappe, à celuy de l'Andruzzy, & à celuy du Champ ſainct, à la courtine, & au Tourion de l'Arſenal. Les aſſiegez ne pouuans plus ſe preualoir de ce peu de flancs, iettoient feux artificiels ſur les ennemis, qui leur faiſoient fort grand dómage, & mettoient le feu à la laine & aux faſcines : & donnoit-on vn eſcu pour ſac, à ceux qui les alloient gaigner. Il eſt bien vray, que l'on fit des contremines de tous coſtez : mais il n'y eut que celles du Tourion de ſaincte Nappe, de l'Andruzzy, & du Champ ſainct qui rencontrerent, pource qu'elles eſtoient vuides. On ſortit auſſi pluſieurs fois au foſſé iour & nuict, pour recognoiſtre les mines, & mettre feu aux faſcines & en la laine : où l'on ne ceſſa iamais, auec vne merueilleuſe induſtrie & peine, pour deſtourner les ennemis, & rompre leurs deſſeins en toutes les ſortes d'eſprit & art qu'il eſt poſſible de penſer. En oultre, l'on compartit les compaignies par les batteries, en adiouſtant en tous les endroicts vne d'Albanois, leſquels tant à cheual qu'à pied monſtrerent touſiours grand' vaillantiſe. Le vingtvniefme de Iuin ils mirent le feu à la mine du Tourion de l'Arſenal, où commandoit Giambel-Bey Turc, laquelle auec grand' ruïne rompit la muraille, combien qu'elle fuſt treſgroſſe, & l'ouurit, en iettant à terre plus de la moitié, & rompant outre cela vne partie du parapet qu'on auoit faict deuant pour ſouſtenir l'aſſault. Dont eſtant ſoudain monté grand nombre de Turcs ſur les ruïnes, vindrent auec leurs enſeignes iuſques au hault : d'où ils furent repouſſez : & bien qu'ils ſe rafraiſchiſſent cinq ou ſix fois, ſi ne peurét-ils faire ce qu'ils deſiroient. Auquel endroit le magnifique Chaſtellain auec l'artillerie fit grand' mortalité des ennemis, quand ils donnoient l'aſſault, qui dura cinq heures continues. Des aſſiegez, tant de morts que bleçez, en demeura enuiron cent par vne diſgrace des feux artificiels, leſquels eſtans maniez par inaduertence, bruſlerent pluſieurs ſoldats : entre autres le Comte Iehan François da Couo, le Capitaine Bernardin d'Angubio : Et y furét bien bleçez de coups de piece, le Seigneur Hercules Malateſta, le Capitaine Pierre Conte, & autres Capitaines & Enſeignes. La nuict ſuyuante arriua vne autre fregate de Candie, laquelle portant nouuelle de ſecours, donna à tous vne grande allegreſſe & audace. Le vingtneufiefme dudit mois, les ennemis mirent le feu à la mine du Rauelin faict vers l'Eſcueil, qui briſa tout, & fit grádiſſime ruïne, leur donnant entree commode : qui auſſi auec bien grande furie vindrét iuſques au hault, y eſtant preſent Muſtapha, General des circoncis, en perſonne. Toutefois ceſt aſſault fut ſouſtenu au commencement : & furent repouſſez par les Catholiques, qui combattoient à la deſcouuerte, eſtant le parapet ruïné par la mine. A l'Arſenal, les ennemis furent reculez auec grád dommage, & peu de perte des autres, n'y en eſtans morts que cinq ſeulement. L'aſſault dura ſix heures, & y alla l'Eueſque de Limiſſo auec la croix, donnant courage aux ſoldats. Auſſi y eut de vaillantes Dames, qui y allerent auec armes, pierres, & eau bouillante, pour donner ayde : tellement que voyans les ennemis le dommage qu'ils auoiét receu en ces deux aſſaults, changerent d'aduis, & commencerent de plus belle, battans de tous coſtez, & iuſques aux retraites, ayans faict ſept autres forts plus pres de la ville, où ils auoiét tranſporté leur artillerie : A laquelle ayans adiouſté quatre vingts pieces, battirent auec telle furie & ruïne, que le huictieme iour de Iuillet auec la nuict, on conta cinq mille canonnades, qui atterrerent tellement les parapetz, que difficilement on y pouuoit reparer : d'autant que les hommes qui y beſongnoient, eſtoient continuellement tuez, tant de l'artillerie que de la tempeſte des harquebuzades : tellement qu'ils furent reduits à bien peu. Le neufieme de Iuillet, fut donné le troiſieme aſſault au Rauelin, au Tourion de ſaincte Nappe, à celuy de l'Andruzzy, à la courtine,

& au

Aſſault qui dura cinq heures.

Dames Cypriottes ſe preſentent à l'aſſault.

& au Tourion de l'Arſenal : lequel ayant duré plus de ſix heures , furent repouſſez en
tous les quatre endroits. Finalement le Rauelin ſe laiſſa aux ennemis auec leur grand'
perte , & de ceux de dedans auſſi. Car eſtant aſſailly , il leur reſta ſi peu d'eſpace,qu'ils
n'auoient plus aucun moyen de ſe manier auec leurs picques:de façon,que ſe voulans
retirer,ſelon l'ordre qui auoit eſté donné par leur chef,ils ſe mirent en confuſion,& ſe
retirerét meſlez auec les Turcs:ſi que le feu eſtant mis à la mine de la ville,accabla auec
vn horrible ſpectacle, plus de mille des ennemis , & des aſſiegez plus de cent. En ceſt
aſſault certes les Famagoſtans monſtrerent grand cœur en trois lieux,iuſques aux femmes & petits enfans. Le Rauelin fut tellement ruiné par ceſte mine, qu'ils ne firent
plus aucun effort pour le reprendre , à cauſe qu'il n'y reſtoit lieu où lon peuſt ſarre-
ſter. Le ſeul flanc gauche demeura debout, auquel on fit vne autre mine. La porte de
Limiſſo (ainſi nommee , d'autant que ceux qui viennent de la ville de Limiſſo à Fa-
magoſte,paſſent & entrent par icelle) eſtoit au deuant dudit Rauelin , & apparoiſſoit
touſiours plus baſſe. Il y auoit vne groſſe porte couliſſe ferree , fort peſante, & armee
de pointes aigues,laquelle, en coupant vne corde, tomboit en terre auec impetuoſité:
& c'eſtoit par là que lon portoit dedans la ville la terre dudit Rauelin. Les ennemis
quatre iours apres commencerent à y faire trenchees deſſus,& aux flancs,pour ne laiſſer ſortir perſonne hors de ceſte porte,qui leur eſtoit fort à craindre:pource que de là
ils eſtoient ſouuent aſſaillis par les Croiſez. Le quatorzieſme iour , ils vindrent pour
aſſaillir la porte : & donnans l'alarme à toutes les autres batteries, vindrent planter les
enſeignes iuſques à ladite porte. Là où ſe trouua le Seigneur Baglion, & le Seigneur
Louys , qui auoit la charge de garder ceſt endroit : leſquels ayans donné courage aux
ſoldats,ſe lancerent dehors, & en tuerent la plus grand' partie, mettans le reſte en fuite : puis le feu eſtant mis à la mine , y demeura enuiron quatre cens Turcs. Meſmes le
Seigneur Baglion gaigna vne enſeigne des ennemis, l'ayant luy meſme arrachee de la
main d'vn Alfier,qui eſtoit vn capitaine Turc,Eſclauon de nation.Le iour enſuyuant,
ils mirent le feu à la mine de la Courtine. Mais cela n'ayant eu aucun bon effect pour
eux , deſiſterent de donner l'aſſault appareillé :continuans de ſ'eſleuer,& renforcer les
trauerſes des foſſez , pour ſ'aſſeurer aux aſſaults qu'ils vouloient donner. Ce pendant
auſſi il fault entendre qu'on ne manquoit à leur ietter des feux , & ſortir de fois à autre,pour offenſer ceux qui eſtoient à la ſappe, mais non ſans grand dommage. Quant
aux parapets, ils ſe refaiſoient auec peaux de buſles moüillees, y entortillant de la fila-
ce,du coton auec de l'eau , & le tout bien lié auec des cordes,que les femmes faiſoient,
qui toutes par compaignie, conduictes par vn preſtre Grec, qu'ils appellent *Calogers,*
alloient tout le iour au lieu deſtiné pour trauailler, apportans prouiſion de pierres &
d'eau,qu'on tenoit toute preſte dans les vaiſſeaux , pour remedier aux feux que tiroiét
les Turcs. C'eſtoient des petits ſacs auec vn petit pot dedans plein de pouldre & de
ſouffre, qui tombans à terre, ou ſur les ſoldats,ſe rompoient,& bruſloient ceux qui ſe
trouuoient aupres.Or eſtoient ia les choſes reduites à l'extremité,& tout manquoit en
la ville,excepté l'eſperance ſeule,le bon cœur des capitaines,& l'ardeur des ſoldats.Le
vin eſtoit failli. De chair freſche, ou ſalee,ou formage, ne ſ'en trouuoit plus qu'à prix
outre meſure. On auoit ia mangé les aſnes, les chats , & les cheuaux. On ne mangeoit
que mauuais pain ou febues, & beuuoit on l'eau auec le vinaigre , qui manqua peu
apres. On ſentoit faire trois autres mines vers le Caualier de la porte , & beſongner de
tous les coſtez auec plus grand nombre de gens que deuant. Pour ces cauſes les principaux de la ville enuiron le vingtieme iour ſe reſolurent de mettre par eſcrit vne Requeſte , qu'ils preſenterent au Seigneur Bragadin , par laquelle ils le ſupplioient , que
eſtant la fortereſſe reduite à ſi mauuais termes, ſans hommes de defenſe, & iceux pri-

uez de toute fubftance,& hors d'efperance de fecours,ayans mis leurs vies & leur bien
en abandon pour les fauuer, & pour le feruice de la Seigneurie, Il vouluft, par fe rendre auec conditions honorables,auoir efgard à l'honneur de leurs femmes & filles, &
au falut de leurs enfans, qui feroient en proye aux ennemis. La refponfe duquel Seigneur fut de les confoler,& de les exhorter qu'ils n'euffent crainte:que le fecours viendroit bien toft,leur oftant le mieux qu'il pouuoit la peur dont ils eftoiët faifis, & def-
pefchant à leur requefte vne fregate en Candie,pour dóner aduis du danger où eftoit
la ville. La mine de l'Arfenal ruina tout le demeurant du Tourion, ayant bruflé quafi
toute vne compaignie de foldats : toutefois eftans demeurez debout deux flancs, les
ennemis feirent tout leur effort de les prendre , & y monter par les batteries. Et dura

Cinquiefme
affault. ceft affault,qui fut le cinquiefme,depuis les vingt heures iufques à la nuict (ainfi content ils en cefte forte en ces païs là) où il mourut beaucoup des affaillans. Le iour enfuyant à l'aube, ils donnerent l'affault de tous coftez, lequel dura plus de fix heures,
auec peu de dommage , pour auoir les Turcs combatu plus froidement que de couftume : neantmoins du cofté de la mer, dont les galleres tiroient continuellement canonnades, on trauailla grandement toute la ville. Ceft affault ayant efté deffendu, &
eftans reduites les chofes à pires termes,ne fe trouuant plus à la ville que fept barils de
pouldre,les Seigneurs refolurent de fe rendre auec conditions honnorables.Tellemét
que le premier iour d'Aouft à midy fe fit trefue , eftant enuoyé de la part de Muftapha vn certain , auec lequel on conclud de donner le matin enfuyant deux oftages
de chafque cofté,cependant qu'on traitteroit de l'accord.Pour ceux de la ville fortirét
par ordonnance du Seigneur Bragadin,le Comte Hercules Martinégo,& le Seigneur
Matthieu Colti,citadin de Famagofte.Des ennemis,le Lieutenant de Muftapha,& celuy de l'Aga des Genniffaires Turcs allerent dedans. Au deuant defquels alla iufqu'à
la porte,le Seigneur Baglion auec quelques cheuaux,& deux cés harquebuziers:com-
me auffi les noftres furent receuz auec grand pompe par les ennemis , auec force cheuaux & harquebuziers,où eftoit en perfonne le fils de Muftapha,duquel ils furent ca-
Articles
d'accord. reffez.Le Seigneur Baglion donc traitta des articles & conditions auec les oftages qui
eftoient venuz dedans.Et la demande eftoit : Les vies fauues,les armes,les enfeignes,&
les biens,cinq pieces d'artillerie,trois beaux cheuaux,& paffage feur en Cádie accompaigné de galeres : Finalement que les Grecs demeuraffent en leurs maifons, & iouïf-
fent du leur , y viuant en leur Religion Chreftienne. Muftapha faccordant à tout ce
qui auoit efté demandé , foufcriuit l'accord de fa propre main. Et foudain furent enuoyees galeres & autres vaiffeaux au port, où commencerét les foldats à f'embarquer.
Ainfi eftant ia embarquez la plus grand' part,les Turcs prattiquoient auec eux fans aucun foupçon , vfans de beaucoup de courtoifies, de faict & de paroles. Mais voulans
auffi les Seigneurs f'en aller,le cinquiefme d'Aouft au matin,le Seigneur Bragadin enuoya vne lettre à Muftapha , par laquelle il luy donnoit aduis, que le foir il luy vouloit aller configner les clefs, laiffant à la forterefle le Seigneur Tiepolo : le priant que
ceux de dedans ne receuffent aucun defplaifir. A quoy Muftapha donna refponfe de
bouche, qu'il allaft quand il luy plairoit, qu'il le verroit & cognoiftroit volontiers
pour la grande prouëfle qu'il auoit efprouuee en luy , & aux autres Capitaines & foldats,de la vaillance defquels il rendroit bon tefmoignage par tout où il fe trouueroit,
& qu'il ne douftaft aucunement qu'on fift defplaifir à aucun. Sur ces entrefaites le Seigneur Bragadin,accompaigné d'autres gentilshommes,& de cinquante foldats, fortit
& alla en la tente de Muftapha:duquel ils furent receuz courtoifemét,les faifant feoir:
Puis tirát le Seigneur Bragadin d'vn propos à autre,luy dreffa vne calomnie,luy voulant faire accroire, que la nuict auparauant il auoit faict tuer quelques efclaues Turcs

qui estoient dedans, dont il n'estoit rien: de sorte que se leuat debout en cholere, com- *Histoire*
memorable
aux Princes
Chrestiens.
manda qu'ils fussent tous liez, eux estans sans armes (car auec armes on ne peult entrer
en sa tente) & ainsi liez furent mis, côme lon m'a asseuré & dit, & en sa presence taillez
en pieces. Au Seigneur Bragadin, apres luy auoir fait presenter le col deux ou trois
fois, comme si on luy eust voulu trencher la teste (ce qu'il fit courageusement sans
peur) il luy fit coupper les aureilles. Le Comte Hercules qui estoit pour ostage, estant
lié aussi, fut caché par l'Eunuque de Mustapha, iusques à ce que sa fureur fut passée: &
luy fit sauuer la vie demeurant esclaue de Mustapha. Les Grecs, qui estoiét trois soubz
la tente, furent laissez. Tous les soldats & Grecs, qui se trouuerent au camp iusques au
nombre de huict cens, furent soudain tous liez, sans que iamais on eust pensé vne telle
perfidie & cruauté: & ceux qui estoient aux galeres, desualisez & mis à la chesne. Le
septiesme d'Aoust alla Mustapha dedans pour la premiere fois, & fit pendre le Seigneur Tiepolo. Le dixseptiesme dudit mois, vn Vendredy feste des Turcs, le Seigneur
Bragadin fut mené par toutes les batteries faictes à la ville, & ce tousiours en la presence de Mustapha, qui luy faisoit porter deux pots de terre, l'vn en hault, & l'autre en
bas par chasque batterie, & baiser la terre toutes les fois qu'il passoit deuant luy. Puis
l'ayant fait conduire à la marine, & mettre sur vn siege d'appuy, le fit tirer sur vne an- *Miserable*
cruauté de
Mustaphá.
tenne, & monstrer à tous les soldats qui estoient esclaues dans les vaisseaux: puis estant
mené vers la place, fut despouillé, mis à la Berline, & là trescruellement escorché tout
vif, auec telle constance & foy, que iamais il ne perdit courage: ains auec cœur tresconstant, luy reprochoit tousiours sa foy rompue. Et sans aucunement se troubler, se recommandant tousiours à Dieu, expira en sa grace en peu d'espace de temps. Sa peau
fut prinse & emplie de paille, laquelle ils firent voir à toutes les riuieres de la Syrie, attachee à vne antenne d'vne galeotte. L'armee ennemic, par le rapport de ceux qui l'ont
veuë, estoit de deux cens mille personnes de toutes qualitez: dont y en auoit quatre
vingts mille qui touchoient solde: entre autres quatorze mille Ianissaires, huict mille
de la porte, & le reste des garnisons circonuoisines. Le nombre des aduenturiers estoit
iusques à soixante mille, le reste de toute sorte de gentaille. La cause pourquoy si grâd
nombre de gés s'estoit trouué en ceste entreprinse, a esté, pource que Mustapha auoit
fait courir le bruit par les païs du Turc, que Famagoste estoit beaucoup plus riche
que Nicosie, & aussi pour la commodité du passage. En soixante & quinze iours qu'a
duré la batterie, ont esté tirees par les ennemis cent cinquante mille balles de fer, qui
ont esté veuës & contees. Les personnages qui estoient aupres de Mustapha, furent
ceux cy: les Baschaz d'Alep, de l'Anatolie, de la Caramanie, de Nicosie, de Chiuas, de
Marasco, le Beglierbey de la Grece. Des Ianissaires, le Sagiaz de Tripoly, trois Sangiaz
de l'Arabie, Fargat Seigneur de Malathie, Mustapha-bey General des aduenturiers, &
Iambellat-bey. Dont sont morts le Bascha de l'Anatolie, le Sagiaz de Tripoly, Mustapha General des aduenturiers, Fargat Seigneur de Malathie, celuy de Veria, vn Sangiaz d'Arabie, & autres Sangiaz, iusques au nombre de quatre vingts mille personnes
de toutes qualitez, comme il s'est cognu par la reueuë que fit faire Mustapha. Et pour
le gouuernement de Famagoste, est demeuré le Framburare qui estoit à Rhodes: &
disoit on qu'on auoit laissé en toute l'Isle vingt mille hômes, & deux mille cheuaux.
Apres telle prinse les Turcs enuoyerent dix grands nauires de butin en Constantinople, & des principaux Seigneurs de l'Isle. Trois des plus grands, qui estoient chargez
de femmes & d'enfans, par fortune furent tous engloutiz au parfond de la mer. Et si
lors que la bataille nauale fut donnee entre le Turc & les Venitiens, lon eust esté à voile desployee en ladite Isle de Cypre, on l'eust reprinse facilemét, d'autant qu'il y auoit
peu de forces, & que la plus grand' part des Insulaires s'estoient retirez aux forests &
montaignes.

L ij

De la fertilité & antiquitez que lon trouue en la mefme Ifle de CYPRE.

CHAP. II.

MAIS POVR reuenir à la defcription particuliere de nofte Ifle, & reprendre le propos entremis par le difcours de la prinfe de Famagofte, il fault entendre, que c'eft elle qui nous a engendré le fufdit fainct Apoftre Barnabas, compaignon des voyages & nauigatiõs de fainct Paul : en laquelle auffi S. Marc nafquit, qui eftoit fon proche parent, fi ceftuy Marc n'eft vn autre que l'Euangelifte, qui fut faict Euefque d'Alexandrie d'Egypte par les Apoftres. Bien toft apres les Difciples de nofte Seigneur, y ont floury de fort excellens perfonnages, comme Tryphile, du téps du grand Conftantin, & vn des plus fçauans & eloquens de fon aage, dont fe fçauent bien vanter encore auiourdhuy les Cypriens. C'eftoit là que viuoit le bon & fainct vieillard Spiridion, l'vn des plus renommez de ceux qui affifterent au Concile general de Nicee, & qui fans eftre grand Dialecticien, ferma la bouche au plus fubtil de tous les Arriens, auec la feule fimplicité de fa croyáce. Famagofte auffi fe peult glorifier de la memoire d'vn fainct Euefque qui a regi fon Eglife, à fçauoir Epiphanie, homme fainct & treffçauant, grand amy & familier du Docteur Efclauon fainct Hierofme, auquel il dedia vn liure, qu'il auoit faict Contre toutes les herefies, & vn autre Des pierres precieufes. C'eft fur l'exemple de ceftuicy que les Brife-images, qui ont tant fait de maux en l'Europe, & principalement en France, fondent leur zele, pource qu'il defchira vn voile, où l'image du Crucifix eftoit effigiee : mais ils n'aduifent pas la caufe pour laquelle il le faifoit, ayant vn peuple qui fortoit encores de la fuperftition Grecque : & auffi que fon faict ne paffa point fans reprehenfion, non plus que ce que feit l'Euefque de Marfeille en mefme cas, qui en fut tancé aigrement par fainct Gregoire. En Cypre aufli a iadis floury, comme nourriffon du païs, ce prince & chef de la fecte & opinion des Stoiques Zenon Citice, nommé de la ville Citie, à prefent village, bafti pres le cap de la Grotte, auquel lieu i'ay veu fa fepulture. Somme, fi elle a abondé en bons & fçauans hommes, elle ne doibt rien en chofes rares & fingulieres à autre ifle, quelle qu'elle foit en toute la mer Mediterranee : d'autant que non guere loing du port de Bafe vous trouuez de certaines petites pierres qui font de couleur de Diamant Indien. Et combien que la grandeur ne la bonté n'en approchent, fi eft-ce que qui n'y préd bien garde, on y fera trompé, à caufe que les Lapidaires bien fouuent les vendét pour Diamans Orientaux : ne vous les pouuát mieux comparer qu'à ceux de Canada, qui n'ont rien de commun en precieufeté auec ceux de Pegu. Qui voudroit croire la fable de Müfter, retiree de Pline, il trouueroit l'ifle de Cypre, le païs d'Ethiopie, l'Arabie Heureufe, & la contree de Macedoine, garnies de fines pierres precieufes, & entre autres de Diamans. La baye de ces bonnes gens eft auffi gaillarde, que celle que recite le mefme Munfter en fa Cofmographie, quand il dit, qu'aux Indes y a des Formis, grádes comme Regnards, qui gardent tels ioyaux, & les mines d'or : de laquelle opinion eft auffi Strabo. Mais fi telles folies auoiét lieu enuers moy, certes mon hiftoire meriteroit eftre mife au rang des rifees & hiftoires Tragiques de Bandel. C'eft à Trepane où fe trouuent ces faux Diamans. Dauantage, vous y auez de l'Alun noir & blanc, duquel fe fait grand traffic, & eft marchandife qui apporte bon profit aux Seigneurs de l'ifle. Il y a auffi de la Poix refine, à caufe des Pins qui font fur les montaignes pres Bafe : & des pierres propres à polir le marbre. Des arbres & herbes fingulieres pour la Medecine, i'en ay veu en abondance, mefmement des Myrrhes & Lauriers, & d'vne herbe qu'ils

Zenon natif de Cypre.

Munfter fur ce faict a efté mal aduerti.

appellent *Eldezarc*, la fueille de laquelle eſt faicte comme celle de la Mente, ſa racine fort groſſe & grãde, portant entre les fueilles vn certain fruict de la groſſeur d'vn pois, lequel ne meuriſt onc. De la fueille de ceſte herbe ſaident ils, quand quelcun eſt attainct de la morſure d'vn ſerpent, auec de l'huile. Les autres prennét la graine de l'herbe, & l'ayant ſechee & pulueriſee, en vſent dans leur breuuage, & autant en font pour leurs beſtes ainſi affligees de la vermine venimeuſe. Outreplus, Cypre abonde en ſel, comme celle où y a vne longue montaigne, où ſe trouue du ſel mineral, lequel n'a garde d'eſtre ſi plaiſant que celuy qui ſe fait au païs de Broage en Xainctonge : combien qu'il ne laiſſe d'eſtre bon. Or ne fault-il ſeſbahir, ſi i'ay dit qu'vne montaigne ſe conuertit en pierres de ſel, veu que ce n'eſt pas choſe trop nouuelle: attendu que deſia i'ay parlé de meſme miracle de Nature au païs du Peru : & puis en la Barbarie, ſubiecte au Roy de Marroque, où le ſel ſe fait bien pres de la mer : & en l'Aſie vers la mer Caſpie, où lon n'vſe d'autre ſel que de ceſtuicy mineral, qu'ils trouuent en leur terre, qui eſt vne eſpece de ſel ammoniacque, veu l'ardeur & ſiccité q̃ vous y ſentez au gouſt. Mais pour mieux entendre ce que deſſus, il fault que vous ſçachiez que les ſuſdites montaignes ſont aſſez pres du port de *Salines*, & de *Larnica*. L'endroit où lon le diſpoſe, eſt plat païs, & a en ſon circuit quelques deux lieuës ou enuirõ, auquel decoulent les eaux doulces venantes des montaignes, ſans que lon y en laiſſe entrer vne goutte de ſalee: combien que ſil aduient qu'il y en ait trop grande abondance, & que lon voye qu'elles ſe veulent deſborder, on luy fait paſſage. Le temps venu qu'il fault faire ce ſel, ayãs grand nõbre de lieux larges à la façon d'eſtangs, ſeparez les vns des autres, lon moyenne auec des engins, & ſubtilité des païſans, deſquelles ſy en trouue quelquefois plus de mille: faiſans entrer par des canaux l'eau ſalee de la mer: laquelle eſtãt parapres meſlee auec la doulce, il ſuruient quelquefois ſans y penſer vne ardeur du Soleil ſi chault & vehement, qu'il congele en moins de rien le tout enſemble: de ſorte que lon y trouue auſſi toſt le ſel eſpais de trois ou quatre pieds, & auſſi blanc que recente neige, qui a vne ſenteur cõme vous diriez celle des violettes de Mars, & ferme & dur au poſſible: tellement qu'vn morceau gros comme le poing pourroit eſtre plus de quatre ou cinq heures dans l'eau doulce, premier que d'eſtre fondu ou reduit en ſa premiere nature. Ainſi donc eſtant recueilly au pied deſdites montaignes dans certains magazins, & la plus part en la plaine, les Venitiens le ſouloient debiter aux marchans d'Italie & autres nations, meſmes aux Turcs d'Aſie & de la Grece. Et eſtoit veritablement le plus grand threſor de S. Marc, n'eſtant annee qu'ils n'en tiraſſent l'vne portant l'autre plus de trois cens mille ducats. Au ſurplus, d'autant que i'oy ſouuent parler de l'or de Cypre, & que pluſieurs penſeroient que ceſte iſle abõdaſt en tel metal, il vous fault noter, qu'il ne ſy trouue pour le preſent or ny argent quelconque: & n'y a autre metal qui la recõmande, que le Cuyure. Que ſil eſt ainſi que tiennent les Alchimiſtes, que ce metal ſoit vn moyen entre le Soleil & la Lune, c'eſt à dire entre l'or & l'argent, il ſembleroit aduis que ce fuſt choſe neceſſaire, que là où il y a du Cuyure, il euſt des deux matieres ſuſdites. Et à la verité le Cuyure ſengendre és mines de Cypre, & ailleurs où il y a du ſoulphre & du Mercure, qui cauſe telle couleur, à ſçauoir d'vne rongeur ainſi obſcure que vous le voyez. En ſomme, on a dict Or de Cypre, à cauſe que les Rois anciẽs de ceſte iſle ont eſté curieux d'amaſſer threſors, vaiſſelle, & ioyaux d'vn or le plus exquis qui ſe pourroit recouurer. Les arbres y croiſſoient iadis de telle ſorte, que ceux qui les premiers l'habiterent, ne pouuoient en depeupler le païs, iaçoit que par ſucceſſion de temps les foreſtz ont eſté deſtruictes, tant pour faire nauires, que pour les mines d'or & d'argent & autres metaux qui pour lors y eſtoient pres la ville de Chryſõpole: le plus fin ſe prenant és montaignes d'vne ville ancienne, nommee *Tamaſius*. Les

Montaigne de ſel.

Or de Cypre.

montaignes de Iafpe font d'vne autre part, où l'on trouue de fort bon Cryftal. Quant
aux arbres qui y font encore, ils font fruiétiers ou autres, voire les vignes y font d'vne
incroyable groffeur:qui eft caufe, que voyant ce qui eft à prefent, i'accorde facilement
ce que les Anciens ont diét du téple de Diane à Ephefe, à fçauoir que les degrez d'iceluy eftoient faiéts de bois de vigne, à caufe que ce bois dure long temps, apporté de
l'ifle de Cypre. Tout cecy m'eft venu fur le propos du fel qui croift en cefte ifle en des
montaignettes voifines de la mer pres Limeçon, où les nauz Veniciennes abordent.
pour charger le fel, qui eft vne des principales richeffes que la Seigneurie en tiroit deuant qu'ils l'euffent perduc. Pres de là y a encore vne autre montaignette, fur laquelle
eft baftie vne Abbaye de Moynes Grecs, de la fondation d'Heleine, mere du grand
Conftantin (quelques vns m'ont affeuré que ce fut vn grand Seigneur de France qui
la fonda) vers laquelle plufieurs vont en pelerinage, à caufe qu'il y a vne Croix, que les
moynes font accroire eftre celle du bon larron, & eft en l'air, difans qu'elle fe tiét ainfi
fans nul appuy:iaçoit que cela eft treffaux : d'autant qu'elle eft fouftenue par derriere
d'vne boucle de fer, fubtilement faiéte à la Grecque, comme ie m'en apperceu par plufieurs fois. En Cypre fe trouuent des Moutons, qui ont la queuë merueilleufemét longue & large, mais non en telle quantité qu'on en voit à Gazera, & en Egypte. I'en ay
veu tel, qui auoit plus d'vne coudee de queuë en longueur, & de largeur vn grád pied,
non pas de telle monftruofité que Gefnerus les defcrit : defquels, quoy qu'ils foient

Chafteau antique.

grands & gras, encores en a lon bon compte. Ie vous ay parlé du port de Bafe, dans lequel vous voyez vn Chafteau fort antique, ruiné : au fommet duquel font les armoiries du Duc de Sauoye, taillees contre vne groffe pierre. Il y a encores vne infinité de
Colomnes couchees par terre ça & là, defquelles les vnes font entieres, les autres non,
auec des pierres de merueilleufe grandeur & largeur. Ceux du païs difent, que ce fut
Charlemaigne qui le feit baftir, à fin de defcouurir les vaiffeaux des ennemis abordás
l'ifle : mais les bonnes gens fe trompent, veu que iamais Charlemaigne ne paffa la mer
pour faire ce voyage, ne celuy de Hierufalem : eftant affez empefché à chaftier les Sa-
xons & Lombards, & à deffendre la Guyéne & Efpaignes des courfes & pilleries des
Sarrazins : & encores que l'hiftoire Martinienne le dift, ie ne le creu onques : d'autant
qu'il ne fe trouue au threfor de Hierufalem, où font enregiftrez & mis par efcrit tous
ceux qui iadis ont faiét le fainct voyage, mefmes les Princes & grands Seigneurs tant
de France, Allemaigne, Efpaigne, Angleterre, que autres : & que fil eftoit ainfi que ledit Charlemaigne y euft efté, on n'euft oublié le nom d'vn fi grand Monarque. Mais
quoy qu'il en foit, en ce chafteau fe faifoit la garde par les foldats qui y eftoiét, au nom
de la Seigneurie de Venife : & penfe qu'il a efté bafti par quelque Seigneur François,
du temps que fi longuement ils ont eu la charge de ce Royaume, & que depuis a efté
ruiné par les guerres des Soldans. Ce fut donc iadis en Bafe, qu'eftoit adoree la Deeffe
Venus : & de faiét, encore y a vne grande grottefque, dans laquelle ie fus conduit, où
lon faifoit les facrifices & veilles à l'honneur de ladite Deeffe : par laquelle chofe vous
pouuez iuger que c'a efté vn temple : auffi eftoit-ce là qu'auoit recours toute la Grece,
& que les Gentils foubz diuerfes vilennies & pollutions dedioiét leur feruice au Diable. Et tout ainfi que les Grecs & Romains nommerent Iupiter & Mars victorieux, de
mefme fut appellee Venus victorieufe, luy faifans tantoft porter vne Victoire fur la
main droiéte, & de la gauche fon Sceptre, ayant le bras appuyé fur vn grand Efcu: autrefois luy donnans vn Morion au lieu de la Victoire, & vne Pomme, pour monftrer
qu'elle eftoit demeuree victorieufe fur toutes les Deeffes. Augufte Cefar dedia à Iule
Cefar le temple de Venus genitrice, depuis adoree des Romains. Ie ne vis iamais tant
de medalles de cefte gétille Deeffe, que lon véd à bon marché en ladite ifle Cypriote,

d'autant qu'elles y font trouuees. Lon m'a affeuré, qu'il n'y a pas quatre vingts ans, qu'il feft veu quelques meres fi fottes & impudentes, qu'elles menoient encores leurs filles facrifier leur virginité à la mercy des hommes,& ce pour en tirer argent : chofe à la verité trop commune entre plufieurs,tant là,que en Crete.Quant au teple qui eftoit anciennement dans la ville,il ne f'y voit plus, combien qu'il ait efté fort fuperbe. La-dite ville de Bafe eft fituee en plaine campaigne, affez pres du Cap *Epiphanio*, tirant vers l'Occident : trefbien fournie de fontaines fouterraines,qui arrouent leurs beaux iardins & terres labourables.I'y veis plufieurs fepultures enleuees à fleur de terre,gra-uees en François, C Y G I S T, &c.& vne belle Pyramide toute debout, faite de pierre Thebaïque,de diuerfes couleurs,dans les ruïnes du Palais,qui eftoit autrefois fort bié bafti en ce qu'il contenoit : auec vne infinité de Colomnes ça & là couchees par terre, les vnes entieres,& les autres en pieces.Du temps que ie demeurois en Cypre,on trou- *Statue de Venus trou-uee foubz terre.*
ua auffi foubz terre en la fufdite grottefque,vne ftatue de Venus : laquelle bié que fuft fort ancienne, fi monftroit elle vne telle excellence en beauté & art du maiftre, en fes lineamens & proportions, que ie ne fçache fi Michel Ange euft fceu donner appro-che à chofe fi parfaicte. A caufe de l'œuure fi diuin, cefte ftatue exquife en perfection & induftrie de l'artifan fut enuoyee à la Seigneurie de Venife.Ie ne veux auffi oublier en paffant, que pendant que ie m'amufois à contempler cefte Venus fi bien faicte, il fortit vne troupe de femmes vieilles, toutes defcheuelees, qui accompaignoient vn corps mort,faifans le plus fauuage feruice,& la plus fotte & laide grimaffe, qu'il eftoit poffible de voir : les vnes f'arrachans fi peu de cheueux qu'elles auoient, les autres à *Deploratiõ des morts.*
beaux coups de poing fe battans l'eftomach, & fe defchirans la face à belles ongles, tantoft fe lançans l'vne apres l'autre, quelquefois toutes enfemble, fur le corps mort pour le baifer:(car il eftoit veftu comme fil euft efté en vie:)de forte qu'à voir la con-tenance de ces vieilles marmotes, vous euffiez dict qu'elles eftoient enragees. Ainfi m'enquerant de la caufe d'vn dueil fi defmefuré, me fut refpondu en telle forte: Que lors que quelque chef de maifon, ou homme d'eftoffe entre eux, va de vie à trefpas, que les parens auoient vne heure du iour pour lamenter le defunct l'efpace d'vn an, ou plus ou moins, felon la qualité des perfonnes, & que le iour du trefpas les parens n'ayans le loifir ou le cœur de faire telles plainctes, on loüoit ces femmes pour faire ces extremes pleurs & crieries : ce que i'ay auffi veu & obferué, tant en l'ifle de Crete, que aux ifles Cyclades. Puis vont haulfer le gobelet à la Grecque les vnes auec les au-tres. Elles portent volontiers couurechefs pendãs fur leurs efpaules,les autres iufques fur les cuiffes : & les Nobles ont vne queuë plus longue, le tout releué d'affez bonne grace:& les autres vn Efcofion. Quant eft de leurs robes, elles font merueilleufement bien faictes.Leurs mariz,nommément les marchans,font fi hebetez,que la plus grand' courtoifie & parade qu'ils fçachent faire à vn Eftranger qui les va veoir, c'eft de leur monftrer leur belle poupee de femme. Celles qui font Gentilsfemmes,font moins ac-coftables:mefmes les mariz les tiennent fi de court,qu'elles n'oferoient aller ne fe trou-uer aux banquets publics. Ce que obferuent quafi tous autres Infulaires iufques à fe monftrer peu en l'Eglife : & fe retirent toutes à part,de forte qu'il n'y a prefque que les parens qui les voyent.Ie vous ay cydeuant difcouru,comme cefte ifle fut oftee à l'Em-pire par les Sarrazins,auec vn grand branfle du Chriftianifme : iaçoit que toutefois ils fe tindrent en la foy, fans fe donner, où vouloir foubmettre aux Chreftiens qui paf-foient en Afie : Et que du temps que Richard Roy d'Angleterre fit le voyage d'outre-mer,luy eftant offenfé par les Cypriens (ainfi que dict eft) il pilla & faccagea leur ter-re,y mettant bonne & forte garnifon des fiens : laquelle il donna peu de temps apres à Guy de Lufignan,qui fe difoit Roy de Hierufalem,pour auoir efpoufé la fille du der-

nier des Rois decedez, querellant le Royaume contre Iehan fils de Baudouyn, quatrieme du nom. Cefte maifon de Lufignan a tenu cefte ifle fort long temps, iufques à
ce qu'ils demeurerent deux freres Pierre & Loys: l'vn defquels, fçauoir Pierre, homme de grande emprife, arma vne quantité de vaiffeaux, y mettãt les foldats qu'il auoit
eu de France & Cathelongne: auec qui il alla contre la ville d'Alexandrie d'Egypte,
qu'il print & faccagea, fe retirant auec grand butin & infini nombre de prifonniers:
lequel à fon retour fut tué par la trahifon de fon frere propre. Or ce parricide n'apporta à Loys grand repos en fon Royaume & d'vne dignité fi mal acquife. Car, qu'il
foit ainfi, vn iour qu'il faifoit le banquet Royal, tel qu'on auoit accouftumé tous les
ans, auquel eftoiét appellez les Baillifs de Genes & Venife, difcorde aduint fur la pref-
feance des nations, le Roy fe monftrant quelque peu plus fauorable aux Venitiens.
Ce qui fut caufe que les Geneuois prenans fecrettement les armes, viennent au Palais.
Neantmoins la chofe eftant defcouuerte au Roy, il feit mettre fes gardes en ordre, &
ayant trouué lefdits Geneuois qui alloient armez foubz leurs habillemés, les feit tous
tailler en pieces: de forte qu'à grand' peine en efchappa il vn qui peuft porter les nouuelles à Genes. Si toft donc que cecy eft fceu, les Geneuois f'arment, & par authorité
du Senat on va pour prendre vengeance du tort faiét à leur Republique. Et vint le
tout fi bien à leur fouhait, que l'armee Geneuoife entra en Cypre, la pilla, & fe feirent
Seigneurs du Roy, de la Royne & du Royaume: auquel ayans mis garnifon, & faiét
mourir les autheurs du Confeil fur le meurtre de leurs Citoyens, emmenerent le Roy
prifonnier à Genes, où la Royne qui eftoit groffe, enfanta vn fils qui eut à nom Iehã. A
la fin la paix eftant faiéte, le Roy fut deliuré auec condition, que la ville de Famagofte
demeureroit en leur poffeffion, qui pour lors fe pouuoient dire Seigneurs de l'ifle. Ce
Roy mort, fon fils fucceda à l'eftat, fut affailly par le Soldan d'Egypte, nommé *Melchellah*. Le Cyprien plus hardi que fortuné, alla liurer bataille au Sarrazin: mais il fut
vaincu & prins, & l'ifle pillee, les Eglifes ruinees, & le peuple mené en feruage, & principalement en la ville Metropolitaine & chef du Royaume, nommee Nicofie. En fin
le Roy fe racheptant au pris de fix vingts mille efcuz, fut deliuré, & demeura tributaire du Soldan: & ayant regné en grand' mifere, mourut, laiffant vn feul fils, nommé de
fon nom. Ce Prince eftant nourri à la Françoife, & deuenu homme, ayant reprefentation & maiefté digne d'vn Roy, efpoufa vne Dame d'Italie, fortie de la maifon de
Montferrat, laquelle on dit auoir efté empoifonnee par les chemins. Ceux du païs difent, qu'eftant en Cypre, elle mourut, ne pouuant fupporter la chaleur & intemperie
de l'air. Apres cela il efpoufa vne Dame Grecque, de la race des Paleologues, nommee
Heleine, femme accorte & fine, & qui reffentoit l'humeur du païs duquel elle eftoit
natifue, haïffant les Latins, & en qui elle auoit peu de quoy fe fier: laquelle print toute
la charge du Royaume, au lieu que le Roy ne fe foucioit que de faire bonne chere. Or
auoit ce Roy faineant vn fils baftard, nommé Iacques, adolefcent de grande entreprife, lequel ie vous allegue icy pour caufe, & vne fille legitime, appellee Charlotte, qui
efpoufa en premieres nopces vn coufin germain du Roy de Portugal: lequel n'y vefquit guere, à caufe que fa belle mere le feit empoifonner par vne fiene nourrice Grecque, pource qu'il remit fus la Religion Romaine, que la Grecque en auoit oftee: iaçoit
que la principale caufe fut, pource que le fils de cefte nourrice ne pouuoit plus manier les affaires du Royaume, comme il faifoit foubz la Royne, auec laquelle il auoit
grand faueur & authorité. Ce villain donc remis en pouuoir, & gouuernant la Royne, faifoit mille iniures à Charlotte: laquelle f'en plaignant à fon frere baftard, feit tant,
que le Grec fut defpefché: non que Iacques fe fouciaft de venger les iniures d'vne femme, mais pource qu'il f'ouurit par ce moyen la voye de fe faire Roy de Cypre. Icy le

La maifon de Lufignan a tenu cefte ifle.

Melchellah Soldan d'Egypte.

*Iacques ba-
ftard.*

cœur ne default point à la Royne Heleine, & fait tant, que le Baſtard eſt creé Arche-
ueſque de Nicoſie : lequel en fin fut chaſſé de l'iſle, ſe retirant à Rhodes, où il fut cour-
toiſement receu. Cependant Charlotte fut fiancee au fils du Duc de Sauoye, nommé
Loys, durant lequel temps Iacques taſchoit de gaigner ce poinct, que le Pape accor-
daſt qu'il fuſt Prelat de Nicoſie, veu que iamais il ne l'auoit peu impetrer. A quoy la
Royne Heleine ſ'oppoſa de toutes ſes forces, eſcriuant qu'vn ſeditieux, meurtrier &
ſanguinaire ne deuoit point auoir tel lieu en l'Egliſe de Dieu. Les lettres d'Heleine
au Pape ſont ſurpriſes par le Baſtard : qui fut cauſe qu'ayant faict amas de gens, il paſſa
tout ſoudain en Cypre, où apres auoir gaigné beaucoup d'amis, & tué ceux qui luy
eſtoient contraires, pillant leur bien, & le diſtribuant à ſes gens, ſe tint quelque temps
en Nicoſie : durât lequel arriua Loys de Sauoye, qui auoit eſpouſé la fille du Roy auec
la poſſeſſion du Royaume : dont depuis les Ducs de Sauoye y pretendêt droict, & non
ſans cauſe. Le Baſtard ce pendant ne dormoit pas : ains ſ'eſtant retiré vers le Soldan
d'Egypte, obtint de luy ſecours, & fut couronné en Egypte pour Roy de Cypre, tri- *Roy de Cy-*
butaire du Soldan : à quoy l'aida fort l'Ambaſſade du Turc, qui ne vouloit point auoir *pre tribu-*
les François ſi voiſins, ſe ſouuenant que ſes predeceſſeurs auoient eſté ſi bien frottez *taire du*
de ceſte nation paſſant en Orient : & ce fut Mahomet premier du nom, & cinquieme *gypte.*
Roy des Turcs, qui feit ceſte faueur au Baſtard contre le Sauoyſien, enuiron l'an de noſtre Seigneur mil quatre cens & cinq. Voyla l'occaſion, pourquoy tous les Grands-Sei-
gneurs Turcs, qui ont regné depuis Selim, qui print l'Egypte auec *Tomambey*, & ſes
Mameluz, ont contraint par toutes voyes les Venitiens leur eſtre tributaires de l'iſle
de Cypre. Mais auiourdhuy qu'ils en ſont Seigneurs du tout, puis qu'il plaiſt à Dieu,
il eſt bien à craindre, qu'ils ne ſoient bien toſt maiſtres du reſte, ſi les Rois & Princes
Chreſtiens ne ſ'accordent pour luy courir ſus : d'autant que ſi ces enragez prennêt vne
fois les faulbourgs, ils prendront bien toſt la ville : ſçauoir, ſi par noz pechez ils viennent à mettre pied en Italie, adieu la France, l'Eſpaigne, & ce peu qui reſte de l'Europe. Ainſi le Baſtard paſſant en Cypre, deſfit le Sauoyſien, & l'aſſiegea dans le chaſteau
de Nicoſie, où à la fin il a ſouffert toute miſere qu'aſſiegé ſçauroit endurer. Le Baſtard
ſ'eſtant deſpeſché de tel ennemy, eſpouſa Catherine, fille d'vn Gentilhomme Venitien, & fort riche, appellé Marc Cornaro, laquelle fut adoptee par le Senat, qui donna
vn grand eſchec à la maiſon de Sauoye, ayant deux ſi puiſſans ennemis, ſi elle alloit en
Cypre, que le Soldan & les Venitiens. Le Baſtard decedant laiſſa ſa femme groſſe, laquelle enfanta vn fils qui fut nourri à Veniſe : mais ſa vie ne fut de guere longue duree, quoy que Iacques mourant euſt recommâdé & la mere & l'enfant à la Seigneurie.
L'enfant decedé qu'il eſt, les Venitiens comme heritiers de Catherine Cornare & de
ſon fils, ſe feirent Seigneurs de Cŷpre en l'an de noſtre ſalut mil quatre cens ſeptante,
& l'ont tenue iuſques en l'an mil cinq cens ſoixante & onze, tout ainſi qu'ils tiennent
encore Candie & Corfou, y enuoyâs vn Poteſtat pour les gouuerner, & des garniſons.

De Cypre, *Sepultures des Rois, le nom des Seigneurs qui entreprindrent le voyage*
d'outremer, & promontoires d'icelle. CHAP. III.

I E M'ESBAHIS que le Turc, ayant eu ſi grande enuie ſur Rhodes,
Negrepont, Chios, Methelin, & autres iſles de Grece, que iadis les
Chreſtiens tenoient, ne ſ'eſt ſaiſi pluſtoſt qu'il n'a fait, de Cypre : ſi ce
n'eſt qu'il voyoit qu'il auroit affaire auec gens paiſibles, & que toutes
les fois qu'il luy plairoit, elle eſtoit à ſa deuotion & volonté, quelque
force que les Venitiens y tinſſent : veu que le Grand-Seigneur a gens

de tous coftez, & que tous les païs voifins de terre continente, tant de la part d'Afie que de l'Europe, font de fon obeïffance. Au refte, il ne fe foucioit de ce qui luy eftoit fi pres, & qu'il tenoit defia comme fien, tout ainfi que fait la beftiole, nommee des Indiens *Chiphat*, grande comme vn Teffon : laquelle chaffe ordinairement aux poulles & perroquets:mais elle a bien cefte rufe, que iamais elle ne fait mal au voifinage, finon lors qu'elle ne trouue rien au loin. De mefme, le Turc affeuré de Cypre, f'attaquoit à ceux qui ont les griffes plus longues, ainfi qu'il feit à l'Empereur Chreftien de Conftantinople l'an mil quatre cens cinquante deux, & en mefme temps à celuy de Trebifonde, & depuis aux Rhodiens:d'autant qu'ayant battu les plus forts à fon aife,il pouuoit venir au deffus de ce qui ne luy pouuoit faillir, comme il a fait depuis trois ans ença de ladite ifle, le tout certes au grand deshonneur de la Chreftienté,ayant,nonobftant les villes, forterefles & bouleuars, qu'y auoient auec grands fraiz fait baftir lefdits Venitiens, tout rauy, fans laiffer vne feule bourgade ou village, dont il ne fe foit emparé. Pour quoy mettre à chef, lefdits Turcs apres auoir prins terre en l'ifle, poferent premierement leur camp deuant la ville Royale de Nicofie,qu'ils battirent à toute oultrance fort longuement, non fans grande perte d'hommes, tant d'vne part que d'autre,pour eftre autant vaillamment defendue par les affiegez. Aufquels finalement apres plufieurs affaults, foit par faulte de fecours, ou autrement, la fortune fut fi contraire, que au dixieme qui leur fut liuré, les ennemis y entrerent: où Dieu fçait le piteux carnage,qui fut fait fur les pauures foldats Chreftiens. Quant aux Nobles, ils furent tous prins & garrotez,puis conduits vne partie auec leurs femmes & enfans,threfors & richeffes, en Conftantinople : autres reduits efclaues & mis aux galeres. Cefte ville de Nicofie,que les Grecs nomment Leucofie,eft la principale & metropolitaine, comme dict eft,fituee au milieu de l'ifle,en bon terroir & planure, fournie de trefbelles fontaines,de la meilleure eau que ie beu iamais:par dedans laquelle paffe vne riuiere. Elle a efté retranchee depuis huict ans quafi de la moitié : & ce pour en faire vne forterefle, qui fut lors baftie en diligence, de forme fpherique, auec foffez de toutes parts, dedans & dehors, & garnie d'onze bouleuars. Ladite forterefle donc fut commencee l'an mil cinq cens foixantefept, le fecond iour du mois de Iuin par le commandement defdits Seigneurs de Venife : ayant cedit iour, premier que de mettre la main à l'œuure, fait faire l'vne des belles proceffions qui fut iamais veuë du temps des Anciens,& où affifterent tous & chacuns les Chreftiens Latins,Grecs,Armeniens, Soriens, Abyffins, Cophthi, Iacobites & Maronites, habitans de l'ifle, accompaignez de leurs preftres & banières à leur mode. Or pour fe rendre plus forts,ils firent vne plateforme fur l'Eglife fainéte Sophie,qui commandoit par tout vne lieuë à la ronde. En ladite forterefle y auoit onze Seigneurs, qui commandoient chacun à fon bouleuart,& y auoit d'ordinaire fix à fept mille hommes trauaillans iour & nuiét : de forte qu'en moins de trois mois elle fut defenfible, & fauançoient d'y trauailler, pource que le Turc les auoit menacez. Et pour le faire taire, luy enuoyerent cent mille ducats,& à Mahemet fon premier Bafcha vingt mille. Ce pendant les Infulaires fe fortifioiét à Cerines,Bafe,Limeçon,& en quelques autres endroits. Cefte ville eftoit habitee deuant fa prinfe de grands Seigneurs,natifs du mefme païs,y ffus toutefois du fang des François,comme le Comte de Tripoly, defcendu de Normandie de la maifon de Nores,le Comte de Carpaffe, & celuy de Rochas, & plufieurs autres, qui tenoient la façon & mœurs des anciens François:& lefquels n'euffent efté eftimez nobles,fils fe fuffent dits eftre yffus d'autre race. Ces bons Seigneurs,deuant qu'eftre reduits en fi grád' pauureté,eftoient curieux de cheuaux & armes, combien qu'ils n'en feiffent pas grand eftat, finon de parade & pourmenade par la ville, pour monftrer leur grandeur. On voit en ladite iſle grands marques d'antiquité, qui monſtre que les meſmes François y ont long temps demeuré. L'on voyoit encores de mon temps, ſoit dans les Egliſes, ou maiſons priuees, pluſieurs armoiries des Seigneurs de France. Auant que le Venitien ſen feiſt Seigneur, on plaidoyoit en la meſme langue, comme teſmoignent & en font foy les Regiſtres, Arreſts, Sentences & procedures, qui eſtoient lors au threſor de la vil-le. Saincte Sophie eſt l'Egliſe cathedrale des Latins, autant ſuperbe, que l'on euſt peu veoir. Quant à S. Dominique, c'eſt la ſeconde, où anciennement eſtoient inhumez les Rois, Roynes & Princes du ſang de Cypre & Hieruſalem. Entre autres, Hugues le Grand, Pierre, Iaques & Iehan, comme l'on pouuoit cognoiſtre & voir contre vne pierre de marbre, où leurs epitaphes eſtoient eſcrits (i'eſtime que ces barbares ont an-iourdhuy tout gaſté.) Quant eſt de Henry, vingtdeuxieme Roy Chreſtien de Cypre, il ordonna par teſtament eſtre enſepulturé dans vne petite Egliſe qu'il auoit fait ba-ſtir, nommee du vulgaire le Temple, proche d'vne petite moſquee, que iadis les Ma-meluz d'Egypte auoient fait dreſſer, pour y faire leurs prieres. Au meſme téps que l'on fortifioit la ville de Nicoſie, ledit temple fut ruïné, pareillement la ſepulture de ce Roy Henry, qui eſtoit hault eſleuee, & faite de marbre blanc, & ſi proprement eſtof-fee, que rien plus. Icelle rompue, l'on trouua vn cercueil de pierre, qui pouuoit eſtre grand de quelques douze pieds ou enuiron, où les oz de ce Roy eſtoient : choſe quaſi incroyable d'vne telle haulteur & groſſeur. Et me ſuis laiſſé dire à homme digne de foy, auoir manié les deux oz de ſes iambes, qui auoiét chacun en longueur trois pieds, & vn peu d'auantage. Ses dents eſtoiét longues & groſſes, comme vous diriez le poul-ce d'vn homme, depuis la ioincture iuſques au bout de l'ongle. La plus grand' part des principaux Seigneurs, eſtans curieux de choſe ſi rare, voulurét auoir chacun d'eux vne de ces dents, deſquelles en fut enuoyé quatre aux Seigneurs Venitiens. Ie veis auſſi la ſepulture d'vn Iehan, Prince d'Antioche, & celle du Prince de Galilee, enſemble celle d'vn ſainct perſonnage François, nommé Iehan de Montfort : le corps duquel eſtoit tout entier, honoré & reueré de tous les Inſulaires, pour ſa ſaincteté de vie. Ie ne veux icy oublier le Catalogue d'vn bon nóbre de grands Seigneurs François, Italiens, Eſpaignols, Allemás, Anglois, de ceux qui paſſerent outremer, à l'expeditió de la Ter-re ſaincte, & conqueſte de l'iſle de Cypre : la plus grand' part deſquels moururent en ladite iſle. Voicy leurs noms, ſans y rien changer du langage, ains en la ſorte que ie les ay leuz, eſtans grauez contre vne pierre de marbre blanc, au Palais de la ville de Fa-magoſte, eſcrits pareillement aux hiſtoires des meſmes Inſulaires, ſçauoir, Robert, Comte de Normandie, fils du Roy Guillaume, & frere du Roy d'Angleterre : Eſtien-ne, Comte de Bourgongne, Eſtienne de Valois, Raymond, Comte de Thoulouſe, An-ſelme, dict Richemont, Robert Comte de Flandres, Euſtache Duc de Lorraine, Bal-duin de Burcho, ſon couſin, Hugues Côte de ſainct Paul, Iourdan ſon fils, Regnauld Comte de Selles, Eſtienne Comte de Carnotte & de Bleſance, pere du Côte Thibauld, qui eſt enterré à Lernie en Cypre : Guydo Comte de Calende, Seneſchal du Roy de France : Herman, Comte de Troſe : Guillaume de Mótpeſlier, Gaulthier Dannebault, Gaulthier de Dampierre, lequel eſt enterré, & ſa ſepulture eſleuee en la grand' Egliſe de ſaincte Sophie : & Iaques Dampierre ſon couſin, qui moururét tous deux d'vn meſ-me temps : Guillaume Charpentier, Girard de Rouſſillon, Pierre de Lautier, Iaques de Luſignan, Pierre Comte des Ardennes, Iaques du Brueil, Beymond Prince de Taren-te, fils de Robert Viſcarde Duc de la Pouille & Calabre, enſeueliz en la meſme Egliſe. Rogier de Barneuille, Henry Daſcot, Gilbert de Montcler, Gaſton le bel & Guillau-me Amaneno, auec Robert Prince de Tarente, & Richard fils de Lorrette, ſont enter-rez tous trois en l'Egliſe des Grecs, nommee ſaincte Croix. Robert de Serdeualle, Ro-

Sepultures des Rois & Princes de Cypre.

Catalogue de pluſieurs Seigneurs, qui entre-prindrent le voyage outremer.

bert fils de Beace,Raymond Comte de Tolon, & fes deux freres,Nicolas de Carnotte,
& Alberine de Tanachio.Et quât à Aubert de Montignon,il mourut d'vne cheute de
cheual, & fut enterré en vne chapelle de fainéte Sophie. Ioffelin de Courtenay, Go-
diac Comte de Montagu,Raymond Duc d'Allemaigne,Garnier Comte d'Acie,Bau-
douyn de Cinare,Zacharie Comte de Diou,Thomas de la Fere,Guy de la Poffeffion,
Galeo de Caymonde, Girard de Sanzé,qui mourut d'vn coup de flefche,que luy donna vn Grec, & fut enterré au monaftere de Pippi : Gilles de la Roche, Agazio de Po-
diero,Yues de Chafteaubriant, Arnoul le Bon, & Gafton de Rahoul qui cheut dans
la mer, puis fut enterré à l'Abbaye de *Macherata*, & Geoffroy de Chafteauroux,
qui mourut à Famagofte:& quelques autres qui eftoient effacez par l'iniure du tepms.
Au refte, il y a en cefte ifle plufieurs autres belles villes, comme Limeçon, Chry-
forrhoas, Cerines, Chryfopolis, Conftance, Epifcopie, la plus grand' part defquelles
font beaucoup ruinees, & bafties toutefois au meilleur terroir de l'ifle. Il y auoit auffi
bon nombre de monafteres, comme celuy de Pippi, S.Iehan , S.George, Macherata,
Abfitia,Confenente,S.Nicolas,& autres,auec plufieurs Eglifes Grecques : de forte que
quand lon retrencha vne partie de Nicofie, on en abbatit cent vingtcinq, fans celles
qui reftoient dans la ville.La plus part defdites Abbayes ont efté fondees par les François,côme fe vantent les Grecs : ce qui deuroit à la verité faire grand mal à la Nobleffe
Françoife.Il y a auffi l'Abbaye Blanche,de l'ordre de Premonftré, diftante de Nicofie
fix lieuës ou enuiron , fondee de douze mille ducats de rente, laquelle eft annexee à
l'Archeuefché:& ioignant icelle eft la Chapelle de S.Hilarion pour l'Eglife Grecque.
De toute ancienneté les Grecs ont eu en l'ifle des Euefchez, voire long temps auparauant les Latins, dont ils iouyffoient encores nagueres paifiblement. Les Euefques
auffi y ont efté de tout temps mariez auffi bien que les Preftres,par vn fpecial priuilege que leur donna l'Empereur Grec Nicephore Botoniat, defcendu de la lignee de
Phocas,qui fut l'an mil oétante. Leurs quatre Patriarches, & autres Officiers & Prelats par plufieurs fois les ont voulu reformer , & faire viure à la maniere & façon des
autres Euefques Grecs,d'Europe & de l'Afie:mais iamais ne le voulurent faire, ne leur
obeïr en chofe quelconque , difans pour leurs raifons, qu'ils n'eftoient fubieéts aufdits Patriarches,non plus qu'au Pape de l'Eglife Romaine. Ioinét que tous les Conciles tenus depuis ledit Empereur leur ont toufiours accordé difpenfe, & maintenus en
ces mefmes priuileges.De Nicofie ie fus conduiét à quelques montaignes,qui font entierement couuertes d'efcailles de groffes huiftres, & ne puis penfer que ce ne foit encores du reliqua du deluge : d'autant qu'il ne fe trouue aucune huiftre au riuage de la
mer de Cypre. Le plus hault mont de l'ifle, c'eft celuy que lon dit De la Croix, iadis
de Iupiter : excedant en haulteur celuy de Chryfopolis, & de fainét Hilarion. Cefte
ifle eft fubiecte à tremblemens : qui eft la caufe pourquoy ils font les maifons baffes.
Les habitans font humains,tant Gentilshommes,marchans,que païfans.Ceux qui habitent de la part de Bafe,font plus trapes que les autres. Il y auoit grand nombre d'efclaues,que tenoient les Gentilshommes du païs, que les Infulaires nomment *Pariqui*:
mefmes f'en trouuoit tel qui en auoit plus de cent. Le fimple peuple , bien qu'il foit
pauure & mechanique,vendroit pluftoft fi peu qu'il a,qu'ils n'euffent chacun vne taffe d'argent pour boire : qui eft toute leur magnificence. Ils portent grand' perruque,
chapeaux affez grands , iaquette pliffee, bragueffes & brodequins. Les Albanois qui y
demeurent,portent auffi grâd' perruque derriere, & font tonduz deuât. Les plus pauures ne portent qu'vne fimple chemife,& des fouliers de peaux , fans eftre conroyees,
auec vne petite chorde pardeffus.Il n'eftoit loifible à quelque grâd ou braue qu'il fuft,
de partir de l'ifle, fans le congé des Gouuerneurs : ce qui monftroit la feruitude en la-

quelle

quelle ils eſtoient detenuz. Tous les Grecs, en quelque lieu que ce ſoit, differét de lan- *Les Grecs differét en langage.*
gage, combien qu'ils parlent tous Grec vulgaire. Auſſi les vns ſont plus elegans que
les autres, comme il ſe peult cognoiſtre par les Candiots, qui ont la langue plus fluide
& friande, ſ'approchans plus de la Grammatique, que les Cypriots. Le ſimple peuple
retient fort ſon antiquité, & ſuyuent tous vne meſme religion, ſoit qu'ils ſoient ſubiects au Turc, ou au Venitien. S'ils vous ſaluent, ils mettent la main ſur l'eſtomach, ſe
courbás la teſte en bas, au lieu que nous ployós le genouil, & mettós la main au bónet.
La plus part ſont fort iniurieux, & blaſphemateurs, tant hommes, femmes, que enfans.
Dauantage, ils ſont pareſſeux, ſuperbes & yurongnes, encores qu'ils ſoient pauures,
miſerables & ſerfs aux Princes eſtrangers, & principalement ceux qui ſe tiennent en
terre continente. Il n'y a Grec pour auiourdhuy, qui oſaſt ſe váter auoir vn ſeul poulce de terre, & qui en peuſt diſpoſer non plus que les Iuifs, comme iadis ils ſouloient
faire. Autres Seigneurs ne commandent en toute la Grece, que le grand Turc, & le Venitien: lequel ne tient plus que cinq iſles, qui ſont Candie, Cerigue, ou Ciſcerigue, Lezanthe, Cephalonie & Corfou. Leurs vignes ſont volontiers aux montaignes: & portent de grands ceps, que lon couche par terre. Le fruict eſtant meur, ils rompent &
tordent la queuë de la grappe, & la laiſſent encores pendre au Soleil cinq ou ſix iours:
puis font leurs vins, qui ſont autant bons, qu'il ſ'en puiſſe trouuer: Et les mettét en certains vaiſſeaux de terre rouge, poiſſé par le dedans, qu'ils appellent *Pitars*, leſquels ſont
ſi grands, qu'il y en a tel, qui peult tenir quatre ou cinq muyds de vin: & ce vin eſt ſi excellent, & a telle vertu, qu'il ſe peult cóſeruer ſix ou ſept ans: & me puis vanter en auoir
beu, faict il y auoit plus de vingt ans, que ce peuple garde comme choſe exquiſe, &
pour eſtre loüé de telle curioſité & vieilleſſe ſi gráde. En quelque endroit l'iſle eſt ſubiecte au vent, meſmes à de petites ſaulterelles: non pas qu'il ſ'en trouue de ſi grandes &
en telle abondance, qu'elles empeſchent la veuë des hommes de voir le ciel, la lune,
ne auſſi les nues, comme nous veult faire accroire, pour n'auoir voyagé, F. de Belleſo-
reſt, au liuret de l'Hiſtoire Vniuerſelle, prinſe, dy-ie, & ſouſtraite du bó pere Ian Boëme. Mais cela a autant de vraye verité, que ce que Pline allegue, qu'en la meſme iſle y a
des mouſches groſſes & alerees, leſquelles ne peuuent viure que dans les fournaiſes ardentes, & que ſi elles auoient perdu le feu, incontinent mourroient. Ne voyla pas des
diſcours pour faire rire ſinges, ſaulterelles, & mouſches? ouy certes. Il ſe trouue pareillement de treſbelles montaignes, peuplees de bois, beſtes à cornes, & de perdrix
tant & plus. Munſter & Pline ont mis par eſcrit, que ceſte iſle abóde en cerfs, biches, & *Faulte de Munſter & de Pline.*
autre ſauuagine auſſi. Ce que ie leur accorde. Toutefois ie nie que ces beſtes, comme ils
diſent, puiſſent nager depuis ladite iſle iuſques au païs de Cilicie, prouince d'Aſie en
terre ferme: d'autant que de l'vne à l'autre, ſuyuant la ſupputation & haulteur des degrez celeſtes, il y a diſtáce de quelques quatre vingts lieuës ou enuiron. Voyez ie vous
prie, ſi ces animaux pourroient traietter & paſſer ſi loing dans ceſte grand'mer fluante,
quaſi à toutes heures deſbordee, & d'vne telle ſorte, que les grands vaiſſeaux de mer ne
peuuent reſiſter à tel peril & fortune, qu'ils ne periſſent. Lon y voit vne montaigne
de iaſpe, & de fin marbre. Elle abonde auſſi en riuieres, torrens & fontaines: les eaux
deſquelles ſont merueilleuſes, bonnes & ſaines aux malades. Volontiers les Medecins
leur ordonnent d'en boire ſans cuiſſon. Quant à la ville de Conſtance, y a vne riuiere,
qui vient des mótaignes, laquelle ronge le fer, comme vne autre dont ie vous ay parlé ailleurs: qui a donné argument à quelques Medecins d'eſprouuer ſi elle pourroit
rompre & diſſouldre la pierre à ceux qui en ſont tourmentez. Quelques vns me dirent, qu'elle y eſtoit fort propre. A deux lieuës de Conſtance, ie veis vne pierre de marbre, qui auoit en ſon eſpaiſſeur ſix pieds, douze en longueur, & ſix en largeur: autour

M

de laquelle on voyoit en vn fueillage certaines lettres antiques, la plus part effacees, où ne fe pouuoit lire que ce mot *Lycurgus*, & deux L L fuyuantes, feparees l'vne de l'autre : & n'en peuz fçauoir autre chofe. Ie ne veux oublier à vous ramenteuoir vne petite hiftoire efcrite & enregiftree aux vieux parchemins des Infulaires, & grauee en

Hiftoire gaillarde.

la memoire du fimple peuple. Ladite hiftoire eft telle : Qu'vn Roy de l'ifle voulut par tous moyens empefcher, qu'vn Seigneur du païs de bonne part n'efpoufaft fa fille, d'autant qu'ils fe portoient grande amitié l'vn à l'autre. Et pour ofter occafion de plus grand mal, le Roy trouua par fon confeil, qu'il deuoit faire enfermer fadite fille dans vne tour, qui fe voit encor auiourdhuy hors la ville de Famagofte, affez proche de la marine : & luy donna pour fa garde vne vieille matrone Grecque, laquelle auoit toute fa vie ferui de fecondes intentions aux magnifiques Infulaires. Et dift ce Roy au Gentilhomme, en fe mocquant de luy, Fay ce qui eft en toy. Si ma fille vient groffe dans vn an, ie te donneray mon Royaume : & au contraire, ie te feray trencher la tefte, fi elle ne l'eft. Ce ieune follaftre eftant fafché, f'addreffa à vne bonne vieille, qui luy confeilla aller en Syrie, & faire dreffer vne Oye artificielle, grande plus que le naturel, à vn certain Ingenieur, qui ne viuoit que d'inuenter quelque chofe de nouueau pour refiouir les hommes. Ayant receu cefte Oye bien emplumacee, & faite fi bien & gentilemét que rien plus, voire que lon l'eftimoit eftre en vie, il la prefenta au Roy. Lequel voyant la gaillardife de cefte befte, qui fautelloit de fi bonne grace, d'autant que dans icelle eftoit vn homme, qui châtoit & iouoit ce badinage, le Roy (dy-ie) prenant plaifir à telles folaftries, commanda mener cefte Oye à fa fille pour la refiouir, & luy donner quelque allegeance, fans toutefois fe fouuenir de la promeffe faite au Gentilhomme. L'Oye dans laquelle fe mit l'amoureux, fut conduite & portee en la tour, où eftoit prifonniere la fille : & ne fault icy douter qu'il n'y eut de l'intelligence, & difent les Cypriots, que l'Oyfon fut tellement defbridé, eftant dedans la tour, que la bonne dame incontinent deuint groffe. Et par ainfi le Roy, fuyuant fa promeffe, fut demis de fon Royaume : dont eft venu vn Prouerbe, duquel vfent encore auiourdhuy les Infulaires, *Il a fatto le becco de l'Occha*, lequel fe peult accommoder en plufieurs fortes, comme fi lon vouloit dire, Il a bien ioué fon roolle, ou fon perfonnage, ou fifflé au cornet. Eftant le Gentilhomme paifible dudit Royaume, apres auoir efpoufé la fille du Roy, qui par amitié & confentement f'en voulut demettre, print en fes armoiries le bec d'vne Oye, lefquelles fe voyoient encores de mon temps au Palais de Famagofte : en memoire dequoy il fit battre & forger en fa monnoye vn bec d'Oye d'vn cofté, & de l'autre vne Couronne : de laquelle i'en ay apporté en France quatre pieces, en ayant encores vne à Paris en mon cabinet. Quant à la ville, nommee Epifcopie, elle eft fituee en vn païs noble, & beau à caufe des iardinages. Il y a abondâce de Cotton, & de Cannes de fuccre, duquel ils font grand profit. L'ifle eft affez mal accoftable, pour y aborder, & mouiller l'ancre : i'entends pour vne grand' armee de vaiffeaux de mer : & ne fe trouue port ne haure capable pour receuoir plus de quarante nauires, hormis celuy de *Cerine*, l'entree duquel eft fafcheux, non feulement pour quelques ifles qui fe prefentent en fon entree, ains pour les bans, rochers, & battures qui y font dágereux. Son entree regarde vers l'Afie, vis à vis d'vn autre haure, nommé en langue Turquefque *Iapart*, & des Grecs du païs *Spurio*, & de quelques autres *Terouare*, fitué entre le promontoire de *Polopoli*, qui tire vers le Leuant, & celuy de *Solech*, qui eft de la part du Ponent. C'eft ce port là, que l'an mil cinq cens foixanteneuf, les Turcs faifoient nettoyer & fortifier, pour y amener leurs vaiffeaux & armee nauale, & puis venir faire aiguade & defcente en l'ifle Cypriote : ce qu'ils ont depuis faict. Ladite ifle eft auffi tournoyee d'vn bon nombre de Promontoires. Le premier de tous fe nomme S. An-

dré:au bout duquel s'apparoist quelques islettes,qui portent le mesme nom. Ceux qui
l'ensuyuent,costoyât tousiours la terre,sont *Pondere*,& *Morine*, qui sont deux poinctes assez distantes l'vne de l'autre.Et fut en cest endroit,où le coursaire *Salaraix* nous
donna la cargue à coups de canonnades, auec ses six galeres. Vers le Midy se presente
celuy de la *Griegue*, qui est laué & tournoyé quasi de toutes parts de ceste eau salee,
& de la riuiere de *Pede*. De la part d'Occident,tirant de l'Est à l'Ouest lon s'apperçoit
du promontoire de *Gate* : auquel y a vne Abbaye de Calloeres Grecs,fondée à l'honneur de Dieu,& de S.Nicolas.Ordinairement les Religieux y entretiennent plusieurs
Chats,du nom desquels le promontoire est ainsi nommé.Lesquelles bestes combattét
contre vne certaine espece de serpés,qui ne sont toutefois venimeux : & sont ces chats
si faits & adextrez,qu'incontinent oyant la cloche des moynes pour disner, ne faillent
à se trouuer au Refectoir:& la nappe ostee,vont derechef suyure leur proye.Et diriez
y auoir vne antipathie des vnes auec les autres , aussi grande qu'entre le Chien & le
Lyon.Vous auez aussi vn autre promontoire prochain de là,nommé *Cormis* qui préd
le nom d'vne villette qui l'auoisine. Le Cap blanc en est loin quelques trois lieuës.
Ayant doublé ceste coste assez dangereuse, pour tirer de la part de Bafe, vous venez à
celuy de *Malotte,Trapano*, & laissez à gauche la terre de *Cornachite*, & autres païs assez peuplez de pauures pasteurs, qui ne viuent la plus part que de fruicts, entre autres
de Carobbes : qui est vne espece de casse, l'escorce de laquelle est longue de quatre
doigts, & son suc aussi doux que sucre,ayant dedans de petits grains plats, faicts de
bonne grace. Nous y mangeasmes des grenades des meilleures du monde ; qui ont le
grain gros comme noisettes. Il y a abondance de Palmiers qui portent quelques dattes. Cest arbre estant ieune,est replanté par les gens du païs en vn autre endroit : où il
profite plus en vn an, que en quatre au lieu de sa naissance : puis porte fruict dans les
vingtcinq ou trente ans.Les dattes en sont tousiours aspres, & ne viennét iamais à maturité,contre l'opinion toutefois de Matthiole,comme ailleurs ie vous ay dit.

De l'isle de R H O D E *, de la cause de son nom , du Colosse , & des hommes
illustres qui y ont pris naissance.*   C H A P.   I I I I.

A ce que la mer Mediterranee soit illustrée & enrichie par plusieurs belles & riches isles, & qu'il y en ait de plus grandes que Rhodes,si est-ce que ny Cypre ny Candie n'approchent en rien à son ex-
cellence.Aussi a elle esté de tout temps estimee,non seulement la premiere des Cyclades, ains encor la plus renommée de tout le Leuant:
de laquelle ayant proposé de parler , fault que ie deduise la cause de
son nom,& en face la description. Les Grecs m'ont dit auoir escrit en leurs vieux parchemins, qu'vn Roy appellé *Rhodo*, luy bailla le nom ,ayant embelli la ville de murailles & bastimens, lequel depuis luy est demeuré. Quant à son assiette, elle est en la
mer de Carpathie, dite ainsi d'vne petite isle voisine de Rhodes, fort peuplee de villes,
entre autres d'vne riche, nommee à present Scarpante, où y a vn tresbon port tirant à
l'Est,capable de quelques cent nauires, appellé Tristan : & en laquelle se voyent sur le
mont *Gomel* deux chasteaux, à present ruinez. Ce'en quoy Scarpante est maintenant
plus renommee, c'est à cause du Corail qui s'y trouue, le meilleur de toute la mer,du-
quel on fait grand trafic en Alexandrie d'Egypte,au Caire, voire & par tout le Leuat:
& pouuez cognoistre en quelle reputation elle a esté entre les Anciens , veu que toute
ceste coste de Lycie a porté son nom. Rhodes donc estant en ceste mer,regarde vers le

Su l'ifle de Scarpante, & au Nort luy eſt oppofé le païs de Samié, qui eſt fa longueur.
Vers l'Oueſt, elle aduiſe la Doride, & peninſule de Carie : & à l'Eſt, elle a la mei Mediterrance, tirant à la Syrie, loing de terre ferme enuiron huiçt lieüës: en ayant de circuit
quelques foixante & douze, poſée au commencement du cinquieme Climat, neuſieme
parallele, & à quarante vn degré de latitude. De l'Eſt à l'Oueſt eſt fa plus petite eſtendue, d'autant que fa longueur, comme ie vous ay dit, eſt du Su au Nort, eſtant plus longue beaucoup qu'elle n'eſt large. Or pour parler à la verité, on n'a pas mal faiçt autrefois de diré, que Rhodes eſtoit l'ifle du Soleil. Car tout ainfi que ceſt aſtre emporte les
autres en ſplendeur & beauté, auſſi Rhodes a ſurpaſſé en ſciences, art militaire, & diligence en toute choſe, toutes les iſles de la Grèce, deſquelles pas vne n'eſtoit pour ſ'eſ-
galer à elle, fuſt en richeſſe, force, ou adreſſe, ou prudence à gouuerner l'eſtat de
leur Republique. Au reſte, les Rhodiens iadis adoroient Apollon, non ſimplement
l'eſtimans eſtre le Soleil, ains à cauſe qu'ils le diſoient eſtre le Dieu qui preſidoit fur
les arts & ſciences. Quels ont eſté les Rhodiens fur mer, & combien eſpouuantables ſe
cognoiſſent ils en cela, que iamais les Perſes courans la Grece, n'y ont donné attainçte,
ains ſe ſont contentez de les auoir pour amis & alliez? Voyez la guerre des Atheniens
auec les Peloponneſiens, & par là les Rhodiens vous apparoiſtront comme Seigneurs
de la mer, auſſi bien que ſont à preſent les Venitiens en leur goulfe. Ils ont eſté ſi heureux & iuſtes en leurs faiçts, qu'il n'y auoit pirate ou eſcumeur de mer, qui oſaſt monſtrer le nez en toute la coſte voiſine de leur iſle: laquelle, eſtans les Grecs Macedoniens
Seigneurs & Monarques de l'Aſie, a touſiours eſté en franchiſe, ſans payer tribut, receuoir gouuerneur ny garniſon en leur nom, comme leur amie & confederee. Telle auſſi a elle eſté vers les Romains, combien qu'à la fin elle fut tourmentée à cauſe des partialitez qui eſtoient à Rome : & neantmoins ils auoient eſté appellez au Senat les treſ-
loyaux & treſfideles amis du peuple Romain. Que ſi l'iſle Rhodienne a eſté celebre
pour les armes & art militaire, principalemét és choſes de la mer, elle n'a rien eu moindre en ce qui touche les bonnes lettres : veu qu'en la ville principale les eſtudes y ont
fleuri, tellement qu'Athenes ny Marſeille ne la ſurpaſſoient aucunement en bon ordre, ne frequence d'hommes de ſçauoir. Quant à la ville de Rhodes, elle eſt aſſiſe fur la
mer du coſté de Septentrion, partie fur vn coſtau en penç ant, partie le long de la marine, qui laue ſes murailles du coſté qui regarde l'Aſie, eſtant faiçte comme vne peninſule : pres laquelle y a vn beau port, mais dangereux à l'abordier, tant pour les rochers
qui y ſont, où cuidaſmes perir, que pource qu'il n'eſt poiçt couuert, tellement que les
vents qui viennét du Nort & Nordeſt, luy ſont fort cótraréeſmaçoit que des autres coſtez ils ne luy ſont ſi faſcheux, à cauſe que lon eſt à l'abry de la grande peninſule de
Doride, qui luy eſt aboutiſſante. Au bout du port eſt le Chaſteau, qu'on diſoit ſainçt
Nicolas, baſti iadis par les Cheualiers de ſainçt Iehan, qui l'ont tenue, lequel entre vn
peu dans la mer: & de l'autre part ſe voit vne longue plateforme, entrát auſſi en la mer,
fur laquelle y a quelque vingtaine de moulins à vent, faiçts aux deſpens des Geneuois
lors qu'ils ſe voulurent faire Seigneurs du lieu par ſurpriſe & emblee. Reſte à vous reciter les hommes excellés, qui ſont ſortis de ceſte iſle, en quelque choſe que lon vueille les contempler, comme les Grecs me l'ont donné par eſcrit. Cleobule, vn des ſept
Sages de Grece, a honoré ce lieu là par la memoire de ſa vertu, ſageſſe & grád ſçauoir:
les beaux diçts & ſentences duquel ſe trouuent encor entre les mains des doçtes. Rhodien fut ce Panece, pere de la Philoſophie Morale, lequel eſtoit ſi bien verſé és choſes
de la police, & façon d'inſtruire la vie des hommes, que Ciceron grand politique &
ſage citoyen, le trouua digne & ſuffiſant pour eſtre ſuyui & imité és liures qu'il a faiçt
des Offices & deuoir ſeant à toute eſpece d'hommes. Y fut auſſi Leçteur vn Stratocle

& Andronique, tous deux de la secte des Peripateticiens, & Possidonie, la sepulture duquel i'ay veu en la ville de Philerne, tant estimé de Pompee, duquel il fut precepteur, que lon appelloit Sophiste, homme subtil, & qui s'exerçoit en l'art d'Oratoire: pour l'amour duquel ledit Pompee vint à Rhodes, allant en guerre contre le Roy de Bithynie Mithridate: Mesmes allant à la maison dudit Philosophe, il y entra comme homme priué, & non comme grand Seigneur, & supreme Magistrat du peuple Romain. Dauantage, iaçoit que Apollonie, qui a escrit les Argonautes, qui sont en lumiere, fust Alexandrin, d'vn cazal que i'ay veu, à deux lieuës d'Alexandrie, nommé *Apellin*, auiourdhuy ruïné, si est-ce qu'ayant passé toute sa vie à Rhodes, il est estimé des Insulaires, Rhodien. Et ne veux oublier, que plusieurs ont voulu dire, que le Prince des Poëtes Grecs Homere estoit natif de ceste isle, à fin que la Poësie n'y manquast non plus que le reste: veu que cest Apollonie, duquel i'ay ia parlé, a escrit son œuure du voyage de Iason, en vers fort bons, & prisez de tous les hommes de sçauoir. Pisandre Poëte y florit aussi du temps qu'elle a esté en vogue, lequel escriuit les faits & histoire des Heraclides. Du temps que nostre Seigneur estoit en ce monde, n'y auoit-il pas vn grand Orateur, nommé Aristocle, fort estimé par les Romains, qui alloient en Grece pour apprendre & la langue & l'eloquence Grecque? En somme, les arts & bonnes sciences y estoient si familieres, qu'il n'y auoit coing en l'isle, où ne se trouuast quelque marque de telle perfection. Qu'il soit ainsi, comme Aristippe Philosophe de secte Socratique, eust fait descente sur le port de Rhodes, & craignist d'estre entre les Barbares, il veit par cas d'auenture des figures Geometriques, grauees en certain lieu du port. Pource se tournant vers ses compaignons, leur dist, Courage mes amis, ie voy icy la trace des hommes: n'estimant point vrayement homme, celuy qui estoit ignorant des sciences liberales, & sur tout des Mathematiques. Aussi ce mesme Aristippe fut si bien receu en l'eschole Rhodienne, que non seulement il soustint sa maison & famille auec les gages qu'il auoit, ains encor en nourrissoit grand' troupe de ses amis. Ce fut en ce lieu, que Ciceron alla pour apprendre l'art d'Oratoire, auquel il a esté le plus excellent de son temps. Caton se destourna de son chemin, pour y aller ouyr vn Professeur public, nommé Antenodore, duquel il auoit entendu faire grand cas. L'Empereur Tibere, nepueu & successeur d'Auguste, du temps qu'il n'estoit que Prince de l'Empire, se retiroit souuent en ceste isle, à cause de sa beauté, où il alloit seul se pourmener, & disputoit auec les Professeurs Grecs, en l'auditoire & eschole publique. Estant en l'Asie, à vne villette, nommee *Malarch*, à deux lieuës d'Antioche, vn moyne Grec, homme tresdocte, compaignon du Patriarche, me donna par escrit les noms de tous les hommes sçauans, & excellens aux sciences, qui ont esté à Rhodes, Cypre, Candie, & autres isles voisines: lesquels escrits & obseruations par moy faites, qui pouuoient monter à demie main de papier, estant de retour de mon voyage, qui fut l'an mil cinq cens cinquante & deux, i'enuoyay à ce sçauant personnage Allemant Philippe Melancthon, m'en ayant prié par lettres, qu'il m'auoit par deux fois escrites, par lesquelles il demonstroit la bonne affection & amitié qu'il auoit enuers moy. Ne t'esbahis, Lecteur, si ie m'arreste ainsi sur l'antiquité de ceste isle, & de ce qui s'y est passé, & aux hommes qui y ont vescu, veu que la rarité me tire en admiration, & contraint à descrire cecy, quoy que ie sçache que d'autres ont versé sur vn mesme subiect: mais tout ainsi que tous ne disent pas vne mesme chose, aussi l'vn a veu, comme i'ay fait, ce dont iamais les autres n'eurent cognoissance. Et qu'ainsi soit, voyez la diuersité des opinions sur la premiere erection des statues & images, & vous cognoistrez combien les vns s'esloignent des autres, pour n'auoir sceu l'opinion des nations estrangeres. Sur ce propos les Grecs di-

Romains qui alloient à Rhodes pour estudier.

Memoires enuoyez à Melancthon par l'Autheur.

Rhodiens bons imagiers.

fent, & m'ont monftré auffi par efcrit, que iadis les Rhodiens ont eu la premiere gloire de la peincture. Car Lyfippe & Apelles font long temps apres l'inuention & de la fculpture & de ladite peincture: d'autant qu'ils eftoient tous deux du temps d'Alexandre le Grand, qui ne voulut eftre tiré ny graué, que par ces deux excellens perfonnages. Mais ce qui a plus donné d'efbahiffement à la pofterité, des chofes rares qui

Coloffe mer ueilleux.

font à Rhodes, ce fut le Coloffe qui eftoit d'airain, mis fur le port de ladite ville, fçauoir vne iambe fur vne arche du port, & l'autre iábe fur l'autre; de forte qu'entre deux luy pouuoit paffer vn nauire à voile defployee, ayant foixáte & dix coudees de haulteur: & tenoit en la main dextre vne efpee nue, & vne pique en la gauche, ayant vn miroir ardent fur fa poictrine, à la façon & maniere que ie vous l'ay fait tirer par cefte fi-

gure & pourtraict, que m'en ont donné les Grecs auec celuy de l'ifle. Aucuns difent, que ce Coloffe auoit efté dedié au Soleil, & d'autres à Iupiter. Mais à quiconque il fuft, ie ne m'en foucie: tant y a que ie fçay bien, qu'vn des difciples de Lyfippe, foit-il Chares Lydien, natif de l'ifle mefme, ou autre, le feit, & meit douze ans à rapporter les pieces du bronze: dont il eut pour fon falaire trois cens talens, qui font cent quatre vingts mille efcuz de noftre monnoye. Cefte œuure eftoit fi admirable, & de fi laborieufe ftructure, que non fans caufe a il efté nombré entre les fept miracles du monde: veu la difficulté d'amaffer tant de pieces, & les difpofer en leur ordre en telle haulteur, & en lieu fi dangereux que la mer. Toutefois cefte lourde maffe de fimulacre ne peut durer long temps: attendu que cinquantefix ans apres qu'il fut dreffé, il fen alla à bas par vn tremblement de terre qui l'efbranla, & luy rompit les ioinctures des genoux, ayant depuis demeuré longs fiecles ainfi par terre: veu qu'il cheut l'an du monde trois mil fept cens quarantedeux, en l'an fecond de la cent trenteneufiefme Olympiade. Munfter

en ſa Coſmographie ſe meſconte, lors qu'il dit, que ceſte grande Idole ou Coloſſe fut
dreſſee en vn couſtau de l'iſle de Rhodes : choſe que ie ne luy puis accorder, d'autant
que les hiſtoires du peuple Leuantin m'aſſeurent du contraire, & font mention qu'il
ne fut dreſſé en autre lieu : pour monſtrer à l'eſtranger la ſuperbité, hardieſſe & prodigalité de celuy qui le fit faire, à l'entree du port, comme dit eſt, eſlongné de la colline, qui aboutit & auoiſine la ville de la part du Midy, vn bon ieƈt d'harquebouze.
Secondement, ledit Munſter, & autres Anciens & Modernes ſe font auſſi trompez,
quand par leurs doƈtes eſcrits ils diſent, que ce Coloſſe eſtant cheut par vn tremblement de terre, le cuyure d'iceluy fut recueilly par le commandement d'vn Soldan, &
porté en Alexandrie d'Egypte : eſtans tous enſemble muets du nom dudit Soldan,
dont ils nous font parade. Voyez, ie vous prie, comment ces bons perſonnages ſ'a-
buſent. Ie ſuis faſché de leur monſtrer tant de fois leurs faultes, & à celuy qui de mon
temps nous gloſe & baſtit tant de liures des païs, les plus lointains, dy-ie, de l'vniuers,
ſans auoir voyagé que fort peu de la France. Les hiſtoires des Arabes, Turcs, & Grecs
vulgaires, nous enſeignent aſſez, que au parauant que l'impoſteur Mahomet fuſt
nay, les Romains Empereurs Chreſtiens iouyſſoient paiſiblement tant de l'Aſie, Egypte, que de la Grece, ſans qu'il fuſt mention ne de Caliphe ne de Soldan : mais depuis
que ce galand Arabe fut en ſes furies, & ſe feit couronner Roy de Damas, qui fut l'an
de noſtre Seigneur ſix cens trente, apres ſa mort, l'vn de ſes diſciples & familiers, appellé *Othomar*, que les Turcs prononcent *Othmar*, qui luy ſucceda, fut le premier *Ca-
liph* (que nous diſons Caliphe, qui ne ſignifie autre choſe en langue des anciens Mameluz, que Heritier ou ſucceſſeur : pource que celuy qui auoit ceſte dignité, eſtoit ſur-
rogé au lieu & authorité de Mahemet :) & fut celuy qui porta premier tiltre de Soldan. En outre, ie cognois bien que ces bons peres prendroient incontinent le ciel
pour la terre, ou que parauenture ils pourroient auoir ouy dire ce que i'ay leu, eſtant
en Egypte, que l'an ſix cens ſoixante, vn *Mehua azaricam* (qui ſignifie en la meſme
langue deſdits Mameluz, Haſtiueté) Soldan, ſucceſſeur de Selim, apres ſ'eſtre emparé, & prins par force l'iſle de Rhodes, y trouua plus de cent mille quintaux de bronze, qu'vn Enchanteur auoit deſcouuert bien auant dans vne roche treſparfonde, que
les Inſulaires encores auiourdhuy appellent *Trianda pende* : à cauſe que ce metal, diſent-ils, eſtoit prouenu de trenteuiƈt grandes Idoles, leſquelles fondues furent portees en Egypte. On a depuis eſtimé, que ce fut celuy de ce grand & eſpouuantable Coloſſe : qui a eſté employé, ſuyuant l'hiſtoire Barbareſque, l'an ſix cens ſoixante & ſept,
par *Abdallach*, Roy d'Egypte, qui ſucceda audit *Mehua*, à faire vingtcinq grandes
portes, fortes & puiſſantes, en ſon Palais du Caire, & trois en ſa grand Moſquee : que
depuis il fit dorer de fin or par vn Grec, nommé Triphylliades, natif de l'iſle de Lezante, l'vn des plus experts en l'art de la dorure qui fut iamais en ces païs là. Touchant
le mot de Coloſſe, les bons autheurs appellent de ce nom ces grandes ſtatues, la haulteur & proportion deſquelles eſt ſi deſmeſuree, qu'elle eſgale les plus haultes tours :
tel qu'eſtoit celuy d'Egypte, duquel ne reſte plus que la teſte, ainſi que i'ay dit. Or ſçay
ie bien, qu'il y en a eu iadis quatre memorables : L'vn fait à l'honneur d'Apollon, à
Laodicee ville du Pont, en la iuriſdiƈtion d'Amaſie, de quarante coudees de haulteur, lequel Luculle Romain, fort magnifique & ſomptueux en toutes choſes, feit
porter à Rome au Capitole : & auoit couſté de la main du maiſtre qui le feit, pres de
cent mille eſcuz. Penſez à quoy venoit tout le reſte, & l'apport d'iceluy à Rome, &
vous cognoiſtrez la magnificence de ce peuple. L'autre eſt celuy de Rome, qu'on diſoit le Coloſſe de Pompee, pource qu'il eſtoit dreſſé pres du Theatre baſti par ledit
Pompee. Le troiſieſme fut fait à Tarente par Lyſippe, qui auoit quarante coudees de

haulteur: combien que pas vn d'iceux n'approchoit en rien à celuy de Rhodes: pour
le refpect duquel on pouuoit bien dire, que quelque temps qu'il feift, toufiours Rhodes pouuoit voir les rayons du Soleil, à caufe qu'ils eftoient effigiez en cefte grande
maffe. Au furplus, quoy qu'ailleurs ie vous aye parlé de la ville de Coloffes, qui eft
en Phrygie, non loing de Laodicee, de laquelle i'ay affez difcouru, fi eft-ce que ie n'obmettray point icy la faulte que plufieurs font, lefquels oyans parler du Coloffe de
Rhodes, penfent (ignorans & l'hiftoire, & la Geographie) que ce fuffent les Rho-
diots, à qui fainct Paul efcriuit l'Epiftre qui eft aux Coloffiens. Mais il fault regarder, que iamais hiftorien facré ne profane ne donna le nom de Coloffes à la ville de
Rhodes, qui ne f'efloignaft de la verité auffi bien que Pierre Martyr Florentin, lequel
apres les difputes faites à Poiffy (villette à fix lieuës de Paris) l'an mil cinq cens foi-
Affauoir fi
S. Paul a ef-
crit à ces
Rhodiens.
xantedeux, deuifant auec luy, me vouloit faire croire, auffi bien que quelques autres
au parauant, que c'eftoit aux Rhodiens qu'efcriuoit fainct Paul: où luy feis refponfe,
que du temps de fainct Paul, le Coloffe eftoit par terre plus de trois cens ans auparauant: ioinct auffi, que fainct Luc, compaignon des Apoftres, & hiftorien de leurs geftes, n'a point forgé vn mot nouueau, voulant parler de cefte ifle, ains luy a donné celuy, par lequel tout le monde la cognoiffoit. En fomme, la ville de Laodicee, les freres
de laquelle fainct Paul vouloit qu'on faluaft par fon Epiftre, eft loingtaine de Rhodes enuiron foixante lieuës, & par l'Epiftre il monftre leur voifinage tel qu'il eft en
Phrygie. Dauantage, l'Apoftre, qui eftoit mortel ennemy de l'idolatrie, & nom des
faux Dieux, ne fe fuft pas monftré fi curieux de nouueauté, que de changer contre l'y-
fage de tous, le nom de Rhodes en Coloffes, à caufe que cefte Idole y auoit efté pofee,
& non plus en eftre. Ainfi ayant propofé toutes ces raifons audit Pierre Martyr, il ne
me dift plus rien touchant ce propos du Coloffe. Mais puis que ie fuis fur les antiquitez de ladite ville, il fault noter, qu'à l'vne des portes, ioignant les murailles, & affez
Sepulchre
antique.
pres du port, ie veis vn fepulchre fort antique, où eftoit l'effigie d'vne femme, à demy leuee, gifante dans vn lict, laquelle tenoit vn grand hanap entre fes mains, & pres
de fa bouche, comme fi elle vouloit boire: pres de laquelle y en auoit deux autres toutes debout, l'vne defquelles tenoit vn vafe, comme prefte à luy verfer à boire, & de
l'autre cofté, qui eft le dehors & exterieur du tombeau, y apparoiffoient deux petits
enfans tous nuds, ainfi que ie vous les ay reprefentez par figure. Aux deux extremitez, & parties laterales dudit fepulchre, eftoient enleuez en boffe plufieurs perfonnages, fçauoir trois hommes à cheual, & vn qui les fuit à pied, à la partie gauche: &
de l'autre cofté trois hommes rangez, qui font à pied, ayans les teftes nues, & les cheueux fort crefpeluz, portans contenance de gens triftes & defolez, lefquels ie n'ay peu
exprimer en cefte figure. L'autre partie eftoit tellement ioincte à la muraille du port,
que ie ne peu voir ce qui eftoit effigié en icelle. Quelques Iuifs me dirent, que c'e-
ftoit la fepulture de ce grand Medecin Hippocrates: combien qu'il ne foit point
vrayfemblable, comme ie leur feis refponfe, attendu qu'il ne mourut point à Rhodes, & que i'ay veu de fes reprefentations, que i'ay encores à prefent dans mon Cabinet, qui ne luy donnent point tel vafe: ioinct qu'il eftoit fort barbu, & cefte effigie eft comme celle d'vne femme. De vous dire, que ce fuft ce Maufolee tant recommandé par les hiftoriens, ce feroit folie, pourautant qu'il eftoit fi fuperbe, & tant magnifiquement bafti, que lon l'a mis entre les fept chofes merueilleufes de l'vniuers,
là où ce tombeau n'a pas deux braffes de longueur, & quelques cinq pieds & demy
de haulteur: & au refte le Maufolee fut dreffé pres de Halicarnaffe, qui eft en continent, & de l'autre cofté de la Doride. De dire que cefte cy foit la reprefentation d'Ar-
temifie Royne d'Acarie, & non d'Egypte (comme quelque Empirique Parifien a

mis par efcrit dans vn liuret, parlant de la proprieté & vertu de l'herbe Petuin, imprimé l'an mil cinq cens foixāte & douze) il eſt aſſez vray-femblable, à cauſe qu'elle auoit
porté ſi grand amour à ſon mari viuant, que luy decedé & bruſlé à la façon des Anciens, elle beut les cendres parmi ſes breuuages, ce que ceſte figure repreſente : & peult
eſtre, ou qu'elle meſme la feit dreſſer, ou ſes ſucceſſeurs, d'autant qu'elle eſtoit dame de

Rhodes, & auoit ſurmonté les Rhodiens: plantāt auec cela vne ſtatue en l'iſle, ſur vne
petite montaigne pres de la ville, auquel lieu i'ay eſté, laquelle marquoit ladite ville
d'vn fer chauld en ſigne de ſeruitude. Ainſi ie ne puis bien arreſter mon iugement ſur
cecy, ſi ce n'eſt pour le reſpeĉt d'Artemiſie: ioinĉt que quelques Grecs aſſez accorts me
dirent, que ladite repreſentation auoit iadis eſté apportee là par les Cheualiers de la
peninſule de Doride. De penſer que ce fuſt le tombeau de Memnon, c'eſt ſimpleſſe,
veu qu'il mourut à Troye durant le ſiege, & eſtoit oriental : & qu'auſſi il ne ſe trouue
rien aſſeuré de luy, ſoit de ſa mort, ſoit de ſa vie. Mais touchant ce que ie viens de dire,
qu'Artemiſie tenoit Rhodes en ſubieĉtion, la chance tourña bien depuis, comme ainſi
ſoit que les Rhodiotz ſubiuguerent la plus grande partie de Carie, & l'ont poſſedee
iuſques à noſtre temps: d'autant qu'au lieu des ruïnes d'Halicarnaſſe, les Cheualiers de
ſainĉt Iehan auoient faiĉt baſtir vn fort, qu'ils nommoient le chaſteau S. Pierre, lieu
certes fort commode pour le ſalut & vie des Chreſtiens, qui fuyoient de la chaſſe que
leur donnoient les pirates de Turquie & d'Egypte. En ce chaſteau on tenoit, oultre
bonne compaignie de ſoldatz, vn grand troupeau de chiens, tels que ſont les gros dogues d'Angleterre, furieux au poſſible, qu'ils laiſſoient aller de nuiĉt pour faire la ronde hors le fort: deſquels on dit de grandes choſes, & non toutefois incroyables, qu'ils
ſentoient vn homme ſ'il eſtoit Chreſtien, & le laiſſoient aller ſāns luy nuire, au lieu

Chiens fa-
rouches aux
infideles.

qu'ils abbayoient aux Turcs de bien loing, & en attrapans quelcun, luy faifoient vne
eftrange fefte. Or ne fault-il trouuer cecy eftrange: d'autant que i'ay veu pareille experience en la Terre faincte, au mont Syon pres Hierufalem, où les Chreftiens tenoient
de mon temps de tels chiens de garde, qui alloient defcouurir païs à l'entour, à caufe
des courfes des Arabes qui eftoient toufiours en aguet, pour nous furprendre: & ne
failloient à recognoiftre vn Chreftien, quoy que iamais ne l'euffent veu: combien que
cela deuroit eftre attribué à la puiffance de Dieu, & non à la cognoiffance de la befte.
Dequoy vous auez auffi bon tefmoignage des chiens qui font la garde ordinairemẽt
à fainct Malo en Bretaigne, lefquels certes n'efpargnent homme viuant la nuict, quãd
ils font en campaigne, ains fe ruent furieufement fur tout ce qu'ils rencontrent. A prefent ce chafteau eft auffi bien en la puiffance du Turc, comme la ville & l'ifle de Rhodes: la Republique de laquelle a efté (ie dis auant qu'ils fuffent fubiects à perfonne)
fort bien inftituee. Là où iadis eftoit baftie la ville de *Lynde*, à fçauoir fur vn mont tirant au Su, il y fut fait du temps des Cheualiers, vn fort prefque inexpugnable, dans lequel on emprifonnoit ceux de l'Ordre qui auoiẽt commis quelque lourde faulte: cõme ils font encore à prefent au chafteau de Goze pres de Malte. Ie vous dy cecy, à caufe que comme il y euft autrefois trois ou quatre belles villes en cefte ifle, il n'en y a de
noftre temps que cefte là feule, qui porte le nom de l'ifle, qui n'eft pas plus forte qu'elle eftoit du temps que les Cheualiers la poffedoient, fauf du cofté où elle fut battue,
qu'ils ont remparé: & y font encore les trenchees, qu'ils n'ont voulu combler, à fin de
faire defpit aux Chreftiens qui y paffent. Il y a double foffé, comme i'ay veu, des bou-
Artillerie
que ie vis
à Rhodes.
leuars & ramparts bien dreffez, & fe defendans l'vn l'autre: le tout chargé d'artillerie,
qu'ils ont prife fur les Chreftiés, efquelles vous voyez & les fleurs de lys, & l'aigle Imperiale, & des autres Princes & Potentatz de la Chreftienté. La plus part des habitans
font Grecs, qui fe tiennent aux villages, & n'eft iour qu'ils ne viennent au marché dás
la ville vendre perdrix, poulles, cheureaux, moutons, beurre, fromage, fruiéts & herbage en quoy elle abonde: fans qu'vn Turc leur ofaft mefdire ne meffaire aucunement.
Chacun va & vient de iour comme bon luy femble, & non la nuict, tant pour le foufpeçon qu'ils ont, que lon ne fe reuolte, que pour quelque furprife ou trahifon. Pour
vn Turc qu'il y a en l'ifle, il f'y trouue cinquante Grecs Chreftiens, fans compter les
Efclaues, fort mal traiétez de cefte canaille. Ce pauure peuple Gregeois eft affez accoftable, & font fort mal veftuz, ridez & haftez par le vifage à merueilles, portans les
cheueux longs, pendans iufques fur leurs efpaules. Leurs pourpoincts font faicts de
gros cuir, fort longs & fans manches: leurs chemifes pendantes deuant & derriere: &
pòrtent de gros bonnets doubles, & quelques vns des faulxbourgs des Turbans rafez,
& des botines de cuyr, qui montent fort hault, & qu'ils attachent à leur pourpoinct
de toile. Quant aux femmes, elles font plus propres, modeftes & accoftables, que les
Candiotes, qui ont des teftes de diable, & iniurieufes pour la vie. De loger donc en la
ville, neft permis aucunement aux Chreftiens, foient Grecs ou autres, ains fe fault retirer aux fauxbourgs, fur peine de la vie: & fçay trefbien fil y fait bon entrer. Car comme vn foir fur les fix heures i'y fuffe allé auec deux Chreftiens de Chios, la garde fur-
uenant, nous feit bien hafter le pas à grands coups de bafton, fans que nous peuffions
autre chofe faire, que parer le doz & fuyr: d'autant que le contefter euft efté peine perdue: qui fut caufe que ie n'y peux voir ce que ie pretendois à cefte fois là. Bien cogneu
ie, fi les Cheualiers euffent faiét vn fort fur vne petite montaigne, où en ce temps là y
auoit vne chapelle de noftre Dame, qui peult eftre à deux iects de pierre de la ville,
qu'à grand' peine le Turc leur euft faict grand' nuifance. Mais il falloit qu'elle fuft prife pour punition de noz pechez, à fin que le Turc peuft courir mieux à fon aife fur la

terre des Chreſtiens, n'ayant plus vn ennemi ſi puiſſant en teſte, que luy eſtoit la compaignie des Croiſez & Cheualiers de l'ordre de Hieruſalem. Pline parlant de Rhodes, eſt d'opinion (& ne ſçay où il a pris ceſte fantaſie) que le pole Antarctique y ſemble eſtre à fleur de terre, & qu'en Alexandrie il ſeſleue de ſept degrez & demi : ioinct que de ce païs là auant on le peult voir tout à l'aiſe. Mais ie fais icy iuge tout homme verſant en l'Aſtrologie, & appelle à teſmoings les plus experts pilotes de l'Europe, ſi iamais ils ont apperceu non plus que moy ledit Pole ; qu'ils ne fuſſent pres de l'Equateur, à tout le moins de quatre degrez : & vous voyez que Rhodes en eſt à trenteſix de ladite ligne Equinoctiale, & à quatorze degrez du Tropique Eſtiual : en quoy vous cognoiſſez l'erreur manifeſte d'vn ſi ſçauant homme, tant ſur le reſpect de Rhodes, que d'Alexandrie d'Egypte : ſi ce n'eſt ou qu'il prenne l'Arctique pour l'Antarctique, lequel nous eſt aſſez eſleué, ou que ce ſoit la faulte des Imprimeurs, & de ceux qui ſe ſont meſlez de corriger & mettre au net les œuures dudit Pline. A quatre lieuës de Rhodes ie veis vne plaine, où il y auoit de treſbon & beau verd de terre, qui eſt choſe fort exquiſe, & de grand prix, & qui croiſt volontiers és lieux où eſt la mine d'or ou d'argent. Mais ie laiſſeray cecy, pour acheuer les ſingularitez que i'ay veuës deux mois entiers, de ceſte iſle tant belle, & renommee des Anciens & Modernes, ſoit pour ſa grandeur, liberté & excellence, ſoit pour les maux & trauerſes qu'elle a ſouffert, tant par les infidelles, que par les Chreſtiens meſmes, comme celle qui eſt tombee ores entre les mains des Turcs & Sarrazins, tantoſt aſſubiettie aux Venitiens, & puis aux Cheualiers qui l'auoient reduicte en ſon ancienne gloire, luy reſtabliſſans vn Empire tout ſemblable au premier, qu'ils auoient ſur leurs voiſins, ainſi que verrez par cy apres ſuyuant le fil de mon hiſtoire. Comme donc i'eſtois pardelà logé aux fauxbourgs, ie frequentois ordinairement les Grecs & Iuifs, auec leſquels ie pouuois voir ce qui eſt de rare au païs : De façon qu'vn Iuif, qui parloit bon Eſpaignol, apres m'auoir monſtré pluſieurs raritez, pour cognoiſtre que i'en eſtois curieux, & recité les aſſaults & defenſes, & toute ſorte de vaillance exploictee au ſiege & priſe de la ville, me mena en vne contree de l'iſle, tirant au Soleil leuant, en vn lieu appellé *Telquil.* Or ce lieu me feit incontinét penſer, que c'eſtoit l'ancien ſiege des Telchines : auquel meſmes ſi l'on foſſoye vn peu auant en terre, c'eſt vn plaiſir meſlé de merueille, de contempler les belles pieces de marbre que l'on y trouue, qui eſt ſi bien taillé, qu'on n'y ſçauroit rien adiouſter dauantage : où vous voyez & des Colomnes, & autres ouurages ſi parfaicts, que ie ne ſçay ſil y a artiſan de noſtre temps qui vouſſiſt entreprendre de faire quelque choſe de meilleur. Ce Iuif m'ayant ainſi pourmené neuf ou dix iours par l'iſle, me ràmena en ſa maiſon : où eſtant, me monſtra pluſieurs antiquailles, la plus part ſentans leur ruïne : entre leſquelles ie remarquay ſur tout l'image d'vn enfant, tout de iaſpe, long de deux pieds, la choſe la mieux faicte que ie penſe auoir veu de ma vie : auſſi affermoit-il en auoir refuſé deux cens ducatz d'vn Chreſtien Florentin. Ceſt image eſtoit tout creſpelu & fort beau : & me diſoit l'Hebreu, q̃ c'eſtoit vn Dieu des premiers Telchiniens qui tindrent l'iſle, que pluſieurs eſtiment auoir eſté les premiers qui onc mirent le marbre en œuure. Quant à moy, ie penſay que cela eſtoit venu de Cypre, & que c'eſtoit l'image de ce fils de Venus, que la ſotte antiquité a adoré ſoubz le nom de Cupidon. Me promenant vn mois apres d'vn autre coſté de l'iſle, accompaigné de quelques moynes Grecs, & du Iuif, nous veinſmes en vn village nommé *Couàqua,* voiſin d'vn lac abondant en Grenouilles : & pource que i'auois deſir d'en manger, i'en voulu prendre pour emporter au logis, à fin de les faire appreſter pour noſtre repas : mais ces moynes Grecs m'empeſcherent, attendu qu'ils n'en mangent point, non plus que de Limaçons, qu'ils nõment en langue Grecque vulgaire *Saliacás.*

Mines d'or & d'argét.

Image d'enfant de iaſpe.

Auprcs de *Couaqua* ie m'apperceu de plufieurs ruines en forme de vieux Colifees, comme i'auois veu trois ans auparauant à la ville d'Athenes. Lon me dift que ce lieu auoit eſté autrefois conſtruict par vn Roy Cypriot, Seigneur de Rhodes, nommé *Philocypros*, lequel à l'honneur du grâd Homere y auoit faiſt baftir vn hofpital, qui eſtoit feulement dedié aux pauures aucugles de l'iſle, comme lon diroit l'hofpital des Quinze vingts à Paris, pour illec eſtre nourriz, fuſtentez, & finir leurs iours. Le commun des Grecs nomme ce lieu encore à preſent *Toſpithi touſtrauoux*, qui eſt à dire, Maifon des aucugles, & les Turcs infulaires *Bireui* : & que *Menimori-to Homero*, eſtoit le lieu de

Sepulture d'Homere.

la fepulture du grand Homere. La langue des Grecs infulaires eſt merueilleufement corrompue, & differente de celle de Conſtantinople & de toute la Grece: attendu que comme i'y euffe demeuré pres de deux ans & demy, fi eſt-ce qu'eſtant venu à Rhodes, i'eſtois tout nouueau en leur langage. Ce lieu dont il eſt queſtion, a eſté autrefois deſtruiſt par les autres Grecs des iſles de Crete, Chios, Coyens, Nizareens, Sarniens, Salaminiens, Smyrneens, & autres, qui fe vantoient chacun d'eux auoir nourri l'aucugle Homere : iaçoit que les Rhodiens difent bien le contraire, & que ce lieu là eſt le vray *Coprio Homeri*, fçauoir village d'Homere. Deux ou trois lieuës de là ie veis auſſi le

Monument d'Eſope.

monument du docte Philofophe Phrygien, nómé Eſope: lequel quoy qu'il fuſt Afiatique, mourut en ceſte iſle. C'eſt celuy duquel nous auons tant de bonnes Fables: bonnes, dy-ie, pour la fubſtance & intelligence qui eſt comprife en icelles. Il eſtoit de la vollee du grâd Anacharfe. I'ay apporté de ceſte iſle plufieurs medalles d'or & d'argét, entre autres vne efpece de cuiure, où il y a effigié vne groffe teſte de Coloffe auec fes rayons folaires, imberbe, les cheueux fort longs: le renuers repreſentant vne belle fleur en façon de rofe, & tout autour certaines lettres Grecques abbregees : defquelles ie fey preſent à vn Gétilhomme Lyonnois, qui depuis les a fait imprimer auec plufieurs autres antiques, en fon liure des Caſtramentations. Il fy trouue auſſi grand nombre de ſtatues de bronze & de marbre : & fi i'euffe eu le moyen & commodité, i'en euffe apporté quelques-vnes belles & antiques. Ie vous ay parlé de la ville, nommee iadis *Lynde*, qui

Sepultures de Cleobule, Periâdre & Solon.

eſtoit vn chaſteau de noſtre temps. C'eſt de là qu'eſtoit natif ce Cleobule, l'vn des fept Sages, duquel auons defia faiſt mention, & où encor i'ay veu le lieu de fa fepulture foubz vne roche. Les Infulaires tiennent que Periandre, l'vn des fept Sages y eſt auſſi enterré : iaçoit que ie penfe qu'ils fabufent au nom, & que pour Piſandre, Poëte Rhodiot, ils prennent Periandre, natif de Corinthe en Grece. Non loing de là les Grecs, qui fe penfent fçauoir quelque chofe, & qui ont des liures de l'antiquité de leur iſle, monſtrent les marques de grand'eſtoffe du fepulchre de Solon legiſlateur des Atheniens, l'vn des plus fages & fçauans & meilleurs politiques qui onc fortit de la Grece, & qui (comme tout bon citoyen & homme de gentil efprit) fentit l'ingratitude de fa ville. Mais ie ne fçay fi ie doy adioufter foy à cecy, veu que les Hiſtoriens qui ont eſcrit fa vie, comme ie dis à ceux qui me conduifoient, ne difent rien de fa fepulture à Rhodes: finon que depuis il y euſt eſté porté, ainfi que nous auons dict de celle qui eſt fur le port, pres des murailles de la ville: veu que les Rhodiés ont eſté des plus curieux de la terre, d'auoir chofes rares & exquifes, ainfi qu'on pouuoit recueillir par les antiquitez qui y ont eſté retrouuees. A trois lieuës de la ville, comme qui regarde la route

Pyramide trouuee foubz terre.

d'Egypte, à demie lieuë pres de la mer, n'a pas fix vingts ans qu'on trouua vne Pyramide foubz terre, toute d'vne piece, laquelle l'Empereur qui regnoit pour lors, voulut qu'on portaſt à Conſtantinople: ce qui luy fut accordé par le Grand-maiſtre, qui ne tenoit toutefois rien dudit Empereur Grec, ny ne releuoit pas vn poulce de terre de fa couronne. Mais comme le nauire, dans lequel eſtoit ceſte piece, fuſt affez pres de l'iſle de Palmofe, iadis nommee Pathmos, il fe leua vn fi grand vent & fortune orageufe de

mer,

mer, que & pyramide, & hommes, hors mis trois (dont le fils d'vn d'iceux m'en a faict le recit) & le nauire furent enueloppez dans les ondes espouuantables de la mer. Qui fut vn signe tout euident de la briefue subuersion & ruine de l'Empire & grandeur de Constantinople, entant que les choses que le Monarque Grec ennoyoit querir pour l'ornement & magnificence de sa ville, furent comme par vn soudain miracle absorbees. Aussi ne tarda-il long temps, que le tyran Mahemet se vint saisir & de Constantinople, & de l'Empire de Grece, ainsi que i'ay dict, laissant vn aduertissement aux Cheualiers de Rhodes, de la tempeste qui depuis les a accablez, ainsi que i'espere vous deduire, puis que Theuet en est en si beau chemin, & que la matiere s'y presente.

Des Cheualiers de RHODES, prise de la ville par Sultan Solyman, & Grand-maistre des Templiers bruslé à Paris.

CHAP. V.

Vadian soublie sur ce passage.

LA ville & isle de Rhodes a esté celle, qui a autant senti d'assaults, qu'autre qui soit en toute la mer de Leuant. Neantmoins elle ne fut iamais mieux estrillee, que lors que la secte Mahometiste luy a couru sus: & entre autres *Muhanias*, cinquiéme apres Mehemet, en l'an de grace six cens, cinquantequatre, lors que les Chrestiens de Phenice bruslerent les nauires & appareil de guerre sur mer dudit Muhanias. Mais c'a esté pis à la seconde fois, qu'elle est retombee en la main de Sultan Solyman. Muhanias & les siens l'ont tenue bien fort long temps, à sçauoir depuis l'an six cens cinquantequatre, iusques à l'an mil trois cens & neuf, que les Hospitaliers de S. Iehan de Hierusalem la conquirent sur les infideles. Ie ne sçay où Vadian a trouué, que le Roy Godeffroy les secourut, & leur donna ceste isle aprés l'auoir conquise, veu qu'il appert plus clair que le iour, qu'il n'y auoit plus lors de Roy en Hierusalem, comme i'ay veu tant aux chartres du thresor de ladite ville, qu'aux epitaphes des vieux temples & Eglises de la Palesthine, & qu'eux mesmes auoient esté chassez d'Acre par les forces du Soldan d'Egypte: sinon qu'il voulust dire, que c'eust esté Geoffroy de Lusignan, qui leur eust faict cest honeste deportemet. Encores seroit-ce contreuenir à l'histoire, qui porte, qu'eux de leur force & puissance seule, sans secours autre que les richesses, qui par la donation du Pape leur estoient accreues en la ruine des Templiers, gaignerét l'isle de Rhodes, & autres voisines, & plusieurs villes en terre ferme, en chassant les infideles. Or iaçoit que ces Cheualiers eussent faict assez belle preuue de leur preudhommie, durant que les Chrestiens tenoient la Terre saincte, si est-ce que ceste prise de Rhodes augmenta tellement leur reputation, que le bruit en estant espandu, chacun se persuada qu'ils suffisoient à s'opposer aux infideles en la Syrie & costé d'Egypte & Satalie. Pour laquelle cause aussi chacun commença à contribuer, & enrichir de mieux en mieux ceste compagnie de Noblesse, autant belle qu'il en y ait sur la terre: qui auec ce furent de tant plus estimez, quand les Princes Chrestiens veirent que leur seul nom seruoit & de bride & d'espouuantement au Turc grand Seigneur en l'Asie: veu que ces Cheualiers ont bien esté de tout temps si haults à la main (obseruans

Cheualiers de Rhodes, hautains.

la promesse qu'ils font à leur profession) que iamais ils n'ont voulu traicter paix ny faire trefue quelconque auec les ennemis de la religion Chrestienne. Aussi les histoires du peuple Leuantin sont pleines des victoires qu'ils ont eues sur leurs aduersaires, & comme ils ont repoussé souuent le Turc, voulant s'emparer de leur isle: notamment soubz les Papes Calixte troisiéme, & Sixte quart: soubz l'vn desquels, Mahemet secód

l'affiegea l'an mil quatre cens feptantequatre, & f'en retourna fans y rien faire, eftant
Rhodes fecourue par le Roy Ferdinand d'Aragon, qui tenoit le Royaume de Sicile:
& depuis par Selym foubz Sixte quart, ou pluftoft Innocent huictieme, duquel temps
eftoit Grand-maiftre de l'Ordre le Seigneur Pierre Daubuffon. Quant à Sultan Baiazeth, fils de Mahemet, il f'eftoit deporté de leur faire guerre, à caufe qu'il le leur
auoit promis & iuré, pourueu qu'ils gardaffent bien fon frere, qui f'eftoit retiré à eux,
duquel i'ay faict mention ailleurs. Et pource faillent ceux qui difent, que le fils du
Turc fut prins au fiege mis deuat Rhodes, & que le Turc mefme en mourut de defpit:
d'autant que fi c'eft de Mahemet que lon parle, c'eft f'abufer, pource qu'il vefquit long
temps apres ce fiege: & Baiazeth fon fils n'y fut point: ouy bien Selym, qui feit l'entreprinfe, & fut repouffé par Daubuffon. Que fi vous courez plus loin iufques à Amurat,
pere du fecond Mahemet, il eft vray qu'il mourut de defpit: mais ce fut à caufe qu'il
n'eftoit peu venir au deffus de Scandeberg, petit Roytelet, luy qui auoit tant fubiugué
de Royaumes & prouinces. Au refte, il eft vray qu'il y a eu deux enfans Royaux de
Turquie, qui fe font retirez aux Chreftiens, l'vn fils d'Amurat, qu'on a nommé Cale-
pin, lequel ne fut iamais à Rhodes, ains fut nourri à Rome & Venife foubz Pape Calixte: l'autre fils de Mahemet, & frere de Baiazeth, lequel fe retira en l'aage de vingthuict ans à Rhodes, ayant efté vaincu en Carmanie, & depuis fut donné au Pape Innocent, & f'appelloit Zizime. Pour la garde duquel le fufdit Baiazeth ennoyoit tous
les ans de riches prefens au Grand-maiftre & Confeil de Rhodes, oultre fa penfion
qu'il leur payoit de quarante mille ducats: ioinct qu'il ne faifoit aucune entreprinfe
fur les Chreftiés, comme dit eft. Depuis ledit Zizime fut ennoyé à Charles huictieme,

Zizime
renduit en
Limofin. Roy de France, pour plus grande feureté: où il a vefcu fort longuement en vne Cóm-
manderie du mefme Ordre, au païs de Limofin, appellee Bourgueneuf: auquel lieu fe
voyent encores à prefent vne Tour & des Baings, que fit faire ce ieune Prince circoncis. I'ay donc difcouru cecy, à fin qu'aucun ne fe trompe en l'hiftoire, & ne prenne l'vn
pour l'autre. Mais reuenons à noftre propos. Ie fçay bien que parlant de Malthe, i'ay
auffi touché quelque peu de ceft Ordre: neantmoins la chofe le requerant, le Lecteur
ne trouuera point eftrange, fi i'vfe de quelque autre repetition, veu qu'elle eft neceffaire. Il n'eft aucun qui ignore, que lors que la Terre faincte fut conquife fur les infideles
en Hierufalem, trois Ordres de Cheualerie furent inftituez, pour conduire & ramener les Pelerins qui vifiteroient les faincts lieux, à fçauoir les Hofpitaliers, les Templiers, & les Teutons de noftre Dame, lefquels à prefent font en Pruffie. Les Hofpitaliers, qui font ceux de S. Iehan, à caufe qu'ils auoient leur Eglife fondee en l'honneur
de fainct Iehan, furent les premiers en inftitution: mais en grandeur & richeffes, c'ont
efté les Templiers, ainfi appellez, pource que leur maifon & Eglife eftoit baftie ioignant le fainct Temple de noftre Seigneur. Et d'autan que i'ay dit que les Hofpitaliers
furent enrichiz des biens des Templiers, il en fault deduire vn mot en paffant. La Religion defdits Templiers auoit defia duré deux cens ans & dauantage, abondante en
telle richeffe, qu'elle f'efgaloit en forces & grandeur aux plus grands Seigneurs de la
Chreftienté: quand voicy l'an de noftre Seigneur mil trois cens & huict, feant en Aui-
gnon Clement cinquieme, vne accufation fut publiee contre tout leur Ordre, contenant des articles les plus abominables qu'hóme fçauroit imaginer, & qui monftroient
vne impieté fi deteftable, auec l'intelligence qu'on dit qu'ils auoient auec les infideles,
que fi cela eftoit vray qu'on leur imputoit, c'eft vne grande iuftice faicte d'auoir chaffé telle gens de la terre. Toutefois ceux qui font vn peu curieux de fçauoir de bien
pres les caufes & occafions de ce qui fe paffe és affaires de ce monde, ayans eu efgard &
au Pape qui condamna ceft Ordre, & à fon ambition, & aux moyens qu'il tenoit de

conseruer l'amitié des grands Princes, pour se tenir en force,& se faire obeïr, ont descouuert que le Roy de France Philippe, surnommé le Bel, auoit eu en telle haine le
Pape Boniface huictieme,que luy mort,& encore son successeur,il requist à Clement,
qui estoit né en ses terres, & auoit esté esleu par son moyen, estant Archeuesque de
Bordeaux, qu'il annullast, abolist & cassast tout ce qui onc auoit esté estabi par ledit
Boniface. Clement,quoy qu'il desirast volontiers d'obeïr à la fantasie du Roy,si est-ce
qu'il en fut destourné plus par crainte qu'autrement : d'autant qu'il voyoit que son
Clergé, c'est à dire les Cardinaux, n'accorderoient iamais à l'abolition de ce qu'eux
mesmes auoient approuué,& que s'il vsoit de puissance absolue, ainsi que souuet plusieurs des Papes pourroient auoir faict,il se mettroit au hazard de tout perdre;& estre
le peuple scandalisé de luy. Ces Templiers donques auoient esté poursuyuis,plus pour
leurs richesses, qu'à cause de leurs forfaicts. Non que ie les vueille excuser,puis que &
le sainct siege & vne Cour de Parlement y auoient mis leur decret, & interposé leur
sentence.Mais quoy qu'il en soit,ceux qui les accuserent, estoient deux meschans garçons Florentins, que le Grand-maistre de l'Ordre auoit faict conduire prisonniers à
Paris, pour les punir & chastier de leurs demerites, & lesquels pour le salaire de telle
accusation,furent absouz de leurs faultes : comme sçauent tresbien raconter iusques à
auiourdhuy ceux de la Syrie, Armenie, Grece,Egypte, voire les Arabes, qui tous ont
par escrit les prouësses & vaillances de ces Templiers, par lesquelles ils se sont renduz
immortels entre ces Barbares Leuantins. Et de faict, ie n'ay iamais veu de plus beaux
edifices,Eglises, & forteresses, que celles qu'ils ont faict bastir en Leuant, & és isles de
la mer Mediterranee.Estant au grand Caire,& discourant de ceste histoire auec le Patriarche des Grecs,qui lors y demeuroit, le bon vieillard se print à souspirer, accusant
la desloyauté du Pape Clement, qui se rendit solliciteur contre eux: & cela fut cause
(me dist-il) que l'Eglise Grecque fut plus animee qu'elle n'estoit auparauant contre
l'Eglise Romaine. Le Grand-maistre prins qu'il est, & quelques cinquante auec luy,
nonobstant qu'ils niassent ce dequoy ils estoient accusez,si furent-ils & eschaffaudez,
& puis bruslez à Paris, sauf le Maistre luy quatrieme, qui fut mené à Poictiers, où le
Roy & le Pape estoient: lesquels luy promettans de luy sauuer la vie, l'induirent de
confesser les crimes,dont ils estoient accusez. Ladite confession volontaire faicte, que
iamais par tourmens on n'auoit peu tirer,le grand Euesque Romain,ministre des des-
seins du Prince, seant en son consistoire, condemna ledit Grand-maistre & ses secta-
teurs comme detestables , & depuis en l'an mil trois cens & onze tout l'Ordre suyuit
pareille fortune. Ainsi le Grand-Maistre est conduit à Paris, & condamné par la Cour,
suyuant sa confession,& le decret du Pape,& bruslé auec ses compaignons. Iamais on
ne veit tant d'exemples de constance,qu'en la mort de ces paures gens,lesquels estans
à l'article de la mort, & prests à aller rendre compte deuant Dieu, comme en ce siecle
les hommes estoient simples & scrupuleux, protesterent sur la damnation de leurs
ames, d'estre innocens de ce qui leur estoit mis sus, & que rien d'impieté n'estoit faict
ny voüé en leur Ordre, auquel pour vray toute la Republique Chrestienne estoit redeuable : le Grand-maistre iurant aussi, que tout ce qu'il auoit confessé, estoit faux, &
qu'il l'auoit dict par la persuasion de plus grand que luy. Quoy qu'il en soit, si est-ce
qu'au Concile de Vienne,celebré mil trois cens & onze, cest Ordre fut du tout osté,&
leurs biens en France & Italie, donnez vne partie aux Cheualiers de sainct Iehan, qui
desia auoient prins Rhodes sur les Turcs, & l'autre partie en Espaigne aux Cheualiers
de sainct Iaques,& en Portugal à ceux de Iesus Christ & autres.Ceux de Rhodes ayás
prins nouuelle force par la ruïne des Templiers, commencerent par mesme moyen à
faire voir à chacun ce qui estoit caché en eux de vertu & bon zele vers la Religion

N ij

Chreftienne : veu que fi & les Venitiens & les Geneuois, qui tenoient en ce temps là
prefque tout l'Empire de la mer Mediterranee, ne fe fuffent amufez aux guerres ciuiles, & à f'entrebattre, lors mefme que les infideles leur eftoiét en barbe, pour courir fur
les Chreftiens, facilement les Rhodiens euffent empefché le Turc de prendre fi aifément fa volee fur l'Europe. Et pour monftrer le mauuais vouloir & zele endiablé de
l'Italie és chofes qui font de la Chreftienté, fi ce n'eft lors que la tépefte leur chet fur la
tefte, il eft à noter, que les Pifans auoiét dreffé vne belle armee, auec laquelle ils allerent
en Leuant : mais eftans fur le poinct de leur victoire , & que les affaires des Chreftiens
fe portoient bien, on leur feit tout ainfi que iadis feit l'Anglois au Roy de France, voulant aller contre les ennemis de la foy : qui fut caufe que les pauures Pifans furent contrainéts fe retirer en Italie, pour fe deliurer & des courfes & des rauages de leurs voifins. Or ce qui plus en ce temps là troubla l'eftat de Rhodes, c'eft que du viuant de Pape Calixte troifieme , ledit bon Prelat fouuerain auoit enuóyé vne affez belle armee
de mer foubz la códuite d'vn fien Legat, appellé le Cardinal d'Aquilee. Lequel aduerti de la mort de Calixte, quoy qu'il euft combatu fouuent contre les Turcs qu'il tenoit
en bride, comme celuy qui les auoit rompus par diuerfes fois , fi eft-ce qu'à la fin il fe
retira trop foudain , & en telle faifon que fon armee eftoit la plus requife & neceffaire
en l'Afie, il laiffa les pauures Chreftiens efbahis , & en tel peril, que bien toft apres ils
fentirent les fruicts de telle departie : non que les Cheualiers ne feiffent toufiours le
deuoir, mais il leur fuffifoit de fe garder , & leurs terres , & de feruir de garant à ceux
qui fe fauuoient foubz leurs ailes. Nonobftant les infideles reconquirent les ifles de
Scarpante, Palmofe, Coo, Lemnos, & autres des Cyclades, à la grand' cófufion du nom
Italien, qui auoit faict fi belle entree & laide iffue : & aduint cela du commencemét du
Pontificat du Pape Pie fecond , lequel f'appelloit auparauant Eneas Syluie, forti de la
race des Picolomini à Siene, ville de Tófcane : lequel faifant ce qu'il peut pour les Ca-
th_ques de Leuant, y gaigna fi peu, qu'il en mourut de regret, voyant l'Italie en diffenfions ciuiles, & toute la Chreftienté en armes, cependát que le Turc faifoit fes ieux,
& qu'ayant tout conquis prefque iufques aux portes de Conftátinople, & feftant faict
Seigneur d'vn cofté de la Moree, de l'autre de l'Albanie & païs voifins, n'attendoit que
l'heure de fe faifir de ladite ville de Cóftátinople, ainfi qu'il feit bié toft apres. Par ainfi
ce venerable Patriarche fut le premier, qui caufa que les Turcs pillerent derechef la
Grece, les ayant irritez, fe retirát lors que plus fa prefence, ou celle de fon armee eftoit
requife & neceffaire : dequoy fe plaignirent fort les Cheualiers aù Pape : lequel n'ayant
que paroles d'efperance pour les tenir en haleine, leur donna cœur de tenir fort, attendans quelque meilleure occafion. Ce que les pauures gens ont faict par l'efpace de
plus de cent ans, par la grande diligence , confeil & fageffe de leurs Grands-maiftres,
fecouruz de la main puiffante de Dieu, & notamment de ce bon & illuftre Seigneur
Daubuffon, qui f'oppofa à Sultan Selym, & depuis fon fucceffeur Fabrice Caréctan :
iufques à ce qu'il a pleu à Dieu chaftier fon peuple d'vne playe fi grande, que la perte de Rhodes, lors que les Princes Chreftiens f'acharnoient l'vn contre l'autre, que
les Papes faifoient bonne mine, & en public ne parloient que de la paix en l'Europe,
pour tourner les armes contre le Turc : & cependant ne faifoient que conniuer, & entretenir l'eau & le feu enfemble. Il n'y a homme de fi peu de fens, qui n'ait bié cognu,
que de trois Papes, qui ont efté durant le regne de François premier & Charles quint,
deux des meilleurs & plus excellens Princes qui furent onques, il n'en y a pas eu vn,
qui n'ait cherché les moyens par deffoubz main de les tenir fouuentefois auffi en diuorce, iufques à ce qu'ils ont veu les Barbares fe remuer, & que Luther commença à liurer l'affault & guerre ouuerte contre le fiege Romain , que Dieu a fufcitez pour chaftier l'infolence des Eglifes Grecques & Latines.

Pourfuite de la prinfe de RHODES, *& prefages, aduenuz deuant icelle.*
CHAP. VI.

SVLTAN Selym, premier du nom, pere de Solyman, ayant fubiugué
la Syrie & Egypte, & deffaict la furieufe troupe des Mameluz, comme il euft fon armée prefte, qui eftoit de trois cens voiles, pour aller
en perfonne fur l'ifle de Rhodes, fut deftourné, & pour la pefte qui
fe meit en fon camp, & que luy mefme auffi faifi d'vne grande maladie d'vne certaine vlcere, à laquelle tous les Ottomans font fubiects,
alla de vie à trefpas, enuiron l'an de noftre Seigneur mil cinq cens & vingt. Luy eftant
aux angoiffes, & voyant que les forces luy defailloient, feit venir deuant luy fon fils
vnique Solyman, auquel il encharga, & feit iurer & promettre, de faire deux conqueftes fur les Chreftiens, à fçauoir celle de Belgrade en Hongrie, & celle de Rhodes, qui
auoifine la Grece Afiatique. Or ne falloit il grand ferment à celuy qui euft couru fans
efperon: d'autant que dés auffi toft que fon pere fut decedé, & que la ceremonie des
obfeques eut prins fin, il dreffa fon equippage de Hongrie, où il executa la volonté de
fon pere, & ce qu'il auoit en deffein. Durant qu'il eft là, pourfuyant fa victoire, mou-
rut à Rhodes le Grand-maiftre fufdit, & fut efleu en fa place frere Philippe de Vil- *De Villiers,
G. al-mai-
ftre de Rho-
des.*
liers, forti de la maifon de l'Ifle-adam, lequel fut preferé à vn braue, bon & excellent
Seigneur Anglois, à caufe que l'Ifle-adam eftoit renommé pour vn bon homme de
guerre. Ledit de Villiers eftoit en France du temps de fon election: lequel ayant receu
le mandement du fainct Confeil, print congé du Roy François premier du nom, &
fachemina vers le lieu de fa Principauté: mais ce qui luy fucceda par les chemins, donna prefque fignifiance du malheur depuis aduenu. Car feftans embarquez à Marfeille, & paruenus à Nice de Prouence, peu fen fallut que tout leur appareil de vaiffeaux
ne fuft bruflé par l'inconfideration d'vn garfon de cuyfine: & encores eftant forti de
ce peril, il tomba en vn autre, fçauoir vne tempefte la plus grande & efpouuantable
qu'on fçauroit imaginer: laquelle ne fut pas fi toft appaifee, que le Corfaire *Corgout*,
predeceffeur de Barberouffe, luy venoit en queuë pour le furprendre: combien qu'il
fut deceu de fon entreprife. Le figne plus apparent de leur malheur, ce fut que le Turc
luy enuoya vn fien *Chaouz* auec des lettres, par lefquelles il fefiouiffoit auec luy de
fon election, & le prioit de faire le femblable enuers luy, à caufe qu'il auoit eu tel
heur en la conquefte de Hongrie, luy fouhaitant longue vie & felicité, & luy faifant
offre de fon amitié & alliance. Mais le bon Seigneur Grand-maiftre, cognoiffant combien de trahifon & rufe eftoit cachee foubz cefte douceur de ce ieune Monarque, qui
pouuoit auoir atteinct vn peu plus de vingthuict ans, luy refpondit auec autant de
rufe, que le Seigneur Turc en auoit vfé: lequel cogneut par là, qu'il n'auroit pas fi bon
marché d'eux, qu'il auoit eu de Belgrade. Pour cefte caufe donc il commença à practi-
quer des hommes, en qui les Chreftiens euffent fiance, & defquels il fe peuft preualoir.
On corrompit quelques marchans de l'ifle de Chios, qui auoient practiques & intelligences auec vn Medecin Iuif, qui fe tenoit à Rhodes, & du viuant de Selym ne faifoit que donner aduertiffemens en Turquie (tant eft chofe dangereufe de tenir de tels
oifeaux aupres de foy) & ordonna le Turc penfion & aux marchans Grecs, & au Iuif,
lequel pour pallier fa mefchanceté fe feit Chreftienner, & ayant de bonnes lettres, faifoit de trefbelles cures fur les malades. Durant ce temps on rompoit la muraille de la
ville, du cofté du quartier des Cheualiers d'Auuergne, à fin de refaire le rempart: dequoy le Iuif donna auffi toft aduis au Grand-Seigneur. Mais cela n'eftoit rien au pris

Cheualier
Portugais
traiftre à
fa Religion.

des maux que feit vn Portugais, Chancellier de l'Ordre, nómé frere André de Merail, lequel fe voyant decheu de l'efperance qu'il auoit d'eftre Grand-maiftre apres Fabri-ce Careċtan, & que de Villiers luy auoit efté preferé, conceut deflors vne haine telle & fi grande, & contre le Grand-maiftre, & contre tout l'Ordre, que tranfporté de chole-re, il ne peut taire deuant vn fien amy, de dire & auancer ce mot, que de Villiers fe-roit le dernier Maiftre de Rhodes. Ce que certes il a aufli diligemment executé, com-me villainement il a perdu la vie pour fa trahifon & lafcheté, luy qui pouuoit viure honoré de chacun, & peult eftre auoir vn iour la dignité par luy fouhaitee. De faiċt, tout aufli toft que l'election fut faiċte, auant que le Seigneur Grand-maiftre fuft arri-ué, ce traiftre auoit enuoyé vn Turc, fien prifonnier, nommé *Dauodi*, comme m'ont diċt ceux qui l'auoient veu & cognu à Rhodes, faignant qu'il feftoit deliuré par ran-çon, pour aduertir les Bafchaz & le Seigneur de fon entreprife, & qu'ils ne craignif-fent point de venir auec bonne & forte armee: Mefmes il donna aduis, quand le Grād-maiftre fut à Rhodes, que la muraille eftoit à bas du cófté de la pofte d'Auuergne: ioinċt qu'il y auoit diuifion en la ville, à caufe de quelques Cheualiers Italiens, qui re-fufoient de donner obeiffance au Grand-maiftre. Ces deportemens donc du Portu-gais feirent hafter le Seigneur de leuer fon armee: & à fin que les Cheualiers ne fe dou-taffent de fes deffeins, il la leuoit en Surie, Leneeh & Amafie, faignant de vouloir paf-fer contre le Sophi. Toutefois le Seigneur de Villiers, qui auoit des efpies par tout, eftant auffi toft aduerti de ces complots, feit venir les Corfaires en l'ifle, fortifia les mu-railles, mettant à chacune pofte & quartier gens dignes de telle charge: manda aux Princes de la Chreftienté pour auoir fecours, & retira viures de toutes parts, & mūni-tions pour la defenfe de la ville. Que fert icy tant de langage? Le Turc voyāt que tout ce qu'il faifoit, venoit à la cognoiffance de l'ennemy, laiffant toute diffimulatiō à part, il enuoya deffier l'ifle & les citoyens, commandant aux Cheualiers de vuider auec leurs armes & bagues, fils ne vouloient fentir la furie du victorieux offenfé de leur brauade: auquel iour on veit fur mer trente galeres Turquefques: & cela fut caufe, que tous les viures qui eftoient aux champs, & le bois, & ce qui pouuoit feruir, fut porté dans la ville, pour ne laiffer rien en voye à l'ennemy tenant le fiege, qu'ils fe voyoient deuant les yeux. Quant à l'armee, elle eftoit defia à Cap de Chio, qui iadis f'appelloit *Gnide*, non guere loin de Rhodes, fans qu'elle feift contenance aucune d'aller fe ren-dre audit lieu pour l'affieger, quoy que ce fuft fur le commencement de Iuillet mil cinq cens vingtdeux: laquelle à la fin defcendit, non au port de la ville, à caufe que & le peuple Rhodiot, & les Cheualiers feftoient appreftez à leur empefcher la defcente, mais à fix lieuës de ladite ville, à vn lieu nommé Villeneufue, là où les Turcs bruflе-rent les champs, efquels auoit quelque refte de moiffons. Cependant arriua la grand' armee, qui aufli f'alla rendre où les premiers nauires auoient faiċt leur defcente: puis faifans leurs approches, vindrent fe faifir d'vne colline affez près de la ville, comme celle qui n'en eft qu'à trois ieċts de pierre, que ceux du païs appellent *Bó*, laquelle a fon regard vers l'Orient, & fut de grande importance pour l'ennemy, & dommage pour les affiegez. Dequoy feruiroit icy à Theuet de vous deduire les iffues, efcarmou-ches & combats faiċts à la defenfe de cefte noble ville? de quelles rufes, efforts, & af-faults y a vfé le Turc pour l'auoir? de combien de coups de canon ont efté faluees les murailles & réparts de Rhodes? combien aufli ceux de dedans ont employé de poul-dres pour chaffer cefte furieufe nation de deuant la ville? Certes il me feroit impoffi-ble de le vous fpecifier. Tant y a, que le Grand-Seigneur venant en l'armee, qui fut fur la fin d'Aouft, à vne heure apres Midy, & voyant toutes chofes fi mal en ordre, pour vaincre la gaillardife de ceux de dedans, peu f'en fallut qu'il ne feit trencher la tefte à

Approches
des Turcs.

la plus part des Chefz de son camp. Or estoit-il de deux cens mille hommes, & l'artil- *Artillerie qui estoit à Rhodes.*
lerie telle, que s'ensuit. Il y auoit six canons perriers de bronze, tirans la pierre de trois
pieds & demi de tour & rondeur : quinze autres pieces de fer & de bronze, qui tiroiēt
la pierre beaucoup plus grosse : en apres, douze grosses Bombardes, les plus effrayables
que ie veis iamais, & lesquelles (comme cinq cens Insulaires m'ont asseuré, discourant
de ce faict auec eux) faisoient vn terrible eschec sur les bastimens & parmi la ville : de
sorte que personne n'osoit sortir presque de derriere les terrasses, qui estoiēt aux remparts. Il y auoit douze Basiliques, qui tiroient contre la poste d'Angleterre & d'Espaigne, & quelques vnes d'icelles contre la Tour de sainct Nicolas. Auoient en oultre
quinze doubles canons, qui tiroient les boulets comme les Basiliques : & de la moyenne artillerie, comme Sacres & Passeuolans, vne telle multitude, que d'en dire le nombre il me seroit impossible. Encore ce qui donna grand estonnement à la ville, furent
douze gros Mortiers de bronze, qui tiroient contremōt en l'air, & vne partie derriere
l'Eglise sainct Cosme & sainct Damian, & les autres vers la poste d'Italie, aupres de
sainct Iehan de la Fontaine : mais ils ne feirent pas grand dommage, quoy qu'ils ayent
tiré mil sept cens treize coups de pierres dures, retirans au marbre, de compte faict,
lesquelles pierres i'ay veu à Rhodes en plusieurs endroits, à gros monceaux hault-es-
leuez, & aussi les Mortiers, qui sont à *Pere* pres de Constantinople. Ie laisse à part les assaults, batteries, mines, contremines, & toute chose dequoy l'homme se peult aduiser
pour assaillir ou pour se deffendre, veu que rien n'y fut espargné d'vn costé ny d'au- *Diuerses sortes de machines de guerre.*
tre : comme de la part des nostres il n'y eut espece d'engin à feu oublié, fussent pots à
feu, grenades, traictz & arbalestes à feu, tonneaux meurtriers, sachetz, lances à feu, tant
auec les fauconneaux, qu'en autre sorte. Et pouuez penser, que les trainees le long du
fossé, lors que les Turcs venoient à l'assault, & les fagots bruslans leur faisoient de belles caresses. Les cercles, les oranges, les pelottes & quarreaux à feu n'y manquoient
poinct aussi, attendu que les nostres auoient en leur compaignie vn des plus subtils Ingenieurs, & le meilleur ouurier en telles inuentions qui ait esté de nostre temps, que
l'Empereur Charles quint leur enuoya, asseuré qu'ils en auroient affaire. Mais tout cela n'estoit que prolongement de la misere des pauures assiegez non secouruz de personne : lesquels s'ils eussent eu quelque peu de secours pour leur rafraischissement, &
quelques munitions, peult estre qu'ils eussent gardé l'isle, ou à tout le moins le Turc y
eust fait plus grand' perte. C'estoit pitié entremeslee de merueille, de voir les femmes à
Rhodes, lesquelles en tous les assaults qui furent donnez, portoient eau chaude, pierres, terre, feu, pour nuire aux ennemis, estans tousiours à la queuë des nostres pour les
encourager, & leur porter toutes choses necessaires. Sur ces termes, vers la fin du mois
d'Octobre, le Cheualier Portugais qui auoit tant trauaillé pour liurer la ville aux
Turcs, fut accusé par son valet, d'auoir fait tirer plusieurs lettres au camp de l'ennemy
au bout d'vn traict, tiré d'vne arbaleste. La preuue de cecy faicte, & la confession prinse de l'vn & de l'autre, la punition fut executee selon le crime : comme aussi quelque
temps auparauant en auoit esté faict du Iuif, duquel ie vous ay parlé dés le commencement. A la fin les Cheualiers ayans perdu plusieurs de leurs chefs, la ville estant toute fouldroyee de coups de canon, les munitions leur estans faillies, le peuple & citadins ne voulans plus souffrir les incommoditez de la guerre, pource qu'ils voyoient
qu'à la longue il faudroit se rendre, contraignirēt le Seigneur Grand-maistre & Che-
ualiers d'accepter les conditions que le Turc leur auoit presentees, qui estoient, qu'ils *Composicō faicte auec le Turc, & ville ren-due.*
s'en allassent vies & bagues sauues, & les galeres de la Religion armees comme de cou-
stume, & aux citoyens licence de s'en aller auec pareille offre, & à ceux qui voudroiēt
demeurer, promesse d'immunité de subsides pour cinq ans, & qu'aucun de leurs en-

fans ne feroit prins pour eftre mis au ferrail pour le feruice du Seigneur. Ce qui fut finalement accordé par le Grand-maiftre : dont mefmes le Seigneur en feit defpefcher
patentes pour les vns & pour les autres. Ainfi ils entrerét dans la ville:où ce qui auoit
efté promis, ne fut pas trop entierement gardé, quiconque en fut caufe, foit le Turc,
foit fes Capitaines,iaçoit qu'ils ne tuerent homme viuant, ny ne prindrent aucun prifonnier, fauf ceux qui f'eftoient faicts Chreftiens, qui auparauant eftoient Turcs, defquels ils en maffacrerent les vns, menans les autres en captiuité. Et quoy qu'ils ouurif-
fent quelques tombeaux de Grands-maiftres, fi ne feirent-ils que fouiller pour voir
f'il y auoit des threfors:fans faire iniure aux corps,ainfi que plufieurs foy difans Chreftiens ont faict de mon temps.La plus grand' cruauté qu'ils executerent, fut,qu'entrás
en l'enfermerie, où les Cheualiers penfoient les pauures, felon l'ordonnance de leur
Ordre, & ayant pillé la vaiffelle d'argent, en quoy on feruoit les malades, ils contrai-
gnoient les patiens à grands coups de bafton,de fe leuer pour vuider la place felon les
conuentions. Quant aux Eglifes, vous pouuez bien penfer, f'ils oublierent de les vifiter fans deuotion (i'entens apres que les Cheualiers eurent prins le meilleur de leurs
threfors & richeffes) à la maniere de noz Pille-calices de noftre temps en France, fans
que pourtant l'ennemy infidele, & qui hait le nom Chreftien, f'attaquaft aux pein-
ctures : veu qu'encore au cloiftre feparé de la grand' Eglife de fainct Iehan, i'y ay veu
toute la vie dudit fainct,peincte à grands perfonnages,où vous diriez que l'œuure eft
nouuellement faict : iaçoit que quant aux images tailles qui eftoient en l'Eglife, ils
les meirent par pieces. Et me fuis laiffé dire à feu M.de Chanteraine,Grand-prieur de
France,mort depuis peu de iours ença,qui eftoit au fiege,& à d'autres,qu'il n'y eut pas
leurs tables d'autels, & paremens d'iceux, auec les reliquaires, riches à merueilles, qu'il
ne leur fut permis d'emporter:entre autres, deux Efpines de la Couronne de laquelle
fut couronné noftre Seigneur, dont l'vne eftoit au Chafteau, & l'autre en l'Eglife de
fainct Iehan. Plus vne Croix,qu'ils eftimoient beaucoup,d'autant qu'elle eftoit faicte,
fuyuant l'hiftoire des Grecs, d'vne Chaudiere de cuyure, en laquelle noftre Seigneur
laua les pieds à fes Apoftres. Au refte,ie peux dire,comme l'ayant veu,qu'en Egypte &
autres lieux du Leuant, ils n'ont deffait autel ny image (i'entens des Eglifes & oratoires que tiennent les Chreftiens) & autant vous en dy des villes prifes en Hongrie
& Tranffyluanie. Icy eft à noter le faict courageux & trop hardi d'vne femme Grecque, laquelle eftant entretenue par vn Cheualier, & oyant parler que fon amy auoit
efté tué à l'affault, voyant vne face confufe de toutes chofes, & qu'ils ne pouuoient efchapper des mains du Tyran, commit vn acte fort cruel,& qui fentoit neátmoins vne
grandeur de courage,femblable à la conftance des Anciens.Elle ayant deux beaux enfans de fon amy, & craignant qu'ils ne feruiffent vn iour de vilain miniftere à quelque
Mahometifte, comme ils y font fubiects, apres les auoir accollé & baifé du dernier
adieu, & marqué leur front du figne de la Croix,les immola à Dieu : Pluftoft (difoit
elle) que le Turc leur feift renoncer le Baptefme, & les feift feruiteurs & efclaues,eux
qui eftoient francs,& Gentilshommes d'vne part & d'autre.Et morts qu'ils furét,bruf-
la leurs corps : puis f'armant des armes & cafaque du deffunct, qui encor eftoit fanglante,f'en alla au lieu de l'affault, où combattant furieufement cefte homaffe & guerriere, apres auoir faict le deuoir d'vn vaillant foldat, elle fut occife à la brefche parmi
les troupes des bons combattás qui defendoiét la ville. Et fuis bien marri, que le nom
de cefte femme me foit incogneu,à caufe que ie n'en puis faire telle parade,que les Romains ont faict d'vne Clœlie, & les Grecs d'autres qui ne feirent iamais actes fi genereux : combien que quelques Grecs m'ont dit & affeuré qu'elle auoit nom Dame Ny-
morique, & eftoit natifue d'vn village de l'ifle, nommé *Rhodia*, ainfi dict, à caufe de

Faict cou-
rageux d'v-
ne femme
Grecque.

l'abondance des Grenades qui y croissent, que ceux du païs appellent en Grec vulgaire de ce nom. I'en ay eu l'histoire toute au long, que me dóna vn Grec, nommé Theodose, à la maison duquel i'estois logé : & l'ayant euë long temps en ma puissance, vn larron domestique me l'a depuis desrobee, qui en a tresbien fait son profit. Auant que les Rhodiens se rendissent, Solyman estoit tout esperdu, voyant le peu qu'il gaignoit en ce siege, & estoit plus pres à se retirer qu'à poursuyure sa poincte, si son Habrahim Bascha, qu'il aimoit tant, & à qui il se laissoit manier, ne luy eust remis le cœur au ventre. Ce qui plus luy donna d'espouuantement, ce fut vne Eclipse de Lune, laquelle auec son obscurcissement auoit vne couleur toute sanglante, si bien que le Turc prenoit cela comme vn presage de sa deffaicte : mais Achmeth Bascha luy remonstra le contraire de son aduis, l'asseurant de la victoire. Vn autre cas donnoit de grands eslancemens en l'esprit des Turcs (ainsi me l'a raconté vn Iuif qui estoit au siege) c'est que lors qu'ils faisoiét la batterie contre les murs de Rhodes, & qu'ils s'appresloiét à donner l'assault, ils voyoient vn Cheualier tout armé à blanc se tenir comme en l'air deuant les murs : qui leur causa telle frayeur, qu'ils en perdoient toute force, & disoient que ces Cheualiers estoient gens de bien, puis que les Anges estoient à leur defense. Et ce fut l'occasion pour laquelle ils s'abstindrent vn temps d'aller à l'assault, iusques à ce que le Seigneur les y feit contraindre : qui depuis que ceste vision se disparut, s'enhardirent, comme si le Ciel n'eust plus cure de la ville de Rhodes. Lesquelles choses ne fault trouuer estranges, veu que lors que Tite Vespasian tenoit Hierusalem assiegee, lon veit plusieurs de telles visions. Dauantage, au siege dernier de Constantinople, il y a des Grecs dignes de foy, qui m'ont recité, que ce qui donna plus d'esperáce au Turc de la conqueste de ladite ville, ce fut que par trois diuerses nuicts il veit vne clarté sortant d'icelle, venant au camp, & puis s'en retournant : & que la troisieme nuict elle en yssit plus grande que de coustume, sans que plus elle rentrast. Or quoy que Mahomet se mocquast de toute religion, si dist-il alors, qu'on pouuoit hardiment assaillir Constantinople, veu que les Anges qui la gardoient, s'en estoient retirez, & l'auoient abandonnee. Plusieurs Chrestiens, & Iuifs de l'isle de Rhodes me dirent, que dix mois auparauant qu'elle fust assiegee, lon veit au riuage de la mer grand nombre de poissons hideux, & si monstrueux, que la plus part surpassoit la grandeur de trois brasses : ce que iamais l'on n'auoit apperceu en cest endroict : attendu que toute la mer voisine de Rhodes est autant sterile en gros & petits poissons, que tout autre lieu de la mer Mediterranee. Ces poissons combattoient les vns contre les autres à coups de dents & d'aislerons fort furieusement, se lançans le plus souuent en l'air de deux ou trois brasses de hault. Vn certain moyne Grec, nommé Maçaire, voyant tels presages, commença à prescher, aduertissant les Insulaires qu'ils se meissent tous en oraison, & que pour certes l'isle deuoit estre assiegee & prise par la force des infideles : ce qui aduint. Le téps que ie demourois en Egypte, de vieux Mameluz & Arabes m'asseuroient aussi auoir veu dix mois au parauant ladite prise de Rhodes, douze lieuës de long du riuage du Nil, & islettes qui sont en iceluy, quantité de Crocodiles, qui auoient tué, mágé & homicidé plusieurs hommes, vaches, bœufz & chameaux, tellement que lon estoit contraint, pour passer en plus grand' seureté, & trauerser chemin, s'assembler dix ou douze bien embastonnez. Mesmes ceste vermine se faisoit guerre l'vne contre l'autre si cruellement, que pour vne matinee les Arabes en trouuerent sur le sablon beaucoup de mortes. Ie vous diray dauantage, que le iour que le Turc entra dans Rhodes, vne des deux Obelisques qui estoit en Alexandrie d'Egypte (où i'ay demeuré pres de trois ans) cheut par terre, & se mit en deux pieces : le pourtraict de laquelle ie vous ay representé ailleurs. Et ce mesme iour le Pape Adrian allant à sa chappelle, vne pierre de

Presages
aduenuz
au Turc.

Presages
aduenuz
deuan' la
prinse de
Rhodes.

marbre,que fix hommes n'euffent peu leuer de terre, tomba bien près de fa Sainéteté, & des Cardinaux & Euefques qui l'accompaignoient,& occit en fa prefence quelques vns de fa garde. Cefte iournee auffi aduint vn fi grand orage & tempefte en la ville de Hierufalem,que la fouldre tomba fur le temple de Salomon , où elle feit grand dommage.Vn Euefque Armenien me dift & affeura,que leur Patriarche celebrant la Meffe,ce mefme iour fut occis par vn Seigneur Perfien,nommé *Thara*. Les moynes Grecs du mont Athos me reciterent auffi auoir veu en l'air des efclairs luifans comme chandelles,& autres vifions grandes & efpouuantables.Au mefme temps en l'ifle de Crete, vne Truye eut fept cochons d'vne ventree, fans oreilles ne queuës, tous veluz comme vn Ours Efclauon.Tels prefages dónques font à remarquer,veu qu'à la fin il en aduiét quelque grand cas: & moy Theuet puis affeurer le Leéteur,que de mon temps fe font

veuz plufieurs de tels prodiges & monftres, principalement en l'an mil cinq cens foixante huiét & foixanteneuf, le temps des guerres & troubles aduenuz en noftre France.Premieremét ie veis vn Chat à deux teftes, deux Veaux ayans auffi chacun deux teftes & huiét iambes; vn autre vne iambe efleuee fur fon efchine : vn Cheual auec cinq pieds,& vne Poule quatre : vn Moutó à deux teftes:puis fut trouué dás le iaulne d'vn œuf,la forme d'vn vifage d'enfant enuironné de petits ferpéteaux:& vn Enfant n'ayát qu'vn corps,& deux teftes:& deux autres Enfans qui fe tenoiét tous deux par le bas du nombril qui furent veuz en vie en cefte ville de Paris de plus de trente mille perfonnes. Mais retournons à mon propos de la prife de l'ifle. En fomme,l'accord paffé que fut , & comme tout le monde trouffoit bagage, voicy Achmeth Bafcha qui vint dire au Grand-Maiftre, que le Seigneur auoit defir de le voir , & parler à luy , & qu'il luy confeilloit d'y aller. Le venerable vieillard,qui voyoit bien que c'eftoit vn commandement auquel ne falloit faire le retif, y alla peu accompaigné, & veftu de dueil. Lequel dés que le grand Turc le veit,ne peut tenir les larmes.Et cóme le Seigneur Grand

maiftre f'abbaiffaft pour luy faire la reueréce,& meift les genoux à terre,pour luy baifer la main,le Turc le foufleua,luy faifant dire,que c'eftoient chofes humaines & couftumieres,que de cóquerir & perdre villes & feigneuries,& que ce qu'il en auoit faiét, n'eftoit pas tant pour haine qu'il euft à luy,ou au nom Chreftien, comme pource que les fiens eftoient inquietez par ceux de fa fuite. A quoy le Grand-maiftre ne perdant rien de fa maiefté & conftance,luy dift, Que ce n'eftoit pas peu de chofe à vn fi grand Seigneur que luy , d'auoir prins Rhodes fur vne troupe telle de Nobleffe , & que luy par fa viétoire, & les Cheualiers pour feftre fi bien defenduz, en acquerroient loüange immortelle: Le fuppliát d'adioufter encore cela à la gloire de fes vertus & clemence, que felon les conditions de la paix & accord faiét entre eux , quoy que la neceffité luy euft faiét accepter; on le traiétaft, fans luy faire ny aux fiens aucune violence. Car le Grand-maiftre auoit entendu , que le Turc auoit deliberé d'emmener & le Chef, & tous les Cheualiers en fa ville de Conftantinople : & ce par des Ianiffaires mefmes,qui auoient compaffion de la ruïne de fi belle Nobleffe. Le Turc derechef confirma fon ferment:& ayant le Grand-maiftre prins cógé de luy,& baifé fa main , monta fur mer le iour propre de la Circoncifion de noftre Seigneur, au commencement de l'an mil cinq cens vingt trois. Toutefois auant que partir, le Grand Turc feit demander audit Grand-maiftre vn Seigneur,nommé *Zem Sultan*, qui eftoit caché dans ladite ville,fe penfant embarquer auec les autres & fe fauuer:tellement que plufieurs cris furent faits à fon de trompe, que quiconque le trouueroit & ameneroit au Grád-Seigneur, auroit de prefent deux mille ducatz:autrement fi on ne luy rendoit,ne tiendroit fa promeffe au Grád-maiftre & Croifats. Ce *Zem* eftoit fils d'vn proche parét du Turc, & f'eftoit rendu Chreftien : d'autant qu'on le vouloit faire mourir , & paffer le pas, comme lon

auoit faict cinq ans auparauant à son père, nommé de mesme nom. A la fin ce pauure
Gentilhôme par cas fortuit estant trouué, & mené au Seigneur, on luy demâda incontinent s'il estoit Turc ou Chrestien. A quoy ayant fait response auec vne constance &
sagesse incroyable, que ouy, & qu'il s'estoit fait chrestienner luy & ses quatre enfans,
& que Chrestien il mourroit, ce Soliman le feit occir & tailler en pieces en la presence
de tous, auec deux de ses enfans masles, faisant conduire les deux filles en Constantinople en son serrail ordinaire. Ainsi fina la Seigneurie de Rhodes si souuent assaillie,
& tant bien defendue par les Cheualiers, & perdit la Chrestienté vn des plus necessaires bouleuarts & remparts qu'elle eust. A quoy si on eust obuié, c'est sans doubte que
les isles Cyclades seroient à present soubz la puissance Chrestiéne. Mais tant s'en faut
qu'on ait secouru Rhodes, que la Seigneurie de Venise, & les Candiots luy refuserent
aide tout à plat, disans qu'ils auoient paix au Turc, laquelle ils ne vouloient pour rien
briser ne violer. Et qui plus est, comme vn Seigneur Candiot, nommé Gabriel Martinengo, se fust desrobé de l'isle auec quelque troupe de bons hommes de guerre, fut
fait incontinent poursuite contre luy. C'estoit vn homme autant heureux en ses entreprinses, & sage en conseil, qu'autre Seigneur de son temps: & fut fait Cheualier, & honoré de la grand' Croix du mesme Ordre. Le Seigneur Grand-maistre, voyant que le
Turc hastoit son depart, & qu'il ne feroit pas bon pour luy apres son allee, se despescha aussi auec ses galeres & grand Gallion, & quelque peu d'artillerie, pource qu'il
estoit impossible d'emporter tout: & print luy & ses troupes la route de Candie: auquel lieu on luy feit bon recueil, & y demeura dix ou douze iours: de là s'en alla en Sicile enuiron la fin d'Auril, puis à Naples, & de là à Rome, où il se trouua à la mort
du Pape Adrian sixieme, & à l'election de Iules de Medicis, qui fut depuis nommé Pape Clement septieme, lequel dôna au Grand-maistre & Ordre de sainct Iehan,
la ville de Viterbe, en attendant quelque chose de meilleur, & que les Princes seroient
venuz à vn bon accord pour pouruoir au reste. Mais depuis l'Empereur Charles les
inuestit de la Seigneurie de l'isle de Malthe, s'y reseruant le droict d'y mettre l'Euesque, & cedant la iustice & reuenu au profit & soubz la puissance du Grand-maistre.
Voyla au lôg le succez de ce qui s'est passé au siege de Rhodes. Qui en voudra dauantage, lise ceux qui en ont escrit, pour vn simple ouyr dire, non pas si bien que moy, attendu que i'en sçay le discours au vray, de ceux mesmes de l'isle, qui estoient de ce téps
là qu'elle fut prinse, au grand mespris des Rois & Princes Treschrestiens. Ie ne veux
oublier, que auiourdhuy les Grecs qui se tiennent en l'isle, sont assubiettis à faire la
garde iour & nuict, souuent accompaigniez des Turcs, qui demeurent pres de la marine: & font ceste garde à voix desployee, tant que lon peult crier, & d'vne sorte la plus
estrange, qu'il m'estoit aduis lors que i'entendois tels hurlemens de quelque demie
lieuë, que i'oyois les gros hiboux qui repairent aux masures & vieilles ruines d'Athenes. Et se respondent les vns les autres: & sont contraints de ce faire, s'ils ne veulét estre
surprins des Chrestiens. Ceux qui demeurent au riuage de la mer du païs d'Epire, &
toute la coste d'Albanie iusques à Rhagouze, & ceux de la Calabre, Pouille & Sicile,
au lieu de crier, sonnent des cloches, s'ils s'apperçoiuent de quelques vaisseaux à rames. Ceux des isles de Crete, Lezanthe, & Cypriots, deuant qu'estre reduits soubz le
ioug du Tyran, faisoient des feux, pour aduertir leurs compaignons de se donner garde de ces escumeurs. Quant à la garde de mer, lon tient ordinairement six galeres, &
quelques fustes & galiottes, pour la purger des incursions qu'ont accoustumé de faire
les Malthois, ou quelques autres Chrestiens, & pour garder les isles Cyclades & Sporades, & autres lieux appartenans au Turc: d'autant qu'entre eux ils ne se surprennent
iamais, estans tous subiects à vn mesme Seigneur. Vn Loup n'accoste iamais vn autre,

Cruauté cômise enuers son sultã

f'il n'eſt enragé.Le Capitaine defdites galeres,ou ſon Lieutenát,fait ſouuent des courſes, tantoſt d'vn coſté, tantoſt de l'autre, pour táſcher à ſurprendre leurs ennemis. Et
Dieu ſçait,eſtans les plus forts,la cruauté de laquelle ils vſent enuers eux.

De l'iſle de CANDIE, ou CRETE, & choſes merueilleuſes en icelle.

CHAP. VII.

VOy que Rhodes ſoit eſloignee de Candie, & qu'il ſemble que ceſte
cy ſoit pluſtoſt Africaine qu'Aſiatique, ou d'Europe, ſi eſt-ce que
pour ce coup ie n'y prendray pas tant d'eſgard, que ie ne l'empoigne,
ſuyuant ma route vers la Grece Aſiatique, vne partie de laquelle i'ay
laiſſé à deſcrire.Candie donc eſt celle iſle tant renommee des Anciens
ſoubz le nom de Crete, & giſt en ſon eleuation à cinquantequatre degrez trente minutes de longitude, trenteſeing degrez quinze minutes de latitude, au
commencement du quatrieme Climat, & neuſieme parallele, poſee entre la Grece du
coſté de la Moree,Negrepont,& l'Afrique,en ceſte partie qui ſe dit Cyrenaique.Elle a
vers le Leuant la mer de Rhodes & iſle de Scarpante: vers l'Occident, la mer Ionique:
vers le Nort,la mer Egee, qu'on dit auſſi de Crete: & au Midy, elle regarde l'Afrique.
Sa figure eſt fort longue, ſ'eſtendant de l'Eſt à l'Oueſt,qui eſt du cap de *Salamon*, iuſques au promontoire ſurnommé de *Iaſpada*, iadis appellee *C/ame*: le reſte vient en
poincte vers l'Afrique, où eſt la grand' largeur de l'iſle depuis *Palo Caſtro*, qui eſt le
coſté Meridional d'icelle, iuſques à la ville de Candie, qui regarde le Nort. Car vers
l'Oueſt & pres des montaignes Blanches,le pais eſt fort eſtroict iuſques à la ville de la
Canee: & eſt beaucoup plus grande que Rhodes ou Cypre, quoy qu'elle n'approche
en grádeur à la Sicile.Munſter dit,que le circuit de ceſte iſle ne contient que cinq cens
octantehuict mille pas. Ie ne ſçay quels pas il entend, ne quelle ſupputation, attendu

Munſter n'a honte de ſe mocquer du Lecteur.

que ſuis aſſeuré qu'elle contient en ſa longueur pres de ſix vingts lieuës, & en ſa largeur plus de ſoixante, non pas en tous endroits.Or ie ſay iuge le Lecteur combien elle doit contenir en tout ſon contour & circuit. Elle a des iſles qui luy ſont & voiſines
& ſubiectes,à ſçauoir *Claudos*, qu'à preſent on nomme *Porto Gaboſo, Sandea, Sicandre*,
& *Mille*, toutes autour d'elle: laquelle comme elle a eſté gouuernee de diuers Princes, auſſi a elle obtenu diuerſes appellations.On l'a nommee *Curetie*, à cauſe d'vne race & famille de ce nom, qui y fut iadis: leſquels eurent la charge de nourrir Iupiter,
qui depuis fut Roy de l'iſle. Autres l'ont appellee *Macarie*, qui ſignifie Fortunee,
pource que l'air y eſt ſi bon & attrempé,que beſte venimeuſe quelconque n'y ſçauroit
viure, ſi on y en portoit: car d'y en naiſtre,il ne ſ'en parle point. Elle eut auſſi à nom
Hecatompoli, pource qu'on diſoit qu'elle auoit cent citez: ce qui n'eſt beaucoup eſloigné de la verité, veu qu'encore les traces & marques de pluſieurs villes & baſtimens y
paroiſſent:meſmes le long des monts *Ida*, & *Detor*, & des montaignes qu'on dit Blan-
ches:iaçoit qu'auiourdhuy il n'y en a que trois, aſſez mal plaiſantes,auſquelles i'ay de-

Pourquoy eſt l'iſle ap-pellee Crete.

meuré par l'eſpace de plus de ſix mois entiers.En fin l'iſle fut nommee *Crete*,d'vne Dame du pais:de la race de laquelle deſcendit Iupiter: duquel les Grecs ont tant baſti de
fables & folies,le faiſans Dieu, & ſoubz ſon nom comprenans celuy qui a faict le ciel
& la terre,& lequel ils ſçauoient bien auoir eſté homme,nourri au mont Ida en Crete,
& allaicté par Amalthee,ieune femme,en la montaigne Detor,& qu'encore i'y ay veu
la grotteſque où eſtoit dreſſé ſon ſepulchre fort antique, ſelon le recit des Inſulaires.
M'eſbahiſſant de la beſtiſe des Anciens,de faire Dieu ſouuerain en leurs eſcrits, celuy
duquel ils ſçauoient la vie auoir eſté deteſtable, & pleine de pilleries.De Iupiter ſont

ſortis

fortis de pere en fils les Rois de Crete iusques à Minos & Rhadamante. Ce Minos embellit la ville de *Gnoſſe*, à laquelle il laiſſa le nom qu'elle auoit,& s'y tenoit ordinairement, comme eſtant le ſiege de ſon Royaume : puis en baſtit deux de ſon nom, l'vne
dreſſée en la partie Orientale de l'iſle, qui eſt à preſent nommée *Altamura* : & l'autre
en la partie Septentrionale, appellée *Biconie*, dans le goulfe de la *Sude*. Il ſe trouue pluſieurs medailles en l'iſle, de ce Prince Minos : & en ay eu en ma poſſeſſion, les ayant re-
couuertes du plus ruſtique vilain, que i'eſtime qui fuſt en toute l'iſle : lequel m'ayãt offenſé, & craignant d'eſtre mis en iuſtice, m'en fit preſent de pluſieurs, entre autres de
trois dudit Minos, l'vne deſquelles au retour de mon voyage, ie donnay à l'autheur
qui a fait le Promptuaire des medailles, auec pluſieurs autres, qu'il a effigiees en ſon liure : vſant toutefois d'ingratitude en mon endroit, auſſi bien que celuy qui a fait le
Diſcours de la Religiõ des anciens Romains, leſquels tous deux enſemble ſeſtans ſeruis de mes labeurs, n'ont rien oublié que mon nom, mais cela eſt à pardonner, d'autant
qu'ils ne ſont pas ſeuls en la France. Ce fut ce Roy Minos, lequel voulant donner loix
à ſon peuple, ſ'en alloit au mont Ida, dans la grotteſque où eſtoit le ſepulchre de Iupiter. Munſter monſtre bien qu'il n'a iamais rien veu, que ſes faux memoires, lors qu'il
dit, qu'encores à preſent il ſe trouue cent villes en l'iſle de Candie, & qu'entre les autres y en a vne nommée *Minois*, ſiege Royal, où Minos a regné neuf ans : choſe auſſi
faulſe, que quand il raconte qu'il ſe fait du ſucre en l'iſle : attendu qu'il n'y a que trois
villes remarquables en toute la Crete, comme dit eſt : & que l'on ſ'abuſe, penſant que le
Sucre candi en vienne : d'autant que ie puis aſſeurer qu'il ne ſ'y en fait non plus qu'en
la ville d'Angouleſme, lieu de ma naiſſance. En paſſant, fault auſſi que ie touche vn
peu la faulte que Belon a faicte ſur le propos du Labyrinth de Candie, lequel penſant
faire de l'habile homme, pour ſe mocquer de ceſte vaine ſtructure, dit que ce qu'on
appelle Labyrinth, eſt vers le mont *Detor*, aſſez pres de la ville ancienne de *Gortine*,
qui n'a laiſſé ſon nom, iaçoit qu'elle ſoit redigee en village, & où vous voyez encore
de belles Colomnes, & autres pierres taillées qui ſont de ſes ruïnes. Le bon homme ſe
trompe, & monſtre qu'il ne ſ'eſt guere pourmené par l'iſle, comme i'ay fait, combien
que nous fuſſions tous deux d'vn temps en ce meſme lieu : attendu que ce qui eſt pres
de Gortine, eſt pour vray vne carriere (ainſi que luy meſme confeſſe) mais non aiſée,
pour de là porter les pierres aux nauires, veu qu'il n'y a aucun port là à l'enuiron : &
eſt ceſte carriere du coſté du Midy, regardant l'Egypte, là où le Labyrinth eſt tirant
au Nort à trois lieuës de la ville de Candie, en vn mont qui n'eſt point celuy d'Ide,
quoy qu'on en vueille dire, ains ſont ſeparez d'vn long & bon chemin l'vn de l'autre :
& au reſte ceſtuicy n'approche en rien à celuy d'Idé, en haulteur ny en eſtendue. Bien
eſt vray qu'il ne ſe trouue rien de ce baſtimẽt obſcur & difficile, ſinon vne grotte fort
faſcheuſe, que encore à preſent on appelle le Labyrinth : & penſe qu'il ne fut onc, veu
qu'il en ſeroit quelque apparence : d'autant que de la grotte où lon dit qu'il a eſté, ie
n'y voy rien de ſi eſmerueillable, que lon feint auoir eſté iadis & ce Labyrinth & celuy d'Egypte, duquel il y a autant de marque que rien : & ſi le peuple le nomme ainſi,
c'eſt d'vne commune opinion. Mais reuenant à la verité, c'eſt ceſte grotte où lon dit
que Iupiter fut caché, à fin que Saturne ne le feiſt mourir, à cauſe qu'on luy auoit pre-
dict qu'vn ſien fils le deuoit depoſſeder de ſon Royaume, & de là fut tranſporté au
mont Ide, puis à celuy de Detor, où ſont les plus beaux paſturages de toute l'iſle. Quãt
audit mont d'Ide, on ne ſçauroit nier qu'il n'y euſt de beaux edifices, veu que les Colomnes de marbre de toutes ſortes en monſtrent l'apparence, & qu'encore on y voit
auiourdhuy des chapiteaux & tables, où on lit quelques mots Grecs de fort anciens
characteres, qui aduertiſſent ceux qui vont dans la grotteſque, de n'y entrer point,

Munſter ſe trompe auſ-ſi bien qu'il fait en au-tres lieux.

Belon ſe pourroit trõ-per du La-byrinth.

Le mõt Ide.

O

fans f'eftre lauez & les pieds & la tefte. Ce n'eft point fable que Minos n'ait efté,& que ce foit luy qui a eftably les loix aux Candiots, puis que les Lacedemoniens (peuple tant celebré) fe glorifioient iadis d'auoir eu de luy les enfeignemens de leur police:& qu'au refte ledit Minos fut deffaict & tué en Sicile.Depuis que cefte ifle a receu l'Euägile par l'Apoftre fainct Paul,elle a perfifté en la foy:& eut pour premier Euefque Tite, difciple de l'Apoftre, lequel fut inftruict de fe donner garde des Iuifs, qui auffi bien en Candie qu'ailleurs femoient l'Euangile meflé parmi la Circoncifion, & des Candiots mefmes,qui eftoient mal nommez à caufe de leur mauuaife vie:de forte que l'Apoftre allegue en fon Epiftre le vers d'Epimenide poëte Grec contre les Cretes,qui dit, Les Cretes font toufiours menteurs, mauuaifes beftes, & ventres pareffeux. Non

La natu-
re des Can-
diots.

que pour cela il n'y euft eu de fort gens de bien auffi bien qu'autre part,comme fut iadis Pinite,Euefque de Gnoffe,& Philippe pafteur de l'Eglife de Gortine,lequel efcriuit contre l'heretique Marcion ,enuiron l'an de noftre Seigneur cent quärantedeux: tous deux floriffans du temps de Marc Elie Antonin,furnommé le Debonnaire, Empereur & Chef de la Republique Romaine. Ce fainct perfonnage Tite eftoit de maifon Royale,defcendu d'vn certain Roy de l'ifle.Il eftoit bien verfé en la langue Grecque & Hebraique.Vn fien Oncle en fa tendre ieuneffe l'emuoya vifiter les lieux faincts de Hierufalem: auquel lieu il fut reduit, & plus ferme en la foy qu'il n'eftoit au parauant: & eftant Tite de retour de fon voyage, commença à prefcher aux idolatres de l'ifle, qui lors adoroient la Deeffe Diane. Bien toft apres fainct Paul le fit Euefque de ladite ifle,puis il print le chemin de Rome pour aller vifiter fainct Paul & fainct Pierre,le temps que Nero eftoit en fon grand feu contre les Chreftiens.I'ay bien trouué vn autre Tite, Euefque de Poftremenfe en Afie, du temps de Iulian & Iouinian Empereurs. A dire la verité, cefte feule Eglife de Candie eft celle qui nous refte en Orient, demeurée fans eftre chaffee de fon lieu, là où les autres ont efté deiectees:à fin que la miferable Grece ait dequoy fe conforter, voyant encor quelque ifle des fiennes foubz le gouuernemet des Chreftiens, qui onc ne feruit au Mahometifte infidele.Il eft vray que leurs gens d'Eglife viuent felon l'inftitution des Grecs en plufieurs lieux, n'ayans voulu les Venitiens leur ofter cefte liberté . Defquels & des moyens comment ils fe font faicts Seigneurs de l'ifle, il eft deformais temps de tenir quelque propos.Sçauoir que l'an de noftre Seigneur mil deux cens, les Empereurs Grecs continuans leurs anciennes cruautez,cau ferent auffi que l'Empire tomba en main eftrangere:veu que Alexis,furnommé l'agé,ayant emprifonné fon frere Ifaac, apres luy auoir creué les yeux, fe faifit de l'Empire. Alexis le ieune, fils du prifonnier, s'enfuit aux François & Venitiens, qui eftoiet fur mer auec vne belle & forte armee , pour paffer en la Terre fainctc, & fit accord auec eux , de leur donner trente mille marcs d'or, & viures pour l'armee, & qu'il receuroit vn Patriarche tel que les Venitiens voudroient nommer. Ainfi ils vont en Conftantinople,laquelle fut prife, l'Empereur remis en fon fiege, & Ifaac tiré de prifon,lequel mourut tout auffi toft. Toutefois Alexis le ieune fut tué par vn vilain, & homme de bas lieu,nommé *Myrtille*, ou comme aucuns Grecs difent, *Murfiphle*, efleué en honneur par ledit Prince homicidé: lequel s'enfuit de nuict, voyant qu'il ne pourroit executer fon deffein. Et ainfi par l'accord commun des Latins, Baudouyn Comte de Flandres,qui eftoit chef de l'armee Françoife,fut declaré Empereur, moyennant qu'il cederoit & tranfporteroit les ifles qui font en la mer Egee,aux Venitiens ; & que le Patriarche feroit toufiours de nation Venitienne. Or l'ifle de Candie n'eftoit comprife en cefte tranfaction. Voyant donc Baudouyn que les Venitiens ne demandoient autre chofe,leur en feit prefent, en recognoiffance du plaifir receu : autres m'ont dit,qu'il leur vendit tout à plat.Quoy qu'il en foit,il ofta à Boniface, Mar-

quis de Montferrat, qui en eftoit Seigneur, & le recompenfa du Royaume de Theffalie. Voyla l'entree des Venitiens en Candie. Cela eftant entendu par les Geneuois, lefquels creuoient de dueil que le Venitien s'agrandift ainfi, & tint à fa deuotion toute
l'ifle, trouuerent moyens de faire reuolter les Candiots: ce qui leur fut aifé, ayans affai- *Reuolte des*
re auec vn peuple le plus chatouilleux qui foit en Leuant. Auquel pour donner plus *Candiots à*
de courage, ils enuoyerent le General de l'armee de mer, nommé *Verrane*, qui y mena *la fufcita-*
gens pour leur fecours, & fe faifit de l'ifle au nom de la Seigneurie Geneuoife : & c'eft *tion des Ge-*
pourquoy quelques vns ont penfé, que les Venitiens l'euffent acheptee des Geneuois, *neuois.*
mais il en eft tout autrement. Dés qu'à Venife font venues les nouuelles de cefte reuolte, le Senat enuoya vn Gentilhomme, nommé Regnier Dandule, lequel y vint auec
telle haftiueté, qu'ayant intelligences en la ville de Candie, chef de tout le païs, il fur-
print le Capitaine Geneuois, qu'il feit mourir fort cruellement auec la plus part de
fon armee, & furent fort peu qui en allaffent compter des nouuelles à Genes. Et ce fut
l'occafion & motif de la grand' guerre, qui a par fi long temps duré entre ces deux flo-
riffantes villes & republiques, tant par mer que par terre, depuis l'an de grace mil deux
cens & vingt, iufques à l'an mil deux cens feptante, que le Pape Gregoire dixieme les
accorda, ainfi que ie diray vn iour parlant plus à plein de leurs affaires. Regnier peu
apres fut tué en l'ifle par les feditieux & rebelles Candiots : qui caufa que Iaques Tiepoly Venitien, d'vne fort ancienne maifon, vint en l'ifle auec tiltre de Duc, pour appaifer les troubles qui y eftoient. Mais les Infulaires fafchez qu'on les vouluft ainfi tenir en feruitude, s'emancipent derechef, & s'arment contre le Duc : & pource amena
l'on nouuelles forces, à fin de rediger l'ifle en colonie, & n'y laiffer rien que des Venitiens naturels, à tout le moins dans les villes, defquelles plufieurs furent defmantelees
en figne de leur rebellion. De quoy s'irrita lors vne famille des Candiots, qu'on appelloit en Grec *Hagioftephanites*, qui fignifie la maifon & race de S. Eftienne, gens riches
& puiffans, & les plus nobles du païs, reuerez de tout le peuple : lefquels ne s'eftans encore bougez, s'arment contre le Venitien, & reduifent le Duc en grandes angoiffes. *Autre re-*
Tiepoly donc enuoye demander fecours à Marc Sannuth, Lieutenant pour la Sei- *uolte des*
gneurie és ifles Cyclades: lequel y vint, & appaifa les troubles, apres auoir puni les au- *Candiots.*
theurs de la confpiration. Toutefois il s'efleua foudain vne pire guerre que la premiere, & ce entre les deux Seigneurs Sannuth & Tiepoly : de façon que cela eftant fçeu à
Venife, Tiepoly fut depofé comme homme trop bruflant, & qui ne pouuoit viure en
paix, ainfi que depuis il feit bien fentir à la ville de Venife : & manda le Senat à Sannuth, qu'il print garde aux affaires de l'ifle. Or eftoit-il fort crainct des Candiots, &
par confequent hay à merueilles : qui leur fit enuoyer par foubz main à Iehan Vataze,
Seigneur de l'ifle de Metelin, iadis nommee *Lesbos*, & d'autres voifines, defquelles il
s'eftoit faifi durant les diffenfions entre les Princes de l'Empire : dont mefmes il eftoit
deuenu fi arrogant, qu'il s'ofoit attribuer en fes tiltres le nom d'Empereur. Ceftuicy
voyant vne fi belle occafion fe prefenter, ne refufe point le fecours au Candiot, ains le
plus haftiuement qu'il luy eft poffible, vient pour en prendre poffeffion. Mais le malheur fut fi grand, qu'il ne peut auoir pas vne des trois villes principales, à fçauoir Candie, Rhetimo, ne Canee, qui font toutes maritimes, & ayans ports pour aborder: iaçoit
qu'il print bien vne fortereffe baftie par Boniface de Montferrat, du cofté du cap Salamon, & quelques autres chafteaux & villages. Auffi y arriua-il vn Seigneur Venitien, nommé Delphin, qui auoit efté Duc de Candie auant Tiepoly, lequel donna la
chaffe audit Vataze, & le pourfuyuit iufques audit Metelin: & n'euft efté la guerre des
Geneuois, il luy euft ofté toute la Seigneurie. Voyla donc la fin des troubles de Cadie,
& des rebellions des Candiots, qui furent fi bien chaftiez pour lors, qu'il ne leur refta

fort quelconque, & furent toutes les villes demantelées, hors mis les trois fufdites, & quelque fort du cofté de l'Afrique, pour la defenfe du païs, & feureté des nauires qui y abordent. En ce mefme temps fut traictee la paix entre les Venitiens & Geneuois, de laquelle i'ay parlé cy deffus : fi ce fut moyennant de l'argent que le Venitien bailla pour l'ifle, ie n'en fçay rien : veu que aucun des Candiots ne m'en a point affeuré, quoy que i'aye fceu plufieurs chofes d'eux. Et ainfi les Candiots ont efté depuis fubiects à la Seigneurie des magnifiques de Venife, lefquels certes ont honneur à gouuerner vne nation fi mal traictable & peu courtoife que ceftecy. Car moy Theuet, ie peux bien dire, qu'ayant fuyui les quatre parties du monde, autant ou plus qu'homme qui viue de noftre temps, & ayant veu des peuples & nations eftranges & barbares, les vns fans foy ne loy, ne cognoiffance de Dieu, les autres idolatres, les vns Mahometiftes, & les autres Chreftiens, les vns courtois & affables, les autres fauuages & fuyans la focieté : fi eft-ce que de ma vie ie ne veis entre ceux qui ont quelque familiarité à l'eftranger

L'Autheur vitupere les Candiots.

abordant en leur païs, peuple fi brutal, mefchant & defloyal, yurongne, corrompu, & addonné à tout vice, que font les païfans & le populaire de Candie. Et le plus comun vice, qui leur eft comme naturel, eft le larcin & yurongnerie : veu que toute cefte vermine de païfans ne s'accofteront oncques de vous, que pour vous offenfer & piller : & y font pour lors plus affectionnez, comme ils ont la tefte plus chargee de leur Maluoifie : de laquelle vous verrez les femmes mefmes s'en peindre fi bié le nez, que la plus fobre en paffera fa quarte en vn repas, fans y mettre vne feule goutte d'eau : m'eftant esbahi cent fois, voyant le naturel du païs, & force de ce bruuage, comme ils y peuuent viure fi longuement, & comme le vin ne les fuffoque. Ceux defquels ie me fuis plus fcandalifé, c'eft de leurs Preftres Grecs, lefquels quelque mine de faincteté exterieure qu'ils ayent, & qu'ils facent plus de la chatemite qu'vn moine Abyffin, fi eft-ce qu'ils font plus corrompuz & mefchans que tous les autres, fans qu'ils prennent exemple à la bonne vie des Latins qui viuent entre eux : & pouuez vous affeurer, que i'aimerois mieux tomber à la mercy d'vn Turc, ou d'vn Arabe, voire d'vn Sauuage des Indes, où i'ay efté, que du Candiot ruftique, ou de l'vn de leurs Papaffes & Hermites, lefquels auec leurs femmes font vrais receptacles de vilenie : ce que ie puis dire, en ayant veu l'experience, & efté chaftié & tourmenté par eux. Vray eft que ie ne puis penfer où ces gens ont humé cefte barbarie, attendu que tous les autres Infulaires leurs voifins, & qui font en la Mediterranee, comme ceux de Cypre, Rhodes, Chio, Lango, Negrepot, Metelin & autres, font courtois & debonnaires autant que les Candiots cruels & fanguinaires, qui certes n'ont efgal ou compaignon en vice, defloyauté & haine enuers l'eftranger, fi ce n'eft le Sicilien quelquefois, qui tafche de le furmonter. Vous y voyez

Hypocrifie des Preftres Candiots.

ces Preftres Grecs & Diacres auec leurs grandes barbes, & les cheueux longs qui leur battent fur les efpaules, leur large chappeau retrouffé, leur robe longüe, & contenance fort feuere, fe vantás d'imiter noftre Seigneur qui alloit ainfi accouftré : mais ie ne difpute point de l'habit : car ie touche à la vie, qui eft plus corrompue que de tous les autres. Au contraire, les Venitiens qui habitent en Candie, font les plus humains & affables qu'on fçauroit trouuer, & tels que par leur courtoifie à l'endroit de l'eftranger recompenfent l'inciuilité & vilenie de leurs fubiects, lefquels ils puniffent aigrement ayant fait quelque faulte : combien qu'ils font fi accouftumez à mal faire, que les Seigneurs mefmes de Venife n'ofent s'efgarer fans bonne cópaignie, & fur tout de nuict, où lors que moins vous y penfez, on vous charge d'vne grefle de fleiches, dequoy ils font encor plus adextres tireurs, que ne font les Turcs ou Arabes. Cefte ifle eftant montaigneufe comme elle eft, a plus abondance de vins & de chairs que de bleds : & font les montaignes chargees de beftes à corne en grand' quantité, & de toute fauuagine, y

ayant de bons arbres & arbriſſeaux, force Pins, Sapins, Cyprez, Erables & Cheſnes
verds, & principalemét au mont Ida, qu'on appelle à preſent, au moins le vulgaire du
païs, Pſyloritt, qui eſt fort peuplee de foreſts, & ſi haulte, qu'il eſt impoſſible d'y eſtre
au plus chauld iour d'Eſté, ſans y ſentir vne extreme froidure : Et quoy que les Paſteurs y meinent de iour leurs troupeaux, ſi eſt-ce que de nuiſt ils les rameinent en la
vallee. C'eſt ſur le ſommet d'icelle, que lon vous monſtre le ſepulchre de Iupiter : non
loing duquel ſe voit auſſi vne petite Chapelle. Le haúlt de ce mont eſt faiſt comme
vne Pomme de Pin. Souuentefois les vents y ſoufflent ſi fort, qu'ils abbattent arbres &
arbriſſeaux, & les pouſſent iuſques à la planure. Le chemin de la montaigne de la partie de l'Occident eſt fort difficile, & quaſi auſſi droiſt, comme ſi lon montoit à vne
Toúr: au pied de laquelle y a vn village, duquel commençant, lon compte ſept mille,
qui ſont pres de trois lieués iuſques à la ſommité. La partie qui regarde l'Orient, eſt
beaucoup plus fertile que l'autre. La terre y eſt graſſe & feconde, & ſ'y trouue quatre
fois plus de villages, là où ſe voit abondance de muſcadets. Icy vous auez des Simples, qui ne ſont point pardeça, & d'autres qui nous ſont communs, mais qui ſemblent
auoir là quelque force plus grande : entre leſquels eſt vn petit arbriſſeau, nommé Ce-
ſtus, plus gaillard que pas vn autre, ayant les fueilles comme vn Grenadier, mais plus
rondes & plus aſpres : leſquelles quand il a iettees enuiron Noel, vn mois ou ſix ſepmaines apres il en reiette d'autres, qui ſemblent comme engraiſſees de la roſee du ciel,
deſquelles & les Calloiers & les Medecins Grecs font bien leur profit, & en ſecourent
leurs gens en diuerſes maladies. Si ceſte plante eſt bonne & neceſſaire, & à quoy elle eſt
appliquee, ie m'en rapporte aux Simpliciſtes & Apothicaires, qui en vſent & en ſçauent les forces, & qui ſe vantent l'auoir: mais i'ay grand' peur qu'ils prennent l'vn pour
l'autre. Au plat païs ſe voyent des Palmiers, qui ne portent aucun fruiſt, non plus que
ceux de l'Antarſtique : nonobſtant que la terre y ſoit fort fertile. Il n'y a auſſi poiſſon
qui vaille : de ſorte que qui en veult, il fault qu'il aille peſcher bien auant dans la mer.
La plus grand' part du ſimple populace ſe nourrit de poiſſon ſalé, que lon leur apporte d'Aſie, & de quelques endroits de Grece. Les chairs de mouton & de cheures n'y
ſont guere bonnes, ne ſi graſſes, ny à ſi grand' foiſon, qu'en l'iſle de Cypre. Il ſ'en trouue d'vne eſpece, que le vulgaire nomme Stretſicheros, que lon nourrit par grands troupeaux aux montaignes : differentes aux noſtres, en ce qu'ils portent les cornes toutes
droiſtes contremont, & canelees, en façon de viz. D'auantage, il y a des Boucs ſauuages, qui viuent pareillement aux montaignes : beſtes monſtrueuſes à les contempler
auec leurs cornes, deſquelles i'en ay veu de quatre coudees de long. C'eſt grand' merueille de leur agilité & ſont de la nature du Cheureul: d'autant que tous deux ſe tiennent entre les aſpres rochers, & ſaultét de l'vn à l'autre plus gaillardemét, que ne ſçauroit faire vn Eſcurieul, lors principalement que lon les pourſuit. Quant au vin, il ſurpaſſe en bonté tout celuy qui ſe boit en Leuant : & le meilleur & plus delicat eſt celuy
qui croiſt vers le coſté où eſt la ville de Rhetimo, pource qu'il y a des coſtaux qui rendent le raiſin pur & ſubtilié par la bonté de l'air. En ceſte iſle par toutes les montaignes ſe voyent force grottes, qui ſemblent artificielles, & où le traiſt en eſt long. Il y
fault porter du feu, à cauſe de l'obſcurité : & y voyez des feneſtrages fort auát en la roche. Aucuns diſent que cela a eſté faiſt, pource que l'iſle eſt ſubieſte au tremblement
de terre, & que iadis on ſ'y retiroit durant iceluy. Mais ie dirois pluſtoſt que l'iſle eſt
aſſubiettie à ceſte incommodité, pour tant de grotteſques qui ſont voiſines de la marine: veu que le vent ſ'enfermant dans ces profondeurs ſi creuſes, & eſtant comme repouſſé de l'air commun qui remplit tout lieu, il aduient que voulant ſortir, il trouue
les creuaſſes de la terre, leſquelles derechef les enclouént en lieu plus eſtoit & an-

Crete ſub-
ieſte à trem
blemens de
terre.

goiffeux,& ainfi il l'efbranle.D'autres Infulaires difent (ce que ie croy plus aifément) que c'eftoit pour y mettre les corps des trefpaffez, d'autant que de toute ancienneté la Grece a efté curieufe de la fepulture des morts, comme celle qui faifoit faire des voutes fouterraines, que nous appellons Charniers,ou des grottefques, pour y mettre ou les corps fans ame ; ou les cendres de ceux qu'on brufloit, depuis que la couftume en fut receuë, ainfi qu'a efté obferué long temps & en Grece & en Italie, dequoy font pleins les liures des Latins & des Grecs : Vous laiffant à iuger de l'antiquité de cefte chofe, par ce qu'en a efcrit en fon hiftoire de Troye, Dictys,qui eftoit natif de ce mefme lieu de Candie.Ie ne veux oublier vne iflette,nommee *Nifare*, des Grecs de la Peloponnefe, & de ceux de Candie, *Panegia :* laquelle eft faite, comme ie vous la reprefente par ce prefent pourtraict.Elle eft quelque peu difficile à monter au fommet,fi ce

n'eft par vn engin fait d'vne longue trauerfe de bois : au bout de laquelle y a certains crampons de fer pour leuer & baiffer les batteaux & barquerottes de ceux qui abordent le riuage de la marine : & à l'autre bout, vn contrepoix de pierres fort pefantes, pour plus facilement leuer vn tel fardeau de bas en hault.C'eft au fommet de la montaigne que fe tiennent certains moynes Grecs Bafiliens:& y ont vn petit monaftere & Eglife pour y faire leur feruice : & ne viuent ces pauures gens la plus part du temps que de poiffon qu'ils pefchent,& en font de trefbonne farine,apres eftre deffeiché. Ils ont les meilleurs fruicts & herbes qui foient foubz le ciel.Ils viuent fainctement,auec vne grande aufterité, fans fe foucier des delicateffes du monde. Quelquefois ils vont aux ifles voifines querir leurs autres commoditez pour viure. Les nauires qui paffent là aupres, & qui abordent & mouillent l'anchre en leur ifle, leur font des aumofnes. L'an mil cinq cens cinquante & vn, certains Corfaires d'Afrique furprindrent ces

bons Peres, & occirent les plus vieux, & mirent les autres à la cadene. Mais comme le
bon Dieu est iuste, ces diables enchainez voulans gaigner la fuyte, d'autant que quelques vaisseaux à rame de Chrestiens les poursuyuoient, les vents vindrent se desborder, & les orages si grands, d'vne telle sorte, que ces paillards furent contraints derechef venir aborder ladite isle. Auquel lieu ils furent prins & leurs vaisseaux, & puis
tous massacrez. Estás aduertis de telle fortune les Religieux du mesme ordre du mont
Athos, y enuoyerent quelques autres moynes, pour maintenir tousiours ce lieu fort
peu accessible, & solitaire à merueilles : entre autres vn Vieillard, qui y auoit autrefois
demeuré, lequel on m'asseura auoir six vingts dixsept ans : & se vantoit ce bon homme
auoir chanté sa premiere Messe en l'Eglise saincte Sophie de Constantinople, neuf
ans aupárauant que Mehemet second du nom la prinst sur l'Empereur Chrestien. Ces
Corsaires (comme lon me dist) apres auoir pillé & saccagé le plus beau & le meilleur, firent brusler plus de deux cens volumes de liures Grecs escrits à la main : la plus
part desquels auoient esté apportez, pour les garder & mettre en seureté, de l'Abbaye
là où se tient leur Patriarche en ladite ville de Constantinople.

Poursuite des singularitez de CRETE, *& promontoires de l'isle.*
CHAP. VIII.

E N CESTE isle vers le cap *Salamon*, non loing d'*Altamura*, qui fut
iadis nommé *Minoa*, qui n'est qu'vn cazal, y a vne montaignette, au
pied de laquelle vous voyez vne vieille sepulture, que les Grecs disent estre le repos des ossemens d'vn Prince Constantinopolitain, nómé Michel le Begue, qui ayant tué Leon l'Armenien, Empereur, s'en
estoit fuy en ceste isle, où il mourut. Or quant à ceste histoire, comme

Mort & se-
pulture de
Michel le
Begue.

ie dis à quelques vns, elle est fort esloignee de la verité, veu que ce Michel ayant occis
Leon en l'an de grace huict cens vingt & vn, se feit Empereur, & regna neuf ans en
Grece, quoy qu'il fust de fort bas lieu : estant chose asseuree, qu'il mourut en Constantinople d'vn flux de sang. Ce fut de son temps, que les Sarrazins coururent sur ceste
terre, & la pillerent, ayans deux victoires diuerses sur les Candiots, iaçoit qu'ils ne s'y
arresterent point. I'ay dict cecy en passant, à fin que si quelcun alloit en Candie, qu'il
ne creust rien de ce tombeau, lequel peult bien estre d'vn Seigneur Grec, mais que ce
soit de ce Michel susdit, il n'en est rien, lequel mourut paisible de sa Principauté, &
laissa son fils Theophile Empereur apres luy, qui tint aussi quinze ans l'Empire. Ie
vous ay dict, qu'il y a du vin en tresgrand' abondance, & que de bled ils n'en peuuent
leuer pour leur prouision, & fault qu'ils en recouurent & de l'Asie & de l'Egypte, dequoy les Turcs font grand profit auec eux, & en tirent de bons deniers. Du temps que
i'estois pardelà, on fortifioit la ville de Candie, qui est la plus belle, & la clef de toute
l'isle : au port de laquelle y a vn chasteau fort à merueilles, d'autant qu'il est assez auant
dans la mer, & bien chargé d'artillerie. Autant vous en dy-ie de Rhetimo & Canee.
Car du costé de l'Afrique il y a peu de lieux, où les nauires puissent estre à l'abry : &
auec ce il n'y fait guere bon descendre, à cause que les griffons de montaigne, qui sont
autour, vous chargent plus furieusement que ne feroient les Corsaires, lesquels courent le long d'icelle costé. Parainsi ne fault trouuer estrange, si i'accuse ceste nation,
non seulement d'inciuilité, ains encor de cruauté extreme : veu que le Chrestien mesme y abordant, n'y peult estre en asseurance, & si vous eschappez la furie des Corsaires, vous tombez és pattes de ceux qui vous traictent à la Candiote : combien que s'il
aduient qu'ils soient prins, les Seigneurs de l'isle ne les espargnent aucunement. Au

Abondan-
ce d'oifeaux
de proye.
refte,il n'y a ifle ny lieu de terre ferme,qui produife plus de Faulcôs, & autres oifeaux de proye que fait Candie,lefquels font leurs nids,non fur les chefnes ou autres arbres, mais dans les rochers fur les montaignes:& c'eft là que les Gentilshommes d'Italie recouurent les Sacres, Autours, Faulcons, Gerfauts, Tiercelets & Laniers, lefquels fe nourriffent fur lefdites montaignes, à caufe qu'il y a toufiours des agneaux & che- ureaux,que fouuét ils rauiffent,pour f'en paiftre,& nourrir leurs pouffins.Qui a don- né occafion aux Pafteurs,d'inuenter quelque maniere pour prédre les Vaultours, tant tanez que noirs,qui font ceux qui font le plus la guerre au troupeau : defquels quand ils en ont prins quelcun,ils l'efcorchent, & en vendent les ailes pour empener les flei- ches, & le cuir & peau aux Conroyeurs, qui l'accouftrent & vendent bien cher : d'au- tant que c'eft vne chofe fort cordiale fur l'eftomach, pour ceux qui ont difficulté de digeftion. De ces oifeaux il en y a qui font paffagers,& viennent de la part d'Afrique. Mais i'en laiffe le difcours à la Nobleffe, qui fçait & les differences & les complexions de ces oifeaux:attédu que ie ne fus onc nourri à la Fauconnerie, comme i'ay efté à l'art de la Marine,& au Pilotage:ne me voulant mefler pour cefte caufe de parler de chofe

Candiots
premiers n
xenteurs du
Pilotage.
hors de ma cognoiffance. Les Candiots ont eu iadis le bruit d'eftre les premiers, qui onques feirent eftat de Pilotage au mode:ce qui eft affez vray-femblable:mefmes leur attribue lon l'inuention des rames & auirons : & eftoient fi bons Pilotes, que le pro- uerbe couroit par tout,que quand lon vouloit monftrer que fottement on enfeignoit à quelcun ce en quoy il eftoit trefbon maiftre,on luy difoit, Veux-tu apprendre à na- ger à vn Crete?Et n'en ont pas encore perdu l'adreffe, veu qu'eftans fur leurs petits na- uires,qu'ils appellét *Squiraces*,en temps calme cinq Fuftes Turquefques n'ont ofé fou- uent affaillir vn de ces nauires Candiots, tant ils font de forte defenfe, & eux hardis & fans apprehenfion de mort fur la marine, tenans cecy de leur naturel, & heritage de leurs predeceffeurs:fans vfer d'efcopeterie,fe contentans de l'artillerie fur mer, de l'arc & fleiche, & des efpees qu'ils ont fort larges & bien trenchantes. I'ay auffi dict, qu'en toute l'ifle de Candie ne fe trouue befte nuifante,ny ferpét venimeux : ce qui eft vray, fauf que le *Phalangion* (qui eft vne efpece d'Araignee,la morfure duquel eft mortelle) y eft fort frequét.Il eft plus grand que l'Araignee,ayant huict pieds,quatre de chacun cofté,& des ongles fort deliez,faicts comme crochets en voulte.Leur corps eft cendré par deffus, fauf que fur le deuât il a deux taches rougeaftres fur le doz : & pardeffoubz f'y en voit de noires, és lieux où les iambes leur tiennent, & le ventre tout iaul- ne. Que fi vous demandez dequoy c'eft qu'ils peuuent nuire, il ne fault que regarder en leur bouche, & y verrez deux petits aiguillons noirs, fort fubtils, mais venimeux, mortels, & dangereux, à caufe que la piqueure n'en eft pas trop vehemente. Ce Pha- langion par moy defcrit, & qui fe trouue en Candie, & en plufieurs endroits d'Afri- que, eft du genre des Fourmis, fi nous croyons *Ben-adad*, Iuif Candiot, en vn liure qu'il a faict de la diuerfité des Serpens.Ie vous ay dict que la morfure eft legere,& que à peine fe cognoift:neantmoins il f'en enfuit auffi toft enfleure, & vne froideur extre- me aux genoux, aux reins, & aux efpaules, auec vn grand & perpetuel tremblement: par où vous pouuez voir la grande froidure de ce venim. Mais auffi ils y remedient auec de certains oignemens qu'ils ont,& autres auec du Theriacle, qui à mon aduis eft le fouuerain remede, principalement contre ces beftioles. Les autres, qui font bons Simpliciftes, vfent d'vne herbe, nommee du nom de cefte vermine,à fçauoir *Phalan- gion*,de laquelle ils fe trouuent trefbien.Ainfi Nature n'a de tant incommodé les hom- mes par la guerre des venins des ferpens,& autres beftes,voire des morfures des chiés, que tout auffi toft elle n'ait donné le remede,ou bien l'antidote, pour n'en eftre point greué. D'auantage, i'ay obferué vn cas efmerueillable en ladite ifle, d'vne herbe qu'ils

nomment *Alimos*, les Mores l'appellent *Madbach*, & les Arabes *Achfapb* : laquelle, fi lon mange, fait qu'on fupporte affez longuement la faim : & m'en fuis fort esbahi, iufques à tant que i'ay eu faict le voyage de l'Antarctique, où ie vey l'experiéce d'vne autre herbe, de laquelle les Sauuages vfoient allans par païs, ou aux guerres, qu'ils ap-pellent *Petum*, qui eft de telle force, qu'elle fouftient, raffafie & conforte l'eftomach affez lóg temps : fi que pouuez eftre plufieurs heures, fans auoir autre chofe pour vous fuftanter : non cinq ou fix iours, comme quelques Empiriques & ignorás ont mis par efcrit. Encore du cofté de Gortine ay-ie efté aduerti, que le beftial y paiffant n'a point *Beftial fans rátelle, & pourquoy.* de rate : chofe faulfe, eftant feur qu'elles ne different en rien à celles de pardeçà. Aucũs veulent dire, que c'eft pource qu'ils mangent de l'herbe, nommee *Afplenion* : de quoy ie me rapporte à ce qui en eft, encores que ie peux tefmoigner par experiéce de tout le contraire de ceux qui en ont ainfi efcrit. Ce peuple eft fi amoureux de porter longue barbe, que fi on leur fait couper, c'eft le plus grand tort & iniure qu'ils penfent rece-uoir en ce mode : qui eft caufe que cela eft tourné en punition, comme i'ay veu y eftát, d'vn galant qui auoit donné vn coup de fleiche traiftrement à vn fien voifin, lequel fut auffi toft códamné à auoir la barbe abattue & rafee deuant tout le monde : ce qu'il prenoit à tel creuecœur, comme fi lon l'euft mené au gibet pour le pendre. Ils baftif-fent toutes leurs maifons prefque en voulte, de forte que fur icelles vous y pouuez pourmener comme fur vne plateforme : ce que ie treuue fort aifé, & de grande com-modité & efpargne, auec ce qu'il eft de grand duree. Si ie me voulois amufer à vous defcrire tout par le menu, il y faudroit employer vn long temps. Pource vous fuffira de fçauoir, que iaçoit que Candie foit belle & plaifante, bié arroufee de plufieurs ruif-feaux & frefches fontaines, & que les Seigneurs Venitiens y ayent des plus beaux iar-dinages du Leuant, fi eft-ce que l'air y eft mal fain à ceux qui ne l'ont accouftumé : & vous pouuez affeurer, que fi on y beuuoit felon l'alteration, imitant ceux du païs, lon auroit bien toft faict preuue de fa vaillance, mourát au combát de Bacchus, ainfi qu'il en print à deux ieunes marchans de Flandres, & à vn Polaque leur feruiteur, qui per-foient faire Brindes, & haulfer le gobelet auffi bien de ce vin Candiót, comme de leur Biere : mais il n'en y eut point pour vn mois, car ils moururent tous trois : & m'eftonne (ainfi que i'ay defia dict) comme il eft poffible qu'il y ait tant de vieilles gens en cefte ifle, veu qu'ils boiuent fi defmefurément, fans y mettre de l'eau vne feule goutte. Non que pource i'approuue ce que ce grand Chroniqueur de l'Émpereur Charles le quint nommé Antoine Gueuare, a efcrit en fes Epiftres dorees, qu'en cefte ifle il y a vn cer- *Antoine Gueuare s'eft abufé en fes Epi- ftres dorees.* tain endroict & contrée affez haulte, où les hommes viuent fi longuement, qu'eftans las & enniuyez de viure, & ne pouuans plus fupporter les fafcheries de la vieilleffe, fe font tranfporter en vn autre lieu, à fin de mourir pluftoft. Mais cela eft auffi vray-fem-blable, que ce qu'il dit en vn autre endroict, que l'ifle eft vn païs treshault, & que pour fa haulteur le fommet des montagnes ne fut iamais laué d'eau du téps du deluge, comme le plat païs. Car ie luy voudrois demander, fi cela auoit lieu, que diroient les Armeniens, Georgiens, Cafpiens & Scythes Orientaux, de leurs haultes montaignes haultes, dy-ie, plus de fix fois que celles de Candie : foinct que ceux des montaignes ne viuent point plus que ceux du plat païs. Quant au deluge, on fçait bien qu'il fut gene-ral, & couuroit toute la face de la terre. Ie fçay bien auffi qu'il y a des endroicts, non feulemént en Candie, ains en autres lieux du continent, où les homes viuent plus lon-guement qu'és autres contrees, à caufe du bon air & temperature du climat, & de la bonté des viures qui ne font corrópuz. I'ay obferué en l'Arabie deferte, là où le pain fur toutes chofes eft le plus rare, & le vin dauantage, que trente Arabes ne mangeront point tant en huict iours, que feront deux Candiots en vn feul : & toutefois c'eft la nation qui vit plus longuement, que i'aye iamais peu voir ne congnoiftre en toutes les quatre parties du monde où i'ay efté. Si lon m'allegue, que leur Maluoifie, qui leur ef-chauffe l'eftomach, les fait viure fi longuement, ie vous demanderois volontiers pour-quoy auiourdhuy le peuple des ifles Fortunees, qui recueille le meilleur vin de l'vni-uers, ne vit auffi long temps. Ie m'efbahis de Pline, qui dit pareillement qu'en cefte ifle

ne fe trouuent iamais de Chauuefouris, pour l'air qui leur eft côtraire : ce qui ne peult eftre receu de moy : & n'en puis donner autre raifon, finon que i'y en ay veu vn grand nombre, & principalement ès lieux fouterrains, & ès vieilles mafures de Tartacine. Le mefme Pline auance vne autre bourde auffi gentille, quand il dit, qu'vne femme Can-diotte ayant efgratigné de fes ongles vn homme, il n'en enfuit plus que la mort, & qu'il n'y a aucun remede de guerifon: ce qui eft treffaux, & le puis dire pour auoir veu le contraire. Il dit auffi que les Candiots ont efté les premiers qui ont bataillé à che-ual, & combattu leurs ennemis : ce qui n'eft croyable, veu que iamais cefte ifle n'a efté celebree ne peuplee en cheuaux, non plus qu'en mulles : & encore auiourdhuy il ne f'y voit cheual qui vaille. Eftant en la ville de Rhetimo, me fut monftré vn liure en Grec vulgaire, dans lequel eftoient efcrites les vaillances & proueffes des Candiots, & qu'ils auoient les premiers inuenté les armes, baftons & machines de fer : mefmes les lettres, façons d'efcrire, pour rediger & mettre par efcrit les chofes paffees & adue-nir, pour en auoir perpetuelle memoire : Et que leurs loix & ordonnances furent ef-crites en Tablettes, depuis mifes en lieu commun & public: Et que là furét auffi trou-uez premierement les Sept arts liberaux. Ce que ie ne me puis perfuader : bien croy-ie qu'ils ont efté les premiers de tous les Infulaires de cefte mer, qui ont inuenté leur fa-çon d'efpees ainfi courtes & larges, auec leurs arcs & fleiches, à la maniere qu'à prefent portent plufieurs peuples de l'Afrique. Il me fouuient, qu'eftant au bout de l'ifle vers l'Occident, les Corfaires Turcs nous chafferent à vn petit port, pres vn village, nommé *Corique*, qui autrefois a efté vne grãde ville: (d'autres le nómment *Gourona*, pour la grãde abondance de pourceaux que iadis il y auoit en ce lieu: car ce mot *Gourona* en langue vulgaire fignifie Pourceaux.) Me promenãt autour de ce lieu pres le riuage de la ma-

rine, vers la ville de *Phalafarne*, en vn petit vallon ie vey la fepulture d'Androma-chus, le premier des Grecs qui inuéta le Theriacle: & qui eftoit de la vollee de Thef-falus Medecin. Or en cecy eftoit-il fi excellent, & entendoit fi gaillardemét telle com-pofition, que l'Empereur Neron, qui viuoit de fon temps, en enuoyoit querir iufques audit lieu de Corique. Pour la perfection de laquelle il fe faifoit apporter les matieres de la Peloponnefe qui luy eft oppofite vers le Septentrion, attendu qu'il ne fe trouue point de viperes en cefte ifle, ne autres beftes nuifantes. Au refte, il y a dixfept grands Promontoires, qui f'eftendent fort auant en la mer. Le plus eminent & dangereux de

tous eft celúy, que vulgaireméut lon nomme le cap *Salamon*. Puis apres *Iuaros*, au-pres duquel paffe la riuiere, nommee *Letheus*, qui vient des montaignes de *Dicte*, de *Mantelle, Pfichion, Liffus*, tirantes toutes vers le Midy, comme auffi *Dampelos, Aretin, Lyon, Nicone, Fenice, Hernique*, aufquels eft la terre la plus fertile. Ie laiffe à part deux petites villettes, comme *Boze*, ou *Baudes*, qui les auoifinent, mefmes celle de *Cornique*, auec fon païs montaigneux de là iufques au promontoire de *Cocus*, & *Defparchie*: en-tre lefquels eft le plus grand & redouté Goulfe de toute l'ifle, dit *Cyfamopoly*, d'vne ancienne ville qui luy eft voifine, comme auffi celle de *Napuliar*. Quant aux hauls monts de *Miracophalans*, ie me deporte de defcrire les chofes rares que i'y ay veuës, pour venir aux autres promontoires, defquels celuy de *Chefin* eft le plus Septentrio-nal, iadis nommé *Cyamon*: & n'eft qu'vn plaifir de coftoyer ce bord de mer, tirãt touf-iours vers Orient iufqués au promontoire de *Melecha*, ou *Trepanon*: d'où lon voit le sein, nommé *Amphimalien*, qui est le chemin de la ville de Candie. Laissant ladite ville à main droite, se presente pareillement *Sephyrum*, *Alreline*, *Spine longue*, ainsi dit, à cause que ce promontoire est fait comme vne espine, à le contempler de loing. Et ayant fait tout le circuit, lon reuient iusques au mesme promontoire de *Salamon*. I'auois oublié que le Pape Alexandre cinquieme estoit natif de Candie, & fils d'vn Meusnier: lequel fut esleu au Concile de Pise, où furent deposez les deux Antipapes Gregoire douzieme, & Benoist douzieme, Catalan, l'an de nostre Seigneur mil quatre cens & dix. Ce Pape fut estimé de saincte vie, homme qui n'aimoit point les richesses: aussi auoit-il esté nourri soubz la reigle de sainct François, & auoit passé ses degrez à Paris. Puis fut Archeuesque de Milan, ayant manié les affaires du Duc Iehan Galeace, & depuis Cardinal, & à la fin haussé à la dignité de souuerain Euesque. Il estoit liberal aux pauures: & souuentefois disoit, qu'il auoit esté riche Euesque, pauure Cardinal, & Pape mendian. Il me fut mostré vn liure de luy, escrit à la main, qu'il auoit composé sur le liure des Sentences, & plusieurs autres, que les Insulaires gardent comme vn grand thresor. Certainement sa saincte vie suffisoit pour effacer la tache de ce peuple mal viuant, s'il n'estoit ennemy mortel & du nom Latin & de l'Eglise Romaine, & de tout ce qui porte tiltre de vertu & saincteté. Lon raconte entre autres choses de ce Pape, que voyant sa mere, qui s'estoit richement vestue, à cause de la grandeur de son fils, ne voulut faire compte d'elle, iusques à tant qu'elle vint en habit seat à sa petitesse. Il est enterré à Bologne la Grasse, auquel lieu i'ay veu sa sepulture: & luy succeda Iehan vingttroisieme.

Pape Alexandre cinquieme Cãdiot.

*Description d'*ANADOLA, *dicte Asie Mineur, & villes anciennes qui y ont iadis flori.* CHAP. IX.

SORTANT de la Syrie, ie commençay à entrer en la Caramanie, qui est à present celle qui iadis se nommoit Pamphilie, & est partie en deux: l'vne tirant au Nort, qui ioinct au païs de Cappadoce: & l'autre qui vient embrasser la Cilicie du costé de nostre mer: en laquelle nous entrons aussi tost que sortons de ladite Syrie, qui se fait au sein de *Laiazze*, iadis dict *Issique*, où le mont *Aman* fait la separation des deux païs. Mais auant qu'entrer en la description particuliere de ces contrees, il fault noter, que les prouinces d'Asie, nommee en langue Syriaque *Anadolda*, sont fort grandes & spacieuses, & en grand nombre, comme y estant comprises celles de Pont, Cappadoce, Lycaonie, Paphlagonie, Galatie, Cilicie, Pisidie, Pamphilie, Lycie, Carie, Ionie, Meonie, Phrygie, & Bithinie. Ie sçay bien qu'il y a d'autres diuisions de ceste Asie Mineur: mais pource que la mienne est selon la supputation veritable, qui separe la petite Asie d'auec la grande par le mont Taurus, ie suis conet de suyure cest ordre: quoy que ie sçache aussi, qu'aucuns ont donné le nom d'Asie à ceste partie seulement, qu'à present nous appellons la Turquie, ou Natolie: en quoy ils n'ont pas faict grand' faulte, veu qu'ils suyuent la description qu'en fait sainct Pierre en sa premiere Canonique, lors qu'il dit, Aux estrangers dispersez par Pont, Galatie, Cappadoce, Asie, Bithinie, & ce qui s'ensuit: où vous voyez qu'il fait encore vne petite Asie, qui n'est qu'vne seule prouince, comprise soubz l'Asie Mineur, & qui estoit nommee Phrygie, à present Turquie, ou Natolie. Pour donc venir à icelle, la premiere prouince qui s'offre sortant de la Syrie, est la Caramanie, anciennement Cilicie, qu'aucuns ont compris en l'Armenie, ò bien est ce assez mal à propos. Or est elle estendue vers Orient au mont Aman: vers le Nort, ioincte à la Cappadoce vers le mont Taurus: tirant au Midy, elle

Confins & circuit de Asie la Mineur.

sine au port de Laiazze : & vers l'Oüest, elle est bornee de la Pamphilie, auiourdhuy
nommee Satalie. Le païs de Caramanie est tout montaigneux, & aspre à cheminer, si
ce n'est du costé de la mer, où la premiere ville qui s'y treuue venant de Syrie, se nomme *Laiazze*, qui sert de port & passage, comme celle qui est le pied & racine du mont
Aman, où le païsage est fort riche & fertil : & gist ceste ville & port de mer à soixante
neuf degrez vingt minutes de longitude, trentesix degrez vingtsix minutes de latitude. Plus auant en terre ferme est la grand' ville de *Tarse*, iadis capitale de tout le païs,
& à laquelle les Romains ont faict tant d'honneur, qu'à cause de son antiquité, ils ne
luy imposerent onc aucune seruitude, ains iouyssoient les citoyens d'icelle de mesmes droicts & priuileges que faisoient ceux de Rome : à present elle se nóme *Terassa*, &
gist à soixantesept degrez quarante minutes de longitude, & tretesix degrez cinquante minutes de latitude. Aupres d'elle passe vne riuiere descendant du petit mont Taurus : laquelle bien que ne soit guere grande, si est elle impetueuse & tresfroide : de sorte
qu'Alexandre le grand passant par là, & voyant la beauté du païsage & verdure que
faisoit la riuiere plaisante, s'y voulut lauer : mais il tomba, apres s'y estre baigné, en vne
tresgrande maladie, pour la froidure trop grande des eaux de ce fleuue. C'est ceste ville, qui se glorifie & de la naissance & de la nourriture de S. Paul. Voyez combien de
saincts & fideles personnages sont sortis de ceste Eglise de Tarse. Ce fut en Cilicie, ou
si voulez l'appeller Caramanie, en vne ville à present dicte *Seleucha*, iadis Seleucie, que
fut celebré vn Concile general. De ce païs fut aussi natif ce Poëte Arat, des vers duquel s'aide sainct Paul, comme de son voisin (car il estoit natif d'vne ville qui est en la
Cilicie, en pleine campagne, dicte *Soloz*, & depuis *Pompeiopolis*, pource que Pompee
s'y retira, ayant vaincu & deffaict les Pirates & escumeurs qui inquietoient toute ceste mer) cest Arate, dy-ie, qui a escrit le liure fort excellent en la science des Astres. A
present ce païs est abruty, & sans ciuilité quelconque, quoy que vous y voyez encor
les ruïnes de belles villes, comme sont les susdites, *Laiazze*, *Tarse*, *Palopoli*, qui est *Pom-
peiopoli*, *Seleschia*, & *Antiochette*, sur le fleuue *Trage* ; & *Candelor*, iadis nommee *Celen-
dri*, qui est *Pamphilie*. Ainsi il vous suffira que ie vous die ce qui est le plus à cósiderer
en chacune prouince, selon mes obseruations : d'autát que si ie m'y voulois amuser, ie
n'aurois iamais faict. Tant y a, que si vous suyuez la mer, vous venez en la Pamphilie,
appellee aussi des Arabes *Zina*, à cause de la ville principale d'icelle, qui estoit iadis chef & metropolitaine de toute la prouince, & laquelle est toute fondee sur la
mer, ainsi que pourrez cognoistre par le discours & description que ie vous en feray.
Mais d'autant que le mont Taurus va en se courbant embrasser aussi bien la Satalie cóme la Caramanie, & qu'elles sont voisines, ie vous en veux aussi faire la description. Or

*Description
de la Pam-
philie, ou
Satalie.*

sont tels ses tenans & aboutissans. Vers l'Occident, elle confine auec la Lycie, que les
Turcs nomment *Briquie*, & les Arabes du païs *Bene-iaacan* : vers l'Orient, elle a la Cilicie, auec vne partie de Cappadoce, iusques à la mer de Pamphilie, lequel coing est assis à soixantetrois degrez cinquante minutes de longitude, & trentesix degrez quarante minutes de latitude. Vers le Midy, aussi elle a la mer Mediterranee : & tirant au Nort
& Septentrion, luy est voisine la Galatie. Ses villes principales le long de la mer sont
Satalie, bastie par le Roy Ptolomee Philadelphe, & se nommoit auparauant *Corycum*,
qui a donné le nom à la prouince, qui s'appelloit anciennement *Attalie*, edifiee par At-
tale Roy dudit païs, lequel par son testament feit le peuple Romain heritier de ses terres : lesquelles à cause que ce Prince defunct estoit Roy de Phrygie, ils appellerent
toutes du nom singulier d'*Asie* ; comme si par ce moyé ils se peussent faciliter la voye
à l'Empire de toute l'Asie. En ceste ville estoit autrefois le siege Royal de Phrygie, &
où les Rois Pamphiliens faisoient amas de leurs thresors. Et d'autát que soubz le nom

de Satalie

de Satalie est aussi compris le païs de Pisidie, que les Turcs appellent *Saurie*, i'y enue-
loperay aussi les villes de l'vne & de l'autre, tant maritimes, que celles qui sont en plat
païs, telle qu'est Antioche & Seleucie : Vous voulant bien aduertir de ne vous estonner du nom de ces villes: attendu qu'il en y a & en Syrie, & en Caramanie, & en Satalie
de mesme nom, cinq ou six, dressees presque en mesme temps par les successeurs d'Alexandre, desquelles la plus part sont auiourdhuy ruïnees de fonds en comble. Toutefois ceste Antioche estoit surnommee de Pisidie, & depuis les Romains y enuoyans
vne colonie de leurs citoyens, la nommerent Cesaree : laquelle est bien auant en terre
ferme, y en ayant encore vne autre, qui est de Cilicie, sur le bord de la mer. Ainsi vous
pouuez voir comme leurs Rois estoient aimez, pour estre ainsi honorez des noms des
villes, & comme aussi ils en faisoient edifier pour monstrer leur magnificence, veu
que ce fut *Seleucus Nicanor*, qui commença toutes cellescy. Continuant donc en ho-
stre Pamphilie, vous y voyez *Perge*, ville fort ancienne, bastie par les Cumans Asiatiques, tout ainsi que fut *Candelor*, dont i'ay desia parlé, & laquelle combien que ne soit
pas grand cas pour le iourdhuy, & que les Apostres n'y ayent pas presché comme en
plusieurs autres dudit païs, si est-ce qu'elle est illustre pour auoir porté vn si sainct
personnage qu'Eustace, qui fut en premier lieu pasteur de Berrœe en Syrie, pres d'A-
lep, puis sacré en Prelat & Patriarche d'Antioche. Mais reuenans à Perge, elle estoit iadis fort renommee entre les Lyciens, Pamphiliens, Cappadoces & Ciliciens, pour le
beau temple, où estoit adoree la deesse Diane: iaçoit que cela ne l'a tant fait estimer que
ce que les Apostres S. Paul, & S. Barnabas, voyageans par l'Asie, y passerent de l'isle de
Cypre auant: & ayans couru iusques en Lycaonie, reuindrent derechef en Pamphilie,
& prescherent à Perge, puis prindrent le chemin d'Attalie. Par lequel discours le Lecteur peult voir, combien luy est necessaire la vraye cognoissance de la Geographie
& Cosmographie, en lisant les sainctes Lettres, veu que sans cela il est impossible, que
celuy qui en faict profession, tant sçauant soit il, puisse descrire les païs à soy incogneuz, ou corriger les faultes d'autruy, & s'interpreter soymesme sur le discours des
paisages, sans auoir veu & voyagé. Qu'il soit ainsi, lors qu'on lit en l'Euangile de Cesaree de Philippe, si le Lecteur ne sçait que cestecy est pres le Liban, & non loing de là,
source du Iourdain, & qu'il en y a vne autre en la Iudee pres de Iaffe, nommee iadis la
Tour de Straton, combien monstrera-il son ignorance deuant les gens de sçauoir? Et
celuy qui lit les Actes des Apostres, parlant d'Antioche, & voyant les diuers chemins
faicts par les Ministres de Dieu, ne s'abusera-il pas prenant la Syrie pour la Pamphilie, s'il ne sçait qu'il y a eu diuerses Cesarees, Seleucies & Antioches? En ceste region,
encor qu'elle soit montaigneuse, & que le mont Taurus aboutist bien pres des montaignes qui l'enuironnent, si est-ce que le païsage est si fertil, que merueille, & le tout,
pource que les vallons qui reçoiuent la graisse de la montaigne, sont arrousez de la
frescheur des ruisseaux d'eau viue qui en decoulent. En tel plant est la ville dicte *Sel-*
ga, nommee par les Rois Phrygiens, successeurs de Seleucus, *Philadelphie*: laquelle
quoy qu'auparauant *Calchas*, & depuis les Lacedemoniens l'eussent bastie, neatmoins,
ces Rois Macedoniens l'embellissans de murailles & edifices, luy donnerent ce nom,
comme s'ils en fussent les premiers fondateurs. Antour & és enuirons de ceste ville y à
beau vignoble, & est plaisante à cause des forests de haultefustaye, d'où on prend le
bois pour faire nauires & autres vaisseaux de mer. Le plus qui s'y recueille, c'est du
Storax, duquel s'y en trouue à foison, & aussi bon qu'en lieu du monde. Ce beau païs a
esté des premiers, que l'impieté Turquesque a inuadez dés aussi tost que la race Ottomane commença à dresser les cornes en Cappadoce, enuiron l'an de nostre Seigneur
mil septantehuict : combien que dés l'an sept cens soixantequatre, qui fut du regne de

Charles le grand, ils pafferent les portes Cafpies, & laiffans la Scythie, ils fe faifirent de la petite Armenie, & de là auant ils entrerent en la petite Afie, qu'ils conqueſterent pour la plus grand'partie foubz leur Chef, nommé *Sadok*, & des Tartares *Thanehu-meth*, l'an de grace mil cinquantedeux : où Solyman le premier de la race Ottomane, eſtablit fon fiege fi fermement, qu'il y eſt encore affis, & fe tenoit en celle ancienne re-gion des Galates, où noz predeceffeurs les Gaulois auoient faict de fi belles conque-ſtes. Ce Solyman voulant f'oppofer aux Chreſtiens qui alloient conquerir la Terre faincte, fut vaincu, & contrainct fe retirer à garant vers les deſtroicts du mont Taurus

Fleuue dict Eurymedô.

en la Saurie & Satalie. Le long d'icelle court vn grand fleuue, nommé *Eurymedon*, dit du peuple Hircanien *Iercon* : lequel fortant du mont Taurus, fe va rendre en la mer de Satalie, pres la ville de *Candalor*, dicte anciennement *Siga*. De cefte riuiere fe fait vn lac, qui porte le meilleur fel qu'on fçauroit trouuer, & en iette en telle abondance, que tout autant que vous en tirez de iour, la nuict en produit pareille quãtité. Ie vous laiffe icy le chãp ample, pour difcourir fur les effects merueilleux de Nature, & cõme il fe fait, que la riuiere Eurymedon eſtant d'eau affez douce, le lac qui eſt d'elle mefme, & par lequel elle a fon cours, foit ainfi falé, & produife le fel en fi grande abondance: me difpenfant pour cefte fois d'en difputer, d'autant que le refte de la Satalie & Saurie m'appellent à faire fa defcription. Elle fut donc iadis appellee *Mopfopie*, d'vn des compaignons de Iafon, nommé *Mopfus*, qui y feit baftir vne ville de fon nom, dont la prouince a prins fon appellation, ainfi que beaucoup d'autres prouinces ont eſté dites du nom de ceux qui y ont regné. Auffi ce Mopfe f'y arreſta apres que les Argo-nautes eurét parfaict leur voyage du païs de Cholcide. Le long du fleuue fufdit eſtoit

.... *à ....* *.....* *uBou....* *.....* *...*

fondee la ville *Comane*, nommee des Arabes & Perfiens *Cades-barné*, auiourdhuy tel-lement ruinee, que vous n'y voyez point les traces & marques d'vn feul baftiment : & neantmoins fa ruïne n'eſt point fi ancienne que celle de Troye, veu que du temps des Romains elle eſtoit debout & fort renommee, & tenoit-on qu'elle auoit eſté edifiee par la Royne Semiramis, femme du Monarque d'Affyrie. Tant y a, que quiconque en ait eſté le fondateur, elle fut ruinee du temps que les Turcs ayans tué leur Roy, frere de *Belchiarok* deffunct, furent affailliz par les Georgiens, peuple d'Armenie & Perfe, lefquels entrans en ce païs, gafterent tout, & ruïnerent plufieurs villes enuiron l'an de noſtre falut mil & cent: où ils feirent vne faulte fort lourde, laiffans en paix Soly-man, qui eſtoit en Cappadoce, lequel puis apres ayant amplifié fes bornes, fe vengea de leur brauade. La plus fameufe ville, qui ait eſté en cefte region, fut nommee *Cebire*, encore debout, quoy que fort abaiffee de fon ancienne gloire: & giſt à foixantequatre degrez minute nulle de longitude, & trentefept degrez quarantecinq minutes de lati-

Affiette de la ville de Cebire.

tude. Son affiette la fait efmerueillable, d'autant qu'elle eſt baftie fur vn tel precipice du mont, qu'il eſt impoffible de l'affieger: & neantmoins vous y voyez les fontaines qui ruiffellent à plaifir, les arbres portans fruict, & autres qui y font pour la recrea-tion de l'homme. Cefte belle ville n'eſtoit point clofe du temps que Mithridate f'y te-noit, quoy que ce fuſt le fiege du Royaume, veu que l'affiette la defendoit affez. Tou-tefois Pompee y ayant pillé les threfors dudit Roy, la feit clorre de muraille, & luy changea le nom, l'appellant *Diofpoly*. Il y a bien difference du peuple qui iadis fe te-noit en ce païs, à celuy qui y habite maintenant, d'autãt que ceſtuicy eſt poltron & fai-neant, ne fe fouciant que de viure à fon aife, là où l'autre eſtoit farouche, vaillant, & qui prenoit plaifir à manier le fer: & parloient iadis les Lydiés Grec, où à prefent vous y oyez iargonner la langue des Turcs & Arabes, & quelque mot de Grec corrompu.

De Genech, *ou* Cappadoce, *& des hommes doctes, & heretiques qu'elle a produict, & des six* Beglierbey *d'Asie.*
C H A P.   X.

La Satalie est voisine la Cappadoce, que les Turcs nomment *Genech:* & sont separees ces deux prouinces par le fleuue *Iris,* qui sort du mont *Scordole,* autrement dict *Molchie,* lequel passant par la ville *Comane,* se va rendre au Pont Euxin pres de *Themiscire,* qui est bastie sur l'embouchure de ladite riuiere dans la mer. Ce païs de Cappadoce ou Circassie est limité de Galatie vers l'Occident: & tirant au Midy, il a la Caramanie, prenant du mont Taurus à celuy d'Aman : vers l'Orient, l'Armenie Maiour luy sert d'aboutissant : & vers le Septentrion, il regarde la mer Euxine, vers le païs de Galatie. C'est de ces quartiers que les Anciens ont compté de belles fables, nous y dressans le regne des Amazones, si grandes guerrieres, qu'elles estonnoient tout le monde par leurs vaillances. Mais laissant ces choses vaines, ie m'arresteray à la seule simplicité de mon histoire. Iadis les habitans s'appelloient Syriens & Leucosyriens : & depuis ont prins leur nom auec toute leur prouince du fleuue *Cappadox.* Or vous dy-ie qu'on les nommoit Syriens, à cause que ladite region s'auoisine à la Syrie, qui va vers l'Eufrate du costé du mont Aman, & toutes deux en Asie. Que si nous la prenons selon son estendue, & diuision telle, que les Perses & Grecs l'ont mesuree, elle tiendroit plus de la moitié de la petite Asie, & iroit embrasser Pont & Bithinie, mettant en son enclos la ville de Trebizonde. Ainsi nous contentans de la presente description & proportions susdites, voyons quelles villes il y a, sans oublier les hommes excellens sortis de ceste prouince. La principale est celle, que les Barbares appellent à present *Tisari,* dicte des Anciens *Mazaque* & *Moze,* laquelle Tybere Cesar appella Cesaree. Ceste ville est en belle planure: & iaçoit que le païsage soit vn peu infertil, pource qu'il est môtaigneux, si a elle esté pourtat fertile en excellens hômes: comme entre les autres, de Basile le grand, compaignon d'estude de Gregoire Nazianzene, qui fut fait Euesque de Cesaree en Cappadoce. Auquel lieu estant de son temps arriué Iulian l'Apostat, Prince ennemy du Christianisme, luy voulut oster le nom de Cesaree, pource que les habitans estoient Chrestiens, & luy remettre son ancien de Mazaque. Ce sainct homme mourut enuiron l'an de grace trois cens octante. Quasi tous les Moynes Grecs se disent estre de son ordre, & ne vey iamais tant de monasteres, qu'il s'en trouue en l'Asie, païs de Grece & Egypte, tous fondez, comme dict est, à l'honneur de ce sainct personnage. L'autre ville fameuse de Cappadoce estoit *Cucuse,* qui à present s'appelle *Maganopoly,* restauree iadis par Pompee, faisant guerre à Mithridate Roy d'Asie : & gist à soixantesept degrez trente minutes de longitude, quarante & vn degré vingt minutes de latitude, pres de la mer, sur le Pont Euxin, qu'on appelle Mer Maiour. En icelle le sainct & tresçauant Primat de l'Eglise Constantinopolitaine Iehan Chrysostome fut bâny & enuoyé en exil du temps d'Arcade, par les calomnies coustumieres des heretiques, & où il mourut l'an de nostre Seigneur quatre cens & onze, en la premiere annee de Theodose, surnommé le Ieune. En ceste ville mesme fut exilé Paul, Euesque Constantinopolitain, soubz les enfans du grand Constantin, & nommément de Constans qui arrianisoit : & estant rappellé de son bannissement, fut occis en Constantinople par les ruses & trahisons des heretiques, qui ne pouuoient souffrir vn homme de bien en vie. Si donc la Cappadoce a esté heureuse en hommes excellens, tu le peux cognoistre, veu que *Nazianze,* ville fort proche d'Armenie vers

Fables des Amazones.

Basile le Grãd Euesque.

l'Orient, eft celle où nafquit ceft autre tant renommé Euefque Gregoire Nazianzene, fils d'Euefque, & fucceffeur à fon pere en l'Euefché, foubz lequel fainct Hierofme fe confeffe auoir faict tel profit, qu'il dit y auoir appris le fens pur de l'Efcriture. Non

Ville de Se-
bafte, ou
Neocefaree.

loing de là eft *Neocefaree*, qui fut auffi appellee *Sebafte*. Aucuns la mettent en la Natolie maritime : mais ils f'abufent, veu qu'elle eft en Cappadoce, en laquelle a efté celebré vn Concile contre Theodore Euefque-dudit lieu. En Neocefaree a efté Euefque

Gregoire
Neocefarée,
dict Trif-
megifte.

Gregoire Neocefareen, difciple d'Origene, l'efpace de cinq ans : lequel Gregoire paruint à telle cognoiffance & eloquence és langues Grecque & Latine, & fut d'vne telle faincteté de vie, & tant eftimé de chacun, que fes compaignons, & les Euefques qui viuoient de fon temps, l'appellerent Trifmegifte, c'eft à dire, trois fois grand. Quant à

S.George.

fainct George, vn des plus anciens Martyrs de l'Eglife de Iefus Chrift (que les Turcs cognoiffent, & le nomment en leur patois *Dereletz-bozatle*, c'eft à dire, Cheualier au gris cheual) & qui eft recogneu par tout le môde, iaçoit que ie fçache bien qu'il eftoit de Cappadoce, fi eft-ce qu'on ne fçait dire de quelle ville : & penfe, quant à moy, qu'il eftoit de Sebafte, qui eft affife affez pres de la mer Maiour, où encor les Chreftiés Grecs & Armeniens, voire les Turcs l'ont en trefgrande reuerence, fa fepulture eftant pres ladite ville : iaçoit que les Grecs n'oferoient f'en vanter, d'autant que les Mahometans fe voudroient faifir de l'Eglife où gift fon corps. Et ne trouueras point eftrange, Lecteur, fi ie pourfuis ainfi viuement l'hiftoire des faincts hommes de ce païs loingtain, veu qu'il y a plus de plaifir & contentement, que de t'aller reduire en memoire la fuperftition des anciens idolatres en leurs Iupiter, Mars, & autres. Ce fut de Cappadoce, & de ladite ville de Sebafte, que fortit vn Euftace affez côgneu par fes erreurs, lequel

Herefies de
Euftace &
Bafile.

fut allié & compaignon d'vn Bafile, Euefque d'Ancyre, qui eft en Phrygie, lefquels fe rendirent defenfeurs de l'herefie d'vn certain galant, nommé Macedonie, qui eftoit tombé en l'impieté voifine & proche de l'Arrianifme. Et à fin que ie ne laiffe en arriere le plus mefchât de tous, & qui referoit en foy la vraye image d'vn Antechrift : ce fut en ce païs, en la ville de Tiane, qui eft à foixantefix degrez de longitude, & trentehuict degrez cinquantefix minutes de latitude, que nafquit iadis ce grand Magicien & impofteur Apollonie Tianée, qui viuoit du temps de Traian & de Nerua, enuiron l'an de noftre Seigneur nonantehuict : la vie duquel a efté efcrite par vn Philoftrate autant deteftable, comme celuy de qui il parle eftoit abufeur. Toutefois la ville de Tiane n'a efté fans bons Euefques, & tels que l'Apoftat en chaffa plufieurs du clergé à caufe de leur fçauoir : auant lequel, Licinie frere de Conftantin y feit vne grande perfecution, ayant chaffé les Chreftiens de fa Cour, fur l'an de noftre falut trois cens & vingt. A Tiane auffi fut celebré vn Concile par les Euefques Orientaux, comme encore aujourd-

Munfter fe
mefconte.

dhuy les Grecs fe fçauent trefbien vanter. Munfter parlant de cefte prouince de Cappadoce, dit qu'elle eft du tout fablonneufe & pierreufe, & partant infertile : chofe mal entendue au bon Allemant, d'autant qu'il n'y a païs en l'Afie meilleur que celuy là, & moins fablonneux. Et quant à ce qu'il touche, que la Cilicie eft païs fertil és lieux où il n'y a point de môtaignes, c'eft tout le contraire : d'autant que les monts y font abondans en tous biés que l'homme fçauroit fouhaiter, & mefmes en pafturages, où le plat païs eft l'vn des plus fteriles que lon fçauroit veoir. La plus part des villes, fortereffes & chafteaux, eftoient iadis bafties aux couftaux defdites môtaignes, comme lon peult cognoiftre par les ruïnes qui y font, & que lon voit encores aujourdhuy. Tellement que ce bon homme efcrit toutes chofes au rebours de bien (i'entens de ce qu'elles fe comportent à prefent) comme quand il met auffi par fes efcrits, que la prouince de Pamphilie foifonne en trefbons vignobles & oliues : vous pouuant affeurer, qu'il n'y a ne l'vn ne l'autre, & que lon pourroit mourir pour vne feule goutte de vin. Au refte, la Lycaonie est ioincte à la Cappadoce vers le Nordoüest, païs ainsi nommé, à cause qu'il est arrousé du fleuue *Lycus*, qui sort d'vne partie du mont Taurus, dicte Cadmee. Vers le Midy, elle a la Caramanie: & au Ponent, la Satalie & Saurie. Ses villes sont plusieurs en nombre, mais la plus renommee est *Cogny*, où iadis sainct Paul & Barnabas prescherent long temps: d'où à la fin furent contraincts de se sauuer à la fuite, pressez de la persecution des meschans. De Cogny fut Euesque vn sainct homme, nommé Amphilochie, du temps de sainct Hierosme. En Lycaonie est aussi *Derbe*, ville fort renommee, estant en son eleuation de soixantequatre degrez vingt minutes de longitude, trentehuict degrez quinze minutes de latitude, à present ruïnee, & faicte comme vn pauure village: & à vous en dire la verité, ceste prouince est fort sterile, à cause que elle est froide & seiche, & sans aucunes eaux: & que s'ils en veulent, il fault creuser des puits tresprofonds. En Derbe prescha aussi sainct Paul, estant en Lycaonie. Outreplus, c'est le lieu de la naissance d'vn Brigand & grand escumeur de mer, qui s'en feit Seigneur, & des villes voisines: combien que le Seigneur de Cogny, ou Iconie, fauorisé des Romains, le vainquit vn peu auant que les Apostres y allassent, & feit vn Royaume de la Lycaonie. Cestuy s'appelloit *Amyntas*, successeur d'Archelas: lequel voulant faire bastir la ville d'Isaure, fut surpris par les Ciliciens, & occis. On la nomme à present *Sourasery*, & est voisine de Lystre, qui n'est rien, comme n'y ayant que quelques maisons, & toutefois le temps passé elle estoit florissante, & vne des principales de tout le païs à l'enuiron. Ce fut là que sainct Paul fut lapidé, & ietté hors la ville, comme mort. Tout le reste est montaigneux & sans habitation, & de peu de passage, & toutefois soubz la puissance Turquesque, & où l'Alcoran est viuement enraciné. De Lycaonie, & natif de Lystre, fut le sainct Euesque Timothée, disciple de sainct Paul (ce que ne veulent accorder les Candiots) lequel estant circoncis par son maistre, à fin de gratifier aux Iuifs, fut en fin faict Euesque d'Ephese. De Derbe estoit aussi vn Gaie, compaignon au ministere de l'Apostre, ainsi qu'il en print d'autres par l'Asie & Europe, à fin qu'il peust enuoyer gens de sçauoir & bonne vie çà & là pour semer la doctrine de l'Euangile: veu qu'en Berrœe il print Sosipatre: à Thessalonique, Aristarque: à Corinthe, Eraste: & en Asie la petite, Tychique & Trophonie: & pour compaignon perpetuel il print Silas en Antioche, & S. Luc pour l'enuoyer euangeliser. Ainsi vous voyez comme l'Asie a esté vrayement ensemencee de la doctrine de l'Euangile, & que ce a esté en elle, que les Apostres mesmes ont monstré la purité de la Religion: & neatmoins on n'y voit pour le iourdhuy qu'vne superficielle façon de faire du Christianisme, & l'Escriture si mal entendue, qu'encore est-il presque autat à plaindre de voir la bestise & ignorance des Chrestiens qui y sont, que le nombre des infideles qui se mocquent de nostre croyance, & tiennent esclaues les naturels du païs, qui ont encor quelque estincelle du Christianisme. Aussi est ce païs là fort tyrannisé des Officiers du Grád-Seigneur, qui y rançonnét le peuple à merueilles, & ne sçauroit passer vn homme, qui ne soit visité de toutes parts, y ayant veu mesmes fouiller iusques dedans la bourre des selles des cheuaux & chameaux, pour tascher à trouuer quelque marchandise, comme pierreries, roches d'icelles, perles, musc ou ciuette: & si par cas fortuit lon y est surprins, & que lon vueille frustrer le droict du Prince, tout est confisqué entre les mains de ces gétils Officiers. A ce propos ie ne veux oublier, qu'en ceste petite Asie, de laquelle nous auons fait mention, & qui contient en soy plusieurs belles prouinces, il y a six *Beglierbey*, comme vous pourriez dire les Lieutenás que la Maiesté de nostre Roy tient en diuers endroits de la France, lesquels sont tresbien salariez. Le premier desquels est celuy de la Natolie, qui a charge des païs de Pont, Bithinie, Lydie, Phrygie, Meonie & Carie, comprins soubz ladite appellation de Natolie: & à quator-

V.l'e de Sou-rasery, où S. Paul fut lapidé.

ze mille ducats de Tymar. Il tient foubz luy douze Sangiachs, qui en ont de quatre à
fix mille par an, auec le Soubaffiz & Flamboler, & douze mille Spachiz, qui font la garde ordinaire du païs, & font plus grands que les Ianiffaires. Quant au fecond, on le
nomme le Beglierbey de la Caramanie, & commande en la Cilicie, Licie, Lycaonie &
Pamphilie : & a de Tymar dix mille ducats, & foubz luy fept Sangiachs, & fept mille
Spachiz, gaigez comme les precedens, & bien payez tous les mois. Le troifieme eft celuy d'Amafie & Toccat, qui fait fa refidence en Cappadoce, Galatie, & vne partie de la
Paphlagonie. Il a huict mille ducats de Tymar, quatre Sangiachs, & quatre mille
Spachiz, à mefmes gaiges que les fufdits : Et foubz ceftuy eft la ville de Trebizonde.
Le quatrieme eft furnommé de Anaudule, que aucuns difent Aladule : (ce font les
montaignes d'Armenie, appellees anciennement des bonnes gens Mont Taurus, &
maintenant *Cocaz*, d'vne partie d'icelles dicte *Caucafus*.) Ceftuicy a de Tymar, ou folde qu'il reçoit par chacun an, dix mille ducats : & a foubz luy fept Sangiachs, & fept
mille Spachiz. Plus font ordonnez audit païs trente mille hommes de cheual, feruans
fans gaiges, francs de fubfides, comme les Akengiz de Grece. Touchant le cinquieme,
c'eft le Beglierbey de Mefopotamie, que les Turcs appellent *Diarbech*, dont la ville capitale eft *Edeffa*, ou *Ragez*, dicte des François *Rohaiz*. En ce gouuernement eft comprinfe vne partie de la grande Armenie : d'autant que le refte eft poffedé par le Sophy,
& par les *Cordins*, & *Beduyns*, peuples montaignars, appellez par aucuns *Turquimans*,
& des Anciens *Medes*, que lon eftime gens de guerre & belliqueux, confinans à *Ba-*
gadeth, ou *Baldac*, ville d'Affyrie, nommee par les François *Bauldras*, que aucuns penfent eftre Babylon, & autres Niniue, capitale d'Affyrie. Ce Beglierbey, ainfi que lon
dit, a trente mille ducats de Tymar, douze Sangiachs foubz luy, & vingtcinq mille
Spachiz, qui ont plus de gaiges & eftat que les autres, pource qu'ils font fur les frontieres dudit Sophy. Le fixieme eft celuy de Damas, Surie, & Iudee : qui a vingtquatre
mille ducats de Tymar, douze Sangiachs, & vingt mille Spachiz, payez comme deffus.
Et voyla ce que fommairement ie vous en ay voulu difcourir. Quant au Beglierbey
du Caire ou d'Egypte, il a de Tymar trente mille ducats, feize Sangiachs, & vingt mille Spachiz. Lefdits Sangiachs ont chacun huict mille ducats par an, & les Spachiz,
deux cens. Ce gouuernement f'eftend iufques à la mer Rouge, & Arabie Deferte, &
partie de la Fertile ou Heureufe, combien qu'il ne foit par tout entierement obeï : attendu qu'il y a plufieurs Seigneurs qui tiennent le parti du Sophy, & autres qui ne cognoiffent ne l'vn ne l'autre. D'autre part il confine au païs d'Affyrie, que lon dit à prefent Azamie, qui eft foubz la puiffance dudit Sophy, & f'eftend le long de la Mefopotamie, iufques aux *Liuerous*, anciennement appellez *Hiberi*. En ces Spachiz eft fondee la feconde force du Grand-Seigneur, qui feroit grande, f'ils eftoient tous bons. De
gens de pied, hors mis les Ianiffaires, il n'en a point, au moins qui vaillent : d'autant
qu'ils ne fçauent tenir ordre, & leur eft impoffible de iamais l'apprendre, pour n'eftre
leur naturel. Au furplus, & pour faire fin à la defcription des païs contenuz en ce prefent chapitre, ie vous puis affeurer, comme ayant veu la plus part des lieux, que de tant
de villes que ie vous ay par cy deuant nommees, & la naiffance de tant de grands perfonnages, on ne f'apperçoit plus de face de ville, finõ de quelques cazals, le tout fi mal
ordonné & confus, que lon f'eftimeroit eftre en vne feconde Arabie Petree ou Deferte. Ie ne puis nier qu'il n'y ait des mafures & lieux qui reprefentent la maiefté de ceux,
qui iadis les ont fait baftir, & qui ne feruent plus auiourdhuy que de receptacle aux
vaches, chameaux & hiboues : mais de mille villes grandes & populeufes, qui ont iadis flori, maintenant ne f'en trouue vne feule entiere, par la faulte & mefpris de ce peuple Barbare.

De la PAPHLAGONIE, Empire de TREBIZONDE, & des
AMAZONES. CHAP. XI.

A PROPRE defcription des terres maritimes de ce païs fe prend,
non depuis le Bofphore de Thrace iufques en Mingrelie, mais pluftoft depuis la riuiere *Halys*, qui fort du mont Taurus, & court par là
Cappadoce, & à la fin fe va rendre en mer du cofté de la Galatie, & de
cefte region Pontique. Or depuis le fleuue Halys iufques en Colchide
f'eftendoit la iurifdiction de quiconque eftoit Roy de cefte prouince: de forte que le
mont Taurus, qui eft de plus grande eftendue que montaigne du monde, veu les nations qu'elle embraffe, fepare les Pontiques d'auec les Armeniens de l'Armenie Maieur, & de la Mingrelie. Refte donc à voir les Cappadoces & Lycaoniens, & ceux qui
leur font voifins, ou compris foubz le mot general de la montaigne, ou arroufez des
fleuues *Lycus, Halys*, & *Irus*, ou *Eurymedon*, qui font des plus grands qui en fortent
vers ce cofté, veu que de la part de l'Orient, ainfi qu'ailleurs i'ay declaré, elle en produit bien de plus grandes: dequoy me peuuent faire foy le Tigre & l'Euphrate, qui arroufent l'Affyrie & Mefopotamie. Par cela il f'enfuit qu'en la region Pôtique eft comprife la grand' ville de Trebizonde, fituee à la fin & bout de toute la prouince: laquelle
tout ainfi qu'elle a efté baftie premieremét par les Grecs, auffi ont ce efté eux qui l'ont
perdue bien toft apres la prife de Conftantinople. Cefte ville eft enuironnee d'vne
grande montaigne, non que pour cela elle laiffe d'eftre des plus belles que lon voye,
finon qu'à prefent elle fe fent de la furie Turquefque, qui ne peult rien laiffer debout
de ce qui eft beau & rare, és villes prifes fur les Chreftiens: ou f'ils ne les demoliffent,
ils en font fi peu foigneux, que d'elles mefmes f'en vont en ruïne. Ceft Empire n'auoit
point efté dreffé que depuis peu de temps ença, côme ainfi foit que cefte partie obeïft
au Monarque de Conftantinople, ainfi que tout ce qui eft le long de la mer Maiour,
iufques aux Paluz Meotides, voire & plus loing. Neatmoins l'Empire fut incontinent
partagé entre deux Seigneurs par force, & eut l'vfurpateur Trebizonde pour fon lot
foubz nom Royal: duquel il ne fe contenta point, ains print auffi tiltre d'Empereur,
comme f'eftimant Monarque, iaçoit que fon Empire ne fuft de grande eftendue, ne
contenant que les villes maritimes depuis Colchide iufques à la riuiere Halys, & la
Paphlagonie, & quelque peu de la Galatie. Auffi luy auoient efté defia les ailes roi-
gnees par les Ottomans, du temps de Mahemet, fils d'Amurath, foit qu'il fuft efmeu
de fon ambition propre, ou irrité de l'Ambaffade d'Vfuncaffan Roy des Perfes, auquel il auoit donné fa fille en mariage (trop peu Chreftiennement) pour luy auoir
mandé qu'il fe defiftaft de faire la guerre au Trebizontin, ou autrement qu'il feroit
contraint d'eftre de la partie. Car le Turc, qui eftoit le plus cruel de la terre, tout auffi
toft dreffa fon armee, & f'en alla la route de Trebizôde, où il feit tout ainfi qu'en Conftantinople: & ayant mené l'Empereur en triomphe, luy feit en fin trencher la tefte
auec tous les Seigneurs du païs, enuiron l'an de noftre Seigneur mil quatre cens foixante: comme defia il euft couru toute la mer de la Moree, & là prins, pillé & rafé l'ancienne ville de Corinthe, qui auoit tant efté riche & marchande, qu'elle eftoit eftimee
comme vn feul magazin de la Grece & de l'Afie: & ce fans que le fecours Perfan luy
peuft eftre d'aucun effect. Et vous puis affeurer, que la perte de Trebizôde fut de telle
confequence aux Chreftiens, qu'il ne demeura nation en ce païs Afiatique, qui ne cal-
laft le voile, & f'humiliaft foubz la main puiffante du Turc. Ie l'appelle puiffante, à
caufe qu'il eft le fleau de Dieu, maintenu en tel pouuoir, pour eftre le miniftre de fa

La grande ville de Tre-bizonde.

Cruauté du Turc enuers l'Empereur

Iuſtice,à fin de punir noz pechez,tels qu'ont eſté iadis les Gots,les Huns,les Vandales & Sarrazins : meſmes quelque temps aüant ce Mahemet, fils d'Amurath,ſ'eſtoit glori-fié de ce nom de Iuſtice de Dieu ce grand Tamberlan, eſpouuantement de tout l'vni-uers. Ce n'eſtoit pas d'vn iour, ou d'vn ſiecle, que Trebizonde eſtoit la metropolitaine & chef de ceſte mer Maiour , & villes & regiõs voiſines,veu que Strabon qui eſtoit de ce païs là,d'vne ville nommee *Amazie*, dit que de ſon temps vn certain Aſiatique,fils d'vn Orateur Zenon , fut fait Roy de la nation Pontique par Marc Antoine,& que ce Roy ſ'appelloit Polemon,& qu'il a veu ſa femme veufue,nõmee Pithodore,qui auoit l'adminiſtratiõ du Royaume,& ſucceda à ſon mari defunct en ladite ville de Trebizõ-de:laquelle à la fin fut redigee en prouince ſoubz le regne de Claude Neron.Ceſte vil-le apres ſa ruïne nous a enuoyez d'excellens eſprits pardeça , tels qu'ont eſté George Trapezonçe,le ſçauoir duquel eſt cognëu à tout homme faiſant profeſſion des lettres, & Beſſarion moyne de ſainct Baſile, tels que ſont tous les Caloiers en Leuant : lequel pour ſon excellent ſçauoir,& modeſtie en ſa vie, fut faict Cardinal par le Pape Euge-ne quatrieme , & honoré du tiltre de Patriarche de Conſtantinople, combien que ce fuſt honneur ſans proufit:auquel les Eueſques de Grece feirent incontinent la guerre, le tenans pour heretique,à cauſe qu'ils ne recognoiſſent point le Pape. Des païs voi-

Les deux Aquiles.

ſins de Trebizonde eſtoient auſſi natifs les deux Aquiles,l'vn deſquels traduit le vieux Teſtament d'Hebrieu en Grec:& l'autre fut mari de Priſcille, deſquels eſt faicte men-tion aux Actes des Apoſtres, grand amy & familier de l'Apoſtre ſainct Paul. De ce

Hereſie de Marcion.

païs eſt encores ſorti Marcion,chef de l'hereſie des Marcioniſtes, qui attira pluſieurs à ſon erreur & ſecte, & viuoit enuiron l'an de grace cent ſoixante : duquel temps eſtoit auſſi le bon vieillard Polycarpe,diſciple de ſainct Iehan:lequel ayant rencontré Mar-cion, & Marcion luy demandant, ſ'il le recognoiſſoit point, Ouy (diſt le ſainct Eueſ-que de Smyrne) ie te cognoy pour le fils aiſné de Sathã. Les autres villes de ceſte pro-uince maritime ſont,celle qui iadis ſ'appelloit *Thermodoon*, à preſent *Hermonazze*, & portoit le nom du fleuue *Thermodon*, maintenant dict *Pormon* : lequel ſ'eſtant agran-di par pluſieurs ruiſſeaux venans des monts boſcageux de *Scordole*, qui ſont en la Pa-phlagonie,ſe va rẽdre en mer pres vn promõtoire, au pied duquel du coſté de l'Oueſt giſt la ville de *Themiſcire*, que les vulgaires du païs nomment *Simiſe*,giſant en ſon ele-uation à ſoixanteſix degrez vingt minutes de longitude, quarantetrois degrez ſix mi-nutes de latitude.Mais auant qu'entrer ſur mon diſcours pretendu de *Themiſcire*, ie ne veux encor m'eſloigner de l'hiſtoire de noſtre temps , pource que ie ſçay que les bons eſprits le requierent , & que noz predeceſſeurs ne ſe ſont guere ſouciez de l'eſcrire. Ie vous ay dict cy deſſus,que Trebizonde eſtoit du domaine de l'Empereur de Conſtan-tinople,veu qu'enuiron l'an mil trois cens & ſept,comme le Turc ſe fuſt ſaiſi de la Na-tolie,ſi ne peut-il iamais donner attaincte à ladite ville,ny autre de ſon appartenance, à cauſe que tout eſtoit bien garni , & les fortereſſes ſoigneuſement gardees, qui faiſoit que le Grec eſtoit maiſtre & ſeigneur de la marine. Pour à quoy mieux paruenir, l'Empereur enuoyoit touſiours quelqu'vn de ſes Princes & fauorits , pour eſtre Lieute-

Reuolte d'vn Gou-uerneur de Trebizõde.

nans pour ſa Maieſté en la mer Pontique. Aduint donc qu'vn Gouuerneur du païs ſ'eſtant reuolté à ſon Prince , & ayant prins le tiltre Imperial, ainſi qu'il entend que l'Empereur remuoit meſnage pour le chaſtier de ſa rebellion, eut recours aux Turcs, par le moyen deſquels il reſiſta au Cõſtantinopolitain,& demeura par meſme moyen paiſible de ſon Empire, eſtendant ſes limites, non ſur leſdits Turcs, car il n'euſt oſé, mais bien ſur les Armeniens & Colchiques. Auſſi leur a-il à la fin payé l'arrerage du ſeruice qu'il en auoit tiré contre ſon Seigneur. Par ce moyen ce traiſtre Trebizontin auec ſa foy Grecque,fut cauſe que les Chreſtiens d'Armenie, plus gẽs de bien que luy,

furent affligez par le Perſan, & que ceux de Paphlagonie, ſentirent la furie Turqueſque, attendu qu'Iſmaël Seigneur de *Synope*, ville maritime, luy auoit refuſé obeiſſance. Lequel depuis enuoyant demander ſecours en Occident aux Princes Chreſtiens
de l'Europe, du temps du Pape Pie, d'autant qu'il ne pouuoit rien tirer des Grecs &
Aſiatiques, & n'y auoit nulle fiance : & à la fin ne voyant aucun remede, fut contraint
de ſe rendre : & ainſi perdit l'Egliſe de Dieu ſa retraite en ce païs, par ceux meſmes qui
deuoient luy ſeruir de defenſe. Or reuenons à noſtre *Simiſe*, ou *Themiſcire*, poſee ſur
le fleuue *Thermodon*, ou *Pormon*. Icy il fault que ie die, que veu la varieté des Hiſtoriens, auſſi la verité y eſt fort en doubte : pource que parlans des Amazones, les vns les   *Hiſtoire des*
vont querir au mont Caucaſe, les autres les font Scythiennes de l'Europe, & la plus   *Amazones*
commune voix eſt, qu'elles ſe tenoient ſur le fleuue Thermodon, en ladite ville de   *treſfauſſe.*
Themiſcire & païs voiſin, & que le mont Scordole, qui embraſſe le païs de Paphlago-
nie, ſ'appelloit lors les monts des Amazones. Ie ſuis bien content de leur accorder,
qu'il y a eu des femmes qui ſe ſont retirees de la compaignie des hômes, pour n'eſtre
point en leur ſeruitude : mais que ie croye les fables qu'on compte de ces guerrieres, ie
le feray auſſi toſt, que de celles qui ſont dans Amadis de Gaule, ſur la Royne de Sarmatie & Hircanie auec ſes femmes montees ſur des Licornes blanches. Parainſi ie dy
que tout homme de bon iugement doit regarder combien de difference il y a de l'hiſtoire à la fable, & que l'hiſtoire, ſoit elle des Anciês, ſoit des Modernes, fault que ſuyue le fil de la verité. Et qui eſt celuy qui peſera, que des femmes, molles de leur naturel,
ayent dreſſé vne armee eſpouuâtable, où il n'y euſt que leur ſexe, & fuſſent telles guerrieres, adextres à manier les cheuaux, & à tout exercice de guerre, leſquelles ont non
ſeulement defendu leur païs (où iamais homme n'en veit, & ſi pluſieurs y ont paſſé
auec armee) ains encor ont conquis preſque tout l'Empire d'Aſie, allans & par la Grece Aſiatique, voire paſſans en Europe par le Boſphore de Thrace ? Ie croy que ceux qui
nous ont voulu perſuader ſi grand menſonge, cuidoient que nous eſtimerions que la
Nature auoit changé en ce temps ſes effects & inclinations, & que les hommes eſtoiêt
deuenuz femmes, & que les femmes auoient perdu ce qui leur eſt de naturel de douceur, foibleſſe, & peu de force. Au reſte, ie voudrois fort que Pline, Munſter, & tous autres Amazoniens, anciens & modernes, me diſſent, puis qu'elles ont eſté chaſſees de la
Paphlagonie & mer Maiour, ou ſi elles eſtoient Scythiennes, en quel lieu c'a eſté qu'elles ont faict leur retraicte. Mais de ce ne trouuez pas vn qui vous en face mention : de
ſorte que celuy meſme qui parle de ne ſçay quelle Royne Amazone, nommee *Thale-*
ſtrie, qui vint viſiter le Roy Alexandre, ne peult, ny ne ſçait monſtrer d'où elle eſtoit
ſortie, faiſant vn Thermodon où il n'eſt point, & dreſſant vne hiſtoire de folies, où les
bons & fideles autheurs ne ſe ſont iamais amuſez à faire tels comptes. Les autres qui
en parlent ſi aſſeurément, n'ont autheur ſur qui ils puiſſent aſſeoir le fondement de
leur pretendue hiſtoire, que ſur les fables d'vn Homere, ou lors que Hercule & The-
ſee combattirent les Amazones en combat ſingulier, ou lors que Penthaſilee vint au
ſecours des Troyens côtre la puiſſance Grecque. Au ſurplus, ſ'il y auoit des Amazones
du temps du grand Alexandre, que deuindrent elles, que les Romains, qui ont deſcouuert & ſubiugué toutes ces regions par l'effort de leurs armes, n'en ayent iamais trouué vne ſeule marque ? Que lon me monſtre vn autheur digne de foy, qui me ſçache dire, par quel Roy elles furent aneanties du tout, & en quel temps fut executee ceſte deſ-
faicte, & ſoubz quelle Monarchie, ſi c'eſt des Perſes, Grecs ou Romains, veu que ſoubz
celle des Aſſyriês, il n'y a point d'ordre de le dire, ſinon qu'elles euſſent auſſi toſt prins
fin que commencement, ainſi qu'il en eſt aduenu à l'Empire du grand Tamberlan.
Auſſi ſont-ce choſes rares & miſes entre les miraculeuſes, de voir vne femme ſi ho-

maffe,qui aille à la guerre,& y face office de foldat,ainfi qu'aucunes ont faict : commé

Semiramis femme bel-liqueufe.

Semiramis,pour conferuer la Monarchie à fon pupille : Tomyris , pour fe venger de Cyre,qui luy auoit occis fon fils vnique:& Zenobie, Royne des Palmyrenes, qui tant vexa l'Empire Romain enuiron l'an de grace deux cens foixantefept : & prefque de noftre temps cefte miraculeufe pucelle Iehanne, foubz qui le Roy de France retira fes terres des mains des Anglois.Mais cecy ne fe doibt tourner en confequence,ny croire qu'il foit poffible qu'elle puiffe egaler la prouëffe d'vn homme, quoy qu'elle le puiffe furmonter en cruauté. Et ne me foucie encor de ce qu'on dit , que les femmes ont fei-gneurié & commandé au païs de Boëfme, & qu'elles alloient en guerre,& donnoient iournee:car ils ne nous difent rien de nouueau, pource que de noftre téps nous auons veu des Dames en guerre auffi bien que faifoient iadis les fufdites : mefmes porter les armes,& fe defendre de leurs ennemis (comme vous pouuez lire le deuoir qu'ont fait de noftre temps celles de Famagofte & de Nicofie, villes de Cypre, & cefte annee icy celles de la Rochelle,lefquelles enragees & defefperees, faifoient fouuentefois plus le deuoir de vrayes guerrieres auec leurs feux artificiels, que non pas les mefmes foldats qui eftoient dedans:)& me fuis laiffé dire,qu'aux feconds troubles aduenuz par les re-belles en noftre France , lors que lon affiegea la ville d'Angoulefme, lieu de ma naif-fance,qu'en deux affaults qui furent donnez,apres auoir fait breche raifonnable,quel-ques femmes fe prefenterent d'vne furie fi grande pour faire tefte aux ennemis, qu'il n'y auoit ne Capitaines ne foldats, qu'elles n'encourageaffent à fe bien defendre, por-tans pierres , terre & autres chofes neceffaires pour nuire aux ennemis , & remparer la breche.Mais de dire qu'elles feules ayent faict l'execution,il n'en eft point de nouuel-les.Dauantage ceux qui difent , que du temps de Claude Neron,fucceffeur de Tybere & Augufte, comme les Gots bataillaffent contre les Romains , & fuffent vaincuz, fu-rent prins dix foldats Gots combattans fort vaillamment, lefquels eftans defarmez on veit que c'eftoient des femmes : ne regardent pas que ces Dames eftoient de celles qui fuyuoient le camp, & eftoient au defefpoir apres la perte de leurs amis, & qu'auffi cela ne doibt ny ne peult faire foy de ce que lon tiét des Amazones. En fomme,voyât le peu qu'il appert de l'origine de ces guerrieres,iaçoit qu'on les dife auoir prins origi-ne des Scythes, & que de là elles auoient mis leur fiege és fins de la Cappadoce & Pa-phlagonie,fi eft-ce qu'aucun ne fçachant dire leur fin,feulement les faifant fortir à di-uerfes faifons comme vn vol de Grues en Hyuer, il eft impoffible qu'ils m'en facent

Ce qui fe dit des Ama-zones , fone fables Poë-tiques.

croire rien plus que ce que i'en penfe,à fçauoir que ce font toutes fables forties du cer-ueau creux de quelque Poëte , faifant fes deffeins au cercle de la Lune. Pres de Ther-modòn eftoit autrefois baftie la ville *Cerafe* , qui eft du tout à bas: d'où l'on penfe qu'ont efté apportez les premiers Cerifiers, qui auffi en portent le nom : & eft encor fi bonne & fertile cefte terre,qu'en quelque faifon que vous alliez aux bois,vous y trou-uez toufiours quelque forte de fruict. Paffant oultre le long de la cofte, à caufe qu'à prefent le plat païs eft peu habité, vous voyez ce qui eft entre le fleuue Halys & Par-theine,que les Turcs appellent *Lenech*, & les Georgiens *Cazalecquach*,& nous Paphla-gonie, laquelle a efté la derniere de noftre temps des prouinces d'Afie Mineur, à qui l'Euangile a efté raui,& où l'Alcoran a eftendu fes infectes racines. C'eft,dy-ie,en elle qu'eft baftie la ville de *Synope* ; laquelle n'a point changé de nom , d'où eftoit natif le

Mithridat natif de Sy-nope.

grand Roy d'Afie Mithridat, iadis edifiee par les Milefiens: & non loing d'elle gifoit *Gangre* , nommee auffi *Pompeiopoly* , où fut celebré vn Concile qu'on dit Gangrenfe: en laquelle ville Paphlagonite fut & reluifoit du temps de Conftans , fils du grand Conftantin,vn fainct Euefque,nommé Sophronie, qui affifta au Concile de Seleuque en Ifaurie, & fe monftra feur pilier & defenfeur inexpugnable de la foy & confeffion

du Concile Niceen : auquel lieu mefmes il mourut. Et y a entre Baruth & Damas en
vn village, nommé *Zubla*, vne Chapelle où il fut enterré : la fepulture duquel me fut
monftree par les Maronites qui y officioient. Vous y voyez aufli la ville d'Amife, que
les Turcs appellent *Simife* : le terroir de laquelle quoy que foit aucunement defert &
fterile, fi eft-il trefbon pour le pafturage, & en autres endroits pour les femences. C'eft
pitié de voir tout auiourdhuy mis par terre le long des riuieres, où anciennement on
voyoit vne infinité de villes & chafteaux, veu que le long du fleuue Halys le païfage
eft fi verdoyant, & tant peuplé d'arbres, qu'on diroit que c'eft vn Paradis terreftre, iufques à tant que le tout f'eftend en la Galatie, qui eft auoifinee de toutes ces regions
fufdites, & de laquelle il eft téps de parler vn peu, puis que i'en fuis tombé fur le propos. Cefte region eft prefque toute Mediterranee, c'eft à dire, n'ayant rien de fes terres
voifines de la mer, & eft bornee en cefte forte. Vers l'Occident elle a l'ancien païs de
Bithinie, qui eft à prefent la Natolie, & la petite Afie, ancien Royaume des Troyens.
Vers le Midy elle côfine auec la Satalie ia defcrite, vers le mont Antitaurus, & où font
les Tectofages, fortis des anciés Belges Gaulois, voifins de la Lycie, à prefent Briquie:
& tirant au Leuant, fe luy offre la Cappadoce, qui eft ioincte à l'Empire de Trebizonde, du cofté du fleuue Parthenie & Iris, où la Paphlagonie f'enclaue auec l'vne & l'autre des deux regions. Vers le Nort, c'eft encor cefte ancienne region de Pont, qui eft à
prefent le Sangiachat d'Amafie, foubz le Beglierbey de Toccate, ou Paphlagonie,
ayant foubz foy les Sangiachs des villes de *Chiorme, Gianich,* autrement *Synopi, Cha-*
raiffer, Sanfum & Trebizonde: veu que la Galatie eft comprife vne partie foubz le gouuernement de la Natolie, de laquelle i'ay parlé cy deuant, & l'autre foubz celuy d'A-
mafie, qui eft la Galatie mefme. Mais d'autant que ce mot approche de nous, & que les
habitans mefmes, tant barbares qu'ils font, fe glorifient d'auoir leur origine des Franc-
ques, à fçauoir des Gaules, i'en difcourray autre part vn peu plus amplement, pour le
contentement de mon efprit.

*Païs de Ga-
latie.*

Des ifles SPORADES, *de* COOS, *d'*HIPPOCRATES; *de la clarté qui*
apparoift de nuict fur mer, & des Corfaires d'icelle.

CHAP. XII.

ES GRECS demourans iadis en terre ferme, ont appellé vne troupe
d'ifles de celles qui font en la mer Egee, Cyclades, pour le refpect d'vne
qu'ils auoient en grand' reuerence, nommée *Deloz*, qu'à prefent on
appelle *Sdile*, pource qu'elles l'enuironnét en rond. Et de faict ce mot
Cyclos, fignifie vne chofe circulaire. Quant aux autres qui leur font
voifines, à caufe qu'elles font difperfees çà & là, & ne font point comprifes dans ce
rond, on les a appellees Sporades, c'eft à dire, difperfees, lefquelles toutefois f'en vont
à prefent foubz le nom des Cyclades: veu que ceux qui nauiguent celle mer ne fe foucient que du vocable qui a efté le plus commun aux mariniers. Or entre icelles il en y
a de tres-belles, fertiles, grandes, & riches, & pas vne qui n'ait quelque marque d'antiquité, pource qu'elles ont efté habitees de grands & illuftres Seigneurs de la Grece, &
que dans icelles fe font nourris de bons efprits en toutes fciences, ainfi que ie vous deduiray dans chacune en fon rang. L'on tient donc que le premier qui iamais fut Seigneur des ifles Cyclades, ce fut le Roy Minos : ce que ie croy, d'autant qu'il luy eftoit
facile de les furprendre. Et ce fut de luy que vint, que chacune auoit fon Roytelet, à
caufe qu'il y enuoya de fes parens & familiers, comme gouuerneurs & lieutenans, lefquels apres fa mort en demeurerent heritiers, fe vantans par mefme chemin eftre nez

*Minos pre-
mier Sei-
gneur des
Cyclades.*

de la race de Iupiter. Mais reuenant à mes Cyclades & Sporades, comme ie prinfe la route de *Lango*, pour aller à *Chios*, & puis en Conftantinople, ie laiffay, fortant de Candie, l'ifle de *Milo*, iadis nommee *Melos*, à main gauche, laquelle regarde vis à vis fur la ville de *Rhetimo*, & en eft loing quelques quarante lieuës du cofté du Nort. Ce-fte cy abonde en Torrens d'eaux: & y ont bafti les Grecs force moulins: mefmes les ha-bitans ne vacquent guere à autre chofe, qu'à tirer & tailler meules de moulin. Entre le

Ifles de Mi-lo, Strapalie, Néph.. & Porphyritis. Cap de *Chios*, & la terre ferme de *Carie*, & cefte ifle de *Milo*, vous voyez *Stampalie*, que les Anciens nommoient *Aftipalæa*, habitee de quelques pauures gens, bien qu'elle foit fort portueufe, & qu'elle ait vne ville du nom de l'ifle affez belle. Elle eft auoifinee de celle de *Santorini*, iadis dicte *Therufia*, qui eft faicte en forme de Croiffant: mais eftant toute enuironnee d'efcueils & rochers, on ne peult plus prefque l'aborder: fi que la ville capitale eft defnuee d'habitans, fauf que quelques Grecs y viuent comme fauuages. Tout ioignant, à quelques cinq lieuës, eft l'ifle de *Namphie*, iadis *Araphe*, en laquelle vn Serpent feul ne fçauroit viure: & fort inquietee des Corfaires, defquels cefte mer eft grandement tourmentee: qui a efté occafion, que les habitans ont abbat-tu la ville de *Namphio*, qui eftoit fur le port, & l'ont reedifiee au milieu de l'ifle fur vne montaigne, à laquelle ces Pirates ne peuuent aborder. Elle ne fçauroit auoir plus de dix à douze lieuës de circuit. D'icelle vous allez à *Nifaro*, des anciens Grecs dicte *Porphyritis*, à caufe des Marbres porphyrez qui s'y trouuent. Cefte ifle eft faite toute en rond, & n'y a que quelques chafteaux & villages, tels que *Polycaftre*, qui eft vers l'Eft, *Mandrachi*, tirant au Su: & au bout de l'ifle *Paltro*, fur vne colline, qui defcou-ure bien auant dans la mer du cofté du Nort: & vers l'Occident, *Pandenichi*, beau vil-lage, où les Grecs font affez courtois & affables. Tout au milieu de l'ifle, entre *Polica*, & *Pandenichi*, l'on voit vne haulte montaigne, qui ard & fume vne fois plus que l'autre: & au pied d'icelle vne fontaine, l'eau de laquelle boult inceffamment: & non loing de là vn Lac, duquel les habitans tirent du fel en abondance, qui n'eft toutefois bon, d'au-tant qu'il ne fent que le Nytre. Du cofté que cefte montaigne regarde le Nort, y a vn bois qui f'eftend iufques à la mer, duquel les habitans content merueilles: Entre au-tres, Que fi vn malade, de quelque maladie que ce foit, y entre, & y demeure quelques iours, il en fort fain & deliure: dequoy ie ne vous affeure, que de l'auoir ouy dire aux Infulaires, à caufe que ie n'y fus oncques malade: ioinct, que tous ceux auec lefquels i'eftois, auoient certes plus grand' enuie de mordre que de ruer, d'autant que noz vi-ures, y auoit ia cinq iours, f'eftoient gaftez par la tourmente de la mer & eau falee qui eftoit entree dedans noz vaiffeaux. Entre *Nifaro* & *Lango* y a vn efcueil, & grand ro-cher, dans lequel fe tenoient quelques Calloiers Grecs, gens de faincte vie: lefquels deceuz par les Turcs, leur donnerent entree en leur fort, & furent occis par les infide-les, auffi bien que ceux de l'ifle de *Panagea*. Nous eftans en ce cofté là, penfafmes tous perir pour le grand orage qui fe leua: & ainfi que nous fufmes combatus des vents & de la tempefte, i'eftois auec deux Iuifs, & feul Chreftien dás vn nauire de Turcs. Com-

De la clar-té qui ap-paroift fur mer. me donc cefte tempefte nous tourmentoit toufiours, il f'apparut fur la pouppe du na-uire vne grande clarté, que l'on euft eftimé eftre vn gros flambeau allumé: & alloit fe remuant & faultant par tous les endroits du nauire: fi qu'il n'y eut tillac, maft, trauer-fier, où ils attachent les voiles, antenne, efpallier, terzerol, trinquet, gomenes, qui font les groffes cordes: maimonette, qui eft le bois où ils attachent les voiles: hune, proüe, fcandalar, qui eft vne chambrette fur l'efguille: artillerie & timon, qu'elle ne vifitaft: laquelle ie veis auffi fur le Turban d'vn vieil Turc, Capitaine du nauire, & puis fur le vifage & barbe d'vn autre. Et n'apparoift guere cefte clarté que de nuict, qui eft chofe efpouuantable, fauf à ceux comme moy, qui ont long temps frequenté la mer: veu

qu'en

qu'en vn rien vous voyez defcédre du Ciel cefte fplendeur comme vn efclair, ou vne lance à feu, quoy que cela ne face aucune nuifance, & foit fignification, apres auoir duré quelques heures, de temps ferain, & appaifement de l'orage prefent. Eftans donc ainfi agitez parmi ces ifles Cyclades, & demandant à vn Arabe, nommé *Ozan-fara*, qui parloit bon Italien, que fignifioit cefte fplédeur qui nous eftoit apparue: il me refpondit, que c'eftoit vn des compaignons de leur Prophete, nommé *Thebich*, qui mourut auant *Haly*, & en fon viuant auoit efté fort ftudieux de la Philofophie, f'addonnant à la cognoiffance des Aftres, & cours d'iceux, lequel leur predit plufieurs chofes : Et fur tout leur promit, que lors qu'ils feroient fur mer ayans fortune, qu'ils ne craigniffent point, veu qu'il f'apparoiftroit à eux en langue de feu. Et me dift, que cefte flamme f'appelle en leur langue *Chafif*, qui fignifie chofe legere, d'autant que cela court par le nauire, ainfi que i'ay dit: les Tartares Orientaux le nomment *Ararat*, & les Iuifs du païs *Laban*. Les anciens Gentils le nommoient *Caftor*, & *Pollux*, à caufe que ces deux Princes eftoient peris fur mer, & eftimoient que durant la tempefte ils leur apparoiffoient, côme leur donnans fignifiance de l'orage fini, & du danger paffé. Les Chreftiens l'appellent fainct Herme, pour mefme occafion. Quant à ce qu'on dit que cela eft fignification de ferenité, ie puis affeurer d'vne chofe, que deuant nous vn nauire fut accablé, & fubmergé par cefte fplendeur: qui me fait conclure, que là où cefte flamme eft feule, c'eft vn vray figne de naufrage & fubuerfion : mais que quand elle eft petite, & qu'il en y a deux ou trois, c'eft bon figne, pource que les vapeurs fe côfument, & n'ont plus rien qui foit glutineux. Et à dire la verité, ces flambeaux fautans de corde en corde, monftrent que la matiere du tonnerre n'eft plus enfemble, & qu'elle fe diffout : mais là où il n'y a qu'vne flamme, & icelle grande & côtinue, c'eft fans difficulté, que le naufrage eft prochain. Aucuns veulent dire, que ce font des Eftoilles de telle fignifiance: ce que moy Theuet fuis content de croire, n'ayant raifon plus folide, pourautant que ie n'ignore point que Dieu n'ait donné quelque puiffance aux corps celeftes fur ce qui eft en bas, & qu'il f'en fert comme bon luy femble, en ces tempeftes, la nuict fur mer, tout ainfi que de iour il nous a laiffé l'Arc celefte, en figne perpetuel du pacte qu'il a auec l'homme de ne plus ruïner le monde par le deluge : car ces raifons me font plus de foy, que tout ce que Ariftote en fceut dire de fa vie. Or de ces feux ie ne voy aucun qui m'en fatisface felon mon defir, & les raifons duquel me plaifent beaucoup: attendu qu'en dix-fept ans & dauantage que i'ay voyagé & vifité ce que i'ay peu des quatre parties de la terre, enfemble les mers, telles vifions me font aduenues plus de mille fois. Et pour ne vous en rien flatter, i'eftime n'y auoir homme en l'vniuers, tant hardi, braue, & vaillant foit-il, encores fuft-il du fang Herculien, ou de l'enragé Cerberus, qui ne f'eftonnaft de prime face d'vne telle clarté fi tranfparente, fi auparauant il n'a voyagé cefte mer efcumeufe, & dangereufe à paffer. Les Sauuages de la terre Auftrale, depuis la riuiere de *Plate*, iufques à celles de *Ganabara, Frie, Moppatá* & *Vraba*, pour rien, de peur qu'ils en ont, ne voyageroient de nuict, & principalement lors qu'ils voyent les orages obfcurs, comme ceux qui font caufez des vents, & les tempeftes horribles, pour cefte feule occafion. Ils appellent telle lumiere, *Meri toupan, Parananbouco*, fçauoir petit Dieu de mer: celuy (difent-ils) qui ne tafche qu'à les furprendre pour les faire mourir. Quant aux Canadiens, ils luy donnent le nom de *Naccodda*, & les Ethiopiens *Abyoth-rakic* : comme fi ce peuple vouloit dire Clarté muable, d'autant qu'elle n'eft iamais que fort peu en vn lieu. Mais venans à noftre propos, il n'y a lieu en la Mediterranee, où les vaiffeaux courent plus fouuent fortune. Et confiderez le vent de quelque part que vous voudrez, & en quelque rumb que ce foit, fi eft-ce que la moindre impetuofité qui luy donnera effort, & pour peu

S. Herme n'eft toufiours figne de ferenité.

Q

qu'il foit efmeu, c'eft en danger qu'il n'afflige eftrangement ceux qui nauiguent. Et
nonobftant ces orages & tempeftes, fi n'y a il lieu, ny plage en toute la mer Mediterra-
Ifles fubiet-
tes aux Cor
faires.
nee, plus fubiecte aux Efcumeurs & Pirates Turcs, que le long de ces ifles: fi qu'il n'y a
Sicilien, Corfe, Sarde, ny Maltois, qui ne f'en fente, & bien fouuent le Turc luy mefme
y eft trouffé, penfant furprendre autruy. Quant au Venitien, Corfien, ou Candiot, ils
y font prefque en feureté, à caufe qu'ils font tributaires du Seigneur, & iouyffent du
priuilege de la mer : auec ce que le Turc Corfaire eft affeuré, qu'il luy faudroit rendre
ce qu'il auroit prins fur iceux. Les Barbares d'Afrique, qui auffi vont en courfe en ces
quartiers, n'ont efgard à homme du monde, veu qu'ils entaffent & rauiffent tout : ce
que ie fçay par experience, qui ay veu deux fois auec des Venitiens, & vne auec les
François & Ragoufiens, de quelle hardieffe vont ces Corfaires Africains: lefquels auec
vne feule galere ne craindront d'inueftir deux grands nauires de Chreftiens, non durant que le vent eft fort, & le temps efmeu, ains en calme & bonace, veu que alors le
nauire ne peult voguer, là ou la galere ou galiotte luy voltige autour à fon aife par le
moyen des rames, vous canonnant de tous coftez. La caufe pour laquelle il y a tant de
Corfaires autour de ces ifles Cyclades, c'eft que de toutes parts on y vient pour trafiquer : fi que les marchans y abordans, ces Pirates Turcs & Barbares, & ceux du païs
mefme tafchent de faire leur profit. D'auantage il femble que ce foit vne fucceffion &
heritage à ce païs, que d'auoir la mer chargee d'Efcumeurs, veu que de toute antiquité
on trouue que cefte mer a efté courue de telles gens. Qu'il foit ainfi, les Grecs m'ont
dit auoir par efcrit, que Minos a eu plus de gloire, pour auoir chaffé les Pirates de fon
temps, & en auoir defpefché le païs, que pour l'eftabliffement de fes loix, tant fuffent
elles faintes : & que les Atheniens y ont trauaillé longuement, & y ont perdu de bons
hommes : mais celuy qui les chaftia iamais le mieux, ce fut Pompee, qui en purgea la
mer, & depuis les Cheualiers Rhodiens, qui en faifoient de belles deffaites. Quelques
Empereurs Grecs irritez contre ces ifles, y ont enuoyé des Pirates pour les faccager, &
punir de leurs folies, tant eft ancienne la couftume de volerie marine en ces coftes. Les
Turcs qui vont en courfe par ce païs là, ne fe chargent de guere grandes prouifions de
viures, fi ce n'eft de bifcuit, ris, eau, & miel, d'autant qu'ils defcendent en terre quand il
leur plaift : & ont cela de particulier en eux, qu'ils cognoiffent de plus de fix lieuës en
mer, fi vn nauire eft marchant, ou de guerre, non qu'ils ne f'attaquent fort brufquemét
de Corfaire à Corfaire pour vn bien peu de profit. Mais d'autant qu'en toute mer il fe
trouue des Corfaires, il vous fault fçauoir, que ceux de la Mediterranee font plus mal-
Chofe loua-
ble aux Cor
faires de la
mer Oceane.
aifez à contenter que des autres lieux : veu qu'en l'Ocean, fi l'Efpaignol, Anglois, &
François fe rencontrent, & qu'ils viennent aux mains, fi eft-ce que celuy qui emporte
la victoire, f'eftant faifi du vaiffeau du vaincu, faict compofition, & reçoit chacun à
rançon honnefte, comme au foldat de fa paye, & au marchant felon fa qualité, fans en
retenir pas vn efclaue : où en la mer Mediterranee vous eftes pillé iufques à la chemife, & mené en feruitude, ou mis à la cadene : & cependant trafiquez voftre rançon, ou
la gaignez en voftre mifere. Oultreplus, pource que ie vous ay parlé, qu'en plufieurs
lieux de l'Ocean lon faifoit bonne guerre, il fault auffi que ie vous die, qu'en d'autres il
vaudroit mieux tomber en la main de quelques Corfaires, que de ceux qui tiennent la
mer du cofté du Peru, ifles Fortunees, & autres terres defcouuertes de noftre temps:
pourautant que fi l'Efpaignol, ou Portugais, y peuuent attraper le François, foit aux
ifles de Madere, aux Effores, en Manicongre, ou autre lieu quel que ce foit vers la Guinee, ils ne font que le cerf de vous faire Efclaue, pour la premiere defcouuerture qu'ils
fe vantent auoir faict en ces contrees & païs là: combien que à la verité l'Efpaignol eft
le plus courtois. Et cela eft caufe, que fi le François peult auffi mordre fur eux, il les

traite de mefme.Quant à l'Anglois & Allemant,f'ils vous prennent le temps des guerres,ils vous tiennét prifonniers,& defualifent, vous mettans à rançon. Mais ie fuis icy
contraint de louër les François de grande courtoifie : lefquels depuis que la premiere ⟨*Courtoifie des Fran-çois.*⟩
fureur eft paffee,font fi doux à ceux qu'ils furmontent, que pour peu de chofe,& fou-
uent pour rien,ils les mettent en liberté:ie vous en parle en clerc d'armes, pour m'eftre
trouué plufieurs fois à telle fefte. Aufli vous ay-ie fait cefte digreffion,à caufe q̃ c'eftoit
fur le propos & des tempeftes que nous endurafmes pres de *Lango*, & pour l'incurfion frequente qu'y donnent les Corfaires. De bonne fortune nous nous guarantif-
mes en cefte ifle,y defcendans fur les onze heures du foir,& y demourafmes quelques
iours, pour nous rafraifchir,& raccouftrer noz vaiffeaux. Or fut iadis cefte ifle appellee *Coos*,iaçoit qu'auparauant elle euft à nom *Meropé*,de la fille du Roy *Merops*,aufli ⟨*ifle de Coos,*⟩
nommee *Coon* : combien que les Grecs de la mefme ifle m'ont affeuré, qu'elle a prins ⟨*& fes ap-pellations.*⟩
fon nom d'vne montaigne qui vife vers le Midy , au fommet de laquelle croiffent des
Cypres,Terebinthes,& fort beaux Chefnes.A prefent on la nomme *Lango*,qui du co-

fté de Leuant ne fçauroit auoir guere plus de quatre lieuës iufques en terre ferme en
la Carie,qui eft en l'Afie Mineur,& de circuit quelques trentequatre,gifant à tretecinq
degrez de latitude , pofee au milieu du quatrieme Climat , & dixieme parallele : fort
montaigneufe en aucuns endroits, encores que parmi les montaignes il y ait force
Bourgades & Chafteaux,comme *Pally*, *Cechienie*, & autres. Sur le fefte du mont *Cheo*,
felon la marine,eftoit autrefois bafti vn Chafteau,à prefent defert,& ruiné:bien qu'au
bas de la mótaigne,où vous voyez vne infinité de ruiffeaux & fontaines,defquelles fe
fait la riuiere que ceux du païs appellét *Sofodine*, eft aufli le Chafteau de *Colipe*,en vne

belle plaine regardant le Septentrion, pres duquel entre deux collines naiſt & fourt vne fort belle fontaine,que les anciens Grecs ont nommee *Nicaſte*,& à preſent *Apodimie*, de l'eau de laquelle meulent grande quantité de moulins,qui ſont aupres dudit chaſteau.Et penſe que ſoubz le ciel n'y a lieu plus plaiſant que celuy là, veu les beaux iardins ſi odoriferans, que vous diriez que c'eſt vn Paradis terreſtre, & là où les oiſeaux de toutes ſortes vous recreent de leur ramage. La ville principale d'icelle eſt ſur le port du coſté du Leuant, nommee *Arangie*, aſſez grande & belle, & qui monſtre par ſes ruïnes qu'elle a eſté quelque grand' choſe. Vers le Midy , ſur le fleuue *Apodimie*,eſtoit l'ancienne ville de *Coos*, qui portoit le nom de l'iſle,à preſent la retraite des beſtes,veu que ce ne ſont que ruïnes: non loing de laquelle eſtoit baſti le temple d'Eſculape,grand Medecin, dans lequel iadis Apelles, qui fut le peintre plus excellent de ſon temps, mit vn tableau , où Venus eſtoit peinte toute nue, & vn Antigonus ſi bien tiré au vif,qu'il ne luy reſtoit que la parole. Ceſt Apelles,côme m'ont aſſeuré les Grecs de l'iſle,eſtoit natif de ce lieu , & tant eſtimé par Alexandre le Grand, qu'il ne vouloit eſtre pourtrait que de ſa main:pour l'amour duquel il affranchit l'iſle.Ceſte Venus fut portee à Rome du temps d'Auguſte, lequel la dedia au temple fait en l'honneur de Iule Ceſar,pource qu'ils ſe glorifioient d'eſtre ſortis de la race de ceſte Deeſſe.Et pourautant que les Coiens auoient fait vn tel preſent à l'Empereur , ils furent abſouz & affranchis du tribut de cent Talens, qu'ils payoient tous les ans au threſor de Rome. Ceſt Apelle ſe retirant à Coos, ou Lango, eſcriuit vn liure de ſon art, qu'il dedia à vn certain Perſee, ſon diſciple. Long temps deuant ledit Apelle auoit flori en la meſme iſle de Lango ce grand & excellent Medecin Hippocrates, l'an du monde trois mil cinq cens trente , du temps que les Iuifs furent deliurez de la captiuité Babylonique: & voit on encore auiourdhuy aupres de la ville d'Arangie de grands baſtimens & ſuperbes edifices tout ruïnez,que les habitás de Lango diſent auoir eſté le logis & palais de ceſt homme ſi excellent,duquel ils ſe tiennent tous glorieux , bien que les pauures gens ne ſçachent que bien peu de lettres. En quoy vous pouuez voir la reuolution des choſes , que és lieux où les ſciences eſtoient cognues preſque de chacun, on n'y voit à preſent que la propre face de l'ignorance meſme. Pour l'amour d'Hippocrates les Inſulaires,& Chefs de la Republique,ordonnerent gages & ſalaire public aux Medecins qui ſe retireroient en leur iſle. Hippocrates eſtoit riche , & fort reueré du peuple,pour ſon bon ſçauoir : auquel ils dedierent vne Statue d'or dans le temple de Iunion:auquel meſmes furent miſes ſes cendres.Quelques vns eſcriuent qu'il a eſté diſciple de Pythagore ſon voiſin : combien que ſelon la ſuppution des annees il eſt fort malaiſé à croire,comme ie dis à vn Medecin Grec, qui me conduiſoit en l'iſle pour contempler telles antiquitez, veu que Pythagore mourut l'an du monde trois mil quatre cens ſoixanteneuf, & Hippocrates viuoit l'an du monde quatre mil ſept cens ſoixante, deuant noſtre Seigneur quatre cens quarantehuiĉt ans, du temps que Lucius Valerius & Marcus Horatius eſtoient Conſuls à Rome, eſtant nay onze ans apres la guerre de la Moree : Tellement qu'il faudroit dire, que ce Medecin veſquiſt vn bel aage : & m'en rapporte à ce que vous en voudrez croire. Son ſepulchre fut trouué de noſtre temps és ruïnes de quelque chaſteau pres la mer du coſté d'Arangie, qui regarde le Nordeſt, ainſi qu'ils faiſoient les fondemens de quelques maiſons tout au riuage de la marine. Aupres d'vne Obeliſque, que feit faire Theodoſe l'Empereur de Conſtantinople, à l'honneur d'Hippocrates, tout ioignant fut deſcouuerte vne profonde grotteſque entre deux montaignettes, dans laquelle lon trouua pluſieurs Statues anciennes : & entre autres & la plus belle, celle dudit Hippocrates, aſſez eſleuee contre vne pierre de marbre blanc, où eſtoit ſon viſage , gros plus que le naturel.

Lieu plaiſant & delectable.

Hippocrates Prince des Medecins.

Les Infulaires difent auoir en leurs hiftoires efcrit, qu'il eftoit d'affez moyéne ftature, gros de corps & de tefte, & le nez de fort bonne grace, barbe lógue & touffue, fes cheueux longs à la Grecque, peu parlant, tres-laborieux à l'eftude, & de bon iugement: lequel ie vous ay bien voulu icy reprefenter. Et qui m'en a donné plus grande hardieffe, c'eft que trois medalles de luy, que ie vois en Conftantinople, ne differoient en rien

à ceftuicy, hormis que au renuers defdites medalles eftoit efcrit en lettres Grecques le nom d'vn Iugurtha Roy des Numides, Seigneur de l'ifle de Coos, qui mourut l'an cent & deux deuant noftre Seigneur. Hippocrates voyagea lóng temps les lieux voifins de la petite Afie & Egypte, apres auoir eftudié treize ans à Athenes en Philofophie: puis il leut publiquement neuf ans. Depuis fen alla en la Peloponnefe auec plufieurs de fes difciples, f'enquerant & cerchant tant des hommes, femmes, que des petits & grands, que c'eft qu'ils fçauoient & entendoient des proprietez & vertuz des plantes, herbes, fruicts, beftes, oifeaux, poiffons, mines, & mineraux : & quelle experience ils auoient cognue & veuë d'icelles Lefquelles chofes il efcriuoit, & puis experimentoit. Quelques Medecins Grecs & Iuifs me dirent, eftant en l'ifle de Samos, qu'Hippocrates luy viuant recourut les liures de *Sapphomites*, Medecin de Perdiccas, Roy des Macedoniens, natif de leur ifle : qui viuoit l'an du monde quatre mil fept cens trente & quatre, deuát noftre Seigneur quatre cens foixantehuict : defquels efcrits il fit trefbien fon profit : comme fi les Samiens vouloient dire, que tout ce qu'on attribue à Hippocrates, n'eftoit de fon inuention, ains dudit *Sapphomites*. Ie m'en rapporte à la verité, d'autant que la chofe ne me touche en rien. Mais de ce fuis-ie affeuré, felon mon petit iugement, que ce Philofophe Hippocrates fans mentir doit eftre appellé le Prince

Pourtraict & loüange d'Hippocrates.

& premier de tous les autres Medecins: pource que luy feul fut le premier qui print la plume à la main, pour mettre en ordre la faculté de Medecine. Ce bon vieillard fe voyant decrepit & chargé d'aage, cõfeilloit aux Medecins, qu'ils ne prinffent en charge de guerir les patiens, qui eftoient de mauuais regime: Auffi que les patiés ne fe miffent entre les mains des Medecins inexperts & mal-fortunez. Ce fut luy qui mit la Medecine au païs de Grece en opinion. Apres la mort duquel cefte fcience demeura bannie: & du dueil de la mort d'iceluy, fut ordonné par le Senat d'Athenes, à tous Medecins, de ne plus exercer ledit art, & commandement à tous fes difciples de vuyder la Grece. Et fut ce païs deux cens quatorze ans depuis, fans auoir vn feul Medecin de nom, ne qui ofaft exercer l'eftat en public. Ie fçay bien que Chryfippe Sicyonien, docte & fortuné Medecin, qui vint bien toft apres, reffufcita & feit florir la Medecine en plufieurs endroits d'Egypte & d'Afie, malgré la rage des Atheniens, & fut à la parfin mal venu, d'autant qu'il reprenoit par fes efcrits ce qu'Hippocrates auoit dit. Or apres la mort de Chryfippe, il y eut entre les Grecs de grandes altercations, à fçauoir laquelle des deux doctrines ils deuoient fuyure, ou celle d'Hippocrates, ou celle de Chryfippe. A la fin fut conclu, que lon ne deuoit fuyure l'vne, ne moins admettre l'autre: d'autant qu'ils difoient que la vie & l'honneur ne fe deuoient aucunement mettre en difpute. De la mefme volee vint en l'ifle de Rhodes vn autre docte Philofophe Medecin, qui fe nommoit *Herophile*: lequel eut fi grand bruit & authorité entre le peuple Rhodien, & autres Grecs, que pendant fa vie, fa feule opinion fut entretenue & maintenue: mais apres fa mort fut abolie: & ne voulurent ces Infulaires à l'aduenir auoir cognoiffance d'aucuns Medecins, pourautant qu'ils eftoient fafchez de ce grand perfonnage: ioinct qu'ils eftoient ennemis des nations eftrangeres, & opinions nouuelles. Apres tout cecy la Medecine demeura enfeuelie, bien l'efpace de quatre vingts dix ans, tant en Afie qu'en Europe, iufques à la venue de *Afclepiades*, natif de l'ifle de Metelin, de laquelle ie parleray en autre endroit. Il fut trouué auffi en cefte mefme ifle de Lango, trois ans auparauant que i'y arriuaffe, le vifage de *Quintus Metellus*, furnõmé *Pius*, & de *Claudia* fa femme, & plufieurs autres pieces, la plus grãd' part defquelles eftoiet rompues. Oultre ceftuicy il y a eu encore beaucoup d'autres excellens hõmes, comme *Symo*, fort renommé en Medecine, *Philete* Poëte, & vn des Magiftrats & Iuges ordinaires de l'ifle, & les tres-illuftres hommes *Lycurgus*, & *Brias*, l'vn des Capitaines des Atheniens. Du temps d'Augufte Cefar, y auoit auffi vn *Nicie*, fort fçauant homme, & de la fecte des Peripateticiens: qui n'eftoit pas fi reformé Philofophe, qu'il ne fe fuft fait Seigneur de Lango, & qu'il n'en feift fon heritier & fucceffeur vn fien difciple, nommé *Arifton*: & puis vn *Theonefte*, homme fort politique, du temps duquel les Romains fe faifirent de l'ifle, y remettans l'ancien tribut qu'ils fouloiet payer, auant que Augufte les euft affranchis. Depuis ce temps là ils ont efté fubiets à toutes mutations, felon que la fortune difoit ores à vn Monarque, tantoft à l'autre, iufques à ce que, comme leurs voifins, ils font tombez foubz la main & puiffance du Seigneur de Turquie. Cefte ifle a efté iadis fort renommee pour faire foyes, & beaux ouurages: mais à prefent il ne fen y voit vne feule trace. On y faifoit des draps de cotton fi fubtils, qu'il n'y auoit eftamine ou taffetas qui en approchaft: dequoy toutefois ie ne fçaurois vous affeurer. Auffi ceux qui le content, rapportét cefte inuention à vne ie ne fçay quelle Pamphile, fille de Platon, ce fçauant Philofophe Athenien: en quoy ils faillét: de tant que pour Ptolomee, ils ont mis Platon. Or auant que fortir de Lango, il fault que ie vous compte vne folle refuerie, en laquelle font plongez tous les Infulaires, notamment les Grecs, & naturels du païs: C'eft qu'ils fe perfuadent de parler auec la fille dudit Hippocrates, & encore vous auancent ils iufques à là, de dire qu'ils la voyent, &

qu'elle est viuante, & racompte à ceux qui la rencontrent son desastre, & les maux &
peines qu'elle endure, priant Dieu qu'il luy plaise l'en deliurer : & que se plaignant
ainsi, elle va de nuict vagant, & se pourmenant le long des ruines où iadis fut la maison dudit Medecin. Mais il me sembloit,lors que les Grecs me faisoient tels comptes,
que i'oyois les fables de Melusine, & les cris & apparitions qu'elle fait à son Chasteau
de Lusignan certaines saisons, & en changement de Prince : ne pouuant rien croire
quant à moy, ny des visions de Lango, ny de ce qu'ils disent que ceste fille parle à eux,
& qu'elle leur respond à ce dont ils l'interrogét : veu que c'est vne place faite en grottesque, où l'Echo est si vif, & vous repliquant la parole, qu'il est impossible de mieux.
Ce qui cause, que ces idiots oyans ceste repercussion de voix si naïfue, se faignent ce
qui n'est point, & font accroire de voir ce que le peu de ceruelle qu'ils ont, leur met en
la force imaginaire, de laquelle seule leur procedent ces illusions. I'ay esté sur le lieu,
& y ay parlé, & crié plus de cent fois : mais tout estoit le seul rebat de ceste voix reba-
tue de l'air, que nous appellons Echo : qui est comme vn air retenu, & comme l'image
de la chose prononcee: & s'entend beaucoup mieux és lieux ruinez & vieilles murailles, que ailleurs, tant à cause de la siccité de l'air, que pour l'air mesmes encloz en icelles. Or de tant vn Echo est meilleur, de tant plus vous respond-il la nuict intelligible-
ment, pourueu que l'air ne soit point chargé de nuages, d'autant que ceste espaisseur
offusque la force & subtilité de l'air. Et est tout ainsi de nostre voix en cecy, comme
du rebat d'vn tabourin en vn vallon encloz entre deux collines, lequel se peult entendre beaucoup de plus loing, que s'il estoit en vne campaigne rase. Aussi l'Echo, n'estât
la repercussion de l'air trop estroictement terminee, ny aussi s'estendant par trop, se
monstre comme chose merueilleuse : ainsi que pouuez essayer en certains vieux edifices ruinez pres de Charanton lez Paris, où l'Echo est vn des plus admirables que i'ouy
de ma vie:quand on mettroit en ieu celuy qui iadis en Elide respondoit sept voix, ou
celuy des Pyramides d'Egypte, ou de Pauie en Lombardie, qu'ils disent respondre
dix fois:ou bien celuy de Poictiers,au rocher,qu'on nomme Passelourdin. Bien fault
que ie vous confesse, que si l'Echo estoit chose si rare, que d'autres qui sont aussi naturelles,on le pourroit mettre entre ce qui est le plus prodigieux en Nature:d'autât qu'il
semble, que luy prenant & comme rauissant l'air de nostre parole, tient les mots pen-
dus en l'air, & en fait comme vne scopeterie. Pource ne m'esbahis-ie point, si ces pauures Insulaires sont si idiots, que de s'amuser à vn compte fabuleux qu'ils tiennent de
leurs Peres, ainsi que iadis nous faisions des Fées qu'on nous disoit aller de nuict. Pres
des edifices ruinez dudit Hippocrates, y a vn Paluz, lequel durant l'Hyuer a grand'
abondance d'eau, de quelque part qu'elle vienne, & l'Esté n'en y a pas vne seule goutte : que ceux du païs appellent *Ambisie*. De l'autre costé de la ville d'Arangie, vous
voyez vn Lac, duquel durant les chaleurs il sort vne telle puâteur, que l'air en est tout
infecté, & engendre force maladies : & c'est aussi pourquoy les habitans se retirent à la
montaigne, où l'air est serain, sain, subtil, & plaisant. C'est en l'isle de Coos, où iadis
se faisoient les riches vases de poterie:& s'en sçauent encores bien vanter lesdits habitans. Ce que iamais ie ne peux croire, attendu l'iniure qu'ils feroient au peuple Phrygien,qui en ont esté les premiers inuenteurs sur tous les autres Asiatiques:& les Atho-
uiens de Grece, sçauoir ceux de la montaigne Athos: lesquels pour les faire plus mi-
gnons & polis, alloient querir de la terre de l'isle de Lemnos, qui estoit en telle estime & prix, que pour vne charge d'icelle leur falloit autant donner de sel, ou vn Esclaue : & auoient en ce temps là les meilleurs Potiers qui furent iamais :entre autres, vn
nommé *Chiny*, natif de l'isle de Negrepont, l'vn des premiers hommes de son art, &
de son temps. En ceste isle, tout ainsi qu'en Chios & Candie, se cueillent de fort bons

vins, defquels en eft porté en Italie, & autres lieux de la Chreftienté : & n'eft que dommage, que fi belles, plaifantes, & fertiles prouinces Infulaires foient ainfi peu cultiuees, qu'on les voit eftre depuis qu'elles font tombees en la mifere d'eftre affubietties au Grand-Seigneur.

Des ifles de PATHMOS, SAMOS, *& des* SIBYLLES.
CHAP. XIII.

OVS N'ESTES pas fi toft efloigné de l'ifle de Lango, que vous defcouurez les Cyclades, comme fi c'eftoit terre ferme, ou vne tenue de terre & grand'ifle, tant elles font ioinctes pres à pres. La premiere qui f'offre, eft celle que les Anciens ont nommee *Claros*, à prefent dicte *Calamo* : fi haulte, que qui monte fur vne de fes montaignes, il peult voir plus de foixante lieues loing, & iufques à *Zea*, bien pres de Negrepont. Elle a efté autrefois fort frequentee & peuplee : ce qui fe cognoift aux ruines des edifices qui encor y paroiffent, à caufe des Marbres, & Colomnes les plus fuperbes qu'il eft poffible de voir, qui font vers le Nort, aupres du chafteau, dit *Calamo*. Du cofté d'Occident eftoit anciennement vn autre chafteau, qu'on appelle encor *Vati*. Vers le Midy, fur le milieu vous voyez vne môtaigne, au pied de laquelle eft faite vne grotefque naturelle, large & fpacieufe en longueur, d'où fort vne fontaine qui iamais ne defaut, ou diminue, quoy qu'au refte l'ifle ne foit guere bien fournie d'eaux de riuieres : iaçoit que pour fa portee & grandeur, c'eft l'vne des plus portueufes de la Grece, eftant de quelques douze ou quatorze lieues de circuit. Elle eft prochaine de l'ifle, que on a appellee *Leria*, à prefent *Iero*, qui eft toute montaigneufe, ayant vers le Nordoueft, *Pathmos*, au Midy, *Calamo*, & à l'Oueft, *Amurgo*, & tirant à l'Eft, le païs de Carie. Duquel cofté elle a encor vn chafteau ; où fe retirent les habitans la nuict, de peur des Corfaires qui y abordent, d'autant qu'elle eft abondante en toutes chofes qui feruent à la vie de l'homme, & guere moindre en grandeur que Lango. *Amurgo*, iadis nommee *Flatage*, à prefent *Mergon*, eft vne ifle fort belle, & bien cultiuee, encor qu'elle foit auffi montaigneufe, & a trois chafteaux : *Amurgo*, vers l'Eft, *Hiali* tirant au Nort, & *Plati* à l'Oueft. Le cofté qui regarde le Septentrion, a trois ports, à fçauoir *Saincte Anne*, *Calos*, & *Platos*, ou *Catapule*. Quant eft de la part de l'Eft, il n'y fait guere bon aborder, à caufe des rochers & montaignes qui empefchent la defcente : & vers le Midy encor pis, pource que les efcueils y font efpouuantables, & donnans frayeur, & non fans caufe : veu que dés auffi toft qu'il y a fortune en mer, ils font tous couuerts d'eau : & Dieu fçait f'il y a danger d'en approcher. Cefte cofte f'appelle par ceux du païs *Catomerea*. Les habitans ont efté de tout temps eftimez fort mauuais garçons, & mal affectionnez à ceux qui frequentoient leur contree : non que pourtant il n'en foit

Lebinthe & Simonide, hommes excellens. forti d'affez excellens hommes, comme *Lebinthe*, eftimé grand Poëte, & *Simonide* excellent en vers Iambiques : en quoy neantmoins il a reffenti encor le naturel farouche de fa terre. Elle eft voifine auffi de *Pathmos*, petite ifle, ayant force veines de metaux,

Ifle de Pathmos. encor qu'il ne f'y trouue ne or ne argent : montaigneufe, n'ayant au furplus guere grâd chofe en icelle qui face pour la recommander, qu'vn Monaftere bafti en l'honneur de fainct Iehan, auquel iamais les Corfaires ne feirent aucun tort : auffi les richeffes n'y font guere grâdes, hormis en fruicts, pafturages, grains & legumes. Ce fut là que eftoit confiné l'Apoftre tant aimé de noftre Seigneur, par l'Empereur Domitian, en l'an de grace nonantefix, là où luy fut reuelé par l'Ange tout le fuccez de ce qui deuoit aduenir au monde, ainfi qu'il plaifoit à Dieu l'en faire certain, & dequoy nous auons les

memoires au liure de l'Apocalypfe, qu'il efcriuit en icelle folitude. Auffi n'eft elle
beaucoup habitee, ny fertile en vin, qui prendra efgard à celles qui luy font voifines:
ouy bien en Simples, & en petits arbriffeaux, fur tout en Lauriers, les plus beaux que
ie veis onques. Et eft icy à noter, que deuant que ces Infulaires receuffent l'Euangile,
ils parfumoient leurs idoles de fueilles de Laurier bruflé, auant que les Sacrificateurs
feiffent leurs offrandes à ces gentils Dieux iafpez, tant ils les auoient en grand prix &
honneur. Les Grecs difent qu'vne branche de ce Laurier fut enuoyce à Iupiter à Rome, pour couronner leurs Empereurs. La Princeffe *Drufille*, femme d'Augufte, eftant
en fon iardin, vn Aigle voltigeant parmy l'air, laiffa tomber fur elle vne branche de
ce Laurier, laquelle fut incontinent plantee en vne ferme des Cefars, pres la riuiere du
Tybre. Or ce rameau encor qu'il n'euft point de racine, ne laiffa pourtant à profiter, &
fi bien, qu'en peu d'annees le iardin en fut tout peuplé : Duquel Cefar depuis en fes
triomphes voulut porter vne branche en fa main, & vne Couronne fur fa tefte : & de
là eft venu, que les autres Empereurs en leurs triomphes en ont fait autant. La plus
grand' recompenfe, que les anciens Romains eftimaffent faire aux Chefs de leurs armees, & Cheualiers victorieux fur leurs ennemis, c'eftoit de les gratifier & honorer de
ces Couronnes vertes, lefquelles furent appellees Militaires, pour auoir efté indices & *Iadis les*
enfeignes de prouëffe & vertu : & par decret du Senat leur eftoit permis triompher *Empereurs*
par toute la ville de Rome fur vn Chariot, comme victorieux des conqueftes faites *en leurs triõ phes eftoiët*
fur leurfdits ennemis. Cefte Couronne triomphale apres long traict, declinant l'Em- *courõnez de*
pire, fut commencee à eftre meflee & variee de perles & pierres, & puis entierement *Laurier.*
chágee de ce Laurier naturel en vne d'or, efleuee fur vn petit cercle, comme lon peult
voir par les medalles & monnoye antique de Marc Agrippe, Adrian, Commode, Caracalla, Probus, M. Aurele, Gordian, Traian, Antonin Pie, Domitian, Tite, Nerua, Vi-
tellius, Galba, Neron & Tibere : duquel i'ay vers moy vne belle medalle d'argent, que
i'ay apportee de Grece, dans laquelle fe voit vn Temple efleué en poincte pyramidale, & au renuers vn Ianus, courõné de Laurier, & autour ces mots efcrits, P A C E A V-
G V S T I P E R P E T V A : & de l'autre cofté, A R A P A C I S. Ie n'ay veu autre chofe remarquable de cefte ifle, qui merite eftre defcrite, finon vne, que les Chreftiens Grecs,
defquels le païs eft plus peuplé que d'autres, me reciterent auoir dans leur Eglife vne
Main d'vn homme mort, à laquelle les ongles croiffent comme font les noftres : &
combien que lon les luy rongne, neantmoins elles reuiennent grandes au bout de
trois mois: qu'ils difent eftre la main de fainct Iehan, de laquelle il efcriuit l'Apocalypfe. S'il eft vray, ie m'en rapporte à ce qui en eft, d'autant que ie ne vous puis affeurer
d'vne chofe efmerueillable, fi premierement ie ne l'auois veuë, pour en eftre plus certain : car pour quelque priere que ie peuffe faire, & ceux auec lefquels i'eftois, à leurs
Preftres & Moynes pour voir tel miracle, nous en fufmes tous refufez. Quelques vns
parlans de cefte ifle de Pathmos, fen font affez mal acquittez : entre autres, vn nommé
François George, Venitien, qui viuoit du temps du Pape Clement feptieme, lequel dit *Faulte de*
en fon liure intitulé *Harmonia mundi*, qu'elle eft comprife auec les Cyclades. Ce que *F. George Venitien.*
ie luy accorde. Mais de me vouloir faire accroire, que Chios & Pathmos foient vne
mefme ifle, cela eft auffi faux, que ce qu'il defcrit au chapitre feizieme, fueillet trois
cens treize, que les fept Eglifes, dont parle fainct Iehan en fon Apocalypfe, qui font
Ephefe, Smyrne, Pergame, Thiatire, Sardes, Philadelphie, & Laodicee, font toutes
ioignantes à l'ifle de Pathmos: chofe certes fort mal entendue à ce bon homme, pourautant qu'elles font feparees en diuerfes prouinces de la petite Afie, & fort lointaines:
là où Pathmos eft efloignee plus que pas vne des autres de la terre continente. Quant
à l'ifle de Chios, en laquelle i'ay long temps demeuré, elle eft Septentrionale, là où

l'autre tire vers le Midy, à quelques quatre vingts lieuës de diftance pour le moins
l'vne de l'autre. Au refte, le port de cefte ifle eft affez bon à la fonde, pour y receuoir
feurement moyens vaiffeaux:car les grands feroient en danger de f'y perdre. Or comme plus nous approchons de Samos, f'offre à nous vne ifle plus renómmee que bien
peuplee, d'autant que ce en quoy elle abonde le plus, font pafturages fort bons, & par
confequent les habitans d'icelle tous bergers, gens fimples & ruraux, & qui n'ont guere autre foin que de cultiuer la terre pour auoir vn peu de grain:viuans au refte de lai-

L'ifle difte Nicarie. &ctages. On la nomme à prefent *Nicarie*, adiouftát vne lettre à fon ancien nom, qui fut
Icarie : de laquelle la mer voifine a prins fon appellation. Elle eft prefque inacceffible aux vaiffeaux, pource qu'il n'y a ports d'aucun cofté, & a pour le moins quinze
lieuës de circuit, f'eftendant en longueur de l'Eft à l'Oueft:toute montaigneufe, & fertile en bons vins, & miel, que les Abeilles font dans les rochers du cofté de Midy. Iadis auant que Icare mouruft là, & y fuft enterré, & qu'il luy donnaft tel nom, & à la
mer voifine, elle f'appelloit *Dolyche*, & *Ichticaife*. Il y a bien quelques lieux, où les
vaiffeaux, en temps bonace, peuuent demeurer à l'ancre : mais dés auffi toft que la tempefte fe leue, ou quelque vent fafcheux, il fault chercher ailleurs retraite. C'eft pourquoy il y euft fait bon pour les Chreftiés, f'ils f'y fuffent fortifiez, veu qu'il eft impoffible qu'vne armee f'y arrefte. Elle a vn Promontoire, qui regarde l'ifle de Samos, où iadis eftoit bafti le temple de Diane, duquel vous voyez encor les ruïnes. Il y auoit auffi
vne ville affez grande, veu l'affiette où elle fut, mais elle a efté ruïnee par tremblement
de terre, à quoy l'ifle eft fort fuiette. Il ne fault point que le Lecteur fe fafche dequoy
ie luy parle de tant de Temples, Sepultures, Statues, & autres antiquitez que i'ay veuës
en ces païs là, d'autant que ie penfe que ceux qui ont leu, & aiment telles chofes, comme ie fais, y deuroient prendre autant de plaifir, que i'ay prins à en faire la recherche

Efcueils & rochers dan gereux. auec ce peuple barbare. Entre cefte ifle & celle de Samos, fault fe prédre garde de cinq
rochers & efcueils fort dangereux, lefquels n'apparoiffent, finon quand la mer eft ef-
meuë:on les nóme à prefent les Fourneaux:& iadis *Melanthies*, pour vn certain Grec,
appellé *Melanthe*, qui f'y perdit & noya. D'vn cas font fort curieux les Infulaires:
c'eft que de nuict, fçachans bien qu'il fait perilleux aborder en leur terre, & l'approcher, ils mettent vne lanterne fur vn chafteau, qui eft bafti fur la croupe d'vne montaigne vers le Leuant, à fin que les mariniers fe deftournét, à caufe que de ce cofté il y a &
des rochers & des tourbillons qui engloutiffent en roüant, les vaiffeaux. Ils n'ont aucunes villes, ains feulement des bourgades & chafteaux pour fe retirer, & leur beftial,
duquel ils ont abondance. Ie ne veux auffi oublier vne chofe entre autres que i'ay obferuee en cefte ifle, & du naturel de fes montaignes, fçauoir, que dés incontinent que
les mariniers voyent quelque nuage fur icelles, affeurez de la tempefte prochaine, ils
tafchent de fe fauuer, & gaigner vn autre lieu, où il y ait bon port & abry du vent : attendu que là n'y feroit feur en forte quelcóque. Ce qui n'eft pourtát fi efmerueillable,
que le mefme n'aduienne en Italie fur les monts de la Pouille : où l'Efté f'il doit auoir
tépefte, on voit dés le matin au poinct du iour cóme vn tourbillon ou fumee f'efleuer
dás le mont, lequel meine ne fçay quel bruit & murmure dás les fecrets & abyfmes de
la montaigne. Ainfi Nicarie eft par fa feule affiette deliuree des courfes des Pirates:lef-
quels encor aucunefois departent quelque chofe aux Grecs Infulaires pour le plaifir
qu'ils leur font la nuict auec le feu. Elle gift à cinquátefix degrez quaràtecinq minutes
de lógitude, trétefept degrez vingt minutes de latitude: & eft loing de Same quelques
quatre ou cinq lieuës. D'où vous pouuez imaginer, quel il y fait, fi lon prenoit cefte
route, veu le peu de diftance, où la mer eft fafcheufe, & où vous auez les efcueils, defquels ie vous ay defia parlé. Au refte, en la mer qu'on dit Icaree, font contenues les ifles

suyuantes, à fçauoir, *Nicarie*, *Minde*, *Chios*, *Pathmos*, & *Samos*, de laquelle il me fault à
prefent parler, pource que ayant defcrit les Ifles Sporades, ie reprendray aifément le
refte des Cyclades, fans confondre aucunement leur ordre: ioinct, que ie tafche tant
que ie puis, de ne mefler l'vn auec l'autre, à fin que ie donne les matieres intelligibles
& faciles à celuy qui lira ce mien œuure. Samos donc gift à cinquantefept degrez mi- *Defcription*
nute nulle de longitude, trentefept degrez trentefix minutes de latitude, & eft pofee *de Samos.*
au quatrieme Climat, & dixieme parallele, ayant fon plus long iour de quatorze heures & demie. Elle eft affife entre la ville de *Melaxo*, & l'ifle de *Chios*, non loing de
Priene, ville qui eftoit en la region, à prefent nommee *Quififtan*, où iadis fe tint *Bias*
Philofophe: vis à vis du promotoire ou goulfe, auquel eft affife la ville de *Figene*, que
les Anciens ont appellee *Ephefe*, tant renommee pour fes richeffes, & pour le temple
de Diane, eftimé entre les plus fuperbes de l'vniuers, & à nous memorable, pour les
fainéts Apoftres qui y ont annoncé la parole de Dieu, fainct Paul qui y prefcha, &
efcriuit vne Epiftre au peuple d'Ephefe, & fainct Iehan l'Euangelifte qui y mourut,
eftãt Euefque de ladite ville. Cefte ifle auffi bien que les autres, a eu diuers noms, comme ainfi foit que du temps que les Chares y habitoient, elle fe nommoit *Parthemie*:
laquelle du depuis fut dite *Driufe*, *Atemife*, *Melamphile*, & à la fin *Samos*, de certains
peuples de Thrace, qui vindrent l'habiter, & qui auoient à nom *Sai*, auparauant feftãs
tenus en terre ferme, du cofté de la Grece Afiatique, qu'on difoit Ionie: Combien que
plus veritablement elle ait efté ainfi dite, pource qu'elle eft montaigneufe, & que ce *Significa-*
mot *Samos* fignifie en leur langue, Sommet de quelque chofe que ce foit. Elle eft tref- *tion du mot*
fertile en toutes chofes, fauf en vin, qui n'y vient qu'à grand' peine. Munfter parlant *Samos.*
en fa Cofmographie de ladite ifle, moftre bien qu'il ne veit iamais ce païs là, lors qu'il *Fable de*
raconte qu'en elle l'air y eft fi falubre, & fubtilifant nature, qu'il fait que les Poulles qui *Munfter.*
y font nourries, ont du laiét, comme pourroit auoir vne Chieure, Truye ou Brebis.
Croyez le porteur. Quant à moy, ie fçay bien que la chofe eft treffaulfe, & qu'elle merite d'eftre mife au rang des plus grandes fables du monde, encore qu'il euft prins ou
leu cefte bourde en quelque autre vieux bouquin, importun de fingularifer ladite ifle
Samienne. Or la bonté & fertilité du païs a caufé qu'elle a efté fort enuiee, & que plufieurs ont tafché de fen faire Tyrans & Seigneurs. Entre les autres, Polycrate fils d'vn
Eace Samien, fut le premier qui cõmanda à cefte ifle, & plufieurs autres voifines, voire
fefpandit fa puiffance bien auant en terre ferme, du temps que Daniel eftoit en credit
en Babylone, comme mefmes les Infulaires ont par efcrit, qui fut fur l'an du monde
trois mil quatre cens vingtfept, en la foixante Olympiade. Outreplus, pour la curiofité d'aucuns qui veulent fçauoir toutes chofes, il fault entendre que les Samiens fe glo- *Iuno née en*
rifient, que la Deeffe Iunon eftoit née en leur ifle. Ce qui n'eft pas hors de propos, at- *Samos.*
tendu que de toute antiquité on trouue qu'elle a eu le furnom de Samienne, & fut Dame honorable & graue, fi autre en auoit en Grece. Ce peuple Samien feit baftir la ville
de *Cydone*, à prefent diéte *Biconie*, dans le goulfe de la *Sude*. Quant à la grand' ville
de *Samos*, elle fut laiffee prefque fans habitans, lefquels fe rendirent aux Atheniens, &
vindrent affieger le Tyran foubz la conduite de Pericle ce grand Capitaine Athenien,
& de Sophocle Poëte tragique. Et ce fut là que cefferent les Tyrãs en Same, & fut l'ifle
gouuernee par les magiftrats, foubz les Monarques & Republiques, iufques à ce que
elle tomba en la main des Venitiens, lors qu'ils fe feirent Seigneurs de Candie. Au
mefme temps eftoit en Same, Anacreon, Poëte Lyrique, biberon, qui feftrangla d'vn
grain de raifin, ainfi que pouuez recueillir par fes œuures: lequel viuoit du temps de
Pindare Thebain, & Nehemias, & de Lucrece Romaine, l'an du monde quatre mil fix *Anacreon,*
cens oétantedeux, & deuant noftre Seigneur cinq cens & douze. Il fut donc Samien, *& la Sibyl.*
le Samieñe.

& natif d'vne ville nommee *Teic*, qui eft auiourdhuy fi ruïnee, que toute la memoire gift en ce qu'en auons par efcrit. En cefte ifle auffi nafquit l'vne des dix Sibylles, appellee Samie, du nom de l'ifle. Mais puis que ie fuis tombé en ce propos, c'eft raifon que ie vous en die quelque chofe, & que nous fçachiós, qui & quelles ont efté ces femmes ainfi nómees: veu que ce nom emporte la cognoiffance des confeils & fecrets de Dieu: fignifiant en langue Grecque Eolique Dieu, & emportant autant que Confeil. Il n'y a homme tant peu verfé en l'hiftoire des Romains, qui n'ait fouuentefois ouy parler, ou qui n'ait leu, comme les liures Sibyllins eftoient ceux là, que les deuineurs vifitoient à Rome, lors que quelque chofe prodigieufe & non accouftumee leur apparoiffoit: lefquels liures, ainfi qu'il eft és Annales Romaines, furent prefentez au Roy Superbe Tarquin, enuiron l'an du monde trois mil quatre cens quarante, en la foixantetroifieme Olympiade, par la Sibylle, qu'on dit Cumane (d'autres eft nommee *Demophile*) qui viuoit du temps de la deftruction de Troye. Ce qui me fait dire, ou que c'eftoient fourbes ce que les Romains difoient des liures qu'ils auoient au Capitole, ou que ce fuft le malin efprit qui f'apparut à ce Roy foubz cefte illufion du nom de Sibylle. Et m'efbahis comme les Romains ont efté fi fimples de croire, que tels liures euffent toute la fortune de leur Empire efcrite, & qu'ils les ayent toufiours euz, veu que le lieu ou l'on dit qu'ils eftoient, fut bruflé, & leurs liures (f'il en y auoit) en cendres. A propos

Des dix fibylle & de leurs faicts.

donc, plufieurs ont tenu qu'il y a eu dix femmes, portans ce nom de Propheterreffe, lefquelles eftans agitees de ne fçay quelle fureur, predifoient les chofes aduenir. La plus ancienne de toutes eftoit Perfiéne: l'autre de Lybie: apres laquelle vint celle qui eftoit de Delphos. A cefte cy encor fucceda, ie dis par temps, celle qu'on dit Cumee, ou Cumane, natifue de Negrepont. La cinquieme, celle qu'on dit Erythree Affyrienne, natifue de Babylone, qui eft la feule qui a mis fon nom en fes vers. C'eft elle qui parle fi auant de la Natiuité du fils de Dieu felon la chair, qu'elle dift, Que la Diuinité fera humiliee, que Dieu fera fait homme, le diuin ioint à l'humain, & que l'aigneau fera mis fur le foin. La fixieme fut celle de noftre ifle de Samos, qui viuoit du temps du Roy Manaffé, fils d'Efdras Roy de Iudee, & lors que Tulle Hoftilie regnoit à Rome, l'an du monde trois mil deux cens nonantehuict, en l'Olympiade vingthuict. Et certes il feroit plus compatible, que ce fuft cefte cy qui alla à Rome vers le Roy Superbe, que pas vne autre, iaçoit que encore le temps feroit bien long, & lon ne viuoit plus alors deux ou trois fiecles, ainfi qu'on faifoit au commencement. Les Samiens tiennét, qu'elle auoit à nom *Pytho*: d'autres l'ont appellee *Herophile*. C'eft celle là qui reproche à Iudee fa fottife, difant, Qu'elle n'a point cogneu fon Dieu, ains l'a couróné d'efpines, luy faifant vne mixtion amere de fiel. La feptieme a efté de l'Hellefpont: La huictieme, celle qu'on nomme Erythree, de l'Afie Mineur, qui viuoit du temps du grand Alexandre. La neufieme, Phrygienne, natifue de la ville d'Ancyre, qu'on nomme pour le iourdhuy *Mediace*. Sa Prophetie parla du grand Iugement, & des peines qui attendét les mauuais, & falaire de ceux qui ont vefcu en gens de bié. La dixieme eftoit Italienne, née en la campaigne de Rome, en vne ville, appellee anciennement *Tibur*, à prefent *Theoli*, qui auoit à nom *Albumee*, & fut iadis adoree comme Deeffe en ce païs là, de laquelle lon trouua la ftatue & effigie dans le fleuue Anien. On penfe que ç'ait efté Carmen, femme d'Euandre, des plus anciens Rois des Latins. Ie m'en rapporte à la verité, quoy que ie fçache que celle Royne predifoit les chofes à venir. Cefte Sibylle prophetiza la Natiuité du fils de Dieu en Bethleem, & qu'elle feroit annoncee en Nazareth. Oultre les dix precedentes, f'en trouue encore deux: l'vne, qu'on dit Europe:

De deux autres Sibylles outre les precedentes.

de laquelle ie n'ay fçeu trouuer le païs, ny autre chofe, finon fa Prophetie, qui parle ainfi, Que le Grand viendra, & paffera les monts, & les eaux du ciel, & regnera en pauureté,

ureté, dominera en silence, & sortira du ventre d'vne Vierge. L'autre, qui tient le rang
de douziesme, estoit d'Egypte : qui est cause, que ne sçachant son nom, ie me contente
de l'appeller Egyptienne : laquelle parla de la conuersation de Dieu parmy les hommes, apres estre né de la femme, disant, Que le Verbe inuisible sera touché, & germera
comme vne racine. Ie sçay bien qu'il y a plusieurs autres femmes qui se sont meslees
de predire l'aduenir, comme vne *Manto* Italienne, de laquelle la ville de Mantoué
porte le nom : *Lampuse* de Colophon, qu'on dit *Altobosco*, non trop loing d'Ephese :
& *Cassandre*, fille de Priam, & grand nombre d'autres. Ainsi la Samienne a esté cause,
que ie me suis si longuement arresté sur ce discours : lequel suffira pour vn coup, estant
desormais temps de retourner à mon propos, & reuisiter l'isle de Samos. En icelle se
trouue d'vne terre, dót on fait de beaux vases : aussi y a il force Potiers qui besongnent
en cest exercice, & par succession de temps ont emporté la vogue sur ceux de Coos.
Dauantage, il y a d'vne autre sorte de terre, comme rougeastre, & de merueilleux effect : qui est legiere, peu glutineuse, & qui sesmie fort facilement, aidant contre tout
flux de sang, & enfleure de tetins, & contre le venim, & morsure des serpés : ce que i'ay
veu par experience. De ceste terre iadis auoient vermillonné leur nauire les Samiens
fugitifs soubz Polycrate, lors qu'ils destruirent l'isle de *Siphne.* Or auoient les Siph-
niens vn oracle, qui leur dist que leur isle seroit pillee, lors que l'Ambassadeur rouge
viendroit à eux en campaigne faite de bois : ce qui leur succeda pour l'armee de mer
desdits Samiens, qui estoient en compaignie de nauires peinctes de ceste mesme couleur de terre. Ceste isle est riche, pour estre l'vne des plus voisines de la terre cótinente,
d'Asie, separee seulemét par vn canal, qui n'a que quatre lieües de large, & proche principalement d'vn beau promontoire, comme celuy de *Trogillyon* ; aupres duquel estoit
iadis la ville d'Ephese, bastie à l'vn des plus beaux ports de la coste de la petite Asie. Ie
ne veux laisser en arriere (comme m'ont compté les Insulaires Grecs) que du temps
de l'Empereur Alexis, qui lors estoit Monarque des Leuātins Grecs & autres, l'an mil,
octantetrois, fut trouué en ladite isle vne Sepulture vers la part de Septentrion, faisant
quelques fondemens d'vn edifice : Et n'estoit ladite sepulture que de huict gros pil-
liers de marbre gris, soustenus d'vne pierre aussi de marbre, de deux toises de lógueur,
& vne en largeur, sur laquelle estoient escrits & grauez ces mots en langue Grecque
vulgaire fort corrompue, *Thaphos menimory, megalos, oproctos, coup-homiros.* Et combien
que le sens, à cause de l'antiquité, ne corresponde pas à la langue que les Insulaires parlent auiourdhuy, & que ce ne soit qu'vn Grec vulgaire abastardi : il se peult neátmoins
entendre par les vieux liures qu'ils ont encore à present, & l'interpretation de ces mots
est telle : *Soubz ceste sepulture de marbre gist le corps du grand Homere.* Au dessoubz y auoit
vne autre grande pierre de marbre de mesme couleur. Depuis ce temps là ces gentils
Samiens se sont voulu persuader, qu'ils auoient pour certain en leur isle la sepulture
d'Homere : Ouy bien, comme ie croy, de quelque autre portant tel nom, attendu quil
y en a eu plusieurs : mais du grand Homere, ie ne le puis croire. Les Candiots, Chios,
Rhodiens, & autres s'y opposeroient. Quant à celle de Pythagoras, natif de ceste mesme isle, qui florissoit l'an du monde trois mil quatre cens trenteneuf, auant nostre Seigneur cinq cens vingttrois ans, celuy qui dist qu'entre les amis tous biens estoient có-
muns, & qui fut cause que ses disciples mettoient tout en commun : elle se voit entre la
ville de *Paroccopolis,* & celle de *Antigonie,* en la prouince Orbelienne, païs de Grece
en Europe, ainsi que m'asseurerent les anciens Grecs du païs. Vous auez le plaisir encor de plusieurs ruïnes de la part de l'isle qui va vers le Midy. Les Colomnes y sont si
belles, grandes & bien faites, que rien plus. Aucuns disent que c'estoit vne ville : d'autres, ausquels i'adiouste plus de foy, que ce sont les ruïnes de ce grand temple de Iu-

non. La riuiere *Imbrafo* coule vers le Nort. L'afſiette de l'iſle eſt fort haulte, comme celle qui eſt montaigneuſe & peuplee de bois. Deux de ſes monts principaux ſont *Notte* & *Mandale*, qui eſt la plus haulte, & quaſi inacceſſible pour les rochiers qui y ſont. De tous coſtez elle eſt aiſee à aborder, pource qu'il y a de bons ports & bien ſpacieux. En fertilité, côme i'ay dit, elle ſurpaſſe toute autre: & en beauté & lieux plai-

La cauſe de la deſcète de l'Autheur en ceſte iſle.

ſans, elle ne doit rien au *Tempé*, qu'on diſoit eſtre iadis en Theſſalie. La cauſe princi-pale qui m'eſmeut de deſcendre en ceſte iſle, fut, que quelqu'vn m'auoit recité, qu'il auoit leu, que pres les ruïnes du temple de Iunon y auoit vn iardin & vergier, ayant les plus beaux fruicts du monde: (ce que ie ne trouuay point eſtrange, ſçachant quel-le eſtoit la fertilité du païs) & que ceux qui entrét dans ledit vergier, en peuuent man-ger tant que bon leur ſemble, eſtans dedans: mais ſils en veulent porter dehors, il eſt impoſſible qu'ils ſortent, ſans premier auoir laiſſé leur charge, laquelle laiſſee on ſen va à ſon bon plaiſir. Ie fuz aux ruïnes, & ne veis ne iardin ne vergier quelconque: qui me feit penſer, que ceux qui eſcriuent ces choſes, en veulent compter: & toutefois ils ne mentent point, en ce qu'ils diſent qu'il eſt impoſſible d'en tirer hors aucun fruict, veu qu'il n'en y a point. Que ſil y a des iardins, il fault auoir côgé des maiſtres pour y entrer, & eſtre ſi courtois, que de ne toucher rien ſans licence. Voilà donc quant à Samos, qui a eſté iadis la Dame de tout le païs qui luy eſt voiſin: en laquelle y auoit, du temps que i'y eſtois, vn grand Philoſophe Grec, qu'on me diſt auoir eſté. Eneſque des plus grands Enchâteurs qu'il eſtoit poſſible de trouuer, comme celuy qui faiſoit bien preuue de ſon ſçauoir. Et ne penſe point que Agrippe, qui a eſté de noſtre temps, & qui a veſcu en reputation du plus ſçauant és ſciences noires que lon ſçache, en euſt en rien approché. Ce galand eſt mort en vn tremblement de terre aduenu en l'iſle, pres de la riuiere de *Cheſie*, qui tend au Midy, & coule pres les ruïnes que vous ay déduï-tes cy-deſſus. Durant ſa vie il fut fort craint & redouté, pource qu'il eſpouuantoit cha-cun auec les folies qu'il faiſoit par ſon art. Tellement que eſtant ainſi mort meſchâm-ment, comme il auoit veſcu deteſtable, vn Sangeaz Turc paſſant par là, feit chercher ſon corps pour le ietter en l'eau: mais il fut impoſſible de le trouuer. Or iaçoit que ie vous aye pluſieurs fois parlé de ces ſciences, & des nations qui y ſont addonnees, ſi n'eſt il point hors de propos de vous dire, que i'en ay plus veu en Grece que ailleurs: quoy qu'en l'Afrique & Ethiopie vous trouuez de ces preſtres Mahometans, qui vous forment des figures ſoubz les aſpects des Planettes, par l'influence deſquelles ils veu-lent ſe gouuerner, & ſelon les ſignes eſquels ces corps lumineux entrét, comme ſi tout ce qui eſt inferieur, eſtoit aſſuietti à l'influence ou effort de quelque Aſtre: Y en ayant veu vn entre autres, qui auoit dreſſé ſon ſort ſur vne figure, lors que la Lune entroit au ſigne du Scorpion, ſans que ie ſceuſſe toutefois à quelle fin tendoit cela. I'ay aſſez ſou-

Sorcelleries des Inſu-laires.

uent ouy parler de ces figures de cire, & des grandes folies qui en ſont aduenues: mais ſi lon y doit adiouſter foy, ie n'en ſçay rien. Bien eſt vray que de tout temps on a creu que ces vilains vſans de tels enſorcellemens (car ſorcellerie eſt cela vrayement) ont fait de grands maux en ce monde. Meſmes en ma ieuneſſe me ſouuiét auoir veu bruſ-ler la mere & la fille en la ville d'Angouleſme, qui vſoient de telles ſorcelleries: & l'an mil cinq cens ſoixante & douze, la mere & le fils, & vn aueugle des Quinze-vingts de Paris, furent executez, & leurs corps bruſlez à Paris: & pluſieurs autres en la meſme an-nee en France, laquelle en eſtoit merueilleuſement peuplee & infectee. En la ville de *Guzole*, qui eſt en Afrique, il n'y a pas vingtdeux ans, qu'vn More, que l'on nommoit *Elzama*, qui ſignifie Ciel en langue Ethiopienne, vſoit ſi bruſquement de ceſt art, & en eſtoit ſi bon maiſtre, ſuyuât le recit que m'en firent quelques eſclaues du païs, qu'en deux ans il fit mourir par ſes charmes plus de huict cens perſonnes: & faiſoit ce gentil

camuz des chofes incroyables, qui ne les auroit veuës. Outre, quand il vouloit, il faifoit deuant l'affiftance de fes fauorits venir en l'air vne milliace de toutes fortes d'oyfeaux, & fi efpais, que bonnement lon ne pouuoit voir ne le ciel ne les nues. Parquoy
ce vilain eftoit fort redouté des plus grands du païs, mefmes le Roy n'ofoit rien attenter alencontre de luy, de peur qu'il ne luy feift paffer le pas. On fçait qu'en l'Hiftoire de France il fe parle de plufieurs, qui ont efté deffaits pour l'efgard de tels images, & qu'on a toufiours eftimé que Charles fixiefme, Roy de France, ne fut defuoyé
de fon bon fens, que par tel genre de forcellerie: Auffi ceux qui f'addonnent aux fciences obfcures, eftiment le fecret de l'image l'vn des plus grands qui foit en tout l'art,
forti de la boutique du Diable. Quoy qu'il en foit, & que ces gens facent tout ce qu'ils
voudront fur le cours des Aftres, fi ne croiray-ie iamais, ne que leurs figures, ny characteres, ny Parchemin vierge, ou feau de Salomon, ou autres tels & femblables fatras,
puiffent rien fur celuy qui a vraye & viue foy, & fon feul appuy en Dieu, qui le gua-
rantit en fes aduerfitez.

Des ifles Cyclades *en general.* CHAP. XIIII.

'Evsse volontiers differé à traiter des ifles Cyclades iufques à ce
que i'euffe defcrit la Grece Europeenne, n'euft efté que les Anciens
les ont mifes en l'Afie, laquelle ie pourfuis, & veux acheuer de vous
defcrire. Et d'autant que *Deloz* a caufé le nom aux autres, ie commenceray par elle, comme l'vne des plus renommees de l'antiquité.
La caufe qui l'a rendue fi fameufe, a efté, que lefdits Anciens ont tenu, que Apollon eftoit natif d'icelle, & Diane auffi. Elle eft fort petite, & à prefent
prefque deshabitee, & ne fut iamais que bien pauure; fi leurs voifins ne les fecou-
roient. Car encor que les prefens enuoyez au temple, bafti en l'honneur d'Apollon,
fuffent grands & riches, fi eft-ce que perfonne n'y touchoit, & les facrifices eftoient
pour le fouftien des Sacrificateurs. Elle f'appelloit iadis *Pyrpile*, à caufe que ces fols
Grecs difent, que ce fut là le premier lieu où iamais on trouua l'vfage du feu: Puis fut `Folie des`
nommee *Ortygie*, pour l'abondance des Cailles qui f'y trouuoient. Vray eft, qu'elle a `Grecs.`
efté fort marchande, tant que la fuperftition a duré de l'adoration des faux Dieux: &
n'eftoit permis d'y porter aucun mort, voire aux femmes d'y accoucher, ne mefmes
nourrir aucun Chien. Quelques grands prefens qu'on y ayt fait, & que les Atheniens
fecouruffent ce peuple Delien de viures, & autres chofes neceffaires, fi eft-ce que iamais l'ifle ne fut bien peuplee, iufques à ce que les Romains deftruirent la ville de Corinthe, par vn nommé L. Munie Achaique, enuiron l'an du monde trois mil huict
cens & vingt, en l'Olympiade cent cinquantehuict: attendu que les Corinthiens f'y retirerent lors, & y commencerét à dreffer le trafic de marchandife. Or n'eft *Deloz* feule,
ains font deux ifles, la plus grande defquelles ne fçauroit auoir cinq à fix lieuës de circuit, où i'ay veu vne infinité d'antiquitez, foit en Colomnes, foit en ftatues, medalles,
ou pierres taillees & ouurees: qui me feit cognoiftre, comme les puiffans Princes tafchoient d'enrichir leurs temples, & leurs villes: où mefmes fe trouuent encores des
pieces de marbre d'vne ftatue, que ie penfe n'auoir efté moindre en haulteur qu'vn des
plus grands Coloffes qui fuft à Rome: car quant à leur temple, il eftoit tout de marbre.
Si les Poëtes n'eftoiét pleins de miracles de cefte ifle ainfi diuifee, i'en difcourrois plus
au long. Quant à la partie plus grande, vous y voyez vne montaigne allant au Leuant,
que les Anciens ont nommee *Cyultrie*, à prefent *Caura*, au pied de laquelle eft vne
fontaine, qui croift & decroift tout ainfi que la mer, non toufiours, mais en certaines

faifons, & principalement durant les ardeurs de la Canicule. En l'autre, qui tire vers l'Oueft, y a force collines, & eft bien cultiuee : & au milieu d'icelle vn chafteau ancien, bien bafti par dedans, où fe retirent les Infulaires : auec le port fort feur, où les mariniers prennent volontiers rafrefchiffement. C'eft là que croift & fe trouue vne Pierre

Pierre Lydienne pour le mal des yeux. verte, bonne pour le mal des yeux : & encore des Queuës (ce font Pierres dequoy lon aguife le fer) que iadis lon a nommees Pierre Lydiéne. Outreplus vous auez le lieu & affiette toute entiere, & de la ville nommee *Deloz*, maintenant telle qu'elle eft, dicte *Sdile*, & du temple, mais tout par terre, lequel n'eftoit pas fi nouueau, qu'il n'euft efté dreffé par *Erifichthon*, fils de Minos de Candie, ainfi que difent les Grecs du païs. Elle fut ruinee du temps de Pompee, lors que Mithridate Roy d'Afie faifoit guerre aux Romains, & qu'il en feit mourir tout autant qu'on en trouuoit en Afie : &, qui plus eft, pource que les Deliens eftoient fideles aux Romains qui les auoient affranchis de tout tribut, ce Roy Barbare demolit & leur temple, & leur ville, apres que le foldat fe fut enrichi du butin & defpouilles d'iceluy, enuiron l'an du monde trois mil huiét cens feptanteneuf, en l'Olympiade cent feptantetrois. Du cofté du Midy & de Leuant gifent les ifles fuyuantes à l'entour de Deloz, à fçauoir *Syros, Rhina, Pario, Sunie, Cydnos, Seriphos, Siphilos, Olyaros, Pholeyadros* : Du cofté de l'Eft, *Amorgos*, & *Conos* : Tendant à l'Oueft, *Carthee* : Et affez pres, *Andros* : Et vers le Nort, *Tenos*, & autres, que ie pourfuyuray en ma defcription. Andros donc en eft loin de quelques douze lieuës, mon-

Ifle d'Andros, ou Andre. taigneufe, & qui a fa ville principale vers le Leuant, fans aucun port. Vers le Ponent luy gift vne petite ifle voifine, dans laquelle eftoit vne Forterefle, qui n'eft rien à prefent : où lon alloit par vn pont fort beau & magnifique depuis la grand' ifle : mais le malheur de la guerre a caufé la ruine de tout cecy. Andre auffi eft fort voifine de Negrepôt, qu'elle regarde vers l'Oueft. Elle eft treffertile, & habitee de Grecs & de Turcs : & abondante en fontaines, ayant quelques quinze lieuës de tour, gifant à cinquátecinq degrez minute nulle de longitude, trentefept degrez trente minutes de latitude, au milieu du quatriefme Climat, & dixiefme Parallele. Non loin de laquelle eft *Tiné*, qui a quinze lieuës pour le moins de circuit, ayant eu autrefois vers l'Eft vne Tour, qu'on nommoit de S. Nicolas : & vers l'Occident vne autre, pour faire la garde côtre les Courfaires. On la met entre celles qui font deshabitees, auffi bié que *Syros*, & les deux fufdites de *Deloz*. *Rhina* s'appelle pour le iourdhuy *Fermene*, affez belle ifle, où lon portoit anciennement enterrer, ou brufler ceux qui mouroient en Deloz, depuis le temps de Pififtrate Tyran d'Athenes : & a d'affez beaux baftimens, & le païs fertil, quoy que môtaigneux. La ville de *Termici* eft affife du cofté de Leuant au pied d'vne montaigne, à

Villes de Termici & S. Luc. l'Occident de laquelle eft la ville S. Luc, auec vn bon port : Et fut iadis Euefché, & lieu populeux & marchant, au lieu qu'à prefent elle fe fent de la malheureté des autres. Au milieu de l'ifle vous voyez vne montaigne, fur le fommet de laquelle y a encore vne Tour fort ancienne, & tout aupres fourd vne petite riuiere, qui eft de grand profit aux habitans, pour leurs iardinages : & vers le Ponent, des Baings excellés, où vôt les Turcs & Grecs qui fe trouuét mal. Et eft à noter, que apres que Mahemet fecond du nom eut conquis Conftantinople, il enuoya par les ifles des Seigneurs, aufquels il enchargea de ne point rudoyer lefdits Grecs, & les laiffer viure en liberté de leur confcience, touchât le faiét de leur religion. Tellement que celuy qui vint à Fermene, apres auoir appaifé l'eftat de l'ifle, & des voifins, tombant en vne bien grand' maladie, & craignant d'en mourir, comme il feit, ordonna qu'on y feift baftir vn Hofpital pour le fouftien & retraite des paffans, lequel il dota de douze mille ducats de rente par an. Ce que ne faillent les heritiers à payer : ains le Gouuerneur mefme eft tenu auoir l'œil là deffus, & faire nourrir les malades Turcs, lefquels fe vont baigner en ces Baings

naturels, qui sont au pied de la montaigne, pres laquelle est cest Hospital, sans oser
auoir prins la maille pour son salaire, ains dit aux patiens s'en allans, *Benam ianuam*
var, allah seuersis : Va, & soit pour mon ame ce que i'ay faict pour toy. Aussi ce sont les
laiz que font d'ordinaire les Mussulmans, que des Hospitaux, ou Mosquees, ou faire
couler par des canaux des eaux és lieux secs & arides. D'autres deliurent & affranchis-
sent leurs esclaues : & les femmes laissent de l'argent aux soldats pour le meurtre des
Chrestiens, pensans que cela profite au salut de leur ame. Et à propos de cecy, par
toute la Turquie se trouuent de fort beaux Hospitaux pour les pauures Mahometistes, où les Chrestiens ne sont pas receuz. Au reste, vn Chrestien n'oseroit aller seul par
païs, s'il ne vouloit estre fait prisonnier, & esclaue : & si vous estes en compaignie, ne
fault aller sans argent, pource que vous payez plusieurs truages, que le Turc, More, ou
Arabe ne paye point, ainsi que i'ay experimété. Les fondateurs de ces Hospitaux, voire des Mosquees, sont ou les Sultans, ou les Baschaz, & grands Seigneurs, lesquels se
sentans sur l'aage, & pensans aux cruautez & exactions qu'ils ont faites, estiment satisfaire à Dieu par telles œuures, & edifices : esquels ils se font puis apres enterrer ho-
norablemét. Par toute la petite Asie, Palesthine & Egypte, vous trouuez aussi hors les
villes des Hospitaux, où l'on donne pour Dieu à ceux de leur persuasion : és vns, du
pain & de l'eau, és autres pain & riz, en d'autres de l'eau seulement, selon qu'ils sont
fondez (car de vin il n'en est question) & sont tous sur les grands chemins. Mais mon-
strez moy vn Hospital en France, riche de soixante mille ducats de rente annuelle, & *Hospital de*
dauantage, comme est celuy de Constantinople, commencé par Mahometh second *Constanti-*
du nom, qui conquesta ladite ville, & acheué par Baiazeth son fils. Du temps que *nople riche*
i'estois en Grece, Solyman qui regnoit lors, faisoit bastir vne Mosquee la plus super- *à merutil-*
be & magnifique que bastiment de l'vniuers : pour l'ornemét de laquelle il faisoit por- *les.*
ter les Colomnes anciennes, & ce qui est de beau en Egypte, & nommément és ruines
d'Alexandrie, comme i'ay veu estant lors sur les lieux : & est rentee ceste Mosquee de
plus de douze mille ducats. Ceux d'Afrique ne sont pas si deuotieux : & aussi n'ont-ils
point les moyens & commoditez comme ceux de la Grece. Car la charité que vous
font les Deluis & autres officiers de ceste secte Barbaresque, és Royaumes de Marroque, Fez, Tremissan, Su, Algier, Tunes, Azam, Taphilette, Argin, iusques aux Caps blác
& verd : c'est que lors qu'ils vont voyager, ils vous mettent force eau soubz des logettes & Palmiers, à fin que l'on estaigne l'alteration qu'on pourroit souffrir à cause des
chaleurs extremes qu'il fait en ce païs là : Et d'autres vous soulagent auec des suffumigations, & s'ils auoient mieux, asseurez vous qu'ils ne l'espargneroient point. Les plus
charitables d'entre les Mahometistes, sont les Persans & Arabes : d'autant que les plus
grands Seigneurs mesmes sont ceux qui distribuent l'aumosne & viures aux passans,
qui vont à la Mecque ou à Medine. Cest Hospital, que ie vous ay dit, fut pillé, rasé, &
bruslé tout de fonds en comble, & ceux qui estoient dedans, taillez en pieces, peult y
auoir cinquante ans : à l'occasion qu'estans descendus quelques Capitaines Corsaires
des Rhodiens pour faire aiguade en l'isle, & peult estre faire esclaues les Turcs, ils se
mirent incontinent en deffense : mais peu leur seruit, veu que tout fut saccagé & ruiné,
& Hospital & Mosquee. En vengeance dequoy les Turcs de terre ferme y retournans,
tuerent tous les Chrestiens masles qu'ils y trouuerent, & huict Euesques auec leur Patriarche, qu'ils auoient conduict pour visiter deux Eueschez qui sont en ce lieu là.
L'isle a esté repeuplee par les Grecs voisins, mais non en telle sorte qu'elle estoit, quoy
qu'il y ait de beaux pasturages, & que le plat païs soit fertil & plaisant, autant que de
pas vne des Cyclades, laquelle peult contenir dixhuict lieuës de circuit : & gist à cinquantecinq degrez quarantesix minutes de longitude, trentesept degrez dix minutes

de latitude , ayant vers le Nort l'ifle de *Scyros* , & au Midy celle de *Naxie*, ou *Diony-*
fiade, ainfi dicte, à caufe de la multitude des vignes (aucuns l'ont nommee l'ifle de Venus) laquelle fut appellee *Naxo*, d'vn Seigneur Afian, de ce nom, fils de Palemon, qui
la cultiua & repeupla. Auffi fi nous croyons l'antiquité, c'eft en elle que Bacchus fut
nourri par les filles d'Atlas. Elle eft des plus grandes de tout l'Archipelague : & y voit
on encore du cofté du Leuant pres la mer, en vn lieu nommé *Vurnuriti*, les ruïnes du
temple de Bacchus, & au milieu vn chafteau , dict *Melacie*, & vers le Midy, le cazal
Aperato, où il y a vne Eglife de Chreftiens : & vers l'Oueft, vne fortereffe, que les Infulaires nomment *Pergola*. Toutefois veu fa grandeur c'eft la plus folitaire & deferte:
& penfe veritablement qu'elle ne fçauroit fournir en tout & par tout cinq cens hommes. Il y a des Salines, où ces pauures gens font employez : & tout aupres vne vallee,
nommee d'*Armille*, la plus fertile de toute la contree, pofee entre deux montaignes.
C'eft le plus beau lieu du monde pour philofopher, comme eftant fain , & non trop
frequenté, & où lon a mille moyens de paffer fon temps, fans fe foucier des fafcheries
de ce monde : fi qu'il me print vne fois vne quinte & fantafie d'y finir mes iours. Lon
dit que le grand Poëte Homere fut enterré en cefte ifle, iaçoit que d'autres fe vantent
d'auoir fon tôbeau, comme ailleurs ie vous ay difcouru. Pres de ce lieu eft affife l'ifle
de *Paro*, renommee de tout temps, à caufe du Marbre le meilleur du monde qui eftoit
prins en elle : de forte que qui vouloit recommander quelque Statue, outre la main de
celuy qui l'auoit taillee, on difoit que c'eftoit marbre Parien. Elle fut iadis appellee
Minoïde, pource que Minos y feit baftir vne ville fort belle : du refte de laquelle il ne
fe voit rien à prefent. On la nomma auffi *Pareante*, du nom d'vn fils de *Pluton*, Roy
d'Epire, qui la vint habiter, y dreffant vne ville pres le mont Marpefie, à prefent dict
Capreffo, qui fe voit encore debout, mais ayant peu d'edifices. Les plus excellens tailleurs d'images & idoles , comme eftoient *Dipenus*, & *Scyllis*, Candiots, *Melas* , *Mi-*
thiades, & *Anthermus*, natifs de Chie, qui viuoient du temps du Poëte Hipponax, fe
tranfportoiét volontiers en cefte ifle, pour y choifir le plus fin & naturel marbre blâc
iafpé, & le mettre en œuure : les Grecs le nommoient *Lychnitis*. Phidias le nompareil
Sculpteur, natif de la mefme ifle Parienne, le fçauoit bien appliquer pour en faire parade aux temples d'Athenes. Vifitant la Grece, i'ay veu plufieurs pieces de marbre en
œuure, & diuerfes fortes d'idoles antiques, la plus grand part defquelles eftoient rompues, faictes du temps de ces grands ouuriers : & n'eft iour que aux fondemens des villes il ne f'y en trouue quelques vnes. Le Lyon de marbre blanc, gros comme vn Taureau, que i'ay veu à l'entree du port d'Athenes , fut faict de ce marbre Parien , comme
lon trouue efcrit & graué en lettres Grecques aux pieds dudit Lyô. Mefmes les Grecs
Afiatiques m'ont affeuré, & monftré dans leurs hiftoires, que le Palais du Roy *Mau-*
folus, bafti au païs de Halicarnaffe, en la petite Afie, & fa fuperbe fepulture , eftoient
faicts de ce mefme marbre de l'ifle de Paro. Ie ne vous dy chofe quelconque, que les
Grecs du païs ne m'ayent recité, & affeuré auoir pardeuers eux les anciens liures de la
premiere habitation de toutes les ifles de cefte mer, & fondation des villes. Vers le
Nort eft la ville & port du nom de l'ifle, où fe tiennent les Turcs : d'autât que les Chreftiens font dans le plat païs addonnez au pafturage. Ce font lieux pleins de grâdes antiquitez, veu que encore fur vne colline lon voit vn chafteau fans ruïne quelconque,
tout fait de marbre blanc, fi hault efleué, qu'on diroit qu'il furpaffe les nues, lequel f'appelle *Cephalos* : il eft vray qu'on n'y habite point , & c'eft la retraite des pafteurs fur
iour, lors que le chault les preffe. Du cofté de ce chafteau eft la riuiere, que les Anciens
nommoient *Afope*, laquelle defcendant des monts , & par les precipices des rochers,
fe va rendre en mer du cofté du Midy. Iadis les Pariens furent ceux qui accorderent

les Mileſiens,ayans diſcorde ciuile enſemble.Ce fut de ceſte iſle qu'eſtoit natif le Poëte *Antiloque*. Dauantage il ſy trouue auſſi de petits Rubis, que vous diriez les meilleurs du monde : mais qui en voudroit faire comparaiſon auec ceux de l'Orient, c'eſt
tout ainſi que des Diamans de Canada, & d'auſſi peu de compte entre les Lapidaires.
Autre choſe n'ay-ie veu remarquable en ceſt endroit, qui merite d'eſtre deſcrit,ſinon
que deux iours deuant nous embarquer,vn Grec me pria de tenir ſon fils, à la façon & *L'Autheur*
maniere des Grecs, pour eſtre baptizé, lequel eſtoit né, y auoit plus d'vn mois, auec *parrain d'ũ*
deux Geneuois & vn Grec, & me feirent l'honneur de le nommer de mon nom An- *Grec Her-*
dré.Vne choſe y a,que nous apperceuſmes & veiſmes,malgré le pere qui nous le vou- *maphrodite*
loit celer,que ceſte pauure petite creature de Dieu eſtoit Hermaphrodite,ſçauoir ayãt
deux natures : & de ce ie m'en eſbahis peu,attendu que l'annee auparauant m'en fut
monſtré vn autre en l'iſle de Crete,que ſes parens rendirent moyne.Au ſurplus,i'auois
oublié qu'il en y a qui ont eſcrit, qu'en l'iſle de Naxie ſe trouuoit vne fontaine qui
auoit le gouſt de vin. Mais cela eſt auſſi vray,comme le conte de celuy qui dit,qu'en
Paro en y a vne autre,laquelle ayãt l'eau claire,ſi vous y mettez vn linge ou peau blanche,tout ſoudain elle deuient noire : veu qu'en cecy les raiſons Phyſicales n'ont aucun lieu,où Nature eſt impoſſibilitee.Quant à vn,qui ſe vantoit,n'y a pas long temps,
eſtre Lecteur du Roy en Mathematiques,& qui pour deffendre les reſueries de Pline
(comme i'eſtois ſur le diſcours de ceſte iſle) n'eut honte de me dire,qu'en Sicile,d'où
il eſtoit natif,y a vne fontaine de ſource de laict:ſil ſe fuſt contenté de me dire,qu'elle
eſtoit blanchaſtre, & repreſentant la couleur de laict,ie luy euſſe laiſſé paſſer,comme
choſe qui ſe peult faire,ayant eſgard au terroir de la meſme couleur blanchaſtre:
Mais d'aſſeurer que ce ſoit laict, & qu'elle euſt le meſme gouſt comme il diſoit,i'eſtimerois que ce fuſt fait en Veau Sicilien,ſi Theuet ſe paiſſoit de telle croyance : d'autant qu'en ce qui eſt ordinaire en la Nature,il fault que les raiſons naturelles y ſoient
auſſi apparentes : & en ce qui eſt ſupernaturel & prodigieux,il ne fault plus diſputer.
Mais laiſſons ces compteurs qui croyent tant de legier,& reuenons à noz iſles.Vis à
vis de Paro eſt vne iſlette,dicte *Antiparo*, & non loin d'elle,celle que les Anciens nõ-
merent *Siphnos*, à preſent *Siphano*,les villes de laquelle eſtoient *Acis*, & *Merope*,à
preſent toute deshabitee,ſauf de quelques paſteurs. Pres de là eſt *Pholegadros*,qu'on
dit maintenant *Arzentar*, & puis *Olearos*,leſquelles toutes regardent le Midy:que ie
paſſe legerement,à cauſe qu'il n'y a rien qui face à compter en elles,pource que preſque tout y eſt deſert.En Paro ie vey trois pieces de Iaſpe,ayant diuerſes choſes engra- *Choſes ad-*
uees en elles naturellement. En la premiere lon y voyoit la figure d'vn Globe,auec la *mirables de*
diſtinction de la terre d'auec la mer,ſur laquelle y auoit vne Couleuure qui nageoit, *la nature*
& vn Chien barbet qui taſchoit de la mordre:ouurage autãt bien fait,comme il eſtoit *des mar-*
admirable & ſingulier, eſtant ſans aucune manufacture. En la ſeconde, Nature auoit *bres.*
imprimé l'effigie de la teſte d'vn homme,ſi bien proportionnee que rien plus, & faite
comme ſi l'homme ne fuſt venu que d'eſtre decollé,à cauſe que le ſang eſtoit marqué
en l'effigie. Et en la troiſieme, on apperceuoit encor la teſte d'vn homme auec vne ſa-
lade,ſoubz laquelle toutefois lon pouuoit voir aiſément la face:choſe pour vray ſi excellente,que ie ne ſçay ſil ſeroit poſſible,qu'vn graueur ſceuſt buriner ſi ſubtilement,
que cela eſtoit tiré du ſeul artifice de Nature.Paſſé qu'on a *Siphano*,vous venez à *Ser-*
fou, dicte des Anciens *Seriphos*,en laquelle les Grecs m'ont dit que fut nourri Perſee.
C'eſt de ceſte iſle, que de tout temps on a eu mauuaiſe opinion, & a lon fait compte
d'eux comme de gens de peu de faict. Elle eſt toute pierreuſe,& pleine de rochers : &
c'eſt d'où les fables ont prins,que Perſee ayant la teſte de Meduſe, & la monſtrant aux
Seriphiens,les conuertit tous en rochers.Vers le Midy elle a vn beau port,ſauf qu'il y

a vn escueil à l'entree : auquel de mon temps vn vaisseau de Rhodes se perdit, & plus de quatre vingts Chrestiens, Iuifs & Turcs. Que si i'eusse creu quelque compaignie Gregeoise, auec lesquels i'estois, ie me fusse embarqué audit vaisseau auec eux, & par mesme moyen i'eusse beu iusques au creuer, comme ils firét tous, sans qu'il en reschappast que trois qui se sauuerent sur des sacs de cotton. La ville qui est sur le port, n'est guere bien peuplee, & les habitans sont tous pasteurs, ayans pour le plus de leur bestail, toutes Cheures. L'isle est grãde de huiĉt à dix lieuës de circuit : & sa voisine est ladite *Siphano*, en laquelle fut iadis adoré Pan, le Dieu des pasteurs, comme encore y pouuez voir sa Statue fort gastee par l'iniure du temps. Il me reste *Zea*, qui est à cinquantequatre degrez vingtsix minutes de longitude, trentesept degrez minute nulle de latitude : car toutes les Cyclades sont au milieu du quatrieme climat, & dixieme parallele. Ceste isle est faiĉte en forme d'vn Croissant, nommee ainsi d'vn fils d'Apollon, qui s'appelloit *Zeo*, le nom duquel luy est demeuré encore, iaçoit que iadis elle s'appellast *Tetrapoly*, à cause de quatre villes basties en icelle, *Coresse*, *Iuli*, *Cailthee*, & *Zee*, la principale, qui estoit au milieu de l'isle. En icelle fut iadis vne loy fort estrange, à sçauoir, Que celuy qui auoit attaint l'aage de soixãte ans, se pouuoit faire mourir sans reprehension auec du venin. Et de cecy les Grecs me compterent vne Histoire aduenuë du temps de Pompee, lequel passant par là, trouua le peuple assemblé hors la ville, qui alloit voir mourir vne honorable Dame, chargee d'ans, & de bonne renommee. Mesmes le Prince Romain la voulant destourner de sa cruelle entreprinse, il luy fut impossible, elle luy amenãt des raisons, pour lesquelles il luy estoit plus doux & plaisant de mourir, que viure & languir, & de laisser le monde, attendãt que fortune nous accable. Depuis Pompee, quoy que ceste femme passast le pas, feit abolir la loy susdite. On me recita aussi vn grand cas de ceste isle, disans, qu'il y auoit vne fontaine, l'eau de laquelle si quelqu'vn venoit à boire, soudain se sentoit saisi d'estonnement, & comme s'il eust perdu le sens, il estoit sans memoire quelconque, iusques à ce qu'il eust fait digestion de ceste eau auallee. Mais de ce voulant sçauoir la cause, ie trouuay que ce n'estoit autre chose, que la grand' froideur, qui vous saisit tellement, que voz esprits en sont tous esmeus : de sorte que si on ne vous faisoit pourmener, à fin que le sang ne se figeast par ceste froidure, on seroit en grand danger de sa personne. Et ce sont de ces eaux qu'on dit venimeuses, le poison certes desquelles consiste en ceste extreme froidure : ainsi que l'experimentent ceux qui boiuent de quelque eau tresfroide en vne extreme chaleur, comme aduint au Comte d'Armignac, qui mourut au siege d'Alexandrie en Lombardie, allant au secours des Florentins contre le Duc de Milan. Voyla quant aux isles proprement appellees Cyclades, & ce que i'ay peu obseruer, estant en icelles, les ayant visitees quatorze mois entiers.

isle de Zea faite en forme de croissant.

Fontaine venimeuse.

LIVRE HVICTIEME DE LA
COSMOGRAPHIE VNIVER-
SELLE DE A. THEVET.

De l'isle de CHIOS : *Statues antiques, Magiciens : & des doctes hommes qu'elle a produit.* CHAP. I.

HIOS, qui encor retient le nom ancien, m'est en telle recommandation, tant pour la bonté & fertilité de l'isle, que pour la courtoisie
que m'ont fait les habitans, que ie serois marri de m'en taire. Or est
elle assise vis à vis de la Peninsule d'Iconie, en laquelle estoit bastie
l'ancienne ville Clazomene, à present *Grina*, autrement *Melaxo*, de
laquelle fut natif ce Thales Milesien, le premier des Sages de Grece.
Elle regarde vers le Leuant, le Promontoire *Argene*, qui fait le bout de la Peninsule:
noz mariniers l'appellent Cap blanc. Vers le Nort, elle a son regard à l'isle de Metelin: à
l'Est, luy est la mer Egee, regardant le Negrepont : & au Su, les isles Cyclades : & gist à
cinquantequatre degrez vingt minutes de longitude, trentesix degrez cinquatesix minutes de latitude, estant au milieu du quatriesme Climat, & dixiesme Parallele, ayant
son plus long iour de quatorze heures & trois quarts. Sa longueur s'estend du Su au
Nort, entre Samos & Metelin, & est des plus grandes de tout l'Archipélague: & quand
ie diray de la mer Mediterranee (excepté Sicile, Cypre, Candie, & Rhodes) ie ne feray
grand' faute, ou point du tout. Son nom luy fut donné, ainsi que plusieurs estimét, par <inline-marginal>*Pourquoy Chios est ainsi nom- mee.*</inline-marginal>
Cione Nymphe. Autres disent, q̃ c'est à cause des Neiges qui sont sur les monts d'icelle,
attédu que *Chion* signifie autant que Neige. Elle fut aussi nómee *Macrine* pour sa grãdeur, & *Pythiuse*: cóbien que le premier nom luy est en fin demeuré: & est loin de terre
ferme du costé de l'Asie, quelques dix lieües de mer. Tirant au Ponent, à sept lieües de
Chios, vous voyez vne islette de deux lieües de circuit, qu'on appelle *Psara*, fort haulte
& peu habitee, quoy qu'il y apparoisse des ruïnes d'vne assez belle ville. Ceste cy auec
son antiquité a eu iadis l'Empire sur mer, & en auoit soubz sa puissance plusieurs autres voisines, pource que durant la Monarchie Assyrienne, les Grecs ne furent iamais
tourmentez que de leurs guerres propres, si ce n'estoit de quelques courses des Pheniciens, ou des Rois d'Egypte : mais de force rechassoient-ils telle tépeste. Toutefois à la
fin sourdit la guerre des Atheniens auec les Argiues, & puis auec les Lacedemoniés: en
laquelle d'autất que la Seigneurie d'Athenes estoit plus forte sur mer que par terre, elle
se feit assez facilemét dame des isles de la mer Egee & Icarie, entre lesquelles Chios leur
fut assuiettie. Mais cóme les choses vont en decadéce, ces Insulaires sçachans que ceux
de Negrepont, & de Metelin, & plusieurs autres auoient fait reuolte contre l'Athenié,
se rendirét à l'ennemy: qui fut cause d'vne grãd' playe depuis à l'isle, laquelle a esté aussi

bien vexee par les Perfes, comme les autres foubz le regne du premier Darie, qui fe feit
poffeffeur de la Grece Afiatique, & ifles adiacentes. Ainfi de faifon en faifon les voifins
ne f'entr'aymans point, ont fait que ces ifles ne fe font peu iamais depuis remettre en
leur force. Car fi nous venós iufques à noftre téps, laiffans couler cóme les Romains en
eftoient Seigneurs, & depuis les Grecs regnans en Conftantinople, & mettós à part les
courfes Sarrazines, auant que les Turcs euffent conquis l'Empire qu'ils tiennent: vous
verrez qu'au temps mefme que les Empereurs Grecs ont cómencé à perdre la grádeur
de leur eftat, & que leurs forces fe font aneanties, les ifles eftás tóbees en la main du premier conquerant, cefte cy vint en la puiffance des Geneuois, qui eftoiét plus gráds Seigneurs fur mer qu'ils ne font à prefent: laquelle ils ont tenue iufques à l'an mil cinq cés
foixátefix, payás deuát la prife d'icelle douze mille ducats de tribut au Seigneur Turc.
Et certes ie m'esbahiffois bien, & l'ay penfé plus de cinq mille fois, eftant fur les lieux,
comme il laiffoit fi long temps ce peuple en telle liberté, veu que c'eft contre fon naturel, d'autant qu'il ne veult hóme qui ne reffente fon Efclaue és terres de fa iurifdiction.

Sultan Solyman les auoit toufiours fauorifez, & maintenuz en leur liberté: mais eftant
decedé deuant la ville de Zighuet, païs de Hongrie, incontinét Selym fon fils, à la perfuafion d'vn fien Bafcha, rua fur les pauures Chiois, & fe faifit tant de la ville que des
autres places, nonobftant quelque prefent qu'on luy peuft faire: & en mefme téps feit
venir grand nombre d'Officiers pour la police, & pour fe tenir les plus forts, reduifant
les Eglifes en Mofquees, & fubuertiffant toutes chofes incontinét, & les remettant à la
Turquefque. Fráçois George Venitien, en fon liure intitulé *Harmonia múdi*, fe trópe,

difant, q̃ l'ifle de Pathmos, & celle de Chios font vne mefme: chofe mal entédue à luy,
& qui móftre bié, q̃ les plus doctes fans experiéce faillét volótiers en leurs defcriptiós,
pluftoft q̃ les Philofophes, qui ont voyagé & veu les lieux oculairemét, cóme i'ay fait.

Reuenant donc à ma defcription de Chios, elle eft de grande eftendue, comme celle qui a de circuit plus de foixantefept lieuës, bien portueufe, du cofté mefmement où eft baftie la ville de *Chios*, qui fut antrefois pofee fur le mont, eftant à prefent fur la marine, belle, marchade, & peu forte, comme ie l'ay contemplee en tout fon tour. Au lieu où elle fut iadis fur la montaigne, font auiourdhuy des Religieux Grecs, & leur demeure f'appelle la Couronne. C'eft pres ladite ville, au deffoubz, tirant vers vn lieu nommé Sainct George, de la part du Midy, que vous voyez les plus beaux iardinages du monde: & paffant oultre de l'autre cofté de l'ifle, vers l'Oueft tendant au Su, fe prefente la plaine de *Calonati*, en laquelle fe trouue du Maftic, le meilleur que fçauriez demander: pour l'abondance duquel, on appelle mefmes le Promontoire, qui vife vers le Midy, Cap du Maftic. Il en eft fait trafic en diuers lieux, tant par le Chreftien, que Turc & Iuif, qui pratiquent en l'ifle, non toutefois comme lon a fait: & en a efté le reuenu tel, que ie me fuis laiffé dire, que en vne annee les Infulaires en ont vendu pour huict mille ducats, à cent ducats le quintal. Les Grecs du païs le nomment *Sacquis*, & les Turcs auffi. Quant à la terre qui tire fur le verd de gris, ils en font pareillement trafic. En ceft endroit i'ay veu les plus beaux Champignons du monde, fort delicats à manger, que les Grecs nomment *Amanithes* (ou vn feul, *Manitha*) & les Arabes *Manthareq*: entre lefquels ils ne mangent iamais ceux qui croiffent aux pieds des arbres, ains ceux qui viennent aux vallons. Les Ethiopiens qui en font frians, mangent ceux que lon trouue aux fablos, & non ceux qui croiffent au pied des Palmiers. Or eft l'ifle diuifee en deux parties, à fçauoir celle de deffus, & celle de deffoubz: l'vne tirant au Su, & l'autre au Nort. Celle qui eft au Nort, eft toute montaigneufe, & pleine de bois & forefts obfcures, & force eaux qui coulent le long des rochers, & f'efpandent par la campaigne, auec quantité de moulins, & chafteaux, qui eftoient le plaifir des Gentils-hommes du païs: entre autres *Valifo*, affis en la plus belle affiette & lieu fertil de l'ifle. Il en y a vn autre qui eft ruiné, où lon dit que Homere fut enterré: mais de cela nous parlerons cy apres. Il f'appelle Sainct Helie, & en a plufieurs autres voifins, & nommément Saincte Helene, bafti fur vn Promontoire pres d'vn grand port vers l'Oueft, lequel eft feur & bon, quoy qu'il y ait à l'entree deux efcueils, nommez *Tilmenes*, & vne planure arroufee d'vn fleuue naiffant des fontaines qui font és rochers voifins. Non loin de là me fut auffi monftré vn vieux Monument dans vne fondriere, que lon tient eftre celuy du Philofophe *Oenopyde*, le premier (difent les Grecs) qui f'aduifa de l'obliquité du Zodiaque: iaçoit que quelques autres l'attribuent à Pythagoras. En ce mefme mont qui n'eft trop hault, nomplus que tous les autres de l'ifle, ie fus conduit à vn monaftere de Grecs, autrefois l'vn des plus riches de la Grece, entant qu'ils tenoient & iouyffoient de la tierce partie du reuenu de l'ifle, fans beaucoup d'autres biens qu'ils auoient en Afie, Crete & Negrepont: qui auiourdhuy eft reduit à vne extreme pauureté. Auquel i'ay veu arriuer de mon temps vn nombre incroyable de Chreftiens, venans de toutes parts, tant Grecs, Latins, Armeniens, Maronites, que autres, pour y faire leur deuotion, & où fe faifoient de grands miracles. Et puis dire, que c'eftoit l'ifle la plus libre de toute la mer, où la plus part des habitans eftoient Grecs, qui ont toufiours voulu viure à la façon de leurs peres anciens: tellement qu'il eftoit loifible à chacun de choifir telle maniere de viure qu'il vouloit, hors mis les foufpeçonnez de la Religion. Ceux qui fe gouuernent felon la perfuafion Gregeoife, fe nomment *Romei*, & les Latins, fçauoir ceux qui obeiffent au Pape, *Franki*. Et d'autant qu'il eft defendu aux Grecs de manger poiffon en leur Karefme, qui ait fang, f'il fe trouue quelcun qui en ait autrement vfé, le peuple f'en fcandalife afprement, & de faict le tiennent Huguenot, comme lon diroit pardeça ceux qui mangent de la chair au Vendredy, tant

Cap du Maftic.

Sacquis, maftic en Grec & en Turc.

leur religion eft eftroictément obferuée. Toutefois eftant aduenu que les Grecs ont prins familiarité auec les Latins, mefmes les Moynes, auffi f'eft-il fait qu'ils en ont tenu depuis fort peu de compte. Some, auant que la Seigneurie de Chios tombaft foubz la puiffance du Turc, elle eftoit certes la premiere du monde, & là où il faifoit le meilleur. Vers le Nort, pres le chafteau Sainct Ange, fe voit vne fontaine qu'on appelle *Nao*, là où commencent à fe faire des montaignes, qui fe vont rendre en la mer, en vn lieu dit *Cardamile*, là où eft le fleuue *Holufan*, pres le port Daulphin. Et de là vous prenez le chemin de la ville de Chios, qui eft en la partie inferieure de l'ifle, en laquelle arriuent les marchans de tous coftez, pource qu'elle eft fur le grand paffage à ceux qui vont en Natolie, Caramanie, Rhodes, Syrie, Egypte, & qui veulent prendre la route d'Afrique. On y trafique encor de l'Amidon, qu'on porte en diuers lieux, & f'en chargent les Turcs autant ou plus que d'autre marchandife, fauf le Cotton qui y eft beau, blanc, & fort fubtil & delié. Du Bled, elle en a ce qu'il luy en fault, voire pour en fournir aux nations eftrâges : mais le principal de tout eft le vin, non pas Maruoifie, le meilleur de toute la Grece, quoy qu'on face grand cas de celuy de Candie. Et d'autant

D'où vient le mot de Maruoifie.

que tous ne fçauent pas d'où vient ce mot Maruoifie, il fault noter que le vocable eft corrômpu, veu que ce vin f'appelloit Aruifien, à caufe du lieu où il croiffoit, qui eftoit afpre & pierreux, qui fe difoit anciennement *Aruife*, contenant vn grand païs de vignoble : & de ce bruuagé les Romains vfoient en leurs delices, & n'en prenoit on que vne fois fur la fin du repas pour faire bonne bouche. Pour monftrer donc l'excellence de ce vin, les autheurs anciens n'ont point oublié de louer Cefar de largeffe & magnificence, pource qu'en fes Triomphes il en donna largement au peuple, comme fi c'euft efté quelque chofe de peu de pris. Or iaçoit qu'en Candie y ait de bons vins & fort eftimez, fi eft-ce que la purité & delicateffe de celuy de Chios le furpaffe en toute forte, d'autant qu'il n'eft pas fi offenfible : & cela a donné occafion aux hommes fçauans de le recommander par leurs efcrits, comme ie l'ay long temps experimenté, qui m'en fait auffi parler plus hardiment. En outre, en cefte ifle fe trouue des Marbres diuerfifiez en couleurs, les plus beaux, finguliers, & excellens qu'on fçauroit voir : veu que ce qui en eft ailleurs, n'eft rien au pris de ceftuicy, iaçoit que le marbre blanc de Paro ait efté en grand vfage entre les Anciens. Les Grecs du païs le nomment *Nimourry*. Auffi

Statue de Bacchus faite en marbre.

les ouurages & ftatues qui font à Chios, monftrent affez l'abondance qu'ils auoient de marbre bô, & aifé à mettre en œuure. Et c'eft là que i'ay veu le lieu, où lon dit qu'eftoit la ftatue liee du Dieu Bacchus, à fin qu'elle ne f'en allaft point. Cefte idole eftoit faite de tel artifice par ne fçay quels charmes & forcelleries, qu'au plaifir des Preftres magiciens & enchanteurs elle alloit & venoit d'vn lieu à autre : Ce qu'ils pouuoient auffi aifemét faire, que ceux qui feirent le Chien qui eftoit entre Baruth & Tripoly de Surie, lequel abbayoit quand les nauires arriuoient, ainfi que i'ay dit ailleurs : ou comme les ingenieux, & gens de bon efprit iadis à Rhodes, qui faifoient danfer deuant tout le monde les figures de bois, tant d'hommes, que de Lyons, Ours, Tigres, Singes, & autres beftes : ce qui eftoit faict de tel artifice, qu'on euft eftimé que c'eftoient chofes viues & animees. Pareil iugement peult on faire de la Tefte d'airain, qu'on dit que le grand Albert auoit faite, laquelle (fi lon ne nous ment point) parloit & refpondoit aux demandes qui luy eftoient faites, auec vn grand figne d'allegreffe. De telle façon donc eftoit cefte ftatue de Bacchus, en Chios, qui eftoit de marbre noir : & l'auoit fait faire vne grâde Dame de reputation, de laquelle i'ay veu quelques medalles, où eftoit grauee d'vn cofté l'effigie & reprefentation d'vne femme, qui dés la ceinture en hault auoit forme humaine, & les traicts d'vne finguliere beauté, & en bas le refte de Lyonne, tout ainfi qu'on feint Melufine demie femme & demy ferpent : & de l'autre cofté,

des

des enfans tous debout, qui tenoient de petites statues en leurs mains, & autour vne inscription en lettres Grecques, qu'on ne pouuoit lire à cause de l'ancienneté des pieces, & peu d'apparence de ces characteres. Mais ne fault s'esbahir, s'il y auoit de belles pieces, veu qu'en ceste isle se sont trouuez des plus experts & suffisans tailleurs de pierre, & qui se sont meslez de sculpture, qu'en autre lieu. Aucuns qui ont tenu ces medalles, disoient que c'estoit vne Venus: combien que ie ne voy raison aucune, pour laquelle ie doibue consentir à leur dire, veu que iamais le Lyon ne fut attribué à ceste Deesse par la folie des Poëtes anciens. Toutefois quiconque ce fust, il est certain que c'estoit de l'ouurage de deux tailleurs freres, natifs de ceste isle, nommez l'vn *Bupale*, & l'autre *Antherme*, autant renommez en leur temps, qu'autres qui vesquissent en l'Asie ny Europe: lesquels exprimoient si gentiment le traict, & du visage, & du corps, de quelque chose qui leur fust representée, que comme ils eussent tiré & taillé l'image d'*Hipponax* Poëte Iambique, laid sur toute deformité, ayant grosses leures, le nez plat, les yeux enfoncez, la teste chauue, le col court, & les espaules raboteuses, & l'eussent mise en veuë de tout le monde, elle seroit de risée & mocquerie à ce peuple Insulaire & autres estrangers. Dequoy fut le Poëte si indigné, que n'ayant autre cousteau pour se venger, que la fureur de sa Muse sanglante, il escriuit auec telle ardeur & vehemence, & vomit tellement sa rage de mesdisance sur les deux freres faiseurs d'images, que l'on dit, que de despit que l'autre piquoit si viuement par ses vers, ils se pendirent. Neatmoins les Grecs Insulaires qui comptent ceste histoire, s'oublient vn peu plus qu'il n'est de raison, comme i'ay depuis pensé: d'autant que le Poëte qui contraignit son ennemy de se pendre, fut celuy qui inuenta les vers Iambiques, & s'appelloit *Archiloque*, qui aussi estoit Historien: & le sot, qui pour son mesdire eut recours à vn cordeau, auoit nom *Lycambé*, qui estoit long temps auant que *Hipponax* fust en estre. Or Archiloque estoit du temps de la Sibylle Samienne, enuiron l'an du monde trois mil deux cens nonantehuict, là où cest Hipponax, & ses mocqueurs Bupale & Antherme viuoient du temps que l'Empire d'Assyrie tomba en la main des Perses, & que Cyre print la grand' ville de Babylone, enuiron l'an du monde trois mil quatre cens vingt six, en l'Olympiade soixantieme. Voyla ce que ie respondis à quelques Grecs Insulaires, qui me lisoient l'histoire escrite à la main: car de liures imprimez, ils n'en eurent iamais. Et au reste il se trouue, que encore apres la mort d'Hipponax, ils ont fait des statues fort excellentes, mesmement en Delos, au pied desquelles ils escriuirent leur nom, auec ceste sentence: Que Chios estoit fertile, non seulement en bon vin, ains encor en gentils esprits. Au mesme temps que ie fuz en l'isle, on trouua vne autre belle statue de marbre blanc de Paro, d'vn homme de haulte stature, ayant les mains enlacees l'vne dans l'autre, comme celuy qui seroit fort desconforté, lequel estoit laid & difforme de visage, & estoient les prunelles de ses yeux d'argent, le nez à demy cassé, & la teste fort grosse: le reste du corps assez bien fait, sauf vne bosse vn peu eminente sur le doz. Et cognoissoit on par quelques lettres Grecques, que c'estoit la representation du Poëte susnomé, qui auoit esté faite par les ouuriers susdits. Dessoubz ses deux mains estoiet escrits ces mots, *Tohenachery niuigny talo chetadyo tou prosoppo*: qui est à dire en Grec vulgaire, ancien & corrompu, Vne main laue l'autre. Voyla l'interpretation qui m'en fut donnee par lesdits Insulaires. Laisserent aussi les ouuriers susdits vn excellent chef d'œuure en l'isle, à sçauoir vne statue de la Deesse Diane: l'artifice de laquelle estoit fort merueilleux, d'autant qu'elle sembloit regarder d'vn visage triste ceux qui entroient en son isle, & lors qu'ils s'en alloient, elle estoit ioyeuse, & monstroit vne face riante: estant posee en vn lieu tel, que de quelque costé que vous vinssiez, vous oyiez vn Echo, & son de voix redoublé, ainsi que ie l'ay experimenté, que le rebat vous rend

Bupale & Antherme bons tailleurs d'histoires.

Statue trouuee du temps de l'Autheur.

Statue de Diane.

S

la voix, & trois & quatre fois. Iadis les bonnes gens penfoient que ce fuffent les De-mons & Demydieux qui fe tinffent là, & qu'ils rapportaffent ce que lon difoit en la prefence des grands Dieux. Car vous fçauez que les Grecs ont eu les grands Dieux, les moyens, & les Heroes, & de ceux cy eftoient meffagers les Demons, defquels encor ils ont fait quatre efpeces, à fçauoir celeftes, aëriens, terreftres, & fouterrains. Celuy qui en a le mieux difcouru, & le plus doctement, fans ometre l'opinion vulgaire, c'eft le fe-cond Homere de noftre temps, le Seigneur Pierre de Ronfard, en l'Opufcule qu'il a

Abufions des magi-ciens. fait fur ce propos. Soubz le pretexte de ces Demons, les Magiciens faifoiét merueilles auec les illufions du Diable, faifans remuer les ftatues, fuer, plourer & parler. Encore à prefent le païs n'eft fi purgé d'enchanteurs, & de ceux qui abufent les hommes, foubz ombre de dire que l'efprit qui leur apparoift, eft vn Demon & fubftance pure, & fans mefchanceté, efloigné de la commune malice, & de ce qu'on appelle malin efprit: que lors que ie faifois le voyage de Leuant, vn mois auant que i'arriuaffe en l'ifle, il y eut

Hiftoire d'vn encha-teur. vn Grec, hommé *Macrian*, qui fe vantoit d'auoir vn Demon enclos dans vn mi-roir enchanté (ainfi me fut-il recité par fon compaignon mefme qui m'eftoit fort fa-milier) lequel luy auoit promis de trouuer vn threfor caché foubz terre, dés le temps que Minos commandoit à ces ifles, & autres folies qu'il fe faifoit accroire, alliché dés promeffes de ce beau perroquet d'efprit. Quand donques ce Philofophe accompai-gné de fon feruiteur, & d'vn fils aagé de dix ans, font en l'ifle de Paro, il s'en va au lieu où l'efprit luy auoit dit: lequel pour les tromper, auoit monftré à l'enfant quelques grandes pieces d'or, qui eftoient fort efpaiffes: ce qui encouragea & le Philofophe, & fon feruiteur à foffoyer, & cauer foubz terre, tant qu'ils defcouurent vne Arche fort bien clofe, & cimentee de tous coftez. Ainfi qu'ils penfent en approcher, ils voyent vn oifeau fur l'arche & coffre de pierre, qui auec vn chant hideux bequettoit le coffre, & fe debattoit, comme fe mettant en deuoir de deffendre le lieu, fi aucun tafchoit d'y mettre la main. Neantmoins le Magicien, qui eftoit tout fait à ces chofes, ne s'effraya pour ceft oifeau, ains approcha pour rompre le coffre: mais lors qu'il penfoit eftre ri-che, il fe veit auec fon homme englouty au lieu mefme, fans que iamais on ayt veu ny l'vn ny l'autre. L'enfant fut fauué, lequel i'ay interrogué plufieurs fois fur cecy, & m'en a dit l'iffue: de laquelle tous ceux du païs furent eftonnez, & allafmes fur le lieu où la chofe eftoit aduenue. Cefte ifle, comme auez defia entendu, a efté fort fertile en gens de bon efprit, & verfez en plufieurs fciences & bonnes lettres, comme Ion, Poëte Tra-

Ion Poëte Tragique. gique; non pas celuy qui donna le nom à la prouince d'Ionie, veu que ceftuicy n'eft point fi ancien : ce grand Hiftorien Theopompe, qui viuoit du temps de Iule Cefar: & vn Sophifte & declamateur, appellé Theocrite. Quant au Poëte Homere, ceux de Chios fe glorifioient, & encore fe vantent, qu'il eftoit de leur ifle, les Anciens fe fon-dans fur ce qu'il y auoit vne race, qu'on appelloit les Homerides, bons chantres, & gés qui faifoient gentiment des vers ramaffez. Mais pour le nom, la raifon n'en eft trop vallable, d'autant que Homere eft vn nom fortuit; & lequel on luy donna apres qu'il fut deuenu aueugle, s'appellant auparauant *Melefigene*. Le peuple Afiatique luy don-noit le nom de *Thannath-faré*, comme s'ils euffent voulu dire, Image ou figure des plus doctes du monde. L'autre raifon de ceux de Chios eftoit, qu'ils fe difent auoir le tombeau dudit Poëte, lequel i'ay veu pres du chafteau de *Valiza*, és ruïnes que par cy deuant ie vous ay appellé Sainct Helie. Touchant ceux de terre ferme, & de l'ancien-ne ville de Smyrne (d'où eftoit Galien, pere des Chirurgiens) ils difent qu'il eftoit de leur païs, & y voyoit on iufques au temps des faccagemens faits par les Sarrazins, les Portiques où Homere auoit eftudié, & le temple dans lequel eftoit fon fepulchre, & la ftatue dreffee en l'honneur dudit Poëte. Mais auant que toucher à cecy, efpluchons

vn peu de plus pres l'histoire, à fin que s'il est possible, ie tire quelque clarté de choses
si doubteuses : ne vous voulant rien alleguer, sinon suyuant l'opinion des Grecs des
isles Cyclades, de mot à mot, & de ce que i'ay peu tirer d'eux. Il y a eu diuers Home- *Discours de plusieurs Homeres.*
res, & en diuerses saisons : qui a causé ce doubte du Poëte, & du temps qu'il viuoit. Car
le premier estoit natif de Smyrne, grand Seigneur, & Lieutenant du Roy de son païs,
lequel viuoit enuiron le temps de la prise de Troye, ou bien peu apres. Le second fut
quatre vingts ans apres, natif de l'isle de Chios, grand Philosophe, & cognoissant les
secrets de Nature : & estoit cest excellent homme du temps que le grand Poëte Hebrieu resonnoit sur sa harpe les merueilles & les bontez de son Dieu au païs de Iudee. Et croirois presque que ce soit cestuicy qui a escrit l'Iliade, & les œuures qu'on
admire tant, & qui courent soubz le nom d'Homere : n'estoit qu'on dit, que Hesiode
est plus ancien, ou qu'ils s'approchent fort de temps & saison. Il en y a eu vn autre, qui
estoit de Stalimene : mais ne fut iamais illustré que pour ses richesses, là où le Poëte
estoit marqué d'vne pauureté extreme : & ne fut ce bon homme cognu le temps de ses
estudes (ce qui aduient volontiers aux Philosophes) ne durant qu'il escriuoit : car c'est
la coustume des pauures, d'estre cognus plustost apres leur mort, qu'en leur vie, quelques trauaux & voyages qu'ils ayent faits sur mer & sur terre. Au reste, i'ay souuentefois conuersé auec les plus sçauans personnages qui ont esté de mon temps en Grece,
tant moynes que seculiers, lesquels discourent des hommes plus remarquables, qui iadis ont esté entre eux. Ils m'en nommerent plusieurs : mais entre autres donnoient-ils
le premier lieu & rang, quant à la poësie, à cestuy Homere. Dauantage, ie fus conduit
par quelques Grecs au village de *Cardamile,* lieu assez solitaire, à cinq lieuës de la ville, tirant à main gauche vers la marine, là où les habitans de l'isle tiennent tous de pere
en fils, ioinct l'histoire ancienne qu'ils en ont, que c'estoit le propre lieu, où estoit iadis
la Bibliotheque dudit Homere. Ie ne daignerois m'arrester à vous discourir des fan-
tasmes & visions, que lesdits Grecs me racontoient, qu'ils disent & asseurent voir tant
de iour que de nuict en ces endroits. Quant à cest Homere, qu'on dit auoir esté de Colophon, il estoit excellent peintre, & tailleur d'images : & ainsi ceux de ceste ville là
perdent aussi leur cause. Mais celuy, qui fut citoyen d'Athenes, & viuoit du temps de
Roboam fils de Salomon, estoit grand Orateur, & si excellent en sa ville, que les Atheniens souffrirét de receuoir loix, & police de luy. Et le sixieme que ie treuue, fut Grec
Argiue, grand Geometrien, & bon Poëte : mais de dire que ce soit luy qui ait composé
l'Iliade, il n'y a point de lieu, à cause q̃ Herodote mesme côfesse, qu'entre l'aage d'Homere iusques à son temps, y pouuoit auoir quatre cens ans : ce qui ne se trouueroit depuis cestuicy. Le septieme & dernier estoit Meonien, qui viuoit du temps de Numa
Pompilius : lequel fut si sçauant & bien versé, qu'à luy seul fut donnee puissance de
corriger ce qui seroit d'imparfait en la langue Grecque, laquelle se contenta du seul
iugement d'vn si excellent homme. Reste donc icy à voir, en quel temps a vescu celuy qui a escrit l'Iliade, cent soixante ans apres la guerre de Troye : d'autant qu'il y a
plusieurs isles, qui sont encores à present en contention, à qui sera citoyen ce pauure
homme, qui en son viuant alloit mendier son pain de porte en porte, comme dit est.
Or semble-il que toutes ces isles se doiuent rédre admirables en toutes choses, veu que
non seulement elles ont porté, & portent d'excellens hommes, de bons fruicts, abondance de bleds & de vins, ains encore la terre mesme est prise pour l'vsage des bains, à
cause qu'elle nettoye & blanchist plus que sauon quelconque, & au reste elle sert & *Pline se mes conte sur les rubis, qu'il dit auoir en Chios.*
vault contre toute defluxion de sang. Ie ne veux icy oublier à vous dire la mensonge
que recite Pline, au chapitre qu'il fait des Rubis, alleguant l'opinion de Theophraste,
quand il dit, qu'en ceste isle de Chios il y a de beaux & naturels Rubis. Ce que iamais.

Theuet ne luy accordera, attendu que ie ſçay le contraire, & qu'il ne ſ'y trouue roche
de Rubis, non plus que d'Eſmeraudes ou Diamans, ſi on ne les y porte d'ailleurs . On
tient que ces Inſulaires ont eſté les premiers, qui onc inuenterent l'achapt par argent
des ſerfs & eſclaues : mais de la ſeruitude non, laquelle eſt bien plus ancienne, qu'il n'y
a de temps que l'iſle de Chios eſt habitee: ſi que auparauant que ceſt vſage fuſt par eux
trouué, on vſoit d'eſchange, comme qui donneroit du bled ou du vin pour auoir vn
homme, ainſi que encore ſ'vſe parmy les Barbares où i'ay eſté, qui ne ſçauent que c'eſt
que de monnoye, de quelque eſpece ce ſoit. Il y en a d'aucuns, qui ont noté ceux
de Chios, comme ſ'ils fuſſent laſcifs & deshonneſtes, & gens trop addonnez à plaiſir.

Habitās de Chios ciuils & hōneſtes. Mais ie penſe que ceux là en parlent plus par ouyr dire, que non point la verité leur
en ſoit cogneuë: pouuant bien dire, que du temps que ie les ay frequentez, ie n'ay veu
nation en la Chreſtienté plus ciuile, hōneſte, & viuant ſelon Dieu. Les Dames, oultre
qu'elles ſont douées d'vne excellente beauté, & ſont en liberté auſſi grande que noz
Françoiſes, ſi eſt-ce que la chaſteté y eſt telle, qu'on ne ſçauroit aſſez loüer leur perfection : Vous aſſeurant que ie plains fort, que ſi gens de bien ſoient tombez du tout en
la patte de ces loups rauiſſans les Officiers du Grand-Seigneur, qui eſt vn vray adiour-
nement pour le Venitien en ſes iſles de Corfou & Candie (car de Cypre il n'en fault
plus parler) iaçoit qu'on puiſſe dire, que ce qu'il en a fait, a eſté par deſpit du Roy d'Eſpaigne, à cauſe que le Turc n'ignore point, que les Geneuois ſont à la deuotion dudit
Roy Catholique. Mais ce ſont ruſes Turqueſques, & c'eſt battre le Chien deuant le
Lyon. Ceſte iſle a eſté anciennement celebree de pluſieurs, & entre autres par le Poëte
Eupolis, qui chante ſes loüanges, & appelle belle, à ſçauoir la ville de Chios, qui fut iadis demolie par les Perſes, & puis par Demetrie ſucceſſeur d'Antigone. Sur vn Pro-
La ville de Phocee. montoire, vis à vis de Chios, vers la petite Aſie, eſt l'ancienne ville *Phocee* au païs Eolide, dicte auiourdhuy *Foghe vecchie*, de laquelle ſortirent les premiers qui baſtirent
Marſeille, ainſi que ie diray en ſon lieu: Et de l'autre coſté du goulfe, eſt aſſiſe la ville,
chef des Elides, iadis *Elee*, maintenant *Ialee*, ſur le Promontoire *Cené*, & en laquelle
on commença les ieux Olympiques, qu'on nommoit Elides, au nom de Iupiter, où
auſſi il auoit vn temple, dans lequel ſa ſtatue eſtoit d'or maſſif, & vne autre que Phidie
le ſtatuaire feit d'iuoire, d'vne extreme grandeur. Celuy qui veult eſtre curieux de ces
choſes, aille demeurer ſix mois ſur les lieux comme i'ay fait: car quant à moy, ie parle
de ces villes, tāt à cauſe de leur antiquité, que pource qu'elles ſont ſur le chemin qu'on
fait le long de la coſte de l'Aſie Mineur tirāt vers l'iſle de Metelin. Et à fin que ie n'ou-
Le païs Eo-lide. blie rien, ledit païs nommé Eolide, eſt encloz de deux riuieres, à ſçauoir *Herme*, qui
entre en mer pres la ville de Smyrne, auquel ſe conioint *Pattole*, pres de Thiatire, de
laquelle eſt faite mention en l'Apocalypſe: & l'autre, le *Caique*, qui viēt deuers le Nort
du coſté de Naxie, & va ſ'éboucher en mer, aſſez pres dudit Promontoire *Cené*, où il y
a vne petite iſle à moitié chemin de Chios & de Metelin. Au reſte, à cauſe que touſiours iuſques icy ie n'ay gueres laiſſé paſſer, ſ'il y auoit choſe de l'Hiſtoire ſainćte qui
approchaſt à ma deſcription, il fault noter, que és nauigatiōs de ſainct Paul, il eſt parlé
S. Paul n'a point entré en ceſte iſle. aux Actes des Apoſtres, qu'il vint deſcendre, non dans l'iſle de Chios, mais en lieu où
il ioüyſſoit de ſa veuë, ſoit qu'ils ſe tinſſent encrez en plaine mer auec bonace, ou qu'ils
fuſſent deſcendus à vne iſlette voiſine, qu'on appelle *Panagie*, qui eſt dans le goulfe
d'Eolide, non guere loing de Clazomene. Ainſi vous voyez comme la deſcription du
voyage de l'Apoſtre eſtoit dreſſé, & cōme ceux qui le menoient, voltigeoient de toutes parts ſans prendre le droict chemin d'Italie. Voyla donc les ſingularitez de l'iſle de
Chios, ſa grandeur, fertilité, & ruïne, & les hommes qui y ont eſté. Si i'auois le loiſir, ie
m'arreſterois à deplorer la miſere qui luy eſt aduenue : mais ie la lairray aux Hiſtoriés

de noſtre temps,pour n'eſtre le ſubieƈ principal d'vn Coſmographe : & paſſeray plus
auant, attendu que voicy Metelin qui ſe preſente, comme celle qui ſ'eſtime n'eſtre en
rien inferieure à quelle que ce ſoit de tout tant qu'il y a d'iſles depuis Rhodes,prenant
la route Aſiatique,iuſques au Boſphore de Thrace.

De l'iſle de METELIN, diƈte des Anciens LESBOS.
CHAP. II.

L ESBOS a eſté iadis, non ſeulement excellente en ſoy, mais de telle &
ſi grande puiſſance, qu'on l'eſtimoit chef des villes d'Eolide qui ſont
en terre ferme,comme celle auſſi, ſoubz l'Empire de laquelle eſtoit la
region Troade. Elle eſt poſee en la mer Egee, eſtant en longueur du
Leuant au Ponent : iaçoit que quelques vns, qui n'auoient pas bien
veu ſon aſſiette, ayent voulu maintenir, que ſa longueur ſ'eſtendoit
du Midy au Septentrion.Neantmoins qui regardera le Promontoire *Malie*,reſpon-
dant vers l'Orient du coſté de la Natolie,& *Sigrio*, qui regarde l'Occident vers le port
d'*Antiſſe*, il iugera comme ſe fait ſon eſtendue. Sa longueur eſt donc de pres de quarante lieuës.Il y a deux ou trois goulfes qui font de bons ports,comme celuy de Ierc-

mie,tirât au Su:celuy de Caloni,qui eſt au Nort, & l'autre où eſt baſtie la ville de Metelin,tirant ſa face au Leuant.Et giſt ceſte iſle pour le plus à cinquâtecinq degrez qua- *Pourtraict*
rante minutes de longitude, quarante degrez vingt minutes de latitude , ſur le com- *de l'iſle de*
mencement du cinquieme Climat,& onzieme parallele. Entre la ville de *Metelin*, & *Metelin.*
de *Methinnie*, qui eſt ruïnee dés long temps,l'iſle eſt treſeſtroite:& c'eſt où ſe font les

goulfes, & en iceux les ports capables de plufieurs vaiffeaux & nauires. Car celuy qui eft vers Septentrion, eft fortifié de la nature & de l'art, y ayant de grands digues, & la mer profonde & fpacieufe : & celuy qui eft vers le Midy, eftoit iadis cloz : à prefent, à caufe des guerres que le païs a fouffert, cefte clofture eft rompue. A l'entree de chacun de ces ports, vous voyez vne ifle, & és enuirons force autres iflettes deshabitees, & qui ne font que pour le plaifir de ceux de la grand'ifle. Or a elle eu comme toutes les au-

Diuers noms de l'ifle. tres, diuers noms, veu qu'au commencement elle fappelloit *Iffe*: & depuis les Pelafges venus du Peloponnefe foubz la conduite d'vn Prince, nommé Xanthe, y faifans defcente, & fy arreftans, luy mirent à nom *Pelafgie*. Long temps apres, comme elle fuft demeuree deferte, y aborda Macaree Cirnace, Roy d'Achaie: du nom duquel elle fappella *Macaree*, qui fignifie Fortunee. Si aduint en ce temps, qu'vn ieune Seigneur Grec, nommé *Lesbus*, vint en l'ifle: auquel le bon homme Macaree donna l'aifnee de fes filles en mariage, qui fappelloit *Methinne*, pour l'amour de laquelle la ville de Methinne, que Lefbus feit baftir, eut ce nom. Ceftuy fut fi excellent aux armes, & amplifia de tant l'eftat du païs, qu'on donna fon nom *Lesbos* à l'ifle dont il eftoit Seigneur, qui luy a duré iufques à noftre temps, qu'on l'a nommee du nom de la ville de Metelin.

Comment l'ifle fut repeuplee. Car Methinne auoit vne fœur fa puifnee, qui eut à nom *Mytilene*, laquelle feit edifier la ville fufdite, & obtint de luy impofer fon nom. Cefte ifle eftant faine, & d'air bon & ferain, comme le païs continent fuft mal aëré, & maladif, à caufe des amas des vilenies, que les eaux d'vn grand deluge auoient fait, les habitans de terre ferme fy retirerent, & fe font naturalifez en icelle. Toutefois comme la multitude fuft trop gráde, le Roy Lefbus departit fes fuiets en bandes, & les enuoya en Chios, Samos, & Rhodes, pour repeupler ces ifles, & les cultiuer foubz fon obeiffance. Ainfi vous voyez que les Lefbiés font ceux qui ont peuplé les plus belles ifles de la mer Mediterranee. En mefme temps viuoit *Pittaque*, natif de cefte ifle, celuy qui eft nombré entre les fept Sages

Pittaque natif de cefte ifle. de Grece, lequel print les armes contre les Tyrans, & les chaffa, & fen feit Seigneur: qui fut caufe, que le Poëte *Alcee*, Lefbien auffi, ne cognoiffant point à quelle fin tendoit ce fage Seigneur, efcriuit auffi bien contre Pittaque, que contre les autres Tyrans, en vn fien œuure qu'il nomme Stafiotique, où il defcouuroit les moyens tenus par les Seigneurs à femparer de l'ifle. A la fin, les Atheniens ayans obtenu l'Empire de la mer, voyans que les Lefbiens, & nommément ceux de Metelin, leur faifoient tefte, apres quelques batailles, ayans tourmenté beaucoup les Grecs, ils fanimerét tellement contre eux, que par Ediét de tout le Senat fut ordonné, qu'on couperoit la gorge à toute la ieuneffe de l'ifle: & fut cefte ordonnance enuoyee au General de l'armee pour l'executer. Et defia eftoient les Infulaires reduits en telle extremité, qu'ils fe foumettoient à la volonté de celuy qui les affiegeoit, quand vn Diodore Athenien feit tant, que cefte loy fi cruelle fut abolie : non que pour cela les villes ne fuffent toutes demantelees, &

Romains Seigneurs de l'ifle. que plufieurs citoyens n'y perdiffent la tefte. Depuis les Romains en furent Seigneurs, & y fut Pompee, qui l'orna de baftimens, & la doüa de beaux priuileges pour l'amour de Theophanes hiftorien, natif de celle ifle. Neátmoins depuis que l'Empire Romain fut tranfporté en Grece, elle a couru fortune, tout ainfi qu'vn nauire qui eft en mer, ores eftant paifible, & puis tourmentee, felon la fantafie de ceux qui regnoient, comme fouuentefois m'ont recité les habitans. En icelle fe trouue encores de bons efprits, & qui ont les liures efcrits de plus de mil ans ença, dans lefquels ils peuuent lire l'heur

Geneuois Seigneurs de cefte ifle. & malheur qui les a fuyuis. Finalement elle eft tóbee en la main des Gen.euois en cefte forte. Iehan Paleologue, furnommé *Caloian*, ayant chaffé par armes Iehan Catacuzen, fon tuteur, qui feftoit emparé de l'Empire, comme en cefte guerre il euft efté fecouru par les Geneuois, qui luy enuoyerent leur General Fráçois Cateluze, homme vaillant en la marine, en recognoiſſance de ce plaiſir, il leur feit preſent de l'iſle de Metelin, enuiron l'an de noſtre ſalut mil trois cens cinquantehuict, regnant en France Iehan fils de Philippe de Valois, & tenant le ſiege à Rome Innocent ſixieme: Et ce fut ce Catacuzen le premier qui s'ayda des Turcs pour aller contre les Chreſtiens, qui en fin a eſté la ruïne de l'Empire de Grece : comme auſſi entre les Geneuois meſmes il s'en eſt trouué tel, qui voulut liurer ceſte iſle aux Turcs, dequoy il fut puni, enuiron l'an de grace mil quatre cens ſoixante, peu de temps apres la priſe de Conſtantinople. Duquel temps l'iſle ſouffrit pluſieurs aſſaults Turqueſques, ne laiſſans les infideles rien d'entier en tout le plat païs, qu'ils ne rauiſſent & pillaſſent. Entre autres, y aduint vne choſe merueilleuſe, que comme les Turcs euſſent aſſiegé la ville de Metelin, & deſia les Leſbiens & Geneuois fuſſent preſts à rendre les abbois, voyans que la breſche eſtoit grande, & qu'ils eſtoient las du trauail des combats precedens, tellement que chacun eſtoit d'aduis de ſe rendre, & les autres taſchoient de ſe ſauuer en mer : vne ieune fille les encourageant, & les priant de ne point quitter la cauſe de Ieſuchriſt contre l'infidele, s'eſtant armee, ſe ietta ſur la breſche, & y feit de telles preuues de ſa vertu, qu'à ſon exemple les citoyens ſe mettans en auant, feirent tel & ſi grand maſſacre de Turcs, qu'à grand' peine la troiſieme partie de l'armee ſe ſauua ſur ſes nauires. Ie ſuis marri que le nom de ceſte vaillante guerriere Leſbienne ait eſté teu par ceux de ſon païs, ou par les Geneuois, qui en deuſſent celebrer la memoire, comme de celle qui racheta leur honneur par la force de ſon courage, & effuſion de ſon ſang. Toutefois quelque Papaſſe Grec, qui ſe diſoit eſtre du temps que l'iſle fut priſe des Turcs, me diſt qu'elle auoit à nom *Ariane*, fille d'vn Preſtre Grec. Tant y a, que ie ſçay bien qu'elle eſtoit quatre vingts treize ans apres la pucelle Iehanne, qui a tant fait de vaillances pour la reintegration de la Couronne de France. En fin il a fallu que le Turc en ait eſté le maiſtre & Seigneur, qui fut l'an mil quatre cens ſoixantequatre : à laquelle prinſe furent occis vingt ſept mil Turcs, & fut battue par mer & par terre. Les Chreſtiens la reprindrent bien toſt apres ſoubz la conduite de pluſieurs grands Seigneurs de France : mais pour n'auoir eu ſecours, tant des Venitiens que du Grand-maiſtre de Rhodes, furent cōtraints de la quitter : ioinct que la peſte eſtoit de toutes parts en ladite iſle, & païs de Leuant. Ledit Turc tient ſes Officiers en la ville & chaſteau de Metelin, là où les Grecs ſont au plat païs, addonnez à la nourriture du beſtial, & cultiuement des champs : combien que quelques Chreſtiens habitent auſſi auec leſdits Turcs. Quant à la ville, ce n'eſt pas grand' choſe pour le iourdhuy, à cauſe qu'elle a eſté ruïnée par vn tremblement de terre, aduenu de noſtre temps, lequel gaſta tellement toute l'iſle, qu'il n'y demeura preſque edifice entier. Du temps que i'eſtois là, y arriua vn Iuge de Conſtantinople pour vuider certain different d'entre les marchans Grecs, Iuifs, & quelques Mores blancs, qui auoient la Doüane, & les Caffars, c'eſt à dire la ferme des Peages du Seigneur : car le Turc eſt fort exceſſif en tributs & ſubſides, principalement ſur l'eſtranger. Or eſtoit ce Iuge vn beau vieillard, eſtimé de bonne vie, & qui ſçauoit les poincts principaux de la Loy. Auſſi eſt-ce la premiere choſe qu'on leur demande, s'ils ſçauent & entendent bien la Loy & Religion, à fin qu'ils regardent premierement de iuger ſelon Dieu. Ils s'appellent en langue Arabeſque *Cadhi* : autrement *Cadilis*, ou *Cadileſquer romly*. Ces Iuges donc font iurer ſur leurs loix ceux qui veulent auoir eſtats de *Cadilic* (diminutif de *Cadit*) en quelques villes d'Aſie ou Europe, qu'ils ne feront tort à homme viuant. Et de faict, ils s'enquierent de la vie qu'ils ont menee en leur ieuneſſe, & s'il y a perſonne qui ſe plaigne d'eux : les interrogeans, & voulás meſmes ſçauoir comme ils ont eſtudié en droict, & aux poincts de leurdite Loy. Ces *Cadhi*, ou *Baſſi*, ou *Sybaſſi* (qui vault autant à dire que Chef : lequel mot ils ont prins des Tartares, qui

Grand courage d'vne ieune fille.

nomment la tefte *Baß* : toutefois le *Baßi* eft plus grand que le *Soubaci* , qui n'eft que
fon Lieutehant) font fort craints & redoutez des marchans eftrangers, de peur qu'ils

Reuerēceque les Turcs portent à leurs Iuges. ont de tomber entre leurs pattes:& leur porte tout le monde honneur & reuerence,&
les faluët la tefte fort inclinee,pource qu'ils difent que c'eft la reprefentation de l'ima-
ge du grand Dieu, que l'homme qui fait iuftice equitable. Pour reuenir donc à ces
marchans,eux ne fe pouuans accorder,à caufe que le different eftoit de grande confequence,ledit Iuge feit porter vn beau tapis Turquefque,comme tous Iuges de iudicature d'entre eux ont de couftume auoir,où il faffift auec quelques autres,qu'il appella
pour affifter au iugement. Et commandant foudain venir huiét tefmoins des hommes plus apparens de l'ifle,feit faire ferment aux Iuifs , & leur enioignit de ne point fe
pariurer fur peine de la vie, à caufe qu'ils ont cefte nation en fort mauuaife reputatiō:
car vn Iuif volontiers ne dit guere fouuent verité. Ayant ouy refpeétiuement les parties l'vne deuant l'autre,recollé & confróté les tefmoins,fans vfer de beaucoup d'efcritures & papiers:deux heures apres il prononça fa fentence contre les Iuifs qui auoient
efté trouuez en refte de plus de cinquante mille ducats : vous affeurant que iamais ce
procez ne dura que trois iours & demy,quoy qu'il fuft de telle importance.Auffi y al-

Bonne & briefue iu- ftice. lans d'equité, ne prenans rien des parties à peine de la vie, comme ils font, n'eft ia befoin d'aller chercher cinq pieds en vn mouton , comme on fait en plufieurs endroits,
& ne fault auoir tant de Iuges, ne vn tel nombre d'Aduocats, Procureurs & Sollici-
teurs,comme ont volontiers les Latins : ce que obferuent auffi les Perfiens, Mores &
Arabes:car il n'y gift que de dire la verité de fon faiét, & auoir preuue pour eftre foudain expedié. Ce n'eft pas là auffi, qu'on oyt ce grand criement & huerie, & la confufion des voix, telle qu'en beaucoup d'endroits de l'Europe : tellement que lors que le
Iuge Turc eft en fiege, il fe fait vn tel filence, que vous diriez qu'il n'y a homme en
toute l'audience, que celuy qui parle. Et de mefme reuerence, au lieu de Iuftice,vfent
tous autres Mahometans,comme dit eft.Vray eft,qu'il fe trouue des Iuges,principale-
ment en la petite Afie & Egypte,comme i'ay veu l'experience,fort corrompus. Autres
pour toùs les biens du monde ne voudroient offenfer leur confcience , ains donnent
autant d'audience aux Grecs & Latins, quand ils leur prefentent quelques placets ou
memoires pour leurs faicts, & auoir iuftice à l'encontre des Mahometans, Iuifs & autres,qu'ils font mefme à ceux de leur feéte.Vn cas y a il,qu'ils puniffent autant l'vn que
l'autre, quand ils l'ont merité : & n'eftoit que ces maiftres Caffars, qui portent le Turban verd,& fe difent eftre venus de la race de leur Prophete,qui font volontiers creuz
en iugement,nonobftant leurs bourdes & menfonges ordinaires,iuftice feroit à loüer
entre ce peuple barbare.CesIuges font couftumieremēt affis en vn lieu faiét en maniere d'efchaffault, efleué de terre trois ou quatre pieds,ayans les iambes croifees,dont les
vns ont des coüeffins,les autres non : & ne font promeuz en ceft eftat de Iudicature,fi-
non ceux qui font verfez aux loix & couftumes du païs, & que leur vie foit irreprehe-
henfible , comme dit eft, & qu'ils ne foient hommes aagez. Les eftats entre eux ne fe
vendent iamais , quels qu'ils foient : pour ne leur donner occafion par deniers & prefens,de faire iniuftice au riche ou au pauure. Leurs prifons font fort eftroiétes, & ne
leur manquent point les chaines pour lier ceux qui ont merité punition exemplaire,
& principalement ceux qui ont offenfé de crime de lefe Maiefté. Les baftónades font
affez communes aux malfaiéteurs,tant fur le doz, fur le ventre,qu'à la plante des pieds,
ainfi garrottez & couchez fur vn certain lieu, comme pourrez voir par le pourtraiét
mis en la page fuyuante,faiét fuyuant le creon au naturel, que i'ay apporté dudit païs:
ayant certes à mon grand regret, veu punir bon nombre de pauures Chreftiens marchans & efclaues.Quant aux Officiers,Iuges des finances,& ceux qui ont le maniemēt

du threfor du Grand-Seigneur, qu'ils appellent *Cafna* (& les impofitions, gabelles, tribut, & autre reuenu, *Carax*) ils ont vne Chambre criminelle à part : & ceux qui ne rendent fidelement compte de leur charge, reçoiuent mefme punition, & fouuentefois la mort. Le premier intendant fur lefdites finances eft le *Cafnadarbafsi*, qui fe peult comparer à vn Threforier de l'Efpargne : auquel eftat eftoit pourueu de mon temps

vn Eunuque, qui auoit tous les iours foixante Afpres de gaiges. De la iuftice, elle y eft adminiftree briefuement & rigoureufement par les fufdits *Cadhis.* Car fi aucun blafpheme *Ifsa berember*, c'eft à dire, Iefus le Prophete, le nom duquel ils ont en grande reuerence, & qui eft (difent-ils) la Parole de Dieu, qu'il a mis en la vierge Marie par le S. Efprit : ou ladite Vierge, qu'ils appellent *Meriem ana*, laquelle Dieu a preferee & purifiee fur toutes creatures : foit Turc, Iuif, Arabe, ou Chreftien, il eft puni tout ainfi que fil auoit blafphemé contre leurs Prophetes Mahemet & Haly. La peine eft de foixante coups de bafton, & amende pecuniaire. Ils puniffent aufsi les difsimulateurs en leur Religion : & principalement ceux qui ne veulent pardonner à leurs ennemis, quand les feftes de leurs Pafques ils vont aux temples pour faire leurs oraifons, n'ofe-roient faillir à leur demander pardon, fur peine de *Haram*, c'eft à dire, grand peché, & excommunication de l'authorité de leur *Mofty*, & Preftres, qu'ils craignent grandement, & de punition exéplaire. Sur lequel propos ie me recorde auoir veu, eftant au païs Trebizontin, vn vieil Efclaue Mingrelien, qui par fragilité eftant tourmenté de la maladie, que nous difons pardeçà du Hault-mal, donna en fa furie vne baftonnade ou deux à vn *Cafnegirbafsi*, qui eftoit Officier d'vn Sangiach, & luy feruoit de Maiftre d'hoftel. Ce pauure homme donc eftant rafsis, & reuenu en fon bon fens, fe fouuenant de l'offenfe par luy faicte, vint incontinent demander pardon à ce gentil Courtifan:

mais luy fe fentant oultrageufement offenfé, luy bailla vn foufflet fur fa iouë, fans fe
vouloir contenter du pardon qu'il luy auoit requis. Ainfi l'*Aga* du païs, qui a authorité grande, & foubz luy vn *Checaya*, & bon nombre de Ianiffaires, aduerti qu'il fut
de la dureté & arrogance de ce maiftre obftiné, commanda de l'apprehender & em-
prifonner: lequel fe trouua fort eftonné, & loing de fa grandeur: puis trois iours apres
fut condamné, malgré fon cœur felon, receuoir par prouifion quarante baftonnades
fur fon doz, & priué de fon eftat & gaiges. Et ainfi qu'il ne voulut pardonner, de mefme ne luy fut la rigueur de la Loy pardonnee. Au refte, pour reprendre mon difcours
de l'ifle, il eft à noter, qu'elle a efté bien baftie iadis, & abondante en belles villes, où à
prefent ne font que chafteaux, ou bourgades, comme *Gera, Coloni-bafilica, Caftel-petra*,
& *Caftel-mulgo* : & vers le Leuant, le chafteau nommé Sainct Theodore, vers le Pro-

Faulte de Belon.

montoire Sigee. C'eft icy que ie ne puis oublier la faulte de Belon, qui dit, que Achille fut enterré en cefte ifle, à caufe d'vne butte de terre là dreffee, qu'on dit auoir efté faicte par les Metelins en fon honneur. Mais ie voy bien qu'il f'eft deceu fur le nom de
Sigrie, qu'il a prins pour Sigee, toutefois mal à propos: attendu que l'vn eft en Lefbos,
& l'autre, à fçauoir le Sigee, en terre ferme pres Troye, & regardât à l'ifle de *Tenedos*: auquel Promontoire certes eftoit autrefois le tombeau de ce vaillant Achille. Au milieu
de cefte ifle vous voyez vne campaigne fort fertile, quoy qu'elle foit de foy montaigneufe, & pleine de fauuagine, & tant remplie de bois, que les Empereurs de Grece
y dreffoient tout l'equipage neceffaire pour leurs vaiffeaux & nefs, mefme elle abonde en Pins & Sapins le long de fes montaignes. Le vin de Metelin eft auffi fort eftimé
entre les meilleurs, & plus delicats qui croiffent en toute la Grece. Ceux qui fe tiennent en Conftantinople, fçauoir les Latins & Grecs, n'en vfent gueres d'autre. Mais
laiffant cefte fertilité qui luy eft commune auec plufieurs autres païs, i'admire plus les
gens de bon efprit, qui font fortis de cefte ifle, que ie ne fais tout ce qui y peut eftre
creu de richeffes & precieux, quoy qu'on y trouue des Pierres d'Agathe. En premier

Hommes illuftres de cefte ifle.

lieu, i'ay defia nommé Pittaque & Alcee, tous d'vn mefme temps, l'vn excellent Philofophe, & iufte chef de la Republique: l'autre, bon Poëte, & vaillant foldat, & qui
auoit vn frere, nommé *Antimedes*, lequel par fa vaillance auoit deliuré fon païs de la
cruauté des eftrangers, durât la Monarchie des Affyriens. Auquel temps mefme eftoit
Sapphon, femme addonnee aux Vers de telle forte, que ceux qui ont leu fes Poëmes,
ont admiré & le fçauoir, & la grace qu'elle auoit à trouffer fes efcrits. Vray eft qu'elle
fut plus prompte aux vers Lyriques, qu'à pas vn autre: Et par ainfi difoit on, que *Erynne*
(vne autre Dame poëtifant) furpaffoit Sapphon en vers Heroiques, mais que Sapphó
la furpaffoit en Lyriques. Les Grecs encore auiourdhuy, quand ils chantent quelque
chofe d'amour, principalement les grandes Dames, cefte Sapphon y eft toufiours meflee. En cefte ifle floriffoit auffi *Arion*, quelques annees auant Alcee, Pittaque & Sapphon. Cefuicy eftoit excellent iouëur de Harpe, & grand Poëte, natif de la ville de
Methinne. Terpandre auffi, fils de la fœur d'Homere (fi nous voulons adioufter
foy aux hiftoires des Grecs Afiatiques) eftoit natif de cefte mefme ifle. Ce fut luy qui
compofa le premier la Lyre à fept chordes, auec fes tons & accords : & eftoit fi excellent en cefte fcience, que mefme les Anciens voulans louër quelcun, qui chantoit de
bonne grace, difoient qu'il le falloit mettre apres le chantre Lefbien. Les Grecs difent
de luy dauantage, qu'il eftoit l'vn des meilleurs efprits & plus ingenieux de fon fiecle, pour inuenter chofes nouuelles. C'eft luy auffi qui feit les premieres chordes de fa
Lyre, & de quelques autres inftrumens muficaux, de boyaux de Cheureul, defquels
l'ifle en fourmille : & les nomment lefdits Infulaires *Zarchadion*, l'Allemant *Reech
oder*, l'Italien *Capriolo*, & *Cabroncillo* l'Efpaignol. Et ne furent onques faictes cefdites

chordes de nerfs de Baleines, comme treſſaulſement nous a mis par eſcrit ce gentil ſe- *opiniõ treſ-*
gnalé le farceur Commingeois, lequel par ſa beſtiſe & arrogance a oſé gloſer de pures *faulſe d'vn*
bourdes & harengues Moreſques, ſi ainſi le fault dire, la Coſmographie de Sebaſtian *Commin-*
Munſter, & pour authoriſer ſon dire, m'ameine en icu l'opinion d'vn Ælian Philoſo- *geon.*
phe, aſſez peu cogneu, taſchant par tous moyens me faire accroire, que ceſte mer foiſonne en ces belues marines : des nerfs deſquelles, dit-il, iadis les Anciens faiſoient des
chordages aux inſtrumens de Muſique, & machines de guerre. Mais les hommes de
ſçauoir & de bon iugement (i'entens ceux qui ont voyagé, & penetré les regions
eſtranges, comme i'ay fait) ſerõt iuges oculaires, ſi telles raiſons ſont vallables. Voyez,
ie vous prie, ſi ces doctes perſonnages P. Gilles, G. Poſtel, A. Veſal, & P. Belon, tous
mes amis, & compaignons du Leuant, ſe vantét, & ont oſé eſcrire en leurs liures, auoir
iamais veu en ceſtedite mer vne ſeule Baleine, non plus qu'en celle d'Hircanie. I'eſtime que c'eſt, d'autant qu'elles n'y pourroient viure, comme elles ſont en l'Arctique Septentrional: non que la temperature du ciel & l'air n'y ſoit treſbon, & la mer aſſez profonde ; ains pour le peu de poiſſon qu'elle nourrit en ſes ondes eſcumeuſes. Ce gentil
deſfroqué dit, que i'ay telle opinion de moy, que ie dementirois volontiers Ælian &
quelques autres, ſans modeſtie ny raiſon quelconque, & que ſeul ie veux eſtre creu.
Sur quoy, ie luy dy voirement, que quand meſmes Ariſtote, Platon, Demoſthene, Pline, Pittaque natif de la meſme iſle, & les ſept Sages de Grece, enſemble tous les Philoſophes, ne ſeroient pour moy en cela, ie leur reſpondrois qu'ils ne veirent ne voyagerent onques ceſte mer Egee & Mediterrance. Certes ce braue correcteur ſe deuroit
contenter, & contenir ſa langue, ſuyuant ſon babil inutile, & ſamuſer pluſtoſt aux
fabuleuſes hiſtoires Tragiques de l'Eſpaignol Bandel, luy qui ne voyagea iamais
nomplus que les Hiboux qui repairent en l'Aqueduct d'Athenes, ou à l'Hippodrome
Byzantin, ſans dementir tant de grands perſonnages Naturaliſtes, & moy pareillemét,
qui ay veu le contraire de ce que luy ne autres ignorans par leurs raiſons n'ont iamais
peu decider. Il peuſt eſtre que Ælian prend l'Arque, poiſſon de deſmeſurée grandeur,
qui ſe nourrit autour de noz iſles Cyclades, & en l'Ocean Gotthique, que ce peuple
nomme *Ein Vvallſch*, & les Allemans *Meerſchvvÿn*, & quelques autres, *Gibbar*,
pour ſa tumeur ou boſſe eſleue ſur ſon doz: ou le Capitolin, que les Arabes appellent,
Suriſaddai, pour la Baleine, ou *Phalena* (car ainſi la nomment les Grecs, & les Arabes
d'Aſrique *Addebba*, & *Bal-ſalyſa* les Abyſſins, & *Oder-vualler* les Firlandois.) Encores ce bonhomme ſe tromperoit-il, pourautant que ces poiſſons n'excedent en longueur que quelques trentequatre pieds, & gros comme vn large tonneau, où la Baleine en a bien d'auantage. Ie laiſſe ce hableur, pour continuer mon diſcours. *Hellaique*
Hiſtorien a eſté auſſi de l'iſle de Metelin, & *Callie*, qui a fait des Commentaires ſur les
vers de Sapphon, & d'Alcee : deſquels eſcrits, ſen trouue autant entre les mains des
Moynes & Preſtres Grecs de ladite iſle, qu'en autre endroit de la Grece : & ſi i'euſſe eu
des deniers plus que ie n'auois, i'en euſſe apporté quelque bon nombre : iaçoit que le
peuple garde ces liures de pere en fils, comme vn grand threſor, leur eſtant defendu
par leurs Patriarches, de n'en donner ne vendre aux Chreſtiens Latins, Iuifs, Turcs, ne
autres, tant ils en ſont ialoux. Or ce n'eſt pas encore tout, veu que *Theophraſte*, celuy
qui ſucceda en l'eſchole d'Ariſtote au lieu de ſon maiſtre, eſtoit Leſbien, & vn ſien
compaignon, nommé *Phanie*, d'vne ville à preſent ruïnee, iadis appellee *Ereſſe*. Et viuoit ceſt eloquent & ſçauant perſonnage, en l'an du monde trois mil ſix cens quarãte
ſix, comme les Grecs Inſulaires m'ont monſtré, du temps que le Roy Ptolomee d'Egypte print Hieruſalem par ſurpriſe. Long temps apres Theophraſte, Leſbos a produit
Diophane, grand Orateur, & depuis *Potamon*, *Leſbocle*, & *Timagore*, du temps de Ti-

bere Ceſar. Tellement qu'il ſembloit à la verité le temps paſſé, que ces iſles de la Mediterranee euſſent vn honneſte altercas enſemble, à qui auroit de plus doctes & excellés hommes, pour maintenir leur reputation. Ceſte iſle regarde en terre ferme la ville de Pergame, à preſent nommée *Bergami*, autrefois illuſtre entre toutes les Aſiatiques, d'où fut natif *Galen*, ou *Galien*, ceſt excellent Medecin qui floriſſoit du temps de Traian l'Empereur. Ie me recorde ſur ce propos, que le temps que i'y eſtois, il n'y eut Medecin Iuif, Turc, Grec, ny Arabe, tant la curioſité me commandoit, à qui ie ne demandaſſe où ils eſtimoient que fuſt le lieu, où iadis eſtoit la maiſon dudit Galien. A la fin vn Grec nommé Andronic, lequel i'ay veu depuis quatre ans en France, ſçauoir l'annee que l'iſle de Cypre fut priſe, me mena dans vn iardin, aupres duquel y auoit vne riuie-

La place où fut iadis la maiſon de Galien.

re, nommée *Chery*, & vne maſure au pied d'vne montaignette, dicte *Chematy*, à preſent peuplee d'Oliuiers & Orangiers, & me diſt que là eſtoit le propre lieu & maiſon dudit Galien. Les Iuifs m'ont recité auoir de luy pluſieurs bons liures, deſquels les Chreſtiens Latins ne autres n'eurent iamais la cognoiſſance, & pour rien ne leur voudroient communiquer, nomplus que les Grecs voudroient monſtrer ce qu'ils ont de reſte des œuures d'Homere, qui n'ont iamais eſté miſes en lumiere. Vous y auez auſſi *Traianopoly*, ville qui n'eſt trop loing de la marine, le nom de laquelle vous doit faire cognoiſtre qui en a eſté le baſtiſſeur. Le bout de Leſbos reſpond au Promontoire *L'ettè*, qu'on nomme maintenant Cap de ſaincte Marie. En quoy i'apperçoy vne autre

Autre lour de faulte de Belon.

lourde faulte de Belon, qui prend ce Promontoire, pour celuy qui eſt en l'iſle pres la ville de Metelin, que iadis on appelloit *Argene*, & auiourdhuy Cap Blanc. Ainſi ſe trompent ordinairement ceux, qui ne ſçauent que c'eſt que de l'experience de la Geographie, & qui en veulent iuger à leur fantaſie, comme ſ'il eſtoit permis à celuy qui voyage, d'abuſer à ſon plaiſir des noms propres des terres. Pluſieurs fois ie vous ay dit, que ceſte iſle abondoit le temps paſſé, beaucoup plus qu'elle ne fait à preſent, en bois de haulte fuſtaye pour le nauigage : Dequoy faida Michel Perapinace, Empereur Conſtantinopolitain : voyant la petite Aſie enuahie par les Tures : veu que ce fut de ſon temps qu'vn des Ottomans, premier Roy des Tures, commença à ſortir des montaignes de Cappadoce, & ſ'eſpandre en la Natolie, auant que les François paſſaſſent la mer pour aller conquerir la Terre ſaincte. Ce Michel gaſta toute l'iſle par ſubſides & impoſitions, & ſe monſtra fort eſtrange, quoy qu'il ne ſ'amuſaſt qu'à l'eſtude : mais il

Michel Perapinace mis en Religion.

fut en fin chaſſé, & mis en vne Religion auec ſa femme, & ſes enfans, par Nicephore Botoniat, qu'on diſoit eſtre deſcendu de la race de Phocas, iadis auſſi Empereur de Rome. Ce Nicephore remit ceux de Metelin en vigueur, & les affranchit des ſubſides impoſez par ſon predeceſſeur, & ce enuiron l'an de noſtre Seigneur mil octante. Ainſi laiſſans les iſles de la Mediterranee qui reſtét, iuſques à noſtre deſcriptió de l'Europe, faut q doreſenauát ie viſite la terre ferme, & paracheue l'enceint parfait de toute l'Aſie.

De l'iſle de TENEDOS, *& ſepulchres des Anciens Troyens, ſelon ce que m'ont recité les Grecs du païs.* CHAP. III.

ONTINVANT la route vers la fin de la mer Egee, qui va ſe perdre, & laiſſer ſon nom en l'Helleſpont, ayant laiſſé Leſbos ou Metelin, tirant au Nort, ie vins, apres auoir couru fortune de mer, & demeuray onze iours entiers en l'iſle tant fameuſe de *Tenedos*, en laquelle lon tient que ſ'arreſterent les Grecs, allans poſer le ſiege deuant Troye. Et, à dire vray, elle eſt plus renommee pour ſon antiquité, que pour ſa grandeur. Elle eſt aſſez proche du deſtroit de *Gallipoly*, anciennement dict *Helleſpont:*

spont : & regardant au Nordeſt, luy eſt oppoſite le Promontoire, appellé Sigee, à
preſent Cap Ianizan. Ceſte iſle a eſté iadis ſi riche, qu'elle portoit le tiltre d'eſtre des
plus abondantes de toute la mer, lors que les Chreſtiens la perdirent, & les Turcs
ſ'en firent maiſtres. Son circuit eſt de cinq lieuës, ſa longueur ſ'eſtendant de l'Eſt à
l'Oueſt : & a deux beaux Ports, dont le meilleur regarde vers Soleil leuant, pres lequel fut baſtie la principale ville de l'iſle, depuis demolie par Achille. A preſent n'y
eſt veu qu'vn petit chaſteau, tout dans le rocher, aſſez eſloigné du lieu, où la ville fut
edifiee. Or ſelon les ſaiſons, & ceux qui y ont commandé, ceſte iſle a eu diuers   *Diuers noms*
noms en diuers temps. Premierement ſelon l'opinion d'aucuns elle fut nommee *Ca-*   *de l'iſle.*
lydne : ce que toutefois ie n'accorde, comme ainſi ſoit que celle qui ſ'appelloit *Calyd-*
ne, ou *Calymne,* eſt vne iſlette aſſez voiſine de Rhodes, toute deshabitee. Elle a eſté
auſſi nommee *Leucophris,* du nom d'vn Roy qui y regna long temps, au parauant
qu'elle fuſt ſuiette ny aux Troyens, ny aux Egyptiens : lequel eſtoit beau excellemment (auſſi le mot *Leucophris,* ſignifie Blanc ſourcil) & auec ſa beauté addonné aux
femmes. Iceluy donc ayant regné dixſept ans & quelques mois, tantoſt bien, tan-   *Inceſte du*
toſt mal, conuoiteux de gloire & honneur, & toutefois vicieux ſur tout autre (ſuy-   *Roy Leuco-*
uant l'hiſtoire des Inſulaires, que ſouuent les vieilles racontent, lors qu'elles filent ou   *phris.*
beſongnent en linge, & autres beaux ouurages, en quoy elles ſont accortes, meſmes
en or, ſoye, & en toutes autres ſortes de fil, tant riche & ſubtil ſoit-il) aduint que iettant l'œil ſur ſa belle mere, nommee *Fila,* femme outre ſa beauté fort chaſte, & qui
auoit la crainte des Dieux deuant les yeux : comme il la conuoitaſt extremement, &
ne luy en oſaſt tenir propos quelconque, à la fin l'ayant trouuee ſeule, la ſaiſit, &
força, en faiſant à ſa volonté. Duquel faict la bonne dame ſ'eſtant eſmeuë, taſcha de
ſe precipiter en la mer : neantmoins eſtant retenue par ſes femmes domeſtiques, laiſſa
ceſte entrepriſe, & commença à pourpenſer les moyens de ſe venger de l'iniure. A
la fin elle le feit prendre, & enfermer dans vn coffre, & en la preſence de tous les Inſulaires, apres leur auoir raconté le faict inceſtueux, le feit ietter du hault d'vn rocher en la mer. Ce qui eſtoit aiſé, attendu que l'iſle eſt pleine au milieu de ſon paſſage, & és bords, toute enuironnee de rochers & collines. Ainſi fina miſerablement
ſes iours celuy, qui immortaliſa ſa memoire par ſa mort, & non en donnant ſurnom à ſon iſle : veu que luy eſtant decedé ſans hoirs, le Royaume tomba en autres
mains, tout ainſi que celuy d'Egypte feit en la mort du dernier Ptolomee, auquel   *Cleopatra*
ſucceda Cleopatre, & depuis l'Empire Romain. La race de ceux cy eſtant faillie en   *ſucceda au*
Tenedos, & les Inſulaires ſ'anonchaliſſans, pour ſe voir ſans Prince, furent long temps   *dernier Pto-*
tourmentez de chacun : iuſques à ce que *Tenez,* fils de *Cyené,* Roy du païs voiſin d'A-   *lomee.*
ſie, qu'on nommoit *Troade,* y ſuruint, lequel y baſtit vne ville, ſ'en faiſant Roy, & y
laiſſa quelques vns des ſiens pour Gouuerneurs. Ce qui dura iuſques au temps que
Dardane fuyant de ſon païs, vint en Phrygie, & poſant les premiers fondemens de
Troye, comme m'ont fait entendre leſdits Grecs du païs, ſe ſaiſit auſſi de ladite iſle.
Toutefois apres que la race Troyenne fut chaſſee par les Grecs, du temps que les Aſſyriens ſeigneurioient & eſtoient Monarques de l'Aſie, les Rois d'Egypte qui a-
uoient le moyen de courir, & auſquels nul ne faiſoit reſiſtance, ont tenu ſuiettes ou
alliees preſque toutes leſdites iſles de la mer Egee. Et à fin que ie ne ſemble parler
par cœur de ces choſes, ie ſçay par le meſme recit des Inſulaires, & par ce que i'ay
veu, qui ſont marques de grande veriſimilitude, que du temps que Baiazeth (qui
ſucceda à celuy Mahemet qui conquiſt Conſtantinople) pourſuyuoit vn ſien frere,
qui luy querelloit le Royaume, ainſi qu'il tenoit ſon armee diuiſee partie en Aſie, &

T

partie en Europe, il y eut vn certain Bafcha, homme fort curieux, qui paffa en Tenedos auec quelque troupe de foldats . Les Chreftiens Grecs qui eftoient en l'ifle, fçachans la condition du Bafcha, à fin de fe maintenir en fa bonne grace (comme deux
de ce temps là m'ont dit) le conduirent par tout, luy monftrans ce qui fe trouue en el-
Colomne dé le de fingulier : & entre les autres chofes luy feirent voir vne Colomne de Iafpe verd,
Iafpe verd. toute garnie de ces lettres facrees des Egyptiens, que lon appelle Hieroglyphiques.

Et vous puis affeurer, que ie fus fort efbahi de voir de femblables pieces, eftant certain, que ne la Grece, ny autre nation, fauf la feule Egypte, ne f'eftoit iamais aydee de
telles efcritures. Or penfois-ie au commencement, que les Egyptiens n'vfaffent d'autres characteres que ceux là : mais ie me fuis cognéu trompé, par ce que i'ay colligé,
que Moyfe auoit demeuré long temps entre eux, & que outre les lettres Chaldees &
Lettres Hie- Hebraïques, ils auoient auffi l'vfage des Pheniciennes. Au refte, celles cy feruoient
roglyphi- aux fecrets des Ceremonies, & des affaires plus cachez qui fe paffoient en la Cour des
ques. Rois : de forte que en figne qui feruift à la pofterité, ils auoient dreffé par tout les
lieux de leur obeiffance des Obelifques, & autres efpeces de Colomnes, où lon voyoit

telles lettres fecrettes engrauees, lefquelles font pluftoft figures de beftes, ou autres chofes femblables, que rien qui approche de pas vn des characteres, dôt les autres nations auoient couftume d'vfer. Ainfi tout homme de bon iugement dira, que l'Egyptien a efté grand Seigneur, & qu'il a couru & fubiugué toutes les ifles de cefte mer: veu que auffi *Amafis* fut le premier qui onc reduit en fon obeïffance l'ifle de Cypre, & fe rendit les autres tributaires, ou alliees, comme Same, & Chios. Mais pour dire ce qui me femble de l'appellatiô diuerfe de noftre ifle, celles que lon nomme de ce nom, & qu'on met pres ce deftroict de Gallipoly, ne font pas vne d'elles, Tenedos, quoy que luy foient voifines, & qui font depeuplees, & où perfonne ne demeure, fi ce n'eft ceux qui vont à la pefcherie, efquelles on a eftimé y auoir des Efprits, qui parlent aux hommes: qui eft caufe, que les pauures Grecs habitans du païs fe faignent de belles refueries. Entre autres, quelques vns m'ont recité, que c'eftoit l'efprit d'Homere qui erroit par ces iflettes, où il auoit autrefois philofophé, & qu'il f'eftoit declairé à des pafteurs, qui quelquefois y paffent pour paiftre leur beftail. Les plus fçauans difcourent plus auant, & confiderent les chofes auec plus de iugement, difans, que là anciennement eftoit adoré, & rendoit fes refponfes & oracles Apollon, furnommé Smynthee, & que les Efprits malins, qui refpondoient alors, y repairent encores. Quoy qu'il en foit, le peuple du païs eft fi effrayé des vifions qu'on luy en fait accroire, que iamais on ne craignit tant le Moyne bourré à Paris, où le Loup-garou en autres contrees, que lon fait là ces Efprits: & n'y a fi hardy, fuyuant le recit que m'en feit *Bafile Zimifces*, Euefque Grec, qui ofaft auoir entrepris d'y coucher, tant ils croyent que foit hideufes les figures qui y paroiffent. Or eft cefte ifle belle, bonne, & fort plaifante, mais il y fait trefdangereux aborder en quelque temps que ce foit, pource qu'elle eft pofee (ainfi que dit eft) fur l'entree du deftroit, & eft toute contournee & entouree de rochers, comme vous pourriez dire *Bebel-mandel*, à l'entree du goulfe Arabique, au commencemêt de la mer Rouge: l'ifle de Iunon, pofee au deftroit de Corinthe: & celle de *Mochaude* fur l'entree de la mer de Perfe. Et à fin que ie vous die en vn mot, toute ifle affife fur l'entree de quelque goulfe ou deftroit, eft fort difficile à aborder, pource que ordinairement tels lieux font dangereux, pour la mer qui y eft haulte, & fort impetueufe, & que le plus fouuent il f'y trouue des rochers & battures. Ceux de Sicile en fçauroient bien que dire, & ceux qui frequentent le Bofphore, & paffent le deftroit de Gallipoly, l'vn des redoutez de tous. Auquel lieu mefme il nous aduint de perdre cinq ancres, mats, prouë, & pouppe du nauire tous rompus, & fufmes contraints pour nous fauuer, de ietter noftre artillerie au profond de la mer: & voyons eftans ainfi efbranlez des vents & tourmentes de toutes parts, plufieurs moynes Grecs aux riuages de l'ifle, tous à genoux, & les mains ioinctes efleuees au ciel, qui prioient Dieu pour nous conferuer, & nous garder de perir: & par l'aduis de deux Euefques Grecs qui eftoient en noftre compaignie, que nous auions amenez de l'ifle de Chios, chacun fe mit en oraifon: & iettoiêt cefdits Euefques maintes petites pieces de papier, où eftoiêt efcrits certains characteres & coniurations en Grec, penfans par telle chofe appaifer la mer. Ainfi au moins mal que nous peufmes, auec deux barques qui tiroient noftre nauire auec des chordes, vinfmes mouiller vne feule ancre, que nous auions de refte, en ladite ifle de Tenedos, où nous nous repatriafmes neuf iours entiers, ainfi que dit eft. Mais reuenant aux raritez de l'ifle, en cefte cy on trouue autant ou plus d'antiquitez, quiconque veult prendre la peine de f'y amufer guere, qu'en autre lieu de Grece. Qu'il foit ainfi, du cofté du Su, me fut monftré vne Sepulture trefancienne, dreffee en vne grottefque, que lon dit eftre d'vne Royne des Amazones, nommee *Marthefie*, ou *Marpefie*, laquelle apres auoir conquefté plufieurs regions de l'Afie Mineure, & bafti

T ij

plufieurs villes, entre autres celle d'Ephefe, où auffi lon dit qu'elle commença le baftiment du temple de Diane, à la fin chargee de proye, elle vint en Tenedos, où attainte
de grand' maladie, elle fina fes iours. D'autres difent qu'elle f'y retira, ayant efté bien
frottee à la guerre, & eftant blecee, y vint mourir. Ladite fepulture eft dreffee entre
deux montaignes affez haultes, & bien auāt dans l'vne d'icelles. Si cela eft vray ou non,
ie m'en rapporte à l'hiftoire des Infulaires, qui m'en ont ainfi repeu. Toutefois quoy
qu'il en foit, ie fçay que du temps du fufdit Empereur de Turquie Baiazeth, pere de
Selim, on fouilla en ces lieux là bien auant, où à la fin fut trouué le nom de ladite
Royne *Marpefie*, auec vn Epitaphe efcrit en lettres Grecques. Quant à *Lampede*, qui
luy fucceda, les Grecs tiennent qu'elle mourut en Afie, en terre ferme, en vn village,
iadis nommé *Cebrin*, où Priam nourriffoit fon beftail, & qui depuis a eu à nom *Alex-*
andrie, d'vn Alexe Macedonien, & apres *Antigonie*, du Roy Antigonus qui f'y tenoit: Laquelle ville fecondoit en beauté & richeffes celle que le grand Alexandre feit
baftir en Egypte, en laquelle i'ay demeuré deux ans neuf mois. Outreplus, ie diray en
paffant, que ces Roynes & grands Dames conqueroient ces païs, non auec la troupe
qu'on feint de leurs femmes fi grandes guerrieres, mais fuyuies de bandes d'hommes

Tombeau d'Achille veu par l'Autheur. vaillans & inuincibles. En cefte ifle i'ay auffi veu le Tombeau & fepulture de ce vaillant Achille (ainfi que les Grecs m'affeuroient) qui eftoit la frayeur des Troyens, &
qui fut occis par Paris: lequel a efté tant eftimé, que plufieurs de fon fang fe font faits
là autrefois porter, pour eftre ioints à luy par fepulture, tant ils en admiroient la memoire. C'eftoit ce tombeau, que Alexandre alla vifiter, plourant deffus, & fe plaignant
de ce qu'il n'eftoit fi heureux que d'auoir vn qui publiaft fi bien à l'aduenir fes loüanges, comme Homere auoit fait les fiennes. Et ne m'efmeut en rien, ce que m'ont voulu
faire accroire les Grecs de Sigee: Que tout aupres dudit Promontoire fut baftie vne
ville, & vn tombeau du nom d'Achille, veu que c'eftoit en fouuenance que fes obfe-
quès y furent celebrees, & que fon corps fut là bruflé: ioinct que ie fuis affeuré de l'vn
& de l'autre. Quant à la ville, elle fut conftruicte des ruïnes de Troye, pres le tombeau d'Aiax, au lieu où eftoit le quartier d'Achille, & fon camp dreffé: & fut baftie
par ceux de Milet, & depuis demolie par les Phrygiens, qui fe defplaifoient que les
Grecs f'arreftaffent en leur Prouince: comme il apparoift par les Epitaphes Grecs, que
i'ay veu en ces païs là, & lefquels i'ay iadis donné au feu Roy Henry deuxieme du
nom, comme chofe qui n'auoit iamais efté veuë ne leuë en noftre France. Les Grecs
du païs tiennent dans leurs Chroniques, que *Francus*, fils d'Hector, feit baftir vne fortereffe en ladite ifle, à fin que y tenant bonne garnifon dedans, il euft le paffage aifé
pour fes gens, qu'il mena en la conquefte, par plufieurs pretendue, qu'il feit du païs de
Sicambrie & autres, d'où depuis fortirent ces François, qui entrans en Gaule, la conquirent, & la nommerent France, en memoire de leur origine: qui eft le commun ar-

Chofes no-tables pour l'origine des François. gument que les François ont, lors qu'ils tafchent de fe glorifier fur leur antiquité, & aiment mieux fe dire defcenduz des Troyens, que fe contenter en ce que les Allemans
(qui eft vne nation bragarde) ayent efté ceux qui ont donné commencement à ce qui
eft de leur nom & race. Soit cecy dit en paffant, veu que ie laiffe aux Poëtes à pourfuyure le difcours des erreurs des Troyés, d'autāt que ce n'eft point le vray fuiet d'vn bon
& fidele Cofmographe. Aucuns ont voulu dire, & ne fçay l'occafion qui les meut, que
Latin, Roy des Laurentes en Italie, ayant efté blecé en la bataille qu'eut Enee cōtre
Turne, & voyant fa fanté deploree, fe feit porter en l'ifle de Tenedos, y penfant receuoir guarifon: mais au bout d'vn mois il y trefpaffa, & fut enfeuely honnorablement,
ainfi qu'il appartenoit à vn tel Roy. On ne peult pour le iourdhuy vifiter l'ifle fi aifément que iadis, pourautant que les Grecs n'y font en telle liberté qu'ils eftoient, & que

les Turcs s'y estans habituez, ils y tiennent les Grecs escattez çà & là : & ainsi vous n'a-
uez presque aucun moyen de les accoster pour vous enquerir au long des antiquitez:
ouy bien des Turcs : mais vous n'en tirez rien de bon, à cause de leur ignorance. Or
ne sçauroit on doubter, que de bien grands Seigneurs n'y ayent esté enterrez, veu les *Belles anti-*
pieces tant de Marbre, Iaspe, que Porphyre qui s'y trouuent, & vne infinité de medal- *quitez.*
les, que i'ay apportees, où lon ne cognoist presque rien des lettres, & tant de Sepultures demolies que merueilles, tellemēt qu'on pourroit dire que ce fut le Cimetiere des
Grecs qui moururent deuant Troye. Il y a d'auantage des vases tout ronds, qu'on iugeroit estre faits de terre rougeastre, mais fort beaux : & de tels i'en ay apporté pardeçà, tant de là, que de l'isle de Cypre, où il s'en trouue aussi soubz terre, auec plusieurs
autres singularitez. Au surplus, à main droicte vous voyez le Cap de *Seste*, à l'entree
du destroit vers Gallipoly : & gist la coste de l'Est à l'Ouest, non tant difficile & dangereuse, que vers le Cap Ianissan, ou des Ianissaires : veu que vn bien grand vaisseau
peult aller à voile desployee le long du riuage, depuis qu'on a passé ceste isle, mesmement de la part de l'Asie. Ce destroict est tresabondant en poisson, & plus beaucoup
que la mer en sa plenitude, à cause que les riuieres y abordent, & que la graisse de la
terre y decoule. Et le mesme aduient à tous tels semblables lieux, où le poisson est fort
bon, gras & friant : ce que aussi pouuez entendre de tout goulfe. Non loing de ceste
contree, s'il fault croire Pline en tout ce qu'il dit, se trouue vne fontaine, de laquelle *Erreur de*
ceux qui en boiuent en certaine saison de l'annee, peu de iours apres en auoir beu de- *Pline.*
uiennent veluz, & tout ainsi que lon nous peint les Sauuages, que lon fantastique estre
chargez de poil comme vn Chien barbet. Mais il est aussi veritable de ceste fontaine,
comme ce qu'en vn autre lieu le mesme autheur dit, qu'au païs des Indes (où il ne fut
iamais) il y a des Baleines de quatre arpents (mesure d'alignement de terre) de longueur : & qu'au reste ceste belue marine n'a point d'ouye. Mais & en l'vn & en l'autre
ce bon-homme s'est deceu : ce que ie sçay par l'experiéce, ayant costoyé la mer de tous
costez, où ne luy ne la plus part des Anciens ne donnerēt iamais attainte. Encore dit-il *Autre er-*
vn autre cas, à sçauoir qu'en Tenedos, au pied d'vne montaigne, y a vne fontaine, la- *reur dudit*
quelle tous les ans durant le Solstice d'Esté, qui est enuiron le dixieme de Iuin, iette *Pline.*
par certains iours si grande abondance d'eau, qu'el'e arrouse toute l'isle, & que tout le
reste de l'annee on n'en voit plus sortir vne seule goutte. Or i'açoit que cela se peust aucunement deffendre par quelque raison, si est-ce que n'en estant rien du tout, Theuet
ne prendra ceste cause en main, attendu le contraire que ie sçay. Que si ceste fontaine
estoit du temps de Pline, ie vous puis asseurer qu'elle n'est plus en estre, & n'est aucun
qui vous sceust dire le lieu où estoit iadis sa source. Ceste isle est fort abondante en
bons fruicts, & selon sa grandeur aussi riche que pas vne autre de l'Archipelague,
ayant de fort bonnes eaux, tant celles qui descendent des montaignes, que celles qui
sourdent en la campaigne. Ie ne veux oublier à dire, qu'en icelle il y a eu d'autrefois
vne bonne Euesché selon l'Eglise Grecque, de fort grand reuenu, & estimee des meilleures de toutes les isles, qui à present ne sçauroit valoir à son Euesque soixante ducats : d'autant que les pauures Grecs sont mastinez des Turcs, lesquels se sont saisis de
la plus grand' part du patrimoine de l'Eglise, à fin d'en enrichir leurs Papasses, & ministres de Mehemet, qui font l'oraison & prieres en leurs mosquees. Ces Prestres Turcs
sont en plus grand repos sans aucune crainte, que les Grecs & Latins en plusieurs endroits de la Chrestienté : pouraütāt que leur Religion n'est point diuisee, & sont presque tous d'vne mesme opinion, ou persuasion. Aussi à dire verité, quoy qu'ils ne valent guere, si seruent-ils de si bon exemple, qu'ils ne donnent occasiō à personne de se
scādalizer de leur vie, encore qu'ils soient hypocrites sur la mesme hypocrisie, tant en

leurs habits,qu'és ceremonies & illufions, par lefquelles ils attirent le peuple. Oultreplus ils ont vn bien, qu'ils ne font point ambitieux d'honneur, veu qu'ils font tous
egaux, & n'y a l'vn plus hauffé en preeminence que l'autre : fauf celuy que lon appelle
Mophty, qui fe tient volontiers auec le Grand-Seigneur, comme fouuerain des Preftres Mahometás:fans lequel rien ne fe fait au Confeil, foit pour les affaires de la Religion,ou l'eftat de la Police, encore que ledit Seigneur vouluft vfer de puiffance abfo-
lue:tant lon porte de reuerence à ce venerable papelard. Au refte,par tout où il y a des
Mofquees,elles font bien dotees, & de grand reuenu, les Seigneurs y faifans toufiours
quelque fondation. Ces Preftres Alcoraniftes vont auec les Seigneurs en guerre, ainfi
que i'ay veu, non qu'il leur foit permis d'entrer au combat, ains feulement prient le
grand Dieu & fes Prophetes, qu'il luy plaife d'octroyer la victoire aux Turcs contre
les chiens Chreftiens,ennemis de la verité de leur loy (ainfi nous nommentils) puis
exhortent les foldats à eftre vaillans, & conftans à la deffenfe de leur religion, fans
crainte aucune de la mort, veu qu'ils font predeftinez de long temps de mourir ou de
viure.Et telles exhortations font par eux faites en tout affaut,efcarmouche,ou bataille,tant és combats fur mer,que en terre:Et vfent de pareille diligéce, lors que leur païs
eft affligé de pefte.Que fi le Turc met le fiege deuant quelque ville,ces Preftres accompaignez des Hermites, ou Deluis, ne ceffent de courir par tous les quartiers du camp,
huflans & crians comme defefperez, pour animer les Seigneurs & Ianiffaires à faire
leur deuoir.Mais c'eft trop f'efgarer du propos commécé. C'eft l'ifle de Tenedos,dont
les Chreftiens qui veulent donner attainte au païs de Phrygie, & à la grand' ville de
Conftantinople,fe deuroient faifir fur toutes les autres de l'Archipelague. Car l'ayant
fortifiee,lon tiendroit en bride tout le païs Gregeois de la part defdites ifles, & priue-
riez les Conftantinopolitains de toutes munitions & viures qui paffent par le deftroit
de Gallipoly:& fi cela auoit lieu,on f'apperceuroit que lon affameroit en peu de iours
cefte grande ville chef de l'Empire. A la verité,& pour rien ne flatter, la mere nourri-
ciere de Conftantinople,ce font les païs Afiatiques,& celuy de Grece, qui aboutiffent
vers la mer, auec ce grand nombre d'ifles & iflettes, fertiles à merueilles ; & ne fçache
lieu plus remarquable pour le deffein de f'emparer dudit Empire de Grece,& païs de
Thrace, que l'ifle fufdite. Mais il eft deformais temps de voir la terre ferme d'Afie, &
vifiter les lieux,d'où tant de nations fe vantent auoir prins fource & commencement.

marginal notes:

*Mophty fou-
uerain Pre-
ftre Maho-
metan.*

*Preftres
Alcorani-
ftes exhor-
tent les géf-
darmes.*

De la region TROADE, *ville de* TROYE, *& chofes antiques que i'ay
veues en icelle.*   CHAP. IIII.

ESTE REGION Troade eft limitee, & font fes tenans & aboutiffans tels. Vers la part de Septentrion elle regarde le païs de Bithynie
& de Pont:& a partie du Propontide & de l'Archipelague, tirant au
Ponent : & à l'Eft,c'eft à dire au Soleil leuant,elle eft bornee des prouinces de Briquie,Galatie,& Paphlagonie. Quant aux prouinces cô-
tenues en icelle,& qui iadis obeiffoient aux Troyens, ce font Mifie la
moindre,& la Phrygie,furnommee auffi *Troas*,lefquelles f'auoifinent toutes du Propontide & Hellefpont, pofees à cinquantecinq degrez de longitude minute nulle,
quarantequatre degrez quarante minutes de latitude : & vers le Ponent,elles font em-
braffees du hault mont Olympe. Les premiers qui habiterent ce païs (ainfi que i'ay
dit) furent leurs voifins de Macedone, qui fe ruerent en la petite Mifie : & depuis fallut que auffi ils obeiffent à ceux qui en furent les maiftres,à fçauoir aux compaignons

marginal note:

*Defcription
de la Troa-
de.*

les Turcs s'y estans habituez, ils y tiennent les Grecs escartez ça & là : & ainsi vous n'a-
uez presque aucun moyen de les accoster pour vous enquerir au long des antiquitez:
ouy bien des Turcs : mais vous n'en tirez rien de bon, à cause de leur ignorance. Or *Belles anti-*
ne sçauroit on doubter, que de bien grands Seigneurs n'y ayent esté enterrez, veu les *quitez.*
pieces tant de Marbre, Iaspe, que Porphyre qui s'y trouuent, & vne infinité de medalles, que i'ay apportees, où lon ne cognoist presque rien des lettres, & tant de Sepultures demolies que merueilles, tellemét qu'on pourroit dire que ce fut le Cimetiere des
Grecs qui moururent deuant Troye. Il y a d'auantage des vases tout ronds, qu'on iugeroit estre faits de terre rougeastre, mais fort beaux : & de tels i'en ay apporté pardeça, tant de là, que de l'isle de Cypre, où il s'en trouue aussi soubz terre ; auec plusieurs
autres singularitez. Au surplus, à main droicte vous voyez le Cap de *Seste*, à l'entree
du destroit vers Gallipoly : & gist la coste de l'Est à l'Ouest, non tant difficile & dangereuse, que vers le Cap Ianissan, ou des Ianissaires : veu que vn bien grand vaisseau
peult aller à voile desployee le long du riuage, depuis qu'on a passé ceste isle, mesmement de la part de l'Asie. Ce destroict est tresabondant en poisson , & plus beaucoup
que la mer en sa plenitude, à cause que les riuieres y abordent, & que la graisse de la
terre y decoule. Et le mesme aduient à tous tels semblables lieux, où le poisson est fort
bon, gras & friant: ce que aussi pouuez entendre de tout goulfe. Non loing de ceste
contree, s'il fault croire Pline en tout ce qu'il dit, se trouue vne fontaine, de laquelle *Erreur de*
ceux qui en boiuent en certaine saison de l'annee, peu de iours apres en auoir beu de- *Pline.*
uiennent veluz, & tout ainsi que lon nous peint les Sauuages, que lon fantastique estre
chargez de poil comme vn Chien barbet. Mais il est aussi veritable de ceste fontaine,
comme ce qu'en vn autre lieu le mesme autheur dit, qu'au païs des Indes (où il ne fut
iamais) il y a des Baleines de quatre arpents (mesure d'alignement de terre) de longueur : & qu'au reste ceste belue marine n'a point d'ouye. Mais & en l'vn & en l'autre
ce bon-homme s'est deceu: ce que ie sçay par l'experiéce, ayant costoyé la mer de tous
costez, où ne luy ne la plus part des Anciens ne donnerét iamais attainte. Encore dit-il *Autre er-*
vn autre cas, à sçauoir qu'en Tenedos, au pied d'vne montaigne, y a vne fontaine, la- *reur dudit*
quelle tous les ans durant le Solstice d'Esté, qui est enuiron le dixieme de Iuin, iette *Pline.*
par certains iours si grande abondance d'eau, qu'el'e arrouse toute l'isle, & que tout le
reste de l'annee on n'en voit plus sortir vne seule goutte. Or iaçoit que cela se peust aucunement deffendre par quelque raison, si est-ce que n'en estant rien du tout, Theuet
ne prendra ceste cause en main, attendu le contraire que ie sçay. Que si ceste fontaine
estoit du temps de Pline, ie vous puis asseurer qu'elle n'est plus en estre, & n'est aucun
qui vous sceust dire le lieu où estoit iadis sa source. Ceste isle est fort abondante en
bons fruicts, & selon sa grandeur aussi riche que pas vne autre de l'Archipelague,
ayant de fort bonnes eaux, tant celles qui descendent des montaignes, que celles qui
sourdent en la campaigne. Ie ne veux oublier à dire, qu'en icelle il y a eu d'autrefois
vne bonne Euesché selon l'Eglise Grecque, de fort grand reuenu, & estimee des meilleures de toutes les isles, qui à present ne sçauroit valoir à son Euesque soixante ducats : d'autant que les pauures Grecs sont mastinez des Turcs, lesquels se sont saisis de
la plus grand' part du patrimoine de l'Eglise, à fin d'en enrichir leurs Papasses, & ministres de Mehemet, qui font l'oraison & prieres en leurs mosquees. Ces Prestres Turcs
sont en plus grand repos sans aucune crainte, que les Grecs & Latins en plusieurs endroits de la Chrestienté: pourautát que leur Religion n'est point diuisee, & sont presque tous d'vne mesme opinion, ou persuasion. Aussi à dire verité, quoy qu'ils ne valent guere, si seruent-ils de si bon exemple, qu'ils ne donnent occasió à personne de se
scádalizer de leur vie, encore qu'ils soient hypocrites sur la mesme hypocrisie, tant en

leurs habits, qu'és ceremonies & illufions, par lefquelles ils attirent le peuple. Oultreplus ils ont vn bien, qu'ils ne font point ambitieux d'honneur, veu qu'ils font tous
egaux, & n'y a l'vn plus hauffé en preeminence que l'autre : fauf celuy que lon appelle
Mophty, qui fe tient volontiers auec le Grand-Seigneur, comme fouuerain des Preftres Mahometás:fans lequel rien ne fe fait au Confeil, foit pour les affaires de la Religion, ou l'eftat de la Police, encore que ledit Seigneur vouluft vfer de puiffance abfo-
lue;tant lon porte de reuerence à ce venerable papelard. Au refte,par tout où il y a des
Mofquees,elles font bien dotees, & de grand reuenu, les Seigneurs y faifans toufiours
quelque fondation. Ces Preftres Alcoraniftes vont auec les Seigneurs en guerre, ainfi
que i'ay veu, non qu'il leur foit permis d'entrer au combat, ains feulement prient le
grand Dieu & fes Prophetes, qu'il luy plaife d'octroyer la victoire aux Turcs contre
les chiens Chreftiens,ennemis de la verité de leur loy (ainfi nous nomment-ils) puis
exhortent les foldats à eftre vaillans, & conftans à la deffenfe de leur religion, fans
crainte aucune de la mort, veu qu'ils font predeftinez de long temps de mourir ou de
viure.Et telles exhortations font par eux faites en tout affault,efcarmouche,ou bataille,tant és combats fur mer,que en terre:Et vfent de pareille diligéce, lors que leur pais
eft affligé de pefte.Que fi le Turc met le fiege deuant quelque ville,ces Preftres accompaignez des Hermites, ou Deluis, ne ceffent de courir par tous les quartiers du camp,
huflans & crians comme defefperez, pour animer les Seigneurs & Ianiffaires à faire
leur deuoir.Mais c'eft trop f'efgarer du propos commécé. C'eft l'ifle de Tenedos,dont
les Chreftiens qui veulent donner atteinte au païs de Phrygie, & à la grand' ville de
Conftantinople,fe deuroient faifir fur toutes les autres de l'Archipelague. Car l'ayant
fortifiee,lon tiendroit en bride tout le païs Gregeois de la part defdites ifles, & priue-
riez les Conftantinopolitains de toutes munitions & viures qui paffent par le deftroit
de Gallipoly:& fi cela auoit lieu,on f'apperceuroit que lon affameroit en peu de iours
cefte grande ville chef de l'Empire. A la verité,& pour rien ne flatter, la mere nourri-
ciere de Conftantinople,ce font les païs Afiatiques,& celuy de Grece, qui aboutiffent
vers la mer, auec ce grand nombre d'ifles & iflettes, fertiles à merueilles ; & ne fçache
lieu plus remarquable pour le deffein de f'emparer dudit Empire de Grece,& païs de
Thrace, que l'ifle fufdite. Mais il eft deformais temps de voir la terre ferme d'Afie, &
vifiter les lieux,d'où tant de nations fe vantent auoir prins fource & commencement.

De la region TROADE, *ville de* TROYE, *& chofes antiques que i'ay*
veues en icelle. CHAP. IIII.

ESTE REGION Troade eft limitee, & font fes tenans & aboutiffans tels. Vers la part de Septentrion elle regarde le païs de Bithynie
& de Pont:& a partie du Propontide & de l'Archipelague, tirant au
Ponent : & à l'Eft,c'eft à dire au Soleil leuant,elle eft bornee des prouinces de Briquie,Galatie,& Paphlagonie. Quant aux prouinces có-
tenues en icelle,& qui iadis obeiffoient aux Troyens, ce font Mifie la
moindre,& la Phrygie,furnommee auffi *Troas*,lefquelles f'auoifinent toutes du Propontide & Hellefpont, pofees à cinquantecinq degrez de longitude minute nulle,
quarantequatre degrez quarante minutes de latitude : & vers le Ponent,elles font em-
braffees du hault mont Olympe. Les premiers qui habiterent ce païs (ainfi que i'ay
dit) furent leurs voifins de Macedone, qui fe ruerent en la petite Mifie : & depuis fallut que auffi ils obeïffent à ceux qui en furent les maiftres,à fçauoir aux compaignons

de Dardane fugitif,& à ſes ſucceſſeurs. Voila quant à la deſcription du païs,lequel outre vne infinité de riuieres qui l'arrouſent tant du coſté du Nort que de l'Eſt à l'Oueſt,
eſt auſſi recommandé,pour contenir en ſoy le hault mont Olympe, qui pour ſa haulteur a eſté prins pour le ciel par des Poëtes,giſant à cinquanteſept degrez minute nulle
de longitude,& quarantevn degré trente minutes de latitude. Or ce môt eſt fort chargé de Fouteaux : & regardant vers le Midy , il ſe panche ſi gentiment, que la deſcente
n'en eſt point vn brin faſcheuſe : ouy bien du coſté du Nort & partie Septentrionale,
où ne voyez que rochers hault eſleuéz, & qui ſemblêt eſtre enueloppez dans les nues, *Difficulté*
difficiles & penibles à y monter, à cauſe des precipices dangereux qui les rendent eſ- *d'aborder*
pouuantables. Aucũs ont eſtimé, que ce ſoit meſme choſe que l'Olympe & le mont *en ce païs.*
Ida. Ce qui n'eſt pas trop hors de propos, d'autant qu'ils ſont en pareille eleuation , &
meſme alignement aſtronomique. Parainſi, encor que ces deux montaignes ſemblent eſtre coniointes, ſi eſt-ce que l'Olympe eſt en Miſie tirant vers la Bithynie, &
ſ'eſtend iuſques à vne ville qu'on nomme *Diaſchile*, d'où ſort la riuiere *Lartach*, qui
va ſe ietter dans le Propontide vers le Nordoueſt,& paſſe par le milieu de toute la Miſie : mais le mont Ida embraſſe la contree proprement dite de Troye, & ſ'eſtend iuſques au Cap ſaincte Marie,que les Anciens du païs ont appellé le Promontoire de Le-
cte. Auſſi ceux qui ſurgiſſent à ce Cap,fault que prennent leur chemin en la montai-
gne:le ſommet de laquelle ſ'appelle *Gargure*, du coſté d'Occident. Il vous peult ſouuenir,que ie vous ay dit qu'il y a vne autre Ida en Cãdie, dont ceſtecy a prins le nom:
laquelle eſt des plus abondantes en fontaines & ruiſſeaux qu'on voye en toute l'Aſie,
& chargee de Freſnes ſi beaux & grands , que pluſieurs trompeurs le vendent pour du
Cedre:choſe facile à ceux qui ne ſont ſtylez à telle choſe,pourautant que leur eſcorce
rapporte à celle du Cedre , & qu'il en ſort certaine gomme & liqueur pareille au Ce-
drin,mais qui eſt ſans efficace.Il ſ'y trouue des pierres d'Aymant : mais elles ſont trop
blanchaſtres, & ne peuuent attirer le fer, & parainſi de nul vſage. Et cela ſoit dict du
mont Ida. Quant à l'Olympe,pource qu'il nous attend en autre lieu, à ſçauoir en Europe,i'en parleray vne autre fois,d'autant que ça eſté de luy,& non du Miſien,que l'on
a tant chãté de merueilles: quoy qu'à ce que ie voy, ces mots Ida & Olympe eſtoient
fort communs entre les Anciens, pour nommer les montaignes plus haultes & plus
fameuſes.Il reſte à deduire,que l'eſtendue de ceſte prouince de Troade,ou Helleſpon
tie,ou Phrygie mineur,va depuis le fleuue *Caice*, qui eſt en Eolide,partiſſant la Lydie
de la Miſie maieur,iuſques à la riuiere de *Lartach*, qui auſſi ſepare la Miſie mineur de
la Bithynie:Eſquelles prouinces ſont les villes qui ſ'enſuyuent: *Ladraniti*, ancienne- *villes de ce-*
ment dicte *Adramitium*,que ie nomme la premiere,quoy que *Pitane*,à preſent Sainct *ſte prouince.*
George, & *Poroſonelle* luy ſoient preferees, pource que ce fut là que ſ'eſt faicte autrefois vne aſſemblee d'Eueſques pour le faict de la Religion Chreſtienne, & qu'elle a
eſté des plus fameuſes de celle contree,& non des dernieres de l'Aſie à receuoir la ſaincte doctrine des Apoſtres. Apres vous trouuez *Traianopoly* : par lequel nom ſe peult
cognoiſtre qui en a eſté le fondateur , & de quelle antiquité. Puis ſe preſente *Scepſis*,
qu'on appelle maintenant *Elmachani*, baſtie ſur l'entree d'vn goulfe, qui reſpond à
l'oppoſite de Metelin,voiſine de la ville ancienne d'*Antandre*,qui auſſi ſ'eſt iadis nommee *Edon*: & vn infini nombre d'autres,comme *Aſcanie,Platee,Lamie, Plitane,Sco-*
pele,Laguſe,& Arthedon,deſquelles ne nous reſte que le ſeul nom,& en d'aucunes quelque trace de leur eſtre,repreſenté par des ruines & vieilles maſures. Vous y voyez en- *Colomnes*
cor les grands monceaux de pierre, & force Colomnes au lieu meſme où fut iadis cel- *antiques.*
le belle & memorable ville, la fortereſſe & aſſiette de laquelle ſembloit imprenable,
qui contempleroit la mer y battant d'vn coſté,& de l'autre l'aſpreté des rochers, & ac-

cez difficile pour y donner approche. Ladite ville s'appella au commencement *Asse*, bastie par les citoyens de Metelin : d'autres estiment que ce furent les habitans d'Etolie:depuis on luy dóna à nom *Apollonie*. Neantmoins ie sçay que du temps des Apostres,le nom d'*Asso* luy demeuroit encore:veu que sainct Luc dit aux Actes,qu'ils móterent sur la nau, & feirent voile partans d'*Asso*, & que S. Paul leur auoit ainsi commandé, à cause qu'il prenoit son chemin par terre. En ce païs regna apres la deffaite

Penthile Roy apres la destruction de Troye.

des Troyens,vn des neueuz du Roy Agamemnon,nommé *Penthile*,lequel feit si bien, que par long temps ses successeurs tindrent le païs en paix, iusques à ce que les Perses se ruerent sur ceste partie de l'Asie, & qu'ils feirent tributaires, voire esclaues,tous les Grecs,desquels ceuxcy estoiét descenduz. Ceste belle ville fut iadis posee sur la pointe d'vn Promontoire,qui regarde vers le Midy directement entre l'isle de Metelin & celle de Tenedos,assez pres du Cap de Saincte Marie. Alentour d'Asso se trouue d'vne sorte de pierre,de nature si corrompante,& la veine de laquelle se fend si aisément,que

Pierre ayãt grande proprieté.

si vous y mettez vn corps mort dedans,il sera consumé & pourri dans quarante iours, excepté les parties plus solides, telles que sont les oz & les dents. Passé que vous auez Asso,vous entrez en terre ferme, pour y voir l'ancienne *Scepsis*, que lon dit auoir esté bastie par Scamandre,fils de Hector:Puis y est *Carese*, ville à present deserte & ruïnee, laquelle estoit posee sur vne colline. Or ceste ville & tout le païs voisin prenoit son nom d'vn fleuue,qui s'appelloit *Carese*,lequel s'espandant le long d'vne grand'planure,qui est entre *Scepse*, & *Achee*, se va rendre en la mer pres le destroit de *Cizique*, directe à present *Spigee*, ou *Zelie*, qui regarde & est à l'opposite de Gallipoly, entre les deux montaignes Olympe & Ida. De là vous entrez en celle Phrygie, surnommee la petite, où lon estime que fut edifiee Troye. Mais auant que d'y venir, retournons encor le long de la marine,& voyons quelles choses il y a de singulier. Aupres d'Asso, si tost que vous passez oultre, s'offre le Promontoire tant de fois nommé *Lectum*, que

Cap de saincte Marie.

les mariniers appellent auiourdhuy Cap de Saincte Marie, lieu fortifié de nature, & pres lequel apparoissent de belles murailles, sans toutefois aucun edifice au dedans, qui estoient d'vne ville nommee *Chryse*, ayant vn fort bon port en lieu hault & pierreux, & laquelle fut fondee par les Troyens, pour aiser les voyages qu'ils faisoient en Candie. Apres,courant tousiours le long de la coste selon le Propontide, vous voyez celle Alexandrie d'Asie, laquelle se nommant aussi *Troas*, donna le nom à toute la region voisine,& qui fut iadis vne Colonie des Romains,gisant sur l'entree du destroit, non gueres loing de l'isle de Tenedos,entre les deux Caps de Saincte Marie, & des Ianissaires. Par ceste ville de Troas, ou Alexandrie, passa Sainct Paul, estant conduit en prison à Rome,pource que de là auant la mer n'y est point fascheuse,& que assez facilement on passe de là en Thrace, ou en Macedone. Pres de ceste grande & belle ville se voyent encore à present les ruïnes,au pied du mont Ida, d'vne autre nommee *Gargare*,

Vieilles ruines.

que les habitans d'Asso bastirent,ou renouuellerent. Mais les guerres y ont tellement mis la main,& anciennement,& depuis,que quoy que Alexandre le grand, Auguste Cesar,Traian,& autres,ayent tasché de remettre sus la memoire des Troyens, en rebastissant les villes, les affranchissant, & leur donnant plusieurs beaux priuileges, si est-ce que tout est fondu, demoly, & ruïné, & n'auons rien que les memoires qui s'en trouuent par escrit:veu que le Turc ne semble estre pour autre cas au móde, que pour demolir ce que tant de Rois & peuples auoient dressé pour monstrer leur magnificence. Passé que vous auez ceste Alexandrie, qui porte le nom d'Egypte, vous approchez

Le nouueau Ilion.

le nouueau *Ilion*, qui n'est qu'vn village, redressé par les Phrygiens apres leur ruïne,quoy que plusieurs les en destournassent. C'est le lieu que le grand Roy Alexandre feit nommer Troye,mais bien esloigné de celuy où iadis fut celle grande & riche

ville tant cogneuë par toutes nations. Et encor seroit on bien en peine de dire, que ces
ruines que i'ay veuës de mon temps, soient celles que Alexádre feit bastir, veu que vn
Capitaine Romain, nommé Fimbrie, durant la guerre que Rome auoit contre le Roy
Mithridate, abattit, saccagea & occit tout, n'y laissant maison ne buron, temple ne statue, non iusques aux pierres plus menues des bastimens, que tout ne fust desfaict, gasté & ruiné, & ietté dans les riuieres voisines. Ainsi ie pense que ce que ie veis d'Ilion,
quoy que ce soit bien peu, est de ce que Auguste, ou Traian, ou autre plus nouueau,
comme fut le grand Constantin, y ont fait dresser pour faire viure le nom de Troye.
Et me suis esbahi cent fois, & encore m'en estonne, que tant de Rois & grands Monarques & Potentats Chrestiés, se disent estre descenduz & issus de la race des Troyens, &
que chacun se hôtoye du lieu d'où il a prins origine: & non sans cause, attendu que le
païs iadis a esté fertil & plantureux sur tous les autres d'Asie. Les Turcs mesmes se des-
plaisent tant de confesser qu'ils soient venus de Tartarie, qu'ils fantastiquent depuis
cent ans, à la persuasion d'vn certain Bascha Esclauon, nommé *Homar*, qui l'imprima
en la teste du Grand-Seigneur Baiazeth, son maistre, homme ignorant aux lettres, que
la race des Ottomans estoit venue de celle des Troyens, & sortie d'vn *Teucer* beaupere
de Dardane, premier Roy de Troye. Ou soit qu'il soit, i'ay tousiours douté, & doute
encores, pour ne rien flatter, s'il y eut iamais de Troye. En quoy ie pése bien que quelques Troianistes, mal affectionnez à mes escrits, me démentiront, paraueture sans modestie, m'amenans pour leurs raisons ce que en ont escrit Dictis de Crete, Historiogra-
phe Grec, Q. Septimius Romain, Damascene Sigiee historien, Æmile Macer Poëte,
Dares Phrygien, qui a fait l'histoire de la guerre de Troye, Philisthe Grec, Herodote
de Halicarnasse, que Ciceron appelle Pere de l'histoire des Grecs, Euclide Philosophe Megareen. Toutes les raisons desquels sont tresbonnes, s'ils m'asseuroient auoir
esté du temps, que lesdits Troyens peuplerent tant de Royaumes & prouinces lointaines, ou s'ils n'auoient certes prins ce qu'ils disent, & asseurent estre vray, des resueries du Poëte Homere, qui viuoit selon l'opinion des Grecs Asiatiques, l'an du monde trois mil soixante & deux, & deuant nostre Seigneur Iesus Christ neuf cens nonantehuict, comme i'ay dit ailleurs, du regne d'*Ophra*, Roy d'Assyrie, *Helam* Roy d'Is-
raël, & *Bacis* cinquiesme Roy de Corinthe, de l'aage desquels la ville de *Hiericho* païs
de Iudee fut fondee & bastie. Mais ie sçay bien que Herodote, & le Poëte Hesiode,
tous deux d'vne volee, & mesme parentage, ont precedé de trois cens vingtsept ans ledit Homere: & les autres ont esté en diuers siecles & saisons, fort long temps apres: tellement que soit vray ou non, mon opinion est telle que ie l'ay deduite cy dessus. Et
quant à la ville, elle ne pouuoit estre si grande qu'on dit, d'autant que la campaigne
voisine, quand il a pleu, est toute gastee des eaux qui descendent des montaignes. Que
si les Anciens ont tant celebré ceste region, c'est pour n'auoir eu cognoissance de chose plus grande, & qu'ils n'estendoient point leur iugement & diligence iusques à l'Assyrie, où estoit la magnificence des Rois du païs. Ie ne nie point qu'il n'y ait eu des gés
belliqueux & vaillans, mais non si diables, que la Gaule n'en nourrist de plus braues,
& lesquels estoient descendus d'aussi haulte & illustre maison que ces Troyens. Ie ne
veux aussi pour ce mien dire offusquer la verité de l'histoire, si l'on peult bastir quelque honneur aux Princes pour estre sortis de telle semence. Mais ie desirerois bien,
que ceux qui escriuent, taschassent auec plus de verisimilitude, de glorifier & illustrer
les maisons des grands, & par autres moyens que par coniectures, ou authoritez, desquelles on ne peult prendre suyte asseuree & certaine. Ie voy peu de villes en France,
portans signe & marque d'antiquité, que l'on ne les die auoir esté basties des Troyens:
comme Tours, Tournon, de Turnus Troyen, Paris, d'vn Troyen aussi. Il n'y a pas les

Les Turcs
se disent de-
scendue des
Troyens.

villes de Limoges,Narbonne,Troys en Champaigne,Thoulouze,que les citoyens d'i-
celles ne m'ayent dit, & de faict fe vantent, que elles ont iadis efté edifiees par les fufdits Troyens:chofe que ie ne puis bonnement croire,& moins leur accorder. Les Anglois en font aussi là logez, & plufieurs d'eux croyent que leur ville tant riche, opu-
lente & belle , fçauoir Londres, a efté faicte par les Troyens de Phrygie.Mais laiffant
à part tout cela, il ne fault oublier, que le païs Phrygien eft fertil à merueilles en trefbons fruicts,& ne veis onques lieu ne endroit,où il y euft de plus beaux Choulx rôds,
& blancs comme neige , les meilleurs que ie mangeay iamais. Ce peuple les nomme
Cardies, & les Efclaues *Aplachana*. Des raifins, ils ont le grain prefque auffi gros que
le poulce, & les appellent le vulgaire qui laboure les vignes, *Staphilia*, & les Turcs,
qui en font gourmans, *Vuzuni*. Touchant la mer,qui l'auoifine,elle n'eft non plus fertile en bon poiffon , que celle des ifles Cyclades. Le plus plaifant en gouft, dont elle
abonde & foifonne , c'eft d'vn, que les mefmes Grecs nomment *Caranidia*, les Latins
Leuantins *Cammarellas*, & les Efpaignols *Squille*. Quant au *Phizonitaq*, il eft bon rofti : au lieu que fi vous le faites bouillir,il ne fent que la bourbe. Il n'eft non plus gros
qu'vne Carpe : & f'en trouue tant & plus de la part de l'Ocean Arctique. Les Anglois
luy donnent le nom de *Ruffe* , les Polonnois *Iefch*, ou *Iardr* , & ceux de Firlandie &
Gotthie,*Rutt*, ou *Raulbarß*. Les païfans pefchent ce poiffon tout à l'entree de la riuiere de *Scamandre* , qui prend fa fource des montaignes *Simehene* , & f'en va defgorger
dans vn goulfe qui porte le nom de la mefme riuiere. Au refte , pour continuer mon
propos fur le lieu où anciennement eftoit Troye, ie vous ay dit,que le village , qu'on
appelle de ce nom,ne l'eft point:d'autant que là où Ilion eft à prefent,c'eft tout auprès
du mont Ida , & loing des riuieres celebrees par les Grecs : où Troye fut , comme me
dirent les Grecs,plus auant en païs en la region nommee Dardanie. C'eft icy que ie ne
fçaurois taire la faulte que a faite Pierre Belon , quoy que ie l'aye toufiours tenu pour
bon amy & compaignon Leuantin : lequel maintiét au liure de fes Obferuations,que
de fort loing auant on voit les anciennes murailles de Troye. Car ie fçay qu'elles ne
font fi fuperbes, qu'elles puiffent ainfi apparoiftre, ains fault monter pour veoir ces
ruines,fi l'on ne veult aller iufques au lieu,fur vne montaigne,que ceux du païs appellent *Orminion*,autres le nomment *Mindel* : & les Iuifs qui f'y tiennent dés long téps,
luy ont mis le nó de *Mufullameth*, à caufe d'vn Seigneur ainfi nómé, qui pacifia quelque difcorde furuenue entre les habitans du païs. En fomme, ce que l'on voit des ruines de cefte ville eftimee tant fuperbe, n'eft rien , aumoins qui merite à en faire com-
pte.Ie côfeffe bien que qui fouilleroit en terre,comme l'on feit du temps que i'y eftois
par le commandement de Barberouffe Roy d'Algier, qui y employa trois mille Efclaues,on trouueroit plufieurs antiquitez, qui peult eftre feroient des ruïnes de cefte vil-
le:pourautant que ces Efclaues y defcouurirét vn nombre infini de groffes pierres de
marbre de toutes couleurs , & des Statues & Medalles, & autres fortes d'images.On y
trouua auffi force Colomnes antiques,efquelles y auoit des lettres Grecques & Pheniciennes engrauees : & non feulement là, ains auffi en Chalcedoine, & autres villes de
l'Afie. Ce que ie vey eftant en Conftantinople. Au pied d'vne montaigne , dicte *Zel-
pha* (que les Grecs nomment *Pipinia*, & les Turcs *Gouuergin*, à caufe du grand nombre de Pigeons qui y font,& repairent, tant de iour que de nuict, fans eftre pourfuy-
uis:l'occafion ie vous l'ay dite ailleurs) l'on trouua des pierres de fepulture,fi grandes
que merueille,fans qu'on veïft ne corps ne autre chofe dedans,ainfi qu'on fait en Egypte & Palefthine : pource qu'en ce païs on brufloit les corps des morts , & puis mettoient les cendres dans ces vrnes & tombeaux. Lon y voit d'autres fepultures de marbre hors le circuit des murailles de la ville,toutes d'vne pierre,en façon de grands ba-

Pierre Belõ
fe pourroit
tromper.

huz, & les couuercles auſſi. Le vieux chaſteau, qui eſt de la part de Tenedos, ſe monſtre plus antique que l'autre qui eſt ſur la colline. Les pierres des murailles que lon y
voit, ſont preſque toutes marquetees & mouchetees de marbre blanc, verd, noir &
rouge:argument de la curioſité des Anciens. Ie laiſſe les ruïnes, Egliſes & maiſons, que
iadis les Chreſtiens auoient fait faire. Me promenant vers la marine, ie m'apperceu de
certains arceaux, faits en maniere de porte, de quelques deux toiſes de hault : aupres
deſquels y auoit la moitié d'vne Colomne de marbre blanc, que les Turcs, Arabes &
Grecs, qui habitent ce païs là, n'ont onc permis demolir ne gaſter, tant pour ſon antiquité, que pour l'inſcription que lon y voit, que ces Barbares admirent autant ou
plus, que les Egyptiens leurs Pyramides, Obeliſques, & Colomnes de Pompee.
L'inſcription eſt telle:

IMPERATOR
CÆSAR MAR. AVR. ANTO
NINVS PIVS, FELIX, PAR-
THICVS MAXIMVS, GERMANI-
CVS MAXIMVS TRIB. PL. IMP.
PO. XV. MAXIMVS IMP. COS.
III. PROVINCIAM ASIAM PER
VIAM ET FLVMINA PONTIBVS
SVBIVGAVIT.

Et de l'autre coſté,

IMP. CÆSAR AVGVSTVS DIO-
CLETIANO P. COS. II. REGNAN-
TE TRIBVNICIA VICIT POTE-
STATE. M. F. T. ET CLAVDIVS
C. VIII. P. ROM.

Ie vey tout au pied de ladite Colomne, bien toſt apres l'auoir contemplee, pluſieurs Mahometans enuiron les trois heures apres Midy, eſtendre certains tapiz pour
illec faire leurs oraiſons & prieres : Et nous de noſtre part nous fuſmes rafreſchir au
logis de quelques Grecs, qui nous receurent humainement, nous feſtoyans de diuerſes ſortes de bon poiſſon, duquel ils vſent plus que de chair. Quant à Troye donc,
ou le lieu auquel on dit qu'elle fut, elle n'eſtoit point baſtie en planure, ainſi que i'ay *Situation*
apperceu par l'aſſiette, ains ſur vn couſtau tirant vers la marine. Dauantage il y a gran- *de Troye.*
de apparence de Ciſternes, & ne ſçay pourquoy, veu que l'eau y eſt aſſez à comman-

dement, pour deux riuieres qui l'auoifinent, l'vne auffi large que la Charente Angoulmoifine, & vne autre moindre, qui fe va rendre en mer du cofté de l'ifle *Proco-*
nefe, bien auant au deftroit: fi ce n'eftoit que ces Cifternes fuffent faites du temps du
fiege, craignans les affiegez, qu'on leur coupaft les moyens d'auoir de l'eau. Ces
deux riuieres fufdites viennent du mont Ida: auffi y en a-il qui fortent du mont
Olympe. Or vous ay-ie tenu propos de plufieurs montaignes, affifes en diuers lieux
& contrees du monde, qui font belles, grandes, fertiles & riches, les vnes en Metaux, les autres en Pierreries, les vnes en Simples, & les autres en pafturage. Mais
encor que cefte cy n'abonde en Metaux, fi eft-ce que les Simples y font fort frequens, & le païs plaifant & delectable, & le pafturage le meilleur du monde. En
Voutes font outre, il y a des voutes deffoubz, dans lefquelles font des pourmenoirs, faits de
terreau môt pierres grandes, liees & iointes enfemble auec du ciment, que lon me dift auoir
Olympe. efté fait de certaine terre graffe, que lon faifoit cuire comme des tuiles, qu'ils puluerifoient puis apres, en faifant du ciment fi fort que merueilles: & tel eftoit ce qui
fe voyoit dans ces grottes, que vous euffiez iugé eftre des fales de quelque grand Palais de Roy, & puiffant Seigneur. De pareil ciment cognuz-ie que auoient efté
faits les fondemens de cefte ancienne ville de Chalcedoine en Afie, dont les liaifons
des pierres eftoient fi bonnes de mon temps, que lon la demoliffoit de fonds en
comble, qu'vn Efclaue fort & puiffant auoit affez affaire d'en arracher quatre en vn
iour: & ne vous dy rien, que ie ne l'aye veu de mes propres yeux. Ie n'aurois iamais
fait, fi ie voulois fpecifier tout ce que i'ay auffi veu de rare en cedit mont, qui eft
auffi riche en arbres de toutes fortes, comme font magnifiques les Colomnes &
Tables, qu'on voit és grottefques, defquelles ie vous ay defia parlé. Par lefquelles chofes vous pouuez iuger, quels & combien bons eftoient les efprits des gens de
celle contree, & en l'Architecture, & en Perfpectiue, & fils fçauoient bien que
c'eftoit de mefurer les proportions, & obferuer les lignes en quelque ouurage que
ce fuft. Auffi voyez vous, que de la Grece & petite Afie font venues les inuentions
de toutes ces Colomnes que lon admire à prefent, & que iadis on auoit auffi en grande
recommandation. Ie laiffe les combats qui fe celebroient de cinq ans en cinq ans
en ce lieu là à l'honneur de Iupiter, & fappelloient auffi *Olympia.* Ie fçay bien que
quelques vns ont voulu maintenir, que telles gaillardifes de ieux fe faifoient & obferuoient auffi bien au mont Olympe, qui eft en la Grece de l'Europe, qu'à ceftuy
cy qui eft en l'Afie. Mais de cecy i'en parleray plus longuement, & mieux à propos en autre paffage.

De Bogaz Asar, qui font Sefte, & Abyde: mer d'Hellespont,
& pourtrait de Diofcoride.   CHAP. V.

E DESTROIT, que les Barbares appellent *Bogaz Afar*, & nous
quelquefois le Bras fainct George, & d'autres le deftroit de Gallipoly, pource que cefte ville eft affife en Europe fur la fin du deftroit, ayant oppofite en Afie la ville ancienne de *Lampfique*,
Pourquoy la fappelle auffi Hellefpont, le nom eftant tiré d'vne fable de *Hel-*
mer Helle- *les*, fille du Roy *Athamas*, fuyant auec fon frere *Phryx*, les fu-
ſpôt eſt ainſi reurs de fa belle mere: fondement trefbeau, pour donner tiltre par tant de fie-
appellee. cles à vn fi beau païs maritim. Or le plus eftroit qui foit en ce paffage, eft entre
les deux

les deux chasteaux Seste & Abyde, que les Turcs nomment *Bogaz Azar*, qui est à dire, Chasteaux fossoyez. Seste est en Europe, & Abyde en Asie, lesquels sont merueilleusement forts, comme i'ay veu, tant d'artillerie que de vieux soldats Ianissaires: combien que celuy d'Europe n'est si fort que celuy d'Asie, pour n'estre fossoyé & tournoyé d'eau de toutes parts. Auquel propos ie ne puis penser en quoy Belon songeoit, lors qu'il faisoit le pourtraict de l'isle de Lemnos & entree de l'Hellespont, d'autant qu'il effigie Abyde en la marine, & Seste en plaine cápaigne à plus de huict lieuës du destroict en bonne perspectiue : là où il est dedans, & laué de la mesme eau salee. Ces places sont disposees de telle sorte, qu'il est impossible que ceux qui viennent par mer de Constantinople, n'aillent baiser là le babouin, & mouiller l'ancre, tant Chrestiens, Iuifs, que Mahometans, aussi bien qu'à la ville de Gallipoly: où ils sont quelquefois vn iour entier pour visiter hault & bas les vaisseaux, s'il n'y a point quelques Chrestiens Esclaues qui vueillent gaigner la fuyte en leur païs. Et si par cas fortuit sont apprehendez quelques vns desdits Esclaues, marchans ou autres qui ayent forfait, les maistres & Capitaines des nauires se mettent en danger de mort, confiscation du vaisseau, & de la marchandise qui est dedans, le tout au Grand-Seigneur. Au contraire, tous vaisseaux qui passent ce destroit, pour aller à ladite ville de Constantinople, ou à la mer Maieur, ont liberté de nauiguer oultre, & y peuuent entrer librement. Lesdits chasteaux sont posez au cinquantesixiesme degré vingt minutes de longitude, quaráte vn degré quinze minutes de latitude : vous pouuant bien asseurer, que quiconque les auroit gaigné, il bailleroit vne belle peur aux Constantinopolitains, & à toutes les autres villes de Grece : qui seroit chose facile à faire. Ils sont fort renommez par les amours de Leander & Hero : mais n'ayant deliberé de m'amuser en choses de si peu de consequence, ie poursuyuray l'histoire Cosmographique & Geographique, & description des païs par moy designez. Ce fut là que le grand Roy des Perses Xerxes, voulant aller contre les Grecs, feit dresser vn pont de nauires, pource que (comme ie vous ay dit) le lieu y est fort estroit, comme celuy qui ne contient qu'enuiron vn quart de lieuë : toutefois cest appareil du Persan fut ruiné & dissipé de nuict par tempeste, à cause que le lieu est assez fascheux, à quiconque veult prendre son chemin de droit fil de l'vn chasteau à l'autre, & est besoing de tordre vn peu, pourautant que de tous les deux costez il y a des courantes. Et à fin que vous ne pensassiez que ie me fusse oublié en quelque cas, fault que sçachiez, que les chasteaux ne sont point droictement assis où estoient les villes le téps passé, lesquelles auoient bien des tours sur la marine, mais elles en estoiét esloignees. Du costé de l'Europe se fait vne maniere de petite Peninsule : & de la part de l'Asie, le païs va en s'estendant, iaçoit que la contree de Troade depuis Asso iusques à l'isle Proconese, en semble aussi faire vne autre, attendu que vers le Ponent, Midy, & Septentrion la mer bat tout ce païs, & est seule la partie Orientale qui le face terre continente. En quoy ie me suis peiné d'aduiser les choses de bien pres, à fin que ma Cosmographie te puisse quelquefois seruir par faulte de Charte. Ie m'esbahis encores en cest endroit, où Belon pensoit, lors qu'il faisoit peindre & pourtraire en son liure des Singularitez, ce destroict depuis l'entree d'iceluy iusques à la mer de Gallipoly : d'autant qu'il nous represente tout le contraire de la verité, sçauoir là où doit estre l'Asie, il met l'Europe, & au lieu que le chasteau de Seste est en la mesme Europe, il nous le met en la place de celuy d'Abyde. Somme, le tout est fait à l'opposite : & estime, que la faulte viendroit autant ou plus de son peintre, que non pas de luy. I'ay dit que Abyde, ainsi que à present elle est nommee, n'est point assise en son plan ancien: ce qui se preue assez facilement, veu qu'où est ce chasteau pour le iourdhuy, vous n'y voyez marque aucune d'antiquité d'edifices : encores que vous en trouuez bien en des lieux de-

Leander & Hero.

La Peninsule de Cheronese.

La ville d'Abyde.

V

molis, de plus longue main que n'a efté cefte ville, laquelle fut ruïnee par Philippe
Roy de Macedone, pere d'Alexandre le grand. Or puis que ie vous ay dit qui en fut le
deftructeur, c'eft raifon aufli que ie vous die qui fut celuy qui la feit edifier. Enuiron
l'an du monde trois mil deux cens foixanteneuf, les Milefiens, à fçauoir les habitans
de Milet, qui pour le iourdhuy f'appelle *Melaxo*, fituee au païs de Carie, fe voyans
trop preffez de multitude qu'ils ne pouuoient nourrir, ayans obtenu licence de *Giges*,
Roy de Lydie, vindrent en Troade, où ils feirent & planterent les fondemens de cefte
ville, qui eft pofee en egale diftáce entre Troye & Lampfique, & qui fut iadis des plus
marchandes de la petite Afie. Abyde eftoit chef & metropolitaine du païs à l'entour
foubz la puiffance des Troyens: mais Troye eftant ruïnee, ceux de Thrace vindrent là,
& y habiterent, la ville eftant lors fort au bas, & qui ne fe peut r'auoir de long temps.
Et à fin que ie ne m'arrefte longuement icy, vous fault fçauoir, que *Aueo*, ou *Abyde*,
eft maintenant vn chafteau, fort à merueilles, affis en vn lieu marefcageux, dont la forme eft quarree, & qui à vn chacun des coings a vn bouleuert, qui n'eft pas de trop grãde importance. Ie vous ay dit qu'il eft fort, mais c'eft d'affiette & d'artillerie: d'autant
que quant à ce qui y eft de fortification, ce n'eft rien, pour vne fortereffe qui doit feruir de clef & rempart à tout vn païs. Ses foffez ne font point faits à fonds de cuue, fes
murailles font foibles. Au milieu du chafteau y encor vne Tour qui fert de dógeon,
qui eft celle là mefme que les Turcs prindrent fur les Grecs, lors qu'ils feirent la conquefte de ce païs là. Cefte place a efté faite des ruïnes d'vne ville voifine: aucuns difent
que c'eftoit *Affire*, qui eftoit de la iurifdiction d'Abyde: combien que quant à moy,
ie penferois pluftoft, pource qu'elle eft du cofté de Troye, que ce fuft Scamandrie, que
on dit auoir efté baftie par vn des enfans d'Hector. Quoy qu'il en foit, les ruïnes y
font, & bien pres du fleuue, que les Anciens ont nommé *Simois*. Quelques vns me di-

Dardanie. rent, que c'eftoit Dardanie, veu qu'elle eft pofee au lieu mefme où on la defcrit: à quoy
ie ne ferois pas guere grand' refiftance, fi Dardanie n'euft efté efloignee de la mer, là
où cefte cy en eft fort voifine, & dans les mareftz. Lon porte les pierres d'icelle à Abyde, veu qu'elle eft toute ruïnee & fans habitation: & ce qui refte des ruïnes, a plus de
femblance de quelque grand & fomptueux temple, que d'autre chofe. Or en ce temple iadis eftoit le Palladion que lon auoit amené de Troye, auec le fimulachre de
Fortune, qui tenoit du bras gauche fon Cornucopie, & le droict appuyé fur vne roüe,
qui monftroit fon inftabilité & inconftance, auec l'infcription telle, FORTVNAE
REDVCI. Aufli y trouuez vous d'autres ftatues fort anciennes, mais qui reffentent la
main d'vn bon ouurier, les vnes armees de toutes pieces, & les autres veftues à la façon
des Anciens, iaçoit que leurs efpees fe rapportent fort aux Simeterres des Turcs. Entre
autres f'y voit celle de l'Empereur *Carin*, le plus deteftable en paillardife qui regna iamais au monde, lequel à la parfin fut occis par la main d'vn Tribun, qui auoit abufé fa
femme, & fes deux filles. Vn Preftre Grec, en faueur d'vn fien fils, nommé Conftantin,
qui nous feruoit de Trucheman, eftant de long temps aduerti de ma curiofité, & recerche que ie faifois de toutes parts des chofes les plus antiques, me donna trois medalles d'argent, & fix de bronze, trouuees au mefme païs quinze ans au parauant ou enuiron, qui eftoient d'Augufte, III. Vir. dans lefquelles eftoit effigié vn homme debout armé, tenant vne Idole hault efleuee en l'air, & autour d'icelles efcrit, CONCOR-
DIA MILITVM, & au renuers vne groffe tefte crefpellee, & alentour ces mots, FOE-
LIX CONCORDIA. Ie ne veux aufli oublier en ceft endroit, qu'vn certain autheur,
nommé *Crates*, qu'allegue celuy qui a fait le Secret de l'hiftoire naturelle, dit qu'au
païs de l'Hellefpont y a vne forte de gens entre les autres, qui par le feul attouchement
de leurs mains gueriffent de toutes maladies, tant grandes foient elles, fuft-ce du plus

dangereux poifon du monde,ou de morfure de viperes.Mais cela a auffi bonne grace,
que ce que recite Pompone Mele, affauoir qu'au mefme païs vers l'Afie, de laquelle ie
vous parle, iadis furent aucuns peuples les plus eftranges en leur vie qu'on fçauroit
penfer : d'autant (dit-il) qu'ils mangeoient & buuoient tous en commun : &,qui plus
eft,auoient affaire charnellement,fans fen cacher,les vns auec les autres, & fans confideration quelconque,non plus que beftes brutes.Solin en dit bien autant,& efcrit,que
ces mefmes peuples eflifent vn Roy à leur volonté, auquel ils donnêt la Loy. A quoy
ie refpons à Crates,Mele & Solin, que fi de leur temps le peuple Hellefpontique & A-
fiatique vfoit de forcellerie pour la guerifon de tant de maladies, & que leurs loix
leur commandoient toutes les chofes fufdites, auiourdhuy elles font changees & re-
duites en plus grande ciuilité. Paffant ceft Hellefpont, i'euz le plaifir de voir les haul- Haultes montaignes reueftues de forefts.
tes montaignes reueftues de forefts, & bois de haulte fuftaye, les arbres defquels pour
la plus part font de ces Pins fauuages,qui portêt la Poix & la Refine,dequoy les Turcs
font vn grand trafic, & à bon marché : d'autant que vn baril ne vous fçauroit coufter
plus hault de demy ducat, là où en autre païs on n'en fait pas fi bon compte. Les maifons des païfans,qui fe tiennêt le long du riuage de la mer,font baffes,& faites de terre,
couuertes en façon de terraces : & ce encor dequoy ils font ces terraces, eft de la terre
fort graffe, à laquelle ils meflent d'vne herbe large, qui fe trouue au bord de l'Hellefpont : laquelle herbe eftant bien feche, la matiere en eft puis apres plus folide. Mais
laiffant ces chafteaux, l'vn defquels i'omets iufques à ce que ie defcriue ce qui eft en
Europe,il me fault paffer oultre,& vifiter les villes qui font le long du Propôtide,iuf-
ques au Bofphore de Thrace.La premiere qui fe prefente,eft *Lampfique*,par les Anciês Ville dite Lapfaque.
nommee *Lampfaque*, maritime, & pres du lieu où le fleuue *Grenie* f'embouche dans
ledit Propontide, dit à prefent *Laffar*, lequel ne vient point des montaignes, ains f'a-
grandit fa fource de plufieurs fontaines,qui à la fin en font vne iufte & belle riuiere,&
f'appelloit iadis *Granique*, du nom d'vn des enfans d'*Archelas*,qui vint iufques là auec
ceux de la Moree. Cefte ville eftant en Afie,a pour oppofite en Europe vis à vis Galli- Gallipoly.
poly, & n'y fçauroit auoir diftance de l'vne à l'autre plus de deux lieuës & demie, & a
vn fort bon port,qui la rend frequêtee,quoy qu'elle fe fente auffi à bon efcient des ruïnes faites par les Turcs & Barbares. Vn demy quart de lieuë de *Lampfaque*, coftoyant
vn couftau à main droite, lon trouue de vieilles & antiques mafures, où il y a encore
grand nombre de maifons,& vn village affez gaillard,que les Turcs appellent *Guacze-*
tim, & les Grecs vulgaires. *Ladi*,à caufe de l'abondance des Oliues & huyles que cefte
terre produit.Me promenant auec quelques Grecs & Turcs,fufmes prêdre noftre difner en la maifon d'vn riche Iuif,nommé Daniel,l'vn des doctes & grands herboriftes
qui fuft en Afie. Ce vieillard circoncis,accort & fage,me monftra toutes les antiquitez Lieu où mourut Diofcoride.
du païs,& le lieu où iadis mourut Diofcoride,tant celebré de tous les doctes,& celuy
qui a tant efcrit de fecrets des Simples,racines,arbres,& autres plátes.Ie fçay bien qu'il
n'eftoit pas né de ces contrees là : toutefois il y mourut. Les Arabes le confeffent auffi
dans leurs hiftoires,iaçoit qu'ils ne me fceurent onques nommer le lieu : & difent que
il mourut venant de Byzance, apres auoir mangé d'vn Melon, que ce peuple appelle
Chauon, & les Grecs *Poponi*, & les Tartares *Orafoubl*. Et combien que les Iuifs foient
peu curieux de figures & pourtraits, comme chofe defendue en leur Loy,fi eft-ce que
ceftuy cy nous en monftra vn grand nombre, les vns en cuyure, les autres en marbre,
la plus grand' part effacez & rompuz par longue vieilleffe . Entre autres celuy dudit Pourtraict de Diofco-ride.
Diofcoride y eftoit, contre vn pilier de marbre blanc en quarré, & brifé, autour du-
quel y auoit certaines lettres Hebraïques, que nul de la compaignie ne pouuoit lire,
hormis le Iuif, qui dift l'auoir eu & acheté d'vn Euefque Grec, lors que l'ifle de Me-

V ij

telin fut prinfe par les Turcs. Au deffoubz d'icelle y auoit deux vers de lettres Grecques, toutes mangees & effacees pour l'antiquité de la piece: mefmes autour de fa tefte, en vn petit ouale, eftoit efcrit le nom dudit Diofcoride, & de deux de fes plus
chers amis & compaignons. Eftant en Alexandrie d'Egypte, vn Medecin Iuif renegat,
lequel auoit autrefois efté Chreftien, & Licentié és Loix en la ville de Paris, me fit
monftrer à vn de leurs Rabbins le pourtrait du mefme Diofcoride, qui reffembloit à

ceftuy cy : qui me donna argument de croire dauantage à celuy que me monftra ledit Iuif de Lampfaque. Parquoy ie vous l'ay bien voulu icy reprefenter au naturel, pour monftrer au Lecteur la diligence que i'ay faite en mes lointains voyages,
fans vfer de larrecins des labeurs, tant des Anciens que Modernes, pour enrichir mon
liure, comme fçait trefbien faire ce maiftre Harengueur, tant cogneu des Libraires,
duquel ayans pitié, luy font gaigner fa vie. Au refte, il y auoit autrefois fort bon vignoble au terroir Lampfacien : mais à caufe qu'il y a peu de Chreftiens & Iuifs aux
entours, auffi les vignes n'y font plus en trop grande abondance. Ce qui a fait la fufdite ville ainfi renommee entre les Grecs, c'eft que Themiftocle ce grand Capitaine A-
thenien, feftant retiré pour l'ingratitude de fes citoyés, au Roy de Perfe Xerxes, quoy
qu'il luy euft fait de grandes brauades en guerre : le Roy l'ayant receu en fa maifon, à
la parfin luy donna cefte ville, pour y paffer fon temps, & finir fes iours, à caufe que le
país y eft des plus beaux & plaifans de toute la Phrygie : où depuis il mourut, feftant
luymefme empoifonné. Il y en a qui difent, entre autres les Grecs du país, que ce deftroit d'Hellefpont a efté autrefois terre ferme, tout ainfi que aucuns en ont compté de
Sicile & Calabre. Mais il faudroit aller cercher de fi loing la preuue de ces chofes, qu'il
eft plus feant de n'en rien croire du tout, que de f'aheurter à la defenfe de chofes tant

Mort de Themifto-cles.

repugnantes à l'opinion, & à l'hiſtoire : non que ce ſoit choſe impoſſible, veu qu'il en
eſt aſſez ſouuent aduenu de telles, que ce qui eſtoit continét, eſt à preſent mer, comme de noſtre temps lon a veu en quelques endroits & de Flandres & d'Allemaigne:
mais les exemples ſont rares, ou nulz, que ce qui eſtoit mer, ſe ſoit rendu terre continente. Que ſi le Far de Gallipoly a eſté terre ferme, ioincte à celle qui eſt d'Aſie, cela ſe
dit plus par imagination, que par choſe qui en puiſſe donner la moindre preuue du
monde. Et leur voudrois volontiers demander, ſi cela iadis eut lieu, quel cours prenoit lors l'eau ſalee, qui deſcend & court auiourdhuy ſi deſbordément de la mer Maior, veu qu'il ne ſapparoiſt y auoir eu autre deſtroict de mer que celuy là. Si tous les
hommes, les plus doctes, Grecs, Latins & Arabes qui furent onques, me le vouloient
faire croire, ie n'y adiouſterois non plus de foy, qu'à ceux qui ſe ſont perſuadez auoir
eſté autrefois terre continente entre l'Eſpaigne & l'Afrique. Voyla que c'eſt de parler
& eſcrire à credit. Au ſurplus, ce deſtroict, tout ainſi que celuy du Boſphore, ſepare Separation de l'Europe & d'Aſie.
l'Europe d'auec l'Aſie par vn petit bras de mer. Ainſi vous ſçauez & la cauſe du nom
d'Helleſpont, & pourquoy les modernes l'ont nommé Gallipoly, qui eſt vne ville en
Thrace, de laquelle nous parlerons és choſes de l'Europe.

*Suyte du meſme deſtroict d'*HELLESPONT, *& mer Propontide.*
C H A P.   V I.

IRANT touſiours vers le Nort, & à main droite ſelon le Propontide, ayant paſſé le fleuue *Grenie*, vous venez à vn Promontoire, où iadis fut baſtie la ville *Priape*, que à preſent on nomme la ſeconde *Lapſi*, qui n'eſt qu'vn chaſteau tout ruiné ſur vne colline. Et ce fut par là
qu'Alexandre le grand paſſa pour entrer en Aſie. Ceſte ville fut edifiee par ceux de Cizique. Si toſt que nous euſmes paſſé Lapſi, où il y a
vn bô port, nous arriuaſmes à vne poincte de terre pres d'vn petit goulfe, ſur laquelle
fut anciennement la ville Parie, qu'on nomme auiourdhuy Paradis, garnie auſſi d'vn
bon port, & meilleur que celuy de Lapſi : duquel lieu (ie t'auois oublié à dire) eſtoiét
natifs vn Charon hiſtorien, & Anaximena orateur, compaignon du Philoſophe Epi-
cure : lequel meſme fut eſtimé natif de là, à cauſe qu'il ſy tint long temps, pource
que le lieu eſtoit propre à ſa Philoſophie, qui ne conſiſtoit qu'en bonne chere. Ce Parie fait la plus grand largeur du deſtroit, & là le Propontide ſe commence à eſlargir,
arrouſant les terres de Thrace en Europe, & de Bithynie en Aſie. Aſſez pres de ceſte
ville on voit l'iſle de Proconeſe, ſeule habitee entre celles qui ſe treuuent audit Pro- Iſle de Propontide, iadis renommee pour pluſieurs ſingularitez & richeſſes d'icelle. Et ſappelle contſe.
ceſte iſle, en Grec corrompu des Anciens, *Proconſas*, qui ſignifie Iſle de Cerfs, d'autant
que lon tenoit autrefois, qu'en Proconeſe il y eut grand' quantité de ces beſtes, qui ſeruoient pour le plaiſir des grands Seigneurs, qui y alloient à la chaſſe, & auoient le paſſetemps de les veoir paſſer en ce peu d'eſpace de mer qu'il y a de là iuſques en terre
ferme en Aſie. De Parie à Cizique y a interualle d'vn bras de mer, où ſont quelques iſlettes, & chacune de ces villes fait ſa poincte, qui regardent vers l'Europe. Or eſt Cizique fort ancienne, appellee maintenant *Spigne*, ou *Zelie*, de laquelle iuſques à Parie on
dit en ce païs là, qu'Alexandre auoit fait dreſſer vn pont : ce que ie ne ſçaurois croire,
attendu la grande diſtance de l'vn à l'autre. Son Arſenal eſtoit beau & grand, & le port
capable de deux cens nauires, en laquelle iadis Pallas eſtoit adoree. Elle eſtoit encore
ſus du temps de Conſtantin, & autres Empereurs, & d'icelle fut Eueſque vn meſchant

Eunomie heretique. heretique, nommé Eunomie, lequel difoit & maintenoit, que le Fils eftoit diffemblable en toutes chofes au Pere, & qu'il auoit efté fait & creé : mais à la fin il fut chaffé & banny, & f'en alla en Cappadoce. A neuf lieuës de Cizique il y a vn cafal, dit en langue Phrygienne *Gengfien*, qui fignifie autant que Obfcurité, à caufe que le plat païs enuironné des montaignes, eft en tout temps obfcur. De ce lieu là eftoit né Montanus, *Montanus heretique.* l'vn des premiers hereiiques de fon temps. Alphonfe de Caftre, docte Efpaignol, lequel i'ay autrefois veu, & conferé auec luy pour ce faict, lors que ie vins de mon premier voyage du Leuant, en fon liure qu'il a fait côtre tous les Heretiques qui ont efté depuis les Apoftres iufques à noftre temps, efcrit, que ce Montanus (que ceux du païs appellent *Iolum*) eftoit Thiatirien, du païs de Lydie, de la ville *Montenicq*: chofe, comme ie luy dis, mal entendue à luy, attendu que Thiatire eft plus de neuf iournees de *Gengfien*. Ie confeffe bien que Prifque & Maximille deux autres heretiques eftoiét *Mort de Montanus, dit Iolum.* Lydiens. Ce gentil *Iolum* fe precipita dans la riuiere de Caicque. Ses fectaires ayans recouuert fon corps, le porterent en terre dans vne Eglife Grecque, laquelle fut bruflee par exprès commandement du Clergé, & de tous les Euefques de l'Eglife Gregeoife, & ne demeura rien que les murailles que l'on voit encores à prefent. Les Grecs Armeniens, Georgiens, Syriens, & autres Chreftiens Leuantins, paffans deuant cefte Eglife, iettent des pierres & fange dedans, par vn certain defdain & mefpris de ces heretiques, à la maniere que i'ay veu faire aux Turcs & Arabes dans la fepulture d'Abfalon, parce qu'il auoit efté rebelle, & prins les armes contre fon pere Dauid. La Secte de Iolum (dit Montanus) eftoit, qu'il falloit baptifer les enfans morts nez, ou dans le ventre de leur mere, f'ils eftoient morts: autrement ne pouuoient eftre fauuez. Son herefie fut defendue au Concile de Carthage, felon l'opinion des Grecs du païs Phrygien. *Concile celebré à Lāpfaque.* I'auois oublié de vous dire, que à Lampfaque fut celebré vn Concile national contre les Euefques Eudoxe & Acacie, de la fecte d'Arrie : qui neantmoins fut fans nul profit, à caufe que l'Empereur Valens, fouftenant la caufe des Heretiques, f'aigrit contre les Catholiques, & les chaffa de leurs fieges. Mais c'eft pitié que pour le iourdhuy au lieu de ces villes, qui ont efté fi triomphantes & magnifiques, vous ne voyez que ruïnes, & vne face confufe de demolition, fauf qu'il y a en quelques endroits des villages qui vous reprefentent encore quelque memoire du nom ancien. Il y en a qui difent, que Cizique fut baftie par Alexandre, & fe fondent fur ce qu'on la nomme Zelie, & que ledit Roy baftit vne Zelie en Troade. Mais c'eft mal aduifé, veu que elle auoit efté fondee, enrichie, & rendue illuftre auant Alexandre, par les Milefiens, qui en furent les premiers baftiffeurs. Auffi ceux qui veulent affeurer vne chofe, fault qu'ils regardent de prés, auant que traicter rien qui foit à la volee. Dés auffi toft que vous auez laiffé Cizique, ou Spigne, tenant toufiours la route felon la marine, vous fault paffer le fleuue, nommé *Olico*, qui eft autant à dire que Loup : pource que fes ondes font attrayantes, ayant des bouillonnemens trefdangereux, qui engloutiffent ceux qui fe baignent pres de ces contournemens d'eau. Cefte riuiere eft pofee à cinquantefix degrez vingt minutes de longitude, quarantevn degré quarantecinq minutes de latitude, & vient du mont *Temne*, qui eft en Mifie Maieur : d'où prenant vn long traict, elle va affez lentement iufques à ce qu'il pleut, & lors elle court de telle impetuofité, qu'elle ne laiffe rié fans l'entrainer quant & foy, faifant de grands dommages és lieux, où l'on n'a point dreffé de machines pour le contenir en fon canal, comme l'on fait pardeça à noz riuieres, lors que les eaux fe defbordent, ou bien au païs de Hirlande & Hollande, pour n'eftre furprins de la mer. Non loing du lieu où *Lico* f'engoulfe en mer, affez pres de *L'ifle Befbique.* terre, vous voyez vne ifle, dite des Anciens *Befbique*, & des Grecs naturels maintenāt *Calonno*, & des Arabes *Zoëgua*: dans laquelle y a vne montaigne fort peuplee d'arbres, que ceux du païs appellent *Artaca*: & vis à vis de ceste isle vn Promontoire, qu'on nomme Cap noir. Mais d'autant que i'ay parlé souuent de ce mot Propontide, il fault sçauoir la cause du nom, ainsi que ie l'ay obserué & accoustumé de faire en toute autre mer. La mer Egee, qu'on dit à present Archipelague, vient en s'estrecissant depuis le Cap des Ianissaires iusques aux deux Chasteaux, où lors elle perd son nom, & prend celuy d'Hellespont, ou destroict de Gallipoly. Or tous ces destroicts si angoisseux de la mer, desquels l'entree est tousiours dangereuse, comme ils commencent à s'espandre & eslargir, changent de tiltre: côme icy, là où la mer est en sa grande estrecissure, on l'appelle Hellespont: mais dés qu'elle s'espand, & monstre vne largeur digne de ce nom de mer, on l'appelle Propontide: & derechef s'estrecissant vers Constantinople & Chalcedoine, elle prend le nom de Bosphore de Thrace: & puis se mettant au large, elle est dite mer Euxine, ou Maieur, iusques à ce qu'elle vient au destroict Colchique, où elle est nommee Bosphore Cimmerien, & apres Paluz Meotides. Ainsi *Origine de ce nom Propontide.* la cause du nom de Propontide, c'est que ce bras & grand paluz marin est comme allant deuant la mer Pontique, en laquelle il va entrer par le Bosphore de Thrace. Le long du riuage il y a des islettes, dont les deux susnommees sont habitees, à sçauoir *Calonno* & *Proconese*: & les autres depeuplees & desertes, si ce n'est à ceux qui y vont pour pescher. Mais reuenons à la terre ferme. Le fleuue *Lico*, ou *Rhindaque*, est celuy qui separe la Misie Mineur d'auec la Maieur. Toutefois laissant la Mineur; & ce qui estoit du Royaume & Principautez des Troyens, ie discourray de la grand' Misie. En icelle donc, outre le fleuue, se presente la ville de Cesaree, autrement dite *Suur Diane* (à cause de tant d'autres Cesarees basties en l'Asie, soit en Syrie, Satalie, Carmanie & Briquie) au lieu de laquelle n'y a rien pour le iourd'huy que des ruïnes de murailles, qui paroissent au pied du mont Olympe, & en païs assez beau: auquel neantmoins, pource qu'il est loing du trafic, personne ne se soucie de s'habiter, d'autāt que ce n'est pas comme pardeça, que lon cherche les lieux plaisans pour s'y retirer plustost que ceux qui sont frequentez: & que là, si ce ne sont les pauures gens de labour, ceux qui ont de l'argent, cherchent les lieux de passage pour y trafiquer. De l'autre costé du mont est l'ancienne ville de *Cie*, laquelle Prusie, à qui le Roy Demetrie l'auoit donnee, nomma depuis de son nom, à sçauoir *Pruse*: (elle est dite des Turcs *Cheriz*, & des *Ville ancienne nommee Cie.* Grecs du païs *Cherasia*, à cause des arbres fruictiers & cerises que ce païs produit, dôt la plus part viuent, les plus grosses & meilleures que i'ay iamais mangé:) & vne autre ville voisine, nommee *Mirlee*, autrement *Apamee*, du nom d'vne Dame qui la feit entourner de murailles tresfortes. *Pruse*, à present dite *Burse*, est sur vne haulte colline assez peuplee d'arbres, mal bastie, à cause que la plus part des maisons sont de bois, sauf qu'il y a vn fort, où le Gouuerneur pour le Grand-Seigneur Turc se tient: & en iceluy est le Fontique & Magazin de tous les marchans estrágers. Car c'est vn des lieux de Turquie, où les Turcs s'addonnent le plus à la marchandise, & où se fait grande assemblee és foires & marchez qui y sont instituez dés les premiers Rois Turcs qui passerét en la petite Asie: non que le mesme moyen de trafiquer ne s'obserue par tout où ils ont puissance, mais côme ie vous ay dit, il semble que ce soit le lieu propre de leur naissance. Or les Turcs naturels sont ou si glorieux & haults à la main, ou si faineans, *Turcs orgueilleux.* que ceux qui se tiennent aux villes escartees, & par tout l'Empire du Turc, ne daigneroient s'amuser au labourage de la terre, ains le font faire à leurs Esclaues, payans le disme de leur reuenu au Grand-Seigneur. Ce pendant ils se tiennent aux villes marchandes, comme en Pruse, & autres telles, ne s'exerçans qu'à la marchandise, en laquelle ils sont ronds, & de bonne foy, allans en Egypte & Arabie, & faisans aussi trafic auec les Venitiens, & autres Chrestiens, pource qu'ils sont confederez du Grand-Seigneur.

En ceftedite ville vous voyez force artifans , defquels les aucuns font des foldats mefmes,veu qu'en temps de paix il fault que chacun d'eux fçache meftier pour gaigner fa
vie : autrement ceux qui font fans rien faire,font en grand danger de mourir de faim,
s'ils n'ont dequoy fe fuftáter.Le plus grand trafic que lon face là, font bleds & beftail,
veu que c'eft de ce païs là que Conftantinople eft prefque fournie de viures. Il s'y fait
auffi marchandife d'Efclaues,mais ils y font menez d'ailleurs. Au refte,ils y vfent de fi
bonne iuftice,& fi briefue,que fi quelqu'vn fait tort à vn fimple marchant, de quelque
nation qu'il foit,il fe peult tenir pour affeuré d'en eftre puni fur l'heure : d'autant que
les Turcs veulent que le marchant foit libre. Et pour exemple, il me fouuient d'vn Ia-
niffaire,lequel ayant prins par force du laict à vne femme villageoife qui l'alloit vendre, fans luy payer,& elle s'allant plaindre au Cadiz ou Iuge,il fut apprehendé.Iceluy
niant le faict , foudain on le pend la tefte en bas, & le ferre lon d'vne corde au trauers
du corps fort eftroitement,& fi bien,que foudain il vomit le laict qu'il auoit beu :qui
fut caufe,que deux heures apres il fut pendu & eftranglé , fans autre forme de procez,
pource qu'il s'eftoit par quatre fois pariuré. Et dauantage ce n'eft pas là feulemét, ains
en tout lieu où lon exerce faict de marchandife,à fin que le marchant ne foit defgou-
fté d'y aller,& que par ce moyen le Seigneur ne perde le reuenu de fes peages & male-
toftes,& autres fubfides leuez fur les marchans.Ils appellét ces peages,Doannes,à caufe qu'ils font mis en de grandes granches és ports de mer, comme i'ay veu en Tripoly
de Syrie,à Baruth,& en Alexandrie:& en terre ferme à Damas,au Caire,& en cefte ville de Prufe , & en cent autres endroits d'Afie. Vous fault en outre noter,que iamais le
Grand-Seigneur ne donne les fermes de fefdites Doannes aux Turcs naturels,ains aux
Iuifs,Chreftiens Grecs,ou autres,defquels il s'affeure que font gens pecunieux,& dont
tout le bien confifte en argent content, là où les marchans Turcs ne font la plus part
que beliftres , & ne fçauroient fournir la dixieme partie du reuenu : veu qu'il y a telle
Doanne qui s'afferme cent mille ducats.Bien fouuent les Chreftiens Maronites y mettent leurs deniers,& le Seigneur fe trouue fi bien de cefte façon de faire,que pour rien
il ne bailleroit cela au Turc naturel, le cognoiffant & pauure & mal habile pour faire
la recueillie de ces impofts. Vers Prufie fufdit s'enfuit ce grand Capitaine Hannibal
fils d'*Amilcar* (qui en l'aage de neuf ans fit ferment d'eftre mortel ennemy des Romains,& fut depuis Capitaine des Carthaginois à l'aage de vingtquatre ans, & l'annee
apres conquefta en trois mois prefque toute l'Efpaigne :) lequel à la parfin eftát pourfuyui de fes ennemis,s'empoifonna luy mefme,& mourut aagé de foixante & dix ans:
puis fut enterré en vne petite ville de Bithynie, nommee *Lybiffe*, pardelà le fleuue
Afcinie, à prefent en rien memorable,finon pour le tombeau dudit Hannibal,duquel
le lieu porte le nom, l'vne des fuperbes Antiquitez d'Afie. Laiffant Prufe, vous venez
à Apamee, ville proche d'vn Lac , qui part du fleuue Afcanie, laquelle retient encores
le nom ancien Mirlee. Cefte Apamee ne fut onques fi renommee que celle de Syrie,
veu que cefte-cy n'a efté recommádee que pour la fertilité du païs. Ce fleuue fufnommé fepare la Mifie Maieur d'auec la Bithynie, & fourd des monts de Phrygie la grande,puis fe vient rendre au Propontide,affez pres de la ville Heraclee.Pres de Prufe eft
vne montaigne dite des anciens villageois *Arganthone*. Ceux de Prufe & Apamee ont
efté iadis Colonies des Romains , iouiffans de mefmes priuileges que les citoyens de
Rome:mais les troubles & guerres ciuiles les ont afferuiz,& à prefent la tyrannie Turquefque n'y a laiffé que peu des anciens habitans, à caufe que,comme i'ay dit , il y a fi
long temps que les Turcs en font Seigneurs, comme y eftans arreftez dés leur premiere entree en Afie, que ie penfe que c'eft le lieu de tout l'Empire Turquefque, où il y a
le plus de Turcs naturels. Si toft que vous auez paffé le fleuue Afcanie, vous venez au

Hiftoire de la bonne & briefue iuftice de ce païs.

Sepulture de Hannibal.

ville dite Apamee.

Promontoire,nommé anciennement *Poßidie*,& maintenant *Cap Fagonar* : loing du- quel en plat païs est située ceste ancienne & tant fameuse ville de *Nicee*, que à present on nomme *Nichie*, tirant vers le Septentrion, bastie par le Roy Antigone, fils de Phi- lippe, enuiron l'an du monde trois mille sept cens dix, qui la nomma de son nom An- tigonie : Apres lequel Lysimache luy imposa le nom de sa femme, qui s'appelloit Ni- cee, & la feit chef de toute la Bithynie. Ce fut en elle que fut celebré le premier Conci- le general contre Arrie, où assista Constantin le grand, Empereur des Romains, & vn nombre infini d'Euesques de toutes les parties du monde. Elle a esté souuent tour- mentee de tremblemens de terre, & presque du tout ruïnee : estant assise en belle pla- nure, auoisinee de bois & montaignes,& du Lac Ascanie, qui l'arrouse du costé du So- leil couchant. Le territoire en est grand & fertil, mais mal sain en Esté. Vous y voyez encor les ruïnes des edifices anciens, & les murailles : mais au dedans peu de maisons, & en icelles quelques pauures Chrestiens se soustenans de leur labourage. De Nicee a esté Euesque, de la memoire de ce temps, ce sçauant homme Bessarion Grec, qui fut fait Cardinal par le Pape Eugene quatriesme, à cause de son sçauoir. Voila quant à ce Chapitre.

De NICOMEDIE, *& du lieu de saincte Heleine, mere de Constantin.*

CHAP. VII.

R ESTE à descrire vne des plus fameuses villes de Bithynie, comme cel- le qui a esté long temps le siege des Rois du païs, & bié aymee d'iceux. C'est de Nicomedie que ie parle, bastie au pied du mont Possidie, en lieu fort marescageux, & s'appelloit *Contus*, auant que les Nicomedes regnassent en Bithynie : laquelle du temps que les Scythes, esmeuz par les Perses, se ruerent sur la petite Asie, fut saccagee,& presque toute bruslee, & peu de temps apres tellement esbranlee par les tremblemens de terre, qu'il n'y resta presque rien qui ne fust demoli. Mais puis apres enuiron l'an du monde trois mil sept cens & deux, elle fut rebastie par vn Roy du païs, nommé Nicomedes, qui luy donna son nom, qu'elle a retenu iusques au iour present, comme les plus doctes Syriens ont par escrit dans leurs histoires: bien est vray que les Turcs l'appellent auiourdhuy *Nichor*, & les mariniers voisins *Comidie*, ostans la premiere syllabe du mot. Ce Nicomedes estoit enuiron le temps de ce Ptolomee Philadelphe, qui feit traduire le vieux Testa- ment en Grec par les septantedeux Interpretes. Ie dis cecy, à fin qu'on ne pensast point qu'elle eust esté edifiee par Nicomedes, fils du Roy Prusias, lequel causa la mort de Hannibal, ou par vn autre Nicomedes, qui regnoit du temps que Iule Cesar estoit en- core ieune,& lequel pour l'amour de luy, feit le peuple Romain heritier de son Roy- aume: veu que ce premier Nicomedes deuance de octante ans le fils de Prusias, & l'au- tre qui fut le dernier, fut cent nonante ans apres celuy qui bastit ceste ville. Où vous fault noter, que les Rois Bithyniens depuis ce premier, portoient tous le nom de Ni- comedes, tout ainsi que les Rois d'Egypte celuy de Pharaon, & puis apres Ptolomee,& comme les Empereurs celuy de Cesar à Rome, en souuenance des vertuz du premier qui auoit eu ce nom. Et ne pensez pas qu'elle soit si abastardie à present, qu'elle ne soit assez riche parmy la barbarie des Turcs: mais aussi ce qui l'a fait telle, ce sont les mines tresbonnes de fin airain qui y sont, de grand profit au Seigneur, & cómodité aux habi- tans. En ceste ville fut iadis Euesque Eusebe, fort sçauant homme, toutefois infecté de l'erreur d'Arrie, ou à tout le moins fort soupçonné, aussi bien que Eusebe de Cesaree,

Cap Fago- nar, & vil- le de Nicee.

Destruction & redifica- tion de Ni- comedie.

Eusebe Eues que de Ni- comedie.

qui a efcrit l'hiftoire Ecclefiaftique,& tant d'autres beaux liures. Or ceft Eufebe Nico-
médien fut celuy, qui inftitua en la foy Catholique Iulian l'Apoftat,lequel fortant de
fes mains, fut gafté par le Sophifte Libanie. En Nicomedie encor a efté Euefque, du
temps de Diocletian, vn Anthime, qui eut la tefte trenchee pour maintenir la gloire
& diuinité de noftre Seigneur. Ce fut auffi en Nicomedie, que Lactance Firmian,
homme de telle erudition que chacun fçait, lifoit publiquement la Rhetorique, &
puis vint en Conftantinople,où il prefenta à Conftantin le grand les liures qu'il a faits
De l'inftitution Chreftienne. Du temps de l'Empereur Traian, ce qui eftoit cheut de
cefte ville par le tremblement de terre, fut rebafti. Non loin de là fe voyent encor les
ruïnes de certains edifices en vn petit village, que ceux du païs appellent *Calliqua* , à
caufe d'vn fleuue voifin qui a ce nom, & fort des montaignes Phrygiennes, faifant vn
long cours, puis f'en va tomber en la mer Maiour. Et pource que i'ay dit, que Nicomedie eft fituee au pied du mont Poffidie, & qu'elle eft fort voifine de la mer : refte à
voir vn lieu voifin de la ville, fait en Cap & Promontoire, du cofté du Propontide,
nommé *Trepanim* , ou *Drepanon*. Ie fçay bien, que fur le Bofphore il y en a vn autre,
appellé *Trarie* , affez efloigné de Nicomedie, & que plus bas eft Poffidie,qu'on nomme à prefent Cap *Fagonar* : mais de Drepane ne f'y en voit point, & moins ville qui
porte ce tiltre : i'entens le long de cefte cofte : car ie n'ignore pas qu'en Sicile ne f'en
trouue qui ont vn tel nom.Ce tant fçauant & fameux Iurifconfulte Charles du Moulin,refuant fur fa vieilleffe,a voulu dire, voire & maintenir en fon liuret De la Monarchie des François, que Conftantin le grand eftoit baftard, natif de Nicomedie, & que
faincte Heleine fa mere eftoit par confequent femme mal nommee. En quoy ie voy
de grandes difficultez. Ne Nicephore, ne le Seigneur du Moulin ne nient point, que
Conftantin n'ayt efté fils de Conftans , & que ledit Seigneur n'ayt efté des plus
grands en la Cour, comme celuy qui porta tiltre de Cefar, & qui à la fin eut le fceptre
& couronne de l'Empire.Mais fon intétion eft de reietter, que cefte faincte dame Heleine foit fortie de bon lieu, & moins qu'elle ayt efté fille de *Hoel* , Roy de la grand'
Bretaigne. Sur quoy aucuns doutent prefque autant que luy, iaçoit que nous ayons
des Hiftoriens qui le maintiennent, & lefquels feroient croyables,n'eftoit qu'vn trop
d'affection les tranfporte,lors qu'ils difent, que Conftantin le grand eft defcendu du
fang des Bretons, & non de la fouche Imperiale des Seigneurs de Rome : qui eft caufe,que ie ne me veux point arrefter fur leurs efcrits, pource qu'ils font fufpects, & que
ie fçay que Gildas, fort ancien de cefte nation, n'en fait mention quelconque, voire
Bede ne fait pas grand compte de ces genealogies, comme celuy qui pourfuit la veri-
té.Or voyons fi Nicephore eft croyable, lors qu'il dit, que Conftantin eft forti d'vne
couche illegitime,& hors mariage. Voicy les propres paroles de ce Grec, faifant grád
tort à la race de fes Princes : Les Perfes, Sarmates, & Parthes, & autres peuples leurs
voifins ,foubz la conduite d'vn nommé Varache, enuahirent les terres de l'Empire, & les faccagerent. Ce qui efmeut les Princes, qui pour lors eftoient chefs de l'Empire, de tafcher d'appaifer ce Barbare par quelque alliance : & pour ceft effect enuoyerent Conftans pour Ambaffade, à fin qu'en faifant la paix, il leur promift penfion annuelle, pour ofter cefte guerre de l'Empire. Conftans allant d'Occident vers
les parties Orientales, vint furgir à vn lieu, nommé Drepane, fitué au fein de Nicomedie,efloigné d'icelle en haulte mer : là où Conftans eut defir de femme. Ce que
fon hofte cognoiffant, efmeu de fa grandeur & belle fuyte, luy proftitua fa propre
fille, qui eftoit fur l'aage & poinct de marier, belle par excellence, & d'vne fort bonne grace. Conftans donc couche auec elle, & pour fon falaire luy donna vne robbe
riche & belle, toute bordee de pourpre, & de cefte nuictee elle conceut Conftantin.

Anthime auffi Euef-que.

Charles du Moulin fe trompe.

Le venera-ble Bede a-mateur de verité.

Or deffendit-il au pere, qu'autre n'euft affaire auec elle, ains qu'il la gardaft foigneufement, & que fi rien fortoit d'elle, qu'il l'efleuaft & nourrift auec grand foing & diligence. Ainfi pefons à prefent tous ces mots, & voyons l'ignorance de Nicephore, en
ce qui touchoit la façon des Romains. Premierement Conftans eftoit grand Seigneur, *Ignorāce de*
Ambaffade, reprefentant la perfonne du Prince, qui felon l'ancienne couftume des Se- *Nicephore.*
nateurs & grands Seigneurs de Rome, ne logeoient point aux hoftelleries, où tout le
monde aborde, ains feulement chez des Seigneurs, ou bourgeois honorables : ioinct
qu'en ce temps là y auoit vn chafteau en Nicomedie, duquel i'ay veu les ruïnes. Dauantage fi Conftantin n'euft efté fils legitime de Conftans, & Heleine fon efpoufe, il *Conftantin*
ne l'euft pas declairé fon heritier, veu qu'il auoit eu de Theodore, belle-fille de Hercu- *fils de Con-*
ftās & He-
lean, Conftance, qui fut pere de Iulian l'Apoftat, & Dalmace, & vne fille qui fut fem- *leine.*
me de Licinie. Mais recognoiffant que Conftantin eftoit fon fils aifné de fa premiere
femme, il luy donna, mourant, les ornemens de l'Empire auec la fucceffion. Quelques
Grecs m'ont dit, eftant en Nicomedie, auoir par efcrit, que Conftans ayāt efpoufé Heleine, fut contraint la repudier, pour ne tomber en la malegrace des Princes, qui luy
commanderent d'efpoufer la fufdite Theodore. Et au refte, qui eft celuy qui ne fçache, combien le Senat eftoit difficile à ferrer fur la reception des Princes? Et qui fera fi
fimple de penfer, que Diocletian euft nourri vn baftard fi fouëfuement en fa Cour, y
ayāt des enfans legitimes de Conftans, & mefme luy bailler des charges dignes du plus
grand de ceux de la fuyte Imperiale? Au furplus, les enfans de Theodore qui eftoient
freres de Conftantin, euffent-ils laiffé paffer cecy fans guerre, eux eftans legitimes, &
fils d'vne des Princeffes du fang? Et toutefois apres la mort de Conftans, ce ne furent
pas eux qui donnerent empefchement à Conftantin, ains le recogneurēt comme leur
aifné, tefmoing Licinie, que Conftantin affocia à l'Empire : mais pluftoft Maxence, frere de Theodore, qui f'y oppofant, fut vaincu foubz le figne de la Croix, auquel & par
lequel Conftantin eut la victoire. Et à fin qu'on ne die que ie parle par cœur, difant, *Hiftoire de*
Conftantin fils de Conftans, voicy qu'en dit Eufebe de Cefaree au premier liure de la *Conftās ef-*
vie de Conftantin le grand. Apres (dit-il) que Conftans fut fort chargé d'aage, f'ap- *crite par Eu*
prochant du temps qu'il luy falloit rendre le tribut à Nature, & que la fin de fa vie luy *febe.*
eftoit voifine, voicy vn vray œuure de Dieu. Conftantin fon fils aifné venant d'arri-
uér, & le pere le voyant, il fe leue du lict & l'accole : puis recouché qu'il eft, il fait à chacun de fes enfans le lot de fon heritage, lefquels eftoient tous autour de fa couche, faifant heritier de l'Empire celuy qui eftoit l'aifné, & le plus vieil de fes enfans. En quoy
lon peult facilement recueillir, qu'autre que Heleine fon efpoufe n'eftoit à la mort de
Conftans. Et voyons lequel ie croiray pluftoft icy, ou Nicephore, qui viuoit, il peult
auoir trois cens ans, ou Eufebe qui eftoit du temps de ce grand Empereur Conftātin?
Quant à moy, l'hiftoire eftant fi douteufe par l'enuie des Grecs, qui ne vouloient rien
donner de loüange qu'à leur nation, & qui ont de tout temps haï & la nation & l'E-
glife Latine, i'aime mieux ne croire rien de ce que difent Nicephore, ou autres qui
tiennent fon parti, lequel ie voudrois qu'ils fuyuiffent auffi bien en toute autre chofe,
& qu'ils luy adiouftaffent foy, veu qu'Eufebe, qui eft Grec comme luy, m'eft moins
fufpect, & plus croyable qu'eux. Touchant ce qu'on nie, que Conftans pere de Conftantin ait efté en la grand' Bretaigne, le mefme Eufebe le tefmoigne, & monftre qu'il
fubiugua ceux qui fe tenoient aupres du Rhin, & ceux qui faifoient les efmeutes & feditions en ladite grand' Bretaigne. Et dauantage il y a autheur, homme graue & fçauant, qui dit qu'il mourut à *Diorth*, ville d'Angleterre. Ce qui eft affez vrayfemblable,
parce que Eufebe & plufieurs autres tiennent, que mort que fut Conftans, comme Maxence fe vouluft emparer de l'Empire, Conftantin partit de la grand' Bretaigne, & vint

dreffer fon armee en Gaule:puis paffant les môts & l'Italie,alla combattre fon ennemy
bien pres de Rome,où auffi il le vainquit. A quoy tend tout cela , finon à la preuue de
mon dire,que Conftans a efté en Angleterre? Ie ne dis pas qu'il l'ait toute fubiuguee,
& ne nie pas que defia ce Royaume ne fuft fait vne Prouince Romaine. Les anciens
Anglois font mention d'vn *Caßibellan* , & autres, qui foubz la loy Romaine ont efté
Rois & Seigneurs de la grand' Bretaigne,alliez de plufieurs Romains , auffi bien qu'e-
ftoient ceux de Gaule,& qui font auffi Heleine fille du Roy *Coël* , & femme efpoufe
de l'Empereur Conftans premier. Mais puis que c'eft à la verité, que Conftans auoit
efpoufé Heleine , & que les Grecs font defnuez de maifon honorable pour l'en faire
fortir , & eftre digne de la couche d'vn fi grand Seigneur, en telle contrarieté i'aime
mieux embraffer le plus vrayfemblable, qui eft , qu'elle eftoit fille du Roy Anglois,
pour la frequentation qu'il auoit eu en fes païs Occidentaux , & à fin qu'auec cefte alliance il tinft ce peuple en paix,& euft le moyen d'entendre au gouuernement du refte de fes Prouinces. Auffi euft-il efté vrayfemblable, qu'en vn païs idolatre , & plein
de la fuperftition Grecque,tel qu'eftoit le païs de Nicomedie,cefte pauure hoftelliere
euft appris fi bien la Loy de Iefus Chrift comme elle la fçauoit ? Et fi elle eftoit Chreftienne,& fi fcrupuleufe comme elle a efté toute fa vie,il ne fe peult faire, que pluftoft
elle n'euft enduré la mort , que laiffer ainfi fouiller fon corps par paillardife. S'enfuit
dôc que la verité encline plus du cofté des Anglois que des Grecs,veu que *Coël* eftoit
Chreftien, l'ifle Angloife ayant receu le Chriftianifme , & qu'au refte Conftans auoit
appris cefte Loy parmy les Gaulois. Parainfi iamais elle ne fut nee , ne nourrie,ne de-
floree en Afie,& au fein de Nicomedie. Et ne me foucie de ce qu'on dit, que Conftantin feit baftir vne ville affez pres du lieu où elle fut engroffee,laquelle il appella *Hele-
nopolis*, dont ne f'en voit aucune marque pour le iourdhuy. Au furplus, vous ne lifez
point, que pas vn de cefte hoftellerie foit iamais venu en Cour pour fe faire cognoiftre à Heleine,ainfi hauffé en eftat Royal,quoy qu'il fuft impoffible que quelqu'vn ne
fuft demeuré de cefte famille tauerniere. Mais au contraire trouue lon, que Conftantin allant contre Maxence,Heleine fuyuant fon fils, mena auec elle trois de fes oncles,
lefquels furent faits Senateurs à Rome,& depuis enuoyez en la grand' Bretaigne,pour
gouuerner le païs foubz le nom de l'Empire Romain. Que fi les Annales Angloifes
vous defplaifent , monftrez moy quelque Grec ou Romain , qui ait fait vne hiftoire
continuee de tous les geftes & negoces des Empereurs iufques à Conftantin le grand,
& lors vous me donnerez quelque occafion d'adioufter foy à voftre dire. Et dauantage, fi Conftans , ayant fait conduire fon fils fort ieune à Rome , & qu'il en renuoya la
mere,à fin de n'offenfer Theodore, ie vous prie, qu'on me monftre en quel lieu ou en
quel temps ce fut que Conftantin feit venir fa mere , & comment elle eut les moyens
de faire tant de biens aux Chreftiens Leuantins. Ie n'ay auffi affaire de Cypre en ceft
endroit,fi elle eftoit fuiette aux Romains, ou à quelque Roy particulier : veu que cela
ne fait rien à mon hiftoire touchant la Royne Heleine.Et m'eftonne bien qu'vn fi fçauant homme, que celuy qui pourfuit ainfi l'honneur de Conftantin , f'eft oublié iufques à là,que de dire par fes efcrits, que Medie & Affyrie font prouinces voifines des
Indes:que fil auoit voyagé comme moy,& comme d'autres,il cognoiftroit fon ignorance,& qu'il y a autant de diftance,foit en eleuation de Pole,ou alignement terreftre
de ces prouinces aux Indes , comme il pourroit auoir de la France iufques en Grece.
Mais laiffons ce qui ne fait rien à mon propos.Heleine dôc,quelle qu'elle fuft,fe peult
vanter d'auoir autant ou plus fait que Roy ne Monarque qui ayét onques efté : ce que
les Grecs,Armeniens,Maronites,& mefmes les Abyffins & Georgiens qui font en Perfe,vous confefferont, fi vous allez en Hierufalem, Egypte, Grece , Palefthine & Arabie,

*Conftans a
efté en An-
gleterre.*

bie,qu'elle a esté la premiere Dame,& la plus deuote du monde, & que elle fut l'occasion principale de l'affection que son fils portoit à nostre religion,& qu'elle feit reuenir des deserts & des isles , plusieurs pauures Confesseurs du nom de Dieu, condamnez auparauant par Diocletian & ses compaignõs. La saincte Dame aussi fut inspirée
diuinement, pour trouuer la Croix où nostre Seigneur souffrit mort pour le rachapt
des humains.C'est elle qui feit dresser somptueusement le Temple destruit de Hierusalem,que les Perses ruinerent depuis,du regne d'Heracle.Le sainct Sepulchre fut par
elle mis en l'estat qu'on le voit à present, & l'eglise de Bethleem, laquelle est extremement grande,& la plus magnifiquement bastie qu'autre que ie veis onques.Et pour dire en somme , c'est chose asseuree , que depuis le temps des Apostres, mesmement en
Asie,en la Grece, & en diuers endroits de l'Europe, elle a fait plus de bastimens propres & dediez aux choses sacrees,que n'ont tous les Rois & Roynes, tant ayent-ils esté
deuotieux : dont ie peux tesmoigner, pour en auoir veu grand nombre en ces païs là,
mesmes en plusieurs lieux de la coste de Barbarie en Afrique , autant qu'homme de
l'Europe.Aussi ie me suis esbahi plusieurs fois,d'où elle prenoit tant de thresors pour
mettre à fin telles & si grandes entreprises:veu que i'ay sceu par des Leuantins,qui ont
l'histoire de ceste Dame, qu'elle a fait faire en son temps plus de huict cens Eglises & s Heleine a
Oratoires:& sçauez vous quelles?non de basse estoffe, ou de matiere de vil pris : car le fait côstrui-
Marbre,Iaspe,& Porphyre,n'y estoit non plus espargné,qu'est icy le plastre : les pier- re plusieurs
res rapportees à la Mosaïque,l'or,l'azur és lambriz, & l'argent és tableaux,y est comme Eglises.
qui le donneroit pour Dieu : ayant veu telle Eglise de celles qu'elle a fait faire , plus
somptueuses, & qui ont plus cousté beaucoup, comme ie pense,que le bastiment de
nostre Dame de Paris. Et ne doute point,que ceux qui viuoient de son temps,tant Seigneurs que autres, ne tinssent grand compte & d'elle & de son fils, & qu'ils n'estimas-
sent que la seule pourtraiture les representant,porteroit bon-heur à leurs maisons:veu
qu'en memoire de Constantin & Heleine , ils mettoient des medalles & monnoyes
d'or, d'argent, & de cuiure , aux fondemens de leurs villes & maisons, dans lesquelles
estoit leur pourtrait à la Grecque,ayant vne Croix double à la main,& le nom de chacun d'eux tout autour de la medalle. Du temps que i'estois en Egypte, les Arabes domestiques en trouuerent vn vase de terre plein , toutes de fin or : & peux bien dire en
auoir apporté de plusieurs autres lieux,où iadis l'Euangile estoit cogneu , fust en terre
ferme ou aux isles,tãt de la Mediterranee,que de l'Archipelague. Ces medalles estoiēt
quelquefois differentes:vne fois l'Empereur Constantin y estant seul graué,& en d'autres auec sa mere , & quelquefois elle seule , les vnes d'or, autres d'argent, & autres de
cuiure. Vous y voyez la Croix, & ne sen fault esmerueiller : d'autant que i'ay veu des
tombeaux de grands Seigneurs en l'Asie , qui auoient esté conuertis , ou par les Apostres,ou par leurs disciples,marquez du signe de la Croix,& les trouuoit on soubz terre. I'ay aussi veu de douze à quatorze sortes de Chrestiens, desquels pas vn ne reco- Plusieurs
gnoissoit le Pape,qui neantmoins sont deuotieux,& honorent la Croix. Et pour suy- Chrestiens
ure mon propos de S.Heleine,son nom a esté de si bonne memoire, que depuis qu'el- ne recognoif
le a esté trespassee, & petits & grands ont pensé bié-heurer leur maison,ayans vne He- sont le Pape.
leine en icelle : mesmement les Grecs , quoy que le mot de Constantin soit purement
Latin , l'ont vsurpé comme nom de bon augure. Qui plus est, les Abyssins de la haulte & basse Ethiopie ne recognoissent gueres d'autres Saincts,apres les Apostres de l'E-
glise Latine , que ces deux Prince & Princesse. De cecy voyez les lettres que le grand
Monarque Abyssin enuoya autrefois au Roy de Portugal, & aux Papes Clement septieme,& à Adrian sixiesme,mesmes à ses Euesques qui vont en Hierusalé,où il monstre que luy & sa mere Heleine auoient tousiours tenu la Loy de Iesus Christ depuis

X

les Apoftres. Le Georgien, l'Armenien, Syrien, Indien Oriental, voire le Turc, Arabe, & Mofchouite, ont efté informez de la faincteté de cefte Dame. En fomme, il n'y a Eglife en ces païs là, où apres le Crucifix, vous ne voyez le pourtrait d'Heleine. Or Conftantin eftant à Rome, & elle auec luy, ayant vefcu en ce monde l'efpace de foixante & neuf ans, trefpaffa en noftre Seigneur, & y fut enterrée. I'ay affez longuement difcouru fur la vie d'vne femme, en lieu de pourfuyure mon hiftoire Cofmographique, pource que ie voyois qu'on faifoit vne lourde faute, dreffant Drepane, que depuis ils ont appellee *Helenopoly*, au fein de Nicomedie, que quelques ignorans difent eftre voifine de Conftantinople, mais affife en l'Afie, à caufe que Conftantin voulut que la fiéne fuft en Thrace, au lieu mefme où eftoit Byzance, & que fa mere fe plaifoit au lieu de fa naiffance. Mais pour ne laiffer encor ce propos, il eft à noter, que ladite ville de Nicomedie n'a point perdu fon nom ancien, finon entre les Arabes, qui l'ayans corrompu, la nomment *Niphca-dor*. Elle eft fituee fur vne montaignette, & toute ruinee. Entre autres chofes ie veis en icelle, à la porte du Temple des Grecs, vne pierre quarree fort mal polie, fur laquelle on f'affeoit, bien antique: & côtre icelle des figures effleuees, longues d'vn pied & demi, les mieux faites que lon euft fceu voir, hors mis que quelques vnes auoient les nerfs & doigts rompus. C'eftoit (comme ie croy) la figure d'vn Sacrifice que lon faifoit d'vn Bœuf: & de l'autre cofté y auoit trois coufteaux, dont les Victimaires coupoient la gorge aux Victimes, & plufieurs autres gentilleffes pourtraictes de mefme grace, que les Anciens faifoient faire du temps qu'ils eftoient encor idolatres, pour monftrer la pieté de leur Religion, & la deuotion qu'ils auoient aux ceremonies de leurfdits facrifices: Ou bien c'eftoient les Preftres des Gentils, inftituez par les Pontifes, pour donner ordre aux feftins celebrez aux ieux que les Romains faifoient en l'honneur de leurs Dieux: Ne pouuant iuger autrement de l'hiftoire fufdite, d'autant qu'il n'y auoit rien efcrit que lon peuft lire, & tirer pour en faire fon profit. Iadis les murailles de cefte ville comprenoient iufques à la marine, comme lon peult encores voir & iuger par ce qui y refte à prefent. Le chafteau que feit baftir (fuyuant la plus commune opinion des Grecs du païs) Licinius, natif de Dace, celuy qui participoit à l'Empire auec Maximian Galeri, apres la mort de Seuerus, l'an du monde quatre mil deux cens feptante, & apres noftre Seigneur trois cens & huict, eft prefque entier : côme ainfi foit que Iehan Paleologue, Empereur de Grece, y ait fait de trefbelles reparations, ainfi que lon peult cognoiftre par ce qui eft encor efcrit en ladite langue fur le portal dudit chafteau. Or iaçoit que ce lieu foit hault, comme ie vous ay dit, fi a il pourtant de grandes commoditez, entre autres de trefbonnes eaux de fontaine : qui eft l'vn des meilleurs bruuages dont vfent les Turcs & Grecs de la contree. Ie laiffe les antiquitez que lon voit autour dudit chafteau, côme Piliers, Colomnes, Chapiteaux, Medalles, pierres grauees en diuerfes fortes de lettres : chofe certes, qui monftre bien que Nicomedie n'eft point moderne. Quant aux iflettes qui font au goulfe de cefte ville, elles abondent en tous biens, & font peuplees de pefcheurs & oyfeleurs, qui ne viuent gueres d'autre exercice. Touchant la mer du Propontide, elle eft fix fois plus abondante en poiffon que la Mediterranee : & f'en porte de falé en plufieurs prouinces d'Afie, voire iufques en Cypre & Candie. Et combien que le païs Nicomedien, Apameen, Timonien, Dogdomanien, Protomacpatien, & tous les peuples habitans entre le fleuue d'*Afcanie*, qui prend fon nom d'vn Lac, & celuy de *Calpas*, qui fe va defgorger en la mer Noire, ayent du beftial & pafturages, & foifonnent en chairs, fi eft-ce qu'ils aiment mieux, & fe nourriffent plus volontiers du poiffon frais dudit goulfe, comme eftant le meilleur qui foit foubz le ciel, & furpaffant tout gouft, que de chair, quelque bonne que on la puiffe dôner. De façon que f'ils nous vouloiét bien & opu-

La mort de S. Heleine.

lemment traicter, c'eſtoit auec force mets de ce poiſſon : entre les autres d'vn, que les
Grecs nomment *Corpidi*, qui a la chair auſſi bonne qu'vn Saulmon, & preſque de la
couleur : & du *Pompilios*, & encor d'vn autre aſſez rare, qui a le beç de trois pieds de
long, & le corps auſſi gros & long qu'vne Mouluë : le ſemblable duquel fut apporté
en la ville de Paris l'an mil cinq cens ſeptante & trois, & qui a eſté veu de plus de trente mille perſonnes, comme auſſi ſon pourtraict imprimé. Les Inſulaires Grecs l'appellent *Saranda*, & les Iuifs du meſme païs *Medemena*. Ie n'ay que faire de vous deduire
re la maniere que ce peuple a pour peſcher ledit poiſſon, d'autant que ce ſeroit choſe
de peu de profit.

Du Boſphore de Thrace : de diuerſes ſortes de poiſſons, & de leur nature : &
des Ieuſnes & Careſmes des Turcs. CHAP. VIII.

LE NOM de Boſphore monſtre deſia de ſoy de quel païs il eſt ſorti,
veu qu'il reſſent ſa Grece, & ne ſignifie autre choſe que le Paſſage du
Bœuf, ou le port du Bœuf, pourautant qu'vn Bouuier enſeigna, comme diſent les Grecs du païs, le premier le vol de l'oiſeau, dont ce lieu
là a eſté appellé Boucalie, c'eſt à dire Bouuerie. Ceux qui ont les raiſons plus vallables, diſent, que tant ce Boſphore, que celuy qu'on dit
Cimmerien, ſont ainſi appellez, pource qu'vn Bœuf les pourroit paſſer à nage : pour
monſtrer qu'il n'y a pas grand' eſpace de chemin à faire, à aller d'vn bord à l'autre, ſauf
que les flots y ſont impetueux, ainſi qu'en tout lieu où la mer eſt contrainte : & c'eſt
là où la mer Pontique entre au Propontide, pour aller embraſſer par l'autre deſtroit, à
ſçauoir de Gallipoly, la mer Egee, & icelle courant en la Mediterranee, aller derechef ſe rendre en l'Ocean par le deſtroit de Gibraltar. Par leſquelles choſes vous pouuez conſiderer, quelle doit eſtre l'aſſiette de Conſtantinople, qui a deux telles clefs que
le deſtroit de Gallipoly, & ce Boſphore. Ceſte eſtreciſſure ſi grande fut cauſe iadis,
que les Byzantins affligez par les Gaulois, qui auoiét couru toute la Grece, & ſeſtoiét
ruez ſur la petite Aſie, ayans racheté la paix deſdits Gaulois par vne grande ſomme
de deniers, qu'ils leur donnoient pour tribut annuel : fut cauſe, dis-ie, qu'ils vſerent de
la commodité de leur paſſage, ne laiſſans depuis trauerſer aucun par ce deſtroit, ſans
payer grand peage. Les Rhodiens qui en ce temps là tenoient la mer, ne pouuans plus
librement aller ſur la mer Pontique pour y trafiquer, & ſe plaignans de ces impoſts,
les Byzantins deffendoient leur cauſe ſur la poſſeſſion qu'ils ont de la mer. Or ce lieu
ſappelloit iadis Boſphore de Miſie, & non de Thrace, pource que la Thrace eſtoit
lors contenuë ſoubz la Miſie. Icy le Lecteur notera, qu'il y a pluſieurs Miſies, & diuer- *il y a plu-*
ſement côtemplees : deux en Aſie, deſquelles i'ay parlé, Maieur & Mineur (& n'eſt de *ſieurs Mi-*
pas vne d'elles, que ce Boſphore eſtoit ainſi nômé) & deux en l'Europe, la Superieure, *ſies.*
& Inferieure. La ſuperieure confine auec l'Eſclauonie d'vn coſté, & la Macedone de
l'autre : & l'inferieure, a le païs de Dace qui luy eſt aboutiſſant, & la Thrace fort voiſine: & c'eſt ſoubz ceſte Miſie, que iadis la Thrace fut contenuë, dôt pour ceſte occaſion
ce deſtroit de Conſtantinople ſappelloit Boſphore Miſien. Du depuis les Thraces
ſeſtans emancipez, il print le nom de Thracien. Il giſt à cinquanteſix degrez vingtſix
minutes de longitude, & quarante trois degrez ſix minutes de latitude, fermant & ouurant auec vne ſeule clef deux parties du môde, & deux diuerſes mers. Au reſte, ce deſtroit eſt ſi abondant en poiſſon, que ſi ceux du païs ſe plaiſoient autant à en manger,
que lon fait pardeça & en Italie, veu la bonté & delicateſſe, ie ne fais point de doute
que touſiours leurs places & marchez n'en fuſſent pleins de toutes ſortes. Mais l'occa-

Fertilité
bien gran-
de.

fion qui les en deftourne, c'eft premierement qu'ils ont tant de chair que merueille, le païs eftant fertil , & les pafturages abondans, & qu'auffi il fault qu'ils payent pour tribut au Grand-Seigneur la belle moitié de leur pefcherie:mefmemét fi vne ieune Thonine eftoit prife venant de la mer Maieur, le pefcheur n'oferoit fur fa vie la retenir, ains fault que ce foit pour quelque Seigneur. La caufe pourquoy le poiffon y eft fi bon , c'eft qu'ils font engraiffez du limon de la mer Pontique, duquel ils fe plaifent, comme pouuez iuger, entant que la mer où les chaleurs abondent,n'eft fi copieufe en poiffon , que aux regions froides. Vous auez le paffetemps en ce païs Bofphoreen de veoir les marchez pleins de grands monceaux d'Huiftres,defquelles il n'eft point permis aux Iuifs par leurs inftitutions de manger,non plus que de tout autre poiffon qui ait fang:& les nomment en leur langue Turquefque, *Tridia*, ou *Stridia*, auffi bien que les Grecs du païs:les Allemans les appellent *Mufcheln*, l'Arabe *Hafer-fualcath*,l'Anglois *An-oyfter*, les Flamans & autres du bas païs *Eln-œftre*, l'Italien *Oftreghe* ,& *Oftia de la mar* en Efpaignol.En fomme,on dit communement, pour monftrer la fertilité du Bofphore, qu'en Automne il eft doré, & au Printemps argenté. Et quoy que lon die que le païs de Thrace eft afpre,raboteux,& mal plaifant,fi eft-ce que à l'entour du Bofphore il eft fi beau,vni, & verdoyant,que ie ne vey iamais oree de marine plus agreable,voire ne fçache riuiere,pres les bords de laquelle il y face fi plaifant : veu que vous voyez pour le moins trente ruiffeaux coulans auec vn doux murmure, qui vont rendre leur tribut à la mer,& les fontaines claires en fi grãd nombre,qu'on ne fçauroit les compter.Le temps paffé,auant que les Barbares enuahiffent la Grece, & l'Afie voifine du Bofphore,lon voyoit, felon ce que m'en ont recité les Anciens du païs , tout le long d'iceluy de beaux edifices de Seigneurs , & Palais de Princes , & riches villages, plus qu'on nç fait en France le long de Seine, ou de Loire : mais les guerres des Turcs

Maifons de
plaifance.

ont tout ruiné cela. Il eft vray, qu'encor les Bafchaz y ont des maifons, voire bafties iufques dedans la mer, pour auoir le plaifir en Efté & Automne, de voir faulteller le poiffon,d'autant que la mer n'y eft tempeftueufe ne bouillante,ains diriez que c'eft vn fleuue le plus coy & paifible qu'on fçache. Les Ethniques iadis penfans faire quelque grand feruice à leurs Dieux , leur auoient bafti de beaux temples fur ce Bofphore, & en Europe & en Afie:comme au Promontoire,qui double en la mer Maieur, pour tirer la route de Trebizonde, lequel à prefent f'appelle *Algire* , il y auoit vn temple en l'honneur de Diane , de laquelle auffi le Promontoire portoit le nom. Et qu'on contemple vn peu l'emboucheure, on verra du cofté de l'Euxin, des Promontoires eftenduz , voifins des montaignes plaifantes de tous les deux coftez : puis f'en vient lentement & tout droit,ayant paffé le Promontoire Cyance , & fait plufieurs bras & feins, où il y a de bons ports, & bien acceffibles, & là où il fait bon mouiller l'ancre : puis apres auoir vireuoufté d'vne part & d'autre,f'en vient lauer les murailles de Conftantinople,où il femble fe partir en deux,& que fa poincte aille en feftreciffant peu à peu, iufques à ce qu'il eft entre Conftantinople & Chalcedoine, où derechef f'efpand & eflargit dans le Propontide : l'autre partie f'en allant vers vn lieu de la Thrace, fait en Promontoire, qu'on appelle la Corne. Pour vous dire donc ce que i'en penfe , iamais cefte grande ville , chef de l'Empire Grec , n'euft efté baftie fans les commoditez que luy donne le Bofphore.Quant eft de l'appellation qu'a eu ce lieu des anciés autheurs, elle eft fort diuerfe,les vns le nommans Canal, les autres Deftroit, les aucuns Bouche, autres Col & Gofier de l'Euxin:les Turcs l'appellent Bogazin,qui emporte auffi le nó

Comparai-
fon de la
mer Ma-
ieur.

de Gofier. En fomme , on luy a donné ces noms, pource que tout ainfi que la viande, auant que fe digerer , fault qu'elle paffe par la bouche & par le gofier, & puis defcend au ventre, ainfi la mer Maieur paffe par l'entree du Bofphore qui eft fa bouche, puis

par le deftroit,qui eft le gofier,& puis f'en vient au Propontide,comme dans fon eftomach ou ventre. Ie me fuffe bien icy amufé à toucher vn peu la faulte de Pompone
Mele,qui femble dire,que l'Archipelague fe va lacer dans la mer Maieur:mais la chofe eft trop efloignee de la verité.Du temps de l'Empereur Iuftinian,il y auoit fi folennelle garde fur ce deftroit, tant vers ladite mer Maieur que vers le Propontide, & aux
chafteaux, qu'il n'eftoit permis à perfonne viuante d'y paffer, fans payer grand tribut. Mais les Chreftiens Grecizans m'ont affeuré, que Andronic fils aifné de Michel
Paleologue,l'an mil deux cens nonantetrois,au commencement de fon regne, diminua ledit tribut de la moitié.Ie vous laiffe à penfer,fi à prefent le Grand-Seigneur,qui
eft l'homme du monde qui plus f'addonne à l'amas des threfors, oublie de faire ran-
çonner ceux qui paffent de quelque cofté que ce foit du Bofphore, veu qu'il y a vn
chafteau fur le Promontoire Hiere,ou Algire,qui eft en Afie, là où il tient bonne garnifon, tant pour leuer fes tributs, que pour fe garder de furprife,d'autant que fi quelqu'vn f'en eftoit faifi, il empefcheroit à tous l'entree & l'iffue dudit Bofphore. Auffi
iadis les Byzantins y auoient bafti vne ville à grands fraiz,ayans acheté la place grand'
fomme de deniers, qui depuis a efté rafee en la fureur des guerres paffees.Or la figure
& forme de ce deftroit eft telle,qu'il ne va point ny du tout droictemét,ne fi tortueux,
que toufiours il face des vireuouftes mal propres pour le nauigage:mais Nature l'a tellement voulté, & fait comme vn Arc, qu'il va paifiblement le long des montaignes:
d'où aduient que non feulement il a trente ports renommez,ains en tout & par tout il
eft aifé à prendre port.Que f'il alloit de droict fil & cours,qui feroit le nauire qui oferoit fe fier à vne telle rauine d'eaux, courantes toutes d'vne flotte & auec impetuofité?
Ainfi le Bofphore va entre l'Orient folfticial, & le Septentrion tirant vers l'Occident Le vray cours du Bofphore.
hyuernal:puis gauchiffant vn peu à main droicte,vinfmes au Promontoire Herinee,
& de là regardant le Nort,nous apparut la ville de Conftantinople. En ces lieux où la
mer eft ainfi violente,les poiffons font cótraints de f'efgarer, pource que les flots vont
heurter les rochers des Promontoires qui leur font oppofites,lefquels fentans telle refiftance,font contraints de fe retirer, & caufer la confufion de l'vn flot fur l'autre, que
caufent les vents,& non pas les marees,d'autant qu'il n'y en a point en cefte mer tirant
vers la mer Maieur. Les pefcheurs qui en experimentent tous les iours les affaults, difent,que quelquefois vous voyez aller les ondes tátoft en hault,tantoft en bas, à caufe
que l'vn flot repouffe l'autre:& cela eft aifé à croire,veu que quád les riuieres font fort
grandes,& que vous y voyez quelque chofe qui donne obftacle à leur cours,il femble
qu'elles prennent leur chemin contremont, iaçoit que non font, mais ce font les reflexions & rebats qui font ainfi enfler les ondes. Au refte, il y a de grandes abyfmes en ce Foffes & abyfmes.
Bofphore.Car i'ay veu fouuentefois, que en temps d'orage & tempefte,des nauires &
gros bateaux fe font fonduz & fubmergez, fans que puis apres on veift iamais ne vaiffeau, ne chofe qui fuft dedans,à caufe qu'ils fe perdoient en ces foffes: lefquelles ceux
du pais fçauent affez bien,& f'en gardent le plus qu'ils peuuent.De mon temps fe perdirent trois nauires qui venoient de Mingrelie, chargees d'Efclaues Chreftiens dudit
pais. Quant à l'eau, elle n'eft point du tout fi amere, comme celle des autres mers. Ie L'eau du Bofphore n'eft point trop falee.
vous ay cy deuant dit,que ce deftroit abonde le plus en poiffon,que mer que i'aye veu
encore, & fur tout en Thonines & Marfouins, lefquels font tenus fi chers par quelques Grecs & Turcs, qu'ils penfent eftre grand malheur d'en tuer aucun, & en font
confcience: ayant veu tel Grec, auec lequel i'eftois, auoir prins vn Marfouin vif,qui
incontinent le remit en mer fans luy vouloir faire aucun mal ou defplaifir.Et de faict
ils ont opinion,que de leur faire mal,ce foit chofe qui porte malheur : penfant de ma
part,qu'ils fuyuent la fottife des Sauuages de l'Antarctique,qui ne mangeroient pour

rien des poiffons qui leur femblaffent groffiers, pource qu'ils eftiment que cela les réd pefans en faict de guerre. Ce poiffon eft ainfi nómé de nous Marfouïn, fçauoir Pourceau de mer, & des Allemans *Meerfchvv-eyn*, des Frifiens *Bruncffich*, & des Polonnois *Morska*. Au furplus, i'ay à dire cecy en paffant, que les plus fçauás fe font trompez, en ce qu'ils ont penfé, que le Marfouïn fuft celuy qu'on appelle le Daufin : car le poiffon qui eft fi frequent au Bofphore, & qu'ils difent eftre tel, c'eft le Marfouïn, lequel eft fi commun, qu'il fe trouue prefque par tous les goulfes & deftroits : là où le Daufin eft fort rare, & ne fe trouue fi fouuent : penfant bien, que ce qui a trompé &

Gefnerus Allemát, Rondelet, & d'autres, de dire que ce fuffent Daufins, c'eft l'opinion vulgaire, que ledit Daufin fuit par tout l'homme, le voyant fur mer. Mais l'experience m'a fait veoir le contraire, & fentir que ce font Marfouïns, qui fuyuent quelquefois vn iour entier les vaiffeaux de mer, tantoft deuant, autrefois derriere, & fouuent faifans la ronde autour d'iceux : & fi gentilement, qu'à contempler telle gentilleffe, lon ne f'en ennuyeroit iamais. Outreplus, la figure & la couleur m'ont fait iuger de ce que i'en-dis : & ne fçache guere auoir veu de Daufins qu'en l'Ocean, f'il y en doit auoir, ou vn poiffon pour le moins, qui retire à celuy que les Anciens nous ont figuré & taillé fur les pierres de marbre, & medalles antiques. Le plus où i'en vey iamais de telle efpece, c'a efté aupres des ifles proches de l'Equator, & vers la Guinee, où auffi les poiffons font mieux nourris que au Bofphore, entant que vous y voyez les Dorades beaucoup

plus grandes, qu'elles ne font en l'Archipelague. Quant au Daufin, il eft comme azuré, ainfi qu'vne Dorade, & a vn certain foufpiral affez efleué fur la tefte : ce que n'a pas le Marfouïn, d'autant qu'il l'a plat, & vn peu plus large. Il eft vray qu'ils font de grádeur efgale & pareille, mais le Marfouïn eft plus gros & corpulent, & fait fes petits vifs cóme le Chien de mer, où l'autre ne fait que des œufs. Comme nous eftions fur mer, difputans de cefte matiere de Marfouïns & Daufins, & vertu fenfible qui eft és beftes, oifeaux, & poiffons, fourdit vne queftion affez gaillarde, laquelle me fut propofee, à fçauoir fi les poiffons refpirent. En quoy ie n'euz affaire grandemét de fueilleter ny Ariftote, Pline, Seneque, ou autre qui fe foit eftudié à recercher les chofes naturelles, veu que Moyfe dit, que Dieu crea tout animant en ame viuante. Or viure & refpirer font

tellement conioints enfemble, que celuy n'eft point dit auoir vie, lequel eft deftitué de refpiration, & au refte il n'eft rien qui ait mouuemét naturel en foy tel que les chofes qui viuent, qui ne refpire. Et la preuue la plus folide que ie voye, c'eft le dormir : car animal quelconque ne peult dormir, à qui la faculté de refpirer foit oftee. Dauantage toute chofe viuáte ayant fang, quoy qu'elle n'ait aucune paupiere, & qu'on n'en puiffe tirer argument certain par les yeux, fi eft-ce qu'on les voit apparemment affoupis de fommeil, & f'endormir : non pas qu'ils foient fourds : car les poiffons qui n'ont point d'ouye, n'ont point auffi de poulmon. C'eft donc chofe affeuree que les poiffons dorment, en ce que fouuent on les peult prendre à la main fans qu'ils le fentent : comme les Tortues qui ont cinq & fix pieds de lóg, & trois ou quatre de large, que nous trouuions dormantes en mer qui repofoient, & les prenions, & lors f'efueillans comme en furfault, nous donnoient de l'affaire à les trainer dans le nauire : en ayant mefmement prins au bord des Lacz, & riuieres d'eau douce : ce que i'ay auffi veu faire fouuentefois aux Ethiopiens, Mores & Arabes. Quant aux Baleines, on ne doute point qu'elles ne dorment : d'autant que fouuent nous auons paffé aupres, fans qu'elles remuaffent nomplus qu'vn rocher, & les oyoit on ronfler de bié loing. De l'ouye, la chofe en eft fi euidente, que les plus rudes en voyent l'experience : veu que vous ne fçauriez faire fi peu de bruit, que vous ne faciez tort à vn qui pefcheroit à la ligne, non moins que fi vous alliez crier & tempefter pres vn Clapier, tandis qu'on y veult mettre le furon dedans.

Au reste,le poisson est cogneu estre vieil ou ieune à ses escailles, s'il est escaillé, ou à sa peau,lesquelles seront dures & fortes aux vieux,mais la chair meilleure,& plus sauou-reuse que celle des ieunes, qui ont le tout plus subtil , & la chair molle & moins deli-cate.Et pource que ie vous ay dit que le Bosphore estoit fort abondant en poisson, ne pensez que ce soit par tout le destroit, ains seulement au canal proche de la mer Ma-ieur,environ deux licuës pardelà Constantinople , où il est si abondant & amoncellé, que vous diriez que ce sont des fourmillieres, ainsi la mer en est pauce : d'autant que pres la ville, & au Propontide, ce n'est rien au pris, fors que des Huistres, desquelles les Turcs ne mangent point, comme i'ay dit, nomplus que des Tortues,des Anguilles & Lamproyes,voire de tout poisson qui n'a point d'escaille, suyuans en cela la super-stition des Iuifs:en quoy le Persan ny le Scythe ne se monstrent si scrupuleux. Quant à la chair,il ne fait differéce quelle que ce soit, sauf quelques Turcs des plus reformez, *Viädes que* qui pour mourir ne mangeroient pourceau,ny beste morte ou suffoquee en son sang, *le Turc ab-* tellement qu'allant à la chasse, si les chiens tuent vne beste sans qu'ils l'ayent esgorgee, *horre.* & tiré son sang, ils n'en tasteront pour rien. Auiourdhuy la plus grand' part d'eux en font peu de conscience,comme i'ay veu, autât ou moins que de boire du vin, & man-ger d'vn gras iambon.Mais puis que ie suis sur leurs viures, vous deuez entédre qu'ils mangent d'assez bon pain , & blanc, & bis, qu'ils nomment *Hecmec* , & les Grecs vul-gaires *Psomi*:combien que en quelques endroits ils y meslent ie ne sçay quelle semen-ce , qu'ils nomment *Susse* , non par tout ,laquelle fait le pain de bon goust , & fort sa-uoureux. On n'vse point de telle pouldre pardeça,ny en region de la Chrestienté que ie sçache,si ce n'est en Espaigne,és Royaumes de Seuille & de Grenade, qui en ont au-trefois vsé. Ils sont fort curieux d'auoir diuersité de viandes, & mangent du *Cauiarre,* qui est fait d'œufs de poisson vn peu salé, qui sert aux Grecs pour trouuer le vin bon, quand ils ne peuuët boire.Le bon se fait au païs de Scythie,ou bien pres la mer *Meo-* *tis palus*, que les Scythes appellent *Themarinda*. Le peuple de Circassie, voire les Tar-tares,appellent ce poisson,des œufs duquel lon fait ledit Cauiarre,*Morounna*. Sa lon- *Cauiarre et* gueur est de deux toises,& sa chair tresbonne.Lors qu'ils se traitent si bien,c'est en Ca- *poisson dict* resme,qu'ils appellent *Ramadan* , & autres autrement, où ils ieusnent vn mois & vne *Morounna.* sepmaine tous les ans, non en vne mesme saison comme nous faisons, ains s'il est ceste *Caresme* annee en Ianuier,l'annee apres il sera en Feurier , & ainsi continuant iusques à ce qu'il *des Turcs.* aura couru par tous les mois.Il est bien vray,qu'il y en a vn autre,qui n'est pas obserué de tous,ains se fait par deuotion, & ceux qui sont trouuez buuans du vin en ce temps là, ne sont si grieuement punis,qu'à celuy qui leur est commandé . Et m'ont dit quel-quefois,que leurs Religieux & Hermites ont introduit ce secód Caresme, qu'ils nom-ment en leur langue, *Cazilarbarian*, sçauoir Pasque dés *Cazis*, qui sont quelques Reli-gieux d'entre eux qui portent le mesme nom.Tant que ces deux Caresmes durét, vous ne vistes iamais tant de salutations de bon iour & de bon an , que ce peuple se donne, comme nous faisons le premier iour de l'annee. Ceste feste ne se trouue tousiours en vn temps,ains vne fois en Esté, & l'autre en Hyuer, ou au Printemps, ou en Automne: ce qui leur aduient,pource que leur an n'est calculé sur le cours du Soleil, mais sur ce-luy de la Lune , laquelle ils appellent *Hay* , & l'ont en grand' reuerence, mesmement le Croissant,qu'ils saluent tout incontinent qu'ils le voyent,& specialement à la guer-re,à grands criz & haulte voix, à coups d'artillerie & son de trompettes. Les Persiens en font encores dauantage , mesmes les derniers Mameluz deffaits & vaincus de no-stre temps,estoient plus assottez de telles ceremonies,que ne sont encores auiourdhuy les Turcs. Mesmes souuent leurs femmes & enfans en portoient la figure pendue au col & oreilles:ce que n'ont oublié les Turcs qui habitent au païs de Galatie,& ceux de

Mingrelie, la plus grand' part desquels le portent tous, comme les Catholiques sont la
Croix, & le nomment *Malcha*, les Arabes *Malchabara*, & les Grecs *Petalo*, pource
qu'il ressemble le fer d'vn Cheual. Au temps de Caresme l'oraison & salutation n'est
moins gardee que le vendredi. Et me souuient, que lors que i'estois en Constantinople en tel temps, les Baschaz, Sangiachs, Soubassi, tenoient maison ouuerte au soir à
tous allans & venans, là où ils estoient les tresbien receuz : entre autres les *Cadhis*, &
autres gens qui font profession des lettres. Les vieilles du païs tiennēt, que si vne d'entre
elles n'auoit ieusné ces Caresmes, elle n'entreroit iamais en Paradis, & que le diable,
qu'ils nomment en leur langue *Seitan*, leur empescheroit le chemin de repos, & se sai-
siroit de leur ame. Quand ils ieusnent, c'est du matin iusques au soir que les Estoilles
apparoissent, sans rien prendre, & lors ils souppent, & mangent de tout pesle mesle,
chair & poisson, excepté du *Murdar*, qui est beste suffoquee : & tiennēt cecy des vieux
Hogeaz, qui sont leurs docteurs qui les enseignent : puis celebrent leur grand' feste de
Bairam, qui signifie Pasques, se paignás les ongles des pieds & des doigts, & les queuës
& pieds de leurs cheuaux, d'vne certaine composition de teinture qu'ils nomment
Chua, qui leur font les mains & pieds d'vne couleur d'vn rouge obscur. Durant ce Caresme ils font de grandes aumosnes, mais en secret, à fin de n'en auoir gloire entre les
hommes, enuoyant chacun certaine somme de deniers à Medinne Talnaby au sepulchre du Prophete Mahemet ; ainsi que faisoient iadis les Chrestiens pour le soulage-
ment des gens de bien, qui gardoient le sainct Sepulchre de nostre Seigneur en Hierusalem. Mais reuenons à nostre Bosphore, laissans les Turcs & leur *Ramadan*. Ainsi
que vous nauiguez le long de l'oree de la mer, vous voyez quelques islettes, que les
Anciens ont nommees *Demouese s*, comme Isles de sages : & me semble qu'il en y a neuf,
quoy que aucuns disent qu'il n'en y a que sept. La premiere s'appelle *Prote*, qui veult
dire Premiere, & retient le nom ancien, à cause qu'elle est la premiere qui se monstre à
ceux qui vont en Constantinople, ou Chalcedoine. L'autre d'apres, *Bergo*. La troisiesme, l'isle du Corbeau : & les autres sont si petites & si peu frequentees, qu'elles n'ont
point à present de nom. Prote est loing de la ville enuirō trois lieuës, & deux de Chalcedoine : la longueur de laquelle est de Septentrion au Midy. Tirant à l'Est, y a vn village voisin, ayant bon port, où il y a deux Cisternes rondes, fort grandes : & à vne lieuë
ou enuiron de circuit, esloignee de celle de *Bergo*, iadis nommee Antigone, d'enuiron
vn petit quart de lieuë du Midy au couchant, & en regardant deux autres posees entre
Midy & le Ponent. Elle est faite comme en poincte aigue, assez mal-aisee à monter, à
cause que ce sont rochers & precipices, & plus haulte que toutes les collines voisines
de Constantinople. C'est vne plaisante retraite, abondante en Lauriers, & force genres
de fleurs odoriferantes : & n'y a lieu voisin de ladite ville, où l'on prenne telle quantité
d'Huistres, à cause de la multitude des rochers. Puis y est l'isle du Prince vers le Nort,
qui fait vn angle du destroict. Ce fut en ceste cy, où l'Empereur Nicephore enuoya
Hirène l'Emperiere en exil, du temps de Charlemaigne, en l'an de Salut huict cens
deux. C'est aussi en ces isles, que s'arrestent les nauires qui arriuent sur le tard pour venir en Constantinople, ou si le vent leur est contraire : & là ils commencent à saluer la
ville, ainsi qu'il est de coustume en toute arriuee. Voyla quant à l'entiere description
de ce Bosphore, duquel les Anciens s'estoient passez assez legierement, pour n'auoir
diligemment regardé toute son estenduë, ainsi que i'ay fait.

Neuf peti-
tes islettes.

De l'ancienne ville de Chalcedoine, ruinee par Selim à la persuasion de son
Bascha : & façon de manger des Turcs. CHAP. IX.

E v x de Megare (ville assise au païs de Beotie) agitez de guerres,
chassez de leur patrie, voire venduz à son de trompe, s'en vindrent de
Grece en l'Asie : lesquels ayans trouué le lieu où à present est assise
Chalcedoine, quoy que le païs ne fust trop bon, mais en vn air sain &
subtil, bastirent la ville que à present nous appellons Chalcedoine,
en l'an du monde trois mil deux cens soixantesix, en l'Olympiade
vingtvniesme, regnant en Iudee Manasses fils d'Ezechias, & Nume Pompile Roy de
Rome. Et fut Chalcedoine, comme les Grecs du païs tiennent, fondee quelques quarante & huict ans auant Byzance. Dequoy aduerti Megalize, Lieutenant du Roy de
Perse, dist que les Chalcedoniens, qui les premiers aüoient dressé ceste ville, aüoient
les yeux cloz, lors qu'ils choisirent ce lieu, puis que Byzance leur estoit à commandement, qui estoit la plus belle assiette du monde. Voila ce que ie vous en ay voulu dire.
pour l'antiquité. Mais quoy qu'il en soit, si n'est pas le païsage de ceste ville, si à mes-
priser, que pour le plaisir elle soit à postposer à autre du païs, sauf que la difficulté du
port d'auiourdhuy preiudicie fort aux habitans, à cause qu'il est ruiné. Et l'occasion
ie vous la diray tantost. Elle est bastie à l'opposite de la grãde ville de Constantinople *Chalcedoi-*
en l'Asie sur le Bosphore, ainsi que vous pouuez recueillir par ce que i'ay desia dit, & *ne est à l'op-*
en belle planure, les ruïnes de laquelle monstrent assez quelle elle a esté autrefois. Aus- *posite de Cõ-*
si c'est des ruïnes que i'ay prins mon argument, pour prouuer que ce furent les Grecs *stantinople.*
qui la fonderent, combien que plusieurs autheurs d'entre eux, mesmes les histoires
Hebraïques & Chaldees en facent mention. Petrus Gillius, homme excellent & de *Petrus Gil-*
grand sçauoir, lequel pour la seule occasion de remarquer les choses les plus rares de *lius enuoyé*
ce mesme païs, auoit esté enuoyé auec bonne pension par ce grand Roy François pre- *en Grece par*
mier du nom, & pour faire amas entre ce peuple de quelques vieux liures Grecs anti- *le Roy Fran-*
ques & autres : cest homme, dy-ie, amateur de toute vertu, me voyant conuoiteux des *çois premier*
choses dignes d'estre veuës, me mena & associa le premier, moy qui n'estois qu'vn simple Philosophe, visiter ce païs & terre Asiatique. Or és ruines de Chalcedoine nous
trouuasmes plusieurs medalles bien fort antiques : & entre autres il en eut deux, où le
nom d'vn *Argias* Megareen estoit graué en assez belles lettres Grecques. Et, qui plus
est, il nous fut facile de visiter à nostre aise telles medalles : veu que le Grand-Seigneur
faisoit tirer de la pierre des fondemens, pour faire bastir sa Mosquee & Hospital, au
plus beau lieu de Cõstantinople, l'vn des sumptueux & superbes edifices de l'vniuers.
Ie ne veux oublier de vous dire en passant, que Xenocrates, disciple de Platon, estoit *sepulchre de*
Chalcedonien, duquel on m'a monstré le domicile, & lieu de sa sepulture. Et pour *Xenocrates.*
mieux vous donner à congnoistre la magnificence d'icelle ville, qui monstroit bien
que c'estoit l'œuure & entreprise d'vn grand Seigneur, ou d'vne riche Republique, on
voyoit vne faulse muraille, allant soubz terre depuis ceste ville iusques au Promontoire *Damalis*, laquelle empeschoit que les flots de l'eau, qui sont fort furieux, lors que
les vents se desbordent de la part de l'Ouest, ne gastassent le païs à l'entour : & duroit
cela enuiron vne bonne lieuë. Depuis les Turcs y ont tout gasté, pour faire leurs bastimens particuliers : de sorte que à present vous auez peine, allant de Constantinople à
Chalcedoine, estãt au port, de trouuer lieu seur pour ancrer, quoy que la place de soy
soit assez portueuse : d'autant que le port estant rompu, vous n'auez plus qu'vn petit
lieu, qui sert de chemin pour aller à vne belle & grande fontaine, que de mon temps

on a deftournee vers le iardin que Sultan Solyman y a fait faire, & clorre de fort haulte muraille, y en faifant auffi venir plufieurs autres par des canaux fouterrains, à fin
que par leur arroufement, les iardins en fuffent meilleurs, & le lieu plus delectable.
Auffi eft-ce là, où ledit Solyman falloit plus fouuët recreer, que en autre qui foit voifin de là : pource que l'air (comme i'ay dit) y eft temperé, & les iardins beaux à merueilles, & que lon trouue les eaux fort bonnes à l'entour. Chalcedoine a en fon eleuation cinquantefix degrez fix minutes de longitude, quarantetrois degrez fix minutes
de latitude. Sa grandeur eftoit belle & fpacieufe, eftant plus baftie en forme triangulaire, comme i'ay peu conceuoir, que autrement. Ie vous ay defia dit, par qui elle fut
baftie, quoy que d'autres tiennent que ce fut par ceux du païs de Chalcide, & que de
là eftoit venu le nom de Chalcedoine. Ce qui a quelque verifimilitude : toutefois elle
f'appelloit auparauant *Procerafte*. Et ainfi fi elle a le nom des Chalcides, c'a efté, que la
ville eftant baftie, ils y vindrent en nouuelle colonie. Que fi lon vouloit adioufter foy
à celuy qui dit, que vn fils de Chalcas, vaticinateur Troyen, la baftit, & luy donna le
nom de fon pere, il y auroit belle allufion pour le nom : mais on f'efloigneroit de la
fupputation des annees, veu que le fils de Chalcas eftoit plus de trois cens ans auant
que onques il y euft fondement en Chalcedoine. Ainfi ie fuis d'aduis, que Chalcedoine fut nommee d'vn fleuue qui luy eft proche, qui portoit ce nom, dont auiourdhuy
ceux du païs l'appellent Chalcedin, mot corrompu. Or les Chalcedoniens ont efté
fort tourmentez, & qui en fouuenance de leurs miferes auoient le vingtiefme de chacun mois comme malheureux : veu qu'entre les autres trauerfes de fortune, que iamais
ils experimenterent, ce fut celle qu'en vn tel iour vingtiefme, *Pharnabaze* Perfan feit
chaftrer tous les enfans mafles de leur ville, & les enuoya ainfi chaftrez en Perfe. C'a
efté iadis vne Republique libre, viuant fort fobremët, eftant forti de leur ville de grandes exemples de modeftie, & efpargne honnefte. Et d'autant que ie vous ay cy deuant
parlé de ceux qui tenoient, que le fils de Chalcas en eftoit le fondateur, il fault noter,
que ce qui les a induits à le dire, c'eft que en Chalcedoine iadis Apollon a rendu fes
refponfes & oracles auffi bien que en Delphos, ou Delos. Ce qui f'eft trouué en des tables d'airain efcrites en lettres Grecques, & mefme en des pierres de marbre, au fondement de la ville : comme de mon temps diuerfes pierres de fin marbre blanc y ont efté
defcouuertes, grauees auffi de lettres Grecques. Cinq Efclaues du païs de Seruie, que
les Turcs appellent Bofnie, nous en apporterent vne fort longue, en laquelle eftoit efcrit le nom d'vn grand Seigneur, nommé *Dynaus*, qui regnoit vingtdeux ans deuant
Byzante, premier fondateur de Conftantinople : & nous en feirent prefent, penfans fe
mocquer de nous, auec plufieurs teftes, iambes, & corfages de ftatues, qu'ils auoient
brifees, creufans les fondemens de la ville. Et moymefme plus de foixante fois ie de-
fcendis aux fondemens de ladite ville, tant ie defirois recouurer quelque medalle d'or
ou d'argent, ou de cuiure. Au refte, ne fault f'efbahir des antiquitez qu'on trouue, & a
trouué en ces ruïnes, veu que plufieurs fois elle a efté demolie, premierement par les
Perfes, puis par Valence, Empereur infecté d'herefie, qui la feit defmanteler : combien
que par apres vn nommé Cornille Auite la feit aucunement remparer : puis les Sarrazins y donnerent attainte : & à la fin les Turcs de mon temps, comme dit eft, ont acheué la ruïne, fi bien que à prefent ce n'eft qu'vn champeftre, fans veftige aucun ne marque de murailles, ny de leur fondement, finon en quelques lieux où lon voit de grandes pierres quarrees en certain endroit. Bien eft vray, que vous voyez encor des ruïnes du port, & des rouilleures de metaux, à caufe que c'eftoit là qu'on battoit la monnoye, du temps des Empereurs Chreftiens. On y voit auffi vn Aqueduct, fait de brique, & foubz terre, par lequel l'eau venoit dans la ville. Alcibiade Capitaine Athenien

Pourquoy Chalcedoi-ne a efté ainfi nommee.

Medalle antique de Dynaus.

a autrefois afliegé Chalcedoine, l'enuironnant auec fon armee par tous coftez où la mer bat,& la fermant du cofté du fleuue,d'vne muraille de pieux :là où le Perfan ne la pouuant fecourir , fe retira , laiffant garnifons aupres , pour entrer en la citadelle, qui pour lors eftoit affife la plus part fur vn Promontoire nommé *Poloct.* Que fi vous dreffez la ligne perfpectiue du dernier angle du Promontoire de Chalcedoine vers la moitié du fommet du Promontoire de Conftantinople, vous verrez que cefte ligne fe dreffera de l'Orient à l'Occident , & partiffant le Bofphore du Propontide, partira auffi l'Hippodrome , & f'en ira tout droit au Palais de Conftantin , qui eft affis fur la troifiefme colline de la ville. Et derechef fi vous tirez la ligne du mefme coing & angle du Promontoire de Chalcedoine vers le Cap nommé *Scutari*, qui eftoit autrefois le nom de cefte ville, vous verrez ladite ligne,comme quelquefois i'en ay fait la preuue en bonne compaignie, aller de Midy au Septentrion , où le haure eft bas & en plature,mais maintenant ruiné.De iour à autre on en porte la pierre auffi bien que du refte,& ce port qui iadis eftoit capable de grand nombre de nauires,à peine l'eft-il à prefent pour des barques & petits vaiffeaux.Pres le deftroit du port y a vne montaignette,qui regarde le Nort entre la planure & le deftroit, où fut bafti le temple de fainte Eufemie, duquel ie parleray par cy apres. Le port de Chalcedoine au temps paffé fut cloz d'vne chaifne,lors que Mithridate vint à l'improuifte fe ruer fur iceluy, où il rópit ladite chaifne,& brufla quatre nauires, en emmenant foixante qu'il trouua dans ledit port:dequoy ie ne vous puis autrement affeurer,finon pour auoir trouué tout cela efcrit contre quelque Colomne fort ancienne au riuage de la marine. Il y auoit deux ports,l'vn regardant le Bofphore , & l'autre le Propontide , l'vn nommé Eutropie, & l'autre de Hirene, du furnom d'vne Emperiere de Conftantinople. Ce fut audit port Eutropie,que l'Empereur Maurice,pourfuyui par Phocas,fut occis,ayant veu tuer auparauant fes enfans deuant fes yeux,difant pour tout ces mots,Tu es iufte,ô Dieu mófeigneur , & iuftes font tes iugemens. & ainfi fut maffacré enuiron l'an de noftre falut fix cens quatre. L'autre port eftoit pres vn Promontoire,qu'on dit à prefent de Iehan Calamete,où eftoit baftie vne Eglife en l'honneur de fainct Iehan Chryfoftome. Pres d'iceluy y a eu autrefois vne fort belle cifterne,qui fut eftoupee par l'Empereur Heracle, à caufe que f'eftant enquis d'vn Aftrologue de fon horofcope & figure de fa natiuité,ce maiftre Horofcopien luy dift, qu'il deuoit perir en l'eau. Ce fut donc la caufe, que ce fol Monarque, du tout addonné à telle fuperftition & idolatrie de Deuins & Mathematiciens,feit eftouper & cefte Cifterne,& toutes les autres, y faifant dreffer vn beau Iardin en fa place. Dieu fçait les belles hiftoires qu'en ont les Grecs du pais, lefquelles ils gardent plus foigneufement, qu'vn Roy fon threfor. Depuis Bafile Macedonien,bon Prince, refeit lefdites Cifternes,& y dreffa vn fumptueux & riche Palais, auquel Conftantin , furnommé Brife-images, feit affemblee de trente Euefques, pour condamner l'vfage des Images en l'Eglife. Non loing de ce port gifoit vn petit village ou hameau,que les Turcs nomment *Maltepeth*, qui eftoient les Offices du Palais fufdit:où depuis l'on a fait force iardinages,qui feruoiét tout ainfi le pais voifin d'herbages, comme Sicile fait de bleds l'Efpaigne , & Candie de vins Venife. Pour le iourdhuy l'on ne peult rien voir de tout ce que dit eft, finon la figure des ports, le refte des principaux baftimens eftans tous demolis de fonds en comble , fauf les murailles de l'Eglife de Sainct Chryfoftome, & la grande Cifterne,qui eft toute enuironee de muraille,faite de brique : où l'on a encores abbatu la voulte,& ofté les Colomnes de marbre qui la fouftenoient,auffi bien que tout le refte des chofes rares,qui pouuoient feruir ailleurs pour les baftimens du Seigneur. Eftant vn iour arriué en ce lieu de Chalcedoine, philofophant auec quelque nombre de ieunes hommes Grecs & Iuifs, def-

Chaifnes du port brifeei.

quels ie m'accoftois plus volōtiers que d'autres, fut queſtion de paſſer plus oultre vers la riuiere de *Pſyllis*,ainſi nommee du peuple du païs:au riuage de laquelle trouuaſmes vn petit village, diċt *Prouato*,à cauſe du bon paſturage d'alentour,qui nourrit les plus gras moutons que ie veis onques : ou bien ſelon les Grecs vulgaires , d'autant que ce mot *Prouato*, en leur langue ſignifie Mouton,que les Turcs nomment *Coin*.En ce lieu

La maniere comme les Turcs boi- uēt & mā- gent.

eſtoient en vne campaigne,pleine d'arbres & arbriſſeaux,aupres d'vne fontaine nom- mee *Leniqua*, vne compaignie de Turcs de noſtre cognoiſſance:deſquels nous fuſmes treſbien receuz , pource que nous auions deux Eſclaues chargez de bouteilles de vin Grec,duquel ils beurent tant,que eſtans remplis d'iceluy, il n'eſtoit plus queſtion que de dormir. Et combien que le vin, qu'ils nomment *Charap* , ſoit prohibé & deffendu aux Turcs par leur Loy,toutefois ils ne font conſcience d'en boire,lors qu'ils en trou- uent,non plus que les Grecs:& ſont quelquefois vn iour & demy ſans ceſſer,ne ſans ſe leuer de table,ſinon lors que Nature les contraint:meſmes ſi le ſommeil les ſurprēd,ils

ſe couchent au lieu.Et de faiċt,i'ay veu māger à la plus part d'eux chair de porc,qu'ils appellent *Domuz*,& les Grecs vulgaires *Gurunachi*. Et où iadis ils ne ſouloient man- ger ne Connins ne Lieures (cerimonies Iudaiques) maintenant pluſieurs d'entre eux n'en font aucune difficulté:tellemēt que depuis trente ans en ça ce peuple ſ'eſt en telle ſorte abaſtardi , auec meſpris de leur Loy , que lon iugeroit que leur façon de vie eſt autre qu'elle n'eſtoit auparauant,parce qu'il eſt gourmand,lourd de nature,pareſſeux, & nonchallant. Eſtans donc aſſis en terre lès deux iambes croiſees , à la façon des tail- leurs d'habits de pardeça , noz viandes eſtoient poſees ſur vne peau de Marroquin, la plus orde & graſſe que lon ſçauroit veoir:car ce peuple eſt ſale & mal net.Les plus ri- ches Courtiſans & Officiers,lors qu'ils prennent leur repas,ont vne petite table ronde,

fort

fort baffe, couuerte d'vne telle nappe, combien que la table foit quelquefois dorée &
enrichie de petites fleurs, comme le deffus des liures que lon relie pour la curiofité
des hommes : & eft ladite table enuironnee fur cefte peau, d'vn linge long & eftroit,
qui leur fert de feruiette pour torcher leurs mains. Eftas, dy-ie, ainfi affis, les feffes contre terre, à la façon des gros Magotz d'Afrique, lon nous apporta de plufieurs fortes de
viandes, comme Ris, Miel, Bœuf, Mouton, & ne fçay quelle meflage faite de pafte cuite, bonne à merueilles : (les frians d'entre eux mangent chair hachee, auec force oignons & efpice parmy, & quelquefois de la patifferie faite à leur mode:) & là nous furent prefentez des meilleurs Concombres du monde, que nous mangions creuz auec
du fel, fans nous foucier d'huile ne de vinaigre, lefquels les Grecs nomment *Chfidy*,
les Turcs *Serché*, & les Tartares *Nercarth* : & auffi les meilleurs Melons, qu'ils appellent en leur langue *Chauon*, & les Grecs *Poponi*. Il y en a d'vne forte, qui font plus gros
& plus longs que les autres, le ius defquels ils boiuent. Et de tel breuuage font frians
les Mores & Arabes, plus que tous les autres Mahometans : qui le prennent auec des
cueillers de bois, parce que d'or & d'argent ils n'en vfent point, tant grands Seigneurs
foient ils, & mefmes le grand Turc, non plus que le Cherif, Roy de Marroque, ou celuy de Thunes, d'autant que leur Loy leur deffend. Lors qu'ils n'ont point de vin, ils
vfent d'autres breuuages compofez de pruneaux, miel, raifins confits, fucre, & du *Ser-* Breuuage comun aux Turcs.
bet, breuuage affez commun entre ce peuple. Quand ils vont en guerre, & qu'il fault
combattre, ou aller à vn affault, fils ne trouuent point de vin, ou de ce breuuage, ils
mangent d'vne herbe qu'ils appellent *Afion*, les Perfiens *Zalzin* (c'eft celle que les
Apothicaires difent eftre *Appion*) laquelle leur fait perdre toute crainte, comme quelques vns d'entre eux m'ont affeuré. Les Efclaues qui nous feruoient, eftoient Hongres,
Mofchouites, & Efclauons. Ainfi ayans prins noftre refection, ces Turcs fe meirent à
chanter & à iouër de plufieurs inftrumens, les vns de la Harpe, les autres de Guiternes,
qui ont leurs manches deux fois plus long que celles de pardeçà, paffans ainfi le têps,
lors qu'ils vôt fe recreer en quelques iardins ou lieux de plaifance. Ie me deporte d'efcrire de mille fortes de ieux & fingeries que font leurs Bafteleurs & Farceurs. Au têps
des guerres qu'ils ont contre les Chreftiens, Perfiés, ou autres de leur fecte, il n'eft queftion de ieu pour les prouoquer à plaifir, ains employent le temps à prieres & oraifons en leurs Mofquees, fe preparant chacun aux affaires de leur Prince, felon la vacation, charge & eftats où ils font appellez. Et pource que ie vous ay promis de dire
l'occafion du rauage de cefte pauure ville, & par qui elle fut acheuee d'eftre mife en
ruïne, il fault noter : Que auant que Sultan Selim, pere de Solyman, tous deux Empe- Hiftoire de Sultan So-lyman.
reurs de mon temps, entreprint le voyage de Perfe, il feit vne Diete ou affemblee ge-
nerale des principaux de fon armee en Chalcedoine, à fin que les Ambaffadeurs des
eftrangers ne peuffent rien tirer de ce qui fe pafferoit au Confeil. Or comme ils eurent
fait leurs complots, apres l'oraifon, dans l'Oratoire de fon Palais, vn fien Bafcha, nommé Muftapha, homme fage, accort, & de bon efprit, comme celuy qui fut caufe de la
ruïne du Soldan d'Egypte, & de la deffaite de fes Mammeluz, f'addreffant à Selim, duquel il eftoit fort aimé, luy dift, que celle nuict il auoit eu reuelation, que fi le Seigneur vouloit entreprendre le voyage contre le Perfan & Egyptien, que pour vray il
y feroit grand proufit, & en rapporteroit honneur, & accroiffement de fon Empire.
Selim, quoy que la plus part fuft de contraire aduis, prenant ces mots comme vne Prophetie (ainfi qu'il luy aduint) fe refolut fur le voyage, & commanda que chacun fe
tint preft. Toutefois eftant encor en Chalcedoine, ainfi qu'il fe pourmenoit dans fes
iardins, qui font beaux & delectables (ce que ie puis dire, les ayant veuz, à chacun defquels y a vne maifon de plaifance) voicy vn Preftre Mahometan, des mieux verfez

en fa Loy, & qui tant pour fon aage, que pour l'opinion qu'on auoit de fa bonne vie, eftoit fort aimé & cheri de Selim : lequel f'addreffant à luy, luy dift, qu'il f'efbahiffoit de ce qu'il luy eftoit venu en fantafie de faire entreprinfe de confequence en ce lieu de Chalcedoine, qui eftoit des plus polluz par les folles ceremonies des Chreftiens, que autre que lon fceuft trouuer. Et pource que ce Preftre eftoit vn des Hogeaz & Docteurs,& qu'il n'eftoit pas fi ignorant des lettres Grecques,qu'il n'euft leu plufieurs des liures des Chreftiens,adioufta,qu'en cefte ville auoit efté iadis celebré vn Concile, à fçauoir le quatriefme general.Or difoit ce Hogeaz à l'Empereur Selim, que les chofes arreftees en cedit Concile eftoient blafphemes contre l'Alcoran, & que au refte il ne deuoit tant aymer vn lieu, qui auoit efté le plaifir des Rois Chreftiens, veu que vn Conftantin Ducas,vn Michel fon fils,Manuel,Baudouin Comte de Flandres,Henry, Michel Paléologue,& Conftantin,qui fut le dernier des Empereurs de Conftantinople, f'y eftoient tous tenus la plus part du temps, & que ainfi la confultation faite en cest endroit,ne pouuoit que luy tourner à preiudice.Ie penfe bien que ce galant vouloit,incité par quelcun,deftourner Selim d'aller en Perfe & Egypte,ou bié que c'eftoit le Diable qui luy fouffloit à l'oreille, pour caufer l'extreme ruine de cefte ville, & des lieux plus notables en icelle, comme deux mille Grecs de ce temps là m'en ont fait le recit, Car Selim f'eftant retiré en fa ville de Conftantinople, & ne frequentant guere plus fes iardins Chalcedoniens,print ce lieu en telle haine,qu'il deffendit d'y faire baftiment aucun,& de là en auant delibera de n'y laiffer pierre fur pierre.Ce qui fut commencé fur le temple de Saincte Eufemie,où lon alla de telle animofité à le ruiner,qu'à prefent vous n'y voyez feulement que la marque du lieu où il eftoit affis:& fi les vieillards du païs, qui en ont veu vne bonne partie debout,ne nous l'euffent monftré,nous euffions efté en peine d'en fçauoir dire des nouuelles. Ainfi ce que ce Preftre Alcoranifte meit en tefte à Selim, fut mis en effect par Solyman, comme executeur de la volonté de fon pere,attendu que,comme ie vous ay dit,ce qui reftoit de muraille,fondemens,ports,& beaux edifices en Chalcedoine,Solyman l'a fait porter en Conftantinople,pour faire conftruire cefte grande & belle Mofquee, dont ie vous ay fait métion. Et par ce moyen vne des plus fuperbes villes de l'Afie, & l'vne des plus fameufes & plaifantes, a efté du tout ruinee, à la fimple perfuafion d'vn vieux Caphard, lequel ne pouuoit regarder de bon œil le lieu qui luy bourrelloit la confcience pour fon opinion maudite.D'autres Turcs,plus Chreftiens que autres (d'autant qu'ils font tous Efclaues,lefquels ne f'ofent declarer) m'ont dit & affeuré, que la nuict auant que ce Hogeaz parlaft à Selim,eftant en Chalcedoine, il aduint au Grand-Seigneur vne vifion fi efpouuantable, qu'il en fut malade plus d'vn mois:luy femblant aduis de voir plus de cent mille Chreftiens à l'entour de luy amaffez en confeil, & que de l'apprehenfion qu'il auoit, fa chambre trembloit du bruit de l'auditoire de cefte affemblee: de forte qu'il protefta de iamais plus à l'aduenir ne mettre les pieds en Chalcedoine.Et c'eftoit vne illufion diabolique,à laquelle il adioufta foy:tellement que ayant conquis *Tauris* en Perfe,qui ne luy demeura pas,& l'Egypte,il fe retira en Conftantinople.De laquelle hiftoire ie ne vous ay rien efcrit,que plufieurs Mahometans, qui euffent bien defiré eftre en la liberté que i'eftois pour fe chreftienner,& qui deteftoient du tout l'abufion de la reigle Alcoranifte, ne me l'ayent affeuree comme chofe veritable.

Solyman a fait tranf- porter les antiquitez de Chalcedoine.

Pourſuite de Chalcedoine : du Concile tenu en icelle , & miſere des Eſclaues
du païs.　　　　　CHAP. X.

E LIEV & bourgade, ou à preſent ſont encor les veſtiges de Chalcedoine, qui a eſté autrefois grande ville, comme dit eſt , & la nourrice
de pluſieurs excellens hommes, eſt plaiſant à aborder , à cauſe que les
habitans ſont preſque tous Grecs , qui ſont d'aſſez bône compaignie.
Le terroir y eſt fertil , propre pour iardinages ; ſans toutefois que le
vin y ſoit congneu pour leur regard , tous ſ'addonnás à l'exercice des
iardins. Il y a des Concombres ſi bons , & ſi peu pleins d'humeur mauuaiſe, que nous
les mangions en la ſorte que ie vous ay dit. Quant aux fleurs, herbages, & arbriſſeaux
odoriferans, il y en a ſi grande quantité, qu'on diroit que c'eſt vn Paradis terreſtre en
la ſaiſon que le tout eſt en fleur. Pres du fleuue Chalcedon, iadis ſe trouuoit de fort
bonnes mines d'acier, & autres metaux : & du meilleur vif argent que lon ſceuſt trouuer en autre lieu, dont ils tiennent bien peu de conte pour en faire amas. Vne autre occaſion pour laquelle les Turcs ont eu ſi grande fantaſie contre ceſte ville, eſt, que lors
que le grand Tamberlan print Baiazeth Roy des Turcs, on auoit opinion, que le Seigneur de Chalcedoine & habitans d'icelle auoient intelligence auec le Tartare : qui a
eſté cauſe qu'ils y firent du pis qu'ils peurent , & ſur tout en la deffenſe de ne ſe plus
meſler du trafic du vif argent. Neantmoins ce qu'on en dit, ſont toutes folies, veu que
de ce temps encor Chalcedoine n'eſtoit point ſoubz la puiſſance du Turc, & controu-
uent ces bayes, pour coulourer leur meſchanceté & tyrannie , à fin qu'auec iuſte tiltre
le Seigneur ſ'emparaſt deſdites mines de vif argent, dequoy il ſe faiſoit grand trafic.
Les pauures Eſclaues qui y trauailloient pour le mettre en ſa perfection, eſtoient preſ- *Eſclaues of-*
que tous gaſtez à cauſe de la vehemêce & violence de ſa ſenteur, comme ainſi ſoit que *fenſez de la*
chacun ſçache combien eſt corroſiue la nature d'iceluy , & que ceux qui ſe meſlent de *vapeur du*
le mettre en œuure, ou de dorer, comme i'en ay veu l'experience en d'autres endroits, *vif argent.*
iamais ne viuent guere longuement : qui autrement eſt choſe de grand gain & proufit.
Et à ce propos, lon m'a fait le recit , qu'vn certain Grec, qui vſoit du Mercure, feit vn
baing pour vn patient, où ſ'eſtant baigné, on trouua de l'argent vif, qui eſtoit ſorti par
les parties baſſes de celuy qui ſe baignoit. On voit auſſi ordinairement , que ceux qui
beſongnent en ce metal, ſont tous caſſez & hauez, touſiours ayans mal de teſte, & à qui
les mains tremblent, comme ſils auoiét percluſion de membres. Cela a eſté cauſe, que
les Seigneurs Turcs, qui aiment leurs Eſclaues, ont ceſſé de les mettre à l'abandon en
telle beſongne , qui les priue du proufit qu'ils pouuoient tirer d'iceux, pour les employer en autres choſes. Ie me ſuis eſbahi pluſieurs fois, eſtant en Egypte, qui eſmou-
uoit les marchands Latins d'apporter tant d'argent vif en Leuant : mais ie veis depuis,
que les Indiens l'acheptoient à grand pris, leſquels combien qu'ils ayent force mines
d'or & d'argent, & qu'icelles ne ſoient ſans que lon n'y trouue du Mercure, ſi eſt-ce
qu'ils n'ont l'aſtuce & art de le tirer, ou bien ils n'en veulent prêdre la peine. Les bons
ingenieurs & rechercheurs de metaux (non tels que ſont noz abuſeurs qui courent la
France, Allemaigne, & Italie auec des Cartels, qui recommandent leur ſciéce) ſçauent
bien comme il fault ſeparer le ſoulphre d'auec le vif argent , & les ſecrets qui y ſont.
Or en Chalcedoine on a auſſi laiſſé ceſt œuure , à cauſe que les materiaux leur manquent, & que le bois & charbon ne leur ſont à commandement, pource que le païs en
eſt ſterile, & qu'ils ne recouurent les choſes requiſes pour vn tel effect, comme ils faiſoient le temps de l'Empereur Arcadius, qui fut celuy, comme les Grecs m'ont aſſeuré

l'auoir par efcrit, qui fit abattre la grand foreft de Celite, qui auoit de tour fix lieuës, & proche de Chalcedoine de trois. Au refte, quoy que ie n'euffe pas grande opinion de vous parler du Concile celebré en cefte ville, où furent affemblez fix cens trente E-uefques, fi eft-ce que i'en diray encore vn mot en paffant, à fin de defcrire auffi le lieu que i'ay en fantafie de vous effigier. Leon premier, furnommé le Grand, Euefque fou-uerain en l'Eglife vniuerfelle, ayant entendu comme Eutyche & Diofcure troubloiét l'eftat des Eglifes d'Orient, femans chofes faulfes & deteftables, blafphemans contre la Maiefté de Dieu, & f'attaquans auffi aux plus Sainéts de tous les Euefques Catholi-ques, maintenans des herefies ia condamnees és Conciles generaux de Nicee (& non de Nice, comme quelques vns ont voulu f'opiniaftrer) Conftantinople, & Ephefe, af-fembla vn Concile prouincial à Rome, auquel les deux deffufdits & leurs complices furent condamnez, & leurs opinions deteftees comme abominables. Quoy fait, il en-uoya ce qui f'eftoit paffé à Rome, comme vn preiugé, à l'Empereur Martian, qui fuc-ceda à Theodofe fecond, en telle fubftance, Que ceux qui confondoient les deux na-tures en Iefus Chrift, fuffent fans delay ou exception quelconque, chaffez & reiettez de toute la focieté des fideles. Ainfi cela fut occafion, que l'Empereur feit adiourner les Scifmatiques & chefs de l'herefie, commandant en oultre, que les Euefques Catho-liques f'affemblaffent. Ce qui fut fait: & y affifta Diofcure, Euefque d'Alexandrie, qui y fut degradé, & enuoyé banni en Paphlagonie, feans en l'ordre du cofté droit les Le-gats du Pape, & ceux de Conftantinople & d'Antioche, & à main gauche les Euefques d'Alexâdrie & de Hierufalem, & au milieu l'Empereur Grec, auec les Princes & Con-feillers de l'Empire. Mais d'autant que cefte affemblee fut faite dedans l'Eglife de fain-éte Eufemie en Chalcedoine, qui fut l'an de noftre falut quatre cens cinquâte & cinq, c'eft raifon que (ainfi que ie vous ay promis) ie vous defcriue la beauté & affiette du-dit temple. Il eftoit dönc efloigné du Bofphore enuiron deux cens cinquâte pas (ain-fi que i'en ay voulu faire l'experiéce, & compaffer fur le mefme lieu) bafti en place fort delectable, & qui alloit vn peu en defcendant: de forte que ceux qui fe pourmenoient, ou qui venoient vers l'Eglife, ne fentoient trauail quelconque à y monter. Eftant là, vous auiez le plaifir de voir le païfage voifin verdöyer en tout temps, & les champs chargéz de femences, & de toutes efpeces d'arbres, qui peuuent feruir & de proufit & de recreation à l'homme. Cefte fainéte maifon eftoit partie en trois grandes eftages: defquelles l'vne eftoit baftie en terraffe, & voultee, de grande & exceffiue longueur, toute enrichie de belles & magnifiques Colomnes: la feconde efgale en longueur & largeur, mais où il y auoit moins de Colomnes, & qui auoit fon iect feulemét couuert de tuille. Au Nort d'icelle, vers où le Soleil la regardoit, vous voyiez vne petite Eglife toute ronde, lambriffee fort richement, & où les couleurs n'eftoient point efpargnees, entouree auffi de Colomnes toutes de grandeur admirable, de mefme couleur, & mer-ueilleufe manufacture, lefquelles embelliffoient auec ce rond la partie plus fecrette & interieure du temple. Au deffoubz y auoit vn Portique fort hault, contenu foubz vne mefme voulte, d'où auant on pouuoit affifter aux diuins feruices, & voir le Preftre à l'autel: dans lequel encor, fi on fe tournoit vers l'Orient, on pouuoit voir vne trefbel-le & trefriche chapelle, où le corps de fainéte Eufemie repofoit, enclos dans vne chaf-fe d'argent doré, laquelle eft à prefent en la poffeffion des Grecs du mefme païs. Ce fut en ce Temple fi beau & magnifique, que les Peres celebrerent le Sainét Concile, où l'erreur des defuoyez fut condamné, & les Euefques feirent confeffion de foy, fuyuât la forme des trois autres Conciles generaux, excommunians tous ceux qui n'ioient les deux natures en Iefus Chrift. Et voila quant à Chalcedoine, de laquelle ne me peux fouuenir, que le cueur ne m'en face mal, ayant veu la ruïne d'vn fi beau lieu, & la me-

Leõ premier qui éßist au Concile.

L'ordre que les Prelats tindrent au Concile.

Eglife de fainéte Eu-femie rui-nee.

moire duquel deuſt eſtre agreable à tout homme portant la marque du Chriſtianiſ-
me.Reſte à paſſer oultre, pour voir ce qui me peult reſter de l'Aſie. Ceux qui de Chalcedoine veulent aller en Conſtantinople,quoy que l'eau y aille en deſcendant, ſi fault
il qu'ils prennent leur cours vers le Cap *Scutari*, & de là viennent à l'ancienne ville de *Cap de Scu-*
Chryſopoli, à preſent faulxbourg de Conſtantinople:Au contraire,ceux qui de la grãd' *tari et Chry-*
ſopoli.
ville viennent en Chalcedoine,fault qu'ils montent iuſques à Scutari,& puis ſont portez de l'impetuoſité de l'eau à Chalcedoine.D'où auant vous venez,ayant paſſé vne infinité de Promontoires & de ports,pour tirer à la mer Maieur, à celuy qui eſt en Aſie,
que i'appelle Hiere,ou Argire, où les Turcs ont bonne & forte garniſon dans vn chaſteau, lequel a ſon regard de l'Orient à l'Occident, lors que vous iettez voſtre veuë en
Europe:où vous en voyez vn autre,qui eſt auſſi fourni de vieux ſoldats & Ianiſſaires
pour la gárde du paſſage, tout ainſi que ie vous ay dit que lon fait és deux de Seſte &
Abyde,qu'ils nomment en leur langue *Bogaz Aſar*,leſquels forts & chaſteaux ſont de
deffenſe, à cauſe de leur aſſiette & manufacture, & plus effroyables que ceux du deſtroit de Gallipoly.Celuy de l'Aſie en ce lieu cy eſt ſur vne colline, ayant trois poinctes qui vont en deſcendant,& qui rendent le lieu plus redoutable: & celuy de l'Europe eſt auſſi ſur vn rocher preſque inacceſſible, lequel il ſeroit impoſſible d'aſſaillir
par terre,& encor moins par mer, veu que lon ſeroit battu d'vne infinité de canons &
autres pieces qui ſont en ces fortereſſes. Ils ne ſont toutefois ſi eſloignez l'vn de l'autre,que les deux ſuſdits,qui leur ſont oppoſites.Tout nauire paſſant tãt par ce deſtroit
que par celuy de Gallipoly,eſt viſité,à fin qu'aucun Eſclaue ne puiſſe ſenfuyr de quelque part que ce ſoit,& pour releuer de peine ceux qui ont charge de telles recherches
en Conſtantinople. Or ceux qui veulent ſenfuyr d'Aſie, ce ſont pauures Chreſtiens,
qui ſont de longue main tenus ainſi captifs,& traictez de baſtonnades,Dieu ſçait cõm-
ment,leſquels ont à la verité de grãdes difficultez & dangers à paſſer,pource qu'il faut
qu'en deſpit qu'ils en ayent,n'oſans ſe mettre dans vn nauire, ils ſe cachent en quelque
lieu,ayans des cordes & vne congnee chacun,à fin d'abbatre du bois,& l'amaſſer pour
en dreſſer quelque barquerotte : puis ſe commettent à la fortune des vagues, & cela de
nuict,prenans leur chemin ou par ces cnaſteaux,ou par ceux de l'Helleſpõt : auſquels
ſi le vent eſt fauorable,dans deux ou trois heures ils ſont en ſauueté:ſinon,ils ſont ſub-
mergez,ou reiettez en leur premiere place,& ainſi ſont repris de leurs maiſtres. Ayant
paſſé oultre, encor ne ſont-ils hors de danger : d'autant qu'il fault ſe ſauuer aux montaignes, où le plus ſouuent ils ſont deuorez des beſtes rauiſſantes, ou deſcouuerts des
Paſteurs:de ſorte qu'il en perit beaucoup plus qu'il n'en eſchappe. Ceux qui ſenfuyét
d'Europe, ont le chemin plus aiſé, attendu qu'ils n'ont à paſſer que des riuieres, qui
aboutiſſent aux terres des Rois de Hongrie, Polongne,Moſchouie,le Venitien,& autres Princes & Seigneurs Chreſtiens, leſquelles ils paſſent facilement à nage.Et encores deliberans la fuyte, c'eſt en Eſté que les moiſſons & les bleds ſont grands par les
champs, qu'ils ſe mettent en voye,à fin de ſy cacher, & pour viure du grain quelquefois huict ou dix iours,marchans la nuict, & de iour ſe tenans dans les bois,ou ſpelonques les plus profondes des montaignes & rochiers,aymans mieux eſtre engloutis des
beſtes,que r'encheoir en la main de leur premier maiſtre. Auſſi quand quelque miſe- *Comme les*
Eſclaues ſõt
rable de ces fugitifs eſt repris,il eſt tourmenté en cent ſortes:veu que oultre les baſton- *punis.*
nades qu'ils leur donnent, eux eſtans penduz par les pieds, & quelquefois ſoubz les
aiſcelles, encor leur ſaulpoudrent-ils les playes auec du ſel , & autres mixtions inſup-
portables,à fin de leur donner plus de martyre. Souuentefois ceux qui auront eſté reprins deux ou trois fois, ont des maiſtres ſi rigoureux, qu'ils ne font conſcience de les
faire pendre, & le plus ſouuent empaller par le fondement. Dequoy i'ay bien voulu

icy reprefenter la figure , pour vous faire cognoiftre , que ceux qui tombent entre les mains de ces Tyrans , fi Dieu n'a pitié d'eux , font cruellement traictez, s'ils ne fe veulent ranger du nombre des Circoncis. Il me fouuient, qu'eftant en Conftantinople, vn grand Seigneur Comte, Allemant de nation , qui auoit efté deliuré de prifon en la faueur de l'Ambaffadeur du Roy de France: fe voyât ce Seigneur innocêt du faict dont

Hiftoire d'vn Comte d'Allemai gne.

il eftoit accufé , & qu'il n'eftoit en feureté auec ce peuple , d'autant qu'il auoit la ville pour prifon, & qu'il faifoit meilleur ailleurs, delibera vn iour auec quelques Efclaues Latins s'embarquer dedans vn moyen vaiffeau, le plus fecrettement qu'il pourroit. Ce qu'ayant executé, auec peu de viures, & le vent fauorable , fur les deux heures apres minuict mirent le vent en pouppe, & feirent tant par leurs iournees, qu'ils pafferent fans danger la ville de Gallipoly, enfemble les deux chafteaux Sefte & Abyde: les Capitaines & mortepayes defquels s'efmerueilloiêt de leur hardieffe, & dequoy ces paffagers ne venoient mouiller l'ancre pour faire vifiter leur vaiffeau , felon la couftume pratiquée en ce lieu de tout temps & d'ancienneté. Eftans donques paffez en feureté iufques aux ifles Cyclades, ils feirent largue en pleine mer, ayans le vent à propos, iufques à la haulteur de l'ifle de Cephalonie : où le vent venant à leur manquer, furent contraints pofer l'ancre en l'ifle d'Ægine. Sur ces entrefaictes, commençant la mer à eftre calme, arriuerent certains Corfaires Turcs, auec fix vaiffeaux à rame, qui eftoient au goulfe de *Saronich*, qui ne demandoiêt qu'à inueftir ces pauures paffagers: ce qu'ils feirent enuiron deux heures apres. Et ainfi s'eftans faifis d'eux & de leur vaiffeau , ne peurent les Chreftiens fi bien parler, ne fe deffendre par prefens ou autremêt, qu'ils ne fuffent conduits en la ville où iadis eftoit Athenes, & mis tous prifonniers: Tellement que le faict eftant defcouuert par quelques Efclaues , ledit Comte & fes plus fauoris

furent conduits par vn bon nombre de Ianiſſaires en la ville de Conſtantinople. Dieu
ſçait la punition qui en fut faicte, & principalement deſdits Eſclaues. Quelque temps
apres la cholere de ces Barbares appaiſee, ce Comte fut deliuré, & retourna en France
ſeruir la Maieſté du Roy. Ce qu'il a faict treſfidelement iuſques à ce iourdhuy. I'ay
bien voulu vous faire ce diſcours, pour vous donner à entendre, que les gráds ne ſont
fauoriſez nomplus que les petits, ſi ls ne ſont cheris & aymez des Princes qui prient
pour eux ce Grand-Seigneur des Turcs. Et quant au reſte, les plus pitoyables maiſtres
leur mettent ſeulement vn gros collier de fer au col, fort peſant, auquel péd vne four-
che de meſme eſtoffe, plus peſante encore, qu'ils leur font porter vn long temps pour
penitence. I'ay auſſi pris gardé, que les Turcs font des charmes eſcrits en certain breuet, auec le nom des Eſclaues, pour les retirer de la fuyte, voire en deſpit qu'ils en ayét:
& attachent ce breuet au lieu où le fugitif ſe tenoit ordinairement, faiſans mille im-
precations ſur luy, & luy donnás infinité de maledictions ſur ſa teſte, & ſur ſes actiós:
luy ſouhaittans entre autres choſes ſon allee malheureuſe, & ſon chemin ſans nul effect. Si qu'il aduient par l'effort & illuſion du Diable, que le miſerable qui ſ'enfuyt, eſt
tellement effrayé, qu'il luy eſt touſiours aduis, que les Lyons, les Serpents, & toute eſpece de beſte monſtrueuſe luy viennent au deuant, & l'aſſaillent, ou que la mer & les
grands fleuues l'enueloppent en leurs ondes, ou bien qu'vne obſcurité profonde leur
empeſche de voir le chemin. Les Turcs qui demeurent vers la Paphlagonie, Mocca-
delie, & Thyanie, en ſont treſbons ouuriers, & maiſtres ſur tous les autres. Et ainſi par
ces diableries ils ſont contraints de retourner vers leurs maiſtres, où ils ſont eſtrillez
en enfans de bon lieu. Ie ſçay bien que du coſté de Thrace y a pluſieurs ſingularitez:
mais ie les reſerue iuſques à ce que ie touche de l'Europe. Reſte, que paſſant ces Chaſteaux, & les pierres ou rochers que les Anciens ont appellé Cyanees, leſquelles giſent Rochers dits
Cyanees.
à cinquanteſix degrez vingt minutes de longitude, quarantetrois degrez vingt minu-
tes de latitude, & laiſſant le Boſphore, i'aille coſtoyer auſſi bien la mer Maieur le long
de la Bithynie & Galatie, par moy deſia deſcrites, comme i'ay couru au long & au large la Mediterranee & l'Archipelague, le Propontide & le Boſphore.

De la mer MAIEVR, *& de la coſte d'icelle.* C H A P. X I.

ORTANT du Boſphore, la coſte tourne au Nort quart au Nordoueſt tirant vers la mer Maieur : dans laquelle auant que entrer, on
voit vn fort beau caſal, où eſt baſtie vne Moſquee ſomptueuſe & riche, dreſſee de mon temps par la fille de Solyman, celle qui fut femme de Ruſtan Baſcha : aupres de laquelle elle fait conſtruire vn beau
& riche Hoſpital ; qu'elle dota de bonnes rentes, pour donner l'aumoſne aux paſſans voyagers & Pelerins Mahometans ; qu'ils appellent en leur langue
Hanſilar, qui font le voyage de la Mecque & Medinne. Ils y ont pain, riz, poix, chair, &
eaue : puis apres vont dormir en vn autre lieu deputé pour eux, nommé *Chariathauric*,
auquel ils ſont receuz gratis, ſans rien payer à leur hoſte, & couchent ſur des paillaces
pleines de foirre & de foin, auec des couuertures. Du coſté de la Thrace y a vne autre
Moſquee, non ſi grande que la premiere ; mais plus belle, laquelle ce grand Corſaire,
Roy d'Afrique, que lon nommoit Barberouſſe, auoit fait conſtruire de mon temps, &
où il a eſté inhumé, non dedans (car iamais les Turcs ne ſont mis en ſepulture dans les
lieux de leur oraiſon, ne dans les villes, ſinon les Rois) ains en vn petit edifice fait côme vn Colombier de pardeçà, & gentimét elabouré. Tirans outre vers la mer Maieur,

nous trouuasmes droiét sur la bouche du canal du Pont Euxin vne montaignette, exposee de tous costez aux flots de la mer, comme celle qui en est enuironnee, en laquelle nous montasmes pour le contentement de noz esprits, sçachans bien que le lieu n'e-

Colône an-
tique posee
a l'entree de
la mer Ma-
ieur.

stoit point sans quelque singularité. En quoy ne fusmes point trompez, veu qu'estans
au sommet d'icelle, nous veismes vn tresantique memorial, & comme vn trophee des
vaillances de Cesar, qui auoit fait sentir l'effort de son bras fouldroyant, & là, & en diuers autres lieux de l'vniuers. C'estoit vne Colomne de marbre blanc, ayant dixsept

pieds de long, & huiét & demy de tour : au soubassement de laquelle estoient grauez
quelques mots Latins, qui me feirent peine à lire : toutefois ie les leu, & ne signifioient
autre chose, sinon que Cesar estoit si grand, qu'il n'y en auoit point de plus grand au
monde : ce qui se pouuoit dire sans flatterie, voire sans faire tort à homme de son têps.
Les Turcs & autre peuple de Constantinople, se voulans recreer, vont souuentefois
visiter ladite Colomne, qu'ils admirent grandement : mesme de mon temps i'y veis aller le Grand-Seigneur dernier decedé Solyman, par deux fois en deux ans : & prenoit
bien la peine de monter iusques au sommet de ladite montaignette, accompaigné de
son plus ieune fils, nommé *Giangir* (lequel depuis mon departement s'occit luy-mes-
me, estant aduerti que son pere auoit fait mourir son frere Mustapha) & deux de ses
Baschaz, & autres des plus grands des siens : & pour rien n'eust permis la demolition
d'icelle Colomne. Laissant le sein de la mer Rouge, pour entrer au grand Ocean, lon

trouue vne petite iflette, nommee *Bebel-mandel*, au mitan de laquelle i'ay veu auffi
vne haulte Colomne de marbre iafpee, que feit eriger vn Soldan ou Roy d'Egypte.
Aucuns difent que ce fut Philadelphe : mais ie ne le peux croire, attendu que ie m'apperceu du contraire par plufieurs lettres Hierogly fiques engrauees contre icelle. Laiffans cefte montaignette fufdite, & voulans doubler pour courir la mer Maieur, fe prefente à noz yeux ce grand Promontoire, que lon dit de Bithynie, où lon tient que furent anciennement pofez les autels des douze Dieux, baftis fuyuant l'opinion des Anciens, par Iafon & fes compaignons les Argonautes, allans à la conquefte de la Toifon
en Colchos, lequel païs n'eft loin de là. Or eftoient les Dieux à qui ils facrifioient, ceux
cy, Iuppiter, Iunon, Neptune, Ceres, Mercure, Vulcan, Apollon, Diane, Vefte, Mars, Venus, & Minerue, à fin qu'ils euffent heureufe nauigation, & qu'ils paruinffent à la fin
de leur pretente: puis fe meirent fur la mer Maieur, ainfi nommee, à caufe de fon eften- *Pourquoy cefte mer eft ainfi nom- mee.*
due qui eft fort grande, qui regardera les païs qu'elle arroufe & auoifine, tant en l'Afie
que en l'Europe, foit vers le Nort ou Nordoueft, ou vers l'Eft & le Su, beaucoup plus
que la Mediterranee, quelque beau cours qu'elle puiffe auoir. On la nomme auffi mer
Noire: non que l'eau en foit telle, non plus que vous voyez celle de noftre mer, & encor moins, pource que l'areine en foit de la couleur, d'autát qu'il n'en eft rié. Que fi on
allegue la profondité, ie diray tantoft des raifons autres que lon n'eftime, iaçoit que
homme ne puiffe nier que cefte mer ne foit profonde, veu les grandes riuieres, & icelles en nombre infini, qui y accourent d'Afie & d'Europe, & les torrens des montaignes qui continuellement f'y precipitent. Quant eft donc des raifons plus folides que
i'aye de l'obfcurité de cefte mer, ce font les haultes montaignes qui l'enuironnent en
quelques endroits: & vous voyez que c'eft chofe naturelle, que toute eauë eftát en lieu
ombrageux, apparoift fombre & obfcure, comme fi le ciel eft obfcur & nuageux, le rebat de ces nuees fefpandant fur l'eau, quoy qu'elle foit fort claire, luy fait môftrer fes
ondes noirciffantes: & ainfi en eft-il de cefte mer. Car de vous dire, que le terroir voifin luy donnaft cefte couleur, finon en certains endroits que la terre eft fort noire, ce fe
roit fe moquer, d'autát qu'en cefte forte toute mer & riuiere pourroit porter ce tiltre, à
caufe qu'il n'y a terre aucune qui ait autre couleur que celle de pardeça. En fomme, ce
font mes raifons fufdites, qui ne font impertinentes. Ce que vous pouuez recueillir
de ce que le deftroit, par lequel le Paluz Meotide entre dás cefte mer, eft appellé Bofphore Cimmerien, qui fignifie autant que tenebreux. Voila quant au nom. Celuy qui
fait tant du fuffifant, toutefois qu'il foit fans lettres & expériéce, & qui met le nez par
tout, quoy que ce foit que la feule ombre du Coloffe Cerberien, dit, que la fufdite
mer Noire eft ainfi appellee, à caufe de l'obfcurité que les bois voifins caufent aux ondes : fi bien que l'ombre rend l'eau tellement fombre, que on l'eftimeroit eftre toute
noire. Ne voyla pas vn habile recercheur des fecrets de Nature? Sçauroit-il mieux côfeffer fa beftife, que de dire, que autour de cefte grand' mer les efpeffes forefts & bofcages efleuez en font l'eau ainfi obfcure? Si ce farceur auoit voyagé fur icelle, comme
i'ay fait, & coftoyé fes riuages, il n'euft fait tant d'incongruitez, veu que fes orees font
infertiles en bois de haulte fuftaye, hors mis depuis l'entree de Bulgarie, iufques à la
ville de *Kili*, autour de fix petites Peninfules, où fe voyent des bois affez touffuz, mais
efloignez plus de deux lieuës de la marine. Quant à la terre que laue ladite mer depuis
le Promontoire Bithynien, tout à fon entree apres auoir laiffé le deftroit, iufques au
Carabien, diftans l'vn de l'autre de quelques trois cens foixáte & quatorze lieuës, toute
ladite cofte eft fort baffe, & f'y voit autant peu de montaignes pres la mer, qu'en lieu
où lon fçauroit mettre les pieds: & auffi peu de bois, fi ce n'eft bien auant en païs: hors
mis du bouys, que les Grecs Afiatiques nomment *Pixos*, & les Tartares *Vyzigot*, d'au-

tant qu'il eft toufiours verdoyant, & que iamais fes fueilles ne tombent, nomplus que celles du Brefil, que les Sauuages de la terre Auftrale appellent *Oral oután*, qui luy ref-femblent du tout. Le peuple du païs fe fert dudit bois pour la cuiffon de leurs viures, mefmes les filles en vfent pour faire venir leurs cheueux iaulnes : ce que grandement elles ont en recommandation : ce faifans auec la lexiue des cendres & fueilles defdits arbriffeaux. Touchant le bois, dont on fait tant de beaux nauires, galeres, & tels autres vaiffeaux que lon voit venir de ce païs là, on l'ameine & fait flotter fur les riuieres qui fe rendét és villes & forterefses fegnalees de plus de dixfept à dixhuict lieuës, puis on les fait conduire en Conftantinople, ou ailleurs, felon qu'il plaift au Grand-Seigneur. Vous ne viftes aufsi iamais tãt de Rygliffe, que lon trouue en ces endroits là, & le meilleur qui foit foubz le ciel, qu'ils nóment *Thauah-feto*, les Mingreliens *Strazelht*, & les Grecs *Glycyrrhiza*. Il fen trouue en Scythie, dit le docte Medecin Fufch, aupres des mareftz Meotis. Ce que ie ne luy puis accorder, attédu le froid ordinaire, qui eft en ces contrees là, & fi vehement, que l'arbriffeau ne fon fruict qui eft de la groffeur d'vn petit boulet, n'y fçauroient profiter nomplus qu'au païs de Gotthie, & celuy de Lappie. Cela a-il pas aufsi bonne grace, que ce qu'il allegue au fueillet 483 fuyuant, fçauoir que les Tanaiftes ou Iuguariens payent leur tribut, non d'argent ou d'or, ains de peaux riches à merueilles ? Ce que volontiers ie luy accorderois, aufsi bien qu'à Pline, duquel il a prins toutes fes raifons, & ce qu'il en dit : mais d'efcrire, que audit païs froid à outrance, où fix mois de l'annee les riuieres font toutes gelees, il y ait des pierres fines, & perles telles, que pourroient eftre celles des Indes Orientales, ie prie le Lecteur de ne les croire, d'autãt qu'il n'en eft rien, fi d'ailleurs on ne les y auoit portees : & moins, que ce peuple marque leurs enfans d'vn fer chauld, à fin que le poil & la barbe ne leur puif fe croiftre, deteftant le poil comme font les Sauuages, defquels ie vous ay amplement defcrit en mon hiftoire des Singularitez. Ne voyla pas les plus impertinentes raifons que lon fçauroit lire ? ne vous femble il pas ouyr les contes Pantagrueliftes, pour faire rire le maftin de Pluto? Mais pour retourner à mon propos, fans m'amufer à fes folies, eftant en vn village, nommé *Maltepe* en langue Turquefque, vn Grec me monftra leur ancienne defcription de cefte mer Maieur, & le nom de toutes les villes maritimes, grand nombre de ruines, mefmes des fepulchres fort antiques demolis en diuers lieux, & les rêples des anciens Idolatres: tellement que i'eftois fi raui de la contem

Excellentes antiquitez monftrees à l'Autheur

plation de telles marques d'antiquité, que fouuent ie laiffois le boire & manger pour me repaiftre de telles chofes. Cefte mer eft merueilleufement fafcheufe à nauiguer, quoy que aucuns qui ne la veirent iamais, comme i'ay fait, ayét tenu le contraire : mais peult eftre parloient-ils par ouyr dire, comme font volontiers ces glofeurs & correcteurs de Cofmographie, ou quelques Hiftoriographes. Quant à moy, i'ay efté deffus, qui fçay où il fait le plus plaifant, foit en elle, ou en l'Archipelague, foit en l'Ocean, ou en la mer Roüge : d'autant que quand le vent tire & fouffle du cofté des montaignes de Scythie, qui font vers le Nordoueft, c'eft alors que les tempeftes font fort dangereufes en cefte mer ; à caufe de tant de courantes qu'il y a, & qu'elle eft maintenue par icélles. Bien eft vray, que vous auez vn grand aduantage, qui vous eft denié en plufieurs endroits des autres mers, à fçauoir que cefte cy eft fort portueufe, & les ports bons & aifez à mouiller l'ancre, & pour la fonde aufsi, & l'abry fort plaifant, & où en dix ans ne fe perdra tãt de vaiffeaux de mer, qu'en la Mediterranee en deux : ce que ie fçay par ceux qui l'ont voyagee foixante ans entiers. Ie reiette toutefois l'opi-

Mer Maieur difficile à nauiguer.

nion de ceux du païs, qui difent aufsi que la mer Maieur eft plus nauigable & moins fafcheufe que autre que ce foit, voire elle l'eft plus que celle qu'on appelle Pacifique, ou la mer du Su, le deftroit de laquelle eft Auftral pour la ioindre auec l'Ocean. Mais i'infiste à cecy, pource que quand ainfi feroit, fi eft-ce que la Pacifique eft plus feure aux nauigans, à caufe de fa largeur prefque infinie, & non encor toute defcouuerte, & que auffi il s'y trouue pour le moins deux mil ifles, tant habitees de peuple Sauuage, que defertes: & qui plus eft, vous ferez telle fois plus de cinq mil lieuës, fans fentir tempefte ne fortune, comme i'ay fait & ceux qui eftoient auec moy fur l'Ocean, allant & reuenant du Pole Antarctique vers l'Arctique. Ce que vous ne ferez en la mer Maieur, où les galeres vers la Mingrelie, *Cimolis, Zephyrium,* & *Carabis,* n'ont garde de voguer, pourautant qu'elles ne fçauroient fupporter l'effort d'vne grande fortune, comme fera vn grand vaiffeau, & que auffi il n'y a point prefque ifle en toute cefte mer, où elles peuffent fe retirer voyans la tempefte furieufe. Dauantage on n'a affaire de galeres deffus, à caufe que le païs y eft en paix, & prefque tout fuiet à vn mefme Seigneur & Prince. En cefte mer Maieur auffi on n'vfe guere, ou du tout point, d'Aftrolabe & Chartes marines, mais feulement du Compas de mer, attendu qu'il n'y a point de danger de rochers, efcueils, ou battures, ainfi que en l'Ocean: tellement que icy les petits vaiffeaux peuuét aller bien pres du riuage, veu qu'il y a partout de bons ports, & principalement du cofté du Nort: toutefois comme ie vous ay defia dit, le grand danger confifte és courantes, defquelles cefte mer abonde fur toutes les autres. Sa longueur s'eftend de l'Eft à l'Oueft, & fa largeur du Su au Nort, ayant fa figure comme vous diriez la carrelure d'vn foulier. Ainfi confideree, fa poincte & eftreciffure fera vers Trebizonde, tirant aux Paluz: puis venez en eflargiffant, ayant paffé le Promontoire dit *Caraby,* & foudain elle s'eftrecift vn peu pres le Promontoire de *Diofpoly,* en la region de Pont, où eft la moitié de fa longueur: & tout au bas, tirant vers l'Oueft, & païs d'*Apolanie,* & pres de *Mefebrie,* qui eft vne fortereffe en Europe, feruant de clef à tout le païs, elle eft encor fort large, & fa largeur s'eftend du quarantetroifiefme degré iufques au cinquantevniefme & demy de longitude Meridionale, fans que ie vous y comprenne la mer Zabache. Mais voulant côtinuer ma courfe le long de cefte mer iufques à l'autre Bofphore, pour entrer aux Paluz Meotides, il fault confiderer fa longueur, qui eft telle, qu'elle s'eftend de cinquante à feptantedeux degrez de longitude, prenant dixfept lieuës & demie pour degré. Que s'il eft queftion de voir fa rotondité, on verra le plus beau tour que guere autre mer face, & qui arroufe des regions les plus grandes d'Afie & d'Europe. Neâtmoins pource que à prefent ie ne pourfuis que l'Afie, auffi ie me contenteray de prendre mon cours felon l'oree de la marine fuyuant icelle, puis que les ifles ne nous donnét aucun deftourbier en chemin. Apres donc que lon a paffé le Promontoire des autels, ou le temple de Diane qui aboutift bien auât en cefte mer, refte à venir à *Artace,* port affez renommé en la Bithynie, à prefent dit *Carpi:* non loing duquel eft vn fleuue, appellé des Anciens *Pliffis,* & des Tartares *Erioch:* la bouche duquel entrant en la mer Maieur, fe nomme *Fenefie;* eftant à cinquantefept degrez quinze minutes de longitude, quarantecinq degrez quinze minutes de latitude. De là vous eftendez voftre volte vers l'engoulfement de la riuiere *Zagari,* dicte des ruftaux du païs *Zarche:* mais auant qu'y arriuer, paffez de veuë vn autre fleuue nommé *Calpe,* & des Mingreliens *Carrathaffan.* C'eft de cefte riuiere, que Pline, n'oubliant fa couftume d'en donner quelqu'vne toufiours en paffant, dit que ceux qui en boiuét, deuiennent infenfez: ce qui eft auffi receuable, comme ce que dit Strabon, que pres de Chalcedoine y auoit vne fontaine, de laquelle fe nourriffent des Crocodiles: chofe faulfe, pour auoir veu le contraire. Il eft bien vray, qu'il dit qu'ils eftoient petits. Mais vous ne leuftes iamais, que cefte region portaft de tels animaux, & moins qu'vne fontaine fuft capable de donner nourriture au Crocodile, tant fuft il petit, veu que c'eft vne bellue qui fe repaift de proye, & que fa demeurance eft aux riuieres courantes, cô-

Pline & Strabon fabufent.

me eft le Nil, Nigritis, Cuame, Baucaire, Camaronnes, & autres. Entre *Calpe* & *Zagari* vous voyez prefque à rez de terre vne ifle, que ie penfe eftre la feule en cefte mer,
veu que (comme ie vous ay dit) il ne f'en y trouue point, fi ce n'eft quelques efcueils
qui encor font tout près de terre:hors mis de la part de Mingrelie, où f'en trouue quelques petites, nommées iadis *Pauonare* (les Barbares du païs les appellent *Iarcazes*, &
font habitées de Pefcheurs.) La plus grande c'eft *Darie*, nommée *Tarfac* par les Scythes ou Tartares, qui font couftumiers d'y aller prendre du poiffon: & font lefdites ifles mille fois plus peuplées de diuerfitez d'oyfeaux, que d'hommes. Iadis vn Roy de
Perfe, après auoir perdu la plus grand' part de la Syrie, *Mozul*, ou *Azimie*, ou *Iex* en
langue des Parthes, & eftant deffait & pourfuyui de fes ennemis, gaigna ces ifles auec
quelque troupe de fes plus fauoris. Ainfi l'ennemy le pourfuyuant, & derechef le
voulant attaquer iufques aufdites ifles, comme l'heur & malheur commâde aux hommes, après y auoir faict defcente, accompaigné de trois mille hommes, il fut deffait &
prins auec fa troupe par le fuyard Roy Perfien, qui n'auoit que huict cens hommes
combattans. Le peuple de ce mefme païs en a, côme il m'a affeuré, la plus belle hiftoire
du môde: toutefois ie n'ay iamais peu fçauoir d'eux le nom de ce premier victorieux,
lequel à la parfin fut deffait. Quant au Prince Perfien, fes ennemis le nômoient *Mul-
cha-Deber*, & luy auoyent donné ce nom quafi en derifion & moquerie, comme f'ils
l'euffent nommé Roy des Ours: d'autant qu'ils luy auoient donné la chaffe, & banny
de fon païs naturel, comme les chaffeurs la donnent aux Ours des môtaignes. Or cefte

*Ifle qui a eu
diuerfes ap-
pellations.* ifle feule, dont ie viens de parler, f'appelloit iadis *Thimne*, & depuis *Bithinide*, après *A-
pollonie*, & à prefent *Farnaze*, laquelle peult auoir vne petite lieuë de circuit, où eftoit
autrefois vne affez belle ville, portant le nom d'*Antigonie*, & des Tartares *Ammizaid*,
de laquelle n'apparoift aucune marque. En après vous paffez deux fleuues, l'vn nommé *Hippe*, & l'autre *Elate*, maintenât *Lime*, qui eft à cinquantehuict degrez cinquante
minutes de longitude, quarante trois degrez mille minute de latitude. C'eft icy qu'eft
la grande largeur de cefte mer, qui fait vn goulfe, où ces deux ou trois riuieres fe
viennent rendre, & où eft baftie la ville de *Prufa*, bien efloignée de celle qui eft en
la petite Phrygie, qu'aucuns difent auoir efté edifiée par Hannibal. Puis montant les
efcueils Eryftines, vous trouuez la ville de *Pendarachi*, nommée le temps paffé *Diapoly*, qui eft fur vne haute colline: à laquelle eft voifine vne autre, après qu'on a doublé

*Cap de Dia-
poly, & port
de Haffie.* le Cap de Diapoly, appellée à prefent Port de *Haffie*, & iadis *Heraclee*, fondée par vn
nommé Heracle, natif d'Arges en Grece. Les champs de cefte ville font renduz fertils
par l'arroufement du fleuue *Calece*. Et ne fçauriez faire le long de cefte cofte quatre ou
cinq lieuës, que vous ne puiffiez prendre terre, tant les villes font bien affifes, & les
ports commodes: dequoy ne fault f'eftonner, veu que tant de grands Rois & excellens Monarques fe font agreez à y faire baftir, & ont prins plaifir d'y demeurer. Apres
Heraclee de Pont, à fept ou huict lieuës f'offre à voz yeux *Angula*, que les Matelots
en leurs Chartes ont nommé *Pfyllie*. Et c'eft iufques là, que iadis les *Mariandins*, peuples fuiets aux Chalcedoniens, auoient leur eftendue: auiourdhuy tout eft de la Natolie. C'eft auffi là, où les Poëtes faignoient la fpelonque d'Acheron, par laquelle on
auoit defcente aux enfers, ainfi que de noftre temps on croyoit les refueries du trou
Sainct Patrice. De l'autre cofté de la mer Maieur, prefque vis à vis de cefte ville d'Heraclee de Pont, eft la mer nommée de quelques vns *Zabache*, auffi en Afie, appellee *Paluz Meotides*, ou *Temerinda* en langue des Tartares qui l'auoifinent, qui font du cofté de la Tane, & où le grand fleuue Tanais fe va defcharger: laquelle mer fait la Cher-
ronefe Taurique, à prefent nommée fauffement *Gazarie*, d'autant que le païs Gaza-
rien en eft efloigné de plus de foixante & dix lieuës. Sur quoy fe font abufez noz faifeurs

feurs de Chartes & Globes, auſſi bien que ce nouueau correcteur de Munſter, diſant
que Gazarie eſt aſſiſe pres la ville de *Capha*, & qu'il n'en faut douter. Voyla que c'eſt
que d'abuſer le Lecteur, & prendre les choſes à ſa fantaſie, ſans experiéce quelconque.
Quant à la Cherroneſe, elle eſt du tout au Nort, & en païs ſi froid, que la plus part du
temps les bords y ſont glacez : & eſt ceſte mer à ſoixanteſept degrez vingt minutes de
longitude, cinquante trois degrez vingt minutes de latitude. L'eſtendue de ceſte peninſule Taurique, eſt de l'Eſt Nordeſt, à l'Oueſt quart au Nordeſt, depuis le Pontique
qui eſt poſé ſur la bouche du Boſphore Cimmerien, iuſques à *Croſide*, qui fait vn Pro- *Boſphore*
montoire en la mer Maieur pres le ſein de *Nigropoly*. Ainſi coſtoyans ceſte peninſule *Cimmerié.*
depuis *Croſide*, vous venez de port en port iuſques à *Calamite*, & de là à *Rhediban*,
puis à *Soldaye*, où ſe font deux beaux Promontoires, qui fortifient l'aſſiette de *Capha*, *Ville de Ca-*
ville riche en cuirs, peleterie, miel & cire, qui fut iadis aux Geneuois. Les marchands *pha riche.*
Mahometains du païs m'ont aſſeuré, qu'elle fut prinſe au meſme temps que les villes
de *Sebaſtie* & de *Tane*, qui porte le nom de la grande riuiere de *Tanais*, & que l'Empereur Mahomet print Conſtantinople, & la reduit auec autres ſoubz ſon Empire
Gregeois. Selim, fils de Baiazeth, eſtãt pourſuyui de ſes freres, gaigna ce païs Caphien
auec ſon fils Solyman, là où il demoura cinq ans, & feit eſtudier ſon petit fils en vne
ville aſſez voiſine de Caphe, nommee *Varne*. Or eſt Caphe baſtie ſur vn deſtroit de la
mer Maieur, & au lieu preſque le plus beau de toute la peninſule, place forte, & propre pour le trafic, tant en la mer Maieur, qu'en celle de Zabache, ou en la Moſchouie
Aſiatique, iadis nommee Sarmatie, qui luy eſt fort voiſine : veu que ceſte Sarmatie ſeſtend iuſques en Europe, eſtant diuiſee d'icelle par ce grand fleuue Tanais, & des fontaines d'où il ſort en l'Europe, à ſçauoir des monts Riphees, & ſen va iuſques en la terre, qui encor nous eſt incongneue vers le Nort. Puis pour entrer aux Paluz Meotides,
venez à l'entree du Boſphore, à vn lieu nommé *Caprique*. Ledit Boſphore eſt eſtroit
à l'entree, large au milieu, où eſt aſſiſe la ville *Matrique*, anciennement appellee *Pha-*
nagorie : pres laquelle vous voyez vne petite iſle, & quelques eſcueils qui font l'entree
du deſtroit aſſez faſcheuſe : ſur la grande eſtreciſſure duquel eſtoit autrefois vn village, qu'on ſurnommoit d'Achille. Mais ie ne ſçay où ils ont trouué, cõme ie dis à quelques Grecs, que Achille euſt eſté en ce païs là, veu que le plus grand voyage qu'il feit
iamais, ſi nous croyons les fables ou hiſtoires mal-aiſees à croire deſdits Grecs, ce fut
en la mer Mediterranee, & ſur l'Archipelague. Il fault donc pluſtoſt dire, que quelque
Prince, aymant la memoire dudit Achille, feit baſtir ce village en ce païs ſi eſtrange,
où le temps paſſé les Grecs euſſent penſé que ce fuſt la fin du monde. Par ainſi le plus
eſtroit du Boſphore n'eſt entre Matrique & Pontique, d'autant qu'il y a trois bonnes
lieües d'eſpace de l'vn à l'autre, ains eſt entre deux Promontoires, qui ſont ſans baſtiment, & que les Chreſtiens n'euſſent oublié de fortifier, ſils ſy fuſſent arreſtez guere
dauantage, leſquels reſſemblent aux deux Promontoires, qui ſont & ferment le ſein
de la Moree. Ce deſtroit de Zabache ne ſçauroit auoir vne lieuë de large, où les cou- *Paluz Meo-*
rantes ſont fort impetueuſes, & par conſequent l'entree faſcheuſe, & l'iſſue plus que *tides, autre-*
trop aiſee, attendu que vous n'eſtes point le maiſtre de voſtre vaiſſeau en ceſt endroit *met mer de*
là. Quant à ladite mer de Zabache, dont i'ay ſi ſouuétefois parlé, quelques inſuffiſans *Zabache.*
en la Coſmographie ont oſé dire & mettre par eſcrit, entre autres ce ſegnalé moderne
reformateur du liure de Sebaſtien Munſter, qu'elle a prins ſon nom de certain poiſſon
que ceſte mer nourrit. Choſe que ie ne luy accorderay iamais, ne à homme qui viue :
& ſuis aſſeuré, ſuyuant l'hiſtoire Mingrelienne & Armenienne, que le premier qui
donna le nom à ce braz d'eau ſalee, fut vn nommé *Matteas*, Roy des Scythes, qui viuoit du temps d'*Acrotale*, Prince de Corinthe, *Pauſanias* Roy des Lacedemoniens, &

Z

Cothela, Roy de Thrace, en l'an du monde quatre mil huict cens quarante, & deuant noftre Seigneur trois cens cinquantefix. Ce Matteas donc donna à cefte mer le nom de *Zabdi*, & non de Zabache, qui n'a autre fignification en la mefme langue Scythique, que Chofe fluante: pourautant que neuf groffes riuieres, fans nombrer les torrens defbordez, y vont rendre leur tribut iournalier. Il fault certes excufer ce pauure aueugle, qui veult iuger des couleurs, attédu que ce qu'il en dit, il l'a prins de Pline, de Ptoloméé, de Pompone Mele, & de quelques autres doctes perfonnages. Zabache, puis qu'ainfi la fault nommer (dit il apres) fourmille en poiffon, duquel les Loups qui repairent aux orees de la marine, vont pefcher auec les hommes du païs, tirans leur part de la pefcherie. Il n'y a certes Prince, Seigneur, ou autre en France, m'ayant cogneu, que leur Seigneurie ne confeffe, que i'ay veu autant de païs lointains que autre que le Soleil efchauffe: toutefois ne me puis-ie vanter, fi ie ne voulois métir, & moins ay ouy dire à homme digne de foy, vn tel miracle de Nature, fçauoir que les loups (beftes autant faroufches qu'il y en ait en l'Vniuers, encores que vous m'amenaffiez en ieu les Tygres ou les Lyons) puiffent fympatir auec les hommes pour faire telle pefcherie, ou f'aller precipiter pour leur donner plaifir, au parfond de cefte mer bruyante: Si ce nouueau efcloz ne vouloit entendre les Loups ou Veaux marins, que les Polonois appellent *Morkieciele*, les Scythes *Voruol*, & les Anglois *Afele*, ou vne autre befte de la groffeur d'vn moyé Dogue, qui fe voit au Païs bas: befte, dy-ie, amphibie, qui fe nourrit maintenant en terre, & tantoft aux goulfes de la mer, où riuieres d'eau doulce, participant quelque chofe auec noz loups terreftres, comme des oreilles, griffes & dents: car quant à la tefte, elle eft beaucoup plus ronde, & a des mouftaches de poil fort long autour de fes babines, la queuë groffe & courte, & fon doz heriffé, & quelque peu moucheté. Le peuple Liuonique luy donne le nom de *Meerwolff*, & les Canadiens *Pezacheat*, qui vault autant à dire en vne langue qu'en l'autre, que Loup, defquels leur païs foifonne autant que contree du monde. Lors donc qu'elle ne trouue rien pour fe repaiftre fur terre, elle ne fauldra à fe lancer dans la mer pour deuorer tout ce qu'elle pourra prendre, comme ainfi foit qu'elle eft friande de poiffon au poffible, & autant ou plus que la Bieure ou Leutre, que les Allemans nômment *Olter*, beftes auffi de double nature, & qui viuent plus de poiffon que de chair. Quant eft du mot Zabache, il eft Mofchouite, qui fignifie mer de poiffon, pource que Zaba en cefte langue eft à dire poiffon. Et m'ont recité aucuns du païs, que autrefois elle a efté terre cótinente auec la Circaffie, & la Peninfule fufcite. Mais de cela n'y a preuue vallable, veu la diftáce d'vn lieu à l'autre: pluftoft doit on dire, qu'elle va perdre fon cours: argument de ce qu'il y a long temps qu'elle flue. Et pour vray, ie n'ay veu homme du païs, qui me parlaft des courantes des Paluz Meotides. En quoy ie m'efbahis de ceux qui ont efcrit, que Trebizonde fuft baftie aufdicts Paluz, veu la grande diftance qu'il y a pareillement de l'vn à l'autre, & que cefte grande ville eft meridionale, & tirant à l'Eft, là où les Paluz font tout droict au Nort, & directement foubz la plus grâde rigueur du froid que homme fçauroit penfer, d'autát que la glace deuient fi forte és lacs, riuieres & eftangs, que l'on y va à cheual deffus, & y fait-on les chariages. Encor ne veux-ie point excufer ceux, qui ont dit que cefte mefme ville eftoit affife pres le fleuue *Faffo*, qui eft en la Mingrelie, iadis nommee Colchide, là où elle eft en Cappadoce, ditte *Genech* par les Turcs, comme autrefois elle eftoit limitee. Mais ceux qui parlent de cefte forte, abufent de la proximité des mers, & quant aux fleuues, il leur femble qu'vne riuiere ait cours par toute vne region, comme le Nil par l'Egypte. Or iaçoit que ce païs foit fi froid, eftant ainfi Septentrional, comme vous auez peu congnoiftre par fon eleuation, fi eft-ce qu'il y a de bons viures, & lieux de beaux pafturages, encore que de vignes il

Abus touchant la fituation de Trebizóde.

ne l'y en parle aucunement. De quelque cofté que vous entriez ou regardiez en cefte mer de Zabdi, ou Zabache, foit que vous aduifiez la Mofchouie Afiatique (car cefte mer, & la Peninfule, & le païs limitrophe, font en l'Afie) vous y voyez auffi les villes de *Befcan*, fur le plus eftroit de ladicte Peninfule: puis *Cumanie*, *Palaftre*, & *Pifan*, *Athazat*, *Quazacat*, toutes bafties fur quelque belle riuiere s'engoulfant en ce Paluz: & paffant plus outre, voyez la fin de cefte mer pres de la ville de la *Tane*, nommee des Tartares ou Scythes occidentaux *Afoph*, fituee non fur le Tanaïs, comme aucuns penfent, ains fur vne autre riuiere dicte *Scefne*, & des Tartares *Crumot*, laquelle pres ladicte ville fe vient rendre dans ledict Tanaïs, & apres fe iettent toutes deux dans la Zabache: & tout cela fe confidere vers le Nort & Nordoueft. Que fi vous tournez au Nort Nordeft vers la Circaffie, vous voyez la ville de *Bacuch*, affife fur vne riuiere de mefme nom, qui vient d'vn Lac fortant du Tanaïs: & plus outre pres vn Promontoire, qui eft fait à deux pointes, eft *Tarmagnan*, & foudain entrez au fein de *Lopefe*, de là à *Cincope*, & venez tomber fur la grande riuiere *d'Abcuaz*, qui defcend des mõtaignes de Tartarie. Sur cefte riuiere, & au lieu où elle s'embouche en mer, eft fõdee la ville de *Locope*, que lon appelle auiourd'huy *Kalkazal*, ayant trefbon port, & tref-marchande du temps que les Geneuois auoient vogue en ce païs là. Mais puis que tant fouuent i'ay icy mentionné le Tanaïs, il eft à noter, qu'à le contempler de trois ou quatre lieuës du fommet de quelque haulte montaigne, & principalement de la part de la riuiere de *Tana*, vous diriez que cefte terre eft faite comme vne tefte de Bœuf, dont la Peninfule de *Thorie* feroit prife pour la tefte entiere, qui va toufiours en eftreciffant iufques à l'efcueil de *Scopulis*, que vous iugeriez eftre le mufeau. Dauantage fe voit des deux coftez de ladite tefte deux petites Peninfules, l'vne defquelles fe nomme en Grec vulgaire *Aloppetia*, & l'autre par les Tartares *Beer-amach*, nomplus larges & longues l'vne que l'autre. Dedans cefte petite mer Meotide font pofees fix iflettes, habitees de pefcheurs, lefquels ayans prins quantité de poiffon, le portent vendre, eftant falé, aux villes de *Cenemeych*, *Herufte*, & à quelques autres voifines. Vous ne veiftes iamais tant d'Efturgeon, que ce peuple nomme *Zetuch*, l'Allemant *Stor*, les Grecs du païs *Xyrichi*, l'Efpaignol *Sullo*, & les Bourdelois *Creac*, qu'il y en a en ce lieu là: les œufs duquel leur feruent pour faire du *Cauiare*, qui eft vne viande noire, & fi bien compofee, qu'elle eft trouuee fort bonne. Non loing de là fe fait de trefbon fel, qu'ils appellent *Toüs*, le vulgaire Gregeois *Allas*, & les Cafpiens *Bahaatil*. Sur ce propos ie m'eftonne, où ce pauure Cõmingeois a trouué, cõme il recite au liure de fes Rapfodies, fueillet *474*, que l'eau du Paluz eft douce, & ne reffent en rien la faleure de la mer, voulãt attribuer fa douceur à la violence des riuieres courantes, & que par l'abondance de telles eaux cefte mer s'efpure, & fe rend douce: chofe treffaulfe, & ne fçauroit ce pauure homme, conuoiteux de gloire par luy non meritee, mieux monftrer fa beftife, que de vouloir faire accroire au Lecteur, que les eaux des riuieres, qui entrent dans les goulfes & lacs où la mer a fon entree, comme elle a à ceux de Corinthe, Perfe, Arabie, Ianere, Euraba, & autres, puiffent rendre l'eau de la mer, qui eft falee à merueille, douce. Si telle chofe auoit lieu, ie luy voudrois accorder, que la mer Cafpie, ou d'Hircanie, dans laquelle entrent vne milliaffe de groffes riuieres, & les plus impetueux torrens de l'vniuers, feroit rendue par mefme effect douce, cõbien qu'elle foit auffi falee que le grand Ocean. Voyla pas l'aduis d'vn fçauant docteur, lequel foubz pretexte de lire dedans quelques vieux bouquins de liures, par luy non entenduz, veult apparoiftre quelque chofe entre les plus doctes de noftre téps, & reprendre ceux qui ont veu de leurs propres yeux tout le contraire de ce qu'il allegue? Au refte, fault vn peu efplucher d'où c'eft que viẽt le cours dudit Tanaïs. Car de faire vn grãd tour, c'eft chofe fort affeuree, veu que par-

Cauiare viãde faicte d'œufs d'Efturgeon.

Erreur d'vn ignorant.

,tant de Mofchouie (comme i'ay dit) foubz le nom de *Don*, il coule & fort des fontaines qui font au pied des monts du Duché de *Reten*, & la contourne toute, auec vne
partie de la Tartarie, auant que fe rendre en la mer. De forte que confiderant la diuifion des terres,& cóme vne partie de la Mofchouie eft de l'Europe, & l'autre de l'Afie,
& neantmoins ce partage ne foit point fait par le Tanaïs, veu que toute cefte terre là
eft de l'Afie, où font les monts Riphees, & non le Tanaïs, qui font la feparation de ces

*Faulte de
Michon Po-
lonnois.*

deux grandes regions:Eftant eftonné,comme vn Mathias Michon,Polónois,& Cha-
noine de Cracouie, feft oublié iufques à là,que de dire, que le Tanaïs ne vient point
de montaigne, ains d'vne fontaine & des mareftz:d'autant,dit-il,que la Mofchouie eft
vn païs plain, fans montaignes, fort bofcageux & marefcageux, duquel fortent plufieurs riuieres:affermant que ces mots des monts Riphees,ou Hyperborees, ou Alans,
ne font en eftre, & qu'il n'y a aucune montaigne. En quoy oultre ce qu'il defment &
les Anciens & les Modernes,il fait la guerre à ceux mefmes qui ont paffé par le païs, &
fçauent bien en quel endroit la Mofchouie eft montueufe, & où elle n'a que planure.
Au refte,il eft impoffible,qu'vne fontaine,ou Paluz efloigné de mótaigne, peuft fournir à ietter tant d'eau,comme eft la grandeur,flot, & profondité de cefte grande riuiere, laquelle à la verité defcend des monts, & eft enflee des neiges, ainfi que ailleurs ie
vous ay dit qu'il en aduiét au Nil,à qui ceftecy eft diametralement oppofee, l'vne ayát
fon cours du Midy au Nort pour entrer en la Mediterranee, & l'autre du Nort au Su,
pour aller rendre le tribut à la mer par le Paluz Meotide : de forte que ces deux riuieres femblent tendre à vn mefme poinét Meridional : & cecy, d'autant que les fleuues
pour la plus part tendans à vn poinét & ligne Meridionale, fault auffi qu'ayent leur
fource & naiffance du cofté de l'vn ou l'autre des Tropiques. Ce que ie dy, pour refu-
ter ceux qui ont mis en auãt,que le Tanaïs auoit fa fource du mont Caucafe, qui defia
eft Oriental. Comme ainfi foit donc que tous les Anciens eftrangers tiennent, que le
Nil & le Tanaïs font oppofez en ligne diametrale l'vn à l'autre, ce qu'auffi l'experience m'a fait congnoiftre : il eft neceffaire, que tout ainfi que le Nil procede & fort du

*Source du
fleuue Ta-
naïs.*

Midy & des parties Auftrales,que femblablement auffi le Tanaïs ait fource du Nort,à
fin que les lignes eftant confiderees fans aucun changement,nous penfions que la longitude de ce qui eft continent, eft ftable & immuable,& que par ainfi nous ne varions
point noz mefures & alignemens, ains fommes en ce regard, que voyans les flots de
l'vne & l'autre des riuieres oppofites,& fe regardans diametralement,nous confeffons
l'vne eftre Meridionale,& l'autre Septentrionale.Il ne fault oublier icy vne faulte que

*Faulte de
Pline &
d'autres.*

fait Pline dans fon hiftoire,où il recite, que Conftantinople eft diftáte de la mer Noire,quatorze cens trentehuiét mille. S'il euft voyagé & fait le chemin, il n'euft commis
vne telle faulte. Cela a autant de vraye-fimilitude, comme ce que ont defcrit d'autres
de mon temps dans certaines hiftoires,que la mer de *Tana*,porte le nom de mer Noire : comme fi ce pauure ignorant, qui veult tant faire parler de luy,vouloit diftinguer
& feparer cefte mer Noire, de l'entree & emboucheure de celle de *Temerinda*, c'eft à
dire, Mer de la grand mer : qui n'eft qu'vne mefme eau, ayant mefme qualité & fubftance,entrant l'vne dans l'autre,comme fait celle du goulfe de Corinthe à la mer Mediterranee.

De la CIRCASSIE, *& comme les Chrestiens Mingreliens vendent leurs enfans*
aux Mahometans.   CHAP. XII.

DANS les Paluz Meotides entrent plusieurs grandes riuieres venantes
de l'Asie, & d'autres plus grandes de l'Europe : d'où aduient que ces
Paluz se remplissans, il fault qu'ils se desgorgent par le destroit &
porte dans la mer Maieur. Or peult auoir ceste Zabache, ou Paluz,
quelques deux cens lieuës de circuit, gueable en plusieurs endroits, &
mesmement à l'endroit du Bosphore. Ce qui aduient, pourautant
que l'eau y court assiduellement : & la cause de ces courantes est, pource que ordinairement les fleuues s'y engoulfans en grand nombre, & l'humeur s'y accroissant, lequel
n'a issue par autre lieu, que par ceste mer mesme & par son destroit, il fault qu'il croisse tellement, qu'il saille par ceste bouche du Bosphore : d'où procede, que se faisant
grand amas & amoncellement de sablons & de grauiers, par consequent le lieu se rend
ainsi gueable. Que si l'effort des flots est vehemēt, & qu'il emporte ces sables, c'est chose indubitable, qu'ils sont vuidez en la mer Maieur, qui pour ce pourroit perdre le
moyen d'estre nauigable de ce costé. La mer de Zabache est en tel lieu si basse, qu'il n'y   *Mer de Za-*
a point dix pieds d'eau, le reste estant occupé de rochers : & au lieu où elle est la plus   *bache fort*
creuse, il n'y sçauroit auoir plus de six à sept coudees de profondeur. En ce Paluz on   *basse.*
ne peult aller auec gros vaisseaux, si vous ne les tirez à force auec des cordes dans des
esquifs & petites barquerottes. Au reste, ie ne sçay pourquoy on luy a donné nom de
mer, veu que iamais l'eau n'y est salee que bien peu, attendu que la mer Maieur n'a nul
flux, ains va tousiours son cours perpetuel, ainsi que font les riuieres. Cela donc estant
ainsi comme il est, & ce Paluz s'emplissant des riuieres qui y abordent de toutes parts,
s'ensuit que le goust doux des riuieres qui croissent ce Paluz, luy sera attribué, & non
celuy de la mer qui point ne l'approche. Quant à ce que aucuns disent, que cela peult
aduenir à la mer Maieur, ie n'y voy point guere de raison, veu le grand traict qu'elle
prend, ie dis en longueur & en largeur (car qui iroit prendre la rondeur & circuit, ce
seroit chose inestimable) & que aussi ces courantes vont tousiours en leur liberté, lesquelles sortent du Bosphore Cimmerien, iusques à celuy qui est nommé de Thrace.
Touchant la profondeur, certainement il y a quelque argumēt, pour ceux qui en estiment autant pour la mer Maieur, que pour celle de Zabache : non pour dire que ceste
si grande peult deuenir gueable par tout, encores qu'on voye que du costé, par lequel
le Danube entre en ceste mer, se font de grands amas de sablon (car cela peult aduenir
pres les emboucheures des riuieres) mais de s'estendre par tout, il est impossible, pource qu'il y a tant de siecles que les sablons entrent en la mer Maieur, que si cela eust deu
ainsi se faire, la besongne en seroit beaucoup plus auancee. Ie ne veux pourtant dire,
que ceste mer soit si profonde comme elle a esté, veu que tousiours il s'y fait accroist
& de limon & d'areine. Et c'est en quoy ie prens ceux qui disent que la mer Maieur
s'appelle Noire, à cause de sa profondité : ioinct que ie vous en ay dit la iuste & veritable raison par cy deuant. Parquoy laissant ce propos, ensemble de la mer Zabache, ie
reprendray mon chemin de la mer Maieur du costé de la petite Asie, & puis reuien-
dray en la Circassie, courant de bord en bord, à fin que rien ne demeure sans estre visité de bien pres. Ayant donc laissé mon cours de Bithynie pres la grande riuiere de   *Bithynie*
Sangaris, & le reprenant, si tost que vous l'auez passé, s'offrent deuant vous les villes de   *pres la ri-*
Chio, qui porte le nom de l'isle, de laquelle ie vous ay parlé, *Tamastre, Castelle,* qui est   *uiere de Sa-*
vn beau port & en bon abry : puis voyez quatre Promontoires tout de rang, auant que   *garis.*

arriuer à *Ginopoly*, lefquels font des dependances de Tamaftre, ville anciennement appellee *Amaftris*, du nom de celle qui la feit baftir, femme d'vn Seigneur d'Heraclee, nommé Denys: laquelle feit venir en cefte fienne ville des habitans de trois autres voifines pour la peupler. Puis f'offre Ginopoly, & plus auant vn grand Promontoire à trois poinctes, qui entre bien auant en la mer. Si que ayant doublé ce cap, appellé *Zephirie*, vous venez à *Sinopy*, la plus belle ville de tout le païs, & qui encor retient fon ancienne appellation. Celuy qui la feit ainfi magnifique, fut Antiochus, qui voulut qu'elle fuft chef de tout le Royaume. Elle eft affife en vn deftroit de Peninfule, en lieu difficile à affaillir: dont le terroir eft fort bon, & les iardinages fur tout. Apres ceftecy eft *Carouze*, anciennement dicte *Catizire*: & foudain vous venez au fleuue *Halys*, que encor on appelle *Laly*. Pres de là eft la montaigne *Sandaracurge*, qui eft prefque toute creufe, & faite en voulte par deffoubz, non pas naturellement, ains à caufe qu'on y a autrefois tant foffoyé, & tiré de metaux, tant du temps des Rois de Syrie, fuccefleurs du grand Alexandre, que par Mithridate, & depuis par les Romains, que vous diriez que ce ne font que des carrieres. Tout auffi toft fe prefente vne autre ville fort ancienne, baftie par les Melefiens (autres difent que ce furent ceux de Cappadoce) qui f'appelloit pour lors *Amifus*, à prefent *Simife*, en laquelle Antiochus monftra fa liberalité auffi bien que à Synope, la faifant embellir d'edifices: laquelle Callimache, y eftant affiegé par Luculle Romain, brufla entierement, pour fe fauuer durant le feu, que puis apres Luculle repara. De là vous apparoift *Limonie*, dicte des Grecs vulgaires *Lemonia*, à caufe de l'abondance des. Citrons que produit cefte terre: puis *Lauone*, *Homidie*, *Cherifon*, & *Tripoly* de Pont, qui eft maintenant vn petit chafteau: puis vous trouuez trois grands Promontoires, & en vn deftroit d'iceux la grande ville de *Frobezonde*, que les Barbares nomment *Vvaccamach*, ayant vne fort grande montaigne à doz, laquelle dés auffi toft qu'auez paffee titant à l'Eft Nordoueft, vous entrez és terres de la Turcomanie, qui eft l'Armenie Mineur. Selon la riuiere, vous allez voir les villes de *Rife*, *Santine*, *Quixe*, *Gonce*, *Peolle*, *Vizic*, *Zenicath*, & *Leuate*, où eft la fin de la region & prouince de Turcomanie, pour entrer au païs de Colchide. Mais auant que de defcrire ce cofté, retournons vers la mer Maieur, mefme de la part du Nort, & de la Circaffie, où eft affis le Royaume de *Caitach*, que anciennement on appelloit peuple Meotique, duquel auec le téps & changement des regnes, les noms ont auffi efté changez. Or ce que maintenant f'appelle Circaffie, eft la Sarmatie, ou partie d'icelle, qui eft en Afie: & c'eft de ce païs qu'ailleurs i'ay dit, qu'eftoient fortis les anciens Efclaues Mameluz, qui ont fi long téps gouuerné le païs d'Egypte. Il eftoit telle annee, que le païs enuoyoit au Soldan plus de trentehuict mille enfans, filles, & autres, pour peupler l'Egypte, la plufpart defquels eftoient faits Mameluz. Et ne vous dy rien, qui ne m'ait efté recité par lefdits Mameluz, que i'ay veuz en Egypte du refte de ceux qui furent deffaits apres la prinfe du grand Caire: lequel nom fignifie en langue Surienne & Morefque, feruiteur ou foldat. Ces pauures gens tenoient vne maniere de religion contraire à celle des Perfiens: entre autres viuoient fans mariage, hors mis les plus riches & fauoris du Prince. Sur leurs habits ils portoient vne robbe de boucaffin blanc liffé & luifant. Or ainfi qu'auprès du grand Turc y a quatre *Vifir Bafcha*, pareillement le Soldan auoit en fa Cour quatre *Emir Quibir*, c'eft à dire quatre Admiraux (car *Quibir* en lague Morefque fignifie Grãd.) Toutefois y en auoit-il de petits & particuliers. Oultre il auoit vn grand Conneftable, qu'ils appelloient *Derdart Quibir*, nommé faulfement par Paule Ioue *Diadaro*: (ie ne fçay où ce bon homme auoit prins ce nom.) Ces Mameluz eftoient tous Chreftiens reniez: & pour rien n'euffent receu en leur compaignie Turc, More, Arabe, Perfien, Tartare, mefmes des Iuifs, ne autres circoncis de leur

Marginalia:

La montaigne dite Sādaracurge.

Les Efclaues Mameluz.

Emir Quibir & Derdart Quibir.

perfuafion : ains eftoient tous *Liuerous* (ainfi les appellent les Turcs) comme les anciens Hiberiens & Circaffes, qu'ils nomment encores auiourdhuy *Cercaz*, ou Georgiens, Albaniens, Iacobites, Neftoriens & Armeniens, lefquels les Tartares prenoient
& amenoient vendre par troupeaux aufdits *Emirs*, qui les acheptoient, les nourrif-
foient, & faifoient Mameluz. Et f'en trouuoit entre eux des plus vaillans à cheual qui
fuffent au monde, & à pied pareillement. De celle region auffi fut natif ce vaillant Saladin, qui conquift Hierufalem fur les fucceffeurs de Godeffroy de Buillon & fes freres. Maintenant ce font gens de peu d'effect, & tous fuiets au Grand-Seigneur, defquels neantmoins il f'aide en fes guerres. En ce Royaume de Caitach, la premiere ville que trouuez venant du Bofphore, c'eft *Maure*, ayant vn trefbon port, & bien frequenté à caufe de la riuiere *Londie*, qui entre en mer pres icelle, baftie à la fin d'vn deftroit entre deux beaux Promontoires. Cefte riuiere fe nommoit iadis *Pfichie*, eftant
pofee à foixantefix degrez quarante minutes de longitude, & quarantefept degrez
trente minutes de latitude. Laiffant à main gauche le fleuue fufdit, venez à *Pichie*, de
là à *Anagafie*, fur la riuiere *Hicofie* : puis à Pezonde, qui eft entre deux grands Promontoires : & c'eft là qu'eft la fin de la Sarmatie Afiatique, de laquelle les Anciens ont
tant compté de fables, & où certainemét le peuple eft furieux, le païs affez bon, & paffable en beauté, les villes belles, mais toutes affifes pres des riuieres. Il eft vray, que paffant la Circaffie pour aller plus auant vers le Nort, vous ne voyez plus de villes, mais
force bofcages, & les gens qui vont comme errans & vagabonds, habitans foubz des
tentes, ainfi que faifoient les Scythes anciennement. Au refte, *Sauatopoly* eft la derniè-
re ville Sarmatienne. Car dés que vous auez paffé la riuiere, & fein voifin d'icelle ville,
vous eftes au païs de Mingrelie, que les Anciens ont nommé Colchide, du nom de   *Mingrelie, difte Colchide.*
quelque Barbare, & depuis fut appellee *Arimana*. D'autres tiennent que ce mot des
Colchiens leur fut donné par des Egyptiens, qui y vindrent auec leur Roy *Sefoftris*: &
tirent leur argument de là, que ceux de Colchos auoient le temps paffé couftume
de circoncir les enfans, tout ainfi que les Egyptiens. Mais ie ne fçay où ils ont trouué
peuple en Egypte portant le nom de Colchide : & quant à la circoncifion, elle eftoit
commune aux Iuifs, Syriens, Tyriens & autres, auffi bien qu'aux Egyptiés, & qui l'euffent peu apprendre à ces Barbares. Ainfi le nom de Colchos eft forti d'entre eux mefmes. Cefte region n'eft point trop grande, & f'eftend plus en longueur qu'en largeur:
fa longueur eftant mefuree du Su au Nort des quarantefept degrez, iufques au cinquantecinq de latitude Meridionale, là où fa largeur eft de l'Eft à l'Oueft, limitee par
la mer Maieur, & par le mont Caucafe. Elle eft bornee de la part du Nort, de la Sarmatie: vers l'Orient, elle a l'Iberie: tirant au Su, eft l'Armenie Maieur, & vne partie de Cappadoce, & vers l'Oueft la mer Maieur : & eft partie en deux. Car ceux qui fe tiennent
au plat païs fort auant, & qui approchent de la Georgiane & de l'Iberie, font appellez
Laxiens, & ceux qui fe tiennent pres les ports, & non guere loing de la mer, Mingreliens, d'vn vocable corrompu, à caufe qu'ils font defcenduz d'vn peuple du païs mef-
me, appellé *Mauralle*. C'eft en cefte contree, que noz Poëtes, voire les plus anciens,   *Toifon d'or feinte par les Poëtes.*
nous ont fait cefte belle Toifon d'or tant renommee. Et croy que plufieurs de noftre
temps mefme ont péfé qu'elle fuft riche à merueilles, voulans mythologifer fur la
Toifon, & que cela fignifiaft l'abondáce du païs, & en fruicts & en metaux: chofe tref-
faulfe, & en ceft erreur eft tóbé Müfter, lors qu'il dit: Il ne fault point paffer foubz filé-   *Munfter et Dominique Marie le Noir fetrópent.*
ce la riche regió de Colchos, laquelle (felon Strabon) eft pour la plus part maritime,
les orees & ports de mer de laquelle, & les embouchemens de fes riuieres font trefde-
lectables: la prouince abondante en toute efpece de fruicts, & où les torrens (ainfi qu'
lon dit) portét les areines d'or. Voyez comme ce fçauant homme fe laiffe aller à l'opi-

nion des fables. Oyez comme auſſi ſeſt trompé ceſt excellent Geographe de noſtre temps Dominique Marie le Noir, Venitien, diſant, que ceſte region eſt fort plaiſante, fertile,& abondante en fruicts. Il eſt vray, qu'il ne ſeſt pas eſgaré iuſques à là, que de dire comme ledit Munſter,qu'il y euſt de l'or en ceſte terre, quoy qu'il eſcriue qu'on y trouue de l'Antimoine,argument qu'il y a des metaux.Mais à fin que chacũ congnoiſ-ſe,ſil eſt poſſible que la Mingrelie ſoit ainſi riche que lon dit, ie vous compteray tou-tes leurs façons de faire, telles qu'ils obſeruent à preſent. Il y a peu d'hommes lettrez qui ayent voyagé,comme i'ay faict, qui n'ayent ouy deuiſer du fleuue *Phaſis*,nommé des Scythes *Detbaſſethça*,qui eſt en Colchos ; & ſort des montaignes de la haulte Ar-menie, fort grand & de belle eſtendue, qui encor pour le preſent eſt par les Barbares Archaniens appellé *Pházzeth*. C'eſt là qu'on ſçait qu'eſt le païs Colchique, & c'eſt de là auſſi que ie veux prouuer,que la region y eſt extremément ſterile, & qu'il n'y croiſt ne bled ne vin : ſil y a des fruicts, ce n'eſt pas grand' choſe, ny pour nourrir tout vn

Mingreliẽs vedet leurs enfans aux Turcs.
peuple,& iceluy en aſſez grand nombre.Les Mingreliens ſont Chreſtiẽs, comme auſ-ſi la plus part de leurs voiſins, & par conſequent chargez d'impoſts & ſubſides par le Grand-Seigneur, iuſques à n'en pouuoir plus, veu leur miſere & ſterilité du païs. Or pour fournir à leur payement (voyez ſi l'or & les viures leur abondent) ils vendent leurs propres enfans, ie dis ſans contrainte, à quiconque en veut, & à ceux qui paſſent par là. Et ne leur ſuffit point ceſte miſere & vilainie, qu'encor viennent-ils iuſques en Conſtantinople faire leur emploite,non à toiſons d'or comme celle de Iaſon, mais de leurſdits enfans maſles & femelles . Et ne dis rien, que ie n'aye veu audit Conſtanti-nople : d'autant que pour vne fois ſen eſt trouué cinq Nauires chargez, que les Turcs vendoient en plein marché, au plus offrant & dernier encheriſſeur, deuant moy : où ie contemplois ces pauures enfans ſeſiouïr, ſe voyans achetez, de peur de retourner experimenter la miſere de l'infertilité de la Mingrelie.Les Chreſtiẽs en achetent quel-quefois pour leur ſeruice, & le plus ſouuent de pitié qu'ils ont,que ces pauures enfans tombans entre les mains des infideles, ſont contraints d'abiurer la foy, qu'aſſez mai-grement leurs parens leur ont appriſe, puis eſtre mis auec les circoncis. I'en feis ache-ter à vn riche marchand de Pére, nommé George Saluaré,cinquante neuf,tant fils que filles,dont le plus vieil n'auoit pas vingthuict ans:ceque ie ne puis dire ſans grand re-

Superſtitiõ des Turcs.
gret & faſcherie d'eſprit.Et vous diray cecy en paſſant, qu'il eſt permis au Chreſtiẽ de acheter vn eſclaue Chreſtien:mais d'en auoir vn qui fuſt Perſien,Turc, More,Tartare, Arabe, ou autre, faiſant profeſſion de la Loy de Mahemet, il n'y iroit que de la vie: Pource, diſent-ils,qu'il n'appartient point aux Chiens (ainſi nous appellent-ils) d'a-uoir à leur ſeruice ceux qui ſont leurs freres en la religion Turcaniſte ou Alcoraniſte. Vous verrez ſouuentefois tel marchand More,ou quelque Egyptien, ou autre,ſoit de la Paleſthine ou de l'Afrique,qui en achetera deux ou trois cẽs à la fois,quelques tren-te ducats piece,l'vn portãt l'autre,comme qui voudroit acheter vn troupeau de mou-tons, brebis, ou oiſons, & eſtant en ſon païs,les vendra bien ſouuent à plus de moitié de gain,tous fraiz payez : & ſen ſeruent à leur beſongne,ou les louẽt à d'autres,com-me à Tripoly ou à Damas on loũe les Aſnes,que ces pauures gens conduiſent d'vne part & d'autre,& en tirent le profit.De cecy ſ'aydent fort les Africains,qui ſont mole-ſtes & faſcheux ſur tous autres à leurs eſclaues, là où le Turc les traicte aſſez doulce-ment,ſils ne taſchent à ſen aller : & ſouuent en ayant eſté ſerui par vn long temps,les met en liberté,ou eſtant malade,leur ordonne quelques mille aſpres, ſelon ſa richeſſe, & la liberté apres ſon treſpas. Ce qui eſt obſerué ſans faulte quelconque apres la mort du maiſtre, & quelquefois deuant mourir. Il y a des Chreſtiens qui en font autant, ſçachans qu'il ne leur eſt guere ſeant, bien que la Loy le permette, d'vſer ainſi de ſon.

emblable, comme lon feroit d'vn Cheual ou Chameau. Voyla la richeſſe des Min-
reliens, & l'abondance dequoy on les peult vanter. Et à dire la verité, leur païſage eſt
uſſi fertil & plaiſant, que celuy des montaignes de Genes, où ſi l'induſtrie du trafic ne
ſecouroit le peuple, la famine y ſeroit perpetuelle, comme auſſi en pluſieurs endroits
du Limoſin & Auuergne : qui eſt cauſe que tous les ans vous voyez des compaignies
de Maçons, comme des volees d'Eſtourneaux, allans par la France pour gaigner leur
pauure vie. Ie ne veux pas nier, qu'en quelques endroits le paſturage n'y ſoit bon, ſuyuant le recit qu'ils m'en ont fait : attendu meſmement que la plus part d'eux viuent de
formages, qu'ils nomment Zollefret, les Grecs du païs Tiry, & les Scythes Pinir. Auſſi
ſt la Mingrelie toute enuironnee de montaignes fort haultes, dont ſourdent de belles & larges riuieres, leſquelles ſe vont rendre ou en la mer Caſpie, ou en la mer Maieur (car ce païs eſt au mitan des deux) oppoſite l'vne à l'autre, eſgalement du Leuant
au Ponent. Et pour clorre le paz de la mer Maieur, & deduire la cauſe, pourquoy i'ay
dit qu'elle abonde en poiſſon : il eſt à noter, qu'il n'y a point d'iſles, ſi elles ne ſont en
quelque goulfe, & encore ſont elles fort petites : & auec l'abondance y eſt la diuerſité,
d'autant que la plus part ſont du tout diſſemblables à ceux de l'Ocean & de la Mediterranee, deſquels ne ſe trouue ny en ceſte mer Oceane, ny en l'Adriatique, voire ny
en la mer Pacifique, quoy qu'elle en porte de bien fort diuers & môſtrueux. De Baleines, il n'y en a point non plus qu'en la Mediterranee, ny Morues, Harans, ny Merlus.
Mais i'eſpere vn iour ſpecifier toutes ces ſortes de poiſſons, tant d'vne mer que d'autre,
deſquels les Anciens, & guere de Modernes, n'eurent iamais la congnoiſſance, en vn
liure que ie pretends compoſer, où ie parleray par l'aſſeurance de la veüe, & non me
fiant en l'incertitude d'vn ouyr dire, côme font noz faiſeurs de liures d'auiourdhuy,
& correcteurs de Coſmographie. Eſtant ſur ceſte mer, i'ay veu ſur la riue vn poiſſon
mort, ayant quatre grandes ailes comme celles d'vn Milan : quand ie dis ailes, ie n'entends point qu'il y euſt des plumes, ains eſtoient comme les ailerons & fanons des autres poiſſons, dont il ſen trouue auſſi en l'Ocean. Ces ailes eſtoient deux pres des oreilles, & les autres deux à deux pieds plus bas : choſe plaiſante à voir quand il vole. Or
eſtoit-il de la grandeur d'vn Saulmon, là où ceux de l'Ocean n'excedent la longueur
d'vn Maquereau, & ſe nomme Lapilli, à cauſe d'vn animal terreſtre qui va ſuyuant les
riuieres pour manger le poiſſon, auquel ceſtuicy fait la guerre. Ledit animal n'a point
de fiel, & eſt ſans eſcaille, de couleur bazanee, le corps & la teſte faits comme le Rouget, & les yeux fort gros, & au reſte auſſi bien armé de dents, que autre qu'on ſçauroit
trouuer : les Allemans le nomment Ein flegender, & les François Faulcon de mer. Son
aſtuce eſt, que voyant ces oyſeaux voletans ſur l'eau, & aux bords de la mer pour paiſtre, ſe rue de loing ſur eux, & ne fait iamais ſortie, qu'il n'en emporte quelcun pour ſa
part. Le vol dudit poiſſon eſt de grande eſtendue, veu que quelquefois il ira plus que
la portee d'vne harquebuze : & ſouuentefois prenans leur volee, hurtent contre les voiles des nauires, & demeurêt ou ſur le tillac, ou autre endroit tout à plat, ſans plus pouuoir prendre leur vol. Tirant vers la Prouince de Nicomedie, deux iours apres auoir
laiſſé Chalcedoine, ie vins accompaigné de Grecs & Turcs, à vn grand cazal, nommé
Diachidiſſe, diſtant de Libiſſe vne lieuë & demie, où Hannibal ſempoiſonna. Les anciens Grecs du païs m'ont aſſeuré auoir veu ſon ſepulchre entier, ſuperbe à merueilles, mais reſſentant fort ſon antiquité, lequel fut pour la plus grand' partie demoli par
des Ianiſſaires Turcs, penſans y trouuer quelque threſor, lors que Methelin, belle iſle,
fut aſſuiettie à l'Empire Turquois, qui toutefois receurent de bons coups de baſton-
nade, que leur feit donner vn Chaous. Ayant tournoyé ces lieux tant deplorez & ruinez, fut queſtion de paſſer oultre, & d'entrer au païs voiſin d'Armenie : là où ſe voit

Liure de poiſſons que l'Autheur promet met tre en lumiere.

Poiſſon vo-lant.

Sepulchre de Hanni-bal.

vne grande defolation de quatre mille, tant villes que chafteaux, qui ont iadis flori, dont maintenant n'y a que la trace des fondemens rafez iufques à fleur de terre. Autant en peux-ie dire d'Egypte, de Grece, & de l'Afrique, voire des trois Arabies.

Des deux AREMNOE, *ou Armenies,* & *chofes memorables d'icelles.*
CHAP. XIII.

R EST l'Armenie diuifee en deux: l'vne eft dite grande, & l'autre petite, l'vne plus voifine de la mer Maieur, & l'autre de la Cafpie, l'vne arroufee du grand fleuue Eufrate, & l'autre du Tigre. Or l'vne, pour eftre plus fuiette au Turc, & où ils fe font arreftez par fi long temps, apres eftre fortis de la Tartarie, porte à prefent le nom de Turcomanie, qui eft celle qu'on nomme la Mineur, par le milieu de laquelle paffe (comme dit eft) le fleuue Eufrate, & qui eft bornee en cefte forte. Du cofté de l'Oueft, eft le mont Anti-Taure, lequel pardeffus la Carmanie, eft diuifé du Taurus, entre celle prouince & la Cappadoce. Tirant au Nort, elle eft arroufee de l'Eufrate. Du cofté du Midy, elle a la Carmanie, fuyuant le mont Taurus: & vers l'Eft, luy eft encor l'Eufrate, qui luy fert de borne. Ainfi elle fe voit deux fois clofe par ce grand fleuue.

Eftendue de la grande Armenie. Quant à l'Armenie, qu'on dit Maieur, comme celle auffi qui a plus d'eftendue que la Turcomanie, elle eft diftinguee par ces limites. De la part du Nort, elle a la Mingrelie, Georgiane, & Zuirie, pres le lieu d'où fort le fleuue nommé *Cire*, ou *Ladi* par ceux du païs, mot Grec vulgaire, qui fignifie huile, lequel court par toute l'Iberie & la Georgiane, & les fepare de l'Armenie. Du cofté de l'Oueft, ou Occident, elle confine auec l'Anaduole, ou Cappadoce (auiourdhuy c'eft la Circaffie, q̃ les Turcs appellẽt *Genech*) confiderant la ligne depuis ladite Cappadoce pres la mer Noire, tirant à la Mingrelie, & puis aux montaignes Mofchees, & d'autre cofté auffi auec celle partie de l'Eufrate, qui paffe entre lefdits monts & celuy de Taurus. Si vous tournez à l'Eft ou Orient, elle aboutift auec celle partie de ladite mer Cafpie, dite de ceux du païs *Spiqua*, par laquelle le fleuue Cire entre en icelle, f'eftédant à la fource d'iceluy. Et c'eft de ce cofté, qu'eft affife la ville principale de tout le païs, nommee *Derbenth*, de laquelle ie parleray cy apres, gifant à feptanteneuf degrez quarantecinq minutes de longitude, quarantetrois degrez vingt minutes de latitude. De ce mefme cofté elle fe ioint aux païs des Medes, tirant vers le mont *Malcha*, qui eft à dire montaigne de Roy, & le mont Cafpie, voire & plus auant: qui a efté caufe, qu'on a dit, que la Medie & Armenie n'eftoient qu'vne region mefme. Regardant le Su ou Midy, elle tient au Royaume de *Diarbech*, iadis Mefopotamie, en langue Chaldee & Perfienne *Eluaharain*: & approchant les Deferts de *Beriare*, elle auoifine le païs d'Affyrie, qui eft le Royaume de *Bagadeth*. Mais à fin que rien ne vous demeure à fingularifer, puis que moy Theuet iẽ vous donne les tenans & aboutiffans, il fault que ie vous die d'auantage, fçauoir, que le fleuue Tigre paffe auffi par vne bonne partie de l'Armenie, & nommément pres le lac de *Vaftan*, que les anciens Leuantins ont appellé le Paluz d'*Arfiffe*, les Armeniens *Alffruoch*, auoifinant le Royaume de *Caldaran*, qui eft en feptantehuict degrez trente minutes de longitude, quarante degrez cinquante minutes de latitude. Or confiderez quelle eft fa grandeur & eftendue, & fi vn Roy feroit puiffant, ayant vne telle prouince, & fi forte d'affiette, & ainfi bornee foubz fa puiffance. *Peuple effeminé.* Les habitans de ce païs là font plus effeminez que vaillans, veu que iamais vous ne lifez qu'ils ayent fait chofe de grande importance, ou gaigné vn poulce de terre, fans l'ayde de leurs voifins, ou Princes Chreftiens eftrangiers, ains ont efté comme la proye de tous ceux qui onc prindrent les ar-

mes pour conquester païs : hors mis quelques vns qui estoient consciencieux, comme
fut le Roy *Thuon*, lequel refusa à pur & à plein le païs de Natolie du Roy *Abagan*,
qui le possedoit, & en iouyssoit paisiblement. Mais il ne l'osa accepter pour crainte du
Soldan d'Egypte, & s'excusa, disant qu'il auoit assez de son Royaume à gouuerner.
Parquoy *Abagan* y commit aucuns capitaines, entre autres vn simple soldat, nommé
Othman, vaillant & accort, lequel il feit chef sur tous les autres, & duquel sont descenduz les Turcs qui regnent à present. Et si le Roy Armenien *Tiuon* eust accepté l'offre,
les choses du Leuant se fussent peult estre mieux portees, qu'elles n'ont fait depuis ce
temps là, & ceste vermine Turquesque ne se fust respandue par la Chrestienté, comme
elle est auiourdhuy. Ce fut ce *Tiuon*, qui pria les Chrestiens luy donner aide & secours côtre l'incursion des infideles. A la priere duquel Emery de Lusignan, lors Roy
de Cypre, & frere Guillaume de Villarel, Maistre des Templiers, & autres Seigneurs
Catholiques furent en propre personne luy donner secours, & vainquirent leurs ennemis. Vous auiez aussi *Haiton*, Roy de la mesme Armenie, zelateur du public, s'il en
y eut iamais : lequel perdit vne bataille contre le Soldan d'Egypte, nommé *Melech-* *Melechdaer*
daer, qui signifie Roy abondant, ou puissant, celuy qui print la ville d'Antioche sur *qui signifie Roy abon- dant.*
les Chrestiens (dont estoit en ce temps Prince vn Seigneur Latin, Raymond d'Austri-
che, qui auoit espousé la fille dudit Haiton) lequel print aussi plusieurs autres villes &
forteresses, ayant auparauant fait alliance aux Tartares de Cumanie & Cappadoce, &
entra au Royaume d'Armenie, estant aduerti que Haiton estoit allé contre *Almalech*,
son ennemy. Toutefois ses deux fils conuoiteux de l'honneur de Dieu & du monde,
vindrent au deuât de l'Egyptien auec vne grosse armee (car lors ledit Royaume pouuoit faire quinze mille cheuaux, & cinquante mille hommes de pied.) Mais le malheur fut si contraire à ces ieunes Princes, qu'ils furent desfaits, l'vn occis, & l'autre reduit prisonnier. Et pour ne pouuoir auoir secours d'*Abagan*, fils d'*Alao*, Roy de Perse,
il fut côtraint, pour recouurer son fils prisonnier, composer auec ledit *Melechdaer*, &
luy rendre la ville d'Alep, ensemble vn sien parent, nommé *Sangolascar*, que les Tartares auoient prins en guerre. Puis estant deploré, & la fortune aduenue, feit couronner
son fils *Tiuon*, Roy d'Armenie. Ainsi se voyant reduit en telle sorte, quitta les honneurs
de ce monde, & entra en Religion, & changeant son nom d'*Haiton*, print celuy de
Macarie, qui signifie Bienheureux. Apres qu'il eut regné quarantecinq ans, il mourut bien tost apres, au grand regret du peuple. L'histoire Armenienne dit, que ce Catholique vieillard, deuant que rendre le tribut à Nature, pacifia le Roy *Abagan* auec
ses voisins & alliez, & luy feit rêdre toutes ses terres & Seigneuries, qui fut l'an de grace mil deux cens septantetrois. Et peux bien dire de luy, qu'il n'y eut iamais Roy aux
deux Armenies, qui fist de plus belles & riches conquestes que Haiton, soit contre le
Persien, Tartare, Caliphes, que contre trois les plus accorts & puissans Rois d'Egypte :
contre lesquels il gaigna cinq batailles. La premiere desquelles fut au païs de Pamphilie, que ce peuple nomme auiourdhuy *Schauri*, & non *Cottomanidia*, comme faulsement l'a songé le correcteur de Munster, qui vault autant à dire, dit-il, que Terre des
Othmans : comme si ce pauure hôme ignoroit, que la Pamphilie & Cilicie ne se nommoient pas de ce mesme nom plus de mille ans auparauant, que les Othmans fussent
à naistre. Certes tels propos bigarrez & mal entenduz à luy, ont aussi bonne grace, que
ce qu'il dit au mesme endroit, fueillet 493, que la prouince de Cappadoce, Bithynie
& Galatie, se nommoit aussi par ceux du mesme païs *Rom*, ou *Romee* : chose qui ne
peult auoir lieu enuers moy : d'autant que les Turcs, Arabes & Syriens, ne leur ont iamais, depuis qu'ils ont commandé en l'Asie, donné autre nom que *Genech*. La seconde bataille fut en Seleucie, ou Scandalor : les trois autres en Perse, que les Turcs nom-

ment *Pharfie*. Au refte, ces Armeniens fe font prefque toufiours plus employez au feruice des Seigneurs qui les affuiettiffoient, que non pas à deffendre leur liberté. Car encor qu'il en foit forti de vaillans hommes, fi eft-ce qu'on ne fait aucune mention de pas vn de leurs Capitaines, qui ait fait quelque grand cas pour fa patrie. C'eft pourquoy lon dit à prefent en ces païs là, que la Nobleffe Armenienne eftoit iadis fort prôpte & hardie aux combats, mais que maintenant elle ne fe mefle que de boire, tant ils fe font renduz faineants. La miferable Turcomanie a eu, n'a pas deux cens ans, des Rois naturels, qui eftoient Chreftiens; mais les alliances qu'ils ont prins auec l'infidele, a caufé auffi leur ruïne: d'autant que en efpoufant les filles des Rois Turcs, c'eftoit efcrire les Turcs heritiers de leur prouince. Et de cecy pourra faire foy le dernier Roy

de Caramanie, ou Cilicie, qui ayant efpoufé la fœur de Baiazeth fecond, fut priué & de vie & de biens par fon propre beau-frere. En cefte Turcomanie le peuple y eft diuifé en trois: les vns font Turcomans, fçauoir les Mahometiftes, obferuans fort eftroitement leur Loy, gens fimples, & grofsiers d'efprit, qui ne fe tiennent guere aux villes, ains par les montaignes ou vallons, où ils fçauent qu'il y a bon pafturage: pourautant qu'ils ne fe meflét guere que de nourriture, foit de brebis, bœufs & cheuaux, les meilleurs qui fe trouuent en Turquie. Ie penfe que ces gens là reffentent encor la nourriture & façons de vie, que leurs predeceffeurs gardoient en la Scythie, tous addonnez à tel exercice. Les autres font les Armeniens naturels, & les Grecs qui f'y font retirez, lefquels viuent du trauail qu'ils font, f'adextrans à ouurer de fort bons tapiz, & des draps de foye. Ainfi vous pouuez imaginer, que le païs n'eft point fans y auoir de riches marchands, qui trafiquent auec les nations voifines. Il y a d'affez belles villes, & bons chafteaux, & mefmement pres la Caramanie, & auffi és voifinages de l'Eufrate, telle qu'eft *Arzithan*, iadis nommé *Azire*, & des Perfiens *Coppirach*. De l'autre cofté du fleuue vers l'Armenie Maieur, eft *Camuque*, qui f'appelle auffi *Gefbar*, & des Neftoriens *Crazaphi*: & vn peu plus loing en plaine campaigne *Nicopoly* l'Orientale (& de ce nom i'en ay veu plufieurs) baftie entre deux montaignes par Pôpee le grand, comme lon peult lire contre quelque pierre grauee fur le mefme lieu, en fouuenance & perpetuelle memoire de la victoire qu'il auoit euë en ceft endroit contre le Roy Mi-

thridate: auquel fe voyét encor à prefent auffi trois haultes Colomnes de marbre rouge, l'vne defquelles eft par terre: M'efbahiffant que ce païs n'eft plein de toutes fortes d'antiquitez, veu les haults faits d'armes & victoires infignes qui y ont efté gaignees par le plus grand Monarque de l'vniuers, comme ceux du païs fe vantent: ioinct que Alexandre le Grand y vainquit Darie, lequel f'enfuyt, ayant efté mis en route deuant la ville d'*Orze*. Pardelà laquelle vous entrez en vne petite prouince, f'approchant de

l'Eufrate, qui autrefois f'appelloit *Melitene*, dont Erafme dit, que fortirent les premiers qui peuplerent l'ifle de Malthe, proche de la Sicile. Ie ne fçay où ce bon & docte vieillard, qui viuoit & floriffoit de mon temps, a pefché cela, que tels beliftres de ce païs pauure à toute oultrance, foient venuz peupler vne fi petite ifle, lors la plus deferte de cefte mer, efloignee de plus de deux mille lieuës pour le moins de leur païs: mais cela eft auffi vray que la chanfon ou hiftoire Troyenne. Aujourdhuy ce païs f'appelle *Suar*, où il n'y a guere de villes, ains font tous chafteaux: & neantmoins c'eft la meilleure contree en bois de toute la Turcomanie, veu que les arbres fruictiers de toutes fortes y abondent, & y croift du plus excellent vin qu'on fçache point trouuer. Vous y voyez encor les ruïnes de la ville *Melite*, qui fut autrefois grande, & bien baftie, mais maintenant petite bourgade, nommee *Malatie*: de laquelle on portoit le temps paffé ces petits Chiens, & non de l'ifle de Malthe, comme quelques vns ont faulfement efcrit. En cefte ville a efté iadis celebré vn Concile, & non pas en l'ifle Malthoife, comme auffi me auſſi lon nous a voulu faire entendre. Quant à la ville d'Orze, elle eſt en vne plaine, où ſe tiennent pluſieurs Chreſtiens Armeniens : & principalement de mon temps ſy tenoit leur Patriarche, lors que le Grand-Seigneur Solyman fut en Perſe l'an mil cinq cens quaranthuict, qui luy vint baiſer la main. Leſdits Armeniens & Turcs l'appellent *Roä*, & les Perſiens *Ethaſept*. Elle eſt beaucoup plus grande que celle de *Ca-* *Ville d'Or-ze, dicte à preſent Roä.* *raimic*, aſſiſe en vn couſtau, auec vn chaſteau fort ancien, des ruines duquel ſe voyent des pierres cheutes, telles que cent hommes ne pourroient porter ne leuer de terre, & grand nombre de groſſes & haultes Colomnes de pierre dure, qui demonſtrent auoir ſouſtenu quelque fort baſtiment : & autour, de beaux foſſez, & bien profonds, taillez dans la roche. Non loing de là eſt vne large fontaine, en maniere de viuier, ſemblable à la Piſcine que i'ay veuë aupres d'Alep, là où ſe trouue diuerſité de treſbon poiſſon : entre les autres, vn nommé en langue Armenienne *Affar*, qui eſt auſſi mot Ethiopien, *Affar poiſ-ſon.* ſignifiät Choſe iaulne, tout tel que celuy que nous nommons pardeça Perches, les Allemans & Souiſſes *Berſich*, les Polonnois *Okun*, & en langue des Bohemiens *Okauri*. Il y a au bas de la fontaine vne maniere d'Oratoire dans vn roch, nommé *Biffara*, où les Armeniens, Georgiens, Chaldeens, Neſtoriens, voire tous Alcoraniſtes, diſent & tiennent de pere en fils, que c'eſt le lieu où naſquiſt le bon pere Abraham. Les Turcs le *Lieu de la naiſſance de Abraham.* gardent, l'ayans deſrobé des Chreſtiens de ce païs là, & y font leurs oraiſons par grande denotion. D'auantage ils m'ont quelquefois dit auoir par eſcrit dans leurs hiſtoires antiques, que ceſte ville a flori du temps de *Nambrot*, de laquelle il eſtoit paiſible Seigneur. A vne iournee de là vous auez la ville de *Haran*, de laquelle quelque contree d'Armenie portoit autrefois le nom : les villageois l'appellent *Charan*, y adiouſtans vne lettre : qui n'eſt pourtant argument ſuffiſant pour aſſeurer le Lecteur, que c'eſtoit le propre païs de *Tara*, pere dudit Abraham, ſuyuant auſſi l'hiſtoire de ce peuple, tant Chreſtien que Barbare. La principale & chef des villes de toutes celles d'Armenie, c'eſt vne nommee *Syras*, où ſe font les bons harnois & cymeterres, fort populeuſe, & riche à merueilles. Pres de là ſe preſente *Amaſie*, qui diuiſe la Cappadoce d'auec la grande Armenie. Auquel lieu, le grand Turc, lors que i'eſtois pardelà, paſſa ſon camp ſur vn pont de bois, apres eſtre parti de la vallee, nommee en langue Armenienne *Hiladich*, pour venir ioindre le reſte de ſon armee, qui l'attendoit à *Niſard*, anciennement appellee *Neoteſarea*, ville merueilleuſement grande & antique : leſquelles ſont toutes pour le preſent par terre iuſques au fondemët. Quant au chaſteau, il eſt poſé ſur vne haulte montaigne, & n'eſt ſi deſmembré que le reſte de la ville. Lon y voit encor auiourdhuy vn ſepulchre d'vn Roy Perſien, duquel ie n'ay peu ſçauoir *ſepulchre d'vn Roy Perſien.* le nom. Le pied de ladite montaigne eſt arrouſé par la riuiere *Chelelict*, dicte des Anciens *Lycus*, qui diuiſe la Cappadoce d'auec la grande Armenie de ce coſté là. Lon peult voir de là *Aſſarquich, Abaſſi*, & le fort chaſteau de *Comaſart*, autrefois du domaine du Roy Perſien : & à deux lieuës pres, *Asbedier*, gros village, & *Arſingan, Ardingicly* & *Giadarely*, païs boſcageux & dangereux pour le grand nombre des beſtes rauiſſantes qui y font leur demeure. En la meſme prouince eſt la ville de *Marcale* : & puis allät plus oultre ſelon le fleuue Eufrate, celle de *Garmace*, à preſent chaſteau treſfort, où le Turc tient forces, à cauſe que c'eſt vn paſſage pour aller en *Boughedot*, dite en Chaldee *Bagadeth*, & tout ioignant le fleuue, poſé à ſoixantehuict degrez trente minutes de longitude, & trentehuict degrez trente minutes de latitude. Vous venez puis à entrer en vne prouince du meſme païs, nommee *Cataonie*, la plus part boſcageuſe, hors mis le milieu qui eſt en planure, & fort fertile. En la campaigne n'y a preſque aucun edifice, ains ſont tous par les montaignes voiſines. Ie ne ſçay ſils le font de peur d'eſtre ſaccagez, ou bien pour auoir retraite, apres auoir fait leurs voleries : d'autant que de ce coſté là les habitans ne ſont gens de guere bonne conſcience, & auec leſquels il ne fait point bon auoir affaire, qui ne ſe ſentira le plus fort. Le meilleur chaſteau qui ſoit en toutes ces montaignes, c'eſt *Thebaſſe*, iadis nommé *Cabaſſe*, voiſin du mont Taurus, & pres des digues, que Semiramis feit dreſſer autour dudit fleuue Eufrate. Pres le meſme mont Taurus encor eſt aſſiſe vne villette, nommee le temps paſſé *Cibiſtre*, à preſent *Armignac*, comme ceux du païs m'ont recité. Ie ne ſçay ſi ceux d'Armignac en Gaſcongne y ont eſté pour luy donner ce nom, ou ſi les Armeniens autres fois ſont venuz iuſques icy pour baptiſer de leur nom tout vn païs. Au pied de l'anti-Taurus, que les Perſiens appellent *Rouha-Thoura*, eſt encor vn village, dit des Modernes *Tabachazan*, iaçoit que les Anciens du païs l'appelloient *Comane*, autrefois ville excellente, pres laquelle a de belles & claires fontaines, & deux chaſteaux, auiourdhuy tous ruïnez. Du coſté de la Carmanie, aſſez pres du mont Taurus, eſt ſituee vne ville, dite le temps paſſé *Corycum*, à preſent *Corcu*, baſtie par Archelas : & de là auant, tout eſt de la Carmanie. Ce que ie vous allegue, comme l'ayant ſçeu à la verité des plus anciens du païs. Reſte à voir la grande Armenie, & ſçauoir d'où l'vne & l'autre ont prins leur nom. Les Grecs, qui ſont couſtumiers de referer le fondement preſque de tous les peuples à leur nation, ont dit, que l'Armenie a eu ſon nom d'vn des compaignons de Iaſon, eſtant ſorti de Colchos, nommé *Armen*, & m'ont dit auſſi, que pour ce reſpect ce païs fut de ce temps là ainſi appellé, pource que Armenie en leur langue iadis ſignifioit Robe longue, deſquelles vſoient les Theſſaliens, qui conquirent ce païs d'Armenie auec Iaſon. Mais ces hiſtoriens Grecs vulgaires qui en parlent ainſi, monſtrent bien leur grande ignoráce en la ſupputation du temps, comme ie dis à vn Eueſque du pays, veu que auant que iamais Iaſon feiſt le voyage de Colchos, lequel i'eſtime eſtre treſſaux & fabuleux, pour eſtre certes forgé du cerueau de quelques Poëtes, le pays d'Armenie eſtoit en eſtre, & ſuiet aux Aſſyriens ſoubz ce meſme nom, qui fut enuiron l'an du monde mil neuf cens cinquáteneuf, & mille ans auát que la Theſſalie, d'où eſtoit natif Iaſon, & Armene par eux ſuppoſé, fuſt habitee. Le premier qui la peupla, & luy donna le nom, eſtoit vn nommé Theſſale, fils d'vn autre qui ſappelloit Grec, en l'an du monde deux mil cent ſoixanteſept. Auiourdhuy le peuple de Meſopotamie & de Perſe la nomment *Thoura Aremnoé*, qui ſignifie Montaignes d'Armenie : & les Neſtoriens *Zelbic Dibes*, comme ſils vouloient dire, Montaignes peuplees de Loups : ayant ainſi diuers noms, ſelon les occurrences des pays & prouinces. Quant à l'interualle du temps de Semiramis, & commencement de la Monarchie des Aſſyriens, ſoubz leſquels eſtoient les Armeniens, & où ceſte grande Royne a fait pluſieurs voyages, & dreſſé maintes villes, certainement il ſy paſſe pluſieurs ſiecles : veu que le ſuſdit Iaſon viuoit du temps de Laomedon, cinquieſme Roy de Troye, ſi Theuet veult adiouſter foy aux menſonges Troyennes : Et ce fut lors qu'il entreprint ſon voyage, enuiron l'an du monde deux mil ſept cens neuf. Auant luy, plus de deux cens ans, on dit que Cadme, celuy qui baſtit Thebes en Grece, conquiſt l'Armenie : mais l'vn eſt auſſi croyable que l'autre : comme ſil eſtoit vrayſemblable, qu'vn petit compaignon de pays lointain, auec vne poignee d'hommes, peuſt conquerir vne region ſi ample, en la barbe des plus grands Seigneurs du monde, & à leur porte, ſans qu'on ne luy donnaſt point de baſtonnades. Voyla la gloire, que les ignorans de l'hiſtoire du peuple Leuantin attribuent aux Troyens. I'aime donc mieux croire, que ce ſont les Syriens, beaucoup plus anciens que pas vne des nations Grecques, qui ont donné le nom à l'Armenie, à cauſe que les Arameens vindrent demeurer en *Aſſur* (qui eſt vn mot emportant l'Aſſyrie, Mede & Armenie) & ſe tindrent en ce coſté de l'Eufrate, où à preſent eſt baſtie la grande ville *Derbenth*, la plus part ruïnee. Et auſſi qui eſt celuy

Villes principales du païs.

Pourquoy l'Armenie a eſté ainſi nommee.

qui ne trouue meilleur de regarder les premiers qui ont habité la terre, & defquels l'hiftoire facree, & les autheurs bien approuuez, qui ont vifité les pays, font foy? Mais ayant parlé fi fouuent de l'Eufrate, qu'encor on nomme pour le iourdhuy *Phraat*, ou *Phara*, & les Turcs *Euphra*, il fault fçauoir d'où il defcéd, & prend fa fource. Il y a des endroits où il n'eft pas large, principalement vers *Coter*, ville ruïnee, où il y a vn pont, par lequel on trauerfe de l'vn cofté en l'autre : & l'ayant paffé, on trouue les villes de *Chiobane, Portari, Phufe, Debbet*, & *Bezoatte*, affez marchandes, où font des baings naturels, bons pour fe purger. Vous fçauez que le pays d'Armenie eft encloz de montaignes, fauf du cofté de la Mefopotamie, où la mer Cafpie luy fert de borne : lefquelles quoy qu'elles ayent diuers noms, & que quelque petite feparation caufe cefte diuerfité, fi eft-ce que pour le plus c'eft le mont Taurus qui la circuit & entoure. Non que pour cela il n'y ait d'autres montaignes dans le pays, d'où fourdent de bien fort grandes riuieres, telles qu'eft l'Eufrate, qui ne vient point du tout du mont Taurus, encore qu'il paffe par le milieu du plat pays, ains fa fource d'vn grand Lac, qui fe defgorge des montaignes d'Armenie. Or ce fleuue prend fi grand tour, que embraffant la Turcomanie, il arroufe & entoure les Royaumes de *Bozo*, qui auoifine la Cappadoce, celuy de *Curdy*, & les *Alidules* : puis vient feparer l'Affyrie du pays de Surie, courant iufques au Royaume de *Caldar*, dit encor ainfi des Chaldees, *Fultart* & *Biahabart*, non receu ny congneu des Anciens, & puis fen va en *Boughedot*, ainfi que ailleurs ie vous ay defcrit.

*Du mefme pays d'*ARemnoe*, & pourtraict de la Montaigne où farresta l'Arche de Noë.*   C H A P.   X I I I I.

A FIN DE MIEVX vous rafrefchir la memoire de ce que ie vous ay dit cy deuant du Tygre, ie vous veux encor icy reduire la fource d'iceluy, que les Barbares nomment à prefent *Tegit*, & les Perfiens *Deighelé* : lequel vient auffi bien que l'Eufrate, de l'Armenie, en la region dite *Arzeru*, pres les Curdes, peuple de la montaigne *Vrie*, vn peu efloignee du mont *Niphate* : & ce d'vn Lac, qui fe fait des torrens qui defcendent impetueufement de la montaigne. Auffi cefte riuiere va fi roidement, qu'elle eft la nompareille de l'Afie : & c'eft pourquoy les Anciens l'appellerent Tygre, pource que ceux du pays nomment vne fagette *Tirgelgriph*, ou en noftre langue *Tigris*, d'autant que ce fleuue va fort roide, & non pas du nom d'vn Tygre, befte rauiffante, nommee *Nemora* en leur mefme langue, & en Allemant *Tigerthier*. Sa fource eft à feptante quatre degrez quarante minutes de longitude, trente degrez quarante minutes de latitude. Il court par le Royaume de *Diarbech*, ou Mefopotamie, & en celuy d'*Arzeru*, & puis fe va rendre au *Phraat*, en la prouince de *Bagadeth*, pres la ville de *Romada*, où elle fengoulfe dans le fein Perfique. Quant à l'Eufrate, ou *Euphra*, qui ne prendroit garde de bien pres, vous ne fçauriez dire où eft fa fontaine. Il chet de la montaigne, puis feftend en plufieurs Lacs, où vous diriez que c'eft vne eau dormante, fe tenant eflargie, fans aucun canal ou foffé certain : neantmoins dés qu'il commence d'entrer en cours, vous l'oyez bruire de loing, & imite prefque la viftefle de fon voifin le Tygre : & penfe, que fi ce n'eftoit que l'Antitaure luy fert d'obftacle, il firoit ietter dans la mer Noire : mais il reprend fon cours de la Cappadoce en l'Armenie Mineur, ou Turcomanie, pour aller voir la mer de Perfe. Ie fçay bien qu'il y a plufieurs autres riuieres, & icelles affez grandes, defquelles les vnes fe ioignent auec l'Eufrate, ou auec le Tygre, ou qui fe vont rendre en la mer Cafpie, cóme *Araffe*, qui fe renge audit Eu-

frate,& le *Ser*, iadis *Cyre*, qui fe met aufli en la mer Cafpie,comme encores font le fleuue *Cor*, & le Lac *Excechie*, qui vient du cofté de l'Oueft:mais cela n'eft pas de fi grand
profit que lon fçauroit dire,fi ce n'eftoit pour ceux qui entreprennent voyage en cefte
region là.Or les prouinces fuiettes à cefte grande Armenie font du cofté, que les fleuues *Phraat*, *Ser*, & *Arais* courent, le long des monts Mofcies & *Chorzene*, païs affez
bon,& où le peuple pour la plus part eft Chreftien,& non tant maftiné que le refte de
l'Armenie : à caufe qu'ils font voifins des Géorgiens, & qui fe reffentent quelque peu
de leur pauureté, n'ayans que bourgades pour leur habitation.Apres y eft *Cambifene*,
region infertile,feiche,& où n'a point d'eaux, fentant bien fon defert, iufques à ce que
vous eftes au fleuue *Alizon*: & allant à l'Eft,eft la prouince *Bathene*, où les Armeniens
font tourmentez des courfes de toutes parts,lors que le Turc a guerre aux Perfes.Plus
*Artaxat
ville prin-
cipale d'Ar
menie.* oultre,eftoit iadis *Artaxat*,ville Metropolitaine de toute l'Armenie,à prefent deftruite,à caufe qu'elle ne peult tenir contre la force d'vn ennemy , & eft fituee fur les paffages. Ie ne fçay où Plutarque penfoit; quand il dit que Hannibal edifia cefte ville en
fouuenance du Roy *Artaxie*. Mais le docte Grec fe trompe,& ne voit pas que Hannibal ne paffa iamais plus auant que *Diachidiffe*, où il fempoifonna , & là où eft mefme
fon fepulchre,lequel i'ay veu : ioinct que cefte ville eftoit edifiee auant que Carthage
fuft en la fantafie des Pheniceens , comme les Armeniens ont par efcrit. En cefte mefme contree tirant à l'Eft,qui eft le Midy,pres le fleuue *Arais*, eft la region ancienne dite *Bagradauene*, ayant plufieurs villes voifines du mont *Abo*, nommé des Georgiens
Kaicol, qui eft à feptantefept degrez nulle minute de longitude, & quaranteun degré
nulle minute de latitude : foubz les pieds & à la racine duquel eft vn grãd nombre de
villes : car c'eft le païs le plus habité qui foit és deux Armenies, à caufe que c'eft là
qu'eft edifiee la grande ville de *Tigrauane*,ou *Zimolacah* par lefdits Georgiens,la principale, plus grande , & infigne de tout le païs,qui auiourdhuy aufli eft la Metropolitaine de toutes les regions fuiettes au Roy de Perfe,& fappelle *Tauris*, baftie fans muraille fignalee, ainfi que couftumierement baftiffent les habitans de ce pays là. Aufli
fut-il bien aifé au Turc,tant à Selim en l'an mil cinq cés vingt, que à Solyman l'an mil
cinq cens quaranteneuf, de mon temps que i'eftois pardelà, de courir tout le païs, &
entrer en cefte belle ville auec leurs armees, le Sophy ce pendant contraint de fe retirer aux montaignes, affeuré que le Turc ne fçauroit demeurer longuement en fon
*ville de
Tauris.* païs, & que facilement il fen remettroit en poffeffion. Ie vous parle de ceftedite ville,
pource que tous ceux qui en font mention, l'appellent Tauris en Perfe, iaçoit qu'elle
aboutift en Armenie,en la prouince de *Seruan*,& fur vn grand fleuue nommé d'*Efte-
noffe*: mais ce nom luy a efté baillé, tant pour en eftre voifine, que pource que le mefme Roy en eft Seigneur,& que c'eft là,où il a mis le fiege & chef principal de fon grãd
Empire. Mais puis que ie fuis fur ce propos, il fault noter que l'Armenie eftant Chreftienne, & foubz l'Empire des Romains (i'entends la grande, car la petite fuyuoit
la fuperftition defdits Romains Empereurs) il y eut vn Iules Philippe, Arabe, qui
ayant occis Gordian fon feigneur, fen feit Prince, comme recitent encor à prefent les
Armeniens:& à caufe qu'il auoit affaire contre *Saporez* Roy de ce païs,il accorda auec
luy à cefte condition , que la petite Armenie demeureroit au Romain, & la grande au
Perfan: d'autant que ceft Empereur fçauoit bien,que Saporez eftoit cruel ennemy des
Chreftiens, & que les Armeniens faifoient profeffion de la Loy du Baptefme : ce qui
fut fait l'an de noftre falut deux cens quarantefept. Par là vous voyez, de quel temps
les Armeniens font fuiets audit Perfan, depuis qu'il y a eu Roy, & combien homme
fidele eftoit ce Philippe Empereur, que aucuns difent auoir efté Chreftien : combien
que quiconque le croit, fait vn grand tort à la Chreftienté,& le peuple de pardelà n'a

garde de le confeffer, mefme en ce temps là que la purité de l'Eglife floriffoit, eftant ce
Tyran fi mefchant & abominable. Ce fut la caufe pourquoy les Armeniens, qui fe retirerent de la perfecution du Perfan, efcriuirent à Rome, qu'il pleuft au Senat de les
ofter de la griefue feruitude en laquelle ils eftoient, & qu'on les contraignoit d'outrepaffer les Loix apprifes de leurs maieurs. Toutefois le Senat ne voulât mouuoir guerre contre vn Roy puiffant, eftant l'Empire en trouble, ne tint grand compte de la requefte des pauures Chreftiens, & principalement, pource qu'ils eftoient d'autre opinion que celle du refte des fuiets de l'Empire. Or apres que les fucceffeurs de Mahemet eurent ofté le Royaume de Perfe à ceux de la maifon de *Cofroé*, cela tomba foubz
la puiffance des Sarrazins : la force defquels eftant diminuee, le Grand Cam de Tartarie fe faifit de l'Armenie Maieur & Mineur, iaçoit que depuis les Turcs luy rauirent la
petite, qu'ils tiennent encor auiourdhuy. Quant à la grande, il l'a tenue iufques à ce
que *Vfuncaffan*, Roy de Perfe, fe feit Roy d'icelle, & des Medes & Parthes : à l'Empire duquel eft paruenu *Cazelbas*, dit le Sophy, par fa religion. Et par là ie veux monftrer, que & Munfter, & ceux de qui il l'a appris, mefmes celuy qui a glofé Pline, fail- *Munfter fabufe.*
lent & fabufent grandement, difans que toutes les Armenies font tributaires au Seigneur Turc. Ce que i'accorde bien de l'vne qui eft voifine de la Caramanie : mais de
l'autre, qui eft la plus fertile, & fi auant en païs, voifine de la prouince de *Diarbech*, ie le
nie, eftant affeuré du contraire par les Anciens mefme du païs ; auec lefquels i'ay long-
temps demeuré, foit en Afie, & autres lieux du Leuant : mefmes par vn Euefque qui
paffa par cefte ville de Paris, l'an mil cinq cens foixantevn, lequel me dift qu'il eftoit
d'aupres de *Seruan*, & que leur grande prouince eftoit fuiette au Sophy. Ces deux qui
eftoient logez en ma maifon en cefte mefme ville l'an mil cinq cés foixantefix, eftoiét
auffi de la grande Armenie, mais fuiets aux courfes des Turcs, à caufe qu'ils font voifins de l'Anaduole, qui eft foubz l'obeïffance du Grand-Seigneur. Ainfi ceux qui en
parlent de cefte façon, penfent, pource qu'ils ont ouy dire, ou leu, que Solyman
paffa l'Armenie, & courut iufques à Tauris, qu'il en demeura Seigneur & poffeffeur:
mais ils ne regardent pas, que ayant perdu la plus part de fon armee, & ayant paffé à
nage l'Eufrate, il fut prefque deffait par le Sophy, qui luy donna fur la queuë, lequel
n'auoit rien perdu de fon païs: car c'eftoit luy mefme qui auoit fait le degaft, à fin d'affamer, comme il feit, & l'armee Turquefque, & fans y penfer auffi, la fienne. Partant il
fait bon parler auec affeurance, & auoir efté fur les lieux, fans faire des liures à credit,
comme ont ofé faire quelques vns de mon temps qui ne partirét onc de leurs cahuettes. Deuant donc que paruenir au païs voifin de Tauris, il fault paffer le mót *Souuaffy*,
où eft la grande riuiere de *Carafony*, qui vault autant à dire en leur langue, que Riuiere noire. C'eft en ce lieu là, où les Mahometans, & autres peuples voifins, ont vne merueilleufe deuotion à certains Arbres, pource qu'ils difent qu'vn fainct perfonnage, *Fable de Ba rifanctou.*
nommé *Barifanctou*, les tranfmua de Poiriers en Ormes: qui eftoit l'vn des grands miracles que iamais il feit. Pres de là eft le chafteau de *Bitils*, affis fur vne montaigne, edifié par vn Empereur Grec de Conftantinople, comme m'ont dit les Armeniés. Et pour
plus grãde approbation de mon dire, c'eft, que lon y voit encor à prefent des Colomnes efcrites en Grec, & plufieurs monumens auec des Epigrammes Grecs, Armeniens,
Chaldees & Hebraïques. Ceux du païs difent, que ce fut en ceft endroit, où Cofroé
Roy des Perfes fut enterré, apres auoir faict vne infinité de maux en la Palefthine &
Iudee, & tué plufieurs Chreftiens : & l'auoit ainfi ordonné par teftament, long temps
aupatauant mourir, & prié ceux qui luy fucccederoiét, de faire le contenu d'iceluy:
D'autant que ce Prince eftoit aduerti, pour auoir veu & leu contre vne Colomne anti-
que vn Epitaphe en Chaldee, que au mefme lieu iadis auoit efté inhumé Ptolomee

Philadelphe, qui y deceda, d'vne poiſon qui luy fut donnee reuenant de guerroyer
les felons Perſiens, ſuyuant l'hiſtoire Armenienne. Ce fut celuy Ptolomee, qui dreſſa
la Librairie en Alexandrie d'Egypte, de plus de deux cens mille volumes de liures, tenant à gages deux cens doctes Philoſophes qui en auoient le gouuernement. Ce Prince, apres auoir receu du Preſtre Hebreu Eleazar, ſix perſonnes de chacun Tribu des
plus ſages & doctes d'entre les Hebreux, pour interpreter les liures de Moyſe en Grec,
print le chemin de Perſe. Sur ce propos il me ſouuient auoir leu en quelque endroit

Iuſtin Mar-
tyr ſe pour-
roit tröper.

d'vne Apologie de Iuſtin Martyr, intitulee la Deffenſe ſeconde faicte pour le peuple
Chreſtien à l'Empereur Antonin, dict Debonnaire, de la curioſité dudit Philadelphe,
vne choſe que ie ne puis accorder, ſçauoir que Ptolomee, diſciple de Strato, & Roy
d'Egypte, deux ans auparauant la mort de ſon pere, pour orner & remplir ſa Bibliotheque, qu'il eſtimoit le plus grand threſor de ce monde, tant recommandee & celebree par les anciens autheurs, eſcriuit & manda meſſager au Roy Herodes, qui lors regnoit ſur les Iuifs, le priant qu'il luy enuoyaſt quelques liures de la Bible, entre autres
ceux des Propheteſ: ce que Herodes feit volontiers, & luy en enuoya pluſieurs en langue Hebraïque. Dit dauätage ledit Iuſtin, qu'vne autrefois le ſuſdit Ptolomee enuoya
vers luy quelques Ambaſſades, le prier de luy ayder de gens doctes & experts pour les
traduire en langue Grecque, qui eſtoit lors aſſez commune en beaucoup d'endroits,
tant de l'Europe que de l'Aſie: ce que ledit Herodes feit de peur d'encourir ſon inimitié. Sur leſquels propos ie vous prie penſer, comme il eſt beſoing que i'accorde ce que
recite ce docte perſonnage Iuſtin. Car il fault ou que luy ſ'oublie ſur la ſupputation
des annees, ou que i'erre & prenne le verd pour le iaulne. Mais quant à moy, ie ſuis aſſeuré d'vne choſe, que l'aage de l'vn à l'autre eſt aſſez eſloigné: & voicy comment. Premierement Ptolomee Philadelphe viuoit l'an du monde trois mil ſix cens quatre
vingts, auant la natiuité de Ieſus Chriſt deux cens octantetrois ans, au temps que flo-
riſſoient en ſçauoir Timocaire Aſtronome, Ariſtophane Grammairié, Xantippe Roy
des Lacedemoniens: & auquel Ptolomee ſuccederent neuf autres Rois portans le meſme nom, dont le premier fut Lage Soter, le plus excellent des Capitaines d'Alexädre:
cöme auſſi tous les autres Rois d'Egypte ont eſté depuis ainſi appellez, ſçauoir Auergetes, Philopator, Epiphane, Philometor, Auergetes ſecond du nom, Phiſcon, Lathy-
ré, Denys, & celuy qui par tyrannie ſe ſaiſit du Royaume de Cypre: apres la mort &
regne deſquels le Royaume cheut en quenoille, entre les mains de Cleopatra, quarantehuict ans auant la natiuité de noſtre Seigneur: Où Herode Agrippe fils d'Ariſtobo-
lus viuoit trentehuict ans auant la natiuité de Ieſus Chriſt, du temps de Tybere, de
Corneille Gaulois, Ouide Poëte, Tite Liue, Valere le grand, Denys Apher Geographe, & Nicete Rhetoricien. Or de dire qu'il y auoit eu auparauant Monarque, Roy,
Prince, ou Seigneur en Iudee, portant le nom d'Herodes que celuy là, & Herodes An-
tippas, Tetrarque de Galilee, lequel ſuruefquit ſon frere Archelaus, apres la mort duquel il print le nom d'Herodes, ce ſeroit ſe mocquer des hiſtoires. Vous auez pareillement eu le grand Roy *Aſcalonit*, fils d'Antipater, Gouuerneur de Iudee, le premier
eſtranger de nation (car il eſtoit Idumeen) qui viuoit trentecinq ans auparauant la
naiſſance de noſtre Sauueur. Parquoy ie veux conclure, que ledit Iuſtin ſe trompe en
la ſupputation des annees, auſſi bié que ceux qui l'ont de longue main traduit de Grec
en Latin, l'erreur deſquels a treſbien reprimé & marqué en marge le Seigneur Iean de

Iean de Mau-
möt tradu-
cteur de Iu-
ſtinMartyr.

Maumont, l'vn des excellens perſonnages, verſé en toutes lettres Grecques & Latines
de noſtre aage, par la traduction qu'il a faict dudit Iuſtin en noſtre langue Françoiſe.
Mais ie laiſſe tous ces beaux & faincts diſcours, pour reuenir à mon propos. A la planure de la montaigne où eſtoit l'Arche de Noé, y a vne longue ville, qui n'eſt ceinte

que de foſſez, où ſe voyent plus de cinq mille maiſons baſties fort ruſtiquement. Ce
païs bas eſt arrouſé de la riuiere d'*Erſin*, qui ſe va ioindre à l'Eufrate, & pluſieurs autres auſſi. Les Turcs, Perſiens, Scythes, Arabes, voire les Chreſtiens, vont ſur ce mont,
pour y faire leurs oraiſons & deuotions. Il y ſouloit auoir vne chapelle d'Armeniens,
à laquelle ſe tenoit vn de leurs *Epheſcophò*, ſçauoir Eueſque, lequel eſtant dechaſſé par
les Turcs, ils ont mis en ſa place leurs *Hagſilar, Taliſmanlar, Deruilar, Hagij*, qui ſont
les Docteurs, Preſtres, Hermites, & Pelerins, qui iadis ont fait le voyage de la Mecque.
Et ce ſont eux, qui reçoiuent ceux qui viennent viſiter ceſte montaigne, & lieu d'orai-　*Hoſpitalité des Turcs.*

ſon : de laquelle ie vous ay bien voulu icy repreſenter le vray pourtraict, & lieux voiſins d'icelle, ainſi que ie l'ay euë peinte par vn Diacre Armenien, en la ville d'Antioche, lequel eſtoit natif de trois lieuës de ladite montaigne : laquelle figure i'ay môſtree
& conferee auec pluſieurs autres d'entre eux, pour en eſtre plus aſſeuré, ſi elle eſtoit
bien peinte ainſi, & s'il n'y manquoit point quelque choſe digne de reprehéſion, pour
monſtrer au Lecteur la diligence que i'en ay faite. Car d'abuſer de ce dont faict mention l'Eſcriture ſaincte, ce ſeroit choſe reprehenſible deuant Dieu & les hommes, attendu qu'il n'y a perſonne qui ignore, que Noé fils de Lamech ne fuſt en la grace de
Dieu, qui luy annonça en l'an de ſon aage quatre cens quaranteneuf, & du monde mil
cinq cens quarātecinq, la fin & ruyne de toute chair par le Deluge, qui deuoit aduenir
ſix vingts ans apres, voulāt par iceluy perdre & exterminer les enfans & race de Cain,
à cauſe qu'ils perſecutoient les ſaincts & iuſtes : & luy commanda de faire ladite Arche, ou vaiſſeau de mer, ayant trois cens coudees de longueur, cinquante de largeur,
& trente de haulteur : ce qu'il feit, l'acheuāt en cent ans, aagé lors de ſix cens : puis monta en icelle auec ſes enfans, leur mere, ſa femme, enſemble toutes ſortes d'animaux pour

la conferuation de leurs efpeces. Ie fçay bien que les Arabes, Mores & Turcs y adiouftent autres chofes, qu'ils difent auoir efté obferuees par ce bon pere Noé. Mais d'autant qu'ils ne font que refuer en tout ce qu'ils difent & interpretent, non plus que du
Paradis terreftre, duquel ie vous ay ailleurs parlé, ie pafferay oultre, & me deporteray
d'en difcourir autrement, laiffant ce peuple hebeté auec leur ignorance. Au refte, quelques Chreftiens Leuantins, entre autres les Armeniens & Cafpiens maintiennent, que
cefte Arche farrefta en la montaigne, que lon nommoit iadis *Gordie*, à prefent dite
par aucuns du païs *Gibel-Noë*, & des Tartares Orientaux *Pheppurch*, y adiouftant
encores ce mot *Alcapher*, comme fils vouloient dire Montaigne efleuee: & des Georgiens *Vveriphout*: ayant ainfi felon les contrees & changement de temps, prins diuers
noms & appellations. Et me fuis laiffé dire à plufieurs hommes du païs, dignes de foy,
que du fommet d'icelle montaigne lon peult veoir la mer Noire, comme lon fait du
hault du mont Sinay, qui eft en l'Arabie, la mer Rouge. Or ces maiftres Hermites ont
de bon reuenu, tant pour leur viure, que pour fuftenter les Pelerins paffagers. Vn Roy
Perfien y a fait conftruire depuis trente ans ença vn Hofpital, lequel eft ioint à leur
petite Eglife ou Mofquee: auquel lieu toutes perfonnes, de quelque Loy, foy, ou nation que ce foit, font humainement receuz. Ce que le refte des Mahometans n'obferuent en la Turquie, fçauoir de receuoir les Chreftiens, comme ils font ceux de leur fecte, ainfi que i'ay apperceu par experience. Ceux cy donc donnent trois iours entiers
pain, eau, ris, miel, chair, fruicts, chambre pour dormir, & ceux qui veulent aller aux
baings, y font les bien receuz. Quant à la ville de Tauris, iaçoit qu'elle foit baftie de
long temps, fi eft-ce qu'elle portoit autre nom, à fçauoir *Tygranoane*, comme dit eft,
veu que ce dernier nom ne luy eft donné que depuis deux ou trois cens ans ença. Car
comme les Tartares, ayans rompu la foy promife aux Rois d'Armenie, leur couruffent
fus, & que ces Rois fe fuffent retirez du cofté des montaignes, il vint vn Capitaine de
ceux qui guettent les paffages aufdites montaignes, qu'on appelle Bandoliers, lequel

fortant du mont Taurus, fe faifit de cefte ville, & l'appella *Tauris*, du nom de fa montaigne, où il regna fix ans. Neantmoins à la fin les Tartares l'en depoffederent: & peult
cela auoir efté fait l'an mil deux cens cinquantefix, ou cinquantefept, la ville gardant
toufiours le nom dudit Capitaine conquerant. Mais de cefte ville i'en parleray amplement cy apres.

De la Religion des *Armeniens*, & pourfuite d'icelle.

CHAP. XV.

RESTE à veoir de quel temps les Armeniens font Chreftiens, & qui les
auoit fouftraits de l'vnion de l'Eglife Catholique. Car apres que ce bel
Empereur Philippe les eut liurez au Perfan *Saporez*, ils demeurerent
entre les mains des Gentils, iufques au regne du Grand Conftantin, &
que celuy qui eftoit Roy d'Armenie, fut conuerti à la foy. Ce qui fe fit
en cefte forte. Il y auoit vn Roy, nommé *Teridate*, lequel affligeoit les Chreftiens d'vne
eftrange maniere, tellement que l'Euefque qui les inftruifoit, nommé Gregoire, homme illuftre & de grande faincteté, & par qui Dieu operoit de grands miracles, fut mis
en prifon, où il demeura dans vn cachot eftroict, obfcur, & plein de vilenie, par l'efpace de quatorze ans. Mais fur le bout de ce temps, *Teridate* fut puni par la vengeance diuine, auec toute fa Cour, & grands du Royaume, qui tomberent tous en tel defuoyement de leur fens, qu'il leur eftoit aduis que chacun voyoit fon compaignon changé
en quelque efpece de befte rauiffante, & auec cela vne rage les faifit telle, qu'ils fe man-

geoient l'vn l'autre. Ce pendant lon tira l'Euefque Gregoire de prifon, qui par la grace de Dieu les deliura de cefte forcenerie, & les prefcha fi bien, & monftra que c'eft que de Dieu & fa puiffance, que laiffans tous l'idolatrie, ils embrafferent noftre foy, & faifans dreffer de belles Eglifes, le peuple Chreftien y commença viure en trefgrande liberté, croiffant de iour à autre le nombre des fideles. Ce qui fut raconté de poinct en poinct au bon Empereur Conftantin. Or ne tindrent guere longuement les Armeniés la purité de la foy, veu qu'vn nommé Iacques, Syrien de nation, homme de bas lieu, *Iacques Syrien qui a fuyui l'erreur d'Eutychez & Dioscure.* fuyuant l'erreur d'Eutychez & Diofcure, condamné au Concile de Chalcedoine, enyura du vin de fa poifon tout le païs: & de là eft venu le nom des Iacobites. Voyla cóment l'Eglife d'Armenie, qui auoit efté gouuernee par tant de bons pafteurs, & qu'vn bon Catholique & grand zelateur de la foy, auoit introduite au vray fens de l'Efcriture, fut gaftee par vn homme de peu d'effect: comme vous pouuez auoir veu de noftre temps, qu'vn vilain chef des Anabaptiftes a fait de grands fcandales en l'Eglife, & que vn Dauid George, homme de peu de lettres, a femé l'erreur des Infpirez, d'où ie penfe que noz Deiftes ont prins quelque accroift. Qui voudra voir au long toutes les anciennes herefies des Armeniens, qu'il aille vers leur Patriarche en Hierufalem, comme i'ay fait: lequel a vn Temple en ladite ville, nommé de Sainct Sauueur, qui eft au propre lieu où eftoit la maifon de Cayphe, au mót Sýon, où noftre Sauueur fut tourmenté. En ce Temple fe voit encor la Pierre, qui eftoit à l'huis du monumét de noftre Seigneur, qu'y feit porter Saincte Heleine. A prefent les Armeniens ne font pas fi efgarez de l'Eglife Catholique, que les Grecs, d'autant qu'ils f'accordent prefque en tout auec *Armeniés ne different guere de l'Eglise Romaine.* l'Eglife Romaine, dequoy ils font haïs deteftablement par lefdits Grecs: toutefois ils reffentent encor les folies des Neftoriens, ne celebrans point la fefte de la Natiuité de Iefus Chrift, ouy bien celle de la Circoncifion, iaçoit que du temps du Pape Eugene tiers ils abiurerent ceft erreur. Leurs Preftres (comme tous autres du Leuant) font mariez: mais lorfqu'ils veulét faire la commemoration de la mort de noftre Seigneur au Sacrifice de la Meffe, ils f'abftiennent par trois iours de leurs femmes. Ce font les plus deuotieux & accoftables que lon fçache, & qui prient auec grande reuerence: au refte, qui ieufnent fort aufterement le Carefme, comme i'ay veu, iufques à f'abftenir de poiffon, ne mangeans ne beurre, fourmage, œufs, ne huylle, mais feulement quelques fruicts, herbes, potages, poix, febues & lentilles, & n'vfans aucunement de vin, ou chofe qui puiffe enyurer, fi ce ne font les plus vieux d'entre eux, fuiets à maladies. Tellement que le bruit & renom qui court en Leuant, des Chreftiens d'Armenie, n'eft à mefprifer, veu que les Mahometiftes mefmes en font cas, & conuerfent parmy eux auec grand priuilege & licence. De noftre temps, prefque du cofté des Indes Orientales, en la prouince de *Coulan*, qui eft au Royaume de *Cananor*, comme il y euft plufieurs Eglifes efparfes çà & là, qui font encor des Chreftiens, qu'on appelle de fainct Thomas, & les Indiens euffent faulte de Preftres pour les baptifer, d'autant que iaçoit qu'ils creuffent en Iefus Chrift, fi n'auoient-ils point la doctrine de la foy, & n'eftoient point baptifez, pource enuoyerent-ils vers Hierufalem. Mais les meffagers ayans ouy parler des Armeniens, & de leur Patriarche, que quelques vns d'eux appellent *Photeriarcha*, & combien ils eftoient entiers en leur vie, allerent vers eux. Aufquels le Patriarche octroya vn Euefque, auec quelque nombre de Preftres, pour les inftruire en la foy, & leur adminiftrer le fainct Baptefme: & ainfi de quatre en quatre ans les premiers f'en retournoient, & d'autres f'y en alloiét pour l'inftruction de ce peuple. Neátmoins l'abuz y trouua lieu quelque temps apres: & euft continué, n'euft efté la reformation que depuis en a fait ledit Patriarche. Ces Armeniens officient cóme nous, portans la barbe longue, ainfi que font generalement tous autres Preftres Leuantins & *Mœurs & façons de faire des Armeniés.*

font fort deuots. Ils difent la Meffe toufiours en compaignie de deux ou de trois, à caufe que le Preftre communie les affiftans aux feftes recommandees, felon l'obferuation de leurs anciens peres : mais ils confacrent, non en grand pain comme les Grecs, ains en petites hofties comme les Latins, vn peu plus efpeffes, & où tous les affiftans refpondent au Preftre en langage Armenien. Il eft permis à toutes les religions Chreftiennes, viuans en Turquie & en Perfe, d'auoir chacune fon Eglife à part felon fa loy. C'eft auffi ce qui a toufiours maintenu ces Monarques en leur grandeur. Car f'ils conqueftent quelque païs, ce leur eft affez d'eftre obeïs, moyennat qu'ils foient recogneuz, & reçoiuent leur tribut : n'ayans pour le faict des confciéces & des ames, quebien peu de foucy. Et voyla quant à leur religion. Sur ce propos le Glofeur ordinaire, en vn certain liuret intitulé l'Hiftoire vniuerfelle, liure fecond, fueillet trenteneuf, dit, que les Armeniens vont tous veftuz à la mode & façon des Tartares, à caufe qu'ils ont lóg temps obey à l'Empereur de Scythie Orientale : chofe treffaulfe & mal entédue à luy. Ie fçay bien que au commencement de la conquefte des Turcs, les Armeniens furent les premiers affaillis, quand ils fortirent de Scythie : car alors ils eftoient tous Chreftiens, & fe trouuans les plus foibles, perdirent leur Royaume : mais nonobftant cela, la plus grande part d'eux font toufiours demeurez conftans en la foy Chreftienne, comme il appert encores auiourdhuy : d'autant que nommant vn Armenien en ce païs là, eft entendu d'vn Chreftien : & au contraire, fi vn Armenien fe rend Turc ou Perfien, il perd fon nom. Ie veux donc icy que chacun entende la bourde de ce gétil correcteur de liures, auquel ie veux donner à cognoiftre, que l'Armenien differe du Tartare ou Scythien en fes habits & façons de faire, autant ou plus que le Grec ou Polonnois du François. Oultre, il dit que les clercs & preftres de ce païs là, ont la couronne faicte en rond, & les laiz la portét quarree. Lequel traict eft auffi gaillard, & auffi peu veritable, que ce qu'il adioufte apres, fçauoir que leur Clergé f'addonnoit iadis à prefter à vfure, & à vendre les chofes fainctes, comme Simoniacles, f'amufans aux forcelleries, deuinations, & yurongneries : & qu'ayans commis telles faultes, leurs Euefques incontinent les difpenfoient auffi bien que d'autres chofes plus vilaines & enormes : & auffi toft fe defdit au mefme chapitre. Mais ie veux bien qu'il fçache, que de toute ancienneté, & encores à prefent, il n'y a, ne n'y eut nation foubz le ciel, où les gens Ecclefiaftiques ayent efté plus gens de bien & plus graues en mœurs, vie honnefte, & conuerfation chafte, & allans auec plus grande fimplicité, que les Armeniens, faifans hôneur & reuerence grande au Sacrement des Latins. Ie fçay bien que les preftres portét couronne fur leurs teftes, mais les laiz non, non plus que ce qu'il a fongé, qu'il ne fe faifoit Euefques en Armenie, que ceux qui portoient tiltre de moines, & que les autres preftres non froquez n'eftoient honorez de cefte dignité Epifcopale, ne fe foucians que de dire leur feruice. Ce que ie ne luy accorderay non plus que ce qu'il dit & defcrit parlant de la mefme Armenie (où certes il a fait plus de faultes que de mots, la rendant opiniaftrement tout au contraire, qu'elle ne fe comporte auiourdhuy) d'autant que ie fuis affeuré, que les Euefques, qui eftoient iadis preftres feculiers, portoient tiltre d'Euefques plus de mille ans auparauant que la religion des moynes Bafiliens vint en la fantafie & cognoiffance dudit peuple. Ainfi ces Armeniens ne vont pas feulemét aux Indes, cóme dit eft, ains encor au Caire, & aux ifles de la mer Rouge, voire & par tout où ils fçauent qu'il y a des Chreftiens, tant ils font foigneux que l'Eglife de Dieu prenne auancement. Non loing de Tauris a encor vn Monaftere, où les moynes font veftuz à la Bafilienne, lefquels apres auoir fait l'office facré, f'addonnent à trauailler de leurs mains, de peur que l'oifiueté ne les furmonte. Au furplus, puis que ie vous ay defcrit la plus part de ce qui eft de l'Armenie Maieur tirant vers l'Eft, & de la route de

Le glofeur ordinaire fe mefconte.

Perſe : il fault vn peu aller viſiter ce meſme païs du coſté du Nord, & le long de la mer
Caſpie. Vous eſloignant donc de Tauris, prenant tantoſt le Su, tantoſt le Nort, vous
voyez de belles villes le long de la mer de *Bachu*, comme celle de *Seruan*, qui eſt vn
beau port de mer, *Caitachi*, & *Maimudame*, ſur la riuiere de *Cor* : puis venez à la ville de *Bachu*, fortereſſe faite ſelon le païs, de laquelle la mer a prins le nom de ce coſté
là : qui eſt en la region nommee *Strane*, confinant à la Georgiane, de laquelle la ville
principale eſt *Bellacan*, en plat païs vers le Su, là où les ſuſdites ſont toutes maritimes.
Vne lieuë loing de la ville, en vn lieu nommé *Arye* (qui eſt vn mot Perſien, qui ne ſignifie autre choſe que Lyon) ſe voit vn rocher treshault, au milieu duquel ſappa- *Figure de*
roiſt la forme & figure de deux bœufs, & au mitan vn Moyſe, de la haulteur d'vn grãd *deux Bœufs*
Coloſſe, ſurpaſſant la grandeur & groſſeur de trois hommes. Toutes leſquelles figures *ſur vn ro-*
ne ſont & ne furent onc faites de main d'homme, ne artificielles, ains naturelles, ainſi *cher.*
que les a produit la roche. Et à ce propos il me ſouuient auoir veu pres la ville de
Philippopuli, en Grece, au ſommet d'vn rocher, la figure d'vne femme, tenant ſon enfant nud entre ſes bras, laquelle ne peult auoir que trois pieds de haulteur, & eſt la
meſme nature du rocher, dont elle eſt ainſi figuree, ſans que homme du monde y ait
mis la main. C'eſt en ce coſté cy, que vous oyez ces mots de partialité & ligue, *Caracoi-*
lij, qui ſignifie Mouton blanc, & *Accorlou*, qui eſt autant à dire que Mouton noir.
Car ceux d'Armenie, auant qu'eſtre aſſuiettis au Perſan, l'appelloient *Accorlou*, & les
Perſes nommoient les autres *Caracoilij*, qui ſont (ainſi que i'ay dit) mots de faction,
comme Guelphes & Gibelins, ou à preſent Huguenots & Papiſtes. Toutefois depuis
qu'ils ſont alliez enſemble, & que le Sophy a l'Armenie Maieur à ſa deuotiõ, ces noms
ont ceſſé, quoy que non du tout. I'auois oublié, qu'en la prouince de Seruan y a vn
grand Lac, qui n'a guere moins de quarante lieuës de long, & quinze de large, pres lequel eſt aſſiſe la ville de *Herſis*, où lon vous monſtre vne ſepulture fort magnifique, *ſepulture*
de la mere du Roy *Giauſe*, qui ſeigneuria iadis ſur la Perſe, & grand' part du païs de *magnifique*
Tartarie. car ce peuple recueille autant les hiſtoires de ſes Rois, que autre qui ſoit au
monde. Laiſſant ce Lac au Su, & comme ſi vous vouliez prendre voſtre route au Leuant, ſoudain redoublez voye, & tournez au Nort, où vous voyez la ville de *Samma-*
chy, au païs de *Thezichie*, voiſin de la riuiere *Arais*, & limité auec la Georgiane. Ceſte ville ſ'appelloit autrefois *Cyropoly*, & en langue Perſienne *Cireombate*, & des Arabes *Chyſeleth* : à cauſe que le Roy Cyre, Monarque des Perſes & des Medes, la feit baſtir. Or vous confonds-ie icy l'Armenie auec le païs des Medes, d'autant que le peuple
n'eſt qu'vn, vſans de meſmes mœurs & façons de vie, & que les regiõs ſont ſi coniointes, que bonnement on ne les ſçauroit ſeparer, ſauf que par les noms du temps paſſé,
veu qu'à preſent Medie eſt appellee Seruan, encores qu'elle ſoit compriſe ſoubz l'Armenie. C'eſt auſſi pourquoy ie ne me ſuis en rien amuſé aux deſcriptions des Anciés,
quoy que la region ſoit de treſgrande eſtendue, & qui va pour le plus ſelon la mer
Caſpie, ainſi que deſia auez peu iuger par ce qui en a eſté dit. *Sammachy* eſt vne autre
ville de ce païs, ſi puiſſante, qu'à vn beſoin elle fournira au Sophy de dix à douze mille cheuaux, dequoy le païs abonde ſur tout autre : & y fait on de fort bonnes & fines
ſoyes, & les plus beaux & fins tappis d'or & de ſoye que ie veis onques. Auſſi ce ſont
Armeniens la plus part qui ſ'y tiennent : i'entends Catholiques, qui ont fait profeſſion
de noſtre religion. Sortant de Sammachy, vous prenez voſtre chemin vers la grande
ville de *Derbenth*, qui ſignifie Deſtroit : & c'eſt le lieu que les anciens Grecs ont appellé
les Portes Caſpies, qui ſont à nonantequatre degrez nulle minute de longitude, trenteſept degrez nulle minute de latitude. Ceſte ville eſt fort grande, n'ayant que deux
portes, qui vont du Su au Nort, pouuant auoir vn quart de lieuë de l'vne à l'autre. Elle

fut baftie par le grand Alexandre, ainfi que lon tient pardelà, & eft pofee tout ioi-gnant la mer de Bachu, efloignee de la montaigne enuiron d'vn quart de lieuë. De là auant iufques dans la ville, fut dreffee iadis vne grande & forte muraille, qui encor eft en eftre, & de la ville derechef iufques bien auant dans la mer, les pierres de laquelle muraille font fort grandes & larges, & les materiaux trefbons & folides. Pourautant donc que ce deftroit eft de grande importance, on l'a nommé en langue Armenienne *Thamircapi*, qui eft autant que qui diroit en la noftre, Portes de fer. Et certes ce n'eft point fans caufe qu'on luy a donné tel nom, d'autant que cefte ville fepare le païs des Medes d'auec l'Albanie, qui font ceux que à prefent on nôme Zuitiens, tirans au Nort, & qui font compris foubz la Tartarie: de façon que ceux qui veulent aller en Tartarie par terre, foit du païs de Perfe, Turquie, Surie, & autres contrees de deça ledit deftroit de Derbenth, il fault neceffairement qu'ils paffent par vne des portes de cefte ville, & fortent par l'autre. Que fi quelcun vouloit paffer en Tartarie, & fuyr ce paffage & de-ftroit, il faudroit qu'il allaft par les montaignes en la Georgiane, appellee des habi-tans *Gouris*, & puis en Mingrelie, qui eft fur la mer Maieur, en vn chafteau nommé *Aluathy*, affis au pied d'vne montaigne treshaulte, où il luy conuiendroit laiffer fon cheual, attendu qu'il luy feroit de nul vfage à paffer le mont, tant à môter qu'à defcen-dre, où luy fauldroit deux bonnes iournees: puis entreroit en la Circaffie: mais ne pen-fez pas que ce chemin foit feur pour autres que pour ceux du païs. Quant à Derbéth, oultre que ledit deftroit eft rendu effroyable par la force de la ville, auffi eft-il long de fix à fept lieuës de tous coftez que vous y voudriez venir. Car d'y aller par mer, il ne fe peult faire, n'y ayant port quelconque qui luy foit voifin: & par les montaignes il eft auffi peu feur, à caufe des Georgiens, qui deffendent les paffages, affez forts neant-moins & deffenfables d'eux mefmes. Ainfi de ce cofté le Perfan n'a point peur, que les Tartares Septentrionaux, & qui font de l'alliance du Turc, luy donnent aucun croc en iambe. Les habitans du païs font prefque tous Chreftiens, partie fuyuans la religion Grecque, mais en peu de nombre, partie tenans l'ancienne religion des Iacobites: ia-çoit que le plus grand nombre fuit la doctrine Catholique. En l'an mil quatre cens octantefix il y alla vne grande compaignie de Mahometiftes, lefquels foubz pretexte de religion entrerent dans Derbenth, & és prouinces voifines du mont Cafpie, où ils feirent vn piteux maffacre de Chreftiens, qui point ne fe doubtoient de leur trahifon: mais penfans faire le femblable par tout, furét trouffez de fi court par ceux qui fe tien-nent és montaignes, Georgiens & autres, qu'il ne fen fauua pas prefque deux cens de dix à douze mille qu'ils eftoient. Encor vous diray-ie chofe qui me femble merueil-leufe, c'eft que allant du cofté du Midy, vous trouuez le long de ce grand chemin eftroit, durant deux ou trois iournees, des fruicts de toutes fortes, & de bons raifins, iufques aux murailles de ladite ville: & du cofté du Nort vous n'y voyez ne figue ne raifin, ne fruict aucun, fi ce n'eft quelques Coignaffiers fauuages, fans nul gouft. Mais le froid d'vn cofté caufe cecy, & de l'autre la chaleur humide du vent Auftral. Or c'eft icy la fin & de Mede, & d'Armenie: d'autant que ce qui eft delà ces Portes Cafpies, eft en la Tartarie. Ces Armenies eftoient iadis en la fuiection des Rois Chreftiens: mais el-les leur furent oftees par les Turcs du cofté de la Caramanie, & par les Perfans du co-fté de la Parthie, iufques à l'Eufrate. Car ce qui eft deça, eft de la Seigneurie du Turc, & en deffaifirent ces infideles, Robert & Leon qui en eftoient Rois & legitimes pof-feffeurs. Depuis Leon vint en France, en Efpaigne & Italie, enuiron l'an mil deux cens trente, & tafcha d'attirer à fa deffenfe les Rois & Potétats pour faire la guerre au Turc, qui luy fembloit le plus puiffant de fes ennemis, & de toûte la Chreftiété: mais voyât que ne l'vn ne l'autre ne vouloit entendre à compofition, & que l'Empereur de Grece

auoit

Thamirca-pi deftroit.

Chreftiens maffacrez des Turcs.

auoit affez affaire à fe deffendre, ayant receu plufieurs prefens defdits Rois, s'en retournant ce bon vieillard Armenien en fon païs, mourut de regret par les chemins.

De la ville de TAVRIS, *chef de l'Empire de Perfe : magnificence d'icelle:*
      & du Lac de VASTAN.   CHAP. XVI.

L N'EST, & ne fut onc Roy ou grand Monarque, qui n'ait eu quelque ville ou cité, en laquelle il feift fa refidence, & qui fuft comme
le fiege principal de fon throne. De cecy me feront foy les Affyriens
Monarques en leur grand' *Boughedot*, dite Babylone, ou bien *Bagadeth:* les Roys Iuifs en la plus belle & fainéte ville de l'Orient, fçauoir
eft Hierufalem, & les Latins à Rome. Depuis tout Roy a continué de
faire le femblable : comme vous voyez en France, que Paris eft le fiege des Rois, l'Anglois à Londres, l'Efpaignol à Tolette, le Portugais à Lifbonne, & l'Empereur à Vienne, chef de fon païs d'Auftriche: l'Empereur des Abyffins, dit Preftre-Ian, à Meroé : & Chofe notable aux Rois
& Princes:
entre les infideles, le Turc qui ne bouge guere de Conftantinople. Iadis les Soldans
d'Egypte fe tenoient au Caire: & entre les nations les plus lointaines, le grad *Tarettroé,*
que nous difons Cam de Tartarie, a la ville de *Quinfay,* où il fait fa demeure. Auffi
auant que l'Empereur Charles quint fe fuft faifi du Royaume de Mexique, le grand
Roy *Atabalipa* ne bougeoit de fa ville Metropolitaine *Themiftitan,* voire ne luy
eftoit permis l'efloigner plus loing que de deux lieuës. I'ay dit cecy, pourautant que
le Sophy, nommé de quelques vns *Copfohery ;* & des Perfiens naturels *Quezelbach ;* &
des Turcs *Pharfic,* qui eft à dire Tefte rouge, eftant fi grand Seigneur comme il eft, n'a
pas moins fait que le refte des autres Princes & Monarques, veu qu'il a choifi pour fon
fiege cefte ancienne ville des Medes, voifine d'Armenie, appellee *Ecbathani,* baftie par
Arphaxat Roy du païs, qui fy retiroit l'Efté pour raifon de la frefcheur du lieu. En
fomme, cefte grande ville eftoit le plaifir & retraite des Rois Perfans, qui fy tenoient
l'Efté (comme dit eft) tant pour le plaifir de la chaffe, que pour euiter les chaleurs qui
font en Perfe, s'en allans l'Hyuer à *Perfepoly,* à prefent nommee *Syras.* Or Tauris eft Tauris plus
grande que
Paris.
plus grande en circuit que Paris, de demy quart de lieuë, mais non fi bien peuplee, &
fans muraille ny forterefie qui vaille : feulement vous y voyez la magnificence des ba-
ftimés, tels que ie ne fçay fi Rome auoit quelque cas de plus fuperbe que vous en pouuez encor appercevoir en cefte ville, mefmement ceux qui reffentent l'antiquité de la
manufaéture faite du temps des anciens Monarques. Par dedans la ville courent deux
petites riuieres, qui font de grand feruice & commodité à tous les habitans: & à vn petit demy quart de lieuë hors, tirant à l'Oueft, vn autre grand canal, d'eau fort peu falee, que lon paffe fur vn pont de pierre. Il n'eft coing de rue, qui n'ait fa fontaine, venant par des conduiéts & aqueduéts fouterrains, ouurez auec grand artifice, & les
vaiffeaux defdites fontaines faits d'vne merueilleufe induftrie. Oultreplus il n'y a perfonne, qui ne fefbahiffe de voir la richeffe des edifices de ladite ville, attédu qu'il n'eft
Seigneur en icelle, la maifon duquel ne reluife d'or & d'azur, principalement les foliues : & penfe que ce font les Rois mefmes qui ont fait tout baftir, veu que ce ne font
point entreprifes de petits compaignons. Quant aux Palais Royaux, ils font fi bien &
fi richement faits, que dedans & dehors vous ne voyez que de l'efmail de diuerfes couleurs, & l'or reluifant partout, & l'azur porté des Indes, qui donne luftre au refte des
couleurs, eftans faites ces efmailleures toutes à fueillages. Les chafteaux des villes de
Damas, Alep, & du Caire iadis eftoient faits de mefme eftoffe: mais depuis que le Turc
feft faifi de ces païs là, le tout, comme i'ay veu & apperceu, va de iour à autre en ruine,

n'ayans les fufdits Turcs la curiofité des Perfiens. En oultre chacun defdits Palais a
fon baing & fa Mofquee à la Turquefque, enrichis de pareille eftoffe : & ainfi vous
pouuez voir, que ces beaux edifices ont efté faits par les Mahometans. Auffi y a il long
temps, & prefque dés la naiffance de l'Alcoran, que cefte faulfe doctrine eft femee és
regions fuiettes aux Perfes, veu qu'enuiron l'an fix cens quarante, *Homar*, difciple de
Mahemet, les fubiugua, & leur enfeigna les folies de l'Alfurcan. Or entre les Mofquees belles & riches qui font en cefte ville, y en a vne baftie au beau milieu, faite
de tel artifice, que ie ne fçay fi celle que Sultan Solyman a fait faire de mon temps en
Conftantinople, voire ne la fainte Sophie dudit lieu, y fçauroient donner approche.
Elle ne fut onques couuerte au milieu : qui eft argumét que iamais l'edifice ne fut paracheué. Tout à l'entour vous voyez des voultes, fouftenues de groffes Colomnes de
marbre, que vous iugeriez eftre Doriques, auec leurs riches foubaffemens & excellens
chapiteaux : & eft ledit marbre fi fin & tranfparent, qu'il n'y a cryftal qui le furpaffe en
clarté, eftans toutes ces Colomnes de mefme groffeur & pareille grandeur, fçauoir de
fept à huict pieds. Il y a trois portes faites auffi en voulte, chacune defquelles a quatre
ou cinq pieds de large, & vingt de hault, fouftenues d'vne Colóne Ionique, faite non
de marbre, mais de pierres de diuerfes couleurs, rapportees fort gentiment, comme les
ouurages à la Mofaique, que lon voit encore en l'Eglife de Bethleem. Les huiz font
de gros aiz, tous couuerts de lames de bronze, comme ceux de la fufdite fainte Sophie, ou de fainct Denys en France pres Paris. Deuant la Mofquee paffe vn des ruiffeaux fufdits, que lon trauerfe auec vn petit pont de pierre : & au beau milieu de l'edifice ont fait venir vne grande fontaine, qui a quelques cent pas de large, par des conduits, faifans auffi vn canal de l'autre part, par où fe vuide l'eau quand il leur plaift. Ce
baftiment eft ancien : Mais Saich Ifmael, qui le premier a introduit la fecte Sophiane,
y feit faire vn pont, allant de tous coftez audit baftiment, & vn vaiffeau en forme de
galere, où il fe pourmenoit fur l'eau auec cinq ou fix de fes plus familiers. Pres de ladite fontaine y a deux des plus grands Ormeaux, les mieux efpanduz en ramage & branches, que lon pourroit voir : & n'eft homme fi hardi, qui ofaft les mettre à bas, d'autant
que ce fut là, où ledit Ifmael commença à publier fa Loy contre les Arabes, & autres
Mahometiftes : & mefme, pource que ce fut le premier lieu où leurs prefches eurét entree en cefte grand' ville, encor les Docteurs de la fecte Sophiane y vont couftumierement lire au peuple l'interpretation de la Loy. Oultre tout cecy, le meilleur que ie

*Beauté de
la ville de
Tauris.*

trouue en cefte grand' ville, c'eft qu'elle eft en affiette la plus plaifante du monde, à
fçauoir au bout d'vne plaine qui vient du cofté du Midy, longue & large, que vous
diriez que c'eft vn petit fein de mer au pied d'vne haulte montaigne, quoy qu'elle en
foit efloignee de trois lieuës. Du cofté de Septentrion, luy eft proche d'vne lieuë &
demie vne autre mótaigne, mais qui donne autant de plaifir qu'homme fçauroit fouhaitter. En fomme, l'air y eft fi bon, delicat, fubtil & plaifant, qu'il femble attirer les
hommes de foy à y faire leur demeure, auec ce que on y voit peu ou point de malades. Les habitans de Tauris ont pour leur manger la chair de mouton, fort bonne &
delicate, laiffans le bœuf, dont ils tiennent peu de compte, combien que le fimple peuple en vit, mangeans tous du pain auffi blanc que laict. Quant au vin, ils en vfent peu,
finon fecrettement, comme font les Turcs : & eft pour les Chreftiés Georgiens & Iuifs
qui font les vignes. Le vermeil eft trefbon, & le blanc a gouft de Maruoifie. Du poiffon, ils en prennent au Lac voifin. Au refte, la ville eft peuplee de Perfans, Turcimans,

*Cazelbas,
Turban.*

& Zingans, lefquels fault que portent le *Cazelbas*, fçauoir eft le Turban à la Sophienne. Il y a auffi des Chreftiens en affez bonne quantité. Il eft vray que du commencement que Saich Ifmael vint à la Couronne, il feit difficulté de laiffer paffer plus oultre

les Chreſtiens que Tauris : mais à preſent on n'y eſt point ſi contentieux. Les Iuifs y frequentent pareillement, & y viennent de *Bagadeth*, de *Caſſan*, qui eſt la region des anciens Parthes, & de *Ieſedé*. Le peuple y eſt arrogant & ſuperbe, ayant le regard farouche,& haultain à la main : au ſurplus,beaux hommes,& plus grands que pardeça. En quoy vous voyez que le païs ſe ſent de la froidure.Les femmes y ſont plus petites, & fort blanches:leur accouſtrement tout ouuert par le deuant, tellemét qu'elles monſtrent à deſcouuert quelque peu de l'eſtomach : & fort laſciues, ſelon le recit de leurs voiſins : ce qui eſt auſſi commun par toute la Perſe. Ie me ſuis eſtonné dix mille fois, que tels Ruffiens, ie parle de tous les Mahometiſtes generalement, ne ſont mangez de verolle,ou de quelque autre mal.Neantmoins vous n'en trouuerez vn ſeul, ſoit homme ou femme,qui en ſoit taché ne malade:parce que tout incontinent qu'ils ont commis leur peché, ils vont aux eſtuues & baings, les meilleurs du monde, où pluſieurs fois tant les vns que les autres ſe lauent leurs parties honteuſes. Il y a auſſi des lieux publics,où chacun va offenſer Dieu & ſa conſciéce: deſquels les fermiers du Seigneur tirent le tribut ſelon la beauté des Courtiſanes.Mais le malheur que ie voy le plus deteſtable, & qui monſtre quelle eſt la religion du païs, eſt du peché abominable,commun aux Turcs, Arabes, Mores,& autres Africains & Mahometiſtes. Tout marchand qui trafique là,eſt tenu de bailler dix pour cent au Seigneur,ſil eſt Chreſtien : & ſil eſt du païs, il en donne cinq. Les marchandiſes qui y ſont plus communement miſes en œuure,ſont les Soyes,& les Perles,apportees du ſein Perſique,qu'ils nómet *Tumachcama*, & de l'iſle d'Ormuz. Or il reſte maintenant à vous deſcrire vn des plus ſomptueux Palais qui ſoit en l'vniuers, lequel fut fait baſtir par vn Roy de Perſe, des predeceſſeurs d'*Vſuncaſſan*, nommé *Sultan Aſſambey*, le plus grand, bragard,magnifique, courtois,& vaillant de tous les Rois du païs,depuis que Mahemet eſt venu au monde. Et paſſent bien les Perſes plus oultre, d'autant qu'ils diſent que iamais Roy qui le precedaſt,ne fut pour luy eſtre parágonné:comme de faict ce fut luy qui oſta l'Armenie, Mede & Parthie au Roy des Tartares, & qui chaſtiant le Caliphe de *Badach*, le feit mourir,& ſempara du Royaume de *Bagadeth* : car ce n'eſt icy q̃ les Perſans nous ſont en parade, ſauf pour le reſpect de ce qu'ils ont fait en Tauris. Pres d'icelle ville, à vn get ou deux d'arc, ce grand Roy Aſſambey feit edifier ce Palais au beau milieu d'vn grand iardin, tout ioignant lequel court vn petit fleuue : & dans ſon circuit y a vne Moſquee,& vn Hoſpital aupres, riche & beau, le tout reſſentant la magnificence de ce Prince qui en eſt le fondateur. Ledit Palais ſappelle en langue Perſienne *Aſtibiſti*, ſuyuant le recit qui m'en a eſté faict, qui ſignifie, Huict parties, à cauſe qu'il y a huict faces ou encoigneures,ayant trente pas de haulteur,& octaté en tour:auquel on monte par tout auec vn ſeul Eſcalier,reſpondant à tout l'edifice:Et penſerois que le maiſtre Architecte,qui deſſeigna celuy de Chambourg pres Bloys,du temps de François premier,Roy de France,auoit tiré ſon modelle de ceſtuy là,tant bien il luy rapporte.Lon y voit auſſi en quelques endroits,peints pluſieurs grands perſonnages,qui eſtoient autrefois venuz en Ambaſſade vers le Roy Perſan, du temps du premier Othoman, qui les enuoyoit pour faire alliance,& comme ils ſe preſentoient deuant luy:Me pouuant vanter auoir veu des breuets eſcrits en la meſme langue du païs, contenans la ſomme de l'Ambaſſade des Turcs,& de la réponſe que leur faiſoit ledit Prince : enſemble les chaſſes du grand Aſſambey,l'vn des plus grands chaſſeurs de ſon temps. Par où vous pouuez facilement congnoiſtre, que ce Seigneur n'eſtoit point ſi ſcrupuleux en la ſecte de Mahemet,que ſont les Turcs,Mores & Arabes,qui ne peuuent endurer peinture,quelle que ce ſoit,d'hóme, oiſeau,ou beſte:m'eſtonnant bien,que lors que les Turcs eſtoient, n'a pas trop long temps,en Tauris (qui fut lors que ie demouray malade en

Marginal notes: *Peuple Leuantin n'eſt ſubiet à la verolle.* / *Vſuncaſſan feit baſtir vn beau chaſteau.*

Apamia, pour auoir efté battu & deftrouffé de quelques Ianiffaires Trebizontins) ne
gafterent ces beaux ouurages. Mais le Seigneur feit deffendre à peine de la vie, qu'on
ne touchaft au Palais de fon ennemy, pour la feule memoire dudit Affambey, qui
auoit efté amy du premier de fa race, & qui auffi n'auroit point efté de la fecte Sophia-
ne:là où en f'en retournant de la fuyte du Sophy,il gafta le plus beau qui fuft dans la-
idite ville,en pillant la plus grande partie,& amenant en Conftantinople les meilleurs
ouuriers, & les hommes du plus gentil efprit qui fe peurent là trouuer : attendu que
d'en faire Efclaues, il vous fault noter que le Perfan & le Turc fe le font fort peu l'vn
l'autre, eftant cefte couftume entre eux de toute antiquité. En la falle d'Affambey,la
plus magnifique du monde, fes fucceffeurs oyoient ceux qui auoient affaire de quelque importance. Auffi le Perfan ne fait pas comme le Turc, qui fait tout faire par fes
Bafchaz, fans communiquer guere fes affaires à perfonne : car il refpond à chacun, &
donne facile accez à ceux qui demandent audience. Vn peu plus loing eft vn autre
corps d'hoftel, qui eftoit le logis de la Royne, tout elaboré auffi d'or, d'azur,& efmail . Au furplus, il ne fault vous efbahir, fi Theuet vous a dit, que autrefois en ceft
Empire de Perfe y a eu plus de fix mille villes , enrichies d'vn grand nombre de Colónes,& groffes pierres de fin marbre, pource que auiourdhuy on n'en fçauroit trouuer mille de renom, tant les Princes ont efté curieux de retirer vers eux lefdites Colomnes,& autres antiquitez du païs Perfien. Quant au *Moriftan*, qui eft l'Hofpital,il
eft fait magnifiquemét,où encor tout ce qui eft requis pour les paffans,au moins pour
leur couche, y eft adminiftré:d'autāt que là non plus qu'en Turquie,n'y a point d'hoftellerie:& eft ce peuple fort charitable à l'endroit de ceux de fa fecte. Ie me fuis laiffé
dire aux Tauriniens,qu'ils auoiét appris de leurs anceftres,que du temps d'Affambey,
& du Sultan Iacob fon fils, on nourriffoit d'ordinaire plus de mille pauures en ceft
Hofpital. Oultre, il y auoit vne muraille, feparant ledit Hofpital, du Palais & de la
Mofquee,lieu d'oraifon,& vne chaifne d'vn bout à l'autre de ladite muraille,à fin que
aucun cheual n'approchaft des lieux fufdits.Voyla quant à la beauté,magnificence &
richeffes de cefte ville, la plus belle comme i'eftime, qui foit en l'vniuers, bien que le
Catay ou Quinfay foient admirables. Refte à voir le grand Lac de *Vaftan*, qui eft à

Villes nota-
bles. & lac
de Vaftan.
Soleil leuant d'icelle, le long duquel y a de trefbeaux baftimens, & grand nombre
de chafteaux fort vieux, qui font auffi de l'ouurage des Rois, comme *Arbella*,*Arab*,
Chalcol, *Cutha*,*Iephtahel*,*Nophe*,*Van*,*Vaftan*, *Belgary*,& à l'Oueft, *Argis*,*Abalgirus*,&
Calate, anciennement grand' ville, & y eft encor *Totouon*. Les vns nomment ce Lac
Van : les Iuifs qui habitent le païs,l'appellent *Vanic:* les Tartares luy donnent le nom
d'*Aban-nas*, mot Ethiopien, qui ne fignifie autre chofe, que Lieu noble. Il a enuiron neuf iournees de tour, duquel l'eau n'eft fi fort falee que celle de la mer Oceane:& ne nourrit guere, que d'vne forte de poiffon, gros comme vn Maquereau, dont
la chair eft rougeaftre, ce neantmoins trefdelicate, lequel on prend feulement en certain mois de l'annee. Et me fuis laiffé dire, que en vingtquatre heures lon en a veu
pefcher & prendre au peuple du païs quatre cens charges de cheual: qu'ils falent, &
en font trafic par toutes les contrees de ces païs là,& principalement auec ceux qui habitent és montaignes, lefquels n'ont commodité ne de riuieres ne de la chaffe, en per-
mutant leurs beurres & fromages. Au riuage fe trouue du Sel blāc, tout rond comme
gros poix,ou dragee:& en ay eu,que me donna Guillaume Poftel,l'vn de mes amis,&
compaignon Leuantin.Il f'y en trouue d'autre parcillement,qui fe fait en groffes maffes, dont ils falét le poiffon fur le fablon,qui en eft tout couuert. Ce Lac porte le nom
d'vn chafteau pofé fur vn rocher treshault,au mitan d'vne grande plaine,affez pres de
là.Lors que le camp de Solyman paffa par aupres, il voulut fçauoir qui eftoit dedans,

& pour qui il tenoit:tellement qu'il fut fceu par quelques efpions,qu'il y auoit fix mille Perfiens, harquebuziers & archers , tous bons foldats, choifiz pour la deffenfe d'i-
celuy.Le fecond iour donc,apres auoir fait les approches & trêchees, auec bon nom- *Batterie du*
bre de pieces,lon commêça à faire batterie en deux endroits, laquelle dura neuf iour- *chafteau de*
nees entieres,d'vne furie incroyable, fans y faire brefche fuffifante. Le neufiefme iour *Van par So-*
fuyuant ils parlementerent les vns auec les autres:& incontinêt les affiegez,la foy pro- *lyman.*
mife,rendirent le chafteau , leurs vies & bagues fauues : ioinct qu'ils n'eftoient fecouruz de leur Prince en façon quelconque.Ainfi la foy leur fut gardee par lefdits Turcs,
& f'en allerent auec feureté à leur grand'honte.Le feu Seigneur d'Aramond,lors Ambaffadeur pour la Maiefté de noftre Roy de France, auec lequel i'auois demeuré deux
ans ou enuiron , & autres qui entrerent dedans, m'affeurerent que c'eftoit la place la
plus forte qu'on peuft trouuer, pour eftre feulement remparee & fortifiee d'vne certaine terre graffe:& fi auoient ces gentils guerriers viures pour deux ans,auec force artillerie,de laquelle ie croy bien qu'ils ne fe pouuoient adextrement ayder,comme faifoient les Turcs de la leur qui eftoit en la campaigne. Depuis les Turcs f'eftás faifiz de
ce lieu , y meirent pour la garde cinq mil hommes dedans. Dauantage ie ne veux oublier de dire ce mot en paffant,que dans ce Lac (duquel i'ay parlé cy deffus) fe trouue
vn poiffon, nommé *Caphul*, qui fignifie en langue Perfienne & Arabefque Heriffon
(il eft gros côme vn Loup marin) la peau duquel eft iaunaftre,& garnie de poinctes
longues d'vn pied,fort piquantes. Eftant en Egypte , vn capitaine Arabe m'en vendit
vne,auec la peau d'vne Couleuure à trois teftes & quatre pieds, qu'il me dift auoir apporté du butin du chafteau de Van. Les marchands d'*Adigelle*, ville plaifante & riche
fur fon riuage, fourniffent plufieurs prouinces, tant d'Armenie,que du païs voifin de
Perfe,du fel qu'ils font de ce Lac,n'en vfans point d'autre:dont mefmes leur Seigneur
fouuerain reçoit vn grand profit. Quelques vns m'ont voulu faulfement faire accroire,que l'eau dudit lac eftoit doulce,& ne fentoit rien à celle de la marine : chofe,com-
me ie leur dis,treffaulfe,& que f'il eftoit ainfi,lors que le camp des Turcs eftoit deuant
la ville & fortereffe de Van , cent mille tant cheuaux que chameaux , ne fuffent morts
de foif, comme ils firent , & bon nombre d'hommes pareillement , qui y laifferent la
vie,plus de foif que de faim:iufques à f'y faire vne trefgrande fedition entre les Turcs,
Tartares & Arabes,pour voir mourir deuant leurs yeux leurs beftes à cefte feule occa-
fion:eftans ces pauures gens contraints de fouiller de toutes parts bien auant foubz les
fablons pour trouuer de l'eau doulce, attendu que tous les puyts & cifternes eftoient
tariz,& la difette d'eau fi grande & incroyable,que plufieurs furét reduits à ce poinct,
de boire du fang des beftes frefchement tuees, n'ayans autre boiffon. De façon que le
Perfien en eftant aduerti,feit prefenter enuiron douze mille cheuaux des fiens fur vne
croupe de montaigne, à quelques deux lieuës loing d'eux, faifant mine de les vouloir
combattre.Si que Dieu fçait,comment les Turcs à demy morts de pauureté,furent incontinent efmeuz , n'y ayant celuy qui ne trouffaft bagage pour gaigner la fuyte vers
le lieu où eftoient les principales forces du Grand-Seigneur Solyman, plufieurs ne
prenans le loifir de brider feulement leurs cheuaux,tant ils eftoient preffez. Et eft fans
doubte , que fi les Perfiens euffent chargé à bon efcient fur l'armee Turquefque, ils les
euffent tous mis en confufion,& parauenture deffaits. Or entre *Vaftan* & *Totouan*,af- *Lac de Va-*
fez auant dans le Lac,vous voyez vne ifle,où eft affife la ville de *Armuing*, qui a trois *ftan où lon*
lieuës de circuit,& la ville vn quart ou enuiron.En icelle les habitans font Chreftiens *fel rond.*
naturels d'Armenie , & n'eft permis au Mahometan d'y aller, fans expreffe licence du
Prince.Quát à la ville,elle eft bien peuplee,& y a force Eglifes: la principale defquelles eft celle de Sainct Iehan,où fe tient leur Euefque.Le long de ladite ifle y a quantité

d'autres edifices, partie en plain païs, partie selon le Lac, où le terroir est tresbon & fertil, & les iardins tresdelectables : & pense qu'il n'y a en Leuant peuple tenant la foy Chrestienne, qui soit en si grande liberté, que ceux de ceste isle : iaçoit que les Curdes leurs voisins soient bien fort mauuais garsons, & souuent rebelles à leur Prince, encores que le Sophy les chastia si bien du temps de la rebellion de *Zidibe*, que depuis ils

Montaigne couuerte de sel.

n'ont fait folie. Au reste, entre la ville de *Sophien* & *Tauris* se trouue vne montaigne couuerte de Sel, autant bon que celuy des montaignes de l'isle de Cypre. Ce fut iusques là, que vindrent les pauures & simples gens de ladite ville de Tauris au deuant du grand Turc, auec trompes, harpes, tabours, & enseignes desployees en signe d'allegresse. Ceste ville est assise en planure, hormis vers la part du Leuant, où y a vne petite montaigne, & vn chasteau ruiné. Elle n'est forte ne de murailles ne de fossez, & difficile à fortifier : & y passe vne petite riuiere, qui vient de la montaigne, par certains conduits, qui la fournist d'eau. Elle est aussi fort peuplee, mais sans marque aucune d'antiquité, comme à Constantinople, ou bien Rome. Les Grecs doubtent, si c'est l'ancienne ville de *Taphiqui*, ou *Touriqui*. Les Arabes ont dans leurs histoires, comme ils m'ont asseuré, que c'estoit celle de *Haïa del hoclan* (qui est chose tresfaulse) n'ayans ces deux mots autre signification, que Verger, ou Lieu de delices. Les autres estiment que c'est celle, que iadis on nommoit *Batana* : qui est mesmement faux, attendu qu'elle est pres la mer Caspie. Ou soit que soit son ancien nom, si est-ce toutefois qu'elle ne laisse d'estre belle, & autant habitee dessoubz comme dessus terre, y ayant plus de chambres dans terre que dessus. Le Turc & son armee demeura dedans quatre iours entiers, sans estre pillee ne saccagee, ains y meit gardes de toutes parts, pour empescher que lon n'y feist desplaisir en chose quelconque : voire ne prenoient-ils rien sans payer, & ne pillerent pareillement ne villes ne villages de leurs anciens ennemis, estant deffendu d'entrer seulement dans les bleds, sur peine de quarante ou cinquante coups de baston sur les fesses, ou plan des pieds, pour la premiere fois, & à la seconde sur peine de la mort. Et voyla quant à ce que i'auois à dire & de Tauris & de son assiette, & du païs qui luy est limitrophe & voisin.

LIVRE NEVFIEME DE LA
COSMOGRAPHIE VNIVER-
SELLE DE A. THEVET.

De la GEORGIANIE: *comme le païs fut reduit au Christianisme par vne femme: & de l'*ALBANIE, *ou* ZVIRIE.

CHAP. I.

E PAÏS D'IBERIE, dite des Perfiens & Tartares *Gourohs*, eft limité en telle forte. Du cofté du Nort, la Sarmatie Afiatique luy fert d'a-
boutiffant,& tirant au Su,luy eft ioincte l'Armenie Maieur.Vers l'O-
rient,luy eft l'Albanie, nommee Zuirie, non celle qui eft en Europe:
& vers Septentrion, luy fert de borne la Mingrelie: ayant en fa plus
grande eleuation feptantefept degrez nulle minute de lógitude, quarantefept degrez nulle minute de latitude; appartenant au fixiefme Climat, tout ainfi
que fait auffi l'Albanie: laquelle eft prefque bornee de mefme que cefte cy, fauf que
vers le Su elle confine auec la mineur Armenie: & ie les ioints enfemble, pource que
le peuple y eft auffi vfant de mefmes moeurs, & font tous deux autant barbares l'vn
que l'autre.Bien eft vray que les Zuiriens ou Albaniens font defia en la Tartarie,& fuiets au grand Cam, là où les Georgiens ne recognoiffent Seigneur ne Dame eftrágers,
ayans vn Roy de leur nation. Et quoy que le grand Tartare fe foit autrefois effayé de
les fubiuguer, fi n'a il peu iamais en venir à bout, ains ç'a efté vn de fes Capitaines,qui
eftoit allé contre ces Barbares:combien que depuis,fauorifé des Rois voifins,qui luy
auoient facilité la voye des montaignes,il les rendit fuiets & tributaires quelque téps.
Cefte region,comme aucuns ont penfé,fut iadis ainfi nommee par des Efpaignols de-
meurans pres le fleuue *Ibero*,qu'on appelloit Celtiberes: ce que i'eftime eftre faulx,
d'autant que cela eft trop loing de toute verité,de venir querir les noms à fa fantafie.
Elle a pluftoft fon nom d'vn fleuue mefme du païs, qui fepare l'Iberie d'auec l'Alba-
nie.La prouince eft fertile, & aifee à cultiuer en aucuns endroits: & en d'autres elle fe
fent quelque peu de la fterilité de Mingrelie: inacceffible prefque à tout ennemy, qui
voudroit y aller à main armee, à caufe des haultes & trop dangereufes montaignes,
qu'il fault paffer: qui eft occafion que le païs eft peuplé de villes & bourgades feulement d'vn cofté, fçauoir vers ladite Mingrelie, & de l'autre fterile, pour le voifinage
des deferts Colchiques,nommez *Chyloctz* de ceux du païs. Entre les monts gifent de
grandes vallees & campaignes, arroufees des belles riuieres de *Phehen, Pabult,* & *Ri-
gnifól*: le nom defquelles tous les Anciens & Modernes ont ignoré, pour n'en auoir
fait la recherche comme i'ay fait:où les gens de labeur viuent, & fe tiennent pour cultiuer les champs,ne fe foucias que du repos de la paix,& aife qu'icelle apporte: au lieu

Pourquoy eft Iberie ainfi nom-mee.

bb iiij

que ceux qui demeurent és mótaignes,font belliqueux,faifans toufiours courfes,ainfi
que font les Scythes leurs voifins,& defquels ils font auffi defcenduz:non que ce pen-

Iberiës bons
Tapiſſiers.
dant ils ne foient bons artifans, ouurans en tapifferie, & ouurages d'or & de foye,fe-
lon la mode du païs.Ils furent fi hardis,comme ils fe vantent encor à prefent,du temps
que Pompee eftoit en l'Armenie , que de fe venir prefenter pour luy faire tefte en
nombre de foixante mille hommes à pied , & douze mille cheuaux. Le grand fleuue
Ser les fepare de l'Armenie , & borne leur païs du cofté de la ville *Scander* , anciennement nommee *Zaliffe*, qui eft loing de Derbenth enuiron deux iournees, tirant vers
la Tartarie.De la part du Midy eft la riuiere *Araïs*, ou *Araxe*, ou *Colachʒal* en leur
langue , qui fert d'vn rempart pour la Georgianie. Tous les Iberiens font auffi adonnez au pafturage & agriculture.Il eft vray,que tout auffi toft qu'il eft quelque bruit de
guerre,foudain on voit foldats en campaigne , tant de ceux de la montaigne, que des
laboureurs & pafteurs des champs,qui ne femblent eftre naiz pour autre chofe. Or ia-

Diuifon du
peuple de ce-
fte region.
dis cefte region fut partie en quatre manieres de gens.Les premiers eftoient ceux de la
Nobleffe:defquels ils choififfoiët deux Rois,l'vn pour ne bouger du païs, & qui auoit
la fuperintendance des affaires, les enfans duquel fuccedoient à la Couronne , & l'autre qui oyoit les plaintes du peuple , & eftoit chef & conducteur des armees. Les feconds eftoient les Preftres, lefquels outre le facrifice, auoiët auffi charge de faire droit
& iuftice aux païfans, fil fefmouuoit aucun procez entre ceux de leur voifinage. Le
troifiefme rang eftoit des Soldats & Laboureurs,veu que du labour on tiroit les bons
hommes de guerre. Et le quart ordre eftoit le fimple peuple, qui payoit les tributs &
fubfides,dont les Rois eftoient nourris,& les guerriers prenoient la foulde.En chacu-

Commnniõ
de biens en
chacune fa-
mille.
ne famille tout y eftoit commun,ie dis quant aux biens : toutefois le plus ancien gouuernoit tout, & en eftoit comme l'adminiftrateur:qui faifoit, que les maifons fe main-
tenoient, & y eftoient fort riches, comme encor de prefent és vallons ils en obferuent
quelque chofe. Quant aux Zuiriens, ou Albaniens , ils font plus addonnez à l'art de
pafteur,comme eftans voifins des Scythes Nomades,c'eft à dire pafteurs, & par confequent moins vaillans & belliqueux que les Georgiens. Neantmoins les vns allans en
guerre, les autres ne fe font trop tirer l'oreille. Ils ont efté fort puiffans le temps paffé:
& toutefois ont efté fubiuguez par les Perfes , par les Grecs, & par les Romains auffi.
De ceuxcy font fortis les Albanois, qui ont ce nom pres la Moree & la Macedone,
peuple d'Europe, le païs defquels f'appelle Albanie, dont la ville principale eft *Du-*
razze, & *Fumaffach*, où de la memoire de noz peres ce vaillant capitaine *Scandeberg* a
tenu tefte fi longuement au grand Turc. Ce peuple de Zuirie eft plus fot, groffier &
inciuil, que ne font les Georgiens, & ont la terre meilleure & de plus grand reuenu,
force vignes qu'ils labourent affez groffement, fruicts de toutes fortes,& du beftial en
merueilleufe abondance. Le plus grand plaifir qu'ils ayent , c'eft la chaffe, & pour ce
faict ont des meilleurs chiens du monde, & des plus furieux.Car comme ce païs,pour
raifon des forefts & bois de haulte fuftaye qui y font,& à caufe des montaignes,nour-

Bons chiens
de chaffe.
riffe quantité de beftes farouches & rauiffantes, fi eft-ce que ces chiens font fi forts &
courageux, qu'ils font autant de compte de l'Ours ou du Lyon, que feroient d'autres
d'vn Renard ou autre befte.Leur principale ville eft *Bambanach*, & non *Albane*, qui
à prefent eft appellee *Bachichicq* , ou *Theberath* en langue des Tartares, affife fur la riuiere *Alban*, qui fort du mont, que noz vulgaires nomment *Caucafe* , ayant fon eleuation à octante degrez trente minutes de longitude,quarantecinq degrez trente minutes de latitude. Il y a d'autres fleuues, comme *Gerro, Cefio*, & *Soane*, pres defquels
font fituees les plus belles villes de toute l'Albanie : entre autres *Zitrach* , la plus marchande de toutes,pour eftre affife fur la grande riuiere de *Volgue*, qui vient de la Scy-

thie Septentrionale, bien pres de la mer Cafpie : fi que les marchandifes fe portent felon le fleuue iufques en Scythie. Il fe voit foree Chreftiens en ce païs, à raifon du voifinage qu'ils ont auec les Georgiens : & penfe qu'il le furent faits en vne mefme faifon. Pour ce fault regarder en quel temps c'eft que les Iberiens ou Georgiens receurét
la foy de Iefus Chrift. Du regne de Conftantin le Grand, vne femme Chreftienne fut
menee captiue en Georgianie : laquelle nonobftant fa captiuité, ne laiffoit rien, entant
que permis luy eftoit, de ce qui eft du deuoir d'vn Chreftien. Tellement que les Barbares f'eftonnans de cefte femme, & f'enquerans de l'occafion de ce genre de vie, elle
confeffa franchement, que ce qu'elle en faifoit, eftoit pour le feruice de Iefus Chrift
fon Dieu, qui aimoit d'eftre ferui en telle fincerité. Les Barbares donc ne f'enquierent
point plus oultre, finon qu'ils f'efbahiffent de la nouueauté de ce nom de Iefus. Toutefois les femmes, qui ordinairement ont la curiofité familiere, voulurent faire effay, fi
cefte deuotion fi grande pourroit eftre de quelque profit. Or auoient-ils couftume
en ce païs, que f'il tomboit quelcun malade, on portoit le patient de maifon en maifon, où chacun des voifins difoit le remede qu'il fçauoit le plus conuenable pour la
maladie. Ainfi aduint que l'enfant d'vne femme, qu'elle aimoit vniquement, comme
n'ayant que luy, tomba fort malade. Elle va donc à fes voifins, mais iamais remede n'y
fut trouué. En fin comme f'adreffaft à cefte femme captiue, l'autre luy dift ne fçauoir rié d'humain pour le foulas de fon enfant, toutefois que Iefus Chrift eftoit puiffant pour le guerir : & ce difant, print le malade, le meit dans fa haire, qu'elle veftoit le
plus fouuent, & fe iettant à genoux, feit fon oraifon : laquelle Dieu exauçant, ce petit
enfant fe trouua renforcé tout foudain, & gueri. Le bruit de cecy courant par tout le
païs, tant qu'il paruint aux oreilles de la Royne qui gifoit au lict bien fort malade, elle
l'enuoye querir : & icelle refufant d'y aller, la Royne fe feit porter en fa maifon, la priát
de la guerir. Mais la bonne dame luy dift, que c'eftoit à Dieu, Createur du ciel & de la
terre, de guerir les malades, & non à elle. Ce neantmoins elle met la Royne tout ainfi
qu'elle auoit fait l'enfant, puis pria fort longuement : & la priere ne fut pas fi toft finie,
que la malade fe trouua auffi faine que de fa vie. Alors cefte femme luy annôça les myfteres de noftre falut. Par ainfi la Royne eftant de retour, compte le tout au Roy : lequel
efiouy de fa fanté, enuoya de grands prefens à cefte femme, qui refufa tout, n'ayant affaire de rien, finon que la Royne recogneuft celuy, de qui elle auoit receu fi grand benefice. Et cela fut caufe, qu'elle eftoit ordinairement aux oreilles du Roy, à fin qu'il fe
feift Chreftien : mais il faifoit le fourd, iufques à ce que Dieu mefme l'attira : & vous entendrez commét ce peuple me le comptoit. Vn iour qu'il eftoit à la chaffe, aduint que
le ciel fe va obfcurcir de telle forte, que efgaré d'vne partie de fes gens, & ne voyant
goutte pour trouuer fon chemin, il va dire : Si ce Iefus Chrift, que ma femme me prefche, & que cefte captiue annonce, eft Dieu, qu'il me face ce bien, que de me deliurer de
ces tenebres, à fin que ie l'honore & adore fur tous les Dieux. Laquelle parole ne fut
pas fi toft dite, que voicy vne grande clarté qui reuint, & le iour en fa premiere lumiere. Dequoy le Roy fut fi eftonné, qu'il cria tout hault, que Chrift eftoit le grand Dieu,
gouuernant le monde : fait venir la captiue, pour apprendre les principes de la Religion : dont elle l'inftruit felon fa capacité, puis l'exhorte d'enuoyer en Conftantinople
querir des Preftres, à fin de le baptifer, & inftruire plus à plein és chofes qui feroient
de la foy. Ce qui fut fait, & le bon Empereur f'efiouyt autant de telle Ambaffade, que
qui luy euft porté les nouuelles, que les nations eftranges & incogneuës fe fuffent affuietties à fon Empire. Voyez donc depuis quel temps ils font Chreftiens. Touchant
ce pourquoy ils font appellez Georgiens, on en ameine deux raifons : les vns, d'vn
George, chef d'herefie, qui les tacha de telle poifon : mais ils parlent fans autheur : d'au-

Vne femme qui reduit le païs au Chriftia-nifme.

Miracles fur les ma-lades.

Roy Payen fait Chre-ftien.

D'où vient le nom des Georgiens.

tant que de fecte ils font Iacobites, & que au refte il n'y a point eu chef d'herefie appellé George, que du temps des enfans de Conftantin, vn Euefque d'Alexandrie, qui eftoit Arrien:& pour lors les Georgiens & Armeniens ne fefgaroiént point de la doctrine Catholique. D'autres difent ce qui eft plus vray-femblable, que cela eft venu de ce que le troifiefme Roy Chreftien d'entre eux faifoit toufiours porter, allant en guerre, l'image fainct George peinte en fon enfeigne, lequel martyr eft fort honoré par tout le pais du Leuant : & que les peuples voifins, pour cefte façon de faire, les ont ainfi nommez. I'ay veu en Hierufalem leur Patriarche, & grand nombre d'iceux, qui viennent tous les ans vifiter le fainct Sepulchre, auffi bien que les Indiens, Armeniens, Iacobites, Neftoriens, Suriens, Grecs, Maronites, & autres, chacune defquelles nations ont des chappelles & oratoires pour y faire leur deuotion. Quant aufdits Georgiens, ils ont vne Eglife fondee des Anges, qui fut iadis là où eftoit la maifon d'Anne, où noftre Seigneur fut premierement mené. Ils fouloient autrefois entrer la baniere defployee, & fans rien payer, en Hierufalem : mais maintenant il n'y a priuilege qui les puiffe exempter, non plus que les autres nations eftrangeres. Ce peuple eft fi puiffant, & redouté, qu'il a efté impoffible au Turc, Perfan, & Tartare, au milieu des terres defquels ils font pofez, de les affuiettir, quoy que chacun d'eux foit ennemy iuré du nom Chreftien, & que fur tout ils f'acharnêt fur ceux qui leur refufent obeïffance, ainfi que font ceux cy, qui ne recognoiffent fuperieur que leur Prince. De noftre temps y auoit

Du Roy Pan erace.

vn Roy, nommé *Pancrace*, fort vaillant homme, comme il le feit bien fentir au Sophy: lequel luy ayant declaré la guerre, le Georgien abandonna les villes champeftres, côme *Tiflis*, quoy que ce foit la plus marchande du pais, & *Gory*, auec d'autres, & f'eftât mis fur les deftroits, donna tant de trauerfes & furprinfes aux Perfes, que le Sophy fut contraint, voyant qu'il ne gaignoit rien, de faire paix au Georgien, moyennant certaine fomme de deniers qu'il donna audit Perfan, à fin d'empefcher le degaft du plat pais : & fut ce payement en quatre pierres d'ineftimable valeur. Le peuple, quelque Chreftien qu'il foit, eft affez barbare, & iamais le Turc ne les a peu fubiuguer, comme dit eft, à caufe des deferts, grands bois, & haultes montaignes où ils fe fauuent. La plus part de ces bois font Pins & Sapins, ainfi qu'en la Mingrelie : & en fourniffent pour le nauigage, & de poix pour empoiffer les nauires, toute la mer Maieur : voire ce que le

Ignorance de quelque homme de mon temps.

Turc en a, vient prefque tout de cefte contree. Ainfi ie m'efbahis d'vn certain voyageur de mon temps, qui dit, que les bois de la Georgianie font des Buys : en quoy il monftre fa grande beftife fur la cognoiffance des arbres, prenant vn Buys pour vn Sapin. Ie fçay bien qu'il y a des Buys, & autres arbres, à nous incogneuz pardeça : mais que tout fuft Buys, ce ne feroit pas leur profit. Cela eft auffi à propos & veritable, que ce que Cardan dit, que la fueille de l'arbre du Brefil reffemble à celle du Noyer : chofe treffaulfe foubz fa correction, attendu que i'ay veu le contraire, & qu'elle n'eft non plus grande que celle du Buys, à laquelle auffi elle reffemble. Le peuple eft beau de vifage, mais fale en tout ce qu'il fait. Il mange à terre comme les Turcs, & fur des cuirs fales, gras, & auffi vilains comme leur naturel. Leur pain eft groffier : & de la chair, ils en mangent prefque autant que les Septétrionaux. Quant au boire, ce font des plus grâds yurongnes du monde : & fi quelque eftranger paffe, & ne f'enyure comme eux, ils f'en mocquent, & le reiettent. Au refte, fe fault bien donner garde, qu'ils fentent que vous ayez de l'argent, ou chofe qui foit de quelque valeur, d'autant que vous ne le porteriez guere loing, tant ils font larrons & exacteurs, foit les grands Seigneurs, foit le populaire : combien que du cofté que fe fait le trafic, ils ne font fi mefchans, attendu que

Georgiens voleurs & larrons.

le marchand y va affez en liberté. Depuis mon departemét, lon m'a affeuré que le Roy Perfien a mis des Officiers de fa religion en ce pais, pour les rendre plus dociles, à cau-

fe des plaintes à luy faites. Autant en a fait le Turc en ce qu'il poffede au païs d'Armenie & Mingrelie. Iadis auffi, auant que le Turc fuft Seigneur de Trebizonde,les Rois
d'Armenie & Georgianie donnoient traite à l'efpicerie pour paffer en Europe,venant
de la mer de Perfe par terre,& puis de la mer Cafpie au fleuue *Phaffo*, & d'iceluy en la
mer Maieur,& en ladite ville de Trebizonde : qui eftoit vn grand abregement de chemin, & plus court, que celuy qu'on faifoit contremont le fleuue *Volga* vers la Tane,
pour f'aller rendre en *Caffa*. Le païs eft abondant en pain , vin & chair,& y a affez de
fruicts. Les vins fe font fur des arbres,les vignes eftans dreffees encontre, comme auffi
font en Trebizonde , & f'obferue en aucûs lieux & endroits de France & d'Italie:mais
telle forte de vin n'eft point guere delicat. Ce peuple va fottement habillé,& eft niais
en fes façons de faire. Le Georgien porte les cheueux courts,tout ainfi que les Sauuages de l'Antarctique,de grádes mouftaches,& peu de barbe au menton:bien que quelques vns la portent longue au deffoubz comme vn bouc. Sur la tefte ils ont vne forte
d'accouftrement fort fauuage,les vns d'vne façon,& les autres d'autre,de diuerfes couleurs,là où l'Armenien fon voifin porte le Turban rayé,pour differer au Turc. Au refte,le Georgien veft des iuppes longues,mais eftroites, & fendues vn peu par derriere,
à fin de pouuoir plus aifément monter à cheual : d'autant qu'ils ne fçauroient fans cela,tant ceft habit eft ferré : de façon qu'à les voir de cefte forte, vous diriez que ce font
gens qui vont en quelque Mafquarade. I'auois oublié à vous dire,que eux,& les Mingreliens encor dauantage,font fort fuiets à nourrir de la vermine fur leur corps : tellement que en Leuant, fi lon veult faire defpit à quelcun , ne luy fault que dire , Tu es
pouilleux comme vn Mingrelien. Ie croy que cela leur procede, tant pource qu'ils fe
nourriffent mal,& qu'ils ne fe foucient de leur perfonne,que auffi ils font fales en toutes leurs actions,auec ce que l'air y peult ayder en quelque chofe. A prefent les Georgiens font fi fort alliez du Sophy, que tout auffi toft qu'il meut guerre contre le Turc,
ils ne faillent de fortir en campagne , & faccager le païs voifin fuiet au Grand-Seigneur : fi comme l'annee mil cinq cens foixantefix , lors qu'il tenoit affiegee la ville de
Seguet, que perdit l'Empereur à prefent regnant,les Georgiens fortirent de leurs montaignes bien foixante mille hommes,& rauageret toute l'Armenie Mineur,tuans plufieurs garnifons Turquefques , & puis fe retirerent garnis de proye, de defpouilles,&
Efclaues, au grand contentement (comme il eft à croire) du Roy de Perfe. Quelques
folaftres, qui ne veirent iamais rien , ont ofé mettre par efcrit, que ce peuple eft à qui
plus luy donne, comme font les Lanfquenets: mais c'eft chofe mal entendue à eux,
pourautant qu'ils ne font fuiets ne tributaires à autre,que au Roy Perfien.

Comme le Georgien fe comporte.
Prouerbe de ce peuple.

De TARETTROE, dicte TARTARIE, ou SCYTHIE Septentrionale.
CHAP. II.

R vovs fault-il noter, que la Scythie eft confideree en deux fortes:
ou elle eft Orientale, ou Septentrionale. Si Orientale , elle eft toute
Afiatique:fi Septentrionale,elle eft partie Afiatique,partie Europeenne : & comme celle d'Orient eft confideree ou dedans ou dehors le
mont *Imaë*,auffi celle qui eft au Septentrion, eft contemplee felon les
deux riuieres *Tanaïs*,& *Volga*, qu'on dit autremét *Degil*.C'eft donc de
cefte Scythie Septentrionale,que ie parleray en premier lieu,d'autant qu'elle eft voifine des païs par moy defcrits,& que defia l'Albanie, fi elle n'eft en Scythie,eft à tout le
moins fuiette à celuy qui commande fur les Scythes ou Tartares. La Scythie qui eft

Scythie eft confideree en deux fortes.

du Nort dans le mont Imaë,fi vous regardez l'Oueſt ou Occidẽt, eſt bornee de la Sarmatie Afiatique, à preſent partie de la blanche Moſchouie, auoiſinee de la Taurique
Cherſoneſe. Vers l'Eſt, qui eſt l'Orient, les monts Emaes la bornẽt, iuſques à la terre
que lon dit incogneuë : & tournant à l'Eſt, elle a auſſi la mer Caſpie, & la Sogdiane &
Margiane,qui ſont auiourdhuy les Coraſmiens,ſuiets au grand Tartare, ou *Tamirlangue* en leur langage. Et le tout ſ'eſtend iuſques à la riuiere, nommee *Rhá*, ou *Volga*.
Mais quoy que ſon eſtenduë ſoit à l'Eſt & au Su, ſi eſt-ce qu'elle n'approche en rien à
celle du Nort,qui ſ'eſtend pardelà les môts Hyperborees iuſques à la terre incogneuë
en l'Arctique,& auoiſine auſſi la mer,qu'on ãppelle Scythique.Partãt ie laiſſeray pour
ceſte heure,non les plus Septentrionaux,mais bien ceux qui ſont de l'Europe,veu que
i'en parleray en leur lieu,& au chapitre des Moſchouites, pour voir ceux qui habitẽt

*Le fleuue
V.lga.* les fontaines depuis ledit fleuue *Volga*,qui ſort de deux endroits des haultes montaignes Hyperborees,& ſ'eſpand en deux Lacs,eſloignez l'vn de l'autre plus de cinquante lieuës,que lon appelle *Rhoboſces*, les plus lointains,de qui on ait iamais eu cognoiſ-
ſance.Mais encores fault-il,auant que paſſer oultre, ſçauoir d'où ſont venuz ces noms
de Scythe,& Tartare,l'vn eſtant fort ancien,& l'autre impoſé preſque de noſtre temps.
Quant à ce mot Scythe, aucuns diſent, que *Sem* eut ſon fils *Gomer*, & pluſieurs autres de ſa femme *Araxa*, entre leſquels auſſi fut vn appellé Scythe : lequel auec ſa mere,& quelque compaignie, ayant peuplé le païs Armenien,paſſa oultre, & ſ'arreſta en
la Scythie,à qui il donna ſon nom,depuis les Bactrians & Zagates, voiſins de Turqueſtan , iuſques à la Sarmatie Aſiatique :Et ainſi la raiſon ne vous peult manquer pour
monſtrer leur antiquité,veu que ce fut à Sem & à ſes enfans,que le bon pere Noé donna l'Aſie pour partage. Il eſt bien vray que les menteurs Gregeois attribuent tout à
Hercules,quand ils parlent de quelque choſe ancienne,cõme font les Latins au grand
Ceſar : & de l'vn & de l'autre Theuet ſ'en mocque, pource qu'il faudroit que ces deux
euſſent veſcu plus de ſix cens ans premier que d'auoir fait faire la centieſme partie de
ce qu'on leur attribue.Et dis d'auantage, que Noé ſ'eſtant arreſté en Armenie apres le
deluge , commença de là auant à departir ſes bandes d'enfans,ſelon que Dieu l'inſpi-
roit,& comme les memoires nous en ſont demeurez,& que Scythe fils de Sem auec ſa

*D'où vient
le nom des
Scythes.* mere Araxa, vint en la Scythie Septentrionale,& luy donna tel nom. Touchant celle
qui eſt Orientale, c'eſt choſe aſſeurée qu'on l'appelle *Magog*. Les Arabes Aſiatiques
qui demeurent en l'Arabie Heureuſe, la nomment *Ator Albacara*, qui ne veult autre
choſe dire que Païs de bouuiers & vachiers : ce mot *Ator*, ſignifiant vn bœuf, & *Al-
bacare* vache.Non ſans cauſe donc lûy ont ils donné ce nom,d'autant que le plus grãd
reuenu de ce païs de Scythie conſiſte en nourriture de beſtes à corne, & autres. Les
Maſſagetes, qui ſont au propre lieu,que maintenant lon nomme la prouince de *Turqueſtan*, ſont ſortis d'vn des enfans de Iaphet, en l'an du mõde mil huict cens quaranteſept,là où Scythe vint en Septentrion,pour peupler ceſte autre Scythie,enuiron l'an
du monde mil huict cens nonantequatre. Voyla quant à l'origine veritable du nom
des Scythes , de quelque part que vous voudrez les contempler. Reſte à voir d'où eſt

*D'où vient
le nom de
Tartare.* deſcendu le vocable de Tartarie. Mais pource qu'il eſt fort moderne , vous trouuerez
peu ou point d'autheurs anciens,qui en facent mention. Apres que l'Empire Romain
a eſté taillé en pieces,& que chacun ſ'eſt rendu Monarque en ſa terre (iaçoit que les armes Latines n'euſſent monſtré leur ſplẽdeur iuſques au lieu où les *Tarettroé* ont prins
origine) quelques quatre ou cinq cens ans apres que Mahemet euſt infecté le monde,
il y eut vn Roy d'Orient, que lon a creu eſtre *Geriph*, ou *Chouchouet*, que nous nommons Preſtre-Ian,lequel auoit nom *Vncam*. Ceſtuicy auoit aſſuietti vn peuple,tirant
vn peu ſur le Nort,à ſçauoir du coſté de *Ciezze* & *Bargu* , qui ſ'appelloit *Tartar*,diui-
ſé par

fé par Cantons,comme lon diroit les Souiſſes:& l'affligeoit extremement, taſchât d'en
abolir la memoire : fi qu'il les enuoyoit par diuerſes prouinces,pour en deſpeupler le
païs.Toutefois ces galands cognoiſſans la ruſe du Prince, ſe retirerent tous en la prouince & Canton plus fort de leur païs,pres vn fleuue,auſſi nommé *Tartar*,qui ſignifie *Tartar,c'eſt*
Farouche,& eſliſans vn Roy,denierent le tribut audit Vncam.Et ainſi ils commence- *à dire Fa-*
rent à ſe rendre grands:& paſſans les monts Emaës, ſe ruerent ſur noz Scythes Septen- *rouche.*
trionaux , & les aſſuiettirent, donnans le nom à la Scythie & d'eux & de leur riuiere:
tellement que depuis on ne l'a cogneuë, que par le nom de Tartarie, de quelque coſté que vous la conſideriez,ſoit en Orient,ou és parties Septentrionales. Les autres diſent,qu'il y eut vn Roitelet du païs, qu'on eſtimoit eſtre ſorti d'vn fugitif d'Armenie,
qui a donné ce nom à toutes ces prouinces,lequel ſ'appelloit *Thartaſrif:* autres luy
donnoient le nom de *Cazul.* Ce petit Seigneur feit amas de peuple de toute qualité,
& laiſſant viure chacun à ſa diſcretion, dreſſa incontinent vne telle & ſi effroyable armee, qu'il luy fut aiſé de ſubiuguer la Scythie, à laquelle il donna ſon nom. Neantmoins eſtant allé de vie à treſpas,les Tartares cõmencerent à viure comme vagabonds,
ſans Roy, chacun ſe tenant comme Seigneur, iuſques à ce que *Cingis Cam ,* d'où ſont
deſcenduz tous les Empereurs de la Tartarie iuſques auiourdhuy,fut eſleu par eux enuiron l'an de noſtre ſalut mil cent ſoixantedeux:lequel auec vne feinte religion ſe rendit admirable à ce peuple,ainſi que ie penſe vous auoir deduit ailleurs,& lequel ayant
fait la guerre à *Vncam,* qui tant auoit affligé les Tartares, le vainquit, & ſe feit Roy de
l'Orient:duquel les ſucceſſeurs ont depuis augmenté l'Empire, vſurpans toute la Scythie,à preſent dite en general Tartarie.Et c'eſt ce que i'ay peu recueillir de ce mot Tartare,eſtant és païs d'Aſie. Il eſt hors de doubte, que du temps de *Tamberlan* , il y auoit
force Chreſtiens à ſa ſuyte, que luy auoit enuoyé l'Empereur Grec, & beaucoup de
Tartares . Toutefois il n'y a pas vn qui ſçache dire,où c'eſt qu'il ſe retira apres ſes conqueſtes , & en quel païs eſt ſituee ceſte grande ville, qu'il feit baſtir des deſpouilles de
tant de Rois & Princes , regions, villes, & citez, qu'il auoit pillees durant qu'il viuoit.
Or conſiderons à preſent la Tartarie Septentrionale depuis la region *Mordua,* voiſine des monts Hyperborees , & qui eſt poſee entre les deux fleuues *Dom* & *Degil* , autrement nommez *Tanaïs* & *Volga,* & courons tout le païs au long & au large.Quant
à la deſcription donc des villes qui ſont en la campaigne,eſtant facile à faire,ie ne m'y *Villes du*
amuſeray aucunement : ſeulement vous noterez , que le long de ces deux grandes ri- *plat païs.*
uieres ſ'en trouue quelques vnes , telles que ſont celles qui ſ'enſuyuent. En premier
lieu *Baſlourogrod* eſt ſur le fleuue *Volga* , pres deſdits monts Hyperborees, non loing
du Lac Septentrional,d'où ſourd ladite riuiere :ſuyuant laquelle tirant à l'Eſt Sudeſt,
vous trouuez auſſi *Chaicz, Bulyar, Damna, Araba, Ahilud,* & *Beſthime,* qui eſt en la
region des *Inagaiches,* où ſont les monts,qu'on appelle Saincts : & puis vous auez vne
autre nation,qu'on nomme *Pericorſches,*non loing deſquels ſont les Colomnes d'Alexandre : comme fi ce grand Roy euſt eu opinion, qu'il n'y euſt rien plus d'habitable
outre ces peuples,à cauſe qu'on n'y voyoit que des boſcages, ou bien qu'il veiſt ſes gés
deſcouragez d'aller batailler contre nations ſi pauures,qui n'auoient ne maiſon ne buron. De l'autre coſté de ladite riuiere, vers les montaignes de *Cozare ,* que ce peuple
nomme auiourdhuy *Zoheth* (d'autant qu'elle ſepare deux prouinces l'vne de l'autre)
tirant au Nordeſt,ſur vn fleuue nommé *Chezize,* ſont ſituees les villes de *Cazaiz,Cha-*
me,Slouodo,Orlan,Calinoue,& *Colteniz,* qui eſt en la prouince de *Nogaite,*ou *Semlai* en
langue Scythique:& de là vous entrez en vne grande plaine,chargee de boſcages,ſans
trouuer vn ſeul village , iuſques à ce que vous arriuez à la mer Caſpie.Leſdits monts
Cozare enueloppent de toutes parts , fors que du coſté du Su, la prouince de *Vzezu-*

cc

Vzezucan a donné le nom à ce païs. *can* : qui monftre que quelque Roy appellé *Vzezu*, a donné le nom à ce païs. De ces monts fort vne riuiere, dite *Iaich*, qui auffi bien que Volga, fe va rendre en ladite mer Cafpie, ayant vne ville pres de fon emboucheure, nommee *Rauor* : & dans ce fleuue fefcoule auffi vn grand Lac, venant des monts Emodes (ou *Iethra* des Iuifs, qui fe tiennent pardelà, & *Berefith* en langue Mingrelienne) qui n'eft moindre de trente lieuës de longueur, & dix de largeur. Cefte prouince f'appelle *Sibiere*, & eft bornee du cofté du Nort & de l'Oueft, des monts *Cozare*, & de l'Eft & Su, des monts Emodes, arroufee du fleuue *Iaicuby*, qui f'engoulfe en la fufdite mer du cofté du Su, pres vne ville, dite *Frutouch*. De là vous courez felon les montaignes Cafpies, & par les bois qui les auoifinent, ne trouuans ville quelconque, iufques à ce que vous arriuez en vne autre prouince Tartare, nommee *Zazahith*, & de quelques autres *Zagate*. Diuers autres peuples habitent és vallees, au bas des montaignes *Tapures*, tels que font les *Iaffarts*, *Mologenes*, & *Cachaques*, qui tous f'eftendét vers lefdits monts Emodes. Entre tant & fi diuerfes nations comprifes foubz vn mefme nom, vous voyez (qui eft chofe merueilleufe) vne mefme façon de vie, qu'ils ont tenue de tout temps : au refte, plus addonnez à la guerre, qu'à ciuilité ou courtoifie quelconque, gens qui viuent de pillerie, indomptables, peu fociables à ceux qui ne leur font familiers, & lefquels vont errans & vagabonds puis d'vn cofté, puis d'autre, par leur prouince, non toutefois fi inciuils que les Arabes & Sauuages de l'Antarctique. Et c'eft pourquoy ie vous ay dit, que les villes de Scythie ne font point difficiles à edifier & effigier, à caufe que de toute ancienneté ils font leurs maifons fur des chariots, couuerts de cuirs, qu'ils meinent toufiours auec eux : où f'ils f'arreftent en quelque lieu, ils fe tiennent foubz des tentes, comme auffi font quelques Rois d'Ethiopie. Munfter parlant en fa Cofmographie, de la

Maifons des Scythes fe font fur des chariots. Scythic Afiatique, fe trompe grandement (& n'eft pas feul en cefte opinion) quand il dit, que ce peuple prend plaifir en l'effufion du fang humain, lors qu'ils guerroyent

Munfter f'oublie. leurs ennemis. Ce que ie ne doubte point. Mais de me vouloir faire accroire, qu'ils boiuent le fang de leurfdits ennemis prins en guerre, & qu'ils offrent les teftes des occis à leur Roy, & apres couurent ces teftes de cuir de bœuf par dehors, & les dorent dedans, & par apres en vfent au lieu de hanap ou de couppe, fi quelques Seigneurs leurs amis les viennent veoir, ce font comptes d'auffi bonne grace, que ce que ce bon homme racompte apres, fçauoir que ce peuple adore & prend pour fes Dieux les ftatues & idoles de Vefta, Iupiter, Apollo, Venus, Mars, & Hercules : chofe (comme ie puis affeurer le Lecteur) treffaulfe, & fables Gargantualiftes, indignes d'eftre defcrites en vne hiftoire Cofmographique : eftant certain que ce peuple Scythique n'eft fi barbare, que Munfter nous l'a laiffé par efcrit. Dequoy ie fais iuges les Mofchouites, leurs anciens ennemis : quelques vns defquels m'ont affeuré, difcourant auec eux, qu'ils aimeroient autant ou plus eftre vaincuz d'eux, que des Turcs naturels. Et me difoient dauantage, que veritablement, lors qu'ils ont prins leurfdits ennemis en champ de bataille, ils font du pis qu'ils peuuét, comme chacun fait fur fes aduerfaires : mais de fang froid, les vaincuz eftans à leur mercy & prifonniers, reçoiuent plus de courtoifie que defdits Turcs, ne que iadis des Grecs, deuant que l'Empire Gregeois tombaft entre les mains des Othomans. Penfez vous, f'ils eftoient fi cruels, & qu'il n'y euft quelque raifon & fympathie enuers le peuple eftranger, que les Empereurs Turcs euffent de noftre aage prins leur alliance, comme feit Sultan Selim premier du nom, pere-grand de celuy qui regne auiourdhuy, qui efpoufa la fille aifnee d'vn de ces Rois Tartares ? ne f'ils les appelleroient à leur ayde, comme ils font, lors qu'ils meinent la guerre contre les Chreftiens & Perfiens ? Vrayement ils feroient plus alterez que les Ethiopiens, qui fe tiennent foubz la Zone torride, f'ils buuoient tout le fang de ceux qu'ils homicident & maſſacrent en guerre. Il ſ'eſt trouué quelquefois trente mille cheuaux Scythes auoir mis en route, & tué en vn iour plus de cinquante mille Moſchouites, ſans ſ'a-muſer au ſang, ny à leur coupper les teſtes ne les bras, ains ſimplement aux deſpouil-les. Quant à l'adoration de ces beaux perroquets de Dieux Iupiter, & autres, comme faiſoient iadis les Gentils, il ſe trompe encores d'auantage, d'autant que la plus part d'eux ſont Alcoraniſtes. Ie confeſſe bien, que des plus Septentrionaux quelques vns adorent le Ciel, la Lune, le Soleil, & quelques aſtres du firmament, & n'y a pas trois cés cinquante ans, que pluſieurs de leurs Rois, à la perſuaſion de ceux d'Armenie, ont re-ceu le Chriſtianiſme : entre autres vn nommé *Ben-Abinardor*, Prince accort, & vail-lant ſ'il en fut iamais, ainſi que l'hiſtoire Grecque vulgaire fait foy. Et quant au Roy *Mangocham*, il fut baptiſé, ſuyuant l'hiſtoire Armenienne, par vn Eueſque, Chancel-lier d'Armenie, auec ſon frere *Allau*, & trois de ſes filles, à la priere & oraiſons de Hayton Roy Armenien: & alla iceluy *Allau* en la Paleſthine, auec ſon armee de Scy-thes, portant la banniere, où eſtoit depeinct vn Ieſus Chriſt crucifié, pour recouurer la ville de Hieruſalem, que tenoit lors le Soldan d'Egypte, nommé *Cathos*, & ſurnommé *Melech-mees*, c'eſt à dire Roy du peuple, doux & benin. Au reſte, toute la richeſſe de ce peuple conſiſte en beſtial, & ſur tout en cheuaux, qu'ils ont les meilleurs du mon-de. Auſſi ne vont-ils gueres en guerre, ſinon à cheual : en quoy ils ſont ſi adroits, que ſi les armes leur eſtoient autant à commandement qu'à nous, entre autres l'artillerie, har-quebuze & piſtolle, ce ſeroient les meilleurs guerriers de la terre. Les Scythes ont do-miné autrefois ſur la petite Aſie, cóme lon peult iuger encor en diuers lieux par leurs charactteres, que i'ay veuz grauez en quelques anciennes murailles d'Aſie, & principa-lement tirant vers la part du Royaume d'Ormuz, d'Adem, & mer Noire : leſquels auſſi ſe fuſſent ſaiſis de l'Egypte, ſi le Roy n'euſt racheté la paix à grand' ſomme de deniers, & ce en deſpit des Medes, ſur qui ils conquirent ces terres. Regardons de quel païs eſtoit ceſte courageuſe Royne, nommée *Tomiris*, qui deffit l'armee du Roy Cyre, & l'occiſt luy meſme, mettant ſa teſte dans vn vaſe plein de ſang, parce qu'il auoit tant eſpandu de ſang humain ſans cauſe. Voyons auſſi, comme Darie fut contraint ſ'en re-tourner auec ſa courte honte, eſtant entré en Scythie pour la ſubiuguer, & comme il ſe retira, ſe voyant pourſuyui de ce peuple farouche. Ne ſe mocquerent-ils pas du grand Alexandre, entendans qu'il ſe diſoit Roy de tout le monde, iaçoit que iamais il ne conquiſt la dixieſme partie de la Scythie, comme ce peuple ſe ſçait treſbien vanter? Et ne ſont ſi barbares, qu'ils n'ayent des hiſtoires auſſi bien que leurs voiſins, eſcrites à la main. Leurs lettres ſont les plus fantaſques & meſlangees, que ie veis onques : & en ay veu en pluſieurs contrees, iaçoit que ie n'y entendiſſe que le blanc auec le noir, ſi-non par l'interpretation que quelques Truchemans nous en donnoient aſſez maigre-mét. Quant aux Romains, il y en a eu, qui ont porté le tiltre de Scythique: mais c'eſtoit ſeulement pour auoir rompu quelque petite troupe de Scythes du coſté de noſtre Eu-rope: car de vouloir dire, que iamais ils ſoient entrez bien auant en ce païs, ce ſeroit mocquerie. Au ſurplus, la cauſe, pour laquelle ils changent ainſi ſouuent de place, eſt non ſeulement pour le paſturage, ains à celle fin que ſ'ils ſe tenoient dans les villes en ſiege certain, leur païs eſtant aſſez plein, ils ne fuſſent circonuenuz de leurs ennemis: attendu qu'ils ne veulent eſtre ſurprins, mais veulent auoir le moyé de ſurprendre, & dóner des trouſſes à ceux à qui ils ont la guerre. Touchant leur antiquité, Theuet ne veult repaiſtre le Lecteur de bayes & fables, comme a fait Pomſone Mele, qui en ſon ſecond liure, ameine ne ſçay quels peuples, que lon dit *Arinaſpes*, leſquels n'ont (dit-il) qu'vn œil au milieu du front, ainſi que les Poëtes nous aigrient ce grád Polypheme Cyclope, à qui Vlyſſe creua ſon œil : Pouuant bien dire, qu'il a failli.

cc ij

de mettre les *Arimafpes* à vn œil, confideré que ce bon homme ne parle que par ouyr dire, comme font noz forgeurs & baftiffeurs d'hiftoires Cofmographiques moder-nes. Or quoy que ce païs foit Septentrional, mais ie dy à bon efciét, fi eft-ce qu'en plufieurs endroits il eft beaucoup plus fertil, que celuy de la Scythie d'Europe, veu qu'il y a bleds & fruicts: là où les Europeens font plus friands d'vn morceau de cheual ou chameau cuict, que du meilleur bœuf du monde, & principalement lors qu'ils vont en guerre. En quoy ceux cy les imitent bien fort. Car i'en ay veu tel, qui eftoit en feruice auec vn Chreftien Maronite, qui ne pouuoit eftre corrigé de farrefter aux charongnes des chameaux, qu'ils appellent en leur langue *Ihemelé*, qu'il trouuoit morts, dont il prenoit des quartiers pour faire cuire. Entre autres il me fouuiét, qu'en paffant l'Arabie fablonneufe auec la Carouane, comme vne iument euft liuré fon poulain, duquel elle eftoit pleine, & le maiftre, à qui elle appartenoit, fils d'vn Arabe, ne peuft conduire ce petit animal, il le laiffa à la mifericorde des oyfeaux, & vermine du païs. Et en ce il fut deceu. Car incontinent qu'il eut tourné le doz pour gaigner chemin, voicy venir trois gros beliftres de Scythes (efclaues d'vn Moré bazané, commis à conduire quelque troupe de chameaux, les vns chargez de draps, les autres de fauon, & autre marchandife) qui incontinent gripperent cefte petite befte: & l'ayant mife fur vn chameau, quand ce vint à difner au lieu où noftre Carouane eftoit campee, Dieu fçait la chere & fricaffee qu'en feirent ces Barbares. I'en parle comme celuy qui y eftoit prefent, & n'euft efté de honte & crainte d'eftre mocqué, quelques vns euffent efté de leur

Peuple amateur de la charongne. bâquet. Vray eft qu'il y a des endroits beaucoup plus charögniers les vns ñ les autres: comme en ce cofté par moy defcrit, où ils vfent plus de laict que d'autre chofe, & ce de toute ancienneté, comme appert par le nom mefme que les Grecs leur ont donné, les nommans *Galatophages*, qui fignifie Mangeurs de laict. Il n'y a nation foubz le ciel, qui mange chofes de plus difficile digeftion, que font ces Septentrionaux, & neátmoins pour cela ne font iamais malades. Que fi vn Meridional, Ethiopien, ou Africain, en auoit fait le tiers, il fe trouueroit plus d'vn mois mal de l'eftomach: & penfe que toute la force de la chaleur & du fang fe retire au dedans, pour ayder à cefte digeftion. Il n'y a auffi femmes foubz le ciel, ie ne dis pas plus efchauffees enuers le mafle, mais qui conçoiuent plus facilement, & qui foient plus fertiles qu'en la Tartarie, & autres païs froids, veu que le plus fouuent ce font deux ou trois enfans, qu'elles portent d'vne ventree. Ce que ne font celles qui habitent és regions chaudes: & ne defplaife à Munfter, qui dit qu'en Egypte les femmes portent volontiers trois ou quatre enfans à chacune fois: chofe dont fuis feur du côtraire. Mais ceftuicy n'eft pas incredible, d'autant qu'en cefte ville de Paris eft aduenu l'an mil cinq cens foixantefix, qu'vne femme en a fait quatre tous enfemble. Auffi n'y a il païs plus peuplé, que celuy du Nort. Où eft-ce que lon voit tant de milliers d'hommes affemblez en vn inftant prefque, finon du cofté de Septentrion? De quelle contree font fortis iadis ces Goths, qui ont non feulement efpouuanté l'Empire Romain, ains fe font faifis de la plus grande partie? Non d'Afrique, ou de quelque païs chauld, mais des parties les plus Septentrionales. Et les Normancs, qui encor portent le nom de leur païs, feftans accafanez en France, fe font auffi arreftez en vn lieu froid, & bon pour les pafturages, eftans fortis des mefmes endroits. Qui a rempli la France, la Lombardie, Guyenne, & l'Efpaigne, finon tels peuples? Et celle partie de la Grece & Afie, que iadis on a tant eftimee fertile, à fçauoir Conftantinople & la Natolie, c'eft par le moyen defdits Scythes qu'elle eft à prefent habitee. De quelle contree eftoit ce grand *Tamberlan*, finon de la Tartarie? & neantmoins il mena vn tel defbord de monde, depuis fix vingts ans ença, ou enuiron, comme les Turcs ont dans leurs hiftoires, que iamais le camp de Xerxes, Monarque Per-

Femme qui a fait quatre enfans d'une portee.

D'où font fortis les Goths.

fan,n'approcha de celuy de ce Prince. Tout cecy fait fi bien à mon propos, que par là
on cognoift quelle eft la fertilité du païs : là où au contraire vous voyez peu d'hommes defia en Efpaigne, pource qu'elle eft plus chaulde que noftre France. L'Afrique
pour fes chaleurs eft la plus part en deferts, & par confequent moins garnie d'hommes : fomme entre les deux Tropiques, tout eft de mefme, comme i'ay veu par experience. Mais en la Scythie, il n'y a champ,vallee,montaigne,colline,ne bord de riuiere,que vous ne voyez chargé d'hommes & de beftes.Et d'où vient cela?Non du froid,
car il eft inutile à la generation, ains de l'humidité qui en eft le vray fouftié & appuy.
Qu'il foit ainfi,d'où eft-ce que le poiffon fe procree,& où prend il le plus fa nourriture?Ie fçay que vous me direz de l'eau. Mais encores fault il que cefte eau abonde en
quelque chofe qui foit vn peu groffiere, & qui ait force chaleureufe pour le nourrir.
Et neantmoins ie n'ay veu païs au monde,où il y ait tant de poiffon,fi diuers ny mon- *Païs froid produit di- uerfité de poiffons.*
ftrueux, fi grand & gras, ne de tant de fortes, que i'en ay trouué en la mer des Septen-
trionaux:dequoy ie ne veux autres tefmoings que les marcháds mefmes de ce Royaume de France. D'où eft-ce que lon vous apporte tant d'efpeces de poiffons falez pour
voz prouifions, fi ce n'eft de là ? Les Baleines fe trouuent en la mer Cantabrique, ie le
confeffe : mais en fi grand nombre, & qui foient fi grandes que vers le Septentrion, il
n'en eft point de nouuelle. Au refte,y a il païs au monde,où fe trouuent tant de beftes
de toutes fortes, qu'en ceftuy là? L'Afrique fe peult vanter d'auoir des Lyons, qu'ils
appellent *Arie :* des Pantheres,que les Barbares nomment *Nemora :* & des Elephás,
beftes qui ne peuuent fouffrir les rigueurs du froid : des Tigres auffi & Rhinocerots,
qui ne font point de grand vfage. Mais voyez en ce païs du Nort, en cefte Tartarie,les *Tartarie fertile en tous g nres d'a i naux.*
Bœufs, Moutons,Cheuaux, Alces, Hermines, Martes, & autres beftes,toutes de pro-
fit, lefquelles y font en telle abondance que lon peult iuger, par ce que ce peuple eft
tout veftu de peaux depuis les piéds iufques à la tefte : & ce non en vne contree de
vingt ou trente lieuës, mais en fept ou huict groffes prouinces. Et ie vous demande,
de quel païs fe fourniffent la France,Italie & Alemaigne,voire tout ce qui refte pardeça,pour les belles fourreures & peleterie, finon de telles regions? Recouurez vous des
Loups Ceruiers,qu'ils nomment *Dibes,* de l'Afrique ne des Indes, ne de tant de belles
& riches peaux,qui feruent de parure aux robbes des Rois & grands Seigneurs ? Fault
donc bien dire, que la fertilité y foit grande, & que nature n'y eft fi refroidie, qu'elle
empefche par ce froid la generation d'aucun des animaux:là où ceux qui croiffent en
Afrique,font rares au meflange, & tardifs à conceuoir, quoy qu'il y en ait affez bonne
quantité. Quant aux oyfeaux,que les Tartares appellent *Thayre,* qui eft vn mot gene- *Thayre, mõ general à tous oy- feaux.*
ral pour toute efpece,on ne me peult nier,que ce ne foit en la Tartarie qu'ils fe treuuët
en auffi grand nombre,ou plus, qu'en lieu du monde. Et qu'on ne m'allegue point ce
qui a efté dit des nations'qui font foubz l'Equateur,& qu'il y a des ifles où lon touche
deuant foy les oyfeaux,comme qui guideroit vn troupeau de brebis, veu que là ils ne
font efclaircis par la prife d'aucun,& ne fçauët que c'eft que de chaffe. Mais en la Tartarie, le peuple n'eftant addonné qu'au pafturage, f'amufe à toute efpece de chaffe, ne
viuant guere d'autre chofe que de la venaifon qu'il préd.Ie laiffe à part le grand nombre d'Aigles,qu'ils appellent *Bucs,* & les Allemans *Adler,* & autres oyfeaux de proye:
les Grues, Oyes fauuages, Cygnes, Canars (qui ne reffemblent pas mal à ceux des Indes : parquoy les Allemans les nomment *Ein India nifcher*) Plongeons, & tous autres
de riuiere, & vn qu'ils nomment en leur langue *Silapin,* de la grandeur d'vn Geay, *oyfeau dit Silapin.*
ayant fon plumage noir,tout moucheté de taches iaunes,les pieds patuz,comme vous
voyez noz Pigeons domeftiques, & le bec gros & court, & tout noir, trefbon & delicat au manger. Or ce qui caufe qu'on ne l'offenfe guere,c'eft qu'il a le chant & ramage

auſſi doux & plaiſant,qu'autre qu'on ſçauroit ouyr au demeurant du monde.Que ſ'il
eſt mis en ſeruitude dans quelque cage, il perd ſon chant,& deuient muet,& c'eſt lors

Groſſes mon-
ſches & pa-
pillons.

que les Tartares le mangent. La proye à laquelle il eſt ententif, ſont les Mouſches &
Papillons, deſquels il en y a là d'auſſi gros que pourroit eſtre vn Roitelet de pardeça:
& y a plaiſir à la chaſſe qu'il fait apres telle vermine. Ie dis cecy, à cauſe que pluſieurs
penſeroient, que pource que ce païs Tartare eſt ainſi froid que lon ſçait, & auquel les
neiges & glaces ſont familieres preſque en toute ſaiſon, qu'il fuſt impoſſible que ces
beſtioles,Mouſches & Papillons,ne peuſſent viure en ce païs,veu qu'entre nous ſi toſt
que la chaleur eſt paſſee,elles ſe meurent. Auſſi s'engendrent elles icy (côme par tout)
de fumier fort menu : iaçoit que lon tienne que l'Hyuer elles s'accouplent,& puis iettent leur engeance le Printemps. Ce qui pourroit auſſi ſeruir à mon dire en ce lieu.
Car dés que le Soleil ſ'eſchauffe icy,elles ne faillent à ſe monſtrer:mais n'ayant accouſ-
ſtumé le froid, dés qu'elles le ſentent,viennent incontinent ou à ſe cacher, ou à mourir : au lieu qu'en ce païs là, elles ſont accouſtumees à l'air qui les ſuſtente : ſi qu'elles
ſouffrent ceſte choſe qui eſt incommode aux inſectes de pardeça, & viuent par les
lieux où ſont les haraz & troupeaux, comme eſtant leur naturelle nourriture. Et à fin
que ie parle plus oultre, & que ie die choſes qui ſembleront encor plus que Parado-
xes, & contre l'opinion de tous les anciens Philoſophes, & modernes Scholaſtiques,
qui ont eſtimé les lieux froids eſtre inhabitables,auſſi bien que la Zone torride, voire
ont voulu oſter toute commodité aux regions froides : ie vous demande, lequel d'entre tous les géres de ces beſtioles, que vous appellez inſectes, craint le froid,& le ſouffler du vent de Nort en noz regions, plus que les Mouſches à miel ? ſi bien qu'vn bon
meſnager n'a garde de mettre ſes ruſches en autre lieu,que celuy qui eſt fort Meridional,& où le Soleil bat tout le long du iour : autrement il ſeroit en danger de tout per-

Païs fertil
en miel &
cire.

dre. Ce que conſiderant, on iugeroit eſtre impoſſible, qu'en la Tartarie, & autres païs
Septentrionaux, ſe peuſt trouuer vne Auette : & toutefois c'eſt le lieu du monde où il
y en a le plus,& auquel elles ſont le plus de miel & de cire:Non que les païſans ſe ſoucient de faire des ruſches, veu qu'elles ont leurs maiſons dãs des troncs d'arbres creux,
eſquels ſ'y trouue telle fois ſi grande quantité de miel & cire,qu'vn homme ſ'y enfon-
dreroit iuſques deſſoubz les aiſſelles:n'y ayant bois en la Tartarie,voire en la Moſchouie, qui ne ſoit preſque plein de telle richeſſe. Et d'où penſeriez vous que vous vint
telle abondance de cire,qui ſe gaſte ordinairement en France? Ie ſuis aſſeuré que toute
celle qui y croiſt, ie dis en ce qui eſt de la ſuiection du Roy, n'eſt pas pour fournir vn
mois la ſeule ville de Paris : aduiſez comme on fera au reſte de l'an,& par tout le Royaume. Par là vous pouuez conclure, que tout ainſi que la Peleterie nous eſt apportee
de ce païs là,auſſi eſt la Cire,laquelle les Allemans recouurét des Moſchouites:& ainſi
en ayans bon compte, & en recouurans de leur prouince,ſe font riches de ce trafic. Ie
ſçay qu'il y en a beaucoup en l'Afrique,mais non pour fournir de ſi grands païs,com-
me eſt la France, Italie, l'Eſpaigne & Allemaigne, veu que cela n'aduient qu'en quelque petite contrée, comme auſſi il ſ'en trouue abondamment aux Landes de ma mai-

Landes de
Maſdion.

ſon de Maſdion. Or voyons à quoy peult reuenir cecy:C'eſt que puis qu'il y a ſi grande foiſon d'Auettes, comme il eſt ſans doubte, il ſ'y trouue auſſi planté d'arbres fruictiers,& d'herbes qui portent fleurs odoriferantes:Meſmes vne eſpece de racine groſſe comme raues, que ce peuple nomme *Engammyn*, & les Grecs *Rhaphanos*. Dauantage de la Mariolaine la plus belle que lon ſçauroit voir,nommee *Abem* par les Scythes,& des Grecs *Amaracon* : n'eſtant celuy qui n'en deſire auoir dans ſes iardins, entre autres ceux qui ſont ſuiets au mal des yeux,leſquels pour ſe ſoulager,en font bouillir,ſ'eſtuuans de telle decoction, & diſans qu'elle leur ayde à la veuë. Quant aux eſpi-

ñars, qu'ils nomment *Breluzach*, les Grecs *Spanachia*, & les Arabes *Hispanach*, ils ont la fueille large comme assiettes. Touchant les autres herbages, il n'est homme qui puisse nier, que l'abondance n'y soit bien grande, eu esgard aux cheuaux qu'ils nourrissent, veu que allans en guerre vous n'en voyez point à pied, & si ils marcheront soixante ou quatre vingts mille en bataille, telle fois est il, ayans tous l'arc au poing, & armez assez à la legere. Ainsi vous voyez la fertilité du païs en toutes choses.

De TVRQVESTAN, d'où sont descenduz les Turcs : & comme les soldats d'entre eux sont recogneuz. CHAP. III.

DE TVRQVESTAN iadis sont sortis les *Othmansbey, Ermansbey, Ghermansbey, Czarchanbey, Audingbey, Menthessebey* & *Caramanbey* : lesquels noms certes sentét vn autre air, que celuy de l'Asie plus prochaine de nous, ou que de la Scythie Europeenne. Or la prouince qui s'appelle encor ainsi, assez pres des monts Caspies, & de ceux qu'on a nommez *Tapures*, ioignant les Emodes, & par consequent en la Scythie Septentrionale, n'est esloignee des Parthes & Hircaniens, le long de la grande riuiere *Chesel*, qui vient du Soleil leuant, & se va rendre en la mer Caspic és fins du païs d'Hircanie. Où il fault noter, que les Turcs qui ont leu quelque chose, ne font difficulté de confesser leur origine estre de ce païs là, veu que *Tamberlan*, qui les frotta si bien du temps de Baiazeth premier, estoit natif de celle region Tartare, de la grãde & riche ville de *Samarchand.* | *Samarchãd de là où estoit Tamberlan.* Mais d'autant que ce païs a changé de nom à present, voire depuis que les Tartares Orientaux y vindrent donner attainte, du temps d'*Occatam Cam*, par ce qu'auparauant ils estoient en leur pleine liberté soubz ce tiltre de Turquestan, il est besoing de monstrer, par quel moyen lesdits Turcs laisserét leur terre infertile, pour trouuer nouueau siege, & cela au temps que les grands desbords des peuples Septentrionaux se faisoient pour la ruïne du monde, à sçauoir les Huns, qui aussi estoient Scythiens Europeens & Asiatiques, les Goths, Visigoths & Ostrogoths; les Alans & Vandales ayant passé leur fureur, & les Lombards affligeans l'Italie, du temps du Roy Pepin pere de Charles le Grand : veu que ce fut lors que les Turcs passerent les Portes Caspies à *Derbenth*, & occuperent l'Armenie, en l'an de nostre Seigneur sept cens soixantequatre : non que ils fussent encor si puissans, que de pouuoir mener guerre ou estat cõtre les Princes voisins, ains se tenoient par les spelonques & grotesques des montaignes, & en la profondeur des bois, n'osans assaillir en plein Camp les armees de leurs voisins, mais estans seulement en aguet, pour piller & saccager les lieux qu'ils verroient sans grande deffense. La cause donc qui les feit sortir de leur païs, fut principalement la pauureté, at- | *Commencement de la grandeur de ce peuple.* tendu qu'ils y mouroient de faim, & ne cultiuoient la terre comme ils font auiourd'huy : & aussi que tous leursdits voisins leur couroient tousiours sus, & eux estás vaillans, & addonnez à la guerre, ne se pouuoient contenir d'enuahir tantost l'vn, tãtost l'autre. Mais pource qu'il fault que leur premiere force ait prins accroist de quelque commencement, aussi est-il bon de sçauoir, quels moyens ils ont tenu pour paruenir à telle grandeur. Du temps que les Sarrazins faisoient trembler desia tout l'Orient, & auant qu'ils fussent partagez en Royaumes & Soltanies, les sieges desquelles estoient en Perse, & en Babylone, aduint qu'ils se prindrent à guerroyer les vns les autres, deux qu'ils estoient, à sçauoir *Imbrael*, Roy de Babylone, & *Maugineth*, Roy de Perse & de Mede. Ce *Maugineth*, ou *Bynegeth* en Arabe, soit qu'il se sentist inegal à *Imbrael*, ou qu'il voulust luy opposer forces estrangeres, pour plus aisément en venir au dessus, ayant ouÿ parler des vaillances de ces Turcs, qui commençoient à prendre pied de plus en plus en l'Armenie Maieur, les appella à fon fecours : par le moyen defquels, foubz leur Capitaine, nommé *Mucaleth*, ou *Mutachebac* en langue Armenienne, il eut la victoire fur fon ennemy. Ainfi les Turcs affriandez de la bonté du païs, dans lequel ils eftoiét entrez, font complot de chaffer le Roy Perfan de fa terre: & à fin de venir à leur entente, mettent en pieces toute la garde qu'il auoit mife au pont du fleuue *Araiz* : fi que penfans en faire autant aux Portes Cafpies, defquelles ledit Maugineth f'eftoit defia faifi, oyant qu'vn nommé *Trangolipix* (mot Tartare, qui fignifie Hache tranchante) amenoit grandes forces de Turcs, *Mucaleth* vint contre luy, le vainquit & occift, deliberant de f'arrefter en Perfe. Mais le Ciel luy promettoit vne autre region. Car eftant arriué *Trangolipix* du cofté de *Iex*, païs & ville portant ce nom, en Perfe, ils eurent nouuelles que les Sarrazins, qui fe tenoient en Arabie, venoient leur donner fus, follicitez par *Mady*, fils de Maugineth, qui eftoit allé à eux pour eftre deffendu d'vn chien & infidele idolatre: d'autant qu'en ce temps là le Turc ne fçauoit que c'eftoit de l'Alcoran, ne d'autre religion, ains adoroit feulement le Soleil & la Lune. Voyla comme ils retiennent cecy par efcrit dans leurs hiftoires, defquels ie l'ay appris eftant pardelà. Ces deux chefs Turqueftans, fçachans la brauade Arabefque, & que le Babylonien ne leur denieroit point paffage, prennent la volte de Seruan, & puis vont paffer l'Eufrate: où entrans en la Turcomanie, qu'on dit à prefent, eurent iournee contre les Arabes, & y furent mis en route, & rembarrez iufques dans le mont Taurus : Et cela aduint enuiron l'an de noftre falut fept cens foixantecinq. Ce fut en ce mefme temps que les Arabes feirent accord auec eux, & leur laifferent portion de la petite Armenie, & le païs de Cilicie, depuis nommé Carmanie, auec condition qu'ils ne fuyuroient plus leur idolatrie, mais receuroient l'Alcoran de Mahemet. Ce qu'ils accepterent affez volontiers, à caufe que les *Hogeaz* leur difoient, que embraffans cefte fecte, ils feroient vn iour les plus grands Seigneurs du monde. A cefte promeffe furuint for-

Signe de trou Eftoil-les flam-boyantes.

tuitement vn figne & prefage, qui courut toute la Grece, à fçauoir trois Eftoilles flamboyantes, qui fembloient embrafer toute l'Afie, venant du Leuant, & euft on dit que elles f'elançoient fur la terre: qui tint Conftantinople en fufpens, & l'Afie en crainte, là où les Preftres Mahometans encourageoient ce peuple nouuellement conuerti, à ne fe foucier de rien, & que ces trois Eftoilles leur promettoient l'Empire des trois parties du monde. Mefmement la terre trembla. Ce que ces galans tirerent auffi à leur aduantage, f'affeurans que certaine Prophetie, qu'ils ont d'vn des compaignons de Mahemet, nommé *Hoclam Begamberg*, ne feroit point faulfe en leur endroit. En ce mefme temps, ou peu auparauant, l'an fix cens dixfept, lon veit vne Comete par l'efpace

Prefages.

d'vn mois : Et ce fut lors que *Cofroé*, Roy de Perfe, faccagea la ville de Hierufalem, & ruïna le temple. En l'an cinq cens nonantefept, on veit auffi vne Comete en Conftantinople, la plus efpouuantable qu'on euft encor ouy reciter par efcrit, ou autrement. Il eft bien vray, que d'adioufter foy aux diuinations qu'on fait par l'afpect des Aftres, cela paffe les bornes de raifon, quoy que fouuent il aduienne : ainfi qu'en l'annee mil cinq cens foixantefix, au Grand-Seigneur Sultan Solyman: lequel f'eftant enquis à l'vn des Preftres de fa Loy, de la briefueté de fa vie, ce galand qui eftoit bon Aftrologien, & fçauant homme, luy dift (fans flatterie) qu'il trouuoit par la fupputation des annees, & figure de fa natiuité, qu'il mourroit cefte mefme annee. Solyman donc adioustant foy à cefte prediction, comme à quelque Prophetie faincte, dift, que f'affeurant de la mort, fi ne mourroit-il point fans faire encor quelque dommage aux Chreftiens, pour en defcharger fon cœur. Et ce fut de là qu'il print l'occafion de dreffer armee du cofté de la Hongrie, pour leur courir fus, où il eft mort felon la prediction de fon

Deruiz, ou Papaſſe. Ce qui m'a eſté recité par vn Seigneur Turc qui vint en Ambaſſade en France, duquel ie ſçeu beaucoup d'autres choſes. Mais il n'a pas eſté ſeul en ces
folies, pourautant que pluſieurs autres Princes & Seigneurs ſ'arreſtent à telles reſueries, & font plus de compte de ces abuſeurs, que d'vn homme qui leur annoncera la
verité de l'Euangile, ou hiſtoire des païs eſtranges à eux incogneuz. Ainſi en fut l'Empereur Heracle: mais il fut trompé ſur le mot de Circoncis, ne penſant point en l'Arabe. Dés ce temps là ces Barbares ont demeuré en celle partie d'Armenie, & Turcomanie, ſans faire guere choſe qui ſoit à racompter, à cauſe qu'il y auoit diuiſion & partialité entre les chefs, iuſques à ce que le bruit ſ'eſpandit de la venue des Chreſtiens Latins en Leuant. Car ce fut lors qu'ils commencerent à ſortir de leur trou & formiliere,
iaçoit que ce fut à leurs deſpens, y ayans eſté ſi bien battuz, que de long temps apres ils
ne releuerent les cornes. Vray eſt qu'eſtans alliez des Sarrazins & Arabes, ils vainquirent Baudouin, ſecond Roy de Hieruſalem, en l'an mil cent quinze: mais auſſi ils ont
depuis demeuré comme en oubly, iuſques à ce que le premier des Othomans vint à ſe
monſtrer, ainſi que i'ay dit par cy deuant. Vous voyez donc que le Turqueſtan, païs
Scythique, a donné ceſte vermine au monde. Au reſte, il ne ſe fault eſbahir, ſi ceſte nation eſt heureuſe en ſes entrepriſes, veu qu'il n'y a rien au faict de guerre, qui tant ſoit
requis que la grande obeïſſance au ſoldat, & la liberalité au Capitaine, & la recognoiſſance de celuy qui ſe ſera bien porté. Quant à l'obeïſſance, ie penſe qu'il n'y a gens
ſoubz le Ciel, qui ſe rangent mieux ſoubz leur chef que les Turcs, & qui pareillement *Soldats Turcs re-cognuz.*
ſoient ſi bien recogneuz, ayant fait quelque acte braue & heroïque: veu que pour tant
peu de choſe que ce ſoit, en laquelle vn ſimple ſoldat aura monſtré l'indice de ſa vaillance, il ſera honoré, recogneu, & ſi bien marqué, que ſ'il continue, il n'a garde que bien
toſt il ne ſoit couché en eſtat & grandeur, & n'ait office de Sangeaz, Cadiz, ou Soubaſ-
ſy, ou autre lieu honorable. Et ne ſont point exemples rares, attendu que i'en ay veu
ainſi aduenir de mon temps pardelà preſque tous les iours. Celuy qui a bien fait le deuoir à la guerre, ſoit en mer, ou en terre, ſoit en aſſault, eſcarmouche, ou bataille, il eſt
eſtrené d'vne Robbe d'or, careſſé de ſon Chef, voire du Grand-Seigneur meſme, ſ'il eſt
en l'armee. Au ſurplus, bien payez en toute ſaiſon: & eſt plus eſtimé entre eux vn bon
ſoldat, que n'eſt celuy qui aura le bruit d'auoir autát d'eſcuz que le Prince meſme. De
cecy i'en ay veu l'experience, comme nous venions du grand Caire. Car paſſans les deſerts de Suez pour tirer en la Paleſthine, aduint que les bandes des Arabes vagabonds
nous vindrent donner vne cargue bien verte, nous ayans deſia ſuyuis trois iours, penſans ſaccager noſtre Carouane, qui n'eſtoit point de moindre cópaignie, que de trois
mille hommes, tous Turcs, fors moy, & deux autres Chreſtiens Grecs, auec quelques
Iuifs. En ceſte rencontre y eut vn ſoldat Turc, qui n'eſtoit guere bien monté, lequel *Hardieſſe d'vn ſoldat Turc.*
neantmoins ſe monſtra ſi vaillant, que à la veuë du Chef il deſſeit grand nombre d'A-
rabes: tellement que par ſon exemple le reſte de noſtre troupe feit ſi bien le deuoir,
que leſdits Arabes, qui eſtoient de cinq à ſix mille, tous à cheual, furent contraints de
quitter la place. Le conducteur donc le marqua ſi bien, qu'il le recognuet: & eſtoit vn
Hongre, ieune homme, de ceux qu'on prend pour le tribut du Seigneur. Ainſi eſtans
à la ville de Gazera, le Capitaine en ſigne de recognoiſſance de ſes beaux faits, luy dóna vne Robbe de velours, & cét Chequins, qui valent plus de cent eſcuz: lequel ie vey
vn an & demy apres à Damas, en grand honneur, qui me diſt n'attendre que l'heure
qu'on le feiſt Sangeaz en quelque bonne ville. Le Perſan auſſi vſe de ces moyens, & eſt
la voye qu'ils ont appriſe de leurs predeceſſeurs, pour paruenir à la grandeur à laquelle ils ſont à preſent, veu que Mahemet fut vn des plus liberaux de la terre: & ce fut la
cauſe pourquoy il eſtoit ſi bien ſuyui & ſerui, & que ſes affaires venoient ſelon ſes de-

firs. Autant en pouuons nous dire de Tamberlan & autres infideles, qui ont toufiours eu en finguliere recommandation l'accroiffement de leur grandeur.

Des villes & commoditez de ce mefme païs de TVRQVESTAN.

CHAP. IIII.

'AY TROP efgaré mon propos fur les Turcs, pour laiffer la prouin-ce de Turqueftan, de laquelle leurs peres & predeceffeurs font de-fcenduz, & dont les Tartares long temps apres que les Turcs l'eurent laiffee, fe font faifis: Ie dis les Tartares, qui premier font venuz des monts *Saczies*, au pied defquels fourd la riuiere, dite des Anciens *Echarde*, & maintenant des Barbares *Tartarh*, qui paffe par la region des Catains, & entre dans le *Gangez*, pour f'aller engoulfer en la mer de *Bengale*. Or les moyens comme ils f'en faifirent, font tels. Le grand Cam, nommé *Occatan*, ou *Cap-paraht*, auoit vn frere gaillard, nommé *Zagate*: lequel ayant dreffé vne affez belle ar-mee, fe delibera d'aller gaigner terre fur le Roy de Perfe: à quoy fon frere l'incita de tant plus, comme il le voyoit plus aymé qu'il n'euft voulu de fes fuiets. Ce ieune hom-me donc vint au Turqueftá, & le cóquift auec peu de difficulté, le peuple y eftant plus pafteur que guerrier: puis fe rua fur les Parthes, qui font defcenduz auffi des Scythes, & en defpit dudit Roy Perfan fe feit Seigneur de la meilleure partie, à fçauoir de celle qui confine au païs d'Hircanie d'vn cofté, & à la mer Cafpie de l'autre: & effaçant les

Villes prin-cipales de ce païs là. noms anciens, voulut que toute cefte prouince, le long du fleuue *Chezel*, dit *Iaxarte*, & de celuy de *Tina*, depuis les deferts de *Regifiri*, iufques au païs de *Syrufion* vers le Nordeft, & à la mer Cafpie vers l'Oueft, & tirant au Leuant au Royaume de *Renacher*, fuft appellee de fon nom, comme elle eft pour le prefent: non que pour cela le nom de Turqueftan foit fi oublié, que la plus part du païs ne luy donne encor ce tiltre. En ce-fte contree vous voyez quelques villes fituees fur ledit fleuue *Chezel*, lequel vient des monts *Zelbinth*: entre autres *Sachamá*, qui eft vne region voifine dudit Turqueftan, nommee *Turlz*, que les Franques appellent vieille Turquie, fort Septentrionale, tirant vers les deferts de *Caré*, & du grand Lac de *Buppataht*, & à la terre incógneuë. Y eft apres la ville de *Tauchil*, où *Chitozit* en la mefme langue du peuple du païs, & celle de *Selch*: puis *Eillach*, où fe font deux branches de la fufdite riuiere, fur l'vne def-quelles tirant au Midy eft baftie *Toras*. Plus auant, & approchant les monts *Sypolliens*, eft *Orerra*, ville capitale, maintenant peu de chofe: puis venez à *Cauz*, qui eft ce que proprement f'appelle *Zagate*: & fuyuant toufiours le cours du fleuue, vous trouuez la grand' ville de *Pagaufa*, autrefois fiege Royal: combien que à prefent ce ne foit plus qu'vn vaffal, dependant du grand Seigneur de Tartarie, pource que Zagate mourut fans hoirs. Pres cefte ville le fleuue *Chezel* f'engoulfe en la mer Cafpie par cinq bou-ches, chacune defquelles fait vne ifle, dont pas vne n'eft habitee, & toutes fans nom. En la bouche & canal qui tire le plus au Nort, eft baftie vne petite ville, nommee *Ca-racuz*, auffi de la Scythie. Le long de la mer Cafpie, allant du Nort au Su, vous auez celles de *Mora*, beau port de mer, & *Modrandan*, *Badoddach*, & *Cornicop*, lefquelles encores que à la verité elles ne foiët point de Tartarie, mais pluftoft de Parthie, fi font elles foubz la fuiection du grand Tartare. Le païs y eft trefbon & treffertil, & abonde en tout ce qui eft neceffaire pour la vie de l'hóme, fauf en huyle: veu que les Oliuiers n'y fçauroient profiter. Quant au Turqueftan qui luy aboutit, il n'eft pas tel, ains vne terre glaireufe & pauure: & eft affez qu'elle foit bonne pour le pafturage, qui eft (com-me plufieurs fois i'ay dit) la propre vie des Scythes Septentrionaux. De mon temps,

que ie demeurois en Conſtãtinople, y auoit vne Ambaſſade pour le Prince Scythien, *Ambaſſa-*
de ladite ville de *Mora*, Seigneur fort honneſte, qui apporta des peaux au Grand- *de pour le*
Seigneur, les plus riches que lon auoit iamais veuës, lequel amena auec luy pareille- *Prince Scy-*
ment grand nombre de treſbeaux cheuaux tous nuds, auec pluſieurs autres ſingulari- *thien.*
tez. Ce Seigneur feit mourir vn ſié familier, Maiſtre-d'hoſtel de ſa maiſon, pour auoir
trompé vn Chreſtien Grec, & deux Mahometans, d'vne choſe certes qui n'importoit
pas de plus de deux ou trois ducats. Celuy qui cõmande ſur le Turqueſtan (ainſi nommé des Turcs, comme ils diſent France, *Freinſten*, qui depuis ont eſté dicts *Turqui-*
mans, & apres *Turquizel*, dont leſdits Turcs ont prins leur nom, qui lors n'auoient aucune loy ny police) & auſſi qui a puiſſance ſur la prouince de *Zagate*, porte le tiltre
de *Sultan Chapar*, le plus voiſin d'entre les Septentrionaux du grand Empereur des *Sultan Cha-*
Tartares: & eſt ſi puiſſant, que quand il plaiſt à ſon Seigneur, il luy menera facilement *par & Sol-*
cent mille hommes à cheual, tous gens de faiót, & vaillans à la guerre: Et celuy, qui tire *tan Hoch-*
plus vers le *Tanaï*, ſ'appelle *Soltan Hochtay*, & approche la Sarmatie Aſiatique, ayant *tay.*
charge ſur les Tartares iuſques en Europe: lequel peult mener beaucoup plus de cauallerie que l'autre, combien que les hommes ne ſont eſtimez ſi braues & bruſques au
faiót de la guerre, encor qu'ils ayét de meilleurs cheuaux que tout le reſte des Scythes.
Quoy qu'il en ſoit, ce ſont gés furieux & redoutables, & auec qui il fait mauuais auoir
affaire, ſuperbes, fins, & accorts en leurs aótions: n'ayans point les Turcs deshonneur
d'eſtre deſcenduz d'vne nation ſi bragarde, ſans aller rapporter leur origine aux
Troyens, qu'ils ont voulu par leurs comptes faire aller iuſques en la Scythie. Mais auſſi les Scythes n'ont pas eſté ſi aiſez à manier, que les Troyens y ayent peu faire entree:
ains ce ſont eux qui ont fait des courſes iuſques en l'Aſie Mineur, & puis en Europe
iuſques en la Ruſcie, Poloigne, & Lituanie, comme ils tiennent encor à preſent le Sophy en bride, à cauſe que le grãd Cam taſche de iour à autre de luy oſter païs: eſtant
vne des choſes qui plus retarde ledit Sophy de ſ'agrandir ſur le Turc, d'autant qu'il
fault qu'il ſe deffende d'vn ſi puiſſant ennemy que le Tartare. Or la ſource de leur querelle eſt venue de la conuoitiſe de *Saich Iſmael*, pere du Sophy, qui viuoit du temps
que i'eſtois pardelà, depuis l'an mil cinq cens quarantetrois iuſques à cinquante &
deux. Car ayant entendu que *Ieſilbas*, Seigneur de *Samarchand*, & allié du Sultan de
Zagate & Turqueſtan, eſtoit entré en ſes terres, ſuyuãt la fortune qui touſiours l'auoit
accompaigné, luy vint à l'encontre: Tellement que le Tartare oyant quelles eſtoient
les forces du Sophy, ſe recula de quelque iournee, & vint poſer ſon Camp ſur le fleuue *Iariï*, à preſent dit *Efra*. Ainſi ſortant du Lac de *Coraſſan*, la bataille fut donnee ſi
furieuſe, que le Sophy ſe veit en branſle d'y laiſſer la vie, ſes gens ayans eſté par deux
fois ſur le poinót d'eſtre mis à vau de route, n'euſt eſté que voyans comme il ſ'expo- *Ieſilbas &*
ſoit au hazard, ils prindrent tel courage, que à la fin *Ieſilbas*, ou *Kazelbas*, fut prins auec *Vsbech pris.*
le General de ſon armee, nommé *Vsbech*, & ſes enfans. Auſquels Chefs tout auſſi toſt
le Perſan feit trencher les teſtes: & quant aux enfans, apres leur auoir fait iurer obeiſſance, il leur rendit la Seigneurie de leur pere deffunót. De cecy donc aduerti le Seigneur de Zagate, il alla vers ſes nepueux de *Samarchand*, & leur remõſtra le tort qu'ils
faiſoient au nom Tartare, & à la grandeur de leur ſouuerain, d'auoir iuré obeiſſance
au Sophy, & que le grand Cam ſ'en pourroit bien reſſentir. De façon que cecy, auec la
haine que les Samarchans auoient contre la ſeóte Sophienne, les fait derechef mettre
en campaigne: & prindrent leſdits enfans de *Ieſilbas* pluſieurs villes ſur le Sophy. Lequel irrité de telle reuolte, marcha contre eux, mais en vain: d'autant que ayans donné
mille trouſſes & algarades à ſon camp, ils ſe retirerent vers le Turqueſtan, attendans
nouuelles forces dudit païs, & la volonté du grand Cam, qu'ils auoient aduerti de la

guerre à eux faite. Si que en ce mesme temps le Sophy se veit enueloppé de deux grãdes guerres,& contre les deux plus grands Monarques du monde, à sçauoir le Turc,
& le Tartare : qui fut occasion de le faire accorder auec les susdits enfans,leur quittant
l'obeïssance qu'il pretendoit en la ville & païs de Samarchand : non que pour cela le
Tartare fust appaisé de ce qu'il auoit couru sur son païs.Cela aduint du temps que Selim feit le voyage de Perse,auant que courir sus au Soldan d'Egypte, en l'an de nostre
Seigneur mil cinq cens douze. Au reste,encor que la Tartarie soit le païs, d'où le Turc
est descendu,si est-ce qu'ils sont differents les vns des autres en plusieurs choses:nom-
mément en ce qu'ils ont diuerse religion : car bien que le Tartare admette la Loy de
Mahemet,si y mesle-il de l'idolatrie:ioinct que le Turc est assez ciuil & familier à chacun, où au contraire le Tartare est farouche & sauuage. Leurs habits sont aussi differents, mesme l'ornement de teste: le Turc portant le Turban , & le Tartare vn bonnet
poinctu,autour duquel y a vne bandelette blanche,tresbien fourré,auec le reste de ses
habillemens. En matiere de guerre,il y a pareillement de la differéce beaucoup,com-

*Tartares
bons hômes
de guerre.* me ainsi soit que le Turc est bon homme de pied, & le Tartare n'y vault rien, ne pouuant rien faire,s'il n'est à cheual. Il y a oultre cela, que le Turc a retenu l'vsage de l'arc,
qui fut iadis, & est encor familier à ses freres les Scythes : car d'harquebuses & pistol-
les ils ne sçauent que c'est.Quant à Mahemet,le Tartare en fait compte par faulte d'autre exercice de religion : toutefois il s'en mocque, & de ses Prophetes, aussi bien que
font les Mores noirs d'Afrique pour la plus part.Dauantage ils mesprisent la Resurre-
ction generale,& beaucoup d'autres choses,qui se disent tant en nostre religion,qu'en
la superstition Mahometane. Bien est vray, que le grand Roy Tartare est vn peu plus
scrupuleux,& les Seigneurs qui l'auoisinent,plus magnifiques que ne sont ceux qui se
tiennent és parties Septentrionales,lesquels ne different en rien aux moindres du païs
en leur habit, ny appareil de viandes, veu que le peuple n'est abondant és richesses de
ce monde. Cela aussi est cause,que le matin vous verrez vn Tartare, ie dis iusques aux
plus grands,qui ira cueillir parmy les champs quelques herbes, ou petits fruicts pour
sa vie,telle pasture leur semblant fort bonne, & s'en contentans auec la belle eau claire
& pure : Non qu'ils n'ayent le moyen de se nourrir mieux que cela , veu l'abondance
des bestes qu'ils tuét,& celles qu'ils nourrissent en leurs pasturages, côme sont Bœufs,
Vaches, Cheuaux , Moutons, & Brebis , la chair desquels ils mangent, en beuuans le
laict , & sur tout celuy des Iuments, qu'ils trouuent le meilleur, & estiment le plus
sain. Aussi quãd quelcun d'eux est malade, ils luy feront vser de ce laict deux ou trois
heures auant qu'il prenne son repas,disans qu'il est plus profitable au corps,que celuy
de Brebis,Vache,ou autre beste. Voyla quant à ce costé de Turquestan, qui est vrayement la source & origine des Turcs.

De la mer CASPIE, *mal cogneuë des* Anciens, & *des riuieres qui entrent en icelle.*   CHAP. V.

A FORME & figure de ceste mer Caspie est quasi circulaire,tout ainsi que si elle alloit en vireuoustant pour faire vn rond. Quant à son
assiette, du costé du Nort, elle a les Scythes Zagariens, & les Moxies:
vers l'Ouest,les Iberiens : au Su,ou Midy,les Medes & Parthes : & tirant au Soleil Leuant, que nous nommons l'Est, luy gist voisine la
prouince de Zagate , & celle d'Hircanie. Ceste mer semble, à la contempler vn peu de loing,tirer sur la couleur du Ciel,plustost que autre qui soit, quoy
qu'on appelle toute mer Cerulee, voire les goulfes & lacs, que lon voit à la coste d'A-
frique.

frique.Elle eſt poſee à quelques octantefept degrez de longitude,& quarantehuict de latitude , ſeſtendant ſa longueur du Midy au Septétrion. Reſte à deduire,ſi ceſt amas d'eau eſt ou Lac, ou Mer, attendu qu'il fault que ce ſoit l'vn ou l'autre. De dire que ce ſoit vn Lac , ce ſeroit mocquerie, veu la grandeur, qui n'eſt toutefois ſi grande que la mer Maieur:& au reſte,iaçoit que les grands Lacs reçoiuent pluſieurs riuieres,ſi eſt-ce qu'ils ſeſcoulent par quelque canal en la mer:ce qui ne ſe peult dire de ceſtecy. Que ſi lon met en auant,que l'eau en eſt plus doulce que de la mer, i'ay deſia reſpondu à cecy au Chapitre de la mer Noire.Touchant ceux du païs, qui me dirét qu'elle nourrit des Serpents ſe Serpents,ce n'eſt choſe nouuelle d'en voir en vne mer amere& ſalee,veu qu'en l'Oceá peuuēt nour du coſté du Tropique de Capricorne,i'en ay aſſez veu,qui alloient nageans le long de rir en mer. l'eau marine : non toutefois qu'ils ſeſloignaſſent des canaux des fleuues d'eau doulce, tout ainſi qu'ils ne font auſſi en la mer Caſpie, eſtant ceſte vermine differente en cou- leur & groſſeur aux noſtres de pardeça. Mais voyant ceſte grande eſtendue d'eauës, qui ne ſe deſgorgent par aucun lieu, & qui reçoit vne infinité de riuieres en ſon canal, & ce pendant eſt enuironnee de terre de tous coſtez, qui ne niera que ce ſoit mer ? C'à eſté l'occaſion,pourquoy pluſieurs ont eſtimé , que ces grands abyſmes d'eau viennét du coſté de l'Ocean de Septentrion , & qu'ils ſ'y eſcoulent par vn deſtroit comme vn petit fleuue : ainſi que Pompone Mele & Plutarque ſe le ſont fait accroire, diſans que Pōpone Me- la ſource de la mer de Bachu, ou Caſpie,qui eſt vne meſme, venoit de la mer Euxine, le & Plu- ou Maieur. Neantmoins l'abus en eſt plus intolerable, que de la faire venir par vn de- tarque mal aduertis. ſtroit du coſté du Nort,attendu que les tempeſtes qui ſ'eſleuent là , & la furie des flots & vagues, pourroient donner quelque argument à leurs opinions, encor que l'vne & l'autre ſoient treſfaulſes : & n'y a rien qui face à leur cauſe, d'autant que la mer Maieur eſt touſiours en cours , comme i'ay veu, & qu'elle coule vers le deſtroit de Conſtanti- nople, là où celle de Bachu luy eſt Orientale. Quant à confeſſer pour cela,que la mer du Nort vers la Gothie, Firlandie, ou Dannemarc , puiſſe venir iuſques en la mer Ca- ſpie,ie n'y voy aucune raiſon,pour le grand interualle & eſpace que i'ay obſerué d'vn païs à l'autre,& des riuieres,montaignes,vallons,& foreſts qui y ſont,leſquels certes la mer ne paſſeroit , ſans y faire ſon effort , pour ſubmerger tout le païs de Grece , & la plus part de l'Europe. D'autres , comme Turcs, Grecs,& Iuifs du païs, auec moins de raiſon m'ont oſé aſſeurer,que l'eau de ceſte mer procedoit de la mer Indique,du coſté du Soleil leuant, faignans vne vallee perpetuelle, par laquelle ceſte eau ſ'eſcoule iuſ- ques aux bouches du fleuue *Tina*, nommé *Monauach* en Arabe, & *Cappanat* en Per- ſien, & celuy de *Chezel*. Mais où ſont les Geographes , qui iamais vous effigierent vn tel cours,& qui ayent donné nom à la vallee,qui conduit la mer Indienne iuſques à la Caſpie?Que ſ'ils diſent que c'eſt *Chezel*, ils ſe deçoiuent,d'autát que ie leur en ay deſia dit la ſource,à ſçauoir des monts Emodes, tirant au deſert de *Caré* vers le Nordeſt, là où la mer Indique eſt encor plus de ſix cens lieuës pardelà. Tellement que de quelque coſté que vous la vouliez faire venir , il y a des incommoditez ſi grandes, à cauſe des montaignes pierreuſes qui luy ſont voiſines, qu'il eſt impoſſible , que homme ayant iugement ſolide, & qui ſera tant ſoit peu verſé és Chartes, ayant voyagé comme i'ay fait , ſe puiſſe perſuader pas vne des opinions ſuſdites. C'eſt ce qui a peu induire Ari- Opiniōs fri- ſtote à l'appeller Lac. Mais quoy que ſon opinion ſoit plus vray-ſemblable que celle uoles des Anciens. des autres , ſi eſt-ce que le cours que ceſte mer a , & le gouſt qui eſt auſſi ſalé que celuy du grand Ocean,me font penſer du contraire. Ie ſçay bien que Munſter veult mainte- nir le meſme, & dit que ceſte mer n'eſt qu'vn Lac, duquel l'eau ne ſent non plus ſa ſa- leure , que celle d'vn mareſt. Ce vieillard ſe deçoit auſſi gentilment, que quand il deſcrit au ſuſdit chapitre, que le froment en ce meſme païs croiſt ſans cultiuer ne la-

d d

bourer les terres, ains du feul grain & femence qui chet des efpics, eftans en mâturité, chofe que ie ne luy puis accorder, pour fçauoir le contraire tant de l'vn que de l'autre. D'autres du tout ignorans ont dit, que c'eftoit la mer Maieur, qui fe defgorgeoit en l'Ocean par la mer Cafpie. Mais,ie vous prie, regardez les incommoditez de cecy. Ladite mer Cafpie eft par tout enuironnee de terre : plufieurs fleuues f'engoulfent en elle, & pas-vn n'en fort pour tirer à l'Ocean. Quand donc l'Euxin f'efcouleroit dans cefte mer (ce qui eft du tout impoffible, le fçachant pour certain) où eft-ce qu'il auroit cours pour aller audit Ocean, veu qu'il fault qu'il y entre ou par le fein Perfique, ou par le cofté où le fleuue Indus y entre, & luy donne le tiltre de mer Indique? Que fi lon me demande la fource de cefte mer,la queftion en eft auffi fimple,que l'opinion de ceux qui la vont querir par ignorance, ou autrement, lors qu'ils fe penfent mon- ftrer grands Philofophes:attendu qu'en telles chofes les plus doctes fans experience y font les premiers trompez. On fçait que la mer Maieur n'a point fon accroift par les reflexions de fon Propontide:& toutefois vous la voyez telle, & fi grande ,que la Me- diterranee n'eft rien au pris,& fi il fault qu'elle ait fource:car de fin ie fçay bien qu'elle en a,puis qu'elle fe vient rendre au Propontide. Direz vous donc, que cefte cy, eftant fans autre entree ny yffue que celle des fleuues , f'efcoule en l'Ocean , puis qu'il fault que toutes eaux ayent là leur rapport & retraite? D'où prenez vous telle Philofophie, qu'il foit befoing que toutes les eaux f'aillent rendre là ? Quant à moy Theuet, ie n'ay point vifité ce qui eft de fouterrain,& comme les eaux prennent cours par les pores de la terre : mais ie fçay fort bien que la mer Cafpie n'a indice quelconque de fortir hors pour aller en l'Ocean , & moins que l'Ocean l'empliffe.Et c'eft en quoy ie trouue Ari- ftote fage,qui ne voyant raifon pour deffendre pas vne des opinions fufdites , ioinct qu'il n'auoit nauigué que par liures,& riuage de fa mer Gregeoife ,a mieux aymé dire que c'eft vn Lac,que fe rendre digne de reprehenfion & mocquerie. En fomme, cefte

La mer Ca-
fpie a feize
cens lieües
de tour.
D'où eft
dicte la mer
Cafpie.

mer n'eft fi petite,qu'elle n'ait en fon circuit plus de feize cens lieües.Au refte,elle a eu, & a plufieurs noms, felon les regions qu'elle auoifine : Comme ce qu'elle eft appellee Cafpie, vient à caufe du mont ainfi nommé, qui l'entoure de la part de l'Eft & du Su: & d'Hircanie , pource que cefte region luy eft limitrophe de la part du Midy. Quant aux Perfiens & Scythes,ils la nomment en leur barragouin *Albahar-malcha*,qui vault autant à dire,que mer du Roy *Malcha* : lequel Seigneur voulant guerroyer les Gaza- riens & Tartares fes voifins, eut fortune fi contraire fur cefte mer, que luy & tout fon equippage furent engloutis au profond de fes ondes. Voila ce que i'en ay appris eftât pardelà. Le peuple d'Hircanie luy donne encor le nom de *Salla* , pour vne ville au- iourdhuy ruinee,affife fur les bords d'icelle,tout ainfi que de Bachu, à caufe de la vil- le portant ce mefme nom,qui eft au païs de *Seruan* , baftie fur fon riuage de la part de l'Oueft. Cefte mer donc eft de telle grandeur,qu'eftant faite en forme d'Ouale, fi vous allez du Leuant au Ponent auec vaiffeaux à rame, il vous fault voguer par l'efpace de quinze iours pour la voir d'vn bout à l'autre,& allât du Nort au Su, vous y employe- rez bien neuf bonnes iournees. Elle eft furieufe & perilleufe à merueilles, & n'a que bien peu de ports,dont les plus feurs font ceux de *Capmene,Rohiat,Goiabet,Zingue*, & *Choroffach* : auffi eft elle fouuent efmeuë d'orages & flots efcumeux,principalement és lieux qui regardent le Nort, à caufe que l'oree y eftant baffe, les vents Septentrionaux font dâgereux le long de la marine : qui fait qu'elle n'eft nauiguee tout le long de l'an- nee.C'eft pourquoy on ne voit tant de belles villes à l'entour de cefte mer,comme des autres. En oultre, de peur que l'eftranger qui vogue deffus, ne periffe, ce peuple,tout barbare qu'il eft, met des feux au hault des Promontoires & montaignes voifines: d'autant qu'il ayme & careffe le marchand, de quelque cofté qu'il vienne. De la part

d'Hircanie,en l'engoulfement de la riuiere, que les Anciens ont nommee *Oze*,à prefent dite *Thina*, ou *Nicaptach*, en langue des villageois du païs (pourautant qu'en
fon entree y a cinq petites iflettes deshabitees,hormis vne,dans laquelle fe fait de trefbon Sel,blanc à merueille) vous voyez vn hault Promontoire, fur lequel en tout téps
brufle vn flambeau dans vne grande lanterne, à fin que les nauigans fe puiffent fauuer
là,qui eft vn bon port. Or l'emboucheure de cefte riuiere fait deux bouches, fur l'vne
defquelles eft baftie la ville d'*Alpabote*, en la Prouince nómee auiourdhuy *Botefcaph*,
& iadis des Hircaniens *Chrizacath*. Quant au peuple, il n'eft pas fi barbare qu'on le
fait:car ie fçay de deux Chreftiens Grecs, qui ont nauigué celle mer huict ans entiers,
que eux y paffans, allans & venans de toutes parts , tout ce que iamais on leur demanda,fut feulement, qui ils eftoient : & ayans fait entendre qu'ils eftoient Chreftiens,on
ne leur dift ne feit rien plus,que fils euffent efté de leur terre. Ie vous ay dit que cefte
mer n'eft point nauigable en tout temps de l'annee:& c'eft durant les trois mois de noftre Hyuer, à fçauoir Nouembre, Decembre, & Ianuier, pource que c'eft lors que le
vent froid y regne, & rend la mer fi orageufe, qu'il eft impoffible d'eftre deffus. Et ie
vous laiffe à penfer, fi les Scythes de cefte cofte font fans fentir les rigueurs de telle
froidure. Ceux qui fe tiennent pres de cefte mer, fe font fouuent la guerre les vns aux
autres, & eft telle fois, qu'ils feront trois ou quatre cens vaiffeaux de chacun party en
vn conflict,efmeuz à telle querelle, partie pour leurs anciennes inimitiez, partie pour
la poffeffion de quelques ifles qui font habitees des Scythes fugitifs,qui du temps que
leur grand Roy fe feit Seigneur de leur païs, fe retirerent à garant en icelles, qui ne
font toutefois beaucoup en nombre, & guere auancees en mer. Il y a de gros nauires
& fort beaux, à caufe que le bois leur vient en trefgrande abondance, tant du cofté de
l'Eft du païs d'Hircanie, que de l'Oueft de la Georgianie, où il y a force Sapins. Des
barques plus legeres & petits vaiffeaux, ils font faits tous differens aux noftres, eftans
eftroits par la prore & la pouppe, & fort larges & panfuz au milieu, mais bien calfeutrez au poffible. Lors qu'il fait bonace,ils vont auec l'auiron, & quád les flots fefmeu-
uent,ils vfent de la vele.Ils n'ont auffi point de Bouffole ny Charte marine,ains feulement fe guident par l'Eftoille,à veuë de terre:& de certains petits inftrumens marquetez,& cadrans faits à leur fantafie,qu'ils mettent fur la pouppe des vaiffeaux paffagers.
Ils faydent pareillement de queuës de renards au fommet des maftz, pour fçauoir &
cognoiftre de quelle part vient le vent,au lieu que nous auons des báderolles.Et quoy
qu'ils foient fort mal experts au nauigage, fi fe vantent-ils d'eftre les meilleurs & plus
prompts mariniers du monde. Touchant ce que ie vous ay dit qu'il y a des ifles, il eft
vray, mais peu de grandes, dont encor deux ou trois font feulement habitees : l'vne
nommee *Alca*, qui eft à l'oppofite d'Hircanie, & l'autre *Tazaga*, du cofté de la Scythie vers le Nort.Il en y a bien plufieurs autres:mais vous n'y trouuez que de ces ioncs
& cannes marines. Au refte,il ne fait guere bon mettre pied à terre le long des riuages
de la part du Nort , pource que c'eft là où les larrons Tartares meinent paiftre leurs
cheuaux,lefquels ne feront non plus de confcience de vous deualifer, que les Arabes
par les deferts d'Arabie & de Suez. Quelques Perfiens, Grecs, & Armeniens de mes
plus familiers,qui auoient long temps voyagé cefte mer, m'affeurerent qu'il y a vn canal fort petit en icelle,qui va refpondre au lac de Vaftan, arroufant les prouinces d'*O-
rias*,*Rezifter*, *Sumacque*, *Coy*, *Pyeuth*, & plufieurs autres païs, & puis fe defgorge en la
mer Cafpie : ce que ie ne creu onques,d'autant qu'il eft impoffible,à caufe des montaignes fi hault efleuees,& la longueur du chemin de l'vne à l'autre.Il y a deux autres petites iflettes, *Balamach*, & *Salamach*, peuplees de pefcheurs, pres lefquelles fe va defgorger la riuiere *Ledil*, ou *Larddach* en Turc, qui diuife la Moxie d'auec la Gazarie.

Riuieres qui
rèdent leur
tribut à la
mer Cafpie.

La riuiere de *Derban*, auec les lacs de *Largue* & *Dalarch*, s'y vont auffi rendre. De l'autre cofté vous auez les fleuues *Dircha*, *Nia*, *Raga*, *Purat*, *Menath*, & celuy qui vient des montaignes de *Tay* : puis *Sacande*, *Maffone*, & *Burguaban*, fort dangereux à nauiguer, d'aitant qu'ils vont auffi toft que torrens. Cefte mer n'a ne flux ne reflux, non plus que les mers Mediterranee & Maieur. Le peuple donc eft fi ignorant à la nauigation, qu'il n'obferue rien que fon routier. Car de confiderer les dimenfions, longitudes & latitudes celeftes, comme nous faifons pardeçà à l'Ocean, ils n'y entendent rien, non plus que les Barbares de ma France Antarctique, où Canibales leurs voifins. Autant i'en dis des Armeniens, Tartares & Scythes, tant ils font groffiers.

Des Poiffons monftrueux, & de diuerfes fortes d'Aigles, qui hantent la mer Cafpie. CHAP. VI.

ESTE mer eft trefprofonde, & autant ou plus abondante en poiffon que autre qui foit au monde : toutefois, il y en a fort peu de femblables à ceux de pardeçà, fi ce n'eft l'Efturgeon & le Saulmon : tout le refte nous eftant incogneu & monftrueux en leur figure, encores qu'ils ne laiffent d'eftre bons & bien delicats. Entre les autres, s'y en trouue d'vne efpece, qui en tout & par tout, les pieds, la queuë, & la tefte, reffemble à vn Chien, fauf qu'il n'eft point velu, finon comme vous voyez la peau de quelque befte rafee, où les poinctes du poil paroiffent. Ce Chien eft par eux nommé

Ochraneth
poiffon.

Ochraneth, & des Tartares & Perfiens *Iorgouth*, furieux à merueilles : que les pefcheurs tafchent de prendre, non tant pour fa bonté & delicateffe, que pource qu'il mange l'autre poiffon : ioinct qu'il n'en fault beaucoup en vn quartier, pour gafter & defpeupler la contree : attendu qu'ils font glouts à merueilles : & f'en voit d'auffi grands qu'vn Dogue. On y en prend auffi communement d'vne autre forte, affez difforme, veu que vous n'y cognoiffez tefte ne queuë, & eft fait en rond, grand d'vne couldee & demie : duquel vous diriez que c'eft vne groffe maffe de chair fans viuacité. Il leur eft de grãd vfage & profit, pource qu'ils en tirent certaine liqueur, comme huyle, qui leur fert à

Graiffe de
poiffon bon-
ne aux che-
uaux rõ-
gneux.

brufler, & qu'ils gardent pour guerir leurs beftes, quand elles font galeufes, nommément les chameaux : n'y abordant guere eftranger, qui n'en face prouifion : auec ce que lon en porte par tout le païs à l'entour, où le beftial eft fouuent affligé de galle : dont ne fçauriez fi toft auoir vfé fur vn cheual farcineux, ou fur le brebiail, deux ou trois fois, qu'il ne f'en treuuent fort bien : occafion que ceux du païs en font trafic, & grand profit tous les ans. Il f'y en pefche encor d'vne autre efpece, prefque de mefme, fauf qu'il a la tefte comme vne Tortue, mais beaucoup plus groffe, & vne petite queuë de rat, & huict pieds, fçauoir quatre de chacũ cofté, faits auffi cõme ceux de la Tortue : au refte, moucheté de diuerfes tachettes noires & rouges fur fon efcaille. Ceux du païs

Geluchart
poiffon.

l'appellent *Geluchart*, du nom d'vn Lac voifin, où auffi ce poiffon foifonne : lequel bien qu'il foit eftrange, eft le plus fauoureux, ie penfe, de toutes les mers, & en grande eftime en ce païs là. Outreplus, lon y en a veu vn, mais rarement, que lon appelle *Rofmaputh*, fi eftrangement monftrueux, qu'il vous cauferoit horreur feulement à le contempler : d'autant qu'il a la tefte tout ainfi qu'vn homme, auec fes yeux, oreilles, & menton, & le nez lõg de demy pied, fort poinctu par le bout, le col long, les efpaules groffes : & au lieu de bras, des fanons ou nageoirs, qui luy vont iufques à la queuë, fans efcaille : les dents groffes, longues, & aigues, & la langue faite comme la fueille d'vn Laurier. I'en veis vn qui fut porté iufques à *Care*, ville d'*Amafie*, qui me donna grãd eftonnement : eftant encores plus efbahy,quand ceux qui l'auoient prins,me dirét,que lors qu'ils le tirerent hors de l'eau,il auoit ietté trois criz les plus effroyables du monde. Il eftoit long de plus de fix pieds:& à le regarder de loing,on euft dit qu'il auoit fa tefte toute crefpelee,tant il auoit le poil herifté:& euffe bien voulu eftre en lieu,où lon euft fait l'anatomie de ce monftre fi rare,pour voir ce qu'il auoit dans le corps,& f'il corre-fpondoit en rien en fes entrailles & parties interieures auec celles de l'homme. Ceux qui habitét pres cefte mer,difent,que iamais ce poiffon n'eft veu,que malheur ne f'en *Prefages du* enfuyue : & qu'il n'y auoit pas treize ans qu'ils en auoient prins deux : mais auffi que *poiffon Rof-* bié toft apres leur Roy mourut, à fçauoir le Sophy, pere de celuy qui regnoit de mon *maputh.* temps , & plus de cent mille hommes de pefte,en leur païs. On fçait bien que c'eft en la mer,qu'on voit d'eftranges figures d'animaux:mais ayans telle forme que le *Rofma-* *puth*, il n'eft point credible,que cela ne foit hors le commun de Nature, & que ce font quelques prefages fignificatifs d'vn proche defaftre : ainfi que l'an de grace cinq cens octantefix , on veit dedans le Nil deux Monftres, mafle & femelle, qui fignifioient le malheur de la ruïne aduenue audit païs par la fecte Mahometane. Autant en aduint l'an fix cens deux,du temps de l'Empereur Maurice,quand les Auàres, peuple de Ger-manie,vexerent tellement l'Empire, qu'ils occirent plus de quaràte mille hommes du Camp Imperial,& meirent toute la Chreftienté en trouble.Toutefois puis que ces gés de la mer Cafpie nous affeuroiét d'auoir autrefois veu ce poiffon , ie ne fçay que dire, f'il eft naturel de cefte mer,ou fi Dieu f'en ayde en certain téps,pour aduertir le peuple de quelque futur defaftre : tant celuy que ie vey, eftoit hideux & efpouuantable.Mais laiffons ce Monftre & fes fignifiances,& reuenons à noftre mer,en laquelle fe trouuent auffi de belles Tortues marines,que les Tartares nôment *Sichima*,& les Allemans *Ein-* *andereiart-der*,delicates au gouft,beaucoup plus que celles du grand Ocean:iaçoit que celles cy ne font fi grandes ne monftrueufes. Au furplus, ce païs eftant montaigneux, *Diuerfes ef-* comme il eft , c'eft fans doubte que les Aigles y nidifient, & font leurs petits , à caufe *peces d'Ai-* qu'eftans proches de la mer,la proye leur eft plus certaine.Or entre icelles,il f'en trou- *gles.* ue de fix fortes , dont les vnes fe tiennent és monts & collines, ou par les bois : & font noiraftres, que lon eftime les plus fortes & courageufes. Les autres f'ayment és cham-peftres & par les villes,& ont la queuë blanchaftre : & les autres és bois,& pres des lacs ou eftangs, qui ont la queuë mouchetee. La quatrieme efpece eft de celles, qui ont la tefte blanche , plus corpulentes que ces premieres, les aifles courtes & mouchetees , la queuë plus longue que de toute autre, defquelles on ne tient aucun compte. La cin-quieme, font les Aigles de mer, que ce peuple Afiatique m'a dit auoir la tefte groffe. Neantmoins ce ne feroient pas,comme ie leur dis,celles de la mer Cafpie,que i'eftime eftre les plus legeres, roides, & pillardes qui fe trouuent en ces contrees là. Vray eft, que quant à moy,ie les préds pour la plus vraye efpece,veu qu'elles font montaigneu-fes,& ne defcendent à la mer,que preffees de famine,où elles trouuent le plus fouuent affez à repaiftre. Mais encor qu'on ait fpecifié des Aigles blanchaftres , grifaftres , & noiraftres , & de celles qui ont la queuë & les aifles tachees de diuerfes couleurs, fi n'a lon pas remarqué celles qui font de couleur rougeaftre , comme lon diroit le poil du renard,qui hantent pres la mer Cafpie:defquelles i'ay auffi veu en l'Ocean du cofté de *Canada* & *Baccaleos*,qui font des plus petites,iaçoit que pour cela elles ne reftét d'eftre bien furieufes. Il y en a encor d'autres, rougeaftres foubz le ventre,& tout le refte du plumage tacheté de diuerfes couleurs,mais plus grandes que les fufdites. L'autre for-te font des cendrees & de couleur grife, que lon eftime le plus, à caufe qu'elles font la guerre aux autres , & leur volent leurs petits. Le quatrieme genre eft bien different de toutes celles de qui on a cognoiffance pardeça,pource qu'elles font extrememét gran-

des, & prefque toutes blanches, hors mis les iambes, qui font rouges : defquelles i'ay
pareillement veu en l'Antarctique entre la riuiere de Plate & celle des Vafes, & és regions les plus Septentrionales : entre autres d'vne forte, que les Sauuages appellent
Ageatouph, les Geans de la terre Auftrale *Nephathbou*, qui eft autant à dire que Grãd
oyfeau, à caufe qu'il ne doibt rien à l'Aigle en force de griffes. I'ay donc prins plaifir à
vous difcourir de ces oyfeaux Aquilins, d'autant que les anciens Rois & Monarques
tenoient iadis pour vn bon augure, lors qu'ils receuoient pour prefent vne Aigle en
vie : chofe certes qui ne fe faifoit fans grande admiration. Pareillement les anciés Tri-
buns portoient en leurs bannieres & enfeignes ce gentil animal, où les Perfiens rebelles leurs ennemis, en defdaing des Romains, auoient vn grand Dragon volant. Ie me
recorde, qu'eftant en l'ifle Sicilienne, i'ay veu deux medalles entre les mains d'vn Cala-
brois, contre lefquelles eftoit effigié le fimulachre des premiers fondateurs de la ville
de Rome : & au renuers trois Confuls, chacun defquels portoit fur fa tefte vne Aigle,
ayant fes aifles eftendues, comme fi elle euft voulu voler. C'eftoit la mõnoye qu'auoit
fait forger au commencement de fon Empire M. Aurele, comme aufsi d'vne autre forte, au renuers defquelles fe voyoit vne autre Aigle voltigeante en l'air. Et croyoiét les
Romains, tant eftoient idiots, qu'elle portoit l'ame dudit Empereur aux cieux : comme
deflors ils commencerent à l'adorer, & faire temples, pour monftrer fa deification. Autour d'icelles n'eftoit efcrit autre chofe, que ce mot CONSECRATIO. Quant aux
medalles & monnoyes de quelques autres Empereurs canonizez, & receuz au nombre des Dieux immortels, fuyuant leur perfuafion, vous y voyiez des autels, à l'entour
defquels eftoient quatre Aigles, & de l'autre cofté vn facrifice, pour fignifier l'heureufe memoire de leur trefdigne Maiefté. Entre les Monarques Latins, le grand Augufte
porta aufsi l'Aigle courõnee de Lierre. Ce que Conftantin le grand, comme lon peult
voir par quelques medalles des fiennes de bronze, voulut imiter, comme pere & protecteur du bien public : autour defquelles fe lit ce mot, MEMORIA FOELIX. Il me
fouuient pareillement d'auoir veu, eftant en Egypte, vn bon nombre de medalles des
douze Ptolomees, où eftoit effigié d'vn cofté leur vifage, & de l'autre vne Aigle, fa tefte, col, & aifles efleuees en l'air, ayant fes griffes fur vne boule, faite en maniere de globe, le tout fi bien tiré que rien plus. Au refte, en paffant ie ne peux taire l'abuz de ceux

*Abuz de
la pierre
d'Aigle &
Crapaudine*

qui penfent, que la pierre que lon appelle de l'Aigle, forte de ceft oyfeau grofsier, ainfi
qu'on m'a voulu faire accroire, que les Crapaults en ont vne en la tefte, propre contre
le venin, qu'on appelle Crapaudines. Mais à la verité, la pierre de l'Aigle fe trouue
quelquefois dans les nids des Aigles, pource qu'elles les y portét, à fin de pondre plus
aifément, d'autant qu'elles font leurs œufs à grande difficulté : ayant icelle la proprieté
& la force de faire deliurer tout animal eftant en peine de ietter hors fon part : qui eft
caufe qu'on la lie aufsi à la cuiffe des femmes, eftans en trauail d'enfant. Vray eft que ie
n'en ay point veu aux nids des Aigles, encor que i'en aye vifité plufieurs. Quant à la
figure de ces pierres, elles font toutes rondes, & en ont vne autre petite qui refonne
dedans, de couleur tirant fur le gris noiraftre (miracle certes de Nature) d'autant que
la voyant, vous n'en feriez eftat ne compte : & toutefois elle eft de fi grand' force, qu'elle eft caufe d'vn tel allegement, comme on l'a cognu par experience. Ceux mefmes
qui en ont abondance, les tiennent cheres & precieufes, comme i'ay veu en Egypte,
Arabie, & Hierufalem, où les Iuifs les apportoient à panerees : combien qu'il ne fait
bon fe fier en eux, attendu qu'ils les fçauent contrefaire fi fubtilement, que vous diriez
que c'eft le naturel. Que fi vous pourmenez en ces païs là vn peu aux champs, vous en
trouuez, mefmement en Arabie : & font faites comme vne noix de galle, qu'on eftime
fur toutes les autres : & neátmoins ie n'y veis iamais Aigle, & moins en Egypte, où i'ay

demeuré enuiron trois ans. I'en ay quatre que i'ay apportees des deserts d'Arabie, que ie garde comme chose rare, quoy que du temps que ie les prins, ie ne m'enquerois pas beaucoup quelle estoit leur force. Et voila où les Aigles m'ont conduit, lesquelles viuent, aupres de la mer Caspie, des Tortues de mer, & autre poisson se monstrant sur l'eau : ayant cest oyseau la veuë si aigue, que du plus hault de l'air il voit sa proye se ioüant dans les ondes de la mer.

*De la prouince d'*HIRCANIE, & *Tigres qu'elle nourrit.*
CHAP. VII.

HIRCANIE est vne Prouince, que les Barbares appellent à present *Girgie*, autres *Corcan*, du nom de certaine ville bastie en icelle : où du costé que sont situees les villes de *Strane* & *Serrid*, les habitans luy ont donné à nom *Mezandre*, & les Tartares *Dremezith* : les aboutissans de laquelle sont tels. Vers le Nort, elle a celle partie de la mer Caspie, qui est depuis le païs de Mede iusques à l'emboucheure du fleuue *Oze* dans ladite mer, gisant à cent degrez nulle minute de longitude, & quarantetrois degrez nulle minute de latitude de ce costé là : mais au secōd limite & borne, qui est vers l'Occident, elle aboutit au mesme païs de Mede pres le mont *Corone*, à nōnantequatre degrez trente minutes de longitude, quarantedeux degrez nulle minute de latitude : & en pareille eleuation suyuant ladite montaigne, elle confine auec la region des Parthes, tirant au Su. Vers le Leuant, elle a le païs de Margiane, les Ariens, & Sogdians, prouinces à present dites *Buttamatacht*, & les Bactrians voisins : ceux cy du costé de l'Est, & aussi les Iarymezens : mais l'*Arie* & *Drangiane* au Midy. Or nest-il homme, qui ne s'estonnast d'ouyr dire, qu'vne region, posee entre des montaignes, auoisinee de la mer, & en partie du Ciel assez froide, fust si abondante & fertile qu'est la Hircanie : laquelle, comme dit est, s'appelle ainsi d'vne ville de mesme nom, bastie vers le Midy sur vn rocher, iadis capitale de tout le païs : toutefois les Scythes la nomment *Carizath*. Mais auāt que parler de la fertilité d'icelle, voyons vn peu les villes qui l'embellissent, & les plus renommees de toute la prouince. Du costé du Leuant est assise *Socande*, portant le nom d'vn fleuue voisin, qui passe par icelle. Apres y est *Deistan*, situee sur le fleuue *Almurgab*, qui vient du mont *Fistelech*, en la prouince de Iesilbas, lequel court fort impetueux iusques à tant qu'il entre dans celuy de *Cahtagie* : qui puis apres s'en vont tous deux rendre en la mer Caspie par cinq bouches pres la grande ville de *Zahaspe*, assise sur l'vn des canaux d'icelles le plus Septentrional, & prochain du païs des Medes & Sarta : à laquelle est opposee vers l'Orient vne autre nommee *Amarne*. De la part du Nort, s'offrent le long de la marine *Carassat*, *Lere*, *Montdamact*, & *Mezandre*, qui est la derniere d'Hircanie, auoisinant la contree de *Phurmone*. Que si vous visitez le plat païs, vous verrez *Sarrachinch* & *Lachazibeth* sur le fleuue *Thina*. En la campaigne d'Ocragé, qui est vn petit Royaume, tirant entre le Soleil leuant & le Midy, assez pres du mont Caucase, est assise la ville de *Corsum*, & à vingt lieues d'icelle *Medrendam*, siege de celuy que le Sophy a mis auiourdhuy pour Lieutenant en ceste prouince, laquelle il tient treschere, à cause qu'elle est forte, & voisine des Tartares, & comme vne clef de ses terres, & que (comme i'ay dit) il ne se fie point beaucoup à ce peuple, pour les guerres qui se sont passees entre les Seigneurs de Samarchand & leur pere. Quant aux riuieres qui arrousent l'Hircanie, quoy qu'il y en ait plusieurs en nombre, si est-ce que celles cy sont les principales : à sçauoir *Thina*, procedant des monts de *Regisir* : & *Fin*, qui vient du lac d'*Agia*, & par autre bras s'engrossit des

Païs d'Hircanie porte le nō d'vne ville.

dd iiij

eaux d'vn autre, nommé *Babacamber*, de la prouince Ariane. On appelle ce terroir à prefent *Buccare*. Du cofté des Indes fe prefente deuant vous la grand'riuiere par moy nommee *Almurgab*, appellee des Grecs *Caliragie*, où eft baftie la ville de *Girgian*. Au furplus, quoy que cefte prouince ne foit grande, fi eft elle la plus belle, plaifante, fertile, & riche, que autre qui foit guere foubz la fuietion & Empire du Sophy, eftant partie en planure, & partie montaigneufe. En la plaine, abondance de tous biens y eft, tellement qu'il femble que ce foient les iardins d'Alcinoé : & m'efbahis que ceux qui

ont voulu baftir vn fecond *Malcouta Haia-del-holan*, qui eft à dire vn Paradis de vie eternelle & terreftre és ifles Fortunees, ne luy ont dreffé fon champ en ces campaignes. C'eft là que fe trouuent les vers qui filent la fine foye, en telle quantité, qu'on en fournit plufieurs païs qui la vont querir iufques là. Le bled y vient comme par defpit, & toute forte de grain : de façon que fi ceux du païs cultiuoient la terre comme nous faifons, il ne feroit pas poffible qu'ils peuffent ramaffer les fruicts de leur femence. Ils y fement fans donner façon à la terre, & encor recueillent-ils plus qu'ils ne veulent. Des arbres fruictiers, ie croy qu'en toute la Fráce & Italie ne fe recueille tant de fruicts, que en la feule Hircanie, bons au poffible, & fur tout les Figues, qui y font groffes à merueilles. Outreplus, Nature y monftre vne force nompareille, entant qu'il tombe ie ne fçay quelle douceur de rofee la nuict fur les arbres, laquelle diftillant, & eftant mangee, approche du gouft du miel : ce qui toutefois n'aduient en toute efpece d'arbres, feulement en certains, & naturels à cefte feule contree (qu'ils appellent *Ochy*, & les Hebrieux ou Iuifs du païs, *Oolibama*, & les Grecs *Orthofiada*) lefquels ont prefque la fueille comme vn Figuier, fans qu'ils portent autre fruict que cefte douceur de la rofee du matin. Et n'eft cecy incredible, & hors des communs ouurages de Nature : attendu qu'en plufieurs endroits de noftre Europe fe recueille bien cefte liqueur doucereufe, qu'on appelle Manne celefte, qui fe conuertit en grains comme de dragee, & fur les arbres, & fur les rochers, & n'y a fi petit Apothicaire Leuátin, qui n'en ait en fa boutique. Or foit que cela foit la fueur du Ciel, & fa faliue, comme aucuns ont dit, ou le fuc & fubftance d'vn air ferain qui fe purge, fi eft-ce que celuy d'Hircanie ne fe conuertit point en grains, ainfi que fait noftre Manne, de laquelle i'ay veu prendre fur des arbres au païs de l'Arabie heureufe, mefmes en Calabre, ains f'amaffe comme le Miel amoncellé, & d'vne couleur entre blanche & iaunaftre. Ce fut la caufe pourquoy le Roy Antiochus, furnommé Soter, efmeu du renom de la falubrité de l'air, & fertilité de la terre, f'efmeruueillant qu'en vne region fi froide y euft telle abondance de toutes chofes, effaya de la circuir toute de muraille, à fin que ce fuft pour fon feul plaifir, y faifant baftir vne ville qu'il nomma de fon nom Antioche : les veftiges de laquelle apparoiffent encore auiourdhuy. Mais il fut fruftré de fon efpoir : d'autant que luy mourant, l'œuure ceffa, & la ville demeura imparfaicte. Autant en peult on dire d'vne autre qu'il fit faire en la Palefthine, où à prefent on ne vous fçauroit dire qu'elle fut baftie, ne l'ayant onques peu fçauoir, pour quelque recherche que i'en aye fceu faire. Touchant ceux qui difent, qu'en ce païs il y a des vignes, qui ont le fep & tróc fi gros, que deux hommes ne le fçauroient embraffer, il ne fault point croire telle fable, non

plus que les raifins y font longs d'vne couldee & demie. Ie ne fçay où Pape Pie fecód auoit pefché cela, f'il ne l'auoit prins de Strabo, qui en parle affez maigrement : fur lequel propos f'eft auffi trompé Múfter, & quelques autres Modernes, lefquels par leurs bourdes couftumieres font foifonner ce païs là en trefbon vignoble : chofe tres mal entendue à eux, pourautant que la vigne n'y croift aucunement, & que quelque fertilité qu'il y ait d'autre chofe, fi eft-ce que le froid du Nort y eft fi grand, qu'il empefche que le plant d'icelle y puiffe venir. Car fi quelquefois lon y en a veu, ce n'eft pourtant

à dire, qu'il y en ait à prefent, & que les raifins y profitét : veu mefmes que ceux du païs
long temps y a font Mahometiftes, qui ne boiuent point de vin, & ne plantent iamais
vignes. I'accorderay bien, que lon y peult voir des troncs de feps de vigne : mais ce
qui en croift, ce font lambrufques, comme raifins fauuages, femblables à ceux que lon
trouue encore auiourdhuy en Canada (païs qui eft en mefme temperature) que la terre produit de fon naturel, fans iamais l'auoir plantee ne cultiuee : mefmes i'en ay veu
& trouué en plufieurs lieux & endroits de terre continente vers *Bacalleos*, voiré dans
quelques ifles deshabitees, où iamais home ne demeura pour y cultiuer la terre. Que
fi vous m'alleguez qu'il y croift des Figues, la confequence n'en vault rien : d'autant
que le mariage du Figuier & de la Vigne n'eft fi correfpondant de l'vn à l'autre, qu'il
foit neceffaire que la terre qui nourrit le Figuier, nourriffe auffi la Vigne, & que où la
Vigne fructifie & abonde, le Figuier en face autant. Veu qu'en la France, tout autour
de Paris & d'Angoulefme y a de bons vignobles, où les figues y font fort maigres, &
n'y peuuent profiter : & en Egypte y a des plus belles figues du monde (que les Turcs
& Arabes nomment *Ingirh*, & les Grecs, *Sicha*, fçauoir ceux qui font de la langue vulgaire, & les autres luy donnent le nom *Demeros* : qui quelquefois, fe prend pour l'arbre mefme qui porte le fruict) toutefois ne f'y trouue vn fep de vigne. Cefte terre abóde encor en Chefnes, Pins & Sapins, les plus beaux qu'on fçauroit voir : & font fes bofcages fi efpais, que le feul regard engendre horreur, tant ils font obfcurs & defuoya-
bles : de forte qu'il eft impoffible qu'vn homme eftant entré vn peu auant, f'il n'eft gui-
dé par ceux du païs, qu'il n'y demeure pour la pafture des beftes, defquelles il y a fi
grande quantité, que d'icelle les Tigres ont iadis porté le tiltre d'Hircaniennes. Et à
ce propos, ie ne veux oublier, que plufieurs m'ont dit, qu'ils ne penfoient point que
les Tigres fe trouuaffent en ces regiós ainfi froides, & que fon naturel, tout ainfi qu'au
Lyon, eft de fe tenir és païs chaulds, comme en l'Afrique, Guinee & Ethiopie, & en
quelques endroits des Indes. Duquel aduis i'ay efté long temps, me femblant bien que
aucune chofe rauiffante & furieufe ne pouuoit viure en lieu, où le froid & l'humidité
abondaffent, & que ainfi la Scythie, ne l'Hircanie qui luy eft fort voifine, ne pouuoiét
nourrir Tigre, Panthere, ou Leopard. Quant eft des Lyons & Elephans, & toutes efpeces de Guenós, Singes, & Marmots, c'eft chofe trop affeuree, que le Nort & païs fufdit n'en nourrit point : mais des Tigres & Pantheres, il fen trouue en Hircanie, & à la
verité plus veluz, que ne font ceux d'Afrique, & autres lieux de l'Afie. Voire i'en ay
veu en la terre & païs de l'Antarctique, que les Sauuages nomment *Pathaçochy*, c'eft à
dire Befte nuyfante, à qui ils font tous les iours la guerre, pource que fouuent elles
mangent leurs *Cognomi-mery*, fçauoir leurs petits enfans : fi que vn iour eftant en vn
village, où lon m'auoit prié d'aller pour recouurer viures, pour deux *Ioappa* & *Thaffe*,
qui font Serpe & Coufteau, me furent par ces Barbares donnees fix peaux de ces beftes. De la part d'Europe il n'y en naift point, d'autant que celles que lon y voit, font
renfermees és Palais & maifons des Rois & Princes. Il fen trouue donc en Hircanie,
des plus furieufes & cruelles du monde, & qui eftans pourfuyuies, où ils ne fentent le
moyen de fe reuencher de ceux qui les chaffent, vont le mieux du pied, que befte qui
foit. Et c'eft auffi pourquoy les Armeniens & païs voifins les ont appellez Tigres, attendu que toute chofe allant impetueufement, porte tel nom en leur ancienne lague.
En cefte efpece de befte, c'eft tout ainfi qu'entre les Efperuiers, c'eft à fçauoir, que la femelle vault mieux que le mafle : auffi la femelle du Tigre ne fuyt pas volontiers, & eft
beaucoup plus courageufe : encores qu'il ne face guere bon rencontrer ne l'vn ne l'autre. Le mafle garde la tafniere, tandis que la femelle allaicte les petits : & c'eft lors qu'à
gräd' peine vous les fçauriez faire mettre en fuite. On les chaffe fort en ce païs là, d'au-

Vigne qui croift fans eftre platee.

L'Hircanie abonde en Tigres.

tant que c'eft vne befte dangereufe, & que la laiffant multiplier, elle apporteroit du dommage beaucoup : ioinct que fa peau eft trefbelle, de laquelle ils fe veftent, & que leur graiffe eft profitable & de bon remede pour les gouttes, ainfi que i'en vey faire l'experience en Afrique fur vn More, qui en crioit nuict & iour, & f'en fentit allegé. Les Arabes les appellent *Alaboaht*. Ceft animal f'appriuoife difficilement, & non fi

Le Lyõ, eftãt captif, n'eft point furieux : & comme i'en tuay vn en Egypte.

toft que le Lyon, ainfi que l'ay cogneu par deux Lyonceaux & deux Tigres fort ieunes, qu'on nourriffoit en Alexandrie d'Egypte, pour mener à Florence en Italie : où en peu de temps les Tygres moururent, & l'vn des Lyonceaux. Or eftoient-ils au mefme logis où ie me retirois. Il aduint donc, que le Lyon qui reftoit, affez grãd, & gros comme vn Barbet, fe fafchant d'eftre feul, & eftant demy enragé, rompt fa corde, & venant de fortune en ma chambre, fe voulut ruer fur moy. De forte que tout eftonné de telle furprife, & cõtraint pour le peril auquel i'eftois, i'empoignay vn bafton long de deux pieds, & gros comme vn eftœuf, & comméçay à le careffer fi bien, qu'en deux ou trois coups que luy donnay fur la tefte, il fut abbatu par terre, & le chaffant dehors, au bout d'vne heüre il mourut. Et cela me fait penfer, que ces beftes rauiffantes & farouches f'auiliffent, fe voyans captiues, & ayans le cœur gros & fuperbe, fe laiffent mourir de fafcherie, ne pouuans viure en leur premiere liberté.

*Poursuite d'*HIRCANIE, *& de diuerfes efpeces de beftes & poiffons.*
CHAP. VIII.

'ASIE nourrit de grands animaux, l'Europe de forts, & l'Afrique de monftrueux & difformes. N'eftimez pourtant que ceux de l'Afie ne foient autant ou plus furieux que ceux d'Afrique, veu mefmement que ces Tigres Hircaniens font plus hardis que ceux d'Ethiopie & de la Guinee : defquels toutefois, auec ce qu'ils font terribles, les gens du païs viennent bien à bout, & entendez comment. Ils font vne foffe

Ruze des Hircaniens à prẽdre les Tigres.

fort large & creufe, à trauers de laquelle ils mettent vne groffe poutre, qui fouftient quelques branchettes qui ployent aifément : & fur le milieu d'icelle attachent certaine petite befte comme vn Cochon. Ainfi le Tigre, qui a l'oreille bonne, court vers cefte proye, & la voyant, ne fault de faulter au milieu de la foffe : tellement qu'il fe voit tout auffi toft au fonds, où il eft tué à coups de flefches. Ils dreffent donc de tels attrapoirs en diuers lieux, où quelquefois des Ours ont efté prins : combien qu'ils y font fi ftilez, que de loing ils fentiront, & f'aduiferont de ce qui leur eft preparé. On prend auffi les Tigres à force d'hommes, faifans comme lon fait la huee pardeça contre le Loup : mais il n'y fault point aller fans eftre bien embaftonné & accompaigné, & fur tout quand on entreprend d'auoir les petits : pourautant que c'eft là que ces beftes employent toutes leurs forces. Que fi les chaffeurs ne font que dix ou douze hommes, le mafle & femelle ne fe faignent de fe ruer fur eux. Pour à quoy pouruoir, iadis les Anciens leur iettoient de grands miroirs de glace fort fine : efquels tandis que ces beftes regardoiẽt, & y voyoient leur effigie, penfoient que ce fuffent leurs petits : & ce pendant les autres prenoient la garite. Auiourdhuy f'ils font pres des riuieres, ou de quelque hault arbre, & que ces beftes fe prefentent pour les affaillir, ils montent deffus, ou fe lancent dedãs l'eau, pour fe fauuer, tout ainfi que font les Sauuages de la Guinee, ou les Ethiopiens, quand les Lyons les pourfuyuent de trop pres. Ie n'ometttray auffi, qu'en ce cofté Septentrional, fe trouue fur les montaignes des Afnes fauuages, non guere differẽts aux noftres, fauf qu'ils ont les oreilles plus longues, & plus veluz fans comparaifon, &

Afnes fauuages qu'on dit eftre Licornes.

principalement fur le col & au gofier : defquels i'ay veu vne peau en Conftantinople.
Cefte befte eft la plus ialoufe de toutes, & qui ayme le plus fa femelle : de forte que fi
autre l'approche, ne faudra de luy courir fus. Et fçauez vous où? A belles dents aux ge-
nitoires, que fouuent ils emportét, à fin que aucune ne f'accouple auec fa femelle. Lon
me faifoit iadis accroire, que c'eftoient des Licornes, à caufe qu'on me faignoit ces Afnes auec des cornes. Neantmoins ayant veu les païs fufdits, & fait l'experience de
tant de chofes, ie me tiens à ce que ailleurs ie vous en ay difcouru, quelque corne que
i'aye peu voir artificiellement ainfi faite. Et ne fe fault eftonner d'ouyr dire, qu'il y a
des Afnes fauuages (que ce peuple nomme *Affelach* : le domeftique *Seccath*, & l'Allemant *Efel*) non plus que des Pourceaux, Cheuaux & Bœufs: defquels mefme fe trouue au Peru : non que naturellement ils fuffent tels, mais les Efpaignols y en ayant conduit, ils f'efgarerent par les bois, & ayans fait des petits, ceux cy ont veftu vn naturel farouche & fauuage. Au refte, vous trouuez en Hircanie grand nombre de Tigres, que
ceux du païs ont appriuoifez pour leur plaifir : (ie ne vous fçaurois dire fils en mangét la chair.) Ils ont auffi de beaux Chiens, & furieux. Et c'eft ce qui a donné occafion
à plufieurs de croire, que encor à prefent, comme lon dit que fe faifoit le temps paffé,
les enfans, pour honorer leurs parens, & chacun particulierement fon amy, en nourriffent, à fin que le pere, parent, ou amy, eftans paffez de cefte vie mortelle, ils les accompaignent en leur fepulture. En toute cefte contree iufques en l'Orient, & tournant
au Septentrion, les hommes ont efté fort farouches, mais toutefois non tant, que plufieurs autres ne les furpaffent, voire de ceux qu'on eftime auoir efté les plus courtois
& ciuils. Vn cas fçay-ie bien, qu'auiourdhuy ils ont la fepulture en auffi grãde recommandation, que peuple qui foit foubz le Ciel : & qu'on ne m'allegue point qu'ils font
Mahometans, veu qu'il eft certain qu'en la planure ils font fuiets au Roy de Perfe, tout
ainfi qu'vne partie des Armeniens. Vray eft, que fi vous paffez oultre dans les montaignes, il y a vne efpece de galans, qui ne cognoiffent Iefus Chrift, Mahemet, ny autre, &
ne fe foucient que de regarder le Soleil au matin quand ils fe leuent : ce que ie fçay par
deux Efclaues, lors que i'eftois fur la mer Noire, qui fe difoient eftre Gentilshommes,
& des meilleures maifons du païs. Ces montaignars auffi ne recognoiffent quafi point
ne Roy ne roc, & n'a efté poffible à homme de les fubiuguer, ny encor font-ils fuiets à
autre, qu'à leur propre fantafie, tout ainfi que vous diriez les Georgiens pres l'Armenie, & les Arabes aux deferts d'Afrique. Or fe nomme ce peuple, ainfi addonné à fa liberté, par ceux du païs, *Chilluy-Hircal*, qui eft à dire, Montaignes froides, & fe tient au
mont Caucafe du cofté du Nort, qu'ils appellent *Nielluy-Hircal*, qui fignifie Chargé
de neiges, ayant de longueur quelques trentefix lieuës, & douze ou treize de larges
montaignes à la verité fi fafcheufes, qu'il eft prefque impoffible que homme puiffe
trouuer addreffe pour y aller, non plus que de chemin frayé par celles de Georgianie :
tellement que les vns & autres de ces griffons de montaigne, tiennent prefque ceux
qu'ils recognoiffent pour Seigneurs, en fuiection. Au milieu du mont de *Nielluy*, fe
trouue vn endroit, plus eminent que le refte, qui regarde le plus vers le Nort : auquel y
a vne chofe, qui femble degenerer de Nature, à fçauoir que au fommet on apperçoit
du feu, comme iadis on faifoit au mont Ethna en Sicile. Mais fçauez vous comme il
eft grand? Il eft hault efleué en l'air, & en fon rond contient plus de foixante toifes : de
forte qu'eftans fur les autres monts, vous le voyez de plus de trente lieuës loing. Par là
on cognoift, que le lieu eft fulphuré, & que rien n'en empefche, encores qu'il y face
froid, & que la neige foit au bas & au hault tout le long de l'annee : veu qu'il fe trouue
de ces Vulcans, ou monts fumeux, és lieux les plus froids du monde, tant du cofté de
l'Afrique, en l'ifle de Tille, que de l'Antarctique en plufieurs endroits, Nature ne per-

*Tigres &
Chiens fu-
rieux.*

*Feu ardent
fur vne mõ-
taigne.*

dant fa force en pas vn lieu.Ie ne fçay fi ce ne feroit point,où les Grillons & Salemandres fourmillent & repairent. Ce que ie dy en paffant , d'autant que l'vn des plus im-
pertinents hommes de noftre temps, en vn certain liuret, fureté & rapporté de toutes
pieces , fueillet quatre cens feptante & huictiefme , veult par fon lourd efprit maintenir, que ces beftioles grillonnieres, & Salemandres auffi, fe nourriffent, non,dit-il, au
dedans du feu,ains és enuirons où tels feux font continuels,comme en ces endroits là.
Ne voyla-pas vn gentil traict , & auffi peu veritable,que ce qu'il nous a laiffé par efcrit
dans fon mefme bouquin , fçauoir que lors que les habitans de l'ifle de *Melo* , pofee
en la mer Mediterranee , cauent, fouillent ou creufent leur terre en quelque endroit
que ce foit , tout auffi toft elle y furcroift , fans induftrie ne art d'homme viuant, & fe
rempliffent fes trouz & concauitez d'eux mefmes?Ie m'attéds bien que quelques ignorans,accafanez en France,qui ne voyagerent iamais non plus que luy,pourront adioufter foy à fes baueries & triacleries. Mais auffi ay-ie fait cefte petite digreffion tout expres,& à caufe que l'impieté , menterie & orgueil me defplaift fur toutes chofes. Ie ne
doute point toutefois , qu'à ceux, à qui le fubiect & roollet default, n'ayans dequoy
payer,il ne foit permis à la maniere des *Ifaachi* & *Torlachi*,Caymans de Turquie,d'inuenter quelque bourde pour donner foulas au peuple idiot, tout ainfi que ceftuicy
fait par fes difcours , fi ainfi les fault appeller:lequel tantoft vous voyez difputer contre Martin Luther , & le ranger auec ceux de fon efchole au parfond des enfers : puis
fuyuamment,quád il depeint Caluin,de Beze,Zuingle, Pierre Martyr, Bucer, & tous
les autres Caluiniftes,il les accouftre,ne fault pas dire comment : & incontinent chargé d'vne mefme colere, & transporté d'efprit, il fe defgorge fur Papes,& Papiftes,fur
l'oyfiueté des Moynes,& infolence des Preftres, n'ayant honte de les appeller gaigne-
deniers: & en fin parlant des Iuges laiz,il vous les griffonne comme il fault. Bref,ce fe-
gnalé dentelleroit volótiers,f'il luy eftoit poffible,la Lune & le Soleil, tant il eftime de
foy:combien que ce ne foit que l'ombre d'vn feul Elephát d'Afrique.Mais pour reuenir à la montaigne, de laquelle ie vous ay parlé , elle eft haulte de trois bonnes lieues,
remplie des plus beaux Cyprez du monde, le deffus n'eftát fi froid que le bas : où fi vn
homme demeuroit fans faire exercice,il ne fçauroit guere durer en fanté : ayant au refte à fon pied plufieurs belles riuieres.Dauãtage il eft à noter,que bien qu'en plufieurs
endroits la region Hircanienne foit temperee , fi eft-ce qu'en d'aucuns ils font fi fuiets à diuerfes paffions que merueilles, leur aduenant cecy , partie à caufe des grandes
froidures prefque perpetuelles, partie pour les eaues corrompues des lacs & eftangs,
qui ne courent point (comme font celles des regions temperees,que i'ay veuës & paffees entre les deux Tropiques) & où il y a des poiffons & vermine pleine d'infection:
de façon que les plus vieux du païs font tous podagres, fans pouuoir cheminer, ne
f'ayder bonnemét de membre quelconque. Or la principale medecine, dont ils vfent
pour allegement de leurs douleurs, ce font les baings, qu'ils font dans leurs maifons:

lefquelles (pour ne rien oublier) ne font fi bien bafties que celles du grand Caire,Da-
mas,Hierufalem,ou de Tauris,ains feulement couuertes de bois ou de chaume: comme encor les plus petites font toutes faites en rond,& couuertes de peaux,ou de quelque groffe toile ciree, dont ils ont abondance : où ils font toufiours bon feu tant de
iour que de nuict. En quoy Nature les ayde bien : pource que fi la region eft froide,
auffi ont-ils du bois pour obuier aux rigueurs de la froidure. Pour faire donc leurs
baings, ils ont de grands vâfes, comme Cuues, de terre cuite, où ils font bouillir l'eau:
& mettent dedans quatre ou cinq liures de foulphre,qui leur eft fort cher,y adiouftás
du guy de Chefne , qui leur eft commun,& en quantité, nommément és lieux mariti-
mes.Encor me dift on,qu'ils y mefloient vne certaine liqueur,qu'ils tirent du Chefne

apres l'auoir pertuisé, ainsi que sont les Ethiopiens & Guinéens leurs Palmiers, lors
qu'ils en tirent du breuuage. Tous ces Simples ayans bouilli ensemble, ils dressent leur
baing, & s'y baignent plusieurs fois auant que de sentir allegement : toutefois en vn
mois ou deux, quelque vieil qu'vn homme soit, ne fault à se trouuer fort bien. Il y a
aussi cela, qu'ils n'entrent iamais au baing, qu'au parauant ils ne se facent ouurir la veine par l'espace de trois iours consecutifs, vsans d'vne fort grande abstinéce, & de viandes legeres, mesmement les plus riches & grands Seigneurs. En outre, les femmes & filles qui ne peuuent auoir leurs fleurs ; font des baings, où ils mettent force Rue, qu'ils
nomment *Thersach*, & les Grecs villageois *Cepeuton*, & l'Arabe *Rohobiah*, auec des
fueilles de l'arbre, que ce peuple nomme *Thanach*, qui ressemblét à celles des meuriers
de pardelà, que les Grecs appellent *Sicaminea*: & s'en trouuent bien. Ie vous ameine
toutes ces choses, pour vous monstrer la diligence que i'ay fait estant pardelà. Ainsi
passé que les hommes ont par les baings, ils vsent fort de mouëlle de Cerf, ou de celle
d'vne beste qu'ils nomment en leur langue *Elquèuort*, qui est de la mesme grandeur
du Cerf, ayant la peau rouge, la teste grosse & courte comme celle d'vn Loup Ceruier,
sans cornes, le col court, les yeux gros, & fort camuz, la poictrine tachetee de marques
blanches & noires, la queuë longue de deux ou trois doigts : la chair de laquelle est
tressauoureuse & delicate, plus que celle du Cerf, & sa mouëlle de gráde requeste pour
les gouttes. Voila comme les Hircaniens donnent remede à leur Podagre, qu'ils nomment *Culgot*. Par cela on peult voir qu'il n'y a region au mōde, où les hommes ne sentent quelques infirmitez, consideré qu'en ce païs si froid, ceux qui sont addonnez à excez de viandes, s'ils ne font exercice perpetuel, sont le plus souuent detenuz des susdites maladies: entre autres les estrágers nouueaux venuz des autres côtrees. En passant ie
ne veux laisser ce que Solin, homme tant estimé, recite, l'ayant prins, comme il dit, d'vn
ancien Geographe Xenophon, que en la mer d'Hircanie (qui est la Caspie) du costé
de Septentrion, y a vne isle nommee *Abaltie*, où les hommes ont les pieds, iambes, &
cuisses comme celles d'vn cheual, & viuent d'œufs d'oyseaux. Mais regardons, ie vous
prie, la fable toute euidente, de dire que ces hommes là viuent de telle façon, & nous
les faire Cheualins. I'aymerois autant croire les Centaures des Thessaliens, attēdu que
ie sçay le contraire. Au surplus, les voisins de l'Hircanie sont les *Vppes*, ainsi nommez auiourdhuy, que les Anciens appelloient Bactrians, suiets aussi au Sophy, iadis
l'vne des Satrapies de Perse, situee le long du fleuue *Thina*, region fort belle, & comprise soubz le Royaume de *Corazzan*, abondante en Chameaux, beaucoup meilleurs
que ceux de la Syrie, & des Cheuaux aussi gaillards & brusques, qu'il y en ait en la su-
iection du Roy de Perse. C'est ceste region, qui anciennement estoit la nourrice des
meilleurs esprits, & des plus sages qui fussent à la suyte du Monarque des Perses : c'e-
stoit ceste Bactriane, qui abondoit en Magiciens, & hommes, qui outre la contemplation des choses naturelles, passoient plus auant, & alloient iusques à l'inuocation des
esprits, & aux effects de la science obscure, qui porte le nom de Necromance. Aussi le
premier inuenteur de la Magie, & à qui on refere l'inuention du cours des Astres, est
Zoroastre, qui fut Roy des Bactrians, l'vn des plus ingenieux hommes qui furent onc.
Bref, cés gens là, aussi bien que ceux de la Sogdiane, sont vaillás & adroits, & c'est d'eux
que le Sophy dresse pour le plus son armee, côme des meilleurs soldats qu'il ait. Leur
païs est bon & fertil, l'air y est attrempé & sain, & ne sont pas tant suiets aux rigueurs
du froid, comme sont les Hircaniens, Zagates, & Turquestans. On tient que l'Apostre
Sainct Thomas, auant que passer aux Indes, prescha l'Euangile aux Hircaniens, Bactrians, & Parthes : toutefois nous ne trouuons point que ce païs ait iamais tenu la doctrine Chrestienne, sinon du temps de Hayton Roy d'Armenie. Voila ce que i'ay peu

*Solin s'abu-
se en cecy.*

*Le Roy Ba-
ctrian, pre-
mier inuen-
teur de la
Magie.*

recueillir des Modernes du mesme païs touchant l'Hircanie & païs voisin : laissant les Anciens, desquels chacun a les liures entre mains, & d'où lon peult tirer ce qu'ils en ont dit, & ce qu'ils en sentent fort maigrement.

Du païs de G A L A T H I E, *& des Esclaues Chrestiens qui y sont.*

C H A P.   I X.

L ES G AVLOIS ayans vaincu le peuple Romain, & saccagé le Capitole, & presque toute la ville de Rome, ne se contenterent pas seulement de cela, ains passans oultre, feirent tant par leurs iournees, qu'ils vindrent iusques en la Pannonie & Dalmatie, & puis entrerent en l'Albanie, iadis Epire, & de là au Royaume de Macedone, tous païs d'Europe. Auquel lieu le Roy du païs leur estant venu au deuant, fut vaincu & occis, & sa teste portee sur le bout d'vne lance tout le long de l'armee, en derision de sa temerité. Or cest acte donna tel espouuantemét aux Rois lointains & voisins, qu'il n'estoit pas vn qui ne rachetast la paix à grande somme de deniers, & qui ne se rendist tributaire à ceste armee espouuantable. De façon que les Gaulois enorgueillis d'vne telle conqueste, comme ils fussent separez en trois bandes, dont la moindre estoit de plus de deux cens mille hommes, soubz la conduite de *Brennus, Belgius,* & *Leonnorie,* prindrent complot de passer en Asie : auec lesquels se ioignirent encor les Galathes & Grecs : si que de deux nations ainsi meslees, ils furent appellez Gallogrecs, combien que plus estoit commun & vsité le nom de Galathes. Telle fut donc la vaillance des Gaulois, qu'ils se feirent Seigneurs d'vne bonne partie de l'Asie, veu qu'ils allerent iusques en Phrygie, & se tindrent long temps sur les lieux où auoit esté bastie Troye, pour le moins ainsi que nous imaginons. Quand les Grecs Asiatiques (ie vous dis hommes & femmes) n'ont autre chose à faire, & sont à loisir, ils s'amusent à lire par recreation l'histoire des Gaulois, qui leur sert de Chroniques ; y prenans aussi grand plaisir, que nous faisons pardeça à lire les gestes de leurs ancestres, ou histoire Troyenne : leur ayant veu en plusieurs lieux en leur langue Grecque vulgaire certaines Chroniques des anciens François & Empereurs Romains. Au reste, ils estoient tant estimez, que Roy aucun ne pensoit pouuoir vaincre son ennemy, s'il ne les auoit à son ayde. Il y en a, qui disent que le Roy de Bithynie, ayant guerre contre ses voisins, appella les Gaulois à son secours, & que estát victorieux par leur moyen, il partagea son Royaume auec eux, & leur donna ce qui depuis s'appella Gallogrece. Mais soit que ce Roy les ait semons à son ayde, ou qu'ils y soient venuz de leur mouuement, il appert que les Gaulois ont esté ceux, qui presque iusques à nostre temps (au moins les descenduz d'eux) ont tenu ceste terre : plus heureux certainement en leurs conquestes, que ceux qui de mon temps ont voulu chercher nouuelles terres, ou en Canada, ou en l'Antarctique, ou à la Floride. Ce païs de Galathie au commencement fut diuisé en Duchez : & à la fin ils feirent vn Roy, chef de toute la nation, tel qu'a esté Deiotare, qui fut accusé deuant Cesar de luy auoir esté aduersaire, la cause duquel fut deffendue par Ciceron : & depuis, Amyntas son successeur estant mort, il fut redigé en forme de Prouince du temps d'Auguste, & en fut le premier Preteur vn Marc Lelie. Ainsi ce Royaume a demeuré soubz l'obeïssance de l'Empire, soit de Rome, soit des Grecs, iusques à ce que les Turcs l'ont vsurpé par force sur les Chrestiens, soubz la conduite du premier des Othomans, enuiron l'an de grace mil cent sept. C'est ceste Galathie, qui fut instruite par le Prince des Apostres, leur annonçant la parole de Dieu : & depuis estát à Rome prisonnier, ayant entendu qu'ils s'estoient desuoyez de la saine doctrine, leur

Grecs cu-
rieux des
histoires
Latines.

Sainct Paul
escrit à ce
peuple.

escriuit l'Epiſtre intitulée aux Galathiens. Reſte à voir les villes qui ſont en icelle, baſties par noz Gaulois, attraicts de la beauté & fertilité du païs : veu qu'il n'y a choſe
que lon puiſſe ſouhaiter pour la vie de l'homme,qui ne ſe trouue en ceſte region fort
aiſément. Vous y voyez premierement celle d'*Amaſie*, de laquelle tout le païs a prins
maintenant le nom,ſituée ſur vne belle riuiere par moy ia nommée *Lyris*,& *Ginopoly*,
qui eſt ſur la mer Maieur. Au milieu de la prouince, eſt le hault mont *Didyme*, enuironné de tant de ruïnes que merueilles, & qui vous monſtrent quels ont eſté les habitans,& s'ils deuoient rien en magnificence aux Grecs,ny aux Romains. C'eſt en Amaſie,que m'accoſterét vne troupe de Chreſtiens ſectaires, du païs voiſin d'Armenie, qui
venoient de Trebizonde pour les affaires du Clergé,& d'vn certain Patriarche, que le
peuple auoit eſleu malgré la rage des Eueſques:à cauſe dequoy les choſes paruindrent
iuſques à tel diſcord, que le Baſcha dudit lieu fut contraint y enuoyer deux de
ſes Chaouz, accompaignez de pluſieurs Ianiſſaires, pour les faire obeïr & rendre ſuiets audit Patriarche nouuellement eſleu. Aduint donc qu'eſtant par cas fortuit arriué
en ce lieu là, vn de leur compaignie, nommé *Cadiſſac*, homme accort & de gentil eſprit,deuant tous me voulut interroger, me demandant quelle religion & façon de viure ie tenois. Auquel ie feis reſponſe, que certes i'eſtois de celle de *Iexvmin Meſſial-
cach*, fils de *El marian Sulta*, ſçauoir de Ieſus le Meſſie, fils de la vierge Marie, ayant
pour mon Paſteur vn Patriarche, ou ſouuerain & grand Eueſque ſur tous les autres,
faiſant ſa demeure à la ville de Rome. Ainſi ce gentil Chreſtien commence à me œilleter auec vn viſage aſſez farouche & rebarbatif, diſant deuant l'aſſiſtace à haulte voix
en ſon patois : *O Dybes Zahara,Aſſiech,Epheſcophos Heromoué*, O Loup Magicien,ſu-
iect à l'Eueſque Latin , mandit de noz anciens Peres:celuy dy-ie qui iadis a eſté ſi fort
contraire à tous noz Synodes,meſmes aux *Chamarach el lachma* ; à noz ſaincts Sacremens, & contre l'opinion *Del Soupy, Hobroé, el Iouuos, Arannoé,Gouroilz* ; & contre-
uenant à l'opinion & interpretation des Hebrieux, Grecs, Armeniens, Syriens, Georgiens,& autres Chreſtiens Leuantins. Retire toy (me diſt il) Chien-heretique, ſi tu ne
veux que ie te tue,& face paſſer le pas pour vn homme de ton païs.Tellemét que mon
Truchemant, qui eſtoit vn Grec de l'iſle de Negrepont, nommé Anaſtaſe, qui ne valoit guere mieux que luy,me laiſſa ſeul,voyant que ſix Ianiſſaires commencerét à ruer
ſur le pauure Theuet, & ſur vn Eueſque Neſtorien qui eſtoit à l'audience, qui n'en eut
guere moins que moy. Depuis ie fus aduerti par ledit Neſtorien, que leur Patriarche,
nommé en leur langue *Batamiſach*, dés deux ans auparauát auoit introduit ceſte nouuelle ſecte,iudaïſant, & approuuant la Circonciſion huict iours apres que l'enfant eſt
né,& de ne tenir autres images que le Crucifix en leurs Egliſes: Plus,que le Patriarche
& Eueſques ſeroient mariez à la maniere & façon des Preſtres de tout l'Orient, contre
l'opinion de l'Egliſe des Chreſtiens Leuantins.Voila le danger de mort où ie fuz paſſant chemin.Apres *Amaſie*, vous auez les villes de *Garipe* & *Careſe*,au pied du mont
Didyme vers Midy:& *Poſſene* , iadis nommée *Peſimintie* (d'où les Romains aueuglez
tranſporterent à Rome la grand' Idole de Cybele) baſtie par le Roy Mithridate, biſ-
ayeul de celuy qui fut deſtruit par les Romains:puis celle d'*Adaſlan*, ſur les limites de
Bithynie,ou Natolie,où mourut ſoudainement le bon Empereur Iouinian, l'an trois
cens ſoixanteh uict, venant de l'expedition contre les Perſes, le ſeptieſme mois de ſon
Empire (comme diſent les Grecs du païs, & Iuifs pareillement) bon Prince certes, s'il
euſt regné longuement:& qui auoit ſuccedé au deteſtable Iulian l'Apoſtat. Et côbien
que ie ne vueille icy faire vn denombrement de toutes les villes que i'ay veuës audit
païs,ſi n'oublieray-ie point celles,où a flori la ſaincteté de l'Euangile, comme *Ancire*,
à preſent dite *Mediach* en Turc,où fut Eueſque vn Marcel,homme treſdocte : lequel

Hiſtoire d'vn Chreſtien Leuantin.

Mort de Iouinian Empereur.

toutefois eſtât ſoupçonné de l'hereſie Sabelliane, fut deietté de ſon ſiege, tant le temps
paſſé on aymoit l'integrité de l'Egliſe, & mis en ſa place vn Baſile, Medecin, homme
de grande ſainčteté & bonnes lettres. En ceſte ville fut celebré le Concile Anciritin, à
la difference d'vn autre *Ancyre*, qui eſt en Phrygie. Venant de la Satalie, au pied du
mont Taurus (non celuy de Perſe, ains de Galathie) i'en vey vne autre, nommee *Lar-*
dicee, toute bruſlee, qui giſt à ſoixantedeux degrez de longitude, & trenteneuf degrez
quarante minutes de latitude: laquelle eſt loüée de ce que anciennement elle a eu pour
Eueſque vn treſdočte homme, compaignon de Gregoire Nazianzene, appellé Pelagie (non l'heretique) qui ſe trouuant au Concile de Thiane, maintint & deffendit par
raiſons & textes de l'Eſcriture, ce qui auoit eſté ordonné au ſainčt & grand Concile
general celebré à Nicee, du temps du grand Conſtantin, où l'erreur de l'Arrianiſme
fut condamné, mais non du tout aſſoupi. Le païs où ceſte ville eſt aſſiſe, ſappelloit le
temps paſſé la region des Tečtoſages, ſortis des Gaulois Belges : & combien que preſque tout l'Orient parlaſt Grec pour lors, ces Galathiens auec cela parloient encor purement le Gaulois, tel qu'on fait vers le Hainault à preſent. Dequoy ne ſe fault beaucoup eſbahir, veu qu'en Cypre auiourdhuy les Grecs ont la plus part de leurs voca-
bles François (comme i'ay obſerué) dés le temps que ceux de Luſignan eſtoient Seigneurs de l'iſle. En Galathie a pluſieurs beaux fleuues, côme *Sangaris*, giſant à ſoixantedeux degrez minute nulle de longitude, quarantedeux degrez quarante minutes de
latitude, qui court depuis ledit mont Didyme iuſques dans la mer Maieur, pres de

Pruſſe. Dans ceſte riuiere entre celle que lon dit *Parthenie*, & vne autre nommee *Gal-*
lus : leſquelles toutes foiſonnent en treſbon poiſſon, entre autres de Brochets, les plus
gros que ie veis iamais, ſ'y en trouuant tel qui a ſix pieds en longueur, & la groſſeur de
meſme proportiô, & les meilleurs de ſoubz le ciel. Ce peuple les nomme *Zoheth*, les
Tartares *Mazarth*, l'Allemant *Hečth*, le Polonnois *Scruka*, & le Boheme *Scika*.
I'ay veu auſſi en vne ville fort ancienne, nommee *Iuliopolis*, pluſieurs medalles antiques, & vne ſtatue de la ſuſdite Deeſſe Cybele, trouuee ſoubz vn rocher. La fontaine
d'où ſort le fleuue Sangaris, ſappelle *Cis*, pres laquelle eſtoient les anciens Palais des
Rois de Phrygie, & où encor vous voyez les ruïnes, ſur tout de celuy de Deiotare, là
où il feit eſträgler ſa fille & ſon gendre trop cruellement, ſans eſgard de ſon ſang propre. Ie laiſſeray à part les villes & chaſteaux qui ſont ſelon la mer Maieur, comme *Tri-*
poly, iadis *Theutranie* (portant meſme nom que celles de Barbarie & de Surie) *Carambe*,
Caſtellas, autrement *Calliſtratie*, qui ſignifie Belle bataille, & *Ciniate*, l'vne de celles de
Mithridate, où il mourut, & fut enterré, ainſi que m'ont dit les Grecs du païs (auiourdhuy tout y eſt par terre, & n'y a apparence que de vieilles maſures) & autres en nombre infini, du tout ruïnees, ou tant abaſtardies, que les plus experts Hiſtoriographes &
Geographes ſeroient bien empeſchez à diſcerner ce que i'ay veu d'antiquité en ces
païs là, & les côferer auec les ruïnes de ce qui eſtoit moderne, ſi ce n'eſt pres de la mer,
où lon voit encor tout en eſtre, quelque ſolitude qui y apparoiſſe. Quant au plat païs,
où il n'y a que de la quenaille Turqueſque, & tous laboureurs & iardiniers, vous auriez auſſi peine à y aſſeoir iugement, tant ces beſtes ont gaſté & renuerſé les marques
des anciens edifices. Et vous fault noter, que le païs de Galathie, ou Amaſie, eſt pour le

preſent vn vray grenier & magaſin d'Eſclaues, à cauſe que c'eſt là que lon tranſporte,
pour y eſtre nourris, les enfans des Chreſtiens, qui ſont prins en Hongrie, Eſclauonie,
Pruſſie, Poloigne, Boſnie, & autres lieux, ſoit en faičt de guerre, ou autrement : comme
ainſi ſoit qu'ils ſe chargent ſur tout de petits enfans, qui ne font preſque que de naiſtre, leſquels on voit & eſpere que ce ſeront de beaux & forts hommes pour porter les
armes, & faire ſeruice à l'aduenir au Seigneur. Auſſi voit on par experience ordinaire,

que les Efclaues prins en Galathie, & païs circonuoifins, font le plus fouuent mieux auancez aux honneurs & dignitez, que tous autres : d'autant que la plus part des Officiers, comme font *Bafchaz, Beglerbey, Sangeaz, Chaouz, Cadis*, & autres, voire iufques aux capitaines de la marine, ont efté nourris en ce païs là. Et quoy que nous en ayons veu de noftre temps, qui eftoient reniez, natifs de Grece, Efclauonie, & autres endroits de l'Europe, fi eft-ce que le Turc ne fy fie pas tant qu'en ceux là, ou ceux qu'il a fait efleuer au Serrail de Conftantinople, ainfi que i'ay fceu de leur bouche propre. Ces enfans font inftruicts aux lettres, & à tout exercice d'armes, fur tout à tirer de l'arc, & à bien feruir, & eftre fideles à leurs maiftres, quand ils feront tombez en autre main. Que fi ces Efclaues font Chreftiens, lors qu'ils font mis en feruitude, les maiftreffes les amadouënt tellement, qu'elles leur font quitter leur Loy : attendu que le Turc iamais ne contraint homme à renoncer fa perfuafion, comme fait le More : & lors qu'ils fe font Turcs, ils font affranchis, & bien fouuent le maiftre les honore du mariage de fa fille : autant des filles efclaues, qu'ils font efpoufer à leurs enfans propres. Or ne font pas les Grecs ainfi careffez, à caufe de leur mobilité & inconftance, qui font comme les Iuifs, auiourdhuy Chreftiens, & demain Turcs. Auffi eft-ce le refuge dernier d'vn Grec, qui aura perpetré quelque crime puniffable, ou fait vn meurtre, ayant le ceruau efchauffé de leur *Calo-craffi*, & bons vins de Candie & Metelin : car dés qu'ils fentent qu'on les veult pourfuyure, ils fen vont comme defefperez, & nonobftant auec brauade, fe rendre Turcs. Non pourtant les voyez vous ainfi auacez que les autres, pour ce, comme ie vous ay dit, que le Turc voit bien, que le Grec eftant ainfi contraint & fuyui de iuftice, ne fait rien de bon cœur. Les Turcomans, qui eft vne nation de Galathie, feftiment *Turcomans peuple de la Galathie.* bien heureux, fils peuuent auoir des Efclaues natifs d'Allemaigue, & n'efpargnent bonne fomme d'efcuz pour en recouurer : à caufe qu'ils fen feruent à la Turquefque. Ie ne fçay toutefois pourquoy lon fait pluftoft nourrir les enfans en Galathie, que ailleurs, fi ce n'eft que ce païs a retenu encor quelque chofe de la naïfueté des anciens habitateurs, qui n'eftoient point addonnez à ce peché detestable, dont les Turcs & plufieurs autres ne font que fecouër l'oreille. Au refte, le païs y eft fertil, & l'air falubre, tant en plat païs que felon la mer, voire & à ceux qui nauigent la mer Euxine : fi que la pefte n'y eft fi fouuent qu'en Grece ou Egypte, ainfi que i'ay veu par experience. Auffi oultre la teperature de l'air, ils font fort fobres, & fur tout en leur breuuage, veu qu'ils ne boiuent point de vin, fi ce ne font les Chreftiens, defquels le païs n'eft du tout depeuplé. Dauantage ceft air ainfi temperé eft caufe, que la mer y eft abondante & fertile *Le poiffon demande le bon air.* en poiffon : d'autant qu'il cherche les lieux où il fe peult nourrir fainement. Et vous puis bien dire, que ie l'ay experimentee par plufieurs fois ainfi foifonnante és quartiers où l'air eftoit tel, & non nuageux ny bruflant, comme en la Guinee iufques à la riuiere de Maniconger : où entre autres fe trouue abondance de ce poiffon, que nous nommons *Langouftes*, fort groffes, & qui reffemblent aux Efcreuices de mer (les Grecs du païs luy donnent le nom de *Carabon*, l'Italien *Locufta*, & l'Anglois *Lopfter*:) & des plus belles Viues, que lon fçauroit demander, que les Grecs nomment *Dracenam*, & les Mofchouites & Firlandois *Peter-manche*. C'eft du païs de Galathie, que font venues ces Cheures, qui portent cefte laine blache & fine, & poil tant delié, dont lon fait le Camelot. Et quoy que ceux de Damas, Alep, & d'Armenie, voire iufques à la mer Cafpie, ayent auffi de cefte efpece de beftes, & befongnent en tel ouurage, fi eft ce que l'inuention en eft venue de là, comme auffi le temps paffé les fins ouurages en foye & à l'efguille venoient de Phrygie, fa voifine. A prefent les Turcs ne veulent pas employer la foye en draps, ny ce fin poil pour le Camelot, ains faddonnent feulemēt à faire de beaux tapis figurez, non d'oyfeaux, beftes, poiffons, ou reprefentations d'hó-

Cheures qui portent fine laine. mes (car ils deteftent tout cela) mais d'autres fortes d'ouurages, que vous voyez affez pardeça. Ces Cheures font de la grandeur de noz Moutons, & fans grandes cornes, defquelles le poil eft fi mol, delié & fin, qu'il n'y a laine en Languedoc ny en Angleterre, qui les furpaffe: & à les voir auec leur poil, on diroit que c'eft de la neige, tant elles font blaches, & le poil fubtil comme les cheueux d'vn enfant. Il fen trouue en Carmanie, Andadole, Armenie, & vers la mer Cafpie, dequoy fe fait grand trafic par tout le Leuant: d'où apres fapportent les Camelots en noftre Europe, comme le refte que nous en pouuons tirer auiourdhuy. Voila la Galathie, & ce qu'elle a de fingulier. Refte à dire encor vn mot de la mer Mediterranee, & les regions qui l'auoifinent, comme font Lycie & Carie: & puis reprenans la petite Afie, verrons la Natolie, païs premier où les Turcs ont planté leurs armes, forces, & fiege. Vifitant ce païs Galathien, il me fouuient que lon me conduit en vne ville, affez de mauuaife grace, nommee *Cliphy*, là où paffe la riuiere de *Parthenie*, qui defcend du lac de *Canicque*, & fe va rendre en la mer Noire. En ce lieu ie vey vne vieille Eglife, feruie de Chreftiens Syriaques, comme lon cognoift par certains characteres & efcritures en la mefme langue: où auiourdhuy les vachiers & moutonniers Mahometans, que les Turcs nomment *Coynaris*, ont bafti des logettes pour y garder leurs beftes. Non loing de là font les villes anciennes

Sepulchres de Seleuce & Hermye heretiques. de *Thyon*, & *Amaftris*, où lon me monftra la belle Sepulture de Seleuce, & de fon compaignon Hermye, iadis heretiques, comme le peuple Chreftien du païs a par efcrit dans fes hiftoires. Leur herefie dura deux cens ans entiers; nonobftant les defenfes faites par leurs Euefques, & par les faincts Conciles tenuz, tant en Grece, qu'en autres lieux d'Afie. Ce païs d'Amaftris eft fertil en trefbon bled & fruicts, & principalement en bonnes Figues, que ceux du païs appellent *Syca*, & les Arabes *Sin*. Il fe cueille auffi en certaines contrees de l'Orge pour les cheuaux, qu'ils nomment *Xahaïr*, mot corrompu de la langue Perfienne. Lefdits cheuaux font de moyenne grandeur, & non fi puiffans que ceux de la Mingrelie, aufquels ils donnent volôtiers de ce grain pour les tenir fraiz & difpofts, plus que non pas d'auoine: ce que i'ay auffi obferué en plufieurs autres païs de la petite Afie.

Du païs de NATOLIE, PHRYGIE, EPHESE, & COLOSSIENS.

CHAP. X.

A LYCIE, dite à prefent Briquie, eft voifine de l'Afie, qu'on appelle Petite, qui eft la Natolie, vers l'Oueft & le Nort: & tirant à l'Eft, de la Satalie: & vers le Su ou Midy, elle confine à la mer Carpathie, où eft affife l'ifle de Rhodes, tirant au Promontoire, appellé Chelidoine, que iadis on nommoit Sacré: & à ces villes qui font les principales de toute la prouince *Legule*, qui eft à cinquanteneuf degrez vingt minutes de longitude, & trentecinq degrez cinquantefix minutes de latitude. Icy eft *Patare*,

Myrrhe & Briquie. d'où fut natif ce grand Euefque de *Myrrhe*, qui eft auffi en Briquie, Nicolas, des Confeffeurs plus remarquez en l'Eglife, & prefque des plus cognuz en la Chreftienté, lequel viuoit du temps des perfecutions de Diocletian & Maximian Empereurs, & affifta au Concile general de Nicee, affemblé du temps de Conftantin le grand, à caufe de l'impieté des Arriés, enuiron l'an de noftre Seigneur trois cens vingthuict. Quelques vns fe pourroient efbahir, qu'eftant ce Sainct doüé d'vne grande erudition & litterature, nous n'ayons iamais rien veu de fes œuures, attédu qu'il eft impoffible qu'vn tel homme ayant fi grand zele, fe foit paffé fans efcrire contre les heretiques. Aufquels ie fay refponfe, qu'eftant pardelà, certains Grecs Afiatiques, mefmes le Patriarche des

Maronites, m'aſſeurerent qu'il auoit eſcrit pluſieurs volumes de liutes, & autant que autre de ſon temps, leſquels furent bruſlez par vn heretique natif de Briquie, nommé Mellamber, ſectaire, & tout le premier qui preſcha, & tint eſchole des Anabaptiſtes, ſçauoir, que ſans la miſericorde de Dieu nul ne pourroit eſtre ſauué, receuant le bapteſme, ſans croire & reſpondre à ce que lon luy donne à entendre, & interroge ſur les meſmes Articles de la foy & creance. Ce bon homme ſe recognut apres, & fut eſleu Eueſque de Sarde. Quant à Patare, elle eſt à ſoixante degrez trente minutes de longitude, & trenteſept degrez nulle minute de latitude: & Myrrhe, auiourdhuy toute deſtruite, eſt à ſoixantevn degré nulle minute de longitude, trenteſix degrez quarante minutes de latitude. Y eſt auſſi Solyme, à preſent Sidyme, où fut martyriſé ſainct Chriſtophle. C'eſt encor en Lycie, que quelques Poëtes Grecs ont feint qu'eſtoit le mont de la Chimere. Au reſte, Myrrhe eſtoit ville maritime, où deſcendit ſainct Paul priſonnier, pour ſe rafraiſchir, allant à Rome. Au meſme païs eſtoit la ville Olympe, d'où fut natif le martyr Methodie, qui viuoit ſoubz Diocletian, lequel feit par ſon ſçauoir grand profit en l'Egliſe de Dieu. Il ne ſe trouue pas vne ſeule marque des ruines d'icelle. A la Briquie, tirant vers la Natolie, eſt iointe la Carie, qui eſt preſque toute maritime, & où autrefois a eu des plus belles & floriſſantes villes de l'Aſie, & nommément ſur la Peninſule qui regarde l'iſle de Rhodes vers l'Eſt, & au Su la mer Mediterranee, & vers l'Oueſt les Cyclades. A la poincte de ceſte Peninſule eſtoit iadis baſtie Gnide, à preſent nommee Cap de Chie, qui eſtoit partie en deux, faiſant ſur le port comme vn Croiſſant, & regardant l'iſle de Cadie. Or eſt ce téps perdu, ſi ce n'eſtoit pour renouueller la memoire des Anciens, de parler de ces grandes villes, veu que la ſouuenáce en eſt abolie, & n'y a que des caſals tous malotruz, ayans tous diuers noms du temps paſſé: qui eſt cauſe, que ie ne les vous y mets, n'ayant eu le moyen de marquer tout vocable barbare des lieux, pour eſtre iceux tous abbatuz & ruinez. Vous en retournát de Gnide vers l'Aſie ou Natolie à l'ancienne ville de Halicarnaſſe (d'où eſtoit natif ce pere de l'hiſtoire Herodote, qui viuoit l'an du monde deux mil cinq cens & vingt, deuant noſtre Seigneur mil quatre cens quarantedeux, & Denys l'hiſtorien, ſurnommé de Halicarnaſſe :) à contempler ce lieu, il ſemble grand, comme lon diroit Alexandrie d'Egypte, mais le dedans eſt totalement ruiné. Deuant qu'aborder Rhodes, nous vinſmes en ces païs là, où ie ne vey iamais tant de ſuperbes edifices & ſepultures antiques qu'il y a. Et eſt ceſte ville baſtie ſur la mer en vne iſle de terre, la plus eſtroite de toute la Peninſule, & ſappelle à preſent Meſſy, giſant à cinquanteſept degrez cinquante minutes de longitude, trenteſix degrez dix minutes de latitude : & eſt en la region Doride, & tout cecy compris en la Natolie. Depuis que Solyman le premier des Othomans ſempara de la Galathie, Pamphilie, Lycie, Carie, Bithynie, ne laiſſant au Grec que l'Ionie, Miſie, Thrace, & ce qui eſtoit ſelon la mer Maieur de l'Empire de Trebizonde, ils appellerent tout le païs Natolie, à cauſe d'vne ville de tel nom, qui eſt à cinquanteneuf degrez nulle minute de longitude, & quarantevn degré nulle minute de latitude : & fut auſſi nommé le païs, & l'eſt encor, Turquie, à cauſe que ce fut le premier, où ceſte vermine ſarreſta apres la conqueſte de Cappadoce, attendans au reſte autres conqueſtes que depuis ils ont faites. Ceſte ville de Meſſy, ou Halicarnaſſe, eſtoit la capitale du Royaume de Carie, où iadis regna le Roy Mauſole, eſpoux d'Artemiſie, laquelle feit dreſſer le tombeau ſuperbe, qu'on appelle le Mauſole : & diſent les Grecs du païs, qu'elle le dreſſa à Meſſy : ce que les Iuifs ne veulent accorder, ainſi que ie diray en ſon lieu. Ce Roy viuoit enuiron l'an du monde trois mil ſix cens douze, en la cent ſixieſme Olympiade, du temps que Alexandre naſquit. Eſtant à Rhodes, i'y veis vn grand monument, que quelques vns diſoient eſtre la ſepulture dudit Prince : ce que toutefois

Myrrhe ville maritime.

Halicarnaſſe ville ancienne.

ie ne puis bonnement croire, attendu qu'elle eſtoit plus grande & hault eſleuee, eſtimant pluſtoſt que ce fuſt ſeulement le tombeau, où fut mis ſon corps, ou les cendres
d'iceluy. Et c'eſtoit la raiſon que ie donnois aux Rhodiens, lors qu'ils me monſtrerent
ceſtedite ſepulture, ou monument, fait de marbre blanc, comme la plus ſuperbe & antique choſe de toute l'iſle. Apres la mort de Mauſole, & d'Artemiſie, qui mourut de
dueil pour le decez de ſon mary, la ville de *Meſſy*, ou *Halicarnaſſe*, fut deſtruite par
ledit Alexandre, à cauſe que le Roy d'icelle s'eſtoit allié aux Perſes contre le Macedonien. En Carie eſt encor la ville de *Melaxie*, iadis *Milete*, pres du mont *Palatie*, &
non trop eſloignee de la mer, & du goulfe, que les Anciens ont appellé *Mirtoé*. Or
Natolie &
petite Aſie,
meſme pais.
eſt-il deſormais temps, que i'entre en la deſcription vniuerſelle de ce qui à preſent ſe
dit Natolie, ou que proprement on appelle Aſie, à fin que le Lecteur ſe gouuerne plus
facilement, liſant ceſt œuure mien, ou bien s'arreſtant ſur quelque Charte bien faite,
par ceux qui ont eſté ſur les lieux, comme i'ay fait. La region donc, qui proprement
s'appelle Aſie, ou Natolie, eſt termoyee vers le Nort auec la Bithynie, qui eſt ſeparé-
ment la Turquie, iaçoit qu'elle ſoit auſſi compriſe ſoubz ce mot de Natolie: & du coſté de l'Occident elle va viſiter l'Helleſpont, & regions de la Grece Aſiatique, le long
de la mer Mediterranee, iuſques à la Miſie maieur, en laquelle eſt contenue la terre des
anciens Troyens. Vers le Midy, elle confine auec le goulfe de Rhodes: & à ſon oppoſite, elle a la Briquie pour limite. Vray eſt que la Briquie luy eſt auſſi Meridionale, &
la Satalie Orientale, là où la Galathie & Amaſie luy ſont entre Nort & l'Eſt. Partant
l'ayans ainſi diſtribuee, nous voyons combien il eſtoit poſſible aux Conſtantinopoli-
tains, ſans ſecours de l'Europe, de ſe preualoir contre ces Chiens, qui maſtinoient la
Chreſtienté, le long de la Mediterranee, & faiſoient des courſes ſans empeſchement
iuſques aux portes de Conſtantinople, tenans la richeſſe du païs en l'Aſie, & iſles voiſines de la Grece: de ſorte qu'il falloit là baiſer le babouin touſiours, auſſi bien qu'à preſent ceux qui voyagent vers le Leuant, voire qui faiſoient voile en Conſtantinople.
Et quelle pitié eſt-ce auiourdhuy de voir (à fin que ie commence par les villes maritimes) que celle d'Epheſe (qui auoit demouré debout iuſques à noſtre temps, ait eſté
demolie par les infideles, où tant de Saincts perſonnages ont flori, où ſainct Paul a
preſché, & l'Apoſtre bien-aymé de noſtre Seigneur a eſté Eueſque: où auſſi autrefois
l'Egliſe vniuerſelle s'eſt aſſemblee pour traicter des affaires de la Religion: que celle
ville ſoit à preſent vne vraye ſpelonque de larcins & pilleries, que font ces Chiens ſur
Epheſe dite
à preſent
des Turcs
Figene.
les Chreſtiens? Elle ſe nóme maintenant *Figene* par les Turcs, & eſt chef de la prouince qu'ils appellent *Quiſitan*, qui eſt du gouuernement du Baſcha de la Natolie, ſoubz
laquelle ſont compriſes les villes de *Stolar, Laceree, Hault-bois*, anciennement dite *Co-*
lophon, & port *Suſor*, qui iadis ſe nommoit *Teos, Cap blanc*, & *Griue*, dite des Anciens
Clazomene, & *Smyrne*, à qui on n'a point changé de nom, qui ſont vn autre Sangeacat
de la prouince de *Quiſca*, qu'on a appellee le temps paſſé *Ionie*: & en ce goulfe eſt aſſiſe l'iſle de *Chio*, de laquelle i'ay parlé en ſon rang. Mais reuenans au plat pays, ayans
laiſſé la Carie, voiſine du mont *Acrage*, tirant vers le fleuue Meandre, vous voyez la
montaigne *Ladine*, aſſez chantee par les fables des Poëtes: & ledit fleuue paſſé, laiſſant la mer à gauche, l'ancienne ville de *Cogne*, à preſent vn poullaillier, & ſiege de
Serpents: combien qu'il eſt bon à voir que ſes murailles ſont modernes. Meſmes il y
a encore auiourdhuy pluſieurs Epitaphes en lettres Grecques: qui monſtrét bien que
elle a eſté autrefois poſſedee par les Grecs Chreſtiens. Lon y voit auſſi force Croix en
diuers endroits, toutes faites à la Grecque, & vn treſhault Hercules de fin marbre, contre vne muraille de la porte de la ville. A vn quart de lieuë de là vous voyez auſſi les
fondemens d'vn vieux temple dudit Hercules, où ſa ſtatue eſtoit autrefois adoree: le-

quel fut fait par le commandement de Domitian,fils de Vespasian,& frere de Tite,qui
tint quinze ans cinq mois l'Empire Romain. Et ce fut en ce lieu, où l'adoration & ceremonies des Egyptiens furent apprises, comme ainsi soit que les sacrifices, chants,
hymnes & loüanges n'y manquaßent à l'honneur de ce gentil Dieu. Le susdit Temple estoit fort spacieux,comme lon peult iuger par le reste desdits fondemens:& le reuenu de ses Benefices tresgrand. Ce qu'il ne fault point trouuer estrange,cösideré que
quand les Romains venoient à bastir & construire Temples & Religions, ils y adiou-
stoient & donnoient tant de fonds, possessions & reuenuz,que cela auec les oblations
pouuoit suffire pour la nourriture & entretié des Prestres & Sacrificateurs.Et en estoit
le principal reuenu receu par les mains du Questeur, qui pouuoit auoir toute telle
charge,comme vous diriez vn Receueur du domaine d'vn Roy ou Prince. Cest Hercules donc estoit si honoré quasi par tout l'vniuers, que les Empereurs se tenoiét heureux , & leurs enfans aussi, de porter son nom. Entre autres, vous auez eu l'Empereur
Commode,qui voulut estre appellé Hercules Romain,& conditeur de la ville de Rome,faisant representer sa figure par ses monnoyes, en habit d'Hercules,qui conduisoit
deux bœufs,signifiát par cela sa nouuelle Colonie:comme s'il eust voulu mettre nouueaux habitans en ladite ville de Rome. Mesmes commanda que Rome fust nommee
Commodienne,& son exercite Commodian , comme lon peult voir par l'inscription
de ses medalles antiques, qui est telle, COLONIA LVCII ANTONINI COMMO-
DIANA, & au renuers, HERCVLES ROMANVS CONDITOR. Que si cest Empe-
reur escriuoit au Senat,il se nommoit ainsi par ses inscriptions, IMPERATOR CAE-
SAR LVCIVS AELIVS AVRELIVS COMMODVS AVGVSTVS, PIVS, FELIX,
SARMATICVS, GERMANICVS, MAXIMVS, BRITANNICVS, PACATOR
ORBIS TERRARVM, INVICTVS ROMANVS HERCVLES, PONTIFEX MA-
XIMVS, TRIBVNICIAE POTESTATIS X.VIII, IMPERATOR VIII, CON-
SVL VII, PATER PATRIAE, CONSVLIBVS, PRAETORIBVS, TRIBVNIS
PLEBIS, SENATVIQ. COMMODIANO FELICI SALVTEM. Commanda ou-
treplus ce Monarque, que plusieurs statues luy fussent dreßees en habit d'Hercules:
faisant porter deuát luy,quand il marchoit par païs,vne massue & la peau d'vn Lyon:
pource que les anciens Grecs & Romains l'auoient peint la teste armee de la despouil-
le d'vn Lyon. Il n'y a celuy, qui ne sçache, que ce Seigneur Gregeois ne fust vn grand
Capitaine de son temps,fort politic,faisant punir griefuement les larrons, meurtriers,
& autres malfaicteurs. Dieu sçait les beaux discours, que iadis les Grecs m'en ont fait,
en memoire duquel ils ont nommé plusieurs riuieres & montaignes de son nom:mes-
mes toutes leurs festes estoient faites & solennisees à sa loüange. D'vne chose suis asseuré,auoir autant apporté de ses medalles antiques, des païs de Grece, Egypte, & de
quelques endroits d'Asie & d'Afrique, que nul autre de toute l'Europe. Et ne veis iamais tant de pourtraits effigiez en bosse, trouuez aux fondemens des vieilles masures,
soit de marbre,pierre dure,ou de bronze, qu'il y en auoit en ces pays là,& en plusieurs
autres endroits,du temps de mes lointains voyages. Parquoy il ne fault que lon trouue estrange , si en passant l'immortalise le nom de ce grand guerrier, lequel toutefois
ayant vescu soixantetrois ans,mourut d'vne maladie contagieuse, qui le rendit insen-
sé,iusques à se precipiter & tuer luy mesme.Or est la susdite ville de Cogne,non toute
ruinee , ains quelque peu habitee de Grecs , Iuifs & Arabes , & y cultiue lon fort bien
les vignes,desquelles on recueille de tresbon vin. Plus outre se voit *Corá*, iadis appellee *Tralle* : & vne *Laodicee*, voisine des Lycaoniens, qui est vrayement en l'Asie, sçauoir Natolie , où fut celebré vn Concile , & en laquelle ville sainct Paul a presché, &
leur escriuit la premiere Epistre, que nous disons à Timothee. Et à fin que ie n'oublie

rien qui ferue pour le foulagement du Lecteur, & qu'il ne f'abufe aux noms propres des lieux, fil en trouue en diuerfes prouinces de femblables, fault entendre qu'il y a vne Laodicee en Syrie, qui eftoit debout du temps que les Chreftiens la conquirent, & cefte cy, qui eft affez pres d'Ephefe:& vne autre,plus auant en l'Afie,voifine des Galathes,& de la ville de *Coloffe*, aux habitans Chreftiens de laquelle fainct Paul efcriuit l'Epiftre que nous auons aux Coloffiens: & non aux Rhodiens, comme aucuns penfent, à caufe que le Coloffe deié au Soleil y auoit efté dreffé: comme fi l'Apoftre euft mieux aymé renommer la follie d'vn Coloffe (qui eftoit vn idole, dont il eftoit extremement ennemy,prefchant contre ceux qui adoroient ces gentils Dieux de pierre) que le nom propre d'vne ifle tant excellete que celle de Rhodes.Mais c'eft le dommage que fait l'ignorance de la Geographie à ceux qui fe meflent de traicter l'hiftoire de la fainte Efcriture. Ces Coloffiens donc auoient creu à la predication d'autres difciples des Apoftres, veu que iamais ils ne veirent fainct Paul, & n'auoient toutefois laiffé de profiter grandement par l'Epiftre qu'il leur enuoya,eftant ia enchainé.Icy eft encor à noter,que plufieurs fort mal verfez en la Cofmographie,ont penfé que Sarde, Smyrne,Laodicee,Ephefe,Pergame,Thiatire,fuffent prouinces & villes enclofes dans les ifles de l'Archipelague, ou Cyclades, entre autres François George Venitien, qui viuoit du temps du Pape Clement feptiefme, comme il a efcrit, & fait faulfement apparoir dans vn liure intitulé *Harmonia mundi*. Vous auez en apres la prouince de Phrygie,qui eft en la grand'Bithynie,non pas où eftoit baftie Troye, ains en celle qui tire vers l'Hellefpont, qu'anciennement on nommoit *Troas*, & *Dardanie*:Phrygie, dy-ie, où eft affife la ville de *Nacalach*, que le vulgaire nomme Natolie,en plat païs, & qui fut iadis fiege des Rois Turcs,auant qu'ils fe feiffent Seigneurs de Conftantinople.Et à fin qu'en peu de mots ie vous figure cefte petite Afie ou Natolie, à la difference de l'Afie Mineur, ie ne veux que le paffage de fainct Iehan en fon Apocalypfe, lors qu'il parle des fept Eglifes d'Afie, à fçauoir celle d'Ephefe qui embraffe l'Ionie, de Smyrne qui couure l'Eolie, de Pergame qui prend foubz foy la Mifie, de Thiatire qui declare le païs de Lydie : de Sardes,contenant foubz ce mot la Meonie : & de Philadelphie en la mefme Afie, ainfi proprement nommee: & Laodicee qui eft en l'Amafie, plaifant païs, coniointe à la Briquie: d'autant que par cefte defcription vous voyez toute ladite Natolie fi bien effigiee,qu'il n'y manque rien:& y lifez,côme l'Apoftre eft admonefté de parler aux fept Eglifes qui font en l'Afie, & aux Anges d'icelles, felon les faultes ou vertus qui eftoiét en elles. De ma part,i'ay veu tous ces païs là,mais auec autant de fafcherie que i'euz iamais en ce monde, de contempler toutes ces Sainctes villes ainfi ruinees & deshabitees, où ne fe voit pour le iourdhuy que des vieilles mafures,& gros amas de pierres. Or ie fais chacun iuge,fi vn Strabon ou Ptolomee fçauroient, ny ont fceu partager plus gentiment ny veritablement cefte part de l'Afie, que l'Apoftre & Euangelifte fainct Iehan, qui pour lors f'y tenoit, & depuis y eft mort. Quant à la ville de Sardes,l'vne des fept Eglifes ramenteuës par fainct Iehan en fa Reuelation, dont i'ay defia parlé, elle fut iadis le fiege du grand Roy Crefe, qui fut furmonté, & prins captif par Cyre Monarque des Perfes. En outre, ie ne veux laiffer vne autre beauté & delices d'Afie, la grande ville de Pergame, qui eft en la Mifie,d'où font fortis de fi excellens Capitaines,que facilement ils f'emanciperent de la fuiection des fucceffeurs d'Alexandre.Vray eft,que ce dequoy elle a efté le plus illuftree,c'eft de la parole de Dieu, & predication de plufieurs Confeffeurs, & foubz laquelle eftoit Thiatire. Aucuns difent, que ceux de Mifie font fortis de Thrace, autres de Lydie, & autres de ce grãd mont Olympe,qui eft en la Bithynie. Quoy que c'en foit,il n'y a pas grand voyage à faire de l'vn à l'autre, comme i'ay apperceu: ioinct que ceux qui y ha-

Ville de Coloffe.

Erreur de François George.

Païs de Phrygie.

Les fept Eglifes d'Afie.

Eglife de Sardes.

bitent pour le present, font d'autre fang & famille. Au refte, encor que la grand' Phry- *Phrygie* *mõtaigneu-* *fe, & fer-* *tile.* gie foit fort montaigneufe, fi eft fa fertilité telle, qu'elle ne doibt guere, ou rien, aux pays qui luy font voifins: Non pas que ie vueille maintenir qu'il y ait mine d'or, com- me fe perfuade & defcrit Munfter en fa Cofmographie (chofe dont fuis feur du con- traire) & d'argent encore moins, ne cuyure auffi. Touchant la Religion Chreftienne, elle y auoit prins fondement : toutefois les Phrygiens auffi mols en la foy comme en leurs façons & delices, fefcoulerent apres vn Montan, mefchant garçon, qui fe difoit eftre le fainct Efprit, & gafta toute la prouince, qui depuis fut long temps à fe remet- tre. Ainfi l'Afie ayant efté abbreuuee de tant de fortes d'herefies, n'a iamais peu reuenir en fon integrité, que par force de gens de bien qui les ont prefchez. En cefte mefme re- gion fe voit la haulte montaigne de *Megafe*, d'où fortent les deux riuieres *Caiftre*, *Megafe mõ-* *taigne.* & *Hermes*, nommees maintenant *Macarat*, & *Memoch*, lefquelles f'en vont droict au Septentrion à la mer Egee, faifans deuant que y rendre leur tribut, vn grand & lar- ge lac, que ceux du païs appellét *Balzon*, nom Perfien, qui ne fignifie autre chofe qu'vn Limaçon: comme de faict autour d'iceluy lon y en voit fort grande multitude, & des Tortues & Grenouilles. Quant eft du dedans, il f'y trouue diuerfité de trefbon poif- fon, & en abondance: entre autres, vn que ce peuple villageois nomme *Noyllech*. & de telle efpece i'en ay veu bon nóbre au lac d'Alexandrie d'Egypte, que les Arabes nom- ment *Dahach*, lequel eft fourni deffus & deffoubz de certaines poinctes, fi picquantes & venimeufes, que fi elles touchent vn autre poiffon, il en mourra incontinent apres: & eftant mort, fi la faim le preffe, fe iettera deffus, & le denorera à l'inftat, cóme fa vraye proye. Au riuage y a force cafals & maifons de Grecs & Turcs, lefquels nous traiterent fort humainement, nous donnans chair, poiffon, fruicts trefbons, & de l'eau claire pour noftre boiffon, comme c'eft certes le fouuerain breuuage de ce peuple Phrygié. Eftans partis de là, nous vinfmes en vne petite ville, nommee *Cayfandre*, du nom de ladite riuiere *Caiftre*, qui luy eft diftante de quelques trois lieues feulement : de la- quelle nafquit (fuyuant l'hiftoire de ce peuple) ce grand Medecin & Poëte Grec Ni- candre. Ce que ie ne peuz accorder à ceux qui me recitoient tels propos : attendu que eftant en Grece, me fut monftree vne fienne antique fepulture fur vne colline, entre la Peninfule de *Canaiftre*, portant quafi mefme nom que la fufdite riuiere, & celle d'A- thos, dicte par les Calloieres *Ampellus* : laquelle fepulture eft efleuee fur huict Co- lomnes moyennes, combien que par l'iniure du temps & longues annees elle eft fi ef- gratignee & mangee, que i'eftois eftonné comme le tout fe pouuoit tenir debout, & principalement de la part d'où vient le vent de la mer. Pareillement à vne bonne lieue & demie trouuafmes vn gros village, enuironné de vieux foffez, nommé *Menimore*, *Meminore* *pais d'E-* *fope.* duquel lieu felon le recit des vieux Papaffes Grecs, eftoit natif Efope, tant celebré par l'vniuers pour fon grand fçauoir: encores que les Iuifs difent que c'eft à vne lieue de là. Ayant contemplé toutes ces merueilles, ie vins à la derniere prouince, tirant vers l'Hellefpont, qui eft la Bithynie, arroufee vers l'Occident de la mer Propontide, vers le Su de la Mifie & Phrygie, & tirant à l'Eft de la Galathie, & vers le Nort à la mer Noire, ou Maieur.

L A PARTHIE du cofté de l'Occident tient à la Medie: vers le Nort,
à l'Hircanie:à l'Eft,au païs d'Arie:& vers le mont *Mafdoran*,tournant
au Su, luy eft voifine la Carmanie deferte. Cefte prouince, felon fa
grande eftendue du temps paffé,& ainfi que auiourdhuy elle fe comporte, a diuerfes appellations : veu que du cofté de la Medie, ou Seruan, elle f'appelle *Iex*, du nom d'vne ville, de laquelle ie parleray cy
apres:& tirant à l'Eft vers les Zagates,on la nomme *Bahinoct*, ou *Zonotangil*: & ce encores à l'occafion de deux villes, l'vne nommee *Charras*, & l'autre *Samarchand*, l'vne
fuiette au Perfe,& l'autre au grand Roy de Tartarie. L'origine des Parthes eft defcendue (comme de plufieurs autres nations) des Scythes, lefquels eftans le temps paffé
bannis de leur terre, vindrent enuahir cefte region : eftant à dire ce mot de *Parthe* en

D'où vient
ce mot de
Parthe.

leur langue,autant que Banni. Et vrayement ce pays fe reffent de la naturelle inclina-
tion,que les Scythes ont eu de tout temps aux affaires de la guerre,pourautant que les
Parthes (ainfi que dit eft) n'ont efté inferieurs à nation du monde au faict des armes.
Qu'il foit ainfi,du temps que les Affyriens,& apres eux les Medes & Perfes, obtindrét
l'Empire d'Orient, c'eft fans doubte que ceux cy eftoient fans nom ne bruit quelcon-
que:tellement que les Rois de Perfe y paffans auec leur fuyte,en peu de temps affame-
rent tout : & a demeuré ce païs ainfi incogneu (i'entends les hommes) fans renom de
vaillance, iufques aux fucceffeurs d'Alexandre:lefquels ne tenans compte de la Parthie, comme de region de nul fruict, la donnerent à vn eftranger, nommé *Stragonor*,
qui leur auoit fait autrefois feruice en guerre. Or eft cefte contree à prefent nommee
Iex, comme i'ay dit : iaçoit qu'vn fçauant Armenien m'ait voulu perfuader que c'eft
le propre païs de Turqueftan. Et voicy fa raifon non du tout impertinente, fçauoir
que ce peuple eft defcendu d'vn certain Scythien, pauure foldat, cerchant fa fortune,
furnommé *Parcourmich* (comme mefme fe vantent les plus doctes & anciens du païs,
qui ont leur hiftoire en main,auffi bien que nous auõs la noftre pardeça) duquel font
fortis leurs Rois,qui depuis ont continué bien fort long téps.Ainfi la puiffance Royale eftant oftee à cefte race,ceux qui reftoient,apres que le nom de Sarrazin euft changé
leur ancienne appellation , ainfi que ie deduiray ailleurs, furent les plus opiniaftres
en la Loy de Mahemet, & f'expofoient à tous dangers, pourueu qu'ils peuffent faire
feruice à Dieu , en tuant quelque Prince ou Roy Chreftien. Et de faict , ces Arfacides
commencerent à f'efpandre par le Leuát,à fin de f'infinuer dans les maifons des Chreftiens, qu'ils tuoient, & puis fe mettoient en fuite: où fils eftoient prins,f'eftimoient
bien-heureux de mourir pour fi iufte querelle.Car qu'il foit vray,enuiron l'an de noftre Seigneur mil cent nonantetrois,Richard Roy d'Angleterre,eftant en Leuant,en la
ville d'Acre , à laquelle i'ay long temps demeuré, fut blecé en fa chambre d'vn coufteau large,par vn d'iceux:qui incontinent f'enfuyt,le penfant auoir tué.En ce païs fut
auffi maffacré Conrad de Montferrat, & bien toft apres le Côte de Tripoly en fa maifon:& croy que depuis ce temps là les Italiens ont appellé Affaffins ceux que nous appellons Brigans de pardeça. Auffi auant que le bon fainct Loys, Roy de France,feift
le voyage de la Terre-faincte,enuiron l'an de noftre Seigneur mil cent quarantefix,fu-
rent prins deux de ces volleurs & tueurs d'hommes, qui confefferent qu'ils eftoient
venuz expres du Leuant , pour au pris de leur vie faire mourir le Roy, qui f'attendoit
de tourmenter leur religion.I'ay donc fait ce difcours,pource qu'il y a peu d'hommes

qui vous

qui vous dient,qui & quels estoient ces Arsacides : seulement leur suffit,que c'estoient
des Sarrazins, comme si ce mot de Sarrazin n'eust compris que le peuple d'vne pro-
uince.Or reuenant au nom commun des Parthes,ce galand Arsaces estendit si bien ses
limites , que deniant le tribut accoustumé aux Rois de Syrie,successeurs d'Alexandre,
il subiugua les Bactrians, Sogdians,Hircaniens,Ariens,& vne partie d'*Arachosie*: voire tirant à l'Ouest, l'Armenie ne fut sans sentir quelle estoit sa force. Ce furent les Parthes qui deffeirent le Camp Romain,& tuerent Crasse, general de l'armee,le plus riche
Seigneur de Rome. Ce furent eux qui meirét en route ce vaillant Capitaine Marc Anthoine,par *Phraáte*,fils de Herode (non l'Ascalonite, Roy de Iudee , ains d'vn autre
portant mesme nom.) En somme, en quelque temps que c'ait esté, les Parthes ont fait
& donné de belles affres à l'Empire de Rome : de sorte que enuiron deux cens ans
apres la mort de Iesus Christ , ils luy osterent & l'Armenie,& la Cappadoce, & la Syrie. Mesmes Iulian l'Apostat, bataillant contre eux, qui deffendoient leurs limites,fut
occis, apres toutefois auoir gaigné plusieurs iournees : contre l'opinion de quelques
vns,qui m'ont voulu faire accroire , qu'il est mort en France pres la ville de Reims, où
m'a esté monstree vne sepulture de marbre blanc,fort antique,que lon dit estre la sien-
ne.I'ay apporté diuerses medalles antiques des païs d'Asie,Grece,& Egypte : entre autres,quatre de cest Empereur, à sçauoir, deux de bróze, autour desquelles estoit escrit,
VOTIS DECENNALIBVS : & deux moyennes d'argent,qui auoient aussi au renuers ces mots, TRIVMPHVS CAESARIS, sans pourtraict ne figure aucune.A la fin,
lors que Mahemet & ses successeurs occuperent la Monarchie ancienne de ces païs là,
les Arabes & Sarrazins feirent tant, que les Parthes receurent l'Alcoran , & par mesme
moyen le nom de Sarrazin , & furent mis soubz l'obeïssance du Soldan de Perse: si
que depuis ença le nom de Parthe n'a plus eu de cours, & la gloire de ce peuple a esté
aneantie iusques à vn autre temps,qu'ils se sont fait cognoistre,mais soubz autre nom,
comme cy apres ie diray , attendu qu'il me faut vn peu esplucher la region & ses ter-
res.La premiere habitation des Scythes fugitifs fut par les solitudes de Parthie,du costé de *Corazzan* , alors païs boscageux, plein de montaignes , & fort pauure.Neant-
moins depuis que ces bannis eurent appris de leurs voisins à cultiuer les terres,ils cogneurent la douceur du terroir,qui est tresabondant : la fertilité duquel est apparente
en ce, qu'il n'y a fruictier qui n'y croisse,excepté l'Oliuier,& Orágier,& approche fort
du naturel d'Hircanie , ie dis la plus feconde. Ceste prouince a deux villes capitales,
qui quelquefois ont esté le siege des Seigneurs de Perse:l'vne tirant à l'Est,nommee iadis *Carras* , & à present *Corazzan*, premiere retraite desdits Scythes, grande ville &
marchande,bastie sur vn beau lac,duquel on va par le fleuue *Fin*, vers la mer Maieur:
& l'autre & principale, celle que les Anciens du païs appelloient *Hecatompile* , qui signifie autant que Cent portes, dite pour le iourdhuy *Iex*,dont la region prochaine
porte aussi le nom:combien que aucuns disent,qu'elle n'est pas de si long temps que la
Monarchie des Medes, qui se tenoient en *Ecbatana* , ou autrement Tauris. De ceste
ville fut natif vn nommé en langue Syriaque *Dalmanuthath* , & des Arabes *Dalila*;
l'vn des plus grands imposteurs du monde:qui encor qu'il eust esté Chrestien Nestorien,si quitta il le Christianisme, & se fit circoncire,& attira mesme à luy plus de trente mille autres Chrestiens par son astuce,iusques à des Moynes & Hermites. Au parauant les Catholiques auoient vescu en ces païs là deux cens soixante ans en repos, sans
estre inquietez,trauaillez,ne recerchez pour le faict de leurs consciences:où depuis ce
paillard,soubz pretexte d'hypocrisie & mendicité,fit plus de maux,que ne feirent onques tous les autres sectaires qui alcoranisoient en Asie. Il viuoit du temps d'Alexandre,Roy de Polongne & Boheme, d'Emanuel Roy de Portugal , Iehan Roy de Dan-

*Iuliã l'A-
postat occiz
en Parthie.*

*Corraz-
zan & Iex
villes prin-
cipales du
païs.*

nemarc, Ladiflaus feptieme Roy de Hongrie, & de Iule fecond, grand Euefque à Rome, qui l'excommunia auec tous ceux qui luy adheroient, l'an de noftre Seigneur Iefus Chrift mil cinq cens trois. Ce nouueau miniftre contraignoit ieunes & vieux de
receuoir la Circoncifion, où il fe fentoit le plus fort: autrement il les faifoit paffer au fil
du cimeterre, & prononcer malgré eux ces paroles, qui font le fondemét de leur Loy:
Lahilahe, Hillala, Mehemet, Refulla tanquaribir berembesac, c'eft à dire, Dieu eft Dieu,
& n'eft point d'autre Dieu. Lefquelles fi vn Chreftien par imprudence, ou comment
que ce foit, proferoit encores à prefent en ces contrees là, il luy feroit force de fuyure
leurdite Loy, ou mourir fans remiffion. Or ont-ils telle ceremonie commune auec les
Iuifs, au lieu que nous auons le Baptefme: encores qu'ils en tiennent fort peu de compte: & ont leurs enfans bien fouuent fept ou huict ans, ou plus, premier que d'eftre cir-

concis: tellement mefme que plufieurs meurét fans l'eftre. En outre, ils font en tel iour
grand fefte & affemblee, & des banquets exceffifs, eftant la meilleure chere qu'ils puiffent faire. Quant à ce que le Glofeur ordinaire paffe-par-tout dit, que durant que les
amis font cefte fefte, l'on mene le nouueau Circoncis aux baings pour feftuuer, & que
eftant de retour il eft prefenté à ceux qui ont affifté au báquet, ie ne fçay où il l'a trouué par eferit, ne fongé: comme fi l'enfant, ou autre plus vieux que luy, comme font
d'ordinaire les efclaues que l'on prend és païs de Valachie, Efclauonie, Tráffyluanie,
Grece, & autres endroits de la Chreftienté, n'enduroient pas vn grand mal, lors que
leurs Preftres leur viennent à couper la peau du bout de la verge, qui eft le lieu plus
mollet & tendre qui foit fur l'homme: voire que fouuentefois il y en a qui meurent
de telle douleur: ou fil y furuient apoftume, en perdent le membre, & font contraints
de le faire couper. Ie vous fais iuges, fi le Circoncis ayant receu telle incifion, peult ou

doit aller prendre ce passetemps en ce lieu là. Au surplus, lon voit selon la richesse des parens, en quelle magnificence est conduit le ieune enfant à la Mosquee : & comme il est receu du Prestre, qui luy demande s'il ne veult pas estre du nombre des Catholiques Mussulmans, croyant que le Prophete Mahemet est celuy qui a apporté la Loy que Dieu luy a baillee : & apres auoir respondu que Ouy, comment il luy fait promettre de la garder à tousiours mais, & qu'il sera des amis d'elle, & ennemy de ses ennemis. Finalement, toutes ces paroles prononcees, & l'adolescent ayant dit, *Alla ia illa*, ô Dieu, ô Dieu, incontinent les assistans se mettent en prieres & oraisons. Car c'est lors que ceste pauure creature estant mise entre les mains des Prestres & Diacres (& non pas entre celles des Medecins, comme Sebastian Munster nous a laissé par escrit) est couchee & renuersee sur vn long coissin, en la façon que pouuez voir par la precedente figure. Apres quoy aussi tost est donnee vne allegresse merueilleuse, & retentissemét de trompettes, haultbois, tabours, guiternes, & autres instrumens faits à leur mode. Ceux qui sont plus craintifs, & ont apprehension de la douleur qu'ils doiuent endurer, sont tenus teste & iambes à force de bras. Touchât ce que le mesme Munster escrit en sa Cosmographie, que les Turcs font ladite Circoncision en leurs maisons & demeures, tout ainsi que les Iuifs, qui la baillent à leurs enfans huiét iours apres qu'ils sont naiz, c'est vne bourde aussi verte que la premiere, & que ie ne luy accorderay iamais, non plus que ce qu'il descrit au mesme chapitre, que les plus riches d'entre eux, en tels iours, pour festoyer leurs amis, peres & meres, font tuer vn Bœuf, & estant escorché & esuentré, mettent dans son ventre vne Brebis, dedans le corps de laquelle est fourree vne poulle, & en icelle vn œuf, qu'ils font rostir tout ensemble, selon leur coustume : m'en rapportant à ceux qui sçauent le contraire aussi bien que moy. Ie ne dy pas que les Arabes de l'Arabie deserte, & quelques autres qui sont loin des villes, bourgades & Mosquees, ne facent souuentefois telle circoncision de leurs marmots d'enfans en leurs tentes & pauillons : mais encores est-ce par les mains de leurs larrons de Ministres. Que si quelque Chrestien, esclaue d'vn Turc, se range au Mahometisme, il est pareillemét mené auec bonne compaignie à ladite Mosquee : où ayant malheureusement renôcé sa foy, il passe les piques comme les autres. Quant est de ce que quelques vns ont mis aussi par escrit, qu'il fault que le Iuif qui se fait Turc, se face premierement Chrestien & baptiser, ce sont folies de le croire : ayant veu, estant à Rhodes, vn Iuif, & depuis vne autre fois quatre, nouueaux venuz de l'isle de Crete, qui receurent tous la Loy du seducteur Arabe, sans qu'il leur fust iamais proposé vn seul Article de la Croyance des Chrestiés. Lesquels ayant interrogé vn an apres, ainsi que nous estiôs familiers, me dirent secrettement comme les choses s'estoiét passees : & de faiét se môcquoient de la Loy qu'ils auoient iuree & promise, comme le reste desdits Mahometans. Et ce qu'ils adioustent dauantage, qu'il fault que les Iuifs qui se font Turcs, soient partoutes voyes contraints manger chair de Lieure, & de Pourceaux, qui n'est permis que aux Chrestiens, est autant vraysemblable, comme si tout incontinent que la fantasie leur monte à la teste, ils auoient ces viandes preparees, & prestes à les deuorer, ou qu'ils eussent des chiens pour les aller chasser. Ces gallands de Iuifs quittent souuentefois leur Iudaisme pour se faire Turcs, non de deuotion qui les attire, ains seulement pour auoir quelque present des Officiers Turcs, & des Chrestiens pareillement pour mesme occasion. Ie sçay bien que lesdits Turcs tiennent les Iuifs pour la plus vile nation du monde, & qu'ils les appellent *Chifout* & *Chifoutler*, qui ne sont que mots iniurieux : & les desprisent & hayssent tant, que pour rien ils ne voudroient manger en leur compaignie, & moins espouser vne Iuifue, si elle n'a esté faite Turque de sa ieunesse, combien qu'ils ne facent ceste difficulté à l'endroit des Chrestiennes, qu'ils souf-

Côme touô Mahometans font circôcire leurs enfans.

Chose notable.

frent mefme viure en leur Loy : comme ainfi foit que plufieurs d'eux ayent les Euangiles, qu'ils nomment *Ingil*, dont ils ont toutefois forcloz la Paffion, difans ces pauures ignorans, que les Iuifs l'y ont adiouftee pour fe mocquer des Chreftiens. Au refte, apres que lon eft de retour de la Mofquee, il n'eft queftion que de faire bonne chere, & prefenter chacun fon don felon fa qualité & puiffance, foit or ou argent, au Circoncis. Les feftes principales & folennelles qu'ont ces Mahometans, ce font leurs Pafques, defquelles ie vous ay parlé en autre lieu : Le iour de la natiuité des enfans, où ils
font trois ou quatre iournees durant mille paffetemps & largeffes, felon la grandeur
des Seigneurs à qui ils font, chacun fermât fa boutique : Le iour de la Circoncifion, &
*Superftition
moresque.* les Vendredis, qu'ils obferuent comme nous le Dimanche. Quant aux Mores & Arabes, ils celebrent à part vne autre fefte de leurs quatre Prophetes, nombrez au catalogue des vingtquatre mille trois cens autres Prophetes, qu'ils difent auoir : non pas
qu'ils ne confeffent que nous n'en ayons auffi bien qu'eux, & qu'il n'y a nul des noftres
qui n'ait fouuent mangé auec leur Prophete Mahemet. Outreplus, ils ont vne autre fefte à l'honneur de la femme dudit Mahemet, laquelle eftant perdue trentetrois iours
entiers, fut cefte belle poupee, ainfi qu'ils tiennent, trouuee auec le Moyne Sergie, accompaignee de quelques autres commeres : & pour la faincteté & reuerence de cefte
venerable matrone, ces folaftres infenfez feftoyent le propre iour qu'elle fut refcouf-
fe. Auquel vous verriez lefdits Mores d'Afrique, pour mieux folennifer la fefte, montez fur des chameaux & cheuaux, couuerts de linge blanc, trainât iufques à terre, comme quand les cheuaux de pardeça portent le dueil d'vn Prince ou grand Seigneur : &
aller ainfi badinant & chantant parmi les villes & bourgades, tenans quelques branches de rameaux ou bouquets en leurs mains, à ce faire perfuadez par leurs *Mefen,
Demfcher*, & *Talifmans* : eftant ce peuple fi idiot de fon naturel, & fuperftitieux, qu'il
croit tous fonges de fes Prophetes, & fouuentefois diuinations & miracles. Voyla ce q̃
ie vous ay voulu dire de la Circoncifion de ces Turcs Leuantins, & de leurs ceremonies : qui tiennent, outre tout ce que deffus, à grande iniure, quand ils appellent quelcun d'entre eux *Sunet*, c'eft à dire, Incircôciz. Au furplus, & pour reuenir à noftre ville
de *Iex*, il fy fait des meilleurs draps de foye de tout le Leuant, dont les marchands
fourniffent les Indes, la Perfe, & la mefme Turquie, voire les porte lon iufques au Ca-
taj en la Cour du Tartare, & de mon temps fen portoit à Damas & au Caire. Quant
à *Carras*, c'eft fans doubte qu'elle a efté baftie par Arface, meu de l'affiette naturelle
du lieu, qui eft des plus forts & plus plaifans de l'Orient. Et de faict, où eft la ville affife, c'eft vn vallon delectable, tout enuironné de collines, fur l'vne defquelles eft *Côraz-
zan*, ayant le roch fi difficile, que peu d'hommes deffendroient la place contre vne
grande armee : & audit vallon eft ce grand Lac, duquel i'ay parlé : & puis les champs fi
fertiles, qu'ils n'ont aucun befoing d'aller querir viures plus loing, leur terre eftant arroufee d'vne infinité de fontaines & riuieres. Du cofté de Septentrion gift la prouince, iadis nommee *Parthienne* (à prefent des Barbares *Thaparftan*, & des Arabes *Armo-
nilar* :) païs fort chargé de fruicts, & où le miel & la cire ne font guere chers, veu que
tout cela y abonde. Et c'eft par là que lon paffe en Hircanie, par endroits affez difficiles, l'efpace d'vne lieuë & demie : qui de là en auant eft toute vallee, continuant iufques
à la mer Cafpie. De la part plus Orientale de cefte region eft la prouince de *Chorine*,
qu'on nomme maintenant *Balacfan*, où fe trouuent ces efpeces de Pierrerie, qu'on appelle Balays, defquelles on fait trafic au fein Perfique, & viennent fouuent iufques à la
mer Rouge, & entre les mains des marchands du Caire, iaçoit qu'en ce païs icy la couleur de cefte Pierre n'eft pas des plus eftimees & fines que lon face. Paffé que lon a la
ville de *Iex*, allant au Nordeft, fe prefente *Naiftan*, & puis le grand Lac de *Spahan*,

d'où fort la riuiere de *Bindmir*, & celle que les Iuifs du païs nomment *Eliphalet*, lefquelles ayans arroufé partie de la Perfe,& de la Carmanie deferte, fe vont rendre dans la mer Indique du cofté de la Gedrofic.Plus hault tirant au Su,eft la ville *Dardomane*, auiourdhuy dite *Deizer*, & des Perfiens *Rezeth*,gifante à nonantequatre degrez quinze minutes de longitude,trentefept degrez quarante minutes de latitude.Quant à *Geftie*, qui fut iadis nommee *Suphta*, elle eft fituee droict fur ledit fleuue *Bindmir*. Que fi ie me voulois amufer à deduire par le menu les villes & villages, fleuues , fontaines, lacs,& marefts , fuyuant les memoires & recit de ceux du païs , ce ne feroit iamais fait. Pourtant laiffans cefte fuperflue defcription,venons vn peu à la ville de *Samarchand*, non tant pour fa grandeur , quoy qu'elle ne foit moindre que le Caire , mais pource qu'elle eft auffi bien affife que autre du Leuant,comme celle qui eft fituee fur le grand fleuue *Iaxarte*, en l'eftédue d'vne belle plaine,& en païs treffertil. De richeffe,ne fault feftonner fi elle en a,tant pour le trafic de foyes qui fy fait,que pour auoir efté le magazin des defpouilles de toute l'Afie,lors que Tamberlan fe defborda de fon païs,auec vn tel camp que ailleurs ie vous ay dit. Duquel pourtant ne vous lairray à dire encor ce mot en paffant, comme d'vn foudre de guerre ; & le plus furieux Capitaine qui iamais feit conqueftes au monde. En l'an donc mil trois cens nonantehuiét, regnant en France Charles fixiefme, dit le Bien-aymé, & tenant le fiege de Rome Boniface neufiefme,vint en Afie Tamberlan, nouueau Roy des Tartares : lequel fon peuple, voyant la fortune luy eftre fi bonne, nomma *Xaholan*, qui eft à dire en leur langue , Roy du monde. Au parauant que les Turcs luy donnaffent ce nom *Tamberlan*, les Orientaux Tartares l'appelloient *Tamirham*, autres *Tamirlanque*. Or fault-il fçauoir la caufe de fon yffue du païs : d'autant que i'ay defia dit, qu'il n'eftoit Roy, Prince, ne grand Seigneur , ains paruint à telle grandeur par rufe, & puis par fedition & voye de guerre. Pour cefte caufe il eft à noter, que tout fon eftude en fa ieuneffe eftoient les armes,qui luy conuenoient fi bien au poing,& les manioit auec telle dexterité, que tous les fiens auoient grande opinion de fa vertu : fi que vers luy, comme à vne Efchole, f'affembloient les Parthes, defquels il eftoit iffu, & non des Tartares, comme lon dit, eftant natif de Samarchand, qui pour lors n'eftoit qu'vn village. En outre, les Perfes,qui eftoient (comme encor font) Mahometiftes,tenoient lors lefdits Parthes en fuiection: tellement que toute la region de Samarchand , & la Bactriane eftoient comme Efclaues du Perfan.Sur cela Tamberlan,qui eftoit homme accort & conuoiteux de regner, gaigna la plus part des hommes,leur mettant en tefte, que c'eftoit grand vilenie à eux de permettre, que les Sarrazins & Perfans leur meiffent ainfi le pied fur la gorge. A quoy les Parthes prenoient bien plaifir,oyans ce mot de liberté : mais de f'emanciper n'y auoit point d'ordre , iufques à ce que Tamberlan ayant fait quelque amas des plus mauuais garçons,fe vint ruer fur les places fortes,où il tua toutes les garnifons de Perfe.Et au vray il choifit bien la faifon. Car ce fut lors que defia f'efmouuoient les feditions Sophianes , & que les enfans du Roy Perfan auoient prins les armes contre eur propre pere.Du depuis,la fortune luy ayant fi bien ry, ce fut lors qu'il monftra quelle eftoit fa pretente,à fçauoir de fe faire Roy de fon païs. Ce qu'il executa,& encor plus: d'autant qu'en peu d'années il deuint Seigneur quafi de Perfe,de Mede,Affyrie, Georgianie , Albanie, & Scythie, qui eft felon la mer Cafpie ,& iufques en la armatie,& Taurique Cherfonefe, où il paffa , & pilla le magazin que les Geneuois auoient en la ville de *Caffa* : permettant neantmoins que lefdits marchands fuyuiffent fon armee pour y faire trafic.Quant à la rufe,dont il vfa à l'endroit de ceux de *Caffa*,elle fut telle.Eftant bien affeuré que toute la richeffe defdits Geneuois, & autres marchands qui là demeuroient, ne confiftoit qu'en threfors & argent monnoyé.Auquel ils eftoient

Tamberlan natif de Samarchand.

Taberlan, ou Tamirhan,ou Tamirlanque.

Rufe de Taberlan.

fort abondans,comme il deliberaft de les affaillir, il penfa que facilement ces threfors fe pouuoient cacher foubz terre,ou fi les Chreftiens penfoient qu'il les deuft affaillir, ils f'en iroient, & emporteroient auec eux tout leur argent. A fin donc que vainquant, il iouyft de la ville, & de leur argent qui eftoit dedans, il enuoya grand nombre de fes fuiets, auec de la Peleterie la plus precieufe qui fe peut recouurer, leur comman- dant d'aller en Caffa, & védre ces peaux comme marchandife, de laquelle ils auroient bien toft leur argent, & qu'ils incitaffent les Geneuois à l'acheter, faifans bon marché de leurs denrees, bien qu'elles fuffent fort precieufes. Ce qu'eftant fait,& ayant par ce moyen vuydé les meilleures bourfes de Caffa, luy faifi de ceft argent, & fe faifant fort d'auoir encor la marchandife, les enuoya fommer de fe rendre, & par mefme moyen y vint mettre le fiege. En fomme, la ville fut prife, & tout tomba foubz la puiffance du vainqueur,lequel n'efpargnant perfonne, monftra vn vray exemple de fa cruauté. Et combien que ie fçache que plufieurs ont mis par efcrit, combien il eftoit ardent en cholere, & comme difficilement il f'appaifoit, l'hiftoire des Turcs, Grecs, & Arabes, vous en doibt donner plus d'affeurance, d'autant qu'elle porte, que ne les pleurs des femmes, ne le cry des enfans, non la fupplication treshumble des hommes, ne le peu- rent efmouuoir à compaffion quelconque:Auffi difoit-il, qu'il n'eftoit point homme, ains l'ire de Dieu, & la ruïne cómune du genre humain. Ce qui eft vray. Car c'eft luy qui a gafté tout ce qui eftoit de beau en l'Orient : veu que auant que deffaire Baiazeth, Roy des Turcs, il auoit defia demoli les villes, citez, & chafteaux de la Perfe, Affyrie, Mede, & ce qui eft le long de la mer Maieur du cofté du Nort : & apres la deffaite du- dit Turc, il courut toute l'Afie, ruïnant de fonds en comble les grandes villes, defquel- les le temps paffé cefte prouince eftoit embellie. Ce fut ce Tyran, & non le Turc, com- me aucuns defdits Grecs & Arabes m'affeurerent, qui demolit les plus belles & ri- ches villes de toute l'antiquité, à fçauoir Smyrne, Antioche, Sebafte, Tripoly de Surie, Damas, & Gazera:la plus part defquelles font fort ruïnees, comme i'ay veu. Il eft bien vray, qu'il ne feit point de mal à leurs vieilles murailles, mais au refte il gafta tout : & ce qui eftoit de beau depuis la Natolie iufques en Egypte, eut fon attainte, ayát pres de ce lieu par plufieurs fois vaincu l'armee du Soldan, qui f'enfuyt du cofté de Damiatte, paffant le Nil pour fe fauuer: Lequel auffi Tamberlan euft fuyui, fi les viures ne luy euffent failli:qui fut caufe, qu'il print complot de fe retirer, voyant toute l'Afie affuiet- tie foubz fa puiffance. Quant au furplus de fes faicts & geftes, les Arabes domefti- ques, qui fe tiennent aux ifles de la mer Rouge, m'en ont fouuent compté de grandes chofes,me difans qu'ils defireroient fort, que *Abuna elfemanat*,fçauoir ce grand Pere qui eft au ciel, leur en euft refufcité vn autre tout nouueau,pour les mettre en liberté: combien que ie ne veux icy coucher par efcrit toutes les fables qu'ils m'en ont dit, d'autant que i'aurois peur que lon me mift au nombre des caffards Cofmographes de noftre temps. Au refte, le plus grand contentement de ce Prince confiftoit en guerres, & f'eftimoit heureux, lors qu'il voyoit que quelque nouueau ennemy fe pre- fentoit pour luy faire tefte:eftant fans doubte,qu'il a fait mourir luy feul plus de trois à quatre millions d'hommes, ou bien a caufé leur mort. Il feroit auffi impoffible de nombrer les villes qu'il a fubuerties:fi que en fomme, pour le peu de temps (au refpect d'autres) qu'il a regné, ie ne penfe point que iamais Attile, Totile, Genferich, chefs des Huns & Vandales, non les Goths ne Lombards, ayent tant fait de maux que ceftui- cy, lequel f'il uft paffé en Europe, euft laiffé de beaux deferts, & ruïnes plus grandes que les autres. O des defpouilles de tant de Rois, apres le faccagement d'infinies pro- uinces, & l'extrem ruïne de tant de villes, citez, & chafteaux, comme il fe fuft enrichi du fang de tát de pefonnes,tout ce qu'il feit iamais de bon, fut de laiffer deux enfans,

Cruauté de Tåberlan.

qui ne se monstrerent point si courageux que le pere : & employa toute la parade de
ses richesses à faire bastir la ville de Samarchand, que plusieurs font grande auant sa *ville bastie*
naissance : Lesquels sçachans bien que Tamberlan auoit fait faire vne ville en Orient, *par grande*
n'ont toutefois sceu dire quelle elle estoit,& mesmes ignorás au vray le lieu de sa nais- *curiosité.*
sance, l'ont tiré d'vne troupe de pasteurs & bouuiers, iaçoit qu'il ne seit iamais ce mestier,ains à parler bon langage, c'estoit cóme vn gladiateur & maistre d'escrime. Ainsi
ceste ville de Samarchand fut peuplee de la meslange des nations diuerses, qu'il auoit
amenees pour l'habiter : & cela a esté occasion,qu'elle s'est rendue ainsi marchande,&
que le peuple y est plus affable que en pas-vne de l'Orient. Sa ville estant bastie, riche,
florissante,& bien peuplee,& tout son païs en paix,ainsi qu'il complottoit de faire encor vn voyage sur le Turc & sur les Chrestiens, il fut retardé de son entreprise, tant
par vn grand tremblement de terre,que par deux signes celestes, l'vn d'vn Homme ap-
paroissant auec vne lance au poing, & l'autre d'vne Comete fort effroyable en grandeur,qui visoit droict sur sa ville, par l'espace de quinze iours. Dequoy consultant ses
Deuins & Astrologues, ils luy dirent (entre autres vn nommé, suyuát ce que les Arabes m'en ont dit, *Bene-iaacan*) que c'estoient presages de sa mort, ou de la ruïne & to-
tal aneantissement de son Empire. Toutefois rien ne l'estonna tant, que la vision qu'il
eut vne nuict, qui causa & sa maladie, & sa mort. Vous auez leu en quelle captiuité il
auoit tenu le Roy Turc Baiazeth, lequel mourut en ceste miserable seruitude. Il son-
gea donc vne nuict, que Baiazeth se presentoit à luy, ou peult estre estoit-ce vne illu-
sion Diabolique,auec vn regard si hideux que merueille, & luy disoit:Auant que soit
long temps,tu seras recompensé de tes mesfaits, & moy vengé du tort que tu m'as fait,
me faisant mourir comme vne beste brute. Et cela dit, il luy sembloit que Baiazeth le
battit tant, & le foula aux pieds & sur le ventre de telle sorte, que l'endemain comme
il se pensoit leuer,il demeura attaint de ceste apprehension, de laquelle à demy insen-
sé,& ayant tousiours Baiazeth en bouche, il passa le pas, au grand regret des siens:veu *Mort du*
que c'auoit esté le plus liberal & franc, & si compagnon des soldats, qu'il ne faisoit *conquerát.*
difficulté d'admettre les plus simples à sa table. Mais si aucun en fut resiouy,pensez
que les Perses & les Turcs en feirent le dueil fort bref, voyans que sa mort estoit leur
renaissance & force nouuelle. Quant au susdit Baiazeth, puis que i'en suis sur le propos,ie veux dire en passant, que ie n'ay sceu sçauoir, où Enguerrant de Monstrelet a *Enguerrant*
songé, ou a trouué par escrit, qu'il auoit eu nom *Basacq*, mot barbare, qui ne signifie *de Monstre-*
autre chose en langue Iauienne ou Indienne, que Poulsiere. Mais à ce que ie voy, ce *let & Mun-*
docte Historien s'est laissé trop aller à sa fantasie sur le nom propre de ce Roy ,aussi *ster se mes-*
bien que quand il se persuade, que lors que ces deux Monarques inuincibles s'estril- *content.*
loient si brusquement,le plus grand carnage,qui se commettoit entre les deux camps
venans aux mains, estoit fait par ceux qui estoient montez sur les Elephans touraffez,
en quoy consistoit leur principale force.Et fait aussi bon ouyr ce gentil conte,comme
celuy que recite Sebastian Munster en sa Cosmographie, que du temps (dit-il) que
les Gaulois entreprindrent le voyage d'Asie, & furent arriuez au païs Albanois pour
passer au Royaume Macedonien, le Roy Antiochus Soter, esmeu de telle fourmiliere
d'hommes,pour leur empescher l'entree de son païs Gregeois, leur mit en barbe seize
Elephans d'vne grandeur incroyable, à fin que la Cauallerie de la Noblesse Gauloise
ne passast oultre : estimant que si tost que leurs cheuaux bardez s'apperceuroient de
tels Colosses si hideux,ils reculeroient incontinent les combattans en arriere, & s'effa-
roucheroient d'vne telle sorte, que lon ne les pourroit tenir qu'à peine : & que par ceste seule ruse il demeureroit vainqueur.Sur quoy aussi ie veux que les susdits Enguerrant & Munster sçachent, qu'ils n'ont trouué Historien, soit Grec, Arabe, Hebrieu,ou

autres du peuple d'Orient,à qui lon doibue adioufter foy, qui facent mention,ſ'ils ne
veulent bourdillöner,d'auoir ouy dire, ne veu aux camps & combats des guerres paſ-
fees,depuis le premier des Othomans iufques auiourdhuy,vn feul Elephant ainſi bridé & caparaſſonné, ne ſur leur doz porter touraſſe ne tourillons, pour ſe rendre plus
forts que leurs ennemis:Encores moins,que les Rois de Grece ne autres Princes Europeens ſe ſoient ſeruis pour tel effect de ces beftes ſi mal-plaiſantes & habiles. Mais il
fault pardonner à l'aage, & aux Antheurs Romains,leſquels pour chofe aſſeuree prenoient les Chameaux, dont la Galathie, Phrygie, & quelques endroits de Grece ont
touſiours foiſonné, pour ces beftes groſſieres Elephantines, taſchans de ſe rendre inuincibles,& immortaliſer la memoire de leurs Rois & patrie.Au refte, Tamberlan fut
enterré honorablement à Samarchand par ſes enfans, qui luy dreſſerent vn magnifique tombeau pres la principale Moſquee, & depuis luy ont fait vn long temps autant
d'honneur preſque que à leur Prophete. Son Empire apres ſa mort n'a guere duré, à
cauſe que ſeſdits enfans,naiz de diuerſes femmes, eurent debat enſemble ſur la ſoue-
raineté,& ſe deſſeirét d'eux meſmes:qui cauſa que le Perſan recouura ſes terres : ioinct
que deſia les enfans de Baiazeth ſ'eſtoient emparez de ce qu'ils auoiét perdu en la Natolie. Ainſi lon voit que les chofes qui viennent auec violence,ne ſont point de grande duree,pour ce qu'elles ne prennent point d'appuy ne fouſtien à leur commencement, qui ſoit ſtable. Tels ont eſté les Goths : mais où ſont-ils? Tels les Huns, tels les
Lombards:& tout cela eſt deuenu en fumee:En pouuant dire autant de nous meſmes
aux entreprinſes que nous fiſmes aux païs de l'Antarctique, auec frais & perte de gens
ineſtimable, & douze ans apres ceux qui ont fait le voyage de la Floride, qui n'eſt
pourtant rien au pris de l'Empire de Tamberlan, lequel fut preſque auſſi toſt aneanti
que mis en eſtre.L'hiſtoire des Turcs porte,qu'il n'euſt iamais entreprins ſur Baiazeth,
ſans le conſentement de l'Empereur Grec de Conſtantinople,qui luy enuoya Ambaſſades expres, & pluſieurs riches preſens. Et de faict, il n'eſt point dit ne veu, qu'il ait
prins ne demoli ville ne forterreſſe de l'Empire Gregeois : ce qui anima Mahemet,ſe-
cond du nom,bien toſt apres, d'aſlieger Conſtantinople, laquelle il print par force &
voye d'armes.

Du païs de PERSE, *& fertilité d'iceluy.* CHAP. XII.

ES IVIFS ou Hebrieux de ce païs là, qui ont ſceu l'hiſtoire de plus
longue main que les Grecs,ne que nation quelconque,ont appellé les
Perſes *Elamites*, du nom d'*Elam*,l'vn des enfans de *Sem*: Non que
ie vueille nier pour cèla, que Perſee n'ait peu donner le ſien à ceſte
prouince, veu qu'il eſtoit fort ancien, & auant que ceſte nation euſt
Empire, ne nom beaucoup celebré. A preſent on les appelle *Aza-*
mies , & la region auſſi : lequel mot comprend & la Sufiane, & ce qui proprement eſt
Perſe,& le païs encor des Parthes,d'autant que c'eſtoit iadis comme le patrimoine des
Rois Perſiens, que les Turcs nomment *Keſelbach* , & le ſeul païs Perſien *Pharſic.* Aucuns ont dit que c'eſt à cauſe du païs,appellé *Sophene,* que ce Monarque poſſede.Mais
ny les Turcs, ny les Arabes, & moins les Perſiens, ſçauent que veult dire ce mot de
Sophene. Voyla que c'eſt d'eſcrire les chofes à la volee: ne vous diſant rien de ma
part, que ie ne l'aye ſceu & appris d'eux meſmes. Quant aux Arabes,ils le nomment
Xaiſmael, du mot *Xa,* qui en langue Perſienne vault autant que Roy:autres *Seich-ay-*
der, c'eſt à dire,Bon religieux. Les Turcs luy ont donné le nom de *Suſy* & de ce mot
corrompu nous autres l'appellons Sophy,qui ne ſignifie autre chofe que Secte ou Re-

ligion,qu'ils appellent *Sophy*, ou *Sophylar*. Iceluy feſtant fait Seigneur & Monarque
de ces païs là,a voulu que la partie de Perſe, que les Anciens nommoient Suſiane, fuſt
dite de ſon nom *Zaque Iſmael*, en laquelle eſt baſtie la ville de *Baldach*, aſſez pres de
l'ancienne Babylone:d'autât que l'vne eſt en Aſſyrie,& l'autre eſt vrayement en Perſe,
qui luy aboutit , mais faiſant vn Royaume à part ſoy, qui ſappelloit iadis *Suſes*, edifice par Darie, qui ſucceda à Cambyſe , le premier du nom. Vray eſt que aucuns ont
voulu dire que ce fut vn *Titon*, qui en fut le baſtiſſeur:me contentant quant à moy,de
ce que i'en ay dit, ſans aller recercher de ces Orientaux Indiens , pour dreſſer leſdites
villes, puiſque leurs Rois ont eſté ſi puiſſans. Reſte à voir les aboutiſſans de l'vne & ^{Limites du}
l'autre des parties de Perſe, & premierement la Suſiane. Ceſte cy confine vers le Nort^{païs de Per-}^{ſe.}
auec l'Aſſyrie,qui eſt le Royaume de *Bagadeth*, dont le Tygre fait le partage iuſques
à la mer:& vers l'Orient elle va iuſques au ſein Perſique, en degrez de lôgitude octan-
teſix trente minutes,& de latitude trente & vn minute nulle.Elle eſt auſſi nommee par
les Barbares du lieu, *Chus*, & des Arabes *Chub*, païs fort bon, & fertil en froment &
orge,& meſmes en vignes, que font les Neſtoriens & Iuifs, à cauſe que la region y eſt
chaude, la montaigne luy eſtant au Nort, qui empeſche les efforts & ſouffler froidureux des vents Septentrionaux : ſi qu'elle eſt ſeulement expoſee à l'Eſt & au Midy, &
biê peu à l'Oueſt,qui luy eſt oppoſite: qui fait auſſi que les hommes y ſont aſſez ſains.
Ceux qui ſe meſlent du labourage , ſe tiennent au plat païs & en la campaigne, là où
ceux qui habitent aux villes voiſines des môtaignes, ſont tous ſoldats & gens de faict,
& deſquels le Sophy tient grand compte,leur donnant priuileges & immunitez, tout
ainſi que noz Rois font à la Nobleſſe,pource qu'en tous ſes affaires ils ne luy manquêt
iamais , & eſtans en guerre il eſt fort facile de les cognoiſtre , tant ils font le deuoir de
gens de bien. Non loing de *Suſes* y a vne petite region, qui eſt toute bitumineuſe, & ^{Prouince bi-}
par conſequent ſterile, en laquelle à grande difficulté les herbes peuuent venir : & où ^{tumineuſe.}
les hommes ne viuent long temps,attendu que les eauës eſtans gaſtees de ce ſeul Bitu-
me,gaſtent auſſi les entrailles de ceux qui en boiuent. Auſſi n'eſt *Suſes* gueres peuplee,
à cauſe des grandes chaleurs qu'il y fait , & que les vapeurs ſont dangereuſes & mala-
difues.Ioignant ceſte ville ſe voit encor vne grande Tour,baſtie toute de marbre blâc,
belle,& haulte à merueille:& dedans,les plus beaux tombeaux du monde,la plus part ^{Sepulture}
en leur entier : & tient on pour aſſeuré,ce qui eſt aiſé à croire, que les Rois Perſiens & ^{des anciens}^{Rois de Per-}
Mediens y eſtoient mis en ſepulture,comme les Rois d'Egypte dedans les Pyramides,^{ſe.}
qui ſont encor (comme i'ay veu)entieres.Vous y voyez auſſi de vieilles ruïnes de murailles,qui monſtrent que c'a eſté quelque grand edifice:Dequoy,comme ie m'enquiſ-
ſe , me fut dit que c'eſtoit autrefois vn temple de la Deeſſe Diane , & que Antiochus
l'ayât pillé,comme auſſi il auoit fait celuy de Hieruſalem,auoit eſté là deſfait,& eſtoit
mort priué de ſens,& agité de rage. Mais c'eſt aſſez parlé de la prouince Suſiane, veu
que la Perſe,proprement ainſi dite,nous attend,à fin que auſſi ie vous en face la deſcription , qui eſt telle. Ceſte grande prouince a du coſté du Nort pour aboutiſſant la region de *Seruan*,autrement le païs des Medes, & va aſſez pres du territoire de Tauris
ſelon les monts. A l'Oueſt,luy eſt voiſine celle de *Zaque Iſmael*, qui eſt ladite Suſiane,
& ce à ſon coſté Oriental. A l'Eſt , luy giſt la Carmanie (non celle qui ſappelloit Cilicie) ſuyuant la ligne Meridionale,qui partit la Mede & Parthie,iuſques au fleuue *Ba-*
grada, que i'ay cy deſſus nommé *Bindmir*, ou *Biquelmic* en Arabe ,lequel ſe va rendre
au ſein Perſique, que les habitans appellent mer de *Meſendin*. Vers le Midy,elle a la
mer,qui la coſtoye iuſques à l'iſle & Royaume d'Ormuz (car d'autre part elle ne touche point ceſte prouince) & à l'oppoſite , en terre ferme les montaignes de *Dely* : &
paſſant la Carmanie, elle va preſque ſe ioindre aux Indes du coſté de *Guſerath*. Or

par ce que plufieurs fois i'ay parlé de la Carmanie,& deferté,& autre,il fault entendre,

Les Carma-niens ont prins le nõ de Carmã-bey.
que auec le premier des Othomans vint vn Turc, lequel f'appelloit *Carmanbey*, qui donna fon nom au païs de Cilicie: fi que depuis elle a eu le nom de Carmanie,fuyuãt la mefme opinion des Arabes & Armeniens. Iceluy eftoit natif de ladite Carmanie, laquelle eft partie en deux:l'vne plus Orientale,qui contient la Gedrofie, ou *Helmeſt-menich* en langue Georgiane,eftant nommée du vulgaire *Guſerath* : & l'autre,voifine de Samarchand, que lon appelloit la Carmanie deferte, & auiourdhuy le defert de *Dulcinde*, ayāt en fa longitude nonantequatre degrez nulle minute, & de latitude trē-tevn degré minute nulle.Oultreplus,auāt que ie r'entre en Perfe,il eft befoing de con-

Iaques Ca-ſtalde Pied-montoisſa-buſé.
futer l'opinion de Iaques Caftalde, Piedmontois,en fes Annotations qu'il a fait fur les Tables de Ptolomee,difant,que Carmanie (ie ne dis pas la Deferte,ains l'autre,voifine du Royaume d'Ormuz,tirant au païs Indien,comme celle qui du cofté du Midy va fe-lauer dans la mer Indique) **eft appellee** *Turqueſtan*.En quoy ceft homme docte a fail-li pour le regard de fes proportions, & en la contemplation de l'affiette des prouin-ces:d'autant qu'il fçait bien que le Turqueftan eft Scythique, & plus Septétrional que non point Oriental,& cefte Carmanie eft toute Oriétale.Au refte,le Turqueftan auoi-fine la mer de Bachu , là où cefte Carmanie (comme dit eft) eft embraffee par la mer Indique,& fi eft loing dudit Turqueftan plus de fix cens lieuës,y ayāt plufieurs gran-des prouinces entre deux:tellement qu'il eft impoffible de deffendre auec raifon cefte

Perfe a qua-tre regions principales.
grande & lourde faulte. La Perfe donc a quatre regions ou prouinces principales, à fçauoir *Coracon*, ou *Ilzaroth* en langue Perfienne, *Giual,Tauris,* & *Xitaran*,à laquel-le eft adiouftee celle de *Corazzan*, qui n'eft plus de l'obeïffance du Sophy. Quant à leur fertilité,vous auez le long du fein Perfique,en plufieurs endroits le terroir fablõ-neux,& parainfi non guere bon :iaçoit que au Royaume d'Ormuz le plat païs n'eft de mefmes, ains gras, & fort plaifant. Que fi vous tirez au Nort vers *Syras* & *Caſſan*, & d'autre part vers le païs *Zach*, vous apperceuez le plus gentil & riche païfage qu'il eft poffible de voir,à caufe des grandes prairies qui font le long des riuieres & ruiffeaux, où l'herbe abonde en toute faifon : & plus hault,les champs femez de bons grains, où les arbres fruictiers ne manquent point,& les forefts nourriffent tout le gibier que lon fçauroit fouhaiter, auec les cheuaux tenuz aux Haraz en plus grandes troupes que nous n'auons pardeçà les beftes à corne. Toutefois cefte bonté fe perd, lors que vous venez à entrer dans les montaignes. Et quelle eft la region foubz le ciel, qui foit touf-iours & en tout lieu abondante & fertile ? L'Egypte eft loüée de fertilité:fi y a-il des deferts,qui ne portent rien qui foit de profit à la vie des hommes. On fait grand com-

Païs Gre-geois aſſez ſterile.
pte de la Grece, & neantmoins vous y trouuez des lieux autant mal-plaifans, rudes & infertils, qui foient en la terre. Ainfi eft-il de la Perfe,laquelle ne peult par tout abon-der en toutes chofes, eftant hors de doubte, qu'il y a des deferts à paffer en icelle. Au furplus, les plus beaux cheuaux de l'Orient font là, & des afnes grands & forts en quantité, defquels ils font autant ou plus de compte que des Chameaux,tant pour la charge qu'ils portent,que pource qu'ils defpefchent chemin, & ne font de grande def-penfe. Bref, le païs plat n'eft point beaucoup bofcageux, veu que le plus de leurs ar-bres, ce font fruictiers, & des Saules qu'ils plantent le long des ruiffeaux & riuieres. Touchant les villes principales, elles font du cofté d'Ormuz , comme *Theſirch* fur le fleuue *Tiſimdon*, & *Sirgian* fur celuy de *Drut*, affez voifine du defert de *Mingiu* :& tournant à la riuiere *Ieſdry*, vous auez *Seruſtan, Bendare,* & *Lar*, grande & marchan-de,& chef d'vne prouince,qui eft termoyee defdites riuieres de *Ieſdry* à l'Eft,& *Bind-mir* & *Bagrada* à l'Oueft. De là auant f'en voyent plufieurs autres,à caufe que le païs eft fort peuplé iufques à *Syras* , qui eft la ville capitale de tout l'Empire de Perfe, que

aucuns Iuifs du païs m'ont voulu faire entendre estre celle que les Anciens nommoiët *Persepoly* : combien que les Grecs tiennent que ce n'est pas elle, ains *Sicta*. Mais en ce- *Persepoly ville an- cienne.* cy, comme ie leur feis response, ils se trompent. Car celle qu'ils disent auoir esté ainsi nommee, est sur ladite riuiere de *Iesdry*, plus Orientale que celle de Syras, & à quel- ques trente lieuës loing: Ioinct qu'il ne fault s'arrester à ce qui est dit que Alexandre le grand la ruina, veu que plusieurs villes ont esté mises à bas de fonds en comble, les- quelles toutefois ont esté remises sus. Or la deffaite de Persepoly fut ainsi occasion- nee. Alexandre le Grand s'estant emparé de l'Empire & richesses de Darie, vint aussi s'inuestir de la ville capitale, laquelle estoit pleine des despouilles de tout le monde, à cause que les Rois y portoient leurs thresors, ainsi que fait le Turc auiourdhuy en la grand' ville de Constantinople, & Tamberlan en sa ville de Samarchand. En fin, ceste ville fut bruslee par Alexandre, à la priere d'vne Thais, Grecque de nation, sa concubi- ne, comme assez les histoires Leuantines le demonstrent tresbien. Mesmes à present les Persiens, Armeniens, voire les Grecs, comptent mille fables indignes de ce grand Monarque : duquel il se trouue autant de medalles de bronze, que de nul des autres Empereurs Leuantins, combien qu'elles sont côtrefaites, ne sentans en chose du mon- de leur antiquité. Vray est que i'ay apporté quelques Corniolles de luy fort antiques, & des medallons d'argent. Ce fut vers *Syras*, que s'enfuyt le Sophy, lors que le grand Sultan Solyman entra de mon temps que i'estois pardelà, dans Tauris, ne sçachât plus seure retraite, pour la difficulté que le Turc auroit à l'y aller trouuer. Ceste ville est fort marchande, & ne doibt rien à autre de l'Orient en richesse, mesmement pour le trafic des soyes, & draps d'icelle, qu'on y vend, s'en faisant là la despesche pour les por- ter à Ormuz. De circuit, elle a plus de deux grâdes lieuës, & est quasi aussi peuplee que le grand Caire: ses murs faits de terrasse, fort haults & espais, enuironnez de larges & profonds fossez: les maisons richement basties, & les Mosquees faites comme celles de Tauris. Les gens y sont les plus riches de toute la Perse, & les plus beaux de face, cour- tois, & les femmes gentiles, estant le peuple de son naturel de peu de parole: osant bien dire, qu'vn Grec parlera plus, comme i'en ay fait l'experience, en vn iour, que dix de ceux icy en trois Ceux qui prennent la route du Leuant pour aller en *Cambaia* par le païs de Perse, fault que passent à *Syras* : & cela fait qu'elle est ainsi marchande & peu- plee: ioinct que tous ceux de Samarchand, d'Ere, & autres païs lointains, y portêt leurs soyes & ioyaux, & ceux qui viennent d'Ormuz pour aller en Tartarie, y amenent de l'espicerie, du Rheubarbe, & autres telles choses qui sont de grande despesche. A dou- ze ou quinze lieuës de là, se voit vn ancien chasteau, qui fut iadis ville, nommee *Pesor- racha*, & depuis *Pasagarde*, dit à present *Chelqueta*, où n'y a plus que des ruïnes: les- quelles aucuns disent auoir esté faites depuis le temps d'Alexandre, & d'autres par Tamberlan. Ce que ie croy facilement, d'autant que tout ce qui y est, sent son moder- ne, hors mis dans le reste du vieux bastiment, où apparoist encor vn tombeau du grâd *Sepulture de Cyre Roy Persien.* Roy Cyre, le corps duquel y fut porté depuis la Scythie, où il mourut, occis par la Royne *Tomiris*, en la region des Massagetes. Ceste sepulture n'est qu'vne Tour, & ne ressent rien de magnifique, n'ayant garde d'approcher des ouurages superbes & vains des Rois de l'Egypte. Et ce à quoy vous cognoissez que c'est le sepulchre de Cyre, ce sont plusieurs marbres, dans lesquels est graué son nom en lettres Grecques, & en deux autres endroits en Chaldee, qui entouroiêt son effigie, dressee dans vn vase toute droi- te contre la muraille. Passé que vous auez *Chelqueta*, vous entrez en la prouince de *Curdestan*, où est la grande ville de *Sustra*, sur la riuiere de *Tirisir*, qui entre au sein Persique, vis à vis de l'isle de *Mulugan*. Puis pour visiter le reste du païs, prenez la volte du Nordest, & voyez les prouinces de *Arachaian*, *Iuristan*, & *Casuim* : & apres

allez au Royaume d'*Arach*, le dernier de Perſe tirât à l'Eſt: auquel y a de fort belles villes, où les predeceſſeurs des Sophis ſe tenoient volontiers, comme à *Argiſtan* & à
Caſſay, qui eſt fort marchande, la plus part des habitans de laquelle auiourdhuy ſont
ouuriers de draps de ſoyes, & de cotons, les plus fins que lon ſçauroit voir. Quant à
Argiſtan, c'eſt de là que s'apportent les meilleures armes du monde, & où la trempe ſe
baille le mieux au fer, s'y faiſans d'autant beaux & bien ouurez Cimeterres qui ſoient
en l'vniuers.

Memorable hiſtoire du païs Perſien, & des douze Prophetes Alcoraniſtes.
CHAP. XIII.

P R E S *Caſſan*, à quinze lieuës & plus, vous voyez la ville *Spahan*, de
laquelle ie vous veux parler, pource que c'a eſté l'vne des plus riches
qui fuſt en Perſe, comme encor s'en ſent elle quelque peu, combien
que la grandeur n'eſt rien au pris: & entendez comme cela eſt aduenu. Le predeceſſeur d'*Aſſambey*, ſe nommant *Giauſa*, qui ſignifie au-

Giauſa, dit Ioſeph.

tant que Ioſeph, feit commandemét à ceux de ceſte ville, de receuoir
ſes garniſons: pourautant qu'il voyoit, que eux eſtans riches comme ils eſtoient, & en
grand nombre, & gens de faiĉt, au reſte fort orgueilleux, ainſi que naturellement eſt
tout Perſan, facilement ils pourroient faire quelque reuolte. Sur quoy oyant leur re-
fus, il s'eſmeut, & prend ſon chemin ſans armee, à fin de punir les chefs qui auoient
donné ce conſeil. Neantmoins comme il fut à *Argiſtan*, nouuelles luy vindrent, que

ville de Spa ban ruïnee.

ceux de *Spahan* auoient prins les armes, en deliberation de bien frotter la garniſon
que le Roy enuoyeroit. Cela donc luy donna occaſion de faire approcher l'armee qui
le ſuyuoit de loing, enioignant à chacun des ſoldats, que pas vn ne fuſt ſi hardy de retourner vers luy, ſans porter la teſte d'vn des habitans de *Spahan*, apres auoir bruſlé
& ſaccagé ladite ville. Ce qu'ils feirent auec plus de huiĉt cens perſonnes grands &
pétits, ſuyuant l'hiſtoire des Perſiens & Arabes du païs. Elle eſt toutefois à preſent
quelque peu remiſe, & s'y fait aſſez bon trafic. Vous y voyez de grandes antiquitez,
comme ſont Aqueduĉts & Baings publics, tous faits de marbre: & , ce qui eſt le plus
beau, vne Ciſterne faite en quarré, toute pleine d'eau fort bonne, circuie tout autour
de belles & haultes Colomnes auec leurs chapiteaux, & des loges baſties par deſſus,
comme boutiques de marchands, où ils enferment leur marchandiſe la nuiĉt, ainſi
que lon feroit à vn Fondique ou magaſin és terres du grand Turc. Tournant vers Septentrion, pour reprendre la volte du plat païs, vous trouuez la ville de *Comar*, ou
Malguazef en leur patois, & là aupres vn mont ou colline au milieu d'vne belle pla-

Quarante Colomnes antiques.

nure, ſur lequel ſont poſees quarante & trois Colomnes de marbre, eſgales en grandeur & groſſeur (vray eſt que trois ſont par terre, toutes rompues, il y a plus de deux
cens ans) haultes plus de quarante pieds chacune, & ſi groſſes, que trois hommes n'en
ſçauroient embraſſer vne. Le lieu s'appelle *Cilminar*, qui eſt à dire Quarante. En ces
Colomnes ſont grauees pluſieurs figures d'hommes, qui repreſentent des Geants: &
au plus hault, y en a vne, faite tout ainſi que lon repreſente Dieu le pere en noz Egliſes, tenant vne choſe ronde en la main. Plus bas eſt figuré vn Homme, appuyé ſur vn
arc, que ceux du païs diſent eſtre Salomon: adiouſtans, que luy meſme feit faire ceſt
edifice, qui pour vray a eſté fort magnifique & ſuperbe, combien qu'il n'y reſte rien à
preſent que les Colomnes, & la ſtatue d'vn grand homme à cheual, que ces Barbares
n'ont point ruïné, tant pource qu'ils ne ſont pas trop ſcrupuleux Mahometiſtes, que
pourautant qu'ils croyent, que ceſte repreſentation ſoit celle de Samſon le robuſte.

A iour-

aucuns Iuifs du païs m'ont voulu faire entendre estre celle que les Anciens nommoiét *Persepoly* : combien que les Grecs tiennent que ce n'est pas elle, ains *Sicta*. Mais en ce-cy,comme ie leur feis response, ils se trompent. Car celle qu'ils disent auoir esté ainsi nommee, est sur ladite riuiere de *Iesdry*, plus Orientale que celle de Syras, & à quel-ques trente lieuës loing: Ioinct qu'il ne fault s'arrester à ce qui est dit que Alexandre le grand la ruina, veu que plusieurs villes ont esté mises à bas de fonds en comble, les-quelles toutefois ont esté remises sus . Or la deffaite de Persepoly fut ainsi occasion-nee. Alexandre le Grand s'estant emparé de l'Empire & richesses de Darie, vint aussi s'inuestir de la ville capitale, laquelle estoit pleine des despouilles de tout le monde, à cause que les Rois y portoient leurs thresors, ainsi que fait le Turc auiourdhuy en la grand'ville de Constantinople, & Tamberlan en sa ville de Samarchand. En fin, ceste ville fut bruslee par Alexandre,à la priere d'vne Thais,Grecque de nation,sa concubi-ne, comme assez les histoires Leuantines le demonstrent tresbien. Mesmes à present les Persiens. Armeniens, voire les Grecs, comptent mille fables indignes de ce grand Monarque : duquel il se trouue autant de medalles de bronze, que de nul des autres Empereurs Leuantins,combien qu'elles sont côtrefaites, ne sentans en chose du mon-de leur antiquité. Vray est que i'ay apporté quelques Corniolles de luy fort antiques, & des medallons d'argent. Ce fut vers *Syras*, que s'enfuyt le Sophy, lors que le grand Sultan Solyman entra de mon temps que i'estois pardelà, dans Tauris,ne sçachât plus seure retraite, pour la difficulté que le Turc auroit à l'y aller trouuer. Ceste ville est fort marchande, & ne doibt rien à autre de l'Orient en richesse, mesmement pour le trafic des soyes,& draps d'icelle,qu'on y vend,s'en faisant là la despesche pour les por-ter à Ormuz. De circuit,elle a plus de deux grádes lieuës, & est quasi aussi peuplee que le grand Caire:ses murs faits de terrasse, fort haults & espais, enuironnez de larges & profonds fossez:les maisons richement basties,& les Mosquees faites comme celles de Tauris.Les gens y sont les plus riches de toute la Perse,& les plus beaux de face,cour-tois,& les femmes gentiles,estant le peuple de son naturel de peu de parole:osant bien dire, qu'vn Grec parlera plus, comme i'en ay fait l'experience, en vn iour, que dix de ceux icy en trois Ceux qui prennent la route du Leuant pour aller en *Cambaia* par le païs de Perse, fault que passent à *Syras* : & cela fait qu'elle est ainsi marchande & peu-plee:ioinct que tous ceux de Samarchand,d'Ere,& autres païs lointains,y portét leurs soyes & ioyaux, & ceux qui viennent d'Ormuz pour aller en Tartarie, y amenent de l'espicerie,du Rheubarbe,& autres telles choses qui sont de grande despesche. A dou-ze ou quinze lieuës de là,se voit vn ancien chasteau,qui fut iadis ville,nommee *Pasor-racha*, & depuis *Pasagarde*, dit à present *Chelqueta*, où n'y a plus que des ruïnes: les-quelles aucuns disent auoir esté faites depuis le temps d'Alexandre, & d'autres par Tamberlan. Ce que ie croy facilement, d'autant que tout ce qui y est,sent son moder-né,hors mis dans le reste du vieux bastiment, où apparoist encor vn tombeau du grád Roy Cyre, le corps duquel y fut porté depuis la Scythie, où il mourut, occis par la Royne *Tomiris*, en la region des Massagetes. Ceste sepulture n'est qu'vne Tour; & ne ressent rien de magnifique, n'ayant garde d'approcher des ouurages superbes & vains des Rois de l'Egypte. Et ce à quoy vous cognoissez que c'est le sepulchre de Cyre, ce sont plusieurs marbres,dans lesquels est graué son nom en lettres Grecques,& en deux autres endroits en Chaldee,qui entouroiét son effigie,dressee dans vn vase toute droi-te contre la muraille. Passé que vous auez *Chelqueta*, vous entrez en la prouince de *Curdestan*, où est la grande ville de *Sustra*, sur la riuiere de *Tirisir*, qui entre au sein Persique, vis à vis de l'isle de *Mulugan*. Puis pour visiter le reste du païs, prenez la volte du Nordest, & voyez les prouinces de *Arachaian*, *Iuristan*, & *Casuim* : & apres allez au Royaume d'*Arach*, le dernier de Perse tirât à l'Est:auquel y a de fort belles vil-les, où les predecesseurs des Sophis se tenoient volontiers, comme à *Argistan* & à *Cassay*, qui est fort marchande, la plus part des habitans de laquelle auiourdhuy sont ouuriers de draps de soyes, & de cotons, les plus fins que lon sçauroit voir. Quant à Argistan, c'est de là que s'apportent les meilleures armes du monde, & où la trempe se baille le mieux au fer, s'y faisans d'autant beaux & bien ouurez Cimeterres qui soient en l'vniuers.

Memorable histoire du païs Persien, & des douze Prophetes Alcoranistes.
CHAP. XIII.

Giausa, dit *Ioseph.*

PRES *Cassan*, à quinze lieuës & plus, vous voyez la ville *Spahan*, de laquelle ie vous veux parler, pource que c'a esté l'vne des plus riches qui fust en Perse, comme encor s'en sent elle quelque peu, combien que la grandeur n'est rien au pris : & entendez comme cela est adue-nu. Le predecesseur d'*Assambey*, se nommant *Giausa*, qui signifie au-tant que Ioseph, feit commandemét à ceux de ceste ville, de receuoir ses garnisons : pourautant qu'il voyoit, que eux estans riches comme ils estoient, & en grand nombre, & gens de faict, au reste fort orgueilleux, ainsi que naturellement est tout Persan, facilement ils pourroient faire quelque reuolte. Sur quoy oyant leur re-fus, il s'esmeut, & prend son chemin sans armee, à fin de punir les chefs qui auoient donné ce conseil. Neantmoins comme il fut à *Argistan*, nouuelles luy vindrent, que

Ville de Spa-han ruinée.

ceux de *Spahan* auoient prins les armes, en deliberation de bien frotter la garnison que le Roy enuoyeroit. Cela donc luy donna occasion de faire approcher l'armee qui le suyuoit de loing, enioignant à chacun des soldats, que pas vn ne fust si hardy de re-tourner vers luy, sans porter la teste d'vn des habitans de *Spahan*, apres auoir bruslé & saccagé ladite ville. Ce qu'ils feirent auec plus de huict cens personnes grands & petits, suyuant l'histoire des Persiens & Arabes du païs. Elle est toutefois à present quelque peu remise, & s'y fait assez bon trafic. Vous y voyez de grandes antiquitez, comme sont Aqueducts & Baings publics, tous faits de marbre : &, ce qui est le plus beau, vne Cisterne faite en quarré, toute pleine d'eau fort bonne, circuie tout autour de belles & haultes Colomnes auec leurs chapiteaux, & des loges basties par dessus, comme boutiques de marchands, où ils enferment leur marchandise la nuict, ainsi que lon feroit à vn Fondique ou magasin és terres du grand Turc. Tournant vers Sep-tentrion, pour reprendre la volte du plat païs, vous trouuez la ville de *Comar*, ou

Quarante Colomnes antiques.

Malguazef en leur patois, & là auprés vn mont ou colline au milieu d'vne belle pla-nure, sur lequel sont posees quarante & trois Colomnes de marbre, esgales en gran-deur & grosseur (vray est que trois sont par terre, toutes rompues, il y a plus de deux cens ans) haultes plus de quarante pieds chacune, & si grosses, que trois hommes n'en sçauroient embrasser vne. Le lieu s'appelle *Cilminar*, qui est à dire Quarante. En ces Colomnes sont grauees plusieurs figures d'hommes, qui representent des Geants : & au plus hault, y en a vne, faite tout ainsi que lon represente Dieu le pere en noz Egli-ses, tenant vne chose ronde en la main. Plus bas est figuré vn Homme, appuyé sur vn arc, que ceux du païs disent estre Salomon : adioustans, que luy mesme feit faire cest edifice, qui pour vray a esté fort magnifique & superbe, combien qu'il n'y reste rien à present que les Colomnes, & la statue d'vn grand homme à cheual, que ces Barbares n'ont point ruiné, tant pource qu'ils ne sont pas trop scrupuleux Mahometistes, que pourautant qu'ils croyent, que ceste representation soit celle de Samson le robuste.

A iour-

A iournee & demie de là est la ville de *Thimar*, nommee iadis *Thoacé*, gisat à octante neuf degrez nulle minute de longitude, trois degrez vingt minutes de latitude : pres laquelle est vne sepulture dans vn petit bastiment, comme vn de noz Oratoires, où il y a escrit en Arabe *Messeth Suleimen*, qui signifie Temple de Salomon : & cela leur donne occasion de tenir pour asseuré, que la mere de ce grand Roy Iuif soit là enterree. La porte de ladite Mosquee (si ainsi la fault appeller) quoy qu'ils n'y facent aucun exercice, est tournee vers l'Orient. De ma part, ie ne voy aucune verisimilitude, pour croire que Bethsabee, mere dudit Salomon, ait esté portee si loing, que depuis Hierusalem, qui est en la Palesthine, iusques aupres de Thimar, qui est situee sur les derniers & plus lointains limites du Royaume de Perse. Or est-il, que cedit Royaume n'a point esté, sans que la cognoissance de l'Euangile n'y soit paruenue, & qu'il n'y ait eu des Eglises long temps apres la mort de nostre Seigneur : veu que Constantin le grand escriuit au Roy Persan, qu'il se monstrast plus doux & courtois aux Chrestiens, qu'il n'auoit fait iusques alors : Et vous sçauez qu'il estoit en vogue quelques deux cens quarante ans apres nostre Seigneur, & enuiron deux cens dix ans depuis y fut esleu Euesfque, en la ville de Cyropoly voisine de la mer, ruinee pour le iourdhuy, Theodoret, duquel encor nous auons l'histoire Ecclesiastique, & douze liures contre les Gentils. C'est en ceste ville là, que Mahemet predit, comme tiennent les Persiens & Turcs, & ont par escrit dans leur *Heditselalem*, qui est leur Chronique, qu'il y auroit douze saincts personnages, qui commanderoient apres luy, & maintiendroient la Loy qu'il leur auoit laissee. De ces douze, iamais les Turcs ne m'en sceurent nommer que sept des principaux, sçauoir *Homar*, *Abubecher*, *Odman*, que les Arabes appellent *Odum*, *Haly*, nepueu de Mahemet, auquel les Persiens croyent plus qu'à Mahemet mesme, *Elcassim*, *Maule-Abi*, que les Scythes nomment *Moalby*, qui conquit beaucoup de prouinces en leur païs Scythique apres la mort dudit *Haly*, & depuis se voyant puissant, trauersa toute ceste mer iusques à la Calabre, & de là à Maillorque & Minorque, isles voisines d'Espaigne. Le septiesme fut *Reid*. Ces gentils Prophetes gaignerent les vns apres les autres la plus part de la Barbarie en Afrique, apres auoir mis vne bonne partie de la Surie en leur main & puissance : puis se ruerent auec leurs bras foudroyans sur l'Empire de Perse, saccageans les pauures Chrestiens de tous costez, pensans les reduire à leurs heresies, disans qu'il falloit prescher par force l'espee nue au poing, & faire croire en Dieu par ce moyen, & que les armes font plus aux hômes simples & craintifs, que non pas la raison : de sorte qu'ils attirerent plus de monde par force, que autrement. Toutefois ne demolirent-ils iamais les Temples, Eglises, ne Oratoires desdits Chrestiens, comme recitent les histoires Armeniennes, ains les prindrent pour y dresser leurs Mosquees, ayans reduit le païs, & planté leur doctrine. Et se font faits tous ces conquerans appeller Rois & Prophetes, encores qu'ils se soubzmissent, pour le faict de la spiritualité, à *Rahmatullahi*, c'est à dire, à la misericorde de Dieu, & à *Petalimagi*, sçauoir au grand Magistrat, & à leurs *Hogsialar*, *Talismanlar*, *Deruilar*, & *Hagij*, qui font leurs Docteurs, Prestres, & Hermites, ausquels ils obeissoient, encor qu'ils fufsent de mauuaise vie, comme ils font volontiers. Voila la force qu'ils ont eu iadis sur les païs d'Afrique : ayans esté mesme durant l'Empire d'Heraclius, entiers possesseurs de Perse : auquel temps les Princes Chrestiens se prierent pour auoir secours les vns des autres. Du depuis, ils feirent vn Prince en Babylone, & vn au Caire en Egypte, receuans leur Loy, aussi bien que les autres Asiatiques & Africains. Et ne se contentans de cela, bien tost apres se ruerent sur l'Europe, là où ils donnerent vne attainte aux isles Cyclades, voire feirent des courses iusques en la Sicile, Sardaigne, Corse, & Lezante, que possedoient, comme ils font encor auiourdhuy, les Chrestiens, soubz la conduite d'vn meſchant Barbare, qui ſ'eſtoit fait par force Roy de Thunis, nommé en langue Moreſque *Mohaſen-Emir* : lequel fut ainſi appellé pour ſon beau parler, duquel il attiroit le ſimple peuple à ſa religion : comme ſ'ils euſſent voulu dire, que iamais Roſſignol, qu'ils appellent de ce nom, n'attira mieux les creatures à l'ouyr gazouiller, que faiſoit ce gentil caffard de preſcheur. Autres le nommoient *Emirel-mumin*, ſçauoir Prince des fideles, ou *Melich*, qui eſt tiltre de Roy. Le reſte des Mores Barbares, qui auoient prins par force le Royaume d'Eſpaigne, voulans quelque temps apres ſe ruer ſur la France, quand ils eurent ſaccagé & pillé pluſieurs villes de la mer Adriatique, Charles Martel leur rua tant de coups d'eſperonades entre le païs de Poictou & celuy de Touraine, & martela ſi bié leurs teſtes, qu'il y demeura enuiron trois cens mille hommes de leur compaignie. Ceſte meſme annee les Armeniens & Georgiens du païs Perſien occirent autant ou dauantage d'Alcoraniſtes, qui occupoient ce païs là, auec huict cens de leurs plus ſignalez miniſtres : & lors tout le mónde, tant Iuifs, Payens, que Chreſtiens, retournerent en leur Loy, comme ils eſtoient auparauant, meſme le Royaume de Perſe reuint à ſon premier Prince ſouuerain. Quelques Perſiens m'ont autrefois dit, que ce fut en leur païs, qu'auoiét flori les Sages, qu'on appelle Magiciens, hommes non addonnez à la ſuperſtitieuſe inuocation des Eſprits, ains ſçauás aux ſciences & ſecrets de Nature. Quant eſt de la couſtume qu'auoient anciennement leſdits Perſes à punir ceux qu'ils tenoient pour malfaicteurs, c'eſtoit de les eſcorcher : qui m'a fait depuis penſer, que ce fut là que l'Apoſtre ſainct Barthelemy fut martyriſé, quoy que noz faiſeurs d'hiſtoires de Martyrs le facent mourir aux Indes : mais auſſi les Indes leur eſtoient tout ce qui paſſoit la Paleſthine. Neantmoins eſtant aſſeuré, que ſainct Philippes & luy eſtoient compaignós au miniſtere, comme d'autre part ſainct Thomas & ſainct Matthieu, ie me tiens pour certain, ſuyuant le recit des Neſtoriens, que ceſtuy mourut en Perſe, veu que Philippes ſouffrit en la regió des Parthes. Ceux qui diſent que ce fut en Armenie, approchent plus de la verité, à cauſe que ce païs là eſtoit ſoubz les loix des Perſans, & que l'Apoſtre y mourut preſchant les infideles. Au reſte, le Perſan a eſté iadis fort effeminé : & c'eſtoit vne des occaſions qui faiſoit enrager les Grecs, qu'il falluſt que des demy-hommes les vainquiſſent à leur aiſe. Mais ie puis bien adiouſter cela, que iamais ils ne furét ſi corrompuz, que quelques vns d'eux ſont à preſent, d'autant que outre ce qu'ils ſe parent comme belles idoles de Venus, qu'ils ſont muſquez comme vn vieux verolé, & mangent viandes delicates, & qui attirent à paillardiſe, ils cherchent auec cela des flammes pour allumer plus eſtrangemét le feu de leur concupiſcence. Car ils prennent certains petits vers tous noirs qui vollent (ie penſe en auoir veu de tels en l'iſle de Candie) & les ayant fait ſecher, les pulueriſent pour ceſt effect. Encor n'eſt-ce pas tout, veu qu'ils ont d'vne herbe, nommee en leur langue *Abatich*, qui a le ius iaulne comme la Chelidoine ou Eſclere, & la fueille comme l'ozeille ronde, iettant petites fleurs ſemblables au grain de Poiure, & qui naiſt és lieux ſecs & fort arides : lequel ius ils mettent auec vne dragme de la pouldre ſuſdite, quelque temps auant que d'aller aux combats de Venus.

Mohaſen-Emir, nom de Roſſignol.

ſainct Barthelemy mis à mort en ce païs.

Caufes des guerres entre les Turcs & Perfans. CHAP. XIIII.

Pres la mort de Tamberlan, l'an mil quatre cens fept, feftans efleuez les enfans du Soldan, qui regnoit lors que ce tyran fe faifit du
Royaume de Perfe, ledit païs tomba à la fin és mains d'vn nommé
Giaufa, homme fort vaillant : lequel toutefois, encor qu'il fuft bon
pour le foldat, fi cheut-il en la male grace de plufieurs grands Seigneurs, & entre autres d'vn nommé Vfuncaffan, que lon prend aux hiftoires des Turcs foubz le nom d'Affambey. Ceftuicy donc afpirant au Royaume, fe
fortifia premierement de l'amitié des Curdes, peuple de l'Armenie (nommé d'eux
Curbedach, & des Perfes Vzubpofath) le plus farouche que lon fçache : puis gaigna les
Georgiës, qu'il frotta en apres en recompenfe du plaifir receu : & ce faïct, commença à
fe mettre en campagne, fe porter pour Roy, & s'emparer des villes, & premierement
de Tauris qu'il aymoit fur toutes, comme il monftra affez depuis par les beaux edifices qu'il y a fait dreffer. Or Giaufa fçachant quel homme c'eftoit que Vfuncaffan, &
que tout le monde luy fauorifoit, amaffe ce qu'il peult de forces, fans neätmoins prendre chemin contre fon aduerfaire qu'il craignoit. Pource, ceftuicy prenant courage,
commença à marcher, & vint iufques bien auant en Perfe : où Giaufa fe voyant delaiffé des fiens, tomba à la fin entre les mains de fon ennemy, qui foudain en feit belle defpefche : mefmes pourfuyant fa poincte, conquift ce qui luy reftoit de la Perfe. Ce fut
en ce temps que Mahemet, fecond de ce nom, vint à la Couronne des Turcs : lequel
ayant prins la riche ville de Conftantinople, & s'eftant emparé de l'Empire de Grece,
enuoya fon fils Baiazeth en la Natolie, pour fafcher Pyrahomet, Roy de la Carmanie,
qui feul reftoit de la race des compaignons de Solyman Othoman, on l'an de noftre falut mil quatre cens cinquantequatre : En ce mefme temps Caloian, Empereur de Tre-
bizonde, craignant ce qui luy aduint depuis, que Mahemet ne le traitaft auffi gracie- | Caloïa Em-
fement que le Monarque Conftantinopolitain, feit alliance auec Vfuncaffan, & luy | pereur de
donna fa fille Defpinacaton en mariage, efperant qu'vn fi grand Prince que luy, ne le | Trebizōde.
laifferoit iamais fans fecours, fi le Turc luy venoit mener guerre. Ces chofes ainfi trai-
nantes, Vfuncaffan, qui pretendoit auoir droïct fur le païs de Carmanie, pource que
Othoman & fes compaignons l'auoient vfurpé fur l'Empire de Perfe, vint auffi pour
s'en faire Seigneur, menant quant & luy enuiron quatre vingts mille cheuaux, & quelques foixantefept mille hommes de pied : mais peu au pris de l'armee des Turcs. Ce
qui eftonna merueilleufement Pyrahomet, pour fe voir entre deux fi grands efcueils,
& auffi perilleux prefque l'vn que l'autre : iaçoit qu'il euft mieux aymé tomber entre
les mains du Perfe que du Turc, pour fa grande defloyauté. Sur quoy eft à noter, que
apres la mort de fon pere Turnambey, comme il fuft demeuré fept enfans mafles, &
euffent eu querelle fur la Seigneurie, les cinq moururent fur le champ, ne reftans que
luy & vn autre qui auoit nom Abraim : lequel encor ayant plus de gens tenans fon
party que Pyrahomet, fut efleu, ceftuicy s'enfuyant en Turquie, fçachant que le Roy
Turc leur eftoit parent. Mahemet donc oyant fes raifons, & comme il luy promettoit
obeïffance, luy donna fecours, auec quoy il vainquit fon frere entre les villes de Aef-
far, & Caraffar : lequel s'enfuyant, tomba de cheual, & fe rompit le col : ce qui aduint
en l'an mil quatre cens foixantefept. Depuis Mahemet, qui ne cherchoit que les moyēs
& quelque iufte occafion de courir fus au Carmanan, luy manda de le venir trouuer,
pour luy faire hommage de fon Royaume. A quoy comme il feift la fourde orcille, le
Turc ne faillit de venir à main forte contre luy. Ce que entendant Pyrahomet, s'en alla

à recours à *Vfuncaffan*, qui pour lors eftoit à Tauris, où il dreffoit fes beaux edifices: lequel luy donna fecours de quarante mille cheuaux, foubz la charge d'vn grand Capitaine, nommé *Iufuf*. Ainfi à la venue des forces Perfiennes tout comméça à flechir: de forte que *Iufuf* ayant reconquis ce que Pyrahomet auoit perdu, vint à bataille con tre *Muftafa Celeby*, fils puifné du grand Turc, & *Achmeth Bafcha*: où lefdits Turcs eurent du meilleur, & fe retirerent *Muftafa* & *Achmeth* en la ville de *Cuthey*, où eftoit *Daut Bafcha*, Beglierbey de la Natolie, enuoyé auffi là expres pour faire gens

Premiere occafion des guerres. contre lefdits Perfiens: & en ce rencontre fut prins Iufuf chef de l'armee. Voila la pre miere occafion qui incita le Turc à hayr le Roy Vfuncaffan, laquelle coufta chér au Caraman, & à d'autres qui en perdirent leurs eftats. Or Mahemet en l'an mil quatre céts feptantetrois enuoya deffier Vfuncaffan, & luy mánda qu'il efperoit l'aller voir en per fónne, & effayer de le vaincre en fon propre païs, à fin qu'il ne fenhardift plus de fat taquer à plus grands que luy. Et de faict, il dreffa fon armee belle & forte, & en voulut mefme faire la monftre generale au païs d'Anadole, en vne grande planure pres la vil le Amafie, laquelle fappelle, comme m'ont dit les Turcs, *Cofouafi*, pource que ce lieu là eftoit capable d'vn million d'hommes, & qu'il y auoit abondáce d'eaux, chofe la plus neceffaire au Turc, que toute autre. Là il ordóna de fó eftat, & pour les viures, & pour l'ordre qu'il deuoit tenir en allant par païs, & finalement de fon Empire: tellemét que, à fin que luy abfent aucune nouueauté ne fefmeuft en fes terres, il mena quant & luy *Baiazeth*, fondit fils aifné, & *Muftafa Celeby*, laiffant fon troifiefme en Conftantino ple auec bón confeil, pour entendre à fes affaires. Ce pendant Vfuncaffan dreffe auffi fon armee, tant defdits Curdes, que des voifins des montaignes de *Baldach*, attirant

Conduire le l'armee du Turc. auec cela les Georgiens, & ceux de Bagadeth à fon fecours. Au camp du Turc y auoit cinq principaux Colomnels & Capitaines, pour conduire les batailles, à fçauoir luy mefme en perfonne, auec la fuite de fa maifon, & fes Ianiffaires, que fon pere auoit in ftituez, qui eftoient trente mille hommes tant à pied qu'à cheual, ordonnez pour fa garde. Baiazeth fon fils aifné conduifoit le fecond efquadron, auec auffi grande com paignie que fon pere, & logeoit toufiours pres de luy, comme auffi faifoit fon puifné Muftafa, lequel il aimoit le mieux, à caufe de fa fageffe & vaillance: & tenoit on pour affeuré, que fil ne fuft mort auant fon pere, il euft emporté l'Empire de Conftantino ple: & ceftuy auoit fon Camp pour le plus de foldats tirez du païs de la baffe Vala chie. Le quatriefme conducteur fut vn Grec naturel, forti de la race des Paleologues, (Chreftiens & Empereurs de Grece) ieune & gaillard, qui fappelloit *Afmurath Baf cha*: auquel toutefois, à caufe de fa grande ieuneffe, auoit efté donné pour Gouuer neur vn Turc, homme fort fage & de grande reputation, nommé *Maumuth Bafcha*, en qui Mahemet fe fioit du tout. Il auoit foubz fes enfeignes foixante mille hommes, la plus part Chreftiens, Grecs, Albanois & Suriens, lefquels feftimoiét heureux d'eftre conduits par vn qu'ils penfoient bon Chreftien: & c'eftoit la rufe du Turc de les atti rer en cófte forte, à fin qu'ils creuffent qu'il les vouloit tenir en liberté, & foubz Prin ce de leur Loy, moyennant qu'ils luy feiffent feruice. I'ay veu le lieu où il fut enterré apres fa mort. Le cinquiefme eftoit ledit *Daut Bafcha*, perfonne fage & experimentee au faict de la guerre, & des plus aduancez au confeil du Seigneur: le cáp duquel eftoit de deux cens mille hommes, dont y auoit cent mille cheuaux. Cefte armee marchoit en tel ordre, & fi bien pourueuë de toutes chofes, qu'on l'euft eftimee eftre quelque belle ville bien policee. Outre les fufdites batailles fut dreffé vn efquadron de trente cinq mille *Aganzi*, qui font gens fans foulde, ains viuent des pilleries qu'ils fónt, ne feruans que d'auantcoureurs à l'armee, & de faccager les terres de l'ennemy de tous coftez, & gafter fes viures. Ainfi l'armee de Mahemet allant en Perfe, móntoit trois cens

trentehuict mille hommes . Vſuncaſſan de ſa part eſtoit ſuyuy de fort belles & grandes compaignies, deſquelles *Sechaidar* (qui fut pere du Sophy, & qui auoit eſpouſé
vne des filles d'Aſſambey, de celles qu'il auoit euës de la fille de Caloian, Roy de Trebizonde) eſtoit comme le Colonnel, & apres luy *Zeinal*, fils d'Vſuncaſſan, l'armee duquel n'auoit garde d'approcher à celle du Turc, iaçoit que de vaillance ils les ſurmon-
toient. Durant ce temps aduint, que le troiſieſme fils de Mahemet, qui eſtoit en Conſtantinople, eſtans tous les paſſages fermez, tant par Vſuncaſſan, que par les Georgiens
& Trebizontins, ne peut de long temps auoir nouuelles de ſon pere, & encor les premieres qu'il eut, ce fut ſa mort, & la route & deffaite des ſiens: qui fut cauſe qu'il taſcha
de ſ'emparer de l'Empire : dequoy auſſi eſtant depuis aduerti Mahemet, dés qu'il fut
de retour, feit trancher les teſtes de ſes gouuerneurs, nommez l'vn *Soleyman Careſtra*,
& l'autre *Naſufabegé*. En tel equippage alla le Turc iuſques au fleuue Eufrate, qu'il
feit paſſer *Aſmurath* auec les compaignies Chreſtiennes : lequel y fut ſi bien receu
des Perſes, qu'à la fin & Turcs & Chreſtiens demeurerent deffaits & vaincuz. Et dit
on, que Vſuncaſſan voyant l'armee Turqueſque d'vne riue de l'Eufrate (car les deux
camps eſtoient logez vis à vis l'vn de l'autre) diſt en langue Perſienne, *Mordard, Bay-
cabexen* , *Neriadir* , O pourceau , fils de putain, quelle mer ! (comparant ceſte armee
à la mer) & fut ſi eſtonné, qu'il demeura fort long temps ſans dire mot. Or auoit-il en
ſa compaignie ſes trois enfans, à ſçauoir *Calut* ſon aiſné , *Vgurlimehemeth* , *Zeinal*, &
Pyrahomet, Roy de Carmanie, auec grãd nombre de Perſans, Parthes, Albanois, Georgiens & Tartares. Auſſi fault-il entendre, qu'en la ſuſdite rencontre mourut *Zeinal*, &
y fut noyé *Aſmurath Baſcha* : lequel pendant qu'il faiſoit ſon debuoir, tant ſ'en fault
que ſon gouuerneur *Maumuth Baſcha* luy donnaſt ſecours, que le poltron recula, &   *Armee du
Turc deffai-
te par le Per-
ſien.*
cauſa ſa deffaite. Ce qui ſembloit eſtre fait à la main, à fin que le Turc n'euſt dequoy ſe
doubter à l'aduenir de la race des Empereurs de Grece. En ſomme, quoy que le quartier de Mahemet n'euſt point bougé, ne ceux de ſes enfans, ne de *Daut* , ſi eſt-ce que
Vſuncaſſan ſe diſt auoir eu le deſſus : ce que auſſi eſtoit vray, d'autant que la place luy
eſtoit demeuree, & qu'il n'auoit preſque rien perdu des ſiens, & pas vn priſonnier : le
tout eſtant la mort de ſon fils, qui ſ'eſtoit auancé par trop : là où il demeura des Turcs
plus de deux cens mille hommes des plus vaillans, & furent faits priſonniers de grãds
Capitaines : de laquelle deffaite le Grand-Seigneur fut fort marri : Et quoy que pour
lors il n'en diſt point ſa penſee ſur Maumuth , ſeul cauſe de ce malheur , ſi eſt-ce que
ſix mois apres il le feit eſtrangler auec vne corde d'arc (recompenſe couſtumiere aux
plus grands Seigneurs Turcs.) Et furent les Camps ainſi à ſe regarder l'vn l'autre quelque temps, n'oſans faire guere grandes courſes : ioinct que le Turc auoit perdu la plus
part de ſes *Aganzi* & auantcoureurs par le païs d'Armenie, comme ils ſ'eſgaroient
par les montaignes. En fin, ceſte route eſtonna ſi bien le Turc, que le plus court & ſeur
chemin qu'il trouua, ce fut de ſ'en retourner en ſon païs, cognoiſſant bien que là il ne
gaigneroit rien, & qu'il faiſoit mauuais aſſaillir le Perſan en ſa terre : où d'autre part la
victoire hauſſa tellement le cueur au Perſan, que voyant que le Turc trouſſoit bagage, ſe mit à le pourſuyure : à ce faire incité par ſes enfans, qui ſ'attendoient d'auoir auſſi
bon marché du reſte , lors que toutes les batailles viendroient aux mains. Les Turcs
donc eſtans arriuez à la ville de *Baybret* , pres les montaignes qui ſeparent l'Armenie
Maieur d'auec la petite, ſur la fin du mois d'Aouſt, en l'an mil quatre cens ſeptãtetrois,
fut donnee vne autre grande bataille : mais Vſuncaſſan perdit la iournee, & ſ'enfuyt,
laiſſant ſon bagage: ſi que le Turc conquiſt pluſieurs villes ſur luy en l'Armenie : puis
de ce pas ſ'en alla courir ſus au pauure Empereur de Trebizonde, nommé *Dauid Caloian*, beaupere dudit Vſuncaſſan, lequel il print, & feit mourir auec tout ce qu'il trou-

na du fang Royal, en defpit, comme il difoit, de la fufdite alliance. Et icy fault grandement en fa Chronologie & fupputation Iehã Funcce, natif de Norimberg, lors qu'il
marque cefte prinfe de Trebizonde en l'an mil quatre cens foixante, la faifant plus toft
qu'il y euft eu diuifion entre Mahemet & Vfuncaffan, là où toute l'hiftoire des Turcs
tient, comme auffi ie le fçay par des vieillards du païs, lefquels m'en ont fait le recit,
demeurant en Conftantinople, qui difoient fen fouuenir, qu'elle ne fut point prife
que apres la grande bataille d'entre les Turcs & Perfans en Armenie, qui fut, comme
i'ay dit, l'an de noftre Seigneur mil quatre cens feptantetrois. Continuant l'hiftoire de
Perfe, pour venir iufques à noftre temps, Vfuncaffan ayant eu ceft infortune, ne fut pas
quitte, ains vn malheur domeftique le rendit encor plus trifte que ce qu'il auoit fouf-

Le fils fait
guerre au
pere.

fert des Turcs: C'eft que fon fils *Vgurlimehemeth*, qui fe tenoit en Perfe du cofté de *Syras*, fe reuolta contre luy, & fe faifit de cefte grande ville fi riche. Pourtãt le pere en entendant la nouuelle, fe met en chemin auec fon camp ordinaire, qui eft de deux cens
mille foldats à pied, & cent mille cheuaux, & nombre infini de bagage, auec cinquante mille vilains pour gouuerner ces beftes, & faire les chariages. Mais Vgurlimehemeth ne fe voulant fier en la creance de fon pere, prenant fa femme & enfans & famille, f'enfuyt vers le Turc, qui luy feit vn fort bien honnefte recueil. Dequoy Vfuncaffan
fut plus marri que de tout le refte. Mefmement comme il ne peuft trouuer le moyen
de fe venger, il contrefit le malade, entendant que fon fils faifoit des courfes en fes terres: ne voulant, pour mieux iouër fon roollet, que perfone le vifitaft, que deux ou trois
de ceux en qui il fe fioit le plus: & en ce il fut fi accortement befongné, que en fin le
bruit courut, qu'il eftoit decedé. Les faifeurs donc de cefte menee efcriuent foudain à
Vgurlimehemeth, qu'il f'en vienne, auant que fes freres *Halul* & *Iacob* f'emparaffent
de Tauris, & des threfors de fon pere. Tellement que le pauure Prince, ayant eu trois
diuers meffages fecrets de cecy, f'en vint à petite compaignie à Tauris: où dés qu'il fut
arriué, penfant fe faire Seigneur, fut conduit en la prefence de fon pere qui eftoit fain,

Vfuncaffan
fait mourir
fon fils.

en la prifon, & dans le fecond iour la tefte luy fut tranchee. Voila les fuccez d'Vfuncaffan en fa vieilleffe, qui fe monftra fort feuere, faifant mourir fa propre lignee: vfant
de pareille loyauté enuers les Georgiens, defquels il alla piller les terres, foubz pretexte de faire le voyage contre le Turc, dont il n'auoit defir quelconque. De façon que le
Roy de la Georgianie voyant que les gens d'Vfuncaffan gaftoient fon païs, & abba-
toient les bois, tant en la campaigne que par les mõts, & cognoiffant que c'eftoit pour
luy que lon dreffoit cefte partie, & que defia tout le païs eftoit defcouuert, à caufe que
il ne fe doubtoit point de telle furprife, moyenna tant, que en payant quelque fomme
de deniers, le camp du Perfan fe retira: & cela luy fut occafion de fe tenir de là en auãt
vn peu mieux fur fes gardes. En l'an mil quatre cens feptantehuiét, Vfuncaffan tomba malade, & mourut la veille des Rois, laiffant quatre enfans mafles, & trois filles:
dont l'vn des mafles, & toutes les filles eftoient du fecond liét, à fçauoir de la fille de
l'Empereur de Trebizonde, laquelle les auoit inftruits en fa religion: & les trois autres,
à fçauoir *Margo*, *Iofeph*, & *Halul*, du premier, qui feirent mourir leur plus ieune frere, chaffans les filles, l'vne defquelles eftoit femme du pere du Sophy. Et ce fut vne des
racines & caufes principales, pourquoy les Sophians fe mutinerent foubz pretexte de
religion contre les Albanois, à fin auffi que fur cefte race fuft vengee la mort de Giaufa, qu'il auoit fait mourir. Ces trois fils du Roy Perfan vindrent pareillement en con-
teftation: de forte que *Iacob Affambey*, furnommé *Patißà*, fe defpefcha en fin de fes
freres, en faifant le mefme, qu'auoit efté fait du plus ieune. Ceftuicy eut guerre contre
le Soldan d'Egypte, & le vainquit, courant plufieurs de fes terres (comme auparauant
luy *Affambey* fon pere auoit deffait grand nombre de Mammeluz, & pillé le païs
voifin du Caire) & feit mourir le Caliphe de *Baldach*, emportant fes threfors.

De la mort de I ACOB & RVSTAN Rois, & de la secte de S ECHAIDAR,
Ministre Armenien. CHAP. XV.

ACOB Assambey, fils d'Vsuncassan, eut en son regne, auquel il entra
en l'an mil quatre cens septanteneuf, fort heureux succez : combien
qu'il ne le tint pas long temps, attendu qu'il deceda l'an mil quatre
cens octantecinq : & entendez comme il mourut, & qui en fut l'occasion. Ce miserable Prince ayant obtenu plusieurs batailles contre le
Sultan d'Egypte, & appaisé les troubles de son païs, espousa vne Da-
me, fille d'vn Seigneur Persan, l'vne des plus lasciues & paillardes femmes de l'Oriét, &
telle, que ne se contentant point de son mari, s'accosta d'vn Seigneur qui suyuoit la
Cour : lequel se sentant estre du sang des Rois, & à qui le regne appartenoit autant au
moins qu'aux enfans d'Vsuncassan, n'aymoit guere Iacob, iaçoit que de moyen de faire reuolte il n'en auoit point. Pour ceste cause cestuicy se voyant en la grace de la Sul-
tane, & à la fin estant l'adultere de son Prince, conseilla à sa paillarde, de faire mourir
le Roy, à fin qu'ils peussent iouyr librement de leurs amours, & par mesme moyen du
Royaume. Si que comme la chose fut bastie & tramee, aussi sortit-elle son effect en ceste sorte. Iacob Assambey auoit vn fils de ceste femme lubrique, qu'il aymoit vniquement. Or aduint qu'il luy print fantasie de se baigner, comme ce peuple est addonné à
ses aises. Ce qu'estant sceu de sa femme, elle luy dresse vn baing de plusieurs choses
odoriferantes, dans lequel il se baigna auec sondit fils. Durant qu'il est en ce plaisir,
l'infame traistresse par le conseil de son paillard, fait vn breuuage pour son mari,
d'autant qu'elle sçauoit qu'il ne fauldroit de demander à boire sortant du baing : ce
qu'il feit. Comme donc Assambey sortist, elle luy vint au deuant, luy faisant toutes les
caresses du monde, & luy presentant à boire dans vne couppe d'or, qu'vn Roy Chrestien luy auoit enuoyee auec autres presens. Dequoy Iacob estonné, voyant la gaillar-
dise non accoustumee de sa femme, & aussi qu'en luy presentant la couppe, elle auoit
changé de couleur, & estoit deuenue toute pasle, se souuenant des souspeçons qu'il
auoit desia eu d'elle, refusa de boire, si elle n'en faisoit l'essay. Partant elle qui se voit
surprise, & que excuse ne luy seruiroit de rien, obeit, & boit sa mort certaine : laquelle
Iacob suyuit, faisant boire pareillement son fils, aagé de sept à huict ans : de sorte que
sur la minuict tous trois moururent par l'effort de ceste poison. Voila les tragedies
iouëes pour l'Estat de Perse, côme ie l'ay appris d'eux mesmes, suyuant ce qui est escrit
dans leurs histoires : ne voulant m'amuser à perdre le temps, & vous abuser en faisant
des comptes & fables inutiles, comme celles qui sont au liuret intitulé l'Histoire vniuerselle, fueillet quarantecinquiesme, où il est escrit, que iadis les Persiens celebroient
leurs nopces sur le Printemps, & la premiere nuict l'espoux ne mangeoit pour son
soupper qu'vne Pomme, ou quelque mouëlle de chameau : & ce faict, s'en alloit coucher pres son espouse. Ce que quand Herodote mesme auroit dit, ie m'en mocque :
cela ayant aussi bonne grace, que le reste du mesme chapitre, où il est dit, que les plus
delicieux fruicts de ce peuple Persien sont les raisins du Therebinthe, qui est l'arbre
qui porte la poix raisine. Ie fay iuges tous hommes de bon esprit, qui auront voyagé
le païs d'Oriét, comme i'ay faict, si cest arbre porte ne poix, ne raisins : ne si iadis ce peuple vsoit ne de glan, ne de cresson, pour leur donner appetit. Et pour monstrer la bestise de ce gentil autheur, qui les rend si pauures, & leur terre infertile, au mesme lieu il
les descrit beaux, doux, amiables, & pare leurs enfans d'or & pierreries, & puis apres
les nourrit par sa seule fantasie, le plus delicatement que lon sçauroit souhaiter. Quát

Fables du
liure de l'hi-
stoire vni-
uerselle.

aux corps des morts,ils les enterroient (dit-il) eftans oingts de cire, fauf ceux de leurs
Sages,ou Mages,qu'ils laiffoient fans fepulture, pour eftre deuorez aux chiens:adiou-
ftant d'auantage,que ce peuple eftoit fi odieux,& fi plein de vice, que les fils cognoif-
foient charnellement leur mere. Demanderiez vous des fables & fingeries, qui meri-
taffent plus d'eftre comptees le foir pres le feu des vieilles Limofines, que celles là? Ie
vouldrois auffi, que ce venerable docteur me monftraft, comment iadis les Arabes
ont vaincu les Perfes, & que autrefois le peuple Perfien eftoit renommé, mais que
maintenant il a perdu la gloire de fa vaillantife & prouëffe. Car le Turc, ne autre nation qui viue, ne le confeffera iamais: d'autant qu'il ne fe trouue en lieu, que le Soleil
efchauffe en l'Afie, peuple plus vaillant & accort auiourdhuy, que les Perfes, comme
ailleurs ie vous en ay affez difcouru.Ce fut és fufdits mefmes temps,que Charles huictieme, Roy de France, eut affaire contre les grands du Royaume, qui par le moyen
de Loys,Duc d'Orleans, fe reuolterent contre le Roy, & furent deffaits en Anjou, à la
iournee qu'on dit de fainct Aulbin : ayant quelques iours auparauant efté veu en l'air

*Combat en-
tre les Geays
& Pies.*

vn combat entre les Geays & les Pies, le plus cruel que iamais homme veit entre oyfeaux : attendu que toute la campaigne, où fe feit ce combat, & au mefme lieu où peu
de iours apres la bataille fut donnee, toute la terre eftoit couuerte des corps morts de
ces oyfeaux:lequel prodige aduint en l'an de noftre falut mil quatre cens octantequa-
tre.Mort que fut le fils d'Affambey,fi le Turc euft efté voifin de Perfe, il luy eftoit fort
aifé d'emporter l'Eftat du païs,d'autât que tout fut mis en diuifion pour la Seigneurie:
qui en fin tomba entre les mains d'vn parent d'Vfuncaffan, qui f'appelloit *Iulauer*, lequel regna cinq ans:auquel fucceda *Baifinghir*, qui en regna deux,& à ceftuy,vn ieune
Seigneur,nommé *Ruftan*, & par d'autres *Alumuth* :contre lequel f'efleua fubitement
Sechaidar,Armenien,qui fe difoit eftre iufte heritier à caufe de fa femme,fille legitime
du Sultan Vfuncaffan.Or eftoit ce Sechaidar homme cauteleux, & qui tafchoit foubz

*Maniere
d'attirer le
peuple à vne
nouuelle fe-
cte.*

le pretexte d'vne nouuelle reformation de fa Loy,attirer le peuple à fa ligue,ayât plufieurs predicans qui alloient par tout, publians cefte fecte, qui eftoit de reietter tous
les interpretes & Prophetes de l'Alcoran , comme heretiques , & retenir feulement le
trompeur Mahemet,premier de tous,& Haly. Il fe tenoit plus ordinairement, faifant
ainfi fes trafiques, en vne ville d'Armenie, à trois iournees de Tauris, qu'on nommoit
Ardouil, auec vne grande compaignie de fes fuppofts,qui eftoient comme apprentifs
de fa doctrine : & alla fi fagement en befongne, qu'il fe veit deux cens mille foldats &
artifans , auec lefquels il delibera d'aller furprendre Tauris : laquelle ayant conquife,
meit à mort grand nombre de gens, & principalement de Preftres, qui ne vouloient
faire entendre au peuple ce que luy & fes miniftres prefchoient,à fçauoir la vraye pureté de Furcan,ou Alcoran , & que *Halla Sepme*, qui eft le grand Dieu , auoit enuoyé
du ciel à leur Prophete & à luy la vraye intelligence de tous fes fecrets . A quoy Ruftan,Roy Perfan,voulant obuier, enuoya contre ce maiftre miniftre Sophian vn vaillant Capitaine, nommé *Sulimanbey*, auec grandes forces. Ce que Sechaidar fçachant,
tourne en arriere,& fe ruant fur les Iberiens & Scythes Circaffes,leur fait mille oultrages,à fin d'enrichir fes foldats: car c'eftoit la mefme liberalité que ceft hôme,qui eftoit
caufe que chacun le fuyuoit, l'eftimoit & aymoit : eftant plus reueré, que ne fut onc
Mahemet , comme auffi n'eftoit-il point fi vicieux & traiftre, & que le Cherif de Ma-
rocque, qui eftoient tous deux de mefme temps. Mais comme Sechaidar, reuenant de
Circaffie chargé de defpouilles, & contraignant les Mahometiftes de fuyure fa glofe
& interpretation felon Haly(ainfi que de noftre temps nous auons veu faire en noftre
Europe fur la difference des opinions)entendift que Sulimanbey eftoit venu iufques
en *Derbenth*, pour luy empefcher le paffage , à fin que plus il n'entraft en Armenie: de

De A. Theuet. Liure IX. 315

cela (dy-ie) courroucé, il se meit à assieger la ville, & battre le chasteau. Sur quoy ceux
de dedans, qui se sentoient foibles pour soustenir tel effort, mandent en diligence à
Sultan Rustan, de leur enuoyer secours : ioinct, qu'ils hayssoient Sechaidar pour ceste
nouueauté de religion qu'il leur annonçoit. Ce que Rustan fit aussi tost, & leur enuoya
renfort d'hommes. Ainsi cela estant veu par le Sophian, il se retira sur vne colline, & là
preschant ses bandes, les exhorta à combattre vaillamment, pource que leur fin seroit
glorieuse, mourans en querelle si iuste que celle qui estoit pour la pureté de leur secte :
& de ce pas vindrent aux mains auec plus de deux mille de leurs ministres. En laquelle rencontre, quoy que Rustan eust trois fois plus de gés que le prescheur Sechaidar, si
perdit-il la tierce partie de son armee, ou plus : iaçoit que à la fin Sechaidar fut prins, & *Sechaidar*
toute sa suyte deffaite & mise en route. En somme, Rustan tenant son ennemy, luy feit *deffaite.*
trancher la teste, laquelle fut portee tout le long de la ville de Tauris, pour donner
espouuantement à ceux qui suyuoient son parti : puis commanda qu'elle fust iettee à
la voirie, à fin que les bestes s'en repeussent. La nouuelle de ceste deffaite courant iusques à *Ardouil*, où estoit la femme de Sechaidar, fut cause que les enfans s'enfuyrent,
l'vn en Turquie, l'autre en Alep, vers ses tantes, filles d'Vsuncassan, qui s'y tenoient depuis que Iacob Assambey les chassa de Perse, ayāt fait mourir leur frere. Le troisieme,
& plus ieune, se sauua en l'isle d'*Armining*, situee dans le lac de Vastan, qui estoit, & est
encor pour le iourdhuy peuplee de Chrestiens : lesquels le Sophy a en tresgrande reuerence, à cause que celuy qui a mis le Royaume de Perse en sa famille, fut esleué par
eux, & que les Prestres Chrestiens luy auoient sauué la vie. Ie me suis laissé dire, que
l'vn de ces Papazzes ou Religieux Armeniens, homme fort versé en l'Astrologie, luy
predit sa grandeur ; & l'exhorta à prendre bon courage, & à ne craindre aucun peril,
pource qu'il estoit destiné par les Astres, à estre l'vn des plus grands Seigneurs de son
temps : au reste, il l'honoroit en secret, comme son Prince. Et tascha ce bon vieillard,
tant qu'il peut, de le faire Chrestien : mais il estoit dedié à plus grande ruïne, & Dieu
ne vouloit pas se seruir du fruict d'vn si detestable pere. Ayant Ismael demeuré sept à
huict ans caché en ceste isle, & receu plusieurs aduertissemens d'aucuns amis de son
pere, qui se tenoient en la ville d'Ardouil, lesquels estans grands Seigneurs, luy promettoient main forte, pour venger l'iniure faite à son feu pere, delibera de se móstrer,
& suyure sa fortune, se proposant tousiours deuant les yeux ce que ledit Papazze Armenien luy auoit predit. Mesmes les Armeniens m'ont compté quelquefois, estant en
Hierusalem, le faict de l'histoire, & que quand cest Ismael, que nous appellons Sophy,
nasquit, il sortit du ventre de sa mere auec les poings serrez, & les mains toutes pleines
de sang : tellement que son pere delibera de le faire mourir. Neantmoins ceux qui eurent charge de ce faire, voyans qu'il estoit si beau, le nourrirent, & au bout de trois ans
luy en vindrent faire present : lequel s'estant enquis qui il estoit, & asseuré que c'estoit
son fils, l'accepta, & nourrit amiablemét auec les autres. En ce temps là mourut le Roy
de Perse, Rustan, de mesme façon que Iacob Assambey auoit perdu la vie, à sçauoir *Mort de*
par poison : toutefois la femme de cestuicy fut plus accorte que celle de l'autre, d'au- *Rustan Roy*
tant qu'elle, auec son paillard nommé *Ahgmat*, se saisirent de Tauris, & tindrent la *de Perse.*
Seigneurie quelques cinq mois. En fin les soldats se faschans de telle meschanceté, es-
leurent pour Roy vn Gentilhomme & vaillant Capitaine, appellé *Carabez*, qui se tenoit à *Van*, chasteau basti sur le lac de Vastan, lequel vint à Tauris, & tailla en pieces
Ahgmat, & la Royne femme de Rustan. A cestuy succeda *Aluan*, qui estoit encor
du sang d'Assambey : mais ce fut le dernier de ceste famille, attendu que luy ayant regné sept mois, le Sophy le priua de vie, & s'empara de ses terres, ainsi que orrez au
Chapitre suyuant.

Succez de KAZELBAZ, *& comme il paruint à la Couronne de Perfe.*
CHAP. XVI.

L E COMMENCEMENT de l'heur du Sophy, ou *Kazelbaz*, fut auant que Ruftan mouruft, lors qu'il partit d'*Armining* : d'autant qu'auec vne poignee d'hommes il conquift le chafteau de *Maumutaga*, l'vne des plus grandes forterelles que le Perfan euft en Armenie, & où il trouua force threfors, qui luy feruirent trefbien pour deffrayer fes gens : lequel auffi depuis fut toute leur retraite, y portans tout ce qu'ils butinoient fur leurs voifins. Or eft ce chafteau vne clef du païs, & bon port, affis fur la mer Cafpie, bafti entre la ville de *Bachu*, & celle de *Seruan*, à fix iournees de Tauris : la prife duquel eftonna fort ceux dudit *Bachu* & *Sumach*. C'eft en ce lieu qu'eft la fcale & defcente de tous les nauires prefque, qui vont trafiquer les chofes qui viennent dudit Tauris, Bagadeth, & autres grandes villes iufques au plus hault de l'Eufrate. Et quoy que Bachu foit vn autre port de mer, fi ne fe foucia beaucoup Ifmael de le pren-

Sumachiës ennemis des Sophiens. dre, complotant feulement le pillage de *Sumach*, à caufe que les habitans eftoient capitaux ennemis de la fecte Sophienne, que lon commençoit à prefcher publiquemét, & fans crainte d'aucun. Ce pendant Ruftan fçachant que Ifmael feftoit faifi de ce chafteau, voulut y aller auec armee : mais on luy defconfeilla, à caufe que le lieu eftoit inexpugnable, & prefque impoffible d'eftre affiegé, & que au refte Ifmael eftoit fi outrecuidé, que fe fentant accroiftre de iour à autre de nóbre de foldats, il continueroit fon deffeing de prendre Sumach : où il vint en fin pofer le fiege. Ceux du païs donc fe mettent en armes, & viennent contre Ifmael : lequel les voyant en fi grand nombre, iouans à quitte ou double, fe rua deffus auec telle furie, que quoy que la plus part des fiens fuffent defarmez, fi deffeit-il fes ennemis, & en tua plus de cent mille, les armes defquels luy feruirent à fe remonter, & en fournir fa forterelle : & auec ce donna de tels & fi furieux affaults à Sumach, qu'il y entra par force, & pilla la ville, faifant mourir tous les docteurs qui tenoient party contraire au fien. Quant au Seigneur de la ville, & de tout le païs, nommé *Sermangoly*, il fut gardé en vie, & fuyuit le Sophy, quelque lieu qu'il marchaft, portant marque de Sophian, qui eft le Kazelbas, à fçauoir la poincte du Turban rouge. De Sumach il fen alla à *Pucofco*, lieu fort & riche, à l'affault duquel vn

Baßingur occu. fien frere, nommé *Baßingur*, fut tué : qui occafionna, que laiffant tout à la difcretion du foldat, la place fut pillee en toutes façons, & ruïnee iufques au bout. Ainfi le bruit couroit generalement cóme il eftoit liberal, & que tous fe faifoiét riches foubs luy, & qu'il aymoit & careffoit chacun : de forte que Perfans, Armeniens, & autres voifins venoient à fa foulde, & y eftoient tous receuz, les enrichiffant toufiours, non du fien, ains des defpouilles de fes aduerfaires : & ce fut lors que aduint la mort de Ruftan, ainfi que dit eft. Durant que Ifmael fait fes ieux, les Princes Perfiens font en different pour la Seigneurie : tellement qu'il eftoit aifé au Sophy de pefcher en eau trouble, & de fe faifir d'vn Royaume qui eftoit en diuifion, comme auffi certainement il fy porta fagement. En fomme, en l'an mil quatre cens nonanteneuf il print la route de Tauris. Ce que entendant Aluan, Roy de Perfe, fen voulut fuyr, ayant ouy parler des grandes & exceffiues cruautez que ceft annonceur de nouuelle religion exerçoit par tout où il paffoit, & que auffi il fe voyoit fans fecours d'homme du monde. Mais le pauure Prince fut prins auec fa femme, que le Sophy feit paffer le pas de la mort auec autant de cruauté,

Cruauté fai-te en Tauris. comme de mefchanceté, faifant en Tauris vn carnage fort piteux, n'y ayant coing de rue, qui ne fuft paué de corps morts, & ne laiffans les foldats homme en vie, que ceux

qui portoient l'habit de teste à la Sophiane. Touchant les Hogeaz & Prestres, tout fut
taillé en pieces, auec leurs femmes & enfans, ne voulant que autres que ses Predicans se
meslassent d'interpreter la Loy de Mahemet. Et à fin qu'il donnast exemple aux nouueaux introducteurs de sectes, il feit deterrer les oz des plus grands Seigneurs du pais,
lesquels il feit brusler en place publique : ainsi qu'on dit auoir esté fait par quelcun,
qui souffrit qu'en sa presence, en public, & en vne sienne ville, on bruslast les ossemens
de son propre pere, qui auoit esté l'vn des hommes de bien de nostre temps. Non content de ceste cruauté, il y en adiousta vne autre plus grande : veu qu'il feit trancher la
teste à sa mere, pource qu'elle auoit consenti à sa mort, lors que naissant, son pere ne
vouloit point qu'il fust nourri. Mais à la verité cela venoit à cause qu'elle estoit sortie
de la race de ses ennemis, à sçauoir d'Vsuncassan. Et ainsi se passa celle annee en tels ex-
ploits de massacres & carnages, tant sur les siens, que sur ceux qui ne vouloient receuoir sa doctrine, & entra lon en l'an de nostre salut mil cinq cens : Auquel temps Loys
douzieme, Roy de Frâce, print Loys Sforce, occupateur de Milan, & le feit mener prisonnier en France : & les Turcs coururent la Moree, estant Modon entre les mains des
Venitiens. On dit aussi en celle mesme saison, qu'on veit en Polongne vne Comete de
grandeur inestimable soubz le signe de Capricorne, qui dura dixhuict iours : & ce fut
la signifiance de la descente que feirent les Moschouites & Tartares, lors qu'ils sacca-
gerent & coururent la Russie, & vne bonne partie de ladite Polongne. Au surplus, les
plus grandes forces que le Sophy eust, allant à Tauris, & auec lesquelles il se feit Seigneur d'Armenie, fut des Georgiens & Albanois, qui luy fournirent de vingtsix mille cheuaux : qui est cause que depuis ença il eut paix & alliance auec eux plus qu'il n'a-
uoit auparauant, & les laissa en leur liberté, ne permettant que aucun les inquietast,
comme encor fait son fils qui vit pour le iourdhuy, qui les ayme autant ou plus que
ses suiets naturels. Oultreplus il est à noter, que Iacob fils d'Vsuncassan, estant *Sultan*,
c'est à dire Empereur, auoit entretenu, auât que paruenir au Royaume, suyuât sa scan-
daleuse vie, vne Dame fort ieune, de laquelle estoit sorti *Muratcan*: Lequel n'osa iamais s'esleuer, tant qu'il y eust Roy de la famille d'Vsuncassan : mais voyant la race faillie, & tout par le moyen du Sophy, se delibera de faire parler de luy : attendu qu'il
estoit vaillant, hardi, & tousiours prest à faire quelque nouueauté : & pour ceste cause
fut suyui des Perses du costé de Syras, & d'vne bonne partie du Royaume d'Ormuz,
desquels il feit vne armee de deux cens mille hommes combattans, prenant la route
de Tauris. Ismael donc, qui auoit la fortune en face, se presentant deuant luy, ils vindrent finalement aux mains sur vne petite riuiere : où la deffaite fut si grande tant d'vn
costé que d'autre, que le Sophy se pensoit estre à la fin de ses iours. Neantmoins les
Georgiens feirent si bien, que *Muratcan* s'enfuyt, ayant laissé plus de quatre vingts
mille hommes des siens estenduz sur l'herbe, n'ayant ledit Sophy pourtant appetit
celle fois de le suyure, voyant son camp si diminué, & les vaillans hommes ou morts,
ou fort blecez : si qu'il iura de mourir en la peine, ou véger leur mort. Ce qu'il feit. Car
s'estant reposé à Tauris à passer temps, & donner plaisir à son armee, il print en fin son
chemin vers *Diarbech*, qui est la Mesopotamie, laquelle obeïssant au Roy de *Bagadeth*,
nommé *Alimuth*, ne le vouloit point recognoistre, qui d'autre part disoit que celle
prouince estoit sienne, estât de l'ancien domaine de Perse. Toutefois comme il se pre-
parast à ce voyage à bon escient, il fut empesché pour le discord de deux Seigneurs
ses suiets, qui s'entrefaisoient la guerre : apres l'accord desquels il alla contre les Curdes
& Alidules, peuples du tout contraires à la secte Sophiane, & voisins des terres du
Turc, qui à present sont de son Empire. Pourautant donc qu'il luy falloit passer par
ledit païs du Turc, il commanda à ses gens, qu'on ne print pas iusques à vne paille sans

payer, faifant crier par les terres voifines, que quiconque porteroit des viures en fon Camp (qui eftoit de deux cens mille hommes, non qu'il luy en falluft tant, ne pour chaftier les Alidules, ne pour conquefter Bagadeth, mais pource qu'il fe doubtoit du Turc qui auoit toufiours des forces en la Natolie) fuffent payez fur la vie. Et ainfi il entra au païs de *Baftan*, iufques à la montaigne *Caradan*, où il affiegea *Sultan Calib*, Seigneur des Curdes: auquel fiege il demeura depuis le mois de Iuillet iufques en Nouembre, en l'an mil cinq cens quatre, gaftant & ruïnant le païs: & y ayant occis vne infinité de peuple, fans l'autre qui mouroit de faim fur la montaigne, où il les tenoit affiegez, l'effort de l'Hyuer le contraignit de fe retirer, attendant le Printemps, qu'il fe faifoit fort d'aller à la conquefte de Babylone, tant pour f'en faire Seigneur, que pour auoir *Muratcan*, duquel il auoit confpiré la mort. Et ne vous dy ny allegue rien, que ie ne l'aye fceu des Mahometans, foient Turcs, Perfiens, ou Arabes, lefquels i'ay trouuez generalement d'vne mefme opinion de tout ce qui f'eft paffé en Perfe, Armenie, & autres endroits, depuis cent ans ença. En apres comme le Sophy fuft en foucy d'auoir *Alimuth*, & conquefter fa terre, il fut releué de cefte peine par *Amirbec*, Seigneur de *Molfuminiat*, qui eft Sophian pour la vie. Car ceftuy fçachant qu'il eftoit en

Alimuth prifonnier du Sophy.

Amil, ville voifine d'Armenie, il y vint auec foixante mille cheuaux, & y entrant par furprife, le conftitua prifonnier: & l'ayant enchainé comme vn chien, le conduit deuant Ifmael, lequel le feit mourir fur le champ: & puis f'en penfant aller contre Muratcan, qui f'eftoit retiré en Bagadeth foubz les aifles dudit Alimuth, il eut nouuelles qu'iceluy ayant ouy la mort du Soldan, f'en eftoit fuy, & tiré vers la Perfe du cofté de Syras. Ce que entendu du Sophy, & voyant qu'il n'y faifoit pas feur, que ce grand ennemy demeuraft en Perfe, f'en vint à *Caffan*, qui eftoit de fon domaine. Or ce qui plus auilit le courage des gens de Muratcan, fut la deffaite de l'annee au parauant, où de fi grand nombre qu'ils eftoient, les Sophians auoient taillé la plus part en pieces: tellement que petit à petit fes foldats f'en alloient rendre au camp d'Ifmael, lequel les recueilloit auec fa courtoifie, pourueu qu'il leur veift le Kazelbaz en tefte. A cefte occafion dés que Muratcan fe voit ainfi delaiffé, mande foudain des Ambaffadeurs au Sophy, pour le fupplier de l'accepter comme fon humble vaffal & efclaue: apres lefquels il enuoya des efpies, à fin de fçauoir le fuccez des chofes, & que felon icelles il fe peuft gouuerner. Arriuez que font les Ambaffades auec la fuyte de trois cens hommes, &

Sage refponfe faite aux Ambaffadeurs.

qu'ils ont declaré leur charge, Ifmael leur dit: Si Muratcan eft mon vaffal, pourquoy n'eft-il venu en perfonne pour me faire l'hommage qu'il me doibt? & auffi toft feit tailler en pieces tous ces pauures meffagers & leur fuyte. Les efpies donc rapportans cecy au cap de Muratcan, & luy craignant qu'on ne le trahift, & liuraft entre les mains du Sophy, d'autant que plufieurs des fiens auoient defia prins le Turban à la Sophiane, f'en alla de nuict, & print le chemin d'Alep. Ce que Ifmael fçachant, enuoye fix à fept mille hommes pour le rattaindre: mais il gaigna chemin, fans trouuer toutefois prefque hôme, qui le vouluft recueillir, non fes feruiteurs mefmes: iufques à luy eftre refufé par le Soldan du Caire faufconduit pour paffer par fes terres, tant defia eftoit redoubté le nom du Sophy. Lequel fe voyant allegé d'vn faix fi pefant, f'en alla en Syras, où Dieu fçait quelles cruautez y furent exercees: & de là print la route de la Sufiane, à qui il a mis le nom de *Zaich Ifmael*: puis paffant le Tygre, vint en Bagadeth, où encor il feit pis qu'en lieu du monde, acheuant de ruïner cefte grande ville qui iadis fut chef de toute l'Afie, & la plus riche du Leuant, y commettant plus de maux cent fois que iamais ne feit Tamberlan, tant il auoit en deteftation *Muratcan*, qui f'y eftoit retiré. Print en oultre les païs de *Moful*, & de *Grifire, Pyarath, Podrical*, & *Murrapurth*, qui font felon l'Eufrate en la Mefopotamie. Durant ce temps vn fien fuiet, Seigneur

de *Gilan*,

de *Gilan*, se reuolta contre luy : iaçoit que dés qu'il entendit que le Sophy se mettoit
en campagne pour le punir, il chercha les moyens de l'appaiser : ce qu'il obtint auec
grãde difficulté, & par les prieres importunes des Seigneurs de sa Cour : pour l'amour
desquels il luy pardonna, sauf qu'il luy redoubla le tribut qu'il luy donnoit tous les
ans, auec cent chameaux chargez d'espicerie, que les Arabes, Persiens & Turcs appellent *Iengihil*, les Indiens *Adrac*, & les Tartares *Imgy*. Du costé de l'Armenie il chastia pareillement *Abnadutab*, Seigneur des Alidules, & luy osta la plus belle partie de
ses terres : qui fut l'vn de ceux qui depuis s'appellerent Selim, que les Perses nomment
Othman Culibech : & puis *Iesilbas*, duquel ailleurs i'ay parlé, Seigneur de Samarchand,
qui aussi auoit couru sur son païs, fut payé selon son audace. Le grand Tartare mesme
vint en personne du costé du *Zagate*, demandant passage au Sophy pour aller faire
ses deuotions à la Mecque. Mais le Sophy, qui cognoissoit à quoy tendoit ce passage,
luy denia tout à plat, & s'en vint à *Spahan*, où le Tartare estoit à *Corazzan*. L'an se passant ainsi sans rien faire, & le Tartare se retirant, le Sophy s'en alla vers sa ville capitale,

sçauoir Tauris. Au reste, ce Prince estoit l'vn des plus beaux hommes qu'il estoit pos- *Pourtraict*
sible de voir, blond de poil, & blanc de visage, entre gras & maigre, d'assez passable sta- *du Sophy.*
ture, portant longue barbe, & le plus adextre de toute sa suyte : lequel à voir seulemét,
vous l'eussiez prins pour vn excellent homme. Vn Chrestien Nestorien, l'vn des meilleurs peintres que ie vis onques, me donna le pourtraict de ce Seigneur : lequel ie vous
represéte au naturel, cõme le creon m'en fut dóné. Il aymoit le ieu de l'arc, où il estoit
si excellent, que pendant vne pomme, ou vn autre fruict, tant petit fust-il, il la touchoit
de sa flesche, en courant à bride auallee : & c'estoit à ce ieu qu'il exerçoit ses gens, n'ayãt

encor l'vſage de l'eſcopeterie, comme quelques vns d'eux ont eu depuis. Au ſurplus, ie vous ay par cy deuant deſcrit la ville de *Derbenth*, & ſon aſſiette pres le mont Caſpic, vous monſtrant que c'eſt vne des plus fortes places de la terre. Le Sophy toutefois ne la voulut laiſſer en repos, ains print complot de ſen faire Seigneur, pour fermer le pas au Tartare, qui euſt peu par là auoir paſſage en l'Armenie & Mede. Que ſi ce Prince ne fuſt mort ſi ieune, certains riches marchands de ce païs là m'ont aſſeuré, qu'il auoit deliberé de grandes choſes, principalement à faire ioindre les deux riuieres du Tygre & Euffrate enſemble, ou bien eſlargir le Tygre pour y faire entrer l'eau de la mer du ſein Perſique. Mais i'eſtime qu'il en fuſt auſſi bien venu à bout, que Ptolomee Roy d'Egypte feit de ſon entrepriſe, lors qu'il voulut faire entrer la mer Rouge dans la riuiere du Nil. Quant à ſon appellation de Sophy, la meilleure raiſon eſt, pource que *Seichayder* Sophy eſpouſa la fille de *Vſuncaſſan*, de laquelle il naſquit. Les Turcs le nomment *Pharſic*. Touchant ce que pluſieurs luy donnent le nom de *Saich*, veu qu'il ſ'appelloit proprement Iſmael, il fault noter, qu'en ſa compaignie y auoit des ſoldats ſi affollez de l'opinion de ſa grandeur, qu'ils l'eſtimoient eſtre quaſi comme Dieu: ſi que eſtas en guerre, ils marchoient au combat ſans nulles armes, diſans qu'ils alloient mourir pour leur Seigneur, & en combattant ils crioiēt, *Alla Siach Iſmael, Alla Siach Iſmael*, Dieu & Iſmael, Dieu & Iſmael: auquel nom on a changé la lettre, mettant l'A deuant l'I, ſçauoir Saich en lieu de Siach: & dit on que pour vray le Sophy ſe deſplaiſoit fort de telle façon de faire, iaçoit qu'il n'oſaſt le dire, de peur d'offenſer ceux qui l'auoient en ſi grande reuerence. Quant eſt des armures ordinaires des Perſans, ce ſont Cuiraſſes de fin acier des villes de *Syras* & *Argiſtan*, qui eſt le meilleur & plus fin qu'on ſçache, faites à lames & groſſes eſcailles, bien polies & dorees, & les mieux damaſquinees qui ſoient ſoubz le ciel: & portent de bons Chapeaux de maille ſoubz leurs teſtes enueloppees. En outre, ils vont preſque tous à cheual, & ſont leurſdits cheuaux bardez de gros cuir bouilli, ayans des pieces comme des aiſles, qui gardent aſſez bien leur monteure: & vſent de Lances faites comme noz picques de pardeça, & du Cimeterre, qui vault bien les coutelaz de noz hōmes d'armes, & mieux, ne laiſſans iamais la Rondelle d'acier. D'autres portēt l'Arc & Carquois, auec vne Maſſe d'acier, qui leur eſt de grād ſeruice. Regardez ſ'ils auoient l'vſage de tant de baſtons à feu comme nous, qu'ils feroient en guerre, eſtans forts, adextres & hardis comme ils ſont, & tels que i'oſe bien dire, que le Turc craindra plus dix mille Perſans en campaigne, qu'il ne feroit vingt mille Chreſtiens, ſ'ils eſtoient armez eſgalement. Dauantage, leurs cheuaux ſont puiſſans, alaigres, & non pas trop gras, comme ſont ceux des Dannemarquois, Allemans, & François: & n'eſt ſoldat allant en guerre, qui ne porte des fers pour ſa monteure, cloux & marteau, à la maniere des Arabes. Que ſi le Perſien auoit l'artillerie en main, comme a le Turc, il pourroit faire à ſa mer de *Hieumachcame*, qui eſt le ſein Perſique, nombre de galeres, pour le guerroyer de la part du Royaume d'Adem, & vers toute la coſte iuſques bien pres de Medine & de la Mecque, faiſant le tour de l'Arabie heureuſe, & pilleroit les Royaumes de *Zibiёt, Deuim, Maſcalac, Theuma, Egiach*, & autres de ceſte grande Peninſule. L'autre cauſe auſſi, pourquoy il ne ſe rue ſur ſes païs, eſt par ce que quaſi continuellement il va courir ſur les Rois de *Segiſtan, Erachain, Deluc*, & *Macran*: combien que le plus ſoit ſur le Roy de Mexan, qui luy aboutit vers le païs des Indes. Au reſte, les Chreſtiens ſont plus paiſibles auec les Perſiens qu'auec les Turcs, qui ſe rendent odieux & ennemis de tout le peuple de l'vniuers de iour en iour, n'y ayant en eux aucune courtoiſie, non plus qu'aux volleurs & bandoliers d'Arabie.

Armes de guerre dequoy vſent les Perſans.

Qui caufa la guerre entre le Sophy & Selim, & du voyage que feit de mon
temps Sultan Solyman : & de la Sepulture de Seleucus Nicanor.

CHAP. XVII.

SVLTAN SELIM, Roy des Turcs, naturellement conuoiteux, entreprint le voyage de Perfe, fans auoir efté offenfé. Mais auffi eft-il à
prefumer, qu'il n'euft efté fi hardi de l'attaquer, fil ne fe fuft affeuré
d'aucuns voifins du Sophy, lequel auoit depuis quelque temps gafté
le païs des Curdes, gens fort vaillans & farouches, qui fe tiennent au
mont de *Bitlis*, en la grāde Armenie, & des Alidules voifins de l'Eufrate, & de fes terres au païs de Turcomanie. Les Seigneurs donc de ces deux prouinces, oyans que ledit Sophy alloit contre le Tartare, & que defia fon camp eftoit à Corazzan, & fçachans quelle eftoit la force dudit Tartare, auoient defia comme efperance de la mort, ou poifon d'iceluy. Pour cefte caufe, en l'an mil cinq cens treize, ils defpefchent meffagers au Turc, le requerans de venir, & les deliurer de ceft heretique, qui
gaftoit tout par fon herefie. A quoy le Turc entendant volontiers, qui contrefaifoit
plus l'hypocrite, qu'il n'y auoit de deuotion, print auffi toft la caufe en main, comme *Rufe d'at-*
protecteur de la religion & doctrine des Prophetes : iaçoit que à la verité toute fon *taquer fon*
ennemy.
entente eftoit l'agrandiffement de fon Eftat : Ioinct qu'il confideroit, que fi le Sophy
auoit le deffus du Tartare, facilement il feroit alliance auec le Soldan du grand Caire,
pour fe ruer fur la Natolie : d'autant que defia ce Roy Sophien auoit conquis en peu
d'annees la plus part des Royaumes d'Armenie, Perfe, Mede, & Affyrie, & feftoit faifi
des villes principales d'iceux, Tauris, Sumach, Syras, & Bagadeth. Or ce que plus l'induit audit voyage en Perfe, fut la faueur que ledit Sophy auoit faite à *Acomath*, frere
du Turc, luy donnant fecours auec le Soldan, pour s'emparer de la Turqüie. Et voila
la vengeance & religion qui efmeut Selim, pere-grād de celuy qui regne auiourdhuy
en Conftantinople, pour aller contre *Xa Ifmael*. Son armee eftant dreffee par la diligence de *Caffan Bafcha*, Beglierbey de la Romanie, & *Sinan Bafcha*, il fe meit en campaigne, l'an mil cinq cens quatorze, & print le chemin d'Amafie, comme fon predeceffeur, faifant le mefme voyage : où il meit tout fon equippage en ordre, s'affeurant que
de là en auant il luy fauldroit eftre toufiours fur fes gardes, pource que le païs du Sophy luy eftoit defia voifin : attendu que pardeça l'Eufrate il tenoit pour lors la region
de *Laïs*, qui font quelques cinquante lieuës de terre en la petite Armenie : lequel partage eft auiourdhuy rompu, Sultan Solyman l'ayant borné par le cours dudit fleuue.
Ainfi Selim ayant couru la prouince de *Taccat*, de *Siuas*, & d'*Arfingan*, enuoya tous
les artifans en Conftantinople, & ceux qui luy fembloient gens dignes de quelque
marque. Le Sophy ayant entendu cefte venue fi foudaine, mande à *Stagial Mumethei*,
& à *Carbec Sarupir*, de faire amas de gens, à caufe que fon armee eftoit en Corazzan, &
luy feftoit arrefté à Tauris. Lefquels vferent de telle diligence, qu'en peu de temps ils
affemblerent iufques à quarante ou cinquante mille cheuaux, les mieux en poinct,
equippez & armez, que lon fçauroit fouhaiter, & auec ces compaignies s'en vindrent
au paffage de l'Eufrate. Toutefois voyās la puiffance de Selim, & que fon camp eftoit
fix ou fept fois plus grand que le leur, ils tournent d'vn autre cofté, & vont en la grande plaine de *Calderan*, entre *Coi* & *Tauris*. Auquel lieu il fallut auffi que le Turc vint,
pourautant que l'armee du Sophy auoit tout gafté le païs : fi qu'on n'euft fçeu trouuer
vn grain de bled, ne fruict quelconque, en la grande campaigne où ils s'eftoient campez. Comme dōc le Turc fuft en Calderan, il voit l'ennemy auec fon armee, qui s'eftoit

renforcé,tant des compaignies de Corazzan, que du fecours des Georgiens, lequel fe prefentoit auec contenance fi affeuree,que à voir fes gens fi bien armez & môtez qu'ils eftoient, on euft dit que les Turcs n'eftoient que beliftres au pris, & que chacun Perfan eftoit chef d'armee. Neantmoins il y auoit grande difference des vns aux autres, veu que les Turcs eftoient tous vieux foldats aguerris,qui auoiët accouftumé de combattre les Chreftiens de l'Europe, tels hommes de guerre que chacun fçait, & qui au refte n'auoient gueres bataillé fans obtenir la victoire, gens naiz au trauail, & qui ne bougeoient iamais de la foulde,là où les Perfans eftoient recueillis à la hafte & à l'improuifte,ainfi que la neceffité le requeroit, & n'auoient onc eu affaire auec telles gens, que pour lors eftoient les Turcs auec l'efcopeterie. Que f'ils eftoient bragards en armes, c'eftoit plus monftre & brauade,qu'effect. Sur cela comme les deux grands Rois fe regardaffent l'vn l'autre, le Perfien qui n'auoit iamais encor experimêté que c'eftoit que d'eftre vaincu,& qui par confequent mefprifoit les forces Turquefques,quoy que en plus grand nombre que les fiennes, delibera de les affaillir. Or auoit-il parti fon camp en deux,*Stagial Mumethei* fon fauorit,commandant fur vne part, & luy mefme fur l'autre. Le Turc d'autre cofté auoit auffi diuifé fon armee en trois batailles : dont il tenoit le milieu auec la force de l'artillerie & de fes Ianiffaires: ayât à fon cofté droit *Sinan Bafchà*, & à gauche *Caffan Bafchà*, qui luy feruoiët d'aifles. En mefme inftât les Sophians, qui ont accouftumé d'affaillir tout le monde, ne faillent auffi de fe ruer fur *Caffan Bâfchà*, & le chargêt de telle façon,que les Turcs ne peurent onc porter vne telle furie, ains flechiffans & fe mettans en route la plus part de cefte aifle, & n'ayans aucun fupport de ce cofté, furêt taillez en pieces:de forte que le Bafchà & quatre Sâgeaz demeurerent entre les morts:& c'eftoit le Sophy,comme chef de l'armee,qui conduifoit cefte troupe.L'autre,qui eftoit menee par Curbec,que aucuns ont nommé *Vftaol*, & les Arabes *Stolare*,penfans dire *Stagial*, fe rua fur l'aifle droite,que conduifoit *Sinan Bafchà*. Lequel cognoiffât que fi fimplement il venoit aux mains, il n'eftoit affez fort pour fouftenir les lançades & coups de Cimeterre du Perfan, feit defcharger vn grand nombre de pieces de campaigne & fauconneaux fur eux : qui combien qu'ils furent eftonnez de la grande nouueauté de ces tonnerres, comme n'en ayans efté encor abreuuez,ne laifferent pour cela de faire tel deuoir, que les Turcs y eurent plus de perte que de gaing, quoy que *Curbec* fut prins, & *Stagial* occis. Mais comme ces Sophiâs fe ruoient fur la bataille où eftoit Selim, ce fut lors que *Top. Gibaffi*,capitaine de l'artillerie,commanda qu'on mift le feu aux groffes pieces, & à l'efcopeterie des Ianiffaires,qui eftoient tout autour du Turc:ce qui fut fait,& mefmes deffeit prefque autant de Turcs, que de Perfans. En cefte derniere charge le Sophy fut blecé d'vne harquebuzade entre le col & les efpaules : tellement que fe fauuant à la fuyte, il laiffa tentes & bagage à la difcretion du vainqueur,qui fe pouuoit bien vanter,que fi n'euft efté l'artillerie,iamais il n'euft veu Conftantinople,comme m'ont affeuré de vieux capitaines Turcs, voire des Grecs & Arabes, qui difoient auoir affifté à cefte bataille (quelques vns,eftimans en mon endroit en receuoir honneur & gloire,me monftroiët mefmes des coups qu'ils y auoient receuz par les ennemis) & n'auoit pas beaucoup dequoy fe refiouyr, ayant plus perdu d'hommes que le Sophy, & des plus honorables de fa troupe,quoy que la place luy fuft demeuree.D'autre part ledit Sophy fut fi matté de cefte deffaite,comme chofe à luy non vfitee, que n'ofant f'arrefter à Tauris,il paffa oultre vers la Perfe & Parthie, pour dreffer nouuelle armee. On dit, que quand Selim veit *Curbec Sarupir*, Colonnel du Sophy,qui luy fut prefenté,il luy dift,Hà chien que tu es, as-tu la hardieffe de venir contre moy, veu que noftre maifon eft en lieu du grand Prophete, & que Dieu eft auec nous ? Lequel luy refpondit, Si Dieu euft efté

Bataille dônee entre les Perfiens & Turcs.

auec toy, tu ne fuſſes point venu contre mon Seigneur: mais ie penſe que Dieu t'ait
abandonné comme malheureux. Dequoy le Turc fut ſi irrité, qu'il commanda qu'on
l'occiſt ſur l'heure. Auquel Curbec diſt encor, Ie ſçay que ceſte cy eſt mon heure, & la
gloire de moy & des miens: mais toy, Selim, diſpoſe de ton ame: car dans l'an qui eſt le
plus proche, tu me ſuyuras, & mon Seigneur t'oſtera la vie. Sur ceſte Prophetie le pauure Perſan fut tué, & ſa prediction ſans effect, & auſſi veritable, que l'opinion qu'ils
auoient que leur Roy, ſçauoir le Sophy, fuſt immortel & ſainct homme. Ceſte victoire rendit le Turc plus redouté par tout, & ſes ſuiets plus courageux, d'autant qu'ils
auoient deffait celuy qui ſe faiſoit craindre à tout le monde, & que pluſieurs penſoiét
qu'il fuſt inuincible. De là Selim ſen alla à Tauris, où il ne feit aucun rauage, tant aux
habitans de la ville que au Palais du Roy, ains y demeurérent ſeulement trois iours
luy & ſa compaignie. Vray eſt qu'il y print de ſix à ſept cens bons ouuriers & artiſans,
qu'il feit conduire en Conſtátinople, leur donnant gages à tous, à cauſe que les Turcs
ne ſont que beſtes, & n'entendent rien en art quelconque. Apres cela il partit, craignát
ſurpriſe, aſſeuré que le Sophy faiſoit nouuelle armee, & que les viures luy defaillans,
il ne pourroit longuement tenir teſte. Meſmement les Alidules, qui auoient eſté cauſe
de ſa venue, luy feirent, en ſen retournant, mille oultrages d'vn coſté, & les Georgiens
d'vn autre : tant que bonnement on ne peult iuger, qui eut le plus de perte, ou Selim,
ou le Sophy. En outre, ce voyage, qui ne fut pas fait, ſeruit de couuerture pour courir
ſus au Soldan du Caire, lequel pour ſeſtre entendu auec Iſmael, & auoir fauoriſé le
frere de *Selim Acomath*, en perdit ſes Eſtats & la vie. Ce qui aduint en l'an de noſtre
ſalut mil cinq cens dixſept, iuſtement quatorze mois apres le iour de ma naiſſance: qui
fut lors que Martin Luther commença à ſ'oppoſer à l'Egliſe Romaine, à fin qu'en vne
meſme ſaiſon & en Orient & en Occident il y euſt des ſectaires: Auquel temps le grád
Roy François, premier du nom, print Milan & le Duc Milannois, & furent faites treſa
ues entre luy & l'Empereur Charles le Quint : & les Tartares ayans aſſailli la Ruſſie
par quatre endroits, furent vaillamment rompus & repouſſez par les Polonois & Ruſ-
ſiens, y en demeurant ſur le champ enuiron trentehuiſt mille. A la fin Sultan Selim
ſen tourna, apres auoir conquis l'Egypte, Paleſthine, Syrie, & bonne partie de l'Aſſyrie, & mourut l'an de noſtre ſalut mil cinq cens dixhuiſt. Du depuis Iſmael ſe remit
és terres que Selim auoit prinſes ſur luy, & remercia les Chreſtiens Georgiens, auec
leſquels il feit plus forte alliance que iamais, les affranchiſſant en lieu de prendre tribut d'eux, & meſmes leur donnant quelques terres voiſines au païs de Seruan. Puis
ſçachant que les Curdes luy auoient nuy en ceſte guerre, les alla ſi bien talonner, que
de long temps ils n'aurót moyen de regimber. Quant aux Anadules, il viſita leur païs,
& ne ſe vengea point de leur premiere infidelité, aſſeuré que c'eſtoient eux qui auoiét
fait autant de tort au camp du Turc, que autres de ſes ſuiets: neantmoins admoneſta-il
leur Seigneur, qu'il ne ſe falloit point tant fier à vn eſtranger, que de penſer en auoir
meilleur & plus doux traiĉtement, que de celuy qui eſt naturel du païs. Sultan Solyman dernier decedé feit bien vn voyage en Perſe, l'an mil cinq cens trentefix, mais il
fut ſans effect, & n'alla que iuſques en Bagadeth : où l'autre fut du temps que i'eſtois
au Leuant, à ſçauoir l'an mil cinq cens quaranteneuf. Et pour en diuerſifier mon hiſtoire, lon me diſt, que *Sultan Muſtapha*, fils aiſné du Turc, auoit eſté cauſe de ceſte
guerre, pource que Solyman fauoriſoit plus Sultan Selim ſon puiſné, auiourdhuy
Grand-Seigneur & Roy des Turcs, qui nonobſtant eſtoit d'vn autre lict, & ne tenoit
preſque compte de luy. Auſſi chaſſa Solyman la mere dudit Muſtapha, & de luy, il
l'eſloigna de ſa Cour, le faiſant Gouuerneur d'Armenie : puis luy donna le gouuernement de Iconie, & de toute la coſte de la marine de Magneſie, qui regarde les iſles de

Le voyage que feit en Perſe Sultã Solyman.

Chios & Metelin, tirant vers Rhodes, où il faifoit refidence continüelle. Or le foufpeçon de cefte faulte, & qu'on luy impofoit fus qu'il auoit intelligence auec le Sophy,
fut occafion de fa mort, pourchaffee comme l'on me dift eftat pardelà, par Ruftan Bafcha, qui auoit efpoufé la fille du Seigneur, & fœur de pere dudit Muftapha : pource
que ce Ruftan voyoit bien, que fi Muftapha eftoit en Cour, & en la grace du pere, il
eftoit impoffible qu'il ne fuccedaft à l'Empire, tant il eftoit gracieux & debonnaire,
aymé & reueré des Ianiffaires & autres Officiers, qui auoient prefque toute leur con-
fiance en ce ieune Prince, duquel pareillement les Chreftiens attendoient allegeance
de leurs maux, veu que l'on tenoit que fa mere leur eftoit debonnaire, mefmement que
elle auoit efté Chreftienne, & fille de Chreftien, & en efperant fecrettement quelque
chofe, elle le gouuernoit paifiblement. Et cogneut on bien apres fa mort, f'il auoit efté
aymé ou non, pource que les Ianiffaires fe tenas par les prouinces, villes & forterefles,
ainfi que i'ay veu en plufieurs endroits d'Afie, Egypte, Palefthine, Grece, & Syrie, chá-
toient des chanfons gaillardes, & de bonne grace, à fa loüange & honneur fur leurs
inftrumens (qui font comme luths & guiternes fort longs, y adiouftans la voix) non
fans foufpirer, monftrans le regret qu'ils auoient de la perte d'vn tel homme. Et n'y
eut nation en tout le Leuát, qui n'en fuft fafchee & marrie, fauf les Iuifs qui le hayoiét
à mort, comme auffi il les auoit en deteftation, à caufe que celle, de qui *Selim, Giengir,*
qui eftoit boffu, & *Baiazeth,* & vn autre qui mourut lors que i'eftois en Conftantinople, eftoient fils, auoit efté Iuifue, & vne des plus rufees du monde, qui iouoit fon perfonnage contre luy fort finement, quoy que Ruftan Bafcha y feit affez bien fon deuoir, qui auoit prins à mariage leur fœur de pere & de mere, comme dit eft. Outreplus
lefdits Iuifs tenoient, que Muftapha auoit iuré, que fi iamais il eftoit Seigneur, il n'en
lairroit vn en vie : & c'eftoit la caufe pourquoy ils machinoient fa mort. Dieu fçait
le deuoir qu'en feit le Medecin du grand Turc, homme accort, & fçauát pour vn Iuif,
que le Turc aymoit merueilleufement : & de faict, ce fut l'vn des premiers qui mit le
feu aux eftouppes, pour luy faire paffer le pas : qui lors ne pouuoit auoir que quelques
trente & trois ans, ou enuiron. De ma part, i'ay bonne fouuenance, qu'eftant en Palefthine, en vne ville nommee *Ebron,* où font plufieurs Prophetes enterrez, le Gouuerneur deuint fi fafcheux pour vn bruit receu, que nous en cuidafmes payer l'efcot entier : pource qu'on luy dift que les Iuifs, foubz pretexte de faire prefent d'vne robbe de
drap d'or à Muftapha, l'auoient empoifonnee : comme à la verité quelcun ayant defcouuert la mefchanceté, & l'effay en eftant fait fur l'vn des principaux Iuifs, il mourut
prefque tout foudain. Dequoy Muftapha fut fi indigné, qu'il en feit tuer à l'inftant cét
cinquante, leur donnant de là en auant toutes les trauerfes du monde, iufques à n'eftre
depuis cefte heure là guere affeurez en Leuant. Et fçay bien, que vne fois, comme i'allois au mont Sinay auec la Caroanne, il y eut vn More blanc, qui vn Vendredy au foir
oyant tenir propos de ce faict, print vn marchant Iuif, lequel il foulla tant auec fon
genouil, que à la fin il le creua, luy difant, qu'il ne luy appartenoit de parler de Muftapha, qu'à bonnes enfeignes : dequoy les Iuifs fe voulurent mutiner : mais le Capitaine
appaifa tout, & feit euader le More, craignant, que f'il euft lors fafché les Iuifs, ils ne fe
fuffent alliez des Arabes, & nous euffent gaftez & mis à mort par les deferts. Mais laiffons à part Muftapha, qui onc ne fut caufe de cefte guerre, & ne feit alliáce au Sophy :
d'autant que f'il l'euft faite, c'eft fans doute qu'il euft bien efbranlé l'Eftat & forces de
fon pere Solyman. La principale occafion donc que print le Turc pour faire ce voyage, c'eftoit la magnanimité de fon cueur, qui n'eftoit nay que pour l'effect de haultes
entreprifes : & confiderant que feu fon pere Selim auoit conquis l'Eftat du Soldan d'E-
gypte, & fait belle peur au Sophy, qui n'eftoit pas fi diable & inuincible qu'on le fai-

*Muftapha
aymé des
Chreftiens.*

foit, il complotoit de luy tollir fes terres, & fe faire Monarque abfolut de l'Orient. A
quoy luy feit belle ouuerture *Oulomanbey*, que aucuns difent auoir efté frere du Sophy : iaçoit qu'il fuft feulement l'vn de fes plus grands Capitaines. Quant aux Turcs,
ils en parlent autrement : & m'en ont fait le difcours, apres fon retour, tel que f'enfuit.
Premierement il fault fçauoir, que le Sophy, qui lors eftoit en Perfe, nommé *Schiacta-*
mes, auoit vn frere qu'on appelloit *Caz*, homme bien fort riche, & aymé de tout le
peuple (qu'il auoit conftitué fon *Beglierbey*, c'eft à dire fon Capitaine general :) de la
femme duquel il fut merueilleufement amoureux : tellement que pour en iouyr à fon
plaifir, il feit tant enuers luy, qu'il luy perfuada de la laiffer & repudier : ce qu'il feit à
la fin, puis le Roy la print. Quoy voyant *Caz*, & eftant grandement indigné & fafché
du mauuais tour que luy auoit ioüé le Roy, entra en paroles auec luy, & entre autres
luy dift qu'il n'en demeureroit impuni. Ce qui caufa foufpeçon audit Roy : fi que pour
f'en affeurer, de là à quelque temps enuoya fondit frere, comme chef de fon armee, en-
dommager les terres des Circaffes : & fi toft qu'il fut parti, luy ofta le Royaume de Seruan, qu'il luy auoit affigné pour fon viure. Defquelles chofes côme ledit Caz fuft aduerti en la Circaffie, il y demeura quelque temps, pour voir fi le Roy luy donneroit &
affigneroit quelque autre païs au lieu de celuy qu'il luy auoit ofté. Toutefois, eftant
fait certain par aucuns fiens amis, que le Roy auoit confpiré contre luy, & mis fept
mille hommes à cheual pour le rencontrer, & faire mourir, il print autre confeil, &
paffant la Circaffie, f'embarqua auec quelques vns des fiens fur la mer Maieur, & f'en
vint à Conftantinople. Au deuant duquel le Grand-Seigneur enuoya plufieurs galeres, & le receut merueilleufement en grand honneur. Ainfi le Caz, apres luy auoir baifé la main, & recité la caufe de fa venue, enfemble l'iniquité de fon frere, & prié qu'il
luy ayde, d'autant qu'il eftoit recouru à fa fauuegarde, comme du plus iufte Prince du
monde, & autres chofes femblables : le Grand-Seigneur luy feit plufieurs prefens, luy
donna maifon, & affigna groffe penfion. Cependant ledit Caz l'incitoit iournellemét
à mouuoir guerre contre fon frere, luy remonftrant qu'il auoit efté fon Lieutenant
general, qu'il entendoit toutes fes affaires, & qu'il eftoit fi bien voulu par tous fes païs,
qu'il auoit promeffe des premiers de la Cour, que fi la guerre f'efmouuoit, & fe faifoit iournee, ils liureroient le Roy entre fes mains. Sur quoy apres auoir confulté, le
Grand-Seigneur fut tres-ioyeux d'auoir trouué fi bonne occafion de faire la guerre,
pour fa grande ambition de regner, & acquerir païs nouueaux : fe tenár, oultre la grande puiffance & inuincible armee qu'il auoit, tres-affeuré & fort de la perfonne dudit
Caz : Tellement qu'ayant fait fes preparatifs de toutes chofes neceffaires à vn tel voyage, & mandé tous fes Capitaines (comme i'ay dit cy deffus) il delibera de partir fur le
Printemps. Parainfi, les defpefches faites de toutes parts, *Hebrain Bafcha* marcha deuant auec trente mille hommes, & alla paffer fon Hyuer en Alep, pour de là auát donner fur les terres du Sophy : & le Turc partit le vingtfeptieme de Mars enfuyant, mil
cinq cens quarantehuict, auec vne fi effroyable armee, qu'on l'eftimoit monter quatre
cens mille hommes pour le moins, & trente mille chameaux pour les bagages & viures. Quant au Sophy, qui defia auoit donné fur la queuë de l'auantgarde conduite
par *Hebrain Bafcha*, oyant l'approche de l'armee du Grand-Seigneur, laiffa Tauris, &
derechef f'en venoit ruer fur ledit Bafcha, quand il manda au Turc qu'il fe haftaft,
tant les Turcs craignoient la rencontre des foldats Sophians, & leur vaillantife. Or deuant que fe ioindre à Tauris, l'on paffa à la ville de *Caradmir*, où il y a grand nombre
de belles maifons des Armeniens. Et d'autant que l'affiette de ce lieu eft forte pour tenir en bride l'ennemy, Solyman commanda de mettre en icelle les deniers, dont foixantehuict chameaux eftoient chargez, que l'on menoit pour fouldoyer fon camp, en-

Caz qui fe rendit au Turc.

Caz incitoit le Turc contre le Sophy fon frere.

Quatre cens mille hommes en l'armee du Turc.

h h iiij

femble trente deux pieces de canon, que conduifoit le *Top Gibaßi*, capitaine de l'artillerie (car *Top* en leur langue ne fignifie autre chofe que Canon.) Toutefois celuy
qui eftoit chef, & auoit la principale charge, tant fur ces threfors, que fur deux mille
foldats harquebuziers pour la garde d'iceux, eftoit vn *Aga*, Seigneur de grande authorité, ayant vn Lieutenant fur tous les autres, qu'ils nomment *Checaya*. En ces entrefaites il aduint vn iour, que Solyman, qui eftoit campé à quatre lieues de là, tempori-
fant & attendant nouuelles d'heure en heure du camp de fon ennemy, pour cognoiftre fi cefte troupe gaillarde d'infanterie renfermee dedans ladite ville *Caradmir*, &
autres des trachees d'icelle, auoient du fang aux ongles, & s'ils eftoient hommes de fa-
ciende, comanda à vn *Imralem-Aga*, fon Porte-enfeigne (en laquelle pend vne queue
de Cheual, en memoire, comme ils m'ont dit, que le grand Alexandre la portoit fur
fon armet, allant en guerre) leur donner vne alarme. Ce qui fut promptement executé
fur la minuict, & d'vne telle furie, que les muraillez s'eftimoient eftre tous perdus, penfans auoir l'ennemy en barbe : & ce qui les rendit plus craintifs, fut quelque nombre
de trompettes, qui les inuitoient au combat, diffimulans les vouloir affieger. Sur cela
donc ledit Aga, qui ne fe doubtoit de telle tragedie, ordonne que chacun fe mette en
ordre, & au canonnier de faire iouër l'artillerie, qui lors eftoit rangee fur les rampars:
ce qui fut fait, tirant tantoft d'vne part, tantoft de l'autre, fans prendre vifee, d'autant
que cefte nuict eftoit fort obfcure. Et me fuis laiffé dire à quelques vns qui eftoient en
ladite alarme, que en trois heures cefte artillerie tira plus de douze cens coups, & de
telle forte, que l'on n'euft pas ouy tôner : de façon que tirant ainfi à coup perdu, la plus
grande partie de deux tours, faites en triangle, bafties (comme i'eftime) plus de neuf
cens ans auparauat, entre lefquelles y auoit vne large carriere faite à la façon de l'Hippodrome Byzantin, furent abbatues par terre, des pierres defquelles eftoient fi groffes, qu'à grand' peine quarante hommes en euffent peu leuer vne de terre. Quelques
dix iours apres le departement de l'armee Turquefque, vn certain marchant Turc, nômé *Homar Bechel*, bourgeois de la mefme ville, fe promenant autour de ces ruïnes
de la part du Soleil leuant, apperceut vne longue pierre de marbre noir fur l'vne defdites tours, lefquelles par leur antiquité eftoient remplies d'immondices, & de plufieurs arbres, ronces & arbriffeaux, mefmes les pafteurs qui gardoient là aupres leurs
brebis & chameaux, y auoient fait de petits iardinages & logettes. Sur ladite tour feit
monter ce marchât deux de fes Efclaues qui le fuyuoiët : lefquels eftans defcenduz, luy
rapporterent que ladite pierre qu'il voyoit, eftoit couuerte d'vne autre pierre de mefme couleur, de pefanteur incroyable, & que eux deux ne la pouuoient remuer. Ce que
entendant ledit marchant, s'en retourna fans rien faire, tenant la chofe la plus fecrette
qu'il peut : fe difpofant de fçauoir le lendemain au vray ce qui eftoit là deffoubz. Tellement que ayant amené auec luy huict ieunes efclaues forts & puiffans, garnis de plufieurs barres de fer, & engins propres à la foubzleuer, pour par ce moyen paruenir à
fes deffeins, incontinent & demie heure apres ils ruerent par terre ce lourd fardeau, &
trouuerent que c'eftoit vne fepulture. Et qui leur en donna plus grand tefmoignage,
ce fut vne vieille Lame de cuyure, longue de trois pieds & demy, de deux de largeur,
& demy d'efpeffeur, fur laquelle eftoient efcrites & grauees plufieurs lettres Chal-
Sepulture de Seleucus Nicanor. dees, qui monftroient que c'eftoit la fepulture ou tombeau de *Seleucus Nicanor*, lequel
fuyuit Alexandre le grand contre les Perfes : apres la mort duquel, ce guerrier fe faifit
& feit par force premier Roy de Syrie. Ce Prince viuoit du temps de *Onias*, fouuerain Euefque des Hebrieux, & de Theocrite l'Illirique, en l'an du monde quatre mille
cinq cens octantecinq, deuant l'incarnation de noftre Seigneur trois cens vingt & vn :
& regna en honneur en Orient neuf ans huict mois. Quant à fadite fepulture, ceux

qui l'ont viſitee dedans & dehors, aſſeurent qu'elle n'eſtoit enrichie que de certaines
teſtes de Bœufs & Taureaux, inſculpez dedans les friſes, ayant ſeulement autour des
cornes quelques chapelets à la Romaneſque, qui pendoient contre bas, & quelques
plats & couſteaux de diuerſes façons, tels que portoient ordinairement péduz à leurs
ceinctures les Victimaires, quand ce venoit le temps de ſacrifier, & macter les ſacrifices, pour monſtrer la pieté & religion qu'ils auoient à l'endroit de leurs ceremonies.
I'eſtime que Prometheus, premier ſacrificateur des beſtes, auoit enſeigné à ce peuple
la façon de faire ces ſacrifices & ſimulachres. Ie laiſſe pluſieurs autres choſes effigiees,
que lon peult veoir encores auiourdhuy en ladite ſepulture, qui ne ſe peuuent entendre, & qui iadis ne ſ'entendoient non plus que les lettres Hieroglyfiques, grauees par
les Egyptiens contre leurs Obeliſques, hors mis à ceux qui eſtoient de leur religion &
college. Dauantage lon trouua là deux Vrnes de fine Agathe, les plus belles & luyſantes que lon veit iamais, chacune deſquelles pouuoit eſtre de deux pieds de longueur,
& de pareille groſſeur: eſtimant de ma part, que apres que le corps de ce Roy Seleucus
fut bruſlé, ſuyuant la perſuaſion des Gentils, les cendres furent conſeruees dedans ces
vaſes riches à merueilles: Ou bien ils ſeruoient, comme iadis ceux que les Hebrieux
auoient en leurs Temples, lors que leurs Preſtres vouloient faire le ſeruice, dans leſquels ils prenoient de l'eau pour ſe lauer les mains: puis aſpergeoient les aſſiſtans auec
vne branche d'hyſſope. Ces remueurs de terre eſtans ſur leur departement, vn deſdits *Threſor*
Eſclaues Chreſtien Neſtorien apperceut, fouillant en diuers endroits, vne autre pierre *trouué pre*
non moins grande que la ſuſdite, & couuerte de meſme façon. Lequel en ayāt aduerti *Caraadmir.*
ſon maiſtre, derechef feit regarder, pour ſçauoir que c'eſtoit: & eſtāt ouuerte, fut trouué en icelle (ſuyuant le recit que m'en ont fait pluſieurs marchās Grecs dignes de foy)
plus de ſoixante mille pieces d'or, deſquelles y en auoit telle qui peſoit de cinq à ſix
onces, autres beaucoup moindres: & en trouua lon de dix à douze mille telles que ie

vous en repreſente icy la figure, auec ſon renuers, toutes eſcrites de meſmes characteres, ſans rien y augmenter ne diminuer, auec deux Statues d'or, qui auoient les yeux
d'argent, d'vne couldee de haulteur ou enuiron, & les mieux faictes que iamais homme ſçauroit voir. Et Dieu ſçait, ſi ce ruſé circoncis *Homar* careſſa lors ſes Eſclaues, &
les chargea de tel butin, les aduertiſſant de tenir les choſes ſecretes, à fin de n'encourir
l'indignation du Prince, ou de ſes rongeurs d'Officiers, ſils en eſtoient aduertis: &
quant à eux, il les affranchit, apres leur auoir departi à chacun vne bonne ſomme de
deniers. Toutefois les choſes ne peurent eſtre ſi celees, que deux mois apres, ſ'eſtant fa-
ſchez deux de ſes Eſclaues l'vn contre l'autre, où l'vn ſe ſentant outrageuſement offenſé de l'autre d'vn coup de couſteau, deſcouurit & reuela au *Cady, Sangeaz*, & autres
Officiers de la ville, comme les choſes ſ'eſtoient paſſees, & du riche threſor qui auoit
eſté trouué en l'vne deſdites tours. Si que ces Officiers adiouſtans foy au dire dudit
Eſclaue, incontinent feirent conſtituer priſonnier ledit *Homar*, & ſa femme, & les
ayans interrogez, feirent ſi bien les vns auec les autres, que ce butin fut parti entre eux.

Authorité du Chiaus Baßi.

Deux ans apres ou enuiron, le grand Turc en eftant aduerti par *Abrahim Bafcha*, y enuoya fon *Chiaus Baßi*, capitaine des *Chiauz*, ou *Chiausler*, qui eft comme le grand Preuoft d'hoftel du Roy, & qui a fi grand' authorité, que s'il va vers l'vn des fuiets du dit grand Turc, de quelque eftat, qualité, ou condition qu'il foit, fuft-ce mefmes vn Bafcha, & il luy die qu'il eft enuoyé pour auoir fa tefte, & l'emporter audit grand Turc fon maiftre, il eft obey, fans monftrer commiffion. Ce qui fe feit à l'endroit de ces Officiers de *Caradmir*, lefquels tous generalement eurent les teftes trenchees, fans autre forme de procez, & le marchant *Homar* pareillement, & tous ceux de fa maifon, & leurs biens declairez acquis & confifquez audit Seigneur: d'autant que les Turcs ont cefte couftume, telle que iadis auoient les Empereurs Chreftiens de Grece, que tous threfors trouuez foubz terre font au Grand-Seigneur, & non au proprietaire d'i-celle. Ce que de toute ancienneté les Romains obferuoient. Cefte ville eft en la Mefo-potamie, affife en vne grande plaine, au milieu de laquelle y a vne colline de rochers. Ses murailles font encor entieres, & faites comme celles d'Alexandrie d'Egypte. Le lieu eft fort, & a la ville vne lieuë de tour pour le moins. Elle eft nommee de ceux du païs *Caradmir*, pource que les murailles font de pierre noire: Car *Cara* en Perfien vault autant à dire que Noir, & iadis *Emi* eftoit le premier nom de ladite ville. Les Georgiens & Armeniens la nomment *Emida*. Les Turcs y ont prins la plus grand' part des Eglifes des Chreftiens, & en ont fait des Mofquees. Le Grand-Seigneur y fe-iourna cinq iours, attendant nouuelles du Prince Perfien: & auffi toft fut aduerti par fix efpions marchands Iuifs, qu'il auoit paffé le païs d'*Arfingan*, qui porte le nom d'vne belle ville, où il auoit pillé toute la contree, & de là eftoit venu en *Efdron*, où il ne peut entrer dans la ville. Tellement que le Turc y enuoya foixantehuict mille hom-

Armee du Turc fepa-ree en trois.

mes, qu'il fepara en trois parties, pour le rencontrer par diuers lieux, & luy ferrer paf-fage s'il eftoit poffible: faifant aller *Caz*, frere dudit Sophy, vers *Boughedot*, auec grãd nombre de gens, tous à cheual, pour ruiner le païs: & quant à luy, auec le refte de fon camp, part de *Caradmir*, pour tirer la volte de *Sonal*, dite *Sebafte*, qui eft en la Cappa-doce, pour luy aller auffi au deuant, & luy fermer le pas. Mais fi le Sophy euft efté ad-uerti de ladite feparation, il euft deffait le Grand-Seigneur, & fon frere auffi, n'ayant que ce qu'il auoit de gens: principalemét s'il les euft guettez aux montaignes d'*Ama-nucque*, là où il ne peult paffer que fix hommes de front: lequel paffage fe nommoit ia-dis, La porte Amanicque. Ainfi donc nouuelles vindrent, que le Roy Perfien s'eftoit retiré à fon païs, & fe retirant auoit fait quelque efcarmouche fur l'Efquadron de fon frere, où moururent enuiron cinq mille hommes tant d'vne part que d'autre.

Quelques iours apres le Grand-Seigneur feit fa monftre generale, où fe
trouuerent affemblez plus d'hommes qu'il ne penfoit: attendu que
trentehuict Capitaines bandoliers Arabes, accompaignez de
dixfept mille autres, fe vindrent ioindre auec fon armee:
defquels toutefois il auoit eu quelque foufpeçon
trois iours auparauant, encores que depuis
ils fe monftrerent fi vaillans aux ef-
carmouches, & autres faicts de
guerre, qu'ils le rendi-
rent content.

LIVRE DIXIEME DE LA
COSMOGRAPHIE VNIVER-
SELLE DE A. THEVET.

Du Goulfe de PERSE, *Promontoires de* REZALGAT *&* MACADAN:
& secte de Siech Ismael. CHAP. I.

'AY PAR CY DEVANT traité des isles du sein Arabique, & de celles qui sont embrassees par la mer Rouge. Il me reste à leuer les ancres,
pour faire largue en plaine mer, doublant les voiles, & venir à l'autre
sein, qui est celuy de Perse, mis entre les plus grands de l'vniuers, & qui
merite bien le nom de Mer, veu sa grandeur & longueur: d'autant que
son entree est à vingtcinq lieuës de longitude, & dix de latitude tirant à l'Ouest, & au
Sudest enuiron cent cinquante. Le capitaine Alphonse, premier pilote du Roy
François premier, mon voisin & amy; toutefois assez mal fourni, tant de sçauoir que
d'experiéce en ces contrees là, m'a voulu quelquefois persuader, mesme a osé faire imprimer dans vn petit liuret, que l'eauë dudit sein estoit coloree, tirant sur le pers, ou *Faulte du*
azuree, s'abusant au nom de Perse qu'on luy a donné. Mais s'il eust veu, comme ie luy *capitaine*
dis, tant l'vn que l'autre, il eust trouué, que entre les Grecs, Persiens, Arabes, Indiens, *Alphonse.*
Africains, ne Ethiopiens, ce nom ne s'enté'd de couleur quelle qu'elle soit, ains du peuple & prouince, laquelle donne sondit nom à la mer, qu'elle a retenu iusques icy. Car
quant à la couleur, elle est aussi perse ou azuree, comme l'eau de Seine ou de Charante,
lors qu'elles sont bien claires. Autant en dit-il de la mer Rouge, qu'il asseure estre aussi rouge que sang: chose mal consideree à luy, comme ailleurs ie vous ay discouru. Or
reuenant à mon propos, apres qu'on a passé quelques isles posees en ces endroits, pour
doubler chemin, & tirer vers le sein de la mer Persique, que ceux de Mesopotamie nôment en leur langue *Yumah-Camà,* fault premierémét aller recognoistre le Promontoire de *Rezalgate,* lequel est faict en poincte triágulaire, lieu assez téperé, d'autant qu'il
est voisin du Tropique de Cancer, ayant à l'opposite en la mer d'Inde le Royaume de
Cambaia, esloigné plus de quatre cens soixante lieuës par mer. Aucuns appellent encor ceste poincte *Facalhat,* & est suiette au Royaume d'Ormuz, la puissance duquel
s'estend en l'Arabie; & au continent de Perse, & en pleine mer és isles du sein Persique,
qu'on nôme du nom general des Isles d'Ormuz, desquelles ie parleray cy apres. Comme on a vn peu doublé cedit Promontoire, l'on trouue vn fort beau & bon port en
l'Arabie heureuse, pres lequel est vne assez belle ville, nommee *Calaia,* voisine dudit
sein, & suiette à ce mesme Roy, posee à vingtdeux degrez de latitude, toute bastie de
pierre dure & chaux, sur le bord de la marine, & esloignee de l'isle d'Ormuz enuiron
cent lieuës. La terre y est sterile, & produit fort peu de semence, comme naturellement

fait toute l'Arabie. Il eft bien vray, qu'il y a quelques grains, qui viennent fans eftre cultiuez, & des Dattes fur toutes chofes. Ceux qui font les plus riches, fe nourriffent de riz, & autres denrees qu'on leur apporte des païs eftranges de terre ferme. D'vne chofe ont-ils commodité, fçauoir Beurres & laictages, à caufe de la grande abondance de beftial qui eft nourri és paftiz d'icelle terre. Quant aux habitans, ils font cour-

Diuers ve-
ftemens.

tois en leur parole, & fe veftent de toiles & fargettes fines, ayans leurs chemifes longues, & icelles ceintes, les manches defquelles font fort larges. D'autres vont habillez à la legere, portans tous ie ne fçay quel hault bonnet de feuftre, de couleur tannee, & en forme pyramidale, comme la poche où lon paffe l'Hypocras. Les femmes auffi vont affez honneftemét accouftrees, mais d'eftrange façon, auec vne robbe faite comme vn hoqueton, qui ne leur paffe point les genoux, dont les manches font longues & larges, de diuerfes couleurs: & marchent toufiours le vifage couuert auec vn drap de coton, auffi fin & delié qu'vn voile, & de couleur bleuë & azuree, ouuert aux yeux, & fur le nez fait comme vn mafque. Paffant plus auant vers le deftroit du Goulfe, vous trouuez fur la cofte d'Arabie vne ville nómee *Rofienal* (autres l'appellent *Rocas*) qui fert de fortereffe à fon Seigneur, pour faire fes courfes fur le plat païs fuiet au Turc, veu que ce Roytelet cy eft vaffal & tributaire au Sophy. Ladite ville eft belle, grande, & de plaifante affiette, & fes habitans riches, y ayant grand nombre de marchans. Quelques vingtcinq lieuës plus oultre, coftoyant la marine, lon arriue à vne autre, dite *Piadea*, affife fur le bord de la mer, & prefque au bout du Promontoire de *Macadán* (que les Perfiens & Arabes appellént *Camahal*) lequel fait deux poinctes, l'vne vers l'Eft, regardant le païs de Perfe, & l'autre Septentrionale, qui aduife vers l'Affyrie. Ce fut en

fecte de
Siech If-
mael.

ce païs, & autour de ce Cap, que *Siech Ifmael* commença fes ieux contre le Turc, & fufcita vne nouuelle fecte fur l'interpretation de l'Alcoran. Ceftui-cy n'eftát Roy, ne fils de Roy, fauf qu'il eftoit forti de la famille & race de *Haly*, allié de Mahemet, comme il fuft pauure compaignon, defireux toutefois de f'aggrandir, f'accofta de quelques Mores ieunes garfons, qu'il incita à la reformation de leur fecte, les faifant aller nuds, fans fe foucier de honte, ou de couuerture, ou de richeffe quelconque, comme i'ay veu plufieurs d'eux feparez en diuerfes prouinces, y eftans veftuz de peaux de cheures & d'ours, ornez & mafquez, & differens aux autres de Syrie, Galathie & Phrygie. Ainfi ils commencerent à voyager & faire pelerinages, ne viuans d'autre chofe que des aumofnes des bonnes gens: defquels encore auiourdhuy ils font prifez & reuerez, d'autant que par tout ils vont criant & inuoquant le nom, non pas de Mahemet, comme les autres mendians Turcs & Mahometiftes, mais de Haly, qu'ils honorent fur tout autre. Auec cefte capharderie ce fin gallant feit vn grand amas de vaillás ieunes hommes, par le moyen defquels, foubz couleur de fa religion, il fe faifit de plufieurs terres & fortereffes, pillant tout par où il paffoit, fans toutefois rien prédre du pillage, qu'il diftribuoit à fes compaignons. Mefmement refufa le nom de Roy, f'intitulant l'Equitable partiffeur des biens, à caufe qu'il oftoit à ceux qui en auoient beaucoup, pour en fournir & enrichir les pauures. De forte que quand il fe trouuoit vn homme riche, qui ne faifoit aucun bié de fa richeffe, il luy tolliffoit, pour la diftribuer aux pauures, qui viuoient en gens de bien. Nó pourtant defpouilloit-il du tout les poffeffeurs, ains leur en laiffoit autant qu'il voyoit leur eftre neceffaire pour fe fuftanter & viure. Si

Loy d'Ega-
lité que vou-
loit eftablir
Haly.

que à voir fa façon de faire, il fembloit qu'il vouluft eftablir vne Loy d'Egalité, faifant les hommes pareils en fortunes & richeffes: mais la rufe du galát eftoit pour f'aggrandir, & fe faifir des villes & fortereffes du Royaume, ayant gaigné le cueur des hómes auec telle largeffe & liberalité. Et à fin qu'il meift difference entre les fiens Halyés, & le refte des Alcoraniftes, ordonna que ceux qui luy eftoient fuiets, portaffent des

bonnets

bonnets longs, & rougeaſtres, ſoubz le Turban, aſſez ſimple, contraignant tous ceux qu'il aſſuietiſſoit, de faire le ſemblable. En outre, il deffia tous les Rois voiſins, qui ne vouloient ſuyure la doctrine de Haly, & feit ſi bien, qu'vne partie de Perſe, d'Aſſyrie, d'Armenie, & puis apres d'Arabie, & pluſieurs Royaumes des Mores ſe ſoubzmirent à luy, qui depuis ſont demeurez à ſes ſucceſſeurs. Ceſtuy cy, que nous appellons le Sophy, print la hardieſſe de s'attaquer & au Soldan d'Egypte, & au Turc, les deffiãt pour pareille occaſion, penſant venir au deſſus d'eux auſſi aiſément, comme il auoit cõquis les Roytelets d'entre les Mores ou Arabes. Mais le Grand-Seigneur Turc luy alla à l'encontre. Dequoy le Sophy ſe'ſtonnant, combattit les Turcs par diuerſes fois, & fut en fin mis en route plus par l'effort de l'artillerie, que de leur vaillance : ſi bien que le Turc courut vne bonne partie de la terre Perſienne, & en ayant rapporté les deſ-pouilles, s'en retourna en Conſtantinople. Depuis ledit Sophy reconquiſt & recou-ura ſes pertes, adiouſtant à ſon Royaume vne partie d'Inde du coſté de la prouince de Cambaia. Or d'autant que ie parle du ſein Perſique, il fault entendre, que ſon entree eſt meſuree du lieu où l'Euphrate s'embouche dans la mer, qui eſt pres la ville de *Bal-zera*, là où l'entree eſt fort eſtroite ſur le commencement, ne contenant que enuiron cinq lieuës, puis s'eſtendant en largeur de vingtcinq, giſant à quaranteſix degrez de la-titude. C'eſt le plus grand plaiſir que homme ſçauroit ſouhaiter, que de voyager ſur ceſte mer, d'autant qu'elle eſt nette, & aſſez calme, & ne s'y trouue voleur ne Courſaire. C'eſt auſſi pourquoy le Roy Perſien n'y tient ne fuſtes ne galeres (que les Arabes ap-pellent *Algorab*) non plus que faict le Monarque Ethiopien en ſes goulfes, lacs & ri-uieres : ioinct, que d'y entrer par force, ou mouiller l'ancre, il eſt impoſſible, à cauſe des forchereſſes qui ſont à ſon entree de toutes parts, garnies de groſſes pieces d'artillerie, & de vieux mortepayes, qui font garde tant de iour que de nuict. Quelques annees au-parauant que le Turc ſe ſaiſiſt de trois Royaumes d'Arabie, ſouuentefois les Rois du païs ſe preſentoient auec leurs flottes de vaiſſeaux, pour y faire entree, ſoit pour ſacca-ger, ou s'emparer de quelques iſles : mais en eſtant aduerti le Perſien, incontinent les re-leuoit de ceſte peine, ne remportans pour leur riche butin qu'vne ſeule honte, & perte de gens. Ce n'eſt pas tout, ie me ſuis laiſſé dire, eſtant en Egypte, qu'il n'y auoit pas ſept ans, qu'vn Baſcha Eunuque, nommé Solyman (celuy qui par trahiſon feit mourir les Rois de *Zebith*, & *Adem*, contre la foy par luy donnee, quelques iours apres s'eſtre emparé de leurs villes, fortereſſes, & threſors) auec ſon equippage, qui pouuoit mon-ter à deux cens vaiſſeaux de mer, dans leſquels eſtoient ſeize mille hommes combat-tans, tous gens de bõne vueille, prenant la route des Indes pour dõner à doz aux Por-tugais, qui tenoient la fortereſſe de *Dieu*, ayant vent contraire, fut, dy-ie, ce gentil cha-ſtré auec ſa trouppe felonne repouſſé de la part dudit goulfe, où il propoſoit entrer par amour ou par force, pour y faire aiguade, & auoir viures : Duquel lieu, de rage que il eut, il vint mouiller l'ancre à la ville de *Thobu*, où ayant mis pied en terre, bruſlant & ſaccageant tout le plat païs, voyant qu'il ne pouuoit entrer en ladite ville. Sur ces meſmes propos il me ſouuient auoir leu en l'Hiſtoire des choſes memorables de Lau-rens Surius, fueillet cent nonanteyn, que ce Solyman, apres auoir fait le contour de la mer Rouge, & vſé à l'endroit de ces deux Princes, & autres Seigneurs Arabes, d'vn tel ſpectacle & maſſacre memorable, print le chemin des Indes, droict au goulfe de Per-ſe, & de là fut ſurgir au fleuue d'Inde. Ce bon Pere monſtre bien qu'il ne voyagea ia-mais, & entend encor moins au pilotage : d'autant que pour prendre le droict chemin des Indes, il fault laiſſer ce goulfe à gauche, qui luy eſt du tout oppoſé. Et ſon opi-nion eſt autant receuable en ceſt endroit là, que ce qu'il allegue apres au meſme lieu, où il dit, que d'Eſpaigne ou Portugal, pour tenir le plus facile & droict chemin des

Cruauté de Solyman Baſchas.

Erreur de Laurens Su-rius.

Indes, ou de la Peninfule de Calicut, il fault coftoyer l'Afrique, & l'Ethiopie (ce que volontiers ie luy accorderois, s'il difoit & adiouftoit de cent ou fix vingts lieuës en pleine mer, & loing de terre) & puis venir furgir à ladite ville d'Adem : & que les ancres leuees, il fault, dit-il, prendre la droicte voye au goulfe de Perfe, & à l'ifle d'Ormuz, & de là fillonner à voile defployee au païs Indien. Vrayement il fe deuoit contenter, fans nous vouloir dreffer vn nouueau pilotage & art de nauiguer, où il n'entẽd que le hault Allemant : & feroit ce chemin, qu'il le voudroit croire, autant à propos, & d'aufli bonne grace, que fi les François qui font à Paris, prenoient le chemin d'Efpaigne, ou de Barbarie, pour aller droit en Polongne, & Epire, païs de Grece, ou à ces ifles Cyclades. Et d'autant qu'en ces cartiers d'Arabie eft le lieu, auquel croift l'encens tant recommandé par toute la terre, & duquel les Chreftiens, voire les infideles vfent au feruice & exercice des chofes qu'ils eftiment facrees, il fault que i'en face icy quelque mention. Et de cecy ne fault que le Lecteur fefmerueille, veu que non feulement les Chreftiens Leuantins, en faifant toutes leurs offices & ceremonies, vfent cent fois plus d'encens que ceux de l'Eglife Romaine, ains aufli les Arabes & *Geloff*, fçauoir les Mores. Et me fuis trouué en Egypte, Arabie, Palefthine, Afrique, & en plufieurs autres païs, là où ie contemplois que d'vn bout à l'autre par les rues des villes & bourgades,

*Toute na-
tion vfe
d'Encens.*

lefdits Mores encenfoient à la façon & maniere que vous voyez la prefente figure, eftans ces encenfeurs reuerez & recogneuz par aumofnes & prefens de ceux de leur fecte : & y en a plufieurs entre eux qui n'ont autre vacation, penfans par telles fumigations appaifer l'ire de Dieu & de leurs Prophetes aufli. Leurs Encenfoirs different fort peu des noftres, & de ceux des Grecs & Armeniés : les Arabes & Mores bazanés les nõment *Albocourt*. Conferant quelquefois auec vn de ces griffons encenfeurs Arabes, &

m'enquerant pourquoy ils vsoient de telles suffumigations, il ne me sceut autre chose respondre, sinon que le hault Dieu auoit cela pour aggreable, & qu'il auoit commandé à ses Anges d'encenser deux fois par iour, ceux qui sont au Paradis, qu'ils nomment *Genetta Ademin*, où sont les petits Prophetes, mesmes au Paradis de *Genetta Alenar*, où sont les ruisseaux, qui arrousent les edifices de Iaspe & de marbre, qui iouyssent de ce mesme parfun. Et quant à *Genetta Nayu*, qui est le troisieme, auquel sont les Anges, qu'ils nomment *Almequee*; & tous les biens que lon sçauroit souhaitter, ils sont encensez par autres Anges plus grands, aussi bien que ceux qui sont au *Genetta Alieita Lefredouz*, où est ce *Bir Adam*, sçauoir le premier pere. Quant au cinquieme *Genetta Coldy*, où reposent les doctes qui ont presché le peuple ignorant, & attiré à la Loy de leur Prophete, ils n'en ont moins que les premiers. Et du Paradis, où est ceste belle Apothicairerie, qu'ils appellent *Eltanor*, l'encens n'y manque, d'autant qu'il est prins au lieu mesme. L'vn des plus haults est nommé de ce peuple Arabe, *Assidra Almecha*, où reluisent en toute saincteté leurs *Deluis* & Hermites: & le dernier de tous, est celuy, où leur grand Prophete accompaigne *Helyassa Syguedena, Dauoda, Issa*, qui est Iesus Christ, & *Haly* Prophete des Persiens, lesquels certes reposent deuant la face du grand Dieu qui luy a donné la Loy. Et au contraire me disoit ce gentil bazané, que ceux qui n'ont voulu receuoir la doctrine de leur Prophete, apres que l'ame est separee du corps, s'en vont au Paradis des *Algenouz*, sçauoir des Esprits malings, où ils sont tourmentez. Les Persiens le nomment *Gehanna*, qui vault autant à dire que Enfer. Toutefois ils tiennent, que ceux qui à l'article de la mort, soient Chrestiés ou Iuifs, ou ceux de leur secte, qui ayent douté en leur vie des Articles de leur persuasion, auront repentance, ne seront ne sauuez ne damnez, & moins encensez, ains seront conduits par les Anges en vn lieu qu'ils nomment *Albuzach*, & les Persiens *Guentha*, pour illec y faire leur penitence, & que ceux qui n'auront esté encensez en ce monde, ne le seront point en l'autre, & que leur penitence sera faite selon leur merite. Suyuant tels propos, il semble que ces Barbares veuillent demonstrer à l'œil vn lieu de Purgation, à ceux qui ont prins trop leurs plaisirs aux voluptez de ce mode, & que les esprits & ames de ceux qui se sont faits serfs & ministres d'icelles, ou qui ont mesprisé les Loix diuines & humaines, apres estre sortis du corps, sont agitez de tourments, & ne reuiennent en ce lieu, que premierement ils n'ayent esté affligez & punis par l'espace de plusieurs ans. Ie vous ay bien voulu dire en passant la croyance de ce peuple, pour vous donner à cognoistre leur bestise & ignorance. Au reste, d'autant qu'il y en a bien peu, qui ayent veu, soit des Grecs, soit des Latins, quel est l'arbrisseau qui porte l'encés, & en quelle sorte on le cueille, ie vous renuoye à ce que vous en ay discouru ailleurs assez amplement, & fait le pourtrait de l'arbre. Laissant donc cela à part, ie n'oublieray pourtant à vous dire vne vaine superstition desdits Arabes, habitans ceste côtree porte-encens, lesquels disent que le laissans en vn lieu, sans garde quelconque, ils sont asseurez, comme le sçachans par experience, que leurs peres en ont iadis fait, & en font tous les ans, que homme quelconque n'est si hardi que d'y toucher, soit en secret, soit en public, sans licence du Roy, ou de celuy à qui il a donné la charge de leuer le tribut de telle drogue: voire disent & croyent, que si quelque estranger en auoit desrobé, & que desia il l'eust mis dans ses vaisseaux, que Dieu monstreroit sa puissance miraculeuse en ce, qu'il est impossible que le nauire sorte hors du port sans faire satisfaction d'vne chose si saincte, & qui est consacree à la maiesté de Dieu. Deuant que le grand Turc se feit Seigneur d'vne partie d'Arabie, les Rois d'*Adem* & de *Xael* n'eussent permis pour rien aux Chrestiens le trafic de l'encens (qu'ils nomment *Camac-cal*, à cause de la principale montaigne ainsi dite, qui produit le meilleur de tout le pais. Les Mo-

Huict Paradis, lesquels les Arabes disent anciés.

Superstition des Arabes touchant l'encens.

rès le nomment *Melac-illahi*, qui eſt à dire, Gomme de Dieu.) Les Inſulaires des
iſles de *Malaca*, & autres voiſines de ce Royaume, ſe ſentent heureux d'auoir de l'encens de l'Arabie: attédu qu'ils le diſent eſtre meilleur que le leur, à cauſe que leur Prophete y a fini ſes iours, & ſon corps y eſt enterré (& non au Royaume de Perſe, comme quelques vns ſe ſont perſuadez: entre autres le docte homme Ian Bouchet en ſon
ſecond liure des Annales d'Aquitaine, chapitre cinquieme) en la ville de *Medina
Talnabi*, & non *Talicabi*, comme faulſemét nous veult faire accroire ce nouueau Coſmographe par fantaſie, en ſon liure, page cinq cens nonanteſept. Au reſte, i'ay obſerué
en quelques endroits, eſtant vers le Pole Antarctique, vn certain arbre, nommé des
Sauuages *Morbich*, & de leurs voiſins Morpionnois *Beccamach*, portant vne telle
matiere gommeuſe & ainſi eſpeſſe: mais ce n'eſt choſe qui vaille au reſpect de celle
d'Arabie, ſuyuant l'experience que i'en ay faite, non plus que les Caſſiers que i'ay veu
en ces païs meſmes, qui ſont beaux, ſans produire rien dans leurs Cannes. Le long de
la coſte d'Arabie, ſur le ſein de Perſe, lon empoiſſe les nauires & autres vaiſſeaux, d'encens mixtionné auec autre matiere, que lon prend aux bords des riuieres, qui n'eſt ſi
bon que l'autre, pour le default de poix qu'ils ont: ce qui le fait ainſi cher, pluſtoſt que
les encenſemens qu'ils font, iaçoit qu'ils ne prient guere ſans fumigations, comme auſſi ne font les Chreſtiens d'Ethiopie: Meſmes ils trouuent eſtrange, comme ils m'ont
dit, que nous faiſons noz ſeruices en l'Egliſe, ſans touſiours vſer de parfums: & d'autre
part ſeſbahiſſent pourquoy nous en vſons auſſi bien qu'eux, diſans qu'ils ont eſté les
premiers qui ſen ſont aydez. A quoy i'euſſe volontiers contrarié, n'euſt eſté qu'il eſt
defendu aux Chreſtiens de diſputer ne diſcourir de leur Loy & cerimonies, ſi lon n'y
veult perdre la vie, ou eſtre du nombre des circoncis. Or droit à ce Promontoire, ſurnommé de *Macddan*, eſt le deſtroit du goulfe d'Ormuz, beaucoup plus difficile &
inacceſſible que celuy d'Arabie, qui eſt pres *Bebel-mandel*, pource qu'on n'y peult paſſer qu'auec moyens vaiſſeaux, & encor en grande difficulté, iuſques à ce qu'on entre
au Royaume d'Ormuz, laiſſans celuy de *Guadel* à main dextre vers l'Eſt, & celuy de
Maſcalat à gauche en l'Arabie, vers la part du Nort à l'Oueſt: lequel Promontoire
paſſé, on entre en la mer de Perſe, & ſe deſcouurent les païs & iſles. Ce deſtroict eſt
plus large que celuy d'Arabie, & contient ſa plus grande largeur depuis l'iſle de *Lard*,
qui eſt droict à l'emboucheure de la riuiere d'*Abiadach*, que le vulgaire nomme *Bindmir*, qui procede des monts Iomimbiens, iuſques à celle de *Cohelech*, qui luy eſt oppoſite, & voiſine de l'Arabie heureuſe, ſituee pareillement à l'entree d'vne autre riuiere, nommee par les Arabes du païs *Gebahar*, faulſement marquee par noz baſtiſſeurs
de Chartes, qui font venir ſon cours tout au contraire qu'il ne doibt. Elle arrouſe pre-

Noz fai-
ſeurs de
Chartes ſe
trompent.

mier qu'entrer en ceſte mer Perſienne, le Royaume de *Maſcalat*, & celuy de *Delchatif*,
des montaignes duquel elle prend ſa vraye ſource. Ie confeſſe bien, que cedit goulfe
n'eſt du tout ſi long que celuy de la mer Rouge, nonobſtãt l'opinion de quelques vns
aſſez mal fondee, qui ont voulu ſouſtenir le contraire: mais ceux qui ont nauigué plus
de quarante ans l'vn & l'autre, m'ont aſſeuré que celuy d'Arabie ne peult auoir, que ce
ne ſoit tout, que quelques trentequatre lieües de longueur plus que celuy de Perſe: en
quoy ſe ſeroient auſſi abuſez noſdits faiſeurs de Chartes. Sur ce meſme propos il ſemble, que P. Oliuarius, Eſpaignol de nation, en ſon viuãt l'vn de mes meilleurs amis, en
quelques Annotations qu'il a doctement faites ſur Pompone Mele, doubte que l'Empereur Perſien ne ſoit paiſible poſſeſſeur, tant des orees de la mer qui lauent iceluy deſtroit, que des iſles habitees ou deshabitees qui ſont en iceluy. Il ne falloit point qu'il
en doubtaſt, d'autant qu'il n'y a Seigneur en l'Aſie, & moins en Afrique, qui commande, & y ait vn ſeul poulce de terre, & auquel il ſoit loiſible ſe promener ſans ſon côgé,
& qui ne le recognoiſſe comme ſouuerain de toute ceſte mer.

De l'ifle, & Royaume d'O R M V Z, tant en continent, que pleine mer.
C H A P.   I I.

C O M M E lon a paffé le Cap de *Macadan*, le long de la cofte de *Maf-*
cat, & *Corfucan*, qui font ports renômez en l'Arabie, lon entre en mer
pour aller à l'ifle d'Ormuz : laquelle quoy que foit petite, fi eft elle
autant renommee, que autre qui foit guere en tout le Leuant, à caufe
du trafic qui s'y fait, & de la cognoiffance que chacun a des richeffes
qui abordent en icelle. Or eft elle en fon eleuation de vingtfept degrez de latitude, & nonantefix de longitude, & fi petite, qu'elle ne fçauroit auoir fix
lieuës de circuit, que ce ne foit tout. Quant à fa forme, elle eft triangulaire, & aiguifant
la poincte de fon triangle vers l'Arabie : là où ce qui eft de plus fpacieux, s'eftend vers
le païs de Perfe, du continent duquel elle ne fçauroit eftre efloignee plus de deux ou
trois lieuës. Cefte ifle a eu iadis plufieurs noms, veu qu'elle a efté nommee *Ogyris*, du
nom du fils du Roy Erythree, qui y fut enterré : qui caufe que toute petite qu'elle eft,
on l'a congneuë pour l'vne des plus fameufes de tout l'Ocean, en quelque partie du
monde qu'on les veuille contempler. Elle porte auffi le nom de *Rohoboth*, prins des
Chaldeens, la langue defquels leur a efté fort familiére, & en vfoient anciennement,
ainfi qu'ils s'en vantent à prefent. Et comme lon voit que felon les temps & occurrences des chofes, & eu efgard à la diuerfité des nations, qui ont couru le monde pour
trouuer nouueaux fieges, cefte ifle a auffi prins le nom de *Zambri*, des Cafpiés & Tartares, qui venoient iadis en Perfe y trafiquer : tellement qu'encor pour le iourdhuy les
Armeniens luy donnent le nom de *Zambri*. Touchant le mot Ormuz, il eft moderne,
& luy a efté impofé par les Portugais, le nom venant de l'accident de ce qu'ils cherchoient que c'eftoit que l'Or : tellement qu'eftans arriuez là, & voyans le trafic de tous
biens, auquel le païs abonde, ils dirent, *Vßi efta Or mucho*, c'eft à dire, Il y a icy force
Or : & pource ils donnerét le nom d'*Ormucho* à ladite ifle, laquelle a depuis efté nommee *Ormuz*, abbregeant le nom premier. Elle a efté en fi grand' reuerence à l'endroit
des Rois de Perfe, que plufieurs y ont efleu leur fepulture, à l'exemple du Roy Erythree, duquel le corps apres auoir efté trouué mort au riuage de la marine, y fut enterré : & oftans depuis le nom au Royaume de *Corazzan*, lequel eft en terre ferme, contenant en fa longueur plus de cent lieuës, & prefque autant de largeur, les Barbares
quelque temps l'ont baptifé du nom de cefte ifle, en laquelle eft baftie la ville capitale
de toute la prouince, & où les Rois Perfiés n'ont permis habiter iadis autres que ceux
du païs, & pour bon refpect n'y ont enuoyé Gouuerneurs, que ceux qu'ils eftimoient
leur eftre treffidelles, & de la loyauté defquels ils fe tenoient pour tout affeurez. Or ce
Royaume portant pour le prefent le nom d'Ormuz, confine vers le Nordeft aux montaignes dites en langue Perfienne *Corhady Malyeda*, qui fignifie, Beaux monts, & en
Arabe *Mermuth*, pour l'abondance de la myrrhe qui y croift. Et vers l'Eft, qui eft Soleil leuant, font deux grandes riuieres nommees *Cafron*, & *Cain*, lefquelles le feparent du Royaume de *Guadel*, *Oola*, *Phiahiroth*, & *Sigiftan*. Et vous puis bien dire, que
ce qui eft en terre ferme, fuiet à ce Roy, eft bien vne terre la plus graffe, fertile & abondante en arbres, fruicts, & eauës doulces, que lon fçauroit trouuer en tout ce païs là.
Auffi ceux de l'ifle y ont des maifons de plaifance, pour s'y rafraifchir, & y aller faire
grand' chere, comme en noftre France font ceux de Paris aux prochains villages, à fin
de prendre l'air libre & plaifant. Car il fault que vous fçachiez que le terroir de l'ifle
d'Ormuz eft vn païs fort fec & fterile, fans bien peu d'arbres, fruicts, ou herbes : & cecy

Erythree eft
enterré en
l'ifle d'Or-
muz.

D'où vient
ce mot Or-
muz.

ii iij

pource que la nature de la terre eft toute adufte,& en des endroits rougeaftre & pierreufe. Et à fin que vous le voyez plus clairement, il y a des montaignes en terre continente affez voifines,lefquelles font areneufes,& ayans vn fable blanchaftre & fort fec,
toutefois ne laiffent de diftiller de l'eauë,laquelle eft de mauuais gouft,à caufe de l'air
peu fubtil , empefchant la repurgation de telle liqueur. Mais en noftre ifle il eft vray
qu'il y a des montaignes:mais quelles? Montaignes fertiles au poffible,où il y croift la
meilleure Sauge qui foit foubz le ciel, que les Ethiopiens nomment *Bazaquath* , les
Grecs Afiatiques *Elelifphacon* , & les Perfiens *Ailath*. Ceux de l'ifle font contraints
d'auoir des lieux en terre ferme,pour f'y aller refiouyr, & pour y faire leurs femences,
& en tirer de l'eau doulce pour leur viure, dont l'ifle a faulte, qui eft vne grande incommodité. Parquoy ils tafchent tous d'auoir chacun vn petit lieu en cefte terre fer-
me.Car il eft affez aifé à penfer,qu'vne telle petite iflette,raboteufe,fterile,& areneufe,
puiffe produire grand' abondance de fruicts, & qu'il y ait fource d'eau doulce, eftant
le tout abreuué de la naïfue faleure de la mer. Vray eft,que depuis trente ans en ça on
y a fait plufieurs Cifternes. Sur l'vne des poincctes du Triangle vers le Leuant , regardant la terre ferme,eft baftie la ville Royale qui porte le nom de la mefme ifle:les maifons de laquelle font affez belles & gentiles : d'autant que combien que l'ifle foit temperee,ainfi que nous fommes au Printemps & à l'Automne, fi eft-ce que l'Hyuer y eft
plus froidureux qu'en lieu qui foit en ce païs là,tát à caufe de la mer qui y bat de toutes parts, que auffi elle eft defcouuerte & expofee au vent Septentrional , & au flots de
la mer:& l'Efté fi chauld,qu'il eft impoffible de demeurer au lict,ny enclos dans quelque chambre, ains y fault coucher nud dans quelques galeries à la Candiote : là où ils
ont des moyens & engins pour fe rafraifchir, faifans des ouuertures comme des trous
de cheminee,dans lefquels le vent entre de huict ou dix endroits, & rafraifchit le lieu
de quelque part que le vent vienne.Hors la ville en cefte ifle mefme gift vne montaigne,non guere grande, qui toutefois eft de grand reuenu au Seigneur , à caufe qu'elle
eft de Sel,& de Soulphre en quelque endroit:le fel eft fort blanc & affez bon , aucuns
l'appellent Sel d'Inde , nature le produifant ainfi qu'il eft fait comme pierre. Quant à
ce qu'aucuns le nomment Sel d'Inde,ie n'y voy point guere grand raifon : veu que ce
que les anciens Simpliciftes du païs d'Arabie, & de Perfe ont dit, que le Sel Indien
n'eftoit autre cas, que le Sucre, lequel fe figeoit & cailloit en fa canne, f'endurciffant
beaucoup plus que ne fait l'Alun,ou comme vne forte gomme : & tel Sucre noz Apothicaires appellent Sucre Candy : fur quoy ils ont efté à la fin les premiers deceuz &
autres auffi:non que pour cela ie vueille dire que les Indiens ayent faulte de bon fel,&
legitime,veu qu'ils ont des montaignes de Salines pareilles à celles là,ou de Cypre.Or
de ce Sel fe fourniffent plufieurs païs voifins , qui caufe que la ville eft fort marchande, y trafiquans les mefmes Indiens, Perfiens & Arabes, voire les Ethiopiens,lefquels
ayans faulte de cefte commodité , apportent de l'argent & autres drogues en efchange : d'où aduient que l'ifle eft riche autant & plus,que autre de toute cefte grand' mer.
Et ne fault f'efbahir, fi ie dis qu'elle eft fi riche , veu que de tout temps elle a efté l'vn
des plus grands & fameux Magazins de tout le Leuant, tant à caufe que le port y eft
fort bon & bien aifé pour les vaiffeaux à rames & autres , & pource que cefte ifle femble vn apport & lieu limitrophe aux autres nations qui trafiquent de Perfe auxdites
Indes : defquelles auant lon porte là toutes fortes d'efpiceries, drogues, comme font
Poiure, Canelle, Gingembre, Cloux de giroffle, Noix mufcades, Poiure long, bois
d'Aloes,Sandal, Mirabolans, Saffran d'Inde,Fer,Cire,Sucre, Ris,Rheubarbe, & Noix
d'Inde.Des Pierreries,lon y porte des Saphirs,Rubis,Diamans,Efmeraludes,Turque-
fques,fines Perles, Amathiftes, Topafes, Porcelaines & Chryfolites : & ne fe trouuent

Faute d'eau
doulce en
l'ifle.

Vne mon-
taigne qui
produit Sel
& Soul-
phre.

Pierreries qui vaillent, soit au continent ou en l'isle, hormis à cinquantesept lieuës de là, à vne montaigne nommee *Bezalhyc*, là où on trouue des Turquesques:& dixhuict lieuës pardelà suiuant le costé du Soleil leuant, se trouue vne autre montaigne que les Persiens appellent *Prauol*, ou *Prozalph* en langue Chaldee, là où il y a des Pierres, que nous appellons Yeux de chat,& eux les nomment *Macol*, & l'Arabe *Mencmeth*: & estime plus ce peuple ceste espece de Pierre, que toutes les autres, à cause qu'elle est luisante quasi comme vne chandelle,& s'en trouue d'aussi grosses qu'vn boullet d'harquebuze. Vn Iuif de ma compaignie en auoit vne de merueilleuse grosseur, de laquelle il refusa d'vn marchand More de la ville de *Guaret*, située sur le bord du lac de *Teriuiich*, vn fin Rubi de mesme grosseur,& soixante chequins. Pareillement ils attribuét à ceste pierre grandes proprietez. Ceux de l'isle sont marchans fort subtils,& se pouruoyent de certains draps de cotton fin & delié comme soye, desquels ils vsent pour faire des Turbans & chemises, l'vsage desquelles, comme ie me suis apperceu, est fort frequent entre les Arabes, Perses, voire à ceux du Caire, d'Alexandrie d'Egypte, Damiate, & du Royaume d'Aden. Et à fin que vous iugiez plus à plain, si ceux d'Ormuz sont fort riches, fault entendre que pource que les Persiens sont gens propres, & de tout temps addonnez à leurs plaisirs & somptuositez, vous y voyez grande abondance de draps d'Or frizé, de soye de toute sorte, d'Escarlate telle quelle, de Camelot commun,& d'Argent-vif. De la part de China & Cataï ils y conduisent la soye non encor mise en œuure, du Musc tresfin, & non sophistiqué, qu'ils nomment *Axnech*, les Indiens *Sathacol*, & les Arabes appellent la beste qui le porte, *Algazel*. Du païs de Bagadeth lon y ameine des Turquoises qui sont de peu de pris, & du meilleur Azur qui soit au reste du monde. D'Acar & Baharem, viennent aussi les Perles grandes & petites: & de Perse & d'Arabie y est fait trafic de Cheuaux, desquels tel y a qui se vendra cinq cens escuz, & quelquefois y en a tel qui reuient à plus de mille ducats monnoye de ce païs: & en lieu de ces precieuses drogues & riches marchandises, ceux d'Ormuz depeschent à l'estranger, & sur tout à l'Indien, du Sel, des Dattes, Raisins & Soulphre. Les habitans de ce païs sont gens fort courtois, comme est aussi tout le reste des Persiens,& ayment assez les Chrestiens, parce qu'ils les voyent estre gens de bon esprit, & plus subtils & accorts en tous leurs affaires que nuls autres, & aussi qu'ils s'asseurent, que le Chrestien n'ayme guere le Turc, duquel ils sont ennemis mortels, pour la diuersité de religion qu'ils tiennent, ioinct qu'il leur a prins beaucoup de villes. Ils sont Mahometistes suyuans le texte de l'Alcoran, mais reiettans tous les Prophetes de leur Loy comme heretiques, fors Mahemet, & Haly, duquel le Sophy se vante estre descendu. Ces Insulaires sont fort bien vestuz, portans chemises fines, auec des brayes d'vn lin subtil, ou de cotton aussi delié que soye: & puis vne robbe de soye de grand valeur, i'entends les riches, ou de camelot:& quelques vns mettent par dessus des manteaux à la Turquesque, qu'ils appellent *Almaizares*: ayans à leurs ceintures certaines dagues & cousteaux tout garnis & damasquinez d'or ou d'argent,& de grandes espees parees de mesme estoffe, selon la richesse & qualité des personnes, auec des boucliers ronds, garnis fort proprement,& enrichis de petits cloux d'or ou d'argent. Portent encor des arcs Turquesques, tous peints & dorez, qu'ils renforcent auec des nerfs battus & menuisez, comme vous voyez que lon en accoustre pardeça les Rondelles: quelquefois l'arc est fait de corne de Buffle, que lon apporte des montaignes de *Vioch*, qui sont vers l'Armenie. Ils sont grands archiers, vsans de sagettes fort legeres & bien elabourees: d'autres portent des massues de fer, belles, claires & damasquinees. Ils vsent en tirant de l'arc, de certains anneaux d'os des dents du Cheual marin, que les Afriquains de la basse Ethiopie leur vendent: & c'est vn anneau qui est gros & large, qu'ils

Des richesses du païs, & trafic de Cheuaux.

tiennent au poulce droit, lors qu'ils tirent la corde de l'arc & la flesche. Quant à eux, ils sont beaux hommes,forts,subtils,assez blancs,& de belle stature,& aussi *Rabbe*, sçauoir les femmes: que s'il y a des noirs ou bazanez & de couleur d'Oliue,ce sont les Arabes & Indiens, veu que le Persien est corpulent, comme celuy qui se traite bien,& qui

Le Persien se nourrit delicate- ment.

vit à son aise.Ils vsent de bonne chair & viandes delicates,du ris,& pain de fourment, le tout bien accoustré: vsent aussi de pommes, grenades, pesches, abricots, figues,raisins (qui se recueillent aux vignes des Chrestiens Nestoriens, & Iuifs) melons, dattes de plusieurs especes, & autres fruicts, lesquels nous n'auons point en nostre Europe, vsans de quelques salades de diuerses herbes, bonnes & odoriferantes pour se rafraischir.Quát à leur boire,c'est l'eauë pure, à cause que le vin leur est deffendu par la Loy Mahometane:bien est vray qu'ils s'en fardent aussi gaillardement que nation de la terre,aussi bien que le Turc suiet à mesme Loy: mais c'est si secrettement qu'ils peuuent,à fin de n'estre punis comme transgresseurs du commandement. Mais en ce qu'ils boiuent de l'eau,ils sont si curieux de la tenir fraische que rien plus. En somme c'est la nation la plus addonnée à ses aises, qu'autre qui soit en tout le monde. Ie ne sçay si c'est

Iehan de Boëfme & Herodote s'oublient.

point en ceste isle Ormienne où Iean de Boësme en son Histoire vniuerselle du monde, glosee d'vne glose, dy-ie,qui gaste tout le texte, laquelle est pleine de mines d'or, d'argent,d'airain,& estain,qui ne se transporte hors de ladite isle,non plus,dit-il, qu'il est loisible aux prestres de sortir des saincts lieux: car s'esloignans d'iceux, le premier qui les rencontre a licence de les occir, y adioustant qu'en ceste isle situee au mesme Goulfe, c'est celle que les Anciens nommoient iadis *Panchaye*, riche & abondante en tous biens:entre autres elle foisonne en vin, le meilleur qui soit soubz le ciel,& encens pareillement:& encores que Diodore Sicilien (duquel il a prins) fut de ceste opinion, ie dis & maintiens qu'il n'en est rien: & n'y a homme viuant tant Persien, Armenien, Turc,ne autre,qui me puisse dire auoir veu en vne seule isle de ce Goulfe Persien,mine d'or ne d'argent,non plus qu'à l'Arabic.Et le vin que ces bonnes gens celebrét tant, il n'y en a non plus qu'aux Indes.Et quant au païs Achaien,il se mesconte outrageusement, d'autant qu'il est en terre ferme, esloigné dudit Goulfe plus de quatre cens soixante lieuës pour le moins, comme pourrez voir ailleurs où i'en ay descrit amplemét. Parquoy ie ne voy raison vallable de leur dire,non plus que ce que dit Herodote,qui veult estre seul creu en son opinion, aussi peu receuable que les dessusdites, lors qu'il dit, que le bled & millet Indien qui croissent en ces païs là, deuiennent de la haulteur d'vn fort grand arbre: il est permis à qui vouldra le croire, mais quant à moy ie sçay bien le contraire.Et d'autant que ie vous ay dit,que ceste isle est fort sterile,& qu'il n'y a que bien peu de biens, bons à manger, si est-ce qu'il n'y a ville en Leuant où il y ait plus, & de toutes sortes de viures qu'il y a, veu que tout le monde y apporte: bien est vray que tout y est assez cher, à cause de la grande abondance des nauires & marchás, qui y affluent de toutes les parties du monde: & neátmoins à quelque heure que vous irez à la place,iamais vous ne la trouuez despourueuë,tout y estant vendu au poix & à

Loyauté des Insulaires.

la liure, & auec tel ordre & police, qu'il n'est aucun si hardi, qui osast tromper vn autre,ou luy faire faux poix & iniuste mesure. Vous y voyez des rostisseries, esquelles la viande est si bien & gentimét appareillee, que plusieurs des plus grands & delicats ne se soucient guere de faire leur cuisine chez eux,ains viuent de la rostisserie.Mais quelques vns sont entachez du vice, duquel les Barbares de la coste d'Afrique, & ceux de la Guinee en sont salement souillez:toutefois en tels vices les Persiés n'en sont la moitié si publics.Et voyans que la chaleur naturelle leur default pour l'exploit de leur lubrique & effrené desir, & principalement les vieillards tous decrepitez, qui n'ont que la veyne & les oz, ils font vn certain breuuage, nommé en leur langue *Lurat*. La ma-

tiere,de laquelle eſt compoſé ce breuuage,eſt là portee de terre ferme: & ainſi que i'ay
ouy dire à vn Grec natif de l'iſle de Lemnoz, lequel ayant demeuré en ce païs là eſclaue plus de vingtſept ans , ſans iamais renoncer au Chriſtianiſme , ces Perſiens font vn
tel breuuage d'vne herbe nommee en leur langue *Zelbeyth*, la feuille de laquelle ils
prennent, & la font bouillir, puis vſent de la decoction : d'autres y adiouſtent auſſi la
racine,& d'autres la prennent toute crue, & en vſent comme nous faiſons pardeça des
ſalades. Ceſte herbe eſt preſqueſemblable à l'Ache, qui croiſt en noz iardins,ſauf que
la racine en eſt plus groſſe, & que au reſte il y a plus de chaleur que d'amertume au
gouſt:ce qui ſe cognoit par l'acrimonie & force qu'elle vous fait en la maſchant,com-
me qui gouſteroit des graines de Geneure : & ſen voit aſſez aux montaignes de l'Arabie pierreuſe, que les Arabes nomment *Zemeth*. Dauantage ceſte herbe porte & fleur
& fruiĉt different à celuy de l'Ache : car lors que le Soleil ſapproche du Tropique
de Cancer, ceſte fleur ſe monſtre contre le naturel des autres fleurs, d'autant qu'elle
vient par bas & à fleur de terre, là où les fueilles vont en hault, & ſeſtendent d'vn coſté & d'autre par deſſus les fleurs,leſquelles eſtát eſpanouïes, ſont de couleur de pourpre, & puis apres ſen forme vn petit fruiĉt rond , & preſque ſemblable aux grains de
Geneure. Et pource que ceſte herbe eſt fort rare en ce païs, & ne ſen trouue qu'en biē
peu de lieux, elle y eſt acheptee au pris de l'or. Aucuns vſent ſeulement du fruiĉt,ou
en font de la pouldre, laquelle ils nomment *Phollard*. D'autres non contens de ceſte
herbe, y adiouſtent des eſcailles des huiſtres qui portent les perles, leſquelles ils font
bruſler,& broyent la cendre d'icelles ou auec le fruiĉt ou fueille du *Zelbeyth*, & puis
vſent de ceſte compoſition. Voila la ſubtilité de ces deſbordez. Le Roy du païs iadis
ſe tenoit en ceſte ville, où il y a de beaux lieux de forterefſe pour ſa perſonne, & où il
tenoit ſes threſors & ioyaux, & ſa Cour & Officiers,leſquels gouuernoient ſes terres & Police du
Roy.tume
d'Ormuz.
Seigneuries.Ses Conſeillers regiſſoient tout à leur poſte,veu que le Roy ne ſe ſoucioit
que de ſe donner du bon temps, ſans ſempeſcher beaucoup à d'autres affaires. Auſſi
ſil euſt youlu gouuerner à ſa fantaſie, & faire du peuple & du païs comme bon luy
euſt ſemblé,on luy euſt donné vne reprimende grade.Ce Roy auec ceux du païs ſont
ſuiets auiourdhuy à l'Empereur Perſien, & ſont comme Viceroys, & gouuerneurs de
la prouince. Au reſte,les autres qui ſont pour luy ſucceder, ſils ſaddonnét à quelque
gaillardiſe, ou qu'ils ſoient trop ſubtils & accorts, & qu'ils gaignent la grace du peuple,ils ne ſe donnent de garde qu'on les voit empriſonnez. Ainſi eſt miſerable la condition de ceux qui regnent en ce païs là. Toutefois ce Roy eſt touſiours bien accompaigné,& ſerui fort pompeuſement,ſelon la couſtume du païs, eſtant veſtu le plus du
temps auec vne robbe longue de velours à la Moreſque,auec quelques paſſemēts d'or:
ayant en la teſte vn Turban de fine toile blanche , & par deſſoubz vn petit bonet d'or
tiré en forme ronde, lequel l'Empereur Perſien enuoye couſtumierement en ſigne
d'amitié,aux Seigneurs qui luy ſont ſuiets & tributaires.A Ormuz y a vne belle forte- Fortereſſe
d'Ormuz.
reſſe aſſez grande,& bien fondee,enuironnee de bonnes & fortes murailles,ayant quatre quarres,& huiĉt grandes tours , en chacune deſquelles y a aſſez de cañonnieres. La
moitié de la forterefſe eſt ceinte de la mer, laquelle remplit les foſſez qui ſont à l'entour d'icelle. Au milieu on voit vn certain chaſteau, garni de toutes munitions , dans
lequel y a quatre grandes Ciſternes,touſiours remplies d'eau doulce,que lon y apporte de terre ferme, du païs de Perſe.On y vſe de monnoye d'or,qu'ils appellent *Azar*, Azar, Sa
di,& Than
gus mōnoye
du pais.
qui ſignifie en langue des Scythes Peſanteur,valant à peu pres noſtre Eſcu : & vne autre eſpece qui eſt d'argent, appellee *Sadi*, dix de laquelle valent vn *Azar* : & encor
d'vne autre façon de monnoye d'argent, dite *Thangus*, ou *Taqualard* en langue Syriaque,les ſix pieces d'icelles valants vn Ducat: & à cauſe de leur bonté,& que l'argent

en eſt fort fin, elles ont leur cours par toute la Perſe, Inde & Arabie. Ces pieces ont toutes certaines lettres Perſiennes, engrauees de deux coſtez, & ſont rondes cóme la monnoye forgee en France. Il y eut quelquefois le fils d'vn Roy de l'iſle nommé *Monith*,
lequel feit mourir ſon pere, ſa mere, & tous ſes freres, à fin d'auoir la puiſſance abſoluë
de gouuerner à ſa fantaſie: mais il fut deceu, & perdit ſon eſpoir, ſes biens & ſa vie. Ceſte iſle a eſté ſouuentefois intereſſee par les flux & reflux de la marine, meſmement de
la part de l'Eſt, qui eſt Soleil leuant: & en eſt plus endommagee, lors que le vent ſouffle du Su Sûdoueſt. C'eſt pourquoy il fault que le Matelot & Pilote ſoit homme ac-
coſt & experimenté, coſtoyant l'iſle, pour cognoiſtre ſi la Lune eſt au Nordeſt, ou au
Sudeſt, veu que lors il eſt pleine mer, & c'eſt en ce temps volontiers qu'elle ſe deſborde, & que la maree croiſt: & eſt vne fois plus haulte, vne autre plus baſſe, ainſi que l'experience le monſtre, ce qui fait voir & iuger que tout ce qui ſe meut en la mer, depend
du mouuement de la Lune. Mais ie ne veux icy diſputer du cours de la Lune, & accroiſt de la mer, mais a eſté dit cecy en paſſant, à cauſe des deſbordemens de la mer
que ceſte iſle cy ſouffre ſouuent. Et la cauſe de ces deſbords eſt, pource que le deſtroit
a vn fort grand eſtreciſſement entre terre ferme vers Perſe & ceſte iſle, qui cauſe que
l'eau bouillonne, & puis ſ'eſpand par ladite iſle: pource que les digues n'y ſont point
trop haultes, & empeſche auſſi que les gros nauires difficilement y peuuent entrer &
aborder, tant pour la difficulté du deſtroit, que pour y auoir pluſieurs bancs, rochers
& eſcueils à l'entour d'icelle. Mais les ports ſont beaux, & où les Carauelles & moyens
vaiſſeaux vont tout à leur aiſe, comme ſont ceux de Calicut, Iaue, China, Burne, & autres qui viennent des Royaumes de Machaaut, Bangala, Cambaie, & de la Carmanie
Occidentale: & fault noter que toute la marchandiſe d'Ethiopie, Inde, & grands Royaumes qui ſont le long de l'Ocean Indien, vient deſembarquer ou en ceſte iſle, ou en
terre ferme és villes maritimes ſuiettes au Roy d'Ormuz, telles que ſont *Bindamath*,
Vergan, *Maruth*, *Sana*, *Nainich*, *Doam*, *Braimi*, *Loron*, & autres, deſquelles le païs eſt
enrichi & embelli: & courent les marchans y abordans par terre depuis la mer Caſpie iuſques à la grand ville Royale de Tauris. Y abordent auſſi ceux de *Bagadeth* en
Meſopotamie, de *Mulaſie*, *Vanlé*, *Drechemin*, *Saltennath*, leſquelles ſont aſſiſes en la
Perſide. Le trafic y eſt auſſi ouuert au grand Cam de Tartarie, voiſin des Perſes. Voire
diray-ie vn mot, que celuy qui porteroit à huict cens eſcus de marchandiſe de peu
Centuple de
gain ſur la
marchan-
diſe. d'eſtoffe, ſe peult aſſeurer du gain centuple, veu le reſpect qu'ils ont aux choſes qui
viennent de noſtre Europe. Ormuz pour le iourdhuy eſt Magazin & retraite des marchans eſtrangers, ainſi le permettant le Roy de Perſe, pour auoir tiré ſecours & ſeruice d'eux, & pource auſſi que leur induſtrie accroiſt fort ſon reuenu, à cauſe qu'ils apportent toutes ſortes de marchandiſes. Ie me ſuis laiſſé dire à vn marchant, que autrefois y auroit gaigné cinq cens pour cent & dauantage. Iadis le trafic y eſtoit plus ouuert, deuant que le Turc print la petite Armenie, la ville d'Adem, & pluſieurs autres
qui ſont en la mer Rouge, & quelques autres lieux voiſins des riuieres du Tigre & Eufrate, qu'il n'eſt pas auiourdhuy: mais les guerres ont apporté le changement de toutes
choſes. Il y a de toutes ſortes de Chreſtiens en la ville d'Ormuz, meſmes vn college de
Ieſuites Italiens & Eſpaignols, ſans qu'ils ſoient moleſtez ne tourmentez de ce peuple
barbare. Ceux ſe ſont abuſez qui ont auſſi mis par eſcrit, que les Portugais eſtoient
ſouuerains Seigneurs de ceſte iſle d'Ormuz.

De l'isle de QVEIONNE, *ruinee par tremblement de terre.*
C H A P. I I I.

PA S S E que vous auez l'isle d'Ormuz, cinq lieuës plus auant vous apparoist vne autre isle, nommee *Queionne*, non guere moins grande que la precedente : la figure de laquelle est faite comme vne targue, & pauois du temps passé. L'vne des pointes d'icelle vise au Nordest, & l'autre regarde l'Arabie tirant au Su, en mesme eleuation que Ormuz, pource qu'elle est assise vis à vis d'icelle. *Queionne* fut iadis le plaisir des Seigneurs de *Doam, Loron,* & *Mongesistan*, pour la pescherie qui s'y faisoit de perles, & pour y estre le païs beau, & l'air fort doux : mais à present tout y est changé, & n'est aucun qui s'ose hazarder d'y habiter ; à cause des continuels tremblemens de terre qui esbranlent ceste isle, en laquelle on ne voit plus rien que la face confuse des ruines des villes & casals, & où ne se voit que vermine de toute sorte, comme Viperes, Aspics, & Couleuures d'autre couleur que celles de pardeça, auec le chât des Hiboux, & Chauuesouris. Or ainsi que i'ay ouy racompter à quelques Arabes, estant au païs d'Alep, qui m'affermoient auoir veu ceste isle florissante, il peult auoir quelque soixante & dix ans, qu'il aduint vn si horrible tréblement de terre, que la mer se haussant plus que de coustume, la terre feit vn bruit si espouuentable, que les plus asseurez demeurerent hors de tout sentiment, & se creuassant la terre, elle fut secoüee de si estrange façon, que les collines & montaignettes allerent s'esgaller aux vallees, n'y demeurant maison qui ne fust ruinee. Et ce qui fut le plus à admirer dans l'isle de Queionne, c'estoit vne colline, laquelle s'estant ouuerte, ietta de soy six embouchentes, faites en maniere de puits, l'eau desquelles est plus sale & puante que rien plus, ayant l'odeur de soulphre. Et d'autant que ie suis sur le propos de ces tremblemés, fault sçauoir d'où ils procedent. Or ces choses aduiennent plus souuent és lieux voisins de la mer, qu'en autres endroits de la terre, comme i'ay fait l'experience en l'isle de Candie lors que i'y demeurois, à cause que l'eau s'espandant par les veines & cauernes de la terre, comme par des canaux, elle la caue & mine : apres cela les vents y entrent, & lors qu'ils essaient d'en sortir, les flots de la mer les repoussent : qui est cause que derechef ils se r'enfermét dans les entrailles d'icelle, & là s'augmentans par le rebat de l'air espais, & effort des vapeurs, & n'ayans l'issue libre, ils la secoüent & esbranlent : & cecy se fait plus furieusement és lieux où la mer est fluide, & la terre glaireuse, & où il y a force grotesques & lieux soubterrains : & cela aduient quelquefois par les excessiues chaleurs, & autrefois par les grandes pluyes, & plus au Printemps & Automne qu'en tout le reste de l'annee : comme nous auons veu le piteux spectacle de ce qui est aduenu à Ferrare, l'an mil cinq cens soixante & dix, & non seulement là, mais aussi au païs voisin Ferrarois, pour raison que ces deux saisons sont venteuses : qui est la cause que Queionne estant assise en lieu où l'air est fort serain, & le long de la coste marine, ayant force cauernes, puis le passage estant fort estroit, le vent s'enueloppant dans les veines de celle terre, occasionne le malheur que ie vous ay dit, de rendre ceste isle deshabitee, & sans aucun qui la cultiue. De ces tremblemens il me semble que i'ay assez suffisamment parlé en mon liure imprimé, vingtsix ans y a, des Singularitez du païs de Leuant. L'autre raison, pour laquelle ceste isle est deshabitee, est la corruption de l'air, laquelle est telle, que si vn homme s'y arrestoit, ce ne seroit sans y laisser la vie, prouenant ceste putrefaction de l'air, tant à cause de ces puyts, desquels i'ay parlé, que de l'haleine & respiration de ces bestes venimeuses qui repairent aupres desdits puyts, & par les ruines des

Treblement de terre fort terrible.

Befle fa-
rouche.

edifices demolis. Entre autres beftes, y en a vne efpece la plus hideufe, que homme fçauroit imaginer en fon efprit, laquelle a la tefte plus groffe qu'vn pourceau, & quatre pieds longs de deux grandes coudees:& eft fi maline & dangereufe, que fon haleine infectera l'homme de fort loing, fi le vent vient de fa part. Au refte elle a les dents fi longues & fortes, que celuy qui en eft attaint, eft en danger. Il ne fen voyoit point auant le tremblement: fi que la terre ayant efté agitee de ce malheur, ce qui eftoit de bon en elle, f'eft aneanti, le poifon & venin eft demeuré au rebat de l'air & du Soleil, pour la ruine des hommes, & ainfi m'en ont fait le recit ceux du païs. Il y en a encor vn autre genre, qui eft de la forte & grandeur des Afpics de pardeça, mais fi venimeux, que fi vn homme eft touché ny peu ny prou de cefte vermine, il n'eft Theriaque ny preferuatif, qui le puiffe garder de mort: & penfe que lon remedieroit bien à cefte race Serpentine, fi la difpofition de la terre & de l'air n'eftoit du tout corrompue. Qu'il foit ainfi, en Queionne croift l'arbre nommé *Baxama*, le fruict duquel eftant goufté, foit tant peu que lon voudra, fuffoque celuy qui le touche, & l'ombre en fait autant, à qui demeureroit vn quart d'heure deffoubz: & toutefois és autres lieux la racine de ceft arbre eft trefbonne & profitable contre tout venin, là où en cefte ifle elle caufe la mort, ainfi que la fueille & le fruict qui f'appelle *Rabixith*. Voire le fruict que les Indiens nomment *Aracach*, & duquel ils font fi grand compté, f'il eft feulement mis en terre dans cefte ifle, il perd fa doulceur & bon gouft, & eft conuerti en viande trefdangereufe: chofe d'admiration, fçauoir comme les païs chaulds produifent cefte diuerfité de beftes, que nature a creées fans offenfer chofe du monde: tout au contraire tout ce qui fe trouue en l'ifle de Queionne, eft fi peftiferé & enuenimé, que lon iugeroit eftre vne punition diuine, exemplaire à tout le peuple de ces contrees là: & comme la diuerfité des Climats different l'vn de l'autre, pareillement les chofes viuantes fur terre, font diuerfifiees. Et pour exemple, voyez que aux lieux chaulds, & où le Soleil rayonne, les poiffons ne font fi grands, gros, & en telle abondance que aux lieux froids & temperez, comme ailleurs ie vous en ay difcouru affez amplement. Et encore me puis-ie vanter auoir efté plus d'vn mois & demy fur l'Ocean, fans trouuer ne apperceuoir vn feul poiffon: en d'autres endroits nous en trouuions abondance: Somme, la mer eft comme la terre, en aucuns endroits fertile, & aux autres fterile. Ie dy cecy, d'autant que quelques matelots d'eau doulce fe font fi fort opiniaftrez, qu'ils ont ofé efcrire que le poiffon formille en tous endroits de la mer Oceane.

Rabixith
fruict ve-
nimeux.

De l'ifle de BAHAREM: *maniere de pefcher les Perles, & comme elles fengendrent.* CHAP. IIII.

SIX IOVRNEES de mer le long de *Yumah-Cama*, vers la cofte de l'Arabie heureufe, gift l'ifle de *Baharem*, affez grande & bien peuplee, eftant fuiette au Seigneur d'Ormuz, & eft pres le Cap de *Maßina*. En l'Arabie heureufe il y a bien peu de villes qui luy foient fuiettes: car le Royaume d'Adem eft de mon temps affubiecti au Turc. Le Royaume de Mafcalat a fon propre Seigneur, & le Viceroy d'Ormuz tiet feulement en terre ferme le long de la cofte de cefte Arabie, quelques villes & cafals, fi comme eft *Calhat*, affife fur la marine, ville riche & marchande, & où les Barbares du païs fe tiennent ordinairement: pres laquelle gift *Tyby*, où les nauires voguants en mer font aiguade, & fe rafrefchiffent. Et vers Refalgate fe voit la ville de *Curiat*, autant marchande qu'autre qui foit en l'Arabie, en laquelle fe fait grand trafic de cheuaux,

defquels

defquels la terre abonde largement. C'eft là que les Mores f'en chargent, pour les aller vendre au païs des Indes & ifles voifines, & le Seigneur en tire grand profit tous les ans de telle marchandife, n'eftant fa Cour fournie guere d'autres cheuaux que de ceux de *Curiat*. Pres laquelle ville eft affife la forterefle de *Ceti*, où lon tient garnifon: & plus auant eft affife la ville de *Mafcat*, où les habitans font fort honneftes & courtois, contre le naturel des Arabes, qui eft d'eftre infideles & voleurs. C'eft là que fe fait bonne pefcherie, & falent ceux du païs le poiffon, qu'ils enuoyét aux terres voifines & eftranges. En cefte cofte auffi Arabefque eft affubieĉtie au Roy Ormeen la belle & riche terre de *Corfacan*, en laquelle les habitans ont leurs poffeffions & fermes, tant pour le plaifir, que pour en tirer les prouifions de l'annee. Plus auant eft *Iulfac*, grande ville & marchande, en laquelle fe fait trafic de Perles, tant grandes que petites, lefquelles les marchands acheptent pour les porter en diuerfes contrees. Et eft cefte ville de grand reuenu à fon Prince, & pource la tient-il auffi fort chere. Et bien auant en l'Arabie tirant à *Baharem*, fur l'emboucheure de la riuiere de *Socor*, laquelle procede des montaignes d'*Erbalmara* au Royaume de Mafcalat, gift la ville de *Baha*, faifant vn beau port : & à caufe qu'elle eft de grand confequence au Roy d'Ormuz, il y tient fes Officiers & Gouuerneurs de terre ferme, en faifant le chef & fiege de fa iuftice. Ie vous ay difcouru tout cecy, à fin qu'on ne penfe point que le Turc foit fi puiffant au Leuant, que & la mer Rouge, & les villes maritimes, luy foient toutes tributaires, comme ceux icy font au Roy Perfien, mefmes il y en a qui ne le recognoiffent en forte quelconque pour Seigneur. Baharem donc eft fur la cofte d'Arabie pres les deferts d'icelle, efloignce de terre ferme enuiron cinq ou fix lieuës, ayant feize lieuës de circuit, pofee pardeça le Tropique de Cancer, ayant vingthuiĉt degrez de latitude : où l'air eft fort ferain, le terroir bon, & par confequent abondant de ce qui fe leue ordinairement en ces regions Leuantines, participát plus du naturel des Arabes, que des mœurs & religion des Perfiens, & par mefme moyen la terre n'y eftant point fi fertile ny abondante que elle eft au païs de terre ferme, auquel il femble que vous voyez reluire la fertilité & bonté des regions que nous habitons. Or le principal bien, en quoy ceux de Baharem abondent, font les Perles, lefquelles font eftimees les meilleures qui foient en tout ce païs: veu que plufieurs ifles de ce goulfe en abondent, mais les plus belles & precieufes font celles de Baharem, & defquelles les Indiens & marchás de diuerfes contrees tiennent le plus de compte, pource qu'elles font nettes, blanches & reluifantes. Et font ces Perles en ce païs là de telle requefte, & tant eftimees, que ie ne fçay fi nous les tenons plus cheres, & en faifons plus d'eftat qu'eux mefmes, veu que celuy qui les achepte, peult bien dire, que ceux qui les pefchent, luy vendent bien leur peine qu'ils ont à les pefcher: auffi y a il bien fouuent du danger à telle pefcherie, laquelle fe fait en diuerfes fortes, felon les païs & mers où elles fe trouuent. Aucuns m'ont voulu perfuader, eftant en l'ifle de *Camaran*, en la mer Rouge, & entre les autres, deux medecins Iuifs, dont le plus vieux eftoit Efclaue, pour auoir accofté & engroffi vne Turque: conferans enfemble tous trois, vingt & fix iours ou enuiron, & principalement de la nature de la Perle, l'Efclaue Iuif me difoit, qu'elle f'engendre en l'huiftre, de laquelle elle procede, par l'effort & doulceur de la rofee, dont l'huiftre fe fuftente & prend vie : & que la conception fen fait en cefte forte : que lors qu'elle veult receuoir femence, elle feftend fur le bord de la marine, & fentre-ouurant, comme fi elle beoit apres quelque chofe, elle eft remplie de rofee, & retenant cefte femence quelque efpace de temps, elle produit ce fruiĉt, que nous appellons Perles, lefquelles elle fait groffes ou menues, felon la qualité ou quantité de la rofee qu'elle aura beû & humé: & fera bonne ou mauaife la Perle, felon la purité de la liqueur. Mais comme ie dis audit Medecin Iuif, en

Riuiere de Socor & fa fource.

Baharem riche en fines Perles.

Comme fe fait la Perle.

cecy y a plufieurs chofes à confiderer, veu que fi les huiftres n'auoient autre part ou engeance que la Perle, comme fe maintiendroit la race de ce poiffon efcaillé? Au refte és Indes Occidentales, où fe trouue grande abondance de Perles, lon ne voit point ny fes clartez ou paliffemens, eu efgard à la difpofition claire ou obfcure du temps : car fi cela auoit lieu, c'eft fans doubte que toutes les Perles qui fe trouueroient en vne hui-ftre, auroient fenti vne pareille fortune : là où au contraire lon voit que dans vne mef-me huiftre fe trouuent des Perles obfcures, autres tirans fur le tané, les autres paffes, au-tres tirans fur le verd, & autres qui font azurees, & bien peu f'en trouue qui ayent la perfection requife, pour les dire belles, & fans qu'il y ait à redire. Or à vray narrer la chofe comme elle eft, le propre part & enfantemét de l'huiftre font des œufs : defquels elles font produites, & les Perles fortent de l'areine & fablon graueleux, duquel elles fe nourriffent, & f'y cachent, & peu à peu ce grauier f'affine & croift en elles, comme les grains du raifin en leur grappe, & f'amollit cefte engeáce fablonneufe, eftant l'hui-ftre dans l'eau : mais auffi toft qu'elle eft dehors, elle f'endurcit ainfi que la voyez eftre. Et cefte opinion de la production des Perles eft la plus vraye & certaine : non que ie vueille reietter du tout l'opinion de mon Efclaue Iuif, comme impoffible. Et ainfi les Perles feroient produites d'elle en l'Occident d'vne forte, & d'autre en l'Orient. Mais fi cela auoit lieu, les Perles Orientales ne deuroient iamais eftre offufquees, ny blafar-des. Tant y a qu'elles font eftimees les plus fines, à caufe de leur purité, & pource que la matiere nourriffant l'huiftre eft meilleure & plus fubtile que n'eft celle de l'Occident. Car toute la beauté & eftime de la valeur des Perles, gift en la groffeur, pefanteur, blan-cheur & rotondité, quoy qu'il y en ait peu qui ayent toutes ces chofes pour fe rendre recommandees. Auffi en ces pais là fait on grand compte des Rubis, Diamans, Saphirs, & autres pierreries venans du Leuant, non que pour cela és autres parties du monde ne f'en trouue bien, mais non de fi parfaits, & defquels la couleur declare la bonté de la pierre. Baharem eft fort prochain du Tropique de Cancer, quelque chofe qu'en dient noz harágueurs & defcriueurs d'hiftoires Cofmographiques, & de Chartes, lef-lefquels font defcriptió de ce qu'ils ne cogneurét iamais, finon que par vn fimple ouyr dire, ou larcin par eux fait dans quelques vieux bouquins. Et par ainfi les chaleurs y font en tout temps fort violentes, comme elles font ordinairement foubz l'vn & l'au-tre des Tropiques, ainfi que ie l'ay apperceu par experience y demeurant, & foubz l'vn & foubz l'autre. Or la façon & figure de ces huiftres perlees eft prefque femblable à celle des noftres, fauf qu'elles font par deffus l'efcaille, heriffees & rudes, poignantes à merueilles comme les dents d'vn peigne, reluifantes dedans comme fines Perles, ayans vne rangee de petits trous ou conduits. Il y a eu des autheurs anciens, qui ont ofé affer-mer fans le fçauoir que par coniecture, que cefte huiftre ne porte que quatre ou cinq Perles pour le plus, & qu'elles font feparees l'vne de l'autre, feules chacune en fon en-droit : mais en cela leur authorité n'empefchera Theuet de dire le contraire, comme ayant veu telle de ces huiftres en la mer Rouge, où il f'en pefche fouuent, ayant qua-rante & cinquante Perles enfilees enfemble, comme vous voyez vniz les œufs d'vn fer-pent ou anguille, & quelquefois en voit on quatre & cinq en vn monceau : mais il fuf-fit d'en trouuer vne ou deux de moyenne groffeur. Au refte, il eft à noter, que les Per-les qui font ainfi que dit eft, recueillies par les efcueils, font plus grádes, belles & meil-leures, que ne font celles qui font prifes és lieux plains & fur l'areine. Encor vous di-ray-ie vn grand fecret & chofe merueilleufe de nature, qui m'a efté recité par ceux qui en ont pefché en ladite ifle, & veu l'experience, c'eft qu'en vne certaine faifon de l'an-nee, ces huiftres perlees vomiffent vn humeur rouge & fanguinolente auec grande abondance, tellement que plufieurs de ces Barbares dient, qu'elles fouffrent les men-

ſtrues,tout ainſi que d'autres poiſſons du meſme Ocean. Or vous fault-il ſçauoir,que
les plus fines & meilleures Perles ſont celles qui ſont tirees du profond de la mer , veu
que les Huiſtres ſy tiennent dans & contre des rochers cachez ſoubz les ondes.Et c'eſt
en quoy il y a du danger pour ceux qui les vont peſcher : & entendez , ie vous prie,
comment cela ſe fait.Ceux qui ſont deputez à peſcher,entreroͭ dans des barquerottes,
laiſſans là vn ou deux pour les gouuerner , & pour les recueillir lors qu'ils auront fait
leur peſche. Cependant il ſe iette nombre de ces gens dans l'eau, & y demeureroͭ telle
fois plus d'vne demie heure, qu'on ne les voit point, & vont iuſques au fonds, ayans
vne pochette de filets & rethz aſſez groſſet, dans laquelle ils metteͭ leurs Huiſtres:puis
ayans fait priſe,ſ'en retournent deſſus l'eauë,& ſont receuz de ceux du vaiſſeau : & a y á

*Maniere de
peſcher les
Huiſtres
perlees.*

prins quelque peu l'air,& ſ'eſtans fortifiez de boire & de manger,& accouſtré ce qu'ils
mettent deuant la face,qui ſont comme petites toilettes cirees,& fines comme veſſie de
pourceau,pour voir clair dans l'eau,ſe reiettent cinq ou ſix fois le iour, de ſorte que le
ſoir ils ſ'en retournent chargez de leur priſe,ſçauoir d'Huiſtres.Et au riuage de la mer
y a grand nombre d'Eſclaues, tant hommes que femmes , leſquels incontinent que la
priſe eſt ſur terre, ſe chargent plein leurs hottes & manequins faits de ioncs marins, &
portent ces coquilles dans leurs grands vaiſſeaux pleins d'eau doulce:& eſtans là vingt
quatre heures,les Huiſtres ſentans autre doulceur d'eau que la marine,ſe viennet à ouurir, & ſi toſt qu'elles ſont ouuertes, les Perles ſe ſeparent de la chair de l'Huiſtre:puis
les marchans ayans ietté hors de ces vaiſſeaux leſdites coquilles, trouuent les Perles
tout au fond de l'eau douce. Et ainſi les recueillent ceux du Peru, toutefois qu'elles ne
ſoient de la cetieſme partie ſi bonnes ne ſi belles que celles cy: non que en toutes Huiſtres ſe trouue des Perles , mais és vnes peu, és autres plus, les vnes les portans groſſes,
les autres menues. Les Perles en eſtans tirees, quelquefois ils en mangent la chair,& le

plus fouuent la iettent, comme fafchez & defgouftez d'en vfer par trop,& auffi que le gouft en eft mal plaifant, n'approchant en rien aux Huiftres que nous mangeons par-deça. Ces pefcheurs font efclaues, deputez par les marchans Chreftiens Maronites & Iuifs,ou Indiens,qui trafiquent là,lefquels felon ce qu'ils prennent, font careffez & bié traitez le foir de leurs maiftres, qui f'occupent à choifir le meilleur de toute la prife.

Quelquefois que la mer eft plus haulte & enflee que ces pefcheurs ne voudroiét, d'autant qu'elle les empefche de demeurer lóguement en pied fur l'areine,ils y pouruoyét en cefte forte. Ils ont vne corde, à chacun bout de laquelle ils attachent vne pierre, laquelle corde ces nageurs fe mettent fur le doz, fe laiffans couler dans la mer . Ainfi par la pefanteur des pierres, ils demeurét fermes foubz l'eau, & recueillét les Huiftres tout à leur aife:& f'en voulans retourner en la barque,facilement iettent les pierres à part,& fe remettent à nager . Soubz l'Equateur, encore qu'il y euft telle richeffe de Perlerie, il n'y feroit pas bon pefcher, d'autant qu'il f'y trouue des poiffons,qui auroient incontinent engloui & deuoré ces pauures gens eftans ainfi foubz l'eau. Ces Huiftres font paffageres,comme toutes autres Huiftres & poiffons qui font aux goulfes & riuieres:fi bien que f'il y en a quátité,comme elles font en la riuiere de Garonne, pres ma maifon

Mafdion maifon de l'Autheur.

de Mafdion ; en vn inftant on y en peult trouuer vne douzaine, d'autant qu'elles fe font coulees dix lieuës plus bas vers l'entree du grád Ocean. Aucunefois ceux qui pefchent en autre contree,là ou ils n'en auront pas laiffé vne, qu'ils y retournent le lendemain, eftans allez en autre part, ils y en trouueront plus que iamais. Ces Perfiens ont encores inuenté vne autre maniere de les pefcher plus commode, & à moindres fraiz & péril : d'autant qu'ils font des clayes d'ofier, ou *d'Ennakala*, fçauoir de Palmiers,& des filets grands & bien tiffus,à la maniere que i'ay veu autrefois prédre & pefcher les Cafferons en la mer Xaintongeoife, vfans de certains rafteaux, lefquels raclent l'areine de la mer, & font entrer tout, quand ils trouuent de ces Naques & huiftres. D'autres vont par les rochers & efcueils qui apparoiffent hors l'eau, où ils trouuent bien fouuent de ces Huiftres tellement attachees au roch,qu'ils ont de la peine à les en arracher:& fault qu'ils rompent le roch,ou bien qu'ils caffent l'efcaille de l'Huiftre, & puis tirer la Perle tout auffi toft que l'Huiftre eft caffee : car autrement elle fe diminue & perd fa naïfue couleur. En cefte mer & le long des coftes de ces ifles fe trouuent de bons hazards: veu qu'vn riche Iuif, nommé Daniel,me dift, que deux ans auparauát que ie fuffe en ce païs,il auoit achepté d'vn marchant de Baharem vne Perle groffe,fine,& róde,la groffeur de laquelle egaloit vne balle d'harquebuze, qui luy auoit coufté vingtfix Mocheniques, qui font monnoye de Venife, valans huiê fols piece,ou enuiron, laquelle il vendit puis apres à vn Seigneur Efclauon trois mille efcus. Mais ce n'eft rien au pris de quatre Perles qui furent donnees à Fernád Magellan en vne ifle des Moluques, qui

Quatre Perles eftimees cent mille efcus.

eftoient groffes comme vn œuf de pigeon, ainfi que m'en fit le recit le Pilote du Roy Héry d'Angleterre,celuy qui auoit fait le voyage auec ceft heureux Capitaine l'an mil cinq cens vingtdeux,lefquelles eftoiét eftimees à cent mille efcus pour le moins. Moy eftant en Leuant auec quelques vns,qui auoiét paffé dix ou douze ans à faire ceft office de nageurs,& qui depuis furent racheptez par quelques Chreftiés Grecs, ie fceu d'eux, que où l'eau eft plus profonde, & où elle a feize ou dixfept braffes de haulteur, que c'eft là ou fe trouuent des Huiftres,les Perles defquelles font les plus groffes, fines,nettes,& mieux Orientees; & lefquelles fe trouuent cachees dans des rochers qui font abfcons dans les vagues efcumeufes de la mer.i'ay obferué,que l'efcaille ne fe tient point adherente à la Perle , ains ladite Perle eft cachee dans la chair, mefme au lieu le plus mollet & tendre qui foit en l'Huiftre . Au refte, ie vous ay dit, que ce n'eft au Leuant feul,& en cefte mer,ou en celle des Indes,que fe trouuent des Perles,mais i'ay confeffé toutefois, que tout ainſi qu'vn arbre, plante, & fruictier, quoy qu'il croiſſe en diuers lieux, ſi en y a il vn qui luy plaiſt plus que tout autre, & auquel il abonde & fructifie, ſaiſonné de fruicts ſelon ſa portee : ainſi en la mer Occidentale, & celle de Midy & au Peru, à l'Antarctique, Floride, Canada, & Guinee, voire en noz mers de pardeça, d'Angleterre, Eſcoſſe & Dannemarc, où ſe trouuent des Perles, mais de peu d'importance, & qui n'approchent en rien à celles de ceſte iſle, ou autres qui ſont Leuantines. Ie dy cecy, d'autant que l'an mil cinq cens ſoixantehuict, & ſoixante & douze, eſtant en ceſte ville de Paris en fort bonne côpaignie, & mangeant des huiſtres, ie trouuay vne perle de la groſſeur d'vn poix, longuette & faite en façon de poire, mais blafarde : & vne autre, non pas du tout ſi groſſe. Neantmoins i'ay mis en lumiere cecy, à cauſe de l'obſeruation que chacun peult prendre en telles choſes, ſelon l'incommodité du terroir. Les Arabes voiſins de ceſte mer ne ſe ſoucioient non plus iadis des perles & pierreries, que des ordures que la mer iette hors durant ſes bouillonnemens: mais à preſent nous leur auons ſi bien apprins à cognoiſtre ce qui eſt gain & profit, qu'ils ſçauent & la valeur & la bonté des choſes, & par conſequent nous vendent aſſez cher ces denrees. L'Egyptien a eſté accort de tout temps, comme celuy qui auoit cognoiſſance des lettres, & qui ſ'amuſoit à côtempler les ſecrets de Nature, ſi que touſiours la Pierrerie & ioyaux y ont eu grand cours. Les païſans & vilains tant de ces iſles que de terre ferme, voiſins de la mer, trouuent ſouuent des Nacres & huiſtres au riuage d'icelle, qui ſont mortes: mais pourtant ne laiſſent ils de regarder, & y trouuent ſouuent de fort belles & riches perles. Pluſieurs fois par plaiſir, eſtant accompaigné d'eux, auſſi bien que ie leur faiſois compaignie, lors que nous cherchions aux vieilles villes & maſures ruinees quelques antiquitez, i'ay obſerué en ceſte mer l'induſtrie des Inſulaires de prendre vn certain poiſſon, que les Perſiens appellent *Baruphal*, autres luy donnent le nom de *Thabal*, Poiſſon aux entrailles duquel on trouue des Perles. lequel eſt de la grandeur d'vn moyen Saumon, ayant la peau rude & ſans eſcaille, ſes fanons de couleur azuree, à quiconque les contemple dans l'eau, & different en couleur luy eſtant hors l'eau. Ce poiſſon a la teſte menue, le muſeau aigu & bien dentelé, & eſt ſi friand de ces huiſtres perlees, qu'il ne vit preſque d'autre viande. Or pour ſ'en repaiſtre, il aduiſe qu'elles ſoient entre-ouuertes, comme le plus ſouuent elles ſont, eſtans en la mer, & lors il met ſon bec en l'ouuerture, ſi qu'en moins de rien il auale la chair, & laiſſe l'eſcaille toute vuide. Les Baharemites ayans prins ce poiſſon, luy viſitent premierement les entrailles, dans leſquelles ils trouuent de fort belles perles, & puis ſe iettét ſur la chair d'iceluy, fort ſauoureuſe & delicate. Auant que clorre le chapitre, me ſuis ſouuenu d'vn paſſage qui eſt dans Pline, lequel dit que ces huiſtres ont Fable de Pline. vn Roy, ainſi qu'on en donne aux Abeilles & fourmiz, & vne guide aux Grues : & eſt eſleu ce Roy & choiſi la plus belle & grande, & ſoigneuſe à ſe garder de toutes les autres, & que c'eſt celle que les peſcheurs taſchent de ſurprendre, aſſeurez que les autres ne failliront de la ſuyur. Ie ſuis marri que ce bon Pline n'en dit autant des *Cunaquas*, ou *Sagliaquas*, qui ſont en langue Grecque vulgaire Grenouilles & Limaſſons. I'ay veu peſcher les huiſtres perlees, mais ie ne veis iamais ceſte induſtrie huiſtrale, ny moins ouy parler à ceux qui les peſchent ordinairement. Auſſi qui eſt l'homme qui ſ'eſt allé pourmener dans les Palais ſecrets de l'Ocean, ayant la cognoiſſance des geſtes des poiſſons, veu qu'ils ſont muets pour parler ſi aſſeurément de ce qu'ils conſultent en la creation de leur Roy, & erection de leur Magiſtrat qui les guide ? Veu meſmement que les Naturaliſtes ſont en doubte, ſi les Conches & huiſtres marines, & autres telles choſes ont quelque ſentiment, & par meſme raiſon, ſi elles ont le moyen de ſe retirer, voyans le peſcheur ou quelque poiſſon qui taſche de les aualler. Mais laiſſons Pline en ſa credulité pour ſuyure mon hiſtoire. En aucuns lieux des Indes, combien

que les Perles foient Orientales & fines, fi ne font elles point de grand valleur, à caufe
que la couleur ne correfpond point à la tranfparence de perles fines : & la caufe de cecy eft,pource que les Indiens Orientaux n'ont point l'induftrie de les ofter de l'efcaille,fans les faire refchauffer, & l'huiftre fouurant par l'effort de la chaleur du feu, la
perle fobfcurcift,& deuient iaunaftre, ou tanee, là où celles, l'efcaille defquelles font
ouuertes auec vn coufteau,demeurent merueilleufement blanches.Les Indiens nomment les Perles *Thenoras*, & *Corifciath* : & fen trouuent aucunes qui font faites en façon d'vne Poire, mais ne font tant eftimees que celles qui font en Ouale, & fort ron-
des.Ceux qui acheptent les Perles de pardelà, ne famufent fimplement à la beauté, &
blancheur:car bien que tout cela y foit fort neceffaire,ils paffent encor outre,& regardent fil y a aucune rompure, fente,ou poil, qui caufe le degaft du ioyau. Parainfi ils
les mettent au Soleil entre leurs doigts, & aduifent de pres le dedans & plus fecret de
la Perle : & en ce faifant, il n'eft vice en elles qu'ils ne defcouurent à l'œil tout à leur
plaifir : & Dieu fçait comment les Iuifs y font accorts & rufez. La mer de Perfe donc
eftant foifonnee en Perles, fi eft-ce que le plus fe prend pres Baharem, & y font plus
recommandees : de forte que l'ifle en eft plus habitee, ayant deux villes voifines de la
mer, & vne belle trouppe de cafals, où fe retirent les marchands d'Inde, & ceux qui y
viennent de Narfingue, lefquels y apportent de l'efpiceric, & autres chofes pour vendre aux marchands, qui viennent tant defdites Indes que de la voye d'Arabie ou de
Babylone, le long du grand fleuue Eufrate. C'eft donc affez difcouru des Perles, de
leur generation, comme elles fe procreent,comme elles font pefchees, & quelles il les
fault choifir. Sil y a d'autres ifles,comme de vray il y en a, qui foifonnent en telle richeffe,ie ne faudray,ainfi que i'ay dit,de vous en aduertir en paffant.

De l'ifle de QVEXVMI, *autrement* LECHA, *fuiette au mefme Roy*
d'Ormuz.   CHAP.   V.

SVR LA COSTE mefme d'Arabie, & loing de Baharem enuiron
dixhuict ou vingt lieuës, vis à vis du Promontoire de *Bacido*, eft affife la belle & grande ifle de *Quexumi*, & iadis fort prifee, & marchande autant que celle d'Ormuz:voire pour le iourdhuy n'eft elle fi
peu peuplee, qu'il n'y ait huict ou neuf grands cafals, où les marchás
abordent :mais qu'il y face fi bon que à Baharem, non, à caufe que
ceux de *Quexumi* font tenus en fubiection par le Roy d'Ormuz : & en eft la raifon
telle. Peult auoir quelques foixante ans, que tout ainfi que pour le prefent Baharem
eft le fiege de la Iuftice pour le gouuernemét des terres qui font en Arabie, Quexumi
eftoit auffi comme le Parlement & reffort fouuerain des ifles & terre ferme d'Arabie:
qui fut caufe que les Gouuerneurs & deputez pour ledit Seigneur inciterent le peuple à prendre les armes,& fe reuolter contre leur Roy.Cecy fut fort agreable aux Arabes,& ne fut en rien defplaifant aux Infulaires, fors que ceux de Baharem y refifterét:
de forte que Ormuz mefme eftant enueloppé en cefte fedition, le Seigneur fut contraint fe retirer en Perfe, & ayant prié fon Roy pour luy tenir main forte, les chaftia
d'vne façon eftrange,& feit baftir la citadelle qui y eft,affez forte,encor qu'elle foit faite de terre, pour les tenir en bride : puis vifita Quexumi, où il feit belle defpefche de
Gouuerneurs,abbatant les murs des villes clofes, & rafant vne foreteffe qui eftoit fur
le bord de la mer,chargeant par mefme moyen le peuple de merueilleux impofts, daces & tributs. Quant aux Arabes de terre continente, il les laiffa en paix, fauf qu'il feit

*Quexumi
ville là où
eftoit le Par-
lement.*

baftir les autres forterefles de *Cety,Elicth,Gogoth,Muniamatz,* & de *Rocas,* où à prefent il tient bonne & forte garnifon,pour les chaftier,fils vouloiët faire quelque nou-
uelleté,& oftant le fiege de la Iuftice à Quexumi,leur ofta par mefme moyé tout priuilege de marchandife, & en inueftit Baharem, qui luy auoit efté loyale. Cefte ifle a
efté iadis fort florifante, & en grand pris, foubz le nom de *Lecha,* auant que les Rois
d'Ormuz f'en fuffent faits Seigneurs. Et pource fault-il dire d'où luy vint ce nom de
Lecha, lequel eft tel, fuyuant le recit que les Arabes m'en ont fait, & felon leurs hifto-
res auffi, que *Lek* fut iadis Roy , non feulement de cefte ifle,mais des païs & prouinces depuis les monts Artageniens, qui font vers Medine, pres les deferts d'*Agiaz* , iufques au Royaume de *Cathabeny* , contenant cefte efpace de terre enuiron cent foixante lieuës. Ce Roy tout idolatre qu'il eftoit,fut pitoyable,iufte deuant les hommes,
& droicturier en fon temps : mais luy eftant decedé, fans auoir pourueu à fa fucceffion,les peuples qui luy furent fuiets,tafchans de faire vn Roy à leur pofte, prindrent
les armes,& fe commencerent à faire la guerre les vns aux autres, à l'imitation & exemple des Turcs,Perfiens & Tartares Orientaux, lefquels difputoiët de l'election de leur
Seigneur, les armes en main. Cefte fedition eftant aduenue en l'ifle, le plat païs n'en
eftoit pas moins affligé. Le Roy de *Mafcalat,* qui aboutit au goulfe vers l'Arabie,
voyant fon beau, & confiderant combien il fait bon pefcher en eau trouble, dés qu'il
entendit les partialitez des Quexumiens & Arabes fes voifins,& qu'ils eftoiët en guerre,f'aydant du temps & de l'occafion , dreffe vne forte & puiffante armee, deliberé de
fe faire Monarque de toute cefte part d'Arabie. Ces feditieux voyás que ce peril eftoit
commun à tous,& que pas vn n'auroit gáin, fi l'ennemy & eftranger entroit auec forces dans leurs terres,laiffans toute difcorde & defir de dóminer,feirent paix enfemblé,
& puis vindrent d'vn commun accord eflire vn d'entre eux pour Seigneur & Roy,au-
quel ils iurerent foy & loyauté,& luy promeirét obeiffance. Or eftoit ceftuicy nommé *Lecha,* robufte, & qui auoit d'aage plus de quatre vingts & dix ans, fage,accort,&
fubtil , & fort experimenté au faict de la guerre. Dés que Lecha eft hauffé en l'eftat
Royal,il dreffe fon equippage,& de ceux qui f'eftoient affemblez pour fe ruiner entre
eux,il en fait vne belle armee,prenant fon chemin vers l'ennemy, à fin que fes terres ne
fuffent gaftees:& luy fut la fortune fi fauorable,que auec foixáte & douze mille hommes qu'il auoit , il deffeit le camp du Roy de Mafcalat, qui eftoit de plus de quatre *Le Roy de*
vingts mille hommes combattans, tels quels, comme encor font auiourdhuy fes fai- *Mafcalat*
deffait.
neants. La nouuelle de cefte victoire eftonna tellement les voifins de fes terres , qui
auoient confpiré contre luy auec ceux de Mafcalat, que les plus grands des Royaumes de *Tif,Munach,Calgot,Malputh, Nepoutta,* & *Iacat,* luy enuoyerent de grands
prefens, le fuppliant de leur octroyer la paix. Lecha, qui eftoit gracieux, apres la victoire,leur accorda : & en fin feit auffi alliance auec le Prince de Mafcalat, le pere duquel eftoit demeuré entre les morts à la bataille.Et ayant conquis tel honneur & reputation , il n'eftoit grand Seigneur, qui ne f'eftimaft fort heureux d'auoir fon accoin-
tance.Comme il eft de repos à l'ifle de Quexumi,où fe tenoit le plus fouuent ledit Seigneur, en memoire de la victoire acquife feit dreffer vn riche Trophee, & vne Tour *Trophee fer-*
fuperbe & forte,au fommet d'vne montaigne, à fin que ceft edifice feruift de fepultu- *uaht de tó-*
beau.
re à luy, à fes enfans, & famille. Et vous puis bien affeurer, que qui contempleroit encor ce qui refte des Colomnes & des ruines de cefte Tour en ces endroits là,qui apparoiffent encor auiourdhuy, il confefferoit que le tombeau (ou *Caper* en leur langue)
de *Sogdian,* neufieme Roy de Perfe, qui regnoit enuiron l'an du monde quatre mille
fept cens feptantecinq,& qui ne dura Roy que fept mois,n'eftoit rien au pris:la fepulture duquel eftoit auffi en cefte mefme ifle. Ce *Sogdian* ne fut pas celuy qui feit par-

faire telle œuure, à caufe qu'il ne regna gueres long temps : ains fut vn Darie, furnommé le Baftard, ainfi que les Chaldeens & Iuifs afferment, & pareillement les Arabes. Il fe voit encor plufieurs pierres grandes & petites, & de Colomnes de toute efpece, de Pyramides, Obelifques groffes & moyennes, & autres pieces rompuës vn nombre incroyable, reffentans leur antiquité, eftans quelques vnes marquees & efcrites de diuerfes lettres & caracteres, celeftes, terreftres, & autres incogneuz, qui donnent admiration à ceux qui abordent en ce lieu, où à prefent n'y a rien au pris du temps paffé. Lecha ayant fait fon baftiment, alla de vie a trefpas, laiffant vn fien fils pour fucceffeur en fes richeffes & eftats, lequel fe nommoit *Salomi* (les Arabes luy donnent le nom de *Salemoth*, les Iuifs *Salomon*) lequel ne defmentit ne forligna de la vaillance & vertuz de fon pere. Ceftuy cy, dés que Lecha fut decedé, vous fait empoigner quelques vns des principaux, lefquels ayans vn efprit de difcorde au ceruau, auoient confpiré contre le deffunct & toute fa famille : & foudain foigneux d'immortalifer la memoire des vertuz de fon pere, ordonna qu'en fouuenance de luy, cefte ifle porteroit le nom de Lecha. Pource affembla tout le peuple, auquel en pleurant tint ces parolles : *Salamiel-ebb, manahyleilz Halibi*, c'eft à dire, La paix de Dieu foit auec mon pere, & auec vous. Puis baifant la terre, il dit au peuple, *Anamen Alharab Rarafulatz-ena*, Vous fçauez que ie fuis Arabe : *Ana Nafaan Lecha*, Il fault que l'ifle fe nomme Lecha. Ce qui ne fut fi toft proferé, que le peuple y donna confentement : & luy a duré ce nom plus de fix cens ans, iufques à ce que les Sultans de *Boughedot*, ont changé l'eftat de ces prouinces. Ainfi en eft-il aduenu à cefte ifle iufques à prefent, que lon y eft en paix foubz la puiffance du Sophy, & ordre que le Roytelet d'Ormuz y met, tant pour garder le peuple des incurfions Arabefques, que de les empefcher de fe reuolter contre leur Souuerain. Voyez ie vous prie comme la iuftice eft en peu d'heure exercee en ces païs là : Ie me recorde qu'eftant à la ville d'*Achimoth*, en l'Arabie heureufe, auoir ouy dire à vn Euefque nommé *En-hadda*, qui eftoit Neftorien, & natif de l'ifle, qu'il aduint qu'vn riche marchant nommé *Thozath*, de la mefme Religion Neftorienne, auoit efté traiftreufemēt occis par vn fien domeftique quelque peu fon allié. Ceft homicide par la pourfuitte qu'en fit le frere du deffunct nōmé *Gaber*, fut prins & emprifonné, le lendemain fur les dix heures fon proces fait & parfait, fut condamné à eftre pendu & eftranglé, & fa fentence leué par le *Zaz-gilar*, qui a vn pareil eftat, comme ont les Greffiers Criminels de pardeça. Aduint qu'eftant fur le poinct deconduire ce pauure malheureux au gibbet, *Gaber* prie le iuge que fon plaifir foit de luy permettre dire vn mot ou deux au condamné : ce qui luy fut ottroyé : & de faict fut conduit en vne tour quarree, où eftoit ce malheureux lié & garrotté, & ne reftoit qu'à le conduire pour le faire mourir. Eftant donc ainfi tous deux enfemble, fans dire qui a ne perdu ne gaigné, ledit *Gaber*, commé tranfporté, print fon coufteau faififfant le condamné par le corps, l'efgorgea d'vne telle façon, qu'il luy feit paffer le pas : ce que certes luy eftoit facile à faire. Et ayant commis tel acte, gaigne la porte, & penfant fe fauuer, fut fi bien pourfuyui, qu'il fut prins, & conduit à la maifon du Iuge Criminel, qui fe nommoit *Zabdiel*, & fans autre forme de proces fut ce Gaber condamné au mefme fupplice & peine de mort, à laquelle eftoit auparauant condamné celuy qu'il auoit tué n'y auoit pas trois heures : luy remonftrant que ce n'eftoit pas à luy d'entreprendre fur vn homme condamné à mort, ne en faire la iuftice. Et n'y eut ne parent ne amy qui le peut onques fauuer, & moins luy faire donner vn feul iour de delay, pour penfer à fa confcience. Ce *Salemoth* donc fut l'vn des honorables Rois & heureux en guerre, qui fut iamais en ces païs là : les Arabes parlans de luy, difent, qu'il gaigna en fix ans quafi toute l'Arabie, & print en champ de bataille les Rois *Nodab*, &

Mort de Lecha.

Chofe remarquable à tous iuges.

Lezan-dan, fes anciens ennemis, qui de long temps le brauoient : apres la prinſe deſquels leur fit paſſer le pas, accompaignez de cinq de leurs enfans, & quelques autres de
leur ſang. Ce fleau d'iniquité viuoit l'an mil cinquantehuiᶜt apres la mort de noſtre
Seigneur, & du temps des Rois *Abdelat* de Damas, *Ladiſlaus* de Hongrie, Edouard
d'Angleterre, & Nicolas Pape ſecõd du nom. Lon voit encores auiourdhuy le lieu de
ſa ſepulture, ioignant celle de *Lecha* ſon pere, & côtre vne pierre elabouree à la Moſai-
que, vn Epitaphe graué de lettres Hebraiques, telles que ie vous les repreſente icy.

Sepulture
de Selomoh
Roy Arabe.

Interpretation de l'Epitaphe.

Cy giſt le corps de *Selomoh*, Roy Arabe, lequel apres auoir fait ſentir ſon cout-
roux aux Perſes & Medes, & à ceux de ſon iſle, fut par *Meron-Semeroth* Babylonien
outrageuſement occis : ce qui aduint l'an du monde cinq mille deux cens cinquante
ſept, & de ſon regne le quatorzieſme : l'ame duquel repoſe au ciel, & iouyt de la gloire
des Prophetes du hault Dieu tout-puiſſant. Il eſt bien vray, que au lieu, où iadis eſtoit
la Tour, ou *Barſzo* en leur patois, & ſepulture de *Lecha*, eſt encor vne Forteresſe, où
lon tient garniſon, tant pour crainte des ſeditions, que pour garder le bien des Inſulaires, contre l'effort des eſcumeurs & Pirates, qui viennẽt volontiers deuers la mer Rouge, & courent le ſein Perſique, ſur des vaiſſeaux legers & petits, tels que ſont noz Gal-
liottes & Brigãtins (i'entẽs fils peuuẽt paſſer ce deſtroiᶜt de nuiᶜt, ſans le ſçeu des gardes : car de iour il n'en eſt queſtion, non plus qu'à celuy de Thrace) & pour cela ne laiſ-

fent-ils de faire beaucoup de maux, f'ils font quelquefois les maiftres, ou de ceux qui nauiguent, ou de ceux qui font arreftez en terre. Le Seigneur d'Ormuz a efté vn fort long temps fans rien impofer à cefte ifle pour ce regard:mais depuis que le Sophy cômença à dreffer les cornes,& à faire guerre au Turc, cóme il euft fubiugué toute la cofte de Perfe, & les ifles d'icelle, il n'y a eu marchand,foit eftranger,ou domeftique,qui n'ayt efté contraint de fournir pour les fraiz de la guerre. Vous feriez efbahi de la police qui eft en *Queßimi.* Si vn larron (qu'ils appellét auiourdhuy en leur langue *Trychi*,& les Grecs vulgairement *Clefty*) a defrobé quelque chofe que ce foit à vn fien voifin,il eft pourfuyui tout foudain:& f'il eft prins,il faut rédre premieremét ce qui a efté defrobé, à celuy qui en eft le vray poffeffeur, fans que le Roy ayt pour cela rien pour l'amende,veu qu'ils eftiment ces amendes eftre vn vray & pur larcin.Que fi le larron a defia employé,ou perdu la chofe defrobee, fon bien fera védu iufques à la côcurrence de la valeur de ce qui a efté prins;& le refte donné pour la femme & enfans du criminel, fans que fon bien foit onques confifqué, & que le Roy puiffe donner le bien d'vn criminel à pas vn de fes fauorits.Au refte,fi la Iuftice ou le peuple condamnent vn hôme à mort, il eft impoffible de le fauuer,ne par faueur & grace du Prince,ne miefmes auec toutes les richeffes du Leuár,tant ces gens font feueres executeurs des Loix & Ordonnances de leurs Maieurs. Mais f'il eft fait Efclaue, facilement on y pourroit remedier,ou auec argent,ou par le moyen des amis qui gaignét la faueur des chefs de la Iuftice:veu que pour vn faict leger ils bâniffent, ou rendent les hommes ferfs & efclaues.

Punitiõ des larrons de Queßimi.

Les Arabes,qui ont leu les anciennes Hiftoires de leur nation, m'ont recité d'auantage auoir par efcrit, que iadis en cefte ifle eftoit obferuee vne terrible Loy : par laquelle eftoit dit & ordonné,que fi quelcun eftoit eftropiat, ou auoit default de quelque mébre, iceluy fuft mis à mort, comme inutile & fans effect pour le bien public de la patrie : & les caymans & beliftres,n'ayans vacation que de courir païs,fuffent reduits Efclaues,comme gens inutiles au monde : Tellement que tout cela eftoit fi eftroitement obferué,que le pere n'auoit aucune pitié du fils,ne le fils du pere:& lors chacũ vouloit trauailler & gaigner fa vie : Mais que cefte Loy fut changee en chofe meilleure, à fçauoir que lefdits manchots & defaillans en quelque membre,furent depuis nourris par le bien commun , ainfi l'ayant ordonné le Roy *Lecha*,duquel i'ay parlé,inftituant vn Hofpital propre à ceft effect.Tout cela eft aboli pour le prefent. Bié eft vray que ledit Hofpital eft en pied, & plus beau que iamais,toutefois à autre vfage, à fçauoir pour y receuoir les Mahometans & Halyens de Perfe, lefquels paffent cefte mer pour aller en leur pelerinage:lequel a fi belle eftendue,que pour vne nuict il y logeroit aifément de fix à fept cens hômes.Le Sophy enuoye fouuent de grands biés pour l'entretien d'iceluy:& n'eft grand Seigneur en Perfe,qui n'y côtribue,à caufe que c'eft l'apport de tous les voyageurs de leurs contrees, tout ainfi qu'eft *Suachen* en la mer Rouge, pour noz Chreftiens Abyffins qui vont en Hierufalé faire leurs deuotions.Or entre *Queßimi*,& le Cap de *Bacide*, la mer eft eftroite,& y a encor des fablons & bancs, qui empefchét le nauigage de ce cofté fort redouté, finon à ceux qui font bien aduertis du peril, & fçauent les lieux de fi mauuaife rencontre. De mon téps vn Corfaire,nómé *Muamuth*,y perdit cinq vaiffeaux à rames,& trois grãds nauires: & eftoit lors ce galãt Gouuerneur pour le Turc, mort depuis fept ans ença, à la ville de *Zebith* , qui eft au deftroit d'Arabie.Et qui pis eft,la mer y eft fi fuiette aux véts,que fi vne fois lon y eft enueloppé,il eft biéheureux qui f'en peult defpeftrer,veu que le vent f'entonnât en ceft eftreciffement, eftât reuerberé par le Promótoire & par les rochers,& par la cofte de l'ifle, il femble q̃ ce foit vn tonnerre le plus efpouuátable que hôme ouyt iamais. Le vent qui maiftrife ainfi en ce cofté,viét de Soleil couchât,lequel eft oppofite à l'ifle, & la regarde de frót,

Hiftoire des Arabes pour les eftropiats.

ayant la plufpart du temps regné en celle contree.Tels orages & furies de vents aduié-
nent en plufieurs autres lieux , & mefmement és ifles de la mer Mediterranee, efquelles on eft contraint de baftir les maifons en maniere de platte forme , & de pierres dures bien cimentees , pour obuier à ces vents, & aux tremblemens de terre, defquels ils
font caufe,ainfi que ia par moy a efté dit.

Des vents de l'ifle de QVEXVMI, *& comme ils f'y engendrent.*
CHAP. VI.

EVX DE CESTE ISLE, qui font les plus riches, font des baftimens en bas les plus forts qu'il leur eft poffible, à fin de refifter à la
tempefte venteufe qui les affault : les autres qui ne font pas fi bié fortifiez , dés qu'ils voient que le Septentrion commence à fouffler f'en
vont à recours dans les rochers & grotefques, qui ont l'ouuerture au
Su ou Midy, y conduifans leurs troupeaux : lefquels quand le vens
les accueilt , il les leue auffi facilement, qu'vn tourbillon de vent emporte & efpand
vne molle de foin,durant qu'on fauche.Si ce vent furprêt ceux de l'ifle allans pefcher,
du cofté qui refpond à l'Arabie, c'eft fait de leurs vaifleaux & de leur vie. En terre ce
n'eft que l'vfage & couftume, qu'il defcouure les maifons iufques aux foliues par l'effort de fon tourbillon. Et fi hors du port fe trouue quelque nauire,& fut-il accroché
auec vingtcinq ancres, comme il nous aduint au port de *Tenedos*, & en plufieurs autres endroits : il eft toutefois impoffible de le fauuer, fi ce n'eft que lon le puiffe conduire en pleine mer, fort loin de terre, où le vent eftant au large, perd la furie qu'il a
eftant enclos.Et pourautant que ie fuis tombé fur ce propos, il ne fera point inconue-
niét d'en difcourir vn peu, à fin d'en efclaircir le cueur à plufieurs qui font en doubte
fur la caufe de tels orages de vents. Vent donc n'eft autre chofe , qu'vne euaporation
de la terre,qui monte & f'efpand iufques au deffus de l'air, & le bat,& repoulfe. Or de
cefte reuerberation que font ces vapeurs en l'air, naiffent ces orages,felon qu'elles font
efpaiffes,& continues.Mais fault noter, que de ces vapeurs le groffier n'eft point le vét,
ains ce qui eft de plus fubtil, veu que le vent en fon efpece eft fait de vapeur fubtile,
autrement il ne monteroit pas, d'autant que ce qui eft pefant n'a point la force de tendre en hault,mais flefchit & decline en bas:ce qui fe peut iuger par la difpofition des
quatre corps fimples,qui parfont la compofition de la machine du monde fi excellen-
te.Or le fouffler du vent fault qu'il procede de ce qui eft efpais & groffier, comme i'ay
obferué & experimété tant aux lieux chaulds que froids, à fçauoir de froidure & fubtilité,laquelle eft compofee partie de la legereté de ce qui eft chauld:Qui me fait dire,
que c'eft le chauld qui efleue la vapeur, & puis le froid la fait enfler & efpaiffir, d'où
f'engendrent ces foufflemens de vent, que nous experimentons fouuentefois, tant fur
mer que fur terre,& defquels cefte ifle eft tant tourmentee. Mais vne chofe m'efmeut,
que le vent puiffe fouffler contre fon oppofite, fi bien que l'Eft qui eft Soleil leuant,
f'oppofe & fouffle contre l'Oueft, qui eft le Couchant, & le Nort f'oppofe au Su, ou
Midy. Ie dis cecy,d'autant que l'Eft fe deuroit auffi bien mouuoir vers le Nort ou Su,
comme vers l'Oueft : & par confequent que chacun des vents deuroit auoir fon mouuement vers la partie qui luy eft propre,& en fon lieu,& non à l'oppofite : Que fi cela
aduenoit vous ne verriez pas tant d'orages & tempeftes que lon voit fur la mer. Mais
quoy,le vent eft circulaire auffi bien que les Eftoilles, hormis celles des poles : & par
ainfi il a fon mouuement en rond : & auffi que la chaleur eftant efpaiffe en l'air,elle eft
repouffee du froid, lequel la rembarre contre fon oppofite,& caufe que és lieux où le

Que c'eft que vét, & comme il f'engendre.

Vent qui renuerfe les maifons & arbres. vent ne peult courir & vaguer tout à fon aife, il eft fi impetueux, qu'il defracine les arbres, & efbranle les maifons, abbattant fouuent la couuerture des mafures, & tout ce
qui fe rencontre au deuant de fon cours. Plufieurs anciens Infulaires m'ont fouuentefois dit, que les cauernes de la terre de leurs ifles, font celles qui font caufe de la creation des vents, & tremblement de terre : car les parties de l'air f'y eftant enfermees,
l'vne voulant fortir, & l'autre l'empefchant, ce bruit f'y engendre, que nous appellons
Vent. D'où aduient que leurs montaignes pour eftre cauerneufes, font le plus fouuent
fuiettes à cefte incommodité, & que ces vapeurs fumeufes qui montent de la terre ef-
mouuans l'air, caufent les vents : ce qui eft fort vray-femblable, comme ie leur difois,
d'autant que les païs qui font Septentrionaux, & par confequent froidureux, & chargez de vapeurs, font plus expofez & fuiets aux vents, que ceux qui font en regió chaulde. Ainfi le chauld attirera la vapeur & la haulfera, mais le froid caufera le foufflement
des vents, & le pouffera hors. Et ne puis eftre efmeu de la raifon de ceux, qui voulans
prouuer le chauld eftre la caufe qui pouffe hors les vents, ameinent vne fimilitude en
la nature mefme, laquelle leur nuit plus qu'elle ne les ayde. Or vn Pilote Normant,
eftant à S.Malo en Bretaigne, à la prefence de Iacques Cartier, celuy qui defcouurit la
Comparai-fon affez mal fondee. prouince de Canada, de ce conferant auec luy, me donna vne comparaifon affez mal
fondee. Vous voyez (dit-il) vne bufche verte eftant au feu, elle petille, & fentant la
chaleur, contraint la fumee de f'euaporer, & ceder à la partie chaulde, comme le vent
en l'air eft pouffé en bas par ce qui eft chauld. Mais c'eft mal aduifé, comme ie luy dis,
d'autant qu'en cefte bufche eftant au feu, ce n'eft pas la matiere chaleureufe qui caufe
cefte euaporation, c'eft pluftoft le froid mefme qui pouffe par l'effort de fa vapeur &
humidité ce vent encloz, folide & verd de la bufche : ce qui fe peult voir en celles qui
font feiches, & fans humeur, lefquelles ne refiftent aucunement à la force du feu, comme eftans fans humeur. Auffi fi cela eftoit veritable, ce ne feroit pas la chaleur qui feroit l'attraction, & cauferoit que ces vapeurs mótaffent en hault, ains ce feroit le froid:
ce qui eft contre tout ce que i'ay experimenté, dy-ie, en deux mille & diuers lieux &
païs de l'Ocean Septétrional, & fon oppofite, là où la mer Mediterranee eft beaucoup
plus coye que les autres, & moins venteufe : veu que le chauld ayant efpaiffi par fon
attraction des chofes humides la purité de l'air, le froid qui ne les peult fouffrir, les repouffe, & ainfi caufe ce vent, duquel les effects & danger en aduient. Bien eft vray que
Deftroits & goulfes fort dange-reux. és deftroits & goulfes de cefte mer Mediterranee, il fait dangereux aller, à caufe non
de la region chaulde & froide, ains pource que les grandes chaleurs y attirent le vent,
lequel eftant repouffé par la froidure, & n'ayant point libre faillie, il y ioue fes ieux, &
fait periller fouuent ceux qui en approchent. Lon peult voir és deftroits & goulfes de
Corinthe, mefmes à celuy de Venife, toute cefte ample obferuation : en celuy de Zabache auffi, dans lequel entre la mer Maieur. Ie vous prie voyez ceux de Chine, Bangale,
Quinci, Cochim, Cambaie, qui font és Indes Orientales, & le goulfe des Perles, qui eft
pres de *Themiftitan*, en la mer du Su : celuy de Gotthie, ceux du Peru, Vraba, de la mer
Rouge, & noftre fein Perfique, auquel font les *Azzaiaz* en langue Arabefque, fçauoir deftroits, fils ne font fuiets aux mefmes fortunes que les premiers. En quoy il
fault noter, que la mer eftant ronde, elle embraffe circulairement toute la terre : & quoy
qu'elle porte diuers noms felon les regions où elle paffe, foit en Afie, Europe, ou Afrique, ou és parties de ce nouueau monde defcouuert de mon temps, fi eft-ce que fon
mouuement eft Occidental, tant en vne part que l'autre de tout le monde. Qui me fait
dire, que les Pilotes bons & accorts, f'engoulfans en quelque lieu, ne fe foucieront pas
beaucoup pour la prediction des orages & tempeftes, de prendre leur efgard aux
Eftoilles & à la Lune, poiffons, ou autres fignes, defquels les Anciens, mefmes quelques
Modernes

Modernes en ont fait de fi beaux comptes, comme de Caftor & Pollux, & vn tas de
follies qui feruent plus d'amufer les fols à rire, que de profit que le Pilote y puiffe attendre ny efperer. Si Theuet fimplement eut prins efgard aux ondes f'entrebattans, ou
aux poiffons auffi de la mer, ou aux oyfeaux f'efloignans d'icelle, ou bien aux efclairs
flamboyans qui tomboient du ciel, & à ie ne fçay quelles follies qu'en ont defcrit ces
bonnes gens par faulte d'experience, il y a long temps que ie fuffe englouti de la mer,
pour feruir de pafture aux poiffons. Mais le bon Pilote eft celuy, qui fçait fur le doigt *Le Pilote*
& entend fes trentedeux Rumz de vents, par lefquels il cognoift mieux que par autre *doit enten-*
dre les tren-
confideration, quelle faifon & fortune le doit fuyuir, felon les païs qu'il trauerfe: pour *tedeux Rūz*
à quoy paruenir, la Charte marine & la cognoiffance d'icelle luy eft trefneceffaire, *des vents.*
ioinct auffi la haulteur du Soleil: car c'eft par icelle que l'attraction des vents luy eft
manifeftee, & ladite haulteur luy eft cogneuë, f'il eft bien verfé en l'vfage de l'Aftrolabe. Ie ne veux oublier à dire, que plus de mille fois eftant couché l'efchine & doz deffus le tillac du nauire, & ma veuë droicte au ciel, i'ay veu le vent du Nort qui nous fauorifoit, & eftant propre pour l'expedition de noftre voyage: au contraire ie contemplois en l'air le vent du Su qui luy eft oppofite, qui chaffoit les nuees vers ledit Nort
de la part d'où nous venions: qui eft chofe manifefte, que les vents de terre & de mer
fouuentefois font oppofites à ceux de l'air & des haultes montaignes. I'ay veu & apperceu changer les vents de mer plus de cinquante fois en vne heure, lefquels venoiēt
fi fubitement, que lon ne pouuoit remedier à la fortune, & eft on contraint d'aller à
leur mercy: dont fouuent aduient que les hommes & les vaiffeaux font engloutis aux
profonds abyfmes de l'eau. Voyla ce que i'auois à dire des vents, puifque i'eftois fur le
propos de cefte ifle tant expofee au foufflement de l'Oueft, qui luy eft fi contraire &
fafcheux. En cefte ifle de Quexumi fe pefchent des Perles, mais le principal trafic d'i-
celles fe fait à Baharem, de laquelle i'ay amplement parlé cy deffus.

De l'ifle de CARGE, où defembarquent tous Ambaffadeurs: & de diuers
pourtraits naturellement grauez contre le marbre.
CHAP. VII.

T I R A N T vers l'emboucheure d'Eufrate, dans la mer, vous voyez l'ifle
de *Carge*, efloignee de *Quexumi* enuiron foixante lieuës, & de terre
ferme vingtcinq ou trente lieuës, ayans fon regard au Royaume
d'*Afna*: la ville plus voifine duquel eft *Loron*, nommee *Mucal* par
les Arabes & Perfiens, eftant fituee fept degrez pardeça noftre Tropique. Cefte ifle a efté de tout temps fuiette aux Rois de Perfe, & pource les Infulaires font tellement habituez & alliez auec eux, que f'ils fe trouuēt en quelque lieu, ils fe refpectent comme f'ils eftoient de mefme païs, fang & famille: lefquels
fe font fi bien maintenuz en telle amitié, que rien plus. Car le Sophy voyant que cefte
ifle luy eftoit fort neceffaire, les a fi doulcemēt traitez, qu'il n'a auiourdhuy fuiets plus
fidelles, & defquels il fe vouluft tant aider. Et tout ainfi que ceux qui viennent d'Ar- *Defembar-*
menie, ou qui defcendent d'Arabie, Taprobane, Cathay, Cephale, ou Ethiopie, pour *quemēt des*
Ambaffa-
venir offrir prefens au Sophy, ou qui viennent en Ambaffade, defembarquent en cefte *deurs eftran*
ifle, ainfi auffi ceux des Indes defcendent à Ormuz. Carge eft pour le iourdhuy autant *gers.*
bien habitee & riche que autre qui foit en toute la mer. Il y a vne grande incommodité, c'eft que la terre eftant fort baffe, l'air y eft auffi mal fain & caterreux: & toutefois
ne laiffe le païs d'y eftre fort bon & plantureux, f'y trouuant abondance de tout ce qui

11

fert à la vie de l'homme, & à bon & raifonnable pris. Quant au peuple, il imite en partie la nature & mœurs des Arabes, & font les païfans fort fubtils larrons: partie ils tiennent de la magnificence des Perfés, aymans d'eftre bien & richement veftus, & de tenir bonne table. L'ifle eft grande, & affife en longueur, fans que la largeur contienne plus de fix lieuës, là où elle en a plus de vingtcinq en lögueur. Leur perfuafion eft telle que celle des Perfiens, & honorent Mahemet, receuás les feules Propheties de Haly, & reiettans le refte de fes fucceffeurs comme heretiques, qui caufe qu'il y a guerre entre le Turc & le Sophy : de la grandeur & puiffance defquels i'ay parlé en autre lieu.

Trafic de Diamants en roche. En Carge fe fait grand trafic de la pierre de Diamant eftant en la roche encor, non que le Diamant fe trouue en cefte ifle, ains eft fa roche à plus de fix cens foixante lieuës de là. Ceux qui la veulent aborder, faut qu'ils approchét pres de terre, veu qu'en plufieurs endroits la mer eft pleine de bancs & fablons, lefquels empefchent le nauigage. Or le meilleur chemin fe prend du Nort au Su, bien que lon y puiffe aller affez affeurément tenant la droite route à Quexumi, là où Carge fait vn port, reffemblant la figure d'vn demy Croiffant. A Carge fe fait auffi marchandife & trafic de Perles fines, qui y font à affez bon marché, d'autant que ceux qui en vendent, ne font pas trop experts marchás de telle denree. Le plus en quoy ils f'amufent, c'eft à accouftrer des vafes de Porcelaine, laquelle ils cópofent d'efcailles d'huiftres, & de coques d'œufs, d'vn oyfeau qu'ils appellent *Tefze*, & fes œufs *Beydé*, lequel eft gros comme vn Oyfon, & de plufieurs

Comme fe fait la riche Porcelaine. autres oyfeaux, qu'ils nomment en general *Thayr*, auec autres materiaux qui y entrét. Et ne penfez pas que cefte pafte foit mife tout foudain en œuure, ains paiftrie comme elle doit eftre, on la met foubz terre, où on la laiffe pour le moins l'efpace de quarante ans, & quelquefois plus de foixante, & enfeignent les peres aux enfans où ils ont mis cefte compofition: laquelle eftant venue à fa maturité, & affinee en toute perfection, ils la tirent de là, & en font des vafes, & autres gentilleffes, defquelles nous faifons fi grand compte: & au lieu mefme d'où ils ont tiré cefte pafte, ils en remettent d'autre, tellement qu'ils ne font iamais fans auoir de la vieille, pour mettre en œuure, ne de la nouuelle, pour la faire purifier, affiner & parfaire. De cefte marchandife fe chargent volontiers les marchans qui viennent là de Surie, affeurez de f'en deffaire puis apres, & y gaigner leur vin, auec les Chreftiens trafiquans en Egypte, tels que font les François, Venitiens, Geneuois, Florentins, & autres. A *Cananor*, & *Zeilan*, qui font aux Indes Orientales fe trouue de cefte Porcelaine, fi verte que lon iugeroit à cötempler les vaiffeaux que lon y fait, que c'eft vraye Emeraulde: mais c'eft vne efpece de Iafpe verd, felon l'opinion des Iuifs, & ce qu'ils m'en ont recité: defquels l'vn feul petit vas fait és Indes Orientales, vault mieux que trente de ceux qui font faits en cefte ifle, de laquelle ie parle: car elles font d'autre eftoffe. Eftant pardelà, i'ay veu vne pierre fine, nommee Iacinthe, laquelle eftoit de quatre couleurs, à fçauoir bleuë, rouge, orangee, & violet-

Chofe admirable de nature. te, à laquelle couleur derniere elle tiroit plus que à toutes les autres. Cefte pierre auoit enuiron cinq pieds de haulteur, & trois en largeur: laquelle regardant au Soleil, ie voyois l'effigie d'vn homme grauee de la vraye nature de la pierre, lequel eftoit monté fur vn Elephant, & fi bien tiré, qu'on euft dit que les premiers peintres du monde auoient paffé leur pinceau par deffus, pour faire quelque chofe de fort excellent. L'homme qui eftoit fur ceft Elephant, auoit vn habillement à la Morefque, tout rouge cóme Efcarlate: fon *Alamama*, fçauoir le Turban eftoit bleu: le tout de cefte effigie n'ayát que deux pieds de long, & la largeur empörtant vn peu plus, à caufe des proportions de la befte. Vn Officier de ce païs tenoit cefte Pierre fort polie & nette en fon logis, la prifant comme vn threfor exquis, tant pour la grandeur de la pierre, que pour l'effigie naturellement faite là dedans. Ils appelloient cefte pierre *Pyraphyph*. Or ne fault il

fefbahir, fi ie dis que cefte pierre fut ainfi effigiee, fans que la main de l'ouurier y eut
paffé, veu que Nature ouure bien de plus grandes chofes, & auffi que fouuét lon trouue diuerfes figures de beftes és pierres Chryfolites, Caffidoines, & Cornelines : voire
rompant & poliffant le marbre, de quelque efpece qu'il foit, vous y voyez les veines
d'iceluy vous reprefenter mille fortes d'animaux, ou païfages, que le Graueur feroit
bien empefché à les figurer fi mignonnement, comme fait la nature en fa naïfueté : &
ne vous dis rien que ie n'aye veu, & que l'experience ne m'ait fait cognoiftre la verité.
Donc pour preuue de mon dire, ie ne philofopheray point feulement par raifons na- Marbre de
diuerfes cou-
leurs.
turelles, ains y adioufte ce que mes yeux ont veu du temps que i'eftois en Iudee : là où
i'ay contemplé grande diuerfité de Marbres de diuerfes couleurs, & embelliz d'vne
infinité de figures d'animaux & poiffons de diuerfes fortes : mais le plus qui me donna d'eftonnement, fut en Bethleem, à l'entree de la grand'Eglife, à main gauche, là où
ie veis vn Autel de marbre blâc auffi naturel, au milieu duquel y auoit effigié vn Euefque, lequel tenoit vn enfant nud entre fes mains : ioignant lequel enfant eftoit vne
femme tenant les mains iointes vers l'Euefque, & encor deux autres femmes aupres
d'elle, l'vne defquelles tenoit vne chandelle, & l'autre vn panier, le tout fait fi proprement, qu'il n'eft homme qui ne fefbahift de veoir vn argument fi apparent de la diuerfité des effects de Nature. Dauantage foubz la mefme Eglife, au lieu où noftre Seigneur nafquit, ie veis vne pierre de Iafpe bien polie, ayât deux pieds & demy de long
ou enuiron, & pres de deux de large, dans laquelle eft effigiee vne figure d'vn Vieillard, long d'vn pied & demy, couché de fa longueur, tenant la main foubz fa tefte côme fil dormoit, la barbe longue iufques à fa ceinture, vn chapeau rouge (d'autant que
la pierre eft quafi de telle couleur) & vn accouftrement d'Hermite : de forte que lon
iugeroit que ce fuft la figure d'vn fainct Hierofme, lequel fut inhumé là aupres, ayant
tant trauaillé pour l'Eglife de Dieu en ces païs là de Iudee. Les Grecs & Armeniés me
dirent ce qu'ils croyent auffi, que la bonne Princeffe fainéte Heleine, fort religieufe,
mere de Conftantin le Grand, feit porter là ces pierres, & pofer en ce temple, pour ornement du lieu, où le Seigneur de tout le monde auoit prins naiffance. Dans la mefme
Eglife fouuent ie contemplois vn grand nombre de Colomnes de Iafpe, luifant comme vn miroir, là où ie voyois plus de trete mille petits pourtraits d'oyfeaux, poiffons,
fruicts, riuieres, ifles, beftes, & autres figures merueilleufes viuantes fur terre. Eftant en
Alep, ie vey encor vne autre piece, qui eftoit de Iafpe Porphiré, dans lequel vous pa- D'Halep, et
de ce que
l'Autheur
a veu.
roiffoit vn Bœuf paiffant, & derriere luy vn arbre tout chargé de fruicts, comme petits coings. Cefte piece eftoit faite en Ouale, laquelle n'auoit qu'vn pied & demy de
tour. Ie veis auffi vne table d'Agatte, où nature auoit reprefenté le vifage d'vn homme
tout tel que les Anciés l'ont figuré pour vn Apollon, fi bien fait, que ie ne fçache pain-
tre, qui ne fe trouuaft empefché à le contrefaire. Cefte piece eftoit à vn marchand Venitien, lequel me la monftra lors que ie demeurois en Crete. Eftant au grand Caire, le
Patriarche des Grecs me monftra vne petite piece de Iafpe treffin, où eftoit naturellement graué vn chapeau d'efpines, de couleur verte, large comme vous diriez vn noble
à la Rofe : & au deffoubs vne maniere de Fleur de lys, moitié blanche, & moitié rouge, & mille petites gaillardifes tout autour, le tout fait à l'antique. Eftant auffi en Gré-
ce en la ville d'Athenes, ie veis pareillement dans vne piece antique de marbre noir,
trois eftoilles, ayans chacune vn pied en rond, foubz lefquelles y auoit vne façon de
globe, la moitié duquel eftoit dans vne riuiere, dont la fource venoit d'vn hault rocher : & euffiez dit à voir telles chofes, que c'eftoit le vray naturel fait de main d'hôme :
& eftoit ladite piece cimentee contre vne cheminee d'vn Preftre Grec, que fa femme
me môftra, apres l'auoir nettoyee de toutes parts. Il me fouuient qu'eftant au païs des

Sauuages, ie veis vn certain petit rocher blanc, dans lequel y auoit tracé vn vifage autant bien fait qu'on fçauroit imaginer. Ce n'eftoient point les Sauuages qui l'auoient
fait, & me femble qu'il eft impoffible que l'homme puiffe befongner fi fubtilement,
que de grauer dans le roch, fans qu'on cognoiffe que le cifeau y ait paffé. Encor ceux
qui vont le long de la mer Germanique, ne vous celeront point, qu'au Royaume de
Suece, pres la ville capitale d'iceluy, dite *Holme*, fe trouue vn port nómé *Hidinfuathen*,
ou *Elgxuaben*, ainfi nommé par les Afnes & Alfes fauuages qui fy retirent : là où les

*Langues de
Serpents ap-
portees de
Malthe.*
montaignes qui font autour du port, font faites tellement de Nature, qu'on penferoit
que ce fuffent des Bourguignottes & Salades, deffeignant par là, que ce peuple Septentrional eft plus né à la guerre qu'à autre exercice. I'ay apporté de l'ifle de Malthe de
certaines chofes que ie trouuay és rochers, lefquelles on diroit eftre Langues de Serpents, ayans la dureté d'vn bec d'Aigle, & couleur d'vn ongle, & le dedans tout ainfi
fait, que fi c'eftoit mouëlle : ce qui fert contre le venin. I'en auois vne grande de demy
pied ou enuiron, que ie donnay à l'Allemát Gefnerus : lequel n'a fait comme plufieurs
autres, lefquels fe font aydez de mes labeurs & fingularitez, entre autres vn qui veult
paruenir, blafmát ceux defquels il ne fçauroit auec fes larcins fuyure la trace, ains confeffe dans fon Hiftoire des Poiffons auoir receu cefte Langue de moy : laquelle les Allemans nomment *Einftein-vvelihen*. Nature a ouuré cecy, & non l'homme, tout ainfi
qu'és arbres & plantes ou racines d'icelles. Ainfi ces langues fufdites demeurent en
mon endroit fecrets de Nature, & non membre aucun d'vn Serpent, veu que ce feroit
vne grande folie de penfer, que les langues Serpentines fe fuffent là arreftées apres le
Deluge, ainfi que quelques vns m'ont voulu faire accroire. On auroit encor beau difcourir, qui farrefteroit aux Colomnes garnies de diuerfes figures, païfages, riuieres, anciennes Obelifques & Pyramides, que i'ay veu en la Palefthine, Egypte, Grece, & Turquie : que iaçoit que les Infulaires de Carge abhorrét & deteftent toute efpece de figure & fimulachre, ainfi le deffendant en fon Alcoran le grand Arabe, fi eft-ce qu'en ces
païs fe trouuent telles chofes. En ceftedite ifle voit on les ruïnes d'vne ville ancienne,
que iadis on nommoit *Saphai*, ou *Saph*, autrefois place de grand renom : en laquelle
lon tient auffi compte des medalles & figures des Rois anciens, & prifent les ftatues
des grands, qui iadis regirent cefte terre : lefquelles font de haulteur proportionnee à
celles que noz Romains difent auoir efté la ftature des anciens Geants.

De la fuperftition de ces anciens Infulaires, & de diuerfes efpeces d'arbres, que produit l'Ifle. CHAP. VIII.

T D'AVTANT qu'en ces grands amas de pierres, qui fe font és Obelifques & Pyramides, lon cachoit iadis les corps des trefpaffez, fault
noter que vis à vis de cefte ifle fe trouue vne contree, ayant trentequatre lieuës de longueur, & vingtfept en largeur, nommee *Filham*, des
autres ruftiques *Baccara*, pour le grand nombre de vaches qui y repairent : en laquelle gift vne petite ville ou cafal, que le vulgaire, fuyuant le nom ancien des Arabes appelle *Philc*, & les Chaldees *Phabatha*. En cefte ville peult on cognoiftre combien ces voifins de la mer ont efté plus fols, fuperftitieux,

*Sepulture
des Affy-
riens.*
& fuperbes à l'endroit de la fepulture des morts, que ne furent onques les Affyriens.
Ce qu'ils ofent bien vanter, & le tefmoignent leurs hiftoites, d'auoir furpaffé tous
leurs voifins, parce que dés qu'vn homme eftoit mort, non feulement famufoient-ils
à luy faire de belles, fumptueufes & riches obfeques, ains incifans le corps & hault &

bas,l'empliſſoient de drogues precieuſes & aromatiques,quaſi ſ'approchans à la façon
& maniere dont vſoient les Egyptiens:& ſur toutes vſoiét-ils d'vne gomme, qui procede d'vn arbre nommé *Folgoph*, ſçauoir l'arbre du Dieu,pourcè que ce fruiɕt eſtoit
iadis dedié à vne telle idole,que lon nommoit du nom de l'arbre : & par ce moyen ils
conſeruoiét les corps des treſpaſſez:vſans auſſi de l'huylle Amardine, tirée d'vn fruiɕt *Huylle de*
portant ce meſme nom,ſemblable à vn petit marron,& l'arbre qui le porte eſt comme *Amardi-*
vn Dattier ſauuage,tels que i'en ay veu en quelques endroits d'Egypte, & en l'Arabie *ne.*
heureuſe :& quoy que les rameaux ne ſoyent ſi longs,ſi eſt-ce que les fueilles en ſont
pareilles.Ie ne ſçay ſi la pierre dite Amardine,n'a point prins ſon nom de ceſt'huylle,
ou l'huylle de la pierre: veu que l'vn & l'autre ſe rapportent en couleur, & que auſſi
bien l'huylle que la pierre,ſert à purger toute ſorte de putrefaɕtion, & à chaſſer le venin dans le corps caché. Et ſe trouue ceſte pierre en la haulte Perſe, & ſur tout pres vn
petit fleuue,nommé *Pelzeron*, diſtant de celuy de *Elchanan*: que faulſement noz baſtiſſeurs de Chartes ont nommé *Ilmant*, enuiron trentedeux lieuës. Pluſieurs de ceux
qui trafiquent en Egypte & en la Paleſthine, demandent de telles pierres, & les acheptent fort cherement. Mais,Dieu ſçait, comme les Iuifs les falſifient, leſquels ne font
eſtat que de piper & tromper tout le monde:ce qu'ils font plus finement que les Char-
latans:la couſtume deſquels eſt notoire à chacun.Ce peuple eſt fort addonné à la contemplation pour l'eſgard de la vertu des ſimples,veu que vn pauure païſan y diſpute-
ra mieux de la nature & force d'icelles,que ne feroit le plus doɕte Medecin de Grece,
d'Italie,ny de Fráee. C'eſt certes en ces endroits là où Matthiole deuoit voyager & ar-
boriſer,d'auát qu'il y euſt trouué dequoy ſ'employer dauátage qu'en ſon païs Senois.
Vous y voyez d'vne ſorte d'arbre, que ceux du païs nomment *Buſichef*,duquel auſſi
ſe trouue en terre ferme, à cauſe que l'air y eſt fort temperé, deſquels les vns ſont fort
eſpineux, & participent plus de la plante que de l'arbre, & produiſent certains petits
fruiɕts ſemblables à celuy que i'ay veu en l'Antarɕtique, que les Sauuages nomment
Gera-vua, lequel eſt plus gros qu'vn pruneau de Damas, & eſt la vraye nourriture de
ce gros bec d'oyſeau, qu'ils nomment *Toucan*. Le fruiɕt du *Buſichef*, eſtant à ſon naiſtre,& ſortant de la fleur,deuiét rouge comme vne guigne:& quelque meur qu'il ſoit,
ſi eſt-il touſiours ainſi aigre que le grain de verius.De ce fruiɕt vſent les païſans allans
au labourage,à fin de ſe deſalterer:ſ'ils le couertiſſent en breuuage,il ne ſe peult adoucir,& ne dure que trois iours ſans ſe gaſter.Le fruiɕt vient tout à vn môceau,tout ainſi
que font les Dattes, & l'appellent ceux du païs *Rachef*, & les Arabes *Raham*, d'autant
que ce fruiɕt eſt propre pour faire conceuoir les femmes : la feuille en eſt eſpeſſe comme le doz d'vn couſteau, eſtant faite comme celle du Lierre, ayant meſme gouſt que
le fruiɕt.Les Medecins de ce païs là ſ'en ſeruent auſſi contre la pleureſie,& mal d'eſto- *Medecins*
mach,la faiſans bouillir dans vn vaſe auec l'eau d'vn mareſt, qui eſt au milieu de l'iſle, *Inſulaires.*
laquelle eau à la voir on diroit qu'elle ſeroit toute bleuë. D'autres font du ius de la
fueille de cedit arbre, qui eſt fort verd, puis ils vous en peignent les plumes d'Autru-
che, & d'autres oyſeaux : laquelle teinture eſt la plus fine qu'on ſçauroit trouuer au
monde pour ceſt effeɕt:& y adiouſtent graiſſe & fiel de la beſte nommée *Appel*, laquelle fait ſa demeure dans des rochers comme vn Teſſon. Et puis que ie ſuis ſur ce
propos,il fault que ie parle d'vne herbe qui ſe trouue en ceſte iſle : & de laquelle n'ont
eu aucune cognoiſſance Pline, Theophraſte, ou Dioſcoride. Ceſte plante ſe nomme
en leur patois *Caa-ragel*, mot ancien & corrompu, ſignifiant Herbe, & mot general à
toute eſpece de plante:mais ſon propre nom eſt *Axepha*, & en langue Perſienne *Ne-*
huſta. Et certes ce n'eſt ſans cauſe qu'ils luy ont donné ce tiltre, veu qu'en tout le reſte
du monde n'y a point fueille, racine, fleur, ny fruiɕt, ou ſemence d'herbe, plante, ou

Herbe & fruict mortifere.

fruictier, qui porte la mort fi prefente & foudaine, que fait le gouft de cefte plante. Et qu'il foit ainfi, s'il aduient que deux fe querellent enfemble, comme fouuent il leur ad-uient, ou que le maiftre fe fafche contre fon efclaue, la plus grande imprecation qu'ils leur peuuent faire, c'eft de leur dire, *Alla adullal chunap caout caa-alragel Axepha*, qui veult dire, Mon Dieu, va t'en d'aupres de moy, mefchant, que la racine d'*Axepha* te puiffe empoifonner & eftouffer. D'autant donc que cefte racine eft dangereufe, auffi en fouhaittent-ils à leurs ennemis, à la maniere des femmes enragees de Lymofin & Poictou, qui fouhaitent la boffe ou la pefte à ceux qui leur font tort, & les ont offen-fees: mefmes les Parifiennes en font fort bien leur deuoir, lors qu'elles font animees à l'encontre de quelques vns: ie m'en rapporte aux Harangeres & vendeufes de denrees. Cefte plante eft de nul effect entr'eux, mais les Iuifs & Arabes, qui fe meflent fort de la Medecine, la fçauent appliquer contre les venins, d'autāt que l'vn venim attire l'au-tre: & és deferts d'Arabie tirant vers le mont Sinay, l'vfage en eft fort requis, à caufe des beftes venimeufes qui y repairent, parce qu'ils prennent ou la fueille ou la racine de l'Axepha, & l'appliquent fur la morfure, & s'en trouuet fort bien. Or eft cefte fueil-le faite comme celle d'vn ieune Palmier, ou Efpurge, mais plus longue. Entre les fueil-les elle apporte vne certaine graine, qui reluit comme vne Perle, & prefque de mefme couleur, non qu'elle approche de la grandeur. En toutes ces ifles fe trouue encor vn arbre efpineux, & s'appelle entre eux, *Zelaza*, ayant auffi la fueille fort efpineufe & ef-paiffe, & faite à la forme d'vn fer à cheual. Il deuient hault de deux à trois coudees: & quoy qu'il ait le pied auffi gros que la cuiffe d'vn homme, fi eft-ce que cefte tige eft tendre, & n'apporte aucun fruict: feulement fon efcorce fert à faire vne decoction, pour faire vfer à ceux qui font malades d'hydropifie, ou autre enfleure: & s'en voit de grandes experiences à quiconque en prend par l'efpace de huict iours. Ladite efcorce eft fort amere, rendant vn certain ius demy gommeux, & tout blafart. A celuy qui en vfe, cefte decoction le prouocque auffi à vriner, encores qu'il fuft le plus graueleux du monde: & non pourtant laiffent-ils de tirer du fang au patient, veu que toutes leurs cures font aidees par la Phlebotomie. L'efcorce encor & racine de ceft arbre feruent à faire des dormitifs à ceux qui ne peuuent repofer, lefquelles ils pilent & broyent en-femble, puis les appliquent fur le nombril du patient, quelquefois au front, autres le mettent à la plante des pieds, & endort fi bien qu'il fault le plus fouuent efueiller ceux qui en font endormis à toute force. En cefte contree ils ont en grand' reuerence les Medecins. Les Arabes leurs donnent diuers noms, mais ceux qui vfent de la langue vulgaire Hebraique les nomment *Rapha*: qui ne fignifie autre chofe en langue Syria-que que Medecine: lefquels font ceux qui fecourent les malades, non feulement par

Medecins feruent d'Apothi-caires.

leurs ordonnances & receptes, ains encor y appliquans la main en toutes chofes, & font eux mefmes Apothicaires, à la maniere & façon de faire des Arabes, Indiens & Iuifs Leuantins: n'vfans point d'vne infinité de compofitiōs defquelles nous nous ay-dons en France: attendu auffi qu'ils ont toutes fortes de drogues frefches & non cor-rompues, comme fouuent nous en auons de pardeça, à caufe des regions & païs loin-tains defquels on les apporte. Ils viuent fort longuement, & viuroient encor dauan-tage, n'eftoit qu'ils font tant addonnez à leurs plaifirs & paillardife, que ie m'efbahis comme il eft poffible d'en voir vn qui attaigne l'aage de cinquāte ans, pour ce mefme vice: & toutefois vous les voyez aller iufques à cēt, voire fix vingts ans de leur aage. Ils fe deffient fort de ceux de terre ferme, lefquels ils fçauent eftre mauuais garçons, & n'en laiffent gueres entrer à troupes dedans leur ifle, pource qu'ils en ont efté deceuz autrefois. Il fuffit pour le prefent d'auoir difcouru de cefte ifle, eftāt faifon que ie paffe oultre, pour vous monftrer le refte de ce qui eft beau & remarquable en toute la mer de Perfe.

De l'isle Tassiane, & des Enchanteurs & Magiciens.
CHAP.   IX.

V N   R o y de terre ferme, nommé *Iupul-belicq* (autres luy donnent le nom de *Iucadam*) vers la riuiere du Tygre, ayant perdu vne bataille, comme homme desesperé, luy & ceux qui peurent eschapper, se sauuerent en Perse: & ne pensans estre seurement en terre ferme, sen vindrent en ceste isle pour lors deshabitee, là où ils cultiuerent la terre, & saddonnans à la contemplation de l'Astronomie, se rendirent admirables aux Rois & Satrapes de Perse: si que rien ne se faisoit ou consultoit que par le conseil, & authorité de ces sages Enchanteurs: & alla la chose si auant, que nul ne pouuoit obtenir la couronne Royale des Perses, si premierement il n'estoit initié & instruit en la Magie. Mais ces galans perdirent leur credit soubz Astiage, qui en feit pendre vne belle trouppe, pource qu'ils auoiēt fauorisé ses ennemis. Le reste qui peut se sauua dans ladite isle, laquelle fort long temps a porté le nom des Magiciens, qui soubz le grand Alexandre (portans toutesfois le nom de Chaldees) luy predirent sa mort, sil sarrestoit en l'ancienne Babylone. Tassiane donc est assise à huict degrez pardeça le Tropique de Cancer, au septiesme paralelle, vis à vis des montaignes Raabemintes, lesquelles sont en l'Arabie deserte, distant de terre ferme enuiron dixhuict lieuës. L'isle est petite, ne contenāt que six lieuës de circuit, belle, bien peuplee, & assez fertile, assuiettie au Roy de Perse, sans que autre que ses Officiers aye commandement ou superintendance sur ces Insulaires. Or est elle nommée Tassiane, du nom de *Thassi Atte-loupt*, qui signifie, Lieu bien aëré. Si est-ce que ce mot est venu à l'isle de grande ancienneté, portant encor le nom de celuy qui le premier (apres que les Magiciens en furent chassez, & qu'elle fut demeuree à quelques autres habitans) la repeupla, & remit ses suiets en toute Loy & police ciuilisee: les Arabes luy donnent le nom de *Thamar*, pareillement les Iuifs, à cause des Palmiers, en quoy elle foisonne sur toutes les autres isles de ceste mer. Ce Roy qui la subiugua, sappelloit *Thassi*, lequel ayant passé maintes prouinces, & grandes riuieres, & sur tout celle de *Stelpe*, sen vint de Mesopotamie pour conquester les païs de Susiane, de Casse, & de Suze, & fut deffait & mis en route, ayant perdu plus de cinquante mille hommes aux combats: & sçachant que ses ennemis taschoient à luy clorre passage, & qu'il estoit impossible qu'il sen retournast en son païs, à demy desesperé se meit sur mer auec le reste de son armee, conduite par son Lieutenant nommé *Vvictenich*: & vint surgir à l'isle des Magiciens. Les habitans se voyans surpris, ce que iamais ne leur estoit aduenu, quoy qu'ils sentissent bien quelque estonnement, si ne perdirent-ils du tout cueur, ny desir d'empescher que le Roy fugitif ne semparast de leur isle: ains à coup de flesches, de pierres, & de massues feirent tout le deuoir qu'il leur fut possible de conseruer leur païs & liberté. Ainsi combattans vigoureusement, perdirent plusieurs des plus gentils compaignons de leurs soldats, non sans faire sentir au Thassi sa part de la perte: lequel souhaittoit autant le repos, que ceux de l'isle la paix, de laquelle ils auoient iouy si longuemēt. Qui fut cause, qu'vne trefue estant accordee tant d'vne part que d'autre, apporta les moyens de la paix qui fut capitulee en ceste sorte: Que Thassi demeureroit Seigneur de tous les deux peuples, lesquels viuroient en vnion & concorde soubz les Loix & ordonnances dudit Seigneur. L'accord faict, chacun samuse à cultiuer l'isle, en laquelle Tassi regna quaranteneuf ans, riche & bien fortuné: quoy que contre la promesse faite à son aduenement à la Couronne, il eut fait la guerre aux Rois de Suze, *Metredich, Bizancol,*

Prediction des Insulaires touchāt la mort de Alexādre.

Hiftoire des Taffiaus.

& de Caffe : mais le tout profpera fi bien, que le peuple allant plus que volontiers aux expeditions pour luy gratifier & faire feruice. De cecy fe fçauent bien vanter les Infulaires, & fe glorifient de la vertu de leurs Maieurs, & que auffi ils ont gardé leurs memoires par efcrit dans leurs anciennes hiftoires incogneuës des Latins & Grecs, autất curieufement, comme arrogấment ils difcourent de ce qu'ils ont iadis efté. De ce Taffi donc ils impoferết le nom à l'ifle Taffiane, laquelle auoit le nom de *Samur*, ou *Samuz*, à caufe des Sablons blancs qui font en fon riuage. A prefent le Sophy la tient iufques à l'Arabie deferte bien auant, en laquelle il tient grand païs, & fur les bords de la marine plufieurs villes, & quelques fortereffes, pour refifter aux incurfions des Arabes, & non pour autre chofe, veu que ledit Seigneur a de couftume, que lors qu'il a prins quelque ville, cazal ou fortereffe, foit en la grand' Afie marchiffant vers le grand Cam de Tartarie, ou de la part des terres qui font fuiettes au Turc, il n'en laiffe pas vne fans la defmanteler, & y demolir Tours, Bouléuerts, Plateformes, & autres fortes de fortifications : tellement qu'il femble que ce foit vn orage par tout où il paffe. Ayant tout ruiné, abbattu, & faccagé, il meine en feruitude les plus grands & plus riches des lieux fubiuguez : & quelquefois il les fait mourir, accompaignez de leurs enfans & famille, à fin que nul ne foit qui puiffe efmouuoir, ou fe reffentir de l'iniure receuë. C'eft pourquoy ces Infulaires luy font fi efclaues, non de deuotion qu'ils luy portent, ayans encor la memoire frefche de leurs anciens Seigneurs, ains forcez par fes loix, & par la felonnie & mauuais traitement qu'ils reçoiuent des Officiers dudit Seigneur. Les Thaffiens font addonnez, tant hommes que femmes, & auffi ftilez à la guerre, fi eft-ce que pourtant ils n'offenfent iamais ne l'eftranger, ne leur voifin, fi les premiers n'ont efté intereffez, ou fi quelcun ne feffaye de furprendre leur païs. Ceux qui font de la part de la Mefopotamie (nommee auiourdhuy par ceux du païs, & qui vfent encor de la langue Chaldee *Bein-elnaharaim*) d'Affyrie & Mede, trafiquent plus couftumierement du cofté de cefte ifle vne fois l'an, que pas vne des autres nations, pource que le trafic y eft plus libre que ailleurs, & à caufe qu'elle eft (ainfi qu'il a efté dit) fuiette à *Copfohery*, & la plus part des prouinces fufnommees, defquelles eftoit iadis compofee la Monarchie des Perfes. Or quoy que ces Infulaires, voire ceux de terre ferme, foient affez ciuils & courtois à l'eftranger, fi eft-ce qu'il fait bon fe tenir fur fes gardes, & eftre accort en fa parolle, d'autant que c'eft la nation la plus foupçonneufe qui viue foubz le ciel, & fils ont vne dent de laict fur vous, affeurez vous qu'ils ne failliront de vous donner quelque croc en iambe, à la maniere des Sauuages du païs Auftral : defquels ie vous ay parlé en mon liure de mes Singularitez, imprimé vingt ans y a, ou enuiron. Qu'il foit ainfi, il peult auoir vingtcinq ans, que cinquantefix Iuifs, accốpaignez de huict Turcs, & trois Maronites Chreftiens, abordẹrent en cefte ifle : où eftans furent accufez d'eftre efpions. Ils feirent ce qu'il leur fut poffible pour monftrer le contraire, & difoiết qu'ils eftoient venuz pour le trafic : mais le tout fut en vain, car on leur feit paffer le pas, & d'vne corde de chameau furent tous eftranglez, fans qu'vn feul d'entre eux en peuft

Iuifs efpions fur toutes nations du monde.

refchapper. Ces galans Iuifs, fils veulent feruir d'efpions à l'encontre d'aucuns Princes Chreftiens, ils faindront toufiours qu'ils font Chreftiens, pour mieux iouër leur tragedie. Il me fouuient que du temps que i'eftois en Egypte, en la ville de Rouffette, qui eft fur la riuiere du Nil, qu'il fut prins deux de fes gentils compaignons de Iuifs, accouftrez en Moynes Bafiliens, qui venoient du païs de Perfe : & qui les accufa, ce fut vne dame Iuifue nommee *Iabnia*, à la maifon de laquelle ils eftoient logez, en la faueur de fon mary qui luy auoit auffi mandé, du mefme païs de Perfe où il eftoit. Le Sangiac de la ville les ayant apprehendez, & trouué à leur valife plufieurs pacquets fadreffans à Muftapha, qui lors eftoit gouuerneur du païs d'Iconie, & de la Magnefie,

fils aifné de Solyman Empereur de Turquie, les enuoya liez & garrottez à la ville du
Caire:à laquelle deux iours apres furent ces nouueaux Moynes empallez à la grande
confufion & honte de tout le peuple Iudaique:& vous en puis affeurer,pour les auoir
veuz de mes propres yeux executez à mort. Les Rois Barbares ne f'aydent guere d'autres gens que de ceux là,quand ils ont guerre contre les Chreftiens,ou autres Rois Furcaniftes de leur mefme creance & foy. Pour mefme occafion i'ay efté fouuentefois en
mefme danger pardelà : & entre les autres eftant prins en la cópaignie de deux Grecs,
gens remarquables,vn marchant Armenien,& deux Efclaues, peu f'en fallut qu'on ne
nous mit à mort : & toutefois ne peufmes nous fi bien coulorer noftre dire, ou pallier
les caufes qui là nous amenoient, que ne fuffions traitez quelquefois de dragee telle
que celle qui pleut bien fouuent fur le doz d'vn Forçat ou Efclaue : dont trois ans entiers i'en ay porté les marques fur le bras dextre. A la fin efchappafmes nous par le
moyé de quelque ducat,que nous feifmes couler en la main des Officiers,qui voyoiét
bien que nous n'eftions point trop mauuais garçons, ny guere fuffifans pour dreffer
des menees:parquoy noftre vie fut fauue.Depuis que les Gouuerneurs de Taffiane eurent ainfi tué & facmenté ces marchans Iuifs,Turcs,& autres, on n'a plus frequenté cefte contree,& font feulement vifitez des Medes & Affyriens,veu que les Indiens & A-
rabes f'arreftent à Ormuz ou à Baharem, pour y faire le trafic: là où auffi y a vn magazin,& garnifon pour f'y maintenir.Il fait fort dangereux en ce pais là,auffi bien qu'en
Turquie,de difputer de leur Religion,ou bien mefprifer Haly,ou Mahemet, veu q̃ tel
forfait n'eft remis entre eux, que par la mort:ou fi quelcun defire de fauuer & racheter
fa tefte,il luy eft neceffaire d'eftre circoncis,& abiurant fa Loy & Baptefme,faire profeffion du Mahometifme.Mefmes fi vn Furcanifte,ou Alcoranifte renie fa Loy & Religion,pour en prendre vne autre,il eft traicté de mefme : & ne vous en puis autre tef-
moignage donner,finon ce qui aduint du temps que i'eftois pardelà,d'vn Arabe nom- | *Hiftoire*
mé *Hareth*, natif de la mefme ifle,homme (dy-ie) autát bien verfé aux langues Chal- | *d'vn Ara-*
dee, Morefque,Hebraique,& Arabefque, qu'autre que lon fceuft trouuer en Afie : le- | *be fait Chre-*
quel ayant demeuré efclaue en vne ville d'Ethiopie, nommée *Ragau*, auec vn mar- | *ftien.*
chant Abyffin, qui le mit en liberté, d'autant qu'il f'eftoit fait Chreftienner. Vn iour
print fántafie à ce nouueau Chreftien faire vn voyage à fon païs:ce qu'il accomplit. Y
eftant donc arriué, & recogneu de fes parens & alliez: vn iour aduint qu'vn fien
frere nommé *Saber*, le veit entrer au temple des Chreftiens Neftoriens, & le cheualla
& efpionna fi bien,qu'il veit & cogneut qu'il faifoit acte de Chreftien,chantát & Pfal-
modiant ainfi que les autres. Ce frere tranfporté de cholere, f'en va incontinent aux
Iuges & Officiers de la ville, & leur dict que fondit Chien de frere nouuellement venu en l'ifle, eftoit Chreftien : & pour plus grand' preuue lon le trouueroit encore audit temple Neftorien,vfant de mefmes ceremonies qu'eux. Sur ces entrefaites ces tyrás
de Iuges incontinent enuoyerent prendre ce pauure homme, lequel fut amené à demy mort deuant eux, de coups de baftonnades que lon luy auoit donnez, & fur le
champ fut condamné à mort:ce qui fut promptement executé tout à l'heure, fans autre forme de proces, & mourut autant conftamment & Catholiquement, que iamais
fit homme en ces païs là. Quant aux Chreftiens il ne leur aduint aucun mal, ains auec
bonne fomme de deniers leur fut permis prendre le corps de ce martyr Arabe de nation, pour l'enterrer en leur Eglife.Et me fut dit qu'il auoit traduit en fa langue Arabe
le liure des Actes des Apoftres, & quelque chofe de S.Iean, & de S.Matthieu. Et ne
fault point fur ce propos que Barthelemy Georgieuiz, qui feit le voyage de Leuant
de mon temps, fe vante d'auoir traduit l'oraifon Dominicale (comme il fait) en langue Arabefque,ne Turquefque pareillement,ains c'eft ceft *Hareth* : & veux maintenir

l'auoir veuë & leuë ainfi traduite plus de huiĉt ans deuant que ledit Barthelemy feiſt fon voyage en la Paleſtine. Parquoy ie vous l'ay bien voulu icy faire imprimer, à fin que le Leĉteur aye dequoy ſe contenter de la diligence que i'ay fait en mes lointains voyages.

Oraiſon Dominicale en langue Arabefque.

A Buna elledi fi elfemauat itchaddes efmech, tati melechutech, techun mifuitech, chema fi elffema chedalech elared. Hobzinæ bijum hatina iumen, ve nochfor lena denubina, chema venehen noghfor affa leina, ve la tedhelna fi el tegiareb, lechen negina men elferir. Amen.

Oraiſon Dominicale en langue Türquefque.

B Abamoz, hanghe gugteffon chuduff olffun ffenungh, adun gelffon ffenung memlechetun, olffum ffenungh ifftedgunh nycfe gügthe vle gyrde. Echamegumozi hergunon vere bize bu gan, hem baffa bize borffligomozi, nycfe bizde baflaruz borfetigleremozi. hem yedma byzegeheneme, de churtule bizy iaramazdan, Amen.

Et d'autant que le Tout-puiſſant entend, lors que lon le prie, toutes diuerſitez de langues, & que ſes Apoſtres par icelles ont conuerti vn nombre infini d'idolatres, repandus par l'vniuers, ie vous ay pareillement bien voulu repreſenter icy l'Oraiſon Dominicale en langue Syriaque, comme la premiere de toutes les autres, en laquelle noſtre Seigneur preſchoit eſtant ſur terre. Si nous voulons croire & adiouſter foy aux eſcrits des ſainĉts perſonnages du peuple Leuantin, trouuerons que depuis la grand' Armenie iuſques à la riuiere du Tygre, pluſieurs peuples vſent encore auiourdhuy de la meſme langue.

Oraiſon Dominicale en langue Syriaque.

A Bunán debimaijá iithcáddéfch fchemach thethé malchuthách thithghabed reguthach hechmá bismaiiá quen beargháá lahhmán dimhár háb lán iomána vfchbúc lan iath hobenán hechmá deuph anán nifchbatic le haiia benan vela theghaüel iathan benifioná ellá pherúc iathan min bifchá are di dách hi malchuthá vgburthá vicará leghalmin. Amen.

Salutation Angelique en la meſme langue Syriaque.

S Elám léc Mariàm rehinthà, adonài ghimméch berichthà at binfche, are at ielidth iath pharocà denaphfchathán. Amen.

Pluſieurs des Inſulaires ſont bien verſez tant à la Philoſophie morale, que naturelle: mais preſque tous ſ'eſtudient à rechercher diligemment les ſecrets de Nature, & ſont curieux au poſſible de ſçauoir l'Aſtronomie, & celle partie de la Magie, laquelle conſiſte en ſort & diuination, & en l'inuocation des *Nephes-Oglu*, qui ſignifie en leur langue autant que Eſprits: tellement que quelques vieillards apprennét la ieuneſſe le plus ſecrettement qu'ils peuuent, à ſçauoir combien il y a d'eſpeces de demons, qu'il fault inuoquer, & leſquels ſont à contraindre par l'inuocation du hault nom de *Allach-Heber*, qui eſt le vray Dieu. Leur enſeignant en oultre, que ſelon les quatre poinĉts & coings du monde, il y a des demons Orientaux, Occidentaux, Auſtraux & Septentrionaux: que les autres ſont de nature aërienne, les vns participant du feu, les autres ſont ſouterrains, & quelques vns vaguent par les maiſons & ſepulchres: & que de ces eſpeces viennent les Incubes & Sucubes, & autres eſprits, leſquels durant l'obſcurité de la nuiĉt inquietent & empeſchent le repos des hommes. Au reſte quelques vns apprennent à leurs enfans, que ces eſprits ſ'affeĉtionnent aux hommes, leſquels ils voyent ſuiets à la Planette, de laquelle ils les penſent eſtre grands gouuerneurs, diſans que de ce-

En quatre parties du monde y a des demons.

ste leur science, Mahemet auoit appris que chacun auoit vn *Vlachlaris*, ou *Melaclr*: qui signifie vn Messagier ou Ange pour luy mesme, qui le guide & conduit en toutes affaires tant domestiques que publiques : à fin que par telle cösideration ils se puissent mieux adextrer au gouuernement des Esprits : presagent lheur ou malheur des hommes par les Cometes, feux volans,& autres signes, selon la temperature de *Nesme*, ou Estoille, de laquelle elles prennent origine. Tellement que c'est chose asseuree, que là où ces flammes ont leur conionction auec le signe du Lyon, que c'est signifiance, comme ils m'ont asseuré, de la deffaite des prouinces, ou mort des Rois, vers lesquels ceste Comete regarde. De ces folies estoient autrefois plus abbreuuez les Tassiens, qu'ils ne sont auiourdhuy : tellement qu'à les ouyr disputer, ceux qui y restent des choses qui concernent la Iudiciaire, on diroit que ce seroit *Nephiz*, ou l'ame d'vn Albumasar, Haly, ou Agrippa, qui viuoit de mon temps. Et ont de beaux liures à ce propos escrits de main (veu que l'Imprimerie n'a point de cours entre eux) & en leur langue: qui fut cause qu'estant pardelà, ie ne me souciay guere d'en porter, tant pour auoir ceste science en horreur, que pour n'entendre point leur langue, caracteres & figures les plus difformes que ie veis onques, de leurs liures : & aussi qu'ils en sont si ialoux, que plustost vous tireriez d'eux or & argent, ou autre richesse, que pas vn de ces liures, veu qu'ils s'addonnent que peu ou point à escrire, se contentans de la doctrine qu'ils tiennent de leurs peres, laquelle ils embrassent plus curieusement que ne font les Iuifs vsuriers leurs deniers & cedulles. Reuenant à mon propos, ces Insulaires sont si curieux de sçauoir les secrets des païs lointains, qu'ils inuoquent les Esprits, pour en tirer la verité : comme si le Diable, pere de mensonge, pouuoit en rien suyure la verité. De tels imposteurs sen trouue en ma France Antarctique (ainsi nommee par moy, vingt ans y a ou enuiron) lesquels contrefaisans le Prophete, & faignäs de parler auec leur *Toupan*, abusent le peuple Sauuage du païs; lequel appelle ces faux Prophetes *Pagees*: & les ont en mesme reuerence & pareil honneur, que nous auons pardeça les sçauans prescheurs, & qui meinent bonne & loüable vie. Ces galans sont accroire à ces pauures Sauuages, qu'ils communiquent auec leurs parens decedez, & que leur *Chere-picoare*, c'est à dire, leurs ames, sont auec eux en vn certain lieu, où ils se resiouyssent tous ensemble. De telle maniere de gens estoit de mon temps vn du païs de Normandie, qui abusoit ce peuple en telle folie par l'espace de sept ou huict ans, se plaisant d'estre admiré & loüé de ce peuple brutal, & se glorifioit d'estre appellé *Pagee*, le nom emportant le mesme que ce mot de *Mage*, ou Chaldee, iadis entre les Grecs & les Romains. Et ne fault s'estonner, si ie dis que ceux-cy sont subtils enchanteurs, & qu'ils soient experts à coniurer & euoquer les Esprits, soit de l'air ou de la terre, à laquelle ils commandent, vsans de ces noms apostez d'Esprits, *Fordax*, *Mulphates*, *Asmoday*, *Osso*, *Agerax*, *Mamacal*, *Vbanach*, *Kickieth*, *Malichameth*, *Vrien*, *Athiel*, & autres semblables, auec lesquels le maling esprit se rend espouuentable à ceux qui cuident s'enrichir en telle science. Mais bien souuent ils s'en trouuent trompez & marris, comme i'ay cogneu à Paris par vn certain Lorrain, nommé *Miguet*, l'vn des plus accorts pour ceste science Noire, qui fust en l'Europe, accompaigné d'vn Salomon Angoumoisin, tous deux mes familiers, & lesquels en leur ieune aage ont fini assez paurement leurs iours: ainsi qu'en aduint de mon temps à vn Iuif en vn certain village nommé *Phohcth*, à vne lieüe pres d'Alep. Ce galät n'auoit autre vacation pour le gain de sa vie, que ceste science obscure, en laquelle il se monstroit fort excellent. Or comme vn iour il fust apres ses charmes, accöpaigné d'vn Armenien Chrestien, qu'il auoit prins pour l'effect de la coniuration, l'Esprit *Phenadel*, qu'il auoit inuoqué, les conduit tous deux en vn lieu assez pres dudit village, où plusieurs les veirent aller, & tout

Curiosité de ces Barbares.

Noms des Esprits.

ſoudain ſe perdre, & eſtre engloutis en vn puyts, ou ciſterne : de ſorte que iamais on n'eut ne vent, ny nouuelle de l'vn ne de l'autre. Ie n'obmettray vne autre hiſtoire, qui

aduint de mon temps, l'an mil cinq cens quarantehuict, en l'iſle de Candie. Il y auoit trois hómes, ſoy diſans grands Philoſophes, & parfaits en ces ſciences : les deux eſtoiét Polonois, & le tiers de Liuonie. Ceux-cy venoient d'Eſclauonie, & penſoient paſſer oultre, pour auec ceſt art ſ'enrichir au païs de Leuant. Comme ils ſont en Candie, ils accoſtent deux marchands Italiens, leſquels les deffrayent, eſperans encor ſ'enrichir par leur moyen. Aduint qu'vn Vendredy matin ils partirét tous cinq enſemble, d'vne ville nommée *Rhetimo*, en laquelle i'eſtois lors que cecy eſcheut, & me prierent d'aſ-ſiſter à leur folie : mais ie refuſay d'y aller, craignant que Dieu ne me puniſt de telle aſ-ſiſtance, cóme eſtant vn des principaux poinéts d'idolatrie. Mais ces malheureux n'eu-rent ſi toſt commencé leurs coniurations, que eux & les marchands furent ſuffoquez par la peſanteur du rocher de la groteſque en laquelle ils eſtoient, lequel ſe fendit, & tomba ſur eux. Laiſſant cecy, cóme choſe vaine, ie reprendray mon propos. Les Thaſ-ſiéns ne ſont point ſeuls qui ſe meſlent de ces folies d'enchanter & charmer, veu que ceux de pluſieurs iſles des Indes ſen meſlent auſſi. En Calicut pareillement, en vne re-gion nommée *Paneru*, y a vne maniere de gens qui iugent les maladies, & gueriſſent ceux qui ſe trouuent mal, par leur ſorcellerie : ils parlent viſiblement au Diable, & ſont ſaiſis fort ſouuent de l'Eſprit. En l'iſle de *Giapan*, ſe trouuent pluſieurs enchan-teurs & ſorciers : mais ils ne ſont guere bien eſtimez de ceux qui ſont ſages, accorts, & gens de bon eſprit. Et auant que laiſſer ceſte pourſuitte, ie diray encor ce mot, que au Royaume de Fez y a vne maniere de deuins, qu'on appelle en langue du païs *Mul-zazzimin*, c'eſt à dire, les Enchanteurs. Ceux-cy ſont eſtimez auoir grand' puiſſance à deliurer ceux qui ſont ſaiſis de l'Eſprit maling, à cauſe que quelquefois la choſe ad-uient ſelon leur intention & fantaſie : que ſils ne peuuent paruenir à ce qu'ils deſirent, c'eſt aux eſprits à qui ils en donnét la faulte, diſant que l'eſprit qui eſtoit dans le corps de tel homme, eſt infidelle & meſchant, ou bien qu'il eſt celeſte, & ne peult eſtre euo-qué par les prieres des humains. Or vſent-ils de telle façon de faire en leurs coniura-

tions. Ils éſcriuent certains caracteres, & font des cernes ou cercles dans le fouyer ou ailleurs, puis font certaines marques & ſignes en la main, ou ſur le front de celuy qui eſt ſaiſi de l'eſprit maling, le parfumans. Apres cela ils font leur coniuration, & deman-dent à l'eſprit, qu'ils nomment *Polpolech*, & les Ethiopiens *Cappmoneth*, comment il a nom, comme il eſt entré dans le corps de ceſt homme, & par quel coſté ou region du ciel : apres tout cela ils luy font commandement qu'il aye à ſortir. Ils ont encor vne au-tre reigle pour ceſt effect, qu'ils nomment *Zairugia*, qui eſt comme vne Cabale, & la-quelle homme ne peult apprendre, ſil n'eſt bon & parfait Aſtrologien. Ceſte reigle eſt infallible, & l'eſtiment entre eux vne ſcience naturelle, par laquelle vous pourrez reſpondre ſans faillir, de toute choſe qui vous ſera demádee : mais il y a de treſgrandes difficultez à l'apprendre en ſa perfection. Au Royaume des Negres auſſi, les Barbares ſe meſlent d'enchanter & charmer, & ſur tout ſen aident-ils en vendát leurs cheuaux, ou les acheptát : pource qu'ils ont ceſte opinion, qu'vn cheual eſt meilleur & plus fort en guerre, ſil paſſe par les mains & par les enchantemés de ces ſorciers, leſquels n'vſent iamais de leur baſtelerie ſans feu & fumee, ſur lequel ils applicquent leurs parolles, & folles opinions. Voyla en ſomme ce que i'auois à dire de la cauſe, pour laquelle Taſſia-ne a eſté appellee l'iſle des Enchanteurs, & combien experts ſont ceux qui ſe meſlent de telle ſcience. Reſte à dire le ſurplus de ce qui y eſt rare & ſingulier. Fault donc no-

ter que les Taſſiens abondent en Cotton, Limons, Citrons & Orenges : ſi qu'il ſemble-roit que lon fuſt en quelque terre ferme, fertile & plantureuſe en toute choſe. Ce qui

ſe collige

se collige le plus, à cause de la quantité des bestes qui y sont nourries, tant domestiques que Sauuages: entre lesquelles sen y trouue d'vne espece, laquelle est de la grandeur d'vn Chat, ayant le poil du tout different, veu que ladite beste porte son poil de
couleur azuree, & est si fin, qu'il n'y a soye si desliee, qui approche de la preciosité dudit poil: les ongles & yeux semblables du tout à ceux d'vn chat. Autour des yeux elle
a de petites taches rouges, faites comme de petites fraizes, & de mesmes taches elle en a
la queuë toute couuerte, & le dessoubz du ventre. Ceux du païs appellent ce Chat sau- *Harada be-*
uage *Harada*. Sa peau est en telle estime, & si riche, qu'on la vend dix ou douze du- *ste familie-*
cats, laquelle de son naturel sent quelque peu le musc, & ne perd guere iamais son lu- *re en l'isle.*
stre, beauté, ny odeur. Elle se paist de Rats, Belletes, Escurieux, & des volailles qu'elle
peult attrapper, viuant par les montaignes, & lieux les moins visitez & frequentez des
Insulaires. Ils n'ont aucun plant de vigne, ny personne qui leur apporte du vin, à cause
qu'il leur est deffendu, encore que ce nouueau Cosmographe escloz en vne nuict côme vn potiron Cypriot, veuille soustenir le contraire, ains sont plus scrupuleux que
les autres Turcs. Pour leur boire, ils vsent de la belle eau claire, & pure: quelques vns
meslent du sucre parmy, d'autres y font bouillir auec du sucre, de la canelle, & en font
comme noz Apothicaires de l'Hydromel pour les malades & alterez. Lon y trouue
force Simples, tant pour le manger des sains, que pour appliquer aux malades. Entre
autres lon y trouue vne herbe, qu'ils appellent *Lerer*, laquelle est presque semblable *L'herbe de*
aux Mandragores de pardeça, & en fueille & en racine, mais le fruict est different: car *Lerer singu-*
celuy de Lerer n'est guere plus gros qu'vne noisette, là où celuy de noz Mandragores *liere.*
esgale à la grosseur des pommes. Ceux de Tassiane sen aydent fort commodément en
potage, lors qu'ils sont tourmétez de la rate: & d'autres en font salades des fueilles plus
menues, lesquelles proufitent beaucoup contre chaleur de foye: & n'ont affaire de la
racine, pource qu'elle ressent de la chaleur, & est poignante, ainsi qu'est ordinairement
le goust de toute plante qui est chaulde en sa qualité. En Tassiane se voit vn fort beau
port de mer du costé de Septentrion, mais qui pour sa beauté ne laisse d'estre fort dangereux en deux manieres: en premier lieu, à cause que le vent y est fort impetueux, &
que aussi à demie lieuë de l'entree il y a à main droite plusieurs bancs à fleur d'eau, &
tant plus vous en approchez, i'entends si voz vaisseaux sont lourds & grands, les sablons vous en empeschent. Pource est besoing au diligent Pilote, de s'aider de la son- *Aduertis-*
de, s'il ne veult tomber en danger de se perdre, & ruiner tout ce qu'il a en en son vais- *sement au*
seau. Voyla quant à ceste isle assez peu cognuë, si ce n'est de ceux qui visitent de bien *Pilote.*
pres le pais.

De l'Isle de Corgue: *comme les Mahometans portent les morts en terre,*
& de diuerses sortes de Poissons. C H A P. X.

E L v y qui vouldra aller plus auant, & voir le bout du sein Persique,
& le lieu où l'Eufrate se desgorge dans la mer, trouuera vers l'Arabie vne isle qui luy est distante de quatorze ou quinze lieuës, & laquelle est fort petite, assise sur l'emboucheure que fait la riuiere de
Coroza dans la mer, & vient ce fleuue des monts d'*Anna*, lesquels
sont és deserts d'Arabie. Et combien que ceste isle soit petite en son
estendue, n'ayant point plus de quatre ou cinq lieuës de circuit, si est-ce qu'elle est fort
riche & abondante en bestail. Dés que vous auez mis pied en terre pour vous rafreschir, vous voyez la ville de *Bacp*, laquelle est sur le bord & oree de la mer, à l'entree
de laquelle se trouue vne sepulture soustenue de gros piliers, bien hault esleuez, &

m m

tous ronds, & autour plufieurs vieilles mafures d'vn edifice ruiné. Qui va de cefte ifle en la cofte d'Arabie, il y voit encore à prefent au riuage de la mer dixfept Colomnes, fur lefquelles y a vne voulte de pierres, fi groffes, lourdes & pefantes, que quinze hommes les plus puiffans qu'on fçache trouuer, ne fçauroient auoir fait perdre terre à la

Sepulture de quelques Rois Arabes. moindre. Ces baftimens ne feruent rien plus de Colombier aux oyfeaux. Les anciens de ce mefme païs m'ont quelquefois dit, que ces mafures furent iadis les monumens & fepulchres des Rois d'Arabie, fçauoir de *Tabbaoth-nefib, Hanani, Bethfemes*, & quelques autres, lefquels fe plaifoient du temps qu'ils viuoient, de fe tenir en ce lieu, lors que le Soleil eftoit au figne de Capricorne : pource que c'eft en ce temps que l'ifle eft verdoyante & chargee de bons fruiéts, & femble d'vn petit Paradis terreftre, tant pour l'abondance, que fuaueté defdits fruiéts. L'on ne fe fert du plan du lieu, finon que pour la fepulture de ceux du païs, lefquels en font fort curieux, & portent grand honneur au deuoir qui fe fait aux funerailles d'vn trefpaffé. Car auffi bien que nous ils font imbuz de l'opinion, que les ames font immortelles, & court certes cefte faincte perfuafion de l'immortalité de l'ame, quand le corps eft mort, non feulement entre ceux-cy, les peres defquels ont fenti le Chriftianifme, ains auffi parmi les nations les plus barbares & fauuages qui foient en l'vniuers. Eftimez donc fi les Perfiens & Arabes lefquels confeffent vn feul Dieu de la Loy Alcorane, penfez, dy-ie, f'ils en reiettent l'immortalité. Celuy donc d'entre ceux de ces païs, qui eft à l'extremité de fa vie, apres f'eftre recommandé à Dieu, il choifit le lieu où il veult eftre enterré, ordonnát des aumofnes pour les pauures felon fon pouuoir & richeffes, puis fait des fondations pour

Gueutha, purgatoire en leur Langue. le falut de fon ame : car entre eux ils croyent vn certain Purgatoire, qu'ils nomment en leur langue *Gueutha*, auffi bien que font les Turcs. Au refte, decedé qu'eft le malade, ils le lauent, puis le portent en terre, à quatre, auec grande cerimonie : chantans piteufement à haulte voix, & difans en leur langue, Le grand Dieu qui a fait le ciel & la terre, a eu pitié de fes Prophetes, Dauid, Abraham, Salomon, Mahemet, & Haly, il aura auffi pitié de l'ame de ce pauure pecheur qui toute fa vie l'a offenfé. Les Thalifmans des Mahometans, qui font leurs preftres, bien qu'ils ayent des differents touchant leur Religion, fuyuans le party qu'ils tiennent, foit du Turc, ou du Sophy, voire les Arabes & Mores, fi eft-ce qu'en ces ceremonies ils f'accordent, & ont vn mefme chant & façon de faire és obfeques & funerailles des trefpaffez. Plufieurs Mahometiftes choififfent pour leur fepulture des lieux plus folitaires les vns que les autres, & feparez de leurs maifons, entre quelques montaignes & grotefques. Les Arabes le font volótiers, & les Mores bazanez de la haulte Ethiopie, d'autres dás leurs iardins, où ils font dreffer vne groffe pierre, contre laquelle les enfans & parens font grauer le nom du defunét, & la fondation qu'il aura faite en fon viuant. Les plus magnifiques & grands Seigneurs, comme *Bafchas, Sangiachs, Mofty, Beglerbey, Aga, Naffangibaffi*, qui eft le Chancelier, *Cadis* : la plus part defquels ayans longuement demeuré en leurs eftats & offices deuiennent infiniment riches en deniers, car de villes, chafteaux, ne fortereffes il ne leur eft permis d'en auoir non plus qu'aux officiers du Prince Perfien où Cataien : lefquels deuant que mourir font faire des Temples rentez de trefbon reuenu, auec des *Carauaffera*, fçauoir Hofpitaux, pour furuenir aux pauures de leur Loy. Car ainfi leurs preftres & miniftres leur font entendre, que f'ils veulent auoir Paradis, & eftre au nombre des heureux, qu'il fault auoir *Rathmatullahi*, fçauoir pitié des pauures fouffreteux, à fin que leur *Degenetly*, qui eft leur efprit puiffe participer de la benediction des Prophetes de Dieu, & les garder d'*Algenas Afaltanas*, à fçauoir du Royaume de Satan. Ainfi cefdits Seigneurs ont de couftume faire baftir auprès de leurs Temples ou Mofquees, vn lieu fait en rond, en façon de colombier, que les Arabes nomment *Afabbna*,

lequel leur fert de fepulture apres leur decez. Sur ce poinct plufieurs des Anciens &
Modernes fe font trompez, eftimans que ces peuples eftans curieux, comme ils font, de
leurs fuperbes temples, les faifoient edifier pour leur feruir de Cimetiere à eftre enterrez. Ce que ie ne leur accorderay iamais: d'autant que nul Mahometan, tant grãd Prince foit-il, n'eft enterré au lieu où lon fait les oraifons ordinaires. Au refte, quand vn de
ces Officiers eft trefpaffé, incontinent on le publie par tout, & lors que lon le porte en
terre, vous verriez par les carrefours & places vne infinité de peuple, pour voir les obfeques & funerailles d'iceluy. Ceux qui portent le dueil, font les proches parens & alliez, qui ne font accouftrez & veftuz que d'vne piece de drap gris : les autres ont vne
piece de toile blanche, qui leur pend depuis le fommet de leur Tulban iufques au ge-

Ceremonies
que font les
Turcs és fu-
nerailles.

nouil. Si c'eft quelque grãd Capitaine, qui ayt fait le deuoir en guerre, lon meine apres
le corps vn cheual ou deux, qui portent le dueil : & vous ont ces Barbares vne charla-
tanerie (fi ainfi la fault appeller) ou fuperftition, qui eft telle, que quelques vns mettent certaine pouldre ou racine, nommee par les Arabes *Afagoth*, & des Tartares O-
rientaux *Martak*, au dedans des nafeaux de ces cheuaux, à fin qu'ils henniffent, & que
ils iettent larmes, à quoy tous animaux font fubiects comme l'homme, pour prouoquer le peuple à pitié, difans que les pleurs & larmes de ces beftes leur viennent du regret de leur maiftre decedé. Auffi cõduifent le mort fix ou fept *Solacher*, que les Grecs
nomment *Solachi*, accompaignez de quelque nombre de Ianiffaires, & de fon *Cafne-
girbaffi*, qui eft le Maiftre d'hoftel du defunct, & quelques *Timariots*, qui font gens à
cheual, qui portent plufieurs banieres & eftendars : Et au deuant du corps marche vn
Mutapherca, qui tient vne lance au poing, au bout de laquelle eft le Tulban du mort,
& vne queuë de cheual attachee aupres. Quand c'eft quelque fils du Grand-Seigneur,
les pompes font plus magnifiques, comme ie veis en Conftantinople les funerailles

Superftition
des Turcs.

d'vn des enfans du Grand-Seigneur: & lors l'on voit plufieurs fortes d'armes que le
Maiftre des Ceremonies fait porter par le *Malandarabhedith-mandara* , fçauoir celuy qui a la charge des armes du Prince. Ainfi f'en vont en bon ordre & belle compaignie conduire ce corps mort, lequel eft porté par les Preftres & miniftres de leur Loy,
la tefte deuant, au contraire des Chreftiens, fans vfer de torches & flambeaux, ou aucun luminaire: Ce qui eft contre l'opinion de Munfter, & de celuy qui penfe l'auoir
Erreur de
Munfter.
bien glofé, lequel n'a eu honte de mettre par efcrit, qu'en leurs funerailles ils vfent de
luminaire de fuif, & non de cire, qu'ils portent aux quatre coings du corps: mais ie fuis
affeuré du contraire. Les hommes ont foing de faire & conduire les funerailles des
hommes decedez, & les femmes celles des autres femmes. Reuenons à noftre ifle, laquelle ne laiffe d'eftre autant recommandee en fa petiteffe, que d'autres en leur grande
eftendue. Il eft vray qu'elle n'apporte gueres de bled, de quelque forte qu'il foit: mais
ils ont de bon Ris & en grande abondance, des Legumes, Citrons & Oranges, les meilleures du monde: Et pource qu'il y a de beaux iardinages, vous y mangez de fort bons
Sucrins & Melons plus grands que les noftres, & des Concombres les plus fauoureux
que autre part que l'on aille. Ils font auffi grand' pefcherie, foit du cofté du Royaume
d'*Arach*, foit de la part d'Arabie, & prennent le poiffon de nuict à la chandelle, laquelle eft faite de certaine gomme d'arbre, en conduifant leur bateau çà & là, fans parler
les vns aux autres, veu que l'air retentiffant dans l'eau paruiendroit à l'ouye des poiffons repofans : & fault que f'ils veulent faire prife de nuict, que le temps foit doux &
ferain, ainfi que i'ay veu obferuer en d'autres lieux, durant que i'ay fuyui la nauiga-
Superftition
des Perfes.
tion. Les Perfiens font fcrupule de manger du poiffon qui eft fans efcaille, ainfi que
font les Marfouins, Anguilles, Lamproyes, Baleines, Daulfins, & autres de telle forte.
En ceft endroit de la mer eft vn certain poiffon, plus domeftique que en autre lieu de
Thaletin
poiffon ad-
mirable.
l'Ocean, lequel les Infulaires nomment *Thaletim*, à caufe que à tout changement de
Lune tous les mois vne fois il fait vne grande clameur, & fifflement prefque femblable au cry d'vn Chahuan, comme f'il annonçoit le cours changé de la Lune. Il eft fort
gros, & a vne grand' braffe de longueur, efcaillé, & la tefte ronde & faite comme
celle d'vn gros Singe d'Afrique, fans que en icelle il porte figure aucune de poiffon.
Les fanons, defquels il f'ayde pour nager, font longs d'vn pied & demy, ayant les yeux
prefque femblables à ceux de l'homme, le nez fort camuz, & tout le refte fait en poiffon. Sa peau eft mouchetee de couleur bazanee, & foubs le ventre il eft tout iaunaftre.
Ce poiffon eft nombré auec ceux qui portent venin, & fur tout quand il eft en fes crieries, veu que c'eft alors qu'il fe lance contre ceux qui nauiguent: & affeurez vous, que là
où il mettra fa dent, la piece fault qu'elle f'en volle, & fi l'on n'y remedie foudain, celuy
qui en fera mordu, fera en danger de fa vie. Ce poiffon eft fort rare, & luy ont donné
les habitans le nom de *Thaletim*, qui fignifie en langue Arabe, Trente: les Indiens
l'appellent *Alzicamul*, & les Ethiopiens *Golmach*. Il iette les plus grands criz, en fe
plaignant, que l'on fçauroit penfer: & lors qu'il crie ainfi, c'eft plus la nuict que le iour:
& quand il fait fes ieux, il met la tefte hors de l'eau pour crier mieux à fon aife : & difent les vieilles & gens trop fuperftitieux, que cefte lamentation leur fert de figne &
aduertiffement, que le Thaletim leur donne de leurs peres decedez, lefquels font en
peine en l'autre monde. Or quoy que ce poiffon ne foit guere requis en vfage pour le
manger, fi eft-ce qu'il eft trefprofitable : veu que ie me fuis laiffé dire à vn Medecin de
Graiffe du
Thaletim
bonne côtre
la Lepre.
pardelà, que c'eft le meilleur poiffon de la mer pour medecine, d'autant que fa graiffe
fondue, & bien preparee, fuffit à guerir & nettoyer vn homme tout chargé de Lepre, en vfant deux mois entiers, à fçauoir à vnze heures fur la minuict, & à quatre ou
cinq heures du matin. En faifant cefte onction, ils y appliquet le fang dudit poiffon, &

la ceruelle, & les œufs, s'il estoit ouué : iaçoit que deuant qu'appliquer cecy, & faire *phleboto-* vser de ceste distillation, ils font dieter le patient, & le phlebotoment, ainsi qu'ils ont *mie recom-* coustume de faire à toute autre maladie: & parle qui en vouldra du contraire, veu que *mandee.* ie sçay que toutes nations estrangeres en vsent plus cent fois que nous, voire s'ils n'ont mal qu'au bout du doigt, ou vne vessie sur le nez. Et apres cela ne faillent de le rendre aussi sain & entier, que celuy qui n'aura iamais senti mal, ne corruption de sang, ou humeur quelconque. Les Insulaires allás pescher, font vne paste pour amorcer le poisson auec vne herbe, qu'ils nomment *As-mahson* : & n'ay peu sçauoir quelles en sont les proprietez: tant y a que ce mot signifie en leur barragoin, Chose puante. Ils la paistrissent auec d'autre composition propre à ce faict : & puis la mer estant bonace, ils vont aux lieux où ils pensent qu'il y a abôdance de poisson, y iettans ceste paste, de laquelle dés aussi tost qu'il a gousté, il demeure tout estourdi comme s'il estoit yure, & se debattant fort, vient en fin sur l'eau, le ventre contremont, & ainsi ils en prennent à foison. Et est chose digne d'estre recitee; qu'en vn petit goulfe, nommé *Randelp*, pres ceste isle, entre terre ferme & ladite isle, du costé d'Arabie se trouue vne autre sorte de poisson, appellé *Hirbaluc*, la figure duquel rapporte presque du tout à l'homme: dont i'ay veu trois peaux conroyees, deux de masle, & vne de femelle, qu'vn Iuif natif de *Tor*, pres la mer Rouge, nommé *Abrahaim*, auoit achetees en ceste isle, pour les reuendre aux marchans Chrestiens. Ce *Hirbaluc* est amphibie, & sort de la mer plustost la nuict que le iour, & a quatre pieds. Et pource que ce beau poisson ayme fort la clarté, les pescheurs qui sont stilez au badinage, & qui cognoissent le naturel de ceste beste *Methode de* monstrueuse, portent du feu en leurs barquettes: & faisans vne loge au riuage de la mer *prendre ce* assez longue, y pendent cinq ou six lampes allumees, lesquelles rendent grande clar- *poisson.* té : si que voyant la lumiere, il ne fault d'y aller. Les Mariniers ce voyans, luy courent sus, & à coups de leuiers & autres engins l'assomment & tuent. Il est fort bon à máger, ayant la chair sauoureuse & delicate. Ce poisson est aussi trouué en la mer Caspie, & és grandes riuieres qui se desbordent. De sçauoir s'il porte point quelque medecine, ou s'il y a quelque proprieté en sa chair, ie n'en ay peu rien apprendre. Il me semble estre fort dangereux, à cause qu'il a de belles & fort lôgues dents, & les machoires tousiours ouuertes, sa queuë grande & ronde. Le poltron Iuif, qui vendoit les peaux, leur auoit empoissé du poil sur la teste, où il n'y en a point : ains est son chief rond, & tout noir, ridé, & fait tout ainsi qu'est la mousse qu'on trouue au pied de quelque vieux arbre. Ceste mer nourrit aussi vn autre poisson, de la grádeur & grosseur d'vn moyen Albàcore, ou Carpe, que les Persiens appellent *Ruben*, autres *Achazib*, comme s'ils vouloient dire, Poisson herissé, & non sans cause : car il est garni d'esguillons & poinctes comme nostre Herisson, auec lesquelles il se combat côtre tout autre poisson, puis s'en nourrit : & n'y a poinçon ny esguille si venimeuse, que celles qu'il lance, aussi bien que ses dents, veu que s'il donne attainte à homme ou beste auec l'vn ou l'autre, c'est chose asseuree, que dás vingtquatre heures l'on se peult tenir prest pour mourir. Qui est cause, que les Insulaires trouuans du poisson mort sur le riuage, n'ont garde d'en manger, craignans que ceste bestiole ne les ayt frappez, & sur tout s'ils luy trouuët quelque dentee dessus. Ce poisson, tout venimeux qu'il est, son foye & fiel ne laissent d'auoir de grandes vertuz, tous deux propres pour ceux qui sont malades du Mal caduc, ou qui sont debilitez de leur cerueau, & courët les rues. Il a aussi au front vne Pierre, laquelle aduisee de loing auant, semble estre verte, & d'autrefois toute blanche: qui est fort cordiale, & sert contre le Hault mal, à quiconque la porte. I'en ay apporté la peau d'vn, que ie tiens par curiosité encore auiourdhuy dás mon cabinet à Paris : duquel ie vous ay bien voulu aussi representer le pourtrait au naturel en la page suyuante, à fin que

Herisson de mer.

Oyseau domageable à ceux du païs.

cognoissiez la diligence & curiosité des choses rares, qui a esté en moy. Dauantage, en ceste isle on voit certains oyseaux passagers, semblables à l'Aigle, qu'ils nomment *Hoy*, & les Indiens *Zappich*, lequel vient faire son nid en ce lieu, y passant des deserts & mōtaignes d'*Anna*, ainsi nommees à cause d'vne ville situee au pied d'icelles, tout ainsi qu'est Tripoly de Surie, posee au pied du mont Liban. Cest oyseau est noirastre, hormis sa poictrine, & par tout semé de diuerses couleurs. Il est si bien fait à la proye, que facilement il estranglera vn Mouton, vne Cheure, & telles sortes de bestes, desquelles l'isle est fort peuplee. I'ay ouy dire à quelques vns, qui ont esté long temps esclaues en cestedite isle, que quand cest oyseau ne trouue proye & pasture, il ne craint d'assaillir vn homme, & voltiger autour de luy pour luy faire desplaisir, & bien souuēt occit des petits enfans, & sen repaist. Il y a aussi abondance de beaux Faucons, Vaultours, Espreuiers, & Laniers: tellement que ceux d'*Ormuz*, *Tercy*, *Zobbat*, & *Tamupath*, en acheptent souuent pour faire present aux Rois de leurs païs, qui saddonnent fort à la Fauconnerie. Il me souuient, que l'an mil cinq cens quarantecinq, lors que les trefues estoient entre le Grand-Seigneur & le Sophy, ie veis en Alep quelques vns qui venoiēt de Perse, apportans force oyseaux de proye sur quatre Chameaux, lesquels ils conduisoient en Constantinople, pour en faire present au Grand-Seigneur. En somme, ces oyseaux gastent fort ce païs là. La cause qui les y attire, c'est la douceur & bonne temperature de l'air, & aussi qu'il y a dequoy se sustéter. L'vn d'iceux est vilain, à cause qu'il se paist de charoigne, contre le naturel d'vn bon oyseau, si bien qu'il se iette sur les cuirs des Chameaux, Cheures & Moutons, que lon estend pour faire secher, & esquels reste quelque peu de chair. Car le plus grand trafic de ces Insulaires ce sont les cuirs de toutes sortes, lesquels ils parent & conroyent, & paignent mieux qu'en lieu de l'Asie, voire de l'Afrique & Europe, & leur seruent souuent de nappe, quand ils prennent leur repas. Et me suis fort esbahi autrefois, que ce peuple fust si bon ouurier en ces quartiers là, veu que en Turquie & Grece ils sont si peu curieux des arts mechaniques que rien plus : mais la frequentation qu'il a auec les Perses, le réd soigneux, subtil, & fort ingenieux : ioint que la necessité l'induit à se moyenner le chemin aux richesses. Auant que finir ce chapitre, ie vous diray ce qui me fut dit estant pardelà Alep, à vn village nómé *Podrigath*, sçauoir, que en ceste isle vn marchand, lequel auoit pour sa richesse grand nóbre d'Esclaues de tout sexe, entre autres auoit vne femme Moresque d'Ethiopie, laquelle ne pouuant rassasier sa paillardise auec les hommes, s'accointa d'vne beste, que les Arabes nomment *Farchazet*, qui est autant à dire en leur langue, que Chaulde, ou Paillarde beste, en la nostre. C'est vn genre de Singes qui viennét des Indes, plus gros que les Magots. De ceste meslange maudite elle fut grosse, & enfanta à son terme vn Monstre autant hideux, que son peché estoit detestable, à sçauoir, ayát son visage, col & estomach velu, & camuz comme le Singe, & du nombril en bas auoit figure d'homme. Ceste beste fut occise, la femme non : mais elle estant apprehendee, s'alla, apres qu'elle fut deliuree, precipiter dans vn Lac, nommé *Moreleh*. Ce monstre vesquit quelque temps, & fut porté par toute la Syrie & Palestine : & estant mort, fut escorché, & la peau conroyee, laquelle i'ay veuë & maniee estant pardelà, plus de cinquante fois.

Monstre hideux qu'vne femme enfanta.

Qui sont les plus riches & puissans Rois, ou celuy de Turquie, ou celuy de Perse. CHAP. XI.

E ROY PERSIEN d'autant qu'il est grand, on luy a donné diuers noms, comme ailleurs ie vous ay dit. Il est tres-puissant terrien, autant que nul autre de toute l'Asie, veu les peuples diuers, villes & citez qu'il tient en sa subiection, soit au bord de la mer, ou en terre continente. Et est le Prince mieux obey, que autre de tous ses voisins, d'autant qu'il ne rançonne point de nouueaux subsides & imposts ses suiets, permettant à chacun de viure en sa Religion, sans les inquieter autrement : qui est cause, que de iour à autre il s'agrandit, tant sur les Indiens, que sur l'Arabie, Tartarie, & Syrie : toutefois qu'en ces pais il y en a qui sont tributaires à l'Empereur Gregeois. Et pourautant que plusieurs sont en different, & questionnent lequel est le plus grand des deux, ou le Turc ou le Persien, & pource qu'ils n'ont bougé de l'Europe, voire non pas trauersé la mer, il leur semble que le Turc est plus grand terrien que tout autre. Mais en cela ils sont excusables, veu que la puissance du Turc est plus cogneuë aux Latins, que celle de l'autre, à cause qu'il est nostre voisin de trop pres, & l'autre nous est si esloigné, qu'il y a fort peu d'hommes entre nous, qui sçachent que c'est que de sa puissance, & aussi que les Princes Chrestiens n'y enuoyent point leurs Ambassadeurs & Agents. Venant dóc à la comparaison des deux Seigneurs infideles, fault entendre, que le Turc estant trop voisin (comme dit est) de nous autres, a appris l'art militaire, ruses & subtilitez d'assaillir forteresses, & combats, des Chrestiens, tellement que les plus ingenieux, mesmes qui sont à ses gages, les Canonniers, & les plus braues de ses soldats, sont Chrestiens reniez, & autres qui ne se soucient que du gain, & n'ont aucun regret au dommage qu'ils font à la Chrestienté, par leur moyen, enseignans aux infideles l'art auec lequel ils nous battent, & pillent noz villes. Mesme le Turc tient de nous aussi l'vsage de l'artillerie, pouldres, boulets, & autres machines de guerre en telle abondance, que pour le iourdhuy l'vn des plus grands Princes & potétats de la Chrestienté ne sçauroit tant fournir de munitions ensemble, soit par mer ou par terre, com-

Le Turc a appris des Chrestiens l'art militaire.

me feroit le grãd Turc. Dauantage il a conquis plufieurs villes, chafteaux & forterefles fur les Chreftiens, qui luy feruent de remparts à fes terres, & efquelles fes foldats ont appris que c'eft que d'affaillir, battre, canonner, faper, & auffi deffendre les villes : là où le Prince Perfien eft fans forterefles, i'entens qui foient garnies & munies d'artillerie, & autres fubtilitez de guerre, telles que font Rhodes, Modó, Couron, les deux chafteaux de Bogaz, Afat, Caftel noue, Belgrade, Zighet, & ce qu'il tient auiourdhuy en Cypre, fi ce n'eft quelque forterefle qu'il a en fes terres, cõme celle d'Ormuz, & autres de la part du goulfe, & vers l'Armenie, Arabie & Hircanie. Au refte, il n'a point d'artillerie, que fort peu, au pris de l'autre : qui eft caufe, que le Grãd-Seigneur faifant courfe fur luy & fur fes terres, facilement il s'empare de tout : mais de les tenir, il luy eft impoffible, veu les forces merueilleufes, & vaillance des gens dudit Sophy, bien armez, & leurs che-uaux bardez & parez de tout ce qui eft requis à l'homme d'armes. Et peult bien four-nir ledit Sophy de cent mille hommes à cheual, & cent mille d'infanterie, & plus en-cor fil en a befoing, veu l'obeiffance de fon peuple, & la haine enracinee dans leur cœur, qu'ils portent au nom & race des Turcs. Vray eft qu'il peult auffi prendre quel-que trente mille cheuaux du refte des païs qui luy appartiennent aux Arabies, d'autãt que le païs foifonne en ces beftes cheualines, autant qu'autre que lon fçauroit voir en Afie. Ie dis cecy, pourautant que Iean de Boëme en fon Hiftoire vniuerfelle, liure fe-cond, chapitre premier, s'accorde auec celuy qui l'a voulu glofer, difans que ce peuple Arabe n'a point de cheuaux : au lieu defquels Nature luy ayde, en les fourniffant de chameaux. Ie prie le Lecteur n'adioufter non plus de foy à vne telle bourde fi verte, qu'à ce qu'il defcrit apres au mefme chapitre, que cedit peuple fe nourrit de Serpens, gros outre mefure. Et pour monftrer leur plus grand' beftife, adiouftent auffi, qu'en ce païs Arabien n'aguere les femmes eftoient communes à tous hommes, & que le pre-mier qui entroit dans la maifon pour s'en accointer d'vne, il falloit qu'il laiffaft fon bafton à la porte, puis alloit paffer fa fantafie de iour auec elle, & la nuict ladite fem-me prenoit le plus beau vieillard de la troupe. Ne voyla pas de gentils comptes, & de fort bonne grace, pour eftre efcrits depuis deux ans ença en vne Hiftoire vniuerfel-le? Si font, ie vous promets : mais il fault pardonner à l'ignorance : car d'vne bezace il n'en peult fortir, finon ce qui y eft. Quant à fes forces fur la mer, il n'en a point, foit de-puis le Cap de *Refalgate*, iufques à la ville de *Balcara*, des autres dite *Romada*, qui eft l'endroit là où l'Eufrate commence s'engoulfer, & faire fon entree dans le fein de Per-fe, que fort peu. Et ne fault doubter, que depuis *Romada* iufques au Promontoire de *Cambaia*, n'y ayt plus de huict cens lieues : & toutefois toute cefte eftendue de mer en longueur eft fuiette à l'Empire & puiffance de ce Roy de Perfe. D'eftre en tout temps exempt de vaiffeaux & galeres, il n'eft poffible, veu que és villes maritimes il s'en trou-ue affez bon nombre : mais de dire, que en toute faifon il ayt armee prefte comme le Turc, il luy eft impoffible : toutefois s'il en eftoit befoing, il en fourniroit d'affez bon nombre, bien toft & en diligence. Mais les guerres de pardelà fe font toutes par terre, à caufe que le Turc ne fçauroit charger la mer Rouge de vaiffeaux, comme il fait en la Mediterranee, & que auffi le voyage eft dangereux, coftoyant l'Arabie & icelle mer : l'expedition de laquelle luy feroit interdite par le Roy Ethiopien, qui hayt le Turc fur tout autre. Ainfi vous pouuez colliger, que le *Copfohery*, ou Perfien, n'ayant af-faire des forces de mer, eft efgal (fauf, comme dit eft, l'artillerie) voire plus fort en terre, que n'eft le Turc, n'eftoit que ledit Seigneur Turc fuft fecondé, & s'aydaft des forces des Tartares Occidentaux, & de tant de Ianiffaires renegats, qu'il leue fur la Chreftienté, qui luy font certes fes principales forces. Quant aux richeffes, celles du Perfien font plus grandes, pour eftre voifin, voire Seigneur des païs où font les mi-

Puiffance d'hommes à cheual & à pied du Roy Perfien.

Iean de Boë-me en fon Hiftoire v-niuerfelle s'abufe.

nes.d'or, où se trouuent les Rochers de Diamant, & où se fait la pescherie des Perles : Et s'il fault parler de l'estenduë de ses terres, il en tient beaucoup plus que ne fait le Turc, soit en long, soit en large, seigneuriant l'Assyrie, Parthie, vne grand' part d'Armenie, toute la Perse, la region principale de Babylone, & la plus part de la Mesopotamie, beaucoup de l'Arabie, & entrant bien auant vers les Indes. Oultre ce, plusieurs Rois luy sont suiets & tributaires, lesquels luy enuoyent ordinairement Ambassadeurs & presens : car d'aller deuant luy les mains vuides, ce seroit failli trop lourdement. Tous Ambassadeurs venans à sa Cour, sont receuz plus honorablement que en Cour de Prince d'Asie : veu que pour les bien receuoir & gratifier, il tient à ses gages & pres de sa personne, certains Seigneurs chargez d'aage, ayans la teste blanche de grande vieillesse : la vie & bonne renommee desquels les a conduits à tel honneur, & haulsez en estat si honorable, à fin que s'ils estoient legers & ieunes hommes, ils n'offensassent ceux qui viennent visiter & faire la reuerence à leur Seigneur. Ces vieillards sont accoustrez si pompeusement, que souuent les estrangers s'estonnent de leur representation & maiesté, & ne sçauent que dire, lors qu'ils pensent declarer leur charge. Or les Conseillers auditeurs des Ambassades, voyans les estrangers deuant eux, les font iurer, s'ils sont pas bons & fideles seruiteurs & amis de leur Seigneur, & s'ils ne portent point quelque poison pour le faire mourir : Et fault que ceux cy leur respondent en grande humilité, & à deux genoux souuentefois, disans ainsi leur charge & commission, de quelque part qu'ils viennent. Lors que i'estois au Leuant, ie me laissay dire, que plusieurs Ambassades estoient allez de diuers lieux vers ledit Prince auec des dons d'inestimable valeur à sa maiesté : Entre autres celuy du Roy de Cambaie, qui est vn païs fort riche en or & argent : lequel apporta deux millions d'or au Sophy, à fin qu'il s'aydast de cela en ses guerres contre le Turc. Il tient pareillement les Rois de *Cethin, Erachain, Sigistan*, que les Indiens appellent *Reccath*, de *Saluacard*, *Codumin*, & non *Corason* (comme impertinemment vn Portugais l'a marquee en sa Charte) *Care-adad*, & non *Tray*, & plusieurs autres grands Royaumes, tirant vers celuy de Cabul, nommé des Tartares Orientaux *Rab-saces*, du nom de son premier Seigneur, qui erigea ce païs en Royaume, en telle crainte, que incontinent que le Persien a affaire de cauallerie, & de deniers, en mesme instant autant qu'il veult, ils luy en donnent. Iadis le Roy d'Adem, qui estoit en l'Arabie heureuse, deuant qu'estre subiugué, prins & estranglé, par le commandement de Sultan Solyman dernier decedé, le recognoissoit comme protecteur de sa Couronne, & auoit accoustumé de luy enuoyer de grands presens. En ce mesme temps vindrent vers luy trois Ambassadeurs de la part des Rois de la Taprobane, portans infinies richesses, à sçauoir cent quarante gros & fins Rubis, estimez vn million d'or, & grand nombre de Perles fines. Ces Rois le prioient de laisser l'alliance du Roy de Portugal, mais le tout fut en vain. Le Chrestien Roy d'Ethiopie enuoya vers luy, pour l'animer à faire la guerre au Turc, & le reconfortoit par ses lettres de la desconfiture qu'il auoit soufferte par l'armée Turquesque : luy promettant au reste, faueur & ayde, à cause qu'il auoit entendu qu'il estoit deliberé derechef venir en Surie, & de là se ruer sur ses terres de la part de la grande Armenie, l'asseurant que dés aussi tost qu'il se mettroit en campaigne pour resister audit Turc, il ne fauldroit incontinent de venir par l'Egypte, accompaigné de deux cens mille hommes, tant de pied qu'à cheual, pour courir sur ses terres. Semblables offres luy faisoit le grand Cam de Tartarie Orientale, l'asseurant de deux cens mille cheuaux, qu'il feroit passer sur la mer Caspie pour tirer vers la mer Maiour, & de là prendre la route vers Natolie : & estant le Turc ainsi assailli de tous costez, ne fauldroit (luy, qui se faisoit de iour en

Les plus proches du Sophy sont les vieillards.

Rois tributaires à l'Empereur Persien.

L'Empereur de Tartarie recognoist le Persien.

autre fi grand) d'eftre defconfit & ruiné. Ie diray encor bien plus, que tous les ans il
reçoit prefens & meffages d'alliances de plufieurs Royaumes & Prouinces, tant de terre ferme que des ifles adiacentes, telles que font Burney, la grande & petite Iaue,
Moluquen, *Tacan*, *Macin*, *Sanaballat*, *Iadaia*, *Magadafcar*, & autres: & n'eft grand
Seigneur en l'Orient, qui ne feftime bien heureux d'auoir paix auec luy, & qui ne
conuoite fon alliance. Ce Roy fe tient ordinairement en la ville de Tauris, qui eft telle, & autant fameufe en Perfe, que Paris entre nous: laquelle eft loing d'Ormuz enuiron vingtcinq iournees, & vn peu plus outre eft la grand' ville de Syras, où le païs
eft beau, plaifant, & abondant en toutes chofes, & fur tout les femmes y font douées
d'vne extreme beauté. C'eft de Syras, que les Mahometans difent, que iamais leur
Mahemet n'y voulut aller, d'autant que fi vne fois il euft fauouré les delices du païs,
& des dames qui fy tiennent, il ne fuft point allé en Paradis goufter du *Pechmez*,
qui eft du fainct breuuage, veu qu'il euft eu fon Paradis en ce monde. Voila l'opinion que les Alcoraniftes ont de leur Prophete. Et penfez que le païs de Perfe n'eft
pas infertil, comme aucuns ont eftimé, ains fi delicieux, que iadis les Grecs qui auoient
fuyui le grand Roy Alexandre, f'aneantirent aufli bien, ayans goufté les delices de
Perfe, comme Hannibal, & fon armee Africaine, famufant à banqueter à Capue en
Italie. Ce païs de Perfe a iadis porté d'excellens Rois & Monarques, lefquels ont eftonné l'Afie, voire l'Europe, par leur force & grandeur, tel que a efté vn Xerxe, Artaxer-
xe, & Darie, en fin toutefois furmonté par les Macedoniens foubz la conduite du
Roy Alexandre: duquel auiourdhuy encor fe voyent en ces païs là quelques fepultures & monuments, & mefmes des fufdits grands Empereurs & Princes. Et me fuis
laiffé dire à vn Euefque Armenien, qu'il auoit veu le Sepulchre de Xerxe & de Darie
dans l'ifle de *Phezel*, que ceux qui parlent la langue Syriaque, nomment *Iamuel*, qui
eft en la riuiere de l'Eufrate. Mais à fin que ie ne femble vouloir icy dreffer vne Chronique des Rois de Perfe, i'ay deliberé de paffer outre, & continuer toufiours mon
premier propos.

De l'ifle de MOLVQVAN, & *des doctes Medecins qui font pardelà.*
CHAP. XII.

AISSANT l'engoulfement de l'Eufrate dans la mer, nous double-
rons, prenans la route du goulfe de *Saura*, comme qui voudroit retourner à Ormuz. Le long de la mer & cofte de Perfe, fe trouue vne
ifle, nommee *Moluquan*, laquelle gift à l'emboucheure de la riuiere de *Tiritim*, dans mer, tirant de la part du Nort, laquelle vient
des montaignes de *Suz*, qui font au Royaume de *Cuffiftampre*, region fort montaigneufe, & enuironnee de deux grands fleuues, à fçauoir de *Tiritim*,
& celuy de *Sirc*, qui vient des mefmes montaignes. Et peult-on bien dire, que ce païs
là eft mieux arroufé de grandes riuieres, que autre qu'on fçache, d'autant que l'Eufrate y entre auec grande impetuofité: le Tigre aufli entourant la grand'Babylone, à
prefent dite *Boughedot*, chet dans l'Eufrate, & puis f'engoulfe dans cefte mer. S'y lance aufli le fleuue *Rogmane*, lequel vient des montaignes de *Parchoucie*: & aufli la riuiere *Salarys*, laquelle prend fa fource des montaignes de Scythie, qui f'appellent
Strongilles du vulgaire, & du peuple Chaldee *Ramath-lech*. Or la terre qui correfpond à cefte ifle de *Moluquan*, eft faite en Peninfule, tellement qu'on la iugeroit
eftre vne petite ifle, pofee en pleine mer, femblable à la Cherfonefe Taurique, ou
au deftroit de Corinthe, hormis que lors qu'elle entre bien auant en mer, elle ne va

point en apointiſſant,ains pluſtoſt ſe tient en largeur,ainſi que fait la Floride. Le long
de ceſte coſte Perſique celuy qui veult auoir le plaiſir de la terre, verra la plus belle aſſiette du monde,& la terre la plus plaiſante à regarder. Au reſte,ſil eſt queſtion de faire deſcente,ſoit pour trafiquer en Perſe , ou pour le plaiſir des ſingularitez qui y ſont,
il fault que le Pilote ſoit bien experimenté,& qu'il ſçache où ſont les bons ports & ha- *Aduertiſ-*
ures : car tout le long de ceſte coſte y a force rochers à fleur d'eau, treſdangereux pour *ſement aux*
les grands vaiſſeaux. Si lon poſe la ſonde, on trouuera, approchant de terre,de ſix en *Mariniers.*
ſix lieuës,à demie lieuë de terre,que l'eau y ſera baſſe de quatre à cinq braſſes:mais c'eſt
peu de choſe, ſil leur ſuruenoit fortune de vent, meſmement ſil venoit de la part du
Nort ou Nordeſt.Du téps que i'eſtois au grand Caire,ie vey faire la monſtre de douze
mille Turcs,prenäs chemin vers la mer Rouge,& pres de ſembarquer dans leurs vaiſſeaux , pour faire le voyage en ces iſles du ſein Perſique : & y eſtans engoulfez,le vent
du Midy leur fut ſi contraire , que par force les conduit iuſques à l'iſle de *Moluquan,*
maugré la rage du Perſien, tantoſt d'vn coſté, tantoſt de l'autre, ſur les battures & rochers,dont la plus grand part de leurs nauires,galeres,& equippage furent perduz:les
autres qui ſe peurent ſauuer,ſen retournerent à leur grand honte, perte, & confuſion.
Moluquan eſt treſfertile, plus beaucoup que ne ſont celles qui ſont aſſiſes du coſté de
l'Arabie, ſoit Heureuſe, ſoit Deſerte, ou Pierreuſe. Les vilains du païs ſe vantent que
leur iſle eſt la plus heureuſe en Simples,que autre qui ſoit,n'y naiſſant herbe ou pierre,
qui n'apporte quant & ſoy quelque vertu : Ce qu'ils tiennent de deux anciens Medecins natifs de Perſe, à ſçauoir *Bandalard* , & *Allybalim* , leſquels aux traitez qu'ils ont *Bandalard*
fait des Simples, ont celebré Moluquan par ſur toute autre iſle, en ce qui concerne la *& Allyba-*
nature des Simples de toute eſpece : & que les anciens Medecins & Simpliciſtes, tant *lim, Mede-*
du Royaume d'Ormuz,que celuy de *Sauaz,* ou *Haſer-gadla* en langue Neſtorienne *cins de Per-*
& Chaldeenne:dans lequel eſt aſſiſe la grande ville de *Chiluminard,*ou *Cariath-ſenna,* *ſe.*
ainſi nommee en langue Syriaque,à cauſe d'vne ville baſtie toute de brique rouge,có-
me racontent ceux du meſme païs (reſidence ancienne des Sages & Magiciens de Perſe,ſouldoyez des grands Seigneurs) venoient deux fois l'an en ceſte iſle , tant pource
que le lieu eſt ſerain,que auſſi pour y rechercher des graines pour l'vſage de leurs medecines : & encor auiourdhuy les Medecins plus doctes,voiſins de ce peuple Perſien,
meſmes les Grecs & Arabes,qui ſe tiennent en ces quartiers là, viennent ſouuét à Moluquan pour herboriſer,& cognoiſtre oculairement les Simples: ce que les anciens du
païs leur ont laiſſé par eſcrit. C'eſt en ce lieu que ce ſont encor pour le iourdhuy vne
infinité d'Anatomies,tant d'oyſeaux,beſtes & poiſſons,que auſſi d'hommes:& ne ſont
eſtimez Medecins ceux qui ſçauent diſcourir,veu que la diſpute Ergotiſte ne leur eſt
rien, & ne ſe ſoucient de noz faiſeurs de receptes, ains fault que l'experience les rende
admirables , & que les cures leur donnent le nom de Medecin. Or appellent-ils leurs
Medecins *Aragel-abamas,* qui ſignifie Noble Pere :& quelques autres *Rapha,*& *Ra-* *Aragel-*
phon , toutes medecines : d'autant que nul n'eſt receu à operer & ordonner en ceſt art, *abamas,Me-*
qui ne ſoit aagé d'enuiron ſoixante ans, craignans que les ieunes Medecins ne feiſſent *decins de*
deuoir , ſans auoir l'experience loingtaine. De meſme reigle vſent-ils à l'endroit des *Perſe.*
officiers de la Iuſtice,& gouuerneurs des Prouinces:ce que auſſi font les Tartares,Ará-
bes,Ethiopiens , & pour le plus ſouuent les Turcs : & ſe trouue bon nombre de leurs
Preſtres qui ſont Medecins:toutefois il ne leur eſt permis que de lire & apprendre à la
ieuneſſe la Medecine, ou ſe trouuer en compaignie pour conſulter:mais il leur eſt ex-
preſſement deffendu de pratiquer.Ce que iadis obſeruoient les François:les vns enſei-
gnoient la Theoricque , qui eſtoient les meſmes Preſtres, & les laicz pratiquoient.Les
Medecins Arabes ſont fort charitables , là où les Iuifs ne font rien que l'argent ne les

guide : ils taftent & fleurent quelquefois la matiere fecale des patiens, pour iuger de la
maladie. Ce que i'ay obferué eftant en Leuant, à vn village nommé *Saricaia*, là où vn
Grec eftant cheut de deffus vn Chameau, fut faifi d'vne grand' fiebure. Vn Arabe le
vint vifiter, & vfa de telle façon de faire, que du bout du bafton il feit le iugement de

*Theuet bat-
tu par vn
Medecin
Arabe.*

la matiere : dequoy comme ie me fuffe prins à rire & cracher, ayant en horreur telle vilennie, pour cefte caufe il me dit, *Ana-faheih*, *Ana Nadrobeth*, qui eft à dire, Ie fuis
affez hardy pour te donner vn coup de bafton : & incontinét fans plus parler, me donna vn grand coup fur la tefte. Ils appellét la matiere fecale *Charibh*, & ayans ainfi goufté & fleuré ce que le malade a fait, ils le laiffent, puis au poinct du iour (qu'ils nomment *Becher*) l'Arabe vient derechef voir fon malade, & luy ordonne plufieurs chofes qu'il luy fait prendre du *Hur*, qui eft fur le Midy (que le Turc appelle *Oyle*) &
auffi à l'heure de *Magrib*, qui eft le foir, dit du Turc *Agffan, Nemazi* : Car les Turcs
& Arabes ne comptent point les heures comme nous, ains les mefurent fur les trois
parties du iour, à fçauoir le Matin, le Midy, & la Vefpree : tout ainfi qu'ils appellent le
peuple à l'oraifon fur vne Tour, crians ainfi que i'ay monftré en mes obferuations du
liure de Leuant. Et vous puis affeurer, que ce Grec duquel i'ay parlé, fe trouua fain dás
quatre iours, ayant fuyui l'ordonnance de ceft Arabe, lequel luy feit vfer leurs fimples
fans aucune compofition ou fophifterie. Cefte ifle, à contempler fa richeffe & drogueries, vous iugeriez que c'eft vne feconde grand Iaue, ou Burne aux Indes Orientales.
Au refte, elle eft peuplee d'hommes fort robuftes, & bons mariniers, lefquels voyagét
bien fouuent vers les Indes, & quelquefois en Ethiopie : & ceux qui de terre ferme ou
des autres ifles veulent faire voyage pour trafiquer fur mer, f'aident des Pilotes & Mariniers de Moluquan, où le peuple vit fort longuement. Et me fuis efbahy fouuent,
qu'il n'y a nation foubz le ciel entre tant de païs que i'ay trauerfé l'efpace de feize ou

*Le peuple de
France ne
vit que de-
mie vie.*

dixhuiét ans, hors la Chreftienté, qui viue fi peu que font les François, veu que l'air eft
fi bon & temperé. Pareillement i'ay cogneu l'Efpaignol, l'Italien, Alemant, & François
eftre fort curieux d'auoir des Medecins & Chirurgiens : mais encor pour cela ils ne
peuuent tant aduancer leur fanté, & prolonger leur vie, que les Barbares, quelque part
qu'ils foient, ou en païs chauld, ou froid, fec, ou humide, ne les furpaffent en fanté, difpofition, & longueur de vie. Ce pendant les doctes Medecins ne trouueront eftrange
ce que i'ay dit, veu que cela ne leur touche en rien : ains ie les fay iuges de mon dire : ne
me fouciant au refte d'vn tas de petits efcoliers Charlatans, qui ordonnent en fecret
des apozeumes & antimoines, de laquelle iadis ils m'ont fait prendre & vfer à mon
grand preiudice. Cefte ifle fe voit fouuent fort frequentee par ceux qui viennét d'Armenie & Tartarie en Perfe par terre en leurs Caroannes, lefquels quelquefois y paffent
la plus part du Printemps : ce qui caufe la richeffe de l'ifle, & courtoifie des habitans.
Et d'autant que curieufement i'ay recherché d'où chacune ifle a receu l'hôneur d'eftre
habitee, & qui en ont efté les premiers habitateurs, il me femble neceffaire de ne laiffer
cefte cy en arriere, veu mefmement que les Anciens ne l'ont point defcrite, & moins
les Modernes, ny fe font enquis de ce qui eft le plus fingulier fur la cofte de Perfe. Qui
me fait penfer, que ces bonnes gens ne fe commettoient trop auant dans la mer, & que
les ifles deshabitees ne leur eftoient guere en foucy, pour y chercher ce qui y eftoit de
beau, rare & precieux.

De là

De la curiosité des Insulaires touchant l'histoire d'Azeleon Heretique
Alcoraniste. CHAP. XIII.

ES PERSIENS font gens fort curieux de sçauoir l'histoire, & sur tout ce qui concerne la gloire de leurs ancestres, dequoy ils font grãd cas: & non sans cause, veu les grandes victoires que leurs Rois ont ia-dis euës tant sur les Egyptiés, Assyriens, & Iuifs, que sur la Grece pour lors fort florissante. Or ceux d'entre les Persans qui sont les plus dili-gens recercheurs, & qui voyagent sur mer & sur terre, prennent tres-grand plaisir, estans parmy les estrangers, de racompter leurs euenemens, ainsi que i'en ay ouy assez bien discourir à deux vieillards voisins de ceste isle: lesquels disoient, que Moluquan estant demeuree sans peuple, pour les grandes ruines aduenues en l'estat de la Seigneurie de Perse, fut repeuplee quelque temps apres que le grand *Thamirhan* eust vaincu, & prins prisonnier Baiazeth Roy de Turquie, premier du nom: lequel ayãt eu vne victoire telle, que d'auoir deffait vn camp de quatre cens soixantesept mille hommes de pied, & soixante mille cheuaux, tous stilez à la guerre, se rua furieu-sement sur toute l'Asie: qui fut cause que chacun se sauuoit par les isles, pour euiter vn orage si impetueux, faisans tout ainsi que les Chrestiens auoient fait, du temps que la grande & riche ville de Venise fut bastie és isslettes de la mer Adriatique, du temps que les Goths, Huns, & Lombards affligeoient l'Italie. Ce fut à cause de la fureur de ce Tyran, que Moluquan fut repeuplee & remise sus, ayant demeuré plusieurs siecles sans habitans: & l'occasion de sa ruine aduint du temps que Mahemet faisoit ses ieux en Arabie. Car l'imposteur enuoya ses ministres par tout auec le glaiue, pour annon- *La Loy de Mahemet preschee à coups d'es-pee.* cer sa doctrine l'espee au poing, & la semer par force: à la suitte desquels estoit vn pail-lard, qui du Iudaisme auoit receu la superstition introduite par Mahemet, auec lequel & Sergie il auoit glosé & rapetassé l'Alcoran basti par le faulx Prophete. Ceste cruelle compaignie de ministres Alcoranistes entrant par les villes, citez & prouinces, ne lais-soient homme s'opposant à leur folie, qui ne passast par le fer, ou par les flammes du feu, ou qui ne fust ietté en l'eau: & sur tout en vouloient-ils aux Prestres, de quelque persuasion ou religion qu'ils fussent, soit Chrestiens, ou Gentils, Idolatres, ou Iuifs. La trouppe de ces prescheurs nouueaux venuz estoit grande, forte, & bien armee, qui ren-doit tout le monde estonné, voyans que desia presque toute l'Arabie auoit fait ioug, & que ces galans auoient passé les deserts de Theame, Egiax, & Anna, estans paruenuz au sein de Perse: & lors ils passerent en ceste isle, mettans tous ceux qui estoient en aage de discretion au fil de l'espee, & circoncirent les enfans, les conduisans en terre ferme, pour les faire instruire en la Loy de leur Prophete: & vserent de pareille cruauté aux autres isles par où ils peurent auoir entree. Ainsi a demeuré Moluquan deshabitee vn grand interualle de temps: non que pour cela les hommes experimentez n'y frequen-tassent, ainsi que dit est dessus. Mais quand ce furieux Tartare Thamirhan, ou Tam-berlan se saisit de terre ferme, & entra bien auant en Perse, les plus sages & puissans se sauuerent en ceste isle, asseurez que le peuple se rendroit, & par consequent ne seroit point mal traicté de ce Barbare: lequel estoit furieux & cruel en toute extremité à ceux qui luy faisoient resistance, & vsoit d'assez grande courtoisie enuers les peuples qui luy prestoient volontiers obeïssance. Voyla comme ceste isle s'augmenta en peu de temps: si que les plus experts en toute chose, qui fussent és villes voisines de la mer, se-stans là retirez, feirent sortir d'eux vn peuple accort, subtil, & ciuilisé. Depuis quatre vingts ans en ça, se leua entre eux vn homme, natif de l'isle: l'esprit duquel ne portoit que diuifion & partialité, lequel f'appelloit *Azeleon*, homme bien verfé en Philofophie humaine, & fciences obfcures. Ceftuy conuoiteux de gloire, & fe fafchant qu'on fuft fi affotté de fuyure les efcrits de Mahemet, & Haly, comme chofe diuine, veu les folies qui font dedans, delibera de faire vne fecte à part: difant en premier lieu, que Mahemet & Haly eftoient des ignorans, & qu'ils auoient lourdement failli, tant contre *Alla*, c'eft à dire Dieu, que contre *Adoma, allar, Elbar*, qui eft contre le monde, la terre, & les montaignes, & que tous les Prophetes Alcoraniftes eftoient abufeurs, fans cognoiffance des fecrets de Dieu: Qu'il ne falloit point donner fi toft les viandes folides aux hommes, qui n'ont la force de les aualler, ains font encor fimples & rudes, tous tels qu'eftoit Adam, auant que receuoir le commandement de Dieu. A cefte Cabale il mefloit des commandemens de la Loy, auec des reigles des Philofophes: car il eftoit fort fçauant, & fe rendoit admirable en fes prefches, qu'il faifoit publiquement,

comme font tous Mahometans: tellement que quelquefois il f'y trouuoit cinquante mille hommes en vne feule affemblee: la plus part defquels efcriuoient ce qu'il difoit, tant ce caphard eftoit reueré de ce peuple idiot. Et alleguoit à tous propos les Ancies,

qui ont efcrit des chofes tant diuines que naturelles. Ie me fuis laiffé dire à quelques Mameluz, du refte de ceux que Selim deffit en Egypte, qu'ils auoient par efcrit dans leurs hiftoires, que c'eftoit le plus laid marpault qui nafquit iamais en fon païs. Il eftoit boiteux, louche, & le plus punais qui iamais fut au monde: toutefois il auoit le langage à plaifir, & difoit ce qu'il vouloit. Et vous ay bien voulu icy reprefenter fon pourtraict au naturel, tel que i'ay apporté fon creon de ces païs là. Ceft Azeleon vint en telle herefie, que le peuple fe laiffa aller legerement apres fes opinions: de forte que

defia l'Arabie l'embraffoit,quoy qu'elle face fi grand' parade du Prophete yffu de leur
terre.Sa doctrine Cabalique plaifoit aux Iuifs,& feftedoit iufques en Babylone d'Affyrie, courant chacun pour ouyr vne fi grande chofe, que le fçauoir de ce Perfan : de
forte qu'en huict ans il auoit fi bien efbranlé le liure de Furcan, ou Alcoran, que f'il
euft vefcu fept ou huict ans dauantage, c'eftoit fait de la memoire de Mahemet. Mais
les Seigneurs de Perfe,qui eftoient fcrupuleufement obferuateurs de l'Alcoran, y ob-
uierent de telle façon, que ce predicant occis, plufieurs qui auoient embraffé telle fe-   *Secte d'A-*
cte,moururent auffi bien que luy, par diuers genres de fupplices. Ce neantmoins ne   *zeleon def-*
peurent eftaindre ce feu fi viuement allumé, iufques à ce que Siech Ifmael vint à la   *fendue fur*
couronne de Perfe, & f'attaqua aux plus grands, & en Moluquan, & ailleurs, où il en   *la vie.*
feit telle & fi cruelle depefche, qu'il n'eftoit coing de l'ifle,où le fang des Azeleoniftes
ne f'apparuft. Faifant par mefme moyen brufler leurs liures, foubz pretexte qu'il difoit, qu'ils ne contenoient que inuocation de malins efprits, & feditions à l'encontre
du Prince : & que cela eftoit vn grand peché deuant Dieu, contre lequel & Moyfe &
Mahemet auoient crié à haulte voix. Ainfi donc le Sophy feit telle & fi grande punition de ceux qu'il eftimoit eftre heretiques,qu'il n'eft aucu pour le iourdhuy qui f'ofe
aduancer de parler d'Azeleon, foit en loüange ou vitupere, tant il tafche d'en ofter la
memoire, & defraciner le nom d'iceluy du cœur des homes. Il aduint de mon temps,
qu'vn More blanc, riche marchant en la ville d'*Athach*, qui eft en l'Arabie heureufe,
affez pres de la marine : lequel tenant quelque propos de rudeffe à vn *Boftangibafi*,qui
auoit fait par fes Efclaues iardiniers defrober quelques plantes dans le iardin du Mo-
re:lequel eftant fafché & tranfporté de cholere,dit à fa partie,qui le pourfuyuoit d'iniure,Va,va villain que tu es,ie fuis *Montz-fulman*, & autant homme de bien qu'il en
fortit iamais de la race d'Azeleon. Le More qui n'y penfoit à nul mal,n'eut iamais fi
toft proferé ces paroles, qu'il fut inuefti du fimple peuple, & treiné incontinét en vne
grande place, là où il receut plus de mille coups apres fa mort, puis firent brufler fon
corps.Il eft bien vray qu'il f'en trouue encor,lefquels font leurs affemblees en fecret &
à peu de compaignie, ainfi que lon a dit autrefois que faifoient ceux qui lifoient l'art
de Necromáce à Tolede,ou Salmanque en Efpaigne : mais auffi fi quelcun en euft efté
attaint ou furpris fur le faict, il n'y auoit grace ne pardon quelconque. Ainfi en vfa le
Cherif à l'endroit des Preftres de Marroque,à fin d'en effacer la fouuenance,du temps
que i'eftois en Afrique.Voyla ce que i'auois à dire,& difcourir des ifles qui font fur la
mer de Perfe. Auant que clorre le pas à ce chapitre, ie.diray en paffant, que plufieurs
doctes hommes,tant anciens que modernes,fe font trompez en ce qu'ils difent, que le
Corail fe trouue en cefte mer de Perfe, & entre autres f'y eft aheurté André Mathiole,   *Mathiole*
fuyuant l'erreur de Pline,lors qu'il dit,qu'en la mer Rouge fe trouue du Corail, tirant   *& Pline*
plus fur le noir que tout autre,& en la mer & fein de Perfe auffi, lequel (comme il dit)   *fabufent.*
eft nommé *Iace*. Mais ie ne fçay où ils ont pefché cefte philofophie, ny de quel autheur ils ont tiré tefmoignage certain, qu'en cefte ifle dans la mer Perfique, & auffi en
la mer Rouge,fe trouuaft Corail,ne blanc,rouge,ne noir.Ie fçay bien que de la part de
l'ifle Angolline f'en trouue vne efpece : mais ce n'eft chofe qui vaille. Et ne me foucie
fi c'eft Pline,Diofcoride,ou Mathiole,qui en parlét, veu que moy Theuet ie fçay tout
le contraire : attendu qu'il ne f'eft trouué homme de noftre temps, quelque recerche
qu'il ayt faite, f'il ne veult faulfement dire, qui aye peu voir ny trouuer en cefte cofte
Perfique ne d'Arabie aucune efpece de Corail, ny vne feule branche d'iceluy : voire
ceux du païs, eftant pardelà, m'ont dit,n'en y auoir iamais veu, quoy que ce foit vne
chofe fort exquife entre eux: & tout le Corail qu'ils ont,vient de la mer Mediterranee:
puis on le tranfporte en Egypte, & aux Indes auffi, comme ie vous ay dit ailleurs.Au

refte ie diray,ce que ie m'affeure iamais aucun des Anciés n'auoir obferué,que és lieux où fe trouuent les Perles , iamais homme ne trouua du Corail : & où le Corail croift, vous n'y verrez onc ne Perles, ne fines Nacres, eftant en cela le fecret de Nature, qui a

Antipa-
thie entre
la Perle &
le Corail.

mis vne telle antipathie entre ces deux chofes fi precieufes, à fçauoir la Perle & le Co-rail.Auffi la mer en vne côtree eft fertile en vne chofe, & en l'autre produit autre cho-fe, felon l'attrempance du ciel, & naturel de la terre. Or quoy qu'en cefte cofte gifent les ifles de *Gicolar*, *Lar* , *Ficor*, *Coiar* , *Diandorbin* & *Pulor*, fi eft-ce qu'eftans fort voi-fines,& les peuples tous femblables, ayans mefme religion & couftumes, fi que auffi il n'y a rien de fingulier qui foit à racompter, ie pafferay outre , & laiffant les ifles de ce goulfe,ie prendray les riuieres qui arroufent la terre continente,courât le long d'icel-le,& vous y feray voir ce qui eft de beau,exquis & digne d'eftre mis en memoire, & ce que autre ne vous a encor fait cognoiftre, fil ne l'a defrobé de moy, comme quelques vns ont fait,qui font parade de mes labeurs, fans me recognoiftre par leurs efcrits:ains tafchent en quelques endroits m'attaquer,d'autant que ie leur ay remonftré affez gail-lardement leurs tres-lourdes faultes.

De l'ifle de G I S I R E , *pofee dans le grand fleuue Phara , ou d'Eufrate.*
C H A P. X I I I I.

A M O I T I E de *Boughedot*, ainfi dite des Perfiens, & de nous Baby-lone , eft pofee fur le fleuue de *Phara* , fur lequel eft bafti vn grand pont,diuifant les deux parties de la ville,ayant quatorze grands arcs, lequel vnit la ville,& fur lequel on voit encor les reliques de l'ancien-ne ftructure tant fuperbe, en laquelle fe font iadis eftudiez les Rois dominans la Mefopotamie : & eft ainfi prefque du tout bafti comme Paris en France,faifant l'Eufrate des petites iflettes. Qui vouldra voir l'excellence que anciennement auoit cefte ville , comme elle fut reftauree & mife en fa beauté par Se-miramis, & en quelle forte, & par quels moyens elle feit des canaux par lefquels l'Eu-frate alloit par ladite ville nettoyant & arroufant toutes les rues, à la maniere que ia-dis les Soldans d'Egypte faifoient faire aux villes qu'ils tenoient au païs de Paleftine, comme lon peult voir encore auiourdhuy par les canaux qui font en la ville de Da-mas,d'Alep,Antioche,& autres:& comme auffi elle trouua les moyens que cefte riuie-re arroufaft les terres d'Affyrie, faifans des foffes tout ainfi qu'il en eft du Nil en Egy-pte,qu'il regarde les hiftoires,ne m'y voulant amufer,attendu que ce n'eft mon fuiect. Affez loing de Babylone eft celle Tour tant renommee,& de laquelle la fainéte Efcri-ture fait mention , où lon peult voir en quelques endroits encor les reliques de ce que elle a efté faite de bricque,& les tuilles coniointes & cimentees auec du bitume.Telles ruïnes qui apparoiffent pour le iourdhuy , femblent eftre de petites montaignes , les contemplans de loing : mais de pres,vous voyez la brique fi bien faite, iointe,& polie par deffus,que rien plus : vray eft que c'eft l'habitation des hiboux, fouris,ferpents,& toute efpece de vermine. Au plus hault de ladite ville eft fituee vne forterelle com-mencee depuis trentequatre ans par le Roy Perfien , qui auparauant eftoit faite en fa-çon de Palais,où les Caliphes iadis fe tenoient : & eftoiét tels entre les Mahometiftes, que le Pape entre les Chreftiens,pource que cefte region leur eftoit affignee, & les ap-pelloit on Caliphes de Baldac. Mais depuis que les Mameluz tindrét l'Empire de Le-uant, & fe furent faifis d'Egypte, Arabie, Paleftine,& Affyrie, ils priuerent le Caliphe de fon patrimoine,& temporel,luy laiffant fimplement l'authorité en ce qui concerne

le fpirituel. Cefte voye ont auffi fuyui & le Turc, ayant vaincu le Soldan d'Egypte,&
le Sophy ayant chaffé celuy de Bagadeth de fon fiege : plus defcourtois certes que ne
furent iamais les Sarrazins, fauf ce fin & vaillant Prince Saladin, lequel occit le Caliphe de Baldach pour auoir fes threfors, & f'inueftit de la poffeffion & Seigneurie de
Babylone, tranfportant le fiege des Caliphes en la ville d'Alep. Vis à vis de cefte Fortereffe & Palais, ceux qui vont faifans voile aual le fleuue, voyent par l'efpace de vingt
iournees les riues fort belles & plantureufes, de quelque cofté qu'ils tournent les yeux,
& en fin trouuent vn Lac fait de diuerfes riuieres f'engoulfans dans l'Eufrate : & en ce
Lac vous trouuez force ifles grandes & petites, toutes habitees & peuplees de bon nôbre d'hommes, entre lefquelles gift Gifire, ou Giferte, tirant du Nort au Su, venant de
la main droite, & qui eft eftimee vne des plus belles qui foient gueres de pardelà : i'entends pour eftre à vn lac, ou eflargiffement de riuiere : quoy qu'elle ne contienne que
cinq ou fix lieuës: neantmoins la ville de laquelle l'ifle porte le nom, eft affez grande &
trefriche, affife en belle planure, les habitans de laquelle font la plus grand part Chreftiens, Armeniens & Iacobites, feigneuriez neantmoins d'vn Seigneur Mahometan,
lequel du temps que i'eftois en Leuant, auoit efpoufé la fœur du Roy de Perfe, & f'appelloit Sultan Calil, lequel auoit fuperintendance fur tous les autres Seigneurs des
villes de ces contrees. Cefte ifle eft plus embraffee du fleuue Seth, lequel defcend des
monts, qui font és deferts de Beriara, & de Pulputh, eftant fur la pointe du lac, faite à
la figure d'vne Ouale, fauf que vers le Nort elle va en f'eftreciffant, & faifant comme
vne pointe Pyramidale. La ville eft baftie du cofté du Midy, & prefque fur le bord de
la riuiere. N'a pas long temps, que le Sophy a ofté à fon beau-frere Sultan Calil la Seigneurie de cefte ifle, & fatrapies adiacentes, à caufe qu'il n'eft point Perfan : & quoy
qu'il porte le bout du Turban & fon Cazelbas rouge comme les Sophiens, fi eft-ce
qu'il a d'autres opinions en tefte, comme celuy qui eft forti de Cardu, qui font peuples de la baffe Afie, defquels eftoit iadis defcendu ce grand Roy Saladin, qui conquit
Hierufalem fur les Chreftiens, & qui tant auança la religion Mahometane en Orient.
Contre ce Calil alla par le commandemét du Sophy vn Seigneur, grand amy du Roy,
& fectateur fort afpre de l'opinion des Sophiens, lequel auoit nom Cuftagialu Ma-
humutbec, accompaigné de douze mille bons foldats, à fin de f'emparer de la principauté. Sultan Calil voyant qu'il n'y faifoit pas beau, & que fes forces eftoient trop foibles pour f'attaquer à fon ennemy, print Calconchatun fa femme, ainfi nommee, fœur
du Sophy, & fa famille fe retira en terre ferme du cofté de Belc-Rafim, en la Prouince
de Caldar (que ie penfe eftre ce que les Anciens ont appellé la Caldee) en deux Forts
qu'il auoit baftis fur deux collines : l'vn defquels eft pofé d'vne affiette imprenable,
d'autant qu'il ne peult eftre affailli que d'vn cofté, eftant le mont tellement taillé, qu'il
eft impoffible d'y monter en forte aucune, comme celuy qui eft fait tout ainfi qu'vne
muraille bien droite & allignee. Au bas de cefte petite montaigne gift la ville de Belc:
mais d'en approcher n'y a point d'ordre, à caufe que ces deux monticules feruent de
ramparts, tels qu'vn oyfeau auroit affaire d'y paffer fans attainte, eftans remparez de
toutes fortes, & y ayans des tours & baftions felon l'vfage du païs, & pour fe deffendre longuement, veu le peu d'experience qu'ils ont de l'artillerie, & que auffi ils n'en
font guere bien garnis. Sultan Calil tint fort fix ou fept moys, endommageant fon ennemy: mais à la fin voyant, & que fes gens alloient en diminuât, & que les viures commençoient à leur faillir, ioinct qu'il auoit receu vn coup de fleche droit fur l'oreille
gauche, f'enfuyt de nuict auec fa femme & enfans en toute diligence, & fait tant par
fes iournees, qu'il f'en vint en vne ville, iadis baftie par Alexandre, bien auant en Perfe, nommee pour le prefent Bitlis, & des Anciens Lymaeth : laquelle bien qu'elle ne

nn iij

foit mantelée,fi a elle vn fort pour tenir plus d'vn an bon contre toute la puiffance du Perfien.De cefte ville & païs eftoit Seigneur yn Curdien, auffi bien que Calil, qui f'appelloit *Sarasbec*, fils d'*Amunach* : lequel eftoit auffi en la mauuaife grace du grãd Empereur, pour n'auoir point voulu aller en Tauris, felon le mandement dudit Seigneur. Les Curdes, quoy qu'ils foient Perfans, & foubz l'Empire, fi eft-ce qu'eftans vrays & fermes Mahometans, n'ont iamais voulu receuoir la fecte de Sich Ifmael, quoy qu'ils portent le Turban pareil au refte des Perfes. Or Sultan Calil eftant auec fon parent Sarafbec, le Sophy en fut aduerti. A cefte caufe ioyeux de telle occurrence, & que auec vne feule armee il fe pouuoit venger de deux, qu'il eftimoit fes ennemis, il enuoya vn fien Capitaine nommé *Zimmamithec*, auec fix mille hommes à cheual, & quelques compaignies d'infanterie, pour ruiner & Calil & Sarafbec. Mais ce pendant que le General de l'armee eft en chemin, vn autre Seigneur Perfan defcendu de la race du grãd Tamberlan f'eftoit ietté fur la Seigneurie du Sophy, & pilloit & roboit fes villes & prouinces. Ceftuy fe nommoit *Vsbec Cafelbas*, les Arabes luy donnoient le nom de *Cyfchara*, d'autant que l'on difoit qu'il mangeoit autant que dix hommes: & de faict, il eftoit grand & gros à merueilles : & f'eftoit retiré en Tartarie, eftant Gouuerneur de Corazan. Cefte guerre fut caufe, que Calil & Sarafbec furent deliurez de mort, & en fin eurent la grace du Seigneur, lequel reftitua l'ifle de Gifire, que quelques autres nomment Gezerte, à fon beau-frere, auec proteftation qu'il fuyuroit la Loy fuyuant l'interpretation de Haly, & felon que le Sophy fuyuoit ce qui eft efcrit en l'Alcoran : & que au refte il prefteroit obeiffance à celuy qu'il auoit fait fon Lieutenant general en Bagadeth & païs voifin, qui eftoit ce Cuftagialu, lequel auoit tant fait de maux & defplaifir à Calil. Gifire eft ville capitale, aux enuirons de laquelle y a d'autres petites villes efparfes par l'ifle, fans que pas vne foit ceinte de fortes murailles, ainfi que font la plus part des villes de pardelà : & penfez que c'eft vne terre des plus fertiles de toute l'Afie, à caufe de la riuiere qui l'inonde & arroufe : & ont l'Eufrate & le Tygre mefme force d'engraiffer la terre, en fe defbordant, ou eftant efpandu par des canaux & foffez parmi les champs, comme le Nil fait en Egypte. Gezerte, ou Gifire, eft au milieu de la riuiere du Tygre, à trente deux lieuës de l'ancienne ville de *Mozac*, païs des Parthes, peuplee de plufieurs Chreftiens Neftoriens, qui viuent aifément auec les Barbares, foubz lefquels ils font tributaires. Dans cefte ifle de Gezerte tout à l'oppofite de celle de Riphe, de laquelle ie vous ay parlé, fait fa refidence le grand Patriarche de la fecte des Neftoriens, que quelques peuples Leuantins appellent *Siud*, & autres *Sulaca*: lequel ils tiennent comme chef & fouuerain Euefque, & eft en telle reputation enuers eux, que le Pape eft enuers les Catholiques: & tiét trois Euefques aux principales villes du païs Perfien, fçauoir vn à la noble ville, qui fut premierement fondee par Darie fils de *Hyftapes*, deuant noftre Seigneur cinq cens vingt & vn an, nommee *Darbelle*, & les autres *Salmaftc*, & *Ador-Beigani*, fituee à huict lieuës, où fut iadis baftie, tirant vers Oriét, la grãde ville de Niniue, de laquelle l'Efcriture fainâe nous fait métion, laquelle eft nómee de ceux du païs *Nimimich*, autres luy donnent le nom de *Nifroch*. Ie fçay bien que quelques vns fe font autrefois rompuz la tefte pour fçauoir où auoit efté cefte ville Niniuienne, mot Hebrieu, qui ne fignifie autre chofe, que Beauté, & ont voulu dire qu'elle eftoit au bordage de la mer Mediterranee, à vn lieu où iadis eftoit la ville nommee *Iaphe*, ainfi que ailleurs ie vous ay amplement difcouru. Mefmes c'eft l'opinion des Armeniens, Neftoriens, & Georgiens, que ceftedite ville eftoit au dict païs de Mefopotamie, à dixfept lieuës de la grand' ville de *Carcha*, & a neuf de celle de *Canimicq*: lefquelles font tributaires au Seigneur de l'ifle de Gezerte, qui eft l'Empereur Perfien : lequel Seigneur deux fois l'an pour fe recreer & prendre fes plaifirs, y

Gifire ville capitale.

Patriarche des Nefto-riens.

vient demeurer quelques deux ou trois mois l'an. A propos de ceste ville pluſieurs
Iuifs & Chreſtiens de ces païs là m'ont dit & aſſeuré auoir veu le lieu où elle fut edifiée & baſtie par vn nommé *Aſſur*, en vn endroit aſſez pres de la riuiere du Tygre : auquel lieu y a encore à preſent vne Moſquee de Perſiens : aupres de laquelle eſt enterré
le Roy *Caſſan*, ou *Aſſan*, duquel ſont venuz les Rois de Perſe : leſquels pour hôneur
de luy ont tous prins le ſurnom, iuſques à *Vſuncaſſan*, duquel i'ay parlé ailleurs. Depuis nous les appellons Sophys, pource que *Seich-ayder Sophy* eſpouſa la fille dudit
Vſuncaſſan, qui regnoit de mon téps, lors que i'eſtois pardelà : de laquelle naſquit Iſmael Sophy, pere de *Taamar Sophy*, qui eſt mort depuis huiſt ans ença. Non loing de
là ſe voyent les montaignes de *Haſan-cepha*, *Phiaphath*, *Chandenich*, *Torad-coroz*, & celle de *Cyri*, qui eſt la plus haulte, & aux plus beaux & plantureux païs de Meſopotamie : & de ceſdites montaignes viennent pluſieurs torrens, leſquels ayãs fait de grands
lacs & riuieres, ſe vont rendre tous dans le Tygre : mais la plus grande de toutes, c'eſt
vne nommee *Armiz*, autrement deſdits Neſtoriens *Azimapputh* : dans laquelle y a
vne autre iſlette nommee *Ruppy*, & des Perſiens *Cobet*, à cauſe de ſept petits rochers
qui l'enuironnent : elle ne contient en ſon circuit qu'vne lieuë ou enuiron, & c'eſt là
où la riuiere ſ'eſlargit le plus, tellement qu'on la diroit eſtre vn ſecond Lac de Geneue, habitee des Chreſtiens Neſtoriens. Et là ſe tient le premier Eueſque ordóné du Patriarche, pour y faire les Ordres de Preſtriſe & miniſtres ſelon la perſuaſion & couſtume Neſtorienne. C'eſt celuy qui a puiſſance de preſcher, & adminiſtrer les aumoſnes
aux pauures du païs, & qui reçoit pareillement les voyagers qui vont en *Ourchalem*,
que nous diſons Hieruſalem : le ſimple populace le nomme *Rabban-hormis*, qui vault
autant à dire en noſtre langue, que Souuerain Maiſtre : autres luy donnent le nom de
Oſtoph, & n'ay peu ſçauoir pourquoy. Le Patriarche ne les autres ſeſtaires Neſtoriens *Neſtoriens*
ne cognoiſſent l'Eueſque Romain, non plus que les autres Chreſtiens des Indes *ne cognoiſ-*
& iſles Orientales. En ce lieu de Ruppy ſe voit l'ancienne ſepulture du Prophete *ſent l'Egliſe*
Nahum, laquelle eſt reueree, non ſeulement des Chreſtiens, ains des Iuifs, Arabes, Tar- *Romaine.*
tares, & Perſiens, pour la grand'ſainſteté du perſonnage. Les Carouanes Perſiennes
ſouuentefois ſe fouruoyent de quatre ou cinq iournees de leur chemin, pour venir
faire leur oraiſon deuant la ſepulture de cedit Prophete : & n'eſt iour que les *Deluis*, &
Hagij, qui ſont voyagers, ne viennent pareillement vne fois l'an pour le moins, voir
le lieu où giſt ce corps, & puis ces pauures gens ſ'en vont à l'Eueſque Neſtorien, luy
demander l'aumoſne à l'honneur de *Alahici*, qui eſt à dire, Pour l'amour de Dieu, &
du Prophete Nahum. Ie me deporte de vous diſcourir autrement de ceux qui ont eſté
les premiers autheurs de ladite ſeſte Neſtorienne, attendu que i'en ay parlé ailleurs :
mais ie veux de mot à mot vous monſtrer, qu'ils ne ſont point ſi eſloignez de noſtre
Egliſe, que lon diroit bien, & le pourrez cognoiſtre par l'Oraiſon de la vierge Marie,
que ce peuple dit, prians tous en leur langue, comme font les Catholiques pardeça en
la leur. Il eſt bien vray, que leurdite lãgue eſt fort corrompue, & participe en pluſieurs
mots de la langue Hebraique, Chaldee, Syriaque, & Arabeſque, & le vulgaire plus que
tout. Or voicy comme ils proferent :

Aue Maria en langue Neſtorienne.

Golonta el *Mariam ſulta* : *Æſchlemlec cadiſchta Mariam*, *Eme dalaha maleſta*,
deſchemaia taraha, *paradeiſa morteph alma*, *quita ahide enti*. *O eptoulta*, *enti*
ephtenti, *Ieſui edela hetita enti hileti Brouha*, *hou parouca*, *edkolma ouãbhode lo ethechel*,
Bo houhou paſon nien colbicha houetcachap helop etiti.

Le Benedicite des Neftoriens.

E Pchout moran oualohen Iamino Dammarach-mononto, monontoch-men merahomna
& contechoch oubarech ou cadefchel , mecóulta ode Sogoudech hou chartehoi eb to
boto ou a bourcoto ed men-elouhotocq, Aba ou abara ourouha cadiffa elholmin.

Graces des Neftoriens apres le repas.

O Leph , olpin ourebou rebouron , Coubal taibon Lallaha morecoul , neffue mozonna
hanna hounetiatar houencaue houla neheffard , baffela houotehon , dachelihe ethere-
hefard ou dabahata quine hou zadique defchepart hou chopperiu el morehon eb col dor hou
dor nehnhe potoura hana hac potoure dabon abrohon edela hofer houla Bofel men tabata,
Echemaion iata coule zabena ed Cahian be holma hacha houab coullesban el holen holmin.

Epiftre du peuple Neftorien enuoyee par leur Patriarche S I V D , ou S V L A C H A
auec leur profeffion de foy prononcee deuant le Pape Iules troifieme ,
le tout traduit de langue Syriaque en François.

C H A P.   X V.

ERE DÉS PERES, & le plus grand des Pafteurs, qui conftruits les
Mitres, & confere les dignitez Pontificales. Qui du fainct huylle facres les Preftres, & de pudiques ceinctures enuirónes & ceincts leurs
reins: & qui conioincts & lies enfemble tous fidelles. Qui es au lieu
de Chrift noftre Seigneur, & noftre Dieu. Qui es affis fur le fiege de
S. Pierre Apoftre. Qui tiens les clefs tant des haultes , que profondes
regions. Auquel dit noftre Seigneur : Ce que tu lieras fera lié, & ce que tu delieras fera
delié. Et fur cefte pierre il a edifié fa faincte Eglife. Auiourdhuy Chrift noftre Dieu
t'a donné l'authorité, à fin que pour luy tu en difpofes , & fagement difpenfes les Ordres Ecclefiafticques, comme il en eft de befoing à fon troupeau : lequel il t'a baillé en
garde, afin qu'il ne foit troublé ne enuahi par les loups, lefquels le haïffent : à fin auffi
qu'il ne periffe ou tombe en quelque danger. Car ce qui f'en perdra ou efgarera , fera
diligemment redemandé & recherché du grand Pafteur. Il t'a donné la garde & le
gouuernement de fa faincte Eglife , à fin que tu raffafies & rempliffes fon indigence &
fouffrette de ce threfor, qui iamais ne deffault, de cefte viue fontaine dont les eauës ne
peuuent iamais deffeicher ne tarir. Et d'autant plus que lon en boit, d'autant elle croift
& deuient plus claire & plus abondante : tant f'en fault qu'elle fe baiffe ou fe diminue
aucunement. Tu es au lieu de S. Pierre, & du prudent Architecte & maiftre de l'œuure S. Paul, lefquels ont illuftré & illuminé tous humains de ce riche talét & don precieux, lequel leur fut donné du S. Efprit, & du grand Pafteur celefte, lequel par fon
precieux fang les a racheptez de la captiuité diabolicque , & retirez du mafque d'erreur & d'idolatrie. Pourautant que tu es le Pere commun de tout le peuple Chreftien,
tout ainfi que S. Pierre eftoit chef de tous les difciples : auquel efcheut par diuine de-
ftinee d'eftre conducteur & Pafteur de la grande & celebre cité de Rome. Mais auiourdhuy le Seigneur Dieu t'a donné cefte charge, & t'a efleu, te colloquant chef &
fouuerain dominateur fur icelle, & te l'a baillee en garde, pource que tel a efté fon plai
fir. Auffi t'a il efleu & choifi comme il feit Hieremie dés le ventre de fa mere , & comme Iean fils de Zacharie, lequel receut tant de grace & faueur, qu'il toucha de fa main
le precieux chef de Chrift noftre Dieu, & femblablement comme Athanafe & les au-

tres bons peres anciens. Mais pourquoy vſons nous de plus long diſcours deuant ta
grandeur & maieſté celeſte, veu que nous ſommes indignes de nous y preſenter? Celuy qui t'a eſleu, c'eſt celuy qui t'a exalté. Au reſte, ſçaches, ô ſeigneur Pere ſainct, duquel Dieu vueille conſeruer la vie, que nous tes humbles ſeruiteurs Neſtoriés Orientaux, ſommes pauures brebis ſañs Paſteur, & ſans aucun Pere eſleu, qui puiſſe conferer
les ſainctes Ordres Sacerdotales. Et ne nous reſtent aucuns Metropolitains, auſquels
ſeuls appartient creer & ſacrer le grand Preſtre & general ſacrificateur : Mais ſeulemét
auons quelques Eueſques en peu de nombre, comme ceux d'*Arbele*, de *Salmaſte*, &
Adurbigan. Voicy nous nous ſommes trãſportez vis à vis de nous en vne iſle, laquelle
eſt entre le fleuue Tygris, & le fleuue Eden : & ſommes d'accord entre nous. Et auoñs
enuoyé ce Moyne *Siud*, & amené de force hors de ſa demeure : dõnt chacuñ portoit
teſmoignage de ſa vertu & prudhommie, diſant qu'il eſtoit fort propre & conuenable à ceſte charge & legation. Parquoy comme tout le peuple vnanimement, & d'vne
voix approuuoit iceluy, tout ſoudain les Primats & les Nobles l'ont conduit iuſques
en Hieruſalem, comme le magnifique *Meßiud, Abdias*, & *Ephraim*, & le magnifique
Chabab : & auec eux quelques autres Moynes & Preſtres, Diacres & Laicz. Et ſommes
entrez en la ville où auons communiqué auec vn Moyne Latin, homme ſçauant & de
bonne vie, nommé Paul, & auec toute ſa compaignie ſpirituelle, en la ſaincte montaigne de Sion, pres du Cenacle où noſtre Seigneur feit la Cene à ſes diſciples. Et le ſup-
pliaſmes nous donner quelques lettres pour preſenter à ta Saincteté, par la bouche de
Iacob Interprete & Trucheman des Latins. Ce bon Religieux voulant ſatiſſaire à noſtre demande, nous donna trois Epiſtres pour porter à ta Saincteté & grandeur : & ſe
reſiouyſſoit grandement de noſtre venue. Nous autres Neſtoriens auons donné leſdites lettres à noſtre Legat Siud, & auecques luy auõs enuoyé trois des principaux d'entre nous, *Thomas, Adam*, & *Caleph*, pour te faire la reuerence, & ſe proſterner deuant
tes pieds. Mãintenant donc ñous te ſupplions & prions ta Saincteté de vouloir par ta
diuiñe grace & ſupreſme bonté, deſpeſcher leur negoce & affaire, & creer iceluy Siud
noſtre General & Patriarche, & luy donner la puiſſance par ta ſaincte parolle, qu'il
puiſſe conferer les ſaincts degrez Eccleſiaſtiques, comme le troupeau en aura neceſſité, ſelon la couſtume des autres Patriarches. Et qu'il puiſſe lier & delier ſelon l'vſage
des Peres & des ſaincts Canons Apoſtolicques. Parquoy nous te prions noſtre Pere
bening, que tu ne les retardes point, à fin que ne ſoyons long temps en ſoing, deſirans
iour & nuict leur retour. Mais renuoye les, depeſchãt lettres au meſme Siud : & vueilles donner ta benediction à noſtre region. Or en ceſt endroit nous prions le Seigneur
Dieu te continuer longuement en bonne ſanté, & en ſa ſaincte garde. De la ſaincte Cité de Hieruſalem ce vingtcinquieme de Mars mil cinq cens cinquante & trois.

Meßiud,
Abdias &
Ephraim.

Profeßion de Foy.

MOy Siud Moyne, Patriarche & Legat eſleu des Neſtoriens, ie fay icy deuant
tout le monde profeſſion de ma foy, laquelle tiennent tous ceux de ma Religion, & voulons tous inuiolablement garder ce qui ſ'enſuit. Premierement, c'eſt que
nous confeſſons la Trinité glorieuſe, le Pere, & le Fils, & le S. Eſprit, vn ſeul Dieu en
trois perſonnes, & vne ſubſtance, laquelle a eſté dés le commencement, & ſera à tout
iamais. Vne domination, vne vertu, vne puiſſance. Qui a faict & creé le ciel & la terre,
& toutes choſes viſibles & inuiſibles, corporelles & ſpirituelles. Nous croyons qu'vne
chacune de ces trois perſonnes eſt le grand Dieu parfaict. Nous croyons au fils de
Dieu, & à la parolle d'iceluy : qu'il eſt engendré deuant tous les temps & les ſiecles. Et
qu'il eſt au ſein de Dieu ſon Pere, & a touſiours aſſiſté auecques luy en tout ce qu'il

a fait.Lequel par fa diuine bonté & mifericorde nous a regardez & regarde icy bas.Et
voyant noftre peché de iour en autre augmenter, il a enuoyé fon Fils pour nous rachepter de damnation, ayant prins chair humaine au ventre de la vierge Marie, ainfi
que les Propheres auôient predit, eftant Dieu parfait, & homme parfait, fans aucune
diuifion. Il eft vne feule perfonne, mais en luy font deux natures. Il eft Fils du vray
Dieu en deux natures, & des deux natures en vne perfonne : & n'eft aduenu aucune
paffion,ne aucune mort à fa Diuinité, mais à fon humanité. Il a fouffert, & eft mort
pour nous & pour noftre redemption : & a efté enfeuely en fon humanité. Il eft defcendu aux enfers. Et le trofieme iour reffufcita du fepulchre en vraye Refurrection.
Et quarante iours apres fut enleué au ciel auec le mefme corps & efprit, qu'il auoit
quand il reffufcita du tombeau : & eft affis à la dextre de Dieu fon pere : & de là viendra au dernier iour pour iuger les morts & les viuans auffi:& payera vn chacun felon
fes œuures.Nous croyons auffi le S.Efprit,& qu'il eft Dieu parfait:lequel procede du
Pere & du Fils,& eft adoré auec le Pere & le Fils,& annôcé glorieux. Donc nous confeffons trois perfonnes en vne Deité, laquelle a fait toutes chofes comme il luy a pleu
dés le commencement,& iufques és fiecles fempiternels.Nous confeffons auffi la faincte Eglife Catholique,Apoftolique,feule,& vraye. En laquelle eft vn vray Baptefme,
donnant remiffion de tous pechez. Et tenons tout homme excommunié, lequel l'eft
de la faincte Eglife Romaine & Catholique : laquelle excommunie tous heretiques.
Et croyons le dernier iour & la Refurrection, & que nous reffufciterons auec le mefme corps que nous auons maintenant. Nous croyons auffi en la vie eternelle. Dauantage nous croyons és fainctes Efcritures, tant du Vieil que Nouueau teftament,& aux
douze Apoftres, & aux quatre Euangeliftes, en S.Pierre, S.Paul, & tous autres liures
faincts,approuuez de la primitiue Eglife Romaine.Car Dieu eft aucteur de toutes ces
chofes.Nous croyons dauantage au S. Baptefme, & au Sacrifice, qui eft le Corps & le
Sang de Iefus Chrift:& au Mariage:& au fainct Huylle:Et au S. Sacerdoce,auquel anciennement nous auions de couftume de reueler noz pechez les vns aux autres:Mais
vn certain Heretique & cruel Tyran f'eft efleué entre nous, lequel a aboli cela, dont
lors aduint grands meurtres,fcandales & feditions,& nous l'a du tout fait ceffer.Tou-
tefois auiourdhuy ô noftre,Perenous auons efperance en toy,que tu nous enuoyeras
lettres authentiques,par lefquelles tu excommunieras tous ceux lefquels ne voudront
garder cefte fainte couftume. Outreplus nous confeffons les quatre grâds Conciles,le
premier congregé à Nice au temps du Pape Siluestre, auquel f'affemblerent trois cens
& dixhuict Peres : & auquel fut arrefté & determiné de la vraye Foy, parfaite & Ca-
tholicque, & le mefchant Arrius excommunié. Semblablement a authorifé la faincte
Eglife Romaine,laquelle eft le fiege de S. Pierre, & chef de toutes les Eglifes : lequel
prefent luy a fait Iefus Chrift par ces parolles, lefquelles il dit à S. Pierre plantateur
d'icelle : Tu es Pierre,& fur cefte pierre i'edifieray cefte mienne Eglife. Et tenons telle
Les Neffo- foy en noftre region, nous & bien trois cens & dixhuict Peres Orthodoxes. Le fe-
riés croyent cond qui eft celuy de Conftantinople, auquel eftoient congregez cent cinquante Pe-
aux Conci- res, à caufe d'vn Macedonien qui difoit, que le S.Efprit n'eftoit vray Dieu. Le troi-
les. fieme,qui eft celuy d'Ephefe,où affifterent deux cens Peres, lefquels furent congregez
à caufe de Neftorius, qui difoit deux perfonnes eftre en Chrift. Finablement le quatrieme, qui eft celuy de Chalcedoine, où f'affemblerent fix cens & trente Peres Euefques, pour vn Diofcorus, qui fouftenoit qu'en Chrift il n'y a qu'vne nature, dont il
eftoit vn & feul.Au furplus nous receuons tous les Conciles, lefquels l'Eglife Romaine reçoit, & excommunions ceux lefquels elle, & les quatre fufdits Conciles excom-
munient.Et qui plus eft nous croyôs de la vierge Marie, qu'elle a enfanté Iefus Chrift,

& qu'elle eſt mere de Dieu : qui a conceu le vray Dieu & vray homme:& a eſté vierge deuant l'enfantement & apres l'enfantement : & n'a ſenti aucune douleur en iceluy. Nous honorons auſſi,exaltons & loüons l'Egliſe Romaine,& noſtre ſainct pere le Pape chef d'icelle , & toutes ſes benoiſtes generations. Car il eſt ainſi contenu en noz liures, que noſtre Sacerdoce depend de ceſte Egliſe Romaine. Et partant nous ſommes venuz receuoir de vous le vray leuain , côme il eſt eſcrit en noſtre Epiſtre. Parce nous vous requerons, vous qui eſtes noz ſaincts Peres, que vous nous departiez de ce don du ſainct Eſprit,lequel vous a eſté donné. Et ne nous retardez point,mais depeſchez, ſil vous plaiſt,en brief noſtre affaire,à fin qu'en diligence nous retournions en noſtre païs.   Ainſi chacun peult voir , par telle Epiſtre & Profeſſion de Foy, la deuotion & Religion de l'Egliſe de ce peuple Neſtorien,ainſi eſpars en diuers païs d'Orient : mais leur principale demeure eſt au païs de Seleucie, ou Parthes, le long du Tygre, que le vulgaire nomme *Mozal*: auquel païs ils ont vingtquatre Temples, où ils font leurs deuotions,ſans eſtre inquietez, ne de Perſiens, ne d'autres Mahometans:ains viuent en repos de leur conſciéce,ayás le trafic libre de toutes parts où bon leur ſemble.Ce peuple Neſtorien a encor vne Egliſe en Hieruſalem , & en pluſieurs autres lieux, tant de la Paleſtine,qu'Egypte,& ſont plus accoſtables que les Grecs & Armeniés, & ceremonieux ſur tous les autres Chreſtiens Leuantins. Les Preſtres ſont mariez , & toutefois ne laiſſent à faire leurs debuoirs & offices ſuyuant le commandement de leur ſuperieur,auec leurs ceremonies anciennes. Quant au ſimple peuple, qui eſt ſoubz l'obeiſſance de l'Empereur Perſien , & non à celuy de Tartarie, comme quelcun n'agueres a oſé mettre par eſcrit,il luy eſt tributaire de deniers ſeulement,ſans toucher à leurs enfans,comme fait le Turc ſur les païs qu'il poſſede & commande, des Chreſtiens. Conuerſant auec eux en Alexandrie d'Egypte,& en d'autres païs, i'ay cogneu qu'ils eſtoiét fort curieux,& principalement en l'hiſtoire de la Bible , & des Docteurs qu'ils ont eu de leur ſecte. Quant à ceux de l'Egliſe Latine, & des Saincts que nous reuerons, hormis les Apoſtres & Prophetes,ils n'en ont aucune cognoiſſance,nô plus que les Georgiens & Iauiens. Voyla que i'ay voulu dire en paſſant de la Religion des Neſtoriens. Reueñant donc à noſtre iſle, ie vous puis aſſeurer que c'eſt le meilleur païs que le Soleil eſchauffe : pource vous y voyez force bleds,legumes,ris,fruictiers,& vignobles, à cauſe des Chreſtiens,auſquels le vin eſt en vſage.Le peuple naturel du païs eſt fort bening,courtois & affable, & plus aiſé à accoſter cent fois,que ne ſont les Turcs ou Arabes,qu'ils appellent Eſclaues,volleurs, vilains,& indignes de ſçauoir Alcoraniſer. En tout le païs de Perſe , voire par tous les lieux où Mahemet & ſes complices ont planté la loy par force, ſoit en terre ferme ou aux iſles, la plus part des hommes ſont tous veſtuz d'vne meſme ſorte, vſans de ſemblable loy en ce qui concerne le manger : & leur breuuage eſt l'eau pure. Quant au mariage,il eſt permis à vn chacun d'auoir pluſieurs femmes. Leurs robbes ſont faites de bons draps colorez, ou toille, velours, ou autre drap de ſoye, ſelon la grandeur des *Metheſim*, ſçauoir des hommes riches, & ſont faites ſans aucune pliſſure. Les *Vellahz*, qui eſt le ſimple peuple portent leurs habits de diuerſes couleurs,auſſi de draps.Les dames,ou *Rabbes* Perſiennes ſont fort curieuſes d'auoir des accouſtremens exquis & precieux, vſans de Perles & toute autre Pierrerie, & font que leurs cheueux ſoient rougeaſtres, en penſans eſtre plus belles & iolies,là où les Tartares ne monſtrent point leurs cheueux, ains portét vne ſorte de coiffure faite en pointe,comme le chaperon d'vn Capputien Italien.Les hommes en ceſte iſle Chaldeenne, ſont beaux, adextres, & gaillards, ayans les meilleurs Cymeterres du monde,leſquels ſont courts & larges,& qui couppent ſi bien, qu'il n'y a raſoir tant bié acéré ou trempé qu'il ſoit, qui aye le taillant & fil plus ſubtil : & non ſans cauſe, veu

Preſtres Neſtoriens mariez.

qu'il ne fe trouue point ie croy au monde acier fi bon qu'il fait en Perfe, & c'eft pourquoy ils ont de fi bonnes armes, tant pour eux que pour leurs cheuaux. I'aÿ veu vn
hôme auec vn de ces Cymeterres, coupper tout au net le col d'vn Chameau fort vieil,
fi que vous euffiez dit qu'il n'auoit couppé qu'vne raue la plus tendre qui fe trouue
és champs de Lymofin. Quant aux cheuaux il y en a abondance, autant ou plus qu'en
region qui foit foubz le ciel, & bons à l'aduenant: & non pourtant laiffent-ils d'y eftre
L'Eufrate
diuife les
terres de
deux Rois
Mahome-
tans.
auffi cherement venduz, qu'icy ceux qu'on ameine de Turquie. L'Eufrate du cofté de
l'Occident diuife & fait feparation des terres & Seigneuries du Turc & du Sophy, &
telle feparation fe fait tout auffi toft que vous aurez paffé cefte ifle: d'autât que le Turc
de mon temps a conquis celle region qui eft appellee *Caldar*, laquelle tire vers les deferts d'Arabie. La mer de Perfe entre bien auant dans l'Eufrate, lequel fe ioint auec le
Tygre près les murs anciés de la grand'ville de *Romada*, laquelle eft affife fur la pointe où les deux riuieres f'embraffent. Quand les vents foufflent du Su & de l'Eft, à fçauoir du Midy, & du Soleil leuant, & lors mefmement que la maree eft haulte, la mer
endommage fort le plat païs, ruinant les maifons voifines, & gaftât les terres enfemen-
cees: combien qu'elle ne foit fi farouche là, que vers le Septentrion. Au refte, les Pilotes en ce quartier là n'vfent point en forte que ce foit de l'Aftrolabe, & moins des
Chartes marines pour leur nauigation, ne plus ne moins que font ceux qui font voile
en la mer de Bachu, ou autres lieux, dont ie vous ay parlé. Encore plus oultre Gifire,
auant que l'Eufrete f'engoulfe dans le fein de perfe, fe voyent quatre iflettes, defquelles la plus grande fe nomme *Tarriane*: en laquelle y a auffi vne forterefse, gardee d'vn
Gouuerneur, Seigneur fauory du Sophy, à caufe que volontiers c'eft le lieu où fe font
les monftres generales, lors que le perfien f'apprefte pour fe mettre en campaigne contre le Turc. C'eft lors que fe tiennent fur leurs gardes de la part Sophienne ceux qui
font és villes de *Bagadeth, Hergort, Phibrin, Canicadath, Bogelath, Lachen, Biron, Belfan,*
& *Belgaiph*: & des fuiets du Turc, de là l'Eufrate, ceux de la region de *Caldar, Flugath,*
Samara, Gambet, Ruppatah, & *Razaim*: fi que de toutes parts il y a toufiours garnifons belles & fortes, & qui f'efcarmouchent & frottent bien fouuent, quand il eft queftion de paffer les riuieres, allans à la picoree. Ainfi l'Eufrate fert de barriere & limites
à ces deux grands Seigneurs & puiffans Monarques, tout ainfi que fait celle qui fepare
les Royaumes d'Efcoffe & d'Angleterre.

De la Tour de Babylone, & matiere dequoy elle fut baftie.
CHAP. XVI.

L EST ESCRIT és fainctes Hiftoires, que la Tour de Babylone
tant renommee, fut baftie de bricque & bitume: mais il fault fçauoir,
quel eft ce bitume, & comme il eft maintenu fi longuement. Toutefois auant que paffer oultre, il fe fault vn peu amufer à ofter l'ignorance de ceux qui mettent en auant, que ladite Tour contenoit fix
lieuës de circuit: ce qui eft efloigné de toute verité, & feroit impoffible: veu ce qui encor en apparoift és fondemens, lefquels font en eftre, & qui ne contiennent que trois cens vingtneuf toifes en leur plan & rond, comme font foy les hiftoires Armeniennes, Georgiennes, Neftoriennes, & des Chreftiens, qui fe tiennent en
ces païs là: mefmes plufieurs d'entre eux & des Iuifs me l'ont affeuré, qui auoient tournoyé plus de cent fois le lieu où iadis cefte Tour fut efleuee: laquelle, ainfi que i'eftime,
eftoit faite en rondeur, comme i'ay peu cognoiftre par le crayon qu'ils m'en ont
donné: & fi elle euft efté autrement, il eut fallu auffi que le corps du baftiment euft eu

plus

plus d'eſtendue que le plan & fondement. Ce qui eſt contre toute reigle de dimenſion & proportion d'Architecture, eſtant neceſſaire que le pied ſeſlargiſſe, & ſoit plus fort que le reſte, à fin de pouuoir ſupporter le faiz d'vne ſi groſſe maſſe de baſtiment. Les fondemens donc n'apparoiſſans de plus d'eſtendue, que de ce que ie vous viens de dire, ie vous laiſſe à penſer, ſi la Tour a ſix lieuës de circuit, & ſi ſon ombre ſeſtend ſi loing, que aucuns nous ont voulu faire accroire par leurs eſcrits. Elle eſtoit ſi ſuperbement baſtie, que n'ayant pas eſté acheuee ſelon le deſſein des Architecteurs, il eſt auſſi impoſſible qu'elle euſt eſté haulſee en haulteur ſi monſtrueuſe que lon a dit, & ayant l'eſtendue telle que les plus grandes villes du monde n'en ont pas eu guere dauantage. Reuenons à la matiere dequoy elle fut baſtie. C'eſt ſans doubte, que c'a eſté de bricque liee, coniointe & cimentee auec du bitume. On ſe tourmente ſur ce mot, pour ſçauoir de quelle matiere ce bitume a eſté fait: d'autant que bitume eſt choſe liquide & ardente, & de ſon naturel ne pouuant eſtre puluerifé, lequel naiſt quelquefois dans l'eau, comme celuy que i'ay veu au lac *Alphaltite* en Iudee, au lieu meſme où iadis eſtoient aſſiſes les villes de Sodome & de Gomorrhe, & duquel i'ay encore auiourdhuy quelque peu à mon Cabinet. Deſorte que ce bitume n'eſt autre choſe, que le limon de l'eau, ſemblable à la poix, ou comme poix de terre, la plus puante de toutes les autres, comme i'en ay fait l'experience. Et deuant que i'entre ſi ſuant en matiere, fault conſiderer que ce bitume eſt diuers en qualité ſelon les lieux où il ſe trouue: veu que celuy qui croiſt en l'eau eſt liquide, & celuy qui croiſt en terre ferme, eſt dur & gluant, lequel naiſt és lieux qui ſont fort ſuiets au fouldre. Et c'eſt pourquoy ceſte matiere eſt ſi ſuiette au feu: qui me fait penſer, que quoy qu'on en die, que les murs de Babylone furent auec la bricque, qui auoit pour le moins deux pieds & demy en quarré (ce qui ſe peult encore auiourdhuy voir) cimentez du temps de Semiramis de telle matiere: ſi eſt-ce que pour la duree d'iceux, il eſtoit neceſſaire qu'on y meſlaſt d'autre choſe moins liquide, gluante & ſuiette aux flammes. Or la purité de bitume n'eſt pas d'eſtre noir, ains celuy qui rouſſoye vn peu eſt le meilleur, & qui eſt peſant, & fort puät. Mais laiſſans à part le bitume de la mer morte & lac Aſphaltite, ayons recours à la terre, qui ſe trouue pres de Babylone, & de laquelle ceſte Tour fut cimentee, veu que l'vſage de la chaux & plaſtre leur eſtoit incogneu, ainſi que i'ay ſceu par ceux du païs, qui liſent les liures qu'ils ont de leurs hiſtoires, & des faits des Rois qui ont gouuerné icelle prouince. Et quoy qu'ils ne ſceuſſent que c'eſt que du plaſtre, ſi n'y a il païs au monde, où il y en ait plus que là, ainſi que lon peult voir és beaux Palais & edifices ſumptueux qu'ils baſtiſſent pour le iourdhuy. Le temps paſſé donc, en lieu de plaſtre, chaux & ſable, les Maſſons vſoiët d'vne certaine terre, qui ſe trouue és lieux voiſins de Bagadeth, le long de l'Eufrate & du Tygre, laquelle eſt noire & glutineuſe, & ſi liquide, qu'elle ſe fond au Soleil comme la cire: & aux minieres où on la prend, ſi vn homme, chameau, cheual, bœuf, vache, ou autre beſte marche deſſus, y faiſant chaleur, par la continue du marcher, il ſy verra tout ainſi englué, qu'eſt vn oyſeau prins à la gluz: & ſappelle ceſte matiere en langue Perſienne *Quil*, là où les Arabes la nomment *Chefer*, autres *Haſral*. Ce Quil eſtant ainſi liquide, fault qu'il ſoit meſlé auec d'autre compoſition, à fin qu'il ſendurciſſe contre la chaleur du Soleil. Par ainſi ceux du païs y appliquët d'vne autre terre dure, & qui eſt glutineuſe, ayant couleur de ſoulphre, laquelle eſt plus groſſiere & moins graſſe que le Quil: lequel à la verité eſt ſi gras, qu'il ſe fond auſſi facilement ſoit par le feu, ou par le Soleil, comme ſi c'eſtoit graiſſe de porc, ou beurre: & le meſlent à la maniere que nous faiſons pardeça le ſable auec la chaulx. C'eſt de telle compoſition que la Tour Babylonique fut faite, ainſi que ceux du païs ſçauent encor dire & raconter, ſe vantans le tenir de leurs anceſtres, & par la lecture de leurs vieilles

Bitume ſe trouue en diuers lieux.

hiſtoires,& que auſſi l'vſage qu'ils ont pour le iourdhuy de ceſte terre, leur fait penſer que leurs predeceſſeurs qui eſtoient gens de bon eſprit, n'euſſent ignoré vne choſe ſi neceſſaire, que le profit qui ſe tire de ceſte terre: de laquelle ils font à preſent grand trafic auec ceux des iſles voiſines, meſmes auec ceux de Calicut, & autres des Indes: leſquels, comme ie ſçay, viennent iuſques à l'emboucheure de l'Eufrate dans icelle mer, pour achepter de ceſte terre, dont ils calfeutrent leurs vaiſſeaux en lieu de poix, ou autre matiere: & en vſent en ceſte ſorte. Ils vous prennent deux quintaux de ceſtedite terre, & demy quintal de graiſſe, ſoit de Chameau, d'Elephant, Buffle, Cheual, ou autre beſte ſauuagine, leſquelles matieres ils font bouillir enſemble, puis y adiouſtent de l'autre terre, qui a quaſi le gouſt de pur ſoulphre: & quand le tout a bien bouilli,& eſtant encor bien chauld, ils en calfeutrent leurs vaiſſeaux dedans & dehors, leſquels ne ſont faits que de petites pieces rapportees & iointes enſemble, ſans fer ne clou quelconque, ains ſeulement ſont liez de certaines pelures d'arbres faites comme cordes & chables, qui ioignent l'vne piece auec l'autre, & de fortes cheuilles de bois, & puis les graiſſent de ceſte cópoſition qui les fortifie: de ſorte qu'apres il eſt impoſſible de diſioindre l'vne piece d'auec l'autre, meſmes à grands coups de marteaux, ou de maſſue. Et ainſi l'eau ne gaigne iamais la fente des vaiſſeaux, à cauſe que ceſte matiere repugne à l'eau du tout, & ne luy peult ceder en ſorte aucune. Leſdites cordes ſont faites d'vn arbre reſſemblant à vn Palmier, portant ſon fruict de la groſſeur d'vn pruneau: & de tels en ay-ie veu au païs des Sauuages, leſquels l'appellent *Iera-vua*, & de l'eſcorce ils en font des cordes plus fortes, & de plus longue duree, que ne ſont celles deſquelles nous vſons pardeça, d'autant que iamais elles ne pourriſſent dans l'eau, principalemét eſtans frotees de ceſte terre glutineuſe: de laquelle ie dis pour concluſion, que les Anciens ont vſé auſſi bien & mieux en leurs baſtimens, que ceux qui à preſent en vſent, d'autant que qui verra les anciens fondemens des edifices poſez depuis tant de ſiecles reuoluz, il trouuera que ceſte ſeule matiere les a tenus en force. Le lieu où ceſte terre ſe trouue, ne laiſſe à eſtre touſiours verdoyant, y ayant de beaux iardins le long du riuage des deux riuieres, là où lon voit des Saulx les plus beaux & les plus gros qu'en lieu qu'on ſçache. Auſſi à dire la verité, le deſſus de ceſte terre eſt comme autre terre, & faut caüer pour trouuer le Quil, qui reſſemble par deſſus au charbon de terre, tel que nous l'auons pardeça. Que ſi le Quil eſtoit de nature bitumeuſe, & reſſentant rien de la napthe, il ſeroit impoſſible que rien de verdoyant y profitaſt, non plus qu'és autres lieux où telles matieres ſe trouuét: veu que ce qui eſt aduſté, corrompt la terre, & gaſte ſon humeur. Ce qui ſe peult facilement colliger par la ſterilité de quelques lieux du Peru, eſquels croiſt le ſoulphre, l'alun, & autres matieres qui ſont de meſme qualité. Ceux

Trois Colomnes antiques.

qui les premiers dreſſerent iadis des Colomnes en ce païs là, y en feirent trois fort belles & diuerſes: l'vne eſtoit de terre cuicte au Soleil: l'autre de pierre blanche & fort dure, & qui auſſi eſtoit tranſparente & luyſante à merueilles: autour de laquelle on voit des caractéres en langue Chaldeenne, leſquels ſignifient les cours de la Lune, & reuolution ordinaire du Soleil: & la troiſieme eſtoit faite de ladite terre, qu'ils nomment Quil, laquelle auoit plus d'artifice que de naturel, pource que de ſoy elle eſt liquide. Parainſi pour la faire durable, y appliquoient de ceſte pierre broyee & caſſee comme graiz, ou autre matiere. Le premier (ainſi que m'ont dit ceux du païs) qui trouua l'inuention de ce meſlange, ou bien qui renouuella ce que les anciens auoient inuenté, fut vn Perſan, lequel iaçoit qu'il fuſt de petite ſtature, ſi eſt-ce qu'il eſtoit fort ſubtil & ingenieux, qui auoit nom *Zurim*. Les Caldeens & Neſtoriens tiennent le contraire, & diſent que ce fut vn nommé *Gadihel*: ou ſoit qu'il ſoit: toutefois d'vne choſe ſuis-ie aſſeuré, que les habitans du païs ayans appris vn tel ſecret de luy, ne luy voulurét don-

Terre graſſe propre à calfeutrer natiues.

ner licence de s'en aller, ains le tindrent comme Esclaue, luy portans toutefois tout ce qui luy estoit necessaire, à fin que les estrangers ne les priuassent du fruict de si subtile inuention. Aussi qui verroit les anciens edifices qui sont du costé de Perse, à sçauoir le long de la coste de l'Eufrate ou du Tygre, il cognoistra mon dire estre veritable, touchant ladite matiere : d'autant qu'vn homme pour puissant qu'il soit, ne quelque diligence qu'il y mette, si ne sçauroit-il en trois iours rompre deux pieds de muraille, veu qu'il vaudroit presque autant frapper sur du fer ou acier, que sur ceste matiere si dure. Mais du costé de Caldar ou Arach, tirant vers les deserts de Beriane deçà l'Eufrate, & tirant sur les terres du grand Seigneur de Turquie, vous n'auez garde de voir les edifices, murailles & vieilles masures, de telle & si bonne estoffe, que ce qui est basti de la part de Bagadeth, & païs qui luy est circonuoisin. Ce qui a esté veu & cogneu par seure & certaine experience. Car du temps que l'Empereur des Turcs Selim, pere de Sultan Solyman, mort depuis cinquante ans, courut les terres du Soldan d'Egypte, il vint assieger les villes de *Heyt*, & de *Cadisse*, fort anciennes, & qui sont assez voisines de l'Eufrate, tirant vers l'Arabie : mais les murs de celles villes ne souffrirent guere la batterie, ains au premier coup de canon s'en allerent par terre aussi soudainemét, que lon dit que les murailles d'Angoulesme, lieu de ma naissance, furent abbatues miraculeusement, lors que le Roy Clouis en approchant, luy voulut donner l'assault. Et quant à la ville de Babylone, de laquelle ie vous ay parlé, est autant ou plus gràde que Rouan en Normandie : & n'y a ville en l'Orient où les murailles soient plus belles & plus fortes, apres celles d'Antioche. Il y a cinq portes par lesquelles on peult entrer & sortir: & y en a deux entre les autres les plus esmerueillables qui soyent parauanture soubz le ciel, encore qu'on me meist en ieu les portes, & porticules, enrichies de Colomnes de Iaspe, & chapiteaux, que iadis feirent bastir les anciens Grecs & Romains. Et estime que ce soit encore quelque reste des bastimens que feit faire en ces païs la Royne Semiramis, qui regna quarantequatre ans apres Ninus, le plus dissolument, dy-ie, que iamais Princesse feit. Ceste nouuelle Babylone est bastie en triangle, les maisons bien faites, & le païs arrousé de plusieurs ruisseaux & riuieres, tout ainsi que celuy de Brie par les riuieres de Seine & de Marne. Selim Empereur des Turcs l'ayant prinse par force, la feit fortifier & ramparer en plusieurs endroits : puis y laissa bonne & suffisante garnison, artillerie, boullets, & autres munitions aussi. Il y a vn Bascha qui en est gouuerneur, lequel souuentefois auec ses soldats va escarmoucher les Persiens leurs ennemis anciens. Il me souuient, estant à Alep, qu'vne Carouanne, sçauoir vn amas d'hommes de diuerses nations d'Asie, feignant faire le voyage de Medine, où gist le corps de ce gentil Prophete Mahemet, cuiderent la surprendre : d'autant que ce iour, qui estoit vn Vendredy, la plus part de la Noblesse auoit conduit ledit Bascha à vne bourgade nommee *Tocha*, distante de la ville quatre lieuës, ou enuiron, pour illec faire leur oraison, à l'vne des somptueuses Mosquees que lon sçauroit voir, laquelle fut enrichie par ledit Selim, auec son *Carauassera*, de dix mille ducats de rente par an & en laquelle repose le corps du sainct Prophete Ionas : où vous verriez par chacun an venir vn nombre infini de peuple faire leurs oraisons, comme i'ay veu faire en Iudee, à la vallee & ville d'Hebron, où sont les corps d'Abraham, Isaac & Iacob, & autres Prophetes. Les Chrestiens Leuantins, mesmes les Arabes en ont telle opinion, & me fut dit que ce temple estoit iadis aux Chrestiens Nestoriens : lesquels l'ont tint depuis l'Empereur Adrian fils de Helie, cousin de Traian, en l'an de nostre Seigneur cent dixneuf, iusques en l'an mil quatre cens trentequatre, & lors leur fut osté par *Sophach* Seigneur Persien. Or comme ce Bascha eut descouuert la trahison susdite, & mis ordre à telle entreprise, Dieu sçait la punition qui en suruint, & comme ceux qui de long temps soubz

Cheute des murailles d'Angoulesme.

Sepulture du Prophete Ionas.

main auoient couué telle menee furent accouftrez : car tous ces confpirateurs furent
empalez,& leurs maifons rafees iufques aux fondemens. Cefte ville Babylonienne eft
diftâte de cinq lieuës,& non plus,de là où iadis la Tour fut baftie,dôt le chemin en eft
le plus plaifant que lon fçauroit trouuer , & plus en Hyuer qu'en autre têps. Les marchans forains de quelque religion qu'ils foient, qui viennent pour le trafic, n'entreprennent iamais le retour de leur voyage, fans premierement vifiter le lieu où cefte
Tour fut baftie, pour raconter telles merueilles du monde à leurs parens & amis. Et
font conduits lefdits marchans & autres en ces lieux là par quelques mortepayes, ou
Ianiffaires,non de peur qu'ils ayent des ferpents,viperes,groffes comme taureaux fauuages, ou autres beftes cruelles & farouches, qui gardent ce lieu là, à fin que lon ne
f'en approche, à la maniere que font les fourmis les mines d'or & pierres fines és païs
des Indes, comme faulfement nous ont laiffé par efcrit dans leurs liures pleins de fingeries vn tas de Romans anciens & modernes: chofe que ie ne leur accorderay iamais,
d'autant que ce païs n'eft point infecté de telle vermine ferpentine,ne d'autre pareillement: ains font conduits par lefdits Ianiffaires, de peur d'eftre furpris des voleurs qui
fe tiennent aux montaignes de *Mocha*, ainfi nommees des Neftoriens,& *Kalabec* des
Chaldees,qui font à l'aguet iour & nuict, trois lieuës de là,comme font les bandoliers
Arabes aux môtaignes qui aboutiffent au fleuue Iourdan,pour happer au collet quelques Chreftiens, Iuifs,ou Turcs, qui vont voir ledit fleuue Iourdan. Outre le fleuue
Tygris, vous voyez vne infinité de ruines & demolitions, reffentans vne grande antiquité, tirant mefmement vers le lac de *Thamard*, là où les Pyramides moyennes, &
Obelifques ne vous y manquent point,& dequoy les habitans du païs ne tiennent aucun compte.Vne lieuë & demie dudit Lac,fur vn coftau,lon voit vne infinité de pierres fi groffes, qu'à grand' peine cent hommes tant forts & puiffans puiffent-ils eftre,
pourroient-ils en remuer vne de terre. Et cognoit on bien qu'elles ont efté iadis taillees, d'autant que contre icelles lon y voit grauees plufieurs animaux les plus fantaf-
ques & fauuages que lon fçauroit voir. Les habitans de cefte prouince nomment ceft
amas pierreux, qui peult contenir pour le moins huict arpens de tour, *Ben-gaber*, &

Nine pre-
mier Roy
idolatre.

difent,le tenant de pere en fils, que Nine fecôd Roy Babylonien, mary de Semiramis,
celuy qui tint fi long temps le Royaume des Affyriens en Monarchie , & lequel apres
auoir vaincu en champ de bataille Zoroafte premier Magicien,& Roy des Bactriens,
à raifon de cefte memorable victoire, pour immortalifer fon nom, feit edifier vn
temple en ce lieu là,le plus fuperbe, comme recitent ceux du païs, qui fut iamais veu
fur terre, au milieu duquel feit eriger vne ftatue de *Bele*, fon pere,à l'honneur duquel
il auoit dedié cedit temple.Apres la conftruction d'iceluy ce Roy côtraignit fon peuple d'adorer cefte gêtile idole,ayant feize pieds en fa haulteur, & groffe à mefme proportion. C'eft certes l'idole que Daniel entend pour celle de Babylone, qu'il appelle
Beel, ou *Baal*, de laquelle procede, & a prins origine le peché d'idolatrie, qui fut en
l'an du monde mil neuf cens quinze, & deuant la natiuité de noftre Seigneur deux
mille quarante huict ans:de laquelle diablerie les Chaldeens,Egyptiens,Grecs & Latins ont iadis efté grandement infectez, entre autres les Rois & Monarques. Et vous
puis affeurer que depuis Octauian Cefar Augufte, duquel les Empereurs fes fucceffeurs ont prins le nom d'Augufte,iufques à Theodoze le Grand,Efpaignol de nation,
qui regnoit apres noftre Seigneur trois cens octantehuict ans , & cinquantevniefme
Empereur Romain,que quâfi tous ces Monarques ont idolatré,& fait conftruire temples & oratoires en l'honneur de leurs idoles, qu'ils adoroient & prioient comme
Dieux.Ce peuple fot auoit donné vne mere à ces Dieux , laquelle auoit plufieurs mâ-
melles, comme celle qui nourriffoit, difoient-ils tout le monde : & pour monftrer fa

maiefté, ils luy faifoiët tenir vne Tour fur fa tefte, deux Lyons fur fes bras, & plufieurs animaux terreftres & celeftes, qu'elle produifoit comme Deeffe de nature. Quant aux Grecs, le plus celebre de leurs Dieux eftoit ce montaignier Iupiter : pour la reuerence duquel ils luy auoient donné vne infinité de furnoms, eftimans qu'il y auoit plus de Diuinité en luy qu'en tous les autres Dieux : & en eftoient fi ialoux & affottez, que les Candiots, Rhodiens, & autres le faifoient forger d'or & d'argent, eftimans que tãt plus tels Dieux eftoient riches & diaprez, d'autant auoient-ils plus de puiffance pour les fauorifer alencontre de leurs ennemis. Sur ce mefme propos Alexandre fils de Mamea a bien monftré par fes medalles & monnoyes, forgees au mefme païs Gregeois, qu'il n'eftoit non plus efloigné de cefte fuperftition, que les plus fimples Infulaires des ifles Cyclades, qui fe baftiffoient chacun vn Dieu particulier, comme lon peult cognoiftre par lefdites medalles, autour defquelles font grauez ces mots, ΑΥΤΟΚΡΑΤΩΡ ΚΑΙΣΑΡ ΜΑΡΚΟΣ ΑΥΡΕΛΙΟΣ ΣΕΒΑΣΤΟΣ ΑΛΕΞΑΝΔΡΟΣ, qui

Medalles de Alexandre fils de Mamee apportees par l'Autheur

vault autant à dire, comme il fe trouue en d'autres medalles depuis faites à Rome, & où font grauez ces mots Latins, *Imperator Cæfar Marcus Aurelius Auguftus Alexander*: Et au renuers d'icelles vous eft reprefenté vn Iupiter au milieu de quatre Elemens, tenant d'vne main fa hafte, & de l'autre il la repofe fur la tefte d'vn Aigle, comme pouuez voir par la prefente Medalle : & de laquelle au retour de mon voyage d'Egypte ie feis prefent au trefilluftre François lors Daulphin, & depuis Roy de France, fecond du nom, auec plufieurs autres antiquitez. Voila comme Sathan auoit abufé cefte nation, voire noftre peuple Gaulois eftoit en ce temps fi abruti d'idolatrie, qu'il auoit quarãtefix mille tels Dieux : le premier defquels eftoit Mercure, fi honoré, qu'il n'eftoit permis que aux plus grands auoir fon fimulachre, & luy faire eriger temples & oratoires : Apres lequel eftoit le plus celebré de tous, celuy que Xenodorus auoit fait & efleué au païs d'Auuergne : car il auoit en fa haulteur quatre cens pieds ou enuiron, & fut on dix ans pour le faire, pourautant que lon ne pouuoit recouurer fi grand amas de cuyure, qu'il falloit employer pour l'entiere perfection d'iceluy. Parauenture l'ignorance de ces pauures Gentils leur fera pardonnee, auec celle de tant de Philofophes fi doctes comme eftoient Ariftote, Platon, Xenon, Theophrafte, Demofthene, Strabon, & autres qui ont efté abufez en cefte idolatrie, & toutefois qui different en opinion (car en eux reluyfoit quelque bonté de nature) ioint auffi qu'ils n'auoiët cognoiffance du Meffie, non plus que ce peuple Sauuage, qui habite les regions Auftrales : defquels ie vous ay affez parlé & difcouru en mon liure des Singularitez de ce mefme païs. Vers le Tygre, que ceux de là appellent *Hidecel*, & les autres *Dethgelé*, c'eft à dire, Riuiere impetueufe, lon y voit auffi chofes merueilleufes pour l'antiquité. Ledit Selim pilla, gafta, & demolit la plus grand' part des Colomnes de la Mefopotamie, & ce qui eft delà le Tygre tirant en Perfe, depuis la ville de *Mufadale*, qui eft voifine du lieu où fe defgorge l'Eufrate, iufques au païs de *Turcoma*, que les Neftoriens nomment *Akalmach*, tirant vers

Deux Ba-
bylones.

la grande Armenie. Voyla ce que ie voulois dire de cefte grande Babylone, laquelle eft l'vne des plus notables marques de lumiere de tout le môde. Elle eft fituee en Afie, & non pas en Europe, comme quelques vns difent, ignorans qu'il y ayt deux Babylones, l'vne en Affyrie, laquelle eft arroufee de deux riuieres, fçauoir du Tygre & de l'Eufrate, qui eft en Afie : & en laquelle iadis le peuple Iuif demeura captif l'efpace de feptante ans, foubz les Rois Nabuchodonofor & Balthazar : & l'autre eft baftie en Egypte, fur les limites d'Arabie, pres l'anciêne ville dite *Heliopolis*, & pres laquelle i'ay long temps demeuré. C'eft en cefte Babylone, qu'eftoit le chef & Prince des Apoftres, efcriuant fon Epiftre, laquelle il addreffe aux fideles difperfez par l'Afie, Bythinie, le Pont, Galathie, & Cappadoce. Iamais fainct Paul ne fut, ne a veu la Babylone & païs Babylonié de Perfe : & s'il euft efté à Rome, il euft auffi toft addreffé fon dire aux Romains, Efpagnols, Efclauons, Polonnois, comme à ceux qui eftoient fi efloignez de luy : Et ne fe trouue au monde autre Babylone, que ces deux par moy mentionnees. Que fi quelques efprits chatouilleux veulent vfer de figures en leur dire, & prendre le nom à caufe de l'effect de fa fignification, pour la confufion de tous vices, qu'ils difent regner à Rome, leur argument eft fort froid, veu qu'il n'y a ville qui ne puiffe porter vn tiltre femblable. Qui m'empefchera d'appeller Geneue, Bafle, Strafbourg, Zurich, Vuittemberg, Londres, Paris, Craconie, Conftantinople, Seuille, Anuers, Lifbonne, Milan, le Caire, Venife, Tauris, Themiftitan, Quinfay, & toute autre grand' ville, du nom de Babylone ? veu que homme ne me fçauroit nier, que les pechez n'abondent autant ou plus en ces villes fufnommees, qu'ils pourroient faire à Rome, & parauenture cent fois dauantage. Il me femble d'auoir affez difcouru, tant de Babylone, que de la riuiere de l'Eufrate : il ne refte plus que de dire vn mot en paffant de la riuiere de *Dethgelé*.

De l'ifle nommee des ᴀrabes Cᴠʀɪᴀ-Mᴠʀɪᴀ, & des Perfes Cᴠᴛʜᴀ.
CHAP. XVII.

POvr ne laiffer rien imparfait, & ne faire autrement digreffion des ifles de Necumere & Mangame, ie viens coftoyer l'autre partie de l'Afie, que i'auois laiffee à l'Arabie felice, à fin de venir doubler le Promontoire de *Caieri*, bien fort auant en mer, pour trouuer l'ifle, que les habitans du païs appellent *Curia-Muria*, diftâte de terre ferme enuiron quatre ou cinq lieuës, voifine auffi du Promontoire *Siagre*, qui eft fort grand, & fur lequel eft baftie vne Fortereffe, & le Magafin de ceux qui trafiquent l'Encens, Rheubarbe, & chofes aromatiques de l'Arabie, ayant fa poincte dreffee au Soleil leuât. Cefte ifle eft affez voifine de *Delhanot*, fçauoir du Cap des Drogues aromatiques : fur lequel font bafties les villes de *Materqua, Chodiĉt*, & *Grauezich*, fort grandes & populeufes, pres lefquelles eft le port de ceux qui vont de cefte ifle defcendre en terre pour vifiter le païs d'Arabie. Le Promontoire qui regarde *Curia-Muria*, a trois poinĉtes, où fe fait l'emboucheure fort grande & large, au milieu de laquelle l'ifle eft affife, faite prefque en forme d'Efcuffon, que portoiét iadis les Gaulois en guerre : laquelle eft auffi grâde qu'autre qui foit en l'Afie, mais peu habitee, pour les raifons que ie vous diray. Elle eft en fon eleuation de nonante vn degré de longitude minute nulle, & d'vnze en latitude quinze minutes : fuiette au Roy du païs où fe leue l'Encens, eftant iadis affuiettie au Roy & Seigneur de *Maphta*. Le Royaume auquel elle marchife, eft nommé *Fartach*. Les Arabes difent, qu'elle contient foixanteneuf lieuës de circuit : ce qui eft affez vray femblable, veu fa grandeur, & l'apparence qu'elle a à ceux qui font voile en icelle contree. Aucuns Perfiés l'ont appellee *Cutha*, pource que d'vne

part de l'iſle vous voyez vn autre petit Promótoire, ayant en ſoy vne colline ou montaignette, nómee des Inſulaires *Notath*, laquelle bruſle ordinairemét: non pas que lon
y voye le feu, ou ſes vapeurs ſi euidentes, ne de ſi loing, que lon a fait iadis au mont Gi-
bel en Sicile, ains ſeulement quelque apparence de feu, ayant des flammes blanchaſtres
& blafardement amorties, comme ſont celles de noſtre feu, lors que le Soleil y donne
deſſus. Et cecy voyent ceux qui ſont en pleine mer: mais en terre, & dedás l'iſle, vous ne
voyez que de groſſes & eſpeſſes fumees, telles qu'on apperçoit ſouuent s'euaporer durant l'Hyuer des haultes mótaignes, groſſes riuieres, & fontaines d'eau doulce. Mais ce
nom de *Cutha*, ne luy eſt point venu de là, ainſi que i'ay appris de pluſieurs habitans
de ce lieu, tant Arabes que Perſiens, qui me diſoient auoir l'hiſtoire des premiers Inſulaires, ains pluſtoſt de quelques Hebrieux & Iuifs, leſquels y furét tranſportez, & bánis
d'vne Prouince de Perſe, nommee *Cutha*, des Indiens *Mazobbaċth* , & des Modernes
Pheutath, portant le nom d'vn fleuue qui l'arrouſe, ainſi que iadis Chalcedoine, qui eſt
en Aſie, print ſon nom d'vn petit fleuue appellé *Chalcedon*, lequel autrefois i'ay paſſé à
pied ſec: Et que en ceſte Prouince de Cutha ſe tenoit Salmianazar Roy des Perſes & des
Medes, lequel tranſporta ces Iuifs ſiens captifs en ceſte iſle, & païs voiſin de *Fartach*,
Satamaċt, & *Maſcalath*. Ces gens entrans en l'iſle, la baptiſerent du nó de la Prouince
en laquelle ils auoient demeuré, & commencerent les premiers à la peupler, elle eſtant

Pourquoy eſt d te ceſte iſle Cutha.

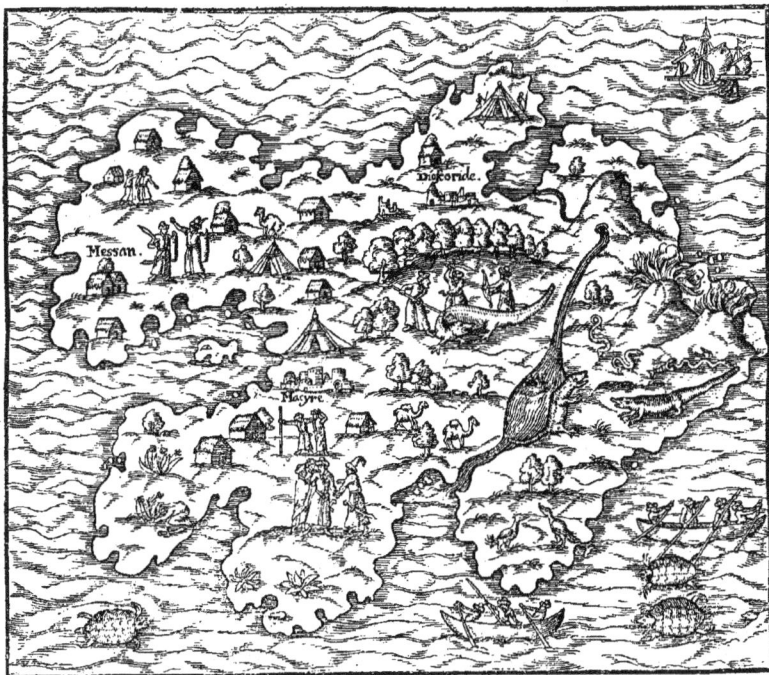

Pourtrait de l'iſle Cu-ris-Murid, ou Cutha.

deſerte, à cauſe de la grand' vilenie des Serpens, Crocodiles & groſſes Lezardes, qui affligeoient ceux qui taſchoient dẽ s'y retirer: veu que dés auſſi toſt que quelcun auoit
mis pied à terre pour trouuer eauë doulce, s'il ne ſe dónoit de garde, il ſe voyoit aſſailli de ceſte armee Serpentine de tous coſtez: tellemẽt qu'en eſtant attaint, il eſtoit impoſſible d'en eſchapper: voire le nombre en eſtant ſi grand, l'air en eſtoit auſſi bien ſouuẽt
infecté, & les eauës corrópues. Et encore auiourdhuy que l'iſle eſt habitee, il n'y a que

le feul cofté tirant vers le Nort, où les hômes fe tiennent, à caufe de la ferenité & temperature plaifante de l'air. Et n'ay iamais veu, ne ouy dire, qu'il fe trouuaft Crocodiles
aux riuieres & paluz des ifles du grand Ocean, qu'en cefte cy (ouy bien aux riuieres de
terre continente) ne aufli Serpens ne Viperes: qui me fait croire, ce que les Arabes me
difoient de cefte ifle, que autrefois elle eftoit iointe auec le continent, mais que par
tremblement de terre, comme il eft aduenu en quelques autres endroits, elle en a efté
feparee. Eftans donc arriuez ces Iuifs en ce lieu de leur exil, & nouuelle habitation,
voyans la terre affez bonne, feirent fi bien, que mettans le feu en plufieurs gráds bois &
brueres, ils chafferent par mefme moyen cefte vermine de leur voifinage. Ils trouuerét
aufli en terre ferme plufieurs petits arbriffeaux, qui ne montent guere plus hault que
cinq ou fix pieds, nômez en leur langue *Alanarguin*, qui fignifie Arbre chaffe-ferpét:
veu que *Alanar*, en lägue du vulgaire Arabe fignifie Serpent. Ceft arbriffeau a l'efcorce aufli iaunaftre, & la fueille prefque comme celle du Buys, mais plus largette & huyleufe, portant du fruict gros comme vne Prune de Datte, aufli iaune que l'or, qui a vn
noyau dedans, l'amende duquel eft bonne & profitable contre tous venins. Ie vous ay
bien voulu reprefenter l'ifle & fon affiette, comme auez peu voir en la page cy deuant,
le tout au naturel, pour la beauté & fertilité d'icelle, ainfi que ie l'ay euë de ceux qui lóg
téps l'ont frequétée. Les Infulaires font fi bien faits à cela, que de ces noyaux ils en font

*Huyle fou-
ueraine con-
tre la mor-
fure des Ser-
pens.*

de l'huyle, laquelle ils mettét dans des petits vafes de cuyure: & fils vont par l'ifle, foit
en plaine, ou aux môtaignes, ils portent toufiours de ceft' huyle fur eux, à fin d'auoir
vn remede prefent, fils eftoiét d'auéture feruz par ces beftes venimeufes. Autát en font
ils, lors qu'ils font le voyage de Medine Talnabi, à fin que paffans par les deferts, qui
font grands & fort perilleux, fils eftoient attaints en dormát de quelque befte, ils faydent de leur drogue & medecine. Voire eft cefte huyle de telle vertu, qu'elle chaffera
les ferpens du lieu où elle fera, tellemét que iamais n'en approchét, & par ainfi ces pauures gens font en feureté, eux & leurs chameaux. Elle fert aufli contre les Scorpions, &

*Talept poif-
fon veni-
meux.*

vne forte de poiffon qui eft en vn Lac de l'ifle, nómé *Talept*, des Perfiens *Ameccapt*, &
des Arabes *Mumecth*, lequel eft femblable à vn Rouget, ayát ainfi la tefte, & le refte du
corps, mais dix fois plus gros: & depuis la tefte iufques au bout du fanon de fa queuë,
des areftes longues & hault efleuees, comme celles d'vn Heriffon, defquelles il fayde
quand il veult aller en proye, & prendre d'autre poiffon plus grand qu'il n'eft: ce qu'il
fait plus auec aftuce, que force qu'il ayt, veu qu'il fe cache au bourbier, ou entre deux
eauës, & fentant l'autre poiffon venir, ne fault à luy dóner de fes poinctes & areftes par
le mollet du ventre, & puis fen repaift. Il fe nourrit aufli de toute efpece de ferpens, &
de tout ce qui eft venimeux, aymant fort à fe repaiftre d'vn crapault, lefquels en ce païs
là font beaucoup plus gros & hideux que pardeça, ayans la tefte & le col aufli iaune
que faffran: & ayant accroché vn crapault, ne fault à luy fuccer tout le venin: autant en
fait-il aux autres ferpés & couleuures, defquelles ce Lac eft fort fertil, differétes toutefois en couleur les vnes des autres, veu que lon y en voit d'efcaillees, d'autres nó. Il y en
a d'aufli rouges que l'Efcarlatte, & d'autres aufli vertes que rié plus, lefquelles font plus
longues que les autres, & la tefte plus grande & groffe. Et de telles en ay-ie veu aufli en
la terre Auftrale, lefquelles les Sauuages du païs mangeoient d'aufli bon appetit, que
nous fçaurions faire d'vne Lamproye ou Anguille. Et quand ie leur demanday pourquoy ils mangeoient pluftoft de ces vertes que des autres, ils me refpondoient, que de

*Huict for-
tes de Ser-
pens.*

huict fortes de Serpens, qu'ils auoiét tous differens en groffeur, longueur & couleur,
il ne fen trouuoit que cefte cy qui ne fuft venimeufe. Ces Infulaires en font autant de
leurs groffes Lezardes: car les ayás prifes, ils en mangent la chair, & en tirans la graiffe,
fen aydent comme d'huyle, difans que cela leur eft vne fort finguliere medecine, ainfi

que pardeça nous difons & experimentons,que la graiffe de ferpét fert à ceux qui font
fuiets aux gouttes. Mais parlons encor vn peu de ce *Talebt*, non feulement fin à furprendre cefte vermine,ains qui demeure en aguet(comme l'ennemy commun de toutes chofes ayans vie) fur les bords des lacs fiens nourriffiers, caché foubz le bourbier,
pour voir fi quelque befte y viendra , & fi quelque homme y aborde : fi bien que tout
auffi toft qu'on y entre, on fe fent touché par ce mefchant poiffon, ou de fes dents ou
de fes areftes : lequel eft fi enclin à mal faire, que rien n'approche de luy qui n'ait fon
attainte,de forte que c'eft le moyen & caufe de fa mort.Car ce peuple attache quelque
befte morte à des cordelettes qu'ils iettent dans le lac, où cefte befte gloutte fe vient
incontinent accrocher : puis tirans la corde, ils trouuent affez bonne quantité de ce
mefchant poiffon, fur lefquels ils fe vengent, comme fur vne chofe autant dommageable que lon fçauroit exprimer.Icy ne puis-ie oublier ce que les Anciens,& Modernes,tiennent de certains lieux,lefquels ne peuuent endurer,encor moins produire aucune befte venimeufe ou preiudiciable, comme font en la mer Mediterranee les ifles
de Malthe, Rhodes & Crete, & quelques vnes de celles qu'on nomme Cyclades : mais
l'experience m'a fait voir le contraire en diuers endroits,ny plus ne moins qu'eft l'opinion de ceux qui difent, qu'és ifles Orcades iamais hôme ne fe troubla de vin,ne fentit
pareillement aucune fyncope, ou perturbation de fon fens. Quant à moy,ie le côfeffe
du vin qui fe fait dans ces ifles, qui eft de l'eauë pure. Mais i'ay efté en Cypre,où i'ay
veu plufieurs fcorpions , & au bas d'vn vieux chafteau i'ay veu auffi la peau d'vn long
afpic, & en l'ifle de Metelin quelques petits ferpents de diuerfes fortes : & du temps
que i'eftois à Malthe,ie vey vn ferpent defmefurément long & gros.Toutefois lon me
dit qu'il n'eftoit point nay en l'ifle ,ains l'auoit on trouué dans vne piece de bois apportee de Sicile.Reuenât du voyage dernier que ie fis vers le Pole Antarctique, & que
par fortune de mer vinfmes mouiller l'ancre en l'ifle des Rats, ainfi marquee en ma
Charte,à caufe de certaines petites beftioles, groffes comme rats, en quoy foifonne ladite ifle , ie vey pareillement plufieurs crapaulx & ferpents les plus hideux que ie vey
onques en ma vie,d'autant qu'il y en auoit tel qui auoit fix iambes,& deux teftes. Soit
ce que lon vouldra dire, fi eft-ce que ie ne penfe point qu'il y ait ifle, où il ne fe trouue
de cefte vermine: non que pour cela ie vueille en rien defdire les Anciens: mais ie fuis
certes marri, que les Modernes font fi opiniaftres,que de penfer,que ce qui eftoit iadis
d'vne nature,le retienne encor.Ie fçay qu'en Angleterre ne fe trouue aucun Loup,cô-
me lon m'a affeuré:& toutefois le tęps paffé c'eftoit la chaffe la plus frequente de toute
l'ifle,ainfi que lon dit:& auffi que és lieux qui font fort habitez,vous fçauez qu'on tafche par tout moyen d'en ofter toute efpece de vermine. C'eft pourquoy en la mer Indique,aux ifles qui font depeuplees, lon trouue telle quantité de fcorpions & ferpéts,
que fi celuy qui y aborde,n'eft accort & rufé,il feroit en danger d'y demeurer pour les
gages. En noftre ifle donc iadis tant fuiette aux ferpéts, ne f'y en trouue pas beaucoup
du cofté qu'elle eft habitee : non que la terre y ait châgé de nature,ou que l'air ait prins
autre habitude : mais c'eft la vertu de l'arbre Alanarquin , & d'autres herbes qu'on y
plante , lefquelles corrompent & deftruifent la nature du venin ; fi comme pardeça la
rue eft contraire aux ferpents. La Belette voulant combattre la couleuure ou afpic, fe
frotte de l'herbe que nous difons le bouillon blanc : & lors que la vigne eft en fleur, il
eft impoffible de trouuer befte venimeufe,quelle que ce foit, pres le lieu où elle eft
plantee. En ladite ifle fe voyent d'autres Lacs , par lefquels on va iufques à la mer, &
fur lefquels auffi les habitans d'icelle trafiquent les vns auec les autres, portans encor
leur marchandife en terre ferme aux villes de *Zeber*, & *Amatarque*, lefquelles font
feparees l'vne de l'autre par le moyen d'vne groffe riuiere, laquelle fourd des montai-

Methode de prendre le Talebt.

Ifles fuiet - tes à ver- mine.

gnes Sibariennes , Grippuziennes , & Tumiciennes , affez hault efleuees,& fouuent le
fommet d'icelles plein de neiges & vapeurs. Et pource que ce lieu là ne produit ne
bled,ne vin:trop bien ont-ils grande quantité de trefbon poiffon,entre autres de Tortues blanches fort rares,& aufli excellentes & fauoureufes, differentes tant en groffeur
qu'en couleur,de celles defquelles ie vous ay parlé ailleurs. La cocque defquelles eft fi
bien elabouree,qu'il n'eft befoing que l'ouurier y adioufte rien,outre ce que Nature y
a mis:& vendent ces cocques aux marchans eftrangers, lefquels en font de belles caf-
fettes, affiettes , & tablettes, les plus gentilles qu'il eft poffible de voir, & defquelles
l'eftranger fait grande eftime. Pour icelles ils ont du ris,fourment,& toiles d'Inde en
efchange:qui eft caufe que l'ifle eft riche, & fe peuple de mieux en mieux de iour à au-
tre.Ceux de *Muzza*, & ceux qui font voile à *Limica*,*vvpech*,*Gial*,& à *Barigazi*,f'arreftent en cefte ifle, tant pour fe rafrefchir, que pour charger de ces belles huiftres , &
de trois fortes de gommes,qui croiffent aux montaignes d'icelle.En cefte ifle lon peult
encor voir quelque marque d'vn ancien Palais,qui eftoit d'vn Roy du païs,qui l'auoit
fait baftir pour fon plaifir , comme les Mahometans & Arabes du mefme lieu m'ont
dit l'auoir ainfi par efcrit dans leurs hiftoires. Et fault noter, que ce Roy fut nommé
par les Perfes *Iondiêth*, qui eft à dire , Seigneur aux ongles dangereufes : & non à tort
luy fut-il baillé ce nom, veu que c'eftoit le plus felon & cruel homme qui fut de fon
temps en l'Afie. Ceftuy fe feit Seigneur de plus de trois cens lieuës de païs le long de
la mer , exerceant toute efpece de tyrannie fur fes fuiets,& plus fur ceux d'entre fes ennemis qui auoient efté vaincuz. Or ce Roy meurtrier , le long de cefte grande riuiere
de *Zeber*, feit baftir de belles villes & Palais fumptueux,à la maniere & façon du païs.
A la fin entrant en l'ifle, & voyant le lieu affez beau & plaifant, arrefta en fon efprit de
*Ville de
Peife.*
dreffer la memoire de fon nom en ce lieu:par ainfi du cofté du Nort il edifia vne ville,
toute enuironnee de bois de haulte fuftaye, laquelle il nomma *Iondiêth*: & fix ans
apres feit baftir en icelle vn temple fort magnifique, qui fut en l'an de noftre Seigneur
fix cens feptantedeux, dans lequel il feit pofer le fimulachre d'vne fienne amie, nommee *Phalet* : mais quand les Mahometans infecterent toute l'Arabie de leur herefie,
elle f'eftendit encor iufques en Perfe, dont cefte ville fut prefque ruinee: il eft bien
vray que du temple ils en feirent vne Mofquee,laquelle eft enrichie de Colomnes antiques de marbre, & de pierre de diuerfes couleurs , & euffent volontiers abbatu tout
le temple, fi la matiere eftant trop forte & rude à ruiner ne les en euft deftournez : car
le tout y eft fi bien cimenté,qu'il eft impoffible à force d'homme , en vn mois d'en rô-
pre vne demie toife. Les Barbares du païs m'ont compté merueilles de ce qui eft aduenu en cefte contree du temps de ce Roy :mais d'autant que i'ay depuis cogneu toutes ces chofes eftre vaines, & vrayes fables Morefques, ou bourdes propres pour noz
baftiffeurs d'Hiftoires Tragicques, ie me deporteray vous en difcourir autrement,
*De la fta-
tue & idole
Phalet.*
pour n'abufer point le Lecteur à y perdre fon téps. Et pource que i'ay parlé de l'idole
Phalet, il me fouuient auoir veu , du temps que i'eftois en Alexandrie d'Egypte, vne
ftatue, ayant fix pieds quatre doigts de haulteur, laquelle eftoit d'vn fort beau marbre
noir , ayant fa groffeur correfpondante à la haulteur d'vne telle beauté , que l'œil des
regardans ne pouuoit fe faouler de la contempler. Cefte ftatue auoit fes deux mains
fur fa tefte,& toute defcheuelee,côme femme cholere, & efmeuë de fureur & trifteffe,
les efpaules toutes nues,& le refte du corps couuert,ayans les pieds diftans l'vn de l'autre enuiron d'vn pied & demy , & tenant la bouche entre-ouuerte, comme fi elle eut
voulu parler:& au pied deftail de la ftatue y auoit certaines lettres engrauees,lefquel-
les on ne pouuoit lire,à caufe que l'iniure du temps auoit prefque tout effacé : toutefois quelques vns en tirerent ce mot Phalet. Au deffus voyoit on quatre lettres Grec-

ques,dont l'vne eſtoit vn Gamma,& l'autre vn Omega : les deux autres ne peurent pas
eſtre congneuës. Ceſtedite ſtatue auoit eſté apportee là par vn Perſien,nómé *Kebulan*,
logé aſſez pres du lieu où ie me tenois, induit à ce par vn ſien Eſclaue Eſclauon. Ainſi
ſe penſe que ceſtedite idole eſtoit celle que le Roy *Hocphoim* (qui viuoit en l'ań du
monde cinq mil quatre cens & deux , & de noſtre Seigneur mil deux cens & trois, du
temps des Rois Primiſlaus de Boheme,Caremir de Pológne, Kanuth de Dannemarc,
Friderich Sicilien,Iean d'Angleterre,André ſecond Roy d'Hógrie, & Guyſcan Prince de Perſe) auoit dediee, comme i'eſtime,à la memoire de ſamie en l'iſle de Curia
Muria,& laquelle y eſtoit adoree ſelon l'ancienne couſtume & abomination des peuples qui eſtoient priuez de la cognoiſſance d'vn ſeul Dieu. Or laiſſons Cutha, & paſ-
ſons outre,pour viſiter encor les iſles qui ſont tirant vers le goulfe de Perſe.

De l'iſle de CVOVE *, & choſes remarquables d'icelle.*
CHAP. XVIII.

ASSE que lon a ceſte coſte de mer, ſe trouue vn goulfe qui entre
bien auant en terre ferme, & lequel fait vne grande pointe en forme
triangulaire vers le Midy,& puis tirant au Nort ſon oppoſite,ſe forme vn demy rond, lequel ſen approchant dauantage,ſaguiſe en façon Pyramidale, tirant à la ville de Cuoue. Au milieu de ceſte emboucheure giſt vne iſle portant le nom de la meſme ville, laquelle
les anciens du païs ont nómee Serapide, à cauſe que le Dieu Serapis y eſtoit iadis ado-
ré.Ceux du païs diſent qu'elle eſt ainſi dite,à cauſe d'vn temple baſti en l'hóneur d'O-
ſiris:& m'ont aſſeuré qu'en ce lieu là ſy trouue vne groteſque & lieu ſouzterrain, qui
dure deux lieuës de long ou enuiron. Les Arabes le nomment *Alchoſan*, à cauſe que
toutes les nuicts lon y entend vn cry ou henniſſement,ſemblable à celuy d'vn Rouſſin
ou Cheual:car *Alchoſan*, en langue des Inſulaires corrompue de l'Arabeſque,veut autant à dire que Cheual.Les Arabes ont voulu aller en ce lieu là,péſans y trouuer quelques gráds & riches threſors, mais ils y ſont demeurez pour gage, De dire pourquoy,
ie ne l'ay peu ſçauoir,ſinon que le vulgaire du païs dit, que là dedás il y a grand nombre d'eſprits ſouzterrains,& que ce lieu eſt gardé d'iceux. Quant à moy, ie le croy fermement, à cauſe que i'ay veu en d'autres lieux , & principalement en vn nommé *Pêa*,
pres de Damas en Syrie, où noſtre truchemen Arabe nous conduit aſſez pres des cauernes,où pour rien homme tát hardi ſoit-il,n'y oſeroit entrer.C'eſt vn lieu aſſez parfond dans vne roche, laquelle eſt gardee des Eſprits, qui ſouuent ſe ſont manifeſtez *Eſprits &*
aux Enchanteurs du païs: & iournellement y apparoiſt des viſions fantaſques. L'iſle *viſions fan-*
eſt au nonanteſixieſme degré de lógitude nulle minute,& treizieſme de latitude, ſap- *taſques.*
prochant fort du ſein Perſique, & du Cap ou Promótoire de Rezalgate. Elle eſt loing
de terre ferme enuiron vingt lieuës, ayant de circuit quelques quarante lieuës. Lon y
parle Arabe fort corrompu , comme font preſque tous ces païs voiſins d'vn goulfe à
l'autre: & va ce peuple veſtu à la legere. Ils font trafic auſſi bien que ceux de Curia des
marchandiſes de beſtes,comme Chameaux & autre beſtial. Ceux de Cana en chargét,
voire ceux qui ſe tiennent en terre ferme au Royaume & païs de Perſe y viennent ordinairement auec nauires & barques. Ceſte terre eſt aſſez fertile & abondante en Dat-
tiers, reſſentant auſſi la fertilité d'Egypte : elle produit Encens auſſi bien que l'Arabie
heureuſe & Sabee : mais entre les choſes bonnes qu'elle porte, vous y trouuez vn arbriſſeau, grand comme vn Peſchier, ayant les fueilles rondelettes & noiraſtres, lequel

a fon fruict fait comme vne Noix mufcade, qu'ils appellent *Chofdé* : mais s'il y a de la beauté, affeurez vous que le goufter en eft fi dangereux, qu'il n'eft poifon portant la mort fi prefente, que fait ce fruict : voire le toucher en porte nuifance à qui le manie.

Ces Infulaires font fi bons mefleurs de drogues, que les eftrangers font grande difficulté de les accofter:& combien qu'ils foient marris qu'on les ait en mauuaife opinió, & qu'ils rafchent de regaigner leur bonne renommee, fi eft-ce qu'on n'ofe fi fier, & eux auffi ne peuuent perdre leurs mefchantes complexions. Ils trafiquent de Perles, mais non de guere grand valeur : & ont du Mufc qu'ils falfifient, comme eftás les plus accorts & fubtils Sophiftiqueurs, que la terre porte. Au refte, mefchans en toute extremité, & fault qu'vn homme foit bien aduifé à fe garder d'eux, veu qu'ils font fi courtois & bons compaignons, que fouuent les plus rufez tombent en leurs pattes. Ils font affez loyaux en ce qu'ils promettent & iurent : mais d'y auoir affaire fans ferment, ce n'eft pas le plus affeuré : car s'il eftoit trouué que quelcun euft faulfé fa foy & parolle, apres auoir iuré, il eft impoffible qu'il fe fauue ou rachepte de baftonnade, d'autant que fur toute faulte cefte cy eft punie. Et cecy font-ils, pource qu'ils voyoiét que tout

le monde les fuyoit, à caufe de leur infidelité & trôperie. Ainfi la neceffité & la crainte les contraint de viure plus modeftement, & changer leur peruerfe nature. Cuoue eft pour le iourdhuy fuiette au Perfien, & l'a oftee au Roy qui la poffedoit, tant à caufe du trafic, que pource qu'il eft facile d'entrer par icelle à la terre ferme, qui eftoient iádis fuiets aux Rois d'Arabie, & qui maintenant font tenus partie par des Roytelets, & partie par le grand Turc, & c'eft la premiere ifle du Sophy vers la mer Rouge. Cefte region Infulaire nôurrit vne certaine befte, grande comme vn Loup, & prefque femblable à iceluy, fauf que les pieds & iambes reffemblent aucunement à celles d'vn hôme. Les Arabes nomment ce monftre *Lefef*, & les Perfes *Dabuh*, lequel ne nuit iamais aux autres beftes de l'ifle, quelles que ce foient : feulement dés qu'vn homme eft mort & enterré, il ne fault de venir la nuict, & ofter le corps de terre, s'il peult, pour s'en repaiftre. Les habitans pour raifon de cela, à caufe qu'ils ont en grand honneur & reuerence le droict des fepultures, ont en telle haine & deteftatió cefte befte, qu'ils en font mourir autant qu'ils en peuuent attrapper, & venir de terre ferme. Or vfent-ils de ce moyen pour les prendre. Les veneurs eftans aduertis de la môntaigne, & cauerne, où ce fôt animal fe retire, s'en y vont, non armez d'efpieux, arfegaies, ou de iaques, pour la fiereté de la befte, mais auec tabourins, & en chantant. Cefte mal habile befte fe plaift tellement en ce chant & armonie, que fortant fur l'entree de fa grottefque, elle eft fi rauie du fon, qu'elle ne préd point garde qu'on la lie, & la tire on foudain hors fon trou, là où chacun fait fon deuoir à luy donner vn coup en vengeance des iniures qu'elle aura fait aux corps de leurs parens deffunct. Encore s'y trouue il grande quantité de Connils, plus grands que les noftres, mais non de fi bon gouft, d'autant qu'ils fentent vne fauuagine mal plaifante, & qui approche au gouft fade d'vn chat de pardeça. Sur le bord de la mer, fe trouue vne efpece de poiffon, qu'ils nomment *Mogueleth*, & les autres *Ambarah* : ie dis y eftre trouué, d'autant que les Infulaires affeurent ne l'auoir iamais veu en vie : mais qu'il eft ietté fur les bords de la marine par les vagues & flots de la mer : & eft ce poiffon d'vne forme efpouuentable, & de merueilleufe grandeur, ayant la tefte groffe à merueille, & plus dure que rocher d'Aymant, ayant vingt ou vingtcinq braffes de long. Aucuns Maranes du païs difent, que c'eft ce poiffon, duquel fe fait l'Ambre fin : mais en ayant difputé en autre lieu, ie ne m'arrefteray à difcourir fur ce propos : tant y a que ce poiffon, eftant tel qu'il eft, merite bien qu'on luy donne le nom de moyenne Baleine, veu fa proportion, grandeur & forme. D'vn cas differe il à la Baleine, c'eft que lon la voit en mer auât qu'elle foit morte : mais Mogueleth n'apparoit

paroit onc,& fe tient és abyfmes de la mer,iufques à ce que la mort naturelle le vienne
faifir. Et à fin que vous cognoifliez de plus en plus comme nature eft foigneufe de di-
uerfifier fes œuures felon la diuerfité des regions, en cefte ifle fe trouue par les deferts,
& pres les montaignes vne beftiole, de la forme d'vne Tarante, mais plus groffette,
ayant en largeur quatre doigts, & quelquefois d'auantage, & vne coudee de long: les
habitans du païs l'appellent *Dubh*. Iamais elle ne boit, & n'approche de l'eau : que fi *Dubh, qui*
quelcun la forçoit de boire,& luy mettoit de l'eau en la gorge,foudain elle mourroit. *iamais ne*
Elle fait des œufs femblables à ceux d'vne Tortue, & n'a nõ plus de venin que le meil- *boit.*
leur poiffon qui foit dans la mer. Aufli fe trouue de cefte befte en Afrique, & par les
deferts d'Arabie : laquelle eftant prinfe,on luy couppe la gorge : mais elle ne rend pas
beaucoup de fang. On la roftit,comme qui roftiroit vne Anguille ou Lamproye :&
eftant cuiĉte,on en ofte la peau,& alors la chair en eft fort delicate & fauoureufe,com-
me celle des cuiffes de grenouilles, ayant prefque le mefme gouft, & plus plaifant en-
cor.Ce Dubh,fentant qu'on le veult prendre,fe fauue fort legerement,& auec plus d'a-
gilité, que ne font noz Lezards :ayant fa retraite dans des trous de la terre. Et quoy
qu'on luy furprenne la queuë, fi eft-il impoffible de le tirer hors :mais ceux qui le
pourchaffent de pres, befchent la terre autour du trou, & le tirent : toutefois ils ne le
mangent pas foudain qu'il eft prins, quoy qu'ils luy facent perdre le fang : d'autant
qu'ils ne mangent rien mourant en fon fang,fuyuant la Loy des Mahometiftes, de laquelle ils font feĉtateurs. Encores f'y trouue il d'vn fruiĉt fort bon & plaifant à manger,que les Infulaires appellent *Mans*, & ceux de la Syrie *Mauze*, eftant de la grandeur d'vn petit Concombre, comme ie vous ay dit au chapitre de Damas. Les Do- *opinion des*
ĉteurs & Rabins Alcoraniftes,mefmes plufieurs Chreftiens de ces païs là,voulans fub- *Rabins.*
tilifer fur ce qui aduint au commencement du monde, difent que ce fruiĉt, eft celuy
que Dieu deffendit à Adam & Eue d'en manger: & que auffi toft qu'ils en eurent goufté,ils eurent cognoiffance, eftans honteux d'auoir les parties honteufes defcouuertes,
& les voulans couurir, ils prindrent des fueilles de la plante mefme, de laquelle ils
auoient mangé le fruiĉt. Mais voyez leur opinion, veu que le texte de Moyfe dit, que
c'eftoit vn arbre,& non plante:parquoy fe pourroient tromper.Il y a aufli vn arbre en
l'ifle, qu'ils nomment *Etabche*, lequel eft fort efpineux, comme eft celuy duquel i'ay
parlé au feiziefme chapitre du liure de mes Singularitez : & a les fueilles toutes
femblables à celles d'vn Geneurier, duquel fort vne gomme du tout femblable à celle du Maftic quant à l'apparence, mais qui eft de nul effeĉt & profit: & veu que à la couleur & prefque à l'odeur
l'vne gomme reffemble à l'autre, ils vendent de cefte
compofition aux marchans en lieu de pur Maftic.
Voyla en fomme ce que i'ay appris de l'ifle,
laquelle eft fort peuplee, & où les
habitans font plus accorts
qu'és autres regions
de ce grand
Ocean.

PP

LIVRE VNZIEME DE LA
COSMOGRAPHIE VNIVER-
SELLE DE A. THEVET.

De l'origine des Turcs, & succez d'iceux.
CHAP. I.

L NE ME SERA hors de propos (ce me semble) de m'enquerir qui est ceste nation Turquesque, de laquelle ie vous ay parlé en tant d'endroits, & d'où elle est venue : car de parler de sa force, grandeur & richesse, ce seroit dire ce dont tout le monde est abbreuué. Mais la cause pourquoy ie veux m'arrester sur ceste recherche, c'est à fin de oster l'opinion de ceux qui disent, que ceste nation aye prins source des Troyens, desquels tous les plus grands de l'Europe (ne sçay pour quelle raison) se disent estre descenduz : & suis esbahi, que pas vn des modernes n'ait sceu s'enquerir si auant de leur histoire. Selon l'opinion vulgaire des Grecs du païs, il est fait mention de certain peuple viuant de la chasse, & se tenant par les bois qui leur seruoiét de maisons, lequel estoit de fort modeste vie (iadis lon appelloit ceste maniere d'hommes, Turcs, ou Thariches, ou Thiraces,) Mais si i'accorde cest article, vous verriez (qui est contre toute verité) que les Turcs feroient entrez d'Europe en Asie, veu que du costé, dont on les fait venir, c'est des monts nommez par les Moschouites *Geldoch*, & par le vieux patois, Riphees, & Sarmatie Europeenne : là où eux mesmes confessent estre sortis de la Scythie Asiatique, en laquelle y a vne regió, qui encor à present s'appelle Turquestan, qui signifie region des Turcs, qui est pardelà la Safanie, ou *Mugath*, en langue des Indiens, & Tartares Orientaux. Et ne fault tirer en consequence, que les Anciens ne les ayent point cogneuz, veu que Alexandre, ne les Assyriens ou Perses ne passerent onc les deserts de *Camul*, *Demegach*, *Gozictamath*, & *Phuhaëth*, moins le mont Caucase & Portes Caspies. Et ie vous demande, auant que les Huns & Goths vinssent enuahir l'Empire Romain, lequel des Historiens vous auoit dit quelles gens c'estoient, & en quelle region estoit leur demeure. Autant vous en pourrois-ie dire de ceux qui ont esté descouuerts de mon temps, d'autant que le nom des nations se descouure, auec la cognoissance du peuple qui se manifeste. Les Turcs donc sont Scythes, ou Tartares Leuantins, lesquels viuoient en leur païs naturel plus de larcin que d'autre chose, peuple farouche & cruel, addonné à toute espece de paillardise : ce que encor il n'a pas oublié, ains s'y veautre autant ou plus que iamais. Du temps qu'ils sortirent du Turquestan, ils n'auoient cognoissance quelconque de Dieu, ny de Loy, iusques à ce que Mahemet estant venu au monde, ceux cy qui desia estoient en l'Asie Mineur, à la persuasion de trois imposteurs ministres, natifs de la mesme Tartarie, sçauoir

Turqueslan region des Turcs.

Murmurth, *Zazinioth*, & *Cophonich*, fe laifferent facilement perfuader vne croyance
& religion fi licencieufe, & en laquelle ils pourroient raffafier leur lubricité. La premiere fortie que iamais ils feirent de leurs cauernes, fut l'an de noftre falut fept cens
cinquante fix, regnant Pepin, pere de Charlemaigne, en France : & lors entrerent en la
Mingrelie & Cappadoce, & vne grãde partie de la Galathie, où ils ont demeuré foubz
le nom de Sarrazin auec les autres idolatres, iufques à la venue du faulx Prophete.
Mais comme ils fe tenoiẽt en l'Armenie, les Perfes vindrent les combattre, tellement
qu'ils fe retirerent partie aux montaignes de *Paragiflard*, & *Antitcalard*, que nous autres nommons Turqueftan, d'où ils eftoient fortis, & le refte en celles de Cappadoce,
non que cela empefchaft qu'ils ne s'agrandiffent de iour à autre, veu que les Perfes &
Sarrazins ayans contention fur le faict de leur Religion nouuelle, les Perfes furent
ruinez, & leur Empire tomba entre les mains des difciples de Mahemet, foubz le Caliphe de Bagadeth, ayans defia les Turcs receu l'Alcoran, & eftans en paix en l'Afie par
eux conquife. Ie ne vous efcrits rien, que ie n'aye fceu & retins des Turcs naturels, conuerfant auec les plus doctes de leur nation. Il eft vray qu'en l'an de noftre Seigneur
mille & cinquante, vn Turc, nommé *Sadok*, fils de *Mynuth*, s'auança bien fort en la
Galathie, & affligea les Pamphiliens & Lyciens, iufques à donner vn grand eftonnement à l'ifle de Rhodes: & ainfi diuers Capitaines, comme *Dogriffe*, *Afpal*, *Melecha*,
Artol, & *Belchiaroch*, qui auoient precedé Solyman chef de la race Ottomane, fe faifirent en peu d'annees de l'Afie Mineur. Enrichis qu'ils furent en cefte forte, fans que
pour cela ils endommageaffent les païs Chreftiens auec leurs courfes, & qu'ils fe con-
tentaffent de ce qu'ils auoient raui d'entre les mains des Perfes, vint en lumiere ceft
Ottoman, que les Grecs & Armeniens difent n'auoir efté qu'vn fimple foldat, efleué
en la maifon du Roy des Tartares: duquel s'eftat reuolté, s'en eftoit fuy auec vne troupe de Caualerie iufques en Cappadoce : en laquelle fe feit Seigneur d'vne ville nommee *Manazach*. Mais c'eft allé trop legeremẽt en befongne, veu que Afpal Seigneur
Turc eftoit fon oncle. Qu'il fuft Roy, non : ains fimple Gentilhomme, & de peu de richeffes, mais homme de bon efprit, & de grande conduite. Auant que vous dire fes
prouëffes, fuccez & grandeur, fault fçauoir que dés la premiere fois que les Turcimãs
ou Turcs fortirent de la Scythie, ainfi qu'ils fe vouloient emparer de l'Armenie, leur
fut liuré bataille par les Armeniens, fecouruz de leurs voifins les Georgiens, & autres
nations Chreftiennes, où les Turcs perdirent plus de cent mille hommes: laquelle ba- | *Cent mille*
taille fut donnee au païs de *Chir*, pres de *Boutort*, entre l'Armenie & le Turqueftan: & | *Turcs occi*
vint bien à propos cefte victoire aux Chreftiens, à caufe que cela les enhardit à tenir | *par les Chr*
tefte à vn autre tourbillon de Turcs qui venoit au fecours des premiers, & le condu- | *ftians.*
cteur defquels choifi par l'armee auoit deux nepueuz, l'vn defquels penfoit s'allier dũ
Roy d'Armenie, prenant fa fille pour femme: mais le Roy qui eftoit bon Chreftien, refufa l'infidelle, comme chofe indigne de noftre Religion, de voir accoupler par mariage l'infidelle auec le fidelle : Contre la folle opinion d'vn infuffifant, lequel, n'a pas
long temps, foubz pretexte d'auoir veu quelque nombre de Turcs en France, eftimoit
qu'ils vinffent faire alliance auec noz plus grands Princes : ce bon homme ne voulant
croire qu'à fa fantafie, ofa faire imprimer telle bourde: mais aduerti qu'en fut le Roy &
fon Confeil, furent faifis au corps les Libraires & Imprimeurs, & les liures bruflez. Et
eft celuy qui a fait le liure intitulé la Harangue côtre les rebelles & feditieux de noftre
temps, & dit ainfi : Que pourront dorefnauant dire de nous les nations Barbares &
eftrangeres, voyant noftre ordre & maintien ? Ces iours paffez font venuz les Ambaffades du grand Seigneur Turc vers noftre Roy, pour le gratifier de la part de leurdit
Seigneur, & pour tafcher à moyenner quelque alliance coniugale, ou enuers luy, ou

enuers meffieurs fes freres:lefquels Ambaffadeurs,gens caults & fubtils,ont veu à l'œil tout l'eftat de ce Royaume, les troubles, diuifions,& fcandales, pour le faict de la Religion. Ne voila pas de gentils propos, comme ie dy à ce braue harangueur : d'autant que ie fuis affeuré que telle opinion ne vint iamais au cerueau de Sultan Solyman, qui n'auoit lors qu'vne feule fille,aagee de cinquante & fix ans, mariee à Ruftan Bafcha:& encore moins y penfa iamais noftre trefchreftien Roy , ne iadis fes peres Rois conferuateurs de l'honneur de Dieu,peres & protecteurs de fon Eglife fainéte,& ennemis de tous infidelles.En quoy le Turc ne fait aucune difficulté,ains préd auffi toft vne Chreftienne en mariage comme vne autre, fe faifant fort de la reduire à fa fuperftition:ainfi qu'a fait de noftre téps Sultan Solyman à l'endroit de fa premiere femme, qui eftoit Chreftienne:laquelle toutefois on difoit que iamais ne laiffa d'adorer fecrettement Iefus Chrift,quoy qu'elle ne peüft faire le refte des exercices de fa Religion. Sur quoy il fault auffi fçauoir que c'eftoit fon Efclaue. Le Roy d'Armenie donc f'eftát porté vaillant,contraignit cefte volee à fe retirer:mais derechef ils vindrent,& comme les Sarrazins leur voulufent clorre le pas,ils furent vaincuz,& contraints de permettre paffage & terre pour retraite aufdits Turcs : pourueu toutefois qu'ils receuroient l'infection de la Loy Alcoranique: ce qui fut accordé par le Turc, qui pour lors eftoit idolâtre. Ceux qui y font à prefent, font fi ignorans de leur Hiftoire,que encor qu'il n'y ait pas long temps qu'ils font en l'Afie,fi penfent-ils que ce foit le lieu de leur origine: mais les Perfes, qui font plus curieux, & de plus gentil efprit, vous en rendront meilleur compte. Dés le temps du Roy Pepin ils eftoient fans Roy ou Monarque, iufques à ce que les Chreftiens foubz la conduitte de Godeffroy de Boulongne Duc de Buillon pafferent en la Paleftine. Car lors les chefs Turquois, les principaux defquels eftoient

Othman,
Caraman,
& Afan. Othman,Caraman, & Afan , furnommez Bey, ou Beg , qui fignifie Seigneur:(mais ce peuple en ofte y , & dit Othmanbeg , ne proferans comme nous) voyans les querelles qui eftoient entre les Chreftiens , le peu de force des Empereurs Grecs , fe ruerent fur toute la Natolie. Mais eftant impoffible que ces gens fi ambitieux f'accordaffent enfemble,ils fe diuiferent : & Caraman f'en alla en Armenie & Cilicie, qu'il conquit, & nomma Caramanie:Afan paffa plus outre,& fe rua fur la Perfe,d'où il chaffa les Sarrazins,& appella le païs Pharfic, & f'arreftant en Affyrie,l'appella de fon nom Azamie, & nommee des Neftoriens Hetmephamid. Ces deux, & leurs fucceffeurs ont depuis efté toufiours perfecutez par Ottoman & les fiens.Or ledit Othmanbey fe voyant defchargé de telle compaignie,tafcha encor de ruiner le refte des chefs, à fin que luy feul demeuraft chef de tout:& pour ceft effect attira à foy vn Turc naturel,homme accort, & de bon efprit,nommé Auramy : la race duquel a efté reputee comme Sang Royal, fil f'en trouuoit en Turquie,& auec luy deux Grecs reniez,fçauoir Michagli,& Marcozogli. Voyez dés quel temps les Grecs cómencerent à fauorifer fecrettement aux affaires Turquefques.De ce Michagli font defcenduz les Michalogli , dont il y en a de la race encor auiourdhuy, & de celle dudit Marcozogli:& vous en puis affeurer,pour en auoir veu en la ville de Damas , & en celle d'Amas : lefquels femerent tant de difcorde parmy les autres chefs,que fe deffaifans l'vn l'autre, & Ottoman fe monftrant les fauorifer en particulier,il aduint qu'il demeura feul chef des Turcs: le cœur defquels il auoit gaigné par fa liberalité,faifant tout ce qu'il voyoit eftre agreable à tous en general, comme de faire courfes fur les Chreftiens : car ce fut luy le premier de cefte nation, qui commença à vfer de cefte pillerie. La quenaille voyant ceft homme fi liberal,fage,hardi, & de grande entreprife, le fuyuoit par tout : de forte qu'eftant ainfi accompaigné, il conquit la Bythinie , & quelques villes le long de la mer Maieur. Puis entendant que les Chreftiens alloient en Syrie (ne fçay fi le Grec Monarque y confentoit,qui n'aymoit point les Latins) vint liurer bataille deuant la ville de Nicée, où les Turcs furent mis en route,& noz gens pafferent outre,craignans les furprifes & embufches des infidelles, efquelles eftoient tombez les premiers qui eftoient paffez auec Pierre l'hermite. Ce grand Capitaine f'appelloit de fon nom propre Solyman, qui fignifie paifible,mais print le furnom d'Ottoman, ou Othman, d'vn chafteau dit Otthmanach, & des Tartares *Kolmanardyh* : qui eft entre Synopi & Trebizonde, non trop loing de la mer Noire.Quand lon a paffé la Cappadoce,lon voit de loing ce chafteau fur vn hault rocher inacceffible,nommé des Turcs & Mingreliens *Ottomagich* : lequel a enuiron vne bonne demie lieuë de tour, & de la part du Midy il a la riuiere de *Chefilmach*, qui paffe au pied de la montaigne, & a vn pont à feize voultes, qui vient refpondre aux murailles du chafteau. Il y a ordinairement dedans fix cens Mortepayes, fçauoir gens vieux,qui ne font plus pour feruir à la garde du grand Turc:lefquels lon met aux places & chafteaux, & les appellét les Turcs *Affarer*:& les Dizeniers & Centeniers eftans vieux auffi,font faits gardes & Capitaines defdites places,auec bon gages: & tiennent ces gens de bonnes pieces d'artillerie, pour la garde de cefte forterefle. De ceft Ottoman tous les autres ont prins le nom, à caufe que la race n'en a point encor failli,ains ont regné de pere en fils iufques à Solyman, qui regnoit de mon temps en Conftantinople. Les Tartares Orientaux l'appellent *Hirchocleman*. Ceft Ottoman gouuerna trefbien l'Empire d'Afie,& eftoit l'vn des plus grands guerriers qui fut onc. Deuant que combattre fon ennemy,il auoit de couftume vifiter tous fes gens de guerre,leur donnant courage de bien combattre, & leur propofant recompenfe, d'autant qu'il eftoit fort liberal & clement:& f'eft en fin rendu immortel entre les Turcs:qui eft caufe, que alors qu'on veult eflire vn nouueau Empereur Turc, le peuple f'efcrie à haulte voix, difant, *Saphaghel dinis*, qui fignifie, Tu fois le bien venu à ton Empire: *Alla feuerfis gellumas*,Dieu t'ayme grandement,d'autant qu'il t'a conftitué noftre fouuerain Seigneur, à celle fin que tu fois auffi vaillant, que iadis eftoit Ottoman l'inuincible Seigneur. Et de faict,il meit à fin des chofes, que onc fes predeceffeurs n'auoient ofé entreprendre : il donna la chaffe à Michel Paleologue,lequel fut contraint fe retirer vers les Princes Chreftiens,& vint à Lyon au Concile que lon y tenoit,pour le different qu'il difoit eftre en l'Eglife Latine & Gregeoife.Eftát de retour en Grece,mourut quinze iours apres,de fafcherie, dont depuis l'Empire de Grece commença à decliner de peu àpeu.Ottoman donc ayant regné vingthuict ans,alla de vie à trefpas. Ie ne puis icy taire la faulte de ceux qui ofent confeffer par leurs efcrits, que ceft Empereur Solyman,eftoit du temps de Godeffroy de Buillon, qui eftoit enuiron l'an de grace mil nonánteneuf, contre lequel il eut bataille. Ce que Theuet ne leur accordera iamais,d'autant qu'il eft feur que ledit Godeffroy viuoit durant le temps qui eft dit, & au temps d'vn Roy d'Afie,que lon nommoit *Belchiarock*,qui affligea les Grecs. En ce mefme temps f'apparut au ciel vne Comete, la plus hideufe que lon auoit iamais veuë fur terre,dont plus de fix millions de creatures tant en Afie, Afrique, & Europe, moururent de frayeur. Et puis difent,que Ottoman f'efleua lan mil trois cens trente, qui fut du temps de Philippes de Valois, & d'Albert fils de Raoul Duc d'Auftriche: veu qu'à ce côpte il fault dire,que le premier Solyman nepueu d'Afmal, n'eftoit point le chef de la race Ottomane, qui regne à prefent : ains que les Turcs ont efté fans Roy general, iufques à ce fecond Solyman, qui print le furnom d'Ottoman du lieu fufdit, & duquel aucun ne fçauroit dire l'origine,tant il eftoit de gráde maifon : & cefte opinion eft la plus vallable, que autre, & plus approchant de la verité. Or voicy ce que i'ay appris,eftant pardelà, de la vraye fource & origine des Ottomans,l'ayant recueilli des hiftoires des Arabes & Scythes,mefme des Turcs : Sçauoir que tous les Ottomans

D'où eft venu le nom de Ottomá.

Allegreffe des Turcs au nouueau Empereur.

font defcenduz d'vn nommé *Ogus*, de nation Tartare, au temps duquel viuoit le Roy
Saladin, qui de frefche memoire auoit prins le païs de Carmanie, fe ruant auffi fur les
terres de l'Empereur de Grece, nommé *Coquino*, & des Tartares Septentrionaux *Pu-*
math: lequel auoit auec luy vn certain Cheualier Grec vaillant homme, qui meit en
execution fes prouëffes contre Saladin, iufques à mettre à mort fon propre frere, &
deux de fes nepueux vaillans guerriers: de forte que ledit Saladin ne trouuoit homme
en fon armee, tant braue fuft-il, qui vouluft combattre ledit Cheualier, hormis vn certain foldat Tartare, nommé *Haffac*, ou *Pazzach*: lequel auec grand difficulté obtint
licence de Saladin, pour combattre le Chreftien Grec: mais contemplant la conftance
de ce Tartare, & ce qu'il promettoit de bő, luy fut deliuré vn beau cheual auec le refte
de l'equippage, lequel fe prefentant deuất le camp de l'ennemy, fut incontinent accofté de ce grand guerrier Grec, qui le vint charger à grands coups de coutelats & maffe:
& de pareilles armes fe deffendoit auffi le foldat Tartare. Ayant ainfi combattu deux
heures entieres en la campaigne au milieu des deux armees. Aduint que le cheual du
Grec feit vn faux paz: lors Haffac à fon aduấtage furprit le Grec, & d'vn coup de maffe le rua tout mort par terre. Saladin ioyeux de telle victoire, voulut recognoiftre le
Tartare, qui acquift plus de reputation, que iamais homme ne feit entre les Romains
ou Perfiens. Parquoy luy donna & à fes fucceffeurs pour don, la ville & chafteau de
Ottomazich, ainfi nommee: duquel lieu fes fucceffeurs ont prins le nom, en memoire
de ce guerrier duquel ils eftoient defcendus. Cefte victoire fut caufe de la ruine qui
aduint bien toft apres à l'Empire de Grece. Or ceft Ogus (duquel nous auons parlé cy
deffus) eftoit le grand-pere de Haffac: mais quant à fes pere & mere, ie n'en ay eu aucun aduertiffement, ne des Turcs ne des Arabes. Voilà l'opinion de ces Barbares, touchant la fource de cefte race, tant renommee par l'vniuers. Ottoman dốc premier Roy
Turc, qui tenoit fon fiege & demeure à Natolie, laiffa vn fien fils heritier de fon eftat,
nommé *Orchan*, ou bien *Orcane*: lequel outre qu'il fut vaillant & hardi, fi furpaffa il
en rufes & finesses pour conquerir terres, fon pere, & fut grand inuenteur d'engins &
machines de guerre, veu que encor l'artillerie n'eftoit en vfage, eftant auffi liberal &
courtois à ceux de fa fuyte, & qui luy faifoient feruice. Auec ces moyens il ofta à Iean
Paleologue Empereur Grec la Bythinie, & fubiugua en l'Afie Mineur la Lycaonie,
Phrygie & Carie. Ce galand auoit efpoufé la fille de Caramanbey Chreftien: mais en
recompenfe de l'alliance, il feit guerre à fon beau-pere, & feit mourir fon beau-frere,
fils aifné du Roy de Caramanie, apres l'auoir prins en bataille. Ceftuy cy viuoit du
temps que Loys de Bauiere, & Federich d'Auftriche eftoient en difcorde fur l'Empire à qui l'auroit. Et que le Pape Benoift Tholofan, qui tint le fiege huict ans en Aui-
gnon, iöua fes ieux contre les Italiens. Et que Paul Perufien grand Legifte eftoit au
mefme païs, le premier de fon temps. Les hiftoires Turques, & celles des Scythes attribuent plus grand gloire & loüange à ceftuy Orchan, qu'à fon pere, d'autant qu'il fut
le premier de fa race, qui ofa entrer au païs de Grece, auec quarantefept mille hommes
combattans feulement: & feit tefte à l'armee Gregeoife, qui pouuoit monter à quelques deux fois autant: & deffeit depuis par vne furprinfe affez pres de la ville de *Du-*
nothico, où les Princes & Seigneurs de la Bulgarie, & de Seras, accompaignez d'vn
nombre incroyable de Grecs eftoient auec leur armee. Et fe vantent, que lors que les
Chreftiens furent ainfi accouftrez, ils eftoient à demy morts de vin, qu'ils auoient beu
outre mefure: ce que ie croirois plus qu'autrement, pourautất qu'il n'y a nation foubz
le ciel, qui face mieux le deuoir à bien boire encore auiourdhuy, que font les Grecs.
Et fut certes la premiere victoire, que Dieu permit par noz pechez, qu'eut cefte nation
maudite fur le peuple Chreftien. Et mourut ayant regné vingtdeux ans, d'vne bleffure

D'vn fol-
dat Tartare
font defcen-
dus les Ot-
tomans.

Orchan fils
d'Ottoman.

receuë à l'affault d'vne ville, l'an de grace mil trois cens cinquante, au commencement du regne du Roy Iean en France, fils de Philippe de Valois. Sur quoy il fault que ie face vn incident, & die que la vilaine trahifon d'vn Grec, nommé Iean Catacuz, ou Catacufan, fut caufe de grands malheurs pour la Chreftienté, lequel fe voulant efgaller à fon Seigneur, ouurit la guerre, qui f'efmeut pour l'amour de Caloianni Prince Grec, entre les Geneuois & Venitiens, les vns deffendans l'Empereur, les autres, le traiftre Catacuz. Lefdits Geneuois auec foixante galeres, galions & autres vaiffeaux vindrent donner ayde & fecours au legitime Empereur Grec, qui lors eftoit en l'ifle de Tenedos, & ayant chaffé le Tyran Catacufan, le remirent en fon Empire. Mais incontinent fe voyant ainfi deceu, print le chemin de Venife, pour demander fecours aux Venitiens: lefquels de faict luy donnerent, & vindrent auec grand nombre de galleres & longs vaiffeaux trouuer l'armee Geneuoife és enuirons du Propontis: & f'eftans les deux armees de mer attaquees, la victoire demeura aufdits Geneuois. Sur ces entrefaites, & au mefme temps, l'ifle de Methelin fut donnee à vn Capitaine François: qui fut caufe en partie de la victoire qu'eut l'Empereur Grec auec les Geneuois: & laquelle vint depuis entre leurs mains, & l'ont tenue iufques au regne de Mahemet fecond du nom, qui la print fur Nicolas Catalus dernier Duc de l'ifle. Pour lors Orchan & Amurath iouioient leurs ieux en la Grece, & le Soldan d'Egypte conquit tout le refte de la Surie: & auffi l'ouuerture fut faite aux Turcs d'entrer en la Grece & Europe. Ce Roy Turc fut blecé, comme i'ay dit, deuant la ville de Burfe, iadis Prufie, chef de la Bythinie. Quelques vns infuffifans de noftre temps fe trompent, quand ils difent, qu'à Ottoman fucceda Orchan, ou Orcane, feul fils & feul heritier de *Cyrifielebas*, lequel fut tué par vn nommé Moyfe fon oncle: chofe faulfe, & contraire à l'hiftoire des Ottomans: attédu que ce fut Orchan fils d'Ottoman fufdit, qui luy feit dreffer vne treffumptueufe Mofquee, & aupres vne fepulture, qui fe voit encor à prefent dans la ville de Burfe: & qui feit mourir fes freres pour viure en paix, & fix de fes principaux Medecins, defquels il fe deffioit, & trois Ambaffadeurs des Princes Chreftiens. En mefme temps ce grand Seigneur Catacufan voyant ne pouuoir auoir le deffus de fon ennemy, fe rendit moyne Grec au païs de la Moree: lequel eftant mort, fut fuyui de pres par Orcane, qui trois ans apres auoir vifité la Grece, mourut pres de Gallipoly, en vne ville nommee Plagiary: auquel lieu fe voit fa fepulture richement baftie: & pour fon ame & celles de tous les Empereurs Turcs, ledit Prince feit vne trefbelle fondation, fçauoir vn Hofpital riche, auquel fe font tous les iours de grandes aumofnes, pour l'ame de luy, de fon pere, & de fes freres, qu'il auoit fait occir. Mort qu'il fut, Amurat fon fils premier du nom fut Empereur, qu'il auoit eu de la fille du Roy de Carmanie. Toutefois les Turcs tiennent, que auparauant qu'Amurath fuft Empereur, il fe nommoit *Caffy-Canthichiary*, & auoit deux freres, dont l'vn gaigna pour fon fort le païs de Carmanie, & l'autre il le feit eftrangler. Ce fut le premier des Ottomans qui porta le nom de *Canthichiary*, qui eft vn mot Scythique, & fignifie en noftre langue Empereur. Lors qu'il auoit deliberé de fe ruer fur la Hongrie auec deux cens mille hommes qu'il auoit, vn Hongre homme infpiré de Dieu pour deliurer le pauure peuple d'vn tel Tyran, vint de guet à pens au camp du grand Seigneur Amurath, & f'eftant accofté d'vn certain Bafcha, qui totalement gouuernoit fon Prince, luy dit, que volontiers il baiferoit les mains du grand Turc fon maiftre, & qu'il luy diroit des chofes grandes pour le faict de fon entreprife: lefquelles pour la vie ne reueleroit à d'autre qu'à luy. Ce qui luy fut accordé, & de faict le grand Seigneur, qui lors eftoit en fon pauillon bien à fon aife, fut trefioyeux de la venue de ce Hongre, nommé Lazare, & commanda qu'en diligence on euft à le faire venir, pour fçauoir les bonnes nouuelles. Si toft qu'il fut deuant

Amurath premier du nom.

Mort fubite d'Amurath.

Amurath, feignant parler à luy à l'oreille, tire fon poignart bien trenchant, que luy auoit donné vn Seigneur Grec, & luy donne droit dans la gorge:dont ledit Amurath mourut fur le champ : mais le Hongre n'en eut pas moins,car à l'inftat fut mis en plus de mille pieces,& fon cœur mis au bout d'vne lance de cane,hault efleuee fur vne mu-raille , à qui tireroit & l'emporteroit à coups de flefches : aduint qu'vn Turc renegat Polonnois trauerfa tout outre le cœur de l'Hongre:auquel par le commandement du Bafcha luy fut ordonné & liuré deux cens chiquins d'or , qui peuuent reuenir à plus de deux cens efcuz. Plufieurs Turcs, voire des plus grands faifoient bonne mine, & mauuais ieu , d'autant qu'ils ne demandoient autrechofe, que ce qui aduint lors. Ce pauure Hongre eftoit feruiteur du Comte Lazare de Seruie : auquel Amurath auoit fait trâcher la tefte,apres l'auoir prins en guerre. Depuis cefte entreprife, les Turcs qui gouuernent leur maiftre , ne permettent iamais parler à luy , ne luy baifer les mains, qu'ils n'ayent efcorte dés Bafchas , Agas , Ianiffaires & efpions à force : & fouuent de mon temps, nul ne baifoit les mains du grand Seigneur , qui ne fuft conduit par deux grands Seigneurs Turcs. Mais ie vous veux declarer fes geftes en particulier , & com-me il feft gouuerné en fon Empire.Ce renard vint en Bythinie,& laiffant les villes de Natolie , vint pofer le fiege de fa demeurance à Burfie, à la ville où fon pere auoit efté occis, laquelle eft affife au pied du mont Olympe. Ceft Amurath fut du tout diffem-blable à fon pere, veu qu'il eftoit couard & debile de fa perfonne, mais cauteleux & mefchât,pariure,fans foy ou loyauté,diffimulé au poffible, de mauuaife complexion: au refte ambitieux fur tout , & qui fouhaitoit d'agrandir fon eftat , & eftendre fes Sei-gneuries.Et luy aduint la chofe telle qu'il la demandoit,veu que l'Empereur Conftan-tinopolitain ayant guerre contre le Defpote & Seigneur de Bulgarie,qui eft en la Mi-fie inferieure,& ne fe pouuant preualoir contre luy,& moins auoir fecours des Gene-uois ou Venitiens qui eftoient aux prinfes les vns contre les autres, fe retira au Turc Amurath,que les Efclauons appellent *Amaurath* , & les Turcs *Moratbeg*, les Perfes *Nirath*, les Scythes *Petabeth* ; & les Arabes *Moratbegy* , qui fignifie grand Seigneur. Et ne fçay où le bon homme Froiffard a pefché ou fongé ce nom de l'*Amorabaquin*, qu'il luy a donné : mais il luy fault pardôner,à caufe de l'aage.Ce grand Loup voyant la fortune luy fucceder felon fon defir, promet fecours au Grec , & luy donna douze mille cheuaux,auec l'aide defquels l'Empereur eut le deffus de fes aduerfaires:lefquels feftans retirez vers le Roy Turc, luy dirent quelle eftoit la fertilité, bonté & difpofi-tion de cefte terre Grecque,& combien il luy feroit aifé de fen faifir,l'incitans de cha-ftier les Chreftiens, & de fauourer leurs douceurs, & efprouuer leurs forces.Amurath, qui (comme i'ay dit) eftoit diffimulé,defloyal & mefchant, corrompit quelques Ge-neuois auec grand fomme d'argent:par le moyen defquels il paffa l'Hellefpont,nom-mé par nous le Bras fainct George, menant vn camp de plus de deux cens mille hom-mes, tant à pied qu'à cheual , & print Gallipoly , la premiere ville que les Turcs prin-drent iamais en l'Europe:en laquelle i'ay efté trois mois onze iours Efclaue,qui eft de-çà le deftroit : puis Adrianopoly, auant que perfonne prefque fe doubtaft de leur en-treprife : & le tout foubz pretexte de faire plaifir à Caloian Prince Grec , & pour ven-ger l'iniure que le Defpote Marc Carlouich luy auoit faite. Le pauure Bulgare fe voyant furpris,enuoya demander fecours au Seigneur de Seruie fon frere:mais la par-tie eftant mal faite, les Chreftiens furent deffaits, le Seigneur de Seruie prins, & mis à mort,& tout le païs de Thrace & Romanie pillé & faccagé.Ainfi le Turc,au grand re-gret,& en defpit du Grec,tint vne partie du païs de Thrace.Ce pendant les Europeés, & fur tout celuy de Rome,ne peut donner fecours aux Seigneurs de Seruie & Bulga-rie,d'autant qu'il eftoit empefché en guerre contre les enfans de Loys de Bauiere.Lef-

quelles chofes aduindrent du temps des Rois,fçauoir Pierre d'Efpaigne,Iean de Portugal,Ianus Prince de Cypre,Albert d'Auftriche,celuy qui fonda l'Vniuerfité à Vienne,d'où il eftoit Seigneur,& celle de Prague,au Royaume de Boëfme. Au refte les
Turcs difent (ce que les Arabes ont affez remarqué) que ceft Amurath auoit efté plus
vaillant que tous fes peres,pource que de corps à corps ne trouua iamais homme qui
le fceut vaincre:c'eftoit luy qui en champ de bataille affailloit & donnoit toufiours la
premiere pointe à fes ennemis. Parquoy les anciens Mameluz luy donnerent le nom
de *Guarmuldar*,qui vault autant à dire en noftre langue Françoife,que Vaillant guerrier,ou hardi. Durant lequel temps auffi fut (ainfi que dit eft) tué l'Empereur Amurath par le Hongre fufdit,enuiron l'an mil trois cens feptantetrois,ayant regné vingt
trois ans:qui fut fur le regne de Charles cinquieme,furnommé le Sage,Roy de Fráce.

Pourfuite de la fource & origine des Ottomans Empereurs de Turquie.
CHAP. II.

MVRATH fufdit,laiffa deux enfans aprés fa mort,fçauoir Solyman
& Baiazeth,nommé des Turcs & Arabes *Dimbaiazito*,qui fignifie
fouldre du ciel. Ce fut ce Baiazeth premier du nom,qui monftra le
chemin à fes enfans fucceffeurs,de tuer leur fang propre. Car dés que
fon pere fut mort,il feit occir Solyman fon propre frere: qui a fait
penfer à plufieurs,qu'il feit auffi tuer fon pere,veu le peu de compte
qu'il faifoit de fa mort,& la vengeance d'iceluy.Et nonobftant ce Baiazeth a efté Prince de grande fageffe,vaillant de fa perfonne,vigilant en guerre,accort en confeil,& fi
haftif à l'execution de fes entreprifes,qu'il auoit pluftoft mis à fin vn complot,que
les autres n'en auoient bafti les deffeins.Il fut à l'ifle de Corfou pour l'inuader: toutefois il f'en retourna en fa grande confufion,comme les Infulaires f'en fçauent trefbien
vanter,& furent occis plus de huiét mille hommes des fiens. De là f'en alla ruer fur la
ville de Friolly,où il ruina tout le païs voifin,& eut pour fon butin plus de trente
mille prifonniers,& enuiron douze mille qui perdirent la vie,f'eftans mis en deffenfe,
& luy eut vn coup de flefche à fes parties hôteufes,duquel lon eftimoit qu'il en deuft
mourir.Cefte mefme annee furent mis au fonds de la mer par les François & Venitiés
alliez & confederez pour lors,trois grands gallions auec fept nauires de Baiazeth,&
dixfept grandes galleres,& neuf fuftes. Mais bien toft apres trentecinq mille Turcs
vindrent affieger la ville de Modon,qui eft en la Moree: laquelle encore auiourdhuy
eft tres forte,côme i'ay veu:toutefois fut prife par force.L'hiftoire des Grecs & Turcs
f'accorde bien pour le faiét de cefte guerre,d'autant que toutes deux tiennent,que Baiazeth ayant prins cefte ville,la premiere chofe qu'il feit,ce fut de fe faire conduire au
temple des Chreftiens: auquel lieu apres luy auoir preparé fes tappis ordinaires,feit
fon oraifon pour rendre grace à Dieu de la victoire par luy obtenue contre eux,chan-
tant à haulte voix en fa langue Turquefque,*Elhemdu,lillahy*,Gloire à mon Dieu:
Ben-Curtuldom,Tfoch-fuccur,Allaha,qui eft à dire,O mon Dieu,ie cognois,que par
ta grace ie fuis deliuré des mains de mes ennemis. Parquoy ie dedie maintenant mon
entree de ladite ville de Modon à la fainéte ville de Medine,là où repofe ce grand
amy de Dieu mon Prophete Mahemet:& de faiét incontinent enuoya foixantefix
de fes Deluis,Moynes,Preftres & miniftres de fa feéte accomplir fon veu,& pour
prier Dieu pour luy,& le conferuer en fa garde. Voyez ie vous prie ce que doiuent
faire noz Empereurs,Rois & Princes Chreftiens,lors qu'ils font en affaires contre ce

Baiazeth fait fon orai fon au temple des Chre ftiens.

grand Tyran ennemy de noftre fainƈte Religion, ou autres : certes ce leur eſt icy vn trefbeau exemple. En ceſte annee vint vn grand tremblemět de terre par toute la Grece, & les murailles de Conſtantinople cheurent quaſi toutes par terre : mais par expres commandement plus de cinquante mille Eſclaues furent contraints d'y venir trauailler : leſquelles furent incontinent remiſes en leur premier eſtat. L'annee enſuyuant le Sophy deffeit l'armee de Baiazeth, où Haly ſon Baſcha fut tué ; & vn ſien beau-frere nommé *Zuar*, qui eſtoit deſcendu de la race d'vn des Caliphes d'Alep, & la plus part de ſes Ianiſſaires occis. Ce Baiazeth, ou *Bazait*, ſelon la prononciation des Turcs, qui ne prononcent iamais la lettre p : (auquel Enguerran, Froiſſart, & Nicolle Gilles donnent des noms, qui ſont autant à propos, comme du rouge au lieu de vert)eſtoit ſi mal affeƈtionné aux Chreſtiens, que dés auſſi toſt qu'il fut paruenu à la Couronne, & euſt mis ordre aux affaires d'Aſie, il aſſembla vne grande armee, auec laquelle il paſſa en Grece. Contre luy vint le ſuſdit Marc Carlouich, auec pluſieurs Seigneurs ſes ennemis, combien qu'ils fuſſent ſes voiſins : mais furent tous deffaits & occis en la bataille, où toute la Nobleſſe de Grece fut aneãtie. Ayant conquis la Seruie & Bulgarie, il courut la Macedone, nommee à preſent Albanie, & print la grand' ville d'Adrianopoly, & la Theſſalie, qu'ils appellent Thumeneſtie. Trois ans apres ces batailles & conqueſtes, affriandé de l'heur qui le ſuyuoit, entra en Hongrie, ayant premierement conquis toute la Grece iuſques en Athenes, qu'ils appellent Cethnie, & pillé Boſnie, qui eſt la haultè Miſie, Croace, Velonne, Salonne, & partie de Sclauonie, qui ſont l'ancienne Lyburnie & Dalmatie. Cõme deſia il eut couru la Valachie, & tous les païs ſuiets à l'Empire Grec, ſauf Conſtantinople, il donna celle bataille memorable pres Nicopoly, où l'Empereur Sigiſmond eſtoit en propre perſonne, par la priere d'Emanuel Paleologue Empereur Grec, auec le ſecours d'Allemaigne, France, Hongrie, Seruie, Bulgarie, & autres qui voyoient ceſte tempeſte leur pouuoir eſtre dommageable. Mais la chance tourna ſur les Chreſtiens, ſoit pour la temerité de quelques Seigneurs Italiens, & François, ou laſcheté des Hongres & Poulonnois, qui ſ'enfuyrent auec trentetrois compaignies Gregeoiſes : laquelle trahiſon fut faite par vn Grec natif de la Moree, nommé Iuſtinian, qui ſ'entendoit auec les Turcs, d'autant que c'eſtoit l'vn des chefs des Chreſtiens : ainſi le tiennent encore auiourdhuy les Grecs de pere en fils : ou qui eſt plus veritable, Dieu qui vouloit punir les Catholiques. Et y eut vn meurtre ſi grand, que peu furent ceux qui eſchapperent de ceſte furie : & ſur tout, de deux mille Gentilshommes François, qui ſ'y trouuerět, n'en eſchappa iamais que ſept ou huiƈt : deſquels les principaux eſtoient Iean Conte de Neuers, fils aiſné de Philippes le Hardy, Duc de Bourgongne, Philippes d'Artois Conte d'Eu & Conneſtable de France, Iean le Maingre, dit Bouciquault, Mareſchal de France, & autres, leſquels furent à la fin deliurez, moyennant grande ſomme de deniers qui furent baillez pour rançon. Ceſte bataille aduint ſi ſanglante & malheureuſe pour les Chreſtiens, l'an de noſtre ſalut mil trois cens nonantecinq, la veille de ſainƈt Michel en Septembre : qui fut cauſe, que derechef il alla mettre le ſiege deuant Conſtantinople, d'où il l'auoit leué pour la venue des Chreſtiens, qu'il ſurmonta en la bataille de Nicopoly. Et pour vray, c'eſtoit fait de l'Empire Grec, ſi pour ceſte ſeconde fois Dieu n'euſt ſuſcité en ce meſme temps vn autre fleau de ſa iuſtice, à ſçauoir ce grand Tamberlan, Prince de Tartarie, que les Turcs appellent *Tamirlangue*, qui ſignifie Eſpee heureuſe, ou Fer heureux : les Polonois l'appellent en leurs hiſtoires *Bathi*. Et ne puis ſçauoir où ce bon homme Enguerrant a ſongé ou prins le nom de *Tacon*, qu'il luy donne. Lequel eſtoit deſcendu, comme les Iuifs du païs diſent, d'vn Empereur Tartare, appellé *Zaym*, & de la race auſſi des Seigneurs *Zahaday, Sethry, Thabath*, & *Danathoth*. Ce guerrier eſtant entré en Natolie,

Grãd meurtre des Frãçois.

& gaſtant tout par là où il paſſoit, Baiazeth qui auoit ſon armee preſte de vieux guerriers, leue ſon ſiege de deuant Conſtantinople, pour aller deffendre ſon païs, veu que
deſia il auoit perdu la Cappadoce, Galathie, & grand' partie de Turquie : & feit tant
qu'il eut rencontré à ſon ennemy pres la ville d'Angory, qui eſt Ancyre, pres la montaigne Stelle, ou la Phrygie Maieur, où iadis Pompee deffeit le Roy Mithridate, comme lon peult voir encore à preſent eſcrit contre vne Colomne de pierre dure. Ce fut
là où les deux plus puiſſans Princes du monde eurent leur combat, où la deffaite fut ſi
grande, que de toutes parts il y demeura plus de trois cens mille hommes : mais à la fin
le Turc eut du pire, & eſtant mis en fuite, Baiazeth fut prins, & mené deuant le grand
Seigneur des Tartares. Et aduint ceſte bataille enuiron l'an mil trois cens nonáte huict, *Comme lon*
trois ans apres que le Turc eut deffait les Chreſtiens, veu que deſia en ce temps il auoit *conduit Ba-*
tenu le ſiege au païs de Conſtantinople cinq ans, & trois depuis, qui fait le nombre de *iazeth.*
huict ans, que ceſte ville fut aſſiegee par ledit Baiazeth. Lequel eſtant prins par Tam-

berlan, fut mis en vne cage de fer, trainee ſur vn certain chariot, par des chameaux, attendu le lourd fardeau & peſanteur d'iceluy, le coſtoyant touſiours de bien pres ledit
Tamberlan, auec bonne trouppe de ſes plus fauoriz, & ſoldats pareillement : ainſi que
pouuez voir par ce preſent pourtraict, lequel i'ay extrait d'vne hiſtoire faite à la Grecque, à la montaigne d'Athos. Et toutes les fois qu'il montoit à cheual, le doz de Baiazeth luy ſeruoit de montoir. Et le Tartare eſtant à table le Prince Turc eſtoit là comme vn chien, pour ſe nourrir de ce qu'il plaiſoit à Tamberlan luy faire dóner. Et eſtoit
lié de cheſnes de fer, ſuyuant l'hiſtoire vulgaire des Grecs Greciſans, & non pas d'or
ne d'argent, comme aſſez impertinemment quelques vns ont mis par eſcrit, ceſte caige : laquelle pouuoit auoir vne toiſe & demie de long, & quelques cinq pieds en lar-

geur.En laquelle mifere il vefquit deux ans, vn mois, & feize iours. Lors que ce Baiazeth fut conduit prifonnier auec fa femme, laquelle fut prinfe le lendemain de la bataille à vne bourgade nommee *Cappath*, print lors fi grande fafcherie en fon cueur,
qu'il fut faifi d'vne fiebure, qui le tint trois mois ou enuiron : laquelle maladie ne luy
furuint,fi ce n'eft quand il fe veit delaiffé de tous fes amis & alliez. Et dauátage quand
il apperceut venir tant de grands Seigneurs Tartares & fimple populace deuant le victorieux l'honorer & careffer auec prefens ineftimables ,que le prifonnier cuyda lors
rendre l'efprit : & eftoit ce pauure Baiazeth contraint les feruir à table, & à toutes autres petites affaires, comme le plus fimple Efclaue de la trouppe. Et quant à fa femme,
elle eftoit conduite par autres femmes: à laquelle par commandement du Tartare luy
fut couppé fa robbe iufques bien pres des parties honteufes.Et faifoient de cefte Princeffe, combien qu'elle fuft belle & d'affez bonne grace, comme plufieurs Princes font
d'vne folle courtifanne. Et eftant arriuez au païs & ville de *Phermeftha*, où faifoit fa
demeurance ce Roy Tartare : lequel deuant luy fouuentefois interrogeoit Baiazeth
de plufieurs chofes, pour le mettre en cholere, & pour le fafcher dauantage. Aduint
vn iour qu'il fut remis en fa caige, d'autant qu'on auoit efté aduerti qu'il ne tafchoit
qu'à fe faire mourir : & de faiçt n'euft efté la trouppe des foldats qui le gardoient & le
conduifoient tantoft d'vne part tantoft d'vne autre, vn iour fe vouloit precipiter dedans vn puyts.Vn premier iour du mois de Iuillet vn certain Efclaue, nommé en langue Tartarefque *Hucquital*, fapprochant par vne maniere de derifion du lieu où
eftoit ce prifonnier,luy iette vn oz de poiffon d'vn pied & demy de long : lequel Baiazeth fans faire autrement compte ne figne à l'efclaue, le print, & l'eguifa fi bien auec
fes dents, qu'il rendit ceft oz poinçtu & trenchant comme vn coufteau. Aduint que
fur les dix ou vnze heures de foir,que chacun eftoit retiré,fe perça le gofier :& deuant
que mourir f'eftoit donné plufieurs coups fur fon corps : & ainfi f'occit foymefme. Et
mourut l'an de grace mil quatre cens, ayant regné vingtfept ans huiçt mois quatre
iours.Et fiña fon Empire du temps de Charles fixieme Roy de France,& de Sigifmód
& des Rois Charles de Nauarre, Henry cinquieme d'Angleterre, Iaques quatrieme
d'Efcoffe,Vladiflaus cinquieme Roy de Poulógne,Leon d'Armenie,Edouard de Portugal,Henry troifieme d'Efpaigne,& Innocent feptieme,grand Euefque de Rome.La
victoire eftant donnee à Tamberlan,vint à la ville de *Birfay*, nommee *Zembet* en langue Perfienne : où il trouua les Ambaffadeurs d'Emanuel Empereur de Conftantinople, lefquels luy auoient apporté de grands & riches prefens , & pour luy faire obeïffance. Entre autres, de douze Emeraudes,vingtquatre Diamants,cinquátefix Rubiz,&
de cinquante groffes Perles: le tout eftimé,felon l'hiftoire Grecque, que i'ay veu entre
les mains d'vn Euefque Grec en la ville de Conftantinople , deux cens foixante mille
ducats,& vn Cimeterre garni de mefmes pierres, qui pouuoit valloir quelque foixante & dix mille ducats.Et feit telle refponce aufdits Ambaffadeurs.Las Dieu ne vueille
que ie face feruante, efclaue, & fubiecte voftre noble ville. Ie ne fuis point venu icy
par ambition,ne par defir de conquefter villes,citez,ne prouinces,d'autant que i'en ay
affez:ains fuis venu pour deffendre la Nobleffe Gregeoife, & maintenir voftre Empereur à l'encontre des Tyrans qui le vouloient depoffeder de fes terres & païs. Et que
lors qu'il plairroit à leurdit Seigneur l'employer, qu'il ne feroit moins qu'il auoit fait
à l'encontre d'eux. dit dauantage, qu'il eftoit beaucoup plus honnefte, que la noble
cité de Conftantinople fut fubiecte à vn Empereur Chreftien venu de race & ligne
des plus grands Monarques de l'Europe, que non pas aux Rois Ottomans defcenduz
de la race des bergers,& aymoit plus le nom de Chreftien, ny ne luy eftoit en fi grand
defdain,que celuy du Turc.Et à la verité il le monftra tref-bien, car iamais ceulx de fa

Mort de Ba-
iazeth.

fuitte

fuitte ne faccagerent vne feule ville ne village appartenante à quelque Prince ou Seigneur Chreſtien, où les Chreſtiens Grecs & Armeniens ſe tenoient:Mais au contraire ſon armee ſaccageoit & bruſloit toutes les villes & villages appartenantes aux Rois & Princes portans le nom de Turc, & n'auoient mercy ne d'hommes, femmes, ne d'enfans, & les traictoient non comme Mahometans, & gens qui eſtoient de meſme Religion, encores que de plein gré ils ſe rendiſſent à luy, ne moins qu'il miſt homme en liberté qu'il euſt prins:ains les faiſoit tous paſſer au fil du Cimeterre. Or la ruine de Baiazeth remit le cueur au ventre aux Grecs, voire aux Allemans:leſquels mettans gardes par tout, & ſe faiſans Seigneurs des terres perduës, ſe fortifioient, pour rembarrer les enfans du captif, s'ils vouloient entreprédre quelque choſe. A quoy l'Empereur Grec pourueut auſſi:car il print le fils aiſné de Baiazeth, nommé *Cyri-chelebi* : qui eſt vn til- *Cyri-chele-*
tre de Nobleſſe donné aux enfans du grand Turc, cóme vous diriez *Achmat-cheleby*, *by fauſſe-*
Mehemet-cheleby, *Muſtapha-cheleby*, c'eſt à dire, Gentilhomme:comme vous voyez *ment nómé*
auſſi en Eſpaigne, que lon nomme les plus grands Don Rodrigo, Don Alonſe, & les *Calapin.*
François Charles Monſieur, Loys Monſieur, tiltres de ſang Royal: (aucuns l'ont à tort appellé *Calapin*) & les Scythes *Catethet*, & les Arabes *Cal-haſor*. Mais ne ſe ſouuenant point que l'enfant du Loup ne doit eſtre nourri, qui n'en veult ſentir la fureur, penſant le gaigner par amitié, le laſcha, & meit en liberté. Si toſt qu'il eſt deliuré, il s'en va en Aſie, où il recouure les terres perduës par la priſon de ſon pere. Apres refaiſant vne armee, pour ne ſembler trop ingrat enuers le Prince Conſtantinopolitain, paſſa en Europe, & vainquit derechef l'Empereur Sigiſmond: où aucuns Modernes ignorans mettent la deffaite des François : mais elle fut faite par Baiazeth deuant Nicopoly. Et ne fault alleguer, que ce fut fait du temps de Charles ſixieme Roy de France, veu que toutes les deffaites ſuſdites aduindrent de ſon temps, veu qu'il regna fort longuémét, comme chacun ſçait, & au grand preiudice de ſon Royaume. Ce Cyri, comme il commençoit à dreſſer la guerre contre le Seigneur de Seruie, mourut en la fleur de ſon *Pape Pie ſe*
aage, l'an ſixieme de ſon regne. Pape Pie dit, que Baiazeth, ou *Ildrin* (ainſi nommé des *trompe.*
Scythes, qui ſignifie Fouldre du ciel) ſortit de priſon, ſans qu'il ſe ſouciaſt plus d'aucun affaire de ce ſiecle : mais il eſt ſeul de ſon opinion, veu qu'il ne veſquit, que ce que ie vous ay dit apres ſa priſe, comme m'ont aſſeuré les Turcs & les Grecs du païs, qui en ont l'hiſtoire au vray:Que s'il euſt eſté relaſché, il n'euſt rien oublié pour remettre ſes enfans en leur ancienne gloire, tant il eſtoit ambitieux : & n'eſtoit point trop vieil, lors qu'il fut vaincu par le Tartare. Cyris auoit trois freres, Moyſe (que les Mahometans appellent *Muſach*) Muſtapha, & Mahemet, & vn fils nommé *Orcanez* : lequel penſant ſucceder aux eſtats de ſon pere, ſuyuát la façon de ſes predeceſſeurs, fut empeſché d'y paruenir par Moyſe, qui le feit traiſtreuſement mourir. Mahemet voyant la meſchanceté de ſon frere commiſe enuers Orcanez, & ſe craignant de meſme aſſault, l'anticipa, & le feit mourir, ſeruant d'exemple à toutes les tueries, qui ont eſté depuis faites en la maiſon Ottomane:ce qu'ils ont depuis ce temps fort bien obſerué. Munſter fault icy, diſant, que Mahemet fut fils de Cyris, & frere de Orcanez, là où au côtraire il eſtoit fils de Baiazeth. Ce Mahemet eſt premier de ce nó entre les Rois de Turquie, & ſoubz *Mahemet*
luy ſont comptées immediatement les années du regne de Cyris-cheleby: qui par au- *premier du*
cuns n'eſt point mis au rang des Empereurs de la race Ottomane. Il reſtablit le ſiege *nom.*
des ſiens en Natolie, que Tamberlan auoit prins auec ſon pere Baiazeth:& ne voulant ſe tenir en Bythinie, vint à Adrianopoly faire ſa demeure & ſiege Royal, au grand malheur & dommage des Chreſtiens. Il feit mourir pluſieurs Seigneurs de Turquie, à fin que aucun qui euſt tiltre de grandeur, ne demeuraſt en vie, & que ſeulement ceux là euſſent puiſſance de qui il ſe fieroit, & leſquels luy ſeroient redeuables de quelque

plaifir:ioinᴄt auffi,que ceux qu'il feit mourir, eftoient du fang pretendu Royal d'*Au-*
ramy , qui fe tenoient en Cappadoce,Galathie , & Pamphilie, à fin que aucun ne que-
rellaft l'eftat aux fiens qui viendroient apres luy. Ceftuy cy regnant , il guerroya ceux
de Valachie , nommez des Anciens *Beffy* , & *Triballi* , & fut le premier des Ottomans,
qui monftra voye aux Turcs de paffer le Danube , où il fe feit Seigneur de Bofne : &
ayant guerroyé le Roy Carmanien , & fait plufieurs griefs à fes païs & Seigneuries,
mourut l'an mil quatre cens dixhuiᴄt,ayant regné dixhuiᴄt ans, fi lon y comprend les
annees dudit Cyris : mais fi le fien feulement, il n'en regna que douze, finiffant en l'an
trentehuiᴄtieme du regne de Charles fixieme, fils de Charles quatrieme, eftant Empereur encor Sigifmond , & tenant le fiege de Rome Martin cinquieme du nom. Mahemet donc mourant laiffa vn feul fils pour fucceffeur à l'Empire, & comme vray heritier d'iceluy,nommé Amurath , homme autant cruel & inhumain , que autre qui ait
iamais efté en cefte race Ottomane,duquel nous allons parler au Chapitre qui enfuit.

Suitte defdits Ottomans : heur & malheur d'iceux , & prouëffes de Sultan.
CHAP. III.

M v ʀ ᴀ ᴛ ʜ fecond du nom,nommé des Turcs *Moratbeg*,fucceda à
fon pere Mahemet premier du nom , comme feul & vray heritier de
fes terres & Seigneuries:toutefois que plufieurs ayent voulu maintenir, que ledit Mahemet mourant,ait laiffé deux enfans, fçauoir ceftuy
cy,& Muftapha : mais ils f'abufent, prenans quelque grand Seigneur
de Turquie, nommé de ce nom, pour frere de Amurath : lequel, lors
que fon pere deceda, eftoit en Natolie, pour la garde de ce païs : mais ayant entendu
nouuelles du trefpas de Mahemet, f'en vint foudain à Chalcedone, où l'Empereur
Grec nommé Emanuel f'oppofa,pour luy empefcher paffage: & à fin d'inciter les Turcs
à fe reuolter , il meit en liberté Muftapha oncle dudit Amurath , & fils de celuy Baiazeth qui fut vaincu par Tamberlan:neantmoins il fut vaincu & tué par fon nepueu en
la bataille qui fut donnee:lequel pour fe venger du Grec & de fes rufes, pilla & brufla
toute la Macedone & Thrace , & print fur les Venitiens la ville de Theffalonique , à
prefent *Salonichi* , que Andronique Paleologue par defpit de fon frere Conftantin
leur auoit vendue.Paffa auffi au païs de la Romanie,qu'ils nomment *Lartha* , & autres
regiös puiffantes de la Grece.Apres fe ietta fur l'Efclauonie, d'où il amena vne trouppe infinie d'hommes & beftail,auec les pleurs & gemiffemens de toute la Chreftienté.
Et quelque perte que ce Prince feift, fi eft-ce qu'il venoit toufiours à fon honneur de
fes emprifes : & comme il eut mis le fiege deuant Belgrade, ville de Hongrie, il en fut
repouffé,fans y rien faire.Vous ne fçauriez iuger en ceft homme,qu'vne grande varieté de mœurs, veu qu'il balançoit tellemét entre le vice & la vertu, que hors la religion
on le pourroit mettre entre les plus illuftres. Mais qui gardera qu'on l'eftime tel , puis
que Alexandre, Pompee,Cefar,Mithridate,& autres ont eu pareil ou plus grand honneur, ayant efgard fimplement à leurs faits,non à la religion? Vous fçauez que la Loy
de Mahemet permet d'auoir plufieurs femmes, mefmement aux Seigneurs. Ceftuy cy
moitié par force,& partie de gré,induit George,Seigneur de Seruie, de luy donner fa
fille en mariage , lequel fut caufe de fa ruine. Car Amurath bien toft apres vint auec
vne grande armee contre fon beau-pere:lequel ne l'ofant attendre,pour fe voir inegal
en forces, apres qu'il euft fortifié fa ville de *Sindcronie* , & laiffé dedans vn de fes enfans pour garde, f'en alla en Hongrie auec fes meubles precieux, femme, & enfans.

Amurath
efpoufe vne
Dame Chre
ftienne.

Amurath affiegeant Sinderonie, la print d'affault, & mettant tout au fil de l'efpee, creua les yeux à fon beau-frere,& le feit mener prifonnier par tout où il alloit. Mais Iean
Vaiuode recouura la plus part dudit païs fur les Sangeaz d'Amurath, fans toutefois le
rendre au Defpote George,à caufe qu'il le voyoit peu ferme en noftre religion, & hóme en qui il n'y auoit guere dequoy fe fier. Durant lequel temps fut efleu Roy de
Hongrie Vladiflaus,que aucuns appellét Lancelot : lequel ayát fait accord auec l'Empereur Federich troifieme,vint en Hongrie,& fçachant que Amurath affiegeoit Man-
doralba, qui eft Belgrade, dite des Hongres *Chriefchich*, & par les Anciens *Taurinum*,
affife entre les deux riuieres *Donaier*, & *Saue*,fe meit en capaigne auec les forces d'Hon
grie, Polongne,& Seruie,& fut fait chef de l'armee Iean Vaiuode. Ce Roy Vladiflaus
recouura les terres de Seruie,& Rufcie. Ce que fceu par le Turc,rompt fon deffein de
Belgrade, & enuoye contre le Hongre le Carabey, auec les principales forces de fon
Royaume:& fut la bataille donnee pres du mont Caftegnaz,nommé des Anciens *He-*
mus,là où les Turcs furent deffaits, & Carabey prifonnier. Ce qui eftonna tellement
Amurath,que fi Vladiflaus euft pourfuyui fa pointe, c'eftoit fait de leur Empire en
Europe.Ces victoires apres Dieu furent attribuees à Iean Huniad Vaiuode, c'eft à dire gouuerneur de Moldauie,ou bien Tranffyluanie, en vne ville nommee *Sibenboury*,
que nous difons les Sept Chafteaux : & fut ce Huniad pere de Mathias Roy de Hon-
grie.Cefte victoire ne fut guere agreable au Roy Barbare, veu qu'elle luy coufta cher,
& fut faite vne trefue auec luy pour dix ans, & racheta Carabey cinquante mille ducats de rançon. La route des Turcs eftant fçeuë par le Roy de Caramanie, qui penfoit
que defia l'Empire Turc fuft aboli,vint fur les terres voifines qui eftoient au Turc : &
ce fut la caufe que Amurath feit paix auec Vladiflaus,& paffant en Afie chaftia fi bien
le Caramanien , qu'il luy ofta la Carie & Lycie , & contraignit Affambey de fe retirer
en fon païs de Perfe. Comme il f'appreftaft de priuer & le Caraman & l'Affambey de
leurs eftats & de leur vie,voicy nouuelles qui luy arriuent de la roupture de la trefue
par Vladiflaus,Roy de grande entreprinfe.A quoy il auoit efté folicité par le Monarque Conftantinopolitain,& par le Pape Eugene, l'vn faifi de peur de fon eftat,& l'autre efmeu de zele pour les ames qui fe perdoient, le Turc conquerant tant de terres:
mais ne l'vn ne l'autre ne confiderans,que lon ne doibt point rompre la foy à quiconque on l'aura promife;Amurath laiffe garnifons, fait paix à l'Armenien, fortifie Satalie,Caramanie,Lenech,& Natolie, & reprend fon chemin vers la Hongrie. Il eft vray
que auát que paffer la mer,comme m'ont dit les Grecs,il courut la Grece,print la Moree & païs d'Attique , & ruina ce que de ce cofté tenoient les Chreftiens , fauf la ville
d'Athenes,qu'il laiffa en paix au Seigneur d'icelle:lequel eftoit defcendu de la maifon
de Nery , qui eft au païs du Duc de Florence. L'Empereur de Grece vint en Italie, fe
voyant ainfi tyrannifé & debouté par la gendarmerie d'Amurath,pour demander fecours au Pape,& aux Princes Chreftiens : pour lequel faict fut commencé vn Concile
à Ferrare : mais à caufe que la pefte eftoit dans la ville , fut ordonné que ledit Concile
feroit remis à la ville de Florence. Ce qui fut fait, le tout pour reünir l'Eglife Grecque
à celle de Rome , & prendre tous les armes contre les Turcs :& fut on pour le moins
quatre ans à y penfer. Le Cardinal Cefarin , & le Duc de Bourgongne auec le Roy de
Hongrie tafchoient de toutes parts à faire amas d'hommes : tellement que le Pape, le
Duc de Bourgongne,les Venitiens, & autres auoient promis au pauure Vladiflaus de
bien garder le deftroit de Gallipoly . Aquoy certes ils auoient fi bien pourueu , &
auec telles forces, que fi les Chreftiens mefmes n'euffent eu enuie de l'honneur des gés
de bien,& bóns combattans,le Turc n'euft point eu moyen de paffer en Hongrie,fans
vne perte auffi grande ou plus,que celle où fon Beglierbey auoit efté prins.Amurath

Deffaite
Des Turcs

Amurath
fe faifit d
la Moree.

Amurath pleure ſa fortune.

ſe voyant ſi foible, commença à ſe fafcher, & à pleurer comme vn enfant de huict ans: mais vn certain Aga Turc, nommé Haly, voyant ſon Prince ainſi deploré, luy dit, O Seigneur, il ne fault point que tu te fafches, attendu que c'eſt le faict des Princes guerriers, & choſe couſtumiere de vaincre, ou eſtre vaincu: de perdre villes, Principautez, & autres infinies miseres. Ne penſe pas que tes larmes puiſſent vaincre ne mitiguer l'ire des victorieux : *Gelutmitſun, benumle,* Il te plaira venir auec nous: car il fault te reſouldre, & derechef tenter la fortune, & vaincre les ennemis pluſtoſt par armes, que par larmes. Luy diſant telles rudes parolles, la plus grand part de ſes Ianiſſaires, fafchez de ſa couardiſe, auec vne hardieſſe & cholere vindrent le Cimeterre nud deuãt luy, diſans, Comment Seigneur te faſches tu, apres nous auoir mis à la boucherie ? O traiſtre malheureux que tu es, tu fais le *Deluis,* ou *Sainēton,* tu ſçauois bien, que *Bre-giaur Vngrus patiſſach,* ſçauoir, que le Roy Chreſtien de Hongrie, nous deuoit ainſi traiter. Sur ce propos vn fol Capitaine Arabe de la compaignie, nommé *Iahalard,* ayant deſgainé ſon Cimeterre, en ſa preſence couppa les iarrets à ſon cheual, luy diſant auec vn viſage aſſez mal aſſeuré *Tur-bonda gheldum,* Ne bouge de là, croy ce que lon te dit. La cholere

Ianiſſaires ſe reuoltent contre leur Prince.

paſſee de ce gentil Arabe & des Ianiſſaires, ſ'approcherent de leur Roy Amurath, & commencerent à luy dire à haulte voix, *Gel ghuſteriuiere Allaha, Tſeuerſon,* Seigneur, vien auec nous, chemine tout le premier, & nous monſtre ſi tu aymes Dieu : car nous voulons tous mourir auec toy. Mais comme tout ſe portoit bien pour les Chreſtiens, & que Amurath eſtoit en peine de vaiſſeaux pour paſſer, voicy quelques Geneuois qui auoient force vaiſſeaux, qui ſ'offrét à luy faire ſeruice, pour paſſer ſon camp d'Aſie en Europe, les ſatisfaiſant à vn ducat pour teſte. Ie vous laiſſe à penſer ſ'il feit la ſourde oreille. Ce qui fut fait, & leur deliura on cent mil ducats, qui eſtoit le nombre du reſte de ſon armee : & ainſi prindrent terre bon nombre d'iceux pres le Boſphore Cimmerique, qui eſt au Propontide, tirant & prenant le chemin de Hongrie. Le tort que ces Geneuois feirent à la Chreſtienté, fut tel, qu'eſtans les Chreſtiens vniz & aſſemblez en vn lieu, nommé *Varne,* à quatre iournees de la ville d'Adrianopoly, & ayans l'arriuee de telles forces, penſerent eſtre trahis par le Grec & Venitiens : à la fin commencerent à conſulter : mais le Legat du Pape & le Roy Vladiſlaus eſtoient d'aduis de n'attendre point ceſte fureur premiere: au contraire Iean Huniad, leur recommanda tant la vertu des Hongres, & l'heur des victoires paſſees, que ne tenant compte de ſon ennemy, en quelque grand nombre qu'il fut, mit en teſte à toute l'armee de dóner bataille au Roy Turc : mais certes ſon conſeil eſtoit plus honorable que profitable : auſſi fut-il le premier, qui laiſſant les ſiens auec dix mille cheuaux, laiſſa la bataille, voyant l'ordre des infideles, & le peu de diſcipline des Chreſtiés. Et bien que lon fuſt en doubte d'Amurath, ſ'il deuoit fuyr, ou tenir bon, tant vaillamment il voyoit faire aux Chreſtiens : ſi eſt-ce qu'à la fin vn ſien Baſcha luy donnant courage : & ſe ſouuenant de la menaſſe, que luy auoient fait ſes Ianiſſaires & Capitaines, il ſ'arreſta & vainquit auec plus de

Chreſtiens vaincuz & Vladiſlaus occis.

perte des ſiens, que iamais il euſt euë : & y mourut le bon Roy Vladiſlaus, payant la faulte commiſe en rompant la trefue. Et aduint ceſte deffaite le iour de la ſainēt Martin en Nouembre, l'an mil quatre cens quarante. La nuict auparauãt, que ceſte pitoyable fortune (qui fut ſi cótraire aux Catholiques) aduint, il tonna d'vne telle ſorte, que le meſme tonnerre & fouldre du ciel renuerſa & culbuta de hault en bas, plus de trentefix mille maiſons du païs : par lequel deſaſtre furent auſſi occis dix mille hommes pour le moins, & autant ou plus de beſtes ſauuages & domeſtiques. Ceſte victoire comme elle debilita les Chreſtiens, donna cœur auſſi à l'infidelle, lequel ne ſe ſoucia de pourſuyure les fuyards : & ne feit ainſi que de couſtume, ſe donnant gloire de telle victoire, ains dit qu'il ne voudroit point vaincre à telles enſeignes. Et ayant leué ſon

camp, s'en alla vers Adrianopoly, où il parfeit plusieurs vœuz qu'il auoit faits allant
en guerre: car c'estoit le plus superstitieux de tous les Rois qui onc furent en Turquie.
Or il fault icy contempler les succez des choses humaines: car si le Vaiuode eut esté
aussi vaillant à executer, comme toute sa vie il s'estoit monstré, & qu'il eut donné sur
la queuë de l'ennemy laz & trauaillé, & vaincu en vainquant, c'est sans doubte que
Amurath, y fut demeuré pour les gaiges. Ainsi par le trop de fiance en sa vertu, sagesse
& experience, ce bon Seigneur donna l'entree aux malheuretez, qui depuis sont aduenues en Hongrie. Le Duc de Bourgongne fut prins en ceste bataille, & autant tour- *Duc de*
menté que iamais Prince du monde, & fut donné en garde à quelques Ianissaires, les- *Bourgongne*
quels luy feirent mille maux, iusques à luy faire mettre sa teste sur vne grosse piece de *prins.*
bois, faisans semblant la luy vouloir trencher: mais à la fin il donna deux cens mille
ducats pour sa rançon. Ce fut en ce temps que Amurath dressa la garde des Ianissaires,
qui sont Chrestiens reniez, ou enfans de Chrestiens, pour la garde de son corps: qui
est la troupe la plus hardie & espouuentable en faict de guerre à present, que autre
que le Turc aye & conduise en guerre. Ce fut aussi cest Amurath qui pressé de tant de
guerres, & auare de son naturel, imposa le premier tribut sur ceux de la Grece: ainsi
l'ay-ie apprins des Turcs mesmes. En ce il imita Gallus Virius, vn des Tyrans de l'Empire de Rome, qui succeda au cruel Decie: lequel Virius en l'an de grace deux cens
cinquantedeux, fut le premier qui assuietit Rome à payer tribut, apres qu'il eut vaincu
les Scythes. Ces choses s'estans ainsi passees, Amurath qui estoit sage & preuoyant, &
qui n'ignoroit point de l'heur humain, à fin de ne se voir plus abbatu, voulant obuier
à tout cecy, & paracheuer sa vie en repos d'esprit, disposa de ses estats, & feit Roy de
ses Seigneuries son fils Mahemet, encor fort ieune: lequel il donna en charge à *Caly-*
bassa, son grand Bascha, homme sage, & de bon conseil, & le plus riche de la Turquie.
Ce fait, il se retira en Asie auec des Religieux & Hermites de sa persuasion, pour viure *Amurath*
solitairement, & seruir à Dieu, en repos, & librement, & à leurs vingtquatre mille trois *se rendit*
cens Prophetes, qu'ils disent qu'ils ont. Mais auant que se faire recluz, il auoit conquis *Hermite.*
Sophie, ville capitale de Bulgarie, Scopie, & Nonomont, & tout le Duché qui est l'ancien Royaume d'Epire, iusques à la riuiere de Acheloe, que les Turcs appellent *Pachi-*
colan, & aux montaignes du Diable, dites iadis Acrocerauniés, & prins le port de la
Velone, que les Anciens ont nommé *Aulon,* passa outre le goulfe de Larte, que les
Latins disent *Sinus Ambracius,* iusques à la ville de *Rigo,* & s'estendit sa course iusques au Cataro, qui est à douze lieuës de Rhaguse. En somme, rompant la muraille
faite de la mer Ionique à l'Egee, qui contournoit la Peloponnese, il s'en feit Seigneur,
sauf de quelques villes maritimes qui estoient à diuers Seigneurs. Comme il estoit en
sa solitude, voicy Iean Huniad, les Hongres, Polonnois, & autres, qui s'esmeurent
contre ses garnisons, & eussent fait de grandes choses, si le Seigneur de Seruie n'eust
vsé de sa trahison accoustumee, lequel donna aduis à Calybassa de tout le conseil du
Vaiuode, & de ses forces. Et ce qui plus estonna le Turc, outre qu'il fut saisi de ceste
nouuelle guerre, fut qu'vn nommé George Castrioth, fils de Iehan Castrioth Seigneur
de Seruie, Cimere & Albanie: lequel à l'aage de sept ans, son pere & sa mere nommee
dame Voisane, fille du Seigneur de Pologo, ou Triballi, païs Macedonien, & partie
Bulgarien, le donnerent au Turc auec leur trois autres enfans, sçauoir Reposlio, Stanis-
sa, & Constantin, & nomma Amurath le plus ieune de tous de ce nom *Scanderbeg,* qui
vault autant à dire, que Seigneur Alexandre: lequel il feit circoncir, & puis enseigner
les lettres Arabesques, Turquesques, & Grecques, auec la loy du faux Prophete. Et
voyant qu'il profitoit si bien, & retenoit tout ce que lon luy disoit, considerant aussi la
grace, douceur, & beauté de ce ieune Prince, le Turc iugea en soymesmes, que s'il ve-

noit en aage, il deuiendroit homme excellent aux armes, & s'en pourroit seruir en ses affaires: & ainsi le donna en garde à gens vertueux & sçauans en leur persuasion, auec gages suffisans. Venu qu'il fut à l'aage de dixneuf ans, fut fait Sangiac, & eut charge de six mille cheuaux, & ne luy restoit plus qu'auoir tiltre de Bascha. Il feit autant ou plus de belles conquestes soubz Amurath, que iamais feit homme qui viue : car il conquit bon nombre de païs, villes, & forteresses, tát en Asie qu'en l'Europe. Mais aduerti qu'il fut de la mort de son pere, en ce mesme temps fut esleu, & enuoyé au païs d'Hongrie, auec belle compaignie: mais i'estime qu'il s'entendoit auec les Hongres, & autres Chre stiés: car de luy il n'estoit Turc que par fantasie. Et voyát qu'il faisoit bon pour luy, & bastoit mal pour le Turc, feit bánque-route, & quitte le Turban, & la Loy Turquesque, & par surprinse se saisit de la belle ville de Croye, & de plusieurs forteresses, que iadis possedoit son pere, & apres auoir fait occir tous les Turcs qui estoient dedans, hormis ceux qui alloient receuoir le sainct Baptesme. Et feit mettre au lieu du Croissant, l'Ai gle à deux testes en champ de sable. Et non sans cause ioüa il ceste tragedie, car il sçauoit bien de long temps que ledit Amurath vn iour luy eut fait passer le pas. Apres il vainquit par deux fois les Turcs en plusieurs grandes rencontres, & lors que Huniad s'esmeut, cestuy cy aussi trauailla les terres de celuy qui l'auoit nourri. Qui fut cause, que Calybassa ne sçachant que faire, & craignát que les Turcs ne luy voulussent obeir, & voyant Mahemet fils aisné du Seigneur (car les autres estoient desia despeschez se lon leur mode) estoit trop ieune pour ceste charge, conseilla qu'on rappellast Amu rath de sa solitude : lequel conseil luy cousta depuis la vie, veu que Mahemet se sentit picqué du peu de compte que le Bascha faisoit de sa sagesse & preudhommie. Amu rath donc vint à l'armee, où il passa vers la Hongrie : mais le Vaiuode luy alla au de uant pardelà Adrianopoly, à vn lieu nommé Basilie, qui est en la Seruie, où il fut telle ment combatu, que toute l'infanterie Chrestienne y demeura, pour le nombre infini des infidelles, qui y perdirent aussi la plus part de leurs forces: nonobstant le Vaiuode se sauua, & le Turc n'eut pouuoir pour ceste fois de faire grand chose, sauf qu'ils alle rent assieger Scanderberg à Croye, où tant s'en fault qu'ils feissent rien, que ce vaillant Capitaine les y battit si bien, qu'ayans leué leur siege, Amurath chargé de vieillesse, & creuecœur de se voir vaincu par vn petit compaignon, se retira en Asie, où il mourut l'an de grace mille quatre cens cinquantevn, de son aage le septantecinquiesme, & de son regne le tretedeuxiesme, en l'an vingtsixiesme de Charles septiesme, Roy de Fran ce. Apres sa mort, son fils Mahemet second du nom, feit construire à l'honneur de son pere vne tressumptueuse sepulture, & vne Mosquee ou Temple, où ils font leurs orai sons & prieres accoustumees, auec vn Hospital. Et estoit ledit Amurath si cruel, que

Cruauté d'Amu rath. deuant que mourir vn Bascha luy recommandant ses enfans, pour les auancer en hon neurs, dit audit Bascha, Va, vn Loup engendre vn autre Loup, que lon leur face creuer les yeux: ce qui fut executé incontinét, & les enuoya ainsi à leur pere. La derniere con queste d'Amurath, fut la prinse d'Ahenes, qui est (comme i'ay veu) toute ruinee.

De Mahemet second du nom : de ses conquestes, & de celles de Baiazeth son fils. CHAP. IIII.

C E T V Y succeda Mahemet second du nom, son fils, qu'il auoit engendré de *Iriny Vcouuich*, fille du Despote de Seruie, & commença à regner le vingtvniesme an de son aage, & donna commencement à son Empire par vn parricide : duquel fut ministre Calybassa, contre la foy iuree à son maistre : veu que Amurath mourant, laissa vn fils aagé de six mois seulement, qu'il auoit eu d'vne fille du Seigneur de Penderacie, & l'auoit nommé Calapin, lequel il recõmanda sur tout à la mere & à Calybassa, le priant de le sauuer de la furie de son frere. Le meschant Bascha pensant s'insinuer en la grace du Barbare, luy liura & la mere & l'enfant, & dés aussi tost Mahemet le feit estrágler, & renuoyer à sa mere, à fin qu'elle le feit inhumer auec telle pompe, qu'à vn si grand Seigneur appartenoit. Aucuns m'ont dit, que Calybassa en donna vn autre à sa place, & que ce fut cestuy cy qui estoit à Rome du temps que Charles huictiesme passa à Naples, lequel il se feit donner au Pape : ce qui n'est vray-semblable. Paul Ioue, & autres se trompent en cecy, attendu qu'il n'estoit pas de ce temps là. Ce Mahemet estoit vray Atheiste : car ayant esté informé par sa mere au Christianisme, & depuis en la Loy Alcoraniste, ne se monstra onc ny Chrestien, ny Musulman, ou Mahometiste, ains se mocquoit & de Iesus Christ, & du Prophete des Turcs. Ce fut le plus estrange persecuteur des Chrestiens, qui fut onc entre les Rois de Turquie : lequel se faschant de voir la ville de Constantinople en la puissance des Chrestiens, là où il tenoit presque tout l'Empire, delibera d'y donner atteinte : & de faict quelque peine ou diligence qu'y meist l'Empereur Constantin septiesme, fils d'Emanuel, de la race des Paleologues, homme vicieux, si iamais en fut vn autre, le Turc Mahemet s'en feit maistre, & tua l'Empereur, pilla & saccagea la ville, en l'an de nostre salut mille quatre cens cinquante trois, & le troisieme an de son regne. Or ie vous laisse à penser, comme se gouuerna le soldat soubz la charge & conduite d'vn Roy si detestable. Ce fut là que ce ministre d'impieté posa le siege de son Royaume, soy disant Empereur, & Sultan : & puis feit chasser les citoyens, & mourir la Noblesse, & sur tout ceux qui attouchoient de sang à l'Empereur deffunct : la teste duquel on auoit porté par tout le camp sur le bout d'vne lance, en mespris des Chrestiens : nonobstant le contraire de ce qu'en pourroient dire les histoires Turquesques & Arabesques. Et fut l'auarice des Chrestiés, qui causa ceste ruine, aymás mieux cacher leurs thresors pour estre la proye des estrangers, que d'en ayder à leur Prince pour soldoyer gens pour leur deffense. Ceux de Pere, qui estoient Geneuois, se rendirent à luy : mais il print leurs femmes & enfans, quoy qu'il eust iuré le contraire, & les condamna à grande somme de deniers. Ie confesse bien pour faire bonne mine, qu'il feit deliurer la plus part des Gétilshommes Latins hors des prisons, & leur feit donner saufconduit : mais ils ne furent pas à trois ou quatre lieuës de là, qu'ils furent mis au fil de l'espee, & le plus cruellement que iamais lon veit. En ce mesme temps se souuenant du tort que luy auoit fait Calybassa, faisant reuenir son pere à l'Empire, apres qu'il en eut tiré les thresors & richesses, le feit miserablement mourir. Prinse que fut Constantinople, & les affaires de Grece appaisees, & conquise la ville de Corinthe, & autres villes fort riches, & que les Seigneurs en furent chassez : Mahemet se souuenant de l'audace des Hongres, se prepara pour aller assieger Belgrade : dans laquelle ville estoient entrez auec forces Iean Huniad, Vaiuode, le Legat du Pape, Cardinal de sainct Ange, & vn Cordelier nommé Iean Capi-

Mahemet Atheiste.

qq iiij

Mahemet blecé deuãt Belgrade.

ſtran : leſquels ſy gouuernerent ſi vaillamment, que Mahemet eſtant blecé ſoubz la mammelle, & ſon cheual rué mort par terre, & ayant perdu toute ſon artillerie & bagage, fut contraint de ſe retirer fort eſperdu, & auec grand creuecueur. Au parauant ceſte deffaite, eſtoit mort le vaillant champion de la foy Scanderbeg, partie de vieilleſſe, & plus d'ennuy, ſe voyant trahi des ſiens, qui auoient intelligence auec l'infidelle. Ce pendant que ces choſes ſe font, les Venitiens vont en la Moree, & la prennent, & font rebaſtir la muraille depuis le goulfe de Patras iuſques à celuy de Legine, où iadis fut Corinthe, qui n'eſt à preſent qu'vn ſeul cazal, nommé *Corentho* : mais Mahemet eſtant là, les Venitiens furent vaincuz, & en leur face le Turc prent l'iſle de Negrepont, dite Eubee, qui eſt aſſez pres de terre ferme & autres iſles : puis entra en Boſne, qu'il conquit ſur Eſtienne Roy du païs, qu'il print, & feit eſcorcher, ayant fait circoncir l'vn de ſes enfans en ſa preſence, & le nomma *Achmach*, l'an de noſtre Seigneur mille quatre cens ſoixãtequatre, & oſta aux Geneuois la ville de Capha, qui ſappelloit iadis Theodoſia; Tout cecy fait, ce Turc diligent & ſans repos, chaſſa les Chreſtiens de la Grece Aſiatique, & la plus part de ceux de l'Europe, faiſant vne armee de cẽt mille hommes : auec laquelle il gaſta toute la Macedone, ſans que les Rois Chreſtiens ſen ſouciaſſent, pource qu'ils eſtoient acharnez les vns contre les autres. Ce pendant mourut *Pyrameth* Roy de Caramanie. Son fils Abraham ayant requis ſecours des Europeens, & n'ayant eu que parolles d'eſperance, ſe ſaiſiſt le Turc de Caramanie, & feit mourir le Roy, finãt la race des Caramans, & celle des Ottomans ſeſtant fait dame de l'Aſie, & d'vne partie de l'Europe. Ce que fait, vn renié natif de Genes nommé *Omarbey*, lors Sangeac de Boſne, pilla le païs d'Iſtrie, compris ſoubz ce qu'on diſoit iadis Illyrie, & vint iuſques à *Friol*, où il deffeit les Venitiens, auec la fleur de la Nobleſſe d'Italie. D'autre coſté *Achmac* Baſcha vint en Italie, & print la ville d'Ottrante, laquelle il ſaccagea, en l'an mil quatre cens octante : & ce pendant *Meſith* Baſcha, auſſi renié, qui eſtoit de la race des Monarques Grecs, vint aſſieger Rhodes, où il ne gaigna autre choſe que deſcoups. Trois ans apres aduint en la ville de Florence, que certains ſeditieux eſtans lors aduertis, que les Seigneurs Laurens, & Iulian de Medicis eſtoient en vne Egliſe oyans Meſſe, & faiſans leurs deuotions, par vne ſurprinſe ſe vindrẽt ruer ſur ces deux Seigneurs : dont ledit Laurens fut blecé, & Iulian occis. Eſtant aduerti ledit Laurens de Medicis du lieu où ſeſtoit retiré Bernard Bandin, conducteur de la faction, enuoya vers Mahemet pour luy en faire raiſon. Incontinent le Turc enuoye mettre la main ſur le collet dudit Bernard, lequel fut apprehendé, lié & garrotté, & l'enuoya à Florence, pour luy monſtrer quelle offenſe il auoit commiſe, de ſattaquer à ſon Prince. Ce Mahemet cinq ans auant que mourir, meit vne autre armee Nauale ſur mer, plus puiſſante que la premiere, & courut les iſles de l'Europe derechef : vint au Royaume de Naples, & ayãt mis pied à terre, vindrent prendre encore la ville d'Ottrante, où ils meirent ceux qui pouuoient porter armes, au fil de l'eſpee. Duquel deſaſtre eſtans les Chreſtiens aduertis, donnerent ſecours au Roy de Naples, nommé Ferrand. Les Turcs ſentans telles approches, trouſſerent bagage, & prindrent le chemin de Conſtãtinople. Ce grand guerrier eſtoit fort amy des eſtrangers, & par ſa liberalité attiroit à ſoy le peuple. Il n'aymoit point les baſteleurs, farceurs, ou autres telles gens : ains conſommoit pluſtoſt ſes richeſſes en guerre, qu'en ces folies. Il faiſoit pluſieurs aumoſnes, tant aux Turcs, Chreſtiens, Iuifs, Arabes, que autres, ſans difference aucune. Ayant prins Conſtantinople, il vint vn iour en l'Egliſe des Apoſtres, qui eſtoit preſque toute en ruine, où il feit conſtruire vn ſuperbe Hoſpital, auquel il donna pluſieurs richeſſes. Il eſtoit bien verſé en toutes lettres, & auoit ordinairement auec luy vn moyne Grec, nommé *Scholario*, hõme fort docte aux langues, & ſainctes lettres de Theologie, lequel aſſiſta au Concile

Ottrante ſacc gee par deux fois.

Moyne Grec precepteur du grand Turc.

de Florence:& luy apprenoit ledit Moyne la langue Grecque,Chaldee,& Arabefque,
mefmes la Syriaque.De forte que plufieurs auoiết opinion que ce Prince fentoit quelque chofe du Chriftianifme: mefmes plufieurs Turcs renegats, & vn Euefque Grec
que ie trouuay pres d'Epire, m'affeurerent auoir ouyr dire audit Scholario, qu'il tenoit certains reliquaires de l'Eglife de fainɕte Sophie, fecrettement dans fa chambre.
Mahemet donc ayant vefcu quarantefix ans,onze mois & trois iours,mourut en Chalcedoine ville de Natolie.Paul Ioue,Richer & Munfter fabufent,difans que ce Mahe- *Paul Ioue*
met vefquit cinquantehuiɕt ans,ie fçay le contraire par l'Epitaphe efcrite fur fa fepul- *& Munſter*
ture,qui eſt en Conftantinople, dans vne des chappelles de l'Hofpital qu'il feit baftir, *fabuſent.*
où il fut apres fa mort enterré fort fumptueufement : auquel lieu d'ordinaire affiftent
plufieurs Preftres de leur Loy,prians pour fon ame & de fes peres, freres & amis pre- *Epitaphe de*
deceffeurs.Et fur le monument font efcrits les noms de tous les Empereurs,Rois,Prin- *Mahemet.*
ces & Potentats,par eux fubiuguez:mefmes les villes,prouinces,& terres par eux conquifes fur les Chreftiens.Se voit en oultre vn petit efcrit , traduit fidellement de mot à
mot,de lágue Turquefque en vers Latins,ainfi que f'enfuyt : *Mens erat & bellare Rho-*
dum,& fuperare fuperbam Italiam. Et me fut encor dóné plufieurs Epitaphes par quelques Turcs de mes familiers,que ie laiffe pour le prefent. Or Mahemet mourant,laiffa
deux enfans, Baiazeth,& Zizime : car le troifiefme nómé Muftapha eftoit mort apres
la feconde bataille faite contre Vfuncaffan, où il auoit fait acte de vaillant homme.
Apres la mort de ce fleau de la Chreftienté, il y eut difcorde entre les Turcs fur le fait
de la fucceffion entre Zizime aifné , & Baiazeth : Zizime auoit la multitude , & Baiazeth les Ianiffaires : qui fut caufe que Zizime fe retirant à Burfe en Bythinie , fut contraint de f'enfuyr vers le Soldan d'Egypte , qui l'ayda de gens & d'argent : mais ayant
perdu deux batailles,f'enfuyt à Rhodes vers les Cheualiers,qui à la priere de Baiazeth
le garderent,lequel leur promeit de ne courir fus à la Chreftienté , pourueu que Zizime ne fortiſt de leurs mains. Ce qu'il garda & entretint fort eftroitement, & fut tenu
long temps à Bourgueneuf,qui eſt vne Commanderie en France,au païs de Lymofin:
puis mené à Rome au Pape Innocết huiɕtiefme,où encor il eftoit du temps que Charles huiɕtiefme, Roy de France, paffa en Italie & à Naples. Difcourant auec quelques
Turcs & Grecs de ce Seigneur Zizime , me difoient qu'il auoit nom Zem Sultan , &
que certes f'il ne fen fuſt allé,tous generalement le fauorifoient , & l'euffent fait à la fin
Empereur par force,pource qu'il eftoit le plus liberal Prince de tous fes freres.Il mourut en la ville de Capoüa,pres de Naples,où il laiffa vn fien fils,qui fut tué apres la prife de Rhodes, par le commandement de Solyman, qui fen feit Seigneur. Baiazeth lequel auoit ordonné quarátefix mille ducats à fon frere Zem, pour l'entretenir au païs
Chreftien,eftant aduerti de fa mort,fut fort ioyeux,& non fans caufe.Et en recognoiffance de cefte courtoifie, que luy auoit fait le Pape, & dequoy il l'auoit en plufieurs *Liberalité*
chofes fauorifé,enuoya vers luy vn fien Bafcha,nommé *Capizi* Bafcha,auec le Fer de *d'Baiazeth*
la lance , dequoy noftre Seigneur Iefus Chrift eut le cofté percé, l'Efponge,la Canne, *enuers l. Pa*
& autres reliques trefprecieufes, defquelles le fainɕt Euangile nous remarque fi bien, *pe de Rome.*
que Mahemet fon pere gardoit par gráde curiofité:lefquelles il auoit prinfes à fainɕte
Sophie de Conftantinople. Baiazeth en repos acheua de conquefter la Tranffyluanie,
& puis feit mourir fon Bafcha *Achman Chendit,* qui tant luy auoit fait de feruices:&
apres cela fe voulant venger du Soldan Egyptien,enuoya vne armee fur luy : mais les
Circaffes & Mammeluz luy vindrent au deuant au mont Noir,dit Aman,où ils deffei- *Turcs def-*
rent l'armee Turquefque entre celle montaigne & le goulfe de Laiaffe,ou *Iezippoth* en *faits par les*
langue Syriaque,& *Hanyzapth* en Perfien,qui eſt en la Caramanie,bien pres de la Sy- *Mamelus.*
rie,au lieu mefme où le grand Alexandre deffeit l'armee des Perfes:& ÿ fut contraint

Baiazeth de faire certain traité de paix auec le Soldan & Mammeluz d'Egypte. Ce qui
le contraignit auffi à fe retirer en Grece, pour fe repofer, & fadonner aux chofes fpiri-
tuelles, felon fa confcience, & faire baftir Mofquees, Hofpitaux, & à eftudier aux liures de leurs Prophetes. Ayant vefcu quelque annee en ce repos, fe ietta fur l'Efclauonie, & print la ville de *Duraz*: le Seigneur de laquelle fe difoit eftre forti de la maifon
de France, de celuy des freres de fainct Loys, qui fut Roy de Naples & de Sicile. Apres
enuoya en l'an mil quatre cens nonantedeux huict mille cheuaux foubz la conduitte
de Cadum Bafcha, Polónois de nation, qui auoit vingthuict ans, quád il fe feit Turc,
entre la Hongrie & l'Efclauonie: où eftans venuz aux mains auec les Chreftiens, ils
eurent la victoire fur la riuiere de Morane, que les anciens du païs ont nommee Mof-
chus. Cinq ans apres, il fait effay de prendre l'ifle de Corfou: ce qui fut defcouuert aux
Venitiens, lefquels meirent fi bien ordre à leurs affaires, qu'ayans auitaillé & muni le
lieu de chofes neceffaires, ne feit rien pour luy: & en fen retournans trouuerent Haly
Bafcha auec l'armee de mer, fans qu'ils fattaquaffent: qui fut caufe qu'à la barbe du Venitien les Turcs prindrent la ville de Naupacte, à prefent appellee Lepante, qui eft
*Ville de Co-
rinthe prin-
fe.* dans le goulfe. Et trois ans apres Baiazeth mefme vint à Corinthe en la Moree, qu'il
print & faccagea, d'autant que les Chreftiens l'auoient reprinfe d'entre les mains des
infidelles, & feit vne courfe fur le Friol, terre des Venitiens, à la priere de Loys Sforce,
foy-difant Duc de Milan. Enuiron ce temps les Turcs eurent vn grand efpouuantement, oyans que l'armee des François eftoit fur mer, laquelle vint iufques à Metelin:
mais ce fut feu de paille, & de fort peu de duree, à caufe que les Venitiés feiret paix
auec le Turc: ce qui l'ofta d'vne partie de fa crainte. Mais comme il penfoit eftre en
toute affeurance, il auoit vn fils, le plus ieune des trois, nommé Selim, qui eftoit gouuerneur de Trebizonde: lequel fans le fceu de fon pere fen alla en Tartarie, & cependant auant fon allee le Sophy, qui ne faifoit que paroiftre en fa grandeur, deffeit l'armee Turquefque. Selim eftant auec Chamogli, que nous difons le grand Cam, non celuy d'Orient, ains celuy qui tient la Scythie d'Europe, print fa fille à femme, & auec
*A tout chá-
gement y a
fedition.* vne grande armee de Tartares vint en Afie, le tout pource qu'il auoit ouy dire que fon
pere pratiquoit de faire Achmat Empereur apres fa mort. Baiazeth, qui auoit efté affez
humain durant fa vie, auoit fort fupporté les rebellions de fon fils Selim: lequel vint
contre fon pere à main forte: mais eftant rompu, fe fauua à la fuitte. Ce nonobftant
ayant la grace des Ianiffaires, aufquels le peu d'efprit d'Achmat defplaifoit, vint en
Grece: au deuant duquel allerent prefque tous les chefs des Ianiffaires, & vne bonne
partie des foldats: qui furent caufe que Baiazeth fe demeit de l'eftat & Empire, & en
inueftit fon fils Selim: lequel ayant permis à fon pere de fe retirer à Dimonotique, vne
maifon de plaifance qu'il auoit fait baftir pres Adrianopoly, cóme ce Seigneur eftoit
fur le chemin, il tombe malade: de laquelle maladie il mourut, foit de defpit, ou pluftoft eftant empoifonné par fon propre fils, qui craignoit l'inconftance de fes Ianiffaires: & trefpaffa l'an mil cinq cens douze, du regne de Loys douziefme Roy de France.
Ie me fuis laiffé dire à quelques Grecs anciens du païs, que Baiazeth faifoit conduire
d'ordinaire auec luy douze millions de chequins, vallant vn ducat piece, de peur que
fon fils Selim ne fen faifift. Lon tient pour chofe affeuree, qu'il le feit empoifonner
par vn Bafcha, nommé Ionis: lequel eftant mort fut porté à Conftantinople, où Selim
fut en grand dueil & pompe au deuant de fon corps, auec toute fa Cour & Nobleffe,
& fut enfeuely pres fa Mofquee, laquelle auoit fait premierement commencer fon pere Mahemet, laquelle il auoit douee de grands reuenuz pour y prier Dieu pour luy &
pour fon ame. Selim voyant fon pere mort, ne fattendit qu'à fe defcfcher de fes freres:
& pour ceft effect diftribua les threfors de fon pere aux Ianiffaires, & de là fen alla en

Magnefie, ou *Corcuth*. Son frere s'eftoit retiré, lequel viuoit là fans garde, comme ce-luy qui n'auoit iamais rien attété contre fon frere : mais cela ne luy valut rien : car eftât prins fur la marine pres de Rhodes, où il attendoit quelque nauire pour s'aller rendre au grand Maiftre, il fut eftranglé par vn Efclaue Candiot, nommé *Iorguth*, de la corde d'vn arc : autant en feit il à tous fes nepueux, & plus grands de la Grece, foubz pretexte de leur faire vn banquet, & fefte du mariage de fon premier Aga. Mais auant que d'en- *Autre dif-cours de ce faiſt.* trer d'auantage en matiere, ie vous veux dire encor vn mot de fon pere Baiazeth, tou-chant la fucceffion d'iceluy à l'Empire : d'autant que Mahemet, pere de Baiazeth, ne s'attendoit pas que fon fils fuft Empereur apres fa mort, encor qu'il fuft le premier en droite ligne de tous les enfans mafles : ains fon intention eftoit, que Zam Sultan, du-quel ie vous ay parlé, fuft efleu en fa place, cöme celuy qui auoit plus de fuytte : ioinct qu'il eftoit plus vaillant en guerre, & de meilleure grace. Aduint que les Courriers qui alloient aduertir ledit Zam de la mort de fon pere, paffans vers la Natolie, trouuerent *Cherzecogli* Bafcha, gendre de Baiazeth : lequel ayant defcouuert lefdits poftillons, les *Rufe gen-tille.* feit apprehender, & mourir incontinent. Auffi fut-il mandé par l'Aga, ou Capitaine fon autre gendre, & le premier qui fe faifit des threfors, à Baiazeth de venir à Conf-tantinople en diligence, pour fe faire receuoir & recognoiftre Empereur : de forte qu'il receut cinq iours pluftoft que Zam Sultan nouuelles de la mort du pere. Les Bafchas attendans la venue de Baiazeth, pour faire bonne mine, efleurent vn fien fils nommé *Corcute*, qui n'auoit que huict ans : mais arriué que fut fon pere, il print & s'inueftit de l'Empire. De telle tragedie vferent-ils, à fin que les Ianiffaires & peuple ne fe reuoltaf-fent, & fe ruaffent fur les threfors de Mahemet deffunct. Ce Baiazeth à la fin de fes iours fut mefchant & pariure : attendu qu'il ne tint fa foy aux Venitiens, auec lefquels *Permiſſion de fe pariu-rer aux Turcs.* il auoit fait trefues : & de cela ne s'en fault eftonner, veu qu'il eft permis à tous Maho-metans de fe pariurer, & faulfer fa foy aux Chreftiens : mefmes quand c'eft pour les af-faires & eftats de grande importance, & pour le gouuernement d'vne Republique. La plus grand' part de la Moree fut prinfe par luy : Et fut affaillir l'ifle de Corfou, où il ne peut rien faire, que perdre de fes gens. Deux ans apres les François vindrent en l'ifle de Methelin, pour la prendre des mains des Turcs, où ils feirent de grands degafts, & en tuerent plus de vingtcinq mille. Cefte Nobleffe eftoit conduite par le Seigneur de *Raueſtan conducteur de l'armee Françoiſe.* Raueftan, accompaigné du Duc d'Albanie, l'Infant de Nauarre, & autres grands Sei-gneurs de France. L'armee des Chreftiens n'eftoit lors que de douze mille fix cens hô-mes combattans, & prindrent deux villes en ladite ifle : & fi le grand Maiftre de Rho-des les euft accompaignez au fiege, comme il auoit promis, ils euffent executé de mer-ueilleufes entreprifes. Coftoyant cefte mer de lieu en autre pour furprédre l'ennemy, l'armee Françoife par faulte de bons Pilotes & Matelots, & d'eftre bien conduitte, peu s'en fallut-il qu'elle ne fuft perdue, & mife toute au profond de l'eau à l'endroit de *Cerygo* : toutefois ne peut on fi bien faire largue en plaine mer, que plus de quatre mil-le Chreftiens ne furent fubmergez. En cefte mefme annee aduint vn fi grand tremble-ment de terre au païs de Grece, que les murailles de Conftantinople furent prefque toutes ruinees, & auffi celles de la ville Demetrique, d'où eftoit natif Demetrius ce grand perfonnage : le tombeau duquel i'ay veu au pied de la montaigne *Den-dori*. Au refte, de tant d'enfans qu'auoit Baiazeth, n'en refta que trois viuans, fçauoir Achmat, Selim, & Corcute. Le pere auoit vouloir que Achmat luy fuccedaft, comme celuy qui eftoit le plus cher aymé, & en tout obeiffant, ainfi que dit eft : ioinct auffi qu'il eftoit paifible, deuotieux & amiable à tous. Au contraire Selim eftoit arrogant, ambitieux de *Selim vou-loit furpren dre fon pere.* regner, & cruel, comme il monftra bien lors qu'il vint pour voir fon pere à la ville de Adrianopoly, & foubz pretexte de le venir vifiter, cherir, & baifer les mains, fuyuant la

couftume des grāds Seigneurs de ce païs.Baiazeth fut aduerti,que bien pres de la ville
y auoit en embufquade foixantecinq mille hommes, defquels la plus part eftoient
Tartares : & ne pretendoit ce fin renard autre chofe que furprendre fondit pere, ou le
faire du tout mourir,pour femparer auec telle compaignie de l'Empire Gregeois. Le
pere fe doubtant en fon cueur de telle brauade faite par fon fils, delibera de fe retirer
en Conftantinople : mais lors qu'il fut preft à partir, Selim luy empefcha le paffage.
Voyant ce vieillard la rufe & brauade faite par fondit fils, defpefche poftes de toutes
parts pour leuer foldats & gens de guerre : ce qui fut executé incontinent. Et apres
auoir amaffé quarantecinq mille hommes, vint la tefte leuee deuant Selim fon fils : &
les deux camps ioints,& lors que lon commençoit à combattre, Baiazeth eftant monté fur vn cheual leger,bien capparaffonné (toutefois à demy tranfporté de fon efprit)
alloit & venoit fouuent parmy les efquadrons, pour animer le cueur des combattans,
mefmes tendoit fouuent la veuë vers fes ennemis,criant à voix defployee,les mains en
hault au ciel, difant, Tuez, tuez,mes amis,ce traiftre baftard & rebelle à Dieu, & aux
S. Prophetes. Et cria fi bien ce vieux renard de pere,& fi haultement, qu'il prouoqua
chacun auoir pitié de luy : & parainfi fut victorieux, & gaigna la bataille contre fon
fils pres de la ville de *Zurle*, à deux lieuës de *Chalonicth* : où moururent trentefept
mille cōbattans,tant Turcs que Tartares,d'autant que la plus part de fes forces eftoient
venues de ces païs là.Car Selim eftant parti de Trebizonde,dont il eftoit gouuerneur,
& fans le fceu de fon pere, alla efpoufer la fille du Roy Tartare *Prezecopie* : auec la faueur duquel il eut vn grand nombre de Caualerie de fon beau-frere, que les Turcs
nomment *Chamogli*, & les amena pour l'accompaigner. Ce Prince aymoit eftre flatté,
reueré, & craint, le monftrant bien du teps de Ludouic Sforce,furnōmé le More, Duc
de Milan, à la requefte & priere duquel Baiazeth mit en cāpaigne dix mille cheuaux
Turcs dans Friol,lefquels vindrent iufques à Treuis, à la veuë de Venize. Au refte,Se-
lim voyāt que tout mal baftoit pour luy auec fes forces,n'oublia rien que dire Adieu,
& feit tant qu'il fe fauua à la ville de *Varne*, & de là vint à *Capha*, où eftoit fon ieune
fils Solyman, celuy qui viuoit lors que i'eftois en Conftantinople. Deux ans & demy
apres Baiazeth fut empoifonné, & mourut, fans fe demettre de fon Empire, à la ville
de *Seßidere*. Puis fut porté mort en Conftantinople, Selim eftant prefent, qui eftoit
venu en diligence par l'aduis de fon Bafcha. Et pour iouër mieux fon rollet,& attirer
l'amitié tāt du peuple,que des Ianiffaires, diffimuloit & faifoit femblant d'eftre fafché
de la mort de fondit pere. Dieu fçait la bonne pipee, que faifoient auffi fes Deluis,
Hermites & Preftres, qui conduifoient le corps : lefquels eftoient attitrez pour pleurer : & commanda aux principaux, qu'ils accompaignaffent ledit corps, & que tous
euffent à porter le dueil. Ainfi ce renfardeau le feit conduire en vn certain Oratoire,
que Baiazeth auoit fait conftruire huict ans deuant fa mort.

De Selim premier du nom, Solyman premier du nom, & Selim fecond
du nom.   C H A P.   V.

APRES que Selim malheureufement eut fait mourir fon pere, fes freres & nepueux,il fe voulut faire plus grand qu'il n'eftoit:& ayant affemblé vne grande armee, alla en Perfe, & print la ville de Tauris,
auec vne partie de la petite Armenie, & autres prouinces voifines de
la Mefopotamie:mais bien toft apres le Sophy recouura fes pertes,&
chaffa les Turcs de fon païs. Il ne reftoit plus que le Soldan, lequel
pour lors faifoit guerre contre le *Caythey Emir* d'Alep, qui fe vint rendre au Turc,&
le pria

(marginale) Baiazeth gaigne la bataille contre fon fils Se-lim.

le pria de le deffendre contre ledit Soldan:ce qu'il feit, iaçoit qu'il donnaſt à entendre
au peuple qu'il ſ'en alloit contre le Perſan.La bataille fut donnee,en laquelle moururent *Campſon Ciauray* Soldan, & le *Caytbey Emir*, chefs des deux armees & parties
contraires : qui fut cauſe que Selim ſe feit Seignéur de la Syrie, Damas & Paleſtine. *Selim ſe fait Sei-gneur de la Paleſtine.*
Et fut dónee ceſte bataille en l'an mil cinq cens dixhuiʄt, deux ans apres que ie fuz né,
ſelon le recit que iadis m'en a fait mon feu pere & amy M.Eſtienne Theuet.Le ſucceſſeur du Soldan mort en ceſte réncontre,fut Tomonbey,lequel ſe voulant reuolter con
tre Selim, & venger la mort de ſon predeceſſeur,fut aſſiegé dans le grãd Caire, & puis
apres pendu & eſtráglé,& la ville ſaccagee. Selim ayant cheuy de ces entrepriſes,vou-
lut auſſi renger ceux qu'il voyoit vouloir entreprendre ſur ſon authorité, comme il
feit deffaire trois de ſes Baſchas, *Chenden* , qui auoit eſſayé à mutiner les Ianiſſaires,
Boſtangi, qui eſtoit ſon gendre,à cauſe des exaʆtions & pilleries faites ſur le peuple, &
Ianus Baſcha,pour ce ſeulement qu'il ſembloit eſtre trop arrogant & glorieux:de ſor-
te que par ceſt acʈe il fut reputé bon iuſticier, & bon Prince. Il feit pluſieurs ordon- *Selim fait pluſieurs Ediʄts.*
nances,Ediʄts,& commandemens ſelon leur façon de faire.Le premier eſtoit de la di-
ſcipline & art militaire,pour rendre les ſoldats plus aptes aux combats: Faiſát deffenſe aux Capitaines & chefs de guerre, & generalement à tous Ianiſſaires,tãt à pied
qu'à cheual,ſur peine de punition corporelle,de mener ou faire conduire à ſon camp *Mahometãs ne meinent femmes à leur camp.*
femmes ou filles, encore qu'elles fuſſent à eux, de peur (ainſi qu'il diſoit) qu'elles ne
effeminaſſent de leurs parolles & flatteries les ſoldats, lors qu'il eſt queſtion de combattre,ou d'aller à l'aſſault. Deffenſe auſſi fut faite auſdits ſoldats de quereller,frapper,
battre, ne iouër entre eux à quelque ieu que ce ſoit, eſtans en champ de bataille, ou
ſiege de quelque ville,ſur peine de meſme punition ; de peur qu'ayans perdu leur argẽt & ſolde,ils ne deuiénent larrons & volleurs,peché fort deteſtable entre les Maho-
metans.D'auantage,ne boire vin eſtans au camp,lors qu'il fault combattre & iouër des
couſteaux contre les ennemis, & que nul d'eux ne ſoit ſurpris pour auoir fait excez
de trop boire,d'autant que ce peuple (comme i'ay veu) ne peult porter le vin :ains en
ayant beû vne chopine, ſ'enyurent incontinent : & pluſieurs d'eux n'en boiuent, ſinon à la deſrobee, & le plus ſecrettement qu'ils peuuent :mais auſſi pluſieurs d'eux
eſtans hors du camp, ſ'ils en trouuent, ils en boiuent tant, que ſouuent ils en ſont fort
malades,voire i'en ay veu mourir trois à Tripoly en Surie:& le Grec qui les auoit ain- *Trois Turcs moururent de boire du vin.*
ſi feſtoyez & traitez,fut pendu & eſtranglé:& ce qui reſtoit des Turcs,les baſtonnades
ne leur manquerent.Selim retournant de la bataille dónee contre le Soldan, ſ'en alla
en Conſtantinople,où il ſe donna du bon temps :mais comme il alloit vers Adrianopoly,mourut en chemin,en vn village nómé *Chiorlich*,au lieu meſme où iadis il auoit
aſſailli ſon pere auec l'aide des Tartares. Et mourut du temps de François premier du
nom, en l'an de grace mil cinq cens vingt,au huiʄtieſme an de ſon regne,& quarante-
ſixieſme de ſon aage. Selim eſtant mort, Guazel qui eſtoit gouuerneur pour le Turc *Apres la mort de Se-lim l'Egypte ſe reuolte.*
en Egypte & païs voiſin, qu'auoit conquis ledit Selim ,amaſſa cinquante mille Mam-
meluz, & quaranteſept compaignies de Bandoliers Arabes ,pour remettre l'Egypte
entre leurs mains. Ce Guazel eſtoit fin & ruſé, & ne tendoit qu'à ſe faire Roy : mais il
fut deceu.Et du meſme regne de Selim il ſ'eſtoit reuolté vne autre fois. Au commencement du regne de Solyman , ſoubz main feit aſſieger Muſtapha Baſcha, qui lors demeuroit au grand Caire,& lequel eſtoit allié de Solyman. Achmat Baſcha ſ'entendoit
auſſi auec les Arabes Egyptiens : mais bien toſt apres Solyman fut le plus fort, & luy
feit trencher la teſte, comme à vn traiſtre : laquelle fut portee en Conſtantinople. En
ſon lieu fut eſleu Abrahim Baſcha, natif du païs d'Albanie, d'vn lieu nommé Perga,
Chreſtien au parauant,comme volontiers ſont tous Baſchas & autres officiers remar-

quables des prouinces, & domeftiques de la maifon du Grand-Seigneur. Selim eftoit accort & fin : nonobftant fe repentit-il de feftre enfermé entre deux Royaumes de fes plus grands ennemis, fçauoir lors qu'il paffa d'Egypte, pour prédre le chemin de Perfe : de forte que ie me fuis laiffé dire à ceux qui eftoient à la compaignie, qu'il ne repofoit ne nuict ne iour, iufques à ce qu'il fut hors des terres de fefdits ennemis: & dift apres, que ce n'eftoit le faict d'vn bon guerrier, laiffer l'ennemy derriere foy, & que plus ne luy aduiendroit : ce que les Turcs ont certes toufiours depuis obferué. Selim mourant, laiffa pour fucceffeur vn feul fils, qu'il auoit nommé *Seleyman*, que nous difons Solyman, qui regnoit n'a pas plus de fept ans. Quád il vint à l'Empire, il eftoit aagé de vingthuict ans. La premiere brauade qu'il feit, ce fut la prinfe de Belgrade, par l'aduis & confeil de Pery Bafcha: laquelle ville il print fur le Roy Loys de Hongrie: à quoy l'ayda la ieuneffe du Roy, & le difcord qui eftoit entre les Seigneurs, pour le gouuernement du Royaume : lefquels famufans à leurs particulieres fantafies & profit, ne donnerent aucun ordre pour pouruoir à vne tempefte & orage fi proche. Apres il alla contre Rhodes, & apres vn long fiege il la print, en chaffant les Cheualiers de fainct Iean, qui font à prefent à Malthe : & aduint cefte prinfe l'an mil cinq cens vingt trois. Et l'an mil cinq cens vingtfept toute l'Italie, voire prefque toute l'Europe eftoit en armes. Il entra au païs de Hongrie, fauorifé du Vaiuode de Sigembourg, qui pretendoit droit au Royaume : & ayant donné bataille, le ieune Roy Loys fut tué, & Solyman occupa le Royaume, comme le voulant garder pour le fils du Vaiuode. Ce feroit chofe fuperflue de vous reciter icy comme il a reconquis Patras, Coron, Caftelno, & autres places, que l'armee Imperiale de Charles cinquiefme auoit prins fur fes gens: comme Barberouffe conquift pour luy le Royaume d'Algier, & Seigneurie de Tripoly en Barbarie, lors que i'eftois en Conftantinople : & en combien de fortes il a affligé les Hongres, & contraint les Venitiens à luy bailler la forterefse de Naples en Romanie (que les anciens du païs ont nommee *Nauplias*) & quels efforts il a faits fur l'ifle de Malthe par deux fois, & fur la cité de Vienne en Auftriche. Tant y a, que cefte race Ottomane, & la nation Turquefque, a autant ou plus affligé la Chreftienté, & Eglife de Dieu, que feit iamais. Monarchie quelconque. Et c'eft pourquoy ie me fuis amufé fi longuement à vous deduire leur origine, fuccez, & accroiffement, felon que la verité pure de l'hiftoire, que les Turcs mefmes m'ont monftree, le porte. Mais d'vn cas fuis-ie efbahi, que le nom Turc eft en haine, voire à ceux qui font de la nation mefme. Et cóme ainfi foit, qu'il n'y a famille foubz le ciel, qui ne vueille porter le nom de fes anceftres, cefte cy feule fe defdaigne de telle appellation, à caufe de la fignification du vocable, qui eft autant à dire, que Delaiffé, ou Abandonné. Mais quant à moy Theuet, ie penfe que ce foit pour raifon, que toutes autres nations deteftent, & ont en horreur ce nom, & que foubz iceluy, f'ils tombent entre les mains des autres eftrangers, ils font occis fans mercy quelconque. Or iaçoit que Solyman fuft tel en guerre, que ie vous ay dit, fi eft-ce que i'ofe dire (en ayant veu l'experiéce) que c'eftoit le Prince le plus doux, húble, & affable, que autre qui fut iamais entre ces barbares Turcs : & n'eftoit l'efgard de la Religion, ié dirois que c'eftoit vn des plus vertueux qui ayent vefcu de fon téps, tant bon, liberal, & doux que rien plus, fort deuót à fes Mofquees, defquelles il en a fait baftir de treffuperbes, & telle qu'il a dotée de douze mille ducats de reuenu. Quád il alloit le Vendredy à fa Mofquee par luy fondee, & que nous autres Chreftiens luy faifions reuerence, il nous rendoit le falut fort courtoifement, enclinant bien bas fa tefte. Et vous diray, que f'il euft donné audience à fon peuple, ainfi que font les Rois Chreftiens, il n'y euft pas eu tant d'exactions & pilleries comme il y auoit, d'autant qu'il haïffoit à mort ceux qui faifoient concuffion fur le peuple: ainfi auffi que tous les

La race Ottomane a deftruit la Chreftienté.

Solyman Prince humble.

Mahometans ont en grande deteſtation tous larrons, meurtriers & volleurs d'entr'eux:
comme par exemple vous auez peu entendre par cy deuant, & à l'endroit de Hibrahim Baſcha, premier de toute ſa Cour, & le mieux aimé: lequel ayant conniué auec
quelques vns qui vſoient d'exactions, & prenoient dons du peuple, ſe meit en la male
grace de ſon Seigneur. A la fin, d'autant qu'il aymoit les Chreſtiens, il fut accuſé à tort
d'auoir intelligence auec l'Empereur Charles, & Venitiens. Ce qu'entendant le Turc,
voulut qu'il fuſt puni: & toutefois, à fin que auec ſa iuſtice (qui luy eſt aſſez familiere) il ne feiſt quelque faulte en ſon eſtat, pour l'amitié qu'il portoit audit Hibrahim,
commanda au Mophty, qui eſt le ſouuerain des Preſtres Mahometiques, & quel- *Mophty ſou-*
ques autres deputez, de luy faire ſon procez: par la ſentence deſquels il fut condamné à *uerain Pre-*
la mort, & eſtre eſtranglé. Et en cela vous voyez de quelle integrité ce Seigneur mar- *ſtre des Ma-*
choit, qui ne pardonnoit à ſes meilleurs amis, non pas à ſes enfans propres, ayans fait *hometans.*
faulte qui fuſt par trop lourde & enorme: Si comme apparut en ſon fils Muſtapha, ſon
premier né, accuſé de rebellion, lequel il feit auſſi eſtrangler, trois ans apres que ie fus
parti de ces païs là, ne ſçay ſi trop cruellement. Son pere eſtoit plus grand tyran que
luy, d'autant que ſix mois deuant que mourir il feit eſtrangler trois de ſes Baſchas, ſçauoir Chenden Baſcha, Boſtangi, ou Conſtantin Baſcha, ſon gendre, & Ianus Baſcha,
& trenteſept Beglierbeys & Sangiacs, & cinq Agas de ſa ſuite. Long temps auant que
faire mourir Hibrahim Baſcha, il buuoit du vin en ſecret contre la deffenſe de l'Alcoran: mais de là en auant, craignant que la chaleur du vin ne fuſt cauſe de ſa colere, il
n'en voulut iamais boire depuis. Les compaignons d'Hibrahim eſtoient Ayas Baſcha
natif de Chymere, prouince d'Epire, puis Caſſin Baſcha, & Abrahim Baſcha, natif de
Croyace, païs d'Albanie (encor que quelques vns ayent voulu dire le contraire, le faiſans Corphien) & tous trois fils de Chreſtiens. Ce Seigneur Hibrahim, duquel ie vous
parle, auoit eſté nourri depuis l'aage de dix ans iuſques à ſoixante & dix, au Serrail &
Cour de Selim & Solyman ſon fils: qui fut cauſe de ſa grandeur, credit & authorité,
telle que ie vous ay dite: d'autant qu'il commandoit abſolument, & diſpoſoit ſur mer
& ſur terre, de toutes choſes, ſans que le grand Turc ſ'en meſlaſt. Son pere qui eſtoit
Chreſtien, aagé de quatre vingts huict ans, ou enuiron, eſtant aduerti de la bonne fortune de ſon fils, qui ſe nommoit Eſtienne, lors qu'il fut baptizé, vint en Conſtantinople, où il demeura pour le moins dixſept ans entiers: mais comment? certes en vray beliſtre & caymant: parce qu'ayant haulſé le gobelet, & yurongné iour & nuict aux maiſons & cabarets des Grecs & Latins, n'auoit honte ce bon homme de dormir la nuict
auec les chiens parmy les rues, & ſouuent crotté comme la queuë d'vn vieux renard:
& ne fut onques poſſible d'adoucir ſa brutalité ainſi complexionnee. Et vous dy dauantage, qu'il ne fut auſſi poſſible à ſon fils Hibrahim le faire veſtir de bons habillemens: ains prenoit plaiſir à ſe veſtir à la legere, ayât mille haillons de toutes parts, ſans
iamais laiſſer ſon chappeau d'Albanois, gras & villain à merueilles. Si vn Seigneur ou
marchât en faueur de ſon fils luy euſt offert vn riche preſent, il ſe mocquoit de luy, &
ne priſoit rien toutes ces choſes, hormis le bon vin, duquel il venoit ſi adextrement à
bout, qu'à vn ſeul repas me ſuis laiſſé dire à quelques vns qui l'auoiét frequenté, auoir
beu ſix quartes de vin Candiot, & mangeoit fort bien à l'aduenant. A Hibrahim ſucceda *Ayrenbey*, celuy que nous nómons Barberouſſe, & en grandeur & reputation Ruſtan Baſcha, qui auoit eſpouſé la fille du Seigneur. Ce Ruſtan tant qu'il a veſcu, a eſté
paiſible, & aymant auſſi les Chreſtiens: auſquels il donnoit facilement audience, ainſi
que m'ont peu teſmoigner ceux qui de mon temps ont manié les affaires du Roy en
Leuant: & ſouuenteſois parlant à luy, me preſtoit l'oreille, & donnoit reſponſe, ſans
iamais auoir eſté eſconduit de luy: & fut luy qui me feit donner mon paſſeport, tel

que ie le demãdois, pour vifiter l'Egypte, Arabie, Paleftine, & autres païs fuiets au grãd
Empereur fon maiftre. Son intention eftoit (comme il auoit commandé à tous fes Bafchas) de donner pluftoft audience aux *Frankiftan*, qui font tant Italiens, Efpaignols,
que François, & auffi à ceux de Grece, que aux mefmes Mahometans. Toutefois que ce
Prince euft bien fouuẽt guerre contre le feu Empereur Charles cinquiefme, ou autres
Rois & Princes, fi eft-ce qu'il portoit honneur à leurs noms & dignitez: de forte qu'il
appelloit ledit Empereur *Vrum Patiffach*, qui fignifie Empereur Romain, *Vngrtus Patiffach*, Roy de Hongrie, *Frank Patiffach*, Roy de France : car ce mot *Patiffach* en leur
langue, eft interpreté en la noftre, Empereur ou Roy. Quant à ce mot de Sultan, c'eft

le nom des Princes de leur nation le plus commun, comme *Sophis*, ou *Sophilar* Sultan, qui eft le Roy ou Prince Perfien, ou *Sahi Sultan Solyman*. Ie ne veux oublier de
dire, que Solyman ayant prins la ville de Belgrade, luy prefent feit recueillir (comme
le Patriarche de Grece m'a recité) toutes les fainctes Reliques & Ioyaux des Eglifes:
entre autres feit porter la chaffe de fainct Thebe, fort honoree des Chreftiens par tout
ce païs là, & la chaffe de fainct Venerande, & vn bras de faincte Barbe, auec vne grande image de Noftredame, d'argent doré. Ce Prince eftant arriué à Conftantinople, ne
voulut mettre tels threfors entre les mains de fes Officiers : ains mandã le Patriarche
des Grecs, auquel il donna toutes ces Reliques, & autres richeffes appartenantes aux
Chreftiens Grecs. Solyman nous eftoit au commencement rude & cruel, & fut celuy

qui feit deffenfe, que nul des Chreftiens, tant grand fuft-il, n'euft à cheuaucher cheual
en fes terres, excedant le pris & valleur de quatre efcus : puis apres leur feit deffenfe
n'entrer en ville ou bourgade à cheual, & ne fe promener en icelles. Ce qui eft encor,
comme i'ay veu, eftroitement obferué. Ie me recorde que de mon temps l'Ambaffadeur du Roy de France, au retour du camp de Perfe, où Solyman eftoit en propre perfonne, voulut entrer à cheual dans la ville du grand Caire. Mais combien qu'il euft affez bonne compaignie de Ianiffaires, qui eftoit fa garde ordinaire, il ne peut tant faire,
qu'il ne luy fallut mettre pied à terre, malgré fes dents. Car incontinent que la populace l'apperceut à cheual, vous les euffiez veuz, voire femmes & enfans fe preparer, auec
vne colere trop defordonnee, à luy ruer pierres & caillous. Il me fouuient auffi, que
faifant mon voyage du mont Sinay, de la mer Rouge, & des trois Arabies, à quatre
iournees de cefte ville du Caire, appellee des Turcs *Mitzir*, noftre caroanne paffa par
vn petit village, nommé *Nats*, mot Efclauon, qui fignifie Nous: auquel lieu y a vn certain marché couuert à la mode du païs: Où par faulte d'aduertiffement eftant fur mon
chameau, & conduit par vn More efclaue, le maiftre duquel me l'auoit loüé, ie n'euz
iamais fi toft paffé trois ou quatre maifons, qu'en mefme inftant ie me vey de tous coftez enuironné de ces beliftres Mahometans, qui commençoient à crier, comme lon

fait apres les Loups, & ruer fur moy à coups de baftonnades, m'appellans Chien, &
mille autres iniures: & n'euft efté le Lieutenãt de la compaignie, Turc de nation, i'eftime qu'ils m'euffent tué fur le champ, ou pour le moins reduit Efclaue toute ma vie.
Ceft Empereur Solyman, eftant allé de vie à trefpas deuant la ville de *Zighet* en Hongrie, fon fils Selim, à prefent regnant, n'ayant competiteurs (attendu que cinq de fes
freres long temps au parauant eftoient decedez) fe faifit des threfors & ville de Conftantinople: & bien toft apres, à la perfuafion de Mehemet fon gendre, & premier Bafcha, homme accort, & vaillant guerrier, & qui de mon temps n'eftoit qu'vn fimple Ia-
niffaire, & nouueau Moyne & Diacre Grec, d'vn monaftere de faincte Sabbe, fondé de
Vladiflaus Roy de Hongrie, l'an fept cens quatorze, fe faifit de l'ifle de *Chio*, appartenante aux Geneuois. Ce Seigneur fauorife en ce qu'il peult les Chreftiens, comme lon
m'a dit : toutefois dechaffa-il tous & chacuns les Officiers Grecs & Latins. Deux ans

apres, ou enuiron, l'armee nauale entra affez auant dans le goulfe de Venife, ou mer
Adriatique, où elle feit mille maux & cruautez: prindrent quelques villes par force ou
furprinfe, appartenantes aux Venitiens, & plus de dix mille pauures Chreſtiens, ieunes & vieux, tous faits Eſclaues, & puis venduz. L'an mil cinq cens foixante & vnze, il
fe rua fur l'iſle de Cypre: en laquelle ayant fait defcente, aſſiegea incontiuent la ville
de Nicofie, laquelle fut prinfe d'affault: & de là tournant bride, mit le fiege deuant Famagoufte, qui fut prife long temps apres, non fans grand' perte de Turcs. Somme, l'iſle
fut remife en fon obeïffance. Quafi en mefme temps l'armee des Chreſtiens, conduite
par Iean d'Auſtrie, eſtant aduertie que celle de Selim eſtoit au goulfe de Lepâthe, cō-
duite par Haly Bafcha, Partau Bafcha, & Ochialy Viceroy d'Algier, auec vn nombre
d'autres grands Seigneurs, inueſtit fi vaillamment l'armee Turquefque, qu'elle obtint
victoire, le feptiefme iour d'Octobre mil cinq cens foixante & vnze. Lon m'a affeuré
auſſi, gens dignes de foy, que l'an mil cinq cens foixante & douze, le Vaiuode allié du
feu Roy de Polongne, auec dixfept mille cheuaux, fecouru de quelques autres Princes Chreſtiens, deffeit cinquante mille Tartares, des fuiets à l'Empereur Selim.

De l'iſle de CODANE, *& comme vn Seigneur* Arabe *fe feit Chreſtien,*
& baptifer par le Patriarche des Grecs.

CHAP.   VI.

OMME lon fort du goulfe d'Ormuz, tirant le long de la cofte Perſide vers le Royaume d'*Erachaian*, affez pres du lieu où nous imaginons le Tropique de Cancer, vis à vis du *Calaiate*, eſt affife l'iſle *Co-*
dane, autremēt dite des Barbares *Areſtinga*, pource qu'elle eſt proche
d'vne poincte & cap, appellé de ce nō mefme, eſtoigné de cinquante
ou foixante lieües des montaignes grandes & haultes de *Coſpocoras*,
que les Hebrieux du païs nomment *Chol-hora*, à caufe d'vne ſtatue pofee fur vn rocher, qui iadis vifoit des deux coſtez de la mer, à la façon que les Anciens nous ont reprefenté le fimulachre de Ianus. Ceſte iſle giſt de l'Oueſt à l'Eſt, à main gauche, efloignee du goulfe d'enuiron cent feptante lieües, faite en forme d'vn pied d'homme, &
affez petite en fon circuit. Elle eſt auſſi proche d'vne poincte, faite comme vne Peninfule, nommee *Patauie*, & d'vn goulfe entrant dans terre enuiron vingtfix ou vingtfept
lieües, au Royaume d'*Erachaian*, ayant enuiron vne lieuë de largeur: & eſt loing de
terre deux lieües ou plus, ayant feulement trois ou quatre lieües de circuit, affez bien
peuplee, quoy qu'elle ne foit guere fertile, à caufe des montaignes fulphurees qui font
en elle. Et toute la richeffe qu'elle a, vient à caufe des defcentes ordinaires qu'y font les
eſtrangers, allans ou venans aux Indes, pource qu'ils y prennent terre, & feiournent, à
fin d'entendre toutes nouuelles des affaires du païs, & d'euiter furprife, fi par cas fortuit les Rois de Perfe, & autres voifins auoient guerre enfemble. Comme les nauires
font à l'ancre, les eſtrangers font receuz affez honneſtement par le Capitaine de l'iſle,
commis au gouuernement par le Roy de Perfe. On voit ordinairement en ces montaignes certaines eſtincelles de feu, & de grandes fumees, lefquelles fourdent de la part
du Septentrion: fi que ce feu & flammes conduites de l'air encloz dans les cauernes de
ceſte montaigne, pouffent bien fouuent de groffes pierres, mais legeres, & faites comme pierres de Ponce, & les iettent és prochains vallons: ainſi que auſſi il aduient à la
montaigne d'Hirlande. Or que ceſte iſle ne foit en danger de bruſler, fi eſt, à caufe (cōme ils difent) qu'elle eſt toute cauerneufe, & pleine de mines de foulphre, que les Ara-

bes,qui vfent d'vne langue corrompuë, appellent *Chibur*, autres *Albufac*, qui ne fignifie autre chofe,que Terre metallique,& n'eft toutefois que pur, qui f'engédre de la pure ficcité de la terre,en laquelle le feu tient le deffus en toutes fortes.Voyez és montaignes, que les Iuifs du païs nomment *Gabaath*, où croift le foulphre : il y a des baings
d'eau chaulde,laquelle a le gouft falé,& autre que l'eau commune. De cecy me feront
foy les baings qui fe trouuent en diuerfes contrees,où i'ay efté.Et ne dy cecy fans caufe, veu qu'en l'ifle,laquelle ie vous defcris,l'eau y eft prefque toute telle,à fçauoir falee,
amere,fulphuree,& chaulde:& eftant refroidie en quelque vafe,bien qu'elle ne foit de
gouft guere plaifant,fi eft-ce qu'elle eft fort faine & profitable.C'eft pourquoy ie vous
ay dit,que Codane eft fort peuplee & riche,& que nonobftant fa petiteffe,le Roy Perfan y tient vn Gouuerneur, non pour fa force feulement,ou pour y receuoir les daces
& tributs:mais auffi pour y feftoyer les eftrangers,qui y viennent fe faire guerir:d'autant qu'il n'eft annee, que quelque grand Roy ou Seigneur, foit des Indes, Arabie, ou
d'Ethiopie,n'y viéne boire de ladite eau,& fe lauer aux baings qui font au pied d'icelle montaigne:à la racine de laquelle gift vn riche village,peuplé, & orné de beaux Pa-
Bolipoly, en Perfien, Palais. lais & maifons : lequel f'appelle en Perfien *Bolipoly*, & en Arabe *Ben-hail*.C'eft là que
viennent les malades de toutes maladies, nommément les goutteux,paralytiques, &
plufieurs ladres blancs,defquels la contree eft affez abondante, fur tout au Royaume
de *Erachaian*,& celuy de *Macran*: lefquels font diuifez par la grand' riuiere,nommee
Ilman, laquelle defcend des montaignes, & le lac *Dacanaëth*, qui a trentefix lieuës de
long,& de *Cosbocoran*, & de *Culmulan*, defquelles vient au Roy de Perfe la fine roche
de Ruby; que les habitans des montaignes portent aux villes qui font de la fuiection
du Perfan,non qu'ils foient fi fins que ceux d'Orient. Ces baings font fort cordiaux,
non corrofifs & ennemis du corps humain, comme font ceux des monts Roffipiens,
païs d'Armenie,ou ceux de *Muppal* en Syrie.Et à fin que ie ne paffe le plus neceffaire,fans l'efplucher, comme la chofe le requiert, ie vous difcourray quelle methode ils
fuyuent pour fe guerir. Celuy donc qui vient à Codane, attaint de quelque maladie,
fault qu'il porte vn faufconduit (fil veult eftre receu) & permiffion de fon Seigneur,
& du Lieutenant general pour le Sophy en cefte partie de Perfe, à laquelle eft fuiette
cefte ifle. Au refte, nul n'y vient fans apporter quelque riche ioyau ou prefent, lequel
eft mis dans le threfor du Seigneur.Ce fait,le malade eft receu dans vn certain Hofpital bafti à cefte fin:& fil eft grád Seigneur,aura vn logis particulier,où il fera vifité des
Medecins, lefquels n'ont autre fçauoir, que ce qu'ils apprennent de voftre indifpofition que vous leur racomptez: ayans ainfi fait l'experience fur plufieurs malades, lefquels ils gueriffent auec mefmes & femblables appareils,à fçauoir diette & les baings,
efquels ils fe tiennent, & les poffedent en payant grand tribut au Lieutenant du Sophy : C'eft pourquoy ils rançonnent bien fouuent ceux qui vont là pour fe faire gue-
rir.Or vfent ils de cefte façon de faire.Ils font rafer la tefte,la barbe,& tout le poil à ce-
Moyen de guerir les malades. luy qui veult entrer au baing , le faifans abftenir de certaine viande, comme ceux qui
font la diette , leur donnant à boire tous les matins à ieun fept ou huiçt fois de l'eau
tiede de ces baings,fortant du roch :mais aux ladres,& à ceux qui font foupçonnez,ils
ordonnent la diette plus longue, & leur font boire fouuent, & à plus grands traits de
ladite eau fulphuree, que aux autres. Puis ordonnent qu'ils vfent à leur manger de la
ceruelle d'Elephant,la plus frefche qu'ils peuuent trouuer, & meflent du fiel de ladite
befte auec les viandes du patient : & eft la façon de guerir la ladrerie en ces païs là,veu
que nul des Medecins,foiét Grecs,Arabes,& Latins, n'ont iamais peu fçauoir, ne laiffé
par efcrit ce fecret, que la chair,ceruelle, & entrailles de l'Elephant fuffent bonnes
à tel vfage. Eftant en Afrique,ie me fuis laiffé dire , que vers la Guinee, en vne grand'

prouince,nommee en leur langue *Euil-merodach*,d'autant que les eaux y font ameres, le peuple vfoit pour fe guerir de ce mefme regime : & que fi nous auions de telles bellues pardeça, il eft vray-femblable que nous y trouuerrions de plus grandes fingularitez,que ne font ces Barbares. Tel eft l'vfage de ce cerueau Elephantin:& du fiel d'iceluy, ils. font vne pouldre, de laquelle ils mettent dans de l'huylle de Scorpion, duquel ils font vfer aufdits malades : puis le phlebotoment,& tirét du fang par plufieurs fois des veines,qui font pres les cheuilles du pied du malade:lequel ayant dieté en cefte forte l'efpace d'vn mois & demy,ne faudra à guerir de fa lepre,faifant chair& peau toute nouuelle,ne plus ne moins qu'vn ferpent ayant defpouillé fa vieille peau.Quelquefois ces fubtils Medecins de l'ifle incifent de telle forte le corps de leurs patiens en diuers endroits, que lon les voit fouuent tout en fang : & neantmoins ils fe trouuent fort bien de cefte effufion de fang,& par icelle font beaucoup allegez. Comme i'eftois à la ville de *Crozath*, païs Armenien,quelques vns de la compaignie tenans propos de cefte ifle & de fes fingularitez, il y en eut vn qui dift & affeura, qu'il n'y auoit pas long temps que le frere du Roy *Kepth Becharin*, qui eft de l'Arabie heureufe, fuiet au Perfien, eftoit venu à Codane, pour fe faire guerir de cefte maladie de lepre (qu'ils nomment en leur langue *Lubard*, autres *Bulich*, comme fils vouloient dire , Mal mortel) & qu'il f'en retourna fain & fauue. Or ceux qui ne font attaints que d'vne maniere de Migraines, Coliques, Gouttes,Iauniffe,ou Paralyfie, ils en font affez legerement gueris.Quant à la verolle,chancres, ou autres maux prouenans de la paillardife,quoy que ce peuple y foit monftrueufement addonné, il n'en eft point de mention, & n'en font touchez en forte aucune.Autãt en puis-ie dire de toute la Perfe,des Indes,& de la Tartarie : & n'y a peuple qui fe tiéne plus net apres auoir commis ce peché,que fait ceftuy cy Barbare, foit par baings ou autres purgations,defquelles on fe pourroit aduifer. Il eft bien vray qu'ils en fentent vne, qui ne vault guere mieux, & laquelle eft femblable à celle des Sauuages de la terre Auftrale,qu'ils appellent *Pians*, ainfi que ie vous ay deduit au liure de mes Singularitez : mais ces Perfans au lieu du bois de Gaiac, purgent leur maladie,en fallant baigner & boire de cefte eau medicinale & fulphuree.Et n'eft en ce feul lieu,que les baings d'eau chaude fe trouuent,veu que l'Afrique abonde auffi de pareille commodité, principalement au païs de Numidie, pres la ville nommee *Teolaque*,laquelle eft ruïnee, ayant efté faccagee des Arabes , & par le Roy de Tunes, l'an mil cinq cens cinquãtevn.Pres de ces ruines paffe vne petite riuiere,nommee *Rel*, qui porte tel nom d'vne montaigne , d'où elle prend fource. L'eau eft fort chaude , & faine pour les malades attaints de goutte, ou autres paffions, vers laquelle on vient de plus de cent lieuës. En la mefme partie d'Afrique lon voit vne autre ancienne ville fi demolie,qu'il n'y a rien d'entier,que ceux du païs appellent *Bammalin*, & les Arabes *Ben-oni* : & ont les habitans efcrit dans leurs hiftoires, que Hannibal en fut iadis le premier baftiffeur,induit à ce feulement,pour l'amour d'vne autre affez petite riuiere, qui fourd d'vn Promontoire hault efleué,la pointe duquel aduife vers le Nordeft,qui luy plaifoit grandement.Ceftedite riuiere fait vn lac affez large,l'eau duquel a mefme proprieté en chaleur & douceur : & ne fault doubter que l'eau ne foit fulphuree, veu que au fommet & au bas de ladite mõtaigne,lon voit de tous coftez du foulphre.Que fi lon va par les ruïnes, on cognoift quelque chofe de plus fingulier, comme les marques des baings & fondemens des eftuues là bafties pour les grands Seigneurs qui iadis y venoient : ce que ie iuge eftre ainfi, à caufe que i'ay veu là plufieurs autres marques d'antiquité,& Epitaphes:la fubfcription defquelles n'eftoit en moy de lire,pource que cela eftoit efcrit en langue des anciens Africains , qui viuoient du temps de la grandeur & gloire de la ville de Carthage : & n'y veis iamais chofe que i'y peuffe re-

Fiel d'Elephant , & huylle de Scorpions trefbonnes.

Mahometãs non fuiets à la verolle.

Riuiere dõt l'eau eft fulphuree.

marquer, hormis vne longue pierre fort eftroite & dure : contre laquelle eftoient efcrits ces mots, *Camuel Cedmonei, Gaderoth, Hanathon Nibalach-nifan* : l'interpretation
defquels ie laiffe à la difcretion du Lecteur. Mais pour retourner au premier propos
de Codane, il eft à noter, que ce peuple eft Mahometan, non fi fuperftitieux en fon
Alcoranifme, que les Arabes, ou le refte des Perfans, veu qu'ils fentent encor l'humeur
de l'idolatrie de leurs predeceffeurs : & tomberent ces pauures gens à cefte perfuafion
enuiron l'an mil quatre cens octantefix, lors qu'vn grand Seigneur d'Arabie, nommé
Melappeth, affez pres de la Mecque, ayant paffé la mer Rouge du cofté du goulfe d'A-
rabie, f'en vint coftoyant la Perfe, tirant vers les Indes, ainfi mené & conduit du vent,
auec deux ou trois nauires, qui eftoient de fa fuytte. Ceft Arabe courut fortune le lóg
de la cofte des Indes, de *Calicut, Humucth, Malabar*, & *Tulimard* : & à la fin defcendit en la terre & Royaume de *Macran*, là où ils furent prefentez au Roy du païs, auquel ils feirent prefens de ce qui eft le plus exquis en leur terre de la Mecque. Voyans
que le Roy les accueilloit fi doucement, & leur faifoit grand honneur, & que auffi
ceux du païs les auoient en quelque bonne opinion, cognoiffans que ce peuple eftoit
addonné au feruice des diables, ils commencerent à remonftrer au Roy la faulte qu'il
commettoit, luy mettans en auant vn feul Dieu, vray, & tout-puiffant, qui eft au ciel,
& fon Prophete Mahemet, venu pour annoncer la Loy au monde auec le glaiue de fa
iuftice. Ce Roy qui n'eftoit point mauuais garfon, & qui prenoit plaifir en chofes

Roy nou-
ueau fait
Maheme-
tifte.

nouuelles, efcouta ces nouueaux predicans, & adiouftant foy à leur parolle, fe delibera de faire le voyage de la Mecque auec ces Arabes. Ce qu'ayant fait, & demeuré vn an
entier en Arabie, pour ouyr les Preftres Mahometans, qui luy prefchoient les preceptes de l'Alcoran, il voulut felon leur Loy eftre circoncis auec fa fuytte, & feit le ferment de fidelité fur le tombeau de l'abufeur, promettant d'induire fes fuiets à receuoir l'Alcoranifme. Arriué qu'il eft, & de retour en fon païs, conduifant des Preftres
qui l'auoient conuerti, feit publier Mahemet par fes terres, faifant guerre à ceux de fes
voifins qui refufoient d'entrer en telle ligue de Religion : fi que le Roy d'Erachaian, à
qui Codane eftoit fuiette, & celuy de Malabar, moitié par force, & auffi qu'ils eftoiét
fans perfuafion affeuree, fe laifferent aller apres la fuperftition Mahometane : non que
leurs fuiets foient fi fermes en cela, que la plus part encor ne coure apres les idoles.
Mais ce n'eft rien de nouueau, veu que le femblable fe voit pour le prefent en la Guinee & Ethiopie, où l'idolatrie eft meflee auec l'Alcoran, & en d'autres lieux l'Alcoran
auec l'Euangile, fçauoir Chreftiens qui conuerfent auec les Alcoraniftes. Or quoy que
ceux de Codane euffent fort reculé à receuoir la foy des Arabes, comme chofe nouuelle, fi eft-ce qu'à la fin ils f'y font laiffez ployer, tant induits par feinte de religion
affeuree, que auffi craignans le Roy de Perfe leur fouuerain, lequel eft feuere deffen-
feur & patron de la Loy de Mahemet, & des interpretatiós de Haly fur quelques Prophetes des leurs, ainfi que bien fouuent ie vous ay deduit : & que auffi c'eft bien la
nation la plus curieufe qu'on fçauroit trouuer, & qui ayme le plus les eftrangers, à fin
d'entendre les nouueautez des autres païs, & en apprendre quelque chofe de fingulier : qui me fait croire, que facilement ils apprendroient noz fciences & arts mechaniques, fils auoient gens qui les y inftruififfent. Au refte, en Codane fe trouue vn arbre
nommé *Bazith*, & des autres *Baxan*, & des Indiens *Benzoheth* : le fruict duquel eft

Fruict bon
côtre venin.

gros comme vn Concombre, & fort bon contre tout venin & poifon : là où au contraire la racine dudit arbre eft fi venimeufe & infecte, que le feul gouft côduit l'homme au mourir : & pource fault auoir recours au fruict, qu'ils appellent *Nirab*, lequel
deliure de danger, non feulement ceux qui font touchez de poifon, mais en general eft
vn remede fouuerain côtre tout venin, foit dedans le corps, ou apparoiffant exterieu-

rement : qui me fait croire, que qui apporteroit de ce fruict pardeça, & tafcheroit d'en
femer la graine, que cela feroit fort bon contre l'infection de la pefte. De vingtfept ou
vingthuict lieuës auant de terre ferme, on apporte vne efpece de Pierre, que ie peux
nommer entre les plus precieufes, qu'ils appellent *Dely*, & les Arabes *Dyeuid*, les Indiens *Nichath*, & les Ethiopiens *Phanard*. Les meilleures de telle efpece fe trouuent
en la prouince de *Dely*, qui eft à deux cens foixantequatré lieuës loing de Codane, tirant vers la partie Orientale : mais en *Dely* cefte Pierre fe nomme *Paxar*, du nom de *Paxar, pier-*
la befte qui la porte : laquelle eft prefque de la grandeur d'vne Biche, ayant vne feule *re ayāt grā-*
corne au front, toute courbee, & fe retortillant fur le col : les oreilles fort petites, la te- *deproprieté.*
fte vn peu ronde & menue, & plus courte que celle de la Biche : le poil comme celuy
d'vne Vache, long comme le poil du Daim, que les Candiots nomment *Platogna*, ayāt
pied & demy de queuë, les pieds fenduz, les iambes haultes & menues. Les habitans
de Dely courent cefte befte, tant pour auoir la pierre, qui eft la chofe du mōde la meilleure, & finguliere contre tout venin (elle eft de la groffeur d'vne noix, tirāt fur la couleur iaulne, fort eftimee de tout le peuple Indien, voire de toutes autres nations) que
pour en manger la chair, laquelle eft treffauoureufe, ainfi que i'en ay ouy vanter ceux
qui en ont goufté fouuentefois. Quant à la peau du *Paxar*, ils la gardent fort diligemment pour la mettre fur l'eftomach des vieilles gens, d'autant qu'elle les efchauffe &
conforte, & leur ayde à la digeftion : auffi ont-ils la vieilleffe en grande reuerence, ho-
norans les vieillards, comme fi c'eftoient des Rois, ou leurs parens plus proches. Le
peuple des montaignes nomme encor cefte befte *Zinquani*, qui veult dire, Befte heü-
reufe, ou de grand profit : pource qu'en toute forte, & par toutes fes parties du corps,
elle apporte fecours à l'homme. Ie vey vne Pierre femblable à celle dudit *Zinquani*,
lors que i'eftois au grād Caire, entre les mains du Patriarche des Grecs, lequel m'eftoit
fort familier, qui me dift l'auoir euë & recouuerte d'vn Capitaine Arabe, homme de
bien, lequel il auoit baptizé fecretement plus de trente ans au parauant en fon Eglife,
& qui mourut de mon temps, chargé de vieilleffe, auec autant de deuotion & recognoiffance de ce qu'vn bon Chreftien doibt croire, que homme que iamais i'aye veu
mourir. Eftant malade, fecretement fe feit porter hors la ville à la maifon d'vn Diacre
Grec, qui eftoit aueugle d'vne maladie qui luy furuint. Mefmes fut caufe de noftre
grand bien : à fçauoir qu'il perfuada plufieurs de fes alliez & amis à receuoir le Chriftianifme : dont trois eftans defcouuerts par quelques femmes leurs efclaues, furent cō-
damnez à mort : ce qui fut execute quelque mois apres : & plufieurs Grecs, tant Preftres,
Diacres que Laiz, mefmes vingtquatre Chreftiens Maronites, furent faifis & mis prifonniers, & executez aux prifons, fans rien attenter à la perfonne dudit Patriarche, ne
à trois de fes Euefques, qui eftoient d'ordinaire auec luy, pour luy feruir de confeil.
Iadis en cefte ifle auoit vne Idole, à laquelle les peres & meres alloient dedier la virginité & pucellage de leurs filles. Mais depuis que le Sophy f'eft faifi de cefte contree, il
deffendit fur peine de la vie, cefte folle & deteftable fuperftition, faifant par mefme
moyē abbatre toute cefte idolatrie. L'Oratoire où cela fe faifoit, eftoit affis fur la croupe & fommet d'vne montaignette ou colline, fort fecrette & feparee d'habitation, que
lon nomme encor à prefent *Montenpoct*, les autres qui tirent vers les Indes *Mana-*
hem. Mais reuenons à la fuytte des Codaniens, & leur viure. La viande plus commune de ces Infulaires, comme prefque de tous les autres, tant le long de la cofte, que des
Indes & Perfe, eft le poiffon : non que pour cela ils f'abftiennent d'autres viandes. Ils
font en oultre vne certaine efpece de mets, qu'ils compofent d'œufs de poiffon, & de
la chair d'vn grand poiffon, qu'ils appellent *Turby*, & les Iauiens *Maloch*, pilans
le tout enfemble : tellement qu'il eft fi bon, que au gouft & à le voir, femble du *Cauiare*,

que ordinairement les Grecifans mangent en Conftantinople.En cefte ifle n'y a point
de riuieres d'eau doulce, à caufe de fa petiteffe, & pour l'efgard de la montaigne fulphuree: fi qu'il fault qu'ils fe pouruoyent d'eau de fontaines, ou de riuiere en terre ferme au Royaume d'Erachaian, qui leur eft voifin d'vne lieuë. Ils ont de trefbeaux &
bons Ports, feurs, & iamais fuiets à orage, là où ceux qui font en terre ferme, font tourmentez deux ou trois mois de l'an du vent qui leur eft oppofite: & pour cefte caufe ils
prennent la peine d'amener leurs vaiffeaux és ports de Codane, à fin que là ils foient
en affeurance : & en recognoiffance de ce plaifir, ils apportent de l'eau doulce en l'ifle,
& communiquent de leurs fruicts & viures au peuple, qui les achepte à fuffifant pris.
Mais ie laiffe tout cela, pour vifiter la mer des Indes plus auant.

De l'ifle des Hermites, idolatres, & fuperftition d'iceux.
CHAP. VII.

'ISLE des Hermites eft ainfi nommee, à caufe des idolatres qui y habitent : & gift à l'emboucheure que fait la grand'riuiere d'*Ilmendart*,
dans la mer, diuifant l'Empire Sophien d'auec les Rois qui gouuernent les Indes Orientales : & fe fait cefte diuifion par les Royaumes
d'Erachaian, qui eft encore en Perfe, & de Macran: lequel fait le commencemét des Indes, feparez l'vn de l'autre par la riuiere fufdite d'*Il-*
mendart, nommee des Arabes *Vvofzhe*, pour l'abondance d'oyfeaux qu'elle nourrit,
femblables à noz Oyes fauuages : & en terre ferme, par les montaignes de *Cosbocoran*,
dont ladite riuiere prend fource. Cefte ifle eft fort proche du Tropique Æftiual, n'en
eftant efloignee plus d'vn degré trétedeux minutes, eftant en fon eleuation du Pole, &
à vingtquatre degrez de l'Equateur, loing du continent enuiron cinq ou fix lieuës, &
ayant en fon circuit autant d'efpace, que celle que i'ay cy deuant nommee Codane. Elle eft belle, riche, fertile en toutes chofes, & bien peuplee : mais iadis les principaux
habitateurs eftoient Philofophes, ou telles manieres de gens : lefquels auec l'aufterité
& fainéteté de leur vie, felon le commun dire du fimple peuple du païs, eftoient des
vrais tombeaux d'iniquité. Ie ne vous les fçaurois mieux comparer qu'aux Pagées qui
font parmy les Sauuages, qui fe tiennét de la part de la terre Auftrale (defquels ie vous
ay amplement difcouru en l'hiftoire de mes Singularitez, imprimee vingt ans y a ou
enuiron) ou aux caymans & porteurs de Rogatons, qui courent parmi la Chreftienté,
ou bien à ces voyageurs qui font nourris en Turquie par les Hofpitaux : defquels il en
y a de quatre fortes, tant parmi les Arabes, Turcs, que Perfans : les vns nommez *Del-*
uis, autres *Hagij* : les troifiefmes *Seirhlar*, & les quatriefmes *Talifmálar*, & *Derueciflard*.
Les Ethiopiens du païs d'Afrique les appellent *Alfadca*, les Scythes Orientaux *Al-*
fakeih, & les Indiens *Affychamech* : lefquels font tous de mefme pafte que ceux de
Turquie. Ces impofteurs vont la plus part tous nuds tant en Hyuer comme en Efté,
ayans les bras & la poictrine pleins de cicatrices, toutes ondees, obliques & de trauers,
qu'ils font auec leurs coufteaux. Mefmes i'ay veu des Turcs riches marchans, & Mores
blancs en auoir auffi de femblables, non pas qu'ils fuffent de la focieté & compaignie
de ces beliftres : ains d'autant qu'ils auoient fait & accomply le voyage de la Mecque
& de Medine. Ils viuent tous d'aumofnes que les Turcs leur donnent, d'autant qu'ils
ne poffedent ne rentes ne poffeffions, non plus que beftes brutes. Plufieurs d'eux con-
trefont les infenfez, à fin d'eftre de ce peuple fot eftimez & tenuz vrays Religieux de
Dieu & du Prophete: & en ay veu tels entr'eux fi fort dechiquetez par tout leur corps,

Religieux
& Hermi-
tes de Tur-
quie.

que i'auois horreur de les contépler. Ils ont moins de honte que chiens, & sont si im-
pudens,qu'ils entrent libremét auec importunité és Cours & maisons des Rois, Princes & Seigneurs de leur secte. Vray est qu'ils ne vont au Serrail du Grand-Seigneur
comme iadis ils faisoient : & voicy pourquoy, & où fut cognue leur meschanceté &
trahison. Il aduint que du temps de Mahemet second du nom, qui print Constantinople,estant en son grand feu, & faisant trembler tout le monde, iceluy Prince auoit
en diuers lieux bon nombre de ces maistres caffards : de la compaignie desquels s'en
trouua dixsept des principaux, lesquels à la persuasion du Roy de Tartarie, ou de
quelques Seigneurs des siens, tascherent d'empoisonner & faire mourir leur Seigneur
Mahemet .Et de faict, le badinage estoit si bien mené entre ces hypocrites d'Hermites,que huict heures au parauant luy aduancer sa mort,il en fut aduerti par vn pauure ieune garson de leur copaignie.Sceuë que fut telle entreprinse,& venuë aux oreilles de l'Empereur Turc & de ses Baschas,ils en feirent passer le pas à plus de six cens en
moins de cinq iours. Il y a de ces compaignons qui font des deuins, & se vantent de
faire trouuer toutes choses perdues, & predisent les choses à venir, comme font noz

diseurs de bonne aduenture par deçà: & ceux là se nomment *Durmissar.* D'autres ne
parlent iamais à hommes ne à femmes,& se tiennent ceux là en l'Arabie heureuse,vers
le Royaume de *Mascalard,Lacach,& Caldard.* Autres font leur demeurance aux lieux
plus solitaires, sçauoir dans des grotesques, forests, & precipices des montaignes: Les
plus vieux, aux *Amaratz,* ou Hospitaux, pour penser les malades. Les plus grands allans de tous sont ceux qui portent à demy nuds deux peaux sur leur corps, l'vne deuant & l'autre derriere, qui sont de Moutos ou de Chameaux, pour couurir leurs parties hóteuses.Quant à ceux d'Egypte,ie leur ay veu porter des peaux d'Ours,de Lyon,

& de Tygres:& à toute cefte vermine,liberté d'aller tant fur mer que fur terre,fans rien payer,& font francs de tous peages & fubfides.Il y en a entre eux,qui font fi fins & accorts pour butiner & amaffer des richeffes,qu'ils ne fe foucient de fe mettre parmy cefte focieté, & eftans riches , fendent le vent, & gaignent au pied en vn autre païs.Vers la Syrie , de la part de Damas, Alep, Baruth & Tripoly,i'en ay veu d'autres, lefquels parlans à eux,vous tiendront propos d'efans, pour vous faire rire:& fi vous parlez du verd,ils vous refpondront du blanc,tout au contraire de ce que les interrogez.Et font volontiers ces gentils finges leur demeure dedans les bleds, les plus efpaiz qu'ils trouuent,ou bien dedans le mil:& vous portét de groffes chaifnes de fer à leur col, & ceinctes à trauers le corps.I'en ay veu tel portât vne de ces chaifnes, qui pefoit plus de trête liures pour le moins:& ont à leurs parties honteufes des pierres pefantes à merueilles, & aux oreilles auffi. Toute leur contenance & maintien , c'eft de porter vn bafton de deux pieds de long en leurs mains. Ils ont leurs cheueux fi longs, qu'ils leur paffent le nombril, lefquels ils poiffent & gouderonnent de gomme & autres matieres. Lors que le grand Turc va contre les Chreftiens faire guerre , & qu'il eft queftion de combattre ou donner vn affault à vne ville & chafteau, vous entendriez crier & hurler ces paillards Sodomites d'vne grande demie lieuë , accourageans les foldats pour les faire vaincre:voire quelquefois dix d'entre eux font plus de maux, que ne feroiét cent Ianiffaires. Au refte,dans ceftedite ifle fe trouue bon nombre de ces impofteurs,qui f'accómodent auec les Hermites,qui font auffi poltrós,& gens de bonne foy les vns que les autres . Ces idolatres , quoy que le païs foit à l'entour prefque tout Mahometifte, & que plufieurs Mores demeurent entre eux, & qu'en terre ferme il ne face guere bon pour eux : fi fe font-ils fi bien fortifiez & en l'ifle & par les montaignes de terre continente,que les Rois de leur religion fe maintiennent contre tous autres, veu qu'ils ont de fort bons Cheuaux & Chameaux, & les plus beaux Afnes (qu'ils appellént *Hamar*) qui foient au monde:& font bons archiers, & experimentez au faict de la guerre. Il femble que ce reliqua de gens ayt efté inftruit en la doctrine du Samien Pythagore,d'autant qu'ils ne mangent ne chair ne poiffon,ne chofe occife : feulement viuent des fruicts que la terre apporte : voire ne fçauroient fouffrir qu'on occift chofe ayant vie en leur prefence , à caufe que la Loy de leurs peres anciens leur deffend telle effufion de fang,fi ce n'eft faifant guerre contre leurs ennemis,contre lefquels ils vfent

Mores fort
cauteleux.

de toute cruauté.Or les Mores & Mahometiftes qui font cauteleux,voyans la fotte fuperftition de ce peuple , leur portent deuant eux des Paffereaux , Turterelles (que les Arabes nomment *Hemame*) Pigeons, ou autres oyfeaux, qu'ils nomment en general *Ganeme*, de peu de pris, faifans figne de les vouloir occir,f'ils ne les racheptent : mais ce peuple fot,auant que vouloir voir tel meurtré,leur donne cent fois plus que ces beftioles ne valent . Et és lieux où les Mahometans ont Seigneurie & Iuftice, fi le Gouuerneur a quelque homme condamné à la mort , & que ces hommes ou ceux de leur religion le fçachent, ils viennent le fupplier de luy pardonner . Que fi leur priere n'y proffite, ils f'affemblent, & fe taxent,donnans chacun quelque piece d'argent pour le rachapt du criminel,& auec telle fomme de deniers fen vont au Gouuerneur,ou Magiftrat fon Lieutenant,pour deliurer le prifonnier : ce que le plus fouuent on leur accorde. Qu'il foit ainfi, du temps que i'eftois en Paleftine,en la ville d'*Azot* , enuiron à trois iournees de *Gazera* ; i'euz familiere habitude auec cinq Abyffins Preftres d'Ethiopie : lefquels me dirent auoir efté dixfept ans Efclaues en cefte ifle , & frequenté fort fouuent en terre ferme : & que de leur temps,qui eftoit enuiron l'an mil cinq cens

Roy conuer-
ti au Chri-
ftianifme.

quarante, vn certain Roy ayant efté conuerti à la foy de l'Euangile par la predication d'aucuns Chreftiens de l'ifle fainct Thomas, vint ledit Seigneur efmeu d'vn bon zele,

& pour

& pour l'amitié qu'il portoit au Prince de ceste isle,où il fut bien festoyé tant du Roy
que de ces beaux Theologiens. Demeuré qu'il a quelque tēps auec eux,voyant la folle
superstition de ce peuple, remonstre au Roy son voisin, le bien que Dieu luy auoit
fait, le retirant des tenebres,esquelles il estoit plongé auāt que d'estre Chrestien, &
que ces Idoles n'estoient point Dieux, ny chose ayant quelque vie ou puissance, &
qu'il y auoit vn seul Createur du ciel & de la terre, lequel l'ayant appellé à sa cognoissance, l'auoit inspiré & induit à la foy & croyance de son seul fils nostre Seigneur Iesus Christ.Le Roy idolatre,si tost qu'il entend ces propos,fut tellement esmeu de trās-
port, que oubliant le peril qui s'ensuyroit pour ses Estats, s'il faisoit mourir ce Prince,se rua tout soudain sur luy : & l'ayant occis,luy mangea à belles dents , & deschira
le nez,& le reste de son visage,faisant ietter son corps aux bestes & oyseaux:& non cō-
tent de cecy, feit encor tailler en pieces quelques deux mille hommes qui estoient venuz à la suytte de ce Prince ainsi massacré, lequel se nommoit *Selemith* , du nom de la
principale ville de son Royaume. Ce meurtre tant inhumain a depuis causé grandes
guerres entre les successeurs du deffunct & ces meurtriers idolatres:Par où vous pouuez voir,que la doulceur preschee par ces gens là, ne s'estend que sur ceux qui sont de
leur folle opinion. Leur superstition est en oultre, qu'ils font force lauemens,deuant
qu'entrer en leurs Oratoires pour adorer,& font ces lauemens,tant hommes que femmes, deux fois le iour pour le moins. Ils sont de belle & bien proportionnee stature,
beaux en visage,allaigres,& disposts, se tenans propres en leurs habillemens, auec so-
brieté, & pource viuent-ils longuement. Leurs viandes sont laict, beurre,sucre,ris,
fruicts,racines de diuerses manieres,de bon pain, herbes autant domestiques que sauuages, & boiuent de l'eauë pure. Les Hermites & Prestres ne portent aucunes armes,
fors que quelque long cousteau, trenchant des deux costez : & ont les cheueux longs
presque cōme les femmes de pardeça,ou les hommes Canadiens,qu'ils entortillent sur
leur teste. Les femmes sont fort brunes , & d'assez bonne grace , portans leurs robbes
longues iusques aux talons, & pardessus comme vne sorte de chemise, ayant la man-
che estroite,& ouuerte vers les espaules : & pardessus cela portent vne manteline Mo- Almaiҳar robbes des femmes.
resque,que les Mores appellent *Almaizar*, & ne sortent guere souuent : mesmes lors
qu'elles vont à leur Oratoire , elles ont le visage couuert,à cause que leurs maris en
sont fort ialoux.Leurs statues & idoles sont de iaspe,pierres fines,ou de marbre,& disent qu'elles dureront à iamais : & qu'encore qu'on les iettast en la mer, elles ne sçauroient perir. Quand vne femme est accouchee, on porte l'enfant au *Caiernas* , qui est
l'Oratoire & Temple de leur Dieu,nommé en leur langue *Berith*,*Labana*, qui signifie
Soleil & Lune : & là les Prestres font leur priere, tant pour la longue vie & prosperité
de l'enfant nouueau né, que pour le salut de la mere. Ie ne veux oublier vne gentille
façon qu'ils ont à honorer le tombeau des morts:ie dis de ceux qui sont priuez,& sans
tiltre de Prince ou Roy.Quand vn homme est mort, & sur tout l'vn des Hermites ou obseques des Insulaires.
Prestres,toutes les femmes de la ville ou village s'assemblent en la maison du mort, lequel est mis en l'escorce d'vn arbre, au milieu de la maison. Ces femmes dressent tout
à l'entour de ceste escorce bien appropriee, des cordes, comme qui voudroit dresser
vne tente,sur lesquelles elles mettent force rameaux verdoyans de diuers arbres, & au
milieu d'iceux, vn beau parement de fine herbe, fait comme vn pauillon. Vn Indien Tapiz de ionces que me donna vn Indien.
m'en donna vn pour du Corail, estant à la ville de *Tor* , pres la mer Rouge,lequel i'ay
encor à present dans mon cabinet à Paris. Soubz ceste verdure, & dans ceste tente,s'assemblent les femmes plus honorables, toutes vestues de blanc, ayans chacune vn es-
uentoir fait de fueilles de Palme. Les autres femmes & parens sont là, plorans & ge-
missans par la chambre:là où vne des plus estimees sauance,& couppe les cheueux du

deffunct, ce pendant que la femme dudit trespassé demeure toute estendue, plorant sur le corps de son mary, luy baisant la bouche, & aussi les mains & les pieds : lesquels tout aussi tost qu'ils sont couppez, ceste femme pleureuse se leue, & se met à chanter, auec vn visage aussi riant, comme au parauant elle s'estoit monstree triste. Cela fait, on a des vases de Porcelaine, auec du feu dedans, sur lequel on met *Seirath, Thipho, Zoheth, Lecha,* comme diriez Myrrhe, Encens, Storax, & autres drogues, perfumans & le corps du mort, & toute la chambre, continuant ceste ioye & fumigation en la maison, par l'espace de cinq ou six iours. Apres lequel terme expiré, elles oignent le corps auec du Camphre, & l'enferment dans son cercueil, cloüé auec des cheuilles de bois, puis le

Chose memorable de ce peuple.

mettent soubz terre en quelque lieu escarté d'habitation. Mais la sepulture des Rois est bien plus estrange : car elle ne se fait point sans effusion de sang : d'autãt que le Roy estant mort, les plus grands & principaux s'assemblent pour celebrer les obseques, & ayans accoustré le corps auec tout honneur & reuerence, ils font trancher la teste, ou assommer quelques grands personnages d'entre les chefs de guerre, ou principaux soldats, ou quelques marchãds de sa suyte, & des plus beaux cheuaux du Roy, à fin qu'ils l'accompaignent en l'autre monde : & en les mettant à mort, ils leur disent, Allez au nom de noz Dieux seruir nostre Roy en nostre Paradis, tout ainsi que vous l'auez serui en ce monde, & cõme vous luy auez esté fideles icy bas, aussi serez vous en la gloire de noz Dieux. Ceux que l'on occit & assomme, ne s'estõnẽt point pour cela, ains prenans la mort en gré, s'en rient & se s'iouyssent, non moins qu'entre nous ceux qui s'en vont aux nopces. Entre ces Insulaires, & quelques vns leurs voisins, qu'on nomme les Forquins & Zaldaïns, y a de grandes controuerses sur le faict des ceremonies & seruice des Idoles : veu que les Forquins disent, que leurs Dieux sont de plus grande authorité, & ont plus de puissance que ceux de leurs voisins, & que l'Idole *Zaramoth,* que les Indiens nomment *Ieheth* (qu'ils ont en plus grand' reuerence, que toute autre statue) est chose si saincte, que *Labana* (qui est le Soleil) la leur a enuoyé luy mesme du ciel, pour le profit & auancement de leur Prouince. Et ne pensez pas qu'ils ne se battent aussi bien pour cela, que peuuent faire le Turc & le Persan à cause du different qui est entre eux, pour raison de l'Alcoran, & interpretation d'iceluy : à cause que le Turc (comme i'ay dit ailleurs) deffend l'entree des Mosquees aux femmes, & leur interdit l'vsage de Circõcision : là où le Persan croit que les femmes iront en Paradis, & pource leur accorde l'entree aux oraisons en la Mosquee, & les souloient circoncir, couppant ie ne sçay quelle pellicule de la matrice des ieunes fillettes : & à cause de ceste diuision ils appellent les Turcs *Bobaqui,* qui est autant à dire, comme Heretique. Que si

Iniure au Persien, l'ap pellant Bobaqui.

quelcun s'estoit aduancé iusques à là, que d'appeller vn Persien *Bobaqui,* il faudroit qu'il fust bien couuert, si l'autre ne luy faisoit sentir le trenchant de son Cimeterre, ou ses sagettes acerees, tant ils ont ce mot en detestation, & le Turc en haine. Voyla que c'est que peult apporter la diuersité de Religion en vn païs. Ces Prestres prescheurs de mensonge en l'isle Hermitale, tiennent pour asseuré, & le font accroire, que ces beaux Dieux pierreux leur reuelent les choses futures, & sur tout, lors que les Rois se deliberent de faire la guerre. Ce qui donne vn bien grand credit & reputation à ceste quenaille de Philosophes : lesquels & plusieurs du peuple, sont souuentefois tourmentez des malins Esprits, qu'ils appellent en leur langue *Naphis,* autres *Zarapiph,* c'est à dire, Blanc esprit, & en sont battuz & affligez : de sorte qu'ils disent les voir de nuict, & parler à eux. Ils les appellent Blancs, parce qu'ils se font accroire qu'ils le sont, & les voir aussi reluisans & clairs, comme la plus transparente estoile qui soit au ciel. Que si quelcun d'entre eux se perd par cas fortuit, ou en la mer, ou en quelque abysme, ou en terre, deuoré de quelque beste farouche, ils ne faillent de publier, que *Naphis,* ou *Za rapiph* l'aura emporté, & le craignent fort, & demandent vengeance à leurs idoles du tort que ce blanc Efprit leur aura fait. Voyla ce que i'auois à dire de ces Philofophes, lefquels font és monts de terre ferme par Hofpitaux & Monafteres, tout ainfi comme i'ay veu que font les Calloiers au mont Athos en Grece, ou mont Sinay, ou ceux de Noftredame de Montferrat, & font feparez en diuerfes habitations cauerneufes audit mont: toutefois reuerez & honorez de ce pauure peuple, il ne fault pas dire comment.

Du fleuue INDVS, *& de fon emboucheure en la mer, & de l'ifle de*
PATALIS. *CHAP. VIII.*

'INDE eft ce païs, lequel eft contenu dans les fleuues *Gangez*, *Indus*, & *Hipanis*, ayant du cofté de Septentrion le mont *Imaüs*, pres les Sogdians, ou en Indien *Kopizath*. Du cofté de Soleil couchât gift la *Gedrofie*, nommee des Indiens *Formipt*, & des autres *Piphith*, & la prouince d'*Aracofie*, dite *Poholich*. Vers l'Orient, elle eft arroufee du grand fleuue *Gangez*, nommé *Gualguaz* des Indiens: & tirant au Midy, elle a la mer Indique, ainfi dite à caufe du païs qu'elle arroufe, nommé *Baraindu*, tenant de longueur plus de douze cens lieuës, dans laquelle il f'engoulfe, duquel tout le païs porte le nom. Cefte riuiere vient depuis le mont *Adazer*, que quelques vns nomment Caucafe, ou *Arad* (qui eft le nom d'vn Afne fauuage en langue Ethiopienne.) Il eft dit aufsi *Imae*, duquel fourd la fontaine *Coa*, ou *Coafpe*, ou *Cophe*, d'où le fleuue *Indus* prend fon cours: qui eft la caufe pourquoy les Iuifs appellent cefte riuiere *Cophene*, laquelle f'approche fort en grandeur du *Gangez*, d'autant que dés aufsi toft que l'Indus fort & f'eftend en la campaigne, il fe rend plus large & nauigable, que pas vne des riuieres qui fe trouuent en l'Afie: puis continuant fa courfe, il accroift fes forces, & f'eflargit pour receuoir en fes embraffemens dixhuict ou vingt autres riuieres: qui eft caufe, qu'on le voit en beaucoup d'endroits auoir plus de deux ou trois lieuës de large. Le long de ce grand fleuue on voit plufieurs nations, & icelles diuerfes, force villes, villages, riches païfages, pource qu'il va faifant des courfes fort tortueufes, ores tendant en Orient, tantoft fe flechiffant au Ponent, pour les rochers qu'il rencontre, lefquels luy font difcontinuer fa courfe commencee: & en fin il f'eftend vers l'Ocean, & gaigne le Midy, f'efpandant par les terres du Royaume de *Guzerath*, ancien fiege des Rois d'Inde, lors que les Grecs foubz Alexandre allerent vifiter ce mont *Adazer*, & penetrerent iufques au fleuue Gangez, bien auant en celle Prouince, comme l'on dit. L'eau de l'Indus eft plus frefche que de nulle autre riuiere de toutes les Indes, ayant fa couleur toute telle que celle de la mer, & qui lors qu'elle fe defborde, engraiffe, & refiouyt les terres, efquelles fes ondes fe ruent, veu qu'elle eft fort graffe & limonneufe. Cefte riuiere porte des Crocodiles aufsi bien que le Nil. Aucuns ont voulu dire, que les Hippopotames, c'eft à dire, Cheuaux d'eau, naiffent en cefte riuiere: mais ie n'ay veu aucuns de ceux qui l'ont nauiguee, qui ofe confeffer chofe, de laquelle la verité le puiffe dementir. Or le temps paffé l'Indus entroit en mer par fept bouches, tout ainfi que i'ay veu faire le Nil en la Mediterrance: le nõ defquelles eftoit *Sagata*, dite des Indiens *Cahar*, qui eft la premiere, ayant en fon eleuation cent neuf degrez de longitude, & quarantecinq minutes, vingt degrez nulle minute de latitude: & en cefte emboucheure eft pofé le Royaume de *Cambaia*. La feconde eft nommee *Habynaeth*, ayant cent dix degrez quarante minutes de longitude, dixneuf degrez cinquante minutes de latitude. La troifiefme eft dite *Thalebnach*, & des Latins *Aurce*, à

Indus a fept bouches cõme le Nil.

cent vnze degrez vingt minutes de longitude, dixneuf degrez cinquante minutes de latitude. La quatriefme *Kerim*, & d'autres modernes *Chariphi*, laquelle eft en pareille eleuation, fauf quelques minutes. La cinquiefme eft appellee *Bydein* des mefmes Indiens, & de nous *Sapara*, à cent douze degrez trente minutes de longitude, & vingt degrez quinze minutes de latitude: & la fixiefme *Anakelt*, ou *Sabalaffa*, pofee à cent treize degrez nulle minute de longitude, vingt degrez quinze minutes de latitude. La derniere *Lombura*, en mefme eleuation, fauf que aux cent treize degrez de longitude fault adioufter trente minutes pour parfaire les degrez. Mais pour le iourdhuy on n'y entre que par les deux du milieu, à caufe que les autres ne font point nauigables, d'autant que les ports font fi limonneux, & pleins de grauier, que fouuentefois lon y va à fec: & celles cy font profondes, où eft le grand Canal, diuifant & feparant les Royaumes de *Martak*, que noz faifeurs de Chartes nomment Guzerath, & celuy de Cambaia: & celle qui fait les ifles de *Goga*, & *Patalis*: laquelle auiourdhuy les habitans ont nommee *Parimioth*, ainfi comme auec le nom toutes chofes fe changent. Il eft bien vray, qu'encor pour le iourdhuy en *Parimioth* a vne petite ville, pofee fur le bord de l'eau vers l'Eft, laquelle fe nomme *Patecal*. En cefte ifle (ainfi qu'efcriuent quelques vns) iadis le grand Roy Alexandre feit baftir vne ville, & vn Arfenal pour la retraite de fes vaiffeaux, apres qu'il eut fait paix auec Porus Roy des Indes, & qu'il l'euft remis en fa terre, f'arreftant là, à fin de voir les fingularitez du païs, & chofes merueilleufes de cefte fi grande prouince. Ce que Theuet ne creut onques, ne croira, que ce Monarque Alexandre, qui a fi peu vefcu en fa grandeur, tant en Europe qu'en Afie, penetra iufques à ces Indes Orientales, à luy incogneuës: mais i'eftimerois que ceux qui l'ont voulu ainfi canonifer & immortalifer, prenoient la haulte Ethiopie, & quelques ifles voifines de l'Afie, de la part de Perfe, pour les Indes Orientales. Il n'eft pas damné qui ne le croit, fans autrement f'opiniaftrer. Pour le prefent ce païs eft recogneu des Portugais, auffi bien que les autres terres, qu'ils poffedent le long de la cofte des Indes. Et tient on, qu'en ces embouicheures & canaux de l'Indus, defquels on ne peult approcher, à caufe du païs & port limonneux, y a deux iflettes, fort abondātes en mines d'or & d'argent: mais pourautant que le païs en eft affez fertil en d'autres lieux, on n'a que faire de laiffer le certain, pour cercher l'incertain. Bien que Parimioth foit affez loing des lieux, efquels f'arreftent pour le prefent les vaiffeaux Portugais, fi eft-ce qu'elle eft fort frequentee, & affez marchande, pource que fa poincte va refpondre à la ville de *Diul*, ou *Dieu*: laquelle en peult eftre efloignee de deux ou trois lieuës, qui eft la largeur de la riuiere. Ceux du païs appellent cefte ville *Dinxa*, mais les autres l'ont nommee *Diul*: en laquelle on porte de la mercerie, de l'argent vif, & force draps pour du froment, & legumes de toutes fortes. Tout ce païs eftoit iadis fuiet au Roy de Cambaia: mais les Portugais ayans prins & faccagé la ville de Dinxa, fe faifirent auffi des ifles pofees au fleuue Indus, faifans vne petite forterefse en cefte ifle, laquelle peult auoir de circuit douze lieuës, & fix lieuës de large, eftant faite en longueur comme la langue d'vn bœuf, allant depuis Patecal (de laquelle i'ay parlé cy deffus) iufques au bout de fa poincte, qui regarde le Midy, toufiours en eftrecifsant: ioignant laquelle à vne petite demie lieuë gift vne autre iflette, nommee *Giagat*, du nom d'vne ville, qui *Ifle de Giagat.* eft fur le bord du fleuue, & pofee à l'efgal, & vis à vis de Dinxa, ou Diul, fix degrez vingt & cinq minutes quafi de l'Equateur. Tous ces Infulaires font idolatres, quelques Mahometiftes qui y foient allez, pour les attirer à leur fuperftition, & ne veulent receuoir ny l'Alcoran, ny l'Euangile, iaçoit que les Portugais f'effayent, en faifant leur profit des biens du païs, de les attirer à fe faire Chreftiens: d'autant, comme ils difent, qu'ils craignent que les Dieux ne les puniffent. Or ne font-ils pas fi fimples, ou fi

peu eſtimans de leur antiquité,qu'ils ne tiennēt pour choſe toute aſſeuree,qu'eux ſeuls
ſont le peuple & nation d'entre tous les hommes, qui ſe contentans de leur terre &
Dieux priuez & familiers, n'ont iamais couru ailleurs pour chercher ſiege & habitation nouuelle:au reſte,que iamais eſträger ne les domina,ains que tous les Rois eſtrangers ſeſtoient eſtimez fort heureux d'auoir leur accointance. Que ſi vous leur mettez
en barbe le grand Alexandre, lequel nous celebrons tant, ſi eſt-ce qu'ils ne vous con-
feſſeront point que leur Roy ayt eſté vaincu par luy, d'autant que leurs liures (qu'ils
tiennent de pere en fils) chantent le contraire:& diſent qu'il eſt vray,qu'vn grand Seigneur Aſiatique, ce que n'eſtoit ledit Alexandre, enuoya en Inde, & au Royaume de
Guzerath à Cambaia, non comme conquerant, ains ſeulement comme amy, & homme deſireux de ſçauoir & cognoiſtre la grandeur du Roy Indien:lequel il admira ſur
tous les Rois du monde, & le ſupplia de luy ottroyer ſon alliance. Et ſi vous paſſez
outre,& leur reprochez que leurs voiſins Perſiens les ont ſubiuguez, ils vous reſpondent,que ce ſont des folies de Grecs & Africains,leſquels ont meſpriſé auec leur menſonge, pluſieurs & preſque toutes les autres nations, pour ſe dire les plus excellens en
toute choſe. Ie vous dis cecy, à fin que vous puiſſiez voir, combien ces Barbares ſont
curieux de la gloire de leurs anceſtres, & comme ils taſchent de garder la memoire de
leurs faicts, ſans ſe laiſſer oſter leur liberté, laquelle ils ont gardee iuſques à preſent.
Au reſte, les Portugais ne ſont pas ſi mal appris, que de faſcher les Indiens,ains ſ'attaquent ſimplement aux Mahometiſtes, qui eſcument ceſte coſte de mer, pour ſagran-
dir de iour en iour. Du temps que les Chreſtiens fauoriſez du Roy de Calicut, & du
Seigneur de la grand' Iaue, commencerent à courir la mer d'Inde à voyle deſployee,
le dernier Roy de Perſe, celuy qui eſtoit au parauant le deffunct, feit ligue auec le
Roy de Cambaia,à fin que eux deux enſemble feiſſent la guerre, & chaſſaſſent l'ennemy de Calicut.En ce temps là, dans *Diul* eſtoit Gouuerneur pour le Roy Cambaien,
vn bon vieillard More,nommé *Melchias*,homme accort,ſubtil & fort expert és choſes de la guerre,vers lequel vint *Amiraſſen*, Lieutenant de l'armee du Perſien:leſquels
ſeſtans rafreſchis,& ayans fortifié leur camp naual d'hommes,de viures,munitions &
vaiſſeaux, ſe meirent en campaigne, & venans aux mains auec les Portugais (deſquels
eſtoit General Don Franceſco d'Almedia, comme m'aſſeura vn Pilote nommé Iacques,natif de Siuille, qui eſtoit à l'entrepriſe) les infidelles furent vaincuz, rompuz, &
occis la plus grand' partie,perdans force vaiſſeaux, & preſque toutes leurs munitions.
Melchias, & *Amiraſſen* ſe ſauuerent à la fuyte. Ce qui occaſionna que l'Alcoraniſte
n'entreprint plus voyage ſur leſdits Chreſtiens, & que Melchias craignant la fureur
des vainqueurs,qu'il auoit offenſez,& que deſpitez de ce ſecours,ils ne luy couruſſent
ſus, & pillaſſent le païs qu'il auoit en garde, leur enuoya demander la paix, & par
meſme moyen leur feit preſenter viures pour leur camp, & preſens d'ineſtimable valeur. Mais iaçoit que pour ce coup le Portugais ſ'appaiſaſt, ou feiſt ſigne d'eſtre content,ſi eſt-ce qu'à la fin ſe ſouuenant de ceſte iniure,il ſaccagea Diul, & print quelques
iſles voiſines de ce grand fleuue : de la grandeur duquel ne ſe fault point eſbahir, veu
que receuant (comme il fait) tant d'autres riuieres, il n'eſt point inconuenient qu'il ſe
eſlargiſſe en telle largeur. Car premierement le grand *Hidaſpe*, lequel vient de l'O-
rient,paſſant par le païs de Perſe,ſe ioint auec l'Indus,apres auoir toutefois receu quatre autres riuieres, non guere moindres que luy.A l'Indus ſe ioint encor Coaſpe, ainſi
appellé à cauſe de ſa doulceur, en eſtant l'eau fort bonne à boire : de ſorte que les anciens Rois de Perſe, ſe tenans en leur païs, n'vſoient d'autre boiſſon que de l'eau de ce
fleuue.Aucuns penſent que ce Coaſpe ſoit le meſme Indus : mais ils ſe deçoiuent, entant que diuerſement ils fluent:car le Coaſpe vient de la part des montaignes de Perſe,

Barbares curieux de la gloire de leurs ance-ſtres.

Infidelles vaincuz & occis.

& va directement contre l'Orient : ce qui eft contre le naturél de tout autre fleuue, là
où l'Indus vient de l'Orient, prenant fon cours vers l'Occident, & puis tendant vers
les parties Auftrales, efquelles il fe plonge dans la mer, laquelle porte le nom d'Indique, à caufe de luy & du païs, qui eft appellé auffi de luy. Ces riuieres fufdites foifonnent autant en bon poiffon, que nulles autres d'Afie : duquel le fimple peuple vit la
plus part du temps. Le plus frequent, ce font Brochets, & fi grands, qu'il f'en trouue
tels qui excedent fix pieds en longueur, & deux & demy en groffeur, & quelquefois
dauantage : defquels en ayans prins quantité, ils les falent, & puis vfent de permuta-
tion auec les marchans des Royaumes de *Circan*, & de *Tabul*, qui font efloignez de la
mer & defdites riuieres plus de cent lieuës. Ils les nomment *Nathek*, les Afriquains
Scamone, les Scythes *Zargames*, mot prins des anciens Grecs Trebizontins, qui a mefme fignification : le bas Allemant *Ein-meerhcht*, & le Canadien *Habbyrk*. Il f'en trouue d'autre forte, qui different en tout à ceux de pardeça. Or quelque barbarie que lon
puiffe attribuer à ce peuple, fi ne laiffe il pourtant à bien accouftrer ce poiffon, &
l'ayans fait cuire & affaifonner à leur mode, en font de bons repas. Sur ce propos il me
fouuient auoir leu dans l'Hiftoire vniuerfelle de Iean de Boëfme, chapitre huictiefme, augmenté de plufieurs fingeries par fon Traducteur : entre autres, que le peuple
Indien, qui demeure autour de ces larges riuieres, le poiffon qu'il prend, il le mange
tout crud, comme les beftes brutes font la charongne : chofe tres-faulfe, & mal confideree à luy, & luy veux maintenir, & à tous autres ignorans, qu'il n'y a nation en l'Vniuers, ayant forme d'hommes comme nous, qui vfe en leur manger de viande crue
comme Loups, Lyons, Tygres, ou autres beftes farouches, & le fçay pour auoir demeuré auec les plus barbares qui foient foubz le ciel. Dauantage ce griffon Cómin-
geois ne fe contentant, dit au mefme chapitre vne bourde auffi peu receuable que la
premiere, qui eft telle, Que les batteaux & barquerottes de ces Indiens, qui vont à la
pefcherie, font faits d'vne forte canne creufe, ou pour le moins de rofeaux. Ie fay iuges
tous les hommes de bon iugement, fi ne voyla pas de beaux & gentils difcours : vrayement il fauldroit que leurs cannes fuffent auffi groffes ou plus, que les plus gros arbres
des forefts d'Ardéne, ou de Braconne. Eft-ce pas vne autre vraye triaclerie, ce qu'il defcrit en ce lieu mefme, que les peuples Samariftes, & Iauiens, foient fi defpourueuz
de fens, de manger non feulement l'ennemy, ains leurs parens & amis eftans vieux &
caffez de trop d'aage, & qui n'ont plus de force, ou les vendre à d'autres pour les manger? Encore que Pline, Herodote, & Munfter, defquels il a prins tel aduis, l'ayent voulu maintenir, ie dis qu'il n'en eft rien : mais au contraire les Iauiens, Burniens, & Maf-
cariens ont autant en grand honneur & reuerence la vieilleffe, & tous hommes vieux,
que nation que le Soleil efchauffe, & les maintiennent & entretiennent comme petits
Roytelets. Or cefte mer Indique, en laquelle fe defgorgent ces riuieres, a le temps paffé
efté comprife foubz le nom de la mer de *Thakeil*; mot Indien, qui ne fignifie que Pefanteur : d'autant que l'eau de cefte mer eft en tout temps fort limonneufe, & deux
fois plus pefante, que celle de terre continente, qui eft doulce au poffible. Autres l'ont
appellee la mer *Prafodique*, c'eft à dire Verte, d'autant que la verdure des riues chargees d'arbres verdoyans, qui caufe par fon rebat & reuerberation telle couleur, y
eft & apparoift en toute faifon. Auffi ceux qui ont leu les nauigations du Roy d'A-
del Arabe, qu'il feit aux Indes, trouuent par efcrit en leur langue, que les foldats dudit
Prince difoient, que les fueilles & rameaux qui apparoiffent en la mer d'Inde, eftoient
toufiours verdoyans dans l'eau : mais auffi toft qu'on les tiroit hors, & qu'ils fentoient
le Soleil, tout foudain cela fefmioit comme fel, ou fablon. Quant au lieu de ces ifles ia
nommees, ie vous ay dit, qu'il eft tout plein de paluz & bourbiers : & cela fait, que la

pluſpart ſont inacceſſibles, pource que les flots de la mer, qui ne ſont gueres impetueux, ne peuuent ſurmonter ces paluz & eau limonneuſe de l'Indus : qui cauſe, que
entre toutes les bouches & canaux de ce fleuue, il n'y a que celuy de *Patalis* qui ſerue,
pour eſtre aſſeuré : auquel giſt auſſi l'iſle de *Goga*, & de *Giagat*, & le grand canal qui
paſſe pres *Mangalor*,& ſen va le long du fil de la mer vers Cambaia,leſquels ſont nauigables,& frequentez de toutes les nations des Indes,& païs voiſins d'icelles.En ceſte
iſle Patalis ſe trouue l'herbe, nommee d'eux *Betelle*, & de ceux du continent *Nonath*,
que les Mariniers nomment Fueille d'Inde. Ceſte plante a la fueille comme le Laurier,& preſque naiſſant par terre,ou aux arbres,en grimpant comme fait le Lierre, ſans
porter fruict ne ſemence.Elle eſt fort bonne & cordiale,confortant l'eſtomach,& ſou-
ſtenant les deffaults d'iceluy,& ayant force de faire digerer la viande, & vuider les ex-
cremens.De ceſte herbe vſent les Indiens,tant hommes que femmes,en ceſte ſorte : Ils
prennét des eſcailles d'Huiſtre, & les font ſeicher:puis les pulueriſent,& auec la pouldre ils trempent la fueille de ceſte herbe,y adiouſtans certaines pommes, qu'ils appellent *Areca*, & les Iauiens *Camenach*, qui ſont petites comme Ceriſes : & de tout cecy
meſlé enſemble,ils font des pillules rondes,qu'ils tiennent en la bouche, ſans les aual-
ler:ſeulement en ſuccent le ius,lequel leur fait la bouche rouge,& les dents noires.Ce-
ſte compoſition purge le cerueau & le conforte, chaſſe toute ventoſité, & appaiſe la
ſoif & alteration.Et c'eſt la choſe que ces Indiens tiennent la plus precieuſe,tant pour
ſes vertus, que à cauſe de ſa rarité,veu qu'il ne ſen trouue gueres,& en peu de lieux:&
là où elle croiſt, elle apporte grands profits & reuenuz au Prince, à qui eſt la terre où
ceſte herbe abonde.

Eſcailles de Huiſtres ap pliquees en Medecine.

De l'iſle de G O G A ſur le fleuue I N D V S.   C H A P. I X.

Ovt ioignant *Patalis,* en la meſme emboucheure d'Indus, eſt
aſſiſe l'iſle de *Goga*,ſur le grand canal: laquelle eſt faite tout ainſi que
le Delta,que fait la riuiere du Nil en Egypte, & aſſez grande,comme
celle qui contient enuiron neuf ou dix lieuës : & eſt le lieu de plaiſir
& delices pour ceux de terre ferme, ou de la part de Guzerath,ou de
Cambaia.Apres la deffaite d'Amiraſſen & Melchias,laquelle fut faite
pres la coſte venant de Perſe aux Indes, le Viceroy qui eſtoit en Calicut , Don Alfon-
ſe d'Albuquerque, y enuoya ſes forces pour rafreſchir & renforcer l'armee : auec laquelle creuë de gens,le General conquit *Parimion*,& l'iſle dont nous faiſons mention
en ce chapitre : laquelle il print par force, & en chaſſa *Idalcan Sabaie*, qui eſtoit Mahometan,& Turc de nation,homme vaillant & ſage, mais qui ne pouuoit durer en ce
païs là , pour auoir les idolatres en horreur la cruauté Turqueſque, ſe faſchans qu'on
les vouluſt contraindre à receuoir nouuelle religion,là où les Portugais les laiſſent en
liberté,& taſchent par doulceur les attirer à eux. Ce Turc Idalcan Sabaie auoit obtenu ceſte Seigneurie par le peuple meſme,qui l'en inueſtit, auec condition qu'il guer-
royeroit leurs ennemis,deſquels ils ſe voyoient affligez: veu que ceſtuy cy auoit prins
port en ceſte terre auec quelques ſoldats, tant Turcs que Arabes. Mais le Portugais ſe
voulant obliger les Rois Indiens par ce deportement, en chaſſa le Turc , & rendit le
païs voiſin en terre ferme au Roy de Cambaia,qui luy auoit eſté ennemy, ſe reſeruant
ceſte iſle, & celle de Parimion , à fin de ſen ſeruir comme de magaſin & retraite pour
les ſiens, & pour y tenir ſes vaiſſeaux & garniſons, à fin d'eſtre le maiſtre ſur la mer.Et
ſoudain que l'accord fut fait entre luy & les Gentils, il fcit baſtir vne fortereſſe d'aſſez
belle eſtendue en ceſte iſle , là où il ne demeure auiourdhuy que Chreſtiens. Bien eſt

vray , qu'il y a vne ville pres ladite forterefle , où les Gentils habitans du païs fe tien-
nent.Tout aupres de Goga gift vne iflette ,nommee de ceux du païs *Dia-iamin* (quelques modernes corrompans le mot , l'ont nommee *Dinari*) qui eftoit iadis le lieu
de la deuotion des Indiens , & où ils alloient en pelerinage pour faire facrifice à leurs
idoles : lefquelles eftoiét faites de pierre de Chalcedoine, & autres roches les plus polies ,rares & exquifes que lon fçauoit trouuer,ainfi que les marques en apparoiffent encor en vne cauerne par eux appellee *Fluqui* , du nom d'vne montaigne où gift cefte
grotefque : laquelle eft fort vmbrageufe & frefche, à caufe de plufieurs beaux arbres
qui l'enuironnent.En cefte cauerne on voit encor vne fontaine fourdre, en laquelle fe
lauoient ceux qui alloient adorer les idoles : mais ce temple fut deftruit par les guerres,tant celles que les foldats Turquois, qui eftoient auec Idalcan, feirét contre le Roy
de Cambaia,que celles des Portugais contre le Turc vfurpateur.Des ruines de ce temple les Portugais ont fait baftir la forterefle de Goga, & ceindre pour la plus part les
murailles de leur ville , laquelle les Indiens appellent *Palate* , qui n'eftoit au parauant
qu'vn cazal, fans aucune muraille. Dans ce temple ancien de l'ifle Dinari, lequel f'appelloit auffi des Anciens *Pagode* , fe font trouuees de belles medalles d'vne certaine
pierre noire,fi bien & proprement elabourees,& en telle perfection, que les meilleurs
tailleurs de noftre temps fe trouueroient efbahis d'imiter chofe fi parfaite que cefdites
medalles : mais les Portugais de ces païs là n'eftans gueres curieux de telles gentillef-
Statues &
medalles an
tiques. fes,ont prefque rompu & brifé toutes ces figures antiques. Quant à moy,ie penfe que
ce foit encor vn ancien temple bafti par quelque vaillant Seigneur qui ait laiffé memoire de luy:& fuis marri qu'il ne m'eft tombé en main quelqu'vne de ces medalles, à
fin d'en retirer les pourtraits,pour en donner le plaifir à la pofterité.Auant que les Europeens ny Idalcan meiffent le pied en Goga, le Seigneur qui eftoit du païs, nommé
*Sabaim,*fe plaifoit du tout à recouurer des hômes fort blancs, non pour les faire efclaues & ferfs, ainfi que lon fait des Mores , ains pour les tenir à fa folde : lefquels il ap-
pointoit fort bien, leur donnant quinze ou vingt *Pardai,* qui eft vne efpece de monnoye quarree : en laquelle d'vn cofté font effigiez deux Diables,ainfi que noz peintres
les peignent,& de l'autre quelques characteres Cambaiens,qui approchent de l'Arabe,
fignifians le nom du Seigneur du païs. Or auant que ce Seigneur receuft homme blâc
en fa folde, & l'enrollaft au nombre de fes foldats, il luy faifoit veftir vn gros pour-
point de cuir fort efpais & pefant,& en prenoit luy mefme vn autre,puis luctoit contre fon nouueau foldat:lequel fil trouuoit de bons reins, & fort en haleine, il le faifoit mettre fur la Lifte des bons & vaillans : où fil le voyoit eftre foible , il le mettoit
en quelque eftat vile & mechanique. Cefte ifle eft de grand profit. Les habitans font
beaux,de belle reprefentation,& ayans la couleur bazanee, entre blâc & couleur d'O-
liue:lefquels font veftuz de robbes affez longuettes,& entre autres les marchâds : mais
les gens de guerre qu'ils appellent *Nairy,* font accouftrez à la legere, & portent toufiours lances gaies,arcs,& targues, & font eftimez les plus vaillâs guerriers de toutes les
Indes.Que fils paffent en terre ferme, ils vont à cheual en autant bon equippage,qu'il
eft poffible de voir, & n'eftiment point vn homme vaillant, & digne d'eftre receu à la
folde,fil ne porte armes offenfiues pour deux. La plus part meinêt leurs femmes auec
eux en guerre : & en lieu de cheuaux pour mener le bagage, ils fe feruent de Chameaux & Elephans,auffi bien que leurs voifins.Leurs arcs font forts,& f'en aydent af-
Viande de
ces Hermi-
tes. fez adextrement. Ils mangent de toute viande au contraire de ceux de l'ifle des Hermites,fauf de la chair de la befte *Matath,* qui femble à vne Vache,leur eftât ainfi deffendu par leurs Preftres , qu'ils appellent *Beth-gatz,* & les Modernes *Braquins,* retenans encor, comme i'eftime, le nom, ou en approchans de pres, de ceux, qui le temps

paſſé ſappelloient *Brachmenez*, leſquels aſſiſtent és temples, & font les ſacrifices des Dieux. Ils ne tuent point les beſtes, ains les ont en grande reuerence. Ie croy qu'ils ont retenu ceſte folie de l'ancienne idolatrie & ſuperſtition des Egyptiens. Au reſte, ces miniſtres ſont tant eſtimez & fauorits de chacun, que bien que les Rois Indiens ſen-trefacent la guerre, ſi eſt-ce que ces Reuerends peuuent aller par tout, ſans que aucun les oſe toucher, ou leur faire deſplaiſir quelconque : autrement celuy qui lés offenſe-roit, ſeroit reietté & banni de toute compaignie, comme maudit & excommunié de leurs idoles. Au ſurplus, ils ſont fort bien rentez, & toute leur vacation eſt de prier pour leurs Rois. Ceſte coſte eſt fort dangereuſe, courant au Nordeſt & Sudeſt : & ſi le Pilote n'eſt bien verſé en ſon art, & ne cognoiſt les lieux par experience, il eſt en dan-ger de tomber en grand peril de naufrage, tant pource que la coſte eſt baſſe & dange-reuſe, que auſſi trois lieuës pres de terre en pluſieurs endroits on trouue des ſablons cachez, qui ſont fort dangereux au nauigant par là, & ſur tout aux gros vaiſſeaux : le-quel lieu eſt incogneu à noz Pilotes, pour eſtre ſi loingtain que ſçait vn chacun, & n'eſt ſi frequent aux Chreſtiens, que ſont les voyages de la Guinee, Ethiopie, Peru, & Antarctique. Auſſi le voyage des Indes eſt ſi perilleux & difficile à faire, que ſur le cō-mencement qu'on a cogneu & frequenté ce païs, en moins d'vn an, de vingtſix naui-res qui feirent le voyage, il n'en y eut pas huict qui vinſſent à bon port : & encor de ce peu de reſte d'equippage & d'hómes qui eſtoient ſur les huict, la plus part moururent ou de faim & de ſoif, ou de l'infection & changement de l'air. Là où la riuiere ſe ioint, ordinairement ſe trouue vn poiſſon, que les Indiens nomment *Baalliermon*. Il a la ᴮᵃᵃˡˡⁱᵉʳᵐᵒ̄ teſte aſſez groſſe, ſa peau tirant ſur le pourpre, & peu fendu de bouche : la nourriture ᵖᵒⁱˢˢᵒⁿ ʳᵃʳᵉ. duquel, iaçoit qu'il ſe paiſſe d'autre poiſſon, eſt plus d'herbe que d'autre choſe : & l'her-be qu'il vſe pour ſon manger & paſture, ſe tient contre les rochers du riuage en d'au-cuns lieux, nommee *Baalhermon*, faite comme le creſſon de pardeça, ſauf que la fueille eſt vn peu iaunaſtre par le bout. Ils nomment auſſi ceſte belluë *Iohart*, autres *Iſſet*, & ceux de la grand Iaue *Hicopt*, & porte le nom d'vne plante nommee ainſi des Indiens. I'ay parlé de ce poiſſon, non ſans raiſon, veu ce à quoy il ſert aux Inſulaires, voire à ceux qui ſe tiennent en terre ferme. Car ſi quelqu'vn d'entre eux voit ſa femme eſtre ſterile, & ne pouuoir conceuoir, tout ſon recours eſt à ce poiſſon : lequel ils pren-nent, ſil leur eſt poſſible, en vie : & là où il ne fait point ſa demeure, les Indiens vien-nent aux riuages, & acheptent du ſang dudit poiſſon : lequel eſt de telle vertu, que la femme qui en boit, & en vſe par quelques iours, venant du poiſſon, tant ſoit elle ſteri-le & froide, ou ſi elle eſt chaulde, la fait conceuoir. Et ſi la femme apres en auoir vſé, fault de conceuoir, on tient pour choſe toute aſſeuree, que la faulte vient de l'homme, & non point de l'infirmité de la femme, ains que c'eſt l'homme qui n'eſt point apte à la generation : & ainſi ſeſtans enquis premierement ſils ſont Eunuques, leur font auſſi vſer de ce ſang : ou ſil refuſe, & qu'il die qu'il en a bien auec les autres (car ils ont plu-ſieurs femmes eſpouſees) elle le laiſſe, & ſe marie auec vn autre, ſans aucune autre ſo-lennité. Il ſe trouue vn poiſſon encor different à celuy, duquel nous venons de parler, nommé *Hiphico*, de la greſſe duquel les Inſulaires ſaydent. Ledit poiſſon eſt contrai-re, pour empeſcher que la femme ne conçoiue : & ſe trouue dans vn Lac aſſez loing de ceſte iſle, qui eſt en terre ferme, & venant du fleuue *Himan*, lequel eſt long de vingt cinq lieuës, & ayant dix ou douze lieuës de largeur, & le nomment *Ardauard* (il ſen voit auſſi en la mer Caſpie, duquel lon tient fort peu de compte) portant le nom d'vne ville aſſiſe ſur ſon bord. Ce poiſſon eſt gros comme vn Loup marin, ayant preſque le poil & figure ſemblable, & eſt amphibie. Et par ainſi eſtant prins, ils l'eſcorchent & eſuentrent, prenans tout ce qu'il a de greſſe, & en l'eſpine & aux entrailles, ſans oublier

Cofmographie Vniuerfelle

de luy ofter auffi le fiel & le foye, comme chofes requifes à leur medecine:& font fondre tout cecy l'vn parmy l'autre dans vn vafe fort net , & puis gardent cefte compofition dans leurs *Papauous*, qui font certains coffres faits à leur mode , pour en vfer quand befoing fera:& lors qu'ils veulent rendre fterile vne de leurs femmes, ils luy mettent de cefte greffe meflee fur le nombril, ou bien luy en font máger trois ou quatre fois, gros comme vne pillule:& ne fault plus craindre, que celle qui aura vfé de telle drogue, porte iamais plus enfant, quelque diligence qu'elle face pour en auoir. Il eft fort fafcheux à prendre , quoy qu'on en trouue bien fouuent, tant pource qu'il eft rufé, que pour fa force:& fi ce n'eftoit qu'il eft glout, on n'en prendroit iamais vn. On le nombre entre les poiffons qui mangent chair, que les Arabes appellent *Mehaha*, & les Perfiens *Aftarach*. Il fe trouue encor en cefte ifle abondance de Chalcedoine, de laquelle ils font des poignees à quelques efpees faites à leur mode, & de l'*Indacum*, qui eft vne efcume prouenât des Cannes & Rofeaux d'Inde, groffes comme le bras, & non pas comme poultres , defquelles trente hommes n'en fçauroient remuer vne, comme affez legerement nous raconte Pline. Qui eft chofe auffi peu croyable, que ce qu'il a mis par efcrit, fçauoir que au mefme païs y a vne region, où les hommes n'ont point d'ombre, d'autant qu'ils font droiçt foubz la Zone Torride, & que les hommes y font fi grands, à caufe (dit-il) des chaleurs, qu'ils excedent fix à fept coudees de hault. Croyez le porteur. Mais tout le contraire : là où les chaleurs font telles, les hommes y font plus petits, que ceux qui font és lieux froids, comme ailleurs ie vous le deduiray: & le fçay pour auoir veu le contraire de tout ce qu'en a defcrit ledit Pline, & autres Anciens & Modernes. Au refte, l'vne des chofes la plus finguliere pour taindre, que lon fçauroit trouuer, c'eft (comme i'ay dit) cefte mouëlle de canne : qui eft caufe que lon voit les plus belles couleurs du monde en leurs tēples, & peintures de leurs Dieux. Ceux de Goga ont fort long temps vefcu foubz la fuperftition de ceux de l'ifle aux Hermites, ne viuans d'aucune chair, ou chofe ayant ame : mais à prefent n'en font non plus de confcience, que le refte des hommes : & auec le temps fils font admoneftez, ils fe pourront Chreftienner : car ils font dociles , & de bonne & familiere conuerfation, & qui fe facilitent à ce, à quoy on les induit & employe.

Efcume dite Indacū, & faulte de Pline.

De l'ifle & grand ville de DIVL, au Royaume de Cambaia : & proprieté du Corail.   CHAP. X.

AV PROMONTOIRE de *Iaquatte*, lequel eft en l'ifle de *Diul*, au Royaume de *Cambaia*, eft l'vne des principales villes de toute la Prouince: laquelle eft fur le bord de la mer du Su ou Midy, ayant d'icelle iufques au Cap de *Iaquatte*, qui eft l'autre bout de l'ifle, quelques quarātetrois lieuës, là où de circuit elle en contient plus de quatre vingts. Cefte ville Infulaire eft en fon eleuation de vingt degrez & demy, efloignee de la grand' ville de Cambaia, chef du Royaume, enuiron cinquante fept lieuës, ayant force villes & cafals en elle, tels que font du cofté de l'Eft *Mudrefaban*, qui eft vn fort beau haure: *Moha* auffi vn autre port, *Tabaia*, & *Gundin* : & au milieu de l'ifle, au pied des montaignes, eft baftie la ville de *Sannat*, qui porte le nom de la montaigne où elle eft pofee. Du cofté de l'Oueft tirant au Nort, gift la ville *Cutiane*, laquelle eft fans trafic, quoy qu'elle foit fort proche de la mer, à caufe que là on ne fçauroit prendre terre. Vous trouuez auffi *Mangalor*, qui eft vn beau port : puis *Cheruas*, affis fur vne belle riuiere:& puis on voit *Patan*, qui eft en la campaigne : & apres cela

vn autre port,fur lequel eft aſſiſe la ville de *Corinar*. En apres vous doublez le vaiſſeau
en mer,& trouuez le grand Arſenal de Diul, qui eſt le magazin de tous les marchands *Diul ma-*
qui abordent en la terre de Cambaia. Et fault que ie vous confeſſe,que ceſte ville eſt le *gaz̄in des*
lieu des Indes vn des plus viſitez , & le meilleur du Royaume Cambaien, veu que les *marchans*
Arabes,Perſans,Indiens,Ethiopiens,& ceux de *Narſinga* & *Dely* y abordent. Le trafic qui ſ'y fait,eſt ſucre, que les habitans appellent *Cochi*, autres *Iagara*, cire, fer,ſucre
de *Bengala*, & toute ſorte d'eſpicerie,apportee de quelque coſté que ce ſoit des Indes,
& des Moluques. Lon y porte auſſi force draps de cotton de la ville de *Chaul* , & de
celle de *Dabul*,leſquelles ſont aux Royaumes de *Decan*, & de *Malabar* : lequel drap
ils appellent *Bariamez* : & des voiles pour les femmes,que les marchãds d'Arabie & de
Perſe portent pour leur vſage,& en eſchange ils prennẽt du cotton, de la ſoye,& cheuaux. Quant au vin,les Barbares n'en ont point:ouy bien du fromẽt,legumes,& Ambre,tant de celuy qui vient du Royaume d'Adem en Arabie,que de celuy qui ſe trouue en Cambaia. Le climat y eſt aſſez temperé : non pas que ie vueille dire ne ſouſtenir
(comme fait Solin) que aux Indes en vn an y a deux Hyuers , & deux Eſtez , & par
ainſi ils ont double cueillette de biens : choſe que ie ne luy accorderay iamais , non
plus que de ces hommes qui ont des teſtes de chiens, comme il raconte. En oultre , ſe
trouue à Diul du Camelot cõmun , non ſi fin que celuy qui ſe fait en Syrie: de la ſoye,
& de gros tapis faits à la Moreſque,les plus iolis du monde. Des draps,il ſ'y en trouue
auſſi : & le tout y vient du profond des Indes, tellement que c'eſt le plus beau & riche
magazin,que ie penſe qui ſoit auiourdhuy en l'Oriẽt. Le Roy du païs fait des impoſts
ſur toute ſorte de marchandiſe,pource que ce peuple eſt fort affectionné à ſes Rois,&
luy fait part de tout ce qu'il a de rare.En ceſte iſle & ville principale d'icelle les Arabes
apportent du Corail , & en font bien leur profit, à cauſe que les Indiens le tiennent
fort ſingulier, pource qu'ils en auoient iadis vſé en lieu de monnoye : ce qu'ils ne font
auiourdhuy : & q̃ les femmes en font des carquans & colliers pour les embellir. Mais
pourautant que ie vous ay parlé en autre lieu du Corail, il eſt bien beſoin que ie vous
eſclairciſſe comme il croiſt en la mer.On l'appelle pierre,combien que ie ſçache le Corail n'eſtre autre choſe qu'vn arbriſſeau marin,croiſſant en l'eau en la Mediterranee:le-
quel eſtant tiré hors,& ſentant l'air,ſ'endurcit & caille par la force de l'air.Dequoy ne
fault ſ'eſbahir,veu les grands ſecrets de nature que nous voyons de iour à autre, comme de voir l'eau ſe conuertir en Pierre, ainſi que lon peult experimenter en vne fontaine aupres de Sens,& en vne petite riuiere qui eſt en Auuergne,pres la ville de Clermont en la montaigne. Or ne ſçait on guere bien,quelle eſt l'herbe ou plante,ainſi endurcie en pierre,de laquelle ſe fait le Corail.Ceux qui le peſchent, m'ont aſſeuré qu'elle eſt de couleur verte, ayant le fruiɔt blanc comme Cappes de Laurier , & fort mol
eſtant ſoubz l'eau,& ſ'eſpand en branches,ainſi que vous voyez ces beaux rameaux de
Corail pardeça: lequel non ſeulement l'air fait endurcir,ains le ſeul attouchement.Au
reſte , lors que le Corail eſt tiré de la mer , ainſi que ie l'ay veu peſcher és iſles pres de
Rhodes, il eſt tout chargé de mouſſe,& fault le nettoyer bien gentiment auec le fer, &
quelque pouldre toute propre pour ceſt effect. La cauſe pourquoy les Indiens l'ont
en telle reuerence,eſt auſſi,que leurs Preſtres & Deuins de tout temps & memoire leur
ont fait accroire , que le Corail eſtoit fort bon & profitable pour euiter tout peril : &
auiourdhuy on en met au col des enfans,enchaſſé en de l'argent,comme ſil auoit force contre quelques eſpeces de maladies. Et à dire la verité , les ſçauans Medecins Perſiens & Arabes,comme ils me l'ont recité,tiennent que ceſte plante marine, portee,ou
priſe en breuuage, profite beaucoup contre le hault-mal , & contre le flux de ſang, & *Corail pro-*
les ſonges faſcheux. Et me diſoient dauantage , que le Corail fort rouge, qui ſera mis *pre au flux de ſang.*

au col du malade, s'il est en danger de mort, soudain se pallist, & deuient blanchastre. En somme, le trafic de ceste pierre herbeuse est si grand en Leuant, pour le porter aux Indes, que i'ay veu telle fois six à sept nauires en Alexandrie d'Egypte, chargez seulement de telle marchandise (dont il s'en perdit vn la veille de Nostredame de Chandeleur deuant moy) de laquelle lon faisoit plus d'estat, que de chose qu'ils eussent. Et pource ne fault s'esbahir, si ie vous dy que le principal trafic qui se fait en l'isle Diul, c'est le Corail, veu que toute l'Inde s'en ayde, & que aussi les Tartares Orientaux viennent là pour s'en charger, comme chose tant estimee. On porte encor à Diul autres marchandises, desquelles ie vous ay discouru aux isles des deux Iaues. Quant à l'or & l'argent, il y en a assez en ce païs : pourtāt lon n'y en porte point d'ailleurs. Ce qu'encor est de grand trafic en ceste isle, est certaine pierre assez luysante, que lon appelle *Corniole*, la mine de laquelle se trouue vn peu pardelà la ville de Cābaia, en vn lieu nommé *Limadurar*. Ceste pierre tient aussi du rouge, qu'ils rendent plus coloré & vif, en la passant par le feu : de laquelle ils font de belles filees & cordelees, ainsi que noz femmes de pardeça portent, qu'ils vendent aux Mores & Arabes, lesquels les portent au Caire, & en Alexandrie par la mer Rouge, & les departent par la Perse, Arabie, & iusques en

Propriété de la Chalcedoine.

Nubie. Au mesme lieu se trouue aussi la pierre de Chalcedoine, qu'ils appellēt en leur langue *Babayore*, & la mettent en œuure, comme en bracelets & colliers, à fin qu'elle leur touche sur la chair, tenans pour asseuré, que ceste pierre conserue vn homme sans corruption, & le fait chaste : dont ils ne tiennent pas grand compte, pource qu'ils en ont en grande abondance. En vne montaigne dudit Royaume se trouue de fort bonne & fine roche de Diamant. La separation de ce Royaume d'auec celuy de *Decan*, est entre *Manin*, & *Chaul*, contenant plus de cent lieuës de l'vne terre à l'autre: & ce Royaume est proprement *Bara-Indu*, ou païs d'Inde : qui fait que le Roy de Cambaia se dit Roy d'Inde, sans y adiouster autre tiltre. Au reste, ceste Prouince Cambaienne ne va guere auant en terre, ains est presque toute maritime. Au parauant que les Chrestiens y nauigassent, ceste ville estoit petite, & de peu d'importance, à cause que le trafic se faisoit en Cambaia, qui est assise en terre ferme, toutefois posee sur vn canal de mer : mais depuis qu'on a prins le chemin de Diul pour la marchandise, on ne va guere à Cambaia, d'autant que la mer y est fascheuse, & de difficile descente, pour estre basse, & assez chargee d'escueils & rochers, là où l'abord à Diul est fort facile, le port accessible, grand & capable de belle troupe de vaisseaux, & l'Arsenal bien fort & seur pour se deffendre de tout assault & incursion. Le Roy de ce païs qui regne à present, s'appelle *Madasorza*, lequel bataille ordinairement contre celuy de *Mandao*, & de *Zado*, qui sont en terre ferme vers l'Est, tirant au sein Gangetique. Les habitans de Cambaia, lesquels presque tous demeurent le long de la riuiere d'Indus, nomment ledit fleuue *Inder*, ou *Crecede*. La plus part du peuple est idolatre, bien qu'il y ayt lōg temps que lon y a presché l'Euangile. Quant au Roy, il tient quelque peu de l'Alcoranisme. Ceux qui adorent les idoles, suyuent la façon de faire des Braquins, que les Mahometistes appellent *Bancani*, & les Scythes Orientaux *Mothamelk*. Il y a encor d'vne autre espece d'idolatres, que lon appelle *Patomani*, & les autres *Megorth*, fort honorez de tous les autres : & croy que leurs predecesseurs ont esté Chrestiens, à cause qu'ils ont en reuerence le nom de la Trinité, & s'enclinent oyans parler de la vierge Marie, qu'ils appellent *Mahepta Touptmy* : mais lors qu'ils furent assuiettis par les idolatres, ils ont perdu peu à peu, & l'exercice de la Religion, & la foy Chrestienne, en laquelle ils auoient esté nourris. Ceux cy par le consentemēt du Roy ont des Seigneurs qui sont de leur secte & *Braquins*, qui leur commandent, personnes honnorables, fort estimez, & de grandes richesses (le principal desquels s'appelle *Milacth*) lesquels
quels

quels efcriuent tout ainfi que nous autres,à main dextre,& non à l'enuers,comme font
les autres Barbares. Ces peuples font generalement tous effeminez, addonnez à toute
forte de folie & menfonge,& tenuz fort fuiets par le Roy de Cambaia: lequel au contraire fait grand compte de ceux qu'on appelle *Patomar* , pource qu'ils font chaftes,
comme ils difent,veritables,de bonne vie,& faifans grande abftinence.

Du Temple & Idole pourmenee fur vn chariot par ceux de l'ifle de IAPART.
CHAP. XI.

O VRSVYVANT le païs Cambaien , ie ferois bien marri d'oublier
vne ifle , qui eft au nôbre de celles que les Indiens nomment *Baßin,*
autres *Colphoch* ,fçauoir Ifles Defirees, comme nous nômons les Fortunees, voifines de noftre Tropique : lefquels tirent plus vers la terre continente , que non pas en pleine mer, ains font en vn certain
goulfe affez auant en terre , là où la mer feflargit d'enuiron huiĉt
lieuës de tour. Entre les autres donc il fen trouue vne , laquelle à la contempler on
iugeroit eftre toute ronde, n'ayant en fon circuit que quatre lieuës ou enuiron. C'eft

Ifle de Ia-
part, & du
Temple de
leur Idole.

la plus fertile & abondante en tous biens que lon fçauroit trouuer. Les Barbares la
nomment *Iapart,*& ne fçay pourquoy : toutefois ie fuis affeuré que ce mot eft Cephalien, n'ayant autre fignification, que Ie veux : & ainfi felon les fiecles & occurrence du
temps elle a eu diuers noms. Au commencement qu'elle fut habitee, on la nomma
Pagodde, & n'ay peu fçauoir pourquoy : auiourdhuy elle n'eft peuplee que d'oyfeaux

veftuz de diuers plumages, Singes, Magots, & Buffles auffi fauuages que les Tygres
d'Afrique. Au commencement que les Portugais la defcouurirét, ils luy donnerent le
nom de l'ifle de l'Elephant. La raifon n'eft autre, finon que trois bonnes lieuës deuant
que l'aborder, vous apparoift fur vne butte de terre, laquelle i'eftime eftre artificielle,
comme celle d'Alexâdrie d'Egypte, de laquelle ailleurs ie vous ay parlé, vn rocher fait
comme vn Elephant, & plus grand quatre fois que le naturel, mais fi proprement elabouré que rien plus. Iadis cefte ifle appartenoit au Roy de Cambaie, lequel l'ayant depeuplee d'hommes & de fes richeffes, permit aux Portugais f'en empatronifer: lefquels
y ayans mouillé l'ancre, & voyans la fertilité du lieu, la nommerent l'ifle de *Bouille*, à
caufe du beftail fauuage qui y foifonne à toute outrance. Ceux qui font defcente en ce
lieu, y voyent encor vn temple de l'Idole, que ce peuple nommoit *Iaik* (qui eft le nom
d'vn Geay en Arabe) bafti de la part du Soleil leuât, fur vne croupe de montaigne, que
les plus anciens du païs appellent *Kathir*, qui eft à dire en leur patois C'eft affez. Ce
temple eft affez gentiment conftruit dans la roche viue, & fort au poffible, tellement
que cent hommes eftans muniz de viures (car d'eauë il y en a affez) trente mille hommes les plus braues du monde ne leur fçauroient rien faire. Au refte, vers la marine, tirant de la part de Septentrion, chacun qui voyage cefte cofte, voit plufieurs Statues de
pierre dure : mais quelles ? ie vous promets, de haulteur & groffeur incroyable : qui eft
l'vn des grands contentemens du monde aux hommes curieux de voir telles merueilles ainfi bien ordonnees : & plus, dy-ie, efmerueillables, attendu la brutalité de
ce peuple, que ne furent onques les Statues & Coloffes faites du temps des Monarques Grecs & Latins. Il n'y a Idole en l'ifle qui n'ayt fon fiege, où elle eft affife, autour defquels fe voit effigié plufieurs animaux & figures celeftes, & fi hideufes, qu'il
n'y a homme, les contemplant de pres, à qui il ne vienne quelque tremeur. Les vnes
de ces gigantines Idoles ont quatre bras, les autres fix, & quelques vnes deux vifages:
& celles cy eftoient les plus reuerees & redoutees de toutes les autres : aufquelles auffi
lon attribuoit la prouidence & cognoiffance des chofes paffees, & de celles à venir.
Pour cefte caufe les Anciens peignoient leur Dieu Ianus à deux vifages, regardans
que telle prudence & fageffe furpaffoit toutes les autres vertuz, pource qu'à la
verité c'eft la droite raifon de noz actions. Ces Statues ou Idoles la plus part font
veftues, & les autres à demy à l'Egyptienne. Du temps que les Indiens poffedoient
cefte ifle, c'eftoit la plus celebre de toute cefte cofte marine, attendu que tout le monde y portoit oblations & offrandes : auffi que leurs miniftres leur faifoient accroire
que ces beaux Dieux de pierre deuoroient tout ce que lon leur portoit. Lequel abuz
eftant cognu, & le Roy en eftant aduerti, l'Idole qui repofoit au temple, fut tranfla-
tee & portee en vn autre païs à foixante lieuës de là en terre continente : là où depuis
on luy a fait dreffer vn autre temple, au milieu duquel eft pofee cefte gentille poup-
pee. Les Idoles qui font entre eux de marbre blanc, ou de pierre femblable, ils les
noirciffent d'vne gomme noire, auec de l'huyle, qu'ils tirent d'vn fruict, nommé
Iagoppa, gros comme vn efteuf. Ledit temple où elle eft pofee, eft nommé *Pagodel*, &
d'autres *Chadiamal* : & les anciens Preftres qui en ont le gouuernement, font nommez
de ce peuple fauuage *Otffeth*, & des autres *Braquins*, & font les plus ceremonieux du
monde. Premierement ils ne mangét iamais chair ne poiffon, ne autre befte ayant eu
vie fur terre, ains viuent de Ris, fruicts, herbes, poix, & quelques autres grains que
produit la terre du païs : auffi macerent-ils plufieurs fois l'an leurs corps de nerfs d'E-
lephant, principalement le iour auparauant qu'ils trainent leur Idole. Ce fecond temple eft large de treize toifes, & long de dixfept. Au dedans fe trouue de grands piliers, qui fouftiennent le fommet de la voulte, & font de marbre noir, comme plufieurs

Ifle de Bouille.

Statues de grandeur incroyable.

Preftres des Idoles.

autres,qui font tous garnis autour de figures.Quant à l'Idole qui eft pofee au bout dudit temple, elle eft de la haulteur d'vn homme. Elle eft conduite vne fois l'an fur vn *Idole con-*
Chariot à huict roües,& trainee par les plus anciens du païs:dans lequel(comme vous *duite par*
pouuez voir par cefte prefente figure) y a vn bon nóbre de filles,tenás des rameaux en *les Infu-*
leurs mains,& qui chantent les miracles,qu'ils difent auoir efté faits par leur Idole. Et
fault icy penfer,que de plus de cent lieuës le peuple vient, pour affifter à la proceffion
de cefte belle poupee : de laquelle ce pauure peuple eft fi abufé, que lors qu'elle paffe
parmy la rue, plufieurs d'eux fe precipitent deffoubz les roües du Chariot, & penfent
faire auffi bien, que quelques Turcs,Mores & Arabes, lors qu'ils fe iettent au parfond
de la mer Rouge,allans à Medine,ou fe creuent les yeux, pource qu'ils ne font dignes,
difent-ils,de voir le tóbeau de l'impofteur Arabe, ainfi qu'ailleurs ie vous ay deduit.

Autres idolatres Indiens, auffi courageux que les premiers, couppent auec leur coufteau vn morceau de chair de leur iambe,cuiffe,ou bras:& deuant qu'eftre furprins de
cefte grand' douleur,par l'incifion fraifchement faite fur leur membre,mettét ce morceau de chair au bout de leur flefche, & auec leur arc ruent la flefche en l'air, & ceux
qui meurent fur le champ, font conduits & portez par leurs Preftres au fommet de la
montaigne.Voyla que ie vous ay voulu dire en paffant de cefte ifle fertile & abondáte
en tous biens,là où font des plus belles fontaines que lon fçauroit trouuer. Elle eft fuiette & tributaire au grand Roy de Cambaia, qui n'eft point fi petit compagnon,qu'il
n'ait, lors qu'il marche en bataille, foixante mille cheuaux, trois cens Elephans pour
conduire les munitions, & cent mille hommes à pied. Vray eft qu'ils ne font adextres
aux armes,veu que vingt mille hommes des noftres romproient la tefte à tout cela.Ce
Roy a quatre Gouuerneurs,qui f'appellent,l'vn *Milagobin,* & le fecond *Camalle-mal-*

Quatre Gou uerneurs qui eflifent le Roy. lee, le troifiefme *Afturmalee*, & le quatriefme *Cauelandan*, tous naturels du Royaume, lefquels fe tiennent ou à *Diul*, ou à *Campanel*. Ce font eux qui rendent iuftice à chacun par la terre, & allans par le païs, ils font toufiours accópaignez de grand fuytte de Caualerie, à fin d'eftre les plus forts, fi quelcun vouloit faire refiftance à la iuftice. C'eft à ces quatre Generaux à eflire le fucceffeur du Roy, lors que leur Prince va de vie à trefpas : & bien que la fucceffion efchee de pere en fils, fi eft-ce que fil y a plufieurs enfans, ce n'eft pas à l'aifné que ce Royaume efchet, trop bien à celuy que ces meffieurs eftimeront le plus digne. La marchandife y eft en tel compte, que ie ne fçache nation foubz le ciel, où les marchans foient plus accorts que les habitans de Diul : i'entends les naturels du païs, lefquels on appelle du nom commun Guzerates, qui font gens fages, fideles, & bien preuoyans, foit à achepter ou vendre quelque efpece de déree que ce foit. Ceux du grand Caire, où fe fait pour le iourdhuy l'apport de Grece, Italie & Damas de toute marchádife, viennent par la route de la mer Rouge, & par Adem vers l'ifle de Diul : & de cefte marchandife Diul & Cambaia fourniffent les ifles & plat païs d'Ethiopie, d'Arabie & Egypte : laquelle eft auffi portee iufques en l'Europe, &

Haine des Infulaires contre les Turcs. pardeça la mer, par le moyen des marchans Chreftiés. Ce peuple hait à mort les Turcs, à caufe que enuiron l'an de noftre Seigneur mil cinq cens trentehuict, le grand Seigneur Solyman dernier decedé ayant entendu comme les Portugais tenoient fuiette la cofte des Indes, & qu'ils fagrandiffoient tellement, que depuis les Moluques & Calicut, iufques en Arabie & goulfe de Perfe, tout trembloit deuant eux, feit dreffer vn equippage, & feit aller fon armee par la mer Rouge iufques en Adem, où les Turcs cómencerent à iouër les ieux de leur cruauté, faifans pendre le Roy dudit païs au maft d'vn nauire, pour auoir refufé de venir au commandement de Solyman Bafcha Eunuque, General de l'armee Turquefque. Ledit Bafcha feit tant, qu'il aborda & vint mouiller les ancres en l'ifle de Diul, à ce incité par vn renegat des Gentils, qui feftoit fait Turc, le nom duquel eftoit *Chodorlard*. Ce paillard eftoit Gouuerneur de Diul, au nom du Roy de Cambaia, & auoit fort grande amitié auec les Portugais, qui defia auoient bafti leur forterefse & Citadelle, pour farmer & fortifier contre les Guzerates, defquels ils fe fçauoient eftre mal vouluz, quelque intelligence qu'ils euffent auec le Roy. En l'ifle fe tenoit vn Viceroy, & le premier des quatre Gouuerneurs : lequel entendant la venue des Turcs, & incité par le traiftre, à fe preualoir contre les Chreftiens de la forterefse, y donna confentement, & feit tant, que le Roy mefme faccorda que les Turcs defcendiffent, & chaffaffent, fils pouuoient, les Chreftiens de l'ifle : où le premier touché fut ce Viceroy, les maifons & feruiteurs duquel furent pillees & deualifees par les foldats & Ianiffaires : & quelque plainte qu'il en feift, fi n'en aduint-il autre chofe. Auffi par tout où le Turc paffoit, il faifoit accroire qu'il eftoit venu pour chaffer & Guzerates & Portugais d'vne fi belle ifle, pour l'acquerir à fon Seigneur. Mais

Affault donné à la forterefse. ainfi que ledit Bafcha faifoit battre à force la Citadelle, & y donnaft l'affault, il fut vertueufement repouffé, y perdant plufieurs de fes gens, & là où tous fes engins furent bruflez & rompuz par ceux de dedans. A la fin comme il euft deliberé de continuer l'affault, il eut nouuelles de l'armee du General qui eftoit en Calicut & Moluques : qui fut caufe qu'il trouffa bagage, & fen alla fans faire grand bruit, ayant premierement faccagé la ville, qui pour lors eftoit fans courtine ne muraille. Depuis ença les Chreftiens l'ont fortifiee & ceinte de murs, & ceux du païs occirent *Chodorlard*, comme traiftre. En ce païs (comme defia ie vous ay dit) les hommes ont plufieurs femmes, exceptez les *Braquins* & *Patomaris*, qui n'en ont qu'vne, & icelle morte ne fe remarient plus. Quand donc le mary de quelque troupe feminine eft decedé, elles faffemblent pour le plourer par quelques iours : puis les obfeques eftans faites à leur façon accou-

ftumee, bruſlent là le corps du treſpaſſé (comme iadis faiſoient les Romains & Gaulois) & celle qui a eſté la plus fauorite du deffunct, ſe vient ietter ſur le corps, & l'embraſſe le plus eſtroitement qu'elle peult : & ainſi la femme & le mort ſont iettez au feu
pour eſtre bruſlez. Que ſi quelcune ſ'eſpouuante, & a la mort en horreur, comme nature incite toute choſe viuante à la fuyr, & que ceſte femme ſe recule du feu, elle eſt
preſchee par le Preſtre des Idoles, & en fin iettee par les aſſiſtans,en deſpit qu'elle en
ait,auec le reſte des morts. Les cendres (qu'ils nomment *Atourab*, & les Ethiopiens
Alromad) ſont recueillies, & miſes dans des vaſes de Porcelaine, quelquefois d'or ou
d'argent, nommez de ces Barbares *Sethar*, ſelon la richeſſe des deffuncts : les parens
deſquels font baſtir de beaux ſepulchres & tombeaux de poterie,faits à leur façon,où
ils mettent ces cendres repoſer : car ils croyent l'immortalité de l'ame, & que vn iour
ces corps ſeront reünis auec leurs eſprits, accompaignez de leurs Idoles,deſquelles ils
auront grand'reſiouyſſance, ainſi qu'elles leur ont dit & promis. Celles qui reſtent de
tel bruſlement,pleurent continuellement leur eſpoux, & la compaignie des autres qui
font mortes. Elles obſeruent encor vne autre folle ceremonie, c'eſt que lors qu'on eſt
apres à bruſler ces corps, il y a quelques femmes, leſquelles ſont toutes nues depuis la
ceinture iuſques à la teſte, & eſtans à l'entour du mort, ſ'eſgratignent la face à belles
ongles,& battent leur poictrine, comme ſi elles eſtoient tranſportees, & crient inceſſamment auec la plus douloureuſe & effroyable voix qu'il eſt poſſible d'ouyr. Apres
ceſte iongue plainte, l'vne d'icelles ſe leue,commençant à chanter, & reciter l'hiſtoire
de la vie du deffunct : lequel elle loüe & extolle iuſques au ciel,le diſant bienheureux
d'eſtre à preſent auec ſes femmes en la compaignie des Dieux (à la maniere que i'ay
veu faire & obſeruer aux femmes Grecques, & à celles des Sauuages de l'Antarctique)
& les autres luy reſpondent, chantans auſſi, & racomptans tous les lieux & places, &
en quelle ſaiſon,& coment le deffunct a fait & executé quelque choſe digne de loüange. Dés auſſi toſt que les cendres ſont miſes dans les vaſes, & iceux vaſes en leur tombeau, il eſt deffendu à tout homme (ſauf aux *Braquins* & *Bancamis*) d'approcher du
lieu où les cendres repoſent, pource que (comme ils diſent) c'eſt le ſeul domicile des
Dieux, & de ceux qui les accompaignent, ou qui ſont leurs ſeruiteurs en terre. Au reſte,les enfans du deffunct ne changent d'habillement tout le long d'vn an apres le decez de leur pere ou mere,& ne mangét qu'vne ſeule fois le iour, ſans ſ'oſer rongner les
ongles,ou coupper les cheueux,ny accourcir la barbe:& le iour de l'enterrement tous
les parens & voiſins du deffunct viennent à ſa maiſon, y demeurans par l'eſpace de
trois iours, pour ſe plaindre auec les enfans & famille du mort, ſonnans & ioüans
de certains inſtruments faits de metal, & donnans à manger aux pauures pour l'honneur des Idoles. Le plus grand plaiſir que i'euz iamais aux Arabies, eſtoit d'ouyr diſcourir de telles choſes aux pauures Eſclaues Indiens ; qui toute leur ieuneſſe auoient
demeuré aux Indes,dont les vns eſtoient demy Mahometans, les autres vn peu idolatres, & autres tiercelez, ne croyans ne en Dieu ne aux Idoles.Ils me faiſoient quelquefois pitié de les voir ainſi tourmentez & baſtonnez,pour ne vouloir adherer ne entendre à la loy Furcaniſte ou Alcoraniſte. Car le Baſcha Eunuque, duquel i'ay cy deſſus
parlé, auoit amené de cinq à ſix mille, tant hommes que femmes, eſclaues de ces
païs là : la plus grand' part deſquels furent vendus en l'Arabie heureuſe : meſmes i'en
ay veu quelques vns en Egypte.

De l'ifle de GOA, au Royaume de MALABAR.
CHAP. XII.

I L Y A ENCOR en vn goulfe, à demie lieuë de la ville de Diul, vne petite ifle dans le port mefme, où les Portugais ont vne forterefle, la plus belle, forte, & mieux munie, que autre qui foit ésIndes: & quand ie diray fur tout l'Ocean, ie ne cuiderois point auoir mal parlé, fuyuant l'aduertiffemét qu'vn Pilote Portugais, & quelques autres m'en ont donné, conferant auec eux en la ville de Lifbonne. C'eft cefte iflette, nommee *Babolcut*, qui commande à la mer: de forte qu'vn oyfeau ne fçauroit paffer en toutes ces coftes, qui ne foit defcouuert par la garde de *Babolcut*, là où fault que tous les nauires voulans faire efcale ou defcente en Cambaia, facent chemin, & viennent baifer le babouïn. Et vous diray bien, que cefte feule forterefle bafteroit à eftonner tout ce païs maritime, tellement que ceux de Diul ne peuuét rien entreprendre, que tout incontinent ils ne foiét furprins & chaftiez: & fi n'euft efté cefte Rocque, il y a long temps que les Rois Indiens euffent chaffé les Chreftiens de leur terre, & que le Turc leur courant fus, & ayant pillé la grand' ifle, les euft deffaits, & oftez du gouuernement & Empire de la mer Indique, goulfe de Perfe & d'Arabie. Paffé donc que vous auez les Royaumes de *Cambaia, Chippoliétz, Mudruét*, & *Sarbaneuf*, vous prenez la route de Calicut vers le Midy, voyant & coftoyant les grandes terres de Decan, qui eft vn grand Royaume d'Inde. Que fi vous voulez faire defcente, vous trouuez de belles villes maritimes, bafties felon la maniere du païs, telles que font *Bacain, Chaul, Dabul*, & *Tagana*, laquelle eft fur la riuiere *Banda*, à l'emboucheure de laquelle en la mer, gift vne ville portant le nom de ladite riuiere. Apres fault f'eftendre vn peu en haulte mer, à caufe de quelques ifles qui fe font depuis la ville de *Caporeath*, iufques à *Lieux dangereux.* l'ifle de *Goa*, lefquelles font fort peu habitees, tant à caufe que l'abord y eft impoffible, que pour les bancs & efcueils qui font au long d'icelles, & auffi pource qu'elles ne font que fablons & areine, fans que arbre ou montaigne, ou quelque autre riuiere les rende recommádables. Ainfi ayans coftoyé tout ce païs, vous arriuez en l'ifle de Goa, qui eft conionite à terre ferme, fauf que d'vn canal, qui fait l'emboucheure, par laquelle la riuiere nommee Goa, du nom de ladite ifle, fe mefle dans la mer, qui vient des grandes montaignes de *Montigatte*, & de celle de *Lymocard*: lefquelles f'eftendent par les Royaumes de *Guzerath, Cambaia, Decan, Malabar*, & *Narfingue*, commençans depuis *Serchich*, qui eft affez pres de là où l'Indus f'engoulfe, & viennent finir au Royaume de Calicut, pres le Cap ou Promontoire de *Comari*. Cefte ifle gift à feize degrez de l'Equateur, ayant de fix à fept lieuës de circuit: & a la mer du cofté de l'Oueft: de la part du Nort & du Su, gift la cofte Indique, & du cofté de l'Eft luy eft refpeétiuement fituee la region de *Paleacate*, laquelle eft en terre ferme. Or eft faite cefte ifle par le moyen d'vn fleuue, dont elle prend le nom, lequel l'enuironne par deux coftez, puis entre dans la mer, faifant l'ifle toute ronde vers la mer, & du cofté du Ponent vers l'Eft & terre ferme fur l'emboucheure elle eft faite en poincte, de la figure propremét d'vne poire. Cefte ifle eftant en belle affiette & lieu neceffaire, tant pour le rafrefchiffement des nauigans, que pour f'auoifiner les vns des autres, les Portugais f'en font faits Seigneurs, apres en auoir chaffé auec grand' difficulté & les Mores & les Idolatres, qui eftoiét naturels du païs: lefquels depuis ils y ont laiffé viure, à fin de brider les Indiés, & ont fait tout ainfi que à Diul au Royaume de Cambaia. Car à vn quart de lieuë de ladite ifle en pleine mer, y auoit vne iflette, dans laquelle ils ont fait baftir vne fortereſſe, autant bien flanquee, baſtiónee & garnie de toute choſe neceſſaire pour la guerre, que guere autre qu'ils ayent apres la forterеſſe de Babolcut & de Diul. Ceux de Cábaïa, Ormuz, Adem, ou autre lieu, qui veulent aller iuſques en Calicut, ou paſſer outre, fault qu'ils deſcendent icy, & payét tribut au Gouuerneur deputé pour le Roy Chreſtien : autrement ils ſeroient en danger d'eſtre ſaluez d'vne eſtrange façon. Auant que paſſer outre en la ſingularité du païs, ie vous diray choſe, que peult eſtre n'auez leuë aux liures furetez de noz harangueurs, & de ceux qui ſe meſlent d'eſcrire à la volee de ces loingtains voyages. Ie vous ay dit, que Goga eſt faite iſle par les embraſſemens que fait vne riuiere de ce meſme nom : (il eſt bien vray que ceux de terre ferme luy donnét le nom de *Pagroth* :) mais il vous fault noter, que les canaux entourans ceſte terre, ſont fort larges, & l'eau d'iceux ſalee, comme celle de la mer, laquelle ſurmonte la doulceur de l'eau qui vient de la riuiere, par ſa force. Or quand ce vient que le Soleil entre au Tropique de Cancer, lors que nous auons noſtre Eſté, ceux cy ont leur Hyuer, auſſi bien que les Ethiopiens (ainſi que ailleurs ie vous ay dit, parlant de l'eau du Nil) & y pleut fort ſouuent par l'eſpace de deux ou trois mois, ſi que les riuieres s'agrandiſſent fort, & ſ'eſpandent par les campaignes, par leſquelles il ne fait guere bon aller, ne coſtoyer la mer, ſinon ſur les vaiſſeaux peſans : & lors l'eau qui eſt ſalee dans les canaux meſmes de l'embouchement de la riuiere, prend ſon naturel, & s'adoucit, comme ſi elle ne faiſoit que de ſortir de ſa ſource & fontaine prouenant du roch : mais auſſi toſt que le Soleil retourne ſon cours, & va viſiter le ſigne de Libra, les eauës ſ'eſcoulans & abbaiſſans, ceſte partie du fleuue qui n'agueres eſtoit doulce, reprend ſa ſaleure, & vſe & iouyt du gouſt de celle de la mer. Autant en aduient en quelque autre iſle, en meſme ſaiſon que les pluyes y abondent : & tout auſſi toſt l'eau, qui eſtoit doulce, depuis l'iſle de Parimion, qui eſt en l'embouchement de l'Indus, deuient ſalee, & non apte, ou plaiſante à boire. Mais à tout cela fault rapporter, que les grandes rauines de l'eau deſcendant des montaignes, & qui court de tous coſtez de la terre, vainquent pour lors les flots de la mer, & entrent en icelle bien auant : là où quand les riuieres ſont en leur cours naturel & ordinaire, la mer flue & reflue, & monte iuſques dans les canaux : qui eſt l'occaſion, que l'eau de riuiere, qui deuroit eſtre doulce, prend le gouſt de la ſaleure marine : & auſſi que les tourbillons des vents chaulds s'enueloppans dans ces ondes, & les eſchauffans durant l'ardeur de leur Eſté, cauſent que l'eau ſe trouble & altere, perdant ſon naturel quant au gouſt : mais quand l'Hyuer ſurmonte ces exhalations vaporeuſes, & que ce qui eſt doux, ſurpaſſe la force de ce qui eſt ſalé en l'eau meſlee auec celle de la mer, c'eſt lors que l'Indus & la riuiere de Goa reprennent leur doulceur. Et voila quant à ce poinct. Ceſte iſle eſt ſituee au Royaume de Narſingue, quoy que iadis elle fuſt de la iuriſdiction de celuy de Decan : mais par le ſecours & faueur des Chreſtiens Latins, elle luy fut oſtee par le Narſinguien, lequel octroya à iceux de ſe fortifier : en quoy ils ont eſté ſi diligens, qu'elle eſt à preſent le principal lieu de toutes les Indes, & eſt infini le reuenu qu'elle vault au Roy Portugais : auquel payent daces & tribut ceux de *Batticala*, qui conſiſte en Gingembre, Ris, Mirabolans, & Sucre. Et du port de Banda reçoiuent ceux de la garde de Goa, grand tribut de Noix muſcates, Noix d'Inde, Poiure, & autres choſes, tant en eſpicerie, comme en droguerie. Et d'autant que le Roy de Decan eſtoit iadis le Seigneur de ceſte iſle, fault noter que Decan eſt vne fort belle, riche, grande, & populeuſe Prouince. Le païs eſt abondant & fertil, & de grand reuenu à ſon Prince, lequel ſ'appelle *Marmuduxa*, & ſe ſent du Mahometan, & la pluſpart de ſes ſuiets Idolatres, comme ſont preſque tous les Indiens. Ceſtuy cy ſe tient en vne ſienne ville en terre ferme, qui eſt fort grande, nommee *Mauider*, anciennement dite *Hoppath*, par le Roy qui le premier l'habita : & fait tout ainſi

Choſe notable non eſcrite.

Portugais Seigneurs de ceſte iſle.

que celuy de Cambaia, goüuernant fon Royaume par commis. Que fi quelcũ de fes
Gouuerneurs fe reuoltoit, il ne fe donne de garde que les autres luy courent fus, & ne
ceffent, tant qu'ils l'ayẽt deffait, ou remis foubz fa premiere obeïffance. La plufpart de
la fuytte de ces grands Seigneurs font à cheual, & vfent d'arcs Turquefques vn peu
plus longs, defquels ils tirent fort adextrement. Ils font bazanez, & d'affez belle ftature, portans de petits Turbans en mode de bonnet, entortillez à l'entour de la tefte : &
parlent le naturel langage du païs, & la plufpart Perfan corrompu: qui me fait penfer,
que iadis ces deux nations fe font efparfes en ce païs, pour y dreffer nouuelles Colonies. L'ifle & ville de Goa a efté de toute memoire riche & fort marchande: & fut prife bien toft apres l'ifle de Diul. En Goa y a abondance de certain fruict, nommé *Que-*
Arbre qui | *zot*, & l'arbre *Goan*, & des Iauiens *Nutact* : le nom duquel, comme i'eftime, a efté don-
a donné le | né à ce païs, pour la quantité qui f'y trouue de ce fruict, le plus delicat que lon fçau-
nom au païs | roit fouhaitter. De fon noyau les Infulaires font de trefbonne huyle, laquelle ils ac-
de Goa. | commodent à plufieurs vfages. Il f'y trouue pareillement du *Santal*, auffi bien qu'à
Cochin : & en fouloit auoir en Calicut: mais auiourdhuy la plante de l'arbriffeau en eft
perdue, comme eft l'herbe du Baulme en la Paleftine. Il f'en trouue encor à *Malauar*,
& *Aguzarat*. Iadis les anciens Grecs n'ont eu cognoiffance du *Santal* (que quelques
vns corrompans le mot, ont appellé *Sandal*) ouy bien les Arabes. Il y en a auffi à
la ville de *Decan*, nommee *Nizamoxa*, qui n'eft pas bon, & ne vault non plus que
celuy *Dandanager*. Ie vous ay parlé en l'ifle de *Goga*, qui eft fur le fleuue Indus, d'vn
certain Seigneur Turc, qui auoit fait tefte aux Portugais : mais ceftuy cy voyant que
fes forces n'eftoient efgales, fe toùrna aux rufes : car ayant ramaffé tout tant qu'il peut
de gens, tant Turcs, Perfans, qu'Indiens, feffaya de deffendre le port & ville de Goa,
où il fut tué : auquel fucceda *Zabin Cam* fon fils, auffi accort, fage, & vaillant que le
pere, enuoyé par le Roy de Decan, qui querelloit cefte Seigneurie contre le Roy de
Narfingue. Ce Zabin Cam vint en Goa, & ayant dreffé fon armee affez belle, & rempli
les magazins de toute chofe neceffaire, print hardieffe de fortir en campagne, & enuoyer des Brigantins pour defcouurir païs, & deualifer ceux qui alloient & venoient
auec le faufconduit des Chreftiens, aufquels il en vouloit, luy femblant qu'ils fuffent
caufe de la mort de fon pere. Dom Alfonfe d'Albuquerque, qui eftoit Capitaine maiour de l'armee Portugaife, homme fage & preuoyant, comme il euft aduertiffement
de tel appareil, & que c'eftoient des Turcs, qui font plus fubtils en l'art de la marine, &
en toute difcipline militaire, que ne font les Indiens, fe meit en deuoir de rompre les
deffeins & les forces de Zabin Cam. Ainfi ayant fait amas de tout tant qu'il auoit de
Carauelles, Naus, Galeres, & autres vaiffeaux, vint à l'improuifte fe ietter dans le goulfe de Goa, & prenant terre en defpit de ceux qui eftoient demeurez à la garde, faccha-
gea l'ifle, & fe feit maiftre & Seigneur de la ville principale : attendant à fon bel aife la
venue de Zabin qui le cherchoit par mer pour le combattre. C'eft ce Zabin qui peu
au parauant animoit fes foldats à telle entreprife, leur mettant deuant les yeux l'Empire & Seigneurie des Indes, f'ils auoient vne fois battu & chaffé les Portugais : car il
f'attendoit d'auoir bon marché des autres, & des naturels du païs. Le Seigneur d'Albuquerque pourtant ne laiffa de pourfuyure fa poincte, ains f'attaquant à cefte armee,
la deffeit, fans pardonner à pas vn Turc: defquels il brufla les vaiffeaux & galeres. Quãt
aux Indiens qu'il trouua en leur compaignie, il en feit quelques vns Efclaues, & renuoya les autres en leurs maifons, mettant par mefme moyen toute l'ifle foubz l'obeïffance de fon Roy. Tout le païs maritim de Decan & Malabar vient trafiquer en cefte
ifle, & le plat païs le long de la riuiere de Goa y aborde. Ceux de *Caporeath*, de *Solaper*,
qui eft affis fur ladite riuiere, ceux de *Sintacora*, *Girpfopa*, & autres villes de terre fer-

me,voire ceux du mont de *Cugarquel*, viennent y cercher draps de Cambaia,& autres choſes : en eſchange dequoy ils apportent de belles roches de fin Diamāt,qui ſe trouuent en leur montaigne, laquelle eſt à la ſource du fleuue Goa, quelques cinquante lieuës loing de ceſte iſle.Mais puis que ie ſuis tombé ſur le propos du Diamant,pierre tant eſtimee & de nous, & preſque de toutes nations, il fault ſçauoir qu'en ceſte montaigne que ie vous dy, laquelle eſt au Royaume de Decan, ſont les meilleurs & plus fins Diamans de tout le mōde,à cauſe (comme ie croy) de la purité de l'humeur qu'ils participent de l'air & de l'eau. Qu'il ſoit ainſi, les pierres qui tirent ſur le brun & obſcur, ſ'engendrent d'humeur terreſtre, & icelle aduſte : les rouges, de chaleur vehemente, la matiere eſtant non humide : celles qui ſont bleuës ou perſes, ſ'engendrent de la ſubſtance rouge, elles eſtans cuites auec vne autre ſubſtance : les vertes, de l'humeur qui abonde : & les blanches & luiſantes,telles que ſont le Cryſtal,& le Diamant, ſortent & ſ'engendrent d'vne humeur qui eſt meſlee,& participent de l'air & de l'eau. C'eſt pourquoy ceſte Pierre non ſeulement reluit,ains auſſi elle eſtincelle,& eſt de telle purité & ſubſtance ſolide, qu'elle ne ſe corrompt point pour auoir eſté au feu, ny par le fer, ny par vieilleſſe & vſage. Voyla quant à la generation des Diamans: de la tailleure & œuure deſquels i'en laiſſe la diſpute aux Lapidaires.Ie ſçay bien qu'en pluſieurs autres lieux, ſoit des Indes, de Perſe & Tartarie, c'eſt à dire au grand Royaume de Catay, ſe peult trouuer ceſte pierre : mais elle n'approche aucunement à la beauté & bonté de celle de ceſte montaigne. Or penſez,ie vous prie,quel doibt eſtre le trafic de Goa,eſtant ſi proche d'vn lieu,où choſe ſi rare que le Diamant ſe trouue.On trafique encor icy des autres pierres precieuſes,comme Rubis,Eſmeraudes,Topaſes,Turquoiſes,Balais,& autres:deſquelles ſuyuant les païs où elles ſe trouuent, ie diray touſiours quelque choſe en paſſant. Au reſte,reprenans Goa, apres que les Chreſtiens l'eurent conquiſe ſur Zabin, ils y feirent baſtir la Fortereſſe en la petite iſle que ie vous ay dit,laquelle commande & à la grande,& à la mer.La ville eſt fort grāde,& non moindre que Angouleſme,bien baſtie à la façon de pardeça,veu que és Indes on couure les maiſons la pluſpart de paille, quelques grands ou riches que ſoiét les Seigneurs d'icelles,ſi ce n'eſt au Royaume de Malabar:les rues y ſont fort mal plaiſantes,toutefois larges,y ayant des halles pour retirer les marchās. Elle eſt bien muree à la façon du païs, & y a touſiours bonne garniſon : mais les forces principales de la ville ſont en la Citadelle,telle quelle : toutefois peult battre par toute la ville. Hors les portes vous voyez tant de ruines de vieilles Moſquees de Mahometans, & temples auſſi d'Idolatres, que rien plus,deſquels les Portugais ont fait la pluſpart de leurs Fortereſſes,ainſi qu'en diuers autres lieux voiſins. Et quād il n'y auroit autre choſe que le deuoir, que iadis ont fait, & font encore à preſent ces treſdignes Rois de Portugal, il m'eſt aduis, qu'ils meriteroient tiltres d'Auguſtes,& Princes tres Chreſtiés. Au ſurplus,ce peuple eſt autant mal accoſtable, que nul autre d'Aſie : ſi ne laiſſe-il pourtant à prendre plaiſir à labourer la terre,auec leurs outilz de bois forts & puiſſans,& à iardiner,nettoyer,& cultiuer les arbres : & pour ceſt effect ils ont de beaux vergers hors la ville, dans leſquels vous voyez force fontaines d'eau viue & pure.Les naturels du païs ſont les plus grands faiſeurs de Lauatoires que la terre porte, eſtans ainſi enſeignez par leurs *Bancamis* miniſtres. I'ay quelquefois conferé auec vn mien amy Capitaine Portugais, du temps que i'eſtois à Liſbonne, lequel me diſt,que de ceſte prouince il auoit apporté trois Idoles de fin marbre, deſquelles la moindre eſtoit de ſix pieds en ſa haulteur, & ſi peſantes, qu'il falloit quatre hommes pour leuer la moindre de terre : & aduint que le nauire dans lequel elles eſtoient,fut perdu à la coſte d'Ethiopie,vis à vis du Cap de *Bil*,eſloigné de quelques cinq lieuës de celuy à Trois poinctes, auec tout le reſte de la mar-

De pluſieurs ſortes de pierres fines.

Temple des idolatres ruineƵ.

chandife. I'acheptay dudit Capitaine deux pieces de corne, ou d'Iuoire, taillees & enrichies de petits animaux, & autour plufieurs characteres, le tout bien eftoffé, & plufieurs autres petites fingularitez:& m'affeura que les plus grãds Seigneurs du païs portoient telles chofes pendues à leur col, comme vn grand threfor, pour les adorer, eftãs
efloignez de leurs Idoles & temples cauerneux:& ay encor lefdites pieces en mon Cabinet à Paris, comme chofes des plus rares de ce païs là, lefquelles noz Rois & Princes
ont quelquefois admiré. I'ay tafché par plufieurs moyens & fubtilitez, faire & entre-
prẽdre le voyage de ces ifles fufdites, comme feit le docte Bouïfer, iadis mon maiftre,
maiftre és Arts, lequel dix ans apres y a fini fa vie. Quand le Roy de Decan fe difoit
Seigneur de cefte contree, il y auoit quatre Gouuerneurs qui commandoient tout ainfi que le Roy mefme, tant icy qu'en terre ferme, qui eftoient *Malmalet, Hodam, Am-
cham, & Mihquedaftur.* Sur tous ceux cy eftoit vn nommé *Sabaio*, lequel eftoit en pareil degré que feroit le Capitaine des gardes d'vn Roy. Goa faifoit iadis vn Royaume
à part foy, comme celle qui eftoit vne des clefs plus fortes & principales de toute l'In-
de:fi bien que à la conquefte de cefte ville, les Portugais ont eftonné toute la prouince, & mis la bride aux Rois de Cambaia, Decan, & Narfingue. Leur monnoye eft d'or,
Monnoye   & l'appellent *Pardai* (autres luy donnent diuers noms). valant enuiron vn efcu en
d'or qui   fon poix. Ce font gens les plus conftans du monde : car volontiers ils ne diront vne
poife l'efcu. chofe, qu'ils n'auront deliberé de faire. Les fẽmes font affez propres & gentiles, & bien
veftues, felon l'vfance du païs. Au refte, on y vfe de pareilles ceremonies à l'enterremẽt
des morts, que en l'ifle de Diul. Ie ne vous veux difcourir en ce chapitre de cinq petites iflettes, diftantes de Goa vingtdeux lieuës par mer, ou enuiron, dont la plus grande
fe nomme *Angedine*, qui fignifie en la langue de ces Barbares Cinq ; & l'autre qui la
feconde, fe nomme *Naafle*, ou *Nale*, qui fignifie Quatre. Voyla comme ces Barbares
leur donnent leurs noms, fuyuant la chofe qui fe prefente : Toutefois ie vous en diray
cy apres ce qui m'en femble.

De l'ifle AMIADINE, ou ANCHEDINE, & pourtraict de la GIRAFFE.   CHAP. XIII.

ORTI que vous eftes de l'ifle fufdite, comme vous voulez prendre
la route de Calicut, loing de Goa enuiron fept ou huict lieuës dans
la mer, fen voit vne autre affez belle, nommee *Amiadine*, & de ceux
du païs *Anchedine*: laquelle eft affife fur l'embouchement que fait le
fleuue *Aliga* dans la mer. Ce fleuue defcend de la montaigne de
Gatte, qui eft la mefme, de laquelle prouient la riuiere Goa, & lequel
Aliga fe ioignant de la part de l'Eft, à vn autre fleuue qui vient de *Cananor*, fengoulfe
dans la mer, pres la ville de *Sintacora*, & fe vont rendre tous les deux à la pointe de
cefte ifle : laquelle eft faite à la forme & figure d'vne targue, telle que la portoient anciennement les Amiadins, qui les auoient faites à la femblance de leurdite ifle: laquelle eft à quatorze degrez & demy de l'Equinoctial, loing de terre ferme enuiron demie
lieuë, & ayãt quelques dix lieuës de circuit, fa lõgueur feftendãt du Su au Nort, fçauoir du Midy au Septentrion : & eft comme courbee vers l'Eft & l'Oueft. Elle eft faite
comme vne Efchine, qui fe forme en Ouale, entrant dans la mer. La ville plus voifine
d'icelle eft Sintacora, qui eft fituee fur le fleuue d'Aliga : & à dix lieuës de là eft pofee
la ville d'*Onor*, fur vne autre grand' riuiere : car ce païs là eft fort heureux en riuieres.
Quelques vns l'ont voulu nommer *Maldiue*, affez mal à propos, & corrompẽt le vocable. On l'appelle *Nalediua*: car ce mot de *Nale*, en langue des Indiens, ne fignifie

autre chofe que Quatre, & *Diua*, Ifle. Depuis elle fut nômee *Anchedine*, ou *Ange*, qui
fignifie Cinq, pourautant qu'elle eft tournoyee de cinq petites iflettes: parquoy c'eft la
meilleure de toutes les autres. Amiadine eft de la Seigneurie & ancien Royaume de
Goa. Cefte ifle eft vn peu bofcageufe & fombre, fort belle à voir, & non trop fertile:
toutefois les habitans f'y trouuent bien, & cueillent affez de viures pour leur nourriture, fans fe foucier d'en aller querir ailleurs: veu qu'ils ont affez de chair, qu'ils vendent aux paffans, frefche & cuite, & des Citrouilles faites comme les noftres, & de
la Canelle fauuage, ayans auffi vne efpece de Figues longues, & groffes trois fois plus
que celles qu'on apporte de Prouéce. Sur ce propos ie m'efbahis, où Pline a fongé que
en ce païs Indien fe trouue des Figuiers, qui font fi larges, qu'à la feule ombre d'iceux
cent hommes à cheual f'y pourroient pourmener: qui eft vne pure fable, & autant
peu receuable, que ce qu'il adioufte, difant, que ce païs eft fertil en vin, là où il n'y en
croift non plus qu'en la region Canadienne. Il y a auffi en cefte ifle plufieurs autres
fruicts, les meilleurs & plus fauoureux que homme fçauroit goufter, & vendent femblablement du poiffon d'eau doulce, qu'ils ont en abondance. D'vne chofe eft ladite ifle fort incommode, d'autant qu'elle eft mal faine: & cela aduient à caufe de
l'intemperie de l'air. C'eft pourquoy ceux qui n'ont iamais frequenté en cefte ifle, dés
qu'ils y entrét, ne faillent d'auoir rheumes qui leur tombent fur les dents & fur la bouche: tellement que fi lon ne fe faifoit faigner, on feroit en grand danger de fa vie. A
d'autres leur viennent des enfleures à l'haine, comme glandes: mais cela fe paffe auffi
toft, & en font allegez incontinent par l'induftrie des Infulaires. Au refte, il fembleroit que cefte indifpofition de l'air procedaft d'vn Lac qui eft au milieu de l'ifle, lequel fort d'vne montaignette fort plaifante, & qui verdoye, de laquelle fourdent plufieurs fources & canaux de petites riuieres, dont fe fait ce Lac, qui peult auoir quatre
ou cinq lieuës de long, & vne de large. Mais combien qu'il reçoiue l'eau de pluye,
& foit fans courfe en fon eftre, fi eft-ce qu'il retient la faueur de fa veine, laquelle procede du rocher de la montaigne voifine. Et à dire la verité, vn Lac ne peult eftre falé,
fi la terre où il eft engendré, n'eft falee, quelque grâdeur qu'il ayt. Voyez tous les beaux
Lacs que nous auons pardeça, comme celuy de Lofanne, le Lac de Garde en Italie, &
d'autres: vous diriez que c'eft vne mer, tant ils font grands, & toutefois leur gouft &
faueur ne fent rien de fel, quoy qu'ils ne courent point. Cefte montaigne, d'où fort ce
Lac, eft fertile en fruicts & beaux arbres, & y croift l'herbe comme par defpit, & partant apte pour le pafturage. Vous y voyez force Chameaux & beftes à cornes, que ce
peuple nourrit, à fin d'en auoir le laictage: & ceux qui f'y tiennent, font gens beftiaux,
& plus barbares que pas vn peuple qui foit en toute la cofte de cefte mer: auffi ils fe
contentent de leur païs, fans fortir guere iamais de l'ifle. Elle fut iadis depeuplee, fauf
quelques bonnes gens, qui fe tindrent és montaignes, & ce du temps que les Mores de
la Mecque alloient faire fouuent le voyage de Calicut, lefquels defcendoient en ce
lieu, tant pour faire aiguade, que pour rafrefchir & auitailler leurs vaiffeaux, & les calfeutrer fil eftoit befoing. Ces vilains defcendans en l'ifle, affligerent tellement les pauures Indiens Infulaires qui eftoient idolatres, qu'ils furent contraints fe fauuer en terre ferme, & allerent fe tenir à *Sintacore*, *Onor*, *Nutul*, & iufques en *Betacale*, fauf quelques vns, comme dit eft, qui depuis ont repeuplé l'ifle, du temps que les Chreftiens
y vindrent. Depuis lequel temps les Arabes & Turcs qui voyagent en Calicut, n'ont
eu garde d'en approcher à la volee du canô, ny au fceu de la garde: pource que les Indiens les ont en telle deteftation, qu'ils ne hayent pas tant la mort, qu'ils font cefte femence. Qu'il foit ainfi, fuyuant le recit que lon m'en feit, du temps que i'eftois en Leuant, quelque nombre de Nauires Turquefques allans en Calicut, voulurent prendre

*Amiadine
mal faine
pour les e-
ftrangers.*

*Montaigne
en l'ifle fer-
tile.*

terre en l'ifle pour fy rafrefchir, & auffi pour y voir quelque fingularité qu'on leur auoit dit y eftre. Or quoy que la garde Chreftienne ne fuft pour lors guere forte, ny la forterefle trop auancee, fi eft-ce que ceux cy, qui n'eftoient defcenduz en equippage d'affaillans, comme ils cuiderent prendre terre, furent fi bien recueilliz, que en peu d'efpace il demeura plus de trois cens de leur compaignie morts fur la place : mais à la fin les Infulaires furent contraints fe fauuer, tant fur la montaigne & rochers d'icelle, que dans la Forterefle, de laquelle auant lon commença à faluer les Turcs, combien que pour cela ils ne laifferét de courir l'ifle, & faccager ce qu'ils rencontrerent. En ladite

Giraffes be-
ftes rares
& belles. ifle ils trouuerent fix Giraffes, que les Seigneurs du païs tenoient là pour leur plaifir, comme eftans beftes fort rares, & lefquelles fe prennent à plus de deux cens lieuës de là, à fçauoir aux Royaumes de *Camota*, d'*Ahob*, où fe trouue des Cheuaux fauuages, à celuy de *Benga*, & aux haultes montaignes de *Cangipu*, *Plunaticq*, & *Caragan*, qui font en l'Inde interieure pardelà le fleuue Gangez, quelques cinq degrez pardeça le Tropique de Cancer. Ces Turcs donc fe faifirent de ces beftes (nommees des Indiens *Nohna*, qui fignifie Haulteur, en langue des anciens Mameluz : les Arabes leur donnent le nom de *Zurnapa*, les Tartares d'Orient *Beyden*, les Ethiopiens *Zarat*, & les Germains Occidentaux *Giraff*) & par force, & à coups de baftonnades les meirent en leurs vaifleaux. Mais foit que le changement d'air leur nuifift, ou que la foif les accablaft fur le Nauire, deux y moururent, & deux autres, ainfi qu'ils eurent mis pied à terre au port d'Adem en Arabie : & les deux de refte furét menees au grand Cairé, lefquelles i'ay veuës durant le temps de trois mois que ie fuz en ce lieu, & contemplees à mon aife. Cefte befte eft fi eftrange & fauuage, auant que d'eftre prife, que bien peu fouuent elle fe laiffe voir, à caufe qu'elle fe cache par les bois & deferts du païs où elle fe tient, là où d'autres beftes ne repairent iamais : & dés auffi toft qu'elle voit vn homme, elle tafche de gaigner au pied : mais facilement on la prend, parce qu'elle eft tardiue en fa courfe. Scaliger parlant de cefte befte, donne affez à cognoiftre qu'il n'en veit iamais

Erreur de
Scaliger. qu'en peinture, ou par vn feul ouyr dire, lors qu'il nous ameine en ieu, qu'elle a les oreilles, tefte, & queuë femblables aux Mulets : chofe que ie ne luy accorderay iamais, pour auoir veu le contraire, & n'en approche non plus que le bœuf fait de l'Elephant. Ceft animal differe peu de tefte, d'oreilles, & de pieds fenduz, à nos Biches. Son col eft long d'enuiron vne toife, & fubtil à merueille : & differe pareillement de iambes, d'autant qu'elle les a autant hault efleuees, que befte qui foit foubz le ciel. Sa queuë eft ronde, qui ne paffe point les iarrets : fa peau belle au poffible, & quelque peu rude, à caufe du poil qui eft plus long que celuy de la Vache. Elle eft mouchetee en plufieurs endroits de tach es tirans entre blanc & tanné, côme celle du Leopard : qui a donné argument à quelques Hiftoriographes Grecs luy donner le nô de *Cameleopardalis*. Ledit Scaliger nous la fait naiftre au païs des Geans. Ie ne peu onc fçauoir en quelle region habite cefte grande famille Gigantine, finon que lon eftimaft qu'elle fuft foubz & autour des deux Poles Arctique & Antarctique, où les hommes à la verité font d'vne grandeur incroyable. Mes raifons ie vous les ay dit ailleurs. Mais aucuns de ceux qui ont voyagé en ces lieux, n'ofent confeffer chofe, de laquelle la verité les puiffe demétir, & n'y a celuy qui fofe vanter y en auoir veu : pourautant qu'il n'y a auffi chofe qu'elle craigne plus, & qui foit plus contraire à fon naturel, que le froid. Quant à l'aduis de Gefnerus, qui dit que ces beftes Giraffines repairent & fe trouuent en la region Georgianique, fuiette à l'Empereur Perfien : fa raifon n'eft pas trop impertinente, tant pour

Faulte de
Gefnerus. la doulceur, temperature & fertilité du païs, que pour le bon pafturage du lieu. Toutefois ie cognois que ce bon homme fabufe, & prend le Bœuf fauuage, que les Perfés appellent *Tolard*, les Lituaniens *Suber*, les Polonnois *Zuber*, & les Indiens *Herith*, pour
la Giraffe,

la Giraffe,ou pour les Daims de Crete, que le vulgaire de l'ifle nomme *Platogna*, & les Grecs anciens *Platycerotas*, qui neantmoins different de la befte fufdite. Et ne me foucie du pourtraiét qu'il nous reprefente dans fon liure, qui approche certes plus dudit *Platycerotas*, à caufe de fes longues cornes couchees fur fes efpaules, qu'à celles d'aucune autre befte d'Afrique ne d'Afie. Voyla comment les doétes hommes, fans experience, & qui n'ont voyagé,fe laiffent ainfi aller. Au refte,prinfe qu'elle eft,c'eft la befte la plus doulce à gouuerner, que autre qui viue. Sur fa tefte apparoiffent deux petites

cornes, longues d'vn pied ou enuiron, lefquelles font affez droites, & enuironnees de poil tout autour. Vne lance n'eft point plus haulte qu'elle eft, iors qu'elle leue fa tefte en hault:& fouuentefois l'ay maniee,fans que iamais elle me feift femblant ne de mordre, ne de ruer. Elle paift l'herbe, & vit auffi de fueilles de branches d'arbres, & ayme bien le pain.I'ay autrefois donné à vne de ces beftes,qui eftoit feparee de deux autres, des pommes & dattes confites, qu'elle prenoit dans ma main auffi doulcement, que pourroit faire vn chien. Ceux qui les chaffent,ne fe foucient d'en prendre,finon celles qui font encor fort petites,és lieux où elles ne font prefque que naiftre.Ie vous ay parlé de cefte befte en mes Singularitez du Leuant.Il f'en trouue encor en l'Afrique, de la part de l'Ethiopie,en laquelle fourd & naift la riuiere du Nil, fi nous voulons adioufter foy à ce qu'en a efcrit Paule Ioue : mais ie luy refponds qu'il n'en eft rien: car ainfi me l'ont affeuré les Abyffins,& autres Afriquains: f'il ne f'en trouue, dy-ie,aux Cours des Rois & Princes, amenees des Indes en ces païs là. Vn de ces Turcs qui auoit fait ce voyage,me dift que Amiadine eft vn lieu fort beau,mais que la plus grãd part du peuple eft affez barbare : & qu'il auoit efté iufques à moitié montaigne , en pourfuyuant les fuyars, là où il auoit veu force herbes,& plantes fingulieres, entre autres du Rheu-

Rheubarbe,
Storax, &
Lacca en a-
bondance.

barbe, le meilleur qu'il eft poffible de trouuer, du Storax, & de l'arbre dit *Lacca*, la gomme duquel eft rouge & luyfante. Cefte gomme coule de fon bon gré de l'arbre, qui eft prefque comme vn Cerifier. Autres difent, que ce n'eft point gomme, ains que ce font de petites graines, qui font fur les rameaux en maniere de fruict. Quoy que ce foit, ils n'en cueillent guere au coup, veu qu'ils le portét dans de petits vafes. Le gouft de cefte gomme eft fort fauoureux & plaifant: toutefois l'vfage n'en eft point pour manger, ouy bien pour taindre, & en font le fin rouge, qu'ils appellent *Chermez*. Ie n'ay icy affaire de vous deduire les opinions diuerfes de cefte gôme, qui diftille comme celle de la plante de la Myrrhe, & en quoy elle profite. Il me fuffit que vous fçachiez, que le lieu principal où elle croift, eft en cefte ifle, & aux montaignes du Royaume de Malabar, & que c'eft vn des principaux trafics, que les plus accorts d'Amiadine facent fouuent à Goa, ou Sintacore, que de cefte Laque, & du Rheubarbe & Gaiac, duquel auffi ils ont en abondance, comme croiffant en la montagne qui eft au milieu de l'ifle. Il y a vn Lac, où lon voit des animaux aquatiques fort grãds, que ceux du païs appellent *Gomaras*, que vous diriez eftre Cheuaux marins. Ces beftes font furieufes, & leur font les Indiens la guerre iour & nuict, à caufe qu'elles gaftét leurs champs, bleds & legumes: & en mangent la chair, qu'ils difent eftre fort fauoureufe. Ils portent vendre en terre ferme vn autre poiffon, ayant la tefte auffi vilaine & lourde qu'il eft poffible, plus groffe deux fois que tout fon corps: au furplus, fa peau eft faite tout ainfi comme celle d'vn Congre: mais de bonté, graiffe, faueur & gouft appetiffant, il n'y a poiffon qui luy foit à comparer. Ie n'oublieray à vous dire vn miracle de nature, qui fe voit ordinairement en ce Lac, auquel y a encor vn poiffon fort merueilleux, & duquel perfonne n'vfe en fon mãger, comme eftant ennemy du corps humain. Il fe laiffe prendre fort facilement: mais tout auffi toft que vous le tenez, il vous prend vn friffon tel, que fi la plus violente fiebure vous tenoit faifi, vous ne l'aurez pas pluftoft laiffé aller, que vous eftes auffi fain & difpos que iamais, fans fentir l'apprehenfion de la mala-

Arecan
poiffon mor-
tel.

die: & fe nomme ce poiffon *Arecan*. En ce lieu vous ne voyez ne cheual, ny mule, ny afne. Il y a de l'orge, millet, & force bons legumes: mais ce qui eft le plus à prifer, font les fruicts les plus delicieux qu'on fçauroit voir ny goufter. Les habitans de l'ifle font fort peu noirs, accouftrez à la façon des autres Infulaires. Ils font encor idolatres, & font la reuerence au Soleil, ainfi que iadis faifoient tous les Leuantins. En cefte cofte vous trouuez de longs & affez gros poiffons, que vous iugeriez eftre ferpents, nageans feulement au riuage de la mer: penfez que c'eft pour trouuer proye: & c'eft vn argument, qu'ils ne font guere efloignez de la terre, qui leur eft plus propre & naturelle que la mer.

De l'ifle de MANOLE, *& des merueilles d'icelle.* CHAP. XIIII.

L'ISLE de *Manole* eft loing de terre enuiron feptante lieuës, fur le chemin que prennent les Nauires qui vont de Calicut vers le goulfe de Perfe. Elle eft fpacieufe de fix à fept bonnes lieuës de circuit, peuplee d'vne nation barbare & cruelle, laquelle ne fçait autre chofe que la pefcherie, mefmement des Perles fines: & font efloignez de Calicut plus de cent lieuës. Il fait dangereux paffer le long de cefte ifle, à caufe que prefque tout ioignant le haure y a des rochers qui font à fleur de terre: tellement

Aduertif-
fement aux
Nautonniers.

que fi les Nautonniers n'y prennent garde de pres, ils font en hazard de faire rire les Infulaires, lefquels prennent vn fingulier plaifir à voir periller les eftrangers en leur haure: car d'amitié ils n'en portent à perfonne du monde, finon entre eux mefmes:

ioinct auſſi que, ſi vn vaiſſeau de quelque marchand ſe perd, ils ſont aſſeurez en auoir quelque profit : car la mer auec le temps amene le tout près de terre, comme il leur eſt aduenu quelquefois, hormis le fer, & autres metaux, & pierres peſantes, ainſi que ie l'ay auſſi aſſez veu à mon grand regret par pluſieurs fois. Or à fin que vous ſçachiez comme les Indiens nauigans ſur la mer dreſſent leur equippage, fault noter qu'ils ne ſe gouuernét point par Cadran ou Bouſſole, & ne ſe ſoucient de cognoiſtre les eſtoilles pour les guider. Il eſt bien vray, qu'ils ont quelque ſorte de Cadran fait de bois: mais ie ne voy point comme ils ſen puiſſent preualoir en leur nauigage. Auſſi quand ils rencontrent quelque païs eſtrange, ils ſont à deuiner, & tóbent bien ſouuent en tel acceſſoire, que de douze ou quinze Nauires, qu'ils tireront de leurs haures, ſils voyagent longuement, il n'en reuiendra pas ſix à bon port. Tous les vaiſſeaux de ce païs ſe font en Calicut, ou en l'iſle Amiadine, pource qu'il y a force bois : car en autre lieu ils n'ont les materiaux propres pour ce faire. Leurs ancres ſont fort petites, & né puis penſer comme il eſt poſſible qu'ils ſen ſeruent, n'eſtoit que ie les ay veu ancrer leurs petits vaiſſeaux en quelques endroits de la mer Rouge. Le Timon de leurs Naux eſt plus grãd de trois pieds que le Tillac, & ſont attachez à belles cordes à leurs vaiſſeaux, qui ſont fort peſans, à cauſe qu'ils ſont tous doubles : ſi que ſi vous auiez percé vn côſté, vous voyez autant de bois au lieu meſme: toutefois cela n'eſt point propre pour le canon, veu que dés que la breſche & ouuerture eſt faite, il y fault plus long temps à la reparer & calfeutrer. Que ſils entendoient l'art de nauiguer, comme font ceux de pardeça, ils ſont bien riches, mais encor le pourroient-ils eſtre plus. Ces Manoliens vont ſouuent en Calicut faire leur deſcharge de Perles & poiſſon, leſquelles ſont plus fines que celles de *Baharem*, de *Zeilan*, ou de l'Inde interieure: & ſen fait grand deſpeſche, à cauſe qu'ils en portent nombre, & auſſi que ſouuent ils y viennent faire leur trafic. Ie vous dis que ce peuple ne vit que de peſcherie, qui eſt volontiers le principal viure de tous les Inſulaires de l'Ocean: & de ce poiſſon ils en vendent vne partie à leurs voiſins, & de l'autre ils en viuent. Et entre tant d'autres qu'ils voyent ordinairement, y en a d'vne ſorte, que ceux de l'iſle nomment *Eller*, autres *Scot*, lequel poiſſon eſt mortel: & quoy qu'en ceſte mer il y en ait de bien venimeux, ſi ne ſen trouue il de ſi dãgereux & malin. A le contempler dans la mer, vous diriez que ce ſeroit quelque beſte terreſtre toute noire, ayant la teſte fort groſſe, & tout le corps iuſques à la queue le plus difforme que lon ſçauroit voir. Il eſt dentelé, & a le groin fait comme celuy d'vn Marzouin, plus venimeux que n'eſt le Baſilic d'Ethiopie: car ſil met ſa dent ſur vn Indien, ou autre hóme ou beſte, il n'y a aucun eſpoir de ſanté, ains fault ſeulement penſer à la mort. Quand les Inſulaires veulent maudire quelcun, où luy ſouhaitter mal & deſaſtre, ils luy diſent à la colere, *Nidecelaquin, Thozaim-Eller*, Les Dieux te iettent dans la gueule du poiſſon *Eller*, & te puiſſe deuorer. Or taſchent-ils par tout moyen de l'occir: non qu'ils le touchent, l'eſtimans abominable, à cauſe qu'il eſt ſi meurtrier & ennemy de nature, ains l'aſſomment à grands coups de leuiers & maſſues, puis iettent la charongne en la mer. Ie ne doubte point, que ſils eſtoient diligens recercheurs, ils ne trouuaſſent moyen de guerir telle morſure, & que la beſte meſme ne porte quant & ſoy le remede: veu que ſon venin conſiſte ſeulement en la dent, ainſi que i'ay dit de pluſieurs autres poiſſons, & comme auſſi nous experimentons pardeça en ceux qui ſont attaints de la queuë & poincture de quelque Scorpion. I'ay obſerué par tout où i'ay eſté, qu'il n'y a pas tãt de poiſſons venimeux en la mer, qu'il y a aux lacs & riuieres d'eau doulce: toutefois que ceux de mer ſoient des plus grands, & dentelez. Des principaux & plus enuenimeux que i'ay veu, & remarqué en toutes mes nauigations, long temps y a que les ay enuoyez à Geſnerus Allemant, & quelques autres à Greuin Medecin & docteur de

Perles fines ſur toutes autres des Indes.

Prouerbe des Inſulaires.

Poiſſons venimeux enuoyez à Geſnerus & à Greuin.

Paris, qui depuis les ont mis & effigiez dans leurs liures, fuyuant les pourtraicts que ie leur en auois donné. Au refte, ces Manoliés font vindicatifs au poffible, & fur tout contre les eftrangers. Car fi on les offenfe peu ou prou, il eft autant poffible de les ap- paifer fans vengeance, comme de les faire blancs, eux eftans noirs de leur naturel: mais on leur fait bien paffer cefte colere, en fe ruant fur eux, veu que perfonne guere ne les ayme, tant ils font mal-plaifans. Leur ifle eft quafi infertile de viures qui foient bons. Parmy ces gens Barbares fe trouue vne generation, race qui fe dit eftre defcendue de l'ancienne famille des premiers Rois des Indes, & qui font en tout tel compte & efti- me entre ce peuple, que font les Gentilshommes pardeça parmy la ville, populace & marchands, ou laboureurs. Ce qui fe voit par experience, d'autant que le tefmoignage d'vn de ces Nobles fera plus receu & eftimé, que de quatre autres, côme ceux qui por- tent le Turban verd en Turquie. Or ces Gentilshommes fe trouuent, non feulement en ce lieu, ains auffi en terre ferme, & les appellent *Paniques*, qui fignifie Groffe iambe: à caufe que tous ceux qui font de cefte race, ont de pere en fils vne iambe plus groffe que l'autre. De vous en dire l'occafion, ie ne puis, parce qu'elle m'eft incogneuë: mais fuyuant le recit de quelques Indiens Efclaues, qui me le reciterent au païs d'Arabie, ce font les marques de leur Nobleffe, & non autre chofe. Ie penfe que les Anciens, ayans peult eftre ouy parler de ces groffes iambes, ont creu les bailleurs de caffades, qui di-

Pline, Stra-bon, & Mu-fter mal ad-uertis.

foient que en Inde fe trouuoient des hommes fi monftrueux, que nous defcriuét Pli- ne, Strabon, & autres du vieil temps : & de noftre aage ce docte homme Munfter f'eft auffi laiffé aller apres telles refueries, & a creu & affermé la menfonge de ceux qui ont parlé des hommes ayans la tefte comme vn chien, & d'autres qui ne parlent qu'en fif- flant, d'autres qui ont les yeux en l'eftomach fans auoir tefte : & d'autres qui n'ont que vne iambe, & icelle groffe comme tout le corps, auec laquelle ils fe font ombre durant la grand' ardeur du Soleil. Et fuis efbahi, quand ie penfe à part moy, comme vn fi grãd perfonnage, tel qu'a efté Hierofme Cardan Medecin, a ofé coucher par fes efcrits, côm-

Erreur de Cardan.

me ie luy dis familierement eftant en fa maifon à Milan, que aux Indes & Ethiopie fe trouuent des Elephans, ayans douze couldees de haulteur, & autant de corporance que vingtcinq bœufs, & qu'il y a telle dent qui poife trois cés vingtcinq liures. Ie vous prie de iuger, quel Coloffe de befte il nous fait icy, luy donnant telle maffe de chair. Si cela pouuoit approcher de la verité, ie laifferois paffer cefte faulte audit Cardan : mais ie ne puis me garder d'ofter cefte menterie de deuant les yeux des hommes, non pour defir que i'aye de le defdire, ains pour bien fçauoir le contraire. Et combien que ie ne doubte pas qu'en Narfingue & en l'Inde oultre le Gange, il fe trouue des Elephans de monftrueufe grandeur, fi ne f'en eft-il iamais veu qui excedaft de cinq à fix coudees. Quant à la dent, il eft impoffible qu'elle paruienne au poids que Cardan dit, attendu qu'elle eft creufe. Et prie le Lecteur n'y adioufter non plus de foy, que aux refueries

Folies d'vn refueur.

& frenaifies Morefques, d'vn qui de noftre temps fe fait accroire auoir des reuelatiós, & qui en l'an mil cinq cens foixãtecinq me dift, que vn fien compaignon Italien auoit veu en la chambre où ils eftoient, defcendre vn Ange du ciel, lequel luy imprima fur fon bras dextre vn charactere, ou lettre Hebraique, en fouuenance, comme il difoit, que ce feroit vrayement luy, qui au peuple ignorant feroit cognoiftre les langues He- braique, Arabefque, Chaldee, & Syriaque. Sur lefquels propos chacun peult cognoi- ftre, que tels cerueaux efuentez font conduits & fuiets à la Lune, & manie trefgrande. Voyez ie vous prie, comme ces gens qui fe difent, & veulent eftre eftimez doctes, fe tranfportent en leurs affections, & fi lon vouloit croire tels fongecreux, comme ils nous en feroient goufter de bien vertes. Au refte, les Lyons ne font point familiers, ne les Tygres, en cefte region d'Inde, de laquelle nous parlons. Quant aux Loups, ils n'en

y veirêt iamais. L'Afrique & Ethiopie abondent plus en ces beftes que les Indes. Il eft
vray, qu'il en y a, mais non point en grand nombre, ny qui tant hardiment tiennent la
campaigne, comme ils font ailleurs, à caufe que ce païs n'eft point trop chargé de deferts & folitudes, tels que vous voyez en l'Afrique prefque toute, & en l'Ethiopie mefmement. Ce que vous trouuez en grande quantité, & en cefte ifle, & par tout le long
de la cófte Indique, font des Serpens de diuerfes efpeces, dont les vns font venimeux,
les autres non. Lon y en voit de tous noirs, longs de trois couldees, & moins dangereux que ceux que les habitans appellent *Adardy*, & font de couleur bazanee. Il f'y
en voit qui tirent fur le verd, & non pas du tout fi verds, que ceux que i'ay veuz vers la
terre Auftrale. Il y en a de plus grands & gros que pardeça, lefquels tant plus deuiennent vieux, de tant leur peau eft plus viue en fa couleur naturelle, & fe diuerfifie: & en
cela font femblables à vn petit animal, qu'on trouue en ce païs là, que i'ay veu, manié,
& tenu long temps des peaux auec moy: lequel n'eft guere plus gros qu'vn Sagouyn.
Ceft animal eft appellé des Indiens *Zizarim*, & des Arabes *Nacal*, à caufe de fa pre- *Pourquoy le Zizarim eft ainfi nommé.*
miere peau, qu'il garde trois ans, toute rougeaftre, veu que ce mot *Zizarim* fignifie
Rouge en leur langue: les trois ans expirez, il deuient tout tané, deux ans apres tout
gris, laquelle couleur luy demeure iufques à la mort. Cefte beftiole f'appriuoife fort
aifément, & a la tefte fort groffe, eu efgard au refte de fon corps: fon poil eft poly, &
beau. Il a grandes ongles: qui eft caufe qu'il grimpe fort bien contre les arbres, & faulte
de branche en branche comme vn Singe, & auffi legerement que noz Efcurieux, & fe
nourrit du fruiét d'vn arbre, gros comme vn Mirabolan, fans noyau quelconque. Ceft
animal eftant mort, deuient tout tel, que fi fa peau eftoit de fin pourpre. Le fruiét qu'il
mange, eft fort delicat, & defaltere autant que boiffon que lon fçauroit prendre, dont
ces Infulaires vfent allans à la pefcherie. Quant à l'eau, elle eft trefchere, pource qu'il
fault l'aller querir ailleurs és ifles voifines, ou qu'ils en apportent de terre ferme lors
qu'ils y vont: car leur ifle eft du tout priuee de cefte commodité. Ledit fruiét eft par
eux nommé *Vrich*, & l'arbre *Vripal*: les fueilles font toutes rondes, & faites prefque
comme celles que a le Lierre. Ils en font bouillir l'efcorce, & puis vfer de la decoction aux malades, qui f'en trouuent fort bien. D'autres arbres, il f'y en voit plufieurs,
& de diuerfes fortes, defquels ie ne puis parler, n'ayant parfaite cognoiffance de leur
vertu. Dans cefte ifle fe trouue vne efpece de Palmiers, que ce peuple nomme *Sarug*,
les Ethiopiens *Ennakala*, & fon fruiét *Attamard*, qui porte de groffes noix, defquel- *Breuuage d'arbre qui defaltere.*
les le noyau eft fauoureux & delicat à manger, & de fon ius en font du breuuage, que
les Arabes & Bandoliers d'Afrique nomment *Almaftart*: car ils boiuent de ce ius à
faulte d'eau doulce, à fin de fe rafrefchir: & pour la conferuer qu'elle ne fe corrom-
pe, ils y mettent de la Canelle, ou de la racine de l'arbre mefme: d'autres y meflent de la
Noix mufcate puluerifee. Mais ceux de la Guinee en lieu d'efpicerie, y meflent du fel
pour le conferuer long temps, comme ailleurs ie vous ay dit. Ceft arbre encor porte
vne troifiefme commodité aux Infulaires, c'eft que lors qu'ils le taillent (car ils en font
tout ainfi que nous des vignes pardeça, le coupans en fa faifon, le mois d'Aouft) quelques huiét iours apres la taille ils font diligens à recueillir vne certaine autre liqueur,
qui diftille du bout de ce qui eft coupé, auffi claire qu'eau rofe, laquelle ils font couler dans des vafes, qu'ils mettent foubz les branches. Ce ius n'eft point meflé auec le
premier, ains le gardent fort foigneufement, comme le plus requis pour leur famille, à
caufe qu'il eft plus propre pour les malades: lequel tant plus f'enuieillit, de tant eft-il
plus prifé & eftimé des Infulaires, pource qu'il f'aigrit, & a le gouft de vinaigre. Or à
fin que plus facilement ceft aigriffement fe face, ils le mettent dans certains barillets,
qu'ils font d'vn arbre nommé *Garopth*, le bois duquel eft fort vermeil, & accouftrent

bien ces vaiſſeaux,ſi qu'ils ne reſpandent point,les lians autour d'eſcorce d'arbre,& les frottás auec de la cire & gomme. Quand ils ont gardé ceſte boiſſon vn mois ou deux, ils en vſent en lieu de vinaigre,à manger leur viande,ſoit chair ou poiſſon, & ſur tout à manger leurs herbes,qui ſont treſbonnes,meſmement vne qu'ils appellent *Laſonith:* ceux de *Cananor, Mangalor, & Cochin* la nōment *Flaſlonit,* & les Burniens *Aſmoth.* La fueille d'icelle eſt rōde & large, comme vne moyenne aſſiette,touſiours verdoyán-te, & n'a que huict fueilles,en façon d'vne Roſe de Corinthe,portant vne certaine grai-ne au bout de quelques petits iettons,qui ſurpaſſent les fueilles d'vn pied.Ceſte graine n'eſt pas plus groſſe que celle des raues , ou nauette. Ils font bouillir ceſte herbe auec du poiſſon:& ont bien ceſte aſtuce, que iamais ils ne donnent poiſſon roſti ny bouilli aux malades,trop bien des herbes cuites,& bien conſommees dans la greſſe d'vn poiſ-

ſon, qu'ils nomment *Pil,*dont ils leur font vſer,& leur en frottent la poictrine. Quel-quefois ils boiuent tant de ce ius,qu'ils ſenyurent. Voyla la vie de ceux de Manole,& la deſcription au vray & au long de ladite iſle.

Des iſles de PALANDVRE, MAHALDIE, *& guerres aduenues à cauſe de leurs Idoles.* CHAP. XV.

SORTI que l'on eſt de ce grand Royaume de *Goa,*l'on entre auſſi toſt és confins de celuy de *Malabar* , coſtoyant les iſles voiſines de terre ferme. Et eſt la Prouince ſi grande,que pluſieurs l'ont eſtimee eſtre le païs où anciennemēt eſtoit le ſiege des puiſſans Rois des Indes Orien tales , où ſe voit encor de preſent le ſuperbe fondement des edifices les plus ſomptueux que l'on voye en tout le reſte des Indes. Le Roy Malabarien ſe dit chef & Empereur de tous les autres Rois , d'autant que par cy deuāt les Rois de *Biſmagar,* de *Cota, Cananor,* païs & ville maritime,celuy de *Calicut,*de *Ta-nor,* de *Crangalor* , & celuy de *Cochin* , luy preſtoient tous obeiſſance : & en la mer és iſles Indiques, hors le *Gangez* , le Roy qui commande aux iſles *Palandures,* luy faiſoit hommage, & eſtoit tenu luy rendre certain tribut toutes les annees. Et d'autant que ie parle des iſles Palandures , fault noter que ſur la coſte de Calicut , depuis le Royaume de Goa iuſques au Cap de *Comari* , giſent les iſles qui ſenſuyuent, à ſçauoir *Pronda, Areſice,Tàmaut, Ocatiue, Cagarol, Aubile, Hée,* & la principale de toutes & chef des au-tres, *Mahaldie,*laquelle peult eſtre à cent lieuës de terre ferme,en ſon eleuation à neuf degrez de l'Equateur,quelques cent ſix degrez de longitude. Les Sauuages l'ont nom-mee *Capenee,* & giſt du Midy au Couchant,ayant ſa figure faite preſque cōme la fueil-le d'vn treſfle, ſa poincte plus grande tirant du Su,& vne de ſes branches d'vn coſté du Su à l'Oueſt , l'autre de l'Eſt au Nort, & l'autre de l'Oueſt au Nort Nordoueſt. Elle eſt de belle eſtendue , cōme celle qui a de circuit plus de vingtſix lieuës:& ſa plus grande largeur eſt au milieu , contenant ſix lieuës ou enuiron. Plus bas vous voyez le grand Archipelague de *Maldinar,* contenant ſept ou huict degrez d'eſtendue:veu que de-puis le Cap de Comari,qui eſt à huict degrez de l'Equateur,les iſles de ceſt Archipela-gue continuent preſque à demy degré de ceſte ligne Equinoctiale , qui ſont la pluſ-grand part deshabitees, à cauſe que l'aborder y eſt impoſſible, pour les battures & ſe-ches , & les flots ardens de la mer : quelques vnes n'ayans auſſi grandes munitions de viures pour les paſſans , excepté celles qui ſont ſur le paſſage de la mer pour aller en Calicut,ou pour doubler le Cap de Comari, & prendre la route de *Zeilan.* Les habi-tans de ces iſles ſont Mores *Berrettins,* tous hommes de petite ſtature,& qui ont le lan-

gage du tout diuers aux autres Indiens,lefquels les appellent *Caneghim*,c'eft à dire Petit homme : non qu'ils foient de fi petite ftature, que ceux de la fable des Pigmees. Ils
ont vn Roy , qui eft chef de toutes les Palandures : mais fa refidence ordinaire eft en
l'ifle de *Mahaldie* , à caufe que le païs y eft beau , & l'air plaifant & fain , & que auffi
c'eft le fiege ancien des autres chefs de toutes ces contrees. Les naturels du païs font *Infulaires*
fort ingenieux,& de gentil efprit.Ils eflifent le Roy Mahaldien, tel que bon leur fem- *ingenieux.*
ble,pourueu qu'il foit du païs Indien, lequel ils changent toutes les fois qu'il leur viêt
en la fantafie.Ces Infulaires font grãds ouuriers à faire draps de cotton, & groffe foye:
qui eft l'occafion que les Rois de Calicut & Cañanor en tiennêt grand compte, & leur
aydent de tout ce qui leur eft befoing , & les traficquent par toute l'Inde ,apres qu'ils
ont mis le tout en œuure. A la verité, ceux qui font tels draps , font comme Efclaues,
qui n'oferoient partir de leur ifle,fur peine de la vie, & n'y a que les riches marchands
qui portent telle marchandife aux Rois. Au refte, les autres s'adonnent à la pefcherie,
& falent le poiffon:apres le font feicher au Soleil,& le vendent à ceux qui veulent faire voyage loingtain fur mer.Ces gens pareillemêt vfent fort d'enchantemens. Ie vous
diray bien vne chofe fort merueilleufe de leurs charmes, qui a efté verifiee par ceux
qui l'ont veu : c'eft que en cefte ifle & autres voifines, il y a de deux diuerfes fortes de *Serpents ve-*
Serpents fort venimeux. Les vns font fort petits & noirs, la tefte fort groffe,ayãs deux *nimeux.*
pieds de long.Ces beftioles ont la peau faite à replis fur la tefte, & les appellent *Hero-*
then: que fi quelcun en eft mords,il n'y a remede aucun de luy garentir la vie. Il y en a
vne autre efpece de mefme grandeur & groffeur,qu'ils nommét en leur langue *Other-*
mecchy, qui eft à dire,Oeil deuorant,à caufe que le feul regard de cefte beftiole infecte
& occit l'homme : les Arabes luy donnent le nom de *Maceloth*, d'autant qu'il fe tient
ordinairement fur quelque brãche d'arbre, ou bafton. Or ces forciers,au lieu que tout
le monde fuit ces ferpents , ils les approchent & manient, les eftonnans auec ne fçay
quel fon qu'ils font,& quelques parolles qu'ils difent:fi que ces beftioles demeurent là
toutes eftourdies & amoncelees en vn taz, & ces hommes les prennent à leur aife, fans
qu'ils les tuent,ains les gardent auec grande fuperftition. Ils en tiennent de priuees en
leurs iardins,qu'ils nourriffent : & celles là font tellement enchantees,qu'ils ne fe foucient de les manier:mais celles qui font fauuages,& qui viuent dans les bois,ils les craignent iufques à ce que leurs charmes foient faits.Ces peuples font tenuz de venir tous
les ans accompaigner leur Roy en Calicut, tant pour faire la reuerence au grand Roy,
comme pour fe prefenter au temple de leur Idole, qui eft pres de Calicut , au milieu *Temple de*
d'vn eftang.Ce temple eft bafti à l'antique,& fait à deux rengees de Colónes. Au bout *l'Idole.*
d'iceluy vous voyez vers l'Orient vn Autel de pierre blanche,& fort polie , fur lequel
fe font les facrifices : & à chacune des Colomnes, à l'entour de leur foubaffement, lon
voit certains vafes faits comme Barquettes , qui font de pierre, longs de deux pas chacun,lefquels font rêplis d'vn huyle , qu'ils nomment *Enna*, & les Afriquains *Azette*, *Enna, huyle*
qui eft à dire Huyle fainct. Tout autour des bords dudit eftang , y a vne trefgrande *fainct.*
quantité d'arbres tous femblables , fur lefquels & à l'entour y a vne fi grande multitude de luminaires, qu'il eft impoffible de les compter, & à l'entour du temple pareillement reluifent vne infinité de lampes , pleines d'huyle fort precieux , qu'ils font du
noyau des noix d'Inde. Ce voyage fe fait enuiron la my-Decembre,& y vient le peuple de plus de quinze iournees lòing , à fin de gaigner en ce temple l'amitié du Roy &
de l'Idole. Il eft permis à chacun d'y aborder,fans qu'on empefche la franchife à ceux
mefme qui auroient efté bannis pour quelque meffait de leur terre : mefmes l'entree
n'eft deffendue aux Chreftiens,comme leur font les Mofquees Turquefques.Or pluftoft que le facrifice foit celebré , & que aucun fe prefente là pour adorer, fault fe lauer

dans l'eftang : & apres f'approchent des Colomnes fufdites,fur lefquelles font affis les
Preftres principaux, qui font de la fuytte du Roy , lefquels oignent de ceft huyle En-
nà,la tefte de chacun de ceux qui fe prefontent : qui f'en vont puis apres voir le facrifice,& adorer ce grand Satan pofé fur l'Autel.Aprés que les Mahaldiens ont affifté à cefte ceremonie, & prefenté leurs offrandes, ils f'en vont faire la reuerence au Roy : puis
le feftoyent vn iour entier:& luy ayans donné congé de f'en aller,l'inftruifent cóme il
doibt gouuerner fon peuple,& prefter obeiffance à fon fuperieur,luy promettás aide
& faueur contre tout homme qui luy vouldra courir fus. Auec cefte folie ils fe penfent eftre abfoulz de toutes faultes, & f'en vont tout ainfi ioyeux. Il y en a qui difent,
que les luminaires allumez,tant au temple que à l'entour de la riue du Lac,font apparoir plufieurs figures difformés & efpouuantables:mais en cela il n'y a rien qui ne foit
naturel,& fur tout la nuict,à caufe que le rebat du feu fait effigier ce qui n'eft point, &
ce que lon imagine , principalement à ceux qui font faifis de peur, & qui adiouftent
foy aux chofes recitees. Mais ie paffe plus oultre que ie ne voulois. Combien que au

*Peuples Ma
labariés di-
uers en ce-
remonies.* Royaume de Malabar foient dixhuict fortes de nations toutes diuerfes en ceremonies & idolatrie,& fi efloignees en affectió l'vne de l'autre,que pour mourir ils ne f'entr'accofteroient, ou f'allieroient enfemble : tel different ne fe meut entre eux,qu'à raifon de leurs Idoles, puiffance & dignité d'icelles. Les vns leur attribuent la fertilité de
la terre, & temperature de l'air, fanté & guerifon des hommes : les autres au contraire
affermét les leurs eftre plus cheries des Dieux,& faire plus de miracles,que ne font celles de leurs ennemis. Et pour telles contrarietez & opinions peruerfes de Religion
mandite,fouuent ces peuples f'entrefont cruelle guerre:comme il aduint l'an mil cinq
cens cinquantevn , lors que i'eftois en l'Arabie heureufe : en laquelle annee trois Rois
Indiens f'entrechamaillerent fi lourdement,que celuy de *Cabul*,que lon eftimoit eftre
le plus puiffant de tous fes ennemis , fut oultrageufement meurtri luy & deux de fes
enfans en champ de bataille,& perdit vingthuict mille hommes,& en tomba de l'autre parti des Rois de *Circan*,& *Malabar*,fes aduerfaires,enuiron trentefix mille.I'eftimerois que les guerres meuës l'an paffé mil cinq cens foixante & douze entre quelques
autres Rois & Princes Indiens,n'ont efté fufcitees,que par vn femblable zele:efquelles
font morts la plus part des forces & géfdarmes de ces Seigneurs : ce qui arriua au grád
aduantage du Roy de Portugal,qui lors pefchoit en eau trouble:fi qu'il feft aggrandi
par tels difcords de plufieurs terres, villes,& fortes places, iufques à en rédre quelques
vns tributaires à fa Maiefté.La plus remarquable Idole & plus eftimee entre toutes,eft
au païs de Calicut, tant par mer que par terre. Au refte, quant aux vaiffeaux defquels
les Mahaldiens vfent pour leur nauigage,ils font faits d'vne forte d'arbre, qu'ils nomment *Tamuxa*, qui eft comme vn Palmier, & font les tables liees auec des cordes d'efcorce d'arbres (qu'ils nomment *Alhabel*, & *Efcheret* en Arabe) & quelques cheuilles
de bois, lefquelles font fi bien faites & vnies, que l'eau n'y entre nomplus que és noftres bien calfeutrez & poiffez. Ils font tous plats par deffoubz, & le font pour caufe,
veu qu'il y a force baffes & feches en cefte cofte, laquelle eft fort dangereufe. Mais eux
auec leurs vaiffeaux vont d'ifle à autre, & encor en voyagent iufques en Calicut : non
qu'ils foient fans auoir des naux affez bien faits:mais cela aduient,qu'ils fe plaifent fur
lefdits vaiffeaux plats,pénfans que par tout il face auffi fafcheux és nauires faits à noftre
mode,cóme quand lon coftoye leurs ifles:efquelles abordét ceux de Zeilan,de la Chine, de la grand' Iaue,de Malacha , & de la Taprobane, allans à la mer Rouge, à fin d'y
prendre de l'eau doulce , & f'y rafrefchir & accouftrer leurs vaiffeaux. Ces marchans
Infulaires n'ofent courir le long de la cofte de Malabar,Decan & Guzerath,craignans
les rencontres des Portugais , qui les efpient d'heure à autre fur quelques petits vaif-

feaux à rame, pour les furprendre, à caufe qu'ils font ennemis, & que auffi ils vouldroient que ceux cy defchargeaffent leur marchandife és terres qui font foubz leur
Seigneurie & obeiffance. Il y a dauantage, qu'ils prennet autant de femmes qu'ils veulent, & pour autant que lon en veult donner : car ils fe vendent comme au plus offrant & dernier encheriffeur. Tout le dot qu'ils reçoiuent, font des Efclaues, que les
peres baillent à leurs gendres : de forte que felon le nombre des Efclaues qu'vn homme aura, il trouuera auffi bon parti pour fa fille : tout ainfi qu'vfoient iadis en l'ifle de
Chios ceux qui vouloiét marier leurs filles, pour lefquelles doter ils bailloiét, non des
Efclaues, mais bien du feel, & celuy qui en bailloit le plus, auoit l'heur de colloquer fa
fille où bon luy fembloit. C'eft de ces ifles, qu'on nous apporte ces petits Connils, qui
ne font point plus grands guere que rats, diuerfifiez en couleurs ; qu'on nomme Connils d'Inde : & en auons de telle engeance depuis dix ans en noftre France: ils les nomment *Caronich*. Les Infulaires n'en tiennent pas grand compte, & font fort ioyeux, que
les eftrangers les en defpefchent, pource que ces petits animaux leur gaftent leurs iardinages & bleds, defquels ils font fort curieux, pour n'en auoir pas beaucoup. C'eft
auffi pourquoy ils recouurent du ris de Cambaie : duquel ils font vne certaine compofition & pafte, eftant broyé auec du fucre & huyle, dont ils vfent en guife de pain,
qui eft chofe trefbonne, delicate & fauoureufe : & force herbes, qu'ils cuifent auec du
poiffon : buuans de l'eau claire des fontaines, defquelles ils ont abôdance.

Petits Con-
nils, grands
côme rats.

De la riche ville de CALICVT : *d'où eft venu fon nom : & chofes re-*
marquables du-païs.   CHAP.   XVI.

E PAIS de Calicut porte le nom d'vne ville ainfi nommee, comme
font les ifles de Rhodes & de Candie de leur ville principale : & gift
Calicut fur la cofte de la mer, à dix degrez delà la ligne Equinoctiale,
vers le Royaume de Malabar. Et quoy que cefte ville foit en terre ferme, fi eft-ce que la mer bat contre les murailles des maifons d'icelle.
Elle n'eft point muree, qu'à la façon des autres du païs, & a l'vn des
plus beaux ports de toutes les Indes. La ville eft grande, mais les maifons & rues n'y
font guere bien vnies & coniointes les vnes auec les autres. Ie ne fçay fi c'eft à caufe du
feu, ou bien pource que le lieu eft limonneux, & qu'ils n'ont l'addreffe de faire efcouler l'eau en la mer, pour y pofer leurs fondemens. Au refte, nous pouuons dire & appeller toute la Prouince de Calicut, Peninfule, veu que depuis les ifles de Maldinar,
qui font en la mer Indique, iufques au bout & poincte de Comari, cela eft tout entouré d'eau, & enuironné du cofté du Midy de la mer Indique, & vers le Soleil leuant
du fein Gangetique : mefmes il y a vne riuiere qui f'eftend d'vn cofté vers la mer d'Inde, & de l'autre vers le fein de Gangez, qui la feroit ifle, n'eftoit que le mont de *Pana-*
nie, qui eft au Royaume de Narfingue, y donne empefchement. Ce fleuue eft nommé
des Indiens *Syralabbard*, & de quelques autres leurs voifins *Gabard*, & donnoit anciennement le nom à ce païs, ainfi que plufieurs riuieres ont fait à d'autres. Or eft-il
oublié par noz faifeurs de Mapemonde, lefquels n'obferuent bien fouuent par leurs
Chartes la centiefme partie de ce qui eft à noter en la vraye defcription d'vne Prouince, foit par ignorance, ou qu'ils defdaignent f'en enquerir de ceux qui le fçauent deuëment, ayans veu les lieux, ou l'ayans appris de ceux qui le fçauent par experience &
veuë oculaire : autant en vfent ceux qui opiniaftrement defcriuent de ces païs là, toutefois qu'ils n'ayét iamais parti de leur châbre. Ce païs eft donc vne Peninfule, comme

pourroit eftre Soaly,Floridé,Malaca,& la Peninfule des Bretons,qui eft en la terre ad-
iacente & contigue à Canada, eftant cefte Prouince de Calicut coniointe aux Royaumes de Cananor,Bifingar,& Narfingue. Refte à vous dire l'ancien nom du païs,& qui
fut le premier qui baftit cefte ville, & luy donna ce nom. Ces Indiens,quoy qu'ils ne
foient guere addónez à fçauoir, & que les lettres Grecques, ou Hebraiques, Chaldees,
Arabiques,& Latines (qui ont efté les premieres , auec lefquelles on a traitté les fciences) ne leur ayent efté enfeignees , fi eft-ce qu'ils ont des Chroniques & Hiftoires de

Indiens v- leurs predeceffeurs, efcrites en certains charaçteres propres à leur langue, pour expri-
fent de let- mer leur conception. Bien eft vray.qu'ils n'ont aucune lettre fimple, ains chacune fait
tres inco- vne fyllabe,& en ont vingtfix en nóbre,fans nulle voyele, & au lieu d'icelles ils vfent
gnenës. de certains poincts , à l'imitation des Hebrieux, auec lefquels eft faite la variation des
fyllabes, & perfection des mots. Mais Theuet ne veult icy faire vne Grammaire, ains
vne Hiftoire & defcription de païs. Toutefois les doctes des Indes (qu'ils nomment
Sephamoth, & autres *Ses-bas*) font des leçons à la ieuneffe,touchant l'antiquité de leur
païs,à fin que chacun fçache d'où il eft defcendu,& à qui ils font tenuz de la grandeur
& richeffe de leurs villes fi puiffantes. Ils tiennent donc, que d'enuiron fix cens ans en
ça il y auoit. vn Roy, qui feigneurioit ce païs de Malabar, lequel auoit nom *Serma*,
nommé des Cathaiens *Perimal*, qui incité par certains Mahometiftes, delibera d'aller
à la Mecque : mais auant que partir, il voulut pouruoir d'vn fucceffeur en fa Seigneurie : pource feit-il venir vn fien nepueu,fils de fa fœur & d'vn de leurs Preftres,auquel

Dont eft ve- il donna toute l'eftendue de fon païs, qui eft depuis Cananor iufques à la poincte &
nu le nom Cap de Comari. Ce fien nepueu auoit nom *Calic Comodri :* lequel nom ceux de fa fa-
du païs de mille,qui penfent pouuoir paruenir à la Couronne, fault qu'ils portent.Auquel Calic
Calicut. Comodri le vieillard Serma,ou Perimal, donna fon efpee, & vn chandelier qu'il auoit
de couftume faire porter deuant luy, luy commandant qu'il feift baftir fur la riuiere,
laquelle luy auoit tant agreé, qui eft celle où eft edifiee la ville de Calicut, Allé que
f'en eft le vieux Roy,fon nepueu fait les commencemés de fa ville, & la peupla en peu
de téps affez bien,& luy impófa le nom de Calicut,en fouuenance de luy,qui en eftoit
le premier fondateur : la memoire duquel leur eft en telle & fi grande reuerence, que
dés ce temps ils prennent la fupputation de leurs annees,tout ainfi que nous faifons de
la Natiuité de noftre Seigneur. Autres difent que ce fut vn Efclaue Marrane, qui caufa ce nom, eftant fur vn Nauire le long de cefte cofte, quand elle fut defcouuerte , &
qu'ils veirent cefte grand' poincte de Cómari, laquelle entre en mer cent foixantefept
lieuës pour le moins , eftant lauee de tous coftez. Ce Marrane voyant la terre , fefcria
comme par mocquerie, difant en fon patois d'Afrique, *Albalard Afaltana Calicoy*,
qui eft à dire, l'ay veu le premier la ville de Calicut.Mais la premiere opinion eft plus
receuable:ioinct auffi que plufieurs qui philofophent fur le dire de ceft Efclaue,n'aduifent pas(comme ie dis à vn moyne Portugais,opiniaftre au poffible,& qui auoit demeuré huict ans en ce païs là) qu'eftant la ville defia baftie, il n'eft pas inconuenient,
que l'Efclaue n'en euft ouy parler,& qu'il ne dift cela, affeuré du nom d'icelle ville, &
du païs,lequel (ainfi que ie vous ay defia dit) f'appelloit au parauãt *Syralabbard*. Mais

Changemẽt voyez combien il y a de villes en France,Efpaigne,Italie & Allemaigne,Angleterre &
des xois des Flandres,qui ont tout autre nom que iadis,voire les Prouinces mefmes ont perdu leur
Prouinces. premier nom , pour en porter vn autre. La Normandie f'appelloit Neuftrie, Lorraine Auftrafie, en ce que nous auons pardeça. L'Angleterre fe nommoit Albion, & depuis Bretaigne:Londres portoit le nom de Trinouant,comme fils euffent voulu dire,
Nouuelle terre de Troye : & en Leuant l'Armenie maieur eftoit nommee Turcomanie,Perfe *Pharfic* des Turcs,& le païs de Babylone , qu'il nomment à prefent *Bagdet*.

La Cilicie a le nom de Carmanie, & celle que les Anciens diſoient Sarmatie, eſt dite à preſent Moſcouie : & Valachie, c'eſt celle que iadis nous nommions *Blaquie*. La prouince anciennement dite Hiberie, eſt pour le iourdhuy la Georgiane : Pamphilie, que les Leuantins nomment *Scauri*, où eſt Seleucie, eſt dite par eux *Scandalor* : Et celle partie de la Paleſthine, qui eſt ioincte à la Meſopotamie, eſt baptiſee du nom barbare *Diarbech* : Theſſalie & Macedoine maintenant dite *Vmeſtrie*, & Albanie païs Athenien *Cethine*. Duquel changement de noms tant icy qu'ailleurs, ont eſté cauſe les guerres ciuiles, & les Barbares & eſtrangers, qui ſont venuz prendre nouuelle habitation, tant és vnes contrees qu'és autres. I'ay diſcouru cecy, à fin qu'on penſe que non en vain ie vous ay baillé ceſte hiſtoire du nom de Calicut, ains c'eſt auec telle aſſeurance, que nul ne doibt trouuer mauuais mon diſcours, quoy que pluſieurs tant Anciés que Modernes l'ayent ignoré, ſoit pour n'auoir fait la deſcouuerte des païs loingtains, ny hanté auec ceux qui y auoient fait voyage és premieres nauigatiòs : ce que i'ay fait tout au contraire, prenant la plus familiere habitude, qu'il m'a eſté poſſible, dixhuict ans, ou bien pres, que i'ay voyagé hors la Chreſtiété, auec toute ſorte de nations & d'hommes, pour apprédre leurs mœurs, & les plants & aſſiettes des païſages, & en quel temps ils furent premierement habitez. Quant à Calicut, ie l'ay ſceu de trois Indiens naturels, qui auoient eſté Eſclaues, & aagez de plus de quatre vingts ans, leſquels auoient eſté de l'iſle d'Ormuz iuſques en la grand' riuiere d'Inde, & depuis icelle encor iuſques au fleuue Gangez, deſcouurans les iſles tant peuplees que deshabitees : & me diſoient auoir voyagé auec vn Seigneur Venitien, nommé Loys de Cadamoſte, qui le premier a deſcouuert de noſtre temps, tirát vers les parties Auſtrales, la baſſe & haulte Ethiopie, & ce enuiron l'an de noſtre Seigneur mil quatre cens ſeptanteneuf. Encore auoient-ils voyagé auec l'Infant de Portugal *Dom Zurich*, fils du Roy Iean, duquel ils furent Eſclaues l'eſpace de ſix ans : qui me fait vous aſſeurer de ce que i'eſcris, à fin de vous donner cognoiſſance de la verité de mon Hiſtoire Coſmographique. Reuenant donc à mon propos, la ville de Calicut eſt ſituee de la part de l'Oueſt, la poincte tirant vers le Su. Par le milieu de la ville paſſe la riuiere, qui fait le Lac, laquelle préd ſa ſource des haultes montaignes de *Batecala*, & de *Sil*. Toute l'eſtendue du Royaume eſt fort grande, ſoit en largeur, ſoit en longueur, d'autant que toute la terre de Malabar luy eſt ſuiette. Il eſt bien vray, qu'il y a deux autres Rois, mais ils n'ont que le nom, à cauſe qu'ils ſont tributaires de ceſtuy cy, & ne peuuent faire battre monnoye. Et fault que celuy qui ſuccede au Royaume de Calicut, ſoit de la race de Calic Comodri : en ſouuenance duquel ont eſté baſties d'autres villes portans ſon nom, telles qu'eſt celle de *Cale*, ſur la riue de la mer Indique, pres le Promontoire de *Coulan*, à huict degrez & demy de l'Equateur, & vers le ſein Gangetique en meſme eleuation : & vis à vis de Zeilan, vne autre depeuplee, dite *Calecure*, baſtie ſur vne belle riuiere, nommee *Brocal*, ſengoulfant pres ceſte ville dans la mer, loing de la ville de Calicut quelques quatre vingts lieües & dauantage : tant leur a eſté agreable la memoire d'vn bon Prince, ſoigneux de l'agrandiſſement de ſon païs. Et à fin d'illuſtrer & parfaire ce qui eſt de mon labeur, d'autant que i'ay dit qu'en ceſte Prouince y a trois Royaumes, l'vn deſquels eſt le principal, & de ceux qui ſont ſortis de la lignee de Calic : fault noter auſſi, que iadis, & encor ſ'obſerue auiourdhuy, il y auoit trois familles, qui ſont habiles à ſucceder à la Couróne de ces Royaumes, ainſi que nous diſons en France, les Princes du ſang. Ces trois maiſons Indiennes ſe nomment, *Comodri*, qui eſt celle d'où deſcend le grand & principal Roy, qui touſiours a tenu Calicut : celle de *Benatederi*, laquelle tient le Royaume de Coulan : & puis la troiſieſme *Coletri*, qui ſont les Rois de Cananor : leſquels tous vſent de meſme langue, qu'ils appellent *Malcame*, & de meſme Religion, Loix,

Villes baſties en memoire de Calic Comodri.

Trois Rois en Calicut.

mœurs, & couſtumes : & fault qu'ils ſoient deſcenduz des Braquins : car autre ne peult porter tiltre de Nobleſſe, ny paruenir à la Courône, ſil n'eſt fils de quelqu'vn d'iceux, & qui ſont les ſouuerains Sacrificateurs de leurs Idoles. Ceſdits Braquins iadis ſe meſloient auec les femmes des Gentilshommes, que lon appelloit *Nairi*, & les enfans qui en ſortoient, eſtoient reputez Nobles : & ne pouuoient les filles eſtre depuccelees que par ces gens là, ou par les Braquins, & puis on les marioit à la façon des Sauuages, deſquels ailleurs ie vous ay parlé. Les enfans des femmes du Roy ne venoient point à la Couronne, ains ceux là ſeulemēt qui eſtoient fils des ſœurs du Roy, & du ſang Royal, eſtans les enfans d'vne fille de Royne, quoy que les Braquins ſoient employez à pluſieurs choſes viles, dont ie me deporte de diſcourir dauantage, à cauſe de leur meſchante vie. Or auant que parler du trafic ou eſtat de la maiſon baſtie pour le Roy, il fault ſçauoir que la plus part des maiſons de ceſte ville ſont aſſez belles (car ils baſtiſſent de chaux, & de pierre proprement taillee) couuertes de fueilles de Palmes : & c'eſt pourquoy ils les eſloignent l'vne de l'autre, à fin que le feu n'y face dommage. Les entrees ſont grandes, ſpacieuſes, & bien elabourees ſelon le païs. Ils baſtiſſent encor des murs tout autour, & ont des puits & fontaines, de l'eau deſquelles ils ſe lauent : d'autant que iamais ils ne font oraiſon, ny ſ'aſſeent à table pour prendre leur repas, qu'ils ne ſe lauent dans ces canaux domeſtiques, qui ſont fort larges : & au milieu de la ville, & en pluſieurs endroits d'icelle, il y a de petits Lacs d'eau doulce, où le peuple de baſſe eſtoffe va auant que prier, ou prendre ſon repas, à la façon des Turcs. Les habitās ſont entre blancs & noirs, comme de couleur griſaſtre & blafarde, fort diſpoſts, habillez de chemiſottes de diuerſes couleurs. Et pour ne vous rien flatter, c'eſt que la plus grand' part d'eux ſont fort mal veſtus, & vont tous preſque la teſte nue, & ſans chauſſure : i'entends, comme i'ay dit, les plus ruſtiques. Car le Roy & grands Seigneurs, & les plus riches, portent vn accouſtrement de teſte, de velours, ou drap d'or, qui eſt hault eſleué, ayans des bracelets fantaſques, & grandes chaiſnes pendues au col pour leur ornemēt, & pour monſtrer la grandeur de leurs richeſſes. Les femmes ſont auſſi veſtues, & aſſez propres ſelon leur barbarie, & ſe paignent les cheueux, pour apparoiſtre plus belles, portans grādes richeſſes à la mode du païs, & ſont aſſez chaſtes : vray eſt qu'il ſ'en trouue, comme lon fait ailleurs en noſtre Europe, qui ſont fort lubriques & addonnees à leur plaiſir, prians quaſi les hommes de les accoſter. Non pas que ie vouluſſe m'opiniaſtrer iuſques à là, de dire (de peur que le Lecteur ne ſe mocquaſt de moy) ce qu'vn certain du tout ignorant de noſtre temps a oſé mettre par eſcrit dans vn petit liuret intitulé l'Hiſtoire vniuerſelle de tout le monde, fureté de Iean de Boëſme, chapitre

Lourde faure imprimée dans l'Hiſtoire vniuerſelle. neufieſme, Que les Preſtres, nommez de ce peuple *Bramins*, corrompent & deflorent les filles des Seigneurs du Royaume de Calicut, le iour qu'elles ſont eſpouſees de leurs maris. Dauantage, il leur eſt auſſi permis, comme choſe priuilegiee, qu'vn d'iceux couche la premiere nuict auec la fille vierge, que le Roy prend pour ſon eſpouſe : & pour la peine & plaiſir que l'vn de ceſdits Preſtres aura prins en luy plantant les cornes, le Roy pour ſe demonſtrer liberal, luy donne cinq cens eſcuz pour recompenſe. Ne voyla pas de beaux diſcours, & dignes d'eſtre couchez dans vne Hiſtoire vniuerſelle ? Cela certes eſt auſſi faulx, que ce qu'au meſme endroit il atteſte, que les filles ne ſont iamais par le conſentement des pere & mere mariees, que premierement elles n'ayent gaigné leur mariage. Mais comment ? par lubricité de leur corps : Choſe que ie ne luy veux accorder, ny à homme qui viue : & m'en rapporte à tous ceux qui ont conuerſé & demeuré dans les Indes, ſi tels propos ſcandaleux ne ſont pas controuuez d'vn cerueau maniaque. Ie me puis vanter d'auoir hanté & demeuré auec des peuples les plus farouches & barbares (n'ayans ne foy ne loy, non plus que beſtes brutes) qui ſoient en

l'vniuers,

l'vniuers, qui ne permettroient iamais telle turpitude eftre faite à leurs femmes : car au contraire ils en font autant ou plus ialoux , que furent onques des leurs les magnifi-ques Neapolitains, ou Siciliens. Quant au Roy , c'eft bien le Prince du monde le plus craint, obey & reueré que lon fçache. Il fe tient en vne grand' maifon, bien muree tout autour, en la court de laquelle y a trois fontaines d'eau doulce. Lors qu'il fort d'icelle, il eft conduit dans vn chariot fort riche, qui eft mené & trainé , non d'aucune befte, ains à force de bras, & par hommes qui font de fes fauorits. Apres lequel marchét cer-tains iolieurs d'inftrumens, façonnez à leur mode, & nombre infini de *Naires*, c'eft à dire, d'hommes portans efpees & rondelles, toutes peintes de rouge & noir, dont ils f'aident fort adextremét: & d'autres marchás auec des arcs, mais qui ne font en fi gráde eftime que les premiers. Deuant le Roy marchent auffi fes gardes & portiers, lefquels tiennent fur luy vn petit pauillon garni de fines plumes, à fin qu'on cognoiffe qu'ils honorent leur Roy fur toutes chofes. Les plus riches portent le Cimeterre tout nud: la poincte duquel eft plus large que tout le refte, tout au contraire des noftres. Au re-fte, quand ce Roy plumaffé marche, il n'eft aucun fi hardi, qui en ofaft approcher plus pres que de quatre à cinq pas : mefme fi quelcun luy veult faire prefent, il ne luy baille point de fa main, ains fault qu'il l'attache à quelque rameau, & que de loing il luy of-fre, à fin qu'il ne touche ce qu'il veult offrir à fon Prince. Ceux qui parlent à luy, encli-nent la tefte, & luy faifans la reuerence, mettent la main fur icelle. Quelques vns fe ra-fent la barbe, fauf les mouftaches : car depuis vingt ans ces Rois Barbares fe font fa-çonnez, & font plus ciuils, que iadis ils n'eftoient, & ont apprins cela des Chreftiens. Auffi fur leur ceinture, qui eft large de trois ou quatre doigts, ils mettét des pierreries: & auec toutes ces richeffes ils fe font trois ou quatre rayes de cendre fur l'eftomach, leur eftant ainfi commandé par leur Loy, & Roy, nommé *Lochad* , à fin qu'ils fe fou-uiennent, qu'vn iour ils feront en cendre & pouldre. Cefte cendre , à fin qu'elle puiffe tenir fur eux, eft faite de bois d'Aloë, de Sandal, Saffran, & d'vne herbe qu'ils nommét *Meketh* , le tout meflé auec de l'eau de fenteur fort fubtilement, & puis f'en oignent auec grand ceremonie trois ou quatre fois l'annee. Dés que le Roy eft trefpaffé, lon eft dix iours, gardant le corps, iufques à ce que tous les Seigneurs foient affemblez : puis bruflent ce corps auec dudit bois d'Aloë, & autre fort eftimé entre eux, où toute la pa-renté affifte pour honorer le trefpaffé. Que f'il eft mort en bataille, tous font le fer-ment de venger fa mort, & puis fe font rafer tout le poil qu'ils ont fur le corps, fors les paupieres & fourcils : ie dis tous, tant Roy fucceffeur, Princes, que petit & fimple po-pulaire. Durant l'efpace de quinze iours, celuy qui eft aifné des nepueux du Roy, & qui doibt fucceder, ne fait eftat ou office, & n'vfe d'aucun commandement, d'autant que les Seigneurs attendent fi quelcun f'eflevera qui f'oppofe à luy, & fe dife plus pro-che & vray heritier du mort. Ce temps expiré, les anciens & principaux du païs vien-nent, & luy font iurer folennellement, qu'il maintiendra les loix, ainfi qu'a fait fon pre-deceffeur, & q auffi il payera fes debtes, f'effayát de recouurer les terres & Seigneuries perdues par les deffunéts Rois fes maieurs. Or fe fait le ferment ainfi. Le Prince nou-ueau tient en la main gauche vne efpee toute nue, & la droite fur vn vafe plein d'huy-le, où il y a plufieurs meches qui bruflent. Dans ce vafe a vn Anneau d'or, façonné à la Morefque, lequel il touche auec fon doigt, & fait le fermét, ainfi que dit eft: lequel fait, on luy defcouure le chef, & luy iettent des plumes , & diuerfes fortes de fleurs deffus, auec grand ceremonie : & difans plufieurs oraifons, inclinent la face vers le Soleil, que la plus part adore auec grand' reuerence : & tout auffi toft les *Caimaez* , qui font les grands du Royaume, & ceux qui font de la race Royale, viennét à prefter le fermét de fidelité, iurans de fe monftrer vrays, loyaux & obeiffans feruiteurs du Roy, & ne mentir en chofe qui puiffe concerner fon feruice,& eftat du Royaume. Ces *Caimaez* font, comme vous diriez celuy que les Mahometans nomment *Naffangibaffi*, qui eft le grand Chancelier, ou celuy qui eft commis fur les threfors & finâces du Roy:lefquels eftats font perpetuels aux maifons, & y fuccedent de pere en fils. Durant l'an de dueil leurs miniftres font de grandes aumofnes,& donnent à manger à qui en veult,en fou-uenance & memoire du Roy deffunct:mais celuy qui a efté efleu,fait abftinence quel-ques iours,& ne mange qu'vne feule fois le iour,non plus que les autres, qui font de la famille,à caufe que telle eft la Loy du païs.Le Roy ayât laiffé fon dueil,fefiouyt auec les Caimaez,Seigneurs ou Naires,faifant de riches prefens à chacun, & en receuant re-fpectiuement : & mefmement le Roy conferme chacun en fon eftat. Ce fait,il va faire fon entree en Calicut : car d'y aller pluftoft que ce temps expiré, il ne luy eft permis. Ainfi ayant paffé le pont, il prend vn arc en fa main,& tournant la face vers fon Palais Royal,il fait quelques oraifons, hauffant les mains,comme quand ils adorent : ce que fini,il tire vne fagette vers fa maifon,où il va incontinent. Pour le faict de la Iuftice,ce

Iuftice du païs.

grand Roy a vn Gouuerneur general en fa ville,lequel on nomme *Talaffen*, qui a cinq mille hommes fouldoyez & appointez fur certain reuenu que le Roy prend par les villes.Ce *Talaffen*, que les Cathaiens nomment *Nephtoa*, fait iuftice à chacun felon la qualité des perfonnes,& fault qu'il en rende compte au Roy:veu qu'il y a de trois for-tes de Gentilshommes, à fçauoir les Naires qui font la gendarmerie: (& ne font iugez que du feul Roy, & par le confeil des miniftres) les Guzzerats, que les montaignars nomment *Zeratz*, & les *Cheties*, qui font fuiets au Talaffen, & les *Biabares*, qui font perfonnes honorables,& qui viuent de leur reuenu,tels que vous diriez les bourgeois de noz villes en France. Tous ces quatre fufnommez ont bon nombre d'Efclaues : & puis la populace du païs,fur lefquels le Talaffen a fouueraine puiffance.Si donc quel-cun commet larcin (car ils deteftent fort ce vice entre eux , mais à l'eftranger il leur eft permis) & qu'il foit trouué faifi de la chofe robee, c'eft fans remiffion qu'on luy tren-che la tefte:mais d'vne façon eftrange. Que fi le crime eft deteftable , ils le font empa-ler,& paffer le pieu par l'efpaule, en luy trauerfant l'eftomach , & en telle forte le font mourir. Duquel fupplice ils vfent contre les naturels du païs : mais fi c'eft quelque eftranger , il eft mené hors la ville,& eft occis à coups de coufteau. Quant aux Naires, ils font prins dés leur enfance , & nourris en la maifon du Roy, ou grands Seigneurs, où on leur fait apprendre dés l'aage de fept ans toute chofe adextrant le corps à lege-reté.Les maiftres qui enfeignent la ieuneffe en ces chofes,font nommez *Panicari*:& ce font eux qui conduifent les foldats durant les guerres qu'ont ces Rois Indiés. La qua-triefme forte des plus grands de Calicut,font les *Biabarich*,que les Tartares Orientaux nomment *Harbonaf*, qui trafiquent & font la marchandife, & acheptent le poiure & autres drogueries,& font la plufpart changeurs,& gaignent fort à tel exercice. Ces gés font en telle liberté par toutes ces terres,que iaçoit que quelcun foit malfaicteur, & ait cômis quelque crime,fi eft-ce que le Talaffen ne peult cognoiftre d'eux. Il n'eft efpece

Richeffe de ifle.

de richeffe foubs le ciel,de laquelle ne fe face trafic en cefte ifle. L'or,l'argêt,toute forte de Pierrerie,la plus fine & orietale, & draps auffi de toutes fortes font icy,& à bô pris: d'autant q les Pierres qui fe tirét de miniere,y font vêdues en rocher, & y eft le hazard fort grand,& bien fouuét vn ineftimable profit.Il y a auffi du Mufc,de la Ciuette,& les beftes qui le font,qu'ils nourriffent en leurs maifons(& font nômees des Ethiopiens & Arabes *Algazel*, & la matiere ou apoftume,qui a telle fenteur,& tant eftimee, *Axnech*,& des Indiens *Sathacol*) & de toutes fenteurs, & mille fortes de Simples, tels que font le Rheubarbe,l'Agaric,le Storax,Myrrhe,Aloés,fueille Indique,qu'ils nomment *Betel*,& chofes pareilles:defquelles fi ie voulois efcrire, il m'en fauldroit faire vn iufte volume.

Au reſte,en Calicut & terres voiſines ſe cueille quelque Poiure , & voit on pendre les
gouſſes au bas de l'arbre, chargees de leur graine.Il y croiſt auſſi force Gingébre,la racine de laquelle eſt faite comme celle du Souchet , mais plus blanche, comme vous le
pouuez voir,d'autant que ce que nous en auons, en eſt apporté. Il ſy trouue encor du
Cardamome , duquel iadis, & n'a pas long temps, noz Apothicaires, ie dis Arabes,
nous ont donné la cognoiſſance. I'ay veu , eſtant aux iſles de la mer Rouge ,de l'huyle qui auoit meſme ſenteur que le Baulme (que les Arabes nomment *Baleʒem* , & les
Perſiens *Marath*) laquelle on auoit apportee de ces païs là , appellee en langue Indienne *Gebaiſſ*,que lon diſoit auoir la plus grand' vertu du monde:entre autres,de rô-
pre la pierre en la veſſie,tant groſſe fuſt elle,en vſant deux mois entiers deuant que mâ-
ger.Vous en tirez auſſi de toutes ſortes de Mirabolans , de la Caſſe en ſon bois & canne,de bonne Canelle,& de celle qui eſt ſauuage. Au ſurplus,tout le païs eſt couuert de
Palmiers,leſquels ſont plus haults que pluſieurs Cyprez,nets & polis par le pied,ſans
auoir rameau quelcôque. Il vient en outre en ce païs de Calicut vn fruiĉt, qu'ils nomment *Tenga*, & les Chreſtiens *Cochi*, autres Noix d'Inde, dequoy on tire grand profit,
veu qu'il n'eſt annee que de ce fruiĉt ne ſoient chargez plus de quaráte vaiſſeaux,pour
le porter aux païs voiſins:& touſiours y en a ſur l'arbre : d'autant que l'vn eſtant meur,
l'autre eſt preſt à meurir,vn autre verdoye,vn eſt en bouton,& la fleur de l'autre apparoiſt ſur l'arbre. C'eſt pourquoy les habitans ſaſſeurent de iamais ne mourir de faim,
ayans arbre qui peult ſi bien ſuffire pour le ſouſtien de la perſonne. Ce fruiĉt a en ſoy
vne autre commodité : car eſtant encor verd, ſi vous l'ouurez, vous y trouuez de l'eau
freſche,&fort ſauoureuſe,plus qu'il n'en pourroit tenir dans vn pot à eau,fort cordiale,& de grande ſubſtáce:& ne fault trouuer eſtrange cela,veu qu'vn fruiĉt qui ſe trouue en Grece,& en Aſie,voire par tout le Leuant,que les Italiens nomment *Mandorle*,
qui eſt comme vne Citrouille, ou gros Melon , a bien de l'eau dedans, qui n'eſt point
de mauuais gouſt , & qui ſert pour rafreſchir & ſuſtanter ceux qui ſont alterez. Ce
Tenga eſtant ſec,l'eau qui eſt dedans, ſe caille,eſpaiſſit & congele , & ſe fait telle ,que
vous diriez que c'eſt vne belle pomme blâche,doulce,ſauoureuſe, & plaiſante à manger. Mais ce qui eſt le plus admirable en ceſt arbre,eſt, que les Indiens font vn trou &
pertuis en iceluy , ſi que de là ſort vne eſpece de vin , ayant tout autant de force & fu-
moſité, que ſçauroit auoir la pure eau de vie. De l'eſcorce de ces Palmiers ils font de
l'eſtoupe ,qu'ils filent pour en faire des cordes auſſi fortes,& de longue duree,que celles que nous faiſons pardeça. Du bois,ceux ſoublient treſlourdemét,qui diſent qu'ils
en baſtiſſent, & font leur charpenterie : choſe tres faulſe, d'autant qu'il eſt trop tendre.
Des fueilles,leurs maiſons en ſont couuertes , & en pluſieurs auttes païs. Ainſi vous
voyez,qu'vn ſeul arbre leur ſert de viande, breuuage,vinaigre,chaufage,& couuerture , & puis pour le plaiſir qu'ils en ont d'eſtre à l'ombre durant les grandes chaleurs.
Outre les choſes ſuſdites,il ſy trouue vn autre arbre,qu'ils nomment *Amba*, les Arabes *Bubath*,& les Georgiens *Iabaĉth*,qui eſt tout verd,ayant ſon fruiĉt tel que ſont les
Peſches de pardeça. La chair dece fruiĉt eſt fort amere, mais le dedans eſt auſſi doux
& ſauoureux que miel , lequel ils font confire auec des Oliues vertes , en quoy le païs
abonde, & principalement les coſtaux des montaignes : & de fruiĉts,tels qu'il ne ſ'en
voit de pareils pardeça : meſmes les poiſſons, oyſeaux , & animaux different en toute
choſe que ce ſoit.

Du Promontoire de COMARI *: de l'origine de l'or & de fes minieres, &
comme il eft recueilli.* CHAP. XVII.

D E LA GRAND ville de Calicut iufques au Cap de *Comari,* allant par
mer,y a huict bonnes iournees tirant vers le Midy.Ce Promontoire eft
pofé au Midy , & ne peuuent nauiguer les Barbares cefte volte ou cofte fur leurs petits vaiffeaux,qu'ils appellent *Zambuch,* qu'ils ne fe mettent en danger de perir,à caufe des rochers & battures,ou fur leurs *Paraos* , que leur voyage ne foit de plus de trois mois, & en trefgrand danger. Ils ont encor vne autre forte de vaiffeaux,longs de dix à douze pas, lefquels ils meinent à voiles
& auirons,qu'ils appellét *Cathuri,*pointuz par les deux bouts,& la bouche fort eftroite,fi qu'il n'y va qu'vn homme de front.Et fault noter,que les naturels de ce païs,qui fe
tiennent en terre ferme , ne montent guere fur mer pour voyager & faire trafic, ains ce
font les Bazanez qui traittent telle marchandife, nauigans & faifans les voyages : mais
fur terre les *Biabares,Vppethes,* & *Zigues* s'y portent fort accortement.Ce Promontoire gift à huict degrez de l'Equateur,ayàt vers l'Oueft les ifles & Archipelague de Maldinar,vers l'Eft la grand' ifle de Zeilan,& vers le Midy la grand' mer Oceane. Il eft affis au Royaume de Coulan , non trop efloigné de la ville de Cochin, qui eft fort marchande. Ledit Coulan,ou Comari, entre bien auant en mer,faifant vne poincte : affez
pres de laquelle eft pofee la ville de *Tancor* , qui fait vn beau port en vne petite campaigne , au pied d'vn mont qui va baifer pres du bout de la poincte les vagues efcumeufes du grand Ocean. Cefte côtree n'eft guere fertile en bleds,& gràds herbages,ou
Simples,à caufe des minieres qui s'y trouuent.Vous y voyez vne forte d'arbre,comme

*Fruict d'ar-
bre dit Cor-
copal.*

vn Coignaffier des noftres en grandeur & fueillages:le fruict duquel ils appellent *Cor-
copal,* fort bon à manger,& de gouft merueilleufemét fauoureux,duquel auffi ils vfent
fe trouuans mal difpofez,à caufe qu'il chaffe les mauuaifes humeurs,& fait vuider par
le bas. Ce qui plus recommande cefte contree, font les mines. Il y en a qui difent,que
la production de l'or fe fait du foulphre & argent vif,alterez , & conuertis en leur terre,à caufe qu'ils penfent que ces materiaux ne fe trouuët point en leur nature,& n'eftre
dans les minieres. Mais l'experience m'a fait voir le côtraire , d'autant qu'és mines que
i'ay veuës,lon y trouue& l'argent vif,& le foulphre en leur entiere & propre fubftâce,
fans qu'ils foient alterez ny côuertis en terre à eux peculiere. Les Alchumiftes, à fin de
parler de cecy en leur iargon,& pour n'eftre entenduz,que de ceux de leur efchole,di-
fent la caufe des metaux proceder d'vn air puant , qui eft comme leur efprit , & d'vne
eau viue & feiche. Quoy que c'en foit , il fault que cefte matiere foit cuite & difpo-
fee par le Soleil,ficcité & fubtilité de l'air,& preparee par la graiffe de la terre, à fin que
l'vn purge, l'autre efpaiffiffe , & le tiers donne la fubftance propre à la matiere du metal. Cefte propofition vous doibt faire entendre,que toute terre n'eft pas propre à telle
fufception. Et tout ainfi que la mer en aucuns endroits eft fort fertile & abondante en
poiffon,elle eft auffi fterile en autres:Le mefme ie veux dire de la terre, foit en planure
& platte campaigne, foit és coftaux & collines, montaignes & bofcages : laquelle a les
païs diuifez en bonté & fterilité,felon qu'elle eft influee des corps d'enhault,& qu'elle
eft apte à produire. On peult faire pareil iugemét des minieres & fources des metaux:
lefquels combien qu'ils fe trouuent en plufieurs lieux , fi eft-ce qu'en l'vn y a plus de
perfection qu'en l'autre. Qu'il foit ainfi, c'eft fans doubte, que la France,Italie,Efpai-
gne,Angleterre & Allemaigne portent de l'argent en plufieurs endroits,& auffi és païs
de Suece, Firlandie, Gotthie, & Noruegue y a quelques mines d'or & d'argent : mais

qu'il foit fi pur & fin,que celuy de Calicut & des Indes Orientales,ou de l'Ethiopie,&
qui ne coufte plus à affiner qu'il ne vault,ie m'en rapporteray à tout homme expert en
cecy, auffi bien que ie croiray les bons Lapidaires fur la perfection & excellence des
Pierres precieufes d'Orient,au pris de celles de Canada.Et vous diray,que ny au Perù,
ny aux mines d'Ethiopie (que les Arabes de ces païs là nomment *Helmaheden*) comme au Cap des Trois poinctes, dit Caftel de mine, ny aux riuieres de *Guade*, & *For-*
mofe,iufques au *Benin*, & *Mandique*,païs de la Guinee,l'or & l'argent n'y font fi bons
& affinez du tout,qu'en Calicut, & vers la riuiere de Gange,tirant iufques à la Peninfule de Malaca,ou en la grand' Iaue,& Burne en la mer de Chine.Et en cecy fault referer le tout à la chaleur & froidure de la terre,& influéce du Soleil,efchauffant les lieux
& purifiant les matieres.Qui eft caufe,que ie diray,que les païs Orientaux & Meridionaux portent & produifent les metaux plus fins, que ceux qui tirent vers le Couchant,
& qui font en Septentrion:pource que l'Orient eft plus chauld & humide que l'Occident, & par confequent la concoction de la matiere,& generation d'icelle,fe fait plus
facilement enOrient qu'en Occident:d'autant que le Soleil imprime aux terres par fon
mouuement quelque femblable vertu à la fienne , par vne perpetuélle & fort longue
conuerfion : de forte que les cómencemens des chofes en leur production font orien-
tez, à caufe que ceft afpect Solaire eft chauld & attrempé, nourriffant l'humeur, là où
celuy qui tire vers l'Occident,eft ia trop efchauffé,bruflé & haflé,pluftoft que non pas
nourri. Et combien que la matiere des metaux foit affemblee par le froid,fi eft-ce que
elle reçoit fa ficcité & dureté par la chaleur de la terre cuite par le Soleil,qui caufe auffi
que les metaux font ductibles & maniables par le feu. Or les matieres metalliques ont
leur propre fiege aux montaignes,non autrement que les arbres,auec racines,tronc,ra-
meaux,& plufieurs fueilles:& celles defquelles le fommet tend vers le Midy,& le pied
regarde vers le Nort,donnent indice d'auoir du metal,à caufe que les metaux s'engendrent d'vn humeur fort efpais : & ce peult eftre cogneu par la couleur & odeur, veu
que la couleur noire s'y fait, à caufe de l'or & de l'argét:& l'odeur fe voit ainfi,que fi tu
brifes deux pierres d'vne mefme montaigne , s'il y a quelque metal au bas, ce fera fans
doubte que ces pierres fentiront merueilleufement le foulphre. En quoy il fault entendre , que la premiere naiffance de l'or fe fait fur le fommet & coupeau des montaignes,és lieux plus haults, d'autant que le Soleil y purifie ce qui eft de trop terreftre:
mais quand peu à peu les pluyes & torrens fe font par les monts, elles emportent quát
& eux l'or au bas de la montaigne, où aduiét auffi que la terre fe fendát par ces pluyes,
l'or y eft enfermé.Encor vous fault-il noter,que l'or qui fe trouue dés l'entree de la mine,n'eft pas le plus fin:ains tant plus eft auant,& plus il eft affiné & purifié,de meilleur
poids,& de plus grand' valeur:encor que felon le païs d'où il a efté emporté, on ait efgard au poids:Ne demandant meilleure preuue de cecy , que le compte que nous faifons des pieces d'or,qui viennent de Portugal,au pris des piftolets & efcus portans les
armes de Caftille,qui eft or du Peru. Et pour mieux efplucher cecy, fault fçauoir, que
tant plus l'humeur eft gras, foit en la terre des metaux ou des plantes, de tant il parfait
mieux la matiere, & fi l'humeur eftoit froid & aqueux,il empefcheroit la generation.
Or ayant monftré affez, ce me femble, la vraye origine de l'or & argent en fes minieres,s'enfuit à voir comme il eft recueilli, tant en ce païs de Calicut, que au Peru,& autres Prouinces, foit Orientales, Auftrales, Septentrionales & Occidentales, efquelles
toutes y a diuerfité de tirer les mines, veu qu'il fault ou pefcher les grains d'or par les
riuieres, ou les cauer & foffoyer par les rochers & montaignes, felon les lieux efquels
la mine fera defcouuerte.Pour cognoiffance dequoy fault fçauoir,qu'il y a des mines,
que lon appelle pendantes,& d'autres qui fe difent gifantes, & autres obliques & cou-

Mine des
montaignes
meilleure
que nulle
autre.

Origine de
l'or & de
l'argent,&
de leurs mi-
nieres.

lantes.Les pendantes font celles,qui fe trouuent és haults & fuperficies des môtaignes, & ont de la terre par deffoubz : Celles qu'on dit gifantes, font en bas en la campaigne & plat païs,portees par les torrens,& pluyes orageufes : Et les autres qui font obliques, ont leur cours qui trauerfe, foit en ce qui pend,ou qui gift : & le tout f'efpand,à caufe des ruiffeaux , dans les prochaines riuieres : qui caufe qu'il y a des fleuues par tout le monde , l'areine & fablon defquels femble eftre azuré & doré , & ayant de pures & fines graines de bon or. Reuenant aux pendantes, fault fçauoir en quelle forte c'eft que les Indiens & autres nations, qui ont ceft vfage, fe gouuernent à tirer ce metal des entrailles de la terre. Auant donc qu'entrer fur l'œuure, conuient fçauoir que és païs O-

Idolatres foffoyâs aux mines font abftinence.

rientaux,efquels le peuple eft idolatre,ceux qui vont pour foffoyer l'or,& qui ne l'ont iamais ouuerte, f'abftiennent en premier lieu de leurs femmes , & de tout autre plaifir du corps,faifans de bien grands ieufnes & abftinences,adorans le Soleil,auec de grandes prieres,tant pour auoir en opinion que l'or foit chofe facree,que pour f'armer côtre les vifions & illufions diaboliques , qu'ils fouffrent és lieux folitaires, où fe leue & trouue vn metal fi precieux : comme ceux qui ont efté au Peru & païs voifins, confeffent auoir fenti,tandis qu'ils y faifoient demeurance. L'or donc eft trouué en terre & rocher,foit planure ou colline,qui eft fans verdure,& terre toute rafe. En ces lieux qui font fans eau,les experimentez & fçauans en la veine des Mines,ayans cogneu aü vray ce qui peult eftre en ce lieu,font nettoyer trefbien la place où ils veulent fouyr, puis y cauent huiĉt ou dix pieds de profond , tant en long qu'en large, & à mefure qu'ils cauent,ils font lauer la terre foffoyee.Que fi en lauant ils y trouuent de l'or,ils continuêt la befongne : & f'ils n'en trouuent point, ils ne ceffent pourtant de foffoyer, iufques à ce qu'ils ayent trouué le roch:lequel lors encor rompent & befchét,dreffans toufiours des voultes de bois,à fin que la terre ne les accable. Et fault que ces mines qui font cerchees en terre pleine, foient le plus pres que lon pourra de quelque ruiffeau ou riuiere,torrent,ou lac,à fin que facilément on puiffe lauer ladite terre,& y recognoiftre l'or f'il y en a, veu que autrement ce feroit vne peine infûpportable. C'eft pourquoy les plus riches de ces Indes ont des Efclaues, lefquels ils employent à foffoyer & befcher, & autres qui fe chargent cefte terre dans des hottes,qu'ils nomment *Bateaz*, & la portent à l'eau,dans vn autre panier,& autres qui font en l'eau iufques à my-iambe,foit de riuiere,lac,ruiffeau ou fontaine,lauans ladite terre dans vn crible,de forte qu'il n'y entre point plus d'eau qu'il eft befoing : & auec telle dexterité feparent l'or d'auec la terre,que peu à peu la terre f'eftant efcoulee,l'or demeure dans le crible, & en apres le feparent & mettent dans vn vaiffeau à part:puis reprennent de la terre autant comme au parauant,& font comme deffus.Et fault fçauoir,que ceux qui criblent,qui font le plus fouuent des femmes,ont deux hommes pour leur emplir leurs cribles,deux autres qui la portent,deux qui chargent,& deux qui befchent.Voyla quant à la premiere maniere de tirer la mine. L'autre fe fait en autre forte , comme auffi le lieu où l'or fe trouue, eft tout differêt:veu qu'il y a des riuieres où lon trouue des grains & areines d'or:pour lequel en tirer,fi la riuiere eft petite,les Indiens f'efforcent de la vuider,& mettre à fec: puis prennent la terre du fonds, & la lauent tout ainfi qu'il a efté dit cy deffus : & fi le ruiffeau ou riuiere font tels, qu'on ne les puiffe affecher, ils defuoyent & deftournent l'eau d'vn autre cofté, hors de fon liĉt & canal : ce qu'ayans fait, viennent à recuejllir l'or au milieu du canal entre les pierres & gros cailloux: fi que bien fouuent il y a plus de profit en cefte pefche, que à lauer cefte terre foffoyee, ainfi que i'ay deduit. Mais quoy que l'or fe trouue ainfi és riuieres & planure des câpaignes, fi fault-il tenir pour tout affeuré, qu'il naift au plus hault des fommets & coupeaux des montaignes. Souuent les pluyes f'efcoulans auec vehemence à val , emportent cefte terre cônuertie en

or,& cuite par le Soleil, & la iettent peu à peu dans les ruiffeaux & riuieres, qui reçoiuent la terre portee par les torrens des monts en la planure:d'autant que à la verité l'or
a fon origine de la fuperficie de la terre, & naift és parties plus interieures & fecrettes
d'icelle : fi que les mines bien fouuent font faites comme cauernes & grottefques: defquelles & des mines des montaignes il nous fault ores parler. Les Indiens vfent encor
d'vne autre forte de tirer l'or, qui eft la plus dangereufe, & qui eft obferuee auffi au
païs, que faulfement lon appelle Indes Occidentales : voire en vfe lon és païs Septentrionaux vers la Suecie fuperieure,Gothie,& region des Varines,tout ioignãt le Royaume de Noruegue. Cefte forte de cauer les mines f'obferue en celles qui font pendantes, à fçauoir aux mines des montaignes : auquel endroit on dreffe des engins &
voultes de tables, pour empefcher le dãger qui eft à craindre, comme eftant chofe qui
aduient ordinairement : veu que vous voyez les vns, à fçauoir ceux qui fapent le rocher,eftre cachez tout ainfi que les tailleurs de pierre,dans quelque creufe carriere : les
autres qui vont grimpans le long des afpres rochers,la hotte fur le doz,allans querir la
terre de la mine pour la porter à l'eau. Pour faire que la chofe foit mife à execution
auec moins de danger,quelques vns ont inuenté vne rouë fort grande,& guidee en aucuns lieux par des cheuaux, à faulte defquels les hommes y employent leur force &
induftrie.Or auec cefte rouë on defcend & remonte ceux qui font dans la montaigne,
fouyffans & béfchans la terre, & ceux auffi qui portent lauer la mine : Sert auffi cefte
rouë à efpuifer l'eau,que les béfcheurs trouuent en fouyffant bien auant en terre.L'autre grand danger que ie voy en cefte recerche, eft l'exhalation puante qui fort des
minieres,où beaucoup de pauures gens font fuffoquez & eftaints,ne pouuans fouffrir
vn air fi groffier, & quelquefois ruinez des eaux, qui fe defgorgent tout foudain, eux
ayãs fait quelque ouuerture de fource, qui les furmonte pluftoft qu'ils ayent le loifir
de faire figne à ceux qui font enhault de les tirer dehors. Par ainfi ceux qui font employez à cefte befongne & exercice de béfcher, font ordinairement gens qui ont merité la corde,ou des Efclaues,la vie defquels leur importe moins,que de quelque bonne befte. Et n'eft pas cecy nouueau, d'autant que le temps paffé on enuoyoit fouyr &
béfcher les metaux, ceux qu'on eftimoit dignes de mort. De cecy vous fait foy l'Hiftoire des faincts Martyrs de l'Eglife ancienne & primitiue, lefquels eftoient enuoyez
aux mines à milliers, pour le feruice des Empereurs Grecs & Romains, qui les y con-
damnoient comme deteftables & mefchans, à caufe que ces Princes & Monarques
eftoient ennemis des Chreftiens, & addonnez au feruice des Idoles. Ie n'oublieray le
plus fafcheux de tous les dangers, que fouffrent ceux qui trauaillent aux mines, à fçauoir l'effroy des malins efprits, dont les pauures gens fouffrent de grands detrimens
& afflictions,fi comme font roulemens de pierres & rochers,demolitions de leurs engins,renuerfemens d'efchelles,& brifemens de cordages, dont fouuétefois en demeure quelques vns pour les gages. Vn Flamen, qui auoit demeuré quatorze ans Efclaue
au Peru, & l'vn des grands Mineraliftes, qui fut onques de fon temps en ce païs là,me
dift lors que nous voyagiõs enfemble vers le Pole Antarctique,que plus de deux mille
fois il auoit eu des vifions de ces efprits malins,& que deuãt luy plufieurs de fes compaignons,tant Efclaues que autres,auoient efté tuez : autres tranfportez,fans iamais les
auoir veu depuis. Et me dift dauãtage,que ces efprits nuifibles leur faifoient mille petits feruices, comme à ceux qui tiroient la mine, & fendoient de groffes pierres de la
roche (ce qu'ils ne pouuoient faire fans eftre fecouruz d'eux) & contrefaifoient mille
fortes de voix,faifans auffi force fingeries pour le paffetemps des pauures gens qui tra-
uailloient:mais incontinent,fils ne fe donnoient garde, ils fentoient vn roch fur leur
tefte,& cefte ioye côuertie en vne longue & miferable plainte.Ce que auffi deux Por-

Autrema-
nierede trou
uer l'or.

tugais (l'vn defquels ie racheptay des mains des Sauuages)m'afleurerent auoir veu,&
tels effects au païs des Indes , où ils auoient demeuré tous deux neuf ans , ou enuiron.
Et ne fault fefmerueiller de cecy, veu que par toutes les Indes, où les hómes font idolatres,& és regions du Peru,ils font fouuent effrayez des vifions nocturnes. Ces efprits

Haurachã,
Tuira, &
Cemi, ef-
prits fou-
terrains.

principaux fe nomment *Tuira,Cemi,Sarthan, Laban, Bala,Alcondeffa* (qui eft le nom
d'vn Rat en Arabe) & le plus grand de tous fappelle en leur langue *Haurachan,* lefquels demoliffent les maifons,defracinent les arbres, & renuerfent les monts : ce que ie
peux dire , en ayant veu la trace de plus de demie lieuë de païs en quelques autres endroits. Ie ne veux auffi approuuer ny reprouuer que ces efprits foient gardes de ces
minieres,non plus que des threfors,qui de long temps font cachez foubz terre,& dans
les mers & riuieres:d'autant qu'il n'y a mine,en laquelle les foffoyeurs, fi elle eft cauerneufe,ne fentent quelque eftonnement & frayeur : mais d'en dire la raifon,ie laiffe cecy à d'autres plus verfez en telles chofes que moy.

De l'ifle PALIAÇATTE, *où eft le Sepulchre de Sainct Thomas:*
de l'Alphabet & Confeffion de Foy des Iacobites.
CHAP. XVIII.

OMME lon a paffé le Promontoire de *Comari,* & celuy de *Bal-meon,*
lon double le Nauire vers le Midy , prenant la route d'vne petite ifle,
nommée *Patao* , qui eft affez pres de *Zeilan* : laquelle vous laiffez à
main droite,pour fuyure la cofte felon le Royaume de *Narfingue,* où
vous voyez plufieurs belles villes & riches fur les riues.de la mer:tel-
les que font *Manancori,* & *Canamcina,*en chacune defquelles a vn fort
beau port,qui eft fait tout ainfi qu'vn goulfe , auquel font affifes plufieurs iflettes tou-

Droict che-
min de l'ifle
Paliacatte.

tes de rang.Paffees que lon les a,il y a du danger, à caufe des rochers & efcueils qui apparoiffent en mer,& fe fault bien dóner garde,que allant par là vous ne foyez accueil-
li de tépefte,veu que vous feriez en hazard de periller : mais pour euiter cela,coftoyez
l'ifle de Zeilan : laquelle paffee, commencez à r'entrer en l'affeurance de la campaigne
marine,voyant de loing les villes de *Puducheira* , & de *Calapate :* puis approchez terre vers la poincte de *Pagode* , & voyez fur la riue de la mer la ville de *Sadrapa,* baftie fur le fleuue,nommé *Carropa,* & par les Iauiens *Cazed,* qui eft de la fubiection du
Roy de *Narfingue,* iaçoit qu'elle ayt vn Roy particulier. Paffé que vous auez tout cecy, vous voyez la belle & faincte ifle de *Paliacatte* , au Royaume de *Bifnagar :* où les
faifeurs de Chartes Geographiques & de marine fe font fort abufez, d'autát qu'ils ont
fuyui Ptolomee en la defcription du fein Gangetique. Or ceft excellent homme fait
Paliacatte ville en terre ferme , & la ville de *Mailebur,* il la pofe fur le fleuue Indus,
laquelle toutefois eft en cefte ifle , iaçoit que l'vne & l'autre foient fur la mer , & fein
Gangetique,tirát vers le goulfe de Bengala. A l'entree duquel fe prefentét trois roches
efleuees fur l'eau de huict bonnes toifes pour le moins:la plus groffe fe nomme *Lize-*
pel, la feconde *Meri-bal,* & la plus petite *Keppeth,* qui font fort à craindre,à caufe du
danger:car fi le vent vous contrainct les aborder,c'eft fait de voz vaiffeaux.Cefte ifle eft
affife en vn goulfe au grand Royaume de *Coromandel,* ayant pour le moins foixante
& dix,ou quatre vingts lieuës d'eftendue,confinant à la riuiere de Gangez, & Prouince de Bengala vers l'Eft,& Nordeft : & vers le Su, à la Prouince de Narfingue : & de la
part qui regarde l'Occident,il confine auec le Royaume de Dely.Paliacatte gift à quatorze degrez & demy de l'Equateur,approchant du Tropique de Cancer. En cefte ifle

eſt vne ville, qui a eſté iadis ruinee & preſque depeuplee,n'y ayant pour le preſent que
enuiron huiĉt ou neuf cens feux:en laquelle on dit que repoſe le corps de ſainĉt Thomas,nommé par noſtre Seigneur Didyme,c'eſt à dire Iumeau:lequel fut appellé à l'office Apoſtolique auec les autres vnze, & annonça l'Euangile aux Parthes,Medes, &
Perſes. Mais de croire qu'il fut au païs d'Allemaigne, comme deſcrit Dorothee Eueſque de Tyr,ie m'en rapporte à ce qui en eſt, ſil eſt vray ou non : toutefois d'vne choſe
ſuis-ie aſſeuré,que le peuple des Indes en fait memoire, & l'a en grande recommanda-
tion.L'Egliſe en laquelle giſt ce ſainĉt corps,eſt fort ancienne, baſtie à l'Abyſſine:mais
qui ſent par trop ſon antiquité, eſtant à demy deſcouuerte, & aſſez mal en poinĉt. Au
milieu d'icelle deuant l'Autel vous voyez le tombeau où ſont ſes oſſemens (d'autres
ont voulu maintenir le contraire,& ont oſé dire,qu'il eſtoit en terre cõtinente)& tout
ioignant de luy,eſt vn autre tombeau,que les naturels du païs diſent eſtre d'vn certain   *Compaignõ*
Indien , lequel accompaignoit ce ſainĉt homme allant preſcher la Foy par les Indes,   *de S.Tho-*
qui ſe nõmoit en la langue du païs *Rahman*, nom qui n'a autre ſignification en langue   *mas.*
Perſienne, que Miſericorde. Il y auoit auſſi (comme il eſt eſcrit dans leurs Hiſtoires)
pluſieurs autres compaignons Indiens & Inſulaires, qui lors auoient conuerti la plus
grand part de tout ce païs là.A l'vn des coſtez de l'Autel ſuſdit on voit certains chara-
ĉteres grauez contre le mur , leſquels on ne ſçauroit lire. Le grand Roy de Narſingue
tient les Chreſtiens fort chers,& les ayme merueilleuſement,à cauſe de l'honneur qu'il
porte à ce ſainĉt Apoſtre , iaçoit que ce pauure Prince ſoit idolatre:L'occaſion eſt tel-
le.Il peult auoir quelque ſoixante ans ou enuiron,que les Ethiopiens,qui ſont diſperſez par ce païs là,comme ſont les Iuifs par l'Europe, eurent diſcord auec les Chreſtiés,
qui ont aſſez de liberté en ceſte Prouince,& alla la choſe ſi auant, que ſ'entrebattans, il
y en eut pluſieurs tant d'vne part que d'autre,qui furent occis, & les autres blecez en la
meſlee.Entre autres y eut vn Chreſtien Abyſſin,qui fut eſtropiat du bras,qui tout ſoudain ainſi ſanglant qu'il eſtoit, ſ'en alla au tombeau de l'Apoſtre : & ſi toſt qu'il l'eut
touché auec le bras malade, il ſe veit ſain & gueri entierement. Cecy fut fait deuant
quelques idolatres du païs, qui le furent annoncer en la Cour du Roy : lequel iaçoit
qu'au parauant il n'aymaſt trop les Chreſtiens,à la fin les print en telle amitié,contem-
plant leur ſainĉte vie, qu'il deffendit, qu'il n'y euſt homme ſi hardi, qui leur feiſt deſplaiſir,& leur confirma leurs priuileges, tellement qu'ils ont toute ſouueraineté entre
eux, ſans que aucun cognoiſſe de leur cauſe, & leur terre eſt franche,ſans qu'ils payent
tribut quelconque à Roy qui viue. Mais ceux qui ſe tiennent en terre ferme, d'autant
que le long de ceſte iſle ils ont des Egliſes & Oratoires preſque par toutes les villes, ils
ſont ſouuent mal traitez par les Barbares,qui y ſont fort puiſſans : mais ils le font ſi ſecrettement que rien plus , les tuans en aguet , à fin que le Roy n'en ſoit aduerti, lequel
les punit rigoureuſement,ſçachant qu'ils ſ'attaquent aux ſeruiteurs de ſainĉt Thomas.   *Indiẽs ido-*
Or non ſeulemẽt le Roy, ains tous les naturels de ce païs là,honorẽt le nom des Chre-   *latres ho-*
ſtiens,& vont en ceſte iſle en pelerinage viſiter le lieu de l'Apoſtre, duquel ils comptẽt   *norent les*
l'hiſtoire en ceſte ſorte. Ceſt Apoſtre ayant eu licence de par le Roy du païs de faire   *Chreſtiens.*
baſtir vn Oratoire,pour vn ſeruice fait au Roy, tirãt vne piece de bois hors de la mer,
que tous ſes charpentiers n'auoient ſceu tirer, commença à baptiſer & inſtruire chacun en la Loy de Ieſus Chriſt crucifié : & ayant fait grand profit en Narſingue , & en
toute la prouince, qui eſt entre les Royaumes de Malabar , & celuy de Biſnagar (qui
porte le nõ de ſa ville capitale,aſſiſe entre deux riuieres:la plus large deſquelles prend
ſa ſource des monts de *Mutigel*, & l'autre de ceux de *Cataugate* : puis ſe viẽnent ioindre à ladite ville : & ayans arrouſé pluſieurs païs, vont rendre leur tribut à la mer , ou
goulfe de Bengala : & deuant que perdre ſa doulceur, fait vne iſle,qui entre moitié en

terre ferme,& l'autre dans ladite mer:la poincte de laquelle eft longue de cinq bonnes lieuës, & nommee de ce peuple *Sanadab*, & de quelques autres Cap de *Guadauard*) de là auec plufieurs Catholiques de fes difciples f'en allerent à Coulan : laquelle ville (ainfi qu'ils m'ont dit) eftoit efloignee de la mer enuiron trois lieuës, & pour le iourdhuy affife fur la marine, ayant la mer tellement gaigné païs,comme f'eftât ainfi auoifinee d'elle,qu'on la voit à prefent.A Coulan il feit vn fort grand auancemét en la doctrine, conuertiffant à la Foy plufieurs des Naires : lefquels f'eftonnans du fçauoir de l'Apoftre, & prenans plaifir en la nouueauté, fe laifferent perfuader la Foy de l'Euangile:mais à la fin les infideles ne pouuans fouffrir qu'il feíft tellement diminuer le credit des Idoles, fe meirent à le perfecuter, & cercher les moyens de le faire mourir. Le fainct homme voulant ceder à leur furie, fe retira par les bois & lieux folitaires, où fes difciples l'alloient vifiter,& les exhortoit à perfeueráce, & à fouffrir tout pour le nom de leur Maiftre.Comme donc il eftoit en ces folitudes,il paffa en l'ifle Paliacatte,conuertiffant toufiours les Gentils. Aduint comme vn iour il eftoit dans l'efpaiffeur d'vn bois,fur vn petit rocher,priant Dieu,voicy venir vn ieune homme de l'ifle,qui l'occit:

Chofe memorable de ces Barbares. dequoy efbahi,il f'en va à la ville,& compte fon aduéture aux Gouuerneurs, lefquels y vindrent, & montez fur la colline, cognerent que c'eftoit le corps de S.Thomas,& que au lieu mefme où il eftoit tombé mort,eftoit reftee la marque & trace de fon pied, laquelle on y voit encor auiourdhuy grauee fur vne pierre dure. Ce fut lors que leur confciéce les commença à poindre, difans, que pour vray c'eftoit vn homme de bien, & qu'ils ne l'auoient voulu croire, mais qu'ils fatisferoient à cefte faulte par tout honnefte deuoir.Ainfi ils drefferent le tombeau au lieu mefme où il fut occis, & y baftirét vne Eglife, les veftiges de laquelle y apparoiffent. Bien eft vray, que le lieu où gifent fes offemens,eft vne fort longue & large chappelle richement paree, en laquelle nuict & iour reluifent infinis luminaires: d'autát que les infideles & idolatres mefmes y ont telle deuotion, qu'vn More eft ordinairement à la porte de l'Eglife, demandant pour la reparation de l'edifice d'icelle : & en eft le profit rendu fidelement aux Chreftiens, qui font efpars par les Indes, lefquels y viennent auec grande reuerence : & pour fouuenance du voyage, emportent de la terre qui eft pres du tombeau, ne plus ne moins que faifoient ceux qui eftoient de mon temps en la Terre fainte,qui auoient en reuerence celle terre, fur laquelle le Sauueur du monde a cheminé par l'efpace de tréte ans ou enuiron.Quant à l'hiftoire de la mort de ceft Apoftre aux Indes,ie vous en dy tout ainfi que le tiennent ceux du païs, & l'ont par efcrit en leurs Chroniques : veu que ie fçay bien,que noftre Eglife (comme i'ay dit) en parle tout autrement:non qu'elle nie, que S.Thomas foit mort és Indes,eftant affeuree que fon Ambaffade f'adreffa (apres le païs de Parthe) en cedit païs là,& qu'il y fut martyrifé en cefte forte, eftant premierement tenaillé, puis auec des lances & machines de fer, & autre tourment de fupplice: mais cela n'empefche point la gloire de l'Apoftre,quoy qu'il y ayt diuerfité d'opiniós fur le martyre. Lefdits Chreftiens qui viuent ça & là efpars par les Indes, & qui font au fepulchre de S.Thomas,font la plus part Iacobites : peuple qui differe en croyance & ceremonies de tous autres Chreftiens Leuantins, & a efté ainfi abufé du plus malin heretique qui fut iamais fur la terre. Et fault icy noter, qu'au parauant qu'il euft embraffé le Chriftianifme,il auoit efté Iuif, & fils d'vn pere nommé *Azzas*,& d'vne mere,qu'on appelloit *Arama*, de l'ifle de *Carpate*, affife entre Rhodes & *Taffos*:& aduint qu'il fut prins Efclaue à l'aage de dixfept ans,& vendu à vn Preftre Grec, lequel le feit baptifer, & luy impofa le nom de Iaques, l'inftituant fi bien aux langues, qu'il merita d'eftre fouuerain Legat du Patriarche d'Alexandrie d'Egypte:apres la mort duquel il paruint à la dignité du Patriarchat.Il vefcut huict ans affez Catholiquement : lefquels

expirez, il deuint heretique, & infecta de son opinion endiablee le peuple d'Orient,
plus que ne feit iamais Arrius:& fut luy qui introduit & admit premierement ceste secte de Iudaizer, approuuant la Circoncision : ce que plusieurs d'eux obseruent encor
auiourdhuy. Autres, au lieu du Baptesme, font cauteriser sur le bras de leurs petits enfans, les autres derriere le col ou aux temples, certains characteres auec vn fer chauld:
& tiennent que telles incisions leur valent vn Baptesme, qui les deliure du peché ori-
ginel, se fondans sur ce qui est en l'Euangile de sainct Iean : Il vous baptisera au
sainct Esprit, & en feu. Et comme ce peuple est du tout idiot, n'entendant les mysteres
de l'Escriture saincte, il a aussi esté peruerti en ses affections, & excommunié de l'Eglise Grecque, par l'authorité de Dioscorus Patriarche, qui lors estoit soubz l'obeissance
de l'Eglise Latine. Secondement, ce peuple ne confesse iamais ses pechez à Prestre.
Leurs Euesques, Prestres, & autres ministres sont mariez. Tous Chrestiés ont tousiours
detesté ce peuple Iacobite (ainsi appellé du nom de l'autheur de telle heresie) & les
ont aussi tenus côme gens schismatiques: sans toutefois pour cela entrer en contention
& controuerse par les armes ou sedition populaire: car le trafic leur est libre & ouuert
aussi bien qu'aux autres, qui s'estiment estre plus Catholiques. Ie ne veux icy oublier à
vous reduire en memoire, que trauersant le païs de la petite Asie, à trois lieuës de la vil-

Chrestiens Iacobites circoncisent leurs enfas.

le de *Seleucis*, en vn lieu ruiné, que les Pasteurs du païs nomment *Mellothi*, me fut
monstree la sepulture dudit Heresiarche: lequel estant banni d'Egypte, & relegué en
l'isle *Crabuse*, distante de la terre continente de Pamphylie cinq lieuës ou enuiron,
trouua moyen par l'ayde de quelques Corsaires de se sauuer en l'Asie, où derechef il
feit plusieurs maux : & ayant regné en ceste folie, aagé de soixante & quatorze ans, fut
occis de guet à pend, par vn Seigneur Armenien. Ceux de ceste persuasion ont vne

sepulture de l'heresiarque Iacques.

belle chappelle dans Hierufalé, en l'Eglife du fainct Sepulchre:dans laquelle ie les ay veu plufieurs fois celebrer la Meffe, & autre feruice, felon leur tradition & couftume. I'en ay veu quatre autres, l'vne en Egypte, les trois autres aux villes de *Zidem*, *Tor*, & *Bubutor*, qui aboutiffent pres la mer Rouge. Ils ont vne langue particuliere, laquelle ne *Alphabeth* fentend gueres que d'eux, & ont trentedeux lettres en leur Alphabeth affez eftranges, *duquel vfe* ainfi que ie vous les ay reprefentees cy deuant par la figure. Et comme ainfi foit que ce *le peuple Ia-* peuple n'euft aucun fupport, il fe retira l'an mil cinq cens cinquantedeux vers l'Euef- *cobite.* que Romain, qui eftoit Iules troifiefme de ce nom, luy enuoyant le Legat du Patriar- che d'Antioche, nommé *Mofes Mardenus*, docte homme, natif du païs de Syrie, pour faire profeffion de leur foy, proteftant de tenir ce que iadis leurs Eglifes tenoient au temps d'Ifaac Comnen, Empereur Conftantinopolitain, qui viuoit en l'an du monde cinq mil & vingt, & apres noftre Seigneur mil cinquâte & huict: lequel Monarque les chaftia fi bien, qu'il les rengea à autre vie plus Chreftienne. Voycy l'oraifon que feit ledit Mardenus en prefence du Pape, Cardinaux & Euefques, en plein Confiftoire, auant que prononcer fa Confeffion de foy, qu'apres il donna par efcrit, ainfi qu'elle a efté traduite de langue Syriaque en noftre vulgaire François.

Profeffion de Foy, que Mofes Mardenus Iacobite, Legat du Patriarche d'An-
tioche, fit à Rome deuant le Pape Iules troifiefme, l'an mil
cinq cens cinquante & deux.

AV nom du Pere, & du Fils, & du fainct Efprit, vn feul Dieu glorieux de fiecle en fiecle. Seigneur Dieu, ie te prie de m'ouurir les portes de ta mifericorde, receuât mes humbles prieres, & ne permettre que ie fois exempt de ta grace & faueur, de peur qu'on ne penfe de moy chofes vaines & efloignees de toute verité. Que le Diable n'ayt aucun pouuoir fur moy, de me troubler par fa cautole, & qu'il ne me iette fes flefches & cachez efguillons, pour me diuertir de la Foy. Que l'ennemy de mon ame ne fefiouyffe point de moy, quand ie ferois hors de la cognoiffance de la verité. Seigneur, ne m'ofte ta grace, fans laquelle ie ne fçaurois bien penfer, & ne permets que ma lan- gue foit inftrument de peché à mon ame, ne que ie die chofe qui te foit defplaifante, eftant en doubte de la vraye Foy. Fais auffi, que iamais ie ne fois en ces controuerfes, qui continuellement agitent çà & là l'ame, & fefforcent l'enfoncer en l'abyfme de per- dition : Et ne me laiffe iamais feul, de peur que Satan ioyeux de me voir, ne die, Son Dieu l'a laiffé, Venez, oftons fon nom de la terre. Ian'aduienne ainfi, Seigneur, mais il- lumine moy de ta face, & me vueilles affifter, reculant mes ennemis, & me conftituant fur la pierre de la vraye Foy. Mets en ma bouche parole de verité, & me fay cognoi- ftre ce qui dône nourriture à mon ame, à fin qu'elle te glorifie pour le falut que tu luy as fait. Introduy moy en paix & tranquillité au nombre de tes amis, qui font les fils de la fainCte Eglife Catholique & Romaine : en laquelle plaife toy vouloir r'affembler tous ceux qui font d'icelle, que l'homme malin a feparez, à fin qu'ils foient tous d'vne mefme profeffion, confeffans & annonçans ta fainCte Trinité. Ainfi foit-il.

Or quant à moy, qui fuis par charité feruiteur de ceux qui adorent Chrift, auec fon Pere & fainCt Efprit, Ie croy en vn Dieu, vne fubftâce, vne puiffance, vne domination, vne volonté, vne operation, vne nature, vne effence, diftinCte en trois perfonnes, trois noms & proprietez, le Pere engendrant, & non engendré : le Fils engendré, & non en- gendrant: l'Efprit fainCt procédât du Pere & du Fils, fans diuifion aucune en leur fub- ftance. Nulle des perfonnes n'eft plus ieune ou plus aagee que l'autre. Le Pere eft Crea- teur, le Fils auffi & fainCt Efprit: le Fils createur auec fon pere & fainCt Efprit: le fainCt
Efprit

Efprit createur auec le Pere & le Fils.Quand le Pere eft nommé,le Fils & fainét Efprit
f'entendent eftre produits de luy:& quand le Fils eft prononcé,le Pere & fainét Efprit
fe congnoiffent en luy : & fi le S. Efprit eft proferé,le Pere & le Fils y font : car il n'y a
point de diuifion en leur vnité. Dauantage la fainéte Trinité voulant creer l'homme,
le Pere difoit à fon Fils,& fainét Efprit, Faifons l'homme à noftre image & femblan-
ce.Et apres que la fainéte Trinité l'eut creé, elle le mit au Paradis d'Eden , & luy bailla
vn commandement, qu'il ne garda:à caufe dequoy il fut dechaffé par le commandement de fon Createur,lequel neantmoins le fouftenoit par fes promeffes, Ie viendray,
& te rachepteray.Long temps apres,de la volonté des trois perfonnes,qui ne font que
vn,defcédit l'vne,à fçauoir la perfonne du Fils,qui fe logea au ventre de la vierge Marie,fille de Dauid , ne laiffant toutefois fon lieu. Cefte perfonne fut incarnee du fainét
Efprit,& de la vierge Marie,felon la predeftination de fa fcience, & print la forme de
fon ferf. Toutefois cefte perfonne n'a point efté changee , pour n'eftre le Dieu qu'elle
auoit efté,& fa Diuinité n'a point efté corporalité,ne fa corporalité Diuinité : mefmes
les natures n'ont efté confufes l'vne auec l'autre , & n'ont efté deux en deux perfonnes:
mais vne perfonne a efté en fa Diuinité, & humanité, auecques deux natures vnies, &
deux volontez infeparees. Il n'y auoit point de contrarieté, vn qui vouluft, & l'autre
qui ne vouluft point : vn maiftre,l'autre ferf: vn Createur, l'autre creé : mais ainfi qu'il
eftoit Createur deuant fon incarnation,ainfi fut il apres.Ie croy auffi,que celuy qui eft
nay de la vierge Marie,eft Dieu parfait,homme parfait,nay du Pere fpirituellement,&
de la Vierge corporellement:& celuy qui a efté dés le commencement, eftoit vni auec
celuy qui n'eftoit,& ne l'a laiffé voire d'vn clin d'œil, dont n'y aura iamais feparation.
Il a efté crucifié pour nous, racheptant le géré humain:mais la Diuinité n'a point fouffert auec l'humanité , & la mort n'a point attaint la Diuinité. Ie ne fuy pas le malheureux Arrius Alexandrin,qui difoit le Pere feul auoir efté eternel Createur,le Fils auoir *Arrius.*
efté creé en certain temps , n'eftant egal à fon Pere en effence & fubftance , ayant prins
corps au ventre de Marie,fans ame,au lieu de laquelle luy eftoit fa Diuinité.Ie ne confeffe pas auffi auec Macedonius,adherant à Arrius,touchant le Fils,qu'il dit auoir efté *Macedonius*
creé,& auoir eu commencement:lequel auffi a dit l'Efprit fainét n'eftre Dieu,ains creé
& faiét: N'eftant encore de l'effence du Pere,& fubftance d'iceluy, ny mefmes egal au
Pere & au Fils,mais feparez d'iceux de fubftance & effence.Ie ne crois pas comme Ne- *Neftor.*
ftor , qui difoit la vierge Marie n'auoir efté mere de Dieu, mais du Meffie, qui n'eftoit
vray Dieu, ne auoit eu corps de la fainéte Vierge:bien eftoit (difoit-il) hôme, auquel
eftoit la Diuinité,& lequel eftoit temple d'icelle. Dauátage il difoit,qu'il y auoit deux
Meffies,l'vn Dieu eternel,l'autre homme temporel,nay de Marie.Ie n'ay pas mauuaife
opinion de fa nature humaine,côme auoit Eutychius,& fon compaignon Diofcorus, *Eutychius.*
qui difoient le corps du Meffie n'eftre femblable à noftre humanité, & iceluy Meffie *Diofcorus.*
au parauant l'vnion auoir eu deux natures,lefquelles ayans efté coniointes,furent faites vne feule nature.Mais ie croy tellement au Verbe de Dieu,qu'il eft Dieu parfait en
fa Diuinité,homme parfait en fon humanité,toutefois fans peché,en vne perfonne diuine, auecques deux natures vnies,& deux volontez infeparees. Ie reçois auffi les trois
cens dixhuiét Peres fainéts congregez à Nicee contre Arrius, auec les cent cinquante
fainéts Peres affemblez à Conftantinople contre Macedonius : les deux cens fainéts
Peres conuenus à Ephefe contre Neftor : finalement les fix cens trentefix Peres fainéts
affemblez en Chalcedoine côtre Diofcore. Auec ce ie reçois & approuue les Docteurs
efleuz,& les vrays Pafteurs, qui inftituerent la fainéte Eglife Romaine, enfemble tous
les Peres qui ont efté en icelle dés le commencement de la Religion Chreftienne iufques auiourdhuy. A cefte caufe ie prie & fupplie humblement le Pere des Peres , Pa-

fteur des Pafteurs, ornement de toutes dignitez, couronne de noftre chef, lumiere de noz yeux, benediction de toute la Chreftienté, portant les clefs du Royaume, le grand Euefque Romain, Iule troifieme, qui a prins la marque du nom de la Trinité, qu'il luy plaife accepter cefte mienne profeffion, tant en mon nom, qu'en celuy de noftre Patriarche. Auffi vous Peres efleuz, qui eftes les forterefses & rempars de la faincte Eglife, vous (dy-ie) Cardinaux treffaincts, ie vous prie, que vous approuuiez cefte mienne humble profeffion de Foy, faite pour moy & pour noftre Patriarche, qui m'a enioint de confeffer deuant vous cefte voftre vraye Foy, difant qu'il auoit à gré cefte profeffion par moy ainfi faite: laquelle toutefois ie n'ay pas prononcee incontinét que i'ay efté venu en ce lieu, pourautant qu'il me commanda de ne me hafter à la faire, iufques à ce que ie l'euffe bien examinee & comprife. Maintenant i'ay cogneu voftre Religion eftre comme vne lumiere fur le chandelier, à laquelle n'approche aucune obfcurité ou ténebres : voire que quand tout le monde f'efforceroit de l'offufquer, toutefois elle luyroit ainfi que le Soleil entre les autres lumieres. I'ay à gré & reçois voftre profeffion & religion, fans à icelle adioufter ou diminuer chofe qui foit. La charité de Iefus noftre Dieu foit à iamais auecques vous. Ainfi foit-il.

Il fe trouue encor en ce païs Indien bon nóbre d'autre peuple portát tiltre de Chreftien: entre autres des Neftoriens, Maronites, & Armeniens. Cecy eft aduenu, à caufe que grand' partie de peuple eftant demeuré fans Pafteur, demeuroit auffi en la fimple croyáce, fans receuoir le Baptefme: qui feit que quelques vns des plus deuotieux d'entre eux vindrent en Hierufalem & Armenie, & emmenerét plufieurs Preftres Catholiques pour baptifer les idolatres, qui fe conuertiffoient de iour à autre. Et d'autant que, ie n'ay voulu omettre cecy, comme chofe feruant à la preuue de l'antiquité de noftre Religion, ie vous ay deduit par cy deuant toutes les fortes de Chreftiens qui habitent en Leuant, foubz l'Empire de plufieurs Rois, Monarques, & grands Seigneurs, enfemble leurs ceremonies & croyances. Or quoy qu'ils foiẽt differents en quelque perfuafion, pour le regard de leurs ceremonies, fi ne font-ils fi volages que plufieurs Chreftiens Latins, ainfi que i'ay veu par experiéce, eftant en la Paleſthine, Egypte, Turquie, Arabie, Afrique & Grece, & en plufieurs autres lieux conuerfant auec eux. Les Grecs

Grecs premiers fectaires.

donc font les premiers, comme les plus proches de nous, qui vont faire, comme i'ay veu, hommage en Hierufalem, & adorer les lieux Saincts. Ceux cy font fecondez des Maronites, lefquels long temps y a fe font retirez de leur folie, & n'y a nation au Leuant qui f'approche plus en façon de faire de l'Eglife Romaine, que cefdits Maronites. Leurs Euefques & Prelats vfent d'Anneaux, de Mitre, & de Croce, lors qu'ils font le feruice aux grands Feftes: & fut le Pape Innocent troifieme, celebrant vn Concile, qui les authorifa de ce faire : ce que ne font nuls autres Prelats Chreftiens de l'Orient. Vous auez dauantage les Abyffins, qui font les Chreftiens d'Ethiopie, & fuiets de ce grand Roy & Monarque des Ethiopiens : lefquels fe vantent auoir efté conuertis auffi bien que les Indiens par l'Apoftre S. Thomas. Ces peuples font fort ceremonieux & grands ieufneurs, parlans Arabe, Morefque, & Hebraique: combien q leur langue naturelle foit la Chaldaique, de laquelle ils vfent en leur feruice, & oraifons. Ils ont des characteres de lettres iufques à quarantefept, qui expriment les accents & proprietez de leur langue. Vous auez encor les Chreftiens Iacobites du tout differents aux Syriens, defquels ie vous ay parlé. Et n'y a nation tant barbare, qui ofaft les fafcher, à caufe que les Princes les fouffrét en leurs terres, & que auffi ces infideles portent reuerence aux Prelats Chreftiens, qu'ils voyent reluire en faincteté de vie, & leur

Peuple barbare qui lo pore le Patriarche du Caire.

vont baifer les mains, ainfi que i'ay veu faire à plufieurs Turcs eftant au Caire, à l'endroit du Patriarche Grec, fort chargé d'aage, & loué d'vn chacun, pour la faincteté de

ſa vie. Et ſeriez fort eſbahis de voir ces gens diuers en Religion ſe compatir ſi bien enſemble, que l'vn ne vouldroit offenſer l'autre pour rien du monde: & ne ſont les Payés
idolatres, Mores, Turcs, Indiens, ou autres, ſi mal appris, que de ſ'attaquer par deriſion
à vn Chreſtien, & moins violer vn temple où ils ſ'aſſemblent, ſi ce n'eſt en guerre ouuerte: & ſur tout ont en reuerence la memoire des deffuncts, & ſ'abſtiennêt de toucher
aux tombeaux & ſepulchres, meſmement de ceux qui font quelque œuure miracu-
leuſe, comme ie me ſuis apperceu en pluſieurs endroits de la Paleſthine, Grece & Egypte, & ainſi qu'eſt ſouuent aduenu en l'iſle Paliacatte, au tombeau de ſainct Thomas,
en laquelle ils viuent en grand' concorde de leur religion. L'Egliſe où eſt ſainct Thomas, eſt de grand reuenu, à cauſe que la plus part du Poiure qui croiſt & en l'iſle, & au
païs voiſin, fault qu'il ſoit conferé à ladite Egliſe, lequel puis apres eſt racheté par
ceux qui le doibuent: & au reſte, depuis l'iſle de Zeilan iuſques au Royaume de Coulan, il n'eſt Roy ny grand Seigneur, qui n'enuoye quelque preſent au corps & tôbeau
de l'Apoſtre. Ces richeſſes ſont employees à la nourriture des Chreſtiens diſperſez par
les Prouinces des infideles, & pour l'entretenement de leurs pauures, & des Preſtres,
qui n'ont autre reuenu que l'Autel, & ſeruice d'iceluy, & la deuotion des Inſulaires.
Ceſte iſle n'eſt pourtant pauure, ains eſtant portueuſe comme elle eſt, y abordent pluſieurs Nauires venans de Zeilan, & prenans la route, ou de Bengala, ou du Royaume
de Pegu, qui eſt en l'Inde delà le Gangez. Ceux de Pegu y portent force Rubis, & du
Muſc le plus fin que lon ſçauroit trouuer au monde: de Zeilan on y porte abondance
de Saphirs bôs & parfaits, des Balais, Topaſes, Iacinthes, Chryſolithes, & Ocils de chat,
que les Mores eſtiment preſque plus que tout autre ioyau. En ceſte iſle ne ſe leue guere que du Ris, & force Palmiers. Depuis quelque temps en ça les Chreſtiens de ſainct
Thomas, ayans ouy parler des Chreſtiens Latins, qui eſtoient en l'Inde, & vers Diul,
Calicut, Cochin & Royaume de Narſingue, les ont accoſtez, & ayâs ſceu quelque choſe de noſtre façon de faire, & ſur tout comme nous auons des lieux deputez pour inſtruire la ieuneſſe aux lettres & doctrine de la Religion, ont dreſſé deſia plus de ſoixante Colleges, où ils aſſemblent les enfans ſoubz la main & diſcipline des plus ſages
du Clergé, leſquels les inſtruiſent en langue Chaldaique & Arabeſque, à cauſe que les
liures ſaincts qu'ils ont, ſont tous eſcrits en telle langue. Les enfans qui ſont en ces Colleges, ſont fils des plus riches & grands Seigneurs d'entre les Chreſtiens: & y enuoye
lon auſſi de terre ferme, mais non pas beaucoup. Voyla ce que i'auois à vous deduire
ſur le lieu, où giſt le corps de ce ſainct Apoſtre, pource que pluſieurs penſoient que ce
fuſt en Ethiopie, autres en l'iſle de ſainct Thome ſoubz l'Equateur: & d'autres iadis
m'ont voulu faire accroire, que c'eſtoit en terre ferme en la ville de *Coromandel*. Mais
que chacun chante ce qu'il voudra, veu qu'il n'en eſt rien: car c'eſt en l'iſle de Paliacatte, en la ville de *Malepur*, laquelle fut iadis chef du Royaume de Narſingue, à preſent petite & mal baſtie, & la ſeule demeurance des Chreſtiens, qui obeiſſent à celuy
qui a le gouuernement de ceſte iſle. Il ſ'y trouue de plus fines & groſſes Turquoiſes,
que non pas en vne ſeule autre des iſles voiſines: dequoy toutefois ils tiennent fort peu
de compte, pour ne les appliquer en choſe quelconque, comme font ceux du Royaume de *Cephala*, qui briſent ceſte pierre, & l'ayant reduite en pouldre, la font boire auec
du ius de Palmier à ceux qui font malades de la Colique, & de quelques maladies,
comme d'Eſtomach & autres: leſquels ayans vſé de ce breuuage, recouurent leur premiere ſanté.

*iſle de ſain
Thome po
ſee ſoubz
l'Equateur*

Des fources de la riuiere, nommee des Indiens GANGA, *& de nous* GANGEZ,
& du combat du Rhinoceros auec l'Elephant.

CHAP. XIX.

QVI CONTEMPLERA ce qui eft vers l'Orient és Royaumes de *Pegu*, *Aracan, Malaca, Cambaia, Tigura, Moin, Cochin*, & de la *Chine*, iuf-ques aux terres de *Mangi*, & vers le Nort tout ce qui eft au grand *Catai*, qui eft vne des plus grandes Prouinces du monde, tout lequel païs eft delà le *Gange*, ou *Ganga*, ainfi nommé des Indiens, & dans l'embraffement dudit Gange: Qui aduifera le Royaume de *Camut*, *Mein, Coffedir, & Bengala*, & ce qui eft deçà le fleuue depuis la Prouince de *Orixa*, iuf-ques au Royaume de *Guzzerath*, tirant vers le Ponent, & regardant les limites de la Perfe, & vers le Midy aux grandes ifles de l'Ocean, foit Moluques, ou Archipelague de *Maldinar*, ou en la mer de *Lanchidot*: on pourra vrayemét dire, que c'eft vne cho-fe admirable, veu la diuerfité des nations, langues, peuples, couftumes, & façon de vi-ure. Et d'autant que i'ay difcouru par cy deuant, en voltigeant par la marine, & recer-chant les ifles, il fera deformais temps de courir vers l'autre partie, & vifiter auffi bien le Gange, comme i'ay fait le Nil, l'Eufrate, le Tygre, & l'Indus. Il m'a donc femblé bon de cómencer ma defcription par les fontaines & fources, dót fourd & fe defgorge ce-fte riuiere tant fameufe. Le mont Taurus eft celuy, qui diuife & fepare l'Inde d'auec

Pourquoy eft ainfi nom-mé le mont Taurus. les lieux aboutiffans au païs de Perfe. Or ce mót eft ainfi nommé, à caufe que lors qu'il hauffe fon fommet, puis le rabaiffe, & foudain le hauffe, il reprefente la tefte cornue & prominente d'vn Taureau, duquel viennent les fources d'infinies fontaines & riuie-res. Mais à fin qu'aucun ne fe trompe, ce mont a diuerfes appellations, felon les regions qu'il vmbrage par fes haulteurs, que le peuple luy a donné: veu que tantoft il eft ap-pellé *Nemra*, & d'autres *Rabboth*, & des Arabes *Noga*, quelquefois *Emode*, tantoft *Pa-ropamife*, & en plufieurs endroits *Mahath*: mais c'eft lors qu'il eft paruenu en fa plus grande haulteur, quoy que aucuns mettent difference entre Taurus & Caucafe: par le milieu duquel à grande difficulté prennent leur paffage les riuieres d'Eufrate & du Tygre, venans d'Armenie, pour f'aller ietter dans le goulfe & fein Perfique. De cefte mefme montaigne fortent en diuers endroits, & iceux bien efloignez l'vn de l'autre, les deux plus grands fleuues des Indes, à fçauoir l'Indus & Gangez: ceftuy cy tendant vers le Su, & l'autre prenant fa courfe vers le Sueft. Le Gange fe leue au mont de *Nau-gracort*, en l'vne de fes fources vers le Nort Nordoueft, & l'autre qui vient du mont *Vf-fonte*, tirant la part du Nort Nordeft, qui eft auoifiné du grand defert de *Camut*, & de celuy de *Delnathan*. Ces fources font pofees au quatrieme Climat, dixieme Parallele, heures quatorze, minutes trente: & eft fon eleuation à trentefept degrez de la ligne E-quinoctiale, & à fept pardeçà noftre Tropique, faifant fept ou huict branches, deuát qu'il fe forme en fon Lac & canal, pres la ville de *Aruagu*, au Royaume de *Mein*. Cependant c'eft le plaifir de voir les rameaux & branches, qui viennent de tous coftez pour fe rendre à cefte grande riuiere, veu qu'il y en entre plus de quarante, qui font tous grands fleuues & remarquez, venans partie des montaignes de *Rachang, Rodath, Beth-fuard, & Hyrpach*, les plus haultes d'Afie, comme i'eftime, qui font en la Prouin-ce d'*Indoftan*, vers l'Oueft, d'autres du mefme mont *Imaë*, venans du Nort, & autres de l'Eft, qui fortent des montaignes de *Sardandan*, lefquelles ont vne fort gráde eften-due, comme celles qui venans du Royaume de Camut, fe vont rendre en la prouince de Bengala, contenans plus de fix cens lieuës. C'eft en ces montaignes que vous voyez le grand Lac de *Carazan*, la largeur duquel est de plus de dix à douze lieuës,& sa longueur de plus de trente:duquel sortēt les riuieres de *Tothiriath*,*Sarochen*,& *Costan*.Pres de ce Lac,& parmy la solitude,y a des animaux,la figure desquels est fort mōstrueuse, & dont on fait grande estime, à sçauoir les Rhinoceros. Il s'en trouue bien à la prouince de Cambaie & Bengala (les barbares du païs les nommēt *Gandal*, & ceux des Indes *Baldamach*) mais ils sont cent fois plus rares, que ne sont les Elephans, qui sont aussi communs là,que les bœufs en beaucoup d'endroits de la France.Ce Rhinoceros est vne beste plus grande, ou egale en grandeur à l'Elephant, auec lequel elle a continuelle guerre, & luy est ennemy : & sur tout s'attaque ledit Rhinoceros à l'Elephant, voire à toute autre beste, lors que la femelle a ses petits : desquels le masle est si soigneux,que rien n'en ose approcher,s'il ne veult sentir sa furie. Or est le Rhinoceros tel.Il a la teste comme celle d'vn porc,la queuë cōme celle d'vn bœuf, la peau de couleur de buys,tout armé naturellemēt d'escailles, faites ainsi que des boucliers, ou peau d'vn Crocodil , & proportionné de mesme que l'Elephant , sauf qu'il a les cuisses plus grosses.Il a en l'extreme partie du front vne corne sur le museau,comme si elle luy sortoit des naseaux:& pource est-il ditRhinoceros,qui signifie,Ayant corne sur le nez.Ceste corne est faite comme vn glaiue,& forte comme fer,espaisse & trenchante : bien est vray qu'elle est mousse : mais quand il veult batailler, il l'aguise tout ainsi que nous faisons noz cousteaux,contre vne roche ou pierre bien polie.Il a encor vne autre corne sur le cuir du doz,entre les deux espaules, qui n'est pas toutefois si grande que l'autre,mais egale en dureté & poincture,& plus ronde,& la moitié creuse.I'en recouuray vne d'vn marchand de Bengala,nommé *Maldard* , qui vint surgir & mouiller l'ancre à trois lieuës du port de *Raca*, en la mer Rouge,où i'estois pour lors : laquelle i'ay encore en mon Cabinet à Paris, & ne peult auoir qu'vn bon pied & demy de long, que ce ne soit tout:& la nōmoit cest Indien *Tarodoth*. Cestedite corne me cuida faire perdre la vie,d'autant qu'vn Arabe me l'ayant desrobee,& m'estant plaint de son larcin,& du vin qu'il auoit beu outrageusement auec nous autres Chrestiēs, peu s'en fallut que deuant l'assistance il ne me trauersa d'vn coup de flesche:mais à la fin luy ayāt fait present de deux *Alcames*, sçauoir chemises, & d'vne peau cōroyee, que ces belistres d'Arabes appellent *Almadiel*, qui ne nous seruoit d'autre chose que de nappe ou seruiete,lors que nous mangions sur terre, comme ils font tous entre eux, me rendit ce qu'il m'auoit desrobé. Au reste, sa peau est si dure & difficile à percer,qu'vne sagette ou flesche , tant acerce soit elle, ne sçauroit passer oultre : & nonobstant cela,lors qu'il combat contre l'Elephant,ceste peau ne peult resister à la force de ses dents,qu'elle n'en soit deschiree:Neantmoins bien souuēt le Rhinoceros a le dessus,veu qu'il tasche d'attaindre son ennemy par le ventre, sçachāt que c'est la partie la plus molle qu'il ayt sur son corps:que s'il l'attaint,il luy donne si bonne saignee,que l'Elephant fait beaucoup,s'il se sauue de la mort.Ceste corne qu'il a au front,a deux pieds de longueur,droicte,ferme , & fort aigue, & retourne vers le front. I'en vey aussi deux,estant à la mesme mer Rouge,à l'isle de *Muchy*, ensemble deux peaux dudit Rhinoceros, si grandes & larges,que à les voir on eust dit que c'estoient des tentes, que les Arabes portent allans çà & là, qu'ils font de peaux de Chamois à leur façon. Ces peaux Rhinocerotiques sont employees par les Indiens naturels des Royaumes de *Camut* & *Macim*, pour en faire des harnois & morions,en lieu de fer,& certains manteaux qu'ils portent, allans à la chasse,à fin qu'ils ne soient offensez par les bestes farouches & rauissantes: & quand ils vont en guerre,ils en couurēt leurs cheuaux,ainsi que nous faisons les nostres de leurs bardes,& autres armeures.C'est donc bien autre cas de ceste peau,que de tous les meilleurs Buffles que lon sçauroit trouuer : voire il y a tel corselet,qui n'est pas de si bonne

Combat du Rhinoceros & de l'Elephant.

Harnois faits de peaux de Rhinoceros.

trempe,& affeuré,qu'eft la peau d'vn Rhinoceros. A contempler leurs combats, on diroit eftre celuy de deux vieux Taureaux ou Bœufs, attendu qu'ils employét leur plus grand' force à fe hurter de la tefte, qu'ils ont fort groffe & puiffante, ainfi que pouuez voir par la prefente Figure. Iadis ceft animal eftoit tant celebré enuers les Romains, neantmoins qu'ils ne l'euffent veu qu'en peinture (le pourtraict duquel leur fut donné par vn Afriquain, nommé *Iagur*) que és premieres medalles & monnoye,que feit faire le grand Pompee, fut deffus efleué en boffe vn Rhinoceros : au renuers defquelles y auoit fix petites beftioles, faites comme formis, & autour efcrit V I C T O R I A A V-G V S T I. Theophile,fils de Michel le Begue, qui viuoit huict cens trente ans apres noftre Seigneur,& Empereur de Conftantinople,à l'imitation dudit grád Pompee, en fa monnoye d'or & d'argent, feit grauer d'vn cofté vn Elephant bridé,qui combattoit le

Rhinoceros,& autour deux hommes tous debout, veftus à l'antique : de l'autre cofté trois eftoilles dans vn nuage. Et puis dire en auoir apporté deux d'vne forte , & cinq de l'autre, de ces païs là , defquelles autres que moy ont trefbien fait leur profit, auffi bien que de plufieurs efcrits de mes labeurs, qu'ils m'ont defrobez, foubz pretexte de médicité, & repues franches. Quant aux Monoceros,c'eft vne autre befte, laquelle iamais ie ne vey : mais me fuis laiffé dire à quelques Ethiopiens y en auoir en leur païs dans trois forefts,qu'ils appellent en leur langue *Corborbach, Egillard,* & *Arade*, ainfi nommees à caufe des Biches,qui y fourmillent.Cefte befte fait auffi la guerre aux Rhi-

Cornes ejãs diuerfes pro prietez.

noceros.De la corne, ils f'en feruent à diuerfes chofes.Premierement elle eft fort bonne & profitable contre tout venin : fi que les Indiens eftans mords & blécez de quelque ferpent,ou befte venimeufe, ils ont leur recours à cefte corne : Qui me fait penfer que ce que lon attribue à la Licorne, foit la proprieté de ceftuy cy, ou que ces mor-

ceaux de Licorne, qu'on nous monftre, font de la corne du Rhinoceros: car de la Licorne ne peuuent elles eftre, veu que (ainfi que i'ay dit ailleurs) il y a autant de Licornes, telles que nous les defcriuent Pline, Solin, & Munfter, comme de Phenix, ou de
Griffons. Cefte corne auffi leur ayde fort contre le flux de fang, auquel leurs femmes
font fort fuiettes. Or pource que la corne eft trop dure, & qu'ils en veulent faire anneaux, bracelets, manches de coufteaux, & poignees pour leurs efpees, ils l'amoliffent
en cefte forte. Ils prennent du foulphre, qui eft tout blafard & pafle, & le puluerifent:
puis font cendres de coquilles de mer, ou de celles du Lac voifin, qui en abonde, &
mettent le tout bouillir enfemble auec cefte corne, & dans demy iour elle eft fi ployable & maniable, qu'ils en font tout ainfi qu'il leur vient à plaifir: De forte que les hommes en ont des anneaux, bracelets, colliers, voire f'en feruent en des peignes, & en accouftrent leurs coufteaux, lefquels font longs de deux pieds, & quatre doigts de largeur: l'acier defquels eft fort bon, veu que ce païs là porte les meilleurs & plus fins metaux, qui foient au demeurant du monde, quoy que aucuns ayent dit que le fer ne fe
trouue point aux Indes: mais ils fe mefcontent trop lourdement. Le fer ne fe trouue
pas par tout, comme en diuers endroits de l'Afrique, ie le confeffe: mais il y en a de fi
bonnes mines en ces Indes, que l'acier de Perfe ne le furmonte point en bonté, & n'eft
pas plus fin. De cefte corne encor ainfi amolie, ils font des Trompes, toutes femblables *Idolatres*
à noz Cornets à bouquin, auec lefquelles ils fefiouyffent, en danfant au fon & iour & *danfent à*
nuiét, le foir mefmement au clair de la Lune, à laquelle ils rendent graces d'vne telle *la Lune.*
clarté: & moins n'en font aux Eftoilles, qu'ils difent eftre fes cõpaignes. Ceux qui font
les Preftres de leurs Dieux, font auffi les meilleurs & plus excellens ioüeurs de ces flu-
ftes & cornets de coquilles de poiffons, que tous les autres, à caufe que cinq fois le iour
ils en fonnent par l'efpace d'vne heure deuant leur Idole. De la diuerfité & difformité
defquelles, iaçoit que fouuét ie vous aye difcouru, les vnes eftãsveftues felon l'humeur
de ce rude peuple, les autres nues, vfans de chimagrees, à celle fin d'attirer le vulgaire à
ãlque pieté & deuotion: toutefois il ne f'en trouue de fi hideufes, que nous en depeint
vne dans l'Hiftoire vniuerfelle de Iean de Boëme, celuy qui met le nez par tout, & *Erreur de*
veult luy feul eftre creu: qui dit ainfi, qu'au milieu du téple de Calicut fe voit vn thro- *celuy qui a*
ne d'airain, fur lequel eft affis vn Diable portant vne mitre ou diademe, fait à la façon *ftoire vni-*
de celuy de noz Euefques Latins: lequel eft embelli & enrichi de trois grãdes cornes, *uerfelle.*
ayant la gueule effroyablement beante & ouuerte, la face furieufe, le nez mal fait, les
mains comme vn croc ou hameçon, les pieds faits comme ceux d'vn coq bien ergoté:
& que les miniftres qui font autour de luy, tous les matins le lauent & arroufent d'eau
rofe, & pour plus le cherir luy portent force odeurs aromatiques: & apres telles chofes luy offrent encens & parfums, puis l'adorent. Il eft aduis à ce goulfe d'iniures auec
fes fables & fingeries, que les hommes de bon efprit ne fe peuuent pas apperceuoir là
où il veult venir, & que c'eft qu'il entéd noter par telle fiction: ioinét auffi que tout ce
qu'il dit, eft vne menterie cõtrouuee: car ainfi que ie vous ay dit ailleurs, ces ftatues ne
font faites que de pur marbre noir, ou de quelque pierre dure. Ie ne puis pas nier, que
le peuple de l'ifle de *Timor*, & ceux de la prouince de *Malaca*, & de *Chándama*, ne
facent des Idoles de bois de Sandal, comme le plus precieux qu'ils ayent entre eux: &
en ont de trois efpeces, de rouge, de blanc, & de blafart. I'eftime que c'eft celuy que les
Apothicaires Italiens appellent bois de Citrin: vous n'en veiftes iamais tant qu'il y en
a au riuage du fleuue de *Ganga*, ou Gangez en noftre langue. Ie fçay bien qu'aux Royaumes de *Tanafarim, Caramandel, Pedir, Chiretor, Oriffe, Pule*, & en l'ifle de *Zeilan*, les forefts iadis foifonnoient en telles efpeces de bois, defquelles auiourdhuy il y en a fort
peu: toutefois ce qu'il y a de refte, ils l'eftiment tant, qu'ils ne permettroient qu'il fuft

transporté ailleurs: & luy donnent le nom de *Sercanda*,mot corrōpu par les Arabes &
Ethiopiens,qui le nomment Sandal, & forgent ces belles Idoles du plus rouge,pource
qu'il eſt rare & precieux.Or ſont elles apres renfermees par leurs Preſtres dans l'obſcurité de leurs temples, ſoit à cauſe qu'ils eſtiment que leur deuotion ſ'augmentera,ne
voyans point l'vn l'autre,ou qu'ils ſont quelque autre cas,qu'ils ne voudroient faire en
lieu de clarté.Ils y portent des flambeaux de cire noire, ou de grands ioncs,faits comme vne torche , qui durent deux ou trois heures allumez, rendans grande clarté. C'eſt
de toute ancienneté, que les temples & oratoires des idolatres ont eſté fort obſcurs, &
ſur tout és lieux où eſtoiēt poſees leurs gentiles Deeſſes d'idoles. Mais reuenant aux

Erreur de
Cardan ſur
le Rhinoce-
ros.

Rhinoceros,ie ſuis eſbahi,que Cardan ſ'oublie ſi ſouuent dedans ſes deſcriptions,cō-
me deſia i'ay monſtré ſa faulte, parlant des Elephans:& maintenant il dit, que le Rhinoceros eſt nommé Taureau d'Inde. Ie ſçay de qui il a appris ceſte Philoſophie &
cabale de noms,ſans iuſte occaſion, comme ie luy en ay eſcrit, & dit apres de bouche
ce qu'il m'en ſembloit. Il allegue que le Rhinoceros eſt auſſi grand que l'Elephant (ce
qui eſt vray) & toutefois il fait ſes iambes & cuiſſes plus courtes. Il ne cognoiſt pas la
faulte qu'il commet : attendu que ſ'il euſt veu & des Rhinocerots & des Elephans, il
euſt par meſme moyen conſideré , que le Rhinoceros eſtant plus court & amaſſé que
l'Elephant, & ayant les cuiſſes plus charnues, il apparoiſtroit eſtre plus bas eniambé,
quoy qu'il n'en ſoit rien:tout ainſi qu'vn homme gras apparoiſt plus petit qu'vn homme maigre: leſquels ſi on confere enſemble,on cognoiſtra de combiē on ſ'eſt trompé.
ſ'ay voulu dire cecy,à cauſe que pluſieurs ayans leu Cardan,voudroiēt croire ſon opinion : mais ie ſuis ſeur auoir veu tout le contraire, & ſçay que le Rhinoceros & l'Elephant ſont egaux en grandeur. Ce païs donc, comme il eſt abondant en beſtes monſtrueuſes & horribles à voir, il eſt auſſi perilleux & plein de danger pour ceux qui
voyagent:veu que du coſté d'vne des ſources du Gangez, pres le mont Vſſonte au deſert de Camut,qui dure enuiron dix iournees & demie,& qui eſt ſeparé des païs eſtranges & deſerts de Lep, qui ſont vers le Nort, enuironnez de grandes montaignes, qui
portent meſme nōm,& qui ſ'eſtendent iuſques en la Scythie,durās plus de vingtcinq
grandes iournees, c'eſt choſe la plus eſtrange du monde, que les voyageurs & paſſans
y trouuēt viſiblement des Eſprits,leſquels les accompaignent quelque temps,& puis

Eſprits en-
ſeignent le
chemin.

leur enſeignent le chemin:mais ſçauez vous comment? ils vous adreſſent ſi bien,que ſi
vous ſuyuez leur conſeil, auant que ayez trauerſé guere de païs , ne fauldrez ou de tōber en danger de voſtre vie, ou de vous eſgarer tellement, que à peine vous remettrez
vous au premier ſentier entrepris.De là aduient,que pluſieurs ſ'y perdent,les vns tombans és abyſmes des Lacs & Eſtangs limonneux, qui ſont vers les monts *Chinchitales*,
& *Agrigaia*, qui auoiſinent tous deux le Lac de *Caindu*,qui eſt d'eau ſalee,& auquel ſe
trouue des Perles aſſez luyſantes : les autres ſ'eſtans fouruoyez par la ſolitude,ſont deuorez des beſtes de prōye:& les autres ainſi hors de chemin, & n'ayans plus de viures,
y faillent de ſoif & de faim , demeurans pour paſture des animaux qui hebergent en
ce deſert gardé de ſi ſauuages gardes que les malins Eſprits. Auant que ie voyageaſſe
de la part de la haulte Aſie, & ie me fuſſe mocqué de cecy, le liſant, tout ainſi que du
compte des Lamies & Eſprits danſeurs:mais ſçachant que le malin eſprit apparoit viſiblement,& à ceux de Calicut,& aux Sauuages de me France Antarctique (comme ie
vous ay deſcrit dans l'hiſtoire que ie vous en ay faite) & qu'il leur fait mille maux, &
ſouuent les bat & tourmente, ie ne ſuis ſi faſcheux à croire vn peu plus facilement ce
qui eſt vray,& a eſté par moy veu en pluſieurs endroits.Les Arabes,qui communemēt
voyagent par les deſerts de leur païs , ſçauent bien dire ce qu'ils ſouffrent par les illuſions des Eſprits,& oyent ſouuent des voix,& voyent viſions eſpouuantables,& quel-

quefois des hommes qui s'esuanouyssent incontinent. Le truchemant Arabe, qui nous conduisoit par l'Arabie, nommé *Iedthel*, homme pour vn infidele assez humain & accostable, me recita, que conduisant vne Carouane vers les deserts & montaignes de *Alanguer*, & *Ciarcie*, qui ont au Royaume *Sapphanien*, de la part de Soleil leuant, arrousé des riuieres *Via*, Lahor, Cascar, & de celle de *Tahosca*, qu'vn iour sixieme de Iuillet, à cinq heure du matin, luy Arabe, & plusieurs de sa suytte ouyrent vne voix assez esclatante & intelligible, qui disoit en la mesme langue du païs ces mots icy, *Nohna marqua, vou marquabou Teismalieh* : qui est à dire selon l'interpretation qu'il me donna, Nous auons, dist ceste voix, cheuauché long temps auec vous : il fait beau temps, suyuons la droite voye. Aduint qu'vn folastre, nommé *Besluth*, qui conduisoit quelque trupe de Chameaux, qui toutefois ne s'apperceuoit d'homme viuant de la part d'où venoit ceste voix, respond en ceste sorte, *Sahibi, ana, manahrapxi*: c'est à dire, Mon compaignon, ie ne sçay qui tu es. *Anaphey hamark*, Suy ton chemin. Lors ces paroles dites, l'Esprit espouuanta si bien la troupe, composee de diuers peuples Barbares, qu'vn chacun estoit quasi esperdu, & n'osoient (qu'à grand' peine) passer oultre. Et quant à ceux qui passent par le Royaume de Camut, ils s'efforcét tant qu'ils peuuét, de ne passer point par lesdits deserts, asseurez du peril qui y est, & duquel les plus accorts & subtils ne sçauent se contregarder, quelque deliberation qu'ils prennent de ne croire homme qui leur parle du chemin : d'autant que plusieurs fois ces Esprits parlent à eux, comme si c'estoit quelcun de leur troupe, & leur conseillét de tourner ailleurs, encore qu'il leur semble que le chemin soit droit & asseuré. Passé que lon a ce grád fleuue Ganga, & ces montaignes pres de la mer, il comméce à s'eslargir, & croistre telle fois de trois à quatre lieuës de large, sa profondeur estát pour le moins de vingt pieds. Ce fleuue est tant celebré par les Orientaux, & tant estimé par les Indiens du païs, à cause de l'abondance de ses canaux & sources, que les idolatres, voire ceux mesmes qui se pensent auoir quelque meilleure persuasion que les autres, l'honorent, & l'ont en compte de quelque saincteté & religion. Car se sentans malades & foibles, & n'esperás rien opinion des Indiens. de vie, se font porter sur les bords & riues du Gangez, & là se font dresser quelque petite loge ou cabane rustique, à fin que les pieds en l'eau ils puissent viure & mourir : d'autant qu'ils ont foy certaine, qu'en se lauant auec la courante de ce fleuue, à cause de sa saincteté & vertu, ils se nettoyent & purgent de tout vice & peché. Que s'ils ne peuuent viuans vser de tel office & deuoir, ils ordonnent que les cendres de leur corps bruslé (veu qu'en toutes les Indes presque ceste ceremonie anciéne est obseruee) soiét portees dans le Gangez. Et pense que les Indiens tiennent ceste ancienne coustume dés l'institution du Baptesme : mais que la foy du Christianisme s'estant perdue, ils ont retenu vne espece de superstition, aussi bien que les Anciens d'Egypte, qui ont adoré le Nil & les poissons qui y estoient nourris. Dauantage long temps a esté, que les Rois de Bengala se voyans pressez de maladie, faisoient leur testament, sçauoir qu'apres leur mort ils fussent iettez dans le Ganga : & plusieurs du simple peuple par longues années l'ont obserué, & fait à l'imitation & exemple de leur Roy, & s'en trouue encor à present qui le font, & ordonnent par leur testamét. C'est ce fleuue que l'Escriture dit estre l'vn de ceux qui ont leur source & yssue du Paradis terrestre : le nom duquel est venu d'vn Roy ancien, des premiers qui vindrent en Inde apres le departement de la terre vniuerselle d'entre les enfans de Noë, lequel Roy s'appelloit *Gangar* : & du nom duquel ceux des païs de *Gangaride, Galgal, Gamzo*, & *Ganlboue*, se glorifient, disans qu'ils sont aussi venuz de la ville ancienne, dite Gangez, au Royaume de *Mein*, qui aussi print le nom dudit Roy, ainsi que disent ceux du païs à chacun qui s'enquiert de la cause de l'appellation de ceste riuiere. Au reste, le Gange est nommé par les Hebrieux

Phifon, qui fignifie autant qu'Eftenduc, Abondance, ou Multitude : à caufe qu'il y a grande abondance d'eaux,& bon nombre de riuieres qui iy engoulfent. D'autres Barbares l'appellent Getha,& les Scythes d'Orient Salbal : mais ſe vous en dire la raifon, certainement ie ne fçaurois. Quant à l'Inde,les Iuifs la nommet Hodu,& autres Bara-Indu, comme ſils vouloient dire, Belle & excellente terre : parc que le païs eft beau, agreable, fertil, & abondant en toute chofe. Les plus Orientaux lu donnent le nom de Deuilath,& n'ay peu fçauoir pourquoy. Autour du fleuue Gange ſe trouue de diuerfes efpeces de bons arbres & plantes:mais entre autres celle que lon ppelle parde-ça le Narde, du mefme nom que les Indiens le nomment. Lors qu'ils arruent à la mer Rouge,incontinent les Arabes, Iuifs,Turcs,& autres marchãds, ſur toutes les drogues fefforcent d'auoir de ce Narde, pource (comme ils m'ont dit) que cefte chofe leur eft propre & fort chere. Au riuage de cedit Gange, principalemēt en vne prouice nommee Chitor,& au Royaume de Dely, duquel i'ay parlé cy deſſus,& à ceux de Cam, & Bengala,le Narde y eft le meilleur,& de plus de vertu & force que tout autre qui croiſ-fe & ſe recueille de Iäl-ghep,Iania Houdoé,ſçauoir autour de la mer & terre Indique

Le Narde ſe trouue au bord de Ganga.

Des bouches & iſles du GANGEZ, & entree dans la mer, au goulfe de

BENGALA. CHAP. XX.

COMME vous auez laiſſé les monts, & courez le long du fleuue, quelques quinze iournees loing de l'embouchement d'iceluy, eft aſſiſe la ville nommee Ganga, tirant vers le Midy, & eft vn lieu de grand trafic. Les bouches de ce fleuue giſent au ſecond Climat,fixieme Parallele, droit ſoubz le Tropique de Cancer, à vingt & trois degrez de la ligne Equinoctiale. Ce fein eft continué vers le Leuant au Royaume de Verma, vers le Ponent à celuy de Orizza, vers le Midy il regarde les iſles de Zeilan,& la Taprobane. Il fait pluſieurs bouches,mais à la fin tout ſe conuertit en vn canal:& au parauant il arrouſe deux fort belles terres, qu'il dreſſe en iſles, l'vne nommee Bengala,& l'autre Adar-gezer:laquelle tire & regarde vers l'Eft,ayãt ſa principale ville ſur la bouche qui entre dans le ſein Gangetique,nommee Satigan, & de quelques vns Nobatif, à caufe d'vne efcluſe qui y eft. Cefte iſle a plus de cinquante lieuës de grandeur & circuit, comme celle qui contient encor trois canaux de la riuiere, faiſans vn grand goulfe vers l'Orient, & lequel arrouſe les terres de Verma, & fait ce canal la diuifion de la tierce partie de l'Inde,qui eft delà le Gange. En Satigan ſe tiennent quelques Portugais,& eft du Royaume de Bengala. Il y en a qui ſe ſont ſottement abuſez, diſans,qu'elle eft aſſiſe pres Madagaſcar : mais ils n'y voyent goutte,veu que l'vne eft lointaine de l'autre plus de mille à douze cens lieuës. Cefte terre eft abondante en tous viures,mefmement en volailles de diuerſes ſortes,& toutes differentes aux noftres. Le peuple y eft aſſez noiraſtre, & qui ſe noircit dauantage artificiellement, pource qu'ils eftiment ceux là eftre les plus beaux, qui ſont les plus noirs, comme nous faiſons icy ceux qui ont le taint blanc. Ils ne cognoiſſent ny Iefus Chrift ny Mahemet, & ne veulent ouyr parler que de leurs Idoles. Les marchands eftrangers ont beau trafiquer en cefte iſle, veu que les Inſulaires ne ſe ſoucient guere des richeſſes : mais les Indiens de Bengala,Pegu,Narſingue,Cochin,& Calicut,defniaiſent ces beftiaux & ſots Gangetiques. Et m'eſbahis icy de ceux qui ont deſcrit fort mal des Indes, comme ils ont oublié de dire iſles, ce qui eft enceint d'eau de tous coſtez, veu que de toutes les bouches que fait le Gangez, qui ſont cinq en nombre, à ſçauoir celles que nous nommons

La grãdeur de l'iſle de Chatigan.

Cinq bouches de Gã-gez.

Cambiſe (les Perſiens *Maia*) *Grande*, qu'ils nomment auſſi *Taire*, à cauſe des oyſeaux dont elle eſt peuplee & couuerte : *Berique* (c'eſt celle à qui iadis vn Roy de Syrie, qui entra dedans aſſez auant, donna ſon propre nom de *Ben-adad*) *Pſeudoſtome*, ou Faulſe bouche, & *Antiboly*, nommee des Abyſſins *Achad*, & *Amélech* des Arabes, nom moderne : d'autant que l'an mil cinq cens quarantedeux vn petit Roytelet, qui eſtoit venu du païs d'Arabie, auec bon nombre de Nauires, eſtimant paſſer tels lourds vaiſſeaux dans ce canal, ſe noya luy & la plus part de ſon armee : & de faict, c'eſt l'vn des dangereux paſſages que lon ſçauroit trouuer. De toutes ces cinq bouches & coſte marine il n'y en a pas vne qui ne face vne iſle, & par la ſeparation que la riuiere fait de ces iſles, eſt auſſi prinſe & contemplee la diuiſion des Indes, quelque part qu'on les regarde. La ſeconde iſle fameuſe, eſt celle du grand canal, & cours de Gangez : laquelle eſt preſque faite comme celles du Nil & de l'Inde, à ſçauoir en la forme d'vn Delta Grec. Et auſſi quiconque aduiſera de pres toute ceſte emboucheure, il trouuera qu'elle n'a point grand difference auec celle du Nil, entrant en la Mediterranee, ou de l'Euffrate, ſengoulfant au ſein Perſique, ou de celle de l'Inde, faiſant ſon entree dás la mer, à laquelle ce fleuue donne le nom, ſauf que l'Inde ſeſtend plus en poincte, à cauſe de la grande iſle de Diul. Or l'iſle qui eſt au milieu de l'embouchement du Gangez, porte le nom de Bengala, pource que la ville Royale & capitale de ce grand païs y eſt aſſiſe, tout ioignant les bords du fleuue du coſté de l'Oueſt : & eſt la grádeur de l'iſle de plus de quarante lieuës de circuit, & la ville eſtimee l'vne des plus grandes du païs, comme celle qui a ſoixante mille maiſons telles quelles. C'eſt là que le Roy ſe tient, & eſt loing de l'entree de l'iſle tirant à la mer, d'enuiron trois iournees, eſtans couuertes les maiſons d'icelle, tout ainſi que les autres des Indes. Si le Roy Bengaleen ſe tenoit en ſon iſle, & que en icelle ne ſe feiſt le plus grand trafic du Royaume, ie me deporterois de vous en ſpecifier rien autre choſe : mais eſtant vne bonne partie de ce Royaume embraſſee de tous coſtez d'eau, ſoit de la mer, ſoit du fleuue, c'eſt bien raiſon que luy donnant le nom d'iſle, ie deſcriue auſſi le païs & couſtumes des habitans. Le Roy qui commande en ceſte terre, eſt partie idolatre, & quelque peu aduerti de l'Alcoran. Il a quatre Rois tributaires, & qui luy rendent obeiſſance : celuy d'Oriſſa, qui eſt Mahometan, & grand Seigneur, confinant ſa terre à celle de Bengala, du coſté de Coromandel, à ſçauoir de la part de l'Oueſt. Ce Roy Oriſſeen obeit au Bengaleen, pource que ſon peuple ne ſçauroit viure ſans le trafic de la mer. Luy eſt auſſi ſuiet, & luy paye tribut le Roy d'*Arachan*, païs ſitué en l'Inde oultre le Gangez, & tirant vers l'Eſt, le long du goulfe de Bengala. Ce Royaume d'Arachan eſt ſeparé de celuy de Pegu, par la riuiere *Aua*, laquelle deſcend du grand Lac de *Caiamay* au Royaume de Macin : & eſt abondant en viures, & a ſon Roy guerre ordinaire contre le Roy de *Chaüs*, qui eſt idolatre, & ſuiet auſſi au meſme Seigneur. Les Rois de Decan, Cananor, Malabar, Calicut, & Pale, luy font auſſi quelque recognoiſſance. Quant à celuy de Dely, il eſt plus grand terrien : mais ceſtuy cy eſt plus fort, pour eſtre de tous coſtez borné de la mer, & de grandes riuieres, là où l'autre n'a pas trop de cómodité par mer, & ſes terres n'ont pas grand' aiſance pour les eauës : qui eſt cauſe, que le Delyen eſtant eſloigné de quinze iournees pour le moins des terres Bengaliennes, n'oſe ſe mettre en campaigne, pource qu'il ne ſçauroit comment ſuſtenter tant de cheuaux & Elephans, pour le chariage qu'il meine en guerre. Il n'y a rien qui rende le Roy de Bengala plus eſtimé, craint, & redoubté, que la multitude d'eſtrangers qui ſont à ſa ſuytte, la plus part deſquels ſont Abyſſins, ſçauoir ceux qui ſont deſcenduz des Anciens, qui ont iadis commandé en ces païs là, & ont la charge entiere des affaires, gouuernans la maiſon & eſtats du Roy, & ſont en telle reputation, & ſi bien aymez, que le plus ſouuent il les eſleue, iuſques à

Bégala ville capitale du païs.

Rois ſuiets à celuy de Bengala.

les faire Rois des Prouinces qui luy font fuietes. Ces Royautez font toutes telles,que les Gouuernemens que noz Rois donnent à leurs Princes . La plus part de ces Abyf-

Abyffins Eunuques.

fins font Eunuques,& eftans en Cour,ils entrent en la chambre du Roy,& luy feruent tout ainfi qu'vn Chambellan. Et à vous dire le vray,la condition du Roy eft à prefent miferable, veu que le temps paffé ce païs efcheoit aux enfans par fucceffion des peres deffunéts : mais à cefte heure ils obferuent vne fauuage couftume, introduite depuis quatre vingts ans en ça par vn certain galant,natif du Royaume de *Pacen*,vers le Nort, tirant aux fources du Gangez.Ceftuy cy,nommé *Bazabazan*,enfeigna la couftume de fon païs aux Seigneurs qui font en la Cour de Bengala, qui eft telle , que nul ne peult contreuenir à la grandeur de leur Roy , fi ce n'eft par le confentement & infpiration des Dieux, & que parainfi celuy qui fe hazarde à telle chofe, foit efleu en fa place : qui eft caufe que les Rois ne demeurent guere en leur puiffance. Les Seigneurs de là per- mettent toute telle liberté aux Chreftiens Leuantins & eftrangers, que pardeça lon peult permettre à vn marchant,lefquels y font en grand nombre, & y ont leurs maga- zins. Ceux du païs ont de gros vaiffeaux, & vont trafiquer en *Coromandel*, *Malabar*, *Cambaia*,*Tarnaffery*, & *Malaca* , qui font en terre ferme, & aux ifles de *Zeilan*,*Tapro- bäne*,*Burne*,*Furne*, & *Dariane*. Les Mores qui fe tiennent en Bengala,vont en terre fer-

Mores mar- chans de pe- tits enfans.

me,ou és ifles voifines, achepter des petits enfans, ou les robent & pillent,puis les cha- ftrent , & leur couppent tout le membre à net auec la bourfe. Ceux qui efchappent de mort apres cefte tailleure,ils les efleuent fort delicatement, puis les vendent à des Per- fans,& autres Mahometiftes,qui les acheptent cherement,à fçauoir deux ou trois cens ducats piece ; pour f'en feruir d'hommes de chambre , & pour leur donner leurs fem- mes en garde.Le trafic ordinaire eft de ce qui fe leue au païs, à fçauoir de quelque cot- ton & futaine fine , & peinte de belles rayes, qu'ils nomment *Saranetith* , fort eftimee entre eux,dequoy ils fe veftent,& les femmes auffi.En cefte ville fe font encor de bon- nes Conferues des drogues qui enfuyuent,à fçauoir de Gingembre verd,& bon,d'O- ranges , Limons , & autres fruiéts,qu'ils cuifent auec le fucre du païs. Vous y trouuez encor abondance de cheuaux,vaches & bœufs,que les marchans eftrangers y ameinét pour vendre,& moutons auffi : Non pas que ie fois fi accariaftre de fouftenir ce qu'al- legue Gefnerus,fçauoir qu'en ces païs là des Indes lefdits moutons , brebis & cheures, excedent en grandeur les afnes d'Egypte : chofe mal entendue à luy, & ne font non plus grands ces animaux , que ceux de pardeça. Sur tout ils ont des poulles les plus graffes que lon fçauroit voir,& de telle grandeur, que vous les iugeriez eftre des oyes ou paons. Ils y font du vin de plufieurs fruiéts:le ius defquels ils efpraignent & pilét, comme nous faifons noz pommes & poires,pour faire le citre : puis y adiouftent bon-

Païs fertil en toutes chofes.

ne quantité de drogues. Ce païs en general eft eftimé l'vn des plus gras , meilleurs, & plus fertils de l'vniuers. Il me fouuiét auoir dit en quelque autre endroit,que les moif- fons y font deux fois l'annee : mais il ne fault prendre les chofes à pied leué, & penfer que les fruiéts ayent deux Eftez pour meurir:mais qu'il y en a aucuns qui portét deux fois l'annee. Quãt aux bleds & vins,ce feroit folie de dire qu'ils fuffent recueillis deux fois l'an,veu que le fromét n'y vient point, & fi lon y en feme. Il eft vray qu'il y croift, mais toute fa fubftance fe conuertit en herbage , fans que vous y voyez que peu ou point de grain. Le vin de vigne n'a garde d'y venir deux fois l'an , d'autant qu'il n'y a point de vignes:& fi les Chreftiens y en portét,ils ne voyent iamais le raifin plus meur que noftre verjus,à caufe que la terre ne le peult comporter. Parainfi quãd ie dis deux moiffons,i'entends d'aucuns millets,legumes & autres grains, aufquels ne fault fi long traiét de temps,qu'à noz bleds , pour les faire venir & meurir. L'autre ifle , qui eft l'vn

Ifle Iauarin

des canaux du Gangez,eft nommee *Iauarin*, laquelle a fa poincte regardant vers le Su,
& où le

& où le fleuue efpand fes branches, pour l'embraffer & fe diuifer,qui eft vers le Nort, elle eft poinctue en forme Pyramidale:vers l'Oueft,elle regarde le Royaume de *Coffe-dir*, en l'Inde deça le Gange:& vers le Leuant,elle confine à la bouche qui la fepare de l'ifle.de Bengala: vers le Su,elle voit la mer & fein Gangetique,eftant en mefme eleua-tion que Bengala.Le port de cefte ifle s'appelle *Afedegan*, où la ville eft bóne & mar-chande,& de facile abordee,à caufe qu'en toute l'entree la mer n'y eft pas fi baffe, qu'il n'y ayt toufiours de trois à quatre braffes d'eau.En cefte ifle on fait de beaux tapis raz à parer les chambres,de riches ciels,& tours de lict,bizerres & fantaftiques,où il n'appa-roift gueres que des oyfeaux du païs,& du fueillage,& autres de belles plumes.Souuét me fuis efbahi,d'où ils auoient appris chofes fi rares : mais ils font fort fubtils,& pren-nent plaifir à fe monftrer finguliers en toute chofe. Ils vendent tout au poids,& vfent au lieu de balances d'vne certaine pièce de bois, à chacun bout duquel ils mettent les chofes qu'ils veulent troquer:& felon que le poids de l'vne furpaffe l'autre,ils vous fa-tisfont & payent ce qui eft de refte.Mais donnez vous garde de leur fraude, veu qu'ils vous tromperont, fi n'aduifez de pres à leur poids,à caufe qu'ils font adextres à chan-ger & faire baiffer leur bois ou balance la part qu'ils veulent, à la Iudaïque.

De la belle.ifle de PALIMBOTRE, *qui eft fur le fleuue de* GANGEZ.

CHAP. XXI.

I E M'ESTOIS vn peu oublié, fuyuant le cours du Gangez ;de vous defcrire vne ifle,qui eft en celle riuiere fort hault, & tirant vers la fource,plus de cent cinquante lieuës loing de l'entree que fait ledit fleuue en la mer:& pource aucuns Arabes & Perfiens,ie dis de ceux qui y ont efté ,l'ont eftimee eftre la derniere ifle de tout l'Orient. Or pource que ie fçay que plufieurs s'esbahiront, comme il eft poffible, que moy Theuet ay pluftoft obferué cefte ifle,que pas vn des Pilotes modernes,il faut que ie leur fatisface auec ce petit mot , que i'ay efté fi curieux recercheur ;& icy & ail-leurs,fur tout lors que i'allois défcouurant les raritez des quatre parties du monde, que ie n'ay laiffé homme, que ie fceuffe auoir vifité quelque contree incogneuë,& fuft elle en icelles deferte & deshabitee,fans l'accofter, & m'enquerir fi auant de ce qu'il a-uoit veu,& auec tel deuoir,que i'en tirois le meilleur & plus digne de memoire.Si noz faifeurs d'hiftoires Cofmographiques auoient veu la centiéme partie de ce que i'ay apperceu & veu de mes propres yeux,Dieu fçait comme ils en feroient leur profit: vrayement ils auroient lors bien dequoy icy haranguer: & encor qu'ils n'ayent iamais veu ne mer,terre,goulfe, ne riuiere falee, ils ne laiffent pourtant à gazouiller & bauer, cóme le Geay en cage, voire & d'auffi bóne grace.En cela donc me fuis fort aydé de la diligéce des Efclaues de diuerfes nations,qui auoient prefque couru tout le monde,& de la curiofité des marchans,foit Iuifs,Perfans,Turcs,Ethiopiés, Indiens,Arabes,Sáu-uages , & d'autres,lefquels n'efpargnent ny vie ny labeur,qui ne foit employé à recer-cher les moyens d'accumuler threfors, & faire amas de richeffes. D'entre ces hommes i'en ay trouué tels qui auoient veu feulement les Prouinces , & ne m'aydoient que de l'affiette du lieu:les autres me defcriuoient les fingularitez des païs, les mœurs & façós des hommes,& ce qui eftoit fertil,abondant,ou rare, & de quelque eftime en chácune des regions. C'eft par ce moyen que i'ay eu la cognoiffance de cefte ifle Gangetique,la-quelle fe nomme *Palimbotre*, & d'autres *Iadafon*, & gift vers la Prouince de Catay au Royaume de Camut, quarante degrez deça l'Equateur , & feize pardeça le Tropique

Eftiual, au fixiefme Climat, & vnziefme Parallele, ayant fon iour naturel de quatorze heures quinze minutes. Elle a fon nom du premier Roy qui onc regna en elle, & qui baftit leur grande ville au bord de la riuiere en l'ifle: lequel Roy eftoit defcendu d'vn des compaignons du grand *Geth-hepher*, lors qu'il alloit par le monde, tuant & deftruifant fes ennemis. Et ont en tel honneur la fouuenance de ce Roy, qu'il fault que quelque nom que leur Roy ayt, neantmoins il porte encor le furnom de Palimbotre: autrement ne peult tenir le Royaume, felon leurs ftatuts & loix anciennes. Cefte ifle eft fort grande, & f'eftend plus en largeur qu'en longueur, veu qu'elle ne fçauroit eftre longue, que de cinq à fix lieuës, là où elle en a plus de cinquante de large, & ne cede en rien à celles que fait le Nil, ou Niger en Ethiopie. Le Seigneur n'eft pas fi petit compaignon, qu'il n'ayt cent mille hommes de pied, marchant en bataille, & vingt mille de cheual, ayant guerre contre les Rois de *Sableftan*, & fouuent contre celuy de Camut, qui pretendoit iadis que ladite ifle luy feift hommage, & payaft tribut toutes les

Principale ville de Palimbotre.

annees. La ville principale de Palimbotre eft baftie (comme i'ay dit) fur les bords du fleuue, qui luy fert de muraille d'vne part, & de l'autre eft fait vn grand foffé, qui f'emplit d'eau de cefte riuiere, & n'y peult on entrer que par deux ponts, ayas plus de trente arches chacun: qui eft chofe affez commune en ces contrees, qui verra côme les Tartares baftiffent les ponts fuperbes & merueilleux fur les riuieres. Elle n'eft clofe que de palis & tables, & icelles toutes pertuifees, à fin que par ces trous ils puiffent tirer de l'arc, fi quelcun les vouloit affaillir. Ledit foffé, outre qu'il fert de bouleuert & fortification, a efté creufé principalement pour receuoir les immondices. Les habitans font prefque tous Philofophes, & deuineurs: & f'exercent auffi continuellement à difputer en leur langue (qui participe quelques mots du Perfan & Arabe) auffi bien que iadis faifoient les Gymnofophiftes Indiens, ou que les efcholiers & difciples de Platon en la cité d'Athenes: & referent l'origine de ce fçauoir là (comme lon m'a dit, & l'ont auffi affermé en ma prefence deux Georgiens, qui auoient demeuré douze ans Efclaues en l'ifle) à leurs anceftres, depuis le temps que le grand Alexandre conquit les Perfes, & les enuoya en ce païs, difans qu'il y laiffa des hommes doctes, pour f'enquerir de la nature des chofes merueilleufes & rares, qui fe trouuent en l'ifle, & que lefdits hommes fçauans, aduertis qu'ils furent de la mort de leur maiftre, & voyans les delices de l'ifle, n'en voulurent oncques partir, ains y prenans femmes, & y ayans des enfans, les inftruifirent en la fcience des fecrets du ciel, & inueftigation des chofes naturelles: entre lefquelles y en a vne fort merueilleufe: (qui ne le croira, ne fera damné.) Au milieu de l'ifle gift & eft pofee vne montaigne d'affez bonne haulteur & eftédue, qui eft bien peuplee d'arbres & buiffons de toutes fortes. De cefte montaigne fourd & fe defgorge vne riuiere, que ceux du païs appellent *Sylie*, & les ruftaux *Ahict*: laquelle iaçoit que

Riuiere de Sylie.

elle foit large, fpacieufe, & fort profonde, fi eft-il impoffible de la nauiguer, d'autant que chofe du môde, tant foit elle legere, ne fçauroit tenir fur l'eau de ce fleuue, qui eft contre le naturel de toute autre riuiere: dôt il eft fort difficile à vous rendre raifon naturelle, fi cela n'eft rapporté à la fubtilité de l'element, & de l'air qui luy ofte la folidité du corps. Ces Georgiens ne m'en peurét oncques rendre refolution. Encore y a il vne autre rarité merueilleufe, au regard des eauës des fontaines, qui font fort doulces & bonnes, lefquelles perdent leur bôté & chaleur, qui leur eft naïfue & propre, tout auffi toft qu'on en approche ou du vin, ou de l'eau d'autre fontaine, ou femblable breuuage: mais en cecy voit on la force & contraire affection, que nature a mis en telles chofes. La grand' varieté des animaux, qui fe trouuent en cefte ifle, me fera vn peu arrefter à vous en deduire, & cognoiftrez qu'ils en ont de tels que les noftres, & d'autres qui ne vindrent iamais à noftre cognoiffance: fi comme font vne efpece de Serpents de gran-

deur monstrueuse & effroyable,mais si benings,que iamais homme ne se plaignit d'a-
uoir esté mords ou blecé de pas vn d'iceux. Les habitans de l'isle en mangét aussi bien
que i'en ay veu manger aux Sauuages Canibales, & disent que c'est la viande la plus
delicate & sauoureuse que lon sçauroit manger , & qui profite le plus à la santé. Mais
ils ne sont pas en telle asseurance pour le regard des bestes sauuages & rauissantes , que
de ces Serpents , & fault qu'ils se tiennent sur leurs gardes , pour le grand nombre de
Tigres,Lyons,Leopards,plus grands & corpulens,& plus cruels,& qui s'enhardissent
mieux d'attaquer vn homme,que ceux de Lybie:& sont si stilez ces animaux à mal faire,qu'ils osent bien aller de nuict aux loges des bonnes gens des champs, pour tascher
d'y entrer:tellement que si la closture n'est bien forte, ils ne fauldront de faire du mas- *Chose mer-*
sacre & d'hommes & de bestial:& n'y a endroit en Asie,où il s'en trouue plus qu'en ce- *ueilleuse de*
ste prouince là. Ainsi me le compta,estant en Afrique,vn Indien, qui auoit esté Prestre *ce pais.*
de leurs Idoles,& estoit pour lors Esclaue d'vn More, nommé *Albenay*, qui est propremét en Indie le nom d'vn Maçon:& me dist qu'ils sont nommez par leurs parrois-
siens, *Ioiarob Alnarasaf*, qui signifie,Hommes portans des chandeliers aux Dieux. Car
ce mot *Alnarasaf*, est le nom d'vn certain chandelier,sur lequel ils mettent des chandelles & cierges de cire noire deuant leursdites Idoles. Me dist encor, qu'il n'y auoit
pas long temps , que *Aon sihazarain Dyiadolop Pipilcoim* , qui est à dire en langue Indienne , que plusieurs bestes fort grandes auoient mis à mort plus de *Xamahis Telte-*
lim , huict cens hommes dans vne ville de son païs, sur les huict heures du matin. Et
me fut confirmé ce propos par plusieurs , qui se vantoient y auoir esté:adioustans encor,que oultre les Lyons,Leopards, & Tigres, il y a vne beste plus forte & dangereuse , qu'ils nomment en leur langue. *Bobo-Palyth* , de la couleur de son nom , à sçauoir
rougeastre , tirant sur le poil de vache ; à cause que *Palyth* signifie Rouge, & *Bobo*, le
nom deladite beste. Ceste beste est plus grande qu'vn Taureau d'vn an,velue comme
vn Ours,& rouge , comme i'ay dit : sa teste plus grosse que celle d'vn Lyon,faite comme celle d'vn Renard, sa queuë lógue & chargee de poil, ses ongles des pattes de deux
bons doigts de longueur , & bien poignantes , les oreilles petites, & les dents fortes &
longues,& tres-dangereuses.Et est si hardie,qu'il n'y a Elephant, ny Rhinoceros,voi-
re fussent-ils les plus grands & furieux des Indes , que ces bestes estans deux seulemét,
n'entreprennent d'assaillir,& ne luy donnent de la peine,à cause qu'elles sont fort agi-
les à la course:mais elles n'ont garde de surprendre l'Elephant,pourcé qu'il ne va guere sans compaignie , & semble que nature l'instruise d'aller en troupe,à fin de ne tomber en danger d'estre surpris de ces bestes. Desquelles toutefois ces Insulaires cheuis-
sent bien , & en viennent au dessus assez aisément, quelque force ou legereté qu'elles
ayent : & n'estoit leur industrie à les tuer, il seroit impossible que homme peust habiter ce païs là. Le *Bobo* est si goulu, & addonné à la charongne, que tout aussi tost qu'il
trouue en voye vn corps mort,de quelque chose que ce soit,il se rue dessus,&en prend
sa curee.C'est ce en quoy les Insulaires les trópent : car ils prendront deux ou trois bestes domestiques,vieilles,ou malades,lesquelles ils tuent: puis les oignent d'vn certain
huyle fait du fruict,nommé *Palqua*, sortant d'vn arbre,qu'ils appellent *Papol*, & *Chi-*
moth en langue des Cathaiens.Ce fruict & sa liqueur ont le venim & poison si mortel,
que tout aussi tost que lon en gouste,si le remede n'y est adapté, lon ne fauldra à passer
le pas. Ils battent cest huyle auec des herbes & racines aussi bonnes que l'huyle , puis
en frottent la chair de leurs bestes domestiques mortes,& les iettent és lieux qu'ils sçauent estre frequentez par cest animal cruel. Dés aussi tost que ceste beste voit la charó-
gne , elle s'y rue, & en mange, y semonnant à l'odeur ses compaignes,si bien que quelquefois vous en voyez neuf ou dix estenduës sur l'herbe. Autrefois les Insulaires ayás

ietté aux champs cefte befte faulpoudree de leur drogue enuenimee, f'en vont par les montaignes deux ou trois cens hommes armez & embaftonnez, auec des trompes faites de dents d'Elephát,& font la huee,comme qui iroit à la chaffe du Cerf,ou pourfuyuroit le Loup par les villages. Le *Bobo*, qui eft aufsi nommé de ceux de Bengala *Nohyacth*, oyant cecy feftonne, quelque furieux qu'il foit, & pource fort en campaigne:mais voyant tant d'hómes,il fe deftourne, & va vers le lieu où on luy a dreffé fon repas.Ce que voyans ces Indiens,ne les pourfuyuent plus,affeurez de la prife. Mortes que ces beftes font, ils les efcorchent, & font de leur cuir des rondelles, & des accouftremés pour aller en guerre. Pour fe deffendre des Tigres,Lyons & Leopards,ils ont

Beftes fu
rieufes.

des Chiens grands & furieux,& de telle force, que f'ils peuuent attaquer vn Lyon, ou autre befte pareille,ils ont la dent fi bonne,forte & crochue,que iamais ne la laifferont aller,qu'ils ne la voyent morte : au refte, depuis qu'ils font acharnez fur quelque befte (car aux hómes ne fe ruent-ils point) il eft impoffible de leur ofter, ou leur faire laiffer,fi vous ne iettez de l'eau dans leur mufeau & gueule : car tout foudain ils lafcherót la prife.Voyla comme nature ayde à ces Infulaires,que leur ayant donné l'incómodité de ces beftes rauiffantes, elle leur a aufsi octroyé les moyens & induftrie pour f'en garantir. En cefte ifle fe trouue aufsi vne forte de Singes, plus gros & grands qu'vn maftin ou dogue, aufsi blancs que neige, fauf le vifage qui eft plus noir qu'vn charbon : à la nourriture defquels ils prennent plaifir, les appriuoifans en leurs maifons, pour en auoir le paffetemps,& les faire battre auec leurs chiens enchainez,à fin que les chiens ne les eftranglent,f'ils fafpriffoient contre leurs Singes.Si les Chreftiens voyageoient iufques en ce païs,ou que les Perfans & ceux de la mer Rouge y donnaffent attainte, il ne paffcroit trop long temps,fans que nous ne veiffions de ces fpectacles pardeça,ainfi que nous voyons des beftes fingulieres des autres païs Orientaux. Cefte ifle & païs voifin nourrit aufsi des Perroquets en abondance, rouges comme fine efcarlatte,fauf que foubz le ventre ils ont vne petite tache de couleur azuree:& font plus gráds que ceux qu'on apporte de pardeça du nouueau-monde, ou que ceux d'Afrique qui font iaunaftres, & d'autres qui tirent fur le gris, dont les Infulaires ne tiennét pas grád compte,& les laiffent viure en toute affeurance.I'ay veu la peau d'vn oyfeau de proye,

Firol oyfeau
de proye.

qui eft comme vn Lanier, que les Indiens appellent *Firol*, autres *Foiagua*, & ne fçay quelle eft la fignification de ce mot. Ceft oyfeau eft tout iaune,ayant la queuë fort longue : au bout de laquelle apparoiffent de petites marques blanches tirans fur le iaune, de la largeur d'vn tournois,toùtes rondes. Son bec eft fait comme celuy du Lanier: fes iambes aufsi, patés & ongles : fes yeux gros & luyfans. Ceux du païs prennent la peau bien conroyee auec fa plume,qu'ils gardent dans leurs *Palalouz*,que les Sauuages vers le païs Auftral nomment *Caramemo*,à fçauoir petits coffres,efquels ils ferrent leurs befongnes & meubles, difans que iamais les fourmis,qui font grands à merueilles,ne gaftent leur bien,foit linge ou autre meuble, tant qu'ils y tiennent ces peaux d'oyfeau parmy. Ils ne mangent iamais de ceft oyfeau : & c'eft, comme ie penfe, pource que la chair n'en eft guere bonne,& fent fa fauuagine le plus du móde.Ce *Firol*, ou *Foiagua*, ne fiffle ou chante fon ramage, que lors qu'il eft proche de la mort : & tant plus il eft vieil,& plus fon plumage eft iaune.Les Infulaires prennent plaifir aux larcins que ceft oyfeau fait,à caufe qu'il y eft fort fubtil,& ne le tuent guere,ains en appriuoifent plufieurs, qu'ils tiennent en leurs maifons: & quand ils meurent, ils font de leurs peaux ainfi que ie vous ay dit. Ces Indiens me dirent encor,qu'il y a vne autre efpece d'oyfeau,fait tout comme vne Chauuefouris, mais qui eft plus grand & long, & va feulement de nuict :ils l'appellent *Nifnoga*, qui fignifie Fuy-clarté. Cefte beftiole eft fort dangereufe és lieux où elle hante.Que fi elle fe tenoit és maifons des habitans,comme

fait la Chauuefouris pardeça, elle depeupleroit bien toft le païs : à caufe qu'en volant
elle laiffe couler quelques gouttes d'eau, comme vrine : & eft cefte eau fi venimeufe,
qu'elle occit dans fix ou fept heures celuy fur qui elle fera tombee, f'il n'y remedie in-
continent:mais pour euiter cela,ils allument du bois d'Aloës par les rues tous les foirs:
fi que cefte beftiole en fentant l'odeur,n'a garde d'en approcher, ny voler fur les lieux
où lon fait ces feux.Quelques Indiens m'ont affeuré,y en auoir auffi beaucoup au païs
de *Cambalu*, que le peuple nomme *Daralacap*, mot corrompu de *Darafe*, ville affez
proche du Lac de *Sodaht*, que quelques faifeurs de Chartes marines faulfement ont
nommé *Danau* : toutefois ces beftioles ne font du tout fi dangereufes que les autres.
En outre, nous fçauons que c'eft la feule Inde,qui porte & nourrit le bon Ebene,bois *Le bon Ebe-*
tant eftimé : mais fur tout autre païs c'eft en cefte ifle, que fe cueille le plus beau, noir, *ne croift és*
& plus fin.De ceft arbre ils font leurs images: & voyla pourquoy i'ay dit ailleurs, que *Indes.*
leurs Idoles eftoiét la plus part noires. Dauátage,ie vous ay auffi difcouru des mœurs
& façons de viure des trois Prouinces principales, aufquelles font contenus trente &

quatre Royaumes, tous idolatres, qui ne recognoiffent Iefus Chrift, Moyfe, & moins
le faulx Prophete Arabe, hormis cinq qui en ont quelque opinion, entre lefquels aucuns Iudaifent.Parquoy il ne fault que le Lecteur prêne en mauuaife part,fi ie me fuis
attaqué en plufieurs endroits contre ce peuple idolatre, qui ayme pluftoft viure en
quelque opinion de religion, que ne fait le peuple Sauuage de l'Antarctique,& liber-
tin, qui n'a ne loy ne foy. Ie dy cecy,pource qu'en cefte ifle la plus part des Infulaires *Idoles de*
idololatrét,& tiennêt leurs Idoles,qui font faites de tel bois d'Ebene, au lieu que leurs *bois d'Ebene*
voifins de terre continente les font de marbre, pierre, fandal,& autre matiere. Et n'eft *qu'adorent*
pas tout: car d'autant qu'ils font pauures en eftoffes, & n'ont commodité d'eriger de *les Infulai-*
res.

beaux temples, ils mettent ces gentils Dieux de bois dans des grottefques : d'autres les pofent en lieu public & eminét, où chacun peult venir faire fa priere, ainfi que l'efprit maling le conduit, comme vous pouuez voir par la precedente figure, enfemble le pourtraict de l'ifle, & comme elle fe comporte. Au refte, les Rois en portent leurs baftons Royaux, & les plus grands d'entre eux boiuent dans des hanaps & taffes d'Ebene, pource qu'ils ont ferme foy, que le venin ne fçauroit nuire à celuy qui boit dans ces vafes, & que ce bois a force contre les poifons. I'en acheptay deux d'vn Indien en vn cazal pres la mer Rouge, nómé *Bochri*:de l'vne defquelles ie feis prefent à feu d'heureufe memoire M. Pierre Theuet, mon frere & amy, & l'autre me fut prinfe par vn Capitaine Prouençal, aupres de Carcaffonne, au retour de mon fecond voyage. En fomme, l'Ebene eft tout femblable au Gaiac, fauf que ceftuy cy eft noir entre toute chofe, tenant ceçy de nature, & non d'art ou artifice quelconque. Herodoté graue autheur

Herodote fe trompe.

f'eft trópé en ce qu'il dit, que l'Ebene croift en la feule Ethiopie, là où le vray ne croift qu'en l'Inde, & principalement en Palimbotre : car celuy d'Ethiopie n'eft qu'Ebene baftard, & non pas naturel. I'ay veu en la terre qui auoifine le Pole Antarctique, vn arbre qui a fon bois auffi noir, dur & pefant, comme pourroit eftre le plus fin Ebene que lon fçauroit trouuer és Indes, & auffi de rouge comme fang, & de blanc & de iaune pareillement. En la region qui eft en terre ferme, fuiette à ce Roy de Palimbotre, gift vne montaigne vers le Nort, où il y a de bonnes mines : Ce feroit parauenture là, que noz fabuleux difent, que font ces Fourmis auffi grands que Maftins, qui gardent l'or de cefte montaigne, & tuent ceux qui f'enhardiffent de l'aller cercher. Et c'eft ce que

Fable de Martin Fernandez Efpaignol.

nous veult faire entendre Martin Fernandez Efpaignol, en vn certain liuret qu'il a fait (ne voila pas vn gentil Geographe) des Fourmis, fi gros, comme il recite, qui feroient capables de porter vn homme, ou peu f'en fauldroit-il. La fable en eft auffi plaifante, que des hommes orillonnez, fçauoir qui ont les oreilles fi grandes, qu'elles leur pendent iufques aux talons, ainfi que nous defcrit Munfter en fa Cofmographie : & dit encor vne autre chofe, qui en mon endroit eft auffi peu receuable, fçauoir que la fource de la riuiere Indus prend fon origine de la prouince de Pamphylie, comprife en la petite Afie, & qui auoifine la Lycie, & Cilicie, que les Hebrieux & Syriens nomment *Celech* : & de la part de Septentrion aboutit à la Galatie & Cappadoce, que les mefmes Hebrieux appellent *Caphthorin*, d'où ladite fource eft efloignee plus de fix cens foixante lieuës de la part de la haulte Afie. Et font compris feize grands Royaumes depuis Pamphylie iufques à fadite fource, laquelle eft aux Royaumes de *Cabul*, & *Dapaian*, nommee *Nemra*, d'vn mot Syriaque, qui ne fignifie autre chofe, que Leopard, ou Befte tachetee, d'autant qu'il y en a abondance aux montaignes de ce païs là. Vrayement fi telle opinion eftoit receuable, il fauldroit que cefte riuiere feift vn merueilleux cours, ou qu'elle paffaft & coulaft par conduits fouterrains, ou pour le moins foubz les precipices des haultes montaignes, qui f'eftendent en forme circulaire depuis Pamphylie iufques en Armenie, & trauerfaft le païs de Perfe, & arroufaft tirant au Leuant les haults monts de *Circie, Califtan, Circan, Erachaian,* & *Sigiftan,* qui contiennent tant en longueur qu'en largeur plus de cinq cens lieuës pour le moins. Voyez comment ce pauure Allemant f'eft laiffé aller, auffi bien que ceux qui luy ont fait accroire, comme il defcrit au chapitre mefme, que la riuiere Gangez nourrit plufieurs efpeces de poiffons monftrueux:ce que ie luy confeffe:mais de dire que ce foiét Daulphins, ie luy nie du tout, d'autát que ces poiffons ne fe nourriffent iamais en eauë douce, ains en mer. I'en fay iuges tous bons Pilotes & Mariniers, qui voyagent fur ce grád Ocean, qui ont veu le contraire auffi bien que i'ay fait. Au refte, les habitans de ce païs font gens qui viuent longuement, tant pour eftre l'air de l'ifle fort fain, & en affiette

temperee, que pource qu'ils se gouuernent sobrement, n'vsans iamais de diuersité de
viädes:ains s'il est presenté auiourdhuy du poisson, il ne vous sera presenté autre chose tout le long du iour:que si de la chair, tout semblablement. Ils s'entresecourent fort
l'vn l'autre, & sur tout les ieunes font seruice aux vieillards, & leur aydent en toutes
leurs necessitez. Les iours des festes ils s'occupent à chanter des chansons faites par les
sages & Prestres en l'honneur de leurs Idoles, & sur tout du Soleil, qu'ils honorent, &
se consacrent à luy, disans qu'il est le Patron & conseruateur de l'isle, & de tout le païs
voisin. Leur Roy presente luymesme les sacrifices aux Dieux, non de beste aucune, attendu qu'ils ne se plaisent point en l'effusion du sang, mais de force liqueurs aromatiques, d'odeurs, & fumigations, si que leurs temples regorget la fumee, & en empliffent
le Palais & maisons voisines. En somme, si ce peuple Barbare auoit la cognoissance
d'vn seul & vray Dieu, ie l'estimerois le plus heureux de la terre, veu la fertilité du païs
& abondance de tous biens qu'on pourroit desirer. Si les Anciens eussent eu cognoissance de ceste belle isle, ie m'asseure qu'ils y eussent feint & mis le Paradis terrestre, eu
esgard à ce que dessus, & aussi qu'elle n'est pas trop esloignee des lieux d'où le Gangez
prend sa source.

De l'isle du Royaume de PEGV, & Lac CAYAMAY.
CHAP. XXII.

ESTE ISLE est posee au premier Climat, quatrieme Parallele, ayant
son iour naturel de treize heures, & a son commencement à quinze
degrez de l'Equinoctial vers le Royaume de *Malaca*. Voyons premierement quelle est l'estendue du Royaume de *Pegu*. Il se trouue vn
grand Lac au Royaume de *Camotai*, lequel vient des montaignes de
Carazan, ayant plus de quatre vingts lieuës d'estendue, & d'vne merueilleuse largeur. De ce Lac sortent deux grosses riuieres, à sçauoir *Aua*, & *Capinne*,
lesquelles sont les deux qui embrassent toute la terre de *Pegu*, & la faisans isle, viennet
en fin se rendre par cinq bouches dans la mer Gangetique, pres de *Mactaban*, grand'
ville maritime dudit Royaume, assise vers le Su, separant *Pegu* d'auec la Prouince de
Sian. L'autre principale bouche se va ietter en mer pres *Comini*, qui est sur le Promontoire de *Nigraëz*, regardant vers l'Ouest. Au milieu de l'emboucheure gisent trois
beaux ports, qui causent le trafic qui se fait en ceste grand'isle, appellee ainsi à bon
droit. Car voyez le Leuant, la riuiere *Caipune* l'empesche d'estre continente : allez vers
l'Occident, le grand fleuue *Aua* la borne:& tirant de l'Ouest au Su, la mer qui la laue,
la met au rang des isles: allez vers le Nort, vous trouuerez que le Lac *Cayamay* fait l'en- *Lac de Ca-*
tiere closture de l'isle: duquel sort vne autre riuiere, nommee *Sian*, qui baille nom à vn *yamay clost*
Royaume, qui est tout montaigneux: dans laquelle se iette & se conioint vn fleuue sor- *d'vn costé*
tant du mesme Lac, & s'appelle ladite quatriesme riuiere *Monan*, & *Coïerith*, de ceux *l'isle.*
du Royaume de *Iango*, qu'elle diuise aussi d'auec celuy d'*Arachan*, qui fait vne autre
grād'isle. Voila quant à l'assiette & cause du nom de ce grand Royaume, qui n'est guere moindre que la prouince Insulaire des Anglois: laquelle ie mets au nombre des isles
de terre continente: car si vous ne vouliez nommer isle, que ce qui est seulement enuironné d'eau de mer, ce seroit se mocquer. Mais puis que *Meroé*, & *Palimbotre*, l'vne
sur le Nil, l'autre sur le Gange, & *Gisire* sur l'Eufrate, portent nom d'isle, quoy que ne
soient lauees de l'eau marine, il n'est point inconuenient, que *Pegu*, entouré de tous costez, soit de mer, soit de fleuue, porte ce tiltre. Particularisons à present les lieux de ceste isle. En premier lieu, sur le bord du Lac, & és riues du commencement du fleuue

Chiaméfort belle ville. Aua,lequel n'eſt guere moindre que l'Indus,eſt baſtie vne petite ville,nômee *Chiamé*, qui eſt poſee directemét entre le Tropique de Cancer,& la ligne Equinoctiale : le païs voiſin de laquelle eſtant planure & paſturage, eſt arrouſé de riuieres graſſes & fertiles, qui le rendent abondât en fruicts,herbages,& autres commoditez de vie.Paſſons plus oultre, allans vers la mer, & regardans le Midy. A quelques trente lieuës de là, vous voyez la ville de *Guey*,poſee ſur la marine d'vn coſté,& de l'autre ſur la riuiere d'Aua, & laquelle eſt moitié en terre ferme,regardant vers l'Oueſt la prouince d'Arachan. Et à cinquante lieuës de là, vous voyez vne fort belle ville, portant le nom de la riuiere ſur laquelle elle eſt aſſiſe,à ſçauoir Aua, aux bords de laquelle ſe vient lauer le pied & racine des montaignes de Verma,qui eſt cauſe des grádes richeſſes de ladite ville, voi- re de toute la prouince de Pegu:pource qu'en ces montaignes ſe trouuent les meilleu- res roches de Rubis de tout l'Orient . A cinquante autres lieuës de là , eſt la grande & Royale ville de Pegu,qui porte le nom du Royaume,laquelle eſt diſtante des bouches & entrees du fleuue en la mer , d'enuiron vingt lieuës, & eſt aſſiſe ſur la riuiere, regar- dant & le continent & le païs inſulaire.Au reſte, hors l'iſle faite par ces riuieres,le Roy gouuerne tout ce qui eſt ſur le Promontoire de *Nigraëz* , auquel y a deux villes fort marchandes,à ſçauoir *Xara*,& *Comini*, & eſt Seigneur des iſles de *Dogom*,& *Sauaglas*, poſees au goulfe de *Pegu* vers l'Oueſt , iſles habitees ſeulement de peſcheurs : & en la terre, qui regarde vers le Su ou Midy , & Royaume de *Malaca* , giſent les villes de *Vagarun,Daolala, Martaban*, & *Tagala* ,toutes baſties ſur la riuiere d'Aua. Selon que les ports ſont ſituez, le trafic ſ'y fait auſſi, & eſt diſperſee la marchandiſe du païs pro- che du port:ſi comme à Comini,pource que c'eſt le port plus voiſin de Bengala,ce qui vient des iſles faites en l'emboucheure du Gangez, eſt porté à Comini, & là ſ'en fait la deſpeſche. Celuy qui eſt commis *Toldan* par le Roy en la ville de Pegu, a toute au- thorité, auquel nul n'oſeroit ſe preſenter ſans preſent, veu que c'eſt la couſtume pref- que d'vn païs ſi barbare , de n'aborder vn Prince, Roy, ou grand Seigneur, ſans reco- gnoiſtre ſa puiſſance. Mais pres la perſonne du Roy eſt le *Cobrain* ,nommé des Ca- thaiens *Mattacqui* , qui eſt en plus de credit que tous les *Toldans* , & *Haczamants* , à cauſe qu'il eſt Lieutenant general , & comme Regent par tout le païs & Royaume de Pegu:& apres le *Cobrain*, & *Toldans* , ſont les *Talcadas* , qui eſt à dire Capitaines, l'vn du port de *Dogom*,lointain d'vne iournee de la ville de Pegu, & celuy de *Martaban*, qui eſt à quatre iournees.Ce Roy fait nourrir ſix à ſept cens Elephans,à fin de ſ'en ſer- uir en guerre pour porter les munitions, laquelle il a ordinairement contre le Roy de *Tarnaſſeri*. Leurs baſtimens ſont faits de chaux & pierre: les villes ſont bien murees,& tient le Roy grande quantité de gendarmerie,tant à pied qu'à cheual:& eſt choſe mer- ueilleuſe,qu'il ſe fie fort aux Chreſtiens de ſainct Thomas:deſquels il en a plus de dix à douze mille en ſes terres,viuans en grande liberté,& qu'il ſouldoye fort bien durant les guerres , & en temps de paix les entretient encor à ſes gaiges. Le païs & region eſt fort temperee, eſtant vn peu plus froide que celles qui luy ſont voiſines, ſoit à cauſe des eaues & grandes riuieres, ou pour eſtre voiſine des montaignes : qui eſt occaſion que ce peuple tire fort ſur le blanchaſtre. Leur Roy n'eſt point ſi difficile à accoſter, ny tant ceremonieux à ſe laiſſer voir & parler,que ſont les autres de ce païs, & comme celuy de Calicut,qui ſe fait preſque adorer:lequel toutefois va ſi magnifiquement ve- ſtu & aorné de pierreries, que de nuict à la chandelle vous diriez que ce ſont des eſ- clairs, que les ioyaux qui reluiſent ſur luy. Il ſe trouue en ce païs grand nombre des beſtes qui portent la Ciuette & bon Muſc, que les Chaſſeurs n'ont garde de faillir à trouuer, pour la grande odeur:ſi que les ayás priſes toutes en vie,& eſtans en leur mai- ſon,ils leur coupent tout à net la peau,où eſt l'apoſtume, & la font ſeicher : & ſont les

vrays couillons de Mufc, & non la bourfe des genitoires, ainfi que quelques vns des
Anciens ont follement penfé. Les Perfans, & Iuifs fur tous autres, qui hantent en ce
païs, fophiftiquent & meflent le vray Mufc: fi que bien peu nous en vient pardeça, qui
ne foit falfifié, à caufe que pour faire plus grand profit, ils mettent d'autre pouldre parmy vn peu de vray Mufc, & en faifans le poids iufte, trompent les marchands, qui fe
chargent de telles denrees. Il me fouuient que venât de la Terre fainéte, vn riche marchant Iuif, nommé *Beth-anath*, auec lequel i'eftois, fut prins prifonnier des Turcs
en la ville de *Rhama*, pour auoir refufé de payer le *Caphart*, fçauoir le tribut: auquel
endroit fufmes tous contrains nous cottizer felon noz facultez. Or quant à la ville &
fon affiette, ie vous en ay ailleurs parlé: toutefois ie fuis content de dire encor ce mot
en paffant, d'autant que Iuftin Martyr & Philofophe, au Dialogue qu'il fait contre ┊*Iuftin Mar-*
Tryphon, chapitre quatorziefme, difcourant des cruautez d'Herodes, qui feit occir les ┊*tyr fe mef-*
Innocens trouuez dans Bethlehem (chofe qui auoit efté long temps deuant prophetí- ┊*conte.*
zee par l'Efprit de Dieu) & parlant de la voix ouye en Rhama, Rachel plorant fes enfans, & ce qui f'enfuit: Dit ledit Iuftin, que cefte voix pitoyable deuoit eftre entendue
en Rhama, c'eft à dire en Arabie: adiouftant que cefte ville eft en ce païs là. Sauf fa fainéteté, ie ne luy peux accorder, veu qu'elle en eft efloignee de plus de cent lieües pour
le moins: i'entends de la plus proche, ne fçachant laquelle il veult entendre des trois:
car l'Heureufe en eft diftante de plus de deux cens cinquante, & en quelques endroits
de plus de quatre cens: Ioinét, qu'il n'y eut oncques ville portant tel nom aux trois
Arabies, non plus qu'en Egypte. Et fe pourroit ce docte Grec auffi bien tromper qu'il
a fait au mefme liure, lors qu'il dit, qu'il ne fault ignorer ny nier, que la ville de Damas
ne foit en la region d'Arabie. Il fe deuoit contenter de fa premiere erreur: d'autant auffi qu'il n'y a celuy qui ignore, ou qui doiue ignorer, qu'elle ne foit au païs, qui iadis fe
nommoit Phenice en la Syrie, entre le Liban & Antiliban, au bas des montaignes, de
la part de Septentrion. I'ay fait cefte petite digreffion, pour monftrer que les plus fçauans, fans experience, fe trópent fouuétefois. Ce Iuif donc qui auoit quatre Chameaux ┊*Hiftoire de*
chargez de marchandife, me donna à garder fix vingts couillons de Mufc, pour les ┊*l'Autheur*
fauuer des Turcs: mais les luy ayant réduz quatre iours apres eftre hors de prifon, plus ┊*touchant le*
de trois mois durant lon me fentoit toufiours au Mufc, attédu qu'il eftoit naturel, fans ┊*Mufc.*
nulle falfification: & de ce puis-ie bien vous affeurer, ayant veu autrefois de tel Mufc
apporté par les Indiens en l'Arabie, où i'eftois. Au furplus, ceux qui fçauent les vertuz
& force du vray Mufc, difent, que vous ne fçauriez tenir longüement ceft odeur à voftre nez, fans qu'elle n'attiraft à foy le fang, tant elle eft aigue, fubtile & vehemente. Au
contraire en la mefme ifle, fe trouue vne befte, de la grandeur de la Ciuette, nommee
Agobdilhat, qui ne fignifie autre chofe, que Puanteur: & de faict, c'eft la beftiole la plus
puante, qui foit foubz le ciel, & fait ordinairement guerre à la Ciuette: fa couleur eft
plaifante, approchante à celle du ciel. Cefte montaigne cy deffus nommee, où fe trouuent tant & fi riches pierreries, eft gardee par les Seigneurs du païs, qui en ont la charge au nom du Roy de Pegu, & rendent bon compte de ce qui f'y trouue: & y a lon fait
baftir vne infinité de cafals & villages, pour y retirer les ouuriers befongnás à la mine.
Or font-ce des Efclaues qui cerchent le rocher: mais les Lapidaires du Roy leur font à ┊*Rufe des La-*
la queüe, lefquels font fi experts en cela, que au feul poids de la roche, ou bien voyans ┊*pidaires de*
vn peu la couleur de la terre, ils cognoiftront f'il fault point paffer oultre, & creufer. Il ┊*ce païs là.*
eft vray que fouuent ils cauront plus de quinze iours fans y faire grand profit, fauf
qu'ils trouueront quelques morceaux de roche, en laquelle y aura de petits grains de
Rubis, qui ne feront point plus gros qu'vn poix, dequoy ils ne tiennent pas grand
cópte, non plus que des autres pierres naturelles du roch, & qui font fans valeur quel-

conque. Mais quand ils ont quelque roche qui leur plaift, où il peult auoir vn Ruby gros comme vne noix, ou vne Efmeraude de belle groffeur, c'eft là qu'ils f'arreftent, & continuent leur trauail, pour en tirer le profit : non tel que font noz Lapidaires qui en ont, veu que ce que ceux cy vendent dix & douze mille efcuz, ces Indiens le laiffent pour moins de fix à fept ducats, ou la valeur d'iceux en marchandife. Les Efclaues n'y peuuent faire grandement leur aduantage, pource qu'ils n'ont le loifir de les nettoyer & polir, eftans toufiours efclairez des commis des Gouuerneurs, & que auffi ils n'ont point d'outils pour befongner à la poliffure, ou preuue d'icelle. S'il y a quelque belle piece, c'eft pour le Roy, & eft portee en fon Cabinet, dequoy le plus fouuent il fait prefent ou aux autres Rois, ou aux Ambaffadeurs, qui le viennent vifiter, & luy faire prefens de la part des Rois voifins. Ils en parent auffi leurs Idoles, & fur tout des Rubis les plus fins qu'ils ayent, à caufe de la clarté qu'ils rendent. Les Preftres pareillemēt en ont leurs larges ceintures toutes enrichies & clouées, ainfi que font faites celles des femmes de village pardeça, auec des lames & platines de laiton ou fer blanc. Ils font grand compte des Efmeraudes, à caufe de leur beauté & naïfue verdeur : & pour vray celles de ce païs là font les meilleures que lon fçache, iaçoit qu'il f'en trouue ailleurs. Les marchands eftrangers qui font au Royaume de Pegu, ont de grãds hazards, achetans ces roches non encor purifiees, ny taillees, ou mifes en œuure: ce que ie peux dire comme l'ayant veu, eftant vers la mer Rouge: veu que là les marchands Leuātins achetoient tout autant de roches d'Efmeraudes & Rubis qu'on leur apportoit, voire auffi des Saphirs & Diamans, defquels i'en acheptay quelques vns. Ces roches y font portees par les Indiens, qui fçauent bien que lon eft foigneux pardeça de ces chofes: que fi ne trouuez rien en la roche acheptee, c'eft à voftre dam. Du temps que i'eftois en Ale-

Hazard aux marchands Leuantins.

xandrie d'Egypte, il y eut vn certain marchant Venitien, qui achepta hazardeufement vne roche de Diamant d'vn Indien, qui luy coufta vingt Mocheniques, monnoye de Venife faite d'argent. Apres que ledit marchant eut fait polir & nettoyer fa roche, il en tira vn Diamant beau à merueilles, lequel fut prifé douze mille ducats. L'an mil cinq cens foixantetrois vn marchãt Portugais vint à Paris, qui apporta l'vn des gros & fins Diamans, qui fut iamais parauenture veu en Frãce, & n'eftoit moindre fa groffeur, que d'vn moyen œuf : & auoit auffi vne Efmeraude, & vn Ruby, vn peu plus moindre, & plufieurs autres fines pierres. I'eftime qu'il auoit apporté ces riches threfors du païs de Pegu, où il me dift auoir demeuré long temps, & en quelques autres endroits des Indes. La region de laquelle ie vous parle, eftant temperee comme elle eft, les habitans y font veftus de futaine & cotton, & d'autres plus mechaniquement. Ils font grands chaffeurs, & fur tout d'Elephans : lefquels ils prennent tout autrement, que ne font ceux d'Ethiopie, defquels ie vous ay parlé ailleurs.

De la Peninfule de MALACA: *de l'Azur qui f'y trouue : & fur quoy les Anciens efcriuoient.* CHAP. XXIII.

ES QVATRE Peninfules, qui font plus celebrees de toutes nations, gifent l'vne és Palūz Meotides & mer Euxine, que lon nomme Taurique : le païs de Thrace fait la feconde, prefque ifle : la troifiefme eft celle de Dannemarch en l'Allemaigne Septentrionale : la quatriefme eft ce païs de Malaca, lequel à caufe des richeffes qui y font, & abondance d'or, & tout ioyau precieux, eft dit & appellé Cherfonefe, & Peninfule doree : laquelle eft fituee à deux degrez & demy pardeça l'Equateur, fort

auoifinee de la grand'iſle nommee *Sumatre*,qu'on eſtime eſtre la Taprobane:& eſt ceſte terre la plus Auſtrale de toutes celles qui ſont contenues és Indes. Il ſe trouue vn
grand nombre d'autres Peninſules plus grandes que celles que i'ay nommees, comme
pourroient eſtre celles de l'Italie,Calicut,Bretaigne,la Floride, & autres que i'ay veuës
& remarquees dans mes Chartes.Vous auez entendu par cy deuant,que toute terre enuironnee d'eau eſt proprement & vrayement iſle. Ce qu'on peult dire de Malaca : car
elle eſt lauee de tous coſtez des ondes de la mer,& va en eſtreciſſant,& faiſant ſa poin-
ɛe,entre plus de deux cens lieuës dans la mer,regardant l'Oueſt vers l'iſle de Zeilan,&
le Midy vers la Taprobane . Sa ville principale eſt baſtie ſur vne riuiere qui vient des
montaignes d'*Olugoz*,& paſſe par le milieu d'icelle.Icy vous laiſſez vers le Su & *Suma-*
tre, & *Cingatole*,& doublant le Cap vers l'Eſt,voyez la coſte qui tire vers le port de *Cā-*
pao, qui eſt l'autre aboutiſſement de ceſte Prouince ſi grande & riche. Ainſi contem- *Eſtendue de*
Malaca.
plant l'eſtendue de toute l'iſle depuis le Lac iuſques au port de Malaca, vous y trou-
uez plus de quatre cens lieuës.Il eſt bien vray que tout n'eſt point de ce Royaume,ains
contient pluſieurs Prouinces:qui a eſté l'occaſion,pourquoy ie n'ay point mis Malaca
au nombre des autres iſles , à cauſe de la grande eſtendue du païs, qui contient depuis
le Lac de Cayamay,qui eſt bien pres du Tropique de Cancer,iuſques à la ville de Malaca , qui eſt voiſine de la ligne qui diuiſe le ciel, & laquelle n'eſt qu'à deux degrez &
demy d'icelle. Et vous fault noter, que ſi vous m'oyez dire que Malaca ſoit ſoubz l'E-
quateur,que pour cela ne m'accuſez d'ignorance, & peu d'experience, d'autant que les
Pilotes (auec leſquels i'ay long temps nauigué en diuerſes mers & contrees) ont couſtume de dire vn païs ou ville eſtre,ou ſoubz quelque Tropique, ou ſoubz la ligne E-
quinoɛiale,laquelle en eſt diſtante enuiron de trois ou quatre degrez: pourautãt que
ces dimenſions de la ligne,bien qu'elles ſoient neceſſaires, ſont pluſtoſt imaginees cõme vn poinɛ celeſte, par ſupputation & raiſons Mathematiques,que non point par la
vraye ſituation du globe terreſtre.Et voila comme bien ſouuent vn Pilote iugera plus
ſainement,& auec meilleure aſſeurance,du plan & aſſiette des païs, que ne fera vn Mathematicien,à cauſe que les longitudes luy ſont cogneuës par experience, en deſcou-
urant la terre , là où l'autre ſe fonde ſimplement ſur le globe celeſte, & ne peult iuger
ou diſputer,que par les poinɛts imaginez,ſoit du Zenith, ou des Poles, ou de la ligne
Equinoɛiale. Malaca donc eſt aſſiſe ſur la riuiere de *China*,laquelle fut vn téps comme vn caſal à bien peu d'habitans. Mais les eſtrangers s'y retirans , il eſt aduenu petit à
petit,que croiſſans en richeſſes,ceux du païs deuindrent ſi puiſſans & forts,que s'eman
cipans de l'obeiſſance du Roy de *Sian*,qui eſtoit leur ſouuerain , ſe feirent vn Roy
Malach, qui eſtoit Payen, duquel la ville & Royaume portent encor le nom : comme *Malacapor-*
te le nom
d'vn Roy.
aſſez racontent les Hiſtoires de ces barbares Ethiopiens & Indiens,qui n'oublient rien
de l'antiquité de leurs anceſtres,& de mettre le tout par eſcrit.Les Cathaiens y adiouſtent trois lettres dauantage, le nommans *Mahalath*, & les Arabes *Maraloth*. Or
eſtoit ce Barbare fin & accort,lequel laiſſa ceux du païs en liberté quant à leur perſuaſion, ſe ſouciant plus de ſa grandeur, que de leur religion : Et parainſi les Malaqueens
ſont à preſent idolatres , & les Rois auſſi. Ceux de la grand'Iaue y viennent trafiquer,
& ont des nauires fort differents des noſtres:en chacun deſquels y a quatre maſts,dont
le bois eſt eſpais:de ſorte que bien ſouuent vous voyez trois ou quatre tables l'vne ſur
l'autre.Leurs voiles & cordages ſont faits de ioncs & de gros fil d'eſcorce d'arbres, tiſ-
ſus l'vn dedans l'autre , & ſont ces vaiſſeaux peſants & lourds à merueilles. Il croiſt en
ceſte iſle vne certaine couleur , qui eſt iaune, fort fine, qu'ils nomment en leur langue
Cazuba. Ceux des Moluques y portent des Cloux de giroffle & autre Eſpicerie: en eſchange dequoy ils ont & remportent des draps de Cambaie , qui ſont en eſtime par

tout ce païs là, de toute forte de futaine, & de la foye. Y acheptent encor ceux de Bengala & de Paliacatte de l'eftain, & cuyure, pour en faire de petites clochettes & fonnettes, dont ils fe refiouyffent, & vne certaine efpece de monnoye de Chine, faite comme
vn Real d'Efpaigne, mais qui eft percee par le milieu. Les chofes furent changees par
l'ambition des Gouuerneurs de l'ifle, qui fe ruerent fur certains Chreftiens Portugais,
lefquels ayans mouillé l'ancre, & mis pied en terre, furent la plus grand' part d'iceux
occis & naurez: qui fut caufe que le Roy de Portugal, quelque temps apres, ne faillit
Malaca af- d'y enuoyer fon General auec fon armee: lequel eftant arriué à Malaca, commença à
fiegee, pillee, battre la ville fort furieufement, où les Barbares fe deffendirent affez vaillamment:
& faccagee. mais à la fin ils eurent du pire, & fut la ville pillee & faccagee, le Roy f'enfuyant plus
auant dans fon Royaume, de peur d'eftre furpris. On pardonna aux marchands In-
diens, qui eftoient naturels du païs, mais ceux qui eftoient venuz d'ailleurs, furent pillez & occis, pour auoir violé le droit du trafic libre à toute nation. Et pour tenir en
bride & le Roy du païs, & tout autre, & fe faire maiftre de la mer, le Portugais a fait baftir vne fuperbe Fortereffe en ladite ville, qui là tient fi fuiette, que homme ne fçauroit
bouger, que foudain ne fuft fouldroyé auec l'artillerie, & maffacré par les foldats qui
font là ordinairement en bon nombre en garnifon. Le Roy f'eft en fin accordé auec
les Chreftiens, aufquels la ville eft demeuree en fouueraineté, & en iouyt fi bien, que le
trafic luy eft auiourdhuy libre. Toute cefte ifle eft perilleufe, & difficile à aborder, tát
pour eftre la mer baffe, que à caufe des fablons, bancs, efcueils, & rochers, auec de petites ifles qui font des canaux & deftroits où les vents f'enueloppent: & eft l'air infect, &
le païs mal fain, à raifon de plufieurs vapeurs corrópues qui f'efleuent fur l'eau: ioinct
auffi, que fi toft que vous approchez de la ligne Equinoctiale, vous voyez l'air troublé & nuageux, & le plus fouuent il y pleut vne eau corrompue & puäte: & fault bien
Eaüe de dire, que cefte attraction que le Soleil fait, foit peftilente, veu que les habillemens qui
pluye qui font touchez de telle pluye, en font tachez, cóme fi c'eftoit l'eau des laueures d'efcuel-
tache les ha- les. Ce que ie vous puis affeurer eftre vray, comme l'ayant veu & experimenté, paffant
billemens. tant delà & deçà l'Equateur, que foubz les deux Tropiques. Et voila l'occafion, pour
laquelle ceux qui font eftrágers, & qui n'ont accouftumé telle intemperie de l'air, font
en danger de leurs perfonnes, arriuans en ce païs. Les habitans de ce Royaume font
noiraftres, à fçauoir de couleur cendree, participás de noir & blanc: lefquels de la ceinture en hault vont tous nuds, & d'icelle en bas ils fe couurent tout ainfi que leurs voifins: d'autres portent vne robbe eftroite, leur couurant le corps iufques par-deffoubz
les genoux. Les femmes ont tout autour d'elles des draps du païs, & portent des chemifes fort courtes. I'auois oublié de dire, lors que ie parlois du trafic de Malaca, que
Trafic de lon y vend de l'Azur (ce qui eft vray) mais il fault fçauoir f'il fe trouue icy, ou en autre
l'Azur en païs. Le vray & le meilleur eft prins en cefte Peninfule: & tout ainfi qu'il eft des autres
Malaca. Pierres, celuy qui eft le plus Oriental, eft le plus eftimé: qui eft caufe que l'Azur de Catay & de la Chine eft beaucoup plus fin, & de couleur plus viue, que celuy de Malaca:
& ceftuy encore plus que le mefme qui croift en Perfe, & és montaignes de Bagadeth.
Voire encor diray-ie, que l'Azur qui eft en ce mefme païs, eft pluftoft porté des Indes,
que autrement. Cefte pierre eft trefbelle, à caufe de la couleur du ciel qu'elle reprefente, ayát des taches & marques d'or fur elle, qui font tres-reluifantes: & pource elle emporte le pris par deffus toutes les couleurs. Au refte, ie ne peux croire que l'Azur, duquel nous vfons pardeça, foit le vray, pource qu'il perd fa couleur, & vieillit bien toft:
& penferois mieux, que ce fuft de la faulfe terre Perfe, de laquelle fe trouue quantité
au Royaume de Marrocque, qui n'eft pas loing d'icy, qui tire vn peu fur le verd, & qui
croift és minieres du cuyure & de l'argent. Il ne fe voit plus de tel Azur, comme iadis
en ont

en ont vfé les Anciens.I'ay quelquefois contemplé aux vieilles Eglifes d'Egypte,Pale-
ftine,Grece, & autres lieux du Leuant, mefmes en diuers endroits de l'Europe, aucunes hiftoires peintes, il y a pour le moins plus de mille ans (mefmes dans de vieux liures efcrits à la main fur le parchemin, où y auoit effigié plufieurs hiftoires antiques)
où i'ay veu vn Azur fi fin,duquel vne liure vaudroit mieux que cent du plus beau que
lon pourroit auiourdhuy trouuer en l'Europe. Autant en eft des autres couleurs: &
vous en feray iuges, lors que vous contemplerez les anciennes verrieres faites depuis
cinq cens ans ença. De cefte couleur fe paignent les fourcils, cheueux, & bouts des
doigts,les femmes du Royaume de *Macin*, en l'Inde,qui eft dans le Gangez, pres les
montaignes de *Cangigu*, leur femblant que cela leur baille quelque luftre & beauté
plus grande, que ce qu'elles ont de naturel:& le nomment *Roboba*, & les Indiens *Za-
couth*.Quant au Nitre, il croift en diuers lieux,& abonde en Egypte,& s'engédre d'vne
humeur caillee & efpaiffie,toutefois qui eft fort tranfparente,& qui imite la nature du
fel. Le bon eft porté en Inde par les Perfans,qui le vont querir en la region, où eft baftie la ville de *Diras*, vne des plus grandes de tout le païs : & prouient d'vn lieu montueux & fort humide, & croift durant l'ardeur de la Canicule, puis demeure en fon
eftre. Celuy d'Egypte croift en plus grande abondance,mais il n'eft pas fi bon, à caufe
qu'il eft obfcur & endurci comme pierre. Ie ne fçay à quoy s'en feruent les Indiens,
s'ils n'en vfent en leur viande pour medecine,à l'imitation des Anciens : & toutefois il
n'y a guere chofe apportee de noftre mer, ou des terres qui font pardeça, de laquelle
apres le Corail fe face meilleure defpefche pardelà, qu'il fait du Nitre. En ce païs
des Indes fe trouue vn arbre,lequel fe nomme *Tal*,& de quelques autres *Vguetal*, qui
a les fueilles larges & grandes, & fon fruict gros comme naueaux , fort tendre foubz
fon efcorce, & de merueilleufe doulceur : iaçoit que la meilleure faueur gift en l'ef-
corce.C'eft fur les fueilles de ceft arbre,que efcriuent les Indiens de Malaca:veu qu'en
toute l'Inde,fi ce n'eft à Cambaie, vous ne fçauriez trouuer vne fueille de papier, fi les
Chreftiens n'y en portent. Et de telle chofe ne fe fault efbahir ,attendu que iadis tout
le peuple de l'Europe, Afie & Afrique ,au parauant qu'auoir l'vfage du papier, fouloient efcrire fur des fueilles d'arbre bien feiches, mefmes fur de l'efcorce fort deliee.
Et à l'exemple de ceux cy i'ay veu vn liure,eftant à Rome,entre les mains du Cardinal
de Bourbon deffunct, qu'vn Neapolitain luy auoit presté, fait de certaines tablettes
d'efcorce de bois fort antique.Mefme l'an mil cinq cens foixante & dix,eftant à l'Abbaye de fainct Germain des Prez,faulxbourgs de Paris,vnReligieux de ladite Abbaye
m'ayant conduit en la Bibliotheque de la maifon, me mõftra vn liure affez gros,tout
efcrit en telles tablettes d'efcorce de bois, plus fubtiles que le plus fin & tendre papier
que lon fçauroit trouuer:ce qui eft efcrit,comme i'eftime,il y a plus de mille ans.Voi-
la l'obferuation gardee de toute antiquité en ce païs des Indes,& confecutiuement obferuee de pere en fils.

*Azur de-
quoy fe far-
dẽt les fem-
mes.*

De l'ifle de CINGAPORLA *, pres de* Malaca *, & de quelques ifles tirans
à la Chine.*   CHAP.   XXIIII.

VI VOVDRA aduifer de pres l'affiette de *Cingaporla*, & comme elle
eft feparee de Malaca, & quelle diftance il y a de l'vne à l'autre, qu'on
regarde comme la Sicile eft faite , & comme elle eft diuifee d'auec le
païs de Calabre,quelles font fes poinctes & Promontoires,& ainfi on
pourra voir que l'efpace & diftãce qui eft de la Sicile à la Calabre, eft
toute pareille, & d'auffi peu d'interualle, que celuy de Malaca à Cin-

gaporla.Qu'on voye puis apres la poincte,qui regarde enSicile l'ifle de Malthe,&fou-
dain on cognoiſtra, que c'eſt tout ainſi que la poincte de Cingaporla regarde l'ifle de
Burne,de laquelle elle peult eſtre eſloignee quelques ſoixante lieuës. Que ſi lon croit
ce que les Anciens diſent , que la Sicile fut iadis terre ferme auec le païs de Calabre, &
que depuis par vn tremblement de terre elle en fut ſeparee, on pourroit amener vne
meſme fable de ceſte ifle, & du Royaume de Malaca,veu qu'elle n'en ſçauroit eſtre eſloignee de deux à trois lieuës de mer,& par vn petit canal.Mais ie vous veux bien aduertir, qu'il ne fait guere aſſeuré s'engoulfer dans ledit canal: ains ceux qui ſortent du
port de Cingaporla,appellé *Muare*,du nom d'vne ville baſtie ſur la marine,fault qu'ils

*Deſtroit
qui fait le
chemin lõg.*

entrent en pleine mer, & laiſſans le canal à main droite, prennent la route de Malaca,
qui fait le voyage vn peu plus long,tout ainſi que ſi on laiſſoit en noſtre mer le deſtroit de Calais,pour crainte de la tempeſte& orage,& on s'alloit mettre en haulte mer,
pour deſcendre & prendre port en Angleterre. Ceſte ifle eſt grande,comme celle qui
contient plus de trente lieuës de tour,aſſiſe en longueur,belle,& riche,ſauf que vers le
milieu elle eſt fort mõtaigneuſe:qui cauſe que les vallons ſont aſſez gras pour les ruiſſeaux & petites riuieres qui en ſourdent. Le temps paſſé , auant que la ville de Malaca
fuſt baſtie,& lors que le Roy de Sian,nommé *Chamos*,nom d'vne Idole iadis du peuple Moabite,en eſtoit Seigneur,en ceſte ifle ſe tenoient les plus riches du païs,& y faiſoiét leur trafic auec ceux de Sumathre,Burne,& ifles des Moluques,non tel que à preſent, pourœ que ceux ſeulement du païs voiſin y venoient troquer ce qu'ils auoient
affaire l'vn de l'autre.En ce temps là donc ils auoient vn Gouuerneur, qui eſtoit comme vn Roytelet du païs,nommé *Perchoa*, qui ſignifie Seigneur de tous,à cauſe que ceſte ifle & le païs voiſin,où eſt maintenant aſſiſe *Bumatta* ,luy obeiſſoit. Apres ce *Pér-
choa*, eſtoit vn autre,nommé *Aiam Campetit*, qui eſtoit cõme Viceroy és parties plus
haultes,tirant vers le Pegu. Le Gouuerneur de Cingaporla auoit auſſi biẽ que le Roy
de Sian ſon maiſtre, vn *Paraà*, qui eſt à dire Secretaire, & vn *Concuſſaà*, qui eſtoit le
Threſorier,leuant les daces & peages, tant pour le Roy que pour ſon Seigneur. L'ifle
eſt abondante en Poiure : qui vous fera cognoiſtre qu'elle eſt fort chaulde, & expoſee
aux ardeurs du Soleil. Il y a en l'ifle de Cingaporla des poiſſons fort monſtrueux, qui
meritent plus le nom de monſtre que de poiſſon : entre autres vn qu'ils appellent *Ti-*

*Tiburõ poiſ-
ſon mon-
ſtrueux.*

buron, lequel a plus de douze pieds de long,& gros à la proportion de ſa longueur, la
teſte fort groſſe,& le bec long,les dents à deux rangees comme vn animal terreſtre,fu-
rieux outre meſure,& qui ne voit rien ſur mer, qu'incontinent il n'engloutiſſe. Es riues où il deſcend, c'eſt le malheur du beſtial qui y paiſt, ou des hommes qui s'y arre-
ſtent:veu que ceſte bellue marine les occit,& deuore:toutefois eſtant prins à vn hameçon,gros de trois doigts, attaché à vne grande corde, & y mettant quelque choſe pour
l'amorcer, apres qu'on l'a fait mourir, c'eſt bien la meilleure viande que lon ſçauroit
manger : & de ce poiſſon ſe fourniſſent les nauires de ce païs là,apres qu'il eſt ſalé. Au
reſte,il n'eſt ſans porter vertu ſur ſoy,veu que ſon foye & cœur profitent grandement
à ceux qui ſont attains de fieure chaude, leur oſtant l'ardeur de l'accez, & empeſchant
la reſuerie.Il a auſſi vn oz en ſa teſte,qu'on diroit eſtre de pierre:lequel eſt bon & vtile
à ceux qui ſont tourmentez de la grauelle & pierre : & ce a eſté experimenté en ceſte
ſorte.Lon broye ceſt oz, & eſtant pulueriſé, fault prendre de la pouldre, autant qu'il
en tiendroit dans vne coque d'Auelaine, le matin à ieun, auec du vin de Palmier, qui
eſt leur breuuage, ou en vn bouillon, & en ayant vſé le patient deux ou trois matins,
ne fault à ſe trouuer fort bien.Les Indiens portent ces oz penduz à leur col,pour quelque ſuperſtitiõ qu'ils ont,dequoy ie ne vous ſçaurois dire l'occaſion:ce q̃ i'ay auſſi veu
faire en quelques endroits d'Afriq̃ue. Et n'eſt ſeul ce poiſſon hideux en ceſte mer, veu

qu'il y en a tel, qui de fa queuë, s'il atteint le timon de quelque barque, ne fauldra de le rompre, & renuerfer bien fouuent le vaiffeau en mer, tellement que plufieurs *Paroz*, c'eft à dire Vaiffeaux en langue des Indiens, font tournez c'en deffus deffoubz par l'effort de ces bellues. Ce poiffon ne vault rien à mâger. De fa graiffe, les Indiens allans en guerre, en oignent leurs lances, efpees & flefches, auec vne autre drogue venimeufe: que fi quelcun en eft touché, à grand' difficulté en pourra il efchapper. Son fang eft bien recueilli, pource qu'il eft propre à la maladie des femmes: de forte que quãd elles fe voyẽt detenues de cefte maladie, elles boiuent du fang dudit *Tiburon*, par fix matins: & lors elles en cognoiffent l'operation naturelle, auffi bien que du fang d'Elephant. Ce peuple vit affez longuement: mais ie penfe que leur fobrieté & peu de manger les tiẽt en vie fi longue. Ceux qui font proches des montaignes, fe tiennẽt dans les grotefques & fpelóques, foit pour euiter les chaleurs, ou qu'ils n'ont l'induftrie de baftir des maifons, à l'exemple de ceux qui fe tiennent en la planure. Au commencement du Cap & Promontoire de *Cingaporla*, eft prinfe la quatriefme partie des Indes, tendant iufques au grand fleuue de *Sian*. Ceux du païs appellent auffi cefte riuiere *Menan*, à caufe de la grandeur & eftendue d'icelle: veu que *Menan* en langue Indienne fignifie autant que Mere des eaux. Mais allant à la Chine, vous laiffez le chemin de Sian à gauche, & allez paffer en pleine mer par les ifles d'*Anibbe, Pulgor*, & *Pulotigue*, qui font du Royaume de Malaca: puis prenez la route des ifles de *Pulocandor*, & *Pulofian*: l'vne defquelles eft faite tout ainfi que la figure d'vn cœur, & l'autre eft figuree en triangle: lefquelles deux font du Royaume de Cambaie, qui eft vne grande eftẽdue de terre, commençant au deftroit de *Sian*, iufques au Royaume de *Iangome*, vers le Septentrion, & qui confine aux terres de *Campaa*, tirant au *Catai* de l'Orient. Le long de ce Royaume court le grand fleuue de *Mecon*, qui defcend des terres de *Catai*, & depuis les montaignes de *Cambalu*, ayant fon cours de plus de mille ou douze cens lieuës: dans lequel entrent tant de riuieres, que lors que le *Mecon* (dit *Mefollam* par les Indiens naturels, qui n'a autre fignification en langue Syriaque, que Chofe parfaite & paifible) veult entrer en mer, il fait vn Lac, qui s'eftend en longueur plus de foixante lieuës, & large plus de quinze, & a fes emboucheures fi grandes & admirables, que pas vn des fleuues fufnommez n'eft digne de luy eftre egalé. Mais d'autant que la mer eft mal nauigable en ce cofté, & que non fans grand peril lon approche l'entree de ce Lac, à caufe que la cofte eft chargee de feches & battures, à peine de quatre nauires s'en peult fauuer vn. Câbaie eft affife fur ledit fleuue de Mecon, lequel paffe par le milieu de la ville, & tout auffi toft fait le grand Lac, qui porte le nom de la Prouince. Elle eft pofee à quinze degrez de l'Equateur, ayant pareille eleuation que le Pegu, eftant grande & riche, non pour le trafic de la marine, mais pluftoft par ce qui eft porté là du Catai, & goulfe de Bengala. Leur nauigation eft fur les riuieres d'eau doulce, & ont des vaiffeaux vn peu plus longs & larges que barquettes, qu'ils nomment en leur langue *Lanchares*: & font grands Corfaires, pource que c'eft vn peuple vaillãt, & fort adextre aux armes. Ils s'aydent de Cheuaux & d'Elephans, ayans vn Roy qui fait grand compte de la gendarmerie, & prend plaifir au faiĉt de la guerre: en laquelle iadis ils eftoient fi cruels, comme quelquefois ils font encores, & mefmement contre ceux de *Bremeh, Matiphbout, Humyer, Mefphe, Birdath*, & *Iangome*, que prenans quelques prifonniers, ils leur couppoient le bout du nez, pour plus les deshonorer, & les monftrer comme vaincuz au faiĉt des armes, efquelles ils fe difent eftre naiz, & les premiers & plus adextres, non feulement des Indes, ains encore de tous les hommes du monde. Ayans coftoyé l'ifle de *Pulofian*, vous trouuez vn nombre infini de feches: où toutefois y a vne demie douzaine de canaux, par lefquels les Chiniens paffent pour aller trafiquer és ifles de *Pala-*

(marginal notes:)

Sang propre aux femes.

Mecon riuiere fort grande.

han, & *Burne* : lefquelles feiches vous laiffez à main droite, & tirez toufiours vers le Nort, pour vifiter la cofte du Royaume de *Campaa*, voifin de celuy de *Cambaie*. Vous voyez encor les ifles de *Daree*, *Pulocuré*, & *Pula-cribrin*, qui font pres du Promontoire de *Campaa*, efloignees de terre chacune d'enuiron huiĉt ou neuf lieuës, & l'vne de l'autre quelques trentetrois. A main gauche vous laiffez le goulfe du mefme Campaa, dans lequel font pofees les ifles de *Dara*, *Doaftoter*, & la ville de *Charchi*, affife fur le bord de la marine. Apres paffant oultre, entrez audit Royaume de la Chine, où pre-mierement vous voyez l'ifle d'*Alofar*, belle & grande à merueilles; ayant vn Promon-toire, qui entre dans la mer douze ou quinze lieuës, regardant l'Occident : & le long de la cofte vers le Midy en voyez trois autres, qui font la largeur de l'ifle, qui eft de douze ou quinze lieuës, & fa longueur de cinquante, eftant à dixhuiĉt degrez de la li-gne Equinoĉtiale delà le Tropique de Cancer. Cefte ifle eft habitee d'idolatres, veu que toutes ces Prouinces de l'Inde Orientale, & plus interieure, font peuplees de tels beliftres, plus que d'autres gés. Et pource que le Roy de la Chine eft vn des plus gráds Seigneurs de ces quartiers là, & qui a quinze grandes Prouinces, qui luy obeiffent, il m'en fault traiter, mais que i'aye reprouué l'opinion d'vn tas de fimples hommes de noftre temps, qui ont creu ce que les Anciens difoient des Indiens de ce païs, fçauoir, qu'ils y viuent de l'air, fans autre fubftance, & qu'ils ne mangent ne boiuent aucune-ment, d'autát qu'il y a ie ne fçay quelle efpece de fruiĉt, comme poires, de l'odeur fim-ple defquelles ils fe fuftentent, & en viuent : fi que allans à la guerre, ils portent de ce fruiĉt pour le fleurer. Au demeurát, il fault voir, fi ces hommes ne font point compo-fez de mefme nature que nous, & fi les membres de leurs corps ne font en pareil office que les noftres. Que fil eft ainfi (comme pour vray il eft) c'eft vne gráde folie de pen-fer, que l'homme, qui eft nay au trauail, deftiné à viure de la fueur de fon corps, euft vn tel Paradis en ce monde, que de n'auoir affaire d'autre manger, que le fimple odorat de quelque fruiĉt. Et ne puis me garder de me mocquer de la fottife de Pline, & autres, qui difent telles folies : mefmes fi Ariftote, Senecque, Aphrodifee, & toute l'efchole des Philofophes eftoit affemblee en vn, & maintenoit cefte refuerie deuát Theuet, ie leur dirois du contraire. Mais ne fault feftonner fi quelques vns croyét cecy, veu que Mun-fter en fa Cofmographie, imitant Pline, Solin, & Mela, dit encore chofes auffi fabuleu-fes, fçauoir, que en Afrique, & en Ethiopie, pres l'ifle de Meroé, y a des hommes, qui ont la tefte faite comme vn Perroquet, d'autres comme Chiens, & autres comme Sin-ges : aucuns qui ont feptante couldees de hault, d'autres les pieds comme vn Cheual, des Cheuaux cornuz, & telles refueries. Et voila comment les hommes font abufez d'auoir la leĉture de telles fables : & m'efbahis que Rabelais en fon Pátagruel a oublié tels gentils difcours : car les lifant, il n'y a homme foubz le ciel, tant barbare, ou fafché fuft-il, qu'ils ne le prouoquaffent à rire. Ceux du païs, auec lefquels i'ay confulté fur cecy, & autres qui y ont demeuré plus de quarante ans, m'ont affeuré du contraire. Au refte, quant à noftre Chine, c'eft vn païs fertil, & abondant en grains, fruiĉts, & chairs de toutes fortes. Si les hommes viuoient de l'odeur feule des pommes, dequoy leur profiteroit le cultiuement des terres, & femence des grains ? Dauantage les pommes ne poires n'y croiffent point, non plus que plufieurs autres fruiĉts, tels que ceux que nous auons pardeçà : autát en dy-ie des poiffons. Par ce moyen vous voyez de quelles bayes nous repaiffent ces Autheurs dans leurs efcrits : mais lifans ma Cofmographie, vous cognoiftrez tout le contraire de ce que ces beaux difcoureurs & harangueurs moder-nes vous en ont dit. Le peuple tant de l'ifle *Alofar*, que de toutes les Prouinces fuiet-tes au Roy Chineen, eft demy bazané. Ils font ingenieux & accorts, difans, que tout le refte des hommes font ftupides & hebetez, & que les Dieux ne les ayment point, à cau-

[marginal notes:]
Commence-mét du Roy-aume de Chine.

Vaine croyá-ce des An-ciés & Mo-dernes.

Baftiffeurs d'Hiftoires par fanta-fie.

ſe qu'ils ne leur ont point donné tant de richeſſes & de biens, comme ils ont en leur
Prouince, ny le moyen de ſe paſſer de tout autre, ſoit pour le manger, ſoit pour le veſtir. Ils ſont aſſez beaux perſonnages, bien proportionnez de leurs membres, ſauf qu'ils
ont les yeux fort petits, tant hommes que femmes, comme i'en ay veu pluſieurs d'eux
en diuerſes contrees du Leuant, & eſtiment (comme ils m'ont dit) celuy là eſtre plus
beau, à qui les yeux ſont plus petits. Ils ſont idolatres, comme le reſte du peuple Indié.
Et pource que pluſieurs penſent, que l'Alcoran ayt ſon eſtendue par tout le monde,
entre autres vn qui veult apparoir eſtre ſuffiſant, toutefois qu'en luy n'y ait qu'vne pure ignorance : ie luy veux maintenir, & à tous ceux qui vouldront ſouſtenir le contraire, qu'il y a douze fois plus d'idolatres en Aſie & Afrique, qui adorent, honorent, & croyent aux idoles, telles qu'ailleurs ie vous les ay deſcrites, & comme iadis faiſoient les Egyptiens, Grecs & Latins, que de Mahometiſtes: ſans comprendre les Royaumes de *Mexique, Darien, Cueua, Cacique*, & autres en ceſte terre, contenus depuis vn
Pole iuſques à l'autre. Au ſurplus, ce peuple trafique en la ſorte qui ſenſuyt auec tous *Moyen de*
marchans, tant eſtrangers que voiſins. Si toſt que quelque vaiſſeau eſt arriué en leur *trafiquer en*
port, ſoit en l'iſle *Alofar*, qui eſt de grand apport, riche, marchande, & garnie de bon- *ce païs.*
nes fortereſſes, ſoit à *Canton, Chanchri*, ou autre ville maritime, ceux du païs viennent
voir que c'eſt, & fault que dans deux ou trois iours vous leur diſiez tout ce qui eſt de
marchādiſe en voſtre vaiſſeau: & lors ils choiſiſſent ce qui leur eſt propre & neceſſaire, & l'emportent, ayans fait le pris, puis viennent faire voſtre payement en or & argēt,
en lingots, en Soye, Aloës, & Rheubarbe : choſes qui ſe leuent en leur païs en grande
abondance. Ce qu'ils achepient le plus, eſt le Poiure, duquel ils ont default. Et ne penſez qu'ils vous trópent d'vne ſeule maille en rien qu'ils prennent de vous, ains en bonne foy, & equitablement ils vous rendent auec profit la valeur de voſtre marchandiſe.
Que ſi quelque marchant eſtoit ſi hardy, que de ſortir du vaiſſeau, & entrer en la ville,
c'eſt ſans remiſſion qu'il perd tout tant qu'il a de marchandiſe à ſoy : où ſil n'a rien, il
tombe en danger de ſa vie. Le Roy de la Chine eſt ſi ceremonieux, & tient tant de ſoy,
que perſonne ne le voit, ne parle à luy, ſauf vn ſeul deputé à ſon ſeruice, qui eſt le plus
fauorit. Et ſi quelque Ambaſſadeur veult luy communiquer (veu que tous les autres
Rois voiſins luy ſont tributaires, cóme celuy de *Cochinchine, Iangome, Moim, Campaa*,
& autres, leſquels tiennent auſſi tous leurs Ambaſſadeurs en ſa Cour) fault qu'il parle
à vn deputé, nommé *Abi-albon*, mot Hebrieu & Syriaque, qui n'a autre ſignification,
que Pere des affaires, pour ouyr les requeſtes d'vn chacun: & ceſtuy cy le dit à vn autre,
& de main à main cela va iuſques aux oreilles de plus de cinquante, iuſques à tant que
le fauorit, qu'ils appellent *Melchiph*, qui eſt pres la perſonne du Roy, l'entend, & le
propoſe au Prince : lequel luy fait telle reſponſe que bon luy ſemble, & va de meſme
ordre, qu'a fait la requeſte. I'ay ſceu cecy par vn Eſclaue Chinéen, lequel ſeſtoit tenu
en la Cour dudit Roy plus de quinze ans, & qui allant en Perſe auec vn Ambaſſadeur
Indié, fut prins Eſclaue par quelques Arabes. ceſtuy cy eſcriuoit bien en Arabe, & entendoit quelque peu Italien, à cauſe qu'il auoit frequenté à la Cour du grand Tartare,
auec autres Eſclaues de ceſte nation. Il m'aſſeura d'auantage, que le reuenu du Roy de *Richeſſe du*
Chine emporte celuy de tous les Rois de Leuant, ſauf celuy du Cam, auquel il eſt tri- *Roy de Chi-*
butaire depuis l'an mil trois cens ſoixantequatre, que le Tartare ſe feit chef du Catay, *ne.*
& qu'il en chaſſa les premiers Abyſſins. Ledit Roy de la Chine ne ſe tient point en pas
vne des villes maritimes, ains eſt le ſiege de ſa demeure plus de deux cens lieuës auant
en terre ferme, à cauſe que le païs y eſt plaiſant, fertil, & fort peuplé, & q̃ auſſi ſes forces
ne ſont point ſur mer, ains en terre ferme, en laquelle le païs eſt ſi plein de caſals, villes,
& bourgades, qu'il eſt impoſſible qu'aucun couche dehors, pour eſtre lointain de ville, ou lieu qui ſoit habité.   A A iij

Continuation des singularitez du mesme païs de CHINE, & des effects de la
Racine Chinoise.   CHAP. XXV.

M E DIST EN OVTRE l'Esclaue susnommé, que le Seigneur de ce
païs de Chine eut vne guerre contre les Rois de *Tipure*, *Moin*, *Inda-
guth*, & *Palohan*, qui s'estoient alliez de plusieurs autres Seigneurs
Indiés, & despendit en quatre mois vingt & deux milliōs d'or (chose la plus admirable du monde) sans que pour cela il faschast son
peuple d'vn impost, ou qu'il tourmentast les marchans faisans trafic
par son Royaume. Et par là nous pouuons voir, quelles sont les richesses de ce grand
Roy, & les thresors qu'il peult auoir : lequel imitant la tyrannie du Tartare, a chassé
de nostre aage, de la Chine, & d'autres endroits, les gens du *Geriph*, nommé de nous
Prestre-Ian : i'entends les forces, & ceux qui se mesloient de la guerre : veu que iadis ce
Roy Ethiopien commandoit à la plus part des Indes Orientales. Et c'est pourquoy les

Le Prestre-
Ian iadis se
disoit Sei-
gneur de
Chine.

Anciens & plusieurs Modernes disent, que le Prestre-Ian se tient aux Indes, & que ce
Roy est Chrestien. Mais il n'est possible maintenant à cest Empereur de r'entrer en ses
terres d'Asie, attendu le long voyage qu'il luy conuiédroit faire, & le peu de cōmodité
& forces qu'il à sur la mer. Ses predecesseurs ont esté les premiers qui ont fait prescher
l'Euangile aux Royaumes de Catay & Chine, & fait bastir tant de belles Eglises, & villes, cōme ces barbares Indiens mesmes s'en vantent. La ville où le Roy se tient à present, se nomme *Xanton* : autres luy donnent le nom de *Zebuth*, & n'ay peu sçauoir
pourquoy. Elle est posée sur vn Lac, & loing plus de deux cens cinquante lieuës de
mer, & de l'isle d'*Alofar* enuiron deux cens : en laquelle isle le peuple se vest à la legere, à cause qu'ils se sentent encor des chaleurs bien grandes : mais là où le Roy se tient,
pource que cela approche du vent plus froid, ils vsent de fourrures, & portét des coif-
fes faites cōme du rhets, sur leur teste. Et Dieu sçait cōme les Rois & Seigneurs sont
vestuz richement, & d'vne façon estrange, s'il y en a soubz le ciel. Or tient ce grād Roy
ses Officiers par les isles, à fin de voir cōme les estrangers negotient auec les siens en sa
terre, & aussi que si quelque Roy estrāger luy enuoyoit presens ou Ambassade, ils l'en
aduertissent. Aduerti que le Roy est de telle venue, il mande audit Officier, ou Ambassadeur estranger, qu'il face chemin par mer en quelque ville voisine, où le Roy se doit
trouuer pour ouyr l'Ambassade : & se fait cela le plus souuent à *Nimpo*, grande ville,
en laquelle y a vn tresbon port, & de parfaicts artisans en soye, & autres mestiers mechaniques, que les Esclaues de diuerses nations leur ont apprins. Ils ont en ce païs vn
langage tout particulier, ayans presque la prolation comme les Allemās, rude & brus-
que, hommes bien proportionnez, gaillards, disposts, & fort vaillans en guerre, à laquelle ils vont plus à cheual, que autrement. Les femmes sont belles, gentiles, & richement vestuës : & a chasque homme deux ou trois femmes, ou tant qu'il en peult nourrir. Ils mangent plus honnestement que ne font les Arabes, d'autant qu'ils ont vne table hault esleuee, & fort hastiuement, vsans de pain comme nous faisons : ie dy bien
auant dans le païs : car aux isles ils n'ont que de l'orge, & encor bien peu, ou du miller,
comme au reste des Indes, & du ris en abōdance. Leur boire est vin, non de raisin, mais
qui est fait de ris, & espicerie qu'ils y meslent, lequel les enyure assez gentiment : & boiuent & mangent fort souuét. Ce sont gens addonnez à la marine, i'entends les Insulaires & voisins de la mer : si qu'ils meinent ordinairemét femmes & enfans sur leurs vais-
feaux : & y a tel d'entre eux, qui iamais de sa vie ne meit pied en terre ferme cent fois.
Ils sont Corsaires & larrons sur la mer : tellement que si les autres Insulaires, & sur tout

les marchans,ne ſe tiennent ſur leurs gardes, ils ſe peuuēt aſſeurer d'eſtre pillez & deſ-
nuez de leurs biens. Ce païs de la Chine confine à la Tartarie Orientale , & n'obeit pas
tout au Roy Chineen,veu que la Cour du grand Cam ſy tient quelque temps : & lors
il fault que ce Roy cede le lieu au grand Empereur, duquel il tient ſon Royaume, &
ſans l'appuy duquel il ne ſeroit ainſi obey de ſes ſuiets, à cauſe qu'il ſe monſtre plus
ſuperbe & difficile à accoſter, que ne fait le Prince qui eſt ſouuerain ſur plus de ſoixante & dix Royaumes. Au milieu de ceſte grande Prouince giſent deux Lacs, l'vn
nommé Min , & des Arabes Maimin , qui vient de la riuiere de Mecon , laquelle il
paſſe de la part du Nort, & vn autre appellé Qumēth, lequel deſcend des montaignes
de Cambalu, & arrouſe vne grande partie du Catay.Autour de ce grand Lac ſont aſſiſes les villes de Acbilud vers l'Oueſt, Hareph, mot Syriaque, qui ſignifie Choſe froide, Zabad, Mageth, Merepath, & Chinghianfu tirant à l'Eſt, & Pauconie, qui regarde le
Nort : qui ſont les villes de ſeiour & plaiſir pour le Roy, à cauſe de la chaſſe, qui n'eſt
point au Lieure, ny au Cerf,trop bien aux Ours,Sangliers,Bœufs, qui ſont plus grands
que les noſtres,ayans leurs peaux maculees de taches de pluſieurs couleurs, & qui ont
leurs cornes ſi lōgues,pendātes,& rabbatues en bas, que paiſſās l'herbe en terre, ils ſont
contraints marcher en arriere(& les appellēt Menzots,& les Indiens Mahif) & auſſi
aux Aſnes ſauuages, & quelquefois aux Cheureux, Mais ſçauez vous auec quels Chies?
Ce ne ſont ne Leuriers d'attache, ny Dogues:ains d'autres beſtes,grandes comme Leopards & Loups-ceruiers,leſquelles ſont ſi bien duites & accouſtumees à la chaſſe, & ſi   *Chaſſe de*
bien appriuoiſees,qu'ils en vſent tout ainſi que nous faiſons des Chiens pardeça,& les   *Ieripagith.*
appellent Ieripagith : ce qui m'a eſté difficile à croire ; ſi pluſieurs perſonnes , qui ont
veu tel paſſetemps,ne m'en euſſent aſſeuré . Pour la vollerie,ce Roy a vne eſpece d'Aigles,les plus grandes qui ſoient au monde,& fault bien qu'elles ayent force,veu qu'elles arreſteront vn Cheureul. Ceux qui ſont ordonnez pour eſtre maiſtres Veneurs du
Roy, ſ'appellent en leur langue Chinichiph , qui ſignifie en langue Tartareſque, Seigneurs de la Chaſſe : & ſont les proches parents du Roy qui ont tel honneur, à cauſe
qu'en allant à l'aſſemblee, ils peuuent familierement deuiſer auec le Prince.Et de meſme en vſe le Monarque Tartare, duquel ceſtuy cy imite la magnificence. Le temps de
leur chaſſe,ſoit au Catay,ſoit en Chinghianfu,pour le Roy de la Chine,en Hyuer,il n'y
a homme ſi hardy,tant grād ſoit-il,qui oſaſt aller à la chaſſe,ſoit de poil, ou de la plume,à fin que le païs n'en ſoit depeuplé , pource que les beſtes, auec leſquelles il chaſſe,
font trop de meurtre. I'auois oublié à vous dire , que c'eſt qui fait le Roy ſi hault à la
main,& ne ſe laiſſe point voir ſinon à peu:c'eſt d'autant que le grand Cam,les mettant
en ceſte puiſſance & dignité Royale (car c'eſt à luy d'y mettre qui bon luy ſemble) il
choiſit,non vn naturel du païs , ſoit du Catay, ou de la Chine: pource qu'ayant prins
ces regions par force, depuis ſoixante & dix ans ença, ſur l'Ethiopien,il ne ſe fie point
aux Cataiens ou Chineens. Pource le Tartare qu'il y enuoye,ou autre,ne ſe laiſſe voir
d'aucun de ce peuple,eſtāt touſiours bien accōpaigné & armé, à fin de les tenir en perpetuelle crainte, là où le ſouuerain ne ſe ſoucie de telles ſolennitez, eſtant ſerui de ſi
grands Princes. Ie ne veux oublier à vous dire, qu'à ſix bonnes lieuës du Lac de Chine,y a vne montaigne, que à la contempler lon iugeroit eſtre de fin or, tant elle eſt re-
luyſante : toutefois il ne ſy trouue mine d'or ne d'argent, ains ſont ſablons qui reluy-
ſent en telle ſorte.Elle eſt nommee des barbares du païs Chema, & des Inſulaires Col-
nameth, & eſt ſterile de fruicts,d'arbres,& herbes,ne produiſant choſe du monde.Et à
fin que vous puiſſiez ſçauoir,comme ils prient & adorent, tout au contraire des autres
Indiens , fault noter,que tous idolatres qu'ils ſont , & quoy qu'ils taſchent d'exprimer
la Maieſté de Dieu par figure, ſi eſt-ce qu'ils dreſſent chacun en ſa maiſon vne ſtatue

fur vne table, hault pofee contre la paroy de la chàbre, là où ils efcriuent quelques certaines lettres, fignifians vn grand Dieu, celefte, hault, puiffant, & fouuerain fur tout autre: deuant laquelle ils viennent tous les matins efpandre force bonnes odeurs, & leuàs
les mains au ciel, le prient qu'il luy plaife leur dóner bonne fanté, fans le requerir d'autre chofe. Plus bas que cefte ftatue, pres de terre, y en a vne autre, qu'ils nomment *Na-*

Natighay Dieu que ces Barba-res adorent.

tighay (& les Mangiens & Tagiens *Sabarim*, mot certes Syriaque, qui fignifie Chofe
haulte circulaire) qui eft le Dieu des chofes terreftres, auquel ils donnent femmes &
enfans, eftans fi aueuglez de penfer, que auec iceux ce beau Dieu caufe la creation &
production de ce qui fe leue fur terre. Dauátage ils prient ce *Natighay*, qu'il leur donne ferenité de l'air, abondance de fruićts, & profperité en leur famille. Quant à l'ame,
qu'ils nomment *Merath*, ils la difent eftre immortelle: mais fon immortalité eft fort
eftrange, d'autant qu'ils penfent qu'elle aille de corps en autre, & difent que celuy qui
aura efté homme de bien, eftant mort, fon ame entrera au ventre de quelque grande
Dame enceinte, pour infpirer la femence, qui eft comme vne maffe & corps formé en
iceluy, & que ainfi continuera viuant en vertu, tant que de degré en degré il paruienne à eftre vn petit Dieu: car ils font des Dieux à leur pofte: mais f'il eft mefchant, fuft il
Roy, fon ame deuiendra l'ame d'vn païfan, & puis à la fin d'vne autre chofe plus vile.
Voila vne belle Philofophie, & digne d'vn peuple efloigné de la cognoiffance du
vray Dieu. D'vne chofe font-ils à louër par toutes ces contrees, tant à la Chine, que au
Catay & Royaume de Cambalu: c'eft que les enfans portent honneur & reuerence fi
grande à leurs peres & meres, que pluftoft ils choifiroient tout malheur, que de leur
defplaire, ou les laiffer fans les fecourir en leur neceffité. Que fi quelcun eftoit fi mef-

Punition des enfans mal com-plexiōnez.

chant, que d'eftre ingrat à l'endroit de ceux qui les ont engendrez, il y a des Officiers
commis, qui n'ont autre charge, que de faire enquefte fur ce vice: lefquels fçachans celuy qui a failli, le mettent en prifon, & n'en fort de vingt Lunes: & encor quand on le
deliure, ils luy marquent la face auec vn fer, à fin que tout le temps de fa vie il foit cogneu, & noté de fon ingratitude & impieté. Ceux qui en font couftumiers, & ont efté
chaftiez deux ou trois fois, on les condamne à mort: mais quelle? tous vifs eftre empalez, à la façon la plus eftrange du monde, & la plus cruelle auffi: non pas par le fondement, comme quelques Turcs font, felon le crime commis de l'executé. quelquefois on
leur trauerfe le corps outre, auec vn gros bafton bien aigu, & fouët d'vne lógue bar-
re de fer, ou bien vne cuiffe, ou vne efpaule: & font ainfi tels criminels deux ou trois
iours en vie premier que mourir. Ce n'eft donc pas ce que aucuns ont voulu tenir, &
ce qui eft efcrit en l'Hiftoire vniuerfelle de Iean de Boëme, que ceux de ces païs là,
voyans leurs peres approcher de grande vieilleffe, les tuent & mangent, à fin que leurs
corps feruent de tóbeau à leurs parens trefpaffez. Mais laiffons ces côtes & refueries des
Anciens, & farceurs de mon temps, qui nous ont laiffé de belles efcritures pleines de
menfonges. Ie laiffe auffi à vous difcourir des proprietez d'vn million de fortes d'arbres & plantes, lefquelles produit cefte contree, pour vous parler feulement d'vne ra-

Racine de la Chine, & de fes ver-tus.

cine, nommee Chine, qui porte le nom du païs où elle croift: la vertu & proprieté de
laquelle noz Medecins fçauent fort bien appliquer. Les idolatres du païs la nomment
Negina, qui vault autant à dire en leur langue, que Deliure nous. Ils appliquent cefte
racine en diuers medicamens: & femble que Dieu la leur ayt donnee pour remede à
l'encontre d'vne maladie, qu'ils appellent *Af-maphon*, mot Arabe, qui ne fignifie autre chofe, que Puanteur: qui eft vne efpece de verolle, affez commune en ces païs là.
L'vfage de cefte Racine fut cogneu des Latins l'an cinq cens trente & cinq, ayant efté
apportee par deux marchans Chinois, l'vn nommé *Nacmach*, & l'autre *Makal*, trafiquans en Afrique. Il aduint en ce mefme temps, que quelques autres marchans Portu-

gais en feirét prefent à Dom Martin Alfonfe,detenu d'vne maladie incurable,accompaignee de quelque peu de verolle, lequel en ayant vfé vn mois ou enuiron, recouura guarifon,& plufieurs autres,qui eftoient marquez de cefte migraine Veneriéne. Ceux de pardelà qui en vfent, ont mis en oubly le Guaiac, ayans recours à ladite racine : & n'eft ce peuple fi beftial,& defpourueu de raifon,qu'en faifant la diete,il fabftienne de bœuf,pourceau,chair d'Elephant,& autre fauuagine,mefme de poiffon,& de toute forte de fruicts cruds.Ie me fuis laiffé dire par les Arabes (lefquels appellét cefte racine *Labana*,d'autant qu'eftant recente, fa couleur rapporte à celle de la Lune,ainfi blafarde) qu'ils en ont eu cognoiffance long temps deuant les Africains & Chreftiens. Au commencemét elle eftoit tant eftimee,qu'elle fe vendoit au poids de l'or:mais depuis ce temps là elle eft venue quafi à vil·pris, par ce que les nauires en apportent en abondance,pour la vertu d'icelle,& fes merueilleux effects.Ce peuple en fait confumer auec de l'eauë de riuiere,& ius d'vn fruict, qui n'eft non plus gros qu'vne datte, qu'ils appellent *Pazath*, & du ius de l'arbre,l'ayant foré, lequel ils nomment *Azappath*,& le tout bien cuict enfemble, en font vn breuuage efpais comme lie, qu'ils prennent au matin. Autres recueillent l'efcume qui en fort, & eft bonne pour appliquer fur les vlceres & tumeurs du patient. Mefmes la groffe vapeur qui fexhale quand telles chofes cuifent,eft falutaire aux mefmes douleurs. Quelquefois on refchauffe & fomente de la decoction les playes, & met on du cotton ou linge trempé fur icelles, à fin de les nettoyer.Les Chinois,à caufe que leur region eft froide,en vfent en plus grande quantité que ceux de Calicut,qui font en region chaulde : ce qu'ont voulu imiter quelques vns de noftre temps, qui en font tombez en dangereufes & grandes maladies. Garcia de l'Horte,Medecin du Viceroy des Indes,dit luy eftre aduenu, eftant trauaillé de la Sciatique, qu'il vfa de la decoction de cefte Racine pour fe prouoquer à fuer : mais comme il en euft ainfi vfé, il tomba en fi grádes chaleurs de foye,que tout le corps luy commença à fe couurir d'inflammations,& telles qu'il en cuida perdre la vie.La chofe à la verité eft dágereufe,fi elle n'eft bien preparee. Or pour bien choifir ladite Racine, il la fault prendre pefante, frefche, de la couleur fufdite, & qui ne foit fletrie ny vermoulue.Elle a plus de vertu és maladies inueterees,cóme aux Cháncres,qu'elle n'a aux nouuelles. Il y en a qui la reduifent en pouldre, qu'ils broyent :autres y mettent parmy du fucre & du miel,& ainfi en prennent par interualle : autres la mangét auec leur chair bouillie,comme font les Sauuages le poyure verd, qu'ils mangent auec chair ou poiffon.Elle eft bonne auffi à douleur de tefte,grauelle, & à ceux qui font offenfez dás la veffie. Les Chinois appellent la plante *Lampata*, & n'excede en haulteur,que trois pieds,ou enuiron, ayant fes fueilles affez eflongnees les vnes des autres, reffemblantes à celles d'vne herbe, que les Arabes nomment *Alied*, qui n'eft non plus large que la paulme de la main,que ce ne foit tout. Ladite racine eft affez longue,laquelle eftant de nouueau arrachee eft fort tendre. Les ruftaux montaignars la mangent crue, & quelquefois cuicte dans la braife,& n'en font non plus de difficulté,que les Limofins font de leurs groffes raues. Le peuple de *Cambalu*, *Moy*, & de *Mangy*, en ayans achepté defdits Chinois quelque bonne quátité, d'autant qu'il n'en croift en leur païs,& l'ayás poinçonnee à la façon que les Iuifs Leuantins font le Rheubarbe, en tirent la quinte effence,laquelle ils conferuent dans des petits vafes de Porcelaine, ou de Cryftal : duquel ius vn peu vermeillonné ils fe fçauent trefbien feruir en leurs neceffitez. Autres la font diftiller dans des alembics gentiment façonnez à leur mode. Somme,cefte Racine eft de fi bonne operation, qu'elle guerit tous ceux qui en vfent par le confeil des Medecins du païs. Au bout de ce Royaume de la Chine, fuyant la cofte marine, paffé que vous auez le Cap de Nimpo, vous commencez à entrer en la cofte de la mer,

Chofe notable de cefte Racine.

dite de *Mangy*, & venez vifiter le goulfe d'*Angonare*, que les ruftaux des montaignes qui l'auoifinent, appellent *Chaldecath*, comme f'ils vouloient dire, Donne toy garde: d'autant, comme i'eftime, que le lieu eft fort dangereux, à caufe des roches & battures qui font en fon entree. Il eft à l'oppofite de la grande ifle, & terre de *Giapan*: & dans iceluy fe voit vne infinité d'oyfeaux de diuers plumages, & f'y en trouue d'auffi gros que Grues, reueftus de plumes auffi rouges comme fang, ou Lacque Venicienne, hor-mis le col & la tefte, qu'ils ont de couleur celefte. Ils ont leur bec plat, comme celuy

Almetered Thomards, & Abi-ias oyfeaux fauuages.

d'vn Cygne: les yeux gros, & iambes longues. Le peuple du païs les nomme *Almetered*, & ne fçay qui leur a donné ce nom, d'autant qu'il eft Ethiopien, ne fignifiat autre cho-fe, que Planure. Quelquefois ces animaux repairent aux riuieres qui defgorgent dans ce mefme goulfe: & lors qu'ils fe battent auec leurs aifles, ou fe becquettent les vns les autres, comme font les pigeons de pardeça, les Chineens & autres Barbares difent que c'eft bon figne, & que par telles chofes ils cognoiffent la fertilité de l'annee: & à leur vol ils fe vantent cognoiftre l'heur ou malheur qui leur doit aduenir. Il fe voit d'vne autre efpece d'oyfeaux, qui font blancs au poffible, & moindres en groffeur & gran-deur, qu'ils appellent *Thomards*. I'en ay veu de tels en Egypte, que les Arabes nomment *Abi-ias*, & au Lac de *Neruith*, à deux petites iournees du Cai-re. La riuiere du Danube, & celle d'*Acada*, païs de Phrygie, en foi-fonnent auffi. En ce goulfe gifent huiĉt ifles, la plus grande defquelles fe nomme *Pilbo*, qui eft en la Prouince de *Mangy*: en laquelle n'y ayant chofe qui face à de-duire, ie la laifferay là, pour m'arrefter à cho-fes de plus grande confequence, & où le Leĉteur aura mieux dequoy fe con-tenter.

LIVRE DOVZIEME DE LA
COSMOGRAPHIE VNIVER-
SELLE DE A. THEVET.

Des isles des MOLVQVES, *& de celle de* SVMATHRA, *ou* TAPROBANE.
CHAP. I.

'AN MIL CINQ CENS QVARANTE VN, comme l'annee au parauant i'eusse fait vn voyage loingtain sur ceste mer Oceane, ie vins aborder en Portugal, & prins terre à Lisbonne, ville capitale dudit Royaume, ayant lettres de faüeur pour faire le voyage aux isles des Moluques, autant & perilleux & loingtain, que nul autre de l'vniuers: attédu qu'il fault pres d'vn demy an pour aborder ces isles, pres d'autant pour le trafic des marchands, & dauantage pour le retour, si le vent ne vous est fauorable. Estát prest à m'embarquer, vne fiebure quarte me saisit: qui fut l'occasion, que mon entreprise lors ne peut estre executee. Ainsi estant en ces pais là, plusieurs de ceux qui auoient assez souuent fait tel voyage & chemin, me discoururent que les Moluques, desquelles ils auoient eu cognoissance, estoient plus de deux cens en nombre, sçauoir grandes & petites, tant celles qui sont habitees, comme où personne ne fait demeurance, que des oyseaux & diuersité de bestes venimeuses, que la graisse de la terre produit: & que au reste elles sont situees directement au Leuant, la plus part soubz la ligne Equinoctiale. Mais quiconque les vouldra contempler dans noz Chartes, ou Mapemondes, à cause qu'elles ne sont en leur rotondité, & que aussi les terres ne ioignent point l'vne à l'autre; il semble qu'elles sont situees de la part de l'Ouest; en la mer, que nous appellons Pacifique. Aussi qui contemplera ceste mer, il luy apparoistra qu'elle soit du tout separee du grand Ocean, & qu'il n'y ayt aucun moyen d'y entrer, si ce n'est tournoyant vers le Pole Antarctique, & destroit Austral, par lequel passa, enuiron l'an mil cinq cens dixneuf, Fernand Magellan, pensant accourcir son chemin, pour paruenir à la haulteur desdites isles, & qu'aussi par ce moyé il esperoit auoir l'occasion plus commode & moins perilleuse, prenát celle route, que s'il eust costoyé l'autre chemin, qui est le plus commun & vsité, sçauoir celuy de la coste d'Afrique, Guinee, & Ethiopie, mesmes à la haulteur du Promontoire de Bonne esperance, & Royaume de Cephale, suyuant droit sur la ligne Meridionale, iusques audit Promontoire: lequel ayant passé, on commence changer de vent & voiles, à fin de gaigner chemin vers la grande isle de Sumathre, & tirant tousiours vers l'Est, qui est le Leuant, on recognoist ordinairement quelques isles, esquelles on se peult pouruoir de viures & munitions. Et fault icy noter, que la nauigation est plus dangereuse, depuis que lon a passé ledit Promontoire, iusques aux isles des Moluques, sans comparaison, que le chemin

Deux cens isles des Moluques.

que lon fait depuis l'Efpaigne iufques au mefme Promontoire : pource que la mer y eft toute couuerte d'vne infinité de petites ifles, rochers, & battures, & auffi que le courant y eft le plus roide & impetueux de tout le monde. Parainfi ceux qui entreprendront ces voyages loingtains, fault qu'ils fe fourniffent en premier lieu de bons vaiffeaux, & bien calfeutrez, & qu'ils ayent munitiós pour deux ans à tout le moins. A tels entrepreneurs il leur eft befoin n'eftre fuiets à maladie, & moins addonnez à la gorge. Car autrement faffeure celuy qui fera le moins d'excez, qu'il ne luy va pas de moins que de la vie : veu qu'il y a des contrees en la longueur de cefte plage, principalement depuis les ifles du Cap verd, iufques à huict degrez pardeça l'Equateur, où les maladies font fort frequétes & ordinaires, fur tout à nous François, Allemás, Anglois, & autres, qui fommes Septentrionaux. Et ne vous en puis donner autre exemple, finon que de mon temps eftans allez trois nauires d'Angleterre iufques au Benyn, qui eft neuf degrez deça la ligne, & à la riuiere & païs de Manicongre, qui eft pardelà la ligne, y péfans trafiquer de l'Or, Maniguette, Morfiz, & autre chofe : les pauures gens furét furpris d'vne telle maladie, caufee ou pour le changement de viandes, ou par la trop grande infection de l'air, que prefque tout l'equippage fut perdu, mourans ainfi de cefte maladie : De forte que de deux cens perfonnes, n'en efchappa qu'enuiron dixfept pauures matelots, que tous ne paffaffent le pas de la mort, & ceux qui fe fauuerent, furent contraints d'abandonner les deux plus grands de leurs nauires, & faider du plus petit, pour reprendre la route d'Angleterre. Autant en print à certains nauires François l'an mil cinq cens foixante vn, lefquels auoient dreffé vne telle & pareille entreprife que les fufdits. Quant à moy, ie fçay bien que iaçoit que nous fuffions plus de quatre vingts lieües dans mer, loing de terre, fi eft-ce que cefte infection mortelle nous vint cercher iufques dans noz trois nauires, & nous vexoit fi defmefurément, que plufieurs des noftres ne pouuans fupporter l'ardeur de cefte maladie, ne du Soleil auffi, fe lançoient dans la mer, & periffoient deuant nous : & portafmes cefte contagieufe poifon iufques au païs de la France Antarctique (nommee ainfi de moy) en laquelle moururent de fix à fept mille Sauuages, & plufieurs de noz gens. Or pour venir au principal but de mon fuiet, fault penfer que ceux qui entreprennent ce voyage, ne s'expofent feulement à la mercy des vents, tempeftes & naufrages, ains des hommes fi brutaux, qu'il eft impoffible d'efchapper de leurs mains, fi vne fois lon y tombe. Il eft plus aifé aux Portugais, que à nation quelconque, de voyager en ces païs là, & faire voile vers les Moluques, à caufe qu'ils peuuent prendre terre en plufieurs lieux pour faire aiguade, lefquels font foubz leur puiffance & iurifdiction : tellement qu'eftans partis de Lifbonne, ils viennent aux ifles de Cap verd, de Manicongre, & autres lieux qui font foubmis à leur Prince en terre ferme de la Guinee, & de là fen vont aux ifles de fainct Omer, là où ils fe rafrefchiffent. Toutes richeffes qui font au monde, & que l'hóme peult fouhaitter, font en ces ifles des Moluques, fçauoir or, argent, pierreries de toutes fortes, perles, & infinis autres ioyaux. Quant aux efpiceries, c'eft le lieu le plus abondant que lon fçauroit fouhaitter. Pareillement mille efpeces de drogues aromatiques, que nous voyons en l'Europe, viennent de ces ifles des Moluques, comme particulierement ie vous deduiray en d'autres chapitres cy apres. Quant à l'ifle de Sumathre, ou Taprobane, elle eft de belle eftendue, & qui pour cefte occafion a efté eftimee par les barbares Ethiopiens vn autre monde : laquelle eft fituee en la mer Indique, entre Leuant & Ponent, feftendant en longueur enuiron deux cens trentefept lieües Fráçoifes, & en largeur cent treize : le pourtrait de laquelle ie vous reprefente au fueillet fuyuant. Elle eft diuifee en deux, par le moyen d'vn fleuue, qui en fait la feparation, tout ainfi que le *Thim* fepare l'Angleterre d'auec l'Efcoce, ou la Garonne le Languedoc d'auec

Aduertiffment aux Pilotes de mer.

Air infecté.

Maladie dôt moururent fept mille Sauuages.

Ifle de Sumathre.

doc d'auec la Gafcongne: de façon que l'vne partie eft habitee d'hommes, & l'autre eft
pleine de diuers genres de beftes, & fur tout d'Elephans, beaucoup plus grãds & monftrueux, que ceux que l'Inde produit, & la furie defquels furpaffe tout autre : lefquels
les Sumathriens appellent *Celbarich*. Il y a auffi des Rhinocerots, que les Infulaires appellent *Gandas*. Neantmoins ie fuis en doubte, fi les Anciens ont eu iamais cognoif-

fance de cefte ifle, ou f'ils fe font point trompez, prenans l'vne pour l'autre, & qu'ils
ayent baillé ce nom à quelque autre de celles qui font en la mer Indique, vers les goulfes d'Arabie & de Perfe, veu la grand' diftance, & long voyage, qu'il conuient faire deuant que l'aborder. Ie fçay bien que les Rois & Monarques des Egyptiens, Perfes, Arabes, & autres, fe font iadis peu addonnez à la nauigation: De forte que regnant à Rome Claude Neron, pere du Tyran Neron, le païs des Indes fut defcouuert, comme l'on
dit, par les Ambaffadeurs, lefquels n'entrerent que quatre iournees dedans la Prouince. Ce que ie ne puis croire, attendu qu'en ce temps là les vaiffeaux eftoient trop petits
& foibles, pour faire tels & fi longs voyages, veu que l'impetuofité de la mer en ces endroits eft fort vehemente & terrible. Dauantage, pour venir du fein Perfique ou Arabique iufques en cefte ifle, il conuient paffer le deftroit de Dermofe, par lequel ne peuuent paffer que de petits nauires. Or eft cefte Dermofe vne ifle abondante en Sel, duquel les habitans font grand trafic, & y profitent grandement, veu l'abondãce des vaiffeaux qui y viennét à flottes, pour fournir de Sel les regions voifines, & celles qui font
en terre ferme. Que fi on m'allegue que quelque peuple de l'Europe iadis a nauigué
vers la Taprobane, à grand' peine me le feront-ils accroire, veu qu'ils ne me fçauroient
faire preuue, qu'elle ne foit fort maigre. Ce que Ptolomee mefme confeffe, qui eftoit
tres-curieux d'entendre la defcouuerte des païs & contrees loingtaines & eftrangeres,

Cosmographie Vniuerselle.

tesmoignant qu'il n'a eu cognoissance de ces païs estranges, que iusques au Promontoire de Prasse, cinq degrez de nostre Tropique de Cancer. Au reste, aussi bien se trompoient les Anciens sur le mot des Indes, comme de nostre temps ceux qui ont descouuert les nouuelles terres : lesquels ont baptisé le tout du nom d'Indes, sans aduiser la distinction des peuples, & regions diuerses, & que celuy païs est appellé proprement Inde, qui est arrousé du fleuue portant mesme nom. Que si quelcun des Anciens a descouuert la Taprobane, à grand' peine pourray-ie estre persuadé, que c'ayt esté de nostre Europe, veu le peu de memoire qu'ils nous en ont laissé. En somme, si la Taprobane a esté descouuerte, il fault que les premiers qui y ont mouillé l'ancre, ayent prins la route de Malaca, terre iointe à celle du Catay. Elle est de la part de l'Ouest fort dangereuse à l'abord, à cause d'vne infinité de petites islettes deshabitees, qui l'enuironnent. C'est la plus grande isle de la mer Indique, & contenant beaucoup plus que l'Angleterre & l'Escosse. Sa longueur tend du Nort au Su, & est situee au premier Climat, & troisiesme Parallele, ayant son plus grand iour de l'an, douze heures trois quarts. Elle est autant habitee là où passe le Soleil, qu'és autres lieux, & entouree en son circuit de mille trois cens soixante & huict autres isles, tant peuplees, que celles où personne ne fait residence, les vnes distantes de cent lieües, les autres de quatre vingts, autres de cinquante, les autres de trois, tant du plus que du moins : tellement que qui contempleroit ceste grande multitude d'isles, du hault des montaignes de *Gabilles*, dites des Indiens *Padothz*, du nom de quelques bestes qu'elles nourrissent (le sommet desquelles est presque esleué iusques aux nües, & sont vers Soleil leuant) l'on iugeroit que ce fust quelque belle terre vnie & continente, se rapportant à la grandeur presque d'vne seconde Europe, ou Afrique. Et de faict, ces isles sont auoisinees & comprises soubz celles, que nous nommons les Moluques, & s'en trouue plus de deux cens, qui ne doiuent rien en grádeur aux isles de Cypre, ou de Candie, situees en nostre mer Mediterranee. C'est de ceste isle que sortent les bien bons fruicts & arbres Aromatiques, la suauité de l'odeur desquels se fait sentir dés qu'on approche à soixante ou quatre vingts lieües de mer près de terre, lors qu'on costoye le Royaume de Malaca, qui est en terre ferme.

Isle de la Taprobane.

Non loing de là poincte de Malaca est situee ceste Taprobane, laquelle iadis se nommoit des Barbares *Salique* : les Arabes la nomment *Azebain*, & les Africains *Achaba*, d'autant qu'en icelle se trouue quasi par tout vn certain bois gras, lequel brusle comme vne torche, y ayant vne fois mis le feu par vn bout. Elle est des plus fertiles qui se trouue, & fort abondáte en biens, & bonnes mines d'or. Vous y verrez grande abondance d'arbres Cassiers, qui portent la Casse meilleure que celle qui est en l'Antarctique : laquelle n'a nomplus de suc ou substance dans son tuyau, qu'vne Canne ou Ionc marin, sans liqueur ou saueur quelconque. Lesdits arbres sont d'vne haulteur fort grande, côtre l'opinion mal fondee de Matthiole, qui dit que l'arbre qui porte la Casse, n'est qu'vn petit arbrisseau, n'ayant en sa plus haulte grádeur, que deux ou trois brasses, que ce ne soit tout : chose mal consideree à luy. Ie confesse bien que ceux d'Egypte ne sont si hault esleuez que ceux des Indes, ne de la Taprobane : toutefois suis-ie asseuré en auoir veu mesmes en l'Arabie, qui excedoient en haulteur plus de dixhuict brasses, & gros en mesme proportió. La Taprobane encor nourrit vn arbre de merueilleuse proprieté & effect, qui se nomme en leur langue *Gehuph* (les Indiens luy donnét le nom de *Cobban*, & n'ay sceu sçauoir pourquoy) les fueilles duquel sont menues comme celles du bois de Casse : bien est vray que les branches ne sont si longues. L'escorce en est toute iaunastre, & le fruict gros & rond comme vn esteuf, ayant enclos en soy vne noisette, dans laquelle se trouue vn noyau si amer que merueilles : le goust duquel, si on le met sur la langue, rapporte fort à la saueur de la racine de l'Angelique. I'en ay veu

Matthiole se trompe.

quafi de femblable en l'Arabie deferte, en vn cazal, nommé *Birth*. Le fruiƈt eft moult
bon à eftancher la foif des alterez : mais le noyau furpaffe par fon excellence, quelque
amertume qu'il y ayt, la doulceur du fruiƈt : veu que ceux du païs en font de l'huyle,
laquelle ils gardent foigneufemt, d'autant qu'elle eft propre contre douleur de foye,
qu'ils appellent *Alnefiffa*, & de la rate, qu'ils nomment *Athehan*, & les Indiens *Oua-*
math. Et en vfent en cefte forte les bonnes gens, qui fe fentent indifpofez, & malades
de foye & rate. Ils font quelque abftinence precedente, comme preparans l'eftomach
pour la medecine, & puis vfent huiƈt iours durant de l'huyle de ce noyau du fruiƈt
de *Gehuph*, & dans ledit temps on voit le decroift & guerifon de cefte maladie. Ceux
qui ne peuuent, ou ne veulent humer de cefte huyle, comme font femmes & petits en-

Alnefiff:
& A t-
han huyles.

Arbre nõ-
mé Gehuph.

fans, f'en frottent leur *Albatan*, c'eft à dire l'Eftomach, & *Adchar*, qui eft l'Efchine,
& *Algenis*, les coftez, & ne fauldront à fentir bien toft l'amendement de leur fanté, &
guerifon de leur douleur. Cefte huyle auffi eft recepte finguliere, & propre remede
pour les gouttes, aufquelles ces pauures Infulaires font fort fuiets, tant à caufe du continuel tourment de la marine, & vapeurs d'icelle, que auffi les eauës doulces du païs ne
font guere bonnes ny falubres, que pource que continuellement ils voyagent, & font
fur mer iour & nuiƈt à la guerre, tafchans à furprendre leurs ennemis. Dauantage, vne
caufe de leur maladie articulaire & goutteufe procede de ce, que cefte nation eft fur
tout addonee à la pefcherie, & y paffe bien fouuent les nuiƈts, pource que leur mer eft

fort abondante en poiffon: d'où aduient que & le ferain, & la groffeur de l'air, & les vapeurs nocturnes de l'eauë , les faifit tellement, qu'ils en deuiennent goutteux, & quelquefois tous percluz de leurs membres. Ceft arbre encor leur eft d'vn grand foulagement & profit, d'autant qu'il rend vne certaine gomme, de laquelle ils font des cata-
plafmes, & les appliquent fur les maladies. Or vfent-ils de cefte gomme en telle forte.

Hir befte,
& de fa
propriété.

Ils prennent la peau d'vne befte, qu'ils nomment *Hir* (& les Ethiopiens *Achanaca,*
d'autant qu'elle a fes pieds fourchuz) laquelle eft de la grandeur d'vn Loup marin: ou
bien prennent la peau de quelque oyfeau de proye, & mettent ladite gomme auec vn
peu de l'huyle du noyau de l'arbre mefme, & font leur cataplafme, qu'ils appliquent
fur les parties offenfees, & ne faillent à receuoir guerifon en peu de temps. Ils font fort
curieux & diligens de bien garder ces arbres, les plantans pres de leurs maifons, pource qu'ils font fort rares, & les mettent ordinairement dans leurs iardins, de la part de la
terre Auftrale, où le païs eft fort fterile, montaigneux, & peu habité: & encor le peuple
qui y demeure, eft prefque fauuage & brutal, tât pour eftre en folitude, que pour eftre
ignorant de la vie politique, comme ceux du plat païs. En cefte ifle y a plufieurs Rois,
& iceux fort puiffans & riches, comme font ceux de *Pazar, Dardagni, Pedir, Ham,* &
Biranc : lefquels font tous infideles, & tributaires au grand Cam, qui eft en la terre continente, à quelques quatre cens foixante lieuës par mer. Et Dieu fçait comme ces Rois
voifins fe careffent, veu que iamais ils ne font en paix enfemble, & toufiours y a quelque chofe à redire : de forte que tous les ans on ne voit que dreffer armees, gafter le
païs, & fe courir fus les vns aux autres. Les armes dont ils vfent, ce font flefches & boucliers de peaux d'Elephans, defquels y a fi grand nombre, que toute la grande Ethiopie n'en fçauroit tant fournir, que la feule Taprobane : laquelle produit auffi vne infinité d'autres beftes cruelles & farouches, telles que font Tigres, Onces & Leopards en
trop grande abondance : de laquelle chofe ie doute, nonobftant le recit de quelques
Portugais, qui m'ont affeuré y en auoir veu. Ces peuples abondent en Miel, Gingembre, Canelle, Cloux de giroffle, & toute autre efpicerie, fors que du Poiure, lequel naift

Calicut &
Zeilan fer-
tiles en poi-
ure.

en la prouince de Calicut, & de Zeilan : & de là on le porte le plus fouuent au païs de
Catay, & de China. Les villes principales de ces ifles font *Talocore, Moduti,* & *Arocon,*
qui eft en l'vn des coings de l'ifle, & la plus riche de toutes : les autres eftans bafties fur
la riue de la mer, tirant la route de Calicut. Y a encor vne grâde riuiere, laquelle fourd
& defcend des haultes montaignes de *Gabilles,* & *Padothz ,* & f'eftendant par la campaigne, fait là diuifion des terres fuiettes à deux des villes fufdites, & en fin fe va rendre
dans la mer Indique. Du cofté de l'Oueft, on voit fituees deux villes, nommees *Mar-*
gunà-ataca, qui eft le nom d'vne Feneftre, & *Iocanà.* Margunà eft maritime, & l'autre
eft bien quatre vingts lieuës en terre ferme, pres d'vn Lac, qui a huict lieuës de tour :
dans lequel fe trouue le meilleur poiffon qui foit foubz le ciel, & le nôment *Xaguath.*

ville de Vli-
fpad.

De la part du Midy eft baftie la ville principale de tout le païs, nommee *Vlifpad,* &
des Indiens *Adaéth.* Le plan d'icelle eft pofé fur la riuiere de *Affani,* la fource de laquelle procede des haultes montaignes de *Malque.* Cefte ville, comme eftant le chef
& Metropolitaine de toutes les autres, eft la plus forte du païs, & luy font affuietties
plufieurs autres villes, qui dependent du Royaume. Vray eft, qu'elle eft bien differente, quelque grandeur qu'elle ayt, à eftre fi peuplee & riche, côme celles que nous auons
pardeça, & n'approche aucunement à la fuperbe fortification des noftres: d'autant que
Vlifpad, & les autres villes, font clofes feulement de palis, & flanquees affez fimplement, ayans quelque petit foffé pour leur deffenfe: ainfi ne feroient de grande durée, fi
on les affailloit auec telle fureur, que lon fait d'autres. Auffi ne fçauent-ils en ce païs là
que c'eft que d'artillerie, ou autres machines de guerre de pareille eftoffe. Cefte ifle eft

faite en triangle , & eſt poſee ſoubz la ligne Equinoctiale, laquelle paſſe par le milieu
d'icelle. Celuy qui a traduit l'Hiſtoire de Pline, au liure ſixieſme, chapitre vingtdeux- *Faulte de*
ieſme, dit vne choſe, laquelle ne moy, ny ceux qui ont voyagé comme i'ay fait, ne luy *celuy qui a*
pouuons accorder: & eſt ſon opinion telle, que les parties directemét ſuiettes à l'Equi- *traduit Pli-*
noctial, ne peuuent voir ne l'vn ne l'autre Pole: choſe fort mal cóſideree à luy, & à Pli- *ne.*
ne pareillement, qui en eſt là logé, d'autãt qu'il n'y a païs en l'vniuers, où l'vne ou l'autre des deux eſtoilles Polaires ne vous apparoiſſent, & ne vous ſoient eſleuees, en quelque endroit que puiſſiez eſtre: & me recorde, que lorſque nous perdiſmes l'eſtoille de
noſtre Pole Arctique, trois degrez deça l'Equinoctial, cómençaſmes incontinent à
voir le Cruſier de l'Antarctique, fort bas en pleine mer. Ie ne doute point qu'il n'y ayt
des endroits, où ne l'vn ne l'autre ne ſe peuuét voir. Mais comment? A cauſe des grandes vapeurs & exhalations, qui y ſont ordinaires, qui cauſent ſi grande obſcurité tant
de iour que de nuict, qu'à grand' peine deux hommes eſtans aſſez pres l'vn de l'autre,
ſe peuuent-ils cognoiſtre. Ie dis dauantage, ce que parauantute les Anciens & Modernes ont du tout ignoré, pour n'auoir fait la recerche, & faulte auſſi d'experience, qui eſt
la plus certaine & entiere Philoſophie de toutes les autres, qu'eſtant en l'iſle des Rats,
deshabitee, ainſi qu'ailleurs ie vous diray, cerchant de l'eau ſur vne haulte montaigne,
ſur laquelle nous eſtions ſix de compaignie, enuiron les dix heures du ſoir nous viſ-
mes l'vne & l'autre eſtoille Polaire, mais ſi baſſes que rien plus. Ie ne peux nomplus
eſtre de l'aduis de ceux qui diſent, que les Sumathriens ſentent deux Hyuers en leur
païs, veu qu'eſtans ſoubz la ligne, ils ſont pluſtoſt taillez d'experimenter la perpetuelle
attrempance du Printemps, ou Automne, que la rigueur de deux Hyuers : & que ceux
qui ſont és Poles, ne ſentent pas ceſte extremité : iaçoit que les vns & les autres, ſelon
que le Soleil ſeſloigne d'eux, peuuent ſouffrir ceſt incónuenient pluſtoſt que ceux
qui ſont ſoubz l'Equinoxe, & qui iamais ne ſe voyent guere eſloignez du Soleil. Ce
que ie peux teſmoigner, en ayant auſſi fait l'experience, qui eſtant droit au Tropique
de Capricorne long temps, n'y ſentis toutefois grand Hyuer, & point plus froid, que
nous l'auons icy le mois d'Auril: ce que de meſmes i'ay eſſayé encor ſoubz l'autre Tropique de Cancer. Que ſi les extremitez, comme i'ay dit, ne ſont ſuiettes à telle rigueur
de froidure, le Soleil ſeſloignant d'elles, à grand' peine y ſera aſſuietri le milieu, d'où
auant le Soleil lance ſes rayons plus ardents & chaleureux. Pline pareillement, Ptolo- *Erreur des*
mee, & autres anciens Coſmographes, ſe ſont abuſez en la deſcription de la Taproba- *anciens Coſ-*
ne, pource qu'au lieu où ils la mettent en leurs Tables, Chartés, & deſcriptions, il n'y a *mographes.*
iſle quelconque, qui ſe puiſſe rapporter ny à la grãdeur, ny à l'aſſiette de ceſte cy: ioinct
que les Anciens n'eurent onc cognoiſſance des terres remarquables, qui ſont pardelà
l'Equateur (comme nous auons auiourdhuy) que par imagination. Ceſte iſle eſt fort
ſuiette à tonnerre, orage, & pluye: combien que noz predeceſſeurs ayent voulu dire &
approuuer, que ſoubz l'Equateur ne plouuoit iamais, & que le païs eſtoit inhabitable: ce qui eſt tres-faulx. La raiſó de tels & tant diuers noms, dont elle eſt auiourdhuy
nommee de pluſieurs autres nations Barbares, ie ne vous la puis dire, n'ayant cognoiſſance de leur langue : toutefois que telle appellation n'ayt eſté donnee ſans cauſe &
raiſon à leur Prouince. Voila quant à l'aſſiette, diuiſion, & eleuation de la grande Taprobane.

Des mœurs des habitans Taprobaniens, & pourtraict de MANDELAPH
Roy de l'ifle.　　　　　　　　CHAP.　II.

ES HABITANS de cefte ifle font gens de belle & grande ftature,
alaigres, & fort difpofts, affez beaux de vifage, pour eftre noirs, & autres bazanez. Ils f'efforcent de monftrer toufiours vn afpect terrible,
& tel que auec la voix qu'ils ont groffe & mal plaifante, ils donnent
frayeur à qui les oyt & regarde, les voulât offenfer. Et quoy qu'ils ne
mangent point de pain de fromēt ou feigle, & que autre guere que le
Roy ne boiue vin, fi eft-ce que pour cela ils ne laiffent de viure fort longuement, & y
font les cent & fix vingts ans plus ordinaires que pardeça. Et tout ainfi que non loing
de cefte ifle fe trouue le Sepulchre de Sainct Thomas, & qu'il y a des Chreftiens,
auffi y en a il en Sumathre, qui viuent auec ces pauures Barbares : lefquels adorent vne
Idole, nommee en leur langue *Babachine*, à laquelle ils portent grand honneur & reuerence, la tenans foubz vn lieu foubterrain. Autres fe fentent quelque peu du Mahometifme, d'autant que lon tient qu'vn difciple de Haly, compagnion du faulx Prophete Mahemet, fe tranfporta iufques en cefte ifle. Lefdits Chreftiens qui fe tiennent
tant dedans que dehors, à fçauoir aux autres ifles voifines, ne recognoiffent, ny leurs
*Chreftiens de la Ta-probane.*peres ne recognurēt iamais Pape, Cardinaux, Euefques ne Prelats de Rome, & moins les
Patriarches des Grecs, Armeniens, Neftoriens, Maronites, ne autres Afiatiques, ne Afri-
cains : & moins les Empereurs, qui ont regné en ces païs là : Chofe efmerueillable, d'autant que de pere en fils, depuis l'Apoftre fainct Thomas, ils celebrent, & ont celebré la
Meffe, & ont auffi des Preftres fort religieux, qui officient felon leurs couftumes & ceremonies : & font lefdits Preftres mariez, comme les autres Leuantins : & ont entre eux
des Prelats, qu'ils nomment *Xiech Alfadca*. Et eft chofe affeuree, que iamais le Pape ne
autres Prelats Latins ne leur apprindrent à confacrer, & moins auoir des Autels, &
peindre images du Crucifix, de la Vierge Marie, & des Apoftres, qu'ils appellent *Almahrab*, comme ils font, contre l'opinion de quelques vns mal affectez à l'ancienne Religion Romaine, qui ont ofé dire, mefmes prefcher en noftre Fráce, n'y a pas long tēps,
que les Papes ont introduict tous les premiers le Sacrifice de la Meffe. D'autres de ces
Infulaires viuent fans Loy ny Religion quelconque, ainfi que font plufieurs peuples
*fuperftition de religion.*d'entre les Ethiopiens : & d'autres, le matin quand ils fortent, reçoiuēt la premiere chofe qu'ils rencontrent, foit befte ou oyfeau, pour vn Dieu, & fe profternent pour l'ado-
rer, comme chofe ayant quelque Diuinité. Or quoy qu'ils prennent plaifir à fe rendre
efpouuantables, fi font-ils affez bonnes gens, paifibles, & courtois : mais fins, & fubtils
en trafiquant & exerçant leur marchandife : en laquelle ils font fi fideles, que pour
chofe quelconque ils ne faillent de parole, depuis qu'ils ont donné leur foy. Leurs habits font faits de fine toile, ou de groffe foye, & les appellent *Alhauueig*, & les Ethiopiens *Alfarmala*. La plus fine foye n'appartient qu'aux grands Seigneurs, & la nomment *Edanaph*, les Iauiens *Arrif*, & les Arabes *Alhareir*, & la filent auec vn fufeau,
nommé d'eux *Mazel*, auec vne autre maniere d'engin, fait en façon de quenouille,
qu'ils nomment *Amitha* : & font les femmes & filles, qui font ce meftier, tandis que les
hommes font au labeur, ou en guerre. Ils fe couurent iufques aux genoux, comme qui
porteroit veftue vne chemife affez courte, fermee enuiron demy pied deuant l'eftomach : & appellent cefte façon d'habillement *Baiug* : & vers les genoux en bas depuis
*veftemēs de ces hōmes.*la ceinture, ils portent encore vne piece de toile de cotton, laquelle eft peinte de diuerfes couleurs. Or ceux qui font grands Seigneurs, & les plus apparents d'entre eux, por-

tent, pour monſtrer la difference d'eux d'auec le peuple, vne autre piece de toile, laquelle ils iettent ſur leurs eſpaules, ſen aydans comme nous faiſons de nōz manteaux,
ou bien ſen ceignent ſur leurs autres habillemens. Aucuns ont de petits bonnets de
ionc, faits en poincte, & autres d'autre eſtoffe: leſquels ne leur couurent que le ſommet
de la teſte, auec quoy ils ſe parent, & monſtrent ſe contenter de leur perſonne, eſtans
ainſi parez à l'aüantage. Mais tous portent la teſte raſe, & la barbe auſſi, ſauf le deſſus
des leures, où ils laiſſent croiſtre quelque fort peu le poil & mouſtaches. Les hommes
noirs, qui ſont creſpeluz, ſe fardent à la façon & maniere des Ethiopiens. Ie ne ſçay où
celuy qui ſe vante auoir traduit ce petit bouquin, intitulé l'Hiſtoire vniuerſelle du
monde de Iean de Boëme, a ſongé, ou trouué par eſcrit ce qu'il recite au chapitre neufieſme, que ces Inſulaires Sumathriens portent longue cheuelure, ayans les yeux ronds
comme Perroquets: y adiouſtant vne bourde non plus receuable, qu'ils ſont ſi grands
de ſtature, que lon les eſtimeroit eſtre Geans: comme ſ'il ignoroit, ainſi qu'ailleurs ie
vous penſe auoir diſcouru, que le peuple qui ſe tient aux lieux chaleureux, comme
ceux cy qui ſont ſoubz la Zone Torride, ſoient ſi grands, ſi gros, & ſi gaillards d'eſprit,
que ceux qui habitent les deux Poles. Aucuns de ces Taprobaniens, en lieu de ce petit
bonnet, ſ'enueloppent la teſte de bādelettes de lin, & en font vn petit Turban à la Moreſque. Neantmoins la plus part des pauures vont nudz depuis la ceinture en hault,
couurans ſeulement leurs parties honteuſes, & cuiſſes iuſques aux genoux, ayans des
bracelets d'or aux bras, & l'eſpee ſur les flancs, laquelle ils appellent en leur lāgue *Cus*,
& autres *Nihob*, & eſt longue de deux pieds & demy, ayant le māche & poignee tout
d'or, elabouré à la ruſtique, fort ſubtilement, le fourreau eſtant de bois, fait tout d'vne
piece, fort bien agencé, & d'aſſez grand artifice. Il n'eſt aucun, ſoit grand ou petit, marié, ou de quelque eſtat qu'il vouldra, qui ſorte de ſa maiſon, ſans auoir l'eſpee ceinte.
Ils vſent outre les armes de l'eſpee ainſi courte, d'arcs, fleſches, & iauelines, qui ont le
fer plus long & plus eſtroit, que celles deſquelles nous vſons, d'vn bois fort dur & peſant. Ils ſe couurent en guerre de targues & rondelles, faites de cuirs d'Elephans, ou
Buffles, eſpais d'vn doigt ou enuiron, coüuertes de peaux de poiſſon, de ſerpent, ou de
quelque autre animal ſauuage. Ils ont des arcs fort petits, & vſent de ſarbatannes, dans
leſquelles ils mettent de petits traits, bien ferrez & fort poinctuz, deſquels ils blecent
leurs ennemis, & bien peu d'iceux en reſchappent, pour eſtre la plus grand' part enue-
nimez. Ceſte iſle cy eſtant gouuernee de pluſieurs Roytelets, ainſi qu'il a eſté dit cy deuant, en l'an mil cinq cens vingttrois la plus part de l'iſle fut ſaccagee & bruſlee par
quelques Pilotes & gēs de guerre de Cephala: à la compaignie deſquels eſtoit vn vieil
Chreſtien Abyſſin, nōmé *Athiel*, que ie trouuay en Egypte, qui me compta des choſes
grandes & remarquables de ceſte iſle, qu'il auoit veuës & eſtant eſclaue ſix ans entiers,
au Royaume de *Pedir*, du temps d'vn Roy, nommé *Megilica-raga*, mot Moreſque,
qui ſe tenoit à *Ticu*, ville dudit Royaume: apres la mort duquel fut ſecondement eſclaue de l'vn des plus grands Rois, & redouté de tous les autres de l'iſle, que lon nommoit *Mandelaph*, lequel fut empoiſonné par ſa femme, à la perſuaſion de ſon frere, *Mandelaph*
qui entretenoit ceſte gentille deeſſe, & fut l'an mil cinq cens cinquanteſix. Eſtant en Eſ- *Roy de l'iſle.*
paigne, vn Pilote me donna le creon de ce Roy, veſtu à la mode & façon des anciens
Rois du païs, comme ie vous repreſente ſon pourtraict en la page ſuyuante, fait au naturel: & me diſt ce bō Seigneur l'auoir veu, & parlé à luy, & que c'eſtoit pour vn Prince barbare, le plus courtois & humain, qu'il veit onques en ſa vie. Et puis que ie ſuis
ſur le propos des Rois, fault noter que ce peuple vſe d'election en ſes Princes, & non
de ſucceſſion, & en choiſiſſant le Prince, on a eſgard non à la Nobleſſe & grandeur de
celuy qui eſt eſleu, ſeulement à la faueur vniuerſelle, que le peuple porte à quelcun, tel

qu'il foit. Or ce peuple va fi equitablement en befongne, que celuy feul eft appellé à la dignité Royale, lequel eft bien complexionné, & la vertu duquel eft cogneuë de chacun. Il eft bien vray, qu'en eflifant le Roy, ils fe donnent garde, tant qu'il leur eft poffible, de donner la Royauté à homme qui ayt des enfans, à fin que puis apres il ne tafche de rendre la Principauté hereditaire, & fuiette à fucceffion par proximité de lignage. Au furplus, quelque grande equité & droiture qui reluife en leur Prince, fi ne permettent-ils toutefois, que tout ainfi qu'il eft fouuerain en puiffance, que auffi toutes chofes luy foient permifes & loifibles à faire : ains à fin de le tenir en bride, ils le contraignent de s'adioindre quarante Gouuerneurs, lefquels iugent auec le Roy, preuoyans que le Roy feul ne doibt iuger fur la vie des hommes : Et quand bien ceux cy auroient con-

damné quelcun à la mort, encor en peult-il appeller deuant le peuple : d'entre lequel derechef font efleuz feptante, lefquels iugent en dernier reffort. Que fil aduient que le Roy commette quelque grande faulte, & qu'il en foit conuaincu, il ne luy va de moins, que d'vne grande reprehéfion, tant ils font feueres. Entre les Officiers Royaux, y en a deux des plus remarquez, & qui tiennent la main à tout l'Eftat & Police, à fçauoir le General de l'armee, qu'ils appellent *Nacauda-Roua*, c'eft à dire, Royal Capitaine, & vn qu'ils nomment *Chambendure*, lequel a charge de donner pris à toutes marchandifes, qu'on porte en l'ifle : & fans licence duquel il n'eft aucun fi hardy, qui ofaft achepter ny vendre : auffi eft-ce luy qui leue les daces & tributs, qui font deuz au Roy fur chacune efpece de marchandife. C'eft luy qui fait fatiffaire & payer aux marchans eftrangers leurs denrees feurement & fidelement, fi quelqu'vn de l'ifle achepte d'eux quelque chofe. Ils n'ont vfage quelconque de monnoye marquee, ains acheptét quafi

tout au poids de l'or, en petits rondeaux,& vendent leurs dérees de mefmes.La mefure de laquelle ils mefurent les toiles & les draps, qu'ils appellent *Almelf*, eft longue
d'vne couldee.Ils vendét les efpiceries à la mefure,& non au poids,en rempliffansvne
Canne ou Rofeau, laquelle ne contient guere plus de deux liures. Sur lefquels propos
ie ne puis icy me taire d'vne treflourde faulte efcrite dans l'Hiftoire ✝niuerfelle du
monde de Iean de Boëme, chapitre neufiefme, toutefois inuentee par le Cofmographe des Torrens perilleux du païs Comingeois : lequel n'a eu honte de dire, que ces
Barbares Sumathriens vfent d'or,d'argent, & eftain, au lieu de monnoye,y marquans
d'vn cofté l'Idole du Diable, & au renuers vn Chariot triomphant, tiré par quelques
Elephans. Sur quoy ie luy refpons, qu'il n'en eft rien, & n'vfent non plus de mónoye
ainfi effigiee,que font leurs proches voifins d'Afie:& luy veux maintenir,que de huiét
mille ifles, que laue & tournoye ce grand Ocean (i'entends celles qui font peuplees,
habitees, regies & gouuernees de diuers peuples) en nulle d'icelles ne fe bat ne forge monnoye,où fe puiffe voir vn feul pourtraiét d'hommes,beftes,poiffons, oyfeaux,
ne figures celeftes:fi les ifles ou païs ne font,dy-ie,en la puiffance de quelques Rois,Re-
publiques,Princes,ou Potentats Chreftiens. Ie ne fay doubte,que iadis plufieurs Monarques Romains,Grecs & Perfans,fuyuans leurs grandeurs,bontez & vertuz,en leurs
mónoyes d'or,d'argét,ou de cuiure,n'ayét fait infculper aux vnes des facrifices,aux autres des Autels,ne fignifians autre chofe,que les faínétes prieres de leurs Sacrificateurs,
ou pour monftrer à la pofterité l'heureufe memoire de leur Deification. Certes ie me
recorde fur ce propos,auoir apporté de Grece bon nombre de Medalles antiques:en-
tre autres trois de l'Empereür Traian,dans lefquelles f'apparoiffoit vne Colomne auec
fon chapiteau:de l'autre part, quatre Elephans enrichis de petites clochettes, trainans
vn Chariot couuert d'vn certain pauillon. I'en acheptay cinq autres toutes d'argent,
d'vn Arabe d'Egypte,qui m'affeura les auoir trouuees foubz terre, affez pres du Delta,
les quatre de l'Empereur Caracalla, & vne,frappee à l'honneur de Marcellus, qui tenoit en fes deux mains vn Trophee de Diane : les autres,vne Eternité, montee fur vn
Elephant,qui figuroit vne eternelle & longue vie:laquelle depuis fut depeinte par les
mefmes Romains, auec deux Elephans, qui tiroient vn Chariot, fur lequel eftoit affis
ledit Caracalla, l'Imperatrice fa femme , & deux petits enfans. I'eftime que ce pauure
homme feft ai. fi deceu, d'autant qu'il a parauenture leu (car d'auoir voyagé il n'en
eft queftion) que la Taprobane fourmilloit en Elephans,comme l'Arabie en Chameaux,l'Ethiopie en Lyons, & la Tartarie en Cheuaux. Sur quòy il auroit prins telle
opinion de foy,de mettre par efcrit,que ces gétils finges de Roytelets Infulaires,pour
monftrer leur grandeur & magnificence , auroient choifi pour Armes & deuifes tels
Coloffes Elephantines. Il ne fault non plus adioufter foy à telle fable, qu'à celle d'vn
certain magnifique Italien,qui de mon temps a ofé faire imprimer dans vn liuret, que
les Scythes Orientaux grauent dans leur monnoye faite de Corail, la figure de trois
petits Diabletons: de l'autre part, vn homme femblable à vn Serpent, ou pluftoft vn
Demon, retirant,comme i'eftime, au fimulachre d'Æfculapius,qui fut apporté du regne de Nero , du païs d'Epidaure , & pofé dans vn temple en la ville de Rome. Or ie
laiffe toutes ces vanitez,pour pourfuyure le refte de mon ifle. Ce peuple eft fort addó-
né au labour, & à cultiuer les champs & iardinages , auec Chameaux & autres beftes
fauuages du païs : & fur tout fe plaifent à la Chaffe, laquelle ils ne dreffent point contre les beftes craintiues, comme font noz Lieures, Cerfs,& Biches , ains font la guerre
aux plus farouches.Or n'a il pas cinquante ans,que ce peuple eftoit beaucoup plus rude,barbare,& fafcheux à accofter,qu'il n'eft à prefent.Car dés qu'il a eu gouflé la douceur des eftrangers, & veu leurs façons de faire & ciuilitez, depuis que tant les Chre-

Faute lourde efcrite dans l'Hiftoire vniuerfelle.

Medalles antiques apportees par l'Autheur

ſtiens qu'autres ont commencé de trafiquer en leur iſle,la plus part d'eux ſe ſont ciui-
liſez,renduz courtois,gentils & traictables. Et bien qu'il n'y ayt entre eux des gens de
ſçauoir, ou qui ayent cognoiſſance des lettres, ſi eſt-ce qu'ils ne ſont ſi groſſiers,qu'vn
deſir d'apprédre ne ſengendre en eux, pour cognoiſtre le cours des Aſtres, & l'Aſtrologie naturellé,ſaddónans à l'interpretation auſſi des ſonges,dequoy ils ſont ſuperſtitieuſement curieux : & eſt ceſte doctrine en eux comme hereditaire,& apprennent de
lignee en lignee, & de pere en fils,à cognoiſtre les vents, & predire les pluyes, les chaleurs extraordinaires,les Cometes, & leur ſignification, les Eclipſes tant du Soleil que
de la Lune, & autres choſes naturelles, ſans eſtudier, ou ſe rompre la teſte apres les liures : & vous rendent raiſon de ces choſes auſſi ſuffiſamment, que ceux qui ont fueil-
letté les liures des anciens Aſtrologues Grecs, Latins, ou Arabes. En vne choſe ie les
eſtime heureux:c'eſt que le feu ne leur ſert, que pour cuire leurs viandes,ſoit chair ou
poiſſon,dequoy ils vſent indifferemment.Au ſouper ils ſe ſaoulét comme pourceaux,
de poiſſon, & ſenyurét de leur vin de Palme:car de vignes ils n'en cognoiſſent point,
non plus que dix millions d'hommes , qui habitent plus de trois cens iſles en ces païs
là. Si le froid les ſurprend quelque peu , c'eſt le Soleil qui leur ſert de bois pour les eſ-
chauffer:ont-ils chault?c'eſt la roſee du ciel qui les rafreſchit.Depuis ceſte iſle iuſques
à Malaca , la mer y eſt fort baſſe , & tant plus vous approchez la terre, d'autant l'eauë
vous manque,& mettez en danger vous & voz vaiſſeaux. Sur ceſte meſme haulteur ſe
preſentent trois canaux d'eauë ſalee,qui vont vingtquatre lieuës touſiours en eſtreciſſant,& ſont leurs entrees ſi petites,qu'à grand'peine vn vaiſſeau vn peu gros & lourd y
pourroit-il paſſer.Le plus large ne peult auoir en tout , que quatre braſſes & demie,&
court ceſte coſte au Nort Nordeſt, & Su Sudoueſt. Si le Pilote veult prendre la route
des iſles des Moluques,il n'en trouuera que vingt braſſes,iuſques à deux iſles,deſquel-
les l'vne eſt nommee *Trumath* , & l'autre *Kolkol :* & ſont habitees d'hommes les plus
meſchans qui viuent ſur la terre. Si lon veult paſſer oultre, il fault laiſſer la plus grande,qui eſt celle de *Trumath,*à *Babord* , & l'autre à *Stribord.*Elle eſt auſſi beaucoup plus
dangereuſe à l'aborder , & y mouiller l'ancre, que l'autre. Coſtoyans la terre de huict
ou dix lieuës, vous apparoiſt vne haulte montaigne , toute ronde ſur le coupeau, que
les Paſteurs, qui gardent les Elephans, Chameaux, & autres beſtes , nomment en leur
barragouïn *Thepurith,* parce qu'elle eſt en tout temps enuirónee,& pleine de vapeurs,
qu'ils appellent ainſi. Quant au Promontoire *Dorquebouct,*qui peult entrer ſeize lieuës
en pleine mer,il eſt eſloigné de celuy de Malaca de trentéſix,& cent quarantequatre de
celuy de Malabar. Or auát que cháger de propos,& pour ſuyure le fil de mon chapitre,ie ſuis contraint monſtrer la faulte eſcrite en l'Hiſtoire vniuerſelle, qu'a fait celuy
qui l'a traduite,chápitre neufieſme,où il recite que la Taprobane eſt en pareille eleuation & temperature, que les iſles des Canaries, poſees ſoubz noſtre Tropique d'Eſté:
choſe mal conſideree à vn correcteur & fureteur des labeurs de Munſter,d'autant que
ceſdites iſles ſont colloquees entre les vingt & ſix & vingt & neuf degrez de haulteur,
ſuyuant l'experience que i'en ay faite. Ie ſçay bien que Ptolomee les tiét plus proches
de la ligne,à ſçauoir ſur les onze degrez de haulteur:ſur quoy,par vn ſimple ouyr dire
ou faulte d'experience il ſe ſeroit abuſé . Quant à leur longitude, nul ne doubte qu'elles ne ſoient au premier degré,auſquelles les Anciens & Modernes cómencent à compter le premier Meridien.Touchant la Taprobané, elle eſt iuſtement ſoubz l'Equinoctial,où lon ne compte nul degré,ſinon le premier : & veux maintenir, que de la ligne
Equinoctiale lon commence à compter vn , c'eſt à dire, vn degré de haulteur, ſoit Septentrional ou Auſtral,ſi lon la veult prendre aux extremes parties,tant au Nort qu'au
Su. Les bons Pilotes doibuent mettre & marquer dans leurs Chartes l'extreme partie

Trois ca-
naux d'eauë
ſalee.

Le tradu-
cteur de l'hi
ſtoire vni-
uerſelle fa-
buſe.

Septentrionale, enuiron les six degrez de haulteur, & l'autre extreme partie Australe,
enuiron les sept degrez de haulteur. Quant à sa longitude, ie sçay bien qu'elle a esté
douteuse à plusieurs par cy deuāt : toutefois soubz meilleur aduis, ie troue qu'elle est
entre les cent vingt & sept, & cent trenteneuf de largeur. Conferant auec vn Pilote bazané, nommé *Meneth*, estant au Royaume de Marroque, il m'asseura en auoir eu l'experience oculaire, & dist que ceste isle estoit entre les cent trēte & cinq, & les cent quarante & cinq. Et n'y a nul qui doute, que son extreme partie ne soit Septentrionale, enuiron les dix & sept degrez de haulteur, & l'autre extreme partie Australe, enuiron les
trois degrez de haulteur : sa largeur entre les cent vingt, & cent trente & deux de longitude. Et pour plus grande approbation de mon dire, & confuter l'erreur du Comingeois, l'on n'a sinon à considerer, que les isles des Canaries sont à vn air & climat tēm-
peré, au lieu que la Taprobane est soubz la ligne : laquelle tous les Anciens ont estimee estre inhabitable, à cause des chaleurs extremes, & autres incommoditez, comme
ie vous ay ailleurs escrit. Or pour venir à l'opinion de Sebastien Müster, qui n'est non Munster se mesconte.
plus receuable, pour estre vne pure fable, que la precedente, disant, que les Sumathriés
s'addonent fort à la pescherie, ce que ie luy accorde : mais ie luy nie toūt à plat, ce qu'il
descrit suyuamment, qu'en ceste mesme mer les Huistres y sont si grandes, que la coquille ou escaille d'vne d'icelles est capable à couurir vne maison, voire pour loger
vne famille tresgrande. Pour desguiser sa bourde, il eust mieux fait, s'il eust dit famille de petits escargots, ou pour le moins de fourmis : & lors on y eust adiousté plus de
foy. Sur lequel passage ie sçay bien qu'il s'est aydé de l'authorité de Pline. I'ay long
temps voyagé en plusieurs regions & contrees de ce grand Ocean, donné la sonde, &
mouillé l'ancre en diuers haures, goulfes, & riuieres salees, veu & mangé de plusieurs
especes de poissons, couuerts de coquilles, de cuir, & d'escailles : mais de ma vie ie ne vy
tel miracle de nature. Les plus longues Huistres, que i'aye onques veües, sont celles
du goulfe de *Volse*, à six degrez, neuf minutes delà le Tropique de Capricorne, païs
d'Ethiopie, & aux riuieres des trois *Brades*, qui luy sont distantes d'vn degré seize minutes, & de celles de *Camarones*, au Royaume de *Biafard*, & de *Poncol*, qui prend son
nom des deserts qui l'auoisinent : les plus grandes desquelles n'excedent en leur grosseur & rondeur, que trois pieds, q̄ ce ne soit tout. Or pour n'abuser le Lecteur de telles
folies, ie poursuyuray ce qu'il me reste de suyure. En ce païs là (quoy qu'en ayent dit
les Anciens, parlans de la Zone Torride) il y pleut assez souuent, nuict & iour, & ton-
ne aussi. C'est vn plaisir de voir les vieillards faire des comptes aux ieunes enfans tou- Les vieillars seruent de Ministres en ceste isle.
chant leurs ancestres, pour ceux qui leur entendent faire ces discours. Vous verriez
plorer les vns, les autres rire, selon le suiet de la matiere qui est recitee : & n'ont autres
Docteurs ne Ministres entre eux : Et par ce moyen, sans auoir vsage de liure, ils retiennent la memoire de ce qui a esté fait aux aages precedēts par leurs predecesseurs (i'entends des plus barbares.) Autres, qui se disent Mahometans, le sont par fantasie, plus
que par science qu'ils ayent de la Loy de Mahemet, & sont fort peu caressez des autres.
Au reste, ils viuent aussi brutalement que le reste des Barbares, excepté qu'ils croyent
que l'ame est immortelle : ce qui n'est cogneu ny receu par grand nombre d'autres isles
habitees, lesquelles sont esloignees de celle cy, quoy qu'ils soient en mesme contree, &
vers lesquelles les estrangers ne s'adressent point, ny les accostent : qui est cause, que les
bonnes gens viuent sans cognoistre que soymesme, & sans sçauoir que la façon de viure, qu'ils ont aprise de leurs parents. Et d'autant que plusieurs nations se glorifient
d'estre indigenes de leur païs, c'est à dire, non descenduz d'autres, dés le commencement que le monde fut habité, & qui n'ont esté chassez par autres qui y sont suruenuz,
tels que se vantoient estre iadis les Arcades & les Scythes, ie penserois que ce peuple

peuſt à bon droit porter ce tiltre:veu qu'ils n'ont eſté meſlez,ny corrompuz par la ſuruenue d'autre nation,y ayant amené quelque Colonie d'Afrique & d'Aſie, dés Barbares meſmes, qui luy ſont les deux plus voiſines nations: attendu qu'ils n'ont eſté creez du limon de la terre de Sumathre, ſans prendre generation de terre continente, auſſi bien que tous les viuans dés autres iſles du monde.

Des iſles de la grande & petite I A V E: deſcription de l'arbre du Poiure, & mine d'or pulueriſee qui ſy trouue. C H A P. I I I.

N S E V L P O I S S O N a donné le nom à vne infinité d'iſles, les plus grandes qui ſe trouuent guere, & à quelques autres contrees de terre ferme,comme à celle de *Bacaleos*, ainſi nommee par les Barbares, du nom de quelques poiſſons, qui ſaddonent plus en ces endroits qu'en d'autres. Les Moluques donc celebrees par moy portét ce tiltre d'vn poiſſon, non guere plus grand qu'vn Marſouin, que les Indiens appellent *Molucq thilnaoh*, qui eſt à dire, Poiſſon affamé:attendu qu'il eſt le plus gourmand & dangereux de toute ceſte mer là: les Arabes leur donnent le nom de *Moloch*, & n'ay peu ſçauoir pourquoy: ie ſçay bien que iadis l'Idole des Ammonites portoit ce nom. L'iſle de Iaue eſt honoree pour ſa fertilité & abondance en toutes choſes, & giſt à l'Eſt d'vn coſté, qui eſt Soleil leuant, & de l'autre part de l'Equinoctial (car elle paſſe la ligne vers le coſté de l'Antarctique) elle eſt au Nordeſt,à dix degrez vers l'Auſtral:& ſi vous paſſez deux degrez plus auant au long de la coſte de Iaue, ſe font beaucoup d'iſles, leſquelles ſeſtendent auſſi auant preſque comme celles, que proprement on appelle Moluques. Iaue la grand' giſt à la fin du premier Climat,au quatrieſme Parallele,& le plus long de ſes iours eſt de treize heures, regardant preſque par tout vers le Midy. Que ſi elle eſt de grande eſtendue, auſſi les richeſſes y ſont admirables. Elle contient de circuit enuiron trois cens lieues, comme celle qui eſt diuiſee en quatre ou cinq petits Royaumes. La plus grand' partie du peuple y eſt idolatre, & vſurpe le langage Perſien corrompu. Dans le circuit d'icelle, vers l'Orient, enuiron vingtcinq ou trente lieues, y a deux iſles, & de Iaue vers le Su ou Midy en giſt encor vne, nommee *Iacat*, là où l'or ſe trouue en grande abondance: & penſe lon que ce ſoit ceſte cy,laquelle eſt appellee aux liures des Rois *Ophir*, mot Hebrieu, qui ſignifie Fructification: d'où Salomon faiſant baſtir & enrichir le temple de Dieu en Hieruſalem, faiſoit apporter l'or,veu l'abondance qu'on y en treuue:& autres choſes encor print de ceſte iſle le Roy Hebrieu, pour l'embelliſſement & du temple & de ſa maiſon Royale. Voila l'opinion des Chreſtiens Abyſſins, ſuiets au grand Monarque Ethiopien. En Iaue la mer eſt ſi baſſe,que les naux n'y peuuent aller,ſi ce n'eſt par certains canaux,qui entourent l'iſle, qui eſt diſtante de la petite Iaue,enuiron cinquantehuict lieues par mer. Ceſte iſle eſt eſtimee la plus graſſe & fertile de tout l'vniuers,en laquelle croiſt force Poiure, Canelle,Gingembre,& Caſſe. Le païſage y eſt beau, les eaues bonnes, claires,& fort ſaines.Leur Roy eſt idolatre,& ſe tient ordinairement bien auant en terre ferme,quoy que la plus part des habitans reſide ſur les coſtes de la marine, à cauſe du trafic & marchandiſe. Ce Roy eſt treſgrand Seigneur,& l'appellét *Pale-vdoriaph*. Ce païs eſt encor abondant en chairs, tant de beſtes domeſtiques que ſauuages, leſquelles les habitans ſalent,& mettent en pieces, pour en fournir les plus voiſins. Les Iauiens ſont petits de ſtature, ayans le corps gros, le viſage large, allans la plus part d'entre eux tous nudz, & ſans aucune couuerture, ſauf que d'aucuns couurét les parties honteuſes de la ceinture en

Description de la grand' Iaue.

Stature des Iauiens.

ture en bas:d'autres ont de petites robbes de toile & cotton,qu'ils iauniſſent,& les plus grands de ſoye. Ils ont les cheueux creſpeluz, & n'vſent de bandelettes, ou Turbans, comme pluſieurs de leurs voiſins, diſans, qu'il n'eſt pas honneſte, qu'ils ayent rien qui voile leur teſte.Que ſi quelcun ſ'enhardiſſoit de mettre la main ſur leur chef, ils reputent cela à grand' iniure.Leurs maiſons,qu'ils appellent *Albith*, ſont faites de bois,& couuertes d'aucuns ioncs marins,merueilleuſement longs & larges(& nomment ceſte couuerture *Alhaf*) & quelquefois de branches de Palmiers. Il eſt bien vray,qu'ils ne veulent point que leurs maiſons ayent aucun plácher,& moins deux eſtages, à fin que l'vn ne demeure ſur l'autre, & que par ce moyen il n'y ayt aucune ſubiection. Car ce ſont les plus arrogans vilains que la terre porte , menteurs au poſſible,traiſtres & deſloyaux,& ingenieux,ſur tout à faire des nauires gros & moyés,à leur mode. Ils ont du bois en abondance,& du charbon de terre, qu'ils nomment *Naiath* : & ſont adextres à vſer de toute eſpece de feu artificiel : & pour vn peuple qui ſemble eſtre eſloigné preſque de tout le reſte du monde, ils font de toutes ſortes d'armes, bonnes & fortes, mais qui different aux noſtres : ce que quelques bannis de Perſe leur ont appris. Or ce que ie trouue fort digne d'eſtre admiré en ce peuple , c'eſt qu'il eſt le plus addonné à enchantemens, que autre qu'on ſçache. Et me ſuis laiſſé dire à quelques vns, qui ont conuerſé auec eux,qu'en certaine ſaiſon & heure ils diſent quelques mots ſur leurs armes, ayans opinion, que celuy qui porte telle folie de charme , ne peult eſtre occis par l'effort d'autre, quel qu'il ſoit : mais ſi tant ſoit peu auec leur glaiue ainſi enchanté ils blecent quelcun , ſi toſt que le ſang en ſort, ils ſ'aſſeurent de la mort de celuy qui aura eſté frappé : & ſont ſi ſottement ſuperſtitieux, & tant addonnez à ces ſciences noires, que quelquefois ils demeurent vn an ou deux à faire vn Harnois ou Cimeterre, attendans la commodité pour faire leur charme. Ceux de terre continente n'en ont point que par leur moyen. Au reſte,ils ſont fort addonnez à la Chaſſe, ayans force cheuaux & chiens,pour ſ'exercer en icelle,le tout à la ruſtique.Les femmes ſont bazanees,& aſſez belles de viſage,ayans le corps bien proportionné, ſauf qu'elles deuiennét groſſes & graſſes, pour ne faire exercice, & par trop manger de Ris, duquel leur païs abonde auſſi bien que l'Afrique.A ceſte grand' Iaue eſt proche d'enuiron ſoixante neuf lieuës l'autre Iaue,qui eſt appellee petite:non qu'elle ſoit de peu d'eſtendue,veu qu'elle contient plus de deux cens lieuës de circuit : & eſt eſloignee vers la partie Auſtrale de l'Equateur,enuiron quatre cens lieuës, eſtant proche à vne terre,nommee *Gatigara*, laquelle eſt pardelà la ligne de neuf à dix degrez. Toutes ces deux iſles ſont ſituees vers le dernier confin & terme du monde, & ne ſont differentes touchant les mœurs des peuples, ny en richeſſes , ſeulement au plan & aſſiette, & pour le nom de grande & de petite.Les habitans de ces deux iſles ſont ſi eſloignez de courtoiſie,que les meurtres & maſſacres ne leur ſeruent que de paſſetemps:& quelque meſchant acte qu'ils commettent, en cecy lon en fait peu de iuſtice,quoy que leurs Rois ſe facent bien obeir, & que leurs ſuiets les ayent en grande reuerence. Et ce qui eſt à noter , pour voir le peu d'eſtime qu'ils font de la mort,fault ſçauoir, que ſi vn debteur n'a dequoy payer à ſon creancier,vaincu de deſeſpoir,& aymant mieux choiſir la mort,que d'eſtre fait ſerf,ſelon la Loy du païs,de celuy duquel il eſt le debteur,il prend vne eſpee nue,& courant les rues comme vn forcené,frappe,tue,& rend eſtropiats tous ceux qu'il rencontre,iuſques à ce que quelcun plus vaillant que luy,vient , qui le vainc & maſſacre. Il eſt bien vray,qu'à preſent que les Arabes,Ethiopiens,Perſiens,& quelques autres Mahometans frequentent les Moluques, & ſont ſouuent en l'vne & l'autre des Iaues, ces Barbares ont laiſſé quelque peu de leur cruaulté,& ſe ciuiliſent de peu à peu, non que pourtant il ſ'y face guere bon fier. En toutes les deux Iaues croiſt le bon Poiure en de petits ar-

Iauiens enchanteurs.

Iaue petite.

C C

bres : la fueille defquels fe rapporte affez bien à celle d'vn Citronnier, lequel porte fes
Citrons petits comme vn efteuf. A l'entour des fueilles fe voyent les branches toutes
conuertes de ce fruict, & font fes fueilles quelque peu aigues & poignantes. Ils font diligens à le recueillir, quand il vient en fa maturité, & en rempliffent de fort grands ma-
gafins : & eft telle annee, qu'il aborde en ces ifles plus de deux cens vaiffeaux, pour fe
charger de Poiure, & d'autres richeffes. Il fen trouue auffi en Malabar, & en toute la
contree, qui aboutit vers la marine. Il croift pareillemét fur quelques petits couftaux,
qui auoifinent les haults monts de *Malaca, Duiadaian, Gedam*, & de *Lemeth*: mais fans
mentir il n'eft fi bon, ne fi plaifant au gouft, que celuy de Iaue, d'autant qu'il eft la'plus
part vuide dedans. Quant à celuy des ifles de *Sargon, Brehema, Sabama*, & *Cude*, il eft
plus pefant, & meilleur que tout celuy que lon trouue autre part. C'eft pourquoy les

*Arbre qui
porte le Poi-
ure.*

marchans Chiniens & Bengaliens en font fi grand amas, puis en trafiquent en *Pegu*,
Martaban, & autres regions loingtaines. Ce peuple, pour le conferuer dans leurs vaiffeaux, coftoyans la marine, ont bon nombre de cuirs de bœufs conroyez, faits en façon de larges paillaffes, & le vendent en cefte forte aux marchans de *Balaquat, Meins*,
& autres de leurs alliez, encor qu'il leur foit deffendu par expres commandement du
Roy de ne le tranfporter en autre païs qu'au leur. Voila les regions qui portent le bon
Poiure : bien que lon en trouue auffi en Canánor, en vne terre nommee *Gifs*, qui tire
vers Septentrion : mais fi peu, qu'ils n'ont moyen d'en auoir que pour eux, & pluftoft
en acheptent-ils d'autres nations bonne quátité tous les ans. Ceft arbriffeau ne fe plaift
qu'en lieu temperé, & fur tout vn peu efloigné des riuieres falees, & lieux fablonneux

& deferts. Le Poiure felon les Prouinces porte diuers noms:ceux de Malabar l'appel- Diuers nõs du Poiure.
lent *Molanga*, les Indiens de Malaca *Lada*, les Arabes *Filfil*, les Iuifs Afiatiques *Ful-*
ful, & le Poiure long *Darfulful*, ou *Fulfel:* les Guzerats & Decaniens le nomment
Meriche, ceux de Bengala *Moroïs*: & le plus long Poiure qui croiſt en ceſte terre, &
non ailleurs, *Pimpilim*. Les peuples Sauuages de la riuiere de *Ganabara* luy donnent
le nom de *Caim:* le païs en foiſonne, mais c'eſt du plus long, & vn peu rougeaſtre deuant qu'eſtre meur. Ie l'ay veu planter par leſdits Sauuages tout au rebours des Iauiës,
d'autant que lors qu'ils plantent ce Poiure, ils enterrent la racine auprés de quelques
autres arbres fruictiers, & fouuent pres des ieunes Palmiers, au fommet deſquels les
petits reiettons grimpent. Les fueilles de ce Poiure differét de celles de l'arbriſſeau qui
porte le noir. Ceſtuy cy a fes fueilles, qui rapportét fort à celles de l'arbre du Sycomo-
re Egyptien, quelque peu aigues par le bout:& fon fruict f'entretient cõme vne grappe
de raifin, bien qu'il ne foit du tout fi gros. En tout temps il eſt verd, iuſques à ce qu'il
vienne à fe deſſecher, quand il vient à fa maturité, qui eſt enuiron le mois de Ianuier.
Sa racine eſt petite, qui n'approche e en rien à celle du *Coſte*, ainfi que f'eſt laiſſé perfuader le docte Diofcoride: pourautant que le Coſte (que les Arabes appellent *Amabé*,
mot Sauuage, qui ne fignifie autre chofe, que Donne moy) eſt vn bois, & non racine.
Entre l'arbre qui porte le Poiure noir, & celuy qui porte le blanc, y a fi peu de difference, que l'eſtranger n'y peult aſſeoir iugement, non plus qu'on ne peult cognoiſtre le
fep de la vigne noire de la blanche, finon au temps que les raifins fonc meurs. Celuy
qui porte le Poiure long, eſt tout autre que le precedent, & croiſt volontiers en *Ben-*
gala, Mahomacha, Drumech, Iacin, Muelmet, Phadon, & *Gaher:* toutefois il n'eſt à fi vil
pris à *Bengala*, que cent liures ne vaillent dix ducats en marchandife: mais en *Chuchin*,
où croiſt le plus noir, iadis on le fouloit vendre à plus hault pris: or depuis que le
trafic & la mer a eſté libre, on en a tenu peu de compte. Les grands Seigneurs de ces
iſles en vfent à leur repas, eſtant puluerifé, ainfi que nous faifons du fel blanc pardeça.
Les Medecins Arabes & Perfiens tiennent que ce Poiure eſt chauld: mais les Empiriques Medecins Indiens tiennent le contraire, & que fa qualité eſt froide & humide.
Ce peuple, quelque barbarie qu'il ayt en luy, en fait confire, eſtant quelque peu ver- Poiure cõfit.
delet, comme nous faifons pardeça le Geneſt, Oliues, ou les Geneuois les Capres. Les
animaux & beſtes fauuages font preſque tous differents à ceux que nous voyons deça
la ligne. La mer eſt fort abondante en poiſſon le long de ceſte plage, & f'y voit des
Monſtres marins en grande quantité: entre leſquels f'en trouue vn, lequel reſſemble de
tout le corps à vn Tigre, hormis les quatre iambes, qu'il a fort plattes, & courtes d'vn
grand pied plus que celles d'vn Tigre. I'ay veu vne peau de tel poiſſon en Efpaigne,
en vn village pres de la mer, aſſis à trois lieuës de Seuille. Ce n'eſt pas la mer feule qui
pare ceſte grand' Iaue, ny la campaigne fertile, qui la rend fouhaittee: ains lon y voit
auſſi de fort belles & haultes montaignes, leſquelles entourent le païfage, & d'où defcend vne infinité de torrens, qui par leur perpetuel cours arrouſent ledit païfage, les
fources venans de ces montaignes. La terre eſt fainc au delà de la ligne, tirāt vers l'Antarctique à deux degrez. Allant le long de la coſte de Iaue fe font beaucoup d'iſles, qui
rangét ladite coſte fort pres des Moluques, toutes fertiles: meſmes f'y trouue du Maſſis,
duquel ils tiennent fort peu de compte. Les hommes des Iaues font vn peu bazanez.
Quelques vns d'eux adorent le Soleil & la Lune: autres font idolatres, & la plus part
d'eux n'ont ne Foy ne Loy. Il y croiſt auſſi des Noix mufcates en abondance. Tirant
de la part du Nordeſt lon voit en ceſte iſle Iauienne vne longue eminence de terre,
faite comme vne Peninfule, & entrant dans pleine mer, enuiron de quatre lieuës de
long, & deux de large: là où fouuentefois les vaiſſeaux fe perdent, à caufe que la mer

eft là comme vn abyfme, & où lon ne peult prendre fonde pour ancrer. Ces abyfmes ne font fans auoir des tourbillons, qui attirent impetueufement ces vaiffeaux, & les ayans enueloppez, il eft impoffible de fe retirer de tel danger. De la part du Leuant, tirant droit à l'Eft, y a deux bons ports, & fort aifez à prendre terre, diftans l'vn de l'autre enuiron neuf lieuës: dont le premier fe nomme *Cardan*, aupres duquel fied vne petite iflette, où il y a vne ville contenant quelques trois cens maifons, bafties à la façon du païs: & l'autre f'appelle *Cada*, lequel eft trefbon, & beaucoup plus frequenté que le premier, à caufe d'vne petite fortereffe prochaine dudit port, laquelle fert de garand & garde aux marchans & voyageurs. Entre les deux Iaues ainfi riches & peuplees gifent plufieurs autres ifles, lefquelles font habitees de quelques pauures gés barbares & grof-fiers, qui ne viuent d'autre chofe que du poiffon qu'ils prennent le long de la marine: lequel ils font feicher, & falent, pour vendre à ceux de terre ferme, & bien fouuent les paffagiers en acheptent pour l'enuitaillement de leurs nauires, & munition des forte-reffes, qu'ils ont bafties és ifles & terres des Moluques. Il n'y a ny bled ny vin, feulemét

Grain dont on fait du pain. fe feruent d'vne efpece de grain, qui eft gros comme petits poix, & fe nomme en leur langue *Zadin* (les Tartares le nomment *Bucath*, & les Mores d'Ethiopie *Memel*) duquel ils vfent pour faire leur pain. Ils ont auffi abondance de gros Millet, que les Sauuages qui font vers le Tropique de Capricorne, nomment *Hecpec*, & de bons fruicts & fauoureux, & force laictage. A ceux cy font voifins les habitans de la grand'ifle, nó-mee *Timor*, laquelle eft fort abondante en Sandal blanc, Gingembre, Buffles, Porcs, Cheures, & Poulles d'Inde, Ris, Figues, Cannes de Sucre, Oranges, Limons, & autres chofes bonnes à manger. La demeure du Roy de Timor eft en vne ville appellee *Cabanaza*. Quand les Timoriens vont tailler le Sandal, ils difent que le Diable leur appa-roift (auffi font-ils idolatres) & qu'il leur demande fils ont quelque affaire, à fin qu'ils luy facent requefte, & foient par luy exaucez: de forte que fouuent plufieurs demeu-rent malades de la frayeur & peur conceuë pour telle apparition. Ils obferuent certain iour de la Lune pour coupper ce Sandal: autrement ils difent que ce ne leur feroit de profit quelconque: & l'efchanget à leurs voifins, & aux marchans voyageurs, pour du drap rouge, qu'ils ayment fort, de la toile & du fer, & autres petits fatrats dequoy ils ont indigence. Ie ferois confcience, fi i'oublios à ramenteuoir au Lecteur l'vne des plus riches mines d'or, qui eft en cefte ifle, qui foit parauenture en tout le païs d'Oriét:

Mine d'or trouuee en pouldre. toutefois qu'elle differe des autres, fans perdre rien de fa naïfue bonté, d'autant que l'or qui f'y trouue, eft reduit en pouldre: mais quelle? auffi menue que le plus fubtil fablon que ie vy oncques en l'Arabie deferte: où des autres minieres d'Afie & d'Afrique fe ti-rent des concauitez & entrailles de la terre, de gros & moyens monceaux de cailloux, comme font de la mine de fer les Forgerons d'Angoumois. Et lors que les Infulaires veulent trafiquer de telle mine auec l'eftranger, en ayans fait amas de plufieurs quin-taux, felon la qualité des hommes plus apparens de l'ifle, ils vous empliffent de cefte pouldre doree fouuentefois plus de huict mille petits facs, faits de cotton, & ce qu'ils eftiment la mine: & les marchans eftrangers leur liurent autant de marchádife à la con-currence & valeur, fans vfer de fraude, tromperie, ou de mauuaife foy les vns enuers les autres. I'ay entendu qu'en l'ifle de la Taprobane, à deux lieuës de la ville de *Mona-cap*, fe trouue vne pareille miniere, de laquelle ils trafiquét auec les Bengaliens, & fou-uent auec l'Ethiopien, & attachent à leurs fachets certains breuets efcrits fur des fueil-les de Palmier, non de ceux qui portét les dates, ains d'vne autre forte, qui ont les fueil-les plus longues & larges: & font ceux qui portét ces gros fruicts, que nous nommons Noix d'Inde. Quant à l'efcriture, ce ne font que certains characteres grauez fur cefte fueille large, auec vn poinçon de fer. Il me fouuient qu'eftant en l'Antarctique, accom-

paigné de quelque ieunesse, nous entrasmes en vne grottesque, large & profonde à
merueilles, les pierres de laquelle reluysoiët comme fin or:lors ie dy à la compaignie,
que c'estoit le plus grãd heur, qui nous eust peu aduenir, d'auoir les premiers descouuerts ceste mine.Mais vn de la troupe, subtil, & à demy mineraliste, lequel depuis fut
occis à l'entreprise de la Floride, sur ces entrefaites voulut esprouuer nostre mine : laquelle ayant senti la chaleur du feu, pour la fondre, en intention d'en tirer quelque
grãd profit, deuint toute en fumee: là où nous cognusmesque ce n'estoit que pure Mar
chesite. Ie ne dy pas que si nous eussions eu quelques hommes mieux entenduz sur ce
faict que nous, pour fouyr en terre, nous n'eussions trouué ce que tant nous desi-
rions, aussi bien qu'en ceste mesme terre, depuis soixante ans ença, les Espaignols l'ont
trouué. Ceste isle est fort spacieuse du Leuant au Septentrion, & large presque de la
moitié de sa longueur du Midy. vers le Nort, & est soubz la ligne Equinoctiale vers
l'Antarctique dix degrez. En toutes ces isles susnommees, & lesquelles on peult estimer comme vn Archipelague, regne & court la grand' maladie, que aucuns appellent
le Mal de Naples : de laquelle ils se guerissent incontinent auec certaine escorce d'vn
gros arbre, qu'ils nomment *Zanchicq*, à cause que la plante premierement est venue de
l'isle & païs de *Mozambicq*. Ils laissent tremper trente heures ou enuiron ceste escorce dans vn vaisseau de terre:& lors l'eauë deuient vn peu iaunastre:& ayãs beu les malades de ceste eauë par l'espace de vingt iours,ils se mettent soubz des sablons qui sont
fort chauds, estans tous couuerts, hormis le nez, & la teste, qu'ils couurent de fueilles
d'arbres, qui sont longues de quatre ou cinq pieds, & larges de trois. Quelquefois
tout le corps est couuert de ce fueillage : & demeurent en ceste langueur trois bonnes
heures, puis reçoiuent guerison plustost, que ceux mesmes de pardeça, qui vsent de
Gaiac,ne d'autres breuuages, & engraissemens que lon sçauroit faire. Ils appellent ceste maladie *Taramanda*, & les Sauuages *Pyants*, nom d'vn Idole, que ces Barbares iadis ietterent dans la mer, d'autant que ces bestiaux disent, que ce fut elle qui leur donna ceste maladie.Ils ont aussi d'autres petites obseruations pour ce mesme effect.

Methode de guerir de la verolle.

De l'isle de ZEILAN *: ruse de prendre les Elephans : & comme ie fus
trompé par vn ieune Elephant.* CHAP. IIII.

SVR LE NOR-DOVEST, venant de la Taprobane, gist l'isle de *Zeilan*, ou *Ceilan*, laquelle peult contenir soixante lieuës de longueur,
& vingtsept de largeur, estant situee au milieu du troisiesme Climat,
au huictiesme Parallele, vers le Midy, & ses plus longs iours sont de
quatorze heures.Elle est à deux degrez vers la ligne,du costé de l'An-
tarctique.La poincte & emboucheure de ceste isle court du costé du
Nordouest,à neuf degrez & demy de la ligne.Les voyageurs d'entre les Mores & Perses la nomment *Lángues*, ceux de Chine *Iáchas*, & les Arabes & Syriens *Zeilan*: mais
les Indiens l'appellent *Tenarizim*, qui signifie autant, que Terre de delices,à cause que
le peuple & habitans d'icelle sont gens addonnez à tous plaisirs & voluptez,ne se soucians que bien peu des armes,& moins des fatigues du mõde: aussi sont-ils la plus part
assez gras, qui monstre le bon temps qu'ils se donnent. L'isle est belle & riche, abondante en pierreries de toutes sortes:sur tout s'y trouue de tresbeaux & tresfins Rubis,
qu'ils nommẽt *Marucha*. Ils ont quelques roches d'Esmeraudes & Amathistes, Topa-
ses & Chrysolithes, que leur Roy fait amasser, & vendre à sa poste, suyuant le marché
qu'il y met. La ville capitale se nomme aussi Zeilan, l'vne donnant le nom à l'autre, &

En quoy l'isle abõde.

eft à vnze degrez & demy de latitude. Elle eft en lieu bas & fablonneux, fans aucunes
murailles : toutefois eft elle affez grande. L'ifle eft auffi abondante en grains, beftail, &
fruict, tous diuers aux noftres : de forte que de là & d'vne autre ifle fituee au deffus de
Zeilan, en la mefme cofte, nommee *Racbarach*, fe porte fi grande quantité de viures,
qu'*Alden* & *Ziden* en font pourueuës, & le païs auffi. Ceux de ces ifles font ennemis
mortels des Chreftiens Abyffins, qui font en l'Ethiopie: mais f'ils ne marchent par furprife, & en embufche, ils ne font pour tenir tefte aux Ethiopiés baptifez, lefquels font
plus gentils compagnons aux armes, & non tant addonez à leurs plaifirs, que les Zei-
laniftes: comme il aduint en l'an mil cinq cens dixhuict, que le Roy *Salatea*, Seigneur
de Zeilan, f'eftant attaqué aux terres du grand Empereur d'Ethiopie, ayant perdu la
bataille, fut contraint f'enfuyr auec fa courte honte. Ce peuple eft fi effeminé, que le
feul record de la guerre leur donna vne peur qui ne peult f'exprimer. Neantmoins ne
font-ils fi aneantis, qu'encore ils n'exercent la marchandife affez amiablemét. Or pour
monftrer l'effemination de ce peuple, on voit les hommes aller nuds depuis la ceinture en hault, neantmoins ceints de lingots d'or & pierreries, & leurs teftes voilees de petites bandelettes de cotton: & ont aux oreilles tant de ioyaux penduz, que bien fouuét
le poids leur fait pancher & encliner la tefte. Plufieurs de leurs voifins attirez de cefte
lafciueté, & auffi que la vie y eft de longue duree, f'y retirent affez fouuét, comme font
ceux de Malabar, & de Coromádel, qui font Mores. Il y a encor en cefte ifle force Ele-

phans fauuages, lefquels le Roy fait prendre & appriuoifer, à fin de les védre aux marchans dudit Coromandel, Narfingue, Malabar, & à ceux du Royaume de Deçan, & de
Cambaie, lefquels vont à Zeilan expres pour telle marchandife. Or le moyen de les
prendre eft tel. Ils ont d'autres Elephans priuez, & fur tout des femelles, qu'ils lient à
des arbres fort grands, & defquels la racine eft fi puiffante, qu'ils ne craignent aucune-

Maniere de prendre les Elephans.

ment la secousse de ce grand animal, lié auec grosses chaines de fer. Cecy se fait par les montaignes, où ils sçauent que telles bestes repairent, & se retirent le plus souuent. Et tout aupres du lieu où est cest Elephant lié, ils creusent & fouyssent trois ou quatre grandes fosses larges, & fort profondes, lesquelles ils couurent de petites branches & fueillages, y mettans vn peu de terre pardessus, comme lon fait aux ruses qu'on dresse quand quelque ville est assiegee, qui s'asseure de l'assault : de sorte que la fosse ne peult estre aucunement apperceuë. Les Elephans qui voyent ceste femelle ainsi à leur commodité, s'eschauffent, & s'en courent impetueusement vers elle pour la saillir : mais subit la terre leur fond soubz les pieds, & se voyent en vn instant prisonniers dans ces fosses artificielles. Mais l'industrie de les tirer de cesdites fosses est plus grande & plus gaillarde, que la tromperie de les y faire choir : d'autant qu'ils les laissent sept ou huict iours là dedans, sans leur dóner à boire ny à manger, crians tousiours à l'entour d'eux, à fin qu'ils ne puissent s'endormir : & les ayans ainsi trauaillez & lassez, les pauures bestes sont cótraintes d'adoucir ce qu'elles ont de farouche, & s'appriuoisent peu à peu. Lors ils commencent leur donner à manger de leur main propre, & leur mettent tout bellement & sans bruit, des chaines & cordages fort gros à l'entour : & voyans que l'Elephant se laisse manier sans aucune resistance, ils emplissent la fosse de terre & branches, à fin que la beste puisse sortir hors de ceste profondité. Encor n'est-ce pas tout, veu que aussi tost que l'Elephant est hors de sa prison, ils allument du feu à l'entour de ladite beste liee à vn arbre, la caressans, & luy donnans à màger : de sorte que peu à peu & à la longue ils les appriuoisent si bien, qu'il n'est chose en quoy ils ne les rendent ployables & obeissans. Ils en prennent ainsi plusieurs, & de toutes sortes, grands & petits, masles & femelles, & est le plus grand trafic qu'ils puissent faire, à cause que leurs voisins les acheptent, pour s'en seruir en leurs expeditions & armees, pour porter viures & munitions, & en plusieurs autres seruices, ausquels aisément ils sont adextrez, pour la grande obeissance qu'ils monstrent : si qu'ils semblent estre capables de quelque raison & intelligence. Vn moys ou deux apres leur prise ils se rendet si priuez & domestiques, que lō estimeroit qu'ils eussent esté nourris de ieunesse aux cabanes & logettes de ce peuple barbare. Ces bestes Elephantines (que les Ethiopiés & Arabes leurs voisins nomment *Aelfil*, & leurs dents *Azaze*, & quelques autres *Atharse*) lors qu'elles vont aux forests, boscages, & solitudes pour paistre, & quand il fault qu'elles passent lacs ou riuieres, ou autre danger, ne permettent iamais que les ieunes se mettent les premiers, & tentent telles fortunes, ains ce sont tous les plus vieux qui sondent la profondeur de l'eauë. Ce qu'ils obseruent aussi, quand il est question de combattre les Rhinocerots, nommez de ce peuple *Ropquenof*, ou autres bestes farouches. Ie vous ay ailleurs parlé de leur nature : toutefois en passant ie diray encor ce mot, que estant au païs d'Afrique, au logis d'vn More, que lon nommoit *Makheit*, qui est le nom d'vn Papeguay, à vn des coings de son Palais, qu'ils appellent *Adar-beyth*, couuert de ioncs marins, & branches de Palmier, ie m'apperceu d'vn bon nombre d'Elephans tous liez, hormis vn ieune, qui ne pouuoit auoir que quatre ans, que ce ne fust tout : toutefois estoit-il de la grandeur d'vn moyen bœuf : Lequel m'ayant veu, vint vers moy, mais de telle grace, que tenant sur mes espaules vn certain sac assez long, fait à la Moresque, dans lequel i'auois quelques hardes, ce beau mignon d'Elephant, sans vser en mon endroit de façon farouche, auec sa trompe me print ledit sac sur mes espaules, & aussi doucement, qu'eust peu faire quelque personne vsant de raison, & le tenant ainsi deuant luy, commença à fouiller dedans hault & bas, & n'y trouua chose qui luy fust propre, que quelque gros morceau de pain, dur comme biscuit, & des dates, que i'auois reseruees, & gardois cherement, pour passer vn iour ou deux, au lieu de

Grãd trafic d'Elephans.

Histoire gaillarde d'vn ieune Elephant.

hofe meilleure, & mágea tout fans rien laiffer:& de telle grace qu'il m'auoit furetéle fac, pareillement me le remit-il entre mes bras. Me voyant le maiftre ainfi defualifé & fafché, me dift fe mocquant de moy, telles parolles, *Exhovva hadak anta redeit roumi Aelphil Kyytz* : c'eft à dire, Viença toy Chreftien, es tu pas ioyeux & content d'auoir eu le plaifir de cefte mienne béfte? Sur laquelle demande, eftant vn peu en cholere, ie luy dis: *Aon fihak Adiab-la Alham Alek:* Ouy de par le Diable, maudit fois tu, & ton

L'Autheur outragé par vn More.

gourmád d'Elephant. Mais ie n'euz fi toft proferé ces mots, que ce vieux edenté & camuz de More cómença à vfer d'iniures, & incontinét me charger, criant à haulte voix apres moy en fon patois, *Amla-taht kalan malyh badakateyr, vvayn takhodanta :* Va t'en poltron, c'eft trop dit, recule toy de moy, tu as mal parlé, & m'as offenfé. Sur ces entrefaites, voici venir fa femme, qui me vint accofter affez amiablement, & me dift en fa mefme langue (toutefois qu'elle euft efté auparauant efclaue aux ifles de Cap de verd, & qu'elle entendoit fort bien l'Efpaignol) *Nadabar aalek fahabtek, axma iahobka tarak :* Ie te prie mon amy, fuy la fureur de mon mary, d'autant que c'eft le plus mal plaifant & rude vilain qui foit foubz le ciel. Ce que ie feis bien toft apres, eftant auffi efloigné de ma compaignie, dont les vns eftoiét allez d'vn cofté, les autres de l'autre, pour le trafic. Et vous ay bien voulu faire cefte petite digreffion, pour monftrer au Lecteur la docilité de ce grand animal. Auffi me femble il auoir leu d'vn Elephant, qui auoit appris à efcrire : ce neantmoins ie ne fçay fi tel porteur eft à croire. Et cóbien qu'en Zeilan telle marchandife foit à affez bon compte, & marché paffable, fi eft-ce que ceux qui font les mieux endoctrinez, valent au païs de Malabar & Coromandel mille ducats, à caufe de l'abondance de l'or qu'ils ont : les autres au plus courant & à l'ordinaire couftent fix ou fept cens ducats, ou la valeur en marchandife. Quoy que c'en foit, il n'eft loifible à aucun d'en vendre, qu'au Roy, lequel paye à fa fantafie ceux qui les chaffent & prennent, ainfi que ie vous ay recité maintenant. Ce peuple eft ad-

Peuple addonné aux pierreries.

donné merueilleufement aux Pierreries:& y font fi bien pratiquez, que fi on leur porte vne poignee de terre de la montaigne, dés qu'ils la voyent, ne faillent de vous dire, fi c'eft mine de Rubis, ou autre ioyau precieux. Les Rubis de Zeilan ordinairement ne font teints en mefme couleur, que ceux qui font portez d'*Aua & Capellan*, qui font deux villes fituees au Royaume & Prouince de Pegu : toutefois ceux que lon trouue en Zeilan, qui font de fine couleur, & icelle parfaite, font eftimez les meilleurs de toutes les Indes, à caufe qu'ils font plus durs. Or pour leur donner la couleur plus viue, ils en vfent en cefte maniere. Le Roy, qui eft fort curieux de cefte pierrerie, pource que il en embellit fon threfor, fait affembler les Lapidaires les plus experts qui fe peuuent trouuer, lefquels voyans vne pierre, iugent foudain cóbien de feu elle pourra fupporter pour fon efpreuue & affinement. Les Lapidaires donc font mettre le Rubi dans du feu de charbon bien fort, auec quelque autre drogue propre pour le conferuer, l'y tenans le temps qu'ils aduiferont: que fi le Rubi endure le feu fans fe caffer, il deuiét parfait en couleur, & d'vne valeur ineftimable. C'eft en ces païs là où lon trouue ces beaux ioyaux, & non en l'ifle d'Ormuz, comme affez legerement nous veult faire accroire, & a laiffé par efcrit Sebaftien Munfter en fon hiftoire Cofmographique, liure cinquiefme. Tellefois on trouue vne Pierre, qui fera moitié Rubi, moitié Saphir : en d'autres, vne partie eft Topafe, & l'autre Saphir. La recerche de la caufe eft incogneuë, & comme eftant des miracles de nature, ie laiffe aux autres à difcourir de fes effects. Quant à moy, il me fault reuenir à Zeilan, là où auffi on pefche des plus belles Perles, nettes, & autant fines, qu'il f'en puiffe trouuer en tout l'Orient. C'eft vn plaifir que de voir comme ceux qui les pefchent, font le plongeon dans la mer, d'où puis apres ils fortét chargez des Huiftres perlees, efquelles cefte pierre fe trouue. Cependant que fe fait cefte

pefcherie,le Roy y tient vn fien Officier,pour luy rendre compte de la prinſe:& cecy,
pour ce qu'il fault que les plus groſſes,grandes & belles Perles ſoient portees à ſon
Cabinet, tout tapiſſé de diuerſes couleurs , combien que ceſte tapiſſerie ne ſoit que de **Cabinet riche.**
Ionc marin bien eſtoffé , & de plumage d'oyſeaux , & riches pierreries. Les petites &
de moindre valeur ſont à ceux qui les peſchent,leſquels oultre cela payent certain deuoir au Prince,pour auoir liberté de peſcher.Le Roy reſide ordinairemét en vne ville
nommee *Colmuchò*,laquelle eſt ſituee & aſſiſe ſur vne belle & grande riuiere,ayant vn
fort beau & grand port, auquel arriuét de diuers lieux pluſieurs nauires,à fin de charger là & ſe fournir de la Canelle,& des Elephans : en eſchange dequoy ils donnent de
l'or & de l'argent , des draps de cotton treſfins, qu'ils apportent de Cambaïa,& autres
marchandiſes, comme du Saffran,duquel ils iauniſſent leurs toiles, du Corail,& Ar-
gent-vif. Oultre le port de *Colmuchò* y en a encor quatre ou cinq autres, eſquels ſe fait
auſſi grand apport de Nauires & trafic de marchandiſe : & en ceux là le Roy commet
ſes Lieutenans & Gouuerneurs,les Seigneurs du païs,qui luy ſont les plus proches de
ſang . Et à fin que ie n'oublie rien , il fault encor que ie vous declare la ſuperſtition de
ce peuple , & en quelle reuerence ils ont la memoire du premier homme , que iamais
Dieu forma.Il fault donc noter,qu'au beau milieu de l'iſle y a vne mótaigne treshaulte , nommee dés habitans du lieu *Chingwallà* , ſur le ſommet de laquelle ſe trouue vn
roch,dit *Rigil* en leur langue,aſſez hault,auquel ſauoiſine vn eſtang,où l'eaü eſt fort
claire , & la ſource duquel ne default iamais. Sur ce rocher on voit emprainte la trace **Opinion de**
des pieds d'vn homme, que les Indiens croyent & diſent eſtre de ceux de noſtre pre- **ce peuple tou-**
mier pere Adam,qu'ils nomment *Adina-atad* : tellement qu'en ſouuenance de luy,& **chât Adi-**
reuerans ſa memoire,les Indiens & Inſulaires d'autour y viennét en pelerinage, & fai- **na-atad.**
re leurs deuotions,diſans,que de là auant,& de deſſus celle pierre & roche,le bon premier pere eſtoit monté au ciel. Et ſ'accouſtrent & veſtent les Pelerins leurs corps auec
des peaux de Lyons, Leopards , & autres animaux farouches, auec des chaines de fer,
comme i'ay veu faire aux Deluis qui ſont au païs d'Egypte, Arabie & Syrie , & ſur les
bras & iambes ils portent certaines choſes poinctues, qui les poignent, & touchent ſi
viuement en cheminant,que le ſang leur coule de toutes parts . Ce qu'ils diſent qu'ils
ſouffrent pour le ſeruice de Dieu,& de leur Prophete Arabe,& du grãd *Adina-atad*.
Or auant qu'ils paruiennent à la montaigne , fin & but de leurs deuotions & pelerinage,il fault qu'ils paſſent par certains vallons mareſcageux, lequel chemin dure ſept ou
huict lieuës : tellement que quelquefois ils ſont en l'eau iuſques à la ceinture, & porte
chacun d'entre eux vn couſteau,à fin de ſ'oſter les Sangſues des iambes:car autremét ils
n'en eſchaperoiét guere ſans mort,veu qu'en ſi long traict de chemin il ſeroit impoſſible,que ces beſtelettes ne leur ſucçaſſent tout leur ſang:& les appellent *Chiſlaêth*. Arriuez qu'ils ſont à la montaigne,il eſt encor impoſſible d'y monter,ſinon par des eſchel-
les,leſquelles ſont fort groſſes : & dés qu'ils ſe voyent au ſommet, auant que ſe preſenter à la roche ſaincte, & où apparoiſt la trace pretendue, ils ſe lauent dans l'eſtang ſuſdit,& puis font leurs oraiſons en grande deuotion , diſans que ce lauement les purge
& nettoye de tous leurs vices & meſchancetez. Voyla ce que i'auois à dire de l'iſle de
Zeilan,laquelle n'eſt point trop loingtaine de terre ferme:entre laquelle & l'iſle,eſt vn
canal,que les Indiens appellent *Chillan*, deſtroit fort perilleux,& auquel preſque tous
les ans periſſent quelques vaiſſeaux de Malabar,allans en Coromandel : tellement que
enuiron l'an mil cinq cens quinze ſ'y perdirent plus de huict mille Indiens, qui ſeſtoient armez pour chaſſer les eſtrangers de leur païs, ſans qu'ils chargeaſſent aucune
marchandiſe pour porter pardeça:auſſi toute ceſte coſte eſt remplie de battures & rochers, qui cauſent grande difficulté à la nauigation . Ceſte coſte a ſa haulteur vers le

Su de fix degrez,& vers le Septentrion,regardant le fein de Gangez, feftéd à huiét de-grez,ayant vn Promontoire,nommé de quelques vns *Cabord*, & des autres *Tabbatath*, qui eft beau & verdoyant en tout temps d'arbres aromatiques, que fentent les Pilotes de quarante lieuës dans mer.Il eft marqué en mes Chartes *Comorin* : mais les ruftiques l'appellent *Galloc* : & a ainfi diuerfes appellations felon les contrees,d'autant qu'il en-tre plus de quarante & fix lieuës dans pleine mer. Contemplant cedit Promontoire, on le iugeroit eftre fait comme vne langue de bœuf. Il eft peuplé de ces pauures Bar-bares, qui ne viuent que du poiffon qu'ils pefchent, & des fruicts que leurs arbres & herbes produifent.

Promontoi-re de Ca-bord dan-gereux à aborder.

Des ifles de T IDORE, M VTIR, G ILOVSE, & M ACHIAN : & comme croift le Clou de giroffle, Noix mufcades, & Gingembre.

CHAP. V.

R AVANT qu'entrer aux Moluques, il me fault paffer les ifles nom-mees Sophie & Dorophie, lefquelles font fur la cofte de l'Antarcti-que,n'eftans que à vingthuiét ou tréte lieuës de ladite Iaue,& lefquel-les font des plus abondantes en mines d'or & d'argent:mais l'abord en eft fi dangereux, à caufe que ce ne font que bancs, efcueils & rochers, que fi vn grand nauire fenhardiffoit d'y paffer, il fe pourroit tenir pour affeuré qu'il y demeureroit enfeueli aux abyfmes, non pas de l'eauë proprement, mais des efcueils fablonneux.Parainfi il fault y aller auec petits vaiffeaux & carauelles, lefquels puiffent entrer aifémét par les lieux les plus eftroits de ces canaux fi perilleux.' Vn bien y a à tout le moins, c'eft que les voyageurs font hors du peril des Corfaires & efcumeurs, veu que cefte cofte là eft libre de ce fecond danger, qui eft l'vn des plus à craindre à ceux qui nauiguent.Et combien que les ifles des Moluques foient en grand nombre, fi eft-ce que les principales d'icelles font quatre, à fçauoir *Tidore, Terrenate, Mutir, & Machian*, lefquelles font fituees deça & delà l'Equateur. Celle de qui tou-tes les autres portent leur nom,eft fort dangereufe à aborder:c'eft la Moluque,qui gift au Nort Nordeft & Su Sudoueft. Il eft bien vray, qu'elle tient vn peu plus du Nort, que du Nordeft. C'eft icy que les Pilotes Portugais ont triomphé de nous abbreuuer de belles menfonges,difans que la mer y eftoit fi baffe, que à peine les barques y pou-uoient paffer: chofe contraire. Car elle y eft fi profonde,qu'il fault auoir les cordes de l'ancre de cent braffes, & dauantage quelquefois, pour la mettre au fond:mais en cela ils font à excufer, veu que ce qu'ils en faifoient, redondoit à leur profit,à fin qu'aucun ne print celle route, puis que leurs nauires n'y pouuoient auoir paffage. D'vne chofe difoient-ils vray, qui eft pour le danger, veu qu'il fait mauuais aller de nuiét, mefme-ment foubz la ligne, à caufe des perils qui y font: & fi vn Pilote n'eft accort & experi-menté,il n'efchappera guere fans fentir les fureurs & du ciel & de la marine:car le plus fouuent l'air y eft fort obfcur & orageux. L'ifle Moluque abonde plus que les autres qui portent fon nom, en tous biens, & eft fertile en beftial, pafturages, cire, & miel, & en laquelle fe trouue quantité de bois de Sandal,eftant l'eftendue d'icelle fort gran-de. Y a bien encor pres d'elle cinq mille petites ifles, lefquelles n'ont efté iamais def-couuertes,voire aucun ne f'eft effayé de les rechercher. Aupres de cefte cy y en a quatre petites,qui font nommees là deffus,lefquelles on appelle aufli les ifles du Clou,à caufe de la grande abondance du Clou de giroffle qui f'y trouue, ne contenans gueres plus de cinq à fix lieuës chacune,toutes en terre baffe,& font en rang du Nort & Su,fteriles

Rufe des Por tugais.

Ifles du Clou fer-tiles.

en toutes chofes, fors d'Efpicerie. Et d'autant que ces quatre ifles font foubz l'Equateur, la largeur n'y eft point contemplee : de longueur, elles ont cent octantecinq degrez, & font vers l'Eft ou Leuant. Le Soleil paffe deux fois l'an fur lefdites ifles, quand il fait fon cours, foit de la part de Capricorne, ou celle de Cancer. Et combien qu'elles foient fituees foubz la Zone Torride, fi ne laiffent elles pour cela à eftre verdoyátes & plus fertiles, que quelques vns n'ont eftimé, qui les font du tout fteriles: ce qui n'eft, & ne peult eftre ainfi, veu que l'efpicerie qui y croift, n'eft pas tant nourrie de l'ardeur du Soleil, qu'elle n'ayt befoing auffi de quelque temperature, & que l'air attrépé ne puiffe auffi bien tenir en force les herbages, comme ces plantes efpicees, lors qu'elles produifent la fleur du fruict qu'elles portent. Au refte, le païs eftant bas comme il eft, & foubz l'Equinoctial, il me femble n'eftre fi efloigné de l'attrempance du chauld & humide, qu'on doibue priuer ces belles ifles de quelque fertilité. L'vne eft pleine de Clou de giroffle, l'autre de Canelle, l'autre de Noix mufcadés, & l'autre de Gingembre : ce qui n'eft difficile à croire. Le Clou y naift en de petits arbres, lefquels floriffent prefque comme Lauriers, & en fort le fruict de cefte maniere. Au bout de chacun petit rameau vient premierement vn bourgeon, lequel produit la fleur de couleur de pourpre. Les fueilles au commencement font vertes, puis fe conuertiffent en vne couleur toute grifaftre, & la poincte de la fleur fe tient auec le fommet du rameau & branche, & ainfi peu à peu le fruict fort, & s'aguife tel que nous le voyons, eftant rouge lors qu'il fort de fa fleur: mais puis apres le Soleil luy ayant donné fus auec fon ardeur, le noircit de la façon qu'on nous l'apporte pardeça. Ils font femblable & tel compartimét, en plantant & cultiuant les arbres du Giroffle, comme nous vfons pardeça à cultiuer noz vignes: Et à fin de conferuer longuement ce fruict & efpicerie, ils font des foffes en terre, où ils mettent le Clou, iufques à ce que les marchans viennent pour les tranfporter, & font les voyages en ce païs là. Ie ne trouue point, qu'en aucune part Diofcoride ou Galien ayent fait mention du Clou de giroffle, bien que Serapion en parle aucunement, comme de l'authorité de Galien. Parquoy ie croirois pluftoft, on que le liure dans lequel Galien traictoit du Clou de giroffle, eft peri, ou que Serapion en ceft endroit vfe pluftoft du tefmoignage de Paul, que de Galien. Pline parle de cefte efpicerie en cefte forte. Il y a (dit-il) en Inde vne chofe femblable au grain de Poiure, mais plus grande & fragile, qu'on appelle *Garyophyllon*, ou pluftoft *Caryophyllon*. Les Arabes, Perfes, Turcs, & prefque tous les Indiens le nomment *Calafar* : mais aux Moluques, où c'eft qu'il croift feulement, & dauantage en ces contrees icy, on le nomme *Chanque*. Or les noms *Armufel*, & *Carrumfel*, qu'on lit dans les Pandectes, ont efté corrompus ou par l'ignorance de l'efcriuain Arabe, ou par l'iniure du temps. Comme i'ay dit doncques, le Clou de giroffle croift feulement aux ifles Moluques, qui font cinq en nombre, defquelles ie vous ay parlé. Il croift auffi en Zeilan, & aucuns autres lieux: mais l'arbre n'y profite fi bien, qu'il fait aux Moluques. Il eft fort branchu, & porte beaucoup de fleurs, blanches au commencement, puis verdoyantes, qui finablement deuiennent rouges. Cefte fleur fent fort bon, lors qu'elle eft verte. Les Barbares fecouënt & battét les plus haults rameaux de l'arbre, ayans nettoyé la place : car nulle herbe ne vient foubz ceft arbre, d'autant qu'il attire à foy toute l'humeur de la terre. Le Giroffle fecouz, eft mis fecher deux ou trois iours: puis eftant ferré, on l'enuoye à Malaca, & autres Prouinces. Celuy qui demeure ferme en l'arbre, s'engroffit, fans que toutefois il differe de l'autre, finon de vieilleffe : combien que Auicenne ayt à tort eftimé, que le plus gros fuft le mafle. C'eft figne de grád rapport, fi l'arbre produit plus de fleurs que de fueilles : pour laquelle caufe on ne les doibt tant battre, car cela les rend plus fteriles. Les queuës longuettes, au bout defquelles les fleurs font pendues, ils les appellent *Fuftes*. Les fueilles

Comme le Clou de giroffle croift.

Arbres qui produifent Efpiceries.

ne flairent fi bon que le fruiá:mefmes les branches n'ont aucune odeur,fi elles ne font
quelque peu fechees. L'arbre naift de foymefme d'vn feul grain de Giroffle,qui fera
tombé par terre. Car comme ainfi foit que la pluye ne default pour aliment au fruiá
qui eft tombé, il naift de petits arbriffeaux, qui en moins de huiá ans font creuz auffi
hault qu'vn homme,& durent cent ans pour le moins, comme les habitans afferment.
La cueillette du Giroffle fe fait depuis le quinzieme de Septembre, iufques en Ianuier
& Feurier,non auec les mains, comme quelques vns ont faulfemét efcrit,mais par violence, comme lon bat le gland, ou les noix de pardeça. Ceux là font auffi abufez,qui
eftiment,que l'arbre de Giroffle & de Noix mufcade n'eft qu'vn:car la Noix a les fueilles prefque rondes, femblables à celles d'vn Poirier, & le Giroffle les a reffemblantes à
celles du Laurier : ioinct qu'on le porte en l'ifle Bandan affez loingtaine de ce lieu,la-
quelle porte telles Noix mufquees.La gomme de Giroffle a mefme vertu, que la raifi-
ne de Terebinthe : & me fuis enquis fouuentefois de ceux qui apportoient en Egypte les efpiceries,de telle gomme:mais ils me difoient n'en auoir iamais veu.Ie ne voudrois toutefois nier, que prefque tous les arbres, principalement fils eftoient forez,
n'apportaffent de la gomme. Le Giroffle n'eftoit rien eftimé aux Moluques,iufques à
ce que les Chinois,arriuez qu'ils furent en ces païs là , en emporterent grande quantité
en leur païs,&de là en Inde,Perfe & Arabie.Il fe garde en fa bóté,fil eft arroufé d'eauë
marine:autrement il fletrit. L'vfage d'iceluy eft diuers, tant en faulfes,que medecines.
Le plus gros, & qui a efté vn an dans l'arbre, eft plus requis, & de meilleure garde : &
font plus grand cas du menu,qui eft encores verd, pour le confire, que de l'autre,d'autant qu'il eft plus tendre, & merueilleufement aggreable à fon manger.Plufieurs en tirent de l'eauë diftillee par l'alembic,laquelle eft d'vne merueilleufe & bonne odeur, &
profitable aux paffions cordiales. Aucuns d'eux tiennent, qu'auec le Clou de giroffle,
Noix mufquee,Macis,& Poiure lóg & noir, ils irritét la fueur à ceux qui font infeátez
de la corruption Venerienne. Autres mettent fur leur tefte de la pouldre de Giroffle,
lors qu'ils y fentent quelque douleur. Les dames Indoifes le mafchent,pour fe rendre
l'haleine meilleure & plus aggreable. Il y a des fleurs qui naiffent en la region de Chine,que pour auoir l'odeur de Giroffle,on appelle Garyophyllez,ou Girouflez en Fráçois : mais ils ne fentent fi bon, que celles que nous mettons en referue. Il y a auffi vn
fruiát en l'ifle de fainct Laurens, gros comme vne auellane auec fa coquille, ou plus
gros encor, lequel fent le Giroffle : mais l'vfage en eft encor incognu. Ces trois ifles,à
fçauoir *Tidore,Terrenate,* & *Machian,* font celles où le Clou croift ainfi en abondan-
ce:la quatriefme appellee *Mutir,* n'eft point plus grande que les autres,qui produit la
Canelle : l'arbre de laquelle eft longuet, & ne florit, ne porte fruiát quelconque. L'efcorce de ce bois fouure, fe feparant du corps de l'arbre, contrainte de ce faire par la
trop grande chaleur du Soleil : laquelle efcorce feftant ainfi feparee de fon bois , on
laiffe quelque temps au Soleil,& fur ledit arbre,& puis on la cueille: & c'eft la Canelle
que nous vfons, & de laquelle on tient fi grand compte : combien que autres la cueillent d'autre façon, comme ie vous ay dit par cy deuant. La cinquiefme de ces ifles ef-
picieres fappelle *Bandan,* en laquelle on recueille la Noix mufcade,l'arbre de laquelle eft ainfi grand & efpandant fes branches comme vn Noyer d'icy. Et n'y a prefque
difference aucune de la naiffance & production des Noix mufcades aux noix communes, lefquelles font couuertes au commencement de deux efcorces: dont la premiere eft velue , foubz laquelle on voit vn bouton fubtil, lequel comme vn rhetz ou
filet embraffe gentiment & couure la Noix : & fappelle cefte fleur Macis (les Indiens
la nomment *Ladath,* à caufe de fon amertume) de laquelle on tient grand compte, &
eft comprife foubz les chofes aromatiques,les plus rares & precieufes. L'autre efcorce

*Ifle ,où fe
recueillent
les Noix
mufcades.*

qui couure

qui couure la Muſcade, eſt côme la coque d'vne noiſille, & de laquelle on la tire pour
nous l'apporter. Il n'y a doute aucune, que le Macis, duquel ie pretens parler, ne ſoit
beaucoup different du Macer des Grecs, ſi nous voulons bien côſiderer la deſcription
& vertu de l'vn & de l'autre. Ie ne feray toutefois en ceſt endroit mention que du Ma-
cis & Noix muſcade, pource que i'eſtime ledit Macer eſtre incogneu. L'arbre doncques, qui produit ceſte Noix muſcade & le Macis, eſt grand comme vn Poirier, ayât *Qu'eſtce que Macis.*
pareilles fueilles, bien que plus courtes & arrondies. Il porte ſon fruict (comme i'ay
dit) nucin, d'vne dure eſcorce: laquelle, arriuee qu'eſt la ſaiſon de meurir, ſ'entr'ouure,
& monſtre ſa taye, qui enuironne la Noix auec ſon eſcaille : c'eſt celle que nous appellons le Macis. Ie ne parle point de l'eſcorce exterieure, ores que pardeça on ayt de couſtume la confire auec du ſucre, & qu'elle ſoit beaucoup recommandee en ces païs là,
pour ſon odeur & gouſt aggreable, contre la douleur de la colique, & mal de reins. Le
fruict eſtant meur, & ladite eſcorce exterieure entr'ouuerte, à la façon de l'eſcaille heriſſee des Marrons & Chaſtaignes Lymoſines, le Macis ſe paroiſt rouge comme eſcarlate : choſe belle à merueille, & principalement lors que les arbres ſont bien chargez,
& plus que de couſtume. La Noix ſeichee, le Macis ſe ſcloſt auſſi : ſi que ſa rougeur finiſſant, il acquiert comme vne couleur doree : & ſe vend trois fois dauantage plus que
ne font les Noix. Ceſt arbre croiſt auſſi aux iſles de *Banda, Bandronic, Hêram, Tharod,
Machedad, Lyzamath, Kareb,* & en pluſieurs endroits des iſles des Moluques, mais nô
ſi fructueux, comme n'eſt meſme celuy que nourrit la terre de Zeilan. Au reſte, ceſte
Noix porte diuers noms, ſelon le iargon & endroit, où ceſt arbre prend naiſſance: parquoy ceux de ceſte iſle luy donnent le nom de *Palla,* ceux de Decan *Iapatri,* & les Arabes *Iauſiband,* c'eſt à dire, Noix de Banda: & le Macis *Bunapalla,* en Decan *Iaiſol,* &
en Tharod *Beſbaſe.* Or nous appellôs ceſte petite peau & taye, qui enueloppe la Noix, *Noix muſ-*
du nom de Macis, pource qu'il reſſemble en quelque maniere au ſuſdit Macer, que les *cade à diuers noms.*
Grecs depeignent rouge & vermeil. Toutes ces iſles abondêt en Gingembre, lequel en
partie eſt plâté par ces Inſulaires, & partie naiſt ſans art ou diligence des hômes: c'eſt
ceſtuy cy qui eſt le meilleur, côme le plus naturel, & où la terre môſtre naturellemêt ſa
plus grande force, qu'en celuy que l'hôme cultiue, forçant quelquefois la terre, & luy
donnant à nourrir plante telle, qui contrarie à ſa qualité. L'herbe, en laquelle croîſt le
Gingembre, a les fueilles comme vne canne ou roſeau Caſpien, & eſt la racine d'icelle
plâte, ce dequoy nous nous ſeruons, & appellons Gingêbre. Ces iſles ſont encor abondantes en Muſc, Ambre, Mirabolans, & Rheubarbe : & pour l'eſchanger auec les Bar- *Racine de*
bares, fault leur apporter de l'Arſenic, Argent-vif, Sublimé, & toiles de lin, deſquelles *Gingebre.*
ils vſent à ſe veſtir : mais ie ne ſçay qu'ils veulent faire de ces poiſons ſuſdites, ny en
quoy ils les employent, & ne l'ay iamais ſceu, ne peu entendre. Quelquefois les Singes, Perroquets & Papegaux leur ſeruent de nourriture. En ſomme, ces pauures gens
ont diſette de toutes bonnes viandes. Ces iſles eſtôient iadis toutes aſſuietties au Roy
de Molùque : mais depuis chacune a ſon Roy, ou ſe gouuerne de ſoymeſme, & ſoubz
le conſeil des plus grands & plus ſages du peuple. A Tidore communément les Rôis
ſont plus ſages, modeſtes & courtois, que tous les autres Moluquois, & quelques vns *Predicition*
addonnez à l'Aſtrologie. Ce qui ſe monſtra lors, que les Eſpaignols ſ'y addreſſerent la *d'vn Roy des*
premiere fois. Car le Roy les voyant, ſe mit à leuer les yeux au ciel, & diſt ces paroles: *Indes.*
Il y a deſia deux ans, que ie cognuz par le cours des Aſtres, que vous veniez recercher
ceſte terre par le commandement de *Lecam-marath,* ſçauoir d'vn grand Roy: & pource voſtre venue m'eſt fort aggreable, pour l'auoir predite auparauant que vinſſiez pardeça, à l'honneur auſſi de ce grand Seigneur qui vous enuoye. Les autres de ces iſles ne
ſont point ſi dignes que ceſtuy là: car celuy de Moluque, nommé *Camphruch,* vit com-

me vn pourceau, sans cognoissance de religion, que par fantasie: & lequel, outre sa femme, tient deux ou trois cens ieunes filles, desquelles on luy fait present, & de plusieurs
en a des enfans. Ce nom de *Camphruch*, est le nom d'vne beste Amphibie, qui participe de l'eauë & de la terre, comme le Crocodil. Or ceste beste est de la grandeur d'vne
Biche, ayant vne corne au front, mobile, comme pourroit estre la creste d'vn coq d'Inde, & est de longueur de trois pieds & demy, & sa plus ronde grosseur est comme le
bras d'vn homme, pleine de poil autour du col, qui est tirât à la couleur grisastre. Elle
a deux pattes, qui luy seruent de nager dans l'eauë doulce & salee, faites comme celles

Beste nômee
Camphruch.

d'vne Oye (& vit la plus grand' part de poisson) & les autres deux pieds de deuant
faits comme ceux d'vn Cerf ou Biche. Il y a quelques vns qui se sont persuadez, que
c'estoit vne espece de Licorne, & que sa corne qui est rare & riche, est tresexcellente
contre le venin. Le Roy de l'isle porte volontiers son nom. Autres des plus grâds apres
le Roy prennent leur nom de quelques autres bestes, les vns des poissons, autres des
fruicts: vsans de mesmes obseruations, que les Sauuages du Promontoire des Canibales. Estant en vne isle nommee Bebel-mandel, qui est dans la mer Rouge, i'en veis vne
peau entre les mains d'vn marchant Indien, laquelle fut acheptee d'vn Iuif, comme
chose fort rare, pour en faire present au Bascha du grand Caire. Quelques vns parlans de ceste isle, ont mis par escrit entre autres choses, que ce Roy obserue encor vne
folie grande: C'est qu'il a enuiron quatre vingts ou cent femmes bossues, qu'il fait deuenir telles dés leur enfance, leur faisans rompre l'eschine, luy estant aduis que cela
monstre sa grandeur, & le tient en reputation: & que ce sont ces bossues seules, à qui il
est permis de seruir le Roy, soit à table, soit en chambre, ou lors qu'il veult sortir aux
champs. Voila pas de belles fables escrites par noz modernes faiseurs d'histoires. Au

Quatre
vingts fem-
mes bossues.

reste,il n'y a pas long temps,que pas vn de tous ces Rois ne croyoit point,que les ames des hommes fussent immortelles,neantmoins à la fin ils y ont adiousté foy.En ces isles se voit vn oyseau, nommé *Manucodiate*, qui est excellemment beau, & d'vn plumage tresplaisant,assez petit : mais qui a peu de repos , & l'air est seulement celuy qui le sou-stient , & sustante. Les Mahometans nouueaux venuz en ces païs là , pour auoir en-tree aux Rois & Seigneurs de ces isles,leur ont fait accroire,que cest Oyseau estoit nay en Paradis, & qu'il estoit venu de l'engeance & race des Pigeons de Mahemet : de fa-çon que depuis quelques annees ença, ce pauure peuple Barbare a prins en telle opi-nion cest Oyseau, que de son vol & presence ils mesurent leur bonheur, ou aduersité, & l'ont en si grande reuerence, que les Rois allans en guerre, s'ils ont vn de ces Oyseaux auec eux,ils s'asseurent de ne point mourir,quoy qu'ils soient mis tousiours à la poin-cte & premiere furie du combat,ainsi que ie vous diray ailleurs.Les Moluquois habi-tent en maisons fort basses, lesquelles ils ferment & palissent à l'entour de Cannes & Roseaux. Ils font du pain du fruict de certain arbre, nommé *Sagu* : duquel ils ostent quelques espines qui sont autour , & le cassent & broyent, en faisans de la paste, & du pain,lequel n'est guere bon & sauoureux, & duquel ils vsent ordinairement, plus que iamais,lors qu'ils sont sur mer. Ils sont fort ialoux de leurs femmes,tellement qu'ils ne veulent point que vous móstriez à descouuert voz chausses. Et non sans cause en sont ils ialoux, d'autant que ces gentilles matrones endiablees,quand elles voyent l'estran-ger en l'absence de leurs maris,ne fauldront à l'accoster,& en leur langue Barbare leur disent,*Ana-samath nathod nohna nahob nargobo* : I'ay ouy dire,que tu es bon & loyal: ie te prie couchons ensemble, mon mary n'y est pas:*Ana naamelo*,Nous ferons bon-ne chere.Si les refusez,ou faites-la sourde oreille,elles se fascheront contre vous,& lors vous diront, *Tahala haona , anta mahboul , zarat hoxmasex, Athalam qualam* : Venez ça, punais que vous estes , pourquoy me refusez vous ?apprenez vne autre fois d'estre plus aduisé, & sage : *Bosna nabous*,I'en ay baisé de plus beaux & braues que vous. Et si leur accordez ce qu'elles vous requierent, il ne vous manque rien du plus precieux de ce qui sera en leur maison. Elles sont toutefois fort laides & mal propres, & vont tou-tes nuës, sauf la partie honteuse.Il se trouue en ce lieu là de la Porcelaine,& autres tel-les choses fort estimees. Il y a encor depuis Bengalà, Pegu, Bernià, & le Royaume de Malaca,nómé iadis des Indiens *Tacola*,iusques à la prouince de China, qui est en terre ferme,plusieurs isles riches en tous biens. Et c'est là,où vn grand Roy deuroit faire al-ler ceux qui desirent voyager, & conquerir nouuelle terre, plustost qu'en Canadà , la Floride , Baccaleos, ou autres lieux si proches de nous : lesquels occupant, on fait tort aux premiers bastisseurs. Il est bien vray,quoy qu'il en soit,qu'en ces isles ils ne re-cognoissent d'autres Rois ny Seigneurs,que ceux qui leur sont naturels, iaçoit qu'ils se monstrent liberaux , & vsent de courtoisie à l'endroit du marchant , tant pource qu'il luy porte de la marchandise , que d'autant qu'il luy donne secours quelquefois en ses guerres, & que desia ils sont accoustumez auec eux. Les principales isles font tous les ans amas & recueillie d'espiceries, desquelles ces Sauuages faisoient autrefois present au Roy de Portugal.Que si on les eust voulu cótraindre à payer cela,comme vne dace ou tribut,ils ne s'y fussent iamais assuiettis,comme ils font auiourdhuy:ains les eussent chassez hors de leur païs , ou taillez en pieces , ainsi que plusieurs fois leur est aduenu. Et ne fault penser, que outre ce que ceux cy font de leur bon gré, si les marchans veu-lent auoir quelque chose dauantage de precieux, ils ne soient contraints de l'achepter selon sa iuste valeur,s'ils ne veulent experiméter les mains de ces Barbares.C'est ce que ie peux dire & discourir des Moluques, sauf qu'à grand'peine puis-ie receuoir l'opi-nion des deffuncts Turnebus,Ramus,& autres hómes doctes de mon temps : lesquels

Oyseau nö-mé *Manu-codiate*.

Turnebus & Ramus côtre l'Au-theur.

par leur bon & docte fçauoir, toutefois fans experience, conferant quelquefois auec eux, m'ont voulu à toute force faire accroire, que les Africains, Sumathriens, Ethiopiens, Moluquois, & autres qui font foubz la Zone Torride, font noirs & crefpeluz, & que telle couleur ne procedoit, finon à caufe de la grand' ardeur du Soleil, qui noircit ainfi ce peuple, où il lance fes rayons auec telle vehemence. Sur lefquels propos ie leur fis refponfe, qu'ils ne farreftaffent point plus à leur Philofophie, laquelle ne confiftoit qu'en argumens aufli froids, comme le païs de ces gens eft chauld, & qu'ils creuffent ce que i'auois veu, & eux ne virent onques, ayant paffé & repaffé par deux fois les deux Tropiques, & la Zone bruflante: Ne voulant icy en entrer dauantage en propos, attendu que ailleurs ie vous en difcourray plus amplement. Encor fault reietter l'opinion de ceux qui difent, que les hommes y font beaucoup plus grâds, que ceux de pardeça: en quoy ils fe deçoiuent, veu que la verité en defcouure le faict: attendu qu'il y a des hommes ainfi meflez comme nous fommes, les vns petits, les autres grands, ainfi qu'il plaift à celuy qui nous a formez. Aucuns encor ont eftimé, que la terre ferme efloignee de ces ifles, & qui encor n'a efté defcouuerte, à caufe de fa grandeur, fe ioint de la part du Leuant, & fe vient rendre vers le Midy, de la part de l'Antarctique, à la terre des Geans. Ce que deux Pilotes fort experts en l'art de nauiguer, conferant auec eux, me voulurent faire croire, eftant fur cefte mer de l'Arabie heureufe. Ceux cy me communiquerent leurs Chartes: efquelles ie leur monftray au doigt & à l'œil, que cefte terre Auftrale des Geans n'eft point continente, à caufe d'vn deftroit, qui gift entre l'Ocean & la mer du Su, lequel n'eftoit marqué, & plufieurs ifles habitees & defertes, en leur *Faulte aux* Charte. A cefte caufe ie fus contraint pour leur complaire, & pour la preuue de mon *Chartes des* dire, leur monftrer vne autre Charte, que me prefta vn Efclaue Portugais, qui fut prins *Mariniers.* des Barbares fur la cofte d'Ethiopie, allant aux Moluques (ce pauure Forfat eftoit aagé d'enuiron foixante & douze ans, & auoit fait trois fois le voyage des Indes) & par ce moyen ie leur feis recognoiftre leur faulte. C'eft en fomme tout ce qui fe peult dire de ces ifles tant renommees, où i'ay recerché ce qui eft plus fingulier, laiffant les rapports qu'on nous en a fait, qui font fabuleux.

De Bvrne, *& de l'erreur des Anciens, qui ont creu y auoir des Griffons.*

CHAP. VI.

ADIS vn Roy des Moluques (nommé en leur langue *Almafith*) feftant emparé de plufieurs ifles voifines, & ne fe contentant de telle conquefte, ains paffant outre, & mettant la voile au vent, vint en vne ifle, de laquelle il ne fçauoit le nom: Pource fut-il le premier qui la nomma *Araba* (qui eft le propre nom d'vne Sauterelle en langue Neftorienne:) & la caufe de ce nom fut telle, que ainfi qu'il eut prins port, & puis mis bon nombre d'hômes en terre, le païs luy fembla beau, & digne d'eftre habité. A cefte occafion fur vn beau port il feit baftir vn village affez groffierement, à fin de mettre à couuert ceux qui viendroient fe retirer en l'ifle: deliberant d'y laiffer de fes gens, pour la cultiuer, & y viure de là en auât. Ce nom aufli d'*Araba* (que les Indiens appellent *Abatan*) vault autant à dire comme Village. Ils ont, comme ie penfe, prins ce mot de quelques autres nations, paffans par leur païs: veu que le mot eft Arabefque, & emporte mefme fignification que i'ay dit. Cefte ifle depuis a changé de nom, par le moyen de certains nauires, qui depuis vingt ans ença y pafferêt, & la nommerent *Burne*, & de tel nom l'ont marquee en leurs Chartes. La caufe de telle appella-

tion est ainsi occasionnee. En ce païs là y a vne beste furieuse & rauissante, grande plus
que n'est vn Leopard, ayant le poil plus crespe & long que celuy d'vn Ours : laquelle
en leur langue s'appelle *Bornen* (les Chiniens luy donnent le nom d'*Almadas*, & les
Indiens *Almohor*, à cause qu'elle a le crin fait & ainsi long, comme celuy d'vn Poulain) ayant la teste non moindre en grosseur, que le plus grand Lyon que lon sçauroit
trouuer en toute l'Afrique, les oreilles comme celles d'vn Singe, son poil rouge comme celuy d'vn Renard, & sa peau faite en ondes, le poil de sa teste de couleur argen-
tine, & les iambes & griffes proportionnees selon la grosseur & furie de la beste, &
les ongles longs de quatre doigts. La femelle fait six petits à la fois : & se voyant pour-
süyuie par les Insulaires Burneens, & cognoissant que c'est pour auoir ses petits, que
lon luy liure la guerre, & que desia elle les voit rauis, blecez, ou le plus souuent occis, si
les hommes ne sont plus de cinquante, elle ne se feindra de leur courir sus, & taschera
de les recourre. Et est si hardie ceste Burne, que le masle & femelle ne s'estonnent pour
combattre deux Elephans. Quand donc ces Nauires estrangeres surgirent en ceste isle,
les habitans qui sont assez courtois, desirâs se faire amis d'eux, apres leur auoir fait present de toute sorte d'espicerie, dont l'isle est assez abondante, encor leur donnerent-ils
vne de ces bestes en vie, toutefois appriuoisee & domestique, & plusieurs peaux d'icelles, desquelles ils font des bonnets poinctuz, tout tels que sont ceux que les Esclauons,
Russiens, & Prussiens portent. Autres font des fourrures de ces peaux, pour s'en couurir les parties honteuses : & les femmes en maillottét leurs enfans. Voila comme Araba changea son tiltre, & fut appellee Burne : le plan de laquelle est situé pardelà la ligne Equinoctiale, à cinq degrez & vn quart. Elle a de lóg huict vingts quatorze lieuës,
& de large cent & quatre : si bien qu'il fault deux mois à l'enuirôner dans Þvne de leurs
barquerottes, qu'ils appellent *Mohetath*, & autres *Praos*. Elle est distante de l'isle de
Mourch, & de celles de *Zottout*, *Daberop*, & *Dorronbith*, enuiron quatre vingts lieuës,
& est la ville principale du païs, nommee *Laop*, laquelle a son Est vers l'isle de Iaue.
Le peuple y est bazané, & plus affable, doux, & courtois, que tous Insulaires, excepté
ceux de Zeilan. Ils ne se soucient point de leur boire & manger, & moins de leurs habits, quoy que le Roy ayme bien les pierreries, & en soit curieux. Et combien que la
plus part d'eux soient idolatres, & sans cognoissance de Dieu, & de Religion ne Loy
quelconque, si sont-ils plus gens de bien & loyaux, que d'autres qui sont parmy eux &
leurs voisins, qui vsent de la Loy Mahometique, exerçans ces pauures idolatres iustice
& equité, ainsi que la bonté de leur naturel les guide : & seroient fort aisément côduits
à la persuasion de la Foy Chrestienne, si les nostres s'y arrestoient, veu leur docilité, &
qu'ils sont assez accostables. Ainsi l'ay-ie entendu par ceux qui les ont long temps han-
tez familierement. A vn des bouts de ceste isle s'en trouue vne autre, qui luy est voisine, & de ses dependances, nommee *Cimbubon*, laquelle est à huict degrez sept minutes
de l'Equinoctial, en laquelle y a vn beau port, & propre à calfeutrer Nauires, à cause
des bois, qui ne sont guere esloignez du haure : dans lesquels bois se trouue des San-
gliers comme les nostres, & les chassent ceux du païs, en viuans ordinairemét. Ils vsent
en leurs trafics d'eschanges & permutations, & ayment mieux l'argent que l'or : d'autant que l'argent qui leur est porté d'estrâge païs, leur est plus cher, & que aussi les pieces qu'on leur baille, sont plus grandes, & esquelles il y a des characteres, en quoy ils
prennent vn singulier plaisir. Estant en Egypte, i'ay veu six Indiens châger des lingots
& pieces d'or, pour des Mochenigues, qui sont pieces d'argent faites à Venise, valans
enuiron huict sols de nostre monnoye : de sorte que quelquefois vn marchant d'entre
eux en emportera pour plus de trente mille escuz. Plusieurs Indiens quand ils ont de
ces belles pieces characterees & pourtraites, ils les percent, & les pendent aux oreilles

*Beste rauis-
sante dôt ce
pais a esté
nommé.*

*Praos, bar-
quettes des
Insulaires.*

*Eschange de
l'or pour ar-
gent mon-
noyé.*

ou d'eux,ou de leurs femmes , pour les rendre plus belles & mieux aornees , & en font des colliers. La plus grande richeffe, de laquelle ils font trafic, eft le *Camphre*, lequel, croift en cefte ifle,& en font les habitans grand amas. C'eft vne efpece de Gomme,qui diftille d'vn arbre,qu'ils appellent *Capar*, & eft du tout diffemblable à celuy qui vient d'Afrique, & de la haulte Afie. Il eft bien vray, qu'en la mefme ifle fe trouue mine du-dit Camphre,tout tel que celuy que l'Afrique porte,& ſen trouue encor de puluerifé, duquel les habitans font trefgrand cas & eftime, & le vendent au poids de l'argent à ceux de Narfingue, Malabar,& Decan, lefquels en vfent à leur manger, & en font des compofitions, qu'ils difent leur feruir pour la conferuation de leur fanté. Il y croift encor de la Canelle, Gingembre, Mirabolans,Oranges,Limons, Sucre , vne efpece de Melons, gros comme la tefte d'vn enfant, qu'ils nomment *Ratha*: Et ſy trouue abon-dance de Pourceaux fauuages,Cheures, Cerfs, Cheuaux, tous veluz comme des Ours, Elephans, & autres chofes, qui font fort commodes pour la vie & vfage de l'homme. Ils vfent d'vne efpece de monnoye, qu'ils appellent *Zipath* (autres luy ont donné le nom de *Picis*) laquelle eft de bronze, & la percent à fin de l'enfiler. Elle eft marquee d'vn cofté feulement de quatre lettres,qui font faites à la façon d'aucunes beftes fauua-ges,lefquelles fignifient la grandeur de leur Roy,qui eft en terre ferme,auquel ils por-tent reuerence , comme eftant fouuerain de toutes ces regions. En ce païs là fe trouue vne autre efpece de Gomme,qui ſappelle *Amimec* : de laquelle les voyageurs vfent à faulte de poix pour empoiffer leurs vaiffeaux, & l'ont à bon marché des habitans , qui n'en tiennent pas grand compte. C'eft là,que lon vend fort cherement le Bronze,l'Ar-gent-vif,le Verre,Cinabre,draps de laine,& les toiles : mais fur tout le fer y eft en prix, & fort eftimé. Ces Infulaires vont tous nuds comme leurs voifins, fauf que les parties honteufes font couuertes ou de peaux de Buffle, où de toile qu'ils achept̃et des eftran gers.Le Roy de Burne eft fort honoré & reueré de fon peuple , & fe tient auffi en telle reputation,que celuy eft bien grand, lequel peult auoir le credit de parler à luy : auffi ne fort-il iamais de fon Palais(fait à la façon du païs,fçauoir la plus part de bois) ainfi que faifoient iadis les Rois Affyriens,fi ce n'eft pour aller à la chaffe,ou en guerre.Il a à fon feruice dix Secretaires,qu'on appelle en leur langue *Chirilles*, lefquels ont la char-ge de rediger par efcript tous les geftes du Roy , & les chofes qui fe paffent durant fa vie: & efcriuent à la mode ancienne fur certaines efcorces d'arbres fort fubtiles,& auf-quelles la lettre apparoift auffi belle & plus nette que fur noftre papier.La garde de ce Roy eft autant forte,que lon fçauroit penfer,eftans en nombre trois cens hommes,qui ne bougent ordinairement de la Cour, deuant la chambre du Prince fauuage , & font là tous debout, tenans la lance de canne, autres l'arc & la flefche à la main : & ne peult on parler au Roy,& moins entrer en fa chambre.Que fi quelcun a la faueur d'y parler, il fault qu'il vienne à vne feneftre refpondant à fa chambre, laquelle eft toufiours clo-fe d'vn rideau de drap que lon tire, & voit on le Roy:mais de luy parler n'eft poffible, ains fault dire la charge qu'on a à vn de fes familiers,lequel le rapporte au Prince , & puis vous fait refponfe fuyuant la volonté de fon maiftre. La plus familiere compai-gnie de ces Roytelets, & celle qui eft ordinairem̃et en leur chambre,font des femmes, & de fes enfans , & quelcun de fes plus proches parents. Ses villes font belles , & bien peuplees : les deux principales defquelles font *Laop*, où le Roy fe tient, & Burne , qui porte le nom de l'ifle,& où les Officiers fe tiennent. Elle eft plus fameufe pour la ferti-lité & graiffe de la terre abondante en tous biens,plus (dy-ie) que nulle autre du païs, & où les habitans reçoiuent humainement ceux qui y abordent pour le trafic de mar-chandife,& craignent & honorent leurs Princes,& ceux qui font commis par le Roy. D'vne chofe les plains-ie,qui eft de fuperftition & idolatrie, d'autant qu'ils adorent la

Picis mon-noye des Bur neens.

Forme d'ef-crire des In-diens.

Lune & le Soleil, à cause que l'vn seigneurie au iour, & l'autre monstre sa puissance la
nuict : & ainsi ils pensent que le Soleil soit masle,& la Lune femelle,& pource l'appellent-ils pere,& la Lune mere des autres estoilles, lesquelles ils estiment estre dieux. Et
ne fault s'esbahir si ces Barbares sont assottez en ces opinions, veu que les Romains &
Grecs, quelque grand'sagesse qui les ayt recommandez, ont adoré mesmes Astres que
ceux cy, & ont creu des dieux,les vns plus grands, les autres plus petits à leur fantasie.
Mais reuenant à mon propos, quand les Burneens se leuent le matin, & qu'ils voyent
que le Soleil commence à espandre ses rayons sur la terre,ils le saluent plustost que l'a-
dorer, auec certaines oraisons, qu'ils sont coustumiers de chanter à sa loüange : autant
en sont le soir à la Lune,monstrant ses croissans cornuz : ausquels ils sont requeste,que
ce soit leur plaisir de leur conseruer leurs enfans, & accroistre de mieux en mieux leur
famille:qu'ils leur augmétent & multipliét leurs troupeaux de bestail,& tournét la face propice & debonnaire sur les fruicts de la terre.Que diray-ie plus?sinon que c'est le
peuple qui ayme la pieté,s'aydans les vns les autres quand ils sont en necessité,suyuant
leur persuasion. Les ministres ont le maniement & gouuernement de leurs temples,
qui sont bien auant dans les rochers,où sont leurs idoles esleuees,de pierre de marbre:
desquelles i'en ay veu trois, qui furent apportees de mon temps en Égypte , par deux
marchás de Calicut,l'vn nómé *Themenin*,& l'autre *Kebath*:l'vne de trois pieds de haul-
téur,les autres moindres: dont la plus grande auoit le nez fort long,toute nue,hormis
que autour de la teste y auoit vne certaine marque de plumage insculpé sur marbre
noir,ses bras & mains renuersees au derriere du col:& les autres deux moindres auoiét
leurs mains sur leurs testes,dont l'vne estoit fort camuse,laide,& hideuse à la contem-
pler:le tout rustiquement fait,ne ressemblant aux idoles tant bien faites, que i'ay veuës
en diuers endroits d'Asie & Europe des anciens Romains . Il n'y a nation aux Indes
plus affectionnee à ses Rois,que ceste cy.Car il est adoré comme vn Dieu,s'il fait le deuoir de guerroyer l'estranger : & s'il fait le contraire, ils l'ont en telle haine & detestation, qu'ils ne cessent tant qu'ils l'ayent mis en tel lieu contre leurs ennemis, qu'il fault
qu'il y demeure pour les gages. Tout aussi tost que la guerre est publiee , ils ne cessent
iusques à ce qu'ils ayent donné bataille, en laquelle fault que le Roy marche des premiers,& soit à l'auantgarde & poincte d'icelle : & fault que seul auec son esquadron il
endure la premiere furie : mais tout aussi tost qu'ils le voyent par terre, & sont asseurez
de sa mort,ou qu'il fait le deuoir de guerrier, c'est alors que furieusemét ils entrent au
cóbat,tant pour maintenir leur liberté,que pour conseruer celuy qui doit succeder:Et
c'est la cause principale qui les fait viure en repos,paix & cócorde: aussi se monstrét ils
seueres végeurs du tort & iniure.Mais ce que ie trouue encor de plus parfait en ce peuple,c'est que apres s'estre aucunemét vengé,il tasche à se r'allier& faire paix auec ceux à
qui il a fait guerre : lesquels ne batailléc point pour les richesses,ou estédue de leur do-
maine.Que si quelcun refuse la paix à celuy qui la luy demáde,il se peult asseurer,que
tous les peuples voisins, tels que sont ceux de *Taugaubarahon*,*Tangameira*,*Taiapura*,
Mopalaci,*Zabaif*, & autres,luy courent sus comme à peuple execrable, cruel,& ennemy de repos,& qui est rebelle aux Dieux,& aduersaire des hommes.Ce que i'ay obserué aussi & veu en Turquie & Arabie, sçauoir qu'incontinent qu'vn Turc ou Arabe a
querelle contre vn autre,iusques à se bien battre & arracher les yeux de la teste,incon-
tinent la fureur passee, ils se viennent à reconcilier & s'accoler les vns les autres. Cecy
est cause que les Burneens sont paisibles,n'osans leurs Rois mouuoir guerre,& les voisins d'iceux n'ayans occasion de se plaindre d'eux.La ville de Burne contient enuiron
vingt mille maisons, lesquelles sont faites partie de bois, partie de terre, & d'autres de
pierre,toutes neantmoins couuertes de fueilles de Palme:& sont fort basses, & de non

guere grande eftenduë, comme les cabannes des pauures gens de pardeça. Les Burneens efpoufent tout autant de femmes qu'ils en peuuent nourrir & entretenir à leurs
defpens : & en cela ils fuyuent la couftume du Turc, Arabes & Sauuages. Ils mangent
ordinairement oyfeaux & poiffons, defquels ils ont grande abondance, & leur pain eft
fait de Ris. Ils font vn certain breuuage de l'arbre de Palme, lequel eft clair côme eauë
de roche, & de cefte boiffon bien foüuent ils f'enyurent. Leur exercice eft la marchandife, la chaffe, & la pefcherie, & ont prefque de toutes les fortes de beftes que nous
auons pardeça, fors que des brebis, bœufs & afnes. Leurs cheuaux font petits & maigres oultre mefure : mais pour cela ne reftent d'eftre forts. En la mer, qui enuironne cefte ifle, fe trouue vn poiffon, lequel a la tefte comme vn porc, auec deux cornes, ayant
tout le refte du corps qui ne fait qu'vn oz, d'où vient qu'il n'y a nulle diftinction de

Hyroppat poiffon mô-ftrueux. arefte quelconque : (les Barbares le nomment *Hyroppat.*) De la part de l'ifle de *Tile*
f'en trouue d'vne autre efpece, quafi femblable à ceftuy cy, que les Infulaires nomment
Herielh, & les Firlandois *Vyakthy.* Ce poiffon a fur le doz vne petite boffe de chair,
faite comme vne felle : fes yeux luyfent comme ceux d'vn chat, & fes cornes ne font
point plus grandes que de deux pieds, & font auffi luyfantes comme les coquilles de
Nacre. Les grands Seigneurs les portent pendues au col, difans, qu'elles preferuent de
plufieurs maladies, entre autres du Hault-mal, duquel ces Infulaires font tourmentez
quafi de pere en fils. Il y a auffi des Crocodiles fi grands, que leur tefte a deux pieds de
long, & ont les dents fort longues & aigues, & viuent autant dans terre côme en l'eauë
doulce, comme font ceux du Nil. En ce païs là on fait auffi du vin de Ris, mixtionné
de Canelle & Sucre, lequel eft auffi clair qu'eauë, toutefois il entefte auffi toft que le
meilleur vin de Roffy, & que vous fçauriez boire : & fe nomme ce breuuage en leur

Aracqua breuuage des Infu-laires. langue *Arachqua.* Le Roy eft ferui dans des vafes de Porcelaine, de laquelle ils ont
abondamment, & mange fes viandes auec vne cueilliere d'or, faite en façon de chauf-
fepied : & de telles i'en ay vne en mon Cabinet, que me donna vn Indien. Et luy fert on
ordinairement des oyfeaux, nommez *Picdos*, fort delicats, & gros comme Chappons :
defquels ils font foifonnez autant qu'en lieu du monde. Mais puis que ie fuis tôbé fur
le propos des oyfeaux, il fault fçauoir, que à l'entour de cefte grande ifle lon en voit
plufieurs qui ne font trop petites (la moindre a plus de quarante lieuës de long) &
font defertes : où les Burneens dreffent foüuent leur chaffe, à caufe qu'elles ne font peuplees que d'oyfeaux de toutes fortes, & diuerfifiez en pennage, & fur tout de force Perroquets, & autres, lefquels font autant monftrueux, comme la variété donne eftonnement à ceux qui les voyent. Il eft bien vray, qu'ils ne font fi farouches comme pardeça,
ains fe laiffent toucher & prendre, tout ainfi que lon veult, excepté vne efpece qui font
rauiffans & de proye. Cet oyfeau eft plus grand beaucoup qu'vn Aigle, & fon plû-
mage plus tirât fur le noir. Il eft fi fort & furieux, qu'il n'y a aucun, qui f'effayant de luy
rauir ou fes petits, ou prendre fes œufs, qui ne fe trouuaft bien empefché à f'en deffendre, tant viuement il fe verroit affailli de bec, d'aifle & de griffe : & f'appelle cet oyfeau

Ieolenac oy-feau rauif-fant. en leur langue *Ieolenac*, lequel fe paift, & nourrit fes pouffins, des autres oyfeaux, qui
font en fi grand nombre en cefte ifle, qu'il femble qu'on les y ayt affemblez auec les be-
ftes de toutes fortes, pour le plaifir, paffetemps & contentement de quelque grand Monarque. Il f'en voit au Royaume du Catay, & en celuy de *Dhocapth*, pres le Lac de *Bin-
topfemot*, que les païfans nomment *Pouzarouët.* I'en ay veu au Cap de Frie, de la plume defquels les Sauuages eftoffent & accouftrent leurs flefches, & les appellent *Iagot-
tith.* Ie ne peux icy diffimuler ne mentir, comme ont fait plufieurs hommes accorts &
fçauans, tant des Anciens, que Modernes : lefquels ont non feulement creu & penfé,
mais auffi laiffé par efcript, que és Prouinces Indiennes, foit en terre ferme, ou aux ifles,

se trouue des oyseaux monstrueux, que vulgairement nous appellons Griffons, & Fable des Griffons. desquels ils ont basti de belles fables,disans,que la grandeur de cest oyseau est telle, & sa force si grande, que facilement il enleueroit vn bœuf sauuage, vn homme armé, & chargé de pareille pesanteur:& pour donner plus de foy au compte,ils le font si leger, qu'vn traict d'arbaleste ne sçauroit aller si roide, quand l'oyseau a prins son vol, fendant l'air de ses aisles,quelque charge qu'il porte,si subtilement que rien plus. Pline & Munster, & quelques Harangueurs de mon temps,qui racontent telles fables,n'aduisent pas de pres l'impossibilité de Nature, & si l'air est pour porter vn corps si pesant, & qui emporte vn si pesant fardeau. I'ay veu grand nombre d'Austruches en diuerses regions & contrees : & toutefois à cause de leur grandeur & pesanteur, ie n'en veis iamais voler en l'air vne seule : ains ont leur vol plustost d'vne course hastiue, que d'vn vol,& ne s'estend guere hault,voire presque elle ne laisse point la terre : & puis croyez ces bastisseurs,correcteurs, & faiseurs d'histoires: lesquels certes la pauureté souuentefois presse de si pres, auec l'ambition de gaigner l'escu des Libraires,qu'ils sont contraints d'inuenter telles gentilles fables, qui ne peuuent seruir que de scandale, ou risee aux hommes doctes,& à ceux qui ont veu oculairement le contraire.Et ne me soucie de celuy qui a fait curieusement mettre le pourtrait du pied de cest oyseau, fait de bois,dans l'vne des Eglises de Paris. Que le peuple croye ceste fable s'il veut,& pense vrayement que ce soit le pied d'vn Griffon : mais ce l'est aussi bien, comme il est vray, que Huon de Bordeaux, qui ne fut onc, ayt esté transporté de la roche de l'Aymant, par ce Griffon monstre furieux. Aussi pour vous dire la verité,en dixsept ans neuf moys que i'ay voyagé, sans laisser fort peu des quatre parties du monde, quelle que ce soit, qui ne fust par moy visitee, & curieusement recerchee, ie n'ay esté si peu aduisé, que voyant tant de bestes monstrueuses,ie n'aye voulu m'esclarcir ce doubte,m'enquerant des estrangers les plus loingtains, à sçauoir, s'il y auoit des oyseaux de si forte corpulence : d'autant que ie suis asseuré d'auoir trauersé les païs, où ces bestes, qui excedent la foy du vulgaire,font le plus leur demeure, sans y auoir iamais veu rien ressemblant à ce monstre volant, ny trouué homme qui m'en ayt sceu donner cognoissance, soit pour l'auoir veu, ou par le recit de ses peres & ancestres. Que s'il y auoit des Griffons és Prouinces que noz reueurs les font naistre, les Ethiopiens & Indiens nous en enuoyeroient aussi bien des plumes, becs & griffes, comme ils font d'autres choses rares & singulieres,qui sont en leur païs.Il est vray,que du temps que i'estois en la Palestine, i'allay vers la part,qui tire à la mer Rouge,& pour estre en plus grande seureté,ie m'accostay d'vn grand Seigneur & Capitaine Ethiopien, de la Religion des Abyssins, que lon nommoit *Valuaroch*, qui est autant à dire, que Cheualier vaillant, lequel estoit de Valuaroch Cheualier Abyssin. la ville,où se tenoit lors ce grand Monarque *Geriph*. Ie m'enquis de ce Seigneur More,des choses singulieres de sa Prouince : & sur tout en discourant,ie luy demanday la verité de ceste fable,que ie croyois aussi fermement alors,côme à present ie m'en mocque. Ce bon Seigneur me respond en soubzriant, que pour vray il auoit veu de dix mille sortes d'oyseaux, & de bestes estranges & monstrueuses,& toutes de diuerses façons, plumages, poils, formes & proprietez en Afrique, sans que iamais il eust veu ny ouy parler de l'oyseau que ie luy demandois: s'asseurant qu'il n'y auoit chose rare en tout tant de Royaumes & Prouinces, qui sont subiettes à la Maiesté de son Seigneur Ethiopien, soit que les Chrestiens luy obeïssent, ou l'infidele luy soit suiet, ou que le Mahometiste luy soit tributaire,que soudain ceste nouueauté ne soit portee audit Seigneur,qui est fort curieux de ces estrangetez. Vray est, qu'il me dist, que le long d'vn goulfe d'eauë doulce,nómé en leur langue *Canistronc*,& des Arabes du païs *Cadomin*, lequel est de la part de l'Ouest à la basse Ethiopie,qui a de tour cét ou six vingts lieuës,

& lequel on iugeroit eftre vne petite mer : En ce goulfe (difoit-il) fe trouue certain oyfeau de proye, lequel eft grand à merueilles, & fort dangereux aux beftes, tant do-meftiques que fauuages,& qui f'acharne fort fur les autres oyfeaux. Ceft oyfeau peult enleuer facilement affez hault en l'air, la pefanteur d'vn mouton, pour le porter à fes petits: & a cefte induftrie de tuer fa proye. Si c'eft vn oyfeau qu'il a raui,tant grand foit il,il luy met les griffes dans la gorge & collet, & ainfi ne fault à l'occir & eftrangler : fi c'eft vne befte,foit priuee,foit farouche,il vous l'efleue bien hault en l'air, duquel auāt il choifit le lieu le plus pierreux & rude qu'il peult, & là deffus il laiffe cheoir fa proye, laquelle ne fault incontinent d'eftre mife en pieces, & lors il l'emporte ainfi morte à fes petits pour les paiftre. Or difoit ce Cheualier Abyffin,que ceft oyfeau , nommé en leur langue *Anazar*, eft deux fois plus grand que celuy qu'ils appellent en Arabe *Arhoc* (c'eft celuy que les Allemans nomment *Adler*, & les Perfiens *Alokab*) qui eft proprement vn Aigle : qui me feit veoir mon erreur, & penfer foudain, que les Grif-fons font encor des comptes fabuleux des Poëtes,qui en ont faint en certain lieu pour gardes des mines d'or,defquelles les Anciens & Modernes ont efté deceuz.

Anazar & Arhoc oyfeaux ra-uiffans.

De quelques ifles voifines de Bvrne, *& comme leur Roy f'en eft fait Seigneur: & comme ils recueillent la Canelle.* CHAP. VII.

Favlt fçauoir, que non loing de l'ifle de Burné eft fituee vne autre ifle, qui f'appelle *Caghaian*, ayant vn port, nommé *Chippit*. Cefte cy regarde les Moluques du cofté de Leuant,& eft la mer fort fafcheufe aux endroits d'icelle : d'autant que le long de la cofte , & au pied de quelques montaignes qui font en l'ifle,où il fault neceffairement paf-fer,la mer eft fi remplie d'herbes,que merueille. Ces herbes prennent leur racine au fonds de la mer, & pouffent fi bien en auant, qu'elles viennent monter iufques à la fuperficie de l'eauë: tellement que ceux, qui ne fe donnent garde, f'y voyēt bien fouuent arreftez de ces herbes,auffi bien que fi c'eftoit la chaifne de quelque port qui leur deniaft le paffage. Parainfi ceux qui font voile en ces quartiers là, prennent le hault,& ne coftoyent point,que le moins qu'ils peuuent,le plus perilleux. En cefte ifle ne fe voit rien de fingulier : pource fault-il vn peu paffer plus oultre vers le Leuant,où vous trouuez deux ifles voifines,& diftinguees d'enfemble par vn petit canal,defquel-les le nom eft *Zolo*, & *Taghyma*. C'eft icy que fe trouuent des plus belles Perles & fi-nes,qui foient guere aux Indes,& telles que la groffeur en eft admirable:la beauté def-quelles fut caufe, que le grand Roy de Burne fe faifit de ces ifles, & f'en feit Seigneur, ainfi qu'entendrez à prefent. Le Roy Burneen auoit efpoufé la fille du Seigneur de ces ifles: laquelle voyant que fon mary eftoit fi conuoiteux de Pierreries, & qu'il n'efpar-gnoit rien,pourueu qu'il peuft recouurer ce qui eftoit le plus beau, rare & fingulier en tout le païs, nommément en telles chofes,luy dift, que fil auoit les deux Perles,que le Roy de Zolo auoit en fa puiffance,il fe pourroit bien vanter,qu'il auroit les deux plus belles pieces de toutes les Indes : car leur groffeur n'eftoit pas fi petite, qu'elle n'efga-laft celle d'vn efteuf: eftans tellement rondes, que fi on les euft mifes fur vne table pla-ne , il eftoit impoffible de les y faire tenir, fans couler d'vne part ou d'autre. Et de cela ne fe fault eftonner : attendu que i'ay veu des coquilles d'Huiftres luifantes comme vraye Porcelaine, qui produifent telles groffes Perles, ayans en longueur plus d'vn grand pied & demy,& vn pied de largeur:car d'autant que les Huiftres font groffes & grandes,pareillement les Perles font groffes. La mer des Indes ne produit pas en tous

Ifles de Zo-lo, & Ta-ghyma.

endroits, comme elle fait aux enuirons de ces isles, telles Huistres nacrees, ne Perles si
riches. Le Burneen oyant ainsi parler sa femme, outre ce qu'il desiroit de se faire possesseur de si precieux thresor, proposa encor de se saisir d'vn Royaume & Seigneurie, d'où il pourroit tirer grand profit. A ceste cause il equippe cent de leurs petits vaisseaux, & de nuict il vint inuestir le Roy de *Zolo* si à despourueu, que le pauure homme se veit plustost prisonnier de son gendre, qu'il ne sceut la descente de ceste armee
en sa terre: & luy tindrent compaignie ses deux enfans masles en telle captiuité: Dont
le plus vieil des deux, nommé *Bechert*, fasché d'estre ainsi reduit, & commandé par des
belistres, aduint vn iour, sans dire qui a perdu ne gaigné, qu'il print le plus secrettemét
qu'il peut, vne corde grosse côme le poulce, de laquelle estoit lié & attaché vn vieux
& hideux Monstre, que lon nommoit *Naphamoc*, & les Africains *Tromecat*, & ayât sa
chambre fermee sur luy, se mit ce cordeau au col, & se pend & estrangle. Et quant au
pere, mené qu'il est à Burne, apres quelque temps luy fut proposé, que s'il se vouloit
rachepter de prison, il falloit qu'il donnast au Roy son gédre, les deux plus belles Perles de son thresor, & que se contentant de *Caghaian*, il quittast *Zolo* & *Taghyma* à
son gendre, pour le partage de sa fille. Or est ce peuple le plus fascheux à tenir en seruitude, qu'autre qui viue, tellement qu'il n'est peril, auquel il ne s'abandonne, pour se
oster de captiuité: qui fut occasion, que le Roy captif donna les Perles, & encor ceda à
sa Seigneurie, pour rachepter ceste liberté, laquelle il auoit tant en recommandation,
& fasché aussi de la mort de son fils. Les Burneens, quoy que desireux de la paix, & aymans iustice, voyans la chose passee sans effusion de sang, & que le Roy de *Zolo* n'e-
stoit pour leur faire grand' guerre ou dommage, & que leur Roy ne leur ostoit rien de
repos, les choses passerent ainsi legerement sans guerre, tant d'vne part que d'autre. Vn
peu plus outre vers l'Est ou Soleil leuant, se trouue vne isle assez bien peuplee, laquelle
est dite *Monorique*, esloignee des montaignes de *Caghaian*, d'enuiron dix lieües: les
villes principales de laquelle sont *Cauit*, *Subanin*, *Guanhard*, & *Amehil*. Ces peuples
se tiennent plus souuent sur l'eaüe que sur terre, faisans de petites loges dans leurs barquerottes, à cause qu'ils sont fort addonnez à la pescherie, & que la plus part viuent de
poisson. Pres les susdites villes de *Cauit*, & *Subanin*, croist la meilleure Canelle, qui se
puisse trouuer, & l'appellent les Malauariens *Cais-mani*, qui signifie Bois doux: ainsi Cais-mani,
Canelle en
langue Má-
lauarienne.
nomment-ils cecy Le bois doux. I'estime que c'est pourquoy les Grecs corrompans le
mot, l'ont nômee Casse de bois: & de faict plusieurs des Anciens ont estimé, que l'arbre
Cassier, & celuy qui produit le Cinnamome & la Canelle, n'estoient qu'vn seul arbre:
chose assez mal consideree à eux: Et encore que Gratia Abhorto Portugais l'ayt voulu
maintenir par ses escrits, ie veux qu'il sçache qu'il n'en est rien: & different autant les
vns des autres, que font les arbres glandiferes, à ceux des Chastaigniers. Et n'ont point
eu de hôte de dire aussi, qu'il ne se trouue vn seul Cassier (nommé de quelques Indiés
Salihacha) en tout le païs d'Egypte & haulte Ethiopie: chose que ie ne leur accorderay de ma vie, sçachant le contraire: car s'ils eussent veu (comme i'ay fait) ces païs là, ils
n'eussent repeu le Lecteur de telles bourdes. Et n'y a celuy, s'il ne veult mentir, ayant
visité l'Egypte & l'Arabie heureuse, qui ne confesse y auoir veu autât d'arbres Cassiers,
qu'en lieu d'Asie ou d'Afrique. Quant à la Canelle, les Arabes l'appellent *Querfaa*, Diuers nôs
de la Ca-
nelle.
autres *Querse*: les Insulaires de Zeilan *Cuurde*, les Iauiens *Cemeaa*, & les Ormiens
Darchini, c'est à dire, Bois du païs Chinien. Il ne fault douter, que telles denrees au cô-
mencement qu'elles furent descouuertes, ne fussent plus estimees pour leur rarité, que
elles ne sont auiourdhuy: car il fallut, pour les aller querir, se mettre en mille dangers
de ces Barbares, & naufrage de ceste espouuantable mer. Ce peuple Indien estant rusé,
& cognoissant la conuoitise des marchans estrangers, commença à leur sophisti-

quer & encherir leur marchandife, où c'eſt qu'au parauant ils la donnoient à vil pris:
dequoy aduint que chacun les nommoit de diuers noms, encore qu'elles euſſent eſté
apportees de ce meſme païs. Depuis ſoixante ans ença,au lieu que les Arabes,Perſiens,
Egyptiens, & Afriquains ſouloient auec bon nombre de vaiſſeaux faire le voyage de
ces Indes perlees,pour le trafic & le gaing qui ſy faiſoit,ce ſont auiourdhuy les Indiés
qui leur apportent iuſques à leurs haures, goulfes, & riuieres ſalees telles richeſſes, ſe
contentans de peu. L'arbre qui porte la Canelle, de laquelle le bois croiſt és montaignes,eſt preſque ſemblable à noſtre Laurier, lequel le Roy fait coupper certains
Arbres qui mois de l'année. Mais comment coupper ? Il en fait tailler quelques reiettons & ſions
produifent les plus petits & ſubtils,& en fait leuer l'eſcorce, laquelle eſt vēduē aux mots du Roy,
la Canelle.

à ceux d'entre les eſtrangers qui en font trafic:car à d'autre qu'au Roy il n'eſt permis de
faire cueillir ce bois ſi doux & precieux. Ceſt arbre a pluſieurs branches, au bout deſquelles il porte ſes fleurs aſſez petites, & leſquelles eſtans par la chaleur du Soleil fle-
tries, & cheutes par terre, ſe forme vn petit fruict rondelet, qui n'eſt non plus gros
qu'vne Auelaine: du noyau duquel ils font de bonne huyle, laquelle ne ſent rien, ſi
elle n'eſt cuite au feu: dont les malades ſe frottent les nerfs & autres parties offenſees.
La Canelle que lon nous apporte, n'eſt autre choſe, que la ſeconde eſcorce de l'arbre,
laquelle eſtant tranchee d'vn petit ferrement, ſe rooulle d'elle meſme, & change de
couleur. La racine eſt auſſi bonne,& le ius qui ſort de l'arbre, le tout fort propre pour
ceux qui ſont ſuiets au flux de ſang:& auſſi pour faire bonne bouche. Et ne fault ignorer,qu'il

rer, qu'il ne se trouue vn seul arbre de Canelle en l'Afrique, ne en la petite Asie, non plus qu'en la terre du Peru, ou en l'opuléte Europe. Et ne me soucie icy du tesmoignage & authorité de Pline, qui dit que tels arbres canelliers croissent aux regions Septentrionales:chose tres faulse,& qui n'est non plus veritable, que ce qu'Herodote descrit, que au lieu où fut nourri le biberon Bacchus, ces arbres y foisonnent, & sont si precieux,qu'ils sont gardez par les Chauues-souris, dit-il, si esmerueillables, qu'ayans attaqué vn homme de leurs griffes,c'est fait de sa vie.Ne voila pas de gentils comptes,& aussi plaisans, que ce qu'il descrit au mesme endroit des Arismapes, que Pline appelle Monocules, qui se font gardiens des mines d'or de ces contrees là ? Ie laisse ces fables aux bastisseurs d'Histoires tragiques, & à ceux qui les ayment plus que moy. Au reste, il fault bien que ceux qui sont chargez de Canelle, se donnent garde qu'elle ne soit mouillee : car il n'y a espicerie ne droguerie, que le Soleil eschauffe, plus suiette à corruption qu'elle est, & aussi la Rheubarbe : i'entends, si elles sont long temps à croupir dans les vaisseaux, & sur tout aux regions chaudes. Et ne fault douter que telles doulceurs aromatiques ne perdent la plus part de leur force, estans conduites & amenees d'vn païs si loingtain. La region est bien attrempee, non qu'elle face deux saisons, apportans moissons en l'annee : trop bien y voit on les arbres tousiours chargez ou de fruicts ou de fleurs,selon la quátité & naturel des plantes. Ils ont du Sucre,du Miel,& du gros Ris, que lon apporte du païs de Coromandel. Ces isles sont à six degrez sept minutes delà l'Equinoctial, vers l'Arctique, & sur le chemin des Moluques : la plus part desquelles (comme ie vous ay dit) obeissent au Roy de Burne.Non loing de celle cy, & tirant mesme chemin & route, se trouue l'isle dite *Sarangaui*,laquelle gist à l'Ouest,enuironnee de trois autres isles,nommees *Cibocò,Birambota,& Candingar*.C'est là que la mer est orageuse & fort difficile à passer, à cause d'vne continue de vents, qui s'abbattent dans les canaux de ce voisinage d'isles : tellement que peu souuent y voit on la mer bonace:aussi ne sont ces isles esloignees l'vne de l'autre guere de plus que demie lieuë du Leuant au Ponent. Les habitans d'icelle sont meschans, larrons, & Corsaires,comme ceux qui viuent de ce qu'ils pillent sur les passans. Leur eleuation est de cinq degrez & demy delà l'Equinoctial. Elles sont abondátes en Or & Perles,& est le port au beau milieu de l'isle. Le peuple y va tout nud, & sont tous idolatres comme leurs voisins. Ie croy que la cause de leur rudesse & meschanceté procede de ce qu'ils ne frequentent personne qu'entre eux, & ne veulét que personne les aborde,quoy que leur terre soit assez abondante en viures, comme Ris,qu'ils nomment *Verech*,& chairs presque semblables aux nostres.Non loing de *Sarangaui*,gist la belle & populeuse isle de *Sanghir*, laquelle est enuirónee de huict petites islettes,partie habitee,& partie deshabitee,à cause que ce ne sont que rochers & montaignes.Elle est assise en la mer Pacifique,autrement nommee Magellanique,trois degrez & demy delà l'Equinoctial vers l'Arctique,& loing de *Sarangaui*, enuiron vingt & cinq lieuës. A cause de la grádeur de l'isle, & grand peuple d'icelle, il y a quatre Roytelets qui y commandent, qui sont sans nulle religió, sauuages,& fort mal accostables:& c'est la plus proche des isles vers le Su,qui tirent aux Moluques,veu que dans vne maree vous allez de *Sanghir* à *Tidore*. C'est donques le Roy Burneen qui m'a fait faire ce beau voyage, & suyure les isles incogneuës des Anciens, desquelles i'ay eu la cognoissance à grand peine, en accostant ceux,qui de tous costez ont fait le voyage,& demeuré aux Moluques.Or reste de passer oultre, & continüer mon discours, & vous faire voir les autres isles qui sont en l'Indie,soit vers le Gange, ou autre costé, pour puis apres faire le circuit vniuersel des deux Hemispheres.

Lourde faute de Pline, & d'Herodote.

Quatre Roïs en ceste isle.

E E

VERS le Ponent fe trouue vne fort belle ifle, loing de la fufdite, enuiron trentequatre lieuës. Son nom eft *Puloan*: laquelle regarde noftre Pole Arctique, en latitude delà l'Equateur neuf degrez & vn tiers, & qui aduife directement vers l'Eft le Royaume de China, & fon goulfe vis à vis d'Alofar, & vers le Su ou Midy elle prend fa vifee au grand Royaume de Cambaie, regardant Campaà. Lon peult vrayement appeller cefte belle ifle, Terre de promiffion, pour l'abondance de Ris, Gingembre, Pourceaux, Poulles & Cheures qui fy trouuét, & des Figues de merueilleufe grandeur. Lon y voit encor des Cannes de Sucre, & certaines racines bonnes à manger, lefquelles femblent aux refforts de pardeça. Ils font pain de Ris fort fauoureux à la langue: & du mefme Ris ils font encor certaine diftillation pour boire, qui eft de meilleur gouft beaucoup, que n'eft le vin de Palme. Le peuple eft affez fimple, bon & courtois. Leur Roy, qu'ils appellent *Cambol*, accofte familierement les eftrangers, & les receuant, vfe de telle ceremonie en figne de confirmation de paix. Premierement il fe frappe auec vn fien petit coufteau à la poictrine, mefme iufques au fang, duquel il met fur fa langue & fur fon front: & fault que celuy qui fait alliance auec eux, face le femblable, eftimans que l'alliance & amitié eft de tant plus ferme, quand elle eft faite & promife auec l'effufió du fang des deux parties: Ce que iadis eftoit obferué par la plus part des Septentrionaux, qui habitent noftre Europe. Pource ne fault tant accufer de barbarie & inciuilité ces Indiens, veu que noz anceftres n'ont guere efté plus ciuils & courtois que ce pauure peuple. Les Puloaniftes, tout ainfi que prefque tous leurs voifins, vont tous nuds, & font la plus part gens addonnez à labourer la terre. Ils font idolatrés (car ils n'ont cognoiffance ny de Iefus Chrift, ny de Mahomet) & toute l'imperfection naturelle qu'ils ont, c'eft l'enuie: car ils combattent leurs voifins, & facharnent cruellement en guerre, ayans pour toutes armes certaines Sarbatanes, dans lefquelles ils mettent des petites flefches, longues d'vn pied, aigues & poinctues en forme d'vne efpine: lefquelles ils enuenimét auec vne herbe qu'ils ont, portant poifon, & font trefdangereufes. Que fi quelcun eft blecé de telle poincture, fort difficilement on le peult guerir. Ils font grand cas des anneaux, petits vaiffeaux de cuiure, coufteaux, & autres ferremens, & chaifnes de laiton, qu'on leur porte de noz quartiers, & des clochettes, fonnettes, patenoftres, & fil de rechalt, à caufe qu'ils fen feruent à lier leurs hameçons à pefcher, en quoy ils employent vne partie de leur temps, apres auoir cultiué la terre. Laiffant dóc *Puloan*, pour paffer outre, & vifiter le refte des ifles, fçauoir *Philippine*, & *Vendenao*, fault laiffer *Burne* à la part du Nort, à caufe que la nauigation y eft fort dangereufe, pour vn nombre infini d'ifles, qui font entre *Burne*, & *Vendenao*: lefquelles fi vous confiderez dans ma Charte, vous iugerez, que c'eft comme vn efquadron d'vne milliaffe de petites ifles, defquelles les principales font *Zolo*, & *Tanghimà*, par moy cy deffus deduites, *Bihalon*, l'ifle Sainct Iean, Sainct Michel, Saincte Clere, & *Pracel*, ainfi nommees, à caufe que le iour & fefte de ces Saincts, ces ifles ont efté defcouuertes des Chreftiens. Parquoy ceux qui veulent aller à l'ifle des Femmes, laiffans la mer de *Lantchidol*, prennent la route, comme fils vouloient aller à la mer de *Chima*, puis courent le long des ifles *Barbey*, & *Papuas*, furgiffans ou en *Philippine*, ou en *Vendenao*. Or fappelle *Vendenao* par ceux du païs *Migindanao*, ifle de telle grandeur, que l'ayant enuironnee, vous trouuerez, qu'elle n'a moins de trois cés quatre vingts lieuës de circuit,

*Roy Cambol
confirme la
paix.*

f'eftendant en longueur du Leuant au Ponent:& le plus de fon eleuation eft de douze
degrez & demy,& le plus bas de cinq ou fix degrez de l'Eft à l'Oueft.Elle eft fort peuplee,& y conuerfent gens de toutes fortes , & ramaffez de diuers peuples leurs voifins:
à caufe que le païs eft fort bon,que le trafic f'y exerce grandement, & auffi que ce peuple eft fort addonné à la guerre. Ils font Mores, ayans diuers Seigneurs,aufquels ils
obeïffent.Ils portent certain habillement fait comme vn hoqueton fans mâches,qu'ils
appellent *Patoles,*lequel les riches portent de foye,qui y eft à bon pris,& f'apporte de
terre continente : les pauures & de mediocre eftat les font de cotton. Ils ont des armes
de fer & d'acier offenfiues, comme Cimeterres, Poignards, faits en maniere de poinçons,tout ronds,& Lances de cannes:& les deffenfiues,comme corcelets; font faites de
cuirs d'animaux, lefquels font durs & forts à merueilles : Voire & en certains endroits
de l'ifle,là où les Mores ont feigneurie & puiffance,fe voyent cinq menues pieces d'artillerie,que certains marchans Chreftiens leur ont donnees:iaçoit qu'ils ne foiët guere
prompts ny experimentez à en tirer, admirans feulement & l'effort & le bruit de cefte
machine. Ce peuple vit affez en repos, & eft aifé de fa terre, qui n'eft fterile que de noz
bleds & vins.Ils ont force Palmes,Pourceaux fauuages,Cerfs,& Buffles,auec toute autre efpece de beftes,pour le plaifir de la chaffe, defquelles ils vfent ordinairemët à leur
manger.Ils font leur pain de Ris,tout ainfi que les autres Infulaires.D'autres prennent
l'efcorce d'vn arbre,qu'ils appellent *Sagu,*laquelle eft fort fauoureufe, & la deffeichent,
en faifans farine,puis du pain : & du fruict de ceft arbre ils tirent de l'huyle , tout ainfi
qu'ils font du Palmier,& f'en feruent pour f'oindre,& l'appliquent, f'ils font malades,
fur les parties qui leur font douleur. Quant au *Sagu* , c'eft vne forte de gomme, femblable au Maftic, laquelle eft fouuent falfifiee par les groffiers d'Afrique; & vendue
aux eftrangers pour Maftic. Cefte gomme eft fort rare, & fort d'vn arbre nommé *Et-
talché,* lequel eft grand & efpineux, ayant les fueilles du tout femblables au Geneure.
Ie m'efbahis que noz marchans d'Europe n'en font apporter pardeça, veu la grande
vertu qu'elle a contre plufieurs maladies,aufquelles les Indiens font fuiets. Il fault icy
noter, à fin que les Medecins ne fe trompent au *Sagu,* qu'il y en a de deux fortes, l'vn
blanc , qui eft apporté de Barbarie , & toutefois la beauté & blancheur d'iceluy
ne luy donne aucune force ny effect : ains fault choifir celle mouelle gommeufe, laquelle eft noiraftre, & rapportant à la couleur celefte. Mais reuenons à noftre Vendenao ; où l'or eft auffi fort bon & fingulier, & f'y trouue en plufieurs lieux, & abondamment , eftans fort belles les mines qui font en ce païs là , és lieux montaigneux au
milieu de l'ifle :les habitans de laquelle ne font fi fots,qu'ils ne cognoiffent bien la valeur de ce metail tant precieux, & qu'ils ne le fçachent mettre affez bien à pris , le per-
mutans auec autre marchandife. Et c'eft de ce cofté que abordent les marchans allans
aux Moluques:& me fuffe bië efbahi,f'ils l'euffent laiffé à part fans l'aborder,veu qu'ils
effayent de paffer tous ports & deftroits,à fin d'y plâter leur trafic, & f'enrichir de l'induftrie de ces pauures Barbares. Or fi vous laiffez la cofte de Vendenao vers le Midy,
& fuyuez la mefme cofte en la haulteur de cinq à fix degrez, vous trouuerez les ifles,
qui f'appellent *Sarrangan,* & *Candigar,* à fix degrez & demy de l'Equateur, efloignees
enuiron l'vne de l'autre de deux lieües, de l'Eft à l'Oueft. Les habitans font larrons &
Corfaires, fort adextrez à la marine, faifans des barques affez grandes, & des vaiffeaux
moyens:lefquels ils calfeutrent fi bien auec de l'eftoupe & cotton,& les ioignët fi proprement auec des cloux de bois à faulte de fer , que l'eauë y entre auffi peu, que és Nauires que nous faifons pardeça.La terre eft fertile en gros Mil, & beftail prefque femblable au noftre, fur tout en cheurés toutes pelues, portans les oreilles auffi longues,
que celles que i'ay veuës en Egypte, dequoy ils viuent, & fourniffent leurs vaiffeaux.

EE ij

Vis à vis de Vendenao vers le Nort(& ſelon ladite coſte fault paſſer, venất de Puloan, pour aller à l'iſle des Femmes) giſt vne belle & riche iſle, que ceux du païs appellent *Tendaie*, à laquelle les Eſpaignols voyageans l'an mil cinq cens quarantedeux, comme m'ont recité ceux qui en feirent le voyage, ſoubz la cõduite de Iean Cartan, Pilote Caſtillan, donnerent le nõm de Philippine, en ſouuenãce & memoire du puiſſant & Catholique Roy des Eſpaignes Philippe, à preſent regnant. L'iſle a de circuit cent ſoixante lieuës, & eſt ſa plus grand' haulteur d'enuiron quinze degrez, & ſon plus bas de douze, & va de l'Eſt à l'Oueſt. Elle eſt fertile, ainſi que i'ay ſceu deſdits Eſpaignols, qui l'ont nõn ſeulement coſtoyee, ains ſ'y arreſterent quelque temps, à cauſe que la mer eſtoit enflee, & qu'ils ne pouuoiẽt faire voile pour ſ'en retourner en la nouuelle Eſpaigne. Ce en quoy elle abonde, eſt Ris, Miel, & vne eſpece de Poix plats, larges comme l'ongle, & y a grãde diuerſité de fruicts fort bons, combien qu'ils ſoient differens aux noſtres. Ils ont auſſi chairs de Porc ſauuage, de Cheure, & des Poulles, dequoy ils font largeſſe aux voyageurs, & farine de poiſſon: d'autant que c'eſt vn peuple preſque auſſi courtois, que ceux que nous auons dit habiter en Burne. Les Tendaiens vont veſtuz à la mode & façon de leurs voiſins de Vendenao, vſans d'habillemens ſans manches, de meſme parure, & les appellans auſſi *Patolas*, comme les autres. Ils ont auſſi meſme maniere de ſ'armer: & comme ils ſont voiſins, auſſi ſont-ils grands amis enſemble. En l'emboucheure du port de la Philippine, du coſté du Nort, y a deux iſles, qui ſeruiroient bien de fortereſſe & bouleuert à toute l'entree du païs, ſi que la deſcẽte ſ'empeſcheroit fort facilement: & eſt ceſte emboucheure entre elle & la grande iſle, tirant vers l'iſle des Fẽmes. Tout ce qu'il fault apporter pour trafiquer auec ces Inſulaires, c'eſt du Fer, de la Porcelaine, vieilles hapelourdes de peu de valeur, & quelque piece de taffetas, & toile: auec leſquelles choſes vous cheuirez de tout ce qui ſe leue & croiſt en leur iſle.

D'où eſt venu le nom de Philippine.

De la MOGORE, *ou Tartarie Orientale : & choſes rares qui croiſſent au païs.* CHAP. IX.

E NE SCACHE ISLE, voire preſque ny eſcueil, ſeche, banc, ou batture, que ie n'en aye eu cognoiſſance, meſmes iuſques à Iapan, qui eſt celle qui commence à faire le retour du rond de la Sphere: & ce qui eſt depuis le Turqueſtan, tirant au Nordeſt, là où lon ne trouue que les deſerts de *Caré*, de *Hatur*, *Adaia*, *Athmatha*, & *Elinielech*, incogneuz de tous les Anciens & Modernes Coſmographes, qui võt preſque à la terre, qu'on dit auſſi Incogneuë, ſoubz le Pole Arctique: & veu ce qui confine à la Perſe vers le Sudeſt, comme ſont Carmanie, Arachoſie, Gedroſie, au Royaume de Tharſe: d'où lon dit pardelà, que l'vn des Sages qui vindrent adorer noſtre Seigneur, eſtoit Roy, & qui à preſent ſe dit *Guſerath*, duquel fut Seigneur ce *Pore*, qui fut vaincu par Alexandre. S'enſuyt, que tout ce qui me reſte, fault que ce ſoit quelque region de l'ancienne Tartarie, que les Barbares ont nommee *Mongal*, & que les Anciens ont cogneuë ſoubz le tiltre de Scythie Orientale, qui eſt oppoſite à l'autre de laquelle ie vous parle, hors les monts Emodes, où lon diſoit que viuoient iadis les hommes les plus iuſtes de deſſoubz le ciel: d'autant que contents du bien que Nature leur departoit, ils ne couroient point ſur leurs voiſins, & ne vexoient aucun par courſe ou pillerie, ou paillardiſe: & viuoient en ces païs fort longuement, à cauſe de la temperie & ſalubrité plaiſante de l'air, qui y eſt preſque ſerain en tout temps. Et c'eſt la region, qui à preſent ſ'appelle *Sarzie*: de laquelle ceux qui ſont ſortis, ont bien changé de

Mongal ancienne Tartarie.

complexion,d'autant que s'ils estoient le temps passé simples & paisibles,ils sont à present cauteleux & mutins, & gens autant addonnez au larcin & paillardise,comme autrefois ils l'ont esté à equité & continence. La Scythie Orientale donc, qui me reste à
descrire, est la grande Tartarie, nommée des Indiens *Magoroch*, & d'autres *Tharaca*,
du nom du grand Seigneur du Royaume de Bengala : lequel ayant vaincu plusieurs
Rois, se rua sur le Royaume & Empire des *Mogores*, & luy donna son nom de *Tar-*
tierch, lequel a esté changé en *Tartarch*, & depuis en Tartare.Ce païs est celle Scythie,
qui est hors les monts Emodes, & confine vers l'Ouest auec la Scythie interieure. Or
i'appelle les monts Emodes,l'extreme partie du mont Taurus vers l'Oriët : lesquels du
costé du Su mettent fin à la Scythie, pour donner commencement aux Indes hors le
Gangez. Vers le Nort ceste Scythie aboutit auec la terre du Pole Arctique, qu'on appelle Incogneuë, comme celle qui est à l'extremité du Pôle,en cent cinquante degrez
de longitude & soixantetrois minutes , & cent soixante degrez trentecinq minutes de
latitude,au plus dernier but de son confinage.Ie vous laisse à peser si l'air y est chauld,
& les saisons temperees, veu qu'ils sont tant esloignez du Soleil : & toutefois il y a des
habitations & semence d'hommes fort grands, tous vestuz de peaux, tous herissez de
froid , & cruels en leurs façons de faire :lesquels ie ne doubte point, qu'ils ne soient
aussi bien mangeurs de chair humaine,que les *Husmetz*, & *Patagones*, qui sont au Pole Antarctique. Vers le Midy ceste Scythie confine auec l'Inde, qui est hors le Gange:
& c'est en ce costé que sont les monts *Saczies*, & *Azotiens*, d'où sort le fleuue *Tatar*,
& la premiere habitation des Tartares, qui en sortirent en l'an de nostre Seigneur mil
cent soixantetrois, soubz la conduite de *Cingis Cam*, premier Empereur des Tartares.
Si vous regardez à l'Orient , ceste Tartarie confine, selon la droite ligne, aux païs que
iadis on nommoit *Adonizeth*, *Bosraieth*, & *Serique*, où à present est le grand Royaume,que le vulgaire nomme Cambalu,& du Catay:laquelle region est celle où premier
furent trouuez les vers qui font la soye. Les Egyptiens m'ont dit quelquefois, que c'a *Vers qui*
esté eux, qui ont donné cognoissance tant des vers,que de la soye, au peuple Italien,& *font la soye*
aux Grecs aussi:lesquels l'auoient euë premierement des *Crisicques*, & *Nacgystes*, peu- *de Serique.*
ples des Indes, pres le grand Catay:car ainsi châte l'histoire de ces barbares Asiatiques.
Or sont les confins & finages de ceste Prouince tels , que vers l'Occident elle a la Scythie , qui est hors les monts Emodes , & vers le Nort elle auoisine la terre Incogneuë:
par où vous voyez si son estenduë est grande vers l'Orient, pource qu'elle s'en va tout
tant que l'on trouue de terre. On dit aussi , que ceste terre est incogneuë, d'autant que
ayant passé le Royaume de *Mangi*,on pensoit qu'il n'y eust rien plus:mais il s'est trouué du contraire , veu la grande multitude des isles , la moindre desquelles surpasse les
plus belles que nous ayons pardeça. Que si vous prenez le chemin de l'Est au Nort,
estant à Quinsay , vous trouuez le Promontoire, appellé *Tabin*, qui est entre ceux de
Ieribar,& *Iethram*, où est posee l'extremité de la terre:mais en pareille consideration, q̃
iadis les Espaignols ont attribué à l'vn de leurs Promontoires,pensans qu'il ne restast
plus rien de terre habitable pardelà , & que la terre eust là son bout & fin. Mais auant
qu'entrer si auant, tirans à l'Est, regardons quelles sont les regions,qu'on trouue en ceste Scythie,sortant des parties Septentrionales de Turquestan. La premiere est *Zafa-*
nie , qui est arrousee du fleuue *Tahosca*, lequel vient des haultes montaignes de *Lop*, *Montaignes*
Byalic,*Nergit*, & *Sobobath* , & a d'assez belles villes,telles que sont *Calbà*, *Cotan*, *Vme-* *inaccessi-*
leth,*Chamcrif*, *Humaymatath* (qui est l'vne des plus grandes) *Poni*, & *Ciarcian* : les ha- *bles.*
bitans desquelles vont selon ce fleuue trafiquer iusques à la mer Caspie, veu qu'il s'y
rend du costé du Nort, par le païs des Tartares Zagates. Passé que vous auez *Zafanie*,
tirant au Su,& le Lac de *Drumedel*, qui contient trentesix lieuës de long,vous est voi-

fin le Royaume de *Sim*, nommé des Indiens *Zelyzur*, tout encloz de la riuiere *Abia*, que ce peuple nomme *Ananinhabet*, & du mont *Alanguer*, qui eft des plus haults qui foient en l'Orient,& qui dure plus de deux cens lieuës,iufques aux grands deferts de Camul,defquels i'ay ailleurs parlé. En cefte Prouince n'y a pas grandes villes, & ne font que pafturages,où les Tartares vont à l'herbe en certaines faifons de l'annee. Mais plus auant, & en la maieure Inde, eft la Prouince de *Tacaliftan* fur le mefme fleuue *Abia*, où font les villes de *Cax, Giah, Dalaiadeth, Angal, Samachzar, Thagiarmiftan, Sermengan*, que les Chiniens appellent *Ophrath*, & *Iarim*.& plus tirãt au Su,eft *Balch*, qui auoifine le Royaume de Tharfe, ou bien Guferath,qui eft de la petite Inde. Apres y eft *Sableftan, Candahar;* & *Cabul*, trois grandes Prouinces, arroufees de diuerfes riuieres:lefquelles toutes fe vont ioindre auec le fleuue Indus,tirant à l'Eft. Et paffant le grand fleuue,vous entrez au Royaume de l'*Indoftan*, & celuy de *Moltan*, de *Chirtor*, & de *Mendao*, qui font tous encloz entre les deux plus grandes riuieres d'Oriét,à fçauoir l'Indus & le Gangez : & tout cela eft au païs des Indes, que les Indiens appellent *Bara-Indus*. Mais prenant la volte du Septentrion, & paffant les monts Vffontes, vous entrez au Royaume de Camul,qui eft en la Tartarie,païs affez defert,& plein de folitudes:où toutefois les hómes ne font pas fi beftiaux,que ayãs de la meilleure & plus fine

Bonne Rheubarbe au Royaume de Camul.

Rheubarbe du monde, ils ne l'apportent felon leurs riuieres, tant qu'ils font au Gangez,& de là au goulfe de Bengala,où les naux de Zeilan viennét, qui puis en font defpefche aux marchans . En ce païs là ils arrachent ladite Rheubarbe enuiron le moys de May, celle premierement qui croift pres les riuieres, pluftoft que l'autre. Celle que lon tire de terre au moys de Septembre,n'eft pas de garde. Plufieurs font diftiller cefte Rheubarbe dans vn certain Alembic,de laquelle ils vfent en leurs maladies. Plus vers le Nort font les Prouinces de *Tangut, Caracoran,* & *Barcu*, efquelles font de trefgrãds lacs,comme celuy de *Coraz*, où naiffent poiffons de diuerfes fortes, & oyfeaux aquatiques, tous differents aux noftres, & qui ne font guere bons & delicats. Y eft auffi le lac de *Xandu*: defquels tous fortent de grandes riuieres, les vnes f'efcoulans en la mer de la Chine, & les autres en celle de Mangi, & autres qui f'en vont au goulfe de *Cheiman*. Or les habitans qui font pres de ce Lac, font de la region *Serique*, la Metropolitaine de laquelle f'appelloit iadis *Sera*, & en langue barbarefque du païs *Sephannar*, qui regarde l'Orient:mais à prefent (comme i'ay dit) nous la nommons en langue Indienne *Cambalu*, autres *Manmul*, & les habitans du païs, qui font efloignez vers la marine, *Cambalech*, qui eft vn des principaux fieges du grand Tartare. En ce païs fe trouuent diuers grands fleuues, qui apres auoir fait vn long cours, on difoit iadis qu'on en ignoroit l'iffue:mais cela eftoit aifé à dire,à caufe qu'on ne paffoit plus outre, pour voir f'ils f'engoulfoient ou en quelque Lac, ou plus grande riuiere, ou f'ils f'efcouloient iufques dans la mer. *Mecon*, nommé des Indiens *Mizereth*, & des Infulaires *Maudanflard*, du nom d'vne ifle, qui eft tout à l'entree , eft celuy qui arroufe tout le païs de Cambalu:le long duquel on voit de grandes & continuelles folitudes: & par confequent ne fault f'efbahir, fi on y trouue des beftes diuerfes & effroyables, veu que les Lyons les plus farouches & cruels que lon fçache, y liurent la guerre aux paffans,& les Tygres n'y font point oififs. Mais entre autres beftes il y en a vne,que les

Maricofach befteeftrãge.

habitans du païs pourfuyuent fort inftamment, & l'appellent *Maricofach*: & n'ay peu fçauoir que fignifioit ce nõ, eftimãt qu'il luy a efté dõné par plaifir.Elle eft de la grandeur d'vn Lyon,ayãt la face,les yeux,les oreilles,comme vn homme, les pieds & iambes de Lyon,& la queuë double & fourchue,comme celle d'vn Scorpion. Cefte befte eft fort belle,& fa peau mouchetee de gris & noir,eftant pour le plus blanche:au refte, cruelle & trefdangereufe,& plus hardie que autre que ce foit : Bien eft vray,qu'elle ne

affault iamais , fi premierement elle n'eft pourfuyuie. De l'appriuoifer, il eft impoffible,d'autant que de luy prendre fes petits,il ne f'en parle point,les faifant fi auant dans
les deferts , que iamais homme n'en a trouué le gifte : que fi vous en prenez de grands,
iamais cela ne f'appriuoife,ains fe laiffe mourir pluftoft que manger,eftimant la feru-
tude indigne de fon grand cœur. En ce mefme païs fe trouue vne herbe,que les habitans Tartares appellent *Baltracan*, & les Chinois *Lahem*, qui eft d'vn grand & fingulier vfage:mais tel,que c'eft vne des chofes les plus neceffaires pour ceux du païs:d'autant que fans elle à grand' peine pourroient-ils aller de païs en païs,& entendez comment. Ce païs eft plein de deferts grands, & de longue eftendue : fi que telle fois vous
ferez & quinze & vingt iournees fans trouuer habitation quelconque,qui vous fceuft
fournir d'vn rien qui foit pour viure. Pource fault faire prouifion de ce *Baltracan*,qui
eft vne herbe la plus fauoureufe,& qui mieux fuftante le corps de l'homme, que autre
qu'on fçache:& a les fueilles comme le Bouillon blanc,non fi velues,& la racine comme vne de noz raues:mais de gouft,n'y a rien pardeça approchât de fa delicateffe. I'en
ay veu & mangé en l'Arabie heureufe , & porté par païs, à faulte de meilleure viande:
Et en vfent tout ainfi,que font les Sauuages en l'Antarctique du *Petun*:c'eft à fçauoir,q̃
quand ils vont en voyage,ils en mettẽt dans des charrettes,& fur les crouppes de leurs
cheuaux,fils ont deliberé d'aller loing. Au refte,il n'eft aucun, qui craigne de fe mettre en chemin , lors que cefte herbe apparoift fur terre ,pource qu'il ne fçauroit plus
endurer faim ne difette. Auffi ceux du païs qui perdent quelque Efclaue f'enfuyant,
n'ont garde de le pourfuyure au temps que le Baltracan eft en force.En ce païs y a vnẽ
trefbelle ville,nommee *Samarcandar* ,autour de laquelle fe trouue du bois d'Aloé. Ie
me fuis laiffé dire, que le plât en eft venu des Indes,auffi bien que celuy qui eft en Perfe,& en l'Arabie heureufe,ayant fort peu de vertu.Il f'y trouue auffi de la Rheubarbe,
qui n'eft pas fi fine que celle de la Chine,ne fi bonne,attẽdu que ceux du païs en nourriffent leurs cheuaux. Ie m'efbahis de ceux qui ont dit,que les *Seres*, c'eft à dire les habitans de Cambalu, du Cathay , & païs voifins , eftoient fi iuftes,qu'ils ne tuoient, ne
paillardoient,& ne faifoient iamais tort à perfonne : neantmoins ils ayent ofé depuis
efcrire le contraire,& que ces peuples f'efiouyffoient en la mort de leurs parés & amis:
& qui pis eft,que defpeçant les corps des deffuncts,ils les mefloient auec des pieces de
plufieurs beftes fauuagines & domeftiques,comme pourroient eftre chiens,chats,mu-
lets,& chameaux : & de ce ils dreffoient vn beau banquet à tous leurs parens & amis,
eftimans que ce foient les plus fainds offices & deportemens,qu'ils puiffent monftrer
à leurs predeceffeurs,qu'ils ont tant aymez.Encore que telles rifees,& autres auffi gaillardes , foient efcrites en l'Hiftoire vniuerfelle du monde , chapitre vnziefme, ie n'en
croiray rien pourtant : attendu que ce font contes defrobez d'Herodote, & renouuel-
lez par Pline & Solin , & auffi peu veritables,que les Tartares font petits hómes,noirs,
laids, camuz , & difformes au poffible . Toutefois que telle glofe ayt efté adiouftee
par le Traducteur de la mefme Hiftoire, ie luy maintiendray à fon nez , & à tous ceux
qui le vouldront fouftenir,qu'il n'en eft du tout rien.Et me puis vanter (ce que luy ne
plufieurs autres Courti fans harangueurs ne fçauroient faire) auoir veu de mes propres yeux , eftant en la ville de *Racaiard* , baftie pres la riuiere de *Lachis* , en l'Arabie
heureufe , paffer affez pres de la ville , plus de fix cens Tartares tous à cheual,conduits
par vn grand Seigneur, Capitaine du païs Perfien, que les Atabes nommoient *Beria-*
beth : & prenoient le chemin à la Mecque & à Medine : & leur faifoient efcorte bien
vne trentaine d'autres Capitaines Arabes,& autant de *Talifmanlars*,& *Hagfilars*. Mais
quelles gens ? Les plus accorts , beaux,& bien formez de leurs membres, forts & puiffans,que ie veis de ma vie.Oyez icy vne autre baye,de laquelle volontiers il nous vou-

droit repaiftre,quand il dit en la page fuyuante, que ce peuple felon eft fi lourd, groffier & mal habile, qu'il n'a l'induftrie de monter à cheual,ains pour y monter ils f'aydent de bœufs,qui font ftilez & faits au badinage,pour leur fecourir & feruir de mon-
ture,quand la neceffité fe prefente. N'eft-ce pas chofe plaifante de voir en cháp de bataille vne formiliere de deux ou trois cens mille cheuaux,& autant de ces beftes à corne?Ouy,ie vous affeure. Il nous en fera bien accroire fur la correction, ou corruption
(que ie ne mente) qu'il fe vante faire fur l'Hiftoire Cofmographique de Sebaftien
Munfter. Au refte,ie luy vouldrois demander,en quel Roman il a trouué & prins, que
aux regions froides & humides,comme eft la ville de Cambalu,qui eft fur le cent quatorziefme degré de longitude trétedeux minutes, & à dixfept degrez de latitude vingt
& fix minutes, le peuple foit camuz, noir, & bazané (comme il raconte) ainfi que
font les crefpelez & Mores d'Ethiopie. Ie fuis affeuré que non, encore que Platon &
Ariftote vouluffent maintenir & dire du contraire. Ie laiffe donc toutes ces Charlata-
neries, pour pourfuyure mon propos. Ce païs & region tout ainfi qu'il eft d'vne efmerueillable grandeur, auffi eft-il peu habité : neantmoins là où il y a habitation, le
païs y eft fi peuplé que merueille, les villes grandes, & telles, que au refte du monde
n'en y a point de pareilles. Quant aux richeffes, c'eft chofe ineftimable, veu que l'O-
rient florit en tout : de forte que lon y peult trouuer tout ce qui fe peult defirer pour
l'vfage & feruice de l'homme :comme auffi y font appliquez tous remedes contre les
infirmitez & maladies,qui y font ordinaires.

De la longue vie des Hommes, & chofes remarquables de ces peuples Barbares. CHAP. X.

'AY DIT par cy deuant, que par tout ce païs les hommes viuent
fort longuement. Ce qui fembleroit auoir quelque contradiction à
ce qui fe fait felon nature, que les parties Septentrionales & froidureufes ne nourriffent fi longuement les hommes,que les autres. Mais
cecy me fembleroit eftre vray, fi cefte raifon auoit lieu, & en dirois
autant de celles,qui font foubz les ardentes reflexions du Soleil : veu
que tout l'obftacle de la longueur de vie, qu'on peult monftrer à ceux qui font és regions froides, c'eft l'ingurgitation des viandes, lefquelles ne fe pouuans digerer que
par force,font caufe de la corruption du fang,& par confequent de la briefueté de vie:
où ceux qui font és regions chauldes, ont la mefme nature, qui bataille contre eux,
en la defaute d'humeur, & tenuité de leur fang : lequel encor ils affoibliffent & fuffo-
quent,en beuuant outre mefure. Et toutefois vous voyez, que les Egyptiens ont parlé
de ie ne fçay quels Macrobies, c'eft à dire, Hommes de longue vie, qu'ils vous mettent en Ethiopie,& en l'ifle de Meroé,païs autant chauld,qu'il y en ayt fur la terre,f'ils
n'auoient les rigueurs du Soleil : mais il n'eft offenfé par l'vne ou l'autre de ces caufes,
veu que l'air y eft attrempé & fort fain, & les vents à fouhait, & eux eftans fobres,il ne
fault f'eftonner f'ils y viuét long aage : car il y a tel qui paffe & fix & fept vingts ans de
bonne vieilleffe. Icy fault,que ie m'amufe vn peu à voir ceux qui ont voulu limiter la
vie des hommes par l'afpect des Aftres. Les Egyptiens iadis, comme fçait vn chacun,
eftoient grands obferuateurs defdits Aftres. Or difoient-ils, qu'il eftoit impoffible,q
l'homme vefquift plus de cent ans,fi ce n'eftoit par miracle, ou que les Aftres inclinaf-
fent quelque influéce fauorable fur vn tel homme. Mais raifon de cecy,ie n'en ay peu
tirer de ceux qui fouftenoiét cefte opinion, finon qu'eftant au païs d'Arabie, quelque

Macrobies hommes de longue vie.

Arabe, qui vouloit faire le suffisant, & se vantoit deuant moy auoir veu & leu les liures des anciens Sages d'Egypte, me dist, que la preuue de cecy estoit facile à faire par
l'experience, d'autant que le cœur ayant son accroist iusques à certain poids, aussi quãd
la diminution vient à se parfaire selon ce que l'accroist a esté, alors aduient la mort naturelle en l'homme, qui est de cent ans: car tout autre qui est de moindre vie, est forcee
par accident:& taschoit de nous prouuer son dire par ce moyen. Vn enfant, me disoit *Histoire de*
il, qui a deux ans, son *Alkelb*, qui est le Cœur, pesera lors quatre *Sayard* (que d'autres *l'aage des*
nomment *Berlopt*) qui sont en leur langue, Dragmes, & tousiours continuant iusques *hommes.*
à cinquante ans deux dragmes sur chacun an, en l'an cinquantiesme ce cœur aura pesant cent dragmes:mais passant cest aage, il diminue ainsi qu'il a creu, iusques à ce qu'il
soit venu à cent ans, & lors il deffault: & luy faillant, c'est chose seure, que la vie s'en va,
d'autant que le cœur est le principal de la vie des hommes, & aussi des animaux. Il me
souuient (estant en Leuant) qu'il y auoit vn Turc, duquel i'estois fort familier, à cause
que ie luy donnois du vin le plus secrettemẽt que ie pouuois, qui auoit à nom *Assan*,
& se mesloit de la Medecine: lequel me dist (comme nous tenions propos de ceste matiere) que luy estant en Hongrie, du temps que Solyman y feit tant de conquestes, & à
la bataille où Loys Roy de Hongrie fut deffait, l'an de nostre salut mil cinq cens vingt
six, il fut auec vne troupe de sept à huict autres Medecins, pour visiter les morts, & faire quelque anatomie des plus aagez : ie dis seulement de ce qui est aux entrailles. Ils
trouuerent les parties interieures des Chrestiens plus gastees, que celles des Turcs. Et
luy en demandant la cause, ne m'en sçauoit que dire, sinon que c'estoit le *Charaff*, c'est
à dire le Vin, appellé par les Arabes grossiers *Nebipht*, qui estoit cause de tout le mal:
mais il toucha mieux au vif, quand il me meit en ieu les viandes salees, qui sont (disoit *Les Turcs*
il) le vray degast des corps humains. Ie ne veux pas dire, que les Turcs ne salent leurs *& Arabes*
viandes, & les Arabes aussi, & qu'ils n'ayent du Sel, qu'ils nomment *Melch* (les Turcs *n'vsent de*
Tus, & les Grecs vulgaires *Alas* :) mais ils n'en mangent, tant les vns que les autres, *viandes sa-*
qui soient de si long temps salees cõme nous. Cecy ay-ie obserué aussi parmy les Sau- *lees.*
uages de l'Antarctique: lesquels voyans que nous mangions du lard vieux & tout rance, qui nous seruoit de chapons & perdrix, nous reprenoient, disans, comme il estoit
possible que nous vesquissions si longuement, & fussions en vie, veu que ceste saleure
est du tout dommageable aux corps des hommes. Et certes ces pauures gens n'estoient
Medecins ne Physiciens, ne versez en Aristote, Auerroïs ou Auicenne, mais Nature
leur apprenoit & apprẽd tous les iours, ce qui est bon; & ce qui est nuisible. Estãt aussi
aux deserts de Suez, allant au mont Sinay, i'auois des langues de pourceau salees, que
i'auois apportees d'Egypte. Il y eut vn Arabe, nõmé *Amana*, qui m'en veit manger,
auec six Chrestiens Leuantins, desquels ie m'estois accompaigné, pour estre plus asseu- *Brau ade*
ré de ma personne. Lequel Arabe nous ayant assez long temps œilleté, vint durant que *que nous*
nous disnions, auec vn maintien fier & arrogant, tenant vn baston en sa main: & ayant *feit vn Ca-*
tourné sa face sur moy, comme sur celuy qui estoit cause d'vn tel festin, me dist en son *pitaine A-*
patois, *Anhadem algour aiameia adalal gazar*, l'ay faim, paillard Chrestien, vends moy *rabe.*
de ta chair. Or cognoissois-ie bien l'humeur de ce gentil voleur, & que tous les propos qu'il nous tenoit, & son maintien, n'estoiẽt que pour nous attraper. Parquoy ie ne
luy respondis vn seul mot, pour n'estre conuaincu de quelque vanie Moresque. Iceluy donc vireuoltant par plusieurs fois autour de nous, s'addressa encor à vn Grec,
nommé *Andronic*, & le charge de prime face à coups de bastonnades, vsant de tels
mots, *Bacader aspharege*, Dy moy, poltron, combien me coustera vne de ces volailles
salees que tu manges, & ausquelles tu prens si grand appetit ? *Arpha alhops*, C'a, que
lon m'apporte aussi du pain, ie veux estre de vostre escot. Et ces propos finis, ce sola-

ſtre, ſuyui de trois de ſes Eſclaues, l'vn deſquels eſtoit Abyſſin, fils d'vn Chreſtien, ſe
mit à fouiller en noz beſaces, faites de poil de beſte, & ſe ſaiſit de ce peu q̃ nous auions,
ſans que iamais aucun de la compaignie ſ'en vouluſt formaliſer, iaçoit que cela nous
importaſt grandement. Quant au reſte du lard que nous auions, il le feit tailler en pieces par ſeſdits Eſclaues, & ietter au profond d'vne baſſiere fort creuſe, & couuerte de
ſable auſſi fin blanc que neige. Ayãt ce vieux damné ioué ſes ieux, pour inciter le peuple à prendre les armes contre nous, ſe print à crier, diſant, *Axakom ſaheith mana ſa-*
habak alkaied, c'eſt à dire, Qui eſtes vous, qui prenez la hardieſſe de manger telles infe-
ctions deuant nous autres Seigneurs? Ne ſçauez vous pas, que vous nous ſcandaliſez
tous, & offenſez vous meſmes? Seroit-il pas plus loiſible de vous accommoder de noz
viures, d'*Algobon aſoubould*, qui ſont des fromages deſquels nous vſons, & du beurre
auſſi? Eſtes vous encor en voſtre païs ſi groſſiers, & ſi deſpourueuz d'entendement, que
vous ignoriez, que telles viandes ſalees ne vous rendent *Almaphs, alahaad, aſanan*, ſçauoir, l'haleine, le goſier, & les dents puantes? & que cela vous gaſte *Alneſiſſa*, qui eſt le
foye? Nous ayant ainſi traitez de la dragee commune de ces païs là, il ſe ſepara de noſtre compaignie, apres auoir prins par force le peu de commoditez que nous auions.
Or ay-ie bien voulu faire ceſte petite digreſſion, pour vous mõſtrer, qu'il n'y a nation
ſoubz le ciel, qui n'abhorre le manger des choſes ſalees, hors mis ceux qui portent le
tiltre de Chreſtiens. Au Royaume de *Cylan*, qui eſt ſoubz l'obeïſſance du Roy de Perſe, païs plus ſterile que fertile, à cauſe que ce ſont tous rochers & ſablons, il fault que
leurs voiſins des Royaumes d'*Arach*, qui eſt de la part du Midy, & de *Sarcif*, qui luy
eſt au Nort, les nourriſſent de leur abondance: Neantmoins en ce païs là, & où l'on m'a
aſſeuré que les eaues ſont ſi chauldes, qu'il eſt impoſſible d'en boiré, qui ne les ſera ra-
Arabes
aagez de ſix
vingts ans.
fréſchir, l'on voit le peuple y viure ſi bel aage, que le commun c'eſt de voir des vieillards de cent & ſix vingts ans. Eſtant en Bethlehem, i'ay veu vn Arabe, Capitaine de
voleurs & aſſaſſineurs des montaignes, lequel fut prins des Turcs auec pluſieurs de ſes
complices, q̃ui diſoit, & mõſtroit par eſcrit, qu'il auoit plus de ſept vingts ans: Et neantmoins l'vn & l'autre de ces païs eſt ſterilé, & fort pauure, & y a cent regions, où la
temperature eſt beaucoup meilleure. Eſtant auſſi au mont Sinay, il y eut vn Papazze
Grec, ou Preſtre Baſilien, qui me mõſtra par eſcrit dans les Chartes de ſon monaſtere,
qu'il auoit cẽt dixhuict ans, & toutefois c'eſtoit vn des plus gaiz & diſpoſts hommes,
qui fuſt en toute la troupe. Ie ne veux oublier à vous reciter, que eſtant en vne ville,
nommee *Tor*, pres de la mer Rouge, ie veis vn autre volleur Arabe, que le peuple de
ce païs appelle *Alſarac*, qui eſt à dire Larron; lequel ſe vantoit auoir eſté trentecinq
ans ſans auoir mangé vingtcinq fois du pain, ſinon des viandes que les Arabes mangent aux deſerts, ſçauoir farine de poiſſon, chairs de Chameaux, Vaches, Moutons,
Cheures, laictage, fromages, dattes, fruicts, & autres choſes de peu de ſubſtãce: & nous
ayant mõſtré pluſieurs pierres fines, qu'il auoit vollé aux marchans du païs, ce vieux
pecheur nous confeſſa auoir ſix vingts neuf ans: & enuiron vn mois au parauant i'en
auois veu vn qui ſe diſoit eſtre encor plus aagé. Eſtant en l'Antarctique, il y auoit vn
Pira, hõme
aiant ſix
vingts dix
ans.
Sauuage, nommé *Pira*, qui eſt vn nom de poiſſon, lequel au compte qu'il faiſoit par
ſes doigts, & ſupputant les Lunes (car c'eſt ainſi qu'ils comptent leurs ans) auoit plus
de ſix vingts dix ans, ſans qu'il apparuſt ſur luy aucune tache, ride, ne poil blanc, telles
que ont noz vieillards ordinairement pardeça. Mais quoy? ces bonnes gens viuent de
reigle, ne ſe mettans iamais à table, que preſſez d'appetit, & ne ſe ſoucient d'aucune ſorte de friandiſe, comme les autres peuples de l'Europe, leſquels ſont du tout addonnez
aux viandes exquiſes. Auſſi ne ſe doit on eſbahir ſi leur vie eſt courte: encores qu'il ne
ſ'en faille prendre ou accuſer l'indiſpoſition de l'air, ne des Aſtres, veu que noz ance-

ftres iouyſſoient de meſme Ciel que nous, & auoient pareilles influences, toutefois
viuans plus ſobrement,& plus long cours de vie.Eſtant en diuers endroits de la Grece,ie prenois plaiſir & grand contentement,lors que ie liſois en diuers Epitaphes,gra-
uez contre quelques pierres dures, ou bien de marbre, qui ſeruoient de monuments
aux peres anciens : en pluſieurs deſquels eſtoit eſcrit l'aage des deffuncts, qui eſtoit
beaucoup plus long,qu'il n'eſt à preſent.Voila ce que ie vous ay voulu dire de la Tartarie Orientale, à cauſe du different de celle que nous diſons Occidentale, qui a eſté
cogneuë l'an mil trois cens & trois. I'ay trouué dans quelques vieux memoires eſcrits
en parchemin,eſtant en Conſtantinople, que pluſieurs Seigneurs de ceſte Tartarie accompaignerent vn grand Prince,Ambaſſadeur vers le Roy de France Philippe le Bel,
pour prier ſa Maieſté de donner ſecours & ayde à leur Roy ſouuerain , contre la tyrannie des Mahometans,qui infectoient leur païs,diſans,que ſil pouuoit auoir le deſſus de leurs ennemis,ou les ranger à raiſon , ils ſe feroient Chreſtiens : mais le Roy n'y
pouuant donner ordre,l'Ambaſſade ſen retourna en ſon païs Tartare.

De l'erreur des Anciens touchant les Pigmees ou Nains, qu'ils ont dit eſtre au monde. CHAP. XI.

'IL EST AINSI qu'vn ſi excellét perſonnage,que iadis a eſté ſainct
Auguſtin, a fait vn liure de Retractations,où il recognoiſt les faultes
eſquelles il penſe ſeſtre aucunement deſuoyé : ie ne penſeray faire
aucun tort à ma reputation , ſi ie confeſſe que ſur le propos des Pigmees, ie me ſuis grandement abuſé en mes deſcriptions du païs
du Leuant, imprimees l'an mil cinq cens cinquantetrois , & trompé
par la lecture des liures anciens,& que auſſi ayant veu certains petits hommes au grãd
Caire en Egypte, qu'on auoit amenez des Indes Orientales,à ſçauoir de Malaca,Pegu,
& Bengala, & autres païs voiſins,ie me laiſſay perſuader aux Iuifs, qui les conduiſoiét
(qui eſt la generation la plus menſongere de l'vniuers) que au païs de ces petits hommes tous eſtoient de meſme ſtature,& qui plus eſt,ils faiſoiét la guerre aux Grues,deſ-
quelles ils eſtoient fort affligez, ayant fait effigier leur combat,comme ſi c'eſtoit choſe
veritable. Ce que Munſter a prins de moy,& autres pareillement.Mais depuis que i'ay
eſté deſniaiſé & de cecy & d'autres folies, ioint que ie n'auois veu tant de païs lointains , delà ne deça l'Equateur, que i'ay depuis viſitez, ie n'ay plus creu ſi legerement,
ayant veu les lieux où lon dit que ces Nains croiſſent, & n'ay depuis ſuyui ce que les
Anciens en ont eſcrit, qui ſen ſont laiſſé perſuader de belles, comme des Licornes,
Dryades, Faunes, Griffons, & autres telles folies, & des Monſtres diuers, deſquels ils
font certaines regions toutes peuplees . Mais premier qu'entrer plus auant en diſpute,
voyons en quel païs c'eſt que lon nous les a mis. Les aucuns ayans eſgard à la petiteſſe
d'aucunes beſtes naiſſantes dans les ſolitudes d'Ethiopie, pardelà le ſein d'Arabie, qui
eſt le Royaume de Barnagaz,ont voulu tirer en conſequéce, que les hômes y ſont ainſi de petite ſtature : mais l'argument eſt fort imbecille ; iaçoit que les païs chaulds ne
nourriſſent pas de ſi grands hômes, que ceux qui ſont plus expoſez au froid . D'autres
ont dit,que ces Pigmees ſe tenoiét aux Indes par deſſus le Gange :mais ils ſabuſent en
ceſt endroit, d'autant qu'il ne leur faudroit point bataillerc côtre les Grues, qui ne font
point là leur nid, & n'y ſont guere en tout le long de l'annee: & auſſi ils ſeroient fortifiez contre elles, veu qu'ils viuent dans les ſpelonques & cauernes. Si lon voit de ces
hommes petits pardeça, c'eſt choſe ſeure qu'ils ont l'vſage de raiſon auſſi bien que

L'Autheur
recognoiſt ſa
faulte.

nous : & que aufli on ne les ameine point de fi loing, que lon dit que les Pigmees fe
tiennent. Ceux qui les font batailler auec les Grues, comme fait Homere (ce que aufli
plufieurs ont creu, & S.Auguftin mefme en fa Cité de Dieu, liure feiziefme, chapitre
huiétiefme, l'affeure, ou peu f'en fault : iaçoit que cela ne me·le fera croire, affeuré que
ledit fainét perfonnage nie en fes liures mefme, qu'il y ayt des Antipodes : & toutefois
la chofe eft tant auerée, qu'il eft impoffible d'y côtredire) Ceux dy-ie, qui les font combattre auec les Grues, les mettent accortement és païs Septentrionaux, fçachans que
c'eft là, que ces oyfeaux fe retirent le plus fouuent. Mais Ariftote dit, que les Pigmees

*Ariftote,
& autres
faillent en
ceft endroit.*

font és Paluz du Nil, & que les Grues les vôt affaillir iufques là depuis le païs des Scythes Septentrionaux, & affeure qu'il eft ainfi, au liure huiétiefme de la Nature des animaux, chapitre douziefme. Ie ne veux m'arrefter icy longuement, ains i'en veux parler
par la feule experience oculaire que i'en ay euë, mieux que ledit Ariftote, Platon, ne
Pline aufli : & penfe, fans autrement me louër, auoir autant nauigué, & couru des païs
eftranges, que autre que lon cognoiffe de mon temps en l'Europe, & fi iamais n'ay ouy
parler, ne peu fçauoir par les nations voifines du Nil (aupres duquel i'ay fi long temps
demeuré) ny celles qui font en Malaque, Pegu, ou en Béngale, qu'il y euft nation, où
les hommes en general fuffent de fi petite ftature. Quant au combat auec les oyfeaux
& Grues, cela eft aufli vray comme des Perdrix, qu'ils font en ce païs mefme, qui font
de la grandeur d'vne Oye, & que ces gens en vont ramaffer les œufs. Ie m'efbahis qu'ils
n'ont dreffé vn efquadron de ces Perdrix ainfi grandes, pour aller combattre cefte belle troupe d'hommes fi petits : lefquels ils font monter fur ie ne fçay quels Moutons, ou
Cheures, pour aller guerroyer les Grues auec leurs arcs : defquels ie croy, que fi cela
eftoit vray qu'ils guerroyaffent, ils ne fçauroient abbatre vne Alouëtte. Mais d'autres
leur baftiffent des cheuaux de proportionnee grâdeur à celle des cheuaucheurs. Laiffons donc toutes ces fables, & allons à la pourfuyte du refte des opinions. Ceux qui
ont efcrit de noftre téps, voire quelques Scholaftiques, ont fuyui l'erreur de plufieurs
du temps paffé, difans pareillement, que ces petits hommes fe tiennent en Septentrion,
en quelque region d'Afie, en la Scythie, où les Grues repairent. Mais en cela ils rendent
leur caufe mauuaife aufli bien que les premiers, d'autant que i'ay veu le contraire, com-

*Aux lieux
froids font
les grands
hommes.*

me i'ay dit cy deffus, & que aux lieux froidureux naiffent & font les grands hommes :
attendu que vers les deux Poles c'eft chofe affeuree, que le froid eft plus grand, neantmoins i'ay veu là les plus grands hommes, que au refte du monde. Et n'auez garde de
voir ceux qui font foubz l'Equateur, ou entre les deux Tropiques, approcher en corpulence aux habitans, qui font felon la grande riuiere de Plate : non plus que vous ne
voyez pas ordinairement de fi haults, membruz, & corpulents hommes en France, Efpaigne & Italie, que vous faites en Dannemarch, Ruffie, Sueue, Noruege, Tille, Gotthie, & Bofne, tant Orientale que Occidentale. En fomme, il eft impoffible de voir
de ces petits hommes en ces regions froides, ny en celles qui en approchent. Et quoy
que foubz l'Equateur il y ayt bien grande difference de la grandeur des hommes, voire & aux deux Tropiques, à ceux qui font aux deux Poles, qui excedent outre mefure,
fi eft-ce que encor on ne cognoift point region, foit Orientale, Occidétale, ou Auftrale, & moins Septentrionale, où il y ayt quelque Prouince qui ne porte de ces petits hômes, côme nous en auons veu en France du temps des Rois François premier du nom,
& Henry fecond, & Charles neufiefme : mefme eftant en Efpaigne, i'ay veu à la Cour
du feu Empereur Charles le Quint deux petits Mores fort aagez, dont le plus grand
n'excedoit point la haulteur de deux pieds & demy. Au grand Caire, de mon temps, y
auoit vn Abyffin marchand, qui auoit foixanteuiét ans pour le moins, lequel n'excedoit aufli la haulteur de trois pieds : & fut prefenté, comme chofe fort rare, au Bafcha

de la

de la ville:& luy asseura ce petit camuz,que iamais son pere ne fut si grãd que luy d'vn
demy pied.Lors que i'estois en Constantinople,il y en auoit vn autre,qui n'estoit non
plus hault que cestuy cy,mais gros au possible, que tenoit Sultan Giangir, le plus ieune des enfans de l'Empereur Solyman,à sa suyte. Ce petit galant aymoit autant bien le
vin,que iamais ie vis homme,& en beuuoit gaillardement vne pinte, sans partir d'vne
place : dequoy aduint qu'estant trouué yure en la chambre dudit Seigneur Giangir,il
fut estrillé Dieu sçait cõment,auec deux Iuifs qui l'auoient en ceste sorte fait enyurer,
puis banny en Egypte , où depuis ie le veis assez pauure & pietre. Au païs de *Satax*,
Prouince assez bonne & fertile, en la haulte Ethiopie, ainsi nommee à cause de seize
riuieres qui l'enuironnēt (car *Satax* en leur langue signifie autant que Seize) se trouue vn peuple assez mal accostable,rude,felon, & de moyenne haulteur : lequel fait ordinairement guerre aux *Ienegeths*, peuple vagabond & bazané,qui sont de plus petite
corpulence, que lesdits *Satax* leurs ennemis.Lors ces assaillans *Satax* crient à voix   *Discours*
desployee,estimans faire peur aux *Ienegeths*,& leur imputer iniure grande,disans,*Ra-*   *des Satax*
gel, Ragel, Cyquei Chein, qui est à dire , Petits hommes, petits hommes: *Bahar,Nichel,*   *geths.*
Thepel , Retirez vous à voz riuieres , petits coquins que vous estes , sans vous accoster
& prendre les armes côtre nous *Humeth Cherbir,* qui sommes plus grands & puissans
que vous. Nonobstant telles menaces , aduient souuent que ces petits hommes ont le
dessus,& font la nicque aux autres:de sorte qu'ils emmeinent prisonniers grand nombre de ces criards,& les emprisonnēt dans leurs cahuettes, fermees & fortifiees de bois
de Palmiers(qu'ils appellent *Naclé*, & l'Arabe *Nachal*) sans leur oster la vie,ne les offenser,sinon que de leur faire payer rançon,& les tenir esclaues iusques en fin de paye-
ment.Le plus souuent ils les enuoyent en quelques petites islettes,qu'ils nomment *Le-*
quibeyré,qui sont dans leurs lacs & riuieres,à fin de prendre du poisson, nommé d'eux
Houct, ou des œufs d'oyseaux , appellez en leur langue *Baycá* , & des Abyssins montaignars *Hornacq*, & *Gueyf* des Iauiens. Voila comme les plus grands se comportent
auec les plus petits : de sorte qu'il n'y a que les riuieres & montaignes qui les separent
les vns d'auec les autres. Or ce mot de Pigmee est Grec,signifiant Coude,ou Coudee:
tellemēt que ces Pigmees sont estimez n'auoir qu'vne coudee de haulteur. Mais si lon
pense qu'il y a region,qui seulement nourrisse des hômes de telle stature, ie ne le sçau-
rois accorder : Et ne me soucie (comme i'ay dit) que les Anciens & Modernes ayent
creu ces singeries , côme de ceux qui ont le talon à la poincte du pied, & les doigts du
pied au lieu où deust estre le talon,& de ceux qui n'ont point de bouche,de ceux à qui
les oreilles pendent iusques à terre, & autres telles folies; escrites aux Histoires tra-   *Folies de*
giques, & inuentees par Pline , pour faire peur aux petits enfans. Que si ces hommes   *Pline &*
sont à mettre entre les Monstres, & choses sans raison, & presque à l'esgal des Singes,   *d'autres*
encor seroit-ce folie de feindre vn païs, où n'habitast rien plus que de tels marmots.   *Modernes.*
L'ame de tels petits hommes ne se mesure point à l'aulne, ains bien souuent vn petit
corps aura plus de raison en abondance,que vn qui sera plus grand.Il me souuiēt, que
estant à Nicomedie,ville bastie sur le Propontide en la petite Asie, pour visiter les antiquitez dudit lieu , auec quelques Grecs, ie fus prins pour espion, & mené deuant le
Sangeaz, qui estoit natif de Nicopoly, vn des plus grands hommes que ie veis de ma
vie,mais le plus idiot,lourdault,& indigne de sa charge, que autre que ie rencontray
onc.Il auoit vn Nain auec luy,qui n'eust sceu auoir trois pieds de hault,que ce ne fust
tout : lequel estoit autant sage, accort & rusé , comme le Sangeaz estoit sot, lourd,sim-
ple,& peu preuoyant. Ce petit galand gouuernoit tout ce Sangeaz, qui ne faisoit rien
sans le conseil de ce petit homme, lequel pour vray fut cause que nous fusmes deliurez. S'il eust esté du païs, que lon nous feint sans raison en la region des Pigmees, il

n'euft eu garde de fçauoir fi bien conduire tels affaires, comme il faifoit. Mais il fault venir là ; que ces gens eftans trouuez entre toutes nations , & naiffans entre nous , c'eft folie de leur attribuer ce nom comme peculier , & les priuer de raifon & fens natu-rel : car le plus fouuent ces petits corps ont l'efprit plus gaillard, fain, & fage , que vn grand coloffe & maffe de corps, veu qu'en ces petits n'y a rien de vague. Et c'eft pour-quoy Homere defcrit vn Vlyffe de moyenne ftature, toutefois homme fage, prudent, accort , rufé & fin : là où Aiax eftoit grand , mais lourd d'efprit, & groffier iufques au bout: Non que pour cela ie vueille conclurre, que l'efprit defaille aux grands plus que aux petits : mais à fin que lon cognoiffe, que Nature eft auffi bien la mere de ces petits corps, & leur depart de ce qu'elle a de bon, comme aux autres, fans les priuer de l'vfage de raifon comme beftes.

De l'ifle des Femmes , dite IMAVGLE: *de la fable des cAnciens touchant la pierre d'Aymant , & vertu d'icelle.*

CHAP. XII.

VELQVES vns ont dit & marqué faulfement dans leurs Chartes marines, que cefte ifle des Femmes eft affife pres Zeilan , tirant vers l'Archipelague de Maldinar ; les autres vers les Moluques , les autres l'auoifinant des Canibales. Mais à fin d'ofter chacun de debat, & fuyuant ce qui en a efté vrayement obferué par moy, ie deduiray le tout à la verité: Sçauoir que ladite ifle eft de la part de celle de Zeilan, & non point comprife au païs des Canibales, qui eft entre la riuiere de Marignan, & le Promotoire de cap de Frie, diftát de huiŧ degrez de l'Equateur. Or eft l'ifle de *Imau-gle* au commencement du fecond Climat, Parallele cinquieme, & fon plus long iour de treize heures & demie. Ces femmes à certaine faifon de l'annee fe retirent & con-uerfent auec leurs confederez : puis fe fentans groffes, retournent en leur ifle, pour la garder, comme femmes mefnageres & accortes. Le temps venu de leur enfantement, fi elles produifent vn mafle , l'ayans nourri fept ou huiŧ ans , l'enuoyent au pere, pour trauailler & l'adextrer à la pefcherie, & à tirer de l'arc: en quoy ils font finguliers & ex-cellens maiftres. Si c'eft vne femelle, les femmes la nourriffent, & retiennent auec elles. Leur demeuráce eft dans leurs loges ordinaires, à fin que fi quelcun des hommes vou-loit les offenfer, elles y ayent feure retraite. La caufe de la feparation de ces femmes d'auec leur confort, ne prouient d'ailleurs, que de la fterilité de l'ifle: laquelle toutefois pour l'antiquité de leurs peres, elles ne veulent perdre & abandonner, ne la laiffer à leurs plus proches voifins, encores que en ceft endroit il fe trouue bien peu de poiffon dequoy elles viuet: Pour ce leurs maris font contraints fe tenir en vne autre, nommee *Inebile*, & laiffer les femmes en *Imaugle*, où elles f'addonnent à cultiuer les iardins, def-quels il y a grande abondance, auec fruiŧs de toutes fortes, & tous differens de ceux que nous vfons pardeça. Il y a des bois forts & efpais, où fe trouuent des beftes fauua-ges, & vne infinité d'oyfeaux de diuers plumages les vns des autres. Entre tous lefquels

Oyfeaux rouges. f'en voit vn , efgal en grandeur & corpulence à vn Heron , mais qui eft auffi finement rouge, que fut iamais Lacque ou Efcarlate quelconque, fans que vous luy voyez vne feule tache d'autre couleur. Les Sauuages Toupinanquins l'appellent *Hara*, & les Scy-thes Orientaux *Oumacqui*. Il fe trouue encor des Perroquets, qui auffi font rouges, ex-cepté quelque peu de la poiŧrine, qui eft de couleur iaunaftre. Quelques vns ayans paffé le long de cefte cofte, & y eftans defcenduz, pource qu'ils n'ont veu que des trou-

pes amoncellees de femmes, fans y voir pàs vn homme, ont eftimé que c'eftoient des
Amazones:chofe mal entendue à eux(car il n'y en eut iamais non plus que de Sereines
ou Dryades dans la mer) encore que celuy qui a fait le liuret intitulé Les trefmerueil-
leufes victoires des femmes du monde, nous les face encore de prefent reuiure en l'A-
frique Auftrale,& d'autres au païs du Peru,du refte de celles, qui iadis furent tant celebrees entre les Grecs & Latins : mais l'ifle qui eft faulfement marquee des Amazones,
gift à quatre degrez outre l'Equateur,deuers la partie du Midy.D'autres ont eftimé cefte ifle eftre celle qui eft pres le Royaume d'Adé,appellee *Zocotera :* mais ils fe trópent
fi fort,qu'il y a plus de fix cens lieuës de diftance de l'vne à l'autre.Ils vous dirót qu'il y
a des hommes en l'ifle auec leurs femmes & enfans, & les nourriffent de laict,fruict de
Palmes, farine de poiffon, & autres viandes de peu de gouft. Il eft bien vray, que ceux
qui glofent, que cefte ifle cy eft le païs des Amazones, prennent vne conclufion affez
mal baftie,difans que les hommes ne fe meflent de rien qui foit au mefnage, & que les
femmes departiffent tout,& gouuernent leur petite fubftance, & que iadis fafchees de
la folitude, elles fe meflerent parmy les hommes, & les attirerent en leur ifle, retenans
ce neantmoins l'authorité fur eux. Ce qui eft du tout efloigné de la verité, & ce font
vrayes mocqueries, que les Mores voifins donnent aux voyageurs, qui croyent trop
de leger.Refte de reprendre noftre ifle des Femmes (de laquelle ie vous reprefente icy

le pourtraict,auec celle de *Inebile,*où les hommes demeurent:toutefois qu'elles foient   *ifles de I-*
pauures,& quafi infertiles, comme dit eft) qui eft tirant vers les Moluques, auoifinee   *mangle &*
d'vne infinité d'autres.Toute cefte cofte eft fi frequente en ifles & iflettes,que ceux qui   *Inebile.*
y ont paffé, n'en font point compte de moins que de fix mille en nombre. Or ne faillent pas trop lourdement ceux qui la font voifine du Royaume de Cambaïe, veu qu'il

n'y a guere que la mer entre deux, fauf celle qu'auons cy deuant nommee Vendenao. Elle a foixante & douze lieuës de circuit, & diftante d'enuiron quinze lieuës de
Iuebile. Or eft ladite Inebile non guere moindre, foit en circuit, longueur, & largeur,
que celle des Femmes, ou que *Ibadie*, & cinq autres ifles, qu'on appelle de *Darufe*. Les
hommes viuent de pefcherie, & eft leur poiffon trefbon, lequel ils falent, & puis le
changent à d'autres chofes à eux neceffaires auec les efträgers. De ce poiffon deffeiché
ils font de la farine, pour f'en feruir de pain (car ils n'ont aucun vfage ou cognoiffance
de bleds) & vendent le refte, qu'ils falent, aux eftrangers : & voit on fouuent plufieurs
petits vaiffeaux, qui viennent en ladite ifle, pour permuter auec autre marchandife ledit poiffon, duquel ils ont en abondance. Quant aux femmes, elles f'addonnent à faire
des logettes & cabannes de bois affez mal dolé : & lefquelles ces bonnes Charpentie-
res couurent de fueilles de Palmiers, & d'efcorces d'arbres, à fin de coucher en feureté,
& d'y tenir ferrez leurs enfans, tandis qu'elles font apres le cultiuement de leurs iardinages: car c'eft l'vne des principales vacations, à quoy ces femmes folitaires employent
leur temps. Les hommes auffi vont, quand bon leur plaift, voir leurs femmes & familles : & m'a l'on dit, qu'elles font plus de trentecinq mille ames, foit femmes ou enfans,
tant mafles que femelles, qui habitét ces deux ifles. Et fault que penfiez, que la feule occafion, pour laquelle ces bonnes gens tiennent ainfi les femmes efloignees de leur compaignie, prouient d'vne ancienne couftume de pere en fils, & de ialoufie qu'ils ont d'elles, ne voulans que l'eftranger les frequente: ioinct auffi, qu'ils font fort fuiets aux guerres auec leurs voifins. Souuent aduient que les autres Infulaires, qui leur veulent mal
de mort, viennent fur eux auec deux ou trois cens de leurs petits vaiffeaux, où ils font
defcente de trois ou quatre mille hommes: Et Dieu fçait fi ceux de Inebile fe voyans
fans charge de femmes ny d'enfans, font de belles vaillantifes, & comme ils chaftient
leurs aduerfaires : ayans l'an mil cinq cens quaranteneuf, pour vne fois deffait plus
de mille huict cens Sauuages, qui eftoient venuz de *Bazecate*, & des trois ifles nommees des Satyres, pour leur faire la guerre, & les chaffer de leur terre. Cefte ifle aux
Femmes fe peult vrayement dire eftre en feureté, tant pour la hardieffe des hommes,
qui pluftoft fe feroient tailler en pieces, que permettre qu'aucun forfeift à chofes qu'ils
tiennét fi cheres, que leurs femmes & enfans: Auffi eft ce lieu de tous coftez enuironné
de haults rochers, comme de remparts & bouleuerts, où les hommes leur feruent de
protecteurs & fauuegarde contre leurs ennemis, aufquels ils f'oppofent auec telle fureur, que fait la Lyonne, fi quelcun f'enhardit de luy vouloir rauir ou occir fes Faons.
Elles eftans endurcies au trauail, font prefque auffi adextres à manier l'arc, & tirer droi-
tement d'iceluy, que leurs maris, qui ne vacquent à autre chofe. Aduint auffi, que enuiron l'an mil cinq cens trentequatre, & quarante & vn, ayans leurs ennemis faccagé &
pillé la plus part de l'ifle où les hommes fe tiennent, elles determinerent la guerre contre leurs anciens ennemis pour venger l'iniure. Ainfi drefferent elles leur equippage
de deux cens batteaux, & y mirent bon nombre de filles & de femmes les plus fortes
qu'elles peurent choifir, en attendant le fecours de leurs maris & alliez. Mais fault fçauoir en paffant, que leurs vaiffeaux font comme des auges, faits d'vne piece d'vn arbre,
que huict hommes à grand peine pourroient embraffer. En ceux où il fault vfer de
pieces & calfeutrement, elles mettent de groffes & fortes cheuilles de bois : car de fer
n'y a point d'ordre d'y en mettre, d'autant qu'ils n'en ont point, non plus que d'autres
metaux. Si le fer eftoit commun à ces Infulaires, comme il eft à ceux de terre ferme, ie
ne doubte point qu'ils ne l'appliquaffent en plufieurs chofes, mefmes à fortifier leurs
barques comme ils font de cheuilles. Sur ce propos il me fouuient auoir leu en l'hiftoire de Pline, & en celle d'Herodote, qu'il y a certaines ifles en la mer, defquelles

Seureté de
cefte ifle.

Pline &
Herodote
s'abufent.

pour rien les nauires clouëes & ferrees n'oferoient approcher, pour les pierres d'Aymant de groffeur incroyable, qui ont telle vertu naturelle en elles, que les nauires s'en
approchans demeurent toutes defclouëes, & ne faillét bien toft apres de fentir le malheur du naufrage. De ma part, ie fçay bien le contraire : & lifant telles fables, ie n'y ay
adioufté non plus de foy, qu'à celles qu'a mifes par efcrit vn certain Matelot d'eau
doulce de noftre temps, lequel a efté fi impudent, qu'il affeure que ceux qui font le
voyage de Calicut, la Chine, Caray, & quelques autres endroits des Indes delà le Gange, f'ils ne font accorts en l'art de la marine, pour recognoiftre de trois ou quatre lieuës
loing quatorze petites iflettes, & ne font largue en pleine mer, ils fe trouuent clouez, &
prins à la pipee, comme feroient oyfeaux à la gluz, à caufe de ces pierres d'Aymant. Ie
m'en rapporte aux Indiens, & aux Portugais noz plus proches voifins, fi cela n'eft pas
vne baye, & fi tel malheur leur eft ainfi aduenu, ne à autre hôme qui viue. Ie ne doubte
pas, comme ie vous ay dit ailleurs, que le peuple Sauuage des ifles de *Maldines, d'Am-*
purd, Soccare, Zecathe, Gephord, & autres pofees en la mer Pacifique, ne cheuille de bois
treffort fes batteaux, dans lefquels ils vont à la pefcherie : mais c'eft d'autant qu'ils ne
fçauent que c'eft non plus de fer, que de cuyure, plomb, ou acier : & encores ont moins
l'induftrie de recercher leurs mines & minieres. Aü refte, l'Aymant n'attire pas le fer à
foy, pour naiftre dans mefme miniere, ou pource que leurs mines foient contigues &
ioignantes les vnes aux autres, comme quelques vns eftiment : car il fe trouue en tels
lieux, là où il n'y a fer aucun. Autres penfent qu'il attire le fer à foy, pour auoir ladite
pierre communiqué telle force au fer, d'eftre d'elle attiré : & que pour cefte caufe l'Aymant ne poife non plus, lors qu'on y adioufte beaucoup de fer, que quand on en met
petite quantité dans les balances. Toutefois nous auons efprouué le contraire : & n'a
cefte pierre vertu & force deletoire, ainfi que plufieurs tiennent, d'autant que les habitans de celle contree difent, que l'Aymant prins en moyenne quantité, maintient toufiours l'homme ieune, frais & difpoft : & c'eft pourquoy le Roy de Zeilan fait faire diuerfes fortes de vaiffeaux d'Aymant, dans lefquels il luy cuit fa viande, & pour máger
& boire pareillement. Ce que m'ont affeuré quelques Indiens natifs de Calicut. Et eft
beaucoup meilleur l'Aymant de cefdites ifles, que celuy qui fe trouue en trois autres
plus grandes, qui font fur l'emboucheure du goulfe de China, nommé des Indiens
Gounath, & des Bifnagers *Abdilech.* Cefte roche a de grandes proprietez, & fort neceffaires à l'art du nauigage, eftant de la fubtile inuétion des hommes de noftre temps :
veu que les Anciens n'eurent iamais la cognoiffance d'vfer de la Calamite en nauigát :
auffi ne faifoient-ils des voyages gueres loingtains, & f'ils alloient vifiter quelque nation eftráge, c'eftoit au feul cours de la Lune, & autres Aftres, qu'ils rapportoiét le deffeing de leur voyage, & lieux où ils auoient abordé & mouillé l'ancre, auec telle induftrie & affeurance que noz Pilotes font maintenant. Mais les grands & difficiles que
lon fait auiourdhuy, où quelquefois fault employer deux ans à aller, & autant pour le
retour, il eft impoffible de parfaire telle difficulté, fans l'vfage de la Bouffole, ou compas de mer, qui eft vn inftrument fort delicat, & fubtil, fait en forme d'vne bouëtte, dás
laquelle y a vne Efguille, frottee de cefte pierre d'Aymant, pour la tenir immobile, &
autour d'elle font marquez les trentedeux Rums des vents. Cefte Efguille ainfi frottee
de la Calamite, fait toufiours fon office de regarder, fans varier, vers noftre Pole. Que
fi fa vertu f'affoiblit, c'eft au Pilote expert & diligent, d'auoir toufiours en fon coffre
quelque peu de cefte Pierre tant neceffaire, pour f'en feruir en tous Climats où il fe
trouuera, foit deça l'Equateur, foit delà la mefme ligne Equinoctiale, & toucher tout
bellement l'Efguille à cefte Pierre, iufques à ce qu'elle retienne vn peu de fa force &
vertu, & que l'Efguille f'arrefte fans varier fur l'eftoille du Nort. Fault encor que le bon

L'vfage de la Bouffole fort necef-faire au Pi-lote.

FF iij

Pilote cognoiffe les vents de cefte Efguille, & comme le Soleil paffe tous les iours par iceux:car fans ces confiderations & diligence en l'art marin,celuy qui conduit les flottes,& gouuerne les vaiffeaux, fe mettroit en danger de corps & biens : comme i'ay experimenté quelquefois, lors que i'allois de Grece en Egypte dans vn nauire Turc, où il aduint que la Bouffole fut brifee par tourmente de mer:& ainfi noz deux Pilotes incontinent ne fceurent que faire, finon d'aborder l'ifle de Pathmos : autrement nous eftions perduz, fi par force à coups de coutelats nous n'euffions prins vne Bouffole dans vn nauire Grec. Cas admirable, que foubz la guide de ce petit inftrument, vous courez hardiment tout l'Ocean, & allez par dix mille deftroits de la mer , fans faillir prefque iamais à la cognoiffance ny des vents ny de l'eleuation de voftre Pole. Ainfi ceux qui entendent ceft art,de tant plus font à louër. L'art & pratique du nauigage eft le plus penible & dangereux de toutes les fciences, que onéques les hommes ayent inuentees,veu que l'homme f'expofe à la mercy des abyfmes de ce grand Ocean, qui enuironne & abbreuue toute la terre.Dauātage,auec cefte Efguille lon peult vifiter prefque tout ce que le monde contient en fa rotondité , foit vers la mer Glaciale, ou des

Terre Auftrale incognuë aux Anciens. deux Poles,& terre Auftrale , qui n'eft encor comme ie croy defcouuerte, mais felon mon opinion d'auffi grande eftendue que l'Afie ou l'Afrique , & laquelle vn iour fera recerchee par le moyen de ce petit inftrument nauigatoire , quelque long voyage qui y peuft eftre.Or reuenons à noz nouuelles guerrieres d'Imaugle.Apres qu'elles eurent dreffé l'appareil de leurs barques, & que dedans elles eurent mis deux mille femmes ou enuiron, accompaignees & cōduites de ce qui reftoit d'hommes vaillans & prōpts à la guerre, incontinent qu'elles eurent fait defcente en la terre de leurs ennemis, qui

Fēmes courageufes cōtre leurs ennemis. iamais ne fe fuffent doubtez de cefte entreprife courageufe de ces femmes , Dieu fçait de quelle fureur ces noutelles Amazones f'acharnerent fur les pauures habitans de l'ifle de Bazacate,& à les faire mourir cruellement & pauurement:lefquels ne pouuans refifter à cefte tempefte feminine, furent contraints fe retirer aux montaignes & grotefques:où ces hommes & femmes n'oferent les pourfuyure,fe contentans d'auoir raffafié leur cœur, en vengeant la mort de quelque nombre de leurs amis, qu'ils auoient occis. C'eft tout ce que ie peux deduire des fingularitez de ces deux ifles,& des mœurs des habitans:Hors mis qu'il y a vn beau lac d'eauë doulce,lequel contient deux lieuës de tour, & eft abondant en fort bon poiffon , que ces femmes pefchent en la forte qui f'enfuyt.Elles accouftrent trois ou quatre troncs de bois en façon de lōgues bufches, lefquelles ioignent enfemble, & fe mettent deffus hardiment, & à force de rames elles courēt tout ledit Lac, & y font toute leur pefcherie auec de petits engins faits de ionc & de fueilles de Palmiers. Dans ceft Eftang,outre le bon poiffon f'en trouue auffi de fort dangereux, & lequel porte poifon & venin: & entre autres y en a d'vne efpece,lequel fe nomme *Arroup*, grand comme vne Lamproye, ayant la peau auffi rude que le doz d'vne lime. Ce poiffon eft fi venimeux, que f'il a mordu quelcun, il fe peult affeurer de la mort,fi bien toft on n'y applique le remede : lequel,comme fait pardeça le Scorpion,fe prend de la befte mefme. Or guerit on ceux qui en font feruz, prenans de la graiffe dudit poiffon,laquelle il fault mefler auec le fiel qu'il porte, tous deux battuz & broyez enfemble,& l'appliquer fur la partie offenfee. Ces femmes apprifes de nature,gardent de cefte graiffe,& font l'emplaftre d'icelle,& du fiel,le mettans fur la fueille

Hipt, herbe bonne & finguliere. d'vne herbe, appellee en leur langue *Hipt* , & appliquans le tout fur celuy qui eft offenfé. Les fueilles de cefte herbe font toutes telles que celles d'vn Meurier, lefquelles ont force contre toute forte de venins. Dans ce Lac mefme fe trouuent des Crocodiles,& vne infinité de Serpents de diuerfes couleurs : entre autres d'vne efpece qui font tous verds, & femblables à ceux que i'ay veuz en l'Antarctique , excepté que ceux cy

font plus grands , & le venin vne mort prefente & foudaine. Ces Serpents font longs
de fix pieds,& de la groffeur du bras d'vn homme.Les habitans de ces ifles ne font difficulté de manger de ces Serpents,apres leur auoir couppé la tefte,comme nousfaifons
aux Anguilles: Moins n'en font aux Crocodiles,s'ils les peuuent attrapper.Par les chemins fe voyent les ifles de *Zamal,Vulcan,Gornac,* & *Poinfoub:*lefquelles font enuiron
dix degrez delà l'Equinoctial , tirant vers les Moluques. En cefte ifle de Vulcan,ainfi
nommee des Pilotes,qui les premiers l'ont defcouuerte,on voit vne môtaigne,laquel-
le refpire flammes & fumees,ainfi que iadis a fait celle de.*Mongibel.*Quelques refueurs
de mon temps ont ofé mettre par efcrit, qu'en ces ifles les femmes voyans leur mary
mort, celle qui eft la plus fauorite d'entre celles qu'il auoit efpoufé (car ils en tiennent
tout autant qu'ils en veulét)ne fault de fe precipiter,ou fe tuer foymefme, fi elle peult
de forte que (comme aduient fouuent)fi le mary fe rompt le col tombant de quelque
arbre , ou fe noye allant fur mer, la miferable femme va tout foudain confacrer fa vie
par mefme genre de mort aux ombres de fon mary, difant aux parents,qui la veulent
empefcher de ce faire, qu'il fen'va boire , manger, & dormir auec fon mary , lequel
l'attend au fommet de quelque haulte montaigne ,lieu le plus beau & plaifant qui
foit au monde , & que fi elle failloit à le fuyure, elle feroit par mefme moyen priuee
d'vn fi grand bien. Ie ne veux pas dire,que autrefois telle diablerie n'y euft lieu , mais
auiourd'huy il n'en eft point queftion : parquoy c'eft vne pure fable à ceux qui par
vn feul ouÿr dire me le veulét ainfi faire accroire.Aux ifles de *Celebe,Pibin,*& *Copate,*&
autres voifines,fi toft que quelcun eft mort,lon ne fe tue,ou precipite,ains fait on brufler le corps du deffunct fuyuant l'obferuation des Anciens , & ce qu'encor plufieurs
de la grande Afie obferuent : là où les Egyptiens faifoient le contraire, d'autant que le
corps eftoit il mort, apres en auoir tiré les entrailles de dedans, ils l'empliffoient de
Myrrhe, Baulme , & huyles aromatiques , eftimans que l'ame demeuroit autant immortelle,comme le corps eftoit fans fentir pourriture.

De C I A M P A G V : *du premier qui introduit l'idolatrie entre eux , & comme*
l'ifle fut ruïnee. C H A P. X I I I.

IAMPAGV eft vne ifle affife vers le Leuant,du cofté du Royaume de
Catay,fort efloignee de terre ferme , & gift en la mer Pacifique, tirant
du Su au Sudeft,vers la grand'Iaue, de laquelle elle eft diftáte quelque
cent cinquante lieuës. Elle a à fon eleuation cent & vingt degrez de
noftre Hemifphere, eftant à vingt degrez loing de l'Antarctique, lequel elle regarde vers le Nordeft, pofee au commencement du tiers
Climat & feptiefme Parallele, ayant le plus long de fes iours enuiron de treize heures
trois quarts. Elle a plus de trois cens lieuës de circuit, & delongueur feftendant du
Su au Sudeft, elle contient enuiron cent treize lieuës. Elle a du cofté du Ponent vne
belle ville, portant le nom de l'ifle, laquelle eft affife fur le bord de la marine , & eft le
port fort beau , fait ny plus ny moins qu'vn Croiffant , & la ville embraffant les deux
poinctes d'iceluy ,faites comme deux Peninfules (ainfi que vous verrez par la figure
fuyuáte,laquelle ie vous reprefente au naturel :) de forte que lon y pourroit faire vne
belle & puiffante fortereffe : Et ne fçaurois mieux vous la comparer en fon affiette,que
au plan de celle belle ville d'Italie, nommee Ancone , ainfi dite à caufe de la forme &
figure de fon baftiment : pource qu'elle a deux Promontoires oppofez l'vn à l'autre,
lefquels entourent à demy le port , & font la figure d'vn coulde, ou comme vn Croif-

Cofmographie Vniuerfelle

Ce peuple mange l'e- ftranger.

fant, fi bien que rien ne fçauroit entrer dans le port, que foudain ne foit defcouuert, & mis à fonds. Le peuple de *Ciampagu* eft fort mefchant, comme celuy qui n'ayme que foymefme, & qui ne peult endurer aucun eftranger en fon ifle : ains f'il aduient qu'vn d'autre region y aborde, ils le maffacrent, & en boiuent le fang : & apres ils en font de bons repas, & le mangent, le faifans cuire en plufieurs pieces. Et ne fault f'efbahir de cefte beftiale façon de vie, veu qu'ils font idolatres, n'ayans cognoiffance ny de Religion ny de Diuinité quelconque, non plus que les Tabaiarres : & different en tout des autres idolatres, d'autant qu'ils adorent diuerfes formes d'animaux, les vns ayans la face d'vn Loup, l'autre d'vn Pourceau, l'autre d'vn Chameau, & l'autre d'vn Tygre: l'vne de ces images ayant quatre vifages, l'autre trois, & l'autre deux, comme les Poëtes feignent de Gerion Troiteftu, ou de Ianus, duquel i'ay apporté des medailles ayans deux teftes, en partant de Grece, l'vne faite d'vne forte, & l'autre d'vne autre. Mais celle de leurs idoles, qui a le plus de mains, eft eftimee la plus belle, plus digne, & celle qui a le plus de puiffance, pource qu'elle a abondance des membres du corps, lefquels font les plus actifs en l'homme. Quelquefois ils forment ces beaux finges de Dieux, de certains gros fruicts, qu'ils nomment *Tabuth*, & les Iauiens *Oricaf*, y effigians au mieux qu'il leur eft poffible la face humaine, & puis les adorent en toute reuerence. Que fi vous leur demandez pourquoy ils paignent ainfi ces Images, & reçoiuent ces Dieux pour les adorer, ils vous refpondrõt, que leurs anceftres & predeceffeurs leur ont laiffé ces Dieux ainfi effigiez, & de telle figure, comme pour heritage. Et à ce font-ils induits par certains impofteurs, lefquels ayans quelque apparence de fainéteté, & faifans la mine deuant ce malheureux peuple, luy mettent ces refueries en tefte : & font femblables à ces gallás d'Hermites que i'ay veuz en Turquie, Egypte & Arabie. Ces porteurs de Rogatons Ciampagiens ne font autre meftier, & n'ont meilleure vacation, que de tailler, grauer, ou paindre ces Marmoufets, & laides figures, efquelles le peuple eft abufé: & perd on le temps à leur remonftrer leurs abuz: car ils difent, que diuinement cela leur a efté infpiré, & entendez comment. Le temps paffé (difent-ils) ils fouloient adorer la Lune : mais vn iour, comme ils allaffent parfaire quelque deffein qu'ils auoient entreprins contre leurs ennemis, & vouluffent aller faire leur oraifon à leur Deeffe, elle fe cacha d'eux. La Lune donc leur ayant denié fa clarté, la terre ayant compaffion d'eux, fufcita vn homme qui eftoit de fainéte vie, & qui ne communiquoit aucunement auec les malings, viuant folitairement aux montaignes, & qui faifoit chofes merueilleufes : (ceftuy f'appelloit *Sophaith*: toutefois que les Indiens luy donnent le nom de *Saphormir*, eftant reueré & fuyui de tout le peuple:) lequel fe fafcha côtre les Aftres, pource qu'ils faifoient refuz de luy obeïr, & incita ce peuple à fe venger contre la Lune, & feit effigier ces figures, leur apprenant à les paindre fur quelque matiere que ce fuft. Or ne planta il pas fa fuperftition tout à vn coup, quoy qu'il luy euft efté affez facile parmy ceux qui eftoient fans ceremonie quelconque: ains attira à foy vingtquatre galans, qui luy faifoient efcorte, eftans comme fes difciples, & les mena aux montaignes efquelles il fe retiroit, & là leur apprint, comme il falloit adorer, & fe profterner deuant ces Idoles. Ceux cy eftans faits au badinage, & ayans apprins les myfteres de l'adoration de ces figures, deceurent le peuple, luy remonftrans la puiffance de ces nouueaux Dieux eftre plus grande, que celle de la Lune : tellement que chacun fe feit & baftit vn Dieu à fa fantafie. Et ont les Indiens efcrit dans leurs vieilles Hiftoires, que ce Sophaith fut le premier, qui iamais feit faire Idoles en toute cefte grande contree de la haulte Afie, & ifles voifines d'icelle. Ainfi depuis ce téps là le peuple f'eft tellemét addonné à l'idolatrie, que iamais peuple n'y fut plus abufé : & viuans toufiours en cefte folle perfuafion, ne plus ne moins que les Carraibes & Pagez en l'Antarctique, con-

Premier fai feur d'Idoles pour adorer.

tinuent de pere en fils,& s'apprennent les vns les autres d'abuser le peuple. Les Nauires n'abordent guere en ceste isle, à cause qu'elle est esloignee du droit chemin de nauigation,& aussi que ce peuple est fort mal accostable, cruel,& meschant, comme i'ay
dit:veu qu'il ne frequente pas vn des peuples voisins,lesquels sont aucunement ciuili-
sez.C'est pourquoy leurs voisins n'entendent leur langue,&que eux aussi ne sçauent q̃
c'est du langage d'autruy,& ne se soucient d'en apprēdre dauantage. Ceste isle est fort
riche & belle,abondante en tous viures, & n'ayant faulte de rien qui serue à la vie humaine . En outre elle est si fertile en mines d'or,que les loges des plus riches Barbares,
& les tentes du Roy (qu'ils appellent *Mucamath*) en reluisent toutes: & appliquent
cesdites mines si precieuses en leurs affaires mechaniques,comme pardeça nous appli-
quons les pierres & cailloux : & si le bois pour la fondre n'estoit si rare, comme il est,
ils en auroient dauantage. Car c'est l'isle de tout l'Orient,qui abonde le plus en ces richesses : & toutesfois ne permettent que l'estranger en porte pour la valeur d'vn double hors de leur isle,si ce n'est par force quelquefois,ou secrettement auec quelques belistres , qui desirent d'auoir quelque marchandise de petit pris. Ils ont vn Roy, qu'ils
nomment en leur barragouin *Gamin*,lequel ne paruient point à la couronne par race
ou succession hereditaire , veu que dés que le Roy est decedé, les enfans sortis de luy
n'ont non plus d'authorité,que le moindre d'entre le peuple,ains procede lon par ele-
ction.Bien est vray que ceux cy ne regardent pas tant aux vertuz,que à la force & dexterité aux armes : tellement que celuy emporte l'authorité Royale, lequel a fait le plus
de prouësses & vaillantises contre leurs ennemis. Or le Roy viuant , les siens qui luy
sont proches de sang , sont les premiers en rang au gouuernement & maniement des
affaires : & quiconque se reuolte contre le Roy , ou luy desobeït, tout le monde ne le
sçauroit guarantir de mort,& n'y a appellation quelconque en ceste cause. L'ordre de
la police y est honnestement & sagement gardé. Car le Roy choisit soixante des plus
vieux & experimentez de sa suyte , lesquels il establit comme Commissaires & deleguez à faire & parfaire le procez de ceux qui ont commis quelque crime. Il en ordonne aussi six vingts des plus sages , lesquels luy assistent, ayans la charge entiere de toutes les affaires du Royaume, ausquels est donnee & commise la superintendence des
guerres, qui ordonnent les chefs d'icelles , & font punir ceux qui ne font leur deuoir
en leur charge. Or la cause principale, pour laquelle ces Insulaires vsent de telle police,& qui les a ainsi adextrez,c'a esté la necessité. Car le grãd Roy de Catay,qu'ils nomment *Go-gomat*,& les Indiens, qui tirent vers Septentrion,*Aliadath*, & nous le grand
Cam, l'vn des plus riches & plus puissans Princes de tout l'vniuers, estãt aduerti par le
bruit commun de la grande richesse, & des mines d'or qui sont en Ciampagu, delibera de s'en faire Seigneur. Ainsi enuiron l'an de nostre Seigneur mil cinq cens trente
neuf, conuoiteux de s'agrandir, auec ce de venger l'iniure faite à quelques vns des siés,
que ces Barbares auoient tuez, ce grand Seigneur Cam complotta de se les assujettir
du tout, & les destruire. A ceste cause dressa son equippage par mer , & assembla vne
grande armee, de laquelle il feit chefs & conducteurs deux de ses Admiraux , qui luy
auoient donné le conseil de ce faire :l'vn desquels estoit nommé *Abatan*, & l'autre
Vousaicin,lesquels feirent l'amas de ladite armee en deux lieux. De l'autre costé de son
Royaume, vindrent les Capitaines *Iansay*, & *Caicon* , pour faire la nauigation à ceste
belle & riche terre Ciampagienne.L'armee du Tartare estoit d'enuiron cinquãte mille hommes combattans , que lon mena à diuerses fois : laquelle estant embarquee,feit
telle diligence , que en peu de iours ils descouurirent l'isle doree, qu'ils conuoitoient
tant Les Ciampagiens voyans descendre en terre vne si grand' flotte, & qu'ils n'estoiēt
là venuz pour bien faire,furent estonnez de prime face, se sentans ainsi surprins à des-

Election du Roy Gamin.

Police obseruee par ces Barbares.

pourueu : à la fin faifans de neceffité vertu, fe refolurent mourir pluftoft, que fouffrir
que le Tartare fuft dominateur de leur Prouince. Ledit Tartare d'autre part, fi toft qu'il
eft en l'ifle, commence à faccager & piller tout le païs, fauf les villes paliffees de bois,
lefquelles il laiffa pour affaillir, apres qu'il auroit veu ces Infulaires en bataille : car
il auoit eu aduertiffement, qu'ils eftoient affemblez en grand nombre tous en armes. Parainfi les vns cerchans les autres pour defcharger leur cholere, les vns voulans conquerir nouuelle terre, les autres f'efforçans de deffendre leur païs, vie & liberté, en fin fe rencontrent, viennent aux mains, & combattét de telle furie depuis les quatre heures du foir iufques à fept, que plus de vingttrois mille hommes demeurerent
fur le champ tant d'vne part que d'autre : tellement qu'on n'euft fceu dire à qui la vi-

*Bataille don-
nee entre ces
deux peu-
ples.*

ctoire eftoit deuë. Tant y a que les Ciampagiens fe retirerent aux montaignes, voyans
l'affoibliffemét de leur armee : & les Tartares ne voulans f'en retourner fans faire quelque chofe de meilleur, mettét tout le refte de leurs gens hors les nauires & autres vaiffeaux de mer : & voyans que la campaigne leur eftoit demeuree, reprennent cœur, &
commencent de f'affeurer de la conquefte de l'ifle. Pour à quóy paruenir, les Admiraux Abatan & Voufaicin vfans de l'occafion prefentee, vindrent mettre le fiege deuant vne belle ville, nommee *Ron*, que ceux de *Banba* appellent *Rocambec*. Or fault
noter, que les Infulaires f'eftoiét retirez aux montaignes, non qu'ils f'eftimaffent eftre
vaincuz, ny moins forts que les Cataiftes : ains pour iceux attirer aux deftroits, defquels ils auoiét cognoiffance, & que les autres ne cognoiffoiét point : en quoy ils furent
deceuz. Car les ennemis allerent (comme i'ay dit) affaillir la ville de Ron : les habitans
de laquelle fe deffendirent fi bien, que iamais ne fut poffible d'y entrer, tant qu'ils eurent force ne vie. Ainfi tous les foldats eftans paffez au fil de l'efpee, il fut queftion de

faccager & piller ladite ville , & apres cela ils y meirent le feu. I'ay fceu d'vn Efclaue,
qui auoit efté amené de cefte ifle , & vendu quinze ou feize fois, iufques à tomber en
fin entre les mains d'vn More blác en la ville de Rouffette, fituee fur la riuiere du Nil:
lequel me recita , que en l'affault & prife de Ron ne demeura ame viuante, & que tout
fut taillé en pieces,excepté huiçt des plus riches & principaux de la ville,lefquels toutefois à la fin fentirent la fureur des Tartares.Et fçachez pourquoy ceux cy ne finerent
leur vie à l'affault,veu qu'il n'y auoit fi gétil compaignon en l'armee, qui ne leur donnaft quelque viue attainte.Il difoit donc,que à la fin on fapperceut que le fer n'y profitoit rien , & ne pouuoit aucunement mordre fur leur chair, à caufe de certaines
pierres, qu'ils auoient pendues au col, & cachees foubz leurs habillemens, cou-
fues dans la manche du bras dextre : & pour cefte caufe les renuerferent-ils auec groffes maffues de bois : mais ils furent fauuez de la mort par ces pierres de fi grand' vertu
& efficace. Cefte pierre (me difoit il) fappelle en leur langue *Garouph* , comme qui   Garouph,
diroit Pierre efmerueillable : les Iauiens la nomment *Gaffpha*. Ie m'oubliay à luy de-   pierre merueilleufe.
mander,fi cefte pierre tant precieufe eftoit recueillie fur roche , foit en la terre ou en la
mer,tout ainfi que font les autres efpeces de roche dure,prifes des minieres, ayans telle ou femblable matiere. Mais parlons de noz huiçt hommes qui eftoient efchappez
du fac & maffacre fait par les Tartares. Ces pauures gens ne fe foucias plus ny de mort
ny de vie,& auffi qu'ils penfoient qu'on leur donnaft liberté , en defcouurant la caufe
de leur fauueté, confeffent la vertu des pierres qu'ils auoient fur eux : & foudain heureux ceux qui pouuoient approcher pour auoir vn fi riche & rare threfor. En fin les
Tartares ayans ce qu'ils defiroient , & voyans que deformais ces Infulaires pouuoient
eftre blecez , fe ruent deffus , & les taillent en pieces , pour le guerdon de ce qu'ils leur
auoient defcouuert vn fi riche butin. Or tant fen fault que la cruauté des Tartares ef-
pouuantaft le Roy de Ciápagu,que pluftoft elle l'irrita à venger le tort fait à fes fuiçts,
& à fe reffentir de l'iniure qu'on luy faifoit,de prendre ainfi fes terres,quoy que iamais
(à fon aduis) il n'euft fait offenfe au Monarque de Catay. Les Cataiens d'autre part
penfans les forces des Infulaires eftre tellement affoiblies,qu'il leur fuft impoffible de
reprendre cœur , & que à leur aife ils fe pourroient preualoir de toute leur force, & fe
faifir des richeffes de l'ifle : A cefte caufe les Admiraux ayans tout pillé, & ramaffé la
fomme & valeur de plus d'vnze millions d'or , delibererent de faire voile, & reprendre la route vers leur terre ferme de China , tant pour auoir fait perte de plufieurs foldats aux rencontres paffees, que auffi pource que viures leur commençoient à defail-
lir.Il eft bien vray,qu'ils laiffoiét enuiron huiçt ou neuf mille hommes pour la garde
des places conquifes,& à fin de maffacrer le refte des habitans de l'ifle:laquelle ils efpe-
roient peupler de naturels de Catay, comme plus ciuils que ces Barbares, & que malaifément ils feroiét faulte ou rebellion aucune à leur Prince. Mais le malheur & defaftre fut fi grand , & tant mal à propos pour les Gouuerneurs Tartares, que iamais les
Gaulois,qui pillerent le temple d'Apollon en l'ifle de Delphe,ne furent plus agitez de
ruïne, que fe fentirent les Tartares, ayans fait fi grand butin en Ciampagu, & maffacré
tant de milliers de perfonnes, d'autát que le ciel & la mer & les hommes leur coururét
fus.Car dés auffi toft que le Roy de l'ifle entendit que l'armee de mer fe retiroit, & que
defia la cápaigne marine reffembloit à vn bois de haulte fuftaye , pour le grand nombre de vaiffeaux qui fen alloient chargez de foldats & de defpouilles:& fçachant que
ceux qui eftoient demeurez à Ron,& autres villes de fon Royaume, tenoient affez ne-
gligemment leur garnifon,ioinçt auffi qu'il eftoit bien informé de la grand' difette &
faulte de viures & munitions, pour fe maintenir, vint furieufement leur courir fus, &
de telle haftiueté, que les miferables Tartares furent pluftoft taillez en pieces , qu'ils

euffent feulement entendu les nouuelles de l'amas que le Roy, Infulaire auoit fait de fes gens, pour fe venger de tant d'iniures par eux receuës à tort. Cefte armee de terre ferme ainfi deffaite qu'elle eft, le Roy recouure par mefme moyen fes villes & forte-reffes, lefquelles il fortifie le moins mal qu'il peult. Ce pendant ce grand equippage & belle flotte qui tiroit vers Catay, eft affaillie fi furieufement de vents, vagues & tempe-fte orageufe, que abbattant mafts, voiles, antennes & cordages, ils furent poulfez en vne ifle voifine, là où la plus part des vaiffeaux furent mis à fonds & perduz, fans que pas vn refchappaft de ceux qui eftoient dedans. Le refte de l'armée, ayans prins terre en l'ifle ia dite, attendans la bonace, eftoient encor plus efperduz que iamais. Les Tar-tares voyans, que f'ils f'arreftoient dauantage au lieu où ils eftoient campez, qu'ils fe-roient en danger de leur vie, vfent d'vne cautele à eux neceffaire, quoy que fort peril-leufe (d'autant que fe voyans efloignez de leurs vaiffeaux, ils ne pouuoient fe fauuer en iceux) & fe rüent fur les vaiffeaux de leurs ennemis, qui les eftoient venuz cercher pour les acheuer de tuer: dans lefquels eftans montez, partie y paruenans à nage, partie auec des efquifs, ou fur les ponts des Nauires, prindrent derechef la route de leur ifle, & arriuez en la ville capitale, la pillent & faccagent. Ce qui eftoit fort facile à faire, à caufe du petit nombre de gens qui y eftoit demeuré, eftans prefque tous allez chaffer l'ennemy de cefte ifle. Le Roy fut efbahi de l'inuêtion des Tartares, non qu'il perdift pourtât le cœur, & moins le defir de les pourfuyure, à fin d'en ofter la race de fes terres.

Fortune de mer & vaif-feaux bri-fez.

Des deux ifles NECVMERI, & MANGAME: de l'arbre du CAMPHRE, & de la befte ALAZEL. CHAP. XIIII.

ESTE Prouince eft nommee des Indiens (comme i'ay defia dit) Ba-ra-Indu, & tout ce qui eft contenu tant en terre ferme, que aux ifles voifines qui luy font proches, à caufe de la riuiere Inde, laquelle ab-breue la plus part de cefte belle region, affuiettie à diuers Rois, Prin-ces & Seigneurs, addonnee à diuerfité de Religion, gens muables, qui tournent à tout vent, & croyent de leger toute perfuafion. Entre plu-fieurs ifles qui font fituees en cefte mer Indique, fe trouue celle de Necumere, laquelle eft diftante de l'ifle de la grand' Iaue enuiron deux cens quarantetrois lieuës vers le Nort, ayant fon eleuation pofee au milieu du tiers Climat, au huictiefme Parallele, ef-loignee de l'Equateur enuiron quinze degrez. Le peuple y eft bazané, rude, cruel, mal accoftable, & viuant plus brutalement que pas vn des Sauuages qui foient tant deça que delà l'Equinoctial, & la peruerfité de vie defquels eft fi efloignee de toute huma-nité, que iaçoit que leurs voifins foient mefchás, peruers, & fans cognoiffance du bien-fait ou iuftice, fi eft-ce pourtant que ceux de Necumere font les chefs de toute vilenie & mefchanceté, eftans fi efloignez de raifon, que outre l'idolatrie, qui eft abomina-tion commune à toutes ces ifles, la paillardife y eft defbordee en toutes façôs. Bien eft vray, à ce que i'ay peu entendre, que ce peuple eftant fans Loy ne Foy, & ayant efté vi-fité depuis quelque temps ença par ceux qui voyagent en leur ifle, a commécé à chan-ger vn peu fes façons de faire, & remettre ou diminuer fa mefchanceté & vie abomi-nable. Ces hommes brutaux ont l'heur du ciel pour auoir la terre graffe, abondante & fertile en tous biens, qui font communs au païs voifin: & fur tout de plufieurs efpeces de bons fruicts & fauoureux, que la terre leur produit de fon bon gré, fans qu'il leur faille la cultiuer, ainfi que nous en vfons pardeça à noz fruictiers, & vignobles. Parmy vn grand nombre de fruicts f'en trouue vn, qu'ils appellent en leur langue Melenken, lequel

Peuple a-bominable pour le pe-ché de lu-xure.

lequel eſt gros,& fait preſque comme vne Pomme de Pin , eſtant ſa vertu de telle effi- *Melenken,* cace , que en le gouſtant on iugeroit auoir du ſucre dans la bouche , participant la ſa- *fruict plai-* ueur de ce fruict auec le gouſt des Noix muſcates,pourueu que vous en oſtiez la peau, *ſant à man* laquelle eſt toute iaunaſtre : & en le couppant morceau à morceau,ainſi qu'ils ſçauent *ger.* bien faire, à fin que vous le mettiez puis apres en voſtre bouche, & l'aualliez ſans maſ- cher (car ce fruict fond ne plus ny moins que du beurre) & en prenant ou à ieun, ou apres voſtre repas,il ne vous ſçauroit nuire. Or en vſent ces Sauuages principalement pour ſe deſalterer , d'autant que ſur tout autre fruict le Melenken eſt fort bon pour eſtaindre la ſoif & ardeur de voſtre foye alteré , & en portent ſur mer en lieu d'eauë doulce. D'autres en font du breuuage bon,delicat,& ſauoureux : toutefois qui à cauſe des grandes chaleurs qui ſont en ce païs là , ne peult durer en ſa bonté, ſans ſaigrir ou pouſſer,que ſept ou huict iours: voire le fruict meſme hors l'arbre ne peult ſe gar- der plus hault d'vn mois ou cinq ſepmaines, ſ'il n'eſtoit confit : mais les Barbares ne ſçauent que c'eſt que de confitures. Il ſe confiroit donc auſſi bien que le *Nanà*, qui eſt le fruict d'vne plante, en la France Antarctique , à laquelle le Melenken ſemble aſſez bien,ſauf que ceſtuy cy naiſt en vn arbre auſſi grand preſque qu'eſt vn Meurier, ayant l'eſcorce noiraſtre,& la fueille tirant ſur le rouge,lõgue & large,comme celle de l'An- gelique:là où le Nanà n'eſt qu'vne plante,ſemblable en fueilles au ionc, qui ne paruiẽt iamais à telle grandeur , & le fruict de laquelle eſt beaucoup plus petit que celuy de ceſte iſle. Autour de toutes ces iſles le plus petit fonds qui y ſoit , eſt de cent ſoixante coudees : qui eſt cauſe que les nauires n'y abordent guere ſouuent, où ils ne peuuent ancrer qu'auec grand peine. Ceſte iſle & autres voiſines eſt regie par vn Roytelet,le- quel va veſtu ainſi que ſenſuyt.Il porte vne chemiſe de cotton fort blanche & deliee, qu'ils appellent *Horrohac*,& qui aux bords des manches eſt fort ruſtiquement ouuree & enrichie d'or,ayant vn drap blanc ſur les flancs en maniere de ceinture,lequel pend preſque iuſques à terre. Au reſte, ce Monſieur le Roytelet ne porte ſouliers ny autre chauſſure:ſa teſte eſt couuerte d'vn petit bõnet,comme ceux que nous appellons bon- nets à la Matelotte, autour duquel vous voyez vn voile fait de ionc, ou de fueilles de Palmier rouge ou iaulne,& le portent à la Moreſque : & Dieu ſçait comme il ſ'eſtime *Raia , ou* eſtre beau fils eſtant ainſi paré:(ſes ſuiets l'appellent *Raia*,autres *Manſor*.) En ceſte iſle *Manſor,Roy* & autres voiſines ſe voit grande quantité d'oyſeaux ;leſquels en grandeur & groſ- *du païs.* ſeur ſont ſemblables à noz Corbeaux , ayans leur pennage & plumes de couleur per- fumee,le bec gros & long comme le poulce. Or vous fay-ie mention de ces oyſeaux,à cauſe qu'ils vſent de grande induſtrie à faire mourir le plus grand & puiſſant de tous les Monſtres que la mer produiſe. Il fault donc noter, qu'incontinent que le maſle & femelle deſcouurent vne Baleine , ils ne faillent de luy entrer par la bouche iuſques dans le goſier: Et ce grãd animal marin ſentant cela,ne fault auſſi de les engloutir tous en vie.Ceux cy enſeueliz dans le vẽtre du poiſſon,ne ceſſent de tant becqueter le foye & entrailles de la Baleine , que en trois ou quatre iours ils vous rendent ſans vie ceſte grande maſſe de corps:à laquelle ils ſont beaucoup plus cruels ennemis, que n'eſt le poiſſon qui ſe trouue és iſles du Peru , lequel porte ſur ſa teſte, comme i'ay veu , & eu *Poiſſon, qui* en ma poſſeſſion, vne corne fort aigue , en façon d'vne eſpee bien trenchante, enuiron *fait mourir* longue de trois pieds . Car iceluy voyant venir la Baleine, ſe cãche ſoubz les ondes,& *la Baleine.* choiſit ſi bien le lieu où elle eſt plus aiſee à blecer , à ſçauoir ſoubz le ventre, droit au nõbril,que la frappant, il la met en telle extremité, que le plus ſouuent elle meurt de telle bleſſure : Laquelle ſe ſentant touchee ſi au vif, commence à faire le plus ſauuage bruit qu'on ſçauroit penſer , battant les ondes, & eſcumant comme vn Verrat : & lors les mariniers qu'elle rencontre eſtant irritee de ce coup, ſont en grand danger de nau-

frage. Il aduint n'a pas long temps, qu'vn nauire Efpaignol, lequel pouuoit eftre capable d'enuiron huiét vingts tonneaux, venant des illes des Eflores, rencontra vne Baleine fe tourmentant apres telle bleffure, & fi l'on n'euft pourueu de bonne heure à
tourner d'vn autre cofté le nauire, c'eftoit fait de leur vie, & les euft ce Monftre culbutez & renuerfez dans la mer, de fi grand' roideur elle alloit, fentant prefque les traits
de la mort: ainfi que me reciterent ceux qui fe trouuerent en ce danger, lors que i'eftois
à Seuille en Efpaigne, attendant le moyen de me commettre encor vne fois à la mercy
des vagues. Il croift en cefte ifle grande abondance de Camphre, qui eft beaucoup
meilleur que n'eft celuy de Malaca, Burne & Zambol. Ie vous ay dit ailleurs, que ce
n'eft qu'vne gomme, qui diftille d'vn arbre, que ces Infulaires nomment *Kaluch*, qui
porte fon fruiét de la groffeur d'vne Datte, fort mal plaifant en fon gouft. Ie fçay bien
qu'il fen trouue aux illes de *Pateh*, *vvthequi*, & autres, qui n'eft rien en bonté au pris
de ceftuy cy: parquoy on luy donne le nom de *Chamderros*, & autres *Tocher*, qui fignifie Peu de chofe. Le premier, qui iamais feit apporter de ces arbres gommeux en
terre ferme, ce fut vn Roy Indien, nommé *Rihah*: qui donna argumét à ce peuple barbare d'appeller ce Camphre *Riachina*, où ceux de Mombaïn luy donnent le nom de
Carbe. Y a encor vne efpece de Baulme, qui croift en vn arbriffeau, lequel eft tenu fort
cher, & fe nomme en leur langue *Raif*. Cefte ifle foifonne en Elephans, Cerfs, & Buffles, plus farouches que ceux de pardeça: & y a vne forte de befte de la grandeur d'vn
Mouton, laquelle a deux cornes, longues d'enuiron deux pieds, fort pres des oreilles,

*Alazel, be-
fte farouche
portant cor-
nes.* lefquelles font droit efleuees en hault: elle fappelle par eux *Alazel*, & des Indiens delà le Gange *Anobzalerd*, nom Arabe & Delien, ne fignifiant autre chofe, qu'vn Che-
ureüil. Cefte befte a la peau comme vn Renard, n'ayant point toutefois de queuë, & eft
plus camufe qu'vn petit Chien Lyonnois. Quand les habitans de l'ifle tuent vn de ces
Alazels, ils luy efcarbouillent la tefte, à fin d'en tirer vne pierre, qu'elle y a dedans, &
pour l'amour de laquelle ils la chaffent fort obftinément. Cefte pierre eft de la groffeur d'vne Noix, tirant vn peu fur le iaulne: mais ce n'eft rien au pris des grandes proprietez qu'elle a, veu qu'ils difent, que la portát fur foy, elle guerit d'vne maladie, qu'ils
appellent en leur patois *Haingry*: laquelle eft fi vehemente, que ceux qui en font affligez, fils n'y remedient de bonne heure, ne fauldront de tomber en vne eftrange per-
clufion de leurs membres, non moindre que celle que fentent les verollez, defquels les
mouëlles & ioinétures font faifies de goutte. Or donnét-ils remede à cest *Haingry* (qui
eft à dire en langue Ethiopienne, Chair puáte) en telle forte. Ils mettent de l'eauë dans
vn vafe, & en iceluy ils font tremper ladite pierre quelque efpace de temps: puis vfent
de cefte eauë deux ou trois fois le matin à ieun, tout ainfi que lon fait boire la premiere decoétion de Gaiac, à ceux qui font la diete: & ne fault ce breuuage de diffoudre
ces groffieres humeurs qui leur tourmentent ainfi les membres. L'on m'a dit, que pour
donner plus de force à ce medicament, & caufer la guerifon plus foudaine, ils y appliquent auffi du fiel de la befte: mais non pas fi toft, ne fi longuement, que la pierre detrempee, ains feulemét quelque demie heure auant qu'ils veuillent vfer de leur medecine. Et ne fault feftonner, fi ces Necumeriens endurent ces gouttes, veu que tout leur
foing n'eft autre apres leur repas, qui eft de chair & poiffon fouuent, que de fe coucher
fur des nattes faites de Palmiers, auec leurs femmes & concubines. Or ce breuuage du-

*Breuuage
bon pour
defalterer.* quel ils vfent, leur ayde, outre ce qu'il eftaint la foif, à les rafrefchir: car il n'y a Syrop,
qui plus defaltere la perfonne. Ils font encor vne autre forte de breuuage du grain de
gros Milet, & d'vne racine, qu'ils pilent & broyent enfemble, le gouft duquel eft fort
bon & fauoureux, & approche de celuy du Cahouïn, duquel vfent noz Sauuages An-
taraétiques, ainfi que i'ay traité, & amplement monftré en mon liure de mes Singulari-

tez.Mais ceux qui demeurent fur les torrens & riuieres,defquelles il y en a affez bonne
quantité, ne fe foucient d'autre breuuage, que de celuy que Nature leur depart par le
courant de ces fleuues : qui eft caufe auffi, qu'ils ne font fi fuiets aux chaleurs,que ceux
qui font efloignez des riuieres. Quant à leur manger, il eft fimple & de peu de gouft,
vfans de fruicts fauuages,de chameaux,quand ils voyent qu'ils font vieux,& quelquefois de venaifon frefchement prife, fans qu'ils foient curieux d'accouftrer autrement
leur viande. Ce peuple combien qu'il foit addonné à fon plaifir, toutefois il eft fort
experimenté aux armes,& guerroye fouuent fes voifins. La guerre leur faillant,ils fa-
dextrent à tirer de l'arc, & autres ieux de force, ayans en fi grande recommandation
l'honneur de la victoire,que celuy qui fe voit vaincu, foffre liberalement & fans contrainte à eftre l'Efclaue pour fix iours feulement de celuy qui l'aura furmonté. Auffi
ne bataillent-ils point pour le gaing, ou pour eftendre leurs bornes & limites. Ils ne
fçauoient que c'eftoit que l'vfage de l'or, & autres metaux en monnoye : mais depuis
quarante ans ença vn de leurs Rois feit faire certaine efpece de monnoye d'or en quar- *Efpece de monnoye d'or quarree.*
ré,de laquelle i'ay veu lors que i'eftois en Afrique. En cefte monnoye y a vn trou (car
ceux du païs l'enfilent,comme fi c'eftoient Perles) & les portent au col comme chaifnes,&aux bras en façon de bracelets,tout ainfi que lon vfe pardeça de petits colliers de
grains d'or, de Perles, ou d'autres metaux rares & precieux. Ie ne veux oublier l'ordre
& ceremonie qu'ils tiennent à enterrer leurs morts:laquelle façon de faire,encore que
elle ne foit pas fi pompeufe, que celle de laquelle ont iadis vfé les Egyptiens, fi eft elle
à loüer en peuple fi barbare, & tant efloigné de ciuilité. Ces Barbares donc,qui n'ont *Ce peuple obferue les funerailles.*
cognoiffance aucune de l'hiftoire,ou des lettres,obferuent la Sepulture, & la tiennent
honorable de pere en fils,iettans l'homme mort dans vne foffe,non fans grãde lamentation des parens & amis,& longues pleurs des femmes : & fi toft que le corps eft couuert de terre,les plus proches parens apportent plufieurs chofes aromatiques,lefquel-
les ils bruflent fur la foffe auec les armes du deffunct : auquel ils fe difent faire plaifir
auec ceft honnefte deuoir,& penfent que l'efprit du trefpaffé a ces bónes odeurs pour
trefagreables,eftans perfuadez par vn inftinct naturel de l'immortalité des ames,qu'ils
nomment en leur langue *Anich*. En plufieurs des ifles de ce grand Archipelague, &
non pas par tout, lon obferue encor l'ancienne couftume des Grecs & Romains,d'autant que lon brufle les corps de ceux qui font trefpaffez.Or fault-il noter,combien ces
Barbares tiennent de la feuerité,& fils reffentent la magnanimité deuë à ceux qui veulent eftre eftimez conftans : d'autant qu'vn homme n'oferoit auoir feulement refpádu
vne goutte de larme pour la trifteffe du deffunct, tant luy fuft grand amy, difans,que
c'eft à faire aux femmes à pleurer,lefquelles ont le cœur mol,& les apprehenfions foibles.

Des deux fufdites ifles : methode de guerir leurs malades : & de certains
Noyaux, defquels ils font de l'huyle.
C H A P.   X V.

RESTE à dire quelque chofe en paffant de ce qui eft fingulier en l'autre
ifle voifine de cefte cy,& où les habitans viuent de mefme que les Necumeriens,laquelle fe nomme *Mangame*, prenant fon nom & appellation d'vn arbre qui croift en l'ifle, lequel eft vne efpece de Palmier,
treshault efleué en l'air, portant le fruict auffi gros qu'vn œuf d'Au-
ftruche : & en voyons pardeça,que nous appellons Noix d'Inde.Le noyau qui eft dedans, eft de gouft trefbon, & fauoureux à le manger, & de tant plus encor à eftimer,

Huyle de Noix d'In-de. qu'il eft fort cordial,& propre pour la guerifon des maladies du corps. De ce noyau ils en font de l'huyle, autant rare, bonne & finguliere, que autre qui fe puiffe trouuer, & de laquelle ils vfent à fe frotter, lors qu'ils fe fentent mal difpofez. Sur tout en oignent-ils & frottent leurs petits enfans, lors qu'ils les voyent malades de l'eftomach, ou ayans des trâchees, à quoy ils font fort fuiets:& n'eft la feule huyle applique pour tel oignement,ains il y fault adioufter le fiel d'vn poiffon, qu'ils appellent *Ruppic :* car ces deux medicamens ioints enfemble operent merueilleufement bien en ces maladies. Or eft ce poiffon de la grandeur de l'Albacore, & toutefois le plus monftrueux que ie veis de ma vie. Car eftant affez petit de corps, il n'a la tefte moindre que celle d'vn gros Barbet, ou d'vn Maftin. Il n'eft point efcaillé,ains a la peau toute femblable à vn Chien de mer, depuis la queuë iufques aux oreilles,& comme quatre aiflerons de chafque cofté, par le moyen defquels il nage : ce qui ne fe voit guere en autre poiffon qu'on fçache. Du fiel du Ruppic broyé auec cefte huyle, ils font vn breuuage, que le patient aualle au foir & au matin, en mefure de quatre grands doigts : & euffent-ils la plus fauuage fieure du monde, & toute indigeftion d'eftomach qu'on pourroit penfer, fi les fait vuider ce breuuage,le tout par vomiffement, & fouuent leur donnant benefice de ventre :tellement que cefte recepte femble eftre vn vray remede à toutes maladies. Ces Barbares fçachans, que le flebotomer eft chofe trefneceffaire pour la fanté des hômes,tirent des machoires de ce poiffon,certains oz fort aiguz, defquels ils vfent au lieu de lancettes, pour faire des incifions, & fe tirer du fang, les vns des iambes, les autres des cuiffes, & aucuns du cofté, & en tirent en telle abondance que rien plus. Il *Hômes fça-uans depu-tez pour les malades.* n'eft pourtant permis à vn chacun de f'incifer ainfi, ains y en a de deputez à tel office, hommes experimentez : lefquels fe nomment en leur langue *Berechir,* qui eft autant à dire, que Confeil (ce mot de *Berechir,* eft auffi Perfien & Arabe,ne fignifiant autre chofe que Benediction) & font tels que noz Medecins & Chirurgiens,fans que autre ofe entreprendre ceft office,fur peine d'eftre punis rigoureufement. Or craignans que l'effufion de fang ne leur caufe quelque deffaillance, ou peult eftre la mort, ils prennent encor de certaine gomme d'vn arbre, nommé en leur langue *Vvpath,* propre à eftancher le fang, laquelle pour eftre fort efpaiffe & glutineufe, ils meflent auec l'huyle cy deffus mentionnee : & ayans broyé le tout enfemble, ces gentils Medecins le mettent dans vn vafe pour le faire chauffer, puis l'appliquent fur les parties offenfees, & lieux des incifions & playes de leur flebotomie. Apres cela ils mettent à l'entour du corps du patient, en lieu de linge,les fueilles de ceft arbre, lefquelles ne font pas moins longues que de quatre pieds,ayans vn pied & demy de largeur. De cefte mefme methode & façon de guerir vfent auffi plufieurs autres des ifles voifines, & en font allegez. Ie n'oublieray encor, que cefte huyle de la Noix de Mangame eftant bouillie auec la racine d'vne herbe, qui n'eft moins groffe que noz Carrottes, & qui fe nôme parmy eux *Roup* (c'eft à dire,Herbe du Soleil) ayant fa fueille prefque femblable à celle que nous nommons Armoife, hormis qu'elle eft vn peu plus grande,& plus large: Cefte huyle, dy-ie,ainfi meflee & appliquee auec cefte racine,a vertu contre le venin, & tire le poifon des playes enuenimees par la bleffure de quelque flefche. Car en ce païs là les Barbares enueniment leurs flefches,quand ils vont en guerre, qui pour toutes armes n'ont que l'arc,& quelques efpees faites de bois,fort pefantes : & vfent de cefte forte de vengeance,mettans du venin de certain ius d'herbe : auquel fi lon ne remedie bien toft, la mort eft plus que affeuree à celuy qui en eft offenfé. Bien eft vray, que maintenant ils vfent de quelques Cimeterres de fer, qu'on leur apporte de l'Afrique ou de l'Afie : les autres en font de cuiure, & les plus riches d'or & d'argent, veu que leur païs eft fort abondant en telle richeffe.Parquoy fe fentans blecez, & affeurez du venin efpandu en

leur playe,qui leur cauſeroit la mort,ne faillent tout auſſi toſt de faire vne petite tente
de la racine de ce Roup, detrempee auec de l'huyle ſuſdite, & la mettent dans le trou
de la playe : puis font vn cataplaſme de la fueille de la meſme herbe,auec vne poignee
de terre graſſe,qu'ils font bouillir enſemble,& l'appliquent ſur la bleſſure. Or eſt ceſte
terre graſſe toute rougeaſtre, laquelle coule & diſtille des rochers ſur quelques mon- *Terre rouge*
taignes qui ſont en l'iſle,& a de grandes vertuz & proprietez. Ce que les Mangamiens *cy ſes pro-*
ſçauent bien pratiquer, & appellent ceſte terre *Lachmac*, mot Arabeſque, qui ſignifie *prietez.*
Rouge:& pource que ceſte terre eſt de la meſme couleur,ils luy ont dóné ce nom. Ceſte compoſition ainſi faite, & les inciſions cótinues à l'entour de la playe enuenimee,
le cataplaſme y ayant demeuré deux ou trois iours,ne fault de faire cognoiſtre ſon effort,& de guerir tout incontinent la playe : & ſont ſi accouſtumez & aſſeurez de ce remede, que quand ils vont en guerre, les femmes les ſuyuent pour porter leurs viures,
ayans touſiours de petits vaſes,dans leſquels elles ont de ceſte huyle, auec de la racine
de ceſte herbe, & autres choſes neceſſaires pour ceſt effect. Iaçoit que leurs fleſches &
lances ne ſoient que de Cannes marines,ils ne laiſſent pour cela de faire grand carnage
& tuerie,quand ils rencontrent leurs ennemis. Leurs arcs ſont faits en largeur,aucuns
ayans trois bons doigts:autres les font tout en rond, la corde deſquels eſt roide & for- *Cordes d'arc*
te à merueilles, faite de boyaux d'Elephant, ou autres beſtes : les autres les font de l'eſ- *de boyaux*
corce d'vn arbre,qui eſt fort ſubtil & maniable, & vſent plus de deux cy, que d'autres, *d'Elephás.*
à cauſe de leur duree. S'il aduient que les Necumeriens & Mangamiens ayent guerre,
comme ſouuent il eſchet,contre leurs voiſins des iſles de *Loques, Patera*, & *Boregon*,ils
equippent & arment pour le moins deux cens barques:leſquelles quoy qu'elles ſoient
faites d'vn bois treſſubtil & fort leger,ſi ſont elles ſi fortes & treſbien calfeutrees & ap-
pareillees, que la moindre portera cinquante hommes;n'y comprenant point leurs
femmes,leſquelles les ſuyuent touſiours. En ces iſles ſe trouue abondance d'vne raci-
rie, qui a ſes fueilles de la grádeur & largeur des Choux rouges de pardeça:& vſent de
ceſte racine, à cauſe qu'elle eſt iaulne, comme nous faiſons du Saffran, ſur leurs viandes : de laquelle racine i'ay veu en l'Arabie, & ſen trouue auſſi en la baſſe Egypte, &
païs de Perſe, qu'ils appliquét en diuerſes medecines & medicaments.Ses fueilles ſont
auſſi ameres que Rue, & la racine eſtant vieille,a l'odeur de Gingébre. Pluſieurs de ces
Barbares taignent leurs toiles de fil & de cotton qu'on leur vend, de ceſte racine: de *Rirgir raci-*
laquelle ſi les Chameaux ou Buffles mangeoient, ils ſeroient en danger de mourir : & *ne i.iulne.*
ſ'appelle en leur langue *Rirgir*. Il ſe trouue en ces lieux vne ſorte de Mouſches,groſ-
ſes comme vn petit Roytelet,qui nuiſent plus aux beſtes domeſtiques, que non pas au
peuple.Leur principale nourriture,c'eſt la fleur & fueille de ceſte racine.Ces beſtioles
ſeruent de paſture aux oyſeaux du païs.En ces iſles fait grand chauld,& ceux qui ne ſe
tiennent aux villes, vont tous nuds. Il ſ'y trouue diuerſes beſtes venimeuſes, comme
Scorpions,auſſi gros que le doigt, non pas tant venimeux que ceux de Turquie. Ie me *Aux lieux*
ſuis ſouuentefois eſtonné, que aux lieux chaulds ces beſtioles, voire Serpens de plu- *chaulds les*
ſieurs eſpeces,Crapaux & autres,ne ſont ſi pleins de venin,qu'ils ſont és lieux froids ou *beſtes ſont*
temperez,ny leur morſure ſi dangereuſe:Et me ſouuient, qu'eſtant vers les parties Au- *venimeuſes*
ſtrales de l'Antarctique,quelquefois dormant ſur l'herbe, & ſouuent ſur les ſablons,les
Serpens,Couleuures,& Leſards,gros comme le bras,montoient ſur mon eſtomach, &
entre mes mains , ſans m'offenſer en choſe du monde. Autant i'en dis des poiſſons venimeux qui ſont dans la mer, & aux riuieres & lacs d'eau doulce, vers le Pole Arctique, là où ſont les grandes froidures. Toute ceſte vermine ſerpentine eſt fort à craindre, & auſſi pluſieurs poiſſons de mer , lacs & riuieres de terre continente. En l'iſle de
Mangame ſe trouue dans le Lac de *Phily*, qui a deux lieuës de tour , vn poiſſon de la

grandeur & groffeur d'vn Brochet,hors mis qu'il a la tefte beaucoup plus groffe : duquel fi homme ou befte a efté attaint,il ne fauldra d'en mourir, f'il n'y met remede in-
continent:les Infulaires le nomment *Gyahy*. Ce mot toutefois eft Perfien, cõbien que
ce païs en foit efloigné de deux mille lieuës pour le moins : & ne fignifie autre chofe
Gyahy,ou *Gyahy-harc*, que la Splendeur de la Lune.Et combien que ce peuple ne foit
Aftrologien, ny guere experimenté à cognoiftre les faifons, où naturellement la mer
eft dangereufe, fi eft-ce qu'il a apprins à fuyr ce qui luy eft dommageable. Auffi les
Mangamiens & leurs voifins n'ont garde de monter fur mer, voyans les indices de la
furie d'icelle,foit pour pefcher,foit pour aller en guerre.

De l'ifle de GIAPAN: hiftoire de XAQVA, & façon de viure de ce peuple.

CHAP. XVI.

Mer de Ma-gi porte le nom d'vn poiffon.

Cardan fe trompe.

'ISLE DE GIAPAN n'eft qu'à dix iournees par mer de la Chine,
pofee au troifiefme Climat, dixiefme Parallele : laquelle f'eftend en
longueur de l'Eft à l'Oueft pres de trois cés lieuës, & en largeur quelques cent cinquante.Elle regarde vers l'Occident la mer de Mangi laquelle porte ce nom ; d'vn poiffon qui abonde en icelle, ayant douze
pieds de long,& quatre & demy de large en groffeur:lequel toutefois
eft prefque des moindres qui fe trouue pardelà, d'autant que cefte mer foifonne en
poiffons monftrueux, & d'vne grandeur ineftimable,autres que ceux des mers de pardeçà : Non que ie vueille dire pourtant, qu'il y en ayt de tels, & fi femblables à l'homme, qu'ils ne luy different que de parole, ainfi que quelques vns fe font perfuadez.
Cardan dit,que en l'ifle de Burne y a des Huyftres fi grádes, que leur chair hors la coquille poife vingtcinq liures, d'autres en poifent quarante, & quarantecinq. Mais ie
vous ay defcrit Burne,qui eft foubz la Zone Torride, & affeüré du contraire. Que fi
ledit Cardan euft parlé des Tortues marines, il ne fe fuft en rien oublié,veu que foubz
l'Equateur i'en ay veu telles,que leur chair euft bien poifé dauátage : mais cecy ne fait
rien à noftre propos.En cefte ifle n'a pas cent ans,ainfi que le racomptent ceux du païs,
qu'ils prefentoient leurs filles fur le bord de la mer aux marchans & voyageurs, qui
venoient des païs de Chequan & de Quinfay, à fin qu'ils achetaffent leur virginité.
Mais vn Roy nommé *Xaquan*,abolit cefte mefchante couftume,eftabliffant Loy toute contraire, par laquelle il eftoit dit, que ceux qui vendroient de là en auant aucune
fille, fuffent punis rigoureufement. Et de faict,il n'y a pas foixante ans, qu'vn Giapanois vendit fa fille, nommee *Babarip*, qui eft vn nom d'oyfeau (car ils donnent des
noms à leurs enfans,qui fignifient quelque chofe.) Cela eftant venu à la cognoiffãce
du Roy,tous furent prins,tant pere,mere,& fille, que le marchand qui l'auoit achetee,
& par ordonnance du Roy, confirmee par le commun confentement du peuple, furent iettez tous vifs & bien liez, dans vne foffe obfcure & profonde,à fin qu'ils feruiffent d'exemple à tous ceux de l'ifle, & que par ce moyen ils ne fuffent fi hardis de corrompre la virginité de leurs filles en les vẽdant, ny violer les Loix & Edicts d'vn Roy
de fi faincte memoire, que *Xaquan*: lefquelles il auoit eftablies pour la conferuation
de l'ifle en toute reuerence. Le temps paffé ces Giapanois eftoient les plus corrompuz
de toute la terre, & la vilenie defquels rendoit leur vie plus beftiale que de tous autres, auec ce qu'ils ne recognoiffoient Dieu ne l'immortalité de l'ame, bien qu'ils adoroient quelque befte pour leur Dieu. Comme ils viuoient en cefte brutalité, aduint
que le Roy de *Cegnique*, qui eft vne terre au païs de la Chine, nommé *Iambol*, marié à

vne Dame appellee *Magabth*, fongea vne nuict, qu'il voyoit fortir de fa femme vn fils
le plus grand & merueilleux du païs, deuant lequel toutes les Prouinces trébleroient.
Il en aduertit fa femme, & la prie ce pendant de fe taire, à fin que cela ne fuft caufe *Xaqua, & fon hiftoire.*
de leur ruine, les Rois voifins en eftans abbreuuez: laquelle aufli luy donne bon cou-
rage. Or, ainfi que i'ay veu dans leurs Hiftoires, de cefte Royne fortit vn enfant, qu'ils
nommerent *Xaqua*, qui fignifie autant comme Sanctifié. Paruenu qu'eft cest enfant
Royal à l'aage de vingt ans, il fuyoit toute compagnie d'hommes, fe plaifant fort és
folitudes, & dans les temples des Dieux, priant, ieufnant, & exhortant chacun à penitence. Le pere fe fouuenant de fon fonge, voit bien que la vie de fon fils ne correfpód
point à la fin de fon defir de le voir grand. Pource tafcha de le marier: mais *Xaqua* au
lieu d'afpirer aux nopces, f'enfuyt de belle nuict, & f'en alla dás les deferts de Cochin,
où il demeura fix ans. Là (ainfi que difent leurs Preftres) il receuoit des admonitiós du
ciel, & voyoit chofes merueilleufes: mais ie croy, comme il eft vrayfemblable, que
c'eftoit Sathan, qui le voyant commencer quelque chofe de grand, & eftre autheur de
quelque fecte particuliere, tafchoit de le troubler. Car defcendu qu'il eft des monts, &
forti du defert, il entre és villes, & prefche contre les vices, efquels ceux de Chine &
païs voifins eftoiét plongez: Alleguoit vn feul Dieu, hault, & puiffant: auquel il adiou- *Pagodis,*
ftoit certains *Pagodis*, que les Tartares nóment *Happidoths*, qui font Dieux inferieurs: *Dieux infe-*
lefquels encor ils adorent, & dreffent des ftatues en l'honeur d'iceux en leurs temples. *rieurs.*
Il renouuella les Loix des Anciens, qui auoient efté abolies par la folie & defuoyemét
des Princes: & ainfi viuant, peu à peu il attira grand nombre de gens, qui le fuyuoient
comme difciples. Auec ceux cy ayant dreffé vne iufte armee, il courut toute la Chine,
le Catay, & les terres de fon pere, faifant abbatre les idoles des Dieux qui n'eftoient à
fa fantafie: de forte que encor pour le iourdhuy lon y voit de grandes ruïnes, & principalement entre les Royaumes de *Sebin* (qui eft à dire Septante en la langue des Taca-
liftans) & ceux de *Kakamabt*, que noz bonnes gens du temps paffé ont nommé *Ania*,
& *Denanqui*. Il ordonna & feit cinq articles en fes Loix, Commandant que aucun ne
commift meurtre: Que nul ne print rien du bien d'autruy: Que la paillardife fuft du
tout euitee: Que on n'euft à fe tourmenter pour les fortunes aduerfes: Et que volontiers à ceux defquels on auroit receu quelque iniure, on pardonnaft l'offenfe. Ce grád
Legiflateur feit encor de bons liures touchant la police, & de ce qui confifte en la faincte inftitution des mœurs & façons de viure, inftruifant vn chacun felon fon eftat &
qualité, de viure en gens de bien. Xaqua ayant fait grand profit en la Chine, admiré,
loué, & honoré de tout le monde, f'en alla en l'ifle de Giapan, où defia quelques fiens
difciples auoiét prefché fa Loy. Ceux de l'ifle, foudain qu'il eft venu, le font leur Roy, *Xaqua fait*
& le prient tant, qu'il efpoufa vne fille de grand' maifon, nommee *Ninxil* (& en l'hi- *Roy de Gia-*
ftoire du Roy & peuple de Cambalu, & Chiniens, nommee *Alchofam*) qui vault au- *pan.*
tant à dire en leur langue, que Veritable: & d'eux eft defcendue la race Royale, qui rè-
gne pour le iourdhuy, & hors laquelle il n'eft loifible au Roy prendre femme efpoufe. Par l'ordonnance de Xaqua, il y a deux Seigneurs en toute l'ifle, de l'authorité defquels tous les autres dependent: l'vn appellé *Voo*, qui eft Seigneur fpirituel & temporel, & le fouuerain fur tous, defcédu de la race & famille de Xaqua, & l'autre *Goxo*,
qui eft le Roy temporel, & a la charge de la gendarmerie, & de la iuftice criminelle:
d'autát que le Vóo ne fe mefle point de faire mourir, ou códamner perfonne, fauf que
fi le Goxo faifoit faulte, le grand Preftre le peult priuer de fa dignité, & luy faire trencher la tefte. Deuant le Voo quand le Goxo fe trouue, il ne parle à luy qu'à genoux, &
luy faifant la reuerence, il encline fa tefte iufques à demie iambe de l'autre: & tous autres, tant Capitaines, Officiers de iuftice, que Gouuerneurs des Prouinces, obeïffent de

telle façon l'vn à l'autre ſelon leurs degrez, que ie penſe qu'il n'y a Royaume au monde mieux policé, & où la iuſtice ſoit tant ſeuerement obſeruee. Les moindres des Seigneurs, qui ſont comme Ducs, ou Comtes, peuuent mener de dix à douze mille hommes en guerre. Quoy qu'ils dient de Xaqua, & qu'ils rapportent leurs façons de faire à
ſon inſtitution, & l'eſtiment ſi ſçauant & inſtruit en la Religion, par l'inſpiration des
Pagodis, ſi eſt-ce que ie ne puis croire autrement, que autrefois ils n'ayent eſté Chreſtiens, & que quelque Roy infidele ayant fait ceſſer le Bapteſme & exercice de la Religion, les a ainſi meſlangez en la perſuaſion d'adorer les Idoles, le Soleil & la Lune, ainſi que font la plus part des Indiés. Meſmes il ſeſt trouué, foſſoyant ſoubz terre, comme
lon m'a recité, de grandes Croix de pierre, faites à l'antique, & telles que les Chreſtiens
Ethiopiés en ont entre eux. Auſſi il me ſouuiét d'auoir ouy dire à des Chreſtiens d'Armenie, qu'ils auoiét eſté iadis Chreſtiens, baptizez par quelques Eueſques Armeniens:
mais que vn Roy meſchát, & ſans Foy ne Loy, les auoit oſtez du bon chemin, & imbuz
de Philoſophie & ſuperſtition dés Idoles. En l'iſle de Giapan aucun n'eſpouſe qu'vne
ſeule femme: & ont des Iuges, Seigneurs & Officiers, tout ainſi que nous pardeçà. Or
ont-ils vne Loy telle. Si vn mary ſçait que ſa femme ſ'abandóne à vn autre qu'à luy, il
eſpiera tant qu'il ayt trouué l'adultere auec ſon eſpouſe, & lors il luy eſt permis de les
tuer tous deux enſemble: mais ſil occit l'vn, & laiſſe l'autre, il eſt puni comme meurtrier, & laiſſant viure tous les deux, il eſt declaré infame, & meſpriſé de tout le monde.
Que ſi le mary ne peult ſurprendre l'adultere, & ſ'aſſeure de la vie deshonneſte de ſa
femme, il la renuoye chez ſes parens, & en prend vne autre, ſans eſtre preiudicié en ſon
En Giapan
y a trois ſor-
tes de May-
nes. honneur. L'iſle de Giapan nourrit trois ſortes de Moynerie, partie dans les villes, partie aux champs, & autres és faulxbóurgs. Les vns ſont veſtuz de cotton taint en noir,
portans leurs robbes longues, & les manches fort larges à la Moreſque, & ne viuent
que d'aumoſnes. Ils ont la teſte & barbe toutes raſes, & en tout témps deſcouuerts, fors
que l'Hyuer: & mangent tous enſemble, faiſans de grands ieuſnes le long de l'année.
Ils ne ſe marient point, & ne mangent iamais chair, chantans ie ne ſçay quels Hymnes
à leurs Pagodis l'eſpace de demie heure: puis au poinct du iour, à Midy, & ſur le ſoir,
ils en font tout autant: lors le peuple ſe met à genoux, & hauſſe les mains ioinctes au
ciel, chantans quelques Suffrages en leur langue. Ce ſont ceux cy qui preſchent la Loy
& reſuerie de Xaqua, qu'ils appellent Pagodi & Prophete, & l'ont en grande reuerence. Ils diſent qu'il y a vn Paradis, vn Enfer, & vn Purgatoire, tous les trois faits & baſtis
à leur fantaſie, & en diuers lieux, comme leur ont aſſeuré les Pagodis, & que les Diables ont eſté enuoyez en ce monde pour la punition des meſchans. Ils ne reçoiuent
aucun en leur compaignie, qui ne ſoit recommandé en vertu, ayans vn ſuperieur auquel ils obeiſſent. Et quelque ſainĉteté exterieure qui ſoit en ces gens là, ſi ſont-ils ta-
xez d'eſtre de mauuaiſe vie. Ils ſ'appellent *Bouzis*, & eſtudient en Philoſophie, eſtans
ſtilez aux liures de leur Xaqua, qui fut ſi grand & ſçauant (comme ils diſent) que ia-
Secóde ſorte
de Bouzis. mais il n'eut ſon pareil. La ſeconde ſorte de leurs *Bouzis* & Moynes ſont veſtuz de
cotton de diuerſes couleurs, & ne ſe marient non plus que les autres: & ceuy cy ſont
ſeulement addonnez à prier Dieu, & chanter des chanſons à la loüange de Xaqua, &
autres Saincts de leur Religion. La vie de ceux cy eſt vn peu plus large que des autres:
& iaçoit qu'ils ſoient meſchans, ſi n'approchent-ils de la vilenie des premiers. La troiſieſme eſpece de ces Moynes porte auſſi vn habillemét noir comme les premiers, mais
ſans raſure quelconque: & ceux cy ſont en opinion de grande ſaincteté, & demeurent
perpetuellement en oraiſon & ieuſne. C'eſt à eux à viſiter les malades pour les conſo-
ler & conforter: & les exhortans, leur propoſent les exemples de Xaqua & Ninxil ſa
femme, leſquels ſont Pagodis en l'autre monde: que ſils eſtoient çà bas, ils ſeroient ſu-

iets à mort & fascheries de maladie. Si tost qu'est mort le patiét, c'est à ces Bouzis à luy
dresser ses obseques, qu'ils sont esgales autant pour le pauure que pour le riche, & portent le corps comme en procession dans leur temple, & l'enterrent hors le pourpris,
prians Dieu qu'il ayt pitié de son ame. Et ne pensez que pour cela ils prennent chose
du móde pour salaire, veu que si vn d'entre eux s'estoit oublié iusques là, il seroit chassé comme meschant, contrevenant à la Loy de Xaqua. Ceux qui ne sont point Bouzis, & que nous appellons Laiz, sem yont, apres s'estre abstenuz par certain temps de
leurs femmes, en vn bois espais, obscur, voisin d'vne montaigne, loing de trois iour-
nees de la grand' ville de *Cangoxima*, laquelle est capitale de tout le païs, & non moin- La grand' ville de Cá-goxima.
dre que les plus grádes de l'Europe. Le long de ceste montaigne, nommee en leur lan-
gue *Arapago*, qui signifie Lieu des Dieux, y a quantité de petits Oratoires. Dedans ces
deserts & bois demeurent ces Penitenciers, l'espace de trois mois ou enuiron : au bout
duquel ils s'assemblent tous en vn, entourans le desert qui est à l'enuiron du bois: tellement que bien souuent ils se trouuent quelque mille ou douze cens de ces Penitéts,
& viennent tous en procession deuant vn Pagodi, c'est à dire l'Idole de quelqu'vn de
leurs saincts, comme seroit Xaqua, ou sa femme, & se iettent tous à genoux, & demandent pardon l'vn apres l'autre à haulte voix deuant cest Idole. Ces pauures gens ainsi
aueuglez se vantent, que toutes les nuicts ils oyent des voix effroyables, & des com-
plaintes lamentables, & voyent des visions & fantosmes, que le Diable (qu'ils appellét
Blerich) leur fait apparoistre par ses illusions: de sorte que souuent où ils ne seront que
cent, le nombre leur semblera estre redoublé. Les Laiz sont d'autre saincteté que ne
sont les Bouzis, hommes discrets, sages, temperez, qui ayment la vertu, & font grand
compte de ceux qui sont sçauás. Ceux qui sont les plus estimez entre ce peuple, ce sont
les Historiens & Chroniqueurs, à cause que par leur moyen ils sçauent leur antiquité,
& comme Xaqua les deliura de la captiuité des Tyrans, & abbatit les faux Dieux, ausquels ils seruoient. Au reste, ils tiennent de pere en fils, comme vne certaine Prophetie, qu'ils doiuét receuoir vne Religion meilleure & plus parfaite que celle qu'ils tiennent, & que tout le monde obeïra à ceste Loy si saincte. Il est bien vray qu'ils ne sont
point circonciz, & ont en detestation la seule memoire des Turcs & de leur Prophete,
qu'ils n'estimét rien au pris de leur Roy Xaqua. Quant à Iesus Christ, ils l'ignorent du
tout. Ils escriuent de hault en bas, & non point de senestre à dextre, ainsi que nous fai- Façon d'es-crire des Insulaires.
sons: & la raison, ils la vous rendent telle, & qui est assez maigre: Que tout ainsi comme
l'homme allant, tient les pieds en bas, & la teste en hault, que aussi il fault commencer
l'Escriture par le hault, & finir par le bas. Ceste isle est exposee aux tremblemens de terre, pource qu'elle est fort suiette aux vents. Elle est fertile en toute sorte de fruicts & se-
mences, tout ainsi que l'Europe, sauf le vin. Il est vray, qu'il s'y trouue quelques lam-
brusches & vignes sauuages, qui portent des grappes de raisins, & les bonnes gens en
mangent: mais cela n'est pas grand chose. Il font bouillir la chair & le Ris ensemble: laquelle viande ils mangent ainsi l'vne auec l'autre. Il y a force sauuagine pour la chasse,
à laquelle ils s'addonnent volontiers. Vous n'y voyez guere de bestes venimeuses: mais
le païs abonde en mines de diuers metaux. Ils ne nourrissent point la volaille en leurs
maisons comme nous, ains la vont chasser, s'ils en veulent auoir. Le peuple est cour-
tois, mais qui endure fort difficilement vne iniure. Les Rois de la Chine & de Giapan Amitié entre les Rois de Chi-ne & Gia-pan.
sont grands amis, & s'enuoyent bien souuét visiter l'vn l'autre, auec hostages suffisans:
qui est cause que les terres du Giapanois sont soubz la sauuegarde du grand Tartare,
& par ainsi aucun n'ose luy bastir ou dresser guerre. Si i'auois veu quelcun qui eust visité entierement toute l'isle, ie vous en dresserois volontiers la description entiere: mais
c'est tout ce que i'ay peu sçauoir de l'Esclaue, duquel ie vous ay parlé ailleurs.

De la ville de QVINSAY, *baftie en ifle : de fes premiers fondateurs, & fingularitez d'icelle.* CHAP. XVII.

EMPIRE des Tartares print fon premier traict enuiron l'an de noftre Seigneur mil cent foixante & deux, veu que au parauant ce peuple viuoit difperfé par les champs, fans auoir homme qui le guidaft, addonné à courfes, pilleries & meurtres, par les monts & deferts de Scythie: & fut tel fon commencement. Il y auoit vn d'entre eux, nommé *Cingis* (que les Chiniens nomment *Chyrban*, & les Burniens *Chimeth*) homme riche en beftial, veu que c'eftoit toute leur vacation, entier en fes faits, & vaillant homme aux armes. Ceftuy commença à inftruire fes voifins de ne faire tort à perfonne, fecourant ceux qui auoient neceffité: de forte que ce peuple voyant la prudence & bonté de Cingis, le reueroit, non feulement comme fon Seigneur, ains l'honoroit comme chofe celefte: qui caufa, que tous enfemble l'efleurent pour leur chef, &

fut le premier qu'ils nommerent en leur langue *Can*, ou *Candacuth*, c'eft à dire Grand Seigneur. Si toft qu'il eft en telle dignité, il dreffe vne forte armee, & commença entrer en païs, & fortir des monts Scythiques, à fin de fe ietter en la Prouince de Tangut: & paruint fi auant, qu'il conquit les Royaumes de Camul, Agrigaia, Barcu, & Cambalu: lefquels toutefois releuoient pour lors du Preftre-Ian, qui eftoit en ce temps là Seigneur prefque de toutes les Indes. Cingis-Can voyant la terre du Catay belle, plaifante & fertile, fouhaita fort de la ioindre auec le refte des Prouinces par luy conquifes: mais il n'auoit raifon honnefte, auec laquelle il peuft denoncer la guerre à l'Ethiopien, qui en eftoit le vray Seigneur naturel. Pource à fin qu'il euft occafion de f'attaquer à luy, il luy enuoya Ambaffades, le priant de luy donner fa fille, nommee *Laada*, en mariage, affeuré de ce qui aduint, que l'Ethiopien, ou Preftre-Ian, luy refuferoit tout à plat. Car oyant telle requefte, il vfa de paroles mal feantes à fa grandeur, accufant Cingis de prefomption, de ce que eftant fon vaffal & feruiteur, il ofoit luy requerir fa fille en mariage, & luy manda, que fi iamais il vfoit de telles requeftes, il le feroit mourir honteufement. Le Tartare efmeu de cefte refponfe, quoy qu'il ne demandaft pas mieux, affembla vne grande armee, & tout de ce pas fe rua fur les terres du Catay, qui eftoient audit Preftre-Ian, faifant courfes, pillages, facs de villes, efquelles il ne laiffoit aucune garnifon, luy mandant qu'il fe deffendift: car d'eftre bien affailli, il f'en deuoit tenir pour affeuré. Ces deux Rois affemblent leurs armees en vne plaine, qui eft entre les terres du Catay & du Royaume de *Moin*, qui eft la region qui f'appelle *Tendut*, ou *Tathua* en langue Chaldee: & eftans encor à cinq ou fix lieuës loing l'vn de

l'autre, Cingis qui menoit toufiours fes Aftrologues & enchanteurs en fa compaignie, leur cômanda qu'ils fceuffent luy dire, lequel des deux Rois emporteroit la victoire. Ceux cy donc prennet vn Rofeau tout verd, qu'ils partent en deux pieces de fon long, & les plantent loing l'vne de l'autre, mettans fur l'vne le nom de Cingis, & fur l'autre celuy d'Vncan (ainfi f'appelloit le Roy de l'Ethiopie) difans au Can, que celle qui monteroit fur l'autre, tandis qu'ils liroient au liure de leurs Dieux, que le Roy efcrit en elle, feroit le victorieux au combat. Les Enchanteurs lifans leurs charmes, voicy les troupes de Cannes qui commencent à marcher l'vne contre l'autre: & à la fin celle de Cingis monta fur celle qui portoit le nom d'Vncan. Cecy encouragea tellement les foldats, que affeurez du fecours de leurs Dieux, ils f'en vont trouuer l'ennemy, & le

lendemain entrans en meflee, le deffirent, & le mirent en route, y demeurant Vncan entre les morts. Cingis entre en terre, & gaigne la plus part du Catay, prenant pour

femme la fille d'Vncan, de laquelle il eut vn fils nommé *Cin-Can*: & allant par l'espace
de cinq ans tousiours conquerant villes & bourgades, en fin ayant regné en tout vingt
ans, fut nauré d'vne flesche en la ioincture du genouil, deuant le chasteau de *Thaigin*,
assis sur vne petite riuiere nōmee *Kelmon*, venant sa source premiere du mont *Dangu*,
sur les bornes & limites du Catay & de Cambalu tirant vers le Nort. Ceste mort donna quelque peu de relasche aux Abyssins, qui se fortifioient ce pendant en Moin, & à
la Chine. Ce Cin-Can regna pres de cinquante ans, & conquit tout le Royaume de
Cambalu: en la ville principale duquel il feit son palais, où il residoit le plus du temps.
A cestuy cy succeda *Bathin-Can*, qui regna quarante ans & sept mois, & chassa les E-
thiopiens de Moin & de Chine, qui lors se retirerent en Afrique. Le fils de *Bathin*, fut
Esu-Can, homme vaillant, lequel courut presque toutes les Indes, & espouuanta tellement les Rois de *Sian*, *Pegu*, & *Iangome*, qu'il les feit ses tributaires, puis mourut ayāt
regné trentesix ans. Auquel fut successeur *Mongu-Can*, lequel estendit son Royaume
depuis les deserts de Camul iusques à la mer Orientale de Mangi, & au port de *Pilbe*,
qui est en la Prouince de *Chequan* : & ayant vescu plus de cent ans, & regné enuiron
soixantecinq, il trespassa, loüé de tous, & fort regretté de ses suiets. Il laissa vn fils, qui
surmonta tous ses predecesseurs, & s'appelloit *Cublai-Can*, né en la vieillesse de son pere, lequel le laissa aagé de quelques trente ans. Cestuy cy a regné plus de quatre vingts

Cublai-Cā
*premier fun-
dateur de
la ville de
Quinsay.*

ans, & feit bastir la grande & tres-magnifique ville de Quinsay, apres auoir conquis la
Prouince entiere de Mangy, & de Quinzi, iusques aux montaignes d'Anie, voire la
mesme Prouince, laquelle fut par luy subiuguee. Ie sçay bien, que les Indiens deça le
Gange tiennent le contraire, & disent, que ce fut vn nommé *Assamen*, qui signifie
Chose huyleuse en langue Arabe, qui en fut le premier fondateur, & que l'autre ne feit
faire, sinon le costé qui tire vers la porte de *Kanchel*. Tous ces Rois sont enterrez en
vne haulte montaigne loing de Cambalu, quelques cent lieuës : & fault que tous leurs
successeurs y soient portez, & mourussent-ils à cent iournees de ladite montaigne, veu
que Cingis (comme estant le plus remarquable Roy de l'antiquité) y est le premier

*Sepulchres
des Rois de
Quinsay.*

inhumé, comme m'en ont fait le recit ceux de ce païs là: car ils s'estiment bien heureux
de tenir compaignie à vn si excellent Prince, qui a fait les Tartares si grands & espouuantables à tout l'Orient, & croyent que tant que leurs Rois seront là enterrez, & que
leur tōbeau sera debout, à la façon qu'ils les dressent, que leur Empire ne sçauroit estre
mis en ruine. Ie vous ay discouru cecy, à cause qu'il me sembloit, que c'estoit grand
folie de traiter de la puissance d'vn Roy, & des Prouinces qu'il tient, sans dire, quand
commença telle puissance, & de qui elle a prins son origine. Toutefois en passant ie
vous diray, que lesdits Tartares, qui ne se tiennent point aux Indes, pource qu'ils n'ont
aucunes villes en leur païs, sauf qu'vne, nommee *Cracurit*, ou *Capnolith* en langue Indienne, sont tousiours vagabonds, cerchans le lieu de leur residence, selon la saison de
l'annee : veu que l'Hyuer ils se tiennent és plaines & campaignes, à fin de trouuer herbes à suffisance, à cause que toute leur richesse ne consiste qu'en bestail, & sur tout en
bestes Cheualines: & l'Esté ils se retirent aux mōtaignes & lieux où l'air est froid, & où
ils puissent trouuer de l'eau & de l'herbe : & aussi à cause que és lieux froids il n'y a
point de mousches pour tourmenter les bestes. Leurs maisons sont portatiues, comme
noz tentes, lesquelles ils mettent sur des charrettes à quatre roües, & les couurent de
feutre, ou de cuirs de bœuf, ou de chameaux, faisans tousiours la porte sur le Midy : &
sont tous gens de cheual, si que en guerre ils ne valent rien pour la fanterie : vaillans au
reste, & hommes qui ne tiennent aucun compte de leur vie. Il y a en ces païs là de bel-
les villes, esquelles on voit des edifices, ponts, & autres architectures fort superbes : toutefois il ne s'en trouue qui approchent à la grandeur, richesse, & situation de la

ville de Quinfay, laquelle porte le nom de fa Prouince, dite *Quinzi*, qu'on luy a dôné, à caufe de fa beauté : d'autant que Quinfay, mot corrompu de *Kynfin*, ou *Chechin* en langue Iauienne, fignifie Ville heureufe. Mais ie croirois pluftoft, qu'elle euft prins fon nom de la riuiere nommee *Quian*, qui prend fa fource des montaignes *Hoziêthes*, & de celles de *Nobardes*, qu'autrement. Elle eft affife à quarâtecinq degrez deçà le Tropique, au fixiefme Climat, dixiefme Parallele, & en la Prouince de Mangi, quoy que *ville baftie fur pilotis.* elle face vn Royaume : Et eft toute baftie fur pilotis, comme Venife ou Themiftitan, & infulaire : veu que de quelque cofté que vous y vouliez entrer, il fault que ce foit par eau, attendu que vers l'Orient vn grand Lac l'arroufe & l'enuironne, l'eau duquel eft claire comme Cryftal, & fort doulce à boire. De la part du Nort vient vne riuiere nommee *Pulnifangu*, & d'autres *Babata*, defcendant des haults monts d'Anie : laquelle enuironnant prefque toute la ville, fait le Lac, lequel fefpand par des canaux emmy

les rues d'icelle, à fin de nettoyer & emporter les immondices. Puis le Lac & la grande riuiere font vn gros canal, qui fe va rendre en mer pres le port de *Campu*, qui fait vne poincte, regardant l'Eft, & celuy de *Tapinzu*, qui va de l'Eft au Nordeft, & font deux *Deux forts qui cõmandent à la mer.* belles fortereffes, qui commandent à la mer, vis à vis l'vne de l'autre, & qui empefchent l'entree du goulfe aux vaiffeaux, tât qu'ils ayent payé tribut au Seigneur : veu que c'eft le païs du monde, où l'on taille plus feuerement le peuple, & exige fur les marchãs qui y abordent : comme vous voyez par le prefent pourtraiĉt, que ie vous ay voulu icy reprefenter au naturel, en ayãt recouuert le creon du tẽps de mes perilleux voyages. Cefte belle ville contiét, ainfi que m'ont referé ceux qui y ont efté, & long temps demeuré, plus de quatre lieuës, ou enuiron, de circuit : Ce qui eft affez vrayfemblable, à caufe que fon affiette eft en l'eau, & que les rues font fort larges, les palais grands, & force iardinages,

dinages,le tout planté tout à l'aife,& fi bien difpofé, qu'on peult aller par toute la ville,& par terre,& fur les canaux, lefquels font larges,aifez,& grands, par où les barques
peuuent paffer , & par les rues vont aifément les cheuaux,pour porter les chofes qui
font neceffaires pour ceux de la ville. Ie ne doute point que plufieurs Modernes, qui
ne voyagerent de leur vie,n'aeynt voulu maintenir,comme gens inexperts , entre autres Sebaftien Munfter , que cefte ville de Quinfay peult auoir cent milles d'Italie *Munfter*
en fon entier enclos,ou pour le moins vingtcinq lieuës d'Allemaigne : chofe que ie ne *femble.*
luy puis accorder,ne à Cofmographe qui viue, pourautant que la chofe eft côtre toute verité, n'en ayant non plus que ie vous ay dit ailleurs. Et fe peult ce bon pere auffi
bien abufer, comme il a fait en vn autre endroit, en fa mefme Hiftoire, difant, que la
ville du Caire,baftie en Egypte,contiét de tour treize lieuës d'Allemaigne,qui peuuét
reuenir à quelques vingt lieuës de France . Ie fuis affeuré l'auoir tournoyee plufieurs
fois d'vn bout à l'autre, du temps que i'y faifois refidence , & n'ay trouué (faifant telle
recerche) qu'elle euft plus de trois lieuës & demie,que ce ne fuft tout,comme i'eftime
vous auoir dit ailleurs. I'accorderois volontiers à ceux qui donnent telle eftenduë à
Quinfay, s'ils vouloient comprendre toute l'ifle, & le Lac, duquel elle eft ainfi enuironnee : Et dy dauantage, qu'il ne fe trouue ville clofe en l'vniuers, foit delà, ou deça
l'Equateur,de fi efmerueillable grandeur.Au refte,ce qui y eft le plus gentil,eft vne infinité de ponts,faits le plus gentimét du môde fur les canaux de la ville,fi que par leur
feul moyen on peult aller d'vn lieu à autre,à cheual,ou en chariot:que fi ces ponts n'y
eftoient en grand nombre,on ne fçauroit aller que à peine de lieu en autre,eu efgard à
la grandeur de la ville. Et vous fault noter, qu'il y a vn foffé & canal,que les Seigneurs
ont fait faire,à fin qu'il feruift de fortereffe:lequel vient non du Lac,mais de la riuiere,
& qui eftoit terre ferme, à prefent en ifle,& qui acheue d'enfermer la ville d'eau. C'eft
là où eft bafti le grand palais du Roy, où il fe retire pour la ferenité du lieu, & feureté
de fa perfonne. La plus part des maifons de Quinfay font faites de bois, pource que
les autres materiaux feroient trop difficiles à recouurer, veu la grandeur de la ville. Il
eft bien vray,que à caufe du feu qui f'y préd affez fouuent, à chacun bout de rue il y a
vne tour de pierre,pour y retirer les meubles, quand le feu fe met en quelque maifon.
Le grand Can tient toufiours fortes garnifons, pour peur de reuolte,tant de pied que
de cheual, & dehors & dedans fes villes, & en cefte cy fur toutes les autres, d'autant
qu'il la tient côme la plus chere de toutes fes terres, & q̃ c'eft le chef de fon Royaume.
Ce grand Seigneur, apres qu'il euft rendu foubz fon obeïffance le Royaume de Mangy,il le diuifa en neuf Prouinces : à chacune defquelles il meit vn Roy pour la gouuerner, & adminiftrer iuftice au peuple, ainfi qu'auons dit du Roy de la Chine. Ces
Rois rendent compte tous les ans au facteur & regent de l'Empereur, de leur gouuernement,& les change à fa fantafie,ainfi qu'il fe lit, que faifoiét les Romains iadis à l'endroit des Rois qu'ils faifoient. Ce Royaume de Mangy eft fi grand, qu'il y a mil deux
cens grandes villes & bourgades,toutes habitees de riches gens, & qui f'addonnent au
trafic de marchandife:pour la garde defquelles en l'vne y a deux mille,en l'autre trois,
& en l'autre fix mille foldats , felon la neceffité & grandeur des places , non que toús
ceux là foient Tartares, ains Cataiens, lefquels font plus affectionnez au Can, que ne
font les Mangiens.Quant au reuenu de ce grand Prince,fuyuant le recit que quelques *Reuenu du*
vns m'en ont fait,entre autres vn Arabe, nommé *Samaia*, natif de la ville de *Tor* (qui *grand Can.*
me donna des memoires de ce que oculairement il auoit veu en ces païs là , & lefquels
depuis cinq ans ença m'ont efté par vn qui eft couftumier de fe brauer des labeurs
d'autruy, defrobez) difoit entre autres, comme ie me recorde, vne chofe incredible,
fçauoir qu'il a à prendre de fes terres tous les ans *Chamaftax*, qui font quinze milliós,

& *Sebath mieh*, auec fept cens mille ducats, fans y comprendre la gabelle du Sel, qu'il leue à Mangy, & autres endroits, qui vault *Sathana*, fçauoir fix millions quatre cens mille ducats, ou pieces qui peuuent valoir autant. Icy fault excepter les prefens qu'on fait de iour en autre à ce Seigneur, qui peuuent monter à plus de deux millions. Ie ne vous compte rien aufli de ce qu'il a de propre en l'ancienne Tartarie : feulement eft cy deffus compris le reuenu des païs conquis fur les terres d'Inde, & des villes de Cambalu & Quinfay, auec Tapinzu, principales de fa Monarchie : veu que la Tartarie n'en fçauroit fournir la trentefme partie, eftant le païs montaigneux, & és plaines le terroir fec & fablonneux : & n'eftoit que les riuieres de *Iephard, Ienoch*, & *Pehufim*, y iettent leur limon, & l'engraiffent, la terre feroit du tout infertile. Dauatage ce reuenu fe recueille fur toutes fortes de marchandifes, defquelles il tire la difme : & autát desfruicts de la terre, & des animaux, qui naiffent à vn chacun en fa maifon. Lefquels reuenuz tous les Lieutenans du grand Empereur recueillent, & puis les font tenir au Roy fuperieur & fouuerain, ayans rendu compte, comme cy deffus eft dit.

Continuation de ce mefme païs de QVINSAY, *& mœurs du peuple.*

CHAP. XVIII.

E PEVPLE, oultre ce qu'il eft fort cruel & inhumain, fi a-il encor vn autre vice en luy, affauoir qu'il eft le plus auare de la terre. Car allant en guerre, & eftant vainqueur de fon ennemy, il n'en a mercy quelconque, ains le fait paffer au fil de l'efpee, pour en auoir la defpouille, fil ne voit que ce foit quelque grand Seigneur : Ce qui leur eft cogneu, tant pour la brauade & richeffe des habits, que à la barbe, pource que les Nobles & grands Seigneurs portent deux ou trois doigts de barbe, là où le fimple foldat ne porte que les mouftaches. Quant aux defpouilles des ennemis, elles font efgales, tant au Noble, que au fimple foldat, veu que quiconque prend fon ennemy, il en a les armes, cheual, & defpouille, fans que les Capitaines f'entremettent de gourmander les foldats : autrement ce feroit dreffer des feditions & mutineries en vn Camp. Les deux premieres villes, qui font prifes par eux, le pillage leur en eft octroyé : mais fi de là en auant ils en prennét d'autres, le tout tourne au profit du Roy, & les defpouilles font vendues, pour en porter les deniers au threfor Royal pour les fraiz de la guerre : Dequoy bien fouuent l'Empereur eftant en l'armee, fait largeffe aux foldats, mefmement fils ont fait lointain voyage, à fin de les tenir en deuoir, & encourager à mieux faire. Or font leurs armes, l'arc, la flefche, vne groffe maffe de fer, le cimeterre, & vne lance faite de Canne, longue & forte, prefque comme font noz piques. Ie croy qu'ils ont appris la courfe de la Lance, des Arabes des trois Arabies, qui y font fort experts & grands maiftres, ainfi que i'ay veu eftant auec eux. Entre ces Tartares, tát la Nobleffe, Seigneurs, Capitaines, que fimples foldats, font fi obeïffans à leur Prince, que pour chofe du monde ils ne luy feroient vn faulx bond, haïffans mortellement tout hôme, qui ofe dreffer les cornes contre fon fuperieur. Les femmes vont à la guerre auec eux fouuentefois : & femble qu'ils ayent appris cela des Scythes leurs anciens ennemis, ou des Cimbres allans combattre l'armee Romaine, ou ainfi que faifoient les Perfans, du temps qu'ils eftoient en vogue. Ie me fuis laiffé dire, quand i'eftois en ces païs Leuantins, à vn More, hômme fort riche, nommé *Iafobeth*, ayant fix vingts Efclaues, qu'il auoit achetez au fein d'Arabie, & qui auoit demeuré trois ans en ce païs du Catay, entre autres, en vne ville nommee *Gindagu*, affife vers le grand Lac de *Cadot*,

Armes de ce païs.

Femmes qui vont en guerre.

lequel d'autres nomment *Guian*, assez pres de la montaigne *Kirky*. Ceste ville s'estoit reuoltee quelque temps auant que ce More y fust demeurant, veu qu'il y entra auec l'armee du grand Can: & me dist, que les femmes armees de flesches & pauois, donnerent le premier assault à ladite ville, & que à la fin les hommes venás à la recousse pour les deffendre, furent contraintes de quitter la place. Me dist en oultre, que les gens du Roy entrans dans ladite ville prise d'assault, vne femme nommee *Naga*, trencha la teste auec vn Cimeterre au Gouuerneur de ladite ville, nómé *Macaroth*, puissant homme, qui estoit le chef & Capitaine des mutins, & que à l'exemple de celle là, le plus grand massacre qui fut fait, ce furent les femmes qui en feirent l'office: de sorte qu'il ne demeura ame viuante, que tout ne fust mis au fil de l'espee. Car en Tartarie, Perse, ou Turquie, il n'y a pardon ny grace quelconque pour le peuple ou Capitaine, tant soit il grand, ou de bonne maison, pourueu qu'il ayt fait reuolte contre son Roy, que tout ne passe par le glaiue trenchant des ennemis: mesme son bien confisqué au Prince, & ses plus proches en danger d'en auoir autant. Que si le propre fils du Roy faisoit la reuolte, il passeroit par mesme chemin que les autres. De cecy auons nous veu vn exemple notable de nostre temps de Sultan Solyman, Roy des Turcs, dernier decedé, lequel feit mourir son fils, nommé Mustapha, apres mon retour de ces païs là. Aussi ces Rois Barbares disent, qu'il vault mieux qu'vne centaine des plus proches du Roy meurent, ou soient exterminez, que mettre vn Royaume & Prouince par telles guerres ciuiles & rebellions, en hazard d'estre faits proye des estrangers. Au reste, ce peuple est tellement abusé apres les Astrologiés, & faiseurs de natiuitez & horoscopes, que tout aussi tost que quelque enfant est né, ils font escrire le iour & heure de sa naissance: puis s'addressent à messieurs les Genethliaques, pour sçauoir en quel signe est son influence, & en quelle consideration & aspect: & ayans vn breuet de cela, le gardét autant soigneusement, que si c'estoit quelque riche thresor, iusques à ce que leurs enfans sont grands: Et lors selon qu'ils auront veu le progrés de leur vie, les mettét en estat, & les marient, & non iamais sans auoir premierement consulté ces Astrologiens & enchanteurs, lesquels ils reuerent & payent tresbien, quoy que les Tartares de leur naturel ne soient guere liberaux, sinon lors qu'ils sont à table, veu qu'ils conuieront à boire & manger auec eux, ceux qui passeront pardeuant le logis où ils banquettent. Il est bien vray, que pour les estrangers malades il y a des Hospitaux, où ils sont recueillis, & bien traitez: mais si tost qu'ils ont recouuert leur santé, il fault qu'ils mettent peine à gaigner leur vie en quelque chose. Sur ce propos ie me recorde auoir veu, du temps que i'estois en la ville d'Alep, situee en Asie, trois de ces Charlatans faiseurs de natiuitez, gens vagabonds, qui alloient maintenant en vn lieu, tantost à l'autre, pour vser, & abuser le peuple de telles fourbes ou folatries, si ainsi les fault nommer: Lesquels ayans predit vne bourde la plus gaillarde du monde à vn ieune Turc de bonne part, & tiré de luy tout ce qu'ils peurent, luy dirent, qu'il deuoit estre dans dix ans l'vn des premiers Seigneurs de sa race, & qu'il n'en feist doute. Or ce pauure malheureux deux iours apres luy auoir predit sa bonne aduenture, luictant à la Turquesque auec vn autre ieune homme, esclaue de son pere, s'eschauffa d'vne telle sorte, qu'il en mourut bien tost apres. Estás donc aduertis les Officiers de la ville de ce qui estoit passé, feirent apprehéder ces maistres imposteurs, & si brusquemét chastier à coups de bastonnades, q deux heures apres ils passerent le pas, & moururent honteusement. Au reste, ceux de Quinsay tiennét, que les Tartares n'ont point esté les bastisseurs de leur ville, & qu'auant eux elle estoit belle & riche, mais qu'ils en ont bien esté les vsurpateurs: Qui est cause, qu'ils ne regardent de guere bon œil les soldats, qui sont là en garnison, pource que par le moyen de ceux là ils ont esté priuez de leurs legitimes Rois, & Seigneurs de leur sang

Prouësse d'vne femme guerriere.

Ordonnance tressaincte.

Cofmographie Vniuerfelle

& païs.Ils font gens pacifiques,doux,honneftes,& courtois,qui careffent les marchans
eftrangers,& les reçoiuent humainement:ce que le Tartare ne fait point.Ils exercent la
marchandife loyaument, & ne mentent iamais d'aucune chofe qu'ils promettét. Leur
ancienne couftume eft,que les enfans fuyuront l'eftat & office de leurs peres. En cefte

Belles places dás la ville. ville y a dix places principales,la moindre defquelles a mille pas de long, & à l'entour
font les magazins & boutiques des marchans,qui viennét des Indes, & ifles de Zeilan,
Taprobane, & autres. En ces places vous voyez de cinquante à foixante mille perfonnes,trois fois la fepmaine venir au marché, pour y vendre leurs viures, ainfi que vous
voyez faire pardeça. Et eft chofe merueilleufe de voir la fauuagine qu'on y apporte
de toutes fortes, & telle que nous ne voyons point pardeça. Les Bouchiers font pour
y tuer des Veaux, Cheureuls, Aigneaux, & quelques Bœufs : mais cela eft pour les ri-
ches:car les pauures mangent de toute chair, quelque immondice qu'on y eftime. Les
fruicts font les meilleurs du monde, entre autres des Pefches auffi blanches que neige,
& autres iaulnes, du meilleur & plus fauoureux gouft, qu'on fçauroit imaginer. Quãt
au poiffon,il y en a telle abondance, tant de la mer que de l'eau doulce du Lac, qui eft
fort fauoureux,que cela caufe,que prefque toutes chofes y font à bõ marché. Touchãt
le vin de vigne, ils n'en ont point : mais le font de Ris & efpicerie, lequel fe vend tout
frefchement fait, és boutiques qui font pres des places, & à fort bon compte. Les rues
principales de la ville viennent refpondre à ces places, par le moyen des ponts, à fin
que chacun fe puiffe pouruoir aifement de ce qu'il aura affaire. La grand'rue qui va
par le milieu de la ville, f'eftend depuis vn bout iufques à l'autre, qui eft de l'Oueft à
l'Eft,tirant vers le bout du Lac, & a quarante pas de large. En cefte cy eft prefque tout
le plaifir d'y voir les fumptueux edifices, & boutiques des marchans, auec leurs grãds
iardinages. La plus grand'part de ce peuple eft idolatre, adorant *Sagomonbar*,qui fut

S.igomõbar Prophete & Roy. vn de leurs Rois, Prophete, & Preftre des Dieux, vñ tout tel hõme que Xaqua en l'ifle
de Giapan. Ils fuyuent fa Loy, qui confifte toute en preceptes moraux, & en bien peu
d'abftinence. Car ce Prophete n'eftoit pas fi fuperftitieux que celuy de Giapan : mais
le Giapanois le gaigna,en luy fuccedant,veu qu'il baftit les Moyneries, dont i'ay parlé,& defquelles il y a belles troupes en la ville de Quinfay, & par la Prouince de Mangy. Les temples de ces Idoles, & habitations de ces Moynes, font és plus beaux lieux
de la ville,& tout autour du Lac, où les edifices reffentent la richeffe du païs, & la deuotion de ce peuple,d'auoir doüé de grand reuenu ces Moynes,là où ceux de Giapan

Grãds chaf-feurs. fault que viuent d'aumofnes. En tout ce païs les habitans font grands chaffeurs, tant à
caufe des montaignes,que pour le regard des bois de haulte fuftaye,& les buiffons qui
fe trouuent au païs,où il y a tant de beftes de toutes fortes,& de diuers poil,qu'on n'en
fçauroit deffournir le païs. C'eft icy que vient le grand Can fe recreer l'Efté, vfant de
toute telle façon de chaffer, foit à la Venerie,foit à la Fauconnerie, que i'ay efcrit parlant du Roy de la Chine. L'an mil cinq cens vingt & vn, le nouueau Empereur, que
lon nommoit *Kadair*, fut occis d'vne befte farouche en chaffant. A cefte caufe ie laifferay ce propos,& vous feray iuges,f'il y a ville au monde,qui foit pour eftre compa-
ree en beauté, bonté, plaifir,& abondance de biens, à cefte cy : & fi le Roy Tartare eft
inferieur au Turc, Sophy, ou Empereur d'Ethiopie. Ce pendant ie vifiteray le Catay,
& les Chreftiens qui habitent la terre du Tartare.

Du CATAY : hommage fait au grand Tartare : des Chrestiens qui sont en ces
païs là : & de l'oyseau Manucodiate. CHAP. XIX.

E NOM DE CATAY est compris depuis la riuiere de Comoran, ius-
ques à celle de Mecon, l'vne tirant vers l'Est, & l'autre vers le Su: & au
Nort est confiné auec les terres de Cambalu: non que toutes les regiõs
& Prouinces voisines ne soient assuietties, & comme dependances du
Catay, qui est le nom general de tout le païs Oriental, suiet au Tartare, tout ainsi que les terres suiettes au Roy, sont comprises soubz ce
nom de France, quoy que proprement France ne soit que ce qui est enclaué en l'isle de
France. La ville capitale dudit païs s'appelle Ialaleer (quelques autres luy donnent le
nom de Iong) qui est grande à merueilles : mais depuis que les Empereurs ont eu gousté les delices de Quinsay en Esté, & le plaisir qui est en Hyuer en Cambalu, ceste ville
a esté delaissee, & n'y a point grand apport. Elle est bastie sur le Lac de Dangu. Quant
à Cambalu, elle est posee au pied d'vn mont, sur la riuiere nommée Curat, ou Cudon,
laquelle passe par le milieu de la ville : hors laquelle y a douze bourgades, qui seruent
pour loger les estrangers, qui viennent pour visiter le Seigneur. C'est en ceste grande
ville, comme la plus policee, que se tient la Cour le plus ordinairement, à cause que ce
païs fut le premier conquis par Cingis Can, & où il eut la reuelation d'oster les Tartares de dessoubz l'obeissance des Scythes, & autres nations : D'autant aussi, qu'elle est la
plus peuplee de toutes les autres de ce païs là, voire la plus grande. Non pas que ie me
vueille oublier iusques à là, & maintenir ce que le magnifique Conti Venitien, & le
Seigneur Poggio Florentin ont descrit, sçauoir que Cambalu peult auoir de tour dix
ou douze lieues pour le moins. Si ces Philosophes contemplatifs vouloient comprendre les montaignes de Kelmones, & celles de Goddoles, esloignees de deux lieues & demie de la ville Cambaluenne, ie les croirois volontiers, & non autrement, pour sçauoir le contraire. Dauantage dans ceste ville aucun mort n'est enterré, ains on le porte
hors la ville. Ils bruslent les corps en quelques endroits, és autres non, & enterrent les
cendres és lieux deputez pour les sepultures. En Catay lon faisoit iadis la monnoye
d'vne certaine carte forte, & ne se trouuoit hôme si hardi, qui osast refuser ceste monnoye, estant és terres du Seigneur : auiourdhuy ils n'en vsent point, encore que Munster ayãt voulu dire le contraire, s'y soit trõpé. En ceste ville de Cambalu viennét tous
les ans le mois de Feurier, qui est à eux l'an nouueau, tous les Princes & Seigneurs suiets à l'Empereur, auec dons & presens, en signe de recognoissance, tribut & hommage, qu'ils luy font & de leurs corps & de leurs biens : & les presens principaux se font
en cheuaux, tellement que quelquefois ils montent plus de trête mille à vne seule fois.
Comme ils sont assemblez, & que les presens & dons sont faits, entre en la salle vn hôme de grande authorité, comme seroit vn Prelat entre les Chrestiens, nommé en leur
langue Elssema, lequel crie par quatre diuerses fois ces mots, disant, Nayd-naydo,
assaa Sumana, nohna, cana, deyk anakar : c'est à dire, Enclinez, enclinez vous, adorez &
honorez le premier Seigneur du monde. Ce qu'ils font, & pendant il dit ceste oraison,
Dieu sauue, maintienne, & garde nostre grand Prince longuement en santé & liesse, &
que toutes choses luy succedent prosperement, & selon son souhait. A quoy tous respondent autant de fois, qu'il fait ceste priere, Dieu le face ainsi. Ce qu'ayant fait, il approche d'vn certain endroit, fait comme vn Autel, qu'ils appellent Eliezer, l'Abyssin
Elmachada, & l'Arabe Almahrab : sur lequel y a vne pierre rouge, où est graué le nom
de l'Empereur : & prenant vn encésoir, ce Prelat encense & l'Autel, & ceste pierre, ado-

Conti & Poggio Italiens se trõpent.

Hommage fait tous les ans au grãd Tartare.

rant & fe humiliant,pour & au nom de tout le peuple. Apres tout cecy f'auance l'Empereur, lequel iure aux affiftans, de viure en bon & courtois Seigneur, de leur garder leurs priuileges, & de ne rompre & outrepaffer fes loix, ftatuts & ordonnances de *Mamgu Can.* Or ce *Mamgu Can* fut celuy,qui tant refpecta le nom Chreftien,& qui follicité par *Haiton* Roy d'Armenie, en l'an mil deux cens cinquantetrois, voulut que toute liberté fuft donnee aux Chreftiés par toute fa terre, & que nul ne fuft fi hardi de les empefcher en leurs exercices,& feruices de leur Religion. A la fin il receut le fainct Baptefme : mais fes fucceffeurs ne f'en foucierent guere, n'ayans point homme qui les guidaft,& leur prefchaft la verité de l'Euangile. Ce Roy Armenien gaigna tât,

Loy faite aux Chreftiens par le Prince barbare. que le Tartare feit vne Loy pour les Chreftiens,qui eft de telle fubftance : Qu'en toutes les terres que les Tartares auoient conquifes, & qu'ils conquefteroient cy apres, ils iureroient de laiffer les Eglifes Chreftiennes en leur entier, & que tant le Clergé que Laiz vefquiffent en toute liberté, exempts de feruitude, & fans payer tribut quelconque, que felon l'impofition faite par les Rois fur les naturels de Tartarie. Cefte Loy a fait fi grand bien aux Chreftiens,que le Prince les honore,& ne feroit vn homme bien venu,qui outrepafferoit cefte ordonnance. Pource ie parleray vn peu des Chreftiens, qui viuent par ces Prouinces qui luy font fuiettes. Ie croy qu'il vous fouuient,que i'ay

Abyffins fuiets au Preftre-Iâ. dit,que les Abyffins eftoient ceux qui tenoient iadis les Indes foubz l'Empire du Geriph : mais que Cingis Can feit tant auec fes fucceffeurs, qu'il perdit tous fes Eftats, & les Indiens leur religion, qui eftoit la fuperftition des Gentils, adorans pluralité de Dieux, là où le Tartare adoroit vn feul Dieu, & honoroit vn certain Prophete de fa nation. Or la race Chreftienne n'en fut point oftee, fauf ceux qui eftoient Ethiopiens: qui eft caufe que les Neftoriens,Georgiens & Armeniens y adorét encor Iefus Chrift, & celebrét les faincts myfteres de noftre religion. Qui me fait accufer l'ignorâce de celuy qui penfe tout fçauoir,toutefois qu'en luy n'y ayt qu'vne pure farce, qui comme il eft conduit aux tenebres d'obfcurité, ne voyant goutte, a ofé dire, & quelques autres de mon temps,que nulle nation ayt receu l'Euangile, que ceux qui obeiffent à la Hierarchie du Pape, ainfi qu'ils ont efcrit. Mais iamais le Pape, comme ie croy, ne commanda aux Indes,ny les Miniftres de l'Eglife d'Inde ne fceurét onc que c'eft des Conciles celebrez és Eglifes des Grecs & Latins:toutefois ils tiennent la plus part des ceremonies de la premiere Eglife, laquelle fut là plantee par quelques Apoftres, ou leurs difciples. Les Rois idolatres Indiés & autres nourriffent plus de dix millions de Chreftiens encore auiourdhuy en ces païs là, qui viuent mefme felon la fimplicité de la doctrine Apoftolique. Ie vous puis affeurer, pour auoir veu, parlé & conuerfé auec ceux de ce païs là qui font Chreftiens, qui m'ont difcouru de toute leur Religion, & donné mefmement par efcrit, eftant en l'Arabie, Egypte, Ethiopie, ville de Hierufalem, & autres lieux beaucoup plus lointains, faifant mes nauigations fur ce grand Ocean,que tous les articles que ie vous ay icy deduits,font vrais,& f'obferuent encor de

Chofe fort notable. prefent. Et me fceurent trefbien dire ces paures gens, conferant auec eux, que depuis que les Orientaux commencerent à eftre diuifez fur le faict de la Religion, & que l'vn croyoit d'vn, vn autre de l'autre, il vint bien toft apres vn *Mahemet* Arabe, vn *Sagomonbar* entre les Tartares,& vn *Xaqua* en l'Inde plus Orientale,vn *Xaholan* Bengalien, vn *Haly* Perfien, vn *Cheriph* Africain, vn *Azeleon* Afiatique, *Comaffan* & *Alxamath* Cephaliens,& l'heretique *Kalmorath* Abyffin : lefquels foubz pretexte de prefcher la purité de la doctrine, & parlans d'vn feul Dieu, gaignerent tout le Leuant, & eurent le pris fur les Chreftiens partialifez. Et fur cecy me fouuient du grand Can,qui fut ayeul de celuy qui regne pour le iourdhuy: Comme quelcun luy demâdaft pourquoy il ne fe faifoit Chreftien, eftant fi pleinement informé de l'excellence de noftre

Religion,il refpondit : Comment voulez vous que ie le face,eftant ainfi enuironné de
fuiets de diuerfe religion , comme ie fuis ? Que fi ie me faifois Chreftien, & mes Miniftres ne feiffent des miracles, & chofes autant merueilleufes que font les Preftres &
les Enchanteurs qui feruent aux Idoles, ie filerois la corde, qui cauferoit la fin de ma
vie. Voyez ce Roy qui recognoiffoit fa faulte, & auoit auffi crainte de fe faire Chre-   Roy Tarta-
ftien. Toutefois il Chriftianife toufiours quelque peu eftant auec les Chreftiens, &   re recognoist
Mofaife ou Iudaife auec les Iuifs,& fait l'idolatre auec fes gens: veu qu'il celebre Noël   IefusChrist.
& Pafques auec les Chreftiens,& autres feftes qui leur font communes:& fe comporte
auffi auec tous Mahometiftes : parquoy lon peult iuger, qu'il n'a pas grand foy, pour
chofe qu'il face. Si que luy eftant vn iour interrogé de la caufe pourquoy il honoroit
l'Euangile,lequel il faifoit encenfer,comme vn fainct Reliquaire:il refpôdit,Qu'il y a
quatre grands Prophetes,aufquels tout le monde fait honneur & reuerence, à fçauoir
Iefus Chrift, que les Chreftiens adorent comme Dieu : Moyfe, honoré des Iuifs: Mahemet, legiflateur des Turcs & Arabes: & que le quatriefme eftoit Sagomonbar Can,
l'vn des premiers Dieux des Idoles,& quelques autres: Et quât à luy,qu'il faifoit honneur à tous, mais particulierement à celuy qui eft le plus grand & vray Dieu au ciel
que tous les fufdits:lequel il difoit prier,qu'il pleuft luy affifter,& luy donner fecours
en fes affaires, n'eftant pas ignorant de fa vertu diuine, & monftrant par là, qu'il eftimoit plus la Religion Chreftienne (difoit-il de bouche)que toute autre folle perfuafion,que fes anceftres auoient creuë,d'autant qu'elle eft plus fainate & veritable:toute-
fois il ne faifoit que bien peu de profeffion, de quelle que ce fuft des Loix de ces Pro-
phetes.Et difoit,que fi fon bifayeul auoit efté cruel,& fait mourir foixante & dix mille Chreftiens & Iuifs, que c'eftoit leur faulte, d'autant qu'ils auoient confpiré contre
luy & les fiens, & animé les Rois & Princes eftrangers à prendre les armes contre fa
Maiefté. Ce fut luy qui commanda (ce qui encor f'obferue) que lefdits Chreftiens ne
portaffent point la Croix deuant eux : en laquelle vn fi excellent Prophete, que Iefus
Chrift,auoit fouffert mort ignominieufe. Voila quât à la Religion du Tartare en foy.
Le fimple peuple eft plus idolatre,que autrement, & font la plus part honneur au So-
leil & à la Lune,qu'ils nomment *Muel*, & *Iercanath*, & les peignent en leurs maifons.
Le Roy les fait auffi grauer fur les prefens qu'il donne aux Capitaines, qui ont fait le
deuoir en quelque bataille:aufquels felon le merite de leur charge,il donne des tables
d'or ou d'argent doré, pefantes deux ou trois cens marcs, efquelles il fait grauer vn
Lyon,qu'ils appellent *Codurad*,& le Soleil & la Lune,auec cefte efcriture tout autour:
Par la force & vertu du grand Dieu, & par la grace qu'il a donnee à noftre Empire, le
nom de Can foit beneift,& que tous ceux qui ne luy obeïrôt,foient deftruits, & meurent de male mort. Voyez donc à prefent les fingularitez du païs, en ce qui eft de rare,
& non vulgaire és autres contrees. Par toute la region prefque du Catay fe trouue vn   Tolamozin
oyfeau,que ceux du païs nomment *Mifel Tolamozin*,qui eft à dire,Oyfeau fans iam-   oyfeau fans
bes, & autres *Manucodiate* : qui eft chofe fort digne d'eftre recitee, tant elle eft rare en   iambes.
la Nature. Ceft oyfeau eft de la grandeur d'vn Pigeon ramier, tout de couleur grifaftre & cendree, la queuë de pied & demy de long, & laquelle auec le refte de fon plú-
mage,eft auffi frifee, & toute femblable à aucuns Pigeons blâcs frifez,que i'ay veuz en
plufieurs endroits des trois Arabies,& d'Egypte. Le Mifel donc n'a ne pieds ne iambes,mais au lieu d'iceux vous y voyez de petits filets, comme boyaux, non guere plus
gros que la tefte d'vne efpingle, ou fil d'archal, lefquels font lôngs d'vn pied, ou dauantage,luy pendans au lieu mefme où doiuent eftre fes cuiffes : tellement que quand
ceft oyfeau veult repofer la nuict, veu que tout le long du iour il demeure voltigeant
par l'air, il vient fe ietter fur quelque arbre, contre les branches duquel il f'entortille

de fes pieds faits comme boyaux, fort gentiment : & ainfi il f'endort iufques au matin, qu'il f'en va à fon pourchas, pour prendre des moufches, & autres beftioles voletantes par l'air. Lon m'a voulu faire croire, que ceft oyfeau viuoit de l'air, fans prendre autre pafture : mais d'autres plus fpeculatifs Indiens m'ont affeuré le contraire, & qu'ils l'ont veu máger. Il a la tefte ronde, & le bec vn peu crochu. I'en ay veu & manié en plufieurs

fuperftition des Cataiês. endroits. Les Cataiens ne voudroient pour rien, qu'on tuaft ce beau Mifel fans iambes, pource qu'ils difent & eftiment qu'il eft facré, & que ce font les meffagers des deffuncts, aufquels ils vont dire & porter les nouuelles de ce qui fe fait pardeça : & y en a de fi fots, qu'ils adorent ceft oyfeau, comme chofe diuine, le voyans ainfi tenir en l'air, fans prendre aucunement repos : mais les moins fuperftitieux ne font pas ainfi, toutefois ils l'honorent de tant, que de ne luy vouloir forfaire en aucune chofe que ce foit. Encore n'oublieray-ie point la diuerfité des arbres, qu'on trouue & voit en cefte contree : lefquels auec ce qu'ils font diuers aux noftres, auffi portent-ils des fruicts tous differens à ceux que nous mangeons pardeça. Entre autres on y voit vn arbre, qu'ils nomment *Phorel*, & les Indiens *Chebeif*, lequel porte fon fruict gros comme celuy du Mauze d'Egypte, mais vn peu plus court : qui eft caufe que quelques vns l'appellent Figues de Pharaon. Ce Phorel eft fur toutes chofes bon & profitable pour defalterer ceux qui font malades : duquel on leur fait vfer en la grande alteration de quelque fieure ardente, pource qu'il eft fort confortatif, & auffi qu'il n'augmente en rien l'accez. Sa fueille eft femblable à celle du Plantain, fors qu'elle eft vn peu plus efpaiffe. L'arbre ne viët iamais guere plus hault, q̃ de deux braffes ou enuiron : & fon fruict croift d'vne part & d'autre fur les branches, eftant ioint au bois affez caché foubz les fueilles, lefquelles font profitables pour la goutte. Ie laiffe à part vne infinité d'arbres fruictiers, qui fe trouuent en ce païs fertil & plaifant, à fin de vous dire, que au Catay fe trouue du Brefil beaucoup meilleur que celuy de l'Antarctique : mais la longueur du voyage, qui ne feroit moindre que de deux ans ou enuiron, empefche qu'on y face chemin, & eft caufe qu'on fe contente de celuy qui eft le plus proche, & moindre en peril & défpenfe, & que auffi la chofe n'eft pas de fi grand' valeur, qu'on en puiffe tirer profit, qui fuft fuffifant pour la peine du voyage. Aufurplus, il n'y a ifle en cefte mer Indique, foit vers le Gange, goulfe de Sian, ou mer de Chine & de Mangy, qui n'abonde en ceft arbre. Ie ne puis icy taire, en paffant, la faulte que fait Cardan, qui dit, que cedit arbre

Cardan & Syluius mal aduertis. porte vn fruict rouge, lequel eft fort propre pour la tainture. Mais il eft auffi vray, comme le refte qu'il allegue au mefme endroit : car il ne porte fruict quelconque, non plus que le Buys que nous auons : & ce dequoy on vfe icy pour taindre, n'eft autre chofe, que le cœur & moüelle de l'arbre, que les marchans acheptent, comme ie vous diray ailleurs. Il me fouuient, que Syluius, ceft excellent homme entre les Medecins François, vn an auant fa mort, me voulut perfuader par certaines raifons, que ce que Cardan auoit mis par efcrit, eftoit vray : mais quelque reuerence que ie portaffe ou à fes vieux ans, ou à fon fçauoir, fi me contraignit il de luy dire, que fi luy, Cardan, Ruel, Fernel, Munfter, Gefnere, & Matthiole, les plus illuftres de noftre fiecle, euffent veu ce que i'ay cogneu trauerfant païs par l'efpace de dixfept à dixhuict ans, ils fe fuffent gardez d'efcrire plufieurs chofes affez mal fondees & confiderees, pluftoft certes par faulte d'experience, que de trefbon fçauoir. Au refte, il fe trouue encor au Catay, Quinfay, & païs voifins, de beaux & haults Cypres. Lors que i'eftois en Egypte, ie vey vn grand

Singularité du Cypres. coffre de ce bois à Damiate, qui fut trouué plus de dix pieds dans terre en lieu humide, eftant auffi entier, que f'il n'y euft point efté mis : & y eftoit depuis le temps que Sultan Selim, pere-grand du Turc regnant auiourdhuy, fe feit par force Roy de tout le païs d'Egypte, qui fut enuiron l'an mil cinq cens douze. Ces Cataiens ont vne lan-

gue bien meſlee,& pour cela difficile à entendre aux eſtrangers:Mais pour chanter les
loüanges de leurs Dieux , ils en ont vne toute particuliere. L'Alphabeth des Moynes
du Catay,Quinſay,Giapan, & terres continentes, a quaranteſept lettres,tout ainſi que
celuy des Maronites , & en ſont les charaƈteres preſque ſemblables, mais les mots
en quelque choſe differents, tout ainſi que les Allemans & François ont meſmes lettres,& toutefois le langage de l'vn eſt incogneu & eſtrange à l'autre.Mais i'ay aſſez diſ-
puté du continent , ſur lequel ie me ſuis eſgaré, & reprendray les iſles,à fin que le Le-
ƈteur y prenne plaiſir,& contentement de ſon eſprit.

De ZIPANGV, en la mer de MANGI: des fruiƈts qu'elle produit : du
CHAMELEON, & autres beſtes qui viuent de l'air.

CHAP.   XX.

L E N O M B R E des iſles qui ſont en l'Ocean Indié,deçà & delà le Gange,eſt ſi grand & eſmerueillable, qu'il eſt preſque impoſſible, à moy
Theuet,les rediger par eſcrit:& auſſi iamais homme du monde ne les
a deſcouuertes. Qu'il ſoit ainſi, quel des Anciens & Modernes a deſcouuert,ou bien parlé de Giapan,que i'ay deſcrite en la mer de Mangi,& de *Zipangu* , de laquelle ie vay parler maintenant ? Ie ne nie pas
que quelques vns pourroient auoir veu , & ouyr diſcourir d'vne autre iſle,quaſi portant le nom de ceſte cy,nommee *Ciampagu* , & quaſi deſcouuerte en meſme temps, &
par meſme ruſe & fortune, par ceux qui premiers y ont mis le pied : laquelle i'ay miſe
& deſcrite en ſon rang.Et partant pour vous donner ample cognoiſſance de la preſente iſle de *Zipangu*, il fault ſçauoir, qu'elle eſt poſee pardeçà le Tropique de Capricorne,ayant ſon iour de quatorze heures trente minutes. Elle eſt fort grande,comme celle qui a plus de quatre vingts lieuës de long , & de circuit plus de cent cinquante : &
vous puis dire , que c'eſt le plus riche païs du monde en Or & Pierrerie : mais pource
qu'elle eſt ſi eſloignee de terre ferme, les Anciens n'y ont oſé donner attainte , penſans
qu'il fuſt impoſſible de l'aborder,comme eſtant hors de chemin.Et en peu de paroles,
pour ſçauoir ce qui eſt de ceſte iſle, & ce que i'en ay peu ſçauoir & apprendre, ſelon le
diſcours que lon m'en a fait , des mœurs & façons des habitans auſſi, il eſt à noter, que
le premier de leurs Rois eſtoit vn Prince de *Campaà*, puiſné , qui auoit nom *Cogatin* *Le premier*
(que les Indiens nomment en leurs Hiſtoires *Corſenath* , & les Chiniens *Nomelot*) le- *Roy de l'iſle.*
quel ſollicité par vn Preſtre de ſes Idoles,nommé *Zinpan*, de changer de païs,à fin de
viure en grandeur,& eſtre chef d'vn peuple,dreſſa vne belle armee,& ayant couru fortune en mer,viſitant les païs circonuoiſins par l'eſpace de quatre ans, vint en fin en ceſte iſle,qu'il appella *Zipangu*, pour l'amour de ce Preſtre ſon gouuerneur,qui mourut
comme il vouloit prêdre terre en icelle.Or ce *Cogatin* la conquit,& ſ'y gouuerna ſi ſa-
gement, leur apprenant le ſeruice des Dieux, qu'il ne commandoit choſe en quoy il
ne fuſt obey : & lors il eſtablit peine de mort à ceux qui feroient de là en auant maſſacres,& qui vſeroient de telles cruautez,comme ils faiſoient les vns enuers les autres au
parauant qu'il y fuſt entré.De ce *Cogatin* ſont deſcenduz iuſques auiourdhuy les Rois
de ceſte iſle,qui ſe monſtrent aſſez affeƈtionnez aux ſuiets du Tartare, qu'ils nomment
Magore,pource qu'ils ſe ſçauét eſtre deſcenduz de pere en fils du païs où le grand Can
commande:Toutefois que ceux de Decan & Sumatre tiennent le cõtraire, diſans,qu'il
eſt deſcendu de la race du Roy, nommé *Niramaluco*, fils de *Cotalmaluco*, qui print en
mariage la fille du Roy Chinien, & eurent ſix enfans, ſçauoir *Dalmudath , Derennath,*

Kelbet, *Puparod* (qui occit fes trois fufdits freres) *Moracath* , & *Naxrob* : duquel les
plus grands Rois de ces Infulaires ont prins leur origine. Au refte, l'ifle eft fi abondante en mine, que tout le feruice & vaiffelle fe fait en Or , & les ferrures mefmes des portes, au lieu que nous les faifons de fer : de forte que la maifon du Roy en reluit de tous
coftez, comme le ciel en eftoilles. Ce peuple n'eft pourtant fi gracieux, qu'il ne foit encor Anthropophage : non que indifferemmét il f'attaque à tout homme pour le manger, mais f'ils en peuuent prendre vn qui foit leur ennemy, & qui ne puiffe fe racheter
par prefent de marchandife, ils conuieront tous leurs parens & amis en leur maifon, &
maffacrans leur prifonnier deuát leur Idole, le font cuire, comme font encore auiourdhuy les Sauuages de Mexique , & en prennent de bons repas enfemble fort ioyeufe-
ment, difans, que foubz le ciel n'y a pas viande meilleure ny plus fauoureufe, que celle
chair, qui eft au corps de fon ennemy : mais à l'amy & eftranger ils ne touchent point,
pourueu qu'il ne les offenfe. Depuis peu d'annees ença , ayans ouy parler des courfes
de quelques vns de païs lointain, & doutans qu'en fin ils tóbaffent en proye, ils fe font
foubmis volontairement au grand Can : non qu'il y tienne garnifon, ny Gouuerneur
quelconque, feulement luy ont promis tous les ans grande fomme d'or , bois d'Aloë,
& Peleterie, qu'il prend pour tribut, à la charge qu'il leur donnera fecours enuers tous
& contre tous ennemis : Lequel tribut le Can eft tenu enuoyer querir par celuy qui eft
fon Lieutenant au Royaume de *Xaton*. En *Zipangu* nul ne peult marier fa fille , que
premierement il ne la prefente au Roy, pour voir fi elle luy eft agreable : laquelle eftát
belle, fera retenue pour aucun temps en fa maifon : lequel puis apres la renuoye chez
fes parens, auec tel prefent, correfpondant à fa qualité, qu'elle a dequoy fournir au
dot qu'elle voudra porter à celuy qui la prendra en mariage : lequel fe tiendra pour
bienheureux, que le Roy ayt accointé fa femme. Que fi elle eft groffe, l'enfant eft porté
au Roy, qui le nourrit auec le refte de fes enfans. Il n'eft homme fi hardi, qui ofaft dire
parole vilaine ou iniurieufe à vne femme , ains y font fort refpectees, felon la ruralité
& imbecillité de ce peuple. En la campaigne il y a diuerfes efpeces de fruicts, & tous
fort plaifans à manger : entre autres, des Melons les meilleurs du monde, gros au poffible, & faits en ouale. Les malades volontiers en mangent, & ne leur font non plus contraires , que le ius qu'ils en boiuent , eftans en quelque extreme fieure & chaleur : voire
ceux qui font en fanté, en vfent volontiers tant au matin qu'au foir : & ne fe trouue
breuuage, quí les defaltere plus, que ceftuy là. La graine de ces Melons eftát pilee auec
l'herbe (que ces Barbares nomment *Chelca*, qui n'eft non plus gráde, que l'Ozeille ronde de pardeçà) prouoque les malades à vomir, & puis à dormir. Les Infulaires appellent ce fruict *Coboth* , ceux de terre ferme *Pateca* , mot corrompu de *Batiec*, qui ne fignifie autre chofe, que Melon d'Inde. Les Daguiens, Bifnagers, & Comorins luy donnent le nom de *Calargari* : & de telle efpece f'en trouue-il au païs d'Ethiopie, qui font
beaucoup meilleurs que ceux cy , à caufe des chaleurs : & font nommez de ce peuple
Camaith , & des Abyffins *Keceroths*. Les premiers que ie veis & mangeay onques, ce
fut en l'ifle de *Chifafe* , pofee en la mer Rouge : auiourdhuy il f'en trouue en l'Arabie
heureufe, que les Arabes nomment *Kidak*, & en plufieurs endroits d'Efpaigne , defquels la graine a efté apportee de ces païs d'Orient, & les appellent *Budiecas*. Ie ne veux
auffi oublier vn autre fruict, qui croift en noftre ifle de Zipangu, de cefte mefme groffeur, nommé *Chiuef*, qui fignifie en langue Syriaque Figue, & en Iauien *Tonaire* : mais
ils ne mettent point à la fin cefte lettre f, ains difent fimplement *Chiué*. Ie laifferay toutefois cefte difpute de mots, & parleray du fruict : lequel eft fi bon, que en le mangeât,
on diroit que c'eft la Manne du ciel , fe fondant à la bouche. Il y a dedans de petits
grains, commë font ceux qu'on trouue dans vn Concombre : fa péau eft orangee , lors

Ifle abôdan-
te en Or.

Coboth, Pa-
teca, ou Ba-
tiec, Melons
d'Inde.

Chiuef,
fruict fon-
uerain.

qu'il eſt paruenu à maturité. La fueille de l'arbre eſt fort verte, & ronde au poſſible, &
auſſi grande qu'vn eſcu. Les adulateurs Iuifs, & Arabes, en acheptent, ſoit au ſein de
Perſe, ou à celuy d'Arabie, qui ſont confits, que lon apporte des Indes, pour faire preſent aux grands Seigneurs du païs. Ceux de l'iſle font plus de compte du Chiuef, que
de tous autres arbres & fruictiers: auſſi que l'eſcorce en eſt propre à quelques maladies.
En ce païs ſe trouue diuerſité de grains, dequoy ils font leur pain, & meſmement du
Mil, qui eſt le principal manger. Vray eſt, qu'en pluſieurs autres iſles il ne peult venir, tant à cauſe de la vermine, que de l'air qui y eſt corrompu, & qui n'eſt bon pour tel
grain. Et voila encor vne autre faulte de Cardan, qui dit, que le Ris & le Mil croiſſent   *Faulte de Cardan.*
par toutes les nations & Prouinces. Mais en cela il ſe trompe: veu qu'eſtât en quelques
contrees, où i'ay demeuré, & ayant leu ce que ledit Cardan a mis par eſcrit, i'ay voulu
eſſayer ſi l'opinion d'vn tel perſonnage, aſſez mal fondee, eſtoit veritable, & ſi le Ris,
Bled, ou Mil, y pourroient venir, comme il fait en l'Europe. Et puis diré, que de tous
les François, qui demeuroiét en ces païs là, fut moy tout le premier qui ſema du Bled,
Febues & Poix: mais onc vn ſeul tuyau n'en ſortit vn pied & demy hors de terre. Autant i'en dy de quelques plants & ſeps de vigne, que nous auions portez dans certains
tonneaux pleins de bonne terre: leſquels ne peurent iamais profiter, leur eſtans l'air &
le Climat du tout contraires. En ceſte iſle naiſt & ſe nourrit le Chameleon, à cauſe que
vers le Soleil Leuant ce païs eſt montaigneux, plein de rochers & lieux ſolitaires, où il
ſe retire & fait ſa reſidence, & que auſſi l'air y eſt fort bon & ſerain en tout temps, qui
eſt le poinct le plus neceſſaire pour luy que tout autre, veu que ſa nourriture en eſt priſ-
ſe. Car de dire qu'il mange, comme aucuns ont voulu affermer, ie ne le ſçaurois prouuer, l'ayant dit, là où ie ſçay bien auoir veu belle quantité de ces animaux, tant en terre
ferme, que és lieux de la mer, leſquels durant l'eſpace de ſept à huict mois ie ne vey
prendre aucune viande, quelle que ce ſoit, & ſi on les tenoit en cage pour en faire l'experience. Cependant que i'eſtois en vne bourgade, nommee *Sella*, à vne iournee de la
ville d'*Azer*, au bout des deſerts d'*Hegias*, ie vey deux Lezards, enfermez dans vne cage de bois, en la maiſon d'vn Ladre, leſquels on m'aſſeuroit auoir deſia plus d'vn mois
qu'ils n'auoient mangé choſe du monde. Autant en puis-ie dire de trois que i'ay veuz
en Conſtantinople, qui furent pres de deux mois ſans manger. Quant à moy, ie penſe
que c'eſtoient de vrais Chameleons: car bien qu'ils ne changeaſſent point de couleur,
ainſi que naturellement fait ceſte beſtiole, ſi eſt-ce qu'ils luy rapportoient en toute ſa
deſcription. Ils eſtoient gros comme vn Rat d'Afrique, & dauantage, ayans pres d'vn
pied & demy de long: mais ie croy que le regret, que ces beſtioles auoient d'eſtre en-
fermees, ioint à la peur de mourir, empeſchoit qu'elles ne ſuyuoient leur naturel ſur   *Chameleon qui change de couleur.*
le changemét de ſa couleur, ſauf le rouge & blanc: veu que le Chameleon ayât la peau
molle & ſans poil, il eſt vray-ſemblable, que ſelon ſes paſſions, voyant quelque couleur, il ſy plaiſt ou deſplaiſt. Il eſt tacheté de blanc en aucuns endroits, comme le Lezard, & eſtant effrayé & mort, ne change plus de couleur, laquelle luy eſt blafarde &
noiraſtre, telle qu'on la voit à vn Crocodile. Le Soleil ſe leuant, il tourne la teſte vers
iceluy, & hume l'air, & ce petit vent ſerain, qui ordinairement ſuyt ceſt Aſtre à ſon leuer: ſi que il ſenfle de l'air, & ſe reſiouyt en ſa contenance apres telle paſture. Ie ne ſçay
où ceux qui diſent, qu'il iette excremens par la partie inferieure, ont prins ceſte Philoſophie, veu que n'ayant rien d'excrementeux au corps, pour ne viure de viande ſolide,
il ſemble mal à propos, qu'il digere & iette quelque choſe par le fondement. Et n'eſt
pas ainſi comme des Abeilles: Car quelque ſubtilité de paſture qu'elles prennent, ſi eſt
ce qu'il y a de la ſolidité, d'autant qu'elles font attraction, en ſuççant la ſubſtance des
fleurs, dont elles ſe paiſſent: là où lon voit que le Chameleon ne hume que la ſubtilité

de l'air.Ce qui fe peult iuger auffi par le peu de fang qui eft en cefte befte,lequel f'arrefte tout à l'entour du cœur,pour tenir en vie & forcé ce foible corps, nourri de fi fubtil element. A ce mefme propos , eftant en Numidie , & pres du Royaume d'Alger en
la Barbarie,en vn village nommé *Burcq*, ie vey dans la maifon d'vn Arabe, vne petite

Gooim be-
ftiole,qui ne
boit ne mã-
ge.

befte nommee *Gooim*, & des Mores du Cap de Verd *Bouruth*, de la grandeur d'vne
Belette,ayant le poil comme entre tané & gris , fur la couleur oliuaftre , la queuë longue & menue,fans oreilles, que fort peu : les yeux fort rouges , & la tefte ronde . Cefte beftiole ne beuuoit ne mangeoit,ainfi que quelques Efclaues Chreftiens,& le maiftre mefme m'en affeurerent.Vne chofe fçay-ie bien, que de huict iours que i'y fuz,il
ne print chofe du monde pour fe fuftanter:car ie vouluz obferuer chofe fi admirable.
D'autre part vn Portugais m'afferma,dont il fe difoit tefmoing oculaire,que Magellã,
celuy qui paffa le deftroit du Pole Antarctique,ayant fait defcente à la riuiere des Vafes, en laquelle i'ay efté,vn certain Sauuage du païs,nommé *Boccomith*, luy feit prefent
d'vne befte , non plus grande qu'vn *Sagoin*, laquelle eftoit blanchaftre : ce que Magellan accepta,pour gratifier le Barbare,qui la luy prefentoit:lequel leur dift,qu'ils meiffent ladite befte au fommet du maft de leur nauire,biẽ attachee, à fin qu'elle ne cheuft

Piranord
befte, ne vi-
uant que de
l'air.

dans la mer,& qu'ils ne fe fouciaffent point de fon manger & boire. Ce que Magellan
feit,& veit bien,que la feule nourriture de cefte befte n'eftoit que de l'air:ces Sauuages
la nommoient *Piranord*,& vefquit ainfi parmy eux plus d'vn mois . Aduint que combattant fur mer contre les Infulaires des ifles des Moluques, ce petit animal fut tué
d'vn coup de fleche.Or ne font ces beftes feules,qui ne boiuent ne mangent:car voyez

Cigales &
Sauterelles,
qui viuent
fans man-
ger.

moy vne Cigale, elle ne prend aucune fubftance, que lon f'en puiffe apperceuoir , fi ce
n'eftoit quelque humidité,& fi elle ne laiffe de chanter tout l'Efté. I'ay veu en Paleftine,pres le fleuue Iourdain, des Sauterelles, auffi lõgues & groffes que le poulce:lefquel-
les les Arabes,qui gardent les chemins, mettét pour leur plaifir & paffetemps dans des
vafes de terre bien cloz & couuerts , fauf quelques petits trouz pour leur donner air:
puis efleuent ce vafe au bout d'vne perche,& les laifferont là pendues quelquefois demy an,ou plus:au bout duquel temps ils les trouuent en vie.Ce que auffi par curiofité
i'experimentay dés que ie fuz en Hierufalem,païs de Samarie, & en quelques endroits
de la mer Rouge.Les Indiens appellent le Chameleon *Minimy*,autres *Tontory*.En l'A-
rabie heureufe fe trouue vne befte plus groffe que le Chameleon,que les Arabes nomment *Quaiton*, merueilleufement farouche, & legere à la courfe,& des plus dangereufes,dy-ie,que lon fçauroit trouuer:car fi elle attaint homme,ou befte,de fes dents, c'eft
fans remede qu'il eft frappé à mort : & luy donnent ce nom d'vne herbe,laquelle eftãt
fletrie,a couleur pareille à cefte befte,& l'effect de laquelle a grande proprieté cõtre la
morfure de ce petit animal. Ainfi les venins ont diuers effects , veu que les vns font
mourir tout auffi toft qu'on en a vfé,& d'autres vous donnent l'efpace de prẽdre quelque contrepoifon. Il y a des beftes qui font nuifibles par le feul regard , d'autres à la
morfure,& autres qui au fimple attouchement alterent tellement le fens de l'homme,
qu'ils le priuent de vie,ainfi que ie vey eftant en Afrique,d'vne Vipere fort longue,la-

Chofe ad-
mirable du
venin des
ferpens.

quelle ne mordit en forte aucune vn Arabe là prefent, ains feulement le toucha en
frayant : mais ce toucher luy fut fi nuifible, que dans demy quart d'heure il trefpaffa,
quelque diligence ou remede qu'on y fceuft donner. Il y en a d'autres en ces païs là,
qui offenfent tellement le cerueau des hommes de leur puanteur , que fi on n'y remedie bien toft , on eft en trefgrand danger de la vie. Cecy ay-ie experimenté , eftant en
l'Antarctique. Nous auions racheté vn Portugais d'entre les mains des Sauuages , qui
le vouloient maffacrer & manger,ainfi qu'ils auoient fait de fes compaignons. Le lendemain,que nous l'eufmes ofté par prefent à ces Barbares , nous fufmes moy quatriefme efbattre

me esbattre dans les bois,qui aboutissent au Cap de Frie,auquel lieu nous pensions faire vn fort. Comme nous esbattions,voicy vne beste qui passe,n'estant pas plus grande *Memeric beste puante.* qu'vn petit Renardeau,que les Sauuages nomment *Memeric*.L'vn de noz cõpaignons tire sur elle,& la tue.Nous approchons pour voir, & la prendre : mais il en sortit telle puanteur,qu'il n'y eust celuy d'entre nous,qui ne se sentist si surpris,qu'il pensoit auoir tous les membres estonnez. En somme,si vn Sauuage ne m'eust donné ie ne sçay quel fruict,seruant de contrepoison, c'estoit fait de moy & de tous mes compaignons, qui fusmes tous malades iusques au mourir : mais le Portugais passa le pas, & emporta le mal auec la fin de sa vie. Les Sauuages me dirent, que son odeur suffisoit à gaster tout vn païs,quand son haleine est directemẽr soufflee contre le visage de quelcun.Or est ceste dispute assez longue de telle sorte d'animaux,qui viuent seulement de la subtilité de l'air, & de ceux aussi qui portent poison presente à ceux qui les touchent, regardent, ou mordent. Reuenons donc à parler de l'isle de Zipangu, laquelle est exempte de ces bestes venimeuses, mais qui abonde en autres,lesquelles sont rauissantes, & qui sont des plus grosses & furieuses que lon trouue en toutes les contrees, qui sont en ceste mer de Mangi,de Cin,& de Mabul:laquelle estendue,quoy qu'on l'appelle mer de Cin,ou Mangi, ou autre nom, si est-ce que c'est le mesme Ocean : Mais tout ainsi que nous disons la mer Tyrrhene, Adriatique, ou Sicilienne, & neantmoins le tout est la Mediterranee, de mesme est-il en ce qui est appellé mer Gangetique, de la Chine, Mangi, & Lanchidol : veu que toute ceste estendue est comprise soubz le nom commun du grand Ocean.

De ZAMAT : de l'arbre,qui porte les Noix d'Inde : de MATHAN : mort de Magellan, & opinion mal fondee des Anciens, touchant ceux qui habitent soubz la Zone Torride.

CHAP. XXI.

COMME vous auez laissé Zipangu , & venez à douze degrez pres l'Equateur vers le Pole Antarctique , & à cent quarantesix de longitude, lon trouue vne petite isle, que les Indiens nomment *Zamat*, enuironnee de vingt trois islettes,partie habitées,& les autres où nul ne fait demeurance, sinon vn bon nombre d'oyseaux. C'est le païs où le peuple est le plus larron de la terre , quoy que sans cela il y ayt de la courtoisie fort grande:mais estans pauures,& en leur liberté,sans estre suiets à homme du monde,qui leur donne Loy que à leur propre fantasie, ne fault trouuer en eux cela estrange.Ce peuple vit du fruict d'vn arbre ressemblant au Palmier,lequel leur sert de *Fruict d'vn arbre fort nutritif.* pain,vin,huyle,& vinaigre. Ce fruict est gros comme la teste d'vn homme, & dauantage:& est celuy que nous nommõs Noix d'Inde. La premiere escorce de l'arbre en est toute verte, & espaisse plus de deux doigts : parmy laquelle se trouuent certains filets, desquels ils font des cordes,auec lesquelles ils lient leurs barques.Apres l'escorce verte sen voit vne autre, laquelle ils bruslent & puluerisent : puis font vser de ceste pouldre pour medecine à leurs malades. Encor soubz ceste seconde escorce est couuerte certaine mouëlle blanche , qu'ils appellent *Muathaq*, aussi espesse que le doigt, laquelle ils mangent en lieu de pain auec la chair & le poisson, & a le goust des Angouries,que i'ay mangé en Turquie,Constantinople,& Egypte:mais pour en faire de bonne à manger,ils la font secher,puis la mettent en farine,& en font de tresbon pain,ainsi que iadis les Anciens faisoient du gland & chastaigne, par faulte de bled. Au milieu

de cefte mouëlle, ils trouuent vne eauë fort claire, doulce & cordiale, que ces Barbares appellent *Sure :* laquelle eftant caillee, & conuertie en fubftance huyleufe, ils
font bouillir : & lors cefte meflâge deuiét auffi graffe que le meilleur beurre qui fe face
en Bretaigne. Que fils veulent auoir du vinaigre, ne fault que laiffer cefte eauë au Soleil, fans la faire bouillir, & elle deuiendra aigre, claire, & blanche comme laiĉt, & la
nomment *Orraca.* Quant à la liqueur pour boire, elle fort des branches : & font ces
Palmiers femblables à ceux qui portét des Dattes, mais non point fi noüailleux. Deux
de ces arbres fuffifent pour la nourriture d'vne famille. Si les Anciens en euffent eu cognoiffance, ie vous puis affeurer, qu'ils ne les euffent mis en oubly, non plus que le Sy-
comore, & le Caffier. Ie ne veux pas toutefois nier, que quelques vns d'entr'eux n'en
ayent ouy parler : entre autres *Manrod,* & *Iadhedel,* Medecins Arabes, la fepulture
defquels me fut monftree à deux lieuës d'*Hybelezet,* ville fituee entre la riuiere du Nil,
& le fein Arabic : & viuoient ces bonnes gens l'an du monde cinq mil nonante & fix,
deuant noftre Seigneur cent deux ans, & du temps de *Beleus* Roy des Cimbres, *Ar-
cheban* Roy des Parthes, & *Sariafter* d'Armenie : Eurent, dy-ie, ces deux Arabes cognoiffance, tant de ces Arbres, que des Noix qu'ils produifent, par le moyen d'vn nauire Indien, lequel eftant poulfé par fortune des vents & tempefte de mer, vint furgir
& mouiller l'ancre au port de *Zorme,* à l'entree duquel fe prefente l'ifle de *Marfoan:*
puis par fucceffion de temps plufieurs d'entre eux l'ont cogneu, & donné le nom de
Baratha, autres *Iaufia-lindi,* comme qui diroit Arbre Indien. Auiourdhuy tant l'Ara-

be que l'Hebrieu, luy ont changé & corrompu le nom, & l'appellent *Maro,* fon fruiĉt
Narel, le Perfien *Marecal,* l'Ethiopien *Meraioth,* les Maluariens & Necumeriens
Tengamaran, fa noix *Aleni,* & le noyau de dedans *Tanga.* Quant aux Indiens de Camur & Malauar, ils nõment cedit arbre *Trican,* le fruiĉt *Nihor,* & les Portugais *Cocco.*
Sa noix n'eft fi petite, que elle eftant vuide, ne puiffe tenir vne chopine d'eauë pour le
moins : & eft, à la voir de pres, la tefte d'vn vray Singe, d'autãt qu'elle a vn nez camuz,
deux yeux, & vne bouche, le tout naturellement creé de l'arbre, fans artifice d'homme
qui viue. I'ay veu bon nõbre d'autres arbres femblables en la terre Auftrale, qui portét
leurs noix non plus groffes qu'efteufs, fans noyaux, ne fûc dedans. Pareillement i'en
ay veu d'autres, groffes comme petits pruneaux de Damas, auffi vuides dedans que les
fonnettes de pardeça. Ces arbres Indiens viennent volontiers aux endroits fablóneux,
& les plantent ces Infulaires, les noix eftans frefchement cueillies : & lors que l'arbriffeau eft hault de trois ou quatre pieds, ils les replantét ailleurs en quelques foffes, qu'ils
rempliffent de fient d'Elephans, & ne portent iamais fruiĉt, qu'ils ne foient vieux de
douze à quinze ans. Au refte, pres de cefte ifle de *Zamat,* fe voit vne autre, nommee
Zumun, laquelle eft deshabitee : quoy que en icelle fe trouuét deux fontaines de l'eauë
la meilleure, plus doulce & frefche, qu'on fçauroit trouuer : & au furplus elle eft bien
peuplee d'arbres fruiĉtiers, & autres pour le plaifir de l'vmbrage. A quelques cinquante lieuës de là, on en voit vne autre, que les Chreftiens qui y ont nauigué, ont appelee
Vulcan, pource que continuellemét on y voit du feu, fumee & eftincelles flamboyantes au milieu d'vne montaigne, qui eft auant dans terre. De *Zumun* vous allez à l'ifle
de *Gilanazard,* qui eft de belle eftenduë, & d'icelle à *Meffane,* laquelle eft pardeça
l'Equateur, tirant vers noftre Tropique, à neuf degrez & deux tiers de latitude, &
centfoixante & deux degrez de longitude. En cefte ifle vfent les habitans des fueilles
d'vn arbre, nommé *Bettreph,* pour fe defalterer, lefquelles font femblables à celles
du Laurier : & quand ils les ont bien mafchees, ils les iettét pour en prendre d'autres, &
cela les rafrefchit tellement, que fils fen abftenoient, ils feroient en danger de mourir
d'alteration, & efchauffement de cœur & de foye. Cefte ifle n'eft pas pauure, veu qu'il

y a abondance de fort longues Figues, groſſes comme Concombres, qu'ils nomment
Toyappes, Oranges, Limons de la groſſeur d'vn moyen Melon, Millet, Orge, Chiens,
Chats, Pourceaux, Gelines, & Cheures : & ſ'y trouue de la Cire, & des Mines auſſi. A
quelques quatre ou cinq degrez de l'Equateur giſt l'iſle de *Mathan*, laquelle eſt aſſez
belle & grande, & où les habitans ſont vaillans & adextres. C'eſt là, que fut occis, par
les Sauuages barbares de l'iſle, ce vaillant Capitaine Fernand Magellan, la memoire
duquel viura à iamais, pour les cóqueſtes ſur mer qu'il a faites au ſeruice de ſon Prince: qui fut l'an mil cinq cens dixneuf, le vingtſixieſme du mois d'Auril: ayant eſté premierement bleſſé en la iambe d'vne ſagette enuenimee par leſdits Sauuages, puis vn
coup de fleſche en la teſte: & dura ce combat dix heures entieres, non ſans grand' perte

Cóbat entre Fernád Magellã & les Sauuages de l'iſle de Mathan.

de pluſieurs deſdits Barbares, qui cóbattirent fort vaillammét auec leurs eſpees & maſſues de bois. Et feirent ſi bien le deuoir de bons guerriers, tant les vns ḡ les autres, qu'à
grand' peine pouuoit on iuger qui auoit la victoire, hors mis le Chef des Chreſtiens,
qui y demeura pour gage : car eſtant cheut par terre du coup qu'il eut, le fils du Roy
Barbare, que lon nommoit *Karodoth*, luy donna vn autre coup de lance de canne, ferree d'oz de poiſſon, puis fut deſarmé incontinent: & le reſte des ſiens gaignerét la fuyte droit à leurs nauires. Et ainſi mourut au champ d'honneur le premier homme de
noſtre ſiecle, pour le faict de la marine & pilotage : & vous en puis aſſeurer, pour en
auoir ouy de luy tel recit des Pilotes du Roy Henry d'Angleterre, & de Dom Iaques
Vocelle Eſpaignol, & autres qui l'accompaignerent, & eſtoient auec luy lors qu'il fut
occis. Plus bas que Mathan giſt *Zubuth*, iſle grande & riche, & laquelle a vn Roy particulier, là où toutes les ſuſdites ſont gouuernees, ſans auoir ſuperieur qui leur commande. Ce Roy ſe feit Chreſtien auec ſa femme, par l'incitation de Magellan : mais dés

que le bõ Capitaine fut mort,ceft infidele fe remit à fon premier eftat.En l'annee mefme au mois de May il dreffa vne partie aux Efpaignols,qui leur coufta la vie, veu qu'il
feit appareiller vn bãquet,difant qu'ainfi eftoit la coufture du païs,lors que les eftrangers vouloient prendre congé du Roy,& que là il leur donneroit toute refpõfe. Ceux
qui furent à ce banquet, y demeurerent pour gages : car ils tuerent trente ou quarante
hõmes,follicitez à ce par l'Efclaue de Magellan,qui auoit efté menacé du Lieutenãt
de feu fon maiftre:& dift au Roy de Zubuth,qu'en ce faifant,il gaigneroit la grace du
Roy de Portugal,qui commençoit à tenir la plus part des Moluques, & que au refte il
fe feroit riche, ayant la marchandife qui eftoit en terre, des Efpaignols , & fe pourroit
faifir des vaiffeaux des occis & vaincuz. L'vn luy vint à fouhait, qui eftoit les richeffes
des Chreftiens,lefquelles eftoient encor à terre : mais quant aux nauires,on luy donna
empefchement , non fans fe fouuenir de la menfonge. Le peuple de cefte ifle va tout
nud, fauf qu'il couure fes parties honteufes, tant deuant que derriere : mais quand ils
veulent venir au combat,ils fe mettent tous nuds,à la façon d'autres peuples leurs voi-
fins.Ils prennent tout autant de femmes que bon leur femble:toutefois ils en ont toufiours vne principale, & plus aymee que toutes les autres.Ils font fort addonnez à boire & manger, & mefmement ils mangent leur viande bien cuiête. Ils font le Sel artificiellement , tout au contraire des Canibales : & boiuent à grands traits,& fouuent,de-
meurans quatre ou cinq heures à prendre leur repas. Ie n'oublieray à vous reciter vne

Folles cere-
monies des
nfulaires.
folle fuperftition de ces Infulaires,qu'ils ont à tuer & maffacrer quelque Pourceau fau
uage , different à ceux de pardeça , pour leur prouifion. Le iour mefme qu'ils veulent
faire cefte occifion,ils fonnent certaines trompes qu'ils ont, faites de Canne,ou groffes
Coquilles de poiffon , qu'ils appellent *Morrapath*:puis lon porte trois grands plats de
terre,és deux defquels y a certaines viandes & gafteaux faits de Ris & Miel cuiêt,& du
poiffon rofti , qu'ils enueloppent dans quelques fueilles : & au tiers plat on porte vn
drap de l'efcorce de Palmier de Cambaie, & des bandes de cotton, & eftendêt ce drap
fur terre:puis viennent deux vieilles femmes, nommees *Namith* ,ayans chacune vne
trompe à la main,lefquelles fe mettent fur ce linge, & font la reuerence au Soleil,qu'ils
nomment *Aferf*: puis mettent ce linge deffus elles,& l'vne fe fait auec la bande,com-
me deux cornes fur la tefte , & tient l'autre bandelette en la main : & ainfi trompant &
danfant,elles inuoquent cê Soleil, le prians qu'il accepte ce facrifice de leur main : car
elles vont à l'entour du Pourceau, nommé en leur patois *Gemalith* ,qui eft lié là à vn
pofteau. Celle qui à le front ainfi cornu , parle touſiours fecrettement au Soleil , & fa
compaigne luy refpõd:puis on prefente vne taffe pleine de vin de Palme à cefte Deeffe cornue:laquelle auec fa compaigne fait femblãt quatre ou cinq fois de vouloir boire,touſiours bribonnans quelques fuffrages:puis refpandêt ce vin fur la tefte du Pourceau,& foudain fe remettent à danfer,& hurler cõme enragees.Et apres auoir apporté
encor vne lance de canne,& ferree de quelque oz de poiffon,ou befte,cefte femme fait
derechef femblant trois ou quatre fois de ferir le Pourceau:mais rõpant fon coup,elle
fe met à continuer fa danfe : puis comme fi quelcun l'auoit furprife, elle tire contre le
Porc , & le tranfperce de part en autre, fi elle peult : & dés qu'elle voit que la befte eft
morte, elle tient vne chandelle allumee dans fa bouche , faite de graiffe d'vn poiffon,
qu'ils nomment *Kecoq*, tout iufques à ce qu'elles ayent celebré leurs ceremonies : puis
elle l'eftaint dans fa bouche. L'autre ce pendant vient à baigner le bout de fa trompe
dans le fang de cefte befte,& auec le doigt enfanglanté elle en oinêt le front,premiere-
ment de fon mary,puis de tous les affiftans,pourueu qu'ils ne foient point eftrangers,
eftimans que autres que ceux de leur ifle ne doiuêt iouyr de telle fanêtification. Apres
cela,les vieilles qui ont fait telle folennité,fe defpouillent toutes nues,& f'affeans à ter-

re , mangent les viandes qui ont esté portees dans les plats : & n'est personne receu à ce
festin, que les femmes. Voila à quoy passent le temps ces pauures Barbares. Passé que
vous auez *Zubuth*, vous voyez *Calugan* : laquelle iaçoit qu'elle soit petite, si est elle *Calugan*
des plus riches d'entre les Moluques . Apres cestecy s'auoisine *Bahol*, & *Pauilogan*, es- *isle riche.*
loignees de celle de *Butuan*, qui est grande de cinquantehuict lieuës de circuit, & qui
est entouree de huict islettes, & d'vne, dite *Barbay*, par laquelle on prend le chemin
de *Sarangami*, laquelle est à cinq degrez & neuf minutes de l'Equateur. Le peuple est
en ceste isle meschant outre mesure, & n'y fait guere bon aborder, si lon n'est plus fort
qu'eux : & ce pendant la mer y est fertile en Perles, & la terre autant abondante en Or,
que autre. De *Sarangami* vous allez à *Sanghir*, puis à *Bagad*, laquelle gist à deux degrez de la ligne. Ceste cy est voisine de *Gargoz*, & de la grand'isle de *Gilole*, laquelle
est deux fois de plus grande estendue, que n'est celle de Burne, estant directement
posee soubz la ligne Equinoctiale : & est si grãde, que qui la voudroit enuironner auec
vne barque, il luy faudroit vn mois pour ce faire. Mais auant que passer icy plus outre
en la description de l'isle, il fault que i'oste vn scrupule, que plusieurs ont sur les terres,
qui gisent soubz la Zone Torride, ainsi dite, à cause des chaleurs, & que nous disons la
ligne Equinoctiale, lors qu'ils estiment celle partie du monde, qui est soubz l'Equateur, estre inhabitable . Ie sçay qu'ils ont l'appuy des excellens & graues autheurs anciens, tels que sont Pline, Solin, Strabon, Mele, Munster, & plusieurs Scholastiques : entre
lesquels Pline dit, que le ciel a osté trois parties aux hommes, lesquelles on ne peult
habiter, pour raison de son intemperie, à sçauoir la partie Septentrionale & Australe,
pour leur grande & excessiue froidure, le tout y estant gelé & caillé en glace, & le milieu du ciel, là où le Soleil faisant sa course de l'vn Pole à l'autre, à cause de ses ardentes
chaleurs, empesche l'habitation de ceste terre aux hommes. Ie n'ay point entrepris
la guerre contre Pline, Solin, ou autres Anciens, ny contre ce sçauant Seigneur Pic de
la Mirande, lequel s'est aheurté à l'opinion dudit Pline, pour faire plus parade de son
sçauoir, que de recercher la verité. Mais reuenons à Pline, lequel s'estant oublié de ce *Pline se*
que premierement il a dit, met en auant que la Taprobane est habitee & fertile de cho- *contredit.*
ses necessaires à la vie de l'homme. Que s'il est ainsi (encor que ce qu'il recite, n'est que
par vn simple ouyr dire) c'est desia par sa comfession propre, qu'il y a habitatiõ soubz
l'Equateur, d'autant que la Taprobane aussi bien que Gilole est directement posee
soubz la Zone Torride : de quoy la raison & experience, que i'en ay faite, monstrent la
verité. Car i'ay experimenté souuentefois le contraire, passant soubz la ligne, où ie
voyois les isles habitees du peuple du plat païs en celle quatriesme partie du monde,
vers le Pole Antarctique. Quant à la raison, elle est si euidente que rien plus, veu que
s'il est ainsi qu'il y ayt habitation soubz les cercles des Tropiques, soit Hybernal ou
Estiual, esquels l'ardeur & la froidure monstrent plus leur effort, que soubz l'Equateur, à plus forte raison soubz la ligne elle peult estre habitee d'hommes, à cause de la
temperature de l'air. Ces doctes hommes, à dire la verité, ont eu grand esgard à la disposition des cercles du ciel : mais ils se sont abusez en vne chose, qu'ils n'ont point veu, *Ligne par-*
que la ligne partissant esgalement le ciel en ses Hemispheres, ne pouuoit estre si extra- *tissat le ciel*
uagante en chaleurs, qu'ils disent, veu que le Soleil n'y est si voisin, à cause de sa lati- *en deux par-*
tude, qu'il est du Tropique, quel que ce soit, où il semble encliner ses rayons, à cause de *ties.*
la curuature du globe du monde, & en l'Equateur il est vertical, & se tenant au milieu,
espandant ses rayons par tout le monde : Non que ie vueille nier, que lors qu'il leur est
ainsi vertical, il ne soit bien chauld, & que la reuerberation de ses rayons ne cause de
grandes exhalations, & icelles fort ardentes. Ie dis pour conclusion, qu'il n'y a lieu au
monde, qui ne soit habitable, ou ne puisse estre habité, hormis l'Arabie deserte, laquel-

le, comme i'ay veu, en la paffant par deux fois, ne porte chofe qui foit, ne herbe, ne arbre, ne autres nourritures, fors que du fable blanc & menu. I'ay efté en plufieurs ifles
foubz l'Equateur, lefquelles i'ay veuës auffi verdoyates, que les autres de la mer, fituees
de la part des deux Poles, là où font les grandes chaleurs: comme foubz la ligne il y
fait humide, & y pleut volontiers. Deuant auoir doublé ladite ligne, eftant toufiours
foubz icelle, par faulte de vent, nous eufmes la pluye trois mois durant, & tonnerre le
plus fouuent: qui rend les ifles & païs du continent en tout temps fort fertiles, & autant habitables, que les regions des deux Tropiques, defquelles ie vous ay ailleurs affez difcouru.

Continuation defdites ifles: opinion des Antipodes: & des arbres qui portent
les Mirabolans.   C H A P.   X X I I.

'ISLE DE GILOLE, & autres des Moluques, font fituees en vn lieu,
que lon pourroit iuger le peuple qui les habite, eftre les Antipodes,
defquels tant de doctes perfonnages ont parlé, & mefmes des Anti-
ptones: en quoy ils ont efté en diuerfes opinions: les vns, qu'il n'y en a
point, les autres au contraire. Mais quant à moy, ie diray en paffant ce
qu'il m'en femble, & ce qu'il fault auffi imaginer en noz efprits: que le
ciel eftant ainfi courbé, & la terre ronde, ne fault penfer, que ceux que nous difons An-

Antipodes tipodes, aillent la tefte en bas à noftre efgard, ains marchét les pieds contre les noftres,
marchêt les à fin qu'ils puiffent iouyr de la fplendeur du ciel, qui en leur Hemifphere leur eft ver-
pieds contre tical, auffi bien que à nous au noftre: autrement & les pluyes, & les fources des eaüs, les
les noftres. plants des arbres, & affiettes des montaignes croiftroient en pendant: ce qui eft vne
grand' folie à croire. I'ay prins efgard de cecy fur la mer, mefme où les vaiffeaux, qui
nous eftoiét lointains, à caufe de la globofité & rondeur de l'Element, nous fembloiét
directement oppofez: mais fçauez vous comment? c'en deffus deffoubz. Pour mieux
iuger de cecy, il ne fault que regarder la raifon naturelle, & fe fouuenir toufiours, que
le monde eft fpherique & rond, & que auffi il eft habitable par tous les coftez de fa
rondeur. Car fil n'eftoit habitable que en noftre Hemifphere, l'opinion de Lactance
feroit du tout receuable. Quant à l'opinion de S. Auguftin fur le mefme propos des
Antipodes, elle n'eft fi efloignee de la verité, que plufieurs eftiment: d'autant que ceft
excellent perfonnage n'a pas du tout nié qu'il y en euft, ains a condamné l'opinion de
ceux, qui difoient, que la maffe de la terre eftant partie en deux demy-ronds, que les
Grecs appellét Hemifpheres, elle eftoit feparee, & ces deux parties diuifees par la mer,
& icelle non nauigable: de forte que rien de nous ne pouuoit paruenir à ceux qui
eftoient en ceft autre Hemifphere: que nous eftions en l'vn de ces deux demy-ronds,
& les Antipodes & Periecbes en l'autre. Ce qu'eftant ainfi confideré, il falloit qu'il y
euft eu vne double creation de l'homme dés le commencement, fans que ce fuft d'vn
feul Adam, que toute la race des hommes euft prins fon origine. C'eft ce qui a fait dif-

De S. Au- puter fainct Auguftin contre les Antipodes: lequel ne feft du tout amufé, quoy qu'il
guftin tou- fuft curieux des Mathematiques, aux dimenfions des degrez de la longitude & latitu-
chant les de du ciel, & que la mer, quelque part du ciel que lon tire, eft nauigable, & la terre plei-
Antipodes. ne d'hommes qui l'habitent. Quelcun de mon temps a maintenu, qu'il n'y auoit point
d'Antipodes. Ie fuis certain que celuy qui l'a efcrit, ne partit iamais (fil fault parler ainfi) de fon païs. Ce qu'il n'euft pas dit, fil euft efté informé pleinemét, comme i'ay efté,
de la verité des nauigations, qui fe font par tout le monde, & que auec la confideration
du Globe, il euft contemplé l'affiette des terres, où nous les imaginons. Au refte, fi on

regarde que le cours de la terre s'estend plus en longitude qu'en latitude,& que le premier degré de longitude a esté prins par les Anciens, depuis le cercle Meridien passant dessus les isles Fortunees (car ainsi mesuroient ils leurs degrez iusques à la ligne:) & quant aux latitudes,elles s'estendent depuis ladite ligne iusques à chacun des Poles: si que mesurans l'Hemisphere par le milieu de la ligne Equinoctiale, qui est le grand & premier Parallele, la diuision soit esgale en ses proportions depuis l'vn Midy iusques à l'autre, & la latitude selon ses Paralleles : Vous verrez par la consideration de l'espace de la terre, ayant esgard au Centre, & à son diametre, que lon cognoistra tout aussi tost que l'opinion qu'il y a des Antipodes, est tresçertaine : desquels i'ay icy discouru longuement, y estant tombé sans y penser, lors que ie me suis amusé a prouuer que les regions qui sont soubz l'Equateur, sont habitables, & qu'il n'y a si grande incommodité pour les hommes,que aucuns ont songé:Veu que par mes Singularitez, long temps y a mises en lumiere , & autres escrits , vous auez peu voir plusieurs pais mentionez soubz ceste ligne,où le peuple vit à son aise, sans estre incommodé de l'ardeur du Soleil, qu'il n'ayt moyen d'y obuier, & de se deffendre de telle vehemence. Qu'il soit ainsi , en l'isle de laquelle ie vous parle en ce chapitre, l'ardeur n'y est pas si grande,que les arbres y soient desseichez,ny la terre sans verdure,ny les hommes trop haslez & bruslez du Soleil: ains sont de couleur oliuastre,ainsi que sont les Ethiopiens plus proches du sein Arabic,& vont tous nuds,sauf qu'ils ont les parties honteuses couuertes d'vne certaine toile,qu'ils font d'vn arbre,duquel ils nettoyent les espines qu'il a autour de soy , puis le battent & pilent tant , que son escorce s'estend tout ainsi qu'ils veulent : mais auant que la battre,ils la mettent quelques iours dans l'eau,à fin qu'elle s'amolisse:& deuient ceste escorce,estant battue,si deliee,qu'on la iugeroit estre vn taffetas fort fin, ayant certains filets, qui semblent que cela ayt passé au mestier, & que on l'ayt tissue:& nomment ceste toile Doracuth, & les Ethiopiens, qui en vsent aussi, Almendil. En ceste isle, combien qu'ils ayent du Ris ; si est-ce qu'ils font du pain de plusieurs sortes de grains ou legumes, comme lon fait en d'autres lieux ; & paistrissent la farine, en ayans osté quelques petites pieces dures, qui sont dans les grains mesmes,& en font vne maniere de gasteaux tous plats. Ils viuent aussi de fruicts d'arbres diuers, qui croissent en leur païs. Quoy que les femmes de ceste isle soient laides,sales, & mal gratieuses,si est-ce que ceux du païs en sont si ialoux,qu'ils ne veulét que aucun estranger parle à elles : & sont gens ingenieux & subtils , de foy assez foible, à cause tant de leur barbarie , que pour estre sans cognoissance de Dieu : bien que tous les matins ils haussent les mains au ciel,disans, *Nocnath chadnaa, nahur naguidyn*, Nous auons eu,& auons encore affaire de toy : *Taygelen*, Pere de lumiere, ayde nous en noz affaires : & aussi s'humilians au leuer du Soleil, lequel ils appellent *Rohal*, & la Lune *Merach* , & les Estoilles *Talabouch*. Ils content l'an par les Lunes,& non autrement. Ce peuple est *Peuple paisible.* fort paisible,& ayme sur tout la paix & l'oysiueté:de sorte que si leur Roy les tient sans guerre, c'est chose seure qu'ils l'honorent comme vn Dieu : mais s'il les met en guerre & contention auec quelqu'vn , ne cesseront tant qu'il soit mort par la main mesme de leurs ennemis.Les maisons de ceste isle,tant des grands que des petits,sont faites comme noz granges,mais fort basses, plantees sur des piliers de bois, & couuertes de fueilles d'arbres. Ladite isle estant ainsi grande,comme ie vous ay dit,il y a aussi deux Rois, diuers en Religion,veu que l'vn est *Caphri*, c'est à dire Gentil & idolatre,lequel n'a aucun Dieu particulier, ains adore la premiere chose qu'il rencontre le matin sortant de sa maison : & l'autre est More, cognoissant qu'il y a vn Dieu,& que les ames des hommes sont mortelles : non que pour cela il laisse d'auoir des Dieux particuliers,ainsi que toutes ces nations, desquelles i'ay par cy deuant parlé. Le plus grand & principal de

Cofmographie Vniuerfelle

ces Rois eſt le Caphri,lequel ſ'appelle *Zappath*, riche en mines & eſpiceries. En icelle croiſt vne eſpece de Canne, auſſi groſſe en tuyau que la iambe d'vn homme : dans laquelle ſe trouue d'vne eaüe, qui eſt plaiſante à boire. En terre ferme aſſez auant vers le Midy, regardant de la part de Burne, y a vne belle & haulte montaigne, de laquelle ſourdent des plus claires fontaines que lon ſçauroit trouuer, dont l'eau eſtant en ſon canal,eſt chaulde & bouillante à merueilles, mais ſi toſt qu'elle ſ'eſloigne de ſa ſource, elle deuient treſfroide. Vous ne veiſtes iamais tant d'arbres portans Mirabolans,qu'il y a en ceſte iſle, dont ils tiennent autant, ou moins de compte, que nous ne faiſons du Glan ou Ceriſes pardeça:toutefois que ce fruict ſoit fort cher & recommandé des anciens Medecins Arabes,qui en general les nommoiēt *Delegy* : autres,qui tirent vn peu ſur le iaulne, *Az far*, les Bazanez *Aſuat* : & ceux que noz Medecins Latins appellent *Qrebules*, ou *Chepules* , leur donnoient le nom de *Quebulgi* : leſquels noms n'ont eſté cognuz de pluſieurs Anciens, comme d'Auicenne & Meſua, ſinon ſoubz le nom de *Seni*. Parquoy il ſe trouue de cinq ſortes de Mirabolans , tous differens quaſi les vns des autres.Quelques vns ſe ſont trompez,qui ont voulu ſouſtenir par leurs eſcrits, que la region Damaſcene foiſonnoit en Mirabolans : ce que ie ne leur accorderay iamais, pour auoir veu le contraire. Ie laiſſe icy l'opinion de Serapion,qui dit,que le fruict de Seni,eſt vne eſpece d'Oliue : choſe dont lon ſçait aſſez le contraire. Les arbres les plus recommandez,& qui apportent les meilleurs Mirabolans,ſont aux Royaumes de Malauar,Dabul,Goa,& Batecala,& ne ſ'en trouue en la Chine,non plus q̃ és regions d'entre le fleuue Indus,& celuy de Mupert. Ceux de Cambaie, Guzerat, Biſnagar, & Bengala, ne ſont ſi bons que les ſuſdits, & ſont de ceux que lon nous apporte pardeça, qui ſont plus ſuiets à pourriture, & à ſe moiſir,que ne ſont les autres: & les appellent ceux de ce païs là *Bumepert* , autres *Rezanuale*. Les Belleriques ſont vn peu plus longs que les autres, & les nomment *Gottin*, autres *Aretca*. Et quant aux obliques, qu'ils nomment *Anuale*,encores qu'ils en ayent en abondance,ce peuple n'en vſe point,ains leur ſeruent pour nourrir leurs Chameaux. La plus part de ces arbres differēt en fueillage, les vns ne les portans non plus longues que celles de noz Poiriers,les autres moindres, & quelques autres qui approchent fort en longueur des Palmiers d'Egypte. Quant à la haulteur & groſſeur,ils n'excedent point les Amédiers de pardeça, & ſont tous ſauuages, croiſſans d'eux meſmes ſans eſtre replantez, comme ſont les arbres qui portent les Noix d'Inde,deſquels ie vous ay ailleurs diſcouru. Leſdits Mirabolans n'eſtans encores en leur parfaite maturité, n'ont non plus de gouſt, que les Oliues, lors qu'elles ſont freſches cueillies des arbres:& en vſent les Indiens,non pour purger,ains pour reſtraindre:car ſils ſe veulēt purger,ils ont autre methode, & façon de faire certaine decoction du meſme fruict :lequel quand il eſt confit(comme ceux de Biſnagar & Bengala) c'eſt la meilleure viande que lon ſçauroit manger, & les ont en telle eſtime, que nous auons les Noix confites pardeça. Au ſurplus,il y a des hommes qui vont de nuict parmy ceſte iſle,& ne ſçay pour quelle occaſion,ſi ce n'eſt que l'eſprit malin les guide, & leur apprend quelques ſorceleries:leſquels dés qu'ils trouuent quelcun,ne le battent ne tuent, ains luy oignent les mains d'vn certain vnguent , duquel ie n'ay peu ſçauoir les mixtions (toutefois que ie m'en ſois aſſez rompu la teſte pour le ſçauoir:) & tout auſſi toſt que quelcun en eſt attaint,il tōbe malade,& meurt dans trois ou quatre iours. Le premier qui leur a appris telle maniere de cabale,ce fut vn More eſclaue du Roy de l'iſle,nommé *Kameth*, grād Aſtrologue, & accort en tel art. Parmi les Caphris il y en a encor,leſquels adorent,non des Idoles,ou ce qui ſe preſente le premier deuāt eux,mais ſans auoir temple ny oratoire autre que leur maiſon,adorent le plus ancien,diſans,que ils l'eſtiment leur pere, & qu'ils deſcendent de luy, & que tout le bien qu'ils poſſedent,

(marginalia)

Cinq ſortes de Mirabolan.

Adoration des Barbares.

eſt venu de ſon induſtrie.L'air y eſt fort groſſier, & mal ſain pour les eſtrangers,comme auſſi eſt tout païs poſé ſoubz l'Equateur, à cauſe des attractions qu'y fait le Soleil, ainſi que pluſieurs fois ie vous ay dit. Ils prennent indifferemment toute femme pour eſpouſe,ſauf leurs meres:mais quant aux ſœurs,les plus grands n'en font aucune difficulté:& ſur tout les Rois,qui ont bien ceſte conſideration de dire,que ce n'eſt pas bien fait de ſe meſler auec le ſang d'autruy:mais il y a plus de malice,que de ſimplicité. S'ils ſont contraints d'aller en guerre , ils y vont armez de lances de Canne , & de belles eſpees de bois(iaçoit qu'il y ayt du fer, mais ils ne le ſçauēt mettre en beſongne)& vſent comme tous les autres Inſulaires de ce païs là , de grands arcs & fleſches, leſquelles ils enueniment, ſi que celuy qui en ſera touché, ne fauldra de mourir, ainſi qu'en aduint aux Chreſtiens en l'iſle de Mathan.Ces Rois ſe plaiſent fort d'auoir des Perroquets en leurs maiſons,qui ſont tous rouges, & de diuers autres plumages, gros comme Chappons,appellez *Miré*, & du peuple de terre ferme *Medaba*,mot Syriaque,qui ne ſignifie autre choſe,que Eaües croupies & puantes.I'ay veu vne ville pres de Gazera,où iadis eſtoit la Tribu de Ruben , à vne iournee d'Arabie , portant meſme nom , auiourdhuy ruïnee. Or quāt à celuy qui veult eſtre le bien venu vers le Roy,il fault qu'il luy apporte preſens aggreables. C'eſt en ce quartier, que aucuns de noz racompteurs de choſes monſtrueuſes ont voulu dire, que ſe trouuoient des hommes, qui auoient les longues oreilles,pendantes iuſques ſur leurs bras,& qui n'ont qu'vne couldee de hauteur:qui a donné argument à Munſter de croire telle fable,& en faire le pourtrait en ſa Coſmographie.Quant à la petiteſſe Naïne des hommes,ce ne nous eſt point inconuenient,veu que nous en auōns veu l'experience:mais d'alleguer ces oreilles longues,cōme celles des Cheures Egyptiennes , ou comme celles que nous racomptent Conrad Lycoſthene,& autres baſtiſſeurs d'Hiſtoires prodigieuſes,ce ſont folies : & ceux qui le comptent,en eſcriuent,pource qu'ils ne veirent iamais rien que leur promenoir, & ne ſceurent onc faire autre choſe, que de ſe plaiſanter au monde, ſe mocquás de ceux qui le croyent,gens dignes que on les eſtime ſans eſprit ou entendement.Au reſte,ces gens ſont pauures, & viuent mechaniquement,pource qu'ils ne leuent guere que de l'eſpicerie, & que auſſi les marchans vont pluſtoſt ſ'en charger à Burne , que non pas là, où les eſtrangers ſont ſouuent malades. Il y a peu d'hommes, qui ayent coſtoyé toute ceſte iſle,à cauſe que pluſieurs ont penſé,que c'eſtoit vn continent,ſoy ioignant à la terre Auſtrale,comme d'autres l'auoient auſſi penſé de la Taprobane : mais i'ay cogneu & marqué depuis,qu'elle en eſt bien eſloignee. Les Giloliens ſe trouuás mal,vſent d'vne eſtrange façon de medecine:veu que ſi c'eſt l'eſtomach qui leur face mal,ils ſe mettent le bout d'vne fleſche plus d'vn pied dans la gorge, iuſques à ce que le plus ſouuent ils ſe font vomir le ſang auec les flegmes , & choſes qu'ils auront mangees, diſans, qu'ils ſ'en trouuent fort bien : mais il fault penſer,que leur complexion ſoit treſdure,& non douillets de l'eſtomach,comme nous autres. Quand ils vont ſur mer,ils ont pour Timon vn bois fait comme la paiſle d'vn four, vſans à leur poſte, tantoſt de la Prore en lieu de Poupe,& volent auec telle legereté,que vous diriez que ce ſont des Daulphins qui courent ſur & parmy les ondes de la mer. Leurs barques ſont noires, quelquefois rouges,d'autrefois blanches, ayans des voiles de l'eſcorce de bois, de laquelle ils font leurs toiles:& ſ'en vont ainſi d'iſle en autre,de celles qui ſont nōmees Moluques. Deſquelles ayant diſcouru aſſez longuement,ie ſurſerray le reſte à traiter pour maintenāt.

Fable des hommes à longues oreilles.

Moyen des Inſulaires pour ſe faire vomir.

De l'Asie en general, & comme elle est separee & bornee par la mer,
riuieres, & promontoires. C H A P. X X I I I.

AYANT par la grace de Dieu, descrit diligemment les particularitez des païs & peuples, mesmes des natiõs qui sont en toute l'Asie (nommee du peuple d'Orient *Anadolda*) les tenãs & aboutissans de chacun, les longitudes & latitudes, auec les noms tant anciens que modernes, & les changemens de Gouuernemens, Royaumes & Empires qui y sont aduenuz selon les saisons, auec les mœurs, sectes & superstitions des peuples qui l'habitent, il fault que moy Theuet, ainsi que i'ay fait en l'Afrique, ie reprenne en general tout ce qui est du contenu de ceste Asie : la plus grand part de laquelle i'ay veüe & circuie, par mer & par terre, auec les autres trois parties du monde, en dixsept ou dixhuict ans : à fin que vous cognoissiez la difference qui se passe entre les Chartes des Anciens, & les descriptions que ie vous en ay icy faites : d'autant que en l'Inde interieure on y a penetré à present, où le temps passé on n'y bailla onc attainte, que par imagination, si ce n'est du costé de Malaque en la Chersonese doree. Asie donc a prins son nom, comme aucuns estiment, d'vn Asius, fils de Mauce : Lyde, & autres disent d'vne femme mere de Promethee, qui s'appelloit Asie. Voila gaillardement chanté la Musique Canadienne des Anciens. Mais les plus grands observateurs referent ce nom à la femme de Iaphet, qu'ils font fille de l'Ocean, ne sçachans à qui en referer l'origine. Les Indiens Asiatiques appellent ceste grande estendue de terre d'Asie, *Mieph*, comme s'ils vouloient dire, Païs le nompareil : Les Ethiopiens la nomment *Lard-hoa-Taïger*, qui ne signifie, que Terre riche. Et non sans cause luy ont ils donné ce nom, veu que c'est la plus fertile de toutes les autres. L'Asie est beaucoup plus temperee que l'Afrique, & a ses terres trop plus grasses : qui a fait, que aucuns ont dit, qu'elle prenoit de là son nom, parce que Asie signifie autãt que Limonneux & fangeux : & pense que ce soit à cause des grandes riuieres, qui de tous costez d'icelle se lancent en diuers Lacs & grandes mers, par plusieurs parties du monde. Pour cognoistre cecy plus à plein, il m'en fault faire la totale & vniuerselle description : par laquelle nous verrons aussi le nõbre des Prouinces qui sont comprises en ceste grande & principale partie de la terre, à laquelle le Persien donne le nom d'*Anadolda*. Volontiers les Arabes & Turcs aussi, quand ils voyent des Chrestiens en ces païs là de l'Asie, les interrogent fierement, leur disans en leur langue, *Handa-gidert, Sembre-giaur*, qui est à dire, Où vas-tu Chrestien? Lors lon leur respond, *Maslahaton var Anadolda*, I'ay des affaires en ces païs d'Asie. Parlons donc de son estendue. L'Asie comme elle se comporte, tend du Midy à l'Orient, & iusques à l'Occident : si que selon l'ancienne description qu'on faisoit de la terre, auant que ce qui est à present cogneu, fust descouuert, elle tenoit presque (au iugement des Cosmographes) la belle moitié de la terre : & tout ainsi que son estendue est au Su, à l'Est, & au Nort, aussi sont ses fins & limites. En quoy i'accorde auec les aboutissans & bornes, que les Anciens luy ont donné. Du costé donc de l'Ouest ou Ponent, elle a la riuiere de Tanaïs, à present Don, ou Tane, qui la separe d'auec l'Europe sur le lac Meotide, ou mer de Zabache, tout ainsi que de l'autre costé visant la Thrace & païs de Grece, c'est l'Archipelague qui fait vne telle separation au Bosphore, & destroit de Constantinople, & en celuy de Gallipoly. De l'Afrique elle en est separee, non par le Nil, quoy que Pompone Mele en die, ainsi que ailleurs i'ay marqué, veu que la plus part de l'Egypte seroit par ce moyen de l'Asie, qui est autrement, d'autant que les quatre parties d'icelle sont de l'Afrique : ains se fait ce partage par vne

D'où vient le nom d'Asie.

Asie en diuerses langues.

Anadolda, Asie en Persien.

ligne, qui paſſe de la mer Mediterranee en la mer Rouge, par les deſerts de Suez, à ſoixantequatre degrez de longitude, & de latitude vingtquatre. Et eſt plus ſeure ceſte diuiſion que l'autre, iaçoit que Pline, Mele, & Solin ſ'y ſoient aheurtez : l'vn deſquels ne
ſçachant bien l'eſtendue de ceſte partie, & comme elle doit eſtre contemplee, dit, que
l'Aſie ſ'en va vers l'Orient le long de la mer, d'vn cours continu & perpetuel, ſans qu'il
faille qu'elle ſe courbe à cauſe des goulfes & ſeins, au moins que ce ſoit grand'choſe:
mais les nauigations que i'ay faites, deſcouurent l'erreur des Anciés. Quant à l'incommodité qui ſ'enſuyuroit, ſ'il falloit que le Nil ſeruiſt de borne à l'Afrique, & à l'Aſie, ie
penſe vous l'auoir monſtré aſſez amplemét au Chapitre, où ie vous fais la deſcription
vniuerſelle de l'Afrique. Du coſté du Nort, l'Aſie a telle eſtendue, que encor ie ñe puis
vous en donner ſeur iugement, d'autant qu'elle contient toute la Scythie, & ſ'en court
en la mer Scythique, & terre qu'on dit Incogneuë. L'Aſie eſt diuiſee en quatre parties,
qui ſont generales, à ſçauoir, Aſie Maieur, Aſie Mineur, l'Inde de delà les monts Taurus & Emodes, & l'Inde de deçà les meſmes monts : & chacune d'icelles parties fait &
contient pluſieurs Prouinces, ainſi que verrons ſuyuant tout de lieu en lieu particulie-
rement, & par les menuz. Premierement en l'Aſie Maieur y a dixneuf Prouinces, à ſça- En l'Aſie Maieur y a dixneuf Pro uinces.
uoir Pont & Bythinie (à preſent c'eſt la Turquie :) La Natolie, qui proprement ſe dit
la Petite Aſie, à cauſe que les Romains en eſtans Seigneurs, luy donnerent ce nom. Puis
y eſt la Briquie, nommee des Anciens Lycie : La Galathie, dite anciennemét Gallogrece, à cauſe du meſlange des habitans en icelle : La Sathalie, qui fut la Pamphilie & Meſ-
ſopie aux Anciens : Le païs de Cappadoce : Le païs nommé Anadole, qui eſt l'Armenie
mineur : Et la Silicie, à preſent Caramanie. Et de là tirant au Nort, & le long de la mer
Noire, la Sarmatie Aſiatique, qui eſt part de la Tartarie, & le païs de Colchos, dit maintenant Mingrelie : La Georgianie, entendue des Anciens ſoubz le nom d'Iberie : laquelle (ainſi qu'a eſté dit en ſon Chapitre) eſt toute enuironnee de montaignes, & parainſi
preſque inacceſſible : & moins eſt-il poſſible, que par elle la mer Caſpie & la mer Noire puiſſent ſe ioindre enſemble, côme pluſieurs ont eſtimé. Y eſt auſſi l'Albanie Orientale, qu'on nomme Zuirie, ſuiette aux Tartares : Puis l'Armenie maieur, la Syrie, la Paleſtine, le Royaume de Baraab, qui eſt l'Arabie pierreuſe : Celuy de Diarbech, qui iadis
eſtoit la Meſopotamie : L'Arabie deſerte, & le païs de Bagadeth, qui eſt l'ancienne Babylone. Toutes ces Prouinces, ainſi qu'auez peu cognoiſtre par ma deſcription, excep-
tees la Georgianie, l'Armenie maieur, & le païs de Bagadeth, ſont de la ſuiection &
obeiſſance du Turc, & preſque tous les habitans ſont Mahometans. Voyons à preſent
l'autre partie de l'Aſie, que i'ay nommee Aſie Mineur, & comme elle eſt contemplee. Aſie Mi neur, & cô- me elle eſt contemplee.
Elle a les Prouinces qui ſ'enſuyuent : Azymie, qui fut iadis l'Aſſyrie : Seruan, qui eſt
l'ancienne region des Medes, & principale retraite des Rois de Perſe : Zaich-Iſmaël, iadis Suſiane, & Perſe : Le païs d'Iex, qui fut l'habitation des Parthes : L'Arabie heureuſe,
le deſert de Dulcinde, qui auſſi ſ'appelle Carmanie deſerte : Caſſan, qui eſt de la Hircanie, Margiane, Sogdiane, Bactriane, la Prouince des Sagues, la Scythie de deçà le môt
Taurus, & celle qui eſt delà ledit mont : La Serique, qui eſt à preſent nommee Cambalu, ou Cambalech : Hetie, Turqueſtan, la Drangiane, & l'Arachonie : Et la derniere de
ceſte Aſie eſt Guſerath, nommee des Anciens Gedroſie. Tout ce côtenu de païs a grande eſtendue : mais pource qu'il y a preſque plus de môtaignes, que de païs habité, quoy
que en grandeur ne doiue guere à l'Aſie ſuſnommee, ſi eſt-ce qu'on ne la tient en tel
compte que l'autre : & neantmoins ie vous ay monſtré qu'elle ne doit rien en richeſſe à
quelle que ce ſoit des parties ſuſdites, veu les Soyes & Pierreries qui en ſortent. Quant
aux hommes, ils y ſont tels, que i'ay peur que les autres Aſiatiques ne les ſurpaſſent de
guere, ſoit en vaillance, ſoit en courtoiſie : & m'eſbahis de ceux qui les eſtiment bru-

taux,veu que fi vous auiez frequenté vn Turc, puis vinffiez accofter vn Perfan fien voifin,vous y verriez bien de la differéce en gentilleffe,fauf que le Perfan eft vn peu hault
à la main.La plus part des peuples nommez en cefte Afie font de l'Empire du Sophy,
fauf le Turqueftan,& païs de Cambalu , & autres Scythes qui obeïffent au Tartare , &
quelque peu de l'Arabie heureufe qui obeït au Turc : Car du cofté d'Adem & de Zidem, le Turc en eft auiourdhuy poffeffeur. Par ce denombrement de païs vous pourrez facilement iuger,quelles font les forces,& quels les moyens que le Sophy a de f'armer contre le Turc : & vous diray bien, que fi le Sophy exigeoit fur fon peuple,com-
me fait le Turc,que pour vray il ne luy cederoit aucunemét ny en richeffes,ny en puiffance. Les deux autres parties d'Afie eftans comprifes foubz le nom d'Inde , tant deça

Neuf par- que delà le Gágez, ie les enuelopperay en vne,& nonobftant en feray neuf parties, re-
ties d'Afie. commençant felon les feins,promótoires, riuieres,goulfes, & coftes de la mer,veu que
defia i'ay couru iufques bien auant vers le païs Oriental.La premiere partie donc com
mence au deftroit d'Arabie en la mer Rouge,& finit au fein Perfique: La feconde finit
où le fleuue Indus f'engoulfe dans la mer en l'Ocean : La troifieme ,au fein de la ville
de Cambaie: La quatriefme commence au Promontoire, dit Comori : La cinquiefme,au fleuue Gangez:La fixiefme,au Cap de Cingapura,pardelà Malaque : Et la feptiefme commence au fleuue de Menan,lequel court par le Royaume de Sian. Puis y eft
la huiâiefme , contenant le Royaume de Chine : Et la neufiefme fe fait plus outre en
vn païs non encor defcouuert du tout, pour iuger fi c'eft ou ifle, ou terre ferme, qui
comprend depuis Soleil leuant iufques au deftroit Auftral. Or reuenons à particularifer ces fouzdiuifions. En ce qui eft de terre ferme, vous auez l'Inde maieur, qui eft
celle qui cóprend tout ce que lon voit delà le Gangez, & f'eftend depuis l'Ocean en
l'emboucheure du fleuue Gangez,iufques à la mer du Su,qu'on nomme Pacifique, du
cofté de Mangi,& vers l'ifle de Giapan,à fçauoir tirant vers l'Inde plus Orientale , que
iamais les Anciens ne cogneurent,& n'eft du tout defcouuerte:& du cofté du Nort ou
Nordeft, elle a les Prouinces du Catay & de Quinfay, ou Mangi & la Chine : & puis
tirant vn peu au Sudeft,eft Malaque,ou la Cherfonefe.Mais en l'Afie Mineur,ou Anadolda, comme dit eft, qui ne refte pourtant d'eftre trefgrande, font les Prouinces de
Suaftene,Varfe,Patalene,Larique,tirant vers Narfingue,Cananor,Calicut, Guthfchie,
& celle qui eft la plus Auftrale, f'appelle Colan : & eft cefte Inde qu'on nomme baffe:
car la haulte qui eft Leuantine , a le nom d'Inde la haulte. Les trois premieres parties,
qui font l'Arabie heureufe,les Royaumes de Perfe,& de Guferath, ferót par moy laiffees, en ayant affez difcouru : neantmoins que au Royaume de Guferath i'aye oubiié
les villes de Cambaie,Diul,Iaquelte,Moha,Taluda,& Goga, lefquelles font toutes du
Royaume de Cambaie. Prenons donc la quatriefme, laquelle a fon entree au Cap de
Comori,tout le long du païs de Chilan, & de Paleacate,qui trauerfent d'vn fein à l'autre, fçauoir de la mer Indique au goulfe de Bengale, contenant deux cens nonante
lieuës d'eftendue, qui eft la fleur de toutes les Indes. Puis venez depuis Paleacate au
goulfe & fein de Bengale, où les Prouinces font efpeffes, & les villes fans nombre , &
tout le peuple addonné au trafic,qui font la cinquiefme partie. A Bengale commence
la fixiefme iufques à Catigan, & finit au Promontoire, nommé Cingapule, qui n'eft
qu'à vn degré de l'Equateur vers le Norr, loing de Malaque quelques foixante lieuës.

Septiefme Depuis ce Cap de Cingapule, la feptiefme diuifion f'en va au fleuue de Sian : & là fe
diuifion faiâ la huiâiefme diuifion de l'Afie iufques au païs de la Chine, laquelle eft diuifee
d'Afie. en quinze Prouinces , & y a de fort grandes villes en icelles, eftant à quinze degrez en
fa latitude,& a de longueur cefte terre felon la cofte,deux cens feptantecinq lieuës. La
derniere f'en va vers Mangi & le Quinfay,commençant à quarantefix degrez, & a

d'eſtendue en païs deſcouuert,& duquel on a cognoiſſancé, quatre cens lieuës pour le moins,& eſt, comme i'ay dit,la plus Orientale terre, allât au Nort,qu'on ayt encor peu cognoiſtre,ſans que ie mette vne infinité d'iſles,à cauſe que ie les ay toutes particulariſees chacune en ſon lieu. Mais reprenons encor cecy de lieuë en lieuë depuis la ville de Cambaie : la coſte de laquelle ſ'eſtend iuſques au Cap ſuſdit de Comori. Vous y trouuez pour le moins deux cens nonante lieuës,en quoy eſt compriſe la fleur de toutes les Indes, & eſt diuiſee par deux grands fleuues, qui la trauerſent de l'Oueſt à l'Eſt: l'vn deſquels partit le Royaume de Decan d'auec celuy de Guſerath , qui luy eſt au Nort,& l'autre riuiere fait la ſeparation de celuy de Decan auec la Prouince de Canaran,qui luy eſt au Midy. Et ainſi Nature partiſſant les finages de ces Prouinces au plat païs,ne ſ'eſt point auſſi oubliee pres la marine, là où vne infinité de petits fleuues font le meſme deuoir,& ſeruết en pluſieurs endroits de limites & bornes à tous ces Royaumes. Et ces riuieres naiſſent de certaines fontaines vers le Leuant, qui ſont au pied du mont de *Gathe*, diſtantes de Chaul quelques quinze lieuës,à dixhuiĉt ou dixneuf degrez de longitude. Le fleuue qui tire le plus au Nort , ſ'appelle *Cruſuar* , & celuy qui tire au Su, *Benhora* : leſquels à la fin tirans à l'Eſt,ſe vont rédre dans les canaux du Gangez à vingtdeux degrez,pres deux lieux nommez *Angelij*, & *Pirolde*. La grande abondance d'eauë,qui ſort de ces deux fleuues ioints enſemble,a eſté cauſe que les ignorans ont penſé,que ce fuſt le Gangez,là où il y a bien difference du cours:veu que celuy du Gangez vient du Nort au Su , & l'autre de l'Oueſt à l'Eſt , & auſſi il y a bien à dire des bouches & canaux de l'vn aux autres.Paſſez plus outre,& voyez la ſeparation des Prouinces de Cananor & Calicut,vous cognoiſtrez qu'elle eſt faite par vn petit fleuue,nómé *Aliga* , lequel faiſant vne vireuouſte vers le Leuant , ſ'en vient paſſer par le beau milieu des villes de *Biſnagar, Raddayſ, Selecha, & Tabbachot* , & par les terres d'*Orixa, Omarach, & Ohel,* & de là ſ'engoulfe au ſein de Bengale , entre ſeize & dixſept degrez de latitude.Ainſi du fleuue *Aliga* iuſques à *Cangerocare*, on cópte quarenteſix lieuës, & dudit lieu iuſques à *Puripatan*, vingt lieuës,& cela eſt au Royaume de Cananor: de Puripatan iuſques en Calicut vingtſept lieuës,& de là à *Crangonor*, quatorze, comptát iuſques à vn lieu,nommé *Porca*, qui eſt du Royaume de Cochin : & de ce lieu iuſques à *Crancor*, vingt lieuës:auquel lieu eſt ce grand Promontoire de Comori en l'Inde mineur , & le long de la mer Indique , & la terre la plus Auſtrale du continent de toutes les Indes.De ce Cap doublans vers l'Eſt,à quatre cens lieuës, voyez vn autre Promontoire,ſur lequel court là ligne Equinoĉtiale,& ſ'appelle Cingapule,qui eſt Oriental,& celuy de Comori Occidental : entre leſquels deux ſont aſſiſes les iſles de *Beramath, Ania,Vuac,Zeilan,*& *Taprobane.* Or du Cap Comori prenans la route au Nort,& vers le goulfe de Bengale, iuſques au lieu où le Gágez entre dans la mer, on compte quatre cens dix lieuës, coſtoyant les Royaumes de Narſingue, Biſnagar,Dely,Paleacate,Orixa , & puis Bengale , iuſques aux villes de *Chatigan, Bugualath, Zazare, Leoppaque,* & *Mezyah.* De Chatigan ſuyuât touſiours la coſte de Cingapule,ou Cingatole,iuſques au Promontoire de la Cherſoneſe doree ou Moſquee, que les Indiés nomment Satax, à cauſe qu'il eſt tournoyé de ſeize iſles habitees de peuple barbare (car Satax en leur langue,ne ſignifie autre choſe que Seize) ſe comptent trois cens octante lieuës en ceſte ſorte. De Chatigan iuſques au Cap de Nigraes, qui eſt à ſeize degrez,& le commencement du Royaume de Pegu, a cent lieuës : de là iuſques à Tanaï,qui eſt à treize degrez, deçà l'Equateur,ville fort grande,& où vous voyez vn grand goulfe auec grand nombre d'iſlettes , & iceluy goulfe ſe faiſant d'vne infinité de riuieres, qui deſcendent du grand Lac, nommé *Chiamaï* , vous y comptez pour le moins deux cens lieuës : & de Tanaï iuſques au Royaume de Malaque,en comptez quarantehuiĉt,parlant de ſon en-

Separation de Cananor & Calicut.

Diſtance de l'vne Prouince à l'antre.

tree:mais iufques à la ville,il y en a foixante:& de la ville de Malaque iufques au Promontoire de Cingapule,y en a vingt. Ainfi eft fait voftre compte depuis Chatigan iufques à ce Cap,de trois cens octâte lieuës. Puis derechef vous redoublez depuis ce Cap, qui eft à vn degré de l'Equateur , tirant vers le Nort, & au Royaume de Sian, qui fait l'entree d'vn fein & goulfe,à treize degrez de l'Equateur,qui font deux cês vingt lieuës felon la fupputation des degrez. Puis vous allez tirant au Royaume de Cambaie, qui eft pofé entre celuy de Sian & de Campaa, & f'eftend plus de foixante lieuës de cofte. Si toft que en eftes forti, vous venez à celuy de la Chine, qui eft en fa latitude de trente degrez & vn tiers . Parainfi pouuez compter, combien il y a de lieuës depuis Malaque iufques audit païs de la Chine,laquelle eft partie en quinze regions,dont la moindre feroit vn grand Royaume. Et pour acheuer mon cours, depuis la Chine iufques à la grand' ville de Quinfay , allant felon la mer, y a de compte fait cinq cens lieuës, laquelle eft pardeça la ligne. Et pource que ce qui paffe outre cefte regiõ de Mangi & de Quinfay,refte encor à defcouurir, ie n'ay peu vous mefurer l'Afie du cofté du Nort: tant y a qu'elle eft de telle & fi grande eftendue , que fi lon mefuroit le monde felon le partage mal fait des Anciens, il y en auroit de mal partis . Auffi deuez vous fauoir, q̃ ce qu'ils en ont fait,& de ce peu qu'ils ont eu cognoiffance,a efté plus pour exprimer ce qui eft du monde,que pour l'egalité des terres, veu les proportions obferuees par la contemplation des degrez : mais encor y ont-ils failli,à caufe de ce, qu'ils ont eftimé inhabitable, & de la terre, qui depuis a efté defcouuerte, que eux & les Modernes ont penfé, que ce fuft vne certaine & perpetuelle courfe de l'Ocean.

TABLE DES MATIERES DE L'AFRIQVE ET ASIE, RE-DIGEEZ SELON L'OR-DRE ALPHABETIQVE,

De laquelle la lettre a, signifie la premiere page: & b, la seconde.

A

ã

Table des matieres

Table des matieres

ã iij

Table des matieres

Table des matieres

Table des matieres

Table des matieres

ẽ

Table des matieres

Table des matieres

Table des matieres

de l'Afrique & Asie.

Table des matieres

de l'Afrique & Asie.

De laquelle la lettre a, signifie la premiere page: & b, la seconde.